1 Gegenstand und Arbeitsgebiete der Anatomie

Franz Pera, Timm J. Filler

1.1 Was ist Anatomie?

Unter Anatomie verstehen wir die Lehre vom Bau der Organismen (griech.: anatemnein schneiden). Humananatomie ist die Anatomie des Menschen.

Im Gegensatz zur Pathologie versucht die Humananatomie, Kenntnisse zum Verständnis des Körperbaus des gesunden lebenden Menschen zu gewinnen und zu vermitteln.

1.1.1 Definition der Humananatomie

Humananatomie ist definiert als die Wissenschaft von der Struktur des Menschen. Sie macht das rein Strukturelle durchschaubar für Fragestellungen zur Funktion und für die Unterscheidung zwischen normal und pathologisch sowie für die Erkenntnismöglichkeiten aus der Gestalt.

Die Lehre vom Bau des Menschen interessiert sowohl unter erkenntnistheoretischen als auch unter praktischen Gesichtspunkten. Im medizinischen System ermöglicht sie durch intensives Erfassen der Form des lebenden Menschen, die Grundlagen für das ärztliche Handeln zu schaffen, denn Kenntnis der Form ist Voraussetzung für das Verstehen der Funktion; Kenntnis der normalen Form und Funktion ist Voraussetzung für das Erkennen des Krankhaften (Pathologische Anatomie).

Zielsetzung des Faches. Ziel der Beschäftigung mit Anatomie ist es, endogene und exogene Ursachen, Einflüsse und Mechanismen, welche die anatomischen Eigenschaften des Menschen beeinflussen, sowie deren Beziehungen zu erkennen. Damit soll das Gesunde Basis medizinischer Tätigkeit und Ziel therapeutischer Bemühungen sein.

1.1.2 Einteilung des Faches

Anatomie wird in mehrere Subdisziplinen eingeteilt, in denen jeweils bestimmte Arbeitstechniken bevorzugt werden. Auch eine organbezogene Einteilung (beispielsweise Bewegungsapparat, innere Organe, Blut oder Nervensystem) kann wie die fachlich-methodische Einteilung wegweisend durch das gesamte Fachgebiet sein. Die Einteilungen hängen jedoch so sehr voneinander ab, dass niemand zuverlässig in einer Richtung darin arbeiten kann, wenn er die anderen ignoriert.

1.1.3 Fachrichtungen in der Anatomie

Anatomie in Forschung und Lehre verfolgt verschiedene Ziele. Ihre systematischen und kausalen Betrachtungen sind vorwiegend humanbiologischer Art. Sie versucht, allgemeine und spezielle Gestaltungs- und Funktionsprinzipien des menschlichen Körpers zu definieren und zu erklären. Dabei werden die Aspekte möglichst vieler ihrer Teilgebiete berücksichtigt.

Vergleichende Anatomie. Im Bau des menschlichen und des tierischen Organismus gibt es viele Übereinstimmungen (Homologa), aber auch Abweichungen (Heterologa). Aufgabe der vergleichenden Anatomie ist, Tiere und Menschen miteinander zu vergleichen und homologe bzw. heterologe Formen aufzuzeigen. Sie zeigt, dass beim Menschen Formen als Varietäten vorkommen, die bei bestimmten Tieren stets vorhanden sind, und dass manche Organe beim Verlust ihrer ursprünglichen Funktion nicht vollständig verschwinden, sondern für andere Aufgaben sinnvoll umgebaut werden (z. B. Wurmfortsatz des Blinddarms).

Phylogenese. Die Wissenschaft der Phylogenese oder Stammesgeschichte erforscht aufgrund vergleichend-anatomischer Kenntnisse die Stammes-

verwandtschaft der Tierformen und versucht, Stammbäume der Arten aufzustellen. In der Phylogenese wird das Werden einer Form (Morphogenese) untersucht. Nachdem ein Entwicklungsvorgang in seinem Ablauf erkannt ist, ergibt sich die Frage nach den dem Ablauf zugrunde liegenden Gesetzen. Man versucht, im Experiment zu ergründen, welche im Keim oder außerhalb des Keimes gelegenen Kräfte die Entwicklung beeinflussen. Diesen Fragen der kausalen Genese geht die Entwicklungsmechanik nach.

Ontogenese. Die Wissenschaft der Ontogenese oder Entwicklungsgeschichte des Einzelwesens verfolgt die Entwicklung von der befruchteten Eizelle bis zum Tode. Besonderer Wert wird dabei auf die Embryonalentwicklung gelegt, die Differenzierung des Keimes und die Ausbildung eines dem fertigen Organismus annähernd gleichen Gebildes (Histogenese und Organogenese). Beim Menschen reicht die Ontogenese bis zur Geburt; die Entwicklung einiger Organe (z. B. Niere, Nebenniere, Gehirn) geht darüber hinaus. Es wird unter anderem untersucht, welche Organe aus einem gemeinsamen Material entstehen, und der zeitliche Verlauf der Organentwicklung festgestellt. Beide Faktoren sind wichtig für das Verständnis der Entstehung von Fehlbildungen (Teratologie). Die Entwicklungsgeschichte beschreibt anhand von Entwicklungsstufen und Entwicklungsreihen, wie aus einfachen Formen durch Differenzierung komplizierte entstehen.

Anthropologie. Das relevanteste Teilgebiet der Anthropologie, der Wissenschaft vom Menschen und seiner Entwicklung in natur- und geisteswissenschaftlicher Hinsicht, ist für anatomische Betrachtungen die biologische Anthropologie. Die verwandten Parameter waren ursprünglich meist anthropometrisch (Maßverhältnisse des menschlichen Körpers wie Strecken, Umfänge, Bögen und Winkel) und deskriptiv (qualitative Unterschiede wie Haartypen, Lippenform, Nasenrückenprofil, Lidspalte, Pigmentierungsmerkmale, Körperbautypen). Stereologische, physiologische, serologische und biochemische Methoden vertiefen heute mithilfe signifikanter Wahrscheinlichkeitsaussagen (Biostatistik) die Erkenntnisse.

Zellbiologie. Diese kausalanalytische Wissenschaft behandelt auf zellulärer und subzellulärer Ebene die Bedingungen und Abhängigkeiten, unter denen Gestalt und Struktur entstehen, erhalten werden oder sich wandeln. Ihre Methoden erbringen der-

zeit wesentliche Fortschritte in der Erkenntnis der Humanbiologie, vor allem auf ultrastruktureller (d. h. mit dem Elektronenmikroskop erkennbarer) und molekularer Ebene.

Biometrie. Die Biometrie konzentriert sich auf das Erstellen von (zumeist rechnergestützten) Modellen des Menschen oder einzelner seiner Komponenten zur Untersuchung von Erkrankungen und darauf basierenden Modellen zu ihrer Therapie oder Prävention. Der Erkenntnisgewinn hat auch der gerichtlichen Medizin neue Tragweite verliehen. So dienen biometrische Systeme heute der Identifizierung und Authentifizierung von Personen.

1.1.4 Betrachtungsmöglichkeiten in der Anatomie

Makroskopische Anatomie. Sie befasst sich mit Formen und Strukturen des Körpers, die mit dem bloßen Auge oder mit der Lupe zu erfassen sind. In der Lehre wird die makroskopische Anatomie vor allem durch den anatomischen Präparierkurs vermittelt.

Mikroskopische Anatomie. Mithilfe von verschiedenen Präparations- und Mikroskopierverfahren wird der Feinbau des Körpers analysiert. Mikroskopische Anatomie gliedert sich in die Zellenlehre (Zytologie), Gewebelehre (Histologie) und die mikroskopische Anatomie der Organe.

Deskriptive Anatomie oder beschreibende Anatomie wird die Darstellung der durch makro- und mikroskopische Analysen gewonnenen Befunde genannt.

Systematische Anatomie. Hierbei werden Teile des Körpers nach funktionellen, entwicklungsgeschichtlichen und vergleichend-anatomischen Gesichtspunkten zu Systemen zusammengefasst (z. B. Urogenitalsystem).

Topografische Anatomie. Sie übermittelt die räumliche Vorstellung über die Lage der Teile im Körper (gr. topos: Ort) und über ihre gegenseitigen Beziehungen (Synthese). Deskriptive und systematische Anatomie sind als analytische Stufen Voraussetzung für die topografische Anatomie. Ihre Kenntnis ist eine wesentliche Grundbedingung für jeden ärztlichen Eingriff beim Lebenden. Topografische Anatomie ist einem Stadtplan oder einem Navigator vergleichbar, der den Fahrer sicher und ohne gefährliche Umwege zum Ziel führt.

Funktionelle und klinische Anatomie. Funktionelle Anatomie geht den Beziehungen und Abhängigkei-

ten zwischen Form und Funktion nach. Darauf basiert die klinische Anatomie (Erkenntnis anatomischer Entitäten, d. h. gegebener Einheiten, nach klinischer Relevanz), deren Verständnis einen ersten Einblick in das Lebendige des Faches gewährt.

Anatomie am Lebenden. Anatomie ist ein praktisches Fach, in dem die Benutzung von so vielen Sinnesorganen wie möglich und vor allem das „Begreifen" des menschlichen Körpers wichtiger ist als jede Theorie. Sie ist für den Anfänger zwar zunächst durch Behandlung der Körperspenden geprägt, hat aber eigentlich den lebenden Körper zum Gegenstand. Die bei der Präparation gewonnenen Einsichten werden im Studium als Erstes bei den klassischen klinischen Untersuchungsverfahren (Inspektion, Palpation, Perkussion, Auskultation und Funktionsprüfungen) angewendet. Die plastische Anatomie stellt als Oberflächenanatomie am Lebenden einen weiteren Gebrauch des im Präparierkurs erworbenen Bildes vom Menschen dar. Invasive Anatomie am Lebenden (während Operationen) wurde durch die Entwicklung der Anästhesiologie ermöglicht. Alle Organe sind damit auch intravital der Betrachtung zugänglich. Außer den verschiedenen radiologischen Verfahren sind zudem endoskopische und andere minimalinvasive Methoden geeignet, Anatomie am Lebenden zu praktizieren.

1.1.5 Bedeutung des Faches

Anatomie und Naturwissenschaft. Die Anatomie, so wie sie der angehende Arzt heute vermittelt bekommt, ist das Produkt ihrer Geschichte. Sie hat gerade im 20. und im beginnenden 21. Jahrhundert entscheidende Veränderungen erfahren. Die Erklärung dafür liegt in den in diesem Zeitabschnitt gemachten Fortschritten der Naturwissenschaften und Entwicklungen neuer Methoden und Analysetechniken (z. B. Elektronenmikroskopie, Zytochemie, Immunzytochemie, Bildanalyse und 3D-Rekonstruktion, Autoradiografie, In-situ-Hybridisierung und andere Gentechnologien) sowie den Erkenntnissen der Physik, Chemie, Biologie, Technik und deren Subdisziplinen.

Anatomie, Pathologie und Rechtsmedizin (Forensische Medizin). Diese drei Fächer haben in einem wesentlichen Teil ihrer Aufgaben mit dem Leichenwesen zu tun. Die Pathologie untersucht am toten Körper das Krankhafte und die Rechtsmedizin das Forensische (gerichtlich Relevante). Anatomie hat

Abb. 1.1 Andreas Vesal (1514–1564) von Poncet (17. Jh.) nach der Vorlage des Bildes in Vesals Werk „De humani corporis fabrica" (1543).

das Gesunde zum Gegenstand und liefert damit die Basis für das Erkennen des Anormalen. Es war Andreas Vesal (1514–1564), der Begründer der modernen Humananatomie, dessen Ziel die exakte Vorstellung des normalen Körperbaus wurde (Abb. 1.1). Da sich keine zwei menschlichen Körper exakt gleichen, ist die Frage nach der Normalität auch die Frage nach der Normvariante.

Bis in die 70er-Jahre des 20. Jahrhunderts war die Anatomie Bezugspunkt der gesamten Medizin, da sie als Teil all des Wissens angesehen wurde, das in der Medizin praktiziert wurde. Dank der Entdeckung des Blutkreislaufsystems durch William Harvey (1578–1657) wurde beispielsweise das Geschehen des Hirnschlags verständlich, ein Problem, das schon seit der Antike bekannt war. Anatomie ist in der Praxis nie ganz von Pathologie zu trennen, trotz der inzwischen klar getrennten Wege. Bei Giovanni Battista Morgagni (1682–1771) beispielsweise kann man im heutigen Sinne nicht klar erkennen, ob er eher Anatom oder eher Pathologe war. Seit Morgagni setzte sich das Konzept durch, dass Krankheit mit anatomischer Läsion verbunden ist. Rudolf Virchow (1821–1902) nannte das

100 Jahre später den „anatomischen Gedanken". Die pathologische Anatomie wurde zur Grundlage der klinischen Medizin des 19. Jahrhunderts. Nicht nur aus der historischen Begründung heraus muss die Anatomie in der Ausbildung des Mediziners immer auch mit dem Blick auf die Klinik gelehrt werden. Erst dieser Blick ermöglicht anatomisches Verständnis auf dem heutigen Niveau.

Anatomie und Klinik. Klinik meint die diagnostische und therapeutische Arbeit am Patienten auf einer Wissensbasis. Anatomie und Klinik gehören zusammen. Zitat eines pragmatischen Chirurgen: „Ein guter Chirurg braucht zu 90 % sehr gute anatomische Kenntnisse, der Rest ist Handwerk."

1.2 Anatomie früher und heute

Im anatomischen Unterricht spielt der tote menschliche Körper eine große Rolle. Der Umgang mit dem sterbenden Menschen und dem toten Körper ist in der Geschichte durch bestimmte kulturelle Regeln und von unterschiedlichen Vorstellungen über das Sterben und den Tod bestimmt.

Sofern es sich um Verstorbene der eigenen Familie oder des eigenen Volkes handelte, ist in unzähligen Quellen die Ehrfurcht gegenüber dem toten Menschen überliefert, die allerdings nicht immer den Feinden zuteil wurde. Die Unversehrtheit des Körpers galt nicht nur im Christentum, sondern auch in vielen anderen Kulturen und Religionen als eine wichtige Voraussetzung für ein Weiterleben im Jenseits. Aus diesem religiösen Grund waren anatomische Sektionen am toten Menschen über viele Jahrhunderte ein absolutes Tabu. Bis zum späten Mittelalter beruhte in der ärztlichen Ausbildung die Lehre der menschlichen Anatomie auf den Erkenntnissen aus den Sektionen von Tieren.

Vereinzelt soll es bereits in der **Antike** Humananatomie gegeben haben, doch wurden dafür nur zum Tode verurteilte Verbrecher, also Personen, die aus der sozialen Gemeinschaft ausgestoßen waren, benutzt. Sogar von Vivisektionen, d. h. Eingriffen am Lebenden, wird berichtet. Im Allgemeinen wurde in der Antike Tieranatomie betrieben, allerdings außerhalb jeglicher systematischen und allgemein verbreiteten Forschung. Die dabei gewonnenen Erkenntnisse übertrug man auch auf den menschlichen Körper. Im Zusammenhang mit

der seit der Antike jahrhundertelang vorherrschenden Humoralpathologie oder Viersäftelehre waren die anatomischen Gegebenheiten des Körpers ohne große Bedeutung für die entsprechenden Funktionsvorstellungen.

Als sich anatomische Demonstrationen langsam an den Universitäten des **Spätmittelalters** zu etablieren begannen, war die Beschaffung von Leichen ein großes Problem. In erster Linie wurde auch zu dieser Zeit auf zum Tode verurteilte Verbrecher nach ihrer Hinrichtung zurückgegriffen. In der Renaissance erhielt die Anatomie ihren mächtigen Aufschwung. Im Theatrum anatomicum kam es zu Inszenierungen über den Bau des menschlichen Körpers, die nicht nur dem Fachpublikum vorbehalten waren, sondern auch das bürgerliche Publikum der Städte anlockten. Diese inszenierten Sektionen dauerten etwa jeweils eine Woche, da dann die Verwesung der Leiche zu weit fortgeschritten war. Vereinzelt wird davon berichtet, dass nach Abschluss der Sektion beim Publikum für das Begräbnis des Sezierten Geld gesammelt wurde.

Mehr und mehr entwickelte sich ein Interesse an der Struktur und Funktion des eigenen Körpers, was auch dazu beitrug, dass Bürger ihren Körper für die anatomische Zergliederung nach ihrem Tode zur Verfügung stellten und gesetzliche Regelungen getroffen werden mussten.

Mit den mechanistischen Funktionstheorien des menschlichen Körpers im **18. Jahrhundert** und dem Durchbruch der naturwissenschaftlichen Richtung der Medizin um die Mitte des **19. Jahrhunderts** wurde der Aufschwung der anatomischen Arbeiten ununterbrochen fortgesetzt. Religiöse Gepflogenheiten und Einwände traten immer mehr in den Hintergrund. Im Rahmen dieses Säkularisierungsprozesses erfolgte eine Materialisierung des toten Menschen, welche die Gefahr barg, keine Rücksicht auf die Würde des Verstorbenen zu legen und den vergegenständlichten Körper als Ort reiner Materialanhäufung aufzufassen.

1.3 Einführung in den Präparierkurs

Der „Kursus der makroskopischen Anatomie" (oder „Anatomische Präparierübungen") ist ein wesentlicher Bestandteil der anatomischen Ausbildung und wird von den meisten Studierenden der Medizin und Zahnmedizin als die eindrucksvollste Lehrveranstaltung ihres vorklinischen Studiums angesehen.

Vor etwa 200 Jahren hat sich im anatomischen Unterricht durchgesetzt, dass die Studierenden selbst an Leichnamen präparieren; früher wurde das anatomische Wissen durch Lehrsektionen vermittelt, denen die Studierenden nur als Zuschauer beiwohnen durften. Jeder Arzt braucht für seine tägliche Arbeit fundierte anatomische Kenntnisse. Nicht umsonst heißt es in den Therapieempfehlungen z. B. der Orthopädie und Chirurgie: Das Ziel der Behandlung ist die Wiederherstellung der normalen anatomischen Verhältnisse.

Die Studierenden sehen bei ihrer ersten Begegnung mit der Anatomie zunächst bestimmt weniger das überlieferte Wissen aus mehr als 2000 Jahren Geschichte der menschlichen Anatomie als vielmehr den einzelnen Menschen, dessen Körper ihnen zum Studium und zur Zergliederung persönlich übergeben wurde. Diesem Gefühl müssen sie sich stellen, nicht nur dem Lernstoff. Der Student trifft als ersten Menschen, der ihm anvertraut wird, auf einen Toten, mit dem er sich über ein ganzes Semester oder Jahr intensiv zu beschäftigen hat.

1.3.1 Wer sind die Körperspender?

Entgegen mancher Vorstellung in Laienkreisen haben wir heute in der Anatomie keine Leichen, die eine Behörde der Anatomie zur Verfügung gestellt hat. Es sind Menschen, die sich entschieden haben, dass ihr Körper nach dem Tod der Ausbildung von Ärzten und der Wissenschaft dient. Sie treten von sich aus zu Lebzeiten an ein Institut für Anatomie heran und stellen ihren Körper durch eine schriftliche Vereinbarung mit dem Institut zur Verfügung – ohne Bezahlung.

> Wir bezeichnen in der Anatomie die toten Menschen, an denen wir präparieren, nicht einfach als Leichen und nicht als Präparate, sondern als **Körperspender** oder **Vermächtnisgeber**.

Nach dem Todeseintritt wird das Anatomische Institut von den Angehörigen, vom behandelnden Arzt oder vom Krankenhaus benachrichtigt und die Überführung des Leichnams veranlasst. Vor der Konservierung der Körperspender erfolgt eine amtliche Leichenschau. Körper von Verstorbenen mit bestimmten ansteckenden Krankheiten (Tuberkulose, Aids u. a.) sowie bei ungeklärter Todesursache werden von den Anatomischen Instituten aus Sicherheitsgründen nicht angenommen, auch nicht frisch Operierte, da hier eine vollständige Konservierung nicht sichergestellt werden kann.

In der Regel sind die Körperspender in hohem Lebensalter; sie sind eines natürlichen Todes gestorben, d.h. an einer zum Tode führenden Krankheit. Wir werden an den Körperspendern daher meist auch vielfältige pathologische Befunde erheben können und nicht nur die „normale Anatomie" vorfinden wie im anatomischen Lehrbuch oder Atlas.

An den toten Körperspendern im Präpariersaal ist nichts Makaberes. Der Umgang mit ihnen soll und darf nicht zur Inhumanität führen. Es ist ein toter Mensch, dem wir mit Achtung begegnen, dem wir als anatomische Lehrer und als Studierende dankbar für seine Körperspende sind. Viele Universitätsstädte haben auf ihren Friedhöfen eigene Gräberfelder für die Anatomie, in denen die Körperspender ihre letzte Ruhe finden, falls sie nicht in ihrem Heimatort beigesetzt werden wollten. Es zeugt von der Dankbarkeit der Studierenden, wenn, wie vielfach üblich, die Kursteilnehmer an der Gedenkfeier für ihre Körperspender teilnehmen und diese auch mitgestalten.

1.3.2 Was geschieht im Präparierkurs?

> Der erste Schritt ist die Begegnung mit dem unversehrten Körper, der mit Fixierungs- und Desinfektionsflüssigkeiten behandelt ist, damit er nicht verwest. Eine Mindestzeit von 6 bis 12 Monaten Fixierungsdauer wird eingehalten, ehe der Leichnam des Körperspenders für die Präparation freigegeben wird.

Diese Frist garantiert weitestgehend Ansteckungsfreiheit. Bei den üblicherweise verwendeten Fixierungsmitteln erhärten die Körpergewebe, sodass Haut und Muskeln viel rigider als beim Lebenden werden und passive Bewegungen der Extremitäten in den Gelenken nur noch eingeschränkt möglich sind. Die Haut erscheint wächsern-blassgelb bis grau, an den Stellen der Totenflecke dunkler.

Arbeitsschritte. Nach der ersten Inspektion des Körpers beginnt die Präparation. Zunächst wird die Haut (Epidermis und Corium) entfernt; die im Fettgewebe der Unterhaut verlaufenden Hautgefäße und -nerven werden aufgesucht. Danach wird das Hautfett restlos entfernt, um die darunter liegenden Strukturen sichtbar zu machen. Schichtweise arbeitet man sich in die Tiefe vor; es werden die

Körperhöhlen eröffnet, die Organe zuerst im Zusammenhang und später isoliert studiert. Die Extremitäten werden zumeist im Ablauf des Kurses vom Rumpf abgetrennt, damit sie von allen Seiten weiter präpariert werden können. Am Ende des Kurses ist man teilweise bis zum Skelett vorgedrungen: Gelenke sind dargestellt, Knochen sind frei zu erkennen. Am Kopf sind einzelne Knochen durchsägt worden, um in tiefere Schichten vorzudringen oder das Gehirn zu sehen und entnehmen zu können. Der Körper ist zergliedert. All dies dient dazu, den menschlichen Körper zu begreifen.

Die Arbeit im anatomischen Präparierkurs hat nur wenig gemeinsam mit der Arbeit eines Chirurgen, weder von der Präparationstechnik her noch von der didaktischen Intention: In der makroskopischen Anatomie soll die große Übersicht vermittelt werden, die jeder Arzt für seine spätere Arbeit und sein ärztliches Denken braucht. Aber schon im Präparierkurs können sich spezielle Interessen entwickeln, die später in so unterschiedliche Berufsbezeichnungen wie Fachärztin/Facharzt für Orthopädie, Kardiologie, Ophthalmologie oder Neurologie, ja sogar für Anatomie münden.

1.3.3 Rechtliche Fragen

Das Präparieren am toten Menschen wird von der Rechtsprechung als eine ärztliche Tätigkeit angesehen, die neben den in den Instituten für Anatomie, Pathologie und Rechtsmedizin beschäftigten Mitarbeitern und den in der Transplantationschirurgie tätigen Ärzten nur den zum Medizin-, Zahnmedizin- sowie Humanbiologiestudium zugelassenen Studierenden erlaubt ist.

Die Körperspender haben vor ihrem Tod die Einwilligung gegeben, dass ihr Körper zu Ausbildungszwecken zergliedert wird. Aber bereits hier gilt die durch Gesetz und ärztliche Standesverordnung festgelegte Schweigepflicht, die schon im „hippokratischen Eid" vor 2500 Jahren als Gebot für die Ärzte aufgeführt war.

Ärztliche Schweigepflicht. Sie ist in der Berufsordnung für Ärzte und im Strafgesetzbuch als Rechtspflicht aufgeführt; ihre Verletzung ist mit Strafe bedroht. Sie gilt nicht nur für alle in Heilberufen Tätigen, sondern auch für Personen, die zur Berufsvorbereitung an der berufsmäßigen Tätigkeit teilnehmen.

Das Berufsgeheimnis umfasst alles, was Ärztinnen und Ärzte bei der Ausübung ihres Berufes wahrgenommen haben, auch nichtmedizinische Belange; es muss sich also nicht um ausdrücklich anvertraute Dinge handeln.

Auch Verstorbene und ihre Hinterbliebenen haben ein schutzwürdiges Interesse, dass die Identität der Toten, vorausgegangene Krankheiten und sonstige Erkenntnisse, die erst beim Zergliedern des Leichnams gewonnen werden, gegenüber Dritten nicht genannt werden. Deshalb ist auch das Fotografieren im Präpariersaal nicht gestattet.

1.3.4 Psychische Situation

Wenngleich vor Kursbeginn nur eine Minderheit der Kursteilnehmer noch nie einen Toten gesehen hat, gaben in einer psychologisch betreuten Befragung von Kursteilnehmern doch 90 % zu, zunächst mehr oder weniger große Angst vor dem Präparieren am Leichnam zu haben. Diese Angst wird im Verlauf des Kurses immer geringer; bei Kursmitte sagten bereits 84 % der Teilnehmer, dass sie keine Angst mehr verspüren. Die einzelnen Präparierarbeiten werden unterschiedlich empfunden: Als besonders unangenehm erscheinen der erste Schnitt in die Haut, das Abpräparieren der Haut und des darunter liegenden Fettgewebes. Je weiter die Präparation fortschreitet, je mehr sich also das Erscheinungsbild des Körpers vom einstmals lebenden Menschen entfernt und zu einem anatomischen Präparat wird, das dem Bild im Anatomie-Atlas gleicht, desto größer wird das primär anatomische Interesse an den zunächst verborgenen Strukturen des Körpers. 92 % der Befragten meinten am Ende des Kurses, es sei ihnen gelungen, den Toten als Arbeits- und Studienobjekt zu begreifen, ihn als ein Studienobjekt von großer Wichtigkeit zu sehen (die Zahlenangaben sind einer wissenschaftlichen Untersuchung von Püthe 1991 entnommen).

Aber so unterschiedlich die einzelnen Teilnehmer auch auf die psychische Belastung der ersten „ärztlichen" Begegnung mit dem Menschen reagieren: Es darf nicht das Ziel des Kurses sein, eine Abstumpfung der Gefühle zu erreichen, die sich womöglich auch auf die spätere ärztliche Berufstätigkeit auswirkt. Der

Präparierkurs ist kein bloßer Pflichtkurs des Medizinstudiums, den man hinter sich bringt und nach Erhalt des Scheins „abhaken kann", sondern er ist ein wichtiger Mosaikstein des Berufsbildes, der im ärztlichen Alltag auch noch nach Jahrzehnten zur Grundlage ärztlicher Entscheidungen gemacht wird.

1.3.5 Vorbereitung auf den Kurs

Mitzubringen sind u. a. Schutzkleidung und Präparierbesteck. Im Detail wird dies in einer einführenden Vorlesung angekündigt. Da an potenziell gesundheitsgefährdendem Material gearbeitet wird (Ausdünstungen der Fixierungsmittel, nicht hundertprozentig auszuschließende Infektionsmöglichkeit), ist aus Gründen des Arbeitsschutzes eine entsprechende Schutzkleidung erforderlich (Arbeitskittel, Gummihandschuhe, evtl. Gummischürze). Nicht nur aus hygienischen, sondern auch aus ästhetischen Gesichtspunkten (man soll die Präparierkursteilnehmer in der Mensa ja nicht allein durch den Geruchssinn identifizieren können) ist diese Investition in eine zusätzliche Schutzbekleidung empfehlenswert.

Zur Vermeidung von Verletzungen mit den Präparierinstrumenten ist ein sorgfältiger Umgang mit dem Skalpell Pflicht: Messer stets in stabilen Behältern transportieren (also nicht lose in den Kitteltaschen), frische Klingen benutzen oder die Messerschneide rechtzeitig nachschärfen, um drucklos schneiden zu können; die mit Formalin fixierten Körpergewebe in der Anatomie sind relativ hart und verlangen eine ganz andere Präparationstechnik als in der Chirurgie. Einige Körperregionen (z. B. Nacken und Hinterhaupt) sind in den oberflächlichen Schichten nach der Konservierung ganz besonders fest.

Zur praktischen Präparationsarbeit braucht es Vorkenntnisse, die in der Vorbereitung auf den Kurs und kursbegleitend erworben werden müssen. In mehreren Zwischenprüfungen werden die theoretischen und praktischen Kenntnisse über die einzelnen Körperregionen kontrolliert. Ganz unabhängig davon, ob die örtlichen Vorschriften eine Eingangsprüfung zum Präparierkurs verlangen oder nicht, ist zu bedenken: Der Prüfungsstoff der Testate umfasst in einem kurzen Semester die makroskopische Anatomie des gesamten Körpers. Man sollte sich also rechtzeitig vor Kursbeginn mit dem Lernstoff vertraut machen.

1.3.6 Weiterführende Gedanken zum Präparierkurs

Der Präparierkurs hat nicht nur das Ziel, spezielle anatomische Kenntnisse des menschlichen Körpers zu vermitteln. Er ist der – oft als sehr einschneidend in das bisherige Denken der Studierenden empfundene – praktische Eintritt in den ärztlichen Berufsstand.

„Mortui vivos docent" (die Toten lehren die Lebenden) oder „Hic locus est, ubi mors gaudet succurrere vitae" (hier ist der Ort, wo der Tod sich freut, dem Leben zu helfen); so lauten einige Inschriften in anatomischen Präpariersälen, die das Selbstverständnis der klassischen Anatomie wiedergeben. Zum Nachdenken soll auch der Satz anregen: „Vivitur ingenio caetera mortis erunt" (man lebt nur durch den Geist; alles Übrige wird des Todes sein).

Der irdische Körper des Menschen, der von den Instrumenten der Präparanden zerteilt wird, behält seine Würde. Den Geist und die Seele können wir nicht sezieren oder durch das Sezieren erkennen.

Aber ein wenig vom früheren Geist des toten Menschen empfinden können die Studierenden durchaus, nämlich wenn sie nach dem Kurs bei der Beisetzung „ihrer" Körperspender teilnehmen. Ohne viele Worte wird da etwas von der Haltung des Sezierten spürbar: über den leiblichen Tod hinaus wirken, damit andere Menschen von gut ausgebildeten Ärzten geheilt werden und weiterleben können. Für die Angehörigen der Körperspender ist es ein großer Trost, wenn die Studierenden dabei sind, die den Toten zum letzten Mal sehen durften und seinen Körper von innen gesehen haben.

Dies alles kann nur angedeutet werden, denn so groß der Reichtum an anatomischen Varietäten des Körpers auch sein mag: Die Vielfalt des Denk- und Empfindungsvermögens des Gehirns des Menschen (ob es nun um die Körperspender oder die Kursteilnehmer geht) ist weitaus größer.

Man sagt, die Anatomie sei **das** oder zumindest ein Mutterfach der Medizin. Im Präparierkurs sehen die Studierenden das Ende des irdischen Lebens, im Unterricht hören sie in der Vorlesung Embryologie vom Anfang des Lebens. Im Kurs der Histologie und mikroskopischen Anatomie werden sie mit der Feinstruktur des Körpers vertraut gemacht. Über aller Fülle der Einzelheiten, die es in der Anatomie zu erlernen gilt, darf aber im Bewusstsein der

Lernenden der große Rahmen des Lebens nicht untergehen: weder der biologische Teil, der das Werden und Vergehen des Körpers unter Einschluss seiner Krankheiten umfasst, noch die psychologischen und ethischen Aspekte, die im Lernstress des Präparierkurses bisweilen verdrängt werden.

> Später, im harten Klinikalltag, ist immer wieder eine Rückbesinnung notwendig, eine Standortbestimmung, eine Überprüfung des eigenen Denkens und Urteils. Der Präparierkurs ist also wesentlich mehr als nur eine Präparierübung oder ein „Paukkurs" in Anatomie. Er öffnet die Sicht in den Menschen mit all seinen Eigenheiten.

1.4 Leichenkonservierung

> Die Konservierung dient der längeren Haltbarmachung und Lagerung des toten Körpers im Institut.

Die Leichenkonservierung besteht im Wesentlichen aus 2 Schritten:
- **Fixierung.** Durch Eiweißdenaturierung bzw. -vernetzung soll die postmortal einsetzende Autolyse vermieden werden. Die Fixierung ist also eine Methode zur Konservierung und Strukturverfestigung von Geweben und Organen im möglichst natürlichen Zustand.
- **Aufbewahrung** des Leichnams oder der Leichenteile bzw. Organe. Sie hat das Ziel, die zuvor fixierten Strukturen möglichst lange und natürlich zu erhalten.

Fixierung und Konservierung. Mit Glycerol bzw. Karion, Alkohol u.a. gemischt, ist Formaldehyd (Formalin) eine ideale Fixierungs- bzw. Konservierungsflüssigkeit. Für die Konservierung verwendet man in der Regel 8–10%iges Formalin (z.B. Gehirne), zur Aufbewahrung 4%iges Formalin.

Die Entdeckung des Formaldehyds durch den Chemiker Hoffmann (1868) brachte einen großen Fortschritt in der Konservierungstechnik. Formaldehyd wird in wässriger Lösung als Fixierungsmittel angewendet und hat ausgeprägte Vernetzungseigenschaften. Es ist ausgezeichnet konservierend, desodorierend und mikrobiozid wirksam. In höherer Konzentration ist Formaldehyd zur Konservierung ganzer Leichen bzw. Organe nicht geeignet,

da es zu stark härtet und die Gewebe brüchig macht. Bei zu geringer Konzentration insbesondere bei der Aufbewahrung der Leichen im Präpariersaal kommt es dagegen leicht zum nachträglichen Pilzbefall.

Die Fixierung der Körperspender erfolgt in zwei Abschnitten:
- **Innere Fixierung.** Zuerst wird die Fixierungs- bzw. Konservierungslösung durch die A. femoralis, A. axillaris oder A. carotis communis ein- oder beiderseits injiziert.
- **Äußere Fixierung.** Anschließend werden die Leichen in Bottichen mit Fixierungslösung oder in einem „geschlossenen Fixierungssystem" mindestens 9 Monate lang gelagert. Letzteres ist der zukünftige Standard (z.B. Thalheimer-Langzeit-Konservierungsanlage).

MAK (maximale Arbeitsplatzkonzentration)-Werte bei der Formalinexposition. Zu ihrer Einhaltung gibt es verschiedene Möglichkeiten:
- Der Formaldehydanteil soll in den Fixierungslösungen so niedrig wie möglich gehalten werden (s.o.).
- Fensterbelüftungen des Präpariersaals allein reichen nicht aus, um die MAK-Werte einzuhalten, auch nicht in Verbindung mit Ventilatoren. Günstiger, aber kostenintensiver ist der Einsatz einer Laminar-Air-Strömung mit Absaugung für jeden Tisch im Präpariersaal, die als zusätzlichen Vorteil alle anfallenden Aerosole ohne Gefährdung der beteiligten Personen entfernt. Diese Methode wird mit unterschiedlichen Varianten zukunftsbestimmend für die Einrichtung eines Präpariersaales sein. Da die Austrocknung des Materials dabei stark ist, muss eine optimale Aufbewahrung (s.u.) erfolgen.

Aufbewahrung von Leichen bzw. -teilen oder Organen. Sie erfolgt in Bottichen mit Konservierungslösung, in der Thalheimer-Wand (Konservierung und Lagerung; Kühlung), in Organtanks mit Konservierungslösung, in verschlossenen Gläsern mit Konservierungslösung zumeist in Sammlungen, in mit Konservierungslösung gefüllten Gläsern mit losem Deckel (dabei können die Präparate für Selbststudienzwecke ständig entnommen werden) oder eingeschweißt in durchsichtigen Kunststofffolien.

Die **Lagerung** von Leichen im Präpariersaal erfolgt in einem mit Konservierungslösung angefeuchteten Tuch und einer darum gewickelten Folie, sodass wir eine Art „feuchte Kammer" erhalten.

Die **Plastination** ist ein Konservierungsverfahren für verwesliche biologische Präparate, deren Strukturelemente fixiert, entwässert (vorzugsweise mit Aceton), mit Reaktionskunststoff wie Silikonkautschuk, Epoxidharz oder Polyester im Vakuum durchtränkt und anschließend gehärtet werden. Das Verfahren wurde von v. Hagens (1977) entwickelt.

Fixierung nach Thiel. Die Vorteile dieser von Walter Thiel in den frühen 1960er-Jahren entwickelten und seither ständig verbesserten Infiltrationsmethode sind: Erhaltung der Konsistenz der Körpergewebe wie beim Lebenden, Erhaltung der natürlichen Farben der Gewebe, minimale Geruchsbelästigung, unbegrenzte Haltbarkeit und Minimierung des Infektionsrisikos. Von allen Fixierungsmethoden kommt das Thiel-Verfahren den Eigenschaften eines unfixierten Körperspenders am nächsten; es eignet sich daher besonders für Anwendungen in der ärztlichen Fort- und Weiterbildung (z. B. Operationskurse). Die Methode verwendet für die verschiedenen Organsysteme über jeweils eigene Zugangswege unterschiedliche Chemikalien, wobei für das zentrale Nervensystem ein erhöhter Aufwand zu betreiben ist, um ein gutes Ergebnis zu erzielen. Eingesetzt werden hauptsächlich Phenolderivate und Ethylenglykol sowie Nitrate und Sulfite, in geringen Spuren Formaldehyd und in nicht ätzenden Konzentrationen Morpholin.

Kosten für die Köperspenden. Die Kosten für Leichentransport, Fixierung, Friedhofs- und sonstige Gebühren sowie Personalkosten liegen in der Größenordnung von 3.000–5.000 € pro Körperspende.

2 Allgemeine Anatomie

Timm J. Filler, Franz Pera, Friedrich Anderhuber

2.1 Bauplan des menschlichen Körpers

2.1.1 Unterteilung des Körpers

Der menschliche Körper besteht aus dem Stamm (**Truncus**) und zwei Paar Gliedmaßen, Arm und Bein (**Membrum superius, Membrum inferius**). Der Stamm besteht aus Kopf (**Caput**), Hals (**Collum**) und Rumpf (**Truncus im engeren Sinn**, künstlerisch der Torso). Der Rumpf gliedert sich wiederum in Brust (**Thorax**), Bauch (**Abdomen**) und Becken (**Pelvis**). Der nach hinten gerichtete Teil des Rumpfes heißt unter Einbeziehung des Nackens (**Nucha**) Rücken (**Dorsum**). Der Arm gliedert sich in den Oberarm (**Brachium**), Unterarm (**Antebrachium**) und die Hand (**Manus**). Am Bein unterscheiden wir den Oberschenkel (**Femur**), den Unterschenkel (**Crus**) und den Fuß (**Pes**). Topografisch gliedert sich der Körper in Regionen. Systematisch beschreiben wir die Organsysteme.

2.1.1.1 Orientierung am Körper

> Jede wissenschaftliche Arbeit ist auf **Eindeutigkeit** und **Verbindlichkeit** der Sprache angewiesen. Mit den anatomischen Bezeichnungen ist diese Forderung weitgehend erfüllt. Hier besteht eine hohe Übereinstimmung von Bezeichnung und Bezeichnetem.

Ein Einstieg wird durch die Begriffe für eine Lageorientierung am Körper gegeben. Hier sind verschiedene Achsen und Ebenen zu unterscheiden, die senkrecht aufeinander stehen. Es gibt 3 Hauptachsen und die durch sie definierten Hauptebenen.

Achsen (Abb. 2.1, 2.2):
- **Vertikale (= longitudinale) Achse (1).** Sie verläuft in Längsrichtung (kraniokaudal) vom Scheitel bis zur Sohle. Sie trifft senkrecht auf die Standfläche.
- **Sagittale Achse (3).** Sie zieht von hinten nach vorn (dorsoventral) durch die hintere und vordere Körperwand.

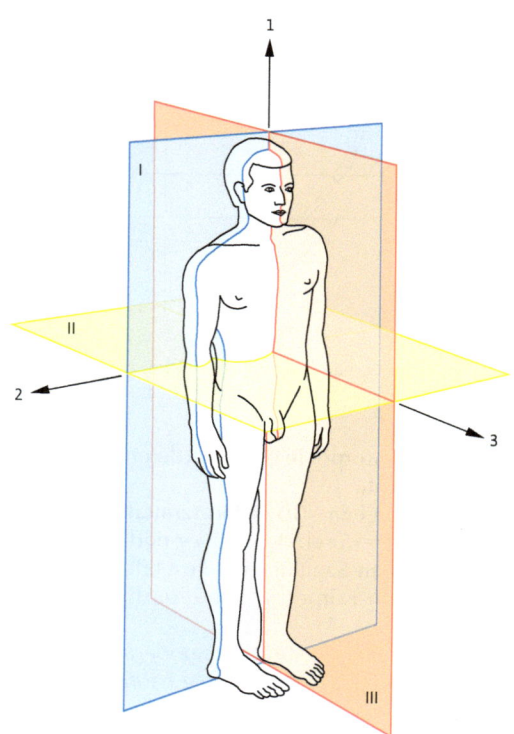

Abb. 2.1 Achsen und Ebenen im menschlichen Körper.

- **Transversale (= horizontale) Achse (2).** Sie verläuft quer von links nach rechts und verbindet entsprechende Punkte beider Körperseiten miteinander.

Ebenen (Abb. 2.1):
- **Medianebene (= Median-Sagittal-Ebene)** oder Mittelebene (III). Sie verläuft vom Rücken zum Bauch und teilt den Körper vom Kopf bis zum Fuß in zwei seitengleiche Hälften (Antimeren), deshalb auch Symmetrieachse.
- **Sagittalebene.** Sie verläuft parallel zur vorigen durch den Körper.
- **Frontalebene (I).** Sie befindet sich parallel zur Stirn. Sie steht senkrecht auf der vorigen und

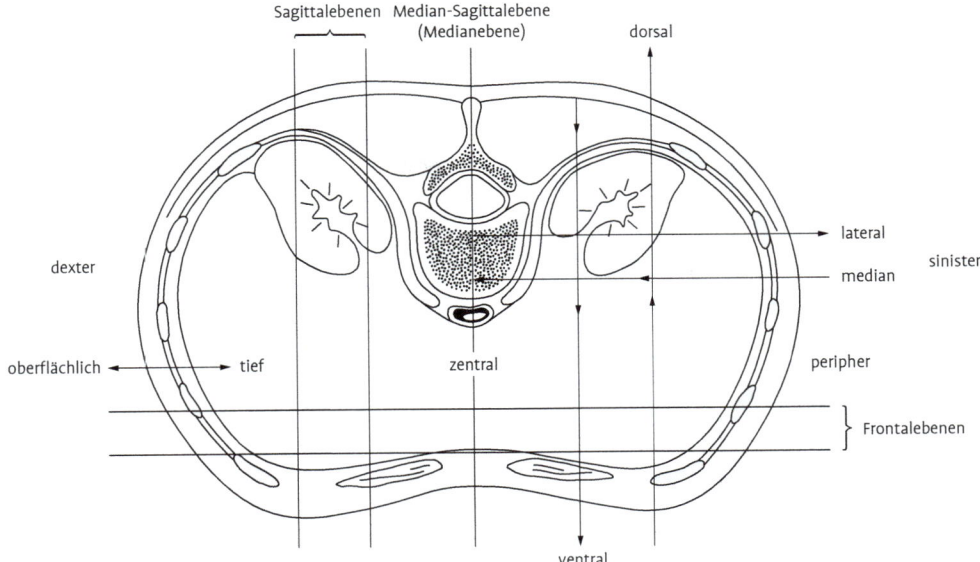

Abb. 2.2 Ausgewählte Achsen und Richtungsbeziehungen an einem Horizontalschnitt durch den menschlichen Körper.

zerlegt den Körper in einen vorderen und hinteren Abschnitt.
- **Transversalebene (II) (= Horizontalebene).** Sie verläuft quer durch den Körper und steht senkrecht auf den Sagittal- und Frontalebenen. Sie gliedert den Körper in obere und untere Abschnitte.

Die Medianebene kommt als Sonderfall nur einmal, die übrigen Ebenen beliebig häufig vor.

Richtungsbezeichnungen (Abb. 2.2). Diese sind so gewählt, dass sie unabhängig von der Lage des Menschen im Raum gültig sind. So ist beispielsweise der Kopf beim liegenden Menschen auch „oben"; „rechts" und „links" beziehen sich auf die entsprechende Seite des zu beschreibenden Sachverhalts.

- **Bezeichnungen am Rumpf**
  cranialis, e (**eingedeutscht** kranial) – schädelwärts
  caudalis, e (kaudal) – schwanzwärts, steißwärts
  superior, ius – oben, weiter oben
  inferior, ius – unten, weiter unten
  dorsalis, e (dorsal) – rückenwärts
  ventralis, e (ventral) – bauchwärts
  posterior, ius – hinten, weiter hinten
  anterior, ius – vorn, weiter vorn
  medialis, e (medial) – zur Medianebene hin, zur Mitte hin

lateralis, e (lateral) – seitlich, von der Medianebene weg
medianus, a, um (median) – in der Medianebene gelegen
dexter, dextra, dextrum – rechts
sinister, sinistra, sinistrum – links
superficialis, e – oberflächlich, oberflächlicher gelegen, der Haut näher
profundus, a, um – tief, tiefer gelegen
internus, a, um – innere
externus, a, um – äußere
centralis, e (zentral) – zum Körperinneren hin
longitudinalis, e (longitudinal) – längs verlaufend
- **Bezeichnungen an den Gliedmaßen**
  proximalis, e (**eingedeutscht** proximal) – rumpfwärts, näher zum Rumpf hin gelegen
  distalis, e (distal) – zum Extremitätenende hin, entfernter vom Rumpf
  radialis, e (radial) – speichenwärts, zur Speichenseite, Daumenseite hin
  ulnaris, e (ulnar) – ellenwärts, zur Ellenseite, Kleinfingerseite hin
  tibialis, e (tibial) – schienbeinwärts, zur Schienbeinseite, Großzehenseite hin
  fibularis, e (fibular) – wadenbeinwärts, zur Wadenbeinseite, Kleinzehenseite hin

palmaris, e (palmar) – handflächenwärts, zur Handfläche hin

dorsalis, e (dorsal) – handrückenwärts, zum Handrücken hin

plantaris, e (plantar) – fußsohlenwärts, zur Fußsohle hin

dorsalis, e (dorsal) – fußrückenwärts, zum Fußrücken hin

- **Bezeichnungen am Kopf**
frontalis, e (**eingedeutscht** frontal) – stirnwärts, in Richtung der Stirn
occipitalis, e (okzipital) – hinterhauptwärts
basalis, e (basal) – schädelbasiswärts
oralis, e (oral) – mundwärts, zum Mund gehörig
vestibularis, e (vestibulär) – (mund)vorhofwärts, im Mundvorhof gelegen
labialis, e (labial) – lippenwärts
buccalis, e (bukkal) – wangenwärts
lingualis, e (lingual) – zungenwärts
nasalis, e (nasal) – nasenwärts
temporalis, e (temporal) – schläfenwärts
palatinalis, e (palatinal) – gaumenwärts, zum Gaumen gehörig
pharyngealis, e (pharyngeal) – rachenwärts, zum Rachen gehörig
rostralis, e (rostral) – mundwärts
- **Richtungsbezeichnungen an Gebiss und Zähnen**
Fachausdrücke, die in der Zahnheilkunde der Orientierung dienen:
mesialis, e (mesial): der Medianebene (des Zahnbogens) zugekehrt
distalis, e (distal): dem hinteren Ende des Zahnbogens zugekehrt
apicalis, e (apical): an der Wurzelspitze (Apex), zur Wurzelspitze hin (auch apikal)
cervicalis, e (cervical): am Zahnhals, zum Zahnhals hin (auch zervikal)
occlusalis, e (occlusal): an der Kaufläche, zur Kaufläche hin (auch okklusal)
incisalis, e (incisal): an der Kaukante, zur Kaukante hin
approximalis, e (approximal): an der Kaufläche, zur Kaufläche hin (approximalwärts)

Bewegungsrichtungen und -bezeichnungen:
- **Gelenke der Extremitäten**
Flexion – Beugung des Rumpfes oder der Extremitäten um die transversale Achse
Extension – Streckung des Rumpfes oder der Extremitäten um die transversale Achse
Adduktion – Heranführen der Extremitäten an den Körper

Abduktion – Wegführen der Extremitäten vom Körper. Bei den Extremitäten erfolgt diese Bewegung um die sagittale Achse.
Außenrotation – Außendrehung der Extremitäten um ihre Längsachse
Innenrotation – Innendrehung der Extremitäten um ihre Längsachse
Supination – Umwendbewegung der Hand bzw. des Fußes, wobei die Hohlhand nach oben gerichtet bzw. der mediale Fußrand gehoben wird
Pronation – Umwendbewegung der Hand bzw. des Fußes, wobei die Hohlhand nach unten gerichtet bzw. der mediale Fußrand nach unten gesenkt wird
Zirkumduktion – Umführbewegung der Extremitäten
- **Kiefergelenk**
Adduktion – Heranführen des Unterkiefers an den Oberkiefer
Abduktion – Wegführen des Unterkiefers vom Oberkiefer. Beide Bewegungen erfolgen um eine transversale Achse.
Protrusion – gleichmäßige Bewegung beider Gelenkkondylen nach ventral.
Retrusion – gleichmäßige Bewegung beider Gelenkkondylen nach dorsal. Beide Bewegungen erfolgen entlang einer sagittalen Achse.
Mediotrusion – Bewegung des Unterkieferkondylus zur Mitte (Balance-, Mediotrusionsseite)
Laterotrusion – Bewegung des Unterkieferkondylus nach außen (Arbeits-, Laterotrusionsseite). Beide Bewegungen erfolgen um eine vertikale (longitudinale) Achse.

2.1.2 Gliederung des Körpers

Die **Anlage** des Menschen ist heteropolar, segmental, antimer und in dorsoventraler Richtung differenziert. Sie hat die Potenz, einen weiblichen oder einen männlichen Organismus zu bilden.

Die grundsätzlichen Charakteristika des menschlichen Körpers, die Regeln seines Körperbaus und Prinzipien seiner Gliederung nennen wir ordnende Prinzipien. Dazu gehören Polarität, bilaterale Symmetrie, Metamerie und dorsoventrale Gliederung.

Polarität. Der menschliche Körper ist polar differenziert. Damit verfügt er über eine **heteropole Hauptachse**, an der man **kranial** (kopfwärts) und

kaudal (schwanzwärts) je einen Pol unterscheidet. Senkrecht auf dieser Achse können 2 weitere Achsen errichtet werden. Die eine unterscheidet **dorsal** (rückenwärts) von **ventral** (bauchwärts), die andere rechte und linke Seite (**lateral** = seitwärts).

Bilaterale Symmetrie. Der Mensch ist, wie die meisten Wirbeltiere, bilateral symmetrisch, d. h. aus Antimeren gebaut. Unter **Antimeren** versteht man die 2 spiegelbildlich gleichen Hälften, die bei einer Schnittebene senkrecht durch die Hauptachse in dorsoventraler Richtung (**Medianebene**) entstehen. Eine genaue Analyse ergibt, dass dieses Merkmal sowohl für die Körperhälften als auch für die Extremitäten nicht streng verwirklicht ist.

- **Unpaare Organe** (Herz, Magen-Darm-Kanal, Leber, Milz, Pankreas u. a.) sind exzentrisch gelegen. Auch paarige Organe (Lungen, Nieren, Nebennieren u. a.) können eine asymmetrische Form und Lage haben.
- Die **Symmetrie** zeigt feinere Abweichungen (Stellung der Nase; Größe der Gesichtshälften; Größe der Augen; Größe, Stellung und Form der Ohren; seitliche Krümmungen der Wirbelsäule u. a.) charakterisieren das jeweilige Individuum.
- Auch die **Händigkeit** hat Symmetrieabweichungen zur Folge. Zum Beispiel haben Rechtshänder einen muskelkräftigeren rechten Arm und eine dezente Links-Skoliose (Krümmung der Wirbelsäule aus der Symmetrieebene heraus).
- Die zunehmende **Lateralisierung von Funktionen** auf eine bestimmte Körperseite im Rahmen seiner voranschreitenden Evolution ist eine weitere Besonderheit des Menschen. Händigkeit und analog Füßigkeit oder Denkprozesse (Sprache) sind beispielhaft dafür.

Metamerie. Der Mensch zeigt eine Gliederung in sich wiederholende Abschnitte längs der heteropolen Hauptachse. Diese Segmente heißen **Metamere**. Die Metamerie, deren Grundelemente die **Somiten** (Ursegmente) darstellen, ist beim Menschen nur in der Embryonalperiode eindeutig zu erkennen. Die kraniokaudal aufeinander folgenden Stücke sind zueinander homolog und bilateralsymmetrisch gebaut. Sie entstehen nicht gleichzeitig, sondern von kranial nach kaudal fortschreitend. Ausdruck der **Metamerie beim ausgebildeten Organismus** sind beispielsweise die segmental angeordneten Zwischenwirbelscheiben, Rippen, Interkostalmuskeln und einige Muskelgruppen am Rücken, Segmentalgefäße (Aa., Vv. intercostales

und lumbales) sowie Segmentalnerven (Nn. intercostales). **Nicht metamer** angelegt sind dagegen Kopf, Gehirn, Rückenmark, außerdem Leibeshöhle und Eingeweide.

Dorsoventrale Gliederung. Neben der bilateralen Symmetrie und der Metamerie gibt es eine gesetzmäßige Anordnung der Hauptorgansysteme in dorsoventraler Richtung. Dabei finden sich dorsal das Zentralnervensystem, darunter bzw. davor (bei Aufrichtung) die Wirbelsäule, die Hauptarterien, der Darm, ventral das Herz und zu beiden Seiten des Darms die Leibeshöhle, an deren dorsaler Wand beide Nieren und beide Keimdrüsen angefügt sind.

2.1.3 Geschlechtsdimorphismus

Die **komplexe Geschlechtsentwicklung** resultiert aus dem Zusammenspiel genetischer, hormoneller, somatischer und exogener Faktoren. Nicht zuletzt spielt auch die psychische Konstitution eine Rolle. **Dimorphismus** ist die Bezeichnung für das regelmäßige Auftreten von 2 unterschiedlichen Erscheinungsformen bei ein und derselben Art.

Es handelt sich um eine Sonderform des **Polymorphismus**. Bei dem Geschlechts- oder **Sexualdimorphismus** erkennt man bei der Betrachtung des Organismus oder vieler seiner Organe eine für das Weibliche und eine für das Männliche typische Gestalt (Abb. 2.3). Grundsätzlich ist die Anlage eines Organismus mit Ausnahme der Geschlechtszellen dazu in der Lage, beide Ausgestaltungen hervorbringen.

Der Geschlechtsdimorphismus des erwachsenen Menschen wird durch primäre und sekundäre Geschlechtsmerkmale bestimmt.

Primäre Geschlechtsmerkmale. Es handelt sich um die sich während der Pränatalperiode entwickelnden inneren und äußeren Geschlechtsorgane.

Sekundäre Geschlechtsmerkmale. Das sind vor allem die geschlechtsspezifischen Befunde an Körperabschnitten, die sich insbesondere durch unterschiedliche Größen- und Proportionsverhältnisse auszeichnen und mit der Pubertät entstehen.

Beim Mann sind Skelett und Muskulatur stärker ausgebildet. Der Schulterbereich ist breiter. Der

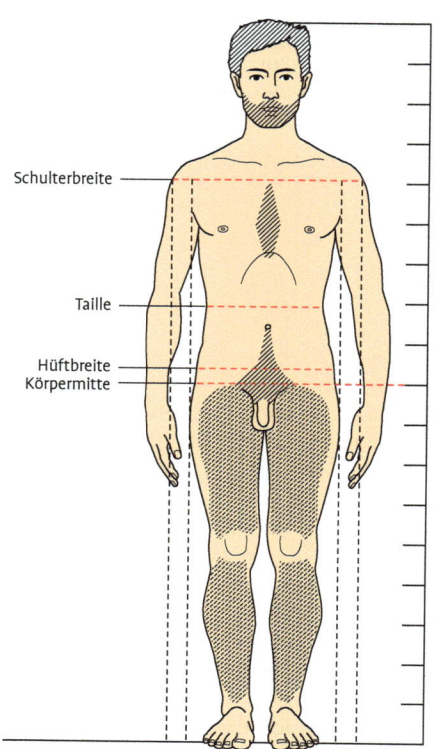
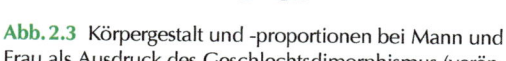
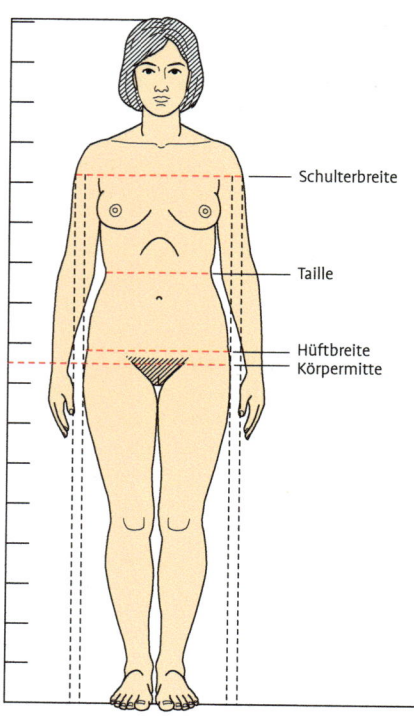

Abb. 2.3 Körpergestalt und -proportionen bei Mann und Frau als Ausdruck des Geschlechtsdimorphismus (verändert nach H. Stratz und G.-H. Schumacher). Der Behaarungsmodus ist schraffiert bzw. punktiert dargestellt.

Kehlkopf ist größer („Adamsapfel") und die Körperbehaarung intensiver.

Die Frau besitzt einen relativ langen Rumpf, breitere Hüften, geringere Schulterbreite und kürzere Gliedmaßen. Der weibliche Schädel ist kleiner, kürzer und weniger modelliert als der des Mannes. Er ähnelt mehr dem kindlichen Schädel. Das relative Hirngewicht (vor allem in Bezug auf die Anzahl der Skelettmuskelzellen) der Frau ist im Mittel größer, das absolute Hirngewicht im Mittel geringer als das des Mannes. Das vermehrte subcutane Fettpolster verleiht dem weiblichen Körper rundliche, weiche Formen. Die auffälligsten sekundären Geschlechtsmerkmale der Frau sind die Beckenmaße (Arcus pubicus) und die Brustdrüsen.

Klinik: In der Regel besteht Übereinstimmung zwischen allen an der Ausbildung des Geschlechts beteiligten Faktoren. Abweichungen dieses Zusammenspiels führen zu Störungen in der Geschlechtsfestlegung (z. B. **Intersexualität**).

2.1.4 Körperbautypen

Mit der **Typologie** wurde oft versucht, eine Korrelation zwischen körperlichen und psychischen Merkmalen herzustellen. Solche spekulativen Zusammenhänge sind mehrfach widerlegt.

Die gefundenen **Korrelationen** zwischen Morphe und Psyche sind zumeist nur über dritte Faktoren erklärlich. Hingegen können die Begriffe aus der Typologie als Deskriptoren eine orientierende Vorstellung bestimmter Konfigurierungen von Organen ermöglichen (z. B. Herzform und -lage, Thoraxform). Genauere Vorstellungen liefern allerdings Messzahlen (Halsumfang gemessen unterhalb des Kehlkopfes, Thoraxumfang gemessen am Übergang zum Processus xiphoideus, Taillenumfang gemessen zwischen Rippenbogen und Beckenkamm, Hüftumfang gemessen in der größten Ausdehnung der Glutealregion). Aufgrund der

weiten Verbreitung der Einordnung in Konstitutionstypen sind die beiden wichtigsten Einteilungen hier kurz beschrieben.

1. **Körperbautypen nach Kretschmer** (Abb. 2.4). Es werden 3 Charakterisierungen unterschieden. Nur etwa 60 % aller Individuen lassen sich den Körperbautypen nach **Kretschmer** zuordnen. Unter **Dysplastiker** fasst man unbestimmbare Individuen zusammen.

   - Der **leptosome Typ** ist hager und schlank, hat lange Gliedmaßen, ein schmales Gesicht und eine scharf vorspringende Nase. Er ist zäh und ausdauernd. Den extremen leptosomen Typ nennt man **Astheniker**.
   - Der **athletische Typ** ist mittelgroß bis hochgewachsen und besitzt starke Knochen, kräftige Gelenke und eine ausgeprägte Muskulatur. Der Brustkorb ist weit, die Schulterbreite groß. Demgegenüber erscheint das Becken verhältnismäßig schmal. Die Akren sind betont. Ein kräftiger Hals trägt einen derben, hohen Schädel. Die Haut ist dick und straff. Der athletische Typ wird auch als Mischform zwischen Leptosomen und Pyknikern angesehen.
   - Der **pyknische Typ** ist erst zwischen dem 30. und 60. Lebensjahr deutlich ausgeprägt. Kennzeichnend für ihn ist das große Volumen der Körperhöhlen und die Neigung zum Fettansatz am Rumpf. Ein breiter Kopf sitzt mit einem kurzen, dicken Hals zwischen den etwas hochgezogenen Schultern. Der Rumpf hat insgesamt oft eine „Fassform". Die Gliedmaßen sind kurz.

2. **Körperbautypen nach Sheldon** (Abb. 2.4). Es werden ebenfalls 3 Körperbautypen unterschieden. **Sheldon** leitete seine Terminologie von den 3 Keimblättern ab. Er definierte die Kombinationen der Somatypen mit Zahlenkombinationen, wobei jedes Keimblatt mit einer Ziffer von 1 bis 7 gewichtet wird, sodass für jeden Menschen ein individueller Typ bestimmt werden kann.

   - Der **ektomorphe Typ** ist schlank mit dünnen Extremitäten. Er hat einen größeren transversalen Durchmesser. Muskulatur und subkutanes Fettpolster sind gering ausgebildet (Ziffer für die Reinform: 1–1–7).
   - Der **mesomorphe Typ** ist mittelwüchsig. Er hat breite Schultern und eine stärker gewölbte Brust. Arme und Beine sind dicker (Ziffer für die Reinform: 1–7–1).
   - Der **endomorphe Typ** hat einen dicken subkutanen Fettmantel und ist durch rundliche Formen gekennzeichnet. Arme und Beine sind dicker. Der Bauch tritt stärker hervor als die Brust, der sagittale Durchmesser ist vergrößert (Ziffer für die Reinform: 7–1–1)

2.1.5 Wachstum

Wachstumsprozesse werden von genetischen, endokrinen und alimentären Faktoren sowie von Umwelteinwirkungen und pathologischen Einflüssen gesteuert und geprägt. Das Körperwachstum ist aufgrund dieser vielfältigen Einflussmöglichkeiten großen Schwankungen unterworfen.

Wachstum bedeutet in erster Linie Größenzu- oder -abnahme. Liegt ein **Positivwachstum** vor, so vergrößern sich Körper- und Organgewichte bzw. die Körperlänge. Wenn im Verlaufe des Lebens die katabolischen Stoffwechselprozesse (Abbau) überwiegen, kommt es zu regressiven Vorgängen (Rückbildungsvorgänge, z. B. Involution des Thymus nach der Pubertät). Es liegt dann ein **Negativwachstum** vor. Unter **Nullwachstum** versteht man Wachstumsstillstand.

Innere Organe unterliegen zunächst im Wachstum der **Hyperplasie** (Vergrößerung durch Zellteilung), später beruht das Organwachstum zumeist auf **Hypertrophie** (Vergrößerung durch Zellvergrößerung). Die Zellen einiger Organe wie Milz und Leber behalten ihre Zellteilungsfähigkeit.

Wachstum erfolgt durch Hypertrophie (Zellvergrößerung) oder Hyperplasie (Zellvermehrung).

- **Wachstum** ist Zunahme von Masse und (wichtiger) Oberfläche. Neben dem Körperlängenwachstum sind messbare Parameter Gewicht, Kopfumfang, Knochenkernentwicklung, Dentition sowie sensomotorische, sexuelle und psychosoziale Entwicklung.
- **Entwicklung** ist Wachstum und **Differenzierung**, d. h. Spezialisierung und Erwerb neuer und erweiterter Funktionsfähigkeit, ggf. mit Verlust anderer Fähigkeiten. Entwicklung ist auf allen anatomischen Ebenen als morphologische Differenzierung zu finden. **Reifung** stellt eine gerichtete Differenzierung dar, zumeist entsprechend einem genetischen Plan unter Einfluss äußerer Faktoren.

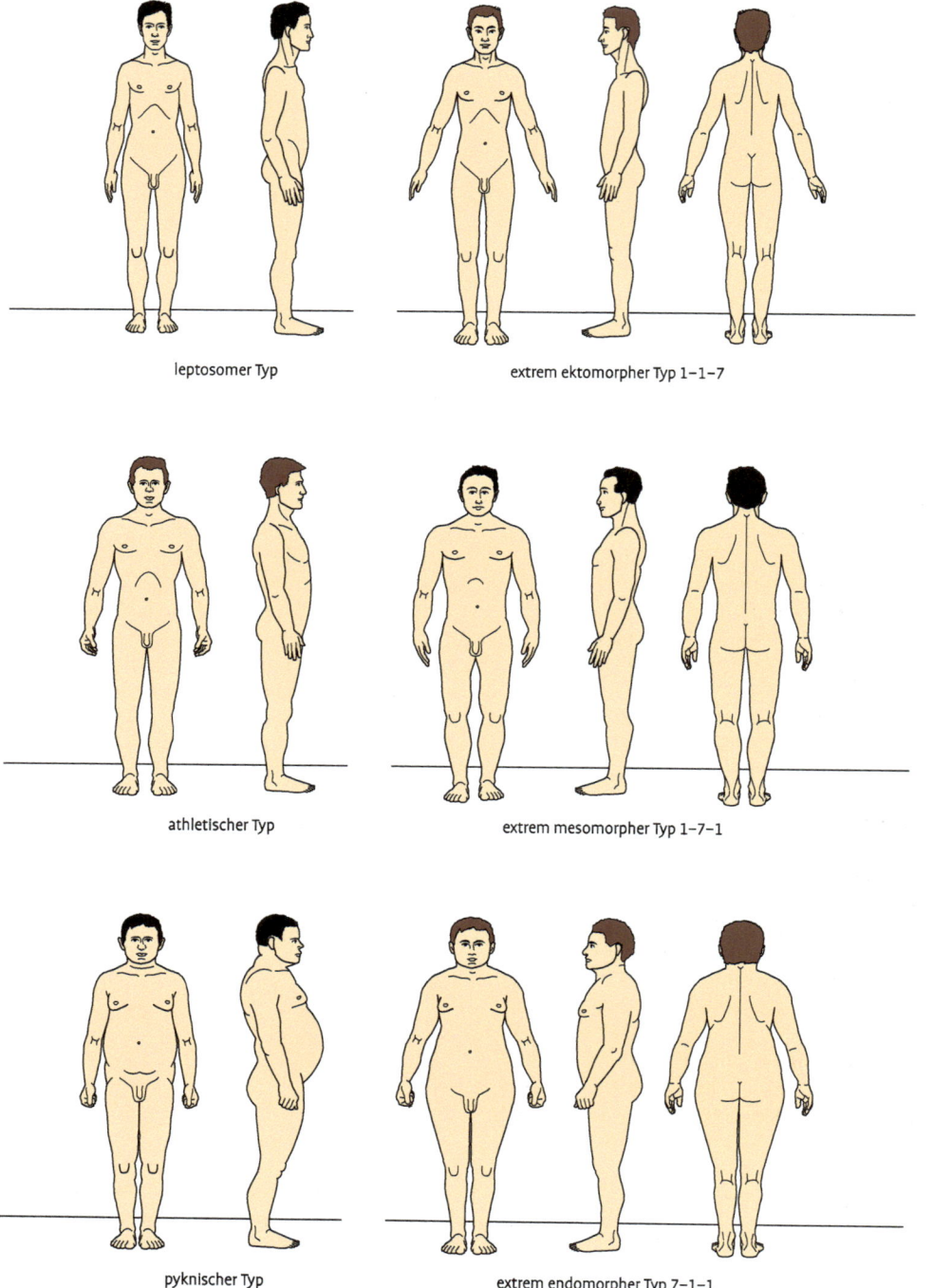

leptosomer Typ

extrem ektomorpher Typ 1–1–7

athletischer Typ

extrem mesomorpher Typ 1–7–1

pyknischer Typ

extrem endomorpher Typ 7–1–1

Abb. 2.4 Konstitutionstypen des Menschen. **Links:** nach Kretschmer (in Anlehnung an Kretschmer). **Rechts:** nach Sheldon (in Anlehnung an Sinclair).

2.1.5.1 Kindliches Wachstum und Entwicklung

> Längenwachstum, Gewichts- und Größenzunahme bilden quantitative Aspekte der körperlichen Entwicklung.

Die Wachstumsprozesse sind begleitet von einem Gestaltwandel und Verschiebung der Verhältnisse der Körperteile zueinander. Dabei sind die Streubreite der Norm und die Änderung der Größen in der Zeit ebenso wichtig wie die absoluten Größen. Die Abhängigkeit vom Lebensalter wird in **Perzentilenkurven** dargestellt. Abweichungen von mehr als dem Doppelten der Standardabweichung gelten als abnorm, aber nicht notwendigerweise als pathologisch.

Oszillierendes Wachstum. Wachstumsprozesse können sich **phasenhaft** und **rhythmisch** vollziehen. So wachsen Kinder und Jugendliche im Sommer schneller als im Winter. Man spricht von einem **Zirkannualrhythmus.** Die endogenen und exogenen Einflüsse haben je nach Altersstufe unterschiedliches Gewicht. Die Entwicklung ist letztlich die Konvergenz aus beiden.

Für die Einteilung morphologischer Entwicklungsprozesse verwendet man bestimmte Marker. Dazu gehören Teilung und Verlagerung von Nerven- und Gliazellen sowie deren Differenzierung, die Entwicklung der verschiedenen Hirnbereiche oder die Reifung komplexer neuronaler Verbände (z. B. Herausbildung des Schlaf-Wach-Rhythmus).

Körperlänge. Bis zum Abschluss des Wachstums werden rhythmische Schwankungen mit Perioden der Fülle (**Massenwachstum**) und der Streckung (**Längenwachstum**) festgestellt. In der Reifungsperiode zwischen dem 15. und 20. Jahr finden Massen- und Längenwachstum gleichzeitig, beim weiblichen Geschlecht früher als beim männlichen, statt. Innerhalb der Schwankungsbreite bei **Normalwuchs** lassen sich **Konstitutionsunterschiede** feststellen.

Die mittlere Körperlänge beträgt in Deutschland
- bei Neugeborenen
  ♂ 51,2 cm (Range 46,3–55,8 cm),
  ♀ 50,0 cm (Range 46,4–54,2 cm)
- bei 18–19-Jährigen
  ♂ 176 cm (Range 160–190 cm)
  ♀ 164 cm (Range 150–175 cm).

> Als Faustregel gilt, dass ein Säugling sein Geburtsgewicht nach 5 Monaten verdoppelt und nach 12 Monaten verdreifacht hat. Die Körpergröße eines Knaben beträgt mit 2 Jahren etwa 50 % der definitiven Größe (♂ 89 cm, ♀ 87 cm).

Kopfumfang. Die Größe des Schädels ist bei Neugeborenen eine wichtige Messgröße und wird anhand des Kopfumfanges in Höhe der stärksten Ausdehnung des Hinterhauptes bestimmt. Er beträgt zur Geburt um die 34 cm, im 3. Lebensjahr bei Jungen 51 cm und bei Mädchen 50 cm, bei 18–19-Jährigen entsprechend 58 cm bzw. 55 cm.

Akzeleration. Die Akzeleration ist eine Wachstumsbeschleunigung, die seit Mitte des 19. Jahrhunderts in Europa bei Kindern und Jugendlichen aller Altersklassen beiderlei Geschlechts beobachtet wird. Sie betrifft die gesamte körperliche Entwicklung (Zunahme der Endgröße, größeres Geburtsgewicht, beschleunigtes Wachstumstempo = **Wachstumsakzeleration**) und die sexuelle Reifung (Vorverlegung der Pubertät = **Entwicklungsakzeleration**). Es wird allgemein angenommen, dass die Verbesserung der Lebensbedingungen und des sozialen Umfeldes eine entscheidende kausale Rolle spielen und sich positiv auf den Organismus auswirken; ebenfalls soll sich die sog. **Urbanisation,** die Einflüsse des städtischen Lebens auf die Kinder, bemerkbar machen.

Pubertätsakzeleration. Bei Mädchen und Knaben ist das Längenwachstum bis zum 10. Lebensjahr etwa gleich, wobei jedoch Knaben von Geburt an durchschnittlich etwas größer sind als Mädchen. Mit Beginn der Pubertät kommt es zu einem Pubertätswachstumsschub (Pubertätsakzeleration), der bei Mädchen früher einsetzt. Da das Längenwachstum bei Knaben länger (20 Jahre) anhält als bei Mädchen (18 Jahre), übertrifft die endgültige Körperhöhe der Männer die der Frauen. Durchschnittlich sind Frauen etwa 12 cm kleiner als Männer. Die angegebenen Werte beziehen sich alle auf Europa.

Knochenkernentwicklung. Ein wichtiger Indikator und Vergleichsmaßstab für **Entwicklungsprognosen** ist die Knochenkernentwicklung. Diese kann radiologisch bestimmt werden. Anhand von Atlanten lassen sich in Abhängigkeit vom Alter mit großer Vorhersagegenauigkeit die Endgrößen von Kindern bestimmen. Typischerweise wird die Handwurzel als Stelle geringer Strahlenempfindlichkeit

bei großer Knochenzahl auf kleinem Raum für die Analyse gewählt.

Dentition. Siehe Kap. 6.14.1.3.

2.1.5.2 Wachstum auf Organ- und Zellebene

> Die Wachstumsprozesse können abhängig von der jeweils hauptsächlich treibenden Kraft von unterschiedlichem Charakter sein.

Proportionsverschiebungen. Während des Wachstums unterliegt der menschliche Organismus zahlreichen Proportionsverschiebungen. Die Ursache liegt darin, dass einzelne Körperabschnitte und Organe diskontinuierlich, also mit unterschiedlicher Geschwindigkeit wachsen. Daraus resultieren Veränderungen ihrer relativen Größe. Ein wichtiges Beispiel ist die **Kopfhöhe:** Beim Erwachsenen entspricht sie einem Achtel der Körperlänge, beim 6-jährigen Kind etwa einem Sechstel, beim Neugeborenen dagegen einem Viertel (Abb. 2.5).

Anpassungswachstum. Von dem vorher beschriebenen Körperwachstum unterscheidet man das Anpassungswachstum. Dieses tritt auf, wenn sich ein Organ an bestimmte Funktionszustände anpassen muss. Man differenziert dabei zwischen einem **funktionellen** (mit vorhandenen Strukturen mehr zu leistende Arbeit), einem **strukturellen** (Vergrößerung und Vermehrung spezifischer Organbau-

Tab. 2.1 Ausgewählte Lebenszeiten von Zellen

Zelle/Gewebe	Mittlere Lebenszeit
Granulozyt, Monozyt	1–1,4 d
Dünndarmepithel	1,4 d
Colonepithel	6–10 d
Alveolarepithel	8,1 d
Leberepithel	10–20 d
Lymphozyt	10–100 d (Jahre)
Epidermis	19 d
respiratorisches Epithel (Trachea)	48 d
Urothel	67 d
Erythrozyt	120 d
Osteozyt	25–30 a
Nierenepithel	kaum Mauserung
Neuron	kaum Mauserung
Myozyt (Skelettmuskel)	kaum Mauserung
Oozyt	kaum Mauserung
Gld. sudorifera	kaum Mauserung
Haarfollikel	kaum Mauserung

steine) und einem **biochemischen** (durch Hormone ausgelöste Wachstumsvorgänge) **Anpassungswachstum.** Ein typisches Beispiel für ein Anpassungswachstum ist das Sportlerherz, das den erhöhten Kreislaufleistungen Rechnung tragen muss (Herzmuskelhypertrophie).

Mauserung. Ein ständiger physiologischer Ersatz von Zellen im Sinne einer fortwährenden Regeneration ist bei sog. Verbrauchsgeweben (Blut, Schleimhäute, Haut, Haare, Keimdrüsen etc.) zu beobachten (Tab. 2.1). Man spricht von Mausergeweben im Gegensatz zu Dauergeweben, die durch ihre hohe Spezialisierung ihre Teilungsfähigkeit verloren haben.

2.2 Aufbau des Organismus

Die **Zelle** stellt die kleinste lebende Baueinheit dar. Verbände gleichartig differenzierter Zellen und ihrer zugehörigen Interzellularsubstanz werden unter dem Begriff **Gewebe** zusammengefasst. Es gibt vier Hauptgewebe: **Epithelgewebe**, **Binde- und Stützgewebe**, **Muskelgewebe** und **Nervengewebe**. Das Blut nimmt eine Sonderstellung ein: Seine Zellen sind innerhalb der flüssigen Phase des Blutplasmas frei gegeneinander beweglich.

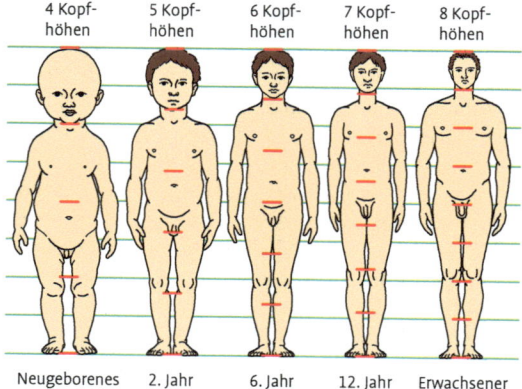

| 4 Kopf-höhen | 5 Kopf-höhen | 6 Kopf-höhen | 7 Kopf-höhen | 8 Kopf-höhen |

| Neugeborenes | 2. Jahr | 6. Jahr | 12. Jahr | Erwachsener |

Abb. 2.5 Veränderungen der Körperproportionen und der Schädelgrößen im Vergleich zum Gesamtorganismus während des Wachstums. 5 Altersstufen sind gleich groß gezeichnet (nach Stratz).

Mehrere Gewebe vereinigen sich zu einem **Organ**, das mit einer gesetzmäßig aufgebauten Form eine bestimmte Funktion verbindet. Dabei braucht die Funktion nur an eines der zum Aufbau dienenden Gewebe gebunden zu sein. Organe, die im Dienste einer gleichgerichteten Funktion stehen, werden zu **Organsystemen**, **Trakten** oder **Apparaten** zusammengefasst.

2.2.1 Die Zelle

Der Begriff **Zelle** wurde durch den englischen Botaniker R. Hooke in die wissenschaftliche Literatur eingeführt. Er berichtete 1667 über den Bau von Holundermark und Kork aus winzigen „cells". Eng verbunden mit der Entwicklung des Mikroskops vollzog sich der Erkenntnisgewinn zum Bau der Zelle. 1838 erkannte der Botaniker M. J. Schleiden die Zelle als das Grundelement des pflanzlichen Organismus. Für den tierischen Organismus bestätigte 1839 der Anatom Th. Schwann diese grundlegende Erkenntnis. Damit war eine wesentliche Grundlage für die Entwicklung der modernen Biologie geschaffen. Der Pathologe R. Virchow (1821–1902) verhalf der Zellenlehre zu einem ersten Höhepunkt. Er wies nach, dass die Zelle das kleinste selbstständig lebensfähige Formelement des menschlichen Körpers ist. Seine „Zellularpathologie" bestimmte nachhaltig die weitere Forschung.

Jede voll funktionsfähige Zelle besteht aus einem Zellkern (**Nucleus**), der in den Zellleib (**Zytoplasma**) eingebettet ist. Kernlose Zellen vermögen nur kurze Zeit die Lebensprozesse fortzuführen. Das gilt auch für die kernlosen roten Blutzellen (Erythrozyten) und die Blutplättchen (Thrombozyten) des Menschen, die beide hochspezialisierte Zellformen mit begrenzter Lebensdauer sind. Zellleib und Zellkern stellen also eine funktionelle Einheit dar.

Bei den einzelligen Lebewesen, **Protozoen**, erfüllt die eine Zelle alle für die Erhaltung des Individuums und der Art notwendigen Aufgaben. Sie nimmt die Nahrung auf, verarbeitet sie und scheidet die Schlacken aus. Sie bewegt sich in ihrer Umwelt, bildet dafür eventuell schon eine Art von Muskelfibrillen aus, nimmt die Reize der Umwelt auf, verarbeitet diese und reagiert darauf zweckentsprechend. Durch Teilung sichert sie die Erhaltung der Art. Bei den mehrzelligen Lebewesen, den **Metazoen**, kommt es zu einer Arbeitsteilung. Zur Erfüllung der spezifischen Aufgaben ist nun für den Erhalt des mehrzelligen Lebewesens die Herausbildung von speziell differenzierten Zellen und Zellgruppen erforderlich.

Lebenserscheinungen an Zellen:
- Stoffwechsel
- Bewegung
- Reizbeantwortung
- Wachstum und Vermehrung

Zelltod

Apoptose. Physiologischer Zelluntergang, von der Zelle selbst gesteuert („programmierter" Zelltod), Schädigungen der Zellumgebung sollen damit verhindert werden.

Nekrose. Pathologischer Zelluntergang, schädigende Einflüsse bringen die Zelle zum Absterben, entzündliche Umgebungsreaktionen.

Weiteres über die Zelle siehe Lehrbücher der Histologie.

2.2.2 Die Gewebe

Die vier Hauptgewebe stammen aus unterschiedlichen Anlagen, den Keimblättern. Sie entstehen als erste Zellverbände des Keimlings. Diese liegen schichtweise aufeinander und bilden die Keimscheibe, die zunächst 2, später 3 Keimblätter umfasst: **Ektoderm**, **Mesoderm**, **Entoderm**. Die Entwicklung der Keimblätter wird **Gastrulation** genannt.

Primäre Keimblätter (Abb. 2.6) sind **primäres Entoderm** und **Ektoderm**, Sie gehen aus dem Embryoblasten hervor und bilden die Keimscheibe. Das Entoderm ist der Blastozystenhöhle (später primärer Dottersack) und das Ektoderm der Amnionhöhle zugewandt. In der 3. Woche entsteht das 3. Keimblatt, das **Mesoderm**, indem Zellen aus einer Verdickung des Ektoderms (Primitivstreifen) zwischen Ektoderm und Entoderm einwandern. (Abb. 2.7) Damit wird auch das primäre Entoderm durch das definitive ersetzt.

Die Bildung von Organanlagen beruht wesentlich auf der Interaktion von Zellen verschiedener Keimblätter. Da Organe aus mehreren Geweben bestehen, können sie nicht auf ein Keimblatt zurückgeführt werden, doch gilt folgende Orientierung:
- Aus dem **Ektoderm** entstehen Gewebe zur Abgrenzung und Kommunikation mit der Umwelt: Epidermis, Nervensystem, Teile von Sinnesorganen.

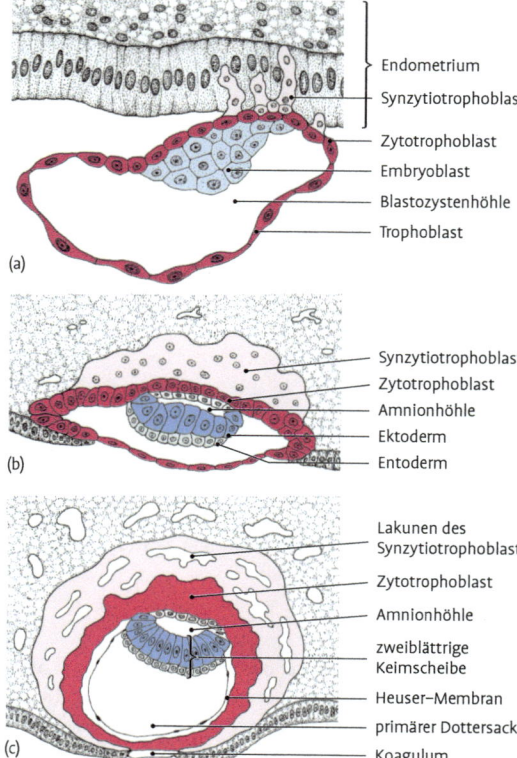

(a)

Endometrium
Synzytiotrophoblast
Zytotrophoblast
Embryoblast
Blastozystenhöhle
Trophoblast

(b)

Synzytiotrophoblast
Zytotrophoblast
Amnionhöhle
Ektoderm
Entoderm

(c)

Lakunen des
Synzytiotrophoblast
Zytotrophoblast
Amnionhöhle
zweiblättrige
Keimscheibe
Heuser–Membran
primärer Dottersack
Koagulum

Abb. 2.6 Implantation, zweiblättrige Keimscheibe (modifiziert nach J. Langman); hell-, dunkelrot: Trophoblast; blau: Embryoblast bzw. Ektoderm der zweiblättrigen Keimscheibe. **a:** Synzytiotrophoblast durchdringt endometriales Epithel; **b:** Synzytiotrophoblast im soliden Stadium; primäres Ektoderm, Entoderm sowie Amnionhöhle sind entstanden; **c:** Implantation nahezu vollendet (Koagulum), Synzytiotrophoblast im lakunären Stadium (Histotrophe), primärer Dottersack gebildet.

- Aus dem **Entoderm** werden die (ebenfalls abgrenzenden) Epithelien des Magen-Darm-Kanals mit Abkömmlingen (Bronchialbaum, Alveolarepithel) und Anhangsorganen (Drüsen).
- Aus dem **Mesoderm** entwickeln sich Gewebe für viele Organe, z. B. Binde- und Stützgewebe, glattes und quer gestreiftes Muskelgewebe und auch die serösen Häute.

2.2.2.1 Epithelgewebe

Das Epithel- oder Grenzflächengewebe bedeckt kontinuierlich die äußeren und inneren Oberflä-

chen des Körpers und stellt somit die Verbindung mit der Umwelt her. Epithelien sind in der Lage, Stoffe aufzunehmen (**Resorption**), Stoffe zu bilden und abzugeben (**Sekretion**). Sie vermitteln also den **Stoffaustausch** zwischen Körper und Umwelt und zwischen einzelnen Teilen des Körpers selbst. Zur **Reizaufnahme** ist das Epithel mit dem Nervensystem eng verbunden.

Epithelien können aus allen 3 Keimblättern entstehen: Die innere Auskleidung der Blutgefäße (Endothel) und das Epithel der serösen Häute (Mesothel) sind beispielsweise mesodermaler Herkunft.

Zell-Zell-Kontakte

Typisch für Epithelien ist ein relativ geschlossener Zellverband mit geringer Ausbildung des Interzellularraumes. Der Zusammenhalt der Zellen und die von einem Grenzflächengewebe zu erbringenden **Barriereleistungen** erfordern die Ausbildung von Zell-Zell-Kontakten unterschiedlicher Art.

Zonulae occludentes (Tight junctions). Ist eine weitgehende oder vollständige Abdichtung des Interzellularraumes zur Verhinderung von Austauschprozessen zwischen dem Interzellularraum des Epithelverbandes und dem umgebenden Extrazellularraum notwendig, so kann dies durch die Ausbildung von Zonulae occludentes erreicht werden. In einer Zonula occludens sind die Plasmalemmata der benachbarten Epithelzellen so untereinander verbunden, dass zwischen ihnen kein Interzellularraum mehr existiert.

Zonulae adhaerentes. Der mechanisch belastbaren Verbindung von Epithelzellen dienen Haftzonen (Zonulae adhaerentes). Zwischen die parallel verlaufenden Plasmalemmata ist Kittsubstanz eingelagert. An vielen Epithelien sind die Zonulae occludentes und adhaerentes hintereinander gestaffelt und bilden so **Haft- und Verschlusszonen** aus.

Desmosomen. Während sich eine Zonula adhaerens über die gesamte Zirkumferenz einer Zelle erstreckt, teilen die **Maculae adhaerentes** oder Desmosomen ähnlich gebaute punktförmige Haftplatten dar, die ebenfalls mechanisch stark belastbare Zell-Zell-Verbindungen darstellen, über die mechanische Kräfte innerhalb des Gewebsverbandes übertragen werden können. Die zwischenzellige Kittsubstanz ist für gelöste Substanzen durchgängig, sie behindert also den Stoffaustausch im Interzellularraum nur wenig.

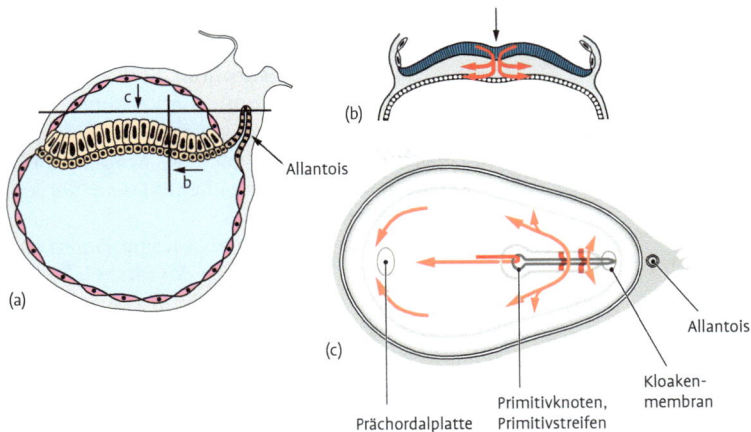

Abb. 2.7 Gastrulation (modifiziert nach J. Langman). **a:** Zweiblättrige Keimscheibe im Sagittalschnitt; Schnittebenen für (b, c) gekennzeichnet. **b:** Transversalschnitt: Rote Pfeile zeigen Wanderungsweg der Zellen des primären Ektoderms, die das Mesoderm und das definitive Entoderm bilden. **c:** Aufsicht auf das Ektoderm: Zellen verlassen durch Primitivrinne und -grube das Ektoderm und bilden zwischen diesem und dem Entoderm das Mesoderm; Prächordalplatte und Kloakenmembran bleiben Zonen mit direktem Kontakt zwischen Ektoderm und Entoderm.

Nexus. Mit der Gefrierätztechnik stellen sich Nexus (**Gap junctions**) als fleckförmige Areale mit regelmäßig angeordneten Partikeln dar. Der an diesen Stellen etwa 2 nm breite Interzellularspalt wird durch Proteine überbrückt, welche die Grundlage für Poren bilden, über die zwischen den benachbarten Zellen Ionen und niedermolekulare Substanzen ausgetauscht werden können. Auf diese Weise ist eine **elektrotonische Erregungsübertragung** innerhalb des Epithelzellverbandes möglich. Der Stoffaustausch zwischen den benachbarten Interzellularräumen wird durch Nexus nicht behindert.

Polarisierung

Für die meisten Epithelzellen ist eine **Polarisierung** nachzuweisen. So kann durch Ausbildung von **Mikrovilli** die der freien Oberfläche zugewandte Seite besonders auf Resorption spezialisiert sein. Durch Einfaltungen des basalen Plasmalemms wird mitunter eine sehr deutliche Vergrößerung der Zelloberfläche erreicht, die auf gesteigerte Austauschvorgänge hinweist.

Basallamina. An der Grenze zum Nachbargewebe bilden Epithelien regelmäßig eine Basallamina aus. An ihr können elektronenmikroskopisch eine elektronendurchlässige **Lamina rara**, die den Zellen zugewandt ist, und eine elektronendichtere **Lamina densa** unterschieden werden. Am Aufbau der Basallamina sind u. a. die Glykoproteine Laminin und Fibronektin sowie Kollagen Typ IV beteiligt, die einen feinnetzigen Fibrillenfilz bilden. Die Basallamina ist für gelöste Stoffe nahezu frei durchgängig, erst Moleküle über 10 nm werden beim Durchtritt behindert. Die Basallamina hat stabilisierende Wirkung auf das aufsitzende Epithel.

Die Einteilung der Epithelien erfolgt nach der Form ihrer oberflächlichen Zellen und nach der Beziehung der beteiligten Zellen zur Basallamina.

Einteilung

Die Epithelien können einschichtig, mehrreihig (mehrstufig) und mehrschichtig sein. Bei **einschichtigen** und **mehrreihigen Epithelien** sitzen alle Zellen der Basallamina auf. Die Zellen des mehrreihigen Epithels sind verschieden hoch. Die kürzeren erreichen die freie Oberfläche nicht. Dadurch sind auch die Zellkerne unterschiedlich weit von der Basallamina entfernt und bilden parallel zu ihr mehrere Reihen aus. Beim **mehrschichtigen Epithel** haben nur die Zellen der basalen Schicht Kontakt mit der Basallamina.

Plattenepithel. Einschichtiges Plattenepithel (Abb. 2.8 a) besteht aus polygonalen Zellen, die niedriger als breit sind. Es findet sich an inneren Oberflächen, z. B. als Auskleidung der Lungenalveolen, der Körperhöhlen und der Gefäße, die me-

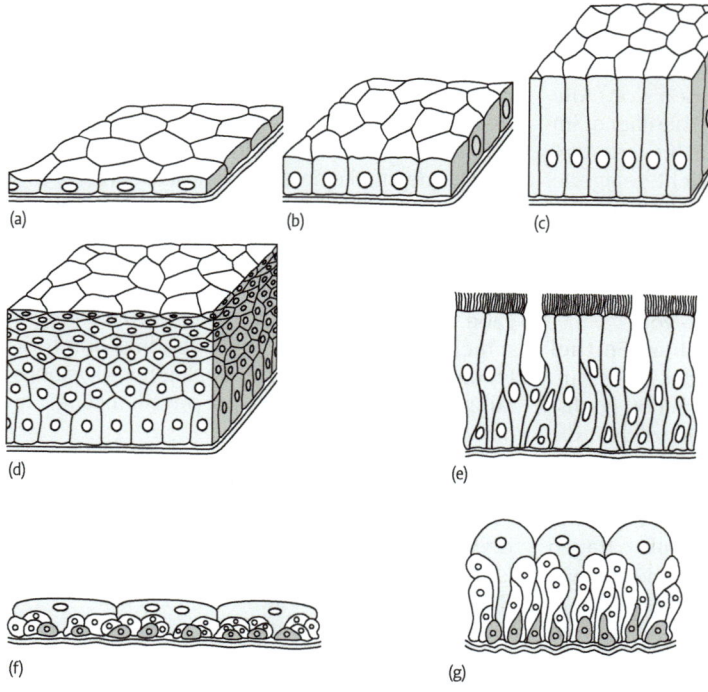

(a)

(b)

(c)

(d)

(e)

(f)

(g)

Abb. 2.8 Schematische Darstellung von Epithelformen. **a:** einschichtiges Plattenepithel, **b:** einschichtiges kubisches Epithel, **c:** einschichtiges Zylinderepithel, **d:** mehrschichtiges Plattenepithel, **e:** mehrreihiges Flimmerepithel, **f:** Übergangsepithel, gedehnt, **g:** Übergangsepithel, ungedehnt.

chanisch nicht stark beansprucht werden. Ist das Epithel besonders flach, so können die Zellkerne die freie Zelloberfläche vorwölben.

- **Endothel:** einschichtiges Plattenepithel, das die Gefäße auskleidet.
- **Mesothel:** einschichtige Auskleidung der serösen Räume des menschlichen Körpers, also der Pleura-, Perikard- und Peritonealhöhle.

Geschichtetes Plattenepithel (Abb. 2.8 d). Die basale Zelllage ist isoprismatisch oder zylindrisch (**Stratum basale** oder **cylindricum**). Von ihr aus erfolgt die dauernde Erneuerung der Zellen. Mit dem Vorrücken der Zellen gegen die äußere Oberfläche ändern die Zellen ihre Gestalt. Die folgende Zellschicht zeichnet sich durch multiforme Zellen (**Stratum spinosum** oder **multiforme**) aus, die ebenso wie die basalen Zellen durch zahlreiche Desmosomen zu einem mechanisch belastbaren Verband zusammengeschlossen sind. Die oberflächennahen Zellschichten (**Stratum superficiale**) platten immer mehr ab und geben so dieser Epithelform den Namen. Oberflächennah werden die Desmosomen instabil, und so werden die oberflächlichen Zellen fortlaufend abgestoßen. Das gegen mechanische Insulte widerstandsfähige mehrschichtige Plattenepithel findet man unter an-

derem in der Mundhöhle, in der Speiseröhre, in der Scheide und auf der Vorderfläche der Hornhaut.

Mehrschichtiges verhorntes Plattenepithel. Es ist noch höheren mechanischen Belastungen gewachsen. Bei ihm schließt sich an das Stratum spinosum eine Zellschicht an, in der die Zellen in Vorbereitung des Verhornungsprozesses Granula enthalten (**Stratum granulosum**). Mit der Verhornung verlieren die Zellen ihre Zellorganellen und letztlich auch den Zellkern. Das **Stratum corneum** ist aus leblosen Hornschüppchen zusammengesetzt, die zunächst noch durch Desmosomen zusammengehalten werden. Die Höhe der Hornschicht ist von der mechanischen Beanspruchung abhängig. Mehrschichtiges verhorntes Plattenepithel überzieht als äußerste Schicht der Haut die gesamte Körperoberfläche.

Isoprismatisches (kubisches) Epithel. Dieses steht zwischen dem Platten- und dem hochprismatischen Epithel (Abb. 2.8 b). Man findet es auf der Vorderfläche der Linse und in einigen Drüsen und Drüsenausführungsgängen.

Hochprismatisches Epithel (Zylinderepithel).
- Einschichtiges hochprismatisches Epithel (Abb. 2.8 c) ist aus Zellen zusammengesetzt, die

mit einer schmalen Basis der Basallamina aufsitzen und deren Höhenausdehnung deutlich größer ist (Abb. 2.8 e). Es kommt u. a. im Magen-Darm-Kanal und in vielen Drüsen vor. Alle seine Zellen erreichen die freie Oberfläche. Im Magen-Darm-Kanal trägt es einen Bürstensaum, der sich elektronenoptisch in dicht gelagerte Mikrovilli auflösen lässt. Er vergrößert die Resorptionsfläche der Zellen.

- **Einschichtiges hochprismatisches Epithel mit Flimmerhaaren** kommt im Uterus, in den Eileitern und in den kleinen Bronchien vor.
- **Mehrreihiges hochprismatisches Epithel** (Abb. 2.8 e): Alle Zellen sitzen der Basis auf, doch nur die längsten, die zugleich den höchsten Differenzierungsgrad zeigen, erreichen die Oberfläche. Je nach Länge der Zellen liegen die Kerne in verschiedener Höhe. Kerne der längsten Zellen haben die oberflächlichste Lage. Die bis zur Oberfläche reichenden Zellen tragen häufig einen Flimmerbesatz, so in den Atemwegen mit Ausnahme der kleineren Verzweigungen. Als zweireihiges Epithel ohne Flimmerhaare kommt es in vielen Drüsenausführungsgängen vor.
- **Mehrschichtiges hochprismatisches Epithel** (mehrschichtiges Zylinderepithel): Nur die basalen Zellen sitzen der Basallamina auf. Die oberflächliche Lage besteht aus Zylinderzellen. Es kommt relativ selten vor. Man findet es am Übergang von geschichtetem Plattenepithel zu mehrreihigem Zylinderepithel und im Scheitel der Bindehaut (Fornix conjunctivae).

Übergangsepithel. Kleidet die ableitenden Harnwege aus (Urothel) und ist in besonderem Maße an deren Volumenschwankungen angepasst. Es wird unterschieden zwischen **Basal-, Intermediär-** und **Deckzellen.** Die Letzteren sind nicht selten zweikernig, sie bilden an der Oberfläche des Epithels durch stark entwickelte Zonulae occludentes eine dichte Barriere. Im entspannten Zustand liegen die Zellkerne in 5–6 Reihen übereinander. Bei Dehnung flacht das Epithel ab und die Zahl der Kernreihen geht auf 2–3 zurück. Es tritt also eine erhebliche Verlagerung der Zellen ein (Abb. 2.8 f, g).

Differenzierungen des Epithels

Für bestimmte Aufgaben finden sich an den Epithelien besondere Oberflächenbildungen. So tragen die Zylinderzellen des Atmungsapparates (Abb. 2.8 e) **Flimmerhaare,** die alle nach einer Richtung schlagen und eingeatmete staubartige Fremdkörper wieder nach außen befördern. Das auf Stoffaufnahme, Resorption, besonders eingestellte Darmepithel trägt auf der freien Oberfläche einen aus dichtgelagerten stäbchenförmigen Mikrovilli bestehenden **Bürstensaum.** Dadurch ist für das Darmepithel eine erhöhte Resorptionsfähigkeit gewährleistet. Um die Möglichkeit der Stoffaufnahme weiter zu erhöhen, kann die Oberfläche als **Zotte** vorgebuchtet werden (Abb. 2.9).

Eine weitgehende **Einschränkung** der Stoffabgabe, insbesondere des Wassers, wird am mehrschichtigen verhornten Plattenepithel durch die Hornsubstanz erreicht, die zugleich widerstandsfähig gegen chemische und physikalische Einflüsse ist.

Die Stoffabgabe, **Sekretion,** kann durch Vergrößerung der Oberfläche erleichtert werden. Sie erfolgt durch Einsenkung des sezernierenden Epithels in die Tiefe, also in die bindegewebige Unterlage hinein, in Form von **Schläuchen** und **Bläschen** (Drüsen, s. Abb. 2.9 und 2.10).

Drüsen

Bestimmte Epithelien haben die Fähigkeit, Stoffe aus dem Blut aufzunehmen, in der Zelle zu verarbeiten, zu speichern und schließlich als spezifisches Produkt auszuscheiden. Die für jede Drüse charakteristischen Produkte werden als **Sekrete** bezeichnet, wenn sie im Organismus bestimmte Aufgaben zu erfüllen haben, als **Exkrete,** wenn sie als Stoffwechselschlacken ausgeschieden werden.

Endoepitheliale Drüsen. Die sezernierenden Zellgruppen liegen im Oberflächenepithel. Die einfachste Drüse ist die einzellige. Sie wird in Form der **Becherzelle** an vielen inneren Oberflächen des Körpers gefunden. In ihrem bauchigen, der Oberfläche zugewandten Teil speichert sie die Vorstufen des Sekretes in Form von Prämuzinkörnern oder Prosekretgranula. Der Kern liegt vom Zytoplasma umgeben im basalen Teil. Die Abgabe der Prosekretgranula erfolgt nach Anlagerung an das luminale Plasmalemm, welches eröffnet wird, sodass der Schleim ausgestoßen werden kann. Nach der Sekretabgabe wird die Integrität des Plasmalemms wiederhergestellt, und die Zelle beginnt mit der Neubildung von Sekret.

Hypo- oder exoepitheliale Drüsen. Bei Vergrößerung der sezernierenden Oberfläche finden die Drüsen im Epithel keinen ausreichenden Platz. Sie senken sich in das daruntergelegene Bindegewebe

ein. Die in die Tiefe gerückten Drüsen bilden einen ausführenden, nicht sezernierenden Abschnitt (**Ausführungsgang**) und einen das spezifische Sekret liefernden Abschnitt, **Drüsenendstück**, aus.

Exokrine Drüsen. Sie geben ihr Sekret mit oder ohne Ausführungsgang auf eine Oberfläche (z. B. Darmlumen, Haut) ab.

Endokrine Drüsen (inkretorische oder Drüsen mit innerer Sekretion). Sie geben das Sekret direkt an das Blut oder die Lymphe ab (Inkret, Hormon). Sie haben keine Ausführungsgänge.

Drüsenformen. Es gibt **einfache** (a), **verzweigte** (b) und **zusammengesetzte** (c) Drüsen (Abb. 2.10). Das sezernierende Endstück (in Abb. 2.10 punktiert) kann schlauchförmig, **tubulös** (a–d), beerenförmig, **azinös** (e), und bläschenförmig, **alveolär** (f, g), sein. Mischformen sind die **tubuloazinösen** (e) und die **tubuloalveolären** (f) Drüsen. Auch diese können wieder verzweigt und zusammengesetzt sein. Die zusammengesetzten Drüsen können Ausführungsgänge I., II. und III. Ordnung besitzen.

- **Tubulöse Drüsen** sondern meist ein dünnflüssiges Sekret ab und haben eine feine Drüsenlichtung (Lumen). Hierher gehören die Magen-, Darm-, Uterus- und Schweißdrüsen. Ihre End-

stücke können gerade verlaufen (Glandulae intestinales im Dünn- und Dickdarm) oder stark geknäuelt sein (Schweißdrüsen).
- **Alveoläre Drüsen.** Eine Reihe davon sondert ein dickflüssiges Sekret in Form von Schleim ab. Die Endstückzellen sind nicht besonders hoch, der Kern ist oft abgeplattet, das Lumen ist weit. Auch sie kommen einfach, verzweigt oder zusammengesetzt vor.
- **Gemischte Drüsen**:
  - **Tubuloalveoläre Drüsen** sind die Pylorus-, die Duodenal-, manche Schleim- und die Prostatadrüsen.
  - **Tubuloazinöse Drüsen** sind beispielsweise die Gll. sublingualis und submandibularis.

Abschnitte der zusammengesetzten Drüsen werden durch (interlobuläres) Bindegewebe zu kleineren und größeren **Läppchen** zusammengefasst. In diesen bindegewebigen Septen liegen die größeren Ausführungsgänge sowie Blut- und Lymphgefäße.

Die Drüsenzellen können das **Sekret** direkt oder mittels feiner Sekretkanälchen in das Lumen ausscheiden. Diese können zwischen benachbarten Zellen (interzellulär, z. B. Gl. parotis, Gl. lacrimalis) oder in der Zelle liegen (intrazelluläre Sekretkapillaren, z. B. bei den Belegzellen des Magens).

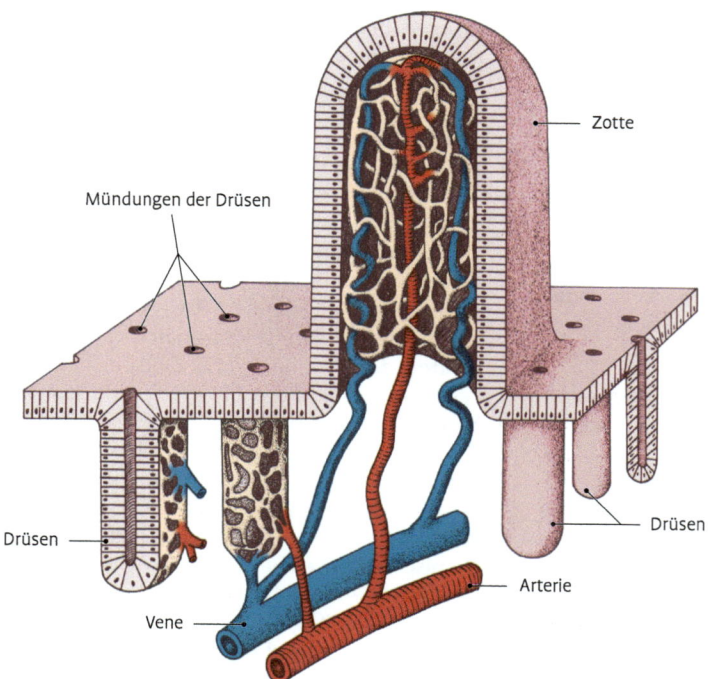

Zotte

Mündungen der Drüsen

Drüsen

Drüsen

Arterie

Vene

Abb. 2.9 Schema einer Darmzotte und mehrerer Drüsen mit Blutversorgung. Einschichtiges Zylinderepithel bedeckt die gesamte Oberfläche.

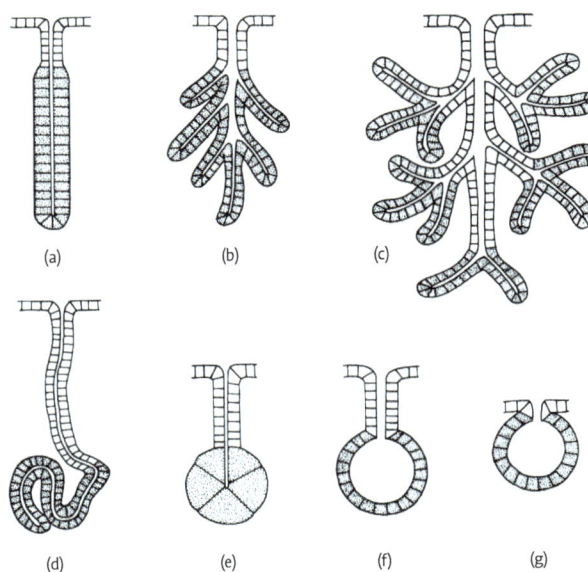

(a)   (b)   (c)

(d)   (e)   (f)   (g)

Abb. 2.10 Schema der verschiedenen Drüsenformen. **a:** einfache tubulöse Drüse, **b:** verzweigte tubulöse Drüse, **c:** zusammengesetzte tubulöse Drüse, **d:** tubulöse Knäueldrüse, **e:** tubuloazinöse Drüse, **f:** tubuloalveoläre Drüse, **g:** einfache alveoläre Drüse. Die sezernierenden Abschnitte sind punktiert.

Die Drüsenzellen werden durch eine Basalmembran vom umliegenden Bindegewebe getrennt. Zwischen den sezernierenden Endstücken mancher Drüsen (z. B. der apokrinen Schweißdrüsen, der Speicheldrüsen) und der Basalmembran liegen kontraktionsfähige myofibrillenhaltige modifizierte Epithelzellen (**Myoepithelzellen**). Ihre Kontraktionen dienen der **Sekretbeförderung**, indem sie die Endstücke mit ihren Fortsätzen krallenartig umfassen und ausdrücken.

Sekretbildung. Das Sekret entsteht in den Drüsenzellen über Vorstufen (**Prosekret**) in Form von membranumgebenen Körnchen und Tropfen und wandert innerhalb der Zelle zu jenem Teil, an dem die Ausscheidung (**Extrusion**) stattfinden soll (Apikal-, Marginalteil), oder es füllt die Zelle allmählich ganz aus. An der Sekretbildung sind das endoplasmatische Retikulum und der Golgi-Apparat beteiligt.

Sekretionsformen:
- Merokrine (**ekkrine**) **Sekretion:** Die Membran der Sekretvesikeln fusioniert mit dem Plasmalemm, danach Eröffnung der Vesikel und Entleerung des Sekretes in den Extrazellulärraum, ohne weitere Zerstörung von Zellbestandteilen. Die Zelle kann umgehend wieder mit der Neusynthese von Prosekret beginnen (häufigste Sekretionsform).
- **Apokrine Sekretion:** Das Prosekret wird im apikalen Teil der Zelle angesammelt und zusammen mit Anteilen des Plasmalemms abge-

schnürt. Bei diesem Sekretionsmodus, wie er in der Milchdrüse für die Abgabe des Milchfettes und in den Duftdrüsen genutzt wird, können die Drüsenzellen nach einer Regenerationsphase wieder tätig werden.
- **Holokrine** Sekretion: Im Laufe der Prosekretbildung wird der gesamte Bestand an Zellorganellen einschließlich des Zellkernes in Sekret umgewandelt. Die Zelle wird schließlich als Ganzes abgegeben.

Je nach Beschaffenheit des Sekretes werden **verschiedene Drüsen** unterschieden:
- **Seröse Drüsen** erzeugen ein dünnflüssiges, eiweißhaltiges und enzymreiches Sekret. Ihre Lumina sind eng, die kugeligen Zellkerne sind aus der Zellmitte etwas zur Basis verschoben. Die Zellgrenzen sind schwer zu erkennen, das Zytoplasma ist apikal granuliert. Zwischen den Zellen liegen interzelluläre Sekretkanälchen (**Sekretkapillaren**). Seröse Drüsen sind: Ohrspeicheldrüse, Pankreas, Tränendrüse, EBNER-Spüldrüsen.
- **Muköse Drüsen** erzeugen einen zähflüssigen Schleim. Ihre Lichtungen sind relativ weit, das Zytoplasma erscheint wabig. Die platten Zellkerne liegen im basalen Teil der Zelle. Rein muköse Drüsen sind z. B. die Gll. palatinae.
- **Gemischte Drüsen** bestehen aus nebeneinander liegenden serösen und mukösen Endstücken, die ungleichmäßig verteilt sein können. So überwiegen in der Gl. submandibularis die serösen, in der Gl. sublingualis die mukösen Anteile.

Regeneration des Epithels

Bei den mehrreihigen und mehrschichtigen Epithelien erfolgt sie von den basalen Zellen aus. In den einschichtigen Epithelien werden verloren gegangene Zellen meist durch mitotische Aktivität der Nachbarzellen ersetzt. An einigen Formen, z. B. im Darm, ist die Regenerationsfähigkeit auf bestimmte Areale begrenzt. Zellverlust kann dann durch Wanderung der Zellen zum Defekt ausgeglichen werden.

Bei großen Epitheldefekten an der Oberfläche schieben sich die Nachbarzellen über den Defekt, vermehren sich durch Mitosen und epithelisieren die Wundfläche. Das Epithel ist frei von Blut- und Lymphgefäßen. Seine Ernährung erfolgt über ein interzelluläres Spaltensystem durch Diffusion aus dem umliegenden gefäßführenden Bindegewebe. Bei mehrschichtigen Epithelien kommt den basalen Zelllagen eine besondere Bedeutung zu.

2.2.2.2 Binde- und Stützgewebe

Für das Binde- und Stützgewebe ist charakteristisch, dass die **Interzellularsubstanz** eine dominierende Ausbildung erfährt. Die Zellen nehmen nur einen relativ bescheidenen Anteil am Gesamtvolumen ein (Abb. 2.11). Die Zusammensetzung und die Ausprägung der Interzellularsubstanz zeigen eine eindeutige Anpassung an die unterschiedlichen Aufgaben, welche die verschiedenen Formen des Binde- und Stützgewebes zu erfüllen haben. Anhand der Zellen und der Interzellularsubstanz unterscheidet man folgende Hauptgruppen: **embryonales** Bindegewebe oder **Mesenchym, gallertiges, retikuläres, lockeres, straffes Bindegewebe, Fett-, Knorpel-** und **Knochengewebe**.

Bindegewebe

> Diese Gewebe bestehen aus **Zellen** und **Interzellularsubstanz**. Zu den spezifischen Bindegewebszellen werden die Mesenchymzellen, Retikulumzellen und Fibroblasten gerechnet. Die Interzellularsubstanz besteht aus einem ungeformten (**Grundsubstanz**) und einem geformten Anteil, den **Fasern**. Zwei Hauptfasertypen kommen vor: kollagene und elastische Fasern. Die retikulären Fasern sind eine Sonderform der Kollagenfasern.

Embryonales, gallertiges, retikuläres Bindegewebe und Fettgewebe werden als zellreiche Formen den faserreichen Bindegewebsarten gegenübergestellt. Zusammen mit dem Chordagewebe werden Knorpel- und Knochengewebe als Stützgewebe bezeichnet.

Embryonales Bindegewebe oder Mesenchym (Abb. 2.12 a). Die Mesenchyzellen entsenden Ausläufer nach allen Seiten und nehmen Kontakt zu den Nachbarzellen auf. Auf diese Weise entsteht ein dreidimensionales Zellgitter, dessen Interzellularraum homogen erscheint und nur **ungeformte Interzellularsubstanz** enthält. Das Mesenchym ist das typische Füllgewebe des embryonalen Körpers, es bildet die Grundlage für die Entwicklung aller Arten des Binde- und Stützgewebes.

Gallertiges Bindegewebe (Abb. 2.12 b). Es ist eine Sonderform des Mesenchyms und kommt in typischer Ausbildung in der Nabelschnur vor. Die Interzellularsubstanz enthält **saure Proteoglykane** und **kollagene Mikrofibrillen**.

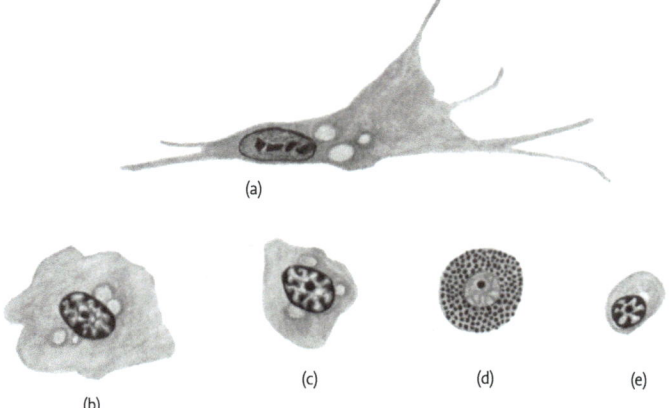

(a)

(b) (c) (d) (e)

Abb. 2.11 Zellen des lockeren Bindegewebes in schematischer Darstellung. **a:** Fibroblast, **b** und **c:** Histiozyten, **d:** Mastzelle, **e:** Plasmazelle.

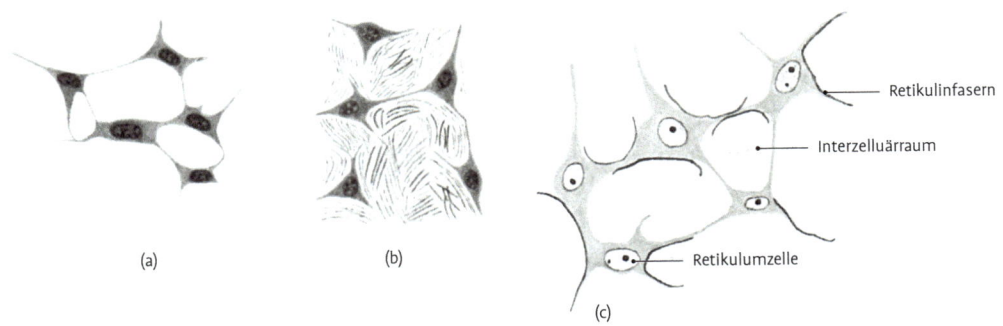

Abb. 2.12 a: Mesenchym, Vergr. 350×. **b:** Gallertiges Bindegewebe, Vergr. 350×. **c:** Retikuläres Bindegewebe, Vergr. 350×.

Retikuläres Bindegewebe (Abb. 2.12 c). Wie in den beiden vorherbesprochenen Formen bilden die Retikulumzellen ein dreidimensionales Netzwerk aus, dabei bleibt jedoch die Individualität der Einzelzellen gewahrt. Aufgrund ihrer Form werden sie als **Retikulumzellen** bezeichnet. Sie sind zur Bildung von **retikulären Fasern** befähigt, die ebenfalls ein dreidimensionales Netzwerk aufbauen und dabei an den Zellausläufern orientiert sind. Mit Versilberungstechniken gelingt es, im mikroskopischen Bild das Fasernetz darzustellen, da die Fasern ein **argyrophiles** (gr. argyros = Silber; philos = liebend) Verhalten zeigen. Das retikuläre Bindegewebe erlangt durch die Ausbildung des Fasernetzes eine gewisse mechanische Stabilität bei erhaltener Verformbarkeit. Es kann auf diese Weise als Grundgewebe im Knochenmark und in lymphatischen Organen wie Lymphknoten und Milz wirken. Es wird dort von den eingelagerten Zellen meist so überdeckt, dass es nur nach deren Entfernung überschaubar ist. Sehr häufig tritt es als Begleitgewebe von Nerven, Gefäßen und anderen Strukturen auf. So lassen sich beispielsweise die argyrophilen Fasernetze an den Harnkanälchen gut zur Darstellung bringen. Es erlangt aber auch als Verschiebeschicht, so am Darm in der Lamina propria, erhebliche Bedeutung.

Lockeres Bindegewebe (Abb. 2.13). Diese Gewebsform ist im Körper weit verbreitet. Es füllt die Räume zwischen Organen aus und dient dem Zusammenhalt von Organteilen. Im Verhältnis zu den bisher beschriebenen Bindegewebsformen enthält es bedeutende Anteile an **geformter Interzellularsubstanz**, also an **kollagenen** und **elastischen Fasern**. Die zelluläre Grundlage wird von **Fibroblasten** gebildet. Diese stehen untereinander in Verbindung

und sind als aktive Zellen ausgewiesen. Sie synthetisieren **Kollagen** vom **Typ I** (siehe Lehrbücher der Biochemie), das als Tropokollagen in den Interzellularraum abgegeben wird und dort zu kollagenen Mikrofibrillen aggregiert, welche zu **kollagenen Fasern** zusammengeschlossen werden. Als zweite geformte Interzellularsubstanz bilden die Fibroblasten elastisches Material, das von den Zellen in Form von **Elastin** und **Glykoproteinmikrofibrillen** in den Interzellularraum abgegeben wird. Dort bilden sich schließlich die reifen **elastischen Fasern**. Die elastischen Fasern sind reversibel auf das Doppelte ihrer Ruhelänge dehnbar. Fallen die sie beanspruchenden Zugkräfte weg, so verkürzen sie sich wieder auf ihre Ruhelänge. Die kollagenen Fasern sind nicht dehnbar. Im entspannten Gewebe nehmen sie bedingt durch die elastischen Fasern eine gewellte Form an, die im mikroskopischen Präparat an Haarlocken erinnert. Bei Dehnung des Gewebes werden sie gestreckt und verhindern eine Überdehnung der elastischen Fasern. Kollagene und elastische Fasern bauen im lockeren Bindegewebe eine **dreidimensionale Gitterstruktur** auf, die reversible Verlagerungen in allen Richtungen des Raumes erlaubt.

Die ungeformte Interzellularsubstanz (**Grundsubstanz**) des lockeren Bindegewebes besteht aus sauren Glykosaminoglykanen und Glykoproteinen. Sie wird ebenfalls in den Fibroblasten synthetisiert. Sie interagiert mit den Fasern und trägt zur Ausbildung von kollagenen Faserkomplexen bei. Die zahlreichen Zuckergruppen ermöglichen außerdem ein hohes **Wasserbindungsvermögen** und damit auch die Aufnahme großer Mengen an gelösten Substanzen ins Bindegewebe. Sie tragen damit wesentlich zum **Gewebsturgor** bei. Die Eigenschaften des lockeren Bindegewebes

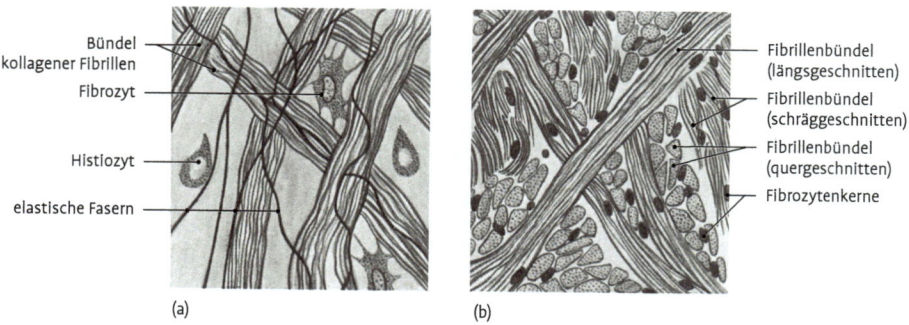

Bündel kollagener Fibrillen
Fibrozyt
Histiozyt
elastische Fasern

Fibrillenbündel (längsgeschnitten)
Fibrillenbündel (schräggeschnitten)
Fibrillenbündel (quergeschnitten)
Fibrozytenkerne

(a) (b)

Abb. 2.13 Faserreiches Bindegewebe. **a:** lockeres Bindegewebe, **b:** straffes netzartiges Bindegewebe.

sind ganz wesentlich durch die Volumenanteile an geformter und ungeformter Interzellularsubstanz bestimmt. Da im Alter sowohl die elastischen Fasern als auch die ungeformte Grundsubstanz vermindert sind, verliert das lockere Bindegewebe an Elastizität und Turgor.

Aufgrund seiner Eigenschaften eignet sich das lockere Bindegewebe für die verschiebliche Verbindung von Organen und Organstrukturen, es stellt den größten Teil des **interstitiellen Bindegewebes** (Stroma) der Organe und des Begleitgewebes von Nerven und Blutgefäßen.

Neben Fibroblasten als ortsständigen oder fixen Zellen kommen im lockeren Bindegewebe verschiedene Formen „freier" Zellen vor (s. Abb. 2.11) Diese Zellen sind nicht ortsgebunden. Sie wandern aus den Gefäßen in das Gewebe ein und können es auch wieder verlassen:

- **Histiozyten** stellen die größte Zellform dar. Sie wandern als **Monozyten** aus dem Blut in das Gewebe ein und werden in wechselnder Zahl und Form angetroffen. Zum Teil sind sie abgerundet („ruhende Wanderzellen"), zum Teil zeigen sie zahlreiche Fortsätze, wenn sie sich auf entsprechende Reize hin amöboid bewegen. Histiozyten besitzen eine ausgeprägte **Phago- und Pinozytosebereitschaft** (**Makrophagen**). Ihre Phagozytoseaktivität wird auch zum Nachweis im histologischen Präparat genutzt. Angebotene Farbstoffe, z. B. Trypanblau, werden rasch aufgenommen und markieren die Zellen. Die Histiozyten sind dem **Monozyten-Makrophagen-System** zuzurechnen.
- **Mastzellen** oder **Gewebsbasophile** sind zumeist rundlich, oval oder spindelförmig. Gelegentlich bilden sie auch lange Ausläufer. Oft liegen sie in der Nähe von Blutgefäßen. Sie enthalten

zahlreiche Granula, die sich mit basischen Farbstoffen metachromatisch färben. In den Granula wird **Heparin** gespeichert, ein sulfatiertes Glykosaminoglykan, welches hemmend auf die Blutgerinnung wirkt. Außerdem kommt in ihnen **Histamin** vor, ein Gewebshormon, welches Kapillaren weit stellt und deren Durchlässigkeit erhöht.

- Außerdem werden im lockeren Bindegewebe in unterschiedlicher Anzahl regelmäßig **neutrophile** und **eosinophile Granulozyten** sowie **Lymphozyten** und **Plasmazellen** angetroffen. Näheres siehe Histologie-Lehrbücher.
- **Chromatophoren** oder **Pigmentzellen** sind in einigen Anteilen des lockeren Bindegewebes anzutreffen. Sie entstammen ursprünglich dem Neuralleistenektoderm. Sie besitzen die Fähigkeit zur **Melaninbildung**, eines Pigmentes von schwarzbrauner Eigenfarbe.

Straffes Bindegewebe. In dieser Bindegewebsform treten die geformten Bestandteile der Interzellularsubstanz, also **kollagene** oder **elastische Fasern**, in den Vordergrund. Sie nehmen den größten Volumenanteil ein. Die Fibroblasten, also die zelluläre Komponente, tritt demgegenüber zurück. Die funktionelle Beanspruchung bestimmt die Anordnung der Fasersysteme und den Mengenanteil an kollagenen bzw. elastischen Fasern.

Wirken die Zugkräfte aus verschiedenen Richtungen auf das straffe Bindegewebe ein, so erfolgt eine **geflechtartige** Anordnung der Fasern in Form eines Scherengitters. Bei den formstabilisierenden **Muskelfaszien** und **Organkapseln** dominieren die kollagenen Fasern, ebenso in den **Aponeurosen**. Das gemischte Vorkommen von kollagenen und elastischen Fasern im straffen Bindegewebe er-

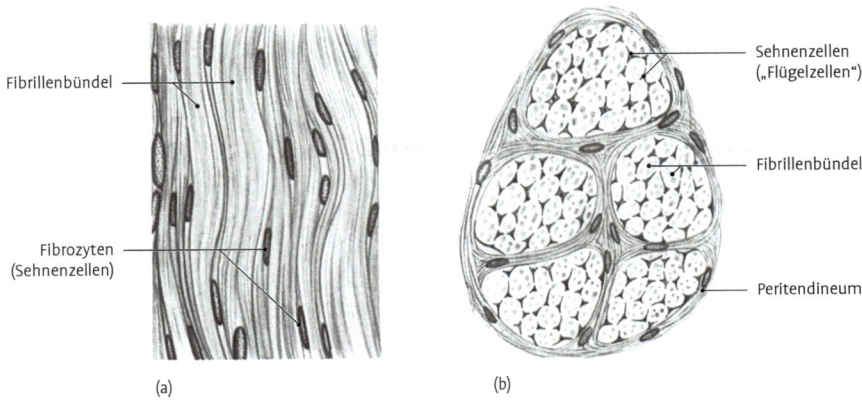

Fibrillenbündel

Fibrozyten
(Sehnenzellen)

(a)

Sehnenzellen
(„Flügelzellen")

Fibrillenbündel

Peritendineum

(b)

Abb. 2.14 a: Längsschnitt einer Sehne, Vergr. 500×; **b:** Querschnitt einer Sehne, Vergr. 300×.

laubt zusätzlich eine reversible Formveränderung. Eine solche Bauweise wird in der **Lederhaut** angetroffen. Ähnlich verhalten sich Hüllen von Organen mit stark wechselndem Volumen (z. B. Pleura pulmonalis). Die kollagenen Fasern wirken einer Überdehnung entgegen, während die elastischen die Rückführung in die Ruhelage bewirken. Eine einseitige Zugbelastung führt zu einer **parallelen** Anordnung der Fasersysteme. Sie ist bei Sehnen und Bändern ausgeprägt. Die Zellen und ihr Kern erscheinen im Längsschnitt lang ausgezogen, im Querschnitt (Abb. 2.14) haben sie ein sternförmiges Aussehen. Sie werden als **Tendozyten** oder auch häufig als **Flügelzellen** (**Pterygozyten**) bezeichnet, weil sie mit flügelförmigen Fortsätzen den Raum zwischen den Faserbündeln ausfüllen.

Geringe Anteile an elastischen Fasern führen im Ruhezustand einen gewellten Verlauf der kollagenen Fasern herbei und verhindern die ruckartige Übertragung der bei der Muskelkontraktion auftretenden Kräfte auf den Knochen.

In den sog. **gelben Bändern** (Ligamentum nuchae, Ligamenta flava) stellen die elastischen Fasern den größten Volumenanteil. Die in ihnen ebenfalls vorkommenden kollagenen Fasern wirken einer Überdehnung entgegen. Innerhalb des parallelfaserigen Bindegewebes übernimmt lockeres gefäßführendes Bindegewebe Versorgungsaufgaben und ermöglicht die Verschieblichkeit von Gewebskomponenten gegeneinander.

Fettgewebe

Nach der Verteilung der Fette innerhalb der Zellen wird zwischen weißem bzw. univakuolärem und braunem bzw. multivakuolärem Fettgewebe unterschieden.

Weißes oder univakuoläres Fett. Die Zellen dieses Fettgewebes (**Adipozyten**) enthalten einen großen Fetttropfen, der das Zytoplasma mit den Zellorganellen und dem Zellkern an das Plasmalemm verdrängt. Die Aufnahme der Fette erfolgt entweder in Form von Fettsäuren und Glyzerol über Pinozytose, wobei die Anteile über das Blut angeflutet werden, oder der Adipozyt synthetisiert Fettsäuren und Glyzerol aus Glukose neu. Die aufgenommenen oder synthetisierten Fette bilden zunächst kleine Fetttröpfchen, die zu einer einzigen großen Fettvakuole verschmelzen. Wenn unter Bedingungen des Energiebedarfes der Körper auf die Fettdepots zurückgreift, so werden im Adipozyten kleine Fetttröpfchen ausgegliedert, das Fett am Plasmalemm in Glyzerol und Fettsäuren aufgespalten und über den Interzellularraum in das Blut abgegeben. Nicht jedes weiße Fettgewebe entspeichert bei Kalorienmangel in gleicher Weise. Dem verhältnismäßig abgabebereiten **Speicherfett** steht das sogenannte **Baufett** gegenüber, das nur unter extremen Hungerbedingungen abgebaut wird (z. B. Fettgewebe an Hand- und Fußsohle, retrobulbäres Fettgewebe der Orbita, Bichat-Wangenfettpfropf u. a.). Jeder Adipozyt wird von einer Basallamina umgeben, in die von außen retikuläre Fasern einstrahlen.

Bei üblicher Herstellung mikroskopischer Präparate wird das Fett aus den Zellen durch fettlösende Substanzen (Alkohol, Äther, Xylol) herausgelöst. Der herausgelöste große Fetttropfen hinterlässt in der Zelle eine einzige große Vakuole, die vom randständigen Zytoplasma und dem Kern

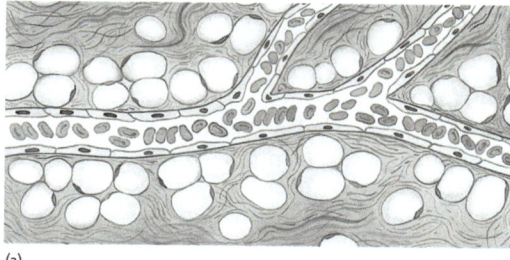

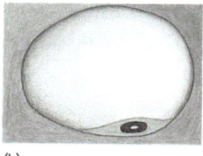

(a)

(b)

Abb. 2.15 a: Den Blutgefäßen anliegende Fettzellen aus dem großen Netz des Menschen. **b:** Stärker vergrößerte univakuoläre Fettzelle („Siegelringzelle").

umgeben wird („Siegelringzellen", Abb. 2.15). Das Fettgewebe zeigt eine **sehr gute Gefäßversorgung**, diese ist die Basis für einen ständigen Umbau des Fettgewebes auch bei ausgeglichenem Kalorienangebot durch die Nahrung. In der Umgebung der Gefäße enthält der Interzellularraum kollagene Fasern und reichlich Grundsubstanz. Diese bedingt ein beträchtliches **Wasserbindungsvermögen** und seine Bedeutung für den Wasser- und Salzhaushalt des Körpers. Die Adipozyten sind zu **Fettläppchen** zusammengeschlossen. Jedes Fettläppchen hat seine eigene Gefäßversorgung und wird von kollagenen Faserzügen umschlossen, die bei mechanischer Belastung zwar eine Verformung zulassen, aber nach Wegfall der deformierenden Kräfte für eine Rückkehr zur Ausgangsform sorgen. Das Fettgewebe übernimmt so Polsterfunktion im Körper. Die größeren Blutgefäße verlaufen in lockeres Bindegewebe eingebettet in den Zwickeln zwischen den Fettgewebsläppchen.

Braunes oder plurivakuoläres Fett. Die Fette sind stets in vielen kleineren Vakuolen in den Zellen verteilt. Der Zellkern liegt zumeist zentral. Im Zytoplasma findet man zahlreiche Mitochondrien mit gut ausgebildeten Cristae mitochondriales. Dieses Gewebe ist weit besser mit Nerven und Gefäßen versorgt als das weiße Fettgewebe. Es ist insbesondere beim Neugeborenen und jungen Säugling durch schnelle Energiebereitstellung an der **Thermoregulation** beteiligt.

Stützgewebe

Knorpelgewebe. Das menschliche Skelett wird embryonal in großen Teilen knorpelig angelegt. Aus dem Mesenchym entsteht zunächst eine Anhäufung von Zellen. Die glykogenreichen Zellen liegen dicht beieinander. Mit der Bildung von Interzellularsubstanz rücken diese Blastemzellen auseinander. Schwach basophile Grundsubstanz und kollagene Fibrillen umschließen im Vorknorpel die Höhlen mit den teilungsfähigen Zellen, die man nun als **Chondroblasten** bezeichnen kann. Der sehr zellreiche **Vorknorpel** verändert sein Aussehen durch zunehmende Produktion von Interzellularsubstanz und durch Mitosen, bei denen die Tochterzellen zunächst in einer **Knorpelhöhle** verbleiben und später durch Abgabe von Grundsubstanz und kollagenem Fasermaterial Trennwände aus Interzellularsubstanz zwischen sich aufbauen. Im Inneren des Knorpels werden Zellgruppen aufgebaut, die durch größere Anteile der Interzellularsubstanz mit höherem Faseranteil voneinander getrennt werden. Während der Entwicklung erfolgt das **Knorpelwachstum** also zum Teil **interstitiell** bzw. intussuszeptionell. An der Oberfläche des knorpeligen Skelettstückes differenziert sich unterdessen das **Perichondrium** (Knorpelhaut). Sein dem Knorpel anliegendes **Stratum generativum** ist mitotisch aktiv. Die dort vorhandenen Chondroblasten sorgen mit ihrer Vermehrung für das **appositionelle Wachstum** des Knorpels, in dem die Tochterzellen nach allen Seiten ungeformte Grundsubstanz und kollagene Fasern bilden und sich damit in ihre Knorpelhöhlen einschließen. Das knorpelferne **Stratum fibrosum** des Perichondriums ist nerven- und gefäßhaltig, erfüllt also Aufgaben bei der Ernährung des Knorpelgewebes, das im erwachsenen Organismus gefäßfrei ist. Zum anderen ist es für die Biegefestigkeit und für die Verankerung der Fasersysteme des Knorpels von ausschlaggebender Bedeutung. Die nicht vom Periost überzogenen Gelenkknorpel werden von der **Gelenkschmiere** (**Synovia**) ernährt. Die Regenerationsfähigkeit des Knorpelgewebes ist beim Erwachsenen eingeschränkt.

- **Hyaliner Knorpel** (Abb. 2.16 a). Er kommt im Respirationsapparat (Nase, Kehlkopf, Luftröhre, große Bronchien), in den Wachstumsfugen (Epiphysenfugen), als Rippen- und Gelenkknorpel vor. Hyaliner Knorpel ist schneidbar, elastisch, weniger zugfest ($0,35$ kp/mm^2) als druckfest (1 bis 2 kp/mm^2). In dünner Lage ist er durchscheinend (gr. hyalos), in dicker bläulich-weiß.

Die flüssigkeitsreichen Knorpelzellen, **Chondrozyten**, enthalten Glykogen. Sie liegen einzeln, zu zweien oder in größeren Gruppen in Höhlen der Interzellularsubstanz, den Knorpelhöhlen. Zwei oder mehr in einer Knorpelhöhle liegende Zellen sind durch Teilung aus einer Zelle hervorgegangen (**isogene Zellen**).

Die Knorpelzellen umgibt ein stark **basophiler Knorpelhof**, in dem die stark basophile Grundsubstanz im Interzellularraum dominiert. Jede Knorpelzelle ist in der Interzellularsubstanz mit einer Wicklung zugfester, kollagener Fibrillen umgeben. Zwei oder mehr Zellen werden durch ähnliche Wicklungen zusammengefasst, mehrere Zellen wiederum durch neue Wicklungen. Es entstehen dadurch kugelartige, druckelastische Polster, die den **Chondronen** entsprechen (Knorpelkugeln, **Territorien**, Abb. 2.16 b). Nahe der Knorpeloberfläche biegen die kollagenen Fibrillen bogenförmig um und bilden die tangential verlaufenden Fasern des Perichondrium. Zwischen den Chondronen, in der weniger basophilen **interterritorialen** Grundsubstanz, liegen durchlaufende Züge kollagener Fibrillen.

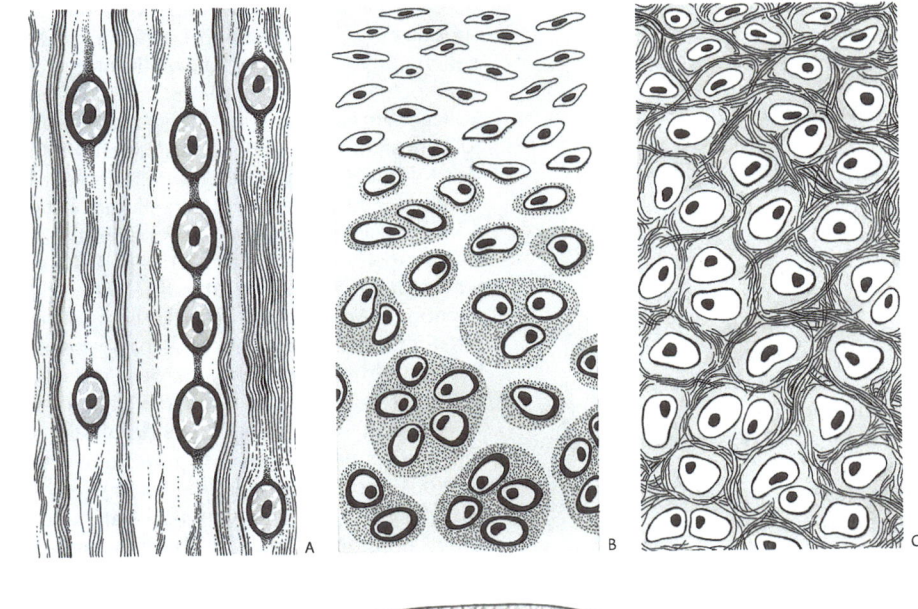

(a) A B C

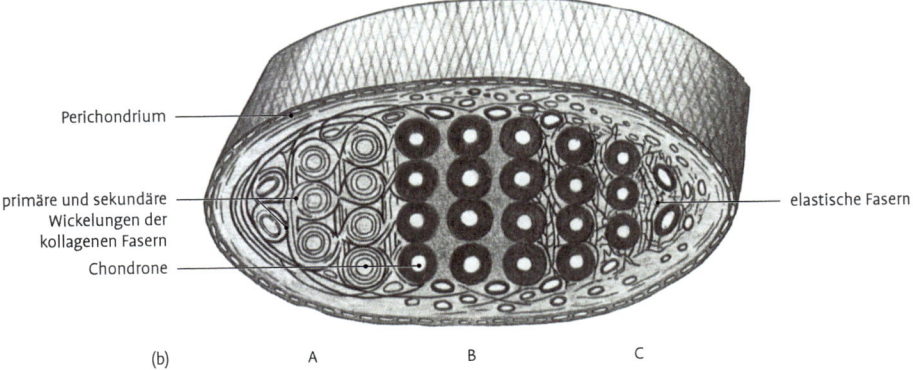

Perichondrium

primäre und sekundäre Wickelungen der kollagenen Fasern

Chondrone

elastische Fasern

(b) A B C

Abb. 2.16 a: Verschiedene Knorpelformen. A = Faserknorpel aus einem Discus intervertebralis, B = hyaliner Knorpel aus der Trachea, C = elastischer Knorpel aus der Ohrmuschel. **b:** Funktionelle Struktur des Knorpels nach Benninghoff. A = Wickelungen verschiedener Ordnung der kollagenen Fasern, B = hyaliner Knorpel (kollagene Faserwickelungen verdeckt), C = eingelagerte elastische Fasern beim elastischen Knorpel.

Chrondrone sind die funktionellen Bauelemente des Knorpels. Ihre Zahl und Anordnung ist, je nach Beanspruchung des Knorpels, verschieden. Gegen die Oberfläche hin werden die Knorpelzellen zunehmend flacher und gehen kontinuierlich in die Zellen der Knorpelhaut (Perichondrium) über.

Die Grundsubstanz des hyalinen Knorpels verhält sich aufgrund ihres Reichtums an **Hyaluronsäure** und **Chondroitinsulfat** stark **basophil**, sie zeigt ein hohes **Wasserbindungsvermögen**. Die Grundsubstanz bindet an die kollagenen Fasern und schließt sie zu Faserbündeln zusammen. Darauf beruht zum erheblichen Teil die Festigkeit des Knorpels. Die kollagenen Fasern sind an gewöhnlichen mikroskopischen Präparaten lichtdurchlässig und nicht sichtbar, da Fasern und Grundsubstanz den gleichen Lichtbrechungsindex aufweisen. Geht im Alter oder bei Abnutzung des Knorpels ihre Verbindung mit den sauren Mukopolysacchariden verloren so werden sie sichtbar („demaskiert"). In kleinen Feldern nun sichtbare Kollagenfasern bezeichnet man als „**Asbestfasern**". Schließlich enthält die Grundsubstanz auch Mineralien. Im Alter und bei Ernährungsstörungen des Knorpels verlieren Zellen und Grundsubstanz Wasser; die Chondroitinschwefelsäuren werden stellenweise abgebaut. Zugrunde gegangene Zellen sind noch einige Zeit als „Schatten" zu sehen. Relativ früh beginnt auch die Verkalkung des hyalinen Knorpels und sein Ersatz durch Knochen (Rippenknorpel, ein Teil der Kehlkopfknorpel).

- **Elastischer oder Netzknorpel** (Abb. 16 a). Im Unterschied zum hyalinen Knorpel enthält er noch zusätzlich ein Netzwerk von **elastischen** Fasern. Sie umgeben die meist ein- bis zweizelligen Chondrone und strahlen in die Knorpelhaut ein. Elastischer Knorpel ist gelblich und biegsamer als der hyaline. Er verkalkt selten. Vorkommen: Ohrmuschel, Kehldeckel, Teile des Gießbeckenknorpels, Cartilago corniculata, Cartilago cuneiformis, kleine Bronchien.
- **Faser- oder Bindegewebsknorpel** (Abb. 16 a). Die von einem feinen Hof von Knorpelgrundsubstanz umgebenen, meist einzeln vorkommenden Knorpelzellen liegen zwischen Bündeln gut sichtbarer **kollagener** Fibrillen. In seiner Struktur nähert sich der Faserknorpel dem **straffen Bindegewebe** und besitzt auch ähnliche mechanische Eigenschaften (vor allem

Zugfestigkeit). Er kommt in Zwischenwirbelscheiben und in der Schambeinfuge vor. In den Disci und Menisci der Gelenke und in den Pfannenlippen (Labra articularia) kommt Faserknorpel nur stellenweise vor. Die übrigen Anteile bestehen aus einem sehnenartigen, faserigen Bindegewebe.

Knochengewebe

Der Knochen ist, vom Zahnbein und Zahnschmelz abgesehen, das härteste Gewebe. Gesunder Knochen ist nicht schneidbar, kaum biegsam, dagegen druck- und zugfest (Druckfestigkeit 14–16 kp/mm²). Seine Widerstandsfähigkeit gegen Reibung ist gering. Gelenkflächen werden deshalb durch hyalinen Knorpel geschützt.

Im Gegensatz zu Knorpel ist der Knochen reich an Blutgefäßen. Er hat einen intensiven Stoffwechsel, ist stets im Umbau begriffen und passt seine Struktur allen Veränderungen der funktionellen Beanspruchung rasch an, biologische Plastizität. Knochenbrüche heilen gewöhnlich gut.

Die chemische Zusammensetzung des Knochens ist vom Lebensalter abhängig. Im Durchschnitt besteht er zu einem Drittel aus Wasser und zu zwei Dritteln aus einem organischen (ca. 23 %) und einem anorganischen Anteil (ca. 44 %). Im organischen Anteil überwiegen die kollagenen Fasern.

Durch Glühen des Knochens lassen sich die organischen Anteile entfernen. Der nur aus anorganischen Substanzen bestehende geglühte Knochen behält die ursprüngliche Form, verliert aber die Elastizität und wiegt weniger. Er bricht leicht. Der anorganische Anteil besteht aus Salzen (Kalziumphosphat 85 %, Kalziumkarbonat 10 %, Magnesiumphosphat, Kalziumfluorid, Kalziumchlorid und Alkalisalzen). Sie sind in Form von Mikrokristallen in die Grundsubstanz eingebettet und bedingen die Härte des Knochens.

Normaler Knochen lässt sich mit einem herkömmlichen Mikrotom nicht schneiden (dickere Schnitte können mit einem Hartschnittmikrotom gewonnen werden), jedoch durch Schleifen zu transparenten, dünnen Präparaten verarbeiten (Knochenschliff). Entkalkter Knochen ist biegsam und schneidbar. Im Alter sinkt der Wassergehalt des Knochens. Die anorganischen Komponenten nehmen zu. Das Skelett alter Menschen ist mechanischen Beanspruchungen weniger gewachsen und bricht leichter (siehe auch Kap. 4.1).

2.2.2.3 Muskelgewebe

Die Eigenschaft der Bewegung kommt im Prinzip allen Zellen zu. Im Muskelgewebe ist die **Kontraktilität** zum dominierenden Merkmal der hochspezialisierten Zellen geworden. In ihnen liegen die kontraktilen Proteine **Aktin** und **Myosin** (Myofilamente) in besonderer Menge und Anordnung vor. Aus ihnen bauen sich die **Myofibrillen** auf.

Die Mehrzahl der Muskelzellen ist **mesodermaler Herkunft**. Sie entstehen aus einkernigen Myoblasten. Nur der M. sphincter pupillae, der M. dilator pupillae und die „Myoepithelzellen" der Endstücke mancher Drüsen entstehen aus dem Ektoderm.

Nach Struktur und Funktion unterscheidet man: **glatte Muskulatur, quer gestreifte Skelettmuskulatur** und **Herzmuskulatur**.

Glatte Muskulatur (Abb. 2.17a)

Glatte Muskelzellen (**Myozyten**) sind meist langgestreckt (Länge: 15 μm in Blutgefäßen, 800 μm im Uterus am Ende der Schwangerschaft), meist spindelförmig und seltener verzweigt. In der Mitte der Zellen liegen die länglichen Kerne. Die Breite der Zellen schwankt zwischen 5 und 20 μm. Die **Myofilamente** nehmen den größeren peripheren Abschnitt der Zellen ein und sind parallel zur Längsachse der Myozyten angeordnet. Die Myosinfilamente besitzen auf ihrer gesamten Länge Bindungsarme für Aktin, welches andererseits am Plasmalemm (**Sarkolemm**) verankert ist. Bei Verkürzung gleiten die Aktinfilamente an den dicken Myofilamenten entlang. Die Verkürzung wird auf das Sarkolemm übertragen. Dem Sarkolemm liegt außen eine Basallamina auf, in die retikuläre Fasern einstrahlen. Auf diese Weise werden die glatten Muskelzellen untereinander und mit der Umgebung verbunden.

Die glatten Muskelzellen kontrahieren im Verhältnis zur Skelett- und Herzmuskulatur **langsam**. Sie können aber ohne größeren Energieaufwand einen Tonus über längere Zeit aufrechterhalten.

Die Tätigkeit der glatten Muskulatur ist **vom Willen unabhängig**. Man findet sie im Magen-Darm-Kanal von der unteren Hälfte der Speiseröhre bis zum After, in der Gallenblase, in den tiefen Atemwegen, in den ableitenden Harnwegen, in den Geschlechtsorganen, in der Wand der Gefäße, in den inneren Augenmuskeln (M. ciliaris, M. sphincter pupillae und M. dilatator pupillae), in der Haut und in den Organkapseln.

Hypertrophie des glatten Muskelgewebes. Bei zu starker Beanspruchung, z. B. bei mangelhafter Durchgängigkeit der Hohlorgane (Magen, Darm) oder bei Abflussbehinderung (Harnblase bei Hyperplasie der Prostata), beim Uterus in der Schwangerschaft, nehmen die glatten Muskelzellen rasch an Länge und Breite zu. Die **Regenerationsfähigkeit** des glatten Muskelgewebes ist mäßig.

Quer gestreifte Skelettmuskulatur (Abb. 2.17a)

Der größte Anteil der Weichteile des menschlichen Körpers besteht aus Skelettmuskulatur. Ihr Grundelement ist die vielkernige, 10–100 μm dicke und bis über 10 cm lange **Muskelfaser**. Jede Skelettmuskelfaser enthält Hunderte elliptischer Zellkerne. Im Gegensatz zu glatten Muskelzellen liegen die **Kerne randständig**. Sie sind in der Längsachse der Muskelfaser angeordnet. Umhüllt wird jede Muskelfaser von einem 0,1 μm dicken Häutchen, dem **Sarkolemm**. Dieses besteht aus dem Plasmalemm der Muskelfaser, einer schwachen Basalmembran und aus Gitterfasern.

Die rote Farbe der Muskulatur entsteht durch einen dem Hämoglobin des Blutes nahestehenden Farbstoff (**Myoglobin**). Je nach Gehalt an Myoglobin und abhängig vom Verhältnis Sarkoplasma : Myofibrillen ändert sich die Farbe der Muskelfasern.

- **Typ-I-Fasern** (= rote Fasern) sind zu langandauernden und kräftigen Kontraktionen befähigt, die aber relativ langsam ablaufen.
- **Typ II-Fasern** sind reich an Myofibrillen und besitzen weniger Myoglobin (= weiße Fasern). Sie kontrahieren schnell und gewinnen die dazu notwendige Energie vor allem aus der Glykolyse, während rote Muskelfasern die Energiegewinnung auf oxidativem Wege absichern.

Die 0,5–1 μm dicken **Myofibrillen** zeigen eine deutliche **Querstreifung**. Sie kommt dadurch zustande, dass helle **I-** mit dunklen **A-Streifen** periodisch abwechseln. Die parallelen Fibrillen sind so angeordnet, dass gleiche Streifen nebeneinander liegen. Die anisotropen doppelbrechenden A-Streifen werden in ihrer Mitte durch einen schmalen **H-Streifen** (Hensen-Streifen), die isotropen I-Streifen durch einen anisotropen **Z-Streifen** unterteilt (Abb. 2.17 b). Der zwischen zwei Z-Streifen gelegene, etwa 2 bis 3 μm lange Abschnitt der Myofibrille wird **Sarkomer** genannt. Bei gut erhaltenen und gefärbten Präparaten ist innerhalb des H-Streifens noch ein **M-Streifen** zu erkennen. Die

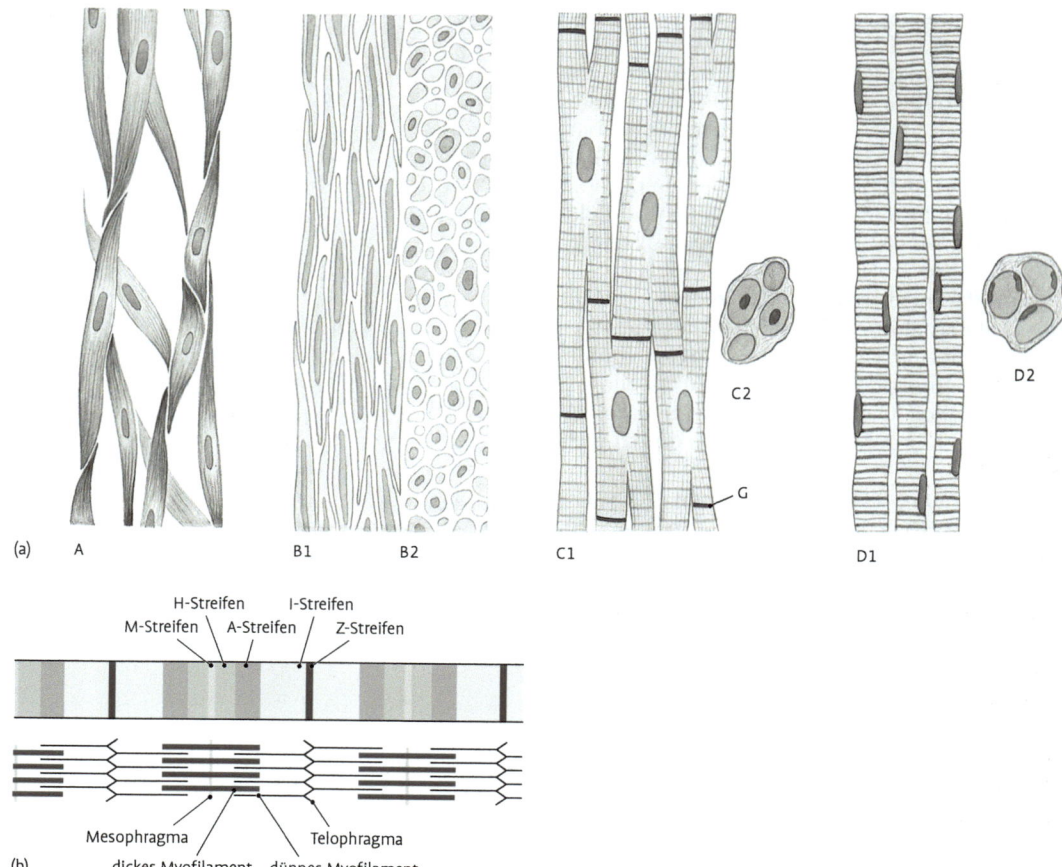

Abb. 2.17 a: Darstellung der Muskelgewebe bei lichtmikroskopischer Betrachtung. A = glatte Muskelzellen in netzartiger Anordnung (200×), B = glatte Muskulatur der Darmwand im Längs- (B1 300×) und im Querschnitt (B2 300×), C = Herzmuskulatur im Längs- (C1 300 x) und im Querschnitt (C2 300 x), D = quer gestreifte Skelettmuskulatur im Längs- (D1 200×) und im Querschnitt (D2 200×). Bei c = Herzmuskel ist die Lage der Glanzstreifen (G) gut erkennbar, ebenso die Verzweigung der Kardiomyozyten. **b:** Schema zur Querstreifung einer Myofibrille in Anlehnung an Watzka. Oben: lichtmikroskopisches Bild, unten: Zuordnung der Myofilamente.

Abfolge für ein Sarkomer ist also **Z-I-A-H-M-H-A-I-Z**. Siehe auch Kap. 4.1.2.

Herzmuskulatur (Abb. 2.17a)

In den Herzmuskelzellen sind die kontraktilen Elemente ähnlich wie im Skelettmuskel aufgebaut. Die Herzmuskulatur ist wie diese quer gestreift. Die Myofibrillen sind ebenso aus Sarkomeren zusammengesetzt. Die zeitlichen Abläufe bei der Kontraktion sind wesentlich schneller als beim glatten Muskelgewebe, aber deutlich langsamer als beim Skelettmuskel.

Die Herzmuskelzellen verzweigen sich. Sie sind untereinander durch **Glanzstreifen (Disci intercalati)** verbunden. Im Verlauf der Glanzstreifen und im Anschluss daran kommen **Nexus** vor, in denen die Erregung von einer Herzmuskelzelle auf die andere übertragen wird.

In den Herzmuskelzellen liegt der **Zellkern zentral** und wird von einem myofibrillenfreien Sarkoplasmahof umgeben. Nicht selten kommen zweikernige Zellen vor. Als Zeichen erhöhter Abbauvorgänge treten Lipofuszingranula in Erscheinung, sie können bei Verbesserung der Stoffwechselsituation vollständig abgebaut werden. Im Alter

und bei Krankheiten können sie jedoch größere Areale in den Zellen einnehmen.

Im Gegensatz zur Skelettmuskulatur sind die **Herzmuskelzellen verzweigt**, sodass jede von ihnen mit mehr als zwei Nachbarzellen in Verbindung steht. Dadurch wird der besondere Aufbau des Herzens als Hohlmuskel und Blutpumpe möglich. Zwischen den Herzmuskelzellen befindet sich verhältnismäßig reichlich lockeres Bindegewebe und eine große Zahl von Blutkapillaren.

Ausdifferenzierte Herzmuskelzellen sind **nicht** mehr **teilungsfähig**. Bei höherer Leistungsanforderung ist eine Anpassung nur durch **Hypertrophie**, also Vermehrung der Myofibrillen und Zellorganellen, möglich. Untergegangene Herzmuskelzellen können nur durch Bindegewebe ersetzt werden.

Der **Erregungsbildung** und **-leitung** im Herzen dient ein **System modifizierter Muskelzellen**. Diese sind reich an Glykogen und Sarkoplasma und beinhalten nur wenige Myofibrillen. Die Zellen sind oft um ein Mehrfaches dicker als die Arbeitsmuskelzellen.

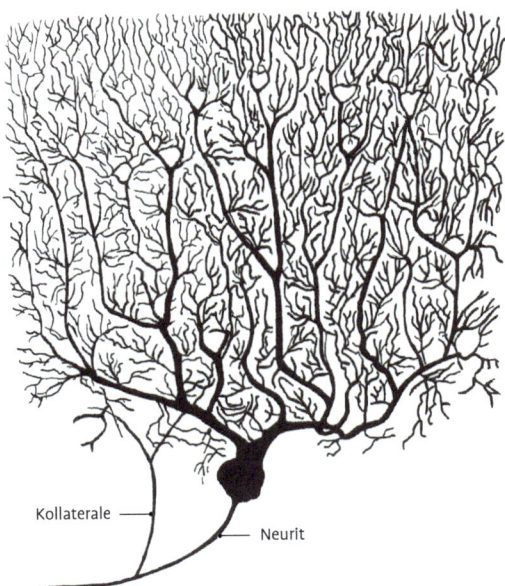

Kollaterale

Neurit

Abb. 2.18 Darstellung einer Purkinje-Zelle des Kleinhirns mit Silberimprägnation.

2.2.2.4 Nervengewebe

Erregbarkeit, Erregungsleitung und Erregungsverarbeitung sind vorwiegend an Nervenzellen (**Neurozyten, Neuronen, Ganglienzellen**) gebunden. Sie bilden in ihrer Gesamtheit das Nervengewebe. Mit den Nervenzellen eng verknüpft ist das Gliagewebe (**Neuroglia**).

Nervenzellen

Nervenzellen und die Mehrzahl der Gliazellen gehen aus dem äußeren Keimblatt, dem Ektoderm, hervor, in dem bereits im 2. Embryonalmonat die Vorstufen (**Neuroblasten** und **Glioblasten**) entstehen. Die Nervenzellen bestehen aus dem kernhaltigen Teil der Zelle (**Perikaryon**, Soma, Zellleib) und Fortsätzen (Abb. 2.18). Mit ihren Zellleibern bilden die Nervenzellen die graue Substanz (**Substantia grisea**) im Gehirn und im Rückenmark. Ihre Verteilung ist entweder diffus oder sie bilden dichtere, abgrenzbare Anhäufungen (Kerne, **Nuclei**). Außerhalb des ZNS kommen Anhäufungen von Perikaryen in den Kopf- und Spinalganglien, in den Grenzstrang- und intramuralen Ganglien des vegetativen Nervensystems und in den Sinnesorganen vor.

Größe und **Form** schwanken beträchtlich. Sie sind abhängig von der Lage und der Funktion der Zellen sowie von der Zahl und Länge der Fortsätze. Das Perikaryon kann kugelförmig (z. B. bei Spinalganglienzellen) oder mehr oder minder stark verzweigt sein. Die Körnerzellen des Kleinhirns sind sehr klein (5 μm), die multipolaren Vorderhornzellen im Rückenmark haben dagegen Perikarya in der Größenordnung von 150 μm und mehr. Sie gehören mit den Spinalganglienzellen und der Eizelle zu den größten Zellen des Körpers. Berücksichtigt man nicht nur die Perikarya der Nervenzellen, sondern auch ihre Fortsätze, so ergeben sich z. B. bei den motorischen Vorderhornzellen des Rückenmarkes, deren Neuriten die Muskeln der Hand oder des Fußes erreichen, Längen von 1 m und mehr.

In den Nervenzellen findet man häufig **Pigmente**. Die Zellen der Substantia nigra (Nucleus niger) des Mittelhirns enthalten **Melanin**, die des Nucleus ruber **Eisen**. Diese Kerne des Gehirns sind deshalb bereits makroskopisch durch ihre Färbung erkennbar. **Lipofuszin** findet sich besonders in Nervenzellen älterer Menschen.

Kurze Fortsätze, Dendriten (gr. dendron = Baum). Mehrfach vorhandene Fortsätze der Nervenzellen, die sich baumartig verästeln. An ihnen und am Pe-

rikaryon der Nervenzelle finden sich die Kontakt-
stellen (Synapsen), an denen Informationen von
anderen Neuronen übernommen werden. Die Dendriten vergrößern also den informationsaufnehmen-
den Teil (**Rezeptorpol**) der Nervenzelle (Abb. 2.18).

Langer Fortsatz, Neurit, Axon, Achsenzylinder. Er
entspringt mit dem Ursprungskegel aus dem Perikaryon und dient der Weitergabe von Informationen an andere Nervenzellen (Effektorpol des Neurons). Bis auf einen kurzen Abschnitt in der Nähe
des Perikaryons (**Initialsegment**) werden die Neuriten von Gliazellen umhüllt. Im ZNS sind dies
Oligodendrogliazellen, im peripheren Nerven
Schwann-Zellen, die bereits bei Aussprossen der
Neuriten aus der Anlage des Nervensystems diese
in die Peripherie begleiten.

Die Dicke der Axone differiert zwischen 0,5
und 20 µm. Die Neuriten einiger Zellen im ZNS
erreichen ihre Zielzellen in fast unmittelbarer
Nachbarschaft, andererseits kann die Länge der
Neuriten 1 m und mehr betragen. So liegen die Perikaryen der motorischen Vorderhornzellen für die
Fußmuskeln im unteren Abschnitt der Brustwirbelsäule, und der Weg bis dahin muß von den Neuriten überbrückt werden, ohne dass bei den Bewegungen des Beines eine Überdehnung erfolgt.

Nervenfasern. Eine Nervenfaser besteht aus dem
Axon und seinen Hüllen. Letztere werden von der
Neuroglia gebildet. Die Neurogliazellen sind hin-
tereinandergereiht und bedecken die gesamte
Länge des Axons. Die Neurogliazellen können einerseits eine mehrschichtige Membranumwick-
lung (**Myelinscheide**) um die Axone bilden. Solche

Fasern werden **myelinisiert** (markhaltig, **mark-
scheidenhaltig**) genannt. Wenn die Neurogliazellen aber andererseits keine Myelinscheide gebildet
haben, sondern nur eine unterschiedliche Bedeckung des Axons darstellen, spricht man von **nicht
myelinisierten** (**marklosen**) Nervenfasern. Diese
umhüllenden Zellen sind im ZNS die **Oligodendrogliazellen** und im PNS die **Schwann-Zellen.**

Marklose Nervenfasern des PNS. Eine **Schwann-
Zelle** schließt mehrere Axone mehr oder weniger
vollständig in ihr Zytoplasma ein. Sie vermag die
in sie eingelagerten Axone nur über eine bestimmte Strecke zu begleiten, sie wird im Längsverlauf der Axone durch andere abgelöst, sodass
schließlich eine Kette von Schwann-Zellen die
Axone auf ihrem Weg zum Zielort begleitet. Die
Leitungsgeschwindigkeit markloser Nerven ist sehr
niedrig. Zu den marklosen Nervenfasern gehören
u. a. postganglionäre Fasern des vegetativen Nervensystems, einige schmerzleitende Axone und
die Fila olfactoria.

Marklose Nervenfasern des ZNS. Sie besitzen im
Unterschied zum PNS **keine Gliahülle**. Sie laufen
zwischen markhaltigen Fasern oder sind von Ast-
rozytenfortsätzen teilweise bedeckt.

Markhaltige Fasern des PNS. Jedes Axon wird von
einer **dicken Myelinscheide** umhüllt. An bestimmten Stellen ist sie unterbrochen und es entstehen
die **Ranvier-Schnürringe** (Ranvier-Knoten, **No-
dium**). Die Faserstrecke zwischen zwei Schnürrin-
gen heißt **Internodium**. Jedes Internodium besteht
daher aus einer bestimmten Axonstrecke, der in-

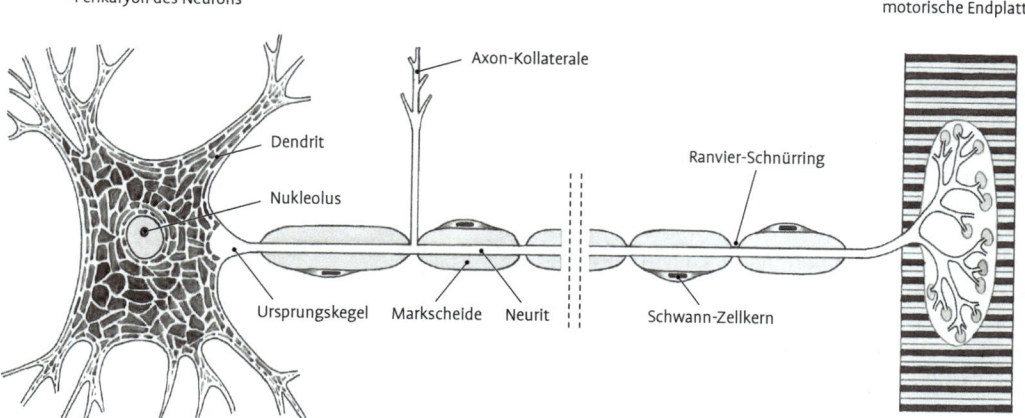

Perikaryon des Neurons

motorische Endplatte

Axon-Kollaterale

Dendrit

Ranvier-Schnürring

Nukleolus

Ursprungskegel   Markscheide   Neurit

Schwann-Zellkern

Abb. 2.19 Schema einer motorischen Vorderhornzelle mit myoneuraler Synapse.

ternodalen Myelinscheide und einer myelinbildenden Schwann-Zelle (Abb. 2.19).

Markhaltige Fasern des ZNS. Die Ausbildung von Markscheiden, und damit die die Ausreifung der weißen Substanz oder des Marklagers, erfolgt in etwas anderer Weise als im PNS. Eine **Oligodendrogliazelle** vermag mehrere Fortsätze auszubilden, die Kontakt zu **Axonen** aufnehmen, diese mit spiraligen Windungen umwandern und so die Markscheide bilden. Der Zellleib eines Oligodendrozyten liegt im Zentrum der von der Zelle myelinisierten Axone. Auch sie bilden Internodien und Schnürringe (Nodien) aus, sodass die benachbarten Oligodendrogliazellen in Reihen hintereinander liegen.

Das **Internodium** ist 0,2–1,5 mm lang und von der Dicke der Markscheide direkt abhängig, bei den **markarmen Nervenfasern** mit geringer Dicke der Myelinscheide also am kürzesten.

Es bestehen enge Beziehungen zwischen der Struktur und der Funktion der Nervenfasern. Die Erregung geht bei den Neuriten vom Ursprungskegel aus. Bei marklosen Nervenfasern wird sie kontinuierlich fortgeleitet. Bei markhaltigen Fasern beeinflusst die Markscheide die Ausbreitung. Die Erregung pflanzt sich sprunghaft von einem Schnürring zum anderen fort. Die **saltatorische Ausbreitung der Erregung** (lat. saltus = Sprung) erfolgt schneller, und die energieverbrauchenden Prozesse bleiben auf den Schnürringbereich beschränkt. Die Leitungsgeschwindigkeit einer Nervenfaser ist abhängig vom Kaliber des Achsenzylinders, vom Grad der Myelinisierung und von der Länge der Internodien. Je größer diese Faktoren sind, um so schneller leitet die Nervenfaser.

Ganglien

In den Verlauf zerebrospinaler und vegetativer Nerven sind Ansammlungen von Perikaryen von Nervenzellen (**Ganglien**) eingeschaltet.

Sensible und **sensorische Ganglien** besitzen eine Bindegewebshülle und enthalten neben Nervenfasern kugelige Nervenzellen, die von einem Mantel aus Zellen der peripheren Glia (**Mantelzellen, Satelliten**) umgeben sind (Abb. 2.20 a). Jede der ursprünglich bipolaren Ganglienzellen hat nur einen Fortsatz, der sich nach ein- oder mehrmaliger Umwindung des Zellleibes T-förmig teilt (**pseudounipolare Zelle**). Wir finden diese Ganglien z. B. als Spinalganglien oder sensible Kopfganglien. In ihnen erfolgt naturgemäß keine Umschaltung.

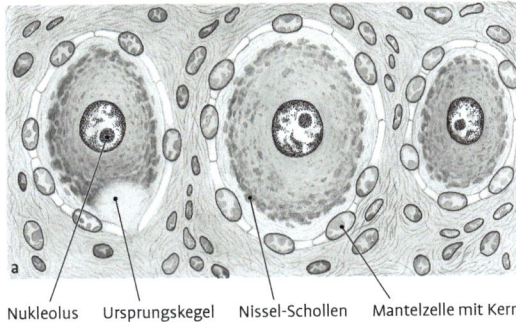

Nukleolus   Ursprungskegel   Nissel-Schollen   Mantelzelle mit Kern

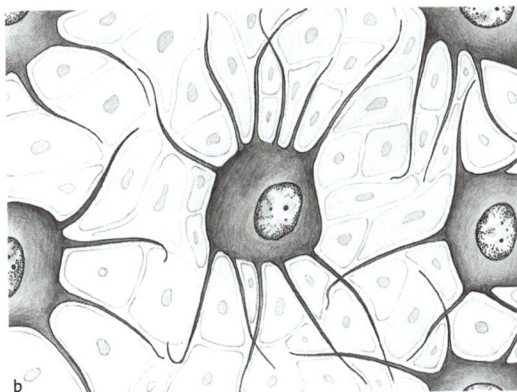

Abb. 2.20 a: Pseudounipolare Nervenzellen mit Mantelzellen aus einem Spinalganglion. **b:** Multipolare Ganglienzellen aus einem sympathischen Ganglion mit Gliazellen.

Vegetative Ganglien werden von **multipolaren Ganglienzellen** gebildet (Abb. 2.20 b). Ihr Gliamantel ist spärlicher, soll aber trotzdem eine geschlossene Hülle bilden. Auch eine bindegewebige Kapsel ist meist vorhanden. Hier erfolgt die Umschaltung von prä- auf postganglionär.

Neuroglia (Glia, Abb. 2.21)

Sie entsteht aus den Glioblasten des Neuralrohres und der Neuralleiste und ist somit überwiegend ektodermaler Herkunft (s. u.). Aus dem Mesoderm entwickeln sich nur die oft in Nachbarschaft der Blutgefäße des ZNS liegenden **Hortega-Zellen** (**Mikrogliazellen**). Gliazellen sind wesentlich kleiner als Nervenzellen. Obwohl ihre Gesamtzahl jene der Nervenzellen um ein Mehrfaches übertrifft, bilden sie nur knapp die Hälfte des Zellvolumens im Nervensystem.

Gliazellformen. Gliazellen haben mannigfaltige **Aufgaben** zu erfüllen. Mit ihren Fortsätzen bilden

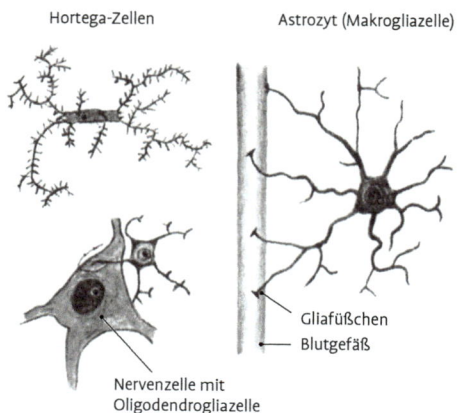

Hortega-Zellen Astrozyt (Makrogliazelle)

Gliafüßchen
Blutgefäß

Nervenzelle mit
Oligodendrogliazelle

Abb. 2.21 Verschiedene Gliazellformen.

sie das Gerüst, in das die Nervenzellen eingelagert sind. Sie isolieren Nervenzellen und die Fortsätze spielen bei deren Stoffwechsel eine Rolle. Bei Erkrankung und Zerstörung des Nervengewebes erfüllen sie die wichtige Aufgabe des Abtransportes der Trümmer (Phagozytose und amöboide Bewegung) und der Narbenbildung (Glianarbe). Auch die Regeneration von Nerven wäre ohne die Glia nicht möglich. Die Glia bildet das Myelin der zentralen und peripheren Nervenfasern.

- **Neuroglia des ZNS:** Man teilt die Gliazellen ein in: **Ependymzellen**, **Makroglia**, **Mikroglia** (Hortega-Zellen) und **Oligodendroglia** (gr. oligos = wenig; dendron = Baum).
  - **Ependymzellen** überkleiden in einfacher Schicht die liquorgefüllten Hohlräume des Zentralnervensystems.
  - **Makrogliazellen** (**Astrozyten**, Abb. 2.21) sind groß und sternförmig verästelt. Ihre Fortsätze

bilden ein Netzwerk. Der große Kern ist rund und chromatinreich. An der Gehirnoberfläche und an der Wand der Hirngefäße verbreitern sich die Fortsätze der Makrogliazellen zu Gliafüßchen, welche in ihrer Gesamtheit als Grenzmembranen (**Membrana limitans gliae superficialis**, **Membrana limitans gliae perivascularis**) aufzufassen sind. Zusammen mit dem Endothel der Hirnkapillaren und der Basallamina bildet die Membrana limitans gliae perivascularis die **Blut-Hirn-Schranke**, durch die zahlreiche Stoffe am Übertritt aus dem Blutplasma in das Gehirn gehindert werden, darunter auch viele Medikamente.
  - **Oligodendrogliazellen** bilden die Markscheiden im ZNS. Zum Teil umgeben sie Nervenzellen in der grauen Substanz als Mantelzellen unvollständig.
- **Neuroglia des PNS:** Glioblasten der Neuralleiste wandern mit den Neuriten der Nervenzellen in die Peripherie. Sie umhüllen die Neuriten (**Lemnozyten, Schwann-Zellen**) und umgeben als Mantelzellen (Satelliten) periphere Ganglienzellen. Die periphere Glia ist an der Bildung peripherer Synapsen (z. B. motorischer Endplatten) und peripherer Rezeptoren durch Ausbildung von Hüllelementen beteiligt

Peripherer Nerv

Der Nerv besteht aus **Nervenfaserbündeln**. Die zugehörigen Nervenzellen liegen entweder im ZNS oder in peripheren Ganglien.

Endoneurium. Es umgibt als lockeres Bindegewebe die einzelnen Nervenfasern (Abb. 2.22). Es

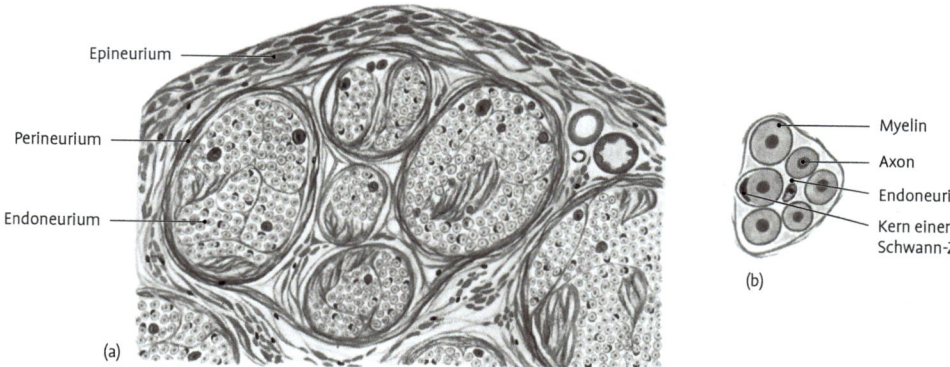

Epineurium

Perineurium

Endoneurium

Myelin
Axon
Endoneurium
Kern einer
Schwann-Zelle

(b)

(a)

Abb. 2.22 a: Teilquerschnitt eines peripheren Nerven, Vergr. 100×; **b:** Ausschnitt von a, Vergr. 700×.

enthält Blut- und Lymphkapillaren und bildet mit der Basalmembran der Schwann-Scheide (Schwann-Zelle) die **Endoneuralscheide**.

Perineurium. Es fasst als derberes Bindegewebe eine verschieden große Zahl von Nervenfasern zu Bündeln (Kabeln) zusammen. Seine in Spiraltouren angeordneten kollagenen Fasern erlauben eine geringe Dehnung der Nerven.

Epineurium. Es verbindet die vom Perineurium umhüllten Nervenkabel untereinander und bildet die äußere Bindegewebshülle der Nerven. Die Kollagenfasern sind in ihm gewellt und mit elastischen Fasern vermengt. Nach Dehnung des Nerven stellen die elastischen Fasern seine ursprüngliche Länge wieder her (kollagenelastisches System). Im Epineurium verlaufen die größeren Blutgefäße des Nerven (**Vasa nervorum**).

Leitungsbahnen des ZNS

Die Leitungsbahnen (**Tractus**) der weißen Substanz des Gehirns und des Rückenmarkes bestehen aus Nervenfasern, deren Myelinhülle von der Oligodendroglia gebildet wird. Das Bindegewebe fehlt im ZNS. Seine Funktionen werden hier von der zentralen Glia wahrgenommen.

2.2.3 Organe und Organsysteme

Systeme vereinigen verschiedene Organe zur Erfüllung höherer Funktionen, wobei keine Verwandtschaft im Bau vorliegen muss (z. B. System der Harnorgane: Niere, Harnwege und Harnblase).

Bei biologischer Betrachtungsweise lassen sich Organe und/oder Systeme außerdem zu übergeordneten Einheiten als **Apparate** zusammenfassen (z. B. Bewegungsapparat). Bei anderen z. B. neuroanatomischen oder entwicklungsgeschichtlichen Betrachtungsweisen kann der Begriff System auch anders begründet sein (z. B. Beuger, Urogenitalsystem). Folgende Systeme können benannt werden:
- Bewegungsapparat
  Passiver Bewegungsapparat (Knochen, Bänder, Gelenke)
  Aktiver Bewegungsapparat (Muskulatur)
- Herz-Kreislauf-System
- Atmungssystem
- Lymphatisches System
- Blut

- Verdauungsapparat (Digestionsapparat)
- System der Harn- und Geschlechtsorgane (Urogenitalsystem)
- Haut
- Endokrines System
- Nervensystem mit Sinnesorganen

Ein Überblick über die großen verknüpfenden Systeme Herz-Kreislauf samt lymphatischem System und Nervensystem soll hier vorangestellt werden.

2.3 Herz-Kreislauf-System

Entstehung. Blutinseln sind die ersten Blutgefäßanlagen, die in der 3. EW zunächst im Hüllmesoderm des Dottersacks entstehen. Aus den peripher gelegenen Mesodermzellen dieser Inseln entstehen endothelbildende Zellen, aus den zentralen die primitiven Blutzellen. In der Folge treten Blutinseln auch intraembryonal auf. Die Blutinseln bilden durch Aussprossung und Verschmelzung miteinander Endothelrohrnetze. Die diesen primitiven Gefäßen anliegenden Mesenchymzellen liefern Muskel- und Bindegewebszellen der definitiven Gefäßwände. Das **intraembryonale Gefäßsystem** (Abb. 2.23) steht über
- **Dottersackgefäße** mit der Dottersackwand und über
- **Nabelschnur-** (**Umbilikal-**)**gefäße** mit der Plazenta in Verbindung.

Die **Herzanlage** entsteht in der kardiogenen Zone durch Vereinigung zweier Endothelschläuche zum Herzrohr. In der 3. EW kommuniziert dieses mit dem intraembryonalen Gefäßsystem und in der

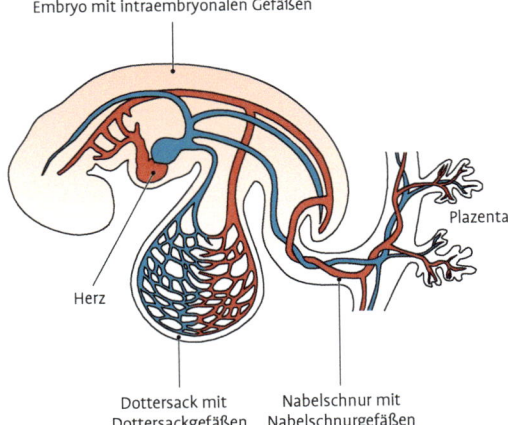

Embryo mit intraembryonalen Gefäßen

Plazenta

Herz

Dottersack mit Dottersackgefäßen

Nabelschnur mit Nabelschnurgefäßen

Abb. 2.23 Embryonale Gefäßsysteme (modifiziert nach J. Langman).

4. EW beginnt es mit einer Frequenz von 120–160 pro Minute zu schlagen, wodurch die Blutzirkulation einsetzt.

Klinik: Um die 20. SSW sind die **Herztöne** i. d. R. wahrnehmbar. Stellung des Rückens, Abstand des kindlichen Herzens von der Bauchdecke, Bauchdeckendicke, Fruchtwassermenge bestimmen den Zeitpunkt.

In einem vielzelligen Organismus kann die Aufnahme und Verteilung der Nährstoffe, der Mineralien, des Wassers und des für die Zellatmung notwendigen Sauerstoffes nicht mehr nur von den äußeren und inneren Oberflächen aus erfolgen. Es entwickelt sich ein geschlossenes System von größeren und kleineren Röhren (Gefäße), in denen Blut oder Lymphe zirkulieren, wobei ein (oder mehrere) zentrale Pumpsysteme und/oder die Gefäße selber den Inhalt umwälzen. Klappen bestimmen dabei die Flussrichtung.

Das **Kanalsystem** gliedert sich schon frühzeitig in ein:
- **Pumpwerk** (das Herz)
- leitendes **Röhrensystem** (die größeren und kleineren Blut- und Lymphgefäße)
- feines Netzwerk von **Haargefäßen** (die Kapillaren), die durch ihre dünne Wand hindurch den Stoff- und Gasaustausch mit den Geweben ermöglichen.

Einmal eingerichtet, übernimmt das System weitere Aufgaben (Verteilung von Hormonen, Temperaturregulation, Gestaltgebung u. a.).
Über das **Herz als Pumpwerk** s. Kap. 5.1.4.1.

2.3.1 Kreislauf

2.3.1.1 Aufgaben und Einteilung des Kreislauf-Systems

Die **Blutgefäße** sind ein **geschlossenes System**, d. h., der Inhalt der Blutgefäße kann nur über die Gefäßwände kontrolliert mit den anderen Geweben in Verbindung treten. Als Ausnahme von dieser Regel ist das Blutgefäßsystem im Knochenmark und in der Milz teilweise offen.

Aufgaben. Bei vielzelligen Organismen sind Transportwege erforderlich. Diese Aufgabe nehmen Blut- und Lymphgefäße wahr. Sie dienen bzw. erfüllen

- Transportfunktion (für Flüssigkeiten, Nährstoffe, Mineralien, Hormone, Stoffwechselendprodukte, Blutgase sowie Zellen)
- dem Austausch der o. g. Stoffe und von Zellen mit den Geweben
- der Zellatmung und Ernährung
- der Homöostase und der Balance der Flüssigkeitsverteilungen im Körper unter allen Bedingungen
- der Kommunikation (Hormone)
- der Abwehr (z. B. durch Vasodilatation bei lokalen Entzündungen)
- der Temperaturregulation
- der Formprägung und anderen mechanischen Aufgaben
- der Blutstillung.

Darüber hinaus sind Gefäßreaktionen bei psychischen Prozessen und bei nonverbaler Kommunikation beteiligt (z. B. Farbwechsel der Haut wie Erblassen, Erröten).

Einteilung. Die Gefäße werden nach dem in ihnen herrschenden Druck und der Transportrichtung in Bezug auf das Herz eingeteilt. Der Inhalt, das Blut, wird nach der Sauerstoffsättigung als **arterielles** (ca. 97 %) oder **venöses** (~ 75 %) bezeichnet. Diese Bezeichnung ist unabhängig von der Benennung der Gefäße. Dabei gibt es viele Unterschiede. Die Sauerstoffsättigung im venösen Koronarblut beträgt um 25 %, während sie im venösen Blut aus der ruhenden Skelettmuskulatur eher bei 90 % liegt.

Gefäße werden nach der Bluttransportrichtung, Blut nach der Sauerstoffsättigung benannt.

Übersicht. In dem vereinfachten Schema der Abb. 2.24 strömt das venöse, aus der Peripherie kommende Blut in den **rechten Vorhof** und wird aus diesem in die rechte Kammer gesaugt und zu einem geringeren Teil (ca. 30 %) auch gepumpt. Die Kontraktion der **rechten Kammer** befördert nach dem Verschluss der Vorhofkammerklappe das venöse Blut durch die Lungenarterien in den Lungenkreislauf. Der CO_2-Partialdruck sinkt hier von ca. 46 mmHg auf 40 mmHg. Nachdem in den Lungen außerdem der Sauerstoff aufgenommen wurde, strömt das arterielle Blut durch die Lungenvenen in den **linken Vorhof**. Von hier wird es wie aus dem rechten Vorhof schubweise in die **linke Kammer** gesaugt und gepumpt. Von dieser wird es nach Verschluss der linken Vorhofkammerklappen durch die Aorta, die Hauptschlagader des Körpers, in den

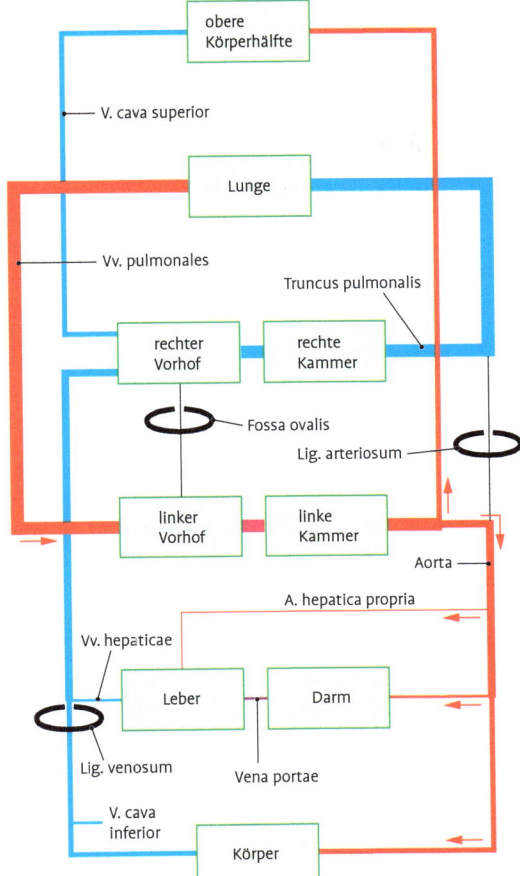

Abb. 2.24 Schematische Darstellung des postnatalen Kreislaufs. Die Strichstärke symbolisiert die relative Blutmenge, die Farbe den Grad der arteriellen Sättigung: blau = venös, rot = arteriell, magenta = Mischblut. Schwarze Striche mit benannten Kreisen geben die obliterierten Kurzschlüsse/Anastomosen des fetalen Kreislaufs wieder.

Körper zur Versorgung der verschiedenen Organe bzw. Körperteile geleitet. Von dort strömt es durch die großen Körpervenen wieder dem rechten Vorhof zu.

Ein Teil der Gewebeflüssigkeit, Lymphe, wird durch eigene Gefäße, die Lymphkapillaren und Lymphgefäße, Vasa lymphatica, gesammelt und weiter herzwärts den Körpervenen zugeführt (**Lymphkreislauf**). In den Verlauf der Lymphgefäße sind stellenweise Lymphknoten, Nodi lymphoidei, als „Filter" eingeschaltet.

2.3.1.2 Großer und kleiner Kreislauf

Die **Untergliederung des Kreislaufs** in einen großen oder Körperkreislauf und einen kleinen oder Lungenkreislauf wird durch das Auftreten der Lungen und der mit der Bildung der Herzsepten verbundenen Teilung in ein linkes (arterielles) und rechtes (venöses) Herz vorgenommen (Abb. 2.24).

Der **große Kreislauf** hat die Aufgabe, Nährstoffe und Sauerstoff in den Körper zu transportieren. Er beginnt in der linken Kammer und endet im rechten Vorhof.

Der **kleine Kreislauf** ist für den O_2/CO_2-Austausch in der Lunge verantwortlich. Er beginnt in der rechten Kammer und endet im linken Vorhof.

Jedes der beiden Teilherzen empfängt die Venen des anderen. Beide Herzen müssen daher pro Zeiteinheit exakt die gleiche Menge Blut auswerfen, um eine Stauung zu vermeiden.

Systole und Diastole. Man unterscheidet die Systole und Diastole der Vorhöfe und der Kammern, die zeitlich versetzt erfolgen (s. Kap. 5.1.4.1). Ist es nicht näher erläutert, so meint Systole die Systole der Kammern.

Die **Systole** ist die Kontraktionsphase des Herzens bzw. seiner Teile, die nach der **Diastole** (Erschlaffungsphase) erfolgt.

2.3.1.3 Pfortaderkreislauf

Er ist in den Körperkreislauf eingeschaltet. Die Pfortader, **V. portae hepatis,** sammelt das mit Nährstoffen angereicherte Blut aus den unpaaren Bauchorganen und transportiert es zur Leber (s. Kap. 5.2.2.3).

2.3.1.4 Pränataler Kreislauf

Besonderheiten. Über die Plazenta werden aus dem mütterlichen Blut Sauerstoff und Nährstoffe vom kindlichen Blut aufgenommen und Stoffwechselendprodukte abgegeben. Um dem mütterlichen Hämoglobin in hinreichender Menge Sauerstoff entziehen zu können, besitzt das Blut des Kindes vor der Geburt ein Hämoglobin mit einer höheren **Sauerstoffaffinität.** Zu den besonderen vorgeburtlichen Kreislaufbedingungen gehört auch, dass die Lungengefäße vorgeburtlich angelegt sind, jedoch noch nicht voll perfundiert werden müssen.

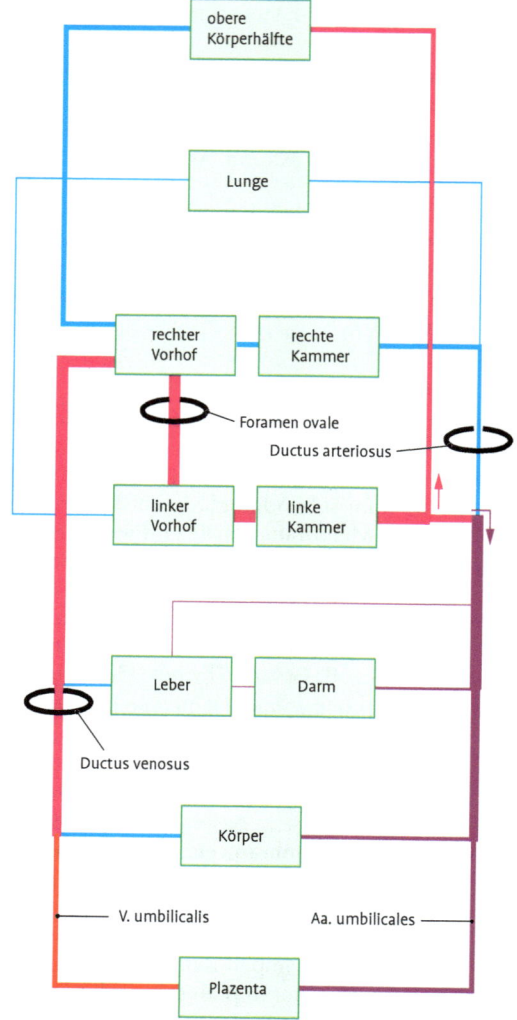

Abb. 2.25 Schematische Darstellung des fetalen Kreislaufs. Die Strichstärke symbolisiert die relative Blutmenge, die Farbe den Grad der arteriellen Sättigung: blau = venös, rot = arteriell, magenta = arterielles Mischblut, lila = venöses Mischblut. Die benannten Kreise geben die Kurzschlüsse/Anastomosen wieder. Für weitere Bezeichnungen s. Abb. 2.24.

Da in utero die **Lunge** noch nicht tätig sein kann, erfolgt die Sauerstoffsättigung (Arterialisierung) über die Plazenta.

Shunts

Der fetale Kreislauf besitzt 3 Shunts, da die Versorgung des Organismus nicht aus Lunge und Darm,

sondern aus der Plazenta erfolgt und mit der Geburt schlagartig umgestellt werden muss.

- **Ductus venosus.** Das von der Plazenta in einer Vene durch die Nabelschnur kommende Blut wird über die **V. umbilicalis** auf die Vena portae zu- und zum überwiegenden Teil durch einen Shunt an ihr zur unteren Hohlvene vorbeigeleitet. Eine vollständige Durchströmung der Leber mit dem Blut aus der Plazenta ist nicht sinnvoll, da der Widerstand des Kapillargebietes zu hoch wäre. Das nährstoffreiche Blut würde zudem zu einer Mast der Leber führen. Dieser Kurzschluss zur unteren Hohlvene ist der **Ductus venosus** (**Arantii**), der über einen „Sphinkter" die Menge des der Leber zufließenden Plazentablutes regelt.
- **Foramen ovale.** In der unteren Hohlvene wird das arterielle Blut mit dem venösen Blut der unteren Körperhälfte vermischt. Dieses überwiegend arterialisierte Mischblut wird zum größten Teil durch die **Valvula venae cavae inferioris** (**Eustachii**) auf das **Foramen ovale** des Vorhofseptums in den linken Vorhof gelenkt. Der Rest vermischt sich mit dem venösen Blut der oberen Hohlvene und gelangt in die rechte Kammer.
- **Ductus arteriosus.** Aus dem linken Vorhof gelangt das Blut in die linke Kammer und weiter in die Aorta. Das Blut der rechten Kammer strömt in den Truncus pulmonalis und über den **Ductus arteriosus** (**Botalli**) in die Aorta. Der Ductus mündet nach Abgang der Gefäße zum Kopf und Arm in den hinteren Teil des Aortenbogens. Kopf und obere Extremitäten erhalten daher sauerstoffreicheres Blut. Nach Einmündung der Ductus arteriosus liegt die Sauerstoffsättigung bei 60 %. Aus der A. iliaca interna stammt beidseits die **A. umbilicalis** (Abb. 2.25). Sie leitet das venöse Blut zur Plazenta.

Umstellung bei der Geburt:

- **Hämoglobin.** Schon vor der Geburt beginnt der Austausch der Erythrozyten, die das fetale Hämoglobin tragen. Ihr Zerfall erreicht wenige Tage nach der Geburt einen Höhepunkt.
- Der **Ductus venosus** schließt sich nach der Geburt mangels weiterer Blutzufuhr. Die Nabelvene obliteriert (**Lig. teres hepatis**).
- Das **Foramen ovale** schließt sich mit den ersten Atemzügen durch den Druckabfall rechts und den Druckanstieg links (vermehrte Blutzufuhr aus der Lunge) mit einem Klappenmechanismus (**Septum primum**). Die **Valvula venae cavae inferioris** wird funktionslos.

- Der **Ductus arteriosus** verschließt sich durch die Strömungsumkehr, die den ersten Atemzügen folgt. Die Strömungsumkehr tritt ein, weil der Widerstand in den Lungengefäßen deutlich unter den Widerstand des übrigen Kreislaufes fällt. Der vollständige Verschluss sollte in wenigen Tagen nach der Geburt eingetreten sein. Anschließend obliteriert das Gefäß (**Lig. arteriosum Botalli**). Die rechte Kammer versorgt fortan nur noch ein Kapillargebiet und das Verhältnis der bis dahin annähernd gleichstarken Kammerwände verschiebt sich zugunsten eines stärkeren linken Ventrikels.

2.3.1.5 Uteroplazentarer Kreislauf

(s. Kap. 5.3.6.2)

2.3.2 Gefäße

2.3.2.1 Aufgaben und Einteilung des Gefäßsystems

Die vom Herzen zu den Organen ziehenden **Blutgefäße** (**Arterien**) werden als Puls- oder Schlagadern bezeichnet. Die kleinsten Arterien teilen sich in **Arteriolen**. Die das Blut zum Herzen zurückführenden Gefäße sind die Blutadern oder **Venen**. Die Venen entstehen aus **Venolen**. Zwischen Arteriolen und Venolen sind die Haargefäße (**Kapillaren**, capillus = Haar) eingeschaltet. Sie dienen dem Stoff- und Gasaustausch mit den Geweben und bilden, je nach Blutbedarf des Organs, ein engeres oder weiteres, verschieden geformtes Netzwerk (**Kapillarbett**).

Namensgebung. Der Name Arterie stammt möglicherweise von „aér" (Luft) und „teréo" (ich enthalte), da im Altertum Schlagadern für Luftleiter gehalten wurden. Schlagader heißen sie, weil an einigen von ihnen das Schlagen des Herzens, der **Puls,** gefühlt werden kann. Der Wortstamm für Vene, „vehere", bedeutet führen.

Allgemeines. Die Aufgaben der Gefäßabschnitte müssen zusammen mit dem Inhalt betrachtet werden. So sind bei Verletzungen sowohl das Blut als auch die Gefäße mit eigenen Mechanismen an der **Blutstillung** beteiligt. Das Gefäßsystem besitzt ein (beschränktes) **Regenerationspotenzial.** Die Ausbildung einer **Vaskularisation** (Gefäßmuster z.B. eines Gewebes oder Organs) wird dabei nicht nur durch endogene morphogenetische (gestaltbildende) Faktoren, sondern auch durch mechanische Bedingungen geprägt.

2.3.2.2 Allgemeiner Wandbau

Die Gefäßwand besteht aus 3 Schichten: einer inneren (Tunica intima, **Intima**), mittleren (Tunica media, **Media** oder Muscularis) und äußeren Schicht (Tunica externa, **Adventitia**).

Von diesem prinzipiellen Bau gibt es je nach Gefäßart und in verschiedenen Organen oder Geweben **Abweichungen** und **Modifikationen** einzelner Anteile. Dies dient der Anpassung an die jeweiligen Erfordernisse.

Wandschichten

Tunica intima (Intima). Sie besitzt ein **Endothel** und eine dünne Membran aus Bindegewebsfasern (**Stratum subendotheliale**). Bei **Arterien** verdichtet sich das Stratum subendotheliale an der Grenze zur Media zur **Membrana elastica interna.** Bei **Kapillaren** ist die Intima die einzige vorhandene Schicht. Ihr aufgelagert finden sich hier **Perizyten.** Diese Zellen sind neben Endothel und Basalmembran an den verschiedenen Blut-Gewebe-Schranken beteiligt (s. z. B. Gehirn, Thymus, Hoden).

Tunica media (Media). Sie enthält vorwiegend spiralig angeordnete glatte **Muskelzellen**, zwischen denen je nach Bedarf Elastin, Kollagen (Typ I und III) und Proteoglykane vorkommen. An der Grenze zur Adventitia findet sich, besonders bei größeren Gefäßen, oft eine **Membrana elastica externa**. Die Media dient der **Tonusregulation**, d.h., sie passt die Wandspannung den Druckerfordernissen sowie der Transportrichtung des Blutstroms an. Zu diesem Zweck ist sie sympathisch adrenerg (im Genitalapparat auch parasympathisch cholinerg) innerviert (VNS). Weitere Faktoren der Tonusregulierung sind die myogene Reaktion auf Druck (Bayliss-Effekt), lokale metabolische Faktoren, Hormone sowie endotheliale Faktoren. Ein Teil der Muskelzellen ist metabolisch aktiv (Phagozytose). Unter pathologischen Bedingungen (z. B. Arteriosklerose) kann sich dieser Zelltyp vermehren.

Tunica externa (Externa, Adventitia). Diese besteht aus lockerem Bindegewebe und enthält kollagene und elastische Netze. Sie stellt die Verbindungsschicht der Gefäßwand zur Umgebung dar und vermittelt den Einbau der Gefäße in umgebende Strukturen. Dies ist für die Mechanik der Gefäße bedeutend. Einerseits wird das Gefäß umschlossen und abgegrenzt, andererseits die Umgebung in die Bestimmung des Gefäßes mit einbezo-

gen. Bindegewebszüge können aus der Umgebung in die Adventitia ziehen, um das Lumen der Venen offen zu halten (z. B. V. cava inferior und Foramen v. cavae des Diaphragmas).

Vasa vasorum. In den größeren Arterien und vielfach auch in größeren Venen (Vv. cavae, Venen des Urogenitalsystems) finden sich kleine Gefäße für die Ernährung der Gefäßwand. In den Arterien kommen sie gewöhnlich nur in der Adventitia vor, da die Intima und innere Teile der Media durch Diffusion vom Blutstrom aus versorgt werden.

> **Klinik: 1. Freies NO** senkt über eine Aktivierung der Guanylat-Zyklase (Erhöhung des intrazellulären c-GMP-Spiegels) den Tonus glatter Gefäßmuskelzellen. Substanzen, die in der Lage sind, NO in der Strombahn abzugeben (z. B. Molsidomin oder Nitrate), werden daher zur raschen Erweiterung der Gefäße (z. B. bei Angina pectoris) eingesetzt. Damit wird die **Vorlast** des Herzens (venöser Blutrückstrom) und der arterielle Widerstand (Nachlast) gesenkt. Der Effekt ist dabei venös ausgeprägter als arteriell. **2.** Bei der **Arteriosklerose** stehen neben den Intimaveränderungen histopathologische Mediaveränderungen im Vordergrund. Dabei stimulieren Mediatoren aus Thrombozyten, die an der geschädigten Intima haften, die Proliferation der Media-Myozyten. Diese phagozytieren zudem bei den familiären Hypercholesterinämien das vermehrt im Blut auftretende LDL (Low-density-Lipoprotein, ein stark cholesterinhaltiges Lipoprotein). Die für Lipoproteine pathologische Durchlässigkeit des Endothels kann auch durch andere arteriosklerotische Risikofaktoren ausgelöst werden.

2.3.2.3 Mechanik des Gefäßsystems

> Die Gefäße sind ein System dehnungs- und kontraktionsfähiger, **lebender Röhren**, die sich der Herzarbeit und dem Blutbedarf der Organe unter Berücksichtigung externer Bedingungen in optimaler Weise anpassen können.

Blutverteilung und Anpassung des Kreislaufs an die Bedürfnisse des Organismus. Sie erfolgt im Sinne der Ökonomie sowohl durch das Herz als auch durch die Arterien, Venen und das Kapillarbett. Der Kreislauf ist darauf eingestellt, bei möglichst geringer Herzarbeit den jeweiligen Blutbe-

darf der einzelnen Teile des Körpers sicherzustellen. Dafür existieren vier unterschiedlich schnell wirkende Mechanismen.

- **Gefäßregulation.** Ruhende Organe werden weniger durchblutet als tätige. Die Arterien und Venen setzen dazu durch Weiterstellung des Lumens den Strömungswiderstand herab oder durch Verengung herauf. Die Kapillaren können auch erweitert und verengt sein (es handelt sich um aktive und passive Mechanismen), zeitweise funktionslos bleiben und ihre Funktion bei Bedarf wieder aufnehmen. Entsprechend wird ihre Austauschfläche in den Geweben und damit der Stoffaustausch vergrößert bzw. verkleinert. Im Notfall (relativer oder absoluter Blutvolumenverlust) werden nur die überlebenswichtigen Organe im Sinne einer „Zentralisation des Kreislaufs" durchblutet.
- Die **zirkulierende Blutmenge** wird dem Bedarf angepasst. Ein Teil des Blutes in den Organen fließt in Ruhe sehr langsam und kann bei akut erhöhtem Bedarf rasch mobilisiert werden. Der größte **Blutspeicher** dieser Art ist die Lunge (bis zu 500 ml mobilisierbar).
- **Erythrozytenproduktion.** Bei langfristig erhöhtem Bedarf an Sauerstofftransportkapazität (geringerer O_2-Partialdruck im Gewebe, Höhenluft) helfen solche kurzfristigen Mechanismen nicht und es werden mehr Erythrozyten produziert.
- Das Herz kann seine **Förderleistung**, die Menge des pro Minute bewegten Blutes (Herzminutenvolumen = HMV), steigern.

Gesteuert wird diese Anpassung sowohl zentral durch Nerven und Hormone als auch lokal durch Stoffwechselprodukte sowie durch auto- und parakrine Hormonsysteme. Damit ist eine Anpassung an den individuellen Bedarf des jeweiligen Organs oder Gewebes wie des Gesamtorganismus möglich. Lokale und übergeordnete Erfordernisse stehen dabei in einem Wechselspiel. Beispielsweise wird bei geringer Umgebungstemperatur die Hand wegen des großen Wärmeverlustes in diesem Gebiet (große Oberfläche bei geringem Volumen) vorübergehend unter Bedarf durchblutet. Das zunehmende Defizit erzwingt nach einer gewissen Zeit über lokale Regulationsmechanismen eine vermehrte Durchblutung.

> **Klinik: Seitenstechen** ist ein unter körperlicher Belastung vor allem bei Jugendlichen auftretender stechender Schmerz unterhalb des Rippen-

bogens. Meist wird er links, manchmal beidseitig oder auch nur rechts wahrgenommen. Er geht mit akut erhöhter Sauerstoffausschöpfung in der Muskulatur einher. Bei Fortführung der Tätigkeit (z. B. Laufen) in vorwärtsgebeugter Haltung mit verminderter Anstrengung oder kurzfristigem Aussetzen verschwindet der Schmerz rasch. Als Ursache werden verschiedene Erklärungen angeführt. Die wichtigsten gehen von Blutumverteilungen aus, wodurch kurzfristig mehr Sauerstoffträger zur Verfügung gestellt werden sollen. Angeführt wird eine Reizung von Schmerzrezeptoren in der Milz- oder Leberkapsel. Diese könnte durch eine Blutumverteilung nach Belastungsbeginn erklärt werden, da oftmals Nahrungsaufnahme mit entsprechender Durchblutungssituationen im Bauchraum vorausgeht. Die Milz- oder Leberkapsel haben keine Muskelzellen, sodass sie sich nicht zusammenziehen können. Hingegen enthält die A. lienalis in ihren ausgiebigen Schlängelungen ein Blutreservoir, das bei einer Kontraktion der Gefäßmedia zur Verfügung gestellt werden kann. Dieser Krampf könnte ebenfalls Seitenstiche erklären.

Mechanische Aufgaben. Gefäße erfüllen über die Transportfunktion hinausgehend mechanische Aufgaben. Dazu gehören
- die Aufhängung der Darmschlingen im Gekröse durch die Mesenterialgefäße
- der Verschluss der Cardia gegen den Magen als Refluxhemmung durch den dort befindlichen Venenplexus
- die Gasabdichtung des Anus durch das Corpus cavernosum recti
- die Beteiligung der Herzkranzgefäße an der Dilatation der Ventrikel in der Kammerdiastole
- die Funktion von Schwellkörpern z. B. der Genitalorgane
- die Beteiligung der Spiralarterien an dem Pupillenspiel.

2.3.2.4 Blutdruck

Hoch- und Niederdrucksystem. Im Abschnitt von der linken Herzkammer bis zu den kleinen Arterien hin herrscht ein mittlerer Blutdruck von ca. 100 mmHg, der durch die Herzarbeit aufrechterhalten wird (**Hochdrucksystem**). Im Gegensatz dazu liegt im Lungenkreislauf ein mittlerer Druck von ca. 20 mmHg (**Niederdrucksystem**) vor. Zum

Niederdrucksystem zählt man außerdem das venöses System und das Herz (Achtung: linke Kammer nur in der Diastole).

> Zum **Hochdrucksystem** gehören die Arterien des Körperkreislaufes und die linke Herzkammer in der Systole.

Windkessel. Die linke Herzkammer treibt während der Systole das Blut in die Aorta. Dabei wird besonders der stark elastische Anfangsteil der Aorta im Sinne eines Windkessels gedehnt und dabei in ihm Energie gespeichert. Ein Windkessel ist ein Reservoir, in dem über die Verdichtung eines Luftpolsters die zuführende pulsierende Strömung von dem möglichst kontinuierlichen Fluss in den abhängigen Leitungen ferngehalten wird. In Blutgefäßen übernehmen die elastischen Fasern die Aufgabe des Luftpolsters. Beim Nachlassen der dehnenden Kraft, also mit dem Aufhören der Kammersystole, bewegt die in der elastischen Aortenwand gespeicherte Kraft das Blut weiter. Auf diese Weise wird der diskontinuierliche Blutstrom in einen mehr kontinuier-

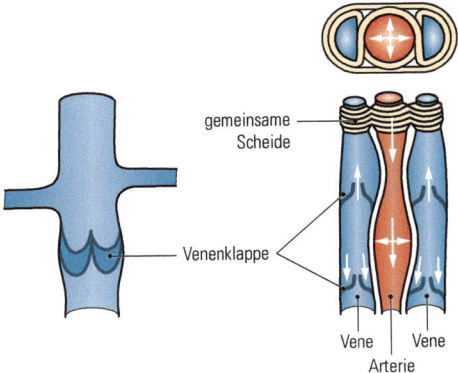

gemeinsame Scheide

Venenklappe

Vene | Vene
Arterie

Abb. 2.26 Venenklappen und Prinzip der arteriovenösen Kopplung. **Links:** Längs aufgeschnittene Vene mit Klappen unterhalb von einmündenden kleineren Venen. **Rechts:** Schematische Darstellung der arteriovenösen Kopplung. Dabei werden die Begleitvenen (blau) einer Arterie durch die Volumenschwankungen der Arterie bei den Pulswellen rhythmisch komprimiert, da sie in einer gemeinsamen, nicht dehnbaren Bindegewebsscheide eingefasst sind und nicht ausweichen können. Die Blutsäule in den Venen bewirkt, dass die im venösen Blutstrom distalen (herzferneren) Klappen geschlossen und die proximalen für den Blutfluss geöffnet werden (Pfeile). Die gemeinsame Scheide ist symbolisch nur an einem Stück der Gefäße und im Querschnitt darüber dargestellt.

lichen Fluss umgewandelt. Die Ausweitung und nachträgliche Kontraktion des Anfangsteiles der Aorta läuft von dort wellenförmig über die übrige Aorta und die mittelstarken Arterien (s. Kap. 2.3.3).

Druckgefälle. Mit der immer stärker werdenden Verzweigung der Arterien wird die Summe der Wandflächen und damit der Reibungswiderstand größer. Gleichzeitig nimmt auch der Gesamtquerschnitt aller Gefäße zu. Querschnittsvergrößerung und erhöhter Reibungswiderstand setzen die Strömungsgeschwindigkeit herab. Sie ist in den Kapillaren am kleinsten. So wird hier intensiver Stoffaustausch mit den Geweben ermöglicht. Der mittlere Blutdruck fällt von der Aorta peripheriewärts zunächst allmählich, in den den Kapillaren vorgeschalteten Arteriolen (Widerstandsgefäße) besonders stark ab.

Venöser Rückstrom. Das geringe Druckgefälle in den Venen allein genügt nicht, das Blut dem rechten Vorhof zuzuführen. Unterstützend wirken deshalb der intrathorakale Sog und die Ventilebene des Herzens (vor allem bei herznahen Venen). Weitere Rückstrom fördernde Mechanismen sind Kontraktionen der Venenwand durch Minisphinkteren, die Venenklappen, die arteriovenöse Kopplung (Abb. 2.26) und in den unteren Körperabschnitten die Kontraktionen benachbarter Muskeln (Muskelpumpe) sowie die Bewegungen verschiedener Körperteile. Nicht zuletzt spielt auch noch der nach der Passage des Kapillarbetts verbliebene Blutdruck von ca. 15 (25–0) mmHg eine Rolle.

> Der Förderung des **venösen Rückstroms** dienen neben dem Druckgefälle die Venenklappen, die arteriovenöse Kopplung, die Muskelpumpe und der intrathorakale Sog.

> **Klinik:** Bei einer **Luftembolie** dringt Luft in den Kreislauf. Die Bläschen verursachen eine Verlegung von kapillären Gefäßgebieten (z. B. in Lunge, Gehirn, Herz). Ursache ist das Druckgefälle zwischen Luft und Blutkreislauf. Dies ist vor allem bei eröffneten Gefäßen im Bereich des Niederdrucksystems möglich, etwa während neurochirurgischer Operationen mit hochgelagertem Oberkörper oder bei Halsverletzungen. Andere Möglichkeiten sind z. B. Lungenoperationen, Pneumothorax, Überdruckbeatmung, Explosionen oder Angiografien.

2.3.2.5 Verteilung des Blutes im Blutgefäßsystem

Blutvolumina. Das arterielle Hochdrucksystem enthält etwa 12–15 % des Blutvolumens. Als **zentrales Blutvolumen** wird die Blutmenge in den Lungengefäßen und der linken Herzhälfte bezeichnet (20 %). Der Thorax fasst insgesamt 30 % des Blutes. Die Venen enthalten 65 % des Blutes und werden daher **Kapazitätsgefäße** genannt.

Regulation. Die Blutfülle der einzelnen Gefäßgebiete hängt von vielen Faktoren ab. An den Akren (Körperendigungen wie Füße, Finger oder Nase) geht beispielsweise aufgrund des schlechten Verhältnisses von Oberfläche zu Volumen rasch viel Wärme verloren. Daher ist hier die Durchblutungsregulation sehr ausgeprägt. Bei hohen Außentemperaturen fließt durch die Hände 30-mal mehr Blut als bei Kälte. Blut und Gefäße wirken hier zusammen als Heizungs- und Kühlsystem.

> **Klinik:** Bei einer **Linksherzinsuffizienz** staut sich das Blut in der Lunge und der durch den Druckanstieg bedingte Flüssigkeitsaustritt verursacht klinisch zunehmende Dyspnoe bis zum schaumigen Sputum und Zyanose. Eine solche abnorme Ansammlung seröser Flüssigkeit (Transsudat) im Interstitium des Lungengewebes bezeichnet man als **Lungenödem**.

2.3.2.6 Rezeptoren in den Gefäßwänden

Osmozeptoren. Sie finden sich z. B. in Zellarealen des Hypothalamus (Nucleus supraopticus und Nucleus paraventricularis) sowie in der Leber. Sie registrieren minimale Abweichungen der Plasmaosmolarität.

Chemozeptoren. Sie sind stark vaskularisierte und innervierte Strukturen an der Teilungsstelle der A. carotis (Glomus caroticum) und im Aortenbogen (Glomus aorticum). Sie registrieren einen Abfall des arteriellen pO_2, einen Anstieg des arteriellen pCO_2 und einen Anstieg der arteriellen H-Ionen-Konzentration.

Barorezeptoren. Sie finden sich in der Wand der Aorta und im Karotissinus. Es handelt sich um Dehnungsrezeptoren. Die Dehnung der Gefäßwände infolge einer Blutdruckerhöhung führt zu ihrer Aktivierung.

Atriales natriuretisches Peptid (**ANP**). Spezielle Myozyten der Herzvorhöfe registrieren eine Vor-

hofdehnung und sezernieren ANP in das zirkulierende Blut. ANP-bildende Zellen kommen auch in Gehirn, Aortenbogen, Nebenniere und Niere vor. Durch Steigerung der Natriurese und Diurese sowie durch eine Gefäßdilatation wird der arterielle Druck gesenkt.

2.3.2.7 Nervöse Versorgung

Die Innervation der Gefäßmuskulatur erfolgt durch das **vegetative Nervensystem** über die Adventitia (s. Kap. 2.4.6.1). In der Adventitia können zusätzlich Spannungsrezeptoren vorhanden sein. Vegetative Fasern sind bis in das Kapillargebiet nachweisbar.

2.3.2.8 Endo- und parakrine Regulatoren

Blutflussabhängiger Scherstress hat einen wesentlichen Einfluss auf die kontraktile Aktivität der Gefäßmuskulatur. Mit steigender Flussrate wird zunehmend ein endothelialer Faktor (EDRF) freigesetzt, der die Muskelzellen entspannt und damit für eine Lumenweitstellung sorgt. Vasodilatorisch wirken außerdem Histamin, Adrenalin (über β-adrenerge Rezeptoren), diverse Stoffwechselendprodukte, geringer pO_2, hoher pCO_2 bzw. geringer pH und Temperaturerhöhung. Vasokonstriktorisch wirken z. B. Adrenalin (über α-adrenerge Rezeptoren), Noradrenalin, Endothelin und Angiotensin II.

2.3.2.9 Anordnung, Verlauf und Dehnbarkeit der Gefäße

> Die großen Nervenstämme verlaufen vor allem an den Extremitäten oft mit den größeren (subfaszialen) Gefäßen (sog. **Leitungsbahnen**).

Gefäß-Nervenstraßen. Die Zusammenlagerung von Gefäßen und Nerven zu einem Strang ermöglicht einen Schutz, vorzugsweise vor Schädigungen durch körpereigene Bewegungen. Sie werden durch eine gemeinsame, bindegewebige **Gefäß-Nervenscheide** zusammengehalten. Diese Scheide kann sehr ausgeprägt sein (z. B. am Hals). Nicht selten laufen sie dabei über längere Strecken parallel zu einem Muskel (**Leitmuskel**), der das Aufsuchen im Körper erleichtert.

- **Paarige Vv. comitantes**. Die meisten Extremitäten-Arterien werden von paarigen Begleitvenen begleitet.
- **Singuläre V. comitans**. Die großen Arterien (z. B. A. iliaca ext., A. femoralis, A. poplitea) haben gewöhnlich nur eine Begleitvene.

- **Vv. subcutaneae.** Hautvenen verlaufen ohne Arterien. Sie liegen unter der Haut auf der Faszie und werden häufig von oberflächlichen Lymphgefäßen begleitet. Diese Venen sind sehr variabel in ihrem Verlauf und anastomosieren oft mit tiefer gelegenen Begleitvenen. Dabei ist die Blutflussrichtung durch Klappen nach innen gerichtet.

> **Klinik:** Entzündungen können sich in vorgeformten Bindegewebsräumen infiltrativ ausdehnen (**Phlegmone**). Ursache sind vielfach hämolysierende Streptokokken. Entlang einer Gefäßnervenstraße können sich Phlegmone rasch über große Strecken ausbreiten.

Verlauf von Gefäß-Nervenstraßen. Gefäße und Nerven verlaufen an Extremitäten typischerweise über die Beugeseite der Gelenke, um bei Beugung nicht überdehnt zu werden. Wichtig ist dabei der Bezug zur Bewegungsachse. In Bereichen, wo große Flächen oder Räume unbeweglicher sind (z. B. Kopf), wirkt dieses ordnende Prinzip weniger. Die Gefäße wählen i. d. R. den kürzesten Weg zum Erfolgsorgan.

Wenn sie einen langen Weg zurücklegen müssen, ist das meist durch Verlagerungen während der Entwicklung zu erklären. Beispiele:

- Die **Keimdrüsen**, die ursprünglich in der oberen Lenden- und unteren Thoraxgegend angelegt wurden (Urnierenderivate), beziehen ihre Arterien (Aa. testiculares sive ovaricae) direkt aus der Bauchaorta.
- **Untere Extremität.** Weichen die Hauptstämme von Gefäßen und Nerven von der Regel eines gemeinsamen Verlaufs (über die Beugeseite) ab, so ist vielfach ein im Laufe der Evolution geänderte Gelenknutzung (z. B. bei der Aufrichtung des Menschen) die Ursache. Arterien können sich – anders als Nerven – rückbilden und Kollateralen, die günstiger liegen, die Aufgabe übernehmen. So findet sich die Hauptschlagader des Menschenbeines rumpfnah nicht beim N. ischiadicus, sondern die A. femoralis hat diese Aufgabe übernommen.
- **Verlagerung.** Bei der Beugung werden die Gefäßstämme durch Zug des umgebenden Bindegewebes so verlagert, dass sie weniger abknicken, als es der Winkel des gebeugten Gelenkes impliziert. Das Beispiel der A. poplitea zeigt, dass dennoch die mechanische Belastung in

Gelenknähe bei Arterien eine Prädilektion für degenerative Veränderungen ist.

- Bei beweglichen oder verschieblichen **inneren Organen** und bei Knochen lagern sich die Leitungsbahnen im Zentrum oder der Achse der Bewegung zusammen, um an dieser Stelle gemeinsam in das Organ einzutreten (Hilum).

Gefäßvarietäten. Sie sind sehr häufig und meist aus der Entwicklungsgeschichte zu erklären. Die Vielfalt ist groß, aber begrenzt durch Variationen der **Neu-, Um- und Rückbildungprozesse** in der frühen Embryonalphase. Im Allgemeinen sind die Arterien in ihrem ganzen Verhalten (Größe, Verlauf usw.) konstanter als die Venen. Die Arterien- und Venenstämme sind am Anfang in dem frühen Gefäßnetz des Embryos nicht differenziert. Sie treten erst allmählich daraus hervor, wenn sie an Volumen zunehmen. Die Stämme sind in erster Linie erblich bedingt, die Details sind Anpassungen an die Funktionen.

Altersveränderungen. Venen können leichter als Arterien gedehnt werden. Arterien sind besonders in der Länge, Venen in der Quere dehnbar. Lässt die Dehnbarkeit der Arterien im Alter nach, so zeigt sich eine stärkere Schlängelung z.B. die oft gut sichtbaren Aa. temporales superficiales bei älteren Menschen.

Gefäßverzweigungen. Die Gefäße verzweigen sich nach drei wesentlichen Mustern. Die Gefäßverzweigungen folgen dabei hauptsächlich den hämodynamischen Anforderungen des Blutstroms. Das Blut soll mit geringstem Energieverlust verteilt werden. Dazu gehört die Vermeidung von Verwirbelungen. Scharfe Knicke fehlen daher weitgehend.

- **Monopodial.** Ein Hauptstamm gibt zahlreiche kleinere Arterien ab. Die Gefäße gehen des Öfteren in spitzem, seltener in rechtem und stumpfen Winkel vom Hauptstamm ab.
- **Dichotom.** Teilt sich der Hauptstamm in 2 etwa gleich starke Äste, so spricht man von **dichotomischer Teilung**. Diese muss nicht angelegt sein, sondern kann, wie bei den Iliakalarterien, die Aufweitung von monopodialen Ästen im Rahmen funktioneller Änderungen sein.
- Die Aufzweigung eines Gefäßes in ein **Büschel** kleinerer Gefäße ist nur in wenigen Organen verwirklicht (Pinselarteriolen der Milz).

Klinik: Stumpfwinklige Gefäßabgänge sind ungünstige Blutstrom-Richtungsänderungen. Hier entstehen häufiger Verwirbelungen. Bei Arterien sind dies Prädilektionsstellen **arteriosklerotischer Plaques** (z.B. kraniale Abgänge aus dem Aortenbogen); bei Venen kann es Stauungen und damit **Varizenbildungen** geben.

2.3.2.10 Arterien und Arteriolen

Nach dem Aufbau unterscheidet man Arterien vom **elastischen und muskulären Typ** (Abb. 2.27). Der Übergang ist kontinuierlich.

Nach der Größe teilt man die Arterien formal in große, mittelgroße, kleine und präkapillare Arterien (Arteriolen, s. u.) ein. Dabei haben Arterien gleicher Größe keinesfalls immer gleiche Aufgaben. Diese hängen vielmehr vom Organ oder Gewebe ab.

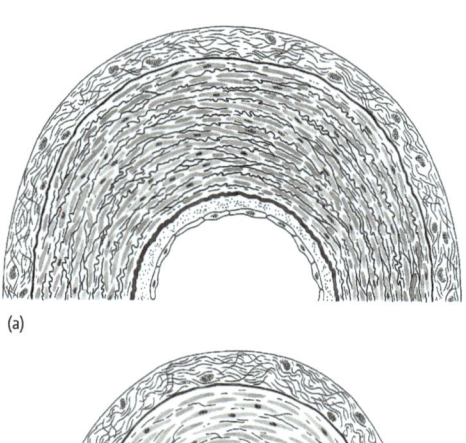

(a)

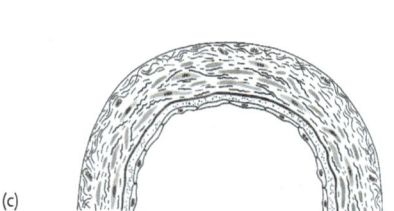

(b)

(c)

Abb. 2.27 a: Arterie vom elastischen Typ. **b:** Arterie vom muskulären Typ. **c:** Vene. Man beachte die unscharfe Abgrenzung von Media und Adventitia bei der Vene.

Arterien vom elastischen Typ

Zum elastischen Typ gehören die großen herznahen Gefäße (**Aorta, Truncus brachiocephalicus, A. carotis communis, Truncus pulmonalis** usw.), jedoch nicht die Aa. coronariae, da sie (besonders links) vermehrt in der Diastole durchblutet werden und daher die oben beschriebene, zur Systole gehörende Funktion nicht erfüllen (s. Kap. 2.3.2.5).

Die Gefäße vom elastischen Typ haben eine **Windkesselfunktion** und werden auf Dehnung beansprucht. Sie zeigen im Gegensatz zu den mittleren Gefäßen eine dickere Intima, keine besonders ausgeprägte Elastica interna und in der Tunica media zahlreiche gefensterte, elastische Membranen.

Klinik: 1. Die häufigste Krankheit der Arterien ist die **Arteriosklerose**. Sie wird u. a. als Störung des Lipidstoffwechsels in der arteriellen Intima charakterisiert (**Atherosklerose**). Es handelt sich jedoch um einen Sammelbegriff verschiedener pathogenetischer Veränderungen. Dabei kommt es im Endstadium zur Ablagerung von Kalziumkonkrementen. Dies stört z. B. die Windkesselfunktion. **2.** Die geschwächte Wand kann auch **aneurysmatisch** werden. Die meisten Komplikationen sind organbedingt und oftmals Folge der Lumeneinengung (z. B. Angina pectoris, Infarkt, Claudicatio intermittens, Gangrän).

Arterien vom muskulären Typ

Mit der **Entfernung vom Herzen** prägt sich der muskuläre Typ stärker aus.

Wandschichten. Wir unterscheiden 3 Wandschichten, die bei den mittelgroßen Gefäßen am deutlichsten ausgeprägt sind (Abb. 2.27).
- **Tunica intima** (**Intima**). Sie besteht neben den **Endothelzellen** aus feinen, elastischen und kollagenen **Fasern**. Sie wird vorwiegend in Strömungsrichtung beansprucht, weshalb die Strukturelemente vorwiegend in Längsrichtung angeordnet sind. Die **Membrana elastica interna** bildet die Grenze gegen die Tunica media.
- **Tunica media** (**Media**). Diese ist auf Dehnung und Pulsation eingestellt. Sie besteht aus einer dicken Lage flach-schraubenförmig verlaufender, glatter **Muskelzellen**. Die **Membrana elastica externa** bildet die Grenze gegen die Tunica externa.

- **Tunica externa** (**Adventitia**). Hier sind vorwiegend längs verlaufende elastische und kollagene Fasern in Form eines **Scherengitters** angeordnet. Sie müssen den pulsatorischen Volumenschwankungen nachgeben können. Alle elastischen Fasern der Gefäßwand bilden mit den elastischen Fasern der Umgebung zusammen ein Raumgitter.

Rankenarterien, Aa. helicinae

Rankenarterien sind geschlängelte Arterien in Organen, die großen Volumenschwankungen unterworfen sind (Genitalapparat) oder an Orten, wo die Gefäße stark bewegt werden (einige Gesichtsbereiche). Diese Schlängelungen bilden Reservelängen, z. B. bei der **A. facialis** (Kaubewegung). Diese Deutung klärt aber nicht alles auf, da beispielsweise die seitlich am Uterus verlaufende **A. uterina** am Ende der Schwangerschaft (also bei stärkster Ausdehnung des Uterus) nach wie vor geschlängelt ist. Die Hämodynamik liefert hier wahrscheinlich eine weitere Erklärung. Bei der ebenfalls stark gewundenen **A. splenica** (lienalis) ist diese Schlängelung gleichfalls nicht etwa Folge der Atemverschieblichkeit, sondern (vermutlich) ein Rudiment der Blutspeicherfunktion, welche die Milz mangels Muskelzellen beim Menschen nicht mehr ausübt (statt dessen größeres Volumen der Arterie durch Längenreserve).

Arteriolen

Mit der **Größenabnahme der Arterien** zur Peripherie hin nehmen alle ihre Schichten, vorwiegend aber die Tunica media, ab. Die Arteriolen als **Terminalarterien** (Durchmesser 20–80 μm) besitzen nur noch **eine**, oft nicht mehr geschlossene **Muskellage** (Abb. 2.28).

Im Bereich der Arteriolen findet ein starker **Blutdruckabfall** statt. Dies erklärt sich hauptsächlich aus dem bedeutend größeren Gesamtquerschnitt (Volumenzunahme) der Arteriolen gegenüber den kleinen Arterien. Arteriolen werden auch als **Widerstandsgefäße** bezeichnet, da bereits kleine Lumenverkleinerungen eine deutliche Widerstandserhöhung bewirken. Man erklärt dies durch die Erhöhung der Reibung des Blutes an der Gefäßwand und durch die Veränderung seiner Fließeigenschaften bei der Verringerung der Strömungsgeschwindigkeit.

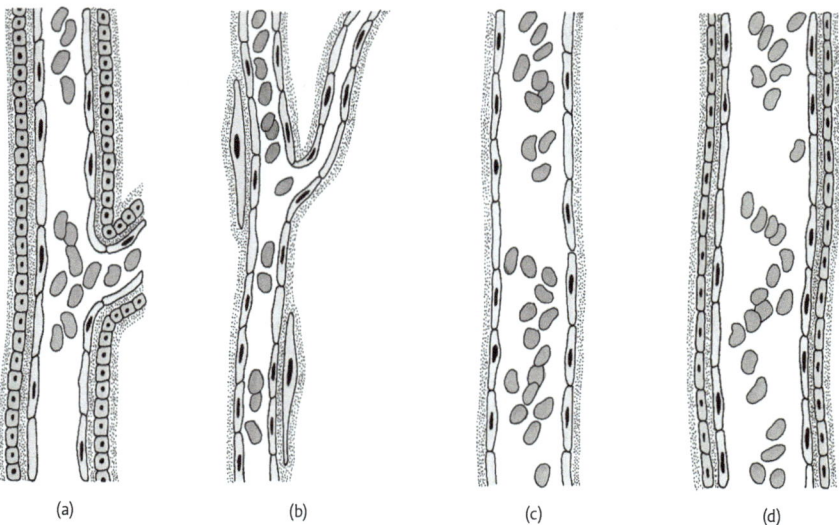

(a) (b) (c) (d)

Abb. 2.28 Terminale Gefäßstrecke: **a:** Arteriole, **b, c:** Kapillaren, **d:** kleine Vene.

2.3.2.11 Kapillaren und Sinus

Die **Kapillaren** sind dünnwandige, enge Gefäße mit schwankendem Lumen, durch die noch Erythrozyten durchtreten können (Durchmesser 3–15 µm, Länge im Mittel 500 µm). Sie sind die Stelle des Stoffaustausches zwischen Blut und Gewebe.

Wandschichten. Ihre Wand besteht lumenwärts aus einer Endothelschicht (Abb. 2.28). Die untereinander durch Zellverbindungen (Tight junctions, Gap junctions, selten Desmosomen) verknüpften platten Endothelzellen (0,1–1 µm Dicke) sind mit ihrer Längsachse in Richtung des Gefäßes eingestellt. Die sich anschließende stark dehnungsfähige, sehr dünne Basalmembran wird vorwiegend von den Endothelzellen gebildet. Sie stellt unter physiologischen Bedingungen keine wesentliche Permeabilitätsschranke dar, ist aber für pathologische Vorgänge von Bedeutung. Phagozytierende Adventitiazellen befinden sich außerhalb der Basallamina und liegen der Kapillarwand nur auf.

Kapillarbett. Untereinander bilden die Kapillaren ein Netzwerk, das in Dichte, Art der Vernetzung und Form vom Blutbedarf sowie der Struktur des jeweiligen Organs abhängig ist. Die Sauerstoffausschöpfung ist ein wesentlicher Faktor für Art und Umfang der Kapillarisierung eines Gewebes. Kapillaren können vom Körper leicht nachgebildet oder ersetzt werden (Granulationsgewebe nach Verletzungen, wachsendes Fettgewebe).

Kapillartypen. Im Hinblick auf die Wandgestaltung werden 3 Kapillartypen unterschieden:
- **Kapillaren mit zusammenhängendem Endothel** besitzen eine durchgehende Basallamina ohne Poren (Fenestrae). Sie kommen u. a. in Gehirn, Retina, Hoden, Thymus, Lungen und Muskulatur vor. Der Stoffaustausch durch **aktive transendotheliale Transportvorgänge** und paraendotheliale Diffusion ist streng kontrolliert.
- **Kapillaren mit intrazellulären Poren.** Ihre Endothelzellen besitzen Poren (**Fenestrae**; fenestriertes Endothel) mit einem Durchmesser von ca. 60 nm oder darunter (bis zu 9 nm). Meist sind die Poren von einem Porendiaphragma verschlossen, können aber auch offen sein. Dieser Kapillartyp kommt in den endokrinen Organen, im Dünndarm, im Knochenmark und in peritubulären sowie glomerulären Kapillaren der Niere vor. Der Stoffaustausch ist erleichtert.

Sinusoide sind besonders weite Kapillaren (30–40 µm). Ihr Endothel besitzt keine oder keine zusammenhängende Basallamina und sowohl intrazelluläre Poren als auch interzelluläre Lücken.

Dieser Typ kommt in der Leber, in der Milz und im roten Knochenmark vor. Hier vollzieht sich der

Stoffaustausch am leichtesten. **Venöse Sinus** sind kleine, erweiterte Gefäßstrecken (z. B. im Nebennierenmark, in der Hypophyse oder in der Leber). Das Blut fließt hier langsamer (längere Kontaktzeit).

Blut-Gewebe-Schranken. Die Kapillarwand bildet einen Teil der Blut-Gewebe-Schranke. Der Stoffaustausch erfolgt transzellulär durch Diffusion und – vermutlich – **Zytopempsis** (transzellulärer Stofftransport in Vesikeln mit kontrollierter Endo- und Exozytose) sowie interendothelial. In erster Linie sind der Blutdruck, der osmotische und kolloidosmotische Druck daran beteiligt.

Präkapilläre Sphinkteren. Zu den grundlegenden Eigenschaften kapillärer Gefäßstrecken gehört die periodische Öffnung und Schließung von **präkapillären Sphinkteren** (Periode von 2–8 s). Mit diesen feinen muskulären Sphinkteren, die am Ursprung der Kapillaren liegen (Sphinkterkapillaren), wird der Blutgehalt der Kapillaren reguliert.

Terminale Strombahn. Als terminale Strombahn bezeichnet man die für den Stoffaustausch mit dem Gewebe und seine Regulation zuständigen Gefäßgebiete. Dieser Bereich der **Mikrozirkulation** unterliegt wegen des geringen Durchmessers der Kapillaren besonderen rheologischen Bedingungen.

Biologisches Verhalten der Kapillaren. Grundsätzlich kann es zu einer Kapillarerweiterung (Vasodilatation) mit Streckenverkürzung und zu einer Längung (Elongation) mit kleinerem Lumen kommen. Ändert sich zudem die Wanddicke (Lumenänderungen der Haargefäße durch An- oder Abschwellung des Kapillarendothels), ist Vasodilatation und Elongation gleichzeitig möglich (erleichterter Stoffaustausch). Diese Veränderungen sind bedeutend für physiologische (z. B. Muskelhypertrophie) und pathologische Vorgänge (z. B. chronische Entzündungen, Kaposi-Sarkom). Die Bedeutung der kapillären Nervenversorgung ist nicht geklärt. Es werden sowohl sensible als auch zunehmend vegetativ-efferente Fasern nachgewiesen. Nicht alle die terminalen Gefäße begleitenden Nerven sind für deren Versorgung zuständig. Die Gefäße können auch der Versorgung der Nerven dienen und sie im Sinne einer Leitstruktur in das Zielgebiet bringen (z. B. bei Regenerationsprozessen oder in der Organogenese).

2.3.2.12 Venen und Venolen

Die Nomina Anatomica benennen etwa 400 Venen. Herzfern sind sie zumeist paarig oder geflechtartig in einer gemeinsamen Bindegewebshülle (Ge-

fäßscheide) aus Kollagenfasern in statistischer Ordnung (vorzugsweise konzentrisch) um die Arterien gelegen (**arteriovenöse Koppelung,** Abb. 2.26).

Verlauf, Funktion. Im Urogenitaltrakt begleiten zwei Venen eine Arterie. Diese Venen sind teilweise muskelstärker als die zugehörige Arterie. Regelmäßig finden sich zwei Arterien und eine Vene in der Nabelschnur. In den Venen unterliegt der Druck anderen Rhythmen als dem Puls (z. B. der Atmung). Klappen gewährleisten die Strömungsrichtung. Sie sind Voraussetzung für die **Muskelpumpe.** Dabei handelt es sich um eine Massage der Venen durch kontrahierende Muskeln. Die kollagenfaserige Scheide und die Klappen bedingen, dass sich die Venen durch diese Kompression herzwärts entleeren. Ähnlich wirkt auch die Peristaltik des Darms auf die Pfortaderzuflüsse. Die großen herznahen Venen und die meisten Venen am Kopf verfügen aufgrund der dort vorherrschenden Druckverhältnisse über keine Klappen. Klappen und Adventitia fördern auch bei jeder anderen Komprimierung den venösen Rückstrom (Belastung der Fußsohle, Kompressionsstrümpfe zur Thromboseprophylaxe).

Eigenständige Verlaufsmuster. In Gebieten relativer Ruhe (Rumpf, weite Teile des Gesichtes, Schädelinneres) können Venen unabhängig von Arterien verlaufen und eigenständige Verzweigungsmuster aufweisen. Diese Venen haben zumeist anderslautende Namen als die in der Nachbarschaft verlaufenden Arterien. Ebenfalls eigenständige Namen haben Hautvenen, da es keine größeren Hautarterien gibt. Hautvenen stehen über nach innen leitende (Klappen!), die Körperfaszie durchtretende **Perforansvenen** mit dem tiefen Venensystem in Verbindung (Abb. 2.29).

Einteilung. Nach der Größe unterscheidet man große, mittelgroße, kleine und kleinste (Venolen) Venen.

Wandaufbau. Man kann auch bei Venen einen Dreischichten-Aufbau erkennen, der aber weniger deutlich und stärker variabel ist (Abb. 2.27).

- **Tunica intima** (**Intima**). Sie besteht aus einer Endothelschicht und einer wechselnd dicken Lage von feinen kollagenen und elastischen Fasern, in die bei manchen Venen, besonders denen der unteren Extremitäten und des Genitale, noch zahlreiche längs verlaufende glatte Muskelzellen eingelagert sein können. Eine **Membrana elastica interna** ist nicht immer klar ausgeprägt.

- **Tunica media (Media).** Diese ist dünner und aufgelockerter als bei Arterien und oft nur schwach entwickelt. Die V. cava inferior und die Vv. suprarenales besitzen nahezu ausschließlich Längsmuskulatur. Durch eine Zunahme des kollagenen Bindegewebes sind die Muskelzellen zu einzelnen Bündeln auseinander gedrängt. Es lassen sich 2 Schichten abgrenzen. Die innere ist stärker spiralisiert, die äußere flacher. Damit sind die Venen (wie bei Ureter, Ductus deferens oder Tuba uterina – alle mit überwiegend dreischichtiger Tunica muscularis, vgl. Adventitia) zu einer „Melkbewegung" befähigt (d. h. Lumenerweiterung am Ort der Kontraktion). Diese ist herzwärts gerichtet. Daneben kommt ein zartes Netzwerk elastischer Fasern vor. Ist eine Membrana elastica interna vorhanden, bildet sie vorwiegend Längsnetze, deren Fasern in der Intima dünn und außen dick sind.
- **Tunica externa (Adventitia).** Sie ist in der Dicke wechselnd und ähnlich wie die der Arterien gebaut. Zumeist ist sie die dickste der 3 Wandabschnitte. Die Adventitia enthält meist Bündel schwach spiralisierter, vorzugsweise längs verlaufender glatter Muskelzellen, sodass die meisten Venen faktisch über 3 Muskelschichten verfügen. Man kann diese Muskelzelllage auch der Media zurechnen. Die Verankerung der Venenwand mit der Umgebung ist sehr variabel. Die meisten Venen kollabieren bei zu geringem venösen Blutdruck. An der unteren Extremität ist die Adventitia verdickt, um den intravasalen Druck besser aufzunehmen.

Wandstärke. Die Venen haben oft eine wesentlich **dünnere** Wand als gleichgroße Arterien. Damit wird dem niedrigeren Blutdruck im venösen Schenkel Rechnung getragen. Die Variabilität im Aufbau der Venenwand ist besonders groß; sie wird von den hämodynamischen Momenten der einzelnen Körperabschnitte bestimmt. Bei der Aufrichtung aus dem Liegen in den Stand bleiben durch die Venenfüllung über 500 ml Blut in der unteren Extremität. Mit zunehmendem hydrostatischen Druck (also in den unteren Extremitäten) steigt die Muskelstärke. Gleichzeitig nimmt die Zahl der **Venenklappen** zu. Die V. saphena magna ist gebaut wie eine starke Arterie. An den oberen Extremitäten, Kopf und Hals finden wir meist muskelschwache Venen (niedriger intravasaler Druck gegenüber den Arterien). Die Dicke der Venenwand korreliert jedoch keineswegs mit der Größe

des Lumens. Besonders variabel sind die kleinen Venen in ihrem Aufbau. Einander relativ ähnlich sind noch die mittelgroßen Extremitätenvenen.

> **Klinik:** Eine (gesunde) Hautvene der unteren Extremitäten kann aufgrund ihrer Wandstärke als **autolog transplantierter arterieller Bypass** (z. B. der Herzkranzgefäße) verwendet werden. Die Venen sind langstreckig und unter der Haut gut erreichbar. Von den begleitenden Hautnerven lassen sie sich gut isolieren. Der Verlust der vegetativen Innervation wird durch die Autokontraktionsfähigkeit der Media ausgeglichen. Unter der pulsierenden Druckbelastung nimmt die Vene zunehmend arteriellen Charakter an. Wegen der Venenklappen muss das Transplantat in umgekehrter Richtung eingenäht werden. Das Herkunftsgebiet wird hinreichend redundant entsorgt und kann den Verlust kompensieren.

Venenklappen, Valvulae. Das sind herzwärts geöffnete Intimaduplikaturen (Abb. 2.26), die eine bindegewebige Grundlage aus elastischen und kollagenen Fasern haben und an beiden Seiten von Endothel überzogen werden. Es existieren 2 Klappentypen.
- Der größere Klappentyp hat eine dicke, fibröse, flächige Grundlage und ist sichtbar an die Venenwand angeheftet. Bei Füllung wölbt sich die Klappe in das Lumen der Vene vor und die Klappenhälften lagern sich einander an. Die Venenwand ist im Bereich hinter diesen Klappen sinusartig ausgeweitet.
- Der kleinere Typ ist dagegen meist nicht sichtbar und muss im Präparat an der eröffneten Vene durch einen dünnen Wasserstrahl demonstriert werden. Diese Klappen verschließen das Lumen der Venen vielfach nur partiell. Klappen kommen an allen kleinen und mittelgroßen venösen Gefäßen vor. Besonders zahlreich sind sie in den Venen der Extremitäten und der Rumpfwand; an den unteren Extremitäten finden sich größenordnungsmäßig alle 2 cm Venenklappen. Stehen die Klappen besonders dicht, so bekommt die gefüllte Vene ein **perlschnurartiges Aussehen** (Rosenkranzvene = V. saphena parva). Die Klappen sind zumeist paarig gebaut und liegen bevorzugt distal der Einmündung anderer Venen. Sie verhindern den Rückstrom des Blutes und geben den Weg in Richtung Herz frei.

Venolen

Venolen haben einen Durchmesser von 10–30 μm. Sie sind den Kapillaren nachgeschaltet. Ihr Wandaufbau ähnelt noch sehr dem der Kapillaren. Vereinzelt treten bereits glatte Muskelzellen auf (Abb. 2.28).

Perforansvenen, Vv. perforantes

Vorkommen und Bedeutung. Perforansvenen kommen vor allem an den Extremitäten vor. Sie verbessern die Kommunikation des oberflächlichen mit dem tiefen Venensystem. Dabei fließt das Blut von epifaszial in die durch die Muskelpumpe (insbesondere an den unteren Extremitäten) geleerten subfaszialen Venen. Die Klappen der Vv. perforantes (sie „perforieren" die Körperfaszien) unterstützen diesen Blutfluss. Ein Versagen oder Fehlbildungen führen zu einer umgekehrten Blutströmung. Man unterscheidet direkte von indirekten Perforansvenen.
- Bei den **indirekten Perforansvenen** verläuft die Kommunikation der oberflächlichen mit den tiefen Venen über ein kleines, tieferes Epifaszialvenennetz (Abb. 2.29). Die Hauptvenenstämme der Extremitäten (Vv. saphenae magna et parva sowie Vv. basilica et cephalica) perforieren direkt und drainieren in die Begleitvenen der Arterien, sind also selber Perforansvenen.
- Darüber hinaus gibt es im engeren Sinne **direkte Perforansvenen,** insbesondere an den unteren Extremitäten. Sie sind hier mit Eponymen belegt.

Klinik: Für **Varizen** der unteren Extremitäten sind häufig Insuffizienzen der Perforansvenen verantwortlich, in deren Bereich am Unterschenkel nicht selten ein **Ulcus cruris** (Unterschenkelgeschwür) oder Stase-bedingte (stauungsbedingte) Ekzeme (entzündliche Hautveränderungen) auftreten. Insuffiziente Perforansvenen weiten ihre Fasziendurchtrittsstelle auf und sind dann palpatorisch zu diagnostizieren.

Muskelfreie Venen

In Organen mit einem gleichbleibend großen Blutbedarf finden sich Venen ohne Muskelzellen in ihren Wänden.
- Ein Beispiel sind die **Sinus durae matris,** Blutleiter der harten Hirnhaut im Schädel. Ihre starren Wände sichern einen gleichmäßigen Rückstrom des Blutes und verhindern somit Volumenschwankungen.
- Die **Trabekelvenen** der Milz sind ebenfalls nur mit Endothel ausgekleidete Hohlräume in den Bindegewebsbalken der Milz und können daher nicht kollabieren oder einen nennenswerten Widerstand aufbauen. Sie münden in die V. portae hepatis (wichtiger Zusammenhang bei Pfortaderstauungen).

2.3.2.13 Gefäßtypen nach dem Versorgungsmodus

Vasa privata sind Blutgefäße, die sich nur am nutritiven (ernährenden) Kreislauf eines Organs betei-

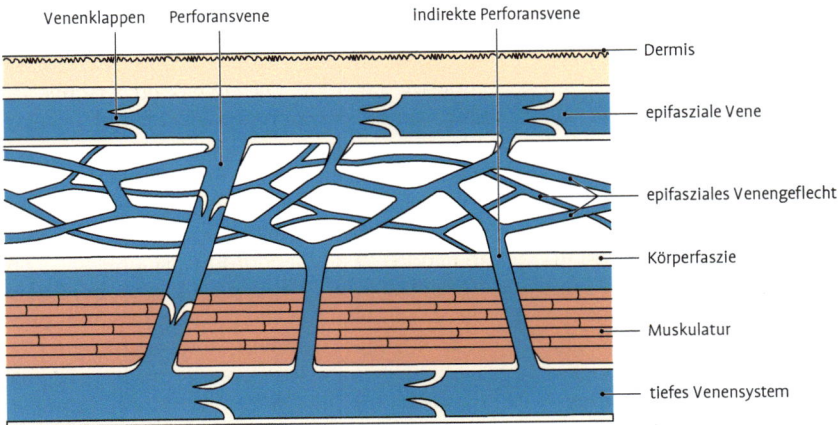

Abb. 2.29 Schema der Verbindung oberflächlicher und tiefer Venen einer Extremität mittels Perforansvenen und epifaszialem Venengeflecht.

ligen (z. B. Bronchialgefäße, Herzkranzgefäße, Leberarterien).

Vasa publica stehen im Dienste des Gesamtorganismus (z. B. Aorta, Vv. cavae, Aa. pulmonales, V. portae hepatis); sie dienen primär nicht der Eigenversorgung eines Organs.

2.3.2.14 Drossel- und Sperrgefäße

Drosselvenen sind kleine Venen, die zirkulär und längs verlaufende Muskelzellen (**Sphinkteren**) besitzen. Sie sind den Venolen nachgeschaltet. Diese Sperrvorrichtungen können durch Kontraktion das Gefäßlumen verengen und damit eine Stauung im Kapillarbett verursachen. Sie befinden sich u. a. in der Nasenschleimhaut, den Lungen, den Speicheldrüsen, endokrinen Drüsen und den Schwellkörpern der Genitalien.

Bei **Sperrarterien** bzw. **Polsterarterien** handelt es sich um kleine Arterien, die dem Kapillargebiet vorgeschaltet sind. Sie besitzen muskuläre Intimapolster oder in das Lumen vorspringende Muskelzellen und können die Blutzufuhr einschränken oder temporär ganz unterbrechen. Sie sind u. a. in der Haut, Nasenschleimhaut, Speiseröhre, den Bronchien, im Ovar und den Schwellkörpern der Genitalien zu finden.

2.3.2.15 Anastomosen

Anastomosen (gr. ana = zusammen, stoma = Mund) sind **Verbindungen von Gefäßen untereinander.** Sie kommen zwischen arteriellen, venösen und lymphatischen Gefäßen vor und sichern die Zirkulation, wenn einer der Äste zeitweise oder dauernd verlegt ist. Die große Zahl der Anastomosen, insbesondere bei den Venen, erklärt die hohe Variabilität der Blutversorgung. Bei der Entwicklung von Verbindungen bei Gefäßen gleicher Art entsteht die Möglichkeit, dass eine Arterie (oder Vene) das Versorgungsgebiet der anderen übernimmt. Dem operativ tätigen Arzt eröffnet sich die Möglichkeit der Gefäßunterbindung, ohne die Blutversorgung zu gefährden.

Vorkommen. Organe endodermalen Ursprungs weisen häufig ausgeprägte Anastomosierungen ihrer Blutgefäße auf. In Organen und Geweben, die vom Mesoderm abstammen, ist die Ausprägung von Anastomosen wechselnd; entsprechend variieren sie erheblich in ihrer Reaktion auf Ischämien. Ektodermabkömmlinge sind oft von Endarterien

versorgt (keine Anastomosen). Sie sind anfällig für Unterbrechungen der Blutzufuhr.

Arten von Anastomosen:

1. **Arteriovenöse Anastomosen** sind spezielle, lokale Kurzschlussverbindungen zwischen kleinsten Arterien bzw. Arteriolen und Venen bzw. Venolen unter Umgehung des Kapillargebietes. Arteriovenöse Anastomosen dienen der Durchblutungs-, Blutdruck- und Thermoregulation. Während ihre Bedeutung bei Schwellkörpern oder bei der Thermoregulation weitgehend gesichert ist, sind viele dieser regionalspezifischen Vorrichtungen in ihrer Bedeutung noch nicht klar erfasst. Man unterscheidet 2 Arten (Abb. 2.30):

   - **Brückenanastomosen** sind kurze, bügelartige Gefäßverbindungen mit einem arteriellen und venösen Schenkel. In der Tunica media liegen unter dem Endothel modifizierte glatte Muskelzellen. Durch Quellung oder Kontraktion wirken sie als Sperrvorrichtung. Auch können ihnen ringförmig angeordnete Muskelzellen aufliegen. Zumeist werden die Anastomosen durch sympathische Nervenfasern innerviert.

   - **Knäuelanastomosen** (Glomus-Anastomosen) stellen ein Konvolut dickwandiger, gewundener und durch faserreiches Bindegewebe kapselartig eingehüllter Gefäße dar. Typische Knäuelanastomosen findet man in großer Zahl in der Haut von Akren (besonders der Nase, **Glomerula cutanea**), in Finger- und Zehenspitzen (Glomerula digitalia) sowie an der Steißbeinspitze (Glomus coccygeum), weiterhin in der Zunge, den Speicheldrüsen, der Schilddrüse und in Schwellkörpern.

2. **Arterielle Anastomosen, Kollateralen.** Es handelt sich um Äste kleinerer Arterien oder Venen, die von einem **Hauptstamm** abgehen und im Allge-

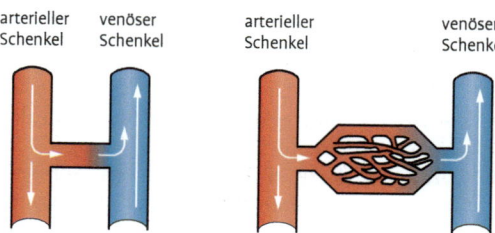

arterieller Schenkel   venöser Schenkel   arterieller Schenkel   venöser Schenkel

Abb. 2.30 Schematische Darstellung der arteriovenösen Anastomosen. **Links:** Brückenanastomose. **Rechts:** Knäuelanastomose. Pfeile: Blutstromrichtung.

meinen die Richtung desselben beibehalten. Sie können, wenn der Hauptstamm verlegt ist, mit anderen Kollateralen oder auch mit rückläufigen Gefäßen zum Hauptstrombett ausgeweitet werden und damit einen Umgehungskreislauf bilden. So entstandene Kollateralkreisläufe spielen für die Prognose von Gefäßverschlüssen und für Gefäßunterbindungen eine wichtige Rolle. Auch **Vasa vasorum** bergen die Möglichkeit der Kollateralisierung des Gefäßes, das sie eigentlich versorgen. Beispiele:

- **Anastomosen größerer Arterienäste** findet man vorwiegend zwischen den Darmarterien (z. B. Riolan-Anastomose, eine Gefäßverbindung der A. mesenterica superior mit der A. mesenterica inferior über Endäste der A. colica media und sinistra), aber auch an den Gliedmaßen (im Bereich der Gelenke), an Hals und Kopf.
- **Kollateralen.** Während einige Organe eine ausgeprägte Eigenversorgung (z. B. Gehirn) haben, sind andere sehr auf die Blutzufuhr anderer Organe angewiesen (z. B. Pankreas). Die Gewährleistung der Gefäßversorgung eines Organs oder Gewebes hängt wesentlich von dem Umfang und der Effizienz kollateraler Zirkulation zwischen den versorgenden Gefäßen ab. Die A. centralis retinae und die Verzweigung der A. mesenterica superior sind Beispiele der 2 möglichen Extreme der Blutversorgung.
  Die **Netzhaut** (Retina) wird von einer anatomischen Endarterie versorgt. Ihr endgültiger Verschluss führt zum Absterben der kompletten Retina.
  Im Fall der **A. mesenterica superior** wird durch die Darmbewegungen (Peristaltik) ständig die Blutzufuhr einzelner der 10–16 Aufzweigungen unterbrochen, ohne dass das abhängige Kapillargebiet eine Minderung der Durchblutung erfährt. **Arkaden** (bogenförmige Anastomosen) übernehmen durch Kollateralisierung die Versorgung. Allerdings ist die Durchblutung des Darms bei einem Gefäßverschluss der intramuralen Äste insuffizient.
3. **Gefäßnetz, Rete.** Sie bestehen aus kleineren Gefäßen, die zumeist flächenhaft miteinander in Verbindung stehen.
   - **Gefäßgeflecht, Plexus vasculosus.** Liegen die Gefäßnetze in mehreren Ebenen oder im dreidimensionalen Raum und stehen diese

untereinander in Verbindung, spricht man von einem Gefäßgeflecht, Plexus vasculosus. Beispiele:
- Die ausgedehntesten Anastomosierungen finden sich an langen tubulären Strukturen (Tuba uterina, Verdauungskanal).
- Bei der Schilddrüse, der Harnblase oder dem Pankreas führt ein umfangreiches arterielles System den Organen Blut zu, wobei die einzelnen Arterien leiterartig miteinander in Verbindung stehen. Eine Unterbrechung einzelner beteiligter Gefäße, auch Hauptgefäße, bleibt folgenfrei. Das Pankreas kann als gutes Beispiel angesehen werden. Kopf (Caput) und Hakenfortsatz (Proc. uncinatus) erhalten Blut aus der oberen und unteren A. pancreaticoduodenalis, Körper (Corpus) und Schwanz (Cauda) werden von den leiterartig verbundenen Aa. splenica (lienalis) und pancreatica magna (aus der A. splenica) versorgt. Das Pankreas ist demnach von einem Netzwerk von Arterien umgeben, welche die Gewebe ihrer unmittelbaren Umgebung versorgen.
- **Wundernetz, Rete mirabile** (frühere Bezeichnung) ist ein Kapillarnetz, welches einem ersten Kapillargebiet nachgeschaltet ist. Die beiden Kapillargebiete sind über eine **Pfortader** miteinander verbunden.
  - **Arterielle Wundernetze** finden sich beispielsweise in den Nieren an jedem Nephron (Glomerulum und peritubuläres Kapillargebiet im Nierenmark; Pfortader ist das Vas efferens).
  - Ein **venöses Wundernetz** ist das dem Darmkapillargebiet nachgeschaltete Gefäßbett in der Leber (Pfortader ist die Vena portae). Andere wichtige Beispiele sind das hypothalamo-hypophysäre System und das Knochenmark.
- **Venöse Anastomose.** Besonders zahlreich und vielgestaltig sind die Anastomosen zwischen den größeren Venenästen. Sie haben eine große praktische Bedeutung. Bei den paarigen Begleitvenen der Arterien sind die Anastomosen häufig so zahlreich, dass die Arterien von einem Venennetz umgeben sind.

Klinik: Die Verbindung zwischen arteriellen und venösen Blutgefäßen bzw. Gefäßsystemen (z. B. zwischen großem und kleinem Kreislauf)

bezeichnet man auch als **Shunt. 1.** Physiologisch finden sich z. B. pulmonale arteriovenöse Anastomosen (1. über Bronchialvenen, 2. alveolär über das Kapillargebiet wenig belüfteter Lungenbezirke und 3. extraalveolär über die Vv. cardiacae minimae). Dabei gelangt venöses Blut in den großen Kreislauf. **2. Pathologische Shunts** dagegen finden sich z. B. bei angeborenen Herzfehlern (in Abhängigkeit von den Druckverhältnissen in den Herzkammern als Links-Rechts-, Rechts-Links-Shunt bzw. vorübergehend als Pendelshunt), als arteriovenöse Fistel sowie bei arteriovenösem Aneurysma. **3. Iatrogene Shunts.** Operativ werden Shunts z. B. zur Hämodialyse angelegt oder in der palliativen Therapie zur Umgehung von Stauungsgebieten (z. B. bei Leberzirrhose).

gegen können sich die Kollateralen aufweiten (ein bekanntes Beispiel dafür sind Verschlüsse des **Circulus arteriosus Willisii** an der Hirnbasis, welcher allerdings nur in 35 % der Fälle vollständig ausgeprägt ist).

> **Klinik:** Ist eine Endarterie verschlossen, kann das zugehörige Gewebe nicht mehr versorgt werden. Es entsteht eine Gewebsnekrose (**anämischer Infarkt**). In der Milz liegt das Prinzip einer segmentalen Verteilung der Arterien vor. Schon vor dem Hilum teilt sich das versorgende Gefäß und mehrere Arterienäste (mit korrespondierenden Venen) treten in das Organ ein. Verschluss eines dieser Gefäße führt zu einem keilförmigen Infarkt, d. h., das Stromgebiet der Milz ist in distinkte vaskuläre Kompartimente aufgeteilt.

2.3.2.16 Anatomische und funktionelle Endgefäße

Endarterien. Dabei handelt es sich um baumartig verzweigte Gefäße, die keine präkapillären Anastomosen haben (Abb. 2.31). Sie versorgen alleine ein Kapillargebiet. Anatomische Endarterien (letzte Arterie vor dem abhängigen Kapillargebiet) kommen u. a. in Gehirn, Milz, Niere, Schilddrüse und Netzhaut des Auges vor.

Funktionelle Endarterien (Abb. 2.31). Bei ihnen sind Anastomosen in der Endstrombahn vorhanden. Nach plötzlichem Verschluss reicht der Kollateralkreislauf für die Sauerstoffversorgung des betroffenen Bezirkes jedoch nicht aus (z. B. **Koronararterien**); bei einem langsamen Verschluss hin-

2.3.2.17 Vasa vasorum

Vasa vasorum („Gefäß ernährende Gefäße") entspringen meist von rückläufigen kleineren Ästen der Arterie bzw. der die Vene begleitenden Arterie. Die Wände größerer Gefäße können nicht mehr allein über Diffusion aus ihrem Gefäßlumen versorgt werden. Bei den hohen Flussraten ist ein Stoffaustausch auch nicht vorgesehen. Dieser gewährleistet in einem gesunden großen Gefäß noch die Ernährung der Intima und einer mehr oder weniger großen Schicht der Media.

Die Tiefe des Vordringens der Vasa vasorum von außen gegen das Lumen hängt von der Gesamtwandstärke des zu ernährenden Gefäßes ab. Zum einen ist die Diffusionstrecke begrenzend,

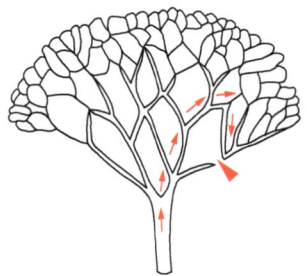 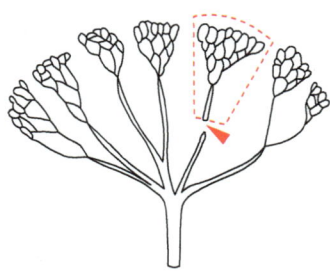

Abb. 2.31 Arterielle Endstrombahn. **Links:** Endstrombahn mit zahlreichen Anastomosen. Nach einem Gefäßverschluss (Pfeilspitze) ist ein Umgehungskreislauf möglich (Pfeile), dagegen nicht bei „funktionellen Endarterien"

(rechts). **Rechts:** Endarterien ohne Anastomosen. Bei Verschluss einer Endarterie (Pfeilspitze) entsteht entsprechend dem Aufzweigungsgebiet ein keilförmiger Gewebsuntergang (Infarkt), gestrichelt umrandetes Feld.

also der Teil, der noch vom Lumen aus ernährt werden kann. Zum anderen muss der intravasale Druck (des zu ernährenden Gefäßes) von dem Druck in den ernährenden Kapillaren überwunden werden. In den Lungenarterien dringen beispielsweise die ernährenden Gefäße weiter gegen die Intima vor. Es ergibt sich, dass sowohl eine Hypertonie als auch arteriosklerotische Intimaverdickungen eine für die Gefäßwandversorgung kritische Situation hervorrufen können. Zu den Vasa vasorum gehören auch Lymphgefäße.

2.3.3 Übersicht über die großen Arterienstämme

Die verschiedenen **diagnostischen Verfahren** zur Angiologie und nicht zuletzt die Ansätze zu mikrotherapeutischen intravasalen Therapieverfahren machen ein zunehmend größeres anatomisches Detailwissen erforderlich, um diagnostische Ergebnisse interpretieren und therapeutische Möglichkeiten erkennen zu können. Dabei darf die klare Vorstellung von dem Plan und die Übersicht über die Ordnung, nach der das Gefäßsystem arrangiert ist, nicht verloren gehen.

2.3.3.1 Körperkreislauf

> Alle Gefäße des Körperkreislaufes werden aus der Aorta gespeist.

Anteile der Aorta

Das arterielle Blut wird über die Äste der zentralen großen Körperschlagader, Aorta, in den Körper befördert. Sie geht aus der linken Herzkammer hervor. Zunächst steigt ein als **Pars ascendens aortae** (Aorta ascendens) bezeichneter Abschnitt aufwärts, wendet sich dann spazierstockartig im Bogen (**Arcus aortae**) nach dorsal vor die (im Alter links der) Wirbelsäule etwa in Höhe des 3.–4. Brustwirbelkörpers bzw. 2. (sternalen) Rippenansatzes (Oberkante). Danach zieht sie als **Pars descendens aortae** (Aorta descendens) nahezu geradlinig abwärts bis zum 4. Lendenwirbel. Die an dieser Stelle stark vergrößerten Segmentalarterien (Aa. iliacae communes) erwecken den Eindruck einer Gabelung (**Bifurcatio aortae**). Diese beiden großen Äste versorgen die unteren Gliedmaßen und das Becken. Der verbleibende Endast der Aorta zieht als **A. sacralis mediana** vor dem Kreuzbein abwärts.

1. **Aorta ascendens, Pars ascendens aortae** (s. Kap. 5.1.4.2). Sie gibt die beiden Koronararterien für die Versorgung des Herzmuskels ab:
   - A. coronaria dextra
   - A. coronaria sinistra
2. **Aortenbogen. Arcus aortae** (s. Kap. 5.1.4.2). Vom Aortenbogen entspringen 3 große Arterienstämme:
   - der **Truncus brachiocephalicus** für die Versorgung des rechten Arms, z. T. der Brustwand und der rechten Hals- und Kopfhälfte. Er teilt sich in die **A. carotis communis dextra** und die **A. subclavia dextra**
   - die **A. carotis communis sinistra** für die linke Hals- und Kopfhälfte und
   - die **A. subclavia sinistra** für den linken Arm und z. T. die Brustwand.
3. **Kopfarterien.** (s. Kap. 6.13.1). Die **A. carotis communis** teilt sich wie auch auf der linken Seite in die **A. carotis externa** und die **A. carotis interna** für die anteilige Versorgung von Kopf, Hals und den entsprechenden Eingeweiden.
4. **Armarterien** (s. Kap. 4.3.4.1). Die beiderseits zum Arm ziehende **A. subclavia** setzt sich in die **A. axillaris** fort, die durch die Achselhöhle verläuft und in die **A. brachialis** des Oberarmes übergeht. Sie gibt zur Oberarmrückseite die **A. profunda brachii** ab. In der Ellenbeuge wurde die A. brachialis früher **A. cubitalis** genannt. Sie gabelt sich hier in die an der Speichen-(Radius-)Seite des Unterarms verlaufende **A. radialis** und die an der Ellen-(Ulna-)Seite verlaufende **A. ulnaris** auf. In der Handfläche kommunizieren die beiden Arterien wieder über den oberflächlichen und den tiefen arteriellen Hohlhandbogen, **Arcus palmaris superficialis** und **profundus.** Über diese doppelte Anastomose wird auch bei Greifarbeit die sichere Versorgung der Finger gewährleistet (s. Kap. 4.3.4.2 und Kap. 4.3.4.3).
5. **Brustschlagader, Aorta thoracica, Pars thoracica aortae** (s. Kap. 5.1.4.2). Der Brustteil der Pars descendens aortae (Aorta thoracica – oberhalb des Zwerchfells) gibt als parietale Äste
   - die paarigen **Aa. intercostales posteriores III–XI**
   - **Aa. subcostales**
   - **Aa. phrenicae superiores** für die Versorgung der Brustwand (z. T. Rücken, Wirbelkanal) und des Zwerchfells sowie als viszerale Abgänge

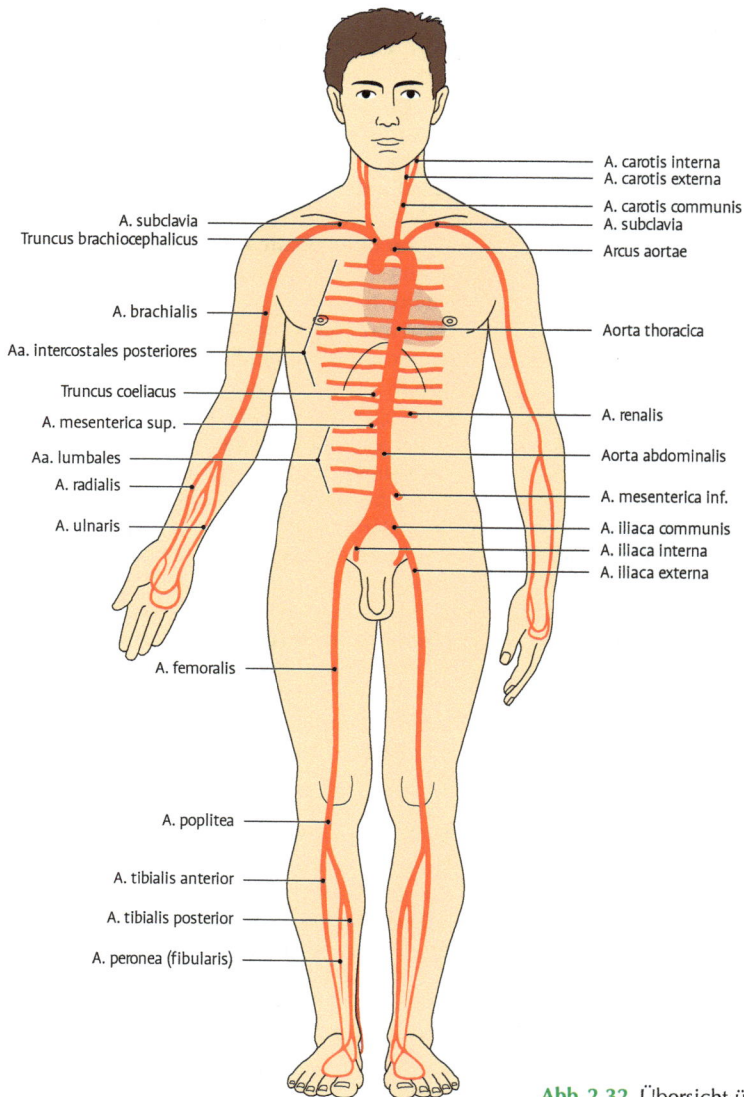

A. carotis interna
A. carotis externa
A. carotis communis
A. subclavia
Arcus aortae

A. subclavia
Truncus brachiocephalicus

A. brachialis

Aa. intercostales posteriores

Aorta thoracica

Truncus coeliacus

A. mesenterica sup.

A. renalis

Aa. lumbales

Aorta abdominalis

A. radialis

A. mesenterica inf.

A. ulnaris

A. iliaca communis
A. iliaca interna
A. iliaca externa

A. femoralis

A. poplitea

A. tibialis anterior

A. tibialis posterior

A. peronea (fibularis)

Abb. 2.32 Übersicht über die großen Körperarterien.

- die Rr. bronchiales
- Rr. oesophageales
- Rr. mediastinales und
- Rr. pericardiaci

für Lungen, Speiseröhre, hinteres Mediastinum und Herzbeutel ab. Sie geht im Zwerchfellschlitz, Hiatus aorticus, in den Bauchteil, Pars abdominalis aortae der Pars descendens aortae, über.

6. **Bauchschlagader, Pars abdominalis aortae** (s. Kap. 5.2.4.5). Dieser Bauchteil entsendet als parietale (paarige) Äste

- die **Aa. phrenicae inferiores** und
- die 4 **Aa. lumbales** für die Versorgung von Zwerchfell, Rumpfwand, z. T. Rücken und Wirbelkanal. Viszerale Gefäßabgänge sind
- die **Aa. suprarenales mediae** zu den Nebennieren,
- die **Aa. renales** zu den Nieren (und Nebennieren) und
- die **Aa. testiculares sive ovaricae** zu den Keimdrüsen.

Schließlich gibt der Bauchteil der Aorta noch 3 große unpaare Eingeweideäste nach ventral ab:

- den **Truncus coeliacus** (Tripus Halleri) mit den Hauptaufzweigungen **A. gastrica sinistra**, **A. hepatica communis** und **A. lienalis** (A. splenica) für den Magen, die obere Hälfte des Zwölffingerdarmes, die Leber, Milz und die Bauchspeicheldrüse,
- die **A. mesenterica superior** folgt unmittelbar darunter für die Versorgung von Dünndarm, Blinddarm mit Wurmfortsatz, aufsteigendem und queren Teil des Dickdarms (bis zur Flexura coli sinistra),
- die **A. mesenterica inferior** für den restlichen Teil des Dickdarms und z. T. des Mastdarms.
7. **Bifurcatio aortae** (s. Kap. 5.2.4.5). Die **Aa. iliacae communes** teilen sich beiderseits jeweils vor dem Kreuzbein-Darmbein-Gelenk in die **Aa. iliacae externae** und **internae.** Die Letzteren ziehen ins kleine Becken, versorgen die Beckeneingeweide, das Gesäß, den Beckenboden und Teile des Oberschenkels. Jede A. iliaca externa versorgt mit Ästen die Bauchwand (und Hodenhüllen) und geht unter dem Leistenband durch die Lacuna vasorum in die Oberschenkelarterie, **A. femoralis,** über.
8. **Beinarterien** (s. Kap. 4.4.4). Die **A. femoralis** entsendet die **A. femoris profunda** auf die Oberschenkelrückseite, verläuft dann an der ventralen und medialen Seite des Oberschenkels und gelangt schließlich als **A. poplitea** zur Kniekehle. Hier gabelt sie sich in die Schienbeinarterien, **Aa. tibialis anterior** und **posterior,** auf. Die Letztere entsendet noch die **A. peronaea** (A. fibularis). Die beiden Aa. tibiales teilen sich nochmals auf bzw. unter dem Fuß jeweils in 2 Äste, die weiter distal wieder über Arterienbögen miteinander Verbindung aufnehmen

2.3.3.2 Lungenkreislauf

Aus der rechten Herzkammer geht die Lungenschlagader, **Truncus pulmonalis**, hervor und zweigt sich unter dem Aortenbogen in die rechte und linke Lungenarterie, **Aa. pulmonales dextra und sinistra**, auf (s. Kap. 5.1.4.2).

2.3.4 Kurze Übersicht über die großen Venenstämme

2.3.4.1 Körpervenen

1. **Hohlvenen, Vv. cavae.** Das venöse Blut wird aus dem Körperkreislauf über die obere Hohl-

vene, **V. cava superior,** und die untere Hohlvene, **V. cava inferior,** zum rechten Vorhof des Herzens befördert.
- **V. cava superior** (s. Kap. 5.1.4.2). Das von Kopf und Hals (**V. jugularis interna**) und der oberen Extremität (**V. subclavia,** aus der **V. axillaris**) zurückströmende Blut sammelt sich beiderseits zu der Arm-Kopf-Vene, **V. brachiocephalica.** Im Bereich dieses Zusammenflusses (Venenwinkel) leitet links der Ductus thoracicus und rechts der kurze Ductus lymphaticus dexter (Ductus thoracicus dexter) die Lymphe dem Blut zu. Die rechte und die längere linke V. brachiocephalica vereinigen sich hinter der rechten 1. Sternokostalverbindung zu der rechts gelegenen **V. cava superior.**
- **V. cava inferior** (s. Kap. 5.2.4.5). Das Blut der unteren Extremität fließt durch die Oberschenkelvene, **V. femoralis,** aus der Kniekehlenvene, **V. poplitea,** kommend, deren Zuflüsse die Venen des Unterschenkels, **Vv. tibiales anteriores, posteriores** und **peroneae** sind, in die **V. iliaca externa.** Von der Oberfläche leitet die **V. saphena parva** Blut in die V. poplitea und die lange **V. saphena magna** drainiert am sog. **Venenstern** in die V. femoralis. Die V. iliaca externa vereinigt sich mit der aus dem Becken kommenden **V. iliaca interna** zur **V. iliaca communis.** Die beiden Vv. iliacae communes fließen rechts vor der Wirbelsäule zwischen dem 4. und 5. Lendenwirbel zur V. cava inferior zusammen. Letztere nimmt
  - die segmentalen Venen der Bauchwand, Vv. lumbales III, IV,
  - die Venen des Zwerchfells, Vv. phrenicae und
  - die der paarigen Bauchorgane, V. renalis dextra und sinistra,
  - V. suprarenalis dextra,
  - V. testicularis sive ovarica dextra, auf. (Die linke V. suprarenalis und die linke V. testicularis sive ovarica fließen in die V. renalis sinistra).
2. **Pfortader, V. portae** (s. Kap. 5.2.2.3). Das Blut der **unpaaren Bauchorgane** (Magen-Darm-Kanal, Milz, Bauchspeicheldrüse) wird durch die Pfortader, **V. portae hepatis,** der Leber zugeführt. Nach der Passage der Leber fließt es durch 2–4 kurze Lebervenen, **Vv. hepaticae,** ebenfalls in die V. cava inferior.

3. **Längsvenensystem, Azygossystem** (s. Kap. 5.1.4.2). Parallel zur unteren Hohlvene sammeln die **Vv. lumbales ascendentes** Blut vorzugsweise der hinteren Bauchwand. Diese setzen sich nach Durchtritt durch das Zwerchfell rechts in die **V. azygos** und links in die **V. hemiazygos** fort. Die V. azygos nimmt die V. hemiazygos auf, bevor sie in die obere Hohlvene mündet.

4. **Herzvenen, Vv. coronaria.** Aus der Herzwand wird das Blut von den Herzvenen über den **Sinus coronarius** direkt dem rechten Vorhof des Herzens zugeführt (s. Kap. 5.1.4.1).

2.3.4.2 Lungenvenen

Aus dem Lungenhilum treten jederseits die Lungenvenen, **Vv. pulmonales,** aus. Der Zufluss zum linken Vorhof des Herzens ist paarig, wobei sich der Vorhof unterschiedlich weit auf die Lungenvene ausdehnen kann. Damit sind von 2 bis 16 einzelnen Einmündungen (zumeist 4) alle Varianten möglich (s. Kap. 5.1.3.6).

2.3.5 Immunkompetente Organe, lymphatisches Gewebe

2.3.5.1 Lymphknoten, Nodus lymphoideus (Lymphonodus)

Lymphknoten sind durch eine deutliche **Kapsel** aus straffem kollagenem Bindegewebe abgegrenzt und damit nicht mit Lymphozytenanhäufungen in Geweben zu verwechseln; sie sind in den **Lymphstrom** eingeschaltet.

Funktion:
- Lymphknoten sind Filter für Fremd- (z. B. Kohlenstaub aus der Lunge) und Schadstoffe (Bakterien, Krebszellen).
- Sie haben Speicherfunktion für verschiedene Stoffe.
- Ag-Stimulation immunkompetenter Zellen: B-, T-Lymphozyten differenzieren sich zu immunologischen Effektorzellen. B-Lymphozyten – Plasmazellen – humorale Immunantwort. T-Lymphozyten – Killerzellen – zellvermittelte Immunantwort.

Strukturelle Erfordernisse zur Erfüllung dieser Funktionen sind:
- organhafte Abgrenzung durch eine Kapsel

- große innere Oberfläche durch ein Schwammwerk von Lymphbahnen, durch das der Lymphstrom träge sickert
- lymphatisches Gewebe mit B-, T-Zellregionen, Makrophagen.

Aufbau

Wir unterscheiden am Lymphknoten: **1. Kapsel**, **2. Parenchym**, bestehend aus Rinde und Mark (Abb. 2.33).

Kapsel. Kollagenes Bindegewebe, das den Lymphknoten begrenzt und Ansatz für die Verankerung bietet. Von ihr und vom Hilum aus zweigen in das Innere Bälkchen (Trabekel) ab, die ein dreidimensionales Stützgerüst schaffen. In den Trabekeln verlaufen die am Hilum eintretenden größeren Blutgefäße.

Parenchym. Es besteht aus retikulärem Bindegewebe mit Retikulumzellen, Retikulinfasern und eingelagerten Lymphozyten, aktives Gewebe.
1. **Rinde.** Sie unterlagert die Kapsel und fehlt im Hilum: verdichtetes retikuläres Bindegewebe, dichtere Lagerung lymphoider Zellen. Unterteilung in äußere, innere Rinde.
   - **Äußere Rinde.** Lymphozytenhaufen = Primärfollikel; nach Ag-Kontakt Sekundärfollikel mit 1. dunklem Rand kleiner Lymphozyten, 2. hellem Zentrum (= Keimzentrum). Dieses Reaktionszentrum (Keimzentrum) ist morphologisches Zeichen einer ablaufenden B-Zell-Immunreaktion. Die Follikel repräsentieren die B-Zellregion des Lymphknotens.
   - **Innere Rinde, parakortikale Zone.** Sie liegt interfollikulär zwischen den Follikeln und dem Mark. T-Lymphozyten-Ansiedlung = T-Zellregion des Lymphknotens. Typisch für diesen Rindenabschnitt sind die postkapillären Venulen, deren kubisches Endothel infolge besonderer Oberflächenmoleküle Lymphozyten aus dem Blutkreislauf wieder in den Lymphknoten zurückkehren lässt, also eine Rezirkulation erlaubt.
2. **Mark.** Markstränge bilden ein dreidimensionales Netzwerk. Sie gehen aus der Rinde hervor und enden frei im Hilum. Das Mark erscheint aufgelockert, da sich zwischen den Strängen weite Marksinus befinden. Die Markstränge enthalten Retikulumzellen, Retikulinfasern, Makrophagen, Plasmazellen.

3. Blutversorgung der Lymphknoten. Sie erfolgt über die am Hilum eintretende Arterie. Alle Anteile sind gut vaskularisiert. Das Blut fließt über die am Hilum austretende Vene ab. Individuelle Strukturvarianten sind abhängig von Region, Alter, Geschlecht, Lebensweise, Ernährung, Gesundheitszustand.

Lymphweg

> Die Lymphe nimmt folgenden **Weg**: Vasa afferentia, Lymphsinus: Randsinus (Marginalsinus), Intermediärsinus, Marksinus, Vasa efferentia.

Vasa afferentia. Viele Lymphgefäße treten an der Konvexität des Lymphknotens ein. Zahlreiche Klappen regulieren die Stromrichtung.

Lymphsinus. Lymphräume, deren Wand von spezialisierten Retikulumzellen gebildet wird, die als Uferzellen zur Phagozytose befähigt sind (im Gegensatz zu den üblichen Endothelzellen). In ihren Verband sind Makrophagen und Plasmazellen eingeschaltet. Die Auskleidung ist lückenhaft, es fehlt eine Basalmembran.

- **Randsinus.** Der Marginalsinus ist ein von Retikulumzellen durchzogener Spaltraum zwischen Kapsel und Rinde, in den die afferenten Lymphgefäße einmünden.
- **Intermediärsinus.** Dünne Lymphgänge zwischen den Follikeln, durch die Rand- und Marksinus verbunden werden.
- **Marksinus.** Lymphräume zwischen den Marksträngen. Fortsätze der Uferzellen durchqueren das Lumen und bilden ein Schwammwerk: freier Kontakt der Lymphe zu Zellen der Markstränge (Makrophagen, phagozytierende Retikulum-, Plasmazellen).

Vasa efferentia. Wenige abführende Lymphgefäße verlassen am Hilum den Lymphknoten: Konvergenz des Lymphstromes. Gefäßklappen lassen den Lymphstrom nur in efferenter Richtung zu.

Histophysiologie

> Lymphe kann **Fremdstoffe** (**Antigene**) enthalten, z. B. nach einer Infektion: Vergrößerung der Reaktionszentren der Sekundärfollikel, Vermehrung der B-Lymphozyten unter Mitwirkung von T-Helferzellen, Lymphoblasten. Damit sind B-Zellreifung und Bildung von B-Gedächtniszellen eingeleitet. Viele sterben ab und werden phagozytiert.

Plasmazellen entstehen erst bei Wanderung der Lymphoblasten in die Markstränge. Ort der Auslö-

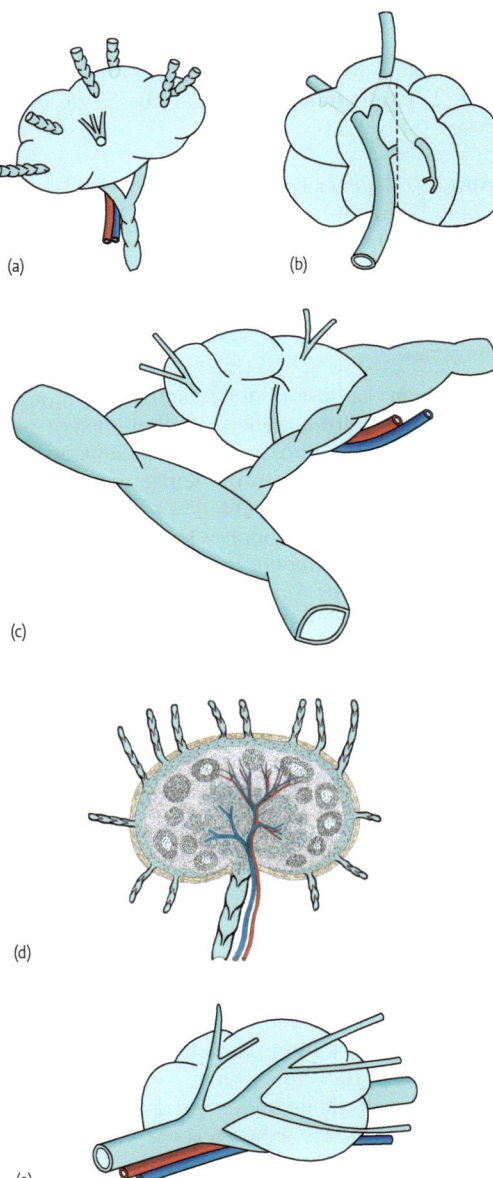

Abb. 2.33 Schema verschiedener Lymphknotentypen. **a:** Typ Ia, **b:** Typ II, **c:** Typ III, **e:** Typ Ib. **d:** Schematische Darstellung eines Lymphknotens.

sung des Immungeschehens und Ort der Abgabe von Immunglobulinen sind getrennt.

Die **Stimulierung** der T-Zellregion führt zur Vermehrung der T-Zellen in der parakortikalen Region, größere Lymphoblasten, aus denen hervorgehen: Killer-, T-Helfer-, T-Suppressor-, T-Gedächtniszellen.

> **Klinik: Regionäre Lymphknoten.** Durch Konvergenz des Lymphstromes wird die Lymphe regionalen Lymphknotengruppen zugeführt. Diese reagieren bei **Entzündungen** oder **bösartigen Tumoren** als Erste. Ihre Kenntnis ist für Diagnostik, Therapie und Prognosebeurteilung essenziell.

2.3.6 Lymphgefäße, Saugadern, Vasa lymphatica (lymphoidea)

> Das **nicht ins Blut reabsorbierte Filtrat** der Blutkapillaren wird in die **Lymphkapillaren** aufgenommen und über **Lymphkollektoren** den prä- und den postnodären **Lymphgefäßen**, dann weiter den **Lymphstämmen** (Trunci) und schließlich dem **Ductus thoracicus** bzw. dem **Ductus lymphaticus dexter** zugeführt.

2.3.6.1 Einteilung der Lymphgefäße

Lymphkapillaren. Sie beginnen als geschlossene **Sacculi** im Gewebe und sind mit dachziegelartig angeordneten Endothelzellen ausgekleidete Hohlrohre. Diese klappenfreien Gefäße sind gewöhnlich weiter als die Blutkapillaren und bilden ausgeprägtere weitmaschige **Netze**. Druckschwankungen in den Geweben bewirken einen Nettoeinstrom durch die Spalten zwischen den Endothelzellen. Im Gegensatz zu Blutkapillaren gibt es keine Basalmembran und keine Fenestrierung.

- Lymphkapillaren fehlen im Zentralnervensystem (wahrscheinlich), in Epithelien und im Knochenmark.
- Milz, Leber, Plazenta und Muskulatur enthalten Lymphkapillaren nur in ihren kollagenbindegewebigen Anteilen.
- Lymphkapillaren drainieren in lymphatische Sammelgefäße.

Lymphatische Sammelgefäße, Lymphkollektoren. Es handelt sich um dünnwandige Gefäße mit zahl-

reichen Klappen (im Abstand von 2–3 mm). Ihr Verlauf ist unabhängig von den Blutgefäßen und für jedes Organ charakteristisch. Anastomosen sind häufig.

Die kleineren Gefäße haben 2 Schichten: eine innere aus Endothel und longitudinalen elastischen Fasern und eine äußere mit longitudinal ausgerichtetem elastischem Bindegewebe.

Die größeren Lymphgefäße haben zusätzlich zwischen diesen beiden Schichten zirkuläre glatte Muskulatur, die zur Autokontraktion befähigt ist.

Lymphstämme, Transportgefäße, Trunci lymphatici. Sie besitzen eine Tunica media, in der sich spiralförmig angeordnete glatte Muskelzellen befinden.

2.3.6.2 Lymphfluss

> Die Lymphe des Körpers wird dem **Ductus thoracicus** zugeleitet und im Bereich des Venenzusammenflusses (Venenwinkels) von V. subclavia sinistra und V. jugularis interna sinistra dem Blut zugeführt. Lediglich der rechte Thorax, Arm und die rechte Kopfhälfte drainieren in den kleineren **Ductus lymphaticus dexter**.

Lymphabfluss der Körperregionen. Er ist durch die Gruppierung der Lymphknoten hierarchisch gegliedert und fließt in Richtung auf den Venenwinkel der unteren Halsgegend zu.

- Von den zu den einzelnen Organen gehörenden **Lymphkapillaren** wird interstitielle Gewebeflüssigkeit zu den regionären Lymphknoten geleitet.
- Deren **Vasa efferentia** sammeln die Lymphe aus größeren Einzugsgebieten, um schließlich abzufließen
- in die **großen Trunci**, welche die Flüssigkeit wieder dem venösen Blut zuführen. Bevor die Lymphe des Armes beispielsweise in den **Truncus subclavius** fließt, hat sie in der Axilla 4–5 hintereinandergeschaltete Filterstationen passiert und sich dabei mit Anteilen der Lymphe der Brustwand vereinigt.

Alle lymphatischen Sammelgefäße entleeren sich in einen der 8 großen Trunci. Während die großen Lymphgefäße der Extremitäten oberflächennah verlaufen und daher bei operativen Zugängen berücksichtigt werden müssen, begleiten die großen Stämme die Blutgefäße zentripetal.

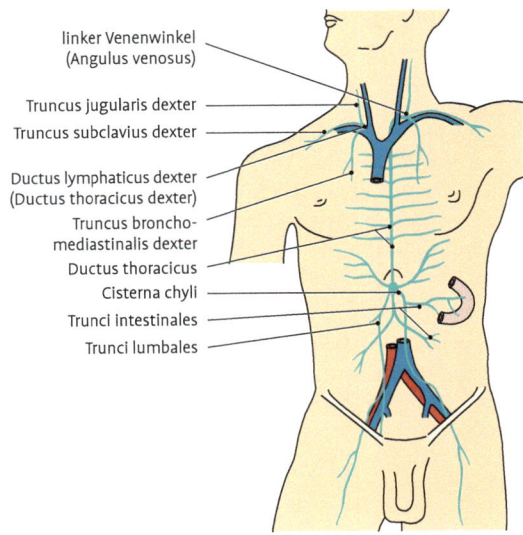

linker Venenwinkel
(Angulus venosus)

Truncus jugularis dexter

Truncus subclavius dexter

Ductus lymphaticus dexter
(Ductus thoracicus dexter)

Truncus broncho-
mediastinalis dexter

Ductus thoracicus

Cisterna chyli

Trunci intestinales

Trunci lumbales

Abb. 2.34 Lymphgefäße des Rumpfes (aus G.-H. Schumacher).

fernungen abgesehen). Wesentlich ist eine vermehrte Kollateralisierung und kompensatorische Leistungssteigerung der verbleibenden Lymphbahnen. **2.** Bestimmte **Filarien** (Fadenwürmer) besiedeln bevorzugt Lymphbahnen und führen als Abflusshindernis zu teilweise monströsen Ödemen (**Elephantiasis**). **3.** Bei einer **Lymphangitis** kommt es zu einer Entzündung der Lymphgefäße infolge einer Infektion. Dabei erscheinen die subkutanen Lymphbahnen als rote Streifen unter der Haut. **4. Lymphangiome** sind zumeist gutartige neoplastische Bildungen von Lymphkapillaren. Verschiedene andere primäre und sekundäre Bildungsstörungen des Lymphgefäßsystems sind beschrieben. **5.** Die **Enteropathia lymphoangioectatica** ist eine angeborene zystische Erweiterung der Lymphgefäße in der Darmschleimhaut mit der Konsequenz enteraler Verluste von Proteinen. Sie ist von weiteren kongenitalen Fehlbildungen des lymphatischen Systems begleitet.

Ductus thoracicus. Das zentrale und größte Lymphgefäß, welches die meisten anderen Stämme aufnimmt, ist der Ductus thoracicus. Ihm fließt über 6 Trunci die gesamte Lymphe unterhalb des Zwerchfells und die gesamte Lymphe der linken Körperhälfte zu. Weitere 4 Trunci bilden für das rechte obere Körperviertel den sehr viel kürzeren **Ductus lymphaticus dexter** (Abb. 2.34).

Lymphpumpe. Die Lymphe wird durch die kontraktile Tätigkeit der **glatten Muskulatur** der Lymphgefäße aktiv gegen einen Druckgradienten zwischen Interstitium und Blut befördert. Die Lymphflussrichtung wird durch zahlreiche **Klappen** bedingt. Für die spontane Erregung (Depolarisation), die sich entlang der Lymphgefäße in beide Richtungen ausbreitet, sind eigene **Schrittmacher** verantwortlich, die ganze Regionen koordinieren. Die Frequenz der Schrittmacher ist u. a. Kalziumabhängig. Neben mechanischen Faktoren (Druck und Dehnung) regulieren neurale und humorale Mediatoren direkt oder indirekt die Spontankontraktionen.

Klinik: 1. Das Ausmaß der Bildung neuer Lymphbahnen nach Durchtrennung ist umstritten. Dennoch entsteht relativ selten ein posttraumatisches oder postoperativ lang anhaltendes **Lymphödem** (von radikalen Lymphknotent-

Gefäße im Einzelnen und ihre Topografie (Abb. 2.34):

- **Cisterna chyli.** Bei ca. 20 % aller Menschen findet sich am Beginn des Ductus thoracicus in Höhe zwischen Th12 und L3 eine Dilatation (**Cisterna chyli**). Typischerweise liegt sie dorsal der unteren Hohlvene oder der Aorta.
- In die Cisterna chyli münden der **Truncus intestinalis** (es können auch mehrere sein) aus dem Darm sowie die **Trunci lumbales dexter** und **sinister** aus dem Beckenbereich und den unteren Extremitäten.
- Der **Ductus thoracicus** (s. Kap. 5.1.4.6) zieht rechts und dorsal von der Aorta durch den Hiatus aorticus, verläuft zunächst rechts von der Mittellinie, neben der Aorta vor der Wirbelsäule aufwärts bis zum 4. Brustwirbel, wendet sich dann allmählich hinter der Speiseröhre nach links und zieht in einem nach oben konvexen Bogen von hinten in die **V. subclavia sinistra** an deren Vereinigungsstelle mit der **V. jugularis interna sinistra** (Venenwinkel = **Angulus venosus**). Durch die Lage der Einmündung kann sich die Lymphflüssigkeit bis zum Herzen in einem großen Blutvolumen verteilen.
- Hier nimmt er von der linken Kopf- und Halshälfte den **Truncus jugularis sinister** und vom linken Arm her den **Truncus subclavius sinister** auf und mündet ampullenartig in den Blutkreislauf.

- Ein **Truncus bronchomediastinalis sinister** (aus der linken Thoraxhälfte) kann vorhanden sein und in den Ductus thoracicus fließen.
- Der **Ductus lymphaticus dexter** mündet entsprechend in den rechten Venenwinkel mit einem kürzeren Gefäß bis zum Herzen.
- Er nimmt den **Truncus subclavius dexter, Truncus jugularis dexter** und den **Truncus bronchomediastinalis dexter** auf.

Varianten. Der Ductus thoracicus kann auch doppelt oder vielfach angelegt sein. Die Einmündungsstelle weist erhebliche Variationen auf. Der Ductus kann sich vor der Einmündung nochmals in ein Geflecht aufspalten. Häufig mündet der Ductus in mehreren kleineren Trunci. Die folgenden Trunci münden häufig unabhängig von den Ductus thoracici im Bereich des Venenwinkels:
- **Truncus jugularis internus**
- **Truncus subclavius**
- **Truncus paratracheobronchialis** und/oder
- **Truncus mediastinalis** (anterior).

Es gibt 2 zusätzliche Trunci, die direkt in die tiefen Halsvenen münden können:
- **Truncus transversus cervicalis** und
- **Truncus mammarius internus.**

Neben dem **Venenwinkel** kann auch die **Vena brachiocephalica** Einmündungsstelle sein. Im Grunde handelt es sich eher um eine Gegend für mögliche Einmündungen. Eine Kreuzung des Ductus thoracicus nach rechts ist seltener.

2.3.6.3 Mandeln, Tonsillen

Die Tonsillen sind Organe aus lymphoepithelialem Gewebe, die um den **Isthmus faucium** (Schlundeingang) und die **Choanen** (hintere Nasenöffnung) angeordnet sind. Daneben gibt es diffus verteiltes lymphatisches Gewebe in der gesamten Rachenschleimhaut und im weichen Gaumen (s. Kap. 6.14.2.5)

2.3.6.4 Bries, Thymus

Der Thymus ist ein pseudolobuläres Organ mit Rinde und Mark. Dieses Organ nennt man lymphoepithelial wegen seiner entodermalen epithelialen Anteile aus den Schlundtaschen (s. Kap. 5.1.4.3).

2.3.6.5 Milz, Lien, Splen

Das Gewebe der Milz wird in rote und weiße Pulpa eingeteilt. Die terminale Strombahn weist

Öffnungen zum Parenchym und Stroma des Organs auf (s. Kap. 5.2.2.1). Die Milz ist im Gegensatz zum Lymphknoten in die Blutbahn eingeschaltet. Somit ist sie für die „Innenabwehr" von Fremdkörpern im Blut zuständig.

2.3.6.6 Schleimhautassoziiertes Lymphgewebe, Mucosa Associated Lymphatic Tissue (MALT)

Es handelt sich um eine diffuse oder mehr organisierte Anhäufungen von subepithelialem Lymphgewebe in der **Lamina propria mucosae** von Hohlorganen: Verdauungs-, Respirations-, Urogenitaltrakt. Bei Ag-Stimulation reicht es bis in die Submucosa, Sekundärfollikel mit Reaktionszentren bilden sich.

Das MALT vermittelt den immunologischen Schutz von Schleimhäuten als Ag-exponierte innere Oberfläche. IgA ist sekretorischer Ak in Schleimhautsekreten. Das MALT-System ist in sich funktionell relativ geschlossen. In ihm zirkulieren bevorzugt B-Lymphozyten und ihre Abkömmlinge.

Prädilektionsstellen. Das MALT setzt sich aus 2 wesentlichen Komplexen zusammen.
1. Darmtrakt (**GALT** = Gut Associated Lymphoid Tissue), mit besonders prominenten Strukturen im Sinne von **Folliculi lymphoidei aggregati** im terminalen Ileum (**Peyer-Platten**, Peyer-Plaques) (s. Kap. 5.2.3.3) und in der Appendix vermiformis (Darmtonsille).
2. Bronchialbaum (**BALT** = Bronchial Associated Lymphoid Tissue).

2.3.6.7 Wurmfortsatz, Appendix vermiformis

Rings um das Lumen des Wurmfortsatzes finden sich zahlreiche solitäre Lymphfollikel (s. Kap. 5.2.3.5). Wie die Peyer-Plaques übt die Appendix am Übergang von Dünndarm zu Dickdarm eine Art Wächterfunktion aus über die hier wechselnde bakterielle Besiedelung.

2.4 Nervensystem, Systema nervosum

2.4.1 Einteilung des Nervensystems

> Das Nervensystem besteht aus Gehirn, Hirnnerven, Rückenmark, Spinalnerven mit ihren Geflechten und peripheren Nerven, Ganglien,

vegetativen Geflechten und Rezeptoren. Für eine erste Betrachtung des Nervensystems des Menschen bieten sich 3 Ausgangspunkte an: funktionelle Betrachtungsweise, topografische Betrachtungsweise, Orientierung am Bau der Nervenzelle.

Funktionell unterscheidet man einen **somatischen** (animalen) von einem **viszeralen** (**vegetativen,** autonomen) Anteil. Ersterer setzt sich vorzugsweise mit der Umwelt auseinander, Letzterer mit dem Körper. Dabei weist der Begriff **autonom** darauf hin, dass hier vieles nicht der bewussten Kontrolle unterliegt, während der somatische Anteil vor allem der Wahrnehmung und Integration von Reizen und der motorischen Steuerung dient. Die Grenzen zwischen somatisch und viszeral sind teilweise unscharf gefasst.

    Topografisch gliedert man in zentrales und peripheres Nervensystem.

1. Als **zentral** gelten Gehirn und Rückenmark.
2. **Peripher** sind die 12 **Hirn-(Kopf-)nervenpaare,** die 31 (32) **Spinalnervenpaare** und ihre Aufzweigungen sowie die außerhalb von Rückenmark und Gehirn gelegenen Anteile des vegetativen Nervensystems (VNS = Sympathicus, Parasympathicus; ENS = enterisches Nervensystem sowie granuläre und vaskuläre Nervenzellen). Dabei folgen die Spinalnervenpaare einem einheitlichen Aufbau, der die Leitung und Verteilung motorischer Efferenzen, sensorischer Afferenzen und vegetativer Fasern gewährleistet.
3. Die Anteile des zentralen und peripheren Nervensystems, die nicht dem VNS zugeordnet werden, nennt man **oikotropes Nervensystem** (Umwelt-Nervensystem).
4. Die **großen Sinnesorgane** nehmen eine Sonderstellung ein. Für die Einteilung und Orientierung ist es wichtig, sich mit der Embryologie vertraut zu machen.

Bau der Nervenzelle:
1. Das **Neuron** ist die funktionelle Grundeinheit des Nervensystems. Es besteht aus dem **Zellkörper** (Soma, Perikaryon), der den Zellkern enthält, sowie aus **Fortsätzen.** Alle Nervenzellen haben die Fähigkeit, elektrische Erregungen weiterzuleiten.
2. **Nervenzellfortsätze** können **Neuriten** (Axone) oder **Dendriten** sein. Dendriten dienen dem Erregungsempfang, Neuriten der Erregungswei-

tergabe. Je nach ihrer Lage werden sie bei Bündelbildung entweder als **Tractus** (im ZNS), als **Nervus** (im PNS) bzw. als **Spinalnerv** (am Übergang zwischen ZNS und PNS), als **Fasciculus** oder **Truncus** (in Plexus) bezeichnet. Mit **Radix** sind die Wurzelfasern beim Verlassen des Rückenmarks gemeint. Unter **Innervation** versteht man die nervöse Versorgung eines Organs ohne weitere Spezifizierung der Faserqualitäten.

3. **Afferenz, Efferenz.** Je nach Richtung der Erregungsleitung werden Afferenz und Efferenz unterschieden. Eine Afferenz ist zuleitend, eine Efferenz wegleitend. Die Efferenzen des somatischen Nervensystems sind erregend, die des VNS erregend oder hemmend. Bei der Verwendung der Begriffe Afferenz und Efferenz muss unbedingt beachtet werden, ob man sich auf die **makroskopische oder mikroskopische Ebene** bezieht. In der Makroskopie bezeichnet man alles das als efferent, was vom ZNS in die Peripherie Impulse bringt, um dort eine Reaktion auszulösen, und das als afferent, was Informationen dem ZNS zuträgt. In der Mikroskopie ist nicht das ZNS, sondern sein funktionstragender Baustein (das Neuron) Bezugspunkt. Efferent sind die Nervenzellfortsätze, die eine Erregung von dem Zellsoma wegleiten (Axon oder Neurit), und afferent die zuleitenden Fortsätze (Dendriten). Demnach kann beispielsweise das (efferente) Axon einer sensiblen Nervenzelle im Spinalganglion als afferent bezeichnet werden, wenn damit (auf makroskopischer Betrachtungsebene) seine Informationsleitung hin zum Rückenmark gemeint ist.

2.4.2 Grundbegriffe zum Gehirn des Menschen

Hirngewicht. Die **Evolution des Menschen** ist durch eine auffällige Zunahme von Hirnmasse gekennzeichnet. Jedoch hat der Mensch keinesfalls das größte Gehirn. Der Elefant (ca. 5.000 g) oder der Blauwal (ca. 7.000 g) sind dem Menschen (1.200–1.500 g) in dieser Hinsicht weit voraus. Auch den Vergleich des relativen Hirngewichtes (Hirnmasse/Körpergewicht) führt der Mensch nicht an (Blauwal: 0,01–0,02 %, Elefant: 0,1–0,2 %, Mensch: 2–2,5 %, Maus: 2–3 %, Klammeraffe Ateles: 6,6 %). Bei Menschen untereinander ist das Gehirngewicht nur dann vergleichbar, wenn Gleichaltrigkeit vorliegt und das 15. Lebensjahr

vollendet ist. Da ein größerer Teil des Gehirns direkt oder indirekt mit der Motorik befasst ist, besteht eine grobe Korrelation zwischen einer größeren Muskelmasse und einem größeren Gehirn. Die Frau hat dabei ein im Mittel um 100 g leichteres Gehirn als der Mann. Gemessen an der Relation zur Muskelmasse verfügen Frauen im Mittel über das größere Gehirn, d. h., weniger Muskelzellen werden von einer Nervenzelle innerviert (s. Kap. 8.4.7.2). Die Beziehung zwischen einer Nervenzelle und ihren Muskelzellen wird als **motorische Einheit** bezeichnet (s. Kap. 4.1.2.3).

Hirnoberfläche. Die Hirnoberfläche ist beim Menschen bemerkenswert vergrößert (Circa-Werte je Hemisphäre Mensch: 112.500 mm² und im Vergleich: Schimpanse: 40.000 mm², Pferd: 57.000 mm², Elefant: 302.000 mm²). Qualitativ sind die Hirnanteile nur bedingt mit denen der Tiere vergleichbar. Als **Zerebralisationsindex** bezeichnet man den Quotienten aus **Neopallium** (stark entfalteter Hirnabschnitt der Säugetiere) und als ursprünglich angesehenen Hirnanteilen (Mensch: 170, Weißflankendelphin: 121, andere Primaten: 49, Papagei: 27,6, Igel: 0,78).

Graue und weiße Substanz. Man unterscheidet nach der Verteilung der Anteile **graue Substanz** und **Ganglien** (entsprechend den Nervenzellkörpern) sowie **weiße Substanz** und **Fasern** (entsprechend den Nervenzellfortsätzen).

Nervenzellzahl. Die Zahl der Nervenzellen des Menschengehirns werden auf bis zu 10^{11} geschätzt, der überwiegende Teil davon in der Großhirnrinde. Die überschlagene Größenordnung der synaptischen Verbindungen liegt bei 10^{14}. Der alters- und belastungsabhängige Verlust soll 10.000 bis 100.000 Nervenzellen pro Tag betragen.

Architektonik. Darunter verstehen wir insbesondere eine Einteilung von Groß- und Kleinhirnrinde nach morphologischen Kriterien. Dazu gehört eine Anordnung von ähnlichen Zelltypen in Schichten. Am ausgedehntesten ist das Prinzip von sechs Schichten von Nervenzellen in der Großhirnrinde, das allerdings im Detail variiert. Eine funktionelle Zuordnung ist nur bedingt möglich. Neben der Gestalt der Nervenzellen (z. B. **Zytoarchitektonik nach Brodmann**) werden Gliazellen (**Glia-Architektonik**) und hier speziell die Myelinisierung (**Myeloarchitektonik**), das Gefäßversorgungsmuster (**Angioarchitektonik**), zytochemische und andere Eigenschaften zur Gliederung herangezogen.

Isokortex, Allokortex. Die Entstehung der als Isokortex („gleich gebaute Rinde") bezeichneten Anteile ist ein in mehrere Phasen unterteilter Wachstumsprozess, der zur Bildung des charakteristischen 6-Schichten-Baus führt. Der Isokortex wird auch als **Neokortex** bezeichnet. Demgegenüber ist der Allokortex („anders gebaute Rinde") phylogenetisch älter und umfasst nur 5 % der Hirnrinde. Er besteht aus **Archi- und Paläokortex** und geht mit einer Übergangszone (**Mesokortex**) in die phylogenetisch jüngeren Hirnareale über.

Liquorräume. Das sind die Hohlräume des Gehirns (**Ventrikel**) und der Flüssigkeitsraum, in dem das Gehirn schwimmt (**Subarachnoidealraum**). Die Ventrikel dienen einer inneren Stabilisierung des Gehirns („Wasserskelett"). Ihr Vorhandensein ist entwicklungsgeschichtlich begründet. Der Subarachnoidealraum bietet als Flüssigkeitsbett Gehirn und Rückenmark mechanischen Schutz. Die Auftriebskräfte des Liquors dienen zudem der Formerhaltung des Gehirns (s. Kap. 8.3.3).

Hirnhäute. Sie umgeben das Zentralnervensystem. Sie sind insbesondere durch die Lagebeziehungen zu den äußeren Liquorräumen und den verschiedenen Gefäßen von herausragender klinischer Bedeutung. Es werden 2 weiche Hirnhäute (**Leptomeningen**) unterschieden, die einerseits dem Gehirn (**Pia mater**), andererseits (**Arachnoidea**) der harten Hirnhaut (**Dura mater**) anliegen (s. Kap. 8.3.2).

2.4.3 Funktionelle Systeme des Zentralnervensystems (ZNS)

Die wesentlichen Aufgaben des ZNS sind die **Bildung von Reaktionen** auf innere wie äußere Reize, die **Generierung von Aktionen** (Willensakten) und die **Speicherung von Informationen**.

In der Geschichte der Erforschung des ZNS sind verschiedene Systeme identifiziert worden, denen bestimmte Funktionen zugeordnet wurden. Die häufig genannten sind nachfolgend aufgeführt:

Pyramidalmotorisches System. Es gilt als eine der wichtigsten Leitungsbahnen für die willkürlichen Bewegungsimpulse an die Körpermuskulatur. Sie wirkt hemmend auf die Regulation des Muskeltonus und auf das Zustandekommen der Muskeleigenreflexe.

Extrapyramidalmotorisches System (EPS). Es besteht aus dem **striären System** (Putamen, Nuclei caudatus, pallidus, subthalamicus und ruber sowie Substantia nigra) und **motorischen Integrationszentren** (Kleinhirn, Thalamusanteile, Formatio reticularis, Nucl. vestibularis und Kortexareale). Sie sind wesentlich für glatte (eingeübte) Bewegungen und Begleitmotorik (Gleichgewichtsaufgaben, affektive Begleitmotorik wie z. B. Mimik). Ein wesentliches Subsystem des EPS ist das **vestibulozerebellare System**, das der Gleichgewichtsregulation dient und bei der zeitlichen Koordinierung von Bewegungen beteiligt ist.

Epikritische Sensibilität. Es handelt sich um eine spezifische Oberflächensensibilität, die Informationen über Berührungsreize, Vibrations- und Gelenkempfindungen und deren Diskriminationen und Modulationen umfasst

Protopathische Sensibilität. Sie ist eine unbestimmte, wenig abgrenzbare Oberflächensensibilität, die der Wahrnehmung von Druck, Schmerz- und Temperaturreizen dient sowie von vorwiegend unspezifischen Afferenzen (Jucken) für die Steuerung der allgemeinen Aktivität im **ARAS** (aufsteigendes **r**etikuläres **A**ktivierungs**s**ystem). Epikritische und protopathische Sensibilität können als Exterozeption zusammengefasst werden.

Propriozeption. Sie bestimmt innere Zustände und ermöglicht teilweise deren Bewusstwerdung (Körperpositionen, Kaudruck). Sie wird in dieser Hinsicht der **Exterozeption** (Aufnahme von Reizen aus der Umwelt) gegenübergestellt. Propriozeption im engeren Sinne stellt Informationen über Bewegungen und Stellung des Körpers oder seiner Teile zur Verfügung.

Limbisches System. Ihm gehören vorzugsweise phylogenetisch ältere Hirnanteile an, die als funktionell eng zusammengehörig angesehen werden. Die Funktionen sind allerdings trotz klar definierter Bahnen eher konzeptionell als anatomisch beschrieben (Emotionen wie Euphorie, Furcht, Wohlbefinden, Wertung von Sinneseindrücken, Gedächtnisfunktionen, Triebverhalten).

Hypothalamo-hypophysäres System. Es besteht aus 2 Anteilen, die beide endokrine Steuerungsaufgaben wahrnehmen. Dabei wird der Körper indirekt über nachgeschaltete endokrine Drüsen (via zwischengeschalteter Adenohypophyse) oder direkt (via Neurohypophyse) kontrolliert. **Neurosekretion** findet außerdem im Corpus pineale statt.

Des Weiteren finden sich im Hypothalamus übergeordnete vegetative Steuerungszentren.

Verschiedene Neurotransmittersysteme. Sie sind chemisch durch ihre Botenstoffe für die Erregungsübertragung charakterisiert.

Sinnesorgane. Sie werden auch als funktionelle Systeme gesehen und haben teilweise ihre eigenen Reflexe (Lidschluss, Hinwendbewegungen).

2.4.4 Sinnesorgane, Organa sensuum

Neben den diffus in Haut und den verschiedenen Organen verteilten **Wahrnehmungsaufgaben** sind für einzelne physikalische Einflüsse der Umwelt rezeptive (aufnehmende) Organe besonders entwickelt worden. Diese werden im engeren Sinne als Sinnesorgane zusammengefasst.

1. **Rezeptoren.** Sie sind Empfangs- oder Aufnahmeeinrichtungen für spezifische Reize. Dabei werden die Reize in Signale der Nervenzellen transformiert im Sinne einer Codierung in Aktionspotenziale.
   Für die Sensibilität des Körpers sind dies:
   - **Nozizeptoren**: heller und dumpfer Schmerz
   - **Thermozeptoren**: für niedrige und hohe Temperaturen
   - **Mechanozeptoren**: für feinen und groben Druck, Tast- und Berührungssinn, Vibration, Muskelspannung, Bänderspannung (Propriozeption, Tiefensensiblität)
   - **Enterorezeptoren**: Osmo-, Chemo-, Barozeptoren.
2. **Telezeptoren.** Als Telezeptoren bezeichnet man diejenigen Sinnesorgane, die Informationen aufnehmen können, welche nicht unmittelbar mit dem eigenen Körper in Verbindung stehen (z. B. Auge oder Ohr im Gegensatz zum Gleichgewicht).
   - **Telezeptoren**: Geruch, Geschmack, Licht, Schall, Schwerkraft, Beschleunigung.

Funktioneller Zusammenhang zum ZNS. Sinnesorgane sind nicht isoliert vom Gehirn begreifbar. So kann beim Menschen bis zu einem Viertel der Hirnrinde an der Verarbeitung visueller Informationen beteiligt sein. Sinnesorgane haben zur Erfüllung ihrer Aufgabe nicht nur **zentripetale Impulsströme** (zum Gehirn führende Erregungen), sondern von

einigen ist auch eine efferente Innervation bekannt (z. B. Innenohr). Diese dient der **Modulation der Erregungsschwelle**, d. h., das Sinnesorgan wird an die vorhandene Reizmenge oder den Informationsbedarf des Gehirnes angepasst.

Adäquater Sinnesreiz. Unter einem adäquaten Sinnesreiz versteht man diejenige Umwelteigenschaft, deren Änderungen oder Zustände **spezifisch** von Sinneszellen erfasst und als Information zentripetal weitergeleitet werden. Sinneszellen können auch durch nichtadäquate Reize erregt werden („Sterne sehen" bei einem Schlag auf die Augen).

2.4.5 Peripheres Nervensystem, Pars peripherica (Systema nervosum periphericum)

Zum peripheren Nervensystem gehören **Spinalnerven** und **Hirn-(Kopf-)nerven**.

2.4.5.1 Spinalnerven, Nn. spinales (s. Kap. 8.2.7.5)

Es gibt 31 (32) paarweise aus einem Rückenmarkssegment austretende Nerven
- C1–C8   Halsnerven, Nn. cervicales (8)
- Th1–Th12 Brustnerven, Nn. thoracici (12)
- L1–L5   Lendennerven, Nn. lumbales (5)
- S1–S5   Kreuzbeinnerven, Nn. sacrales (5)
- Co1–Co2 Steißbeinnerv(en), N. coccygeus (1/2)

Bau. Die efferenten Axone verlassen in kleinen Bündeln, den vorderen Wurzeln (**Radices ventrales**), ventrolateral das Rückenmark. Die afferenten Axone ziehen, aus der Peripherie kommend, ebenfalls als Bündel, den hinteren Wurzeln (**Radices dorsales**), zum Rückenmark. Die **Spinalganglien** sind längliche Knoten, die an den hinteren Wurzeln, noch innerhalb der Dura mater liegen. Im Kopfgebiet entsprechen den Spinalganglien die Ganglien der sensiblen Hirnnerven. Distal von den Spinalganglien, in denen die pseudouniaxonalen primärafferenten Nervenzellen (Ganglienzellen, Neurone) liegen, vereinigt sich die **Radix ventralis** mit der jeweiligen **Radix dorsalis** zum gemischten, kurzen (1 cm) **N. spinalis**. Die vom Spinalnerv abgehenden Äste können theoretisch alle Faserqualitäten enthalten. Ihre Hautäste versorgen gürtel- oder ringförmige Hautzonen (Dermatome) am Rumpf (s. Kap. 8.2.7.5).

Stamm des Spinalnervs. Er teilt sich in 5 Äste (Abb. 2.35):
- **Ramus ventralis**: stärkster, gemischter Ast. Er verläuft in der vorderen Rumpfwand, im Brustgebiet jeweils im Zwischenrippenraum, im Bauchgebiet zwischen den Bauchmuskeln. Er versorgt mit dem motorischen Anteil die ventrale Rumpfmuskulatur. Da die Extremitäten Ausstülpungen der ventralen Rumpfwand sind, werden sie (nur) von den Rami ventrales versorgt. Der sensible Anteil versorgt mit **Rr. cutanei laterales et mediales** die seitliche und vordere Bauchwand (besonders die Haut) sensibel.
- **Ramus dorsalis**: kleinerer, hinterer Ast. Er zieht zum Rücken, teilt sich in einen medialen und lateralen Zweig, versorgt die tiefe oder autochthone (bodenständige) Rückenmuskulatur und mit den **Rr. cutanei mediales et laterales** die Haut des Rückens.
- **Ramus meningeus**: kleiner Ast mit sensiblen und sympathischen (vasomotorischen) Fasern. Er läuft ventral von jedem Spinalnerven wieder in den Wirbelkanal zurück, wo er mit Ästen der Gegenseite und benachbarter Segmente ein feines Geflecht für den Wirbelkanal und die Rückenmarkshäute bildet.
- **Rami communicantes**: 2 „Verbindungen" zu den paravertebralen, neben der Wirbelsäule gelegenen Grenzstrangganglien des Sympathicus. Bei Tieren bestehen sie meistens aus einem weißen (markhaltigen) und einem grauen (markarmen) Ast.
  In dem weißen, markhaltigen Ast, **R. communicans albus**, verlaufen vorzugsweise die Axone der präganglionären sympathischen Neurone, die von der Seitensäule des Rückenmarks über die vordere Wurzel bis zum Grenzstrangganglion ziehen. Nachdem der größere Teil der Fasern im Grenzstrangganglion auf das postganglionäre Neuron umgeschaltet wurde, ziehen die postganglionären, grauen, marklosen oder markarmen Axone im **R. communicans griseus** wieder zum Spinalnerven, um diesem sympathische Axone für die Gefäße, Drüsen usw. zuzuführen. Dabei können sie innerhalb des Grenzstrangs die Segmenthöhe wechseln. Beim Menschen ist eine scharfe Trennung zwischen R. communicans albus und R. communicans griseus oft nicht möglich.

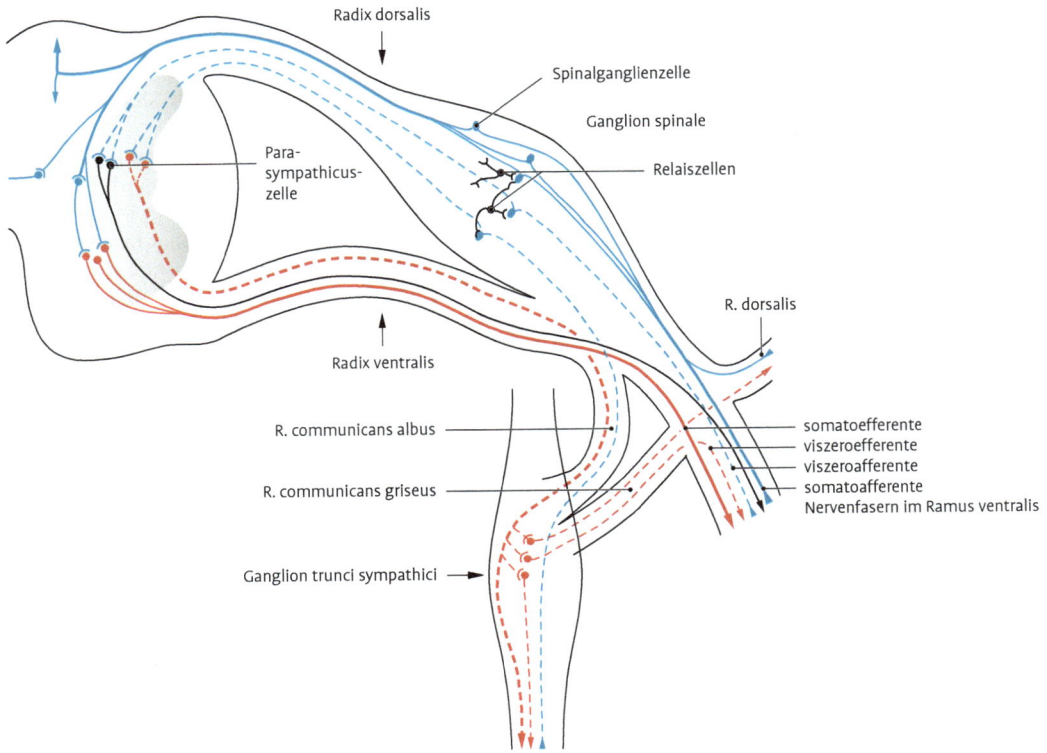

Abb. 2.35 Zusammensetzung eines Spinalnervs (Schema).

2.4.5.2 Hirn-(Kopf-)nerven, Nn. craniales (s. Kap. 6.13.4.1, Kap. 8.2.6.2)

Die **Einteilung der Hirn-(Kopf-)nerven** ist komplizierter als die der Spinalnerven, bei denen die Kategorien somatisch/vegetativ und afferent/efferent ausreichen. Neben spezialisierten Nerven für die Sinnesorgane kommen bei den Hirnnerven ergänzend branchiale Nerven vor. Nicht alle Faserqualitäten kommen in allen Hirnnerven vor.

Wir unterscheiden:

Afferenzen:
- somatisch (Schmerz, Temperatur, Berührung, Druck, Propriozeption)
- spezialisiert somatisch (Auge, Innenohr)
- viszeral (Zustand der Eingeweide, z. B. Schmerz, Dehnung)
- spezialisiert viszeral (Geschmack, Geruch).

Efferenzen:
- somatisch (Skelettmuskulatur, z. B. Zungenbeinmuskeln, Augenmuskeln)
- viszeral (glatte Muskulatur, Herzmuskulatur, Drüsen)
- sympathisch
- parasympathisch
- branchiogen

Die einzelnen Hirn-(Kopf-)nerven. Sie werden auch mit lateinischen Ziffern I–XII bezeichnet.
- I   Riechnerv, N. olfactorius
- II   Sehnerv, N. opticus
- III Augenbewegungsnerv, N. oculomotorius
- IV   Augenrollnerv, N. trochlearis
- V   Drillingsnerv, N. trigeminus, mit seinen 3 Hauptästen
  - V_1 Augenhöhlennerv, N. ophthalmicus
  - V_2 Oberkiefernerv, N. maxillaris
  - V_3 Unterkiefernerv, N. mandibularis
- VI   Augenabziehnerv, N. abducens

- VII   Gesichtsnerv, N. facialis
- VIII Hör- und Gleichgewichtsnerv, N. vestibu-
        locochlearis (früher N. statoacusticus)
- IX   Zungen-Rachennerv, N. glossopharyngeus
- X   Umherschweifender (vagabundierender)
        Nerv, N. vagus
- XI   Beinerv, N. accessorius
- XII   Unterzungennerv, N. hypoglossus

2.4.5.3 Anastomosen und Plexusbildung

Anastomose. Es handelt sich um einen Faseraus-tausch zwischen verschiedenen Nerven. Er kann einfach (**Anastomosis simplex**) oder gegenseitig sein (**Anastomosis mutua**). Der Begriff Anastomose (gr. stoma = Mund), Einmündung, ist aus der Ge-fäßlehre entlehnt und die Bezeichnung anastomo-ticus wird in der neueren Nomenklatur durch communicans ersetzt. **Die Integrität der Fasern bleibt erhalten.** Rami communicantes kommen regelmäßig und als Varietäten in der Peripherie zwischen den verschiedenen Nerven vor. Ein aus-gedehnter Faseraustausch führt zur Bildung von Geflechten.

Plexus

Plexus sind Geflechte aus **ventralen Ästen** der Spinalnerven. Sie entstehen aus den Ästen der-jenigen Bereiche des Rückenmarks, die für die Innervation der aussprossenden Extremitäten zuständig sind.

Beim Embryo laufen die Spinalnervenäste dabei noch getrennt in die Extremitäten. Es kommt je-doch zu einer Umlagerung und Durchflechtung der zunächst durch die Metamerie des Körpers geordneten Fasern in dem Maße, wie die Muskel-anlagen sich weiterentwickeln und zu neuen, zu-sammengelagerten und umgelagerten Muskelindi-viduen gestaltet werden. Wenn Material aus 2 oder mehr Muskelsegmenten zu 2- oder mehr-segmentigen Muskeln zusammenfließt, so müssen auch Nervenfasern aus 2 bzw. mehr Spinalnerven zu diesen Muskeln ziehen, da die ursprüngliche Nervenfaser-Muskelzellenverbindung bestehen bleibt.

Die entstehenden primären Geflechte trennen sich beim Wachstum in intramuskuläre Anteile und wirbelsäulennahe Bereiche, in dem sie quasi

dazwischen in die Länge gezogen werden. Damit entsteht für die Nervenfasern in ihren langstrecki-gen Verlaufsanteilen ein Schutz vor den Bewegun-gen der Extremitäten mit ihren langen Hebeln. Die Muskeln werden durch Vermittlung der Geflechte durch überschaubare und besser zu schützende Nervenstränge verbunden.

Es gibt die Hals-, Arm- und Beingeflechte, **Ple-xus cervicalis**, **brachialis** und **lumbosacralis**. Die ventralen Äste der thorakalen Rücken-marksnerven sowie die Rr. dorsales der Rü-ckenmarksnerven bilden **keine** Plexus.

Plexus des Körpers sind:
- C1–C4   Halsnervengeflecht, **Plexus cervicalis**
- C5–C8, Th1   Armnervengeflecht, **Plexus brachialis**
- L1–L3, z.T. L4 Lendennervengeflecht, **Ple-xus lumbalis**
- L4, L5, S1–S5, Co Kreuzbeinnervengeflecht, **Ple-xus sacralis** (Plexus ischiadi-cus, Plexus pudendus, Plexus coccygeus)

Klinik: Der Arzt muss zwischen verschiedenen möglichen Lokalisationen einer Schädigung an-hand unterschiedlicher peripherer Ausfallmuster differenzieren lernen: **Wurzel-, Spinalnerv-, proximaler und distaler Plexus- und peripherer Nervenschädigung.** Kenntnisse im Bau des je-weiligen Plexus, der Nerven sowie der Prinzi-pien der Innervation sind für die Diagnostik und Prognostik damit ebenso essenziell wie für die Therapie. Der Ausfall (z.B. infolge Durchtren-nung) eines peripheren Muskelastes (**periphere Lähmung**) ergibt eine vollständige Lähmung des Muskels. Fällt dagegen bei einem mehrsegmen-tigen Muskel nur eine vordere Wurzel aus (**radi-kuläre Lähmung**), so ist die Versorgung aus den restlichen Segmenten noch erhalten.

2.4.5.4 Periphere und radikuläre Hautinnervation

Dermatome. Die ursprüngliche Gliederung der Haut besteht in hintereinandergereihten Bezirken (Dermatomen), die jeweils von einem Rücken-marksnerven versorgt werden. Solche sind am Rumpf am besten erkennbar (Rr. dorsales von Th2–L2 und die Rr. ventrales von Th2–Th12).

- **Hiatuslinien** sind Grenzen von Dermatomen, welche nicht aus benachbarten Rückenmarksegmenten versorgt werden (**„Segmentsprung"**). Die Extremitätenbildung führt auch im Bereich der Haut zu Materialverlagerungen. Bestimmte Dermatome verschwinden vom Rumpf ganz und werden auf den Arm oder das Bein verlagert. Sie verlieren dadurch ihre ursprüngliche Verbindung mit der Mittellinie des Körpers und bilden an den Extremitäten längs verlaufende schmale Hautstreifen. Die Hiatuslinien geben die Stellen an, wo 2 ursprünglich voneinander entfernte Dermatome nebeneinander liegen. Am Rumpf grenzt ventral das Dermatom C4 an das Dermatom Th2. Dieser Segmentsprung ist Folge der vollständigen Verlagerung der Dermatome C5–Th1 auf den Arm.
- **Überlappung.** Da sich die Dermatome an den Rändern überlagern, gibt der Ausfall einer Radix dorsalis keinen vollständigen Sensibilitätsausfall in dem versorgten Gebiet. Die meisten Hautbezirke werden gleichzeitig von mehreren Nerven versorgt. Die Überlagerung der Innervationsgebiete benachbarter Hautnerven ist aber oft nicht vollständig. Manche Nerven versorgen deshalb einen kleinen Hautbezirk allein (**Autonomgebiet**). Wird ein solcher Nerv verletzt, so tritt nur in diesem Gebiet ein völliger Sensibilitätsausfall ein. In seinem wesentlich größeren Verzweigungsgebiet, das sich mit denen der benachbarten Nerven überlagert, ist dagegen nur eine Abschwächung der Sensibilität feststellbar (**Maximalgebiet**). Durch die Plexusbildung sind Dermatom und Autonomgebiet nicht deckungsgleich.

Klinik: Die Unterscheidung **radikulärer** (segmentaler) und **peripherer Hautversorgung** ist von großer diagnostischer Bedeutung. Bei der Gürtelrose (**Herpes zoster**), einer Entzündung einzelner Spinalganglien, hält sich die Hauterkrankung genau an die zugehörigen Dermatome.

2.4.6 Vegetatives Nervensystem (VNS), Divisio autonomica (Pars autonomica systematis nervosi peripherici)

Während das somatische (animale oder oikotrope) Nervensystem den Zustand der Umwelt erfassen (Nerven der Oberflächen- und Tiefensensibilität, der Sinnesorgane und der Skelett-muskeln) und im Wesentlichen mit Körperbewegungen beantworten soll, dient das vegetative (viszerale oder idiotrope) Nervensystem den **inneren Funktionen** des Körpers (Homöostase). Neben den vegetativen sensorischen Informationen werden dafür auch somatische Afferenzen und deszendierende Impulsströme höherer zentralnervöser Zentren integriert.

Grundsätzlich kann eine körperbezogene Funktion durch ein Organ (**Autoregulation**), durch Hormone (**endokrine Regulation**) oder durch ein Nervensystem kontrolliert werden. Der Arzt bedient sich dabei in seiner therapeutischen Tätigkeit vielfach des vegetativen Nervensystems als effizientes endogenes Steuerungssystem. Das VNS kooperiert ferner mit **endokrinen, parakrinen** und **humoralen Regulationssystemen**. Das beinhaltet auch, dass die Hormone die Tätigkeit des VNS beeinflussen. Seine Tätigkeit ist in einigen Funktionen vom Willen unabhängig, jedoch von der Psyche her und mit bestimmten Techniken beeinflussbar (autogenes Training). Umgekehrt können vegetative Aktivitätsniveaus auch auf das übrige ZNS rückwirken (Meditation).

Betrachtungsweise. Für das vegetative Nervensystem haben sich die ursprünglichen Definitionen teilweise erheblich gewandelt und sind für die klinische Anwendung immer wieder erweitert worden. Für ein funktionelles Verständnis und für die klinische Anwendung sind folgende anatomische Betrachtungen erforderlich:

1. Darstellung der **zentralen** und **peripheren Anteile** des VNS
2. **Ontogenese** und die sich in ihr spiegelnde Wiederholung der Evolution
3. Auf der Ebene **übergeordneter** (**zentraler**) **vegetativer Zentren** ist die Kopplung an das hormonelle System und speziell das hypothalamo-hypophysäre System zu berücksichtigen.

Bau. Durch die zentralen Verbindungen zu dem somatischen NS, durch die intensive Verknüpfung mit den zerebrospinalen Nervenfasern und durch die Durchflechtung in den Organen ist das Charakteristische einer vegetativen Struktur schwierig zu fassen.

Ein einheitliches morphologisches Substrat aller Anteile des VNS gibt es nicht. Der **afferente Abschnitt** ist baugleich mit dem somatischen

Nervensystem. Der **efferente Abschnitt** weist als Besonderheit Nervenzellen außerhalb des zentralen Nervensystems auf.

Bedeutung. Da das VNS in den meisten Fällen sehr rasch und effizient auf Veränderungen des inneren Milieus reagiert und die Homöostase wiederherstellt, sind vegetative Dysfunktionen von erheblicher klinischer Tragweite. Umgekehrt können durch das vegetative Nervensystem bedingte Über- oder Unterfunktionen anatomischer Strukturen den Gesamtorganismus erheblich beeinträchtigen. Die Möglichkeit der Einflussnahme auf solche pathologischen Zustände mittels des VNS ist Ursache für das große Interesse der Medizin an diesem System. Letztlich dient die Homöostase keinem Selbstzweck, sondern der Bereitstellung von Leistungen zur Beeinflussung der und Reaktion auf die Umwelt. Dazu gehört auch die Bereithaltung einer autonomen (d. h. willkürlich nicht zugreifbaren) Leistungsreserve für Ausnahmesituationen.

2.4.6.1 Übersicht über das VNS

Das vegetative Nervensystem kann topografisch nach **zentralen** und **peripheren Komponenten** unterteilt werden, nach pharmakologischen Kriterien, funktionellen Einheiten oder in klassischer Weise in Sympathicus und Parasympathicus.

Anteile. Das VNS unterhält 4 wesentliche Kontroll- und Regulationseinheiten:
- **Verdauung und Atmung:** Branchialnerven, Grenzstrang und enterisches Nervensystem
- **Herz und Kreislauf,** Urogenitalapparat, endokrine Organe: viszerale Gefäßganglien
- **Temperaturregulation:** zentral und peripher
- **Stoffwechsel:** trophische Innervation der Gewebe
1. **Zentrale Komponenten.** Die zentralen Anteile finden sich in Rückenmark, verlängertem Rückenmark, Brücke, Mittel- und Zwischenhirn. Die Areale sind am besten über ihre Funktion fassbar (Vasomotorik, Körpertemperatur, Sexual- und Fortpflanzungsfunktion, Verdauung, Wasserhaushalt, Tätigkeit der Großhirnrinde, Kreislauf, Adaptation von Auge und Ohr, Kontrolle des hormonellen Systems, Bronchialto-

nus, Ausscheidung). Im Hypothalamus findet sich ein übergeordnetes Steuerungszentrum für das gesamte periphere vegetative Nervensystem, dessen Reizung zu einer generalisierten Reaktion im ganzen Körper führt (s. Kap. 8.4.9).
2. **Periphere Komponenten.** Bei den peripheren Anteilen lassen sich 6 Bereiche abgrenzen. Es werden alle vorhandenen somatischen Nervenbahnen von den vegetativen Fasern mitbenutzt, im Bereich der Rumpfwand und der Extremitäten gibt es keine eigenen vegetativen Nerven. Eine bilaterale Symmetrie wie bei den somatischen Nerven existiert wegen Anlageart der inneren Organe für das VNS nicht. Topografische Einheiten sind:
- Hirnnerven III, VII, IX und X zugeordnete (parasympathische) Fasern
- Grenzstrang (sympathisch) mit zugehörigen Nerven und Geflechten
- Sakrale (parasympathische) viszerale Spinalnervenäste
- prävertebrale und vaskuläre Ganglien
- ENS (enterisches Nervensystem)
- Paraganglien und chromaffine Zellen

Andere Einteilungen. Therapeutisch wird vor allem folgende funktionelle Unterteilung genutzt:
- Sympathicus (oder Orthosympathicus, 5 periphere Rezeptortypen, thorakolumbal)
- Parasympathicus (ein peripherer Rezeptortyp, kraniosakral)

Dabei ist nur der Sympathicus einigermaßen einheitlich gebaut. Im Gegensatz zum Parasympathicus innerviert er die Organe eher diffus, weil
- die Fasern seines ersten Neurons (präganglionäre Fasern) auf 4–20 und mehr zweite Neurone (Grenzstrang-Ganglienzellen) divergieren
- die Umschaltung vom ersten auf das zweite Neuron organfern stattfindet
- die Fasern seines zweiten Neurons zahlreiche Zielzellen innervieren
- er über die Nebenniere humoral (also über den Blutweg) ubiquitär wirken kann.

Die historisch zunächst funktionell gemeinten Begriffe **Sympathicus** und **Parasympathicus** wurden später zur Benennung eines anatomisch relativ gut abgrenzbaren Anteiles (Sympathicus) und für den Rest (Parasympathicus) verwendet. Die funktionelle Sicht wandelte sich mit dem Verständnis ei-

nes weitgehenden **Antagonismus** der beiden Teile. Mit zunehmenden Erkenntnissen in der Pharmakologie stellten sich jedoch auch Antagonismen innerhalb der einzelnen Komponenten heraus. Eine enge Verbindung zum hormonellen System durch modifizierte vegetative Nervenzellen in eigenständigen endokrinen Organen (**Paraganglien**) komplizieren heute die Begrifflichkeit der eher historisch begründeten Vokabeln.

> Die Aufteilung in **Sympathicus** und **Parasympathicus** ist für das Verständnis des **efferenten** Abschnittes sinnvoll. Das Bauprinzip ist eine Hintereinanderschaltung zweier Neurone.

2.4.6.2 Aufbau

Antagonismus. Die übliche (traditionelle) Unterscheidung beschreibt 2 teilweise antagonistisch wirkende Abschnitte des vegetativen Nervensystems: den Sympathicus und den Parasympathicus. Vereinfacht dargestellt erhöht der tagaktive Sympathicus zumeist die Energieentfaltung und regt die Tätigkeit der Organe an (ergotropes System, „fight or flight"-Charakter), während der nachtaktive Parasympathicus den Organismus auf Einsparung von Energie und auf Erholung einstellt (trophotropes oder regeneratives System). Wesentliche Ausnahmen von diesem Antagonismus betreffen bestimmte Organe (Tränendrüse) und diejenigen, die nur von einem dieser Anteile innerviert werden (Schweißdrüsen, Mm. piloarrectores, viele Arteriolen). In manchen Organen besteht ein qualitativer Antagonismus (z. B. Speichelzusammensetzung).

Modulation statt Induktion. Für die spätere klinische Nutzung ist es wichtig zu beherzigen, dass nicht – wie im somatischen NS verbreitet – Funktionen induziert werden, sondern dass vorhandene Tätigkeiten im Wechselspiel moduliert werden. Die meisten Effektororgane werden dazu von sympathischen und parasympathischen Fasern versorgt. Im Gegensatz zu dem nur erregend wirkenden somatischen Nervensystem kann eine Aktivierung des VNS eine Erregung oder Hemmung bewirken (Tab. 2.2). Dabei ist der Grundtonus der Antagonisten keinesfalls gleich, sondern üblicherweise hat je nach Organ der eine oder andere Anteil ein physiologisches Übergewicht. Alter oder Krankheitsstatus können diese Vorherrschaft verändern. Beispielsweise dominiert im Kindesalter am Herzen der Sympathicus.

> Das **somatische Nervensystem** induziert (erregt), das **vegetative Nervensystem** moduliert (erregt und hemmt) Funktionen.

Neuronaler Bau. Der Natur seines neuronalen Aufbaues entsprechend ist das VNS ein eher efferentes Nervensystem und Efferenzen überwiegen auch bei seiner Tätigkeit. Prinzipiell werden vegetative Fasern aus dem Rückenmark über ein vegetatives Ganglion (para- oder prävertebral oder intramural) geleitet, bevor sie das Erfolgsgewebe erreichen. Das 1. Neuron im ZNS heißt **präganglionär** und wird in einem peripheren vegetativen Ganglion auf das 2. **postganglionäre** Neuron umgeschaltet.

Umschaltung. Hinsichtlich der Umschaltung von prä- auf postganglionär unterscheiden wir 4 Situationen.

- Das präganglionäre Neuron des Sympathicus wird zumeist in den rückenmarksnahen para- oder prävertebralen Ganglien (also **organfern**) umgeschaltet.
- Die Umschaltung des präganglionären parasympathischen Neurons erfolgt in **organnahen** parasympathischen Ganglien. Eine Ausnahme davon bilden die Tränen- und Speicheldrüsen.
- Daneben existieren erste Neurone, die erst im Erfolgsorgan umgeschaltet werden (ENS und vaskuläre Nervenzellen).
- Eine 4. Gruppe von Neuronen zieht ohne Umschaltung zu den **Paraganglien** (Nebennierenmark).

Ein postganglionäres Neuron kann mit mehreren Zellen des Erfolgsorgans Synapsen bilden, wobei nicht synaptische Endknöpfe, sondern Verdickungen der Nervenaxone im „Vorbeilaufen" (**Synapse en passant**) gebildet werden. So werden bei dem Sympathicus größere Zellgebiete trotz lokaler Wirkung des Transmitters aktiviert.

Trennung. Eine klare Trennung in Sympathicus und Parasympathicus ist nur in jenen Anteilen möglich, die vom **Rückenmark** und vom **Gehirn** ausgehen. In der **äußersten Peripherie**, in den Organen und im **übergeordneten zentralen Bereich** (im Gehirn) ist eine Differenzierung schwierig. Die Nervenzellkörper des 1. Neurons des Sympathicus finden sich überwiegend im thorakalen und lumbalen Rückenmark, die des Parasympathicus im Hirnstamm (75 % aller parasympathischen Fasern liegen im N. vagus) und im sakralen Rückenmark

Tab. 2.2 Vegetative Wirkungen

Organ	Sympathicus	Parasympathicus
Auge	weite Pupille	Nahakkomodation, enge Pupille
Speichel	wenig, zäh	viel, niedrig viskös
Tränendrüse		Sekretion
Bronchien	Weitstellung	Engstellung, Sekretion
Sinusknoten	hohe Frequenz	niedrige Frequenz
AV-Knoten	beschleunigte Überleitung	verzögerte Überleitung
His, Purkinje	schnellere Spontandepolarisation	(geringe Effekte)
Myokard	verbesserte Kontraktilität	(geringe Effekte)
Koronarien	Vasokonstriktion (a-Rezeptor), Vasodilatation (e-Rezeptor)	Vasodilatation und –konstriktion (?)
Magen-Darm	geringe Durchblutung, hoher Sphinktertonus	Sekretion, Peristaltik, niedriger Sphinktertonus
Harnblase	hoher Sphinktertonus, niedriger Detrusortonus	niedriger Sphinktertonus, hoher Detrusortonus
ZNS	Antrieb, Aufmerksamkeit	keine Wirkung
Gehirngefäße	Vasokonstriktion	Vasodilatation (?)
Leber	Glykogenabbau, Glukosefreisetzung	keine Wirkung
Gallenblase	Kontraktion	Dilatation
Pankreas	Sekretionshemmung	Sekretion
Fettgewebe	Triglyceridabbau	keine Wirkung
Skelettmuskeln	Glykogenabbau, Vasokonstriktion (a-Rezeptor), Vasodilatation (e-Rezeptor)	keine Wirkung
Hautgefäße	Vasokonstriktion	keine Wirkung
Schweißdrüse	Sekretion	keine Wirkung
Detrusor vesicae	Erschlaffung	Kontraktion
Trigonum vesicae	Kontraktion	Erschlaffung
Sexualorgane	Ejakulation	Erektion
Uterus	Tokolyse	Wehenförderung, -hemmung

(für Colon descendens bis Rectum, Harnblase und unterer Ureter sowie äußere Geschlechtsorgane).

> Die meisten sympathischen Nervenzellen des **Sympathicus** liegen thorakolumbal, die des **Parasympathicus** kraniosakral.

Afferenz. Der afferente Schenkel eines vegetativen Reflexbogens wird durch primärafferente, pseudounipolare Neurone (viszerosensibel) gebildet, die in Spinalganglien bzw. in den entsprechenden Ganglien von Hirnnerven liegen. Der **vegetative Reflexbogen** besteht demnach aus einem afferenten und mindestens 2 efferenten Neuronen.

Vegetative Nerven. Die vegetativen Fasern können wie somatische selbstständig verlaufen (Kopf-nerven, Grenzstrang des Sympathicus, präganglionäre Fasern zu den präaortalen Ganglien = Nn. splanchnici). Überwiegend schließen sich ihre Axone aber den Spinalnerven an oder verlaufen mit den Gefäßen, um die sie Geflechte bilden. Mit den somatischen Nerven gelangen sie zur glatten Muskulatur und zu den Drüsen der Haut, aber auch zur quer gestreiften Muskulatur.

> Die **Benennungen** „rein sensibler Nerv" (z. B. für Hautnerven) oder „rein motorischer Nerv" (für Muskeläste) sind daher insofern unrichtig, als sie sich ausschließlich auf den somatischen Anteil des Nerven beziehen (und im Falle des motorischen Astes sogar die somatischen Afferenzen der Muskelspindeln ignorieren).

Die präganglionären Fasern sind myelinisiert und < 3 μm im Durchmesser. Die postganglionären Fasern sind nicht oder schwach myelinisiert, < 2 μm im Durchmesser und entsprechend langsam in der Erregungsweiterleitung (< 2 m/s).

2.4.6.3 Transmitter des VNS und ihre Rezeptoren

Transmitter. Die oben skizzierte Terminologie sagt nichts über die aus pharmakologischer Sicht wichtige Natur der Transmitter.
- Die präganglionären Fasern sind **cholinerg.**
- Die sympathischen postganglionären Fasern sind in der Mehrheit **adrenerg** (Transmitter hauptsächlich Noradrenalin),
- die Versorgung der Schweißdrüsen ist jedoch **cholinerg.**
- Die parasympathischen postganglionären Fasern sind ebenfalls **cholinerg** (muscarinerg).

Rezeptoren. Unter pharmakologischen Gesichtspunkten muss neben den Transmittern die Rezeptorart differenziert werden. Ein und derselbe Transmitter kann je nach Rezeptor antagonistische Wirkung entfalten. Die meisten Ausnahmen betreffen das Herz. Das Ansprechen der Rezeptoren ist zudem abhängig von der Konzentration der Transmitter.

2.4.6.4 Entwicklung des VNS

Die Genese des VNS kann nicht von der des übrigen Nervensystems getrennt werden. Es gibt zwar eindeutige morphologische und funktionelle Unterschiede, aber das VNS ist nicht unabhängig vom übrigen somatischen Nervensystem. Die kooperative Entwicklung ist der Schlüssel dafür, dass bei allen somatischen Funktionen auch das vegetative Nervensystem beteiligt ist.

Abkömmlinge der Neuralleiste. Aus der Neuralleiste gehen folgende Zellen hervor:
- Grenzstrang, Truncus sympathicus (s. Kap. 5.1.4.9, Kap. 5.2.4.5)
- vegetative Afferenzen im Spinalganglion (s. Kap. 2.4.5.2)
- vegetative Afferenzen der präaortalen Ganglien (s. Kap. 5.2.4.5)
- vegetative Afferenzen der vaskulären Ganglien
- zentrale Zellen des VNS.

Die Zellen differenzieren sich abhängig von ihrer Lage in **Sympathiko-** (zentral) oder **Parasympathi-**

koblasten (an den Polen des Embryos). Die Festlegung auf einen Transmitter hängt wahrscheinlich vom Zielorgan ab. Bei den **Wanderungsbewegungen** gelangen von den vegetativen Zellen nicht nur afferente Ganglienzellen in das Spinalganglion, sondern auch efferente Sympathikoblasten können sich – statt in den Grenzstrang zu gelangen – hierher verirren, sodass das Spinalganglion durchaus auch efferente Neurone enthält.

Vegetative Kopfganglien. Die vegetativen Kopfganglien enthalten ausschließlich **parasympathische** zweite Neurone. Sie sind alle an Äste des **N. trigeminus** assoziiert. Es handelt sich um:
- **Ggl. ciliare** (N. oculomotorius, s. Kap. 7.1.4). Es tritt von allen als Erstes auf und wird als Sinnesorgan-Ganglion mit efferentem Charakter definiert (für Mm. ciliaris und sphincter pupillae).
- **Ggll. pterygopalatinum** und **submandibulare** (N. facialis, s. Kap. 6.13.4.1). Sie sind bereits bei den Reptilien vorhanden.
- **Ggll. oticum** und **sublinguale** (Letzteres beim Menschen nur selten ausgeprägt) finden sich erst bei den Mammalia (N. glossopharyngeus). Die postganglionären Fasern erreichen mit den Ästen des N. trigeminus ihre Zielorgane (Speicheldrüsen, s. Kap. 6.14.1.2).
- Darüber hinaus finden sich vegetative Ganglien in den **Nn. glossopharyngeus** und **vagus**.

Paraganglien. Die granulierten, sympathischen Zellen sind beim Menschen in geringerer Zahl angelegt. Sie arbeiten endokrin und wirken damit generalisiert auf das Gefäßsystem. Die aus diesen Zellen hervorgegangenen (chromaffinen) Paraganglien konzentrieren sich und bilden bei den Säugetieren vor allem das Nebennierenmark.

Nur wenige weitere, vorzugsweise in der Entwicklungsphase aktive Paraganglien (größtes: **Paraggl. aorticum abdominale** = Zuckerkandl-Organ) sind beim Menschen bis zum 2. Lebensjahr zu finden. Relativ regelmäßig lassen sich im Bereich des Plexus cardiacus Paraganglien nachweisen (**Paragll. supracardialia**). Weitere benannte Paraganglien liegen im Bereich der luftleitenden Organe. Insgesamt bilden die Paraganglien wohl eine funktionelle Einheit.

Zuweilen wurden auch Knötchen, die parasympathische Fasern erhielten (wie das Glomus caroticum), als (parasympathische) Paraganglien bezeichnet und ihnen wurde wegen der intensiven Vaskularisation endokrine Aktivität nachgesagt. Nachgewiesen sind jedoch nur enterozeptive

Funktionen. Die Zellen stammen auch nicht aus dem Pool vegetativer Blasten.

> **Klinik:** Paraganglien können benigne (**Phäo-chromozytom**) und gelegentlich maligne Tumoren (**Phäochromoblastom**) bilden, die meist endokrin (autonom) tätig sind.

System der vaskulären Nervenzellen. Das System vaskulärer Nervenzellen ist beim Menschen sehr ausgeprägt. Die Entwicklung einer differenzierten vaskulären Innervation kann als entscheidend für die Evolution der Vertebraten angesehen werden. Für den Menschen hat es überhaupt erst die Voraussetzungen für die komplexen Anpassungsvorgänge des Kreislaufes beim Übergang in den Zweibeinerstand geschaffen. Sie ermöglicht auch die mit der bipeden Lokomotion notwendig gewordene effiziente Temperaturregulation. Externe, interne und zentrale Impulse erlauben die gezielte Kontrolle einzelner Gefäßgebiete (Verdauungssystem, Genitaltrakt, Körperoberfläche, somatische Muskulatur, Thoraxorgane) und damit die separate ökonomische Anpassung an jeweilige Aktivitätszustände. Die (sympathischen) vaskulären Nervenzellen bilden zu diesem Zwecke gefäßassoziierte, möglichst Gefäßgebiet-bezogene (organnahe) Ganglien, deren **segmentale Anlage** beim erwachsenen Menschen nicht mehr zu erkennen ist. Die Ganglien lagern sich an die viszeralen Gefäßstämme an. Präparatorisch ist die vaskuläre Innervation von der übrigen Organinnervation schon in den **prävertebralen Ganglien** nicht zu trennen (s. u.). Die Durchblutung hängt dabei eng mit der Organfunktion zusammen.

Beziehung zu den Gefäßen. Die phylogenetisch relativ junge Entwicklung der Lunge ist ein raumfordernder Prozess, der eine Umorganisation der segmentalen Anlagen in parallel zur Körperachse angeordneten Funktionseinheiten zur Voraussetzung bzw. zur Folge hat. Dies gilt auch für die Blutgefäße. Mit dem Deszensus der Organe geraten die Gefäße und mit ihnen die vaskulären Nervenzellen nach kaudal, sodass sich die nervöse Verbindung mit den Ausgangssegmenten um 6 und mehr Segmente in die Länge streckt (präganglionäre Fasern aus dem Thorakalmark zusammengefasst als **Nn. splanchnici thoracici**). Im Abdomen müssen sie sich dann in einem vergleichsweise kleinen Abschnitt zusammendrängen. Durch die bedeutenden ontogenetischen Umorientierungen

entsteht insgesamt eine erhebliche Variabilität in diesem Teil des VNS. Im endgültigen Versorgungsgebiet sind die an die Gefäße gebundenen Ausbreitungswege so individuell wie der Gefäßverlauf selbst. Die ausgeprägte Plexusbildung zieht sich entlang der Gefäße bis zu den Kapillaren. In der Konsequenz ist die Situation der vaskulären Innervation sehr unübersichtlich.

> **Klinik:** Die differenzierte Steuerung der **Organdurchblutung** erlaubt es dem menschlichen Organismus, mit weit weniger Blut auszukommen, als bei maximaler Dilatation aller Blutgefäße zur Füllung erforderlich wäre. Das Herz wird so ergonomisch entlastet. Gleichzeitig wirken sich Blutverluste stärker aus und es entsteht die Gefahr der Schock-Reaktion.

Herzinnervation. Eine besondere Situation ist bei der Innervation des Herzens durch die vaskulären Nervenzellen entstanden. Der Sinus venosus erhält allgemein nur Fasern über den nahen N. vagus, und für die Vertebraten gilt, dass auch die Atria nur über den N. vagus efferente (präganglionäre) Fasern empfangen. Demgegenüber wachsen Nervenfasern von den Plexus der Aa. subclaviae (meist aus dem mittleren und unteren zervikalen Ganglion) auf die Ventrikel und die Koronararterien. Verschiedene Anteile des Herzens werden normalerweise auch von getrennten vegetativen Fasern versorgt. Die rechte und die vordere Seite, der Sinusknoten, der AV-Knoten und das Septum interventriculare werden von rechts innerviert. Von links kommende vegetative Fasern versorgen insbesondere den linken Ventrikel (Inotropie).

2.4.6.5 Pars sympathica, Sympathicus

> Die Pars sympathica ist der Teil des vegetativen Nervensystems, der morphologisch weitgehend über die Zugehörigkeit zum **Grenzstrang** abgrenzbar ist. Funktionell ist er wesentlich für die Leistungsbereitschaft des Körpers gegenüber der Umwelt verantwortlich.

Anteile. Topografisch lassen sich 3 Abschnitte auseinanderhalten:
1. **Grenzstrang, Truncus sympathicus.** Zu beiden Seiten der Wirbelsäule (paravertebral) liegt je eine Ganglienkette, der Grenzstrang, **Truncus**

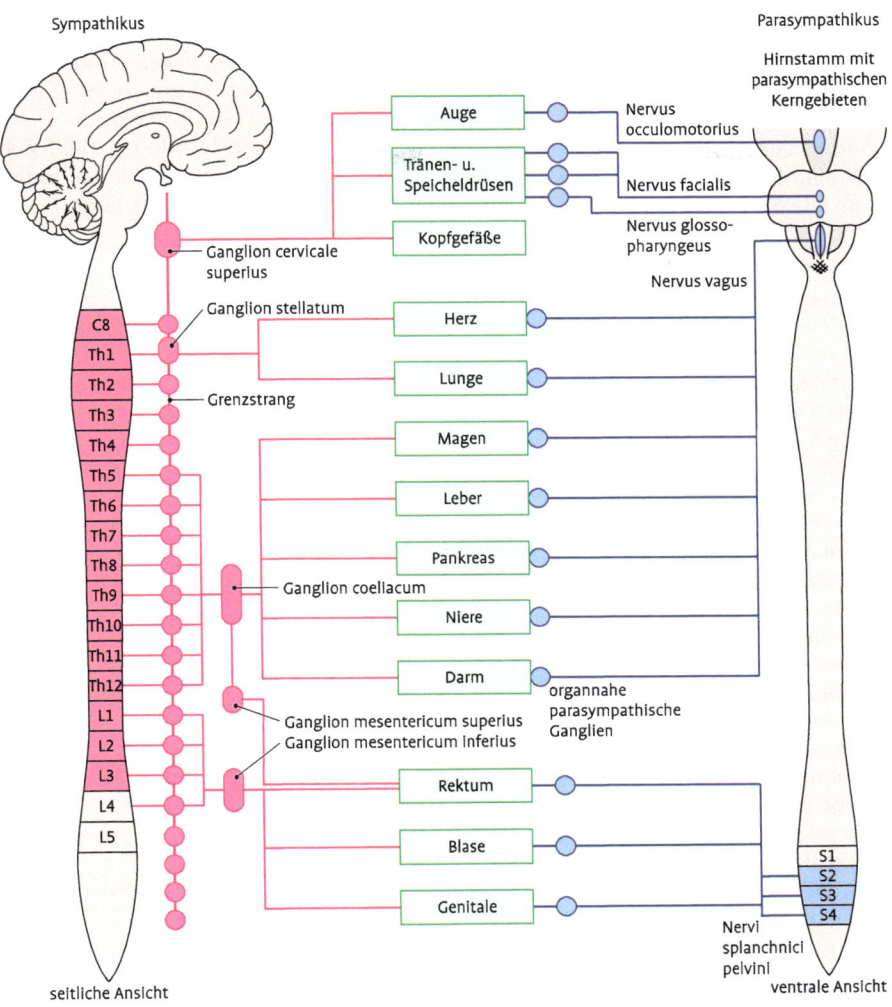

Sympathikus

Auge

Tränen- u. Speicheldrüsen

Kopfgefäße

Ganglion cervicale superius

Ganglion stellatum

Herz

Lunge

Grenzstrang

Magen

Leber

Pankreas

Ganglion coeliacum

Niere

Darm

Ganglion mesentericum superius
Ganglion mesentericum inferius

Rektum

Blase

Genitale

seitliche Ansicht

Parasympathikus

Hirnstamm mit parasympathischen Kerngebieten

Nervus occulomotorius

Nervus facialis

Nervus glosso-pharyngeus

Nervus vagus

organnahe parasympathische Ganglien

Nervi splanchnici pelvini

ventrale Ansicht

C8, Th1, Th2, Th3, Th4, Th5, Th6, Th7, Th8, Th9, Th10, Th11, Th12, L1, L2, L3, L4, L5

S1, S2, S3, S4

Abb. 2.36 Schematische Übersicht des Sympathicus (links), des Parasympathicus (rechts).

sympathicus. Er reicht von der Schädelbasis bis zum Steißbein und besteht aus einem Hals-, Brust-, Bauch- und Beckenteil. Jeweils die benachbarten der 22 und mehr Ganglien sind untereinander durch **Rr. interganglionares** verbunden. Direkte Verbindungen von linkem mit rechtem Grenzstrang sind unregelmäßig. Solche **Rami transversi**, Verbindungen zu den Ganglien der Gegenseite, sind im Brust- und Bauchgebiet seltener, im Beckengebiet häufiger. Kaudal kann ein singuläres **Ggl. impar** gefunden werden. Die Rr. interganglionares bestehen je zur Hälfte aus efferenten (präganglionären) und afferenten Fasern. Charakteris-

tisch ist, dass die zugehörigen zentralen Ursprünge kranial und kaudal von den Plexus der Extremitäten begrenzt sind. Dabei enthalten jeweils die kaudalen Wurzelfasern des Plexus brachialis und die kranialen Wurzelfasern des Plexus lumbalis noch präganglionäre Fasern.

2. **Prävertebrale Ganglien.** An den Abgängen der 3 unpaaren Eingeweideäste der Aorta (Truncus coeliacus, A. mesenterica superior und inferior) liegen 3 größere Ganglien, die umfangreich untereinander verbunden sind und selbst aus zahlreichen kleineren Ganglien bestehen. Bei der Präparation können diese retroperitonealen Strukturen leicht mit Lymphknoten verwechselt

werden. Die in ihrer Form sehr wechselnden prävertebralen Ganglien bekommen Fasern aus den Nn. splanchnici thoracici majores et minores, dem Truncus vagalis posterior und direkt aus dem anliegenden Grenzstrang. Die aus ihnen hervorgehenden Äste bilden Geflechte um die Gefäße und verlaufen mit ihnen zu den Eingeweiden.

3. **Sympathische Geflechte.** Die von den sympathischen Ganglien abgehenden postganglionären Nerven lagern sich entweder den Spinalnerven oder den Gefäßen an. Um die Gefäße bilden sie Geflechte, Plexus, die mit den Gefäßen gleichnamig sind. Der genauere Verlauf der Geflechte wird bei den einzelnen Regionen besprochen. Mit den Gefäßverzweigungen gelangen die postganglionären Axone zu ihren Zielgebieten. Gleichzeitig werden die entsprechenden Gefäßabschnitte selbst innerviert.

Ursprung. Der Ursprung des Sympathicus ist auf den Brust- und Lendenteil des Rückenmarks beschränkt. Üblicherweise stehen etwa 5.000 präganglionäre Neurone pro Körpersegment in der Seitensäule im Bereich von Th1 bis L2 zur Verfügung. Der Beginn dieser als **Columna intermediolateralis** bezeichneten Zellsäule (s. Kap. 8.2.7.3) schwankt mit der Höhe der Anlage des Plexus brachialis zwischen C8 und Th2. Entsprechend können die letzten kaudalen Fasern zwischen L1 bis L3 das Rückenmark verlassen. Diese Schwankungsbreite ist bei Anästhesien zu berücksichtigen.

Faserverlauf. Die Efferenzen (präganglionäre sympathische Axone), die den Spinalnerven aus den Segmenten C8–L3/4 zugeordnet werden, verlassen durch die **Radix ventralis** das Rückenmark (s. Abb. 2.35). Sie gelangen in den gemischten **N. spinalis** und ziehen durch den **R. communicans albus** zum zugehörigen **Grenzstrangganglion**. In ihm schaltet der größere Teil der Axone auf das 2. postganglionäre Neuron um. Als R. communicans griseus schließen sie sich wieder demselben N. spinalis an. Ein weiterer Teil zieht ohne Umschaltung durch die Rr. interganglionares zu benachbarten Grenzstrangganglien und schaltet dort auf das 2. Neuron um. Dabei können durchaus auch in den durchzogenen Ganglien synaptische Kontakte hergestellt sein. Oberhalb von Th7 steigt die Mehrzahl der Fasern auf, unterhalb von Th11 finden sich vorzugsweise deszendierende Fasern in den Rr. interganglionares. Schließlich zieht noch ein Teil der Fasern ungeschaltet durch die Grenzstranggan-

glien, gelangt z. B. in die **Nn. splanchnici thoracici** und zieht in ihnen zu den **prävertebralen Ganglien**. Erst hier findet dann die Umschaltung auf das 2. Neuron statt.

Die **Zielorgane** in der Körperwand werden über die somatischen Nerven (via **Rr. communicantes grisei**) erreicht, wobei die dorsalen Äste der Spinalnerven bevorzugt werden. Daher sind Nacken und Rücken reich an Sympathikusfasern (es sträuben sich die Nacken-, nicht aber die Barthaare und ein Schauer läuft einem über den Rücken, nicht über den Bauch). Die Anzahl der Rezeptoren ist jedoch auf der Ventralseite exzessiv größer als auf der Dorsalseite (vgl. z. B. Bauchdeckenreflexe).

Charakteristika. Die Neuriten der 2. Neurone, deren Zellleiber im Grenzstrang oder in den prävertebralen Ganglien liegen, sind markarm oder marklos. Sie verlaufen entweder durch die Rr. communicantes grisei zurück zu den Nn. spinales oder mit den Gefäßen zu den Zielorganen. Da der Ursprung nur auf das Gebiet von C8 bis L3/4 beschränkt ist, fehlen im Hals-, unteren Lenden- und im Kreuzbeingebiet fast immer die Rr. communicantes albi. Hingegen kommen die Rr. communicantes grisei überall und auch bei einigen Hirnnerven vor.

> Ein wichtiges Merkmal der peripheren, efferenten sympathischen Leitungsbahn ist, dass sie aus 2 hintereinandergeschalteten Neuronen, dem **präganglionären** und dem **postganglionären Neuron**, besteht und sowohl eine Hemmung wie eine Erregung des Zielorgans möglich ist (Unterschied gegenüber den nur erregenden somatischen Nerven).

Viszerosensible Fasern. Neben den bisher beschriebenen efferenten, sog. viszeromotorischen Fasern, welche die Hauptmasse ausmachen, ist auch eine geringere Zahl von afferenten, sog. viszerosensiblen Fasern in den sympathischen Nerven nachzuweisen, deren Zellleiber in den sensiblen Hirnnervenganglien bzw. in den Spinalganglien und im Grenzstrang liegen. Die afferenten Fasern verlaufen in der Peripherie zusammen mit den Efferenzen in den vegetativen Geflechten. In größerer Anzahl finden sie sich in den Nn. splanchnici thoracici. Die Afferenzen gelangen durch die vordere (kleiner Teil) und hintere Wurzel vorzugsweise an Nervenzellen im Seitenhorn. Sie leiten Erregungen

von den Eingeweiden in das Zentralnervensystem. Meist werden diese viszerosensiblen Erregungen nur reflektorisch auf efferente Bahnen umgeschaltet. Der Sympathicus vermittelt vorzugsweise Schmerzen (für sonstige Organempfindungen s. Parasympathicus, s. Kap. 2.4.6.6), die auch bewusst werden können (Magen-, Blasenschmerzen usw.).

Umfang. Die Zahl der postganglionären Neurone übertrifft die der präganglionären mehrfach. Das bedeutet, dass es in der Peripherie zu einer **divergenten Erregungsausbreitung** kommt. Diese Verbreiterung ist notwendig, wenn man das kleine Ursprungsgebiet mit dem Versorgungsgebiet (sämtliche Organe) in Beziehung setzt. Andererseits können auch mehrere präganglionäre vegetative Nervenzellen mit einem der zweiten Neurone Synapsen bilden, sodass zudem Konvergenz beobachtet werden kann.

Klinik: Die einfache motorische und sensorische Funktionsprüfung kann in manchen Fällen nicht zur Differenzialdiagnose einer peripheren Lähmung ausreichen. So ist die Symptomatik eines **Wurzelfaserausrisses** C7 oft ähnlich einer peripheren N.-ulnaris-Lähmung (oder L5 ähnlich N. fibularis). Hier hilft eine Überprüfung der Hautfeuchtigkeit (Intaktheit der vegetativen Schweißdrüseninnervation). Da sich die Hauptmasse der vegetativen Fasern erst dem Spinalnerv beigesellt, können sie bei einem Wurzelfaserausriss im Bereich eines Segmentes nicht merklich gestört sein (Schweißdrüseninnervation intakt).

2.4.6.6 Pars parasympathica, Parasympathicus

Die Pars parasympathica ist ein funktioneller, durch Physiologie und Pharmakologie geprägter Begriff. Funktionell dient das System vor allem **regenerativen** und **aufbauenden Prozessen.**

Anteile. Der teilweise recht komplizierte Faserverlauf des **kranialen Parasympathicus** wird im Zusammenhang mit den Kopfnerven detailliert besprochen (s. Kap. 6.1.3.4.1). Die Gefäß- und Herzmuskulatur wird nur wenig vom Parasympathicus innerviert, die Effekte sind daher gering. Eine intensivere parasympathische Versorgung erfahren jedoch die Gefäße der äußeren Geschlechtsorgane aus dem **sakralen Parasympathicus**.

1. **Der Kopfteil** hat seine Kerngebiete im Mittel- und Rautenhirn. Die präganglionären Fasern ziehen in den Nn. III, VII, IX und X zu den parasympathischen Ganglien, wo sie auf das postganglionäre Neuron umgeschaltet werden.
   - Der **N. oculomotorius** hat Fasern vom Nucleus oculomotorius accessorius (Edinger-Westphal), die zum **Ganglion ciliare** (s. Kap. 7.1.4) ziehen.
   - Der **N. facialis** (Intermediusanteil) enthält sekretorische Fasern von Nucleus salivatorius superior. Diese werden in der Chorda tympani zum **Ganglion submandibulare** und im N. petrosus major zum **Ganglion pterygopalatinum** geleitet (s. Kap. 6.13.4.1).
   - Der **N. glossopharyngeus** leitet Fasern vom Nucleus salivatorius inferior über den N. petrosus minor zum **Ganglion oticum** (s. Kap. 6.13.4.1).
   - Der **N. vagus** enthält alle Parasympathikusfasern für die Innervation der Hals-, Brust- und Baucheingeweide bis zum **Cannon-Böhm-Punkt** (in der Nähe der linken Colonflexur). Sie entspringen im Nucleus dorsalis nervi vagi. Aus dem Geflecht des Oesophagus gehen die Trunci vagalis anterior und posterior hervor, die sich auf den Magen weiter fortsetzen (s. Kap. 5.1.4.8).

2. **Der Sakralteil** entstammt den Seitenhörnern im sakralen Abschnitt des Rückenmarks (S2–S4) (s. Abb. 2.35). Die präganglionären Nervenfasern bilden hier die **Nn. splanchnici pelvini**, welche den restlichen Teil des Darms, der nicht vom N. vagus innerviert wird, z. B. die Beckenorgane, **Nn. erigentes**, versorgen. Der sakrale Parasympathicus ist in Wechselwirkung mit dem Sympathicus und mit somatomotorischen Nerven an der Regelung der Genitalfunktionen einschließlich der Drüsen und der Entleerung der Harnblase und des Mastdarms beteiligt. Die Fasern verteilen sich wesentlich über die diversen pelvinen Geflechte, die teilweise zusammengefasst werden (z. B. der **Frankenhäuser-Plexus**, s. Kap. 5.3.6.2)

3. **Periphere Ganglien.** Bei der Auswanderung der medullären parasympathischen Ganglienzellen (vornehmlich mit dem N. vagus) in eine organnahe Lage bleiben viele Nervenzellen im Stamm des N. vagus liegen (manchmal als sichtbare Ganglien). Das **Ggl. cardiacum (Wrisbergi)** findet sich häufig im Bereich der vagalen Herznerven; sonst sind an dieser Stelle überall

Ganglienzellen zu finden. Die sympathischen Ganglien, wie das **Ggl. renale** für die Niere, enthalten auch parasympathische 2. Neurone.

Ursprung. Der Parasympathicus entspringt kranial und kaudal vom Sympathicus.

- Der **kraniale Parasympathicus** (Kopfparasympathicus) nimmt seinen Ursprung in spezifischen Kernen des Mittelhirnes und des verlängerten Rückenmarkes. Details und Umschaltungen s. Kap. 8.4.9.
- Der **sakrale Parasympathicus** hat seine Ursprungskerne im Sakralmark (zumeist S3 und S4).

Faserverlauf. Die Fasern des Parasympathicus verlaufen in der Peripherie zumeist nicht selbstständig, sondern zusammen mit anderen Nervenfasern. Die efferente Leitung besteht wie beim Sympathicus aus 2 Neuronen, einem prä- und einem postganglionären Neuron. Im Unterschied zum Sympathicus werden nur die inneren Organe, aber nicht die Leibeswand parasympathisch versorgt. Der Parasympathicus versorgt die inneren Organe, der Sympathicus die inneren Organe und die Leibeswand.

Charakteristika. Die Perikarya der 1. efferenten Parasympathikusneurone liegen im Hirnstamm (Kopfteil) und im Sakralbereich des Rückenmarks (Sakralteil). Die Umschaltung der präganglionären Nervenfasern auf das 2. Neuron erfolgt im Gegensatz zum Sympathicus nahe am Erfolgsorgan.

Viszerosensible Fasern. Ähnlich wie im Sympathicus verlaufen auch im Parasympathicus afferente Fasern von den Organen zum ZNS, deren Perikarya in den sensiblen Hirnnervenganglien bzw. in den Spinalganglien liegen. Die Hirnnerven übertragen Afferenzen aus Pharynx, Larynx und Oesophagus (für die übrigen Thoraxorgane ist der Sympathicus zuständig). Sie vermitteln ferner das Gefühl des Harn- und Stuhldranges und teilweise genitale Afferenzen. Aus dem Darmbereich kann das Gefühl der Übelkeit gemeldet werden

Interozeption. Viele wichtige vegetative Reflexe haben spezifische Sensoren (Interozeptoren). Die wichtigsten sind:

- **Chemorezeptoren** zur Messung von pH, pCO_2, pO_2 z. B. im Aortenbogen oder Glomus caroticum
- **Atriale Mechanozeptoren** erkennen Vorhofdehnung etwa infolge vermehrten Blutvolumens

- **Barorezeptoren** (z. B. Sinus caroticus) registrieren den Blutdruck, adaptieren aber und sind dadurch kein Schutz gegen sich langsam entwickelnden Hypertonus. Sie können allerdings bei einigen Menschen hypersensitiv sein und durch externen Druck (beidseitiges Pulsfühlen an der A. carotis) eine Blutdrucksenkung auslösen.
- **Zentrale Interozeptoren** sind im ZNS lokalisiert und kontrollieren den pH-Wert des Liquor cerebrospinalis, den osmotischen Druck in den Gefäßen und die arteriovenöse Blutzuckerdifferenz.

Zwischen den Reflexen bestehen vielfältige Interaktionen. Insbesondere die pulmonalen Reflexe beeinflussen wesentlich die kardiovaskulären Reflexe.

Klinik: 1. Als **vagovasale Synkope** bezeichnet man eine extreme Vagusreizung (peripher beispielsweise durch Schmerz oder hypersensitiven Karotissinus, zentral beispielsweise durch Schreck) mit akuter ausgedehnter Vasodilatation (Sympathicus-vermittelt) und Bradykardie, die zu einer Hypotonie führt. Die dadurch bedingte Reduktion des Herzzeitvolumens kann infolge zentraler Hypoxie zur Bewusstlosigkeit führen (Synkope). **2.** Ein Schlag in die Gegend des **Plexus coeliacus** und angrenzender Plexus kann ebenfalls zu einem massiven Blutdruckabfall und zusätzlich zu Atemnot führen. Je intensiver die auslösende Ursache einer vegetativen Reaktion, desto mehr Funktionseinheiten werden aktiviert bzw. gehemmt.

2.4.6.7 Trophische Innervation

Trophik (engl. trophic state) bedeutet **Ernährungszustand** eines Gewebes oder Organs bzw. Stoffwechselzustand. Der Wortteil -troph hat die entsprechende Bedeutung.

Neben der Durchblutungsregulation greift das VNS noch direkt in den **Stoffwechsel** der Organe ein. Es gibt kein Organ, welches nicht wenigstens von sympathischen Fasern versorgt wird. Bei vegetativen Innervationsstörungen können in der Haut die Empfindlichkeit der Tastsinnesorgane herabgesetzt oder die Reaktionsschwelle eines Muskels heraufgesetzt sein; auch das zentrale Nervensystem wird vegetativ versorgt.

Klinik: 1. Wegen der intensiven Überlagerung und der Divergenz von prä- nach postganglionär treten bei einer partiellen Ausschaltung des VNS keine „vegetativen Lähmungen" auf. Der Ausfall äußert sich nur in teilweise schwer fassbaren **Funktionseinschränkungen**. Ein weiterer Grund dafür ist, dass das VNS vorhandene Funktionen nur moduliert, diese aber grundsätzlich autonom (z. B. Herz) oder durch das somatische Nervensystem (z. B. Skelettmuskelkontraktion) hervorgerufen sind. **2.** In **chronische Schmerzsyndrome** und **reflektorische sympathische Dystrophien** sind afferente und efferente Anteile des sympathischen VNS involviert. Die genaue afferent-efferente Verbindung in der Peripherie ist ungeklärt (parasympathisch ist sie nicht beschrieben). Blockade der Efferenzen ist jedoch in den meisten Fällen eine mögliche Therapie (z. B. Stellatumblockade nach posttraumatischen dystrophischen Zuständen der oberen Extremität).

2.4.6.8 Reflexe

Die Funktion des VNS wird durch **periphere Reflexbögen** aufrechterhalten, die auch nach Verlust zentraler Verbindungen (Querschnittsläsion) weiter funktionieren. Die lokal erzeugten nervösen Grundmuster (z. B. für die Peristaltik) gelten als Baustein.

Sowohl von viszeroafferent auf somatoefferent als auch in umgekehrter Richtung von somatoafferent auf viszeroefferent bestehen reflektorische Verbindungen. Viszerosensible Axone werden im Rückenmark mit den somatischen Motoneuronen durch Schaltzellen verbunden. Auf diesem Weg wird bei Eingeweideschmerzen der Tonus quer gestreifter Muskeln erhöht (z. B. harte Bauchdecken bei Entzündungen im Bauchraum = viszerosomatomotorische Reflexe). Es lassen sich folgende Reflexbeziehungen unterscheiden:

- **viszeroviszeral:** Viszerale Afferenzen führen zu viszeralen Reaktionen (Blasenentleerung, Peristaltik).
- **viszerokutan:** Viszerale Afferenzen führen zu Reaktionen in der Haut (die vermehrte Durchblutung kann auch durch den ausstrahlenden Schmerz bedingt sein) (Abb. 2.37).

- **viszeromotorisch:** Viszerale Afferenzen sorgen für einen erhöhten segmental zugeordneten Muskeltonus oder -spasmus (Abwehrspannung bei „akutem Abdomen").
- **kutisviszeral:** Somatische Afferenzen stimulieren vegetative Efferenzen entsprechend den Head-Zonen (Abb. 2.37).

In Analogie zu der motorischen Einheit (s. Kap. 2.4.2) kann man auch das 2. efferente Neuron zusammen mit den von ihm innervierten Organanteilen als Funktionseinheit begreifen. Die vegetativen Ganglien werden daher zuweilen als Organganglien bezeichnet.

Klinik: 1. Bei Erkrankungen der Herzkranzgefäße strahlen Schmerzen in die Brust (**Angina pectoris**) oder in den linken Arm aus. Die umgekehrte Beziehung versucht man therapeutisch dadurch auszunutzen, dass man bestimmte Hautbezirke durch Pflaster, Bäder, Umschläge, Kälte- und Wärmeanwendungen, Quaddelung usw. stimuliert, um die segmentzugehörigen Organe zu beeinflussen und z. B. Schmerzen zu lindern (Wärmflasche = Hautreiz). **2.** Bei einer **Appendizitis**, **Salpingitis** oder **Cholecystitis** kann eine regional begrenzte oder generelle Erhöhung der Spannung der Bauchmuskulatur als Abwehrspannung auftreten. Diese ist durch viszerosensible-somatomotorische Reflexe mit bedingt. Durch die mangelnde Ausprägung des segmentalen Charakters im VNS und vor allem durch die Divergenz im Sympathicus ist die Ausbreitung vegetativer Reaktionen in der Haut mit den somatischen Dermatomen nicht in Übereinstimmung zu bringen und muss hinsichtlich einer diagnostischen Auswertung eigenständig betrachtet werden.

2.4.6.9 Übergeordnete vegetative Zentren

Die Kontrolle der **regionalen Steuerung** erfolgt zentral. Die Funktion jedes einzelnen Organs wird vom Rückenmark und vom Hirnstamm aus durch das vegetative Nervensystem überwiegend auf dem Reflexwege gesteuert.

Die zentralen vegetativen Steuereinheiten sind teils hierarchisch organisiert. In der Übersicht können 3 funktionelle Organisationsebenen unterschieden werden: die prosenzephale übergeord-

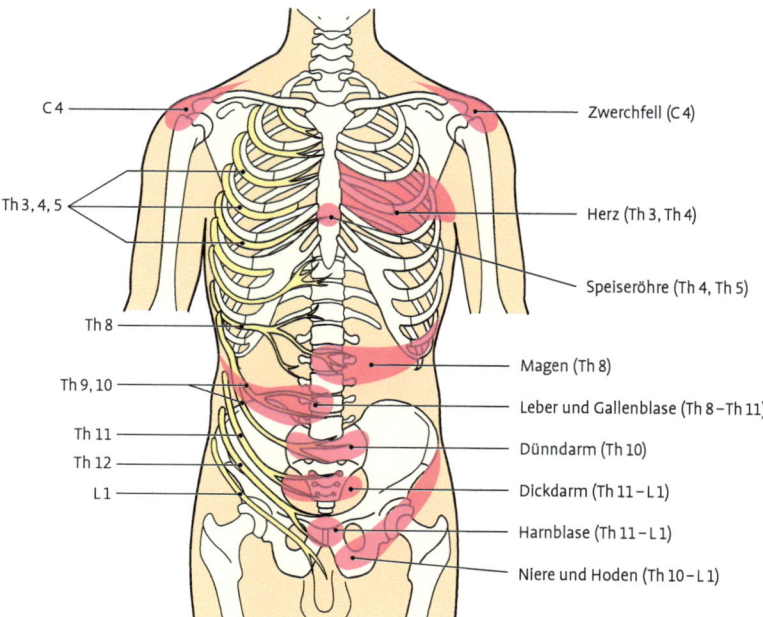

C 4

Th 3, 4, 5

Th 8

Th 9, 10

Th 11

Th 12

L 1

Zwerchfell (C 4)

Herz (Th 3, Th 4)

Speiseröhre (Th 4, Th 5)

Magen (Th 8)

Leber und Gallenblase (Th 8 – Th 11)

Dünndarm (Th 10)

Dickdarm (Th 11 – L 1)

Harnblase (Th 11 – L 1)

Niere und Hoden (Th 10 – L 1)

Abb. 2.37 Segmentale Versorgung einiger innerer Organe. Hautbezirke (rot), in denen bei Erkrankung dieser Organe durch viszerokutane Reflexe Hyperämie und Hyperalgesie auftreten können (Head-Zonen). Schema, verändert nach Treves-Keith.

nete Verbindung zu Großhirn und Endokrinum, die spinotegmentale Steuerung und der periphere Reflexbogen.

Hypothalamus. Die Zusammenfassung der vegetativen Teilfunktionen zu höheren, zielgerechten Leistungen findet im Hypothalamus des Zwischenhirns statt (s. Kap. 8.4.11.2).

Formatio reticularis. Das Bindeglied zwischen der niederen Funktionsebene (Rückenmark und Hirnstamm) des vegetativen Systems und dem Hypothalamus bildet die Formatio reticularis (s. Kap. 8.4.9.2.).

Spinale Zentren. Sympathische und parasympathische spinale Ursprünge werden insbesondere hinsichtlich der Miktion, Defäkation und genitaler Funktionen zu Zentren zusammengefasst. Am Bei-

spiel des **Centrum genitospinale** sei dabei noch einmal auf die wesentlichen Einflussmöglichkeiten übergeordneter zentralnervöser Strukturen hingewiesen.

2.4.6.10 Enterisches Nervensystem (ENS)

Die diffus verteilten Nervenzellen bilden entlang des **Darmrohres** und **zugehöriger Organe** mit eigenen **Ganglien** und **Plexus** das enterische (intramurale) Nervensystem. Dieses reguliert relativ unabhängig von dem sympathischen und parasympathischen Anteil die Darmmotilität sowie Flüssigkeits- und Elektrolythomöostase. Die weitgehende Unabhängigkeit dokumentiert sich nicht nur in der eigenständigen Gliederung, sondern auch in für diesen Teil des VNS spezifischen Erkrankungen (Näheres s. Kap. 5.2.3.3).

3 Haut, Integumentum commune und Anhangsgebilde: Drüsen, Glandulae; Haare, Pili, und Nägel, Ungues

Werner Linß

Die Haut ist ein lebenswichtiges Organ und hat beim Erwachsenen eine Gesamtoberfläche von 1,6 bis 2,0 m². Sie besteht aus der Oberhaut (Epidermis, aus dem Ektoderm entstammend) sowie der aus dem Mesoderm entstammenden Lederhaut (Dermis, Corium) und Unterhaut (Subcutis, Tela subcutanea). Zum Hautsystem, das regional beträchtliche Unterschiede aufweist, gehören auch die Haare, Nägel und Hautdrüsen.

Funktionen. Die der Haut zufallenden Aufgaben können bestimmten Strukturen zugeordnet werden. Die wichtigsten Funktionen der Haut sind:

- Schutz vor mechanischen, thermischen und chemischen Einwirkungen
- Schutz vor Strahlen
- Schutz vor Infektionen
- Barrierefunktion
- Thermoregulation
- Sinnesfunktion (Tastsinn, Schmerzsinn, Temperatursinn)
- Sekretions- und Exkretionsfunktion

3.1 Oberhaut, Epidermis

Embryologie. Die Oberhaut geht aus dem ursprünglich einschichtigen Oberflächenektoderm hervor. Durch Proliferation wird zunächst eine zweite Zellschicht, das Periderm, gebildet. Vor allem im 2. und 3. Trimenon der Schwangerschaft erfolgt eine starke Dickenzunahme, die zur Ausbildung eines mehrschichtigen verhornten Plattenepithels führt. In der frühen Fetalperiode dringen aus der Neuralleiste stammende Melanoblasten mit Zellausläufern in die Epidermis ein. Noch vor der Geburt beginnen die Melanozyten mit der Produktion von Melanin, welches sie an die Epidermiszellen (Keratinozyten) abgeben. Die Menge des abgegebenen Melanins bestimmt die Hautfarbe.

Klinik: Die basalen Zellen der Epidermis teilen sich lebhaft und ersetzen so kontinuierlich die an der Oberfläche ständig abschilfernden Zellen. Die abgestoßenen Zellen bilden beim Feten zusammen mit dem Produkt der Talgdrüsen (s.u.) die weißliche, käseartige **Fruchtschmiere**, Vernix caseosa, die ihn gegen die Amnionflüssigkeit schützt und unter der Geburt die Gleitfähigkeit erhöht. Bei Übertragung = Überschreiten des Geburtstermins ist gewöhnlich die Vernix caseosa reduziert.

Schichten der Epidermis. Nach der Geburt ist die Epidermis als typisches verhorntes Plattenepithel ausgebildet. Auf eine mitotisch aktive Basalschicht, **Stratum basale**, mit hochprismatischen Zellen folgt eine Schicht mit vielgestaltigen Zellen, die über Desmosomen miteinander verbunden sind und bei histotechnisch bedingter Schrumpfung zu Stachelzellen werden (**Stratum spinosum**). Da zwar dabei die Zellen kleiner werden, aber durch Desmosomen fest miteinander verbunden bleiben, treten Brücken zwischen den Zellen hervor. Stratum basale und Stratum spinosum werden als **Stratum germinativum** zusammengefasst. Als nächste Schicht schließt sich das **Stratum granulosum** an, dessen abgeplattete Zellen Keratohyalingranula enthalten. Durch Einlagerung von amorphem Material in den Interzellularraum wird die Passage von Wasser erschwert. Die Hornschicht (**Stratum corneum**) bildet den Abschluss zur Oberfläche. Während der Keratinisierung haben die Zellen ihren Kern verloren. In den obersten Lagen lösen sich die Desmosomen, und tote Hornschüppchen schilfern ab. Die Dicke der Epidermis variiert regional beträchtlich.

Hautarten. An Handfläche und Fußsohle ist die Hornschicht besonders mächtig, nur hier findet man dem Stratum granulosum benachbart ein

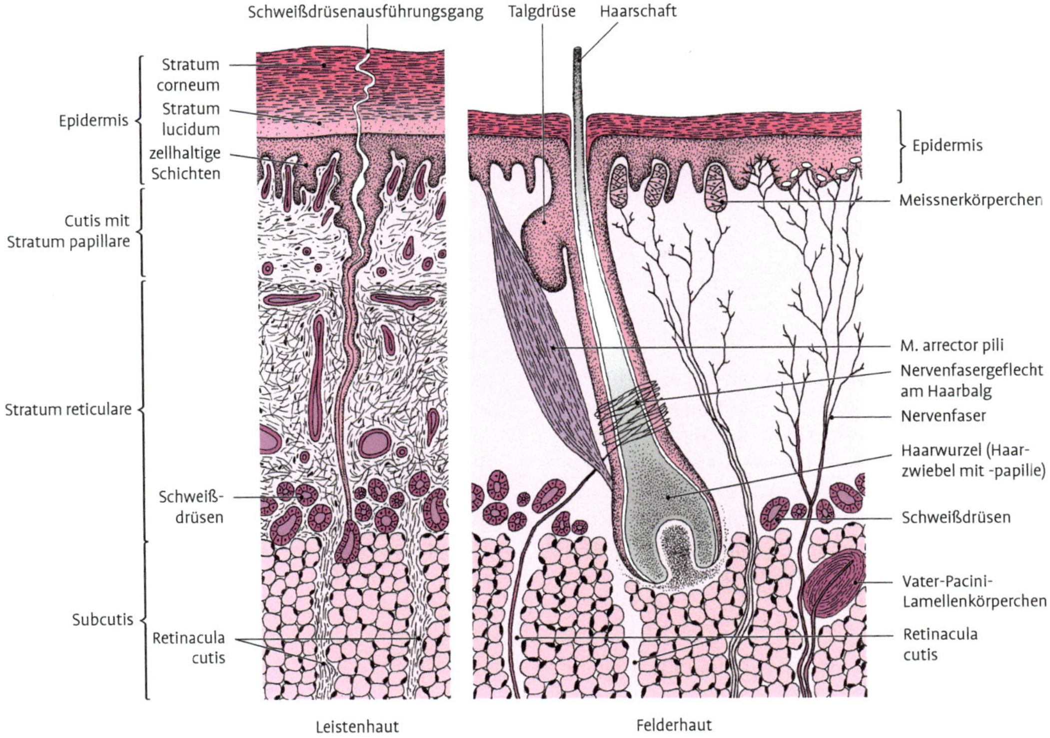

Schweißdrüsenausführungsgang Talgdrüse Haarschaft

Stratum corneum
Stratum lucidum
zellhaltige Schichten
Epidermis

Cutis mit Stratum papillare

Stratum reticulare

Schweiß-drüsen

Subcutis

Retinacula cutis

Epidermis

Meissnerkörperchen

M. arrector pili
Nervenfasergeflecht am Haarbalg
Nervenfaser
Haarwurzel (Haar-zwiebel mit -papille)

Schweißdrüsen

Vater-Pacini-Lamellenkörperchen

Retinacula cutis

Leistenhaut

Felderhaut

Abb. 3.1 Schematischer Aufbau der menschlichen Haut.

Stratum lucidum (Abb. 3.1 links). An der Oberfläche sind Leisten zu erkennen = **Leistenhaut**. Sie bilden charakteristische Muster aus, die personenspezifisch sind, sodass anhand der Fingerabdrücke eine eindeutige Identifikation jedes Menschen möglich ist (Daktyloskopie). Die Abbildung 3.2 zeigt typische Anordnungen der Papillarleisten als Bogen, Schleifen oder Wirbel an den Fingerbeeren. Die übrige Epidermis ist, hervorgerufen durch die Anordnung der elastischen und kollagenen Fasern in der darunter liegenden Lederhaut, in un-

terschiedlich geformte Areale gegliedert = **Felderhaut**. Zwar unterliegt auch an der Felderhaut die Dicke der Epidermis von Region zu Region beträchtlichen Schwankungen, jedoch wird nirgends ein Stratum lucidum ausgebildet (Abb. 3.1 rechts).

> **Klinik:** Angeborene Störungen der Keratinisierung können zur **Ichthyosis** führen, ein Erkrankungsbild, bei dem durch stark überschießende Verhornung eine trockene und fischschuppenähnliche Haut vorliegt. Die Betroffenen leiden u.a. an Störungen der Wärmeregulation und an Rissbildungen der Haut, in die Bakterien leicht eindringen und Infektionen verursachen können.

3.2 Lederhaut, Dermis, Corium

Embryologie. Die Lederhaut entstammt dem Mesenchym, welches dem Oberflächenektoderm unmittelbar anliegt. Es ist entweder aus dem parietalen Blatt des unsegmentierten Seitenplattenmesoderms

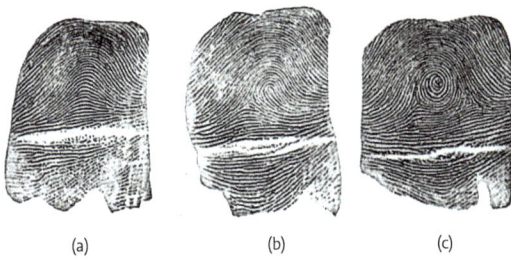

(a)   (b)   (c)

Abb. 3.2 Papillarleistenmuster an Fingerbeeren:
a Bogen, b Schleifen, c Wirbel.

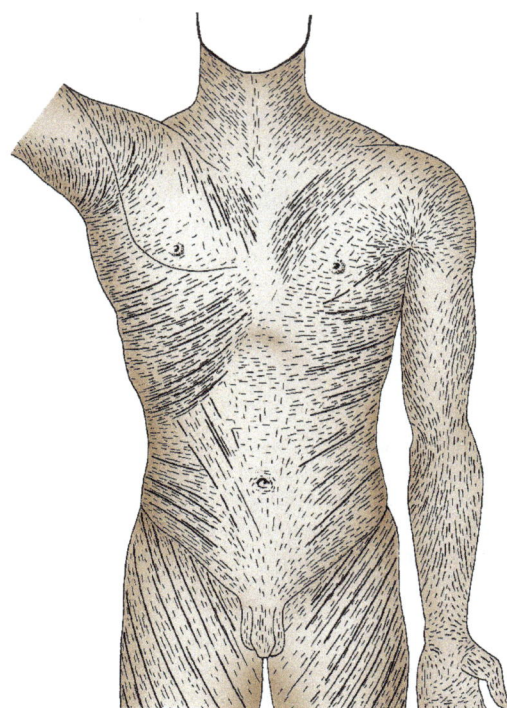

Abb. 3.3 Spaltlinien der Haut.

3.3 Unterhaut, Tela subcutanea, Subcutis

Embryologie. Die Unterhaut bildet sich erst in den letzten Wochen der Schwangerschaft durch die Entwicklung des Unterhautfettgewebes heraus, sodass die rundlichen Formen des Neugeborenen erreicht und Fettreserven angelegt werden. Bei Frühgeborenen ist in der Regel kein Unterhautfettgewebe vorhanden, sodass größere Gefäße durch die dünne Haut schimmern.

Stärke. Die Stärke des Unterhautfettgewebes variiert beim Erwachsenen von Region zu Region sehr stark. Während Epidermis und Dermis zusammen etwa 3 kg wiegen, schwankt die Masse der Unterhaut zwischen 10 und 20 kg und kann bei übergewichtigen Personen ein Mehrfaches davon betragen.

Lokalisation der Fettdepots. Sie ist bei den Geschlechtern verschieden; so liegt sie beim Mann bevorzugt am Bauch, bei der Frau auf der Hüfte, am Gesäß, an den Oberschenkeln und Oberarmen und an den Mammae, wobei Rassenunterschiede zu beobachten sind.

Bau. Die Subcutis stellt ein **Kammerwerk** aus einzelnen Fettläppchen dar, die von Bindegewebssepten umhüllt werden. Diese Bindegewebssepten strahlen einerseits in das Stratum reticulare der Dermis ein und verbinden sich andererseits als **Retinacula cutis** (Haltebänder) mit den straffen Bindegeweben der Unterlage (z.B. Muskelfaszien,

oder aus dem **Dermomyotom** der Somiten hervorgegangen.

An der Lederhaut werden 2 Schichten unterschieden, das epidermisnahe Stratum papillare und das Stratum reticulare (Abb. 3.1).

Stratum papillare. Es besteht aus einem relativ zellreichen lockeren Bindegewebe mit einem lockeren Geflecht aus kollagenen und elastischen Fasern, in dem Blut- und Lymphgefäße und Nervenfasern auch zur Versorgung der Epidermis verlaufen. Die Höhe des Stratum papillare ist regional sehr verschieden und korreliert positiv mit der jeweiligen mechanischen Belastung.

Stratum reticulare. Es ist zellärmer als das Stratum papillare und enthält ein Geflecht aus scherengitterartig angeordneten groben Bündeln kollagener und elastischer Fasern. Die Bündel sind entsprechend der Zugbelastung der Lederhaut ausgerichtet. Aus dieser Anordnung der Fasersysteme ergeben sich die **Spaltlinien** der Haut, die regional in bestimmter Weise angeordnet sind (Abb. 3.3). Die Masse der Faserbündel ist parallel zu den Spaltlinien ausgerichtet.

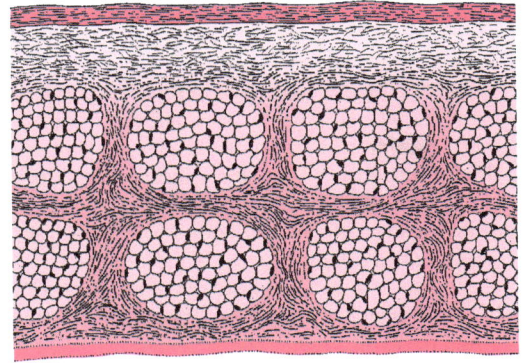

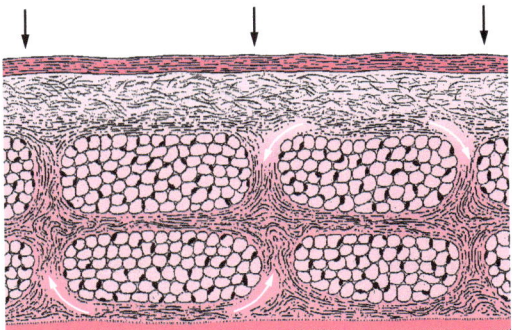

Abb. 3.4 Schema zur Belastbarkeit und elastischen Verformung des Unterhautfettgewebes. Oben: unbelastet, unten: querverformte Fettläppchen nach Belastung.

Sehnenplatten, Periost). Die Fettläppchen sind zugleich **Reservedepot** für Fett und Flüssigkeitsspeicher, in denen beträchtliche Mengen an Salzen und Wasser eingelagert sind. Diätetische und therapeutische Maßnahmen, die zu erhöhter Wasser- und Salzausscheidung führen, bewirken zwar einen raschen Gewichtsverlust; er ist aber nur von kurzer Dauer.

Wasserkissen. Da die Läppchen des Unterhautfettgewebes allseitig von straffem Bindegewebe umgeben sind, wirken sie bei Druckbelastung wie ein Wasserkissen. Sie werden durch Druck so verformt (Abb. 3.4), dass sie Zug auf das Stratum reticulare und auf ihre Unterlage ausüben und Druck von den darunter liegenden Strukturen fernhalten.

Septen. An Handteller und Fußsohle ist das Kammersystem durch eine stärkere Ausbildung der bindegewebigen Septen besonders für Druckbelastungen konstruiert. Die dort befindlichen Fettläppchen werden als „Baufett" erst dann zur Energiegewin-

nung herangezogen, wenn das „Depotfett" an anderen Körperstellen bereits abgebaut ist.

> **Klinik:** Da in den Retinacula cutis die hautversorgenden Gefäße liegen, kommt es bei Dauerdruck zur Mangelversorgung der betroffenen Hautpartien, die bis zum Decubitus (Wundliegen) führen kann, d.h., alle Hautschichten gehen unter Geschwürbildung zugrunde.

3.4 Anhangsgebilde der Haut

3.4.1 Haare

Embryologie. In der 9. bis 12. Entwicklungswoche beginnt die Entwicklung der Haaranlagen in Form solider Epithelaussprossungen aus dem Stratum germinativum der Epidermis in die Dermis. Das Ende der Epithelaussprossung verdickt sich zum **Haarkolben**, dessen äußere Zelllage zur **Haarmatrix** wird. Durch proliferierendes Mesenchym aus der Umgebung entsteht die **Haarpapille**, auf der sich die **Haarzwiebel** (Bulbus pili) ausformt (Abb. 3.1 rechts). Durch mitotische Aktivität wächst aus ihr der **Haarschaft** hervor, der die Oberfläche der Felderhaut durchbricht. In der Haarpapille geben Melanozyten Melaningranula an die für den Aufbau des Haares neugebildeten Epithelzellen ab. Die Menge der eingelagerten Melaningranula bestimmt die **Haarfarbe.** Haare ohne Melaningranula sind weiß. Von der epithelialen Haaranlage leiten sich auch Talgdrüsen (s.u.) und der **Musculus arrector pili** (Abb. 3.1 rechts) ab, ein Bündelchen glatter Muskelzellen, das am Haarbalg und an der Epidermis ansetzt und bei Erregung die Haare aufrichten kann (**Gänsehaut**). Beim Haarwechsel wird die mitotische Aktivität an der Haarpapille eingestellt, der Haarschaft verliert den Kontakt zur Papille und wandert im Haarkanal zur Oberfläche. Da das in der Haut steckende Ende aufgetrieben ist, wird es als **Kolbenhaar** bezeichnet. Es verbleibt noch längere Zeit im Haarkanal. Die Anlage für das **Ersatzhaar** wird aus der Haarpapille gebildet. Es schiebt bei seinem Längenwachstum das Kolbenhaar im Haarkanal vor sich her, bis es ausfällt. Der feinere Aufbau des Haares wird in Lehrbüchern der mikroskopischen Anatomie beschrieben.

Wollhaare. Das Haarkleid des Menschen besteht zunächst perinatal aus feinen **Wollhaaren** (Lanugo), die bis auf Hand- und Fußfläche den gesamten Körper flaumartig bedecken. Das Wollhaarkleid wird individuell sehr unterschiedlich angelegt.

Terminalhaare. Im sekundären, endgültigen Haarkleid kommen 2 Arten von **Terminalhaaren** vor. Es wird zwischen **Kurzhaaren** bzw. Borstenhaaren (Wimpern = Cilia, Augenbrauen = Supercilia, Haare am Eingang zur Nase = Vibrissae und zum äußeren Gehörgang = Tragi) und **Langhaaren** (Kopfhaare = Capilli, Barthaare = Barba, Schamhaar = Pubes, Achselhaare = Hirci) unterschieden. Die Lebensdauer der Terminalhaare differiert zwischen 100 und 150 Tagen bei den Kurzhaaren und 3 und 5 Jahren bei den Kopfhaaren, Letztere nehmen pro Tag etwa 0,5 mm an Länge zu. Die Ausbildung der Terminalbehaarung ist hormonabhängig, also bei Mann und Frau verschieden. Beim Mann ist neben dem Bartwuchs die Ausbildung einer dichteren Behaarung an Brust, Armen, Beinen und Rücken möglich. Genetische Anlagen spielen eine erhebliche Rolle.

> **Klinik:** Veränderungen der Behaarung können ein Hinweis auf endokrine Erkrankungen sein.

3.4.2 Finger- und Zehennägel, Ungues

Embryologie

Primäres Nagelfeld. An den Endgliedern der Finger tritt ab der 10. Entwicklungswoche, an den Endgliedern der Zehen etwa 4 Wochen später dorsal eine Verdickung der Epidermis auf, das primäre Nagelfeld. Es wird von proximal her von einer Epithelfalte, dem **Nagelwall**, überwachsen. Durch Verhornung entsteht zunächst der **Vornagel**. Die Ausbildung des definitiven Nagels geht vom proximalen Ende des Nagelfeldes, der **Nagelmatrix**, aus. Von dort schiebt sich der Nagel nach distal vor und ist an den Fingern in der 32. Entwicklungs-

woche, an den Zehen 4 Wochen später an der Spitze der distalen Phalanx angelangt. Erreichen beim Neugeborenen die Nägel nicht die Kuppe der distalen Phalangen, so gilt dies als Zeichen für Unreife.

Reifer Nagel. Hier erfolgt das Wachstum von der an der Nagelwurzel gelegenen Nagelmatrix aus. Über das **Nagelbett** (Abb. 3.5) wird der Nagel als gewölbte Hornplatte ca. 0,1 mm pro Tag nach distal geschoben. Im Nagelbett ist das Stratum papillare sehr regelmäßig ausgebildet und gut durchblutet, was eine rosa Färbung hervorruft. Am proximalen Ende des Nagels hebt sich halbmondförmig die weißliche **Lunula** deutlich vom Nagelbett ab, sie stellt den distalen Teil der Nagelmatrix dar. Proximal wächst von der Nageltasche das verhornte Nageloberhäutchen (**Eponychium**) auf die Nagelplatte vor. Der seitliche Nagelrand ist unter dem **Nagelfalz** verborgen.

Funktion. Die Nagelplatte wirkt offensichtlich als Widerlager für die tastende Fingerbeere und ist über das Nagelbett mit gut ausgebildeten Retinacula am Knochen der Endphalanx verankert.

> **Klinik:** Infektionen oder mechanische Verletzungen der Nagelwurzel können zu erheblichen Wachstumsstörungen oder Fehlbildungen des Nagels (z. B. Verkrümmungen) führen. Lunula und Nagelbett verfärben sich bei Sauerstoffmangel im Blut blau bzw. blauviolett, sodass bei Erkrankungen Rückschlüsse auf Durchblutung und Sauerstoffsättigung möglich werden. Eitrige Entzündungen am Nagelfalz dehnen sich mitunter auf das Nagelbett aus (**Panaritium subunguale**), das meistens chirurgisch behandelt werden muss.

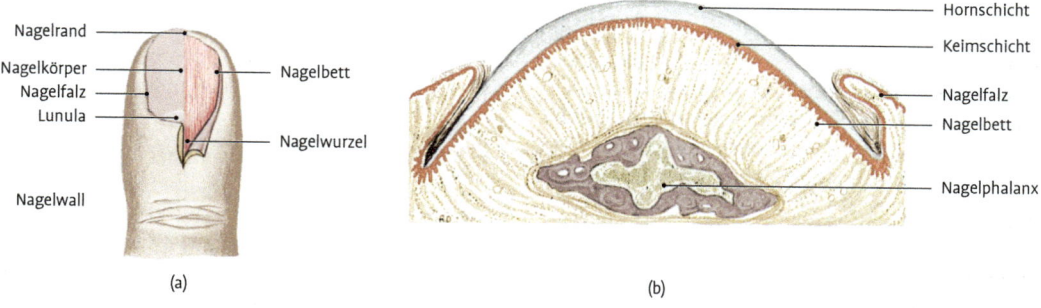

Nagelrand
Nagelkörper
Nagelfalz
Lunula
Nagelbett
Nagelwall
Nagelwurzel

Hornschicht
Keimschicht
Nagelfalz
Nagelbett
Nagelphalanx

(a)

(b)

Abb. 3.5 Aufbau eines Nagels. **a:** Aufsicht mit (links) und ohne (rechts) Nagelkörper; **b:** Querschnitt.

3.4.3 Drüsen

Talgdrüsen, Glandulae sebaceae holocrinae

Embryologie. Zumeist entstehen Talgdrüsen aus epithelialen Knospen, die ihren Ausgang von der äußeren Wurzelscheide der Haare nehmen. Sie dringen in das umgebende Mesenchym ein und verzweigen sich.

Lokalisation. Die peripheren Abschnitte bilden alveoläre Endstücke, in denen durch holokrine Sekretion Talg gebildet wird. In den zentralen Anteilen gehen die im Inneren der Stränge liegenden Zellen zugrunde, sodass Ausführungsgänge entstehen, über die der Talg in den Haarkanal abgegeben wird. Auf ähnliche Weise werden an Übergängen zwischen Haut und Schleimhäuten freie Talgdrüsen gebildet (Lippen, Augenlid, Glans penis, Praeputium, Labium minus, Anus).

Funktion. Das holokrin gebildete Sekret = **Hauttalg** (Sebum) dient der Einfettung der Haut und der Haare. Die Talgsekretion ist hormonabhängig und wird durch Androgene stimuliert.

> **Klinik: 1.** Der Ausführungsgang kann durch verhärtetes Sekret verlegt werden, sodass es zum Sekretrückstau kommt. Bei Verschluss des Ausführungsganges entwickeln sich Retentionszysten, die mehrere cm Durchmesser erreichen können (**Atherome**) und chirurgisch entfernt werden müssen. **2.** Atypische Verhornung des Haarkanalepithels führt zur Bildung von Mitessern (**Komedonen**), die sich entzünden können (**Akne**). **3.** Komedonen sind Leiteffloreszenzen der **Akne vulgaris**, bei der große talgdrüsenreiche Areale betroffen sind (Gesicht, Rücken).

Kleine Schweißdrüsen, Glandulae sudoriferae merocrinae

Embryologie. Von der Epidermis wächst ein massiver Zellstrang in die Tiefe der Dermis. Er verdickt sich an der Dermis-Subcutis-Grenze und bildet Drüsenendstücke aus, aus denen sezernierende und myoepitheliale Zellen hervorgehen. Der solide Zellstrang zerfällt im Zentrum und wird zum Ausführungsgang.

Lokalisation. Die kleinen Schweißdrüsen sind über den gesamten Körper verteilt und münden an den höchsten Stellen der Epidermis sowohl der Leisten- als auch der Felderhaut (Abb. 3.1). Mit 300 pro cm^2 erreichen sie im Handteller und an der Fußsohle ihre größte Dichte, während am Rücken nur 50 pro cm^2 vorhanden sind.

Funktion. Die kleinen Schweißdrüsen sind in die Thermoregulation eingebunden. Bei mittlerer Umgebungstemperatur und Luftfeuchtigkeit werden in 24 h 300 bis 500 ml Schweiß abgegeben, bei hoher Außentemperatur kann das Zwanzigfache und mehr erreicht werden. Im Schweiß sind u.a. Kochsalz und Harnstoff vorhanden. Starkes Schwitzen bedeutet einen erheblichen Verlust von Kochsalz und anderen Salzen, der unbedingt ersetzt werden muss. Die Schweißdrüsen können die Nieren entlasten, aber nicht ersetzen.

Große Schweißdrüsen oder Duftdrüsen, Glandulae sudoriferae apocrinae

Embryologie. Die Entwicklung ähnelt der der merokrinen Schweißdrüsen, jedoch nehmen die Epithelzapfen ihren Ausgang von Haaranlagen. Die Endstücke breiten sich ebenfalls an der Dermis-Subcutis-Grenze aus.

Lokalisation. Große Schweißdrüsen, Duftdrüsen, finden sich nur an einigen Prädilektionsstellen, deren Lage aus der Benennung zu entnehmen ist: Gll. ciliares, ceruminosae, vestibulares nasi, axillares, areolares mammae, circumanales; bei der Frau sind sie außerdem am Bauch, in der Leistenbeuge, am Mons veneris und am Labium majus ausgebildet. Ihre Ausführungsgänge münden stets etwas oberhalb der Talgdrüsen in einen Haarkanal ein.

Funktion. Die Duftdrüsen erreichen ihre volle Funktionsfähigkeit erst mit der Pubertät. Ihre Aktivität ist bei Frauen deutlich zyklusabhängig. Das alkalische, visköse Sekret wird unter sensiblen und emotionalen Reizen vermehrt abgegeben. Die Gll. axillares sind die am stärksten entwickelten Duftdrüsen und können als Axillarorgan präparatorisch dargestellt werden. Das Sekret enthält reichlich organische Bestandteile, die bei Zersetzung den personenspezifischen Körpergeruch wesentlich mitbestimmen.

> **Klinik:** Durch eitrig-einschmelzende Entzündungen der Duftdrüsen entstehen **Schweißdrüsenabszesse**, wovon bevorzugt die Gll. axillares und ceruminosae betroffen sind. Nicht selten sind sie chronisch-rezivierend und bedürfen chirurgischer Behandlung.

Brustdrüse, Glandula mammaria

Diese teils apokrine Drüse leitet sich ebenfalls aus der Epidermis ab. Aus Gründen der Zuordnung ihrer Blut-, Lymph- und Nervenversorgung sowie ihrer Topografie wird die Mamma im Kap. 4.2.2.2 besprochen.

3.5 Gefäße der Haut

Aufbau. Im Bindegewebe zwischen den Fettläppchen der Subcutis erreichen die versorgenden Arterien die Dermis und bilden an der Subcutis-Dermis-Grenze ein **großkalibriges Gefäßnetz**, das zahlreiche **arteriovenöse Anastomosen** mit dem ebenfalls dort liegenden grobmaschigen Venennetz ausbildet.

Funktion. Werden die arteriovenösen Anastomosen geöffnet, so fließt das Blut durch die entsorgenden Venen innerhalb der Retinacula cutis rasch wieder ab. Werden sie geschlossen, so gelangt das Blut über aufsteigende Arterien in ein feinmaschiges Gefäßnetz an der Grenze zwischen Stratum papillare und Stratum reticulare. Auch hier sind arteriovenöse Anastomosen ausgebildet. Sind diese geschlossen, so gelangt das Blut vollständig in die Kapillarplexus im Stratum papillare, sodass maximale Blutmengen die Haut durchströmen und **Wärme** nach außen abgeben. Eine Steigerung der Wärmeabgabe erfolgt noch dadurch, dass bei maximalem Blutdurchfluss die Versorgung der Schweißdrüsen verbessert und über eine gesteigerte Schweißsekretion die Verdunstungskälte optimal wird.

Thermoregulation. Durch differenzierte Nutzung der arteriovenösen Verbindungen wird die Haut zum wichtigen Organ für die Thermoregulation. Die Gefäßnetze garantieren einen Blutzu- und -abfluss zur Haut unabhängig von Faltenbildungen und kurzzeitigen Druckbelastungen. Langandauernder Druck auf die gleiche Stelle kann allerdings nicht bewältigt werden und führt zum **Decubitus**.

Epithellymphe. Im Interzellularraum der basalen Schichten der Epidermis entsteht die Epithellymphe, die in das Stratum papillare übertritt und dort von den Lymphkapillaren aufgenommen wird. Die größeren Lymphgefäße ziehen gewöhnlich zusammen mit den Venenstämmen durch die Retinacula cutis. Innerhalb der Cutis sind die Lymphgefäße netzartig verbunden, was die Ausbreitung von Entzündungen in der Haut begünstigt.

3.6 Hautnerven, Hautsinne

Entwicklung. Während der Frühentwicklung erfolgt durch die aussprossenden Spinalnerven eine **segmentale Innervation** der Haut. Mit der Ausbildung der Extremitäten, die mit der Entwicklung der Extremitätenknospen beginnt, werden aus den beteiligten Segmenten Anteile mit den zugehörigen Nerven verlagert.

Beim Erwachsenen sind demzufolge am Rumpf die entsprechenden sensiblen Innervationszonen = **Dermatome** gut gegliedert. Sie werden nach dem innervierenden Spinalnerven benannt (Beispiele: Th3, Th11). Die Dermatome am Arm, am Bein und in der Genitalanalregion folgen einer komplizierteren Ordnung (Abb. 3.6), da in den Innervationsbereichen des Plexus brachialis, des Plexus lumbalis und des Plexus sacralis entwicklungsbedingt Materialverschiebungen stattfinden.

> **Klinik:** Aufgrund der engen Beziehungen zwischen dem vegetativen und dem sensiblen System können pathologische Zustände an inneren Organen Schmerzempfindungen in bestimmten Hautarealen, den **Head-Zonen**, auslösen.

Die Haut stellt mit 1,6 bis 2 m² Oberfläche das **größte Sinnesorgan** des Menschen dar, das eine große Zahl von Sinnesempfindungen wie Berührung, Druck, Vibration, Jucken, Schmerz, Wärme und Kälte wahrnimmt. Den Empfindungen steht eine große Mannigfaltigkeit von morphologisch unterschiedlichen **Nervenendigungen** gegenüber.

Nach der Morphologie werden unterschieden: freie Nervenendigungen, kapsellose Endkörperchen, eingekapselte Endkörperchen sowie zum vegetativen Nervensystem gehörende efferente Nervenfasern. Allerdings ist es bisher nicht gelungen, jeder dieser Strukturen eindeutig eine Empfindung zuzuordnen. Es ist durchaus vorstellbar, dass unterschiedliche Reizstärken am gleichen Rezeptor differente Empfindungen hervorrufen.

Freie Nervenendigungen sind in den basalen Schichten der Epidermis und in der Dermis nachzuweisen. Als sicher gilt, dass **Schmerz** von freien Nervenendigungen wahrgenommen wird, wobei Veränderungen des umgebenden Milieus den auslösenden Reiz darstellen. Freie Nervenendigungen im Hautbindegewebe werden als **Thermorezeptoren** diskutiert, wobei die **Wärmerezeptoren** mit ihrem Erregungsmaximum bei 40–42 °C und die

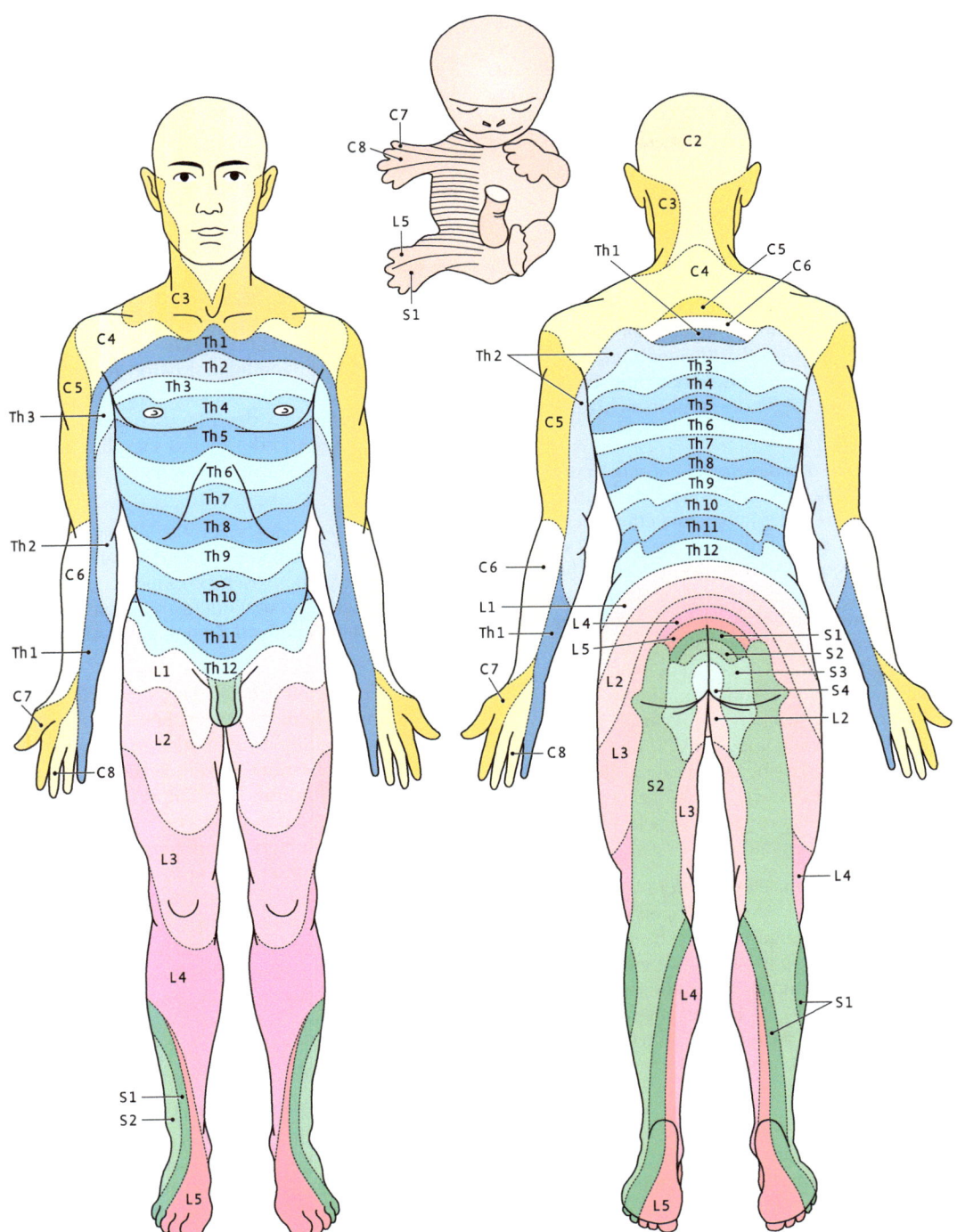

Abb. 3.6 Sensible Innervation der Haut. Beachte die Verschiebung der Dermatome an den Extremitäten.

Kälterezeptoren mit ihrem Erregungsmaximum bei 17–30 °C unterschiedlichen Endigungen zuzuordnen sind, was durch die Bestimmung der Kälte- und der Wärmepunkte objektiviert werden kann.

Nervengeflechte um die Haarwurzeln (Abb. 3.1 rechts) werden bei jeder Lageveränderung erregt, wobei die Haare als Reizverstärker dieser **Berührungsrezeptoren** wirken. Bei den Tasthaaren verschiedener Tiere ist dieses System besonders entwickelt und damit hochempfindlich. Es wird zur Orientierung im Raum herangezogen.

Kapsellose Endkörperchen. Merkel-Tastkörperchen liegen im Stratum basale und Stratum spinosum der Epidermis. Die nicht eingekapselten Merkel-Zellen entsenden Ausläufer zwischen die Epithelzellen und stehen basal über eine flache Synapse mit dem dendritischen Axon einer Spinalganglienzelle in Verbindung. Es sind **langsam adaptierende Mechanorezeptoren**.

Eingekapselte Endkörperchen. 1. Meissner-Tastkörperchen (Abb. 3.1 rechts) werden in den Papillen des Stratum papillare der Dermis gefunden. Die ovalen, von einer Kapsel umgebenen Endkörperchen sind ca. 50 µm breit und 100 µm lang. Im Inneren sind spezifische Schwann-Zellen keilförmig angeordnet, zwischen denen sich marklose Endigungen der Spinalganglienzellen ausbreiten. Sie vermitteln als schnell adaptierende Mechanorezeptoren Druck- und Berührungsempfindungen. 2. **Vater-Pacini-Körperchen** (Abb. 3.1 rechts) sind 2–4 mm groß und liegen in der Subcutis und im angrenzenden Stratum reticulare der Dermis. Eine bindegewebige Kapsel umschließt den Außenkolben, der aus 50–70 lamellenförmig angeordneten Schalen von Bindegewebszellen besteht, die den Innenkolben, dessen zytoplasmatische Lamellen von Schwann-Zellen gebildet werden, einschließen. Im Innenkolben verzweigen sich die Endigungen des dendritischen Axons der Spinalganglienzelle. Es sind **schnell adaptierende Mechanorezeptoren**, die auch zur Wahrnahme von Vibrationen befähigt sind. 3. **Ruffini-Körper:** In einer Kapsel aus perineuralem Neuroepithel sind Kollagenbündel eingeschlossen. Sie werden in der Cutis, in Gelenkkapseln und im Peridontium gefunden. Es sind **langsam adaptierende Dehnungsrezeptoren**. 4. **Krause-Endkolben** gehören zu den kleinen Lamellenkörperchen. Die von einer Kapsel umgebenen 0,5 mm dicken und 1–2 mm langen Gebilde, die im Stratum reticulare der Haut, aber auch an anderen Stellen wie in Gelenken und Kapseln von Organen vorkommen, gelten als **schnell adaptierende Mechanorezeptoren**.

Efferente Nervenfasern. Zum vegetativen Nervensystem gehören die efferenten Nervenfasern zur Versorgung der Blutgefäße, der Drüsen und der Mm. arrectores pilorum. Sie lösen das Erröten und Erblassen der Haut, die Schweißbildung und die Bildung einer Gänsehaut aus und stehen damit im Dienst der **Thermoregulation**. Sie erreichen zumeist mit den Arterien ihr Innervationsgebiet.

4 Bewegungsapparat

Johannes Streicher, Michael L. Pretterklieber

Der Bewegungsapparat besteht aus passiven (Knochen, Knorpel, Bänder und Gelenke) und aktiven Elementen (Muskeln), die im Zusammenspiel sowohl statische (Stütze und Schutz) als auch dynamische Funktionen erfüllen. Bis zum Erwachsenenalter wächst und entwickelt sich der Bewegungsapparat augenscheinlich, jedoch findet auch danach ein permanenter Umbau im Sinne einer physiologischen Anpassung an Belastungs- und Bewegungsbeanspruchungen statt. Scheinbar unveränderliche Knochen unterliegen in mikroskopischem Umfang ständigem beanspruchungsgetriebenem Auf- und Abbau, der über längere Zeiträume in deutlichen makroskopischen Veränderungen resultieren kann. Der Knochenstoffwechsel wird gleichzeitig auch hormonell kontrolliert und inkludiert die Funktion als Kalziumdepot. Defekte des Knochengewebes können vollwertig regeneriert werden, während alle anderen Gewebe des Bewegungsapparates von Natur aus nur minderwertig durch Narbengewebe repariert werden können.

Im Folgenden werden zuerst die allgemeinen anatomischen Prinzipien von Knochen, Gelenken und Muskeln (Osteologie, Arthrologie und Myologie) behandelt, danach die spezielle Anatomie des Rumpfes und der Gliedmaßen systematisch und topografisch erläutert. Der Bewegungsapparat von Kopf und Hals wird aus didaktischen Gründen im Zusammenhang mit den Eingeweiden in Kapitel 5 besprochen, jener des Beckens in Kapitel 5.3. Das Zwerchfell und die Biomechanik des Thorax werden im Sinne der Atemmechanik gemeinsam mit den Organen der Brusthöhle in Kapitel 5.1 behandelt.

4.1 Allgemeine Knochen-, Gelenk- und Muskellehre

4.1.1 Osteologie, allgemeine Knochenlehre

Das Skelett des erwachsenen Menschen besteht aus ca. 206 Knochen, wobei diese Zahl aufgrund einer unterschiedlichen Anzahl von Kleinknochen individuell leicht variiert. Die Knochenform ist teils genetisch, teils epigenetisch bestimmt. Während der Embryonalentwicklung wird die Mehrzahl der Knochen durch Knorpelmodelle vorgeformt, welche dann durch Knochenmaterial ersetzt werden (**chondrale Ossifikation**). Alternativ werden viele Knochen des Schädels jedoch direkt aus Bindegewebe gebildet (**desmale Ossifikation**). In der Folge passt sich der Knochen nur noch den Belastungen an. Knochen sind als aus mehreren Geweben aufgebaute Organe zu verstehen.

4.1.1.1 Knochenarten

- **Geflechtknochen** oder **Faserknochen** ist die weniger spezialisierte Form des Stützgewebes. Es handelt sich um eine Art verknöchertes Bindegewebe. Unter andauernder Zug- und Druckbelastung wandeln sich die Mesenchymzellen in Osteoblasten um und sondern **Osteoid** (Knochengrundsubstanz und Kollagen) ab, welches verkalkt. Bei jeder primären Knochenbildung entsteht zunächst Geflechtknochen. Bei einer Bruchheilung wird auch beim Erwachsenen zunächst dieser Knochentyp gebildet. Der festeste Knochen des Menschen, die Pars petrosa (petros = der Fels) des Schläfenbeins, besteht zeitlebens aus Geflechtknochen.
- **Lamellenknochen** hat eine um ein Vielfaches höhere Festigkeit in bestimmten Richtungen. Er ist komplizierter gebaut, die Baueinheit ist das

Osteon. Es handelt sich um konzentrische Knochenlamellen, wobei die ineinander geschichteten parallelfasrigen Lamellen kreuzweise angeordnet sind und durch eine Kittsubstanz verbunden werden (Sperrholzprinzip). Im Zentrum liegen jeweils Gefäße und ein Nerv in einem Kanal **(Havers-Kanal)**. Die Kanäle kommunizieren durch quere Kanäle **(Volkmann-Kanäle)**. Dieses Kanalsystem ist Ausdruck einer komplexen und empfindlichen Mikrozirkulation. Durch die ständigen Umbauvorgänge bleiben Reste von Osteonen zwischen neu gebauten liegen **(Schaltlamellen)**. Innen wird der Knochen gegen das Knochenmark durch innere, nach außen gegen die Beinhaut durch äußere **Generallamellen** abgeschlossen (Abb. 4.1).

4.1.1.2 Aufbau eines Knochens

Bestandteile. Folgende Gewebe bauen das Organ „Knochen" auf:

- **Knochengewebe, Pars ossea,** ist Hauptträger der mechanischen Aufgaben und tritt in zwei Formen in Erscheinung: einerseits als solides Knochengewebe, **Substantia compacta,** andererseits als schwammartige **Substantia spongiosa sive trabecularis** mit Bälkchenstruktur und Zwischenräumen (gewichtsparende „Leichtbauvariante"). Bildet die Substantia compacta eine rindenartige Außenzone, wird sie als **Substantia corticalis** bezeichnet.
- **Bindegewebe, Pars membranacea,** überzieht als **Beinhaut, Periosteum,** Teile der Knochenaußenfläche und dient der Regeneration, der nervösen und der vaskulären Versorgung. Über **Sharpey-Fasern** vermittelt das Periost die Verbindung von Sehnen und Bändern mit der Pars ossea (Abb. 4.1). Sind Hohlräume im Inneren eines Knochens vorhanden, sind diese ebenfalls mit Bindegewebe, **Endosteum,** ausgekleidet.
- **Knochenmark, Medulla ossium,** füllt die inneren Hohlräume der Knochen aus. Das Knochen-

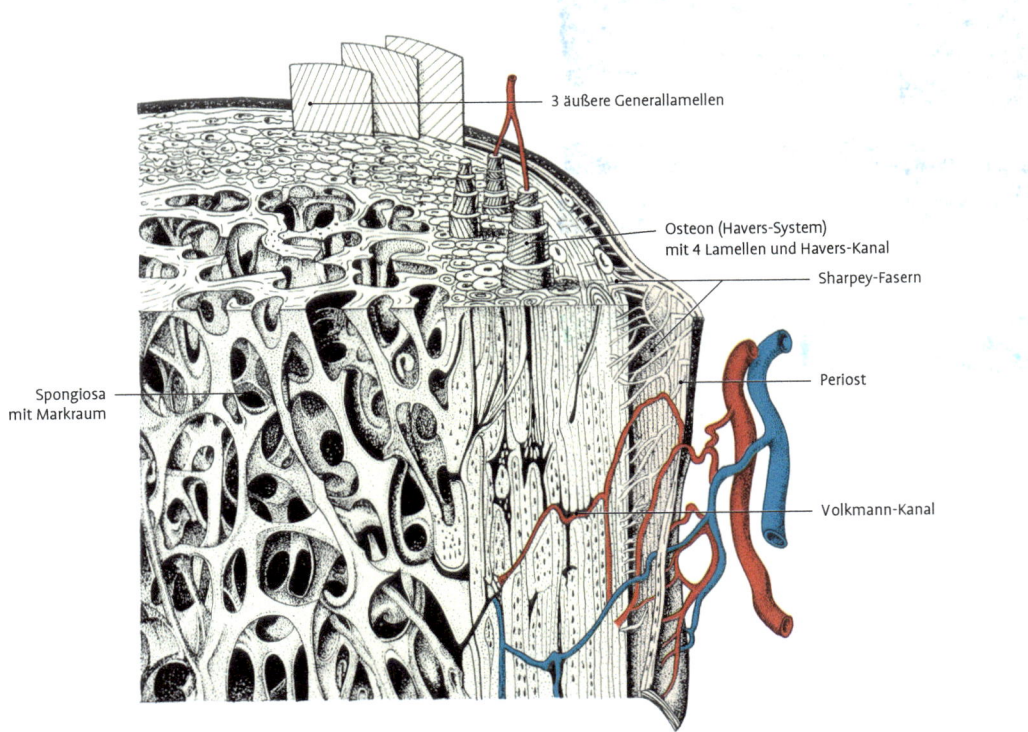

3 äußere Generallamellen

Osteon (Havers-System) mit 4 Lamellen und Havers-Kanal

Sharpey-Fasern

Spongiosa mit Markraum

Periost

Volkmann-Kanal

Abb. 4.1 Schema zum Bau eines Knochens (in Anlehnung an A. Benninghoff). 3 Osteone und 3 Generallamellen sind aus der Oberfläche herausragend gezeichnet, um die differente Anordnung der kollagenen Fasern in benachbarten Lamellen zu demonstrieren. Vom Periost ziehen Sharpey-Fasern und Blutgefäße in den Knochen. Die Ernährung erfolgt auch aus den Markraumgefäßen.

mark kann entweder blutbildend und rot gefärbt, **Medulla ossium rubra,** oder fetthaltig und
gelb gefärbt, **Medulla ossium flava,** sein.

- **Knorpelgewebe, Pars cartilaginea,** überzieht (soweit vorhanden) die Gelenkflächen der Knochen.
- **Versorgende Blutgefäße und Nerven**

Konstruktion. Äußere Form und innerer Aufbau des
Knochens sind den mechanischen Aufgaben angepasst. Die Konstruktion orientiert sich mittels der Tra-
bekelbauweise (Knochenbälkchen) nach Druck- und
Zugtrajektorien. Dabei wird die Knochensubstanz so
angeordnet, dass bei geringstem Materialaufwand
die auftretenden Kräfte bestmöglich aufgefangen und
übertragen werden können. (Abb. 4.2). Durch diese
Leichtbauweise können Körpergewicht und Muskelkraft für die Bewegung gespart werden.

Die Gestalt ist in ihrer Anlage genetisch bestimmt und wird unter äußeren Einflüssen (mechanische Kräfte, Schwerkraft) modifiziert. Die Regulation erfolgt durch Feedback-Mechanismen u. a.
auf zellulärer Ebene durch piezoelektrische Phänomene. Günstig ist demnach eine mit Entspannungs-
phasen alternierende Belastung. Kommt es zu einer
langsamen Änderung der Beanspruchung (im Rahmen der motorischen Entwicklung), kann sich die
Konstruktion des Knochens funktionell anpassen
(Transformationsgesetz nach Roux) (Abb. 4.3).

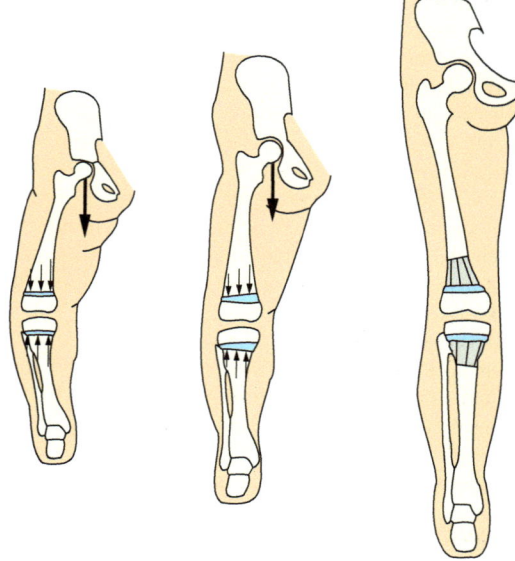

Abb. 4.3 Der Säugling hat physiologischerweise O-Beine
(links). Mit Beginn des Standes entsteht eine Biegebe-
lastung, die die distale Epiphysenfuge des Femurs und
die proximale Epiphysenfuge der Tibia medial mehr als
lateral unter Druck setzt (Mitte). Reaktiv wächst der
Epiphysenfugenknorpel daher medial stärker und erzeugt so die physiologische X-Stellung (rechts).

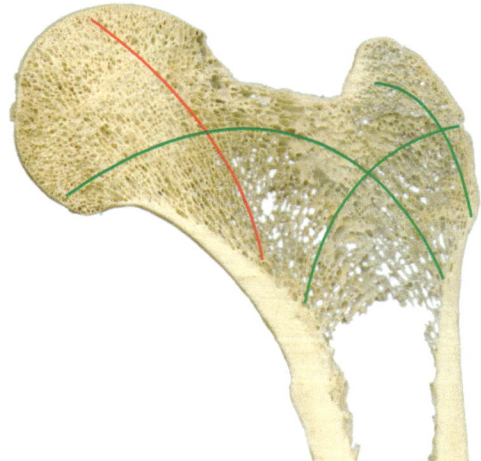

Abb. 4.2 Knochenscheibe des proximalen Femuralab-
schnitts. Verteilung und Orientierung der Spongiosa
(Trajektorien) sind Kennzeichen der funktionellen Anpassung an die Belastung (Spannungslinien). Exempla-
risch sind Drucklinien (rot) und Zuglinien (grün) eingezeichnet

Klinik: 1. Atrophie. Knochen, der nicht mechanisch beansprucht wird, verschwindet durch
Apoptose und die Aktivität der Osteoklasten.
Beispiele sind Verschwinden von überschüssi-
gem Kallus und überstehendem Knochen nach
erfolgter Frakturheilung, Osteoporose der Ast-
ronauten, Knochenabbau bei Nichtgebrauch
durch Schmerzen, Ruhigstellung oder Lähmung
als sog. Inaktivationsatrophie. Auch unter dem
Druck benachbarter Weichteile (pulsierender
Gefäße, Tumoren) kann es zu Bildung von Ril-
len und Dellen führender Atrophie kommen.
2. Hyperplasie. Umgekehrt wird Knochensubstanz unter vermehrter lokaler Beanspruchung
angebaut: Brückenkallus, subchondrale Skle-
rose bei Arthrose, Spornbildung, Osteophyten
bzw. Randwulste bei Spondylose, nach Um-
stellungsosteotomien. **3. Ermüdungsbruch
bzw. schleichende Fraktur.** Bei inadäquater
Belastung kann es zur Materialermüdung kommen.

Gefäßversorgung. Knochen werden über **Vasa nutricia** (ernährende Gefäße) versorgt. Diese treten an wenigen Stellen in den Knochen ein. Sie verteilen sich mit einem endostalen Netzwerk, das zentrifugal und transkortikal den Knochen von innen nach außen versorgt. Der Blutfluss ist langsam und erfolgt nur mit geringem Druck. Die Eintrittsstellen der Gefäße, Foramina nutricia, liegen an Stellen mit geringer Abknickungsgefahr, bei Röhrenknochen daher meist im Schaftbereich. Ist das endostale nutritive Netzwerk gestört (Thrombose, endarterielle Erkrankungen, Knochenmarksaufbohrung), muss das Periost vermehrt zur Ernährung beitragen. Aus dem spongiösen Bereich wird das Blut schnell und effektiv über regionale oberflächliche und tiefe Venen abgeführt. Der periostale Venenplexus erhält sein Blut aus den intrakortikalen Kapillargefäßen an der Knochenoberfläche und führt es über portale Gefäße in die Venen der umgebenden inserierenden Muskeln ab.

4.1.1.3 Knochenformen

Nach dem äußeren Erscheinungsbild unterscheiden wir 6 Grundformen: Ossa longa, Ossa brevia, Ossa plana, Ossa pneumatica, Ossa irregularia und Ossa sesamoidea.

- **Ossa longa.** Lange oder Röhrenknochen sind lange Knochen der Gliedmaßen. Sie bestehen aus einem Mittelstück, dem Schaft, **Diaphyse,** und 2 verdickten Enden, den **Epiphysen.** Die Diaphyse besitzt eine kompakte, lamellär aufgebaute Außenwand, **Kortikalis.** Sie umschließt den Markraum, **Cavitas medullaris,** in dem sich während der Entwicklung rotes, blutbildendes Knochenmark und beim Erwachsenen gelbes Fettmark befindet. Die röhrenförmige Konstruktion der Diaphyse verbindet optimal hohe Trag- und Biegefestigkeit mit geringem Materialaufwand und Gewicht. Die Epiphysen besitzen nur eine dünne Kortikalis und sind im Inneren aus Substantia spongiosa aufgebaut, in deren Maschen oft auch beim Erwachsenen blutbildendes Knochenmark vorhanden ist. Die Knochenbälkchen sind nach Druck- und Zugkräften angeordnet (Abb. 4.2). Zwischen Dia- und Epiphyse liegt jeweils die **Metaphyse.** Sie entspricht der Zone des Längenwachstums (Wachstumsfuge, **Epiphysenfuge**). Ein Röhrenknochen ist an seinen **Epiphysen** teilweise von Gelenkknorpel und sonst von Periost bedeckt.

- **Ossa brevia.** Kurze Knochen sind z. B. Hand- und Fußwurzelknochen. Die kurzen Knochen besitzen, wie die Epiphysen der Röhrenknochen, eine Kortikalis und eine mit Knochenmark ausgefüllte Spongiosa. Die Spongiosabälkchen zeigen eine belastungsorientierte Ausrichtung.

- **Ossa plana.** Platte Knochen sind Brustbein, Rippen, Schulterblatt, Hüftbein und Knochen des Schädeldaches. Die platten Knochen bestehen aus einer äußeren und inneren kortikalen Wand, **Lamina externa** und **interna,** die eine unterschiedlich dicke Spongiosa umschließen. Im Bereich des Schädeldaches wird sie als **Diploë** (Doppeltafel) bezeichnet. Im dünnen Teil des Schulterblattes fehlt die Spongiosa aus phylogenetischen Gründen.

- **Ossa pneumatica.** Lufthaltige Knochen sind Sieb-, Keil-, Stirnbein, Oberkiefer sowie Processus mastoideus und Cavum tympani. Die lufthaltigen Knochen (pneumatisierte Knochen) besitzen mit Schleimhaut ausgekleidete Hohlräume (Nasennebenhöhlen, Mittelohr). Diese Hohlräume kommunizieren mit der Umwelt und können so belüftet und dem Umgebungsdruck angepasst werden, bzw. vermeiden so ihre Evakuierung.

- **Ossa irregularia.** Zu diesen Knochen zählt man diejenigen, die keiner der anderen Grundformen entsprechen, z. B. Wirbelknochen.

- **Ossa sesamoidea.** Sesambeine besitzen eine rundliche, abgeflachte Form, sind biomechanisch bedingt, erfüllen Hebel- und Zugkraft-Umlenkfunktionen und sind typischerweise an besonders druckbelasteten Stellen in Sehnen eingeschaltet. Das größte Sesambein ist die Kniescheibe, **Patella,** kleine Sesambeine ergänzen in individuell variabler Anzahl das Hand- und Fußskelett.

Über diese Grundformen hinaus, sind die einzelnen Knochen durch weitere funktionsangepasste reliefbildende Details individuell typisch gestaltet. Für den Ansatz und Ursprung von Sehnen und Bändern und als Verstärkungen dienen Vorsprünge (**Apophysen**) in Form von Höckern (**Tubercula, Tubera**), Leisten (**Cristae**), Dornen (**Spinae**), Fortsätzen (**Processus**) und Rauigkeiten (**Tuberositates**). Löcher (**Foramina**), Kanäle (**Canales**), Vertiefungen (**Impressiones**), Rinnen (**Sulci**), Gruben (**Fossae, Foveae**) und Einschnitte (**Incisurae**) entstehen im Wechselspiel mit Nerven und Gefäßen.

Klinik: 1. Die Leichtbauweise der Knochen führt zu höherer **Frakturgefährdung** bei Gewalteinwirkung aus unphysiologischer Richtung. Gewaltsame Verdrehung (Skiunfälle) führt zu **Torsionsbrüchen. 2.** Anzahl und Stärke der Trabekel sind Parameter der Bruchfestigkeit und für **Osteoporose**-Untersuchungen relevant. Die Rarifizierung der Knochenbälkchen korreliert jedoch nicht direkt mit einer erhöhten Bruchgefahr, da sich die verbleibenden Bälkchen verstärken können. Sind die Trabekel überbelastet, treten durch Mikrofrakturen Schmerzen auf **(Ermüdungsbruch, Marschfraktur). 3.** Für Knochenmarksdiagnostik und Transplantationen wird rotes Knochenmark aus den Spongiosamaschen durch **Sternalpunktion** bzw. **Beckenkammpunktion** entnommen.

4.1.1.4 Knochenentwicklung und Knochenwachstum

In der Ontogenese können sich Knochen auf zwei Arten entwickeln:
- **Desmale (direkte) Osteogenese.** Die Knochenbildung erfolgt direkt ohne Zwischenstufen aus dem mesenchymalen Bindegewebe.
- **Chondrale (indirekte) Osteogenese.** Ein Modell des Knochens wird aus Knorpelgewebe angelegt und sekundär durch Knochengewebe ersetzt **(Ersatzknochen).** Dabei kann die im Knorpelinneren beginnende **enchondrale Osteogenese** entweder in Form sogenannter **Knochenkerne** (bei Röhrenknochen in den Epi- und Apophysen) oder im Bereich der Epiphysenfuge am Übergang zur Diaphyse erfolgen. Im Schaftbereich findet die **perichondrale Osteogenese** statt, bei der von außen her Knochengewebe schichtweise aufgelagert wird (Abb. 4.4, 4.5).

Während die anatomische Struktur des Knochens genetisch festgelegt ist, ist der wichtigste Faktor für das Knochenwachstum die (physiologische) mechanische Beanspruchung (Druck). Ohne sie (z. B. bei Lähmungen) ist das Wachstum erheblich reduziert. Epiphysenfugen orientieren sich in der Proliferation senkrecht zur Hauptbelastung (Abb. 4.3).

Die Form eines Knochens ist genetisch festgelegt; der wichtigste Faktor für sein Wachstum ist die mechanische Beanspruchung.

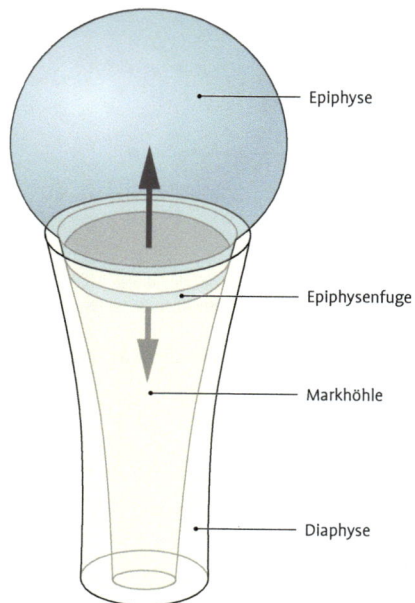

Abb. 4.4 Schematische Darstellung des Knochenwachstums zur Verdeutlichung des Mechanismus zum Längengewinn durch Knorpelzellteilung in der Epiphysenfuge. Die laterale Einengung durch die diaphysäre Knochenmanschette lässt den neuen Zellen nur in Längsachse des Knochens Platz.

Epiphyse

Epiphysenfuge

Markhöhle

Diaphyse

Außerdem werden 2 Formen des Knochenwachstums unterschieden, nämlich Längenwachstum, ausgehend von den Epiphysenfugen, und Dickenwachstum, welches durch äußere Anlagerung von Knochengewebe erfolgt. Die Knochen wachsen unterschiedlich lange. Lediglich die Gehörknöchelchen haben bei der Geburt bereits ihre endgültige Größe erreicht. Die letzten Epiphysenfugen, die sich schließen und das Ende des Längenwachstums markieren, sind die distalen Epiphysen von Ulna und Femur (18.–20. Lebensjahr) und die der Apophyse des Tuberculum majus humeri (20.–25. Lebensjahr).

Klinik: 1. Eine dauernde Mehrdurchblutung stellt einen erheblichen Wachstumsstimulus dar. So kann eine Monate oder Jahre dauernde **Hyperämie** (Entzündung, Angiom) im Bereich der Epiphysenfugen der Röhrenknochen eine therapiebedürftige Längenzunahme bewirken. **2.** Die Ossifikation vieler platter Knochen (insbesondere des Schädels) verläuft desmal und kann isoliert gestört sein **(Dysostosis cleidocranialis).**

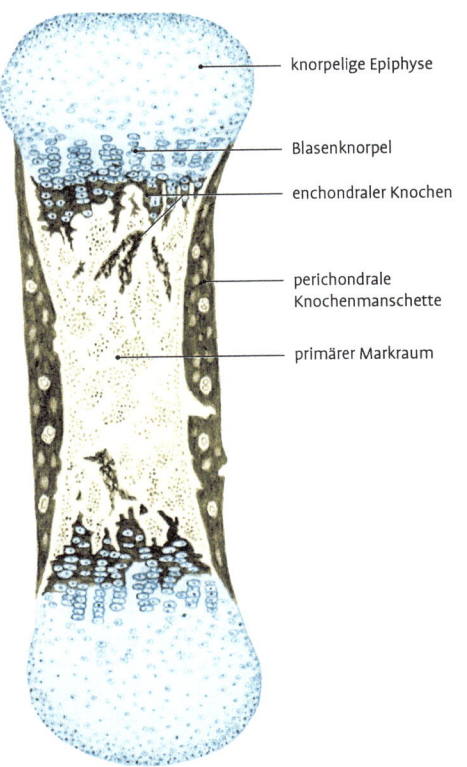

knorpelige Epiphyse

Blasenknorpel

enchondraler Knochen

perichondrale
Knochenmanschette

primärer Markraum

Abb. 4.5 Perichondrale und enchondrale Ossifikation eines Röhrenknochens.

4.1.1.5 Apophysen

Apophysen sind vorzugsweise an Röhrenknochen auftretende **Knochenvorsprünge** mit wesentlicher mechanischer Bedeutung. Zumeist dienen sie als Hebel für eine günstigere Kraftentfaltung der ansetzenden Muskeln oder sind eine eigens eingerichtete Knochenverstärkung für die durch die Muskelinsertion bedingte lokale Zugbelastung.

Entwicklung. Die Vorstellung, dass sich diese Vorsprünge erst durch die Tätigkeit des Muskels entwickeln, wie es beispielsweise bei dem Proc. mastoideus und dem M. sternocleidomastoideus beobachtet werden kann, trifft nicht zu. Vielmehr handelt es sich um **selbstständige Knochenkerne ähnlich den Epiphysen**. Die Knochenkerne entsprechen einem gemeinsamen Zentrum von Druck- und Zugspannungslinien eines unter Bie-

gekräften stehenden Knochens (Theorie der kausalen Histogenese nach Pauwels). Bemerkenswert ist, dass die Knochenkerne teilweise erst im 2. Lebensjahrzehnt auftreten. Die Verschmelzung mit der Epiphyse findet entsprechend ebenfalls spät statt, z. B. bei der proximalen Humerusapophyse erst im 3. Lebensjahrzehnt. In einigen Fällen sind es eigene Knochenkerne in den Epiphysen. So besteht die distale Humerusepiphyse neben dem Capitulum und der Trochlea aus 2 weiteren Epikondylenkernen. Apophysen tragen häufig eigene Namen, nicht selten nach ihrer Form, z. B. Coracoid, Acromion, Trochanter. Auch hinter einer Rauigkeit kann sich eine Apophyse verbergen (Tuberositas tibiae).

Varianten. Die **Apophysis anularis,** die Randleiste der Wirbelkörper, ist eine Sonderform. Sie verknöchert nicht wie üblich enchondral, sondern perichondral (desmal). Es handelt sich bei ihr um die ringförmige Verknöcherung der ansonsten knorpeligen Wirbelkörperepiphyse, die mit dem übrigen Wirbelkörper bis zum 18. Lebensjahr verschmilzt. In diesem Bereich bleibt zeitlebens ein hohes Wachstumspotenzial erhalten, das sich in teilweise extremer Osteophytenbildung **(Spondylophyten)** in höherem Alter äußern kann.

Klinik: Apophysen sind nicht selten Lokalisation juveniler aseptischer Knochennekrosen (z. B. für die Tuberositas tibiae **Morbus Osgood-Schlatter**), Erkrankungen mit mechanischer Insuffizienz und konsekutiver Destruktion der Knochenstruktur der betroffenen Gebiete.

4.1.1.6 Biomechanik von Knochen

Die Biomechanik befasst sich mit den Reaktionen lebenden Gewebes auf mechanische Kräfte. Dabei können innere und äußere Kräfte das Wachstum, den Umbau, die Regeneration und den Stoffwechsel von Zellen beeinflussen.

Beanspruchung. Die Beanspruchung eines Knochens ergibt sich aus der auf ihn einwirkenden Muskelkraft und äußeren Belastungen. Solche Kräfte führen zu Spannungen und damit zu elastischen, mikroskopisch sichtbaren Verformungen. Diese Wirkung der Kräfte nennt man Beanspruchung. Sie drückt sich in den Gegenkräften des

Gewebes aus, das versucht, reaktiv ein Gleichgewicht herzustellen bzw. die Form zu erhalten. Dabei ist nicht die Gesamtbeanspruchung entscheidend, sondern die jeweils wirksame Kraft pro Fläche. Daher sind viele Mechanismen des passiven Bewegungsapparates darauf ausgelegt, die Kräfte zu verteilen (z. B. die Dura mater für punktuell auf den Schädel wirkende Kräfte im Sinne einer inneren Verspannung auf den gesamten Knochen) oder auf statisch hinreichend wirksame Strukturen zu übertragen (z. B. Schubkräfte auf den Radius durch die Membrana interossea antebrachii auf die Ulna).

Zuggurtung. In der Biostatik des menschlichen Körpers spielen vor allem Elemente der Zuggurtung eine Rolle. Dabei werden druck- und biegungsstabile Knochen durch dehnungsstabile Sehnen und Muskeln gehalten. Ein Beispiel ist am Oberschenkel verwirklicht: Der Tractus iliotibialis stabilisiert ohne Energieverbrauch mit der verstellbaren Unterstützung der Abduktoren der Hüfte den Einbeinstand bzw. beim Gang das Standbein als Zugelement. Druckelement ist das Femur. Die Evolution hat die Effektivität von Zuggurtungssystemen hinsichtlich der Muskelkraft und der Druck- und Biegestabilität der Knochen optimiert. Knochenbälkchen orientieren sich am Verlauf der Spannungs- und Dehnungslinien. Auch die äußere Form des Knochens hat sich diesen Anforderungen angepasst.

Verformung. Knochen sind Biege- und Torsionsverformungen ausgesetzt. Bezogen auf das Knochenmaterial lassen sich diese Kräfte auf Dehnungen und Stauchungen reduzieren. Die Krümmung (das Reziproke des Krümmungsradius) äußert sich auf der konkaven Seite als Stauchung, auf der konvexen, also auf der dem Krümmungszentrum abgewandten Seite als Dehnung. Zwischen den beiden Seiten gibt es eine neutrale Ebene. Dabei ist das Profil des Knochens (oder die Lage der neutralen Ebene) in Bezug auf die Biegungsebene entscheidend für die Biegungsstabilität. Eine flache Rippe biegt sich erfahrungsgemäß leichter als das Femur.

> **Klinik: 1.** Bleibt bei Knochenbrüchen der Periostschlauch intakt, spricht man von einer **Grünholzfraktur**. **2.** Eine Einstauchung einer noch weichen Kortikalis heißt **Wulstbruch**. Beides sind Sonderformen kindlicher unvollständiger Frakturen.

4.1.1.7 Knochenphysiologie und -pathophysiologie

Der Stütz- und Bewegungsapparat ist das größte Organsystem des menschlichen Körpers. Seine Schädigungen durch Unfallverletzungen und deren Folgen, degenerative Krankheiten und rheumatische Erkrankungen zählen zu den häufigsten behandlungsbedürftigen Krankheiten überhaupt. Die Funktion des Bewegungsapparates kann auf mehreren Ebenen gestört sein:

- Zellebene
- Gewebeebene
- Organebene
- Systemebene und Störungen des gesamten Organismus.

Steuerung des Bewegungsapparates. Sie erfolgt zum einen auf Basis des Nervensystems, zum anderen über eine reaktive Zelltätigkeit. Das erstgenannte Regulationssystem ist rasch und reflexartig, das andere langsam und endokrin geregelt. Wichtig ist, dass der Bewegungsapparat statische und dynamische Aufgaben ausübt. Ihre Bewältigung geschieht stets nebeneinander. Man vergleiche die Anforderungen an die Gewebe der Wirbelsäule eines Gewichthebers (Stabilität) und eines „Schlangenmenschen" (Mobilität). Für den Therapeuten ist daher die wichtigste Grundregel: Der Gebrauch erhält, die Anstrengung fördert, die Überanstrengung schadet (Arndt-Schultze-Regel). Überlastungen und Verschleißprozesse spielen die größte Rolle in der täglichen Praxis der Orthopädie.

4.1.2 Arthrologie, allgemeine Gelenklehre

> Die Knochen können entweder kontinuierlich (Synarthrosen) oder diskontinuierlich (Diarthrosen, Articulationes, Junctura synovialis) miteinander verbunden sein.

4.1.2.1 Synarthrosen, kontinuierliche Knochenverbindungen

Synarthrosen werden je nach Art des knochenverbindenden Zwischengewebes in 3 Typen geteilt: Junctura fibrosa, Junctura cartilaginea und Junctura ossea (Abb. 4.6).

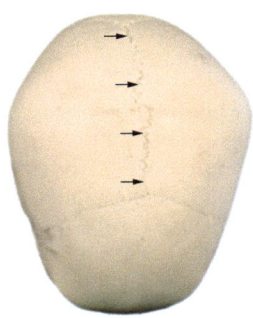

(a)   Syndesmose (Bandhaft), Pfeile zeigen auf die Sutura sagittalis, eine Sutura serrata

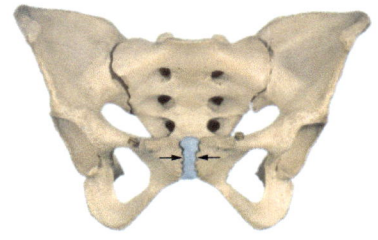

(b)   Symphyse (Knorpelhaft), Pfeile weisen auf den Platzhalter eines Discus (ohne Gelenkspalt), der im natürlichen Präparat unter Bändern verborgen ist

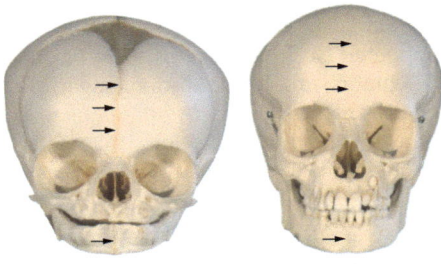

(c)   Synostose (Knochenhaft), Pfeile deuten auf verschiedene syndesmotische Anlagen (links), welche beim Erwachsenen meist vollständig synostosiert sind (rechts)

Abb. 4.6 Übersicht über Synarthrosen. **a:** Syndesmose, **b:** Symphyse, **c:** Synostose.

Junctura fibrosa

Knochenverbindung über Bindegewebe:

Syndesmosis, Bandhaft. Bei dieser Knochenverbindung werden die Elemente durch straffes, kollagenes Bindegewebe oder – in seltenen Fällen – durch elastisches Gewebe (Ligg. flava der Wirbelbögen) (s. Kap. 4.2.1.1) miteinander verbunden. In den Syndesmosen sind geringe Bewegungen (Translati-

onsbewegungen) möglich (z. B. Syndesmosis tibiofibularis) (s. Kap. 4.3.2.6).
- **Sutura, Naht.** Eine Sonderform der Bandhaft ist die am Schädel vorkommende Sutura (s. Kap. 6.8.1.1). Suturen werden nach der Form der Knochenverbindung weiter klassifiziert:
  – **Sutura plana** ist eine platte Knochenverbindung (z. B. zwischen Tränenbein und Siebbein).
  – **Sutura squamosa** ist eine schuppenförmige Knochenverbindung (z. B. zwischen Schläfen- und Scheitelbein).
  – **Sutura serrata** ist eine gezackte Knochenverbindung (z. B. zwischen Stirnbein und Scheitelbein). In einzelnen gezackten Sägenähten treten Nahtknochen **(Ossa suturalia)** auf.
- **Gomphosis.** Die Gomphosis (Einzapfung, Einkeilung) dient der federnden Aufhängung des Zahns durch Sharpey-Fasern (Ligg. parodontalia, Desmodont) in der Alveole des Kiefers. (s. Kap. 6.14.1.3).

Junctura cartilaginea

Knochenverbindung über Knorpel:
- **Synchondrosis, Knorpelhaft.** Das verbindende Gewebe ist **hyaliner** Knorpel (z. B. Synchondrosis sternocostalis (s. Kap. 4.2.2.4), basikraniale Synchondrosen (s. Kap. 6.8.1.1) oder alle Wachstumsfugen der Röhrenknochen).
- **Symphysis.** Ist das Zwischengewebe der Junctura cartilaginea Faserknorpel, so bezeichnet man diese Knorpelhaft als Symphyse (z. B. Symphysis pubica [Kap. 5.3.1.1]), Disci intervertebrales [Kap. 4.2.1.1]). Die Bewegungen sind minimal bis aufgehoben. Eine Sonderform bilden die Bandscheiben.

Junctura ossea (Knochenhaft, Synostosis)

Kommt es zu Verknöcherung des bindegewebigen oder knorpeligen Zwischengewebes, dann entsteht die Knochenhaft. Sie lässt keine Beweglichkeit mehr zu (z. B. Os sacrum, Synostose einzelner Sakralwirbel) (s. Kap. 4.2.1.1).

> **Klinik: 1.** Synostosierungen **(Ankylosen)** können als Versteifungen von Gelenken auftreten oder **2.** therapeutisch **(Arthrodesen)** zur Ruhigstellung durchgeführt werden.

4.1.2.2 Diarthrosen, Articulationes, diskontinuierliche Knochenverbindungen

Ein **synoviales Gelenk** muss die angrenzenden Skelettteile stabil miteinander verbinden, die einwirkenden Kräfte übertragen, die Beweglichkeit der Skelettteile gegeneinander gewährleisten und Sinnesinformationen über Position und Zustand der passiven Sicherungseinrichtungen vermitteln.

Aufbau eines Gelenkes

Die Diarthrosen besitzen einen Gelenkspalt und erlauben je nach Konstruktion und Passung der artikulierenden Gelenkflächen einen unterschiedlichen Bewegungsspielraum. Zu den morphologischen Charakteristika gehören die meist mit hyalinem Knorpel überzogenen Gelenkflächen (**Facies articulares**), die die Gelenkhöhle (**Cavitas articularis**) umschließende Gelenkkapsel (**Capsula articularis**), die Gelenkschmiere (**Synovia articularis**) und besondere Hilfseinrichtungen wie Zwischenscheiben (**Disci, Menisci, Labra articularia**), Bänder (**Ligamenta**), Schleimbeutel und Sehnenscheiden (**Bursae et Vaginae synoviales**).

Facies articulares, Gelenkflächen. Sie sind mit hyalinem Gelenkknorpel (**Cartilago articularis**) überzogen. Er ermöglicht mit seiner glatten Oberfläche ein reibungsfreies Gleiten der Gelenkkörper. Seine typische histologische Architektur mit Mikroporen, die biochemische Zusammensetzung seiner Matrix und die Ausrichtung seiner kollagenen Fasern ermöglichen die elastische Verformbarkeit und Druckaufnahme. Dieses viskoelastische Verhalten hat schockabsorbierende Funktion insbesondere für das subchondrale Knochengewebe. Gelenkknorpel kann je nach aufzunehmendem Druck unterschiedlich dick sein (0,2–6 mm). Unter Druck gibt der Gelenkknorpel Flüssigkeit ab und nimmt sie bei Entlastung wieder auf. Diese Flüssigkeitsverschiebungen tragen zu seiner Ernährung bei. Wichtig ist dabei, dass Belastung und Entlastung abwechseln. Der Gelenkknorpel besitzt weder Gefäße noch Nerven und wird zu 2 Dritteln über die Synovia und vor allem während des Wachstums zusätzlich über das subchondrale Knochengewebe ernährt. Nach mechanischer Überbeanspruchung kommt es zur Knorpelatrophie (Degeneration, Arthrose). Seine Regenerationsfähigkeit ist äußerst begrenzt.

Capsula articularis, Gelenkkapsel. Sie umschließt die Gelenkhöhle (**Cavitas articularis**) und befestigt sich meist an der Knochen-Knorpel-Grenze der Gelenkkörper (Abb. 4.7). Hier sind oftmals besondere Strukturen wie Gelenklippen (**Labrum articulare**) vorhanden. Die Kapsel besteht aus einer äußeren, festen Faserschicht (**Membrana fibrosa, Stratum fibrosum**) und einer inneren, zellreichen Gelenkinnenhaut (**Membrana synovialis, Stratum synoviale**). Die Membrana fibrosa setzt sich aus kollagenen und wenigen elastischen Fasern zusammen und geht in das Periost des Knochens über. Teilweise wird sie durch eigene Bänder (**Ligamenta articularia**) verstärkt. In der Faserschicht liegen zahlreiche Gefäße und Nerven mit ihren zugehörigen Rezeptoren. Die Membrana synovialis bildet mit dem Knorpel die Begrenzung der Gelenkhöhle. Dabei endet sie typischerweise am Knorpelrand. Die Gelenkinnenhaut besteht aus einer inneren synovialen Deckschicht (**synoviale Intima**, intimal layer, lining cells) und einer subintimalen oder subsynovialen Schicht. Die Zellen der Deckschicht sind an der Bildung der Gelenkschmiere (**Synovia**) beteiligt und können phagozytieren. Die Gelenkinnenhaut kann gefäßreiche Zotten (**Villi synoviales**) und gefäßreiche Falten (**Plicae synoviales**) bilden. Die Falten ermöglichen als Reservematerial ausgedehnte Beweglichkeit. Sie vergrößern ferner die Oberfläche und sind an resorptiven Vorgängen beteiligt. Von Vorteil ist dabei die gute Durchblutungssituation und die hohe Permeabilität der Membrana synovialis. Die subsynoviale Schicht enthält zahlreiche Mechano- und Nozizeptoren und ist wesentlich verantwortlich für die bei Entzündung und Gelenkergüssen auftretenden Gelenkschmerzen. Für die Lage der Elemente eines Gelenkes ist es wichtig, die verschiedenen Räume auseinanderzuhalten. **Intraartikulär** meint alle die Strukturen, die von Synovialflüssigkeit umspült sind (z. B. Menisci genus). **Intrakapsulär** und gleichzeitig **extraartikulär** sind Strukturen, die noch innerhalb der fibrösen Kapsel liegen, aber bereits von synovialer Membran umgeben sind (z. B. Ligg. cruciata genus). **Kapsuläre** Bänder sind verstärkte Faserzüge in der Membrana fibrosa. **Extrakapsulär** liegen gelenkassoziierte Elemente, die den Kontakt zur Kapsel verloren haben, aber funktionell integraler Bestandteil sind (z. B. Lig. collaterale fibulare genus). **Periartikulär** liegen neben den Hilfseinrichtungen und Muskeln gelenkzugehörige Gefäßgeflechte.

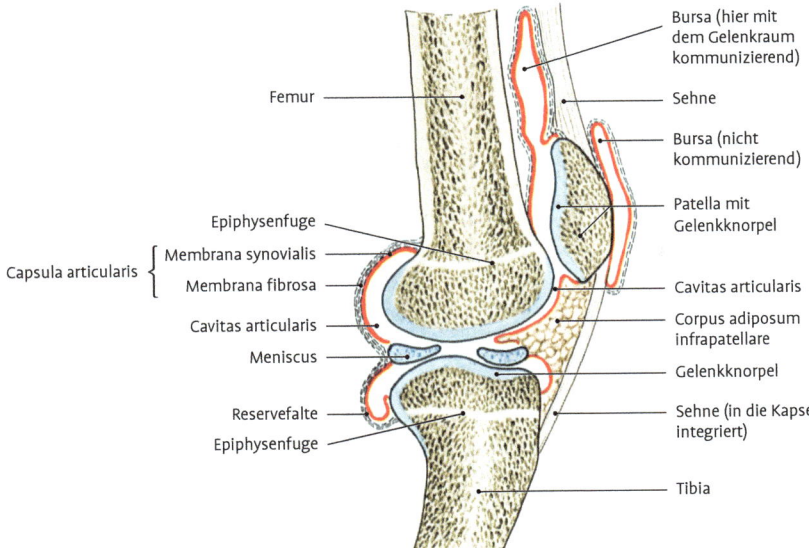

Femur

Epiphysenfuge

Capsula articularis {
Membrana synovialis
Membrana fibrosa

Cavitas articularis

Meniscus

Reservefalte
Epiphysenfuge

Bursa (hier mit dem Gelenkraum kommunizierend)

Sehne

Bursa (nicht kommunizierend)

Patella mit Gelenkknorpel

Cavitas articularis

Corpus adiposum infrapatellare

Gelenkknorpel

Sehne (in die Kapsel integriert)

Tibia

Abb. 4.7 Schematisierter sagittaler Schnitt durch ein Kniegelenk (ohne intrakapsulären Bandapparat) mit aus-

gewählten gelenkassoziierten Strukturen. Rot: Membrana synovialis, den intraartikulären Raum auskleidend.

Synovia articularis, Gelenkschmiere. Es handelt sich um eine klare, gelbliche, fadenziehende Flüssigkeit mit Schmierfunktion. Die größten Gelenke enthalten physiologischerweise bis zu 35 ml Synovia. Neben Plasmaproteinen ist Hyaluronsäure vorhanden, die wesentlich für die Lubrikation ist. Die Viskosität variiert unter anderem abhängig von der Temperatur, womit sich teilweise die erhöhte Gelenksteifigkeit bei Kälte erklärt. Der zelluläre Gehalt kann durch pathologische Prozesse beeinflusst sein und wird daher zuweilen zu diagnostischen Zwecken herangezogen.

Disci articulares und **Menisci articulares, Zwischenscheiben.** Sie werden auf Druck beansprucht. Sie bestehen aus Faserknorpel, gleichen die Inkongruenz der Gelenkflächen aus und helfen mit bei der Spannungsverteilung. Bei vollständiger Teilung eines Gelenkes in 2 Kammern durch einen Discus articularis erhöht sich der Bewegungsumfang (z. B. Art. temporomandibularis). Im Gegensatz dazu teilen Menisci das Gelenk unvollständig (z. B. im Kniegelenk).

Labra articularia, Gelenklippen. Sie bestehen ebenfalls aus Faserknorpel und dienen der Vergrößerung der Gelenkflächen (z. B. Art. humeri).

Ligamenta articularia, Gelenkbänder. Diese kommen intra- und extrakapsulär sowie kapsulär vor.

Sie bestehen aus Kollagenfasern und verstärken die Gelenkkapsel (Verstärkungsbänder), sichern die Gelenkführung (Führungsbänder) und können die Bewegung hemmen (Hemmungsbänder). Darüber hinaus sind sie wesentliche Sinnesorgane. Intraartikuläre Bänder kommen z. B. im Hüftgelenk (Lig. capitis femoris) vor.

Bursae und **Vaginae synoviales, Schleimbeutel** und **Sehnenscheiden.** Sie erleichtern das Gleiten von Sehnen und Muskeln oder Haut gegen andere Strukturen. Sie enthalten synoviale Flüssigkeit. Schleimbeutel können frei vorkommen oder mit der Gelenkhöhle kommunizieren. Schleimbeutelentzündungen (Bursitis) können somit auf das betreffende Gelenk übergreifen (Arthritis). Der Wandaufbau entspricht dem der Capsula articularis.

Klinik: Alle genannten Komponenten eines Gelenkes können jeweils im Vordergrund einer Gelenkerkrankung stehen. Neben den pathologischen Reaktionen (z. B. Entzündung) werden in unterschiedlichem Ausmaß auch physiologische Mechanismen aktiviert (z. B. überschießende Knochenbildung an arthrotischen Gelenkrändern = **Osteophyten, Spondylophyten** an der Wirbelsäule). **1.** Knorpel wird vorzugsweise bei **degenerativer Arthrose,** Traumata

oder anatomischen Fehlstellungen geschädigt. **2.** Die Membrana synovialis ist typischerweise Sitz entzündlicher Erkrankungen. Dabei steigt nicht nur die Produktion synovialer Flüssigkeit, sondern sie verändert sich in ihrer Zusammensetzung. Freiwerdende Enzyme können dann ihrerseits den Knorpel angreifen. **3.** Die begleitende Irritation der Kapselinnervation führt zu Schmerzen und **Schonhaltung** mit **Muskelatrophie. 4.** Veränderungen in der Zusammensetzung der Synovia können zu Auskristallisationen führen wie bei der **Arthritis urica, Gicht** (abhängig von der Temperatur, vorzugsweise in größeren peripheren Gelenken wie dem Zehengrundgelenk).

Gelenktypen

Gelenke lassen sich nach der Zahl der artikulierenden Gelenkkörper in **einfache Gelenke (Articulatio simplex)** und **zusammengesetzte Gelenke (Articulatio composita)** einteilen. Im einfachen Gelenk artikulieren 2 Skelettteile, z. B. Schultergelenk, im zusammengesetzten Gelenk 3 oder mehr Skelettstücke, z. B. Ellenbogengelenk, proximales Handgelenk. Gelenke können nach der **Form** der Gelenkkörper und nach der Zahl ihrer **Bewegungsachsen** (Freiheitsgrade) klassifiziert werden. Die Bewegung ist immer relativ zu den beteiligten Knochen.

Entsprechend der Form der artikulierenden Gelenkkörper werden 6 Gelenktypen unterschieden (Abb. 4.8).

- **Articulatio plana.** Beim planen Gelenk artikulieren flache, ebene Gelenkflächen, z. B. Zwischenwirbel- oder Interkarpalgelenke. Es finden Translations- und Drehbewegungen statt.
- **Articulatio cylindrica.** Das Walzengelenk kommt als Radgelenk **(Articulatio trochoidea)** und Zapfengelenk vor. Die Drehachse ist die Schaftlängsachse, z. B. proximales Speichen-Ellen-Gelenk (Zapfengelenk) und distales Speichen-Ellen-Gelenk (Radgelenk). Mögliche Bewegungen sind Pronation-Supination bzw. Innenrotation-Außenrotation. Daneben existiert es als Scharnier- und Kondylengelenk: Im Scharniergelenk **(Ginglymus)** wird um eine Achse, die senkrecht zur Bewegungsebene steht, bewegt, z. B. Ellen-Oberarmgelenk mit Flexion-Extension. Das dem Scharniergelenk ähnliche Kondylengelenk **(Articulatio bicondylaris)** besitzt typischerweise 2 Gelenkrollen

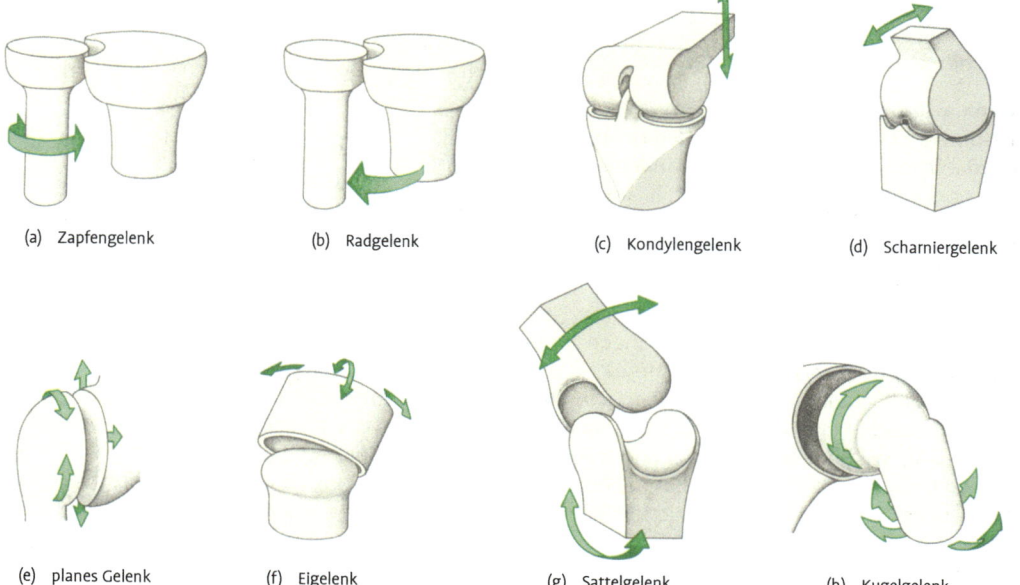

(a) Zapfengelenk   (b) Radgelenk   (c) Kondylengelenk   (d) Scharniergelenk

(e) planes Gelenk   (f) Eigelenk   (g) Sattelgelenk   (h) Kugelgelenk

Abb. 4.8 Schematische Darstellung der Gelenkformen und ihrer Bewegungsmöglichkeiten.

(Condylus) mit 2 unterschiedlich konvexen Krümmungen. In diesem relativ stabilen Gelenktyp finden Bewegungen um 2 Achsen statt, z. B. Femorotibialgelenk. Hier sind ebenfalls Flexion-Extension und Innenrotation-Außenrotation möglich.

- **Articulatio sellaris.** Beim Sattelgelenk weisen die sattelförmigen Gelenkflächen eine konvexe und konkave Krümmung auf. Die Bewegungen finden um 2 Hauptachsen statt, die senkrecht zueinander stehen, z. B. Daumensattelgelenk. Es sind Abduktion-Adduktion und Flexion-Extension möglich. Die Bewegungen zusammen ergeben eine Zirkumduktion.
- **Articulatio ellipsoidea.** Im Eigelenk finden die Bewegungen um 2 Hauptachsen statt, z. B. proximales Handgelenk. Bewegungen: Abduktion-Adduktion, Flexion-Extension. Für die Hand ergibt die Kombination dieser Bewegungen eine Zirkumduktion.
- **Articulatio sphaeroidea.** Im Kugelgelenk artikuliert der kugelförmige Gelenkkopf mit einer konkaven Gelenkpfanne, z. B. Schultergelenk. Die Bewegungen finden um 3 Hauptachsen statt. Sie heißen Anteversion-Retroversion, Abduktion-Adduktion und Innenrotation-Außenrotation. Eine besondere Form des Kugelgelenkes ist das Nussgelenk (**Enarthrosis, Articulatio cotylica,** z. B. Hüftgelenk); hierbei wird der Kopf mehr als zur Hälfte von der Pfanne umschlossen. Die Bewegungen werden dadurch eingeschränkt. Sie finden ebenfalls um 3 Hauptachsen statt.

Amphiarthrose. Das straffe Gelenk stellt eine Sonderform der Gelenke dar. Wir finden unebene Gelenkflächen. Straffe Kapseln und Bänder lassen nur sehr geringe Beweglichkeit zu, z. B. bei der Art. sacroiliaca.

Biomechanik der Diarthrosen

Allgemeines. Diese Grundanforderungen an ein Gelenk sind in unterschiedlichen Bereichen verschieden gewichtet. Die Anforderungen an Stabilität und Beweglichkeit widersprechen sich zum Teil. Eine Vielzahl kleiner, hintereinander geschalteter Gelenke ermöglicht in der Summe eine hohe Beweglichkeit, wobei durch eine straffe Sicherung und relativ stark eingeschränkte Beweglichkeit der einzelnen Segmente die Kombination mit geringer Luxationsgefahr möglich ist (z. B. Wirbelsäule). Die Versteifung einzelner Segmente fällt meist wenig

auf. Je weiter die Gelenke auseinander liegen und je geringer ihre Zahl in der Gliederkette ist, desto größer wird der Aufwand der Sicherung (z. B. Arm mit Hand). Bei Gelenkbetrachtungen unter medizinischen Gesichtspunkten ist zu berücksichtigen, dass Gelenke keine isoliert wirkenden Strukturen sind. Sie werden zumeist durch benachbarte Gelenke beeinflusst und erst durch diese in der Gesamtbewegung ergänzt. So lassen sich Einschränkungen eines Gelenkes teilweise kompensieren. Für eine gezielte Untersuchung hinsichtlich der Einschränkung eines Gelenkes muss man daher den Einfluss der Nachbargelenke ausschalten. Hilfreich bei der klinischen Untersuchung ist außerdem der meist mögliche Seitenvergleich. Man unterscheidet **Gleitbewegungen** mit Verschiebungen der artikulierenden Knochen gegeneinander von **Winkelbewegungen** mit veränderlichem Winkel zwischen 2 artikulierenden Knochen.

Achsen. Ein Gelenk kann je nach Typus um eine oder mehrere Achsen bewegt werden. Um einen inter- und intraindividuellen Vergleich der Beweglichkeit der Gelenke zu erlauben, werden (insbesondere bei mehrachsigen Gelenken), wo möglich, die anatomischen Hauptachsen des Körpers als Bewegungsachse zugrunde gelegt (s. Kap. 2.1.1.1). In der Regel wird bei der Benennung der einzelnen Bewegungen die Beziehung zur Körpermitte gewählt. Bei den Extremitäten können auch einzelne Knochen als Bezugspunkte herangezogen werden. Dadurch wird die Bezeichnung unabhängig von benachbarten Gelenkstellungen. So wird eine radiale Abduktion bei schlaff hängendem Arm (Handfläche zum Körper) nach vorne ausgeführt. Insbesondere bei Hand und Fuß muss daher auch eine eigene Mitte definiert werden (sog. **Mittelstrahl**). Bewegungen zu diesem Mittelstrahl hin sind Adduktionen und von dem Mittelstrahl weg Abduktionen. Bei der Hand ist der Mittelstrahl der dritte Finger, beim Fuß die zweite Zehe.

Neutral-Null-Methode. Bei dieser Messmethode werden die Bewegungen eines Gelenkes von einer definierten Position aus betrachtet. Die von den Gelenken eingenommene Ausgangsstellung (Nullstellung) unterscheidet sich von der anatomischen Normalstellung dadurch, dass die Handflächen bei herabhängenden Armen an den Oberschenkel angelegt sind. Von dieser Stellung ausgehend werden die Winkel der Bewegungsausschläge gemessen. Die Notierung erfolgt nach der Null-Durchgangsmethode.

Null-Durchgangsmethode. Bei dieser standardisierten Methode der Dokumentation einer Gelenkbeweglichkeit (zur Diagnostik und Quantifizierung von Bewegungseinschränkungen sowie zur Verlaufskontrolle von Therapien) werden 3 Zahlen notiert. Sie geben die Gradzahl zur Neutral-Null-Methode der antagonistischen maximalen Bewegungsausschläge vor und nach der Durchgangsposition (in der Regel die Neutralposition) an.

Beispiel. Für ein normales Kniegelenk ergeben sich 120° maximale (passive) Flexion, Nullstellung 0° und maximale Extension 5°. Die zugehörige Notierung im Protokoll lautet: Flex./Ext.: 120°/0°/5°. Kann die Nullstellung nicht erreicht werden (z.B. bei einer Kontraktur), so steht die Null auf der Seite der Bewegungseinschränkung. Beispiel: Bei einer Kontraktur der ischiokruralen Muskulatur sei z.B. ein Streckdefizit von 30° gegeben. Dann lautet die Notierung im Protokoll: Flex./Ext.: 120°/30°/0° (also Flexion von 120° bis Flexion 30°).

> **Klinik:** In der Praxis hängen von Bewegungseinschränkungen u.a. die gutachterlichen Festlegungen von Behinderungen ab. Dabei sind nicht so sehr die relativen Einschränkungen, sondern die tatsächlichen Gradzahlen von Bedeutung und für jedes Gelenk individuell zu betrachten. So kann beispielsweise eine relativ geringe Einschränkung der Außenrotation im Schultergelenk die Gesichtspflege (Kämmen) und das Essen unmöglich machen. Viele Bewegungseinschränkungen ziehen kompensatorische Mehr- oder Fehlbelastungen anderer Gelenke nach sich und führen dort z.B. zu Arthrose.

Gelenksicherung. Ein Gelenk kann durch knöcherne, ligamentäre und muskuläre Führung in unterschiedlichem Ausmaß gesichert werden. Ein typisches **knochengesichertes** Gelenk ist die Articulatio humeroulnaris, bei der die Konkavität der Ulna die Trochlea des Humerus weit umfasst und durch eine knöcherne Nut die Bewegung führt. Ein Beispiel für ein vorzugsweise **bandgesichertes** Gelenk findet sich in der Articulatio radioulnaris. Bei vielen Bandsicherungen hängt die Führung und Sicherung von der Gelenkstellung und der unterschiedlichen Straffung der Bänder ab. Beispielsweise lassen sich die Finger in Streckstellung, nicht aber in Beugestellung im Grundgelenk spreizen. Vorzugsweise **muskelgesichert** ist beispielsweise

die Articulatio humeri. Die erforderliche zentralnervöse Steuerung der Muskulatur ist weitgehend autonom und hängt wesentlich von der Propriozeption des Gelenkes ab. Eine besondere Muskelsicherung sind Muskelzüge an der Gelenkkapsel zur Vermeidung von Einklemmungen des Kapselapparates bei Bewegungen (Kapselspanner).

> Ein Gelenk kann grundsätzlich **knöchern, ligamentär** oder **muskulär** gesichert sein. Meist ist jedoch eine Kombination zu finden, die zudem von der Gelenkstellung abhängt.

Kongruenz. Die Artikulationsflächen biologischer Gelenke sind in jedem Fall inkongruent bezüglich des Ausmaßes der überknorpelten Fläche und bezüglich der Flächenkrümmung. Diese Krümmungsinkongruenz bedingt eine „schlechte Paßgenauigkeit", was punktförmigen Kontakt bedingen würde, wenn der Knorpel nicht verformbar wäre. Es existiert daher immer eine mehr oder weniger große Kontaktfläche, deren Ausmaß vom Unterschied der Flächenkrümmungen, von der Knorpeldicke und -steifigkeit sowie von der kompressiven Gelenkkraft abhängt. Die **Krümmungsinkongruenz** ist physiologisch notwendig: Sie ermöglicht Schmierung und Ernährung des Knorpels: Durch die Inkongruenz ist ein Gelenkspalt gegeben. Dieser ändert während der Gelenkbewegung seine Größe und Lage, sodass alle Stellen der Knorpeloberflächen im zeitlichen Mittel durch die Gelenkschmiere, die Synovia, befeuchtet werden können. Beim Nachbau eines Gelenkes (Gelenkersatz) können diese Details meist nicht berücksichtigt werden.

> **Klinik:** Hüftendoprothesen sind in der Regel als Kugelgelenke konstruiert, in denen z.B. in einer Hohlkugel aus Polyäthylen eine perfekt eingepaßte Metallkugel artikuliert. Dadurch kommt es zu „Trockenreibung", bei der im Vergleich zur „Flüssigkeitsschmierung" ein erhöhter Abrieb der weicheren Substanz (Polyäthylen) auftritt.

Mechanische Funktionsprinzipien. In den letzten Jahren haben sich die Erkenntnisse in der Biomechanik gewandelt. Die Einteilung der Diarthrosen nach Kategorien der Technik, wie u.a. in Scharnier- oder Kugelgelenke, ist idealisierend getroffen. Tatsächlich gibt es im menschlichen Körper

keine reinen Scharniergelenke, die im Sinne der Technik nur einen Bewegungsfreiheitsgrad besitzen. Im Unterschied zur Technik, wo nur formschlüssige Gelenke Verwendung finden, sind Diarthrosen aber kraftschlüssig. Unter **Kraftschlüssigkeit** versteht man, dass zur Gelenkfunktion eine kompressive Kraft notwendig ist, welche die Artikulationsflächen aneinander drückt. Diese Bedingung stellt sich in der Regel automatisch ein. Die Insertionspunkte der über das Gelenk ziehenden Muskelkräfte liegen in der Regel näher am Gelenk als die Angriffspunkte der äußeren Kräfte; die Muskelkräfte ziehen am kurzen Hebel. Das bringt zwar den Nachteil mit sich, dass die Muskelkräfte wegen des Hebelgesetzes erheblich größer sein müssen als die auf das bewegte Körperglied von außen einwirkenden Kräfte, hat aber die Vorteile, dass die im Gelenk auftretende Kraft auf das bewegliche Körperglied drückt und somit kompressiv wirkt und dass beim Bewegungsvorgang der Insertionspunkt der Muskelkraft eine nur kurze Strecke zurücklegen muss, um das bewegte Körperglied weit schwenken zu lassen: Die Änderung der Muskellänge bleibt beim Strecken wie beim Zusammenziehen in ihrem physiologischen Bereich, der etwa 10 % der Muskellänge insgesamt beträgt.

4.1.2.3 Propriozeption im passiven Bewegungsapparat

Im Bewegungsapparat liegen sehr viele sensible Nervenendigungen als Informationsgeber über die Lage der Körperteile, Gelenkstellungen oder Spannungszustände der Muskeln und Sehnen. Diese Sinneswahrnehmung dient zur Vermittlung körpereigener Zustände und heißt **Propriozeption** (Eigenwahrnehmung, **Tiefensensibilität**). Der teilweise oder komplette Verlust der Sinneswahrnehmung durch den Kapsel- und Bandapparat eines Gelenkes – etwa infolge eines Bänderrisses – führt zu einer veränderten Muskelbetätigung, da der Rückkopplungsmechanismus der Bewegungskontrolle einer wesentlichen Rückmeldung beraubt ist. Die dadurch veränderte mechanische Beanspruchung führt in der Regel zur Arthrose, wenn nicht mithilfe übergeordneter Sinne zeitlebens bewusst gegengesteuert wird. Neben freien Nervenendigungen sind die **Lamellenkörperchen (Corpuscula bulboidea)** nach **Golgi-Mazzoni** und die **Ruffini-Körperchen** die häufigsten Rezeptorarten in Gelenkkapseln und Bändern. Sie kommen außerdem in Sehnen, Faszien, Periost, serösen Häuten

und an anderen Stellen vor. Periartikulär korreliert die Häufigkeit ihres Auftretens u. a. mit dem Bewegungsausmaß des Gelenkes und dessen Bedeutung für das Lageempfinden. Mit 1–4 mm sind sie mit dem bloßen Auge sichtbar. Sie perzipieren vor allem Druck.

4.1.3 Myologie, allgemeine Skelettmuskellehre

Von den 3 Muskelarten, quer gestreifte oder Skelettmuskulatur, glatte Eingeweidemuskulatur und Herzmuskulatur, gehört lediglich die Erste zum aktiven Bewegungsapparat.

> Die Skelettmuskulatur bildet den aktiven Bewegungsapparat. Die Kontraktion des Muskels führt zur Bewegung in den Gelenken. Sie wird z. T. willkürlich durch das zerebrospinale Nervensystem gesteuert.

4.1.3.1 Aufbau und Formen des Skelettmuskels

Aufbau

Ursprung und Ansatz. Jeder Muskel besitzt zumindest zwei Befestigungsstellen, einen **Ursprung (Origo)** und einen **Ansatz (Insertio)**. Die Befestigungsstelle, welche bei Kontraktion des Muskels bewegt wird, bezeichnet man als Punctum mobile, die weniger bewegliche oder unbewegliche Befestigungsstelle als Punctum fixum. Der Ursprung liegt definitionsgemäß am **Punctum fixum** (unbeweglicherer Punkt) bzw. in Rumpfnähe; der Ansatz am **Punctum mobile** (beweglicherer Punkt) bzw. rumpffern. Grundsätzlich ist es möglich und bei bestimmten Muskeln von Bedeutung, den normalerweise bewegten Teil festzustellen und dadurch mittels derselben Muskeln nun das ursprüngliche Punctum fixum zu bewegen. Zum Beispiel bewirkt das Aufstützen der Arme, dass jene vom Rumpf zum Arm ziehenden Muskeln, die üblicherweise den Arm senken, nun den Brustkorb heben und so zu Atemhilfsmuskeln werden. Ursprung und Ansatz erfolgen in der Regel über eine Sehne, aber es finden sich auch Ansätze an Faszien oder Sehnenplatten sowie Hautansätze.

Der Muskel kann über ein oder mehrere Gelenke ziehen und damit z. T. an komplizierten Bewegungen beteiligt sein. Entsprechend unterschei-

det man **eingelenkige** (z. B. M. adductor magnus), **zweigelenkige** (z. B. ischiokrurale Muskulatur) und **mehrgelenkige** Muskeln (z. B. M. psoas major).

Wenn mehrere Muskeln aus verschiedenen Richtungen am selben Skelettteil inserieren, werden sie als **Muskelschlinge** bezeichnet. Sie können dabei vorwiegend antagonistische (s. u.) Funktionen ausüben, z. B. an der Scapula, überwiegend synergistisch (s. u.) wirken, z. B. die Kaumuskeln, oder eine Muskelkette mit knöcherner Zwischenstücken bilden, z. B. die supra- und infrahyale Muskulatur.

Muskelbauch. Der kontraktile, aus Skelettmuskelgewebe und umhüllendem Bindegewebe aufgebaute Hauptteil ist der Muskelbauch **(Venter)**. Dieser kann unterschiedlich geformt aber auch mehrfach vorhanden sein (s. u.). Die in einen Muskel ein- und austretenden Leitungsbahnen sind an einer oder wenigen umschriebenen Stellen des Muskels zusammengefasst. Es entsteht ein **Muskelhilus (Area nervovasculosa)**. Die weitere Verteilung der Nervenfasern und Gefäße erfolgt im Inneren des Muskels. Die Ein- bzw. Austrittspforten liegen an Stellen geringer relativer Bewegung (bezogen auf die Umgebung). Dadurch wird gewährleistet, dass keine Abknickung bei der Kontraktion oder Bewegung der benachbarten Gelenke erfolgt, wodurch die Blutversorgung gefährdet wäre und der Nerv Schaden nehmen könnte.

Es gibt 2 Typen von **Muskelfasern,** aus denen die rund 600 Muskeln des menschlichen Körpers bestehen:

- **Phasische Muskelfasern.** Sie sind im Wesentlichen hinter dem Muskelzuwachs bei Krafttraining (Gewichtheben) zu sehen und können kurzfristig außerordentliche Kraft entfalten. Sie werden in schnelle oxidativ-glykolytische und schnelle glykolytische Fasern eingeteilt. Letztere stehen im Wesentlichen für intensive anaerobe Bewegungen (Gewichtheben). Ausdauer und Kreislaufbelastbarkeit können damit nicht erreicht werden. Dauerbelastung wie Marathonlauf führt nicht zu so deutlicher Muskelhypertrophie. Ein rein phasischer Muskel ist selten, z. B. der sternale Zwerchfellanteil.
- **Tonische Muskelfasern.** Eine eher tonische Belastung nehmen Leistungsschwimmer auf sich. Die hierbei trainierten tonischen Muskelfasern sind auf langsame, ausdauernde Kraftentfaltung ausgelegt. Die autochthone Rückenmuskulatur hat vorzugsweise tonische Fasern.

Die beiden Fasertypen unterscheiden sich im **Myoglobingehalt,** einem Eiweiß, das als intrazellulärer Sauerstoffspeicher für die Dauer der kontraktionsbedingten Minderdurchblutung dient. Es ist in den tonischen Fasern angereichert, da deren Dauerkontraktion die Durchblutung und mithin die Sauerstoffzufuhr beeinträchtigt. Diese sind dadurch an ihrer roten Färbung zu erkennen. Myoglobin ist auch im Herzmuskel wegen der hier erst in der Diastole auftretenden Durchblutung vermehrt. Bei den hellen, phasischen Muskeln fällt entsprechend dem Sauerstoffmangel bei Belastung vermehrt Milchsäure an. Umgekehrt ist der Schwellenwert für Schmerz in den tonischen Fasern erhöht. Beim Menschen sind die Muskeln meist **Mischtypen** mit lokalisationsbedingtem und genetisch festgelegtem variierendem Überwiegen der einen oder anderen Faserart. Der Stoffwechsel der Muskelfasern ist dabei nicht phylogenetisch festgelegt, sondern passt sich dem Impulsmuster aus dem Rückenmark an. Bei einer veränderten Innervation, etwa nach einer Nervendurchtrennung durch neu aussprossende Neuriten, können sich die Muskelzellen entsprechend umwandeln.

> **Klinik: 1. Regenerationsfähigkeit.** Während der embryonalen Entwicklung entsteht jede Muskelfaser durch Fusion hunderter mesodermaler Myoblasten unter Verlust weiterer Teilungsfähigkeit. Skelettmuskelzellen können daher nur regenerieren, wenn ihr Plasmalemm und ihre Basallaminae nicht verletzt sind. Ist dies jedoch der Fall (bei jeder unfallbedingten Zerstörung), dann wird der Defekt bindegewebig geschlossen. Eine kleine Zahl von Myoblasten bleibt allerdings als Satellitenzellen auch bis in das Erwachsenenalter erhalten. Diese Zellen behalten ihre Potenz zur Fusion und damit zu einer beschränkten echten Regeneration. **2. Hypertrophie, Atrophie.** Die quer gestreifte Skelettmuskulatur kann bei funktioneller Belastung hypertrophieren. Durch „Training" vermehren sich wesentlich die Mitochondrien und die Stoffwechsellage verändert sich. Anabol wirkende Stoffe bewirken durch eine Vermehrung des Sarkoplasmas, besonders aber der Myofibrillen, die Hypertrophie. Inaktivität der Muskelzellen führt zur Atrophie der Muskulatur. Gelenkimmobilisation führt über den Muskelschwund hinaus zusätzlich zur Atrophie des Band-Sehnen-Apparates.

Sehne. Die eher rundlich **(Tendo)** oder flächig, platt **(Aponeurose)** geformte Sehne beginnt nicht an einem Ende eines Muskelbauches, sondern setzt kontinuierlich das um jede Muskelzelle befindliche Bindegewebe **(Endomysium)** fort. Am Knochen geht sie ununterbrochen in das Periost und mit Sharpey-Fasern in das Kollagen des Knochens über. Diese Verankerung ist in der Regel so fest, dass bei einer Überlastung meist nicht die Sehne reißt, sondern die Sehne mit dem verbundenen Knochenteil aus dem Knochen ausreißt. Lange Sehnen dienen der Fernübertragung der Muskelkraft und halten das Erfolgsorgan (z.B. die Hand) zur besseren Beweglichkeit von störenden Muskelpaketen frei. Auch bei einem sogenannten muskulären Ansatz eines Muskels am Knochen ist, wenngleich mit dem bloßen Auge nicht gut erkennbar, stets sehniges Bindegewebe zwischengeschaltet. Neben der Insertion am Knochen sind ebenfalls Ansätze an Faszien oder Sehnenplatten (Zwerchfell) und **Hautansätze** (z.B. mimische Muskulatur) verwirklicht. Sehnen, die in ihrem Verlauf durch eine Umlenkeinrichtung **(Hypomochlion)** aus der ursprünglichen Zugrichtung gelenkt werden, entwickeln gegen die entsprechende Unterlage einen erheblichen intertendinösen Druck. Entsprechend ist hier regelmäßig Knorpelgewebe nachweisbar. In einigen Sehnen entstehen so Prädilektionsstellen für Risse. Bei mehrbäuchigen Muskeln finden sich **Zwischensehnen,** welche die Veränderungen der Zugrichtung eines Muskels markieren oder phylogenetische Relikte der Entstehung neuer Muskelindividuen aus verschiedenen Muskelanlagen sind.

Fakultativ vorhandene Hilfseinrichtungen. Unter bestimmten Anforderungen wird der allgemeine Aufbau ergänzt durch:
- **Vaginae synoviales tendinum, Sehnenscheiden.** Sie besitzen den gleichen Wandaufbau wie Gelenkkapseln und Schleimbeutel und sind Führungskanäle für Sehnen, die bei Bewegung in ihrer Verlaufsrichtung gehalten oder um Knochen herum geleitet werden sollen (Abb. 4.9). Sie bestehen aus einem äußeren **Stratum fibrosum,** einem inneren **Stratum synoviale,** das den mit Synovia gefüllten Raum abschließt und einerseits mit einem **viszeralen Blatt** die Sehne überzieht, andererseits mit einem **parietalen Blatt** die Vagina fibrosa innen auskleidet. Über das die beiden Blätter verbindende **Mesotendineum** treten Gefäße und Nerven an die Sehne

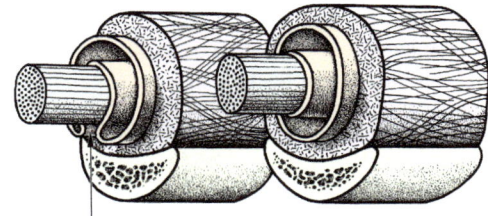

Mesotendineum

Abb. 4.9 Querschnitt durch eine Sehne mit und ohne Mesotendineum. Das Stratum synoviale umschließt mit beiden Blättern die Sehne.

heran. Schmale Mesotendinea werden als **Vincula tendinum** bezeichnet, z.B. bei Finger- und Zehensehnenscheiden.

Klinik: Tendopathien von Sehnen bzw. Sehnenscheiden sind entweder abakterielle Entzündungen in Ansatznähe **(Tendovaginitis)** oder degenerative Veränderungen an Sehnenursprüngen und -ansätzen **(Tendinose).** Aufgrund der guten Versorgung mit sensiblen Nervenfasern sind solche Veränderungen sehr schmerzhaft.

- **Bursae synoviales, Schleimbeutel.** Darunter versteht man einen mit Synovialhaut ausgekleideten und mit Synovia gefüllten Raum, der den Knochen oder andere umliegende Gewebe, die nicht ausweichen können, vor dem mechanischen Druck der Sehne schützt. Schleimbeutel kommen an Orten erhöhten Druckes vor und verteilen in Art eines Wasserkissens die Druckkräfte. Außerdem können sie zur Verbesserung der Verschieblichkeit zwischen stark bewegten Geweben (z.B. gegenüber der Haut) beitragen.

Klinik: Eine **Bursitis** ist eine akute oder chronische Schleimbeutelentzündung. Ursache können mechanische Überlastung (z.B. dauernder Druckreiz mit rezidivierender Mikrotraumatisierung bei Fliesenlegern, Putzfrauen), ein stumpfes Trauma oder Infektionen bei penetrierenden Verletzungen sein. Typische Lokalisationen sind die B. subcutanea olecrani, B. praepatellaris, B. subdeltoidea und B. tendinis calcanei.

- **Fasciae, Muskelbinden.** Faszien bestehen aus kollagenem Bindegewebe, das einzelne Mus-

keln oder Muskelgruppen umschließt. Muskelbinden sind unterschiedlich dehnbar und können als Ursprungs- oder Ansatzflächen der Muskeln dienen. Als Septa intermuscularia trennen sie Muskelgruppen voneinander und grenzen an Extremitäten in Form von Muskellogen Kompartments mit Muskelgruppen und ihren versorgenden Gefäßen und Nerven ein. Sie limitieren ggf. die Ausbreitung von Blutungen, Entzündungen und Eiterungen in die Nachbarschaft, bedingen aber gleichzeitig durch ihre mangelnde Dehnbarkeit einen nachteiligen Innendruckanstieg.

Klinik: Kompartmentsyndrom ist eine durch Platzmangel bzw. Gewebedrucksteigerung auftretende Minderdurchblutung in einer geschlossenen Muskelloge. Bei dem Syndrom

kommt es infolge eines Ödems, einer Blutung, eines Exsudats oder durch Druck von außen zu neuromuskulären Funktionsausfällen und Muskelnekrosen. Häufig betroffen sind die prätibiale Streckerloge, der Tarsal-, Kubital- oder Karpaltunnel.

• **Ossa sesamoidea, Sesambeine.** Sie wirken durch ihre Lage in Sehnen als Umlenkstelle für Zugkräfte **(Hypomochlion)**. Gleichzeitig wird dadurch der Umlenkpunkt von der Gelenkachse entfernt, woraus sich ein günstigerer Ansatzwinkel für die wirksame Endstrecke der Sehne ergibt (Abb. 4.10). Das größte Sesambein ist die Kniescheibe, **Patella,** kleine Sesambeine ergänzen in individuell variabler Anzahl das Hand- und Fußskelett. In seltenen Fällen können sich Gelenke zu benachbarten Knochen ausbilden

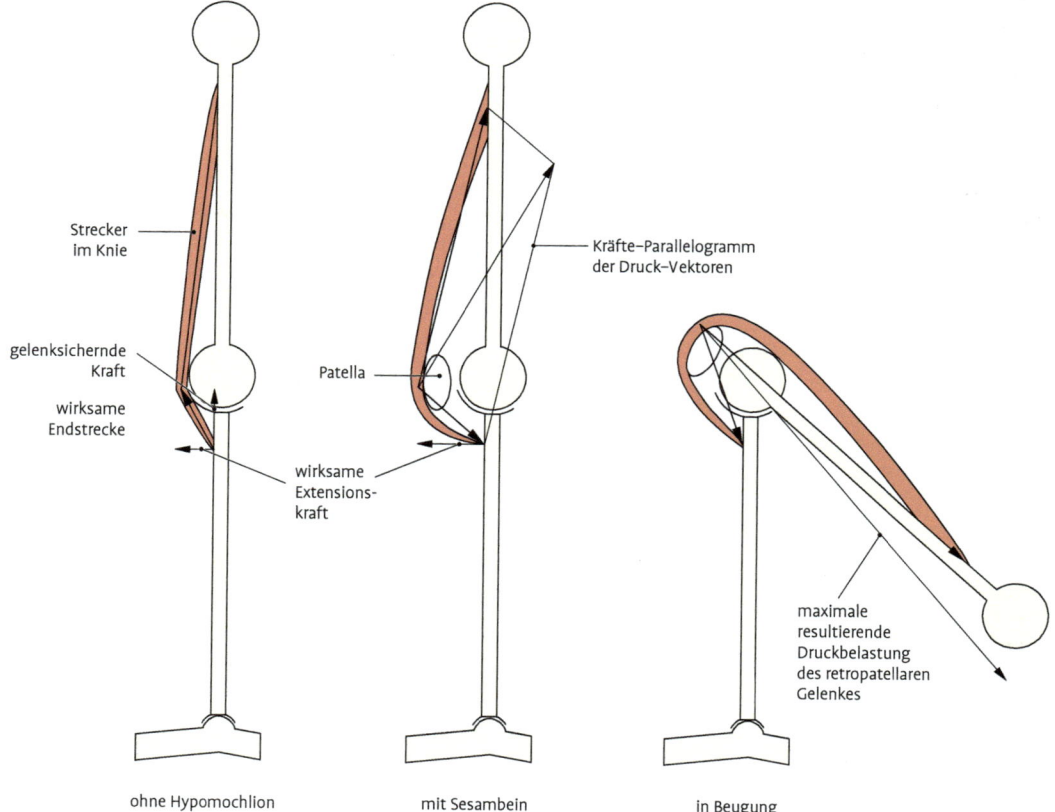

Abb. 4.10 Schema Sesambein am Beispiel Patella. Das femoropatellare Gelenk ist das am stärksten belastete Gelenk des menschlichen Körpers. Die hier wirkenden Kräfte insbesondere in Beugehaltung bzw. bei der Aufrichtung in den Stand übertreffen die Gewichtsbelastung im oberen Sprunggelenk.

(Patella) oder Sesambeine können in der Muskulatur liegen **(Fabellae)**.

- **Trochleae musculares, Umlenkrollen.** Außer Sesambeinen fungieren noch – oft überknorpelte – Knochenstellen oder Bandschlingen als Umlenkrollen für Sehnen (z. B. bei der Augenmuskulatur; s. Kap. 7.1.2).

Morphologische Einteilung

Nach der Form der Muskeln und der Beziehung der Fasern zur Sehne unterscheidet man folgende Muskeln (Abb. 4.11):
- **M. fusiformis** (spindelförmiger Muskel). Bei ihm geht der spindelförmige Bauch **(Venter)** in eine Ursprungs- und Ansatzsehne über. Im Inneren setzen die Muskelfasern in einem kleinen Winkel an der Sehne an, z. B. M. extensor carpi radialis brevis.
- **M. unipennatus** (einfach gefiederter Muskel). Bei ihm inserieren makroskopisch sichtbar die Muskelfasern an einer Seite der Ursprungsbzw. Ansatzsehne, z. B. M. semimembranosus.
- **M. bipennatus** (doppelt gefiederter Muskel). Die Muskelfasern strahlen von beiden Seiten in die in der Mitte gelegene Sehne unter bestimmten Fiederungswinkeln (Winkel zwischen Muskelfaserverlauf und Sehne) ein, z. B. M. rectus femoris.
- **M. biceps** (zweiköpfiger Muskel). Wenn der Muskel 2 oder mehr Ursprungsköpfe besitzt, so wird er M. biceps, **triceps** oder **quadriceps** genannt. Jeder einzelne Kopf **(Caput)** solcher Muskeln besitzt meist die Struktur des fusiformen Muskeltyps, z. B. M. triceps surae.
- **M. biventer** (zweibäuchiger Muskel). Bei dieser Form sind 2 Muskelbäuche hintereinander geschaltet und mit einer Zwischensehne **(Tendo intermedius)** verbunden, z. B. M. digastricus.
- **Parallelfaseriger Muskel.** Bei diesem Muskeltyp verlaufen die Faserbündel parallel zur Zugrichtung, z. B. Mm. intercostales. Auch ursprünglich segmental aufgebaute Muskeln mit sekundär hintereinander geschalteten, durch Zwischensehnen **(Intersectiones tendineae)** verbundenen mehreren Bäuchen sind parallelfasrig konstruiert, z. B. M. rectus abdominis. Einzelne Abschnitte können dabei getrennt kontrahiert werden.
- **M. planus** (platter Muskel). Die Muskeln sind flächenhaft und gehen in eine platte Sehne **(Aponeurose)** über, z. B. Bauchwandmuskulatur.

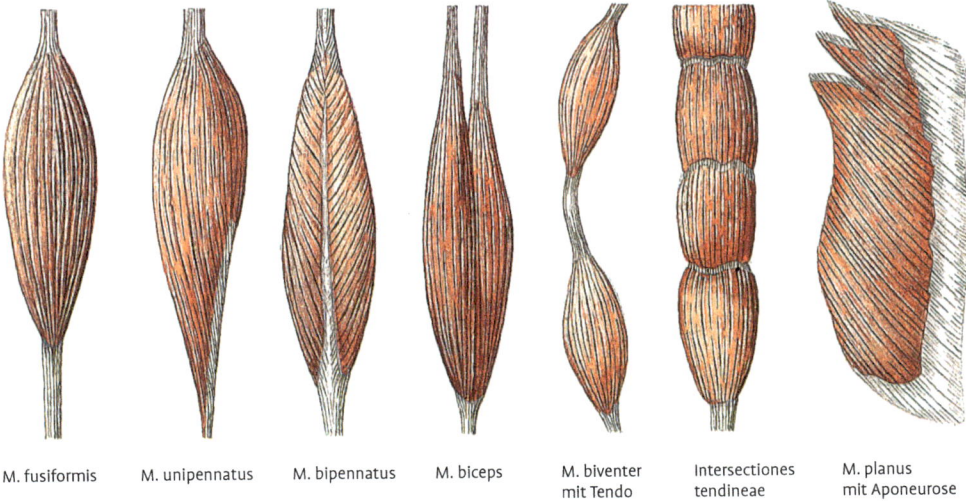

M. fusiformis   M. unipennatus   M. bipennatus   M. biceps   M. biventer mit Tendo intermedius   Intersectiones tendineae   M. planus mit Aponeurose

Abb. 4.11 Muskelformen.

Weiterhin können Muskeln auch gerade (**M. rectus**), quadratisch (**M. quadratus**) oder kreisförmig (**M. orbicularis**) geformt sein.

Funktionelle Einteilung

Nach seiner Wirkung in Bezug auf ein bestimmtes Gelenk kann ein Muskel beispielsweise funktionell klassifiziert werden als:

- **Flexor** (Beugemuskel)
- **Extensor** (Streckmuskel)
- **Abductor** (Wegführmuskel)
- **Adduktor** (Heranführmuskel)
- **Innenrotator** (Einwärtsdrehmuskel)
- **Außenrotator** (Auswärtsdrehmuskel)

Welche Funktion ein Muskel ausübt, hängt von seiner Lage zu der Bewegungsachse des Gelenks ab. Ein Muskel, der vor einer Flexions-Extensions-Achse verläuft, wirkt als Beuger, dahinter gelegen als Strecker. Bei mehrachsigen Gelenken hat ein Muskel meist eine **Haupt-** und eine oder mehrere **Nebenwirkungen**. So kann der M. biceps brachii in erster Linie im Ellenbogengelenk beugen, gleichzeitig aber auch supinieren. Bei gleichartiger Wirkung werden Muskeln in **funktionelle Gruppen** eingeteilt (z. B. Adduktorengruppe am Oberschenkel). Mehrere gleichsinnig wirkende Muskeln werden mit dem Überbegriff **„Synergisten"** (Zusammenspieler) bezeichnet, entgegengesetzt wirkende mit dem Überbegriff **„Antagonisten"** (Gegenspieler). Generell ermöglicht erst das koordinierte Zusammenspiel jeweils beider Gruppen harmonische Bewegungen.

> Die meisten Bewegungen benötigen die Tätigkeit von Muskelgruppen und nur selten einzelne Muskeln.

Muskel können über ein oder mehrere Gelenke ziehen und damit z. T. an komplizierten Bewegungen beteiligt sein. Entsprechend unterscheidet man **eingelenkige** (z. B. M. adductor magnus), **zweigelenkige** (z. B. ischiokrurale Muskulatur) und **mehrgelenkige Muskeln** (z. B. M. psoas major). Muskeln, die auf mehrere Gelenke wirken, können dabei durchaus im einen Gelenk als Flexor, im anderen Gelenk als Extensor wirken, z. B. M. quadriceps femoris.

4.1.3.2 Biomechanik des Skelettmuskels

Die Grundspannung eines Muskels wird als **Tonus** bezeichnet. Sie wird reflektorisch über beide Motoneuronensysteme aufrechterhalten. Der Muskeltonus ist individuell und bestimmt das Haltungsbild des Menschen.

Kontraktionsformen. Die Kontraktion des Muskels bewirkt prinzipiell, dass sich das Skelettteil, an dem der Muskel ansetzt, in Richtung Ursprung bewegt. Folgende Kontraktionsformen werden unterschieden:

- **isometrisch:** Spannungsentwicklung bei an seinen Enden fixiertem Muskel; es erfolgt (noch) keine Bewegung.
- **isotonisch:** Verkürzung des Muskels, die zur Bewegung führt, ohne merkbare Spannungsänderung.
- **auxotonisch:** Bei Verkürzung des Muskels tritt gleichzeitig eine Spannungsänderung ein (Kombination von isometrisch und isotonisch). In der Realität sind isolierte isotonische bzw. isometrische Kontraktionen selten, auxotonische der Regelfall.

Nur 40–50 % der über ATP zur Verfügung gestellten Energie werden in Muskelarbeit und mechanische Energie umgesetzt. Die restlichen 50–60 % werden als Wärme freigesetzt. Damit ist zwar einerseits der Wirkungsgrad der Muskulatur gering, es ergibt sich aber andererseits die Möglichkeit, die Körpertemperatur durch Muskelzittern zu erhöhen (Wärmeregulation).

Physiologischer Querschnitt. Die Kraft, die ein Muskel entfalten kann, ist abhängig vom physiologischen Querschnitt, der Summe aller Faserquerschnitte. Dem größten Gewicht, das der Muskel noch heben kann, entspricht die absolute Muskelkraft. Sie beträgt pro Faserquerschnitt 10 kg/cm². Außerdem ist die Kraft noch abhängig vom Fiederungswinkel.

Verkürzung. Muskelfasern können sich bei ihrer Kontraktion um maximal 50 % ihrer Ausgangslänge verkürzen. Die Verkürzung ist abhängig von der Last. Dabei nehmen mit zunehmender Last die Verkürzung und die Arbeit (kg/m) ab. Mit der Vordehnung des Muskels vergrößert sich auch seine Verkürzungsgröße (**Hubhöhe**). Die volle Verkürzung kann der Muskel nur nach maximaler Vordehnung erreichen.

Fiederungswinkel. Das ist der Winkel, in dem die einzelnen Muskelfasern oder -bündel an der Sehne ansetzen. Der Fiederungswinkel ist meist spitz und wird bei Kontraktion größer. Der so erzielte Raumgewinn ermöglicht die Verdickung der Fasern bei

der Kontraktion. Setzt die Sehne den Verlauf der Muskelfasern direkt fort, ist die mögliche Hubhöhe gleich der maximalen Verkürzung der Muskelfasern. Mit zunehmender Fiederung kommt es zu einem Hubhöhengewinn (Abb. 4.12). Je mehr Fasern an einer Sehne ansetzen sollen, desto größer hat der Fiederungswinkel zu sein. Damit weicht die Verkürzungsrichtung der Muskelfasern zunehmend von der Verkürzungsrichtung des gesamten Muskels ab, d. h., die Effizienz der einzelnen Faser wird geringer. Dieser Nachteil muss durch die Zunahme der gesamten Kontraktionskraft des Muskels mehr als ausgeglichen werden.

> **Muskelfasern** verlaufen nur selten genau in Richtung (parallel) der Sehne, sondern inserieren häufig in einem Winkel (Fiederung), wodurch der Platz für die Dickenzunahme während der Kontraktion und das Verhältnis von Muskelkraft und Muskelvolumen optimiert werden.

Hebelkräfte. Physikalisch ist für die Mechanik des Muskels sein Hebelarm, die Entfernung des Muskelansatzes vom Drehpunkt des Gelenkes, von Bedeutung. Bei kurzem Hebelarm genügt eine geringe Verkürzung des Muskels, um einen Bewegungsausschlag zu erzielen. Doch ist dann eine erhöhte Kraft (größerer physiologischer Querschnitt) notwendig.

Aktive und passive Insuffizienz. Zwei- und mehrgelenkige Muskeln können nicht alle überzogenen Gelenke in deren maximalem Bewegungsumfang gleichzeitig bedienen (physiologische Insuffizienz). Dabei muss zwischen der Situation der Muskelkontraktion und der Muskeldehnung unterschieden werden.

- **Aktive Insuffizienz.** Ist ein Muskel bereits maximal verkürzt, obwohl die Gelenke eine weitere Bewegung zulassen, spricht man von einer aktiven Insuffizienz.
- **Passive Insuffizienz.** Im gegenteiligen Fall ist der Muskel maximal gedehnt. Jede weitere Dehnung, die nach den Bewegungsmöglichkeiten der Gelenke möglich wäre, würde ihn zerreißen.

Ein typisches Beispiel der Konsequenz aktiver und passiver Insuffizienz ist die ischiokrurale Muskulatur. Aktiv kann bei gestrecktem Hüftgelenk die Ferse nicht bis an das Gesäß gezogen werden (Beugung im Knie), obwohl diese Bewegung passiv (etwa mithilfe der Hände) herbeigeführt werden kann (aktive Insuffizienz). Umgekehrt kann bei gestrecktem Knie in der Hüfte nicht soweit

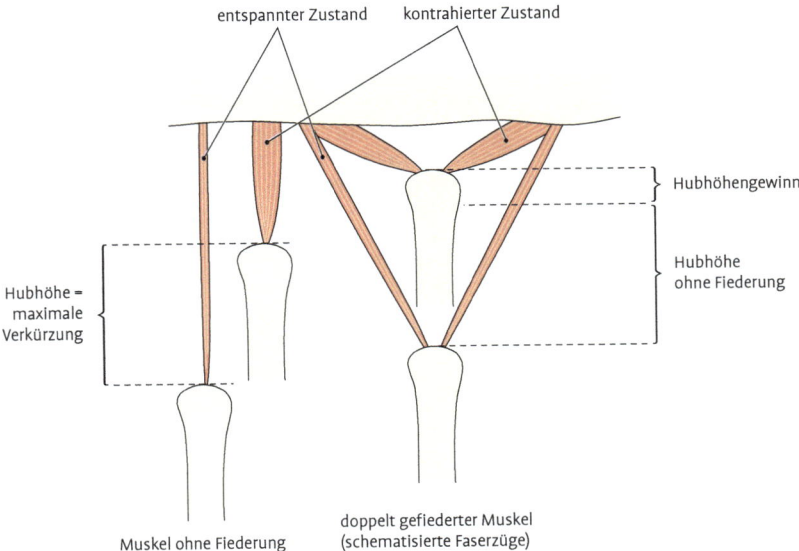

entspannter Zustand   kontrahierter Zustand

Hubhöhengewinn

Hubhöhe
ohne Fiederung

Hubhöhe =
maximale
Verkürzung

Muskel ohne Fiederung

doppelt gefiederter Muskel
(schematisierte Faserzüge)

Abb. 4.12 Schema Hubhöhengewinn. **Links:** Muskel ohne Fiederung mit dargestellter Hubhöhe bei maximaler Kontraktion. **Rechts:** Durch Fiederung erzielter Hubhöhengewinn bei Kontraktion im Vergleich zur Hubhöhe links bei gleicher Muskelfaserlänge.

gebeugt werden, dass der Rumpf die Oberschenkelvorderseite berührt. Die Muskeln an der Oberschenkelrückseite sind passiv bereits maximal gedehnt (passive Insuffizienz). Eine weitere Beugung in der Hüfte ist – bei Entspannung der ischiokruralen Muskulatur durch Beugung im Knie – jedoch leicht möglich.

> **Klinik:** Die Dehnbarkeit der Muskulatur ist für eine volle Funktionsfähigkeit der Muskeln notwendig. Einschränkungen entstehen durch Verspannung **(Hartspann, Myogelose)**. Eine Dehnung unterhalb der Geschwindigkeit, die den Dehnungsreflex auslöst, erhöht die Kontraktionsbereitschaft des Muskels und steigert die Kraft einer nachfolgenden Kontraktion **(Kabat-Methode)**. Die Kabat-Methode wird auch als propriozeptive neuromuskuläre Fazilitation (PNF) bezeichnet. Es handelt sich um eine krankengymnastische Behandlung mit Bewegungsbahnung. Diese nutzt die Haltungs-, Stell- und Dehnungsreflexe.

4.1.3.3 Innervation

> Die meisten Muskeln werden von einem (selten mehreren) gemischten Nerven versorgt (innerviert), der motorische (efferente) und sensible (afferente) Fasern enthält. Grundsätzlich ist die nervöse **Steuerung** der Skelettmuskulatur willkürlich **(Willkürmotorik)**, jedoch stets begleitet von Ausgleichs- und Abstimmungsbewegungen **(Begleitmotorik** und Bewegungsmusterumsetzung) die nicht der bewussten Kontrolle unterliegen.

Die **efferente Innervation** eines Muskels erfolgt hauptsächlich durch 2 Typen motorischer Neurone:
- **α-Motoneurone.** Ihre Neuriten verzweigen sich zahlreich nach Eintritt in den Muskel. Sie sind dicke, myelinisierte Axone der motorischen Vorderhornzellen des Rückenmarks oder der motorischen Kerngebiete der Hirnnerven. Sie endigen an **motorischen Endplatten**. Die Fasern eines Neurons versorgen immer mehrere Muskelzellen. Man spricht von **motorischer Einheit**. Muskeln für präzise Bewegungsmuster (Feinmotorik) haben kleine motorische Einheiten (Augenmuskeln: 1.740 Einheiten bei ca. 13 Muskelfasern pro Axon). Muskeln mit großer Kraftentfaltung besitzen große motorische Einheiten (M. biceps brachii 774 Einheiten bei im Mittel 750 Muskelfasern pro Axon).
- **γ-Motoneurone.** Ihre dünnen Fasern ziehen zu den „intrafusalen Muskelfasern" der Muskelspindeln. Sie regulieren über den gemeinsamen Reflexbogen mit den sensiblen Spindelorganen die Muskelfaserlänge (s. Kap. 8.4.7.3). Wird der Nerv durchtrennt, dann kommt es zur schlaffen Lähmung des Muskels.

Die **Afferenzen** liefern Information über Dehnungszustand und Dehnungsgeschwindigkeit von Muskelfasern und Sehnen und entstammen 2 propriozeptiven Organen:
- **Muskelspindeln** sind ca. 2 mm lang, beim Menschen oft auch deutlich länger. In einer Kapsel enthalten sie parallel zur Arbeitsmuskulatur 2 Arten quer gestreifter, dünner Muskelfasern (intrafusale Fasern). Die Kernsackfasern werden zentral von anulospiralen sensiblen Nervenendigungen umschlungen, welche die Dehnungsgeschwindigkeit messen sollen. Die Kernkettenfasern werden peripher von blütendoldenartigen (flower spray) sensiblen Nervenendigungen innerviert, welche die Aufrechterhaltung der Dehnung registrieren sollen. Die motorische Innervation der Muskelfasern erfolgt durch modifizierte Endplatten von α-Motoneuronen. Über den Tonus der intrafusalen Muskelzellen wird die Empfindlichkeit der Muskelspindeln reguliert (s. Kap. 8.4.7.3).
- **Sehnenspindeln (Golgi-Sehnenorgane)** enthalten kollagene Faserbündel und können überall im Muskel am Übergang von der Muskel- zur Sehnenfaser gelegen sein. Besonders häufig sind sie in der Nähe der Muskelhili. Zwischen den Faserbündeln sind kolbenartig verdickte afferente Nervenfasern eingelagert. Ihre Aktivierung führt zu einer reflektorischen Hemmung der Muskulatur (s. Kap. 8.4.7.3).

4.1.3.4 Durchblutung

Im Ruhezustand benötigen 100 g Muskelgewebe 3 ml/min Blut. Der Anteil der gesamten Skelettmuskulatur am Herzzeitvolumen (HZV) beträgt damit 20% oder ca. 1 l/min (bei einem anteiligen O_2-Verbrauch von 20–30% des Gesamtruhebedarfs). Bei maximal arbeitender Skelettmuskulatur werden ca. 20–25 l/min Blut benötigt.

4.1.3.5 Abkürzungen

Im Folgenden werden bei den Beschreibungen einzelner Muskeln nachstehende Abkürzungen

verwendet: O. = Origo (Ursprung), I. = Insertio (Ansatz), L. = Leitungsbahnen (Innervation und Arterienversorgung) und F. = Funktion.

4.2 Bewegungsapparat des Rumpfes

Der Rumpf als Zentralteil des menschlichen Körpers beherbergt die Mehrzahl der inneren Organe und verknüpft über die kraniokaudale Körperachse die Körperabschnitte zum Gesamtbauplan. Der Bewegungsapparat des Rumpfes unterstützt die systematische Anordnung der Organe einerseits durch innere Einteilung des Rumpfes in Kompartments und andererseits durch Verankerungsmöglichkeiten an der Rumpfwand. Weiterhin schützt der Bewegungsapparat des Rumpfes die inneren Organe mechanisch und thermisch und erfüllt die Funktion eines in sich beweglichen Tragegerüstes. Die von der Oberfläche aus tastbaren Knochenpunkte liefern ein Koordinatensystem für die Lagebestimmung der inneren Organe im Rahmen der physikalischen Krankenuntersuchung.

Embryologisch betrachtet, wird als erster Bestandteil des Bewegungsapparates des Rumpfes die dorsal gelegene Körperachse definiert und ausgeformt. Als erste Anlage des Achsenskeletts entsteht dabei die unsegmentierte, knorpelige **Chorda dorsalis**. Ausgehend von den Somiten erfolgt die Weiterentwicklung zum definitiven Achsenskelett in Form der segmental gegliederten **Wirbelsäule**. Im frühen Embryo existiert daher bereits die Anlage des Rückens, jedoch noch keine ventrolaterale Rumpfwand. Das Anlagematerial dafür befindet sich zu diesem Zeitpunkt ebenfalls dorsal, und zwar einerseits in den **Somiten** (Anlagematerial für Rippen und Muskelzellen der Interkostal- und Bauchmuskulatur) und andererseits im weiter lateral gelegenen äußeren Mesoderm, der **Somatopleura** (Ausgangsmaterial für Brustbein und das gesamte Bindegewebe der Rumpfwand). Erst während der seitlichen Abfaltung in der 4. Embryonalwoche wächst das Anlagematerial der ventrolateralen Rumpfwand bogenförmig aus, zuerst nach lateral, dann nach ventral und schließlich nach medial. Abschließend vereinigen sich rechte und linke Rumpfwand ventral in der Mittellinie, wodurch die hohlzylinderähnliche Form des Rumpfes entsteht. Im thorakalen Abschnitt ist die ventrolaterale Rumpfwand bleibend segmental und skeletomuskulär organisiert, im abdominalen Bereich wird sie nur von Muskulatur gebildet, welche ihre segmentale Gliederung weitestgehend ablegt.

Im Inneren entsteht das **Zwerchfell, Diaphragma,** als muskulöse Scheidewand zwischen Bauch- und Brusthöhle durch die Verschmelzung einer unpaarigen, ventral auswachsenden mit zwei paarigen dorsal auswachsenden transversalen Gewebeplatten. Die Anlagen des Zwerchfells entwickeln sich im Zervikalbereich. Indem die dorsale Körperwand wesentlich schneller wächst als die ventrale, macht das Diaphragma einen Deszensus durch und erreicht in der 8. Woche das Niveau des 1. Lumbalwirbels. Der Zwerchfellnerv, N. phrenicus, entstammt dem Zervikalmark und folgt dem Deszensus, woraus sich sein Längsverlauf von etwa 30 cm beim Erwachsenen erklärt. Kaudal existiert keine vergleichbare Trennwand zwischen Bauchhöhle und Beckenbereich, sodass die Eingeweide beider Räume – nur durch das Bauchfell gegeneinander abgegrenzt – direkt benachbart liegen und in kraniokaudaler Richtung teilweise zwischeneinander ragen. Das Becken seinerseits besitzt mit dem muskulären Beckenboden wiederum eine kaudale Wand.

Die weitere Besprechung der Rumpfwand folgt der Einteilung in hintere Rumpfwand (Rücken, Dorsum), ventrolaterale Brustwand und ventrolaterale Bauchwand. Das Diaphragma wird im Zusammenhang mit den Eingeweiden der Brusthöhle in Kapitel 5.1.1 behandelt. Analog wird der Beckenboden im Zusammenhang mit den Beckeneingeweiden in Kapitel 5.3.2 besprochen.

Klinik: 1. Angeborene **ventrale Schlussstörungen (Dysraphien)** entstehen, wenn sich rechte und linke ventrolaterale Rumpfwand nur unvollständig in der Mittellinie vereinigen. Sie imponieren als Spalten der vorderen Rumpfwand in unterschiedlicher kranikaudaler Lokalisation, mit darin freiliegenden oder herausragenden Eingeweiden. Dazu zählen **1.1 Bauchdeckenaplasie** (= Prune-Belly-Syndrom), seltenes Defektsyndrom (Inzidenz 1 : 30.000–50.000 Geburten) mit angeborenem Fehlen der ventrolateralen Bauchmuskeln, sowie Mega-/Hydroureter und Kryptorchismus, **1.2 Gastroschisis,** angeborener meist rechtsseitiger, paraumbilikaler, kleiner Bauchwanddefekt mit prolabierten, strangulierten und ödematösen Darmschlingen, häufig in Kombination mit Vorfall von Magen, Harnblase und innerem (weibl.) Genitale. Gynäkotropie, (Inzidenz 1 : 9.000 Geburten), **1.3 kongenitale Umbilikalhernien** und **1.4 Ekstro-**

phie der Harnblase. **2. Kongenitale Zwerch-fellhernien** entstehen, wenn die drei Anlagen mangelhaft ausgebildet werden oder nicht verschmelzen. Lokalisation bevorzugt links dorsolateral. Dabei verlagern sich Baucheingeweide in die Brusthöhle und beeinträchtigen Lungenwachstum und -funktion.

4.2.1 Hintere Rumpfwand

Der eigentliche **Rücken, Dorsum,** umfasst die hintere Partie der Rumpfwand. Aufgrund der strukturellen und funktionellen Kontinuität wird er im erweiterten Sinne mit der **Nackenregion, Regio nuchae,** zusammengefasst. Er reicht dann kranial von der **Protuberantia occipitalis externa** bis kaudal zur Spitze des **Os sacrum.** Seitlich geht der Rücken in die **ventrolaterale Rumpfwand** über und grenzt kaudal an die **Gesäßregion, Regio glutealis.**

Oberflächenanatomie des Rückens (Abb. 4.13). Sie wird hauptsächlich durch die Dornfortsätze der Wirbel, durch das paarige Schulterblatt, durch Anteile des knöchernen Beckens sowie durch mehrere Muskeln geprägt. Längs der medianen Rückenfurche sind die Spitzen der Dornfortsätze tast- und zum Teil sichtbar. Der 7. Halswirbel, **Vertebra prominens,** weist einen besonders vorspringenden Dornfortsatz auf. Von ihm ausgehend, ist die palpierende Orientierung nach kranial und kaudal gut möglich. Die beiden Wülste der **autochthonen Rückenmuskeln** flankieren die Rückenfurche. Die Rückenfurche läuft im Sakraldreieck aus, welches sich dadurch ergibt, dass die Haut an den beiden **Spinae iliacae posteriores superiores** und der Kreuzbeinspitze unmittelbar befestigt ist. Eine zusätzliche, besonders bei Kindern und Frauen erkennbare Hauteinziehung auf Höhe des Dornfortsatzes des 5. Lendenwirbels erweitert das Dreieck zur **Michaelis-Raute.**

Schulterblatt, Scapula, und mehrere, funktionell dem Schultergürtel sowie dem Schultergelenk zugeordnete Muskeln (s. Kap. 4.3.3.2) prägen die Oberfläche der mittleren Rückenregion.

Klinik: 1. Die äußere Inspektion des Rückens ist sehr wichtig. Sie kann eine seitliche, pathologische Krümmung der Wirbelsäule, **Skoliose,** erkennen lassen. **2.** Ein Hoch-, Tief- oder Abste-

hen der Schulterblattes, **Scapula alata,** weist auf Muskellähmungen hin. **3.** Beim bettlägerigen Patienten kann die Haut dort, wo sie ohne nennenswerte Unterpolsterung Knochen bedeckt (Kreuzbein, Schulterblatt), durch Druck geschädigt werden **(Decubitalgeschwüre).**

4.2.1.1 Columna vertebralis, Wirbelsäule

Die Wirbelsäule, **Columna vertebralis,** ist das bezeichnende Merkmal aller Wirbeltiere, **Vertebrata,** einschließlich des Menschen. Sie hat zwei sich auf den ersten Blick widersprechende Aufgaben zu erfüllen. Zum einen ist sie **Stütze** des Rumpfes, zum anderen ermöglicht sie ausgiebige **Bewegungen** desselben. Der Begriff „Säule" ist irreführend. Es handelt sich nicht um ein in sich festes, starres Gebilde, sondern um eine vielgliedrige **Knochengelenkkette,** die passiv durch Bänder und aktiv durch Muskeln stabilisiert wird, aber durch Letztere auch bewegt werden kann.

Die Wirbelsäule des Menschen besteht normalerweise aus 24 freien oder präsakralen Wirbeln **(Vertebrae),** die durch 23 Zwischenwirbelscheiben **(Disci intervertebrales)** beweglich miteinander verbunden sind (Abb. 4.14). Auf 7 Halswirbel **(Vertebrae cervicales, C1–C7)** folgen 12 Brustwirbel **(Vertebrae thoracales, Th1–Th12)** und 5 Lendenwirbel **(Vertebrae lumbales, L1–L5).** Das mit dem 5. Lendenwirbel beweglich verbundene Kreuzbein, **Os sacrum,** geht aus der Verwachsung von 5 Wirbelelementen und 4 Zwischenwirbelscheiben hervor. Die knöcherne Verschmelzung **(Synostosierung)** der 5 Sakralwirbel **(Vertebrae sacrales, S1–S5)** ist erst mit dem 17.–20. Lebensjahr beendet. Das Steißbein, **Os coccygis,** ist das Rudiment einer Schwanzwirbelsäule und wird aus 3–6 kleinen Elementen gebildet. Lediglich das kraniale zeigt noch typische Wirbelmorphologie. Die Gesamtzahl der Wirbel wie auch die Grenze zwischen den einzelnen Abschnitten können aufgrund homeotischer Transformationen der embryonalen Entwicklung variieren.

Entwicklung. Die Wirbelsäulenelemente entwickeln sich frühembryonal aus den sich von den **mesodermalen Somiten** abgliedernden **Sklerotomen.** Diese bilden, nachdem sie primär eine Ver-

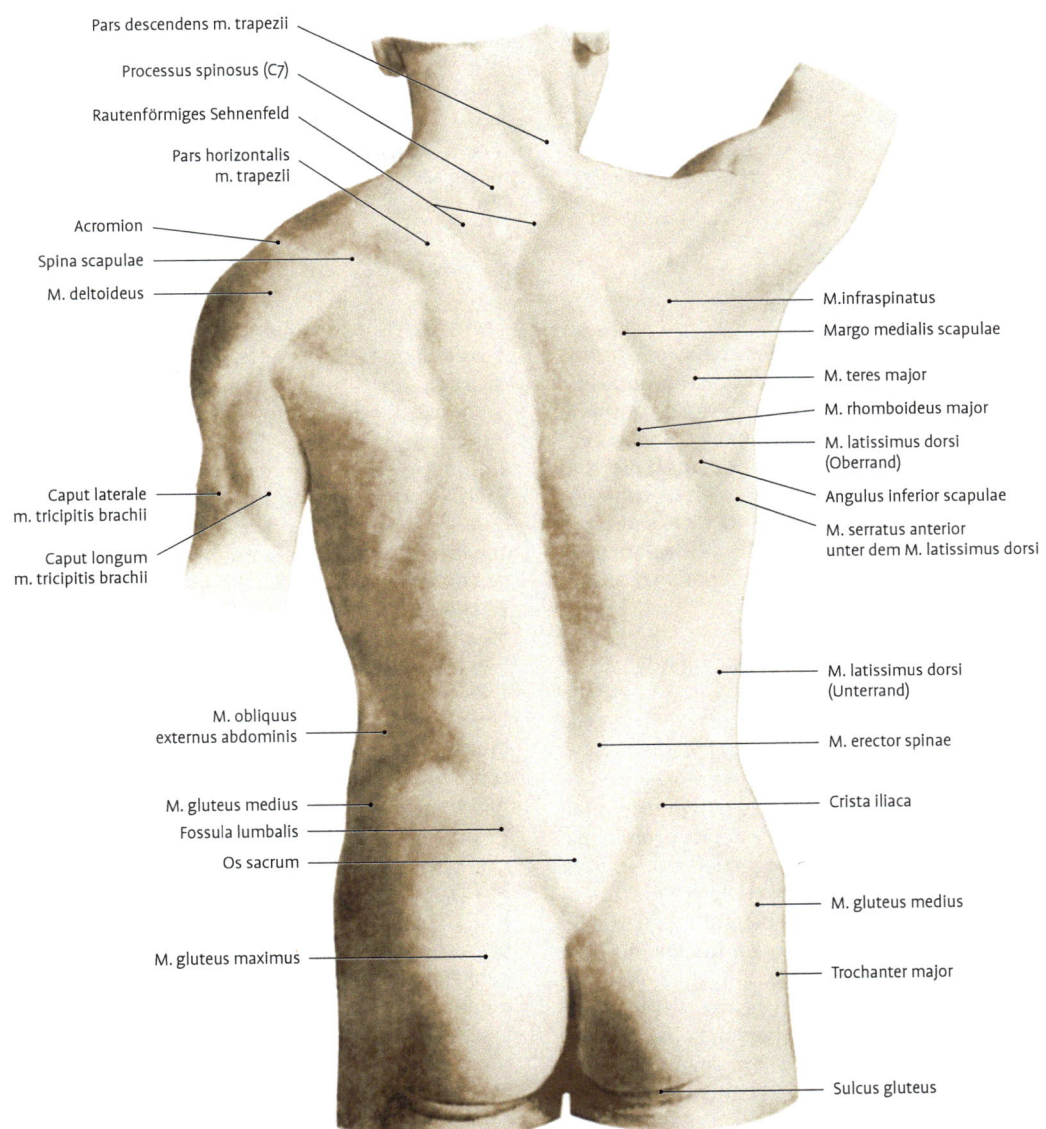

Pars descendens m. trapezii

Processus spinosus (C7)

Rautenförmiges Sehnenfeld

Pars horizontalis m. trapezii

Acromion

Spina scapulae

M. deltoideus

Caput laterale m. tricipitis brachii

Caput longum m. tricipitis brachii

M. obliquus externus abdominis

M. gluteus medius

Fossula lumbalis

Os sacrum

M. gluteus maximus

M.infraspinatus

Margo medialis scapulae

M. teres major

M. rhomboideus major

M. latissimus dorsi (Oberrand)

Angulus inferior scapulae

M. serratus anterior unter dem M. latissimus dorsi

M. latissimus dorsi (Unterrand)

M. erector spinae

Crista iliaca

M. gluteus medius

Trochanter major

Sulcus gluteus

Abb. 4.13 Oberflächenanatomie des Rückens eines 30-jährigen Mannes.

schmelzung zeigen, eine **axiale** und eine **paraxiale Mesenchymzone**. Deren weiteres Schicksal ist differrent. Das paraxiale Mesenchym liefert, indem es sich spaltet, **kraniale** und **kaudale Sklerotomiten**. Während die kranialen Sklerotomiten an der späteren Wirbelbildung unbeteiligt bleiben (sie liefern die bindegewebigen Scheiden um die Spinalnervenäste), geht aus den kaudalen die Anlage für die Wirbelbögen, deren Wurzeln und Fortsätze sowie

die der Rippen hervor. Die axiale Mesenchymzone ist letztlich Bildner der Zwischenwirbelscheibe und des Wirbelkörpers. Durch die Spaltung in kraniale und kaudale Sklerotomiten geht die ursprüngliche Segmentierung **(Metamerie)** der Wirbelsäulenanlage verloren und wird von einer sekundären segmentübergreifende Metamerie abgelöst. Die ursprüngliche Segmentierung der Muskelanlagen **(Myotome)** bleibt hingegen erhalten,

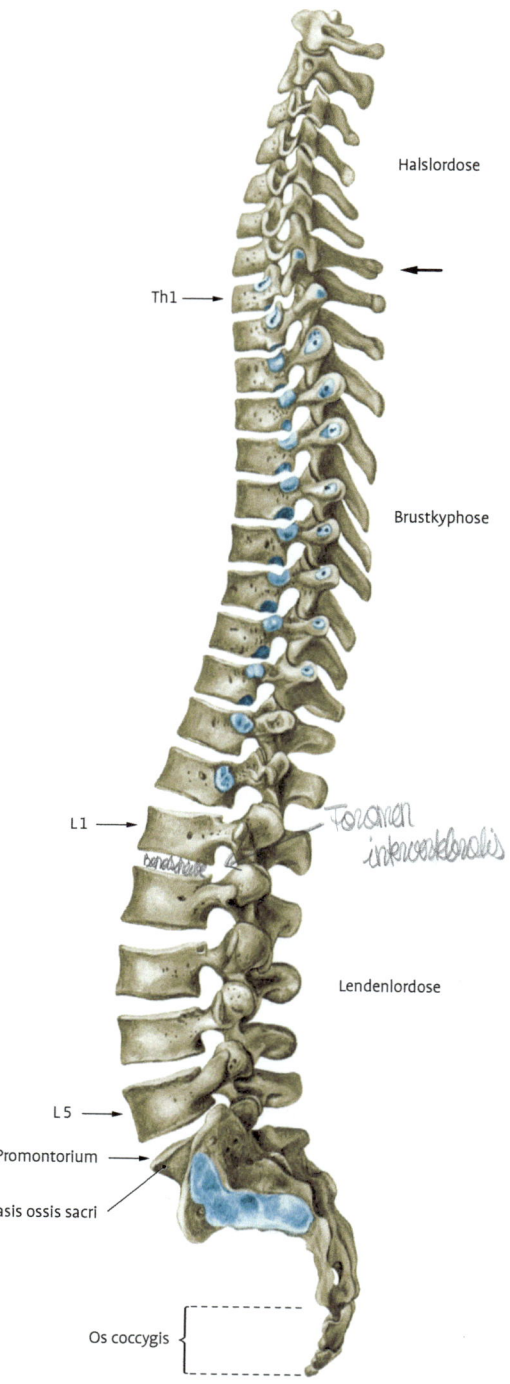

Halslordose

Th1

Brustkyphose

L1

Foramen intervertebrale

Bandscheibe

Lendenlordose

L5

Promontorium

Basis ossis sacri

Os coccygis

Abb. 4.14 Wirbelsäule von links. Der dicke Pfeil zeigt zum Dornfortsatz des 7. Halswirbels (Vertebra prominens) hin.

sodass die segmentalen Muskelplatten der Myotome zwischen Wirbeln überbrücken und damit die aktive Bewegung zwischen 2 Wirbeln bewirken können. Aus dieser Konstruktion ergibt sich die funktionelle Einheit des **Bewegungssegmentes,** bestehend aus 2 benachbarten Wirbeln, dazwischenliegender Bandscheibe, Gelenken und Muskeln. Rechte und linke Wirbelbogenanlagen umwachsen seitlich das Rückenmark, um dorsal davon in der Mittelline miteinander zu verschmelzen. Die Wirbel verknöchern von 2 Ossifikationszentren in den Wirbelbögen und einem im Wirbelkörper aus. Der knöcherne Schluss der Wirbelbogenfugen findet zwischen dem dritten und fünften Lebensjahr statt, die Verschmelzung mit dem Wirbelkörper erfolgt zwischen dem dritten und sechsten Lebensjahr.

> **Klinik:** Störungen der Verschmelzung von linkem und rechtem Wirbelbogen führen zu **dorsalen Dysraphien**. Dabei können nur einzelne Wirbelbögen **(Spina bifida)**, aber auch Serien von Wirbelbögen, die darüberliegenden Schichten sowie gleichzeitig die Hüllen des Rückenmarks und das Rückenmark selbst betroffen sein **(Rachischisis)**.

Grundform des Wirbels. Im Folgenden wird am Beispiel eines Brustwirbels (Abb. 4.15) der generelle Aufbau eines Wirbels dargestellt. Auf die morphologische Spezialisierung einzelner Wirbel (d. h. das Abweichen von der Grundform) wird an entsprechender Stelle eingegangen. Ein Wirbel besteht aus Körper und Bogen. Der ventrale Wirbelkörper **(Corpus vertebrae)** ist mechanisch fest und belastbar. Er hat eine dünne, kompakte Außenschicht und eine dichte innere Spongiosa. An der kranialen und kaudalen Endfläche des Körpers ist der zentrale Teil porös, nur der Rand **(Randleiste)** besteht aus festerem Knochen. An 2 einander zugewandten Endflächen erfährt jeweils eine Zwischenwirbelscheibe ihre Verankerung. Der Wirbelbogen **(Arcus vertebrae)** entspringt mit 2 Wurzelanteilen **(Pediculi arcus vertebrae)** der Dorsalfläche des Körpers. Der Bogen trägt 2 seitliche Querfortsätze **(Processus transversi)**, 2 obere und 2 untere Gelenkfortsätze **(Processus articulares superiores** und **inferiores)** sowie einen unpaaren, nach dorsal gerichteten Dornfortsatz **(Processus spinosus)**.

Wirbelbogen und Körperrückfläche umrahmen das Wirbelloch **(Foramen vertebrale)**, welches das

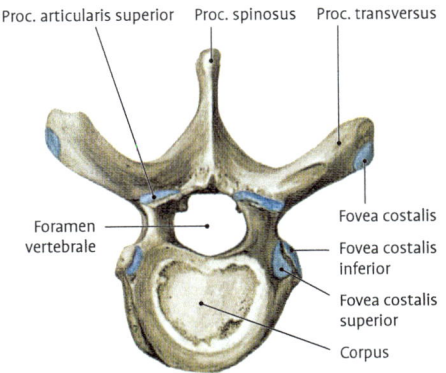
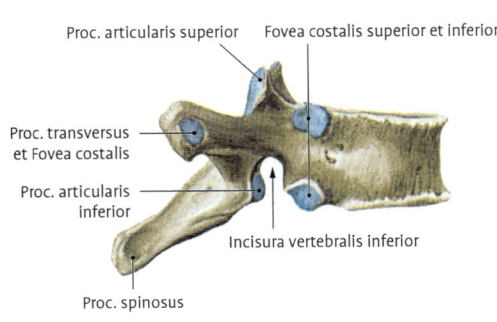

Abb. 4.15 Brustwirbel von kranial und von rechts.

Rückenmark mit seinen Hüllen aufnimmt. Die Fortsätze des Wirbelbogens dienen einerseits zur Befestigung von Bändern und Muskeln, andererseits als gelenkbildende Elemente. Der Wirbelbogen ist dort, wo er dem Körper entspringt, am oberen Rand seicht, am unteren Rand tief eingekerbt (**Incisura vertebralis superior** und **inferior**). Diese Inzisuren ergänzen sich mit den zugekehrten des nächst oberen und unteren Wirbels zu den Zwischenwirbellöchern, **Foramina intervertebralia**. Form und Größe der Zwischenwirbellöcher und ihre Lage zu den Zwischenwirbelscheiben sind in den einzelnen Abschnitten der Wirbelsäule unterschiedlich. Die Größe der Löcher nimmt von kranial nach kaudal zu.

Klinik: Ausgehend von einer mechanisch bedingten, degenerativen Höhenminderung eines Discus intervertebralis kann es zur Verengung des **Foramen intervertebrale** kommen. Dies führt zum Druck auf die durchtretenden Spinalnerven und zu Störungen in deren Innervationsgebiet. Häufig betroffen sind die Hals- und Lendenwirbelsäule.

Die Gelenkfortsätze, **Processus articulares superiores** und **inferiores,** tragen überknorpelte Artikulationsflächen und bilden mit den entsprechenden Processus des benachbarten kranialen und kaudalen Wirbels die Wirbelbogengelenke (Abb. 4.14). Die überknorpelten Gelenkflächen werden durch meniskoide Falten ergänzt, die von Synovialmembran überzogene Fettkörper darstellen. Neben den Zwischenwirbelscheiben sind es die Wirbelbogengelenke, **Articulationes zygapophyseales,** die

Bewegungen der Wirbelsäule ermöglichen. Durch unterschiedliche räumliche Position der Artikulationsflächen ergeben sich für die einzelnen Abschnitte der Wirbelsäule bevorzugte Bewegungsmöglichkeiten.

Die **Halswirbelsäule** (HWS) besteht aus **7 Vertebrae cervicales (C1–C7)** und gliedert sich in 2 Abschnitte, wobei die obere HWS die Elemente C1 und C2 und die untere HWS C3 bis C7 umfasst. Diese Gliederung ist morphologisch und funktionell vorgegeben.

Atlas. Der erste Halswirbel, **Atlas,** besitzt keinen Körper. Vorderer Bogen, **Arcus anterior,** und hinterer Bogen, **Arcus posterior,** formen einen Ring (Abb. 4.16). Die beiden Bögen vereinigen sich in den dicken Seitenteilen, den **Massae laterales,** die sich in die seitlich stark ausladenden **Processus transversi** fortsetzen. Die Querfortsätze weisen ein **Foramen transversarium** auf. Der Dornfortsatz ist zu einem kleinen Höcker, **Tuberculum posterius,** reduziert. Eigentliche Gelenkfortsätze fehlen. Die Massae laterales tragen lediglich obere, ovale oder schuhsohlenförmige, sagittal konkave und leicht nach medial geneigte Gelenkflächen, **Facies articulares superiores**. Nicht selten sind die oberen Gelenkflächen (ein- oder beidseitig) zweigeteilt.

Die **Facies articulares inferiores** sind mehr plan und rund. Das **Foramen vertebrale** ist groß. Dem Corpus atlantis entspricht der kranial gerichtete Zahn des 2. Halswirbels, **Dens axis**. Der Dens axis artikuliert mit der **Fovea dentis,** die an der Innenseite des Arcus anterior gelegen ist. Das **Foramen transversarium** des Atlas nimmt die aufsteigende **A. vertebralis** auf, die sich dann nach hinten und medial zum Hinterhauptsloch wendet. Sie erzeugt

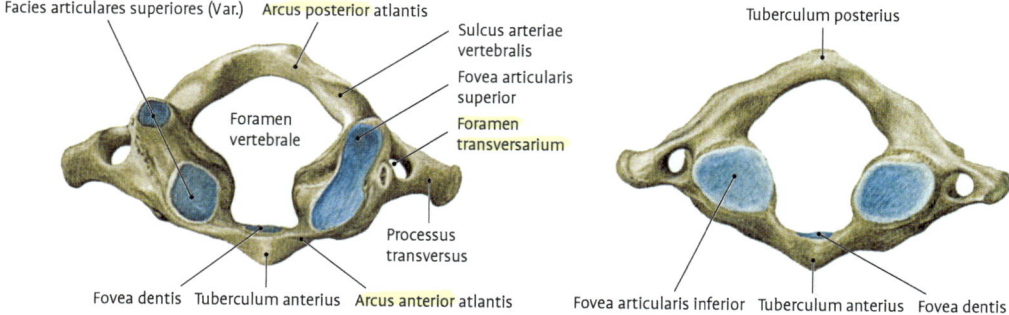

Facies articulares superiores (Var.) — Arcus posterior atlantis
Sulcus arteriae vertebralis
Fovea articularis superior
Foramen vertebrale
Foramen transversarium
Processus transversus
Fovea dentis — Tuberculum anterius — Arcus anterior atlantis

Tuberculum posterius
Fovea articularis inferior — Tuberculum anterius — Fovea dentis

Abb. 4.16 Atlas von kranial und von kaudal.

dabei auf dem hinteren Atlasbogen eine Rinne, **Sulcus arteriae vertebralis,** die gelegentlich zu einem Kanal, **Canalis a. vertebralis,** geschlossen sein kann.

Axis. Der zweite Halswirbel (Abb. 4.17) trägt auf seinem Körper einen zahnförmigen Fortsatz, **Dens axis.** Dieser entspricht teilweise der mit dem Axiskörper verschmolzenen Anlage des Atlaskörpers. Der Dens axis besitzt eine vordere und eine hintere überknorpelte Gelenkfläche. Die vordere Gelenkfläche, **Facies articularis anterior,** artikuliert mit der **Fovea dentis** des vorderen Atlasbogens, die hintere, **Facies articularis posterior axis,** mit dem **Ligamentum transversum atlantis** (Abb. 4.25). Rundliche, nach außen, dorsal und ventral abfallende obere Gelenkflächen erlauben eine Drehung von Atlas und Kopf um 40° zu jeder Seite, was die Hälfte der gesamten HWS-Rotation ausmacht. Der kräftige Dornfortsatz ist mehr oder minder deutlich gegabelt, die Querfortsätze sind klein.

Untere HWS. Die Elemente der unteren HWS, C3–C7, haben einen relativ niedrigen Körper, der dorsal höher als ventral ist (Abb. 4.18). Die Endflächen sind sattelförmig gekrümmt, wobei die obere seitlich in einem hakenförmigen Fortsatz, **Uncus**

corporis, endet. Der grazile **Bogen** läuft im deutlich gegabelten **Dornfortsatz** aus. Das von Körper und Bogen begrenzte **Foramen vertebrale** ist dreieckig und groß (zur Aufnahme der Halsanschwellung des Rückenmarks, **Intumescentia cervicalis**). Die Querfortsätze tragen ein **Foramen transversarium** und sind rinnenförmig gestaltet **(Sulcus n. spinalis).** Die vordere, in einem **Tuberculum anterius** auslaufende Rinnenbegrenzung stellt ein Rippenrudiment dar, während die hintere Spange mit dem **Tuberculum posterius** der eigentliche Querfortsatz ist. Das Tuberculum anterius des 6. Halswirbels, **Tuberculum caroticum,** ist besonders kräftig. Die **Gelenkfortsätze** tragen fast plane Artikulationsflächen, die leicht – nach kaudal zunehmend – schräg nach hinten abfallen.

> **Klinik:** Bei Blutungen aus Ästen der Halsschlagader, **A. carotis communis** (s. Kap. 6.13.1), kann man zwecks temporärer Blutstillung das Gefäß gegen das Tuberculum caroticum pressen.

In der Brustwirbelsäule werden gemäß der anwachsenden mechanischen Belastung die **12 Vertebrae thoracicae (Th1–Th12)** kaudalwärts größer

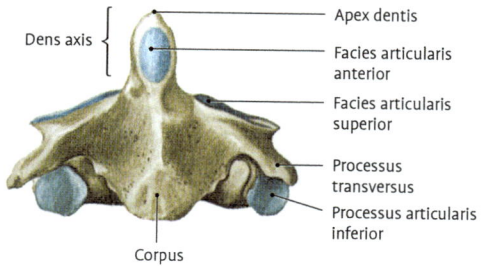

Dens axis {
Apex dentis
Facies articularis anterior
Facies articularis superior
Processus transversus
Processus articularis inferior
Corpus

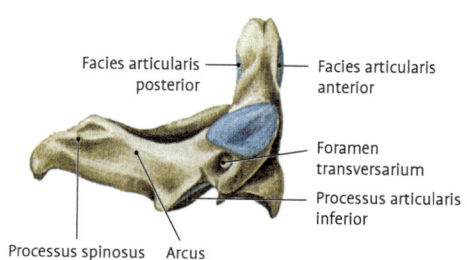

Facies articularis posterior
Facies articularis anterior
Foramen transversarium
Processus articularis inferior
Processus spinosus — Arcus

Abb. 4.17 Axis von ventral und von rechts.

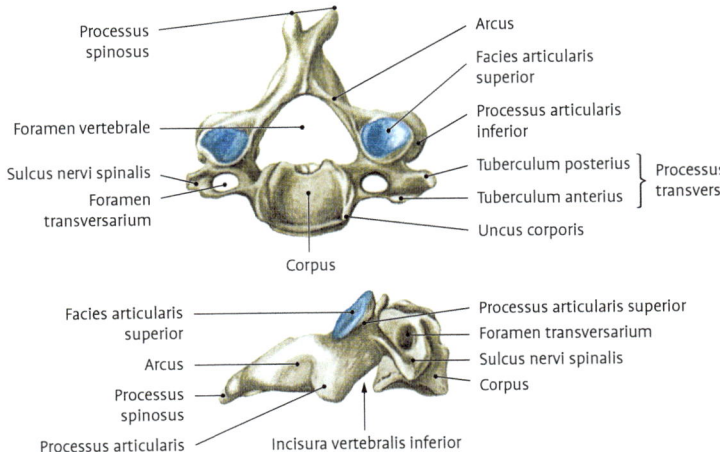

Processus spinosus — Arcus — Facies articularis superior — Processus articularis inferior — Foramen vertebrale — Sulcus nervi spinalis — Tuberculum posterius / Tuberculum anterior } Processus transversi — Foramen transversarium — Uncus corporis — Corpus

Facies articularis superior — Processus articularis superior — Arcus — Foramen transversarium — Processus spinosus — Sulcus nervi spinalis — Corpus — Processus articularis inferior — Incisura vertebralis inferior

Abb. 4.18 Halswirbel von kranial und von rechts.

und massiger (Abb. 4.14). In der Aufsicht erkennt man, dass die oberen und unteren Brustwirbelkörper einen größeren Durchmesser aufweisen, während die mittleren mehr kartenherzförmig sind. Ventral ist der Wirbelkörper niedriger als dorsal. Die Brustwirbel (Abb. 4.15) stehen mit voll ausgebildeten Rippen in Verbindung. Die Brustwirbelkörper II–IX haben seitlich am Ober- und Unterrand je eine **Fovea costalis**. Die Foveae costales benachbarter Wirbel bilden zusammen mit der eingefassten Zwischenwirbelscheibe die Gelenkfläche für ein **Caput costae** (Rippenkopf). Der 1. Brustwirbelkörper hat eine ganze obere Gelenkgrube für die 1. Rippe und eine halbe untere für die obere Hälfte des Kopfes der 2. Rippe. Der 10. Wirbelkörper hat nur eine halbe, obere Gelenkfläche; 11. und 12. Wirbelkörper schließlich

besitzen je eine ganze Fovea costalis für die 11. und 12. Rippe.

Das **Foramen vertebrale** ist rund und klein. Die **Processus spinosi** sind lang und nach abwärts gerichtet. Sie überlagern sich dachziegelartig. Beim Abtasten ist darauf zu achten: Die Spitze eines Dornfortsatzes liegt mit dem zugehörigen Wirbelkörper nicht auf gleicher Höhe, sondern um fast ein Element tiefer. Die **Processus transversi** weisen bei den oberen Wirbeln nach lateral, bei den mittleren und unteren mehr nach lateral und dorsal. Bei den 10 kranialen Brustwirbeln tragen die Querfortsätze eine **Fovea costalis transversalis** zur Verbindung mit dem Rippenhöckerchen, **Tuberculum costae**.

Die **5** kräftigen **Vertebrae lumbales (L1–L5)** (Abb. 4.19) haben einen querovalen, großen Kör-

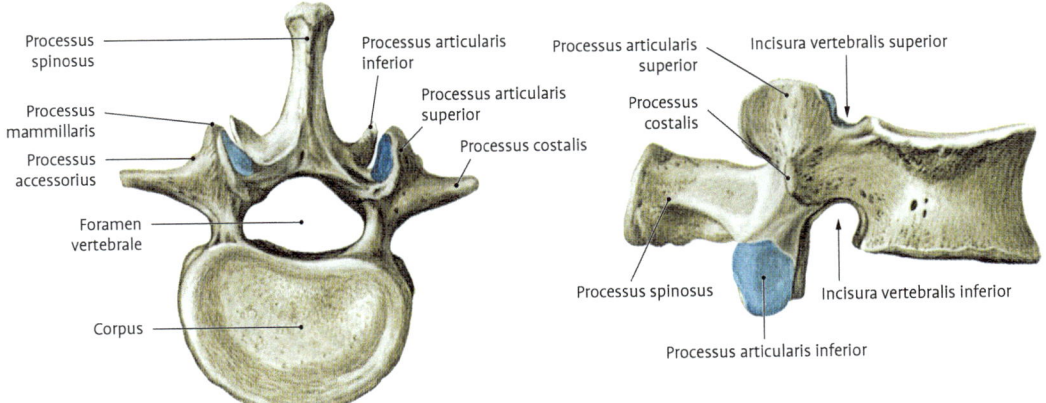

Processus spinosus — Processus articularis inferior — Processus articularis superior — Processus articularis superior — Incisura vertebralis superior — Processus mammillaris — Processus costalis — Processus costalis — Processus accessorius — Foramen vertebrale — Corpus — Processus spinosus — Incisura vertebralis inferior — Processus articularis inferior

Abb. 4.19 Lendenwirbel von kranial und von rechts.

per, ein dreieckiges, relativ großes **Foramen vertebrale** und hohe, horizontal nach hinten gerichtete, seitlich abgeplattete Dornfortsätze. Wie an den Halswirbeln gibt es auch an den Lendenwirbeln Rippenrudimente. Diese als **Processus costales** bezeichneten Fortsätze („Lateralfortsätze") werden fälschlich oft als Querfortsätze angesprochen. Die eigentlichen **Processus transversi** sind unauffällig als **Processus accessorii** dem vorderen Wurzelbereich des Rippenfortsatzes und als **Processus mammillares** den Rückflächen der **Processus articulares superiores** aufgesetzt. Die medialwärts gerichteten Gelenkflächen der **Processus articulares superiores** sind grundsätzlich sagittal eingestellt jedoch nicht exakt, sondern leicht (L1) bis deutlicher (L5) nach dorsal schräg offen (Abb. 4.19). Die Gelenkflächen sind nach dorsal konkav. Die **Processus articulares inferiores** stehen näher beieinander. Ihre Artikulationsflächen weisen nach lateral und sind konvex. So umfassen die kranialen Gelenkfortsätze die kaudalen des nächst höheren Wirbels, wobei die leichte Schrägstellung der Artikulationsflächen die Aufnahme von sagittalen Schubkräften erlaubt. Andererseits schränkt die grundsätzlich sagittale Orientierung eine Drehung und Seitwärtsneigung stark ein, während Beugung und Streckung gut möglich sind.

Klinik: Bei der **Lumbalpunktion,** bei der mittels einer entsprechend langen Kanüle bis in den das Rückenmark schützend umgebenden Flüssigkeitsraum (Subarachnoidalraum, Kap. 8.3.2.2) vorgedrungen wird, nutzt man die anatomischen Gegebenheiten. Die gestreckten, plumpen Dornfortsätze lassen zwischen sich viel Raum frei (durch Vorbeugen des meist sitzenden Patienten wird dieser noch weiter), sodass die Punktionsnadel ohne knöchernes Hindernis zwischen 4. und 5. Processus spinosus eingebracht werden kann (s. Kap. 8.3.2.2)).

Das **Os sacrum** entsteht aus 5 Sakralwirbeln und 4 Zwischenwirbelscheiben (Abb. 4.20, 4.21) und hat die Form eines Keiles (Abb. 4.20, 4.21). Die Spitze des Keiles ist als **Apex ossis sacri** nach kaudal orientiert und steht mit dem Steißbein in Verbindung. Die glatte, vordere Fläche, **Facies pelvina,** ist konkav (Abb. 4.20). Sie weist 4 quere **Lineae transversae** als ursprüngliche Grenzen der Wirbelkörper auf. Die rechten und linken 4 **Foramina sacralia pelvina** führen zum dorsal gelegenen sakralen Wirbelkanal. Die konvexe, rauhe Rückfläche des Kreuzbeins, **Facies dorsalis ossis sacri** (Abb. 4.21), weist eine median gelegene unpaare Leiste, **Crista sacralis mediana**

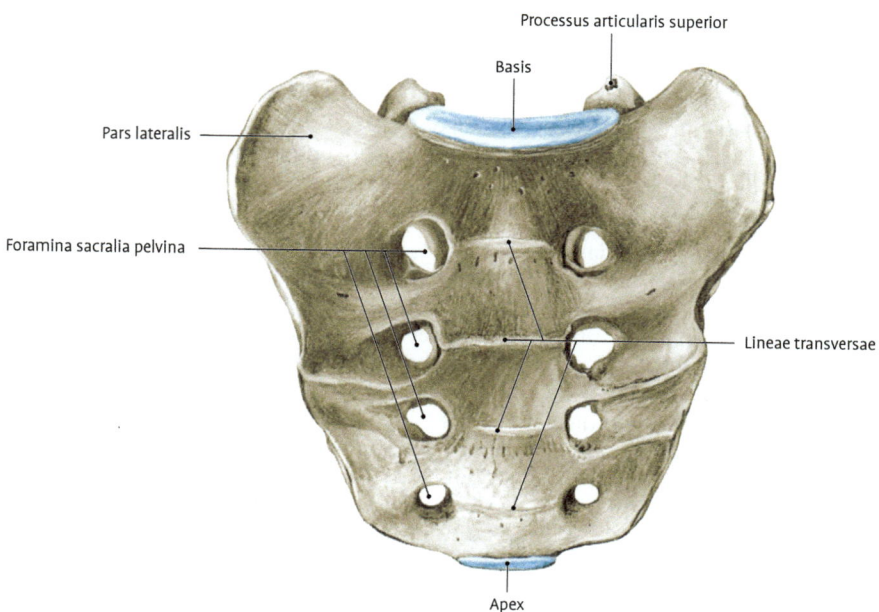

Abb. 4.20 Os sacrum, Facies pelvina.

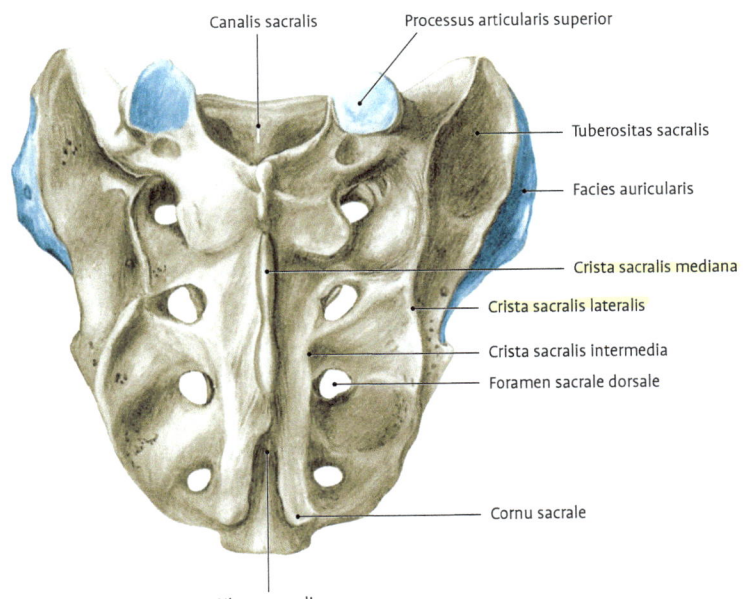

Canalis sacralis   Processus articularis superior

Tuberositas sacralis

Facies auricularis

Crista sacralis mediana

Crista sacralis lateralis

Crista sacralis intermedia

Foramen sacrale dorsale

Cornu sacrale

Hiatus sacralis

Abb. 4.21 Os sacrum, Facies dorsalis.

(verschmolzene Reste der Dornfortsätze), 2 **Cristae sacrales intermediae** (Reste der Gelenkfortsätze) und 2 äußere **Cristae sacrales laterales** (Reste der Querfortsätze) auf. Zwischen den intermediären und den lateralen Leisten liegen die **Foramina sacralia dorsalia**. Die Cristae intermediae laufen kranial in die **Processus articulares superiores,** nach kaudal in die **Cornua sacralia** aus (Abb. 4.21). Die schräg dorsomedial gerichteten oberen Gelenkfortsätze artikulieren mit dem letzten Lendenwirbel. Der Sakralkanal, **Canalis sacralis,** läuft im **Hiatus sacralis** aus.

> **Klinik: 1.** Der sehr variabel ausgebildete Hiatus sacralis dient als Zugang bei der sog. **Sakralanästhesie.** Ein Anästhetikum wird epidural, d. h. zwischen meningealem und periostalem Durablatt, gespritzt und erreicht so Spinalnervenwurzeln, die im Canalis sacralis durch die harte Rückenmarkshaut austreten. **2.** Das **kindliche Kreuzbein** zeigt im Röntgenbild dort, wo die noch nicht verknöcherten Zwischenwirbelscheiben liegen, radiologisch Lücken.

Das Kreuzbein ist straffgelenkig mit den beiden Darmbeinen über die seitlich gelegene **Facies auricularis** (Abb. 4.21) verbunden. Starke Bandmassen sichern das Sakroiliakalgelenk. Diese Bänder verbinden die oberflächenrauhe **Tuberositas sacralis** mit der korrespondierenden Gelenkfläche am Darmbein, der **Tuberositas iliaca**. Das männliche Kreuzbein ist lang, schmal und stärker gekrümmt; das weibliche Os sacrum ist kürzer, breiter und schwächer gekrümmt.

Das **Os coccygis** besteht als Rudiment einer Schwanzwirbelsäule aus 3–6 Elementen, wobei nur noch das erste Wirbelcharakter hat (Abb. 4.22). Wirbelkörper, Querfortsätze und kleine kraniale Gelenkfortsätze, **Cornua coccygea,** sind erkennbar. Die übrigen, untereinander gelenkig, knorpelig oder knöchern verbundenen Elemente stellen nur noch kleine Knochenstücke dar.

> **Klinik: Wirbelanomalien** entstehen durch Verschiebungen der Genexpressionmuster während der embryonalen Definition der einzelnen Wirbelsäulenabschnitte und führen dazu, dass Wirbel an den Abschnittsgrenzen die Gestalt eines Wirbels des Nachbarabschnittes annehmen (sogenannte homeotische Transformationen). **1. Halsrippe.** Das Rippenrudiment von C7 (selten von C6 oder C5) kann zur Rippe auswachsen, die entweder stummelförmig frei endet oder aber die (eigentliche) erste Rippe oder das Brustbein erreicht. Durch Druck auf Gefäße und Nerven kann eine Halsrippe zu

Ausfällen im Bereich von Schulter und Arm führen. Sie muss dann operativ entfernt werden. **2. Lendenrippe.** Das Rippenrudiment von L1, Processus costalis, kann auswachsen und die Gestalt einer unteren, thorakalen Rippe annehmen. Diese kann entweder knöchern mit dem Wirbel verwachsen sein oder es kann sich auch ein synoviales Gelenk zwischen Wirbel und Lendenrippe ausbilden. **3. Lumbalisation.** Der erste Sakralwirbel geht nicht mit in die Bildung des Kreuzbeins ein, sondern liegt faktisch als ein 6. Lendenwirbel vor. **4. Sakralisation.** Der 5. Lendenwirbel kann vollständig (dann meist symmetrisch) oder partiell (einseitig und dann asymmetrisch) mit dem Kreuzbein verschmolzen sein. Eine asymmetrische Sakralisation von L5 kann eine Skoliose induzieren und durch Verengung des betreffenden Zwischenwirbellochs neurologische Störungen bedingen. Auch der erste Steißbeinwirbel kann knöchern mit dem kaudalen Ende des Kreuzbeins verschmolzen sein. **5. Atlasassimilation.** Der erste Halswirbel kann partiell oder vollständig mit dem Hinterhaupt knöchern verschmolzen sein. Während der Bewegungsverlust zwischen Hinterhaupt und Atlas von der HWS kompensiert wird, kann eine assimilationsbedingte Verengung des Hinterhauptsloches (Foramen magnum) neurologische Störungen bedingen. Die Atlasassimilation ist selten. **6. Blockwirbel.** Die HWS zeigt eine angeborene Verschmelzung von 2 oder mehr benachbarten Wirbeln. Liegt eine Blockwirbelbildung vor, betrifft sie meist C2–C3. Erkrankungsbedingte, sekundäre Blockbildungen sind häufiger.

Die **Disci intervertebrales** (Zwischenwirbelscheiben) beteiligen sich wesentlich am Gestaltbau der Wirbelsäule. Sie machen einerseits ein Viertel der Gesamtlänge der präsakralen Wirbelsäule aus und konsolidieren andererseits die natürlichen Krümmungen der Wirbelsäule, indem sie in sagittaler Richtung keilförmig ausgeführt sind. Eine lumbale Zwischenwirbelscheibe (insbesondere die zwischen L5 und S1) ist beispielsweise ventral höher als dorsal. Zum anderen tragen die Disci intervertebrales passiv zur Mobilität der Wirbelsäule bei. Jeder Discus intervertebralis besteht aus einem äußeren Faserring, Anulus fibrosus, und einem zentralen Gallertkern, Nucleus pulposus (Abb. 4.23).

Der **Anulus fibrosus** ist fest und besteht aus 10 bis 15 konzentrisch angeordneten Lagen kollagener Faserbündel (Kollagen Typ I und II). In geringer Menge (10 %) kommen elastische Fasern vor. Die Faserrichtung zweier aufeinanderfolgender Lamellen ist gekreuzt. Die Verankerung der Fasern erfolgt unmittelbar an den Randleisten der Wirbelendplatten und mittelbar über eine dünne, zentrale Hyalinknorpelschicht. Diese Lamellen unterliegen zeitlebens einem Umbau. Durch die tägliche Belastung entstehen immer wieder Risse in den Lamellen. Diese werden durch Fusion mit benachbarten Lamellen wieder repariert. Durch das im Laufe des Lebens entstehende Muster von immer kürzer werdenden Bruchstücken leidet naturgemäß die Festigkeit des Faserrings. Da noch dazu die Risse mehr im dorsalen als im ventralen Anteil auftreten, ist dies eine der Erklärungen für die Entstehung von Bandscheiben-Vorfällen (s. Klinik).

Der **Nucleus pulposus** enthält Glykosaminoglykane, die wasserbindend sind. Der Gallertkern steht unter permanentem Quellungsdruck, der von den zugfesten Kollagenlamellen des äußeren Rings aufgefangen wird (Wasserkissenprinzip). Unter der täglichen Belastung gibt der Gallertkern Wasser ab, was eine Höhenminderung der Wirbelsäule von bis zu 3 cm zur Folge haben kann, die aufgrund adäquater Entlastungsphasen (nächtliches Liegen) reversibel ist. Im Halsbereich gibt es eine morphologische Besonderheit der Disci intervertebrales, nämlich die Ausbildung der **Unkovertebralgelenke.** Durch die oben erwähnte sattelförmige Krümmung der Deckplatten der Wirbelkörper wird der schmale Bandscheibenraum lateral im Bereich der Unci corporis noch weiter eingeengt und es entstehen in diesem Bereich synoviale Gelenke, eben die Unkovertebralgelenke. Zusätzlich beobachtet man, dass mit zunehmendem Alter quere Spalten in den zervikalen Bandscheiben entstehen, die im Endstadium die beiden Unkovertebralgelenke eines Segments miteinander verbinden und so die Bandscheibe komplett in eine obere und untere Hälfte trennen. Dieser Prozess wird

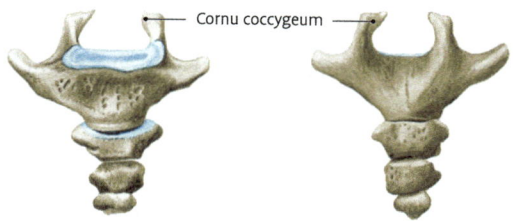

Cornu coccygeum

Abb. 4.22 Os coccygis von ventral und von dorsal.

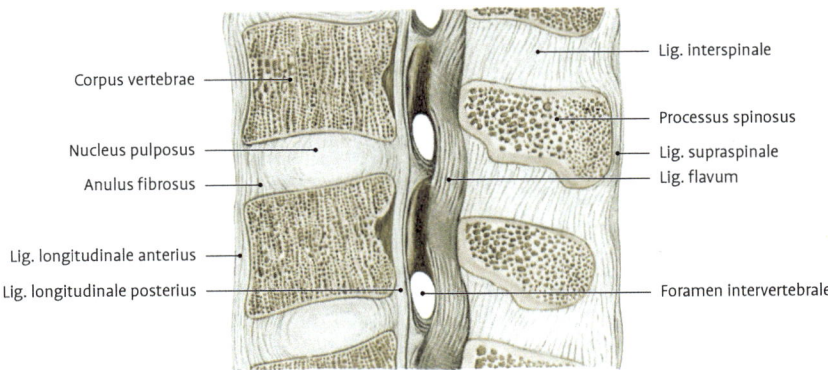

Corpus vertebrae

Nucleus pulposus

Anulus fibrosus

Lig. longitudinale anterius

Lig. longitudinale posterius

Lig. interspinale

Processus spinosus

Lig. supraspinale

Lig. flavum

Foramen intervertebrale

Abb. 4.23 Medianschnitt durch die Lendenwirbelsäule. Wirbelkörper, Dornfortsätze und Bandapparat.

aufgrund seiner Altersabhängigkeit allgemein als degenerative Veränderung angesehen. Da er aber bereits zu Beginn des zweiten Lebensjahrzehnts beginnt, könnte es sich auch um eine aktive phylogenetische Veränderung handeln.

Zwei über eine Zwischenwirbelscheibe miteinander verbundene Wirbel gehören zu einem sog. **Bewegungssegment**. Die Definition des Bewegungssegments (zu diesem gehören außerdem die Gelenke und sämtliche zuzuordnende Weichteile zweier benachbarter Wirbel einschließlich der Muskeln) hat wesentlich zum funktionellen Verständnis der Wirbelsäule und pathologischer Erscheinungen beigetragen.

Klinik: 1. Degenerativ bedingte Schwächung des äußeren Faserrings einer Zwischenwirbelscheibe und belastungsbedingte, starke Druckerhöhung können zur Verlagerung von Nukleusanteilen führen (Abb. 4.24). Zu unterscheiden ist beim vom Laien als **Bandscheibenvorfall** bezeichneten Krankheitsbild, ob (meistens nach dorsolateral) weggedrängte Nukleusanteile den Faserring und das hintere Längsband (Lig. longitudinale posterius, s. u.) durchbrechen (**Nukleusprolaps** mit Sequesterbildung) oder diese buckelig vorwölben (**Nukleusprotrusion**). Erfolgt die Raumforderung nach laterodorsal, kann durch Kompression des Ganglion spinale im Foramen intervertebrale eine entsprechende neurologische Symptomatik ausgelöst werden. Radiologisch-klinisch werden neuerdings beide Typen als Prolaps bezeichnet und lediglich anhand der neurologischen Symptomatik im

Schweregrad unterschieden. **2.** Bei der **Scheuermann-Erkrankung** brechen Teile des Gallertkerns kranial oder kaudal in den Wirbelkörper ein, die im Röntgenbild als **„Schmorl-Knoten"** mit Knochenmetastasen verwechselt werden können.

Die Gelenkfortsätze benachbarter Wirbel bilden die **Articulationes zygapophyseales**. Die Orientierung des Gelenkspaltes sowie die Gelenkkapsel bestimmen Art und Ausmaß der Bewegungen in den Gelenken der einzelnen Wirbelsäulenabschnitte. An der HWS sind die Gelenkflächen plan, zwischen 30–50 Grad gegen die Horizontale von ventral kranial nach dorsal kaudal geneigt und von einer schlaffen Kapsel eingehüllt. Vor- und Rückwärtsbeugen, Seitwärtsneigung und Drehung sind gut möglich, sodass die HWS der beweglichste Teil der Wirbelsäule ist. Im Bereich der BWS stehen die Artikulationsflächen mehr frontal, die Kapseln sind straffer. Drehung und Seitwärtsneigung sind gut, Vor- und Rückbeugung nur wenig ausführbar. Die Gelenkflächen der Wirbelbogengelenke der LWS sind nahezu sagittal eingestellt, sodass praktisch keine Rotation und Seitwärtsneigung, wohl aber Vor- und Rückbeugung möglich sind. Jede Bewegung zwischen 2 benachbarten Wirbeln (mit Ausnahme von C1 und C2) ist gering. Die Summe der Teilbewegungen der aus 24 Gliedern bestehenden Kette ist aber groß. Der Bewegungsumfang der Wirbelsäule ist von Mensch zu Mensch verschieden und vom Alter, vom Geschlecht, vom Konstitutionstyp sowie von den Lebensgewohnheiten (Beruf) abhängig. Die folgen-

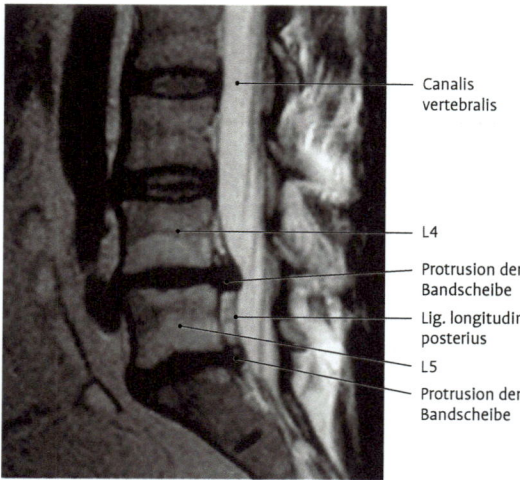

Canalis
vertebralis

L4

Protrusion der
Bandscheibe

Lig. longitudir
posterius

L5

Protrusion der
Bandscheibe

Abb. 4.24 Magnetresonanztomogramm der lumbosakralen Wirbelsäule eines Erwachsenen mit dorsaler Protrusion der Bandscheiben zwischen L4 und L5 sowie L5
und S1. Abgehobenes, aber intaktes Lig. longitudinale
posterius (Prof. Dr. N. Hosten, Greifswald).

den Hauptbewegungen der Wirbelsäule können
frei miteinander kombiniert werden, was die Viel-
gestaltigkeit der mobilen Wirbelsäule verständlich
macht.

- **Ventral- und Dorsalflexion, Inklination und Reklination** (110 bzw. 30–35 Grad). Vor- und Rückbeugung erfolgen hauptsächlich in der HWS und
und LWS, wobei im lumbalen Abschnitt die
ventrale Flexion deutlich geringer als die dorsale ist. Bei der Vorbeugung werden die lordo-
tischen Krümmungen aufgehoben, bei Rückbeugung verstärkt. Im Brustgebiet ist die
Beugung größer als die Streckung, da Letztere
durch die dachziegelartig gelagerten Dornfortsätze gehemmt wird. Im unteren HWS-Bereich,
zwischen 11. Brust- und 2. Lendenwirbel und
im lumbosakralen Übergang ist die Reklination
besonders ausgiebig möglich. Belastungsbedingte Verletzungen kommen in diesen drei
Bereichen besonders häufig vor.
- **Lateralflexion** (30–40 Grad). Seitwärtsneigung
der Wirbelsäule findet in der HWS und in der
BWS ausgiebig statt. Limitiert wird die thorakale
Seitwärtsneigung durch die gleichseitigen Rippen, die zusammengedrängt werden.
- **Torsion** (90 Grad). Verdrehung der Wirbelsäule
durch akkumulierte Rotation in den Articulationes zygapophysiales ist im Halsgebiet am aus-
giebigsten, nimmt nach kaudal allmählich ab

und ist in der LWS wegen der sagittal gestellten
Gelenkflächen minimal. Im Stand wird bei stärkerer Rumpfdrehung das Becken mitrotiert.

Klinik: Die LWS ist einerseits mechanisch stark
druckbelastet, andererseits wirken auf sie, bedingt durch die ihr durch die Bipedie „aufge-
zwungene" starke Lordosierung, beachtliche
Scherkräfte, die insbesondere die Gelenkfortsätze und die Zwischenwirbelscheiben belasten.
Es kann (häufig L4 oder L5) zum Wirbelgleiten
(Spondylolisthese) kommen. Zusätzlich belastet „falsches Heben" durch Beugung und Streckung der Wirbelsäule aufgrund der Hebelwir-
kung der Last extrem die Disci intervertebrales.

In der **Articulatio atlantooccipitalis** (Abb. 4.25–
4.27) artikulieren die beiden Hinterhauptskondylen, **Condyli occipitales,** mit den konkaven, oberen
Gelenkflächen des Atlas. Die beiden Teilgelenke,
jeweils von einer schlaffen Kapsel umgeben, bilden zusammen funktionell ein Eigelenk, Articulatio ellipsoidea (s. Kap. 4.1.2.2). Bänder, die sich
zwischen der Umrandung des Hinterhauptsloches
sowie vorderem und hinterem Atlasbogen als
Membrana atlantooccipitalis anterior und **posterior** (Abb. 4.28) ausspannen, sichern das Gelenk.
Die vordere Membran stellt die kraniale Fortsetzung des vorderen Längsbandes dar und liegt vor
dem **Lig. apicis dentis.** Sie wird aus oberflächlichen und tiefen Fasern gebildet und bremst die
Reklination im oberen Kopfgelenk. Die Membrana
atlantooccipitalis posterior entspricht dem Lig. flavum und wird von der **A. vertebralis** nebst Begleitvenen und dem **N. suboccipitalis** durchbrochen.
Hauptbewegung im oberen Kopfgelenk ist das Ni-
cken um eine quere Achse, gelegen hinter dem äußeren Gehörgang. Um insgesamt etwa 9–15 Grad
kann der Kopf nach vorne und hinten (Inklination
und Reklination) bewegt werden. Darüber hinaus
ist eine geringe Seitwärtsneigung von je 4 Grad um
eine sagittale Achse und eine Rotation von insgesamt 4 Grad möglich. Isolierte Bewegungen im
oberen Kopfgelenk werden normalerweise nicht
ausgeführt, sondern zusammen mit solchen der
gesamten HWS.

Die **Articulatio atlantoaxialis** besteht aus
4 Teilgelenken: Der **Dens axis** artikuliert ventral
mit der **Fovea dentis,** dorsal mit dem **Lig. transversum atlantis** (Abb. 4.25, 4.28). Hinzu kommt die
paarige **Articulatio atlantoaxialis lateralis.** Die

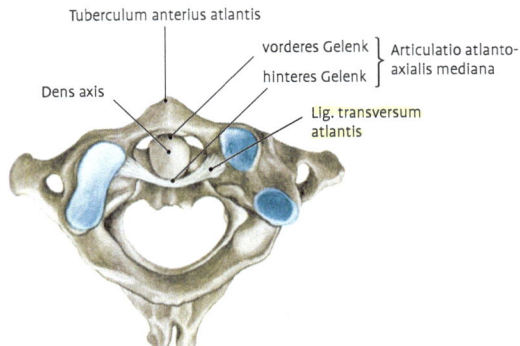

Abb. 4.25 Atlas und Axis von kranial, Teilgelenke und Ligamentum transversum atlantis.

Klinik: 1. Zervikogener Kopfschmerz. Das vordere Densgelenk ist mechanisch stark beansprucht. Im Alter ist es wesentlich häufiger als angenommen arthrotisch verändert und kann Schmerzen verursachen. **2.** Bei einer **Fraktur des Dens** luxiert dieser gewöhnlich nicht, da er durch die Bänder (Lig. transversum, Ligg. alaria) gehalten wird. Deren Riss ist äußerst selten. **3.** Die HWS als Ganzes ist besonders mobil, sodass der Kopf ausgiebig beweglich wird. Das Blickfeld ist groß. Die HWS ist leicht verletzlich (sog. **Schleuder- oder Beschleunigungstrauma**) und unterliegt häufig (berufsspezifischen) Verschleißprozessen.

recht weiten Gelenkkapseln erlauben ausgiebige Bewegung, vor allem die Drehung von Kopf und Atlas um den Dens axis (bis 40 Grad zu jeder Seite). Der Dens axis ist das mechanische Zentrum des unteren Kopfgelenkes, durch ihn verläuft die Drehachse. Ein starker, komplexer Bandapparat sichert die Lage des Dens und limitiert die Bewegungsausschläge. Die **Ligg. alaria,** vom Zahn zum seitlichen Rahmen des Hinterhauptsloches ansteigend (Abb. 4.26, 4.27), hemmen zu starke Drehung und Seitwärtsneigung. Das Lig. transversum atlantis (Abb. 4.25, 4.28) wird durch einen oberen und unteren Schenkel zum **Lig. cruciforme** ergänzt (Abb. 4.26, 4.27) und sichert zusammen mit der kräftigen Membrana tectoria (Abb. 4.26–4.28) die Lage des Zahnes. Das dünne **Lig. apicis dentis** (Abb. 4.27) hat keine mechanische Bedeutung, stellt lediglich ein entwicklungsgeschichtlich interessantes Relikt der Chorda dorsalis dar. Neben der dominierenden Drehung im unteren Kopfgelenk ist, besonders bei Kindern und Jugendlichen, eine Inklination und Reklination möglich. So kann der vordere Atlasbogen bei der Reklination bis zur Spitze des Dens axis hochgleiten.

Neben der synchondrotischen Verbindung über die Disci intervertebrales artikulieren Wirbel auch durch synoviale Gelenke miteinander und sind durch **Ligamenta** verbunden:

- **Ligamentum longitudinale anterius** und **posterius.** Die durch die Zwischenwirbelscheiben gegebene Festigkeit der Wirbelsäule wird durch Bänder erhöht, die ventral und dorsal über Wirbelkörper und Zwischenwirbelscheiben hinwegziehen (Abb. 4.23). Das breitere, anteriore Band ist hauptsächlich an den Wirbelkörpern, das schmalere posteriore an den Zwischenwirbelscheiben sowie an den Grund- und Deckplatten der Wirbelkörper verankert. Der von den Zwischenwirbelscheiben ausgehende Druck spannt beide Bänder, die somit ihrerseits zur Aufrechterhaltung der Eigenform der Wirbelsäule beitragen.
- **Ligamenta flava.** Die gelblich gefärbten, vorwiegend aus elastischen Fasern bestehenden Bänder verknüpfen die Bögen benachbarter Wirbel. Schon in der Ruhe- oder Eigenform der Wirbelsäule sind sie gespannt. Ihre weitere

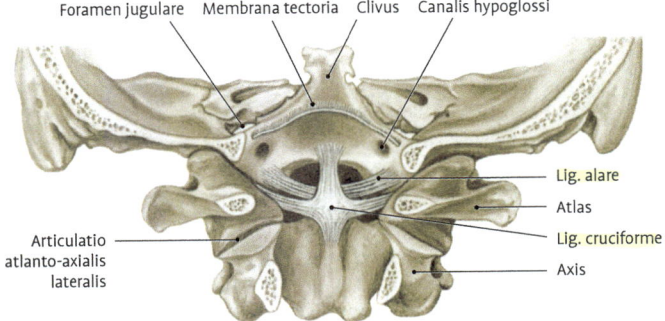

Abb. 4.26 Bänder zwischen Os occipitale, Atlas und Axis von dorsal durch Eröffnung des Wirbelkanals freigelegt. Rückenmark mit Hüllen und Membrana tectoria sind entfernt.

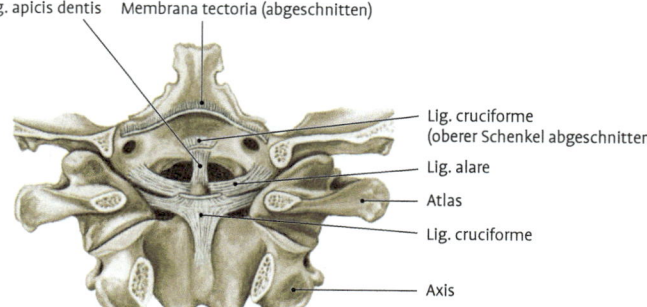

Abb. 4.27 Bänder zwischen Os occipitale, Atlas und Axis. Lig. cruciforme teilweise entfernt.

Dehnung bei Ventralflexion lässt sie Energie speichern, die bei der Rückführung in die Ausgangslage eingesetzt wird. Sie unterstützen passiv die Rückenmuskulatur.

- **Ligamenta intertransversaria.** Es handelt sich um rundliche Bänder (Abb. 4.29) zwischen benachbarten Querfortsätzen. An der HWS können sie fehlen.
- **Ligamenta interspinalia.** Sie verbinden benachbarte Dornfortsätze. Ihr schräger, nach hinten oben gerichteter Verlauf sichert den jeweiligen kranialen Wirbel gegen eine Dorsalverschiebung (Abb. 4.23).

- **Ligamentum supraspinale.** Es ist an den Spitzen der Dornfortsätze verankert und erstreckt sich vom 7. Halswirbel bis zum Kreuzbein (Abb. 4.23).
- **Ligamentum nuchae.** Das sog. Nackenband (Abb. 4.31) ist ein rundes Band, das die Protuberantia occipitalis externa mit dem Processus spinosus des 7. Halswirbels verbindet. Zwischen diesem und den Dornfortsätzen des 2.–6. Halswirbels spannt sich eine dünne, sagittal ausgerichtete Bindegewebsplatte aus, die beim Menschen als Muskelseptum **(Septum nuchae)** wirkt. Es ist mit dem Ligamentum supraspinale verwachsen. Das Ligamentum nuchae besitzt

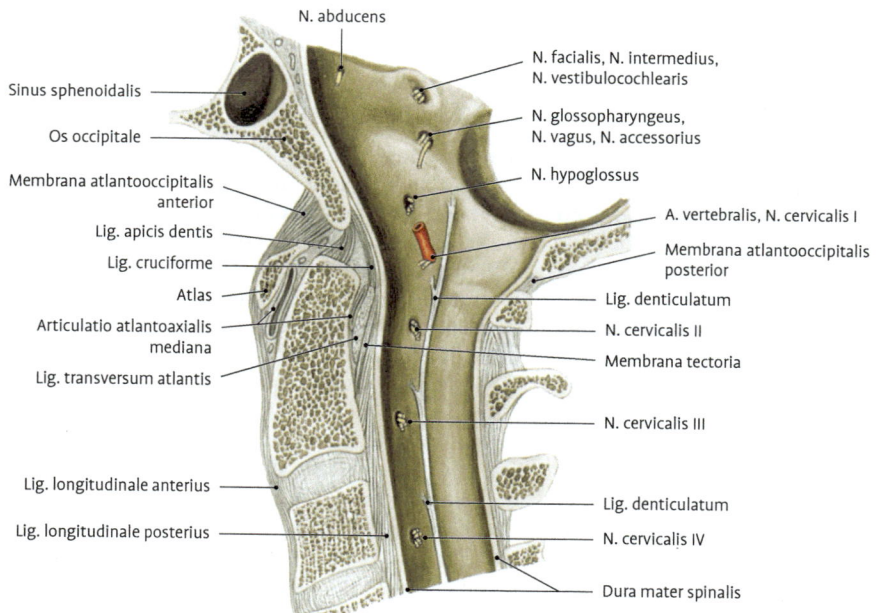

Abb. 4.28 Medianschnitt durch das Hinterhauptsbein und die obere Halswirbelsäule von links.

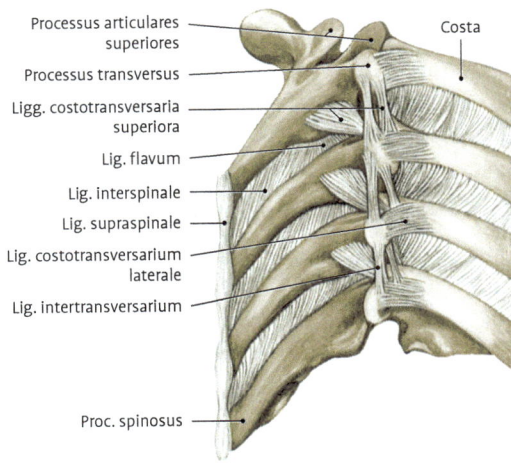

Processus articulares superiores
Processus transversus
Ligg. costotransversaria superiora
Lig. flavum
Lig. interspinale
Lig. supraspinale
Lig. costotransversarium laterale
Lig. intertransversarium
Proc. spinosus
Costa

Abb. 4.29 Bänder der Brustwirbelsäule von dorsal und rechts.

noch elastische Bauelemente, was auf die Tragfunktion für den Kopf bei Vierfüßern hinweist.
Von lateral als Ganzes betrachtet, zeigt die Wirbelsäule beim Erwachsenen charakteristische physiologische Krümmungen in sagittaler Ebene (Abb. 4.14): Hals- und Lendenwirbelsäule sind nach vorn konvex (**Lordose**), Brustwirbelsäule und Os sacrum nach hinten konvex (**Kyphose**) gekrümmt. Durch die Doppel-S-Form bekommt die Wirbelsäule elastische Eigenschaften. Sie federt Stöße beim Gehen, Laufen, Springen ab. Insbesonders die Lendenlordose lässt das Schwerpunktslot des Körpers nahe an die Wirbelsäule herantreten, eine wichtige Voraussetzung für die aufrechte Haltung und Fortbewegungsweise des Menschen. Zusätzlich werden die Krümmungen der Wirbelsäule noch durch die Form der Wirbel und der Zwischenwirbelscheiben sowie durch die Eigenspannung der Wirbelsäulenbänder aufrechterhalten.

Die Ausprägung der Krümmungen ist eng an die motorische Entwicklung des Menschen geknüpft: Beim Neugeborenen sind die Krümmungen nur angedeutet. Ein erster funktioneller Reiz für die Ausbildung der Krümmungen ist beim Säugling das Anheben des Kopfes in Bauchlage. Beim Sitzen im Kleinkindesalter lordosiert die HWS, während BWS und LWS erst durch das Stehen und Gehen formenden mechanischen Reizen ausgesetzt werden. Die Konsolidierung der normalen Wirbelsäulenkrümmungen ist erst beim pubertären Jugendlichen erreicht.

Alterungsprozesse führen zu Formveränderungen der Wirbelsäule. So verlieren die Zwischenwirbelscheiben dauerhaft an Höhe, die gesamte präsakrale Wirbelsäule wird kürzer. Nachlassen der Bänderspannung und des Muskeltonus verstärkt die Krümmungen (Alterskyphose). Über die möglicherweise degenerativen Altersveränderungen im Bereich der Halswirbelsäule wurde schon im Zuge der Beschreibung der Unkovertebralgelenke eingegangen.

Eine geringgradige seitliche Krümmung der Wirbelsäule (Brust- und Lendenwirbelsäule) ist normal und wird oft auch als **Skoliosehaltung** bezeichnet. Sie etabliert sich im früheren Schulalter und kann im Zusammenhang mit kleinen Beinlängendifferenzen gesehen werden. Allerdings entwickelt sich während der Adoleszenz gehäuft auch eine verstärkte, „echte" **Skoliose**. Haltungsschwächen und Fehlbelastungen bei Jugendlichen müssen deshalb erkannt und behandelt werden (sog. Rückenschule). Der Begriff Skoliose beschreibt immer das pathologische Bild einer Wirbelsäule mit seitlicher Verkrümmung und Rotationsfehlstellung. Es wird zwischen funktionellen und statischen Skoliosen unterschieden. So führt eine Beinlängendifferenz von mehr als 2 cm zu einer funktionellen Skoliose, die durch Schuherhöhung ausgeglichen werden kann. Eine halbseitige Anlage eines Wirbels (**Keilwirbel**) beispielsweise führt zur statischen Skoliose.

4.2.1.2 Rückenmuskulatur

Entwicklung. Die in der Nacken-Rückenregion (z. T. in mehreren Schichten) gelegenen Muskeln sind ontogenetisch unterschiedlicher Herkunft und haben verschiedene Funktion. Die embryonalen Quellen der Muskelzellen sind die dorsolateralen Portionen (**Dermomyotome**) der segmental angeordneten Somiten. An den daraus hervorgehenden **Myotomen** lassen sich 2 Anteile unterscheiden. Aus dem einen Anteil (**epaxiales Myotom**) geht jene Muskulatur hervor, die letztlich dorsal der Körperachse, entlang der Wirbelsäule zu liegen kommt; sie wird als **epaxiale Muskulatur** bezeichnet, von den **Rami dorsales** der Spinalnerven innerviert und bildet die ortsständige **autochthone Rückenmuskulatur**. Aus dem anderen Myotomanteil geht die hypaxiale Muskulatur und damit sowohl die ventrolaterale Muskulatur der Rumpfwand als auch die Muskulatur der Extremitäten hervor; **hypaxiale Muskulatur** wird von den **Rami ventrales** der Spi-

nalnerven innerviert. Die dorsale, epaxiale Muskulatur lässt sich bei ursprünglicheren Wirbeltieren, z. B. beim Fisch, noch deutlich von der ventralen, hypaxialen Muskulatur abgrenzen. Phylogenetisch wandern mit der Entwicklung und Spezialisierung der oberen Extremität hypaxiale Muskeln in den Rücken ein und kommen oberflächlich der autochtonen Rückenmuskulatur zu liegen. Diese **eingewanderten, zonalen Muskeln** des Schultergürtels lassen sich aber nach wie vor anhand ihrer Innervation durch Rami ventrales als hypaxial identifizieren.

Der oberflächlich gelegenen, **eingewanderten Schultergürtelmuskulatur** sind folgende Muskeln zuzuordnen:

1. **M. trapezius** (Abb. 4.30, linke Seite). 3 Anteile nach der Faserrichtung:

Pars descendens (absteigende Fasern vom Ursprung zum Ansatz)
O.: Linea nuchae superior, Protuberantia occipitalis externa, Lig. nuchae, Dornfortsatz des 7. Halswirbels
I.: Laterales (akromiales) Drittel der Clavicula, Acromion
F.: Zur Mittellinie hin gerichtetes Anheben des Schultergürtels.

Pars transversa (starker Mittelteil)
O.: mit einem Sehnenspiegel vom 1.–5. Brustwirbeldornfortsatz und dem Lig. supraspinale
I.: Spina scapulae
F.: Schulterblatt wird zur Mittellinie gezogen.

Pars ascendens
O.: 5. bis 12. Brustwirbeldornfortsatz, Lig. supraspinale
I.: Sehnig am medialen Ende der Spina scapulae; dort bildet sich ein dreieckiges Feld, das Trigonum spinae, aus. Auf dessen nach lateral gerichtete Spitze konvergieren die Fasern der Ansatzaponeurose, die mittels einer am Trigonum spinae befestigten Bursa gegen die Scapula gleiten können.
F.: Zur Mittellinie hin gerichtetes Herabziehen der Scapula.
F. (alle Teile): zieht das Schulterblatt nach medial. Oberer und unterer Muskelteil drehen die Scapula so, dass die Schultergelenkspfanne nach oben-außen gerichtet ist: Voraussetzung für die hohe Armerhebung (Elevation über 90 Grad). Bei feststehendem Schultergürtel wird der Kopf nach dorsal ge-

bracht (beidseitige Kontraktion), einseitige Kontraktion bewirkt Drehung zur Gegenseite.
L. (alle Teile): motorisch durch den **Ramus externus** des **N. accessorius** und propriozeptiv durch den **Ramus trapezius** des **Plexus cervicalis** (aus C2–C4). Können getrennt in den Muskel eintreten oder sich vorher vereinigen. Einen konstanten Fasertausch kann man zwischen dem N. accessorius und dem sensiblen N. occipitalis minor beobachten. Wenn der N. accessorius zwischen den Teilen des M. sternocleidomastoideus durchtritt, um das Trigonum colli laterale zu erreichen, wird er vom N. occipitalis minor, der am dorsalen Rand des Muskels aszendiert, überkreuzt. Dabei entstehen oft mehrfache Verbindungen der beiden Nerven. **A. transversa colli** oder **A. cervicalis superficialis** und entsprechende Venen.

Varianten. Die Pars ascendens reicht mit Ursprung (meist rechts) einen Wirbeldorn tiefer. Teilweises Zusammenfließen mit M. sternocleidomastoideus (ein Blastem, gleiche Innervation).

> **Klinik: Lähmung** des Muskels infolge Läsion des relativ oberflächlich laufenden **N. accessorius** im Bereich des lateralen Halsdreiecks bei operativen Eingriffen. Scapula steht tiefer und (medial) ab, **Scapula alata.** Schulter-Halskontur wird eckig (Atrophie der Pars descendens), hohe Armerhebung ist nicht mehr möglich. Einseitiger Ausfall = Muskelungleichgewicht, Skoliosegefahr.

2. **M. latissimus dorsi** (Abb. 4.30)
O.: Mit breiter Sehne, **Fascia thoracolumbalis,** von den Dornfortsätzen des 5.–12. Brustwirbels, sämtlicher 5 Lendenwirbel, den Ligg. supraspinalia, der Facies dorsalis des Os sacrum, dem Labium externum der Crista iliaca und den Anguli costarum der 9.–12. Rippe. Ein weiterer Ursprung an der Spitze des Angulus inferior der Scapula ist nicht konstant.
I.: Konvergierend an der **Crista tuberculi minoris** des Humerus sowie darüber hinaus zum Boden des **Sulcus intertubercularis**
L.: **N. thoracodorsalis** (aus dem Fasciculus posterior, C6–C8), **A.** und **V. thoracodorsalis,** bilden mit dem Nerven ein Bündel, unterhalb der Achselhöhle in die Ventralfläche des Muskels eintretend.

F.: Adduktion und Innenrotation im Schultergelenk. Bei festgestelltem Schultergelenk Anheber des Rumpfes (Aufziehen an der Reckstange). Zusätzlich wirkt er bei der Retroversion im Schultergelenk mit. Der Rippenursprung kann bei fixiertem Arm (Aufstützen) Inspiration unterstützen.

Varianten. Untere Fasern des Muskels können über die Gefäße und Nerven der Achselhöhle zum Rand des M. pectoralis major (muskulärer Achselbogen, LANGER) oder an den langen Kopf des M. triceps brachii (muskulärer Armbogen) ziehen und dabei die Leitungsbahnen komprimieren.

> **Klinik: 1.** Muskelfunktion wird durch den sog. **Schürzengriff** geprüft: Treffen der Hände auf dem Rücken. Der Muskel ist für den Querschnittsgelähmten wichtig: Mit ihm kann er sich aus dem Rollstuhl heben. **2.** Für den plastischen Chirurgen ist der Muskel das „Arbeitspferd": Bei vielen Rekonstruktionen wird er gestielt oder frei verpflanzt (z. B. **Mammarekonstruktion**).

3. **M. levator scapulae** (Abb. 4.30, 4.31)
O.: Tubercula posteriora der Querfortsätze der oberen 4 Halswirbel
I.: Angulus superior scapulae, angrenzender Margo medialis scapulae kranial des Trigonum spinae
L.: N. dorsalis scapulae (C5), direkte Äste aus C3–C4, Rr. profundus und superficialis der A. transversa colli, entsprechende Venen
F.: Elevation des Schultergürtels, Lateralflexion der Halswirbelsäule bei festgestellter Scapula

4. **M. rhomboideus minor** (Abb. 4.30, rechts)
O.: Procc. spinosi des 7. Hals- und ersten Brustwirbels
I.: Margo medialis scapulae auf Höhe des Trigonum spinae
L.: N. dorsalis scapulae, R. profundus der A. transversa colli, entsprechende Venen
F.: Retroversion des Schultergürtels.

5. **M. rhomboideus major** (Abb. 4.30, rechts)
O.: Procc. spinosi des 2.–5. Brustwirbels
I.: Margo medialis scapulae caudal des Trigonum spinae (= distal des Ansatzes des M. rhomboideus minor)

L.: N. dorsalis scapulae, R. profundus der A. transversa colli, entsprechende Venen
F.: Retroversion des Schultergürtels.

Als dritte Schichte finden sich unter Mm. trapezius und rhomboidei zwei weitere eingewanderte, hypaxiale Muskeln, die als **spinokostale Muskeln** klassifiziert und von ventralen Spinalnerven versorgt werden. Sie haben ihren Ursprung an den Dornfortsätzen und ihren Ansatz an den Rippen:

1. **M. serratus posterior superior** (Abb. 4.31)
O.: mittels einer dünnen Aponeurose vom Lig. nuchae und den Procc. spinosi des 7. Halssowie des 1.–2. (3.) Brustwirbels, Lig. supraspinale
I.: Mit 4 Zacken an der 2.–5. Rippe
L.: Ventrale Spinalnervenäste C6–C8, Äste der obersten Interkostalnerven, R. superficialis der A. transversa colli, entsprechende Venen

2. **M. serratus posterior inferior** (Abb. 4.30)
O.: Fascia thoracolumbalis in Höhe der 2 unteren Brust- und 2 oberen Lendenwirbeldornfortsätze, Lig. supraspinale.
I.: Mit 4 Zacken an den 4 untersten Rippen
L.: Ventrale Spinalnervenäste L1 und L2, Äste aus 11.–12. Interkostalnerven, Rr. spinales der Aa. lumbales, entsprechende Venen
F: Beide Muskeln leisten einen (relativ geringen) Beitrag zur Inspiration: Der obere zieht die Rippen direkt nach oben; der untere wirkt einer Verengung der unteren Thoraxapertur durch das kontrahierende Zwerchfell entgegen und unterstützt somit indirekt die Einatmung.

Varianten. In ihrer Ausbildung sind die beiden Muskeln, die ursprünglich eine Muskelplatte darstellen, sehr variabel. Der obere kann zu einer Sehnenplatte reduziert sein, bei beiden kann die Zahl der Zacken größer oder kleiner als 4 sein.

Die primäre, **epaxiale** oder **autochthone Rückenmuskulatur** wird von dorsalen Spinalnervenästen versorgt. Sie hat eine unmittelbare Funktionsbeziehung zur Wirbelsäule und wird auch unter dem Überbegriff **M. erector spinae** zusammengefasst. Die autochthone Rückenmuskulatur erstreckt sich in Form eines paarigen, vom Hinterhaupt bis zum Os sacrum reichenden Muskelwulstes rechts und links der Mittellinie. Jeder Muskelwulst setzt sich aus einer Vielzahl von einzelnen

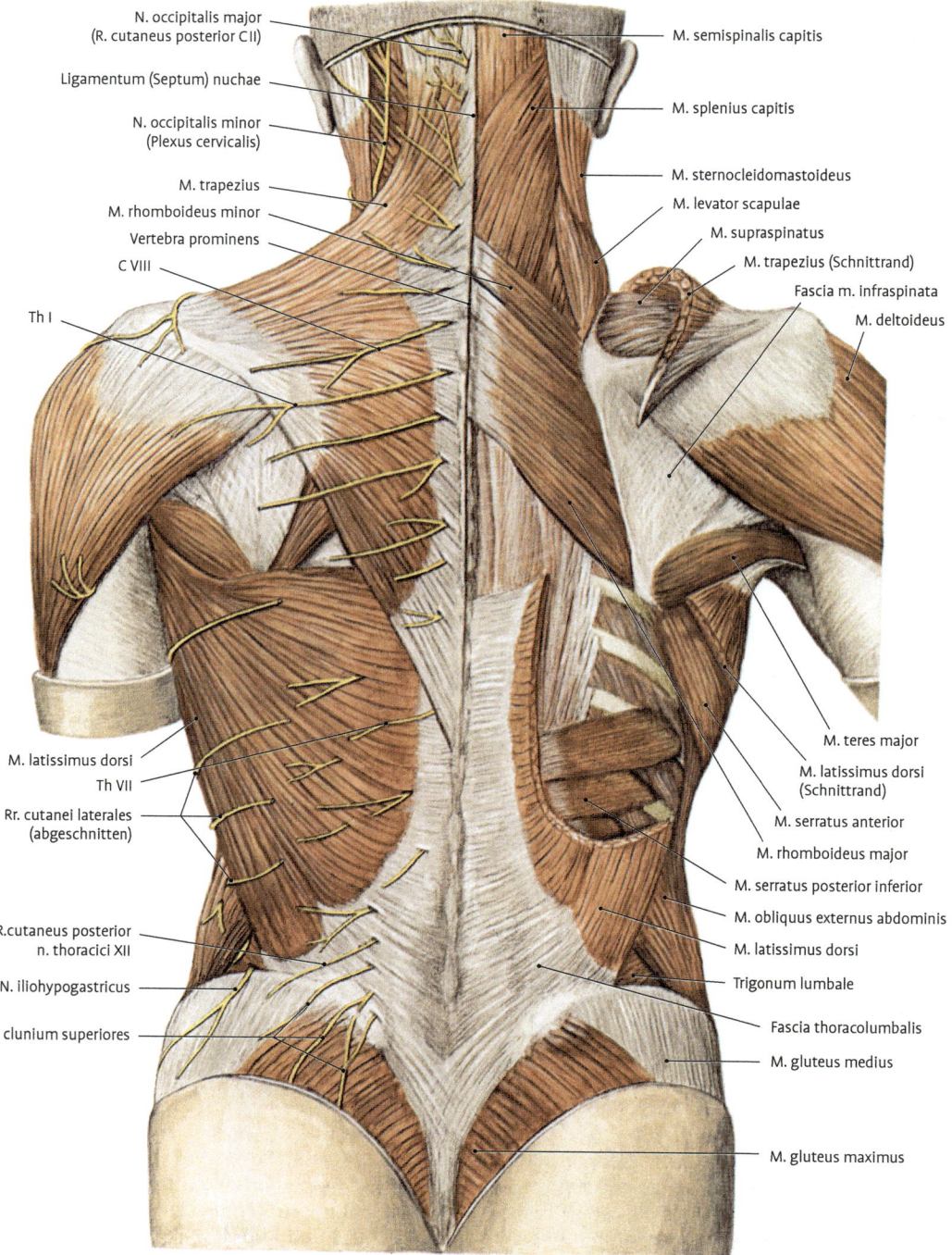

Abb. 4.30 Oberflächliche Rückenmuskulatur. **Links:** Rr. dorsales der Spinalnerven. **Rechts:** M. trapezius, M. latissimus dorsi gefenstert.

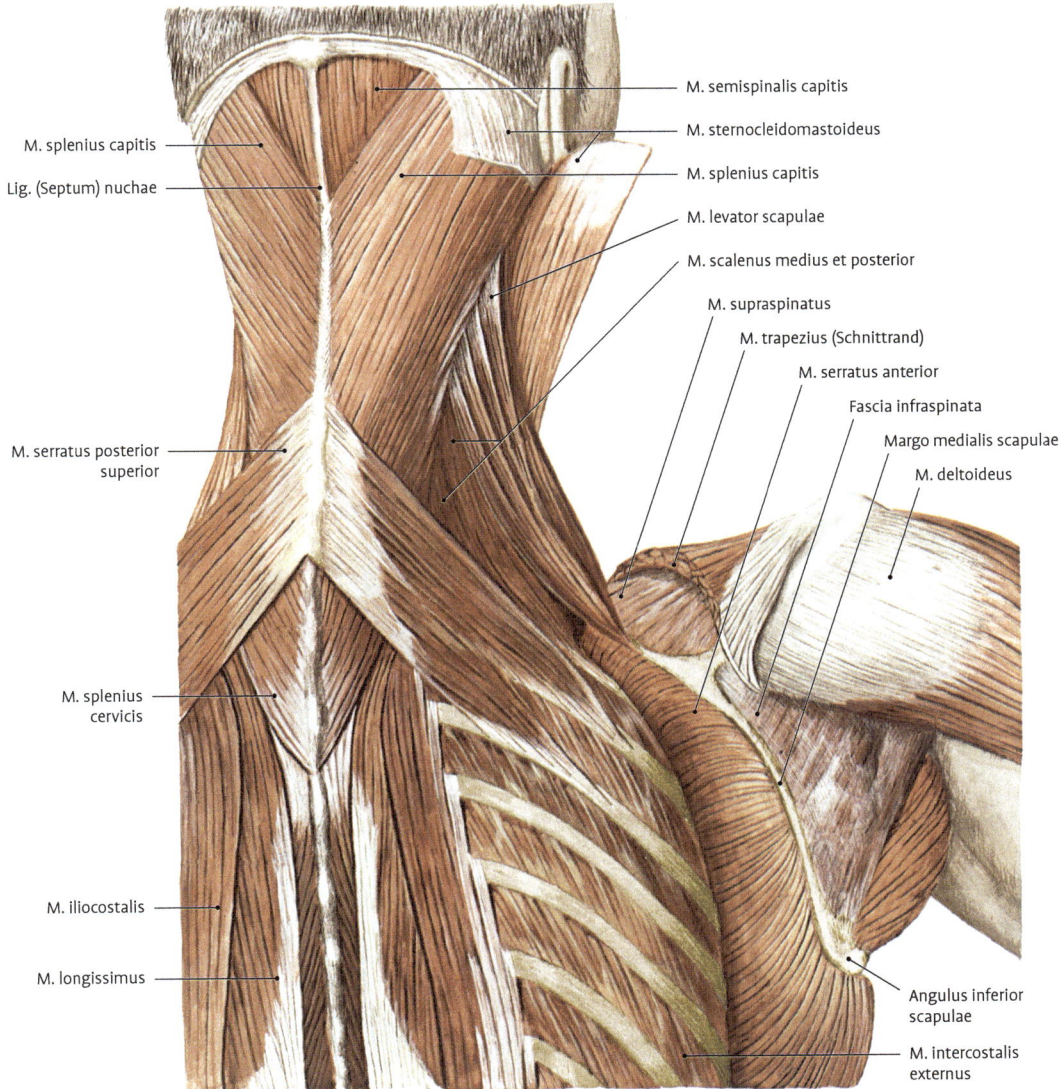

M. semispinalis capitis

M. sternocleidomastoideus

M. splenius capitis

M. splenius capitis

M. levator scapulae

Lig. (Septum) nuchae

M. scalenus medius et posterior

M. supraspinatus

M. trapezius (Schnittrand)

M. serratus anterior

Fascia infraspinata

Margo medialis scapulae

M. serratus posterior superior

M. deltoideus

M. splenius cervicis

M. iliocostalis

M. longissimus

Angulus inferior scapulae

M. intercostalis externus

Abb. 4.31 Spinokostale Muskeln und Muskeln der autochthonen Rückenmuskulatur. Der Schultergürtel ist nach lateral gezogen.

Muskeln zusammen, die – unmittelbar an der Wirbelsäule gelegen – noch kurz und ursprünglich sind und nur von einem zum nächsten Wirbel ziehen. Oberflächlich und mehr seitlich gelegene längere Muskelzüge sind aus der Verschmelzung vieler kleiner Muskelsegmente hervorgegangen. Die beiden Muskelwülste werden in einer osteofibrösen Loge geführt, die zum einen von den Dorn-

und Querfortsätzen (HWS), den Rippen (BWS) bzw. den Rippenfortsätzen (LWS) gebildet wird. Zum anderen treten Faszienhüllen hinzu (s. Kap. 4.2.1.3 und Abb. 4.35).

Nach topografischen Gesichtspunkten lassen sich folgende **Untergruppen** der **autochthonen Rückenmuskulatur** unterscheiden (Abb. 4.31–4.34):

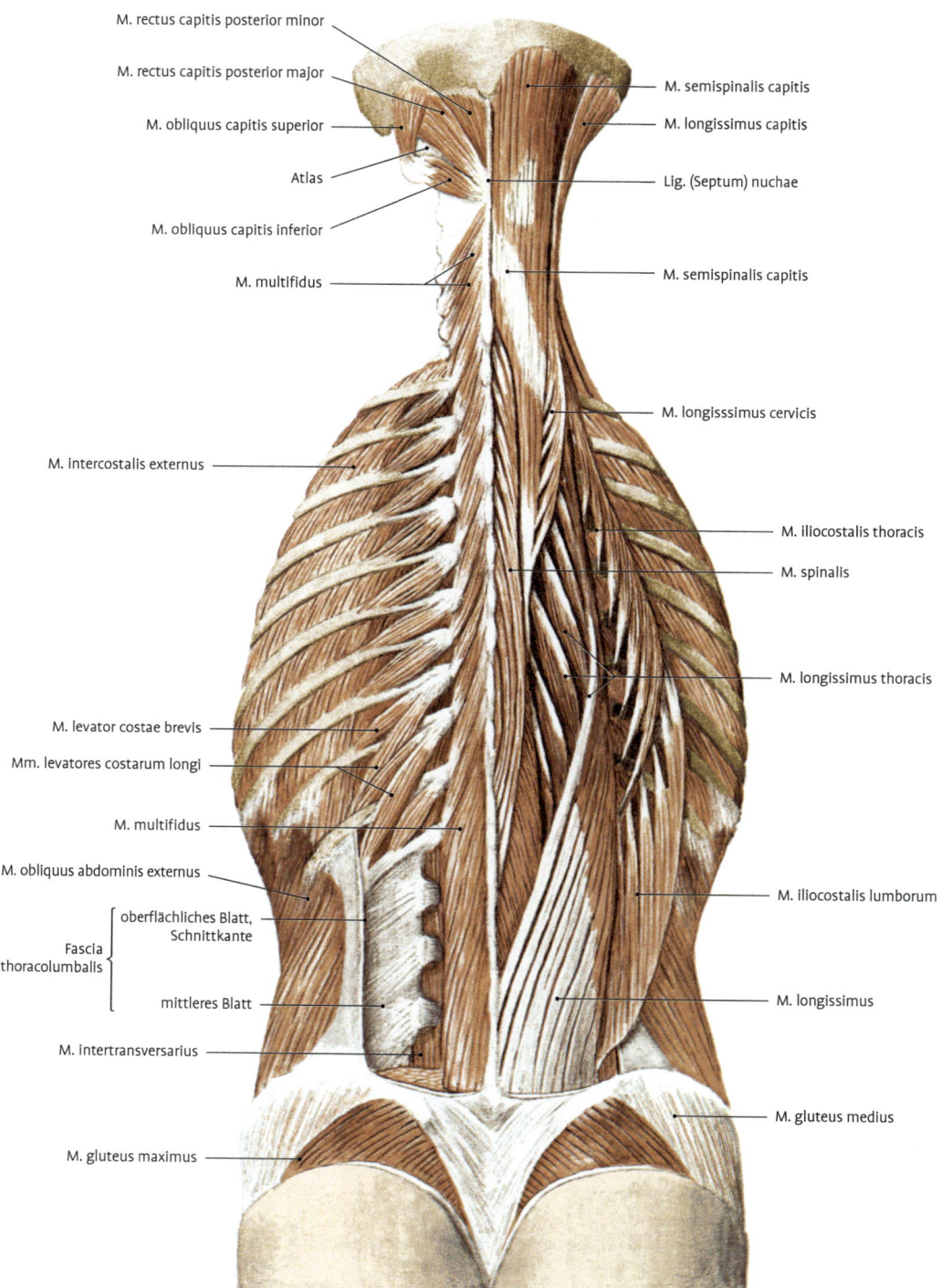

M. rectus capitis posterior minor

M. rectus capitis posterior major

M. obliquus capitis superior

Atlas

M. obliquus capitis inferior

M. multifidus

M. intercostalis externus

M. levator costae brevis

Mm. levatores costarum longi

M. multifidus

M. obliquus abdominis externus

Fascia thoracolumbalis
  oberflächliches Blatt, Schnittkante

  mittleres Blatt

M. intertransversarius

M. gluteus maximus

M. semispinalis capitis

M. longissimus capitis

Lig. (Septum) nuchae

M. semispinalis capitis

M. longisssimus cervicis

M. iliocostalis thoracis

M. spinalis

M. longissimus thoracis

M. iliocostalis lumborum

M. longissimus

M. gluteus medius

Abb. 4.32 Autochthone Rückenmuskulatur. **Rechts:** sakrospinales System (M. spinalis, M. longissimus, M. ilio- costalis) und M. semispinalis capitis. **Links:** M. multifidus, Mm. levatores costarum, kurze tiefe Nackenmuskeln.

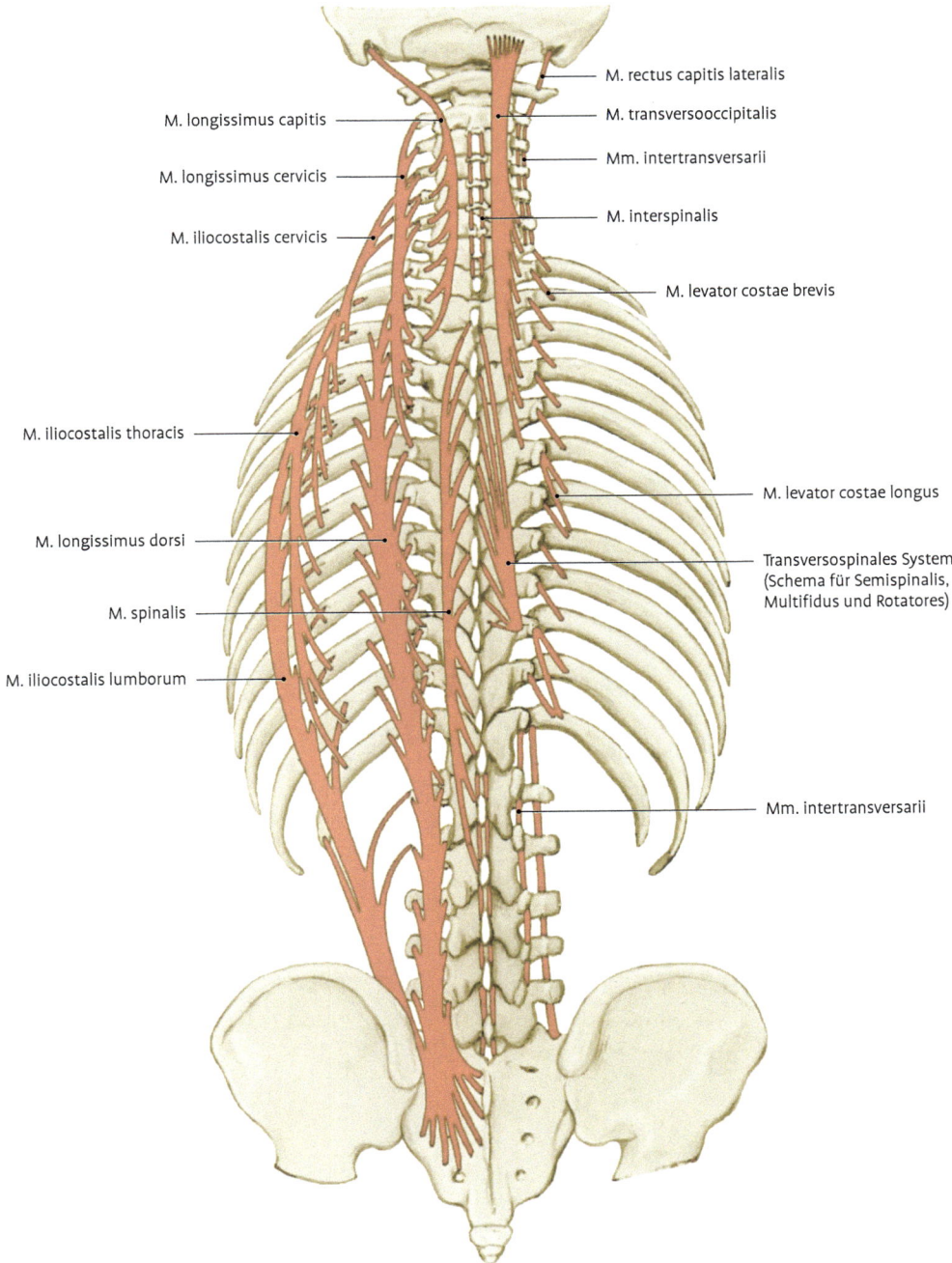

M. rectus capitis lateralis

M. longissimus capitis

M. transversooccipitalis

M. longissimus cervicis

Mm. intertransversarii

M. iliocostalis cervicis

M. interspinalis

M. levator costae brevis

M. iliocostalis thoracis

M. levator costae longus

M. longissimus dorsi

Transversospinales System
(Schema für Semispinalis,
Multifidus und Rotatores)

M. spinalis

M. iliocostalis lumborum

Mm. intertransversarii

Abb. 4.33 Autochthone Rückenmuskulatur (Schema). **Links:** sakrospinales System. **Rechts:** Transversospinalsystem und kurze Muskeln.

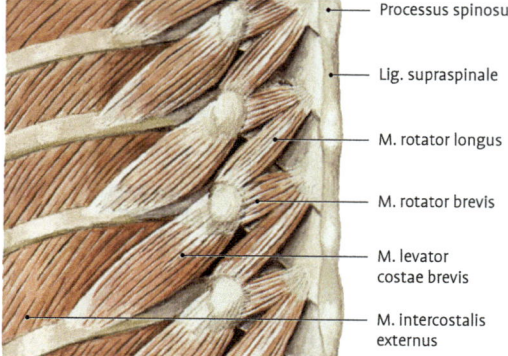

- Processus spinosus
- Lig. supraspinale
- M. rotator longus
- M. rotator brevis
- M. levator costae brevis
- M. intercostalis externus

Abb. 4.34 Autochthone Rückenmuskulatur, tiefe Schicht (Mm. rotatores) und Mm. levatores costarum breves.

- **Oberflächliche Muskeln im Nackenbereich** – Mm. splenii cervicis et capitis (spinotransversale Gruppe)
- **Lateraler Strang** – M. erector spinae im engeren Sinn (sakrospinales System)

lateral	intermediär	medial
M. iliocostalis	M. longissimus	M. spinalis
lumborum	thoracis	thoracis
thoracis	cervicis	cervicis
cervicis	capitis	capitis

- **Medialer Strang** – transversospinales System

lateral	intermediär	medial
M. semispinalis	M. multifidus	Mm. rotatores
thoracis	generell	lumborum
cervicis	vorhanden	thoracis
capitis		cervicis

- **Mm. levatores costarum, Mm. interspinales und Mm. intertransversarii**
- **Kurze Nackenmuskeln** (Suboccipital-Muskeln)

Oberflächliche Muskeln im Nackenbereich-spinotransversale Gruppe

M. splenius cervicis
O.: Dornfortsätze des 3.–6. Brustwirbels
I.: Querfortsätze der 2–3 oberen Halswirbel

M. splenius capitis
O.: Dornfortsätze des 7. Hals- bis 3. oder 4. Brustwirbels, Ligamentum nuchae, Lig. supraspinale

I.: Processus mastoideus und Linea nuchae superior
F.: Einseitige Kontraktion: Drehung von Kopf und HWS zur gleichen Seite; beidseitige Kontraktion: Reklination von Kopf und Hals

Lateraler Strang – M. erector spinae im engeren Sinn (sakrospinales System)

M. iliocostalis lumborum
O.: mittels einer U-förmigen Sehne von den Procc. spinosi des 11. und 12. Brustwirbels und aller Lendenwirbel, der Crista sacralis mediana, der Crista sacralis lateralis und dem Labium internum der Crista iliaca; Lig. supraspinale
I.: Unterkanten der (5.) 6.–12. Rippe

M. iliocostalis **thoracis**
O.: Oberkanten der Anguli costarum der 6.–12. Rippe
I.: Oberkanten der Anguli costarum der 1.–6. Rippe, Tuberculum posterius proc. transversi des 7. Halswirbels

M. iliocostalis **cervicis**
O.: Anguli costarum der 3.–6. Rippe
I.: Tubercula posteriora procc. transversi des 4.–6. Halswirbels
F.: Einseitige Kontraktion: Seitwärtsneigung; beidseitige Kontraktion: Streckung der WS

M. longissimus thoracis
O.: Procc. costales et accessorii der Lendenwirbel, Procc. transversi der unteren Brustwirbel
I.: Querfortsätze aller Brustwirbel, 2.–12. Rippe zwischen Tuberculum und Angulus costae

M. longissimus **cervicis**
O.: Querfortsätze des 1.–4. (–5.) Brustwirbels
I.: Tubercula posteriora procc. transversi des 2.–6. Halswirbels

M. longissimus **capitis**
O.: Querfortsätze des 1.–3. (–5.) Brustwirbels, Gelenkfortsätze des (3.) 4.–7. Halswirbels
I.: Processus mastoideus
F.: Einseitige Kontraktion: Seitwärtsneigung; beidseitige Kontraktion: Streckung. Zusammen mit dem M. iliocostalis bildet er für die Lendenlordose die Sehne der sog. Bogen-Sehnenkonstruktion.

M. spinalis thoracis
O.: Dornfortsätze des 11. Brust- bis 3. Lendenwirbels
I.: Dornfortsätze des 1.–4. (–8.) Brustwirbels

M. spinalis **cervicis** (inkonstant ausgebildet)
O.: Dornfortsätze des 7. Hals- bis 2. Brustwirbels
I.: Dornfortsätze des 2.–4. Halswirbels

M. spinalis **capitis**
verwachsen mit M. semispinalis capitis (siehe dort)
F.: Einseitig: geringe Seitwärtsneigung; beidseitig: Streckung

Medialer Strang – transversospinales System (Abb. 4.34)

M. semispinalis thoracis
O.: Querfortsätze des 6.–10. Brustwirbels
I.: Dornfortsätze des 6. und 7. Halswirbels (inkonstant) sowie des 1.–4. (manchmal bis 8.) Brustwirbels

M. semispinalis **cervicis**
O.: Querfortsätze des 1.–5. (–6.) Brustwirbels
I.: Dornfortsätze des 2.–5. Halswirbels

M. semispinalis **capitis**
O.: Querfortsätze des 7. Hals- und 1.–6. (–7.) Brustwirbels, Gelenkfortsätze des 2.–7. Halswirbels, Dornfortsätze des 7. Hals- und 1. Brustwirbels
I.: An der Squama ossis occipitalis zwischen den Lineae nuchae superior et inferior. Der M. semispinalis capitis bildet mit dem M. spinalis capitis eine Einheit. So ist der M. spinalis capitis der mediale, meist zweibäuchige Muskelanteil, der deswegen auch als M. biventer cervicis bezeichnet wird.
F.: Seitwärtsneigung, Drehung, Streckung

M. multifidus (Hals-, Brust-, Lendenbereich)
O.: Dorsale Sakrumfläche, Procc. mammillares der Lendenwirbel, Querfortsätze der Brust- und unteren 4. Halswirbel
I.: Dornfortsatz des nächsthöheren Wirbels; längere Züge überspringen bis zu 3 Wirbel
F.: Wie Mm. rotatores

Mm. rotatores breves et longi (Hals-, Brust-, Lendenbereich; nur im Brustbereich vollständig zu 11 Paaren entwickelt)
O.: Querfortsatz
I.: Nächst oder übernächst höherer Dornfortsatz
F.: Einseitig: Drehung; beidseitig: Streckung

Mm. levatores costarum, Mm. interspinales und Mm. intertransversarii

Mm. levatores costarum longi et breves (Abb. 4.34)
O.: Querfortsätze 7. Hals- und 1.–11. Brustwirbel
I.: Medial des Angulus costae an der Außenfläche der nächsten (Mm. levatores costarum **breves**) oder übernächsten (Mm. levatores costarum **longi**) Rippe
F.: Trotz ihrer Bezeichnung weniger Rippenhebung; mehr Seitwärtsneigung und Drehung.

Die Muskeln können entweder von dorsalen oder ventralen Spinalnervenästen innerviert werden, stehen also offensichtlich genau an der Innervationsgrenze. Ob es ursprünglich rein epaxiale oder hypaxiale Muskeln sind, ist nicht geklärt.

Mm. interspinales (Hals-, Brust-, Lendenbereich)
O. und I.: Sie spannen sich zwischen benachbarten Dornfortsätzen aus (HWS doppelt!)
F.: Wie M. spinalis

Mm. intertransversarii
Mm. intertransversarii **mediales lumborum** (die ebenfalls vorkommenden, zweischichtigen Mm. intertransversarii laterales lumborum sind im dorsalen Anteil Homologe der Mm. levatores costarum, im ventralen Anteil entsprechen sie Interkostalmuskeln)
Mm. intertransversarii **thoracis**
Mm. intertransversarii **posteriores cervicis**
O. und I.: Verbinden benachbarte Querfortsätze in den genannten Bereichen.
F.: Neigen bei einseitiger Kontraktion seitwärts.

Kurze Nackenmuskeln (Suboccipital-Muskeln)

Für die beiden Kopfgelenke sind spezifische autochthone Muskelindividuen ausgebildet, die sog. tiefen Nackenmuskeln, **Mm. suboccipitales** (Abb. 4.32). Sie sind Feinregulatoren der Kopfbewegung, weisen eine hohe Dichte an Muskelspindeln auf und haben auch eine propriozeptive Funktion (Rückmeldung der Relativposition von Kopf und Rumpf an das Gleichgewichtszentrum im Hirnstamm). Sie gehören dem spinalen (Mm. recti capitis), intertransversalen (M. obliquus capitis sup.) und dem spinotransversalen (M. obliquus capitis inf.) System an und werden vom ersten dorsalen Spinalnervenast, N. suboccipitalis, versorgt.

M. rectus capitis posterior major
O.: Dornfortsatz C2
I.: Linea nuchae inferior, lateral vom Ansatz des M. rectus capitis posterior minor
F.: Einseitig: Drehung, Neigung des Kopfes zur selben Seite. Beidseitig: Streckung

M. rectus capitis posterior minor

O.: Tuberculum posterius C1

I.: Linea nuchae inferior, medial vom Ansatz des M. rectus capitis posterior major

F.: Einseitig: Neigung; beidseitig: Streckung

M. obliquus capitis superior

O.: Proc. transversus C1

I.: Squama ossis occipitalis zwischen Linea nuchae superior und inferior

F.: Einseitig: Neigung; beidseitig: Streckung

M. obliquus capitis inferior

O.: Dornfortsatz C2

I.: Querfortsatz C1

F.: Einseitig: Drehen zur gleichen Seite; beidseitig: geringe Extension im unteren Kopfgelenk, Stabilisierung des Gelenks

Funktionell ist die **autochthone Rückenmuskulatur** gleichermaßen für die **Haltung** und die **Bewegung** der Wirbelsäule wichtig. Die in der Sagittalen gelegenen Krümmungen werden ständig unterstützt und kontrolliert. Die Bewegungsausschläge, die von den tief gelegenen, kleinen Muskeln hervorgerufen werden, sind gering, addieren sich aber über einen größeren Wirbelsäulenabschnitt. Die Muskulatur streckt und dreht nicht nur die Wirbelsäule, sondern startet auch eine Seitwärtsneigung durch ipsilaterale Kontraktion insbesondere des lateralen Stranges. Gleichzeitig erfolgt eine Kontrolle der Seitwärtsneigung durch die kontralateralen Muskeln, die erst durch Dehnung nachgeben und dann zunehmend kontrahieren. Dies gilt auch für die Anteversion des gesamten Rumpfes.

> **Klinik:** Eine umgrenzte Schädigung der Muskulatur (z. B. bei operativem Eingriff an Rückenmark oder Wirbelsäule) wird kompensiert. Ein einseitiger langstreckiger Ausfall bedeutet muskuläres Ungleichgewicht, es entwickeln sich Skoliosen. Beidseitige Lähmung führt zur Verstärkung der sagittalen Krümmungen. PatientInnen können nur aufrecht stehen, indem sie mit verstärkter Lendenlordose den Rumpf – und damit den Schwerpunkt – nach dorsal verlagern.

4.2.1.3 Faszien des Rückens

Fascia nuchae, ein kräftiges Bindegewebsblatt, das unter den Mm. trapezius und rhomboidei die Nackenmuskeln einhüllt. Kranial endet sie an der Linea nuchae superior, in der Mittellinie ist sie mit dem Lig. nuchae (Abb. 4.30) verbunden. Am Vorderrand des M. trapezius geht sie in die **Lamina superficialis der Fascia colli** (oberflächliche Halsfaszie) über. Nach kaudal findet sie ihre Fortsetzung in der

Fascia thoracolumbalis (Abb. 4.30, 4.32, 4.35, 4.36). Thorakal bildet sie die dorsale Bedeckung der authochthonen Rückenmuskulatur und ist an den Dornfortsätzen der Brustwirbel und den Anguli costarum befestigt. Lumbal wird diese Faszie dreischichtig und aponeurotisch und besteht aus einem oberflächlichen (dorsalen), einem intermediären und einem tiefen (ventralen) Blatt. Das dorsale und das intermediäre Blatt beteiligen sich an der Bildung des osteofibrösen Führungskanals für die beiden Wülste der ortständigen Rückenmuskulatur.

Das oberflächliche Blatt, **Lamina superficialis sive posterior,** ist medial an den lumbalen Dornfortsätzen, dem Kreuzbein und der Crista iliaca befestigt und vereinigt sich lateral der **autochthonen Rückenmuskeln** mit dem intermediären Blatt. In seinem kranialen Abschnitt dient es dem **M. latissimus** dorsi und dem **M. serratus posterior inferior** als Ursprung.

Das mittlere Blatt, **Lamina media,** ist an der 12. Rippe, am **Arcus lumbocostalis lateralis,** an den lumbalen Rippenfortsätzen und am Darmbeinkamm befestigt und zieht bis zum lateralen Rand des Muskelwulstes, wo es mit dem oberflächlichen Blatt verschmilzt (Abb. 4.35).

Das tiefe (ventrale) Blatt, **Lamina profunda sive anterior,** ist an der Vorderfläche der lumbalen Rippenfortsätze befestigt, wobei es hier vom M. psoas major bedeckt wird (Abb. 4.35). Kranial formt es den Arcus lumbocostalis lateralis, bedeckt die ventrale Fläche des M. quadratus lumborum und reicht kaudal bis zur Crista iliaca und zum Lig. iliolumbale. Am lateralen Rand des M. quadratus lumborum vereinigt sich die Lamina profunda mit den dort bereits verschmolzenen oberflächlichen und mittleren Blättern und formt so eine Ursprungsaponeurose für Teile des **M. transversus abdominis** und des **M. obliquus internus abdominis**.

> **Klinik:** Über die Fascia thoracolumbalis und die eingehüllte Muskulatur erreicht man die Niere, wobei das mittlere Blatt eine wichtige Orientierung darstellt (Abb. 4.36). Bei dieser Form des Zugangs bleibt die Bauchhöhle geschlossen.

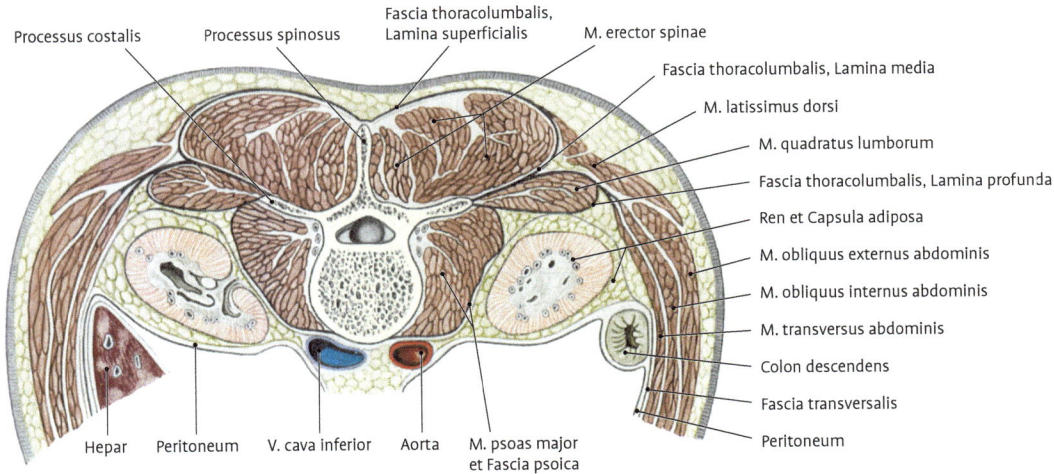

Processus costalis — Processus spinosus — Fascia thoracolumbalis, Lamina superficialis — M. erector spinae

Fascia thoracolumbalis, Lamina media

M. latissimus dorsi

M. quadratus lumborum

Fascia thoracolumbalis, Lamina profunda

Ren et Capsula adiposa

M. obliquus externus abdominis

M. obliquus internus abdominis

M. transversus abdominis

Colon descendens

Fascia transversalis

Peritoneum

Hepar — Peritoneum — V. cava inferior — Aorta — M. psoas major et Fascia psoica

Abb. 4.35 Schematischer Querschnitt durch den Rücken in der Lendengegend. Faszien und Muskellogen.

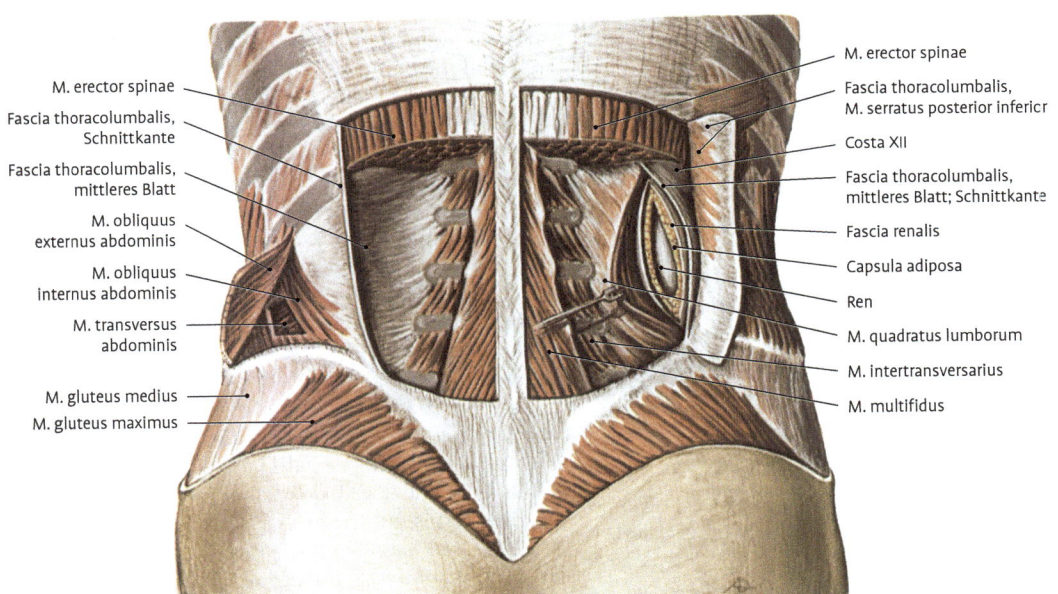

M. erector spinae

Fascia thoracolumbalis, M. serratus posterior inferior

Costa XII

Fascia thoracolumbalis, mittleres Blatt; Schnittkante

Fascia renalis

Capsula adiposa

Ren

M. quadratus lumborum

M. intertransversarius

M. multifidus

M. erector spinae

Fascia thoracolumbalis, Schnittkante

Fascia thoracolumbalis, mittleres Blatt

M. obliquus externus abdominis

M. obliquus internus abdominis

M. transversus abdominis

M. gluteus medius

M. gluteus maximus

Abb. 4.36 Tiefe Lendengegend. Fascia thoracolumbalis und die autochthone Rückenmuskulatur zum größten Teil entfernt. Links ist das mittlere Blatt der Fascia thoracolumbalis (Lamina media) dargestellt, rechts der M. quadratus lumborum (nach medial gezogen) und die Nieren mit ihren Hüllen.

4.2.1.4 Arterien des Rückens

Die **Aa. intercostales posteriores** geben einen Ramus dorsalis zum Rücken ab, der zwischen Wirbelkörper und Lig. costotransversarium post. dorsalwärts verläuft, einen R. spinalis in den Wirbelkanal schickt und mit Rr. mediales et laterales die Muskeln und Haut des Rückens versorgt. Rr. dorsales der **Aa. lumbales**.

4.2.1.5 Venen des Rückens

Der **venöse Rückfluss** erfolgt über Rami dorsales der **Vv. intercostales posteriores, V. subcostalis**

und **Vv. lumbales** in die **V. lumbalis ascendens, V. azygos, V. hemiazygos** und **V. hemiazygos accessoria**.

4.2.1.6 Nerven des Rückens

Die **motorische Innervation** der autochthonen Muskeln und die sensible (und vegetative) **Hautversorgung** des Rückens übernehmen die **Rami dorsales** der Spinalnerven (s. Kap. 2.4.5.1). Ein Ramus dorsalis teilt sich in einen lateralen und medialen Ast, um mit diesen den lateralen und medialen Muskelstrang zu versorgen und als **Ramus cutaneus lateralis** und **medialis** zu enden. Im kranialen Bereich, d.h. oberhalb des 6.–7. Thorakalwirbels, wird nur der Ramus medialis zu einem Hautast (Ramus cutaneus medialis), der Ramus lateralis verzweigt sich in der Muskulatur. Kaudal davon wird der Ramus lateralis zum Hautnerven (Ramus cutaneus lateralis), der Ramus medialis verbleibt in der autochthonen Rückenmuskulatur. Die Durchtrittstellen dieses Ramus cutaneus lateralis verbleiben nicht in einer geraden Linie, sondern sind bogenförmig entsprechend dem Muskelfaser-Sehnenübergang des M. latissimus dorsi angeordnet.

Die Hautäste des 1.–3. Lumbalnerven versorgen als **Nn. clunium superiores** die kraniolaterale Gesäßregion.

Die Hautäste des 1.–3. Sakralnerven, **Nn. clunium medii,** innervieren die Haut der medialen Gesäßregion.

Nn. clunium inferiores als ventrale Spinalnervenäste vervollständigen die Hautversorgung der Regio glutealis. Sie entstammen dem **N. cutaneus femoris posterior** (aus dem Plexus sacralis).

4.2.1.7 Regio nuchae, Nackenregion

Die Topografie der Nerven- und Gefäßbahnen in der Regio nuchae (Abb. 4.37) ist komplexer als im eigentlichen Rückenbereich. Bedingt ist dies zum einen durch die generelle Vermittlerfunktion des Halses zwischen Kopf und Rumpf. Zum anderen weist der Kopf-Nackenübergang Spezialisierungen des passiven und aktiven Bewegungsapparates auf (Kopfgelenke).

Begrenzungen der Nackenregion: Linea nuchae superior und Protuberantia occipitalis externa (kranial), Linie zwischen Proc. mastoideus und Acromion (lateral) sowie die Linie zwischen Dornfortsatz C7 und Acromion (kaudal).

Arterien:

- Die **A. occipitalis,** Ast der A. carotis externa, liegt medial der Incisura mastoidea im Sulcus a. occipitalis, tritt seitlich in die Nackenregion und geht hier wechselnd starke Verbindungen mit der A. vertebralis ein. Sie gibt Äste an die Nackenmuskulatur ab, verläuft unter dem M. splenius capitis und auf dem M. semispinalis und erreicht nach Durchtritt durch den M. trapezius das Hinterhaupt.
- Die **A. vertebralis,** Ast der A. subclavia, wird im **Trigonum arteriae vertebralis** (gebildet von den Mm. rectus capitis posterior major, obliquus capitis superior und obliquus capitis inferior) sichtbar, dem Arcus posterior atlantis aufliegend.
- Die **A. cervicalis profunda,** Ast des Truncus costocervicalis, verläuft zwischen den Mm. semispinales capitis et cervicis.

Gleichnamige Venen begleiten die Arterien, welche mit zahlreichen Verästelungen einen im Subokzipitaldreieck liegenden **Plexus venosus suboccipitalis** bilden.

Lymphknoten, Nll. occipitales (1–3), welche die Lymphe aus dem Hinterhauptsgebiet und der Nackenregion aufnehmen, liegen dem Hinterhauptsursprung des M. trapezius auf → Nll. cervicales profundi (s. Kap. 6.13.3).

Nerven:

- **Rr. cutanei mediales,** treten paramedian durch den M. trapezius (Pars descendens und Sehnenspiegel des Muskels).
- **N. suboccipitalis (R. dorsalis C1),** tritt zwischen Hinterhaupt und Arcus posterior in die tiefe Nackenregion ein und innerviert die Mm. capitis (tiefe, kurze Nackenmuskeln). Seine sensiblen Fasern dienen hauptsächlich der propriozeptiven Innervation dieser Muskeln; gelegentlich kann er aber auch einen zarten Hautast abgeben.
- **N. occipitalis major (R. dorsalis C2),** sensibler Hautast, verläuft zwischen Atlas und Axis, erscheint unter dem M. obliquus capitis inferior, durchbohrt die Mm. semispinalis capitis und trapezius. Er versorgt die Haut am Hinterkopf bis auf Scheitelhöhe. Meist geht er mit dem N. occipitalis minor (aus dem Plexus cervicalis) Verbindungen ein. Es besteht ein Faseraustausch (Abb. 4.37, rechts) mit dem N. suboccipitalis und dem
- **N. occipitalis tertius (R. dorsalis C3).** Dieser kann als Hautnerv das Hinterhaupt erreichen. Nur

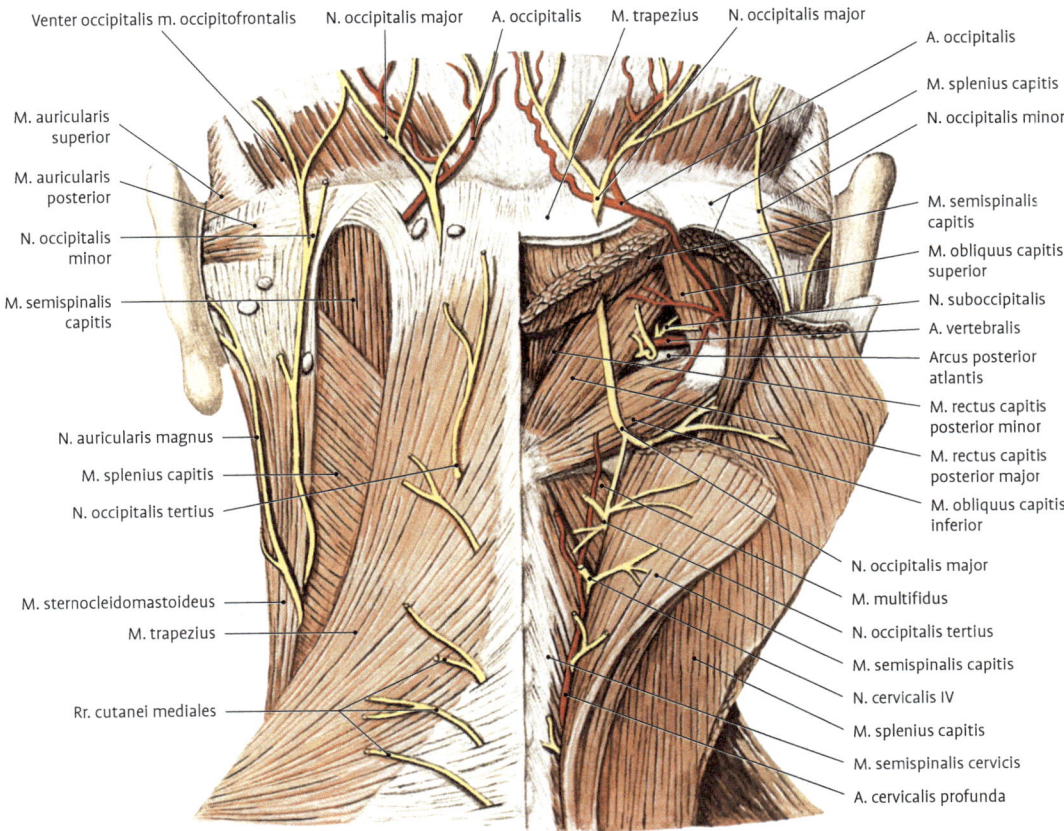

Venter occipitalis m. occipitofrontalis N. occipitalis major A. occipitalis M. trapezius N. occipitalis major

M. auricularis superior

M. auricularis posterior

N. occipitalis minor

M. semispinalis capitis

N. auricularis magnus

M. splenius capitis

N. occipitalis tertius

M. sternocleidomastoideus

M. trapezius

Rr. cutanei mediales

A. occipitalis

M. splenius capitis

N. occipitalis minor

M. semispinalis capitis

M. obliquus capitis superior

N. suboccipitalis

A. vertebralis

Arcus posterior atlantis

M. rectus capitis posterior minor

M. rectus capitis posterior major

M. obliquus capitis inferior

N. occipitalis major

M. multifidus

N. occipitalis tertius

M. semispinalis capitis

N. cervicalis IV

M. splenius capitis

M. semispinalis cervicis

A. cervicalis profunda

Abb. 4.37 Regio nuchae. Links oberflächliche, rechts tiefe Schicht(en) mit Muskeln, Arterien und Nerven.

dann sollte er als N. occipitalis tertius bezeichnet werden, andernfalls als N. cervicalis III.
- **N. occipitalis minor (R. ventralis C2).** Dieser aus dem Plexus cervicalis stammende Hautnerv aszendiert entlang der Hinterkante des M. sternocleidomastoideus. Er besteht meist aus einem dünneren oberflächlichen und dickeren tiefen Ast. Während der oberflächliche Ast die Haut dorsal der Ohrmuschel innerviert und dort endet, erreicht der tiefe Ast die Regio nuchae und anastomosiert mit dem N. occipitalis major.

Klinik: 1. Der N. occipitalis major kann bei seinem Durchtritt durch den derben aponeurotischen Trapeziusursprung mechanisch gereizt werden **(Okzipitalisneuralgie).** Eine Schmerzausstrahlung in sein Versorgungsgebiet (evtl. auch in Trigeminusgebiete) hat allerdings häu-

figer ihre Ursache in einer Degeneration des Knochens und des Knorpels der Kopfgelenke (Osteochondrose). **2.** Der **Kapsel-Band-Apparat der Kopfgelenke** wird von Ästen des **N. occipitalis major** versorgt. **3.** Der im **Trigonum arteriae vertebralis** liegende Abschnitt der A. vertebralis (Pars atlantica) ist relativ ungeschützt. Bei Verletzung muss die **A. vertebralis doppelt unterbunden** werden, weil rechte und linke Arterie anastomotisch verbunden sind (A. basilaris, Circulus arteriosus cerebri; s. Kap. 8.3.4.1). **4. Subokzipitalpunktion** (selten praktiziert). Für die Gewinnung von Liquor cerebrospinalis wird eine Kanüle zwischen Hinterhaupt und hinterem Atlasbogen mittig eingestochen, wobei die Membrana atlantooccipitalis posterior einen Widerstand spüren lässt (Abb. 4.28). Die Punktion muss in der Mittel-

linie durchgeführt werden, weil sonst die A. vertebralis gefährdet ist. **5.** Die **Nll. occipitales** schwellen bei Furunkulose im Hinterhaupt-Nacken-Bereich, bei schwerer Infektion der Rachenmandel und bei Röteln an.

Muskeltabelle

Siehe Seite 144.

4.2.2 Ventrolaterale Brustwand

1. **Brust.** Als Brust bezeichnet man den oberhalb des Zwerchfells gelegenen Teil des Rumpfes, der die Hauptorgane des Atmungs- und Kreislaufsystems (Luftröhre, Bronchien, Lungen, Herz und große Gefäßstämme) enthält.
2. **Brustkorb, Thorax.** Darunter versteht man nur die Skelettgrundlage.
3. Skelett und Muskeln des Brustkorbes begrenzen gemeinsam den **Brustraum, Cavitas thoracis**. Sie schließen ihn nicht nur gegen die Umgebung ab, sondern ermöglichen durch die Art ihrer Anordnung auch eine Vergrößerung und Verkleinerung, wodurch wichtige Voraussetzungen für die Atmung erfüllt werden.

Wir unterscheiden an der Brustwand **4 Schichten:**

1. Oberflächliche Schicht (Haut, Unterhautgewebe und Brustdrüse als Organ der Subcutis)
2. Muskeln der oberen Extremität, ventrale Rumpf-Schultergürtelmuskeln
3. Skelett (Rippen und Brustbein) und Zwischenrippenmuskeln mit segmentalen Gefäßnervenbündeln
4. Binnenschichten (Fascia endothoracica und Pleura parietalis)

4.2.2.1 Äußere Aspekte

Grenzen. Die Brust wird nach oben durch den freien Rand des Brustbeines, Sternum, die beiden Schlüsselbeine, Claviculae, und eine vom Acromion zum 7. Halswirbeldorn gezogene Linie begrenzt (Abb. 4.38). Die untere Grenze verläuft vom Schwertfortsatz (Processus xiphoideus) entlang den Rippenbögen über die Spitzen der untersten Rippen zum Dornfortsatz des 12. Brustwirbels.

Allgemeine Form der Brust. Sie gleicht einem dorsoventral abgeplatteten **Kegel,** dessen hintere Wand flacher und länger als die vordere ist. Am Brustkorb weist die abgestumpfte Spitze des Kegels halswärts, die Basis bauchwärts. Erst die auf dem Brustkorb ruhende Schultergürtelmuskulatur lässt die Brust oben breiter als unten erscheinen. Die Brust des **Neugeborenen** erinnert noch an die Brust der Vierfüßler. Der sagittale Durchmesser ist verhältnismäßig groß, der transversale kleiner. Die Rippen stehen fast horizontal, wodurch der Brustkorb gehoben und der Hals relativ kurz erscheint. Die untere Brustkorböffnung ist verhältnismäßig weit, bietet Platz für die große Leber. Da die Rippenwinkel noch nicht voll ausgebildet sind, ist auch die Wirbelsäule noch nicht so weit in den Brustraum vorgeschoben. Man spricht hier auch von einem faßförmigen Thorax (**Thorax inspiratorius,** da die Rippenstellung der bei tiefer Einatmung entspricht). Im **Senium** senken sich die Rippen, nähert sich das Brustbein der Wirbelsäule. Der Brustkorb wird flacher, die untere Brustkorböffnung und der von den beiden Rippenbögen gebildete Winkel werden kleiner (**Thorax exspiratorius;** die Rippenstellung entspricht der bei der vollständigen Ausatmung).

Öffnungen. Es ergeben sich 2 Öffnungen des Brustkorbes zum Durchtritt von Gefäßen, Nerven und Eingeweiden: Die obere Öffnung, **Apertura thoracis superior,** wird durch die ersten Rippen, das Manubrium sterni sowie den ersten Brustwirbel begrenzt. Diese obere Brustkorböffnung verbindet Hals- und Brustraum miteinander und fällt nach vorne ab. Bedingt durch die abfallende Lage, reichen die Lungenspitzen bis in das Halsgebiet hinauf, sie überragen die Schlüsselbeine um 2–3 cm. Die untere Öffnung, **Apertura thoracis inferior,** findet sich zwischen dem 12. Brustwirbel, den 11. und 12. Rippenpaaren, dem **Arcus costalis** (Rippenbogen) und dem Processus xiphoideus des Sternums. Die untere Brustkorböffnung wird durch das Zwerchfell, **Diaphragma** (thoracoabdominale), verschlossen. Durch die diversen Durchtrittsstellen im Diaphragma handelt es sich hierbei aber um keinen kompletten Verschluss. Von unten wölbt sich das Zwerchfell kuppelartig in den Brustkorb hinein. Die Höhenlage der Zwerchfellkuppeln ändert sich mit der Ein- und Ausatmung beträchtlich.

Tab. 4.1 Mm. dorsi, Rückenmuskulatur: eingewanderte zonale Muskeln des Schultergürtels (autochtone Rückenmuskulatur s. Kap. 4.2.1.2)

Muskel	Ursprung	Ansatz	Innervation	Arterienversorgung	Funktion
M. trapezius					
Pars descendens	Linea nuchae superior, Protuberantia occipitalis externa, Lig. nuchae, Proc. spinosus C7	akromiales Drittel der Clavicula, Acromion	motorisch: R. externus n. accessorii; propriozeptiv: R. trapezius pl. cervicalis (C2–C4)	A. transversa colli bzw. A. cervicalis superficialis	hebt Schultergürtel zur Mittellinie hin
Pars transversa	sehnig von Procc. spinosi Th1–Th5, Lig. supraspinale	Spina scapulae			zieht Schulterblatt zur Mittellinie
Pars ascendens	Procc. spinosi Th5–Th12, Lig. supraspinale	Spina scapulae, Trigonum spinae scapulae			zieht Schulterblatt herab zur Mittellinie hin
M. latissimus dorsi	Fascia thoracolumbalis, Procc. spinosi Th5–Th12, Procc. spinosi L1–L5, Lig. supraspinale, Facies dorsalis des Os sacrum, Labium externum der Crista iliaca, Anguli costarum der Costae 9–12, Angulus inferior scapulae (inkonstant)	Crista tuberculi minoris und Boden des Sulcus intertubercularis	N. thoracodorsalis (C6–C8)	A. thoracodorsalis	Adduktion, Innenrotation und Retroversion im Schultergelenk bei festgestelltem Arm: Inspiration (Atemhilfsmuskel)
M. levator scapulae	Tubercula posteriora der Querfortsätze C1–C4	Angulus superior scapulae, Margo med. scapulae kranial des Trigonum spinae	N. dorsalis scapulae (C5), direkte Äste aus C3–C4	R. profundus und R. superficialis der A. transversa colli	Elevation des Schultergürtels bei festgestellter Scapula: Lateralflexion der HWS
M. rhomboideus minor	Procc. spinosi C7 und Th1	Margo medialis scapulae auf Höhe Trigonum spinae	N. dorsalis scapulae (C5)	R. profundus der A. transversa colli	Retroversion des Schultergürtels
M. rhomboideus major	Procc. spinosi Th2–Th5	Margo medialis scapulae caudal des Trigonum spinae	N. dorsalis scapulae (C5)	R. profundus der A. transversa colli	Retroversion des Schultergürtels
M. serratus posterior superior	Lig. nuchae, Procc. spinosi C7–Th2, Lig. supraspinale	4 Zacken, 2.–5. Rippe	Rr. ventrales C6–C8	R. superficialis der A. transversa colli	hebt die Rippen (unterstützt die Inspiration)
M. serratus posterior inferior	Fascia thoracolumbalis auf Höhe Th11–L2, Lig. supraspinale	4 Zacken, 9.–12. Rippe	Rr. ventrales L1–L2, Nn. intercostales 11 und 12	Rr. spinales der Aa. lumbales	unterstützt indirekt die Inspiration

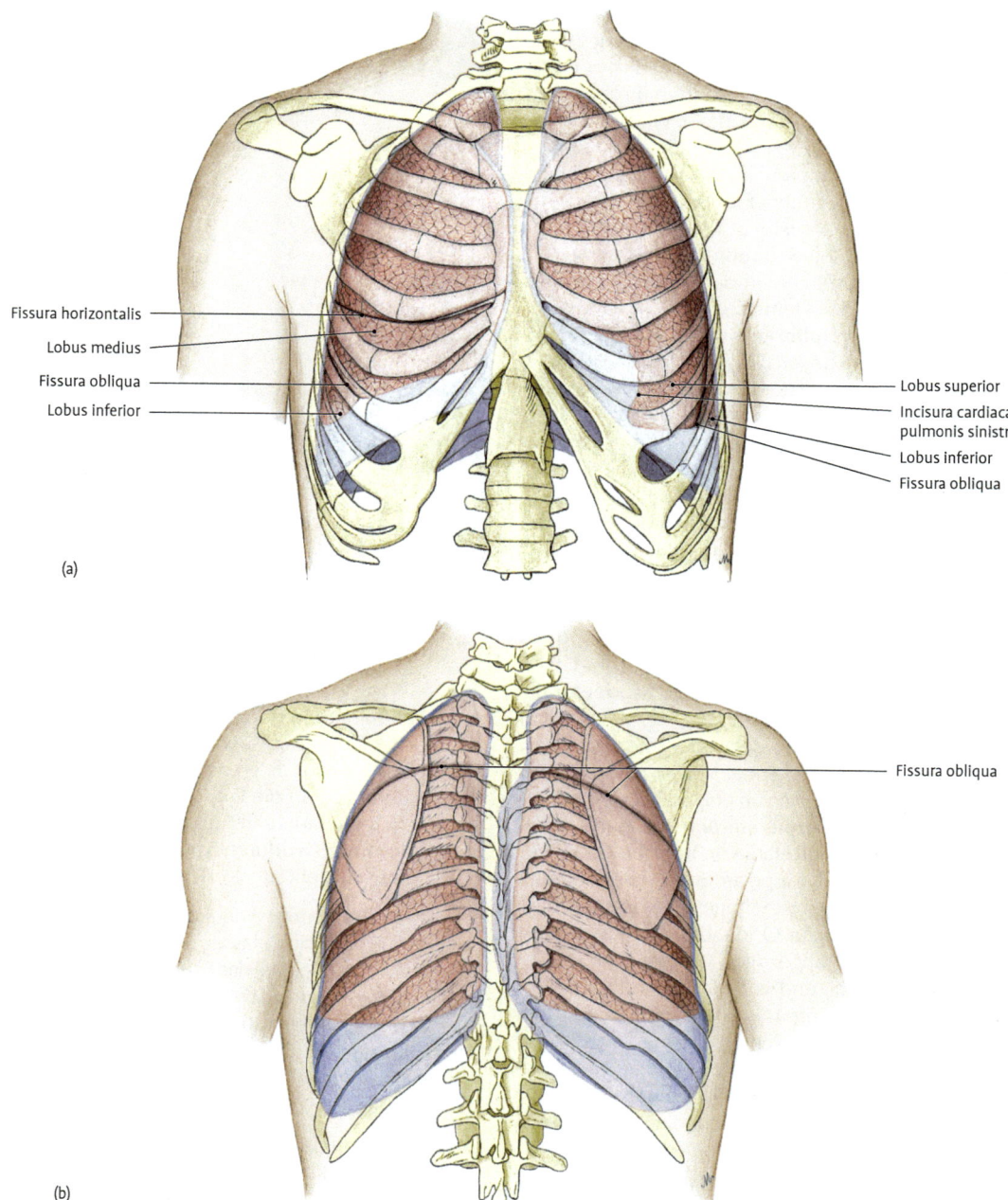

Fissura horizontalis
Lobus medius
Fissura obliqua
Lobus inferior

Lobus superior
Incisura cardiaca pulmonis sinistri
Lobus inferior
Fissura obliqua

(a)

Fissura obliqua

(b)

Abb. 4.38 Brustkorb mit Lungen- und Pleuragrenzen. Lungen = rotbraun, Pleura = blau. **a:** Ansicht von ventral, **b:** Ansicht von dorsal.

Klinik: 1. Der **kontinuierliche Übergang** zwischen den Eingeweideräumen des Halses und der Brust erlaubt es krankhaften Prozessen (z. B. Entzündungen), auf das jeweils andere Kompartiment überzugreifen. **2. Raumfordernde Prozesse** (z. B. Tumoren) im Bereich der oberen Thoraxapertur können Einfluss auf alle dort durchziehenden Strukturen nehmen und somit zu einer variablen Symptomatik führen (z. B. Innervationsstörungen an der oberen Extremität, Schluck- oder Atemstörungen). **3.** Die Sonderform des **peripheren Bronchialkarzinoms** im Bereich der Lungenspitze **(Pancoast-Tumor)** infiltriert frühzeitig Thoraxwand, Plexus brachialis und den Halssympathikus unter Ausbildung eines **Horner-Syndroms** (d. h. herabhängendes Oberlid [Ptosis], enge Pupille [Miosis] und ein in die Orbita zurückgesunkener Augapfel [Enophthalmus] als Zeichen des Ausfalls der vom Ganglion stellatum ausgehenden sympathischen Innervation).

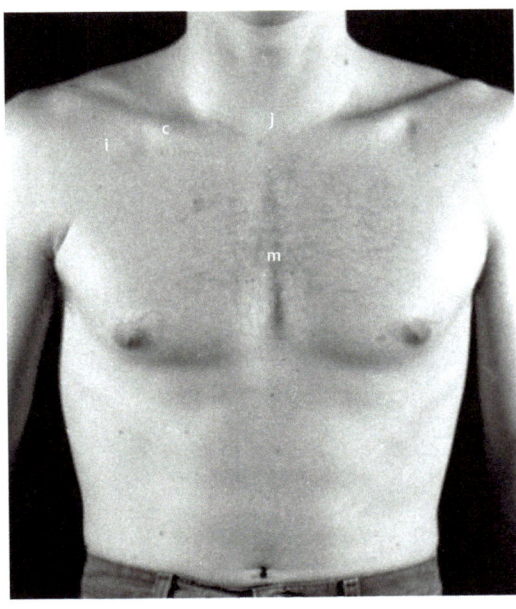

Abb. 4.39 Oberflächenanatomie des Brustkorbes. c = Clavicula, i = Fossa infraclavicularis, j = Fossa jugularis, m = vordere Medianfurche.

Oberflächenanatomie. In der Mittellinie des Brustbeins verläuft zwischen den Ursprüngen des linken und rechten großen Brustmuskels, **M. pectoralis major,** die vordere Medianfurche (Abb. 4.39). Nach oben geht sie in die Drosselgrube, **Fossa jugularis,** nach unten in die Herz- oder Magengrube über. In der Mittellinie wölbt sich an der Grenze von **Manubrium sterni** und **Corpus sterni** der **Angulus sterni (Ludovici)** individuell stark vor. In Höhe des Angulus sterni setzt die 2. Rippe am Brustbein an. Daher kann dieser auch bei fettleibigen Personen tastbare Knochenpunkt gut zur Orientierung an der ventralen Brustwand herangezogen werden. Das Schlüsselbein, **Clavicula,** und seine stark verdickte **Extremitas sternalis** treten normalerweise deutlich hervor. Unterhalb des Schlüsselbeins lässt sich der große Brustmuskel, **M. pectoralis major,** gut abgrenzen. Vom M. deltoideus ist er meist durch die **Fossa infraclavicularis** (Mohrenheim-Grube) abgesetzt. In der Tiefe dieser Grube verläuft das Gefäßnervenbündel vom Hals zum Arm. Lateral von der Grube lässt sich der Rabenschnabelfortsatz, **Proc. coracoideus,** des Schulterblattes, bedeckt vom Rand des Deltamuskels, individuell mehr oder weniger leicht tasten, wobei die Abduktion des Armes hilfreich sein kann. Bedeckt von den kaudalen Fasern des M. pectoralis major, überragt der **M. rectus abdominis** den Rippenbogen nach kranial. An der seitlichen Brustwand erkennt man meist (beson-

ders bei Kontraktion durch Griff mit der Hand zur Schulter der Gegenseite) den vorderen Sägemuskel, **M. serratus anterior.** Er grenzt mit seinen kaudalen Ursprungszacken an die kranialen Zacken des äußeren schrägen Bauchmuskels, **M. obliquus externus abdominis,** wodurch die zickzackförmige **Gerdy-Linie** entsteht.

Praxishinweis: Da der Angulus sterni dem Ansatz der 2. Rippe entspricht, lassen sich von hier aus die Rippen gut abzählen. Ist das Schlüsselbein (z. B. bei adipösen Personen) nicht klar abgrenzbar, kann man sich durch Bewegungen des Schultergürtels leicht über seine Lage und die des Brustbein-Schlüsselbeingelenkes, **Articulatio sternoclavicularis,** orientieren.

Orientierungslinien. Für diagnostische und therapeutische Zwecke bedient man sich am Brustkorb eines Koordinatensystems, bestehend aus horizontalen und vertikalen Orientierungslinien. So ist es möglich, z. B. die Punkte zur Auskultation des Herzens oder der Lunge einfach und klar zu benennen oder die Lage krankhafter Veränderungen näher zu bezeichnen (Abb. 4.40). Als horizontale Orientierungslinien dienen die Rippen und Zwischenrippenräume. Senkrechte Orientierungslinien sind:

- **Linea mediana anterior:** die vordere Mittellinie
- **Linea sternalis:** Sie verläuft am Seitenrand des Brustbeins.
- **Linea mamillaris:** Sie zieht senkrecht durch die Brustwarze; da aber deren Lage variiert, wählt man besser die
- **Linea medioclavicularis:** die Senkrechte durch die Mitte des Schlüsselbeines
- **Linea parasternalis:** Sie verläuft in der Mitte zwischen Linea sternalis und Linea medioclavicularis.
- **Linea axillaris anterior:** Die vordere Axillarlinie wird durch die vordere Achselfalte markiert.
- **Linea axillaris media:** Die mittlere Axillarlinie verläuft in der Mitte der Achselgrube und kommt somit von den genannten Markierungslinien am weitesten lateral zu liegen.
- **Linea axillaris posterior:** Die hintere Axillarlinie verläuft durch die hintere Achselfalte.
- **Linea scapularis:** Die Skapularlinie wird bei herabhängendem Arm durch eine vom Angulus inferior scapulae ausgehende Senkrechte definiert.
- **Linea paravertebralis:** Die Paravertebrallinie verläuft entlang der Processus transversi der Brustwirbel.
- **Linea mediana posterior:** Die hintere Mittellinie verläuft entlang der Processus spinosi der Wirbel.

4.2.2.2 Oberflächliche Schicht der Brustwand

Haut der Brustwand

Die Haut der Brust ist dünn und gut verschieblich. Nur über dem Brustbein ist sie straffer mit der **Membrana sterni** verbunden. Bei Männern ist sie auch in Höhe der Brustwarze fest mit der Unterlage verankert. Eine stärkere Terminalbehaarung kann sich bei Männern über dem Brustbein und von dort aus abnehmend bis zu den Brustwarzen finden. Ist das Terminalhaarkleid schwach entwickelt, so trifft man wenigstens um den Warzenvorhof herum einen Kranz stärkerer und längerer Haare an. Beim Kind und bei der Frau sind nur Lanugohaare vorhanden. Abkömmlinge der Haut sind die Brustdrüsen.

Mammae, Brustdrüsen

Die Säugetiere (**Mammalia**) besitzen an der vorderen Rumpfwand zwischen Vorder- und Hintergliedmaßen besonders große, bilateralsymmetrische, häufig segmental seriell angeordnete Hautdrüsen, deren Sekret, die Milch, zur Ernährung der Jungen dient. Diese Drüsen werden als Milchdrüsen oder Brustdrüsen (**Mammae**) bezeichnet.

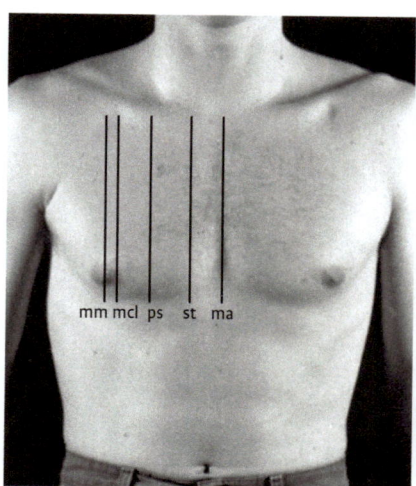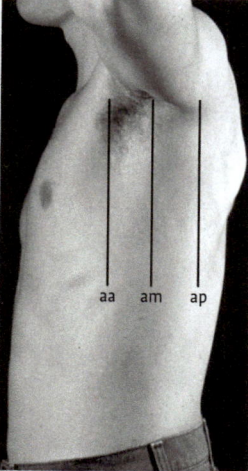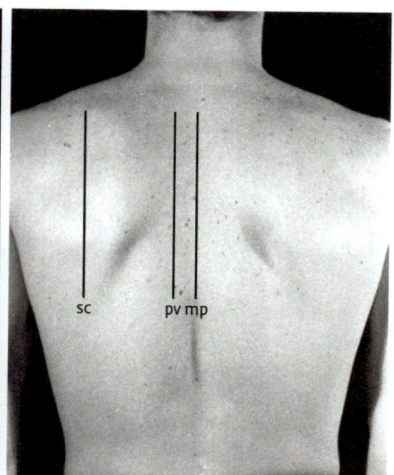

Abb. 4.40 Brustwand von ventral, lateral und dorsal mit Orientierungslinien. aa = Linea axillaris anterior, am = Linea axillaris media, ap = Linea axillaris posterior, ma = Linea mediana anterior, mcl = Linea medioclavicularis, mm = Linea mamillaris, mp = Linea mediana posterior, ps = Linea parasternalis, pv = Linea paravertebralis, sc = Linea scapularis, st = Linea sternalis.

Entwicklung. Gegen Ende der 4. EW verdickt sich das Ektoderm an der seitlichen Rumpfwand zum **Milchstreifen**. Anfang der 5. EW wird dieser Streifen zwischen den Abgangsstellen der oberen und unteren Gliedmaßen (von der Achselregion bis etwa zur Linea medioclavicularis und von dort bis in die Regio inguinalis) zur **Milchleiste** und sprosst zumeist mit 6 Strängen in das Mesenchym ein. Während sich bei Tieren mit zahlreichen Milchdrüsen aus der Leiste in regelmäßigen Abständen mehrere entwickeln, bilden sich beim Menschen bis auf eine Einsprossung alle zurück, und es kommt nur das **4. Drüsenpaar** im Brustgebiet (in Höhe der 3.–5. Rippe) zur Ausbildung. Die Verdickung der Milchleiste im Gebiet der späteren Brustdrüse erfolgt linsenförmig, zunächst mit einer leichten Erhebung über die Körperober-fläche, gefolgt von einer zapfenförmigen Einsenkung in das darunter liegende Mesenchym (Abb. 4.41). Von diesen **Epithelkolben** sprossen solide **Epithelzapfen** in die Tiefe. Sie liefern die späteren **Sinus** und **Ductus lactiferi**. Ihre zunächst kolbigen Enden verzweigen sich mehrfach und bilden die **Läppchen** der Milchdrüse. Erst im 7.–8. Monat tritt in den Milchgängen unter dem Einfluss von Sexualhormonen aus der Plazenta ein Lumen auf. Das Mesenchym in der Umgebung der Drüsenanlage verdichtet sich, die Milchgänge münden auf einem Drüsenfeld, das zur Zeit der Geburt in der Höhe der Körperoberfläche liegt und sich erst später, manchmal erst in der Pubertät, zur **Papilla mammae,** Brustwarze erhebt. Im 5.–6. Fetalmonat entstehen die apokrinen **Glandulae areolares**.

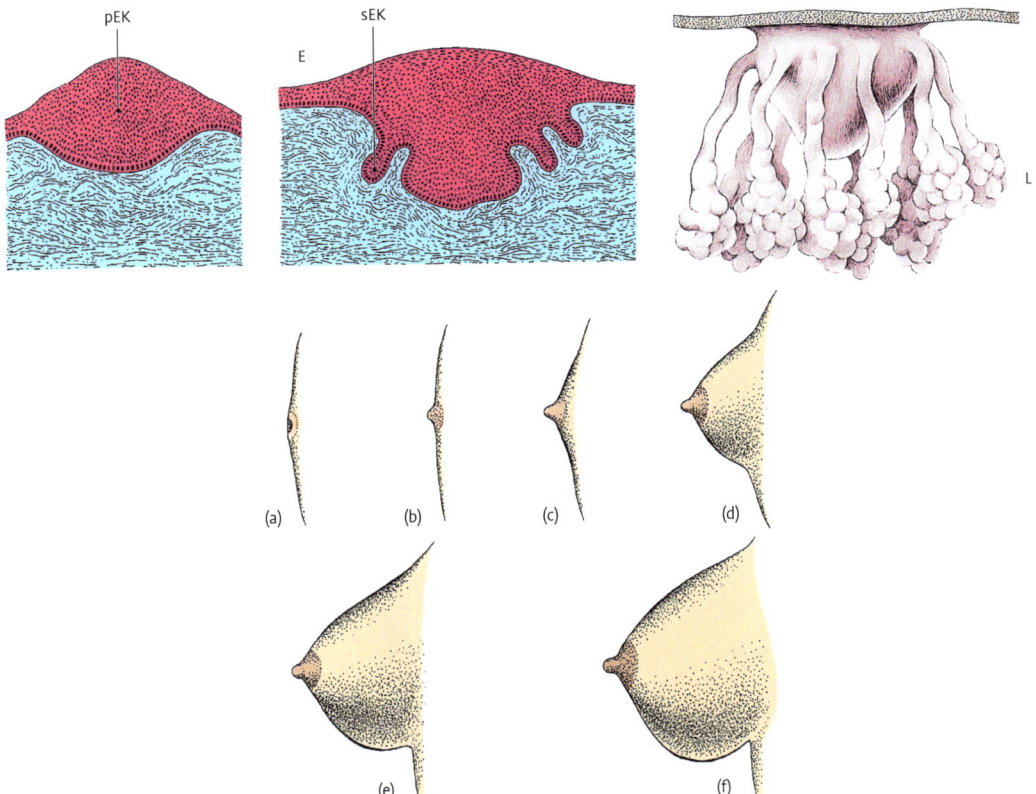

Abb. 4.41 Entwicklung der Milchdrüsen. **Oben links und Mitte:** Querschnitt durch die Milchleiste (E = Epidermis; pEK = primäre Epithelknospe; sEK = sekundäre Epithelknospe). **Oben rechts:** Milchdrüse mit Ductus lactiferi (L). **Unten:** Stadien der Entwicklung der Brustdrüse (Tanner-Stadien). **a:** Neugeborenes. **b:** Kind. **c:** Beginn der Pubertät. **d:** Ende der Pubertät. **e:** junge erwachsene Frau. **f:** schwangere Frau (nach K. L. Moore und T. V. N. Persaud: Embryologie. 4. Aufl. Schattauer, Stuttgart 1996).

Form. Form, Feinbau und Funktionszustand der Milchdrüse zeigen charakteristische Geschlechts- und Altersunterschiede und werden hormonell gesteuert. Die Milchdrüse der geschlechtsreifen Frau reicht im Allgemeinen von der 2./3. bis zur 6. Rippe und von der Parasternal- bis zur vorderen Axillarlinie mit einem regelmäßig vorhandenen kraniolateral ausgerichteten Ausläufer in die Achselhöhle (Abb. 4.42). Manchmal überragt sie als Lobus axillaris den unteren Rand des großen Brustmuskels. Der größte Teil der Brustdrüse ist mit der Fascia pectoralis (superficialis), ein kleinerer Teil (der **Lobus axillaris**) mit der Faszie des M. serratus anterior verschieblich verbunden. Rechte und linke Drüse werden durch eine über dem Brustbein verlaufende Furche, den Busen, **Sinus mammarum,** voneinander getrennt. Form und Größe zeigen vielfältige Alters-, Konstitutions- und Funktionsunterschiede. Sie werden außerdem noch durch den Ernährungszustand, die Art der Kleidung und durch die Körperhaltung beeinflusst. Im Liegen flacht sich die Brust ab und nimmt mehr Halbkugelform an. Im Stehen senkt sich auch die straffe Brust etwas, sodass die Brustwarze unterhalb der Mitte liegt. Die konische, etwas nach oben und außen gerichtete Brustwarze, **Papilla mammae,** erhebt sich auf dem nahezu kreisförmigen, dunkler getönten Warzenhof (**Areola mammae**). Sie findet sich beim Mann relativ konstant in Höhe des 4. Interkostalraumes, bei der Frau variiert die Lage erheblich. Die besonders zarte Haut der Warze und des Warzenhofes ist mehr oder minder runzelig, bedingt durch den Kontraktionsgrad der darunter gelegenen glatten Muskulatur. Die Areola mammae ist stärker pigmentiert als die übrige Haut und wird unter dem Einfluss der ersten Schwangerschaft noch dunkler. Auf der zerklüfteten Warzenspitze münden **12–15 Milchgänge**. Ein Kranz von 10–15 Höckerchen umgibt den Warzenhof. Sie sind bedingt durch größere, apokrine Duftdrüsen, **Glandulae areolares,** die im Aufbau und in der Art der Sekretion den Milchdrüsen gleichen. Sie befeuchten die Haut der Areola mammae und schaffen damit den für den Saugakt notwendigen luftdichten Abschluss. Daneben kommen noch Talg- und Schweißdrüsen vor. Eine stärkere, komplex angeordnete glatte Muskulatur in Brustwarze und Warzenhof vermag, auf Berührungsreize hin, die Brustwarze umzuformen, zu erigieren und für den Saugakt greifbarer zu machen.

Aufbau. Makroskopisch lassen sich 2 Hauptbestandteile der weiblichen Brustdrüse leicht unterscheiden (Abb. 4.43): der **Drüsenkörper** oder das **Parenchym** und der **gelbliche Fettkörper**. Der Drüsenkörper ist unter der Papille und unter dem Warzenhof am stärksten und wird gegen die Peripherie hin schwächer. Er gliedert sich in 15–24 durch Bindegewebe voneinander getrennte **Lappen,** die in der Peripherie breit und platt sind und sich gegen die Papilla mammae hin zuspitzen. Jeder Lappen besitzt einen Ausführungsgang, **Ductus lactiferus,** der sich unter der Areola mammae

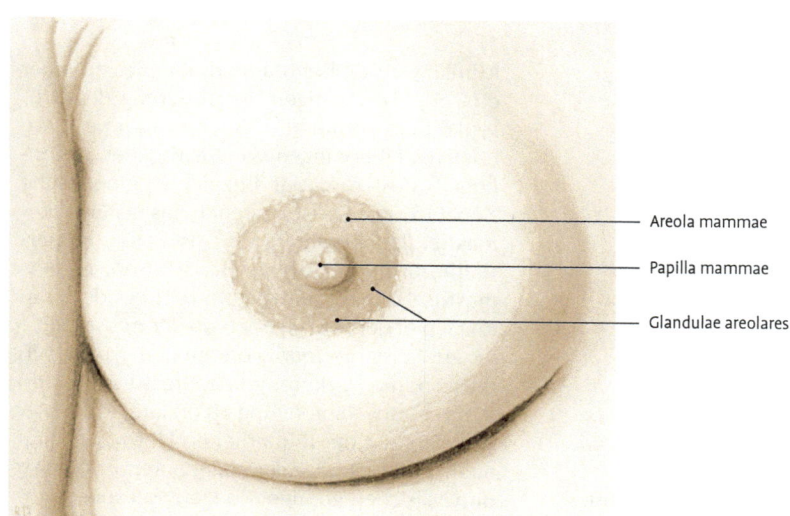

Areola mammae

Papilla mammae

Glandulae areolares

Abb. 4.42 Weibliche Brustdrüse.

zum spindelförmigen, etwa 5 mm breiten Milch-säckchen (**Sinus lactiferus**) erweitert, um dann in der Brustwarze senkrecht aufzusteigen und in den Buchten der Papillenspitze zu münden. Da sich in der Papilla mammae benachbarte Gänge teilweise vereinigen, ist die Zahl der Mündungen meist kleiner als die Zahl der Lappen. Jeder Lappen der Brustdrüse ist durch Bindegewebe wieder in kleinere Läppchen unterteilt, deren Gänge in den Hauptausführungsgang einmünden. Die auch anderwertig vorhandenen Bindegewebsplatten und -stränge (Retinacula cutis), welche die Haut an der Subcutis fixieren, sind im Bereich der Mamma zu **Ligamenta suspensoria mammae** verstärkt. Diese Bindegewebssepten (Cooper-Septen) ziehen von der Haut zum interlobären Bindegewebe und von dort zur Fascia pectoralis superficialis und garantieren so die Stabilität der Brustdrüse. Die Maschen des Bindegewebsgerüstes sind mit Fettgewebe ausgefüllt. Mit beginnender Schwangerschaft wird die Drüse stärker durchblutet. Die Milchgänge bilden neue Sprossen, an denen sich schließlich weite Endkammern, Alveolen, anlegen. Das interlobuläre Bindegewebe wird durch das sich stark vergrößernde eigentliche Drüsengewebe verdrängt. Durch diese Volumenzunahme wird das Bindegewebsgerüst unter erhöhte Spannung versetzt. Die Brust fühlt sich prall und fest an. Manchmal werden Frauen erst durch das auftretende Spannungsgefühl auf eine bestehende Schwangerschaft aufmerksam. Bildet sich nach dem Abstillen

das Drüsengewebe zurück oder schwindet das Fettgewebe, so wird die Spannung des Bindegewebsgerüstes herabgesetzt.

> **Klinik: 1.** Unter dem Niveau der Umgebung liegende Brustwarzen, **Hohlwarzen** genannt, sind als Entwicklungshemmung aufzufassen. Sie können den Saugakt unmöglich machen. **2.** Bei **Inzisionen** in die entzündete Mamma sollten möglichst die radiär verlaufenden Milchgänge geschont werden. Diese sind ebenfalls beim Einbringen von Ringen **(Piercing)** gefährdet, was aufgrund stattfindender Vernarbungen später zu schmerzhaften Milchstauungen führen kann.

Wachstum und Umbildungsvorgänge. In den verschiedenen Lebensabschnitten und unter den jeweiligen Anforderungen sind Wachstum und Umbildung der Brustdrüsen hormonell gesteuert: In der Neugeborenenperiode wirken noch plazentare Hormone auf die kindliche Brustdrüse, die ödematös vergrößert ist. In der anschließenden Kindheit (bis zum 8.–10. Lebensjahr) befindet sich die Mamma in einem Ruhezustand. Das pubertäre Wachstum der Brust (Thelarche) wird durch Östrogen (Wachstum der Drüsengänge) und Progesteron (Alveolenentwicklung) bedingt, die in den Ovarien produziert werden. Durch eine Mehrproduktion dieser beiden Hormone (in Ovarien und Plazenta) ist das weitere Drüsenwachstum in der Schwangerschaft erklärbar.

> **Klinik: 1.** Auch bei Männern kann es zu einer ein- oder beidseitigen Vergrößerung des Drüsenkörpers kommen. Ursache ist zumeist ein relatives Überwiegen von Östrogenen gegenüber Testosteron. Man bezeichnet eine solche Zunahme des Drüsenparenchyms als **Gynäkomastie. 2.** Überzählige Brustwarzen, **Hyperthelie,** und überzählige Brustdrüsen, **Hypermastie,** können beim Mann und bei der Frau im Gebiet der Milchleiste (von der Achselhöhle bis zur Leistengegend) vorkommen. Außerhalb dieser Linie vorkommende Brustdrüsen sind durch Keimversprengung zu erklären. **3.** Unter dem Einfluss der mütterlichen Hormone kann auch die Brustdrüse der neugeborenen Knaben und Mädchen geringe Mengen von sogenannter **Hexenmilch** absondern.

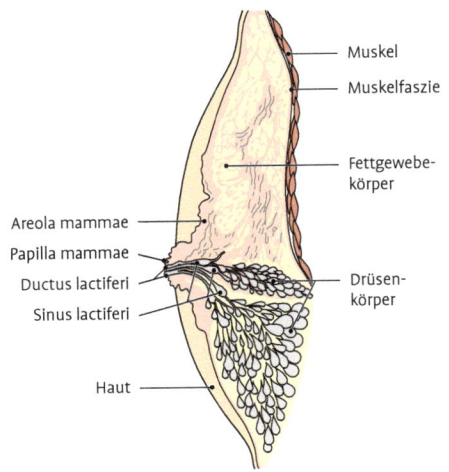

Muskel
Muskelfaszie
Fettgewebe-körper
Areola mammae
Papilla mammae
Ductus lactiferi
Sinus lactiferi
Drüsen-körper
Haut

Abb. 4.43 Sagittalschnitt durch die weibliche Brustdrüse, im oberen Bereich zusätzlich Quadrantenresektion.

Arterien. Die arterielle Versorgung der Brustdrüse erfolgt von medial über **Rami mammarii mediales,** die entweder direkt aus der **A. thoracica interna** bzw. aus den von ihr abgegebenen **Aa. intercostales anteriores** (vorzugsweise des **2. und 3.** Interkostalraumes) entstammen. Weiterhin finden sich **Rami mammarii** aus den **Aa. intercostales posteriores 4–5.** Zum anderen ziehen von lateral **Rami mammarii laterales** aus dem Versorgungsgebiet der A. axillaris (als Äste der **A. thoracica lateralis** bzw. der **A. thoracodorsalis**) zur Brustdrüse.

Venen. Die tiefen Venen verlaufen mit den zugehörigen Arterien. Die oberflächlichen, **subkutanen Venen** bilden ein weites Maschenwerk, das nicht selten, besonders in der Schwangerschaft und während der Stillperiode, durch die Haut durchschimmert. Unter dem Warzenhof verdichtet es sich zu einem **Plexus venosus areolaris.** Die subkutanen stehen mit den **tiefen Venen** in Verbindung, können aber außerdem zu den Bauchwandvenen, zur V. cephalica und zur V. jugularis externa abfließen.

> Die genaue Kenntnis der **Lymphabflusswege** der Brustdrüse ist von großer Bedeutung. Das Lymphsystem spielt beispielsweise in der Metastasierung des Brustkrebses eine entscheidende Rolle. Man unterscheidet, wie bei den Venen, ein **oberflächliches** (subkutanes) und ein **tiefes,** in der Drüsensubstanz liegendes Netz, zwischen denen vielfache Verbindungen bestehen.

Lymphabflusswege und -knoten. Prinzipiell lassen sich 3 Lymphplexus unterscheiden: Plexus areolaris (intramamillär), Plexus subareolaris (im Drüsenkörper) und Plexus submammarius (auf der Fascie der Mm. pectoralis major und minor). Aus diesen Geflechten fließt der Hauptlymphstrom zur Achselhöhle (Abb. 4.44).

* **Axilläre Abflussbahn.** In die axilläre Abflussbahn sind verschiedene Lymphknotenstationen eingeschaltet: Am unteren, lateralen Rand des M. pectoralis major finden sich **Nodi lymphoidei pectorales sive anteriores (Sorgius-Gruppe),** von wo aus die Lymphe in **Nodi lymphoidei centrales** am Boden der Achselhöhle und in **Nodi lymphoidei apicales** in der Spitze der Axilla drainiert wird. Eingebunden sind darüber hinaus **Nodi lymphoidei humerales sive laterales** entlang der A. axillaris (vornehmlich Entsorgung aus dem Oberarm) und **Nodi lymphoidei subscapulares sive posteriores** entlang der A. subscapularis (Entsorgung aus der Regio scapularis und dem axillären Ausläufer der Mamma). Aus den **Nodi lymphoidei apicales** geht auf jeder Seite ein **Truncus lymphaticus** hervor, der rechts mit der V. subclavia zieht und in den Venenwinkel zwischen dieser und der V. jugularis interna mündet; der analog verlaufende **Truncus lymphaticus sinister** mündet in den Ductus thoracicus.
* **Parasternale Abflussbahn.** Ein weiterer Abflussweg der Lymphe aus der Brustdrüse geht über **Nodi lymphoidei paramammarii** zu parasternalen Stationen, die zumeist entlang der V. thoracica

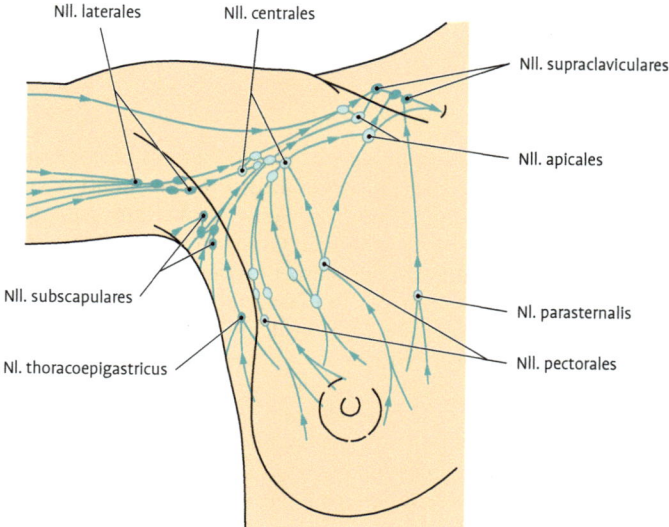

Nll. laterales Nll. centrales

Nll. supraclaviculares

Nll. apicales

Nll. subscapulares

Nl. thoracoepigastricus

Nl. parasternalis

Nll. pectorales

Abb. 4.44 Lymphknotengruppen der Brustdrüse und der Achselhöhle. Oberflächliche Lymphknoten dunkler, tiefe heller dargestellt. Pfeile = Stromrichtung.

interna gelegen sind (**Nodi lymphoidei paras-ternales**). Der Abfluss erfolgt dann in die Trunci lympatici, z. T. unter Einschaltung supraklavikulärer Lymphknotenstationen. Verbindungen bestehen zwischen den parasternalen Lymphbahnen beider Seiten und interkostalen bzw. mediastinalen Lymphbahnen.

- **Intermuskuläre Abflussbahn.** Der Abfluss erfolgt zwischen den Brustmuskeln über **Nodi lymphoidei interpectorales**. Von dort den M. pectoralis major durchbohrende oder zwischen den beiden Brustmuskeln weiterziehende Lymphbahnen gelangen zu den **Nodi lymphoidei axillares apicales** und **supraclaviculares**. Über die **Nodi lymphoidei intercostales** bestehen Verbindungen zu den Lymphknoten des hinteren Mediastinums und über die **Nodi lymphoidei parasternales** zu denen des vorderen Mediastinums.

Nerven. Die Nerven der Brustdrüse stammen aus den Hautästen der Interkostalnerven, den **Rr. cutanei anteriores** und **laterales** (hauptsächlich Th2–Th6).

Klinik: 1. Durch regelmäßige **Selbstuntersuchung** und **Vorsorgeuntersuchung** sollen krankhafte Veränderungen der Brustdrüse möglichst frühzeitig erfasst werden. Inspektorisch sollte zunächst auf Asymmetrien zwischen beiden Brüsten geachtet werden. Verdächtig sind Einziehungen der Haut oder andere Veränderungen der Oberfläche. Anschließend tastet man die Brustdrüse nach Knoten und Verhärtungen ab. Man prüft einerseits die Verschieblichkeit der Haut über dem Drüsenkörper, andererseits die des Drüsenkörpers auf der Brustwand. Dies wird besonders bei der beidseitigen und gleichzeitig durchgeführten Elevation des Armes deutlich sichtbar, bei der sich die Mammae symmetrisch mitbewegen sollen. Die regionären Lymphknoten (insbesondere die Axilla) werden genau abgetastet. Klinisch werden die axillären Lymphknoten in 3 Stufen (levels) klassifiziert: Level I: untere Achselhöhle, lateral des lateralen Randes des M. pectoralis minor. Level II: mittlere Achselhöhle, zwischen kranialem und kaudalem Rand des M. pectoralis minor. Level III: apikale Achselhöhle, am kranialen Rand des M. pectoralis minor, einschließlich der supraklavikulären, infraklaviku-

lären und apikalen Lymphknoten. **2. Mammakarzinom.** Das Mammakarzinom ist der häufigste bösartige Tumor bei Frauen; bei Männern stellt es dagegen eine Rarität dar. Der Verdacht ergibt sich häufig aus auffälligen Tastbefunden und wird durch Röntgenaufnahmen (Mammografie), Ultraschall- oder Kernspinuntersuchungen erhärtet. Insbesondere die Verbindungen der parasternalen Lymphbahnen zu mediastinalen und interkostalen Lymphabflusswegen sind Erklärung für Metastasen von Mammakarzinomen in der Pleura, der Lunge oder im Mediastinum. Retrosternale Verbindungen zur Gegenseite erklären das Vorkommen von Metastasierungen in der primär nicht befallenen Mamma. Durch die venöse Entsorgung der Brustdrüse ergeben sich Verbindungen zwischen den Vv. intercostales und vertebrales. Hierin findet sich eine Erklärung für die relativ häufig auftretenden Absiedlungen von Tumorzellen eines Mammakarzinoms in die Wirbelsäule. Häufig sind bei Brustkrebs zuerst die am unteren Rande des M. pectoralis major auf der drittobersten Zacke des M. serratus anterior gelegenen Nodi lymphoidei pectorales (**Sorgius-Gruppe**) durch Metastasen betroffen. Da der hier austretende Ramus cutaneus lateralis des 2. Interkostalnerven, der oft als N. intercostobrachialis an die mediale Seite des Armes zieht, durch die Krebsmetastasen nicht selten gereizt wird, sind zur medialen Seite des Oberarmes ausstrahlende Schmerzen oder Parästhesien häufig das erste Symptom eines Brustkrebses.

Tela subcutanea, Unterhautfettgewebe

Dieses ist im Bereich des Brustbeins im Allgemeinen spärlich, in der Brustdrüsengegend besonders gut entwickelt. Seine Dicke schwankt aber individuell in weiten Grenzen. Bei der Frau ist es im Allgemeinen stärker als beim Mann. Vom Hals aus strahlt das Platysma über das Schlüsselbein hinweg und setzt in der Haut im kranialen Bereich der Brustwand an. Ventral des Sternum verläuft bei etwa 7 % der Menschen ein **M. sternalis** als phylogenetischer Überrest einer einstmals durchlaufenden, segmental organisierten ventromedianen Längsmuskulatur. Manche Autoren sehen in ihm auch ein Relikt der bei anderen Säugetieren noch vorhandenen, kontinuierlichen

Hautmuskulatur (**M. panniculus carnosus**). Er wird etwas häufiger bei Frauen beobachtet. Auch bei „typischem" Vorkommen variieren Ursprung und Ansatz sehr stark. So entspringt dieses etwa daumenstarke Muskelbündel entweder vom vorderen Blatt der Rektusscheide oder von der Fascia abdominis externa oder vom M. pectoralis major resp. vom 3.–7. Rippenknorpel. Er setzt entweder an der Fascia pectoralis, den oberen Rippenknorpeln (zwischen den Ursprungsfasern des M. pectoralis major) oder am Manubrium sterni an. Oft verbindet er sich sehnig mit der Ursprungssehne des M. sternocleidomastoideus (dann meist mit dessen sternalem Anteil). Verbindet er dabei den M. sternocleidomastoideus mit dem M. rectus abdominis (bzw. dessen Scheide), wird die oben angesprochene und ursprünglich in der Phylogenese vorhandene Muskelkette wiederhergestellt. Seine Innervation bezieht der M. sternalis meist aus den Nn. pectorales aus dem Plexus brachialis.

Hautarterien. Diese kommen medial als **Rr. perforantes** segmental aus der **A. thoracica interna,** lateral als **Rr. cutanei laterales** aus den **Aa. intercostales posteriores** und aus den Ästen der A. axillaris (**A. thoracica lat., A. thoracodorsalis**).

Hautvenen. Die Venen bilden ein großes Maschenwerk, das einerseits durch die **Begleitvenen** der oben erwähnten Arterien, andererseits auch durch die in der mittleren Axillarlinie verlaufende **V. thoracoepigastrica** und in die **V. jugularis externa** abfließt.

Hautnerven. Vom Hals aus strahlen die **Nn. supraclaviculares (C3/C4)** in das Brustgebiet ein. Diese gehören zum **Plexus cervicalis** (s. Kap. 6.13.4.2). Die **Interkostalnerven** durchbohren in der mittleren Axillarlinie mit ihren **Rr. cutanei laterales,** neben dem Brustbein mit ihren **Rr. cutanei anteriores** die Brustwand, um die Hautschichten zu versorgen (Abb. 4.45).

4.2.2.3 Rumpf-Schultergürtelmuskulatur

Es handelt sich um die Mm. pectoralis major, pectoralis minor, subclavius und serratus anterior, welche entwicklungsgeschichtlich vom Rumpf in die Extremitäten ausgewachsen sind. Diese zweite Schichte der Brustwand wird im Zusammenhang mit der Muskulatur des Armes besprochen (Kap. 4.3.3.1).

4.2.2.4 Skeleton thoracis, Musculi intercostales und segmentale Leitungsbahnen

Das Skeleton thoracis, der **knöcherne Thorax,** besteht aus 37 Knochen: 12 Brustwirbel, 12 Rippenpaare und das unpaare Brustbein bilden den knöchernen Rahmen des Brustkorbs. Seine Form erinnert an ein Fass, an dem die Rippen die Reifen darstellen (Abb. 4.46).

Sternum, Brustbein

Entwicklung. Im Stadium der Blastembildung entstehen durch die Vereinigung der ventralen Enden der 1. bis 7. Rippe 2 Sternalleisten. Im oberen Sternumanteil (späterer Bereich des Manubrium sterni) trägt zudem ein interklavikuläres Blastem zur Entstehung bei. Beide Sternalleisten verschmelzen von kranial nach kaudal fortschreitend. Im 4.–6. Monat beginnt die Verknöcherung mit einem Knochenkern im Bereich des Manubrium, einem im Proc. xiphoideus und einer variablen Anzahl von Kernen (4–12) im Corpus sterni. Diese lagern sich zu 3–5 Knochenplatten zusammen, die durch Knorpelbereiche in Höhe der Rippenanlagerungen zunächst noch voneinander getrennt sind.

Fehlbildungen, Varianten. Die Verschmelzung der Sternalleisten erfolgt häufig nur unvollständig (selten gar nicht), was zu Spalten oder Löchern vornehmlich im Corpus sterni führt. Derartige **Foramina sternalia** finden sich bei 5–9 % der Bevölkerung und liegen vorzugsweise in Höhe des 4. oder 5. Interkostalraumes (Abb. 4.47). Der **Processus xiphoideus,** Schwertfortsatz, ist in seiner Form sehr variabel, oftmals gespalten oder mit einem Loch versehen.

Aufbau. Das Sternum ist als flacher, unpaarer Knochen zwischen die vorderen Enden der 7 oberen Rippenpaare eingefügt (Abb. 4.48). Es ist nach vorne konvex gekrümmt und besteht bis auf eine dünne, kompakte Außenzone aus Spongiosa. Man unterscheidet einen Handgriff, **Manubrium sterni,** einen Körper, **Corpus sterni,** und einen Schwertfortsatz, **Processus xiphoideus.** Der Brustbeinkörper ist mit dem Handgriff durch Faserknorpel verbunden (**Symphysis manubriosternalis**), wobei zwischen beiden ein nach dorsal offener, stumpfer Winkel besteht, **Angulus sterni.** Zwischen Sternumkörper und Schwertfortsatz findet sich ebenfalls eine knorpelige Verbindung, **Symphysis xiphoster-**

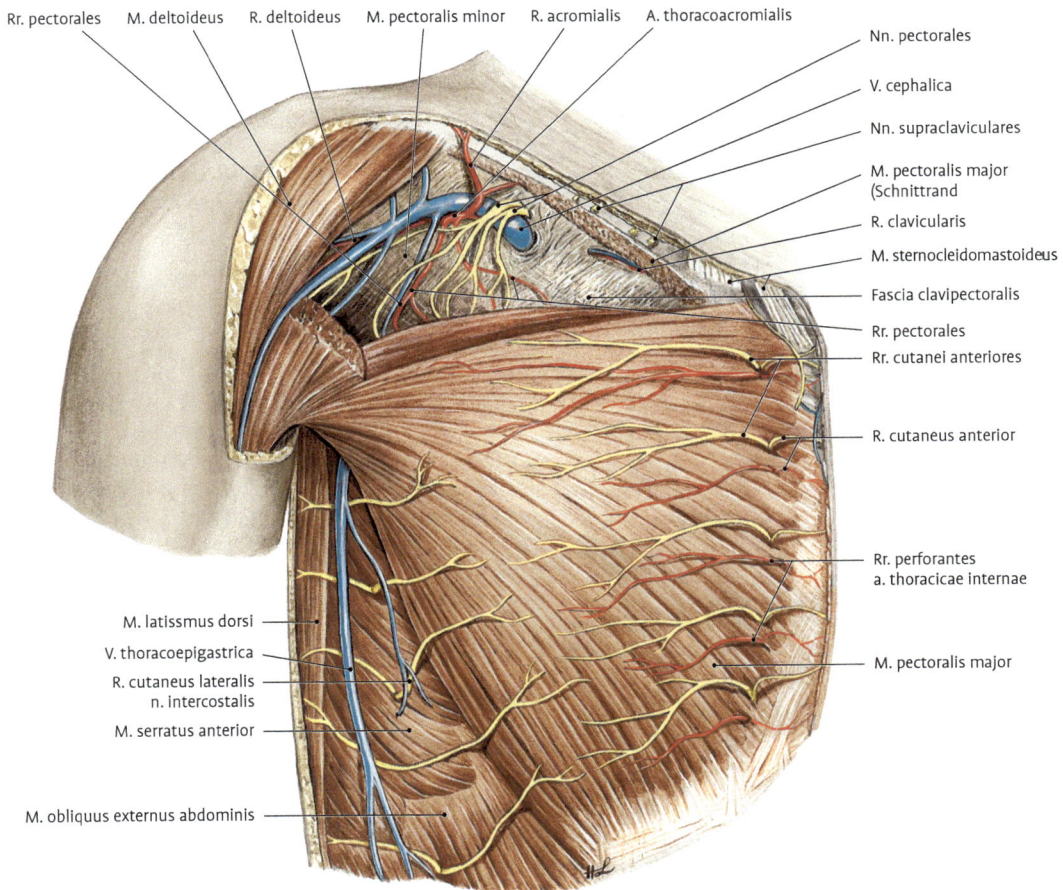

Rr. pectorales M. deltoideus R. deltoideus M. pectoralis minor R. acromialis A. thoracoacromialis

Nn. pectorales

V. cephalica

Nn. supraclaviculares

M. pectoralis major (Schnittrand

R. clavicularis

M. sternocleidomastoideus

Fascia clavipectoralis

Rr. pectorales

Rr. cutanei anteriores

R. cutaneus anterior

Rr. perforantes a. thoracicae internae

M. pectoralis major

M. latissimus dorsi

V. thoracoepigastrica

R. cutaneus lateralis n. intercostalis

M. serratus anterior

M. obliquus externus abdominis

Abb. 4.45 Hautinnervation der Brust. Teilweise Entfernung der Pars clavicularis des M. pectoralis.

nalis. Diese zunächst knorpelig ausgebildeten Nahtstellen können im Laufe des Lebens verknöchern. Das Manubrium sterni ist oben breit und dick; es nimmt seitlich in einer sattelförmigen, mit Faserknorpel überzogenen **Incisura clavicularis** das sternale Ende des Schlüsselbeins auf. Der Seitenrand ist für die Anlagerung des ersten Rippenknorpels zur **Incisura costalis prima** ausgekehlt. Der obere Rand springt am Lebenden unterhalb der Drosselgrube deutlich vor. Er ist seicht zur **Incisura jugularis** ausgeschnitten. Das zweite Rippenpaar setzt in Höhe des Angulus sterni an. Da die erste Rippe weitgehend durch das Schlüsselbein verdeckt ist, bietet sich so ein fester Anhalt beim Abzählen der Rippen am Lebenden. An den Seitenrändern trägt das Brustbein sieben Gruben für die Anlagerung der ersten bis siebten Rippe **(Incisurae costales)**.

Klinik: Die Kenntnis der angeführten Varianten ist für verschiedene diagnostische und therapeutische Verfahren von Bedeutung (z. B. **Sternalpunktion** oder **Akupunktur**). Durch eventuell vorhandene Löcher und Spalten können die Instrumente in den Herzbeutel, die Koronargefäße oder den Herzmuskel vordringen. Zur Abklärung hämatologischer Erkrankungen verwendet man heute eher die Beckenkammbiopsie als eine Sternalpunktion.

Costae, Rippen

Die **Costae** sind bogenförmige Skelettstücke, die im Thoraxbereich die Wirbelsäule und das Brustbein verbinden und so zur Bildung des Brustkor-

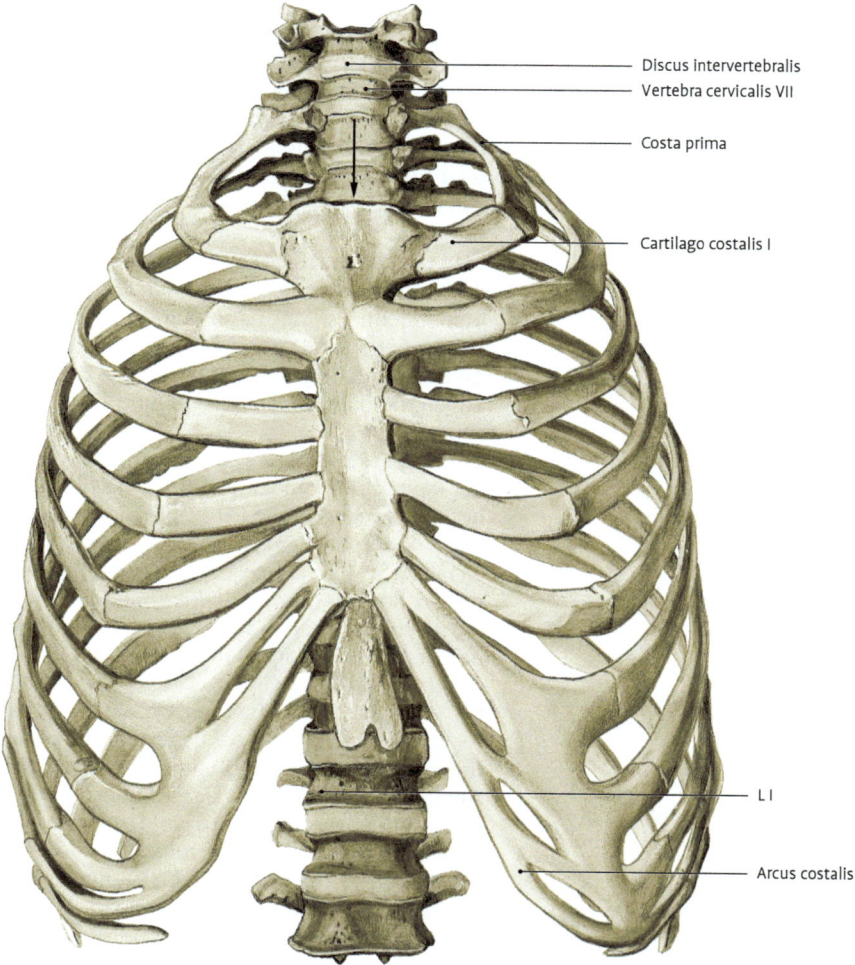

Discus intervertebralis
Vertebra cervicalis VII
Costa prima
Cartilago costalis I
L I
Arcus costalis

Abb. 4.46 Brustkorb von ventral. L1: erster Lendenwirbel. Pfeil: obere Thoraxapertur.

bes beitragen. Beim Menschen finden sich in der Regel 12 Rippenpaare. Die Länge nimmt von der 1. zur 7. Rippe zu, von der 8. zur 12. allmählich ab, die 7. Rippe ist somit die längste.

Entwicklung. Rippen werden auf der Länge der gesamten Wirbelsäule im Stadium der Blastembildung angelegt, verschmelzen aber im Hals-, Lenden- und Sakralbereich mit den Wirbelbögen. Aus den ventralen Enden der thorakalen Anlagen entwickelt sich beiderseits eine Sternalleiste, aus der das Sternum hervorgeht. Die Verknöcherung der Rippen beginnt etwa im 2. Monat in der Gegend des Angulus costae. Der ventrale Anteil verbleibt bis ins Erwachsenenalter knorpelig.

Arten:
- **Costae verae.** Die 7 oberen Rippen erreichen das Sternum und bilden mit ihm von oben nach unten an Größe zunehmende Rippenringe.
- **Costae spuriae.** Die 5 unteren Paare bilden den bogenförmigen unteren Rand des Brustkorbes (Abb. 4.46). Hierbei sind normalerweise das 8. und 9. Paar (in etwa einem Drittel der Fälle auch das 10.) mit ihren knorpeligen Enden an der nächst oberen Rippe bindegewebig befestigt.

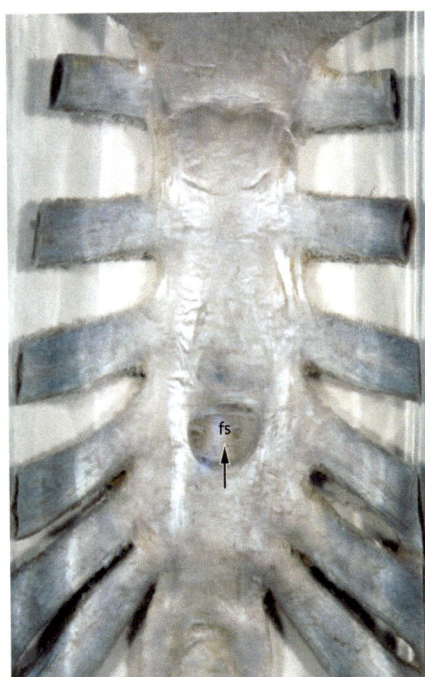

Abb. 4.47 Sternum von dorsal mit Foramen sternale (fs).

- **Costae fluctuantes.** Das 10. (in zwei Dritteln der Fälle), 11. und 12. Paar endet mit den knorpeligen Spitzen frei zwischen den Bauchmuskeln.

Aufbau. Jede Rippe hat einen dorsolateral gelegenen knöchernen **(Os costale)** und einen kleineren ventralen knorpeligen Anteil **(Cartilago costalis).** Der knöcherne Bereich ist unterteilt in einen Kopf **(Caput costae)**, einen Hals **(Collum costae)** und einen Körper **(Corpus costae)** (Abb. 4.49).
- **Caput costae.** Das rundliche Caput costae lagert sich mit seiner überknorpelten **Facies articularis capitis costae** an die **Foveae costales** der Wirbelkörper. Hierbei ist die Gelenkfläche der 2. bis 10. Rippe durch eine quer verlaufende Erhebung **(Crista articularis capitis costae)** in 2 Gelenkfacetten unterteilt. Die obere (kleinere) Gelenkfläche artikuliert mit dem nächst höheren Wirbelkörper an dessen Fovea costalis inferior, die untere Fläche steht in gelenkiger Verbindung mit der Fovea costalis superior des gleichnamigen Wirbelkörpers (Abb. 4.50). Die Gelenkfläche der 1., 11. und 12. Rippe ist nicht unterteilt; diese artikulieren nur mit dem zugehörigen Wirbel.

- **Collum costae.** Das dreikantige, schwächere Collum costae reicht bis zum **Tuberculum costae,** einem dorsolateral gerichteten Höcker, der sich mit seiner **Facies articularis tuberculi costae** an den Querfortsatz des Brustwirbels legt.
- **Corpus costae.** Das abgeplattete Corpus costae setzt bis zum Rippenwinkel **(Angulus costae)** den dorsolateralen Verlauf des Halses fort und wendet sich hier nach ventral. Es zeigt eine Außen- und Innenfläche, einen oberen, abgerundeten und einen unteren, scharfen Rand. An der Innenfläche verläuft nahe dem unteren Rand ein flacher **Sulcus costae** für die Aufnahme der Zwischenrippengefäße und -nerven. Er ist am Tuberculum costae am tiefsten und verstreicht ventralwärts.
- **Cartilagines costales.** Die knorpeligen Anteile der Rippen sind runder und dicker als die zugehörigen Knochen. Ihre Länge nimmt von der 1. zur 7. Rippe zu, von der 8. zur 12. rasch ab. Der 6. und 7. Knorpel, seltener die angrenzenden, stehen durch Knorpelbrücken miteinander in (oft gelenkiger) Verbindung. Der 3. bis 10. Knorpel ist über die Kante kranialwärts gekrümmt (Knorpelknickungswinkel). Die Knorpel der 7. bis 10. Rippe sind verbunden; sie bilden so den rechten und linken Rippenbogen, **Arcus costalis.** Rechter und linker Bogen begrenzen den **Angulus infrasternalis** (epigastrischer Winkel), der sich bei der Atmung stetig ändert und außerdem konstitutionelle Größenunterschiede zeigt. Mit zunehmendem Lebensalter kommt es zu Verkalkungen und Verknöcherungen, die den elastischen Widerstand erhöhen und den Thorax starrer machen.

Krümmungen. An den einzelnen Rippenknochen finden sich 3 Arten mit verschiedener Ausprägung:
- Die **Flächenkrümmung** ist für die gewölbte Form des Brustkorbes verantwortlich. Am Rippenwinkel ist sie am stärksten ausgeprägt, liegt bei den oberen Rippen nahe an der Wirbelsäule und entfernt sich nach unten hin immer mehr von dieser (der Radius der Flächenkrümmung nimmt zu, der Thorax wird nach unten hin breiter).
- Die **Kantenkrümmung** beschreibt die tiefere Position des sternalen Rippenendes im Vergleich zum vertebralen. Auch sie nimmt von kranial nach kaudal ab und ist am Übergang des Rippenhalses in den Körper besonders ausgeprägt.

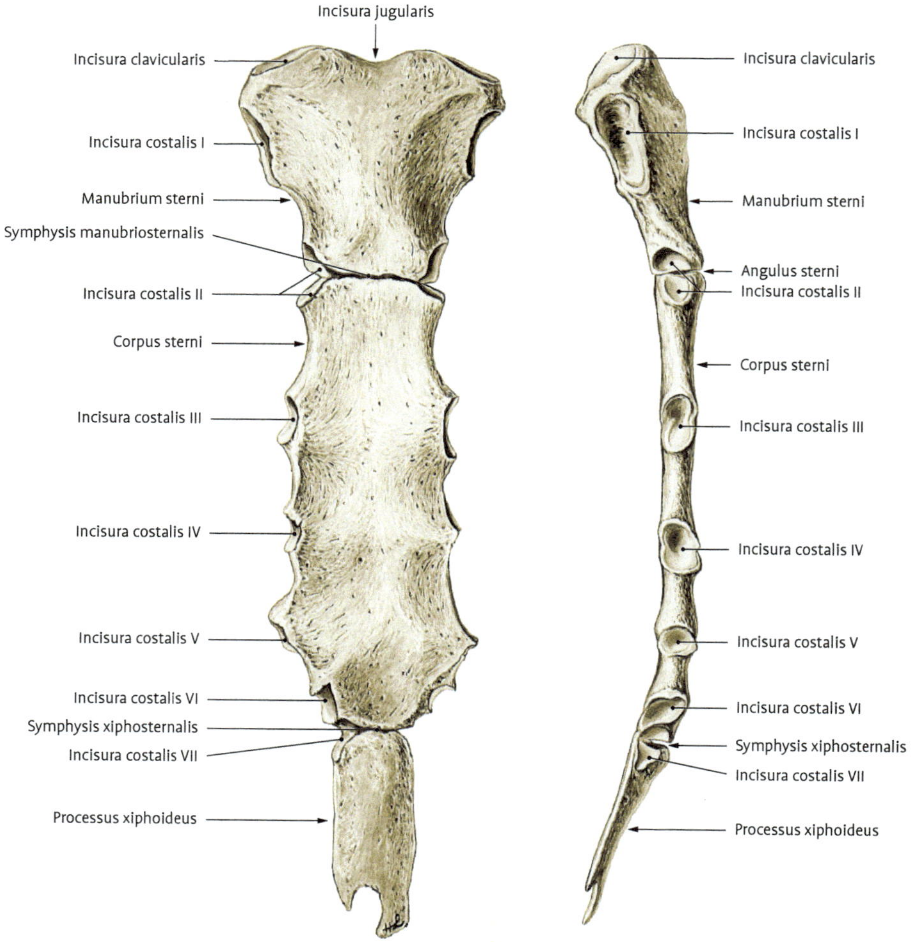

Incisura jugularis

Incisura clavicularis

Incisura costalis I

Manubrium sterni

Symphysis manubriosternalis

Incisura costalis II

Corpus sterni

Incisura costalis III

Incisura costalis IV

Incisura costalis V

Incisura costalis VI

Symphysis xiphosternalis

Incisura costalis VII

Processus xiphoideus

Incisura clavicularis

Incisura costalis I

Manubrium sterni

Angulus sterni
Incisura costalis II

Corpus sterni

Incisura costalis III

Incisura costalis IV

Incisura costalis V

Incisura costalis VI

Symphysis xiphosternalis

Incisura costalis VII

Processus xiphoideus

Abb. 4.48 Sternum. **a:** von ventral; **b:** von rechts.

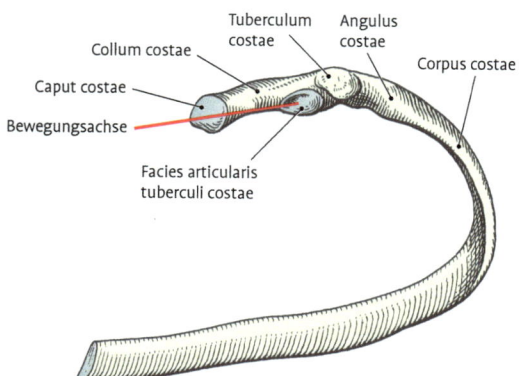

Tuberculum costae

Angulus costae

Collum costae

Corpus costae

Caput costae

Bewegungsachse

Facies articularis tuberculi costae

Abb. 4.49 3. Rippe rechts mit eingezeichneter Bewegungsachse.

- Die **Verdrehung in der Längsachse** (Torsion) zeigt sich bei den mittleren Rippen am deutlichsten. Ihre Flächen stehen am vertebralen Ende senkrecht, am sternalen schräg (der obere Rand liegt der Wirbelsäule näher als der untere). Die **1. Rippe** ist breit und kurz (Abb. 4.51). Ihre Flächen sind nach oben und unten, ihre Kanten nach medial und lateral gerichtet. Die obere Fläche trägt für den Ansatz des M. scalenus anterior ein aufgerautes Höckerchen (**Tuberculum m. scaleni anterioris**). Dorsolateral von ihm verläuft der **Sulcus a. subclaviae,** ventromedial der seichte **Sulcus v. subclaviae.**

Die **2. Rippe** ist länger und schmaler. Ihre Flächen weisen nach oben und lateral bzw. unten und medial. Ungefähr in ihrer Mitte zeigt sie auf

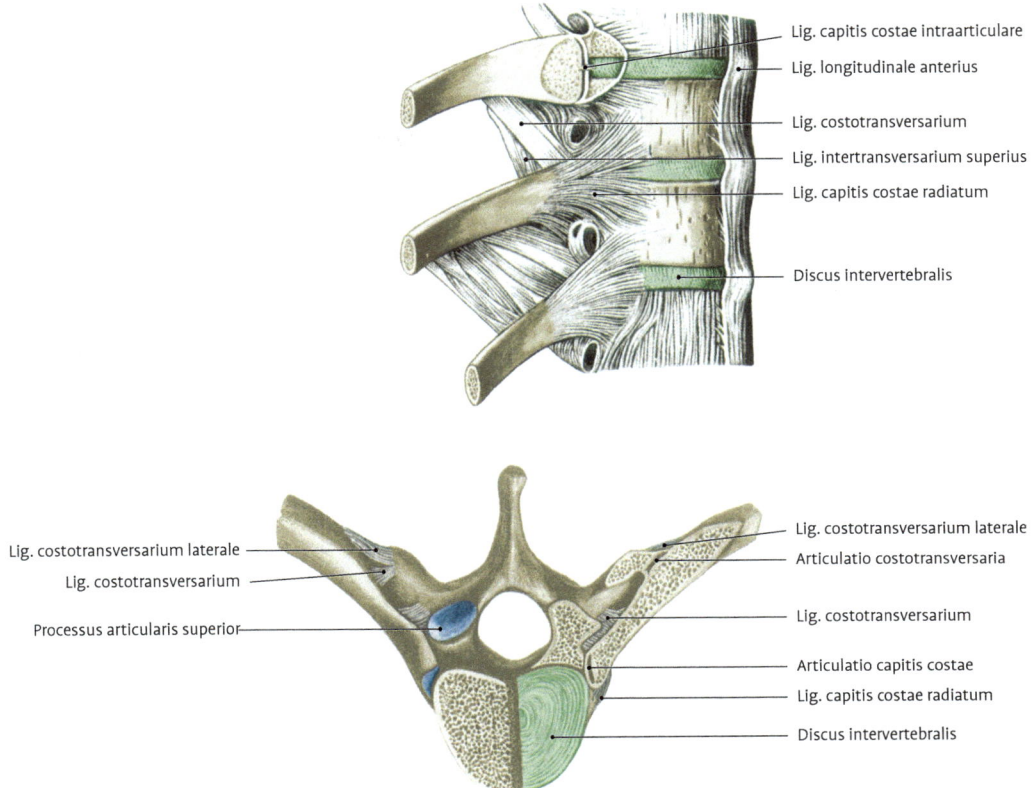

Abb. 4.50 Wirbel-Rippen-Verbindungen, Ansicht von lateral (oben) und kranial (unten); links sind die Gelenke eröffnet.

der Außenfläche eine Rauigkeit **(Tuberositas m. serrati anterioris)** für den Ursprung einer starken Zacke des M. serratus anterior.

11. und 12. Rippe sind rudimentär. Sulcus costae, Tuberculum costae und Angulus costae fehlen oder sind nur schwach ausgebildet.

Varianten. Die 12. Rippe kann mit dem 12. Brustwirbel verschmelzen, kurz oder sehr lang sein. Auch eine selbstständige Rippe am 1. Lendenwirbel wird beobachtet. Andererseits findet man am oberen Brustkorbende von einer mehr oder minder vollständigen Halsrippe über einen langen Proc. transversus am 7. Halswirbel bis zu einer besonders schmalen 1. Brustrippe alle möglichen Übergänge.

Klinik: Eine **Halsrippe** kann die A. subclavia (evtl. auch den Plexus brachialis) komprimieren (Halsrippen-Syndrom).

Articulationes sternocostales, Rippen-Brustbein-Gelenke

In den **Articulationes sternocostales** artikulieren die ventralen Enden der Rippenknorpel mit den Incisurae costales des Brustbeins (Abb. 4.52). Die 1. Rippe ist hierbei immer, die 6. und 7. häufig synchondrotisch mit dem Sternum verbunden. Zwischen der 2. bis 5. Rippe und dem Brustbein findet sich meist eine spaltförmige Gelenkhöhle. Das 2. Gelenk wird durch ein faserknorpeliges Lig. sternocostale intraarticulare unterteilt. Ein solches Band findet sich seltener (10–20%) auch im 3. und 4. Sternokostalgelenk. Ein System sich kreuzender Bindegewebsfasern verläuft in Schraubentouren um die knöcherne Rippe, den Rippenknorpel und die Sternokostalverbindung, strahlt auf die Vorder- und Rückfläche des Brustbeins aus und geht in entsprechende Fasertouren der anderen Seite über. Dieser einheitliche **Fasermantel,** der

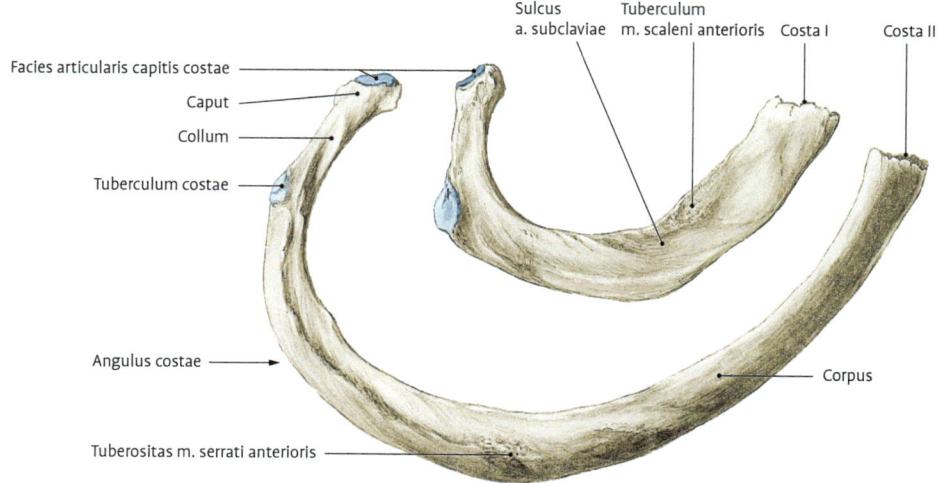

Facies articularis capitis costae

Caput

Collum

Tuberculum costae

Angulus costae

Tuberositas m. serrati anterioris

Sulcus a. subclaviae

Tuberculum m. scaleni anterioris

Costa I

Costa II

Corpus

Abb. 4.51 1. und 2. Rippe in der Ansicht von kranial.

über dem Rippenknorpel noch durch elastische Fasern besonders verstärkt ist, sichert die Verbindung der einzelnen Skelettteile, gestattet aber auch die für die Atmung notwendige Umformung des Brustkorbes. Er wird über der knöchernen Rippe als Periost, über dem Rippenknorpel als Perichondrium, über dem Gelenk als Capsula fibrosa und **Lig. sternocostale radiatum** und auf dem Brustbein als Membrana sterni bezeichnet.

Articulationes costovertebrales, Rippen-Wirbel-Gelenke

Die **Rippenköpfe** artikulieren mit den **Foveae costales** der Wirbelkörper (**Articulatio capitis costae**). Bei den Articulationes capitum costarum handelt es sich eigentlich um Kugelgelenke, die jedoch mit den Kostotransversalgelenken funktionell eine Einheit bilden und somit in ihrer Beweglichkeit eingeschränkt werden. Die Rippenkopfgelenke 2 bis 10 sind in zwei Kammern unterteilt (s. o.). Von der Crista capitis costae zieht ein Band (**Lig. capitis costae**) in die Außenzone der Bandscheibe zwischen den beteiligten Wirbeln. Strahlenförmige Bänder (**Lig. capitis costae radiatum**) sichern die Außenfläche der Gelenkkapsel (Abb. 4.50).

Die Rippenhöckerchen der ersten 10 Rippen artikulieren mit den Querfortsätzen der jeweiligen Wirbel (**Fovea costalis processus transversi**) in der **Articulatio costotransversaria**. Hierbei handelt es sich um Radgelenke. Quer verlaufende Bänder si-

chern ventral (**Lig. costotransversarium**) und dorsolateral (**Lig. costotransversarium laterale**) die Gelenkkapsel. Zusätzlich finden sich noch Bandzüge, die vom Processus transversus des nächsthöheren Wirbels zum Kollumbereich ziehen (**Lig. costotransversarium superius**) (Abb. 4.53). In den Rippenwirbelgelenken wird eine Drehbewegung durchgeführt, welche bei der großen Länge der Rippen einen bedeutenden Ausschlag am vorderen Ende ergibt. Die Bewegungsachse entspricht der Längsachse des Rippenhalses und ist dorsolateral gerichtet. Sie verläuft bei den oberen Rippen nahezu horizontal und bei den unteren schräg, laterokaudal. Dieser unterschiedliche Verlauf der Rippenachsen wirkt sich auf die Erweiterung des Brustkorbes bei der Einatmung aus. Im oberen Brustkorbbereich wird bei der Inspiration überwiegend der Sagittaldurchmesser des Thorax größer (Brunnenschwengelbewegung der 1.–5. Rippe), im unteren Bereich dagegen der Transversaldurchmesser (Querdurchmesser; Kübelhenkelbewegung der 6.–10. Rippe).

Mm. intercostales, Zwischenrippenmuskeln

Die **Eigenmuskeln** des Brustkorbes (Mm. intercostales) vervollständigen die Thoraxwand. Sie tragen dazu bei, den umschlossenen Raum (Cavitas thoracis) zu vergrößern und zu verkleinern, und wirken damit als eigentliche Atem-

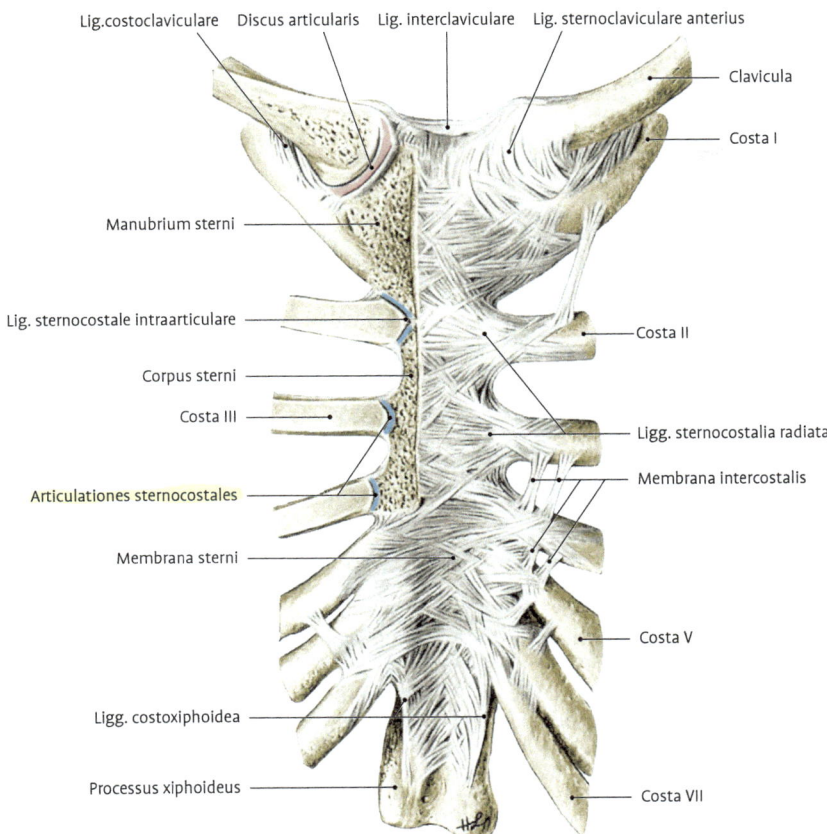

Lig. costoclaviculare Discus articularis Lig. interclaviculare Lig. sternoclaviculare anterius

Clavicula

Costa I

Manubrium sterni

Costa II

Lig. sternocostale intraarticulare

Corpus sterni

Costa III

Ligg. sternocostalia radiata

Membrana intercostalis

Articulationes sternocostales

Membrana sterni

Costa V

Ligg. costoxiphoidea

Processus xiphoideus

Costa VII

Abb. 4.52 Schlüsselbein-Brustbein- und Rippen-Brustbein-Gelenke von ventral. Rechts sind die oberflächlichen Knochenschichten teilweise entfernt.

muskeln. Zahlreiche **Hilfsatemmuskeln,** die von kranial und kaudal an den Brustkorb herantreten (im Wesentlichen die ventralen Rumpf-Gliedmaßenmuskeln), können sie bei tiefer Atmung unterstützen.

Die Zwischenrippenmuskeln entsprechen in ihrem Verlauf und in ihrer Schichtung den seitlichen Bauchmuskeln. Sie zeigen aber im Gegensatz zu diesen noch die ursprüngliche metamere Gliederung. Versorgt werden sie von den Interkostalnerven 1–11.

Mm. intercostales externi. Diese (Abb. 4.54) entsprechen dem M. obliquus externus abdominis und verlaufen auch wie dieser: von kranial lateral nach kaudal medial. Sie reichen von den Tubercula costarum bis zur Knorpel-Knochengrenze der

Rippen, wo sie in eine sehnige **Membrana intercostalis externa** (Ligg. intercostalia externa) übergehen.
- L.: Nn. intercostales, Aa. intercostales posteriores und Rr. intercostales anteriores
- F.: Inspiration, Verspannung der Rippen

Mm. intercostales interni. Die Muskeln (Abb. 4.55) zeigen den gleichen Faserverlauf wie der M. obliquus internus abdominis, d. h., sie kreuzen die Fasern der Mm. intercostales externi schräg und ziehen von kranial medial nach kaudal lateral. Genetisch sind die Mm. intercostales interni eher mit dem M. transversus abdominis verwandt. Im Bereich zwischen Knorpel-Knochengrenze und Angulus costae spaltet sich von den inneren Interkostalmuskeln eine dünne Schicht der Zwischenrippenmuskeln ab (Mm. intercostales intimi). Nur diese Schicht entspricht genetisch dem M. obliquus

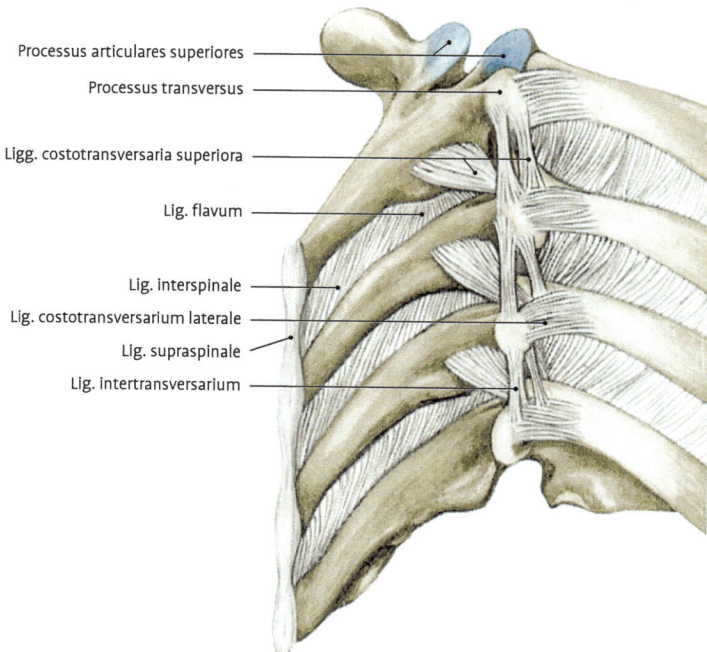

Processus articulares superiores

Processus transversus

Ligg. costotransversaria superiora

Lig. flavum

Lig. interspinale

Lig. costotransversarium laterale

Lig. supraspinale

Lig. intertransversarium

Abb. 4.53 Bänder der Brustwirbelsäule von rechts-dorsal.

abdominis internus. Wo sie vorhanden ist, liegen der Interkostalnerv und die gleichnamigen Blutgefäße zwischen ihr und den Mm. intercostales interni. Die Mm. intercostales interni reichen vom Brustbein bis zu den Rippenwinkeln. Zwischen den Rippenknorpeln werden sie als **Mm. intercartilaginei** bezeichnet. Medial von den Anguli costarum gehen sie in die **Membrana intercostalis interna** über, die sich in die Ligg. costotransversaria fortsetzt.

L.: Nn. intercostales, Aa. intercostales posteriores und Rr. intercostales anteriores

F: Exspiration, Verspannung der Rippen; nur die Mm. intercartilaginei wirken als Inspiratoren

Mm. subcostales. Diese sind Faserzüge der Mm. intercostales intimi, die auf die Innenfläche der Rippen übergreifen und eine oder mehrere Rippen überspringen. Sie finden sich hauptsächlich im Bereich der Anguli costarum.

L.: Nn. intercostales, Aa. intercostales posteriores und Rr. intercostales anteriores

F: Exspiration, Verspannung der Rippen

M. transversus thoracis. Er entspricht dem M. transversus abdominis, entspringt vom Seitenrand des Brustbeins und setzt an den Rippenknorpeln 2–6

an. Die unteren Fasern setzen die Richtung des queren Bauchmuskels fort und haben die gleiche zusammenschnürende Wirkung. Die mittleren und oberen Fasern steigen immer steiler an.

O.: Sternum

I.: Cartilagines costarum

L.: Nn. intercostales, Aa. intercostales posteriores und Rr. intercostales anteriores

F: Stabilisierung des Brustkorbes

Funktion. Die **Mm. intercostales externi** und die **Mm. intercartilaginei** heben die Rippen und erweitern damit den Brustkorb, wodurch die Lungen gedehnt werden, d. h., diese Muskeln wirken als **Inspiratoren**. Eine Erklärung findet sich darin, dass die Fasern der Mm. intercostales externi an den tieferen Rippen weiter vom Gelenkdrehpunkt der Rippenwirbelgelenke entfernt sind als an den höheren Rippen, also ein größeres Drehmoment auf die tieferen Rippen ausgeübt wird, was in einer Rippenhebung resultiert. Die Kontraktion der Mm. intercartilaginei ist an der Hebung des Brustbeines beteiligt. Der wichtigste Inspirationsmuskel ist allerdings das Zwerchfell, das den Brustraum bei der Kontraktion durch Abflachung der Zwerchfellkuppeln und Eröffnung des Recessus costodiaphrag-

maticus auf Kosten des Bauchraumes vergrößert. Die **Mm. intercostales interni** und **intimi** sowie der **M. transversus thoracis** senken die Rippen, sind somit **Exspiratoren**. Außerdem verspannen die Zwischenrippenmuskeln die Zwischenrippenräume durch dauernde Tonusänderung so, dass sie bei erhöhtem Außendruck (Luftdruck, Zug der Lungen) nicht nach innen, bei erhöhtem Innendruck (Husten) nicht nach außen gewölbt werden.

Klinik: Einseitige Lähmung der Mm. intercostales führt zu einer seitlichen Verbiegung der Wirbelsäule (Skoliose). Die Zwischenrippenräume sind an der gesunden Seite verengt, an der gelähmten erweitert.

Segmentale Leitungsbahnen

Die Leitungsbahnen der tiefen Brustwandschichten zeigen, wie das Skelett und die Zwischenrippenmuskeln, eine segmentale Anordnung. Sie verlaufen als **Aa.** und **Vv. intercostales**

posteriores und Rr. ventrales der Nn. thoracici **(Nn. intercostales)** bis zur vorderen Axillarlinie unter dem Schutz der Rippen im **Sulcus costae** (Abb. 4.56). In der Regel verläuft die V. intercostalis kranial im Sulcus costae, kaudal gefolgt von der A. intercostalis und dem N. intercostalis (Merkspruch: „Ludwig V-A-N Beethoven").

Arterien:
- Die **ersten beiden Aa. intercostales posteriores** kommen aus dem **Truncus costocervicalis** der **A. subclavia**. Dieser entlässt die **A. intercostalis suprema,** aus der die Interkostalarterien 1 und 2 hervorgehen und vor dem Hals der beiden ersten Rippen unter der Pleura herabziehend den 1. und 2. Zwischenrippenraum versorgen. Aus dem gleichen Gefäßstamm entspringt die A. cervicalis profunda, welche die tiefe Schicht der Halsmuskulatur versorgt.
- Die **Aa. intercostales posteriores 3 bis 11** und die **A. subcostalis** (unter der 12. Rippe) ziehen aus der **Aorta** rückläufig zum zugehörigen Sul-

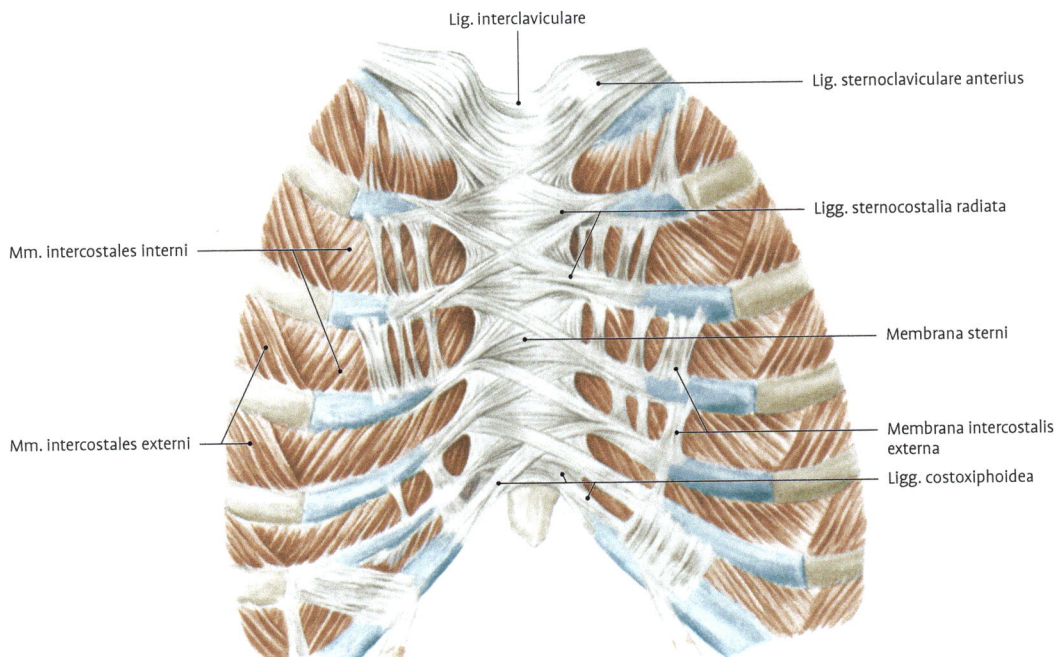

Lig. interclaviculare

Lig. sternoclaviculare anterius

Ligg. sternocostalia radiata

Mm. intercostales interni

Membrana sterni

Membrana intercostalis externa

Mm. intercostales externi

Ligg. costoxiphoidea

Abb. 4.54 Interkostalmuskulatur von ventral (nach A. Benninghoff: Anatomie, 15. Aufl., Urban & Schwarzenberg 1994).

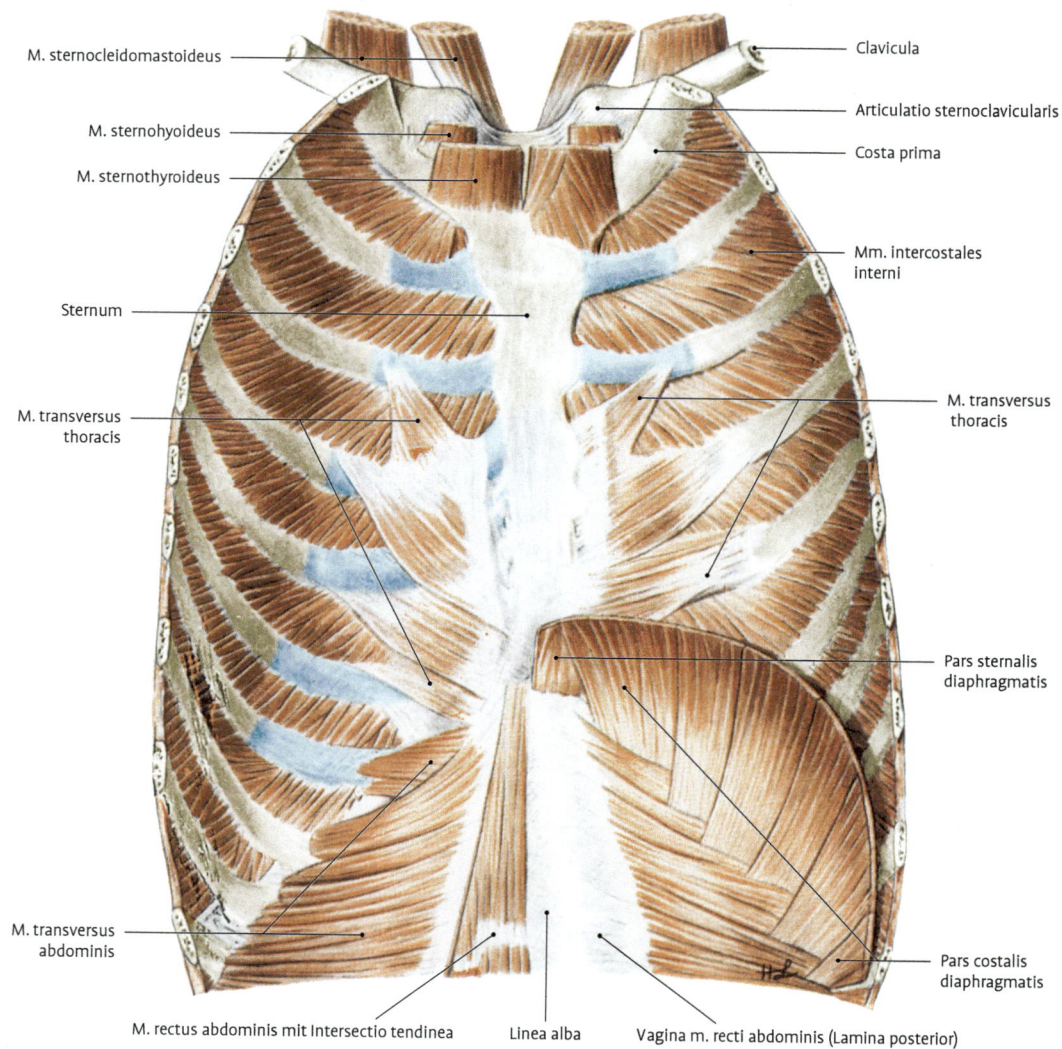

M. sternocleidomastoideus

M. sternohyoideus

M. sternothyroideus

Sternum

M. transversus thoracis

M. transversus abdominis

Clavicula

Articulatio sternoclavicularis

Costa prima

Mm. intercostales interni

M. transversus thoracis

Pars sternalis diaphragmatis

Pars costalis diaphragmatis

M. rectus abdominis mit Intersectio tendinea   Linea alba   Vagina m. recti abdominis (Lamina posterior)

Abb. 4.55 Ventrale Brustwand von dorsal.

cus costae (Abb. 4.57). Die rechten, längeren (Aorta links an der Wirbelsäule!) Arterien verlaufen dorsal des Ösophagus, dorsal der V. azygos und dorsal vom rechten Truncus sympathicus; die linken Arterien sind kürzer, sie ziehen dorsal der V. hemiazygos und hemiazygos accessoria und profund zum Grenzstrang zu ihrem Zwischenrippenraum. In der Höhe des Rippenkopfes geben die Arterien einen **R. dorsalis** ab, der zunächst einen **R. spinalis** zur Versorgung von Spinalnerv, Rückenmarkshäuten, Rü-

ckenmark und Wirbeln abgibt (s. Kap. 8.3.4.2). Anschließend teilt sich der R. dorsalis nach Abgabe von Muskelästen zur autochthonen Rückenmuskulatur in einen **R. cutaneus lateralis und medialis**. Der Hauptstamm der Zwischenrippenarterie verläuft weiter bis zum Angulus costae, nur von Pleura, Fascia endothoracica und Membrana intercostalis interna bedeckt. Ab diesem Punkt tritt er zwischen den M. intercostalis intimus und internus und verläuft in dieser Schicht bis zur Knorpel-Knochengrenze

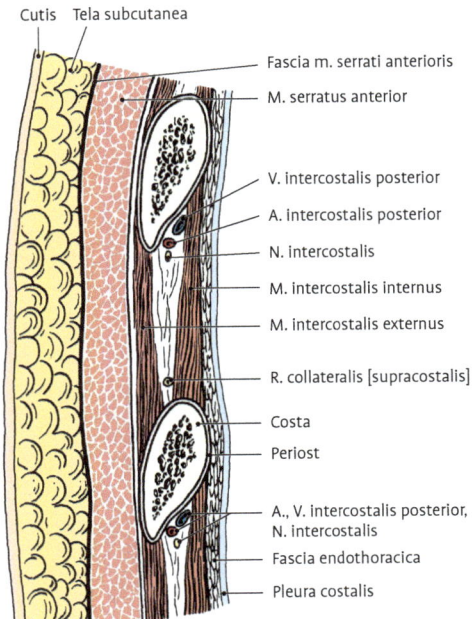

Cutis Tela subcutanea

Fascia m. serrati anterioris
M. serratus anterior

V. intercostalis posterior
A. intercostalis posterior
N. intercostalis
M. intercostalis internus
M. intercostalis externus

R. collateralis [supracostalis]

Costa
Periost

A., V. intercostalis posterior,
N. intercostalis
Fascia endothoracica
Pleura costalis

Abb. 4.56 Schematisierter Längsschnitt durch einen Interkostalraum. Mm. intercostales intimi im Schnittbereich nicht abgebildet.

der Rippen. Hier sendet die A. intercostalis posterior einen schwachen **R. collateralis** (supracostalis) zum oberen Rand der nächst unteren Rippe, anschließend noch einen **R. cutaneus lateralis** zur Muskulatur und Haut der seitlichen Rumpfwand. In der letzten Verlaufsstrecke bis zum lateralen Rand des Sternum verläuft die A. intercostalis posterior zwischen M. intercostalis internus und Membrana intercostalis externa.

- Die **ventralen Anteile der Interkostalräume** (ICR) werden arteriell aus der **A. thoracica interna** (obere 6 ICRs) und der **A. musculophrenica,** ihrem seitlichen Endast (untere ICRs) versorgt. Diese entlassen meist **2 Rami intercostales anteriores** in jedem Zwischenrippenraum und anastomosieren mit den Aa. intercostales posteriores und deren R. collateralis. Die A. thoracica interna verläuft 1 cm vom Brustbeinrand und ist hier leicht aufzufinden. In ihrer oberen Hälfte verläuft sie ventral der Fascia endothoracica, weiter unten liegt sie zwischen den Rippen und dem M. transversus thoracis.

Venen:

- Die **Vv. intercostales posteriores** verlaufen in der Regel oberhalb der gleichnamigen Arterien

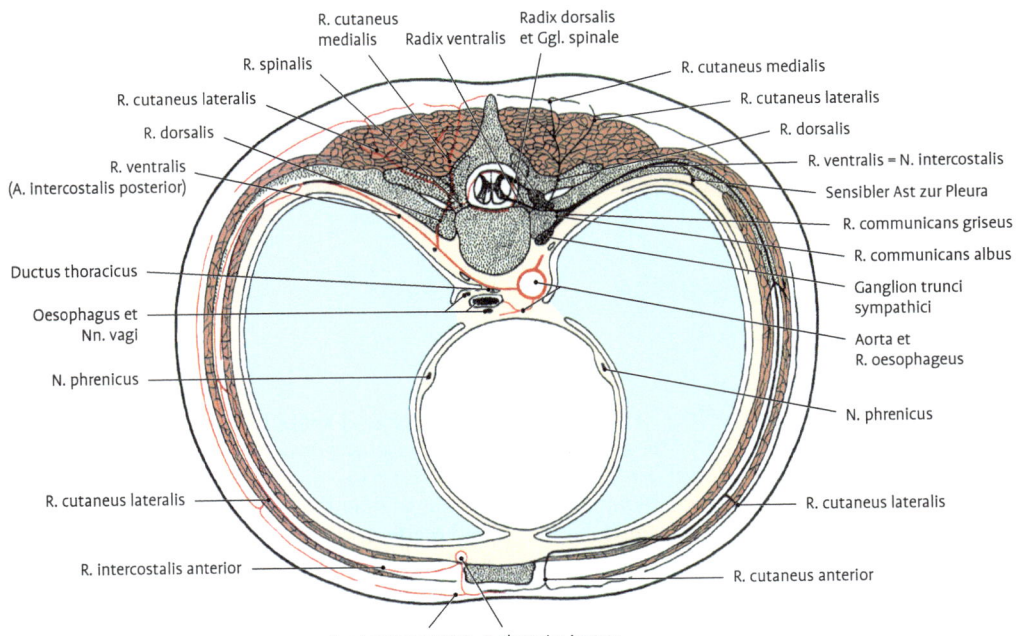

R. cutaneus
medialis   Radix ventralis

Radix dorsalis
et Ggl. spinale

R. spinalis

R. cutaneus lateralis

R. dorsalis

R. ventralis
(A. intercostalis posterior)

Ductus thoracicus

Oesophagus et
Nn. vagi

N. phrenicus

R. cutaneus lateralis

R. intercostalis anterior

R. cutaneus anterior   A. thoracica interna

R. cutaneus medialis
R. cutaneus lateralis
R. dorsalis
R. ventralis = N. intercostalis
Sensibler Ast zur Pleura
R. communicans griseus
R. communicans albus
Ganglion trunci sympathici
Aorta et
R. oesophageus
N. phrenicus
R. cutaneus lateralis
R. cutaneus anterior

Abb. 4.57 Schematisierter Querschnitt durch den Brustkorb. Verzweigung von A. intercostalis posterior und N. intercostalis.

im Sulcus costae. Ihre Zuflüsse erhalten sie aus dem Versorgungsgebiet der Arterien über jeweils gleichnamige Venen (**R. spinalis, R. dorsalis**). Zudem münden in die Interkostalvenen die **Vv. intervertebrales,** die den wichtigsten venösen Abfluss des Rückenmarks und der Wirbel darstellen. Die **4.–11.** hintere Interkostalvene mündet rechts in die **V. azygos,** links in die **V. hemiazygos** (**9.–11.** Vene) bzw. **hemiazygos accesoria** (**4.–8.** Vene). Die **Vv. intercostales posteriores 2 und 3** vereinigen sich auf jeder Seite zur V. intercostalis superior und münden **rechts** in die **V. azygos, links** in die **V. brachiocephalica**. Der venöse Abfluss aus dem 1. Interkostalraum erfolgt über die **V. intercostalis suprema** in die V. brachiocephalica oder die V. vertebralis. Die Vv. intercostales posteriores anastomosieren in den Interkostalräumen mit den Vv. intercostales anteriores.

- Die **Vv. intercostales anteriores** münden in die **V. thoracica interna,** die unten (bis auf Höhe der 3. Rippe) paarig, oben unpaar die gleichnamige Arterie begleiten und in die V. brachiocephalica fließt. Die Interkostalvenen bilden somit ringförmige Anastomosen zwischen den Vv. thoracicae internae und den Vv. azygos, hemiazygos und hemiazygos accessoria.

Lymphgefäße. Die Lymphbahnen der Pleura parietalis und der hinteren Interkostalräume verlaufen in den Zwischenrippenräumen nach dorsal zu den paravertebral vor den Rippenhälsen gelegenen **Nodi lymphoidei intercostales**. Diese erreichen direkt oder über einen Sammelgang den Ductus thoracicus. Nach ventral strömt die Lymphe zu den neben den Vasa thoracica interna gelegenen **Nodi lymphoidei parasternales**. Diese nehmen zusätzlich Lymphe aus der Brustdrüse, dem Zwerchfell, der Leber und dem Perikard auf. Von ihnen fließt die Lymphe links zum Ductus thoracicus, rechts zum Venenwinkel oder auch zu den unteren tiefen Halslymphknoten.

Nerven. Die Innervation der ventralen Rumpfwand erfolgt über die Rami ventrales der thorakalen Spinalnerven, **Nn. intercostales**. Ihr sensibles Innervationsgebiet grenzt kranial an das der Nn. supraclaviculares (aus dem Plexus cervicalis), kaudal an das des N. iliohypogastricus (aus dem Plexus lumbalis). Die Nn. intercostales verlaufen bis zum Angulus costae kaudal der Arterien zwischen M. intercostalis externus und Membrana intercos-

talis interna. Vom Angulus ab läuft nur der motorische Ast für den M. intercostalis externus zwischen den Mm. intercostalis internus und externus weiter. Der Hauptast (für den M. intercostalis internus und die Pleura parietalis) verläuft zunächst auf der Membrana intercostalis interna, dann zwischen den Mm. intercostalis internus und intimus bis zur Knorpel-Knochengrenze der Rippen. Er erreicht das Sternum in der Schicht zwischen M. intercostalis internus und Membrana intercostalis externa. Der 2.–6. Interkostalnerv verbleibt bis zum Sternum im jeweiligen Interkostalraum, der 7.–11. Nerv zieht weiter nach ventral abfallend über den zugeordneten Zwischenrippenraum hinaus. Die sieben unteren Interkostalnerven treten mit den gleichnamigen Gefäßen am Arcus costalis zwischen M. transversus abdominis und M. obliquus internus abdominis und versorgen die Bauchwand. Der 12. Interkostalnerv verläuft bereits kaudal der 12. Rippe (deshalb: **N. subcostalis**) und liegt auf dem M. quadratus lumborum. Die Interkostalnerven geben in ihrem Verlauf zunächst im Bereich der mittleren Axillarlinie **Rr. cutanei laterales** ab, welche die Faszie des M. serratus anterior durchstoßen und sich in einen vorderen und hinteren Ast teilen (Abb. 4.57). Von diesen ziehen in den Segmenten Th4–Th6 **Rr. mammarii laterales** zur Brustdrüse und im Segment Th2 ein variabel ausgebildeter **N. intercostobrachialis** zur Haut der medialen Oberarmseite. Am Brustbeinrand geben die Interkostalnerven **Rr. cutanei anteriores** durch die Brustwand an die Haut ab und in den Segmenten Th3–Th6 **Rr. mammarii mediales** zur Brust. Weitere Äste der Interkostalnerven versorgen Pleura parietalis und Peritoneum parietale sensibel.

Klinik: 1. Da die Interkostalgefäße und -nerven bis zur Axillarlinie im Schutz der Rippen verlaufen, nimmt man die **Punktion der Pleurahöhle** am besten dorsal von dieser Linie im 5.–7. Interkostalraum am Oberrand der Rippen vor. **2.** Die nahe Beziehung zur Tela subserosa und der schräg absteigende Verlauf der Interkostalnerven erklären die **Interkostalneuralgien** und die in die Bauchwand ausstrahlenden Schmerzen bei Entzündungen der Pleura (Pleuritis). Entzündungsprozesse können in dem lockeren Gewebe zwischen den Interkostalmuskeln leicht bis zum Mediastinum vordringen.

4.2.2.5 Binnenschichten der Brustwand

Fascia endothoracica, Innere Brustkorbfaszie

Die **Fascia endothoracica sive Fascia parietalis thoracis** ist eine Schicht lockeren Bindegewebes, die als Tela subserosa die Pleura parietalis verschieblich mit der Brustwand verbindet. Lediglich im Bereich der Pleurakuppel nimmt sie eine festere Struktur an (**Gibson- bzw. Sibson-Faszie** oder **Membrana suprapleuralis**). Bindegewebsfasern, die vom Hals der ersten Rippe weiter nach vorn zur ersten Rippe ziehen (**Lig. costopleurale**), sind durch Bindegewebe mit der Pleurakuppel verbunden und geben ihr einen festen Halt. Fasern der Lamina praevertebralis fasciae cervicalis, die vom 6. Hals- bis zum 1. Brustwirbel entspringen, strahlen in die Innenseite der Pleurakuppel ein (**Lig. pleurovertebrale**). Zusammenfassend werden diese Befestigungszüge auch als **Zuckerkandl-Sebileau-Bänder** bezeichnet. In über 30 % entspringt ein **M. scalenus minimus** am Querfortsatz des 7. Halswirbels und setzt teils an der Pleurakuppel, teils an der ersten Rippe an. Er trägt somit zur Stabilisierung der Pleurakuppel bei. Außerdem unterteilt er die hintere Skalenuslücke.

Pleura, Rippenfell

Jeder Lungenflügel ist in eine geschlossene seröse Höhle, eingestülpt (Abb. 4.58). Zwischen den beiden Pleurahöhlen liegt das **Mediastinum**. Die äußere Wand der Pleurahöhle ist mit der Brustwand und mit dem Zwerchfell verwachsen (**Pleura parietalis**), die innere mit den Lungen (**Pleura visceralis, Pleura pulmonalis**). Beide Blätter gehen am Lungenhilum und am **Lig. pulmonale** ineinander über. Die Pleura besteht aus 2 Schichten, der Tunica serosa und der Tela subserosa.

Pleura visceralis (auch **Pleura pulmonalis,** Lungenfell). Sie ist mit der Oberfläche der Lungen verwachsen. Sie setzt sich auch in die Spalten der Lunge, Fissurae interlobares, fort.

Pleura parietalis (Rippenfell). Sie überzieht als **Pleura costalis** (Brustfell) Rippen, Wirbelkörper und Rückfläche des Brustbeins, als **Pleura diaphragmatica** die obere Zwerchfellfläche und begrenzt als sagittal eingestellte **Pleura mediastinalis** das Mediastinum nach lateral. Jener Teil der Pleura mediastinalis, der dem Herzbeutel anliegt, wird auch als **Pleura pericardiaca** bezeichnet.

Pleurahöhle. Ihre Form entspricht weitgehend der Lungenform, ist in einzelnen Bereichen aber etwas vergrößert, um den Lungen als Verschieberaum in den verschiedenen Phasen der Atmung zu dienen.

Die **Pleurahöhle, Cavitas pleuralis,** ist ein kapillarer Spalt, durch den die beiden Pleurablätter, wie zwei feuchte Glasplatten, gegeneinander verschieblich, aber voneinander nicht trennbar, verbunden sind.

Entwicklung. Ab der 5. EW beginnen die Lungenknospen beiderseits von medial in die Zölomkanäle, später in das Mesenchym der Leibeswand einzusprossen. Nach ventral wird das Lungenwachstum begrenzt durch die Pleuroperikardialfalten, innerhalb derer die N. phrenicus und die Kardinalvene liegen. Die Auskleidung der Zölomkanäle wird zur parietalen Pleura, der Peritonealüberzug der Lungen zur viszeralen. Die Pleuroperikardialfalten beider Seiten entwickeln sich zu Pleuroperikardialmembranen und vereinigen sich, sodass ventral die Perikardhöhle und dorsolateral die Pleurahöhlen entstehen. Von der Bauchhöhle werden die Pleurahöhlen durch das Wachstum des Zwerchfells abgetrennt (s. Kap. 4.2 und 4.1).

Die Pleura hat eine Deckschicht, **Tunica serosa,** aus flachen **Mesothelzellen** und eine bindegewebige Unterlage mit kollagenen und elastischen Fasern. Die Deckzellen sondern in den Pleuraspalt geringe Mengen einer serösen Flüssigkeit ab, die bei der Atmung das Gleiten der Pleurablätter gegeneinander ermöglicht und gleichzeitig ihre Lösung voneinander verhindert. Beim **Erwachsenen** finden sich in jeder Pleurahöhle etwa 5 ml **Pleuraflüssigkeit**.

An den Lungenrändern besitzt der Pleuraspalt **Reserveräume,** die sich bei der Inspiration entfalten und bei denen sich in der Exspiration die beiden parietalen Pleurablätter aneinanderlegen. Diese Reserveräume bezeichnet man als **Komplementärräume** oder **Recessus (Sinus) pleurales**. Sie werden nach den begrenzenden Teilen der Pleura parietalis benannt und liegen ventral, kaudal und dorsal am Übergang der verschiedenen Brustfellabschnitte. Aufgrund ihrer großen Bedeutung für die praktische ärztliche Tätigkeit in Diagnostik und Therapie der

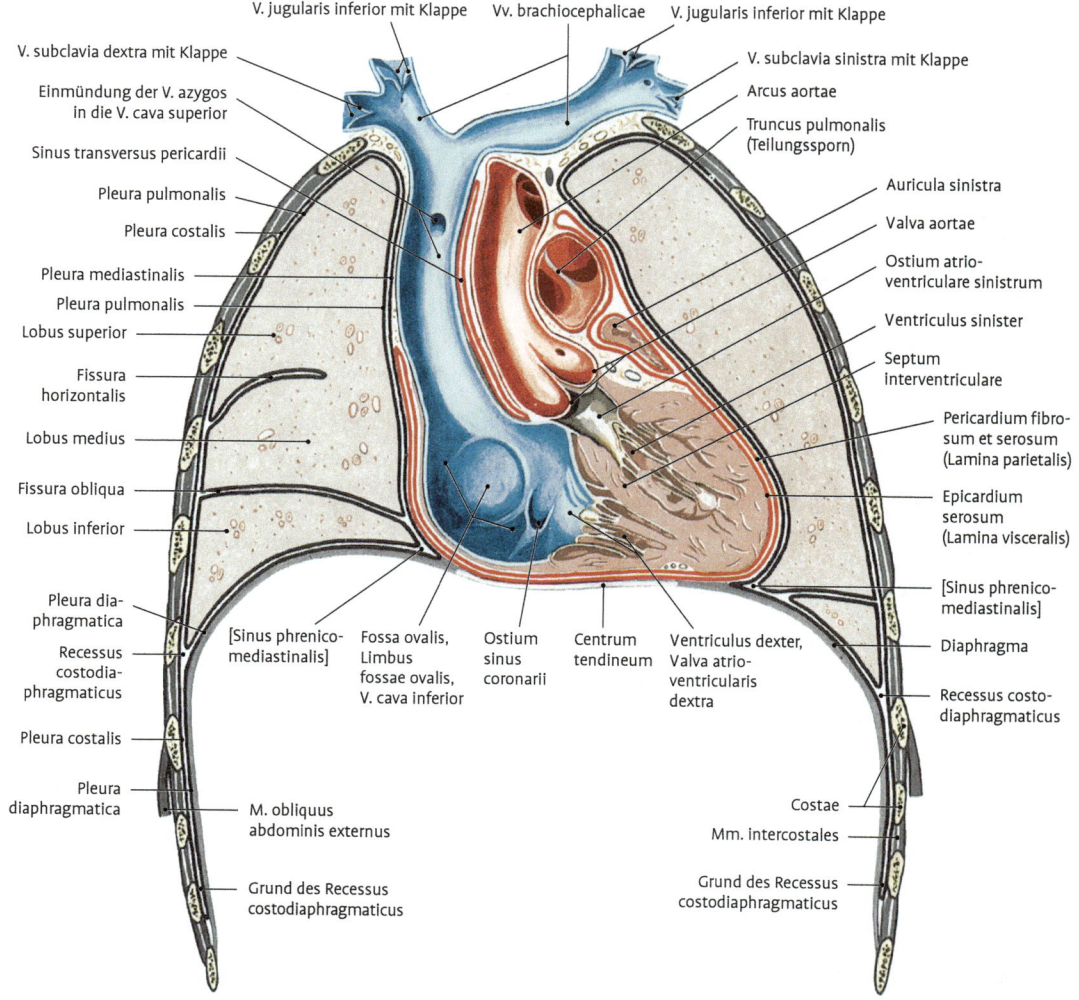

Abb. 4.58 Schematisierter Frontalschnitt durch den Brustkorb. Pleura schwarz, Perikard rot.

Atmungsorgane werden sie, ebenso wie die Pleuragrenzen, im Zusammenhang mit den Eingeweiden der Brusthöhle in Kap. 5.1.3 besprochen.

Arterien, Venen. Die arterielle und venöse Versorgung der Pleura visceralis erfolgt über die **Aa.** und **Vv. pulmonales** bzw. **bronchiales.** Die Pleura parietalis wird über die Gefäße der Thoraxwand (**Aa.** und **Vv. intercostales, pericardiacophrenica, phrenica superior**) versorgt (Abb. 4.57).

Lymphabfluss. Aus den unter der Pleura visceralis gelegenen Regionen fließt die Lymphe in interlo-

bäre und peribronchiale Lymphgefäße ab, parietal verlaufen die zugehörigen Lymphbahnen mit den interkostalen Gefäßen, in den diaphragmalen Bereichen auch in das Retroperitoneum.

Nerven. Die Pleura parietalis ist im Gegensatz zum viszeralen Blatt sensibel innerviert. Hierbei sind die **Nn. intercostales** für die Pleura costalis, der **N. phrenicus** für die Pleura mediastinalis und diaphragmatica verantwortlich (Abb. 4.57). Die Pleura visceralis enthält zwar einige vegetative Fasern, ist aber nicht schmerzempfindlich.

Klinik: 1. Bei krankhaften Prozessen kann es dazu kommen, dass sich in der Pleurahöhle Luft oder Flüssigkeit (z. B. wässrige Flüssigkeit, Blut oder Eiter) findet. Das Eindringen von Luft bezeichnet man als **Pneumothorax,** Flüssigkeitsansammlungen generell als **Pleuraerguss**. Da die beiden Brustfellhöhlen vollständig voneinander getrennt sind, finden sich derartige pathologische Prozesse zumeist nur einseitig. Jede Flüssigkeits- oder Luftansammlung im Pleuraspalt führt zu einer Einschränkung der Lungenfunktion. **2.** Werden die beim Gesunden spiegelnden Flächen der Pleura durch einen Entzündungsprozess aufgeraut **(Pleuritis sicca),** so sind bei den Atembewegungen der Lunge Reibegeräusche zu hören. **3.** Verwächst nach einer Pleuritis die Pleura parietalis mit der Pleura pulmonalis in größerer oder geringerer Ausdehnung **(Pleuraschwarten),** so wird die Bewegungsfähigkeit der Lungen entsprechend herabgesetzt. **4.** Die Pleura ist der Hauptsitz der arbeitsmedizinisch wichtigen **Mesotheliome** (Asbestexposition) und von Geschwulstabsiedelungen **(Pleurakarzinose).**

Muskeltabelle

Siehe Seite 169.

4.2.3 Ventrolaterale Bauchwand

Als **Bauch,** Abdomen, wird der Teil des Rumpfes bezeichnet, der kranial von der über Rippenbogen und Processus xiphoideus hinwegziehenden Linie begrenzt wird und der sich kaudal bis zur Leistenfurche (im Verlauf des Leistenbandes, Ligamentum inguinale) erstreckt, die einer Linie von der Crista iliaca zum Oberrand der Symphyse entspricht. Ohne scharfe Trennung geht die ventrolaterale Bauchwand in die Hinterwand des Abdomens über und erreicht über die Regio lateralis die LWS. In der Medianebene findet sich der Umbilicus (Bauchnabel), der individuell variabel geformte Rest des Nabelschnuransatzes.

Zwischen diesen Linien spannt sich die muskulöse Bauchdecke gürtelartig aus und umfasst den Bauchraum, dessen Innendimension nicht den Außengrenzen entspricht, da sich die Bauchhöhle

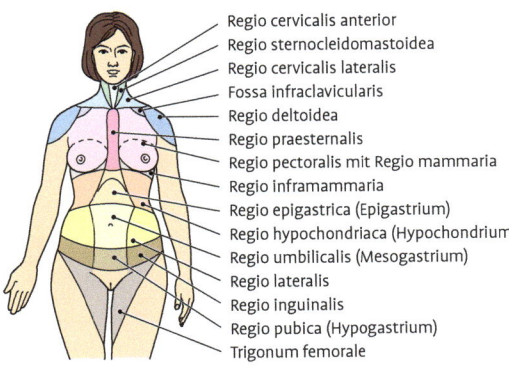

Regio cervicalis anterior
Regio sternocleidomastoidea
Regio cervicalis lateralis
Fossa infraclavicularis
Regio deltoidea
Regio praesternalis
Regio pectoralis mit Regio mammaria
Regio inframammaria
Regio epigastrica (Epigastrium)
Regio hypochondriaca (Hypochondrium)
Regio umbilicalis (Mesogastrium)
Regio lateralis
Regio inguinalis
Regio pubica (Hypogastrium)
Trigonum femorale

Abb. 4.59 Regionen des Bauches.

kranial durch die Zwerchfellkuppel weit in den Thorax hineinwölbt und sich kaudal ohne Übergang in die Beckenhöhle fortsetzt. Die Bauchform ist inkonstant, abhängig von Ernährungszustand, Alter, Geschlecht, Konstitution. Zur genaueren Orientierung wird der Bauch in **9 Regiones abdominales, Bauchregionen** (Abb. 4.59) unterteilt, welche durch transversale und longitudinale Linien, Rippenbögen und Leistenfurche abgegrenzt werden. Transversallinien: Die kraniale Linie liegt in Höhe der Synchondrosis xiphosternalis, die mittlere berührt den auslaufenden unteren Rand der Rippenbögen, die kaudale verbindet die Spinae iliacae anteriores superiores. Zwei Longitudinallinien ziehen entlang der Ränder der geraden Bauchmuskeln, um kaudal leicht zu konvergieren. Daraus ergeben sich von kranial nach kaudal: die **Regio epigastrica (Epigastrium)** flankiert von den **Regiones hypochondriacae dextra et sinistra (Hypochondrium),** die **Regio umbilicalis** flankiert von **Regiones laterales dextra et sinistra** und die **Regio pubica (Hypogastrium)** flankiert von den **Regiones inguinales dextra et sinistra**.

4.2.3.1 Schichten der ventrolateralen Bauchwand

Die **Bauchwand** besteht von außen nach innen aus 6 Schichten (Abb. 4.60, 4.61):

- **Cutis, Haut**
- **Tela subcutanea** aus **Panniculus adiposus abdominis (Camper-Faszie)** und **Str. membranosum abdominis (Scarpa-Faszie).** Profund zu dieser membranösen Zwischenschicht findet sich erneut eine individuell dicke Fettschicht.

Tab. 4.2 Mm. intercostales, Zwischenrippenmuskulatur

Muskel	Ursprung	Ansatz	Innervation	Arterienversorgung	Funktion
Mm. intercostales externi	Unterrand der 1.–11. Rippe jeweils zwischen Tuberculum costae und Knorpel-Knochengrenze	schräg von kranial lateral nach kaudal medial zur nächsten Rippe	Nn. intercostales	Aa. intercostales posteriores Rr. intercostales anteriores	Inspiration
Mm. intercostales interni	Unterrand der 1.–11. Rippe, jeweils zwischen sternalem Ende bis Angulus costae	schräg von kranial medial nach kaudal lateral zur nächsten Rippe	Nn. intercostales	Aa. intercostales posteriores Rr. intercostales anteriores	Exspiration
Mm. intercartilaginei (Anteile zwischen den Rippenknorpeln)	Unterrand der 1.–11. Rippe, jeweils zwischen sternalem Ende bis Knorpel-Knochengrenze				Inspiration
Mm. intercostales intimi (innenliegende Abspaltungen)	Unterrand der 1.–11. Rippe, jeweils zwischen Knorpel-Knochengrenze und Angulus costae				Exspiration
Mm. subcostales	Unterrand der 1.–11. Rippe, jeweils im Bereich der Anguli costarum	schräg von kranial medial nach kaudal lateral zur übernächsten oder drittnächsten Rippe	Nn. intercostales	Aa. intercostales posteriores Rr. intercostales anteriores	Exspiration
M. transversus thoracis	Seitenrand des Sternums	2.–6. Rippenknorpel	Nn. intercostales	Aa. intercostales posteriores Rr. intercostales anteriores	Exspiration

- **Fascia abdominis externa,** die gemeinsame äußere Faszie der Bauchwandmuskeln.
- **Mm. abdominis, Bauchmuskeln,** die vorn und an der Seite aus 3 platten, übereinanderliegenden Muskeln bestehen: zwei verlaufen **schräg** (**Mm. obliquii externus et internus abdominis**), einer verläuft **quer** (**M. transversus abdominis**): Sie werden in der Mitte beidseits ergänzt durch den **längs** verlaufenden **M. rectus abdominis**. Als dorsale Bauchwandmuskeln sind der oberflächliche **M. quadratus lumborum** und der **M. psoas major** sowie – als Normvariante – auch der **M. psoas minor** zu bezeichnen. Letzterer kommt in etwa 50 bis 60 % der Menschen vor.

- **Fascia transversalis, innere Bauchwandfaszie,** die den M. transversus abdominis und das hintere Blatt der Rektusscheide bedeckt.
- **Peritoneum, Bauchfell**

4.2.3.2 Ventrolaterale Bauchmuskeln

M. obliquus externus abdominis
O.: Unterrand der 5., ggf. 6.–12. Rippe in 7–8 Zacken, von denen die oberen 4–5 Zacken im Wechsel mit dem M. serratus anterior und die unteren im Wechsel mit dem M. latissimus dorsi ihren Ursprung nehmen.

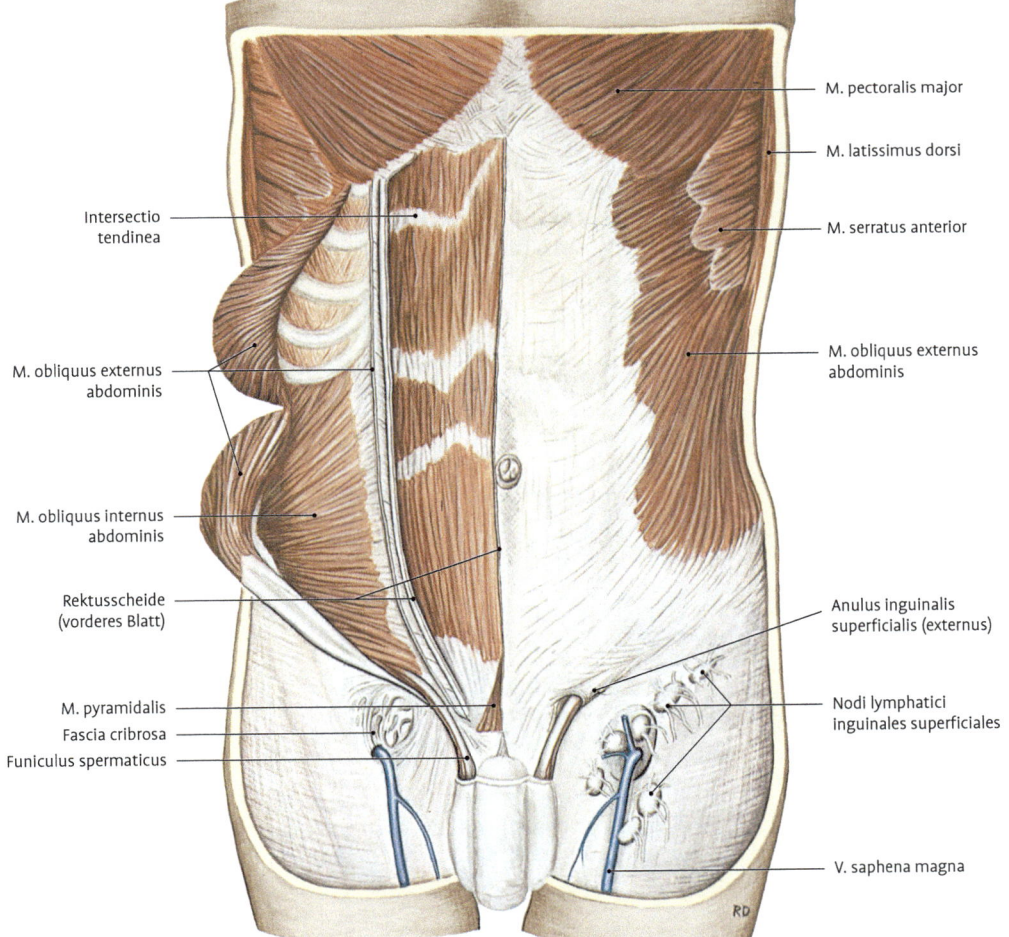

Abb. 4.60 Bauchmuskeln. **Rechts:** M. obliquus externus abdominis aufgeklappt, vorderes Blatt der Rektusscheide entfernt, **links:** M. obliquus externus abdominis.

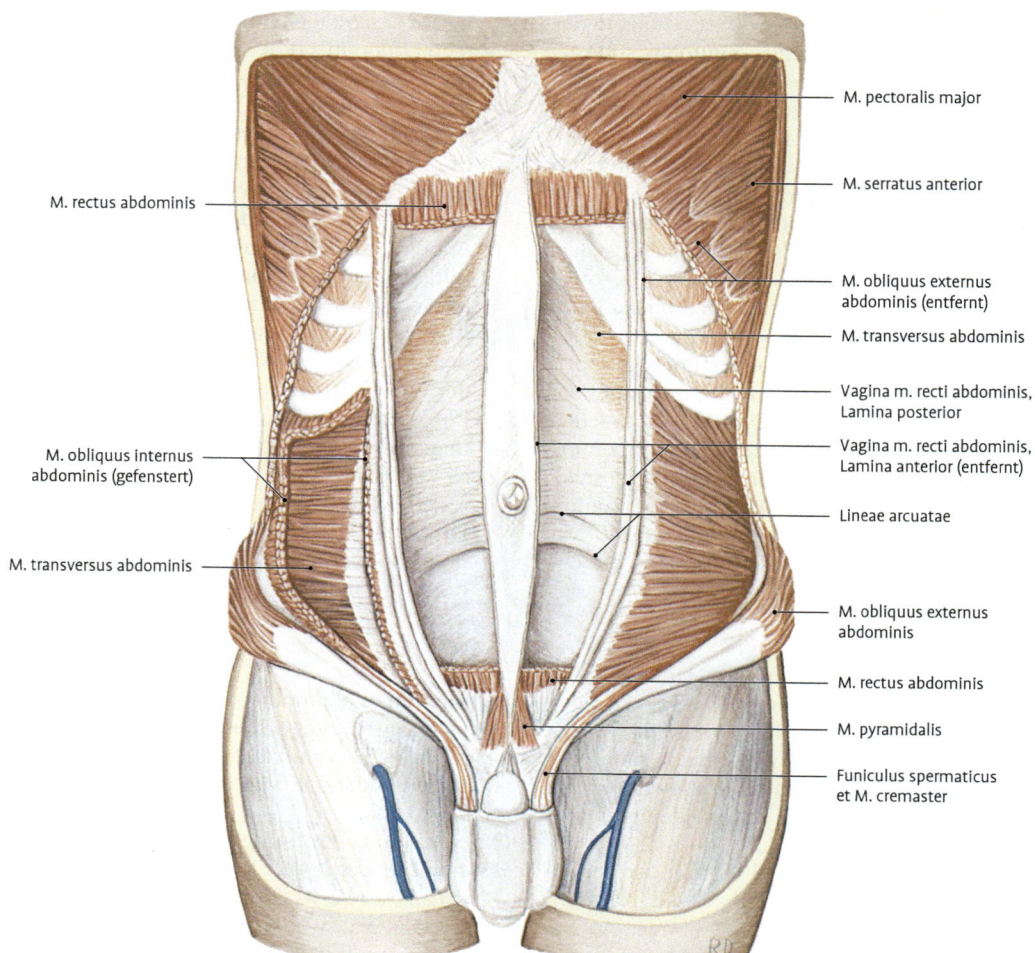

M. pectoralis major

M. serratus anterior

M. obliquus externus abdominis (entfernt)

M. transversus abdominis

Vagina m. recti abdominis, Lamina posterior

Vagina m. recti abdominis, Lamina anterior (entfernt)

Lineae arcuatae

M. obliquus externus abdominis

M. rectus abdominis

M. pyramidalis

Funiculus spermaticus et M. cremaster

M. rectus abdominis

M. obliquus internus abdominis (gefenstert)

M. transversus abdominis

Abb. 4.61 Bauchmuskeln, tiefe Lage. Rechte Körperseite: M. obliquus externus abdominis zum Teil entfernt. M. obliquus internus abdominis gefenstert, linke Körperseite: M. obliquus externus abdominis teilweise entfernt, beide Seiten: Zur Darstellung des hinteren Blattes der Rektusscheide beide Mm. recti abdominis durchtrennt und mit dem vorderen Blatt der Rektusscheide entfernt.

l.: Er zieht als breitflächige Muskelplatte nach mediokaudal, um auf Höhe des Beckenkamms in eine breite Aponeurose überzugehen, die über den M. rectus abdominis hinwegzieht, dabei Fasern der Intersectiones tendineae dieses Muskels aufnimmt und in das vordere Blatt der Rektusscheide und die Linea alba einstrahlt. Ein Teil der Sehnenfasern erreicht die Gegenseite und setzt sich dort in Muskelfasern des M. obliquus internus abdominis fort. Die von der 11. und 12. Rippe entspringenden Fasern verlaufen steil abwärts und setzen mit kurzen Sehnen am Labium externum des Beckenkamms an. Der verstärkte kaudale Anteil der Aponeurose spannt zwischen Tuberculum pubicum und Spina iliaca anterior superior weitgehend das Leistenband (**Lig. inguinale, Poupart-Band**) auf, das in Richtung Bauchhöhle leicht rinnenartig umbiegt, sodass die Aponeurose des M. obliquus externus abdominis sowohl die Vorderwand als auch den Boden des Leistenkanals aufbaut. Vor Erreichen des Leistenbandes fächert sich die Externusaponeurose in zwei Faserzüge auf, die als

Crura mediale et laterale eine Öffnung in der Aponeurose, den **Anulus inguinalis superficialis** (äußerer Leistenring), beidseits umschließen. Schräg verlaufende Sehnenfasern begrenzen als **Fibrae intercrurales** den Leistenring nach kranial und als **Lig. reflexum** kaudal (Abb. 4.62, 4.63).

L.: Rr. anteriores Th5–Th12. Die Blutversorgung erfolgt aus den 4 kaudalen Aa. intercostales, der A. subcostalis, den 4 Aa. lumbales sowie aus einem Seitenast der A. circumflexa ilium profunda zur Externusaponeurose.

F.: Bei einseitiger Kontraktion kommt es zur ipsilateralen Rumpfneigung zusammen mit dem M. obliquus internus abdominis der gleichen Seite und zur kontralateralen Rumpfdrehung mit dem M. obliquus internus der Gegenseite. Beidseitige Kontraktion bewirkt eine Rumpfbeugung nach ventral, ein Senken des Brustkorbes (Exspiration) und führt zur Bauchpresse.

M. obliquus internus abdominis

O.: An einer langen, gekrümmten Linie, die sich von der Fascia thoracolumbalis über die Linea intermedia der Crista iliaca und Spina iliaca anterior superior bis zum lateralen Anteil des Lig. inguinale erstreckt. Es entsteht somit ein lumbaler, iliakaler und inguinaler Ursprungsanteil.

I: Der hintere, lumbale Teil setzt an den kaudalen 3–4 Rippen an und geht in die innere Interkostalmuskulatur über. Die übrigen Anteile steigen ebenfalls schräg aufwärts und legen sich dem Rippenbogen an, mit dem sie teilweise verwachsen. Ab der Spina iliaca verlaufen die Fasern horizontal, sodass die vom Lig. inguinale kommende Partie mit ihren kranialen Anteilen das Dach des Leistenkanals bildet, während sich die kaudalen Anteile zu dünnen Muskelzügen auffächern und faszienumhüllt (Fascia cremasterica) absteigen, als **M. cremaster** (Hodenheber) beim Mann den Hoden umhüllen und bei der Frau mit dem Lig. teres uteri bis in die großen Schamlippen gelangen. Die kaudalen Abschnitte sind meist mit dem M. transversus abdominis verwachsen, sodass sich auch dieser am M. cremaster beteiligt (Abb. 4.63). Fingerbreit lateral des M. rectus abdominis geht der innere schräge Bauchmuskel in eine Aponeurose über, die durch Aufspaltung in 2 Blätter zangenartig von

lateral den M. rectus abdominis als Vagina m. recti abdominis (Rektusscheide) umfasst und mit ihrem vorderen Blatt auf ganzer Länge mit der Aponeurose des M. obliquus externus verwachsen ist. In der Mittellinie verweben sich die Sehnenfasern von Externus- und Internusaponeurose untereinander, mit den entsprechenden Fasern der Gegenseite und der Aponeurose des M. transversus abdominis zur Bildung der **Linea alba**, dem „Rendezvous aller Aponeurosen" (J. Hyrtl).

L.: Aus den Aa. epigastricae superior et inferior, dem Ramus anterior der A. intercostalis 11, der A. subcostalis und den Aa. lumbales.

F.: Bei einseitiger Kontraktion zusammen mit dem M. obliquus externus abdominis kommt es zur ipsilateralen Seitneigung des Rumpfes; bei festgestelltem Becken erfolgt eine Drehung des Rumpfes zur gleichen Seite. Eine beidseitige Kontraktion bewirkt eine Rumpfbeugung nach ventral, Senken des Brustkorbes (Exspiration) sowie die Bauchpresse.

M. transversus abdominis

Der in 4 Anteile gegliederte Muskel umgibt mit horizontalem Faserverlauf als Muskel und Sehnengürtel die Bauchhöhle von den Lendenwirbeln bis zur Linea alba.

O.: Seine lange Ursprungslinie reicht von der Innenseite der 7.–12. Rippenknorpel (Pars thoracalis) abwechselnd mit den Zacken der Pars costalis des Zwerchfells über eine derbe Aponeurose mit der Fascia thoracolumbalis und dem Lig. iliolumbale (Pars lumbalis) hinunter auf das Labium internum der Crista iliaca (Pars iliaca), um sich auf das laterale Drittel des Lig. inguinale (Pars inguinalis) fortzusetzen.

I.: Der Muskel-Sehnenübergang nimmt eine nach lateral konvex gebogene Form an (**Linea semilunaris, Spieghel-Linie**), deren halbmondförmige Ausbuchtung 3–4 cm über den seitlichen Rand des M. rectus abdominis nach lateral hinausreicht. Sehnenfasern der Aponeurose bilden oberhalb einer bogenförmigen Linie, **Linea arcuata (Douglas-Linie)**, das hintere Blatt der Rektusscheide (Abb. 4.61, 4.64). Unterhalb dieser Linie schwenkt die Aponeurose zusammen mit derjenigen des M. internus abdominis nach ventral, um sich mit den Externus- und Internusaponeurosen zu verei-

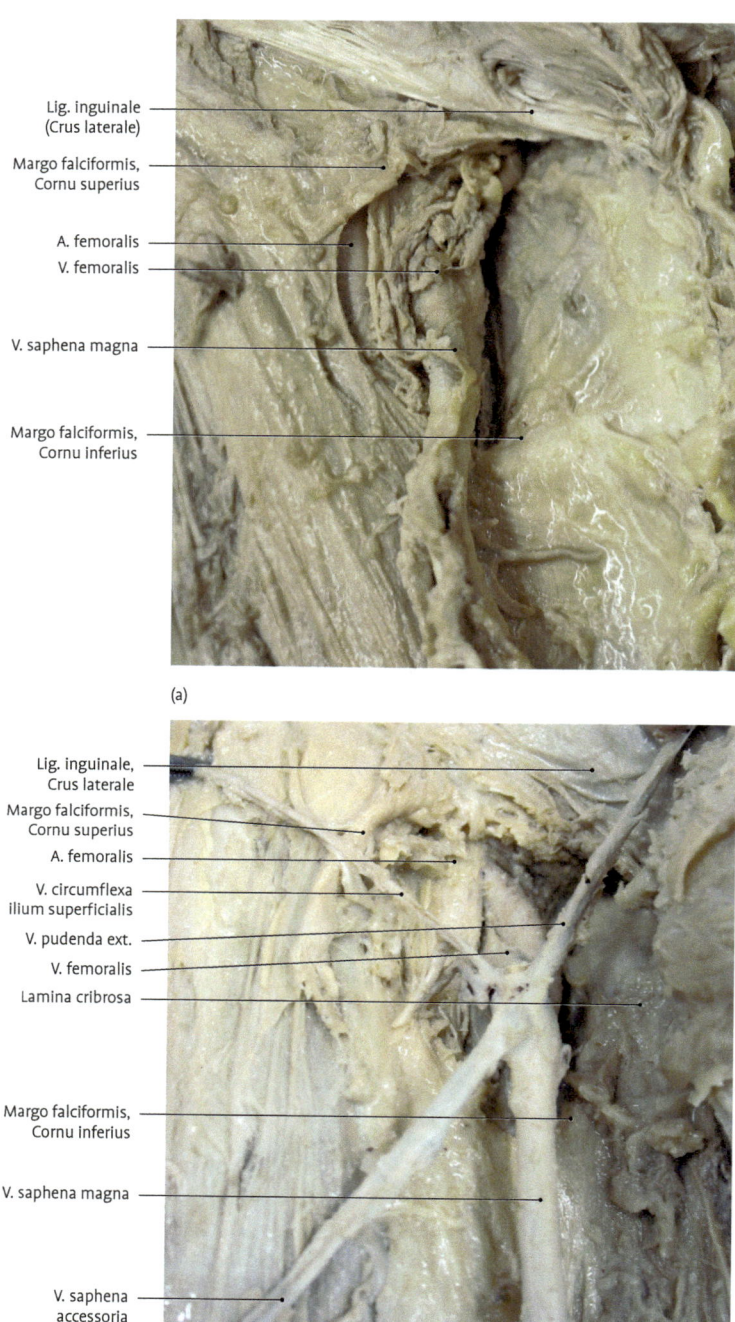

Lig. inguinale
(Crus laterale)

Margo falciformis,
Cornu superius

A. femoralis

V. femoralis

V. saphena magna

Margo falciformis,
Cornu inferius

(a)

Lig. inguinale,
Crus laterale

Margo falciformis,
Cornu superius

A. femoralis

V. circumflexa
ilium superficialis

V. pudenda ext.

V. femoralis

Lamina cribrosa

Margo falciformis,
Cornu inferius

V. saphena magna

V. saphena
accessoria

(b)

Abb. 4.62 Rechte Leistenregion, oberflächliche Lage nach Entfernung von Cutis und Tela subcutanea. In Bild **a** wurde die Lamina cribrosa am Hiatus saphenus entfernt, in Bild **b** ist sie noch vorhanden und ver-schließt die Fossa ovalis medial der V. femoralis. Um die beiden Cornua des Margo falciformis deutlicher zu zeigen, wurden in Bild **a** die oberflächlichen Venen re-seziert.

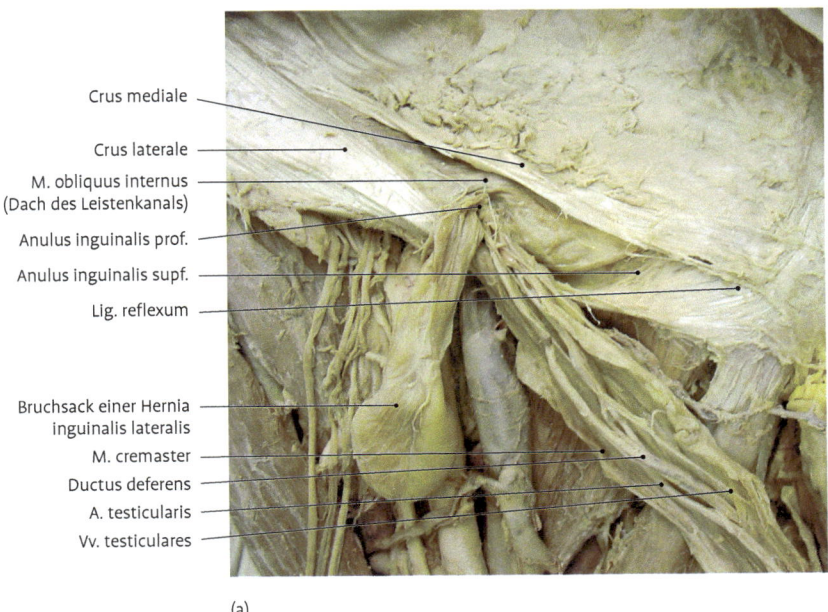

Crus mediale
Crus laterale
M. obliquus internus
(Dach des Leistenkanals)
Anulus inguinalis prof.
Anulus inguinalis supf.
Lig. reflexum

Bruchsack einer Hernia
inguinalis lateralis
M. cremaster
Ductus deferens
A. testicularis
Vv. testiculares

(a)

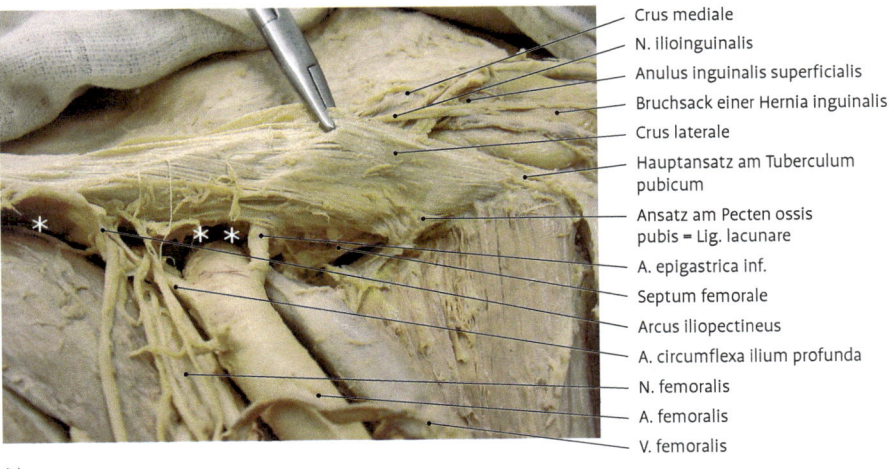

Crus mediale
N. ilioinguinalis
Anulus inguinalis superficialis
Bruchsack einer Hernia inguinalis
Crus laterale
Hauptansatz am Tuberculum pubicum
Ansatz am Pecten ossis pubis = Lig. lacunare
A. epigastrica inf.
Septum femorale
Arcus iliopectineus
A. circumflexa ilium profunda
N. femoralis
A. femoralis
V. femoralis

(b)

Abb. 4.63 Rechte Leistenregion und Oberschenkelregion. **a:** Die Externusaponeurose ist zwischen den beiden Crura gespalten und der Leistenkanal somit eröffnet. Im ebenfalls auspräparierten Samenstrang erkennt man die Inhalte des Funiculus spermaticus. Man beachte die aus dem Anulus inguinalis profundus reichende Bruchhülle einer Hernia inguinalis lateralis.

Im Bild **b** erkennt man, dass das Crus laterale mit seinen am Pecten ossis pubis ansetzenden Fasern die mediale Grenze der Lacuna vasorum (zwei Sternchen) bildet. Diesen Faserzug bezeichnet man daher auch als Ligamentum lacunare. Der Arcus iliopectineus begrenzt die Lacuna musculorum (ein Sternchen) nach medial; durch diese tritt der M. iliopsoas (vom N. femoralis überkreuzt) aus dem Becken ans Bein.

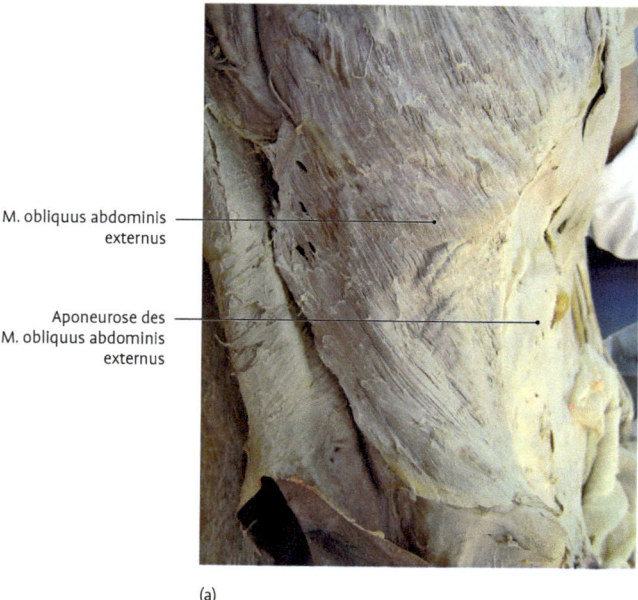

M. obliquus abdominis externus

Aponeurose des M. obliquus abdominis externus

(a)

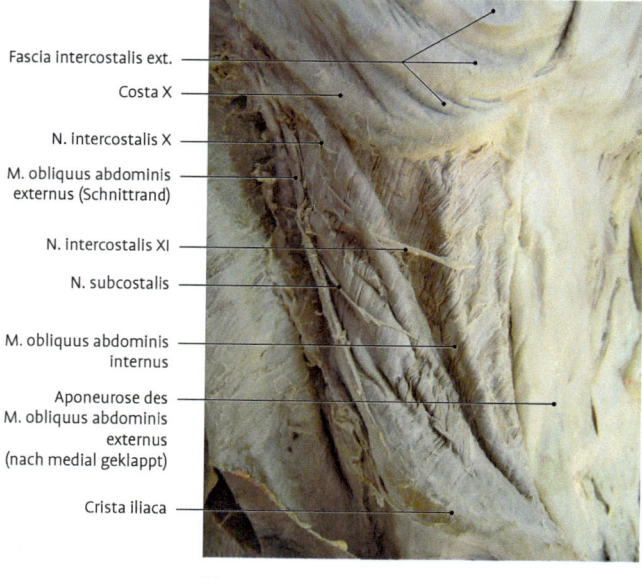

Fascia intercostalis ext.

Costa X

N. intercostalis X

M. obliquus abdominis externus (Schnittrand)

N. intercostalis XI

N. subcostalis

M. obliquus abdominis internus

Aponeurose des M. obliquus abdominis externus (nach medial geklappt)

Crista iliaca

(b)

Abb. 4.64 Schichtbau der ventrolateralen Bauchwand. **a:** oberflächliche Muskelschicht mit M. obliquus abdominis externus; **b:** mittlere Schicht nach Mobilisieren des M. obliquus abdominis externus. Die Rami cutanei lateralis der Interkostalnerven sind bis zu ihrem Durchtritt durch den M. obliquus abdominis internus zurückpräpariert.

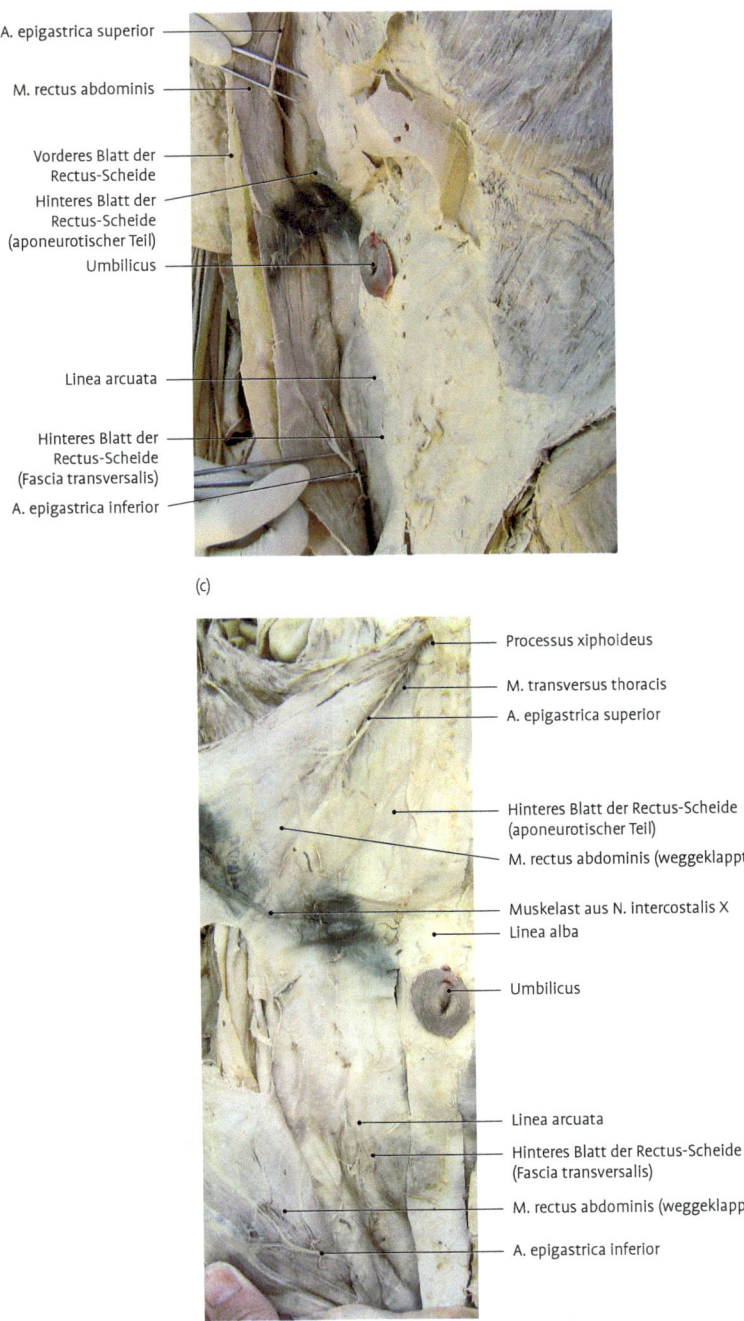

A. epigastrica superior

M. rectus abdominis

Vorderes Blatt der Rectus-Scheide

Hinteres Blatt der Rectus-Scheide (aponeurotischer Teil)

Umbilicus

Linea arcuata

Hinteres Blatt der Rectus-Scheide (Fascia transversalis)

A. epigastrica inferior

(c)

Processus xiphoideus

M. transversus thoracis

A. epigastrica superior

Hinteres Blatt der Rectus-Scheide (aponeurotischer Teil)

M. rectus abdominis (weggeklappt)

Muskelast aus N. intercostalis X

Linea alba

Umbilicus

Linea arcuata

Hinteres Blatt der Rectus-Scheide (Fascia transversalis)

M. rectus abdominis (weggeklappt)

A. epigastrica inferior

(d)

Abb. 4.64 c: Rektusscheide. Nach paramedianem Eröffnen ist der rechte M. rectus abdominis nach lateral verlagert, um die in seine Unterseite eintretenden Gefäße zu zeigen. **d:** Der M. rectus abdominis ist in Nabelhöhe quer durchtrennt und nach lateral verlagert, um die Konstruktion des hinteren Blattes der Rektusscheide zu demonstrieren. (Die grüne Verfärbung rührt von postmortal diffundierter Gallenflüssigkeit.)

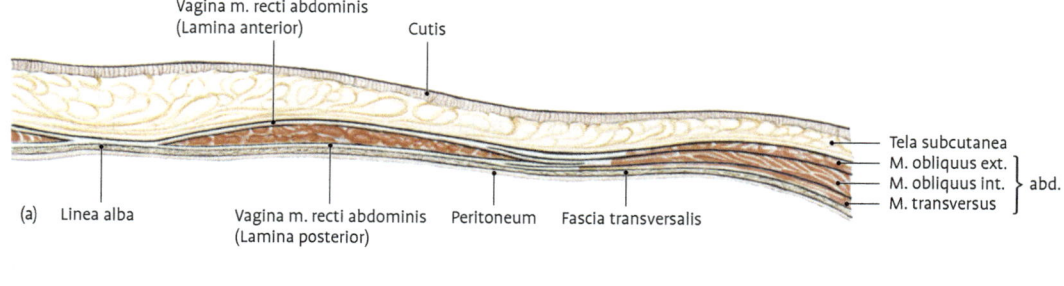

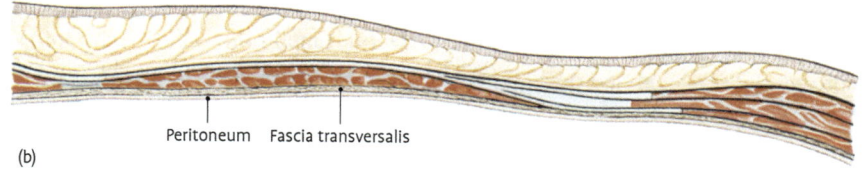

Abb. 4.65 Ventrale Bauchwand (Querschnitt), **a:** oberhalb, **b:** unterhalb der Linea arcuata.

nigen (Abb. 4.65). Die kaudalen Fasern bilden dabei das Dach des Leistenkanals.

L.: Rr. anteriores aus Th7–L1, ferner Rr. musculares des N. iliohypogastricus und des N. ilioinguinalis. Die Blutversorgung erfolgt für die thorakalen Anteile aus der A. thoracica interna und zusätzlich für die Partes lumbalis et iliaca aus den Rr. anteriores der Aa. lumbales und den kaudalen Aa. intercostales; inguinale Anteile werden aus der A. epigastrica inferior, iliakale Anteile zusätzlich auch aus der A. circumflexa ilium profunda versorgt.

F.: Hauptmuskel der Bauchpresse

> **Klinik: Spieghel-Hernie** (= Hernia ventralis lateralis). Bruch, der im muskelschwachen Bereich an der Kreuzungsstelle von Linea semilunaris und Linea arcuata entsteht und wegen des seltenen Auftretens oft verkannt wird.

M. rectus abdominis

O.: Breitflächig vom kaudalen Rand des 5.–7. Rippenknorpels, des Proc. xiphoideus, der Ligg. costoxiphoidea.

I: Nach deutlicher Verschmälerung am Ramus superior ossis pubis zwischen Symphyse und Tuberculum pubicum. Die geraden Bauchmuskeln werden auf ganzer Länge durch die Rektusscheide bedeckt. Mediale Sehnenfasern strahlen unterhalb des Nabels in die Linea

alba ein, überkreuzen sich teilweise und bilden das Lig. suspensorium penis beim Mann, Lig. suspensorium clitoridis bei der Frau.

Die kraniale Hälfte des Muskelbauchs des geraden Bauchmuskels wird durch meist 3, selten 2 oder 4 quer verlaufende Zwischensehnen, Intersectiones tendineae, unterteilt (s. Abb. 4.60). Diese Schaltsehnen verwachsen mit dem vorderen Blatt der Rektusscheide und halten den Muskel auch bei Seitwärtsneigung des Rumpfes in seiner Lage. Die konstanteste dieser Zwischensehnen befindet sich in Höhe des Nabels und entspricht der 10. Rippe. Die dadurch entstehenden Muskelportionen spiegeln die ursprüngliche metamere Gliederung wider und imponieren bei gut trainierter Bauchdecke als „Six-pack".

L.: Rr. anteriores aus Th7–Th12, die arterielle Versorgung erfolgt aus der A. epigastrica superior (Fortsetzung der A. thoracica interna), der A. epigastrica inferior (aus der A. iliaca externa), früh postnatal auch durch Rr. anteriores der kaudalen Interkostal- und oberen Lumbalarterien.

F.: Längsgurtung der vorderen Bauchwand und Vorwärtsbeugung des Rumpfes; bei fixiertem Becken zieht der M. rectus abdominis den Thorax nach ventrokaudal (Exspiration), bei fixiertem Thorax hebt er die Ventralseite des Beckens an.

M. pyramidalis

O.: Am Oberrand der Symphyse zwischen M. rectus abdominis und vorderem Blatt der Rektusscheide.

I.: Er strahlt mit kurzen parallelen Muskelfasern schräg in die Linea alba ein.

L.: Rr. anteriores aus Th12, L1, L2; arterielle Versorgung aus Ästen der A. epigastrica inferior.

F.: Beim Menschen ohne Bedeutung; er ist bei etwa 80 bis 90 % der Menschen – häufiger bei Männern – zu beobachten und oft nur einseitig vorhanden.

Rektusscheide, Vagina m. recti abdominis. Sie wird von den Aponeurosen der schrägen und des queren Bauchmuskels gebildet und hat nicht nur die Aufgabe, eine Führungsröhre für die Mm. recti zu bilden, sondern verbindet auch über die **Linea alba** die Sehnenfasern der Bauchmuskeln beider Seiten miteinander. Die Rektusscheide gliedert sich in vorderes **(Lamina anterior)** und hinteres Blatt **(Lamina posterior).**

Das hintere Blatt besteht aus: Aponeurose des M. obliquus internus abdominis, des M. transversus abdominis und der Fascia transversalis sowie dem Peritoneum parietale. Diese Anordnung ändert sich an einer bogenförmigen Linie in der Mitte zwischen Nabel und Symphyse, der **Linea arcuata,** die oft nicht scharf, sondern als allmählicher Übergang ausgeprägt ist. Ab der Linea arcuata ziehen die vereinigten Aponeurosen des hinteren Blattes vor den M. rectus abdominis, sodass der gerade Bauchmuskel dorsal nur noch durch die Fascia transversalis und das Peritoneum von den Eingeweiden getrennt wird (s. Abb. 4.61).

Das vordere Blatt der Rektusscheide wird bis zur Linea arcuata beidseits überwiegend von den ipsilateralen Sehnenzügen der Mm. obliqui externus und internus abdominis, in geringem Umfang auch von Sehnenfasern des kontralateralen M. obliquus externus abdominis gebildet. Unterhalb der Linea arcuata wird das vordere Blatt gemeinsam unter Einschluss der Aponeurose des M. transversus abdominis aus den Aponeurosen aller 3 seitlichen Bauchmuskeln aufgebaut.

Kaudal der Linea arcuata ist das dorsale Blatt der Rektusscheide nachgiebig; sie kann nach Entfernen des Muskels an der Leiche von den aponeurotischen, kranial gelegenen Abschnitten durch Tasten unterschieden werden.

Linea alba. Sie resultiert aus der Verankerung der Sehnenplatten beider Körperhälften miteinander und zieht vom Proc. xiphoideus bis zum Oberrand der Symphyse, an dem sie unter Verstärkung durch ein dreieckiges Sehnenband, das **Adminiculum lineae albae,** befestigt ist. Die Linea alba bildet am Umbilicus (Bauchnabel) Ringfasern, die den Nabelring **(Anulus umbilicalis)** aufbauen, der die Öffnung in der ventralen Bauchwand umgibt und den Durchtritt der Inhaltsgebilde der Nabelschnur gestattet. Nach der Geburt wird der Ring durch Bindegewebe, die Nabelplatte **(Lamina umbilicalis),** verschlossen.

Klinik: 1. Hernia umbilicalis, Nabelbruch. Durch den Anulus umbilicalis (Bruchpforte) hindurchtretende, bis kopfgroße Hernie der Bauchwand am Nabel; beim Neugeborenen sehr häufig. Der Nabel bleibt auch beim Erwachsenen eine Schwachstelle, sodass bei anhaltend erhöhtem intraabdominellem Druck (Adipositas, Aszites) eine Nabelhernie entstehen kann, vorwiegend bei Frauen. **2. Hernia lineae albae.** Mittige Bauchwandhernie in der Linea alba meist über **(Hernia epigastrica)** oder um den Nabel **(Hernia paraumbilicalis),** seltener darunter **(Hernia hypogastrica, supravesicalis).** Oberhalb des Nabels ist die Linea alba dünn, breit und weist eine maschenartige Struktur auf. Erweitern sich diese, entstehen Bruchpforten. **3. Hernia ventralis lateralis** (auch **Spiegel-Hernie**). Seitliche Bauchwandhernie, tritt in Höhe der Linea arcuata durch eine Lücke der Bauchwandaponeurosen zwischen Linea semilunaris Spigheli und dem lateralen Rand der Rektusscheide. **4. Hernia traumatica** sive **postoperativa** sive **cicatricea.** Narbenbruch nach abdominaler Verletzung oder postoperativ.

Muskelschlingen. Durch Vermittlung der Linea alba erhält die Bauchdecke: **1.** Quergurtung (Verbindung der Mm. transversi abdominis), **2.** Schräggurtung. Die funktionelle muskuläre Gesamtheit kommt zustande durch den Kontakt von Fasern des M. obliquus externus über die Mittellinie hinweg mit Fasern des M. obliquus internus der Gegenseite und auch durch die Verbindung zwischen Fasern der Pars abdominalis des M. pectoralis major mit denen des M. obliquus internus der Gegenseite. Hierzu tritt die **3.** Längsverspannung durch Mm. recti abdominis und M. quadratus lumborum. Ihre Fortsetzung finden diese „Muskelschlingen" auf den Extremitäten (→ Obliquus-externus-Addukto-

ren-Schlinge) und dem Rücken (→ Serratus-Rhomboideus-Schlinge).

Bauchmuskelwirkung. Die Muskeln sind an Rumpfbewegungen beteiligt. Indem sie teils antagonistisch, teils synergistisch mit den Rückenmuskeln wirken, **verstellen** sie **die Position von Thorax und Becken gegeneinander:** Bei festgestelltem Becken beugen sie den Thorax nach vorn (Ventralflexion), müssen aber bei der Aufrichtung aus der Rückenlage hierzu durch den M. iliopsoas unterstützt werden. Bei festgestelltem Thorax heben sie das Becken. Sie antagonisieren die Dorsalextension der Wirbelsäule durch den M. erector spinae, während sie die durch einseitige Kontraktion des M. erector spinae eingeleitete Lateralflexion unterstützen. Bei der Rotation des Rumpfes wirken sie synergistisch, sodass bei einer Rumpfdrehung nach links die absteigenden Fasern des M. obliquus externus dexter über die Linea alba hinweg mit den aufsteigenden Fasern des M. obliquus internus sinister zusammen kontrahieren. Sind Wirbelsäule und Becken festgestellt, senken die geraden Bauchmuskeln die Rippen und wirken als kräftige **exspiratorische Muskeln**.

Bauchpresse. Bei festgestelltem Brustkorb und Becken schnüren die Muskeln den Bauch ein und üben so Druck auf den Inhalt von Bauch und Becken aus: Dadurch werden Hohlorgane (Darm, Harnblase) entleert bzw. wird im Rahmen der Geburt das Kind aus dem Uterus in den Geburtskanal ausgetrieben. Meist unbewusst wird hierbei die „Luft angehalten"also die Stimmritze geschlossen, wodurch der Druck in der Bauchhöhle weiter erhöht wird, weil das relativ schwache Zwerchfell durch die prall-elastischen, luftgefüllten Lungen daran gehindert wird, höher zu treten. Das gleiche Manöver führt zur Druckentlastung der Wirbelsäule beim Heben schwerer Lasten. Der während der Bauchpresse wirksame erhöhte intraabdominelle Druck kann an **Loci minoris resistentiae** (Schwachstellen) der Bauchwand zum Entstehen von **Hernien** führen.

Klinik: 1. Bauchdeckenreflex (= BDR; = Bauchhautreflex, BHR). Die Spannung der Bauchdecke wird reflektorisch gesteuert. Kurzes Bestreichen der Bauchhaut von lateral nach medial mit einem spitzen Gegenstand im Hypochondrium, Epigastrium, Hypogastrium löst Kontraktion der ipsilateralen Muskulatur aus (Segmente Th 6–Th12). **2. Abwehrspannung (Defense muscu-**

laire). Bei abdominaler Palpation tritt reflektorischer Spasmus der Bauchdecken auf, ausgelöst durch eine Irritation des Peritoneum parietale, z. B. bei Appendizitis, Cholezystitis, Ileus, Pankreatitis, Peritonitis, Ulkuskrankheit. **3. Wechselschnitt** (= **Sprengel-Schnitt**). Der Chirurg versucht (z. B. bei Appendektomien), den unterschiedlichen Verlaufsrichtungen der Bauchmuskeln Rechnung zu tragen, indem er die Muskellagen einzeln in ihrer Verlaufsrichtung spaltet (Wechselschnitt) und damit ein besseres kosmetisches Ergebnis und weniger Narbenbrüche erzielt. Der Nachteil ist die schlechte Erweiterungsmöglichkeit des Schnittes.

4.2.3.3 Binnenschichten der Bauchwand

Zwei Binnenschichten bedecken die Bauchmuskeln an ihrer Innenseite: **1.** Fascia transversalis, **2.** Peritoneum parietale.

Fascia transversalis. Zum Peritoneum hin gewandte Faszie, die den M. transversus abdominis innen bedeckt (deswegen auch als Fascia transversalis benannt ist), aber über diesen hinausreicht. Die Faszie ist kräftiger als diejenige, die dem M. obliquus internus anliegt. Sie setzt sich ohne Unterbrechung über die Grenzen des M. transversus abdominis hinweg in den angrenzenden Muskelfaszien des Bauch- und Beckenraumes fort, und zwar nach kranial in die Fascia diaphragmatica auf der abdominalen Seite des Zwerchfells, nach dorsal in die Lamina profunda der Fascia thoracolumbalis auf dem M. quadratus lumborum und in die Fascia iliaca auf dem M. iliopsoas. Als Fascia pelvis überzieht sie die Beckenwand. Mit dem Peritoneum parietale ist die Faszie durch eine prä- oder retroperitoneale Verschiebeschicht aus Fettgewebe locker verbunden, d. h., sie bildet die Tela subserosa der Peritonealhöhle. Oberhalb des Nabels ist die F. transversalis eher zart, verdichtet sich rings um den Nabel zur **Fascia umbilicalis** und gewinnt oberhalb des Leistenbandes, mit dem sie verwachsen ist, fast die Derbheit einer Aponeurose. Durch den Descensus testis wird die F. transversalis als kontinuierliche Struktur trichterartig in den inneren Leistenring hineingezogen und damit als **Fascia spermatica interna** zu einer der Hodenhüllen.

Ligamentum interfoveolare (Abb. 4.66, 4.67). Diese einzige laterale Verstärkung der dreieckigen Schwachstelle in der Bauchwand (**Hesselbach-Dreieck,** s. u.) wird von Sehnenfasern des M. obliquus internus und des M. transversus abdominis gebildet. Diese spalten sich von den kaudalen, vom Leistenband entspringenden Faserbündeln ab, ziehen oberflächlich zur Arteria und Vena epigastrica inferior und in einem nach lateral-kaudal konkaven Bogen erneut zum Leistenband. Damit trennt das Lig. interfoveolare die Fossa inguinalis medialis von der Fossa inguinalis lateralis, in der sich der innere Leistenring, der Anulus inguinalis profundus, befindet. Ist der Muskelfaser-Sehnen-Übergang des M. obliquus internus bzw. des M. transversus abdominis an dieser Stelle noch nicht erreicht, so kann sich ausnahmsweise auch ein M. interfoveolaris an Stelle des Bandes ausbilden.

Falx inguinalis (Abb. 4.63, 4.64, 4.66). In Ausnahmefällen verbreitert sich der distale Ansatz des M. rectus abdominis in Richtung auf den Pecten ossis pubis, sodass eine nach lateral-kranial konkave Sehne entsteht. Diese wird als Falx inguinalis bezeichnet.

3 Plicae umbilicales (s. Abb. 4.66, 4.67). Das Bauchwandinnenrelief wird durch Strukturen geschaffen, die zwischen Fascia transversalis und Peritoneum parietale verlaufen. Sie werfen Falten des Peritoneum parietale auf, die nabelwärts ziehen und für die Lokalisation von Leistenbrüchen (Hernien) von Bedeutung sind:

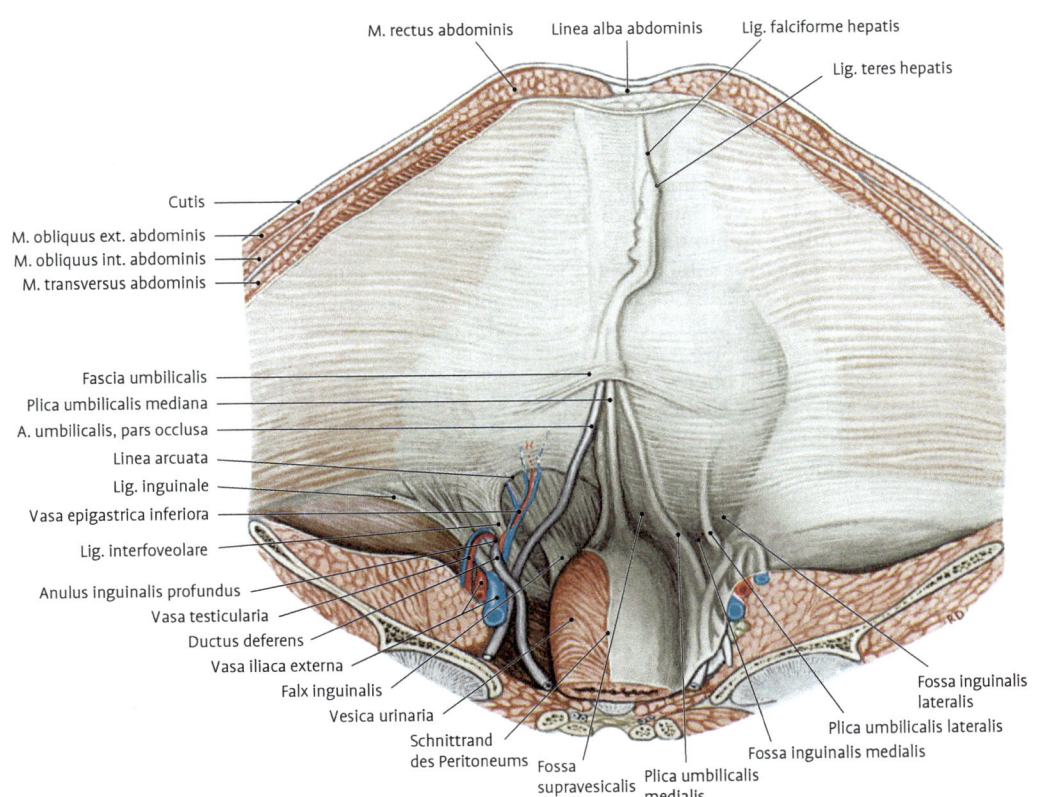

Abb. 4.66 Vordere Bauchwand von hinten und oben. **Rechts** ist das Bauchfell nicht entfernt. Es überzieht die Gefäße und Bänder und bildet Plicae und Fossae, **links** ist das Bauchfell entfernt, um die Bauchwandverstärkung zu zeigen: Lig. interfoveolare, Falx inguinalis, Vasa epigastrica inferiora, Lig. umbilicale mediale. Vasa testicularia und Ductus deferens treffen sich am Anulus inguinalis profundus.

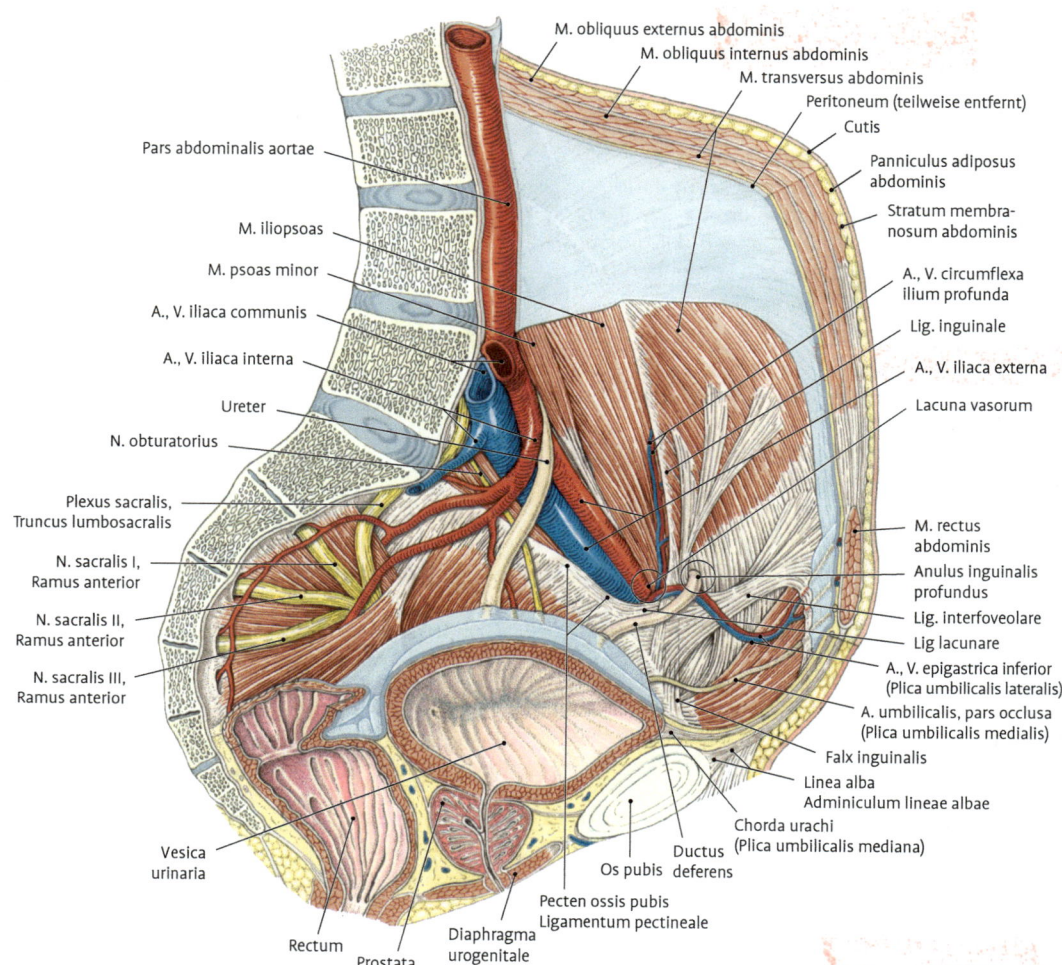

Abb. 4.67 Ventrale Bauchwand und Becken beim Mann. Ansicht der linken Seite von medial nach rechtsseitigem Paramedianschnitt. Das Peritoneum wurde teilweise entfernt.

- **Plica umbilicalis mediana,** ausgehend vom Blasenscheitel in der Mittellinie, vom obliterierten Urachus aufgeworfen
- **Plica umbilicalis medialis,** links und rechts, die von den obliterierten Aa. umbilicales erzeugt werden
- **Plica umbilicalis lateralis,** links und rechts, der die Vasa epigastrica inferiora unterliegen

3 Peritonealbuchten. Zwischen den Plicae umbilicales bilden sich 3 seichte Buchten:
- **Fossa supravesicalis** zwischen der Plica umbilicalis mediana und der Plica umbilicalis medialis

- **Fossa inguinalis medialis** zwischen Plica umbilicalis medialis und lateralis, deren Wand muskelfrei ist, nur von der Fascia transversalis gebildet wird und daher die Durchtrittstelle von direkten Leistenbrüchen markiert
- **Fossa inguinalis lateralis,** die als flache Grube seitlich der Plica umbilicalis lateralis liegt, den inneren Leistenring birgt und die Durchtrittsstelle von indirekten Leistenbrüchen darstellt

Ligamentum falciforme hepatis, eine Bauchfellduplikatur, zieht vom Nabel kranial zur Leber. Sein freier innerer Rand wird durch die obliterierte Nabelvene verdickt, weshalb dieser als spulrundes **Lig. teres hepatis** bezeichnet wird.

4.2.3.4 Ligamentum inguinale, Leistenband und Canalis inguinalis, Leistenkanal

Das **Lig. inguinale** ist Schlüsselbestandteil von:
1. **Canalis inguinalis** (→ führt kranial des Leistenbandes den Samenstrang zum Hoden),
2. **Lacunae vasorum et musculorum** (→ M. iliopsoas und ventrale Leitungsbahnen der unteren Extremität gelangen unter dem Leistenband aus dem Abdomen an das Bein).

Ligamentum inguinale. Das Leistenband spannt sich als ein gegenüber der Horizontalebene um 35–40° geneigtes sehniges Band auf einer Länge von 10–12 cm zwischen **Tuberculum pubicum** und **Spina iliaca anterior superior** aus; es ist eigentlich kein eigenständiges Band, sondern kaudaler Teil der Externusaponeurose, in den Fasern der **Scarpa-Faszie,** der **Fascia abdominis externa,** der **Fascia transversalis** und der **Fascia iliaca** hineinziehen (Abb. 4.63, 4.68). Das Leistenband geht kaudal ohne Trennung in die **Fascia lata** (Oberschenkelfaszie) über. Die Externusaponeurose rollt sich aufgrund des Faserverlaufs ein, sodass abdominal eine nach kranial offene Rinne entsteht. Die derbe Fascia iliaca des M. iliopsoas gibt kräftige Fasern ab, die als **Arcus iliopectineus** an den Unterrand des Leistenbandes ziehen und medial mit der **Eminentia iliopubica** verwachsen. Dieser Faserbogen, der bei Vorhandensein eines M. psoas minor besonders kräftig ist, teilt den Raum unterhalb des Leistenbandes in 2 Öffnungen:

- **Lacuna musculorum,** lateral gelegen, durch welche der M. iliopsoas hindurchtritt, lateral begleitet vom **N. cutaneus femoris lateralis** und medial vom **N. femoralis.**
- **Lacuna vasorum,** medial gelegen; durch sie ziehen Lymphgefäße, die **A. femoralis,** lateral davon die **V. femoralis** und der **Ramus femoralis** des N. genitofemoralis. Medial wird die Lacuna vasorum durch das **Lig. lacunare (Gimbernat-Band)** begrenzt, das von Fasern des Crus laterale gebildet wird, die am Pecten ossis pubis ansetzen. Dieses Band geht in das flache **Lig. pectineale** über, das als Periostverstärkung den lateralen Anteil des **Pecten ossis pubis** bedeckt. (s. Abb. 4.62, 4.67, 4.68). Zwischen Lig. lacunare und V. femoralis wird der Raum durch das bindegewebige Septum femorale verschlossen. Bei Ausstülpung oder Einriss des **Septum femorale** entsteht eine Öff-

nung in der Bauchdecke, **Anulus femoralis,** der den Beginn des daraus entstehenden **Canalis femoralis** markiert. Die Fascia transversalis überzieht auf der abdominalen Seite die Lacuna vasorum und strahlt in die Gefäßscheiden ein.

Klinik: 1. Meralgia paraesthetica (= Inguinaltunnelsyndrom). Engpass-Syndrom mit Neuralgie und Parästhesie im Versorgungsgebiet des N. cutaneus femoris lat. durch mechanische Kompression des Nerven bei seiner Unterquerung des Lig. inguinale in der Lacuna musculorum (z. B. durch harten Schlüsselbund in der Hosentasche bei Adipösen, Jeans-Krankheit: Tragen enger Hosen). **2. Retroperitoneale Abszesse** können entlang des Faszienschlauches des M. iliopsoas bis unter das Leistenband zum Oberschenkel absteigen (Senkungsabszess), zur Schwellung der Leistenregion und Beugung des Beines infolge der Irritation des M. psoas führen. **3. Hernia femoralis sive cruralis** (= Oberschenkelhernie). Innere Bruchpforte ist der Anulus femoralis. Der Bruchsack schiebt sich unter Mitnahme von Fascia transversalis und Septum femorale durch den medialen Teil der Lacuna vasorum und tritt außen am Hiatus saphenus in Erscheinung. Verlauf: zwischen Leistenband (kranial), horizontalem Schambeinast (kaudal), Femoralgefäßen (lateral) und Lig. lacunare Gimbernati (medial). Formen: **3.1 Cloquet-Hernie:** durch den medialen Teil der Lacuna vasorum (d. h. durch das Septum femorale, **Cloquet-Septum,** gelegentlich auch als Lacuna lymphatica bezeichnet) hindurchtretende und unter dem M. pectineus verlaufende Schenkelhernie. **3.2 Laugier-Hernie** (Hernia ligamenti Gimbernati): durch eine Lücke im Lig. lacunare hindurchtretende H. **3.3 Narath-Hernie** (= Hernia femoralis retrovascularis): durch die Lacuna vasorum direkt hinter den Femoralgefäßen austretende Hernie. **4. Hesselbach-Hernie** (= **Cooper-Hernie**): durch die Lacuna musculorum hindurchtretende Hernie. **5. Corona mortis** (wörtlich: Kranz des Todes). Abnorm starke Anastomose zwischen A. obturatoria (R. pubicus) und A. epigastrica inferior; so benannt, weil ihre Verletzung bei operativer Erweiterung der Lacuna vasorum (Oberschenkelhernien-Operation) Ursache für intraoperatives Verbluten sein kann.

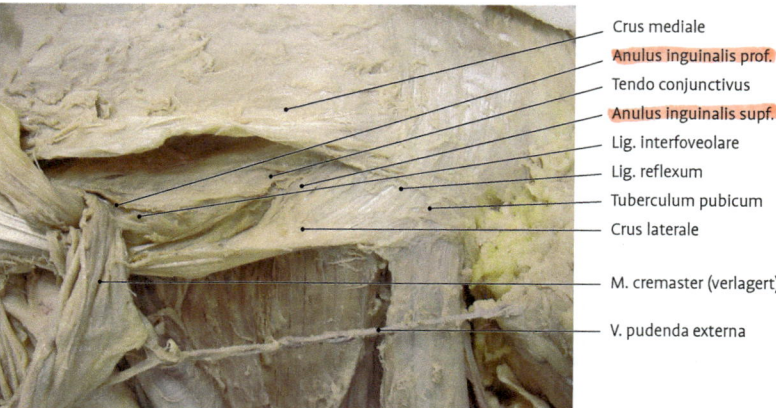

Crus mediale
Anulus inguinalis prof.
Tendo conjunctivus
Anulus inguinalis supf.
Lig. interfoveolare
Lig. reflexum
Tuberculum pubicum
Crus laterale

M. cremaster (verlagert)

V. pudenda externa

Abb. 4.68 Begrenzung des Anulus inguinalis superficialis und Verstärkungszüge im Bereich der Fossa inguinalis medialis. Der Leistenkanal ist durch Spalten der Externusaponeurose zwischen den beiden Crura breit eröffnet. Man sieht die kulissenartig angeordneten Verstärkungszüge in der Bauchwand, die diese Schwachstelle verengen sollen: das Ligamentum reflexum als mediale Fortsetzung des Crus laterale, der Tendo conjunctivus, gebildet aus den Aponeurosen der Mm. obliquus abdominis internus und transversus abdominis und das ebenfalls von diesen beiden Strukturen gebildete Ligamentum interfoveolare.

Der **Canalis inguinalis** durchsetzt in einem schrägen Verlauf, ausgehend von seiner inneren Öffnung, **Anulus inguinalis profundus,** auf einer Länge von 4–5 cm die ventrale Bauchwand von lateral, dorsal und kranial nach medial, ventral und kaudal, um an der äußeren Öffnung, **Anulus inguinalis superficialis,** zu münden (s. Abb. 4.62–64). Der schräge Verlauf mindert die Gefahr einer mechanischen Schwächung der Bauchdecke. Der Leistenkanal entsteht beim Mann durch die pränatale Wanderung des Hodens **(Descensus testis)** von der Innenseite der hinteren Bauchwand durch die vordere Bauchwand hindurch und davor absteigend ins **Scrotum** (Hodensack); Bei der Frau wandert die Keimdrüse selbst nicht durch die Bauchwand, jedoch stellt der distale Teil des unteren Keimdrüsenbandes **(Lig. teres uteri)** eine durch den Canalis inguinalis verlaufende Verbindung zur Haut der großen Schamlippen **(Labia majora pudendi)** her.

Begrenzungen. Das Dach des **Canalis inguinalis** wird vom M. obliquus internus abdominis und vom M. transversus abdominis (jeweils mit den verdickten kaudalen Teilen) gebildet; den Boden bilden das Lig. inguinale und medial das Lig. reflexum. Die Vorderwand besteht in der Aponeurose des M. obliquus externus abdominis und ist rund um die äußere Mündung durch das Crus mediale und das Crus laterale als mediale und laterale Pfeiler sowie durch die Fibrae intercrurales als kraniale Querverstrebung verstärkt (s. Abb. 4.62). Peritoneum, Fascia transversalis mit Falx inguinalis und Lig. interfoveolare (durch kollagene Fasern verstärkt) bilden die Rückwand. Innerer und äußerer Leistenring, **Anulus inguinalis profundus** und **Anulus inguinalis superficialis** stellen die Ein- und Ausgänge des Kanals dar.

Entwicklung. Zu Beginn des 3. Monats stülpt sich beidseits eine Aussackung des Peritoneum parietale, der **Proc. vaginalis peritonei,** in die Geschlechtswülste (♂ Skrotalwülste, ♀ Labialwülste) vor. Ein aus dem **Mesenterium urogenitale** hervorgegangenes unteres Keimdrüsen-Führungsband (♂ **Gubernaculum testis,** ♀ **Gubernaculum ovarii**) zieht als bindegewebiges Band außerhalb des Peritoneums durch den späteren Inguinalkanal hindurch und verankert sich im Bindegewebe der Geschlechtswülste. Beim männlichen Geschlecht dient das Gubernaculum testis als Leitstruktur für den Hoden, der in der 28. EW aus seiner retroperitonealen Lage in der Leibeshöhle durch den Leistenkanal an der Hinterwand, dem Proc. vaginalis peritonei, in den Skrotalwulst absteigt **(Descensus testis)**. Die Versorgungsgebilde des Hodens werden

hinterhergezogen und verlaufen dadurch auf Dauer durch den Leistenkanal. Nach dem Descensus testis obliteriert perinatal der Proc. vaginalis peritonei im Leistenkanal und ventral der Bauchwand. Im Scrotum hingegen bleibt die peritoneale Ausstülpung als **Tunica vaginalis testis** erhalten. Wie in anderen serösen Höhlen unterscheidet man auch bei der Tunica vaginalis testis zwischen einem viszeralen Blatt, **Lamina visceralis** (Epiorchium), welches den Hoden überzieht, und einem parietalen Blatt, **Lamina parietalis** (Periorchium), mit einem dazwischen liegenden kapillären Spaltraum, dem **Cavum scroti**. Beim weiblichen Geschlecht folgt das Ovar dem Gubernaculum nicht durch die Bauchwand, weshalb im Leistenkanal der Frau lediglich das vom distalen Teil des Gubernaculums abstammende **Lig. teres uteri** mit der begleitenden **A. ligmenti teretis uteri** und dem **R. genitalis nervi genitofemoralis** zu finden ist.

Funiculus spermaticus. Der **Samenstrang** entsteht beim Descensus testis und enthält in gewandelter Form alle Schichten der Bauchwand, die der Hoden beim Durchtritt durch den Leistenkanal mitnimmt. Von innen nach außen werden die Wandschichten über den Hoden, Nebenhoden, Ductus deferens, Blut- (A., V. testicularis, Plexus pampiniformis, A. ductus deferentis, A. cremasterica), Lymphgefäße und Nerven (R. genitalis des N. genitofemoralis, Plexus deferentialis et testicularis) gestülpt und trichterförmig ausgezogen: Dabei wird die Fascia transversalis zur **Fascia spermatica interna**. Die vom Leistenband entspringenden Fasern von M. transversus abdominis und M. obliquus internus abdominis bilden den **M. cremaster** (Hodenheber), der von lockerem Bindegewebe der **Fascia cremasterica** umhüllt ist. Die Fascia abdominalis externa setzt sich in die **Fascia spermatica externa** fort.

Im Umfeld des Canalis inguinalis besteht eine Schwachstelle, das **Hesselbach-Dreieck**. Es wird medial vom lateralen Rand des M. rectus abdominis, lateral von der A. et V. epigastrica inferior und kaudal vom Leistenband begrenzt. Kernstück dieser Schwachstelle ist der Anulus inguinalis superficialis. Um direkten, medialen Leistenbrüchen entgegenzuwirken, existieren **Verstärkungszüge**. Diese sind von außen nach innen kulissenförmig wie folgt angeordnet:

- **Fibrae intercrurales:** verbinden lateral vom Anulus inguinalis superficialis Crus mediale und Crus laterale und sind mechanisch wenig beanspruchbar.

- **Lig. reflexum:** Fasern des Crus laterale der Externusaponeurose ziehen aufgefächert als Lig. reflexum in kraniale Richtung um den Anulus inguinalis superficialis herum nach medial. Sie ziehen über den Hauptansatz des Crus laterale am Tuberculum pubicum hinaus nach medial und kranial, unterkreuzen die Fasern des Crus mediale und verankern sich in der Linea alba, wo sie mit Fasern des kontralateralen Lig. reflexum kreuzen.

- **Tendo conjunctivus** (engl. conjoint tendon): Teile des M. obliquus internus und des M. transversus abdominis, die vom Leistenband entspringen und das Dach des Leistenkanals bilden, vereinigen sich im Bereich des Anulus inguinalis superficialis zu einer mehr oder weniger kräftigen Aponeurose, die medial vom äußeren Leistenring am Lig. inguinale wieder inserieren.

- **Ligamentum interfoveolare** oder Musculus interfoveolaris: Faserbündel, die sich im Bereich der Kreuzungsstelle mit der A. et V. epigastrica inferior vom M. obliquus internus und M. transversus abdominis abspalten, um ebenfalls zum Leistenband zu gelangen. Sie verlaufen oberflächlich zu den eben genannten Gefäßen.

- **Falx inguinalis:** nach lateral auf den Pecten ossis pubis hin verbreiterter Ansatz des M. rectus abdominis.

Die Ausbildung dieser Verstärkungszüge unterliegt einer individuellen Schwankung. Außerdem werden selten mehrerer gleichlaufende Züge in gleicher Stärke angelegt. Die Falx inguinalis ist nicht nur die zuinnerst gelegene Verstärkung, sie kommt auch sehr selten vor.

4.2.4 Hintere Bauchwand

M. quadratus lumborum. Zusammen mit dem M. psoas major et minor begrenzt er die Abdominalhöhle als einziger Bauchmuskel nach dorsal. Der dünne vierseitige Muskel liegt eingescheidet zwischen Lamina media und profunda der Fascia thoracolumbalis. Er wird damit mit seinem wirbelsäulennahen Anteil weitgehend vom M. iliopsoas überlagert (Abb. 4.69). Der Muskel ist in 2 Teile zu gliedern:

O.: Der dorsale Teil entspringt von der Crista iliaca und dem Lig. iliolumbale. Der schwächere ventrale Teil liegt oberflächlich, entspringt von den Proc. costales der 2.–4. LW.

I.: Der dorsale Anteil zieht zur 12. Rippe und zu den Proc. costales der 1.–4. LW, der ventrale Anteil setzt ebenfalls an der Unterseite der 12. Rippe an.

L.: Die Innervation erfolgt durch den N. subcostalis und Rr. anteriores aus Th12-L3, die arterielle Versorgung durch Aa. lumbales; an der
Crista iliaca auch R. lumbalis der A. iliolumbalis; nahe der 12. Rippe auch die A. subcostalis

F.: Abwärtszieher der 12. Rippe, damit Hilfsmus-
kel der Exspiration. Verspannt die hintere
Bauchwand, unterstützt die Fixierung der
LWS und neigt sie zur gleichen Seite.

M. psoas major, M. psoas minor. Der konstant vorhandene M. psoas major und der in 30% vorhandene M. psoas minor sind den Hüftgelenksmus-
keln zuzurechnen (s. Kap. 4.4.3.1), bilden jedoch
mit ihren thorakolumbal gelegenen Portionen die
hintere Bauchwand mit.

4.2.5 Leitungsbahnen der Bauchwand

4.2.5.1 Arterien

Die **Blutversorgung** der Bauchwand wird von
2 Gefäßgruppen sichergestellt, deren Stromge-
biete durch Anastomosen miteinander kommunizieren.

Von **dorsal** wird die Bauchwand aus der **Aorta,**
Partes **thoracica** et **abdominalis,** über die segmentalen Endäste versorgt:

- **Aa. intercostales posteriores VII–XI, A. subcostalis** (unter der 12. Rippe entlanglaufend)
ziehen zwischen M. obliquus internus abdominis und M. transversus abdominis nach kaudal,
wobei sie bis in die Rektusscheide vorstoßen.
Sie bilden Anastomosen mit Aa. epigastricae
superior et inferior.
- **Ventrale Äste von 4–5 Aa. lumbales** ziehen dorsal des M. quadratus lumborum in die laterale
Bauchwand und anastomosieren nach ventral
mit Ästen der A. epigastrica superior et inferior
sowie der A. subcostalis, nach kaudal anastomosieren sie mit Ästen der Aa. circumflexae ilium
superficialis et profunda und der A. iliolumbalis.

Von **ventral** erfolgt die Versorgung über longitudinale Äste der **Aa. thoracica interna, iliaca externa
et femoralis.** Die **A. thoracica interna** spaltet sich
in Höhe des Proc. xiphoideus in 2 Endäste auf:

- **A. musculophrenica,** die Teile des Zwerchfells
und der Bauchmuskeln versorgt.
- **A. epigastrica superior,** die zwischen M. transversus thoracis und Rippenbogen in die Rektus-

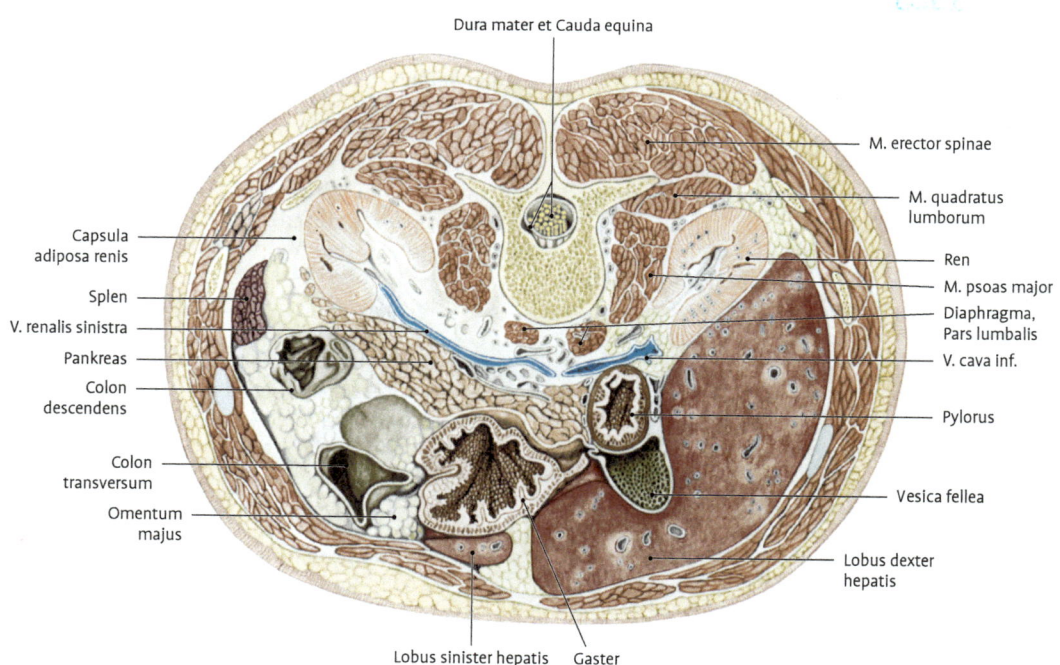

Abb. 4.69 Bauchquerschnitt in Höhe 2. LWK, Kaudalansicht.

scheide eintritt und sich im geraden Bauchmuskel bis auf Nabelhöhe verzweigt.

Von der **A. iliaca externa** gehen nacheinander ab:

- **A. epigastrica inferior,** die kurz oberhalb des Leistenbandes entspringt und dorsal vom Lig. interfoveolare nach medial zieht, um zwischen Peritoneum und Fascia transversalis zusammen mit 2 Begleitvenen die Plica umbilicalis lateralis aufzuwerfen und auf der Rückseite des M. rectus abdominis nabelwärts zu verlaufen. Nach Eintritt in den Muskel anastomosiert sie mit der A. epigastrica superior.
- **A. circumflexa ilium profunda** (kaudal von der A. epigastrica inferior), die entlang des Arcus iliopectineus auf die Spina iliaca anterior superior zieht, die laterale Bauchwand mit versorgt und mit dem Ramus iliacus der A. iliolumbalis anastomosiert (s. Abb. 4.67).

Aus der **A. femoralis** vervollständigen 2 Arterien oft gemeinsamen Ursprungs die Versorgung der Bauchdecke:

- **A. epigastrica superficialis,** versorgt die Haut nabelwärts
- **A. circumflexa ilium superficialis,** versorgt die Haut lateral des äußeren Leistenringes.

4.2.5.2 Venen

> Das Venennetz wird von den gleichnamigen Begleitvenen der Arterien aufgebaut.

Eine Ausnahme sind die **Vv. paraumbilicales,** die im Umfeld des Nabels liegend das Lig. teres hepatis zur Pfortader begleiten.

Die Venen gewinnen ihre klinische Bedeutung v. a. durch ihre Funktion als **Anastomosenketten,** Umgehungskreisläufe zwischen den Stromgebieten der Vv. cavae superior et inferior bzw. der V. portae:

- kavokavale Anastomosen, deren funktionelle Aktivierung ihre Ursache im Gebiet von Vena cava superior oder inferior hat
- portokavale Anastomosen, deren Ursache im Stromgebiet der Pfortader liegt.

Kavokavale Anastomosen (→ Einflussstauung der **V. cava superior** oder **inferior**): Das Blut staut sich zurück in die **Vv. subclaviae** und wird über **Vv. thoracicae internae** an die **Vv. epigastricae superiores** weitergegeben, über deren Anastomosen mit den **Vv. epigastricae inferiores** der Anschluss

an die **Vv. iliacae externae** und damit an die **V. cava inferior** erreicht wird.

Da aus den **Vv. subclaviae** der Blutrückstau auch die **Vv. thoracicae laterales** und über die **Vv. axillares** auch die **Vv. thoracoepigastricae** erfasst, werden diese seitlichen Thoraxwandvenen ebenfalls erweitert und leiten das venöse Blut über die **Vv. epigastricae superficiales et inferiores** und über **Vv. circumflexae ilium** in die **Vv. femoralis** und **iliaca externa,** damit in die **V. cava inferior**. Bei einer Einflussstauung der V. cava inferior gelten die umgekehrten Wege. Abgesehen von diesen oberflächlich gelegenen Anastomosen gibt es noch tiefe Verbindung der beiden Hohlvenen über das System der **Vv. azygos** und **hemiazygos** sowie die **vertebralen Venenplexus**.

Portokavale Anastomosen (→ Einflussstauung der **V. portae**). Den **Vv. paraumbilicales** kommt eine Schlüsselfunktion zu, da sie das Blut zur Bauchdecke leiten, wo es **kranial** über die **Vv. epigastricae superiores** in **Vv. thoracicae internae** und von dort in die **Vv. brachiocephalicae** geleitet wird oder über die lateralen Thoraxwandvenen in die **Vv. axillares** und dann in die **Vv. subclaviae** gelangt.

Nach **kaudal** wird das Blut der **Vv. paraumbilicales** über die **Vv. epigastricae inferiores, circumflexae ilium superficiales et profundae** in die **Vv. iliacae externae** oder über die **Vv. epigastricae superficiales** in die **V. femoralis** geleitet und damit in das Stromgebiet der **V. cava inferior**.

Bei Einflussstauung der V. portae bestehen noch **weitere portokavale Anastomosen** aus dem Stromgebiet der V. portae in das der Vv. cavae:

- über die **Vv. gastricae** sinistra, dextra, breves et posterior zu den **Vv. oesophageales** der Tela submucosa und der Adventitia des Ösophagus, von dort via Vv. azygos et hemiazygos in die V. cava superior.
- über die zum Stromgebiet der Pfortader zählende **V. rectalis** superior via Vv. rectales mediae et inferiores; entgegen früherer Lehrbuchmeinung für die Entstehung von Hämorrhoiden klinisch unbedeutend.

> **Klinik: 1. Caput medusae** (Medusenhaupt). Paraumbilikale Venenerweiterung in der Bauchdecke mit deutlicher Venenzeichnung bei Zirkulationsstörung in der Bauchhöhle. Ursache ist ein Umgehungskreislauf: von der V. portae

zur V. cava inferior bei Pfortaderstauung, heute infolge therapeutischer Eingriffe selten! **2. Ösophagusvarizenblutungen** durch harte Nahrungsbrocken oder Druckanstieg im Bauchraum (Bauchpresse!); klinisch bedeutsamste portokavale Anastomose wegen hoher Letalität (ungefähr 50 %) der schwer stillbaren Varizenblutung. **3. Portale Hypertension** (s. Kap. 5.2.2.3).

4.2.5.3 Lymphgefäße

Oberflächlicher Lymphabfluss. Die Lymphdrainage aus Cutis und Subcutis der Bauchwand scheidet sich auf Höhe des Bauchnabels in zwei Richtungen: **nach kranial** zu den Lymphknoten der Achselhöhlen, **Nodi lymphoidei axillares superficiales et profundi,** um in die **Trunci subclavii dexter et sinister** zu gelangen, **nach kaudal** zu **Nodi lymphoidei inguinales superficiales et profundi** und via **Nodi lymphoidei iliaci externi** in die **Trunci lumbales dexter et sinister**.

Tiefer Lymphabfluss. Die Gefäße verlaufen **nach kranial** parallel mit den Vasa epigastrica superiores mit Drainage in die **Nodi lymphoidei parasternales et sternales, nach kaudal** mit den Vasa epigastrica inferiores mit Lymphdrainage in **Nodi lymphoidei iliaci externi** und **nach dorsal** mit den segmentalen Blutgefäßen in die prävertebralen **Nodi lymphoidei lumbales**.

4.2.5.4 Nerven

Die Innervation der Bauchwand erfolgt aus segmentalen Spinalnerven, wobei durch Verschmelzung der Muskelanlagen zu den großflächigen Muskelplatten die metamere Gliederung aufgehoben ist (Abb. 4.70).

Nn. intercostales VII–XI, N. subcostalis. Die kaudalen Interkostalnerven verlaufen zwischen M. transversus abdominis und M. obliquus internus abdominis nach ventral und geben folgende Äste ab:
- **Rr. musculares,** welche die laterale und ventrale Bauchmuskulatur versorgen, von lateral die Rektusscheide durchstoßen und in den M. rectus abdominis eindringen.
- **Rr. cutanei laterales** zweigen zwischen den Ursprungszacken von M. obliquus externus abdominis und M. serratus anterior ab, um Haut und Unterhaut sensibel zu versorgen.

- **Rr. cutanei anteriores** zweigen in der Rektusscheide ab und werden subkutan, indem sie deren vorderes Blatt durchbohren. Dabei kann als Orientierung gelten, dass der Ramus cutaneus anterior des N. intercostalis X in Nabelhöhe, der des N. subcostalis in der Mitte der Distanz zwischen Nabel und Symphyse subkutan wird.

N. iliohypogastricus. Er besitzt in 30 % mit dem N. ilioinguinalis einen gemeinsamen Stamm aus dem Plexus lumbalis (s. Kap. 4.4.7.1), durchsetzt den M. psoas major, um vor dem M. quadratus lumborum hinter dem unteren Nierenpol nach laterokaudal zu ziehen. Astfolge:
- **R. cutaneus lateralis,** versorgt die Haut über dem M. gluteus medius und Trochanter major.
- **R. cutaneus anterior,** durchbohrt das vordere Blatt der Rektusscheide oberhalb des äußeren Leistenringes und innerviert die Haut medial vom Leistenring.
- **Rr. musculares:** Der N. iliohypogastricus durchsetzt oberhalb der Crista iliaca die Aponeurose des M. transversus abdominis und verläuft in der Folge stufenweise durch die Muskelschichten, die er mit seinen Muskelästen versorgt.

N. ilioinguinalis. Der im Vergleich zum N. iliohypogastricus dünnere Nerv läuft kaudal parallel zu diesem. Seine Verlaufsstrecke unter der Aponeurose des M. obliquus externus abdominis ist lang, da er sich bereits weit lateral den Inhaltsstrukturen des Leistenkanals anlegt. Astfolge:
- **Rr. cutanei** versorgen die Haut des oberen Innenbereichs des Beines, der medialen Leistengegend und mit den Endästen, den
- **Nn. scrotales anteriores** bzw. **Nn. labiales anteriores,** die Haut der Genitalorgane. Diese werden am Anulus inguinalis superficialis subkutan, liegen aber außerhalb des Funiculus spermaticus. Dadurch können sie eindeutig vom Ramus genitalis des N. genitofemoralis unterschieden werden.

Klinik: Nervenkompressionssyndrom (= Engpasssyndrom). Leistenschmerzen können durch Kompression des N. ilioinguinalis entstehen, dessen Verlauf sich vor und nach Durchtritt durch den M. obliquus externus abrupt ändert. Bei Hüftbeugung verminderte, bei Streckung verstärkte Schmerzen durch Anspannung der Bauchmuskulatur.

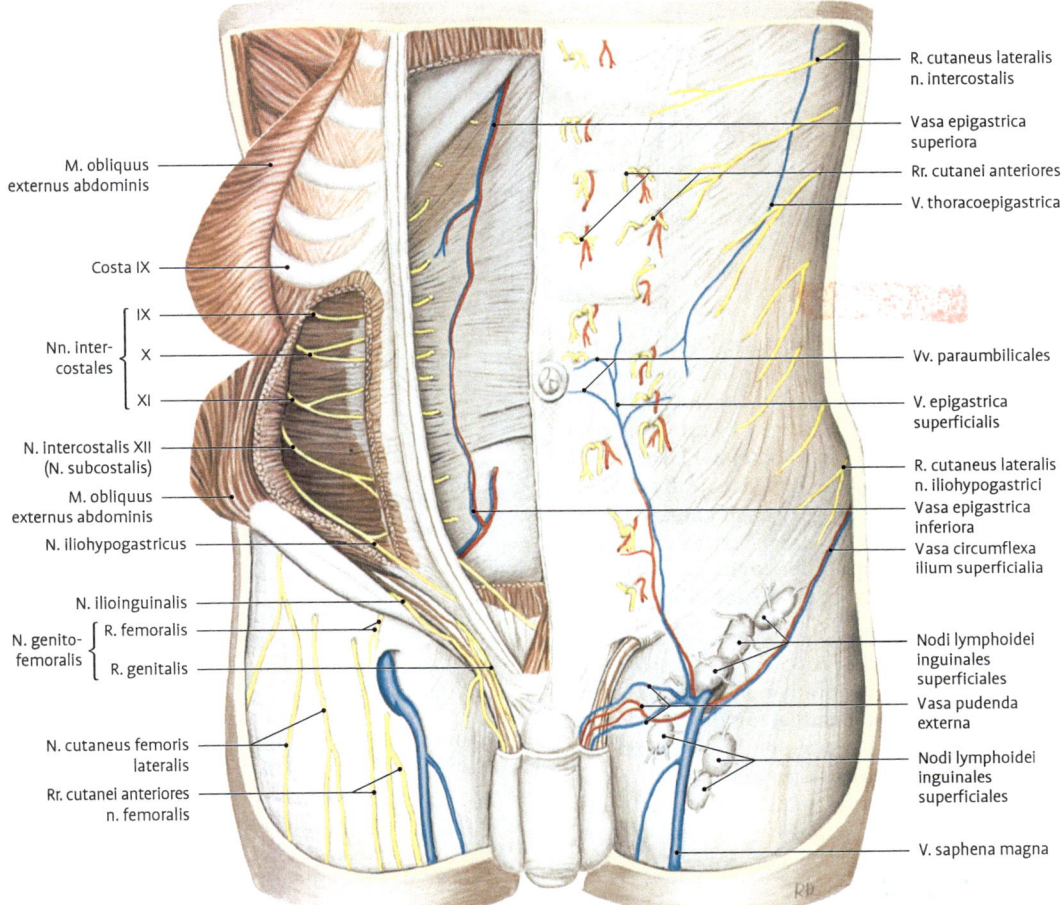

M. obliquus
externus abdominis

Costa IX

Nn. inter-
costales {
IX
X
XI

N. intercostalis XII
(N. subcostalis)

M. obliquus
externus abdominis

N. iliohypogastricus

N. ilioinguinalis

N. genito-
femoralis {
R. femoralis
R. genitalis

N. cutaneus femoris
lateralis

Rr. cutanei anteriores
n. femoralis

R. cutaneus lateralis
n. intercostalis

Vasa epigastrica
superiora

Rr. cutanei anteriores

V. thoracoepigastrica

Vv. paraumbilicales

V. epigastrica
superficialis

R. cutaneus lateralis
n. iliohypogastrici

Vasa epigastrica
inferiora

Vasa circumflexa
ilium superficialia

Nodi lymphoidei
inguinales
superficiales

Vasa pudenda
externa

Nodi lymphoidei
inguinales
superficiales

V. saphena magna

Abb. 4.70 Gefäße, Nerven der vorderen Bauchwand. **Linke Körperseite** oberflächliche Lage, **rechte Körperseite** tiefe Lage: M. rectus abdominis entfernt, seine Rr. musculares abgeschnitten. Auf dem hinteren Blatt der Rektusscheide: Anastomose der Vasa epigastrica superiora et inferiora. M. obliquus externus abdominis teils entfernt, teils nach lateral geklappt, M. obliquus internus abdominis gefenstert.

In enger Lagebeziehung zur Bauchwand stehen auch weitere Nerven des Plexus lumbalis (s. Kap. 4.4.7.1):

N. genitofemoralis. Er durchsetzt schräg den M. psoas major, zieht auf dessen Vorderfläche retroperitoneal nach kaudal und spaltet sich in 2 Rami auf:
- **R. genitalis,** der mit dem Funiculus spermaticus in den Leistenkanal eintritt, so zu einem weiteren Gebilde innerhalb des Samenstranges wird und beim Mann den M. cremaster und die Skrotalhaut innerviert. Bei der Frau begleitet er das Lig. teres uteri und versorgt den Mons pubis sowie die Labia majora.
- **R. femoralis,** der lateral der A. iliaca externa deszendiert, die A. circumflexa ilium profunda kreuzt und durch die Lacuna vasorum lateral der A. femoralis zieht, um die Haut des Oberschenkels rings um den Hiatus saphenus zu versorgen.

N. cutaneus femoris lateralis. Dieser wird zuerst lateral vom M. psoas major sichtbar und zieht dann schräg abwärts über den M. iliacus, bedeckt von dessen Faszie, in Richtung auf die Spina iliaca

anterior superior, gibt Äste zum parietalen Peritoneum der Fossa iliaca ab. Nach Durchtritt durch die Lacuna musculorum verläuft er etwa 10 cm nach distal eng an die Innenseite der Fascia lata angeschlossen, ehe er sie durchbohrt. In der Subcutis zieht der Nerv zwischen der Fascia lata und der Scarpa-Faszie nach distal. Er versorgt die vordere und seitliche Haut des Oberschenkels und bildet gemeinsam mit Ästen des N. femoralis den Plexus infrapatellaris.

N. femoralis. Er verläuft als stärkster Nerv des Plexus lumbalis in der Rinne zwischen M. psoas major und M. iliacus, die er mit seinen kranialen **Rr. musculares** innerviert, hinab zur **Lacuna musculorum,** durch die er zum Oberschenkel gelangt. Dort teilt er sich in eine oberflächliche und eine tiefe Portion. Aus dem oberflächlichen Anteil gehen die **Rr. musculares** für den M. sartorius und die **Rr. cutanei femoris anteriores** hervor. Der tiefe Anteil bildet die Rr. musculares für den lateralen Anteil des M. pectineus sowie für den M. quadriceps femoris und den sensiblen **N. saphenus** aus.

4.2.6 Angewandte Anatomie: Hernien

Eine **Hernie** (Bruch, Eingeweidebruch; hernos gr. Knospe) ist eine meist Eingeweide enthaltende Ausstülpung des Peritoneum parietale durch präformierte oder sekundär entstandene Lücken von Bauchwand oder kleinem Becken.

Alle Hernien sind durch die folgenden 3 Merkmale charakterisiert:
1. **Bruchpforte:** Durchtrittsstelle durch die Rumpfwand, typischerweise an Loci minoris resistentiae (Schwachstellen)
2. **Bruchsack:** Ausstülpung der Fascia transversalis und des Peritoneum parietale
3. **Bruchinhalt:** durchgetretene Eingeweide (Darmschlingen, Omentum majus, Tuba uterina oder Ovar)

Häufigkeit. 10–15 % aller operativen Eingriffe beziehen sich auf die Hernienchirurgie.

Ätiologie. Unterschieden werden **angeborene** und **erworbene Hernien** (Abb. 4.71). Kennzeichen angeborener Hernien sind präformierte Bruchsäcke. Bei erworbenen Brüchen hat die Bauchwand an Festigkeit verloren oder hält dem angestiegenen intraabdominellen Druck nicht mehr stand.

Pathogenese. 1. Erhöhter intraabdomineller Druck, ausgelöst durch Bauchpresse, Schwangerschaft, chronische Emphysembronchitis, Aszites, Adipositas, Tumor. **2. Abnahme der Bindegewebefestigkeit** im höheren Lebensalter. **3. Offener Proc. vaginalis peritonei.**

Komplikation. Inkarzeration (Einklemmung) durch Abklemmung von Blutgefäßen an der Bruchpforte führt zur Nekrose des Bruchinhalts.

Differenzialdiagnose. Von den Hernien ist der **Prolaps** (Vorfall) abzugrenzen, bei dem sich Baucheingeweide am Peritoneum vorbeigedrängt haben und daher nicht in einem peritonealen Bruchsack liegen (Beispiele: **Prolapsus ani, recti, Prolapsus uteri et vaginae**).

Hernienchirurgie. Zahlreiche Operationstechniken beruhen auf dem **Prinzip der raffenden Nähte:** Doppelung der Fascia transversalis und Anheftung des M. obliquus internus abdominis am Leistenband (Verfahren nach **Shouldice**) oder gemeinsame Anheftung von Fascia transversalis, M. transversus abdominis, M. obliquus internus abdominis durch Einzelknopfnähte am Leistenband **(Bassini).** Alternativ kommen zunehmend **spannungsfreie Verfahren** zur Anwendung: Abdeckung der Bauchwanddefekte mit biokompatiblen Kunststoffnetzen **(Lichtenstein)** bzw. Einsetzen einer gefalteten trichterförmigen Netzplombe **(Rutkow).** Vorteil: technisch einfacher (ein ausgiebiges intraoperatives Präparieren entfällt). Nachteil: Implantation eines Fremdkörpers. Die Größe des Bruchs ist entscheidend bei der Wahl des Verfahrens.

4.2.6.1 Hernia inguinalis

Leistenbrüche sind mit 200.000 Op. pro Jahr in Deutschland häufig; 75 % aller Hernien sind Leistenhernien. **Androtropie:** In 90 % sind Männer betroffen. Man unterscheidet nach Lokalisation eine **laterale** und **mediale H. inguinalis.** (Abb. 4.66, 4.67, 4.71):
- **Hernia inguinalis lateralis (= indirekter Leistenbruch).** Der Bruchsack gelangt nicht auf direktem (geradem) Weg durch die Bauchwand, sondern folgt ausgehend von der Fossa inguinalis lateralis mit dem **Anulus inguinalis profundus** als Bruchpforte dem Verlauf des Leistenkanals. Häufigkeit: mit 60–70 % die häufigsten Leistenbrüche. Bei **angeborenen** indirekten Brüchen ist der embryonale **Proc. vaginalis peritonei nicht**

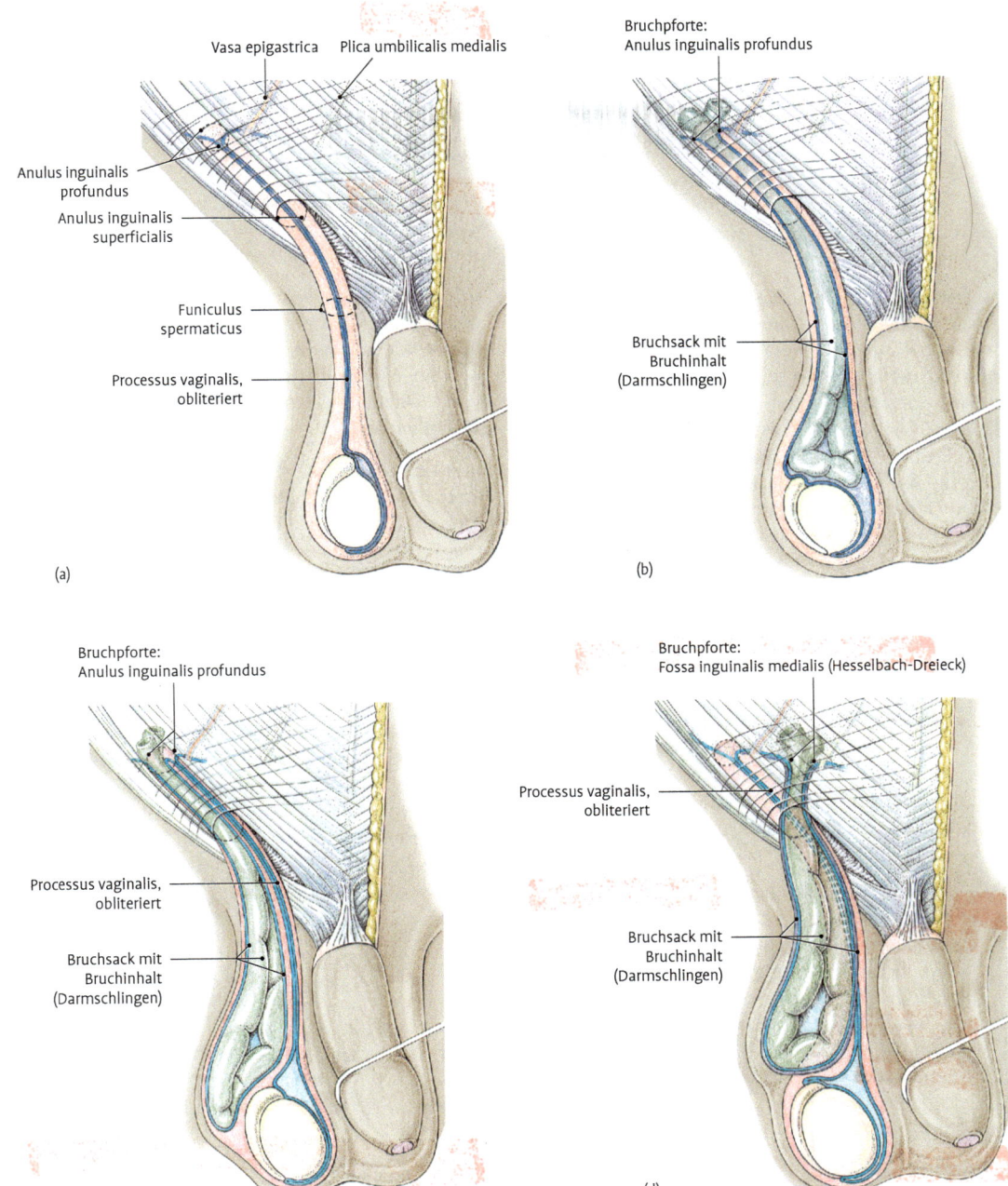

Vasa epigastrica   Plica umbilicalis medialis

Anulus inguinalis profundus

Anulus inguinalis superficialis

Funiculus spermaticus

Processus vaginalis, obliteriert

(a)

Bruchpforte: Anulus inguinalis profundus

Bruchsack mit Bruchinhalt (Darmschlingen)

(b)

Bruchpforte: Anulus inguinalis profundus

Processus vaginalis, obliteriert

Bruchsack mit Bruchinhalt (Darmschlingen)

(c)

Bruchpforte: Fossa inguinalis medialis (Hesselbach-Dreieck)

Processus vaginalis, obliteriert

Bruchsack mit Bruchinhalt (Darmschlingen)

(d)

Abb. 4.71 Leistenhernien. **a:** Normalverhältnisse mit obliteriertem Processus vaginalis, **b:** indirekte angebo- rene Leistenhernie bei offenem Proc. vaginalis, **c:** indi- rekte erworbene, **d:** direkte erworbene.

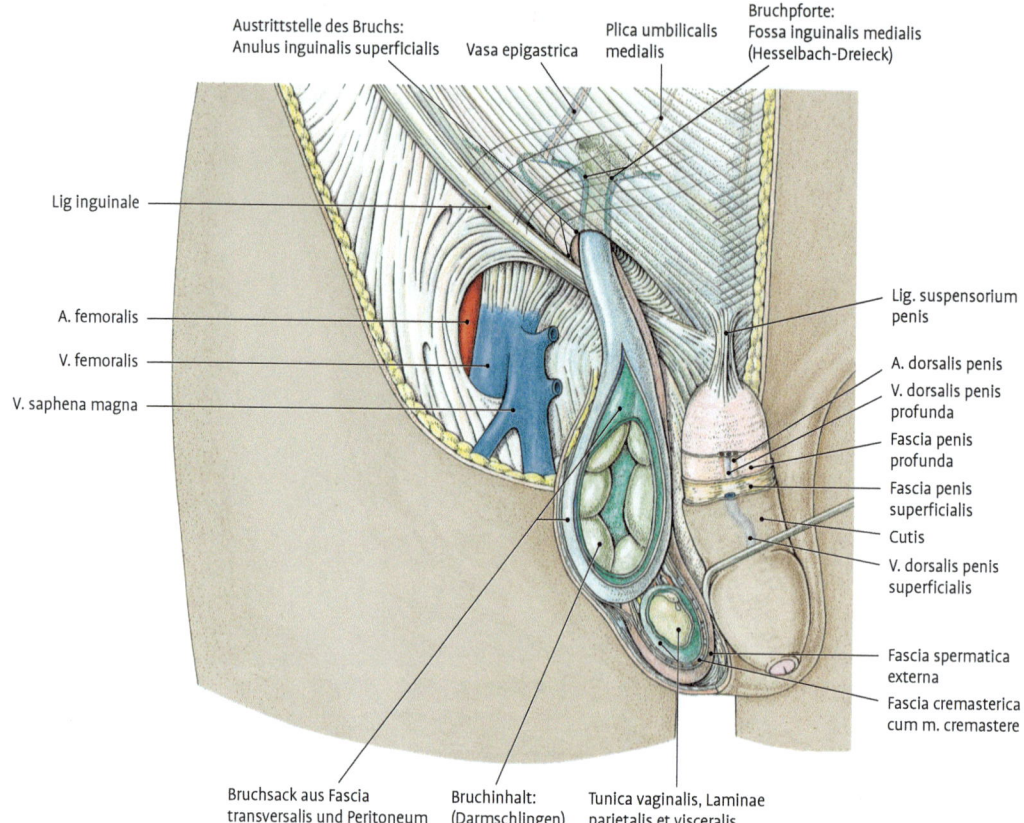

Abb. 4.72 Direkte Leistenhernie. Beachte zweischichtigen Bruchsack mit einer Bruchhülle aus Fascia transversalis und Peritoneum.

obliteriert und bildet somit eine natürliche Peritonealaussackung, die sich durch den Leistenkanal bis hinunter in das Scrotum oder das Labium majus pudendi erstreckt (= präformierter Bruchsack für die vordrängenden Baucheingeweide). Bei **erworbenen** Brüchen wird derselbe Weg beschritten, jedoch unabhängig vom regelhaft geschlossenen Proc. vaginalis von den Eingeweiden ein **neuer Peritonealsack** ausgeformt und durch den Leistenkanal vorgewölbt. Der Bruch zieht entlang des Samenstranges von lateral nach medial durch den Leistenkanal und tritt am **Anulus inguinalis superficialis** aus der Bauchdecke aus.

- **Hernia inguinalis medialis (= direkter Leistenbruch)**. Die Bauchwand wird in der muskelfreien, nur von der Fascia transversalis und dem Peritoneum parietale gedeckten **Fossa inguinalis medialis** (→ **Hesselbach-Dreieck,** s. o.) direkt durchsetzt; der Bruchsack ist zweischichtig, peritonealbedeckte Eingeweide stülpen die Fascia

transversalis mit heraus. Der Bruchkanal führt gerade durch die Bauchwand und tritt am Oberrand des **Anulus inguinalis superficialis** aus (Abb. 4.72). Häufigkeit: halb so häufig wie die indirekten Leistenbrüche, bevorzugt das fortgeschrittene Lebensalter.

Differenzialdiagnostik: 1. Die Vasa epigastrica, die dorsal des Lig. interfoveolare verlaufen, liegen dem Bruchsack bei indirekten Leistenbrüchen medial an, bei direkten lateral. **2.** Leistenhernien sind oberhalb des Lig. inguinale lokalisiert, Schenkelhernien (s. u.) unterhalb.

4.2.6.2 Weitere Hernien

- **Hernia femoralis sive cruralis.** Oberschenkelhernien treten **unterhalb des Leistenbandes** durch (Abb. 4.73) (s. Kap. 4.4.8.2). Der Bruchsack wird durch den medialen Teil der **Lacuna vasorum** unter Mitnahme und Verdichtung des Bin-

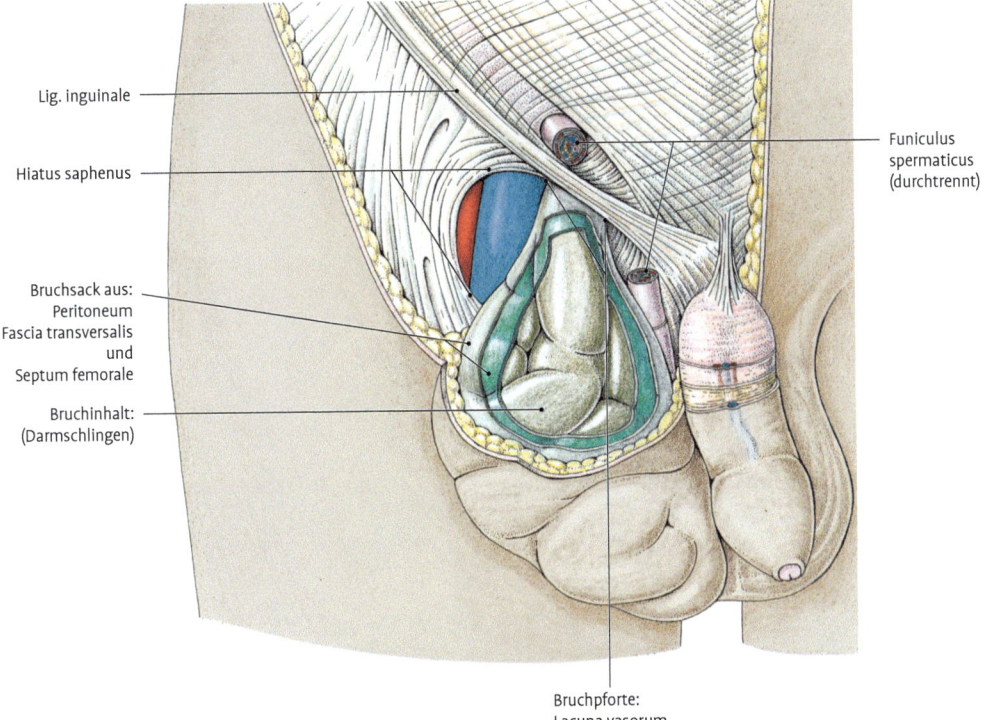

Lig. inguinale

Hiatus saphenus

Bruchsack aus:
Peritoneum
Fascia transversalis
und
Septum femorale

Bruchinhalt:
(Darmschlingen)

Funiculus
spermaticus
(durchtrennt)

Bruchpforte:
Lacuna vasorum

Abb. 4.73 Schenkelhernie. Beachte Lage der Bruchpforte unterhalb des Leistenbandes und zweischichtigen Bruchsack.

degewebes von Fascia transversalis und Septum femorale vorgewölbt und tritt außen am **Hiatus saphenus,** einer Öffnung in der Fascia lata, aus. Häufigkeit: seltener als Leistenbrüche, 5–7 % aller Hernien, **Gynäkotropie:** zu 75 % sind Frauen betroffen. Inkarzerationen sind durch den scharfen Rand des medial den Bruch begrenzenden Lig. lacunare häufig.

- **Hernia traumatica sive postoperativa sive cicatricea** (= Narbenhernie/Narbenbruch). Tritt nach abdominalen Verletzungen, postoperativ oder im Narbengewebe auf.
- **Hernia lumbalis, Petit-Hernie.** Seltene, durch das **Trigonum lumbale** hindurchtretende Hernie.
- **Hernia ischiadica.** Seltene, ober- oder unterhalb des M. piriformis durch das Foramen ischiadicum majus tretende Hernie.
- **Hernia perinealis.** Beckenbodenhernien sind primär seltene, vor allem bei Frauen in der 4.–6. Dekade auftretende Hernie, je nach Durchtrittsort als Hernia obturatoria, H. ischiorectalis, H. spinotuberosa, H. rectovesicalis, H. paravesicalis bezeichnet.

- **Hernia diaphragmatica.** Zwerchfellhernien sind meist angeboren, sehr selten erworben (Kap. 5.1.1), lumbokostale **Bochdalek-Hernie,** parasternale **Morgagni-Hernie.**
- **Rektusdiastase.** Angeborenes oder erworbenes Auseinanderweichen der Mm. recti abdominis mit Erweiterung und Vorwölbung der Linea alba.

Muskeltabelle

Siehe Seite 194.

4.3 Membrum superius, obere Extremität

Im Vergleich zur unteren hat die obere Gliedmaße eine größere Beweglichkeit, weil der Arm als Greiforgan ausgebildet ist. Der Schultergürtel ist beweglicher als der Beckengürtel. Er ist mit dem Rumpf durch die aus Brustbein-Schlüsselbeingelenk, **Articulatio sternoclavicularis,** und Schultereckgelenk, **Articulatio acromioclavicularis,** gebildete Gelenkkette verbunden.

Gliederung. Die obere Extremität gliedert sich in Schultergürtel, **Cingulum pectorale sive Cingulum membri superioris** und freie obere Extremität, **Pars libera membri superioris,** den eigentlichen Arm. Der Schultergürtel ist ontogenetisch und funktionell der Extremität zuzurechnen, topografisch gehört er dem Rumpf an. Die Pars libera membri superioris gliedert sich in folgende Abschnitte: 1. Oberarm **(Brachium),** 2. Unterarm **(Antebrachium),** 3. Hand **(Manus)** mit Handwurzel **(Carpus),** Mittelhand **(Metacarpus)** und Fingern **(Ossa digitorum sive Phalanges).**

Entwicklung. Am **24. ET** treten im Bereich der kaudalen Halssegmente (C5–Th1) die **Armknospen** auf. Sie bestehen aus einem mesenchymalen Gewebe, das vom parietalen lateralen Mesoderm der Leibeswand stammt und von einer Ektodermschicht überzogen wird. Apikal ist das Ektoderm zur **Randleiste** verdickt. Diese induziert im Inneren der Knospe erhebliche Proliferationen, sodass die gesamte Anlage in die Länge wächst. In ihrem distalen Abschnitt wird eine paddelartige **Handplatte** (6. EW) ausgebildet, in der sich anschließend Fingerstrahlen bilden. Das zwischen den Strahlen liegende Gewebe wird durch interdigitale Apoptose entfernt, sodass sich isolierte Finger formieren. In der 8. EW ist das Brachium vom Antebrachium abgrenzbar. Mit der Gliederung der Extremitätenanlage in ihre Abschnitte ist eine Rotation verbunden. Sind die Streckseiten der Arme zuerst nach lateral gerichtet, werden sie später nach dorsal orientiert. Die Anlagen der Skeletelemente entstehen aus Mesenchymverdichtungen, aus denen sich das **Knorpelskelett** entwickelt.

Am Ende der 7. EW ist das knorpelige Skelett fast komplett ausgebildet. Die hyalinknorpeligen Vorläufer werden schließlich durch enchondrale und perichondrale Ossifikation in regelrechten Knochen umgebildet und am **Ende der 12. EW** sind die **Diaphysen** der langen Röhrenknochen **ossifiziert.** Die **Skelettmuskulatur** entsteht als hypaxiale Muskulatur durch Einwandern von Myoblasten aus den Dermatomyotomen der **Somiten.** Während der Ausbildung ordnet sich das Muskelblastem in ein dorsales und ein ventrales **prämuskuläres Blastem** für Extensoren und Flexoren. Diese beiden Blasteme sind nach der Rotation und der Knorpelbildung in der Extremitätenachse vor (präaxial) und hinter (postaxial) der primitiven Skelettanlage lokalisiert und stehen bereits in der 5. EW mit ihren Nerven in Verbindung. Aus den Blastemen differenzieren sich durch schrittweise Aufspaltung die definitiven Muskelindividuen. Die Muskelentwicklung verläuft von proximal nach distal, sodass sich die Handmuskeln zum Schluss bilden (10. EW). Sehnen- und Bindegewebe haben eine andere Herkunft; sie entwickeln sich direkt aus dem Mesenchym der Armknospe.

Von den Muskelanlagen der oberen Extremität schieben sich sekundär Muskelgruppen auf den Rumpf vor und erreichen sowohl ventral als auch dorsal die Mittellinie. Diese Muskeln liegen oberflächlich der autochthonen dorsalen und der ventralen Rumpfmuskulatur.

- Von der **Extensorenanlage** geht nach Starck die Gruppe der **spinohumeralen Muskeln** aus: M. latissimus dorsi, M. teres major, M. levator scapulae, M. serratus anterior, Mm. rhomboideus major et minor.
- Aus der **Flexorenanlage** bildet sich die **thorakohumerale Muskelgruppe:** Mm. pectorales, M. subclavius.

Nerven. Die Gliederung der Muskelblasteme in Extensoren und Flexoren spiegelt sich auch bei den Nerven wider, sodass **Rr. extensorii** (hinter der A. axillaris) und **Rr. flexorii** (vor der A. axillaris) unterschieden werden. Aus den Rr. extensorii werden der **N. axillaris, N. radialis** und der **N. thoracodorsalis,** aus den Rr. flexorii der **N. musculocutaneus,** der **N. ulnaris** und der **N. medianus.** Die sensible Hautinnervation zeigt eine ähnliche Zweiteilung: Die Segmente C5–C7 innervieren die Haut an der radialen Seite, wohingegen die ulnare von den Segmenten C8–Th1 übernommen wird.

Klinik: 1. Amelie, Extremität fehlt komplett. **2. Phokomelie** (= Robbengliedrigkeit), Ober- und Unterarm fehlen, Hand ist ausgebildet. **3. Radiusaplasie,** Klumphand. **4. Diplocheirie,** spiegelbildliche Verdopplung der Hand. **5. Polydaktylie,** überzählige Finger. **6. Syndaktylie,** Verschmelzung von Fingern. **7. Oligodaktylie,** Fehlen von Fingern. **8. Ektrodaktylie** (= Spalthand), Mittelfingerstrahl fehlt, dadurch krebsscherenartige Spaltung der Handanlage in zwei Partien. **9. Brachydaktylie,** zu kurze Finger.

Tab. 4.3 Mm. abdominis, Bauchmuskeln

Muskel	Ursprung	Ansatz	Innervation	Arterienversorgung	Funktion
M. rectus abdominis	breitflächig am kaudalen Rand des 5.–7. Rippenknorpels • Proc. xiphoideus • Ligg. costoxiphoidea	unter deutlicher Verschmälerung am Ramus superior ossis pubis bis zum Tuberculum pubicum	Rr. anteriores Th7–Th12	– A. epigastrica superior (Forts. der A. thoracica interna) – A. epigastrica inferior (aus der A. iliaca externa) früh postnatal auch Rr. anteriores der kaudalen Interkostal- und oberen Lumbalarterien	• Längsgurtung der vorderen Bauchwand • Vorwärtsbewegung des Rumpfes • bei fixiertem Becken: zieht den Thorax nach ventrokaudal (Exspiration, Atemhilfsmuskel) • bei fixiertem Thorax: hebt die Ventralseite des Beckens an
M. pyramidalis (inkonstant)	• Ramus superior ossis pubis • Symphysis pubica ventral vom M. rectus abdominis	Linea alba	Rr. anteriores Th12, L1, L2	Äste der A. epigastrica inferior	beim Menschen rudimentär, Spannung der Linea alba und der Rektusscheide
M. obliquus externus abdominis	Außenfläche der 5.–12. Rippe	• Labium externum der Crista iliaca • im Lig. inguinale an der Spina iliaca anterior superior und am Tuberculum pubicum • Linea alba • Symphyse	Rr. anteriores Th5–Th12	die 4 kaudalen Aa. intercostales A. subcostalis 4 Aa. lumbales Seitenast der A. circumflexa iliaca profunda zur Externusaponeurose	einseitige Kontraktion: • ipsilaterale Rumpfneigung zusammen mit dem M. obliquus internus abdominis der gleichen Seite und kontralaterale Rumpfdrehung mit dem M. obliquus internus der Gegenseite beidseitige Kontraktion: • Rumpfbeugung nach ventral • Senken des Brustkrobes (Exspiration, Atemhilfsmuskel) • Bauchpresse
M. obliquus internus abdominis	• lumbaler Anteil: tiefes Blatt der Fascia thoracolumbalis	• lumbaler Anteil: am Unterrand der 9.–12. Rippe	Rr. anteriores Th10–L2	• Aa. epigastricae superior et inferior • Ramus anterior der A. intercostalis 11	einseitige Kontraktion: • ipsilaterale Seitneigung des Rumpfes zusammen mit dem M. obliquus externus abdominis

	Ursprung	Ansatz	Innervation	Arterie	Funktion
	• iliakaler Anteil: Linea intermedia der Crista iliaca • inguinaler Anteil: Lig. inguinale	• übrige Anteile: vorderes und hinteres Blatt der Rektusscheide • Linea alba		• subcostalis • A. lumbalis 4	• bei festgestelltem Becken Drehung des Rumpfes zur gleichen Seite beidseitige Kontraktion: • Rumpfbeugung nach ventral • Senken des Brustkorbes (Exspiration, Atemhilfsmuskel) • Bauchpresse
M. transversus abdominis	• thorakaler Anteil: Innenfläche der 7.–12. Rippe • lumbaler Anteil: Fascia thoracolumbalis und Lig. iliolumbale • iliakaler Anteil: Labium internum der Crista iliaca • inguinaler Anteil: laterale Hälfte des Leistenbandes	• hinteres Blatt der Rektusscheide • Linea alba	• Rr. anteriores Th7–L1 • Rr. musculares des N. iliohypogastricus • Rr. musculares des N. ilioinguinalis	• thorakaler Anteil: A. thoracica interna • lumbaler Anteil: Rr. anteriores der Aa. lumbales und der kaudalen Aa. intercostales • iliakaler Anteil: A. circumflexa iliaca profunda • inguinaler Anteil: A. epigastrica inferior	Hauptmuskel der Bauchpresse
M. cremaster	Muskelfasern aus dem M. obliquus internus und M. transversus abdominis	Wand des Scrotums, bei der Frau nur rudimentär dem Lig. teres uteri anliegend und zu den Labia majora ziehend	R. genitalis des N. genitofemoralis	A. epigastrica inferior	zieht den Hoden an den Rumpf; hierdurch Beteiligung an der Regulation der Hodentemperatur
M. quadratus lumborum	• Labium internum der Crista iliaca • Lig. iliolumbale; • im ventralen Anteil auch Processus costales von LW2–4	• Unterseite der 12. Rippe • Processus costales von LW1–4	• N. subcostalis Rr. anteriores Th12–L3	Aa. lumbales R. lumbalis der A. iliolumbalis A. subcostalis	einseitige Kontraktion: • Seitwärtsneigung der LWS beidseitige Kontraktion: • Fixierung der LWS • Herabziehen der 12. Rippe (Exspiration, Atemhilfsmuskel)

4.3.1 Ossa membri superioris

4.3.1.1 Scapula, Schulterblatt

Die **Scapula** ist ein dreieckiger, platter Knochen mit typischer Rahmenkonstruktion, (Abb. 4.74, 4.75). Es lassen sich 3 Ränder, Margines (**Margo medialis, lateralis** und **superior**), 3 Ecken, Anguli (**Angulus inferior, superior** und **lateralis**) sowie 2 Flächen, Facies (**Facies costalis sive anterior** und **Facies posterior**), unterscheiden. Der Margo lateralis ist der stabilste. Die Facies costalis ist zur seichten **Fossa subscapularis** vertieft, in der sich 3–4 **Lineae musculares** befinden. Die Facies posterior wird durch die **Spina scapulae** in die tiefe **Fossa supraspinata** und die flache **Fossa infraspinata** unterteilt. Die Spina scapulae biegt lateral am Angulus acromii fast rechtwinklig nach ventral um und läuft im **Acromion** (Schulterhöhe) aus. Medial läuft die Spina in das kleine **Trigonum spinae** am Margo medialis aus. Lateral endet sie ~1 cm vor dem Margo lateralis, sodass zwischen der Rückseite der Cavitas glenoidalis und der Basis der Spina am **Collum scapulae** ein rinnenartiger Durchtritt entsteht, der Leitungsbahnen (A., V., N. suprascapularis) enthält. An der knorrigen Verdickung der Spina, dem **Tuberculum deltoideum,** inserieren v. a. Fasern des M. trapezius. Das Acromion trägt eine kleine, plane **Facies articularis clavicularis** für die gelenkige Verbindung mit der Clavicula. Der Angulus lateralis ist zur birnenförmigen, leicht konkaven, 8 cm² großen **Gelenkpfanne, Cavitas glenoidalis,** umgestaltet. Am ventralen Rand weist sie häufiger (> 50 % n. Prescher) eine Pfannenrandkerbe auf (s. Abb. 4.87). Unmittelbar oberhalb der Cavitas glenoidalis befindet sich das intraartikulär gelegene **Tuberculum supraglenoidale,** der Ursprung des Caput longum m. bicipitis, und deutlich unterhalb der Cavitas glenoidalis das extraartikulär gelegene **Tuberculum infraglenoidale,** Ursprung des Caput longum m. tricipitis. Das **Collum scapulae** ist der schmale Übergang zwischen Cavitas glenoidalis und Scapula. Der schneidenartig zugespitzte Margo superior weist einen variablen Einschnitt, die **Incisura scapulae,** auf, die dem N. suprascapularis zum Durchtritt dient. Lateral dieser Inzisur springt der **Processus coracoideus** (Rabenschnabelfortsatz) mit einer breiten Basis nach ventral vor, um fast rechtwinklig nach lateral abzubiegen (Ursprung von Caput breve m. bicipitis und M. coracobrachialis; Ansatz des M. pectoralis minor).

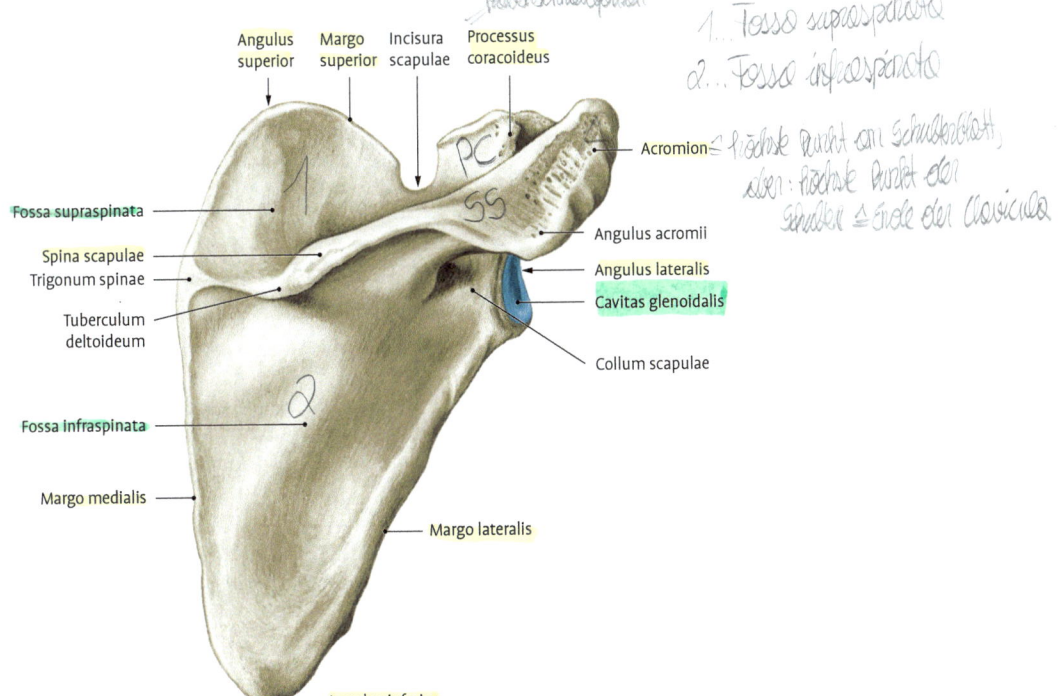

Abb. 4.74 Rechte Scapula, Facies dorsalis.

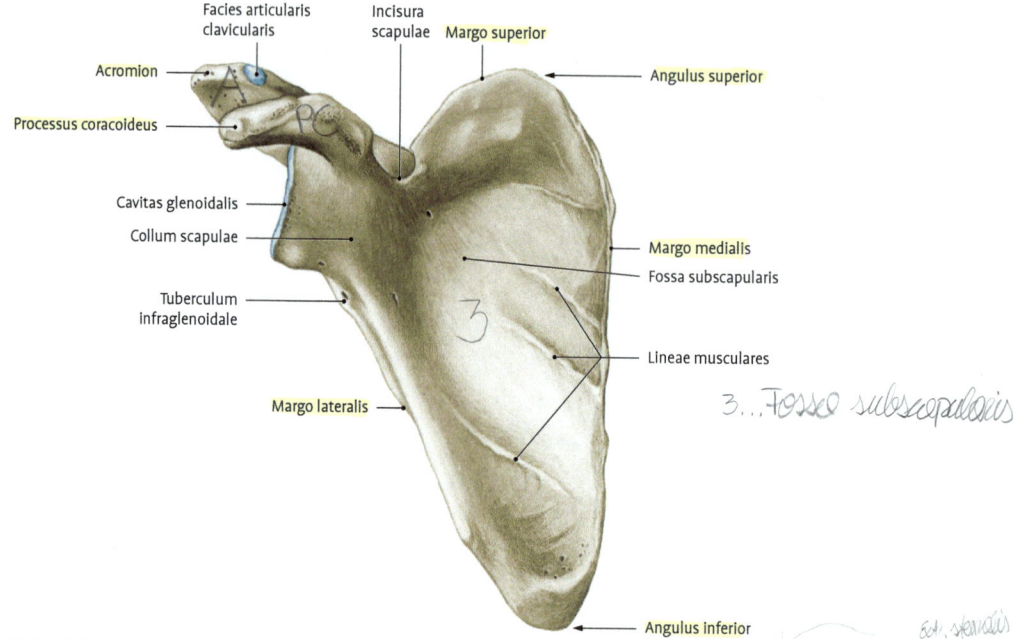

Abb. 4.75 Rechte Scapula, Facies costalis.

Entwicklung. Zahlreiche Ossifikationszentren. Der Proc. coracoideus hat allein 3 Knochenkerne: Apophysis corporis 1. LJ, Apophysis curvaturae 15.–16. LJ, Apophysis apicis 15.–16. LJ. Weitere Kerne: Acromion: 15.–18. LJ, Margo medialis 18.–19. LJ, Angulus inferior 15.–18. LJ, Zentrum der Scapula 8. LW, Os subcoracoideum (bildet oberen Anteil der Cavitas glenoidalis) 10.–12. LJ, Cavitas glenoidalis (unterer Anteil) 18. LJ.

Varianten. 1. Os acromiale (7–15 %, erst nach dem 25. LJ diagnostizierbar!). Die Akromionspitze ist ein dreieckiger, isolierter Knochen, der eine Fraktur vortäuschen kann. **2. Foramen scapulae** statt Incisura scapulae (verknöchertes Lig. transversum scapulae superius).

> **Klinik: 1. Sprengel-Deformität.** Angeborener Schulterblatthochstand mit Kyphoskoliose. **2. Frakturen** (Körper, Hals, Pfanne, Acromion, Proc. coracoideus) sind selten. **3. Subkorakoid-pektoralis-minor-Syndrom** (= Hyperabduktionssyndrom oder Korakopektoralsyndrom). Seltenes Thoracic-outlet-Syndrom mit Kompression des Plexus brachialis am Proc. coracoideus des Schulterblatts durch den bei Hyperelevation des Arms angespannten M. pectoralis minor.

4.3.1.2 Clavicula, Schlüsselbein

Die **Clavicula** (Abb. 4.76) ist ein S-förmig gekrümmter, 12–15 cm langer Knochen. Die medialen Zweidrittel sind nach ventral konvex, das laterale Drittel nach ventral konkav gebogen. Das mediale Ende, **Extremitas sternalis,** besitzt einen runden Querschnitt und trägt die annähernd sattelförmige **Facies articularis sternalis.** Das laterale Ende, **Extremitas acromialis,** ist spatelförmig zur **Facies articularis acromialis** abgeflacht. Das schlanke Mittelstück, **Corpus claviculae,** trägt an der Oberseite unregelmäßige Knochenrauigkeiten für die Mm. deltoideus et trapezius. An seiner Unterseite befindet sich medial die variabel gestaltete **Impressio lig. costoclavicularis** zum Ansatz des gleichnamigen, sehr kräftigen Bandes. Lateral schließt sich der seichte **Sulcus m. subclavii** an, in dem sich konstant ein **Foramen nutricium** befindet. An der Unterseite der Extremitas acromialis liegt eine wechselnd ausgebildete Rauigkeit, die **Tuberositas lig. coracoclavicularis.** Diese Struktur wird in ein nach dorsal gerichtetes **Tuberculum conoideum** und eine mehr ventral liegende **Linea trapezoidea** unterteilt, an denen gleichnamige Bandzüge inserieren.

Entwicklung. Die Clavicula hat nur eine sternale Epiphyse. Knochenkerne: Corpus claviculae 7. EW, Extremitas sternalis 18.–20. LJ.

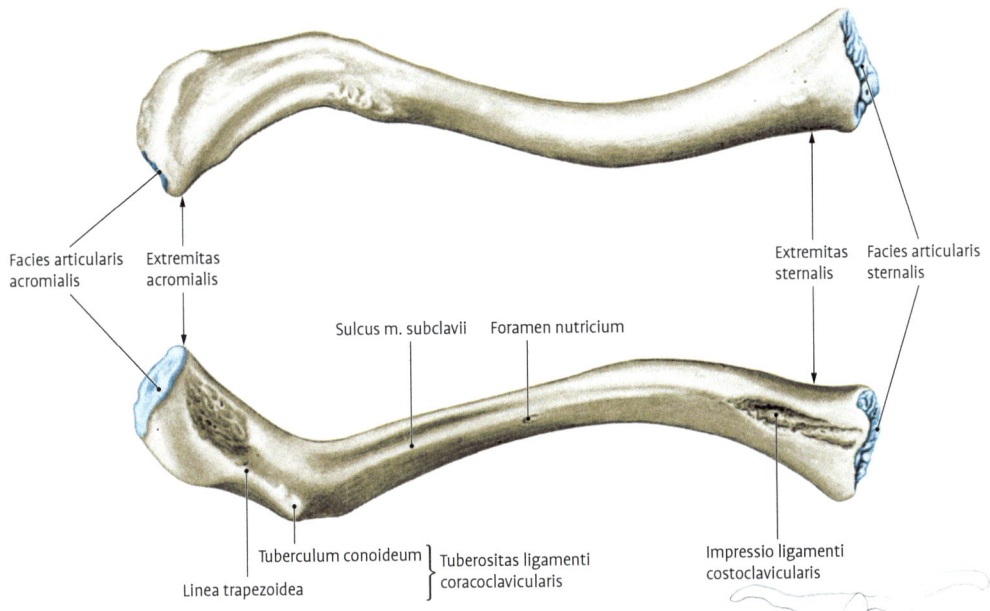

Facies articularis acromialis

Extremitas acromialis

Sulcus m. subclavii   Foramen nutricium

Extremitas sternalis

Facies articularis sternalis

Tuberculum conoideum

Linea trapezoidea

Tuberositas ligamenti coracoclavicularis

Impressio ligamenti costoclavicularis

Abb. 4.76 Rechte Clavicula, von kranial und kaudal.

Das Corpus claviculae ist der einzige partiell desmal ossifizierende Knochen des postkranialen Skelettes!

Varianten. 1. Knöcherner Kanal (6 %) für Nn. supraclaviculares mediales. **2.** Zusätzliche Gelenke (selten!): Gelenk zwischen Clavicula und Proc. coracoideus **(Articulatio coracoclavicularis)** oder Clavicula und 1. Rippe **(Articulatio costoclavicularis).**

Klinik: 1. Klavikulafrakturen sind sehr häufig, bes. im Jugendalter: Sturz auf die Schulter oder extendierte Hand führt zum Biegungsbruch im mittleren Drittel. Frakturen im lateralen Drittel gehen meist auf direkte Gewalt zurück. **2. Luxatio acromioclavicularis.** Durch Bandrupturen (Ligg. acromioclaviculare et coracoclaviculare) bedingte Verrenkung mit Bewegungsschmerz, Klavikulahochstand, Klaviertastenphänomen (Zug des M. trapezius → Hochstand der Extremitas acromialis claviculae), 3 Schweregrade (Tossy I–III). **3. Dysostosis cleidocranialis.** Angeborene desmale Ossifikationsstörung: Das Corpus claviculae ist nicht angelegt, sodass die Schultern vor der Brust zusammengeführt werden können, gleichzeitig bestehen Schädelabnormitäten.

Röntgenanatomie des Schultergürtels (Abb. 4.77). In der a.-p.-Aufnahme sind alle beteiligten Knochen abzugrenzen. Der Gelenkspalt der **Articulatio acromioclavicularis** ist 2–4 mm breit (zwischengeschalteter Discus articularis oder meniskusähnliche Falten!), er wird von glatten Gelenkflächen begrenzt. Das laterale Klavikulaende ist der höchste Punkt der Schulterkontur. Die **Scapula** stellt sich v. a. mit ihren lateralen Anteilen dar, wobei die **Cavitas glenoidalis,** das Korakoid und das **Acromion** beurteilbar sind. Die unterhalb der Cavitas glenoidalis am Margo lateralis auftretende Konturunregelmäßigkeit entspricht dem Tuberculum infraglenoidale. Das Acromion ist eine äußerst variable Struktur, da der laterale Rand sehr unterschiedlich ausgebildet sein kann: Glatte, wellige und unregelmäßig zerklüftete Ausprägungen kommen vor. Der **Proc. coracoideus** kann bei orthograder Projektion im Röntgenbild einen auffälligen Kortikalisring ergeben. Am **Humeruskopf** lassen sich die beiden Tubercula mit dem dazwischenliegenden Sulcus intertubercularis erkennen. Oftmals findet sich in der Spongiosa im Bereich der Tubercula ein verstärkt strahlendurchlässiges Areal, das als „Pseudozyste" bezeichnet wird, aber eine regelrechte Struktur darstellt. Der radiologische Gelenkspalt ist 4–6 mm breit und übertrifft damit die anatomische Gelenkspaltenbreite (tatsächlicher

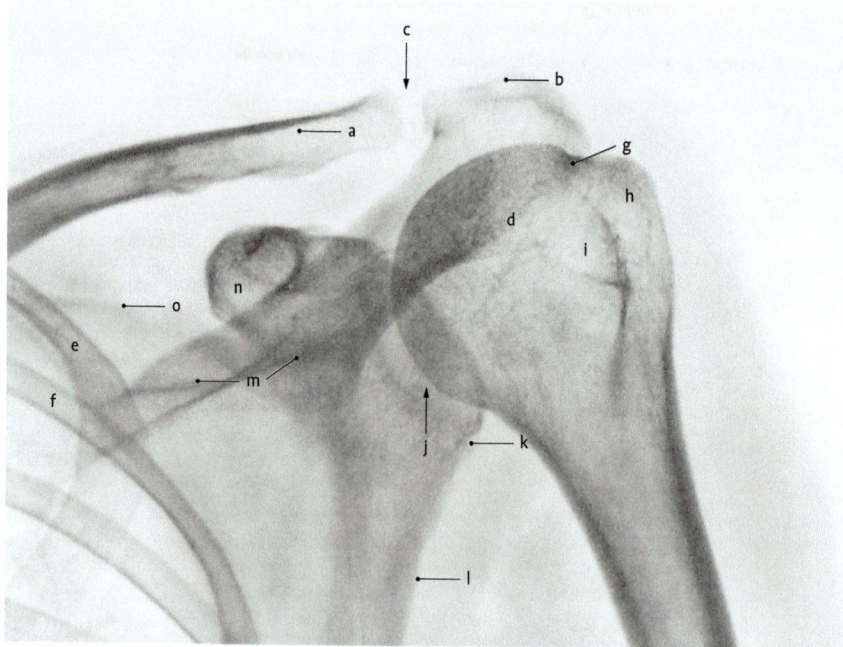

a Clavicula
b Acromion
c Art. acromioclavicularis
d Caput humeri
e Costa prima (I)

f Costa secunda (II) [dorsaler Teil]
g Collum anatomicum
h Tuberculum majus
i Tuberculum minus
j Art. humeri

k Tuberculum infraglenoidale
l Margo lateralis scapulae
m Spina scapulae
n Processus coracoideus
o Margo superior scapulae

Abb. 4.77 Röntgenbild eines linken Schultergelenkes (a. p.-Aufnahme des Institutes für Röntgendiagnostik der Charité Berlin).

Raum zwischen den Knorpeloberflächen der Gelenkkörper), da sich der Gelenkknorpel im Röntgenbild nicht darstellt!

4.3.1.3 Humerus, Oberarmbein

Der **Humerus** (Abb. 4.78) ist ein schlanker Röhrenknochen mit proximaler und distaler Epiphyse, die durch die Diaphyse, Corpus humeri, verbunden werden.

Das halbkugelige **Caput humeri** wird gegenüber dem Schaft durch eine seichte Einschnürung, **Collum anatomicum,** abgesetzt, in dem zahlreiche Foramina nutricia liegen. Distal des anatomischen Halses befinden sich 2 Knochenhöcker, die durch den **Sulcus intertubercularis** (enthält die Sehne des langen Bizepskopfs) getrennt werden: das nach ventral gerichtete **Tuberculum minus** (Ansatzstelle des M. subscapularis) und das nach lateral gerichtete **Tuberculum majus.** Es besitzt eine obere (Ansatzstelle des M. supraspinatus), mittlere

(Ansatzstelle des M. infraspinatus) und untere Facette (Ansatzstelle des M. teres minor). Beide Höcker laufen am Humerusschaft, **Corpus humeri,** in 2 Leisten aus: **Crista tuberculi majoris** (Ansatzstelle des M. pectoralis major) und **minoris** (Ansatzstelle des Mm. latissimus dorsi und teres major). Proximal vom Ansatz des M. teres major kann der Humerusschaft brechen (→ **Collum chirurgicum,** s. Klinik). An der lateralen Rauigkeit, **Tuberositas deltoidea,** sind die kräftigen Sehnenfasern des M. deltoideus befestigt. Unterhalb von ihr liegt der flache **Sulcus n. radialis,** der spiralförmig über die Seiten- und Rückfläche des Schaftes verläuft und Leitungsbahnen (N. radialis, A. profunda brachii) enthält. Distal nimmt der Schaft einen dreieckigen Querschnitt an, wobei der **Margo medialis** und der **Margo lateralis** in die scharfkantige **Crista supracondylaris medialis** und **lateralis** übergehen. Diese Cristae laufen in die **Epicondyli medialis** und **lateralis** aus. Das **distale Humerusende** zeigt 3 Flächen: **Facies anteromedialis, an-**

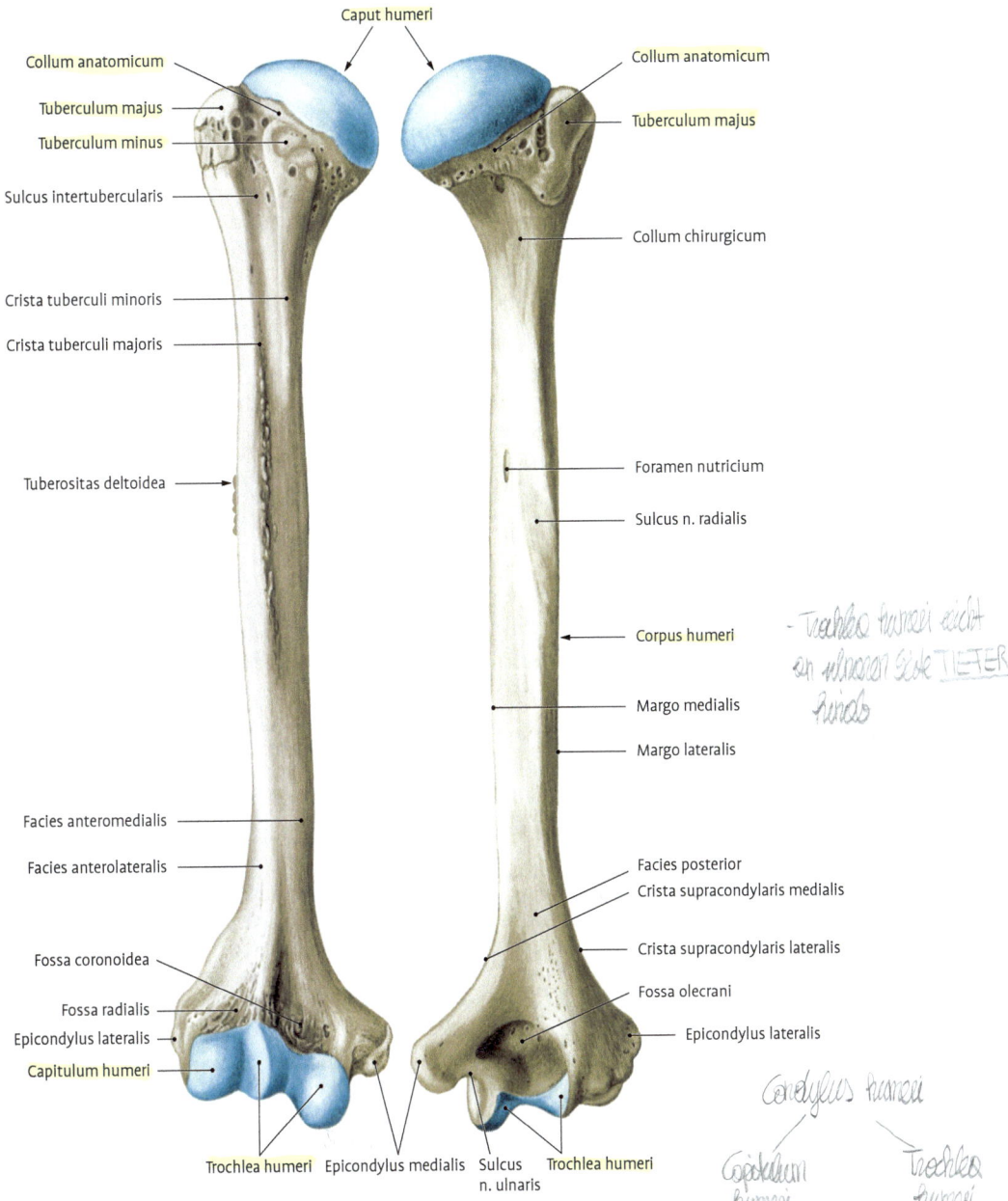

Caput humeri

Collum anatomicum
Tuberculum majus
Tuberculum minus
Sulcus intertubercularis

Crista tuberculi minoris
Crista tuberculi majoris

Tuberositas deltoidea

Facies anteromedialis
Facies anterolateralis

Fossa coronoidea
Fossa radialis
Epicondylus lateralis
Capitulum humeri

Trochlea humeri　Epicondylus medialis

Collum anatomicum
Tuberculum majus

Collum chirurgicum

Foramen nutricium
Sulcus n. radialis

Corpus humeri

Margo medialis
Margo lateralis

Facies posterior
Crista supracondylaris medialis

Crista supracondylaris lateralis

Fossa olecrani

Epicondylus lateralis

Sulcus n. ulnaris　Trochlea humeri

- Trochlea humeri reicht an ulnaren Seite TIEFER hinab

Condylus humeri
Capitulum humeri
Trochlea humeri

Abb. 4.78 Rechter Humerus, von ventral und dorsal.

terolateralis und posterior. Der mächtige Epicondylus medialis weist an seiner Rückseite den tiefen **Sulcus n. ulnaris** auf, in dem der N. ulnaris leicht gegen den Knochen gepresst werden kann (→ Musikantenknochen, Sulcus-ulnaris-Syndrom, s. Klinik). Das distale Ende des Humerus trägt den **Condylus humeri**. Dieser Gelenkkopf wird durch eine

Führungsleiste und den schwachen **Sulcus capitulotrochlearis** in das lateral gelegene **Capitulum humeri** und die mediale **Trochlea humeri** unterteilt. Die Trochlea humeri reicht an der ulnaren Seite gewöhnlich tiefer herab als an der radialen. Dadurch bildet der supinierte und gestreckte Unterarm mit der Längsachse des Oberarms einen

nach außen offenen Winkel (→ Kubitalwinkel) von ~170°. Proximal der Trochlea humeri liegen auf der ventralen Fläche die **Fossa coronoidea** (medial) und die **Fossa radialis** (lateral). Dorsal findet sich nur die große **Fossa olecrani** zur Aufnahme des **Olecranons** (Ellenbogenhöcker).

Torsion. Das Caput humeri ist gegenüber der Trochlea humeri nach dorsal verdreht: beim Feten (12. EW) ~90°, beim Neonaten ~60°, beim Erwachsenen ~16°.

Entwicklung. Knochenkerne: Caput humeri 12.–15. LM, Tuberculum majus 2.–3. LJ, Tuberculum minus 2.–4. LJ, Humerusschaft 7.–8. LW, Capitulum humeri 1. LJ, Epicondylus medialis 5. LJ, Epicondylus lateralis 8.–13. LJ, Trochlea humeri 12. LJ.

Varianten. Proc. supracondylaris (Vorkommen: ~1 %). Krallenförmiger, nach distal gekrümmter und 6 cm oberhalb des Epicondylus medialis liegender Vorsprung. Von der Spitze zieht ein Bandzug **(Struther-Band)** zum Epicondylus medialis und überbrückt die A. brachialis und den N. medianus (→ Kompressionssyndrom: Nerv kann an anatomischer Engstelle geschädigt werden!).

Klinik: 1. Frakturen des proximalen Humerus. Prädilektionsstelle ist das **Collum chirurgicum** (→ Fractura colli chirurgici, subkapitale Humerusfraktur). Die dünne Kompaktalamelle ist ein Locus minoris resistentiae. Im Alter dehnt sich der Markraum in das Caput humeri aus, was eine zusätzliche Schwächung bedeutet. **2.** Bei **Humerusschaftfrakturen** wird häufig der N. radialis im Sulcus n. radialis verletzt (→ Fallhand). **3. Fractura supracondylica.** Häufigste Fraktur im Bereich des Ellenbogens beim Kind nach Sturz auf die Hand bei rechtwinklig gebeugtem Ellenbogengelenk.

4.3.1.4 Ulna, Elle

Das proximale, kräftige Ende der **Ulna** (Abb. 4.79, 4.80) bildet die tiefe halbmondförmige **Incisura trochlearis,** die dorsal vom **Olecranon** (Ellenbogenhöcker) und ventral vom **Proc. coronoideus** (Kronenfortsatz) begrenzt wird. Auf der überknorpelten Facies articularis der Inzisur verläuft ein medianer First, der als Führungsleiste in eine entsprechende Führungsrinne der **Trochlea humeri** eingreift. An der lateralen Seite des Proc. coronoideus befindet sich eine kleine **Incisura radialis** zur Aufnahme des Radiuskopfes. Von dieser Inzisur zieht die **Crista m. supinatoris** (Ursprung des M. supinator) nach distal. Die kräftige **Tuberositas ulnae** (Ansatz des M. brachialis) liegt ~1,5 cm distal der Incisura trochlearis. Das **Corpus ulnae** zeigt 3 Flächen (**Facies posterior, anterior** und **medialis**) und 3 Kanten (**Margo interosseus, posterior** und **anterior**). 1–2 cm vor dem distalen Ende nimmt der Ulnaschaft einen runden Querschnitt an, um mit dem **Caput ulnae,** welches die **Circumferentia articularis** trägt, zu enden. Der stiftartige **Proc. styloideus ulnae** (Griffelfortsatz) überragt das Caput ulnae nach distal.

Entwicklung. Knochenkerne: Olecranon 8.–12. LJ, Corpus ulnae 7. LW, Caput ulnae 5.–7. LJ, Proc. styloideus 7.–8. LJ.

Varianten. Die Gelenkfläche der Incisura trochlearis ist bei zwei Dritteln der Erwachsenen vollständig in eine proximale und eine distale Teilfläche getrennt, bei einem Drittel ist diese Trennung unvollständig.

4.3.1.5 Radius, Speiche

Der **Radius** (Abb. 4.79, 4.80) zeigt proximal das tellerförmige **Caput radii,** welches kranial zu einer flachen **Fovea articularis** eingedellt ist und von der **Circumferentia articularis** umrundet wird. An den Radiuskopf schließt sich das **Collum radii** an und leitet zum **Corpus radii** über. In diesem Übergangsbereich liegt medial die kräftige **Tuberositas radii** (Ansatz des M. biceps brachii). Das **Corpus radii** hat 3 Flächen (**Facies posterior, anterior** und **lateralis**) und 3 Kanten (**Margo posterior, anterior** und **interosseus**). In der Mitte befindet sich auf der Facies lateralis die **Tuberositas pronatoria** (Ansatzstelle des M. pronator teres). Distal trägt der Radiusschaft die elliptisch-konkave **Facies articularis carpalis** mit einer viereckigen, ulnaren Facette für das Os lunatum und einer radialen, dreieckigen Facette für das Os scaphoideum. Zwischen den Facetten liegt eine flach erhabene Trennleiste. Die Facies articularis carpalis steht nicht horizontal, sondern steigt nach ulnar um ~30° an und fällt nach palmar um ~10° ab. Auf der medialen Seite biegt die Facies articularis carpalis zur Aufnahme des Caput ulnae in die **Incisura ulnaris** um. Lateral zeigt das distale Radiusende den mächtigen **Proc. styloideus radii.** Die palmare Fläche des distalen

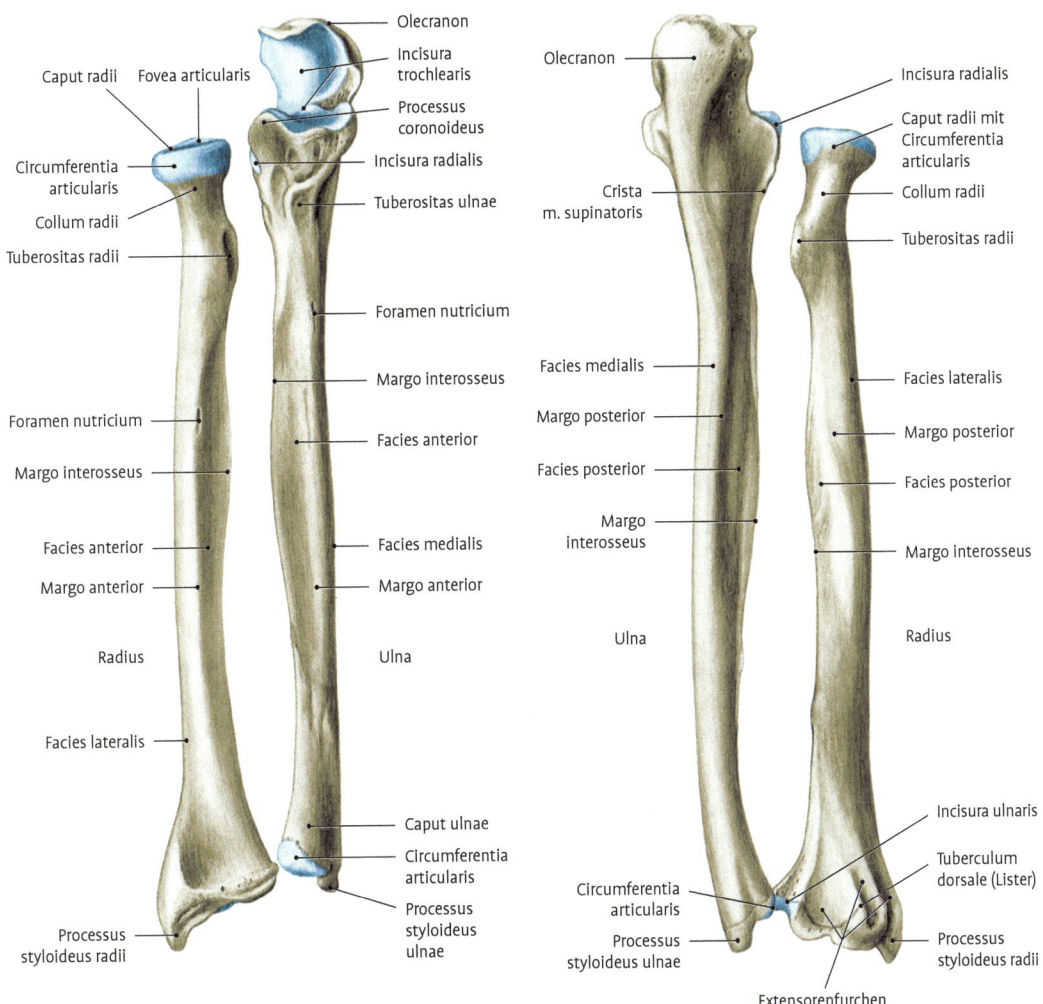

Caput radii Fovea articularis

Olecranon

Incisura trochlearis

Processus coronoideus

Circumferentia articularis

Incisura radialis

Collum radii

Tuberositas ulnae

Tuberositas radii

Foramen nutricium

Margo interosseus

Foramen nutricium

Facies anterior

Margo interosseus

Facies anterior

Facies medialis

Margo anterior

Margo anterior

Radius

Ulna

Facies lateralis

Caput ulnae

Circumferentia articularis

Processus styloideus ulnae

Processus styloideus radii

Abb. 4.79 Rechter Radius und rechte Ulna, von ventral.

Olecranon

Incisura radialis

Caput radii mit Circumferentia articularis

Crista m. supinatoris

Collum radii

Tuberositas radii

Facies medialis

Facies lateralis

Margo posterior

Margo posterior

Facies posterior

Facies posterior

Margo interosseus

Margo interosseus

Ulna

Radius

Incisura ulnaris

Tuberculum dorsale (Lister)

Circumferentia articularis

Processus styloideus ulnae

Processus styloideus radii

Extensorenfurchen

Abb. 4.80 Rechter Radius und rechte Ulna, von dorsal.

Radiusendes ist glatt gestaltet, weist jedoch über der Basis des Proc. styloideus die **Crista suprastyloidea** auf. Die dorsale Seite des distalen Radiusendes wird durch knöcherne Rinnen, **Sulci tendinum musculorum extensorum,** für die Sehnen der Extensoren gegliedert. Ein auffallend prominenter Höcker (tastbar!), das **Tuberculum dorsale radii (Lister),** trennt die Sehnen von M. extensor carpi radialis brevis und M. extensor pollicis longus.

Radius und **Ulna** verhalten sich in der Formgestaltung gegengleich. Der Radius ist proximal schlank und distal kräftig (Hauptanteil am

Handgelenk). Er reicht weiter nach distal. Die Ulna ist proximal kräftig (Hauptanteil am Ellenbogengelenk) und distal schlank. Sie reicht weiter nach proximal. Bei den Umwendebewegungen des Unterarmes **(Pronation, Supination)** ist die Ulna fixiert, während der Radius um die Ulna herumgeführt wird. Beide Knochen besitzen auf der Vorderfläche etwa in der Mitte ihr Foramen nutricium (der Canalis nutricius verläuft nach distal!).

Entwicklung. Knochenkerne: Caput radii 5.–7. LJ, Tuberositas radii 10.–12. LJ, Corpus radii 7. EW, Epiphysis distalis 8.–16. LM, Proc. styloideus 10.–12. LJ.

Klinik: 1. Fractura radii in loco typico. Ein Locus minoris resistentiae (dünne Kompaktalamelle, im Alter zusätzliche Schwächung durch sich ausdehnende Markhöhle und Osteoporose) befindet sich 2 cm proximal der distalen Gelenkflächenregion → Prädilektionsstelle für die häufige, typische Radiusfraktur, meist mit Abbruch des Proc. styloideus ulnae durch Sturz auf die ausgestreckte, dorsalflektierte Hand **(Extensionsfraktur, Colles-Fraktur). 2.** Die **Radiusflexionsfraktur (Smith-Fraktur)** ist eine Sonderform, die durch Sturz auf den gebeugten Handrücken mit Verschiebung des distalen Fragments nach palmar und radial entsteht.

4.3.1.6 Ossa carpi, Ossa carpalia, Handwurzelknochen

Den **Carpus** (Handwurzel; Abb. 4.81–4.84) bilden 8 unregelmäßige kurze Knochen, Ossa carpi, die in einer proximalen und einer distalen Reihe angeordnet sind.

In der **proximalen Reihe** liegen von radial nach ulnar: **Os scaphoideum** (Kahnbein), **Os lunatum** (Mondbein), **Os triquetrum** (Dreieckbein) und **Os pisiforme** (Erbsenbein).

In der **distalen Reihe** liegen von radial nach ulnar: **Os trapezium** (großes Vieleckbein), **Os trapezoideum** (kleines Vieleckbein), **Os capitatum** (Kopfbein) und **Os hamatum** (Hakenbein).

Markante Details an den Ossa carpi sind das **Tuberculum ossis trapezii** (Abb. 4.82), ein auf der palmaren Seite des Os trapezium gelegener Knochenhöcker, der **Hamulus ossis hamati** (Abb. 4.82), ein nach palmar gerichteter, nach radial konkaver, hakenförmig gekrümmter Knochenfortsatz des Os hamatum, das **Tuberculum ossis scaphoidei** (Abb. 4.82), ein bei Radialduktion deutlich vorspringender Knochenhöcker, die **Eminentia carpi radialis,** eine palmare knöcherne Erhebung, bestehend aus Tuberculum ossis trapezii und Tuberculum ossis scaphoidei, und die ebenfalls palmare, aber ulnar gelegene knöcherne Erhebung **Eminentia carpi ulnaris,** gebildet aus Os pisiforme und Hamulus ossis hamati. Zwischen diesen beiden Erhebungen entsteht eine knöcherne Rinne, **Sulcus carpi.** Durch das kräftige Retinaculum flexorum wird dieser Sulcus zum osteofibrösen **Canalis carpi** geschlossen. Inhalt: Sehnen der Mm. flexo-

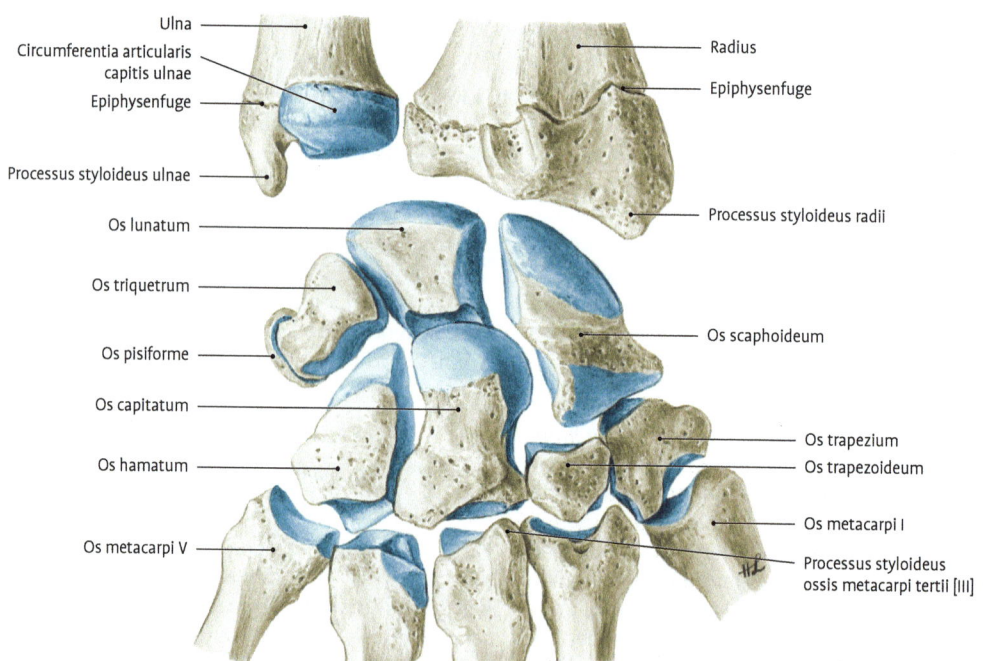

Abb. 4.81 Handwurzelknochen (Ossa carpi) der rechten Hand mit angrenzenden Unterarm und Mittelhandknochen. Dorsalansicht.

Ulna
Circumferentia articularis capitis ulnae
Epiphysenfuge
Processus styloideus ulnae
Os lunatum
Os triquetrum
Os pisiforme
Os capitatum
Os hamatum
Os metacarpi V

Radius
Epiphysenfuge
Processus styloideus radii
Os scaphoideum
Os trapezium
Os trapezoideum
Os metacarpi I
Processus styloideus ossis metacarpi tertii [III]

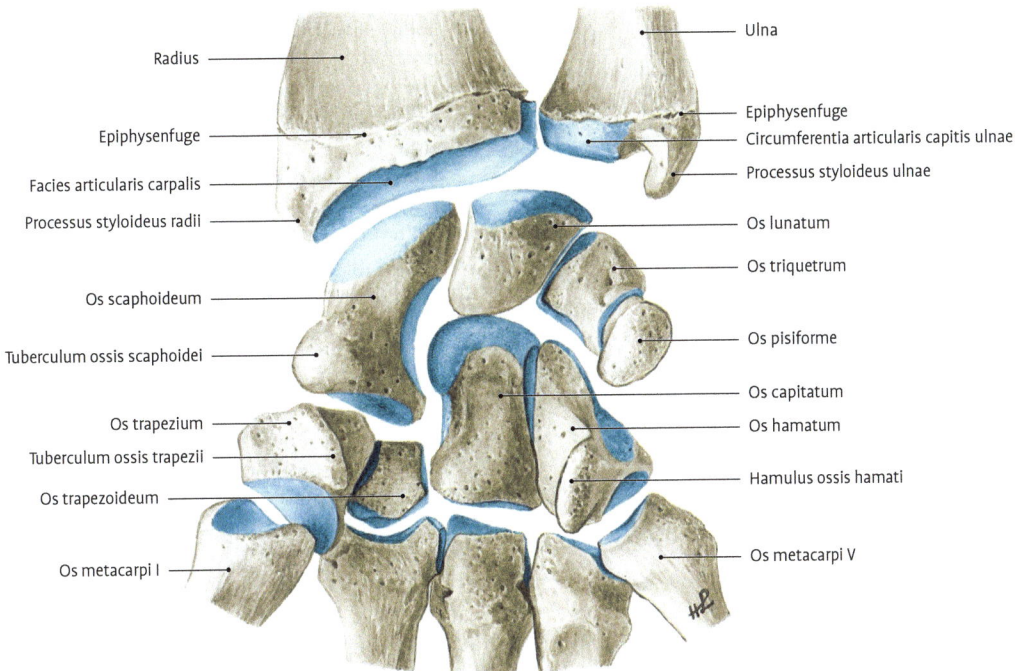

Radius

Ulna

Epiphysenfuge

Epiphysenfuge
Circumferentia articularis capitis ulnae

Facies articularis carpalis

Processus styloideus ulnae

Processus styloideus radii

Os lunatum

Os scaphoideum

Os triquetrum

Tuberculum ossis scaphoidei

Os pisiforme

Os trapezium

Os capitatum

Tuberculum ossis trapezii

Os hamatum

Os trapezoideum

Hamulus ossis hamati

Os metacarpi I

Os metacarpi V

Abb. 4.82 Handwurzelknochen (Ossa carpi) der rechten Hand mit angrenzenden Unterarm und Mittelhandknochen. Palmaransicht.

res digitorum superficialis et profundus, Sehne des M. flexor pollicis longus; N. medianus.

Entwicklung. Die Handwurzelknochenkerne sind für Altersbestimmungen in Rechtsmedizin und Kinderheilkunde (Spezialatlanten!) von Bedeutung. Auftreten der Knochenkerne: Os trapezium 4.–7. LJ, Os trapezoideum 4.–6. LJ, Os capitatum 1.–6. LM, Os hamatum 1.–7. LM, Os scaphoideum 4.–6. LJ, Os lunatum 4.–5. LJ, Os triquetrum 1.–3. LJ, Os pisiforme 8.–12. LJ.

Varianten. Neben den regulären 8 Handwurzelknochen (kanonische Handwurzelknochen) kommen zahlreiche akzessorische Elemente vor: **1. Os styloideum,** zwischen Os capitatum, Os trapezoideum und Os metacarpale II und III gelegen; mit 3–4 % (n. Pfitzner) am häufigsten vorkommend. **2. Os hamuli proprium,** der Hamulus ossis hamati kann ein eigenständiger Knochen sein (keine Fraktur!). **3. Os centrale carpi** (selten!), zwischen Os capitatum, Os trapezoideum und Os scaphoideum gelegen. Gewöhnlich ist es mit dem Os scaphoideum verschmolzen.

Klinik: 1. Kahnbeinfraktur. Häufigste Fraktur (> 60 %) der Handwurzelknochen mit langer Heilungsdauer und häufigen Komplikationen (z. B. Pseudoarthrose). **2.** Im klin. Sprachgebrauch wird häufig **Os naviculare manus** statt Os scaphoideum verwendet. **3. Lunatummalazie** (→ Kienböck-Krankheit). Aseptische Knochennekrose mit spontaner Mondbeindestruktion. **4. Karpaltunnelsyndrom.** Häufiges peripheres Kompressionssyndrom der im **Canalis carpi** gelegenen Strukturen.

4.3.1.7 Ossa metacarpi, Ossa metacarpalia, Mittelhandknochen

Fünf kurze Röhrenknochen (Abb. 4.83, 4.84), die von radial nach ulnar mit den (röm.) Ziffern I–V belegt sind und an denen man 3 Abschnitte unterscheidet: **Basis** ossis metacarpi (proximal), **Corpus** ossis metacarpi und **Caput** ossis metacarpi (distal). Die Basen der Metakarpalknochen II–V sind untereinander gelenkig verbunden, liegen also dicht

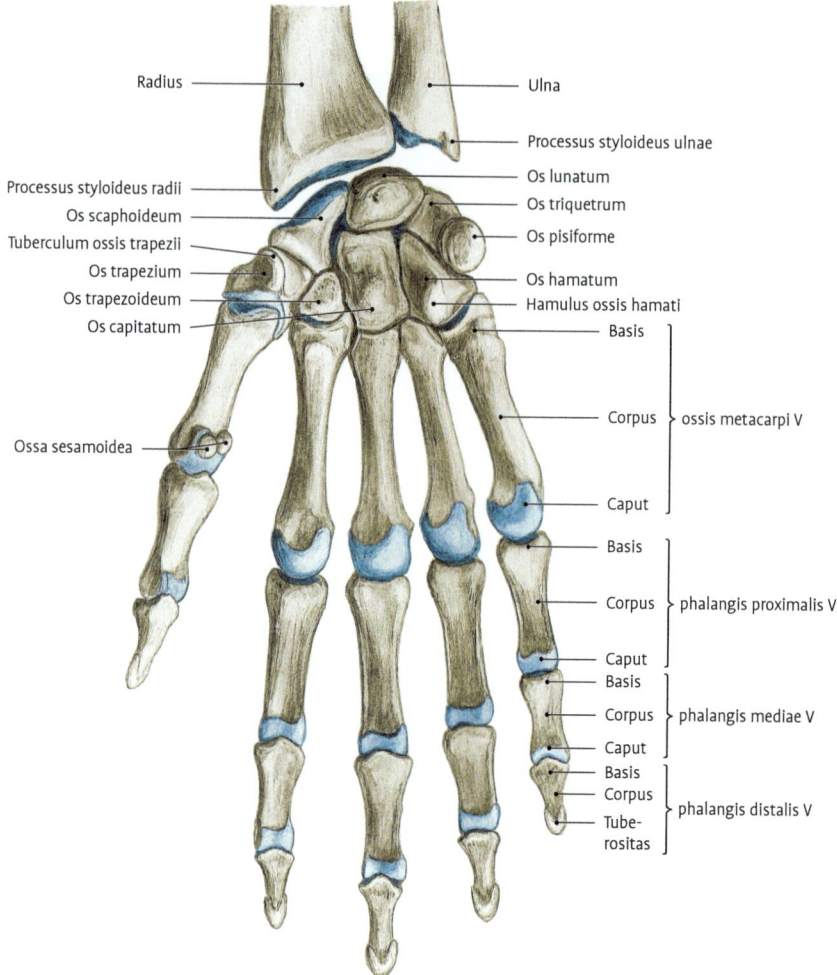

Abb. 4.83 Die Knochen der rechten Hand mit den distalen Enden der Unterarmknochen. Palmaransicht.

zusammen. Nach distal divergieren die Ossa metacarpi, sodass die Mittelhand distal deutlich breiter ist als proximal. Außerdem sind die Mittelhandknochen leicht nach palmar konkav. Das **Os metacarpale** I ist am kürzesten und kräftigsten, die proximale Gelenkfläche sattelförmig; es hat keine gelenkige Verbindung mit Os metacarpale II. Das Os metacarpale II ist der längste Mittelhandknochen. Seine Basis zeigt einen V-förmigen Einschnitt. Das Os metacarpale III weist an der radiodorsalen Ecke der Basis einen **Proc. styloideus ossis metacarpi tertii** (Abb. 4.81) auf (Ansatz des M. extensor carpi radialis brevis).

Entwicklung. Die Ossa metacarpi II–V haben nur eine distale Epiphyse, das Os metacarpale I nur eine

proximale (wie ein Fingerglied). Knochenkerne in den Schäften I–V treten um die 9. LW herum auf.

> **Klinik: Carpal-Bossing.** Vorspringen des Proc. styloideus ossis metacarpi III nach dorsal, kann Druckschmerz und Reizerscheinungen verursachen.

4.3.1.8 Ossa digitorum manus, Phalanges, Fingerknochen

Die **Ossa digitorum manus** (Abb. 4.83, 4.84) sind die kurzen Röhrenknochen der Finger. Der Daumen hat 2 Skelettteile (**Phalanx proximalis** et **distalis**),

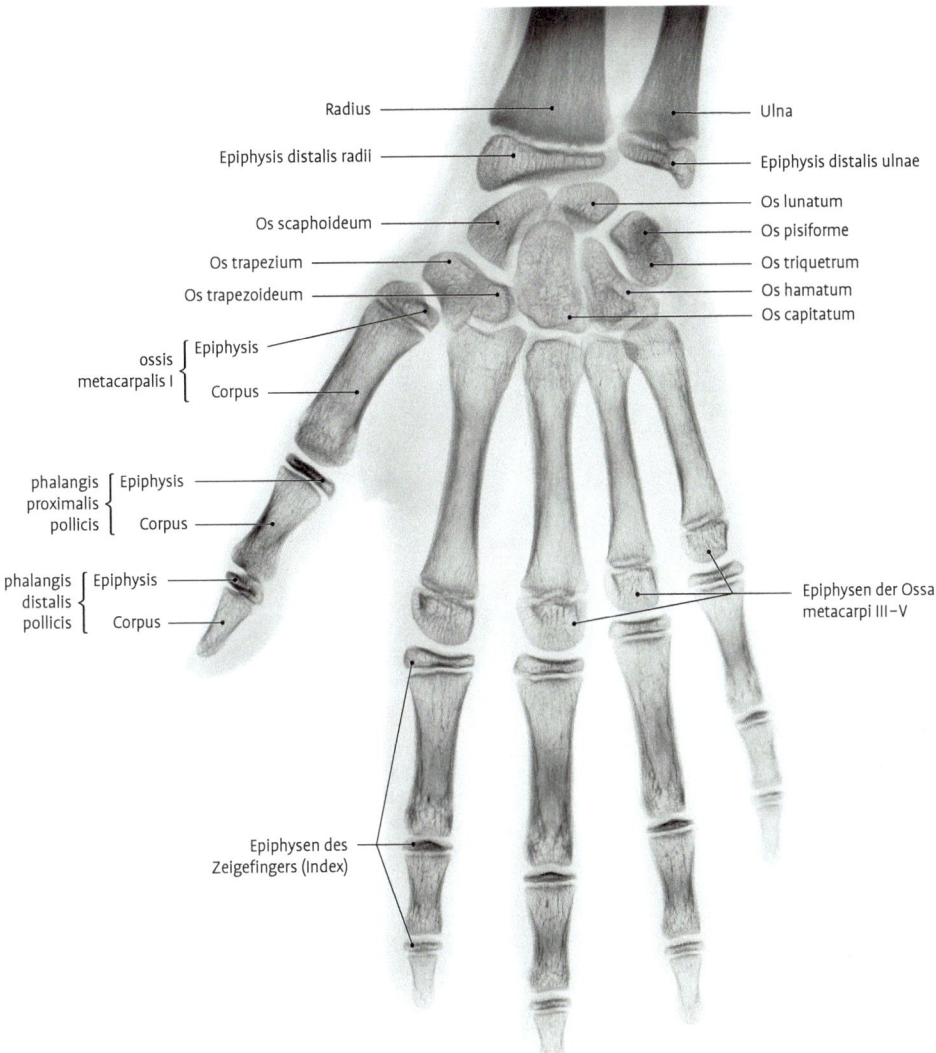

Radius

Epiphysis distalis radii

Os scaphoideum

Os trapezium

Os trapezoideum

ossis } Epiphysis
metacarpalis I { Corpus

phalangis { Epiphysis
proximalis {
pollicis { Corpus

phalangis { Epiphysis
distalis {
pollicis { Corpus

Ulna

Epiphysis distalis ulnae

Os lunatum

Os pisiforme

Os triquetrum

Os hamatum

Os capitatum

Epiphysen der Ossa
metacarpi III–V

Epiphysen des
Zeigefingers (Index)

Abb. 4.84 Röntgenbild der Hand eines 14-Jährigen (dorsopalmare Aufnahme des Institutes für Röntgendiagnostik der Charité Berlin).

die übrigen Finger 3: Zwischen der Phalanx proximalis und distalis liegt die **Phalanx media**. Die Fingerknochen haben 3 Abschnitte, **Basis** phalangis, **Corpus** phalangis, **Caput** phalangis; sie werden von proximal nach distal kleiner. Die Basis der Phalanx proximalis trägt eine flach-ovale Gelenkfläche für den kugeligen Kopf des Os metacarpale. Der Schaft ist nach palmar konkav gekrümmt und weist palmar kräftige Randleisten für die Anheftung der Beugesehnenscheiden auf. Das Caput ist zu einer Trochlea phalangis umgestaltet. An der

Phalanx media, sind palmar ebenfalls Randleisten ausgebildet und das Caput ist als Trochlea gestaltet. Die Phalanx distalis trägt distal eine spatelartige Verbreiterung, die **Tuberositas phalangis distalis,** an der die Bindegewebezüge von Nagelbett und Fingerkuppe inserieren. An den Beugeseiten der Fingergelenke kommen kleine zusätzliche Knochen vor, die als Schaltknochen in Sehnen und Bändern eingelagert sind: **Ossa sesamoidea**. Am Grundgelenk des Daumens liegt regelmäßig ein radiales und ein ulnares Sesambein. Der Daumen

zeigt häufig auch ein interphalangeales Sesambein (~70 %). An der ulnaren Seite des metakarpophalangealen Gelenkes des Dig. V liegt ebenfalls häufig ein Sesambein (~80 %).

Entwicklung. Ossa digitorum manus haben nur eine proximale Epiphyse (Abb. 4.84)! Knochenkerne treten in den Schäften der proximalen Glieder um die 9. EW, der Mittelglieder zwischen der 11. und 12. EW und der Endglieder zwischen der 7. und 8. EW auf.

4.3.2 Juncturae membri superioris

4.3.2.1 Articulatio sternoclavicularis

Die **Articulatio sternoclavicularis** (Abb. 4.85) ist die einzige gelenkige Befestigung der gesamten oberen Extremität am Rumpf. Das Gelenk hat wie ein Kugelgelenk 3 Freiheitsgrade. Die Clavicula kann aus der horizontalen Ruhelage (bei frei herabhängendem Arm) um 50° gehoben, um 5° gesenkt und um je 30° nach vorn bzw. nach hinten geführt werden. Bei Schwenkung des Schulterblattes findet in ihm eine Rotation um 30° statt.

Gelenkkopf dieses funktionellen Kugelgelenkes ist die Extremitas sternalis claviculae, Gelenkpfanne die Incisura clavicularis des Sternums. Die erheb-

liche Inkongruenz der Gelenkflächen wird durch einen faserknorpeligen, 3–5 mm dicken **Discus articularis** ausgeglichen, der das Gelenk vollständig in zwei Kammern teilt (**dithalamisches Gelenk**). Die Gelenkenden sind mit Faserknorpel belegt. Die Gelenkkapsel ist dick, aber schlaff. Vorn und hinten ist sie besonders verstärkt.

Bänder:
- **Lig. sternoclaviculare anterius.** Verstärkt die Gelenkkapsel ventral und hemmt die Rückführung der Schulter.
- **Lig. sternoclaviculare posterius.** Verstärkt die Gelenkkapsel dorsal.
- **Lig. costoclaviculare.** Sehr kräftig, zieht von der 1. Rippe zur Tuberositas lig. costoclaviculare an der Unterfläche des Schlüsselbeins; limitiert alle Bewegungsarten des Gelenks.
- **Lig. interclaviculare.** Liegt in der Incisura jugularis sterni, spannt sich zwischen den sternalen Enden der Claviculae aus; hemmt das Senken der Clavicula. Es handelt sich um ein entwicklungsgeschichtliches Relikt des Episternums.

4.3.2.2 Articulatio acromioclavicularis

Die **Articulatio acromioclavicularis** (Abb. 4.86) bildet den höchsten Punkt der Schulterkontur und weist zwei variable, oval geformte und von Faserknorpel überzogene Gelenkflächen (Facies articu-

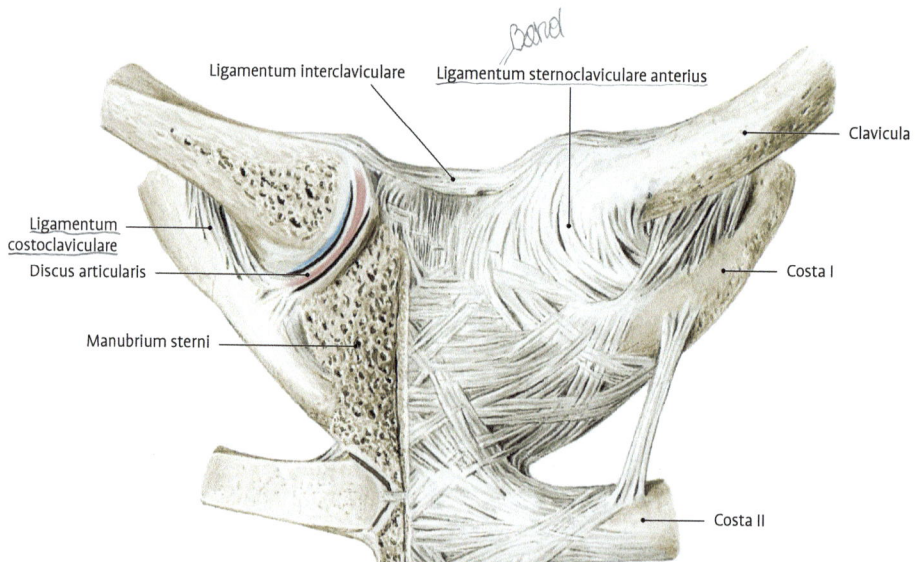

Abb. 4.85 Articulatio sternoclavicularis. Rechts Flachschnitt durch Brustbein, Schlüsselbein und Rippenknorpel.

laris acromii et acromialis) auf. Im schräg gestellten Gelenkspalt befindet sich ein unvollständiger faserknorpeliger **Discus articularis.**

Das Gelenk ist plan geformt, verfügt aber wie ein Kugelgelenk über **3 Freiheitsgrade,** wobei die Bewegungen immer mit solchen in der Articulatio sternoclavicularis kombiniert sind. Es werden translatorische Bewegungen nach kranial, kaudal, ventral und dorsal ausgeführt. Zusätzlich ist eine Rotation möglich.

Bänder:

- **Lig. acromioclaviculare.** Verstärkt die Gelenkkapsel kranial.
- **Lig. coracoclaviculare.** Dieser kräftige Bandzug wird unterteilt in:
  - **Lig. conoideum,** liegt dorsal und wird nach kranial breiter; limitiert das Auseinanderbewegen von Clavicula und Scapula.
  - **Lig. trapezoideum,** liegt ventral und ist sagittal gestellt; limitiert das Zueinanderbewegen von Clavicula und Scapula.

Beide Bandzüge gehen vom Proc. coracoideus aus und inserieren am Tuberculum conoideum bzw. an der Linea trapezoidea. Zwischen den Bändern liegt die kleine **Bursa lig. coracoclavicularis**.

4.3.2.3 Syndesmoses cinguli pectoralis, Eigenbänder der Scapula

Drei Ligamenta entspringen und inserieren an der Scapula (→ **Eigenbänder**) (Abb. 4.86).

- **Lig. coracoacromiale.** Löst sich von der Spitze des Akromions, um breitflächig am Proc. coracoideus zu inserieren. Der zentrale Bandteil ist manchmal rudimentär angelegt, sodass zwei voneinander getrennte Faserzüge entstehen. Das Lig. coracoacromiale und dessen knöcherne Ansatzpunkte (Acromion, Proc. coracoideus) bilden über dem Schultergelenk einen osteofi-

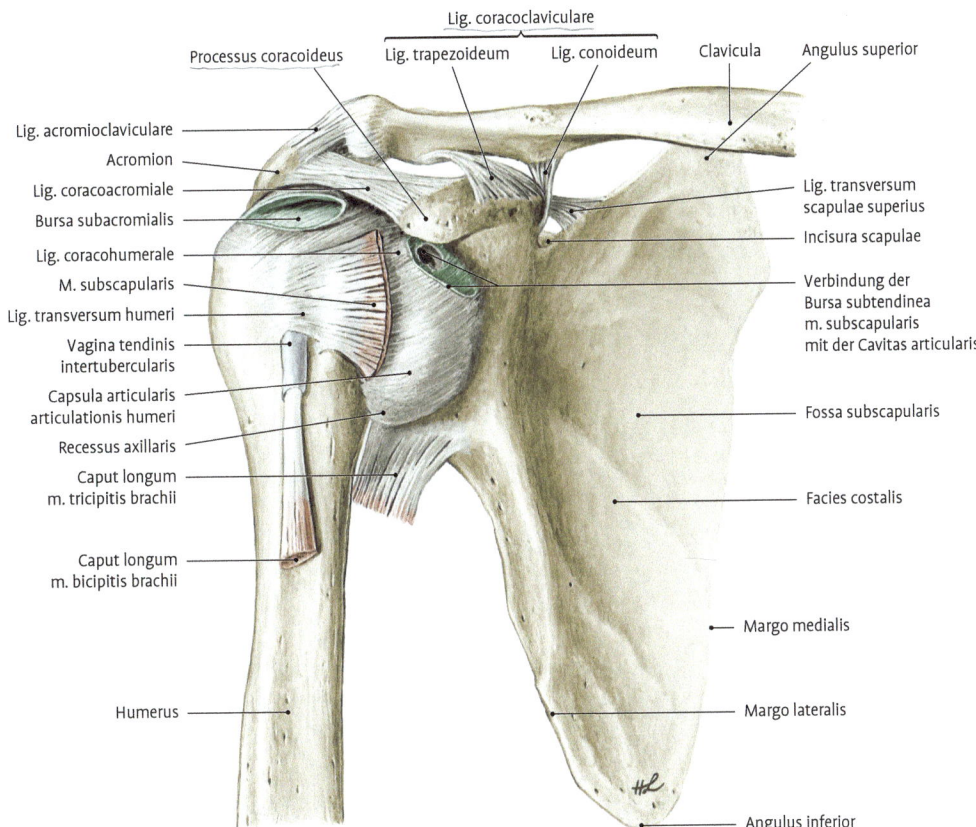

Abb. 4.86 Rechtes Schultergelenk und Bänder des Schultergürtels von ventral.

brösen Bogen (**Fornix humeri**), der das Aufwärtsbewegen des Humeruskopfes bei ausgestrecktem Arm verhindert.

- **Lig. transversum scapulae superius.** Kurzer Bandzug, der die Incisura scapulae überbrückt und einen osteofibrösen Durchtritt für den N. suprascapularis bildet (cave: A. et V. suprascapularis liegen über diesem Bandzug!). In etwa 10 % ist das Band ossifiziert, sodass ein Foramen scapulae resultiert.
- **Lig. transversum scapulae inferius.** Nicht immer ausgebildet. Das Band erstreckt sich von der Hinterfläche der Cavitas glenoidalis zur lateralen Kante der Basis der Spina scapulae und überbrückt und fixiert das neurovaskuläre Bündel (N., A., V. suprascapularis) an dieser Stelle (Abb. 4.136).

4.3.2.4 Articulatio humeri, Articulatio glenohumeralis, Schultergelenk

Im Schultergelenk artikulieren das **Caput humeri** und die länglich-ovale **Cavitas glenoidalis scapulae**

und bilden das beweglichste Kugelgelenk des Körpers (Abb. 4.86–4.88). Durch das Flächenmissverhältnis (4 : 1) zwischen Gelenkkopf und -pfanne fehlt eine knöcherne Führung. Die Gelenkkörper sind mit hyalinem Knorpel belegt, der zentral in der Cavitas glenoidalis dünner ist (~1,3 mm) und am Rande dicker wird (~3,5 mm), während der Gelenkknorpel des Humeruskopfes sich umgekehrt verhält: zentral ~2 mm, peripher ~1 mm. Die Fläche der Cavitas glenoidalis wird durch ein faserknorpeliges, 3–4 mm breites **Labrum glenoidale** (Abb. 4.87, 4.88) vergrößert, das ventral am kräftigsten ist. Diese Gelenklippe ist mit der breiten Basis zirkulär am Rande der Cavitas glenoidalis befestigt und ihr Rand ragt frei in die Gelenkhöhle. Nach kranial und dorsal wird das Labrum durch die Ursprungssehne des langen Bizepskopfes gesichert.

> **Klinik: 1. Bankart-Läsion.** Ventraler Abriss des Labrum glenoidale bei ventraler Schultergelenkluxation. **2. Hill-Sachs-Läsion.** Impressions-

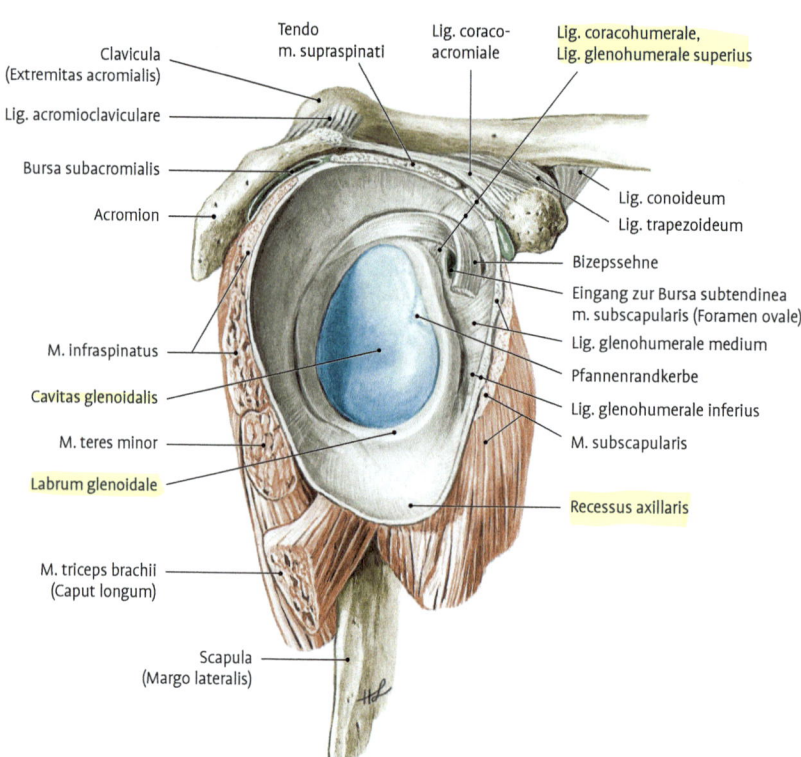

Abb. 4.87 Rechte Schultergelenkspfanne nach Entfernung des Humerus von lateral gesehen. Osteofibröses Schutzdach, Bänder und Sehnenmuskelmantel in ihrer Lage zur Gelenkkapsel.

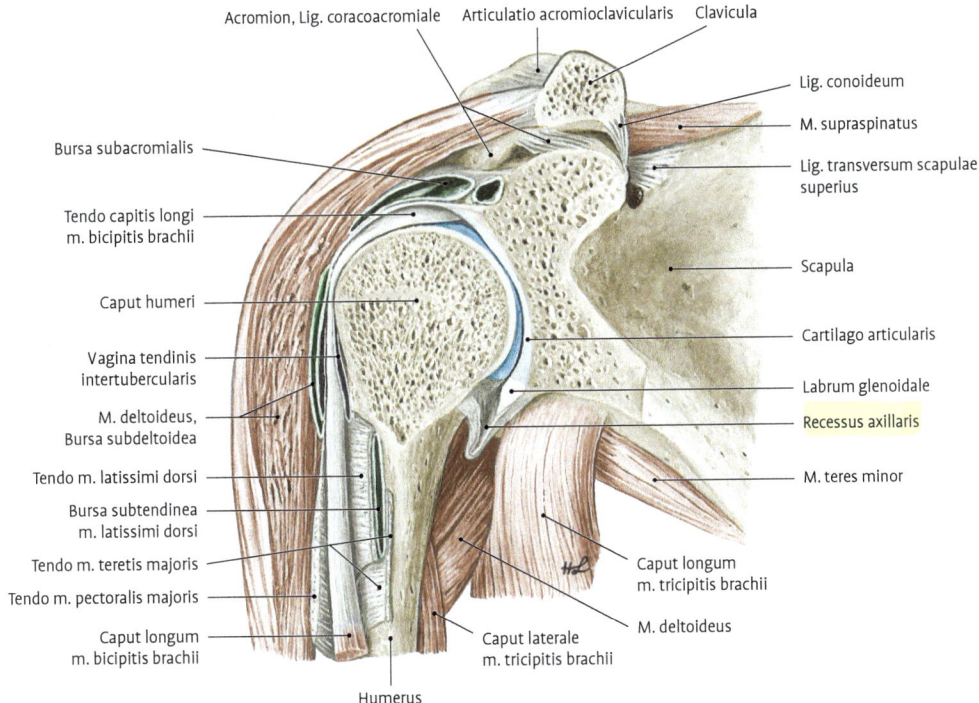

Acromion, Lig. coracoacromiale   Articulatio acromioclavicularis   Clavicula

Lig. conoideum

M. supraspinatus

Lig. transversum scapulae superius

Scapula

Cartilago articularis

Labrum glenoidale

Recessus axillaris

M. teres minor

Caput longum m. tricipitis brachii

M. deltoideus

Bursa subacromialis

Tendo capitis longi m. bicipitis brachii

Caput humeri

Vagina tendinis intertubercularis

M. deltoideus, Bursa subdeltoidea

Tendo m. latissimi dorsi

Bursa subtendinea m. latissimi dorsi

Tendo m. teretis majoris

Tendo m. pectoralis majoris

Caput longum m. bicipitis brachii

Caput laterale m. tricipitis brachii

Humerus

Abb. 4.88 Frontalschnitt durch das Schultergelenk von ventral.

fraktur am dorsolateralen Rand des Humeruskopfes nach Schulterluxation. **3. Painful arc, Impingementsyndrom.** Schmerzhafter (Abduktions-)Bogen (zwischen 50 und 100°) durch Einklemmung der Supraspinatussehne in der Enge zwischen Acromion und Tuberculum majus.

Gelenkkapsel. Der enorme Bewegungsumfang des Schultergelenkes erfordert eine schlaffe, geräumige Capsula articularis, die kaudal eine ~1 cm lange Reservefalte bildet, **Recessus axillaris** (Abb. 4.87, 4.88). Die Kapsel entspringt an der Außenseite des Labrum glenoidale, schließt das Tuberculum supraglenoidale ein und inseriert am Collum anatomicum. Die Tubercula majus et minus bleiben extraartikulär. Medial greift die Kapsel jedoch ~1 cm auf den Humerusschaft über, sodass hier die Epiphysenlinie überschritten wird.

Bänder (schwacher Bandapparat, kaum Bandführung des Schultergelenkes).
- **Lig. coracohumerale** (Abb. 4.86). Entspringt an der Basis des Proc. coracoideus, zieht über den

Humeruskopf und inseriert an den Tubercula majus et minus. Das Band liegt zwischen den Sehnen von M. supraspinatus und M. subscapularis im Rotatorenintervall und ist bei Innenrotation und Anteversion entspannt.
- **Ligg. glenohumeralia superius, medium et inferius** (Abb. 4.87). Variabel ausgebildete, nur vom Gelenkinnenraum sichtbare Kapselbänder, die bei Innenrotation und Anteversion entspannt sind. Sie sollen das Einklemmen von Kapselfasern verhindern und den Kapsel-Labrum-Komplex stabilisieren.
- **Lig. coracoglenoidale.** Entwicklungsgeschichtlicher Rest der ursprünglich am Humerus inserierenden Sehne des M. pectoralis minor. Entspringt vom Proc. coracoideus und verliert sich in den kranialen Abschnitten der Gelenkkapsel.
- **Lig. transversum humeri.** Besteht aus Fasern, die sich von der Sehne des M. subscapularis über den Sulcus intertubercularis fortsetzen und am Tuberculum majus inserieren. Das konstante Band schließt den Sulcus zu einer osteofibrösen Röhre und fixiert dadurch die Sehne des Caput longum m. bicipitis brachii im Sulcus intertubercularis.

Bursae synoviales, Schleimbeutel. Sind zahlreich! Für die Praxis sind 4 große Bursae von Bedeutung, wovon 2 mit der Gelenkhöhle kommunizieren und 2 keine Verbindung haben.

Kommunizierende Bursen:

- **Bursa subtendinea m. subscapularis.** Unter der Sehne des M. subscapularis gelegen, mindert deren Reibung an der Vorderkante der Cavitas glenoidalis. Foramen ovale (Weitbrecht): ventral gelegene, geräumige, ovale Öffnung dieser Bursa zur Gelenkhöhle (Abb. 4.87).
- **Bursa subcoracoidea.** Unterhalb des Proc. coracoideus gelegen, kommuniziert sie entweder über eine eigene Öffnung mit der Gelenkhöhle oder sekundär über die Bursa subtendinea m. subscapularis.

Diese beiden Schleimbeutel sind als Nebenräume (Recessus) des Schultergelenkes anzusehen. Ein weiterer Recessus ist die 2–5 cm lange **Vagina tendinis intertubercularis,** welche die Sehne des langen Bizepskopfs bis zum Ende des Sulcus intertubercularis umscheidet.

Nichtkommunizierende Bursen (Abb. 4.88):

- **Bursa subacromialis.** Synovialer Verschiebespalt direkt unter dem Acromion, der bei Abduktion und Elevation des Armes die Einschiebung des Tuberculum majus mit der Supraspinatussehne unter das Acromion gewährleistet.
- **Bursa subdeltoidea.** Dieser geräumige Gleitraum unter dem M. deltoideus hat häufig eine Verbindung zur Bursa subacromialis.

Weitere kleine, nichtkommunizierende Schleimbeutel zwischen Pfannenrand und Sehnen der Schultermuskeln: Bursa subtendinea m. infraspinati, teretis majoris, latissimi dorsi.

Mechanik. Kugelgelenk mit Bewegung um 3 Achsen (Abb. 4.89).

- **Ante- und Retroversion.** Reine Anteversion bis zur Horizontalen, weitere Elevation (= Erhebung des Armes über die Horizontale hinaus, 150–170°) durch Mitwirken des Schultergürtels, vollständige Elevation (180°) durch Dorsalextension der Wirbelsäule. Retroversion eingeschränkt (40–50°). Elevation ist bei Anteversion und Abduktion möglich, nicht bei Retroversion!
- **Ab- und Adduktion.** Reine Abduktion bis zur Horizontalen, bis 150° mit Beteiligung des Schultergürtels, bis 180° durch Außenrotation des Humerus und Beteiligung der Wirbelsäule. Adduktion nach geringer Anteversion bis zu 45°. Das Caput humeri bewegt sich bei Abduktion auf der Cavitas glenoidalis nach kaudal und gleitet in den Reserveraum des Recessus axillaris hinein. Nur durch diese Bewegung wird unter dem Fornix humeri Platz geschaffen, um das Daruntergleiten des Tuberculum majus und der Supraspinatussehne zu gewährleisten. Die Sehne des langen Bizepskopfs unterstützt dies durch Druck auf das Caput humeri und verhindert ein zu starkes Aufsteigen des Oberarmkopfes.

- **Rotation.** Innen- (95°), Außenrotation (60°) aus der Neutral-Null-Stellung.

Klinik: 1. Schultergelenkluxation (Luxatio humeri). Häufigste Verrenkung. 4 Formen (Luxatio subcoracoidea, infraglenoidalis, infraspinata und erecta) werden unterschieden. Bei der häufigen Luxatio subcoracoidea gleitet der Humeruskopf nach vorn und unter den Proc. coracoideus. Das unverletzte Lig. coracohumerale hält den Arm in Abduktion. **2. Habituelle Luxation.** Bei Insuffizienz von Ligg. glenohumeralia, Abriss des Labrum glenoidale oder Fehlstellungen der Gelenkkörper. **3. Funktionelle Schultergelenkuntersuchung** → klin. Routinetests. **3.1 Impingement-Test nach Neer.** Provokationsschmerz im subakromialen Raum beim Impingementsyndrom durch Anteversion und Innenrotation im Schultergelenk mit fixierter Scapula (Einklemmung der subakromialen Weichteile zwischen Tuberculum majus und Acromion). **3.2 Horizontaladduktionstest.** Schmerz im Akromioklavikulargelenk durch passive Adduktion der Schulter zur Gegenseite, z. B. bei degenerativen Veränderungen des Akromioklavikulargelenkes. **4. Isometrische Funktionstests. 4.1 Null-Grad-Abduktionstest** (fehlende oder schmerzhafte Abduktion gegen Widerstand) und Supraspinatustest (Schmerzauslösung durch abwärts gerichteten Druck auf den gestreckten, 90° abduzierten und 30° nach vorn gerichteten Arm mit Außenrotation). Beide Tests sind bei Supraspinatussehnenläsion positiv. **4.2 Yergason-Test** mit Schmerzprovokation durch Supination gegen Widerstand bei rechtwinklig gebeugtem Ellenbogen. Bei Läsion der langen Bizepssehne positiv. **5.** Nachweis von **Muskel-Sehnen-Läsionen** der Rotatorenmanschette durch Schmerzprovokation bei selektiver Anspannung: M. supraspinatus: Abduktion gegen Widerstand, M. supraspinatus

Normalwerte Schultergelenk:

Anteversion/Retroversion	150–170/0/40
Adduktion/Abduktion	20–40/0/180

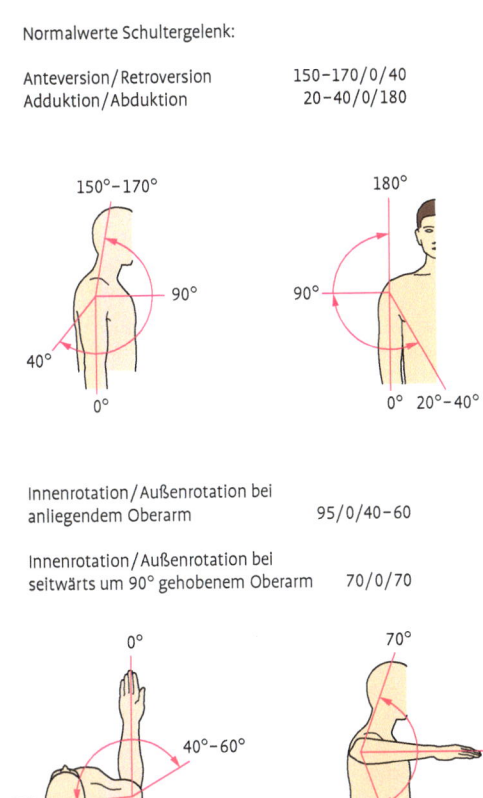

Innenrotation/Außenrotation bei anliegendem Oberarm   95/0/40–60

Innenrotation/Außenrotation bei seitwärts um 90° gehobenem Oberarm   70/0/70

Abb. 4.89 Bewegungsausmaße des Schultergelenkes nach der Neutral-Null-Methode.

und M. teres minor: Außenrotation gegen Widerstand bei hängendem Arm und gebeugtem Ellenbogen, M. subscapularis: Innenrotation gegen Widerstand bei hängendem Arm und gebeugtem Ellenbogen.

Zusammenspiel mit den Articulationes sternoclavicularis et acromioclavicularis. Der große Bewegungsumfang wird durch Einbeziehung beider Gelenke in die Bewegungsabläufe des Schultergelenks ermöglicht. Selten erfolgt eine Bewegung nur in einem dieser drei Gelenke; z. B. wird bei stärkerer Innenrotation des Armes im Schultergelenk der Margo medialis scapulae vom Rumpf abgehebelt und die Clavicula nach vorn geführt. Umgekehrt werden bei stärkerer Außenrotation Clavicula und Scapula rückwärts geführt und der Margo medialis an den Rumpf gelegt. Diese Bewegungen erfolgen ausschließlich in den Articulationes sternoclavicularis et acromioclavicularis.

4.3.2.5 Articulatio cubiti, Ellenbogengelenk

Die **Articulatio cubiti** (Abb. 4.90–4.96) ist ein zusammengesetztes Gelenk **(Articulatio composita)** mit gemeinsamer Gelenkkapsel. Die funktionelle Einheit bilden: **1. Articulatio humeroulnaris, 2. Articulatio humeroradialis, 3. Articulatio radioulnaris proximalis.**

Articulatio humeroulnaris (Abb. 4.90). Gelenkkörper sind **Trochlea humeri** und **Incisura trochlearis ulnae**.

Die **Trochlea humeri** ist ein Doppelkegel, wobei der laterale (radiale) Kegel kürzer als der mediale (ulnare) ist. Die Führungsrinne ist nicht exakt kreisförmig, sondern entspricht einem Schraubengewinde und erzwingt bei Beugung und Streckung eine Lateral- bzw. Medialverschiebung der Unterarmknochen. Die Trochlea grenzt sich durch den Sulcus capitulotrochlearis gegen das Capitulum humeri ab. Die **Incisura trochlearis ulnae** (zangenförmig) weist eine Führungsleiste auf, die in die Führungsrinne der Trochlea eingreift. Dadurch erhält das Ellenbogengelenk eine **solide Knochenführung**. Die Bewegung erfolgt um die Querachse der Trochlea und verläuft unmittelbar unterhalb der Epikondylen. Es handelt sich um ein **Scharniergelenk**.

Articulatio humeroradialis (Abb. 4.91). Das kugelförmige **Capitulum humeri** ruht in der flachen **Fovea articularis radii**. Geometrisch handelt es sich bei der Art. humeroradialis um ein **Kugelgelenk mit nur 2 Freiheitsgraden** (Einschränkung durch Bandapparat), das an Beugung und Streckung um eine quere Achse teilnimmt, die sie mit der Articulatio humeroulnaris gemeinsam hat. Ebenso ist es über die schräg durch den Unterarm verlaufende Achse zwischen proximalem und distalem Radioulnargelenk an den Umwendebewegungen der Hand (Pronation, Supination) beteiligt.

Articulatio radioulnaris proximalis. Geometrisch handelt es sich um ein Zapfengelenk **(Articulatio cylindrica)**. Die überknorpelte **Circumferentia articularis radii** bewegt sich in der **Incisura radialis ulnae** und wird von dem ~1 cm breiten, starken **Lig. anulare radii** umfasst (Abb. 4.92, 4.93). Das ringförmige Band setzt vor und hinter der Incisura radialis an der Ulna an. Nach distal wird es beim

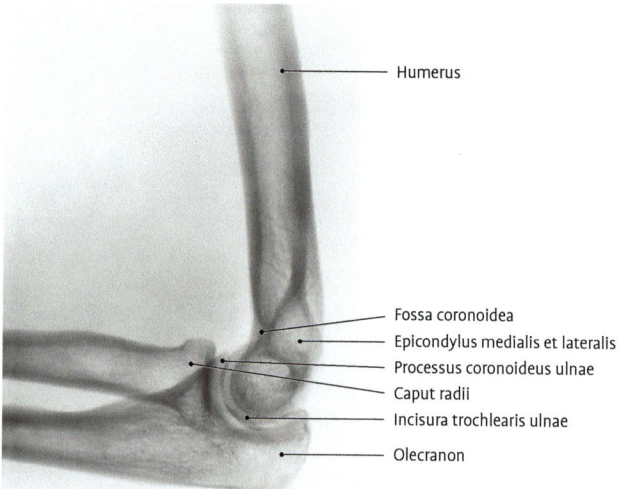

Humerus

Fossa coronoidea
Epicondylus medialis et lateralis
Processus coronoideus ulnae
Caput radii
Incisura trochlearis ulnae
Olecranon

Abb. 4.90 Röntgenbild eines rechtwinklig gebeugten Ellenbogengelenkes. (Seitenaufnahme des Institutes für Röntgendiagnostik der Charité Berlin).

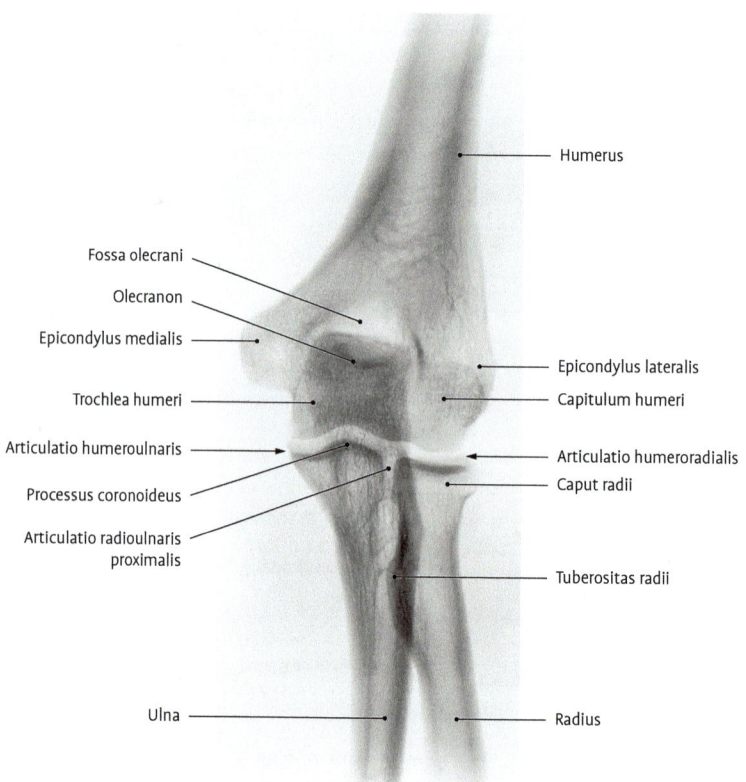

Humerus

Fossa olecrani
Olecranon
Epicondylus medialis
Trochlea humeri
Articulatio humeroulnaris
Processus coronoideus
Articulatio radioulnaris proximalis

Epicondylus lateralis
Capitulum humeri
Articulatio humeroradialis
Caput radii

Tuberositas radii

Ulna
Radius

Abb. 4.91 Röntgenbild eines Ellenbogengelenkes in Streckstellung. (a. p.-Aufnahme des Institutes für Röntgendiagnostik der Charité Berlin).

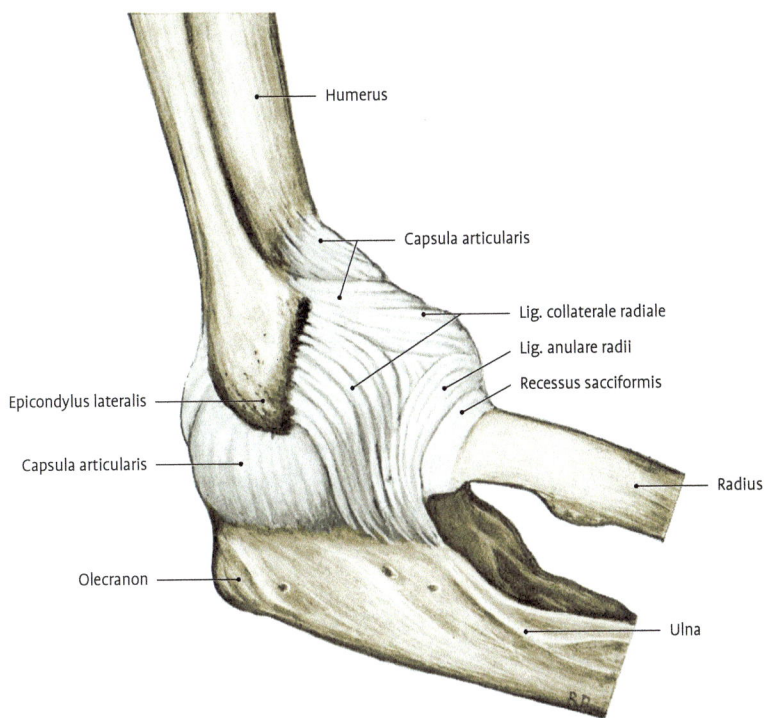

Abb. 4.92 Rechtes Ellenbogengelenk (Articulatio cubiti) von lateral gesehen. Gelenkhöhle gefüllt.

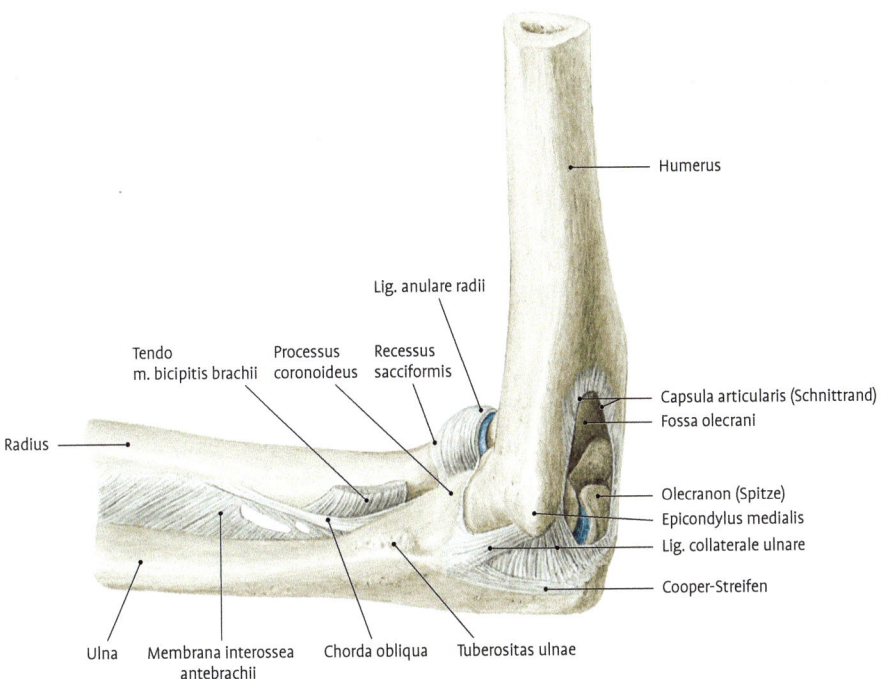

Abb. 4.93 Rechtes Ellenbogengelenk (Articulatio cubiti) von medial und dorsal gesehen. Gelenkkapsel gefenstert.

Erwachsenen enger und weist somit eine trichterförmige Gestalt auf (günstig für Zugbeanspruchungen am Unterarm). Der Bandabschnitt gegenüber der Incisura radialis ulnae unterliegt einer starken Druckbeanspruchung, sodass hier Knorpelzellen eingelagert werden und das Band einer Gleitsehne entspricht. In der Articulatio radioulnaris proximalis finden **Pronation** und **Supination** statt.

Gelenkkapsel (Abb. 4.92–4.94). Sie schließt die drei Gelenke ein und umfasst die Fossae coronoidea, radialis und olecrani. Die beiden Epikondylen bleiben frei. Die Kapsel ist vorn kräftiger als hinten und wird vorn bei Streckung und hinten bei Beugung angespannt. Der **Recessus sacciformis** ist eine zarte Aussackung distal des Unterrandes des Lig. anulare radii.

Bänder:
- **Lig. collaterale radiale** (Abb. 4.92), entspringt am Epicondylus lateralis humeri, strahlt in zwei Schenkel aus, die den Radiuskopf vorn und hinten umfassen, mit dem Lig. anulare radii verschmelzen und vorn und hinten an der Ulna ansetzen.
- **Lig. collaterale ulnare** (Abb. 4.93), entspringt am Epicondylus medialis humeri und zieht fächerförmig in Richtung Ulna. Der dorsale Zug inseriert am Olecranon, während der ventrale, sehr kräftige Anteil an der Basis des Proc. coronoideus ansetzt. Beide Züge werden durch den horizontalen **Cooper-Streifen** (Abb. 4.93) verbunden. Durch die Fächerform ist in jeder Gelenkstellung ein Bandanteil gespannt.
- Das **Lig. quadratum** ist ein dünner Faserzug, der sich vom distalen Rand der Incisura radialis ulnae zum Collum radii erstreckt und distal an das Lig. anulare radii anschließt.

Mechanik:
- **Flexion und Extension.** Bewegungsumfang: 150/0/0–10 (Abb. 4.95a). Die Streckung über

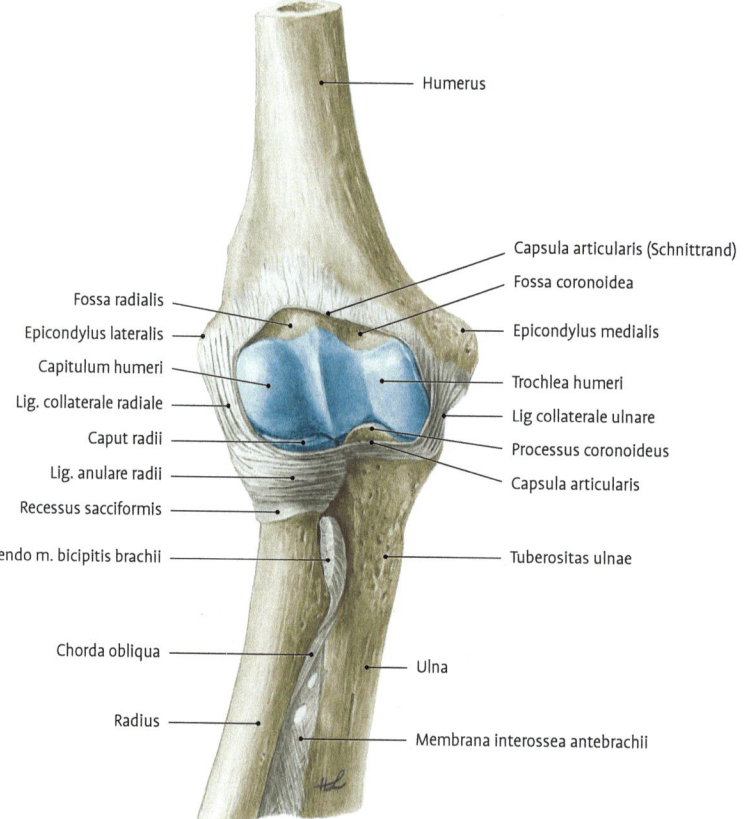

Humerus

Fossa radialis
Epicondylus lateralis
Capitulum humeri
Lig. collaterale radiale
Caput radii
Lig. anulare radii
Recessus sacciformis
Tendo m. bicipitis brachii
Chorda obliqua
Radius

Capsula articularis (Schnittrand)
Fossa coronoidea
Epicondylus medialis
Trochlea humeri
Lig collaterale ulnare
Processus coronoideus
Capsula articularis
Tuberositas ulnae
Ulna
Membrana interossea antebrachii

Abb. 4.94 Rechtes Ellenbogengelenk (Articulatio cubiti) von ventral. Gelenkkapsel gefenstert, um die Gelenkkörper zu zeigen.

Normalwerte Ellbogengelenk:

Flexion/Extension   150/0/0–10

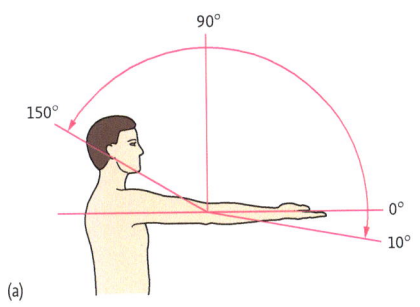

(a)

Unterarmdrehung
einwärts/auswärts   80–90/0/80–90

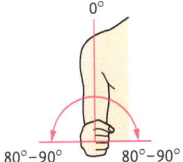

(b)

Abb. 4.95 a, b Bewegungsausmaße des Ellenbogengelenkes nach der Neutral-Null-Methode.

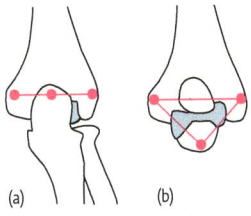

(a)   (b)

Abb. 4.96 Die Lage des Olecranon zu den Epikondylen. **a:** Streckstellung von dorsal: Hueter-Linie. **b:** rechtwinklige Beugestellung von dorsal: Hueter-Dreieck.

die Neutral-Null-Stellung hinaus (0–10°) gelingt Frauen besser.
- **Pronation und Supination.** Umwendebewegungen erfolgen um eine Achse, die von der Mitte des Radiuskopfes zum Kopf der Ulna verläuft. Prinzip: Kreiselung um eine schräge Achse, der die Hand passiv folgt. Supination bedeutet Außendrehung der Hand: Daumen nach lateral, Hohlhand nach ventral, Ulna und Radius liegen parallel („Suppenteller servieren"). Pronation

bedeutet Innendrehung der Hand; Daumen nach medial, Hohlhand nach dorsal, Ulna und Radius liegen überkreuzt („Brot schneiden"). Bewegungsumfang:80–90/0/80–90 (Abb. 4.95b).
- **Physiologischer X-Arm.** Bei gestrecktem Arm bilden Ober- und Unterarm meist einen nach radial offenen Winkel (→ Kubitalwinkel) von 165–170°. Ursache: Die Schaftachsen von Humerus und Ulna stehen nicht senkrecht auf der Gelenkachse. Bei Frauen ist dieser Winkel um einige Grade kleiner.

> **Klinik: 1. Klinische Untersuchung** auf Umfang von Extension-Flexion, Supination-Pronation. Palpation von Extensoren- und Flexorenursprüngen (bei Druckschmerz lateral → **Tennis-Ellenbogen,** bei Druckschmerz medial: **Golfer-Ellenbogen** als Ausdruck einer Sehnenansatzüberlastung, sog. **Insertionstendopathie**). **2. Hueter-Linie** (Abb. 4.96). Beim intakten gestreckten Ellenbogengelenk liegen 3 Knochenpunkte auf einer Linie: Epicondylus medialis, lateralis, Olekranonspitze. In rechtwinkliger Beugestellung: gleichschenkliges Dreieck (→ **Hueter-Dreieck**). **3. Cubitus valgus.** Verstärkte Radialabweichung des Unterarms gegenüber dem Oberarm, oft als Verletzungsfolge. **4. Cubitus varus.** Posttraumatisch verstärkte Ulnarabweichung der Unterarmachse. **5. Entlastungsstellung.** Leichte Beugung (Semiflexion), weil die Kapsel in dieser Mittelstellung am wenigsten gespannt ist. **6. Ellenbogenverrenkung.** Zweithäufigste Luxation nach der Schultergelenkluxation! Meistens nach dorsal (→ **Luxatio posterior**), oft mit Knochenverletzungen, A. brachialis und große Nervenstämme können mitverletzt sein. **7. Ruhigstellung** erfolgt in Mittelstellung; der Zwischenknochenraum ist so am größten und beugt Brückenkallusbildung vor. **8. Subluxatio radii per anularis** (→ nurse luxation, Chassaignac-Lähmung). Pseudoparese des Unterarms kleiner Kinder infolge Subluxation des Radiuskopfes aus dem Lig. anulare radii beim plötzlichen Hochreißen der Kinder am Arm.

4.3.2.6 Syndesmosis radioulnaris, Speichen-Ellen-Bindegewebshaft

Membrana interossea antebrachii, Zwischenknochenmembran (Abb. 4.97). Radius und Ulna werden durch eine kräftige Bindegewebeplatte anein-

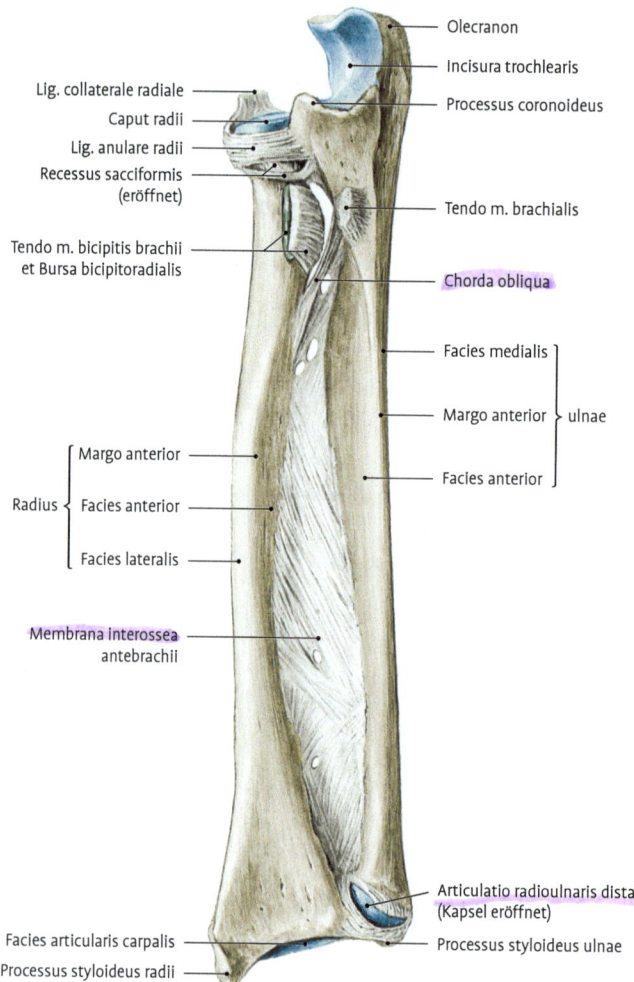

Olecranon
Incisura trochlearis
Lig. collaterale radiale
Caput radii
Lig. anulare radii
Recessus sacciformis (eröffnet)
Processus coronoideus
Tendo m. brachialis
Tendo m. bicipitis brachii et Bursa bicipitoradialis
Chorda obliqua
Facies medialis
Margo anterior } ulnae
Facies anterior
Margo anterior
Radius { Facies anterior
Facies lateralis
Membrana interossea antebrachii
Articulatio radioulnaris distalis (Kapsel eröffnet)
Facies articularis carpalis
Processus styloideus ulnae
Processus styloideus radii

Abb. 4.97 Radius und Ulna mit Bandverbindungen in Supinationsstellung. Ansicht von ventral.

ander befestigt, die fast den ganzen Raum zwischen Radius und Ulna verschließt. Der Hauptteil der Fasern steigt vom Radius distalwärts zur Ulna ab.

Funktion: 1. Sicherung der Knochen gegen Längsverschiebung. **2.** Ursprungsfläche für Unterarmmuskeln. Bei Umwendebewegungen bleibt immer ein Teil der Fasern gespannt, die meisten sind jedoch in der Mittelstellung zwischen Pronation und Supination angespannt.

Chorda obliqua. Flacher Faserzug am proximalen Ende der Membrana interossea, der in Gegenrichtung verläuft und die Supination bremst. Unmittelbar proximal der Chorda obliqua liegt die Ansatzsehne des M. biceps brachii, die sich bei der Pronation um den Radius wickelt.

4.3.2.7 Articulatio radioulnaris distalis, Distales Speichen-Ellen-Gelenk

Die **Articulatio radioulnaris distalis** (Abb. 4.97, 4.98) ist ein Radgelenk. Die überknorpelte **Incisura ulnaris radii** bewegt sich bei Supination und Pronation um die feststehende, überknorpelte **Circumferentia articularis ulnae**. Der zwischen Ulna und Handwurzelknochen gelegene, dreieckige **Discus articularis sive ulnocarpalis** ist breitbasig an der distalen ulnaren Radiuskante und mit seiner Spitze am **Proc. styloideus ulnae** verwachsen. Er wird bei den Umwendebewegungen mit dem Radius mitgeführt. Die schlaffe Gelenkkapsel setzt an den Knorpelrändern und am Discus articularis an und bildet proximal zwischen Radius

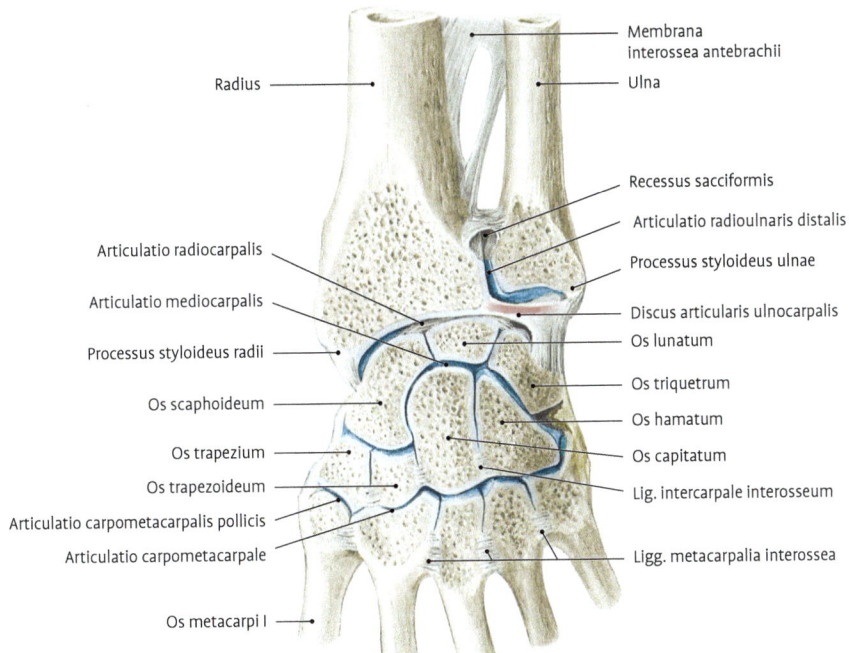

Radius

Membrana interossea antebrachii

Ulna

Recessus sacciformis

Articulatio radioulnaris distalis

Processus styloideus ulnae

Discus articularis ulnocarpalis

Os lunatum

Os triquetrum

Os hamatum

Os capitatum

Lig. intercarpale interosseum

Ligg. metacarpalia interossea

Articulatio radiocarpalis

Articulatio mediocarpalis

Processus styloideus radii

Os scaphoideum

Os trapezium

Os trapezoideum

Articulatio carpometacarpalis pollicis

Articulatio carpometacarpale

Os metacarpi I

Abb. 4.98 Flachschnitt durch eine rechte Hand. Darstellung der Handgelenke. Palmaransicht.

und Ulna eine Reservefalte (**Recessus sacciformis**) für die Umwendebewegungen.

4.3.2.8 Articulatio radiocarpalis, proximales Handgelenk

Die typische Articulatio ellipsoidea (Eigelenk) verbindet die Handwurzel mit dem Unterarm (Abb. 4.98). Den Gelenkkopf bilden **Os scaphoideum, Os lunatum** und **Os triquetrum,** die Gelenkpfanne besteht aus **Facies articularis carpalis** und **Discus ulnocarpalis**. Das **radiokarpale Kompartiment** des proximalen Handgelenks besteht aus 2 Abschnitten, die durch eine Knorpelleiste auf der distalen Gelenkfläche des Radius voneinander getrennt werden: Im lateralen Abschnitt gelenkt die radiale Facette des Radius (Fovea scaphoidea) mit dem Os scaphoideum, im medialen Abschnitt die ulnare Facette des Radius (Fovea lunata) mit dem radialen Teil des Os lunatum. Im **ulnaren Kompartiment** füllt der Discus ulnocarpalis den Raum zwischen distalem Ulnaende, Os lunatum (ulnarer Teil) und Os triquetrum aus. Er dient der Übertragung von Druckkräften und kann durch Degeneration perforiert oder zerstört wer-

den. Die buchtenreiche Gelenkhöhle steht gelegentlich mit der Articulatio mediocarpalis (meist zwischen Os scaphoideum und Os lunatum) in Verbindung. Am Proc. styloideus ulnae liegt palmar eine synoviale Aussackung der Articulatio radiocarpalis, **Recessus ulnaris**. Sie stellt sich in Arthrografien als tropfenförmiges Gebilde dar.

Bänder:
- **Radialer Bandkomplex** (Abb. 4.99, 4.100). Dieser erreicht vom Radius ausgehend sowohl Knochen der proximalen als auch der distalen Handwurzelreihe und sichert dadurch teilweise die Artt. mediocarpalis et intercarpales mit. Zu den Ligg. radiocarpalia zählen das **Lig. collaterale carpi radiale, Lig. radiocarpale palmare** (unterteilbar in: Lig. radioscaphocapitatum, Lig. capitatohamatotriquetrum, Lig. radioulnotriquetrum) und **Lig. radiocarpale dorsale** (unterteilbar in: Lig. radioscaphoideum, Lig. radiolunatum und Lig. radiotriquetrum).
- **Ulnarer Bandkomplex** (Abb. 4.99, 4.100), bestehend aus **Lig. collaterale carpi ulnare, Ligg. ulnocarpale palmare et dorsale** sowie Lig. ulnolunatum, Lig. ulnotriquetrum und Ligg. radioulnare palmare und dorsale.

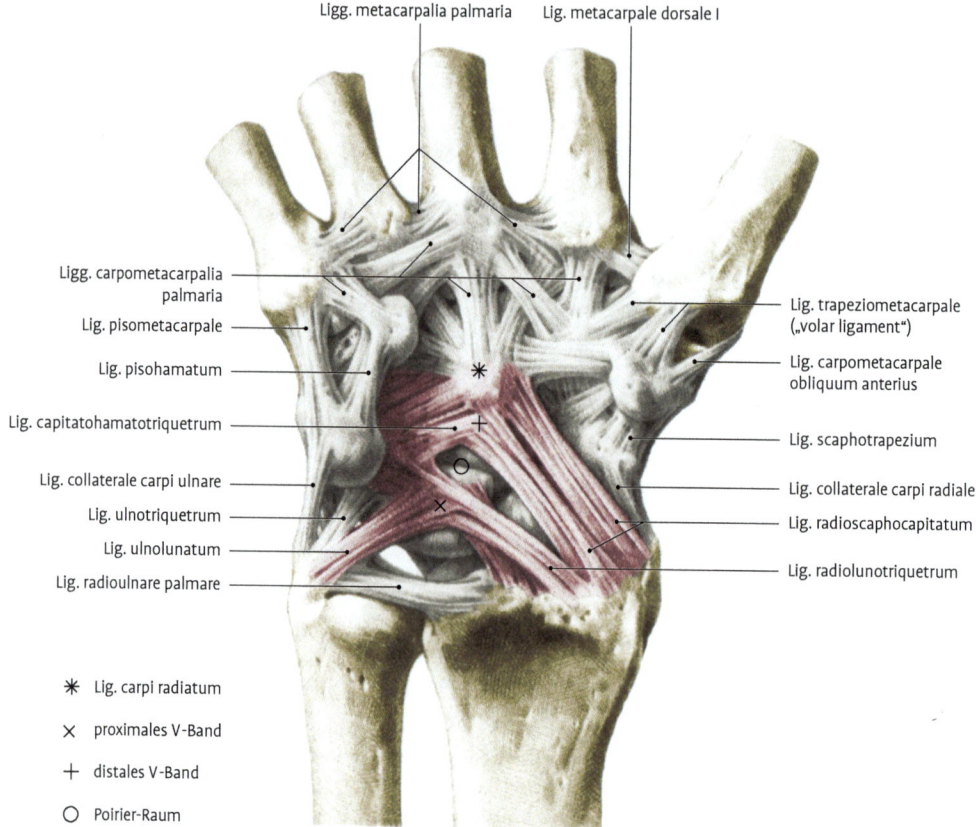

Ligg. metacarpalia palmaria   Lig. metacarpale dorsale I

Ligg. carpometacarpalia palmaria

Lig. pisometacarpale

Lig. pisohamatum

Lig. capitatohamatotriquetrum

Lig. collaterale carpi ulnare

Lig. ulnotriquetrum

Lig. ulnolunatum

Lig. radioulnare palmare

Lig. trapeziometacarpale („volar ligament")

Lig. carpometacarpale obliquum anterius

Lig. scaphotrapezium

Lig. collaterale carpi radiale

Lig. radioscaphocapitatum

Lig. radiolunotriquetrum

✳   Lig. carpi radiatum

✕   proximales V-Band

+   distales V-Band

○   Poirier-Raum

Abb. 4.99 Karpale Bandsysteme der rechten Hand und des Daumensattelgelenks. Palmaransicht. Das Lig. radioscaphocapitatum ist zweigeteilt (Var.). Beachte die Anordnung des proximalen und distalen V-Bandes

(rosa). Die Binnenbänder sind aus Gründen der Übersichtlichkeit nicht dargestellt und der Canalis carpi ist durch Entfernung des Retinaculum flexorum eröffnet (n. H. M. Schmidt und U. Lanz).

4.3.2.9 Articulatio mediocarpalis, distales Handgelenk

Das **zusammengesetzte Gelenk** liegt **zwischen proximaler und distaler Reihe der Handwurzelknochen** (Abb. 4.98). Größenunterschiede der beteiligten Ossa carpalia bedingen eine **geschwungene,** glockenförmige **Gelenklinie** (→ Napoleonshut der Radiologen), die ulnaren zwei Drittel sind nach distal konkav gekrümmt, das radiale Drittel ist nach distal konvex. Die **proximale,** ulnar gelegene **Gelenkpfanne,** gebildet von **Os scaphoideum, Os lunatum** und **Os triquetrum,** artikuliert mit dem distalen, von **Os hamatum** und **Os capitatum** gebildeten **Gelenkkopf.** Der radial anschließende **proximale Gelenkkopf (Os scaphoideum)** artikuliert mit der distalen Gelenkpfanne **(Os trapezium, Os trapezoideum).** Die Gelenkhöhle

weist zahlreiche Seitenbuchten auf, die sich zwischen die Handwurzelknochen erstrecken. In vielen Fällen besteht sogar eine kontinuierliche Verbindung zu den Articulationes carpometacarpales, oft zwischen Os trapezium und Os trapezoideum.

In der proximalen und der distalen Reihe sind die Handwurzelknochen untereinander gelenkig verbunden (sonstige **Articulationes intercarpales**). Diese Gelenke erlauben unterschiedlich weite Ausschläge, v. a. zwischen Os lunatum und Os scaphoideum im Sinne einer Rotation.

Bänder (Abb. 4.99, 4.100):
- Weiterreichende Bänder der Art. radiocarpalis (s. o.)
- **Ligg. intercarpalia palmaria, dorsalia** und **interossea.** Besondere Bedeutung kommt dem **Lig. carpi arcuatum dorsale sive intercarpale dorsale** oder

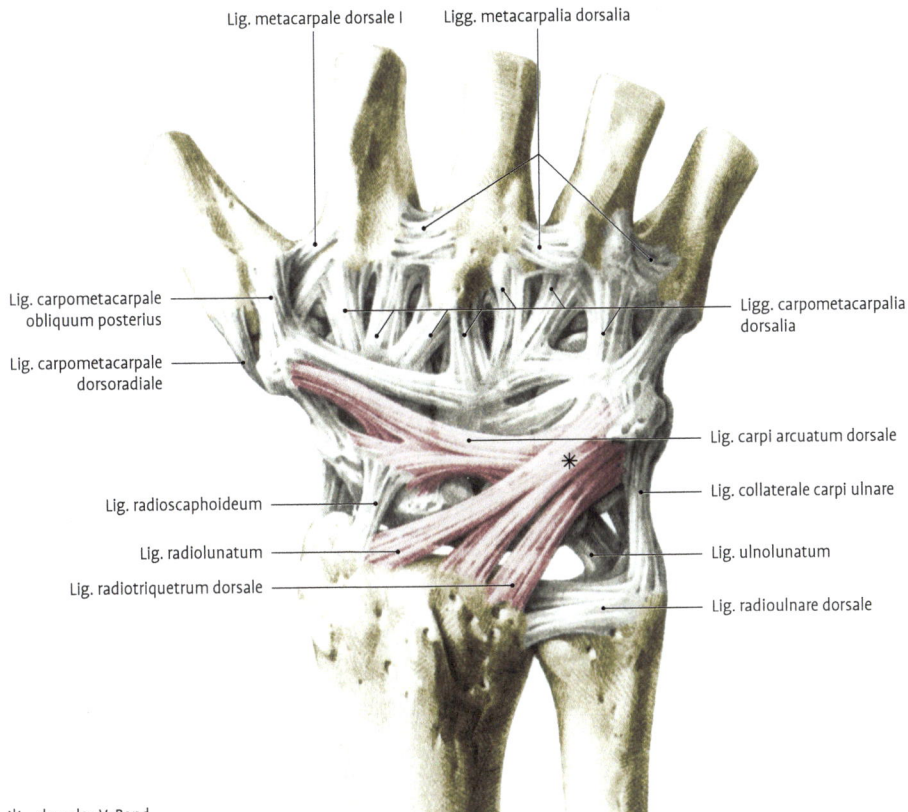

Lig. metacarpale dorsale I   Ligg. metacarpalia dorsalia

Lig. carpometacarpale
obliquum posterius

Lig. carpometacarpale
dorsoradiale

Ligg. carpometacarpalia
dorsalia

Lig. carpi arcuatum dorsale

Lig. radioscaphoideum

Lig. collaterale carpi ulnare

Lig. radiolunatum

Lig. ulnolunatum

Lig. radiotriquetrum dorsale

Lig. radioulnare dorsale

✳ dorsales V-Band

Abb. 4.100 Karpale Bandsysteme der rechten Hand und des Daumensattelgelenks. Dorsalansicht. Beachte das dorsale V-Band (rosa). Die Binnenbänder sind aus Gründen der Übersichtlichkeit nicht dargestellt (n. H. M. Schmidt und U. Lanz).

Fick-Bogenband zu, das dorsal zwischen Os scaphoideum und Os triquetrum verlaufend den von Os capitatum und Os hamatum gebildeten Gelenkkopf in der Pfanne hält. Palmar strahlt das **Lig. carpi radiatum** strahlenkranzartig vom Os capitatum auf alle benachbarten Ossa carpalia aus. Weitere prominente Bänder dieser Gruppe sind die **Ligg. pisohamatum** und **pisometacarpale**.

Mechanik der Artt. radiocarpalis et mediocarpalis (Abb. 4.101).
- **Palmarflexion und Dorsalextension** (quere Achse): 60/0/50°.
- **Radial- und Ulnarduktion** (dorsopalmare Achse): 20/0/30°.

In der Klinik wird neben der anatomischen Einteilung eine vereinfachte Bänderklassifikation

verwendet. Zwei palmare V-Bänder (proximal, distal) stehen einem dorsalen V-Band gegenüber (Abb. 4.99, 4.100).
Proximales palmares V-Band: Lig. radiolunotriquetrum und Lig. ulnolunatum
Distales palmares V-Band: Lig. radioscaphocapitatum und Lig. capitatohamatotriquetrum
Dorsales V-Band: Lig. intercarpale dorsale, Lig. radiolunatum und Lig. radiotriquetrum dorsale

Klinik: 1. Perilunäre Handwurzelluxation. Handwurzel unter Aussparung des Os lunatum nach dorsal luxiert. **2. De-Quervain-Fraktur.** Bei gleichzeitig vorliegender Fraktur des Os scaphoideum verbleibt das proximales Fragment mit dem Os lunatum in gehöriger Position, während das distale mit der übrigen Handwurzel nach dorsal luxiert.

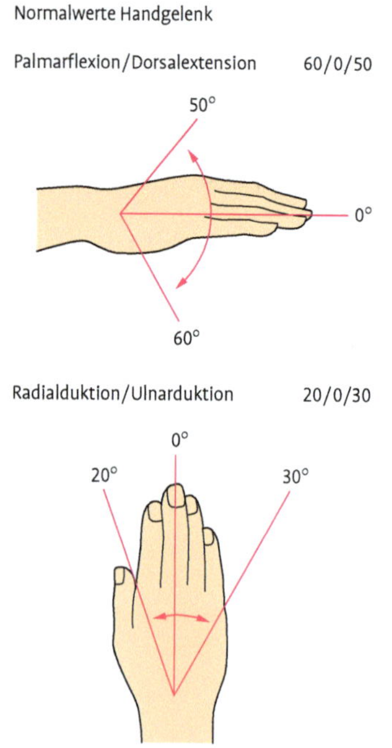

Normalwerte Handgelenk

Palmarflexion/Dorsalextension   60/0/50

50°

0°

60°

Radialduktion/Ulnarduktion   20/0/30

0°

20°   30°

Abb. 4.101 Bewegungsausmaße des Handgelenkes nach der Neutral-Null-Methode.

4.3.2.10 Articulatio carpometacarpalis pollicis, Daumensattelgelenk

Gelenkige Verbindung zwischen Os trapezium und Basis ossis metacarpi I (Abb. 4.47, 4.83). Die einzigartige Flächenform durch gegensinnige sattelförmige Krümmungen erlaubt den großen Bewegungsumfang des Daumens, ähnlich wie in einem Kugelgelenk: Extension, Flexion, palmare und radiale Abduktion, Adduktion und Rotation sind möglich (Abb. 4.102).

Bei der Rotation um die Längsachse des Os metacarpale I wird der Gelenkflächenkontakt bis auf zwei kleine Berührungsflächen aufgehoben. Dadurch entsteht eine punktuell sehr hohe Belastung. Die Rotation ist Voraussetzung für die Opposition, die sich aus Extension, Abduktion, Flexion, Adduktion und Innenrotation zusammensetzt. Die Opposition stellt den Daumen dem Kleinfinger gegenüber, sodass sich Daumen- und Kleinfingerkuppe berühren.

Bänder:
- **Lig. carpometacarpale dorsoradiale**
- **Lig. carpometacarpale obliquum anterius**
- **Lig. carpometacarpale obliquum posterius**
- **Lig. trapeziometacarpale („volar ligament")**

Finger

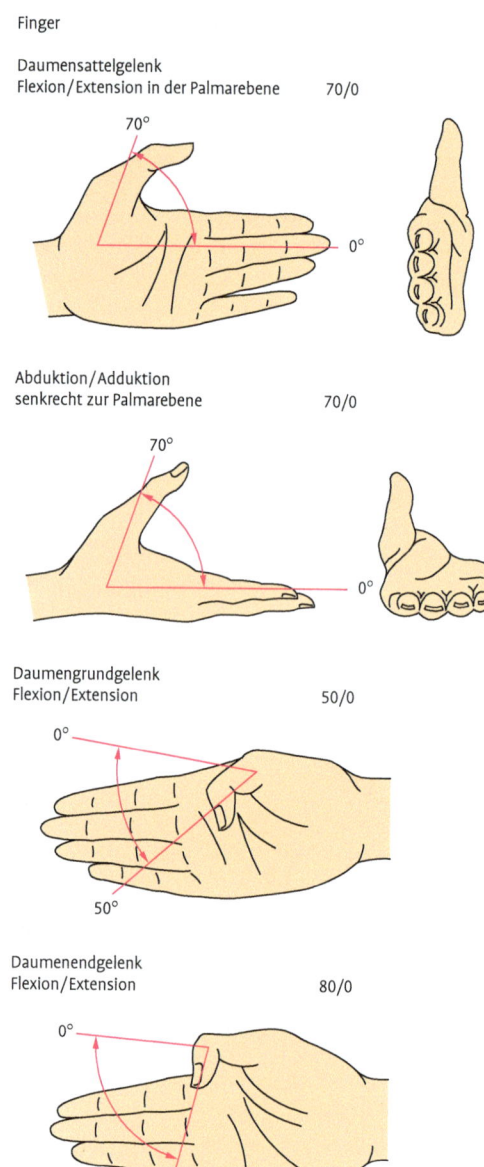

Daumensattelgelenk
Flexion/Extension in der Palmarebene   70/0

70°

0°

Abduktion/Adduktion
senkrecht zur Palmarebene   70/0

70°

0°

Daumengrundgelenk
Flexion/Extension   50/0

0°

50°

Daumenendgelenk
Flexion/Extension   80/0

0°

80°

Abb. 4.102 Bewegungsausmaße der Daumengelenke nach der Neutral-Null-Methode.

Klinik: Rhizarthrose. Arthrose (degenerative Gelenkerkrankung, Gelenkverschleiß) des Daumensattelgelenks durch hohe Belastung bei Opposition (Rotation!); Schmerzen strahlen ggf. in den Unterarm aus.

4.3.2.11 Articulatio carpometacarpalis II–V, Handwurzel-Mittelhandgelenke

Die **Amphiarthrosen** haben einen zickzackförmigen, einheitlichen Gelenkspalt zwischen den Ossa metacarpalia II–V und der distalen Handwurzelknochenreihe (Abb. 4.98). Der Gelenkspalt kommuniziert mit den Articulationes intermetacarpales und der Articulatio mediocarpalis. Hier gelenken miteinander: Os metacarpale II → Os trapezoideum und Os capitatum; Os metacarpale III → Os capitatum; Os metacarpale IV → Os capitatum und Os hamatum; Os metacarpale V → Os hamatum.

Bänder: Ligg. carpometacarpalia dorsalia, palmaria et interossea. Sie ziehen von den Ossa carpi zu den Ossa metacarpi. Besonders benannt: das **Lig. pisometacarpale** zwischen Os pisiforme und Basis ossis metacarpi V.

Bänder und knöcherne Verzahnung bewirken eine straffe Verbindung der Ossa metacarpalia II und III mit den Handwurzelknochen. Die Ossa metacarpalia IV und V sind lockerer befestigt (Oppositionsmöglichkeit des Dig. V).

4.3.2.12 Articulationes intermetacarpales, Gelenke zwischen Mittelhandknochen

Amphiarthrosen (Abb. 4.98). Drei Gelenke zwischen den seitlichen Flächen der Ossa metacarpalia II–V. Straffer Bandapparat, bestehend aus: **Ligg. metacarpalia dorsalia, palmaria et interossea.** Sie spannen sich zwischen den Basen der Ossa metacarpi aus.

4.3.2.13 Articulationes metacarpophalangeae, Fingergrundgelenke

Es handelt sich um eingeschränkte Kugelgelenke mit den Capita ossium metacarpalium als Gelenkköpfen und den Bases phalangium proximalium als Gelenkpfannen (Abb. 4.83). Die Gelenkkapsel ist geräumig, schlaff.

Bänder:
- **Ligg. collateralia,** liegen radial (stärker) und ulnar (schwächer). Diese Kollateralbänder bestehen aus 3 Anteilen (Lig. collaterale proprium, Lig. collaterale accessorium und Lig. phalangoglenoidale), führen die Gelenkpartner während der Fingerexkursionen und verhindern ein Klaffen des Gelenkspaltes (Abb. 4.103 a–c).

- **Ligg. sagittalia,** an ulnarer bzw. radialer Seite des Gelenkes liegende Bandzüge, die von der Dorsalaponeurose ausgehen und sich mit dem Lig. metacarpale transversum profundum verbinden (Abb. 4.104).
- **Lig. palmare, palmare Platte.** Es handelt sich um eine palmar gelegene, die Gelenkpfanne vergrößernde Platte. Diese Struktur besteht, wie auch an den Fingergelenken, aus einer annähernd rechteckigen, distal verdickten Faserknorpelplatte (Fibrocartilago palmaris), proximal aus einem dünnen bindegewebigen Anteil. Dieser geht in 2 Zügelbänder (checkrein-ligaments) über, die unmittelbar proximal vom Caput ossis metacarpi am Schaft befestigt sind. Die palmaren Platten vergrößern den Abstand der Beugesehnen von der Drehachse der Grundgelenke (→Drehmomenterhöhung), verhindern das Einklemmen der Beugesehnen im Grundgelenkspalt und hemmen die Hyperextension.
- **Lig. metacarpale transversum profundum** (Nota bene: Mm. interossei liegen dorsal des Bandes, Mm. lumbricales palmar!), das Band verbindet die Faserknorpelplatten von Digg. II–V miteinander, wodurch eine übermäßige Spreizung der Hand verhindert wird.

Zirkulärer metakarpophalangealer Halteapparat (**Zancolli-Komplex;** Abb. 4.104). Dieser kompliziert gebaute Bandapparat umhüllt das gesamte Grundgelenk und setzt sich im Wesentlichen aus den oben genannten Bandstrukturen zusammen. Die radial und ulnar neben der Beugesehnenscheide gelegene komplexe Vereinigungszone wird als metakarpophalangealer Vereinigungskern (Zancolli) (Abb. 4.104) bezeichnet. Der Zancolli-Komplex stabilisiert den Bewegungsablauf, führt die Gelenkstrukturen und die palmare Platte.

Mechanik:
- Flexion und Extension um eine quere radioulnare Achse (Neutral-Null-90°).
- Abduktion (Fingerspreizen) und Adduktion um eine dorsopalmare Achse (Spreizen gelingt vorrangig in Streckstellung, da bei der Beugung die Kollateralbänder stark gespannt werden).
- Zirkumduktion als Kombination aus den vorigen.
- Rotation (Drehung) ist nur passiv möglich, da entsprechende Muskeln fehlen.

Das Grundgelenk des Daumens nimmt eine Sonderstellung ein, indem es nur Scharnierbewegun-

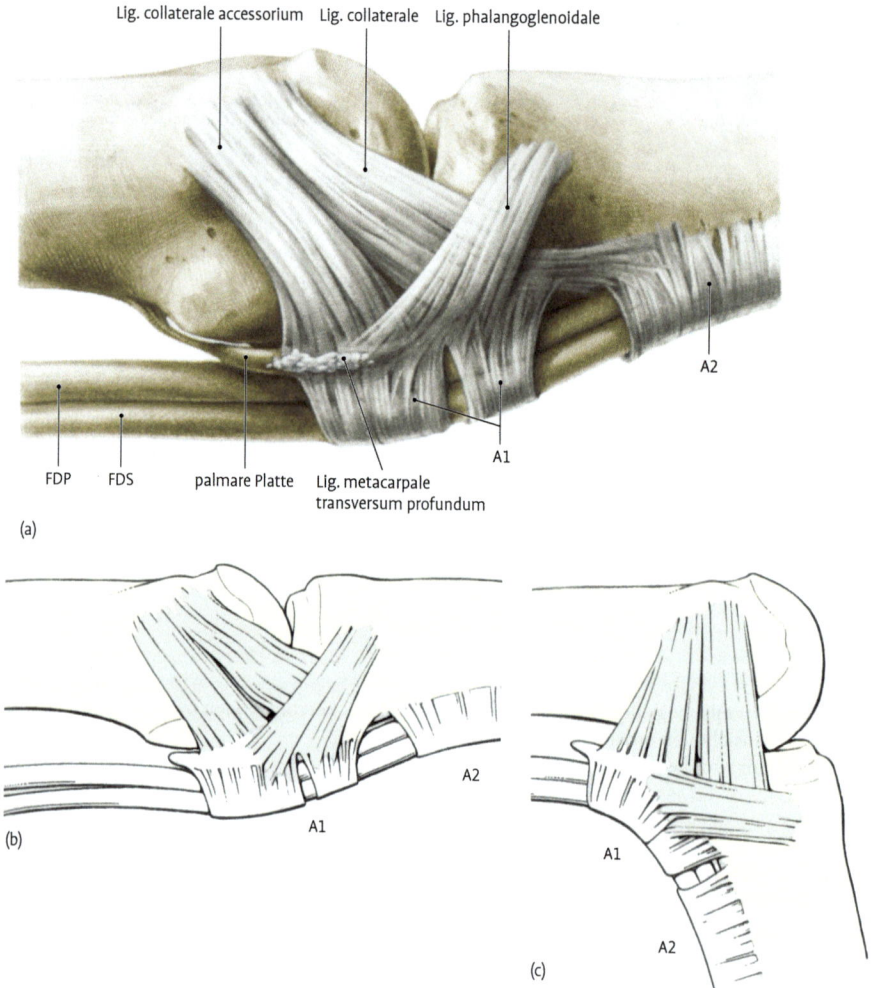

Lig. collaterale accessorium   Lig. collaterale   Lig. phalangoglenoidale

A2

A1

FDP   FDS   palmare Platte   Lig. metacarpale
transversum profundum

(a)

(b)

A2

A1

(c)

A1

A2

Abb. 4.103 a: Kapsel-Band-Apparat der Articulatio metacarpophalangealis. FDP = Sehne des M. flexor digitorum profundus, FDS = Sehne des M. flexor digitorum superficialis, A1 = Ringband A1, A2 = Ringband A2 (n. H. M. Schmidt und U. Lanz). **b:** Streckstellung. Das Lig. collaterale ist entspannt. Das Lig. collaterale accessorium und das Lig. phalangoglenoidale sind gespannt und begrenzen die Streckung. **c:** Beugestellung. Alle Bänder sind gespannt. Beachte, dass sich der Zwischenraum bei den Ringbändern A1 und A2 verengt hat (n. H. M. Schmidt und U. Lanz).

gen gestattet (0–50°). Weiterhin weist es palmar in der Gelenkkapsel regelmäßig ein radiales und ein ulnares Sesambein auf.

4.3.2.14 Articulationes interphalangeae manus, Fingergelenke

Scharniergelenke mit einem Freiheitsgrad. Der rollenförmige Kopf (Caput sive Trochlea phalangis) des Grund- und Mittelgliedes liegt in der flachen,

mit einer Führungsleiste versehenen Gelenkpfanne an der Basis des Mittel- und Nagelgliedes.

Bänder und Kapselverstärkungen:
- **Ligg. collateralia, Ligg. collateralia accessoria** und **Ligg. phalangoglenoidalia.** Sie sind in Mittelstellung der Gelenke entspannt, bei starker Beugung oder Streckung maximal gespannt.
- **Dorsalaponeurose** der Streckmuskeln
- **Ligg. palmaria,** kleine palmare Platte

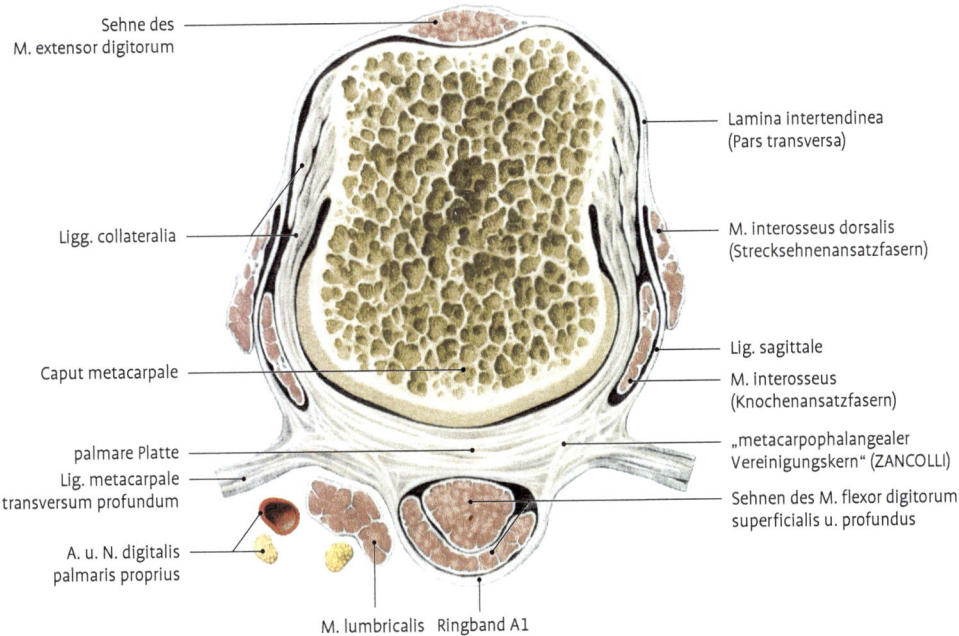

Sehne des
M. extensor digitorum

Lamina intertendinea
(Pars transversa)

Ligg. collateralia

M. interosseus dorsalis
(Strecksehnenansatzfasern)

Lig. sagittale

Caput metacarpale

M. interosseus
(Knochenansatzfasern)

„metacarpophalangealer
Vereinigungskern" (ZANCOLLI)

palmare Platte
Lig. metacarpale
transversum profundum

Sehnen des M. flexor digitorum
superficialis u. profundus

A. u. N. digitalis
palmaris proprius

M. lumbricalis Ringband A1

Abb. 4.104 Zirkulärer metakarpophalangealer Halte-apparat (Zancolli-Komplex). Ansicht von proximal. Der „metakarpophalangeale Vereinigungskern" ist durch einen roten Kreis hervorgehoben (n. H. M. Schmidt und U. Lanz).

- Das Interphalangealgelenk des Daumens weist häufig ein **interphalangeales Sesambein** auf.

Mechanik. Articulatio interphalangea proximalis: Beugung Neutral-Null-100°, Articulatio interphalangea distalis: Beugung Neutral-Null-90°. Interphalangealgelenk des Daumens: Neutral-Null-80°.

4.3.3 Musculi membri superioris

Die auf den Rumpf gewanderte dorsale Schultergürtelmuskulatur wurde im Rahmen der Rückenmuskulatur, in Kap. 4.2.1.2, besprochen.

4.3.3.1 Ventrale Rumpf-Gliedmaßen-muskulatur

1. **M. pectoralis major** (Abb. 4.105, 4.106). 3 Anteile (nach dem Ursprung).
   Pars clavicularis. O.: sternale zwei Drittel der Clavicula.
   Pars sternocostalis. O.: Manubrium und Corpus sterni, 2.–6. Rippenknorpel.

Pars abdominalis. O.: vorderes Blatt der Rektusscheide.
I.:   Crista tuberculi majoris, wobei sich die unteren ansteigenden Fasern unter die von oben herabsteigenden Fasern legen, sodass auf der Dorsalfläche des Muskels die nach kranial offene Pektoralistasche entsteht.
L.:   Nn. pectorales mediales, laterales (C6–C8, Th1); A. thoracoacromialis, A. thoracica lateralis, Aa. intercostales.
F.:   Adduktion, Innenrotation, Anteversion im Schultergelenk. Zieht den Schultergürtel nach vorn und hebt bei festgestelltem Arm die Rippen, dadurch Brustraumerweiterung (→ Atemhilfsmuskel!) (s. Kap. 5.1.2).

Klinik: Poland-Symptomenkomplex. Angeborene Fehlbildung: einseitige Anomalie der Hand (Syndaktylie, Symbrachydaktylie), homolaterale Aplasie des M. pectoralis und fakultativ einseitige Hypo- oder Aplasie der Mamille oder Mamma.

2. **M. pectoralis minor** (Abb. 4.105, 4.106)
   - O.: Mit 3 Zacken 1–2 cm lateral der Knochen-knorpelgrenze der 2.–4. Rippe.
   - I.: Proc. coracoideus.
   - L.: Nn. pectorales mediales, laterales (C6–C8, Th1); A. thoracoacromialis, Aa. intercostales.
   - F.: Muskel verwächst bei seiner Insertion mit dem M. coracobrachialis, zieht den Schultergürtel nach ventral und rotiert die Scapula. Bei festgestelltem Arm bewirkt er eine Hebung der Rippen (→ Atemhilfsmuskel!) (s. Kap. 5.1.2). Spannt die Fascia clavipectoralis.

3. **M. subclavius** (Abb. 4.105, 4.106)
   - O.: Knochenknorpelgrenze der 1. Rippe (lateral vom Lig. costoclaviculare).
   - I.: Untere Fläche der Clavicula (gelegentlich am Proc. coracoideus oder Lig. coracoclaviculare).
   - L.: N. subclavius (C5, C6); A. suprascapularis.
   - F.: Depression und Anteversion des Schultergürtels, die Clavicula wird gegen das Sternum gezogen und der Zusammenhalt der Articulatio sternoclavicularis gesichert. Aufgrund seiner Fiederung ist der Muskel trotz seiner schlanken Gestalt recht kräftig. Der spindelige M. subclavius liegt im Sulcus subclavius und wird von der derben Fascia clavipectoralis eingeschlossen. Die durch den M. subclavius und M. pectoralis minor ständig gespannte Faszie hält das Lumen der V. subclavia, die mit der Faszie fest verbunden ist, stets geöffnet.

4. **M. serratus anterior** (Abb. 4.105, 4.106). 3 Anteile (nach der Lokalisation bzw. Faserrichtung).
   Pars superior (vom Ursprung zum Ansatz ansteigende Fasern)
   - O.: 1. und 2. Rippe.
   - I.: Angulus superior scapulae.
   - F.: Verlagerung des Angulus superior nach ventrolateral, Rückführung des Arms aus der Elevation.

   Pars intermedia (horizontale Fasern)
   - O.: 2.–4. Rippe.
   - I.: Margo medialis scapulae.

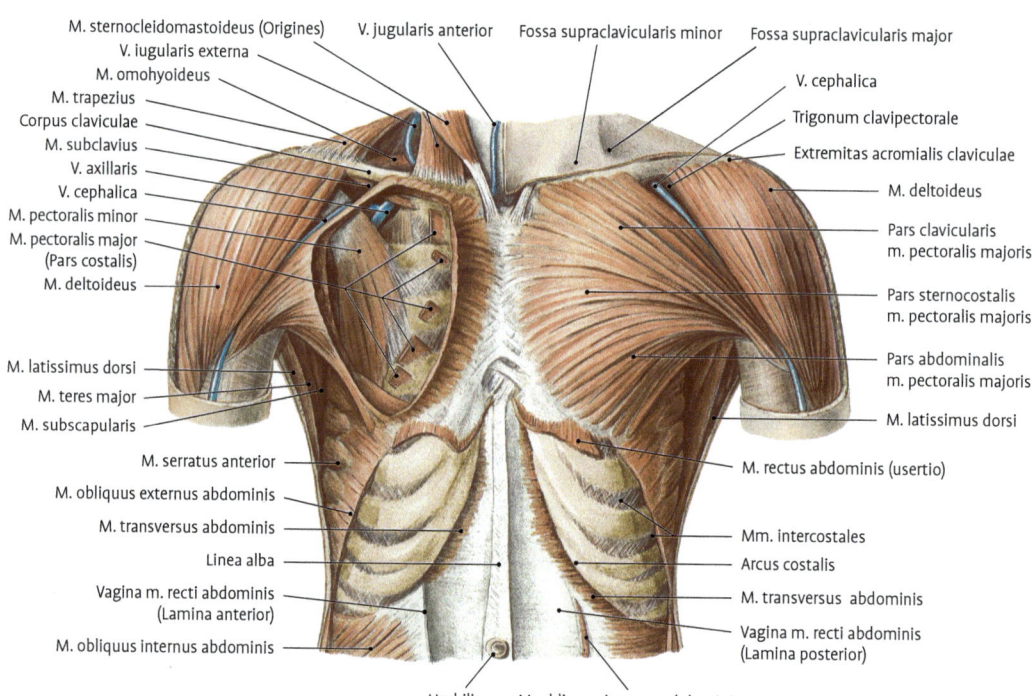

Abb. 4.105 Die ventralen Rumpf-Gliedmaßenmuskeln. **Links:** oberflächliche Lage; **rechts:** M. pectoralis major zur Darstellung der tiefen Lage gefenstert.

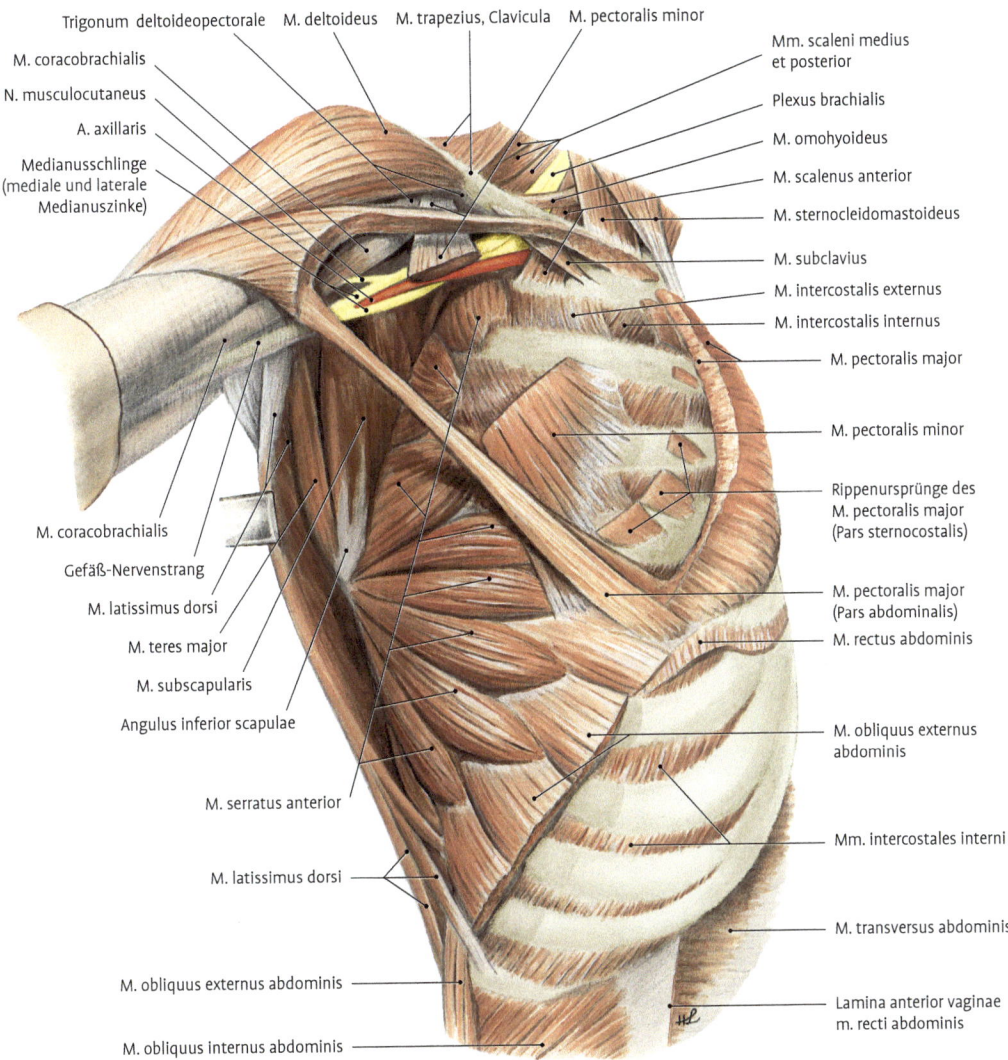

Trigonum deltoideopectorale   M. deltoideus   M. trapezius, Clavicula   M. pectoralis minor

M. coracobrachialis

N. musculocutaneus

A. axillaris

Medianusschlinge
(mediale und laterale
Medianuszinke)

Mm. scaleni medius
et posterior

Plexus brachialis

M. omohyoideus

M. scalenus anterior

M. sternocleidomastoideus

M. subclavius

M. intercostalis externus

M. intercostalis internus

M. pectoralis major

M. pectoralis minor

Rippenursprünge des
M. pectoralis major
(Pars sternocostalis)

M. pectoralis major
(Pars abdominalis)

M. rectus abdominis

M. coracobrachialis

Gefäß-Nervenstrang

M. latissimus dorsi

M. teres major

M. subscapularis

Angulus inferior scapulae

M. obliquus externus
abdominis

Mm. intercostales interni

M. serratus anterior

M. latissimus dorsi

M. transversus abdominis

M. obliquus externus abdominis

M. obliquus internus abdominis

Lamina anterior vaginae
m. recti abdominis

Abb. 4.106 Rumpf-Gliedmaßenmuskeln von ventral und lateral gesehen. Die Achselhöhle mit dem Gefäß-Nervenbündel und der M. serratus anterior durch Fenstern der Mm. pectorales major und minor und Abheben des M. latissimus dorsi dargestellt.

F.: Verlagerung der Scapula nach ventrolateral, fixiert den Margo medialis am Rumpf.

Pars inferior (schräg ansteigende Fasern)

O.: 5.–9. Rippe.

I.: Angulus inferior scapulae.

F.: Verlagerung des Angulus inferior nach ventrolateral, wodurch die Scapula so gedreht wird, dass das Acromion nach dorsal verlagert und dadurch die Erhebung des Armes über die Horizontale (Elevation) ermöglicht wird.

L.: N. thoracicus longus (C5–C7); A. thoracica lateralis, A. thoracodorsalis, A. thoracica suprema, Aa. intercostales, A. transversa colli.

F.: Der Gesamtmuskel fixiert den Margo medialis am Rumpf. Bei festgestellter Scapula hebt er die Rippen (Inspiration) (s. Kap. 5.1.2).

Klinik: Scapula alata (Engelflügelstellung). Flügelförmig abstehendes Schulterblatt bei Serratuslähmung, jedoch auch bei leptosomem (schlankwüchsigem) Körperbau.

4.3.3.2 Schultermuskeln

1. **M. deltoideus** (Abb. 4.30, 4.105–4.110). 3 Anteile (nach dem Ursprung).
   Pars spinalis
   O.: Unterer Rand der Spina scapulae und Fascia infraspinata.
   F.: Adduziert, außenrotiert und retrovertiert bei herabhängendem Arm. Bei bereits abduziertem Arm wird die weitere Abduktion unterstützt.
   Pars acromialis
   O.: Äußerer Rand des Akromions.
   F.: Abduziert bei herabhängendem Arm.
   Pars clavicularis
   O.: Laterales Drittel der Clavicula.
   F.: Innenrotiert, antevertiert und adduziert ebenfalls bei herabhängendem Arm. Bei bereits abduziertem Arm wird die weitere Abduktion unterstützt.
   I.: Tuberositas deltoidea.
   L.: N. axillaris (C5, C6); A. circumflexa humeri posterior, A. thoracoacromialis, A. profunda brachii.
   F.: Die komplizierte Innenarchitektur mit Fiederung und Sehneninterkalation dient der Halte- und Bewegungsfunktion. Die verschiedenen Partien des Muskels wirken antagonistisch. Bei gemeinsamer Kontraktion heben sich die rotierenden Komponenten der Pars clavicularis und der Pars spinalis auf; Resultante ist die kräftige Abduktion bis zur Horizontalen. Der Gesamtmuskel trägt das Gewicht des Arms.
2. **M. supraspinatus** (Abb. 4.108)
   O.: In der gesamten Fossa supraspinata und von der derben Fascia supraspinata.
   I.: Obere Facette des Tuberculum majus, Gelenkkapsel.
   L.: N. suprascapularis (C4-C6); A. suprascapularis, A. circumflexa scapulae.
   F.: Startermuskel der Abduktion. Unterstützt den M. deltoideus und verhindert die Einklemmung der Gelenkkapsel aufgrund seiner Kapselinsertion.

3. **M. infraspinatus** (Abb. 4.108)
   O.: Fossa infraspinata (ohne Collum scapulae) und Fascia infraspinata.
   I.: Mittlere Facette des Tuberculum majus und Gelenkkapsel.
   L.: N. suprascapularis (C4-C6); A. suprascapularis, A. circumflexa scapulae.
   F.: Stärkster Außenrotator, abduziert bei erhobenem Arm, adduziert bei gesenktem und verhindert Gelenkkapseleinklemmung.
4. **M. teres minor** (Abb. 4.108)
   O.: Mittlere Partie des Margo lateralis scapulae (hier oft stark mit dem M. infraspinatus verwachsen).
   I.: Untere Facette des Tuberculum majus und Gelenkkapsel.
   L.: N. axillaris (C4, C5); A. circumflexa scapulae.
   F.: Außenrotation, Adduktion, verhindert Einklemmung der Gelenkkapsel.
5. **M. subscapularis** (Abb. 4.110)
   O.: Fossa subscapularis (ohne Collum scapulae), der Muskel wird durch eingeschobene Sehnen, die an den Lineae musculares befestigt sind, mehrfach gefiedert und ragt breit über den unteren Rand des Margo lateralis hinaus.
   I.: Tuberculum minus und Gelenkkapsel. Die Sehne überbrückt den Sulcus intertubercularis und bekommt daher auch Anschluss an die Crista tuberculi majoris.
   L.: N. subscapularis (C5–C8); Aa. subscapulares.
   F.: Stärkster Innenrotator (hoher physiologischer Querschnitt mit großer Kraftentfaltung durch starke Fiederung), verhindert Gelenkkapseleinklemmung.
6. **M. teres major** (Abb. 4.107, 4.108 und 4.110)
   O.: Untere Partie des Margo lateralis scapulae und dorsal vom Angulus inferior scapulae.
   I.: Crista tuberculi minoris. Von der ebenfalls hier inserierenden Sehne des M. latissimus dorsi ist er durch die Bursa subtendinea m. teretis majoris getrennt.
   L.: N. subscapularis (C6, C7) und/oder N. thoracodorsalis (C5, C6); Aa. subscapulares.
   F.: Innenrotation, Adduktion und Retroversion im Schultergelenk.

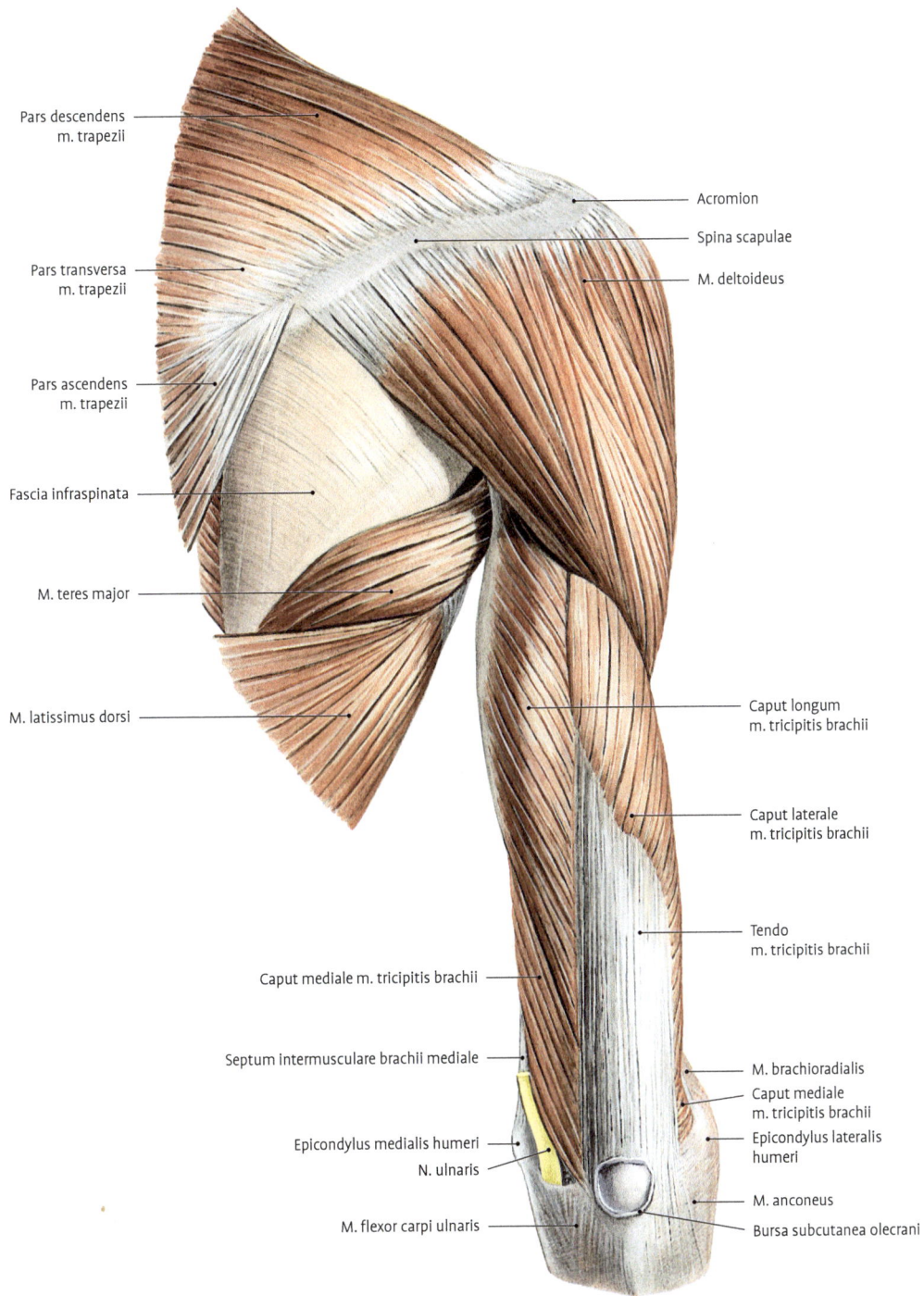

Pars descendens m. trapezii

Acromion

Spina scapulae

M. deltoideus

Pars transversa m. trapezii

Pars ascendens m. trapezii

Fascia infraspinata

M. teres major

Caput longum m. tricipitis brachii

M. latissimus dorsi

Caput laterale m. tricipitis brachii

Tendo m. tricipitis brachii

Caput mediale m. tricipitis brachii

Septum intermusculare brachii mediale

M. brachioradialis

Caput mediale m. tricipitis brachii

Epicondylus medialis humeri

Epicondylus lateralis humeri

N. ulnaris

M. flexor carpi ulnaris

M. anconeus

Bursa subcutanea olecrani

Abb. 4.107 Schulter- und Oberarmmuskeln, von dorsal gesehen. I. Oberflächliche Lage.

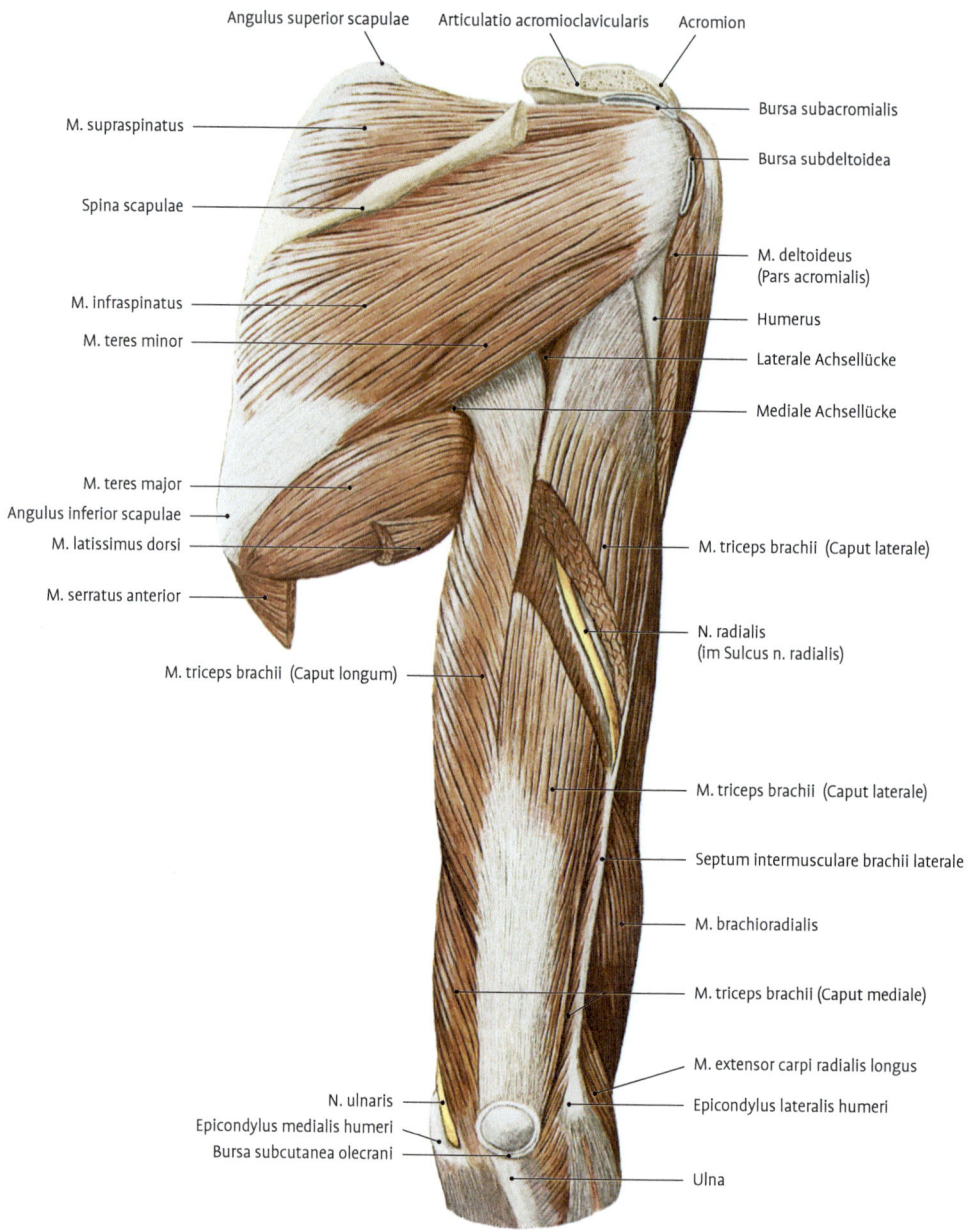

Abb. 4.108 Schulter- und Oberarmmuskeln von dorsal gesehen. II. Spina scapulae zum Teil entfernt, die Pars spinalis des M. deltoideus abgetragen. Caput laterale des M. triceps brachii gefenstert, um den Verlauf des N. radialis im Sulcus n. radialis zu zeigen.

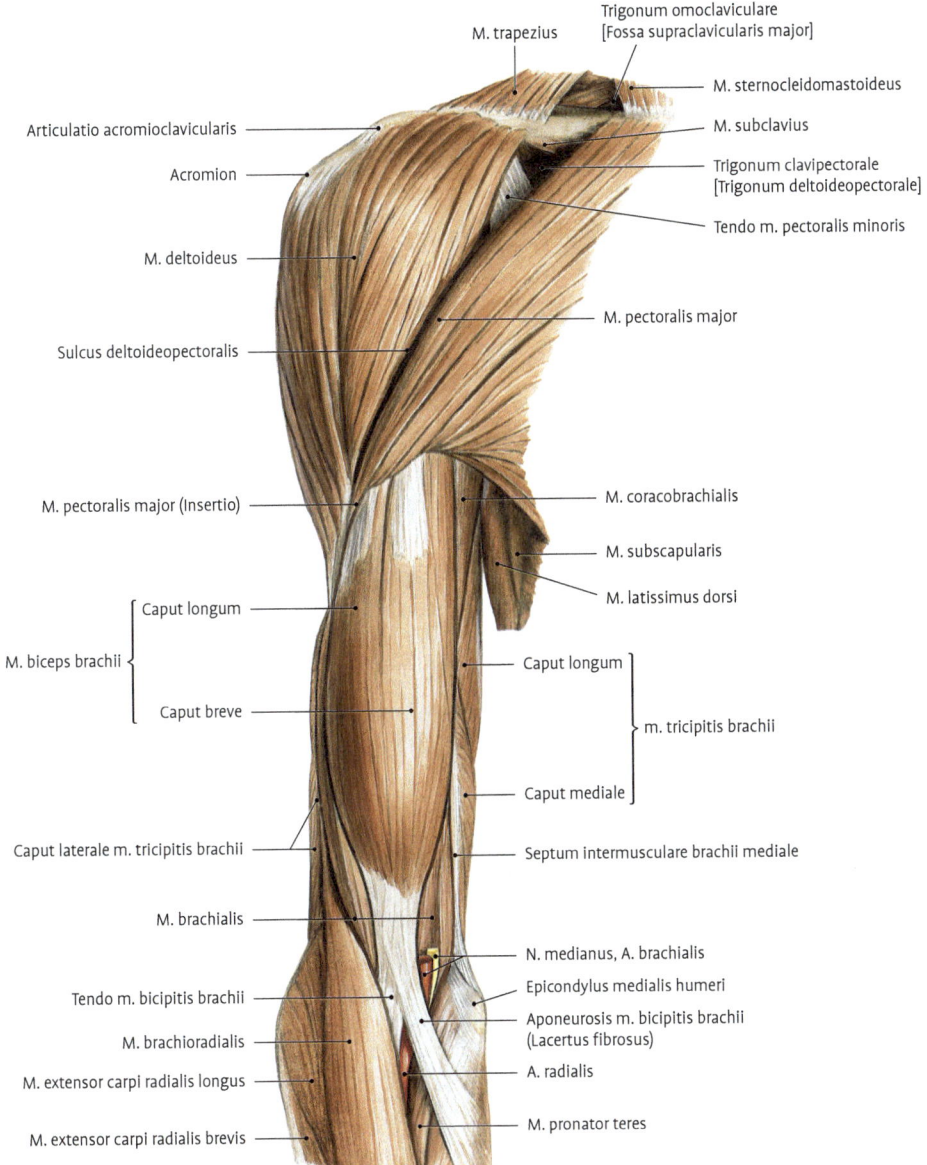

M. trapezius

Trigonum omoclaviculare
[Fossa supraclavicularis major]

M. sternocleidomastoideus

Articulatio acromioclavicularis

M. subclavius

Acromion

Trigonum clavipectorale
[Trigonum deltoideopectorale]

Tendo m. pectoralis minoris

M. deltoideus

M. pectoralis major

Sulcus deltoideopectoralis

M. pectoralis major (Insertio)

M. coracobrachialis

M. subscapularis

M. latissimus dorsi

Caput longum

M. biceps brachii

Caput longum

Caput breve

m. tricipitis brachii

Caput mediale

Caput laterale m. tricipitis brachii

Septum intermusculare brachii mediale

M. brachialis

N. medianus, A. brachialis

Epicondylus medialis humeri

Tendo m. bicipitis brachii

Aponeurosis m. bicipitis brachii
(Lacertus fibrosus)

M. brachioradialis

A. radialis

M. extensor carpi radialis longus

M. pronator teres

M. extensor carpi radialis brevis

Abb. 4.109 Oberflächliche Schulter- und Oberarmmuskeln. Ansicht von ventral.

Rotatorenmanschette (Abb. 4.87). Die breiten Sehnen von M. supraspinatus, M. infraspinatus, M. teres minor, M. subscapularis und Lig. coracohumerale verwachsen zu einer derben, gerundeten, nach unten offenen Sehnenplatte, die das Schultergelenk kranial, ventral und dorsal einhüllt. Da diese Platte aus den Sehnen der kurzen Schulterrotatoren gebildet wird, hat sich der Begriff „Rotatorenmanschette" eingebürgert. Die Rotatorenmanschette liegt im Spatium subacromiale, einer osteofibrösen Loge zwischen Fornix humeri und Caput humeri; sie wird vom Corpus adiposum subacromiale bedeckt.

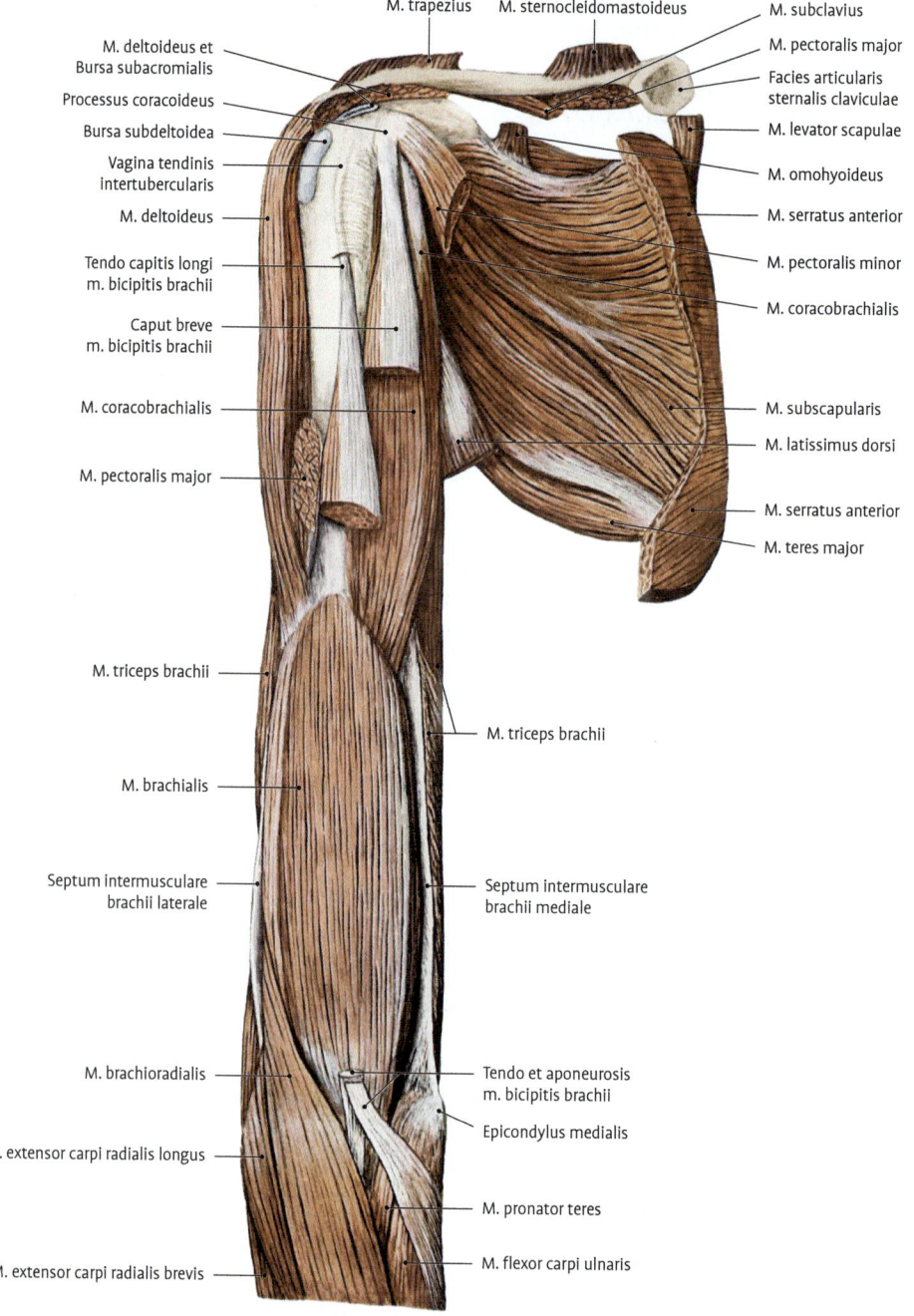

M. trapezius   M. sternocleidomastoideus   M. subclavius

M. deltoideus et
Bursa subacromialis

M. pectoralis major

Processus coracoideus

Facies articularis
sternalis claviculae

Bursa subdeltoidea

M. levator scapulae

Vagina tendinis
intertubercularis

M. omohyoideus

M. deltoideus

M. serratus anterior

Tendo capitis longi
m. bicipitis brachii

M. pectoralis minor

Caput breve
m. bicipitis brachii

M. coracobrachialis

M. coracobrachialis

M. subscapularis

M. latissimus dorsi

M. pectoralis major

M. serratus anterior

M. teres major

M. triceps brachii

M. triceps brachii

M. brachialis

Septum intermusculare
brachii laterale

Septum intermusculare
brachii mediale

M. brachioradialis

Tendo et aponeurosis
m. bicipitis brachii

Epicondylus medialis

M. extensor carpi radialis longus

M. pronator teres

M. extensor carpi radialis brevis

M. flexor carpi ulnaris

Abb. 4.110 Tiefe Schulter- und Oberarmmuskeln. Ansicht von ventral. M. deltoideus, M. biceps brachii, M. pectoralis major, M. pectoralis minor sind größtenteils abgetragen. Das Schlüsselbein ist nach dorsal verlagert.

Klinik: Rotatorenmanschettenruptur. 1–2 cm vor der knöchernen Insertion wird die Manschette infolge ungünstiger mechanischer Faktoren schlecht durchblutet und neigt daher zu Degeneration und Sehneneinriss.

4.3.3.3 Zusammenspiel der Schultermuskeln

Kein Muskel arbeitet für sich alleine. Bereits bei einfachen Bewegungen von Schulter oder Arm sind zahlreiche Muskeln oder Teile von ihnen tätig, andere stehen in Reserve, um helfend einzugreifen. Eine Bewegung wird von einem Muskel begonnen und von einem anderen weitergeführt. Während die einen kontrahieren, werden andere gedehnt und beeinflussen damit den Ablauf der Bewegung. Von besonderer Bedeutung ist die Ausgangsstellung des Gelenks: Derselbe Muskel kann je nach Ausgangsposition auch entgegengesetzte Bewegungen ausführen.

Verlagerungen des Schultergürtels

Heben (z. B. beim Lastentragen auf der Schulter) erfolgt durch die zum Schultergürtel bzw. Humerus absteigenden Muskeln oder durch Teile von diesen Muskeln:

- Pars descendens m. trapezii, M. levator scapulae, Pars clavicularis m. sternocleidomastoidei, Mm. rhomboidei,
- zeitweise durch Pars clavicularis m. pectoralis majoris und Pars intermedia des M. serratus anterior.

Senken oder Tragen des Rumpfes bei aufgestützten Armen oder Hochziehen des Rumpfes beim Seilklettern bewirken Muskelzüge, die zum Schultergürtel bzw. Humerus aufsteigen:

- Pars descendens m. trapezii, untere Teile des M. pectoralis major, M. pectoralis minor, M. subclavius, Pars inferior des M. serratus anterior und M. latissimus dorsi.

Vorwärtsführen (z. B. bei Wurfbewegungen) geschieht durch die Pars intermedia und Pars inferior des M. serratus anterior, die Mm. pectorales und teilweise den M. levator scapulae.

Zurückführen (z. B. das Ausholen zu Wurfbewegungen) bewirken sämtliche Teile des M. trapezius, die Mm. rhomboidei und die oberen Teile des M. latissimus dorsi.

Drehen der Scapula oder Schwenken des Angulus inferior scapulae erfolgt:

- **ventralwärts** (beim Erheben des Armes über die Horizontale) durch die am Angulus inferior inserierende Pars inferior des M. serratus anterior. Unterstützend wirken die am Acromion bzw. an der Spina scapulae ansetzenden, ab- und ansteigenden Teile des M. trapezius.
- **dorsalwärts** durch die Mm. rhomboidei. Unterstützend wirken der M. pectoralis minor, indem er den Proc. coracoideus senkt, und der M. levator scapulae, indem er den Angulus superior hebt.

Bewegungen im Schultergelenk

Um die **Achse in der Skapularebene** wird der Arm vorwärts und rückwärts gehoben.

Anteversion bewirken die Pars clavicularis m. deltoidei und M. pectoralis major. Ferner folgende Armmuskeln: M. coracobrachialis, M. biceps brachii. In geringerem Grade helfen Teile des M. infraspinatus, des M. subscapularis und des M. teres minor.

Retroversion erfolgt durch die Pars spinalis des M. deltoideus, den M. teres major, den M. latissimus dorsi und v. a. durch das Caput longum m. tricipitis brachii. Zeitweise unterstützend wirken M. subscapularis und M. teres minor.

Um die **Achse senkrecht auf die Skapularebene** erfolgt die Ab- und Adduktion des Armes.

Abduktion. Der stärkste Abduktor ist die stark gefiederte Pars acromialis des M. deltoideus, sekundiert durch den M. supraspinatus (Startermuskel der Abduktion). Zeitweise unterstützend wirken Pars clavicularis und Pars spinalis des M. deltoideus, der M. infraspinatus, der M. subscapularis und das Caput longum m. bicipitis brachii.

Adduktion. Der stärkste Adduktor ist der M. pectoralis major. Wenig schwächer sind die Mm. teres major et latissimus dorsi und das Caput longum m. tricipitis brachii. Zeitweise unterstützend wirken Pars clavicularis und Pars spinalis m. deltoidei, Caput breve m. bicipitis brachii und die Mm. coracobrachialis, infraspinatus et teres minor.

Um die **longitudinale Achse** wird der Arm im Schultergelenk nach innen oder außen rotiert.

Innenrotation. Hauptinnenrotator ist der M. subscapularis, unterstützt durch den M. pectoralis major und das Caput longum m. bicipitis brachii. Zeitweise unterstützend wirken Pars clavicularis m. deltoidei, M. teres major und M. latissimus dorsi.

Außenrotation. Hauptaußenrotator ist der M. infraspinatus (zwei Drittel der Leistung). Unterstützt

wird er von den Mm. supraspinatus, teres minor, deltoideus (Pars spinalis) und dem Caput longum m. tricipitis brachii.

Unterstützung der Atemexkursionen (s. Kap. 5.1.2)

Klinik: Die Innenkreiseler entwickeln doppelt soviel Kraft wie die Außenkreiseler → entsprechend werden Bruchstücke bei Frakturen verschoben! Mit innenrotiertem Arm erfolgt ein großer Teil der manuellen Arbeiten.

Zusammenspiel der Schultergürtel- und Schultergelenkbewegungen (Beispiel: Erhebung des Armes)
- M. supraspinatus („Startermuskel" der Abduktion) und M. deltoideus heben den Arm bis zur Horizontalen.
- M. serratus anterior und ab- und aufsteigende Teile des M. trapezius schwenken den Angulus inferior scapulae zusätzlich ventrolateralwärts, wenn der Arm über die Horizontale gelangt.
- M. erector spinae beugt bei stärkster Erhebung die Wirbelsäule zur Gegenseite.

Dynamik des Bewegungsablaufes. Der Bewegungsumfang einer Gruppe wird nicht ausgeschöpft, bevor die andere in Tätigkeit tritt. Vielmehr kommt gerade durch das frühzeitige Eingreifen der anderen Gruppe der flüssige Ablauf der Bewegung zustande.

4.3.3.4 Oberarmmuskeln

Die Muskeln des Oberarmes sind in zwei Logen, der Beuger- und der Streckerloge, untergebracht. Die Beuger (M. biceps brachii, M. coracobrachialis, M. brachialis) werden alle vom N. musculocutaneus, die Strecker (M. triceps brachii, M. anconaeus) vom N. radialis innerviert.

1. **M. biceps brachii** (Abb. 4.109, 4.110). Nach der Länge der Ursprungssehnen werden 2 Köpfe unterschieden:
   Caput longum. O.: Tuberculum supraglenoidale scapulae, Labrum glenoidale.
   Caput breve. O.: kurzsehnig vom Proc. coracoideus (dort mit M. coracobrachialis untrennbar verwachsen).
   I.: Tuberositas radii und mit der flachen **Aponeurosis m. bicipitis brachii sive Lacertus fibrosus** (Nebensehne) an der Fascia antebrachii.
   L.: N. musculocutaneus (C5, C6); Rr. muscula-

res der A. axillaris, Rr. bicipitales der A. brachialis.
   F.: Da der M. biceps ein zweigelenkiger Muskel ist, muss seine Funktion getrennt für das Schulter- und Ellenbogengelenk betrachtet werden. **Schultergelenk:** Das Caput longum abduziert und innenrotiert den Humerus. Das Caput breve adduziert und innenrotiert. Beide Köpfe sind an der Anteversion des Arms (bis zu 90°) beteiligt. Da die Sehne des langen Bizepskopfs durch den Sulcus intertubercularis geführt wird und intraartikulär über das Caput humeri zum Tuberculum supraglenoidale verläuft, wird ein Hochsteigen und Anstoßen des Humerus am Fornix humeri verhindert. **Ellenbogengelenk:** Der Bizeps ist der kräftigste Beuger, Supinator (bei Beugung) und Spanner der Unterarmfaszie.
An der Tuberositas radii schiebt sich immer die Bursa bicipitoradialis zwischen Bizepssehne und Knochen. Bei Pronation wird die Bizepssehne um den Radius gewickelt, bei Supination wieder abgerollt. Bei Beugung entfernt sich der Bizeps von der queren Ellenbogengelenkachse und wulstet sich nach ventral vor. Dadurch wird dem M. brachialis Raum für seine eigene Kontraktion gegeben.

2. **M. coracobrachialis** (Abb. 4.109, 4.110)
   O.: Spitze des Proc. coracoideus.
   I.: Vorderfläche des Humerus distal der Crista tuberculi minoris und proximal des M. brachialis sowie am Septum intermusculare mediale.
   L.: N. musculocutaneus (C6, C7); Aa. circumflexae humeri.
   F.: Adduziert und innenrotiert den erhobenen Arm und ist an der Anteversion und Elevation des Armes beteiligt. Außerdem Haltemuskel, der besonders die Subluxation des Humeruskopfes nach kaudal verhindert.
Der M. coracobrachialis ist der **Leitmuskel für das Gefäßnervenbündel des Oberarmes** und wird **vom N. musculocutaneus durchbohrt.**

3. **M. brachialis** (Abb. 4.109, 4.110)
   O.: Vorderfläche der distalen Humerushälfte, Septa intermuscularia.
   I.: Tuberositas ulnae, Gelenkkapsel des Ellenbogengelenkes.
   L.: N. musculocutaneus, N. radialis (in 75% laterale Randpartie; C5, C6); Aa. collateralis ulnaris superior und inferior, Rr. musculares aus A. brachialis.

F.: Reiner Beuger im Ellenbogengelenk sowohl bei Pro- als auch bei Supination. Verhindert die Einklemmung der Gelenkkapsel.

4. **M. triceps brachii** (Abb. 4.107, 4.108). Es werden 3 Köpfe nach den Ursprüngen unterschieden:
Caput longum. O.: Extraartikulär vom Tuberculum infraglenoidale scapulae (zweigelenkig).
Caput laterale. O.: Dorsale Fläche des Humerus proximolateral des Sulcus n. radialis, proximale zwei Drittel des Septum intermusculare brachii laterale (eingelenkig).
Caput mediale. O.: Dorsale Fläche des Humerus distomedial des Sulcus n. radialis, Septum intermusculare brachii mediale und distales Drittel des Septum intermusculare brachii laterale (eingelenkig).
I.: Olecranon und Gelenkkapsel des Ellenbogengelenkes.
L.: N. radialis (C6–C8, evtl. Th1); A. circumflexa humeri posterior, A. profunda brachii, Aa. collaterales ulnares.
F.: Das Caput longum bewirkt im **Schultergelenk** eine Retroversion, Adduktion und schwache Außenrotation; im **Ellenbogengelenk** ist der Muskel der einzige Strecker, wobei das Caput mediale die Hauptarbeit leistet. Die an der Gelenkkapsel inserierenden Fasern verhindern die Einklemmung und werden bei kräftiger Ausbildung auch als M. articularis cubiti bezeichnet.

5. **M. anconaeus** (griech. ankon = Ellenbogen) (auch Caput quartum des Trizeps genannt, da Fortsetzung des Caput mediale, dreieckige Form; Abb. 4.111).
O.: Dorsal vom Epicondylus lateralis humeri, von der Gelenkkapsel und vom Lig. collaterale radiale.
I.: Dorsoradiale Kante des Olecranons.
L.: N. radialis (C7, C8); A. interossea recurrens.
F.: Unterstützt die Streckung im Ellenbogengelenk und verhindert die Einklemmung der Gelenkkapsel.
Da der Muskel entwicklungsgeschichtlich zum M. triceps brachii gehört, wird er bei den Oberarmmuskeln besprochen, topografisch ist er Teil des Unterarms.

Wirkung der Oberarmmuskeln auf das Ellenbogengelenk

- Die zweigelenkigen Muskeln (M. biceps brachii, Caput longum m. tricipitis brachii) entfal-

ten bei gleichzeitiger Wirkung auf Schulter- und Ellenbogengelenk nicht ihre volle Kraft, weil die Ursprünge frühzeitig genähert werden. Vielmehr beugt der Bizeps bei Retroversion im Schultergelenk am besten im Ellenbogengelenk.
- Der M. trizeps brachii streckt bei Anteversion und Abduktion im Schultergelenk am besten im Ellenbogengelenk. Beispiel: Ein kräftiger Hammerschlag wird mit vor- und seitwärts gehobenem Arm ausgeführt.

Die Beugung im Ellenbogengelenk wird unterstützt durch die am Oberarm entspringenden Muskeln des Unterarmes: die radiale Gruppe (→ M. brachioradialis, Mm. extensor carpi radialis longus et brevis) und die ulnare Gruppe (→ M. pronator teres, M. palmaris longus, M. flexor carpi radialis). Diese Muskeln sind an der Gesamtbeugung mit etwa 30% beteiligt. Exakt um diese 30% sind die Beuger den Streckern überlegen (→ erklärt die Beugung bei spastischer Lähmung und die Fechterstellung von Brandleichen).

4.3.3.5 Unterarmmuskeln

20 Muskeln (Abb. 4.111–4.116) werden unterschieden! Die oberflächliche Schicht entspringt vom Humerus, die tiefe an der proximalen Hälfte von Radius, Ulna und Membrana interossea antebrachii. Distal gehen die Muskeln in Sehnen über, die gestaffelt an Unterarmknochen, Handwurzel- bzw. Mittelhandknochen und Fingern ansetzen. Diese Anordnung entlastet die Hand von überflüssiger Muskelmasse, gibt ihr Kraft und eine schlanke Form und qualifiziert sie so zum Greif- und Tastorgan. Die große Zahl der Muskeln ist morphologischer Ausdruck einer differenzierten, wohl abgestuften Bewegung in vielen Gelenken.

Einteilung:
- **dorsale Extensorengruppe** (→ N. radialis).
- **ventrale Flexorengruppe** (→ N. medianus, N. ulnaris).
- **brachioradiale Muskelgruppe** (→ N. radialis).

Dorsale Extensorengruppe

Die **Extensoren** (Abb. 4.111, 4.112) sind in **2 Schichten** angeordnet, wobei die oberflächlichen eher gerade und die tiefen eher schräg verlaufen.

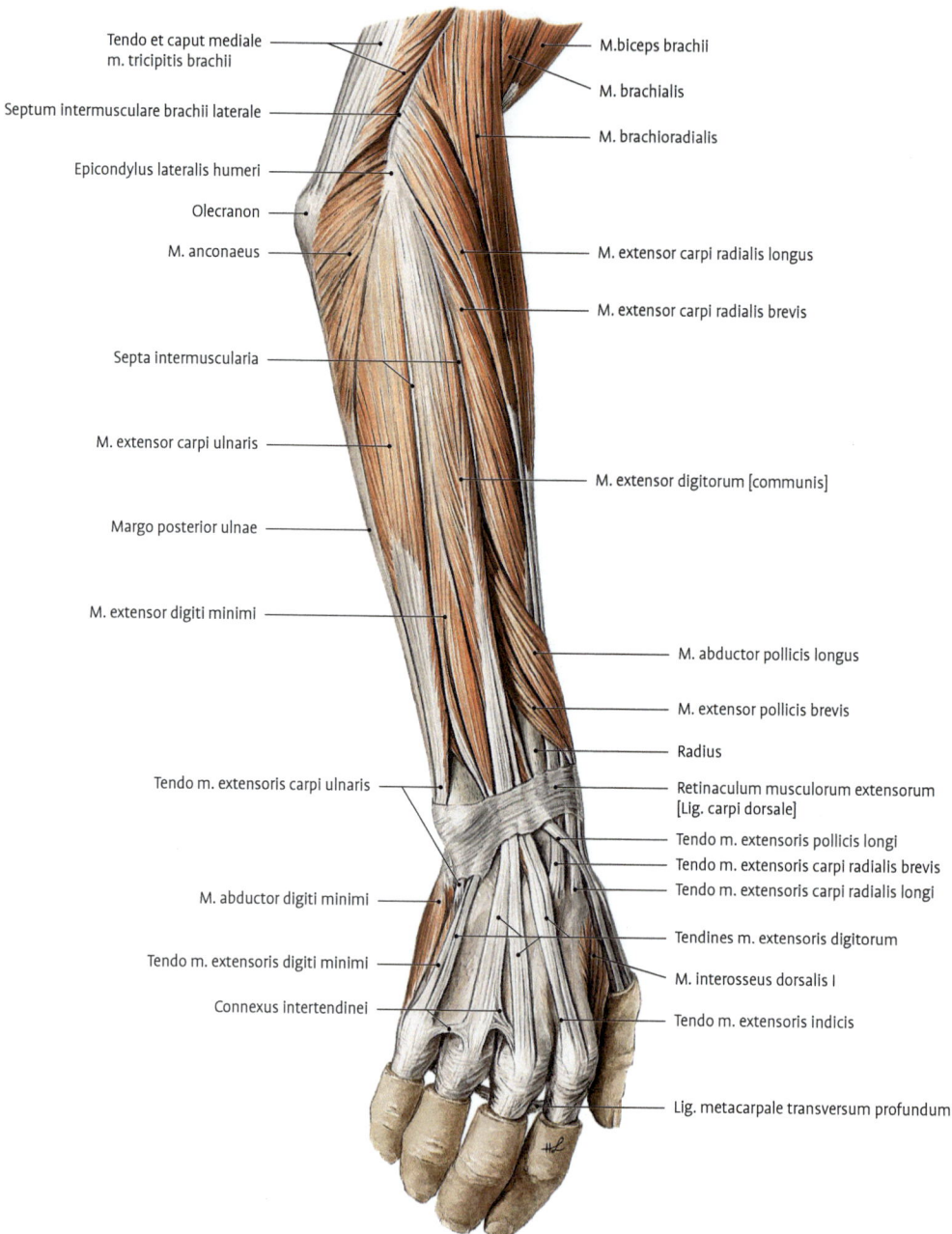

Tendo et caput mediale m. tricipitis brachii

Septum intermusculare brachii laterale

Epicondylus lateralis humeri

Olecranon

M. anconaeus

Septa intermuscularia

M. extensor carpi ulnaris

Margo posterior ulnae

M. extensor digiti minimi

Tendo m. extensoris carpi ulnaris

M. abductor digiti minimi

Tendo m. extensoris digiti minimi

Connexus intertendinei

M. biceps brachii

M. brachialis

M. brachioradialis

M. extensor carpi radialis longus

M. extensor carpi radialis brevis

M. extensor digitorum [communis]

M. abductor pollicis longus

M. extensor pollicis brevis

Radius

Retinaculum musculorum extensorum [Lig. carpi dorsale]

Tendo m. extensoris pollicis longi

Tendo m. extensoris carpi radialis brevis

Tendo m. extensoris carpi radialis longi

Tendines m. extensoris digitorum

M. interosseus dorsalis I

Tendo m. extensoris indicis

Lig. metacarpale transversum profundum

Abb. 4.111 Unterarm- und Handmuskeln eines supinierten rechten Armes. Dorsalansicht. Oberflächliche Lage.

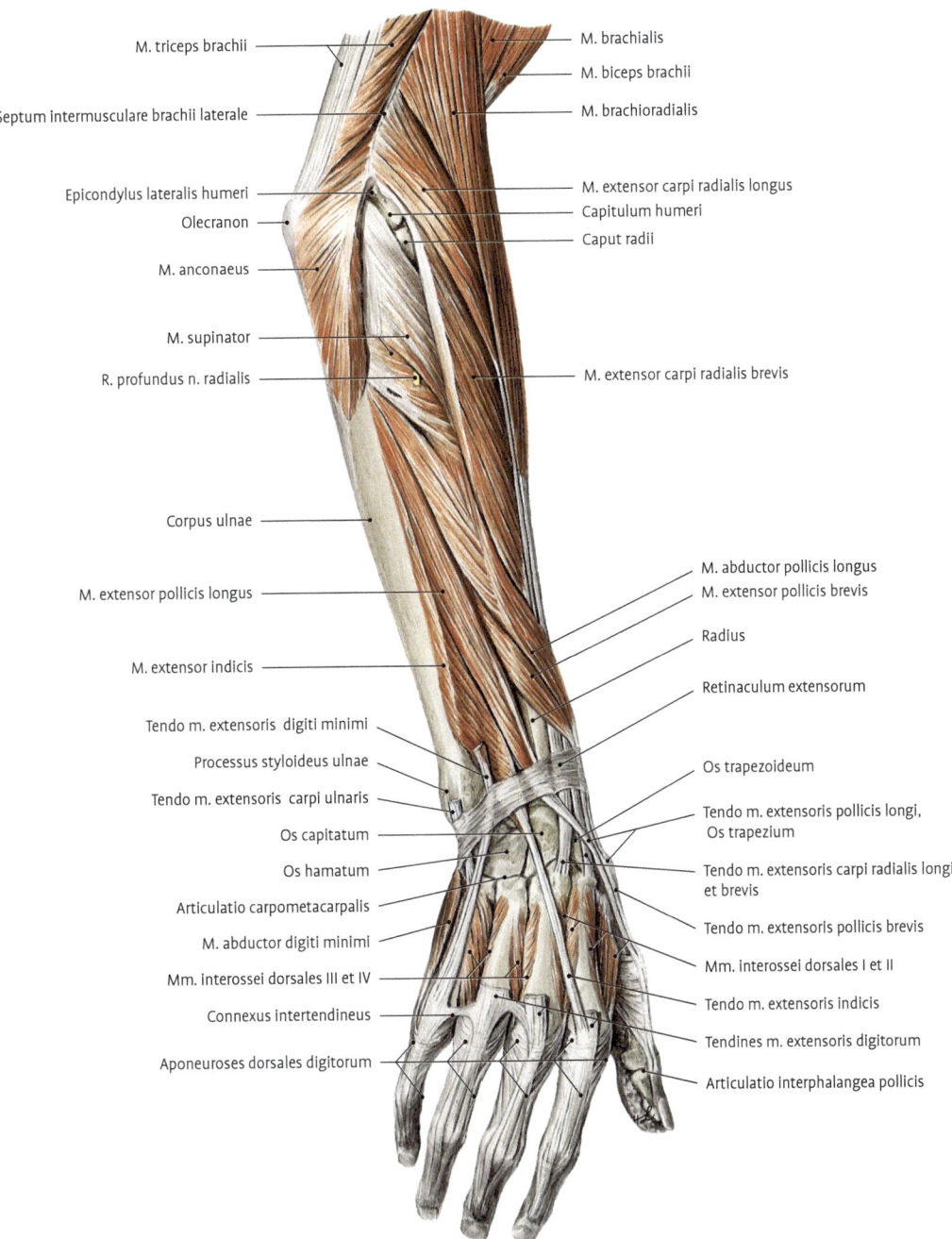

M. triceps brachii

Septum intermusculare brachii laterale

Epicondylus lateralis humeri

Olecranon

M. anconaeus

M. supinator

R. profundus n. radialis

Corpus ulnae

M. extensor pollicis longus

M. extensor indicis

Tendo m. extensoris digiti minimi

Processus styloideus ulnae

Tendo m. extensoris carpi ulnaris

Os capitatum

Os hamatum

Articulatio carpometacarpalis

M. abductor digiti minimi

Mm. interossei dorsales III et IV

Connexus intertendineus

Aponeuroses dorsales digitorum

M. brachialis

M. biceps brachii

M. brachioradialis

M. extensor carpi radialis longus

Capitulum humeri

Caput radii

M. extensor carpi radialis brevis

M. abductor pollicis longus

M. extensor pollicis brevis

Radius

Retinaculum extensorum

Os trapezoideum

Tendo m. extensoris pollicis longi,
Os trapezium

Tendo m. extensoris carpi radialis longi
et brevis

Tendo m. extensoris pollicis brevis

Mm. interossei dorsales I et II

Tendo m. extensoris indicis

Tendines m. extensoris digitorum

Articulatio interphalangea pollicis

Abb. 4.112 Unterarm- und Handmuskeln eines supinierten rechten Armes. Dorsalansicht der tiefen Lage. Oberflächliche Muskeln sind zum Teil entfernt. Ellenbogengelenk und Handwurzelknochen sind freigelegt, um ihre Lage zu den Muskeln und Sehnen zu zeigen.

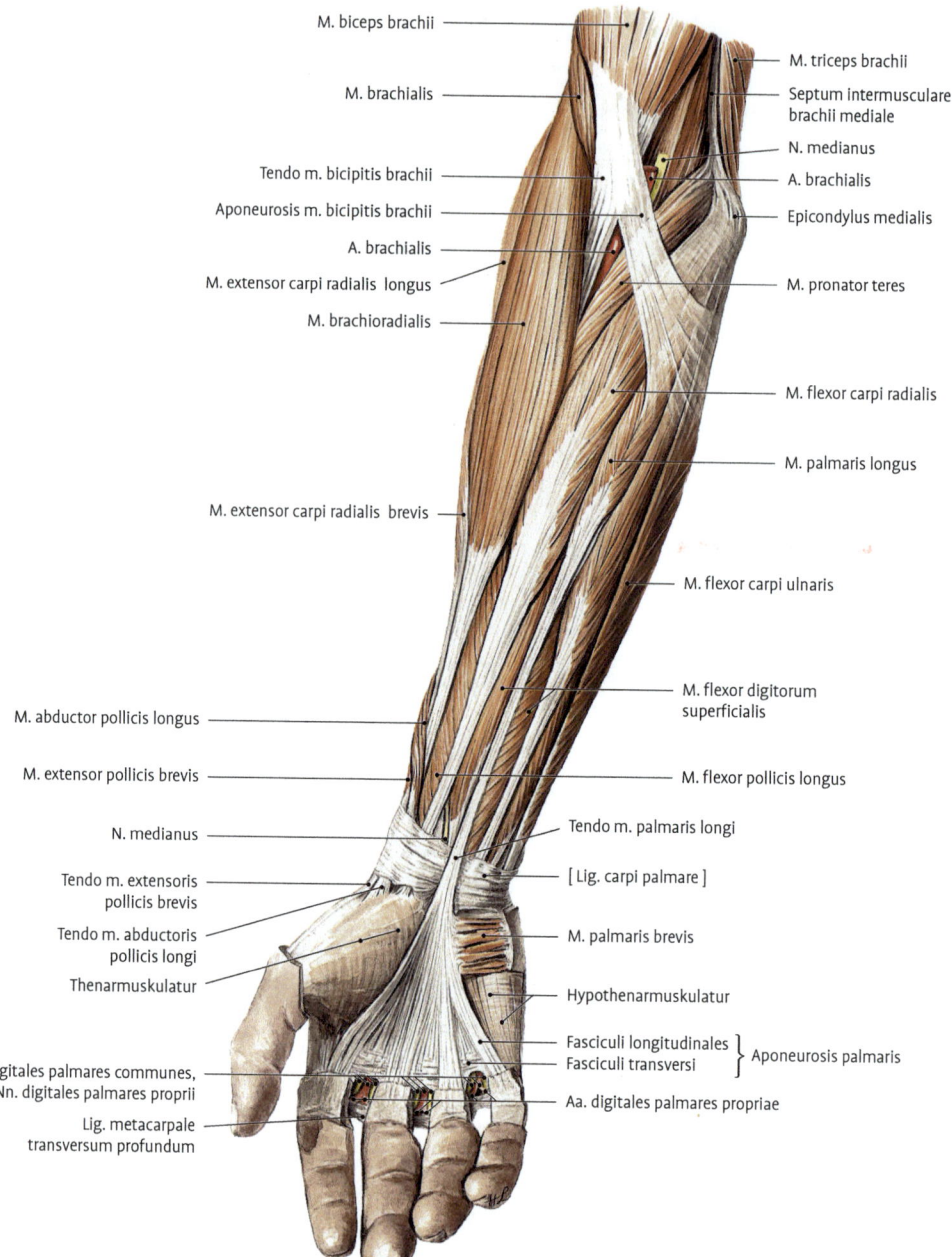

M. biceps brachii

M. triceps brachii

M. brachialis

Septum intermusculare brachii mediale

N. medianus

Tendo m. bicipitis brachii

A. brachialis

Aponeurosis m. bicipitis brachii

Epicondylus medialis

A. brachialis

M. extensor carpi radialis longus

M. pronator teres

M. brachioradialis

M. flexor carpi radialis

M. palmaris longus

M. extensor carpi radialis brevis

M. flexor carpi ulnaris

M. flexor digitorum superficialis

M. abductor pollicis longus

M. extensor pollicis brevis

M. flexor pollicis longus

N. medianus

Tendo m. palmaris longi

Tendo m. extensoris pollicis brevis

[Lig. carpi palmare]

Tendo m. abductoris pollicis longi

M. palmaris brevis

Thenarmuskulatur

Hypothenarmuskulatur

Fasciculi longitudinales
Fasciculi transversi } Aponeurosis palmaris

Aa. digitales palmares communes, Nn. digitales palmares proprii

Aa. digitales palmares propriae

Lig. metacarpale transversum profundum

Abb. 4.113 Unterarm- und Handmuskeln eines supinierten rechten Armes. Ansicht von ventral. I. Schicht.

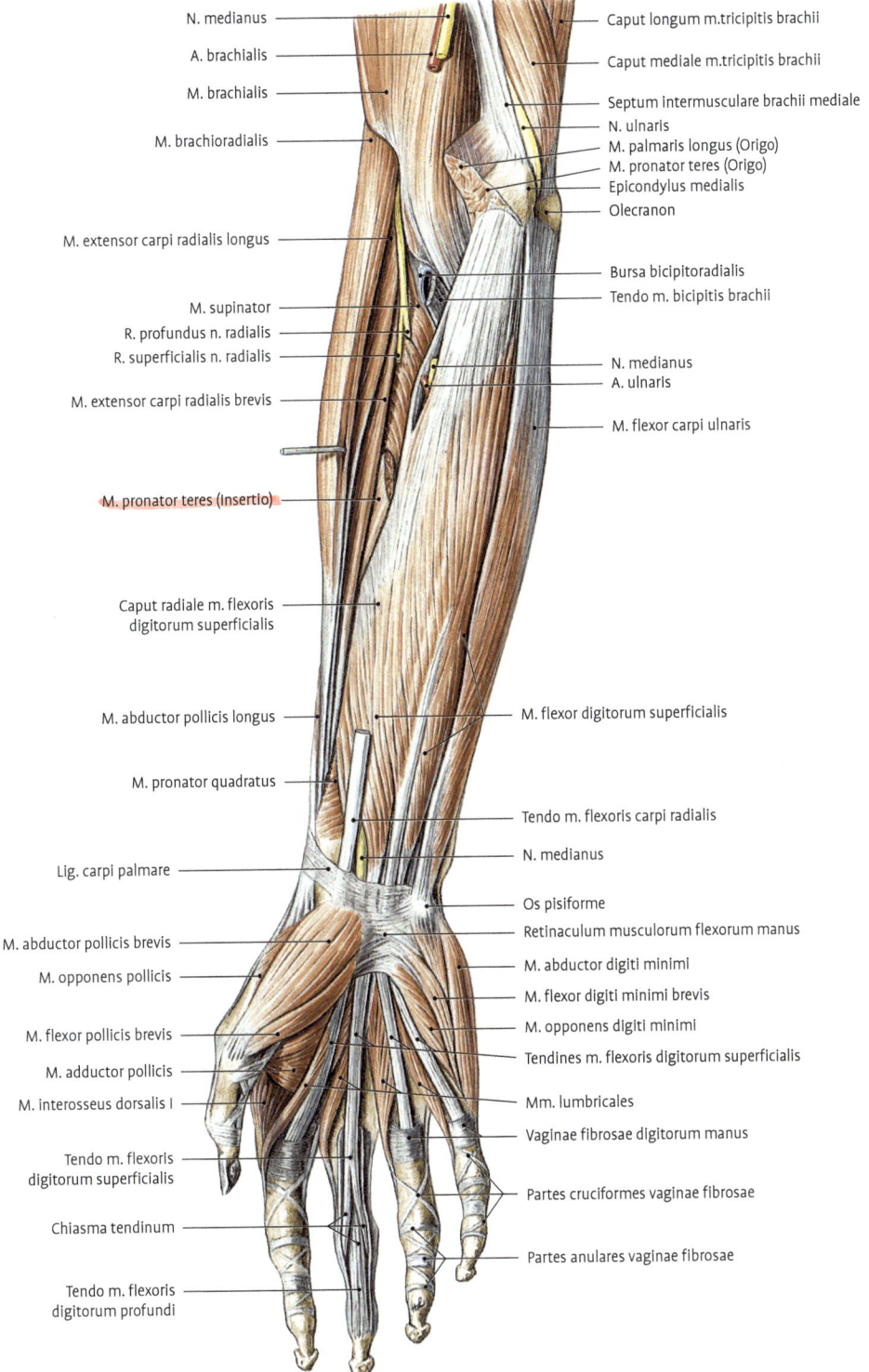

N. medianus

A. brachialis

M. brachialis

M. brachioradialis

M. extensor carpi radialis longus

M. supinator

R. profundus n. radialis

R. superficialis n. radialis

M. extensor carpi radialis brevis

M. pronator teres (Insertio)

Caput radiale m. flexoris digitorum superficialis

M. abductor pollicis longus

M. pronator quadratus

Lig. carpi palmare

M. abductor pollicis brevis

M. opponens pollicis

M. flexor pollicis brevis

M. adductor pollicis

M. interosseus dorsalis I

Tendo m. flexoris digitorum superficialis

Chiasma tendinum

Tendo m. flexoris digitorum profundi

Caput longum m. tricipitis brachii

Caput mediale m. tricipitis brachii

Septum intermusculare brachii mediale

N. ulnaris

M. palmaris longus (Origo)

M. pronator teres (Origo)

Epicondylus medialis

Olecranon

Bursa bicipitoradialis

Tendo m. bicipitis brachii

N. medianus

A. ulnaris

M. flexor carpi ulnaris

M. flexor digitorum superficialis

Tendo m. flexoris carpi radialis

N. medianus

Os pisiforme

Retinaculum musculorum flexorum manus

M. abductor digiti minimi

M. flexor digiti minimi brevis

M. opponens digiti minimi

Tendines m. flexoris digitorum superficialis

Mm. lumbricales

Vaginae fibrosae digitorum manus

Partes cruciformes vaginae fibrosae

Partes anulares vaginae fibrosae

Abb. 4.114 Unterarm- und Handmuskeln eines supinierten rechten Armes. Ansicht von ventral. II. Schicht. Oberflächliche Schicht z. T. entfernt.

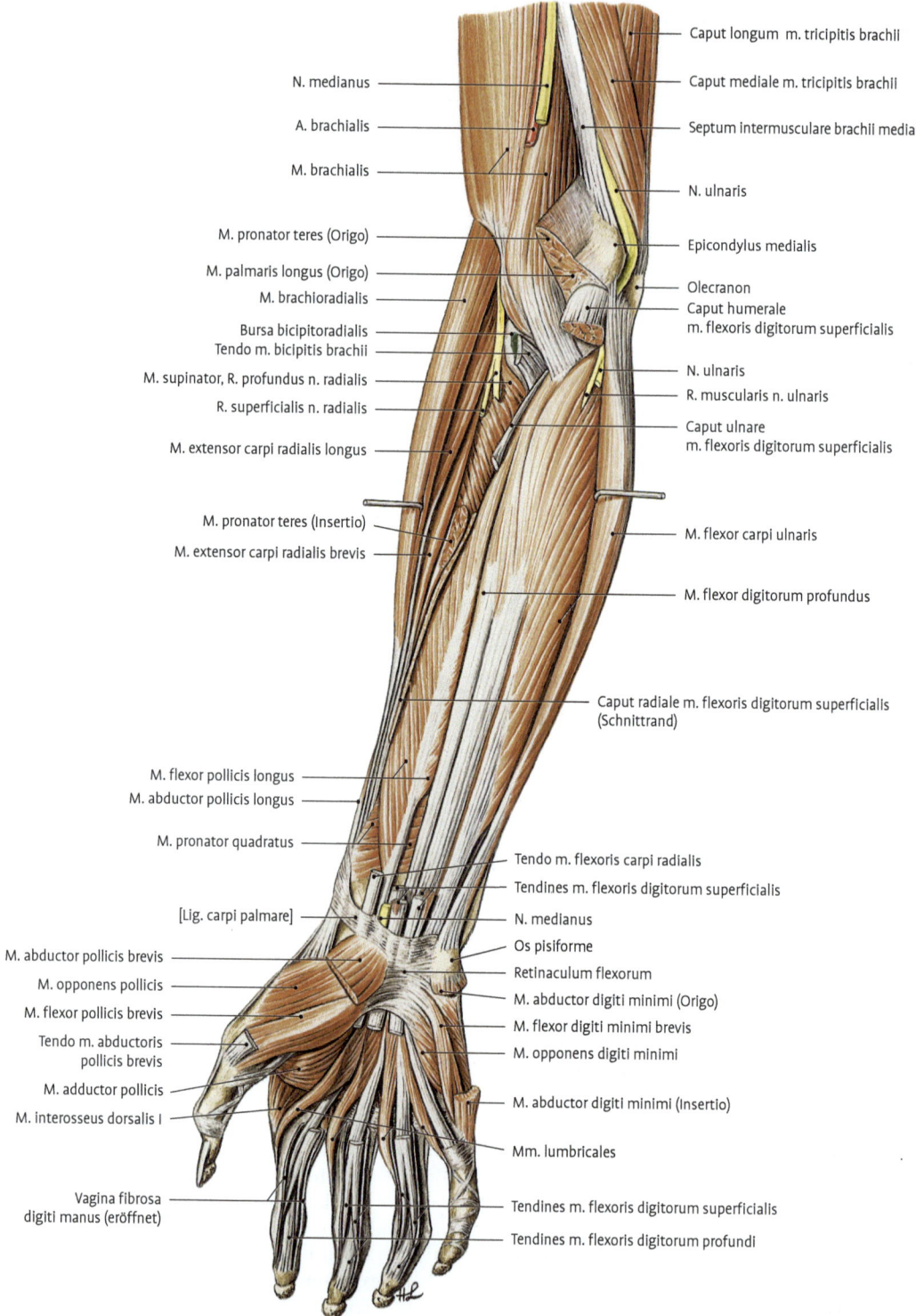

Caput longum m. tricipitis brachii

Caput mediale m. tricipitis brachii

Septum intermusculare brachii mediale

N. ulnaris

Epicondylus medialis

Olecranon

Caput humerale
m. flexoris digitorum superficialis

N. ulnaris

R. muscularis n. ulnaris

Caput ulnare
m. flexoris digitorum superficialis

M. flexor carpi ulnaris

M. flexor digitorum profundus

Caput radiale m. flexoris digitorum superficialis
(Schnittrand)

Tendo m. flexoris carpi radialis

Tendines m. flexoris digitorum superficialis

N. medianus

Os pisiforme

Retinaculum flexorum

M. abductor digiti minimi (Origo)

M. flexor digiti minimi brevis

M. opponens digiti minimi

M. abductor digiti minimi (Insertio)

Mm. lumbricales

Tendines m. flexoris digitorum superficialis

Tendines m. flexoris digitorum profundi

N. medianus

A. brachialis

M. brachialis

M. pronator teres (Origo)

M. palmaris longus (Origo)

M. brachioradialis

Bursa bicipitoradialis

Tendo m. bicipitis brachii

M. supinator, R. profundus n. radialis

R. superficialis n. radialis

M. extensor carpi radialis longus

M. pronator teres (Insertio)

M. extensor carpi radialis brevis

M. flexor pollicis longus

M. abductor pollicis longus

M. pronator quadratus

[Lig. carpi palmare]

M. abductor pollicis brevis

M. opponens pollicis

M. flexor pollicis brevis

Tendo m. abductoris
pollicis brevis

M. adductor pollicis

M. interosseus dorsalis I

Vagina fibrosa
digiti manus (eröffnet)

Abb. 4.115 Unterarm- und Handmuskeln eines supinierten rechten Armes. Ansicht von ventral. III. Schicht. I. u. II. Schicht z. T. entfernt.

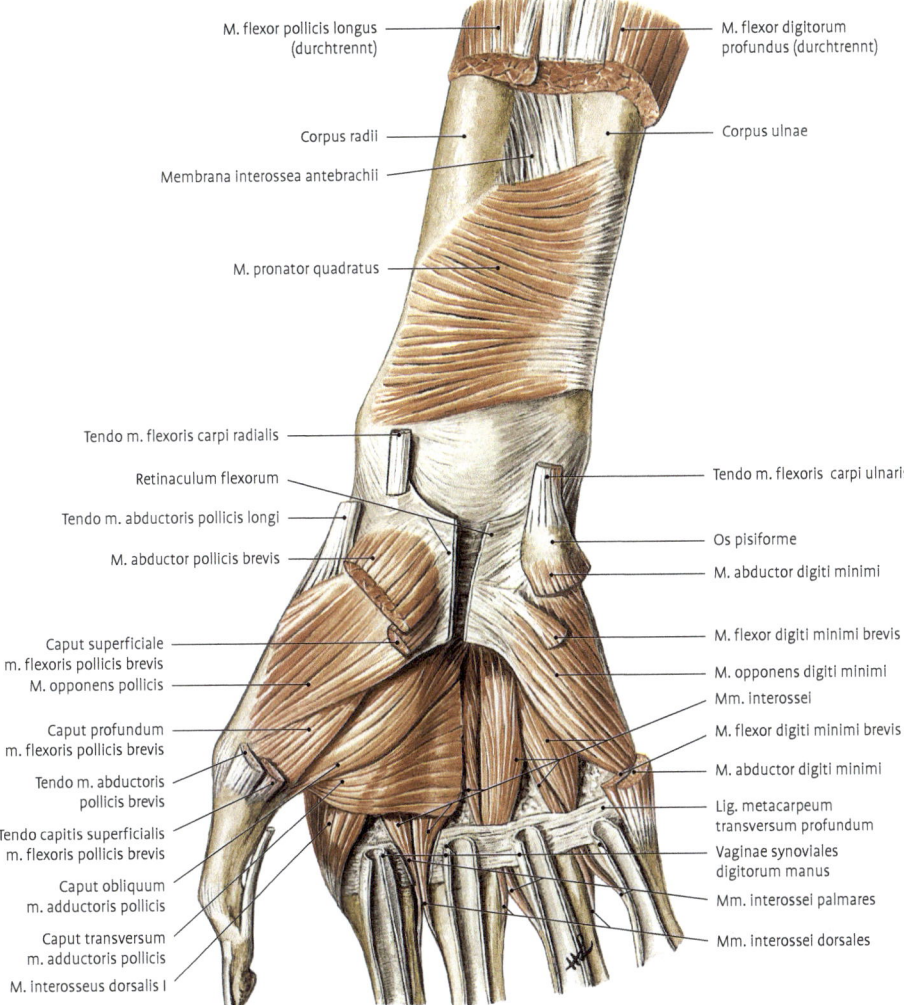

Abb. 4.116 Unterarm- und Handmuskeln eines supinierten rechten Armes. Palmaransicht. IV. Schicht.

- **oberflächliche Schicht:** M. extensor digitorum, M. extensor digiti minimi, M. extensor carpi ulnaris, M. anconaeus.
- **tiefe Schicht:** M. abductor pollicis longus, M. extensor pollicis longus, M. extensor pollicis brevis, M. extensor indicis, M. supinator.

Oberflächliche Schicht:

1. M. extensor digitorum

O.: Epicondylus lateralis humeri, Lig. collaterale radiale, Lig. anulare radii, Fascia antebrachii.

I.: Dorsalaponeurose Digg. II-V. Die Sehnen sind in Höhe der Köpfe der Ossa metacarpalia durch **Connexus intertendinei** verbunden, wodurch die isolierte Bewegung einzelner Finger behindert wird.

L.: Rr. musculares des R. profundus n. radialis (C6–C8), die in die Unterfläche des Muskels eintreten; A. interossea posterior.

F.: Streckt das 2.–5. Fingergrundgelenk bei beliebiger Stellung des Handgelenkes, streckt im Mittel- und Endgelenk bei flektierten Handgelenken. Streckt und bewirkt Ulnarduktion in den Handgelenken.

2. M. extensor digiti minimi

O.: Epicondylus lateralis humeri, mit dem M. extensor digg. eng verwachsen.

I.: Dorsalaponeurose des Dig. quintus.

L.: Rr. musculares des R. profundus n. radialis (C6–C8); A. interossea posterior.

F.: Streckung des Dig. quintus, Streckung und Ulnarduktion in den Handgelenken.

3. M. extensor carpi ulnaris

O.: Epicondylus lateralis humeri, Lig. collaterale radiale, Lig. anulare radii, Margo posterior ulnae, Fascia antebrachii.

I.: Dorsal an der Basis ossis metacarpi quinti.

L.: Ein Ast des R. profundus n. radialis (C7, C8) tritt an der breitesten Stelle des Muskels in die Unterfläche ein; A. interossea posterior.

F.: Streckt im Ellenbogengelenk, starke Ulnarduktion und schwache Extension in den Handgelenken.

4. M. anconaeus s. Kap. 4.3.3.4.

Tiefe Schicht:

1. M. supinator

O.: Freie Kante des Epicondylus lateralis humeri, Lig. collaterale radiale, Lig. anulare radii, Crista m. supinatoris ulnae.

I.: Ventral am Radius zwischen Tuberositas radii und M. pronator teres.

L.: R. profundus n. radialis (C5, C6, evtl. C7); A. recurrens radialis, A. interossea recurrens.

F.: Durch seinen schraubenförmigen Verlauf von dorsal um den Radius nach lateral und ventral wirkt er als kräftiger Supinator in allen Stellungen des Ellenbogengelenkes.

Der M. supinator besteht aus einer oberflächlichen und tiefen Schicht, wobei der superfizielle Anteil nach distal verschoben ist. Dadurch liegt der kraniale Rand der oberflächlichen Partie auf dem Muskelfleisch des tiefen Anteiles. Dieser Rand ist häufig sehnig ausgebildet und heißt **Frohse-Arkade**. Zwischen oberflächlichem und tiefem Anteil liegt der **Supinatorkanal (Supinatorschlitz)**, in dem der **R. profundus n. radialis** verläuft.

> **Klinik: Frohse-Arkade.** Prädilektionsstelle für Kompression des R. profundus n. radialis am Eingang in den Supinatorkanal (→ peripheres Kompressionssyndrom!).

2. M. abductor pollicis longus

O.: Facies dorsalis ulnae, Membrana interossea.

I.: Radial an der Basis ossis metacarpi I, Os trapezium.

L.: R. profundus n. radialis (C7, C8), wobei die

Rr. musculares in die Vorderfläche des Muskelbauches eintreten; A. interossea anterior und posterior.

F.: Abduktion und Streckung des Daumens im Sattelgelenk, Beugung und Radialduktion in den Handgelenken, schwacher Supinator.

3. M. extensor pollicis brevis

O.: Membrana interossea, Facies dorsalis radii.

I.: Dorsal an der Basis der Grundphalanx des Daumens.

L.: R. profundus n. radialis (C8); A. interossea anterior und posterior.

F.: Extensor im Sattelgelenk des Daumens, Radialduktor in den Handgelenken.

Der Muskel überkreuzt im distalen Drittel zusammen mit dem M. abductor pollicis longus die brachioradialen Muskeln!

4. M. extensor pollicis longus

O.: Facies dorsalis ulnae und Membrana interossea im Anschluss an den M. extensor pollicis brevis.

I.: Dorsal an der Basis der Endphalanx des Daumens.

L.: R. profundus n. radialis (C8), wobei die Rr. musculares in die Oberfläche des Muskelbauches eintreten; A. interossea anterior und posterior.

F.: Streckung im Daumengrund- und Endgelenk, Adduktion und Reposition im Sattelgelenk des Daumens, Dorsalextensor und Radialduktor in den Handgelenken. Das Tuberculum dorsale radii (Listeri) dient dem M. extensor pollicis longus als Hypomochlion!

5. M. extensor indicis

O.: Facies dorsalis ulnae und Membrana interossea unterhalb des M. extensor pollicis longus.

I.: Dorsalaponeurose des Zeigefingers.

L.: R. profundus n. radialis (C8); A. interossea anterior und posterior.

F.: Isolierte Streckung des Zeigefingers und streckt in den Handgelenken.

Ventrale Flexorengruppe (Abb. 4.113–4.116)

Die Flexoren sind in **4 Schichten** angeordnet:
- **oberflächliche Schicht:** M. pronator teres, M. flexor carpi radialis, M. palmaris longus, M. flexor carpi ulnaris
- **zweite Schicht:** M. flexor digitorum superficialis

- **dritte Schicht:** M. flexor digitorum profundus, M. flexor pollicis longus
- **tiefe Schicht:** M. pronator quadratus

Oberflächliche Schicht:

1. **M. pronator teres.** 2 Köpfe nach dem Ursprung:
   Caput humerale. O.: Epicondylus medialis humeri.
   Caput ulnare. O.: Proc. coronoideus ulnae.
   I.: Facies lateralis radii distal der Insertion des M. supinator (mittleres Radiusdrittel), Tuberositas pronatoria.
   L.: Rr. musculares des **N. medianus** (C6, C7), die vor dem Eintritt des Nerven in den **Pronatorkanal** abzweigen und in den oberen Muskelrand eintreten; Rr. musculares aus A. brachialis, A. radialis, A. ulnaris.
   F.: Pronator in den Radioulnargelenken und Beuger im Ellenbogengelenk.

Klinik: Pronatorkanal. Zwischen den beiden Ursprungsköpfen des M. pronator liegt der Pronatorkanal (**Medianustunnel**). Der hindurchziehende N. medianus kann durch Druck geschädigt werden (→ peripheres Kompressionssyndrom!).

2. **M. flexor carpi radialis**
   O.: Epicondylus medialis humeri, Septa intermuscularia, Fascia antebrachii.
   I.: Palmar an der Basis ossis metacarpi II und III.
   L.: N. medianus (C7, C8); Rr. musculares der A. radialis.
   F.: Schwacher Beuger im Ellenbogengelenk, Pronator, Beuger und Radialduktor in den Handgelenken.

3. **M. palmaris longus**
   O.: Epicondylus medialis humeri und Fascia antebrachii.
   I.: Aponeurosis palmaris.
   L.: N. medianus (C8, Th1); Rr. musculares aus A. ulnaris.
   F.: Schwacher Beuger im Ellenbogen- und in den Handgelenken, spannt die Aponeurosis palmaris.

Klinik: 1. Die Sehne wird als **autologes Transplantatmaterial** (Ersatzgewebe) verwendet, **2.** In ca. 14 % (n. Prescher) fehlt der Muskel (starke ethnische Unterschiede). Die Aponeurosis palmaris ist immer vorhanden.

4. **M. flexor carpi ulnaris.** 2 Köpfe nach dem Ursprung:

Caput humerale. O.: Epicondylus medialis humeri und Fascia antebrachii.
Caput ulnare. O.: dorsale Fläche des Olecranons und proximale zwei Drittel des Margo posterior ulnae.
I.: Nach Zwischenschaltung des Os pisiforme findet eine Zweiteilung der Sehne statt. Der eine Anteil erreicht als Lig. pisohamatum den Hamulus ossis hamati, die andere Partie zieht als Lig. pisometacarpale zur Basis ossis metacarpalis quinti.
L.: 2 Rr. musculares des **N. ulnaris** (C7, C8, evtl. Th1), die vom **Canalis cubitalis** aus in die Unterfläche des Muskels eintreten; A. collateralis ulnaris superior und inferior.
F.: Schwacher Beuger im Ellenbogengelenk, Beuger und Ulnarduktor in den Handgelenken.

Klinik: Canalis cubitalis. Zwischen den beiden Ursprungsköpfen entsteht ein muskulärer Tunnel (Abb. 4.115), der den N. ulnaris von der Streckseite auf die Beugeseite des Unterarmes führt: Prädilektionsstelle für Kompression des N. ulnaris (→ peripheres Kompressionssyndrom!).

Zweite Schicht:

1. **M. flexor digitorum superficialis.** 3 Köpfe nach Lage und Ursprüngen:
   Caput humerale. O.: Epicondylus medialis humeri.
   Caput ulnare. O.: Proc. coronoideus ulnae.
   Caput radiale. O.: Facies anterior radii distal der Tuberositas radii.
   I.: Mit 4 Sehnen an seitlichen knöchernen Leisten im mittleren Bereich der Phalanx media von Digg. II–V. Kurz vor Erreichen des Insertionspunktes spaltet sich jede Sehne in zwei Schenkel auf (Bifurcatio tendinis), sodass ein hülsenförmiger Durchtritt für die Sehne des M. flexor digitorum profundus entsteht. Distal dieses Schlitzes vereinigen sich die beiden Sehnenschenkel partiell unter Bildung des Chiasma tendinum Camperi, welches in Höhe des Gelenkes zwischen Grund- und Mittelphalanx liegt. Aus diesem Verhalten leitet sich die Bezeichnung **M. perforatus** ab. Der M. flexor digitorum prof. wird entsprechend M. perforans genannt.
   L.: Rr. musculares des N. medianus (C7, C8, Th1); Rr. musculares der A. radialis und ulnaris.

F.: Schwacher Beuger im Ellenbogengelenk, Beuger in den Handgelenken und sehr kräftiger Beuger in den Grund- und Mittelgelenken der Finger II–V.

Sehnenarkade. Zwischen humeraler und radialer Ursprungspartie spannt sich eine kräftige Sehnenarkade aus, die den N. medianus und die Vasa ulnaria überbrückt.

Dritte Schicht:

1. **M. flexor digitorum profundus**
   - O.: Proximale zwei Drittel der Facies anterior ulnae und angrenzende Partie der Membrana interossea. Der Ursprung umgreift mit zwei Zacken die Tuberositas ulnae.
   - I.: Die 4 aus den Muskelbäuchen hervorgehenden Sehnen liegen in einer Ebene parallel nebeneinander, treten durch die Sehnenschenkel des M. flexor digitorum superficialis hindurch (→ M. perforans) und inserieren an der Basis der Endphalanx von Digg. II–V.
   - L.: N. interosseus antebrachii anterior aus dem N. medianus und N. ulnaris (C7, C8, Th1). Dabei wird der Zeigefingerbauch meist nur durch den N. interosseus antebrachii anterior versorgt. Rr. musculares der A. ulnaris und A. interossea anterior.
   - F.: Beugt die Finger II–V in den Grund-, Mittel- und Endgelenken, wobei die Kraftentfaltung bei dorsalflektierter Hand größer wird. Beugt und ulnarduziert in den Handgelenken.

2. **M. flexor pollicis longus**
   - O.: Facies anterior radii von der Insertionslinie des M. pronator teres bis zum Oberrand des M. pronator quadratus und Membrana interossea antebrachii. Epicondylus medialis humeri.
   - I.: Palmar an der Basis der Endphalanx des Daumens.
   - L.: N. interosseus antebrachii anterior (C8, Th1) des N. medianus; Rr. musculares der A. radialis, A. interossea anterior.
   - F.: Beugt Grund- und Endglied des Daumens, opponiert im Sattelgelenk des Daumens, beugt im Handgelenk.

Tiefe Schicht:

1. **M. pronator quadratus**
   - O.: Facies anterior ulnae (distales Viertel).
   - I.: Facies anterior radii (distales Viertel).
   - L.: N. interosseus antebrachii anterior (C8, Th1) des N. medianus; A. interossea anterior.

F.: kräftiger Pronator, sichert den Zusammenhalt von Radius und Ulna, Kapselspanner für das distale Radioulnargelenk.

Klinik: Unterarmfraktur. Der Muskel disloziert die distalen Bruchfragmente von Radius und Ulna.

Brachioradiale Muskelgruppe

Diese Gruppe umfasst 3 Muskeln (Abb. 4.111–4.115). Alle Muskeln werden vom N. radialis innerviert.

1. **M. brachioradialis**
   - O.: Margo lateralis humeri (manchmal bis zum Ansatz des M. deltoideus) und Crista supracondylaris lateralis, Epicondylus lateralis humeri, Septum intermusculare brachii laterale.
   - I.: Facies lateralis radii proximal der Basis des Proc. styloideus radii.
   - L.: Rr. musculares des N. radialis (C5, C6) treten proximal der Ellenbeuge in die Unterfläche des Muskels ein; A. collateralis radialis, A. recurrens radialis.
   - F.: Bringt den Arm in Mittelstellung zwischen Pronation und Supination, ist bei Pronation Supinator, bei Supination Pronator. Bei proniertem Arm: kräftiger Beuger im Ellenbogengelenk.

2. **M. extensor carpi radialis longus**
   - O.: Crista supracondylaris lateralis (distal des M. brachioradialis), Epicondylus lateralis humeri, Septum intermusculare brachii laterale.
   - I.: Dorsal an der Basis ossis metacarpi II.
   - L.: Rr. musculares des N. radialis (C6, C7) treten oberhalb des Ellenbogengelenkes in den vorderen Muskelrand ein; A. collateralis radialis, A. recurrens radialis.
   - F.: Streckung und Radialduktion in den Handgelenken.

3. **M. extensor carpi radialis brevis**
   - O.: Epicondylus lateralis humeri, Lig. collaterale radiale, Lig. anulare radii.
   - I.: Dorsal an der Basis ossis metacarpi III.
   - L.: R. profundus n. radialis (C7, C8); A. collateralis radialis, A. recurrens radialis.
   - F.: Streckung und Radialduktion in den Handgelenken.

4.3.3.6 Kurze Handmuskeln

Es werden **3 Gruppen** von kurzen Handmuskeln unterschieden (Abb. 4.114–4.118):
- 4 **Thenarmuskeln** (= Daumenballenmuskeln)
- 3 **mittlere Handmuskeln**
- 4 **Hypothenarmuskeln** (= Kleinfingerballenmuskeln)

Thenarmuskeln (Abb. 4.114–4.116)

1. **M. abductor pollicis brevis**
   O.: Retinaculum flexorum, Tuberculum ossis scaphoidei, Os trapezium.
   I.: Über das radiale Sesambein seitlich am Rand der Grundphalanx des Daumens.
   L.: N. medianus (C6, C7); R. palmaris superficialis a. radialis.
   F.: Abduktion und Opposition im Sattelgelenk des Daumens, Beugung im Grundgelenk.
2. **M. opponens pollicis**
   O.: Retinaculum flexorum, Tuberculum ossis trapezii.
   I.: Gesamter radialer Rand des Os metacarpale I.

L.: N. medianus (C6, C7); R. palmaris superficialis a. radialis, A. princeps pollicis, Arcus palmaris profundus.
F.: Opponiert den Daumen im Sattelgelenk und dreht das Os metacarpale I dabei um seine Längsachse.

3. **M. flexor pollicis brevis.** Nach den Ursprüngen werden 2 Köpfe unterschieden:
   Caput superficiale. O.: Os trapezium, Retinaculum flexorum.
   Caput profundum. O.: Os trapezoideum und Os capitatum.
   I.: Beide Köpfe setzen am radialen Sesambein und an der Grundphalanx des Daumens an.
   L.: 1. Caput superficiale: N. medianus (C6, C7), 2. Caput profundum: R. profundus n. ulnaris (C6, C7); R. palmaris superficialis a. radialis, A. princeps pollicis, Arcus palmaris profundus.
   F.: Beugt den Daumen im Sattelgelenk und im Grundgelenk.
4. **M. adductor pollicis.** Nach Ursprung und Verlauf werden 2 Köpfe unterschieden:

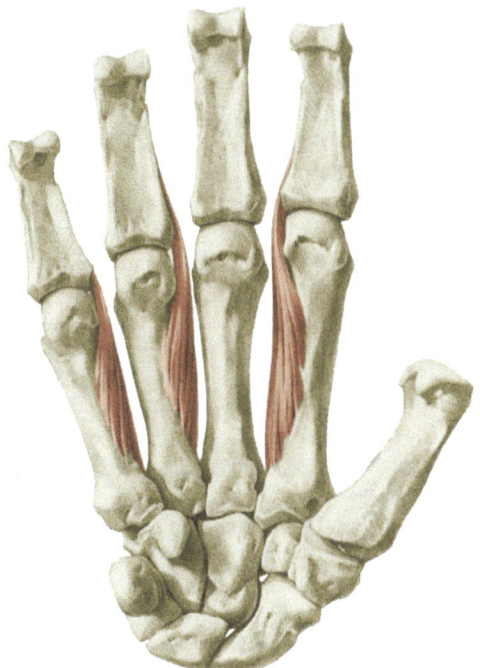

Abb. 4.117 Mm. interossei palmares (n. H.M. Schmidt und U. Lanz).

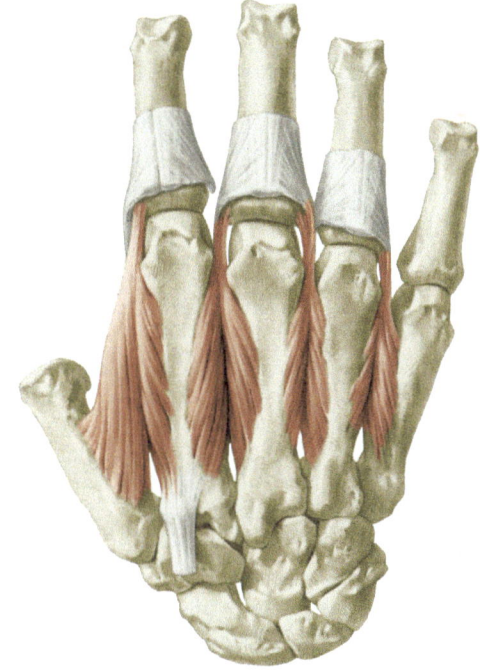

Abb. 4.118 Mm. interossei dorsales (n. H.M. Schmidt und U. Lanz).

Caput transversum. O.: Entlang der palmaren Fläche des Os metacarpale III.

Caput obliquum. O.: Palmare Basis des Os metacarpale II und III, Os capitatum, Os hamatum und Lig. carpi radiatum.

I.: Beide Köpfe setzen gemeinsam am ulnaren Sesambein, an der Gelenkkapsel und an der Basis der Grundphalanx des Daumens an.

L.: R. profundus n. ulnaris (C8, Th1); Arcus palmaris profundus.

F.: Adduziert und opponiert im Sattelgelenk des Daumens, beugt im Grundgelenk.

Mittlere Handmuskeln (Abb. 4.114–4.118)

1. **Mm. lumbricales.** 4 Muskelindividuen, die von radial nach ulnar gezählt werden: I, II sind einköpfig, III, IV zweiköpfig.

O.: I und II: von den radialen, sehnenscheidenfreien Flächen der 2. und 3. Sehne des M. flexor digitorum profundus. III und IV: von den einander zugekehrten Flächen der 2. und 3. sowie der 3. und 4. Sehne des tiefen Beugers.

I.: Strahlen am radialen Rand von Digg. II-V in die Dorsalaponeurose ein.

L.: Mm. I, II: N. medianus (C8, Th1), Mm. III, IV: N. ulnaris (C8, Th1); die Medianusäste treten von palmar, die Ulnarisäste von dorsal in die Muskelbäuche ein; Arcus palmaris superficialis.

F.: Beugung in den Fingergrundgelenken (Startermuskeln), Streckung im Mittel- und Endgelenk. Ihr transportabler Ursprung verhindert eine frühzeitige Insuffizienz!

2. **Mm. interossei palmares.** 3 einköpfige Muskelindividuen an Digg. II, IV, V, die von radial nach ulnar gezählt werden.

O.: M. interosseus I: ulnare Fläche des Os metacarpale II. M. interosseus II und III: radiale Fläche des Os metacarpale IV bzw. V.

I.: Strahlen an der Basis der Grundphalanx in die Dorsalaponeurose von Digg. II, IV bzw. V ein.

L.: R. profundus n. ulnaris (C8, Th1); Arcus palmaris profundus.

F.: Beugung im Grundgelenk und Streckung im Mittel- und Endgelenk (in Zusammenarbeit mit den Mm. interossei dorsales). Sie adduzieren den Zeige-, Ring- und Kleinfinger zum Mittelfinger.

3. **Mm. interossei dorsales.** 4 zweiköpfige Muskeln zwischen den Ossa metacarpalia I–V, die von radial nach ulnar gezählt werden.

O.: Von den jeweils einander zugekehrten Flächen der Ossa metacarpalia I–V.

I.: I strahlt an der Radialseite in die Dorsalaponeurose von Dig. II ein.
II strahlt an der Radialseite in die Dorsalaponeurose von Dig. III ein.
III strahlt an der Ulnarseite in die Dorsalaponeurose von Dig. III ein.
IV strahlt an der Ulnarseite in die Dorsalaponeurose von Dig. IV ein.

L.: R. profundus n. ulnaris (C8, Th1), Arcus palmaris profundus.

F.: Beugung im Grundgelenk und Streckung im Mittel- und Endgelenk (in Zusammenarbeit mit den Mm. interossei palmares). Spreizung der Finger II, III und IV: Radialduktion des Zeigefingers, Ulnarduktion des Ringfingers, Ulnar- und Radialduktion des Mittelfingers.

Hypothenarmuskeln (Abb. 4.113–4.116)

1. **M. palmaris brevis**

O.: Ulnarer Rand der Aponeurosis palmaris, Retinaculum flexorum.

I.: In der Haut über dem Kleinfingerballen.

L.: R. superficialis n. ulnaris (C8, Th1); A. ulnaris.

F.: Hautanspannung, schützt die unter ihm verlaufenden Leitungsbahnen (Vasa ulnaria, N. ulnaris).

2. **M. abductor digiti minimi**

O.: Retinaculum flexorum, Os pisiforme, Lig. pisohamatum.

I.: Am ulnaren Rand der Basis der Grundphalanx des 5. Fingers und Dorsalaponeurose.

L.: R. profundus n. ulnaris (C8, Th1); R. palmaris profundus a. ulnaris.

F.: Abduziert und beugt im Kleinfingergrundgelenk, streckt im Mittel- und Endgelenk.

3. **M. flexor digiti minimi brevis**

O.: Retinaculum flexorum, Hamulus ossis hamati.

I.: Palmar an der Basis und ulnaren Kante der Grundphalanx des Kleinfingers.

L.: R. profundus n. ulnaris (C8, Th1); A. ulnaris.

F.: Beugt den Kleinfinger im Grundgelenk.

4. **M. opponens digiti minimi**

O.: Retinaculum flexorum, Os pisiforme, Lig. pisohamatum, Hamulus ossis hamati.

I.: Ulnarer Rand des Os metacarpale V.

L.: R. profundus n. ulnaris (C8, Th1); R. palmaris profundus a. ulnaris.

F.: Opponiert den Kleinfinger im Karpometakarpalgelenk und beugt im Grundgelenk.

4.3.3.7 Faszien und Sehnenscheiden der oberen Extremität

Fascia brachii, Oberarmfaszie. Eine bindegewebige Umhüllung der Oberarmmuskulatur, die sich proximal in die Oberflächenfaszien der Schulter und distal in die Fascia antebrachii fortsetzt. An der medialen und lateralen Seite des Oberarms wird je ein **Septum intermusculare brachii mediale** und **laterale** in die Tiefe zum Humerus geschickt. Dadurch entsteht je eine osteofibröse Loge für die Beuger (**Compartimentum brachii flexorum**) und die Strecker (**Compartimentum brachii extensorum**). Das mediale Septum ist kräftiger als das laterale und erstreckt sich vom Ansatz des M. coracobrachialis bis zum Epicondylus medialis; es dient als Muskelursprung und wird vom N. ulnaris und den Aa. collaterales ulnaris superior et inferior durchbohrt. Das Septum intermusculare brachii laterale erstreckt sich vom Ansatz des M. deltoideus bis zum Epicondylus lateralis; es wird vom N. radialis und der A. collateralis radialis perforiert.

Fascia antebrachii, Unterarmfaszie. Die 3 Muskelgruppen des Unterarmes werden von einer gemeinsamen Faszie umschlossen. Proximal ist diese sehr derb und dient vielen Muskeln als zusätzlicher Ursprung. In der Mitte des Unterarmes wird sie dünner, um distal durch zusätzliche Ringfasern wieder an Stärke zu gewinnen. Die Fascia antebrachii ist am Olecranon, an der subkutanen Kante der Ulna und am distalen Drittel des Radius befestigt.

Die Ringfasern der Fascia antebrachii bilden dorsal das **Retinaculum musculorum extensorum**. Dieses schickt Septen zum darunter liegenden Knochen, wodurch **6 osteofibröse Logen (Sehnenfächer)** entstehen, durch die die Streckersehnen mit ihren Sehnenscheiden zur Hand geführt werden. Sie werden von radial nach ulnar gezählt und enthalten die Sehnen folgender Muskeln:

1. Fach: M. abductor pollicis longus und M. extensor pollicis brevis
2. Fach: M. extensor carpi radialis longus und M. extensor carpi radialis brevis
3. Fach: M. extensor pollicis longus
4. Fach: M. extensor digitorum communis und M. extensor indicis
5. Fach: M. extensor digiti minimi
6. Fach: M. extensor carpi ulnaris.

Lig. carpi volare (sive palmare). Palmar wird von der Fascia antebrachii das oberflächliche Lig. carpi volare gebildet, das sich zwischen der Sehne des M. flexor carpi ulnaris und dem radialen Rand der Sehne des M. palmaris longus ausspannt. Es fixiert die nicht durch den Canalis carpi ziehende Sehne des M. palmaris longus und die ulnaren Leitungsbahnen.

Muskellogen. Die Fascia antebrachii schickt 3 stärkere bindegewebige Septen in die Tiefe, die gemeinsam mit den Unterarmknochen und der Membrana interossea 3 Muskellogen begrenzen: **Compartimentum antebrachii flexorum** mit Pars superficialis und Pars profunda, **Compartimentum antebrachii extensorum** und **Compartimentum antebrachii extensorum pars radialis sive lateralis**.

In der Ellenbeuge setzt sich die Faszie kontinuierlich aus der Oberarmfaszie fort; sie besitzt hier Schlitze für den Durchtritt von Venen und Hautnerven.

Aponeurosis dorsalis digiti manus, Dorsalaponeurosen der Finger (Abb. 4.119). Dreieckige, kompliziert aufgebaute Bindegewebeplatte auf der Dorsalseite des Fingers, die sich von den Grund- bis zu den Endgliedern erstreckt. Sie ist nicht mit der Gelenkkapsel des Grundgelenkes, mit derjenigen der Mittel- und Endgelenke jedoch fest verwachsen.

Tractus intermedius. Die Dorsalaponeurose weist Längszüge auf, die als Fortsetzung der Sehnen der extrinsischen Handmuskeln (M. extensor digitorum, M. extensor indicis, M. extensor digiti minimi) anzusehen sind:

- **Pars medialis** (mittlerer Längszug), inseriert an der Basis der Grund- und Mittelphalanx.
- **Pars lateralis** (paarig; radialer und ulnarer seitlicher Längszug). Diese Züge divergieren und vereinigen sich mit den Sehnen der Mm. lumbricales et interossei zum Tractus lateralis, um dann gemeinsam an der Basis des Endglieds zu inserieren.

Tractus lateralis. Von radial und ulnar wird der Tractus intermedius von je einem Randzug (Tractus lateralis) flankiert, an dem die Binnenmuskeln der Hand (Mm. lumbricales et interossei) inserieren. Da der Randzug beim Mittel- und Endgelenk dorsal der Bewegungsachse der beiden Gelenke verläuft, bewirken die Muskeln hier eine Streckung. Beim Grundgelenk liegt der Randzug palmar der Bewegungsachse, sodass eine Beugung resultiert.

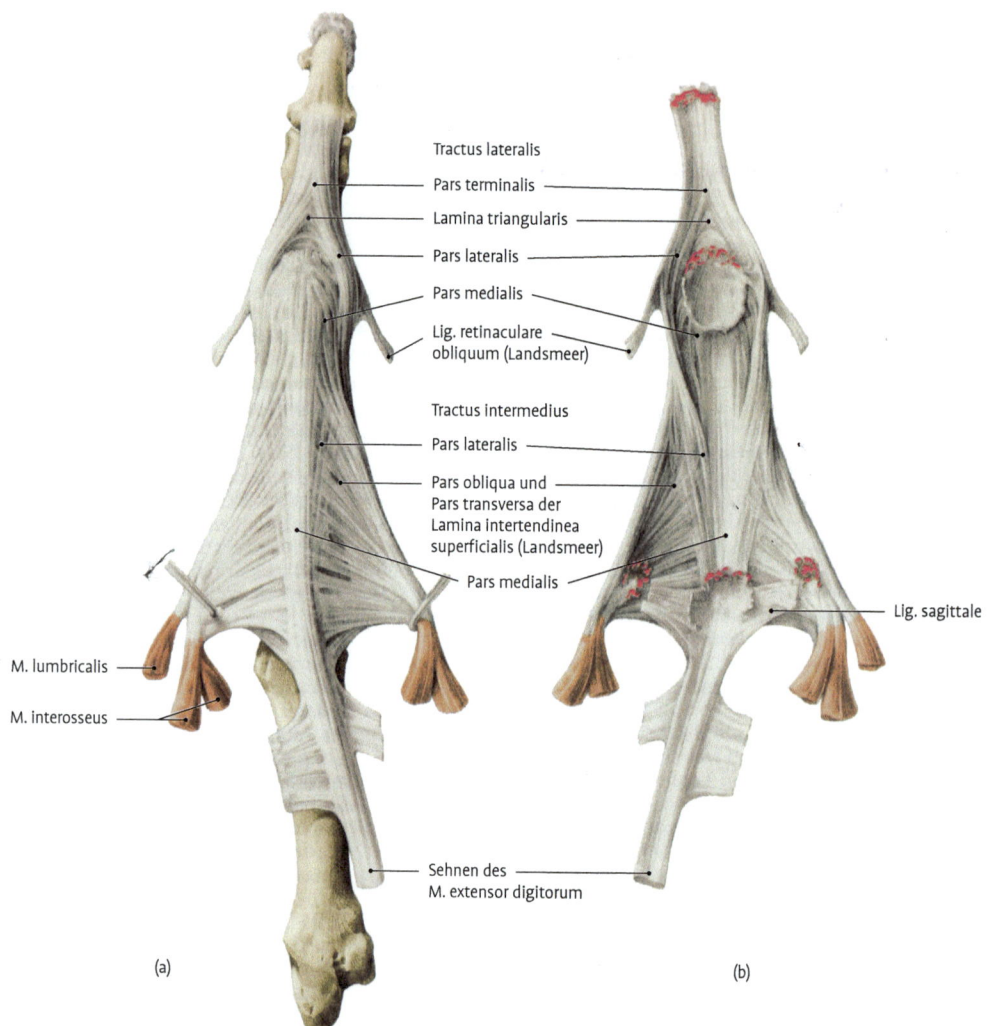

Tractus lateralis
Pars terminalis
Lamina triangularis
Pars lateralis
Pars medialis
Lig. retinaculare obliquum (Landsmeer)

Tractus intermedius
Pars lateralis
Pars obliqua und Pars transversa der Lamina intertendinea superficialis (Landsmeer)
Pars medialis

Lig. sagittale

M. lumbricalis
M. interosseus

Sehnen des M. extensor digitorum

(a)
(b)

Abb. 4.119 Aponeurosis dorsalis. **a:** Ansicht von dorsal und **b:** Ansicht von palmar; rot: Insertionsstellen der Dorsalaponeurose am Knochen (n. H. M. Schmidt und U. Lanz).

Lamina intertendinea superficialis Landsmeer, zwischen Tractus intermedius und Tractus lateralis gelegene, dreieckige Faserplatte (angloamerik. extensor hood oder interosseus hood). Wird in eine proximale Pars transversa und eine distale Pars obliqua unterteilt.

Lamina triangularis (sive Lig. triangulare). Dreieckige, dünne Faserplatte zwischen dem Ansatz des Tractus intermedius an der Basis des Mittelgliedes und den zusammenlaufenden Anteilen des Tractus lateralis.

Vaginae tendinum carpales, Sehnenscheiden der Handwurzel (Abb. 4.120). **Zwei Sehnenscheiden** finden sich auf der Beugeseite im **ulnaren Fach des Canalis carpi.** Einerseits die ulnar gelegene **Vagina communis tendinum musculorum flexorum,** welche die 8 Sehnen der Mm. flexores digitorum superficialis et profundus mit einem gemeinsamen Mesotendineum umfasst. Sie beginnt proximal von der oberen Handwurzelbeugefalte und endet distal vom Retinaculum flexorum über den Basen der Mittelhandknochen. Beim Erwachsenen steht die digitale Sehnenscheide des Kleinfingers gewöhnlich mit ihr in Verbindung. Andererseits die **Vagina tendinis musculi flexoris pollicis longi,** sie liegt radial neben der vorigen und enthält die Sehne des langen Daumenbeugers. Beim Erwachsenen reicht

sie bis zur Basis der Nagelphalanx. **Eine Sehnenscheide** liegt im **radialen Fach des Canalis carpi: Vagina tendinis musculi flexoris carpi radialis,** sie verläuft in eigenem osteofibrösen Kanal.

Vaginae synoviales digitorum manus, Sehnenscheiden der Finger (Abb. 4.120). Diese beginnen über den Köpfen der Mittelhandknochen und reichen bis zu den Basen der Nagelphalangen. Die Scheide des Dig. V hängt meist mit der Vagina communis tendinum mm. flexorum zusammen. Diese Sehnenscheiden werden durch die **Vaginae fibrosae digitorum manus** verstärkt, die über den Schaftbereichen der Fingerknochen besonders kräftig ausgebildet sind und die Ringbänder (**Partes anulares vaginae fibrosae,** annular pulleys, A1–A5) und die Kreuzbänder (**Partes cruciformes vaginae fibrosae,** cruciform pulleys, C1–C3) ausbilden.

Sehnenfesseln, Vincula tendinum. Im Bereich der Grund- und Mittelphalanx führen die Vincula (**Vinculum longum** und **Vincula brevia,** Abb. 4.121)

Blutgefäße aus dem Periost zur Sehne. Diese Vincula sind als Reste des Mesotenons aufzufassen und stellen den einzigen Versorgungsweg der Sehnen dar. Sie sind deshalb bei Operationen zu erhalten!

Klinik: 1. Panaritium tendinosum. Eitrige Entzündung einer Sehnenscheide. Sehnenscheiden haben eine große praktische Bedeutung, da sich Entzündungen in ihnen rasch ausbreiten. **2. V- oder Y-Phlegmone.** Überspringen eines Panaritium tendinosum von einem randständigen Finger auf den anderen. Vom Daumen oder Kleinfinger wird die Entzündung in den Canalis carpi fortgeleitet, wo die Sehnenscheiden der beiden Finger sehr dicht beieinander liegen. Die dünne Trennwand wird eingeschmolzen, sodass sich die Entzündung auf die Sehnenscheide des gesunden randständigen Fingers und danach wieder nach distal ausbreitet. **3. Ganglion.**

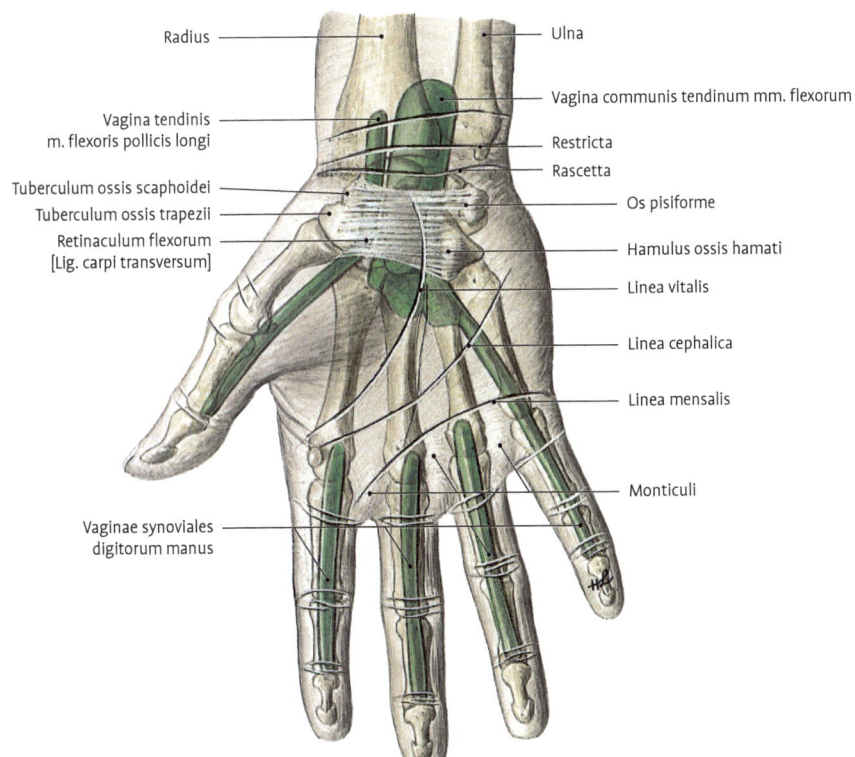

Radius — Ulna
Vagina tendinis m. flexoris pollicis longi
Vagina communis tendinum mm. flexorum
Restricta
Rascetta
Tuberculum ossis scaphoidei
Tuberculum ossis trapezii
Retinaculum flexorum [Lig. carpi transversum]
Os pisiforme
Hamulus ossis hamati
Linea vitalis
Linea cephalica
Linea mensalis
Monticuli
Vaginae synoviales digitorum manus

Abb. 4.120 Sehnenscheiden (grün) in der Beugefläche der Hand. Zur topografischen Orientierung sind Beugefalten, Skelett und Retinaculum flexorum eingezeichnet.

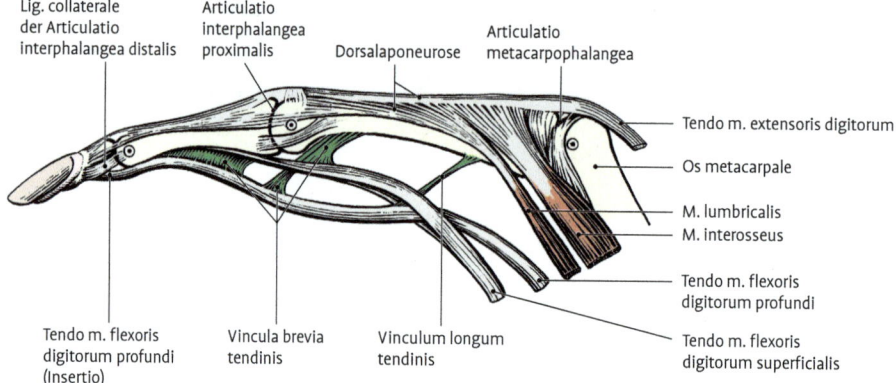

Lig. collaterale
der Articulatio
interphalangea distalis

Articulatio
interphalangea
proximalis

Dorsalaponeurose

Articulatio
metacarpophalangea

Tendo m. extensoris digitorum

Os metacarpale

M. lumbricalis
M. interosseus

Tendo m. flexoris
digitorum profundi

Tendo m. flexoris
digitorum profundi
(Insertio)

Vincula brevia
tendinis

Vinculum longum
tendinis

Tendo m. flexoris
digitorum superficialis

Abb. 4.121 Vincula tendinum. Lage der Sehnen zu den Achsen der Fingergelenke. Die Lage der Achsen ist durch Punkt und Kreis markiert.

Zystenbildung von Gelenkinnenhaut oder Sehne, v. a. an der Streckseite des Handgelenks. **4. Schnellender Finger.** Verengung der Pars anularis vaginae fibrosae tendinum oder knötchenartige Verdickung der Beugesehnen über den Fingergrundgelenken mit Einschränkung der Gleitfähigkeit der Beugesehnen und typischem Schnapp-Phänomen bei Beugung und Streckung in den Mittel- und Endgelenken (→ Missverhältnis zwischen Raumangebot und -inhalt). Therapie: Spaltung des fibrösen Anteiles der Verstärkungsbänder der Sehnenscheide.

4.3.4 Arteriae membri superioris

Die obere Gliedmaße wird von einem großen Arterienstamm (Abb. 4.122) versorgt. Er setzt sich aus der **A. subclavia** erst als **A. axillaris** (durch die Achselhöhle) und weiter als **A. brachialis** (am Oberarm) fort. Diese gibt die **A. radialis** (am Ellenbogengelenk) ab und zerfällt in 2 Endäste: **A. ulnaris** und **A. interossea communis.**

4.3.4.1 A. axillaris

Die **A. axillaris** ist die Fortsetzung der **A. subclavia** ab dem lateralen Rand der 1. Rippe. Sie verläuft durch die Achselhöhle, verlässt diese am unteren Rande des M. teres major und wird fortan **A. brachialis** genannt. Ihre Äste versorgen das Schultergebiet und gehen mit den Ästen der A. subclavia wichtige Anastomosen ein. Dadurch entstehen arterielle Kollateralen, die für die Versorgung des Armes wichtig sein können. Astfolge:

- **Rr. subscapulares.** Kleine Äste zur Versorgung des M. subscapularis.
- **A. thoracica superior.** Entspringt oberhalb des M. pectoralis minor, versorgt die Mm. pectorales, den M. subclavius, die oberen Serratuszacken und die Mm. intercostales I und II.
- **A. thoracoacromialis.** Geht am Oberrand des M. pectoralis minor ab, durchbricht die Fascia clavipectoralis und teilt sich dann in der **Mohrenheim-Grube** in:
  - **R. acromialis.** Verläuft unter dem M. pectoralis major und dem M. deltoideus lateralwärts, versorgt diese Muskeln und endet im Rete acromiale.
  - **R. clavicularis.** Versorgt Articulatio sternoclavicularis, Clavicula und M. subclavius.
  - **R. deltoideus.** Steigt im Sulcus deltoideopectoralis abwärts und versorgt den M. deltoideus.
  - **Rr. pectorales.** Verlaufen zwischen den beiden Mm. pectorales und versorgen diese.
- **A. thoracica lateralis.** Entspringt hinter dem M. pectoralis minor und versorgt die Muskeln der seitlichen Brustwand. Am unteren Rande des M. pectoralis major ziehen Zweige zur Haut der Brust und zur Brustdrüse (**Rr. mammarii laterales**).
- **A. subscapularis.** Entspringt am lateralen Rand des M. subscapularis und teilt sich nach der Abgabe kleiner Äste zum gleichnamigen Muskel in:
  - **A. circumflexa scapulae.** Erreicht durch die mediale, dreieckige Achsellücke die Dorsal-

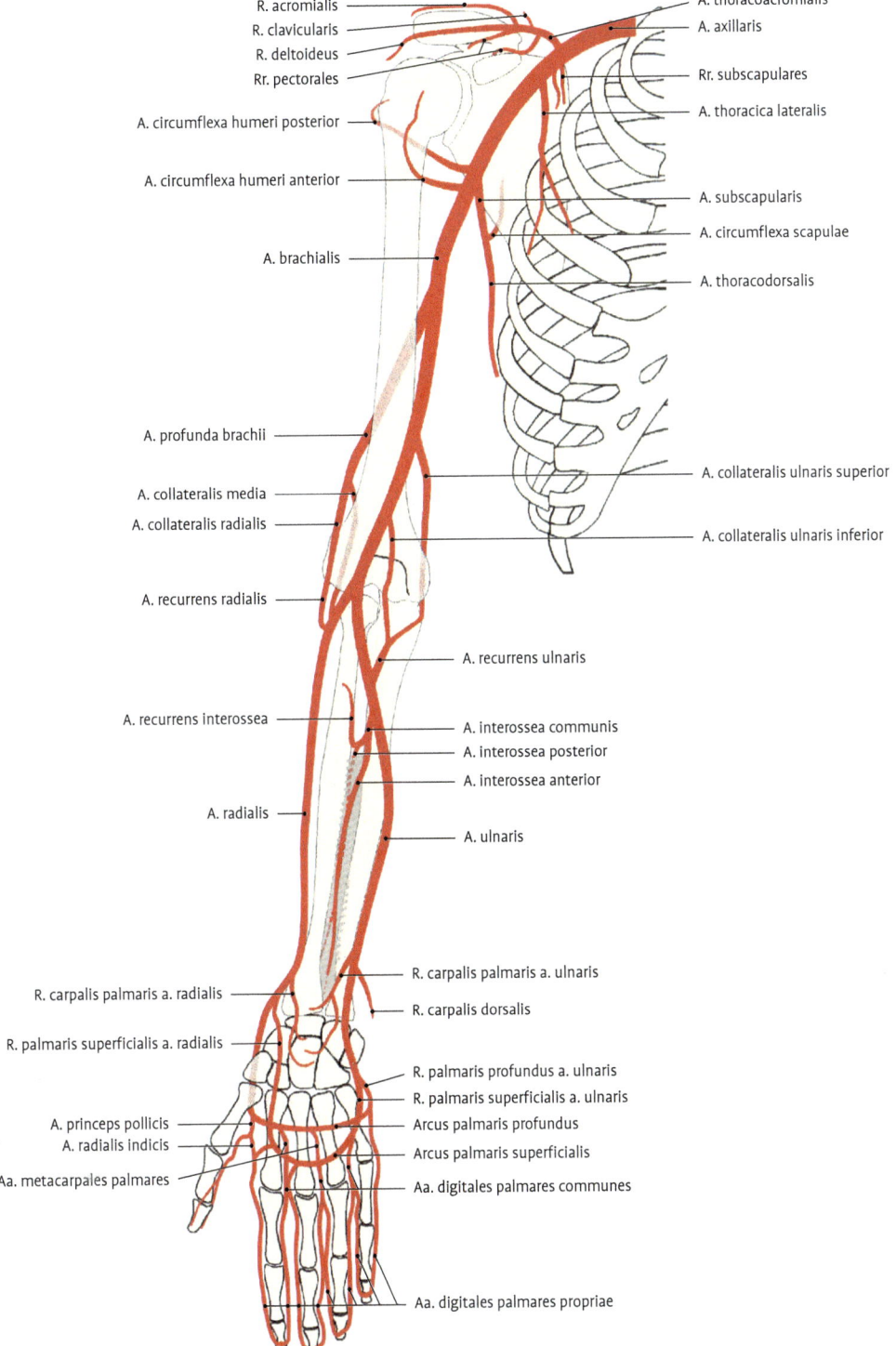

R. acromialis

R. clavicularis

R. deltoideus

Rr. pectorales

A. circumflexa humeri posterior

A. circumflexa humeri anterior

A. brachialis

A. thoracoacromialis

A. axillaris

Rr. subscapulares

A. thoracica lateralis

A. subscapularis

A. circumflexa scapulae

A. thoracodorsalis

A. profunda brachii

A. collateralis media

A. collateralis radialis

A. recurrens radialis

A. recurrens interossea

A. radialis

A. collateralis ulnaris superior

A. collateralis ulnaris inferior

A. recurrens ulnaris

A. interossea communis

A. interossea posterior

A. interossea anterior

A. ulnaris

R. carpalis palmaris a. radialis

R. palmaris superficialis a. radialis

A. princeps pollicis

A. radialis indicis

Aa. metacarpales palmares

R. carpalis palmaris a. ulnaris

R. carpalis dorsalis

R. palmaris profundus a. ulnaris

R. palmaris superficialis a. ulnaris

Arcus palmaris profundus

Arcus palmaris superficialis

Aa. digitales palmares communes

Aa. digitales palmares propriae

Abb. 4.122 Schema der Arterienversorgung des Armes.

fläche des Schulterblattes, wo sie unter dem M. infraspinatus eine Anastomose mit der **A. suprascapularis** eingeht.

- **A. thoracodorsalis.** Verläuft mit dem gleichnamigen Nerven zwischen M. latissimus dorsi und M. serratus anterior am lateralen Rand der Scapula nach kaudal und versorgt beide Muskeln.

- **A. circumflexa humeri anterior.** Schlingt sich ventral um das Collum chirurgicum humeri, zieht unterhalb des M. coracobrachialis zum Sulcus intertubercularis, in dem sie mit einem Ast zum Schultergelenk gelangt. Versorgt auch den M. deltoideus und die lange Bizepssehne.

- **A. circumflexa humeri posterior.** Stärker als die vorige, zieht mit dem N. axillaris durch die viereckige laterale Achsellücke, schlingt sich, dem Knochen direkt anliegend, dorsal um das Collum chirurgicum humeri und versorgt den M. deltoideus, den lateralen und langen Trizepskopf, das Schultergelenk und das subakromiale Gleitlager.

Im Bereich der Scapula kommen 2 Gefäßnetze vor, die für die Ausbildung von Kollateralkreisläufen wichtig werden können:

- **Rete arteriosum acromiale.** Gefäßnetz auf dem Acromion, hauptsächlich gespeist vom R. acromialis der A. thoracoacromialis, kleinen Ästchen der A. suprascapularis und Zuflüssen aus der A. circumflexa humeri posterior.

- **Rete arteriosum scapulare.** Gefäßnetz direkt auf der Scapula, hauptsächlich gespeist von A. transversa colli, A. suprascapularis und A. circumflexa scapulae.

Klinik: 1. Aufsuchung der A. axillaris. Leitmuskel für den Gefäßnervenstrang ist der M. coracobrachialis. In Abduktionsstellung wird der Gefäßnervenstrang aufgesucht und seine Umscheidung gespalten. Man trifft dann auf folgende Situation: oberflächlich: N. medianus, medial: V. axillaris und N. cutaneus antebrachii medialis. Verzieht man den N. medianus nach lateral, so liegt hinter ihm die A. axillaris. **2. Kollateralkreisläufe.** Bei proximalem Verschluss der A. axillaris kann ein Umgehungskreislauf zum Arm gebildet werden: über A. subclavia, Truncus thyrocervicalis, A. suprascapularis, Rete arteriosum scapulare, A. circumflexa scapulae und A. subscapularis zur distalen A. axillaris. Ein weiterer, weniger effektiver Weg führt

über die A. subclavia, A. thoracoacromialis, R. acromialis, Rete acromiale, A. circumflexa humeri posterior zur distalen A. axillaris. Kein suffizienter Kollateralkreislauf besteht im distalen Abschnitt zwischen den Aa. circumflexae humeri und der A. profunda brachii.

4.3.4.2 A. brachialis

Die **A. brachialis** ist die Fortsetzung der A. axillaris ab Unterrand des M. teres major. Sie zieht unter Abgabe von Muskelästen im Sulcus bicipitalis medialis nach distal bis zur Ellenbeuge. Hier wird sie von der Aponeurosis m. bicipitis brachii (sive Lacertus fibrosus) überbrückt und gibt in Höhe des Gelenkspaltes der Articulatio cubiti die **A. radialis** ab, um anschließend in ihre beiden Endäste zu zerfallen: **A. ulnaris** und **A. interossea communis**. Astfolge:

- **A. profunda brachii.** Entspringt knapp distal der Ansatzsehne des M. teres major und zieht zwischen lateralem und medialem Trizepskopf zur Streckseite des Oberarmes. Hier verläuft sie mit dem N. radialis durch den Sulcus n. radialis, dem Knochen der Humerusrückfläche direkt anliegend. Außer mehreren **Rr. musculares** werden 4 Äste abgegeben:
  - **Aa. nutriciae humeri.** Ziehen in das proximale Foramen nutricium.
  - **R. deltoideus.** Versorgt den gleichnamigen Muskel.
  - **A. collateralis media.** Erreicht unter dem medialen Trizepskopf das Olecranon.
  - **A. collateralis radialis.** Verläuft mit einem R. anterior in Begleitung des N. radialis zur Beugeseite und mit einem R. posterior zur Streckseite des Ellenbogengelenkes.

- **A. collateralis ulnaris superior.** Entspringt nur wenig distal der A. profunda brachii, erreicht in Begleitung des N. ulnaris hinter dem Septum intermusculare brachii mediale die Rückseite des Ellenbogengelenkes und beteiligt sich an der Bildung des Rete articulare cubiti.

- **A. collateralis ulnaris inferior.** Entspringt kurz oberhalb des Gelenkes, verläuft zuerst auf dem M. brachialis, perforiert dann das Septum intermusculare brachii mediale und mündet distal in das Rete articulare cubiti.

Rete articulare cubiti. Die 4 beschriebenen **Aa. collaterales** bilden mit 3 rückläufigen Arterien, **Aa.**

recurrentes, aus der A. radialis, A. interossea posterior und A. ulnaris ein arterielles Gefäßnetz für das Ellenbogengelenk.

> **Klinik:** Diese **Arterienanastomosen** sind so erweiterungsfähig, dass die A. brachialis distal vom Abgang der A. profunda brachii ohne Gefahr für den Unterarm unterbunden werden kann (→ doppelte Unterbindung ist bei Verletzungen notwendig!).

4.3.4.3 A. radialis

Die **A. radialis** setzt die Richtung der **A. brachialis** fort und folgt dem Verlauf des Radius. An der Handwurzel wendet sie sich durch die Tabatière zum Handrücken und dringt zwischen den Basen der Mittelhandknochen I und II in die Hohlhand ein. Dort bildet sie mit dem tiefen Ast der **A. ulnaris** den tiefen Hohlhandbogen, **Arcus palmaris profundus.** Sie wird vom R. superficialis n. radialis begleitet. In der ganzen Länge des Unterarmes liegt sie oberflächlich:

- im proximalen Drittel zwischen M. brachioradialis und M. pronator teres.
- in den distalen Zweidritteln zwischen M. brachioradialis und M. flexor carpi radialis.

Astfolge:

- **A. recurrens radialis.** Läuft neben dem N. radialis zurück zum Oberarm und anastomosiert mit der A. collateralis radialis **(Rete articulare cubiti).**
- **A. nutricia radii.** Zieht in das Foramen nutricium des Radius.
- **R. carpalis palmaris.** Kleiner, dem Knochen aufliegender Ast zum **Rete carpale palmare.**
- **R. palmaris superficialis.** Meist sehr dünner Ast, der über oder durch den M. abductor pollicis brevis zum **Arcus palmaris superficialis** zieht.
- **R. carpalis dorsalis.** Zieht zum **Rete carpale dorsale,** das noch Äste des R. carpalis dorsalis a. ulnaris und die Endäste der A. interossea anterior und posterior erhält. Aus dem Handrückennetz gehen hervor: **Aa. metacarpales dorsales II–V,** die sich in je 2 **Aa. digitales dorsales** für den 2.–5. Finger teilen.
- **A. metacarpalis dorsalis I.** Kommt direkt aus der A. radialis.
- **A. princeps pollicis.** Entspringt nach dem Durchtritt der A. radialis durch den M. interosseus dorsalis I und teilt sich in zwei **Aa. digitales palmares propriae** für den Daumen. Außerdem

gibt sie die **A. radialis indicis** für die radiale Seite des Zeigefingers ab. Dieses Gefäß kann auch selbstständig aus dem Arcus palmaris profundus entspringen (~12 %).

- **Arcus palmaris profundus.** Tiefer Hohlhandbogen, liegt proximal vom oberflächlichen auf den Basen der Mittelhandknochen. Den Hauptblutstrom liefert die A. radialis, den geringeren der **R. palmaris profundus der A. ulnaris.** Äste:
  - **3–4 Aa. metacarpales palmares.** Versorgen die Mm. interossei. Ihre Endäste münden meist in die Aa. digitales palmares communes.
  - **Rr. perforantes.** Anastomosieren zwischen den Mittelhandknochen mit den Aa. metacarpales dorsales.

4.3.4.4 A. ulnaris

Dieser **Endast der A. brachialis** verschwindet unter dem M. pronator teres und strebt zwischen oberflächlichen und tiefen Beugern zur Ulnarseite, um dort in Begleitung des N. ulnaris an der radialen Seite des M. flexor carpi ulnaris (Leitmuskel!) zur Handwurzel herabzuziehen. Hier verläuft sie über dem Retinaculum flexorum und unter der Palmaraponeurose zum oberflächlichen Hohlhandbogen. Nur im distalen Drittel des Unterarms ist sie tastbar und aufzusuchen!

Astfolge:

- **A. recurrens ulnaris.** Verläuft mit ihrem **R. anterior** vor und mit ihrem **R. posterior** hinter dem Epicondylus medialis zum **Rete articulare cubiti** und anastomosiert mit den **Aa. collaterales ulnares.**
- **A. nutricia ulnae.** Zieht in das Foramen nutricium der Ulna.
- **A. comitans n. mediani** (entspringt oft auch aus der A. interossea anterior). Ein zartes Ästchen, das den N. medianus begleitet. Sie ist als Rest einer ehemaligen großen Arterie des Unterarmes anzusehen. Nur selten (~8 %) bleibt dieses große Gefäß als A. mediana erhalten und ersetzt die A. radialis.
- **R. carpalis dorsalis.** Zieht zum **Rete carpale dorsale.**
- **R. carpalis palmaris.** Zieht zum **Rete carpale palmare.**
- **R. palmaris profundus.** Durchbohrt distal vom Os pisiforme die Hypothenarmuskulatur und bildet in der Tiefe mit der A. radialis den **Arcus palmaris profundus.**

- **Arcus palmaris superficialis.** Endast der A. ulnaris. Er erhält einen spärlichen Zufluss durch den **R. palmaris superficialis a. radialis** und liegt distaler als der tiefe Hohlhandbogen zwischen der Palmaraponeurose und den Beugersehnen. Sehr variabel, zahlreiche Sonderfälle. Nur in ~ 40 % ist überhaupt ein geschlossener Bogen ausgebildet. In ~60 % kommt ein unvollständiger Bogen vor. Aus diesem gehen die **Aa. digitales palmares communes** hervor, welche sich auf Höhe der Basen der Grundphalangen in je 2 **Aa. digitales palmares propriae** teilen.

4.3.4.5 A. interossea communis

Dieser zweite starke **Endast der A. brachialis** teilt sich bald in:
- **A. interossea anterior.** Verläuft auf der Membrana interossea antebrachii bis zum M. pronator quadratus, durchbohrt hier die Membran und endet im **Rete carpale dorsale**.
- **A. interossea posterior.** Tritt durch die Membrana interossea antebrachii zur Streckseite, durchbohrt dort den M. supinator, gibt die **A. interossea recurrens** ab und verläuft zum **Rete carpale dorsale**. Die A. interossea recurrens zieht lateral vom Olecranon unter dem M. anconaeus zum Rete articulare cubiti und anastomosiert mit dem R. posterior der A. collateralis radialis.

Klinik: 1. Unterbindung. Die Arterien von Unterarm und Hand gehen zahlreiche Verbindungen ein. Bei Verletzung beide Enden unterbinden! **2. Radialispuls.** Die A. radialis ist wegen der oberflächlichen Lage ideal, um den Puls zu palpieren. **3. Provisorische Blutstillung bei Arterienverletzung.** Durch digitale Kompression des Gefäßes (A. axillaris, A. brachialis) gegen den Knochen. **4. Esmarch-Blutleere** ist conditio sine qua non in der Handchirurgie, Ischämietoleranz ≤ 1,5 Std. **5. Raynaud-Syndrom.** Sporadische Gefäßkrämpfe mit Ischämie, meist an den Arterien der Finger (Digg. II–V), besonders bei Frauen.

4.3.5 Venae membri superioris

Das venöse Blut der oberen Extremität wird über zwei Systeme (Abb. 4.123, 4.124) nach zentral abgeführt: **1. Vv. superficiales membri**

superioris (sive **Vv. subcutaneae,** Hautvenen), liegen oberflächlich und epifaszial, **2. Vv. profundae membri superiores** (sive **Vv. comitantes,** Begleitvenen), liegen tief und subfaszial. Beide Venensysteme haben Klappen und stehen durch **Rr. perforantes** miteinander in Verbindung.

4.3.5.1 Venae superficiales

Das Hautvenensystem bildet sehr variable Netze aus, die oft bläulich durchscheinen. Diese sind am Handrücken weit- und in der Hohlhand wegen der Druckbelastung engmaschig.

An der Hand wird das Blut gesammelt im:
- **Rete venosum dorsale manus.** Erhält Zuflüsse von klappenlosen Vv. intercapitulares (liegen zwischen den Köpfchen der Mittelhandknochen) und Vv. metacarpales dorsales.
- **Arcus venosus palmaris superficialis.** Erhält Zuflüsse von den Vv. digitales palmares.

Am Unterarm entwickeln sich aus dem Rete venosum dorsale manus 2 größere Venenstämme:
- **V. basilica antebrachii** (ulnare Seite)
- **V. cephalica antebrachii** (radiale Seite)

Fakultativ kann noch eine **V. mediana antebrachii** oder eine **V. cephalica accessoria antebrachii** (liegt zuerst auf der Dorsalseite des Unterarms und mündet dann in die V. cephalica ein) ausgebildet sein.

In der Ellenbeuge werden die Hauptvenen durch eine von radial und distal nach ulnar und proximal verlaufende **V. mediana cubiti** verbunden, die meist zur Blutentnahme und zur i.v. Injektion verwendet wird. Ist eine **V. mediana antebrachii** an der Unterarmbeugeseite entwickelt, so gabelt sie sich in der Ellenbeuge V-förmig in eine **V. mediana cephalica** und in eine **V. mediana basilica,** welche die V.mediana cubiti ersetzen.

Am Oberarm verläuft die **V. basilica** im Sulcus bicipitalis medialis, durchbohrt bereits in der Mitte des Oberarms die oberflächliche Faszie (**Hiatus basilicus**) und mündet in die V. brachialis.

Die **V. cephalica** liegt meist an der lateralen Fläche des M. biceps brachii oder aber im Sulcus bicipitalis lateralis, zieht dann zwischen M. deltoideus und M. pectoralis major zum **Trigonum deltoideopectorale,** um nach Durchbohrung der Fascia clavipectoralis in die **V. axillaris** einzumünden. Diese setzt sich in die **V. subclavia** fort.

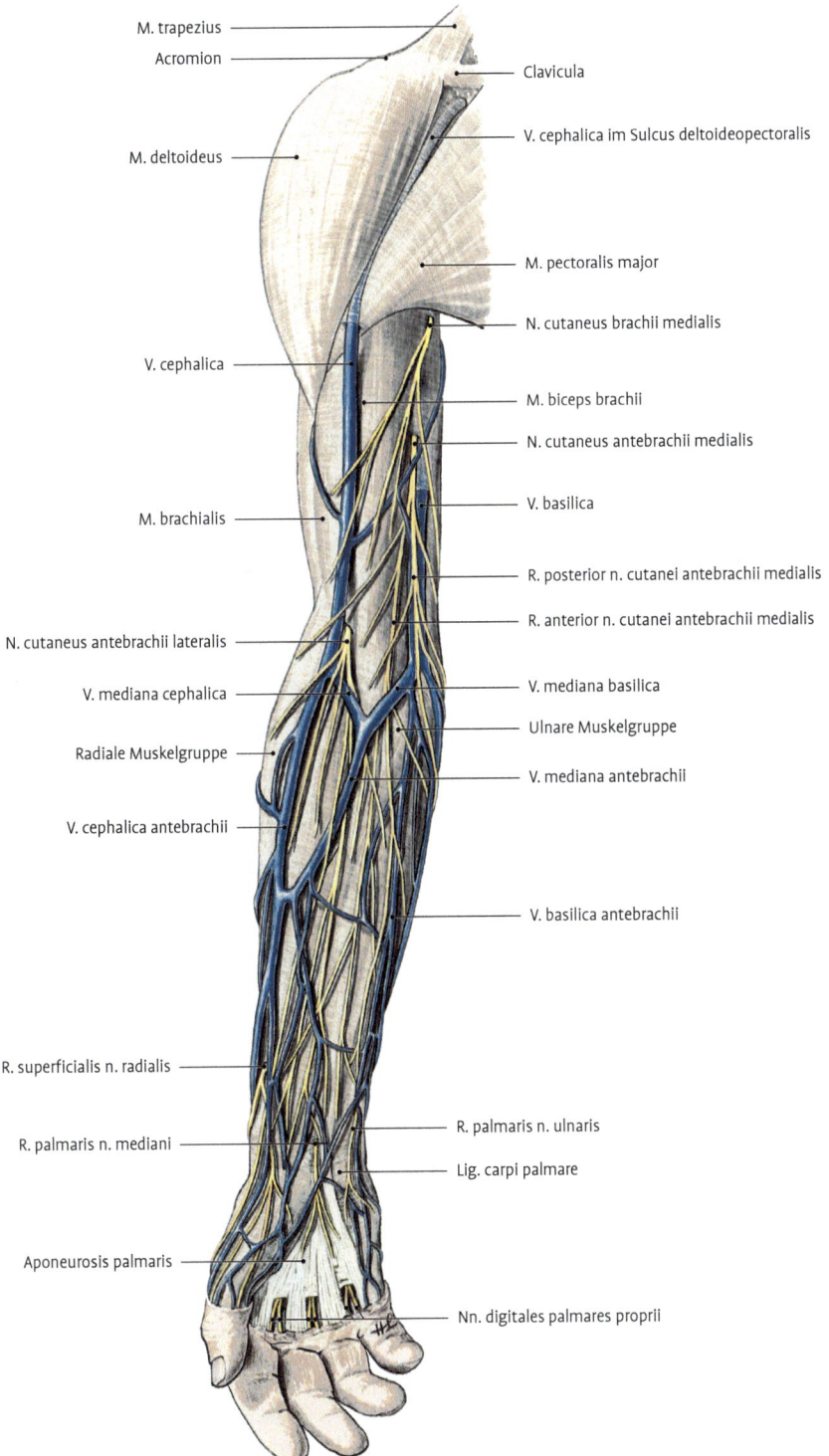

M. trapezius

Acromion

M. deltoideus

V. cephalica

M. brachialis

N. cutaneus antebrachii lateralis

V. mediana cephalica

Radiale Muskelgruppe

V. cephalica antebrachii

R. superficialis n. radialis

R. palmaris n. mediani

Aponeurosis palmaris

Clavicula

V. cephalica im Sulcus deltoideopectoralis

M. pectoralis major

N. cutaneus brachii medialis

M. biceps brachii

N. cutaneus antebrachii medialis

V. basilica

R. posterior n. cutanei antebrachii medialis

R. anterior n. cutanei antebrachii medialis

V. mediana basilica

Ulnare Muskelgruppe

V. mediana antebrachii

V. basilica antebrachii

R. palmaris n. ulnaris

Lig. carpi palmare

Nn. digitales palmares proprii

Abb. 4.123 Hautnerven und Hautvenen eines rechten Armes von ventral.

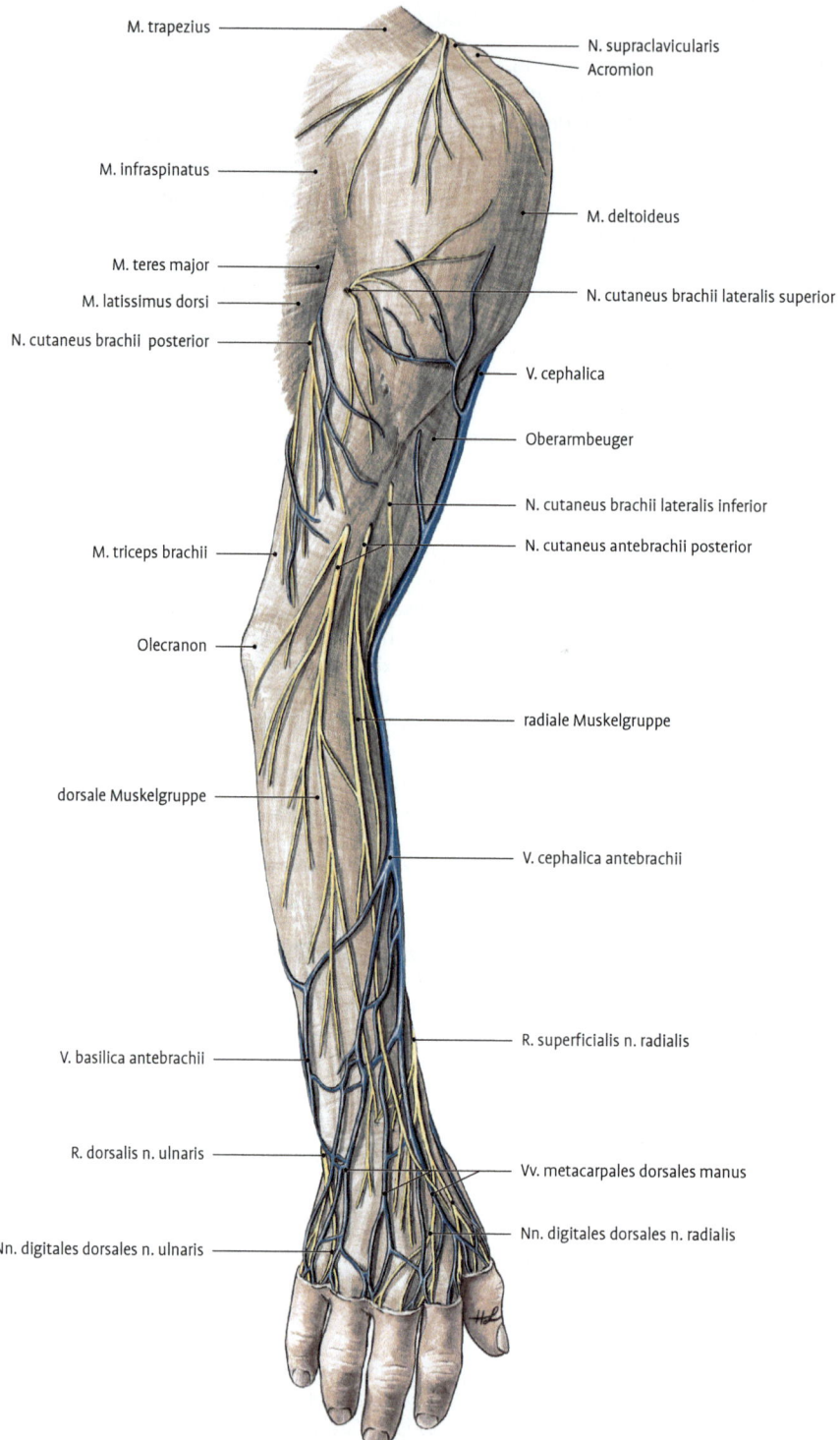

M. trapezius

N. supraclavicularis
Acromion

M. infraspinatus

M. deltoideus

M. teres major

M. latissimus dorsi

N. cutaneus brachii lateralis superior

N. cutaneus brachii posterior

V. cephalica

Oberarmbeuger

N. cutaneus brachii lateralis inferior

N. cutaneus antebrachii posterior

M. triceps brachii

Olecranon

radiale Muskelgruppe

dorsale Muskelgruppe

V. cephalica antebrachii

R. superficialis n. radialis

V. basilica antebrachii

R. dorsalis n. ulnaris

Vv. metacarpales dorsales manus

Nn. digitales dorsales n. ulnaris

Nn. digitales dorsales n. radialis

Abb. 4.124 Hautnerven und Hautvenen eines rechten Armes von dorsal.

4.3.5.2 Venae profundae

Die tiefen Venen begleiten die Arterien und sind mit ihnen durch eine gemeinsame Gefäßscheide verbunden. Nur die proximalen Abschnitte der **V. brachialis, V. axillaris** und **V. subclavia** sind **einfach, alle übrigen paarig.** Die paarigen Venen haben so zahlreiche Anastomosen, dass ein langmaschiges Venennetz um die gleichnamigen Arterien entsteht. Werden die tiefen Venen bei starker Muskelarbeit komprimiert, so strömt das Blut aus der Tiefe zu den Hautvenen, die entsprechend anschwellen. Folgende weitere Venae profundae begleiten gleichnamige Arterien: **Vv. brachiales, Vv. ulnares, Vv. radiales, Vv. interosseae anteriores, Vv. interosseae posteriores** und der **Arcus venosus palmaris profundus,** in diesen Venenbogen münden die **Vv. metacarpales palmares.**

4.3.6 Vasa lymphatica und Nodi lymphoidei membri superioris

Wie bei den Venen werden unterschieden: **1.** Vasa lymphatica superficialia und **2.** Vasa lymphatica profunda.

Die **Vasa lymphatica superficialia** (Abb. 4.125 a) bilden an der Hohlhand ein fein-, am Handrücken ein grobmaschiges Netzwerk, aus dem sich am Unterarm zahlreiche Längsstämme entwickeln, die hauptsächlich mit der V. cephalica und der V. basilica bis zur Ellenbeuge verlaufen. Hier sind in ~30 % in ihrem Verlauf **1–2 Nll. cubitales superficiales** und **Nll. supratrochleares** eingeschaltet. Von der Ellenbeuge aus begleiten nur wenige Äste die V. cephalica bis zum Trigonum deltoideopectorale. Die meisten folgen der V. basilica. Doch nur der kleinere Teil senkt sich mit der Vene in die Tiefe, der größere erreicht epifaszial im Sulcus bicipitalis medialis verlaufend schließlich die **Nll. axillares superficiales.**

Die **Vasa lymphatica profunda** (von den Knochen, Sehnen und Muskeln) folgen am Unterarm der A. radialis, A. ulnaris und den Aa. interosseae. In der Ellenbeuge können einige **Nll. cubitales profundi** eingeschaltet sein. Am Oberarm verlaufen sie mit dem Gefäßnervenstrang im Sulcus bicipitalis medialis, um sich in der Achselhöhle in die **Nll. axillares superficiales** zu ergießen.

Nodi lymphoidei axillares

Die Lymphknoten der Achselhöhle variieren in Zahl (8–50) und Größe und sind durch ein Geflecht von Lymphgefäßen **(Plexus lymphoideus axillaris)** miteinander verbunden. Es werden **Nodi lymphoidei axillares superficiales** (regionäre Lymphknoten) und **Nodi axillares profundi** (Sammellymphknoten) unterschieden. Abgrenzung und Bezeichnung variieren.

Nodi lymphoidei axillares superficiales (5 Gruppen im Spatium axillare und der unmittelbaren Umgebung, die topografisch jedoch nicht immer oberflächlich liegen) (Abb. 4.125 b):

- **Nll. axillares pectorales (sive anteriores).** Hinter und am Rande des M. pectoralis minor.
  Einzugsgebiet: seitliche und vordere Brustwand, Brustdrüse.
  Der **Sorgius-Lymphknoten** ist ein größerer, inkonstanter, auf der 3. Serratuszacke gelegener Lymphknoten dieser Gruppe.
- **Nll. axillares subscapulares (sive posteriores).** Am Margo lateralis scapulae zwischen den Mm. subscapularis und teres major sowie entlang der Vasa subscapularia lokalisiert.
  Einzugsgebiet: hintere Schultergegend, hintere Brustwand, unterer Nackenbereich.
- **Nll. axillares brachiales (sive humerales sive laterales).** An der V. cephalica im Sulcus deltoideopectoralis und in der Fascia axillaris gelegen.
  Einzugsgebiet: der gesamte Arm.
- **Nll. axillares thoracoepigastrici.** Begleiten den N. thoracicus longus und liegen auf der Faszie des M. serratus anterior.
  Einzugsgebiet: seitliche und vordere Brustwand.
- **Nll. axillares interpectorales.** Zwischen den Mm. pectoralis major und minor gelegen.
  Einzugsgebiet Mamma; führen die Lymphe zu den Nll. apicales ab.

Nodi lymphoidei axillares profundi. Liegen innerhalb der Achselhöhle medial am Gefäßnervenstrang und bilden 2 Gruppen:

- **Nll. axillares centrales.** Am Gefäßnervenstrang zentral hinter dem M. pectoralis minor in der Achselhöhle gelegen.
  Einzugsgebiet: sammeln die Lymphe aus den übrigen Gruppen.
- **Nll. axillares apicales (sive infraclaviculares).** Direkt unterhalb der Clavicula, an der V. axilla-

ris und oberhalb des M. pectoralis minor gelegen.

Einzugsgebiet: nehmen die Lymphe aus den Nodi lymphoidei centrales auf. Weiterhin gelangen direkte Bahnen von der Brustdrüse (s. Kap. 4.2.2.2) und die oberflächlichen Lymphgefäße, die mit der V. cephalica verlaufen (radiale Seite des Arms und der Hand), in diese Lymphknoten.

Die abführenden Lymphgefäße vereinigen sich zum **Truncus subclavius,** der somit die gesamte Lymphe von der oberen Gliedmaße und der Brustwand aufnimmt. Rechts kann er durch Vereinigung mit dem Truncus jugularis einen Ductus lymphaticus dexter ausbilden, der in den rechten Venenwinkel mündet. Auf der linken Seite mündet er in den Ductus thoracicus oder selbstständig in den linken Venenwinkel (s. Kap. 5.1.4.6).

4.3.7 Nervi membri superioris

4.3.7.1 Plexus brachialis (C5–Th1)

Die obere Gliedmaße entsteht als Knospe der ventralen Rumpfwand im Bereich der Segmente C5–Th1. Bei der Differenzierung der Gliedmaße werden die Skelett-, Muskel- und Hautbestandteile der Segmente aufgelöst und zu neuen funktionellen Einheiten zusammengebaut. Da die Nerven ihre ursprünglichen Beziehungen beibehalten, führt die Umlagerung des Baumateriales zu einem Geflecht der Rr. ventrales der Spinalnerven C5–Th1, **Plexus brachialis** (Abb. 4.127, 4.128). Der Nervenplexus hat am Hals Verbindungen zum Plexus cervicalis und in der Achselhöhle mit 1–2 Nn. intercostobrachiales.

Versorgungsgebiet: sensibel (Abb. 4.126) Arm und **motorisch** alle Muskeln von Arm und Schultergür-

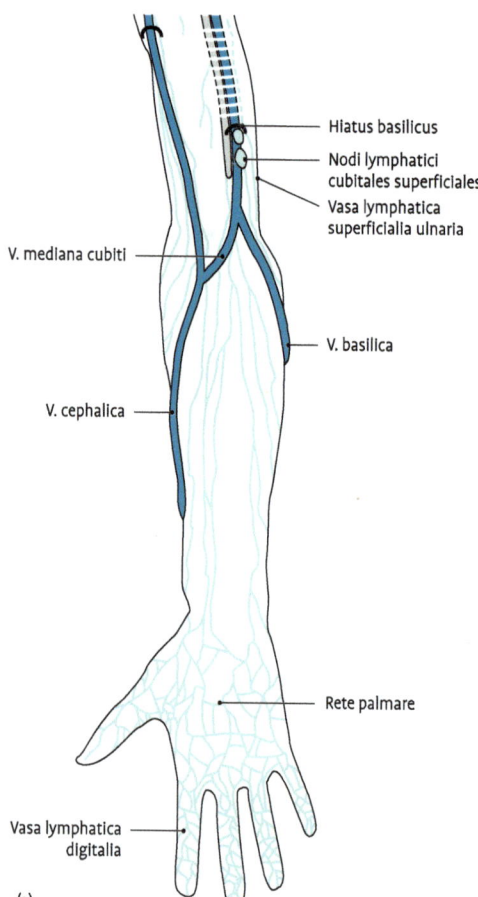

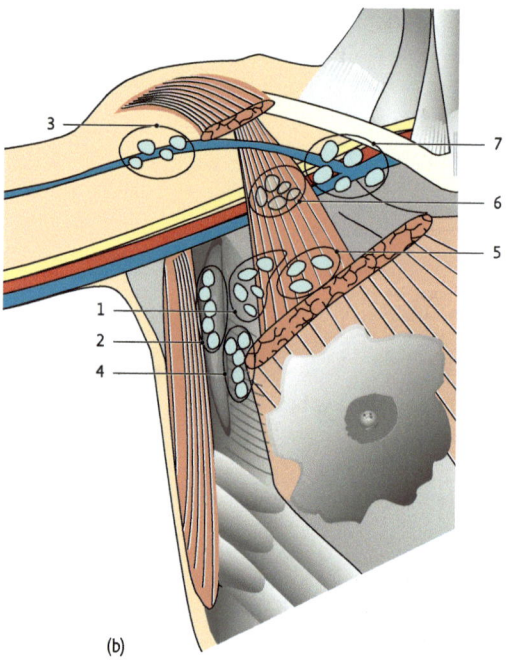

(b)

Abb. 4.125 Lymphbahnen (a) und Lymphknoten (b) der oberen Extremität. 1 = Nodi lymphoidei axillares pectorales, 2 = Nodi lymphoidei axillares subscapulares, 3 = Nodi lymphoidei axillares brachiales, 4 = Nodi lymphoidei axillares thoracoepigastrici, 5 = Nodi lymphoidei axillares interpectorales, 6 = Nodi lymphoidei axillares centrales, 7 = Nodi lymphoidei axillares apicales.

tel mit Ausnahme des M. trapezius (vom N. accessorius innerviert).

Aufbau des Plexus brachialis (Abb. 4.127). Die **Rr. ventrales** von **C5-Th1** bilden **3 Trunci** (Stämme): **1. Truncus superior,** C5, C6, **2. Truncus medius,** C7, **3. Truncus inferior,** C8, Th1. **Jeder** dieser Trunci teilt sich in einen **ventralen** und einen **dorsalen Ast** (**Divisiones ventrales** und **dorsales**), die sich zu **3 Fasciculi** zusammenschließen:

- **Fasciculus lateralis:** Divisiones ventrales von Truncus superior und Truncus medius
- **Fasciculus medialis:** Divisio ventralis des Truncus inferior
- **Fasciculus posterior:** alle 3 Divisiones dorsales.

Die 3 Fasciculi werden nach ihrer Lage zur A. subclavia bzw. A. axillaris benannt, aus ihnen gehen die großen Nervenstämme des Armes hervor.

Topografie. Der Plexus liegt z. T. oberhalb der Clavicula (→ **Pars supraclavicularis**) und z. T. in der Achselhöhle (→ **Pars infraclavicularis**):

Die Pars supraclavicularis zieht kranial und dorsal von der A. subclavia durch die Skalenuslücke und umfasst die Trunci, die Divisiones und den Ursprung verschiedener Nerven.
Die Pars infraclavicularis beinhaltet die Fasciculi und die großen Nervenstämme des Arms.

Die **Pars supraclavicularis** entlässt (Abb. 4.128):

Rr. musculares. Direkte Äste aus den Wurzeln des Plexus brachialis zum M. longus colli und zu den Mm. scaleni.

Ventrale Äste:
- **N. subclavius (C4, C5).** Kurzer Ast, zieht ventral von der A. subclavia zum M. subclavius; kann den Nebenphrenikus abgeben.
- **Nn. pectorales medialis** und **lateralis (C5–Th1).** Verlaufen hinter der Clavicula, wo sie in mehrere Äste für den M. pectoralis major und minor zerfallen.

Dorsale Äste:
- **N. dorsalis scapulae (C4, C5).** Durchbohrt meist den M. scalenus medius und versorgt den M. levator scapulae und die Mm. rhomboidei.

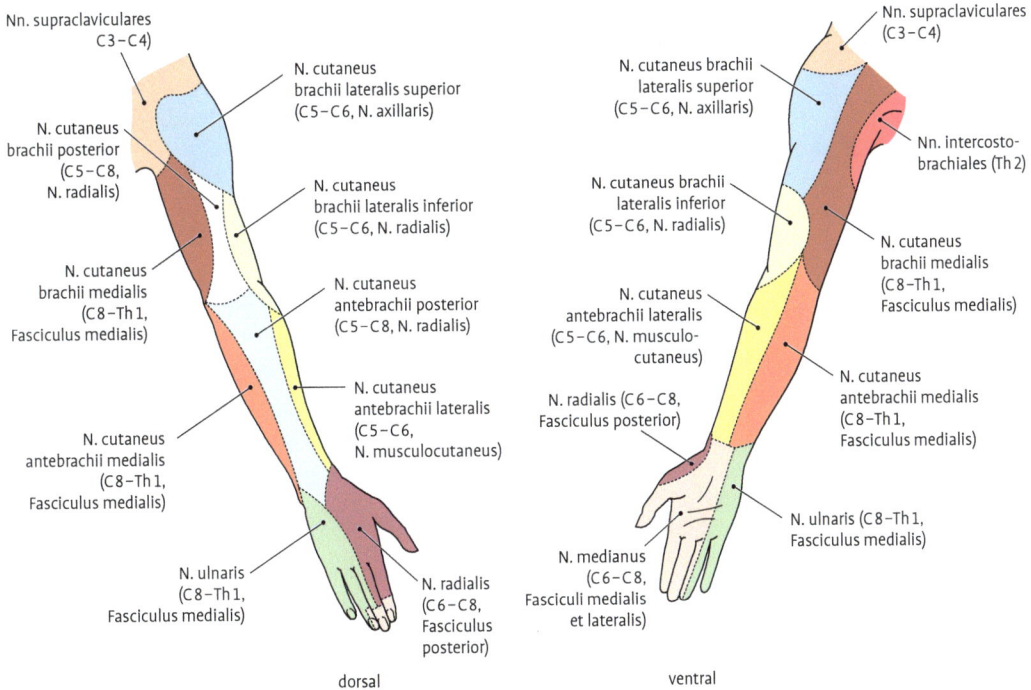

Abb. 4.126 Übersicht über die Innervationsgebiete der Hautnerven des Armes (nach J. Sobotta).

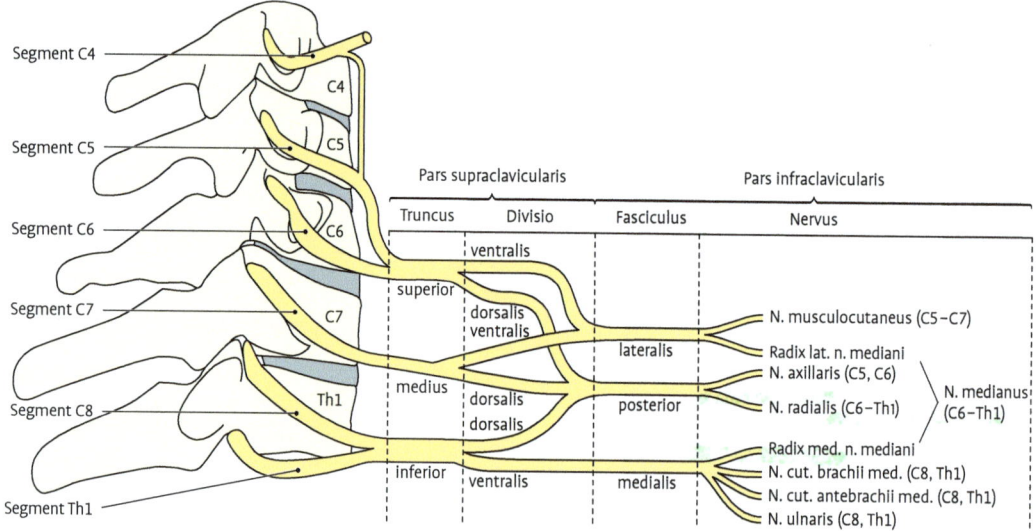

Abb. 4.127 Architektur des Plexus brachialis (n. A. Prescher und K. Bohndorf).

- **N. suprascapularis (C4–C6).** Zieht unter dem Lig. transversum scapulae durch die Incisura scapulae zum M. supraspinatus und M. infraspinatus.
- **N. thoracicus longus (C5–C7/C8).** Durchbohrt mit 2–3 Zweigen den M. scalenus medius. Die Äste vereinigen sich bald zu einem Stamm, der dorsal vom Plexus brachialis zur Achselhöhle gelangt, dem M. serratus anterior anliegt und sich in der Versorgung dieses Muskels erschöpft.
- **N. subscapularis (C5–C6/C7).** Versorgt den M. subscapularis und M. teres major.
- **N. thoracodorsalis (C6–C8).** Versorgt den M. latissimus dorsi und zieht an der Innenfläche des Muskels abwärts.

Die **Pars infraclavicularis** (Abb. 4.127, 4.128). Liegt in der Achselhöhle und umgibt mit den 3 Fasciculi die A. axillaris. Aus den Fasciculi gehen die großen Nervenstämme des Armes hervor.
- **Fasciculus lateralis** → **N. musculocutaneus** und **Radix lateralis n. mediani.**
- **Fasciculus medialis** → **Radix medialis n. mediani, N. ulnaris, N. cutaneus antebrachii medialis** und **N. cutaneus brachii medialis.**
- **Fasciculus posterior** → **N. axillaris** und **N. radialis.**

Neben den Faszikeln können aber auch die Nn. pectorales, der N. subscapularis und der N. thoracalis erst im infraklavikulären Teil aus dem Plexus brachialis hervorgehen.

Klinik: 1. Plexusanästhesie nach Kuhlenkampff. Einstich am Oberrand der Clavicula (in der Medioklavikularlinie), dann lateral der pulsierenden A. subclavia in Richtung Dornfortsatz des 3. Brustwirbels. Heute selten durchgeführt, da hohe Komplikationsrate, z. B. Pneumothorax. **2. Axillärer Block.** Zur Op. an Unterarm und Hand (häufige Anästhesielücke → N. musculocutaneus). **3. Interskalenusblock.** Eingang in die Skalenuslücke (Komplikation: hohe Peridural- oder totale Spinalanästhesie). **4. Druck- oder Überdehnungsschaden in Narkose.** Dehnung bei Hochlagerung des Rumpfes gegen fixierte Schultern oder Arme, Abduktion des supinierten Arms > 80–90°, Fixierung des Arms über dem Kopf, Druckschaden in Seitenlage; am häufigsten ist der N. ulnaris im Ellenbogengelenk betroffen (s. N. ulnaris).

N. musculocutaneus (C5–C7). Durchbohrt den M. coracobrachialis und versorgt diesen, den M. biceps brachii und den M. brachialis mit **Rr. musculares**. Er gelangt zwischen M. biceps brachii und M. brachialis von der medialen auf die laterale Seite des Armes, wo er in der Ellenbeuge die oberflächliche Faszie durchbohrt und als **N. cutaneus antebrachii lateralis** die Haut an der radialen Seite des Unterarms inerviert.

N. medianus (C6–Th1). Entsteht mit einer **Radix lateralis** und einer **Radix medialis** aus den Fasci-

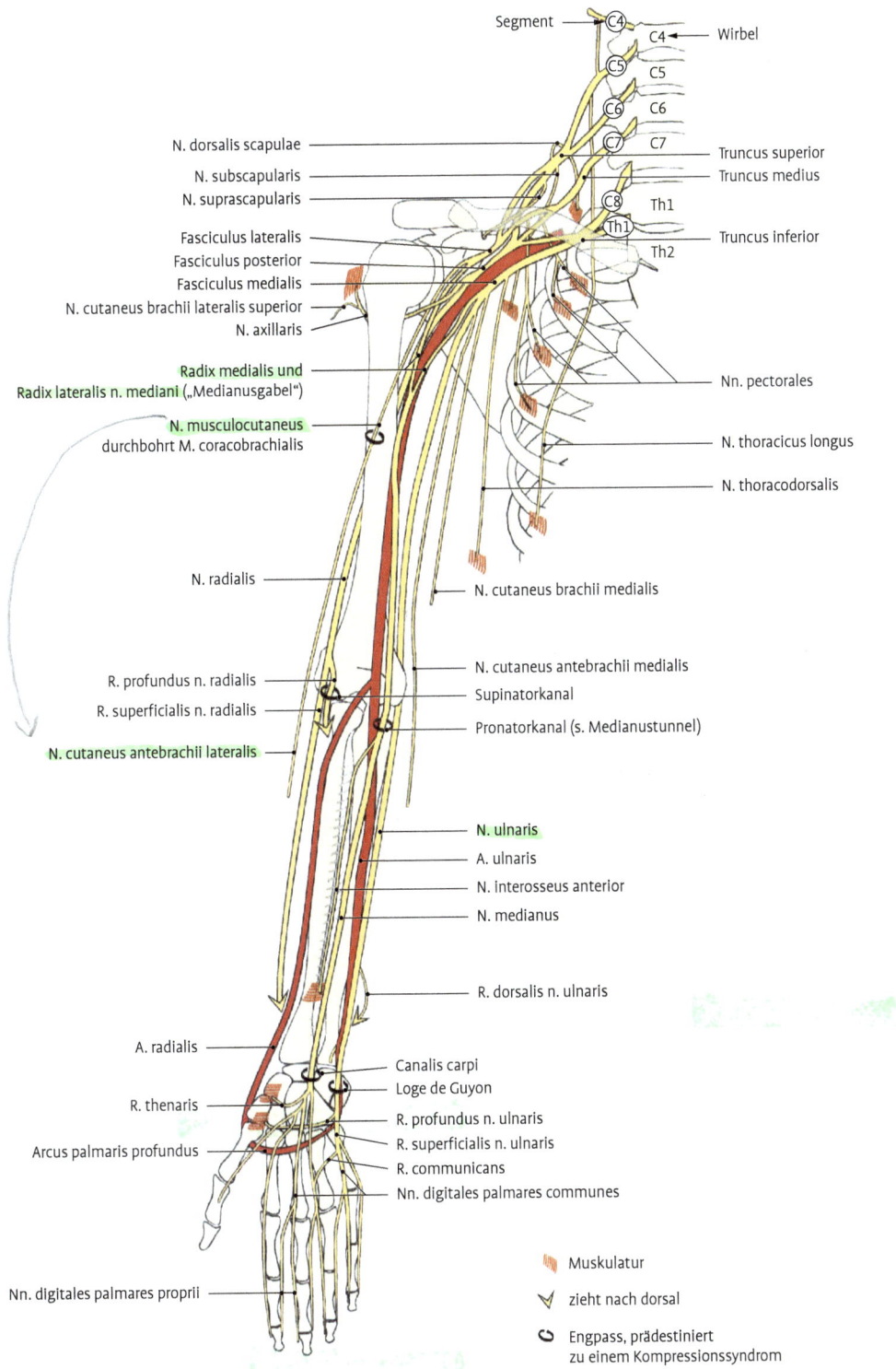

Segment — C4
C4 — Wirbel
C5
C5
C6
C6
N. dorsalis scapulae — C7
C7 — Truncus superior
N. subscapularis — — Truncus medius
N. suprascapularis — C8 Th1
Fasciculus lateralis — Th1
Fasciculus posterior — Th2 — Truncus inferior
Fasciculus medialis
N. cutaneus brachii lateralis superior
N. axillaris
Radix medialis und
Radix lateralis n. mediani („Medianusgabel") — Nn. pectorales
N. musculocutaneus
durchbohrt M. coracobrachialis — N. thoracicus longus
— N. thoracodorsalis
N. radialis — N. cutaneus brachii medialis
R. profundus n. radialis — N. cutaneus antebrachii medialis
R. superficialis n. radialis — Supinatorkanal
— Pronatorkanal (s. Medianustunnel)
N. cutaneus antebrachii lateralis
N. ulnaris
A. ulnaris
N. interosseus anterior
N. medianus
R. dorsalis n. ulnaris
A. radialis — Canalis carpi
R. thenaris — Loge de Guyon
— R. profundus n. ulnaris
Arcus palmaris profundus — R. superficialis n. ulnaris
— R. communicans
— Nn. digitales palmares communes
Nn. digitales palmares proprii

Muskulatur
zieht nach dorsal
Engpass, prädestiniert
zu einem Kompressionssyndrom

Abb. 4.128 Schema der Nervenversorgung des Armes.

culi lateralis et medialis. Beide Wurzeln umfassen als **Medianusgabel** (Medianusschlinge) die A. axillaris. Der einheitliche Stamm verläuft am Oberarm ohne Astabgabe im Sulcus bicipitalis medialis. Er beschreibt eine **Schraubentour um die A. brachialis,** indem er zunächst lateral, in der Mitte des Oberarmes vor und in der Ellenbeuge medial von der Arterie liegt. In der Ellenbeuge passiert er den **Pronatorschlitz** (Medianustunnel) und verläuft dann in der Mitte des Unterarmes zwischen M. flexor digitorum superficialis und profundus. Unter dem Retinaculum flexorum erreicht er die Hohlhand, wo er in seine Endäste zerfällt.

Astfolge:

- **Rr. musculares** (gehen bereits in der Ellenbeuge ab). Versorgen M. pronator teres, M. flexor carpi radialis, M. palmaris longus und M. flexor digitorum superficialis.
- **Rr. articulares n. mediani.** Versorgen das Ellenbogengelenk sensibel.
- **N. interosseus antebrachii anterior.** Zieht auf der Membrana interossea neben der gleichnamigen Arterie nach distal; versorgt den M. flexor pollicis longus, den M. pronator quadratus und den radialen Teil des M. flexor digitorum profundus.
- **R. palmaris n. mediani.** Sensibel für die Haut über der Handwurzel.
- **R. communicans cum nervo ulnari.** Verbindung mit dem N. ulnaris in Höhe des oberflächlichen Hohlhandbogens.
- **R. thenaris.** Motorischer Ast für die Daumenballenmuskeln. Ausnahmen: Der tiefe Kopf des M. flexor pollicis brevis und der M. adductor pollicis werden vom N. ulnaris innerviert. Der R. thenaris zieht in einem nach distal konvexen Bogen (früher: R. recurrens n. mediani) nach radial und zerfällt in 3 Äste: Ein oberflächlicher versorgt den M. abductor pollicis brevis. Zwei tiefere gelangen zum M. opponens pollicis und zum Caput superficiale des M. flexor pollicis brevis.
- **3 Nn. digitales palmares communes.** Diese Endäste versorgen die Mm. lumbricales I und II (III) und teilen sich in **Nn. digitales palmares proprii** für die Haut der 3½ radialen Finger der Hand.

Klinik: Der R. thenaris ist für die Handchirurgie bedeutsam und zeigt zahlreiche Variationen. Besonders beachtet werden muss die frühe Abzweigung des R. thenaris im Canalis carpi. In diesen Fällen kann der Nerv durch einen kleinen Kanal (**Thenartunnel** n. Johnson und Shrewsbury) im Retinaculum flexorum ziehen und ist dadurch bei der operativen Spaltung des Bandes (Therapie des **Karpaltunnelsyndroms**) gefährdet.

Inkonstante Anastomosen des N. medianus: 1. zum N. musculocutaneus am Oberarm (in ~30%), **2.** zum N. ulnaris am Oberarm, **3.** zum N. ulnaris im mittleren Drittel des Unterarms (Martin-Gruber-Anastomose), **4.** zum N. ulnaris im Bereich der Hohlhand. Diese Anastomose liegt an der radialen Seite des M. flexor pollicis brevis und verbindet den R. thenaris n. mediani mit dem R. profundus n. ulnaris (Ansa thenaris oder Cannieu-Riche-Anastomose).

Versorgungsgebiet des N. medianus:

- Alle Beuger des Unterarmes. Ausnahmen: M. flexor carpi ulnaris, ulnarer Teil des M. flexor digitorum profundus (für Digg. IV, V).
- Alle Daumenballenmuskeln. Ausnahmen: M. adductor pollicis und Caput profundum m. flexoris pollicis brevis.
- Mm. lumbricales I und II.
- Die Haut über der Handwurzel, über der Palma manus und an der Beugefläche der 3½ radialen Finger.

Autonomgebiet. Von dem o. g. Schema der Hautinnervation gibt es Abweichungen. Regelmäßig versorgt der N. medianus nur die Haut über dem Mittel- und Endglied von Digg. II und III.

Klinik: 1. Schwurhand (Abb. 4.129) durch **Totalausfall des N. medianus**. Beim Faustschluss bleiben die 3 radialen Finger gestreckt (wie zum Schwur), während Digg. IV, V durch den ulnaren Teil des M. flexor digitorum prof., der 5. Finger außerdem durch den M. flexor digiti minimi brevis gebeugt werden. Eine gewisse Beugung aller Grundglieder erfolgt durch die Mm. interossei et lumbricales. Daumen-Kleinfingerprobe: Der Daumen kann nicht opponiert werden (→ Ausfall des M. opponens pollicis), er ist durch den vom N. ulnaris versorgten M. adductor pollicis adduziert und durch die Strecker dorsalflektiert. Die Pronation erfolgt nur durch die radiale Muskelgruppe bis zur Mittelstellung. Palmarflexion der Hand ist nur noch an der Ellenseite möglich, die Sensibilität über dem Daumenballen und an der Beugeseite der 3½ radialen Finger ist aufge-

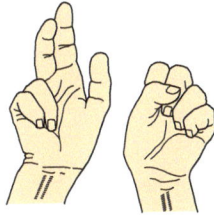

Abb. 4.129 Medianuslähmung. Faustschluss der 3 radialen Finger mangelhaft (Schwurhand). Umgezeichnet nach T. v. Lanz u. W. Wachsmuth.

hoben. **2. Medianusverletzung oberhalb des Handgelenkes.** Ausfall der Sensibilität und der Opposition des Daumens, herabgesetzte Beugekraft des Daumens. **3. Narkosebedingte Nervenläsion** (→ Druckschaden in Operationslage) an der Oberarminnenseite möglich.

N. ulnaris (C5–Th1). Entspringt aus dem Fasciculus medialis und verläuft zunächst medial von der A. brachialis, um durch das Septum intermusculare brachii mediale auf die Streckseite zu gelangen, wo er im Sulcus n. ulnaris humeri, hinter dem Epicondylus medialis, gut zu tasten ist. Zwischen den beiden Köpfen des M. flexor carpi ulnaris gelangt er wieder auf die Beugeseite, wo er ulnar von der A. ulnaris unter dem M. flexor carpi ulnaris (Leitmuskel!) bis zur Handwurzel herabzieht. Hier verläuft er außerhalb des Canalis carpi in der Guyon-Loge zur Hohlhand. Astfolge:
- **Rr. musculares.** Ziehen zum M. flexor carpi ulnaris und ulnaren Teil des M. flexor digitorum profundus (Digg. IV und V).
- **R. palmaris n. ulnaris.** Zur Haut der Handwurzel an der ulnaren Seite.
- **R. dorsalis n. ulnaris.** Geht ca. 5 cm oberhalb des Handgelenks zur Dorsalseite des Handgelenks ab, wo er in **5 Nn. digitales dorsales** für die Streckseiten der 2½ ulnaren Finger zerfällt. Er hat meist eine Verbindung zum R. superficialis n. radialis.
- **R. superficialis.** Versorgt den M. palmaris brevis. Dann bildet er einen **N. digitalis palmaris communis,** welcher sich in zwei Nn. digitales palmares proprii für die einander zugewandten Seiten des Digg. IV und V teilt. Der Rest des R. superficialis zieht als **N. digitalis palmaris proprius** zur ulnaren Seite des Dig. V. Der N. ulnaris versorgt somit die Haut an der Beugeseite der 1½ ulnaren Finger.
- **R. profundus.** Durchbohrt und versorgt die Kleinfingerballenmuskeln, die Mm. lumbricales III und IV, sämtliche Mm. interossei, den M. ad-

ductor pollicis und das Caput profundum m. flexoris pollicis brevis.

Versorgungsgebiet des N. ulnaris:
- Alle Muskeln an der Beugeseite des Unterarms und der Hand, die nicht vom N. medianus versorgt werden: M. flexor carpi ulnaris, ulnarer Teil des M. flexor digitorum profundus, Mm. lumbricales III und IV, alle Mm. interossei, M. adductor pollicis, Caput prof. m. flexoris pollicis brevis und die Hypothenarmuskeln.
- Haut an der ulnaren Seite der Hand, 2½ Finger dorsal, 1½ Finger palmar.

Autonomgebiet. Der Nerv versorgt in jedem Falle die Haut des kleinen Fingers.

Klinik: 1. Krallen- oder Klauenhand (Abb. 4.130). Ausfall aller Mm. interossei und der 2–3 ulnaren Mm. lumbricales (→ beugen Grund- und strecken Mittel- und Endglieder). Grundgelenke sind überstreckt, Mittel- und Nagelglieder durch das Übergewicht der Beuger flektiert. Fingerspreizen und Adduktion des Daumens sind unmöglich, (→ pos. Froment-Zeichen: Festhalten eines Gegenstandes zwischen Daumen und Zeigefinger ist erschwert). Beim Faustschluss bleiben Digg. IV und V gestreckt (→ Ausfall des ulnaren Teiles des M. flexor digitorum profundus und des M. flexor digiti minimi brevis). Bei der Daumen-Kleinfingerprobe kann der 5. Finger dem Daumen nicht genähert werden (→ Ausfall des M. opponens digiti minimi). Nach längerer Lähmung atrophieren die Muskeln, die Haut sinkt am Handrücken zwischen den Mittelhandknochen zu tiefen Furchen ein. Beugung und Ulnarduktion der Hand sind an der Ellenseite herabgesetzt (→ Ausfall von M. flexor carpi ulnaris und ulnarem Teil des M. flexor digitorum prof.). **2. Sensibilitätsausfall über dem Kleinfingerballen** (R. palmaris) und an den Fingern (dorsal 2½ ulnare, palmar 1½ ulnare Finger). **3. Sulcus-ulnaris-Syndrom.** Druckschädigung des N. ulnaris im Sulcus n. ulnaris. **4. Kompression des N. ulnaris in Narkose** an der Innenseite des Oberarms (→ Herabhängen des Armes) oder hinter dem Epicondylus medialis (häufiger!). **5. Guyon-Tunnelsyndrom.** Kompression des N. ulnaris in der Guyon-Loge mit Parästhesie der Digg. IV, V, später Handgelenkschmerz.

Abb. 4.130 Ulnarislähmung. Skizze nach einer Fotografie von O. Foerster. Durch Ausfall der Mm. interossei Überstreckung in den Grundgelenken. Beugung in den Mittel- und Endgelenken der Finger (Krallen- oder Klauenhand). Durch Ausfall des M. adductor pollicis steht der Daumen abduziert.

N. cutaneus antebrachii medialis (C8, Th1). Kommt aus dem Fasciculus medialis, verläuft mit den Vv. axillaris, brachialis und basilica distalwärts, tritt mit der Letzteren durch die Oberarmfaszie und teilt sich in einen **R. anterior** für die vordere Fläche der Haut des Unterarms und einen **R. posterior** für die ulnare Fläche der Haut des Unterarms.

N. cutaneus brachii medialis (Th1, Th2). Entspringt aus dem Fasciculus medialis, verbindet sich mit dem **N. intercostobrachialis** des 2. Interkostalnerven und versorgt die Haut der medialen Seite des Oberarms bis zur Ellenbeuge.

N. axillaris (C5, C6). Verlässt den Fasciculus posterior in der Achselhöhle, verläuft mit der A. circumflexa humeri posterior durch die laterale Achsellücke und versorgt den M. deltoideus und M. teres minor mit **Rr. musculares.** Ein Hautast, der **N. cutaneus brachii lateralis superior,** zieht um den hinteren Rand des M. deltoideus zur Haut der seitlichen Schultergegend.

N. radialis (C6–Th1). Bildet den Endast des Fasciculus posterior, windet sich im Canalis n. radialis, dem Knochen dicht anliegend, in Begleitung der A. profunda brachii schraubenförmig um das mittlere Drittel des Humerus und gelangt zwischen M. brachioradialis und M. brachialis in die Ellenbeuge, wo er sich in seine Endäste, den **R. superficialis** und den **R. profundus** aufteilt. Astfolge:

- **N. cutaneus brachii posterior.** Versorgt sensibel die Rückseite des Oberarmes.
- **N. cutaneus brachii lateralis inferior.** Geht bereits in der Achselhöhle ab und versorgt die Haut an der lateralen Seite des Oberarms.
- **Rr. musculares,** für den M. triceps brachii gehen sie vor dem Eintritt in den Canalis n. radialis ab.
- **N. cutaneus antebrachii posterior.** Entspringt im Sulcus n. radialis, durchbohrt am Oberarm die Faszie und versorgt die Haut der Unterarmstreckseite bis zur Handwurzel.

- **Rr. musculares,** für die radialen Unterarmmuskeln entspringen sie in der Ellenbeuge vor der Aufteilung in die Endäste.
- **R. profundus.** Tritt in den M. supinator ein und windet sich in ihm spiralig um den Radius zur Streckseite, wo er die gesamte dorsale Muskelgruppe des Unterarmes versorgt.
- **N. interosseus antebrachii posterior.** Dünner Ast für die tiefe Muskellage und für das Handgelenk. Verläuft auf der Rückfläche der Membrana interossea antebrachii.
- **R. superficialis.** Hautast, zieht begleitet von der A. radialis und dem M. brachioradialis auf der Beugeseite des Unterarmes herab und wendet sich erst im distalen Drittel unter der Sehne des M. brachioradialis zur Streckseite. Dort besteht durch den R. communicans ulnaris eine Verbindung mit dem R. dorsalis n. ulnaris. Der R. superficialis zerfällt in 5 N. digitales dorsales für die Streckseiten der 2½ radialen Finger.

Versorgungsgebiet des N. radialis:
- **motorisch:** alle Strecker des Oberarmes und die radialen und dorsalen Unterarmmuskeln,
- **sensibel:** die Streckseite von Ober- und Unterarm, die radiale Seite des Handrückens und die 2½ radialen Finger.

Die Haut der Mittel- und Endglieder aller Finger wird dorsal auch von den palmaren Ästen versorgt, die stärker als die dorsalen sind. **Kein echtes Autonomgebiet!** Alle vom N. radialis versorgten Hautgebiete können auch von anderen Nerven innerviert werden.

Klinik: 1. Fallhand (→ klassisches Symptom!) (Abb. 4.131). Durch Verletzung des R. profundus. Die Hand kann weder dorsalflektiert (→ Ausfall der dorsalen Muskelgruppe!) noch bei gestrecktem Unterarm supiniert werden (→ Ausfall des M. supinator!); bei gebeugtem Unterarm Supination durch den M. biceps brachii möglich. **2. Erschwerte Radialduktion** der Hand bei Verletzung im Sulcus n. radialis (→ Humerusschaftfraktur → Ausfall der radialen Muskelgruppe!). Außerdem fällt die Hautversorgung der dorsoradialen Fläche des Unterarms aus (→ N. cutaneus antebrachii posterior). **3. Streckung im Ellenbogengelenk unmöglich** bei Verletzung proximal vom Sulcus n. radialis (→ Ausfall des M. triceps brachii!). Außerdem fällt die Hautver-

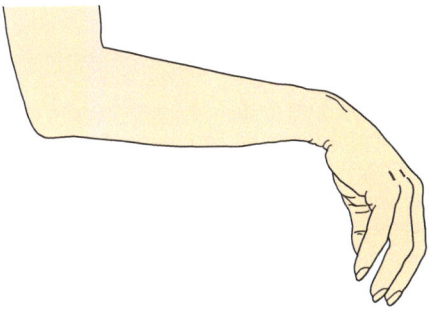

Abb. 4.131 Radialislähmung. Skizze nach einer Fotografie von O. Foerster. Durch Ausfall des R. profundus n. radialis ist die Dorsalflexion der Hand nicht möglich (Fallhand).

sorgung an der dorsoradialen Fläche des Oberarms aus. **4. Cheiralgia paraesthetica.** Sehr seltene isolierte Schädigung des R. superficialis mit Sensibilitätsausfall, Parästhesie und Schmerzen im sensiblen Ausbreitungsgebiet (→ radiale Hälfte des Handrückens, Streckseiten der Grundglieder von Daumen, Zeigefinger und radialer Seite des Mittelfingers). Ursache: z. B. zu enge Handschellen, sog. Arrestantenlähmung. **5.** Schädigung bei Kompression der Außenseite des Oberarms in Operationslage möglich. Ursache: Druckschädigung (sog. **Parkbanklähmung**).

4.3.8 Topografische und Angewandte Anatomie der oberen Extremität

Topografisch unterschieden werden **Schulter** (→ Regio infraclavicularis, axillaris, deltoidea, scapularis und das Spatium axillare), **Oberarm** (→ Regio brachii anterior und posterior), **Ellenbogen** (→ Regio cubitalis anterior und posterior), **Unterarm** (→ Regio antebrachii anterior und posterior), **Hand** (→ Regio carpi anterior, Palma manus, Dorsum manus und Digiti). Die tastbaren Knochenpunkte sind in Abb. 3.132) dargestellt.

4.3.8.1 Regio infraclavicularis, Unterschlüsselbeinregion

Grenzen (Abb. 4.133). Kranial: **Clavicula,** medial: lateraler Rand des **Sternum,** kaudal: Übergang ohne scharfe Grenze in die Regio mammaria, late-

ral: Rand des **M. deltoideus**. Man unterscheidet eine oberflächliche und eine tiefe Region, die von der kräftigen **Fascia clavipectoralis** getrennt werden.

Inspektion, Palpation. Die Haut über Schlüsselbein und großem Brustmuskel ist gut verschieblich und muss bei Hautschnitten gespannt werden. Oberhalb der Clavicula sinkt sie zur **Fossa supraclavicularis,** unterhalb zur **Fossa infraclavicularis (sive Mohrenheim-Grube)** ein. Die Fossa infraclavicularis entspricht in der Lage dem **Trigonum clavipectorale (sive deltoideopectorale),** der individuell sehr variablen Muskellücke zwischen M. deltoideus und M. pectoralis major. Sie setzt sich in den **Sulcus deltoideopectoralis** fort.

Zu tasten sind: **1. Proc. coracoideus** (am vorderen Rande in der Tiefe der Grube), **2. Clavicula.** Das Schlüsselbein lässt sich vollständig abtasten und ist bei mageren Personen durch die Haut zu erkennen. Bei herabhängendem Arm steht sie fast horizontal. Brüche, Kallus und Formveränderungen sind gut festzustellen (Seitenvergleich!).

Oberflächliche Schicht der Regio infraclavicularis. Nach Entfernung der Haut erscheinen die Muskelfasern des **Platysmas** und darunter die sensiblen **Nn. supraclaviculares.** Beide Strukturen kommen aus der Halsregion und ziehen über die Clavicula in die Regio infraclavicularis. Unter der Subcutis liegt die kräftige **Fascia pectoralis,** die den **M. pectoralis major** bedeckt und sich mit bindegewebigen Septen zwischen seine Muskelfasern erstreckt. Die Fascia pectoralis zieht von der Clavicula über den M. pectoralis major, senkt sich am Sulcus deltoideopectoralis in die Tiefe und geht am unteren Rande des großen Brustmuskels in die **Fascia abdominis superficialis** und weiter lateral in die kräftige **Fascia axillaris** über. Im mediokaudalen Teil liegen die feinen **Rr. cutanei anteriores** und **laterales** aus den Interkostalnerven und die gleichnamigen Gefäßäste auf der Fascia pectoralis. Im Sulcus deltoideopectoralis liegt die **V. cephalica** in Begleitung des **R. deltoideus** der **A. thoracoacromialis.** Oberhalb des **M. pectoralis minor** wird die **Fascia clavipectoralis** von V. cephalica, **Nn. pectorales** und Ästen der A. thoracoacromialis (→ Rr. pectorales, R. deltoideus, R. acromialis, R. clavicularis) durchbohrt. Die V. cephalica mündet hinter der Faszie in die V. axillaris, die Nn. pecto-

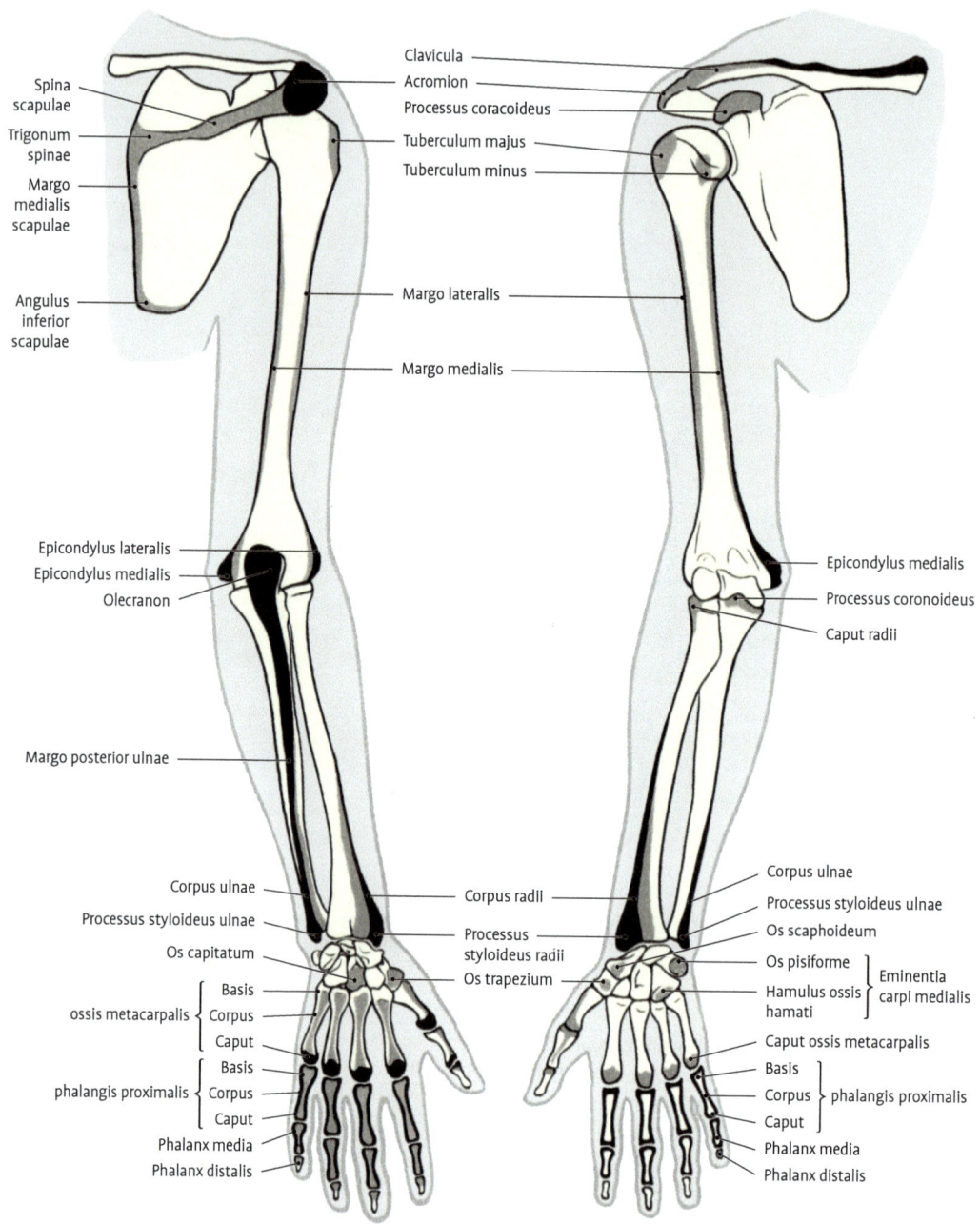

Spina scapulae
Trigonum spinae
Margo medialis scapulae
Angulus inferior scapulae

Clavicula
Acromion
Processus coracoideus
Tuberculum majus
Tuberculum minus

Margo lateralis

Margo medialis

Epicondylus lateralis
Epicondylus medialis
Olecranon

Epicondylus medialis
Processus coronoideus
Caput radii

Margo posterior ulnae

Corpus ulnae
Processus styloideus ulnae
Os capitatum

Corpus radii
Processus styloideus radii
Os trapezium

Corpus ulnae
Processus styloideus ulnae
Os scaphoideum
Os pisiforme ⎫ Eminentia
Hamulus ossis hamati ⎭ carpi medialis

ossis metacarpalis ⎰ Basis / Corpus / Caput ⎱

phalangis proximalis ⎰ Basis / Corpus / Caput ⎱
Phalanx media
Phalanx distalis

Caput ossis metacarpalis
Basis
Corpus ⎱ phalangis proximalis
Caput
Phalanx media
Phalanx distalis

Abb. 4.132 Armskelett von dorsal und von ventral. Praktisch wichtige, direkt tastbare Knochenteile schwarz. Durch dünne Muskeln oder Sehnen hindurch indirekt tastbare Teile grau. In Anlehnung an T. v. Lanz u. W. Wachsmuth.

rales (medialis und lateralis) und die arteriellen Rr. pectorales verzweigen sich in dem Verschiebespalt zwischen den beiden Brustmuskeln.

Tiefe Region. Nach Entfernung der Pars clavicularis des M. pectoralis major kann die darunter gelegene, eigenständige, derbe **Fascia clavipectoralis**

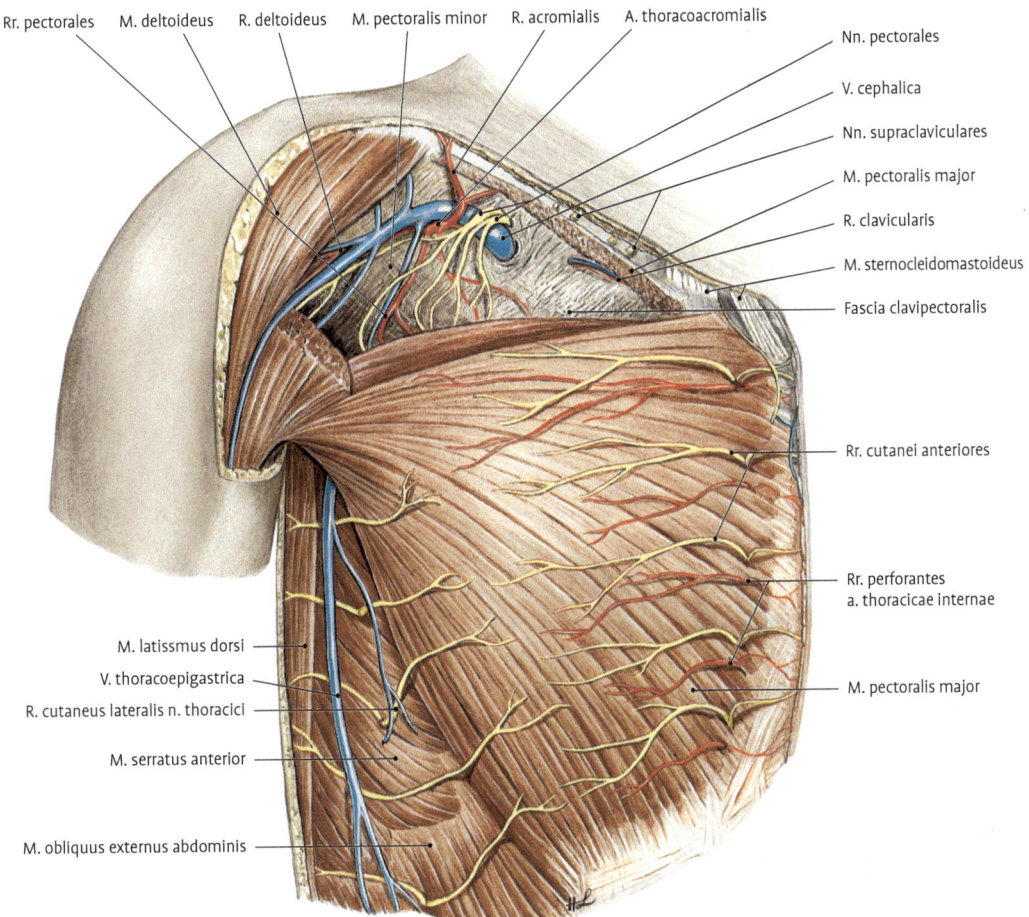

Rr. pectorales   M. deltoideus   R. deltoideus   M. pectoralis minor   R. acromialis   A. thoracoacromialis

Nn. pectorales

V. cephalica

Nn. supraclaviculares

M. pectoralis major

R. clavicularis

M. sternocleidomastoideus

Fascia clavipectoralis

Rr. cutanei anteriores

Rr. perforantes
a. thoracicae internae

M. pectoralis major

M. latissimus dorsi

V. thoracoepigastrica

R. cutaneus lateralis n. thoracici

M. serratus anterior

M. obliquus externus abdominis

Abb. 4.133 Regio infraclavicularis. Die Pars claviculares m. pectoralis majoris ist teilweise entfernt. V. cephalica, A. thoracoacromialis und Nn. pectorales durchbohren die Fascia clavipectoralis.

(sive Broesike-Faszie) gut überblickt werden. Sie spannt sich zwischen dem Unterrand des Schlüsselbeins und dem M. coracobrachialis aus, umscheidet die Mm. subclavius und pectoralis minor und erstreckt sich bis zum Proc. coracoideus. Kaudal geht sie in die **Fascia axillaris** über. Als Tractus coracoclavicularis werden besonders kräftige Faserzüge zwischen Proc. coracoideus und Clavicula bezeichnet. Nach Entfernung der Fascia clavipectoralis liegen frei (von kraniolateral nach kaudomedial):

- **Plexus brachialis** (→ Fasciculus posterior, lateralis, medialis)
- **A. axillaris**
- **V. axillaris**

Klinik: Der ventrale Zugang zum Schultergelenk führt durch das Trigonum clavipectorale.

4.3.8.2 Regio axillaris, Achselregion

Grenzen. Ventral: **Plica axillaris anterior** (→ freier Rand des M. pectoralis major), dorsal: **Plica axillaris posterior** (→ freier Rand von M. latissimus dorsi und M. teres major), medial: Thoraxwand, lateral: mediale Fläche des Oberarmes. Dazwischen liegt die **Fossa axillaris** (Achselgrube), eine mit Haut ausgekleidete Vertiefung, die mit der Armstellung ihre Form und Größe wechselt. Sie ist eindeutig von dem in der Tiefe gelegenen, mit Fett-

gewebe, Gefäßen, Nerven und Lymphknoten ausgefüllten **Spatium axillare** (Achselhöhle) zu unterscheiden.

Inspektion, Palpation. Bei etwa horizontal abduziertem Arm hat die Achselgrube ihre größte Tiefe. Der kaudale, freie Rand des **M. pectoralis major** springt als **vordere,** der laterale Rand des **M. latissimus dorsi** und des **M. teres major** als **hintere Achselfalte** mächtig vor. An der medialen Wand erscheinen zwischen den beiden Achselfalten die Zacken des **M. serratus anterior,** unter denen die Rippen getastet werden können. An der lateralen Wand erkennt man von ventral nach dorsal den Wulst des **M. biceps brachii,** den flacheren Wulst des **M. coracobrachialis** und den Gefäßnervenstrang, der sich bei stärkerer Abduktion noch deutlicher vorwulstet.

> Zu tasten sind: **1. Collum chirurgicum. 2.** Bei anliegendem Arm und dadurch entspannter Fascia axillaris und Haut: mediale Anteile des **Humeruskopfes.** In dieser Stellung wird allerdings auch der Gefäßnervenstrang nicht geschützt, sodass er gegen den Humerus komprimiert werden kann (z. B. durch den Gebrauch einer Gehhilfe, sog. **Krückenlähmung** mit Ausfall des N. radialis einschließlich Trizepsbeteiligung).

> **Klinik:** Lymphknoten sind nur zu tasten, wenn sie vergrößert oder verhärtet sind (z. B. bei Entzündungen, malignen Tumoren, Metastasen). Cave: Tastuntersuchung immer bei hängendem Arm durchführen, da nur hierbei die Fascia axillaris optimal entspannt wird!

Achselhaut. Sie ist dünn, oft bräunlich pigmentiert und enthält neben Talgdrüsen zahlreiche kleine und große Schweißdrüsen, welche die Haut dauernd feucht halten. Die Verdunstung des durch seinen charakteristischen, stechenden Geruch ausgezeichneten Achselschweißes wird durch ein Haarpolster gefördert, das sich mit der Geschlechtsreife entwickelt. Die großen apokrinen Schweißdrüsen liegen in dem fest mit der Fascia axillaris verbundenen Unterhautfettgewebe.

Fascia axillaris. Spannt sich als Fortsetzung der Oberflächenfaszie am Boden der Achselgrube aus und stellt eine Grenze zum Spatium axillare dar.

Im Bereich des Schweißdrüsenfeldes weist sie zahlreiche rundlich-ovale Löcher auf (Gitterfaszie), sodass eine **Lamina cribrosa axillaris** (Eisler) entsteht. Durch diese mit Fettpfröpfchen verschlossenen Löcher treten oberflächliche kleine Arterien und Venen sowie Lymphbahnen. Die sensiblen kleinen Nerven bilden sich aus dem **N. cutaneus brachii medialis** und aus dem **N. intercostobrachialis II** (R. cutaneus lateralis des N. intercostalis II). Die Lamina cribrosa axillaris wird von verstärkten Bindegewebezügen, den faszialen Achselbögen, eingefasst. Medial wird ein **Arcus axillaris** (v.-Langer-Achselbogen) und lateral ein **Arcus brachialis** (v.-Langer-Armbogen) beschrieben.

Besonderheiten. Im Bereich der Fascia axillaris kommen aberrierende und sehr variable Muskelfaserbündel (v.-Langer-Muskelbögen) vor: **Latissimusachselbogen** (hinterer Achselbogen), in 7–8 % zieht ein aberrierendes Muskelfaserbündel vom lateralen Rand des M. latissimus dorsi über den Gefäßnervenstrang zur Sehne des M. pectoralis major, zum Proc. coracoideus oder zur Fascia brachii (Innervation: N. thoracodorsalis). **Pektoralisachselbogen** (vorderer Achselbogen), spaltet sich vom lateralen Rand des M. pectoralis major ab, zieht über den Gefäßnervenstrang zum M. latissimus dorsi, zur Rumpfwand oder zur Fascia brachii.

> **Klinik: 1. Schweißdrüsenabszess.** Hyperhidrosis und Kontaktekzem (bes. bei Verlust der Terminalbehaarung) können eine abszedierende Entzündung des apokrinen Schweißdrüsenfeldes verursachen. Der Abszess überschreitet die Fascia axillaris nicht, sodass sich eine Faszienspaltung erübrigt. **2. Spaltlinien** (s. Kap. 3.1). Chirurgische Schnittführung immer gemäß der ventrodorsal orientierten Linien. **3. Muskuläre Achselbögen** können die chirurgische Orientierung erschweren und Leitungsbahnen der Achselhöhle komprimieren!

4.3.8.3 Spatium axillare, Achselhöhle

Das Spatium axillare ist ein pyramidenförmiger Bindegeweberaum zwischen seitlicher Thoraxwand und Arm bei mäßiger Abduktion. Die Pyramidenspitze liegt in der Mitte hinter der Clavicula, die Basis bildet die Fascia axillaris.

Grenzen. Ventrale Wand: Fascia clavipectoralis, Mm. pectoralis major und minor; dorsale Wand: kraniomedial M. subscapularis, kaudolateral M. teres major und Ansatz des M. latissimus dorsi; mediale Wand: M. serratus anterior, laterale Wand: Humerus, Caput breve m. bicipitis brachii und M. coracobrachialis.

Inhalt (Abb. 4.134). Das Spatium axillare hat die Aufgabe, den mächtigen Gefäßnervenstrang ohne Druck und Zerrung zum Arm zu führen und gleichzeitig ausgedehnte Bewegungen von Schultergürtel und Arm zu ermöglichen. Die Grundform einer Pyramide entsteht nur bei mäßig abduziertem Arm. Der darin exzentrisch von der Mitte des Schlüsselbeins zum Sulcus bicipitalis medialis verlaufende Gefäßnervenstrang ist von einer bindegewebigen Hülle umgeben. Von dieser ziehen bindegewebige Stränge und Lamellen zu benachbarten Wänden und gewährleisten bei der Verformung eine zweckmäßige Verlagerung des Gefäßnervenstrangs. Das in den Bindegewebemaschen untergebrachte Fettgewebe schwindet bei starker Abmagerung nahezu vollständig.

Gefäßnervenstrang. 3 Verlaufsstrecken werden unterschieden.
- **Proximale Strecke:** zwischen Clavicula und oberem Rande des M. pectoralis minor.
- **Mittlere Strecke:** vom M. pectoralis minor bedeckt. Hier erfolgt die Umordnung des Gefäßnervenstrangs, aus Trunci werden Fasciculi. Der Fasciculus medialis wendet sich dorsal um die Arterie und erscheint zwischen Arterie und Vene. Die Arterie wird jetzt lateral vom Fasciculus lateralis flankiert. Die A. axillaris schickt die **A. thoracica lateralis** am unteren Rande des M. pectoralis minor abwärts. Der aus dem 2., evtl. 3. Zwischenrippenraum kommende **N. intercostobrachialis** (häufig 2–3 Nerven) zieht frei durch die Achselhöhle zum N. cutaneus brachii medialis.
- **Distale Strecke:** Vom M. pectoralis minor bis zum unteren Rande des M. pectoralis major entwickeln sich aus den Fasciculi die langen Nervenstämme des Armes: **Fasciculus lateralis** und **medialis** schicken je eine Wurzel, **Radix medialis** und **lateralis**, zum **N. medianus**. Die Medianusgabel ist nicht selten doppelt. Der Nerv

wendet sich bald an die mediale Seite der Arterie. Der Rest des lateralen Faszikels zieht als **N. musculocutaneus** durch den M. coracobrachialis. Der **N. cutaneus antebrachii medialis** (aus dem Fasciculus medialis) verläuft auf der Vorderfläche der Arterie distalwärts. Der **N. ulnaris,** die Fortsetzung des Fasciculus medialis, liegt etwas weiter dorsal und wird von der **V. axillaris** verdeckt. Der **Fasciculus posterior** behält seine Lage dorsal von der Arterie bei. Er schickt den **N. axillaris** in Begleitung der **A. circumflexa humeri posterior** durch die laterale Achsellücke. Die aus der **A. axillaris** entspringende **A. subscapularis** teilt sich in die **A. thoracodorsalis** (für den M. latissismus dorsi) und die **A. circumflexa scapulae,** die durch die mediale Achsellücke zur Rückfläche der Scapula zieht, wo sie mit der A. suprascapularis in sehr variabler Weise anastomosiert (in ~ 15 % fehlt jegliche Anastomose).

Verbindungen des Spatium axillare:
- hinter der Clavicula entlang der Vasa subclavia und des Plexus brachialis zum Hals
- durch die mediale Achsellücke zur Regio scapularis
- durch die laterale Achsellücke zum Spatium subdeltoideum
- entlang dem Gefäßnervenstrang zum Oberarm
- durch die Fascia clavipectoralis zum Spatium subpectorale und zur Regio infraclavicularis
- entlang der kleinen, die Brustwand durchbohrenden Nerven und Gefäße in den Brustraum.

Mediale und laterale Achsellücke (Abb. 4.135 a, b). In der dorsalen Wand befindet sich zwischen M. teres minor, M. teres major und Collum chirurgicum des Humerus ein spitzwinkliges Dreieck, das durch den langen Kopf des M. triceps brachii in ein mediales, dreieckiges (Foramen axillare mediale) und ein laterales, viereckiges Loch (Foramen axillare laterale) unterteilt wird. In der Ansicht von ventral werden die Achsellücken proximal nicht vom M. teres minor, sondern vom M. subscapularis begrenzt. Die beiden Foramina verbinden die Achselhöhle mit der dorsalen Schultergegend und dem Spatium subdeltoideum. Sie führen Gefäße und Nerven vom großen Gefäßnervenstrang der Achselhöhle nach dorsal:

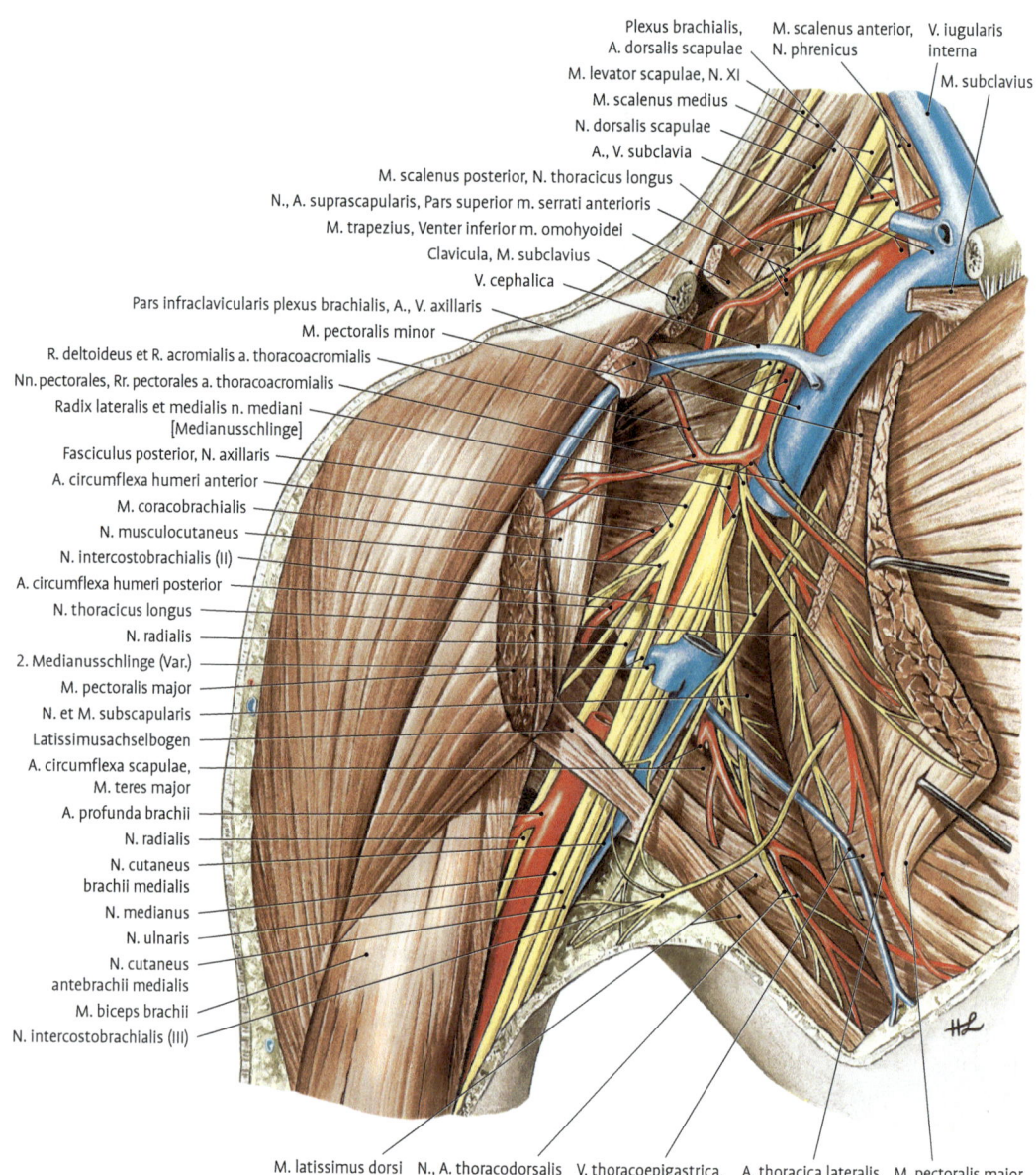

Plexus brachialis, A. dorsalis scapulae
M. scalenus anterior, N. phrenicus
V. iugularis interna
M. levator scapulae, N. XI
M. subclavius
M. scalenus medius
N. dorsalis scapulae
A., V. subclavia
M. scalenus posterior, N. thoracicus longus
N., A. suprascapularis, Pars superior m. serrati anterioris
M. trapezius, Venter inferior m. omohyoidei
Clavicula, M. subclavius
V. cephalica
Pars infraclavicularis plexus brachialis, A., V. axillaris
M. pectoralis minor
R. deltoideus et R. acromialis a. thoracoacromialis
Nn. pectorales, Rr. pectorales a. thoracoacromialis
Radix lateralis et medialis n. mediani [Medianusschlinge]
Fasciculus posterior, N. axillaris
A. circumflexa humeri anterior
M. coracobrachialis
N. musculocutaneus
N. intercostobrachialis (II)
A. circumflexa humeri posterior
N. thoracicus longus
N. radialis
2. Medianusschlinge (Var.)
M. pectoralis major
N. et M. subscapularis
Latissimusachselbogen
A. circumflexa scapulae, M. teres major
A. profunda brachii
N. radialis
N. cutaneus brachii medialis
N. medianus
N. ulnaris
N. cutaneus antebrachii medialis
M. biceps brachii
N. intercostobrachialis (III)

M. latissimus dorsi   N., A. thoracodorsalis   V. thoracoepigastrica, M. serratus anterior   A. thoracica lateralis   M. pectoralis major

Abb. 4.134 Gefäße und Nerven der rechten Achselhöhle. Clavicula, M. pectoralis major und minor sowie M. subclavius und M. omohyoideus sind teilweise entfernt und zurückgeschlagen. Latissimusachselbogen (Varietät) überkreuzt den Gefäß-Nervenstrang. Als weitere Varietät eine doppelte Medianusschlinge.

Foramen axillare mediale (dreieckig). Grenzen: lateral: Caput longum m. tricipitis brachii, kranial: M. teres minor bzw. M. subscapularis, kaudal: M. teres major. Inhalt: A. und V. circumflexa scapulae gelangen in die Faszienloge des M. infraspinatus und M. teres minor.

Foramen axillare laterale (viereckig). Grenzen: medial: Caput longum m. tricipitis brachii, lateral: Collum chirurgicum humeri, kranial: M. teres minor bzw. M. subscapularis, kaudal: M. teres major. Inhalt: N. axillaris, A. und V. circumflexa humeri posterior ziehen in das Spatium subdeltoideum.

Klinik: 1. Berg-Einteilung. In der Klinik ist folgende **Einteilung der regionalen Lymphknoten** üblich (z. B. bei der Lymphknotenexstirpation):

Level I → Lymphknoten lateral und kaudal des M. pectoralis minor

Level II → Lymphknoten hinter dem M. pectoralis minor

Level III → Lymphknoten medial und oberhalb des M. pectoralis minor.

2. Die **Lymphknotenexstirpation** gefährdet eher den frei durch die Achselhöhle ziehenden N. thoracodorsalis als den N. thoracicus longus, der an der seitlichen Brustwand geschützt in der Serratus-anterior-Faszie liegt. **3. Sorgius-Lymphknoten** (auf der 3. Serratuszacke in unmittelbarer Nachbarschaft zum N. intercostobrachialis gelegen). Beim Mammakarzinom sind in ihm oft zuerst Metastasen nachzuweisen. Die ausstrahlenden Schmerzen im Versorgungsgebiet des N. intercostobrachialis (→ Innenseite des Oberarms bis in die Ellenbogengegend) können erster Hinweis auf ein Brustdrüsenkarzinom sein.

4. Armplexuslähmungen (Ursache: Geburtstrauma, Unfall, z. B. bei Motorradfahrern, nach Schlüsselbeinfraktur oder Röntgenbestrahlung wegen Mammakarzinom):

- **Obere Armplexuslähmung** (→ **Duchenne-Erb-Lähmung,** C5–C6; häufiger Lähmungstyp!). Lähmung der Abduktion und Außenrotation im Schultergelenk und der Flexion im Ellenbogengelenk, partielle Zwerchfelllähmung. Sensibilitätsstörung über dem M. deltoideus möglich. Erweiterte obere Armplexuslähmung (C5–C7). Zusätzliche Lähmung von Flexion und Extension im Ellenbogen, den Fingern sowie der Dorsalextension der Hand.

- **Untere Armplexuslähmung** (→ **Déjerine-Klumpke-Lähmung,** C8–Th1). Ausgefallen sind die kleinen Handmuskeln (Daumen-, Kleinfingerballenmuskeln, die Mm. interossei et lumbricales), manchmal auch die langen Fingerbeuger, selten die Beuger des Handgelenkes. Sensibilitätsausfälle im ulnaren Handbereich und an der ulnaren Unterarmkante.

4.3.8.4 Regio deltoidea, seitliche Schulterregion

Inspektion, Palpation (Abb. 4.134, 4.136). Die Ausdehnung entspricht dem M. deltoideus. Kranial wird die Region durch Spina scapulae, Acromion und Clavicula begrenzt. Der **M. deltoideus** umhüllt von ventral, lateral und dorsal das Schultergelenk und wird dadurch konturgebend. Der unter dem Muskel gelegene Humeruskopf gibt der Schulter die Rundung.

Zu tasten sind: **1. Tuberculum majus,** meist lässt es sich durch den M. deltoideus, lateral und hinten tasten, **2.** vorn der Sulcus intertubercularis mit der Sehne des langen Bizepskopfes, **3. Tuberculum minus** (Außen- und Innenrotation erleichtern das Abtasten, da die Strukturen unter dem palpierendem Finger gleiten), **4. Processus coracoideus** (bei abduziertem Arm) im Trigonum clavipectorale. 5. Vom Rabenschnabelfortsatz aus ist das **Lig. coracoacromiale** eine Strecke weit zu verfolgen.

Subcutis. Ventrolateral verlaufen die **Nn. supraclaviculares.** Am dorsalen Rand des M. deltoideus erscheint der Hautast des N. axillaris, der **N. cutaneus**

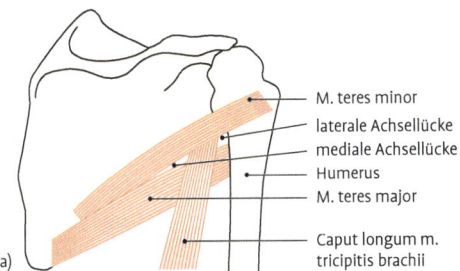

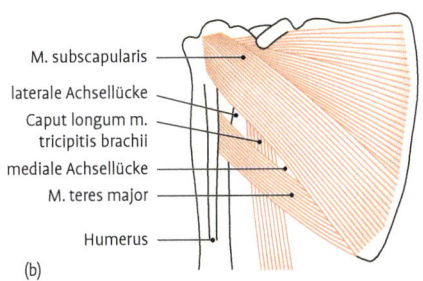

M. teres minor
laterale Achsellücke
mediale Achsellücke
Humerus
M. teres major

Caput longum m. tricipitis brachii

(a)

M. subscapularis
laterale Achsellücke
Caput longum m. tricipitis brachii
mediale Achsellücke
M. teres major

Humerus

(b)

Abb. 4.135 Schematische Darstellung der Begrenzung der Achsellücken. **a:** Ansicht von dorsal. **b:** Ansicht von ventral.

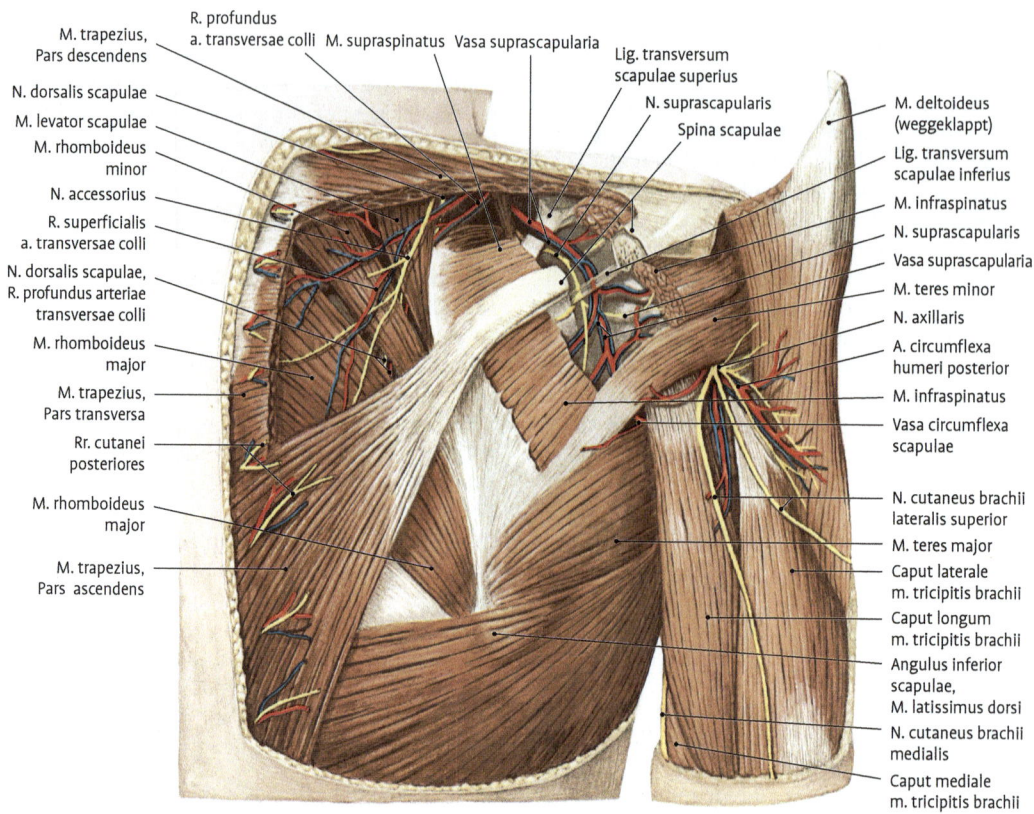

R. profundus
a. transversae colli M. supraspinatus Vasa suprascapularia

M. trapezius, Pars descendens

N. dorsalis scapulae

M. levator scapulae

M. rhomboideus minor

N. accessorius

R. superficialis a. transversae colli

N. dorsalis scapulae, R. profundus arteriae transversae colli

M. rhomboideus major

M. trapezius, Pars transversa

Rr. cutanei posteriores

M. rhomboideus major

M. trapezius, Pars ascendens

Lig. transversum scapulae superius

N. suprascapularis

Spina scapulae

M. deltoideus (weggeklappt)

Lig. transversum scapulae inferius

M. infraspinatus

N. suprascapularis

Vasa suprascapularia

M. teres minor

N. axillaris

A. circumflexa humeri posterior

M. infraspinatus

Vasa circumflexa scapulae

N. cutaneus brachii lateralis superior

M. teres major

Caput laterale m. tricipitis brachii

Caput longum m. tricipitis brachii

Angulus inferior scapulae, M. latissimus dorsi

N. cutaneus brachii medialis

Caput mediale m. tricipitis brachii

Abb. 4.136 Regio scapularis und dorsaler Teil der Regio deltoidea. Spina scapulae teilweise entfernt. M. trapezius, M. supraspinatus, M. infraspinatus gefenstert.

M. deltoideus dicht an der Spina scapulae durchtrennt und nach lateral geklappt.

brachii lateralis superior, um auf die laterale Seite des Oberarmes zu gelangen. Oft befindet sich unter der Haut eine **Bursa subcutanea acromialis.**

Spatium subdeltoideum. Zwischen M. deltoideus und Schultergelenk liegt ein mit lockerem Bindegewebe gefüllter Verschieberaum, das Spatium subdeltoideum. In ihm sind meist 2 große, mit dem Schultergelenk nicht kommunizierende Schleimbeutel entwickelt: **Bursa subdeltoidea** (unter dem M. deltoideus gelegen) und **Bursa subacromialis** (unter dem Acromion gelegen). Diese können jedoch untereinander kommunizieren und ermöglichen die bei dem großen Bewegungsumfang der oberen Extremität notwendigen ausgedehnten Verschiebungen zwischen Muskel und Gelenk.

Das Spatium steht durch die laterale Achsellücke mit der Achselhöhle sowie unter dem Acromion mit dem Corpus adiposum subacromiale auf

dem M. supraspinatus und dem fetthaltigen Bindegewebe auf dem M. infraspinatus in Verbindung. **N. axillaris** und begleitende **A. circumflexa humeri posterior** treten durch die laterale Achsellücke aus der Achselhöhle in den subdeltoidalen Gleitraum ein, verlaufen fingerbreit unterhalb des Kapselansatzes auf dem Collum chirurgicum und verzweigen sich im M. deltoideus. Der Nerv gibt vorher regelmäßig einen R. muscularis zum M. teres minor ab. Die Arterie anastomosiert mit der kleineren A. circumflexa humeri anterior und versorgt mit ihr den M. deltoideus und das Schultergelenk.

> **Klinik: 1.** Erhebliche **Gefährdung des N. axillaris und der A. circumflexa humeri posterior durch Fraktur des Collum chirurgicum** und Luxation des Schultergelenkes. Vor der Reposition

prüfe man deshalb die Sensibilität im Hautfeld des N. cutaneus brachii lateralis superior!

2. Schultergelenkluxation. Hat das Caput humeri seine normale Lage verlassen, springt das Dach des Schultergelenkes epaulettenartig vor, darunter ist die leere Gelenkpfanne tastbar.

3. Schultergelenkpunktionen werden von dorsal, dicht unterhalb des Akromions mit aufsteigender Stichrichtung durchgeführt. Anatomisch günstig, da so Schleimbeutel (→ Infektionsgefahr) und Leitungsbahnen vermieden werden.

4. Entzündungen der Schleimbeutel (→ Bursitis) setzen die Bewegungsfähigkeit des Schultergelenkes herab und werden leicht mit Gelenkprozessen verwechselt.

4.3.8.5 Regio scapularis, Schulterblattregion

Grenzen. Entspricht im streng topografischen Sinne der Ausdehnung des Schulterblattes und wird als Übergangsregion des Rückens zur freien oberen Extremität angesehen (Abb. 4.136, 4.139).

Inspektion, Palpation. Die Haut über der hinteren Schulterblattgegend ist, als typische Rückenhaut, dick und derb. Sie enthält zahlreiche große Talgdrüsen und ist reich mit Unterhautfettgewebe unterpolstert. An der Spina scapulae ist sie unverschieblich fixiert. In der Subcutis verlaufen kranial Ausläufer der **Nn. supraclaviculares** aus dem Plexus cervicalis, medial die **Rr. posteriores** der Nn. thoracici und lateral die **Rr. cutanei laterales** der Nn. intercostales.

> Zu tasten sind: **1. Spina scapulae** (unmittelbar unter der Haut, biegt am Angulus acromii in das Acromion um), **2. medialer** und **lateraler Rand der Scapula** (→ Bewegung, v.a. Erheben des Armes erleichtert die Palpation).

Oberflächliche Muskelschicht

M. trapezius, M. deltoideus, M. teres major, M. latissimus dorsi. Die Fasern der Pars descendens und transversa m. trapezii inserieren am kranialen Rand der Spina scapulae. Die Pars spinalis des M. deltoideus entspringt am kaudalen Rand, sodass die Spina scapulae als Inscriptio ossea aufgefasst werden kann. Die oberen Anteile des M. latissimus dorsi ziehen meist über den Angulus inferior scapulae und pressen diesen an die Rumpfwand. Der M. teres major schließt sich an den kranialen Rand des M. latissimus dorsi an, um ventral des langen Trizepskopfes zum Arm zu ziehen. Zwischen den Muskeln bleibt ein dreieckiger Bezirk muskelfrei, in dem die **Fascia infraspinata** und kaudale Anteile des **M. rhomboideus major** unmittelbar unter der Haut liegen.

Tiefe Muskelschicht

M. supraspinatus, M. infraspinatus, M. teres minor, M. subscapularis. Der M. supraspinatus füllt die Fossa supraspinata, der M. infraspinatus die Fossa infraspinata aus. Fascia supra- und infraspinata sind gleichzeitig Ursprung der gleichnamigen Muskeln und bedecken sie. Da diese Faszien an der Scapula befestigt sind, werden beide Fossae zu osteofibrösen Logen geschlossen. Nach lateral gehen diese Logen in das Spatium subdeltoideum über und kommunizieren im Bereich des Collum scapulae untereinander. Der M. subscapularis füllt die Fossa subscapularis aus, unterpolstert die Rippenfläche der Scapula und gleitet in einer lockeren, bindegewebigen Verschiebeschicht auf dem M. serratus anterior. Er zieht als stärkster Innenrotator des Armes ventral über das Schultergelenk zum Tuberculum minus humeri.

Leitungsbahnen:

- **N. acessorius** und **R. superficialis der A. transversa colli** bzw. **A. cervicalis superficialis** verzweigen sich zwischen oberflächlicher und tiefer Muskellage an der Unterfläche des M. trapezius.
- **N. dorsalis scapulae** (aus dem Plexus brachialis) und **R. profundus der A. transversa colli** bzw. A. cervicalis superficialis versorgen den M. levator scapulae und die Mm. rhomboidei und verlaufen medial vom Margo medialis scapulae abwärts. Man sucht sie in der Lücke zwischen M. levator scapulae und M. rhomboideus minor auf. Entspringt der R. profundus der A. transversa colli selbstständig aus dem Truncus thyrocervicalis, so wird er A. dorsalis scapulae genannt.
- **N. suprascapularis** (aus dem Plexus brachialis) und **A. suprascapularis** (aus dem Truncus thyrocervicalis) gelangen mit dem Venter inferior des M. omohyoideus zur Incisura scapulae, wobei der **Nerv unterhalb,** die **Arterie oberhalb des Lig. transversum scapulae superius** in die Fossa supraspinata zieht. Hier versorgen beide Strukturen den M. supraspinatus und ziehen, der Dorsalfläche des Collum scapulae aufliegend, zur Fossa infraspinata, wo sie den M. infraspinatus versorgen. Im Bereich des Collum scapulae

fixiert das **Lig. transversum scapulae inferius** den Gefäßnervenstrang am Knochen. In der Fossa infraspinata geht die A. suprascapularis eine Anastomose mit der **A. circumflexa scapulae** (aus der A. subscapularis) ein. Diese gelangt durch die mediale, dreieckige Achsellücke unter dem M. teres minor zur Fossa infraspinata.

4.3.8.6 Regio brachii anterior, Beugerloge

Grenzen und allgemeine Aspekte (Abb. 4.137, 4.138). Da der proximale Humerus der Schulter und der distale dem Ellenbogengelenk angehört, wird topografisch unter „Oberarm" nur das zylindrische Mittelstück verstanden. Grenzen: proximal: Achselfalten, Ansatz von M. pectoralis major, M. teres major, M. latissimus dorsi; distal: fließender Übergang in die Ellenbogengegend. Als künstliche Grenze wird eine Linie angenommen, die eine Handbreit proximal von den Kondylen des Humerus liegt. Die Grenze zwischen Beugern und Streckern wird durch 2 längs verlaufende Hautfurchen markiert, dem tiefen Sulcus bicipitalis medialis und dem flachen Sulcus bicipitalis lateralis. Nach distal fließen die Sulci bicipitales in der Ellenbeuge zusammen. An der lateralen Oberarmseite wulsten sich proximal der M. deltoideus und distal die brachioradialen Muskeln vor. Im Sulcus bicipitalis medialis liegen: **V. basilica, superfizielle Lymphbahnen, N. cutaneus antebrachii medialis**. Distal der Mitte des Oberarmes durchbohrt die V. basilica am **Hiatus basilicus** schräg die Oberarmfaszie und gelangt in die Tiefe. Im Sulcus bicipitalis lateralis liegen: **V. cephalica** und **superfizielle Lymphbahnen**. Die Vene wendet sich proximal dem Sulcus deltoideopectoralis zu und erreicht in ihm die Fossa infraclavicularis, wo sie sich in die Tiefe senkt, um in die V. axillaris zu münden. Ventral und medial treten weiter proximal der **N. cutaneus brachii medialis** und der **N. intercostobrachialis** durch die Faszie zur Haut.

Die **Fascia brachii** (Abb. 4.123, 4.124 und 4.138) hüllt als derbes, hauptsächlich aus Ringfasern bestehendes Bindegewebe die Muskeln ein, senkt sich jeweils lateral und medial als **Septum intermusculare brachii laterale** und **mediale** in die Tiefe und setzt an den Seitenrändern des Humerus an. Das laterale Septum erstreckt sich vom Ansatz des M. deltoideus bis zum Epicondylus lateralis, das mediale vom Ansatz des M. coracobrachialis bis zum Epicondylus medialis. Dadurch entsteht ventral die **Regio brachii anterior (Beugerloge)** und dorsal die

Regio brachii posterior (Streckerloge). Die Beugerloge setzt sich proximal in das Spatium axillare und distal in die Fossa cubitalis fort. Die Streckerloge endet distal am Olecranon.

Muskulatur. 2 Schichten: Der spindelige **M. biceps brachii** bedeckt den tiefer gelegenen und breiteren **M. brachialis**.

Gefäßnervenstrang. Im Sulcus bicipitalis medialis liegend, schließt er sich proximal dem ulnaren Rand des M. coracobrachialis und distal dem des M. biceps brachii an. Das neurovaskuläre Bündel besteht aus der **A. brachialis** mit Abzweigungen und den 3 großen Nervenstämmen **N. medianus, N. radialis, N. ulnaris**.

Während des Verlaufs nach distal scheren aus:
- **N. musculocutaneus:** Bereits im Spatium axillare verläuft er nach lateral, perforiert den M. coracobrachialis, gelangt zwischen M. brachialis und M. biceps brachii, um distal am lateralen Rand des M. biceps brachii zu liegen. Während dieses Verlaufes gibt er mehrere Rr. musculares zu den Beugern ab. Sein sensibler Endast perforiert als N. cutaneus antebrachii lateralis die Fascia brachii oberhalb des Epicondylus lateralis.
- **N. radialis, A. profunda brachii:** Am unteren Rand der Sehne des M. latissimus dorsi treten Nerv und Arterie zwischen Caput mediale und laterale des M. triceps brachii (→ **Trizepsschlitz**) in den Canalis n. radialis und damit in die Streckerloge ein. Distal perforiert der N. radialis das Septum intermusculare brachii laterale (in Begleitung der A. collateralis radialis), um zwischen dem M. brachioradialis und dem M. brachialis in die Fossa cubitalis einzutreten. Die Rr. musculares verlassen den N. radialis, bevor dieser in den Canalis n. radialis eintritt. Daher hat eine Schädigung des N. radialis bei einer Humerusschaftfraktur keine Trizepslähmung zur Folge.
- **N. ulnaris:** Mit der **A. collateralis ulnaris superior** durchstößt der Nerv das **Septum intermusculare brachii mediale** und gelangt in die Streckerloge.

Von jetzt an besteht der Gefäßnervenstrang nur noch aus A. brachialis, lateraler (schwächerer) und medialer (stärkerer) V. brachialis, tiefen Lymphgefäßen und N. medianus. Erst im proximalen Drittel ventral und lateral der Arterie gelegen, überkreuzt er in der Mitte des Oberarmes von lateral nach medial, um sich distal medial und dorsal des Gefäßes zu positionieren.

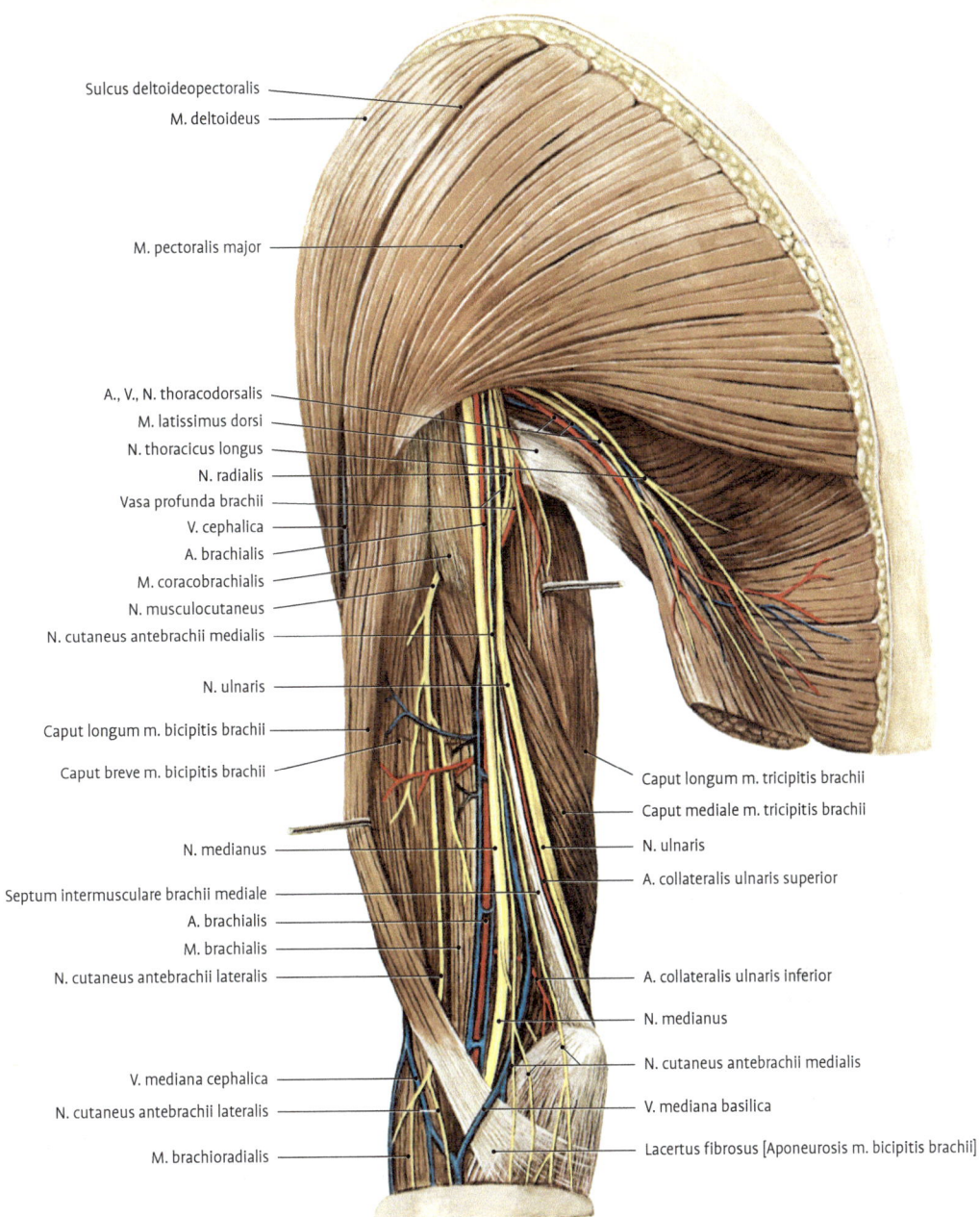

Sulcus deltoideopectoralis

M. deltoideus

M. pectoralis major

A., V., N. thoracodorsalis

M. latissimus dorsi

N. thoracicus longus

N. radialis

Vasa profunda brachii

V. cephalica

A. brachialis

M. coracobrachialis

N. musculocutaneus

N. cutaneus antebrachii medialis

N. ulnaris

Caput longum m. bicipitis brachii

Caput breve m. bicipitis brachii

N. medianus

Septum intermusculare brachii mediale

A. brachialis

M. brachialis

N. cutaneus antebrachii lateralis

V. mediana cephalica

N. cutaneus antebrachii lateralis

M. brachioradialis

Caput longum m. tricipitis brachii

Caput mediale m. tricipitis brachii

N. ulnaris

A. collateralis ulnaris superior

A. collateralis ulnaris inferior

N. medianus

N. cutaneus antebrachii medialis

V. mediana basilica

Lacertus fibrosus [Aponeurosis m. bicipitis brachii]

Abb. 4.137 Regio brachii anterior von medial gesehen. M. biceps brachii nach ventral und lateral gezogen, Septum intermusculare brachii mediale weitgehend reseziert.

Varianten. 1. A. brachialis superficialis. In ca. 15 % (re. doppelt so häufig wie li.; bestehen bleibende, in der Ontogenese stets angelegte Arterie) zweigt dieses Gefäß in der Achselhöhle von der A. brachialis ab, verläuft vor der Medianusgabel in den Sulcus bicipitalis medialis und liegt hier ventral des N. medianus. In der Ellenbeuge kann dieses Gefäß oberhalb des Lacertus fibrosus liegen. Die

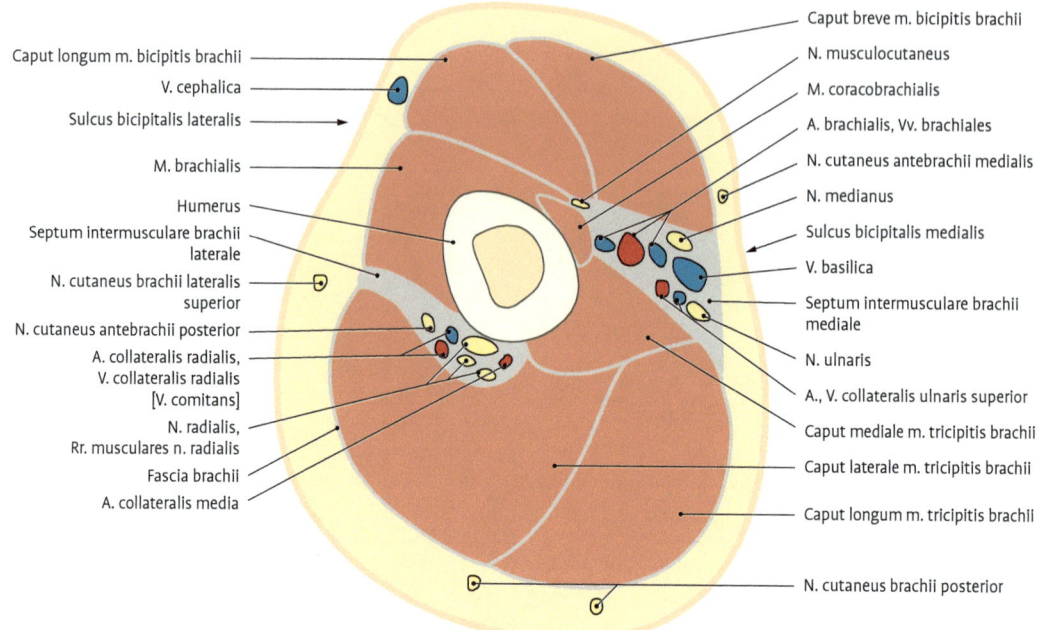

Caput longum m. bicipitis brachii

V. cephalica

Sulcus bicipitalis lateralis

M. brachialis

Humerus

Septum intermusculare brachii laterale

N. cutaneus brachii lateralis superior

N. cutaneus antebrachii posterior

A. collateralis radialis, V. collateralis radialis [V. comitans]

N. radialis, Rr. musculares n. radialis

Fascia brachii

A. collateralis media

Caput breve m. bicipitis brachii

N. musculocutaneus

M. coracobrachialis

A. brachialis, Vv. brachiales

N. cutaneus antebrachii medialis

N. medianus

Sulcus bicipitalis medialis

V. basilica

Septum intermusculare brachii mediale

N. ulnaris

A., V. collateralis ulnaris superior

Caput mediale m. tricipitis brachii

Caput laterale m. tricipitis brachii

Caput longum m. tricipitis brachii

N. cutaneus brachii posterior

Abb. 4.138 Schematischer Querschnitt durch die Mitte des Oberarmes.

A. brachialis kann in solchen Fällen stark zurück-gebildet sein. Ist sie regelrecht ausgebildet, kön-nen die beiden arteriellen Gefäße die Medianus-gabel oder den N. medianus zwischen sich fassen. Sind beide Gefäße etabliert, geht die A. radialis meist aus der A. brachialis superficialis (→ hoher Abgang der A. radialis = hohe Teilung) hervor. Von diesem Grundschema gibt es zahlreiche Abwand-lungen. **2. Anastomose zwischen N. medianus und N. musculocutaneus.** Diese Verbindung (bei jedem Dritten vorhanden) führt die zunächst mit dem N. musculocutaneus verlaufenden Medianus-fasern wieder zum N. medianus zurück.

Klinik: 1. Ruptur der Sehne des langen Bizeps-kopfes. Durch Degeneration begünstigter Riss im Sulcus intertubercularis. Da der Bizeps keine knöcherne Befestigung am Humerus aufweist, kontrahiert der Muskelbauch sehr stark und bil-det oberhalb der Ellenbeuge eine deutlich sicht-bare Anschwellung. **2. Proc. supracondylaris.** In ~1 % liegt proximal des Epicondylus medialis und ventral des Septum intermusculare brachii mediale ein krallenförmig nach distal zeigender atavistischer Knochenfortsatz. Von der Spitze

spannt sich oft ein Band **(Struther-Ligament)** zum Epicondylus medialis aus. Unter diesem Fortsatz liegt der von den Vasa brachialia be-gleitete N. medianus, der hier Druckschäden erleiden kann.

4.3.8.7 Regio brachii posterior, Streckerloge

Grenzen (Abb. 4.138, 4.139). Ventral: Humerus, Septa intermuscularia, gegen die Subcutis: Fascia brachii.

Muskulatur. Nur **M. triceps brachii.** Zwischen der Insertionssehne des Trizeps und dem proximalen Anteil des Olecranons liegt eine **Bursa subtendi-nea olecrani.** Innerhalb der Insertionssehne kann eine Bursa intratendinea olecrani vorkommen. Das Caput laterale und mediale m. tricipitis sowie der Sulcus n. radialis des Humerus bilden einen osteofibrösen Kanal, **Canalis n. radialis.**

Leitungsbahnen

N. radialis und A. profunda brachii. Proximal des Septum intermusculare brachii mediale betritt der

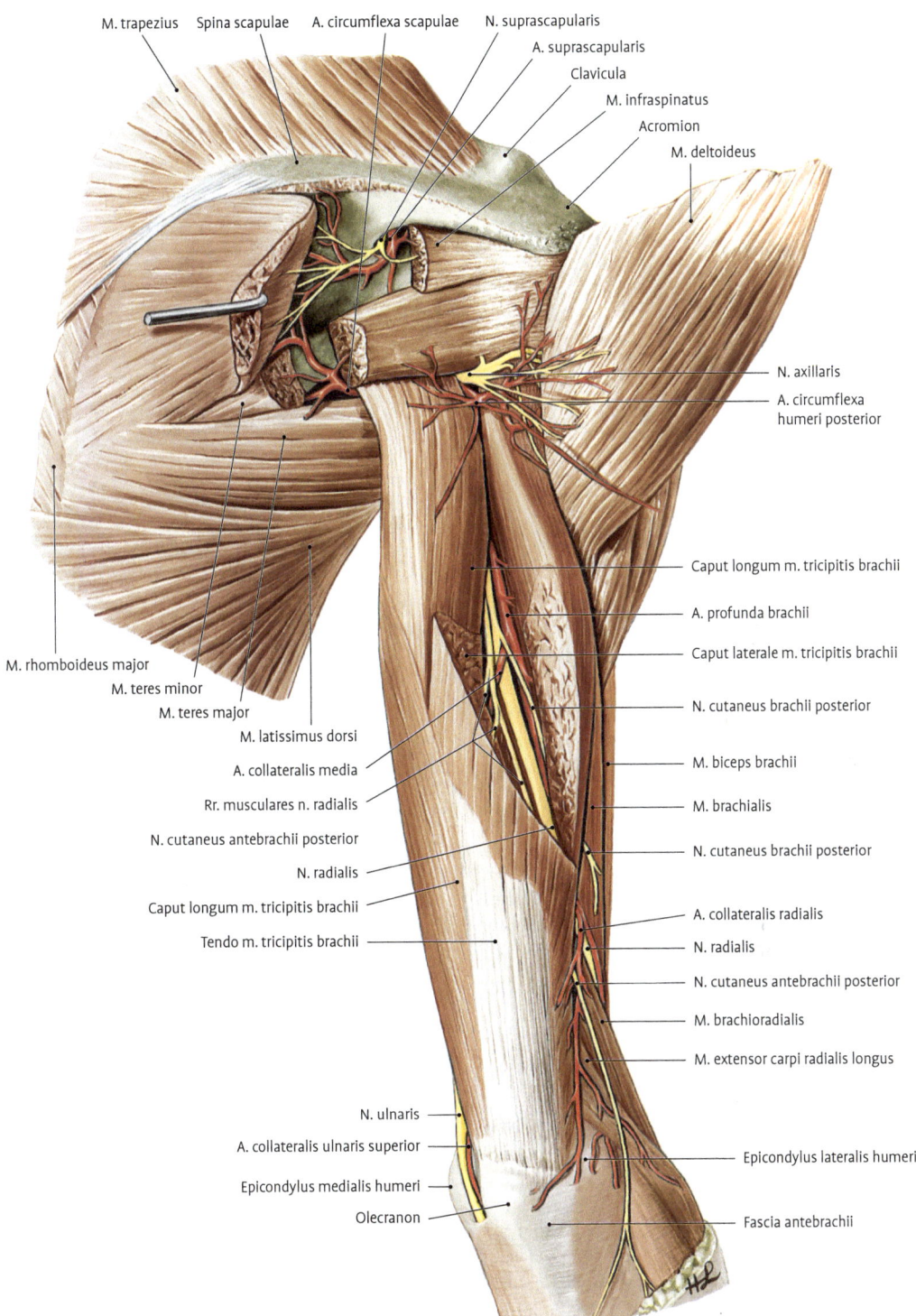

M. trapezius   Spina scapulae   A. circumflexa scapulae   N. suprascapularis

A. suprascapularis

Clavicula

M. infraspinatus

Acromion

M. deltoideus

N. axillaris

A. circumflexa humeri posterior

Caput longum m. tricipitis brachii

A. profunda brachii

Caput laterale m. tricipitis brachii

N. cutaneus brachii posterior

M. biceps brachii

M. brachialis

N. cutaneus brachii posterior

A. collateralis radialis

N. radialis

N. cutaneus antebrachii posterior

M. brachioradialis

M. extensor carpi radialis longus

Epicondylus lateralis humeri

Fascia antebrachii

M. rhomboideus major

M. teres minor

M. teres major

M. latissimus dorsi

A. collateralis media

Rr. musculares n. radialis

N. cutaneus antebrachii posterior

N. radialis

Caput longum m. tricipitis brachii

Tendo m. tricipitis brachii

N. ulnaris

A. collateralis ulnaris superior

Epicondylus medialis humeri

Olecranon

Abb. 4.139 Regio scapularis und Regio brachii posterior. M. infraspinatus durchtrennt; M. teres minor gefenstert; M. deltoideus teilweise am Ursprung abgelöst und nach lateral geklappt. Caput laterale m. tricipitis brachii bis zum Septum intermusculare laterale durchtrennt, um den Verlauf des N. radialis und der A. profunda brachii zu zeigen.

N. radialis zusammen mit der A. profunda brachii die Loge und tritt in den Canalis n. radialis ein. Unmittelbar davor gibt er neben den Rr. musculares zum M. triceps brachii ab: **N. cutaneus brachii lateralis inferior, N. cutaneus brachii posterior.** In der Mitte des Kanals verlässt der **N. cutaneus antebrachii posterior** den N. radialis, um die Fascia brachii am distalen Ende des Canalis n. radialis zu durchbrechen. Die A. profunda brachii liegt innerhalb des Canalis n. radialis distal des Nerven. Äste sind die **A. nutricia humeri** (entspringt am Beginn) und die **A. collateralis media** (entspringt in der Mitte). Der Endast der A. profunda brachii, die **A. collateralis radialis,** verlässt distal den Kanal.

N. ulnaris. Nach Perforation des Septum intermusculare brachii mediale ist der Nerv in das Caput mediale des M. triceps eingebettet und gelangt in den **Sulcus n. ulnaris** an der Hinterfläche des Epicondylus medialis humeri, wo er leicht gegen den Knochen gequetscht werden kann (→ Musikantenknochen).

> **Klinik: 1. Schädigung des N. radialis.** Der Nerv liegt im Canalis n. radialis dem Humerusschaft unmittelbar an und ist bei Frakturen gefährdet (→ **primäre Radialisschädigung**). Kallusbildung oder Repositionsmanöver bei Frakturen können ihn an dieser Stelle ebenso schädigen wie Druck gegen eine feste Unterlage (→ **sekundäre Radialisschädigung**). Kennt man die gestaffelte Astabgabe, gelingt eine genaue Lokalisation der Schädigung. **2. Olekranonfraktur.** Häufiger, intraartikulärer Ellenbogenbruch mit Abriss des Hakenfortsatzes der Ulna und Gelenkverletzung; der M. triceps bewirkt eine breite Diastase des Frakturspalts (→ Operationsindikation).

4.3.8.8 Regio cubitalis anterior, Ellenbeuge

Grenzen, allgemeine Aspekte (Abb. 4.140–4.142). Proximal: Bauch des M. biceps brachii, medial: oberflächliche Flexoren des Unterarms, lateral: brachioradiale Muskeln, gegen die Subcutis: Fasciae brachii et antebrachii. Gegenüber dem mehr zylindrischen Oberarm ist der Ellenbogen von vorn nach hinten abgeplattet. Die Abplattung entsteht durch die seitliche Ausladung der Epikondylen und durch die Umordnung der Muskulatur. Die Beuger des Oberarms, M. biceps brachii und M. brachialis, verjüngen sich gegen ihren Ansatz spindelförmig und verschwinden zwischen den Muskelwülsten des Unterarms in der Tiefe. Die vom Epicondylus medialis entspringenden Beuger und die vom Epicondylus lateralis und weiter proximal vom Humerus entspringenden brachioradialen Muskeln springen bei gestrecktem Arm als Wülste vor. Es entsteht so in der Ellenbeuge eine V-förmige Grube (→ **Fossa cubitalis**). Die beiden Schenkel des V laufen in die Bizepsfurchen aus.

Inspektion, Palpation. Zwischen dem medianen Wulst der Oberarmbeuger und den seitlichen (ulnaren und radialen) Unterarmmuskelwülsten senkt sich die Haut zur Fossa cubitalis ein.

> Zu tasten sind: **1. Ansatzsehne** des **M. biceps brachii** (bei Beugung), **2. Aponeurosis m. bicipitis brachii (sive Lacertus fibrosus).** Der medial der Sehne in die Unterarmfaszie ausstrahlende Lacertus fibrosus lässt sich mit zwei Fingern umfassen und überbrückt den **Gefäßnervenstrang,** welcher an dieser Stelle am oberflächlichsten liegt (daher Auskultation beim Blutdruckmessen über dem Lacertus fibrosus).

Subkutane Leitungsbahnen (Abb. 4.123, 4.124):

- **V. basilica.** Nimmt das Blut von der palmaren Seite der Hand und aus dem medialen Teil des Unterarmes auf. Sie liegt ulnar und strebt dem Hiatus basilicus zu.
- **V. cephalica.** Nimmt das Blut von der dorsalen Handseite und vom lateralen Unterarmgebiet auf. Sie liegt radial und verläuft epifaszial am Oberarm nach proximal.
- **V. mediana antebrachii.** Liegt zwischen den beiden vorigen und sammelt das Blut aus der Unterarmvorderseite. In der Ellenbeuge teilt sie sich Y-förmig in die **V. mediana cephalica** und die **V. mediana basilica.** Oft senkt sich noch eine **V. mediana profunda** in die Tiefe, um mit den tiefen Venen zu anastomosieren.
- **V. mediana cubiti.** Schräg verlaufende Verbindungsvene zwischen V. basilica und V. cephalica, die oft beim Fehlen einer V. mediana antebrachii auftritt. Beide Venen ziehen über die Aponeurosis m. bicipitis brachii hinweg und werden durch diese von dem in der Tiefe gelegenen Gefäßnervenstrang getrennt.
- **N. cutaneus antebrachii medialis.** Durchsetzt die Fascia brachii mit der V. basilica im Hiatus basilicus und zerfällt in einen **R. anterior** und **R. posterior.**

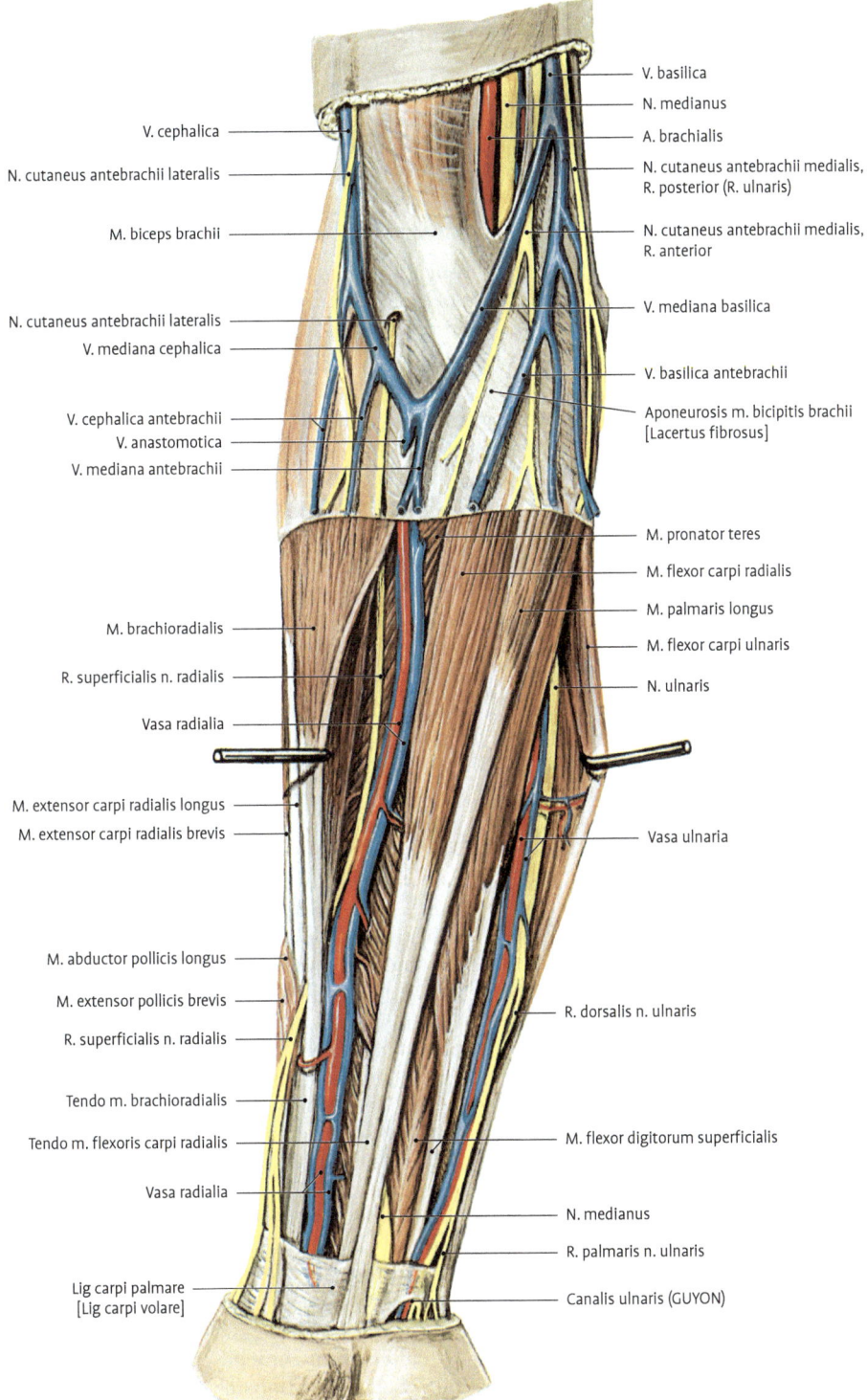

V. cephalica

N. cutaneus antebrachii lateralis

M. biceps brachii

N. cutaneus antebrachii lateralis
V. mediana cephalica

V. cephalica antebrachii
V. anastomotica
V. mediana antebrachii

M. brachioradialis

R. superficialis n. radialis

Vasa radialia

M. extensor carpi radialis longus
M. extensor carpi radialis brevis

M. abductor pollicis longus

M. extensor pollicis brevis

R. superficialis n. radialis

Tendo m. brachioradialis

Tendo m. flexoris carpi radialis

Vasa radialia

Lig carpi palmare
[Lig carpi volare]

V. basilica
N. medianus
A. brachialis
N. cutaneus antebrachii medialis,
R. posterior (R. ulnaris)

N. cutaneus antebrachii medialis,
R. anterior

V. mediana basilica

V. basilica antebrachii

Aponeurosis m. bicipitis brachii
[Lacertus fibrosus]

M. pronator teres
M. flexor carpi radialis
M. palmaris longus
M. flexor carpi ulnaris
N. ulnaris

Vasa ulnaria

R. dorsalis n. ulnaris

M. flexor digitorum superficialis

N. medianus
R. palmaris n. ulnaris
Canalis ulnaris (GUYON)

Abb. 4.140 Oberflächliche Regio cubitalis anterior und Regio antebrachii anterior. In der Ellenbeuge ist die Oberflächenfaszie erhalten und teilweise gefenstert.

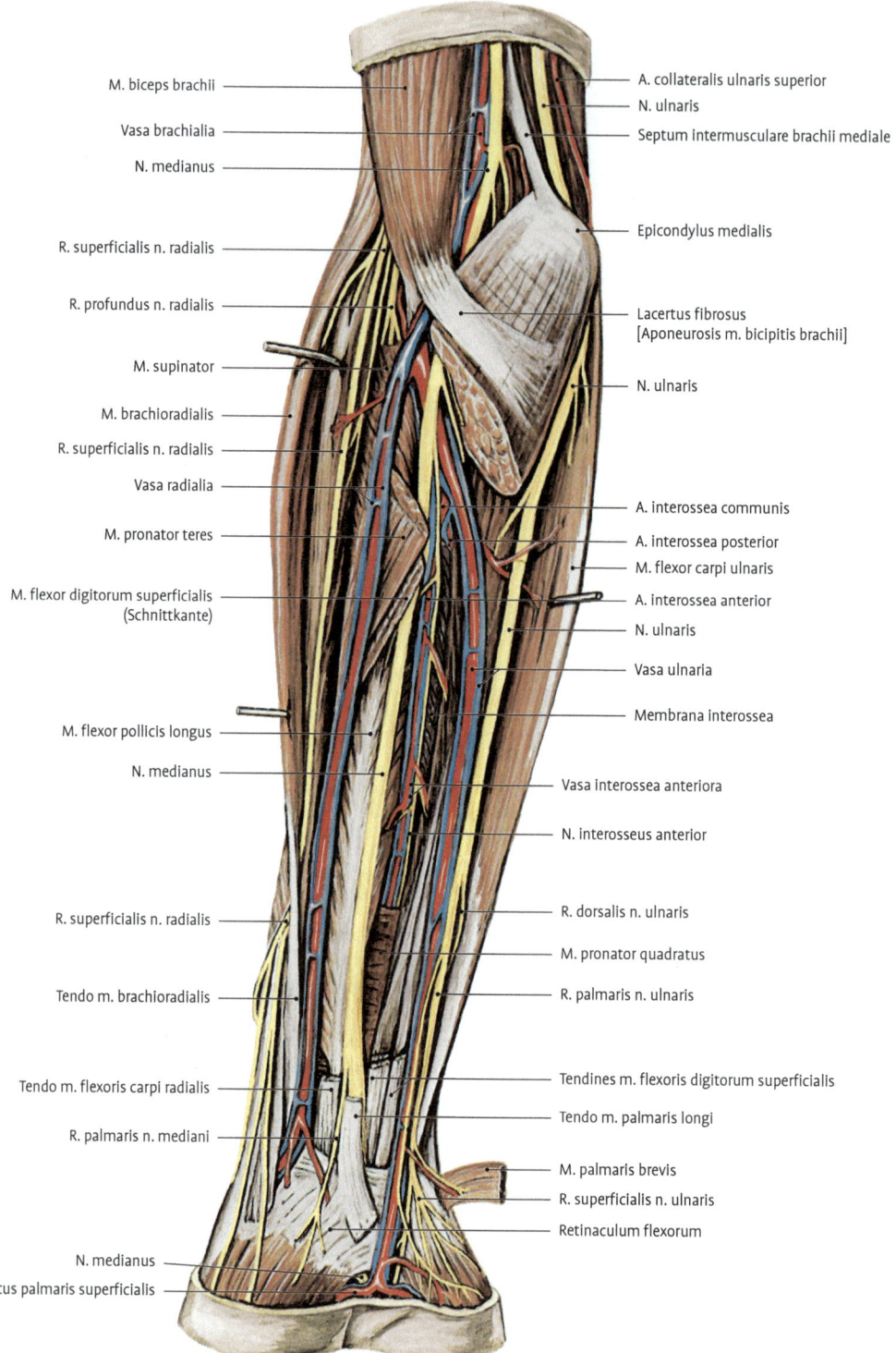

Abb. 4.141 Tiefe Regio cubitalis anterior und tiefe Regio antebrachii anterior. M. brachioradialis und M. extensor carpi radialis longus nach radial, M. flexor carpi ulnaris nach ulnar verlagert; M. flexor digitorum superficialis und profundus sowie M. flexor carpi radialis und M. palmaris longus weitgehend entfernt, M. pronator teres gefenstert. M. palmaris brevis vom Ursprung gelöst und nach ulnar hochgeschlagen.

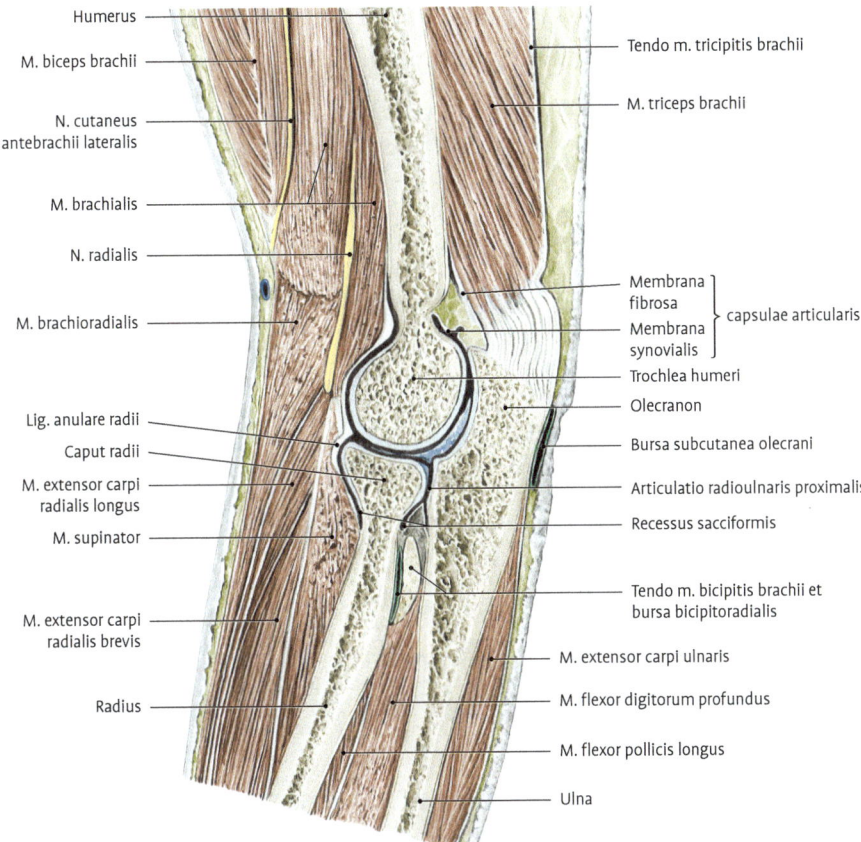

Abb. 4.142 Sagittalschnitt durch das Ellenbogengelenk. Blick auf die laterale Hälfte.

- **N. cutaneus antebrachii lateralis.** Durchstößt die Faszie am distalen Ende des Sulcus bicipitalis lateralis und zieht zur Radialseite des Unterarms.

Tiefe Leitungsbahnen (Abb. 4.140, 4.141):
- **A. brachialis.** Die Armschlagader liegt bei Eintritt in die Fossa cubitalis lateral des N. medianus und entfernt sich deutlich von ihm. Vor dem Ellenbogengelenk gibt die A. brachialis die **A. radialis** ab. Diese verläuft schräg nach lateral, überkreuzt die Sehne des M. biceps brachii und tritt in die Speichenstraße zwischen M. brachioradialis und M. flexor carpi radialis ein. Sie gibt in der Ellenbeuge die kräftige **A. recurrens radialis** ab, die medial neben dem N. radialis und zwischen dem M. brachioradialis und dem M. brachialis liegend nach proximal verläuft, um mit der A. collateralis radialis zu anastomosieren. Unmittelbar oberhalb des Caput ulnare

des M. pronator teres zerfällt die A. brachialis in ihre beiden **Endäste: A. ulnaris** und **A. interossea communis.**
- **A. ulnaris.** Zieht hinter dem ulnaren Kopf des M. pronator teres schräg nach distal, um in die Ellenstraße des Unterarms einzutreten. In der Fossa cubitalis gibt die A. ulnaris die **A. recurrens ulnaris** ab, die zwischen dem M. brachialis und dem M. pronator teres liegend nach proximal zieht. Deren **R. anterior** liegt vor dem Epicondylus medialis, der **R. posterior** dahinter und neben dem N. ulnaris. Der R. anterior anastomosiert mit der A. collateralis ulnaris inferior und der R. posterior mit der A. collateralis ulnaris superior.
- **A. interossea communis.** Ist ganz kurz, liegt ebenfalls hinter dem ulnaren Kopf des Pronator teres und teilt sich in die **A. interossea anterior** und **posterior.** Erstere bleibt zunächst auf der Vorderseite der Membrana interossea, wohinge-

gen die **A. interossea posterior** durch eine Dehiszenz der Membran nach dorsal zieht. Aus der A. interossea anterior kann die kleine **A. comitans n. mediani** entspringen.

- **N. medianus.** Betritt medial der A. brachialis die Ellenbeuge und gibt proximal des Epicondylus medialis **Rr. musculares** an das Caput commune der Beuger ab. Der Hauptstamm überkreuzt die A. recurrens ulnaris, um zwischen dem Caput ulnare und humerale des M. pronator teres (sog. **Medianustunnel, Pronatorschlitz**) nach distal zu ziehen, wobei die A. ulnaris überkreuzt wird.
- **N. radialis.** Betritt zusammen mit der A. collateralis radialis aus dem Sulcus bicipitalis lateralis kommend die Fossa cubitalis. Hier entlässt er **Rr. musculares** zu den brachioradialen Muskeln, um in Höhe der Epikondylenlinie in die Rr. superficialis et profundus zu zerfallen. Der **R. superficialis** (sensibel) liegt dicht am M. brachioradialis und gelangt im Sulcus antebrachii radialis an die laterale Seite der A. radialis. Der **R. profundus** (motorisch) zieht durch eine sehnig umrandete Öffnung (→ **Frohse-Arkade**) in den **Radialistunnel** des Supinator und windet sich um das proximale Ende des Radius, um so in die Extensorenloge des Unterarms zu gelangen.

Rete articulare cubiti. Das Ellenbogengelenk wird von einem arteriellen Gefäßnetz umsponnen, das besonders dorsal stark ausgeprägt ist und gespeist wird von:

- **4 Kollateralarterien:** A. collateralis ulnaris superior, A. collateralis ulnaris inferior, A. collateralis media, A. collateralis radialis
- **3 Aa. recurrentes:** A. recurrens radialis, A. recurrens ulnaris, A. interossea recurrens.

Das Rete articulare cubiti kann eine Unterbindung der A. brachialis distal des Abganges der A. profunda brachii kompensieren.

Klinik: 1. Intravenöse Injektion. Streckung im Ellenbogengelenk spannt die oberflächliche Faszie und die Aponeurosis m. bicipitis brachii. Beide dürfen nicht durchstochen werden, um eine Verletzung von N. medianus und A. brachialis zu vermeiden. Man führt deshalb die i. v. Injektion nicht direkt über dem Lacertus fibrosus, sondern weiter lateral durch. **2. A. brachialis superficialis.** Bei Punktionen in der Ellenbeuge an eine oberhalb des Lacertus fibrosus verlaufende A. brachialis superficialis (Variante)

---

denken (Pulsation!). **3. Adelmann-Beugung.** Bei max. Beugung wird die A. brachialis vollständig komprimiert. Dies kann in der Ersten Hilfe zur Blutstillung am Unterarm verwendet werden. **4. Periphere Kompressionssyndrome.** N. medianus im Pronatorschlitz (→ **Pronator-teres-Syndrom**) und R. profundus n. radialis beim Durchtritt durch den M. supinator (→ **Supinatortunnelsyndrom**). **5. Fraktur** oder **Luxation** des proximalen Radius gefährdet den R. profundus n. radialis. Bei Supination liegt er eng am Gelenk, bei Pronation entfernt er sich. Operationen am Ellenbogengelenk werden deshalb bei maximaler Pronation ausgeführt.

4.3.8.9 Regio cubitalis posterior, Hintere Ellenbogenregion

Inspektion, Palpation (Abb. 4.139, 4.142). Dorsal liegt das Gelenk unmittelbar unter der Haut und ist der Untersuchung und Operationen leicht zugänglich. Das gut sicht- und tastbare Olecranon bildet den eigentlichen Ellenbogen und liegt bei gestrecktem Arm mit dem kleineren Epicondylus lateralis und dem stärker ausladenden Epicondylus medialis in einer Linie (**Hueter-Linie,** s. Abb. 4.96). Bei Beugung wandert die Olekranonspitze nach distal und bildet bei rechtwinkliger Beugung mit den Epikondylen ein gleichschenkliges Dreieck (**Hueter-Dreieck**).

Zu tasten sind: **1. Margo posterior ulnae** (distal vom Olecranon), **2. N. ulnaris** (zwischen Olecranon und Epikondylen sinkt die Haut zu Grübchen ein, die sich bei Streckung vertiefen. Im medialen Grübchen liegt der Nerv direkt unter der Haut im Sulcus nervi ulnaris des Epicondylus medialis), **3. Gelenkspalt der Articulatio humeroradialis** (im lateralen Grübchen bei leicht gebeugtem Arm). Bei Pronation und Supination gleitet das Caput radii unter dem tastenden Finger. Auch bei sonst gutem Fettpolster fehlt das subkutane Fett an dieser Stelle.

Das besonders lockere, über dem Olecranon fettgewebefreie, subkutane Bindegewebe ermöglicht starke Verschiebungen des Knochens unter der Haut. Konstant ist eine **Bursa subcutanea olecrani** (→ chronische Bursitis!) ausgebildet.

Leitungsbahnen:
- **N. ulnaris.** Der von der A. collateralis ulnaris superior begleitete Nerv ist zwischen Epicondylus medialis und Olecranon nach Spaltung der Faszie leicht auffindbar. Distal verschwindet er zwischen dem Caput humerale und dem Caput ulnare des M. flexor carpi ulnaris.
- **A. interossea recurrens.** Entspringt aus der A. interossea posterior, nachdem diese oberhalb der Membrana interossea antebrachii auf die Streckseite gelangt ist. Sie verläuft dann unter dem M. anconaeus lateral vom Olecranon aufwärts, liegt auf der hinteren Partie des Lig. anulare radii, anastomosiert mit dem R. posterior der A. collateralis radialis und speist das Rete articulare cubiti.

> **Klinik: 1. Gelenkerguss.** Das Ellbogengelenk liegt exzentrisch und wird dorsal nur von Haut und Oberflächenfaszie bedeckt. Ergüsse zeigen sich daher zuerst dorsal und wölben die Gelenkkapsel zwischen Epikondylen und Olecranon vor. Die Ergusspunktion ist hier besonders leicht; medial beachte man den N. ulnaris. **2. Sulcus-ulnaris-Syndrom.**

4.3.8.10 Regio antebrachii anterior, Beugeseite des Unterarms

Allgemeine Gliederung am Antebrachium (Abb. 4.123, 4.124, 4.140, 4.141, 4.143, 4.144). Der Unterarm, Antebrachium, ist konisch, da die Muskelmasse der Extensoren und Flexoren hauptsächlich proximal liegt und nach distal in schlanke Sehnen übergeht. Eine oberflächliche Fascia antebrachii umhüllt den gesamten Unterarm und schickt bindegewebige Septen in die Tiefe zu den Knochen, wodurch 3 osteofibröse Logen abgetrennt werden, in denen Muskeln liegen:
1. **Compartimentum antebrachii flexorum (→ Flexorenloge).**
   - Pars superficialis (oberflächliche Schicht): M. flexor digitorum superficialis, M. flexor carpi radialis, M. palmaris longus, M. flexor carpi ulnaris.
   - Pars profunda (tiefe Schicht): M. flexor digitorum profundus, M. flexor pollicis longus, M. pronator quadratus.
2. **Compartimentum antebrachii extensorum (→ Extensorenloge).**

- Oberflächliche Schicht: M. extensor digitorum, M. extensor digiti minimi, M. extensor carpi ulnaris.
- Tiefe Schicht: M. extensor indicis, M. extensor pollicis longus, M. abductor pollicis longus, M. extensor pollicis brevis.
3. **Compartimentum antebrachii extensorum pars lateralis (→ brachioradiale Loge).**
   - M. supinator, M. brachioradialis, M. extensor carpi radialis longus, M. extensor carpi radialis brevis.
   - Topografisch unterscheidet man zwischen Regio antebrachii anterior (Beugeseite) und Regio antebrachii posterior (Streckseite).

Grenzen. Proximal: 3 Querfinger distal der Epikondylenlinie, distal: Verbindungslinie zwischen den Spitzen von Proc. styloideus radii und Proc. styloideus ulnae.

Inspektion, Palpation (Abb. 4.123, 4.140, 4.141, 4.143). Auf der ulnaren Seite wulsten sich die Flexoren, auf der radialen die brachioradialen Muskeln vor. Zwischen dem Muskelbauch des M. brachioradialis und dem des M. flexor carpi radialis zeichnet sich eine schwache Furche ab, der Sulcus antebrachii radialis. Ulnar hingegen sieht man einen Sulcus antebrachii ulnaris nur distal zwischen den Sehnen des M. flexor digitorum superficialis und dem Muskelbauch des M. flexor carpi ulnaris.

> Zu tasten sind: **1. Radius** (distales Ende), **2. Processus styloideus radii, 3. Proc. styloideus ulnae** (besonders bei Beugung, da Verdrängung der Sehnen nach radial!).

Subkutane Leitungsbahnen:
- **V. basilica antebrachii** (ulnar)
- **V. cephalica antebrachii** (radial)
- **V. mediana antebrachii** (in der Mitte).
- **N. cutaneus antebrachii lateralis** (radiale Seite)
- R. anterior des **N. cutaneus antebrachii medialis** (ulnare Seite)
- R. posterior des **N. cutaneus antebrachii medialis** (ulnare Kante)
- **R. palmaris n. mediani** (in der Mitte proximal des Handgelenks)
- **R. palmaris n. ulnaris** (ulnar proximal des Handgelenks).

Die **tiefen Leitungsbahnen** verlaufen innerhalb der **4 ventralen Straßen** (Abb. 4.143):

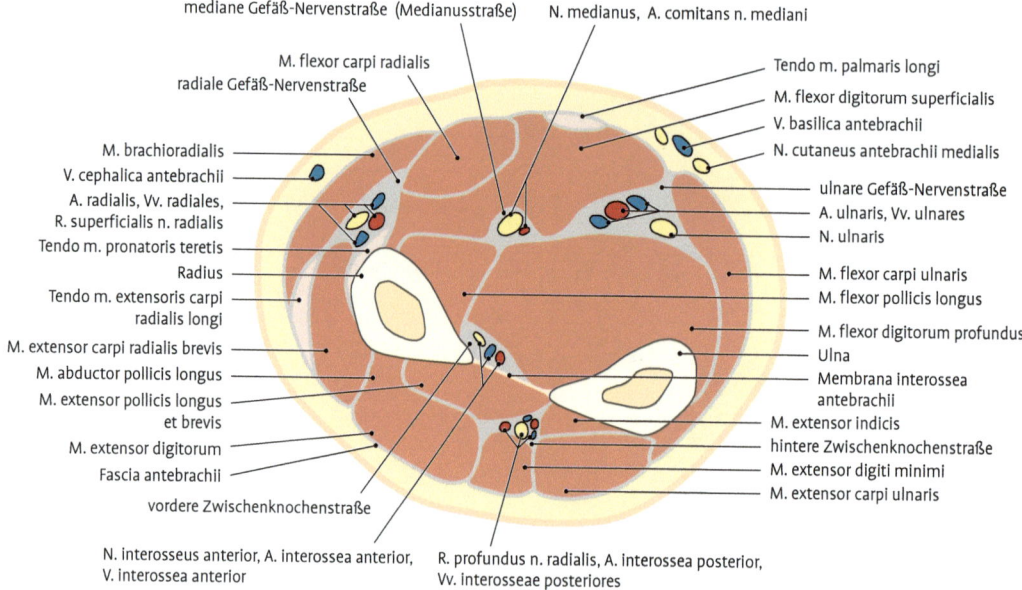

Abb. 4.143 Schematischer Querschnitt durch die Mitte des Unterarmes.

- **Speichenstraße** (radiale Gefäßnervenstraße). Leitmuskel: **M. brachioradialis**. Inhalt: **A. radialis, Vv. radiales, R. superficialis n. radialis,** tiefe Lymphbahnen. Die A. radialis zieht bis zur Basis des Proc. styloideus radii und wendet sich hier auf die Streckseite. Vor ihrem Austritt aus der Speichenstraße entlässt sie den R. carpalis palmaris zum Rete carpale palmare. Der R. superficialis n. radialis schiebt sich in der Mitte des Unterarmes unter der Sehne des M. brachioradialis hindurch auf die Streckseite.
- **Ellenstraße** (ulnare Gefäßnervenstraße). Leitmuskel: **M. flexor carpi ulnaris**. Inhalt: **A. ulnaris, Vv. ulnares, N. ulnaris**.
- **Medianusstraße** (mittlere Gefäßnervenstraße). Leitmuskel: distaler Teil des **M. flexor carpi radialis**. Inhalt: **N. medianus, A. comitans n. mediani,** A. mediana (Varietät).
- **Palmare Zwischenknochenstraße.** Leitmuskel: ulnarer Rand des **M. flexor pollicis longus**. Inhalt: **Vasa interossea antebrachii anterior, N. interosseus antebrachii anterior** (aus dem N. medianus).

4.3.8.11 Regio antebrachii posterior, Streckseite des Unterarms

Inspektion, Palpation (Abb. 4.124, 4.143, 4.144). Durch eine seichte, auf den Proc. styloideus radii

gerichtete Furche wird die radiale Muskelgruppe von der Extensorengruppe getrennt.

> Zu tasten sind: **1. Margo posterior ulnae** (über die gesamte Unterarmlänge, da von Muskeln unbedeckt), **2. Caput ulnae, Proc. styloideus ulnae** (distal), **3. distales Radiusende,** das **Tuberculum dorsale radii** (Lister) ist eine prominente Landmarke.

Subkutane Leitungsbahnen:
- **V. cephalica antebrachii** und **V. basilica antebrachii** formieren sich distal auf der dorsalen Seite, um dann direkt auf die ventrale Seite zu gelangen.
- Der **N. cutaneus antebrachii posterior** aus dem N. radialis versorgt den mittleren Hautstreifen der dorsalen Unterarmfläche, die **Nn. cutaneus antebrachii lateralis** und **medialis** beide Seitenareale.

Muskulatur:
- Oberflächliche Schicht (**M. extensor digitorum, M. extensor digiti minimi, M. extensor carpi ulnaris, M. anconaeus**): hat mit Ausnahme des Letzteren, den man auch zum M. triceps brachii rechnet, einen geraden Verlauf. Diese Schicht besteht vorwiegend aus Streckern.
- **Tiefe Schicht (M. abductor pollicis longus, M. extensor pollicis brevis, M. extensor pollicis**

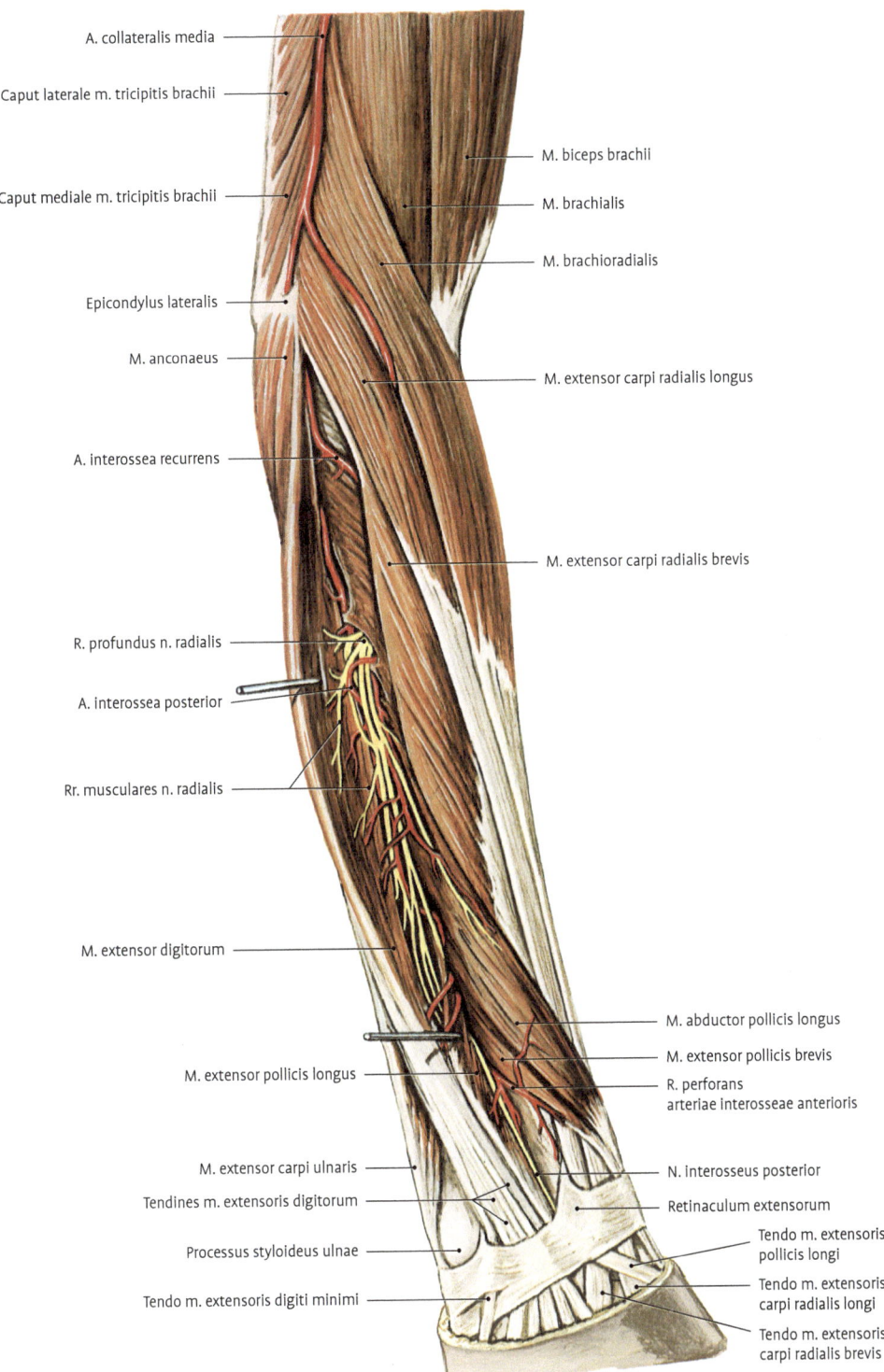

A. collateralis media

Caput laterale m. tricipitis brachii

Caput mediale m. tricipitis brachii

Epicondylus lateralis

M. anconaeus

A. interossea recurrens

R. profundus n. radialis

A. interossea posterior

Rr. musculares n. radialis

M. extensor digitorum

M. extensor pollicis longus

M. extensor carpi ulnaris

Tendines m. extensoris digitorum

Processus styloideus ulnae

Tendo m. extensoris digiti minimi

M. biceps brachii

M. brachialis

M. brachioradialis

M. extensor carpi radialis longus

M. extensor carpi radialis brevis

M. abductor pollicis longus

M. extensor pollicis brevis

R. perforans
arteriae interosseae anterioris

N. interosseus posterior

Retinaculum extensorum

Tendo m. extensoris
pollicis longi

Tendo m. extensoris
carpi radialis longi

Tendo m. extensoris
carpi radialis brevis

Abb. 4.144 Regio antebrachii posterior. M. extensor digitorum und M. extensor pollicis longus sind nach ulnar gezogen.

longus, **M. extensor indicis**): verläuft von proximal-ulnar nach distal-radial. Dieser schräge Verlauf lässt sie neben Radialduktoren und Extensoren auch als Supinatoren wirken.

Tiefe Leitungsbahnen. Hintere Zwischenknochenstraße. Leitmuskel: **M. extensor digitorum**. Inhalt: **A. interossea posterior** und **R. profundus n. radialis**. Der R. profundus n. radialis tritt aus dem M. supinator kommend in die Region ein, um sich zwischen oberflächlicher und tiefer Schicht zu verzweigen. Er endet als **N. interosseus posterior,** der bis zum Handgelenk herabreicht und dieses und das Periost der Knochen versorgt. Die A. interossea posterior stammt aus der A. interossea communis und betritt mit Begleitvenen distal der Chorda obliqua die Streckerloge. Der Hauptstamm verläuft vom Nerven getrennt direkt auf der Membrana interossea liegend zum Handgelenk und mündet in das Rete carpale dorsale ein. Während ihres Verlaufes gibt sie die A. interossea recurrens zum Rete articulare cubiti und zahlreiche Rr. musculares zu den anliegenden Muskeln ab. Die A. interossea anterior tritt distal mit ihren Begleitvenen durch die Membrana interossea in die Streckerloge; sie liegt hier unter dem M. extensor pollicis longus, anastomosiert mit der A. interossea posterior und mündet schließlich in das Rete carpi dorsale.

Klinik: **1. Parierfraktur.** Durch Schlag auf den zur Abwehr erhobenen Arm entsteht eine Ulnaschaftfraktur, häufig im proximalen Drittel. **2. Monteggia-Luxationsfraktur.** Ulnafraktur (proximale Hälfte) mit Luxation des Radiuskopfes, häufig infolge Ruptur des Lig. anulare radii. Resultat ist eine Achsenknickung der Ulna, und der Radiuskopf ist in der Ellenbeuge tastbar. **3. Galeazzi-Luxationsfraktur.** Speichenfraktur in loco typico mit Luxation des Caput ulnae und Abbruch des Proc. styloideus ulnae. **4. Schaftfrakturen der Unterarmknochen** sind achsengerecht und in Mittelstellung (Spatium interosseum am größten!) einzurichten, um Brückenkallus vorzubeugen, der Umwendbewegungen unmöglich machen würde.

4.3.8.12 Regio carpalis anterior, Handgelenkbeugeseite

Grenzen (Abb. 4.120, 4.123, 4.141, 4.145, 4.146). Gegen die Hand: durch die an den Daumen- und die Kleinfingerballen angrenzende distale Handgelenkfurche (entspricht der Articulatio mediocarpalis), gegen den Unterarm: durch die proximale Handgelenkfurche (entspricht der Epiphysenfuge des Radius).

Inspektion, Palpation. Die Haut ist dünn und haarlos. Die straffere Anheftung gibt ihr eine geringere Verschieblichkeit als am Unterarm. Eine subkutane Fettgewebeschicht fehlt fast vollständig. Zwischen der Rascetta und der proximalen Beugefurche (Linea carpi palmaris proximalis) liegt eine weitere Furche, die Restricta (entspricht der Articulatio radiocarpalis). Sie verbindet die Spitzen der Processus styloidei (Abb. 4.120).

Zu tasten sind: **1. M. palmaris longus.** Die Sehne springt am stärksten in der Mitte der Region bei leichter Beugung im Handgelenk und Opposition von Daumen und Kleinfinger vor (der Muskel fehlt in ~10%). **2.** Radial der Sehne des M. palmaris longus liegt die dickere des **M. flexor carpi radialis**. **3.** Das distale, verbreiterte Radiusende ist von den Sehnen des **M. abductor pollicis longus** und des **M. extensor pollicis brevis** überlagert. Sie springen bei Spreizung und Streckung des Daumens als palmare Begrenzung der **Tabatière** (zum Dorsum manus gehörig) deutlich hervor. **4.** Die Spitze des **Processus styloideus radii**. **5.** Das **Caput ulnae** ist in Pronationsstellung der Hand als deutlicher Höcker sichtbar. Der **Processus styloideus ulnae** lässt sich besser bei Supination (an der ulnaren Kante) tasten. **6. M. flexor carpi ulnaris.** Seine Sehne bildet die ulnare Begrenzung der Handwurzelbeugeseite. Sie springt auf ihrem Wege zum deutlich tastbaren Os pisiforme dann vor, wenn mit dem Kleinfinger der Daumenballen berührt und gleichzeitig im Handgelenk leicht gebeugt wird. **7. Radialispuls.** Zwischen M. flexor carpi radialis und Radius sinkt die Haut zu einer Furche ein. In ihr fühlen wir den Puls der A. radialis. **8. Ulnarispuls.** Radial der Sehne des M. flexor carpi ulnaris ist der Puls der A. ulnaris tastbar.

Subkutane Strukturen (Abb. 4.123). Die Unterarmfaszie ist durch Ringfasern, die an Radius und Ulna angeheftet sind, besonders verstärkt; sie bilden das **Lig. carpi palmare,** welches von den Rr. palmares n. mediani und n. ulnaris durchbohrt wird.

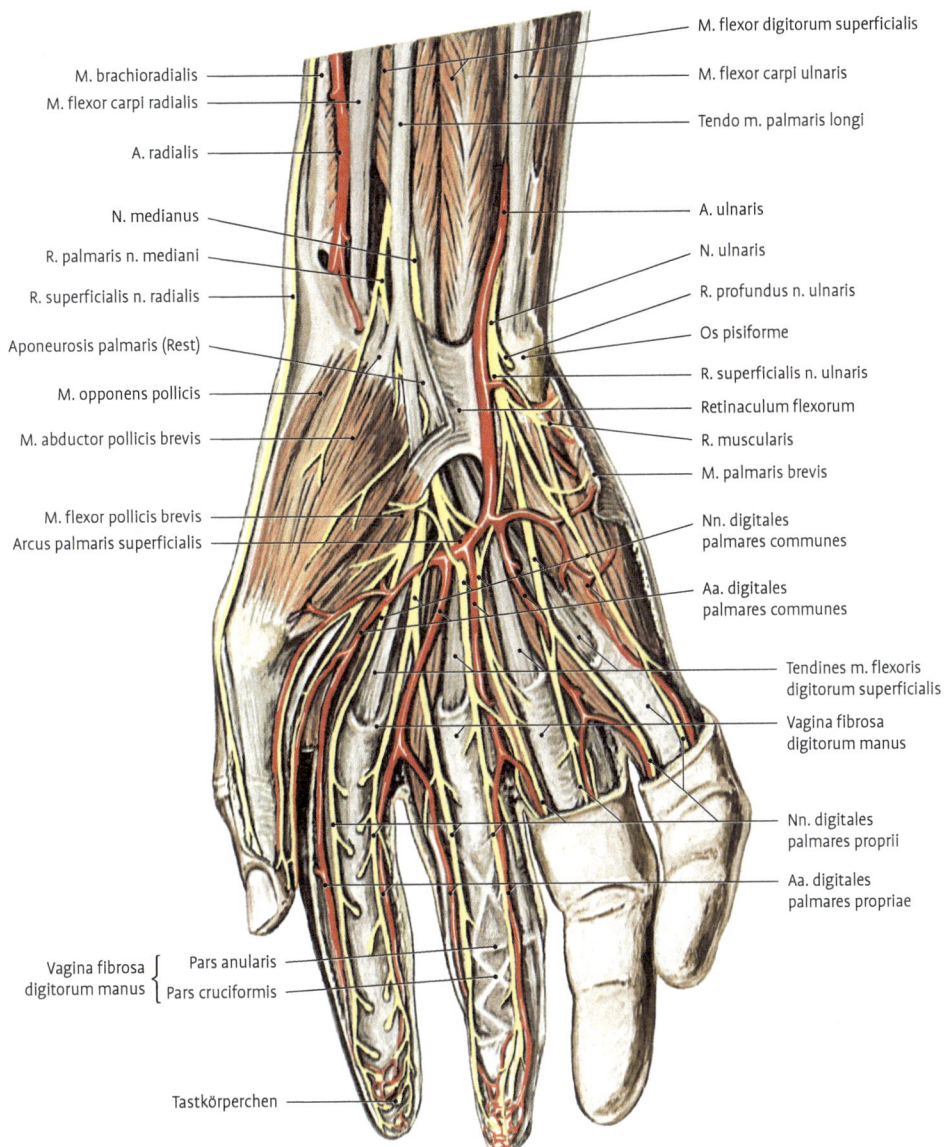

M. brachioradialis
M. flexor carpi radialis
A. radialis
N. medianus
R. palmaris n. mediani
R. superficialis n. radialis
Aponeurosis palmaris (Rest)
M. opponens pollicis
M. abductor pollicis brevis
M. flexor pollicis brevis
Arcus palmaris superficialis
Vagina fibrosa digitorum manus { Pars anularis / Pars cruciformis
Tastkörperchen

M. flexor digitorum superficialis
M. flexor carpi ulnaris
Tendo m. palmaris longi
A. ulnaris
N. ulnaris
R. profundus n. ulnaris
Os pisiforme
R. superficialis n. ulnaris
Retinaculum flexorum
R. muscularis
M. palmaris brevis
Nn. digitales palmares communes
Aa. digitales palmares communes
Tendines m. flexoris digitorum superficialis
Vagina fibrosa digitorum manus
Nn. digitales palmares proprii
Aa. digitales palmares propriae

Abb. 4.145 Palma manus und Regio carpalis anterior. Palmaraponeurose zum größten Teil abgetragen. M. palmaris brevis nach ulnar geklappt.

Subfasziale Gebilde (Abb. 4.145). Sie gelangen größtenteils auf zwei Wegen in die Hohlhand: 1. durch den **Canalis carpi** und 2. durch die **Guyon-Loge**. Die A. radialis nimmt einen anderen Weg, auch die Sehne des M. palmaris longus liegt außerhalb der beiden Kanäle.

Canalis carpi, Handwurzelkanal

Grenzen. Boden: alle Ossa carpalia und Lig. carpi radiatum. Dach: **Retinaculum flexorum,** welches sich zwischen der **Eminentia carpi radialis** (Tuberculum ossis scaphoidei + Tuberculum ossis trape-

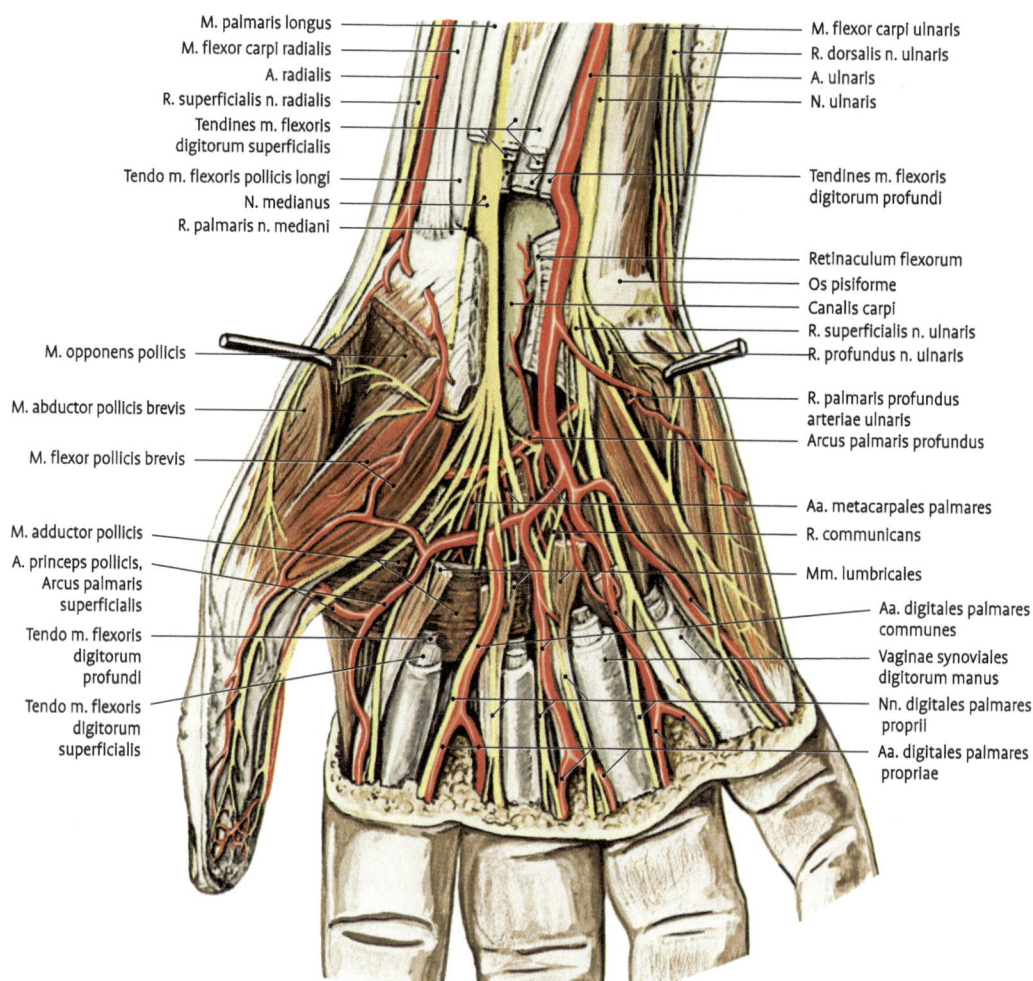

M. palmaris longus
M. flexor carpi radialis
A. radialis
R. superficialis n. radialis
Tendines m. flexoris digitorum superficialis
Tendo m. flexoris pollicis longi
N. medianus
R. palmaris n. mediani

M. opponens pollicis
M. abductor pollicis brevis
M. flexor pollicis brevis

M. adductor pollicis
A. princeps pollicis, Arcus palmaris superficialis
Tendo m. flexoris digitorum profundi
Tendo m. flexoris digitorum superficialis

M. flexor carpi ulnaris
R. dorsalis n. ulnaris
A. ulnaris
N. ulnaris

Tendines m. flexoris digitorum profundi

Retinaculum flexorum
Os pisiforme
Canalis carpi
R. superficialis n. ulnaris
R. profundus n. ulnaris

R. palmaris profundus arteriae ulnaris
Arcus palmaris profundus

Aa. metacarpales palmares
R. communicans

Mm. lumbricales

Aa. digitales palmares communes
Vaginae synoviales digitorum manus
Nn. digitales palmares proprii
Aa. digitales palmares propriae

Abb. 4.146 Palma manus und Regio carpalis anterior. Die Sehnen der oberflächlichen und tiefen Beuger sind streckenweise entfernt. Der M. abductor pollicis brevis ist durchtrennt und nach radial geschlagen. M. adductor pollicis teilweise gefenstert.

zii) und der **Eminentia carpi ulnaris** (Os pisiforme + Hamulus ossis hamati) ausspannt und den Sulcus carpi zum osteofibrösen Canalis carpi schließt.

Die langen Fingerbeuger (**M. flexor digitorum superficialis, M. flexor digitorum profundus** und **M. flexor pollicis longus**) und der **N. medianus** werden darin zur Mittelloge der Hohlhand geführt. Am oberflächlichsten liegt der N. medianus (ulnar der Sehne des M. flexor carpi radialis und meist radial der Sehne des M. palmaris longus), unter ihm der M. flexor digitorum superficialis (Sehnen von Digg. II und V unter denen zu Digg. III und IV). Am tiefsten und nebeneinander liegen die Sehnen des M. flexor digitorum profundus. Um die Reibung herabzusetzen, sind die 8 Beugesehnen von einem gemeinsamen Mesotendineum in einer ungekammerten Sehnenscheide (Vagina communis tendinum musculorum flexorum, ulnarer karpaler Sehnenscheidensack) umgeben. Ihr proximales Ende ist bei einer Sehnenscheidenentzündung ~4 cm proximal der Rascetta deutlich zu fühlen. Die selbstständige Scheide des M. flexor pollicis longus endet ~3 cm proximal der Rascetta.

Die Sehne des **M. flexor carpi radialis**, umgeben von einer eigenen Sehnenscheide, liegt in einem gesonderten Kanal in einer Rinne des Os trapezium und verläuft zur palmaren Basis von Os metacarpale II und manchmal auch III.

Guyon-Loge (Abb. 4.145)

Der kanalartige Durchtritt der ulnaren Gefäßstraße zur Hohlhand ist der distale Ulnaristunnel oder Loge de Guyon.

Grenzen. Boden: Retinaculum flexorum, Ligg. pisohamatum et pisometacarpale, Dach: Lig. carpi palmare, M. palmaris brevis; ulnare Seite: Sehne des M. flexor carpi ulnaris, Os pisiforme, M. abductor digiti minimi; radiale Seite: Retinaculum flexorum, Hamulus ossis hamati.

Inhalt. Der **N. ulnaris** (meist tritt der Nerv schon in seinen R. superficialis und R. profundus geteilt in die Loge ein), die **A. ulnaris** (ihr Hauptstamm liegt meist radial und oberflächlich des N. ulnaris und teilt sich innerhalb der Loge in den R. palmaris profundus und den R. palmaris superficialis) und **Vv. ulnares;** die A. ulnaris wird von zwei Venen flankiert.

Besonders der distale Teil der Loge ist eng, da er durch einen Sehnenbogen überspannt wird, der sich zwischen dem Os pisiforme und dem Hamulus ossis hamati ausspannt und der dem M. abductor digiti minimi als Ursprung dient.

Radiale Gefäßnervenstraße. Der **R. superficialis n. radialis** wendet sich bereits im distalen Radiusdrittel unter dem M. brachioradialis zur Streckseite, während die **A. radialis** mit Begleitvenen die Lage zwischen **M. brachioradialis** und **M. flexor carpi radialis** beibehält. Erst zwischen Proc. styloideus radii und Daumenballen zieht sie unter den Sehnen des M. abductor pollicis longus und des M. extensor pollicis brevis hindurch in die Tabatière und somit zum Handrücken.

Die Sehne des **M. palmaris longus** verläuft palmar des Retinaculum flexorum und strahlt in die Palmaraponeurose ein.

Klinik: 1. Karpaltunnelsyndrom (= Medianuskompressionssyndrom). Mechanische Kompression des N. medianus in der osteofibrösen Loge des Canalis carpi mit Atrophie der Daumenballenmuskeln, Sensibilitätsstörung von Hohlhand und Digg. I–III, einschließlich der radialen Seite von Dig. IV. Ursache: z. B. Fraktur, rheumatoide Arthritis, Diabetes mellitus, Schwangerschaft und anatomische Besonderheiten (überzählige Sehnen und Muskelbäuche, atypische Karpalknochen und Gefäßverläufe). Therapie: Spaltung des Retinaculum flexorum. **2. Ulnartunnelsyndrom** (= **Guyon-Tunnelsyndrom**). Distales Kompressionssyndrom des N. ulnaris. Ursache: anatomische Varianten in der Guyon-Loge (atypische oder überzählige Sehnen und Muskeln) sowie Frakturen oder Handgelenkveränderungen, insbesondere Ganglien. Die **Radfahrerlähmung** ist eine spezielle Form, die durch anhaltenden Druck von außen hervorgerufen wird und häufig nur den R. profundus n. ulnaris betrifft. **3. Medianusverletzung.** Schnittverletzungen in der Regio carpalis anterior durchtrennen oft den oberflächlich gelegenen N. medianus (→ Sturz in Glasscheiben).

4.3.8.13 Palma (Vola) manus, Hohlhand

Grenzen (Abb. 4.120, 4.123, 4.145–4.147). Von der Rascetta bis zu den Schwimmhautfalten zwischen den Fingergrundgliedern. Die Hohlhand bildet ein festes Widerlager beim Greifen und Festhalten von Gegenständen und zeigt eine ausgesprochene Druckkonstruktion.

Inspektion, Palpation. Seitlich wird die Hohlhand von Muskelwülsten, **Thenar** (Daumenballen) und **Hypothenar** (Kleinfingerballen), eingefasst.

Die derbe, haarlose Haut besitzt keine Talg-, jedoch zahlreiche Schweißdrüsen und eine dicke Epidermis, die bei HandarbeiterInnen zur Schwielenbildung neigt. Straffe, vertikale Bindegewebezüge (Retinacula cutis) befestigen die Haut an der Palmaraponeurose und bilden prall mit Fettgewebe gefüllte Kammern, die den örtlichen Druck aufnehmen, verteilen und damit die in der Tiefe gelegenen Nerven und Gefäße schützen. Verschieben und Abheben der Haut ist bei dieser Konstruktion nicht möglich.

Die Hohlhand zeigt **4 konstante Hautfurchen,** die an ein M erinnern (Abb. 4.120):
- **Linea vitalis** (sive Thenarfurche), umgreift den Daumenballen und entspricht dem Ursprung des M. adductor pollicis.
- **Linea mensalis** (sive distale Hohlhandfurche), beginnt am Ulnarrand, zieht über die Grundge-

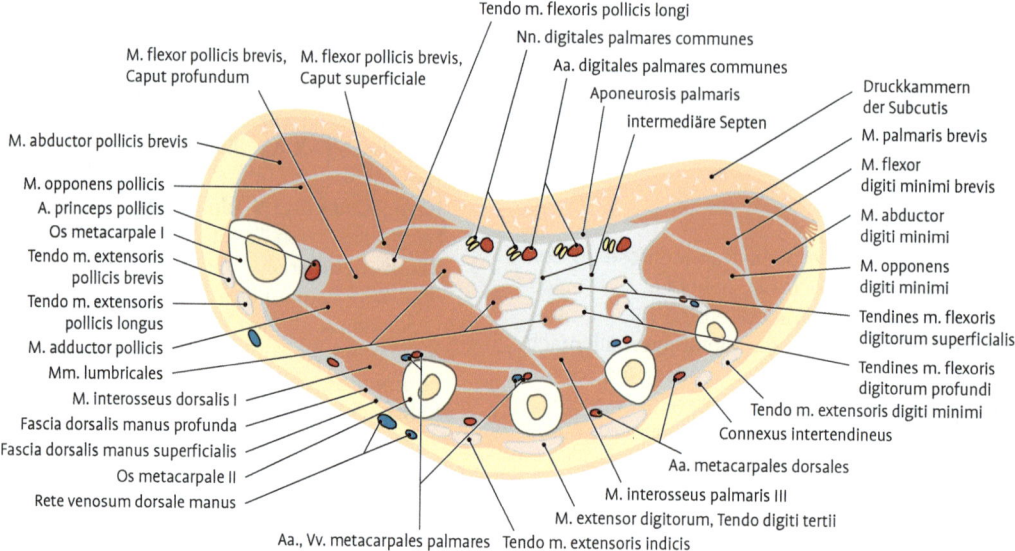

Abb. 4.147 Schematischer Querschnitt durch die Mittelhand.

lenke der Finger und läuft zwischen Zeigefinger und Mittelfinger aus.

- **Linea cephalica** (sive proximale Hohlhandfurche), beginnt an der Basis des Zeigefingers und läuft proximal von der vorigen quer über den Handteller zum Ulnarrand, den sie nicht ganz erreicht.
- **Linea stomachica** (sive Mittelfurche), verläuft von der Handwurzel zum Mittelfinger, schneidet die beiden vorigen spitzwinklig.

Die 4 Hauptfurchen sind genetisch determiniert und weniger als Beugungsfurchen anzusehen. Sie ermöglichen eine topografische Orientierung (Lage von Hohlhandbogen und Gelenkspalten).

Monticuli. Distal der Linea mensalis wölbt sich die Haut bei Überstreckung in den Metakarpophalangealgelenken zwischen den Basen der Grundphalangen zu den flachen Monticuli (sive interdigitale oder metakarpale Tastballen) vor.

Die **Cristae cutis** bestimmen das feinere Relief der Beugefläche der Hand. Diese 0,2 mm breiten, durch Sulci cutis begrenzten Leisten können gerade oder geschweift verlaufen und komplizierte Figurae tactiles (Bogen, Schleifen, Wirbel) bilden. Auf den Leisten münden die Schweißdrüsen, unter ihnen erheben sich zwei Reihen von Koriumpapillen. Im Gegensatz zu den verformbaren, rhombischen Areae cutaneae der übrigen Haut bleiben sie lebenslänglich konstant.

Die **Querfurchen** der Haut **am Beginn der Finger** liegen beträchtlich distaler als die Articulationes metacarpophalangeae!

Oberflächliche Strukturen

Aponeurosis palmaris. Die dünne Oberflächenfaszie von Thenar und Hypothenar ist in einem dreieckigen Feld zur kollagenfaserigen derben Aponeurosis palmaris (Abb. 4.113) verstärkt. Die fächerförmig angeordneten **Fasciculi longitudinales** laufen distalwärts in 4 Zipfel aus, die in die Haut über den Grundgelenken der Finger, in das Lig. metacarpale transversum profundum und in die palmaren Platten ausstrahlen. Die distal gelegenen **Fasciculi transversi** bremsen die Spreizbewegungen ab. **Vertikale Septen** gehen von der Aponeurose in die Tiefe, heften sie fest an die Mittelhandknochen und schaffen dadurch Kammern für die Sehnen, Nerven und Gefäße. Proximal inseriert an der Aponeurosis palmaris der **M. palmaris longus**. Fehlt der Muskel, ist die Aponeurose trotzdem vorhanden!

M. palmaris brevis. Der kleine, variantenreiche, oft rudimentäre Muskel liegt mit der Palmaraponeurose in der gleichen Ebene, entspringt an ihrem ulnaren Rand, bedeckt die ulnare Gefäßnervenstraße und zieht über dem Hypothenar zur Haut, die er bei Kontraktion zu einer deutlichen Furche einzieht.

Lig. metacarpale transversum superficiale (sive Lig. natatorium). Über die Basen der Grundphalangen II–IV spannen sich quere Faserzüge, die an der Haut und an den Beugesehnenscheiden befestigt sind. Das Band verhindert ein zu starkes Abspreizen der Finger.

Tiefe Strukturen

Zwei stärkere von der Palmaraponeurose zu den Mittelhandknochen ziehende Scheidewände unterteilen den tiefen Hohlhandbereich in 3 Räume: **Daumenballen-, Mittel-** und **Kleinfingerballenfach** (Abb. 4.147). Das Mittelfach hat entlang des Bodens des Canalis carpi eine ununterbrochene Verbindung zum Spatium antebrachiale palmaris. Distal setzt es sich kontinuierlich in die Lumbrikaliskanäle an den Fingern fort. Radiale und ulnare Kammern haben keine direkte Verbindung zum Unterarm.

Das **Daumenballenfach** enthält:
- **Thenarmuskulatur** mit M. abductor pollicis brevis, M. flexor pollicis brevis, M. opponens pollicis, M. adductor pollicis.
- **Sehne des M. flexor pollicis longus;** die von einer eigenen Sehnenscheide umgebene kräftige Sehne lagert sich zwischen die beiden Köpfe des M. flexor pollicis brevis.
- **R. palmaris superficialis** der A. radialis verläuft über oder durch den M. abductor pollicis brevis zum oberflächlichen Hohlhandbogen. Der stärkere Endast der A. radialis gelangt durch den M. interosseus dorsalis I in das Fach; er gibt hier die **A. princeps pollicis** ab und betritt als tiefer Hohlhandbogen das Mittelfach. Variation: In 25 % findet man im I. Intermetakarpalraum eine „Sattelarterie"eine dorsopalmare Gefäßverbindung zwischen A. metacarpalis dorsalis I (aus der A. radialis) und A. radialis indicis. Sie verläuft unter der Haut um den freien Rand des M. adductor pollicis.
- **N. medianus;** die Muskeläste (Rr. thenares) treten unmittelbar distal vom Retinaculum flexorum in die Muskeln (Abb. 4.145, 4.146), während die Hautäste über den M. flexor pollicis brevis zur Beugeseite des Daumens ziehen.
- **N. ulnaris;** die Rr. musculares (für M. adductor pollicis und Caput profundum m. flexoris pollicis brevis) erreichen in der Tiefe, vom Mittelfach aus kommend, ihr Erfolgsorgan.

Das **Mittelfach** zeigt eine **Dreischichtung:**
- Die **oberflächliche Schicht (sive Spatium praetendineum)** enthält:

- **Arcus palmaris superficialis** (distalwärts, konvex), hauptsächlich aus der A. ulnaris gespeist, verläuft er über die Mitte der Ossa metacarpalia und gibt die **Aa. digitales palmares communes** ab, die sich in Höhe der Grundgelenke in je **2 Aa. digitales palmares propriae** aufzweigen.
- **N. medianus** und **N. ulnaris,** der N. medianus betritt durch den Canalis carpi, der **R. superficialis n. ulnaris** dagegen oberflächlich, auf dem Retinaculum flexorum, das Fach. Beide tauschen durch eine Anastomose Fasern aus und teilen sich in **Nn. digitales palmares communes,** die mit je zwei **Nn. digitales palmares proprii** die benachbarten Flächen zweier Finger versorgen.
- Die **mittlere Schicht** enthält:
- **Sehnen der langen Fingerbeuger,** sie werden durch den Canalis carpi in das Mittelfach geführt. Ihre **Vagina communis tendinum mm. flexorum** begleitet sie noch bis auf die Basen der Mittelhandknochen (Abb. 4.120).
- **Mm. lumbricales;** zwischen den Fingerbeugern, auf gleicher Ebene, liegen die von den Sehnen des M. flexor digitorum profundus entspringenden Mm. lumbricales. Sie verlaufen oberflächlich des Lig. metacarpale transversum profundum (→ Lumbrikaliskanäle) zur Dorsalaponeurose der Finger. Da die Ursprünge bei der Beugung der Finger nach proximal verlagert werden, behalten sie ihre volle Wirkung, auch wenn die Kraft der langen Fingerbeuger mit Zunahme der Beugung abnimmt.
- Die **tiefe Schicht (sive Spatium retrotendineum)** enthält folgende Leitungsbahnen:
- **Arcus palmaris profundus;** der tiefe Hohlhandbogen ist in das Corpus adiposum palmare profundum eingebettet, wird hauptsächlich aus der A. radialis gespeist und verläuft mit dem R. profundus n. ulnaris über die Basen der Mittelhandknochen. Er liegt proximaler als der oberflächliche und gibt die **Aa. metacarpales palmares** ab. Diese versorgen die tiefen Muskeln und stehen durch Rr. perforantes mit den Aa. metacarpales dorsales und durch ihre Endäste mit den Aa. digitales palmares communes in Verbindung. So kann bei Bedarf ein Blutaustausch zwischen dem oberflächlichen und tiefen Hohlhandbogen sowie den Handrückenarterien erfolgen.

– Die begleitenden **Venen und Lymphgefäße** haben besonders starke Abflüsse zum Handrücken.

– **N. ulnaris.** Der **R. profundus n. ulnaris** gibt im Mittelfach zahlreiche feine Äste an die Mm. lumbricales III und IV und an sämtliche Mm. interossei ab und endet im M. adductor pollicis und im tiefen Kopf des M. flexor pollicis brevis.

Die **Ossa metacarpalia** und die zwischen ihnen liegenden Mm. interossei (Abb. 4.117, 4.118, 4.147) werden palmar und dorsal von einer dünnen Faszie (**Fascia interossea palmaris** und **dorsalis**) bedeckt und bilden eine osteomuskuläre Scheidewand zwischen Hohlhand und Handrücken.

Das **Kleinfingerballenfach** enthält:

• **Hypothenarmuskulatur** mit M. abductor digiti minimi, M. flexor digiti minimi brevis, M. opponens digiti minimi.

• **Sehnen des M. flexor digitorum superficialis und profundus;** die langen Sehnen des kleinen Fingers gleiten in einer digitalen Sehnenscheide, die meist mit der Vagina communis tendinum mm. flexorum kommuniziert (Abb. 4.120).

• **A. ulnaris** und der **R. superficialis n. ulnaris** verlaufen zwischen Retinaculum flexorum und M. palmaris brevis, wo die Arterie in den oberflächlichen Hohlhandbogen übergeht und der Nerv einen **N. digitalis palmaris communis** bildet (Abb. 4.145, 4.146). Der **R. profundus n. ulnaris** und der **R. palmaris profundus a. ulnaris** senken sich unter Abgabe von Ästen an die Muskeln zwischen M. abductor digiti minimi und M. flexor digiti minimi brevis in die Tiefe, wo sie dem Mittelfach zustreben.

Klinik: 1. Entzündungen superfiziell der Aponeurosis palmaris. In dem stark gekammerten Subkutangewebe breiten sie sich nur eingeschränkt aus und führen kaum zu Schwellungen; sie setzen aber die Kammerwände unter Druck und rufen Schmerzen hervor, brechen in die Tiefe durch und erzeugen häufig ein kollaterales Ödem des Handrückens. **2. Entzündungen oder Blutungen profund zur Aponeurosis palmaris** setzen den Inhalt unter Druck und verursachen starke Spannungsschmerzen. Da die starken Bindegewebelamellen einen Durchbruch nach palmar verhindern, suchen sich die Ergüsse entlang den Rr. perforantes einen Weg

zum Handrücken (→ kollaterales Ödem) oder vom Mittelfach aus durch den Canalis carpi zum Unterarm (→ Unterarmphlegmone). **3. Dupuytren-Kontraktur.** Beugekontraktur der Finger (bes. Digg. IV, V) infolge bindegewebigderber Verhärtung und Schrumpfung der Palmaraponeurose und der Hautbänder mit Bildung derber Stränge und Knoten. In 70–80 % Beteiligung beider Hände; deutliche Androtropie. **4.** Entzündliche Schwellungen der karpalen Sehnenscheiden werden durch das straffe Retinaculum flexorum sanduhrförmig eingeschnürt und wulsten die Haut proximal und distal vom Retinaculum vor.

4.3.8.14 Dorsum manus, Handrücken

Inspektion, Palpation (Abb. 4.124, 4.148). Die Felderhaut ist dünn, besitzt Talgdrüsen und Haare. Den queren Stauchungsfalten kommt keine topografische Bedeutung zu. Das nahezu fettgewebslose, lockere subkutane Bindegewebe ermöglicht es, die Haut gegen die Unterlage zu verschieben und in Falten abzuheben. Es kann bei Kreislaufstörungen und örtlichen Prozessen (Insektenstichen, Eiterungen der Palma) große Flüssigkeitsmengen aufnehmen (Ödem!).

Die Hautvenen bilden ein sehr variables **Rete venosum dorsale manus,** das bläulich durchschimmert und die Haut deutlich vorwölbt. Die Sehnen sind distal vom Retinaculum extensorum als Stränge zu erkennen. Beugt und streckt man die mittleren Finger im Grundgelenk, so kann man sogar die **Connexus intertendinei** beobachten.

Zu tasten sind: **1. Köpfe der Mittelhandknochen** (springen bei Beugung als „Knöchel" vor), **2. Gelenkspalten der Grundgelenke** (seitlich von den Strecksehnen, die über die Knöchel hinweglaufen), **3. Körper der Mittelhandknochen** (unter den Sehnen), **4.** Basen von Digg. I, II, **5. Handwurzelknochen** (dorsal kaum Details palpabel), **6. M. interosseus dorsalis I** (springt bei Adduktion des Daumens als kräftiger Wulst vor).

Subkutane Leitungsbahnen. Die Hautnerven gelangen schon am Unterarm als **R. superficialis n. radialis** und als **R. dorsalis n. ulnaris** auf die Streckseite. Ihre **Nn. digitales dorsales** versorgen den Handrücken und die Streckseiten der Finger

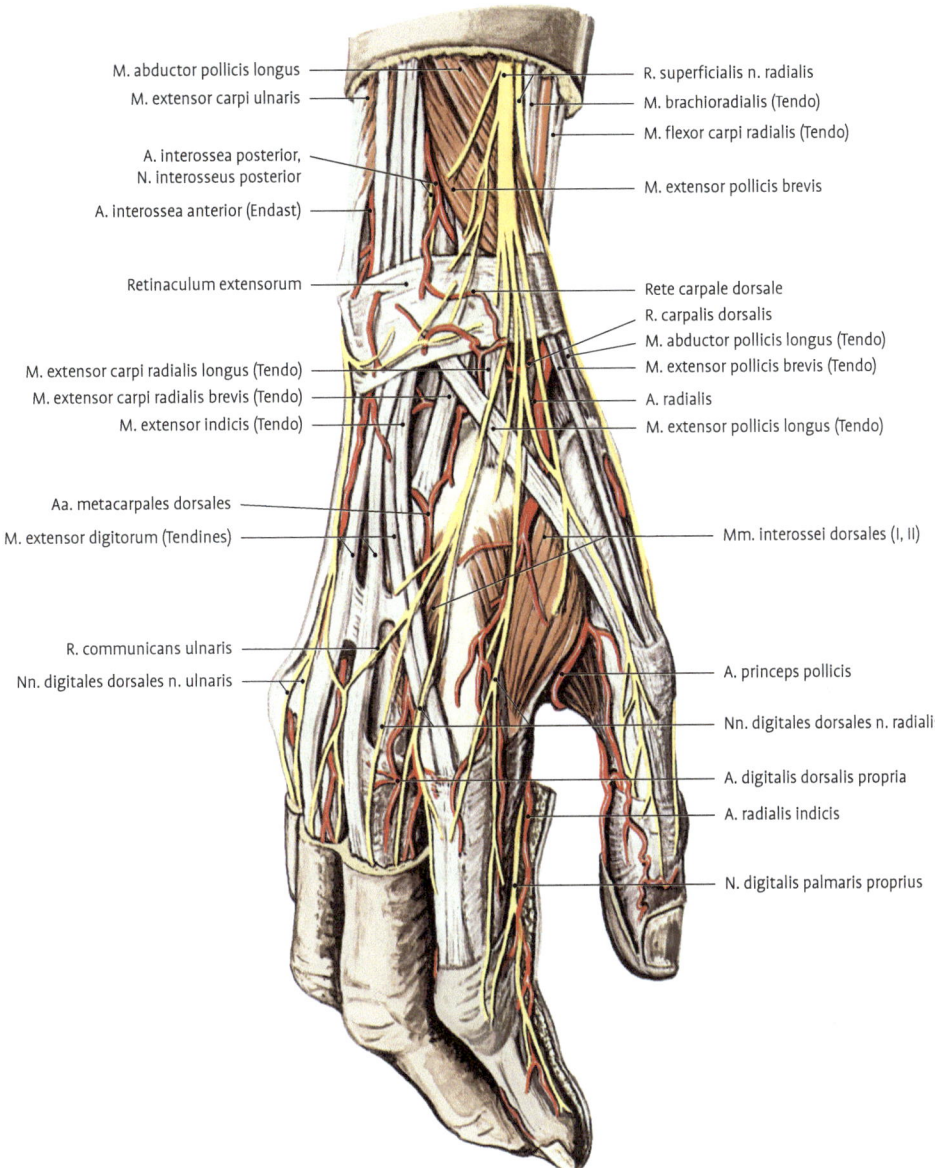

M. abductor pollicis longus

M. extensor carpi ulnaris

A. interossea posterior, N. interosseus posterior

A. interossea anterior (Endast)

Retinaculum extensorum

M. extensor carpi radialis longus (Tendo)

M. extensor carpi radialis brevis (Tendo)

M. extensor indicis (Tendo)

Aa. metacarpales dorsales

M. extensor digitorum (Tendines)

R. communicans ulnaris

Nn. digitales dorsales n. ulnaris

R. superficialis n. radialis

M. brachioradialis (Tendo)

M. flexor carpi radialis (Tendo)

M. extensor pollicis brevis

Rete carpale dorsale

R. carpalis dorsalis

M. abductor pollicis longus (Tendo)

M. extensor pollicis brevis (Tendo)

A. radialis

M. extensor pollicis longus (Tendo)

Mm. interossei dorsales (I, II)

A. princeps pollicis

Nn. digitales dorsales n. radialis

A. digitalis dorsalis propria

A. radialis indicis

N. digitalis palmaris proprius

Abb. 4.148 Regio carpalis dorsalis, Fovea radialis (Tabatière) und Dorsum manus.

bis zu den Mittelphalangen. 2½ Finger werden vom N. radialis versorgt, 2½ vom N. ulnaris. Letzterer ist durch den R. communicans mit dem N. radialis verbunden.

Sehnen. Die Extensorensehnen werden mit ihren Sehnenscheiden in **6 Fächern** unter dem **Retinaculum extensorum** zur Mittelhand geführt und gehen über den Phalangen in die Dorsalaponeurosen

über. Das Retinaculum extensorum ist eine über der Handwurzel gelegene Verstärkung der Oberflächenfaszie (Abb. 4.148), die hauptsächlich aus Ringfasern besteht. In den Sehnenfächern verlaufen von radial nach ulnar im 1. die Sehnen der Mm. abductor pollicis longus und extensor pollicis brevis, im 2. die Sehnen der Mm. extensor carpi radialis longus und brevis, im 3. die Sehne des M. extensor pollicis longus, im 4. die Sehnen der Mm.

extensor digitorum communis und extensor indicis, im 5. die Sehne des M. extensor digiti minimi und im 6. jene des M. extensor carpi ulnaris. Die Sehnen des M. extensor digitorum spalten sich auf dem Handrücken oft in mehrere Faserstränge auf, die sich erst beim Übergang in die Dorsalaponeurose wieder vereinigen. Die Sehne des M. extensor digiti minimi ist meist in zwei Sehnen gespalten. In vielen Fällen kommuniziert die Sehnenscheide des M. extensor pollicis longus mit derjenigen der Mm. extensores carpi radiales.

Arterien. Sie liegen unter den Sehnen und sind verhältnismäßig schwach entwickelt. Der **R. carpalis dorsalis a. radialis,** der **R. carpalis dorsalis a. ulnaris** und die Endäste der **Aa. interosseae** bilden ein **Rete carpale dorsale.** Die aus ihm hervorgehenden **Aa. metacarpales dorsales** verlaufen auf den Mm. interossei dorsales. Sie stehen durch **Rr. perforantes** mit dem tiefen Hohlhandbogen in Verbindung.

Faszien. Die **Fascia dorsalis manus superficialis** setzt die Fascia antebrachii auf den Handrücken fort und bedeckt die Sehnen. Die **Fascia dorsalis manus profunda** bedeckt die Mm. interossei dorsales und Mittelhandknochen.

Fovea radialis (Tabatière anatomique; Abb. 4.148)

Sie ist eine dreieckige Grube an der Grenze zwischen radialer Kante des Unterarms und Daumen, die besonders bei Abduktion und Dorsalflexion sichtbar wird.

Grenzen. Nach palmar: Sehnen des **M. abductor pollicis longus** und des **M. extensor pollicis brevis;** nach dorsal: Sehne des **M. extensor pollicis longus,** Boden: **Proc. styloideus radii** (proximal), Os scaphoideum und Os trapezium (distal). Diese Knochen haben in der Fovea radialis ihren Druckpunkt!

Inhalt. Oberflächlich liegt der **R. superficialis n. radialis,** tief die **A. radialis** mit Begleitvenen. Manchmal fühlt man den Puls in der Tabatière anatomique besser als an der Handwurzelbeugeseite.

4.3.8.15 Digiti manus, Finger

Inspektion, Palpation (Abb. 4.145, 4.148). Die Finger sind schlank und muskelfrei, da ihre Muskeln auf den Unterarm und die Mittelhand verlagert worden sind. Der Daumen nimmt eine Sonderstel-

lung ein und erhält deshalb allein 8 Muskeln. Er kann mit den anderen Fingern eine Greifzange bilden.

Die gestreckten Finger sind verschieden lang: Mittel → Ring → Zeige → Kleinfinger → Daumen.

Beugeseite. Haut und Unterhautbindegewebe weisen eine Druckkonstruktion auf. Die Oberhaut ist dick und zeigt häufig Schwielen. Sie besitzt Papillarleisten und -furchen, die auf den Endgliedern Bogen, Schleifen und Wirbel bilden. Haare und Talgdrüsen fehlen, Schweißdrüsen sind zahlreich. Viele Nervenendigungen machen die Fingerbeeren zu einem hochentwickelten Tastorgan.

> **Klinik: Daktyloskopie,** Fingerabdruck. Das Papillarleistenmuster ist individuell so verschieden angelegt, dass man damit eine Person zweifelsfrei identifizieren kann (Gerichtsmedizin, Kriminalistik).

Auf der palmaren Seite liegen **3 Beugefurchen** (Abb. 4.149):

- **proximale Beugefurche** (Grundgliedfurche): in der Mitte der Grundphalanx.
- **mittlere Beugefurche** (Mittelgelenkbeugefurche): auf Höhe des ersten Interphalangealgelenkes.
- **distale Beugefurche** (Endgelenkbeugefurche): etwas proximal des 2. Interphalangealgelenkes.

Am Daumen entspricht die proximale Beugefurche (palmare Grundgelenkfurche) dem Spalt des Metakarpophalangealgelenks und die distale (Endgelenkbeugefurche) dem Spalt des Interphalangealgelenks.

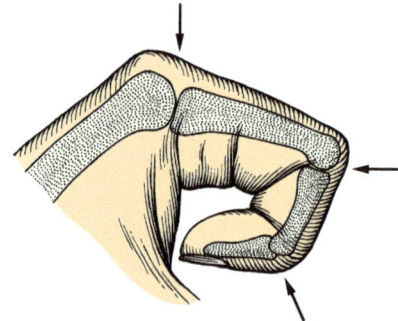

Abb. 4.149 Finger in Beugestellung mit eingezeichneten Knochen. Lage der Gelenkspalten zu den Knöcheln und Beugefalten. Pfeile zeigen die Lage des Schnittes bei der Exartikulation an.

Streckseite. Die Haut ist dünner und kann auf den Grund- und Mittelgliedern Haare tragen. Ein lockeres, fettarmes Subkutangewebe macht sie verschiebbar. Über den Gelenken finden sich Reservefalten, die bei Beugung verschwinden. Über den Endgliedern ist die Haut durch vertikale Züge auf der Unterlage angeheftet, nicht verschiebbar und glänzend.

Fingernägel. Diese Hautanhangsgebilde schützen die Endglieder und bilden ein Widerlager für den Tastapparat der Fingerbeere.

Subkutane Leitungsbahnen. Nerven und Gefäße verlaufen im subkutanen Bindegewebe an den jeweiligen Seiten der Finger, **je 2 dorsal und palmar** (Abb. 4.150).

- **Nn. digitales palmares proprii** (3 aus dem N. ulnaris, 7 aus dem N. medianus) und **Aa. digitales palmares propriae,** geben distal der Articulationes metacarpophalangeae je einen **R. dorsalis** zur Streckseite der Mittel- und Endphalanx ab. Die Nerven liegen palmar der Arterien.
- **Nn.** und **Aa. digitales dorsales,** deutlich schwächer als die vorigen entwickelt.
- **Venen;** den digitalen Arterien fehlen die Begleitvenen! Stattdessen wird der Finger strumpfartig von einem Venennetz umhüllt.
- **Faszie;** die Finger haben keine oberflächliche Faszie, sodass das Fettgewebe direkt an die Dorsalaponeurose bzw. an die palmaren Sehnenscheiden grenzt.
- **Anastomosen;** die Arterien haben zahlreiche Verbindungen untereinander.

Hautbänder. Die Finger haben mehrere Systeme von Hautbändern: Funktionell befestigen diese Bänder die Haut an den tiefen Bindegewebestrukturen oder am Knochen, sodass besonders palmar eine zu starke Verschiebbarkeit der Haut verhindert wird. Dies verbessert das Greifvermögen. Zwei Systeme sind besonders wichtig:

- **Cleland-Bänder** sind dorsal des digitalen Gefäßnervenstrangs liegende Faserzüge, die von beiden Seiten des Fingerskeletts zur Haut ziehen. Durch die septenähnlichen Bänder wird der subkutane Raum in ein **dorsales** und ein **palmares Fingerkompartiment** gegliedert, was für die Ausbreitung von Entzündungen Bedeutung hat.
- **Grayson-Bänder** ziehen von der palmaren Seite der Beugesehnenscheide zur Haut. Sie liegen palmar des digitalen Gefäßnervenstrangs und sind im Mittelabschnitt der Grundphalanx und der Mittelphalanx am kräftigsten angelegt.

Klinik: 1. Entzündungen. Die Lederhaut ist derb, durch senkrechte, straffe Züge des subkutanen Bindegewebes gekammert und mit den Sehnenscheiden verbunden. Die Kammern sind prall mit Baufett gefüllt. Eine eigene Oberflächenfaszie fehlt. Entzündungen breiten sich dadurch nicht flächenhaft, sondern in die Tiefe aus (Erhöhung des Innendruckes der Kammern → starke Spannungsschmerzen → Ausdehnung auf Sehnenscheiden und Knochen). **2. Oberst-Anästhesie.** Leitungsanästhesie an Finger oder Zehe. Injektion eines Lokalanästhetikums (ohne Adrenalinzusatz!) in Höhe der Interdigitalfalte der Grundphalanx zur Ausschaltung der dorsalen und palmaren Nerven. **3. Fingerstrecksehnenabriss** (**Mallet-Finger,** Hammerfinger). Endgelenk kann nicht aktiv gestreckt werden, da die Dorsalaponeurose darüber gerissen ist (Verletzung durch Bagatelltrauma, z. B. Ballsport, Bettenmachen). **4. Knopflochdeformität** (Fingerdeformität bei rheumatoider Arthritis mit Hyperextension der Grundgelenke). Ursache: Riss des Tractus intermedius über dem Mittelgelenk, wobei sich das Gelenk durch den Riss schiebt. Die beiden intakten Randzüge liegen palmar der Bewegungsachse des Mittelgelenks, sodass sie beugen (fixierte Beugestellung der Mittelgelenke) bei gleichzeitiger Streckung im Endgelenk. **5. Schwanenhalsdeformität.** Überstreckung eines Langfingers im Mittelgelenk bei gleichzeitiger Beugung im Endgelenk. Ursache: Insuffizienz des Endabschnittes der Dorsalapo-

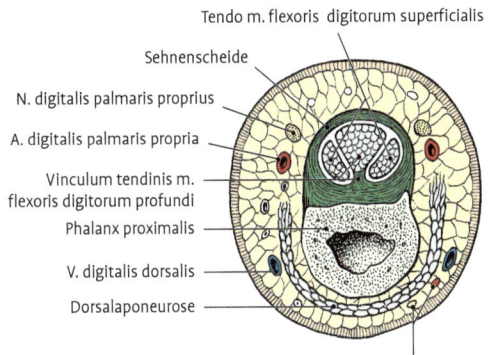

Tendo m. flexoris digitorum superficialis

Sehnenscheide

N. digitalis palmaris proprius

A. digitalis palmaris propria

Vinculum tendinis m. flexoris digitorum profundi

Phalanx proximalis

V. digitalis dorsalis

Dorsalaponeurose

A., N. digitalis dorsalis

Abb. 4.150 Querschnitt durch das Grundglied eines Fingers.

neurose oder Tonuserhöhung der Binnenmuskeln der Hand. Häufig bei chronischer Polyarthritis.

Muskeltabellen

Tab. 4.4 bis Tab. 4.7 siehe Seiten 296–305.

4.4 Untere Extremität, Membrum inferius

Grenzen und Gliederung. Die untere Extremität wird dorsal und lateral durch die **Crista iliaca** und ventral durch die Leistenfurche, unter der das Leistenband liegt, abgegrenzt. Die Knochen des Beckengürtels, Hüftbeine, sind fest am Achsenskelett (Kreuzbein) verankert und zum wenig nachgiebigen Beckenring, **Cingulum pelvicum,** geschlossen. Das Bein, die **Pars libera membri inferioris,** als frei vom Rumpf beweglicher Teil der unteren Extremität, gliedert sich in folgende Abschnitte: **1.** Oberschenkel **(Femur),** 2. Unterschenkel **(Crus),** 3. Fuß **(Pes)** mit Fußwurzel **(Tarsus),** Mittelfuß **(Metatarsus)** und Zehen **(Ossa digitorum sive Phalanges).** Die Skelettgrundlage der unteren Extremität bilden das Femur, die Patella, die Tibia, die Fibula und die Fußknochen.

Entwicklung. Die Formentwicklung des Beines ist gegenüber der Armanlage um eine Woche verzögert. Um den **28. ET** tritt die untere Extremitätenanlage in Höhe der Lumbal- und oberen Sakralsegmente auf. Auch an der **Beinknospe** ist eine verdickte Randleiste nachweisbar. Sie induziert Proliferation, die durch appositionelles Wachstum nacheinander zur Anlage des Oberschenkel-, Unterschenkel- und zuletzt Fußabschnittes führt. Der Fußabschnitt flacht sich zur paddelartigen Fußplatte ab, in der sich in der 7. EW Mesenchymzonen verdichten, aus denen die Zehen hervorgehen. Danach wird an der Beinanlage zwischen Oberschenkel- und Unterschenkelabschnitt das Knie erkennbar. Die Füße sind stark plantarflektiert und invertiert, sodass sich die Fußsohlen gegenüberstehen. Die endgültige Fußstellung wird erst nach der Geburt durch Belastung erreicht. Die Anlagen der Skelettelemente entstehen ähnlich wie am Arm aus Mesenchymverdichtungen, aus denen sich das **Knorpelskelett** entwickelt. Im weiteren Verlauf gliedern sich die künftigen **Gelenkzonen** ab, und das knorpelige Skelett bekommt **Knochenkerne.** Zwischen 8.–16. EW entstehen in Becken, Femur- (18 mm Scheitel-Steißlänge = SSL), Tibia-(19 mm SSL) und Fibuladiaphyse (20 mm SSL) Ossifikationszentren. Talus und Calcaneus erhalten Knochenkerne in der 24.–28. EW, die distale Femurepiphyse kurz vor der Geburt (→ Reifezeichen!). Die endgültige Verknöcherung ist zwischen 16. und 24. LJ abgeschlossen. Die **Skelettmuskulatur** entsteht als hypaxiale Muskulatur durch Einwandern von Myoblasten aus den Dermatomyotomen der Somiten. Die in früher Phase entstandenen dorsalen (Extensoren) und ventralen (Flexoren) Muskelblasteme erfahren an den Beinknospen (7. EW) eine Rotation um 90° nach innen. Dadurch liegen Extensoren ventral und Flexoren dorsal. Übergangsmuskeln zwischen Rumpf und Gliedmaße wie am Arm fehlen. Dafür treten die Adduktoren als dritte eigenständige Muskelgruppe hinzu. Aus den Blastemen differenzieren sich durch schrittweise Aufspaltung die definitiven Muskelindividuen. Aus dem Plexus lumbalis (Th12–L4) und dem Plexus sacralis (L4–S3) wachsen während der 5. EW **Nerven** (Rr. ventrales) in die Beinanlage ein und versorgen die Muskelanlagen.

Klinik: 1. Spaltfuß (Fehlen einer oder mehrerer Zehen mit Spaltung der Fußanlage). **2. Klumpfuß** (= Pes equinovarus). Komplexe Fußdeformität mit Spitzfuß, Adduktion des Vorfußes sowie Supination und Plantarflexion der Ferse; **2.1 angeboren:** häufigste Fehlbildung der unteren Extremität (1 auf 100 Neugeborene, Andropie 2 : 1), Ursache: Amnionschaden, Fruchtwassermangel, intrauterine Raumbeengung, Entwicklungshemmung der Muskulatur, erfordert redressierenden Verband sofort nach der Geburt; **2.2 erworben** durch Rückenmarkschädigung, Poliomyelitis, Spastik, nach Unfall oder Entzündung. **3. Sichel- und Hackenfuß** (= Pes adductus bzw. calcaneus). Meist harmlos, resultieren aus fetaler Zwangslage. **4. Plattfuß,** Pes planus. **5. Spreizfuß,** Pes transversus. **6. Knickfuß,** Pes valgus. **7. Syndaktylie** (Verwachsung zweier oder mehrerer Zehen). **8. Brachydaktylie** (abnorm kurze Zehen). **9. Polydaktylie** (überzählige Zehen). **10. Achondroplasie.** Seltene (2–3 auf 100.000 Geburten) Ossifikationsstörung (enchondral) von langen Röhrenknochen und knorpelig präformierter Schädelbasis: kurze Extremitäten, dysproportionierter Minderwuchs (Körperendgröße 130 cm, syn. **Chondrodystrophie, Parrot-Kaufmann-Syndrom).**

Tab. 4.4 Ventrale Rumpf-Gliedmaßenmuskulatur und Schultermuskulatur

Muskel	Ursprung	Ansatz	Innervation	Arterienversorgung	Funktion
M. pectoralis major Pars clavicularis Pars sternocostalis Pars abdominalis	– sternale zwei Drittel der Clavicula – Manubrium und Corpus sterni, 2.–6. Rippenknorpel – vorderes Blatt der Rektusscheide	Crista tuberculi majoris	Nn. pectorales mediales und laterales (C6–C8, Th1)	– A. thoracoacromialis – A. thoracica lateralis – Aa. intercostales	– Adduktion, Innenrotation, Anteversion – zieht den Schultergürtel nach vorn und unten – bei festgestelltem Arm: Inspiration (Atemhilfsmuskel)
M. pectoralis minor	mit 3 Zacken 1–2 cm lateral der Knochenknorpel-Grenze der 2.–4. Rippe	Processus coracoideus	Nn. pectorales mediales und laterales (C6–C8, Th1)	– A. thoracoacromialis – Aa. intercostales	– zieht den Schultergürtel nach ventrokaudal und rotiert dabei die Scapula – bei festgestelltem Arm: Inspiration (Atemhilfsmuskel)
M. subclavius	Knochen-Knorpel-Grenze der 1. Rippe (lateral vom Lig. costoclaviculare)	untere Fläche der Clavicula (gelegentlich am Proc. coracoideus oder Lig. coracoclaviculare)	N. subclavius (C5, C6)	A. suprascapularis	– Depression und Anteversion des Schultergürtels – Clavicula wird gegen das Sternum gezogen und im Sternoklavikulargelenk fixiert – spannt Fascia clavipectoralis
M. serratus anterior			N. thoracicus longus (C5–C7)	– A. thoracica lateralis – A. thoracodorsalis – A. thoracica suprema – Aa. intercostales – A. transversa colli	alle Anteile: – Fixierung des Margo medialis am Rumpf – bei festgestellter Scapula Hebung der Rippen: Inspiration (Atemhilfsmuskel)
Pars superior (vom Ursprung zum Ansatz ansteigende Fasern)	1. und 2. Rippe	Angulus superior scapulae			– Verlagerung des Angulus superior nach ventrolateral – Rückführung des Armes aus der Elevation
Pars intermedia (horizontale Fasern)	2.–4. Rippe	Margo medialis scapulae			– Verlagerung der Scapula nach ventrolateral – Fixierung des Margo medialis am Rumpf
Pars inferior (schräg ansteigende Fasern)	5.–9. Rippe	Angulus inferior scapulae			– Rotation der Scapula durch Verlagerung des Angulus inferior nach ventrolateral (ermöglicht Elevation des Armes)

Muskel	Ursprung	Ansatz	Innervation	Arterie	Funktion
M. deltoideus Pars spinalis	– unterer Rand der Spina scapulae – Fascia infraspinata	Tuberositas deltoidea	N. axillaris (C5, C6)	– A. circumflexa humeri posterior – A. thoracoacromialis – A. profunda brachii	– Adduktion, Außenrotation, Retroversion – bei mehr als 60° abduziertem Arm: Unterstützung der weiteren Abduktion
Pars acromialis	äußerer Rand des Acromions				– Abduktion
Pars clavicularis	laterales Drittel der Clavicula				– Adduktion, Anteversion, Innenrotation – bei mehr als 60° abduziertem Arm: Unterstützung der weiteren Abduktion
M. supraspinatus	– Fossa supraspinata – Fascia supraspinata	– obere Facette des Tuberculum majus – Gelenkkapsel	N. suprascapularis (C4–C6)	– A. suprascapularis – A. circumflexa scapulae	– Abduktion (Startmuskel) – verhindert die Einklemmung der Gelenkkapsel
M. infraspinatus	– Fossa infraspinata (ohne Collum scapulae) – Fascia infraspinata	– mittlere Facette des Tuberculum majus – Gelenkkapsel	N. suprascapularis (C4–C6)	– A. suprascapularis – A. circumflexa scapulae	– stärkster Außenrotator – Abduktion bei erhobenem Arm, Adduktion bei gesenktem Arm – verhindert Einklemmung der Gelenkkapsel
M. teres minor	mittlere Partie des Margo lateralis scapulae	– untere Facette des Tuberculum majus – Gelenkkapsel	N. axillaris (C4, C5)	A. circumflexa scapulae	– Außenrotation, Adduktion – verhindert Einklemmung der Gelenkkapsel
M. subscapularis	Fossa subscapularis (ohne Collum scapulae)	– Tuberculum minus – Gelenkkapsel	N. subscapularis (C5–C8)	Aa. subscapulares	– stärkster Innenrotator – verhindert Einklemmung der Gelenkkapsel
M. teres major	– untere Partie des Margo lateralis scapulae – dorsal vom Angulus inferior scapulae	Crista tuberculi minoris	– N. subscapularis (C6, C7) und/oder – N. thoracodorsalis (C5, C6)	Aa. subscapulares	Innenrotation, Adduktion, Retroversion

Tab. 4.5 Oberarmmuskeln

Muskel	Ursprung	Ansatz	Innervation	Arterienversorgung	Funktion
M. biceps brachii Caput longum	– Tuberculum supraglenoidale scapulae	– Tuberositas radii – mit der Aponeurosis m. bicipitis brachii (s. Lacertus fibrosus) an der Fascia antebrachii	N. musculocutaneus (C5, C6)	– Rr. musculares der A. axillaris – Rr. bicipitales der A. brachialis	Schultergelenk: – Caput longum: Abduktion, Innenrotation, Anteversion – Caput breve: Adduktion, Innenrotation, Anteversion
Caput breve	– Labrum glenoidale – kurzsehnig vom Processus coracoideus				Ellenbogengelenk: – Flexion – Supination
M. coracobrachialis	Spitze des Processus coracoideus	– Vorderfläche des Humerus distal der Crista tuberculi minoris – Septum intermusculare mediale	N. musculocutaneus (C6, C7)	Aa. circumflexae humeri	– Adduktion, Anteversion, Innenrotation verhindert Subluxation des Humeruskopfes nach vorne
M. brachialis	– Vorderfläche der distalen Humerushälfte – Septa intermuscularia	– Tuberositas ulnae – Gelenkkapsel des Ellenbogengelenkes	– N. musculocutaneus – N. radialis (in 75 % laterale Randpartie) (C5, C6)	– A. collateralis ulnaris sup. et inf. – Rr. musculares aus A. brachialis	– Flexion im Ellenbogengelenk – verhindert Einklemmung der Gelenkkapsel
M. triceps brachii Caput longum	extraartikulär vom Tuberculum infraglenoidale (zweigelenkig)	– Olecranon ulnae – Gelenkkapsel des Ellenbogengelenkes	N. radialis (C6–C8, evtl. Th1)	– A. circumflexa humeri posterior – A. profunda brachii – Aa. collaterales ulnares	Caput longum im Schultergelenk: – Retroversion – Adduktion – Außenrotation
Caput laterale	– dorsale Fläche des Humerus proximolateral des Sulcus n. radialis				Ellenbogengelenk (gesamter Muskel): – Extension – verhindert Einklemmung der Gelenkkapsel
Caput mediale	– proximale zwei Drittel des Septum intermusculare brachii laterale – dorsale Fläche des Humerus distomedial des Sulcus n. radialis – Septum intermusculare brachii mediale – distales Drittel des Septum intermusculare brachii laterale				
M. anconaeus	– dorsal vom Epicondylus lateralis humeri – Gelenkkapsel – Lig. collaterale radiale	dorsoradiale Kante des Olecranons	N. radialis (C7, C8)	A. interossea recurrens	– Extension – verhindert Einklemmung der Gelenkkapsel

Tab. 4.6 Unterarmmuskeln

Muskel	Ursprung	Ansatz	Innervation	Arterienversorgung	Funktion
Dorsale Extensoren					
M. extensor digitorum	– Epicondylus lateralis humeri – Lig. collaterale radiale – Lig. anulare radii – Fascia antebrachii	Dorsalaponeurose Digg. II–V	R. profundus n. radialis (C6–C8)	A. interossea posterior	Handgelenke: Dorsalextension, Ulnarduktion Gelenke Digg. II–V: Extension
M. extensor digiti minimi	Epicondylus lateralis humeri	Dorsalaponeurose Dig. V	R. profundus n. radialis (C6–C8)	A. interossea posterior	Handgelenke: Dorsalextension, Ulnarduktion Gelenke Dig. V.: Extension
M. extensor carpi ulnaris	– Epicondylus lateralis humeri – Lig. collaterale radiale – Lig. anulare radii – Margo posterior ulnae – Fascia antebrachii	dorsal an der Basis ossis metacarpi V	R. profundus n. radialis (C7, C8)	A. interossea posterior	Ellenbogengelenk: Extension Handgelenke: starke Ulnarduktion, schwache Dorsalextension
M. supinator Caput humerale	– Epicondylus lateralis humeri – Lig. collaterale radiale – Lig. anulare radii – Crista m. supinatoris ulnae	ventral am Radius zwischen Tuberositas radii und Insertion des M. pronator teres	R. profundus n. radialis (C5, C6, evtl. C7)	– A. recurrens radialis – A. interossea recurrens	kräftige Supination
Caput ulnare					
M. abductor pollicis longus	– Mittelpartie der Facies dorsalis ulnae – Membrana interossea	– radial an der Basis ossis metacarpi I – Os trapezium	R. profundus n. radialis (C7, C8)	A. interossea anterior und posterior	Handgelenke: Radialduktion und schwache Palmarflexion Daumensattelgelenk: Abduktion, Extension Radioulnargelenke: schwache Supination
M. extensor pollicis brevis	– Membrana interossea – Facies dorsalis radii	dorsal an der Basis der Grundphalanx des Daumens	R. profundus n. radialis (C8)	A. interossea anterior und posterior	Handgelenke: Radialduktion Daumensattelgelenk: Extension

Tab. 4.6 Unterarmmuskeln (Fortsetzung)

Muskel	Ursprung	Ansatz	Innervation	Arterienversorgung	Funktion
M. extensor pollicis longus	– Facies dorsalis ulnae – Membrana interossea	dorsal an der Basis der Endphalanx des Daumens	R. profundus n. radialis (C8)	A. interossea anterior und posterior	Handgelenke: Dorsalextension, Radialduktion Daumensattelgelenk: Adduktion, Reposition Daumengrund- und -endgelenk: Extension Radioulnargelenke: Supination
M. extensor indicis	– Facies dorsalis ulnae – Membrana interossea	Dorsalaponeurose des Zeigefingers	R. profundus n. radialis (C8)	A. interossea anterior und posterior	Handgelenke: Dorsalextension Gelenke Dig. II: isolierte Extension
Ventrale Flexoren					
M. pronator teres Caput humerale Caput ulnare	Epicondylus medialis humeri Proc. coronoideus ulnae	– Facies lateralis radii distal der Insertion des M. supinator – Tuberositas pronatoria	N. medianus (C6, C7)	– A. brachialis – A. radialis – A. ulnaris	Ellenbogengelenk: Flexion Radioulnargelenke: Pronation
M. flexor carpi radialis	Epicondylus medialis humeri Septa intermuscularia Fascia antebrachii	palmar an der Basis ossis metacarpi II und III	N. medianus (C7, C8)	A. radialis	Ellenbogengelenk: Pronation, geringe Flexion Handgelenke: Palmarflexion, Radialduktion
M. palmaris longus	Epicondylus medialis humeri Fascia antebrachii	Aponeurosis palmaris	N. medianus (C8, Th1)	A. ulnaris	spannt die Aponeurosis palmaris Ellenbogengelenk: schwache Flexion Handgelenke: Palmarflexion

Muskel / Ursprung	Ansatz	Innervation	Arterie	Funktion
M. flexor carpi ulnaris Caput humerale Caput ulnare – Epicondylus medialis humeri – Fascia antebrachii – dorsale Fläche des Olecranon – proximale zwei Drittel des Margo posterior ulnae	mit dem Lig. pisohamatum am Hamulus ossis hamati und mit dem Lig. pisometacarpeum an der Basis des Os metacarpale V	N. ulnaris (C7, C8, evtl. Th1)	A. collateralis ulnaris superior und inferior	Ellenbogengelenk: schwache Flexion Handgelenke: Palmarflexion, Ulnarduktion
M. flexor digitorum superficialis Caput humerale Caput ulnare Caput radiale Epicondylus medialis humeri Proc. coronoideus ulnae Facies anterior radii distal der Tuberositas radii	mit 4 Sehnen palmar an seitlichen Knochenleisten im mittleren Bereich der Phalanx media von Digg. II–V	N. medianus (C7–Th1)	– A. radialis – A. ulnaris	Ellenbogengelenk: schwache Flexion Handgelenke: Palmarflexion Grund- und Mittelgelenke Digg. II–V: sehr kräftige Flexion
M. flexor digitorum profundus – proximale zwei Drittel der Facies anterior ulnae – angrenzende Partie der Membrana interossea	mit 4 Sehnen palmar an der Basis der Phalanx distalis von Digg. II–V	– N. interosseus antebrachii anterior aus dem N. medianus – N. ulnaris (C7–Th1). Zeigefingerbauch meist nur durch den N. medianus versorgt.	– A. ulnaris – A. interossea anterior	Handgelenke: Palmarflexion, Ulnarduktion Grund-, Mittel- und Endgelenke Digg. II–V: kräftige Flexion
M. flexor pollicis longus – Facies anterior radii distal der Insertionslinie des M. pronator teres – Membrana interossea antebrachii – Epicondylus medialis humeri – Proc. coronoideus ulnae	palmar an der Basis der Phalanx distalis des Daumens	N. interosseus antebrachii anterior aus dem N. medianus (C8, Th1)	– A. radialis – A. interossea anterior	Handgelenke: Palmarflexion Daumensattelgelenk: Opposition Daumengrund- und -endgelenk: Flexion
M. pronator quadratus Facies anterior ulnae (distales Viertel)	Facies anterior radii (distales Viertel)	N. interosseus antebrachii anterior aus dem N. medianus (C8, Th1)	A. interossea anterior	kräftige Pronation, sichert den Zusammenhalt von Radius und Ulna, Kapselspanner für das distale Radioulnargelenk

Tab. 4.6 Unterarmmuskeln (Fortsetzung)

Muskel	Ursprung	Ansatz	Innervation	Arterienversorgung	Funktion
Brachioradiale Muskelgruppe					
M. brachioradialis	– Margo lateralis humeri – Crista supracondylaris lateralis – Epicondylus lateralis humeri – Septum intermusculare brachii laterale	Facies lateralis radii proximal der Basis des Processus styloideus radii	N. radialis (C5, C6)	– A. collateralis radialis – A. recurrens radialis	Ellenbogengelenk: Flexion Radioulnargelenke: bringt den Arm in Mittelstellung zwischen Pronation und Supination, ist bei Pronation Supinator, bei Supination Pronator
M. extensor carpi radialis longus	– Crista supracondylaris lateralis – Epicondylus lateralis humeri – Septum intermusculare brachii laterale	dorsal an der Basis ossis metacarpi II	N. radialis (C6, C7)	– A. collateralis radialis – A. recurrens radialis	Handgelenke: Dorsalextension, Radialduktion
M. extensor carpi radialis brevis	– Epicondylus lateralis humeri – Lig. collaterale radiale – Lig. anulare radii	dorsal an der Basis ossis metacarpi III	R. profundus n. radialis (C7, C8)	– A. collateralis radialis – A. recurrens radialis	Handgelenke: Dorsalextension, Radialduktion

Tab. 4.7 Kurze Handmuskeln

Muskel	Ursprung	Ansatz	Innervation	Arterienversorgung	Funktion
Thenarmuskeln					
M. abductor pollicis brevis	– Retinaculum flexorum – Tuberculum ossis scaphoidei – Os trapezium	über das radiale Sesambein seitlich am Rand der Grundphalanx des Daumens	N. medianus (C6, C7)	R. palmaris superficialis a. radialis	Daumensattelgelenk: Abduktion, Opposition Daumengrundgelenk: Flexion
M. opponens pollicis	– Retinaculum flexorum – Tuberculum ossis trapezii	radialer Rand des Os metacarpale I	N. medianus (C6, C7)	– R. palmaris superficialis a. radialis – A. princeps pollicis – Arcus palmaris profundus	Daumensattelgelenk: Opposition
M. flexor pollicis brevis		– radiales Sesambein – Grundphalanx des Daumens		– R. palmaris superficialis a. radialis – A. princeps pollicis – Arcus palmaris profundus	Daumensattelgelenk: Flexion Daumengrundgelenk: Flexion
Caput superficiale	– Os trapezium – Retinaculum flexorum		Caput superficiale: N. medianus (C6, C7)		
Caput profundum	– Os trapezoideum – Os capitatum		Caput profundum: R. profundus n. ulnaris (C6, C7)		
M. adductor pollicis		– ulnares Sesambein – Gelenkkapsel – Basis der Grundphalanx des Daumens		Arcus palmaris profundus	Daumensattelgelenk: Adduktion, Opposition Daumengrundgelenk: Flexion
Caput transversum	palmare Fläche des Os metacarpale III		R. profundus n. ulnaris (C8, Th1)		
Caput obliquum	– Basis des Os metacarpale II und III – Os capitatum – Lig. carpi radiatum				

Tab. 4.7 Kurze Handmuskeln (Fortsetzung)

Muskel	Ursprung	Ansatz	Innervation	Arterienversorgung	Funktion
Mittlere Handmuskeln					
Mm. lumbricales I–IV I und II: einköpfig	von den radialen Flächen der 1. und 2. Sehne des M. flexor digitorum profundus	strahlen am radialen Rand der Digg. II–V in die Dorsalaponeurose ein	I und II: N. medianus (C8, Th1)	Arcus palmaris superficialis	Fingergrundgelenke: Flexion Fingermittel- und -endgelenke: Extension
III und IV: zweiköpfig	von den einander zugekehrten Flächen der 2. und 3. bzw. der 3. und 4. Sehne des M. flexor digitorum profundus		II und IV: N. ulnaris (C8, Th1)		
Mm. interossei palmares I–III (einköpfig) M. interosseus I	ulnare Fläche des Os metacarpale II	strahlen an der Basis der Grundphalanx in die Dorsalaponeurose der Digg. II, IV und V ein	R. profundus n. ulnaris (C8, Th1)	Arcus palmaris profundus	Fingergrundgelenke: – Adduktion des Zeige-, Ring- und Kleinfingers auf den Mittelfinger – Flexion Fingermittel- und -endgelenke: Extension
M. interosseus II	radiale Fläche des Os metacarpale IV				
M. interosseus III	radiale Fläche des Os metacarpale V				
Mm. interossei dorsales I–IV (zweiköpfig)	von den jeweils einander zugekehrten Flächen der Ossa metacarpalia I–V	– I strahlt an der Radialseite in die Dorsalaponeurose von Dig. II ein – II strahlt an der Radialseite in die Dorsalaponeurose von Dig. III ein – III strahlt an der Ulnarseite in die Dorsalaponeurose von Dig. III ein – IV strahlt an der Ulnarseite in die Dorsalaponeurose von Dig. IV ein	R. profundus n. ulnaris (C8, Th1)	Arcus palmaris profundus	Fingergrundgelenke: – Spreizen der Finger II, III und IV, Radialduktion des Zeigefingers, Ulnarduktion des Ringfingers, Ulnar- und Radialduktion des Mittelfingers – Flexion Fingermittel- und -endgelenke: Extension

Hypothenarmuskeln

M. palmaris brevis	– ulnarer Rand der Aponeurosis palmaris – Retinaculum flexorum	Haut über dem Kleinfingerballen	R. superficialis n. ulnaris (C8, Th1)	A. ulnaris	Hautanspannung
M. abductor digiti minimi	– Retinaculum flexorum – Os pisiforme – Lig. pisohamatum	am ulnaren Rand der Basis der Grundphalanx des 5. Fingers und dessen Dorsalaponeurose	R. profundus n. ulnaris (C8, Th1)	R. palmaris profundus a. ulnaris	Kleinfingergrundgelenk: Abduktion, Flexion Kleinfingermittel- und -endgelenk: Extension
M. flexor digiti minimi brevis	– Retinaculum flexorum – Hamulus ossis hamati	palmar an der Basis und ulnaren Kante der Grundphalanx des Kleinfingers	R. profundus n. ulnaris(C8, Th1)	A. ulnaris	Kleinfingergrundgelenk: Flexion
M. opponens digiti minimi	– Retinaculum flexorum – Os pisiforme – Lig. pisohamatum – Hamulus ossis hamati	ulnarer Rand des Os metacarpale V	R. profundus n. ulnaris (C8, Th1)	R. palmaris profundus a. ulnaris	Karpometakarpalgelenk: Opposition Kleinfingergrundgelenk: Flexion

4.4.1 Ossa membri inferioris liberi

Os coxae, Hüftbein, und Cingulum pelvis, Beckengürtel, werden in Zusammenhang mit den Beckeneingeweiden in Kapitel 5.3 besprochen.

4.4.1.1 Femur, Os femoris, Oberschenkelbein

> Das Femur (Abb. 4.151) ist mit 40–50 cm der größte, längste und stärkste (Röhren-)Knochen des Skeletts.

Der lange Mittelabschnitt, **Corpus femoris,** ist nach dorsal konkav gekrümmt. Die Rückseite wird durch die aufgeraute **Linea aspera** verstärkt. Zahlreiche Muskeln sind an der medialen und lateralen Lippe, **Labium mediale** und **laterale,** befestigt. Nach distal laufen die beiden Lippen auseinander und begrenzen ein annähernd dreieckiges, ebenes Feld, **Facies poplitea.** Mehrere **Foramina nutricia** sind entlang der Linea aspera zu beobachten. Der Oberschenkelhals, **Collum femoris,** besitzt einen größeren vertikalen gegenüber einem geringeren sagittalen Durchmesser und trägt abgesetzt den Femurkopf. Proximal ist der Femurschaft gegen den Hals, abgewinkelt (→ **Kollodiaphysenwinkel**). Der Winkel beträgt 125° beim Erwachsenen; < 120° bedeuten eine **Coxa vara,** > 128° eine **Coxa valga.**
Der Femurkopf, **Caput femoris,** ist bis auf die **Fovea capitis** mit hyalinem Knorpel überzogen. In der Tiefe der kleinen Grube setzt ein locker aufgebautes, gefäßführendes Band an, **Lig. capitis femoris.** Am Schenkelhals und im Femurkopf sind an Sägeschnitten und speziellen Röntgenaufnahmen Spongiosabälkchen in trajektorieller Ausbildung zu sehen. Sie entsprechen Zug- und Drucktrabekeln der normalen Biegebeanspruchung des Knochens durch die einwirkenden Körpergewichtskräfte. Im Übergangsgebiet zwischen Corpus und Collum femoris sind über die gesamte Zirkumferenz Knochenvorsprünge und Rauhigkeiten angelegt, die Hüftmuskeln als Ansatz und Hebelarm dienen. Nach lateral und proximal entwickelt sich der große Rollhügel, **Trochanter major,** nach medial und dorsal der kleine Rollhügel, **Trochanter minor.** An der Innenseite ist der große Rollhügel leicht ausgehöhlt, **Fossa trochanterica.** Ventral werden beide Rollhügel durch die schwächer aufgeraute **Linea intertrochanterica** verbunden. Dorsal ist eine stärkere **Crista intertrochanterica** auf-

geworfen. Der Trochanter major ist am Lebenden deutlich unter der Haut tastbar, während der Trochanter minor unter Muskeln verborgen bleibt (Abb. 4.222, 4.223). In Verlängerung der medialen Lippe der Linea aspera läuft die **Linea pectinea** auf den kleinen Rollhügel zu. Die laterale Lippe ist proximal verdickt und mächtiger aufgeraut, **Tuberositas glutea.** Ist die Rauigkeit besonders stark, liegt ein **Trochanter tertius** vor. Distal verbreitert und verdickt sich das Femur zu 2 Rollen oder Knorren, **Condylus medialis** und **lateralis** (Abb. 4.151).
Zwischen beiden Rollen senkt sich hinten die **Fossa intercondylaris** ein, die nach proximal durch die **Linea intercondylaris** abgegrenzt wird. Vorn laufen die überknorpelten, gekrümmten Flächen der Condyli femoris zusammen, womit eine asymmetrische, sattelähnlich gebogene Gleitfläche für die Kniescheibe entsteht, **Facies patellaris.** Die Condyli sind von ventral nach dorsal stärker, von medial nach lateral schwächer konvex gekrümmt. Im Sagittalschnitt ist zu erkennen, dass die Krümmungsradien von vorn nach hinten abnehmen. Das Krümmungsprofil entspricht annähernd einer spiraligen Kurve. Proximal der Femurrollen befinden sich medial und lateral jeweils Erhebungen, **Epicondylus medialis** und **lateralis.** Sie dienen den Seitenbändern des Kniegelenkes und dem M. popliteus (lateral) als Ursprung. Proximal des Epicondylus medialis ist als Ansatzpunkt für die Sehne des M. adductor magnus ein **Tuberculum adductorium** zu erkennen. Das Collum femoris ist gegen die transversale Achse des Kniegelenkes um 15° (4–25°) nach ventral verdreht, **Femurtorsion.** Dieser Torsionswinkel ist beim Neugeborenen größer (40°) als beim Erwachsenen (15°).
Die **Ossifikation** erfolgt für den Femurschaft in der 7.–8. EW, für die distale Epiphyse am Ende der Fetalzeit (→ Reifezeichen), für die proximale Epiphyse im 1. LJ; ein Knochenkern im Trochanter major ist im 3. LJ, der Trochanter minor im 12. LJ nachweisbar; Schluss der proximalen Epiphysen- und der Apophysenfugen erfolgen im 16.–20. LJ, der distalen Epiphysenfuge im 20. LJ.

> **Klinik: 1. Epiphyseolysis capitis femoris** führt zur Coxa vara adolescentium: Verschiebung des Schenkelhalses nach ventral-kranial gegenüber der im Verhältnis dazu nur wenig ihre Position verändernden Kopfepiphyse (Fixierung durch das Lig. capitis femoris). **2. Schenkelhalsfraktur.** Besonders im Alter, v. a. bei Frauen vor-

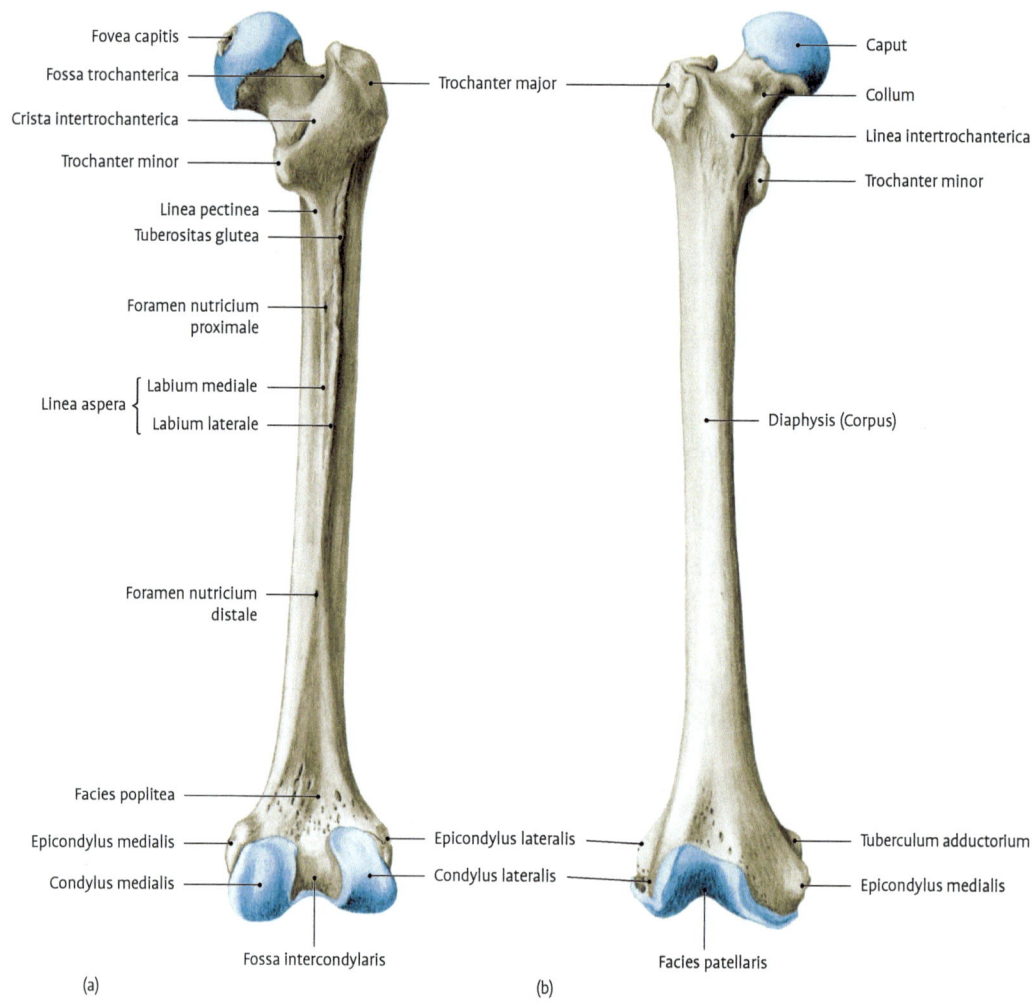

Fovea capitis

Fossa trochanterica

Crista intertrochanterica

Trochanter minor

Trochanter major

Caput

Collum

Linea intertrochanterica

Trochanter minor

Linea pectinea

Tuberositas glutea

Foramen nutricium proximale

Labium mediale

Linea aspera

Labium laterale

Diaphysis (Corpus)

Foramen nutricium distale

Facies poplitea

Epicondylus medialis

Condylus medialis

Epicondylus lateralis

Condylus lateralis

Tuberculum adductorium

Epicondylus medialis

Fossa intercondylaris

Facies patellaris

(a)

(b)

Abb. 4.151 Rechtes Femur von dorsal (a) und ventral (b).

kommende Fraktur des Collum femoris durch Osteoporose, Trauma; **2.1 mediale (intraartikuläre) Fraktur** mit Abbruch des Oberschenkelhalses innerhalb der Hüftgelenkkapsel, **2.2 laterale (extraartikuläre) Fraktur** mit Abbruch des Oberschenkelhalses am Trochantermassiv.

4.4.1.2 Patella, Kniescheibe

Aufbau. Die Patella (Abb. 4.152) ist ein flacher, im Querschnitt annähernd keilförmiger Knochen. Die **Basis patellae** weist nach proximal, während die abgerundete Spitze, **Apex patellae,** nach distal gerichtet ist. Die Kniescheibe ist in die Ansatzsehne

des M. quadriceps femoris eingelagert (→ Sesambein). Von der Spitze der Patella zieht das **Lig. patellae** zur **Tuberositas tibiae**. Die Vorderfläche ist aufgeraut. Die Rückfläche entspricht der **Facies articularis** und ist bis auf die Spitze überknorpelt. Eine größere laterale Gelenkfacette wird durch eine abgeflachte Leiste von einer kleineren medialen Facette getrennt. Die Patella erhöht das Drehmoment des M. quadriceps femoris durch die Verlängerung des virtuellen Hebelarmes seiner Ansatzsehne.

Entwicklung. Die Verknöcherung der knorpelig angelegten Kniescheibe beginnt im 3.–4. und endet im 15.–20. LJ.

Klinik: 1. Patellahochstand (Patella alta). Lageanomalie durch angeborene Dysplasie des lateralen Femurkondylus; dabei kommt es zu einer repetitiven lateralen Subluxation der Patella mit Ausbildung eines Korpelschadens (Chondromalazie); normalerweise entspricht die Länge des Lig. patellae dem sagittalen Durchmesser der Patella (Insall-Salvati-Verhältnis). Diese Untersuchung wird an einem Nativröntgenbild in seitlichem Strahlengang durchgeführt. Bei Patella alta beträgt die Länge des Lig. patellae bei Frauen mehr als das 1,52-Fache, bei Männern mehr als das 1,32-Fache des sagittalen Patella-Durchmessers. **2. Tanzende Patella.** Hypermobile Patella bei Kniegelenkerguss durch Entzündung oder Trauma. **3. Patella partita.** Ausbleiben der knöchernen Verschmelzung mehrfach angelegter Knochenkerne. **4. Patellaluxation.** Wiederkehrende ein- oder beidseitige Verrenkung der Kniescheibe nach außen, meist bei Jugendlichen und häufiger bei Frauen (= habituelle Patellaluxation). **5. Angeborene Patellaluxation.** Ursache: Entwicklungsfehler von Patella (Hypoplasie) oder Femurkondylen. **6. Patellafraktur.** Bruch der Kniescheibe durch Gewalteinwirkung. **7. Chondropathia patellae.** Degenerative Knorpeldegeneration an der Kniescheibe, zumeist als Chondromalazie (Knorpelerweichung) durch Trauma oder angeborene Fehlbildung. **7. Patellatiefstand** (**Patella infera** oder **Patella baja**). Kommt bei neuromuskulären Erkrankungen, Achondroplasie und postoperativ nach Umstellungsosteotomie der Tuberositas tibiae vor. Das Insall-Salvati-Verhältnis ergibt hier eine auf weniger als das 0,79-Fache des sagittalen Patelladurchmessers verkürztes Lig. patellae bei Frauen, während dieser Wert bei Männern mit Patella infera weniger als das 0,74-Fache beträgt.

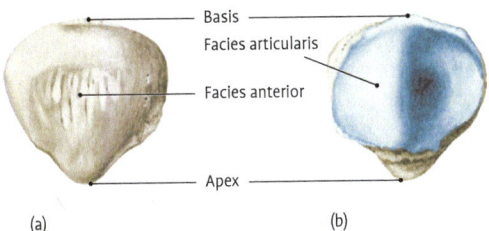

Basis
Facies articularis
Facies anterior
Apex

(a)   (b)

Abb. 4.152 Rechte Patella von ventral (a) und dorsal (b).

4.4.1.3 Tibia, Schienbein

Der tragende Knochen des Unterschenkels ist die 30–40 cm lange Tibia (Abb. 4.153, 4.154).

Das kräftige Mittelstück, **Corpus tibiae,** ist eine annähernd dreikantige Säule. Nach vorn ist unmittelbar unter der Haut der scharfe **Margo anterior** angelegt. Der nach außen zur Fibula weisende **Margo interosseus** dient der Anheftung der **Membrana interossea.** Der **Margo medialis** ist abgerundet. Die **Facies medialis** ist leicht konvex, die **Facies lateralis** konkav gekrümmt. Die **Facies posterior** lässt proximal die raue, nach medial schräg absteigende **Linea m. solei** erkennen. Nahe dem distalen Ende liegt ein auffallendes **Foramen nutricium.** Dem Corpus tibiae ist das kräftige proximale Endstück, **Caput tibiae,** aufgesetzt, welches jeweils seitlich in den Schienbeinknorren, **Condylus medialis** und **lateralis,** ausläuft. Letztere tragen die überknorpelten Gelenkflächen, **Facies articulares superiores,** zwischen denen die **Eminentia intercondylaris** mit 2 stumpfen Höckern liegt, **Tuberculum intercondylare mediale** und **laterale.** Vor und hinter den Höckern liegen aufgeraute Vertiefungen, **Area intercondylaris anterior** und **posterior.** An der Vorderfläche des proximalen Endstückes erhebt sich die **Tuberositas tibiae,** die nach distal in die vordere Schienbeinkante ausläuft. Der etwas stärkere, seitlich überhängende Condylus lateralis trägt die ovale **Facies articularis fibularis.**

Malleolen. Nach distal und medial geht das Corpus tibiae in den inneren Knöchel, **Malleolus medialis,** über. Dieser trägt an seiner Innenseite die **Facies articularis malleoli medialis,** die fast rechtwinklig in die distale Gelenkfläche der Tibia, **Facies articularis inferior,** übergeht. Sie ist viereckig, in der Sagittalen konkav und trägt mittelständig einen Knorpelfirst. Nach außen biegt die Facies articularis inferior scharfkantig in die **Incisura fibularis** ab. Sie dient der Verbindung mit dem Wadenbein, dessen distales Ende den **Malleolus lateralis** trägt. Die beiden Knöchel bilden die **Malleolengabel.** An der hinteren Fläche des Malleolus medialis verläuft der **Sulcus malleolaris** für die Sehnen des M. tibialis posterior und M. flexor digitorum longus. Der Tibiakopf ist gegenüber der Längsachse des Knochens nach dorsal verlängert, **Retropositio.** Außerdem sind die proximalen Gelenkflächen beim Erwachsenen um 3–7° dorsal-

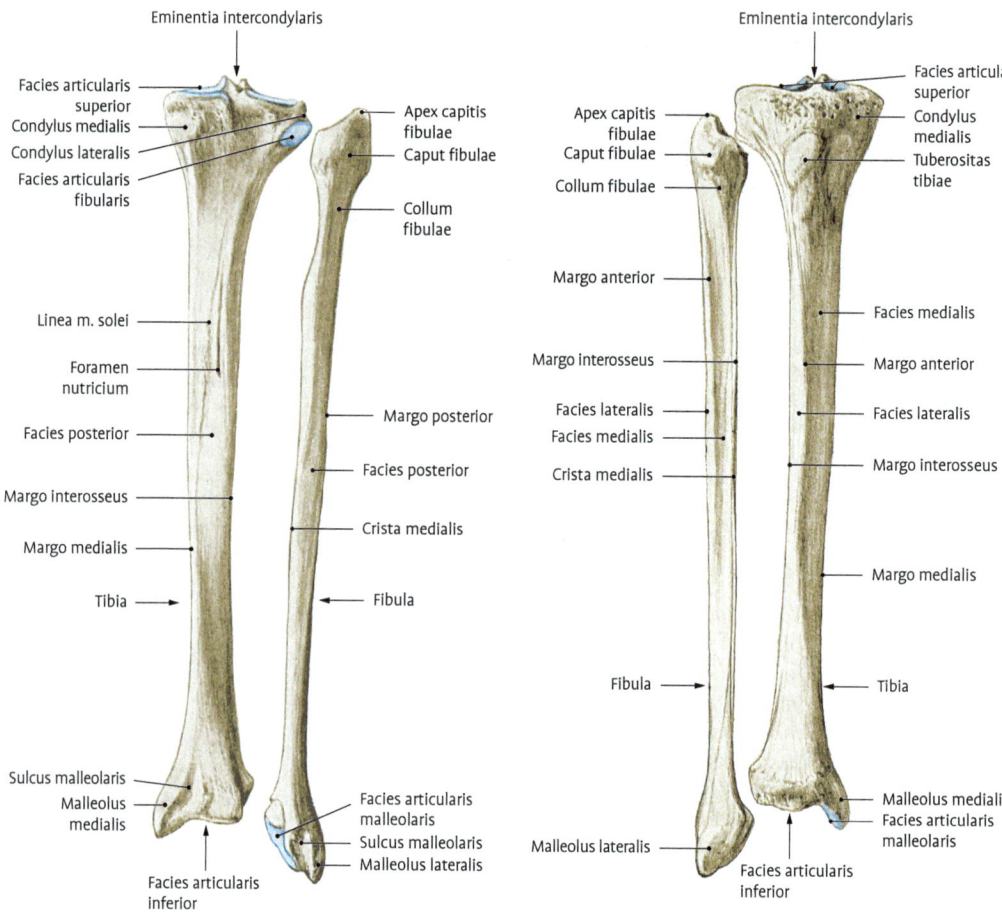

Eminentia intercondylaris

Facies articularis superior
Condylus medialis
Condylus lateralis
Facies articularis fibularis

Linea m. solei

Foramen nutricium

Facies posterior

Margo interosseus

Margo medialis

Tibia

Sulcus malleolaris
Malleolus medialis

Facies articularis inferior

Apex capitis fibulae
Caput fibulae

Collum fibulae

Margo posterior

Facies posterior

Crista medialis

Fibula

Facies articularis malleolaris
Sulcus malleolaris
Malleolus lateralis

Abb. 4.153 Rechte Tibia und Fibula von dorsal.

Eminentia intercondylaris

Apex capitis fibulae
Caput fibulae

Collum fibulae

Margo anterior

Margo interosseus

Facies lateralis
Facies medialis

Crista medialis

Fibula

Malleolus lateralis

Facies articularis inferior

Facies articularis superior
Condylus medialis
Tuberositas tibiae

Facies medialis

Margo anterior

Facies lateralis

Margo interosseus

Margo medialis

Tibia

Malleolus medialis
Facies articularis malleolaris

Abb. 4.154 Rechte Tibia und Fibula von ventral.

wärts geneigt, **Retroversio**. Das distale Schienbeinende ist zudem um einen Winkel von 5–25° gegen das proximale Ende nach außen gedreht, **Tibiatorsion**. Dadurch werden die Fußspitzen nach außen gerichtet.

Entwicklung. In der 8. EW entwickelt sich eine Knochenmanschette für die Diaphyse, in der proximalen Epiphyse entsteht am Ende der Fetalzeit ein Knochenkern (→ Reifezeichen). Zum Geburtszeitpunkt sind etwa 80 Prozent der Gesamtlänge bereits in Knochen umgeformt. Die Tuberositas tibiae zeigt eine eigenständige Entwicklung und beginnt bei Mädchen ab 4,5 Jahren, bei Knaben ab dem 6. LJ zu verknöchern. Die distale Epiphyse zeigt einen Knochenkern ab dem 3.–8. postnatalen Lebensmonat, der die knöcherne Bildung des Malleolus medialis einschließt. Die proximalen und

distalen Epiphysenfugen synostosieren zwischen dem 17. LJ (Mädchen) und dem 21. LJ (Jungen).

Klinik: 1. Tibiakopffraktur. Pfannenbruch, zumeist Mitbeteiligung der Menisci (Kontrolle bei Osteosynthese). **2. Stabile Tibiafraktur.** Quere oder kurze schräge Fraktur. **3. Instabile Tibiafraktur.** Trümmerfraktur. **4. Pilonfraktur.** Intraartikulärer Stauchungsbruch der distalen Tibia mit Spongiosadefekt. **5. Innenknöchelfraktur.** Zumeist mit Ruptur des Lig. deltoideum, evtl. Ausbruch der posterolateralen Tibiagelenkfläche (→ Volkmann-Dreieck). **6. Blount-Krankheit.** Aseptische Nekrose der medialen proximalen Tibiaepiphyse (= Epiphyseonekrose) mit Genu varum (= O-Bein). 7. **Osgood-Schlatter-**

Krankheit. Aseptische Nekrose der Tuberositas tibiae (= Apophysennekrose) mit Fehlstellung der Patella. Beginnt bei Jugendlichen zwischen dem 11. und 15. Lebensjahr, wobei bei Mädchen ein früherer Beginn der Erkrankung festzustellen ist. Ursächlich werden sportliche Aktivitäten, vor allem verbunden mit Tritt- und Sprungbewegungen sowie häufiger Hockstellung, und ein rasches Längenwachstum genannt. Letzteres führt auch zur Ansicht, es handle sich um eine Traktions-„Apophysitis" des Streckapparates des Kniegelenks. Es scheint auch der Patella-Hochstand damit vergesellschaftet zu sein. Meist ist die Erkrankung einseitig, kann aber in ca. 25 Prozent der PatientInnen auch beidseitig auftreten.

4.4.1.4 Fibula, Wadenbein

Der schlanke Knochen liegt lateral von der Tibia (Abb. 4.153, 4.154). Er ist etwa gleich lang, gegenüber dem Schienbein jedoch nach distal verschoben, weshalb kein Gelenkkontakt mit dem Femur besteht. Phylogenetisch ist das Wadenbein beim Menschen in Rückbildung begriffen. Die Verbindung der Fibula mit dem Kniegelenk ist verloren gegangen, die tragende Funktion wird allein von der Tibia übernommen.

Das **Caput fibulae** artikuliert mit seiner **Facies articularis capitis fibulae** mit der **Facies articularis fibularis** am Condylus lateralis der Tibia. Die Spitze, **Apex capitis fibulae,** weist nach proximal. An das Caput schließt sich das **Collum fibulae** an. Es geht in das schlanke Mittelstück, **Corpus fibulae,** über. Dieses besitzt 3 Kanten, **Margo anterior, interosseus** und **posterior,** die 3 Flächen, **Facies medialis, lateralis** und **posterior,** zwischen sich fassen. Diese mehrfache Unterteilung kommt durch zahlreiche Muskelursprünge zustande. An der Rückfläche des Fibulaschaftes trennt die **Crista medialis** die Ursprungsfläche des M. tibialis posterior von der des M. flexor hallucis longus. Das distale Ende ist zapfenartig verdickt und bildet den äußeren Knöchel, **Malleolus lateralis,** mit der **Facies articularis malleoli lateralis**. Der laterale Knöchel reicht weiter herab als der mediale. Zusammen mit dem **Malleolus medialis tibiae** entsteht die **Malleolengabel,** die den Talus zwischen sich fasst. An der Rückfläche des Malleolus befindet sich der **Sulcus malleolaris** als Rinne für die Sehnen der Mm. peronei. Die **Fossa malleolaris late-**

ralis dient dem **Lig. talofibulare posterius** als Ansatz.

Entwicklung. In der 7. EW entwickelt sich ein Knochenkern für die Diaphyse. Die Epiphyse des Malleolus lateralis entsteht im 1., die des Fibulakopfes im 3.–6. LJ. Die proximalen und distalen Epiphysenfugen synostosieren im 18.–21. LJ.

4.4.1.5 Ossa pedis, Fußskelett

Mit dem Erwerb des aufrechten Ganges (Bipedie) ist beim Menschen aus dem Greif- und Kletterfuß ein Stand- und Lauffuß geworden: Rückbildung der Zehen, Verlust der Opponierbarkeit der Großzehe, Vergrößerung der Fußwurzel (→ 50% der Gesamtlänge des Fußes) und die Ausbildung der tragenden Fußlängs- und -quergewölbe.

Das Fußskelett wird in **3 Abschnitte** gegliedert (Abb. 4.155–4.157):
- Fußwurzelknochen, **Ossa tarsalia** bzw. **Ossa tarsi**
- Mittelfußknochen, **Ossa metatarsalia** bzw. **Ossa metatarsi I–V**
- Zehenknochen, **Phalanges** bzw. **Ossa digitorum**.

Aus statischen Gesichtspunkten unterteilt man das Fußskelett außerdem in **2 Strahlen:**
- Den **medialen (tibialen) Strahl** bilden Sprungbein, **Talus,** Kahnbein, **Os naviculare,** 3 Keilbeine, **Ossa cuneiformia,** Mittelfußknochen, **Ossa metatarsalia I–III,** und Zehen, **Ossa digitorum I–III.**
- Den **lateralen (fibularen) Strahl** bilden Fersenbein, **Calcaneus,** Würfelbein, **Os cuboideum, Ossa metatarsalia** und **Ossa digitorum IV–V.**

Distal liegen beide Fußstrahlen nebeneinander. Proximal sind sie übereinander gelegt. Dadurch entstehen die Längs- und Querwölbungen des Fußes.

Klinik: In der Klinik unterteilt man den Fuß in: **1. Rück-** (Talus, Calcaneus), **2. Mittel-** (Os naviculare, Os cuboideum, Ossa cuneiformia), **3. Vorfuß** (Ossa metatarsalia, Phalanges).

Ossa tarsalia, Fußwurzelknochen

Die Ossa tarsalia sind kurze Knochen, die aufgrund ihrer starken Beanspruchung sehr kräftig

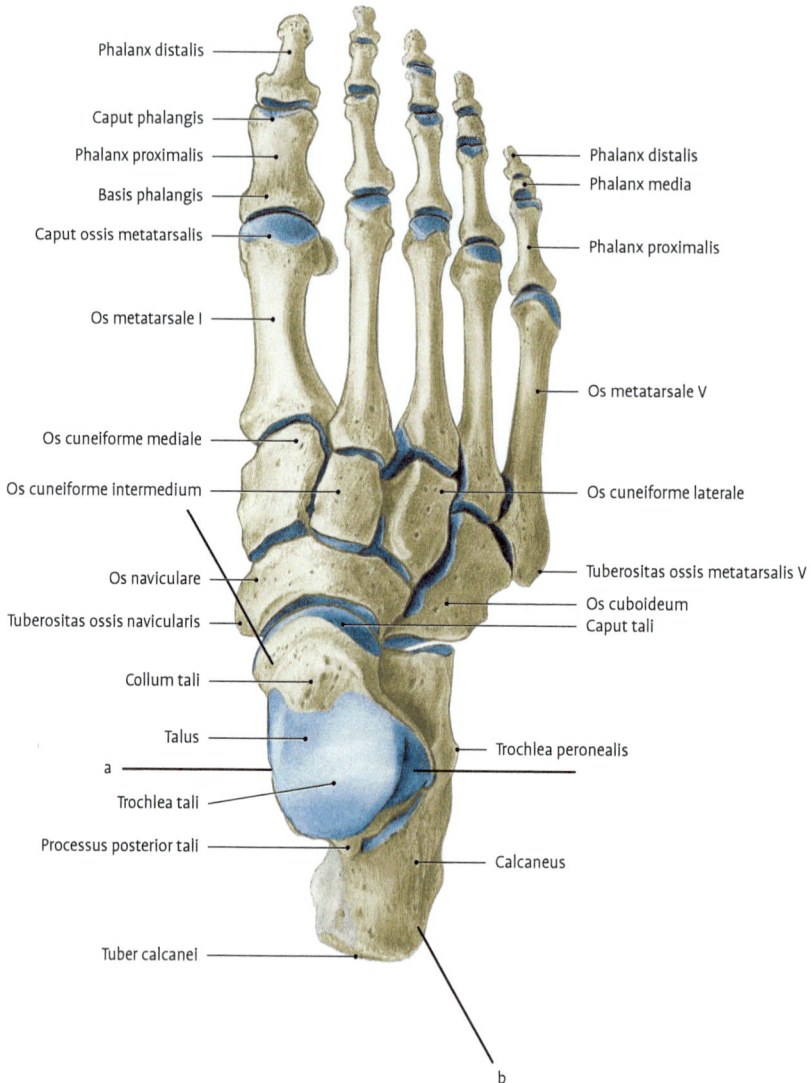

Phalanx distalis

Caput phalangis

Phalanx proximalis

Basis phalangis

Caput ossis metatarsalis

Os metatarsale I

Os cuneiforme mediale

Os cuneiforme intermedium

Os naviculare

Tuberositas ossis navicularis

Collum tali

Talus

a

Trochlea tali

Processus posterior tali

Tuber calcanei

Phalanx distalis
Phalanx media

Phalanx proximalis

Os metatarsale V

Os cuneiforme laterale

Tuberositas ossis metatarsalis V
Os cuboideum
Caput tali

Trochlea peronealis

Calcaneus

b

Abb. 4.155 Rechter Fuß von dorsal mit Flexions-Extensions-Achse (a) und Eversions-Inversions-Achse (b).

gestaltet sind. Die innerhalb einer dicken Kortikalis gelegenen Spongiosatrabekel weisen eine trajektorielle Architektur auf (Abb. 4.192). Der proximale Abschnitt der Fußwurzel wird von nur 2 Knochen, **Talus** und **Calcaneus,** gebildet, die übereinander liegen. Davon hat nur der Talus gelenkigen Kontakt mit den Unterschenkelknochen, **Tibia** und **Fibula.** Distal und nebeneinander liegen: Keilbeine, **Ossa cuneiformia,** und Würfelbein, **Os cuboideum.** Das zwischen den Keilbeinen und dem Talus gelegene Kahnbein, **Os naviculare,** entspricht

dem **Os centrale** in der ursprünglichen Anlage des Wirbeltierfußes.

1. **Talus, Sprungbein** (Abb. 4.155–4.158)
Der Talus überträgt die Last des Körpers vom Unterschenkel auf das subtalare Fußskelett. Seine Längsachse weist nach distal und medial. Im oberen Sprunggelenk steht der Talus mit **Tibia** und **Fibula,** im unteren mit **Calcaneus, Os naviculare** und **Lig. calcaneonaviculare plantare** (Pfannenband) in Verbindung.

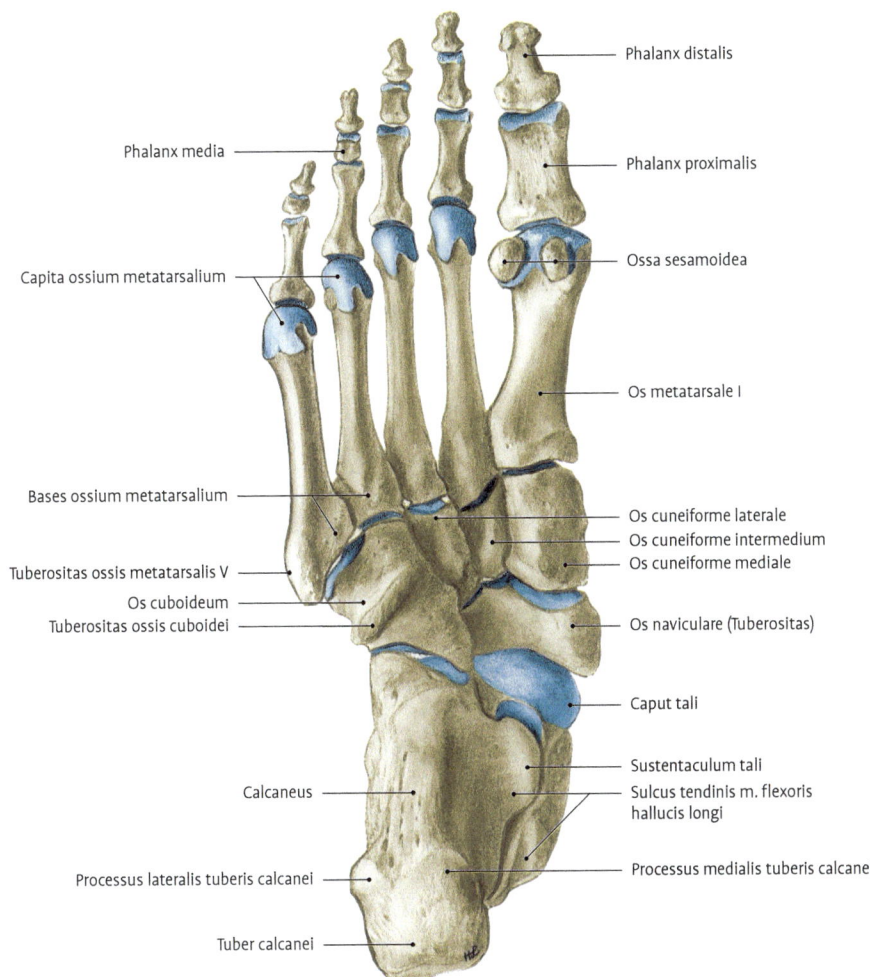

Abb. 4.156 Rechter Fuß von plantar.

Das **Corpus tali** trägt auf seiner Oberseite eine mit Knorpel überzogene Rolle, **Trochlea tali**. Die **Facies superior** der Trochlea ist in der Längsrichtung konvex gekrümmt und entspricht in seitlicher Ansicht einem Kreissegment von 120° Öffnungswinkel. Nachdem der Öffnungswinkel der korrespondierenden Facies articularis inferior tibiae nur 80° beträgt, ergibt sich ein entsprechender Bewegungsumfang im oberen Sprunggelenk. In der queren Ausdehnung leicht konkav zu einer bogenförmig verlaufenden Rinne vertieft, wird sie von vorn nach hinten immer schmaler. Die Seitenflächen der Trochlea tali dienen dem Malleolus medialis und lateralis als gelenkige Auflagen. Die **Facies malleolaris medialis** entspricht im Umriss einem

liegenden Komma. Sie ist vorne abgerundet und läuft nach hinten spitz aus. Die laterale Knöchelgelenkfläche, **Facies malleolaris lateralis,** ist dreieckig geformt. Die plantarwärts gerichtete Spitze biegt in einen mehr horizontal eingestellten **Processus lateralis tali** um. Nach hinten endet der Taluskörper im **Processus posterior tali**. Medial davon liegt eine Furche für den langen Großzehenbeuger, **Sulcus tendinis m. flexoris hallucis longi,** die ein **Tuberculum mediale** von einem **Tuberculum laterale** trennt.

Zwischen Taluskopf und -körper verjüngt sich das Sprungbein zum knorpelfreien Talushals, **Collum tali**. Plantar ist er rinnenartig vertieft, **Sulcus tali,** und bildet zusammen mit dem **Sulcus calca-**

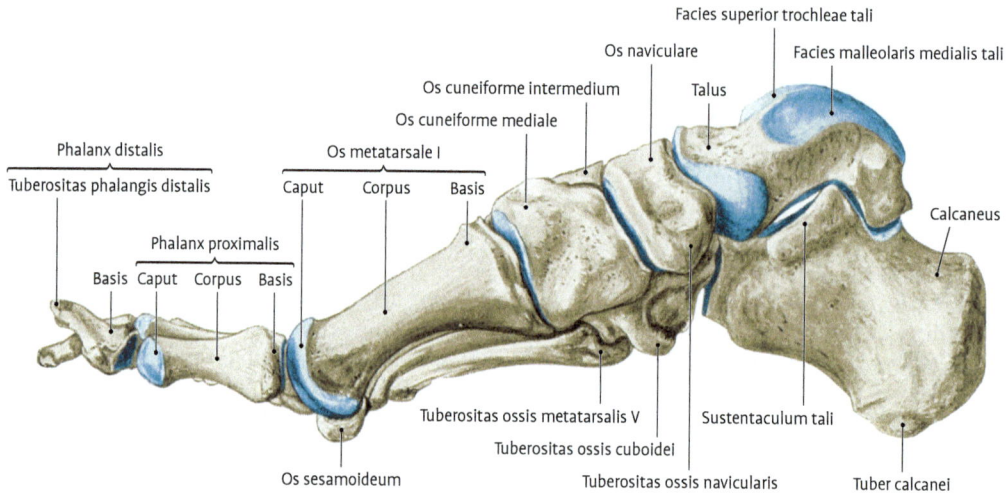

Abb. 4.157 Rechter Fuß von medial.

nei die Fußwurzelbucht, **Sinus tarsi.** Dahinter ist die schräg orientierte **Facies articularis calcanea posterior** angelegt. Sie ist konkav gekrümmt und gehört zur hinteren Abteilung des unteren Sprunggelenkes, **Articulatio subtalaris (talocalcanea).** Das **Caput tali** trägt eine im Umriss ellipsenförmige Gelenkfläche. Ihre von medial-dorsal nach lateral-plantar ausgerichtete Längsachse spiegelt die Torsion des Talushalses wider. Der Taluskopf artikuliert mit dem Os naviculare, **Facies articularis navicularis,** und dem teilweise überknorpelten Pfannenband, **Facies articularis lig. calcaneonavicularis plantaris.** Plantar setzt sich die hyalinknorpelige Gelenkfläche des Taluskopfes in 2 Gelenkfacetten, **Facies articularis calcanea media** und **anterior,** fort.

Entwicklung. Die Verknöcherung beginnt im Talus in 28.–32. EW mit 1 oder 2 Knochenkernen. Diese

sind somit zum Zeitpunkt der Geburt vorhanden, gelten aber explizit nicht als Reifezeichen. Als apophysäre Anlage kann sich das Tuberculum laterale des Proc. posterior tali entwickeln. Bleibt eine knöcherne Verschmelzung mit dem Corpus tali aus, entsteht ein eigenständiges Skelettelement (in 6 %), **Os trigonum tali.**

2. **Calcaneus, Fersenbein** (Abb. 4.155–4.158)
Der Calcaneus ist der größte Knochen des Fußes. Seine Längsachse verläuft von medial-hinten nach vorn-lateral. In aufrechter Körperhaltung berührt nur der plantar liegende Fersenhöcker, **Tuber calcanei,** den Boden. Der distal gelegene Abschnitt steht ca. 2 cm über dem Boden. Die aufgeraute Rückseite des Tuber calcanei dient der Achillessehne, **Tendo calcaneus,** als Ansatz. An der plantaren Seite des Tuber sind am **Processus lateralis**

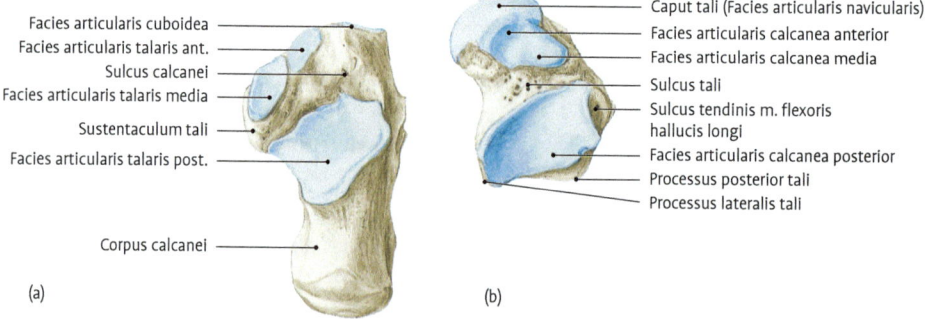

Abb. 4.158 a: Rechtes Fersenbein von dorsal, **b:** Rechtes Sprungbein von plantar.

und **medialis tuberis calcanei** zahlreiche plantare Fußmuskeln und plantare Bandzüge befestigt. Im vorderen plantaren Bereich des Calcaneus entspringt das Pfannenband, **Lig. calcaneonaviculare plantare,** am **Tuberculum calcanei.** Die distale Fläche trägt die sattelartig gekrümmte **Facies articularis cuboidea.** Auf der Dorsalseite sind die korrespondierenden Gelenkflächen zur Artikulation mit dem Talus angelegt. Nach hinten erheben sich im Mittelabschnitt die **Facies articularis talaris posterior** und nach vorn die **Facies articularis talaris media** und **anterior.** Zwischen den Gelenkflächen liegt der **Sulcus calcanei,** der den Boden für den **Sinus tarsi** bildet und zahlreiche Gefäßöffnungen besitzt. Die mittlere Gelenkfläche ruht auf dem **Sustentaculum tali,** einem konsolenartigen Knochenvorsprung, der von der Sehne des M. flexor hallucis longus unterfangen wird. An der lateralen Fläche des Calcaneus springt die **Trochlea fibularis (peronealis)** vor, ein Hypomochlion der Sehnen des M. peroneus longus.

Entwicklung. Das knorpelige Fersenbein erhält in der 20.–24. EW Knochenkerne, die den größten Teil des Calcaneus aufbauen. Diese sind somit zum Zeitpunkt der Geburt vorhanden, gelten aber genauso wie die Kerne des Talus explizit nicht als Reifezeichen. Der Ansatz der Achillessehne verknöchert im 9.–11. LJ apophysär. Er verschmilzt mit dem übrigen Knochen im 14. LJ.

> **Klinik: 1. Oberer Fersensporn** (= Hacken-, Kalkaneussporn). Überschüssiger Knochen im Insertionsbereich der Achillessehne. **2. Unterer Fersensporn.** Ein- oder beidseitige dornartige knöcherne Ausziehung an der Unterseite des Tuber calcanei an der Befestigung überbeanspruchter Sehnen- und Aponeurosenfasern. Ursache für Tarsalgie (Fersenschmerz). **3. Fersenbeinfraktur.** Axialer Stauchungsbruch oder knöcherne Abrissfraktur des Achillessehnenansatzes am Tuber calcanei (Vidal-Einteilung I–III). **4. Haglund-Ferse.** Entwicklungsbedingte Formvariante einer stark vorgewölbten Apophyse des Tuber calcanei (→ Haglund-Exostose).

3. **Os naviculare, Kahnbein** (Abb. 4.155–4.157)
Es liegt am medialen Fußrand zwischen dem Taluskopf und den 3 Keilbeinen. Die proximale Gelenkfläche ist Teil des unteren Sprunggelenkes. Auf der distalen Seite liegen 3 unterschiedlich große Gelenkfacetten für die Ossa cuneiformia.

Am medialen Rand tritt ein stumpfer, nach plantar gerichteter Höcker hervor, **Tuberositas ossis navicularis.**

Entwicklung. Die Ossifikation beginnt im 4. LJ. Bleibt die knöcherne Verschmelzung der Tuberositas ossis navicularis mit dem übrigen Skelettteil aus, entwickelt sich ein **Os tibiale externum.**

4. **Ossa cuneiformia, Keilbeine** (Abb. 4.155–4.157)
Sie besitzen eine Keilform, wobei die Basis des **Os cuneiforme mediale** nach plantar, die der **Ossa cuneiformia intermedium** und **laterale** nach dorsal weist. Diese Anordnung verstärkt die Querwölbung des Fußes. Proximal artikulieren die Keilbeine mit dem Os naviculare, distal mit den Ossa metatarsalia I–III. Das laterale Keilbein berührt mit einer Gelenkfläche auch den Mittelabschnitt der medialen Seite des Os cuboideum. Untereinander sind ebenfalls korrespondierende Gelenkflächen angelegt. Zusätzlich stößt das Os cuneiforme laterale an die Basis des Os metatarsale IV.

Entwicklung: Knochenkerne im Os cuneiforme laterale im 1., im Os cuneiforme mediale im 3., im Os cuneiforme intermedium im 4. LJ.

> **Klinik: Dorsaler Fußhöcker.** Vorwölbung am Fußrücken zwischen Os cuneiforme mediale und Os metatarsale I oder zwischen Os naviculare und Os cuneiforme mediale. Randwulstaufwerfungen dorsaler Gelenkfacetten durch Fehlbeanspruchungen beim Hohl- oder Senkfuß.

5. **Os cuboideum, Würfelbein** (Abb. 4.155, 4.156)
Das Os cuboideum liegt im lateralen Fußstrahl. Die laterale Seite ist kürzer als die mediale. Proximal befindet sich eine sattelförmige Gelenkfläche für den Calcaneus. Distal sind 2 Facetten für die Ossa metatarsalia IV und V angelegt. Die mediale Seite zeigt eine Gelenkfläche für das Os cuneiforme laterale, manchmal auch für das Os naviculare. An der Außenfläche beginnt der **Sulcus tendinis musculi peronei (fibularis) longi,** der sich an die plantare Seite des Knochens fortsetzt. Die **Tuberositas ossis cuboidei** dient der langen Peroneus- (Fibularis-)sehne als Umlenkpunkt.

Entwicklung. In der 40. EW tritt ein Ossifikationszentrum auf, das als zusätzliches, aber nicht obligatorisches Reifezeichen bei Neugeborenen gilt.

Varianten. Neben den 7 regelhaften Fußwurzelknochen (→ kanonische Skelettteile) kommen ak-

zessorische Knochen vor. Der Radiologe kennt sie und schließt dadurch Frakturspalten aus:

- **Os trigonum tali,** am Hinterrand des Talus (13 %).
- **Os tibiale externum** (10 %), liegt an der Tuberositas ossis navicularis.
- **Os sustentaculi** (1,5 %).
- **Calcaneus secundarius** (4,5 %).
- **Os peroneum** (10 %).
- **Os cuboideum secundarium** (1 %).

6. Ossa metatarsalia I–V, Mittelfußknochen

An den 5 Mittelfußknochen (Abb. 4.155–4.157) unterscheidet man: **Basis, Corpus** und **Caput.**

Basis. Die proximalen Gelenkflächen an den keilförmig gestalteten Basen (Ausnahme: Os metatarsale V) artikulieren mit Ossa cuneiformia und Os cuboideum (→ **Lisfranc-Gelenklinie**). Untereinander stehen die Mittelfußknochen II–V in Gelenkkontakt **(Articulationes intermetatarsales).** Die Basis des Os metatarsale I trägt plantar-lateral eine **Tuberositas ossis metatarsalis I** für den Ansatz des M. peroneus (fibularis) longus. Die **Tuberositas ossis metatarsalis V** an der lateralen Seite der Basis dient dem M. peroneus (fibularis) brevis als Ansatz. Sie ist deutlich am seitlichen Fußrand zu tasten (Abb. 4.222, 4.223).

Corpus. Der Schaft ist in plantarer Richtung konkav gekrümmt und hat einen dreieckigen Querschnitt. Außerdem sind die Mittelabschnitte torquiert. Am ausgeprägtesten zeigt sich die Torsion am Os metatarsale I, bei dem der proximale Teil nach innen, der distale nach außen verdreht ist. Die Mittelfußknochen werden stark auf Biegung beansprucht. Das Os metatarsale I ist der kräftigste, jedoch kürzeste Knochen. Am längsten ist das Os metatarsale II. Kräftiger ist zudem noch das Os metatarsale V.

Caput. Die seitlich abgeplatteten Köpfe tragen konvexe Gelenkflächen, die plantar weiter ausgedehnt sind als dorsal. Seitlich der Gelenkflächen sind Höckerchen für die Befestigung von Kapsel-Band-Strukturen entwickelt. Am **Os metatarsale I** läuft plantar die Gelenkfläche in 2 Rinnen aus, in denen die **Ossa sesamoidea** gleiten. Im Großzehengrundgelenk sind sie konstant vorhanden. In 10–13 % existiert ein laterales Sesambein am Os metatarsale V.

Entwicklung. Die perichondrale Knochenmanschette der Diaphysen der Ossa metatarsalia entsteht in der 12. EW. Epiphysenkerne in den Köpfen der Ossa metatarsalia II–V treten im 3. und 4. LJ

auf. Die Basen dieser Knochen haben dagegen keine Epiphysenkerne. Umgekehrt tritt jedoch am Os metatarsale I im 3. bzw. 4. LJ ein basaler Epiphysenkern auf.

> **Klinik: 1. Marschfraktur.** Ermüdungsbruch eines oder mehrerer Metatarsalknochen durch Überbelastung. **2. Hallux valgus.** Belastungsdeformität mit Subluxation der Basis ossis metatarsalis I nach medial **(Metatarsus primus varus)** und sekundärer Abknickung der Großzehe im Grundgelenk nach lateral.

7. Phalanges (Ossa digitorum pedis), Zehenknochen

Der knöcherne Aufbau der Zehen (Abb. 4.155–4.157) gleicht den Fingern. Man unterscheidet ein Grund-, Mittel- und Endglied, **Phalanx proximalis, media** und **distalis.** Die Großzehe hat regelhaft nur 2 Glieder, die 5. Zehe in 25 %. Die Phalangen sind kurze Röhrenknochen. Jedes Zehenglied weist eine **Basis,** ein **Corpus** und ein **Caput** auf. An der Endphalanx ist distal-plantar die **Tuberositas phalangis distalis** zur Anheftung des Bindegewebes der Zehenkuppen angelegt. Die Köpfe der Phalangen tragen rollenartige Gelenkflächen **(Trochlea).**

Entwicklung. Verknöcherungen von Diaphysen der Grundphalanx in 12.–24., Mittelphalanx vom 24.–40. und Endphalanx in 36. EW. Die Epiphysenkerne aller Phalangen in der Basis erscheinen im 2.–5. LJ.

4.4.2 Juncturae membri inferioris liberi

4.4.2.1 Articulatio coxae (coxofemoralis), Hüftgelenk

> Das **Hüftgelenk** ist ein speziell gesichertes Kugelgelenk, nämlich eine Articulatio cotylica (Nußgelenk) mit 3 Hauptbewegungsachsen. Die Kapsel wird durch 3 Bänder verstärkt: **Lig. iliofemorale, Lig. pubofemorale** und **Lig. ischiofemorale.**

Gelenkkörper. Femurkopf, **Caput femoris,** und Hüftpfanne, **Acetabulum,** mit der C-förmigen **Facies lunata** sind korrespondierende Gelenkpartner (Abb. 4.159, 4.160). Die Facies lunata ist im Pfannendach am breitesten. Beim aufrechten Stand findet hier die Lastübertragung vom Rumpf auf den Femurkopf statt. Der Pfannenrand und das **Lig. transversum acetabuli** bilden die Pfannenein-

gangsebene. Sie ist nach ventral, kaudal und lateral orientiert. Der Neigungswinkel der Ebene gegenüber der Horizontalen beträgt beim Neugeborenen 60°, beim Zehnjährigen 47° und beim Erwachsenen 41°. Der äußere knöcherne Rand des Acetabulum ist durch ein aus straffem Bindegewebe und Faserknorpel bestehendes **Labrum acetabulare** vergrößert. Damit werden 2/3 des Femurkopfes von der Pfanne umgriffen und gesichert, weshalb das Hüftgelenk als Nussgelenk **(Articulatio sive Enarthrosis cotylica)** bezeichnet wird. Das Labrum acetabulare überbrückt die **Incisura acetabuli** zusammen mit dem Lig. transversum acetabuli. Die Facies lunata umgreift die **Fossa acetabuli,** die von einem synovialen Fettkörper ausgefüllt ist, aus dem sich das **Lig. capitis femoris** entwickelt. Es verläuft zur **Fovea capitis femoris,** enthält den **Ramus acetabularis** der **A. obturatoria** und dient der arteriellen Versorgung des Femurkopfes.

Gelenkkapsel. Sie ist kräftig und entspringt mit ihrem fibrösen Anteil (Membrana fibrosa) vom knöchernen Rand des Acetabulum, am Lig. transversum acetabuli und am Außenrand des Labrum acetabulare; das Labrum ragt frei in das Gelenk hinein. Die Kapsel setzt vorn an der **Linea intertrochanterica** des Femur an. Auf der Rückseite umhüllt sie nur die medialen 2/3 des Schenkelhalses. Dadurch liegen die **Crista intertrochanterica,** die beiden **Trochanteren** und die **Fossa trochanterica** extrakapsulär.

Bänder (Abb. 4.159, 4.161):
- Das **Lig. iliofemorale** ist das kräftigste Band des menschlichen Körpers. Es entspringt an der **Spina iliaca anterior inferior** und zieht schraubenartig verdreht zur **Linea intertrochanterica.** Unterteilung: **Pars medialis** und **lateralis,** die ein umgekehrtes V ergeben. **Funktion:** medialer Anteil hemmt die Überstreckung im Hüftgelenk, verhindert ein Abkippen des Beckens nach dorsal; lateraler Faserzug hemmt Adduktion, Außenrotation; außerdem verhindert es das Abkippen des Beckens zur Spielbeinseite zusammen mit den kleinen Gluteamuskeln.
- Das **Lig. pubofemorale** entspringt vom oberen Schambeinast, strahlt nach lateral in die Kapsel ein (Lig. pubocapsulare) und inseriert am distalen Ende der **Linea intertrochanterica.** Zwischen dem Lig. ilio- und pubofemorale ist die Kapsel innerhalb eines dreieckigen Feldes sehr dünn. Hier quert der M. iliopsoas, an dessen Rückseite die **Bursa iliopectinea** auf der Kapsel liegt und in 15 % mit der Gelenkhöhle kommuniziert. **Funktion:** hemmt Extension, Abduktion, Außenrotation.
- Das **Lig. ischiofemorale** liegt dorsal. Es löst sich vom hinteren Pfannenrand und dem Os ischii, zieht schraubenförmig nach ventral kranial und strahlt in das Lig. iliofemorale und die Fossa trochanterica ein. **Funktion:** hemmt die Innenrotation, Extension, Abduktion.
- **Zona orbicularis** (Abb. 4.160). Lig. ischiofemorale und Lig. pubofemorale bilden mit ihren tiefsten Faserschichten die ringförmige, 1 cm dicke Zona orbicularis. Dieses Ringband, in das auch einige Fasern des Lig. iliofemorale einstrahlen, umgreift den Femurhals an seiner

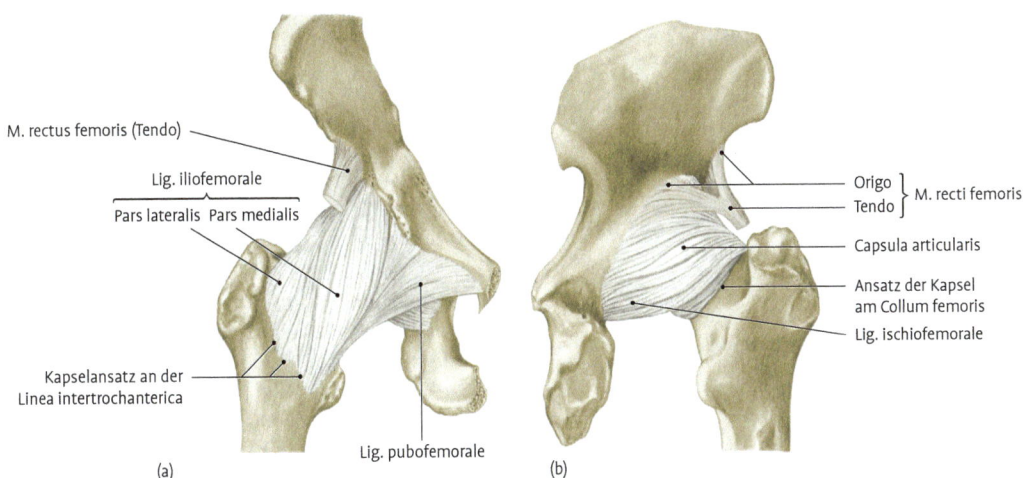

M. rectus femoris (Tendo)
Lig. iliofemorale
Pars lateralis   Pars medialis
Kapselansatz an der Linea intertrochanterica
Lig. pubofemorale
(a)

Origo ⎱ M. recti femoris
Tendo ⎰
Capsula articularis
Ansatz der Kapsel am Collum femoris
Lig. ischiofemorale
(b)

Abb. 4.159 Hüftgelenk, Kapsel und Bänder von ventral **(a),** dorsal **(b).**

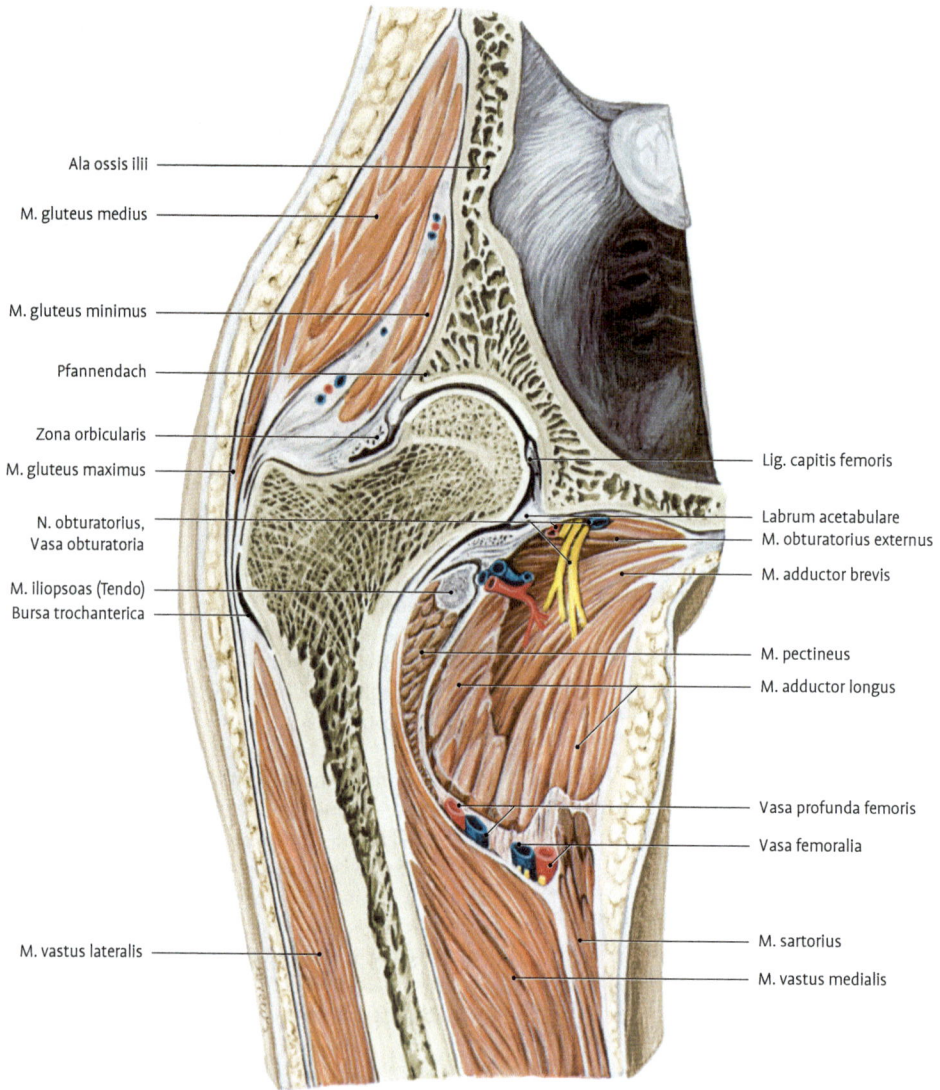

Ala ossis ilii

M. gluteus medius

M. gluteus minimus

Pfannendach

Zona orbicularis

M. gluteus maximus

N. obturatorius,
Vasa obturatoria

M. iliopsoas (Tendo)
Bursa trochanterica

M. vastus lateralis

Lig. capitis femoris

Labrum acetabulare
M. obturatorius externus

M. adductor brevis

M. pectineus
M. adductor longus

Vasa profunda femoris
Vasa femoralia

M. sartorius
M. vastus medialis

Abb. 4.160 Frontalschnitt durch ein rechtes Hüftgelenk.

schmalsten Zirkumferenz. **Funktion:** In Streckstellung presst es den Femurkopf in das Acetabulum.

Schwache Kapselstellen liegen jeweils zwischen den benachbart verlaufenden Bändern. Bei traumatisch bedingten Hüftgelenkluxationen kann sich hier der Femurkopf nach außen verlagern (Abb. 4.161).

Inspektion, Palpation. Das Hüftgelenk wird von 3 Seiten durch kräftige Muskeln bedeckt. Bei mageren, muskelschwachen Menschen ist der Femurkopf

von ventral unterhalb der Mitte des Leistenbandes zu tasten. Deutlicher tastbar ist nur der Trochanter major (Abb. 4.222, 4.223). Die Bestimmung seiner Lage zum Becken ist deshalb zur Beurteilung des Hüftgelenkes von klinischer Bedeutung. Dazu dienen: **1.** Die **Roser-Nélaton-Linie** (Abb. 4.162) verläuft von der Spina iliaca anterior superior zum Tuber ischiadicum. Bei mäßiger Beugung (45°) schneidet diese Linie die Trochanterspitze. **2.** Die **Shoemaker-Linie** verbindet die Trochanterspitze mit der Spina iliaca anterior superior. Ihre Verlängerung schneidet die Körpermittellinie oberhalb des Na-

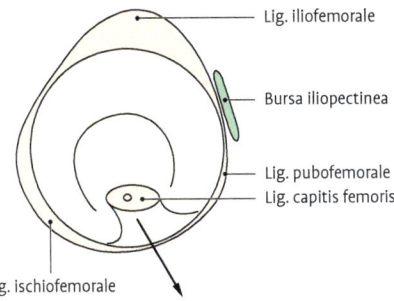

Abb. 4.161 Hüftgelenk, Schnitt durch Kapsel und Bänder. Schwache Kapselstellen zwischen Lig. pubofemorale und Lig. ischiofemorale (Pfeil) und an der Bursa iliopectinea.

bels. **3.** Die **Lange-Linie** ist eine Horizontale durch die Crista iliaca beidseits. Der Abstand beider Trochanteren ist gleich groß (Abb. 4.162).

Mechanik (Abb. 4.163). Für die Bewegungen im Kugelgelenk sind **3 Hauptachsen** maßgebend. **Transversale Achse.** Quer durch die Mittelpunkt beider Femurköpfe. Anteversion (Flexion) = 120–140°, Retroversion (Extension) = 10°. **Sagittale Achse.** Durch die Mitte des Femurkopfes. Abduktion = 30–45°, Adduktion = 15–20°. **Vertikale Achse.** Von der Mitte des Femurkopfes zum Condylus lateralis femoris (→ Rotationssachse). Innenrotation = 36°, Außenrotation = 13°. (Bei rechtwinklig gebeugtem Hüft- und Kniegelenk vergrößern sich die Ausschläge erheblich: Innenrotation 40–50°, Außenrotation 30–45°). **Zirkumduktion.** Eine Kombination von Flexion-Abduktion-Extension und Adduktion wird als Zirkumduktion beschrieben. Die Randbewegung beim Herumführen des Beines liegt auf einer elliptischen Bahn. Grund-

sätzlich können im Hüftgelenk Bewegungen der freien unteren Extremität gegen das Becken und umgekehrt Bewegungen des Beckens gegenüber der freien unteren Extremität durchgeführt werden.

Röntgenanatomie (Abb. 4.164). In einer a.-p.-Aufnahme werden Form und Stellung der artikulierenden Knochen beurteilt. Charakteristisch ist die medial der Fossa acetabuli sichtbare **Köhler-Tränenfigur.** Sie entsteht projektionsbedingt durch die Überkreuzung von 2 Linien: Diese entsprechen dem medialen Pfannendach und der lateralen Wandbegrenzung des kleinen Beckens. Der Umriss des **Femurkopfes** erscheint kugelförmig. Die Fovea capitis femoris und die Fossa acetabuli stehen einander gegenüber. **Shenton-Ménard-Linie:** Die obere Begrenzung des Foramen obturatum geht in die untere Begrenzung des Schenkelhalses über.

> **Klinik: 1. Hüftdysplasie.** Angeborene Mangelentwicklung der Hüftgelenkpfanne mit drohendem Austritt des Hüftkopfes (→ Hüftgelenkluxation): steile, nach oben ausgezogene Pfanne ohne ausreichende Überdachung des Femurkopfes, ggf. mit Coxa valga mit vergrößertem Kollodiaphysenwinkel (= CCD-Winkel), Coxa antetorta mit vermehrter Antetorsion des Schenkelhalses; häufigste kongenitale Skelettfehlentwicklung: 4%, deutliche Gynäkotropie (6:1). Therapie: Abspreizbehandlung innerhalb der ersten Lebenstage. **2. Traumatische Hüftluxation.** Zwangsstellung des Beins nach Position des luxierten Femurkopfes (Abb. 4.165). Da das kräftige Lig. iliofemorale erhalten bleibt, bestimmt es zusammen mit der Richtung der einwirkenden Kraft die Zwangshaltung. **3. Protrusio acetabuli.**

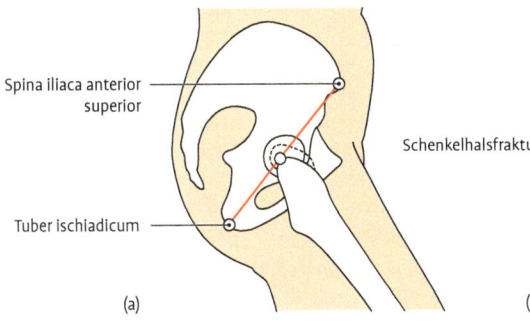

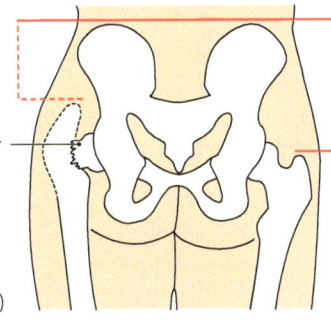

Abb. 4.162 a: Roser-Nélaton-Linie. Sie wird bei mäßiger Beugung im Hüftgelenk von der Trochanterspitze nicht überschritten. Punktierte Linie = Trochanterhochstand bei Fraktur oder Luxation, **b:** Lange-Linie: Horizontale durch die beiden Cristae iliacae; gleich großer Abstand der beidseitigen Trochanteren von dieser Linie (nach T. v. Lanz, W. Wachsmuth).

Normalwerte Hüftgelenk

| Beugung / Streckung | 120–140/0/10 |
| Innenrotation/Außenrotation bei Beugung der Hüfte um 90° | 40–50/0/30–45 |

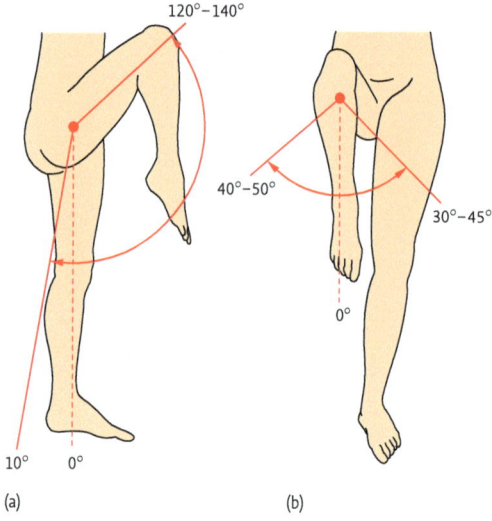

(a)

(b)

Innenrotation/Außenrotation bei gestrecktem Hüftgelenk 36/0/13

Adduktion/Abduktion 15–20/0/30–45

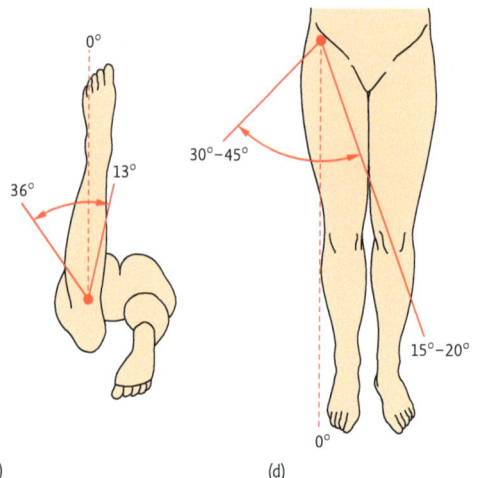

(c)

(d)

Abb. 4.163 Bewegungsumfänge im Hüftgelenk in Seitenansicht (a) und bei Beugung der Hüfte um 90° (b). Bewegungsumfänge bei gestrecktem Hüftgelenk (c) und im Stehen (d).

Vorwölbung des verdünnten Pfannenbodens in das kleine Becken. **4. Perthes-Calvé-Legg-Krankheit** (= **Osteochondropathia deformans coxae juvenilis** = M. Perthes). Ein- oder beidseitige aseptische Knochennekrosen an Femurkopf und proximaler -metaphyse, v. a. bei Jungen (5.–12. LJ). **5. Epiphyseolysis capitis femoris.** Dislokation von Femurkopfkappe und Schenkelhals durch verminderte mechanische Belastbarkeit der proximalen Wachstumsfuge des Femur. **6. Koxarthrose** (= Arthrosis deformans coxae). Degeneration des Hüftgelenks (ein-, beidseitig), häufig erst im höheren Lebensalter. **7. Coxa valga.** Vergrößerung des CCD-Winkels: steile Aufrichtung des Schenkelhalses mit Abduktion. **8. Coxa vara.** Verkleinerung des Kollodiaphysenwinkels: Schenkelhalsverbiegung mit Adduktion, CCD-Winkel < 120°. **9. Coxa saltans.** Schnellende oder schnappende Hüfte: ruckartiges Gleiten eines derben Stranges des Tractus iliotibialis (→Maissiat-Streifen) über dem Tro-

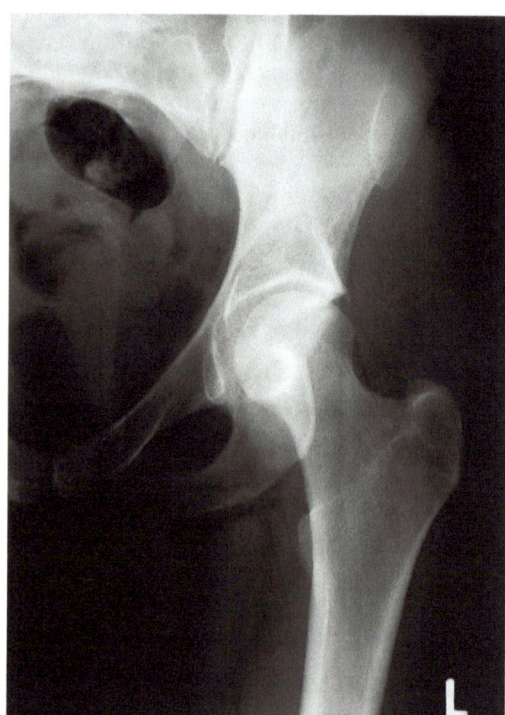

Abb. 4.164 Röntgenbild eines linken Hüftgelenkes einer 37-jährigen Frau (mit freundlicher Genehmigung der Radiol. Gemeinschaftspraxis Drs. Nückel, Sewing, Vahlensieck und Westermann, Bonn).

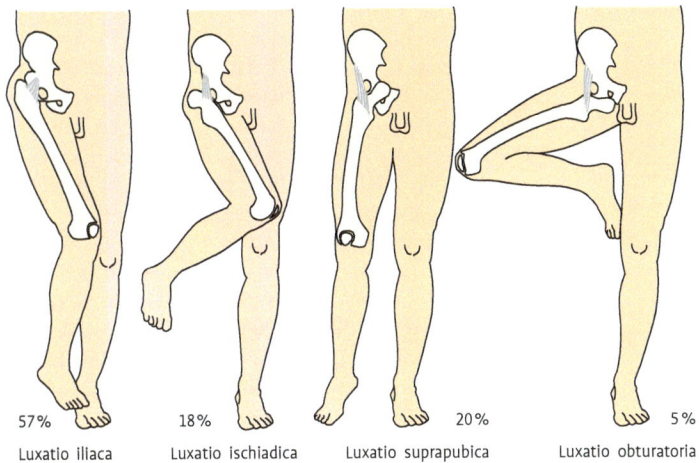

57%	18%	20%	5%
Luxatio iliaca	Luxatio ischiadica	Luxatio suprapubica	Luxatio obturatoria

Abb. 4.165 Zwangsstellungen des Beines bei Hüftgelenkluxation (nach T. v. Lanz, W. Wachsmuth).

chanter major bei Beugung und Streckung im Hüftgelenk. **10. Coxitis.** Arthritis (= Gelenkentzündung) des Hüftgelenks, meist bakteriell oder rheumatisch bedingt. Schonhaltung bei Coxitis: Da die Hüftgelenkkapsel in leichter Beugung, Außenrotation und Abduktion entspannt ist, wird das Bein reflektorisch in Entlastungsstellung gebracht, um den Kapseldehnungsschmerz zu vermindern (Abb. 4.166). **11. Schenkelhalsfraktur.** Bruch des Femurhalses durch Trauma, begünstigt durch Altersosteoporose, besonders bei Frauen. Formen: mediale (→ Pauwels-Einteilung), laterale, intermediäre.

4.4.2.2 Articulatio genus, Kniegelenk

Die **Articulatio genus** wird von 3 Knochen – Femur, Patella und Tibia – gebildet und stellt ein zusammengesetztes Gelenk dar, welches vereinfacht als **Trochoginglymus** (Drehschaniergelenk) angesehen werden kann (Abb. 4.167–4.169).

Die beiden **Condyli femoris** gleiten auf der **Facies articularis superior** der Tibia. Sie bilden die **Articulatio femorotibialis,** die vereinfacht auch als Drehscharniergelenk (**Trochoginglymus**) angesehen werden kann. Die bikonvexen Femurkondylen sind in der Seitenansicht spiralig gekrümmt.

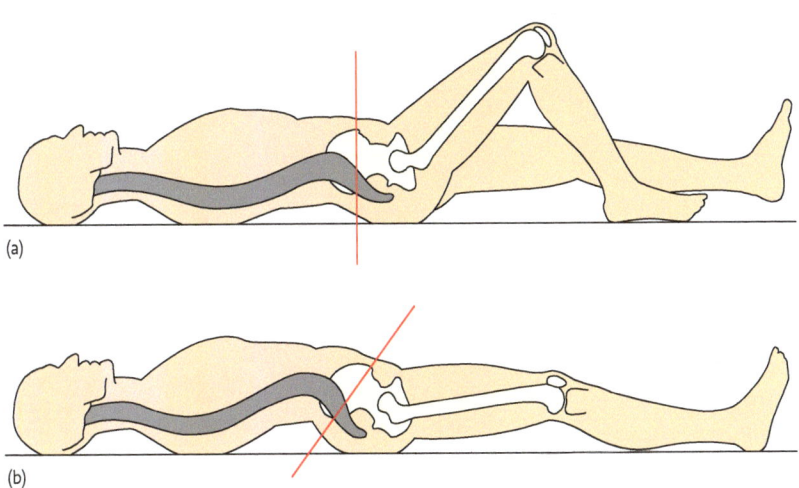

(a)

(b)

Abb. 4.166 a: Entlastungsstellung des kranken Hüftgelenkes, **b:** Maskierung eines in Beugestellung versteiften Hüftgelenkes durch Verstärkung der Lendenlordose und Kippung des Beckens nach vorne.

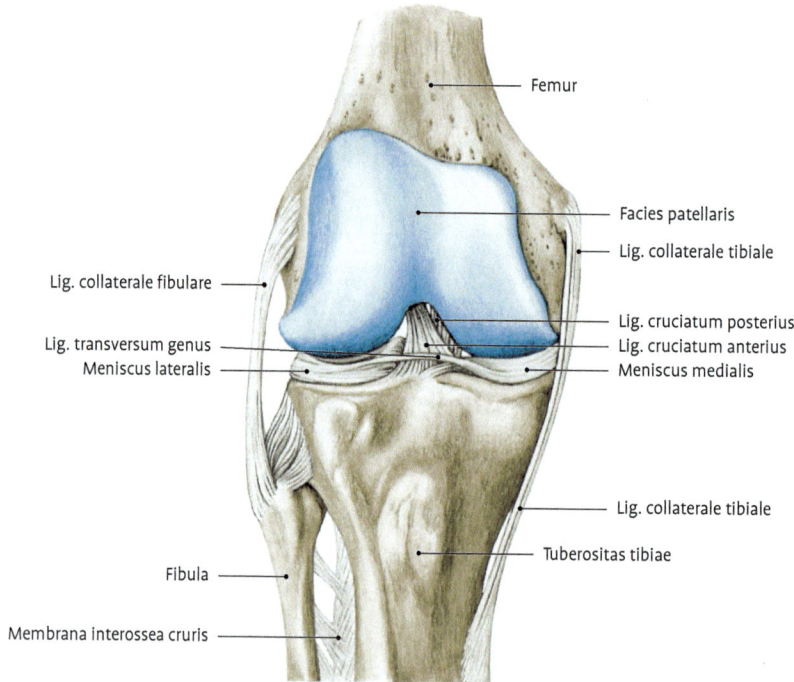

Abb. 4.167 Bänder des Kniegelenkes von ventral, Gelenkkapsel entfernt.

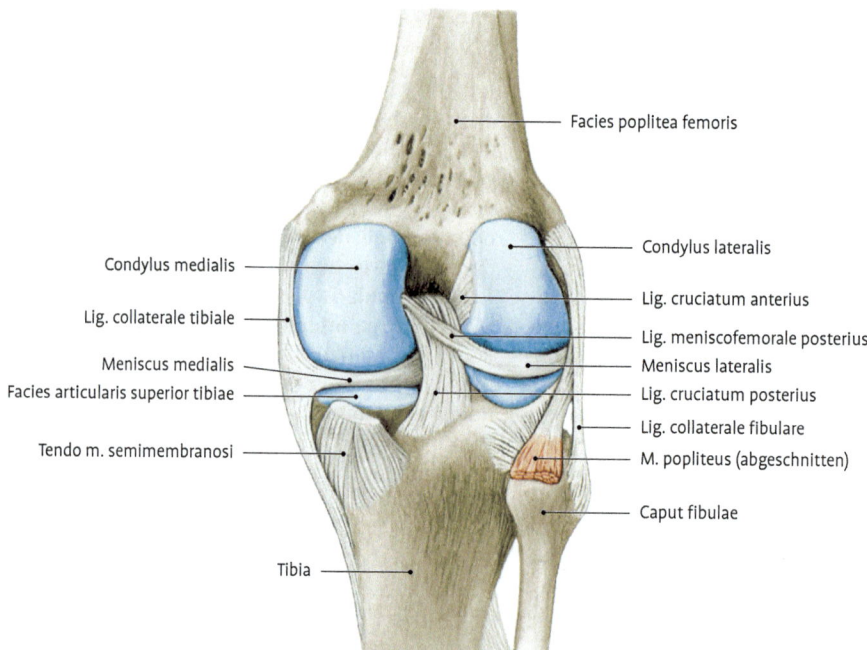

Abb. 4.168 Bänder des Kniegelenkes von dorsal, Gelenkkapsel entfernt.

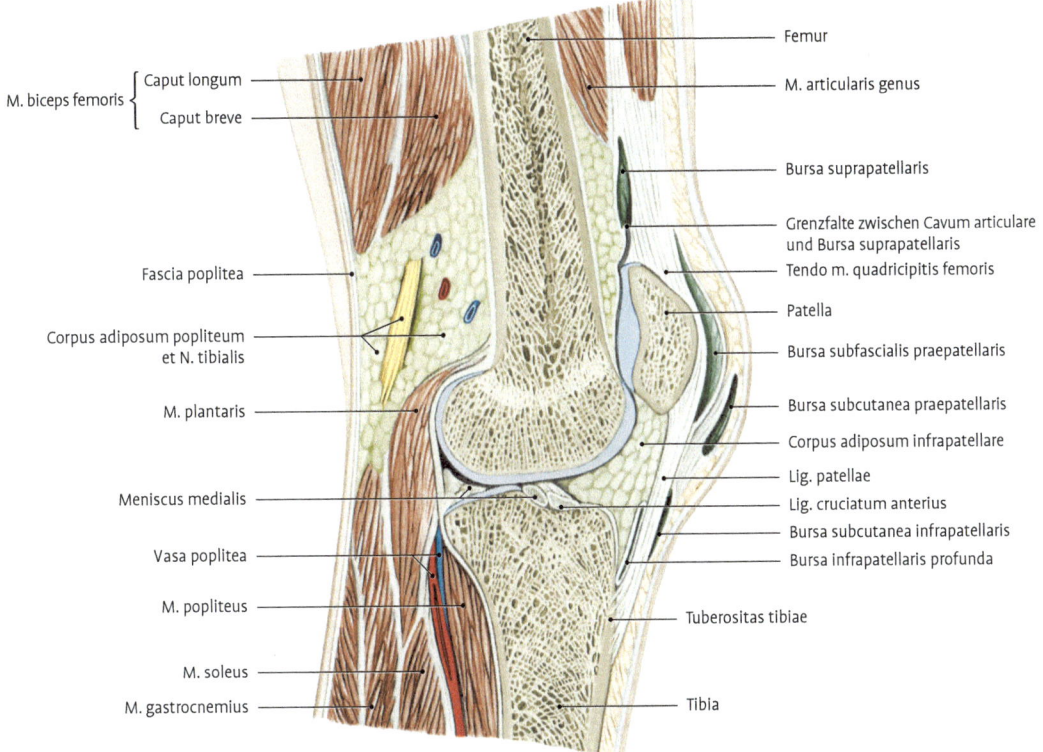

M. biceps femoris
— Caput longum
— Caput breve

Femur

M. articularis genus

Fascia poplitea

Corpus adiposum popliteum
et N. tibialis

M. plantaris

Meniscus medialis

Vasa poplitea

M. popliteus

M. soleus

M. gastrocnemius

Bursa suprapatellaris

Grenzfalte zwischen Cavum articulare
und Bursa suprapatellaris

Tendo m. quadricipitis femoris

Patella

Bursa subfascialis praepatellaris

Bursa subcutanea praepatellaris

Corpus adiposum infrapatellare

Lig. patellae

Lig. cruciatum anterius

Bursa subcutanea infrapatellaris

Bursa infrapatellaris profunda

Tuberositas tibiae

Tibia

Abb. 4.169 Sagittalschnitt durch ein rechtes Knie.

Dabei nimmt die Krümmung von vorn nach hinten zu. Im Gegensatz dazu sind die Gelenkfacetten des Tibiakopfes ein wenig konkav und um den Retroversionswinkel von 3–7° nach hinten geneigt. Die auffallende Inkongruenz der Gelenkpartner wird durch die beiden Menisken ausgeglichen. Die Dicke des Gelenkknorpels passt sich den Bereichen der stärksten Druckbelastung an. In maximaler Streckstellung berühren die schwächer gekrümmten Anteile der Femurkondylen die Tibia. Berührungs- und Druckübertragungsflächen sind groß. Im gebeugten Knie artikulieren die stärker gekrümmten hinteren Anteile der Femurrollen mit dem Tibiakopf. Die Berührungsflächen sind klein und begünstigen die Rotationsbewegungen. Die zweite Komponente der Articulatio genus ist die **Articulatio femoropatellaris,** in welcher die **Facies patellaris** des Femur und die **Facies articularis** der Patella in gelenkigem Kontakt stehen (Abb. 4.170).

Die **Gelenkkapsel** ist mit ihrem **Stratum fibrosum** an der Tibia 1 cm unterhalb der Knorpelränder befestigt. Am Femur umläuft sie die Kondylen

seitlich (Abb. 4.170). Ventral ist sie mit der Quadrizepssehne und der Patella verwachsen und nicht deutlich abgrenzbar. Hinten erreicht sie die Linea intercondylaris. Das **Stratum synoviale** ist ventral, medial und lateral an der Knorpel-Knochen-Grenze des Tibiakopfes befestigt. Dorsal dringt sie zwischen die beiden Gelenkfacetten der **Facies articularis superior** der Tibia ein. Sie umläuft die **Area intercondylaris anterior.** Dadurch liegen die Kreuzbänder extraartikulär, aber intrakapsulär und es können Gefäße und Nerven von dorsal die Befestigungsstellen der Kreuzbänder an Femur und Tibia erreichen. Am Femur ist das Stratum synoviale in der **Fossa intercondylaris,** an den hinteren und seitlichen Knorpelrändern der Kondylen und am Rand der **Facies patellaris** befestigt. Ventral und proximal geht die innere Schicht der Gelenkkapsel in die **Bursa suprapatellaris** über. Unterhalb der Kniescheibe bedeckt das Stratum synoviale das **Corpus adiposum infrapatellare** (→ Hoffa-Fettkörper, s. Klinik) und setzt an der Area intercondylaris anterior an. Die **Epicondyli femo-**

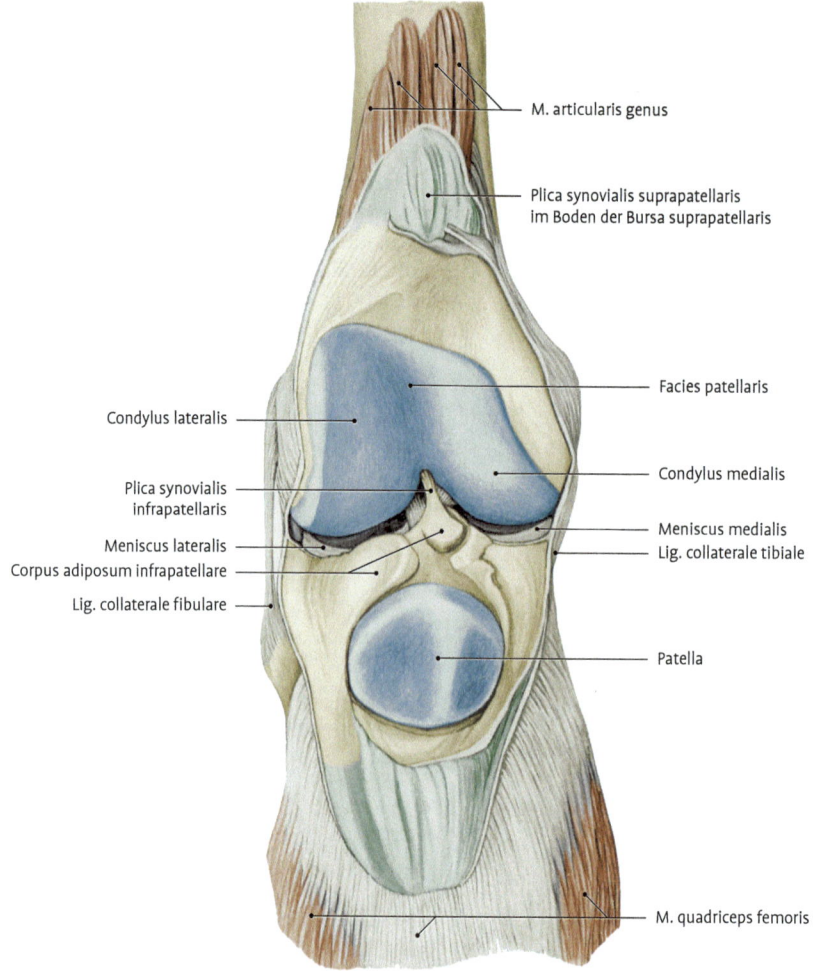

M. articularis genus

Plica synovialis suprapatellaris
im Boden der Bursa suprapatellaris

Facies patellaris

Condylus lateralis

Condylus medialis

Plica synovialis
infrapatellaris

Meniscus medialis
Lig. collaterale tibiale

Meniscus lateralis

Corpus adiposum infrapatellare

Lig. collaterale fibulare

Patella

M. quadriceps femoris

Abb. 4.170 Kniegelenk durch suprapatellaren Bogenschnitt eröffnet. Sehne des M. quadriceps femoris mit Patella nach distal geklappt.

ris liegen außerhalb der Kapsel. An der Hinterwand liegen mit Fettgewebe aufgefüllte Öffnungen für den Durchtritt von Gefäßen. Sie versorgen die Kreuzbänder und das distale Femur. In der Normalstellung (Streckung) sind die hinteren Kapselanteile gespannt. Entlastungsstellung bei 25°-Beugung.

Klinik: 1. Kniegelenkerguss. Akute, intermittierende oder chronische Bildung von Exsudat im Gelenk infolge Entzündung (→ Gonitis, Gonarthritis) oder Verletzung als **1.1 Hydrarthros** (seröser Erguss), **1.2 Pyarthros** = Gelenkempyem (eitriger Erguss), **1.3 Hämarthros** (blutiger Erguss). Die Raumforderung hebt die Patella vom Femur ab (→ **Ballotement, tanzende Patella**) und geht mit Schmerzen, Schwellung, Funktionshemmung einher. **2. Gonarthritis** (= Kniegelenkentzündung). Zumeist posttraumatisch oder nach aktivierter Gonarthrose. **3. Baker-Zyste** (= **Poplitealzyste**). Ausstülpung der dorsalen Gelenkkapsel am Kniegelenk (→ Synovialhernie), meist durch Läsion des medialen Meniskus. **4. Hoffa-Krankheit.** Traumatische Erkrankung des infrapatellaren Fettkörpers (→ fibrös-entzündliche Hyperplasie).

Bänder:

- **Lig. patellae.** Das Kniescheibenband geht aus den Ansatzsehnen des M. quadriceps femoris hervor (Abb. 4.171). Oberflächliche Fasern ziehen über die Patella hinweg und verbinden sich distal mit tiefen Fasern, die den Apex patellae mit der Tuberositas tibiae verbinden.
- **Lig. collaterale tibiale.** Das mediale Seitenband entspringt am Epicondylus medialis femoris (Abb. 4.172), zieht breit ausgedehnt nach vorn und distal und setzt unterhalb des Tibiakopfplateaus an der Facies medialis tibiae an. Es wird von den Sehnen des Pes anserinus superficialis überkreuzt, von denen es durch die Bursa anserina getrennt ist. Das Lig. collaterale tibiale ist in Seitansicht dreieckig und weist einen anterio-

ren, parallelfaserigen und einen posterioren fächerförmigen Anteil auf. Das anteriore Faserbündel ist vom Meniscus medialis durch einen Spalt, in dem sich meist eine kleine Bursa befindet, getrennt. Das posteriore Faserbündel ist hingegen mit dem Meniscus medialis verwachsen. Das posteriore Faserbündel erschlafft mit zunehmender Beugung und ermöglicht so die aktive Rotation im Kniegelenk (Abb. 4.173).

- **Lig. collaterale fibulare.** Das laterale Seitenband verläuft vom Epicondylus lateralis femoris zum Caput fibulae (Abb. 4.174). Es überkreuzt die Sehne des M. popliteus und ein Gefäßnervenbündel, das zwischen dem Lig. collaterale fibulare und der Capsula fibrosa verläuft. Zusammen mit dem im angloamerikanischen

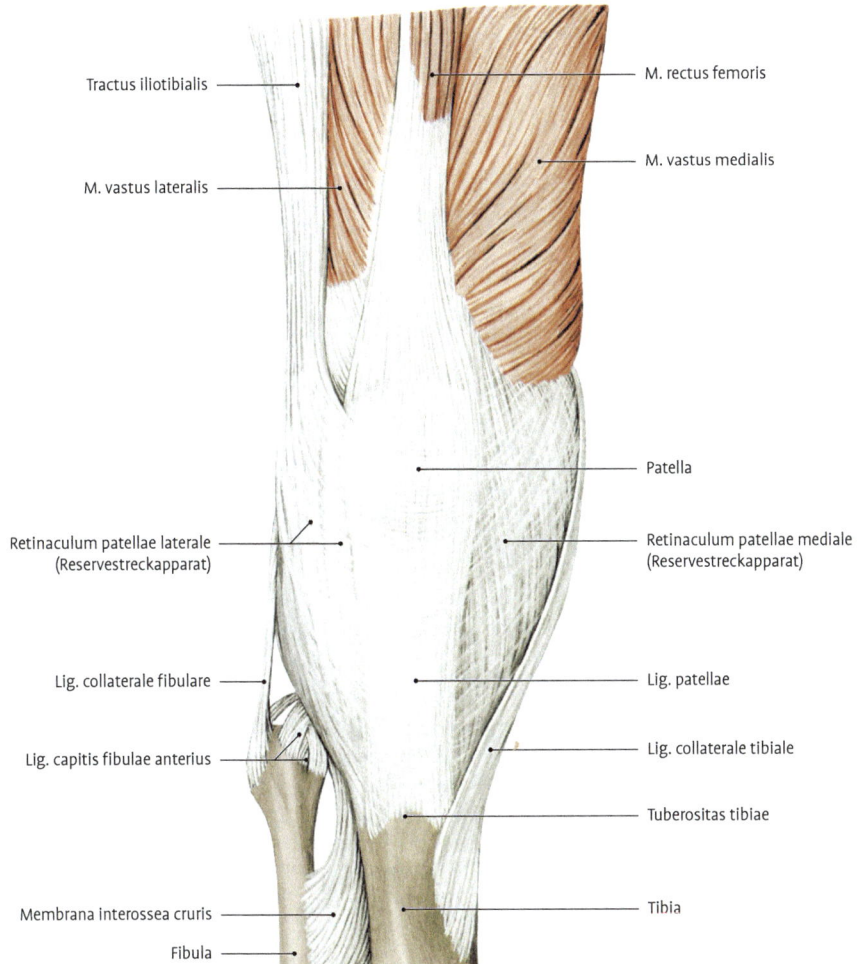

Tractus iliotibialis

M. vastus lateralis

M. rectus femoris

M. vastus medialis

Patella

Retinaculum patellae laterale
(Reservestreckapparat)

Retinaculum patellae mediale
(Reservestreckapparat)

Lig. collaterale fibulare

Lig. patellae

Lig. capitis fibulae anterius

Lig. collaterale tibiale

Tuberositas tibiae

Membrana interossea cruris

Tibia

Fibula

Abb. 4.171 Rechtes Kniegelenk von ventral.

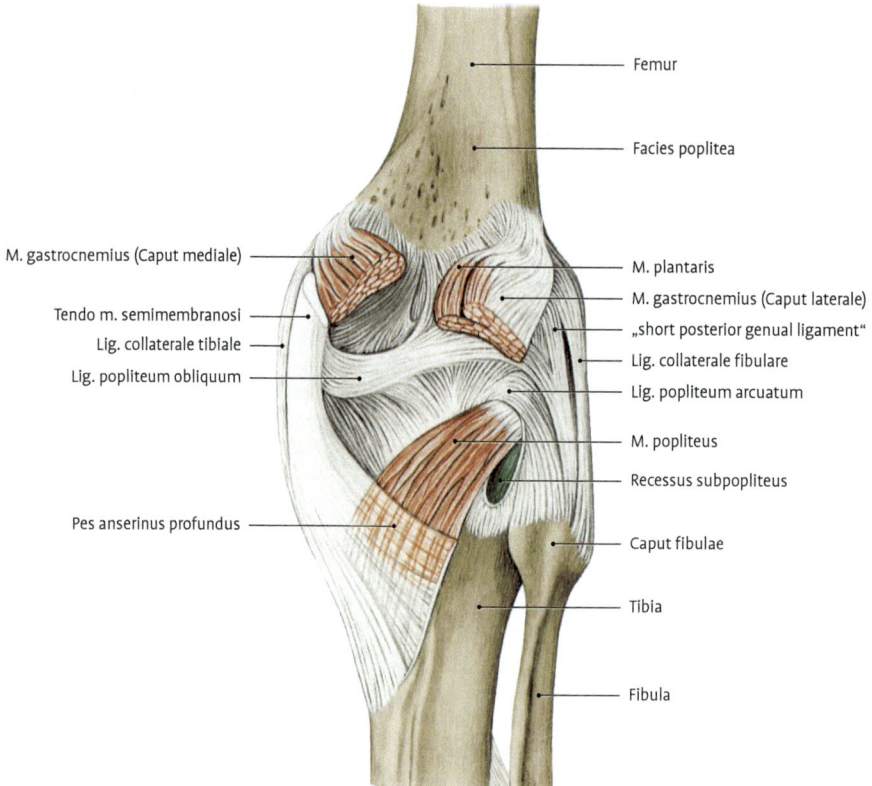

Femur

Facies poplitea

M. gastrocnemius (Caput mediale)

Tendo m. semimembranosi
Lig. collaterale tibiale
Lig. popliteum obliquum

Pes anserinus profundus

M. plantaris
M. gastrocnemius (Caput laterale)
„short posterior genual ligament"
Lig. collaterale fibulare
Lig. popliteum arcuatum

M. popliteus
Recessus subpopliteus

Caput fibulae

Tibia

Fibula

Abb. 4.172 Rechtes Kniegelenk von dorsal. Gelenkkapsel und Ansatz des M. semimembranosus (Pes anserinus profundus).

Sprachgebiet als „short posterior genual ligament" bezeichneten lateralen Kapselband stabilisiert es das Kniegelenk in Streckstellung.

- **Lig. popliteum obliquum.** Dieses Band verstärkt die dorsale Kapselwand (Abb. 4.172). Es ist ein Teil der Ansatzsehne des M. semimembranosus und zieht schräg von distal medial nach proximal lateral.
- **Lig. popliteum arcuatum.** Dieses Band verstärkt die Hinterwand der Kapsel lateral (Abb. 4.172). Die bogenförmig verlaufenden Fasern konvergieren auf die Spitze des Fibulakopfes. Von diesem Band spaltet sich das oben erwähnte „short posterior genual ligament" ab, das zum Epicondylus lateralis femoris zieht. Es verläuft parallel zum Lig. collaterale fibulare, aber eben innerhalb der Capsula fibrosa. Wenn darin eine Fabella (Sesambein) angelegt ist, wird es als Lig. fabellofibulare bezeichnet.
- **Longitudinale Retinacula patellae.** Die Kapsel wird seitlich der Patella vom **Retinaculum patel-**

lae mediale und laterale verstärkt (Abb. 4.171). Da sie aus den Fasern des M. quadriceps femoris hervorgehen und zur Tuberositas tibiae überbrücken, gelten sie als **Reservestreckapparat** des Kniegelenks (z. B. bei Querbruch der Patella). Es werden oberflächliche patellotibiale von tiefen patellofemoralen Zügen unterschieden.

- **Transversale Retinacula patellae** verlaufen als Verstärkungszüge der Kapsel (regelmäßig vorhanden) lateral von der Patella zur tiefen Schicht des Tractus iliotibialis. Ein mediales transversales Retinaculum tritt in 30 % auf. Es zieht vom medialen Rand der Patella zum Epicondylus medialis femoris.
- **Ligg. cruciata.** Die Kreuzbänder liegen – von dorsal eingewandert – zwischen Stratum synoviale und Stratum fibrosum der Gelenkskapsel (und damit extraartikulär, aber intrakapsulär).
  - **Lig. cruciatum anterius** verläuft von der Area intercondylaris anterior der Tibia zur hinteren Innenfläche des Condylus lateralis femo-

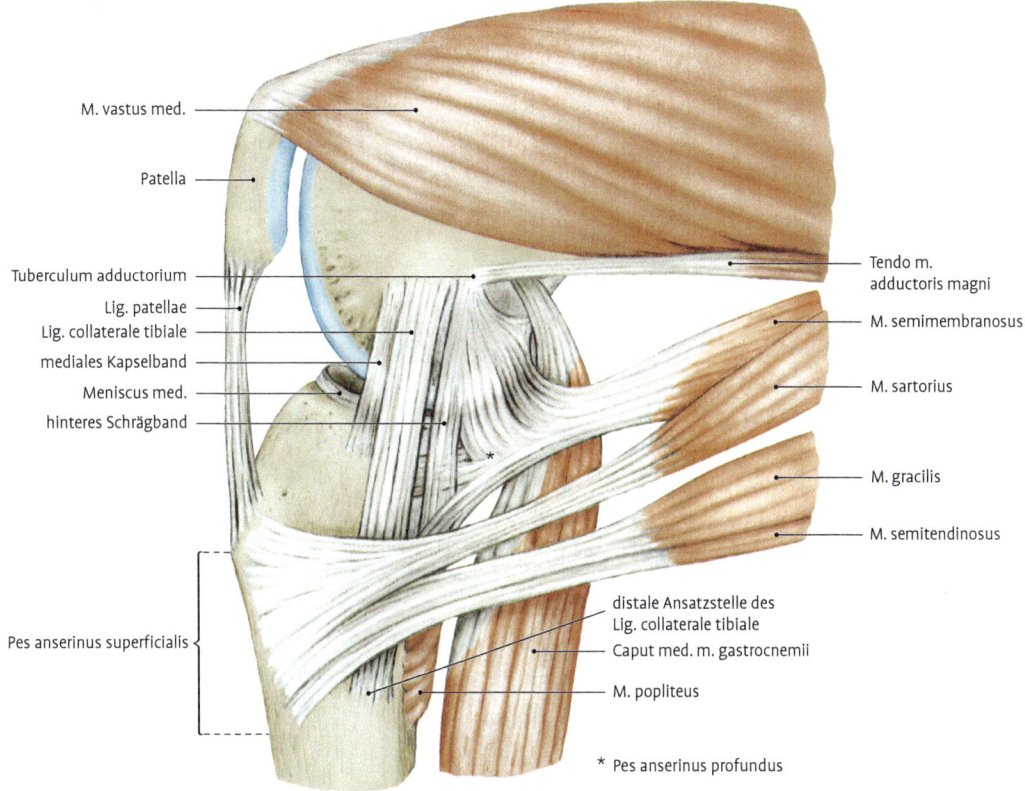

M. vastus med.

Patella

Tuberculum adductorium

Lig. patellae

Lig. collaterale tibiale

mediales Kapselband

Meniscus med.

hinteres Schrägband

Pes anserinus superficialis

Tendo m. adductoris magni

M. semimembranosus

M. sartorius

M. gracilis

M. semitendinosus

distale Ansatzstelle des Lig. collaterale tibiale

Caput med. m. gastrocnemii

M. popliteus

* Pes anserinus profundus

Abb. 4.173 Rechtes Kniegelenk von medial (modifiziert nach Wagner u. Schabus).

ris (Abb. 4.167, 4.168, 4.175, 4.176). Das in sich verdrehte Band wird in 3 Faserbündel unterteilt: anteromediales, intermediäres, posterolaterales Bündel.
– **Lig. cruciatum posterius.** Das hintere Kreuzband ist stärker als das vordere. Es löst sich von der Area intercondylaris posterior und der Rückfläche der Tibia. Fächerartig strahlt es in die Innenfläche des medialen Femurkondylus ein. Es besteht aus 2 Faserbündeln: anterolaterales, posteromediales Bündel.

Funktion. Die Kreuzbänder sichern das Kniegelenk v. a. in der Sagittalebene, Frontal-, aber auch in der Horizontalebene. Femur und Tibia können nicht gegeneinander verschoben werden. Bei einer Insuffizienz oder einer Ruptur der Kreuzbänder lässt sich die Tibia gegenüber dem Femur verschieben (→ **Schubladenphänomen**). Der posterolaterale Anteil des vorderen Kreuzbandes spannt sich in Streckstellung an. Dagegen stabilisiert der ante-

romediale Anteil das Kniegelenk in Beugestellung. Das vordere Kreuzband ist bei Außenrotation locker und bei Innenrotation gestrafft. Das hintere Kreuzband spannt sich bei gebeugtem Knie mit dem größten Teil seiner Fasern an. In Streckstellung sind dagegen nur wenige Fasern gespannt (Abb. 4.176).

Klinik: 1. Kniegelenkbandruptur (= Kniegelenkbänderriss eines oder mehrerer Bänder). Meist aufgrund indirekter Gewalteinwirkung, besonders an Ansätzen, ggf. mit knöchernem Abriss, **1.1** mediale und laterale **Seitenbandruptur** mit vermehrter Aufklappbarkeit des Gelenks bei Valgus- bzw. Varusinstabilität, **1.2** vordere oder hintere **Kreuzbandruptur** mit sagittaler Instabilität und positivem Schubladenphänomen, **1.3 Kombinationsverletzung** mit Schubladenphänomen in Außen- bzw. Innenrotationstellung des Fußes, v. a. mediale Seitenbandruptur, vorderer Kreuz-

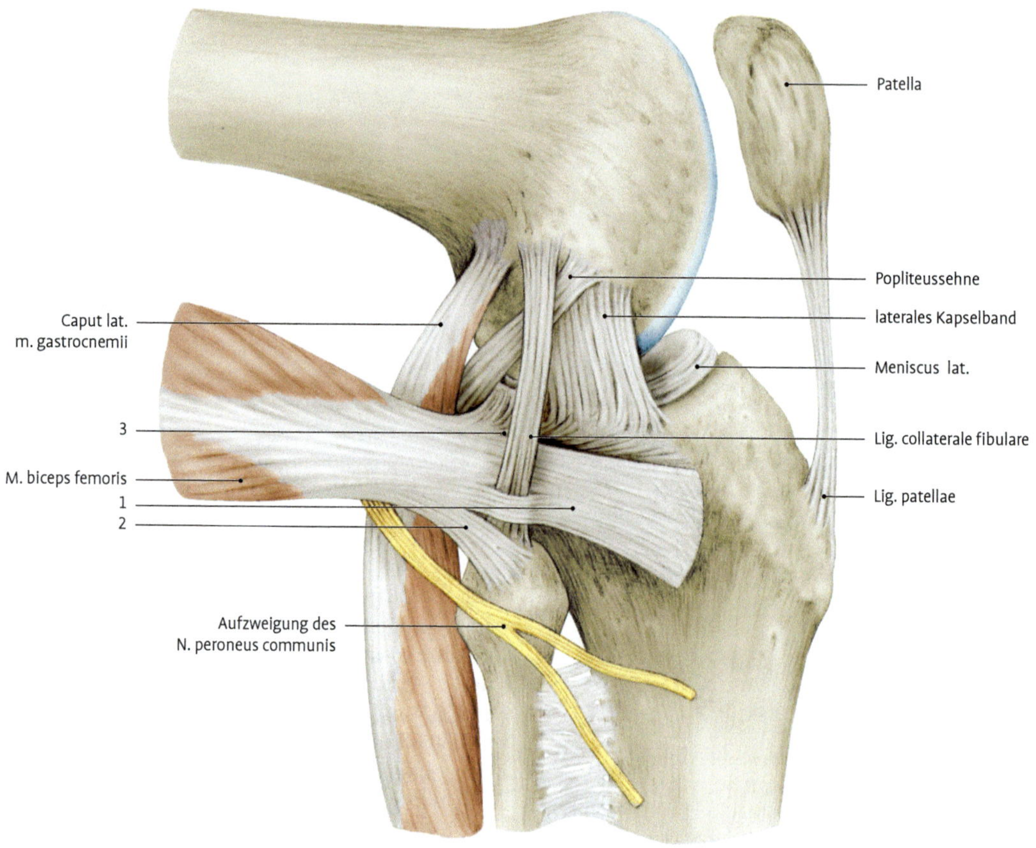

Patella

Popliteussehne

laterales Kapselband

Meniscus lat.

Caput lat.
m. gastrocnemii

Lig. collaterale fibulare

3

Lig. patellae

M. biceps femoris
1
2

Aufzweigung des
N. peroneus communis

Abb. 4.174 Rechtes Kniegelenk von lateral. Ansätze der Bizepssehne: 1 = oberflächliche Schicht in die Fascia cruris einstrahlend, 2 = mittlere Schicht mit Ansatz am Wadenbeinkopf, schlingenförmige Umfassung des Lig. collaterale fibulare, 3 = tiefe Schicht zum Ansatz des Tractus iliotibialis (Tuberculum Gerdy) und Kapsel-Band-Apparat sowie Einstrahlungen in den Meniscus lateralis (modifiziert nach M. Wagner u. R. Schabus).

bandriss und medialer Meniskusriss, laterale Seitenbandruptur, lateraler Meniskus- und vorderer Kreuzbandriss bei anterolateraler Rotationsinstabilität mit Bewegungs- und Druckschmerz, Schwellung, Hämatom, Hämarthros.

Menisci (Abb. 4.175, 4.177). Sie sind C- bzw. halbmondförmig gebogene Scheiben aus Faserknorpel, die keilförmig zwischen femoralen und tibialen Gelenkflächen eingelassen sind. Da sie auf dem Tibiakopf gleiten, beschreibt man sie als transportable Gelenkpfannen.
- Der **Meniscus medialis** ist sichelförmig gekrümmt, hat Kontakt mit der hinteren Portion des Lig. collaterale tibiale.

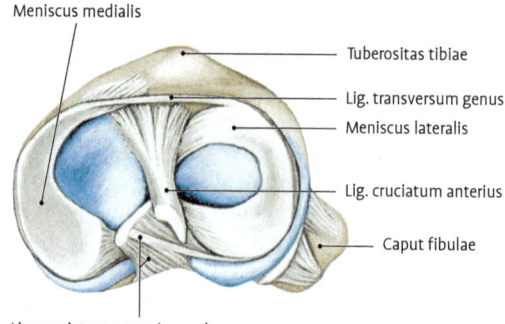

Meniscus medialis

Tuberositas tibiae

Lig. transversum genus

Meniscus lateralis

Lig. cruciatum anterius

Caput fibulae

Lig. cruciatum posterius und
Lig. meniscofemorale posterius (Wrisberg)

Abb. 4.175 Proximale Fläche der Tibia mit Menisci und Kreuzbändern.

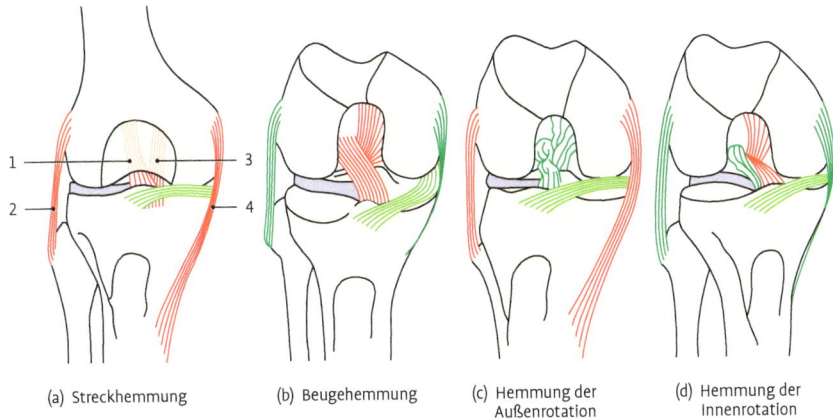

(a) Streckhemmung (b) Beugehemmung (c) Hemmung der Außenrotation (d) Hemmung der Innenrotation

Abb. 4.176 Seiten- und Kreuzbänder. Gespannte Bandzüge sind rot, entspannte grün dargestellt. 1 = Lig. cruciatum anterius, 2 = Lig. collaterale fibulare, 3 = Lig. cruciatum posterius, 4 = Lig. collaterale tibiale (modifiziert nach T. v. Lanz, W. Wachsmuth).

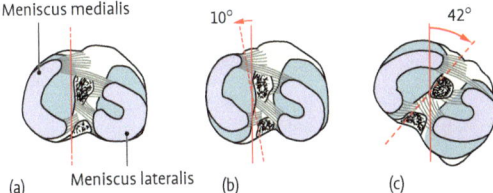

Meniscus medialis 10° 42°

(a) Meniscus lateralis (b) (c)

Abb. 4.177 Verlagerung der Menisci bei Bewegungen im Kniegelenk. Die durchgehend rote Gerade gibt die Rotationsstellung des Femur, die gestrichelte jene der Tibia an. **a**: Stärkste Beugung. **b**: Rechtwinklige Beugung und 10° Innenrotation, **c**: Rechtwinklige Beugung und 42° Außenrotation (nach T. v. Lanz, W. Wachsmuth).

- Der **Meniscus lateralis** ist kreisförmig, der Krümmungsradius ist kleiner als beim medialen Meniscus.

Die Gelenkzwischenscheiben sind über kurze, straffe Bänder befestigt, die jeweils zwischen den Enden der Menisci (**Vorder- und Hinterhorn**) zur Area intercondylaris anterior und posterior ziehen. Weiterhin sind die breiteren Außenkanten mit der Gelenkkapsel verwachsen. Der Meniscus medialis ist außerdem noch mittels eines fächerförmigen Bandes, des „coronary ligament" an der Vorderkante des Caput tibiae befestigt. Vom Hinterrand des lateralen Meniscus zieht regelhaft ein **Lig. meniscofemorale posterius (Wrisberg)** zur femoralen Ansatzzone des hinteren Kreuzbandes. Das **Lig. meniscofemorale anterius (Humphry)** ist nur bei etwa 70 Prozent der Menschen angelegt. Außerdem können beide Menisci über inkonstante meniscopatellare Bänder mit der Kniescheibe verheftet sein. Ein variabel ausgestaltetes **Lig. transversum genus** verbindet die beiden Vorderhörner miteinander (Abb. 4.175). Es verläuft quer durch das Corpus adiposum infrapatellare. Die Blutversorgung erfolgt über ein **perimeniskales Randnetz** aus Verzweigungen der **A. media genus**. Der zentrale Teil ist gefäßfrei und wird durch die Synovia ernährt. Die Menisci sind reich an sensiblen Nervenendigungen. **Funktion:** Sie gleichen Inkongruenzen der Femurkondylen und des Tibiakopfplateaus aus. Zudem vergrößern sie die Druckübertragungsflächen und vermindern dadurch den Gelenkflächendruck. Bei Beugung werden die Menisci von den Femurkondylen nach hinten verlagert (Abb. 4.177). Ebenso werden sie bei den Rotationsbewegungen mitgeführt. Der laterale Meniscus ist durch seine enger beieinander liegenden Ansatzfasern besser beweglich als der mediale. Außerdem hat der laterale Meniscus keine Verbindung zum Lig. collaterale fibulare.

Bei nicht muskulär gesicherten Rotationsbewegungen im Kniegelenk ist der weniger bewegliche Meniscus medialis am meisten gefährdet. 95 % aller Meniskusschäden entfallen auf ihn.

Klinik: 1. Meniskusriss. Distorsionstrauma mit Ein- oder Abriss des medialen oder seltener des lateralen Meniskus, besonders bei jugendlichen Sportlern, v. a. bei Rotationsbewegung in

Flexionsstellung des Knies; typische Begleitverletzung bei Kniegelenkbandruptur. **2. Meniskektomie.** Partielle, selten subtotale oder totale Entfernung eines Meniskus nach Meniskusriss. **3. Meniskuszyste** (= Meniskusganglion). Überwiegend am lateralen Meniskus gelegene zystisch-degenerative Veränderung; breitbasige oder gestielte Verbindung zum eigentlichen Meniskus. **4. Meniskopathie.** Traumatisch oder degenerativ entstandene Erkrankung der Menisci (Einriss, Abriss, Korbhenkelriss, Einklemmung), auch berufsbedingt.

Cavitas articularis. Die Gelenkhöhle ist durch vorspringende Bänder, Fett- und Synovialfalten, Menisci und mehrere gelenknahe Schleimbeutel buchtenreich und weit verzweigt. Von den Seiten der Patella entspringen die **Plicae alares,** welche die lateralen, paarigen Anteile des **Corpus adiposum infrapatellare** (→ **Hoffa-Fettkörper**) darstellen (Abb. 4.169, 4.170). Der Fettkörper ist unregelmäßig begrenzt, im Schnitt dreieckig und liegt mit seiner Basis dem Lig. patellae auf. Das Lig. transversum genus wird fast vollständig von Fettgewebe bedeckt. Zwischen der Fossa intercondylaris (vorn) und der Mitte des infrapatellaren Fettkörpers spannt sich die **Plica synovialis infrapatellaris** aus (Abb. 4.170), ein Überbleibsel eines während der Embryonalzeit vollständig erhaltenen Septums im vorderen Kniegelenk. Im proximalen Bereich der Gelenkhöhle, im Boden der **Bursa suprapatellaris,** liegt eine weitere mit Fett unterfütterte **Plica synovialis suprapatellaris.** Sie ist das Gegenlager für die proximalen Anteile der Patella im gestreckten Knie.

Bursae synoviales, Schleimbeutel (Abb. 4.169, 4.170)
- **Bursa suprapatellaris.** Oberhalb der Patella gelegen, bedeckt von der Quadrizepssehne. Ihre Wand wird vom M. articularis genus gespannt. Meist Verbindung zur Gelenkhöhle. Kann gelegentlich durch ein sagittal eingestelltes Septum in ein größeres mediales und ein kleineres laterales Kompartment getrennt sein.
- **Recessus subpopliteus.** Zwischen Gelenkkapsel und Ursprungssehne des M. popliteus (Abb. 4.172) gelegen; immer mit Gelenkhöhle verbunden, kann auch in etwa 28 % mit der Articulatio tibiofibularis kommunizieren.

- **Bursa m. semimembranosi.** Unter der Ansatzsehne des M. semimembranosus gelegen, kommuniziert mit der Gelenkhöhle.
- **Bursa subtendinea m. gastrocnemii medialis.** Kann mit dem Kniegelenk kommunizieren.
- **Bursae praepatellares (subcutanea, subfascialis, subtendinea).** Keine Verbindung zur Gelenkhöhle, Verschiebeeinrichtungen der Haut gegen die Patella.
- **Bursa infrapatellaris (subcutanea, profunda).** Zwischen Haut und Lig. patellae bzw. Lig. patellae und Tibia sowie Corpus adiposum infrapatellare gelegen. Ebenfalls ohne Verbindung zum Kniegelenk.

Röntgenanatomie. Im a.-p.-Strahlengang (Abb. 4.178) sind Konturen der **Condyli femoris** und das **Tibiakopfplateau** mit der **Eminentia intercondylaris** sichtbar. Der Umriss der **Patella** hebt sich schwach angedeutet vom **distalen Femurende** ab. Epiphysenlinien der Kondylen und des Tibiakopfes entsprechen Zonen stärkerer Mineralisierung. Im **seitlichen Strahlengang** (Abb. 4.179) überlagern sich z. T. die Profile der Kondylenumrisse und des Tibiakopfes. Der Spalt des **Femoropatellargelenkes** ist weit. Deutlich erkennt man die subchondrale Kompakta an der gelenkflächennahen Zone der Patella. Eine Beurteilung von **Patellagleitlager** und **Facies articularis patellae** erlaubt eine **axiale** (tangentiale) **Aufnahme** (→ **Defilé-Aufnahme**).

Mechanik (Abb. 4.180). Stabilisiert wird das Kniegelenk vorwiegend durch Muskeln und Bänder. Eine knöcherne Führung ist im **Femorotibialgelenk** nicht vorhanden. Lediglich die Eminentia intercondylaris kann ein seitliches Verschieben einschränken. In äußerster Streckstellung befinden sich Ober- und Unterschenkel in stabiler Lage. Am Beginn der Anteversion des Beines (z. B. Ansatz zum Schritt) wird im Kniegelenk gebeugt, die Beinlänge vermindert, um das Vorschwingen zu erleichtern. Das Kniegelenk wird dadurch schlagartig relativ instabil.

Die aktive **Streckung** kann beim Erwachsenen bis zu einem Winkel von **180°** erfolgen. Passiv ist eine weitere Streckung um 5–10° möglich. Dagegen ist beim Neugeborenen, wegen der größeren Retroversio tibiae, eine vollständige Extension noch nicht zu erreichen. In der letzten Phase der Streckung erfolgt zwangsläufig eine **Schlussrotation** der Tibia. Sie wird durch den Zug des vorderen Kreuzbandes und die Form der Gelenkkörper im

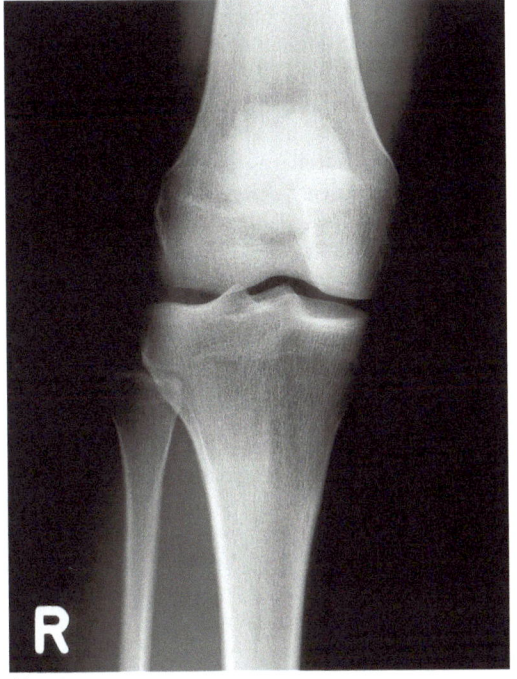

(a)

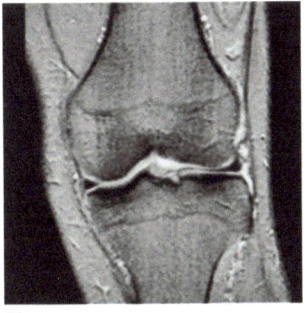

(b)

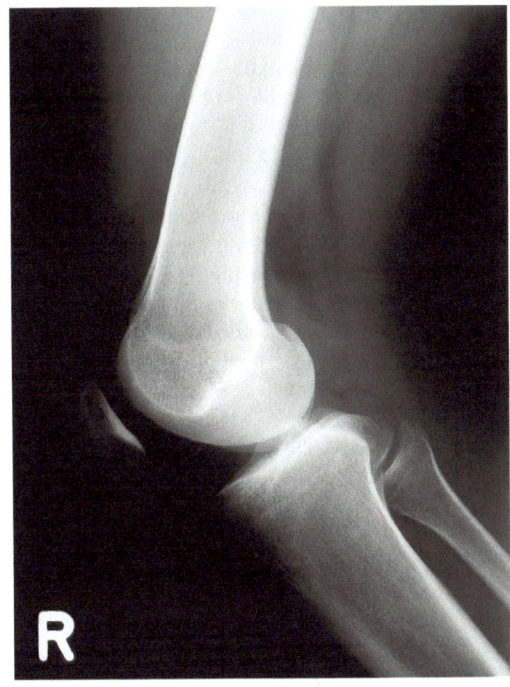

(a)

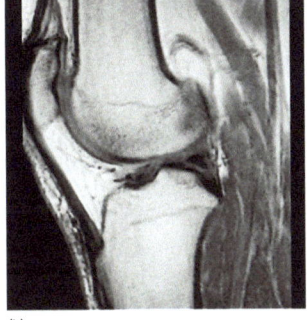

(b)

Abb. 4.178 a: Röntgenbild des rechten Kniegelenkes einer 21-jährigen Frau im a.-p.-Strahlengang, **b:** MRT-Bild in koronaler Schnittebene durch das rechte Kniegelenk eines 55-jährigen Mannes in Höhe der Eminentia intercondylaris. (Mit freundlicher Genehmigung der Radiol. Gemeinschaftspraxis Drs. Nückel, Sewing, Vahlensieck und Westermann, Bonn).

Abb. 4.179 a: Röntgenbild des rechten Kniegelenkes einer 21-jährigen Frau im seitlichen Strahlengang bei leichter Beugung, **b:** MRT-Aufnahme in sagittaler Schnittebene durch das rechte Kniegelenk eines 36-jährigen Mannes in Höhe der Mitte des Tibiakopfes. (Mit freundlicher Genehmigung der Radiol. Gemeinschaftspraxis Drs. Nückel, Sewing, Vahlensieck und Westermann, Bonn).

Sinne einer Außenrotation der Tibia am frei schwingenden Bein (= Spielbein) von 5–10° erreicht. Kommt es am Standbein zu einer Durchstreckung des Kniegelenks, so wird die **Schlussrotation** als Innenrotation des Femurs gegen die fixierte Tibia ausgeführt. Bei der **Beugung** im Kniegelenk wird **aktiv** ein Winkel von **120°** gemessen. **Passiv** kann bis **160°** gebeugt werden, bevor eine Weichteilhemmung eintritt. Die Bewegungsabläufe bei Beugung und Streckung sind zwangsläufig, aufgrund der Anordnung der Kreuz- und Kollateralbänder als eine geschlossene kinematische Kette anzusehen. Neben Beugung und Streckung erfolgt eine Innen- und Außenrotation des Unterschenkels. Diese **Ro-**

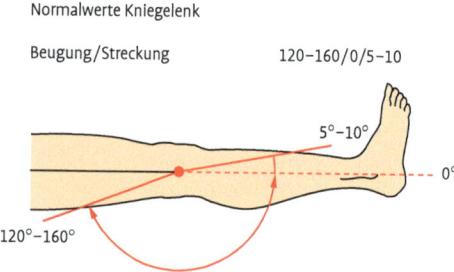

Normalwerte Kniegelenk

Beugung/Streckung   120–160/0/5–10

5°–10°

0°

120°–160°

Abb. 4.180 Bewegungsumfänge im Kniegelenk.

tationen können **nur in Beugestellung** des Knies erfolgen. Da bei vollständiger Streckung die Seitenbänder straff gespannt sind, ist eine Rotation unmöglich. **Bei rechtwinklig gebeugtem Knie** kann eine **Außenrotation** von maximal **40°**, eine **Innenrotation** von etwa 10° erfolgen. Ab- und Adduktionsbewegungen sind nicht möglich. Die Rotationsstabilität wird durch die Hauptbänder des Kniegelenkes gewährleistet. Während der Innenrotation sind die Kreuzbänder ineinander gedreht und gespannt. Während der Außenrotation wickeln sie sich auseinander. Umgekehrt sind die Kollateralbänder in der Außenrotationsstellung gespannt und während der Innenrotation lockerer. Weiterhin sichern die postero-medialen und die postero-lateralen Kapselverstärkungen die Rotation im Knie.

Im **Femoropatellargelenk** liegt eine sichere Knochenführung vor. Die Patella ruht in Streckstellung mit dem distalen Teil ihrer Gelenkfläche auf dem proximalen Teil der Facies patellaris des Femur, während der proximale Anteil der Patella mit der Plica synovialis suprapatellaris in Kontakt kommt. Bei zunehmender Beugung gelangt sie in den tieferen, distalen Teil der Gleitrinne. Hier ist sie gegenüber einem seitlichen Verschieben gesichert. In Streckstellung lässt sich die Patella seitwärts verlagern. Ihr Gleitweg von der maximalen Streckung zur maximalen Beugung und umgekehrt beträgt 6–7 cm.

Klinik: 1. Angeborene Kniegelenkluxation. Ursache ist Entwicklungsstörung oder Lageanomalie in utero. **2. Genu varum** (= O-Bein), angeboren oder posttraumatisch. **3. Genu valgum** (= X-Bein), angeboren, einseitig auch nach Traumen. Sonst bei Rachitis, Hypogonadismus, Myopathien, Lähmungen. **4. Genu recurvatum** (= Hohlknie). Abnorme Überstreckbarkeit durch Bänderschlaffheit, angeboren oder post-

traumatisch. **5. Gonarthrose.** Ursachen können Gelenkdysplasien, konstitutionell oder auch stoffwechselbedingte Achsenfehler sein. Möglicherweise sogar Qualitätsstörungen des Gelenkknorpels. **6. Osteochondrosis dissecans.** Traumatische, subchondrale **aseptische Knochennekrose.** Häufig mit Herauslösen eines Knochen- oder Knorpelstückes als freier Gelenkkörper (→ Gelenkmaus mit Mausbett).

4.4.2.3 Articulatio tibiofibularis, Schienbein-Wadenbein-Gelenk

Gelenkkörper sind **Facies articularis fibularis tibiae** und **Facies articularis capitis fibulae** (Abb. 4.154). Die tibiale Gelenkfläche liegt unter dem Seitenrand des Condylus lateralis.

Die **Gelenkkapsel** wird vorn durch das **Lig. capitis fibulae anterius** und Anteile des **Retinaculum patellae laterale** verstärkt. Hinten liegt das schwächere **Lig. capitis fibulae posterius,** über das die Ursprungssehne des M. popliteus hinwegzieht (Abb. 4.167, 4.168, 4.171, 4.172). Der darunter liegende **Recessus subpopliteus** kommuniziert in etwa 28% mit der Gelenkhöhle des Tibiofibulargelenkes. Dadurch ist eine Verbindung zum Binnenraum des Gelenkes möglich.

Funktion. In der Articulatio tibiofibularis sind geringgradige Translationsbewegungen in vertikaler und transversaler Richtung sowie leichte Rotationen möglich. Sie laufen unwillkürlich und parallel mit Auslenkungen in der Syndesmosis tibiofibularis ab.

4.4.2.4 Membrana interossea cruris, Schienbein-Wadenbein-Membran

Die bindegewebige Membrana interossea cruris (Abb. 4.181), ausgespannt zwischen den **Margines interossei** von Tibia und Fibula. Ihre straffen Bindegewebefasern verlaufen schräg von der Tibia nach distal zur Fibula. Sie ist proximal und in der Mitte breiter als distal. In Höhe des Fibulahalses liegt eine große Öffnung für den Durchtritt der **Vasa tibialia anteriora.** Oberhalb der Syndesmosis tibiofibularis treten **Rr. perforantes** der **Vasa peronea (fibularia)** durch eine schlitzförmige Öffnung nach ventral hindurch. Die Membrana interossea dient zahlreichen Unterschenkelmuskeln als Ursprungsfeld und stabilisiert außerdem die Syndesmosis tibiofibularis.

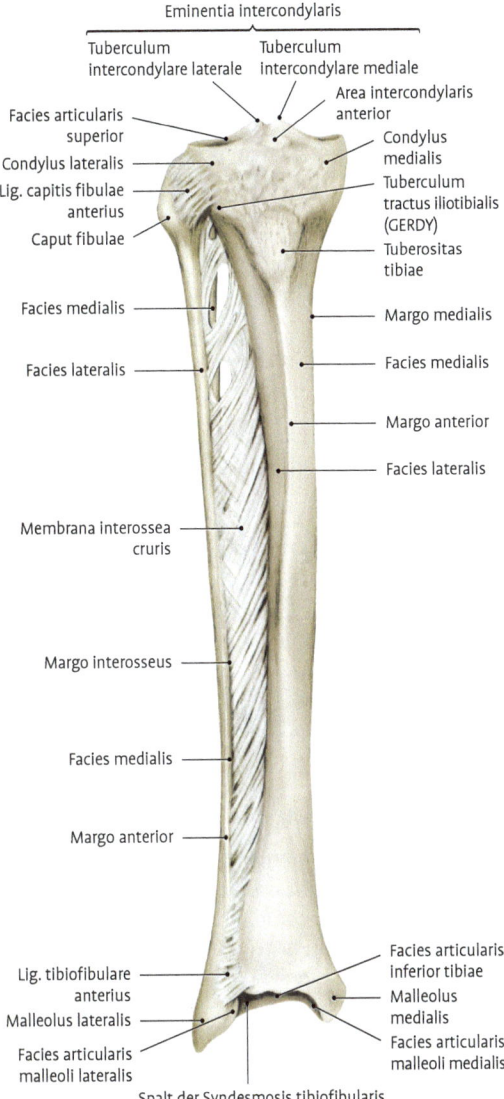

Eminentia intercondylaris

Tuberculum intercondylare laterale
Tuberculum intercondylare mediale
Area intercondylaris anterior
Facies articularis superior
Condylus medialis
Condylus lateralis
Tuberculum tractus iliotibialis (GERDY)
Lig. capitis fibulae anterius
Caput fibulae
Tuberositas tibiae
Facies medialis
Margo medialis
Facies lateralis
Facies medialis
Margo anterior
Facies lateralis
Membrana interossea cruris
Margo interosseus
Facies medialis
Margo anterior
Facies articularis inferior tibiae
Lig. tibiofibulare anterius
Malleolus medialis
Malleolus lateralis
Facies articularis malleoli medialis
Facies articularis malleoli lateralis
Spalt der Syndesmosis tibiofibularis

Abb. 4.181 Tibia und Fibula von ventral mit ihren bandhaften Verbindungen.

4.4.2.5 Syndesmosis tibiofibularis, Schienbein-Wadenbein-Bandhaft

Distal von Articulatio tibiofibularis und Membrana interossea verbindet als dritte Knochenverbindung die Syndesmosis tibiofibularis Schienbein und Wadenbein (Abb. 4.181). Knöchelnah liegt der distale Abschnitt der Fibula der konkaven **Incisura fibularis tibiae** (Abb. 4.154) gegenüber. Die aneinanderliegenden Flächen sind mit Periost bedeckt.

Ein innen gelegener Spalt, **Recessus tibiofibularis,** der mit der Gelenkhöhle des oberen Sprunggelenkes kommuniziert, wird durch eine größere Synovialfalte abgedeckt. Hyaliner Gelenkknorpel tritt in der Syndesmose nicht auf. Straffe Bänder an der Vorderseite, **Lig. tibiofibulare anterius,** und Rückseite, **Lig. tibiofibulare posterius,** der Syndesmose sichern die Stabilität der Malleolengabel. Bei Dorsalextension im oberen Sprunggelenk wird die Fibula geringfügig nach proximal und nach lateral verschoben sowie außenrotiert. Dagegen gleitet sie nach distal und medial während der Plantarflexion. Zusätzlich ist eine leichte Innenrotation der Fibula zu beobachten.

4.4.2.6 Articulatio talocruralis, oberes Sprunggelenk (Abb. 4.182, 4.183)

> Oberes und auch unteres Sprunggelenk sind knochen-, band- und muskelgeführte Bewegungseinrichtungen und erlauben ausgiebige Bewegungen.

Es artikuliert das **Rollendach** der Tibia, **Facies articularis inferior,** mit dem **Rollenmantel** der **Trochlea tali, Facies superior.** Die **Rollenwangen** des Talus werden von den **Knöchelwangen** medial und lateral eingefasst. Die **Facies articularis malleoli medialis** der Tibia artikuliert mit der **Facies malleolaris medialis** des Talus. An der Innenseite des fibularen Knöchels liegt die **Facies articularis malleoli lateralis.** Sie steht mit der **Facies malleolaris lateralis** des Talus in Gelenkkontakt. Die Syndesmosis tibiofibularis (Abb. 4.181) mit Lig. tibiofibulare anterius und posterius sowie mediale und laterale kapselverstärkende Bandsysteme sichern das Gelenk. Diese greifen auch z. T. über die Gelenkspalte des unteren Sprunggelenkes hinweg und sichern dieses mit. Die kaudalen Fasern des Lig. tibiofibulare posterius bilden eine Art Pfannenlippe, die als „inferior transverse (tibiofibular) ligament" bezeichnet wird. Sie verhindert eine Luxation des Talus nach dorsal.

Gelenkkapsel. Sie ist an den Rändern der überknorpelten Flächen angeheftet. Die Malleolen liegen frei. Sie ist vorn und hinten dünn und dadurch leichter verletzbar. Vorn ist sie mit den Sehnenscheiden der Mm. extensores digitorum und hallucis verwachsen. Dadurch wird eine Einklemmung bei der Dorsalextension verhindert. An der Dorsal-

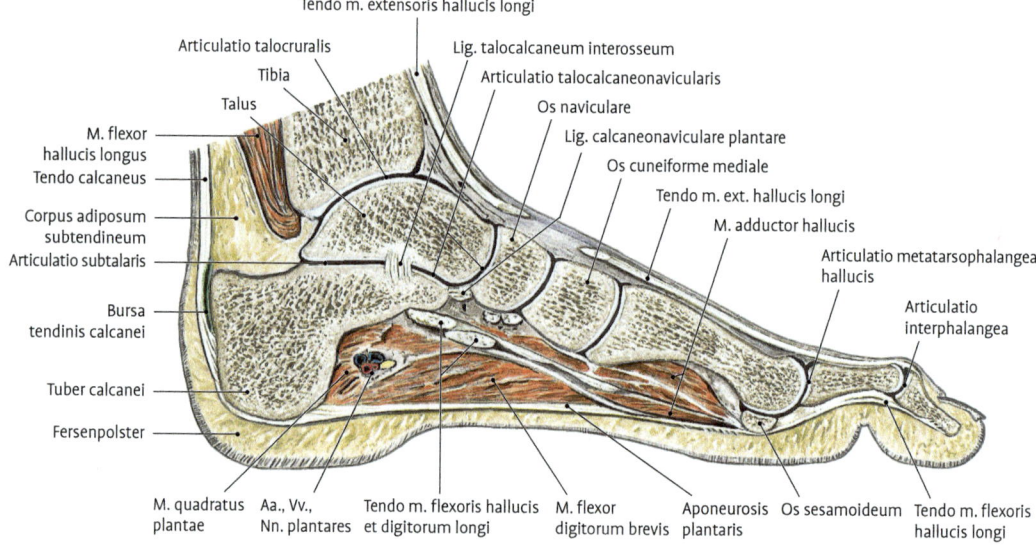

Abb. 4.182 Sagittalschnitt durch einen rechten Fuß in Höhe der Großzehe.

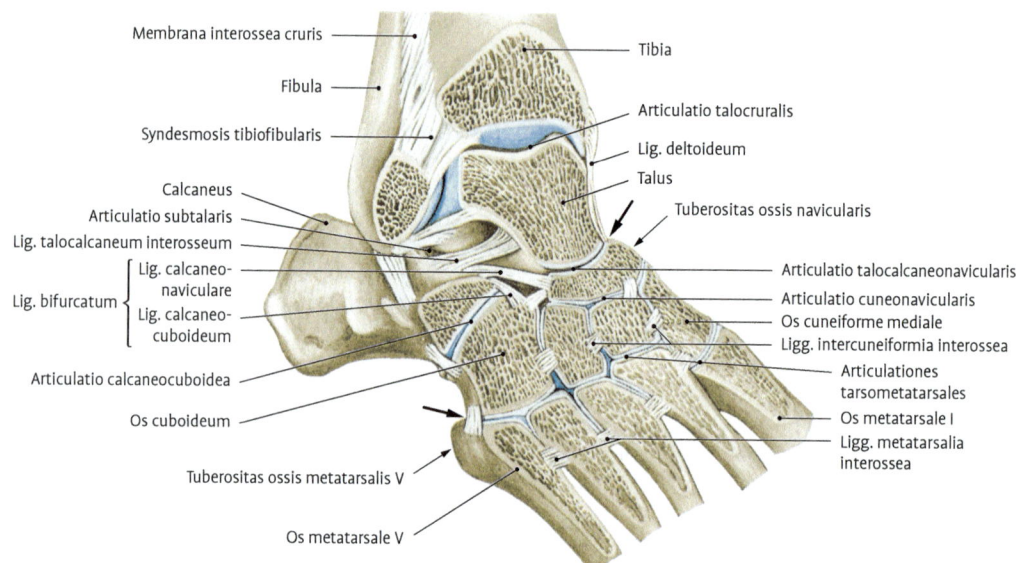

Abb. 4.183 Bänder und Gelenke des rechten Fußes von dorsal und lateral. Die oberflächlichen Teile sind abgetragen. Die schwarzen Pfeile am medialen und lateralen Fußrand zeigen den Zugang zur Chopart- (Orientierung: Tuberositas ossis navicularis) und Lisfranc- (Orientierung: Tuberositas ossis metatarsalis V) Gelenklinie.

fläche des Collum tali und auch im Bereich des Proc. posterior tali finden sich synoviale Fettkörper, die Stoßdämpferfunktion in den Endlagen der Dorsal- und Plantarflexion ausüben.

Bänder:
- **Lig. collaterale mediale sive deltoideum.** Die fächerförmig angeordneten Teilabschnitte des Lig. collaterale mediale mit oberflächlichen langen

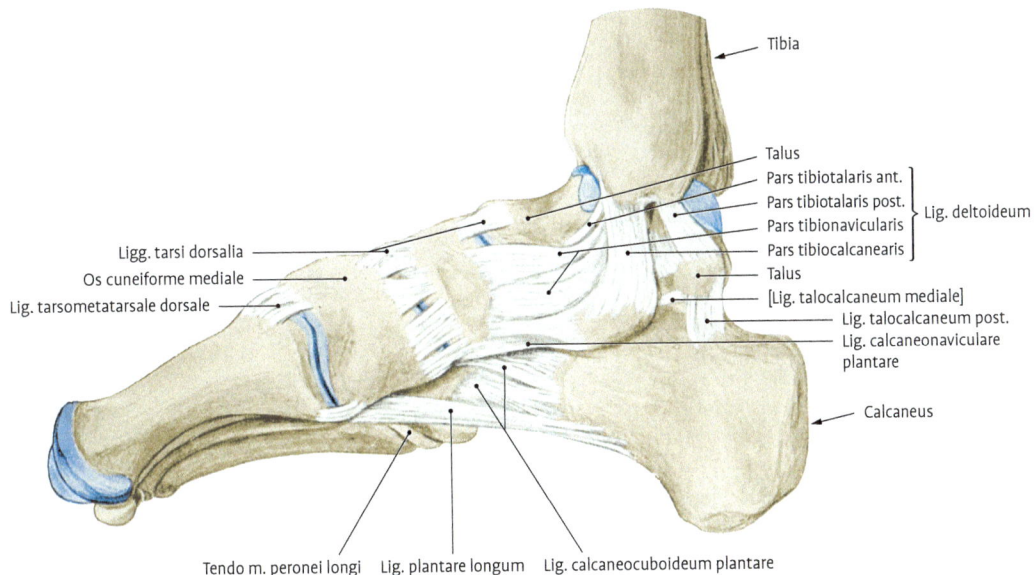

Tibia

Talus
Pars tibiotalaris ant.
Pars tibiotalaris post. } Lig. deltoideum
Pars tibionavicularis
Pars tibiocalcanearis
Talus
[Lig. talocalcaneum mediale]
Lig. talocalcaneum post.
Lig. calcaneonaviculare plantare

Calcaneus

Ligg. tarsi dorsalia
Os cuneiforme mediale
Lig. tarsometatarsale dorsale

Tendo m. peronei longi   Lig. plantare longum   Lig. calcaneocuboideum plantare

Abb. 4.184 Bänder des rechten Fußes von medial.

und kurzen tiefen Bandzügen spannen sich zwischen Malleolus medialis, Talus, Calcaneus und Os naviculare aus: In der oberflächlichen Schicht finden sich die **Pars tibiocalcanea, Pars tibionavicularis** und die **Pars tibiotalaris posterior,** während die tiefe Schicht von der **Pars tibiotalaris anterior** gebildet wird. Diese wird von der Pars tibionavicularis überdeckt (Abb. 4.184).

- **Lig. collaterale laterale.** Es stellt eigentlich einen Apparat aus mehreren Bändern dar und verläuft vom Malleolus lateralis zum Talus und Calcaneus. Nahezu horizontal zieht das **Lig. talofibulare anterius** von der Vorderkante des lateralen Knöchels zum Collum tali. Für die Stabilisierung im oberen Sprunggelenk ist es von großer Wichtigkeit. Das kräftige **Lig. talofibulare posterius** entspringt an der Innenseite des Malleolus lateralis und inseriert am Processus posterior tali. Ein Teil der kranialen Fasern dieses Bandes steigt zum inferior transverse (tibiofibular) ligament auf. Dieser sogenannte „tibial slip" des Lig. talofibulare posterius wirkt wie eine Raffnaht im dorsalen Anteil der Capsula fibrosa. Die beiden talofibularen Bänder liegen intraartikulär und können erst nach Entfernen der fibrösen Gelenkkapsel zur Ansicht gebracht werden. Ebenfalls vom Vorderrand des seitlichen Knöchels löst sich das **Lig. calcaneofibu-**

lare und zieht schräg nach hinten zur lateralen Calcaneusfläche, überdeckt von Sehnenscheiden der Mm. peronei (Abb. 4.185). Dieses Band liegt im Unterschied zu den beiden vorgenannten Bändern oberflächlich und auch außerhalb der Capsula fibrosa und entspricht damit von seiner Lage dem Lig. collaterale fibulare im Kniegelenk.

Vordere Bandzüge der medialen und lateralen Seitenbänder sichern das obere Sprunggelenk in Plantarflexion, während die hinten verlaufenden Bandzüge in Dorsalextension gespannt sind. Mittlere Faserzüge (Lig. calcaneofibulare und Pars tibiocalcanea des Lig. deltoideum) wirken einem Abknicken des Fußes nach medial (Varisierung) bzw. lateral (Valgisierung) entgegen.

Mechanik. Die Articulatio talocruralis ist nach der Form der Gelenkkörper ein **Scharniergelenk** mit einer sicheren Knochen- und Bandführung. Der Fuß kann gegenüber dem Unterschenkel um 20–30° dorsal extendiert und 40–50° plantar flektiert werden (Abb. 4.186). In Dorsalextension wird die Malleolengabel durch die nach vorne breiter werdende Trochlea tali auseinandergedrängt, es kommt dabei zu einer „federnden" Außenrotation der Fibula um einige wenige Grade. Bei den Gangphasen entspricht das dem Aufsetzen der Ferse.

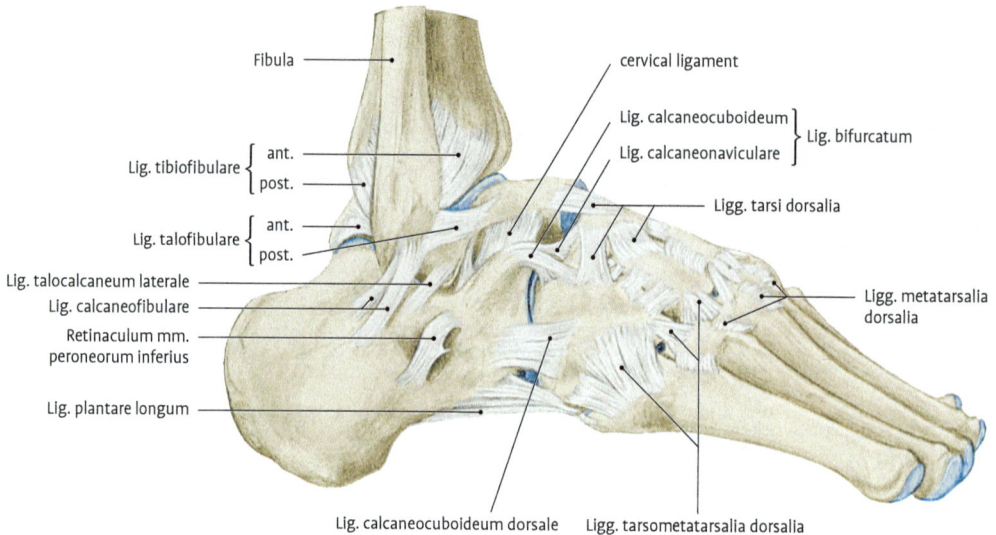

Fibula

cervical ligament

Lig. calcaneocuboideum ⎫
Lig. calcaneonaviculare ⎬ Lig. bifurcatum

Lig. tibiofibulare { ant. / post.

Ligg. tarsi dorsalia

Lig. talofibulare { ant. / post.

Lig. talocalcaneum laterale
Lig. calcaneofibulare

Ligg. metatarsalia dorsalia

Retinaculum mm. peroneorum inferius

Lig. plantare longum

Lig. calcaneocuboideum dorsale   Ligg. tarsometatarsalia dorsalia

Abb. 4.185 Bänder des rechten Fußes von lateral.

Normalwerte Sprunggelenke

Plantarflexion / Dorsalextension   40–50 / 0 / 20–30

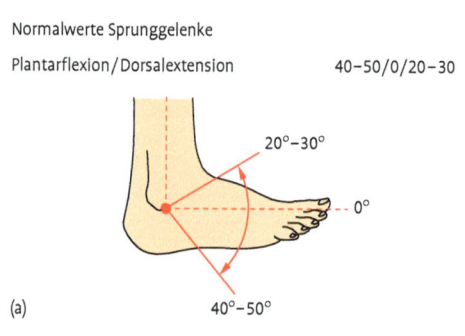

20°–30°

0°

(a)

40°–50°

Pronation / Supination (bei fixiertem Calcaneus)   15 / 0 / 35
Eversion / Inversion (gesamt)   30 / 0 / 60

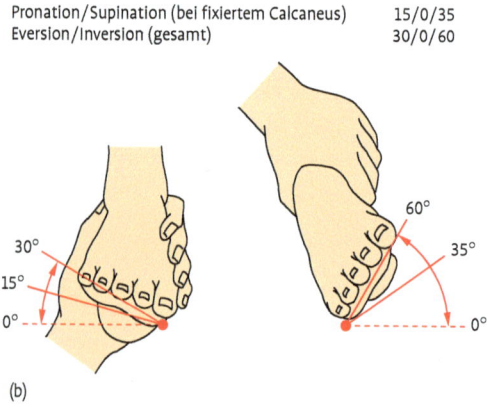

30°
15°
0°

60°

35°

0°

(b)

Abb. 4.186 Bewegungsumfänge im oberen Sprunggelenk (a); im unteren Sprunggelenk (b).

Der Fuß wird fest verklammert. Da die Facies superior der Trochlea tali hinten schmaler ist, wird beim Abrollen in die Plantarflexion die Führung lockerer und die Fibula wird mittels Innenrotation automatisch in die Ausgangsposition zurückgebracht. Dabei werden auch seitliche Verschiebungen und Drehungen des Talus als Anpassung an den Untergrund möglich. Die Bewegungsachse im oberen Sprunggelenk verläuft transversal. Sie verbindet die Spitzen der beiden Malleolen. Da der Malleolus lateralis weiter nach distal reicht, ist sie gegenüber der Tibiaachse um 82° nach lateral geneigt (Abb. 4.155).

Klinik: 1. Distorsion (Verstauchung, Zerrung, Verdrehung). Inkomplette Faserrisse der Bänder mit Schwellung, Hämatom, Funktionseinbuße durch indirekte Gewalteinwirkung (Umknicken des Fußes). **2. Bandruptur.** Komplette Faserrisse durch indirekte Gewalt. **3. Knöchelfraktur** (= Sprunggelenk-, Malleolarfraktur; Abb. 4.187). Häufigste Fraktur der unteren Extremität. Ein- (meist Außenknöchel) oder beidseitiger (bimalleolärer) Knochenbruch durch indirekte Gewalteinwirkung (Umknicken des Fußes als Inversion-Adduktion oder Eversion-Abduktion). Einteilung nach **Weber:** Typ A, Fibulafraktur distal der intakten Syndesmose, Typ B, Fraktur auf Höhe der Syndesmose, Typ C,

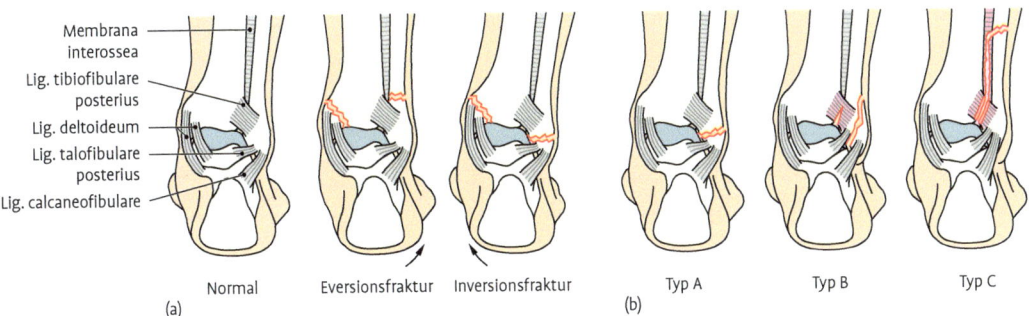

Membrana
interossea
Lig. tibiofibulare
posterius
Lig. deltoideum
Lig. talofibulare
posterius
Lig. calcaneofibulare

Normal   Eversionsfraktur   Inversionsfraktur   Typ A   Typ B   Typ C
(a)   (b)

Abb. 4.187 a: Bänder der Sprunggelenke und ihre Rolle bei Knöchelfrakturen, **b:** Knöchelfrakturen und Einteilung nach Weber.

Fraktur proximal der Syndesmose mit Bandruptur; Sonderform der Weber-C-Fraktur ist die **Maisonneuve-Fraktur** (hohe Fibulafraktur mit Riss der Membrana interossea cruris und der Syndesmosis tibio-fibularis sowie gleichzeitiger Innenknöchelfraktur bzw. Ruptur des Lig. deltoideum). **4. Syndesmosensprengung.** Zerreißung der Syndesmosenbänder bei Fibulafraktur proximal (Typ Weber C) oder in Höhe des Syndesmosenspaltes (Typ Weber B) durch indirekte Gewalteinwirkung.

4.4.2.7 Articulatio subtalaris (talocalcanea) und Articulatio talocalcaneonavicularis, unteres Sprunggelenk (Abb. 4.182, 4.183)

Das untere Sprunggelenk setzt sich aus 2 separaten Gelenken zusammen, die aber funktionell zu einer Einheit verbunden sind.

Articulatio subtalaris. In ihr artikuliert die konkave **Facies articularis calcanea posterior** des Talus mit der konvexen **Facies articularis talaris posterior** des Calcaneus. Die an den Rändern der Gelenkflächen befestigte dünne Kapsel wird verstärkt durch: **Lig. talocalcaneum laterale, Lig. talocalcaneum mediale, Lig. talocalcaneum posterius, Pars tibiocalcanea des Lig. deltoideum, Lig. calcaneofibulare** (Abb. 4.184, 4.185).

Articulatio talocalcaneonavicularis. Hier artikulieren Talus, Calcaneus und Os naviculare mit der im **Lig. calcaneonaviculare plantare (Pfannenband)** eingelagerten **Fibrocartilago navicularis**. Die schräg geneigte, angenähert kugelförmige Gelenkfläche des Taluskopfes, **Facies articularis navicularis,** berührt die ovale Gelenkfläche des Os naviculare und das Pfannenband. Die **Facies arti-** cularis calcanea anterior und **media** auf der Plantarseite des Talus artikulieren mit den **Facies articulares talares anterior** und **media** auf dem **Sustentaculum tali** des Calcaneus. Auf der Dorsalseite wird die Kapsel der vorderen Abteilung des unteren Sprunggelenkes durch das breite **Lig. talonaviculare dorsale** verstärkt. Medial und dorsal verläuft die Pars tibionaviculare des Lig. deltoideum (Abb. 4.184). Ein vom Sustentaculum tali kommendes **Lig. calcaneonaviculare mediale** und ein **Lig. calcaneonaviculare** als Teilbestand des **Lig. bifurcatum** sichern und führen den Taluskopf zusammen mit dem Os naviculare in einer osteoligamentären Schleife. Zum Unterschied vom oberflächlichen, kapselverstärkenden Lig. calcaneonaviculare mediale ist das Lig. bifurcatum ein intraartikuläres, beinahe interossäres Band.

Lig. calcaneonaviculare plantare. Das Pfannenband füllt die Lücke zwischen Calcaneus und Os naviculare aus (Abb. 4.184, 4.189). An der Kontaktzone mit dem Taluskopf ist Faserknorpel in das Band eingelagert, Fibrocartilago navicularis. Das Pfannenband unterstützt die Längswölbung des Fußes. Eine „tragende" Funktion für den Talus, wie der Name vermuten lässt, hat es aber nicht.

Sinus tarsi. Vordere und hintere Kammer des unteren Sprunggelenkes werden durch die Fußwurzelbucht, Sinus tarsi, getrennt (Abb. 4.183, 4.185). In diesem von lateral nach medial enger werdenden Raum sind mehrere Bandzüge angelegt:

Cervical ligament. Dieses Band verbindet die dorsale Fläche des Calcaneus lateral vom Sulcus calcanei mit dem Collum tali (daher rührt der Name). Es liegt lateral vom Sinus tarsi und hat einen schräg nach distal ansteigenden Verlauf. Damit ist es in beiden Extrempositionen des unteren Sprunggelenks, d. h. sowohl in der Pronation als auch in der

Supination, gespannt. Das unterscheidet es funktionell von dem wesentlich schwächeren und in der Tiefe des Sinus tarsi gelegenen Lig. talocalcaneum interosseum, das nur in der Pronation gespannt ist. Das Retinaculum mm. extensorum inferius bedeckt das Cervical ligament zusammen mit den Mm. extensor digitorum et hallucis brevis.

Lig. talocalcaneum interosseum. Im eigentlichen Canalis tarsi liegt das meist schwache interossäre Band, das einen auf das cervical ligament gekreuzten Verlauf zeigt, d. h., es steigt von seiner distalen Anheftungsstelle im Sulcus calcanei nach proximal zum Sulcus tali an.

Mechanik. Das untere Sprunggelenk ist ein **zusammengesetztes Gelenk**. Der Talus kann sich gegenüber dem Calcaneus und dem Os naviculare um eine schräg verlaufende Achse drehen (Abb. 4.155, 4.186). Diese verläuft vom lateralen Teil des Rückens des Calcaneus nach medial leicht aufsteigend durch Hals und Kopf des Talus zum Os naviculare. In ihm kann der Rückfuß um etwa 30° nach innen gewendet werden → **Supination**. Die gegengleiche Umwendbewegung des Fußes (→ **Pronation**) beträgt dagegen nur etwa 15°. Die isolierte Pro- und Supination findet am Standbein ausschließlich im unteren Sprunggelenk statt. Am Spielbein gesellen sich auch Bewegungen in anderen Fußgelenken dazu, sodass es zu den komplexeren und ausgreifenderen Bewegungen der Eversion und Inversion kommt. Als Inversion (Heben des medialen Fußrandes) bezeichnet man eine gleichzeitige Supination und Adduktion, während man als Eversion (Heben des lateralen Fußrandes) eine gemeinsame Pronation und Abduktion bezeichnet.

> **Klinik: Sinus-tarsi-Syndrom.** Nach Umknicken mit dem Fuß (Inversionstrauma) mit Zerrungen in den lateralen Bändern der Sprunggelenke, Arthrosen in beiden Sprunggelenken, Fußfehlbildung oder Veränderung der Wölbungen des Fußes auftretende Schmerzen und Schwellungen im Bereich der Fußwurzelbucht mit Gefühl der Instabilität.

4.4.2.8 Articulatio calcaneocuboidea, Fersenbein-Würfelbein-Gelenk (Abb. 4.183)

Die einander zugewandten Flächen von Calcaneus und Os cuboideum sind sattelförmig. Die Gelenkkapsel folgt den Rändern der Gelenkflächen. Sie ist dorsal, lateral und plantar durch Bänder verstärkt.

Bänder:
- Das dorsal verlaufende **Lig. calcaneocuboideum** ist Teil des **Lig. bifurcatum**.
- Das **Lig. calcaneocuboideum dorsale** liegt seitlich davon.
- Am lateralen Fußrand überquert das **Lig. calcaneocuboideum laterale** das Kalkaneokuboidgelenk.
- Als kurzer Anteil des **Lig. plantare longum** ist das **Lig. calcaneocuboideum plantare** fächerförmig in die Gelenkkapsel eingefasst (Abb. 4.188, 4.189).

Funktion. Die Articulatio calcaneocuboidea beteiligt sich an den Umwendbewegungen des Fußes, geringfügig finden auch Plantarflexion und Dorsalextension des Vorfußes statt.

Zusammen mit der Articulatio talocalcaneonavicularis des unteren Sprunggelenkes bildet die Articulatio calcaneocuboidea die **Articulatio tarsi transversa (Chopart-Gelenk)**.

4.4.2.9 Articulatio cuneonavicularis, Keilbein-Kahnbein-Gelenk, Articulationes intercuneiformes, Zwischenkeilbein-Gelenke, Articulatio cuneocuboidea, Keilbein-Würfelbein-Gelenk (Abb. 4.182–4.189)

> Die Gelenkverbindungen der Knochen der distalen Fußwurzel sind Amphiarthrosen, gesichert durch Ligg. tarsi dorsalia, plantaria und interossea.

Funktion. Die Summe geringer Bewegungsausschläge in den Einzelgelenken ermöglicht eine Anpassung des Fußes an den Boden. Sie unterstützen die Querwölbung. Außerdem sind zusammen mit Ausschlägen im Chopart-Gelenk und den Articulationes tarsometatarsales Umwendbewegungen des Vorfußes gegen den Rückfuß möglich (Abb. 4.189). Diese „Verwringung" des Vorfußes beträgt im Sinne der Pronation etwa 15°, im Sinne der Supination etwa 35°. Die Gelenkhöhlen der distalen Fußwurzelgelenke kommunizieren mit den Articulationes tarsometatarsales II und III und intermetatarsales I und II.

4.4.2.10 Articulationes tarsometatarsales, Fußwurzel-Mittelfußgelenke (Abb. 4.183, 4.185)

> Die Fußwurzel-Mittelfußgelenke und die Zwischengelenke des Mittelfußes sind straffe Gelenke (Amphiarthrosen).

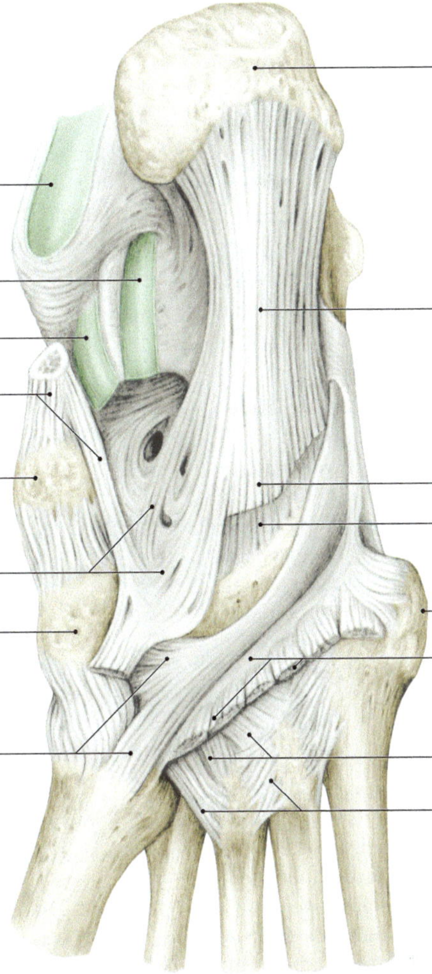

Tuber calcanei

Vagina tendinis m. tibialis posterioris

Vagina tendinis m. flexoris hallucis longi

Vagina tendinis m. flexoris digitorum longi

Tendo m. tibialis posterioris (abgeschnitten)

Tuberositas ossis navicularis

Ligg. tarsi plantaria

Os cuneiforme mediale

Tendo m. peronei longi (Ansatzzone)

Lig. plantare longum

Stratum superficiale (abgetragen)

Stratum profundum

Tuberositas ossis metatarsalis V

Stratum superficiale als Ursprung der abgetragenen Mm. interossei

Ligg. tarsometatarsalia plantaria

Ligg. metatarsalia plantaria

Abb. 4.188 Oberflächliche Bänder der Planta pedis. Die Sehnenscheide des M. peroneus longus ist zusammen mit den einstrahlenden Fasern des Stratum superficiale des Lig. plantare longum abgetragen worden.

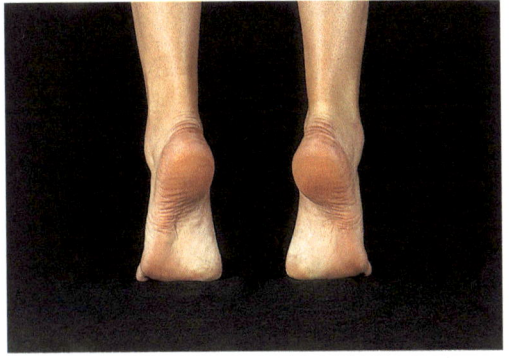

Abb. 4.189 Zehenstand mit deutlicher Verwringung der Vorfüße im Sinne der Pronation.

Korrespondierende Gelenkpartner bilden proximal das Os cuboideum sowie die Ossa cuneiformia und distal die Basen der Ossa metatarsalia. Drei getrennte Gelenkhöhlen sind angelegt: In der ersten artikulieren Os cuneiforme mediale und Os metatarsale I. Im zweiten Tarsometatarsalgelenk stehen Os cuneiforme intermedium und laterale mit dem 2. und 3. Mittelfußknochen in Kontakt. Das Os cuboideum und die Basen des 4. und 5. Mittelfußknochens bilden die dritte Gelenkhöhle.

Lisfranc-Gelenklinie. Zusammen bilden die Gelenke die Lisfranc-Gelenklinie. Sie ist durch die unterschiedliche Größe und Position der Mittelfuß-

knochen mehrfach abgeknickt. Ihre Lage lässt sich an der deutlich tastbaren Tuberositas ossis metatarsalis V bestimmen.

Als **Amphiarthrosen** lassen die Gelenke in geringem Ausmaß Bewegungen zu: Plantarflexion und Dorsalextension der distalen Fußabschnitte und Beteiligung an den Umwendbewegungen des Vorfußes. Gesichert werden diese Bewegungsausschläge durch dorsale, plantare und interossäre tarsomatatarsale Bänder (Abb. 4.183–4.185, 4.189).

4.4.2.11 Articulationes intermetatarsales, Gelenke zwischen den Mittelfußknochen (Abb. 4.183)

Die Gelenkflächen liegen an den einander zugewandten Seiten der Basen der Metatarsalknochen II–V.

Lig. plantare longum. Plantar werden die Gelenke der Fußwurzel und des Mittelfußes durch das Lig. plantare longum überquert (Abb. 4.184, 4.188). Es entspringt an der Unterfläche des Tuber calcanei und setzt mit tiefen Fasern (Stratum profundum) an der Tuberositas ossis cuboidea an (Lig. calcaneocuboideum plantare). Oberflächlich verlaufende längere Fasern (Stratum superficiale) überqueren die Sehnenscheide des M. peroneus longus. Aufgefächert in mehrere Stränge, setzen die Bandzüge an den Basen der Ossa metatarsalia II-V an. Das Lig. plantare longum ist am **Erhalt der Längswölbung des Fußes** maßgeblich beteiligt.

Weitere straffe Bänder verlaufen dorsal und interossär zwischen den proximalen Anteilen der Mittelfußknochen.

4.4.2.12 Articulationes metatarsophalangeae, Zehengrundgelenke (Abb. 4.155–4.157)

Die Köpfe der Mittelfußknochen artikulieren mit den Basen der Grundphalangen der Zehen. Plantar gleiten die Metatarsalköpfe in faserknorpeligen Platten (**plantare Platten**).

Die Gelenkkapseln werden durch die **Dorsalaponeurose** und die **Ligg. collateralia** verstärkt. Plantar erhalten die Gelenkkapseln durch die den plantaren Platten anliegenden **Ligg. plantaria** eine zusätzliche Verstärkung.

Lig. metatarsale transversum profundum. Es verläuft zwischen den plantaren Stützen der Zehengrundgelenke, zügelt die metatarsophalangealen

Gelenkabschnitte und hilft durch seine Verspannung, die **Querwölbung des Fußes** zu erhalten.

Mechanik. Die Metatarsophalangealgelenke (klinisches Akronym: MP-Gelenk) sind morphologisch Kugelgelenke, haben aber eine eingeschränkte Beweglichkeit. So ist neben der Dorsal- und Plantarflexion nur eine Ab- und Adduktion im Sinne des Spreizens der Zehen möglich. Die Referenzachse für die Ab- und Adduktion entspricht der Längsachse des 2. Zehenstrahls. Die Zehen können aktiv zwischen 30–40° plantarflektiert und 50–60° dorsalflektiert werden. An der Großzehe kann zwischen 40–45° plantarflektiert und bis zu 90° dorsalflektiert werden. Auch können die anderen Gelenke passiv bis zu diesem Wert dorsalflektiert werden.

4.4.2.13 Articulationes interphalangeae pedis proximales et distales, Mittel- und Endgelenke der Zehen

Hier artikulieren die rollenähnlich gekrümmten Gelenkflächen der proximalen und mittleren Phalangenköpfe mit den Basen der Mittel- und Endphalangen. Die Gelenkkapseln werden, wie an den Grundgelenken, durch die **Dorsalaponeurose** und **Ligg. collateralia** verstärkt. Plantar bilden die faserknorpeligen plantaren Platten eine Gelenkunterstützung.

Mechanik. Die Interphalangealgelenke sind **Scharniergelenke**. Im proximalen Interphalangealgelenk (klinisches Akronym: PIP-Gelenk) sind zumeist nur Plantarflexionen von 35° möglich. In den distalen Interphalangealgelenken (klinisches Akronym: DIP-Gelenk) kann bis zu 60° gebeugt und bis 30° gestreckt werden. An der Großzehe ist eine Beugung im Interphalangealgelenk von 70–80° möglich.

4.4.2.14 Der Fuß als Ganzes

Der **Fuß** (Abb. 4.182–4.185) hat die Aufgabe, das Körpergewicht zu übertragen, dabei mit dem Untergrund den Kontakt für die Lokomotion herzustellen und zur Fortbewegung beizutragen. Die beiden Sprunggelenke erlauben ausgiebige Bewegungen, die zusammen mit den straffen Gelenken des übrigen Fußes eine optimale Anpassung an den Untergrund ermöglichen. Die Längs- und Querwölbung helfen das Körpergewicht federnd zu übertragen.

Mechanik. Im aufrechten Stand wird ein Teil des Körpergewichts im oberen Sprunggelenk auf den Vor- und Rückfuß übertragen. Das Lot des Körperschwerpunktes trifft distal von der quer verlaufenden Achse des oberen Sprunggelenkes die Unterstützungsfläche. Diese ist am größten und für die Erhaltung des Gleichgewichtes am günstigsten, wenn die medialen Fußränder einen nach vorn offenen Winkel von 30° bilden. Das Körpergewicht wird über das Tuber calcanei auf das Fersenpolster und am Vorfuß über die Köpfe der Mittelfußknochen auf die Zehenballen übertragen. Das Baufett der Fußsohle ist nach Art eines Druckkammersystems konstruiert und mildert den Belastungsdruck wie ein Stoßdämpfer. Beim Abrollen des Fußes während der Fortbewegung kommt es im Zehenstand zu einer Verwringung des Vorfußes gegen den Rückfuß (Abb. 4.189). Zehen und Köpfe der Metatarsalknochen sind in Pronation an den Boden gepresst. Der Calcaneus ist durch die Kontraktion des Wadenmuskels supiniert. Dadurch wird der Fuß optimal stabilisiert.

Fußwölbungen. Die Skelettteile des Fußes und ihre bindegewebigen Verspannungen sind in Form einer Längs- und einer kürzeren Querwölbung aufgebaut. Dieses Funktionsprinzip folgt der Umwandlung des Greiffußes der Anthropomorphen zum Stand- und Lauffuß des Menschen. Der Calcaneus hat sich aufgerichtet, sodass der Talus über dem Fersenbein wie ein knöcherner Meniskus die Lastverteilung an einen kürzeren hinteren und einen längeren vorderen Hebel weitergibt (Abb. 4.182). Dem sind auch die Spongiosatrabekel in den Fußknochen angepasst.

Die **Längswölbung** ist an der medialen Seite höher als an der lateralen. Medial läuft die Wölbung vom Tuber calcanei über den Talus, das Os naviculare, die Ossa cuneiformia zu den Köpfen der Mittelfußknochen I–III (Abb. 4.157). Der laterale Wölbungsbogen zieht über das Tuber calcanei zum Os cuboideum und zu den Köpfen der Mittelfußknochen IV, V. Die Längswölbung wird durch den M. tibialis posterior, die kurzen Muskeln der Fußsohle sowie die plantaren Fußbänder (Lig. calcaneonaviculare plantare, Lig. plantare longum) und die Plantaraponeurose gesichert.

Die **Querwölbung** ergibt sich aus der Lage von Calcaneus, Talus und Os naviculare sowie der keilförmigen Anlage der Ossa cuneiformia und des Os cuboideum (Abb. 4.190). Die Verklammerung der Querwölbung erfolgt durch Bänder, Muskeln und Sehnen. Besonders die am mittleren und seitlichen Keilbein ansetzenden Sehnenzüge des M.

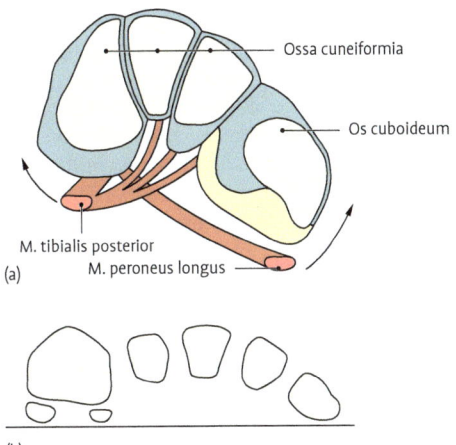

Abb. 4.190 Querwölbung des Fußes, **a:** Verklammerung der Wölbung des Vorfußes durch die Sehnen des M. tibialis posterior und des M. peroneus longus. **b:** Nur noch geringe Querwölbung im Bereich der Köpfe der Mittelfußknochen (nach T. v. Lanz, W. Wachsmuth).

tibialis posterior und der schräg vom Os cuboideum zur Basis des Os metatarsale I ziehenden Sehne des M. peroneus longus wirken an der Erhaltung der Querwölbung mit.

Die Höhe der Fußwölbungen ist abhängig von der Fußstellung und -haltung (Abb. 4.191). Beim **Pes varus** ist die Längswölbung höher, bei **Valgus**-Stellung niedriger. Außerdem besteht eine Belastungsabhängigkeit. Die Tendenz der Abflachung der Wölbungen durch die Belastungen des Körpergewichts wird durch die Verspannung der plantaren Bänder und Muskeln verhindert. Sie wirken als Zuggurtung mit dem mechanisch günstigen Effekt der Verminderung der Biegebeanspruchung der Mittelfußknochen. Infolge Überbeanspruchung kann es zu einer Insuffizienz der muskulären Verspannung der Planta pedis kommen. Die Biegebeanspruchung wird exzentrisch. Die Mittelfußknochen reagieren durch Umbau des Knochenmaterials. Unangepasst können dadurch Frakturen an den Mittelfußknochen entstehen (→ Marschfraktur).

Röntgenanatomie des Fußes (Abb. 4.192). Die Sprunggelenke müssen im sagittalen und seitlichen Strahlengang geröntgt werden! Auf a.-p.-Aufnahmen lassen sich besonders die Malleolengabel und die Trochlea tali gut überblicken. Der subtalare Bereich der Fußwurzel ist dagegen durch eine Übereinanderprojektion der Knochen nicht zu beurteilen. Der seitliche Strahlengang löst so-

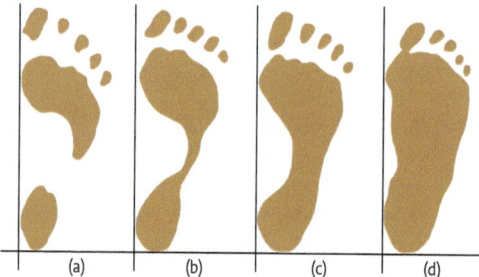

Abb. 4.191 Fußabdrücke: normaler Fuß mit sehr hoher (a), hoher (b), niedriger Wölbung (c), d: Plattfuß.

wohl die Gelenkbereiche des oberen als auch des unteren Sprunggelenkes deutlicher auf. Außerdem kann man den Verlauf der Spongiosatrabekel, v. a. in der distalen Tibia, dem Talus und Calcaneus verfolgen. Die klinische Untersuchung der Bänder und Muskeln ist mittlerweile eine Domäne des Ultraschalls bzw. der Magnetresonanz-Tomografie. Mithilfe dieser bildgebenden Verfahren können auch diskrete morphologische Veränderungen frühzeitig erkannt werden.

Klinik: 1. Spaltfuß. Angeborene Fehlbildung. Spalt zwischen 2. und 3. Mittelfußknochen und Fehlen der 3. Zehe. **2. Pes valgus** (= Knickfuß). Der Fuß wird auf dem inneren Rand aufgesetzt. **3. Pes planus** (= Plattfuß), **Pes planovalgus** (= Knick-Plattfuß). Abflachung des Fußskeletts und Steilstellung des Talus mit Abkippen des Calcaneus nach plantar. **4. Pes transversoplanus** (= Spreizfuß). Häufigste Belastungsdeformität des Fußes. Abflachung der Querwölbung, Vorfußverbreiterung durch Divergieren der Metatarsalknochen. **5. Pes adductus** (= Sichelfuß). Vorfuß steht in Adduktion (Metatarsus varus), Rückfuß in Valgusstellung. **6. Pes equinus** (= Spitzfuß). Fixierte Plantarflexion im oberen Sprunggelenk. Anheben der Fußspitze unmöglich. Ursache: Paralyse, Spasmus, nach Unfällen. **7. Pes calcaneus** (= Hackenfuß). Steilstellung des Fersenbeines und Verstärkung der Längswölbung, angeboren oder erworben. **8. Pes cavus** (= Hohlfuß). Starke Ausprägung der Längswölbung, Supination des Rück-, Pronation des Vorfußes. Häufig kombiniert mit Krallenzehen. **9. Hallux valgus.** Lateralabweichung der Großzehe mit Subluxation im Grundgelenk bei Varusposition des Os metatarsale I. **10. Digitus malleus** (= Hammer-, Krallenzehe). Beugekontraktur der Zehenmittel- bzw. -endgelenke mit Überstreckung im Grundgelenk, im Frühstadium noch passiv ausgleichbar, später weder passiv noch aktiv korrigierbare Kontraktur der Zehen II–V. **11. Hallux rigidus.** Teilversteifung im Großzehengrundgelenk infolge Arthrose bei Überbeanspruchung oder Entzündung der Sehnenscheide des M. flexor hallucis longus im Bereich des knöchernen Sulcus tendinis m. flexoris hallucis longi am Talus und Calcaneus. Bei Jugendlichen Epiphysenerkrankung im Grundgelenkbereich. **12. Metatarsalgie.** Vorfußschmerzen als Druckmetatarsalgie im Grundgelenk, plantare Kapsulitis, Tenosynovitis der Beugesehnen, Neuralgie (Nn. digitales plantares communes), Marschfraktur.

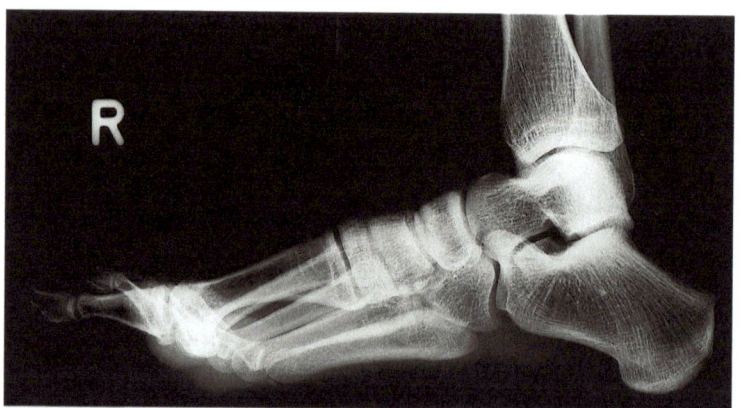

Abb. 4.192 Röntgenbild des rechten Fußes eines 26-jährigen Mannes im seitlichen Strahlengang. (Mit freundlicher Genehmigung der Radiol. Gemeinschaftspraxis Drs. Nückel, Sewing, Vahlensieck und Westermann, Bonn).

4.4.3 Musculi membri inferioris

4.4.3.1 Innere oder vordere Hüftmuskeln

Die Hüftmuskeln entspringen breitflächig am Becken und setzen proximal am Femur im Bereich der beiden Rollhügel (Trochanter major und minor) an. Die vom Becken stammenden Oberschenkelmuskeln setzen entweder distal am Femur (Mm. adductores) an oder sie ziehen über das Kniegelenk hinweg zum proximalen Ende der Unterschenkelknochen (Beuge- und Streckmuskeln). Ansätze der Hüft- und Ursprünge der Oberschenkelmuskeln überschneiden sich in Höhe des Hüftgelenkes. Einerseits bewegen Hüftmuskeln Becken und freie Extremität gegeneinander, andererseits stabilisieren die Hüftmuskeln den Beckenring im Zusammenwirken mit der freien unteren Extremität im ein- und zweibeinigen Stand.

M. iliopsoas (Abb. 4.197). 2 Anteile (nach dem Ursprung):

1. **M. psoas major** (zählt mit seinem Ursprungsareal zur hinteren Bauchwand; Kap. 4.2.4)
   - O.: Oberflächliche Schicht: Disci intervertebrales zwischen 12. Brust- und 5. Lendenwirbel sowie Kanten der Grund- u. Deck-Platten der benachbarten Wirbel, bildet damit Sehnenbögen an der Seitenfläche der Wirbelkörper, die den A. et V. lumbales sowie den zum Truncus sympathicus ziehenden Rr. communicantes als Durchtrittspforten dienen.
     Tiefe Schicht: an den Processus costarii aller Lendenwirbel.
2. **M. iliacus**
   - O.: Fossa iliaca
   - I.: M. psoas major und M. iliacus ziehen durch die **Lacuna musculorum** und setzen gemeinsam am Trochanter minor an. Zwischen der Kapsel des Hüftgelenkes und dem M. iliopsoas liegt die **Bursa iliopectinea**. Sie kann in 15 % mit dem Hüftgelenk kommunizieren.
   - L.: Äste aus Plexus lumbalis und N. femoralis (L2–L3); A. obturatoria, A. iliolumbalis.
   - F.: kräftiger Beuger des Hüftgelenkes, Außenrotation, Adduktion. Bei Rückenlage Aufrichten des Rumpfes. M. psoas major antevertiert die LWS. Bei einseitiger Innervation Seitneigung der LWS.
3. **M. psoas minor** (Vorkommen: 30 %)
   - O.: Discus intervertebralis zwischen 12. Brust- und 1. Lendenwirbel sowie angrenzende Teile der Wirbelkörper.
   - I.: Eminentia iliopectinea.
4. **M. iliocapsularis (M. iliacus minor)**
   - O.: Os ilium rund um die Spina iliaca anterior inferior
   - I.: Medial an der Linea intertrochanterica sowie an der Capsula fibrosa des Hüftgelenks.
   - L.: N. femoralis (L2–L3); Ramus ascendens der A. circumflexa femoris lateralis.
   - F.: Stellmuskel mit fraglicher propriozeptiver Funktion, auch als „Kapselspanner" oder „adjustierbares Band" angesehen

4.4.3.2 Äußere oder hintere Hüftmuskeln

1. **M. gluteus maximus** (Abb. 4.193, 4.194)
   - O.: Facies dorsalis ossis sacri; Facies glutea ossis illi hinter der Linea glutea posterior; Fascia thoracolumbalis; Aponeurose d. M. gluteus medius; Lig. sacrotuberale.
   - I.: Der überwiegende Teil der v. a. oberflächlichen Fasern setzt über den Tractus iliotibialis am Condylus lateralis tibiae an; die tiefen Muskelanteile inserieren an der Tuberositas glutea des Femur.
   - L.: N. gluteus inferior (L4–S1 [2]); A. glutea inferior und superior.
   - F.: Großer physiologischer Querschnitt, Antagonist des M. iliopsoas, Extension, Außenrotation und Abduktion im Hüftgelenk; stabilisiert das Becken beim Gehen; über Tractus iliotibialis auch Extension im Kniegelenk (Zuggurtung des Beines nach PAUWELS); Die Extension im Hüftgelenk ist wichtig für Aufrichtung des Körpers (aus der Hocke, beim Aufstehen, Treppensteigen, Klettern). Verhindert beim aufrechten Gang das Überkippen nach vorn. Wenn der Muskel gelähmt ist, können Gehen und Stehen sehr erschwert sein.

   Bursa trochanterica. Zwischen Trochanter major und Innenfläche des Muskels liegt die Bursa trochanterica. Im Stehen deckt der Muskel das Tuber ischiadicum ab. Im Sitzen gleitet er herauf, sodass Druckkräfte beim Sitzen auf den Sitzknorren übertragen werden.
2. **M. tensor fasciae latae** (Abb. 4.193)
   - O.: Labium externum der Crista iliaca und Spina iliaca anterior superior.

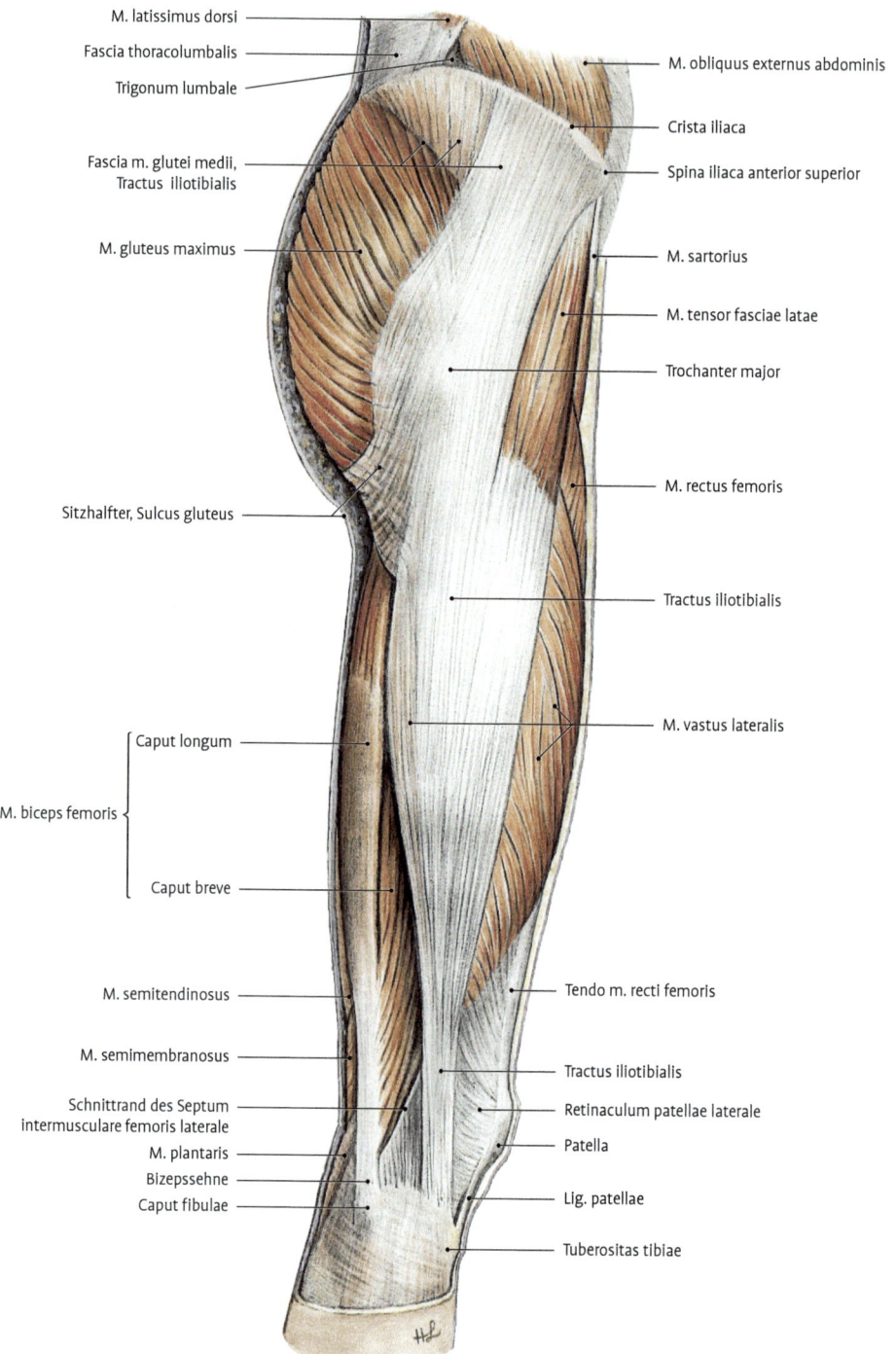

M. latissimus dorsi

Fascia thoracolumbalis

Trigonum lumbale

M. obliquus externus abdominis

Crista iliaca

Fascia m. glutei medii,
Tractus iliotibialis

Spina iliaca anterior superior

M. gluteus maximus

M. sartorius

M. tensor fasciae latae

Trochanter major

M. rectus femoris

Sitzhalfter, Sulcus gluteus

Tractus iliotibialis

M. vastus lateralis

Caput longum

M. biceps femoris

Caput breve

Tendo m. recti femoris

M. semitendinosus

M. semimembranosus

Tractus iliotibialis

Schnittrand des Septum
intermusculare femoris laterale

Retinaculum patellae laterale

M. plantaris

Patella

Bizepssehne

Caput fibulae

Lig. patellae

Tuberositas tibiae

Abb. 4.193 Äußere Hüft- und Oberschenkelmuskeln von lateral.

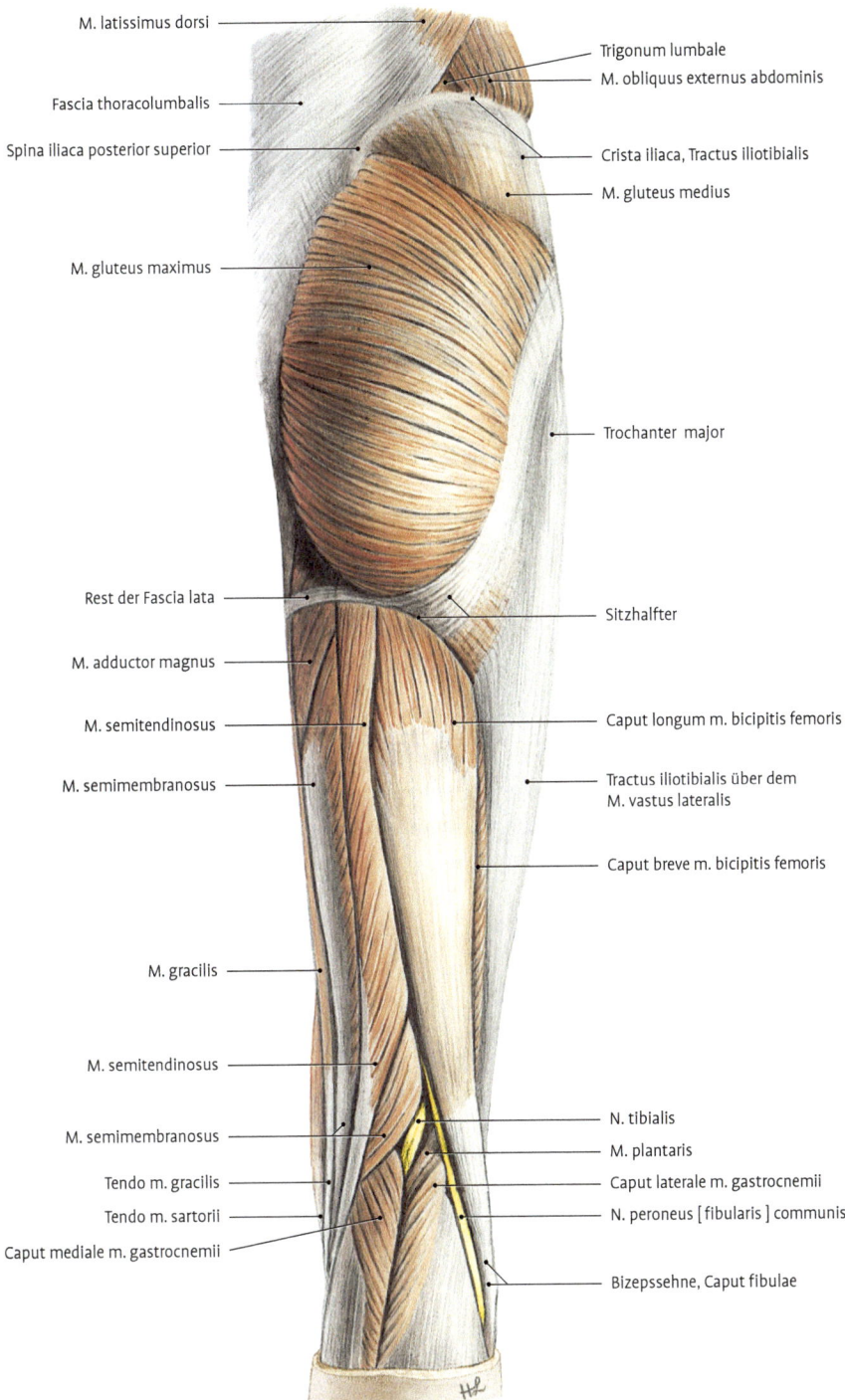

M. latissimus dorsi

Fascia thoracolumbalis

Spina iliaca posterior superior

M. gluteus maximus

Rest der Fascia lata

M. adductor magnus

M. semitendinosus

M. semimembranosus

M. gracilis

M. semitendinosus

M. semimembranosus

Tendo m. gracilis

Tendo m. sartorii

Caput mediale m. gastrocnemii

Trigonum lumbale

M. obliquus externus abdominis

Crista iliaca, Tractus iliotibialis

M. gluteus medius

Trochanter major

Sitzhalfter

Caput longum m. bicipitis femoris

Tractus iliotibialis über dem M. vastus lateralis

Caput breve m. bicipitis femoris

N. tibialis

M. plantaris

Caput laterale m. gastrocnemii

N. peroneus [fibularis] communis

Bizepssehne, Caput fibulae

Abb. 4.194 Oberflächliche Schicht der äußeren Hüft- und hinteren Oberschenkelmuskeln.

I.: Über den Tractus iliotibialis am Condylus lateralis tibiae (**Tuberculum tractus iliotibialis GERDY**)

L.: N. gluteus superior (L4–L5); A. glutea superior und Ramus ascendens der A. circumflexa femoris lateralis.

F.: Abduktion im Hüftgelenk; über Tractus iliotibialis Extension im Kniegelenk (Zuggurtung des Beines nach PAUWELS)

3. **M. gluteus medius** (Abb. 4.195)

O.: Facies glutea ossis ilii zw. Linea glutea posterior und anterior; Aponeurose, die den Oberteil des Muskels bedeckt.

I.: Laterale Fläche des Trochanter major. Zwischen der Sehne des M. gluteus medius und dem Trochanter major liegt die Bursa trochanterica m. glutei medii.

L. : N. gluteus superior (L4–S1); A. glutea superior.

F.: Abduktion im Hüftgelenk, mit den vorderen Fasern wirkt er als Innenrotator. Stabilisierung des Beckens in der Frontalebene, verhindert das Absinken des Beckens auf der Seite des Spielbeines beim einbeinigen Stand oder Gehen.

4. **M. gluteus minimus** (Abb. 4.195)

Wird vollständig vom M. gluteus medius bedeckt.

O.: Facies glutea der Ala ossis ilii zwischen Linea glutea anterior und inferior.

I.: Anterolaterale Fläche des Trochanter major mit Bursa trochanterica m. glutei minimi.

L.: N. gluteus superior (L4–S1); A. glutea superior.

F.: wie M. gluteus medius.

Trendelenburg-Zeichen: Sind die kleinen Gesäßmuskeln gelähmt oder liegen Fehlstellungen im Hüftgelenk vor (Hüftgelenkluxation, Schenkelhalsfraktur, Epiphysenlösung) mit Verminderung des Abstandes zwischen Ursprung und Ansatz (→ passive Insuffizienz der Muskeln), sinkt das Becken beim Gehen auf der Spielbeinseite herab, bei beidseitiger Lähmung Watschelgang.

5. **M. piriformis** (Abb. 4.195, 4.197, 4.199)

O.: Facies pelvina ossis sacri, Seitenränder der Foramina sacralia pelvina, Capsula fibrosa der Art. sacroiliaca, Ränder der Incisura ischiadica major, Lig. sacrotuberale.

I.: Spitze des Trochanter major mit **Bursa m. piriformis.**

L.: dorsale Äste des Plexus sacralis (L5–S1–2); A. sacralis lateralis.

F.: Außenrotation des Hüftgelenks und Abduktion.

Unterteilt das **Foramen ischiadicum majus** in ein **Foramen supra-** und **infrapiriforme**.

Variationen: 1. Muskel kann fehlen. **2.** Muskel kann zwei- oder dreigeteilt sein und nimmt dann den N. peroneus communis, der sich bereits im kleinen Becken vom N. tibialis separiert hat, in sich auf. Dies kann eine Ursache für eine einem lumbalen Bandscheibenvorfall nicht unähnliche (Schmerz)symptomatik sein, die als **Piriformis-Syndrom** bekannt ist.

6. **M. obturatorius internus** (Abb. 4.195, 4.199)

O.: Ramus superior et inferior ossis pubis, Ramus ossis ischii, Innenfläche der Membrana obturatoria (Canalis obturatorius bleibt muskelfrei).

I.: Mediale Fläche des Trochanter major anteriosuperior zur Fossa trochanterica.

L.: Äste des Plexus sacralis, N. gluteus inferior, N. pudendus (L5–S2–3); A. obturatoria, A. glutea inferior.

F.: Außenrotation im gestreckten Hüftgelenk; Abduktion im gebeugten Hüftgelenk; adjustierbares Band (Stellmuskel).

Der Muskel konvergiert auf eine Sehne, die durch das **Foramen ischiadicum minus** zieht. Die Incisura ischiadica minor dient dabei der Sehne des M. obturatorius internus als Hypomochlion. Zwischen Ansatzsehne und Knochen liegt die **Bursa ischiadica m. obturatorii interni**. Der Knochen ist an dieser Stelle überknorpelt und die Knorpelauflage zeigt schienenartige Kämme, die in entsprechende Furchen zwischen den Sehnenbündeln eintauchen. Mit den Mm. gemelli wird er auch als **M. triceps coxae** zusammengefasst.

7. **M. gemellus superior** (Abb. 4.195)

O.: Spina ischiadica.

I.: Vermittels der Sehne des M. obturatorius internus an der medialen Fläche des Trochanter major, anteriosuperior zur Fossa trochanterica.

8. **M. gemellus inferior** (Abb. 4.195)

O.: Tuber ischiadicum.

I.: Vermittels der Sehne des M. obturatorius internus an der medialen Fläche des Trochanter major, anteriosuperior zur Fossa trochanterica.

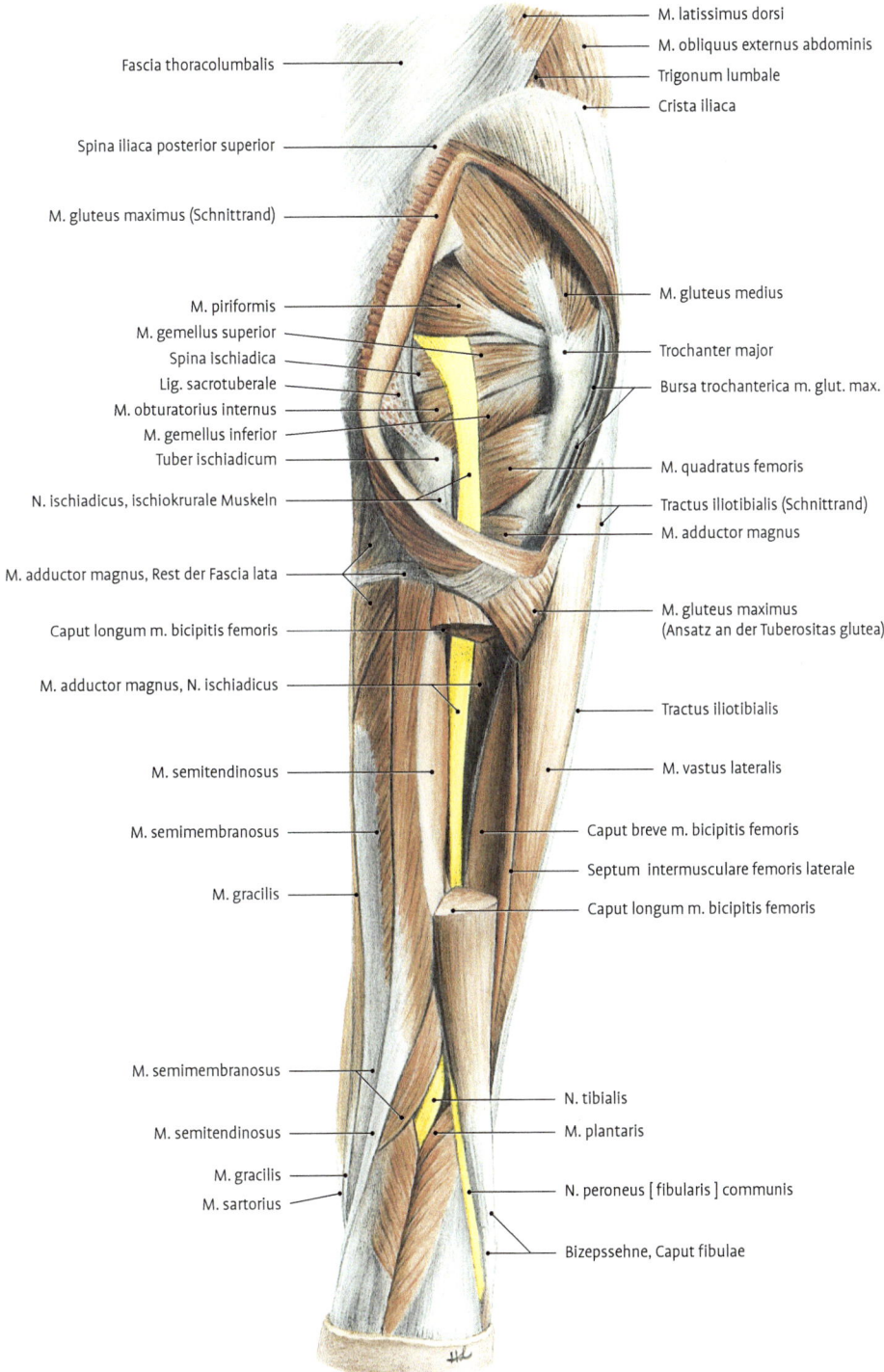

M. latissimus dorsi

M. obliquus externus abdominis

Trigonum lumbale

Crista iliaca

Fascia thoracolumbalis

Spina iliaca posterior superior

M. gluteus maximus (Schnittrand)

M. piriformis

M. gemellus superior

Spina ischiadica

Lig. sacrotuberale

M. obturatorius internus

M. gemellus inferior

Tuber ischiadicum

N. ischiadicus, ischiokrurale Muskeln

M. adductor magnus, Rest der Fascia lata

Caput longum m. bicipitis femoris

M. adductor magnus, N. ischiadicus

M. semitendinosus

M. semimembranosus

M. gracilis

M. semimembranosus

M. semitendinosus

M. gracilis

M. sartorius

M. gluteus medius

Trochanter major

Bursa trochanterica m. glut. max.

M. quadratus femoris

Tractus iliotibialis (Schnittrand)

M. adductor magnus

M. gluteus maximus
(Ansatz an der Tuberositas glutea)

Tractus iliotibialis

M. vastus lateralis

Caput breve m. bicipitis femoris

Septum intermusculare femoris laterale

Caput longum m. bicipitis femoris

N. tibialis

M. plantaris

N. peroneus [fibularis] communis

Bizepssehne, Caput fibulae

Abb. 4.195 Mittlere und tiefe Schicht der äußeren Hüft- und hinteren Oberschenkelmuskeln. Austritt und Verlauf des N. ischiadicus ist durch Fensterung des M. gluteus maximus und des langen Bizepskopfes dargestellt.

L.: Plexus sacralis (L5, S1–2); A. obturatoria, A. glutea inferior.

F.: Außenrotation im gestreckten Hüftgelenk; Abduktion im gebeugten Hüftgelenk; adjustierbare Bänder (Stellmuskeln).

9. **M. quadratus femoris** (Abb. 4.195)
   O.: Tuber ischiadicum.
   I.: Crista intertrochanterica.
   L.: N. gluteus inferior, N. ischiadicus (L5–S2), A. glutea inferior, Ramus profundus der A. circumflexa femoris medialis.
   F.: Außenrotation im Hüftgelenk, adjustierbares Band (Stellmuskel).

10. **M. obturatorius externus** (Abb. 4.197)
    O.: Außenfläche der Membrana obturatoria, Ramus superior et inferior ossis pubis, Ramus ossis ischii.
    I.: Fossa trochanterica.
    L.: Ramus posterior des N. obturatorius (L3–L4), A. obturatoria.
    F.: Außenrotation im Hüftgelenk, adjustierbares Band (Stellmuskel).
    Der Muskel wird vollständig von den übrigen Hüftgelenkmuskeln bedeckt und ist der einzige, der direkt in der Fossa trochanterica inseriert.

4.4.3.3 Oberschenkelmuskeln

Die Oberschenkelmuskulatur gliedert sich in **Extensoren, Flexoren** und **Adduktoren,** die durch Septa intermuscularia getrennt sind.
Unter systematischen und topografischen Gesichtspunkten werden unterschieden:
1. Adduktoren des Oberschenkels.
2. Muskeln der Regio femoris anterior (Extensoren).
3. Muskeln der Regio femoris posterior (Flexoren).
Nach der Funktion unterscheidet man Muskeln,
1. die nur auf das Hüftgelenk wirken: Adduktoren (außer M. gracilis).
2. die nur auf das Kniegelenk wirken: Mm. vasti des M. quadriceps femoris, Caput breve des M. biceps femoris.
3. die auf Hüft- und Kniegelenk wirken: alle übrigen Muskeln.

Mm. adductores

1. **M. pectineus** (Abb. 4.196, 4.197)
   O.: Pecten ossis pubis.
   I.: Linea pectinea femoris.

L.: Lateraler Anteil durch N. femoralis (L1–3), medialer Anteil durch den Ramus anterior des N. obturatorius (L4); A. obturatoria, A. circumflexa femoris medialis, A. pudenda externa, A. perforans I aus A. profunda femoris.

F.: Beugung und Adduktion im Hüftgelenk.

2. **M. gracilis** (Abb. 4.195–4.197, 4.199)
   O.: Ramus inferior ossis pubis, Ramus ossis ischii.
   I.: Gemeinsam mit den Sehnen des M. sartorius und M. semitendinosus (Pes anserinus superficialis) an der medialen Fläche des Condylus medialis tibiae; variable Sehnenfaserbündel strahlen in die Fascia cruris ein. Die Sehne bildet die mittlere Schicht des Pes anserinus superficialis und ist durch die Bursa subtendinea m. sartorii von der oberflächlich gelegenen Sehne des M. sartorius getrennt.
   L.: Ramus anterior des N. obturatorius (L1–2); A. obturatoria.
   F.: Zweigelenkiger Muskel: bei gestrecktem Knie Adduktion im Hüftgelenk, Beugung im Hüftgelenk (40°); am Kniegelenk Beugung und Innenrotation.

3. **M. adductor longus** (Abb. 4.196, 4.197, 4.199)
   O.: Os pubis zwischen Crista pubica und Symphyse.
   I.: Mittleres Drittel des Labium mediale der Linea aspera femoris.
   L.: Ramus anterior des N. obturatorius (L2–L4); A. obturatoria.
   F.: Adduktion, Beugung und Außenrotation im Hüftgelenk.

4. **M. adductor brevis** (Abb. 4.197)
   O.: Corpus und Ramus inferior ossis pubis.
   I.: Labium mediale der Linea aspera femoris (proximal vom M. adductor longus).
   L.: Ramus anterior des N. obturatorius; A. obturatoria.
   F.: Adduktion, Beugung im Hüftgelenk.

5. **M. adductor magnus** (Abb. 4.194, 4.195, 4.197, 4.199)
   Dieser Muskel besteht aus drei Anteilen: den kranialen Fasern, die auch als M. adductor minimus bezeichnet werden, dem Mittelteil und einem ischiokondylären Teil:

   Kranialer Teil (M. adductor minimus)
   O.: Ramus inferior ossis pubis.
   I.: Tuberositas glutea.

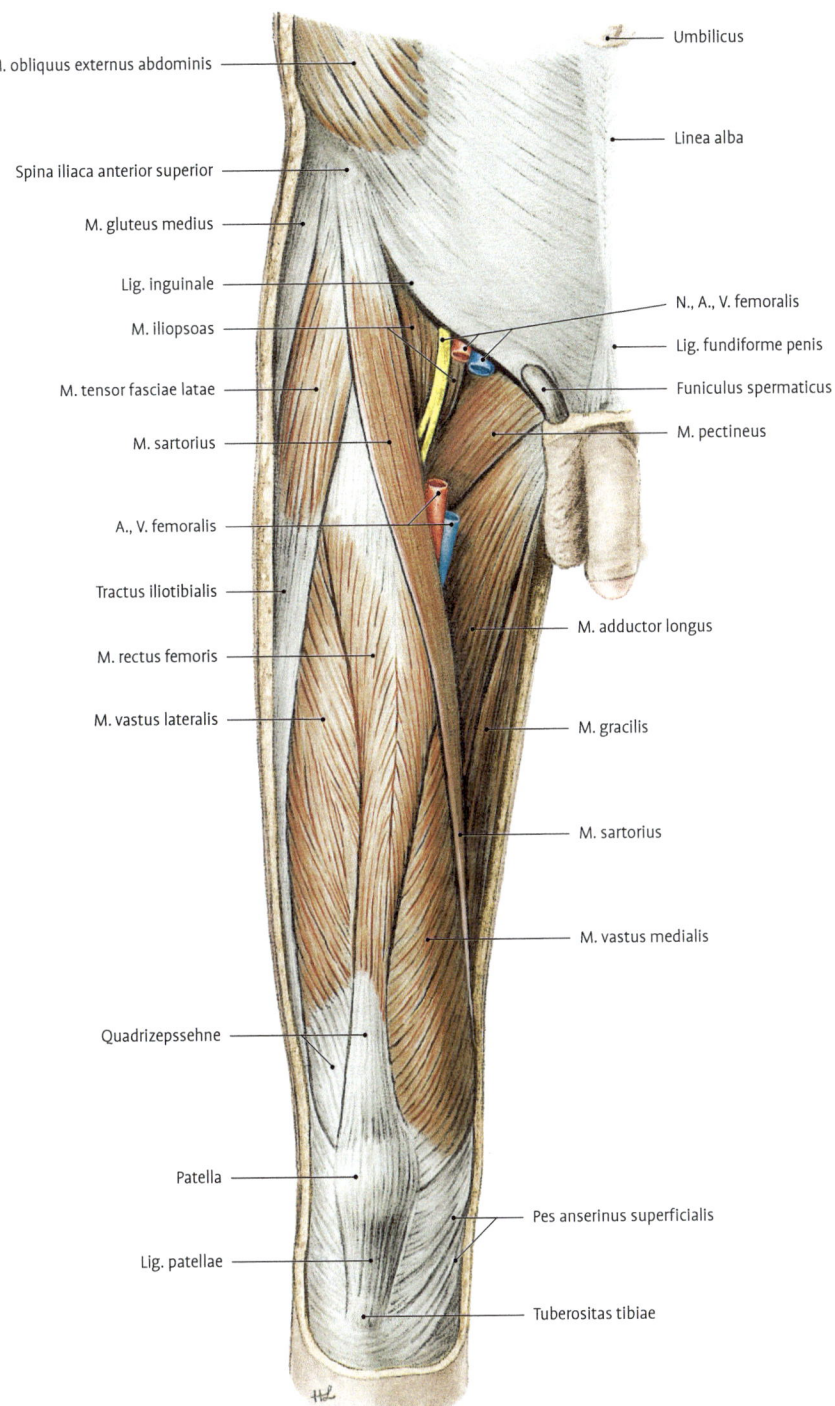

M. obliquus externus abdominis

Spina iliaca anterior superior

M. gluteus medius

Lig. inguinale

M. iliopsoas

M. tensor fasciae latae

M. sartorius

A., V. femoralis

Tractus iliotibialis

M. rectus femoris

M. vastus lateralis

Quadrizepssehne

Patella

Lig. patellae

Umbilicus

Linea alba

N., A., V. femoralis

Lig. fundiforme penis

Funiculus spermaticus

M. pectineus

M. adductor longus

M. gracilis

M. sartorius

M. vastus medialis

Pes anserinus superficialis

Tuberositas tibiae

Abb. 4.196 Oberschenkelmuskeln von ventral. A. und V. femoralis sind streckenweise entfernt, um den M. pectineus darzustellen.

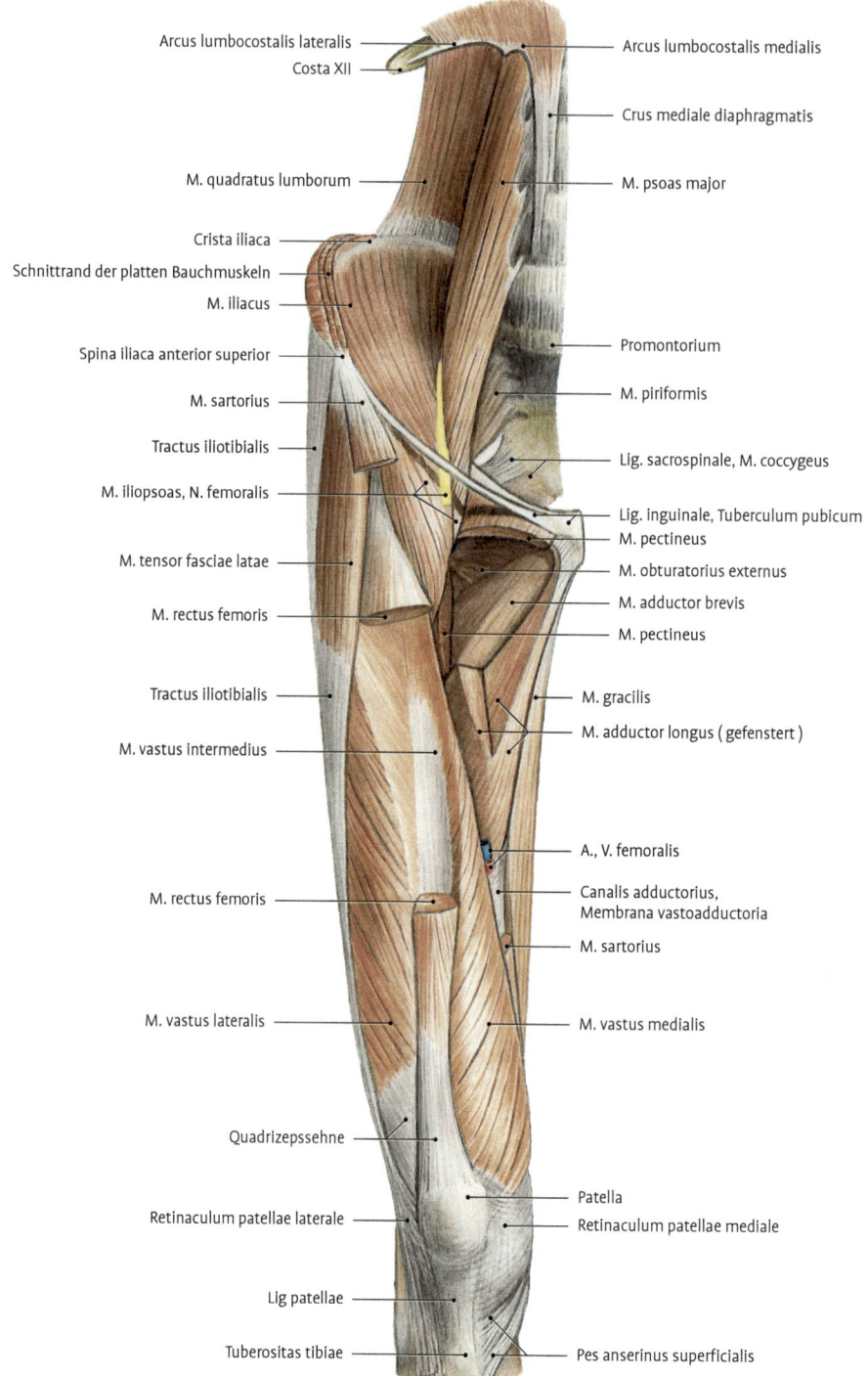

Arcus lumbocostalis lateralis

Costa XII

Arcus lumbocostalis medialis

Crus mediale diaphragmatis

M. quadratus lumborum

M. psoas major

Crista iliaca

Schnittrand der platten Bauchmuskeln

M. iliacus

Spina iliaca anterior superior

M. sartorius

Tractus iliotibialis

M. iliopsoas, N. femoralis

M. tensor fasciae latae

M. rectus femoris

Tractus iliotibialis

M. vastus intermedius

M. rectus femoris

M. vastus lateralis

Quadrizepssehne

Retinaculum patellae laterale

Lig patellae

Tuberositas tibiae

Promontorium

M. piriformis

Lig. sacrospinale, M. coccygeus

Lig. inguinale, Tuberculum pubicum

M. pectineus

M. obturatorius externus

M. adductor brevis

M. pectineus

M. gracilis

M. adductor longus (gefenstert)

A., V. femoralis

Canalis adductorius,
Membrana vastoadductoria

M. sartorius

M. vastus medialis

Patella

Retinaculum patellae mediale

Pes anserinus superficialis

Abb. 4.197 Innere Hüftmuskeln. Die Oberschenkelmuskeln sind zum Teil entfernt bzw. gefenstert, um die tiefe Lage darzustellen.

L.:   Ramus posterior des N. obturatorius; Ra-
      mus ascendens der A. circumflexa femoris
      medialis.
F.:   Adduktion und Streckung im Hüftgelenk.

Mittelteil

O.:   Ramus ossis ischii.
I.:   Am distalen Ende des Labium mediale der
      Linea aspera.
L.:   Ramus posterior des N. obturatorius (L3–
      L4); A. obturatoria.
F.:   Adduktion, Streckung, Außenrotation im
      Hüftgelenk.

Ischiokondylärer Teil

O.:   Tuber ischiadicum.
I.:   Tuberculum adductorium am Epicondylus
      medialis femoris.
L.:   N. tibialis (L4–L5); A. obturatoria.
F.:   Adduktion sowie Streckung im Hüftgelenk.

Hiatus adductorius (Hunter). Zwischen dem zum
Tuberculum adductorium und dem zur Linea aspera ziehenden Muskelteil sowie dem Femurschaft
liegt der Hiatus adductorius, das distale Ende des
Canalis adductorius.
    Hauptfunktion der Adduktoren ist die Stabilisie-
rung des Beckens im Stehen und Gehen (Abb. 4.198).
Sie verhindern ein Wegkippen der Beine nach lateral (→ Schenkelschluss der Reiter) und ein Kip-
pen des Beckens nach vorn.

> **Klinik: Reiterknochen.** Ossifikation in den Ad-
> duktoren durch Mikrotraumata **(Myositis ossifi-
> cans).** Ursache: Reitsport.

Muskeln der Regio femoris anterior

1. **M. sartorius** (Abb. 4.196, 4.197, 4.199):
   Parallelfaseriger Muskel mit sehr langen Mus-
   kelfasern.
   O.:   Spina iliaca anterior superior.
   I.:   Vermittels des Pes anserinus superficialis
         an der medialen Fläche des Condylus me-
         dialis tibiae. Die Sehne bildet den ober-
         flächlichen Anteil des Pes anserinus super-
         ficialis und überdeckt die Sehnen des
         M. gracilis und M. semimembranosus. Zwi-
         schen den Sehnen des M sartorius und
         M. gracilis bildet sich die Bursa subtendi-
         nea m. sartorii aus.
   L.:   Oberflächliche Portion des N. femoralis
         (L2–L3); A. femoralis.

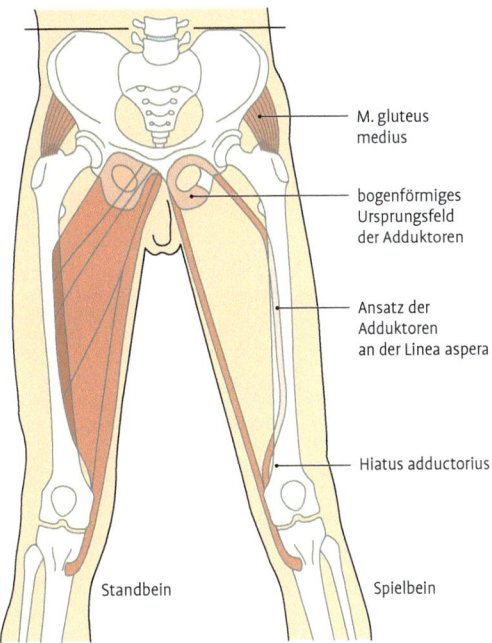

M. gluteus
medius

bogenförmiges
Ursprungsfeld
der Adduktoren

Ansatz der
Adduktoren
an der Linea aspera

Hiatus adductorius

Standbein   Spielbein

Abb. 4.198 Zusammenspiel der Adduktoren mit dem
M. gluteus medius. Die linke Adduktorengruppe ist nur
in Umrissen gezeichnet.

F.:   Zweigelenkiger Muskel: Beugung, Außen-
      rotation und Abduktion im Hüftgelenk,
      Beugung und Innenrotation im Kniegelenk.
2. **M. quadriceps femoris** (Abb. 4.196, 4.197, 4.199)
   Nimmt den größten Teil der Vorderseite des
   Oberschenkels ein.

M. rectus femoris

O.:   **Caput rectum** an der Spina iliaca anterior
      inferior, **Caput reflexum** von der Fossa su-
      praacetabularis.
I.:   Zentraler Teil der Basis patellae und ver-
      mittels des Lig. patellae an der Tuberositas
      tibiae.

M. vastus medialis

O.:   Linea intertrochanterica, Labium mediale
      der Linea aspera femoris, Linea supracon-
      dylaris medialis, Sehnen der Mm. adducto-
      res longus et magnus.
I.:   Medialer Rand der Patella, Retinaculum
      patellae mediale und vermittels des Lig.
      patellae an der Tuberositas tibiae.

M. vastus lateralis

O.:   Linea intertrochanterica, Trochanter ma-
      jor, Tuberositas glutea, Labium laterale der

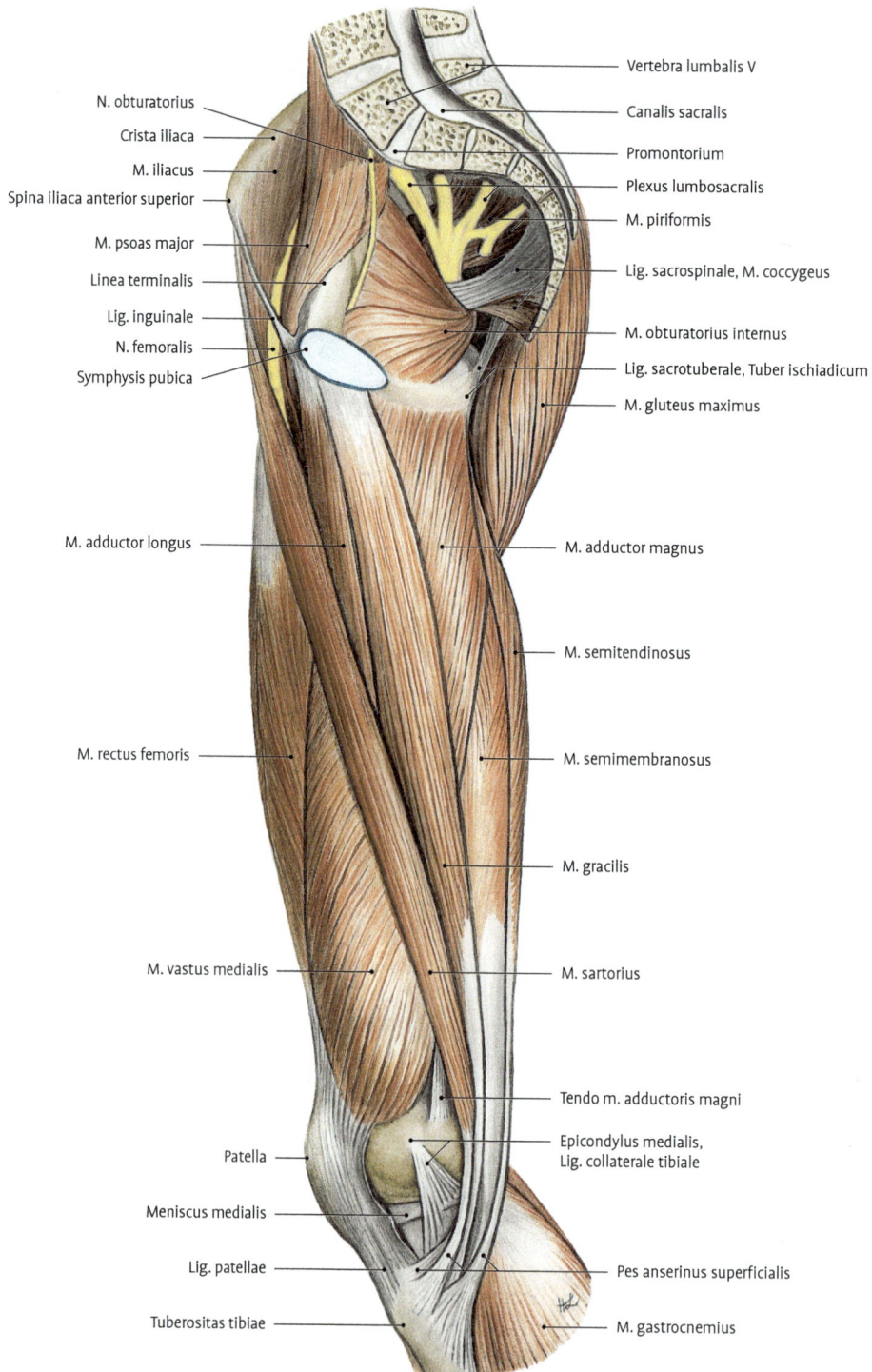

N. obturatorius

Crista iliaca

M. iliacus

Spina iliaca anterior superior

M. psoas major

Linea terminalis

Lig. inguinale

N. femoralis

Symphysis pubica

M. adductor longus

M. rectus femoris

M. vastus medialis

Patella

Meniscus medialis

Lig. patellae

Tuberositas tibiae

Vertebra lumbalis V

Canalis sacralis

Promontorium

Plexus lumbosacralis

M. piriformis

Lig. sacrospinale, M. coccygeus

M. obturatorius internus

Lig. sacrotuberale, Tuber ischiadicum

M. gluteus maximus

M. adductor magnus

M. semitendinosus

M. semimembranosus

M. gracilis

M. sartorius

Tendo m. adductoris magni

Epicondylus medialis,
Lig. collaterale tibiale

Pes anserinus superficialis

M. gastrocnemius

Abb. 4.199 Oberschenkel- und Hüftmuskeln von medial.

Linea aspera femoris, Septum intermusculare femoris laterale.

I.: Lateraler Rand der Patella, Retinaculum patellae laterale und vermittels des Lig. patellae an der Tuberositas tibiae.

M. vastus intermedius

O.: Vorder- und Seitenfläche des Femurschaftes, Septum intermusculare femoris laterale. Die am weitesten distal entspringenden Fasern, **M. articularis genus,** laufen zur Bursa suprapatellaris. Sie straffen die Kapsel und verhindern deren Einklemmen bei der Streckung im Kniegelenk.

I.: Lateraler Rand der Patella, Retinaculum patellae laterale und vermittels des Lig. patellae an der Tuberositas tibiae.

L.: N. femoralis (L2–L4); A. circumflexa femoris lateralis und Rr. perforantes der A. profunda femoris.

F.: Extension im Kniegelenk, Haltemuskel für Stehen und Gehen. Die Patella, als Sesambein eingelagert in die Quadrizepssehne zusammen mit dem Lig. patellae, vergrößert das Drehmoment im Kniegelenk. M. rectus femoris wirkt zusätzlich als Flexor im Hüftgelenk (zweigelenkiger Muskel).

Muskeln der Regio femoris posterior

Die gemeinsam vom Tuber ischiadicum entspringenden Muskeln an der Rückseite des Oberschenkels werden auch als die **ischiokrurale Muskelgruppe** bezeichnet (Abb. 4.200).

1. **M. semimembranosus** (Abb. 4.193–4.195, 4.199)

O.: Tuber ischiadicum.

I.: Meist fünfteilige Ansatzsehne, Pes anserinus profundus: Hauptansatz an der Rückfläche des Condylus medialis tibiae („Tuberculum tendinis"), medialer Sehnenstrang in einer Grube an der medialen Fläche des Condylus medialis tibiae, bedeckt vom Lig. collaterale tibiale (mit Bursa m. semimembranosi), davon absteigend ein Sehnenfächer zum Margo medialis tibiae; mittlerer Sehnenstrang strahlt ins Lig. popliteum obliquum ein, lateraler Sehnenstrang strahlt in die Faszie des M. popliteus ein. In ca. 7% gibt es eine sechste, oberflächliche Ansatzsehne, die den M. semimembranosus mit dem Caput mediale des M. gastrocnemius

M. iliopsoas
M. gluteus maximus
Ischiokrurale Muskeln
M. rectus femoris
M. gastrocnemius
Lig. patellae

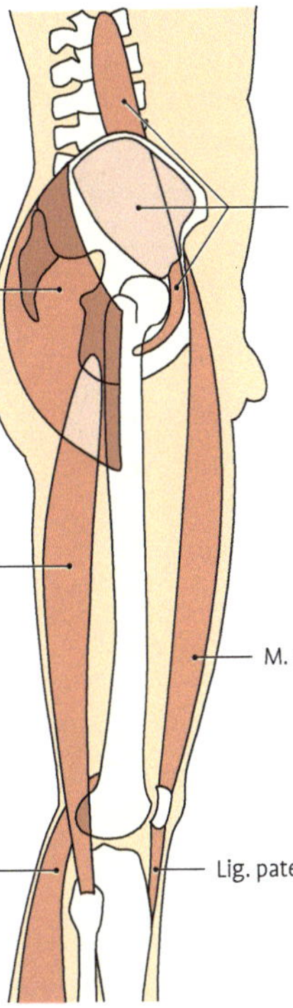

Abb. 4.200 Wichtige Beuger und Strecker von Hüft- und Kniegelenk, Ansicht von lateral. Verdeckte Muskelteile heller dargestellt.

verbindet und so eine dreigelenkige Muskelkette schafft.

L.: N. tibialis (L5–S2); Aa. perforantes der A. profunda femoris.

F.: Zweigelenkiger Muskel. Streckung im Hüftgelenk, Beugung im Kniegelenk und Innenrotation des Unterschenkels bei gebeugtem Knie.

2. **M. semitendinosus** (Abb. 4.194, 4.195, 4.199)

O.: Tuber ischiadicum vermittels einer mit dem Caput longum m. bicipitis femoris gemeinsamen Ursprungssehne.

I.: Über Pes anserinus superficialis an der medialen Fläche des Condylus medialis tibiae. Die Sehne bildet die tiefste Schicht des Pes anserinus superficialis. Sie überkreuzt das Lig. collaterale tibiale und gleitet dabei in der **Bursa anserina.**

L.: N. tibialis (L5–S1–2), Aa. perforantes der A. profunda femoris.

F.: Zweigelenkiger Muskel. Streckung im Hüftgelenk, Beugung im Kniegelenk und Innen-

rotation des Unterschenkels bei gebeugtem Knie.

3. **M. biceps femoris** (Abb. 4.193–4.195)
   Caput longum
   O.: Tuber ischiadicum vermittels einer mit dem M. semitendinosus gemeinsamen Ursprungssehne, Lig. sacrotuberale.
   Caput breve
   O.: Mittleres Drittel des Labium laterale der Linea aspera femoris und Septum intermusculare femoris laterale.
   I.: Caput fibulae (mit Bursa subtendinea m. bicipitis femoris inferior).
   L.: Caput longum: N. tibialis (L5–S1–2), Caput breve: N. peroneus communis (S1–2); A. circumflexa femoris medialis und Rr. perforantes aus A. profunda femoris sowie A. poplitea.
   F.: Zweigelenkiger Muskel. Streckung im Hüftgelenk, Beugung im Kniegelenk und Außenrotation des Unterschenkels bei gebeugtem Knie.

4.4.3.4 Unterschenkelmuskeln

Die Unterschenkelmuskulatur gliedert sich in Extensoren, oberflächliche und tiefe Flexoren sowie Peroneusmuskeln. Unter systematischen, funktionellen und topografischen Gesichtspunkten werden unterschieden:
1. ventrale Muskeln (Extensoren)
2. oberflächliche Muskeln der Rückseite des Unterschenkels (oberflächliche Flexoren → Wadenmuskeln)
3. laterale Muskeln (Peroneusmuskeln)
4. tiefe Muskeln der Rückseite des Unterschenkels (tiefe Flexoren).

Vordere Muskeln des Unterschenkels (Extensoren)

1. **M. tibialis anterior** (Abb. 4.201, 4.202)
   O.: Condylus lateralis tibiae, obere Zweidrittel der Facies lateralis tibiae, Membrana interossea cruris und Fascia cruris.
   I.: Os cuneiforme mediale (medial und plantar), Basis des Os metatarsale I. Die kräftige Ansatzsehne wird durch die **Retinacula mm. extensorum superius** und **inferius** an den Fußrücken gefesselt. Am Ansatz liegt die **Bursa subtendinea m. tibialis anterioris**.

L.: N. peroneus profundus (L4–L5); A. tibialis anterior.
F.: Dorsalextension, Supination (Inversion) des Fußes.

2. **M. extensor digitorum longus** (Abb. 4.201)
   O.: Condylus lateralis tibiae, Membrana interossea cruris, Septum intermusculare cruris anterius, Caput fibulae, Facies medialis fibulae, Fascia cruris.
   I.: Nach Aufspaltung in 4 Sehnen Einstrahlung in Dorsalaponeurosen der Zehen II–V, die letztendlich an der Basis der Phalanx distalis dieser Zehen inserieren. Alle Sehnen ziehen in einer Sehnenscheide durch das laterale Fach unter dem Retinaculum mm. extensorum inferius. Typischerweise spaltet sich ein lateraler Teil des Muskelbauches mit einer eigenen Sehne ab, welche an der Basis des Os metatarsale V ansetzt. Diese Portion wird als **M. peroneus tertius** bezeichnet.
   L.: N. peroneus profundus (L5–S1); A. tibialis anterior.
   F.: Dorsalflexion im oberen Sprunggelenk, Extension und Dorsalflexion der 2.–5. Zehe.

3. **M. extensor hallucis longus** (Abb. 4.201)
   O.: Distale Zweidrittel der Membrana interossea curis, Facies medialis fibulae, Septum intermusculare cruris anterius.
   I.: Über Dorsalaponeurose an der Basis der Großzehenendphalanx. Die Ansatzsehne zieht mit einer Sehnenscheide durch das mittlere Fach sowohl unter dem Retinaculum mm. extensorum superius als auch inferius.
   L.: N. peroneus profundus (L5–S1), A. tibialis anterior.
   F.: Dorsalflexion im oberen Sprunggelenk, Extension und Dorsalflexion der Großzehe.

Laterale Muskeln des Unterschenkels (Peroneusmuskeln)

1. **M. peroneus longus** (Abb. 4.201, 4.203, 4.204)
   O.: Caput und Facies lateralis fibulae, Condylus lateralis tibiae, Gelenkkapsel der Articulatio tibiofibularis, Septum intermusculare cruris anterius et posterius und Fascia cruris.
   I.: Os cuneiforme mediale, Basis des Os metatarsale I (gegenüber und plantar vom M. tibialis anterior).
   L.: N. peroneus superficialis (L5–S1); A. peronea.

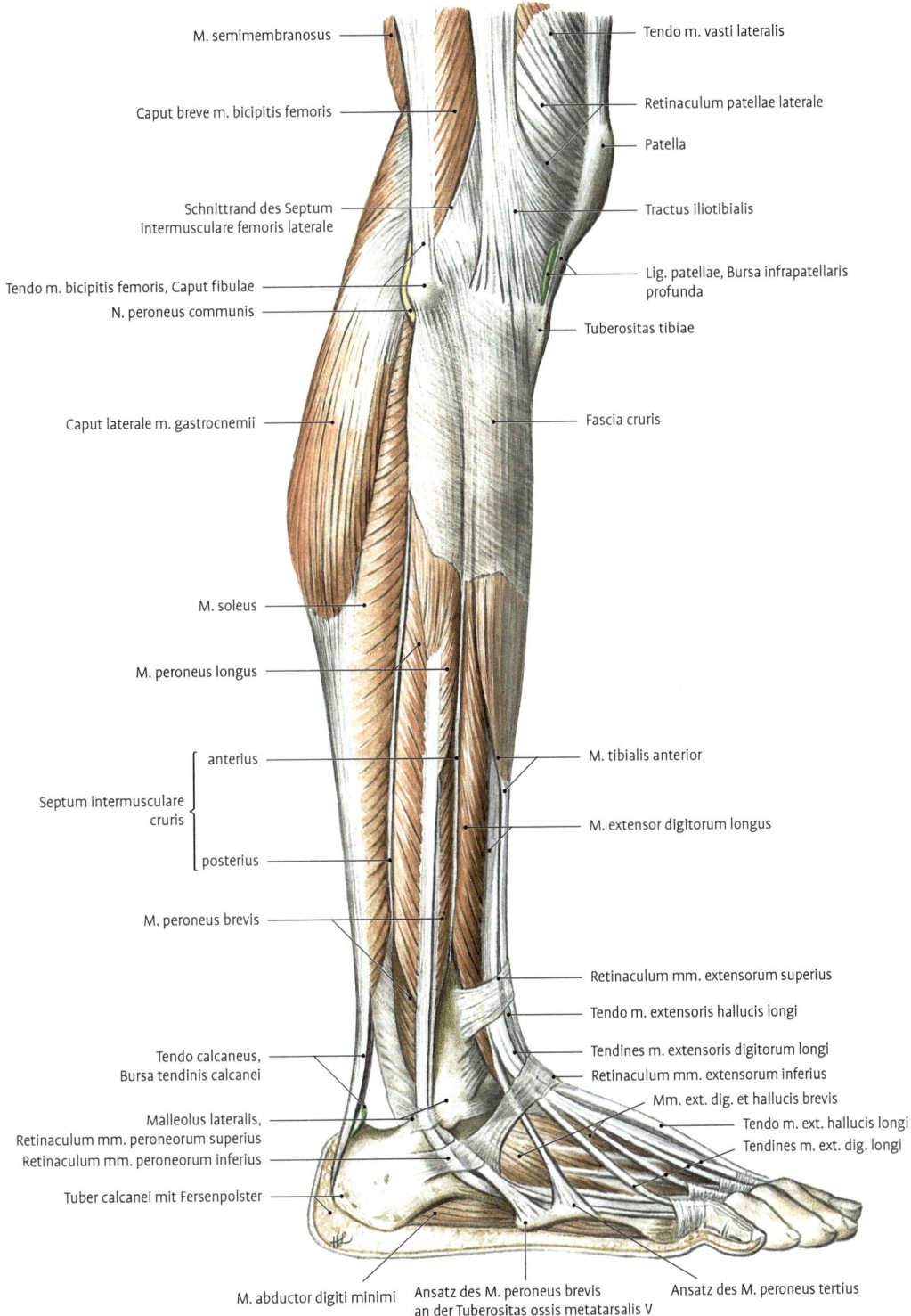

M. semimembranosus

Caput breve m. bicipitis femoris

Schnittrand des Septum
intermusculare femoris laterale

Tendo m. bicipitis femoris, Caput fibulae

N. peroneus communis

Caput laterale m. gastrocnemii

M. soleus

M. peroneus longus

anterius

Septum intermusculare
cruris

posterius

M. peroneus brevis

Tendo calcaneus,
Bursa tendinis calcanei

Malleolus lateralis,
Retinaculum mm. peroneorum superius
Retinaculum mm. peroneorum inferius

Tuber calcanei mit Fersenpolster

M. abductor digiti minimi

Ansatz des M. peroneus brevis
an der Tuberositas ossis metatarsalis V

Tendo m. vasti lateralis

Retinaculum patellae laterale

Patella

Tractus iliotibialis

Lig. patellae, Bursa infrapatellaris
profunda

Tuberositas tibiae

Fascia cruris

M. tibialis anterior

M. extensor digitorum longus

Retinaculum mm. extensorum superius

Tendo m. extensoris hallucis longi

Tendines m. extensoris digitorum longi

Retinaculum mm. extensorum inferius

Mm. ext. dig. et hallucis brevis

Tendo m. ext. hallucis longi

Tendines m. ext. dig. longi

Ansatz des M. peroneus tertius

Abb. 4.201 Unterschenkel- und Fußrückenmuskeln von lateral.

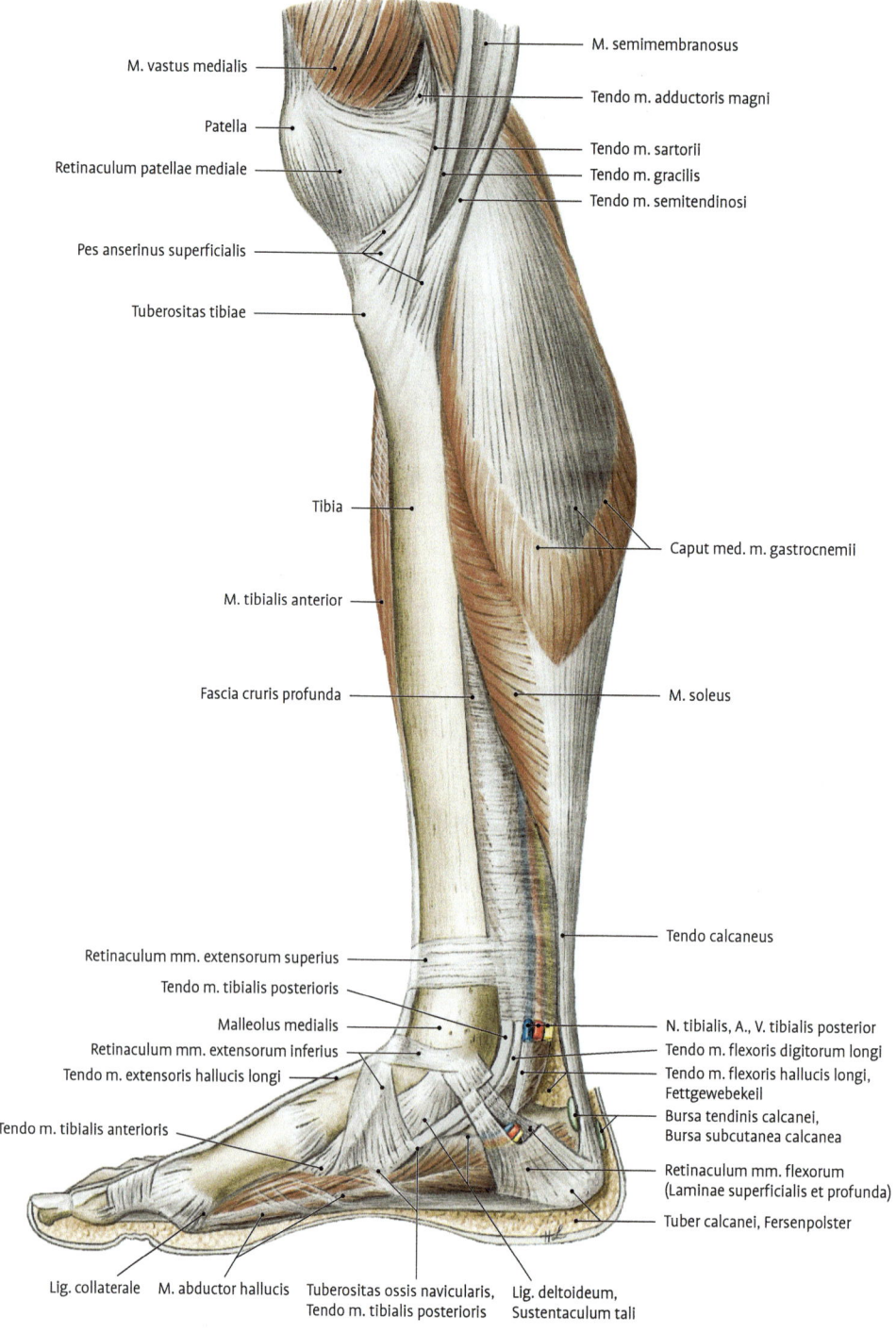

M. vastus medialis

Patella

Retinaculum patellae mediale

Pes anserinus superficialis

Tuberositas tibiae

Tibia

M. tibialis anterior

Fascia cruris profunda

Retinaculum mm. extensorum superius

Tendo m. tibialis posterioris

Malleolus medialis

Retinaculum mm. extensorum inferius

Tendo m. extensoris hallucis longi

Tendo m. tibialis anterioris

Lig. collaterale   M. abductor hallucis   Tuberositas ossis navicularis,
                                             Tendo m. tibialis posterioris

M. semimembranosus

Tendo m. adductoris magni

Tendo m. sartorii

Tendo m. gracilis

Tendo m. semitendinosi

Caput med. m. gastrocnemii

M. soleus

Tendo calcaneus

N. tibialis, A., V. tibialis posterior

Tendo m. flexoris digitorum longi

Tendo m. flexoris hallucis longi,
Fettgewebekeil

Bursa tendinis calcanei,
Bursa subcutanea calcanea

Retinaculum mm. flexorum
(Laminae superficialis et profunda)

Tuber calcanei, Fersenpolster

Lig. deltoideum,
Sustentaculum tali

Abb. 4.202 Unterschenkel- und Fußmuskeln von medial.

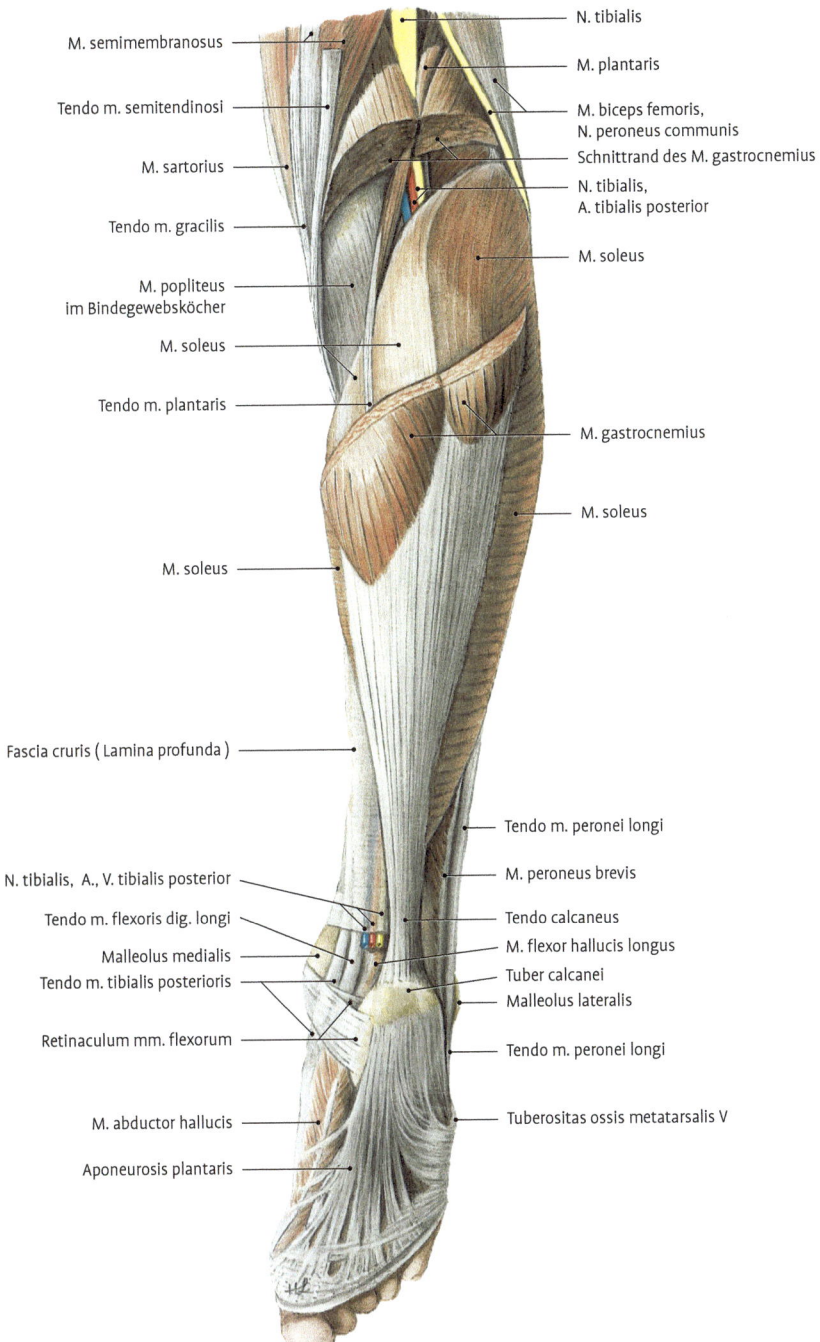

M. semimembranosus

Tendo m. semitendinosi

M. sartorius

Tendo m. gracilis

M. popliteus
im Bindegewebsköcher

M. soleus

Tendo m. plantaris

M. soleus

Fascia cruris (Lamina profunda)

N. tibialis, A., V. tibialis posterior

Tendo m. flexoris dig. longi

Malleolus medialis

Tendo m. tibialis posterioris

Retinaculum mm. flexorum

M. abductor hallucis

Aponeurosis plantaris

N. tibialis

M. plantaris

M. biceps femoris,
N. peroneus communis

Schnittrand des M. gastrocnemius

N. tibialis,
A. tibialis posterior

M. soleus

M. gastrocnemius

M. soleus

Tendo m. peronei longi

M. peroneus brevis

Tendo calcaneus

M. flexor hallucis longus

Tuber calcanei

Malleolus lateralis

Tendo m. peronei longi

Tuberositas ossis metatarsalis V

Abb. 4.203 Waden- und Fußsohlenmuskeln, oberflächliche Schicht. M. gastrocnemius ist gefenstert, um M. soleus und M. plantaris zu zeigen.

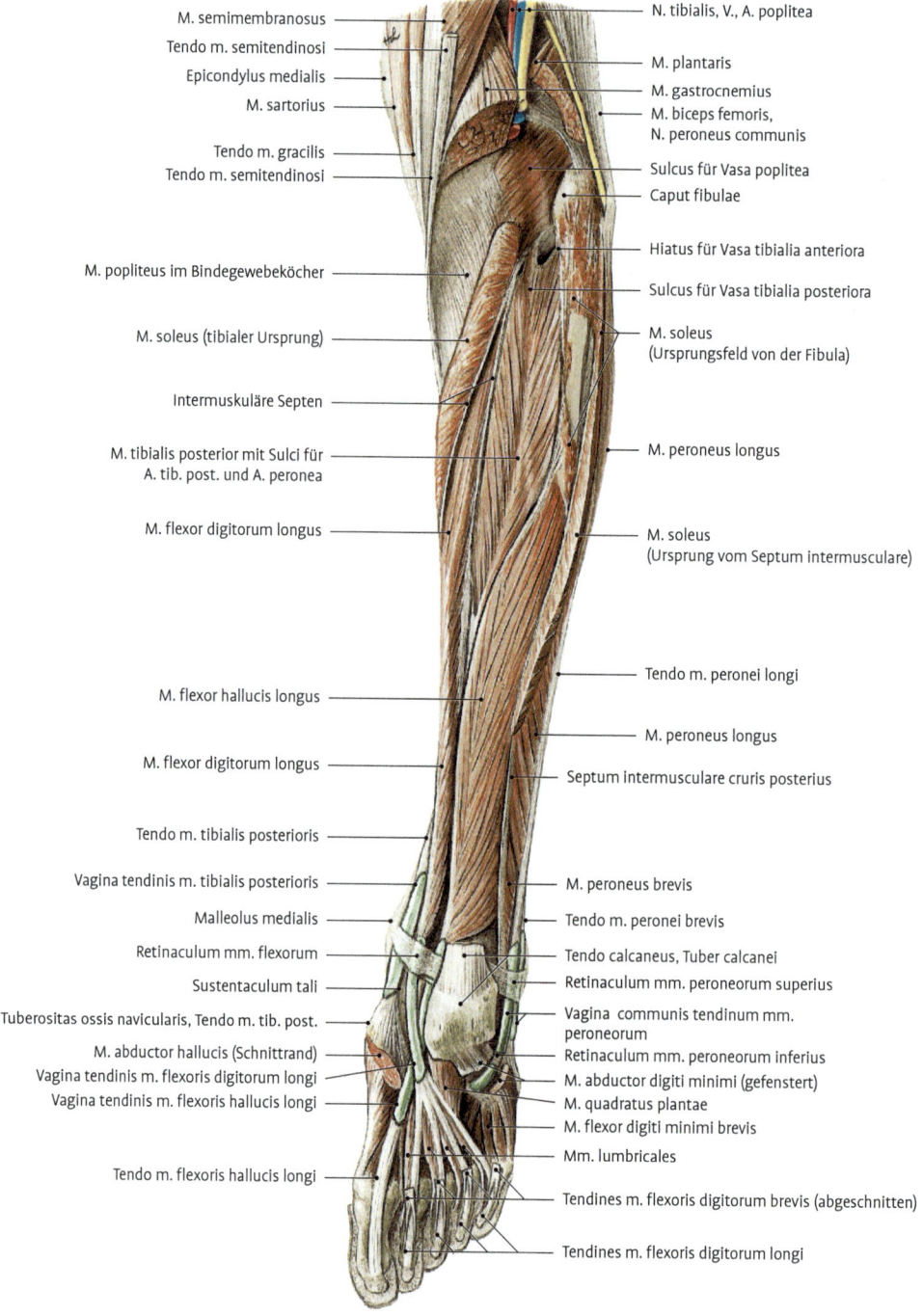

M. semimembranosus

Tendo m. semitendinosi

Epicondylus medialis

M. sartorius

Tendo m. gracilis

Tendo m. semitendinosi

M. popliteus im Bindegewebeköcher

M. soleus (tibialer Ursprung)

Intermuskuläre Septen

M. tibialis posterior mit Sulci für
A. tib. post. und A. peronea

M. flexor digitorum longus

M. flexor hallucis longus

M. flexor digitorum longus

Tendo m. tibialis posterioris

Vagina tendinis m. tibialis posterioris

Malleolus medialis

Retinaculum mm. flexorum

Sustentaculum tali

Tuberositas ossis navicularis, Tendo m. tib. post.

M. abductor hallucis (Schnittrand)

Vagina tendinis m. flexoris digitorum longi

Vagina tendinis m. flexoris hallucis longi

Tendo m. flexoris hallucis longi

N. tibialis, V., A. poplitea

M. plantaris

M. gastrocnemius

M. biceps femoris,
N. peroneus communis

Sulcus für Vasa poplitea

Caput fibulae

Hiatus für Vasa tibialia anteriora

Sulcus für Vasa tibialia posteriora

M. soleus
(Ursprungsfeld von der Fibula)

M. peroneus longus

M. soleus
(Ursprung vom Septum intermusculare)

Tendo m. peronei longi

M. peroneus longus

Septum intermusculare cruris posterius

M. peroneus brevis

Tendo m. peronei brevis

Tendo calcaneus, Tuber calcanei

Retinaculum mm. peroneorum superius

Vagina communis tendinum mm.
peroneorum

Retinaculum mm. peroneorum inferius

M. abductor digiti minimi (gefenstert)

M. quadratus plantae

M. flexor digiti minimi brevis

Mm. lumbricales

Tendines m. flexoris digitorum brevis (abgeschnitten)

Tendines m. flexoris digitorum longi

Abb. 4.204 Tiefe Flexoren des Unterschenkels. U-förmiges Ursprungsfeld des M. soleus. Fußsohle nach Entfernung der Plantaraponeurose, des M. flexor digitorum brevis und M. abductor hallucis.

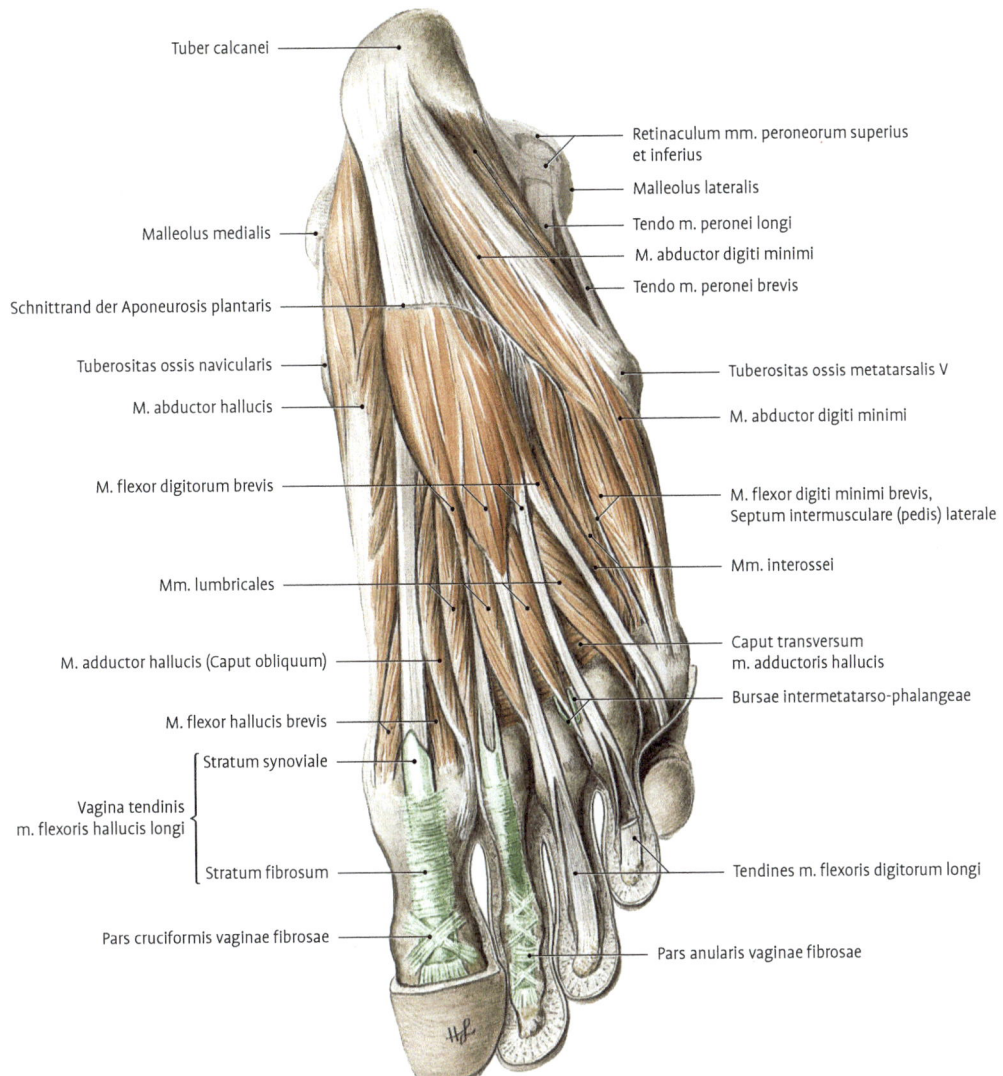

Tuber calcanei

Malleolus medialis

Schnittrand der Aponeurosis plantaris

Tuberositas ossis navicularis

M. abductor hallucis

M. flexor digitorum brevis

Mm. lumbricales

M. adductor hallucis (Caput obliquum)

M. flexor hallucis brevis

Stratum synoviale

Vagina tendinis
m. flexoris hallucis longi

Stratum fibrosum

Pars cruciformis vaginae fibrosae

Retinaculum mm. peroneorum superius
et inferius

Malleolus lateralis

Tendo m. peronei longi

M. abductor digiti minimi

Tendo m. peronei brevis

Tuberositas ossis metatarsalis V

M. abductor digiti minimi

M. flexor digiti minimi brevis,
Septum intermusculare (pedis) laterale

Mm. interossei

Caput transversum
m. adductoris hallucis

Bursae intermetatarso-phalangeae

Tendines m. flexoris digitorum longi

Pars anularis vaginae fibrosae

Abb. 4.205 Fußsohlenmuskel, oberflächliche Schicht der Aponeurosis plantaris und Sehnenscheiden der 3.–5. Zehe sind abgetragen.

F.: Plantarflexion im oberen Sprunggelenk, Pronation (Eversion) im unteren Sprunggelenk, **Unterstützung der Querwölbung** (Abb. 4.205).

2. **M. peroneus brevis** (Abb. 4.201, 4.203, 4.204)
   O.: Distale Zweidrittel der Facies lateralis fibulae, Septum intermusculare cruris anterius et posterius.
   I.: Tuberositas ossis metatarsalis V.
   L.: N. peroneus superficialis; A. peronea.

F.: Plantarflexion im oberen Sprunggelenk, Pronation (Eversion) im unteren Sprunggelenk.

Die **Ansatzsehnen** beider Wadenbeinmuskeln verlaufen hinter dem Malleolus lateralis (→ Hypomochlion). Die gemeinsame Sehnenscheide wird durch die **Retinacula mm. peroneorum superius** und **inferius** an das Skelett gefesselt (Abb. 4.201). Am Calcaneus verläuft die Sehne des Peroneus brevis oberhalb und die des Peroneus longus un-

terhalb der Trochlea peronealis. Die Sehne des Peroneus longus wendet sich um den lateralen Rand des Os cuboideum zur Planta pedis. Die Sehnenscheide (Vagina plantaris) liegt in einem knöchernen Kanal, der vom Lig. plantare longum überbrückt wird. An der Umbiegestelle an der Tuberositas cuboidea ist die Sehne verbreitert und durch Knorpelgewebe verstärkt (Abb. 4.204). Anstelle dieses „Sesamknorpels" kann sich auch mit dem **Os peroneum** ein echtes Sesambein ausbilden.

Oberflächliche Muskeln der Rückseite des Unterschenkels (oberflächliche Flexoren, Wadenmuskeln)

Zur Wadenmuskulatur gehören der dreiköpfige Wadenmuskel, **M. triceps surae,** und der **M. plantaris**. Der M. triceps surae wiederum setzt sich aus zweiköpfigem **M. gastrocnemius** und **M. soleus** zusammen. Der kleine M. plantaris stellt eine Abspaltung des lateralen Gastroknemiuskopfes dar.

1. **M. gastrocnemius** (Abb. 4.201–4.204)
   O.: **Caput mediale:** Condylus medialis femoris; **Caput laterale:** Condylus lateralis femoris. Unter der medialen Ursprungssehne liegt regelmäßig die **Bursa subtendinea m. gastrocnemii medialis**. Eine **Bursa subtendinea m. gastrocnemii lateralis** ist nur in 15 % angelegt. In 15–20 % kommt in der Sehne des lateralen Gastroknemiuskopfes ein Sesambein, **Fabella,** vor.
   I.: M. gastrocnemius und M. soleus setzen mit einer gemeinsamen Endsehne, **Tendo calcaneus (Achillessehne),** am Tuber calcanei an. Hier liegt die **Bursa tendinis calcanei** zwischen Knochen und Sehneninnenseite.
   L.: N. tibialis (S1–S2); A. poplitea, A. tibialis posterior, A. peronea.
   F.: Flexion im Kniegelenk, Plantarflexion und Inversion am Fuß.
2. **M. soleus** (Abb. 4.201, 4.203)
   O.: Caput fibulae, proximales Drittel des Margo posterior fibulae, Sehnenbogen (**Arcus tendineus m. solei**) zwischen Tibia und Fibula, Linea m. solei der Tibia, medialer Rand der Tibia.
   I.: Setzt gemeinsam mit dem M. gastrocnemius mit der Achillessehne (Tendo calcaneus) am Tuber calcanei an. Hier liegt

die Bursa tendinis calcanei zwischen Knochen und Sehneninnenseite.
   L.: N. tibialis (S1–S2); A. poplitea, A. tibialis posterior, A. peronea.
   F.: Plantarflexion und Inversion am Fuß.
3. **M. plantaris** (Abb. 4.204)
   O.: Linea supracondylaris lateralis am Femur, Lig. popliteum obliquum.
   I.: Die Sehne strahlt in den medialen Rand der Achillessehne ein.
   L.: N. tibialis (S1–S2); A. poplitea, A. tibialis posterior.
   F.: Flexion im Kniegelenk; Plantarflexion und Inversion am Fuß.

Klinik: Bei **Lähmung** der Wadenmuskeln schwere Behinderung beim Gehen: Fuß kann nicht mehr abgerollt werden, im Kindesalter (z. B. durch Poliomyelitis) entsteht ein Hackenfuß (Pes calcaneus).

Tiefe Muskeln der Rückseite des Unterschenkels (tiefe Flexoren)

1. **M. tibialis posterior** (Abb. 4.204)
   O.: Membrana interossea cruris sowie angrenzende Facies posterior tibiae und Facies posterior fibulae, tiefes Blatt der Fascia cruris.
   I.: Ansatzsehne unterkreuzt den M. flexor digitorum longus (**Chiasma crurale**). Kräftiger tibialer Sehnenanteil inseriert an Tuberositas ossis navicularis, schwächerer fibularer Strang zieht fächerförmig zu den Ossa cuneiformia mediale und intermedium sowie den Basen der Ossa metatarsalia II–IV.
   L.: N. tibialis (L4–S1); A. tibialis posterior.
   F.: Plantarflexion im oberen Sprunggelenk, Supination im unteren Sprunggelenk, verspannt Längs- und Querwölbung des Fußes (Abb. 4.190).
2. **M. flexor digitorum longus** (Abb. 4.204)
   O.: Facies posterior tibiae, Faszie des M. tibialis posterior.
   I.: Der Muskel wird am Unterschenkel von der Sehne des M. tibialis posterior unterkreuzt (Chiasma crurale), seine Ansatzsehne wird plantar des Os naviculare vom M. flexor hallucis longus unterkreuzt (**Chiasma plantare,** im angloamerikanischen Sprachraum als **master knot of Henry** bezeichnet). Da der M. flexor digitorum longus der schwächste

der drei tiefen Flexoren ist, erhält er im Chiasma plantare Sehnenfasern vom M. flexor hallucis longus, die sich variabel auf die individuellen Sehnen für die 2.–5. Zehe verteilen. Weitere Muskelkraft erhält er durch den M. quadratus plantae, der distal des Chiasma plantare in die Sehne einstrahlt. Der Muskel setzt mit vier Sehnen an den Basen der Endphalangen der Zehen II–V an. Die Ansatzsehnen (M. perforans) durchbohren die jeweilige Sehne des M. flexor digitorum brevis (M. perforatus).

L.: N. tibialis (S1–S2); A. tibialis posterior.

F.: Plantarflexion im oberen Sprunggelenk und in allen Gelenken der Zehen 2–5. Kräftiger Beuger in den Zehenendgelenken, unterstützt Abstoßen des Vorfußes vom Boden, unterstützt Längswölbung des Fußes.

3. **M. flexor hallucis longus** (Abb. 4.204)

O.: Facies posterior fibulae, Membrana interossea cruris, Faszie des M. tibialis posterior, Septum intermusculare cruris posterius.

I.: Basis der Endphalanx der Großzehe. Ansatzsehne ist im Bereich des Chiasma plantare mit der Sehne des M. flexor digitorum longus verkoppelt; dadurch Verstärkung der Zehenbeugung.

L.: N. tibialis (S1–S2); A. tibialis posterior.

F.: Plantarflexion im oberen Sprunggelenk sowie in allen Gelenken der Großzehe.

4. **M. popliteus** (Abb. 4.204)

O.: Facies posterior tibiae, proximal der Linea m. solei.

I.: Über den Sulcus popliteus an der lateralen Fläche des Condylus lateralis femoris.

L.: N. tibialis (L5–S1 [2]); A. poplitea.

F.: Flexion und Außenrotation des Femur am Standbein („unlock"-Mechanismus, d. h., dieser Muskel wirkt der Schlussrotation entgegengesetzt und leitet nach durchgestrecktem Knie die Beugung ein). Unter ihm liegt der **Recessus subpopliteus,** der mit der Gelenkhöhle des Kniegelenks kommuniziert.

4.4.3.5 Fußmuskeln

Muskeln des Fußrückens

1. **M. extensor digitorum brevis** (Abb. 4.201)

O.: Dorsale Fläche des Calcaneus, Cervical ligament und Stamm des Retinaculum mm. extensorum inferius.

I.: Mit meist 3 Endsehnen zur lateralen Seite der Sehnen des M. extensor digitorum longus der 2.–4. Zehe. An der 5. Zehe ist meistens keine Sehne angelegt.

L.: N. peroneus profundus (L5–S1); A. dorsalis pedis.

F.: Dorsalflexion der 2.–4. Zehe.

2. **M. extensor hallucis brevis** (Abb. 4.201)

O.: Dorsale Fläche des Calcaneus, Cervical ligament und Stamm des Retinaculum mm. extensorum inferius.

I.: Laterale Seite der Sehne des M. extensor hallucis longus.

L.: N. peroneus profundus (L5–S1); A. dorsalis pedis.

F.: Dorsalflexion der Großzehe.

Muskeln der Fußsohle

1. **M. abductor hallucis** (Abb. 4.205)

O.: Processus medialis tuberis calcanei, Retinaculum flexorum und Aponeurosis plantaris.

I.: Basis der Großzehengrundphalanx. In die Ansatzsehne ist das mediale Sesambein der Großzehe eingelassen.

L.: N. plantaris medialis (S1–2); A. plantaris medialis.

F.: Abduktion und Plantarflexion im Großzehengrundgelenk, unterstützt die Längswölbung des Fußes (Abb. 4.207).

2. **M. flexor hallucis brevis** (Abb. 4.206)

O.: Os cuneiforme laterale, Os cuboideum, Sehne des M. tibialis posterior.

I.: Zweiköpfig: **Caput mediale** über das mediale Sesambein an der Basis der Großzehengrundphalanx. **Caput laterale** über das laterale Sesambein an der Basis der Großzehengrundphalanx.

L.: N. plantaris medialis (S1–S2); A. plantaris medialis.

F.: Plantarflexion der Großzehe im Grundgelenk.

3. **M. adductor hallucis** (Abb. 4.206)

O.: **Caput obliquum:** Basen der Ossa metatarsalia II-IV, Sehnenscheide des M. peroneus longus.
Caput transversum: Ligg. metatarsophalangeales plantares der 3.–5. Zehe.

I.: Mit einheitlicher Sehne über das laterale Sesambein an der Basis phalangis proximalis.

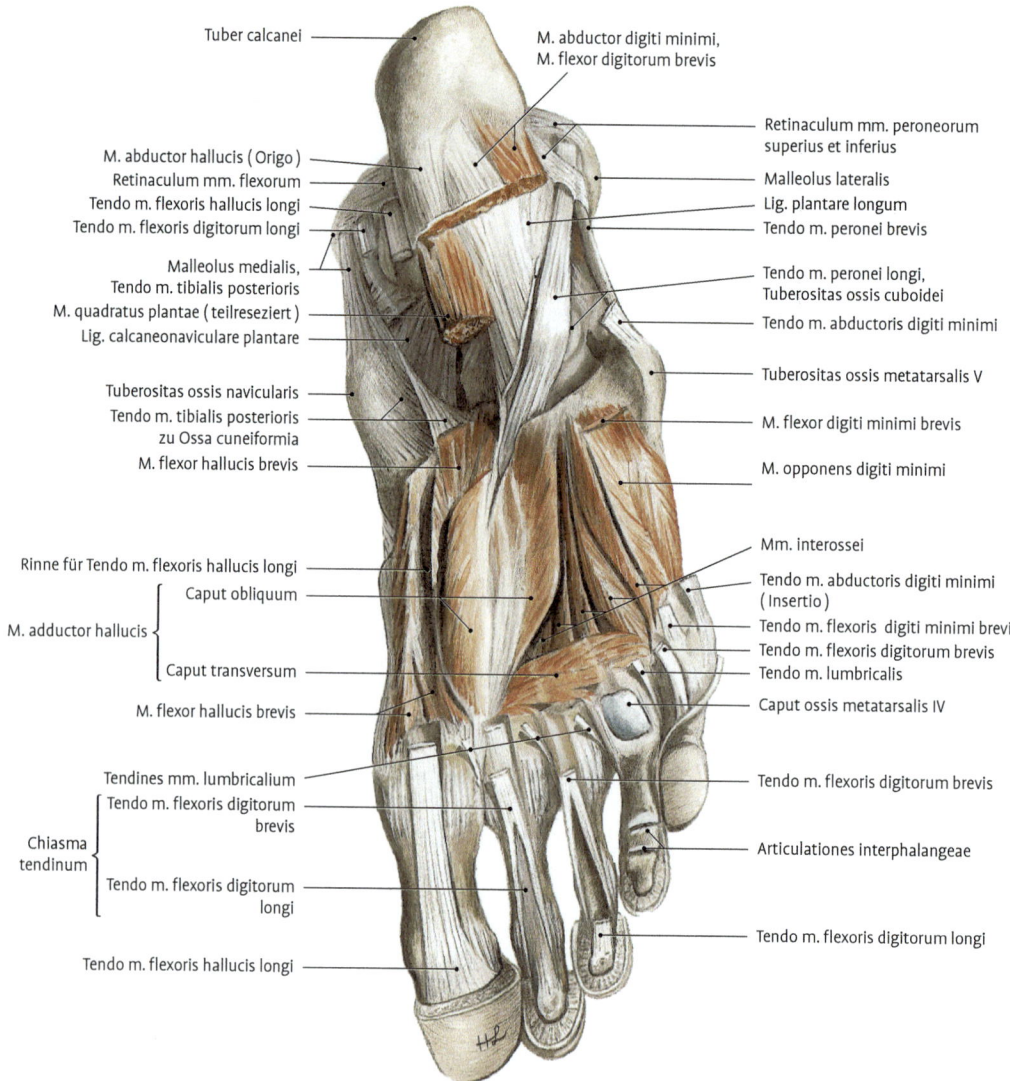

Tuber calcanei

M. abductor digiti minimi,
M. flexor digitorum brevis

M. abductor hallucis (Origo)
Retinaculum mm. flexorum
Tendo m. flexoris hallucis longi
Tendo m. flexoris digitorum longi

Retinaculum mm. peroneorum
superius et inferius
Malleolus lateralis
Lig. plantare longum
Tendo m. peronei brevis

Malleolus medialis,
Tendo m. tibialis posterioris
M. quadratus plantae (teilreseziert)
Lig. calcaneonaviculare plantare

Tendo m. peronei longi,
Tuberositas ossis cuboidei
Tendo m. abductoris digiti minimi

Tuberositas ossis navicularis
Tendo m. tibialis posterioris
zu Ossa cuneiformia
M. flexor hallucis brevis

Tuberositas ossis metatarsalis V
M. flexor digiti minimi brevis
M. opponens digiti minimi

Rinne für Tendo m. flexoris hallucis longi
Caput obliquum
M. adductor hallucis
Caput transversum
M. flexor hallucis brevis

Mm. interossei
Tendo m. abductoris digiti minimi
(Insertio)
Tendo m. flexoris digiti minimi brevis
Tendo m. flexoris digitorum brevis
Tendo m. lumbricalis
Caput ossis metatarsalis IV

Tendines mm. lumbricalium
Tendo m. flexoris digitorum
brevis
Chiasma
tendinum
Tendo m. flexoris digitorum
longi

Tendo m. flexoris digitorum brevis

Articulationes interphalangeae

Tendo m. flexoris hallucis longi

Tendo m. flexoris digitorum longi

Abb. 4.206 Tiefe Schicht der Fußsohlenmuskeln.

L.: Ramus profundus des N. plantaris lateralis (S1–S2); Arcus plantaris.
F.: Adduktion der Großzehe (Abb. 4.207).
4. **M. flexor digitorum brevis** (Abb. 4.205)
  O.: Processus medialis des Tuber calcanei, Aponeurosis plantaris, Septa intermuscularia plantaria.
  I.: Mit 4 Ansatzsehnen an den Schäften der Mittelphalangen II–V (die Ansatzsehnen werden von denen des M. flexor digitorum longus durchbohrt).

L.: N. plantaris medialis (S1–2); A. plantaris lateralis.
F.: Flexion im Grund- und proximalen Interphalangealgelenk der 2.–5. Zehen, unterstützt Verspannung der Längswölbung.
5. **M. quadratus plantae (M. flexor accessorius;** Abb. 4.204)
  O.: Processus medialis und lateralis des Tuber calcanei, Lig. plantare longum.
  I.: Strahlt lateral in die Sehne des M. flexor digitorum longus.

L.: N. plantaris lateralis (S1–2); A. plantaris lateralis.

F.: Verstärkt den M. flexor digitorum longus im Sinne eines zusätzlichen Muskelbauches; Plantarflexion in den Gelenken der 2.–5. Zehe.

6. **Mm. lumbricales** (Abb. 4.205)

O.: Ansatzsehnen des M. flexor digitorum longus.

I.: Mediale Seite der Dorsalaponeurose der 2.–5. Zehe.

L.: M. lumbricalis I: N. plantaris medialis, Mm. lumbricales II–IV: Ramus profundus des N. plantaris lateralis (S1–S2); Arcus plantaris profundus.

F.: Helfen bei der Plantarflexion in den Grundgelenken der 2.–5. Zehe.

7. **Mm. interossei** (Abb. 4.206, 4.207)

O.: **Mm. interossei plantares** (3): mediale Fläche der Schäfte der Ossa metatarsalia III–V. **Mm. interossei dorsales** (4): zweiköpfig an den einander zugewendeten Flächen der Ossa metatarsalia I–V.

I.: Mm. interossei plantares: mediale Seite der Dorsalaponeurose der 3.–5. Zehe.

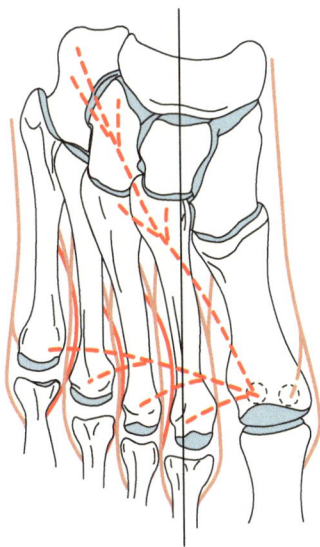

Abb. 4.207 Spreizen und Zusammenführen der Zehen. Die Achse verläuft durch die 2. Zehe. Die 4 dorsalen Mm. interossei (rosa, zweiköpfig), M. abductor hallucis und M. abductor digiti minimi führen die Zehen von dieser Achse weg, die 3 plantaren Mm. interossei (rot, einköpfig) und der M. adductor hallucis (rot gestrichelt, zweiköpfig) führen die Zehen an die Achse heran.

Mm. interosseus dorsalis I: mediale Seite der Dorsalaponeurose der 2. Zehe. Mm. interossei dorsales II–IV: laterale Seite der Dorsalaponeurose der 2.–4. Zehe.

L.: Mm. interossei plantares I, II sowie Mm. interossei dorsales I–III: Ramus profundus des N. plantaris lateralis (S1–S2); M. interosseus palmaris III und M. interosseus dorsalis IV: Ramus superficialis des N. plantaris lateralis; Arcus plantaris profundus.

F.: Mm. interossei plantares adduzieren die 3.–5. Zehe in den Grundgelenken; Mm. interossei dorsales abduzieren (spreizen) die 2.–4. Zehe; Plantarflexion in den Grundgelenken.

8. **M. abductor digiti minimi** (Abb. 4.205)

O.: Processus lateralis und medialis des Tuber calcanei, Aponeurosis plantaris.

I.: Tuberositas ossis metatarsalis V sowie lateral an der Basis der Grundphalanx der 5. Zehe.

L.: N. plantaris lateralis (S1–2); A. plantaris lateralis.

F.: Abduktion im Tarsometatarsalgelenk und im Grundgelenk der 5. Zehe.

9. **M. flexor digiti minimi brevis** (Abb. 4.205, 4.206)

O.: Basis ossis metatarsalis V, Sehnenscheide des M. peroneus longus.

I.: Lateral an der Basis der Phalanx proximalis der 5. Zehe.

L.: Ramus superficialis des N. plantaris lateralis (S1–S2); A. plantaris lateralis.

F.: Plantarflexion der Kleinzehe im Grundgelenk.

10. **M. opponens digiti minimi** (Abb. 4.206)

O.: Schaft des Os metatarsale V.

I.: Lateral an der Basis der Phalanx proximalis der 5. Zehe.

L.: Ramus superficialis des N. plantaris lateralis (S1–2); A. plantaris lateralis.

F.: Plantarflexion und leichte Opposition im Grundgelenk der 5. Zehe.

4.4.3.6 Faszien der unteren Extremität

Faszien der unteren Extremität bilden an Ober- und Unterschenkel sowie am Fuß durch intermuskuläre Septen osteofibröse Logen (Kompartimente) aus.

Faszien der inneren oder vorderen Hüftmuskeln. Die derbe **Fascia iliaca sive iliopsoas** hüllt den

M. iliopsoas ein. Deren **Pars psoatica** ist Teil der Fascia lumbalis und steht kranial mit der **Fascia diaphragmatica** in Verbindung. Die **Pars iliaca** geht am Darmbeinkamm in die **Fascia abdominis interna** über. Beide Faszienteile sind mit dem Leistenband und dadurch der Aponeurose des M. obliquus abdominis externus verwachsen. Der **Arcus iliopectineus** (Abb. 4.230) spaltet sich von der Pars iliaca ab; er trennt die

- laterale **Lacuna musculorum** (für den Durchtritt von M. iliopsoas, N. femoralis, N. cutaneus femoris lateralis) von der
- medialen **Lacuna vasorum** (Durchtritt von A., V. femoralis, Lymphgefäße, Ramus femoralis des N. genitofemoralis).

Die Fascia iliopsoas ist eine geschlossene Bindegewebehülle, in der sich Senkungsabszesse bis zum Trochanter minor ausbreiten können.

Faszien der äußeren oder hinteren Hüftmuskeln. Die dem M. gluteus maximus aufliegende **Fascia glutea** ist sehr dünn. Von ihr ziehen septenartige Faserbündel in das Muskelfleisch und verleihen dem Muskel eine grobe Kammerung. Über dem freien Teil des M. gluteus medius ist die Faszie zur **Aponeurosis glutea** verdickt (Abb. 4.194). Unter dem M. gluteus maximus dehnt sich lockeres, fettdurchsetztes Bindegewebe aus, das ebenso wie zwischen Gluteus medius und minimus als Verschiebeschicht wirkt.

Faszien des Oberschenkels. Die **Fascia lata** umschließt Oberschenkelmuskeln (Abb. 4.208). Proximal entspringt sie ventral vom Leistenband und dorsal löst sie sich aus der Fascia glutea mit horizontalen Faserzügen (→ **Sitzhalfter;** s. Abb. 4.196, 4.197). An der Außenseite des Oberschenkels ist sie derb und straff gewebt, **Tractus iliotibialis** (Abb. 4.196). Dieser 8–10 cm breite Bindegewebestreifen zieht von der Crista iliaca und Spina iliaca anterior superior kommend vertikal nach distal und inseriert am Tuberculum tractus iliotibialis des Condylus lateralis tibiae (**Tuberculum Gerdy**). In den Tractus iliotibialis strahlen der **M. tensor fasciae latae** und der **M. gluteus maximus** ein. Er wird bei der Verlagerung des Körpergewichtes auf das Standbein durch die tief zu ihm liegenden Glutealmuskeln gespannt. Die dann einsetzende seitliche Zuggurtung setzt (nach Pauwels) die Biegebeanspruchung an der Außenfläche des Femur herab.

Distal des Leistenbandes befindet sich in der Fascia lata der ovale **Hiatus saphenus** (Abb. 4.208)

mit Durchtrittspforten großer epifaszialer Venen (V. saphena magna). Er wird von einem scharf begrenzten, sichelförmigen Rand, **Margo falciformis,** umrahmt. Der superolaterale Teil dieses Randes, **Cornu superius,** strahlt in das Leistenband, der inferiomediale Teil, **Cornu inferius,** in die **Fascia pectinea** aus. Der Hiatus saphenus ist durch einen dreidimensionalen Pfropfen aus lockerem Fett- und Bindegewebe, der **Fascia cribrosa,** verschlossen. Diese dient kleineren Blut- und Lymphgefäßen sowie Nerven zum Durchtritt. Entfernt man diesen Pfropfen, so entsteht medial der V. femoralis eine Vertiefung, die **Fossa ovalis,** von der aus man direkt nach proximal zum Septum femorale und damit zur inneren Bruchpforte von Schenkelhernien gelangt (siehe Kap. 4.2.6.2). Von der Innenseite der Fascia lata ziehen straffe Bindegewebeblätter, **Septa intermuscularia,** in die Tiefe, um an den beiden Lippen der Linea aspera anzusetzen. Septum intermusculare femoris laterale und mediale bilden Faszienlogen: Sie trennen die Extensoren von den Flexoren und Adduktoren. Eigenständige Führungsröhren haben die Mm. sartorius, gracilis und tensor fasciae latae (Abb. 4.209). Die an der medialen Seite des Oberschenkels relativ dünne Fascia lata setzt sich oberhalb und vor dem Kniegelenk in horizontale, verstärkte Faserzüge fort, welche die Patella vergurten. Nach distal geht die Fascia lata in die **Fascia cruris** über. Im hinteren Kniebereich ist die **Fascia poplitea** zwischengeschaltet.

Faszien des Unterschenkels. Die Unterschenkelfaszie, **Fascia cruris,** bedeckt ganzseitig die Muskulatur (Abb. 4.210). An den freien Kanten der Tibia und der Fibula sowie an der Facies medialis tibiae ist sie mit dem Knochen verwachsen. Von den außen liegenden Anteilen der Fascia cruris zieht ein **Septum intermusculare cruris anterius** zur Vorderkante, ein **Septum intermusculare cruris posterius** zur Hinterkante der Fibula. Zusammen mit der **Membrana interossea cruris** und der Tibia und Fibula entstehen **3 osteofibröse Muskellogen:**

- **Extensorenloge** mit A. tibialis anterior, N. peroneus profundus
- **Peroneusloge** mit N. peroneus superficialis
- **oberflächliche und tiefe Flexorenloge** mit A. tibialis post., A. peronea und N. tibialis.

Das tiefe Blatt der Unterschenkelfaszie trennt die tiefen Beuger vom M. soleus. Unter dem Sehnenbogen des Soleus, **Arcus tendineus m. solei,** mit

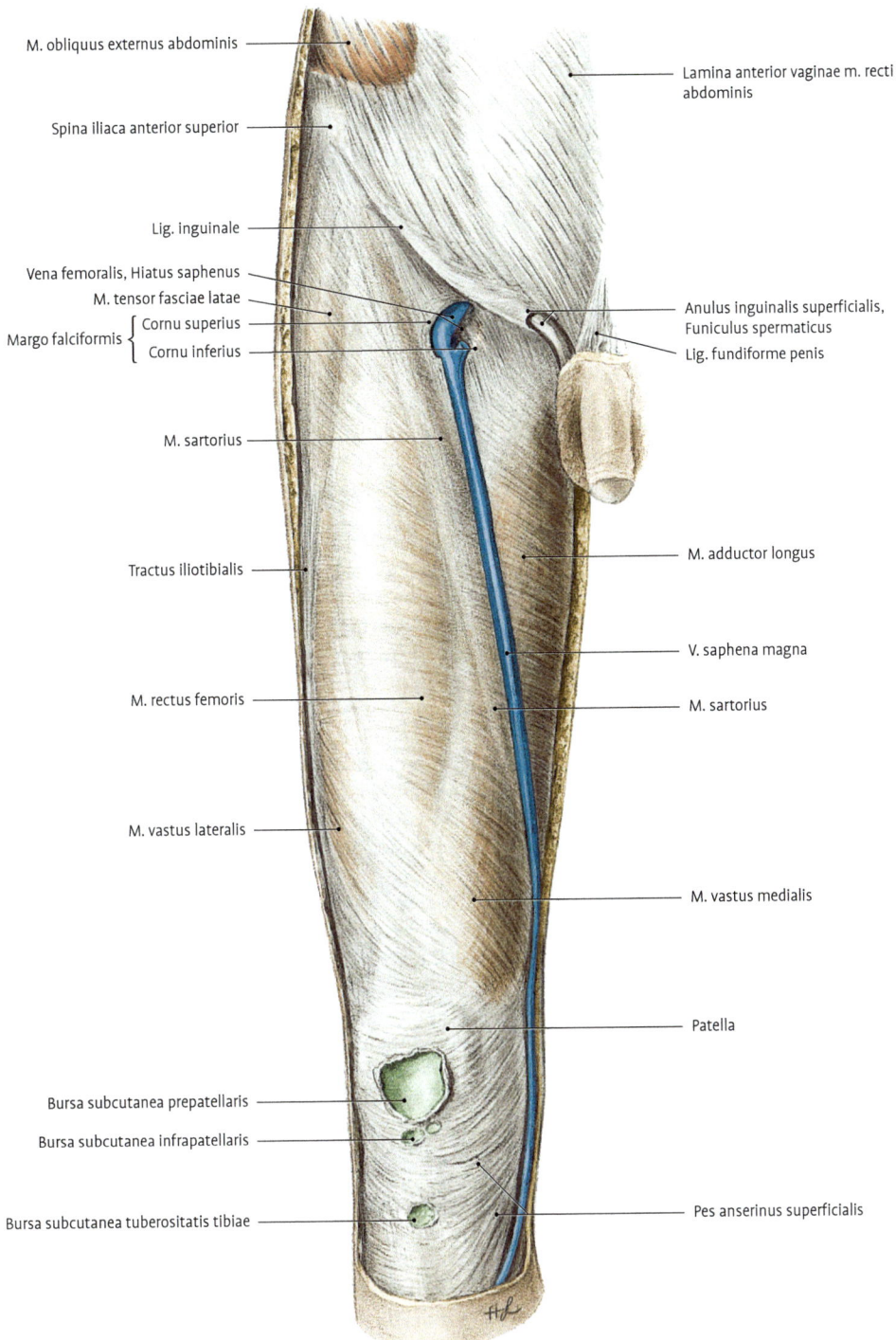

Abb. 4.208 Oberschenkelmuskeln mit Fascia lata von ventral.

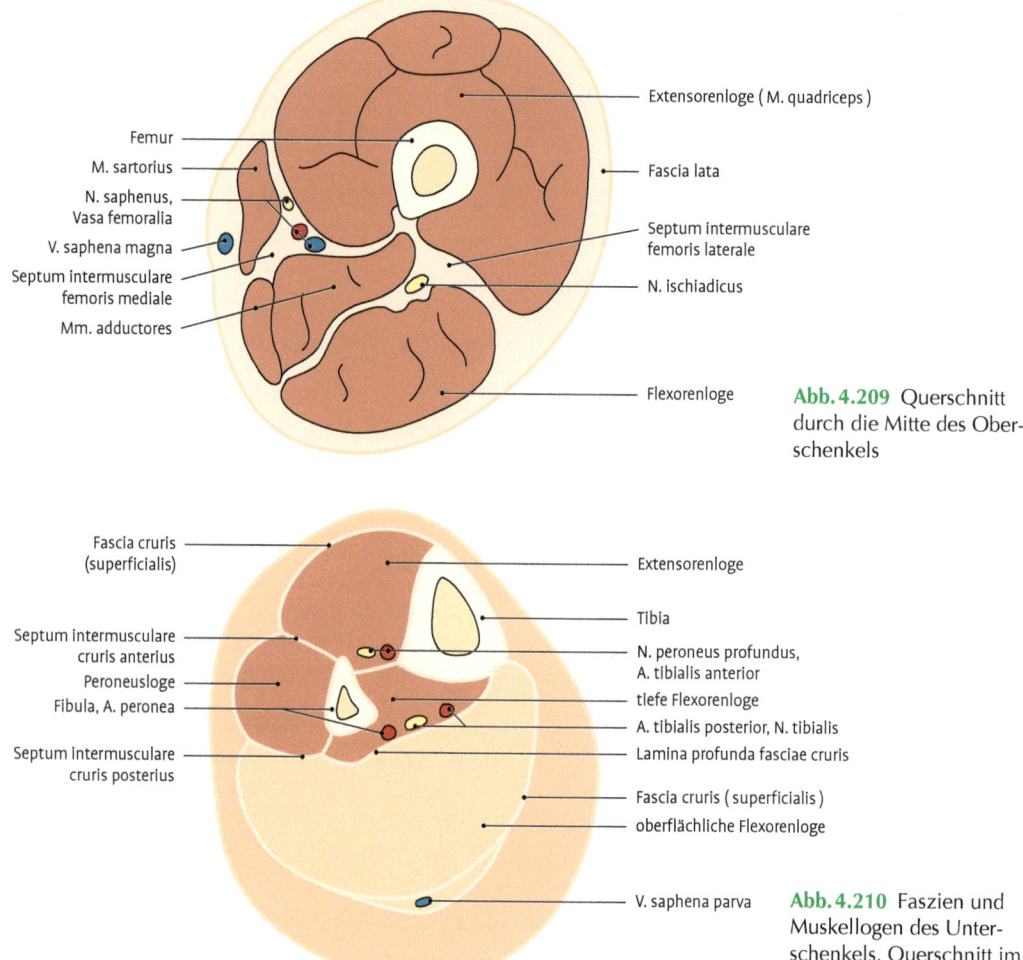

Extensorenloge (M. quadriceps)

Femur

M. sartorius

N. saphenus,
Vasa femoralia

V. saphena magna

Septum intermusculare
femoris mediale

Mm. adductores

Fascia lata

Septum intermusculare
femoris laterale

N. ischiadicus

Flexorenloge

Abb. 4.209 Querschnitt durch die Mitte des Oberschenkels

Fascia cruris
(superficialis)

Septum intermusculare
cruris anterius

Peroneusloge

Fibula, A. peronea

Septum intermusculare
cruris posterius

Extensorenloge

Tibia

N. peroneus profundus,
A. tibialis anterior

tiefe Flexorenloge

A. tibialis posterior, N. tibialis

Lamina profunda fasciae cruris

Fascia cruris (superficialis)

oberflächliche Flexorenloge

V. saphena parva

Abb. 4.210 Faszien und Muskellogen des Unterschenkels. Querschnitt im mittleren Drittel.

der Popliteusfaszie treten N. tibialis und Vasa tibialia posteriora in die tiefe Flexorenloge ein. Die Fascia cruris ist im proximalen Drittel der Extensoren- und Peroneusloge aponeurotisch verstärkt und dient einem Teil der Muskulatur als Ursprung. Nach distal wird sie dünner. In Höhe der Knöchel verstärkt sie sich erneut zum **Retinaculum mm. extensorum superius**.

Die Faszienloge der Mm. peronei beginnt unterhalb des Caput fibulae. Hinter dem Außenknöchel ist sie zum **Retinaculum mm. peroneorum superius** und an der Trochlea peronealis des Calcaneus zum **Retinaculum mm. peroneorum inferius** verstärkt.

Die oberflächliche Beugerloge wird nach distal enger. Sie endet mit der Achillessehne am Tuber calcanei. Zwischen ihr und dem tiefen Blatt der Unterschenkelfaszie liegt ein ausgeprägter Fettgewebekörper (Abb. 4.211). Er wird von einander durchkreuzenden Bindegewebefasern durchsetzt, durch welche die Hüllschichten der Sehne mit dem tiefen Faszienblatt verbunden werden.

In der tiefen Beugerloge sind eingeschlossen: Vasa peronea, Vasa tibialia posteriora, N. tibialis. Hinter dem medialen Knöchel, am Übergang zum Fuß, ist die Fascia cruris durch das **Retinaculum mm. flexorum** verstärkt. Darunter liegt der **Tarsaltunnel** (→ Malleolenkanal). In ihm verlaufen Sehnen und Sehnenscheiden von: **M. tibialis posterior, M. flexor digitorum longus, M. flexor hallucis longus** („Tom, Dick and Harry"). In einer eigenen Röhre zwischen oberflächlichem und tiefem Blatt

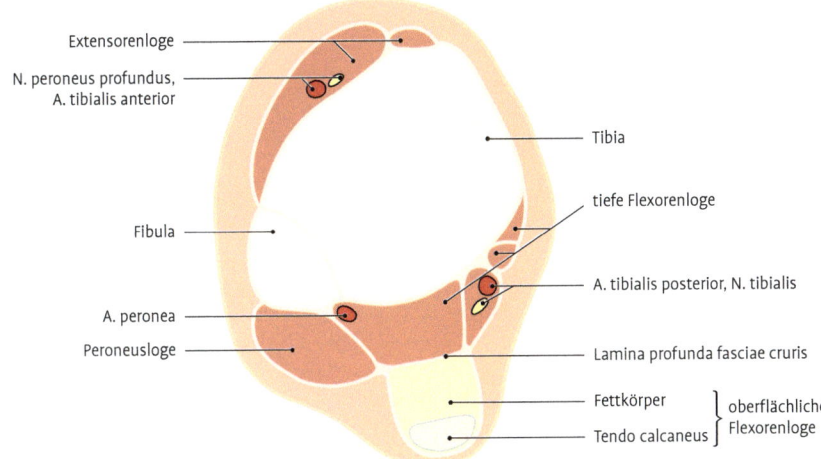

Extensorenloge
N. peroneus profundus, A. tibialis anterior
Fibula
A. peronea
Peroneusloge
Tibia
tiefe Flexorenloge
A. tibialis posterior, N. tibialis
Lamina profunda fasciae cruris
Fettkörper ⎱ oberflächliche
Tendo calcaneus ⎰ Flexorenloge

Abb. 4.211 Faszien und Muskellogen des Unterschenkels. Querschnitt in Höhe der Malleolen.

des Retinaculums erreichen die Vasa tibialia posteriora und der N. tibialis die Regio plantaris.

Klinik: Kompartmentsyndrom (= Logensyndrom). In der Klinik bezeichnet man die osteofibrösen Logen (Faszienlogen) des Unterschenkels als Kompartimente. Abgeschlossen und wenig dehnbar, kann es bei Verletzungen von Knochen, Muskeln oder Gefäßen zu erhöhtem Gewebedruck kommen. Dabei drohen mechanische Muskelschädigungen (druckbedingte Minderdurchblutung) und Nervenkompressionen. Therapie: sofortige Dekompression durch ausgedehnte Faszienspaltung.

Faszien des Fußes. Die **Fascia dorsalis pedis** besteht aus einem oberflächlichen und tiefen Blatt. Das oberflächliche Blatt ist an den Malleolen sowie an den Knochen des medialen und lateralen Fußrandes verwachsen. Das tiefe Blatt bedeckt die Fußwurzelknochen und die Kapsel-Band-Strukturen. Am Mittelfuß deckt das tiefe Faszienblatt die Metatarsalknochen und die Mm. interossei ab. An der lateralen, plantaren Kante des Os cuboideum geht die Fascia dorsalis pedis in die Wandschichten des osteofibrösen Kanals für die Ansatzsehne des M. peroneus longus über. Eine Verstärkung der Fascia dorsalis pedis stellt das Retinaculum mm. extensorum inferius dar. Dieses beginnt mit einem die kurzen dorsalen Extensoren sowie die Sehnen des M. peroneus tertius und M. extensor digitorum longus überbrückenden Stamm am Rücken des Calcaneus. Medial der Sehne des M. extensor digitorum longus spaltet sich das Retinaculum ypsilonförmig auf. Der proximale Schenkel des Ypsilons wird zweischichtig: Der oberflächliche Anteil überbrückt die Sehne des M. extensor hallucis longus, um sich medial davon mit dem tiefen Faserbündel wiederzutreffen. Das tiefe Faserbündel trennt die Sehnen des M. extensor hallucis longus und des M. tibialis anterior vom darunter liegenden Gefäßnervenbündel, gebildet aus der A. tibialis anterior mit ihren Begleitvenen und dem N. peroneus profundus. Die vereinigten Bündel des Retinaculums ziehen dann zum Malleolus medialis. Der distale Schenkel des Ypsilons ist einschichtig. Nach Überkreuzen der Sehnen des M. extensor hallucis longus und des M. tibialis anterior sowie der A. dorsalis pedis und des N. peroneus profundus strahlt es in die medialen Ausläufer der Plantaraponeurose ein. Die Retinacula fesseln die Streckersehnen an das Skelett. Die Fascia dorsalis pedis ist mit ihrem oberflächlichen Blatt seitlich an den randständigen Mittelfuß und die Zehenknochen angeheftet. Weiter nach distal geht sie in die Dorsalaponeurose der Zehen über.

An der Planta pedis entspricht die derbe **Aponeurosis plantaris** einem oberflächlichen Faszienblatt. Ihr stärkerer mittlerer Anteil entspringt vom Processus medialis des Tuber calcanei (Abb. 4.203). Sie zieht nach distal und verbreitert sich über den Mittelfußknochen unter Bildung von 5 längs verlaufenden Bindegewebezügeln, **Fasciculi longitudinales**. Diese ziehen in Richtung Zehen und strahlen in das **Lig. metatarsale transversum superficiale** ein. Proximal der Zehengrundgelenke liegen quer verlaufende Faserzüge, **Fasciculi transversi**. Sie

sind nicht (!) mit den Fasern des Lig. metatarsale transversum superficiale (Lig. natatorium) zu verwechseln, das distal der Köpfe der Mittelfußknochen verläuft. Die distalen Ausläufer der Fasciculi longitudinales zweigen sich in Höhe der Grundgelenke in zwei Faserzüge auf. Sie begleiten die Beugersehnen und verheften sich mit den Kapsel-Band-Strukturen der Grundgelenke, den plantaren Sehnenscheiden und dem Lig. metatarsale transversum profundum.

Über den Muskeln der großen und der kleinen Zehe wird die Aponeurosis plantaris dünner. Von ihrer Unterseite lösen sich im proximalen und medialen Bereich der Planta pedis in sagittaler Richtung je ein **Septum intermusculare plantare mediale** und **laterale**. Sie sind am Fußskelett und lateral am Lig. plantare longum verankert; es entstehen eine mediale (Großzehen-), eine mittlere und eine laterale (Kleinzehen-)Muskelloge (Abb. 4.212). Die seitlichen Logen enthalten die Muskeln der Groß- und Kleinzehe. Die Mittelloge beherbergt Sehnen von: M. flexor digitorum longus, M. flexor digitorum brevis, M. quadratus plantae, M. adductor hallucis. Im distalen Bereich der Planta pedis wird die Mittelloge durch sieben intermediäre, sagittal ausgerichtete Septen unterteilt. Sie verbinden die Unterseite der Fasciculi longitudinales der Plantaraponeurose mit der **Fascia plantaris profunda**. Zwei benachbart stehende Septen begrenzen die osteofibrösen Röhren für die Sehnen der Flexoren und der Mm. lumbricales. Die Plantaraponeurose unterstützt ganz wesentlich die Verspannung der Längswölbung des Fußes. Außerdem ist sie durch straffe Retinacula cutis mit der Fußsohlenhaut verbunden. So entsteht ein fettgefülltes System von Druckkammern. Es flacht sich durch Gewichtsbelastungen ab und schützt gleichzeitig die an der Planta pedis liegenden Muskeln und Leitungsbahnen.

4.4.3.7 Sehnenscheiden des Fußes

Die langen Ansatzsehnen der Unterschenkelmuskeln besitzen Sehnenscheiden an Stellen, an denen sie ihre Richtung ändern und durch Retinacula gezügelt und umgelenkt werden:

Die **Extensorensehnen** besitzen unter dem Retinaculum mm. extensorum inferius jeweils selbstständige Sehnenscheiden, **Vaginae tendinum tarsales anteriores**. Die **Vagina tendinis musculi extensoris digitorum longi** beginnt distal des Retinaculum mm. extensorum superius. Sie zieht durch das fibulare Fach des Retinaculum mm. extensorum inferius, das eine Schlinge (→ **Lig. fundiforme**) zum Halt der Sehnen bildet. Die **Vagina tendinis musculi extensoris hallucis longi** liegt im mittleren, die **Vagina tendinis musculi tibialis anterioris** im medialen Fach unter dem Retinaculum. Die Scheiden enden an der Basis des Os metatarsale I bzw. am Os naviculare.

Die **Sehnen der Mm. peronei** besitzen **Vaginae tendinum tarsales fibulares**. An den Außenknöcheln liegen sie in einer gemeinsamen Sehnenscheide, **Vagina communis tendinum mm. peroneorum,** die proximal vom Retinaculum mm. peroneorum superius beginnt. An der Trochlea peronealis calcanei teilt sich die gemeinsame Scheide. Die Sehnenscheide des M. peroneus brevis verläuft oberhalb der Trochlea und endet am Os cuboideum. Die unterhalb der Trochlea entlangziehende Sehnenscheide des M. peroneus longus endet zunächst ebenfalls in Höhe des Würfelbeines.

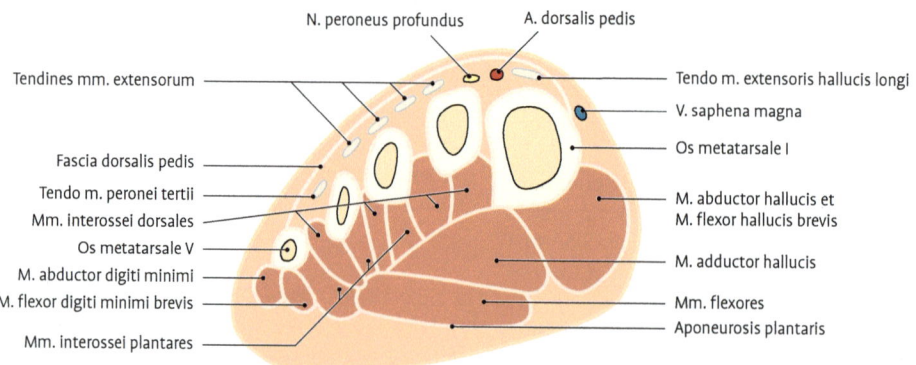

Abb. 4.212 Querschnitt durch den Mittelfuß in Höhe der Basis der Metatarsalknochen.

Die plantare Sehnenscheide des langen Wadenbeinmuskels, **Vagina plantaris tendinis musculi peronei longi,** beginnt am Sulcus tendinis musculi peronei longi des Os cuboideum und verläuft in einem osteofibrösen Kanal, verstärkt vom Lig. plantare longum, bis zur Basis des Os metatarsale I.

Die **Ansatzsehnen der 3 tiefen Beuger** werden hinter und unter dem medialen Malleolus durch **3 Vaginae tendinum tarsales tibiales** geführt. Als Halteeinrichtung ist das tiefe Blatt des Retinaculum mm. flexorum ausgespannt. Die Sehnenscheide des M. tibialis posterior beginnt oberhalb des Innenknöchels und endet an der Tuberositas ossis navicularis. Die **Vagina tendinum mm. flexoris digitorum longi** endet am Chiasma plantare, während die Sehnenscheide des M. flexor hallucis longus über die Kreuzungsstelle hinausreicht.

Die **Sehnen der langen und kurzen Zehenbeuger** werden an den Zehen II–V von den Mittelfußköpfen an in je einer Vagina tendinum digitorum pedis geführt. Die Sehnenscheide des M. flexor hallucis longus beginnt bereits an der Basis des Os metatarsale I. Alle Beugersehnenscheiden enden an der Endphalanx. Die fibröse Wandschicht wird wie an den Fingern wechselweise durch ring- und kreuzförmig angeordnete Verstärkungszüge, **Pars anularis** und **Pars cruciformis vaginae fibrosae digitorum pedis,** umgriffen. Sie verhindern den gelenkmechanisch ungünstigen „Bogensehneneffekt" bei der Beugung der Zehen. Innerhalb der Sehnenscheiden sorgen gefäßführende **Vincula tendinum** für eine ausreichende Ernährung der Sehnen.

4.4.4 Arteriae membri inferioris

Die Arterien der freien unteren Extremität gehen als Äste aus der A. iliaca externa hervor.

Die untere Gliedmaße wird von der **Aorta abdominalis** aus versorgt (Abb. 4.213, 4.214). In Höhe des 4. LWK teilt sie sich in die **Aa. iliacae communes (Bifurcatio aortae).** Die dünne **A. sacralis mediana** ist die pelvine Fortsetzung der Bauchaorta. Vor der Articulatio sacroiliaca gabelt sich die A. iliaca communis in die **A. iliaca interna,** die mit parietalen und viszeralen Ästen Beckenwand, Beckeneingeweide, Gesäßgegend und Damm versorgt, sowie die **A. iliaca externa** für die freie untere Extremität auf.

4.4.4.1 Arteria iliaca externa

Sie verläuft an der Grenze zwischen großem und kleinem Becken zur Lacuna vasorum. Unter dem Leistenband geht sie in die A. femoralis über.

Astfolge:
- **A. epigastrica inferior.** Verläuft hinter dem M. rectus abdominis in der Rektusscheide (s. Kap. 4.2.5.1). Anastomosiert mit der A. epigastrica superior aus der A. thoracica interna. Astfolge:
  - **A. cremasterica** (männl.) bzw. **A. lig. teretis uteri** (weibl.).
  - **R. pubicus,** anastomosiert mit der A. obturatoria (→ **Corona mortis**).
- **A. circumflexa ilium profunda.** Zieht entlang des Arcus iliopectineus zum Darmbeinkamm, versorgt die tiefen seitlichen Bauchmuskeln und anastomosiert mit dem Ramus iliacus der **A. iliolumbalis** (aus A. iliaca interna).

4.4.4.2 Arteria femoralis

Fortsetzung der A. iliaca externa, beginnt in der Lacuna vasorum, unterquert den M. sartorius, durchläuft den Canalis adductorius und geht am Hiatus adductorius in die A. poplitea über.

Astfolge:
- **A. epigastrica superficialis.** Zieht zur Haut des Unterbauches.
- **A. circumflexa ilium superficialis.** Zieht zur Haut an der Leistenbeuge und der Spina iliaca anterior superior.
- **A. pudenda externa superficialis** und **profunda.** Versorgt Haut und Lymphknoten der Inguinalregion (Rr. inguinales) und das Scrotum (Rr. scrotales anteriores) bzw. Labia majora (Rr. labiales anteriores).
- **A. descendens genus.** Geht im Adduktorenkanal ab, durchbohrt die Lamina vastoadductoria und versorgt den M. vastus medialis. Entlässt **Rr. articulares** zum **Rete articulare genus** und einen **R. saphenus** zur Kniegelenkkapsel.

4.4.4.3 Arteria profunda femoris

Hauptgefäß des Oberschenkels. Entspringt 3–6 cm distal des Leistenbandes aus der A. femoralis. Verläuft nach lateral und dorsal und versorgt die Strecker, die Adduktoren und die Beuger des Oberschenkels.

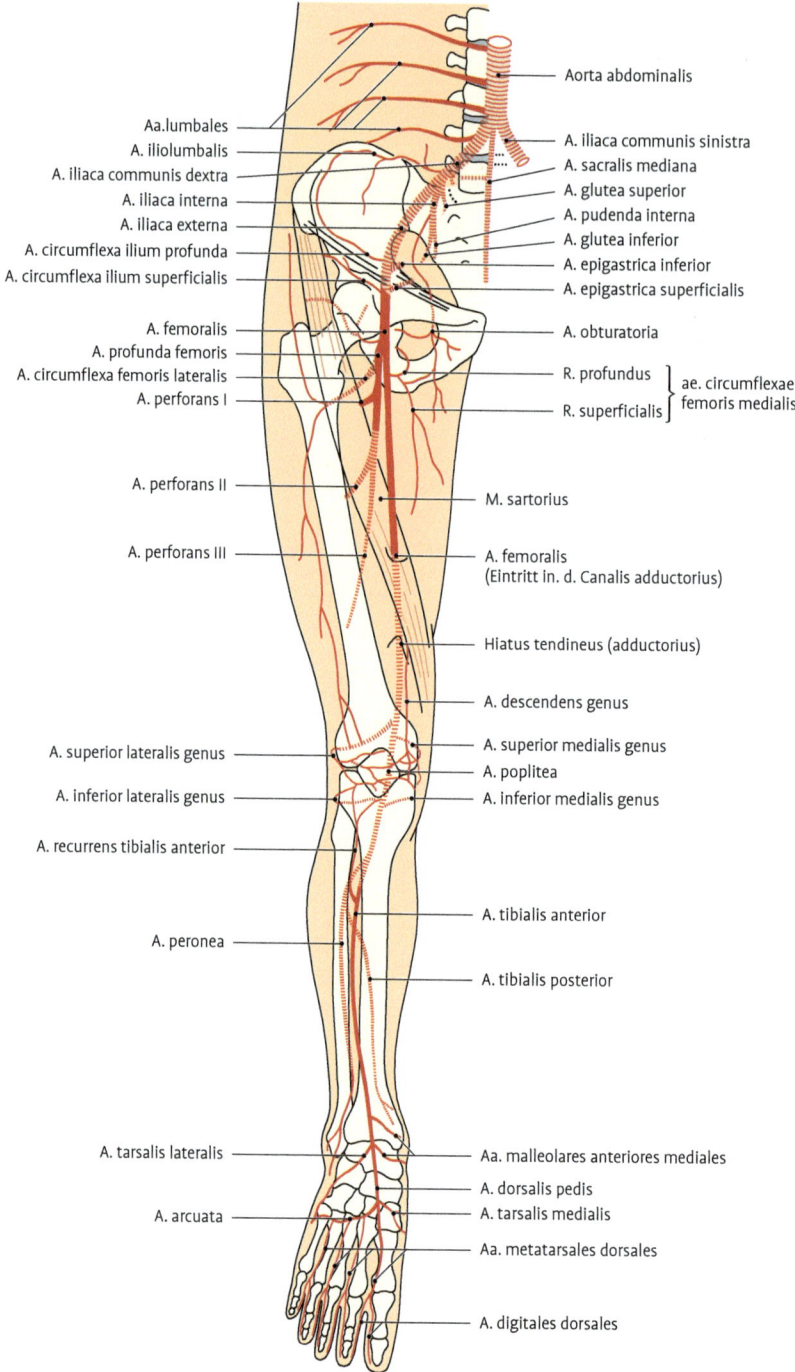

Aorta abdominalis

Aa. lumbales
A. iliolumbalis
A. iliaca communis dextra
A. iliaca interna
A. iliaca externa
A. circumflexa ilium profunda
A. circumflexa ilium superficialis

A. iliaca communis sinistra
A. sacralis mediana
A. glutea superior
A. pudenda interna
A. glutea inferior
A. epigastrica inferior
A. epigastrica superficialis

A. femoralis
A. profunda femoris
A. circumflexa femoris lateralis
A. perforans I

A. obturatoria

R. profundus
R. superficialis
} ae. circumflexae
femoris medialis

A. perforans II

M. sartorius

A. perforans III

A. femoralis
(Eintritt in. d. Canalis adductorius)

Hiatus tendineus (adductorius)

A. descendens genus

A. superior lateralis genus

A. superior medialis genus
A. poplitea
A. inferior medialis genus

A. inferior lateralis genus

A. recurrens tibialis anterior

A. tibialis anterior

A. peronea

A. tibialis posterior

A. tarsalis lateralis

Aa. malleolares anteriores mediales
A. dorsalis pedis
A. tarsalis medialis
Aa. metatarsales dorsales

A. arcuata

A. digitales dorsales

Abb. 4.213 Arterien des Beines von ventral. Die dorsal gelegenen Schlagadern sind gestrichelt. Endast der A. profunda femoris (A. perforans IV) nicht abgebildet.

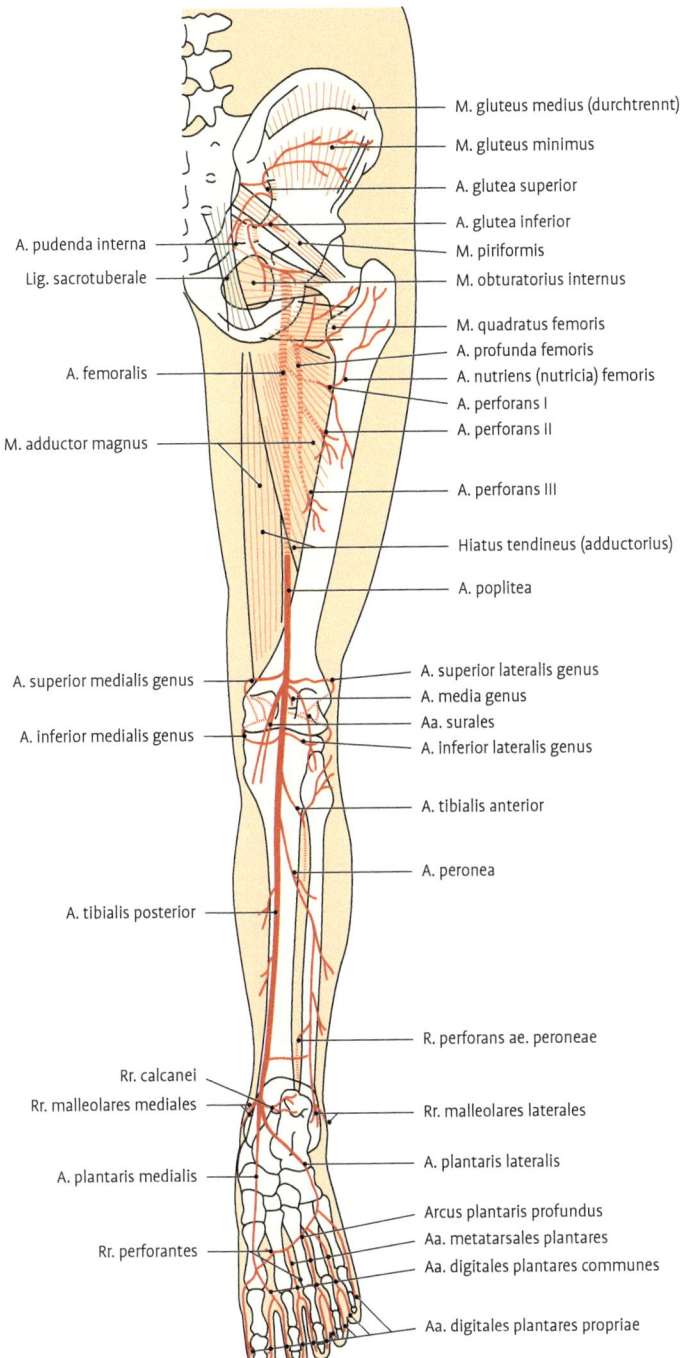

Abb. 4.214 Arterien des Beines von dorsal und plantar. Ventral gelegene Schlagadern sind gestrichelt. Endast der A. profunda femoris (A. perforans IV) nicht abgebildet.

Astfolge:

- **A. circumflexa femoris medialis.** Verläuft nach medial zwischen M. pectineus und M. iliopsoas in die Tiefe. Äste:
  - **R. superficialis.** Für die Haut im Bereich des Trigonum femorale.
  - **R. profundus.** Zieht in die Tiefe der Fossa iliopectinea, d.h. zwischen M. iliopsoas und M. pectineus zur Dorsalseite des Schenkelhalses.
  - **R. acetabularis.** Zum Hüftgelenk.
  - **R. ascendens.** Anastomosiert mit A. obturatoria.
  - **R. descendens.** Tritt durch einen schmalen Spalt zwischen M. pectineus und M. adductor longus nach dorsal und begleitet den Ramus anterior n. obturatorii bis zur lateralen Fläche des M. gracilis.
- **A. circumflexa femoris lateralis.** Spaltet sich in 3 Äste:
  - **R. ascendens.** Verläuft zunächst zwischen M. rectus femoris und M. iliopsoas und später zwischen M. rectus femoris und M. tensor fasciae latae; versorgt M. sartorius, M. tensor fasciae latae, M. vastus lateralis, M. gluteus medius.
  - **R. descendens.** Verläuft unter Deckung des M. rectus femoris zwischen M. vastus lateralis und M. vastus intermedius. Versorgt M. rectus femoris, M. vastus intermedius, M. vastus lateralis und endet im Rete articulare genus.
  - **R. transversus.**
- **Aa. perforantes I–IV.** Endäste der A. profunda femoris. Ziehen durch die Adduktoren hindurch, versorgen diese und zusätzlich den M. vastus medialis sowie die ischiokrurale Muskulatur. Die kaudalste A. perforans ist das Endstück des Stammes der A. profunda femoris. Die **A. perforans prima** entlässt die **A. nutricia femoris superior** und die **A. perforans tertia** die **A. nutricia femoris inferior.** Die 4 Perforantes geben noch Äste an die Haut der Dorsalseite des Oberschenkel ab.

4.4.4.4 Arteria poplitea

Fortsetzung der A. femoralis. Zieht vom Adduktorenschlitz durch die Fossa poplitea auf der hinteren Wand der Kniegelenkkapsel über den M. popliteus zum Sehnenbogen des M. soleus.

Astfolge:

- **A. superior lateralis** und **medialis genus.** Ziehen um die Condyli femoris nach vorn zum Rete articulare genus und Rete patellae.

- **A. inferior lateralis** und **medialis genus.** Ziehen um die Tibiaknorren nach vorn ebenfalls zum **Rete articulare genus,** zum **Rete patellae** und **Rete infrapatellare.**
- **A. media genus.** Versorgt das perimeniskale Gefäßnetz und das **Rete centroarticulare für die Kreuzbänder** und Synovialfalten.

4.4.4.5 Arteria tibialis anterior

Einer der 3 Endäste der A. poplitea. Gelangt neben dem Collum fibulae durch eine Lücke in der Membrana interossea cruris in die Streckerloge des Unterschenkels. Verläuft proximal zwischen M. tibialis anterior und M. extensor digitorum longus, distal zwischen dem M. tibialis anterior und dem M. extensor hallucis longus zum Fußrücken. Unterquert das Retinaculum mm. extensorum superius. Geht unter dem Retinaculum mm. extensorum inferius in die A. dorsalis pedis über.

Astfolge:

- **Muskeläste** für die Extensoren.
- **Aa. recurrentes tibialis anterior** und **posterior.** Verlaufen nach proximal zum **Rete articulare genus.**
- **Aa. malleolares anteriores lateralis** und **medialis.** Ziehen in Knöchelhöhe zum **Rete malleolare laterale.**

4.4.4.6 Arteria tibialis posterior

Zweiter Endast der A. poplitea. Geht gemeinsam mit der **A. peronea** unter dem Sehnenbogen (Arcus tendineus musculi solei) des M. soleus aus dem Stammgefäß hervor und zieht mit den tiefen Beugern, medial vom N. tibialis, zur hinteren medialen Knöchelregion, liegt hier zwischen den Sehnen des M. flexor digitorum longus und M. flexor hallucis longus. Geht unter dem Retinaculum mm. flexorum (→ **Tarsaltunnel**) in die A. plantaris medialis und A. plantaris lateralis über.

Astfolge:

- **Muskeläste** für die Flexoren.
- **R. circumflexus peronealis.** Muskelast für den M. soleus.
- **Rr. malleolares mediales.** Gehen in Rete malleolare mediale über.
- **Rr. calcanei.** Ziehen zur Rückseite und Unterseite des Tuber calcanei.
- **A. nutricia tibiae.** Abgang im proximalen Abschnitt der A. tibialis posterior zur Versorgung der Markhöhle der Tibia.

4.4.4.7 Arteria peronea (fibularis)

Dritter Endast der A. poplitea. Verläuft an der Rückseite der Fibula, zwischen dem M. flexor hallucis longus und dem M. tibialis posterior und endet an der Rückseite des lateralen Knöchels mit den Rr. malleolares laterales.

Astfolge:
- **Muskeläste** für M. soleus, tiefe Flexoren und Mm. peronei.
- **A. nutricia fibulae.**
- **R. perforans.** Entspringt proximal der Syndesmosis tibiofibularis, zieht durch Membrana interossea cruris zum **Rete malleolare laterale**.
- **R. communicans.** Anastomosiert mit A. tibialis posterior oberhalb des Sprunggelenkes.
- **Rr. malleolares laterales.** Endäste der A. peronea auf dem Außenknöchel.
- **Rr. calcanei.** Gehen in das Rete calcaneum über.

4.4.4.8 Arteria dorsalis pedis

Endast der A. tibialis anterior. Verläuft lateral von der Sehne des M. extensor hallucis longus und begleitet den N. peroneus profundus.

Astfolge:
- **A. tarsalis lateralis.** Versorgt die kurzen Zehenstrecker und den Kapsel-Band-Apparat der Gelenke des lateralen Mittelfußes.
- **Aa. tarsales mediales.** Meist 2 kleine Arterien für den medialen Mittelfußrand.
- **A. arcuata.** Geht in Höhe der Lisfranc-Gelenklinie nach lateral ab und anastomosiert mit der A. tarsalis lateralis. Entlässt die
  - **Aa. metatarsales dorsales II–IV.** Die A. metatarsalis I geht direkt aus der A. dorsalis pedis, die A. metatarsalis V aus der A. tarsalis lateralis hervor.
  - **Aa. digitales dorsales.** Gehen zweigeteilt jeweils aus den Aa. metatarsales dorsales hervor.
  - **A. plantaris profunda.** Dringt im I. Intermetatarsalraum durch den M. interosseus dorsalis I hindurch zur Planta pedis und beteiligt sich am **Arcus plantaris profundus.**

4.4.4.9 Arteria plantaris medialis

Der schwächere der Endäste der A. tibialis posterior. Ihr sehr zarter **R. superficialis** verläuft oberflächlich im Sulcus plantaris medialis. Der wesentlich kräftigere **R. profundus** verläuft zunächst unter Deckung des M. abductor hallucis und später dorsal vom M. flexor hallucis brevis. Er tritt zwischen den beiden Köpfen dieses Muskels knapp proximal des Grundgelenks der Großzehe nach plantar, anastomosiert mit dem Ramus superficialis und versorgt die Großzehe. Er verbindet sich außerdem mit dem Arcus plantaris profundus.

4.4.4.10 Arteria plantaris lateralis

Der stärkere Endast der A. tibialis posterior. Zieht zwischen M. flexor digitorum brevis und M. quadratus plantae nach lateral.

Astfolge:
- **Arcus plantaris profundus.** Entsteht als Hauptast aus der A. plantaris lateralis.
- **Aa. metatarsales plantares (I–IV).** Entspringen vom Scheitel des tiefen plantaren Gefäßbogens. Entlassen distal der Zehengrundgelenke die **Aa. digitales plantares communes**. Diese gabeln sich jeweils in **Aa. digitales plantares propriae** auf.
  Rr. perforantes stehen über die Spatia interossea mit den Aa. metatarsales dorsales in Verbindung.

4.4.4.11 Arteria iliaca interna

Verläuft in das kleine Becken und teilt sich in 5 viszerale Äste (werden in Kapitel 5.3 besprochen) und 5 parietale Äste:
- **A. iliolumbalis.** Verläuft hinter dem M. psoas major. Astfolge:
  - **R. lumbalis.** Versorgt M. psoas major und M. quadratus lumborum.
  - **R. iliacus.** Zieht zum M. iliacus.
  - **R. spinalis.** Zieht zum Wirbelkanal.
- **Aa. sacrales laterales.** Verlaufen vor den Foramina sacralia pelvina und geben Rr. spinales in den Sakralkanal ab.
- **A. obturatoria.** Verläuft unterhalb der Linea terminalis zum Canalis obturatorius. Astfolge:
  - **R. pubicus.** Zieht zum Hinterrand der Symphyse und anastomosiert mit dem R. pubicus der A. epigastrica inferior (→ **Corona mortis**).
  - **R. acetabularis.** Tritt an der Incisura acetabuli in das Lig. capitis femoris ein. Versorgt die Femurkopfepiphyse.
  - **R. anterior** und **R. posterior**. Versorgen den M. obturatorius externus und die Mm. adductores.
- **A. glutea superior.** Zieht durch das Foramen suprapiriforme. Astfolge:
  - **R. superficialis.** Verläuft zwischen M. gluteus maximus und M. gluteus medius.

- **R. profundus.** Verläuft zwischen M. gluteus medius und M. gluteus minimus.
- • **A. glutea inferior.** Zieht durch das Foramen infrapiriforme. Versorgt den M. gluteus maximus.
  - **A. comitans nervi ischiadici.** Rest des embryonalen Hauptgefäßes der unteren Extremität, der A. ischiadica. Liegt zwischen den beiden Hauptanteilen des N. ischiadicus (N. tibialis und N. peroneus communis).

4.4.5 Venae membri inferioris

Die Venen der unteren Extremität werden unterteilt in: **1.** oberflächliche, **epifasziale, 2.** tiefe, **subfasziale** Venen, den Arterien angeschlossene, zumeist doppelte Begleitvenen (**Vv. comitantes**), **3.** Tiefenanastomosen, **Vv. communicantes sive perforantes**. Sie befinden sich zumeist in Nähe größerer epifaszialer Venen und stellen die direkte Verbindung zu subfaszialen und Muskelvenen her. An Unterschenkel und Fuß können bis zu 40 Tiefenanastomosen vorkommen. Venenklappen verhindern einen Rückstrom des Blutes aus der Tiefe in epifasziale Venen.

Epifasziale, oberflächliche Venen. Die **Venae superficiales membri inferioris** gehen aus subkutanen Gefäßnetzen hervor, die sich am Fußrücken zum **Rete venosum dorsale pedis** und an der Fußsohle zum **Rete venosum plantare** vereinigen. Die dorsalen Venen der Zehen, **Vv. digitales dorsales pedis,** münden in den **Arcus venosus dorsalis pedis.** Dieser verbindet sich mit tiefen Venen der Fußsohle über **Vv. intercapitulares.** An der Fußsohle gehen die plantaren Zehenvenen, **Vv. digitales plantares,** in den **Arcus venosus plantaris** über. Abflüsse aus der Planta pedis laufen über die beiden Fußränder zum dorsalen Venennetz. Die subkutanen Venen von Fußrücken und Fußsohle gehen in die **V. saphena parva** und **V. saphena magna** über. Sie enthalten zahlreiche Venenklappen.

V. saphena parva. Entsteht am lateralen Fußrand, verläuft mit dem N. suralis zunächst dorsal um den Malleolus lateralis. In Wadenmitte durchstößt sie die Fascia cruris, verläuft dann subfaszial und mündet in der Fossa poplitea in die **V. poplitea.**

V. saphena magna. Sie entsteht am medialen Fußrand und verläuft vor dem medialen Knöchel zur tibialen Seite des Unter- und Oberschenkels. Am Hiatus saphenus mündet sie in die **V. femoralis.**

Hier nimmt sie oberflächliche Venen aus der Unterbauchgegend (**V. epigastrica superficialis**), Leistenbeuge (**V. circumflexa ilium superficialis**) und der äußeren Genitalregion (**Vv. pudendae externae**) auf. Im Zuflussgebiet der epifaszialen Venen gibt es zahlreiche Tiefenverbindungen, **Vv. perforantes**. Sie ziehen senkrecht durch die Faszien und leiten das Blut zu den tiefen Venen.

V. femoropoplitea. Oberflächliche Anastomose zwischen **V. saphena parva** und **V. femoralis**. Verläuft schräg von distal-dorsal nach proximal-ventral und mündet im proximalen Oberschenkeldrittel vermittels einer **V. perforans** oder des **Ramus profundus der V. circumflexa femoris medialis** in die **V. femoralis** (s. Abb. 4.215).

Klinik: 1. Klinisch wichtige Venen (→ Disposition zu Varizen, Thrombosen): **1.1 Cockett-Venen.** Verbindungen zwischen **V. saphena magna** und **Vv. tibiales posteriores** hinter dem **medialen Knöchel** (→ Perforansvenen); **1.2 Boyd-Venen.** Verbindungen zwischen **V. saphena magna** und **Vv. tibiales posteriores** in der **Wadenregion** (→ Perforansvenen); **1.3 Dodd-Venen.** Verbindungen zwischen **V. saphena magna** und **tiefen Beinvenen** am **Oberschenkel** (→ Perforansvenen); **1.4** Tiefe Beinvenen, **Venae profundae membri inferioris,** münden am Oberschenkel in die V. femoralis; besitzen distal mehr Venenklappen als proximal; häufige Prädilektionsstellen für tiefe Beinvenenthrombosen. **2.** Klinische Untersuchung bei Veneninsuffizienz: **2.1 Gastroknemiuspunkt.** Stelle in der Wadenmitte, die bei Insuffizienz der Venae perforantes zwischen den Venen des M. gastrocnemius u. der V. saphena parva als **Blow-out** (s. u.: Klinik) der **May-Vene** sichtbar wird. **2.2 Soleuspunkt.** Eintrittsstelle der Cockett-Vene III, die zwischen M. soleus und den tiefen Flexoren direkt in die Vv. tibiales posteriores übergeht.

Subfasziale, tiefe Venen (Vv. comitantes). Größere subfasziale Venen begleiten, häufig gedoppelt, die Arterien von Unter- und Oberschenkel.

Vv. tibiales anteriores begleiten die A. tibialis anterior und nehmen einen Teil des Blutes aus dem Rete venosum dorsale pedis auf.

Vv. tibiales posteriores begleiten die A. tibialis posterior. Nehmen Blut aus den **Vv. peroneae (fibulares)** und dem **Rete venosum plantare** auf.

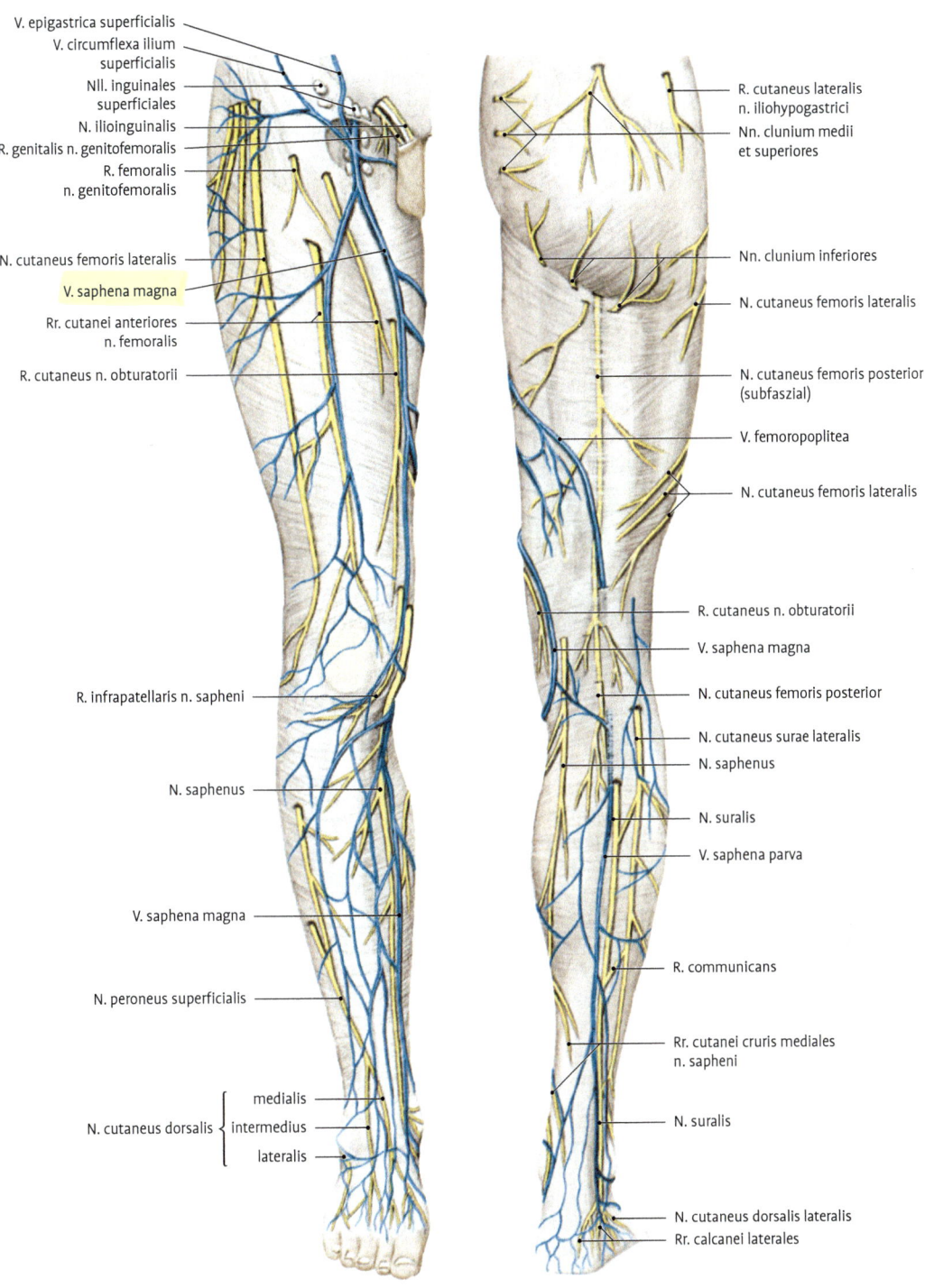

V. epigastrica superficialis

V. circumflexa ilium superficialis

Nll. inguinales superficiales

N. ilioinguinalis

R. genitalis n. genitofemoralis

R. femoralis n. genitofemoralis

N. cutaneus femoris lateralis

V. saphena magna

Rr. cutanei anteriores n. femoralis

R. cutaneus n. obturatorii

R. infrapatellaris n. sapheni

N. saphenus

V. saphena magna

N. peroneus superficialis

N. cutaneus dorsalis { medialis / intermedius / lateralis }

R. cutaneus lateralis n. iliohypogastrici

Nn. clunium medii et superiores

Nn. clunium inferiores

N. cutaneus femoris lateralis

N. cutaneus femoris posterior (subfaszial)

V. femoropoplitea

N. cutaneus femoris lateralis

R. cutaneus n. obturatorii

V. saphena magna

N. cutaneus femoris posterior

N. cutaneus surae lateralis

N. saphenus

N. suralis

V. saphena parva

R. communicans

Rr. cutanei cruris mediales n. sapheni

N. suralis

N. cutaneus dorsalis lateralis

Rr. calcanei laterales

Abb. 4.215 Hautnerven und -venen des Beines.

Aus ihnen geht distal der Knieregion die **V. poplitea** hervor. Sie sammelt Blut aus dem Unterschenkel, **Vv. surales,** und der Kniegegend, **Vv. geniculares.**

V. profunda femoris. Begleitvene der gleichnamigen Arterie. Erhält Zuflüsse aus den **Vv. circumflexae femoris medialis** und **lateralis** sowie von **Vv. perforantes.**

V. femoralis. Die großen Venen des Beines münden in die V. femoralis. Sie entsteht im **Adduktorenschlitz** aus der V. poplitea. Die Vene zieht medial von der A. femoralis durch die Lacuna vasorum (Abb. 4.230) und geht proximal vom Leistenband in die **V. iliaca externa** über.

Parietale Zuflüsse der **V. iliaca interna** sind: **Vv. gluteae superiores, Vv. gluteae inferiores, Vv. obturatoriae, Vv. sacrales laterales.** Die **V. iliolumbalis** geht in die **V. iliaca communis** über.

Klinik: 1. Varizen (= Krampfadern). Unregelmäßig erweiterte, geschlängelte oberflächliche Venen. Entstehen durch Wandschwäche, intravasale Druckerhöhung oder Venenklappeninsuffizienz. **2. Varikose** (Varizenbildung, Krampfaderleiden). Venenerkrankungen mit Obliteration bzw. lokaler Insuffizienz von Venenklappen (meist Phlebothrombose, Insuffizienz der Vv. perforantes; oberflächliche und tiefe Varizen mit Stauungserscheinungen (= chronisch-venöse Insuffizienz); bei Klappeninsuffizienz tiefer Beinvenen erfolgt der durch die Muskelpumpe bewirkte venöse Rückstrom vermehrt über die durch die Vv. perforantes mit den tiefen Beinvenen in Verbindung stehenden oberflächlichen Venen (Kollateralkreislauf über die Vv. saphenae). **Prädilektionsstellen: 2.1 Stammvarikose** (= Venenhauptstämme): Vv. saphenae magna et parva, **2.2 Nebenastvarikose** (= Nebenäste), **2.3 Besenreiservarizen:** intra- (= retikuläre Varikose) u. subkutane Venengeflechte (= Besenreiservarizen). Häufig Kombinationstypen von primärer u. sekundärer Varikose. Klin. Zeichen einer Insuffizienz der Vv. perforantes ist die bis daumenkuppengroße blasige Vorwölbung einer oberflächlichen Vene (→ Blow-out) mit palpatorisch erfassbarer rundlich-ovaler Faszienlücke. **3. Ulcus cruris** (= Unterschenkelgeschwür). Substanzdefekt der Haut, meist über dem Innenknöchel, bei chronisch-venöser Insuffizienz (→ Ulcus cruris venosum).

4.4.6 Vasa lymphatica und Nodi lymphoidei membri inferioris

Am Bein unterscheidet man epifasziale und subfasziale Sammelgefäße, die über inguinale Lymphknotenstationen einen Abstrom zu den prä-, para- und retroaortalen Lymphknoten herstellen (Abb. 4.216).

Oberflächliche Lymphabflüsse (Abb. 4.216) von Dorsum und Planta pedis erfolgen aus feinen Netzwerken in Lymphbahnen, die den beiden großen Hautvenen folgen. Lymphkollektoren, die mit der V. saphena magna verlaufen, erhalten weitere Zuflüsse von der Streckseite des Beines. Sie ziehen ununterbrochen zu den **Nodi lymphoidei inguinales superficiales,** die sich in zwei Strängen organisieren. Ein **Tractus verticalis** verläuft entlang des Endstücks der V. saphena magna, während ein **Tractus horizontalis** parallel und kaudal zum Leistenband liegt. Aus ihnen treten die Lymphbahnen durch die Fascia lata hindurch in die **Nodi lymphoidei inguinales profundi** über.

Lymphgefäße, die mit der V. saphena parva verlaufen, ziehen in die Kniekehle. Hier gehen sie entweder in die **Nodi lymphoidei poplitei** über oder verlaufen zu den Kollektoren, welche die V. saphena magna begleiten.

Tiefe Lymphabflüsse am Bein (von den Knochen, Gelenken und Muskeln) verlaufen mit den großen Gefäßstraßen mit. Am Unterschenkel begleiten sie die Vasa tibialia anteriora und posteriora sowie die Vasa peronea (fibularia). Die vor der Membrana interossea cruris entlangziehenden Lymphbahnen können im proximalen Drittel des Unterschenkels einen **Nodus lymphoideus tibialis anterior** erreichen. Hinter der Membrana interossea verlaufende Lymphgefäße erreichen ohne Unterbrechung die **Nodi lymphoidei poplitei.** Sie folgen dann nach proximal den Vasa poplitea bzw. Vasa femoralia und gehen in die **Nodi lymphoidei inguinales profundi** über. Diese liegen in variabler Zahl und Größe unterhalb des Leistenbandes neben A. und V. femoralis.

Leistenregion. Der Abstrom von den oberflächlichen und tiefen Lymphknoten erfolgt in den großen, in der Lacuna vasorum liegenden **Nodus lymphoideus inguinalis profundus (Rosenmüller-Lymphknoten).** Weiter nach proximal folgen die Lymphbahnen und -knoten den Vasa iliaca. Der weitere Abstrom der Lymphe aus Bein und Becken geht

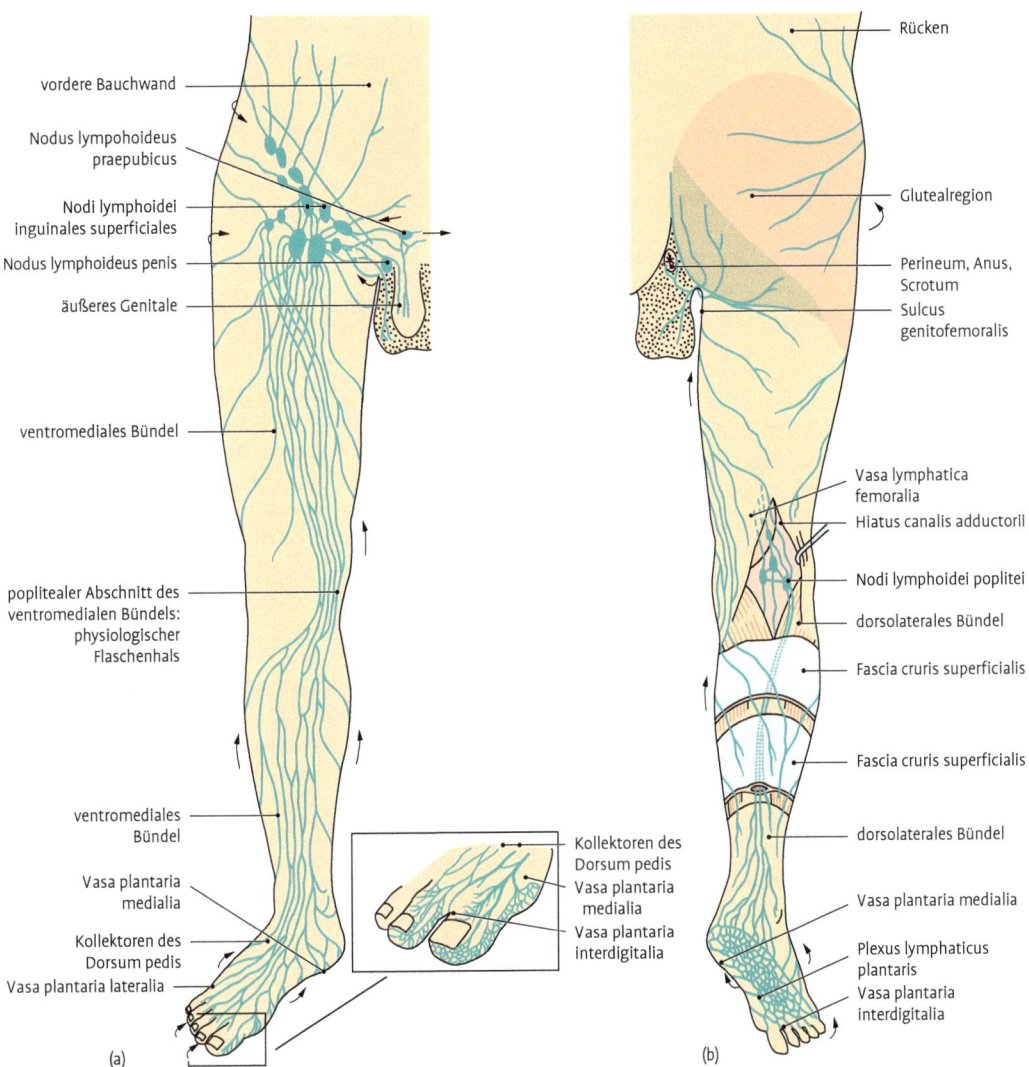

Abb. 4.216 Drainagegebiete der oberflächlichen inguinalen (a) und der poplitealen (b) Lymphknoten.

über die lumbalen Lymphbahnen zu den **prä-, para-** und **retroaortalen Lymphknoten**.

4.4.7 Nervi membri inferioris

Die untere Extremität wird über den aus Plexus lumbalis und Plexus sacralis bestehenden Plexus lumbosacralis innerviert.

Rr. dorsales der 3 kranialen Lumbalnerven senden ihre lateralen Hautäste, **Nn. clunium superiores,** zur Haut des Gesäßes unterhalb des Darmbein-

kammes. Die **Nn. clunium medii** sind Hautzweige der Rr. dorsales der **Nn. sacrales**. Sie versorgen die Haut neben der Gesäßfurche (Abb. 4.215).

4.4.7.1 Plexus lumbalis (Th12–L4)

Am Aufbau des Lendengeflechts beteiligen sich ein ventraler Ast des 12. Thorakalnerven, die ventralen Äste der 3 kranialen Lumbalnerven und die obere Hälfte des 4. Lumbalnerven. Er liegt zwischen der ventralen und dorsalen Portion des M. iliopsoas und steht über Rr. communicantes mit dem Lendenteil des Truncus sympathicus in Ver-

bindung. Der N. lumbalis IV teilt sich als **N. furcalis** in 3 Äste: N. femoralis, N. obturatorius sowie den kranialen Anteil des **Truncus lumbosacralis.** Aus Teilen des Ramus ventralis des 4. und dem gesamten Ramus ventralis des 5. Lendennerven entwickelt sich der Truncus lumbosacralis. Er steigt über die Linea terminalis in das kleine Becken ab und bildet dort mit den Rami ventrales des 1.–3. sakralen Spinalnerven den Plexus sacralis.

Astfolge:
Rr. musculares versorgen den M. psoas major, minor und den M. quadratus lumborum.

N. iliohypogastricus (N. iliopubicus; Th12–L1). Er tritt aus dem Oberrand des M. psoas major aus und verläuft entlang der Vorderfläche des M. quadratus lumborum. Dringt über der Crista iliaca zunächst zwischen die Mm. transversus und obliquus internus abdominis, dann zwischen die Mm. obliqui internus und externus abdominis ein:
• **Rr. musculares** zu den Bauchmuskeln.
• **R. cutaneus lateralis** zur Haut der Hüftgegend.
• **R. cutaneus anterior** zur Haut der Leistenbeuge. Der Endast wird knapp kranial des Anulus inguinalis superficialis subkutan.

N. ilioinguinalis (L1). Er tritt wie der vorige am Oberrand oder aus der lateralen Fläche des M. psoas major aus. Er verläuft ebenso durch die Bauchmuskeln, liegt an der Innenseite des Leistenbandes und tritt durch den äußeren Leistenring, Anulus inguinalis superficialis, zur Haut des äußeren Genitale über:
• **Rr. musculares** zu den Bauchmuskeln.
• **Nn. scrotales anteriores** (männl.) und **Nn. labiales anteriores** (weibl.) zur Haut von Hodensack bzw. großen Schamlippen.

N. genitofemoralis (L1–2). Er tritt aus der abdominalen Fläche des M. psoas major nahe dessen medialem Rand aus und teilt sich auf diesem absteigend in:
• **R. femoralis.** Zieht lateral von der A. femoralis durch die **Lacuna vasorum.** Versorgt die Haut in der Umgebung des **Hiatus saphenus,** durch den er auch in die Subcutis eintritt. Seine Endäste versorgen die Haut an der medialen Seite des Oberschenkels.
• **R. genitalis.** Zieht mit den Inhalten des Funiculus spermaticus (bzw. mit dem Lig. teres uteri) durch den **Leistenkanal.** Versorgt den M. cremaster, die Haut der großen Schamlippen bzw. des Hodensackes (Scrotum) und das Periorchium.

Über den Ramus femoralis kann mittels Bestreichen der Haut an der medialen Seite des Oberschenkels der **Cremaster-Reflex** ausgelöst werden. Die damit aktivierten afferenten Axone gelangen über den Ramus femoralis zu den dem Ramus genitalis zugeordneten Motoneuronen, die in den Rückenmarkssegmenten L1 und L2 lokalisiert sind. Von dort aus verläuft der efferente Reflexbogen über den Ramus genitalis zum M. cremaster, der durch seine Kontraktion ein Anheben des ipsilateralen Hodens bewirkt.

N. cutaneus femoris lateralis (L2–L3). Er tritt aus der lateralen Fläche des M. psoas major aus, zieht schräg über den M. iliacus zur Spina iliaca anterior superior und gelangt unterhalb des Leistenbandes durch die **Lacuna musculorum** unter die Fascia lata, verläuft an der lateralen Seite des Oberschenkels, durchbricht die Faszie etwa eine Handbreit distal und einen Fingerbreit medial der Spina iliaca anterior superior und versorgt die Haut bis an das Knie (Abb. 4.217, 4.219, 4.220). **Autonomgebiet:** längsovaler Hautstreifen an der lateralen Seite des Oberschenkels.

N. femoralis (L1–L4). Gelangt in der Rinne zwischen dem M. psoas und M. iliacus zur **Lacuna musculorum** und von dort unter dem Leistenband zur Streckseite des Oberschenkels. Im pelvinen Teil gibt er Äste an den M. iliopsoas ab. Am Oberschenkel teilt er sich in einen oberflächlichen und einen tiefen Anteil.
Aus dem oberflächlichen Anteil entwickeln sich:
• **Rr. musculares** zum M. sartorius.
• **Rr. cutanei femoris anteriores** zur Haut an der Vorderseite des Oberschenkels bis zum Knie.
Aus dem tiefen Anteil gehen hervor:
• **Rr. musculares** zum lateralen Teil des M. pectineus und zum M. quadriceps femoris.
• **N. saphenus.** Verläuft lateral von der A. femoralis durch den Adduktorenkanal, durchbricht erst die **Lamina vastoadductoria** und dann die **Fascia cruris** zwischen den Ansatzsehnen des M. sartorius und des M. gracilis. Zieht mit der V. saphena magna bis zum medialen Knöchel. Knapp unterhalb des Kniegelenks gibt er den **R. infrapatellaris** ab, der die Haut an der medialen und vorderen Seite des Kniegelenkes versorgt. Weiterhin gibt der N. saphenus die **Rr. cutanei cruris mediales** ab. Diese ziehen zur Haut der medialen und vorderen Fläche des Unterschenkels, des medialen Knöchels und evtl. auch des medialen Fußrandes bis zur großen Zehe.

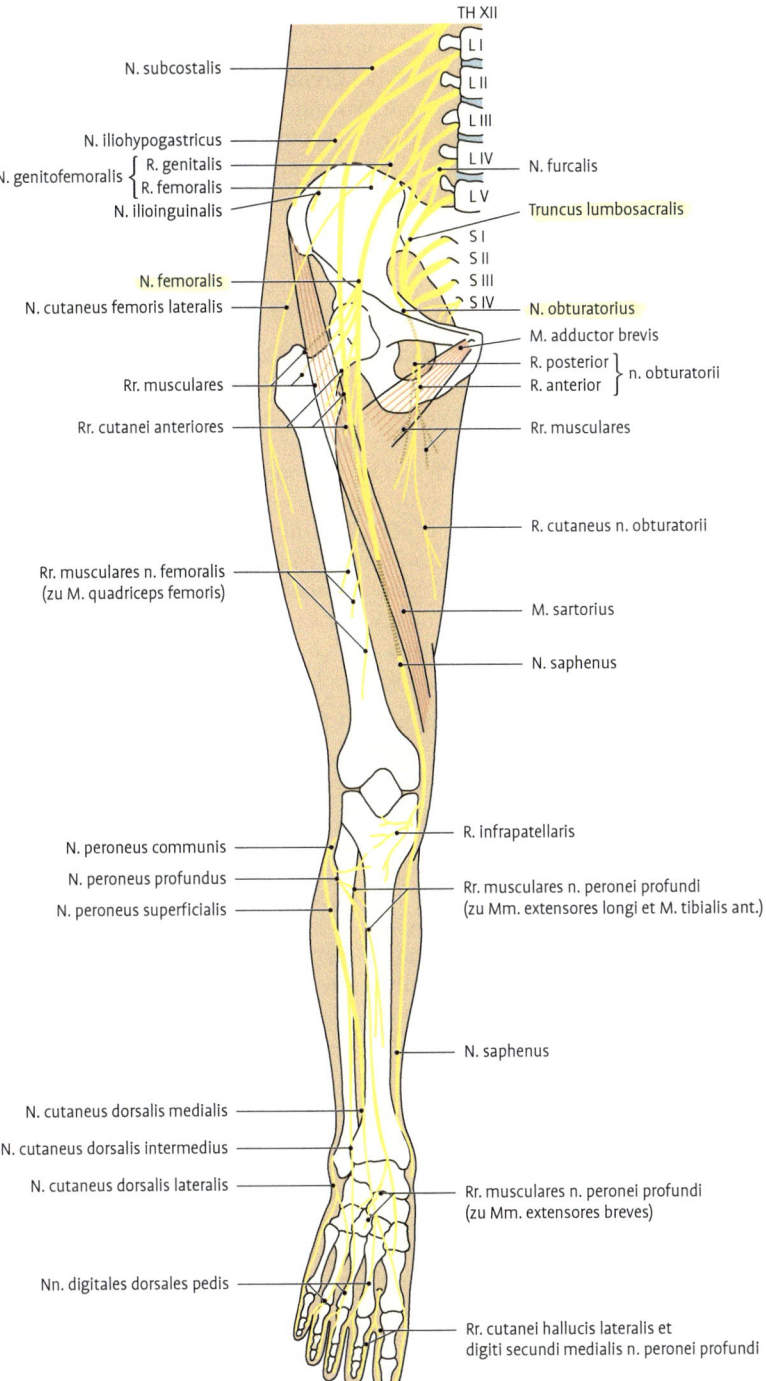

TH XII
L I
L II
L III
L IV
L V
S I
S II
S III
S IV

N. subcostalis

N. iliohypogastricus

N. genitofemoralis { R. genitalis
                     R. femoralis
N. ilioinguinalis

N. femoralis

N. cutaneus femoris lateralis

Rr. musculares

Rr. cutanei anteriores

Rr. musculares n. femoralis
(zu M. quadriceps femoris)

N. peroneus communis

N. peroneus profundus

N. peroneus superficialis

N. cutaneus dorsalis medialis

N. cutaneus dorsalis intermedius

N. cutaneus dorsalis lateralis

Nn. digitales dorsales pedis

N. furcalis

Truncus lumbosacralis

N. obturatorius

M. adductor brevis

R. posterior } n. obturatorii
R. anterior

Rr. musculares

R. cutaneus n. obturatorii

M. sartorius

N. saphenus

R. infrapatellaris

Rr. musculares n. peronei profundi
(zu Mm. extensores longi et M. tibialis ant.)

N. saphenus

Rr. musculares n. peronei profundi
(zu Mm. extensores breves)

Rr. cutanei hallucis lateralis et
digiti secundi medialis n. peronei profundi

Abb. 4.217 Plexus lumbosacralis und Nerven des Beines von ventral.

Waldeyer – Anatomie des Menschen

Anderhuber · Pera · Streicher (Hrsg.)

Kapitel 7
Sinnesorgane Auge und Ohr..................... 873
Richard H. W. Funk, Gebhard Reiss

Kapitel 8
Zentrales Nervensystem, Systema nervosum centrale, Gehirn, Encephalon und Rücken-mark, Medulla spinalis 945
Ingo Bechmann, Robert Nitsch, unter Mitarbeit von Franz Pera, Andreas Winkelmann und Frank Stahnisch

Kapitel 6
Kopf, Cranium und Hals, Collum 697
Andreas H. Weiglein

Inhalt

Autoren

Prof. Dr. med. Dr. h. c. Friedrich Anderhuber
Medizinische Universität Graz
Institut für Anatomie
Harrachgasse 21
8010 Graz, Österreich
E-Mail: friedrich.anderhuber@meduni-graz.at

Prof. Dr. med. Ingo Bechmann
Universität Leipzig
Institut für Anatomie
Liebigstr. 13
04103 Leipzig
E-Mail: Ingo.Bechmann@medizin.uni-leipzig.de

Prof. Dr. med. Timm J. Filler
Sektion für Klinische Anatomie
Universitätsstr. 1 Geb. 22.05
40225 Düsseldorf
E-Mail: timm.filler@uni-duesseldorf.de

Prof. Dr. med. Richard H.W. Funk
Universitätsklinikum Carl Gustav Carus
Institut für Anatomie I
Fetscherstraße 74
01307 Dresden

Prof. em. Dr. med. habil. Werner Linß
Friedrich-Schiller-Universität Jena
Institut für Anatomie
Teichgraben 7
07743 Jena
E-Mail: w.linss@uni-jena.de

Prof. Dr. med. Robert Nitsch
Universitätsmedizin Mainz
Institut für mikroskopische Anatomie und Neuro-
biologie
Langenbeckstraße 1
55131 Mainz
E-Mail: robert.nitsch@unimedizin-mainz.de

Prof. em. Dr. med. Franz Pera
Universitätsklinikum Münster
Institut für Anatomie
Vesaliusweg 2–4
48149 Münster
E-Mail: pera.franz@ukmuenster.de

Dr. med. Elmar T. Peuker
Hausarztzentrum Münster
Schaumburgstr. 1–3
48145 Münster
E-Mail: peuker@integrative-medizin.de

Ass.-Prof. Dr. Michael Leopold Pretterklieber
Medizinische Universität Wien
Zentrum für Anatomie und Zellbiologie
Währinger Straße 13
1090 Wien, Österreich
E-Mail: michael.pretterklieber@meduniwien.ac.at

Prof. Dr. med. Gebhard Reiss
Institut für Anatomie und klinische Morphologie
Fakultät für Gesundheit
Universität Witten-Herdecke
Alfred-Herrhausen-Straße 50
58448 Witten
E-Mail: greiss@uni-wh.de

Ao. Prof. Dr. Johannes Streicher
Medizinische Universität Wien
Institut für Anatomie und Zellbiologie
Währinger Straße 13
1090 Wien, Österreich
E-Mail: johannes.streicher@meduniwien.ac.at

Assoc. Prof. Andreas H. Weiglein
Institut für Anatomie
Medizinische Universität Graz
Harrachgasse 21
8010 Graz, Österreich
E-Mail: andreas.weiglein@meduni-graz.at

Wissenschaftliche Mitarbeiter
Verlag, Herausgeber und Autoren danken den
nachstehenden Wissenschaftlern und Studenten,
die mit ihrem fachlichen Rat und ihren Hinweisen
zu den klinischen Bezügen sowie mit kritischer
Durchsicht von Texten die Arbeit an diesem Buch
unterstützend begleitet haben:
Norbert Naber, Christoph Triska

war, ist die Mehrzahl der namentlichen Assoziationen mit anatomischen Entitäten auf Wilhelm Waldeyer-Hartz zurückzuführen. Viele davon sind insbesondere von klinischer Relevanz (Waldeyer-Rachenring). Beziehung zu Studierenden. Bei seinen Studierenden war der eher kleinwüchsige, kräftige Anton Waldeyer überaus beliebt, galt als sehr gütig und als Helfer. In den Prüfungen war er hingegen durchaus gefürchtet. Mit dem „Greifer", wie er seine Pinzette nannte, tippte er auf einzelne Strukturen (und stopfte mit ihm zwischendurch auch mal seine Pfeife nach), die dann kurz und prägnant benannt werden mussten. Herumschwätzen des Prüflings liebte er nicht.

Wer war Waldeyer?

Anton Johannes Waldeyer, 1901–1970 (aus dem Besitz des Institutes für Anatomie der Charité).

Anton Johannes Waldeyer (1901–1970) wurde in einer westfälischen Bauernfamilie in Tietelsen geboren. Wilhelm von Waldeyer-Hartz (1836–1921) war sein Großonkel. Beide Waldeyer hatten in Paderborn ihre Schulausbildung und katholische Weltanschauung erfahren. Dennoch waren Anton Waldeyer scholastisches Denken und Dogmatismus in der Wissenschaft fremd. Anatomie lernte er in Münster bei Emil Ballowitz, später in Berlin bei weiteren namhaften Anatomen (u. a. Rudolf Fick, Franz Kopsch).

Curriculum vitae. Nach dem medizinischen Vorexamen studierte er in Würzburg (mit Zwischensemestern in München, wo er 1925 mit einem anthropologischen Thema promovierte). Schon in dieser Zeit war er in der Anatomie tätig und verbrachte einen Teil seiner Medizinalpraktikantenzeit in diesem Fach. Insbesondere die Präparierübungen verbanden ihn nachhaltig mit der Anatomie. 1927 wurde er approbiert. Noch im gleichen Jahr pro-

movierte er ein weiteres Mal, diesmal in Würzburg mit einem Thema der vergleichenden Anatomie. Er ging dann nach Kiel, später nach Freiburg. Seine erste Professur erhielt er in China und erlebte alle sprachlichen, ethnischen und mit dem chinesischen Leichenwesen verbundenen Schwierigkeiten. Seine Bestrebungen, die Ausbildung optimal zu gestalten, erhielten hier vielleicht ihre stärksten Impulse. Er wollte morphologisch und funktionell denkende Ärzte und keine reinen Morphologen heranbilden. 1935 wechselte Anton Waldeyer nach Berlin.

Lehrbuchautor. 1942 erschien der erste Band der Anatomie des Menschen, ein Grundriss für Studierende und Ärzte, in dem er weg von den damaligen Gepflogenheiten zur angewandten (funktionellen) Anatomie vorzudringen suchte. Die Originalität wurde von der Fachwelt anerkannt, das Werk aber als für Studierende ungeeignet eingestuft. Diese Auffassung teilten die Studierenden gar nicht. Innerhalb eines Jahres war die erste Auflage bereits vergriffen, für diese Zeit äußerst ungewöhnlich. Der Krieg zerstörte den Umbruch des zweiten Bandes. Doch der Verlag wagte später einen Neuanfang in Wien, und dieser Band konnte 1950 erscheinen. Nachdem der erste Band zehn Jahre lang vergriffen war, konnte 1953 die zweite Auflage herausgebracht werden. Waldeyer lehrte inzwischen in Münster, kehrte aber später nach Berlin zurück. Er widmete sich dem dortigen Wiederaufbau des im 2. Weltkrieg zerstörten Anatomischen Instituts. Den Unterricht konzipierte Waldeyer nach seinen Vorstellungen komplett neu, führte „Anatomie am Lebenden" ein und kämpfte ständig mit der Anpassung der Anatomieausbildung an die zunehmenden Kürzungen. Hierin sah er eine intensive Bedrohung der nur durch Praxis schulbaren Fähigkeiten im Beobachten und exakten Arbeiten. Er wollte, „dass durch die Inanspruchnahme neuer Hirnrindenfelder, durch neue Engramme, die Haftfähigkeit verbessert, d. h. die Erinnerungsbilder fester verankert werden".

Eponyme. Während der Mittelpunkt von Anton Waldeyers Tätigkeit die Ausbildung von Studenten

Aus dem Vorwort zur 1. Auflage

Es ist nicht die Aufgabe eines Grundrisses der Anatomie, das gewaltige Tatsachenmaterial der großen anatomischen Lehr- und Handbücher auf möglichst engem Raum zusammenzudrängen. Ein Grundriß soll vielmehr eine Sichtung des Stoffes vornehmen, das Wesentliche herausschälen, durch Darstellung, Druck, Bild usw. hervorheben und das weniger Wichtige zurückdrängen. Nur so kann er dem Anfänger, der in der Fülle der systematischen Tatsachen zu ersticken droht, ein Führer sein.

Richtschnur für die Auswahl und Anordnung des Stoffes muß der Gesichtspunkt sein, daß es die vornehmste Aufgabe der Anatomie ist, dem Arzte das nötige Rüstzeug für sein praktisches Handeln zu geben. Es wurde deshalb der Versuch unternommen, schon frühzeitig von der systematischen Anatomie zur topographischen Anatomie, von der Analyse zur Synthese vorzudringen, den Bau des lebenden Menschen zu erfassen.

Es erschien mir notwendig, den spröden Stoff der Anatomie durch Betonung funktioneller Zusammenhänge und durch Hinweise auf Nachbargebiete, auf die Physiologie, Pathologie und Klinik zu beleben. Manchen mag diese Art der Darstellung unwissenschaftlich erscheinen. Doch weiß ich aus Erfahrung, wie gerade der strebsame Student aufhorcht, wenn er auch nur kleine Hinweise auf Anwendungsmöglichkeiten, die er auch ohne genaue Kenntnis des Krankheitsbildes verstehen kann, erhält.

Entwicklungsgeschichtliche und vergleichend-anatomische Tatsachen sind nur so weit … eingeflochten, wie es für das Verständnis endgültiger Formen und zur Erklärung von Varietäten notwendig erscheint. Die Zellen- und Gewebelehre wird in einem allgemeinen Abschnitt über die Baumaterialien des Körpers vorausgeschickt. …

Es entspricht der Absicht des Verlages, wenn dem Text eine große Zahl von Abbildungen beigegeben wurde. Sie sollen nicht mit den Abbildungen bewährter Atlanten und Lehrbücher wetteifern. Sie gestatten aber die knappe Fassung des Textes und ermöglichen es, daß der Grundriß auch ohne Zuhilfenahme größerer Werke verwendet werden kann. ….

Mit Verehrung und Dankbarkeit gedenke ich meiner anatomischen Lehrer, besonders Rudolf Ficks und Wilhelm v. Möllendorff, wenn ich auch in der Art der Darstellung eigenwillige Wege gegangen bin.

Babelsberg, Februar 1942   A. Waldeyer

Vorwort zur 19. Auflage

Eigentlich bezweckt die 19. Auflage nichts anderes, als es Anton Waldeyer schon vor 70 Jahren formuliert hatte. Die makroskopische Anatomie, die in den letzten Jahren weltweit einen Niedergang erlitten hatte, was ja auch in den diversen Curricula seinen Niederschlag fand, erlebt nach diesen schlechten Erfahrungen wiederum eine Renaissance. Die „alte" Anatomie, die sich als Dienerin der Klinik verstand, muss sich mit der weiteren Entwicklung der Klinik ebenso neu orientieren und verliert daher, wie die Klinik selbst, niemals ihre Aktualität.

Das Auf und Ab der Curriculumreformen der letzten Jahre hat gezeigt, dass Studierende letztlich doch am meisten von einem einzigen vollständigen Lehrbuch profitieren, welches sie durchgehend im gesamten Studium und auch im postgraduellen Ausbildungsweg begleitet. Vollständig meint dabei, dass alle Organsysteme, vom Bewegungsapparat bis zur Neuroanatomie, behandelt werden und sowohl systematisch und funktionell als auch, wie für den Präparierkurs unverzichtbar, topografisch betrachtet und dargestellt sind. Gleichzeitig verlangen die aktuellen curricularen Zeitbudgets der Studierenden eine maßvolle Detailtiefe ohne Überladung, gepaart mit einer leicht und schnell verständlichen verbalen und bildlichen Repräsentation.

Das wichtigste Anliegen der Neuauflage war die Verbesserung und Vereinheitlichung der Abbildungen. Hierfür gebührt den Grafikern Andreas Bauer, Graz, und Andreas Hoffmann, Berlin, ein besonderer Dank. Die Reihenfolge der Kapitel wurde der Themenfolge angepasst, wie sie die Curricula vieler Fakultäten für den Präparierkurs vorsehen. Alle Kapitel wurden von den Fachautoren und den Herausgebern inhaltlich überarbeitet und lesefreundlicher gestaltet. Wichtige Übersichten sind gelb, klinische Hinweise grün hinterlegt.

Um den neuen Waldeyer auch „tragbarer" zu machen, haben wir auf die bisherigen Kapitel Blut, Genetik und Allgemeine Embryologie verzichtet und verweisen die Studierenden hierfür auf die Lehrbücher der Biologie, Histologie und Entwicklungsgeschichte. Die organbezogene Entwicklungsgeschichte wurde in die entsprechenden Kapitel integriert. Das Anatomische Glossar, das bei vielen Benutzern der 17. und 18. Auflage große Zustimmung erfuhr, wurde ausgegliedert und ist stattdessen als handliches Taschenbuch unter dem Titel „Medizinischer Wortschatz" erhältlich. Mit seiner Hilfe werden die im „Waldeyer" verwendeten anatomischen und klinischen Fachausdrücke auf ihre sprachliche Herkunft zurückgeführt, damit die zunächst so fremd klingenden Fachausdrücke verständlich werden.

Zusätzlich wird die „Tragbarkeit" noch durch die Verfügbarkeit als e-book bzw. iBook/App für Tablet-Computer verbessert, womit der „Waldeyer" trotz seines Umfanges zum physisch unbeschwerlichen *Vademecum* konvertiert.

Die Herausgeber sind den Mitarbeitern des Verlages de Gruyter für die Initiative zur Neuauflage dankbar; insbesondere Frau Dr. Petra Kowalski danken wir für ihr erfolgreiches Bemühen, innerhalb relativ kurzer Zeit aus dem alten einen doch recht „neuen" Waldeyer zu machen. Frau Dr. Antje Kronenberg, Frau Dr. Britta Nagl und Frau Marie-Rose Dobler möchten wir für die gute Zusammenarbeit während der Fertigstellungsphase des Buches danken.

Graz, Münster und Wien,   Friedrich Anderhuber
Mai 2012   Franz Pera
                                 Johannes Streicher

Herausgeber

Prof. Dr. med. Dr. h. c. Friedrich Anderhuber
Medizinische Universität Graz
Institut für Anatomie
Harrachgasse 21
8010 Graz, Österreich
E-Mail: friedrich.anderhuber@medunigraz.at

Prof. em. Dr. med. Franz Pera
Universitätsklinikum Münster
Institut für Anatomie
Vesaliusweg 2-4
48149 Münster
E-Mail: pera.franz@ukmuenster.de

Ao. Prof. Dr. Johannes Streicher
Medizinische Universität Wien
Institut für Anatomie und Zellbiologie
Währinger Straße 13
1090 Wien, Österreich
E-Mail: johannes.streicher@meduniwien.ac.at

Begründer

Prof. Dr. med. et phil. A. Waldeyer,
ehem. Direktor des Anatomischen Institutes
der Humboldt-Universität Berlin
unter Mitarbeit von Dr. med. U. Waldeyer,
ehem. Erste Oberärztin am Anatomischen Institut
der Humboldt-Universität Berlin

Herausgeber und Bearbeiter der 8.–15. Auflage

Prof. Dr. med. A. Mayet,
ehem. Direktor des Anatomischen Institutes
der Johannes-Gutenberg-Universität Mainz

Das Buch enthält 846 Abbildungen und 44 Tabellen.

ISBN 978-3-11-022862-5
e-ISBN 978-3-11-022863-2

Library of Congress Cataloging-in-Publication data
A CIP catalog record for this book has been applied
for at the Library of Congress.

*Bibliografische Information der Deutschen National-
bibliothek*
Die Deutsche Nationalbibliothek verzeichnet diese
Publikation in der Deutschen National-bibliografie;
detaillierte bibliografische Daten sind im Internet
über http://dnb.dnb.de abrufbar.

Bildbearbeitung: Andreas Hoffmann und
Christian Groth, Berlin; Andreas Bauer, Graz
Lektorat: Dr. Antje Kronenberg, Gronau
Satz: LVD GmbH, Berlin
Druck: Bosch-Druck GmbH, Ergolding
∞ Gedruckt auf säurefreiem Papier
Printed in Germany
www.degruyter.com

Waldeyer – Anatomie des Menschen

Lehrbuch und Atlas in einem Band

Herausgeber

Friedrich Anderhuber, Franz Pera und Johannes Streicher

19., vollständig überarbeitete und aktualisierte Auflage

DE GRUYTER

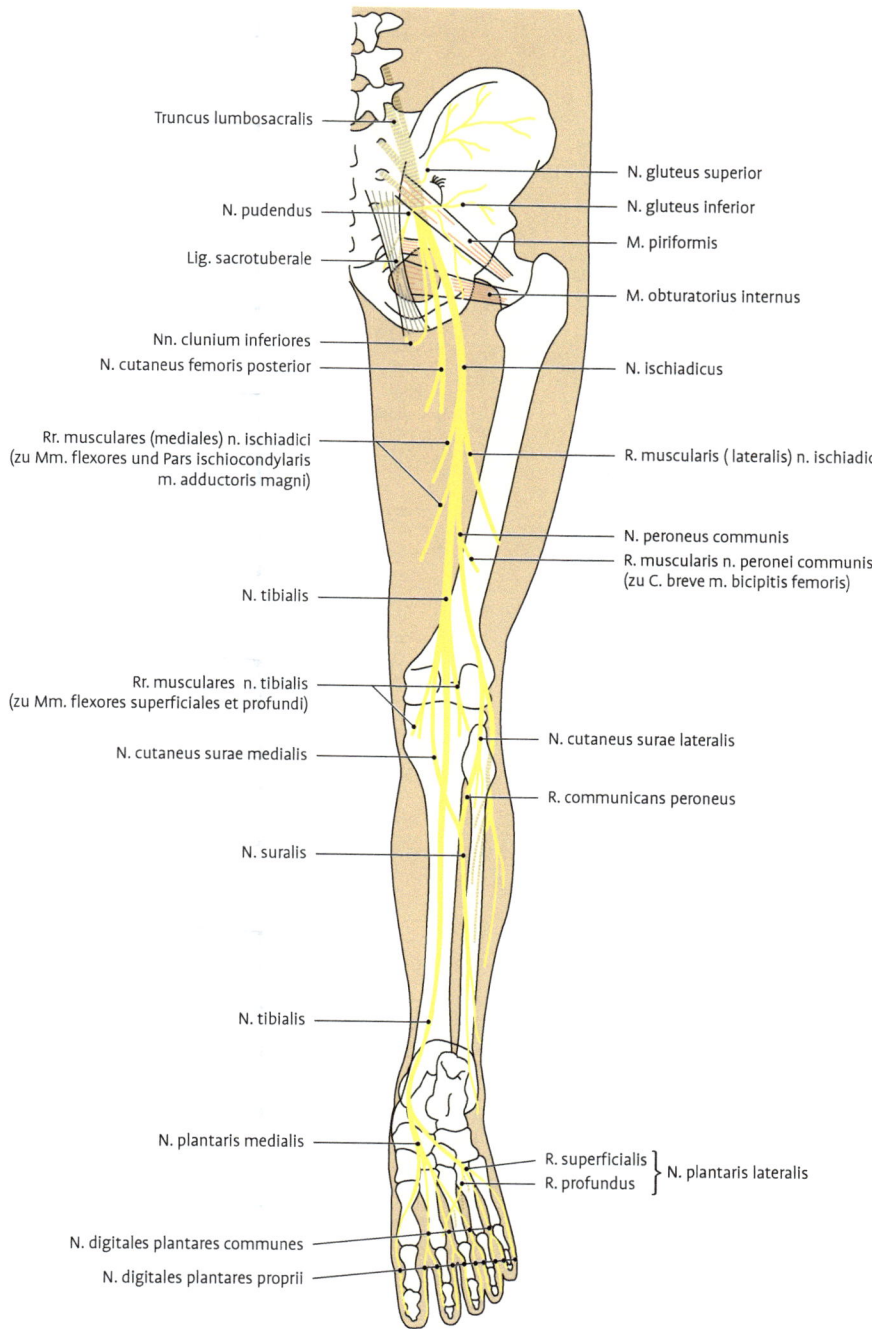

Truncus lumbosacralis

N. pudendus

Lig. sacrotuberale

Nn. clunium inferiores
N. cutaneus femoris posterior

Rr. musculares (mediales) n. ischiadici
(zu Mm. flexores und Pars ischiocondylaris
m. adductoris magni)

N. tibialis

Rr. musculares n. tibialis
(zu Mm. flexores superficiales et profundi)

N. cutaneus surae medialis

N. suralis

N. tibialis

N. plantaris medialis

N. digitales plantares communes
N. digitales plantares proprii

N. gluteus superior
N. gluteus inferior
M. piriformis
M. obturatorius internus

N. ischiadicus

R. muscularis (lateralis) n. ischiadic

N. peroneus communis
R. muscularis n. peronei communis
(zu C. breve m. bicipitis femoris)

N. cutaneus surae lateralis

R. communicans peroneus

R. superficialis
R. profundus } N. plantaris lateralis

Abb. 4.218 Nerven des Beines von dorsal.

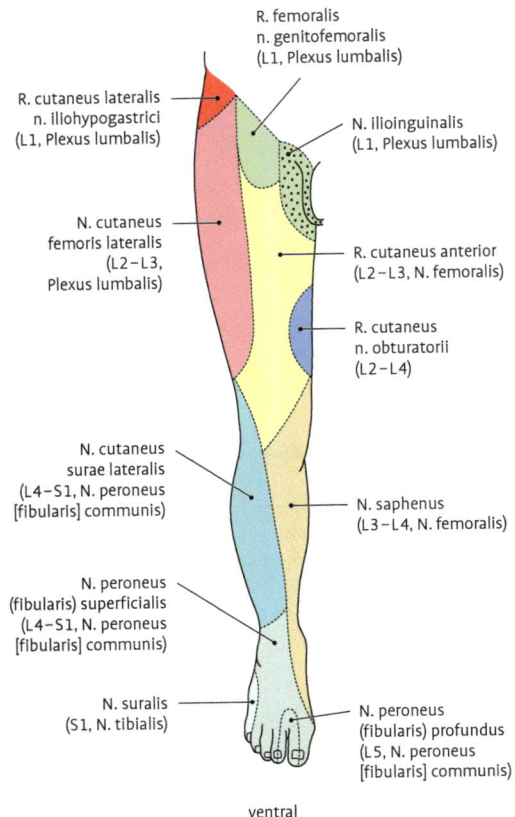

R. femoralis
n. genitofemoralis
(L1, Plexus lumbalis)

R. cutaneus lateralis
n. iliohypogastrici
(L1, Plexus lumbalis)

N. ilioinguinalis
(L1, Plexus lumbalis)

N. cutaneus
femoris lateralis
(L2–L3,
Plexus lumbalis)

R. cutaneus anterior
(L2–L3, N. femoralis)

R. cutaneus
n. obturatorii
(L2–L4)

N. cutaneus
surae lateralis
(L4–S1, N. peroneus
[fibularis] communis)

N. saphenus
(L3–L4, N. femoralis)

N. peroneus
(fibularis) superficialis
(L4–S1, N. peroneus
[fibularis] communis)

N. suralis
(S1, N. tibialis)

N. peroneus
(fibularis) profundus
(L5, N. peroneus
[fibularis] communis)

ventral

Abb. 4.219 Hautinnervation der unteren Extremität von ventral.

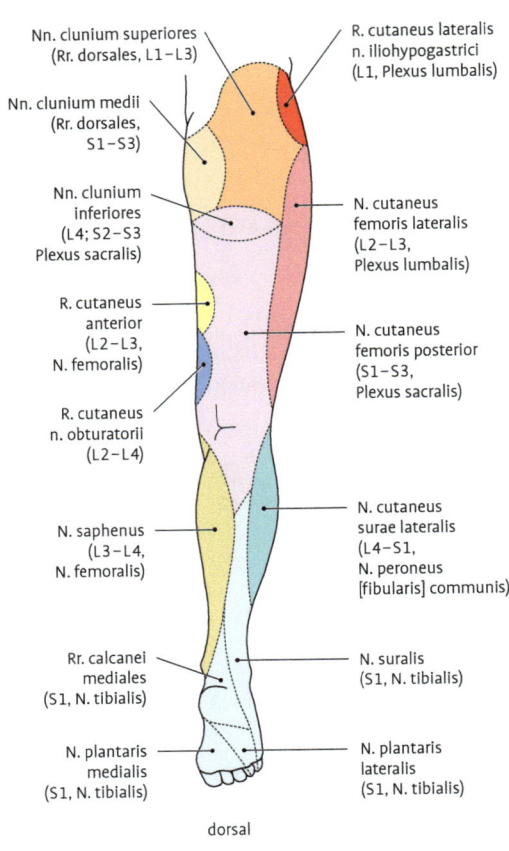

Nn. clunium superiores
(Rr. dorsales, L1–L3)

R. cutaneus lateralis
n. iliohypogastrici
(L1, Plexus lumbalis)

Nn. clunium medii
(Rr. dorsales,
S1–S3)

Nn. clunium
inferiores
(L4; S2–S3
Plexus sacralis)

N. cutaneus
femoris lateralis
(L2–L3,
Plexus lumbalis)

R. cutaneus
anterior
(L2–L3,
N. femoralis)

N. cutaneus
femoris posterior
(S1–S3,
Plexus sacralis)

R. cutaneus
n. obturatorii
(L2–L4)

N. saphenus
(L3–L4,
N. femoralis)

N. cutaneus
surae lateralis
(L4–S1,
N. peroneus
[fibularis] communis)

Rr. calcanei
mediales
(S1, N. tibialis)

N. suralis
(S1, N. tibialis)

N. plantaris
medialis
(S1, N. tibialis)

N. plantaris
lateralis
(S1, N. tibialis)

dorsal

Abb. 4.220 Hautinnervation der unteren Extremität von dorsal.

Autonomgebiete: N. femoralis: handbreiter Hautstreifen an den distalen Zweidritteln der Vorderseite des Oberschenkels; N. saphenus: Haut der Facies medialis tibiae.

N. obturatorius (L1–L4). Zieht als einziger Nerv des Plexus lumbalis nach medial an die Innenseite des kleinen Beckens, tritt aus dem dorsomedialen Rand des M. psoas major aus und überkreuzt die Linea terminalis auf Höhe der Art. sacroiliaca. Dann zieht er dorsal von den Vasa iliaca communis und später lateral von den Vasa iliaca interna entlang der lateralen Wand des kleinen Beckens, um durch den Canalis obturatorius zu den Adduktoren zu gelangen:

- **R. anterior.** Zieht vor dem M. adductor brevis abwärts und versorgt mit **Rr. musculares** den medialen Anteil des M. pectineus (beachte: Doppelinnervation!), den M. adductor longus, M. adductor brevis und M. gracilis. Der Endast,

R. cutaneus, zieht zur Haut an der medialen Seite des Oberschenkels.

- **R. posterior.** Liegt hinter dem M. adductor brevis und versorgt mit **Rr. musculares** den M. obturatorius externus, den M. adductor magnus (außer dessen ischiokondylärem Anteil!) und mit einem **R. articularis** die Kapsel des Hüftgelenkes sensibel.

Autonomgebiet: kleiner Hautbezirk an der medialen Seite des Oberschenkels am Übergang vom mittleren zum distalen Drittel.

4.4.7.2 Plexus sacralis (L4–S3)

Der sakrale Plexus liegt abgeplattet an der Vorderfläche des Os sacrum vor dem M. piriformis und hinter der A. iliaca interna (Abb. 4.217, 4.218). Er entsteht durch das Zusammentreten des **Truncus lumbosacralis** aus den ventralen Ästen vom 4.

(kaudale Hälfte) und 5. Lumbalnerven mit den **Rr. ventrales** des 1.–3. Sakralnerven. Die Zweige des Kreuzbeingeflechtes verlassen das Becken durch das Foramen ischiadicum majus und versorgen die Glutealregion, die Beugeseite des Oberschenkels, den Unterschenkel und den Fuß.

Rr. musculares für den M. obturatorius internus, den M. piriformis und den M. quadratus femoris.

N. gluteus superior (L5–S1) tritt mit der gleichnamigen Arterie durch das **Foramen suprapiriforme,** verläuft zwischen M. gluteus medius und minimus und versorgt die Mm. gluteus medius, minimus und tensor fasciae latae.

N. gluteus inferior (L5–S2) zieht durch das **Foramen infrapiriforme** und versorgt den M. gluteus maximus.

N. cutaneus femoris posterior (S1–S3) zieht zusammen mit dem N. ischiadicus durch das **Foramen infrapiriforme**. Vom Unterrand des M. gluteus maximus an verläuft er subfaszial, durchbricht die Fascia lata in der Mitte der dorsalen Seite des Oberschenkels und zieht bis zur Kniekehle.

- **Nn. clunium inferiores.** Ziehen um den Unterrand des M. gluteus maximus zur Haut des Gesäßes.
- **Rr. perineales.** Ziehen zur Haut des Dammes und des äußeren Genitales.

Die Endäste versorgen auch die Haut der Rückseite des Oberschenkels dorsal bis zum Kniegelenk (Abb. 4.220).

N. pudendus (S2–S4) und **N. coccygeus (Co)** werden im weitesten Sinne auch dem Plexus sacralis zugerechnet.

N. ischiadicus (L4–S3). Stärkster Nerv des Körpers. Tritt durch das Foramen infrapiriforme, zieht über den M. triceps coxae (M. obturatorius internus, Mm. gemelli superior und inferior) und M. quadratus femoris hinweg und steigt in der Mitte zwischen Tuber ischiadicum und Trochanter major zum Oberschenkel ab. Er entsendet einen kleinen Ast an das Hüftgelenk, wird dann vom M. biceps femoris überkreuzt, gelangt schließlich in die Kniekehle und teilt sich spätestens hier in seine beiden Endäste, **N. peroneus (fibularis) communis** und **N. tibialis.** In 12–15 % kommt er bereits geteilt in seinen tibialen und fibularen Anteil aus dem Plexus sacralis (→ hohe Teilung). Der Peroneusanteil des N. ischiadicus trennt dabei den M. piriformis in zwei Schichten und nur der N. tibialis zieht regelhaft durch das Foramen infrapiriforme hindurch.

- **Rr. musculares** für den M. triceps coxae und für den M. quadratus femoris.

- **N. peroneus (fibularis) communis (L4–S2)** verläuft an der medialen Seite des M. biceps femoris zum Caput fibulae unmittelbar unter der Haut und der Faszie, windet sich schraubenförmig um den Fibulahals (→ Druckpunkt!) und dringt zwischen die Mm. peronei ein. Hier teilt er sich in einen oberflächlichen und tiefen Ast. Astfolge:
  - **Rr. musculares** für das Caput breve m. bicipitis femoris.
  - **N. cutaneus surae lateralis** entspringt in der Kniekehle, durchdringt die Faszie und versorgt die laterale Seite der Haut der Wade bis zum Außenknöchel.
  - **R. communicans peroneus (fibularis)** durchbohrt über dem lateralen Gastroknemiuskopf die Faszie und verbindet sich mit dem N. cutaneus surae medialis (aus dem N. tibialis) in variabler Höhe im Bereich der Wade zum **N. suralis.**
  - **N. peroneus (fibularis) superficialis** verläuft bedeckt vom M. peroneus longus nach distal, gibt **Rr. musculares** für die Mm. peronei ab und teilt sich in **N. cutaneus dorsalis pedis medialis** und **N. cutaneus dorsalis pedis intermedius**. Sie innervieren beide die Haut des Fußrückens und enden als **Nn. digitales dorsales pedis,** welche die Streckseiten der Zehen versorgen.
  - **N. peroneus (fibularis) profundus** gelangt durch das Septum intermusculare cruris anterius in die Streckerloge und verläuft mit den Vasa tibialia anteriora zum Fußrücken. Hier versorgt er sensibel die Kapseln der Gelenke der Fußwurzel. Er gibt **Rr. musculares** für den M. tibialis anterior, M. extensor digitorum longus, M. extensor hallucis longus, M. extensor digitorum brevis und M. extensor hallucis brevis ab und versorgt mit **Nn. digitales dorsales pedis** die Haut der angrenzenden Flächen der 1. und 2. Zehe.

- **N. tibialis (L4–S1).** Bevor er in die Kniekehle eintritt, gibt sein proximaler Anteil **Rr. musculares** für die Mm. semimembranosus, semitendinosus, Caput longum m. bicipitis femoris und den ischiokondylären Anteil des M. adductor magnus ab. Außerdem entsendet er **Rr. articulares** zum Kniegelenk. Lateral von der V. poplitea verläuft er durch die Fossa poplitea und gelangt unter den Sehnenbogen des M. soleus zwischen die oberflächliche und tiefe Beugermuskulatur. Er zieht lateral von den Vasa tibialia posteriora nach distal in den Tarsaltunnel (→ **Canalis tarsi**) hinter dem medialen Knöchel und zerfällt in seine beiden Endäste, **N. plantaris medialis** und **lateralis**. Er versorgt mit **Rr. musculares** die dorsalen Unterschenkelmuskeln Mm. gastrocnemius, soleus, plantaris, popliteus, tibialis posterior, flexor digitorum longus, flexor hallucis longus und mit **Rr. articulares** die Sprunggelenke.

– **N. interosseus cruris.** Zieht aus der Kniekehle kommend zur Membrana interossea cruris und verläuft auf oder zwischen ihren Faserschichten zur Syndesmosis tibiofibularis und zum oberen Sprunggelenk.

– **N. cutaneus surae medialis.** Versorgt die Haut der Wade. Verbindet sich in variabler Höhe im Bereich der Wade mit dem R. communicans peroneus des N. peroneus (fibularis) communis zum N. suralis.

– **N. suralis.** Versorgt die Haut über der Achillessehne, gibt **Rr. calcanei laterales** zur Haut der Ferse ab und zieht hinter dem fibularen Knöchel vorbei zum lateralen Rand des Fußes. Sein Endast, **N. cutaneus dorsalis pedis lateralis,** zieht bis zur Haut der kleinen Zehe.

– **Rr. calcanei mediales** zur Haut der Ferse.

– **N. plantaris medialis.** Er gibt zunächst Muskeläste an den kurzen Zehenbeuger und den Abduktor der großen Zehe ab. Der Nerv teilt sich dann in einen medialen und lateralen Zweig. Der mediale Zweig versorgt den M. flexor hallucis brevis und die Haut der großen Zehe. Der laterale Zweig innerviert den tibialen M. lumbricalis über den benachbarten **N. digitalis plantaris communis.** Dieser zweigt sich in Höhe der Zehengrundgelenke in je zwei **Nn. digitales plantares proprii** auf. Sie versorgen die Haut der einander zugewandten Flächen der 2.–4. Zehe.

– **N. plantaris lateralis.** Verläuft lateral von der gleichnamigen Arterie, versorgt den M. quadratus plantae und den M. abductor digiti minimi. Er teilt sich in zwei Endäste: Der **R. superficialis** versorgt mit **Nn. digitales plantares communes** und **Nn. digitales plantares proprii** die Haut des lateralen Fußrandes, der kleinen Zehe und des lateralen Randes der 4. Zehe, den M. flexor digiti minimi brevis, den M. opponens digiti minimi sowie den fibularen M. interosseus dorsalis und plantaris. Der **R. profundus** versorgt die 3 tibialen Mm. interossei dorsales und die beiden tibialen Mm. interossei plantares, die 3 lateralen Mm. lumbricales und den M. adductor hallucis.

Autonomgebiet des N. tibialis: Haut von Fußsohle und Ferse.

Klinik: 1. Läsionen im Bereich der Plexus. Ursache: Becken-, Wirbelfrakturen, Tumoren im Becken, Geburtskomplikationen, diabetische Neuropathie. Wegen der geschützten Lage im Becken sind traumatische Schädigungen der Beinplexus selten. **Läsionen des Plexus lumbalis:** Betroffen sind sensible Äste, die zum Beckengürtel bzw. Oberschenkel ziehen. Motorische Ausfälle zeigen sich an den Hüftbeugemuskeln, Außenrotatoren des Hüftgelenks, Kniestreckern, Adduktoren. **Läsionen des Plexus sacralis:** Hier sind Sensibilitätsstörungen an der Oberschenkelrückseite, am gesamten Unterschenkel und am Fuß zu beobachten. Motorische Lähmungen findet man bei Hüftstreckmuskeln, Kniebeugern und allen Muskeln von Unterschenkel und Fuß. **2. Läsion d. N. femoralis.** Der M. iliopsoas ist teilgelähmt. Er fällt nicht vollständig aus, da eine zusätzliche Versorgung durch direkte Äste aus dem Plexus lumbalis vorliegt. Durch die Schwäche beim Beugen der Hüfte ist der Patient beim Gehen und Treppensteigen behindert. Bei Läsionen am oder unterhalb des Leistenbandes sind der M. quadriceps femoris, der M. sartorius und der M. pectineus paretisch. Streckung im Knie gegen Widerstand ist nicht möglich. Kniebeugung und Hinaufgehen ist ebenfalls nicht durchführbar. Die Patienten gehen stelzenartig mit überstrecktem Knie. Sensibilitätsausfälle an der Innenseite von Oberschenkel, Knie und Unterschenkel. Der Patellarsehnenreflex (PSR) ist abgeschwächt oder erloschen. **3. Läsion d. N. obturatorius.** Ursache von Läsionen sind: **Beckenfrakturen, Hernia obturatoria.** Bei Lähmung wird das Bein beim Gehen in der Schwungphase über eine Zirkumduktion im Hüftgelenk geführt. Sensibilitätsbeeinträchtigung in einem Hautareal an der Innenseite des Oberschenkels proximal vom Kniegelenk → **Reithosenparästhesie. 4. Läsion d. N. cutaneus femoris lateralis. Meralgia paraesthetica** (siehe Kap. 4.2.3.4). **5. Läsion d. N. gluteus superior.** Tiefe Glutealmuskeln und M. tensor fasciae latae sind gelähmt. Abduktion im Hüftgelenk ist unmöglich. Beim Stehen auf der paretischen Seite sinkt das Bein auf der gesunden Seite beim Gehen ab (→ **Trendelenburg-Zeichen). 6. Läsion d. N. glu-**

teus inferior. Lähmung und Atrophie des M. gluteus maximus. Streckung in der Hüfte hochgradig eingeschränkt. Aufstehen vom Sitzen und Treppensteigen unmöglich. **7. Läsion d. N. ischiadicus.** Bei Lähmung fallen die ischiokruralen Muskeln sowie alle Muskeln des Unterschenkels und des Fußes aus. Das Gehen ist jedoch bei intakter Funktion der Glutealmuskeln, der Extensoren und Adduktoren des Oberschenkels noch eingeschränkt möglich. Lediglich die Abrollung des Fußes ist gestört. Sensibilitätsausfälle an der lateralen und dorsalen Fläche des Unterschenkels und des Fußes. **Ischiassyndrom (= Ischialgie):** Neuralgie oder Neuritis des N. ischiadicus durch Reizung bzw. Kompression des Nerven oder seiner Wurzeln (z. B. Irritation bzw. Kompression bei L4/L5/S1), Bandscheibenvorfall, unsachgemäße i. m. Injektion. Symptome: Schmerzen in der Lendengegend, die in das Bein bis zum Fußrand ausstrahlen, evtl. mit Verstärkung beim Niesen, Husten oder Pressen, Schonhaltung mit leicht angewinkeltem und außenrotiertem Bein, lokale Druck- und Klopfempfindlichkeit der Wirbelsäule mit Verspannung der paravertebralen Muskulatur, Druckschmerzhaftigkeit der Valleix-Punkte, Sensibilitätsstörungen, ggf. Lähmungen der Zehenmuskulatur; Abschwächung des Achillessehnenreflexes, Lasègue-Zeichen u. Moutard-Martin-Zeichen positiv. **8. Läsion d. N. tibialis.** Bei Lähmung fallen alle Fuß-, Zehenbeuger und kleinen Fußmuskeln aus (Ausnahme: M. extensor digitorum brevis, M. extensor hallucis brevis). Zehenstand nicht möglich. Ausfall der Mm. interossei bedingt einen Krallenfuß (→ Mittel- und Endphalangen in Plantarflexion). **9. Läsion d. N. peroneus (fibularis) communis, Peroneuslähmung.** Bedeutet Ausfall aller langen und kurzen Extensoren von Fuß, Zehen und der Mm. peronei. Der Fuß hängt schlaff herunter. Eine Dorsalextension ist nicht möglich. Beim Gehen kann der Fuß nur noch mit der Spitze aufgesetzt werden. Damit der Fuß jedoch nicht bei jedem Schritt am Boden hängen bleibt, muss der Patient das Bein abnorm hochheben (→ **Steppergang** oder **Hahnentritt**). Ursache ist häufig Druckläsion des N. peroneus communis am Fibulakopf durch Sitzen mit überkreuzten Knien, Gipsverband, Lagerung im Koma oder in Narkose bzw. Fibulafraktur.

4.4.8 Topografische und Angewandte Anatomie der unteren Extremität

Grenzen gegen den Rumpf. Ventral: Leistenbeuge, lateral und dorsal: Darmbeinkamm, Körpermitte: dorsal Kreuzbein, ventral Genitalregion und kaudal Damm.
Regionen. Gesäß und Hüfte (Regio glutealis, Regio coxae), Oberschenkel (Regio femoris anterior, posterior), Knie (Regio genus anterior, posterior), Unterschenkel (Regio cruris anterior, posterior) und Fuß (Regio pedis) mit Ferse (Regio calcanea), Fußrücken (Dorsum pedis), Fußsohle (Planta pedis), Fußwurzel (Regio tarsalis), Mittelfuß (Regio metatarsalis) und Zehen (Digiti pedis).

4.4.8.1 Regio glutealis, Gesäßregion

Die **Regio glutealis** bildet mit Skelett, Muskeln und Leitungsbahnen den Übergang vom Becken auf die freie untere Extremität. Sie ist Teil der Hüfte, **Coxa.**

Die Region ist durch mächtige Muskeln gekennzeichnet; durch den aufrechten Gang ist der M. gluteus maximus besonders entwickelt. Operativer (dorsaler oder transglutealer) Zugang zum Hüftgelenk, Ort intramuskulärer (i. m.) Injektionen.

Grenzen. Proximal: Crista iliaca, distal: Gesäßfurche, Sulcus glutealis, medial: Os sacrum, Os coccygis und Perineum, lateral: Senkrechte durch die Spina iliaca anterior superior.

Inspektion, Palpation. Neben der Muskelkontur füllt ein stark entwickeltes subkutanes Fettpolster (→ sekundäres Geschlechtsmerkmal) die Region auf. Die beiden Gesäßbacken, **Clunes sive Nates,** werden durch die Gesäßspalte, **Crena analis sive Crena interglutealis,** getrennt. Hier kann es zu Wundreiben, **Intertrigo,** (→ sog. Wolf) kommen. Über dem Kreuzbein ist das Fettpolster sehr dünn, daher Gefahr des Wundliegens (→ **Decubitus**) bei schwerkranken Bettlägerigen. Die Haut ist mit der **Fascia glutealis** durch kräftige **Retinacula cutis** verbunden (→ Druckkammerprinzip). Sie kann nur schwer abgehoben werden. Ausbreitungen von eitrigen Entzündungen erfolgen nur sehr langsam.
Die Gesäßfurche, **Sulcus glutealis,** ist in Streckstellung im Hüftgelenk am tiefsten (Asymmetrien bei Erkrankungen des Hüftgelenkes). Sie entspricht jedoch nicht dem Unterrand des M. gluteus maxi-

mus. Vielmehr ist hier eine von medial nach lateral bogenförmige Verstärkung der **Fascia glutealis** angelegt (s. Abb. 4.193, 4.194). Dieses **Sitzhalfter** zieht bei Beugung im Hüftgelenk den Unterrand des großen Gesäßmuskels vom Tuber ischiadicum weg nach kranial. In Streckstellung vom Muskel bedeckt wird der Sitzknorren in Beugestellung tastbar und der Muskel druckentlastet. Der Darmbeinkamm ist über seine gesamte Ausdehnung gut abzutasten (s. Abb. 4.222). Der hintere obere Darmbeinstachel verbindet sich mit der Haut durch kurze Retinacula cutis. Die hier entstehenden Hautgrübchen markieren mit einer Einziehung am Dornfortsatz des 5. LW und dem kranialen Ende der Gesäßrinne die Eckpunkte der Michaelis-Raute (s. Kap. 4.2.1). Der große Rollhügel, Trochanter major, und die Rückfläche des Kreuzbeines, Os sacrum, sind leicht zu tasten (Abb. 4.222, 4.223).

Oberflächliche Schicht der Regio glutealis. Die Fascia glutealis entsendet in den **M. gluteus maximus** breite Bindegewebesepten. Über dem **M. gluteus medius** ist sie in eine **Aponeurosis glutea** umgewandelt (Abb. 4.194). Die hier verlaufenden Blutgefäße steigen als Äste der Vasa glutea durch die Muskulatur und die Faszien zur Subkutanschicht auf. Die Lymphe fließt sowohl medial als auch lateral zu den Nodi lymphoidei inguinales superficiales ab. Hautnerven liegen epifaszial und treten aus Randgebieten in die Gesäßregion ein (Abb. 4.213). Die **Nn. clunium superiores** (Rr. dorsales aus L1–L3) überqueren den Darmbeinkamm, die kurzen **Nn. clunium medii** (Rr. dorsales aus S1 und S3) kommen aus den Foramina sacralia posteriora. Die **Nn. clunium inferiores** sind Äste des N. cutaneus femoris posterior (S1–S3). Am Unterrand des M. gluteus maximus umbiegend, erreichen sie

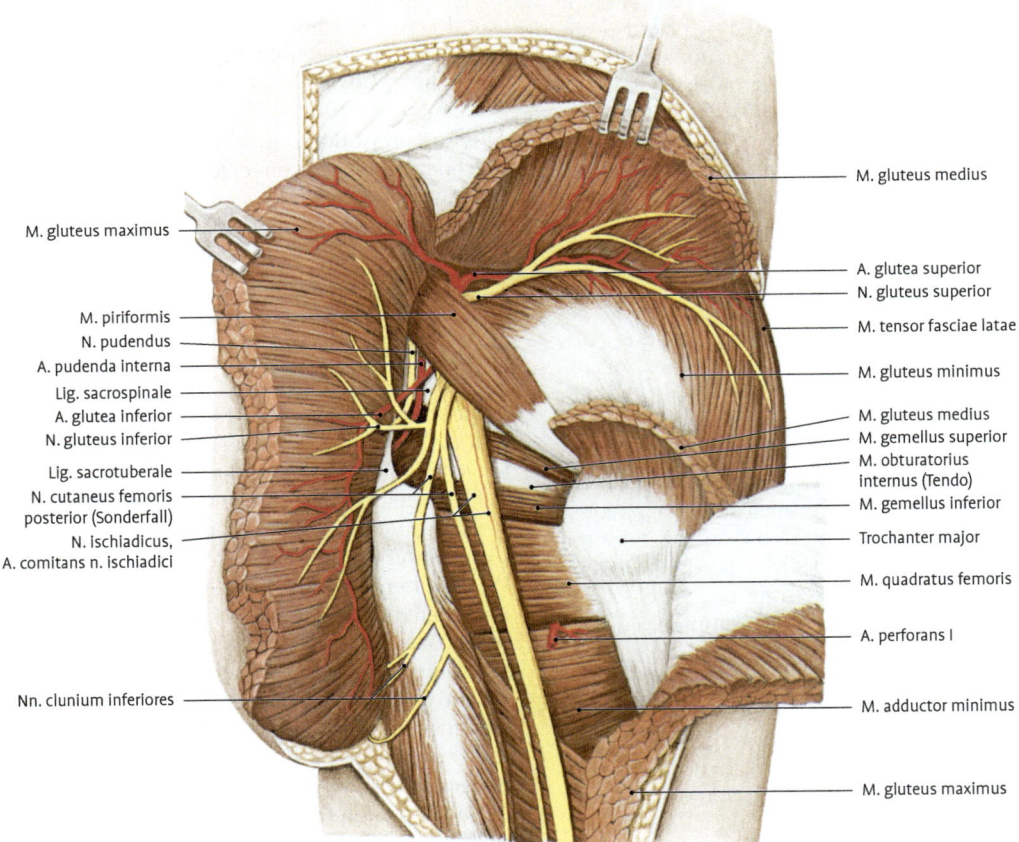

Abb. 4.221 Regio glutealis.

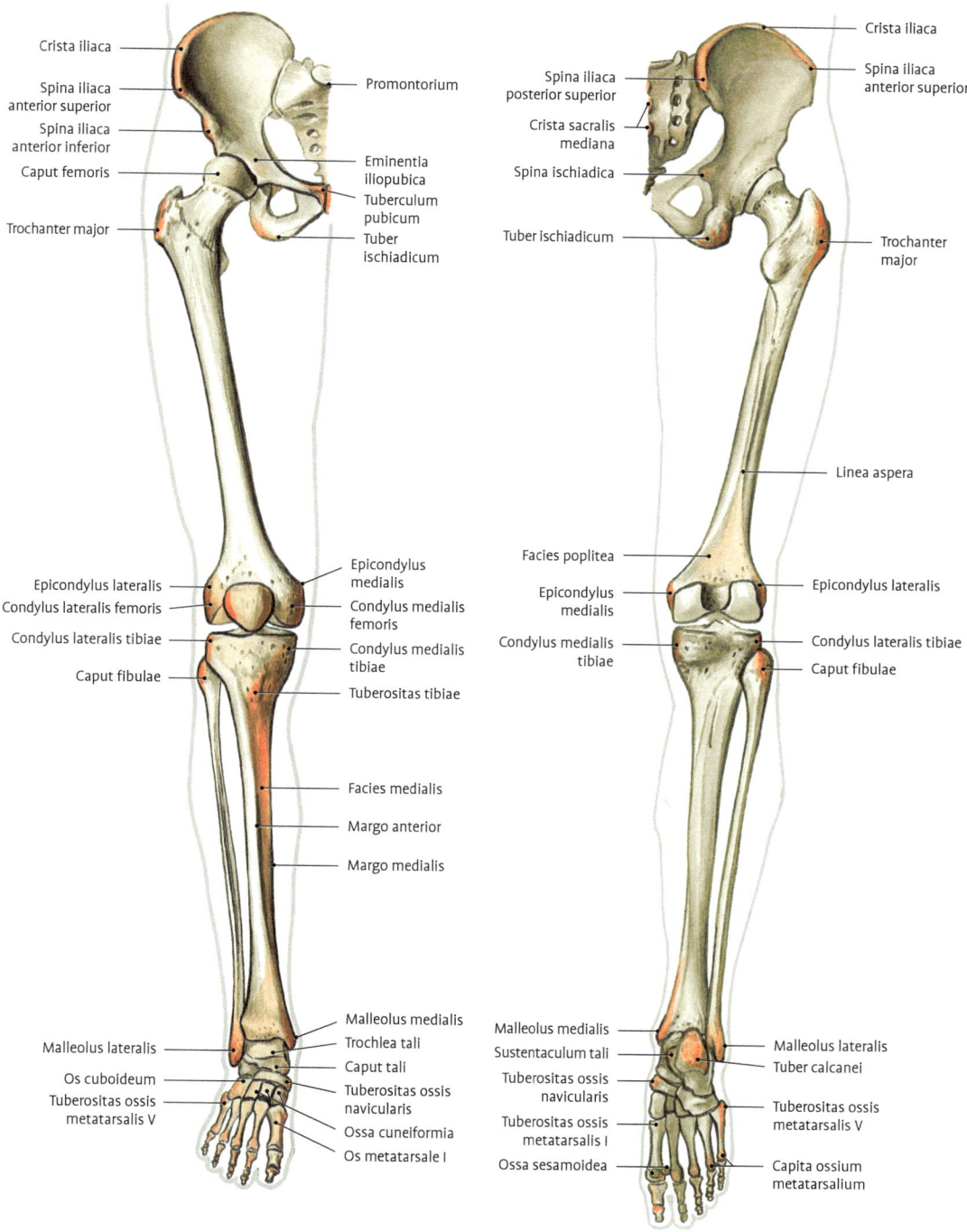

Crista iliaca

Spina iliaca
anterior superior

Spina iliaca
anterior inferior

Caput femoris

Trochanter major

Promontorium

Eminentia
iliopubica

Tuberculum
pubicum

Tuber
ischiadicum

Spina iliaca
posterior superior

Crista sacralis
mediana

Spina ischiadica

Tuber ischiadicum

Crista iliaca

Spina iliaca
anterior superior

Trochanter
major

Linea aspera

Facies poplitea

Epicondylus
medialis

Condylus medialis
tibiae

Epicondylus lateralis
Condylus lateralis femoris

Condylus lateralis tibiae

Caput fibulae

Epicondylus
medialis

Condylus medialis
femoris

Condylus medialis
tibiae

Tuberositas tibiae

Epicondylus lateralis

Condylus lateralis tibiae

Caput fibulae

Facies medialis

Margo anterior

Margo medialis

Malleolus lateralis

Os cuboideum

Tuberositas ossis
metatarsalis V

Malleolus medialis

Trochlea tali

Caput tali

Tuberositas ossis
navicularis

Ossa cuneiformia

Os metatarsale I

Malleolus medialis

Sustentaculum tali

Tuberositas ossis
navicularis

Tuberositas ossis
metatarsalis I

Ossa sesamoidea

Malleolus lateralis

Tuber calcanei

Tuberositas ossis
metatarsalis V

Capita ossium
metatarsalium

Abb. 4.222 Skelett des Beines von ventral. Tastbare Knochen sind rot getönt (nach T. v. Lanz, W. Wachsmuth).

Abb. 4.223 Skelett des Beines von dorsal. Tastbare Teile der Knochen sind rot getönt (nach T. v. Lanz, W. Wachsmuth).

die Haut. Ein kleines laterales Feld über dem M. gluteus medius wird vom R. cutaneus lateralis aus dem N. iliohypogastricus (Th12–L1) versorgt.

Tiefe Schicht der Regio glutealis. Der M. gluteus maximus bedeckt das **subgluteale Bindegewebelager,** in dem sich zahlreiche Leitungsbahnen befinden. Den Boden dieses Raumes bilden die Mm. gluteus medius, piriformis, obturatorius internus, gemelli und quadratus femoris (Abb. 4.221). Zwischen Innenraum des Beckens und der subglutealen Region liegt das **Foramen ischiadicum majus,** vom M. piriformis in 2 ungleich große Öffnungen unterteilt: Foramen supra- und infrapiriforme:

- Das **Foramen suprapiriforme** ist schmal. Inhalt: **1.** Vasa glutea superiora, **2.** N. gluteus superior für die Mm. gluteus medius, minimus und tensor fasciae latae. Aufsuchen des Foramen suprapiriforme: ein Punkt am Übergang vom medialen zum mittleren Drittel der Spina-Trochanter-Linie (s. Abb. 4.224).
- Das **Foramen infrapiriforme** ist geräumiger. Inhalt: **1.** N. und Vasa glutea inferiora, **2.** N. ischiadicus, **3.** N. cutaneus femoris posterior, **4.** Vasa pudenda interna und N. pudendus. Letztere ziehen um die Spina ischiadica und durch das Foramen ischiadicum minus zum Canalis pudendalis **(Alcock-Kanal)** in der lateralen Wand der Fossa ischioanalis (Kap. 5.3.4.2). Aufsuchen des Foramen infrapiriforme: Mitte der Spina-Tuber-Linie (Abb. 4.224).

Der Verlauf des Nervus gluteus superior und des ihn begleitenden Ramus profundus der A. glutea superior nebst deren Begleitvene wird erst sichtbar, wenn der M. gluteus medius vom darunterliegenden M. gluteus minimus separiert wird. Dann kann man dieses Gefäßnervenbündel in Richtung auf den M. tensor fasciae latae hin nach lateral verfolgen. Es zieht dabei in einem nach kranial konvexen Bogen in einem Abstand von ca. 5 cm kranial vom Oberrand des Trochanter major. Die vom Nervus gluteus superior abgehenden Muskeläste gelangen an die Vorderfläche des M. gluteus medius bzw. die dorsale Fläche des M. gluteus minimus. Nachdem das Gefäßnervenbündel den Spalt zwischen diesen beiden Muskeln anterolateral verlassen hat, gelangt es zur medialen Fläche des M. tensor fasciae latae. Die Endäste erreichen diesen Muskel etwa 10 cm distal der Spina iliaca

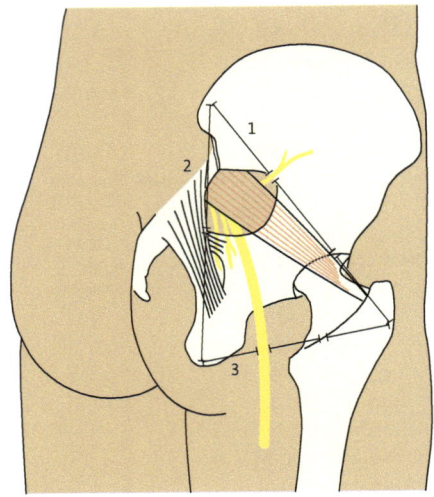

Abb. 4.224 Hilfslinien zum Aufsuchen am Lebenden: 1 = Spina-Trochanter-Linie (an der Grenze zwischen medialem und mittlerem Drittel → Foramen suprapiriforme), 2 = Spina-Tuber-Linie (am Halbierungspunkt → Foramen infrapiriforme), 3 = Tuber-Trochanter-Linie (an der Grenze zwischen medialem und mittlerem Drittel → N. ischiadicus).

anterior superior. An dieser Stelle anastomosiert die A. glutea superior mit dem Ramus ascendens der A. circumflexa femoris lateralis.

Der **N. ischiadicus** wird von einem kleinen Ast der **A. glutea inferior** begleitet, **A. comitans nervi ischiadici** (Abb. 4.221); selten ist als Rest des embryonalen Hauptgefäßes der unteren Extremität eine A. ischiadica nachzuweisen. Im subglutealen Verschiebespalt ist der N. ischiadicus durch den kräftigen M. gluteus maximus geschützt. Aufsuchen des N. ischiadicus: ein Punkt am Übergang vom medialen zum mittleren Drittel der Trochanter-Tuber-Linie (Abb. 4.224).

N. pudendus und **Vasa pudenda interna** verlaufen im knappen Bogen um die Spina ischiadica bzw. das Lig. sacrospinale. Sie verlassen nach kurzem Verlauf die tiefe Gesäßregion. Die Lymphe fließt durch die Foramina infra- und suprapiriforme zu den Nodi lymphoidei iliaci interni ab.

Klinik: 1. Senkungsabszesse. Mit Nerven und Blutgefäßen können eitrige Entzündungen aus dem Becken durch die Foramina supra- et infrapiriforme in den subglutealen Bindegeweberaum gelangen und sich von dort in die Fossa ischioanalis oder mit dem N. ischiadicus bis zur Kniekehle ausbreiten. **2. Hernia ischiadica** (selten!). Ausstülpung von Baucheingeweiden durch das Foramen supra- oder infrapiriforme in die Glutealregion. **3. Intramuskuläre (i. m.) Injektion** in den Gluteus maximus ist ein Kunstfehler, da Verletzungen der Leitungsbahnen der Foramina supra- et infrapiriforme drohen. Injektionsort der Wahl ist der **Gluteus medius** (Abb. 4.224, 4.225). **4. Ventrogluteale Injektion** (nach A. von Hochstetter; Abb. 4.226, 4.227): Rechts: Linker Handteller liegt auf dem rechten Trochanter major. Die Zeigefingerspitze tastet die Spina iliaca anterior superior, der maximal abgespreizte Mittelfinger die Crista iliaca. Einstich senkrecht zur Sagittalebene zwischen Zeige- und Mittelfinger in Höhe der Grundphalangen. Links: Linke Hand so auflegen, dass der Mittelfinger die Spina iliaca anterior superior tastet und der abgespreizte Zeigefinger die Crista iliaca.

4.4.8.2 Regio femoris, Oberschenkelregion

Die äußere Form des Oberschenkels wird durch die Muskeln und das Unterhautfettgewebe geprägt. Die Haut ist dorsal fester als ventral und gut verschieblich. Bei blassen, dünnhäutigen Menschen sind die

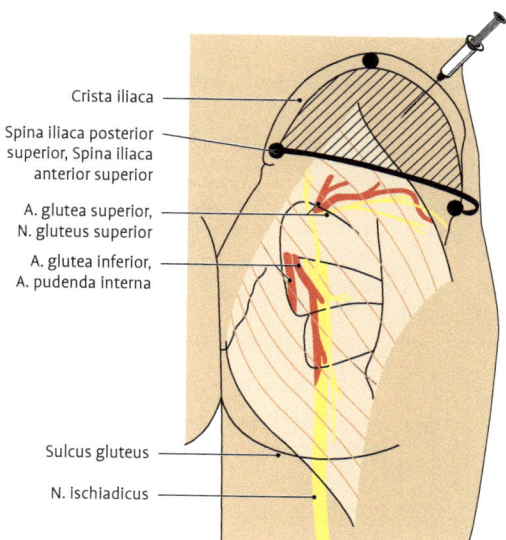

Crista iliaca

Spina iliaca posterior superior, Spina iliaca anterior superior

A. glutea superior, N. gluteus superior

A. glutea inferior, A. pudenda interna

Sulcus gluteus

N. ischiadicus

Abb. 4.225 Prädilektionsstelle für intramuskuläre Injektion (gestrichelt), submuskuläre Nerven und Gefäße unter dem M. gluteus maximus sind zu meiden (nach T. v. Lanz, W. Wachsmuth).

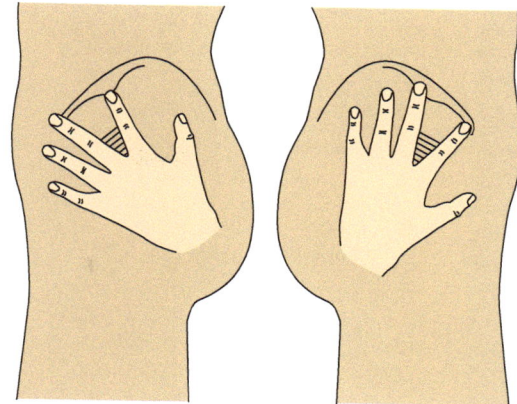

Abb. 4.226 Intragluteale Injektion (links) nach A. v. Hochstetter.

Abb. 4.227 Intragluteale Injektion (rechts) nach A. v. Hochstetter.

Verläufe der epifaszialen Venen deutlich zu sehen. Die für den aufrechten Gang und Stand erforderliche starke Muskelgruppe der Extensoren (M. quadriceps femoris) umgreift schalenförmig das Femur. Sie ist kräftiger und ausgedehnter als alle übrigen Oberschenkelmuskeln. Der Schaft des Oberschenkelknochens ist dadurch gut geschützt (Abb. 4.222, 4.223). Bei Frakturen des Femurs ist eine Reposition allerdings wegen der starken Muskulatur schwierig. Der Oberschenkel ist Durchgangsregion für Nerven- und Gefäßstraßen. Blutungen aus der A. femoralis sind lebensbedrohlich.

Muskellogen. Die kräftige **Fascia lata** umhüllt die gesamte Muskulatur des Oberschenkels (Abb. 4.208, 4.216). Lateral ist sie zum **Tractus iliotibialis** aponeurotisch verstärkt (Abb. 4.192). Von der Unterseite der Faszie gehen straffe Bindegewebssepten, **Septum intermusculare mediale** und **laterale** (Abb. 4.209), in die Tiefe zur Linea aspera und separieren das Compartimentum femoris anterius (extensorum), die Extensorenloge, vom Compartimentum femoris posterius (flexorum), der Flexorenloge, und dem Compartimentum femoris mediale (adductorium), der Adduktorenloge. Flexoren und Adduktoren sind nicht durch ein kräftiges Septum sondern nur durch lockeres Bindegewebe getrennt. Der M. sartorius liegt in einer eigenen Duplikatur der Fascia lata.

Regio femoris posterior, Oberschenkelrückseite

Inspektion, Palpation (Abb. 4.228). Proximal ist die Oberschenkelrückseite durch die Beuger des Knie-

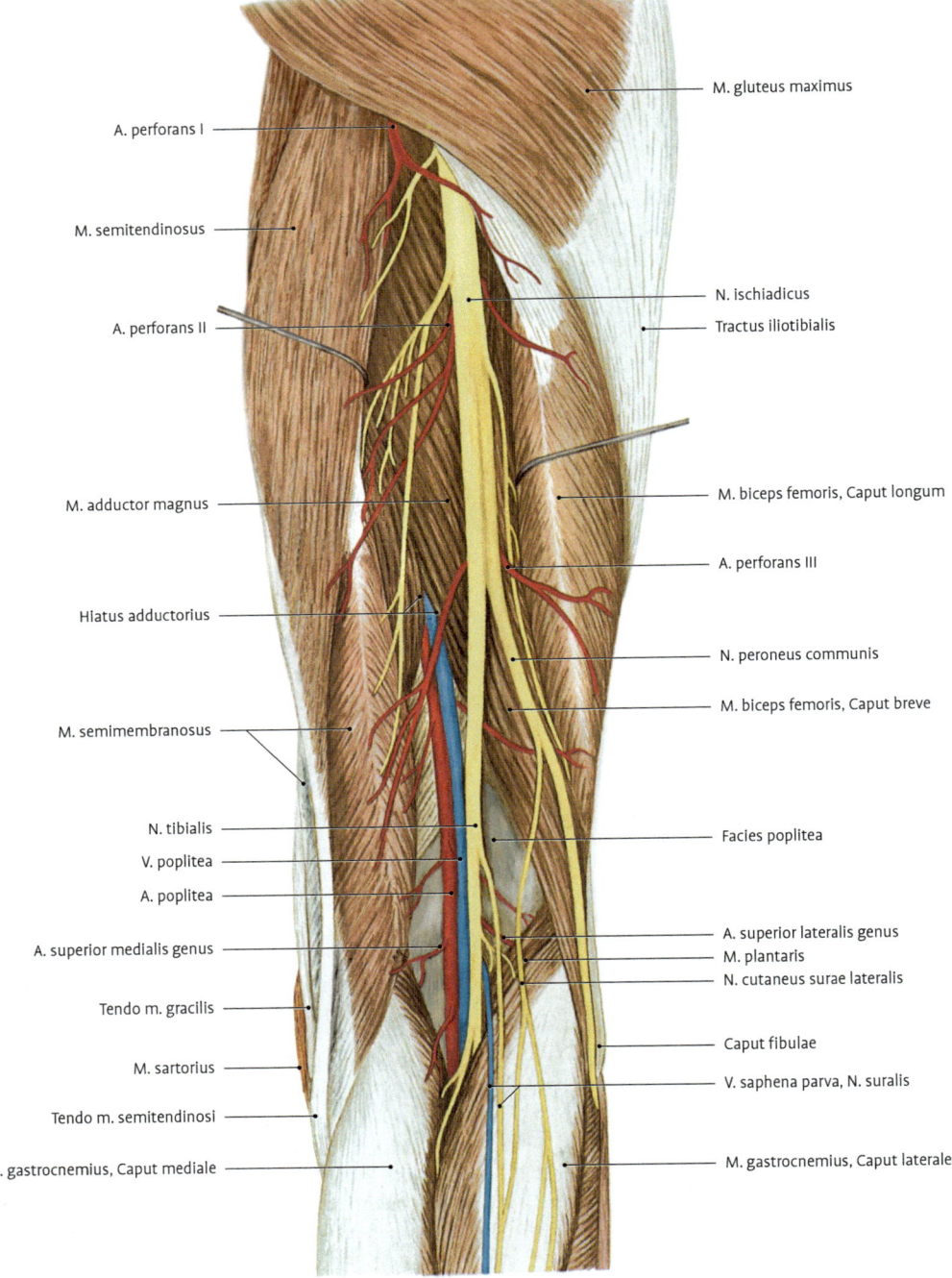

A. perforans I

M. semitendinosus

A. perforans II

M. adductor magnus

Hiatus adductorius

M. semimembranosus

N. tibialis

V. poplitea

A. poplitea

A. superior medialis genus

Tendo m. gracilis

M. sartorius

Tendo m. semitendinosi

M. gastrocnemius, Caput mediale

M. gluteus maximus

N. ischiadicus

Tractus iliotibialis

M. biceps femoris, Caput longum

A. perforans III

N. peroneus communis

M. biceps femoris, Caput breve

Facies poplitea

A. superior lateralis genus

M. plantaris

N. cutaneus surae lateralis

Caput fibulae

V. saphena parva, N. suralis

M. gastrocnemius, Caput laterale

Abb. 4.228 Regio femoris posterior.

gelenkes gerundet. Distal und am Übergang zur Kniekehle wird die Kontur flacher. Die Muskeln weichen auseinander. Bei leicht gebeugtem Knie werden die Ansatzsehnen des **M. semitendinosus** (medial) und des **M. biceps femoris** (lateral) sicht- und tastbar.

- **Epifasziale Schicht** (Abb. 4.215). Zwischen Haut und **Fascia lata** liegen keine großen Nerven und Gefäße. Der **N. cutaneus femoris posterior** verläuft zunächst subfaszial und entsendet nur kleine perforierende Äste zur Haut. Ähnlich gelangen auch kleinere Arterienäste aus der Tiefe in das subkutane Fettgewebe und die Haut. Häufiger verläuft im distalen Teil der Region eine subkutane Vene, **V. femoropoplitea,** aus der Kniekehle kommend nach medial zur Oberschenkelvorderseite (Abb. 4.215). Sie verbindet die V. saphena parva (bzw. die V. poplitea) mit der V. femoralis. Dabei verläuft die V. saphena parva über die Kniekehle hinweg und mündet entweder in eine der Vv. perforantes oder den Ramus profundus der V. circumflexa femoris medialis.

- **Subfasziale Schicht** (Abb. 4.228). Der **N. cutaneus femoris posterior** zieht etwas medial von der Oberschenkelmitte zwischen Fascia lata und den **ischiokruralen Muskeln** (M. semitendinosus, M. semimembranosus, Caput longum des M. biceps femoris), durchbricht die Fascia lata in der Mitte der dorsalen Seite des Oberschenkels und zieht bis zur Kniekehle. Hier durchstößt sein Hauptstamm die Fascia poplitea. Der **N. ischiadicus** läuft vom Foramen infrapiriforme kommend zunächst durch den subglutealen Verschiebespalt. Dann liegt er im Bindegeweberaum zwischen den Kniegelenkbeugern und dem M. adductor magnus. Die A. comitans n. ischiadici aus der A. glutea inferior liegt proximal seiner Dorsalfläche auf und markiert auch beim äußerlich nicht geteilten Nerven die Teilungszone für den N. tibialis und N. peroneus (fibularis) communis (s. Abb. 4.221). Die sichtbare Teilung erfolgt erst am Übergang zur Regio poplitea. Als Variationen kommen „hohe Teilungen" in beliebiger Höhe vor.

Die Regio femoris posterior wird durch die **Aa. perforantes I–IV** (Endäste der A. profunda femoris) versorgt. Sie verlaufen durch osteofibröse Kanäle, welche die Ansatzsehnen der Mm. adductor longus und magnus mit dem Femur bilden, und stehen proximal mit der A. glutea inferior und der A. circumflexa femoris medialis (R. profundus) sowie distal mit dem Rete articulare genus in Verbindung. Diese Kanäle geben zunächst Raum für drei Aa. perforantes, die vom distalen Teil der A. profunda femoris der Reihe nach abgehen. Die vierte A. perforans wird durch das Endstück der A. profunda femoris selbst gebildet, das auf diese Weise ebenfalls die dorsale Region des Oberschenkels erreicht.

> **Klinik:** Anastomosen der Aa. perforantes sind funktionell unzureichend, um einen ausreichenden Kollateralkreislauf nach Unterbindung der A. femoralis distal vom Abgang der A. profunda femoris sicherzustellen.

Den Boden der Region bildet die kräftige Muskelmasse des M. adductor magnus. Dieser besteht aus einem proximalen, mehr ventral gelegenen Anteil, dem M. adductor minimus, der einen annähernd horizontalen Faserverlauf aufweist. Vom Tuber ischiadicum aus fächert sich die Hauptmasse des M. adductor magnus auf, die einen langstreckigen Ansatz am Labium mediale der Linea aspera aufweist. Der mediale Anteil des M. adductor magnus hingegen endet in einer runden Sehne und setzt am Tuberculum adductorium des Epicondylus medialis femoris an (ischiokondylärer Anteil). Zwischen dem distalen Ende des Hauptteils und dem ischiokondylären Anteil sowie dem Femur entsteht eine längsovale Öffnung, der Adduktorenschlitz, Hiatus adductorius. Durch diesen gelangen die beiden großen Blutgefäße des Oberschenkels, A. und V. femoralis, von ventral her in die Fossa poplitea und werden damit zur A. und V. poplitea. Ab hier werden sie vom N. tibialis begleitet. Dieser setzt die Verlaufsrichtung des N. ischiadicus nahezu geradlinig fort. Der N. peroneus (fibularis) communis wendet sich dagegen nach lateral. Er lehnt sich der Ansatzsehne des M. biceps femoris an, dessen Caput breve auch von ihm innerviert wird (→ Leitmuskel, s. Abb. 4.228).

> **Klinik: 1. Lasègue-Zeichen.** Dehnung des N. ischiadicus durch passives Anheben des gestreckten Beins beim Liegenden löst Schmerzen dorsal auf der erkrankten Seite (Rücken, Ober-, ggf. Unterschenkel) aus. Ursache: Bandscheibenvorfall (Höhe L4–S1), Ischiassyndrom, Rückenmarktumoren, Osteochondrosis lumbalis, Spondylose, Spondylolisthesis, Traumen, Frakturen, Polyneuropathien (z. B. Diabetes), meningeales Syndrom (→ Kernig-Zeichen).

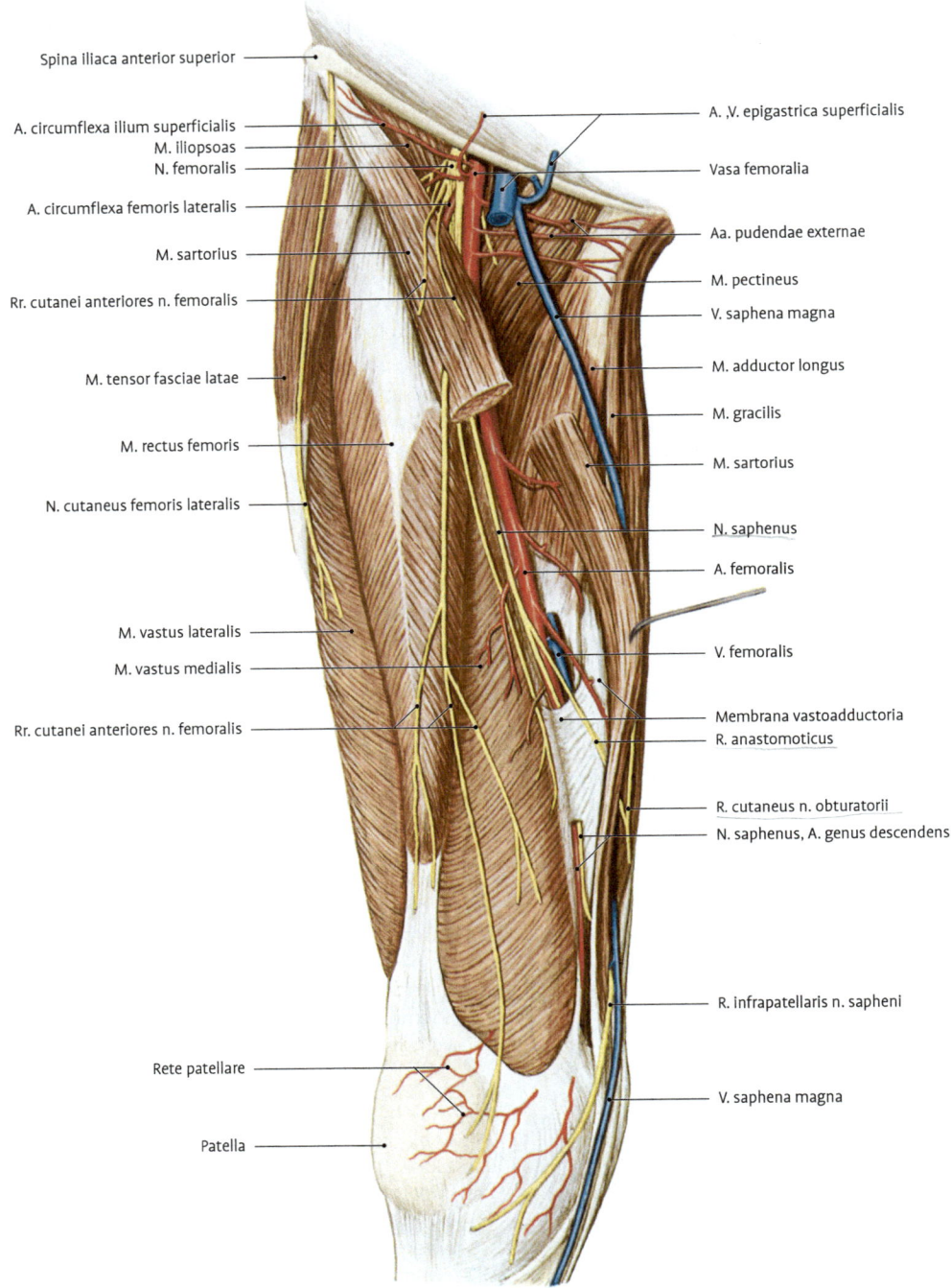

Spina iliaca anterior superior

A. circumflexa ilium superficialis
M. iliopsoas
N. femoralis

A. circumflexa femoris lateralis

M. sartorius

Rr. cutanei anteriores n. femoralis

M. tensor fasciae latae

M. rectus femoris

N. cutaneus femoris lateralis

M. vastus lateralis

M. vastus medialis

Rr. cutanei anteriores n. femoralis

Rete patellare

Patella

A. ,V. epigastrica superficialis

Vasa femoralia

Aa. pudendae externae

M. pectineus

V. saphena magna

M. adductor longus

M. gracilis

M. sartorius

N. saphenus

A. femoralis

V. femoralis

Membrana vastoadductoria
R. anastomoticus

R. cutaneus n. obturatorii
N. saphenus, A. genus descendens

R. infrapatellaris n. sapheni

V. saphena magna

Abb. 4.229 Regio femoris anterior. M. sartorius ist durchtrennt und im mittleren Drittel etwas nach medial verlagert.

2. Valleix-Punkte. Nervendruckpunkte zur Prüfung der Druckschmerzhaftigkeit des N. ischiadicus bei Ischiassyndrom (Austrittsstelle des Nerven in die Regio gluteatis, am kaudalen Rand des M. gluteus maximus, in der Kniekehle, am Fibulaköpfchen u. hinter dem äußeren Knöchel). Entspannungsstellung: Streckung im Hüftgelenk und Beugung im Kniegelenk.

Regio femoris anterior, Oberschenkelvorderseite

Grenzen (Abb. 4.229). Proximal: Leistenbeuge, medial: M. gracilis, lateral: M. tensor fasciae latae, Tractus iliotibialis, distal: Transversalebene oberhalb der Basis patellae.

Praktische Bedeutung. Hier verläuft die größte Arterie des Beines, A. femoralis. Unter der Haut sind die Nodi lymphoidei inguinales superficiales als einzige von Natur aus deutlich zu tasten. Die V. saphena magna und ihre Zuflüsse können variкös verändert sein (→ Stammvarizen; s. Abb. 4.215). Am Übergang vom Becken zur ventralen Seite des Oberschenkels kann sich im Bereich der Lacuna vasorum und in der Folge des Hiatus saphenus Peritoneum parietale in Form einer Oberschenkelhernie (→ Hernia femoralis) vorwölben.

Inspektion, Palpation. Bei mageren, muskelstarken Menschen sind oberflächlich gelegene Muskeln gut sichtbar: M. sartorius, M. vastus medialis und lateralis, M. rectus femoris, oberflächliche Adduktoren. Auch der Verlauf der V. saphena magna und ihre epifaszialen Zuflüsse sind zu erkennen.

Regionengliederung. Der **M. sartorius** verläuft schräg von proximal-lateral nach distal-medial und **teilt** die vordere Oberschenkelregion in 2 Abschnitte: **Lateral** vom Muskel ist die Region arm an Nerven und Gefäßen. **Medial** liegen Leitungsbahnen, die z.T. vom Muskel bedeckt werden. Über den Canalis obturatorius gelangen Vasa obturatoria und N. obturatorius zwischen die medial gelegenen Mm. adductores. Weiters sind noch das **Trigonum femorale** und die **Fossa iliopectinea** zu unterscheiden.

Epifasziale Schicht. Die Subcutis an der Vorderseite des Oberschenkels ist so wie an der ventrolateralen Bauchwand zweischichtig. Eine oberflächliche Fettschicht, genannt Camper-Faszie, wird von einer darunter liegenden membranösen Schicht, der Scarpa-Faszie, getragen. Profund zur Scarpa-Faszie findet sich erneut eine individuell starke Fettschicht, unter der die Fascia lata die Muskel- und Gefäßlogen des Oberschenkels umhüllt. Die Fascia lata selbst ist im medialen Anteil schwächer, im lateralen aponeurotisch zum Tractus iliotibialis verdickt. Durch den medialen Anteil treten die **Hautäste des N. femoralis** sowie die zarten subku-

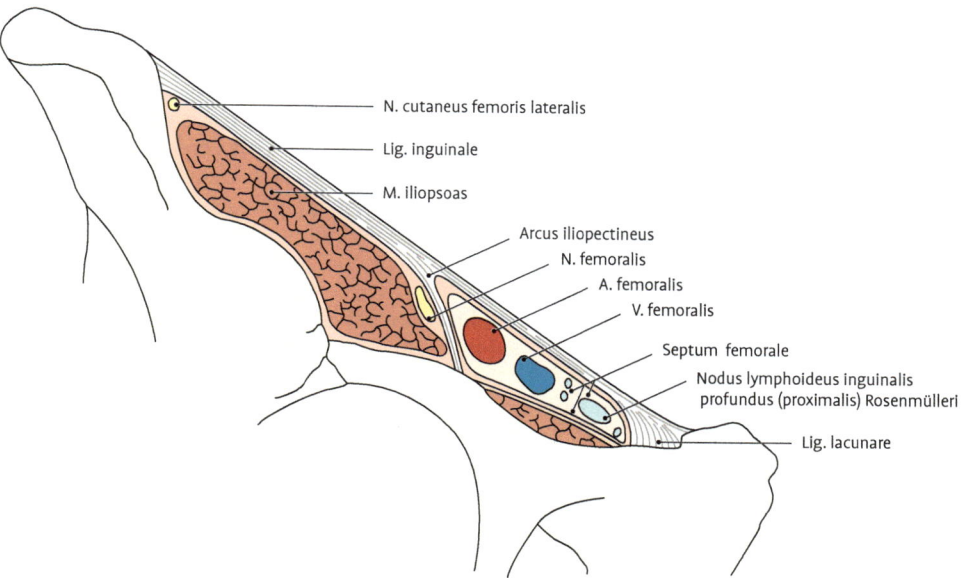

N. cutaneus femoris lateralis
Lig. inguinale
M. iliopsoas
Arcus iliopectineus
N. femoralis
A. femoralis
V. femoralis
Septum femorale
Nodus lymphoideus inguinalis profundus (proximalis) Rosenmülleri
Lig. lacunare

Abb. 4.230 Lacuna musculorum und Lacuna vasorum, von distal.

tanen Arterien (**A. epigastrica superficialis, A. pudenda externa, A. circumflexa ilium superficialis**). Diese Gefäße durchbrechen die Fascia lata im Bereich des **Hiatus saphenus** (s. u.) und haben einen charakteristischen Verlauf: Die A. epigastrica superficialis überkreuzt das Leistenband schräg und zieht in Richtung zum Nabel. Die A. pudenda externa, die oft gedoppelt sein kann, zieht in Richtung auf die Symphyse und die A. circumflexa ilium superficialis verläuft kaudal entlang des Leistenbandes und tritt damit auch in Beziehung zum Tractus horizontalis der **Nodi lymphoidei inguinales superficiales**.

Die Hautäste des N. femoralis, in Summe als **Rr. cutanei femoris anteriores** bezeichnet, betreten die subkutane Schicht an unterschiedlichen Stellen: Ein **N. cutaneus femoris intermedius** durchbricht die Fascia lata im Verlauf des M. sartorius etwa eine Hand breit distal des Lig. inguinale. Er verläuft charakteristischerweise subfaszial durch den M. sartorius und teilt sich subkutan meist in zwei Äste. Ein **N. cutaneus femoris medialis** verläuft subfaszial entlang der A. femoralis. Er gibt einen proximalen Ast ab, der gemeinsam mit dem **Ramus femoralis n. genitofemoralis** im Hiatus saphenus subkutan wird. An der kaudalen Spitze des Trigonum femorale (s. u.) durchbricht er die Fascia lata und teilt sich in einen **Ramus anterior** und **posterior**. Der Ramus anterior verläuft entlang des M. sartorius zur medialen Seite der Knieregion. Der Ramus posterior deszendiert an der Rückseite des M. sartorius und anastomosiert mit dem N. saphenus. An der Grenze zwischen dem medialen Anteil der Fascia lata und dem Tractus iliotibialis verläuft der **N. cutaneus femoris lateralis**. Nachdem er die Lacuna musculorum verlassen hat, liegt er noch etwa eine Handbreit der Innenfläche der Fascia lata an, ehe er durch diese in die Schicht unter der Scarpa-Faszie tritt. In dieser verläuft er nach distal bis zum lateralen Rand der Knieregion, wo er gemeinsam mit den Hautästen des N. femoralis den **Plexus infrapatellaris** bildet.

Der **Hiatus saphenus** ist auffallend (s. Abb. 4.208, 4.215): Ein dreidimensionaler Fett- und Bindegewebspfropfen, die **Fascia cribrosa,** bedeckt diese vom **Margo falciformis** begrenzte Öffnung in der Fascia lata. Durch diese Öffung treten neben Lymphgefäßen die V. saphena magna, der Ramus femoralis des N. genitofemoralis sowie der proximale Ast des N. cutaneus femoris medialis. Über die Wertigkeit des Hiatus saphenus als äußere

Burchpforte der Hernia femoralis (Oberschenkelhernie) siehe Kap. 4.2.3.4 und 4.2.6.2.

Die **V. saphena magna** verläuft an der Oberschenkelinnenseite auf den Hiatus saphenus zu. Hier wendet sie sich in die Tiefe und mündet in die V. femoralis (s. Abb. 4.208). Kurz vor Einmündung nimmt sie von kranial die **V. epigastrica superficialis** von der vorderen Bauchwand, von lateral die **V. circumflexa ilium superficialis** von der seitlichen Bauchwand und die **Vv. pudendae externae** vom äußeren Genitale kommend auf. Alternativ münden die Venen oft gemeinsamen mit der V. saphena magna im Hiatus saphenus in die V. femoralis, nachdem sie die Fascia cribrosa durchsetzt haben. Sämtliche Venen können an der Bildung von Kollateralkreisläufen beteiligt sein: Die V. saphena magna verbindet sich über die mediale Seite des Oberschenkels (**V. saphena magna accessoria**) mit der V. poplitea (Kollateralverbindung bei Verlegung der V. femoralis). Die V. epigastrica superficialis anastomosiert mit den oberflächlichen und tiefen Venen der vorderen Bauchwand. Sie hat über die Vv. parumbilicales, die das Lig. teres hepatis begleiten, Anschluss an die V. portae. Bei Stauungen der Pfortader kann es zu fingerdicken Erweiterungen der Bauchwandvenen kommen (→ **Caput medusae**). Die V. circumflexa ilium superficialis anastomosiert über die Vv. thoracoepigastricae mit der V. axillaris bzw. mit der V. subclavia. Hier liegt ein Umgehungskreislauf für die V. cava inferior vor.

6–12 regionale inguinale Lymphknoten (s. Abb. 4.216 a) bilden topografisch 5 Gruppen: superolaterale (**I**), superomediale (**II**), inferomediale (**III**), inferolaterale (**IV**), zentrale Gruppe (**V**). Die Gruppen I-II bilden einen **Tractus horizontalis,** die Gruppen III-V den **Tractus verticalis.** Sie nehmen von der ventrolateralen Bauchwand, aus der oberflächlicher Regio gluteialis, der äußeren Genitalregion, vom Perineum, der Afterregion und dem Verlauf der V. saphena magna Lymphe auf.

Subfasziale Schicht. Diese kann ihrerseits wiederum in ein oberflächliches und tiefes Stratum unterteilt werden. Das oberflächliche Stratum wird durch das **Trigonum femorale** repräsentiert. Es wird kranial durch das Lig. inguinale, lateral durch den M. sartorius und medial durch den M. gracilis begrenzt. Im tiefen Stratum bildet sich zwischen dem M. iliopsoas lateral, dem M. pectineus medial und dem Pecten ossis pubis kranial die trichterförmige **Fossa iliopectinea** aus. Inhalt derselben ist ein intraindividuell verschiedenes Quantum von

Fettgewebe sowie der Ramus profundus der A. circumflexa femoris medialis.

Im medialen Anteil des **Trigonum femorale** verlaufen die großen Nerven- und Gefäßstämme, die aus dem Becken durch die Lacuna vasorum zum Oberschenkel gelangen, und zwar von medial nach lateral die **V. femoralis,** die **A. femoralis** und der **N. femoralis**.

Mit der **V. femoralis** verlaufen stärkere Lymphgefäße. Sie leiten die Lymphe der Oberschenkelvorderseite und von medial in die Nodi lymphoidei iliaci externi und treten im medialen Winkel zwischen Leistenband, Lig. lacunare und Schambeinast durch die Lacuna vasorum medial der beiden großen Blutgefäße (Abb. 4.230).

A. femoralis. Diese tritt eng angeschlossen an den Arcus iliopectineus durch die Lacuna vasorum. Unter der Mitte des Leistenbandes ist der Puls zu fühlen (→ Stelle intraarterieller Injektionen und Abdrücken des Gefäßes gegen die Eminentia iliopectinea). In variabler Höhe (meist rund 5 cm distal des Leistenbandes) gibt sie die **A. profunda femoris** ab. Dieser Abgang variiert auch bezüglich der Lokalisation am Stammgefäß. So kann die A. profunda femoris aus dem dorsalen Umfang der A. femoralis, aber auch aus ihrer medialen oder lateralen Seite abgehen. Die beiden letztgenannten Varianten gehen oft mit einer weiteren Variation, nämlich dem auf die A. femoralis zurückverlagerten Abgang einer der beiden A. circumflexae femoris einher. Die A. femoralis gelangt bald unter Deckung des M. sartorius, um etwas steiler als dieser Muskel nach medial und distal zu ziehen. Zwischen M. adductor longus und M. vastus medialis tritt sie in den Canalis adductorius ein und wird dabei von der Lamina vastoadductoria bedeckt. Die A. profunda femoris gibt nach kurzem Verlauf in variabler Weise die A. circumflexa femoris medialis und lateralis ab. Wie schon erwähnt, kann der Abgang einer oder seltener beider Aa. circumflexae femoris auf die A. femoralis zurückverlagert sein; es können aber auch einzelne Äste dieser Arterien direkt aus der A. femoralis oder der A. profunda femoris abzweigen. Bei diesen anatomischen Varianten kommt es zu einer Verlagerung der A. femoralis nach lateral oder medial, die bei Operationen jeweils zu beachten ist. Auf dem Weg zum Canalis adductorius gibt die A. femoralis kurze Muskeläste an die tiefe Fläche des M. sartorius ab. Nach Abgabe der beiden Aa. circumflexae femoris deszendiert die **A. profunda**

femoris entlang der medialen Fläche des M. vastus medialis. Sie gelangt damit in einen nach anteromedial offenen Spalt zwischen diesem Muskel und dem M. adductor longus, in dem sie drei Aa. perforantes der Reihe nach abgibt. Diese ziehen durch osteofibröse Kanäle, die zwischen dem Femur und den Ansatzsehnen des M. adductor longus sowie dem dorsal davon gelegenen M. adductor magnus entstehen. So gelangen sie an die Rückseite des Oberschenkels, wo sie den M. adductor magnus und die ischiokrurale Muskelgruppe versorgen. Das Endstück der A. profunda femoris tritt auf die gleiche Weise nach dorsal und beteiligt sich als quasi vierte A. perforans ebenfalls an der Versorgung der Rückseite des Oberschenkels.

Die **A. circumflexa femoris lateralis** verläuft leicht deszendierend auf den Spalt zwischen dem M. rectus femoris und dem M. iliopsoas zu. Nach einem kurzen Stamm teilt sie sich in einen **Ramus ascendens** und einen **Ramus descendens**. Der **Ramus ascendens** gelangt in den von Fett und Bildegewebe erfüllten Raum zwischen dem M. rectus femoris und dem M. tensor fasciae latae. Den letztgenannten Muskel erreicht er etwa eine Hand breit distal der Spina iliaca anterior superior und betritt ihn gemeinsam mit den Endästen des N. gluteus superior und der A. glutea superior. Dieses Gefäßnervenbündel erreicht die Region über den engen Spalt zwischen den Mm. gluteus medius und minimus. Klinisch wichtig ist dieser Bereich der Vorderseite des Oberschenkels wegen der Tatsache, dass dies der anteriore Zugang zum Hüftgelenk nach SMITH-PETERSON darstellt. Bei diesem Zugang kann zwar der Endabschnitt des Ramus ascendens ae. circumflexae femoris lateralis ligiert werden, da der M. tensor fasciae latae auch durch die A. glutea superior versorgt wird, auf jeden Fall zu schonen ist aber die Innervation dieses Muskels, da bei Denervation seine für die Stabilität des Beines wichtige Wirkung auf den Tractus iliotibialis verloren geht. Der **Ramus descendens** der A. circumflexa femoris lateralis verläuft zunächst entlang der tiefen Fläche des M. rectus femoris. Gemeinsam mit Muskelästen des N. femoralis erreicht er so die nach medial offene Rinne zwischen dem M. vastus lateralis und dem M. vastus intermedius, wo er sich in seine Endäste aufteilt.

Die **A. circumflexa femoris medialis** deszendiert bogenförmig in Richtung auf den Trochanter minor und gibt zunächst den **Ramus profundus** ab. Dieser zieht fast horizontal nach dorsal gegen die Spitze der Fossa iliopectinea und tritt zwischen M. iliopsoas und M. pectineus nach dorsal. Er verläuft so medial um das Collum femoris und gibt den **Ramus acetabularis** ab. Dieser aszendiert in der Schicht zwischen M. pectineus und M. adductor longus einerseits und M. adductor brevis andererseits und anastomosiert mit dem gleichnamigen Ast der **A. obturatoria**. Der Stamm der A. circumflexa femoris medialis zieht weiter nach medial und distal und gelangt zwischen den einander zugewandten Rändern von M. pectineus und M. adductor longus nach dorsal. Er verläuft eng angeschlossen an die dorsale Fläche des letztgenannten Muskels und trifft dabei auf den Ramus anterior des N. obturatorius. Mit diesem gemeinsam gelangt er an die laterale Fläche des M. gracilis. Etwa zwei Handbreit distal der Symphyse tritt dieses Gefäßnervenbündel in den M. gracilis ein. Ein kleiner Hautast, der die mediale Seite des Oberschenkels mit innerviert, gelangt entweder an der Vorderkante des M. gracilis oder durch diesen Muskel an die Oberfläche.

Der **N. femoralis** kommt durch die **Lacuna musculorum** in die tiefe subinguinale Region (Abb. 4.229–4.231) und versorgt hier M. sartorius, M. pectineus und M. quadriceps femoris. Außerdem gibt er eine Reihe sensibler Äste ab. Er liegt am weitesten lateral auf dem M. iliopsoas und teilt sich in einen oberflächlichen und tiefen Anteil. Aus dem oberflächlichen Anteil entwickeln sich die Innervation des M. sartorius sowie die Rr. cutanei femoris anteriores, aus dem tiefen Anteil die Innervation für den M. pectineus und den M. quadriceps femoris sowie der N. saphenus. Noch beim Durchtritt durch die Lacuna musculorum wird der Muskelast an den lateralen Teil des M. pectineus abgegeben. Er durchbricht entweder den Arcus iliopectineus knapp oberflächlich dessen Ansatz an der Eminentia iliopectinea oder verläuft eng angeschlossen an dessen distaler Kante. Den Ast an den M. sartorius entläßt der N. femoralis knapp distal des Lig. inguinale. Er verläuft ganz oberflächlich und tritt, bedeckt von der Fascia lata, in die mediale Kante des M. sartorius ein. Über den Verlauf der Rr. cutanei anteriores wurde schon bei der epifaszialen Schicht berichtet (Abb. 4.215).

Die Muskeläste des tiefen Anteils an den M. rectus femoris sowie die Mm. vastus lateralis und intermedius schließen sich im Wesentlichen dem Stamm der A. circumflexa femoris lateralis bzw. deren Ramus descendens an. Der Ast an den M. vastus medialis verläuft entlang der dorsomedialen Kante dieses Muskels. Er tritt knapp oberhalb bzw. im Bereich der Lamina vastoadductoria in den

Muskel ein und zieht entlang dessen dorsaler Kante bis knapp oberhalb des Kniegelenks. Dabei gibt er einzelne Äste ab, die ventralwärts parallel zu den Muskelfaserbündeln verlaufen. Der N. saphenus verläuft entlang der A. femoralis und tritt mit dieser in den Canalis adductorius ein. Er verlässt diesen aber bald durch die Lamina vastoadductoria und wird dabei von den sich annähernden M. sartorius und M. gracilis bedeckt. Zwischen beider Ansatzsehnen durchbohrt der N. saphenus die Fascia lata knapp oberhalb des Pes anserinus superficialis und schließt sich der V. saphena magna an. Profund zu dieser Vene verläuft der N. saphenus bis zum Malleolus medialis, wo er mit Ästen an die Regio retromalleolaris medialis und den medialen Fußrand endet (s. Abb. 4.215, 4.217, 4.229, 4.231).

Canalis adductorius, Adduktorenkanal. Distal der Mitte des Oberschenkels gelegen. Aponeurotisch verstärkte Fasern des M. adductor magnus und longus ziehen zum M. vastus medialis hinüber, **Lamina vastoadductoria** (Abb. 4.229, 4.231). Die bindegewebige Faserplatte schließt die Rinne zwischen den genannten Muskeln und begrenzt den Adduktorenkanal, Canalis adductorius. Dieser endet am **Hiatus adductorius** und leitet die Vasa femoralia zur Kniekehle.

Die Adduktoren des Hüftgelenks bilden in einer eigenen **Adduktoren-Loge** eine mehrschichtige Muskelgruppe. In der oberflächlichsten Schicht liegen lateral der M. pectineus und medial der M. adductor longus. Dieser grenzt mit seiner medialen Kante an den M. gracilis, der – zum Unterschied zu den anderen Adduktoren, die einen eher frontal eingestellten Verlauf zeigen – einen fast sagittal gerichteten Kurs nimmt. Er bildet mit seinem flachen, langgezogenen Muskelbauch die mediale Grenze des Trigonum femorale und bedeckt auch die medialen Kanten der Mm. adductor longus, brevis et magnus. Gedeckt vom M. pectineus und M. adductor longus, verläuft der Ramus anterior des N. obturatorius. Er tritt ventral vom M. obturatorius externus aus dem Canalis obturatorius aus und wird in seinem proximalen Anteil von einem Ast der A. obturatoria begleitet. Im distalen Abschnitt gelangt er, wie schon erwähnt, in direkten Kontakt zum Ramus descendens der A. circumflexa femoris medialis. Mit dieser gemeinsam tritt er in die laterale Fläche des M. gracilis ein. Dorsal vom Ramus anterior des N. obturatorius liegt der M. adductor brevis. Zwischen diesem und dem M. adductor magnus

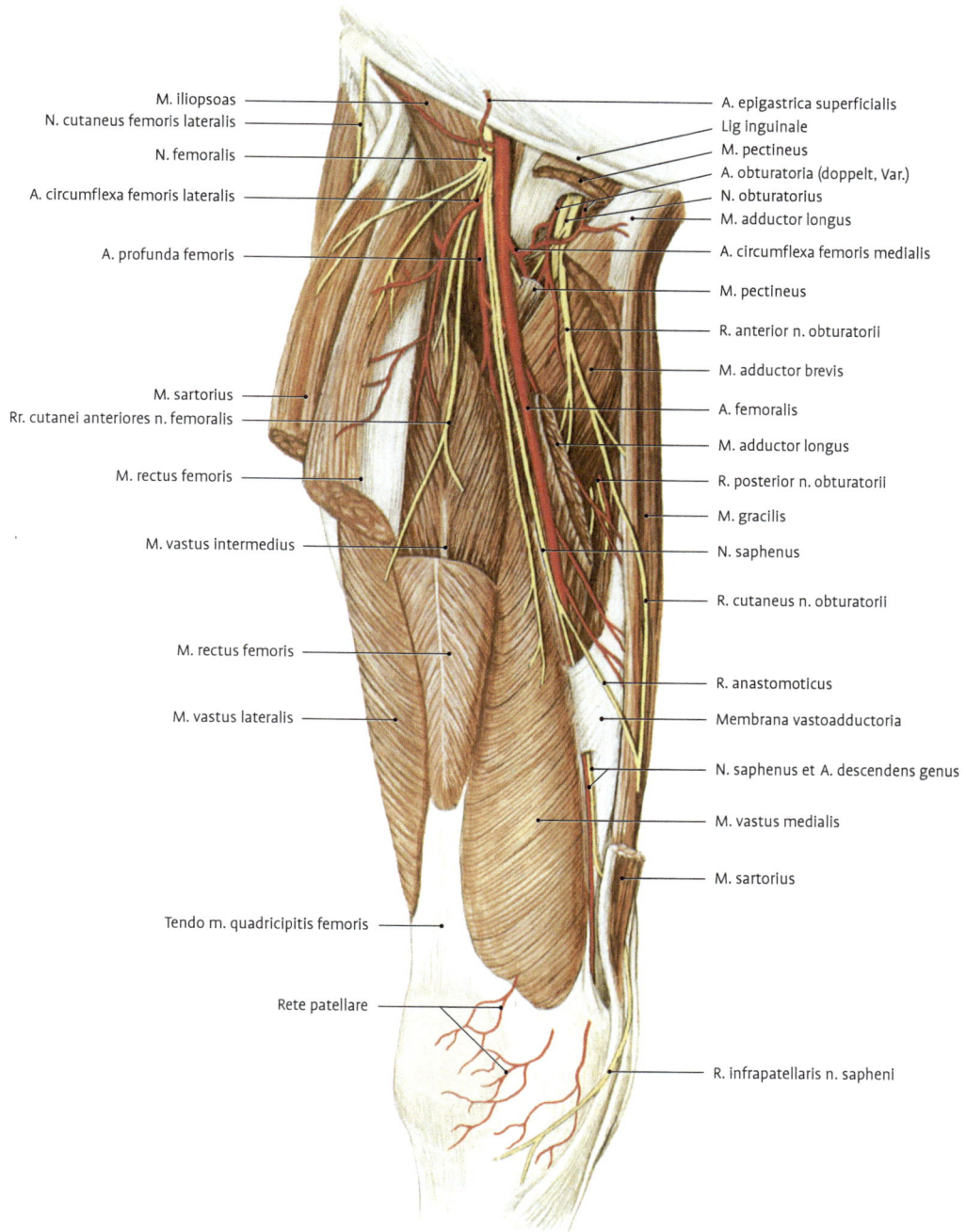

M. iliopsoas

N. cutaneus femoris lateralis

N. femoralis

A. circumflexa femoris lateralis

A. profunda femoris

M. sartorius

Rr. cutanei anteriores n. femoralis

M. rectus femoris

M. vastus intermedius

M. rectus femoris

M. vastus lateralis

Tendo m. quadricipitis femoris

Rete patellare

A. epigastrica superficialis

Lig inguinale

M. pectineus

A. obturatoria (doppelt, Var.)

N. obturatorius

M. adductor longus

A. circumflexa femoris medialis

M. pectineus

R. anterior n. obturatorii

M. adductor brevis

A. femoralis

M. adductor longus

R. posterior n. obturatorii

M. gracilis

N. saphenus

R. cutaneus n. obturatorii

R. anastomoticus

Membrana vastoadductoria

N. saphenus et A. descendens genus

M. vastus medialis

M. sartorius

R. infrapatellaris n. sapheni

Abb. 4.231 Regio femoris anterior.

verläuft der Ramus posterior des N. obturatorius. Dieser verlässt den Canalis obturatorius unter Deckung durch den M. obturatorius externus, d.h., der Nerv tritt auch durch diesen Muskel durch und gibt dabei die Innervation an ihn ab. Der Ramus posterior n. obturatorii verläuft dann eng angschlossen an die ventrale Fläche des M. adductor minimus und endet im Hauptteil des M. adductor magnus, den er ebenfalls von ventral kommend innerviert.

> **Klinik: Hernia obturatoria** (= Beckenhernie). Durch den Canalis obturatorius (v.a. bei Frauen) kann sich ein Eingeweidebruch vorstülpen. Die Bruchpforte liegt unter den Adduktoren versteckt und ist schwer zu diagnostizieren, ggf. mit Reithosenparästhesie an der Innenseite des Oberschenkels.

4.4.8.3 Regio genus, Knieregion

> Die vordere Knieregion umfasst Ansatzsehnen von Oberschenkelmuskeln und die Skelettbestandteile des Kniegelenks mit seinen Kapsel-Band-Systemen. Die hintere Knieregion enthält große Leitungsbahnen in der Kniekehle mit ihren Muskelbegrenzungen.

Grenzen. Transversalebenen proximal in Höhe der Basis patellae, distal in Höhe Unterkante Tuberositas tibiae.

Der vordere Teil der Knieregion, **Regio genus anterior** (s. Abb. 4.167–4.171), enthält: periartikuläre Weichteile, die Skelettbestandteile des Kniegelenks, Kapsel-Band-Systeme, Menisci, Kreuzbänder. Der hintere Teil, **Regio genus posterior,** wird von Muskelansätzen und -ursprüngen begrenzt. Die dadurch entstehende Kniekehle, **Fossa poplitea,** gibt Raum für Gefäße und Nerven, die vom Ober- zum Unterschenkel ziehen (Abb. 4.232).

Inspektion, Palpation. Die Patella liegt unmittelbar unter der leicht verschieblichen Haut und ist deutlich zu tasten (Abb. 4.222, 4.223). Bei gestrecktem Knie und erschlafftem M. quadriceps femoris kann man die Kniescheibe aus ihrer Gleitrinne am Femur, Facies patellaris, herausdrücken. Das Lig. patellae tastet man am besten bei leicht gebeugtem Knie und mäßig gespanntem M. quadriceps femoris. (Abb. 4.233). Weiters sind tastbar: Femur- und Tibiakondylen, Epicondyli femoris, Caput fibulae (s. Abb. 4.222, 4.223). Der Gelenkspalt des Kniegelenkes projiziert sich in gestreckter Stellung auf die Spitze der Kniescheibe (Abb. 4.222).

> **Klinik: 1. Arthroskopie-Zugang.** Von vorn der zentrale Weg durch die Mitte des Lig. patellae und der anterolaterale Weg seitlich des Lig. patellae jeweils in Höhe der Patellaspitze. Der dorsomediale Zugang erfolgt hinter dem Condylus medialis und oberhalb des Innenmeniskus. **2. Arthrokopische Op.** Für das Einbringen von Instrumenten sind folgende Zugänge standardisiert: suprameniskal medial und lateral oberhalb des Meniskus-Kapselansatzes, infrapatellar medial und lateral jeweils 2 cm distal der Patellaseitenkante, suprapatellar medial und lateral jeweils 2 cm proximal der Patellaseitenkante. Dorsomedialer Zugang wie bei Arthroskopie.

Die **Bursa suprapatellaris** dehnt sich 5–6 cm nach proximal von der Basis patellae aus (s. Abb. 4.169, 4.170). Sie kommuniziert regelhaft mit dem Gelenkspalt des Kniegelenkes.

Regio genus anterior, vordere Kniegegend

Die **Form** wird durch Skelettteile des Kniegelenkes (Femur, Tibia und Patella), die Sehne des M. quadriceps femoris und das Lig. patellae bestimmt. Sie sind sämtlich unter der Haut tastbar. Wegen ihrer exponierten Lage ist die Patella stärker verletzungsgefährdet.

Epifasziale Schicht. Die Gefäßversorgung in der Subcutis erfolgt von der medialen Seite der Knieregion durch den **Ramus saphenus** der **A. genus descendens.** Die A. genus descendens selbst ist der letzte Ast der A. femoralis und wird im Canalis adductorius abgegeben. Der Ramus saphenus tritt durch die Lamina vastoadductoria in den Spalt zwischen dem M. sartorius und gracilis und verlässt die subfasziale Schicht nach kurzem Verlauf. In der Subcutis deszendiert der Ramus saphenus in schräger Richtung und erreicht so die Region anterior der medialen Kante der Patella.

> **Klinik: Blutung aus dem Ramus saphenus.** Dieser Ast kann aufgrund der verwendeten Schnittführung Ursache für Blutungen beim medialen parapatellaren Zugang zum Kniegelenk sein, der meistens bei offenen Knieoperationen (z.B. zum Einsetzen einer Total-Endoprothese) verwendet wird.

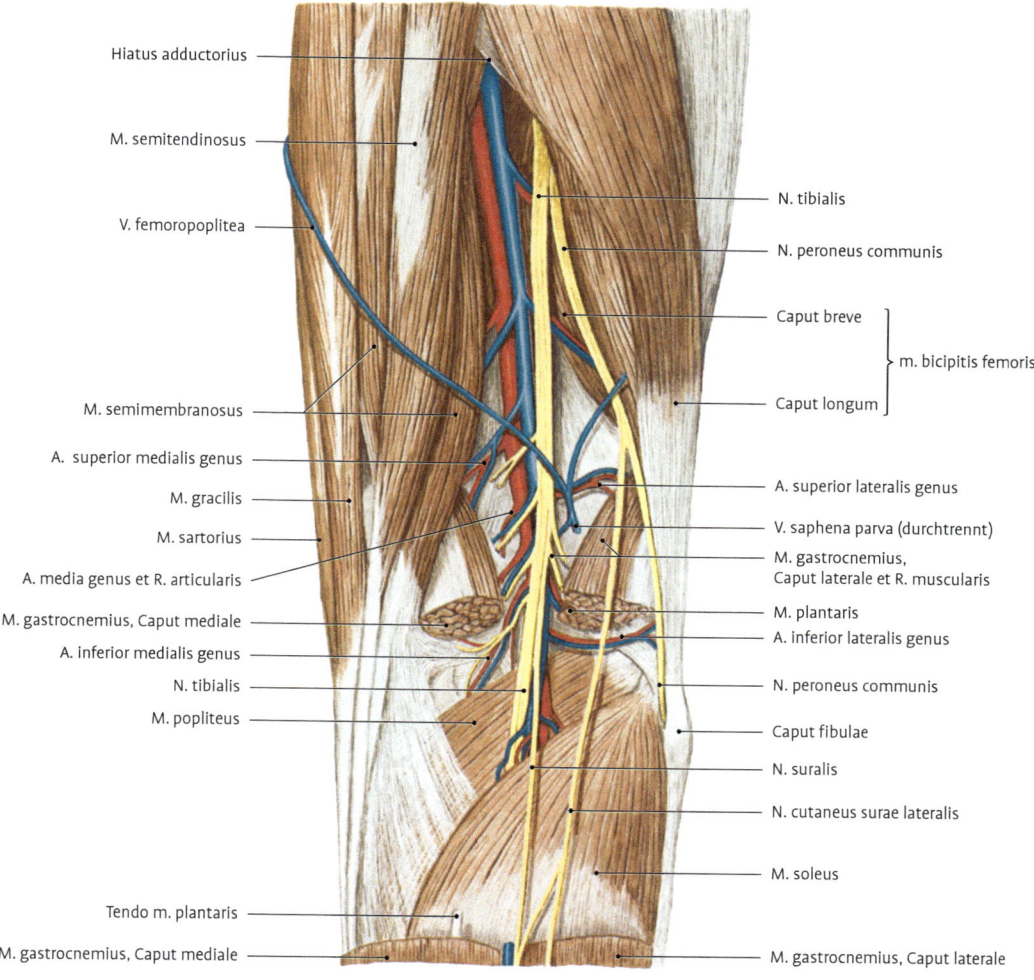

Hiatus adductorius

M. semitendinosus

V. femoropoplitea

N. tibialis

N. peroneus communis

Caput breve ⎤
⎥ m. bicipitis femoris
Caput longum ⎦

M. semimembranosus

A. superior medialis genus

M. gracilis

M. sartorius

A. media genus et R. articularis

M. gastrocnemius, Caput mediale

A. inferior medialis genus

N. tibialis

M. popliteus

A. superior lateralis genus

V. saphena parva (durchtrennt)

M. gastrocnemius, Caput laterale et R. muscularis

M. plantaris

A. inferior lateralis genus

N. peroneus communis

Caput fibulae

N. suralis

N. cutaneus surae lateralis

M. soleus

Tendo m. plantaris

M. gastrocnemius, Caput mediale

M. gastrocnemius, Caput laterale

Abb. 4.232 Regio poplitea.

Die sensible Versorgung erfolgt durch den **N. femoralis** über die **Rr. cutanei anteriores** und den **N. saphenus**. Letzterer verlässt durch die Lamina vastoadductoria in Begleitung der A. genus descendens den Canalis adductorius. Eng angeschlossen an die profunde Fläche der Sehnen des M. sartorius und M. gracilis, zieht dieses Gefäßnervenbündel nach distal und tritt dann zwischen diese beiden Sehnen, um knapp oberhalb des Pes anserinus superficialis die Fascia lata zu durchstoßen. Kurz danach gibt er den **R. infrapatellaris** ab, der bo-

genförmig unterhalb der Kniescheibe zur Haut der vorderen Knieregion zieht (s. Abb. 4.217). Der Stamm des N. saphenus verläuft profund und parallel zur V. saphena magna an die mediale Seite des Unterschenkels. Der laterale Anteil der Knieregion wird durch die Endäste des N. cutaneus femoris lateralis versorgt. Alle genannten Nerven bilden ein Geflecht, den **Plexus infrapatellaris,** von dem aus auch propriozeptive Äste in den anterioren Teil der Capsula fibrosa des Kniegelenks ziehen.

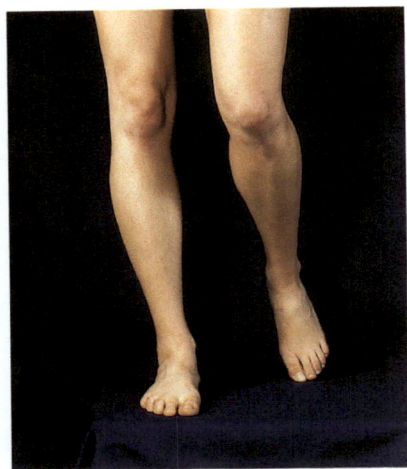

Abb. 4.233 Knieregion, Unterschenkel, Füße von ventral.

Klinik: Patellafraktur. Bruch der Kniescheibe (mit oder ohne Diastase der Bruchstelle). Ursache: Gewalteinwirkung, z. B. plötzliche Kontraktion des M. quadriceps femoris. Formen: Quer- (80 %), Längs-, Stern- (z. B. Stauchung), Trümmerfrakturen, knöcherner Ausriss.

Subfasziale Schicht. Die wesentlichen Strukturen in der subfaszialen Schicht stellen der Streckapparat des Kniegelenks (M. quadriceps femoris mit seiner Aponeurose) und an der medialen Seite die Muskeln des Pes anserinus superficialis dar. Über die Bildung der Ansatzsehnen des M. quadriceps femoris inklusive der davon abgeleiteten Retinacula patellae, der vorderen Anteile der Capsula fibrosa des Kniegelenks sowie den Schichtbau des Pes anserinus superficialis wurde bereits in den Kapiteln 4.4.2.2 und 4.4.3.3 berichtet.

Regio genus posterior und Fossa poplitea, hintere Kniegegend

Epifasziale Schicht. Die **V. saphena parva** (Abb. 4.215) verläuft oberflächlich in der Rinne zwischen den beiden Gastroknemiusköpfen und mündet im distalen Drittel der Kniekehle in die V. poplitea. Dabei durchstößt sie die derbfaserige **Fascia poplitea**. Ihr liegt dünne Haut auf, die vom **N. cutaneus femoris posterior** versorgt wird.

Transit für Nerven, Gefäße. Der von den Muskeln der Kniekehlenraute eingefasste Raum dient zahlreichen Nerven und Gefäßen als Durchgang. Von proximal her steht er in Verbindung mit dem:

- subglutealen Bindegewebelager, entlang von ischiokruralen Muskeln und M. adductor magnus (→ Weg des N. ischiadicus).
- Hiatus adductorius. Auf diesem Weg über den Canalis adductorius gelangen die Vasa femoralia von ventral in die Kniekehlenregion.

Klinik: Auf beiden Wegen können **Senkungsabszesse** in die Fossa poplitea absteigen.

Subfasziale Schicht – Fossa poplitea. Die Fossa poplitea wird proximal-medial vom M. semitendinosus und M. semimembranosus, proximal-lateral von den beiden Köpfen des M. biceps femoris begrenzt. Die distale Grenze bilden die ursprungsnahen Anteile der beiden Köpfe des M. gastrocnemius, zu denen sich an der lateralen Seite der Muskelbauch des M. plantaris gesellt (Abb. 4.234, 4.235). Der Boden der Fossa poplitea wird im kranialen Bereich knöchern durch die Facies poplitea des Femur gebildet. Daran schließt der dorsale Teil der Capsula fibrosa des Kniegelenks an, der durch das Lig. popliteum obliquum, einen der fünf Arme des Pes anserinus profundus, verstärkt wird. Im distalen Teil wird der Boden der Fossa poplitea von der den M. popliteus bedeckenden Faszie gebildet. Diese teilweise aponeurotische Struktur ist ebenfalls ein Teil des Ansatzes des M. semimembranosus (= Pes anserinus profundus). Von ihrer tiefen (anterioren) Fläche entspringen oberflächliche Anteile des M. popliteus.

Einteilung der Fossa poplitea. 1. Proximales Stockwerk: entspricht der **Facies poplitea** des Femur. Der Gefäßnervenstrang ist in fetthaltiges Bindegewebe eingebettet. Die am tiefsten liegende **A. poplitea** gibt die **Aa. superiores lateralis et medialis genus** ab. Der Hauptstamm ist bei suprakondylären Frakturen des Femur gefährdet. **2. Mittleres Stockwerk:** in Höhe der Gelenkkapsel. In Streckstellung des Gelenkes liegt die A. poplitea der Gelenkkapsel mehr oder weniger unmittelbar auf. Sie gibt die **A. media genus** ab. Der N. tibialis entlässt einen **R. articularis. 3. Distales Stockwerk:** in Höhe **Tibiakopf** und **M. popliteus**. Der Muskel wird von

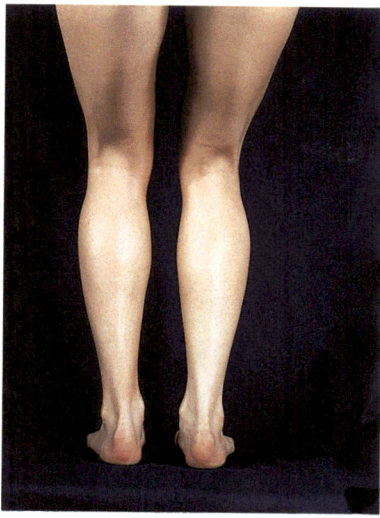

Abb. 4.234 Knieregion, Unterschenkel, Füße von dorsal. Kniegelenke leicht gebeugt.

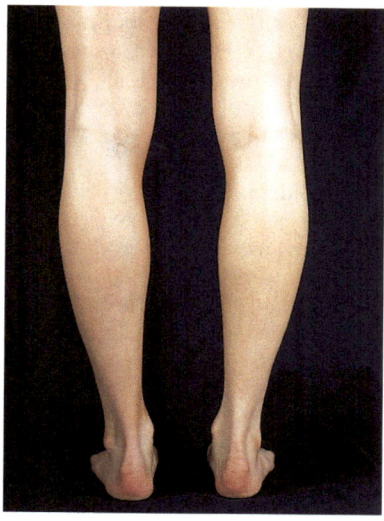

Abb. 4.235 Knieregion, Unterschenkel, Füße von dorsal. Kniegelenke gestreckt.

der A. poplitea überkreuzt. Auch hier ist die A. poplitea sehr nahe am Kniegelenk und wird durch die dorsal von ihr liegenden beiden Köpfe des M. gastrocnemius fixiert. Die A. poplitea gibt hier die **Aa. inferiores medialis et lateralis genus** ab.

Der **N. ischiadicus** teilt sich im proximalen Bereich der Regio poplitea in den N. tibialis und N. peroneus communis (s. Abb. 4.228, 4.232). Der **N. tibialis** bildet in seiner mittelständigen Verlaufsrichtung die unmittelbare Fortsetzung des N. ischiadicus. Der **N. peroneus (fibularis) communis** wendet sich dagegen nach lateral. Er lagert sich der Innenseite des M. biceps femoris an und zieht zur Rückseite des Caput fibulae. Er nähert sich dabei in Streckstellung des Kniegelenks der Hinterkante des Condylus medialis tibiae auf etwa 1 cm an und liegt hernach dem **Caput fibulae** unmittelbar auf.

Klinik: Verletzungsgefahr des Nerven bei hohen Wadenbeinfrakturen. Kompressionsgefahr durch zu engen Gipsverband oder falsche Lagerung bei Narkose (s. Kap. 4.4.7).

Vasa poplitea und **N. tibialis** bilden in der Tiefe der Fossa poplitea einen gemeinsamen Gefäßnervenstrang. Allerdings liegt der Nerv dem perivasalen Bindegewebe nur locker auf. Er entlässt den N. cutaneus surae medialis, der mit dem aus dem N. peroneus communis stammenden Ramus commu-

nicans peronei in variabler Höhe im Bereich der Wade den N. suralis bildet. Dieser tritt ebenfalls in variabler Postition durch die Fascia cruris und schließt sich der V. saphena parva an (s. Abb. 4.232). Oberhalb der distalen Grenze der Fossa poplitea entstehen aus dem N. tibialis auch die Muskeläste für die beiden Köpfe des M. gastrocnemius. Weiterhin gibt der N. tibialis in der Fossa poplitea ein zartes Filament an den M. plantaris ab und beteiligt sich, gemeinsam mit dem N. peroneus communis, an der propriozeptiven Innervation des Kniegelenks. Dafür verlaufen Äste entlang der Gefäße und treten in der Mittellinie der Region im Bereich der Kreuzbänder von dorsal in das Gelenk ein. Die **A. und V. poplitea** wechseln im Verlauf durch die Fossa poplitea ihre Relativposition. So liegt beim Austritt aus dem Hiatus adductorius die A. poplitea medial der begleitenden Vene. In Höhe der Facies poplitea des Femur tritt die V. poplitea dorsal an die A. poplitea heran und behält diesen Verlauf über den restlichen Bereich der Region bei. Beide Gefäße sind durch eine gemeinsame Scheide aneinander fixiert.

Aus dem **N. peroneus communis** löst sich außerdem der **N. cutaneus surae lateralis,** der den lateralen Rand der Wade im proximalen Anteil sensibel versorgt (s. Abb. 4.232). Ein sehr auffälliges Gefäßnervenbündel entsteht in Höhe des Kniegelenks. Hier trifft ein sensibler (propriozeptiver) Ast des N. peroneus communis auf die A. genus lateralis inferior. Mit dieser gemeinsam zieht er in den Spalt zwischen dem von der Ansatzsehne des M. biceps femoris umsponnenen Lig. collaterale fibulare und der Capsula fibrosa des Kniegelenks ein und beteiligt sich so an der propriozeptiven Innervation der Gelenkkapsel.

3–5 Nodi lymphoidei poplitei liegen eingebettet im Bindegewebe der Fossa poplitea. Sie sind entlang des Gefäßnervenstranges angeordnet. Ihre oberflächlichen Zuflüsse gelangen zusammen mit der V. saphena parva in die Kniekehle. Außerdem tritt Lymphe von der Tiefe der Rückseite des Unterschenkels an die Nodi lymphoidei poplitei heran.

4.4.8.4 Regio cruris, Unterschenkelregion

Grenzen. Horizontalebenen proximal in Höhe der Tuberositas tibiae und distal etwas oberhalb der Malleolen.

Der Unter- ist wie der Oberschenkel v. a. Muskel- und Durchgangsregion. Der größte Knochen des Unterschenkels, Schienbein (Tibia), liegt mit seiner Vorderkante und der medialen Fläche weitgehend ungeschützt unter der Haut (Abb. 4.223). Frakturen treten häufiger auf. Scharfe Bruchkanten des Knochens können die Haut durchbohren (→ **offene Fraktur**). Das Blut in den Venen des Unterschenkels hat bis zum Herzen die längste Strecke zu überwinden. Dadurch kann es anlagebedingt zu einer statischen Überfüllung der Beinvenen kommen; **Varizen** treten vermehrt auf. Am Übergang des Unterschenkels zum Fuß liegt dorsal die stärkste Sehne des menschlichen Körpers, **Tendo calcaneus, Achillessehne** (s. Abb. 4.201–4.203). Bei vorgeschädigter Sehne oder langzeitiger Überlastung kann es zu Teil- oder Komplettrupturen kommen. Sämtliche Muskeln werden von der derbfaserigen **Fascia cruris** umhüllt. Das tiefe Blatt der Unterschenkelfaszie trennt die tiefen Beuger vom M. soleus.

Inspektion, Palpation. Die Form des Unterschenkels wird vom Skelett und von der Muskulatur geprägt. Im Zehenstand springen an der Wade die beiden Gastroknemiusköpfe und der M. soleus stärker hervor. Auffallend ist die schlanke Achillessehne (Abb. 4.236). Die Haut ist über den Muskeln gut verschieblich, über den Knochen dagegen fester verspannt. Vom Skelett ist die Tibiavorderkante, deren mediale Fläche und der Wadenbeinkopf, Caput fibulae, zu tasten (Abb. 4.222, 4.223).

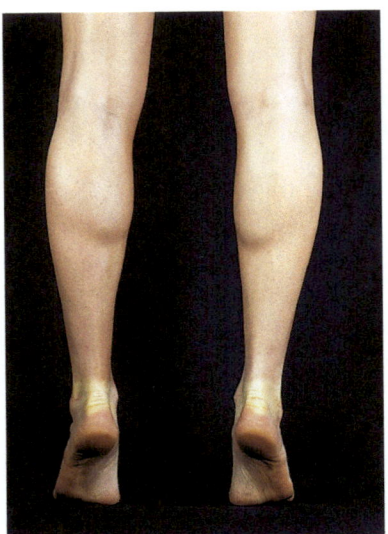

Abb. 4.236 Zehenstand beiderseits mit Torquierung der Füße in pronatorischer Vorfußstellung.

Muskellogen und Gefäßnervenstraßen am Unterschenkel (Abb. 4.210, 4.211):
Extensorenloge. Zur vorderen Gruppe gehören: M. tibialis anterior, M. extensor digitorum longus, M. peroneus tertius, M. extensor hallucis longus. In der Extensorenloge verlaufen die Vasa tibialia anteriora und der N. peroneus profundus
Peroneusloge. Die laterale Gruppe umfasst die Mm. peronei longus et brevis. Sie nehmen den Raum der Peroneusloge ein, die durch die beiden Septa intermuscularia cruris anterius und posterius von der Extensorenloge und der dorsal gelegenen Flexorenloge abgetrennt wird. In der Peroneusloge verläuft der N. peroneus superficialis. Die Gefäßversorgung der Peroneusloge erfolgt über Vasa perforantia aus der Flexorenloge durch das Septum intermusculare posterius cruris von den Vasa peronea aus (Abb. 4.237, 4.238).
Die **Flexorengruppe** zeigt eine **oberflächliche** (Mm. gastrocnemius, plantaris und soleus) und **tiefe Loge** (Mm. tibialis posterior, flexor digitorum longus, flexor hallucis longus). In der tiefen Flexorenloge verlaufen die Vasa tibialia posteriora und der N. tibialis sowie die Vasa peronea.

Epifaszial verlaufen 2 große Venen, die durch Schräganastomosen miteinander kommunizieren (s. Abb. 4.216): Die **V. saphena magna** kommt von

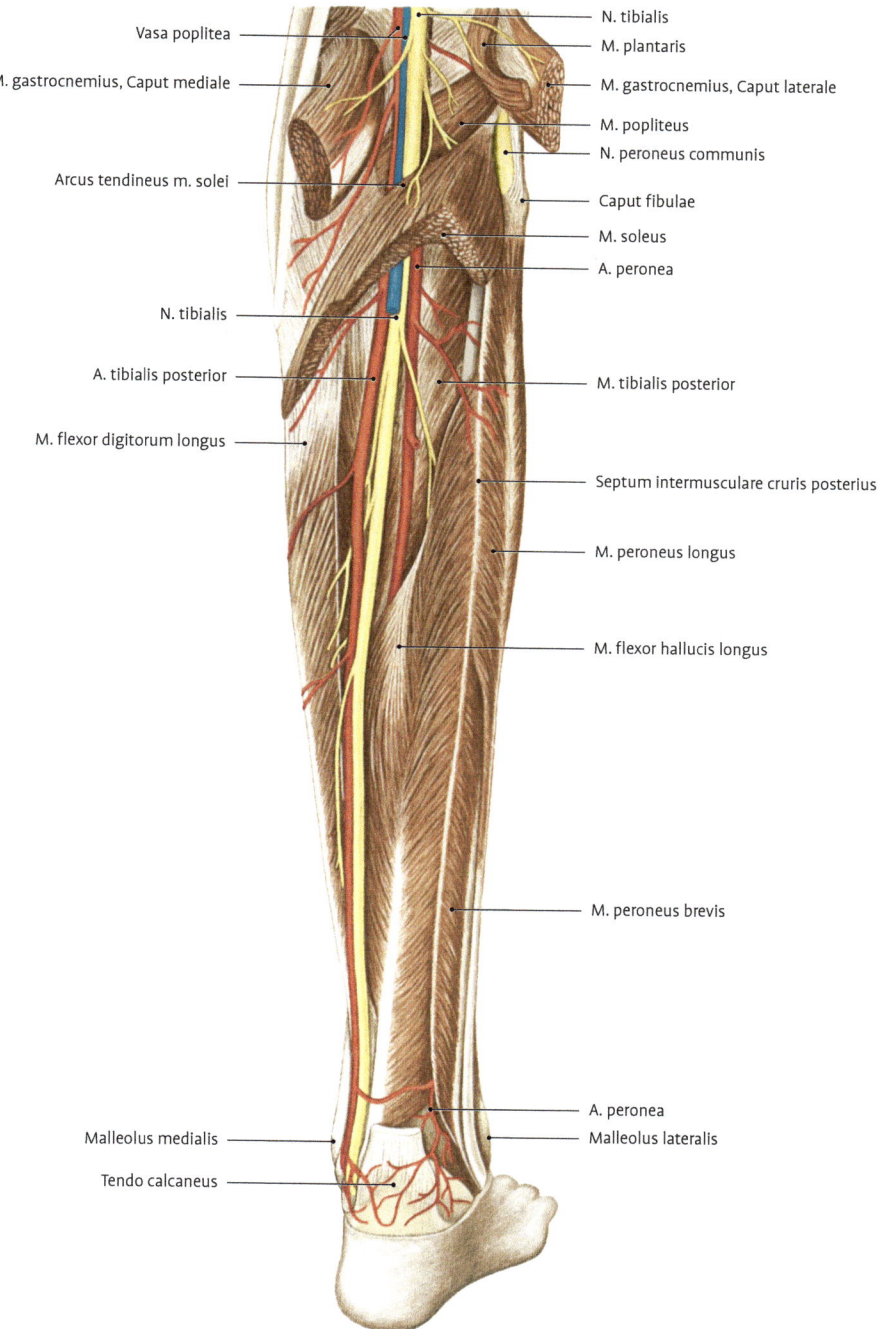

Vasa poplitea

M. gastrocnemius, Caput mediale

Arcus tendineus m. solei

N. tibialis

A. tibialis posterior

M. flexor digitorum longus

N. tibialis

M. plantaris

M. gastrocnemius, Caput laterale

M. popliteus

N. peroneus communis

Caput fibulae

M. soleus

A. peronea

M. tibialis posterior

Septum intermusculare cruris posterius

M. peroneus longus

M. flexor hallucis longus

M. peroneus brevis

A. peronea

Malleolus lateralis

Malleolus medialis

Tendo calcaneus

Abb. 4.237 Regio cruris posterior. M. triceps surae ursprungs- und ansatznah durchtrennt und abgetragen.

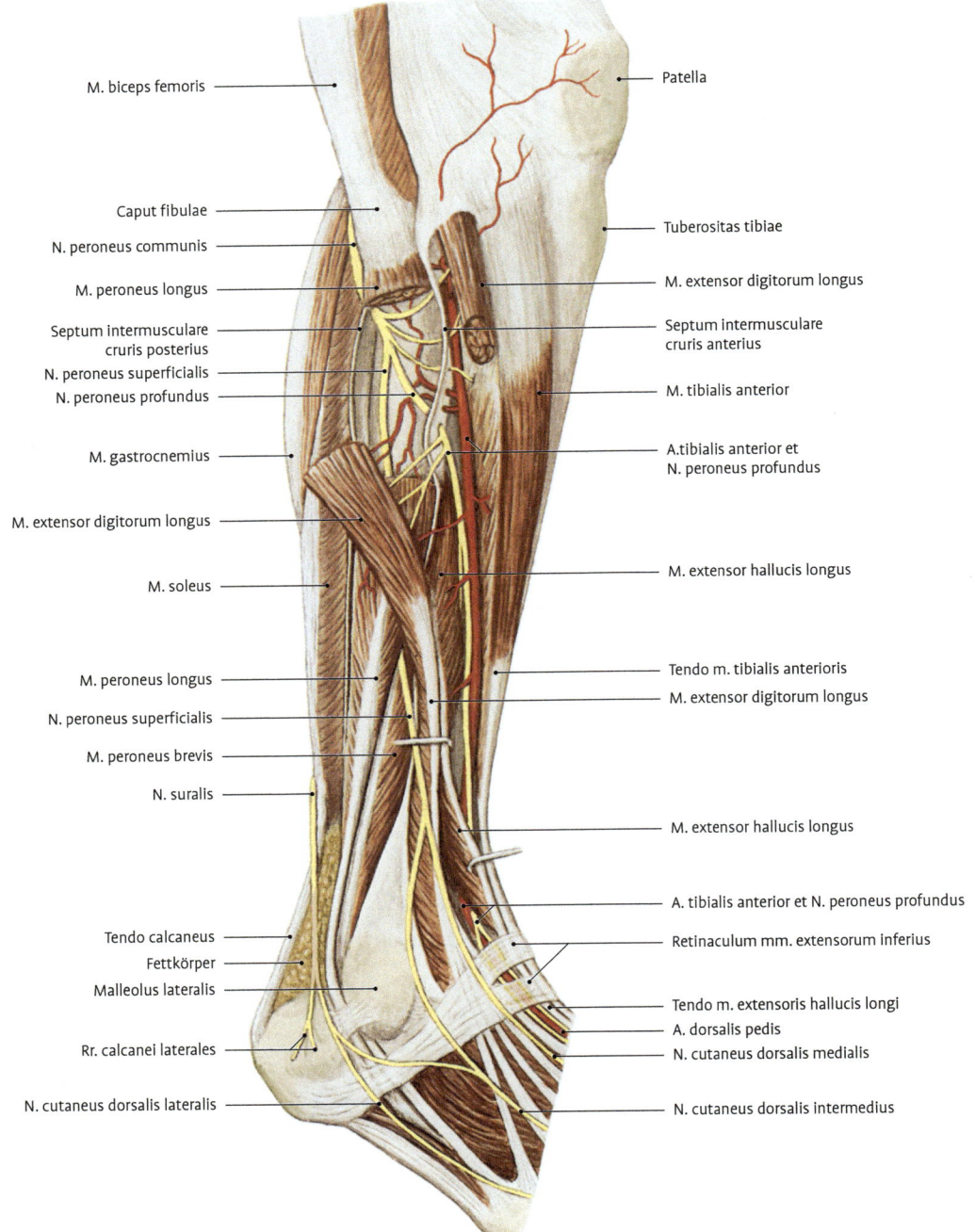

M. biceps femoris

Caput fibulae

N. peroneus communis

M. peroneus longus

Septum intermusculare
cruris posterius

N. peroneus superficialis

N. peroneus profundus

M. gastrocnemius

M. extensor digitorum longus

M. soleus

M. peroneus longus

N. peroneus superficialis

M. peroneus brevis

N. suralis

Tendo calcaneus

Fettkörper

Malleolus lateralis

Rr. calcanei laterales

N. cutaneus dorsalis lateralis

Patella

Tuberositas tibiae

M. extensor digitorum longus

Septum intermusculare
cruris anterius

M. tibialis anterior

A. tibialis anterior et
N. peroneus profundus

M. extensor hallucis longus

Tendo m. tibialis anterioris

M. extensor digitorum longus

M. extensor hallucis longus

A. tibialis anterior et N. peroneus profundus

Retinaculum mm. extensorum inferius

Tendo m. extensoris hallucis longi

A. dorsalis pedis

N. cutaneus dorsalis medialis

N. cutaneus dorsalis intermedius

Abb. 4.238 Regio cruris anterior und Regio peronealis. Muskeln zum Teil durchtrennt und beidseitig weggezogen.

der medialen Fußseite und verläuft etwa in einer Linie, die den medialen Knöchel mit dem hinteren Umfang des Condylus medialis femoris verbindet. Die **V. saphena parva** verläuft, vom lateralen Fußrand kommend, zur Mitte der Unterschenkelrückseite. Eingebettet in die Fascia cruris, tritt sie zwischen die beiden Gastroknemiusköpfe und mündet in der Kniekehle in die **V. poplitea**. Über eine Schräganastomose kann sie mit der V. saphena magna und über die **V. femoropoplitea** mit der **V. circumflexa femoris medialis** verbunden sein (Abb. 4.215).

Die oberflächlichen **Lymphgefäße** verlaufen mit den beiden großen subkutanen Venen. Sie münden in die Nodi lymphoidei poplitei (entlang der V. saphena parva) und in Nodi lymphoidei inguinales superficiales (entlang der V. saphena magna (Abb. 4.216).

Nerven. Der sensible **N. saphenus** verläuft als Endast des N. femoralis an der medialen Seite des Unterschenkels parallel und profund zur V. saphena magna. Er versorgt die Haut über dem Schienbein, die mediale Knöchelgegend und den medialen Fußrand bis zur großen Zehe. Die Haut der Wade wird vom **N. cutaneus surae lateralis** und dem **N. suralis** versorgt. Der N. suralis zieht zum lateralen Fußrand und zur Haut der 5. Zehe, N. cutaneus dorsalis lateralis. Der **N. peroneus superficialis** wird in der distalen Hälfte des Unterschenkels oberflächlich. Seine Äste, N. cutaneus dorsalis pedis intermedius und medialis, ziehen zum Fußrücken und den Streckseiten der Zehen (Abb. 4.216).

Regio crucis anterior, Schienbeingegend

Die **Extensorenloge** wird begrenzt von Tibia, Membrana interossea cruris, Fibula, Septum intermusculare anterius, Fascia cruris (Abb. 4.210, 4.238). Durch die exzentrische Lage des Schienbeins ist sie ein wenig nach lateral verlagert.

Der **M. tibialis anterior** schließt unmittelbar an die Tibia an. Sein Muskelbauch überragt die vordere Tibiakante (Abb. 4.202). Lateral von ihm liegt proximal der **M. extensor digitorum longus**. Im Bereich des distalen Unterschenkels drängt sich der **M. extensor hallucis longus** zwischen die beiden vorgenannten Muskeln. (Abb. 4.201, 4.238). In der gleichen Höhe findet sich auch im ganz lateralen Abschnitt der Extensorenloge, eng angeschlossen an das Septum intermusculare cruris anterius, das Ursprungsareal des M. peroneus tertius.

Die in die Region eintretenden Nerven und Gefäße kommen aus der Regio poplitea in die Extensorenloge. Der N. peroneus (fibularis) communis schlingt sich schraubenförmig um das Collum fibulae (Abb. 4.238). Unmittelbar unterhalb des Caput fibulae hat er eine extrem oberflächliche Lage. Erst unter der Bedeckung des M. peroneus longus teilt er sich dann in seine Endäste auf. Der **N. peroneus profundus** zieht durch das **Septum intermusculare curis anterius** und versorgt die Muskeln der Extensorenloge (Abb. 4.238). Die **A. tibialis anterior** gelangt von der A. poplitea kommend durch die **Membrana interossea cruris** ebenfalls in die Loge der Extensoren. Mit ihren Begleitvenen, Vv. comitantes, bildet sie unter Einschluss des N. peroneus profundus einen auffallenden Gefäßnervenstrang, der auf der Membrana interossea cruris nach distal zum Fußrücken zieht (Abb. 4.238). Dieser verläuft in der **vorderen Schienbeinstraße,** die proximal vom M. tibialis anterior (medial) und dem M. extensor digitorum longus (lateral), distal vom M. tibialis anterior und dem M. extensor hallucus longus (lateral) begrenzt wird.

> **Klinik: 1. Tibiafrakturen** sind wegen der exponierten Lage des Knochens häufig. Besonders gefährdet ist das distale Drittel. Hier kann durch Knochenbruchenden der N. peroneus profundus verletzt werden. Formen: **1.1** Tibiakopfbruch, **1.2** Schaftbruch mit drohenden Begleitverletzungen (Gefäße, Nerven) und konsekutivem Kompartmentsyndrom, **1.3** Pilonfraktur (intraartikulärer Stauchungsbruch der distalen Tibia mit Spongiosadefekt, meist Trümmerfraktur mit ausgedehnter Gelenkzerstörung), **2. A.-tibialis-anterior-Unterbindung.** An beliebiger Stelle! Die Arterie läuft parallel zu einer Verbindungslinie zwischen Tuberositas tibiae und Caput fibulae proximal bzw. zwischen beiden Malleolen nach distal. Aufzusuchen ist sie **2.1** proximal zwischen M. extensor digitorum longus und M. tibialis anterior oder **2.2** distal zwischen M. extensor hallucis longus und M. tibialis anterior (Abb. 4.238).

Regio peronealis (fibularis), Wadenbeingegend

Peroneusloge. Zwischen Fascia cruris, Septa intermuscularia anterius, posterius und Fibula ist die Peroneusloge eingefügt. Inhalt: **M. peroneus longus** und **M. peroneus brevis**. Zwischen beiden

Muskeln verläuft der **N. peroneus superficialis**. Im distalen Gebiet durchstößt er die Fascia cruris und teilt sich in seine beiden Endäste: **N. cutaneus dorsalis pedis medialis** und **N. cutaneus dorsalis pedis intermedius** (Abb. 4.238). Da in dieser Region keine eigenständige Arterie vorliegt, wird die Peroneusloge von **Rr. perforantes** aus der **A. peronea (fibularis)** versorgt. Sie treten durch das **Septum intermusculare posterius** hindurch.

Regio cruris posterior, Wadenregion

Charakteristisch ist die starke Entwicklung des **M. triceps surae**. Er ist durch den aufrechten, bipeden Gang geprägt und ist kräftiger als alle übrigen Unterschenkelmuskeln zusammen. Trägt man ihn ab, wird die vom tiefen Blatt der Unterschenkelfaszie bedeckte Gefäßnervenstraße, unmittelbar den tiefen Flexoren aufliegend, sichtbar (Abb. 4.237). In der tiefen Wadenregion erkennt man proximal in Höhe des **Arcus tendineus m. solei** die Aufteilung der **A. poplitea** in die **Aa. tibialis anterior, posterior** und **peronea (fibularis)**. Die A. tibialis anterior durchbohrt die Membrana interossea cruris und gelangt in die Extensorenloge. Die A. tibialis posterior mit ihren Begleitvenen und dem N. tibialis zieht unter dem Sehnenbogen des M. soleus in die Tiefe der Wadenregion (Abb. 4.237). Sie liegt dem M. tibialis posterior auf und verläuft zwischen diesem und dem medial und oberflächlich davon gelegenen M. flexor digitorum longus in der hinteren Schienbeinstraße. Distal, in der Regio retromalleollaris medials zwischen dem Rand der Achillessehne und dem medialen Knöchel, ist ihr Puls tastbar. Dort verläuft die Arterie oberflächicher und wird vom oberflächlichen Blatt des Retinaculum flexorum bedeckt. Die **Vasa peronea (fibularia)** liegen in der gleichen Schicht, aber weiter lateral Richtung Fibula. Nach dem Durchtritt unter dem Sehnenbogen des M. soleus liegt die A. peronea zunächst nur profund zu diesem Muskel, tritt aber bald in den Spalt zwischen dem lateral gelegenen M. flexor hallucis longus und dem ganz tief situierten M. tibialis posterior (Abb. 4.237).

> **Klinik: 1. Pulsstatus.** Man palpiert den Puls folgender Arterien: **1.1 A. femoralis** im Trig. femorale, **1.2 A. poplitea** in der Kniekehle, **1.3 A. tibialis posterior** zwischen Achillessehne und Innenknöchel (hier auch zu unterbinden), **1.4 A. dorsalis pedis,** unmittelbar lateral der sichtbaren Sehne des M. extensor hallucis longus. Zur Kontrolle: Puls der A. tibialis posterior mit fühlen. Abgeschwächter oder fehlender Puls spricht für PAVK. **2. Periphere arterielle Verschlusskrankheit** (= **PAVK**). Stenosierung und Obliteration von Arterien, die mit Durchblutungsstörung (Ischämie) einhergehen, meist multiple und langstreckige Verschlüsse. Ursache: akuter Arterienverschluss durch Thrombose, Embolie (→ am Bein 4-mal häufiger als am Arm!); chronischer Verschluss durch obliterierende Arteriosklerose. Prädilektionsstellen: Gefäßaufzweigungen der unteren Extremität, z. B. Femoralisgabel, sind am häufigsten (80 %) betroffen. Unterschieden werden: **2.1 Beckentyp** (Aorta abdominalis, A. iliaca communis, Aa. iliaca externa et interna), **2.2 Oberschenkel-** (A. femoralis) bzw. **Popliteatyp** (A. poplitea), **2.3 Unterschenkeltyp** (Aa. tibialis anterior et posterior), **2.4 peripherer Typ** (Fußarterien). Schweregradeinteilung nach Fontaine: Stadien I–V.

Mit der A. poplitea verläuft der **N. tibialis** zunächst profund zum Arcus tendineus m. solei. Dann tritt er ebenfalls unter die tiefe Schicht der Fascia cruris und schließt sich im weiteren Verlauf der A. tibialis posterior an. Mit dieser zieht er durch die hintere Schienbeinstraße. Er innerviert in kraniokaudaler Sequenz zuerst den M. soleus und dann die tiefen Flexoren am Unterschenkel. Im Bereich der Regio retromalleolaris medialis, bedeckt vom oberflächlichen Blatt des Retinaculum flexorum und vom M. abductor hallucis, teilt sich der N. tibialis, nachdem er kurze **Rr. calcanei mediales** in die mediale Fersenregion entsandt hat, in seine beiden Endäste, den **N. plantaris lateralis** und den **N. plantaris medialis,** auf.

Die **tiefen Flexoren des Unterschenkels** ordnen sich in zwei Schichten an. Ganz medial, oberflächlich und großteils der Facies posterior tibiae angelagert, liegt der schlanke **M. flexor digitorum longus**. Er ist der schwächste der drei tiefen Flexoren. Lateral und stark der Fibula bzw. dem Septum intermusculare curis posterior zugeordnet, liegt der **M. flexor hallucis longus**. Dieser bedeckt auch zum großen Teil den am tiefsten gelegenen der drei tiefen Flexoren, den M. tibialis posterior, von dessen zum Teil aponeurotischer Faszie zusätzliche Ursprungsfasern der beiden oberflächlicheren Muskeln (Mm. flexor digitorum et hallucis longus) entspringen. Der **M. tibialis**

posterior bildet mit seinen proximalen Ursprungsfasern einen v-förmigen Spalt, durch den die A. tibialis anterior die Öffnung in der Membrana interossea erreicht, über die sie in die vordere Schienbeinstraße gelangt. Im distalen Bereich des Unterschenkels kreuzen sich die Ansatzsehen des M. tibialis posterior und des M. flexor digitorum longus. In dieser **Chiasma crurale** (CAMPER) genannten Figur liegt die Sehne des M. tibialis posterior profund zur Sehne des M. flexor digitorum longus.

4.4.8.5 Regio pedis, Fußregion

Die Fußregion wird systematisch in Fußwurzel, Mittelfuß und Zehen, funktionell in Rückfuß und Vorfuß sowie topografisch in die Regio calcanea, die beiden Regiones retromalleolares, das Dorsum pedis (Fußrücken) und die Planta pedis (Fußsohle) unterteilt. Außerdem grenzt man auf der Grundlage des Skelettaufbaus einen medialen (tibialen) Fußstrahl von einem lateralen (fibularen) Strahl ab. Diese bilden die beiden Längsgewölbe der Fußsohle aus (siehe Kap. 4.4.1.5 und 4.4.2.14).

Grenzen. Den Übergang zwischen Unterschenkel und Fuß bilden die **Regio talocruralis anterior** und **posterior** mit den **Regiones retromalleolares medialis** und **lateralis**. Da Erkrankungen oder Verletzungen an den Knöcheln zumeist auch den Fuß betreffen, grenzt man den Fuß durch eine gedachte horizontale Linie oberhalb der Malleolen vom Unterschenkel ab. Planta pedis und Dorsum pedis sind gegeneinander durch den **Margo medialis (tibialis)** und **Margo lateralis (fibularis)** abgegrenzt.

Der Fuß ist einer der am stärksten belasteten Abschnitte des Bewegungsapparates. Obwohl optimal an seine funktionellen Beanspruchungen angepasst, kann der Fuß in seiner Gesamtkonstruktion versagen. Vor allem bei Fehlbildung, Gleichgewichtsstörung zwischen Muskeln, Sehnen und Bändern, Lähmung, Verletzung und ungünstigem Schuhwerk kommt es zu Fehlbelastung von Knochen und Gelenken. Die exponierte Lage des Fußes erschwert die Blutversorgung.

Inspektion, Palpation. Gut tastbar sind die beiden **Malleolen** am Übergang vom Unterschenkel zum Fuß (Abb. 4.222, 4.223). Der laterale Knöchel

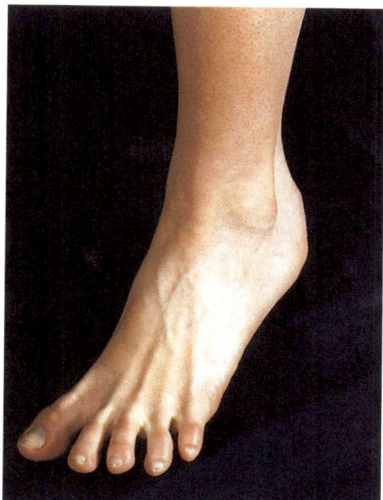

Abb. 4.239 Leichte Plantarflexion eines linken Fußes und Spreizung der Zehen. Beachte Sehnen der langen Zehenstrecker.

steht etwa einen Querfinger tiefer als der mediale. Die Haut der Knöchelgegend und des Fußrückens ist dünn und leicht verschieblich (Abb. 4.239). Die Konturen verstreichen bei Vorliegen von Knöchelödemen infolge einer Herz- oder einer chronischvenösen Insuffizienz, ebenfalls bei Sonnenbrand. In Dorsalextension lassen sich deutlich die **Extensorensehnen** erkennen.

Lateral von der Sehne des M. externsor hallucis longus tastet man den Puls der **A. dorsalis pedis** (Abb. 4.242).

Die dicke derbe Fußsohlenhaut erlaubt keine Palpation von Knochen oder Muskeln. Dagegen springt dorsal das Fersenbein, **Calcaneus,** auffallend deutlich vor (Abb. 4.222). Ebenso erkennt man sehr gut die Achillessehne, **Tendo calcaneus** (Abb. 4.240). Sowohl am medialen als auch am lateralen Fußrand sind Skelettteile bis zu den Zehen palpatorisch zu erfassen. Prominente Knochenpunkte sind medial das **Sustentaculum tali** unterhalb des Innenknöchels und die **Tuberositas ossis navicularis.** Proximal der Tuberositas ossis navicularis liegt die **Chopart-Gelenklinie.** Lateral markiert die **Tuberositas ossis metatarsalis V** den Eingang zur **Lisfranc-Gelenklinie** (Abb. 4.222, 4.223).

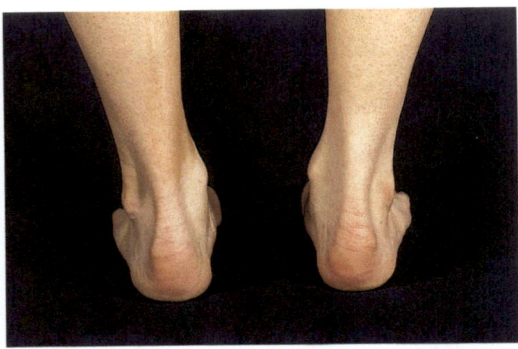

Abb. 4.240 Relief der Achillessehne und der Malleolen. Beachte das Tieferstehen des Malleolus lateralis.

Regio retromalleolaris lateralis, Außenknöchelregion

Eine **Rinne** zwischen den Sehnen der Mm. peronei longus und brevis prägt diese Region. Der **Malleolus lateralis** dient als Hypomochlion. **Oberflächlich** zwischen Haut und Faszie liegt ein zartes Venennetz. Zusammen mit Venen vom lateralen Fußrand lässt es die V. saphena parva entstehen (Abb. 4.215). Der N. suralis gibt sensible **Rr. calcanei laterales** ab und endet am seitlichen Fußrand als N. cutaneus dorsalis pedis lateralis (Abb. 4.215). Ein den Außenknöchel umgebendes **Rete malleolare laterale** entstammt der A. tibialis anterior.

   Subfaszial liegen hinter und unter dem Malleolus lateralis die Sehnen der **Mm. peronei longus** und **brevis**. Sie sind in eine Sehnenscheide eingehüllt und werden am Skelett durch Haltebänder, **Retinacula mm. peroneorum superius** (an der Fibula) und **inferius** (an der **Trochlea peronealis** am Calcaneus), fixiert. Die Sehne des M. peroneus brevis liegt retromalleolar in einer Rinne dem Knochen näher als die Sehne des M. peroneus longus (Abb. 4.201, 4.238).

Regio retromalleolaris medialis, Innenknöchelregion

Subkutan erkennt man ein ausgedehntes Netz von Hautvenen. Sie bilden Zuflüsse für die **V. saphena magna**. Im Bereich des Innenknöchels verlaufen sensible Äste des **N. saphenus** und über dem Calcaneus Hautäste aus dem **N. tibialis (Rr. calcanei mediales)**. Die arterielle Versorgung erfolgt über das **Rete malleolare mediale,** das von den **Aa. tibiales anterior** und **posterior** gespeist wird (Abb. 4.241).

Die **tiefe Schicht** wird durch das **Retinaculum flexorum (Lig. laciniatum)**, eine Verstärkung der Fascia curis, abgegrenzt, welches aus einem oberflächlichen und tiefen Blatt besteht. Vom **oberflächlichen Blatt** entspringt der **M. abductor hallucis** und bedeckt mit diesem gemeinsam das aus der hinteren Schienbeinstraße kommende **Gefäßnervenbündel,** bestehend aus den **Vasa tibialia posteriora** und dem **N. tibialis**. Der N. tibialis teilt sich dabei in Höhe des Malleolus medialis in seine beiden Endäste, den **N. plantaris medialis** und **N. plantaris lateralis**. Etwas weiter distal, meist schon unter Deckung durch den M. abductor hallucis, findet man auch die Endverzweigung der **A. tibialis posterior** in die **A. plantaris medialis** und **A. plantaris lateralis**. Bedeckt vom **tiefen Blatt** des Retinaculum flexorum, gelangen die Sehnen der tiefen Flexoren durch die Regio retromalleolaris medialis an die Planta pedis. Die Ansatzsehne des **M. tibialis posterior** liegt dem medialen Knöchel dorsal und distal dicht auf. Sie biegt an dieser Stelle fast rechtwinklig um und zieht annähernd horizontal zur Tuberositas ossis navicularis. Die Sehne des **M. flexor digitorum longus** verläuft weiter dorsal und lateral (s. Abb. 4.202). Den tiefsten Verlauf hat die Sehne des **M. flexor hallucis longus** (s. Abb. 4.202). Im Bereich des **Processus posterior tali** gelangt die Sehne in einen osteofibrösen Kanal, der bis an die Planta pedis reicht. Er wird vom tiefen Blatt des Retinaculum mm. flexorum und dem knöchernen **Sulcus tendinis m. flexoris hallucis longi** gebildet. Dieser beginnt am Processus posterior tali zwischen dessen beiden Tubercula und setzt sich auf die plantare Fläche des **Sustentaculum tali** am Calcaneus fort. Profund zu den Sehnen des M. tibialis posterior und des M. flexor digitorum longus bildet sich der mediale Anteil der Capsula fibrosa des oberen Sprunggelenks aus, der an dieser Stelle durch das Lig. deltoideum (mediale) repräsentiert wird.

> Es entstehen 4 osteofibröse Röhren, in denen von anterior nach posterior gestaffelt verlaufen: M. tibialis posterior, M. flexor digitorum longus, Gefäßnervenstrang, M. flexor hallucis longus. Der gesamte Raum wird als Tarsaltunnel, **Canalis tarsi,** beschrieben. Der Puls der **A. tibialis posterior** ist zwischen Innenknöchelrückseite und Seitenrand der Achillessehne zu tasten (Abb. 4.241). Mnemotechnisch kann für die Reihenfolge der drei Sehnen der tiefen Flexoren der Merkspruch „Tom, Dick und Harry" dienen.

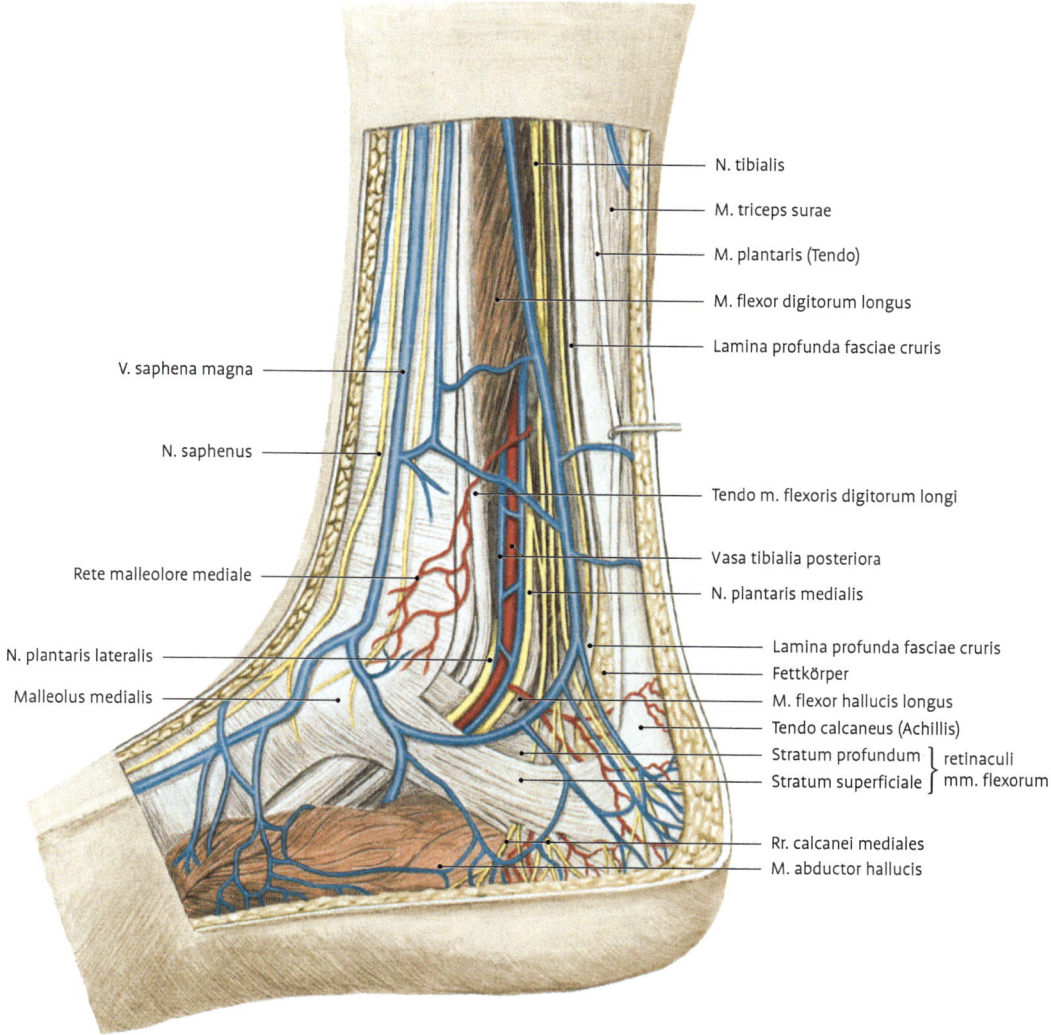

N. tibialis

M. triceps surae

M. plantaris (Tendo)

M. flexor digitorum longus

Lamina profunda fasciae cruris

V. saphena magna

N. saphenus

Tendo m. flexoris digitorum longi

Vasa tibialia posteriora

N. plantaris medialis

Rete malleolore mediale

Lamina profunda fasciae cruris

Fettkörper

N. plantaris lateralis

M. flexor hallucis longus

Malleolus medialis

Tendo calcaneus (Achillis)

Stratum profundum ⎱ retinaculi
Stratum superficiale ⎰ mm. flexorum

Rr. calcanei mediales

M. abductor hallucis

Abb. 4.241 Regio malleolaris medialis.

Klinik: Tarsaltunnelsyndrom. Kompressionssymptomatik der Äste des N. tibialis durch Missverhältnis zwischen Raumangebot und -inhalt.

Regio calcanea, Fersengegend

Unmittelbar unter der Haut sieht und tastet man die Achillessehne, **Tendo calcaneus** (Abb. 4.240). Durch die Vergrößerung des **Tuber calcanei** entfernt sich die Insertionsstelle vom übrigen Beinske-lett. Dadurch sinkt die Haut seitlich der Sehne et-was ein (→ Knöchelgruben). Die Haut der Ferse ist über der Sehne dünn und gut verschieblich. Der Achillessehne liegt dorsal das oberflächliche Blatt der **Fascia cruris** auf. Zwischen ihr und dem tiefen Blatt, das die tiefen Flexoren und die Mm. peronei bedeckt, befindet sich ein ausgedehnter Fettkör-per. Zwischen Sehneninnenseite und Knochen liegt die **Bursa tendinis calcanei.** Mehrblättrige Lamel-len eines Verschiebegewebes umhüllen die Sehne und sichern eine ausreichende Blutversorgung

(Abb. 4.241). Es handelt sich um Äste der **A. tibialis posterior** und der **A. peronea (fibularis)**, **Rr. calcanei**. Außerdem enthält die Achillessehne Blut aus Muskelästen des M. soleus. Zwischen den Versorgungsgebieten, 3–5 cm proximal vom Tuber calcanei, befindet sich eine Zone verminderter Durchblutung. Hier treten häufiger Rupturen der Sehne auf. Hautnerven der Fersengegend entstammen dem **N. tibialis (Rr. calcanei mediales)** und dem **N. suralis (Rr. calcanei laterales)**.

> **Klinik: 1. Achillessehnenruptur.** Vollständige, selten teilweise Durchtrennung der Tendo calcaneus zwischen muskulärem Anteil (M. triceps surae) und Fersenbein (Tuber calcanei). Ursache: spontane Ruptur durch Degeneration, nach lokaler Glukokortikoidinjektion, Einnahme von Anabolika, indirektes (Ski, Fußball, Leichtathletik, Fechten) oder direktes Trauma (Schlag-, Schnitt-, Stichverletzung); Symptome: Rupturgeräusch wie Peitschenschlag und kurzzeitiger, stichartiger Schmerz; Funktionsverlust von Unterschenkel und Fuß. **2. Fußdeformitäten** (s. Kap. 4.4.2.14). Beim normalen Fuß trifft die Mittelachse des Unterschenkels die Mitte der Fersenregion. Beim Knickfuß **(Pes valgus)** weicht die vertikale Achse der Ferse nach lateral (fibular) ab. Beim Klumpfuß **(Pes equinovarus)** zeigt die abgeknickte Achse nach medial (tibial).

Dorsum pedis, Fußrücken

Die Haut ist im Gegensatz zur Fußsohle sehr dünn und verschieblich. Die Subcutis ist fettarm. Daher schimmern epifasziale Venen durch die Haut hindurch. Das Relief der Extensorensehnen ist deutlich zu erkennen. Aus dem oberflächlichen Venennetz **(Rete venosum dorsalis pedis)** entstehen die beiden **Vv. saphenae**. Die sensible Innervation des Fußrückens erfolgt durch Nervenäste, die profund zum Rete venosum dorsalis pedis verlaufen. Dazu gehören die **Nn. cutanei dorsales pedis medialis** und **intermedius** (aus dem **N. peroneus superficialis**), der Endast des **N. peroneus profundus** und der **N. cutaneus dorsalis pedis lateralis** (aus dem **N. suralis**). Der **N. cutaneus dorsalis pedis medialis** versorgt die Haut an der medialen Seite der großen Zehe mit einem **N. digitalis dorsalis proprius** sowie die einander zugekehrten Seiten der 2. und 3. Zehe mit einem **N. digitalis dorsalis communis**, der sich in zwei Nn. digitales dorsales proprii teilt. Der **N. cutaneus dorsalis pedis inter-**medius gibt zwei Nn. digitales dorsales communes ab, die sich jeweils in zwei Nn. digitales dorsales proprii für die einander zugekehrten Seiten der 3. und 4. bzw. 4. und 5. Zehe teilen. Der Endast des N. peroneus profundus gelangt mit der A. dorsalis pedis nach distal. Er wird dabei vom M. extensor hallucis brevis überkreuzt. Distal davon zieht er gemeinsam mit dem Endast der A. dorsalis pedis (s. u.) entlang der dorsalen Fläche des M. interosseus dorsalis I und wird im Spatium interosseum I proximal des Metatarsophalangealgelenks der großen Zehe subkutan. An dieser Stelle kann er mit dem N. cutaneus dorsalis pedis medialis anastomosieren. Er versorgt die Haut der einander zugekehrten Flächen der 1. und 2. Zehe. Dieses Innervationsmuster findet sich (nach Thomson) nur in 55 Prozent menschlicher Individuen und unterliegt somit einer beachtlichen Schwankungsbreite. So kann der N. peroneus superficialis die gesamte Innervation des Fußrückens und der Dorsalseite der Zehen übernehmen, es kann aber auch das Innervationsgebiet des N. suralis bis auf die laterale Seite der 3. Zehe hin ausgedehnt sein. Ferner kann der N. peroneus profundus die gesamte Dorsalseite der großen Zehe sowie die mediale Seite der 2. Zehe sensibel versorgen.

Subfaszial, unmittelbar unter dem **oberflächlichen Blatt** der **Fascia dorsalis pedis** liegen die Sehnen von M. extensor digitorum longus und M. extensor hallucis longus (Abb. 4.239, 4.242). Sie überkreuzen die Muskeln und Sehnen der kurzen Zehenstrecker (M. extensor digitorum et hallucis brevis). Das **tiefe Blatt** der Fußrückenfaszie schließt die flache Muskel-Sehnenkammer einschließlich der Gefäße und Nerven gegen das Fußskelett und die Mm. interossei ab. Die **A. dorsalis pedis** verläuft als Endast der **A. tibialis anterior** zwischen den Sehnen des M. extensor digitorum longus und M. extensor hallucis longus. Sie gibt die **Aa. tarsales medialis** und **lateralis** ab und bildet die **A. arcuata** (Abb. 4.242). Aus dieser entstehen die **Aa. metatarsales dorsales** für die II.–V. Zehe. Der Endast der A. dorsalis pedis versorgt die zugewandten Seiten der I. und II. Zehe. Zwischen dem Ursprung des M. interosseus dorsalis I und den einander zugekehrten Seiten der Basen der ersten beiden Mittelfußknochen tritt der **R. perforans** nach plantar, wo er mit dem **Arcus plantaris** anastomosiert. Sowohl Arterien als auch Venen des Fußrückens anastomosieren untereinander. Die A. arcuata verbindet sich mit der A. tarsalis lateralis, während die dorsalen Metatarsalarterien regelhaft perforierende Äste zur Fußsohle abgeben.

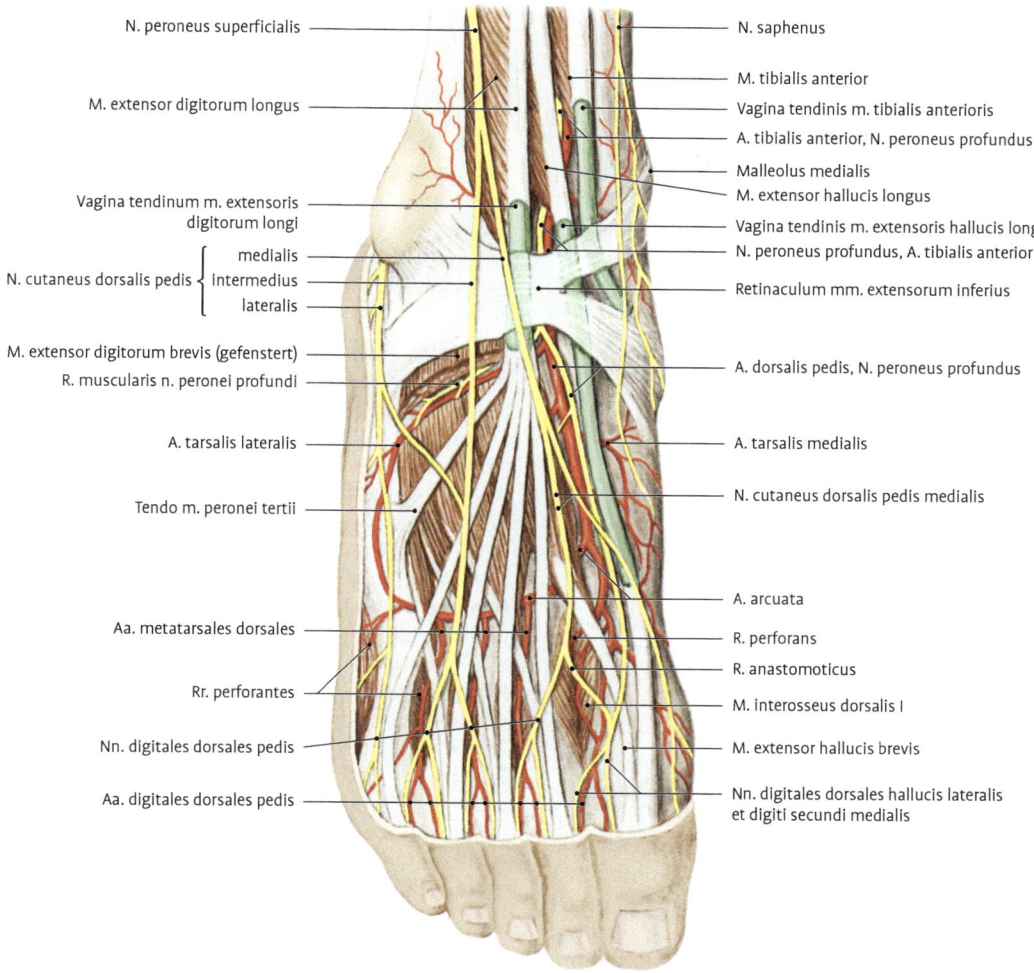

N. peroneus superficialis

M. extensor digitorum longus

Vagina tendinum m. extensoris digitorum longi

N. cutaneus dorsalis pedis { medialis / intermedius / lateralis

M. extensor digitorum brevis (gefenstert)

R. muscularis n. peronei profundi

A. tarsalis lateralis

Tendo m. peronei tertii

Aa. metatarsales dorsales

Rr. perforantes

Nn. digitales dorsales pedis

Aa. digitales dorsales pedis

N. saphenus

M. tibialis anterior

Vagina tendinis m. tibialis anterioris

A. tibialis anterior, N. peroneus profundus

Malleolus medialis

M. extensor hallucis longus

Vagina tendinis m. extensoris hallucis longi

N. peroneus profundus, A. tibialis anterior

Retinaculum mm. extensorum inferius

A. dorsalis pedis, N. peroneus profundus

A. tarsalis medialis

N. cutaneus dorsalis pedis medialis

A. arcuata

R. perforans

R. anastomoticus

M. interosseus dorsalis I

M. extensor hallucis brevis

Nn. digitales dorsales hallucis lateralis et digiti secundi medialis

Abb. 4.242 Dorsum pedis.

Klinik: 1. A.-dorsalis-pedis-Puls. Aufsuchung im Metatarsalbereich, am lateralen Rand der Sehne des M. extensor hallucis longus. **2. Tendopathie.** Die Sehnen von langem Zehenstrecker und M. tibialis anterior erhalten beim Übergang Unterschenkel-Fußrücken Sehnenscheiden. Diese werden durch das Retinaculum mm. extensorum inferius gezügelt (Abb. 4.242). Infolge Überbeanspruchung oder Druck durch ungünstiges Schuhwerk kann sich eine schmerzhafte Tendovaginitis bilden, besonders bei M. tibialis anterior, M. extensor hallucis lon-

gus. **3. Tinea pedis** (= Fußpilz). Durch Dermatophyten (Pilze) verursachte Mykose der Haut bzw. Hautanhangsgebilde, die durch Angabe der betroffenen Körperregion näher bezeichnet wird. Prädilektionsstellen sind die Zehenzwischenräume. **4. Onychomykose** (= Nagelpilz), Infektion der (Fuß-)Nägel durch Pilze, meist Dermatophyten (Tinea unguium, Entwicklung oft aus einer Tinea pedis); gefördert durch Durchblutungsstörungen, Hyperhidrose, Tragen von Gummi- oder zu engen Schuhen, Pediküreverletzung.

Planta pedis, Fußsohle

Die Haut ist an Stellen mit der stärksten Druckbelastung dick und derb (Leistenhaut mit kräftiger Hornschicht). Im Bereich der Innenseite der Fußwölbung ist sie dagegen sehr dünn (Felderhaut; Abb. 4.243). Sie ist reich an Schweißdrüsen und normalerweise gut durchblutet. Bei Störungen der Gefäßversorgung erscheint sie blass und fühlt sich kühl an. An der Grenze zwischen der Subcutis und der oberflächlichen plantaren Muskelschicht liegt die derbe **Aponeurosis plantaris** (Abb. 4.244). Sie hat die früher einmal vorhandene Verbindung zum **M. plantaris** verloren. Ihr Ursprung liegt am Tuber calcanei. Der stärkere Mittelteil spaltet sich in mehrere Längszügel, **Fasciculi longitudinales,** auf, die am Kapsel-Band-Apparat der Zehengrundgelenke verankert sind. Sie unterstützen die Längswölbung des Fußes. Quere Zügel, **Fasciculi transversi,** verbinden die längsorientierten Faserbündel im distalen Abschnitt der Aponeurose. Zusätzlich wird die Plantaraponeurose über je ein **vertikales mediales und laterales Septum** mit den randständigen Knochen verbunden. Distal liegen zwischen diesen Septen weitere 7 vertikale intermediäre Septen, die wechselweise die osteofibrösen Röhren für die Sehnenscheiden der Zehenbeuger und die Lumbrikaliskanäle (mit den Leitungsbahnen für die Zehen) begrenzen. Beidseits der Aponeurosis plantaris resp. des profund davon gelegenen M. flexor digitorum brevis bilden sich zwei Sulci plantares aus. Der **Sulcus plantaris medialis** wird nach medial vom M. abductor hallucis und distal auch vom M. flexor hallucis brevis begrenzt. Der **Sulcus plantaris lateralis** reicht lateral bis an den M. abductor digiti minimi, dem

sich distal ebenso der M. flexor digiti minimi brevis anschließt.

An der Planta pedis finden sich 3 Muskellogen (Abb. 4.212): **Großzehen-, Mittel-** und **Kleinzehenloge.** Die durch Bindegewebesepten abgetrennten Muskelkompartimente können Räume für die Ausbreitung von Entzündungen, Ergüssen oder Eiterungen sein. Auch von hier breitet sich ein Ödem auf den Fußrücken aus.

Die **Großzehenloge** enthält oberflächlich und medial den M. abductor hallucis, der im distalen Anteil den M. flexor hallucis brevis überdeckt. Die **Mittelloge** zeigt einen **5-schichtigen Aufbau:** 1. Aponeurosis plantaris (oberflächliche Schicht; Abb. 4.244), 2. M. flexor digitorum brevis, 3. M. flexor digitorum longus und M. quadratus plantae, 4. M. adductor hallucis und Lig. plantare longum, 5. Mm. interossei (tiefe Schicht). In der **Kleinzehenloge** liegt lateral und oberflächlich der M. abductor digiti minimi, dem sich distal-medial der M. flexor digiti minimi brevis anschließt. In enger Beziehung zum Os metatarsale V liegt schließlich der tiefste der drei intrinsischen Muskeln für die kleine Zehe, der M. opponens digiti minimi. Die Endäste der **A. tibialis posterior** und des N. tibialis gelangen über die Regio retromalleolaris medialis (→ **Tarsaltunnel**) an die Planta pedis. Hier läuft der mediale Gefäßnervenstrang eng angeschlossen an den M. abductor hallucis. Der laterale Gefäßnervenstrang (**Vasa plantaria lateralia** und **N. plantaris lateralis**) gelangt in die Schicht zwischen M. flexor digitorum brevis einerseits sowie M. quadratus plantae und M. flexor digitorum longus andrerseits. Er verläuft schräg über die plantare Fläche des M. quadratus plantae in Richtung Kleinzehe. (Abb. 4.245).

Lateraler Gefäßnervenstrang. Der **N. plantaris lateralis** teilt sich auf in einen **Ramus superficialis** und **profundus.** Der **R. superficialis** versorgt mit **Nn. digitales plantares communes** und **Nn. digitales plantares proprii** die Haut des lateralen Fußrandes, der kleinen Zehe und des lateralen Randes der 4. Zehe, den M. flexor digiti minimi brevis, M. opponens digiti minimi sowie den fibularen M. interosseus dorsalis und plantaris. Der **R. profundus** verläuft in der tiefen Schicht auf den Mm. interossei und versorgt: die 3 tibialen Mm. interossei dorsales und die beiden tibialen Mm. interossei

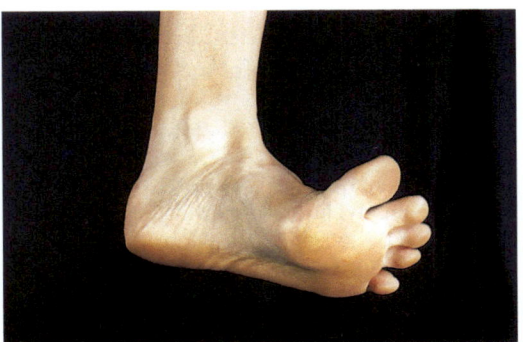

Abb. 4.243 Linker Fuß in Inversionsstellung mit Dorsalextension der Zehen.

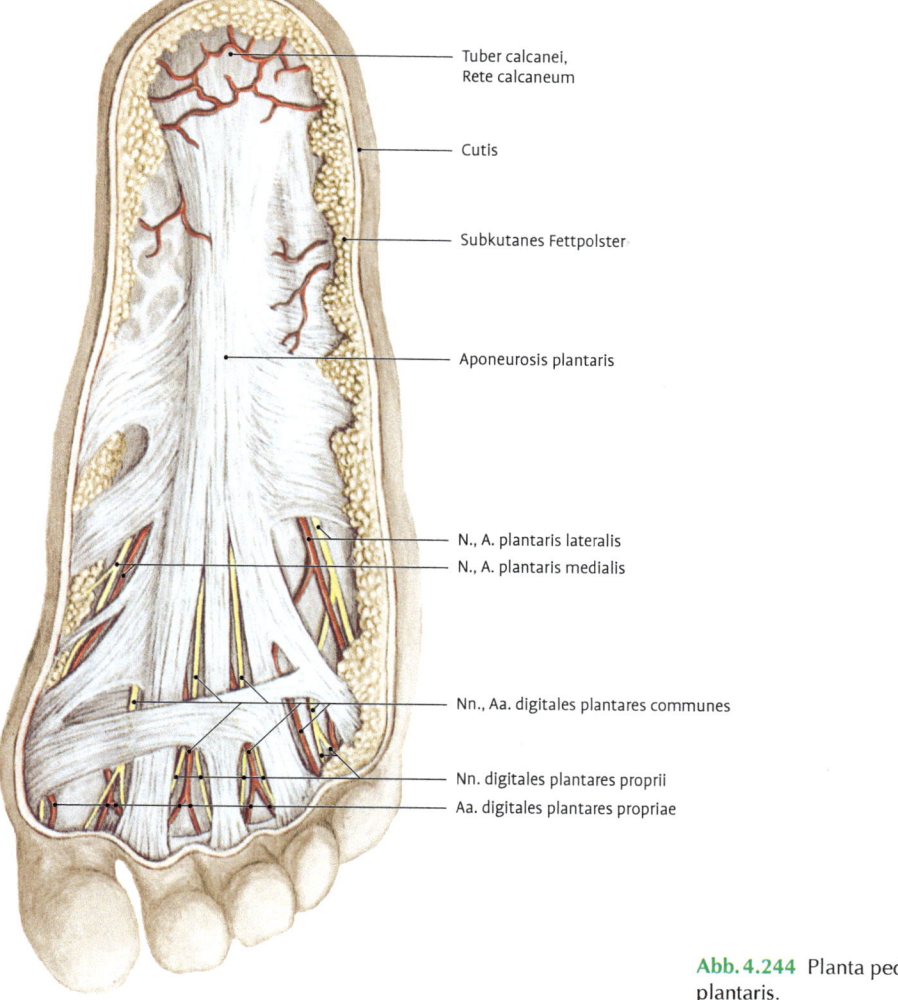

Tuber calcanei, Rete calcaneum

Cutis

Subkutanes Fettpolster

Aponeurosis plantaris

N., A. plantaris lateralis
N., A. plantaris medialis

Nn., Aa. digitales plantares communes

Nn. digitales plantares proprii
Aa. digitales plantares propriae

Abb. 4.244 Planta pedis, Aponeurosis plantaris.

plantares, die 3 lateralen Mm. lumbricales und den M. adductor hallucis. Die **A. plantaris lateralis** verläuft im Sulcus plantaris lateralis lateral zum N. plantaris lateralis. Sie gibt den ebenfalls auf den Mm. interossei verlaufenden **Arcus plantaris** (tiefer Fußsohlenbogen) ab. Dieser anastomosiert durch den **Ramus plantaris profundus** im Spatium interosseum I mit der **A. dorsalis pedis**. Aus dem **Arcus plantaris** gehen die **Aa. metatarsales plantares** ab. Sie verzweigen sich in die **Aa. digitales plantares communes et proprii,** wobei die Aufteilung in die Aa. digitales plantares proprii in Höhe der Metatarsophalangealgelenken stattfindet. Sie liegt da-

bei distal zur Aufzweigung der parallel laufenden plantaren Hautnerven der Zehen.

Medialer Gefäßnervenstrang. Im proximalen Abschnitt des Sulcus plantaris medialis laufen die A. plantaris medialis und der N. plantaris medialis parallel. Nach kurzer Distanz teilt sich die **A. plantaris medialis** in einen zarten oberflächlichen und einen wesentlich kräftigeren tiefen Ast. Der **Ramus superficialis** schließt sich dem N. plantaris medialis auf seinem weiteren Weg durch den Sulcus plantaris medialis an, verläuft an dessen medialer Seite und gelangt so bis knapp proximal des Me-

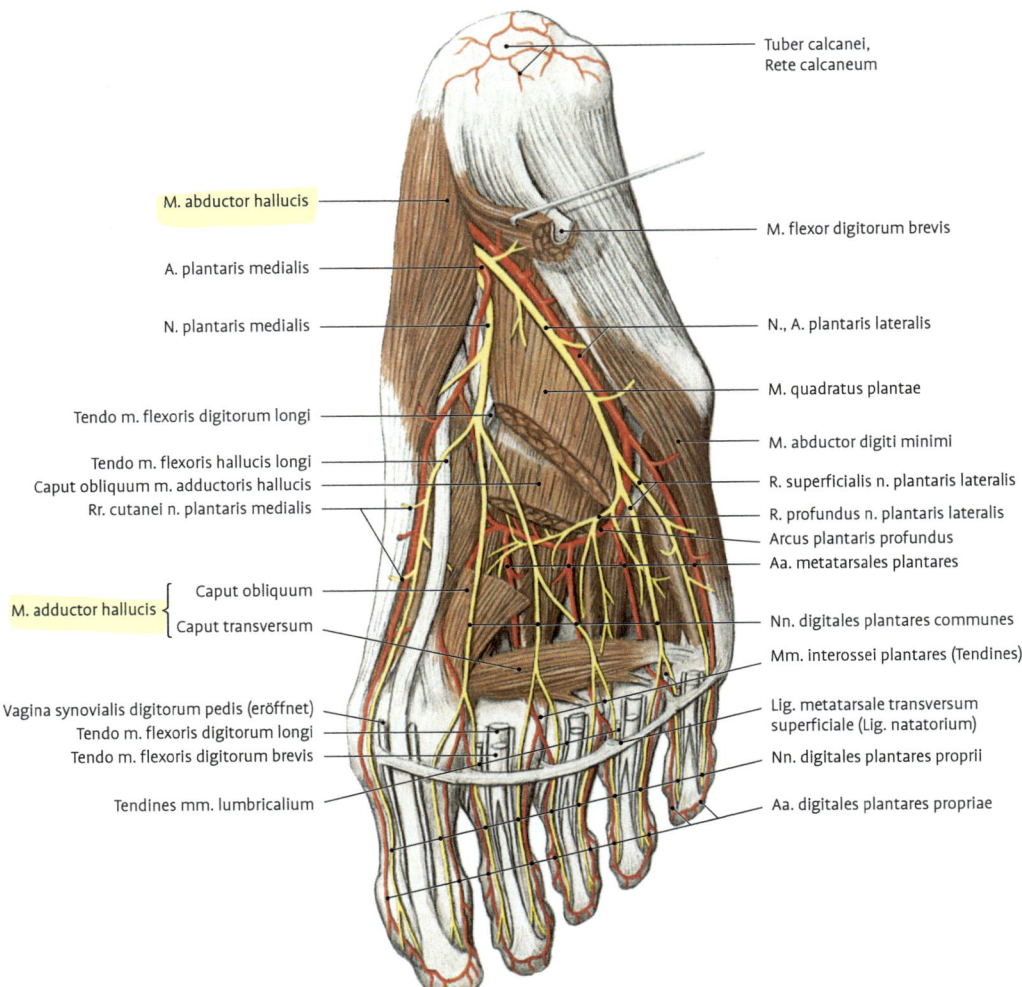

Tuber calcanei, Rete calcaneum

M. abductor hallucis

A. plantaris medialis

N. plantaris medialis

Tendo m. flexoris digitorum longi

Tendo m. flexoris hallucis longi
Caput obliquum m. adductoris hallucis
Rr. cutanei n. plantaris medialis

M. adductor hallucis { Caput obliquum
Caput transversum

Vagina synovialis digitorum pedis (eröffnet)
Tendo m. flexoris digitorum longi
Tendo m. flexoris digitorum brevis

Tendines mm. lumbricalium

M. flexor digitorum brevis

N., A. plantaris lateralis

M. quadratus plantae

M. abductor digiti minimi

R. superficialis n. plantaris lateralis

R. profundus n. plantaris lateralis
Arcus plantaris profundus
Aa. metatarsales plantares

Nn. digitales plantares communes

Mm. interossei plantares (Tendines)

Lig. metatarsale transversum
superficiale (Lig. natatorium)

Nn. digitales plantares proprii

Aa. digitales plantares propriae

Abb. 4.245 Planta pedis, tiefe Schicht.

tatarsophalangealgelenks der großen Zehe. Der **Ramus profundus** verläuft zuerst profund zum M. abductor hallucis und durchdringt dann das Ursprungsareal des M. flexor hallucis brevis. Zwischen diesem Muskel und der plantaren Fläche des Os metatarsale I zieht das Gefäß weiter nach distal und kommt zwischen den beiden Köpfen des M. flexor hallucis brevis an die Oberfläche. An dieser Stelle anastomosiert er mit dem oberflächlichen Ast und zieht dann weiter zur Großzehe. Er gibt je eine **A. digitalis plantaris propria** für die mediale bzw. laterale Seite der Großzehe ab und anastomosiert im distalen Bereich des Spatium in-

terosseum I mit dem Arcus plantaris bzw. dem Ramus profundus der A. dorsalis pedis. Der **N. plantaris medialis** teilt sich im distalen Anteil des Sulcus plantaris medialis und gibt die **Nn. digitales plantares** für die Haut der Zehen I–III und der medialen Hälfte der IV. Zehe ab. Diese Äste liegen profund zu den Ausläufern der Plantaraponeurose. Außerdem versorgt er die medialen 2/3 der Fußsohlenhaut (Haut über dem Tuber calcanei ausgenommen). Seine Muskeläste ziehen zum M. flexor digitorum brevis, zum medialen M. lumbricalis und zu den Muskeln des Großzehenballens (ausgenommen: M. adductor hallucis).

Die Bildung des **Arcus plantaris** unterliegt auch einer gewissen interindividuellen Variation. In mehr als der Hälfte menschlicher Individuen wird er von beiden plantaren Arterien und dem Ramus profundus aus der A. dorsalis pedis gespeist (52 %). In jeweils 24 % erfolgt die Speisung hauptsächlich aus der A. plantaris lateralis (wobei die A. plantaris medialis auf einen schwachen Ast im proximalen Teil des Sulcus plantaris medialis reduziert ist) bzw. ist der Arcus plantaris unvollständig. In diesem Fall reicht er nur bis zum Spatium interosseum II nach medial, wo er mit einem aus der entsprechenden A. metatarsalis dorsalis entstammenden Ramus perforans anastomosiert. Der Ramus profundus der A. plantaris medialis versorgt dabei die große und die 2. Zehe.

Die **sensible Innervation** der Fußsohlenhaut entspricht dem Segment S1 des Plexus sacralis. Die Innervation am Fersenballen erfolgt durch N. tibialis und N. suralis (Rr. calcanei medialis und lateralis), an der übrigen Fußsohle für das mediale und mittlere Drittel durch den N. plantaris medialis und für das laterale Drittel durch den N. plantaris lateralis.

Druckkonstruktion der Fußsohle. Die Haut der Fußsohle ist über Bindegewebesepten, **Retinacula cutis,** mit der Plantaraponeurose verbunden. Zwischen den Septen entstehen Kammern, die mit Fettgewebe (→ Baufett) gefüllt sind, das auch bei stärkerer Auszehrung erhalten bleibt. Diese Druckkammerkonstruktion macht die Haut weitgehend unverschieblich. Entzündungen und Vereiterungen können sich nicht ausbreiten, rufen jedoch starke Spannungsschmerzen hervor. Die zugehörige Schwellung (Ödem) liegt am Fußrücken.

Beim gesunden Fuß liegen im Stehen die Orte stärkerer Belastung an der Ferse und im Bereich der Köpfe der Ossa metatarsalia I und II. Beim Senkfuß (Pes planus) wird zusätzlich der mediale Fußrand, beim Klumpfuß (Pes equinovarus) zusätzlich der laterale Fußrand belastet.

Muskeltabellen

Tabellen 4.8 bis 4.11 siehe Seiten 414 bis 425.

Tab. 4.8 Hüftmuskeln

Muskel	Ursprung	Ansatz	Innervation	Arterienversorgung	Funktion
Innere vordere Hüftmuskeln					
M. iliopsoas		gemeinsam am Trochanter minor	– Äste aus Plexus lumbalis – N. femoralis (L2–L3)	– A. obturatoria – A. iliolumbalis	– kräftiger Beuger des Hüftgelenkes – Außenrotation – Adduktion
M. psoas major oberflächliche Schicht	– Disci intervertebrales zwischen 12. Brust- und 5. Lendenwirbel – Kanten der Grund- und Deckplatten der benachbarten Wirbel				– bei Rückenlage: Aufrichten des Rumpfes – M. psoas major beugt die LWS nach vorn – bei einseitiger Innervation Seitneigung LWS
tiefe Schicht	Processus costarii aller Lendenwirbel				
M. iliacus	Fossa iliaca				
M. psoas minor (Vorkommen: 30%)	– Discus intervertebralis zwischen 12. Brust- und 1. Lendenwirbel – angrenzende Wirbelkörper	Fascia iliaca und Eminentia iliopectinea			
M. iliocapsularis	Unterrand der Spina iliaca anterior inferior	– Capsula fibrosa des Hüftgelenks – Linea intertrochanterica	N. femoralis (L2–L3)	R. ascendens a. circumflexae femoris lateralis	Stellmuskel
Äußere hintere Hüftmuskeln					
M. gluteus maximus	– Facies dorsalis ossis sacri – Facies glutea ossis ilii hinter Linea glutea posterior – Fascia thoracolumbalis – Aponeurose des M. gluteus medius – Lig. sacrotuberale	– Tuberositas glutea – via Tractus iliotibialis am Condylus lateralis tibiae	N. gluteus inferior (L4–S1(2))	A. glutea inferior und superior	Hüftgelenk: Streckung (Antagonist des M. iliopsoas), Außenrotation und Abduktion Kniegelenk: Extension

	Ursprung	Ansatz	Innervation	Arterie	Funktion
M. tensor fasciae latae	– Spina iliaca anterior superior – Labium externum der Crista iliaca	via Tractus iliotibialis am Condylus lateralis tibiae (Tuberculum tractus iliotibialis GERDY)	N. gluteus superior (L4–L5)	– A. glutea superior – R. ascendens a. circumflexae femoris lateralis	Hüftgelenk: Abduktion, Beugung und Innenrotation Kniegelenk: Extension
M. gluteus medius	– Facies glutea ossis ilii zwischen Linea glutea posterior und anterior – Aponeurose, die den Muskel bedeckt	laterale Fläche des Trochanter major	N. gluteus superior (L4–S1)	A. glutea superior	Hüftgelenk: – Abduktion bzw. Verhindern des Absinkens des Beckens zur Gegenseite beim einbeinigen Stand oder Gehen – vordere Fasern Beugung und Innenrotation – hintere Fasern Streckung und Außenrotation
M. gluteus minimus	Facies glutea ossis ilii zwischen Linea glutea anterior und inferior	anterolaterale Fläche des Trochanter major	N. gluteus superior (L4–S1)	A. glutea superior	Hüftgelenk: – Abduktion bzw. Verhindern des Absinkens des Beckens zur Gegenseite beim einbeinigen Stand oder Gehen – vordere Fasern Beugung und Innenrotation – hintere Fasern Streckung und Außenrotation
M. piriformis	– Facies pelvina ossis sacri – Seitenränder der Foramina sacralia pelvina – Capsula fibrosa der Art. sacroiliaca – Ränder der Incisura ischiadica major – Lig. sacrotuberale	Spitze des Trochanter major	dorsale Äste des Plexus sacralis (L5–S1–2)	A. sacralis lateralis	Hüftgelenk: Außenrotation und Abduktion, Stellmuskel

Tab. 4.8 Hüftmuskeln (Fortsetzung)

Muskel	Ursprung	Ansatz	Innervation	Arterienversorgung	Funktion
M. obturatorius internus	Innenfläche der Membrana obturatoria und angrenzender Knochen	mediale Fläche des Trochanter major anteriosuperior der Fossa trochanterica	– Äste des Plexus sacralis – N. gluteus inferior – N. pudendus (L5–S2–3)	– A. obturatoria – A. glutea inferior	Hüftgelenk: – Außenrotation – bei gebeugtem Gelenk Abduktion – Stellmuskel
M. gemellus superior	Spina ischiadica	mit der Sehne des M. obturatorius internus an der medialen Fläche des Trochanter major anteriosuperior der Fossa trochanterica	Plexus sacralis (L5, S1–2)	– A. obturatoria – A. glutea inferior	Hüftgelenk: – Außenrotation – bei gebeugtem Gelenk Abduktion – Stellmuskel
M. gemellus inferior	Tuber ischiadicum	mit der Sehne des M. obturatorius internus an der medialen Fläche des Trochanter major anteriosuperior der Fossa trochanterica	Plexus sacralis (L5, S1–2)	– A. obturatoria – A. glutea inferior	Hüftgelenk: – Außenrotation – bei gebeugtem Gelenk Abduktion – Stellmuskel
M. quadratus femoris	Tuber ischiadicum	Crista intertrochanterica	– N. gluteus inferior – N. ischiadicus (L5–S2)	– A. glutea inferior – R. profundus a. circumflexae femoris medialis	Hüftgelenk: – Außenrotation – Stellmuskel
M. obturatorius externus	– Außenfläche der Membrana obturatoria – Ramus superior et inferior ossis pubis – Ramus ossis ischii	Fossa trochanterica	R. posterior n. obturatorii (L3–L4)	A. obturatoria	Hüftgelenk: – Außenrotation – Stellmuskel

Tab. 4.9 Oberschenkelmuskeln

Muskel	Ursprung	Ansatz	Innervation	Arterienversorgung	Funktion
Mm. adductores					
M. pectineus	Pecten ossis pubis	Linea pectinea femoris	– lateralerTeil: N. femoralis (L1–L3) – medialer Teil: N. obturatorius (L4)	– A. obturatoria – A. circumflexa femoris medialis – A. pudenda externa – A. perforans I	Hüftgelenk: Beugung und Adduktion
M. gracilis	Ramus inferior ossis pubis	via Pes anserinus superficialis an der medialen Fläche des Condylus medialis tibiae und Fascia cruris	R. anterior n. obturatorii (L1–L2)	A. obturatoria	– Hüftgelenk: Adduktion und Beugung (40°) – Kniegelenk: Beugung und Innenrotation
M. adductor longus	Os pubis zwischen Crista pubica und Symphyse	mittleres Drittel des Labium mediale der Linea aspera femoris	R. anterior n. obturatorii (L2–L4)	A. obturatoria	Hüftgelenk: Adduktion, Beugung und Außenrotation
M. adductor brevis	Corpus und Ramus inferior ossis pubis	Labium mediale der Linea aspera femoris (proximal vom M. adductor longus)	R. anterior n. obturatorii	A. obturatoria	Hüftgelenk: Adduktion und Beugung
M. adductor magnus	– Ramus ossis ischii – Tuber ischiadicum	– distales Ende des Labium mediale der Linea aspera femoris – Tuberculum adductorium des Epicondylus femoris medialis	– R. posterior n. obturatorii (L3–L4) – N. tibialis (L4–L5)	A. obturatoria	Hüftgelenk: Adduktion, Streckung und Innenrotation
M. adductor minimus	Ramus inferior ossis pubis	Tuberositas glutea	R. posterior n. obturatorii	R. ascendens a. circumflexae femoris medialis	Hüftgelenk: Adduktion, Streckung und Außenrotation
Muskeln der Regio femoris anterior					
M. sartorius	Spina iliaca anterior superior	via Pes anserinus superficialis an der medialen Fläche des Condylus medialis tibiae	N. femoralis (L2–L3)	A. femoralis	– Hüftgelenk: Beugung, Außenrotation und Abduktion – Kniegelenk: Beugung und Innenrotation

Tab. 4.9 Oberschenkelmuskeln (Fortsetzung)

Muskel	Ursprung	Ansatz	Innervation	Arterienversorgung	Funktion
M. quadriceps femoris			N. femoralis (L2–L4)	– A. circumflexa femoris lateralis – Rr. perforantes der A. profunda femoris	– Hüftgelenk: Beugung durch M. rectus femoris – Kniegelenk: Streckung
M. rectus femoris	– Caput rectum an der Spina iliaca anterior inferior – Caput reflexum von der Fossa supraacetabularis	Basis patellae via Lig. patellae an der Tuberositas tibiae			
M. vastus medialis	– Linea intertrochanterica – Labium mediale der Linea aspera femoris – Linea supracondylaris medialis	– medialer Rand der Patella – Retinaculum patellae mediale – via Lig. patellae an der Tuberositas tibiae			
M. vastus lateralis	– Linea intertrochanterica – Trochanter major – Tuberositas glutea – Labium laterale der Linea aspera femoris – Septum intermusculare femoris laterale	– lateraler Rand der Patella – Retinaculum patellae laterale – via Lig. patellae an der Tuberositas tibiae			
M. vastus intermedius	– Vorder- und Seitenfläche des Femurschaftes – Septum intermusculare femoris laterale	– lateraler Rand der Patella – Retinaculum patellae laterale – via Lig. patellae an der Tuberositas tibiae – als M. articularis genus an Bursa suprapatellaris und Kniegelenkskapsel			

Muskeln der Regio femoris posterior, ischiokrurale Muskelgruppe

M. semimembranosus	Tuber ischiadicum	via Pes anserinus profundus: – Rückfläche des Condylus medialis tibiae – medialer Sehnenstrang an der medialen Fläche des Condylus medialis tibiae – Margo medialis tibiae – mittlerer Sehnenstrang strahlt in das Lig. popliteum obliquum ein – lateraler Sehnenstrang strahlt in die Faszie des M. popliteus ein	N. tibialis (L5–S2)	Aa. perforantes der A. profunda femoris	– Hüftgelenk: Streckung – Kniegelenk: Beugung und bei gebeugtem Knie Innenrotation
M. semitendinosus	Tuber ischiadicum	via Pes anserinus superficialis an der medialen Fläche des Condylus medialis tibiae	N. tibialis (L5–S1–S2)	Aa. perforantes der A. profunda femoris	– Hüftgelenk: Streckung – Kniegelenk: Beugung und bei gebeugtem Knie Innenrotation
M. biceps femoris					
Caput longum	– Tuber ischiadicum – Lig. sacrotuberale	Caput fibulae	N. tibialis (L5–S1–2)	– A. circumflexa femoris medialis – Aa. perforantes der A. profunda femoris – A. poplitea	– Hüftgelenk: Streckung – Kniegelenk: Beugung und bei gebeugtem Knie Außenrotation
Caput breve	– mittleres Drittel des Labium laterale der Linea aspera femoris – Septum intermusculare femoris laterale		N. peroneus communis (S1–2)		

Tab. 4.10 Unterschenkelmuskeln

Muskel	Ursprung	Ansatz	Innervation	Arterienversorgung	Funktion
Mm. extensores					
M. tibialis anterior	– Condylus lateralis tibiae – obere Zweidrittel der Facies lateralis tibiae – Membrana interossea cruris – Fascia cruris	– Os cuneiforme mediale (medial und plantar) – Basis des Os metatarsale I	N. peroneus profundus (L4–L5)	A. tibialis anterior	– oberes Sprunggelenk: Dorsalextension – unteres Sprunggelenk: Supination
M. extensor digitorum longus	– Condylus lateralis tibiae – Membrana interossea cruris – Septum intermusculare cruris anterius – Caput fibulae – Facies medialis fibulae – Fascia cruris	– vier Sehnen, die in die Dorsalaponeurose der Zehen II–V einstrahlen – Basis ossis metatarsalis V = **M. peroneus tertius**	N. peroneus profundus (L5–S1)	A. tibialis anterior	– oberes Sprunggelenk: Dorsalextension des Fußes – Zehengelenke: Extension und Dorsalflexion der Zehen II–V
M. extensor hallucis longus	– distale Zweidrittel der Membrana interossea cruris – Facies medialis fibulae – Septum intermusculare cruris anterius	Dorsalaponeurose der Großzehe	N. peroneus profundus (L5–S1)	A. tibialis anterior	– oberes Sprunggelenk: Dorsalextension des Fußes – Zehengelenke: Extension und Dorsalflexion der Großzehe
Mm. peroneorum					
M. peroneus longus	– Caput fibulae – Facies lateralis fibulae – Condylus lateralis tibiae – Gelenkkapsel der Articulatio tibiofibularis – Septa intermuscularia cruris anterius et posterius – Fascia cruris	– Os cuneiforme mediale – Basis des Os metatarsale I (plantar)	N. peroneus superficialis (L5–S1)	A. peronea	– oberes Sprunggelenk: Plantarflexion – unteres Sprunggelenk: Pronation – Fußgewölbe: Unterstützung der Querwölbung

	Ursprung	Ansatz	Nerv	Arterie	Funktion
M. peroneus brevis	– distale Zweidrittel der Facies lateralis fibulae – Septa intermuscularia cruris anterius et posterius	Tuberositas ossis metatarsalis V	N. peroneus superficialis (L5–S1)	A. peronea	– oberes Sprunggelenk: Plantarflexion – unteres Sprunggelenk: Pronation
Mm. flexores					
M. gastrocnemius Caput mediale Caput laterale	Condylus medialis femoris Condylus lateralis femoris	gemeinsam mit M. soleus via Tendo calcaneus am Tuber calcanei	N. tibialis (S1–S2)	– A. poplitea – A. tibialis post. – A. peronea	– Kniegelenk: Flexion – oberes Sprunggelenk: Plantarflexion – unteres Sprunggelenk: Supination
M. soleus	– Caput fibulae – proximales Drittel des Margo posterior fibulae – Arcus tendineus m. solei – Linea m. solei der Tibia – medialer Rand der Tibia	gemeinsam mit M. gastrocnemius via Tendo calcaneus am Tuber calcanei	N. tibialis (S1–S2)	– A. poplitea – A. tibialis post. – A. peronea	– oberes Sprunggelenk: Plantarflexion – unteres Sprunggelenk: Supination
M. plantaris	– Linea supracondylaris lateralis am Femur – Lig. popliteum obliquum	via Einstrahlung in Tendo calcaneus am Tuber calcanei	N. tibialis (S1–S2)	– A. poplitea – A. tibialis post.	– Kniegelenk: Flexion – oberes Sprunggelenk: Plantarflexion – unteres Sprunggelenk: Supination
M. tibialis posterior	– Membrana interossea cruris – Facies posterior tibiae – Facies posterior fibulae – tiefes Blatt der Fascia cruris	– Tuberositas ossis navicularis – Ossa cuneiformia mediale und intermedium – Basen der Ossa metatarsalia II–IV	N. tibialis (L4–S1)	A. tibialis posterior	– oberes Sprunggelenk: Plantarflexion – unteres Sprunggelenk: Supination – Fußgewölbe: verspannt Längs- und Querwölbung

Tab. 4.10 Unterschenkelmuskeln (Fortsetzung)

Muskel	Ursprung	Ansatz	Innervation	Arterienversorgung	Funktion
M. flexor digitorum longus	– Facies posterior tibiae – Faszie des M. tibialis posterior	– Basen der Endphalangen der Zehen II–V	N. tibialis (S1–S2)	A. tibialis posterior	– Oberes Sprunggelenk: Plantarflexion – Zehengelenke: Flexion, unterstützt Abstoßen des Vorfußes vom Boden – Fußgewölbe: unterstützt Längswölbung
M. flexor hallucis longus	– Facies posterior fibulae – Membrana interossea cruris – Faszie des M. tibialis posterior – Septum intermusculare cruris posterius	Basis Endphalanx der Großzehe	N. tibialis (S1–S2)	A. tibialis posterior	– oberes Sprunggelenk: Plantarflexion – Großzehengelenke: Flexion
M. popliteus	Facies posterior tibiae, proximal von Linea m. solei	laterale Fläche des Condylus lateralis femoris	N. tibialis (L5–S1–2)	A. poplitea	Kniegelenk: am Standbein Flexion und Außenrotation des Femur

Tab. 4.11 Fußmuskeln

Muskel	Ursprung	Ansatz	Innervation	Arterienversorgung	Funktion
Muskeln des Fußrückens, Mm. extensores					
M. extensor digitorum brevis	– dorsale Fläche des Calcaneus – cervical ligament – Retinaculum mm. extensorum inferius	3 Sehnen, die über die laterale Seite der Sehnen des M. extensor digitorum longus in die Dorsalaponeurosen der Zehen II–IV einstrahlen	N. peroneus profundus (L5–S1)	A. dorsalis pedis	Dorsalflexion und Extension der Zehen II–IV
M. extensor hallucis brevis	– dorsale Fläche des Calcaneus – cervical ligament – Retinaculum mm. extensorum inferius	über die laterale Seite der Sehnen des M. extensor hallucis longus in die Dorsalaponeurose der Großzehe	N. peroneus profundus (L5–S1)	A. dorsalis pedis	Dorsalflexion und Extension der Großzehe
Fußsohlenmuskeln					
M. abductor hallucis	– Processus medialis tuberis calcanei – Retinaculum mm. flexorum – Aponeurosis plantaris		N. plantaris medialis (S1–S2)	A. plantaris medialis	– Großzehen-Grundgelenk: Abduktion und Plantarflexion – Fußgewölbe: unterstützt Längswölbung
M. flexor hallucis brevis	– Os cuneiforme laterale – Os cuboideum – Sehne des M. tibialis posterior	– Caput mediale über das mediale Sesambein an der Basis der Grundphalanx der Großzehe – Caput laterale über das laterale Sesambein an der Basis der Grundphalanx der Großzehe	N. plantaris medialis (S1–S2)	A. plantaris medialis	Großzehen-Grundgelenk: Plantarflexion
M. adductor hallucis Caput obliquum	– Basen der Ossa metatarsalia II–IV – Sehnenscheide des M. peroneus longus	über das laterale Sesambein an der Basis der Grundphalanx der Großzehe	Ramus profundus des N. plantaris lateralis (S1–S2)	Arcus plantaris	Großzehen-Grundgelenk: Adduktion
Caput transversum	– Ligg. plantaria der Metatarsophalangealgelenke der Zehen III–V				

Tab. 4.11 Fußmuskeln (Fortsetzung)

Muskel	Ursprung	Ansatz	Innervation	Arterienversorgung	Funktion
M. flexor digitorum brevis	– Processus medialis des Tuber calcanei – Aponeurosis plantaris – Septa intermuscularia plantaria	mit vier Ansatzsehnen an den Schäften der Mittelphalangen II–V	N. plantaris medialis (S1–S2)	A. plantaris lateralis	– Zehengrundgelenke der Zehen II–V: Flexion – PIP-Gelenke der Zehen II–V: Flexion – Fußgewölbe: unterstützt Längswölbung
M. quadratus plantae	– Processus medialis und lateralis des Tuber calcanei – Lig. plantare longum	Ansatzsehne des M. flexor digitorum longus	N. plantaris lateralis (S1–S2)	A. plantaris lateralis	Zehengelenke: mit dem M. flexor digitorum longus gemeinsame Flexion
Mm. lumbricales	Ansatzsehnen des M. flexor digitorum longus	mediale Seiten der M. Dorsalaponeurosen der Zehen II–V	– Mm. lumbricales I: N. plantaris medialis – Mm. lumbricales II–IV: R. profundus des N. plantaris lateralis (S1–S2)	Arcus plantaris profundus	Zehengrundgelenke der Zehen II–V: Flexion
Mm. interossei plantares (3)	mediale Fläche der Schäfte der Ossa metatarsalia III–V	mediale Seite der Dorsalaponeurosen der Zehen III–V	– Mm. interossei plantares I und II: R. profundus des N. plantaris lateralis (S1–S2) – M. interosseus plantaris III: R. superficialis des N. plantaris lateralis	Arcus plantaris profundus	Zehengrundgelenke der Zehen III–V: Adduktion und Flexion
Mm. interossei dorsales (4)	zweiköpfig an den einander zugewendeten Flächen der Ossa metatarsalia I–V	– M. interosseus dorsalis I an der mediale Seite der Dorsalaponeurose der Zehe II – Mm. interossei dorsales II–IV an den lateralen Seiten der Dorsalaponeurosen der Zehen II–IV	– Mm. interossei dorsales I bis III: R. profundus des N. plantaris lateralis (S1–S2) – M. interosseus dorsalis IV: R. superficialis des N. plantaris lateralis	Arcus plantaris profundus	Zehengrundgelenke der Zehen II–IV: Abduktion (Spreizen) und Flexion

M. abductor digiti minimi	– Processus medialis und lateralis des Tuber calcanei – Aponeurosis plantaris	– Tuberositas ossis metatarsalis V – lateral an der Basis der Grundphalanx der Zehe V	N. plantaris lateralis (S1–S2)	A. plantaris lateralis	– Tarsometatarsalgelenk V: Abduktion – Zehengrundgelenk V: Abduktion
M. flexor digiti minimi brevis	– Basis ossis metatarsalis V – Sehnenscheide des M. peroneus longus	lateral an der Basis der Grundphalanx der Zehe V	R. superficialis des N. plantaris lateralis (S1–S2)	A. plantaris lateralis	Zehengrundgelenk V: Flexion
M. opponens digiti minimi	Schaft des Os metatarsale V	lateral an der Basis der Grundphalanx der Zehe V	R. superficialis des N. plantaris lateralis (S1–S2)	A. plantaris lateralis	Zehengrundgelenk V: Flexion und Opposition

5 Innere Organe in Thorax, Abdomen und Becken

Friedrich Anderhuber, Timm J. Filler, Franz Pera, Elmar T. Peuker

5.1 Brustraum, Cavitas thoracis, mit Zwerchfell, Diaphragma

Als **Brust** wird der oberhalb des Zwerchfells gelegene Teil des Rumpfes bezeichnet, der die Hauptorgane des Atmungs- und Kreislaufsystems (Luftröhre, Bronchien, Lungen, Herz und große Gefäßstämme) enthält.
Unter dem **Brustkorb,** Thorax, versteht man nur die Skelettgrundlage (Kap. 4.2.2).
Skelett und Muskeln des Brustkorbes begrenzen gemeinsam den **Brustraum,** Cavitas thoracis (Kap. 4.2.2). Sie schließen ihn gegen die Umgebung ab und ermöglichen eine Vergrößerung und Verkleinerung als wichtige Voraussetzung für die Atmung.

5.1.1 Zwerchfell, Diaphragma

Das **Zwerchfell** ist eine kuppelförmige, muskulöse Scheidewand zwischen Brust- und Bauchhöhle. Es entspringt am ganzen Umfang der unteren Brustapertur, an der Lendenwirbelsäule, an den Rippen und dem Brustbein. Das Zwerchfell ist der wichtigste Atemmuskel und dient der Aufrechterhaltung der Druckdifferenz zwischen Bauch- und Brusthöhle. Für den Durchtritt von Blut- und Lymphgefäßen, Nerven und die Speiseröhre finden sich an umschriebenen Stellen Lücken.

Funktion des Zwerchfells

Das Zwerchfell ist ein wichtiger **Atemmuskel**. Bei leichter Inspiration findet eine Abflachung der beiden Zwerchfellkuppeln statt, während das Centrum tendineum nahezu stehenbleibt. Erst bei stärkerer Einatmung heben sich die peripheren muskulären Zwerchfellteile durch Kontraktion von der seitlichen Brustwand ab. Der Recessus costodiaphragmaticus (Sinus phrenicocostalis) wird dadurch erweitert und die Lunge schiebt sich in ihn hinein. Doch wird dieser Raum nie vollständig von der Lunge ausgefüllt. Schließlich wird auch das Centrum tendineum etwas abwärts bewegt.

Als Scheidewand zwischen Brust- und Bauchhöhle verändert das Zwerchfell nicht nur das Volumen der Brusthöhle (**Atemmuskel**), sondern auch das der Bauchhöhle. Die Funktion der Muskeln der ventrolateralen Bauchwand bei der Entleerung der Bauchorgane (Harnblase, Mastdarm) wäre ohne gleichzeitige Kontraktion des Zwerchfells und des Beckenbodens nicht möglich (**Bauchpresse**). Ebenfalls wichtig ist o. g. Funktion des Zwerchfells bei der **Geburt**.

Entwicklung

Anlage. Eine unpaare ventrale Anlage, das **Septum transversum,** und eine paarige dorsale, die **Membrana pleuroperitonealis dextra** und **sinistra,** sowie das **Mesenterium** des Oesophagus vereinigen sich zum Zwerchfell. Später kommen noch Muskelanlagen aus der Leibeswand hinzu.

Septum transversum. Dieses ist eine mesodermale Platte, die als quere Falte der vorderen und seitlichen Bauchwand zwischen Dottergang und Perikardhöhle liegt. Es enthält den Sinus venosus, die in ihn einmündenden Venen und die Leberanlage und trägt das Herz. Aus dem Septum transversum entwickeln sich das Centrum tendineum des Zwerchfells und die vorderen Zwerchfellanteile. Am dorsalen Rand dieser Scheidewand bleiben zunächst die Zölomkanäle (Ductus pericardioperitoneales) als Verbindungen zwischen Brust- und Bauchhöhle erhalten. Von der hinteren Bauchwand wächst die Pleuroperitonealfalte (Membrana pleuroperitonealis) nach ventral in die Zölomkanäle vor und verwächst in der 7. Woche mit dem

Septum transversum und dem Mesenterium des Oesophagus. Dadurch werden die Ductus pericardioperitoneales als Verbindung zwischen Thorax- und Bauchhöhle verschlossen. Im Verschmelzungsbereich zwischen Pleuroperitonealfalte und Mesenterium des Oesophagus entwickeln sich die Zwerchfellschenkel. Im weiteren Verlauf dringen Myoblasten aus der dorsalen und lateralen Leibeswand in die Pleuroperitonealmembran ein und bilden so den muskulären Anteil des Zwerchfells.

Material. Das Septum transversum entsteht ursprünglich in Höhe der zervikalen Somiten und wird ab der 4. Woche (durch das stärkere Wachstum der dorsalen Strukturen) zunehmend nach kaudal verlagert. Die in das Septum eingewachsenen Spinalnervenanteile aus dem 3.–5. Halssegment bilden zusammen den **N. phrenicus,** der durch den Descensus des Zwerchfells und die Ausdehnung der Lungen seitlich vom Herzbeutel zu liegen kommt.

Einteilung

Das Zwerchfell lässt sich prinzipiell in einen muskulären **(Pars muscularis)** und einen sehnigen Anteil **(Centrum tendineum)** einteilen. Das Centrum tendineum dient als zentral gelegener gemeinsamer Ansatz der muskulären Anteile (Abb. 5.1).

Die **Pars muscularis** wird untergliedert in eine Pars lumbalis, Pars costalis und Pars sternalis.

Pars lumbalis. Sie besteht beiderseits aus einem medialen Schenkel **(Crus mediale)**, einem **Crus intermedium** und einem lateralen Schenkel **(Crus laterale)**.

- **Crus mediale.** Es entspringt vom vorderen Längsband (Lig. longitudinale anterius), den Körpern des 1. bis 4. (links: 1. bis 3.) Lendenwirbels und den zugehörigen Zwischenwirbelscheiben.

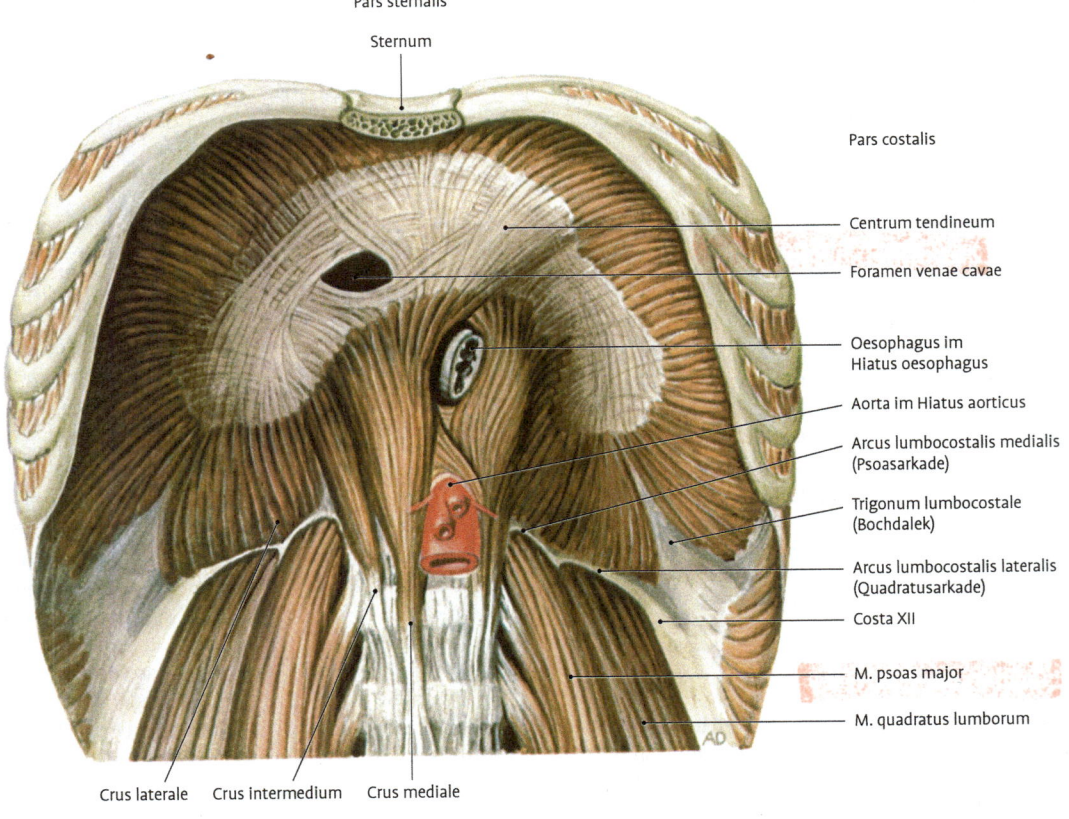

Pars sternalis

Sternum

Pars costalis

Centrum tendineum

Foramen venae cavae

Oesophagus im Hiatus oesophagus

Aorta im Hiatus aorticus

Arcus lumbocostalis medialis (Psoasarkade)

Trigonum lumbocostale (Bochdalek)

Arcus lumbocostalis lateralis (Quadratusarkade)

Costa XII

M. psoas major

M. quadratus lumborum

Crus laterale   Crus intermedium   Crus mediale

Pars lumbalis

Abb. 5.1 Zwerchfell von kaudal und ventral gesehen.

Tab. 5.1 Zwerchfellprojektionen – Lage des Zwerchfells während Inspiration und Exspiration

	Inspiration		Exspiration	
rechts	ventral:	7. Rippe	ventral:	4. Rippe
	dorsal:	11. Brustwirbel	dorsal:	8. Brustwirbel
links	ventral:	7.–8- Rippe	ventral:	4.–5- Rippe
	dorsal:	11.–12. Brustwirbel	dorsal:	8.–9. Brustwirbel

Der rechte und der linke Schenkel steigen steil aufwärts und bilden vor dem 12. Brust- oder 1. Lendenwirbel als **Lig. arcuatum medianum** die vordere (sehnige) Begrenzung des schlitzförmigen, etwas links von der Medianlinie gelegenen **Hiatus aorticus** (Durchtritt für die Aorta und den Ductus thoracicus). Nach oben weichen die beiden Schenkel wieder auseinander und bilden den meistens links von der Medianlinie gelegenen muskulösen Speiseröhrenschlitz, **Hiatus oesophageus**. Meistens wird diese Öffnung nur von dem rechten Schenkel begrenzt. Beteiligt sich der linke Schenkel an der Umrandung, so liegt er immer dorsal vom rechten. Unmittelbar oberhalb dieser Öffnung gehen die medialen Zwerchfellschenkel in die gemeinsame Zentralsehne, das Centrum tendineum, über.

- **Crus intermedium.** Es ist oft schmal und entspringt mehr seitlich, am 2. Lendenwirbelkörper. Eigentlich handelt es sich um eine Abspaltung vom Crus mediale durch den Durchtritt der Nn. splanchnici bzw. der Azygosvenen.
- **Crus laterale.** Es entspringt von 2 Sehnenbögen (**Lig. arcuatum mediale** und **laterale,** Haller-Sehnenbögen), die den M. psoas major bzw. M. quadratus lumborum überbrücken. Der mediale Bogen, **Arcus lumbocostalis medialis** (Lig. arcuatum mediale, „Psoasarkade") verläuft vom Körper zum Rippenfortsatz des 1. Lendenwirbels. Der laterale Bogen, **Arcus lumbocostalis lateralis** (Lig. arcuatum laterale, „Quadratusarkade") spannt sich zwischen dem Rippenfortsatz des 1. Lendenwirbels und der Spitze der 12. Rippe aus. Die relativ kurzen Muskelfasern strahlen schräg nach oben in das Centrum tendineum ein.

Pars costalis. Die Pars costalis entspringt alternierend mit den Zacken des M. transversus abdominis von den knorpeligen Anteilen der sechs kaudalen Rippen und strahlt bogenförmig in das Centrum tendineum ein.

Pars sternalis. Die Pars sternalis entspringt mit kleinen Zacken vom dorsalen Blatt der Rektusscheide und von der Dorsalfläche des Schwertfortsatzes (Processus xiphoideus) des Brustbeins und geht sehr bald in das Centrum tendineum über.

Centrum tendineum, die Zentralsehne aller muskulären Teile des Zwerchfells, begrenzt das rechts von der Mittellinie gelegene **Foramen venae cavae**. Die V. cava inferior ist darin mit ihrer Adventitia bindegewebig fest verankert. Der Durchtritt der Vena cava inferior durch den sehnigen Anteil des Zwerchfells sichert den Blutfluss auch während der Kontraktion des Zwerchfells in der Inspirationsphase. Mit der kranialen Fläche des Centrum tendineum ist der **Herzbeutel** fest verwachsen. Auf Röntgenbildern erscheint das Centrum tendineum gleichsam durch die Last des darauf ruhenden Herzens eingedellt (Herzsattel). Seitlich von ihm erheben sich die rechte und linke Zwerchfellkuppel. Gewöhnlich reicht die rechte Kuppel durch die Größe der Leber einen Querfinger höher als die linke. Bei Gasansammlung im Magen und Dickdarm stehen sie meistens gleich hoch. Die Lage des Zwerchfells (auf das Skelett bezogen) ist sehr variabel (Tab. 5.1). Sie hängt von dem Grad der Ein- und Ausatmung, vom Alter, vom Geschlecht, von der Konstitution und ggf. krankhaften Prozessen (z. B. Raumforderungen in Brust- oder Bauchhöhle) ab. In **Atemmittellage** findet sich das Centrum tendineum in Höhe der Körper-Schwertfortsatzgrenze des Brustbeines.

Lagebeziehungen des Zwerchfells

Im **Kindesalter,** mit einem relativ größeren sagittalen Durchmesser und einer inspiratorischen Form des Brustkorbes, steht das Zwerchfell einen Zwischenrippenraum höher (größere Querstellung des Herzens). Mit der allmählichen Senkung (Descensus) aller Organe im **Alter** findet auch eine Senkung des Zwerchfells statt. **Raum beengende Prozesse** im Bauch (Schwangerschaft, Aszites,

Meteorismus, Tumoren) drängen zunächst die Bauchwand vor, später das Zwerchfell hoch. Raumbeengung im Brustraum flacht dagegen das Zwerchfell ab. Ein Nachlassen der Elastizität der Lungen (z. B. beim Emphysem) führt ebenfalls zu einer Abflachung des Zwerchfells. Schließlich beeinflusst noch die **Körperlage** den Zwerchfellstand. Die Kuppeln liegen im Stehen am tiefsten, treten im Sitzen höher und erreichen in Rückenlage den höchsten Stand. In Seitenlage tritt die Kuppel auf der Seite, auf der man liegt, höher.

Bei der Leiche schiebt das Gewicht der Baucheingeweide die erschlaffte Zwerchfellplatte nach kranial. Es findet sich somit ein höherer Zwerchfellstand als in vivo.

Zwerchfellöffnungen (Tab. 5.2)

Hiatus aorticus. Die untere Öffnung des Canalis aorticus liegt vor dem 1. Lendenwirbelkörper, wird dorsal von dem Wirbelkörper, lateral von den Zwerchfellschenkeln und ventral von einem Sehnenbogen (**Lig. arcuatum medianum**), der die beiden Zwerchfellschenkel verbindet, begrenzt. Da sich die Pars lumbalis des Zwerchfells bei der Kontraktion von der Wirbelsäule entfernt, findet bei der Einatmung auch keine Kompression der Aorta am Hiatus statt. Der **Canalis aorticus** endet vor

dem 11. Brustwirbel. Durch den Aortenkanal ziehen die **Aorta** mit dem **vegetativen Plexus aorticus** und dorsolateral, in Fett eingehüllt, der **Ductus thoracicus**. Auch die **Vv. azygos** und **hemiazygos** können mit in dem Kanal liegen.

Foramen v. cavae. Es liegt in Höhe des Oberrandes des 9. Brustwirbels, rechts von der Mittellinie im Centrum tendineum. Die **Vena cava inferior** zieht hindurch. Der sensible **R. phrenicoabdominalis** des **rechten** N. phrenicus zieht mit hindurch zur Bauchfläche des Zwerchfells und zur Leber und Gallenblase.

Hiatus oesophageus. Er liegt gegenüber dem 10. Brustwirbel, links und ventral von der Aortenöffnung. Im Gegensatz zu den beiden obigen Öffnungen wird er vollständig von der Muskulatur gebildet. In der Inspiration wird somit das kaudale **Speiseröhrenende** verschlossen. Durch den Speiseröhrenschlitz ziehen zudem ventral der **Truncus vagalis anterior,** dorsal der **Truncus vagalis posterior.** Die **Trunci vagales** entstehen aus dem Plexus oesophageus und enthalten Fasern des rechten und linken N. vagus. Auch **Rr. phrenicoabdominales** des **linken** N. phrenicus ziehen hindurch und versorgen Bauchfell und Pankreas sensibel.

Medialer Lumbalspalt. Durch den Spalt zwischen Crus mediale und Crus intemedium der Pars lum-

Tab. 5.2 Öffnungen des Zwerchfells und durchziehende Strukturen

Zwerchfellöffnung	Strukturen	Projektion auf die Wirbelsäule
Hiatus aorticus	Aorta	1. Lendenwirbelkörper
	Plexus aorticus	
	(V. azygos	
	V. hemiazygos)	
	Ductus thoracicus	
Foramen venae cavae	V. cava inferior	9. Brustwirbelkörper
	R. phrenicoabdominalis re.	
Hiatus oesophagus	Oesophagus	10. Brustwirbelkörper
	Trunci vagales	
	R. phrenicoabdominalis li.	
medialer Lumbalspalt	N. splanchnicus major	1. Lendenwirbelkörper
	N. splanchnicus minor	
	V. azygos (re.)	
	V. hemiazygos (li.)	
lateraler Limbalspalt	Grenzstrang	2. Lendenwirbelkörper
Trigonum sternocostale	A./V. epigastrica superior	8. Brustwirbelkörper
	Lymphgefäße	

balis treten beiderseits der **N. splanchnicus major** und rechts die **V. azygos,** links die **V. hemiazygos**. Der **N. splanchnicus minor** kann auch das Crus mediale durchbohren.

Lateraler Lumbalspalt. Zwischen Crus intermedium und Crus laterale verläuft der **Grenzstrang** des Sympathicus.

Trigonum sternocostale. Zwischen Pars sternalis und Pars costalis findet sich beiderseits ein schmales muskelfreies Dreieck **(Larrey-Spalte)**. Durch diese Spalte ziehen die **A. epigastrica superior** (ein Endast der A. thoracica interna), die gleichnamige Vene und Lymphgefäße.

Trigonum lumbocostale. Zwischen der Pars lumbalis und costalis ist ebenfalls meistens ein muskelfreier Bereich **(Bochdalek-Dreieck)** ausgeprägt, häufiger links als rechts. Diese Spalten, besser dünne Stellen, sind gewöhnlich bindegewebig und durch die serösen Häute (Bauch- und Brustfell) und Faszien (**Fascia transversalis** und **Fascia phrenicopleuralis**) verschlossen.

Klinik: 1. Bei gestörter Zwerchfellentwicklung können im Bereich des Trigonum lumbocostale sinistrum (Bochdalek), viel seltener im Bereich der Larrey-Spalte und im Centrum tendineum Löcher im Zwerchfell bestehen bleiben, die als **Foramen phrenicum congenitale persistens** bezeichnet werden. **2.** Bei fehlender Muskelentwicklung kann die pleuroperitoneale Membran als **Hernia diaphragmatica** (angeborene Zwerchfellhernie) in den Brustraum vorgetrieben werden. **3.** Im Bereich des Hiatus oesophageus liegt zwischen Speiseröhre und Zwerchfell eine bindegewebige Verschiebeschicht, sodass der Oesophagus genügend Bewegungsspielraum für den Speisetransport hat. An dieser „Schwachstelle" finden sich häufig Hernien, wobei man prinzipiell 2 Arten unterscheiden kann: **3. 1.** Bei der häufigen **axialen Gleithernie** schiebt sich der abdominale Anteil der Speiseröhre, manchmal auch ein Stück Magen, durch die Zwerchfellöffnung in den Brustraum. Die Bedeutung der axialen Hiatusgleithernie in der Pathogenese der häufigen Refluxoesophagitis ist unklar. **3. 2.** Bei der **paraoesophagealen Hernie** schiebt sich ein Teil des Magens neben der regelrecht liegenden Speiseröhre in den Brustraum und unterliegt der Gefahr der Einklemmung.

Gefäße und Nerven

Arterien. Zur Brusthöhlenfläche des Zwerchfells ziehen die **A. pericardiacophrenica** (mit dem N. phrenicus), die **A. musculophrenica** (ein Endast der A. thoracica interna) und die **Aa. phrenicae superiores,** kleine direkte Äste aus der Aorta für den dorsalen Teil des Zwerchfells. Die Bauchhöhlenfläche wird aus den **Aa. phrenicae inferiores** versorgt. Sie entspringen im Aortenschlitz aus der Aorta oder aus dem Truncus coeliacus und geben die oberen Nebennierenarterien ab.

Venen. Der venöse Abfluss erfolgt einerseits über die **Vv. phrenicae superiores** zur V. azygos bzw. hemiazygos, andererseits über die **Vv. phrenicae inferiores** zur V. cava inferior.

Lymphgefäße. Das Zwerchfell hat **eigene** Lymphgefäße in der Muskulatur und unter den serösen Häuten (Pleura und Peritoneum). Gleichzeitig lässt es auch noch die Lymphe der oberen **Bauchorgane** durchtreten.

Nerven. Die motorische Versorgung erfolgt durch die **Nn. phrenici** (s. Kap. 5.1.4.10) aus den Segmenten C3–C5 (Plexus cervicalis, s. Kap. 6.13.4.2). Tiefere Halssegmente können sich über den **N. subclavius** daran beteiligen (Nebenphrenikus). Periphere Zwerchfellanteile werden sensibel auch aus unteren Interkostalnerven versorgt.

Klinik: 1. Da das Zwerchfell an der Wirbelsäule wesentlich tiefer als am Brustbein steht, können **penetrierende Verletzungen** vorn die Bauch- und hinten die Brusthöhle treffen. Auf Röntgenbildern beobachtet man nicht selten eine Einknickung des rechten Zwerchfellbogens. Sie kommt durch ungleiche Kontraktion der Muskelzüge zustande. Die Fasern von der 8. und 9. Rippe sind länger und können sich stärker kontrahieren. Zwischen den Ursprüngen von der 7. und 8. Rippe kann ein Spalt bestehen. **2. Zwerchfellfurchen** sind vertikale Impressionen auf der Kuppe des rechten Leberlappens. Sie entstehen durch den Druck hypertropher Zwerchfellmuskelfaserbündel gegen die Leber bei chronisch-obstruktiven Lungenerkrankungen, insbesondere beim chronisch-substanziellen Lungenempyhsem. **3.** Der sensible R. phrenicoabdominalis des vorwiegend motorischen Zwerchfellnerven zieht rechts durch das Foramen v. cavae, links durch den Hiatus oesophageus zum Bauchfell und den oberen Bauchorganen. Diese Tatsache erklärt Schmerzen in der rechten Schulter bei Erkrankungen der Leber und Gallenblase, in der linken Schulter bei Pankreaserkrankungen (**Head-Zonen**).

5.1.2 Der Thorax als Ganzes und Mechanik der Atmung

1. Der **Thorax** des erwachsenen Menschen hat die **Form** eines oben abgestumpften Kegels, der dorsoventral abgeplattet ist. Im Querschnitt erscheint er nierenförmig (Abb. 5.2, 5.3). Die vertebralen Enden der Rippen sind bis zum Angulus costae dorsolateralwärts gerichtet und biegen erst hier nach ventral um. Auf diese Weise entsteht rechts und links der Wirbelsäule eine tiefe, breite Rinne (Sulcus pulmonalis) für die Aufnahme großer Lungenabschnitte. Die Brustwirbelsäule wird nach ventral verlagert, der Schwerpunkt des Brustkorbes und seines Inhaltes

dagegen nach dorsal. Diese für den Erwachsenen typische Thoraxform ergibt die günstigsten statischen Voraussetzungen für den aufrechten Gang (Abb. 5.4). Durch den dorsolateralen Verlauf der vertebralen Rippenenden entsteht zwischen den Wirbeldornen und den Anguli costarum beiderseits eine Rinne für die Aufnahme der langen Rückenmuskulatur. Diese Rückenrinne wird entsprechend der Massenzunahme der Muskulatur von oben nach unten breiter.

2. Die durch **Skelett und Bandapparat** gegebene Grundform ist ein **elastisch-federndes System**. Es wird durch eine große Zahl von Kräften, die gleichsinnig und gegensinnig wirken, laufend aus seiner Gleichgewichtslage gebracht, weiter und enger gestellt. Die dicht anliegenden Lungen folgen zwangsläufig diesen Bewegungen. Sie werden bei der Erweiterung des Brustkorbes gedehnt, saugen Luft durch die Luftwege an (Inspiration). Eine Verkleinerung des Brustkorbes bedeutet auch eine Verkleinerung der Lungen mit Austreibung der Luft (Exspiration).

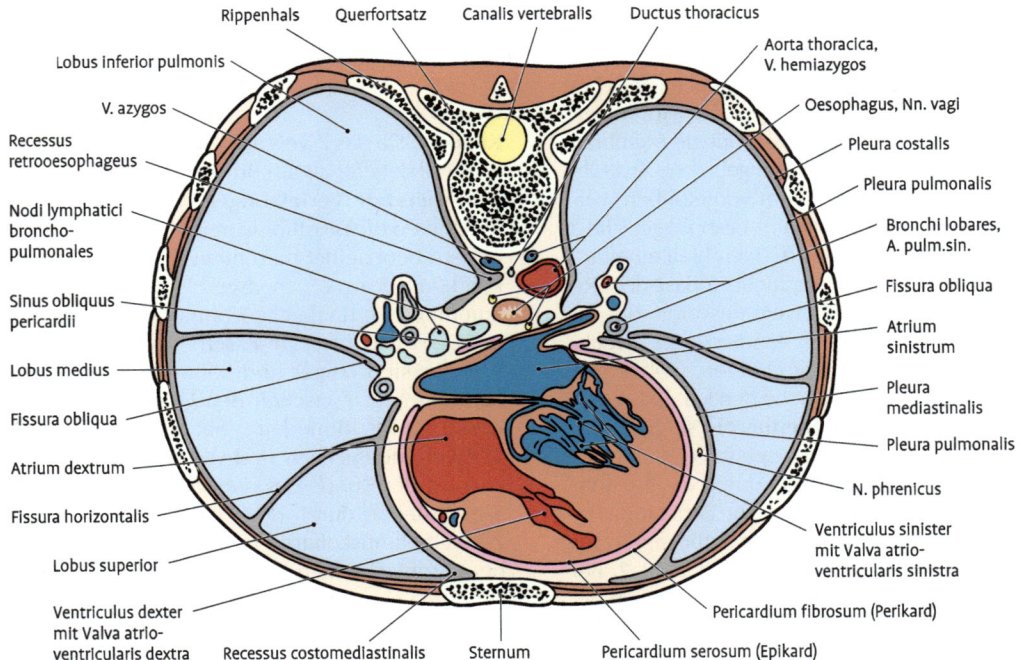

Rippenhals — Querfortsatz — Canalis vertebralis — Ductus thoracicus

Aorta thoracica, V. hemiazygos

Lobus inferior pulmonis

V. azygos

Recessus retrooesophageus

Nodi lymphatici bronchopulmonales

Sinus obliquus pericardii

Lobus medius

Fissura obliqua

Atrium dextrum

Fissura horizontalis

Lobus superior

Ventriculus dexter mit Valva atrioventricularis dextra

Recessus costomediastinalis — Sternum

Oesophagus, Nn. vagi

Pleura costalis

Pleura pulmonalis

Bronchi lobares, A. pulm.sin.

Fissura obliqua

Atrium sinistrum

Pleura mediastinalis

Pleura pulmonalis

N. phrenicus

Ventriculus sinister mit Valva atrioventricularis sinistra

Pericardium fibrosum (Perikard)

Pericardium serosum (Epikard)

Abb. 5.2 Schematischer Querschnitt durch den Thorax. Pleura grau, Epikard und Perikard rot.

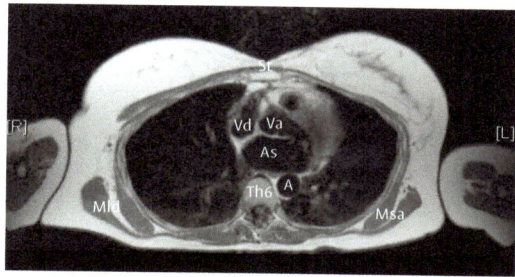

Abb. 5.3 Magnetresonanztomografie (MRT), Querschnitt Thorax korrespondierend zu Abb. 5.2.
A = Aorta; As = Atrium sinistrium; Mld = M. latissimus dorsi; Msa = M. scalenus anterior; St = Sternum; Va = Valva atrioventricularis; Vd = Ventriculus dexter.

5.1.2.1 Einatmung

Die **Einatmung** erfolgt aus der Gleichgewichtslage durch **Muskeltätigkeit**. Die Mm. intercostales externi, intercartilaginei und das Diaphragma erweitern den Brustraum nach ventral, lateral und kaudal. Im Bereich der sternalen Rippen wird der Brustkorb vorwiegend im sternovertebralen Durchmesser, weniger (von der 1. bis zur 7. Rippe zunehmend) im transversalen Durchmesser erweitert (**sternokostaler Atmungstyp** oder Oberrippenatmung) (Abb. 5.5, 5.6). Die unteren Rippen und ihre Zwischenrippenmuskeln bilden eine Arbeitsgemeinschaft mit dem Zwerchfell (**kostodiaphragmaler Atmungstyp,** Unterrippen-, Zwerchfell- oder Bauchatmung). Die Rippen werden hier bei der Hebung stark seitwärts geführt (Schräge Rippenhalsachse!). Durch diesen Seitenstoß (Flankenatmung) wird das Zwerchfell gedehnt, es gewinnt damit eine günstige Ausgangslage für die Kontraktion, durch die es abgeflacht und gesenkt wird. Seitenstoß, Abflachung und Senkung des Zwerchfells öffnen den Recessus costodiaphragmaticus, der seitlich besonders groß ist (Abb. 5.7).

Die **Erweiterung** des Brustraumes erfolgt gegen den Widerstand der elastischen Lungenspannung. Die Lungen befinden sich auch in der Exspiration in einem Spannungszustand, der auf alle Wände des Brustraumes ansaugend wirkt. Dieser **Lungensog** oder **Lungenzug** entsteht in der Entwicklung dadurch, dass der Thorax schneller als die Lungen wächst, wodurch die elastischen Bestandteile der Lunge gedehnt werden. Mit zunehmender Inspiration steigt der Lungensog an und setzt der Erweiterung größeren Widerstand entgegen. Gleichsinnig steigt auch der Widerstand im elastisch-federnden System des Brustkorbes (Verformung der Knorpel, Spannung der Bänder).

In der Regel werden **beide Atmungstypen kombiniert**. Die Erweiterung des Brustraumes (und damit die Vergrößerung seines Volumens) führt über die Beziehung p (Druck) × V (Volumen) = konstant zu einer Abnahme des intrapulmonalen Druckes, sodass ein Druckgefälle zwischen Außenluft und Innenraum entsteht.

Bei **ruhiger** Atmung betätigt man überwiegend das **Zwerchfell**. Bei der Einatmung heben die **Mm. scaleni** geringfügig die 1. und 2. Rippe und unter Vermittlung des Tonus der Interkostalmuskeln alle anderen Rippen. Das Zwerchfell kontrahiert und erweitert den Thorax von unten her. Erst bei **verstärkter Inspiration** treten die **Mm. intercostales externi** und die **Mm. intercartilaginei** in Aktion. Bei starken körperlichen **Anstrengungen** (oder bei bestimmten Krankheiten, z. B. Asthma) werden die **Atemhilfsmuskeln** beansprucht. Die Unterzungenbeinmuskeln und der M. sternocleidomastoideus heben den Brustkorb, wenn vorher der Kopf und die Halswirbelsäule durch die Strecker festgestellt sind. Die Mm. rhomboidei, levator scapulae und trapezius (s. Kap. 4.2.1.2) heben den Schultergürtel und befreien den Thorax von dieser exspiratorisch wirkenden Last. Weiter unterstützen die Strecker der Brustwirbelsäule die Inspiration, weil mit der Streckung eine zwangsläufige Hebung der Rippen verbunden ist.

Schließlich können noch die vom **Schultergürtel** zum Brustkorb ziehenden Muskeln (Mm. pectoralis major und minor, serratus anterior) (s. Kap. 4.3.3.1) den Thorax heben und erweitern, wenn die Arme durch Aufstützen, z. B. der Hände, fixiert sind.

5.1.2.2 Ausatmung

Sobald die Inspiratoren erschlaffen, federt der Brustkorb durch den elastischen Zug der Lungen, durch die im Thorax selbst wirksamen federnden Kräfte und durch die Schwerkraft wieder in seine **Ausgangslage** zurück (Abb. 5.8).

Soll über diese hinaus noch **stärker ausgeatmet** werden, so senken die Mm. intercostales interni und der M. transversus thoracis die Rippen. Die Bauchmuskeln senken den Brustkorb (M. rectus abdominis), verengen die untere Thoraxapertur (seitliche Bauchmuskeln), erhöhen den intraabdominalen Druck und schieben die Bauchorgane und damit das Zwerchfell gegen den Brustraum vor. Sie sind damit die wichtigsten Hilfsmuskeln

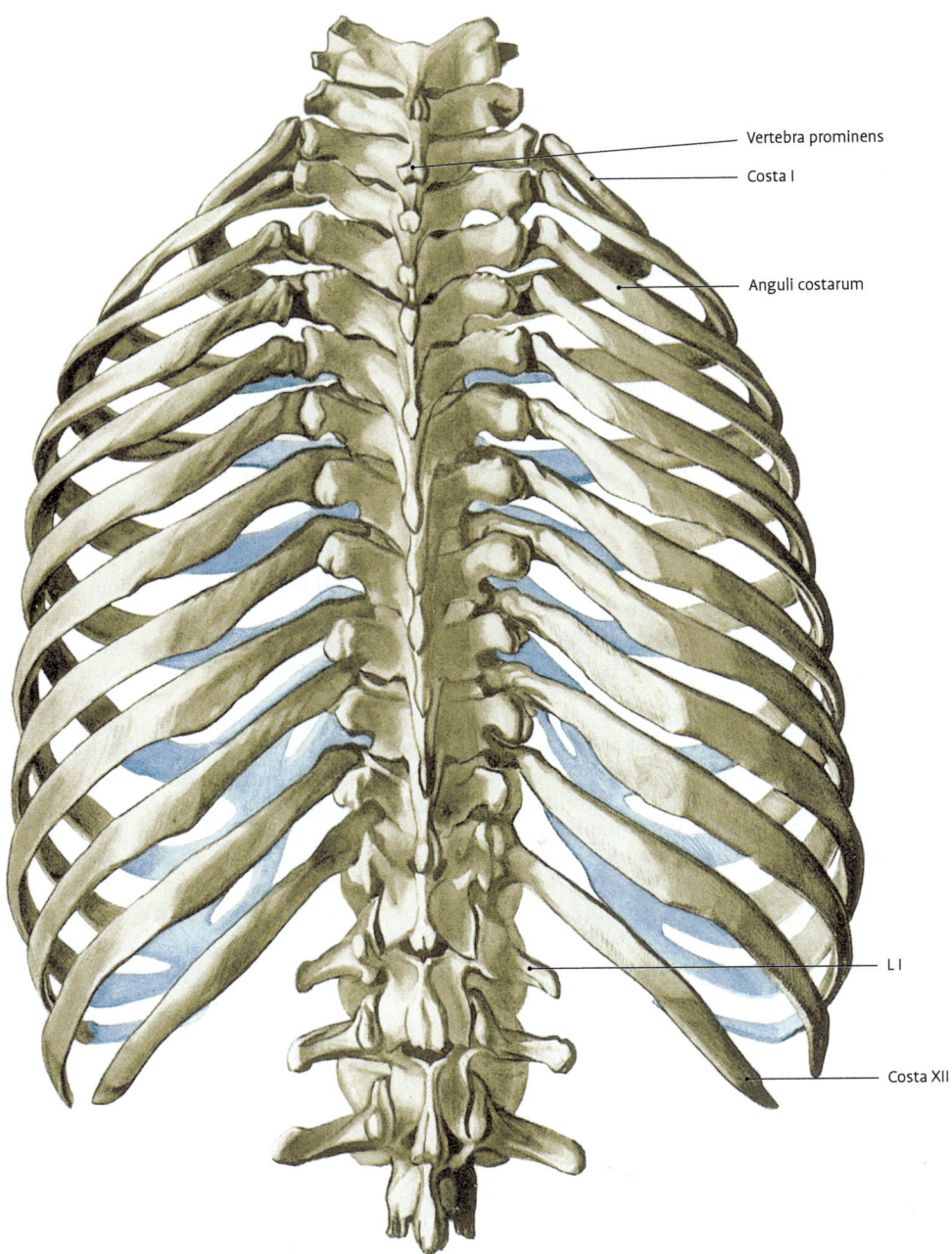

Vertebra prominens

Costa I

Anguli costarum

L I

Costa XII

Abb. 5.4 Brustkorb von dorsal. L1 = erster Lendenwirbel.

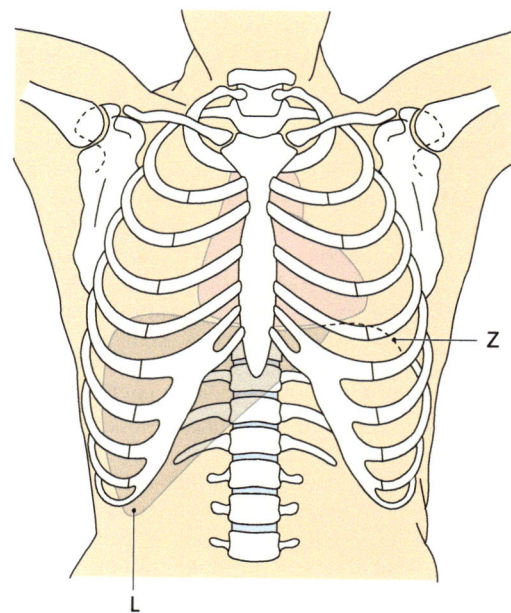

Abb. 5.5 Inspirationsform des Thorax von ventral. Z = Zwerchfell, L = Leber.

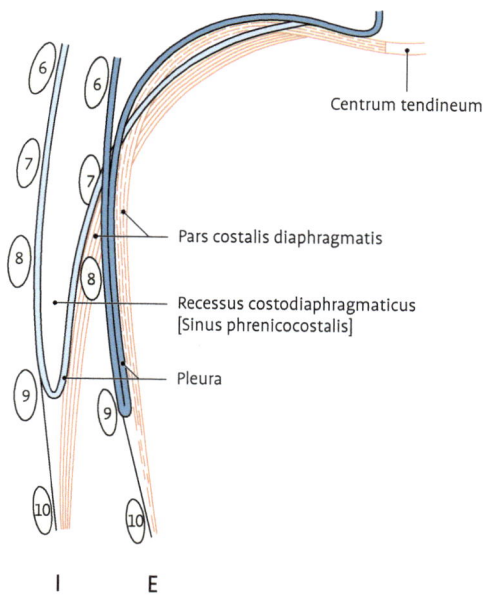

Centrum tendineum

Pars costalis diaphragmatis

Recessus costodiaphragmaticus [Sinus phrenicocostalis]

Pleura

I   E

Abb. 5.7 Rippen, Zwerchfell und Recessus costodiaphragmaticus bei Inspiration (I) und Exspiration (E).

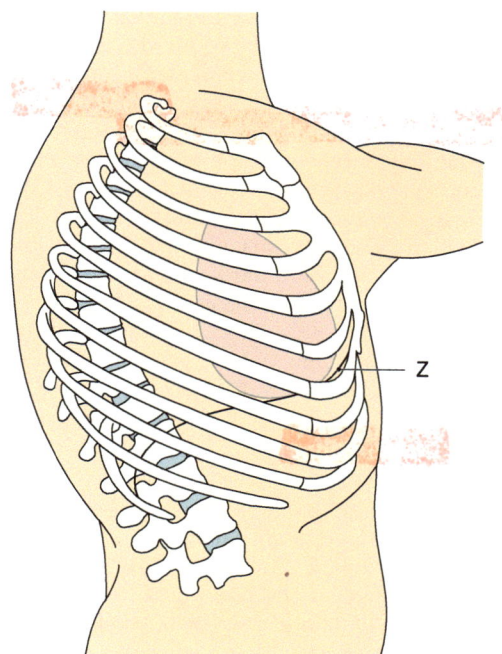

Abb. 5.6 Inspirationsform des Thorax von rechts. Z = Zwerchfell.

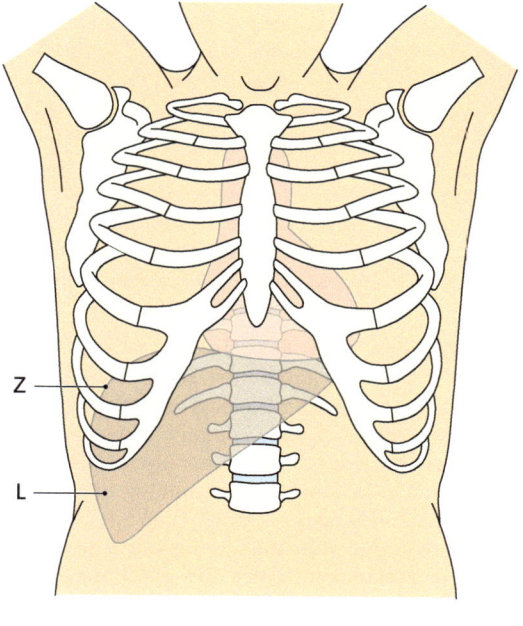

Abb. 5.8 Exspirationsform des Thorax von ventral. Z = Zwerchfell; L = Leber.

für die Exspiration, deutlich spürbar z. B. beim Lachen, Niesen oder Husten.

Bei **festgestellten Armen** werden sie noch durch den M. latissimus dorsi unterstützt. Man kann dies bei einem Asthma- oder Hustenanfall (erschwerte Ausatmung) leicht beobachten. Unwillkürlich wird dabei auch die Brustwirbelsäule gebeugt, weil damit eine zwangsläufige Senkung der Rippen verbunden ist.

5.1.2.3 Thoraxform und Atmungstyp

Neugeborenes. Der Thorax des Neugeborenen hat wie beim Vierfüßer einen großen sagittalen Durchmesser (Verhältnis sagittaler zum transversalen Durchmesser 1 : 2, beim Erwachsenen 1 : 3). Die Rippen verlaufen nahezu horizontal; die Brustwirbelsäule ist gestreckt. Der Brustkorb befindet sich nahe der maximalen Inspiration in der Gleichgewichtslage. Die Rippen können aus dieser Stellung heraus nur noch wenig gehoben werden.

Säugling. Er atmet deshalb hauptsächlich abdominal; das verhältnismäßig hoch stehende Zwerchfell wird gesenkt, der Bauch durch die tiefer tretenden Baucheingeweide vorgewölbt.

Kind. Beim Kind senken sich allmählich die Rippen (Descensus costarum); der sagittale Durchmesser wird verhältnismäßig kleiner. Die Brustwirbelsäule erhält mit dem aufrechten Gang ihre physiologische Kyphose. Die Gleichgewichtslage des Brustkorbes nähert sich mehr der Exspirationsform. Aus dieser Lage heraus können die Rippen stärker gehoben werden. Parallel mit dieser Umformung des Brustkorbes erfolgt allmählich, zwischen dem 3. und 7. Lebensjahr, der Übergang von der abdominalen zur kostalen Atmung. Das Zwerchfell tritt um eine Wirbelhöhe tiefer.

Erwachsener. Beim Erwachsenen ist der Thorax weiter abgeflacht. Er befindet sich noch näher der Exspirationsform in der Gleichgewichtslage. Kostale und abdominale Atmung kommen gemeinsam vor. Im Alter nehmen mit der Abnahme der Elastizität und des Muskeltonus die Krümmung der Wirbelsäule, die Senkung der Rippen, die Verkalkung der Rippenknorpel, die Abflachung des Brustkorbes und die Verkleinerung der unteren Thoraxapertur zu. Gleichzeitig erschlaffen aber auch die Bauchmuskeln. Die hierdurch gegebene Senkung der Baucheingeweide führt in Verbindung mit dem Nachlassen des Lungensogs (Elastizitätsverlust) zu einer Senkung und Abflachung des Zwerchfells. Die

Atmung ist stärker abdominal. Im Liegen finden wir mehr kostale, im Stehen mehr abdominale Atmung.

> **Klinik. 1.** Angeborene und erworbene **pathologische Krümmungen der Wirbelsäule** (s. Kap. 4.2.1.1) bedingen zwangsläufig auch eine Umformung des ganzen Thorax. Am kyphoskoliotischen Thorax sind an der konvexen Seite der Wirbelsäule die Rippen nach dorsal zu einem Buckel vorgetrieben. Sie weichen hier in der Regel stärker auseinander, während sie an der konkaven Seite zusammengeschoben sind. So können quer verlaufende Schnürfurchen des rechten Leberlappens bei Deformitäten der unteren Thoraxapertur im Rahmen einer Kyphoskoliose der Wirbelsäule auftreten. **2.** Behindern **raumbeengende und entzündliche Prozesse** in der Bauchhöhle die Bauchatmung, so findet sich eine stärkere Rippenatmung. Ist umgekehrt die Rippenatmung erschwert oder schmerzhaft, so springt kompensatorisch eine stärkere Bauchatmung ein.

5.1.2.4 Komplementärräume

An den Lungenrändern besitzt der Pleuraspalt Reserveräume, die sich bei der Inspiration entfalten, und bei denen sich in der Exspiration die beiden parietalen Pleurablätter aneinander legen. Diese Reserveräume bezeichnet man als **Komplementärräume** oder **Recessus (Sinus) pleurales.** Sie werden nach den begrenzenden Teilen der Pleura parietalis benannt und liegen ventral, kaudal und dorsal am Übergang der verschiedenen Brustfellabschnitte. Weil hier die Grenzen von Lunge und Brustfell auseinander weichen sind die Recessus von großer Bedeutung für die praktische ärztliche Tätigkeit in Diagnostik und Therapie (s. u.). Im Normalfall werden die Reserveräume beim Gesunden auch bei tiefster Inspiration nicht vollständig entfaltet.

5.1.3 Lunge, Pulmo

> In der Lunge findet die **äußere Atmung** statt, d. h. der Austausch von Atemgasen zwischen Blut und Atemluft. Zu diesem Zweck finden sich bei der erwachsenen Lunge insgesamt ca. 300–400 Millionen Alveolen, vergleichbar einer Respirationsfläche von etwa 140 m². Neben diesen terminalen, direkt am Gasaustausch beteiligten Arealen finden sich in der Lunge

luftleitende Strukturen. Die beiden Hauptbronchien teilen sich dichotom bis hin zur 23. Teilungsgeneration. Den Aufzweigungen kommt bis zu den Bronchioli terminales der 16. Teilungsstufe ausschließlich luftleitende Funktion zu, anschließend finden sich in den Bronchioli respiratorii der 17.–19. Generation schon vereinzelt Alveolen, die dann mit der 20. Aufteilung in die Alveolargänge übergehen. Im Gegensatz zu anderen Organen muss die Lunge erst zum Zeitpunkt der Geburt, dann aber zuverlässig, ihre Arbeit aufnehmen. Die unzureichende Funktionsaufnahme der Lunge bei der Geburt ist die häufigste Todesursache in der frühen nachgeburtlichen Phase. Bei der Öffnung des Brustkorbes kommt es normalerweise zum Kollaps der Lungen. Intraoperativ wird dieses durch die Beatmung verhindert, postmortal härtet man die Lungen durch entsprechende Fixierungsmittel. So behalten sie nach der Eröffnung der Brusthöhlen und auch nach der Herausnahme ihre Form. An ihren medialen Flächen finden sich charakteristische Furchen und Eindrücke, die ein Negativ der im Mediastinum gelegenen Gebilde darstellen.

5.1.3.1 Entwicklung

In der ventralen Wand des Vorderdarmes entsteht in der 4. EW eine Aussackung. Diese stellt die entodermale Grundlage des Lungendivertikels dar und wird von dem den Vorderdarm umgebenden viszeralen Mesoderm ergänzt. Das Epithel des Respirationstraktes ist entodermalen Ursprungs, Knorpel und glatte Muskulatur mesodermal. Die zunächst offene Verbindung zum Vorderdarm wird durch das Auswachsen des Septum oesophagotracheale teilweise verschlossen, somit werden Oesophagus und Respirationstrakt kaudal der Kehlkopföffnung voneinander getrennt. Aus dem Lungendivertikel bilden sich nach Teilung durch weiteres Wachstum nach kaudal und lateral in der Mitte die Trachea und beiderseits die Lungenknospen aus. Die rechte Lungenknospe teilt sich in drei Anteile, die linke in 2, entsprechend den späteren Hauptbronchien und Lungenlappen. Die Hauptbronchien teilen sich in der Folge mehrmals dichotom, sodass auf beiden Seiten 10 tertiäre Bronchien (Grundlage der bronchopulmonalen Segmente) entstehen. Insgesamt laufen vor der Geburt etwa 17 Teilungsschritte ab, nach der Geburt noch 6. Die Bifurcatio tracheae liegt zum Zeitpunkt der Geburt etwa in Höhe des 2., beim Erwachsenen in Höhe des 4. Brustwirbels. Neue Alveolen bilden sich bis zum 10. Lebensjahr.

Klinik: 1. Bei der Unterteilung von Respirationstrakt und Oesophagus durch das Septum oesophagotracheale kommt es manchmal zu Störungen. Hierbei endet der obere Oesophagusabschnitt zumeist als Blindsack, wohingegen der untere über eine Fistel Verbindung zur Trachea hat. Seltener fehlt eine Verbindung zur Trachea trotz Unterbrechung des Oesophagus, oder es findet sich bei durchgängiger Speiseröhre eine **oesophagotracheale Fistel** (Abb. 5.9). 2. Eine regelrechte Atmung ist erst dann möglich, wenn sich aus dem isoprismatischen Epithel der Endaufzweigungen der Bronchioli (Bronchioli respiratorii) Alveolarepithelzellen differenziert haben. Dies geschieht etwa im 7. Entwicklungsmonat, sodass von da an – was diesen Aspekt betrifft – ein Frühgeborenes Überlebenschancen hat. Es müssen sich jedoch erst noch die Alveolarepithelien vom Typ II bilden, ehe eine regelrechte Atmung möglich wird. Diese produzieren eine oberflächenaktive Substanz (Surfactant), die verhindert, dass die Alveolen in der Exspiration kollabieren. Ein durch Surfactantmangel bedingter Alveolarkollaps **(Atemnotsyndrom des Neugeborenen)** stellt die häufigste Todesursache bei Frühgeborenen dar. Droht eine Frühgeburt, erhalten die Schwangeren frühzeitig Glukokortikoide, die die Reifung der fetalen Lunge beschleunigen. Den Kindern kann gentechnisch hergestelltes Surfactant verabreicht werden. 3. Zum Zeitpunkt der Geburt sind die Lungen flüssigkeitsgefüllt (einerseits vom Bronchialepithel gebildet, andererseits Amnionflüssigkeit). Die Flüssigkeit wird unter der Geburt und mit dem ersten Atemzug über Mund und Nase abgegeben bzw. in die Sacculi alveolares (s. u.) gezogen und in den ersten Lebensstunden resorbiert. Bei Totgeburten unterbleibt diese Flüssigkeitsabnahme, eine Tatsache, die sich Rechtsmediziner zunutze machen, um zu entscheiden, ob eine Totgeburt vorliegt oder das Neugeborene erst nach der Geburt starb bzw. getötet wurde. Die schon beatmete Lunge schwimmt auf dem Wasser, die einer Totgeburt nicht **(Schwimmprobe).**

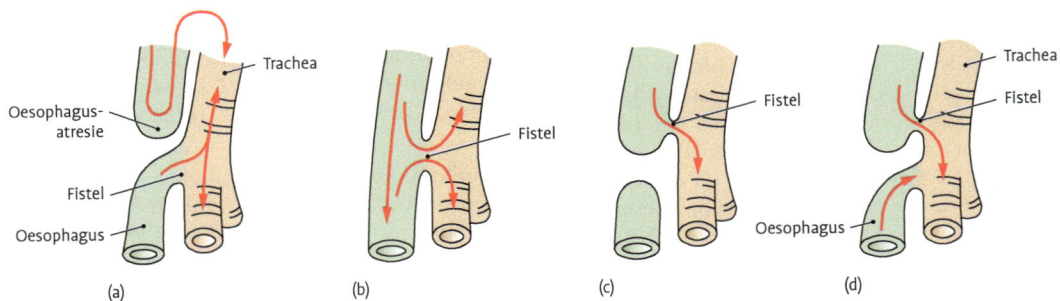

Abb. 5.9 Schematische Darstellung der 4 häufigsten Arten oesophagotrachealer Fisteln. Die Pfeile zeigen die Flussrichtung des Speiseröhreninhalts an. **a:** Atresie des Oesophagus; **b:** Fistel zwischen Oesophagus und Trachea; **c:** Unterbrechung des Oesophagus distal einer Fistel; **d:** Unterbrechung des Oesophagus mit Fisteln proximal und distal nach Unterbrechung (nach Moore, K. L., T. V. N. Persaud: The developing human. 6th ed. W. B. Saunders, 1998).

5.1.3.2 Topografie

Lungenflügel. Man unterscheidet 2 Lungenflügel **(Pulmo dexter et sinister).** Jeder hat (grob betrachtet) die Form eines Kegels, dessen **Basis** dem Zwerchfell aufsitzt und dessen **Spitze** durch die obere Thoraxapertur in den Halsbereich hineinragt (Abb. 5.10, 5.11, 5.70). Die den Rippen zugewandte Fläche **(Facies costalis)** ist konvex gewölbt, die mediastinale Fläche **(Facies mediastinalis)** konkav. Die rechte Lunge hat wegen der Linksverlagerung des Herzens etwa 30 % mehr Volumen als die linke.

Lungenspitze (Apex pulmonis). Sie ist abgerundet und liegt, bei der Atmung praktisch unverschieblich, in der Pleurakuppel **(Cupula pleurae).** Sie überragt die nach vorne abfallende erste Rippe ventral und ist dort 2–3 cm oberhalb der Clavicula zu perkutieren. Dorsal reicht sie nur bis zum Oberrand der 1. Rippe. Die über die erste Rippe hinwegziehende A. subclavia verursacht eine an der fixierten Lunge sichtbare, ventrokaudal der Lungenspitze liegende Rinne.

Lungenbasis. Sie ruht mit ihrer konkaven Facies diaphragmatica auf dem Zwerchfell. Ihr scharfer Margo inferior weist gegen den **Recessus costodiaphragmaticus** (Sinus phrenicocostalis) und entfaltet ihn teilweise bei der Einatmung.

Facies costalis. Die große, konvexe Facies costalis geht vorn mit dem scharfen Margo anterior (sternalis), hinten mit einem stumpfen Rand in die längliche Facies medialis über. Hier kann man eine **Pars vertebralis,** die neben der Wirbelsäule im Sulcus pulmonalis liegt, und eine **Pars mediastinalis,** die an das Mediastinum grenzt, unterscheiden.

Facies medialis (mediastinalis). Hier treten Gefäße, Nerven und Bronchien aus dem Mediastinum in die Lunge ein. Sie bilden die Lungenwurzel **(Radix pulmonis).**

Auch gehen an der mediastinalen Fläche die beiden Pleurablätter (Pleura visceralis und parietalis) ineinander über. Die Umschlagstelle umgreift kragenförmig die Lungenwurzel und begrenzt an der medialen Lungenfläche einen kommaförmigen pleurafreien Bezirk. Im oberen, breiten Teil des Kommas liegt die Lungenpforte (Lungenhilum, Hilum pulmonis). Der schmale Teil des Kommas erstreckt sich als gefäßfreie Pleuraduplikatur seitlich bis zum Herzbeutel und nach unten bis zum Zwerchfell **(Lig. pulmonale,** Plica mediastinopulmonalis). Beide Lungen zeigen ventral und kaudal vom Lungenhilum eine Impressio cardiaca. Links ist sie entsprechend der asymmetrischen Lage des Herzens wesentlich stärker ausgeprägt. Hier ist der Margo anterior zur Incisura cardiaca ausgeschnitten. Unterhalb von ihr ist der linke obere Lungenlappen zur Lingula pulmonis ausgezogen.

Lungengrenzen. Sie weichen im Bereich der Reserveräume zum Teil von den Pleuragrenzen (s. u.) ab (Abb. 4.38, 5.12 und 5.13). Während rechts der Recessus costomediastinalis in Atemmittellage von der Lunge größtenteils ausgefüllt ist, entfernt sich links die Lungengrenze im Bereich der Incisura cardiaca stärker von der Pleurabegrenzung. Bei stärkerer Inspiration kann sich hier der Lungenrand weiter in den Recessus costomediastinalis vorschieben. Die kaudalen Lungenabschnitte liegen in der Atemmittellage etwa 2 Rippen höher als die Pleuragrenzen. Bei maximaler Inspiration schieben sich die Lungen dann um etwa die Breite eines Interkostalraumes in die Reserveräume. Die unteren Lungenränder beginnen rechts in der Sternal-, links in der Parasternallinie in Höhe des 6. Rippenknorpels, kreuzen in der Axillarlinie die 8., in der Skapularlinie die 10. und in der Paravertebrallinie die 11. Rippe. Dorsal reicht der linke untere Lungenrand etwas tiefer herab als der rechte.

Die Lungengrenzen stehen bei Kindern in der Regel etwas höher, bei älteren Menschen (u. a. durch die Ptosis des Zwerchfells) etwas tiefer.

Pleuragrenzen. An den Lungenrändern besitzt der Pleuraspalt **Reserveräume,** die sich bei der Inspiration entfalten und bei denen sich in der Exspiration die beiden parietalen Pleurablätter aneinanderlegen. Diese Reserveräume bezeichnet man als **Komplementärräume** oder **Recessus (Sinus) pleurales** (s. a. Kap. 4.2.2.5).

- **Recessus.** Ventral gehen **Pleura costalis** und **Pleura mediastinalis** hinter oder neben dem Brustbein unter Bildung des **Recessus costomediastinalis** ineinander über. Er nimmt bei der Inspiration die medialen Lungenränder auf, die bei der Exspiration einige Millimeter lateral von der Umschlagslinie liegen. Links entfernt sich der vordere Lungenrand unterhalb der 4. Rippe etwa 1,5 cm vom Rand des Recessus. Die Recessus costomediastinales beider Seiten reichen in Höhe der 2.–4. Rippe fast aneinander heran.
- **Pleura costalis** und **Pleura diaphragmatica** bilden unterhalb des unteren Lungenrandes den **Recessus costodiaphragmaticus.** Dieser ist der größte und praktisch wichtigste Reserveraum (Abb. 5.12, 5.13). Er hat halbmondförmige Gestalt, ist in der Medioklavikularlinie 3–5 cm, in

der Axillarlinie 6–8 cm und paravertebral 2,5 cm hoch. Das inspiratorische Vordringen des unteren Lungenrandes in den Recessus kann man beim Lebenden durch Perkussion feststellen.
- Der **Recessus phrenicomediastinalis** liegt zwischen Zwerchfell und Mittelfell.
- Der **Recessus vertebromediastinalis** liegt an der hinteren Umschlagstelle von Pleura costalis zu Pleura mediastinalis.

Projektion der Pleuragrenzen. Für die ärztliche Praxis ist es sinnvoll, die Pleuragrenzen auf die **Brustwand** zu projizieren (Abb. 4.38): Die **Pleurakuppel** (Cupula pleurae) schiebt sich über die erste Rippe in das Halsgebiet vor und reicht hier etwa 2–3 cm über den Oberrand der Clavicula hinaus (Abb. 5.14). Sie wird in jeder Atemphase vollständig von der Lungenspitze ausgefüllt (kein Reserveraum). Die **vordere Pleuragrenze** beginnt beiderseits hinter dem Sternoklavikulargelenk, konvergiert nach unten und medial bis zum Angulus sterni. Von hier aus verläuft sie rechts nahe der Medianlinie abwärts bis zum Ansatz des 6. Rippenknorpels, wo sie in die untere Pleuragrenze übergeht. Diese zieht schräg abwärts, schneidet in der Medioklavikularlinie die 7. Rippe, in der mittleren Axillarlinie die 10. Rippe, in der Skapularlinie die 11. Rippe und paravertebral die 12. Rippe. Links weicht die vordere Pleuragrenze bereits am Ansatz der 4. Rippe nach lateral ab, kreuzt den 5. und 6. Rippenknorpel und geht in die untere Pleuragrenze über, die im Wesentlichen wie rechts verläuft. Nur in der Axillarlinie liegt sie meist etwas tiefer. Die **hintere Pleuragrenze** verläuft links auf den Rippenköpfen abwärts bis zur Mitte des 12. Brustwirbelkörpers. Rechts weicht sie vom 3.–10. Brustwirbel über die Mittellinie hinaus nach links ab. Es entsteht so zwischen Wirbelkörpern einerseits und Rückfläche der Speiseröhre andererseits ein **Recessus retrooesophageus,** der nach links bis zur Aorta thoracica reichen kann. An der Leiche ist er ein spaltförmiger Raum, beim Leben-

Tab. 5.3 Pleuragrenzen

Parasternal	Rechts: bis Ansatz der 6. Rippe
	Links: bis Ansatz der 4./5. Rippe
Medioklavikularlinie	7. Rippe
Mittlere Axillarlinie	10. Rippe
Skapularlinie	11. Rippe
Paravertebral	12. Rippe

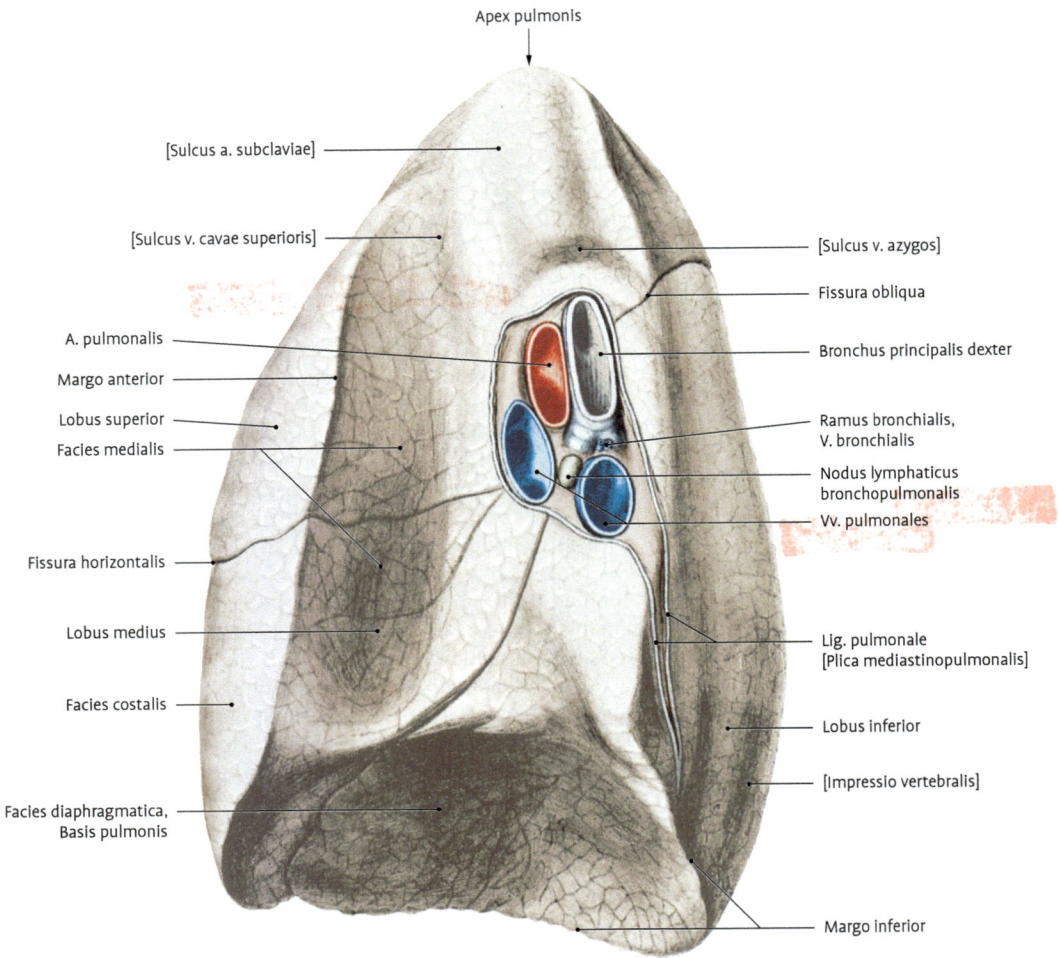

Apex pulmonis

[Sulcus a. subclaviae]

[Sulcus v. cavae superioris]

[Sulcus v. azygos]

Fissura obliqua

A. pulmonalis

Bronchus principalis dexter

Margo anterior

Lobus superior

Facies medialis

Ramus bronchialis, V. bronchialis

Nodus lymphaticus bronchopulmonalis

Vv. pulmonales

Fissura horizontalis

Lobus medius

Lig. pulmonale [Plica mediastinopulmonalis]

Facies costalis

Lobus inferior

[Impressio vertebralis]

Facies diaphragmatica, Basis pulmonis

Margo inferior

Abb. 5.10 Rechte Lunge (in situ fixiert) von medial.

den, wo sich die Speiseröhre abwärts zunehmend von der Wirbelsäule entfernt, ist er entfaltet. Wichtige topografische Bezugspunkte sind in Tab. 5.3 zusammengefasst.

Pleurafreie Felder. Durch das Auseinanderweichen der vorderen Pleuragrenzen entstehen oben und unten hinter dem Sternum 2 dreieckige **pleurafreie Felder.** In der **Area interpleurica superior** (**Trigonum thymicum,** Thymusdreieck) liegt der Thymus, in der **Area interpleurica inferior** (**Trigonum pericardiacum,** Herzdreieck) der Herzbeutel der vorderen Brustwand direkt an. Letzterer

kann hier ohne Eröffnung der Pleurahöhlen operativ freigelegt werden. Die Größe der Dreiecke schwankt. Bei großem Thymus (Neugeborenes, Kind) ist das Thymusdreieck groß. Die vorderen Pleuragrenzen können nach links oder rechts verschoben sein.

Lage zu den Bauchorganen. Diese ist rechts und links unterschiedlich und von praktischem Interesse. Je nach Atemlage schiebt sich rechts der untere Lungenrand verschieden weit über den rechten Leberlappen; bei maximaler Inspiration erreicht der Lungenrand den oberen Nierenpol; der Reces-

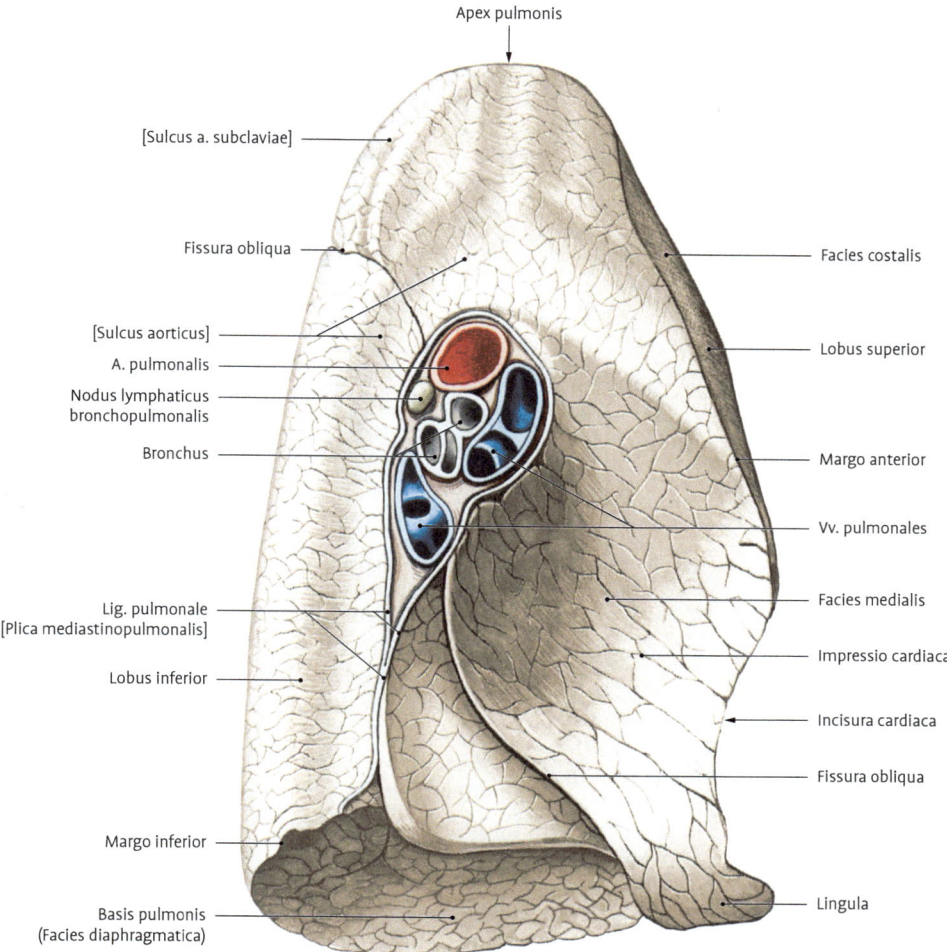

Apex pulmonis

[Sulcus a. subclaviae]

Fissura obliqua

[Sulcus aorticus]

A. pulmonalis

Nodus lymphaticus
bronchopulmonalis

Bronchus

Lig. pulmonale
[Plica mediastinopulmonalis]

Lobus inferior

Margo inferior

Basis pulmonis
(Facies diaphragmatica)

Facies costalis

Lobus superior

Margo anterior

Vv. pulmonales

Facies medialis

Impressio cardiaca

Incisura cardiaca

Fissura obliqua

Lingula

Abb. 5.11 Linke Lunge (in situ fixiert) von medial.

sus costodiaphragmaticus liegt sogar hinter dem oberen Drittel der Niere. Penetrierende Verletzungen können somit gleichzeitig Lunge, Leber und Niere betreffen. Links wird je nach Atmungsphase die Milz zur Hälfte bis zu zwei Dritteln von Lunge überlagert. Die Beziehungen zur Niere sind enger als rechts, weil die linke Niere höher steht. Die den oberen Nierenpolen angelagerten Nebennieren sind dorsal ebenfalls von Lungenrändern überlagert. Der Magen liegt je nach Füllungszustand mit seinem Fundus verschieden hoch in der linken Zwerchfellkuppel.

Topografie der Lungenpforte, Lungenhilum, Hilum pulmonis

In beiden Lungenpforten liegen der Bronchus dorsal, die Vv. pulmonales ventral und kaudal (Abb. 5.10, 5.11). In der Lage der A. pulmonalis bestehen dagegen Seitenunterschiede (hyp- bzw. eparterielle Lage der Bronchien).

Die linke A. pulmonalis sitzt dem Hauptbronchus zumeist kranial auf (**hyparterieller Bronchus**). Die rechte Lungenarterie liegt dagegen entweder vor

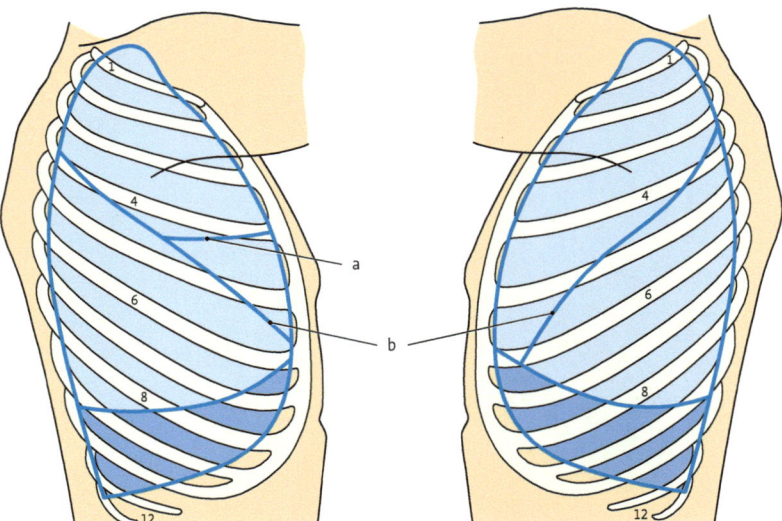

Abb. 5.12 Lungen- und Pleuragrenzen von rechts. Lungen hellblau, Recessus costodiaphragmaticus dunkelblau, a: Fissura horizontalis, b: Fissura obliqua.

Abb. 5.13 Lungen- und Pleuragrenzen von links. Lungen hellblau, Recessus costodiaphragmaticus dunkelblau, b: Fissura obliqua.

dem Hauptbronchus oder, wenn sich dieser bereits geteilt hat, zwischen dem Oberlappenbronchus und dem Bronchus für den Mittel- und Unterlappen. Im letzten Fall hat der Oberlappenbronchus eine **eparterielle Lage.** Der asymmetrische Abgang der Oberlappenbronchien findet in der Lage der großen Gefäße seine Erklärung. Der Aortenbogen verläuft über die Bifurcatio tracheae und über den linken Bronchus. Die anschließende Aorta thoracica zieht dorsal vom linken Bronchus abwärts.

Neben Bronchien und Pulmonalgefäßen treten am Lungenhilum noch die **Rr. bronchiales** der Aorta, die **Vv. bronchiales, Lymphgefäße** und Nerven (**Rr. bronchiales** des N. vagus, **Sympathicusäste**) ein.

5.1.3.3 Lungenlappen, Lobi pulmonis

Die Lungen sind durch tiefe, bis in Hilumnähe reichende **Verschiebespalten** (Fissurae pulmonis) in Lappen (Lobi pulmonis) unterteilt. Die Fissuren werden von der Pleura visceralis ausgekleidet. Sie ermöglichen die gegenseitige Verschiebung der Lungenlappen während der Atmung. Über die Fissuren ist ein operativer Zugang zu den Bronchien ohne Verletzung des Lungenparenchyms möglich.

Nach Entzündungen der Pleura (z. B. im Rahmen einer Lungenentzündung) können die Verschiebespalten verkleben und die Bewegungen der Lunge beeinträchtigt werden.

Lungenlappen. Normalerweise besteht die rechte Lunge aus 3, die linke aus 2 Lappen. Beide Lungen haben einen **Ober-** und einen **Unterlappen,** die durch eine schräg verlaufende Verschiebespalte **(Fissura obliqua)** getrennt sind. An der rechten Lunge wird durch eine horizontale Spalte **(Fissura horizontalis)** vom Oberlappen noch ein **Mittellappen** abgetrennt.

Fissuren:
1. **Fissura obliqua.** Beiderseits verläuft sie von dorsokranial nach ventrokaudal schräg über die Facies costalis und über die Facies medialis (Abb. 5.12, 5.13). Sie beginnt in Höhe des 3. Brustwirbeldorns oder in der Interspinallinie (Verbindung der Spinae scapulae bei herabhängenden Armen), verläuft von hier im Bogen kaudal-ventralwärts. Rechts erreicht sie etwa an der Knorpelknochengrenze der 6. Rippe den unteren Lungenrand. Zwischen ihr und der Incisura cardiaca erreicht noch ein zungenförmiger Fortsatz des linken Oberlappens, die **Lingula pulmonis,** das Zwerchfell (Abb. 5.11).

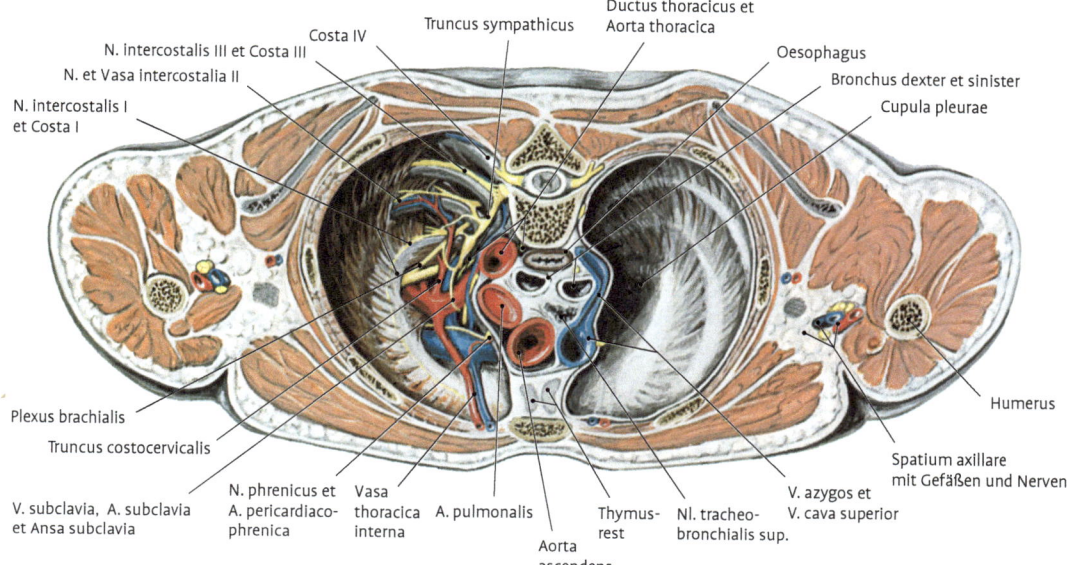

Abb. 5.14 Querschnitt durch den Thorax in Höhe der Einmündung der V. azygos. Pleurakuppel von kaudal. Links: Pleura entfernt.

Die Lungenspitze und ein kleinerer vorderer Anteil der Facies diaphragmatica gehören somit zum Oberlappen, der größere hintere Anteil der Zwerchfellfläche zum Unterlappen. Die Fissura obliqua reicht an der linken Lunge weiter nach vorn als an der rechten.

2. Die **Fissura horizontalis** trennt an der rechten Lunge vom Oberlappen den Mittellappen ab. Sie verläuft etwa parallel der 4. Rippe. Der keilförmige Mittellappen liegt im Wesentlichen ventral und endet, nach dorsal spitz auslaufend, etwa in der Axillarlinie. Die Zugehörigkeit zum oberen Lappen drückt sich durch eine häufig unvollständige Fissura horizontalis aus.

Akzessorische Lungenlappen kommen rechts und links vor. Sie sind in der Regel bedingt durch die individuelle Aufzweigung des Bronchialbaumes und werden durch zusätzliche Fissuren abgegrenzt. Lediglich der „**Lobus v. azygos**" hat eine andere Genese. Die V. azygos, die regulär über den rechten Bronchus zur V. cava superior zieht, kann abnormerweise in einer Pleurafalte verlaufen, die in den rechten Oberlappen verschieden tief einschneidet und je nach ihrer Lage einen unterschiedlich großen Lappen bis hin zur ganzen Lungenspitze abtrennt. Die zusätzliche Spalte zeigt sich im Röntgenbild als feine Linie von oben nach unten medial.

5.1.3.4 Bronchialbaum, Arbor bronchialis, und Lungensegmente, Segmenta bronchopulmonalia (Abb. 5.15)

Die Luftröhre (Trachea) teilt sich vor dem 4. Brustwirbelkörper in die beiden Hauptbronchien (**Bronchus principalis dexter** und **sinister**).

An der Teilungsstelle (**Bifurcatio tracheae**) springt ein Teilungssporn kielartig von kaudal gegen das Lumen vor (**Carina tracheae**). Der Bronchus principalis dexter ist kürzer und weiter als der linke. Außerdem steht er steiler und setzt nahezu die Richtung der Luftröhre fort. Da zudem die Carina tracheae etwas links der Mitte liegt, gelangen eingeatmete Fremdkörper leichter in den rechten Hauptbronchus als in den linken.

Die weitere Aufteilung der Hauptbronchien in Lappenbronchien (**Bronchi lobares**) führt zunächst zur Ausprägung der Lungenlappen.

Auf der rechten Seite finden sich ein Bronchus lobaris superior, medius und inferior, links ein Bronchus lobaris superior und inferior.

In weiteren Teilungsschritten verzweigen sich die Lappenbronchien dann zu Segmentbronchien.

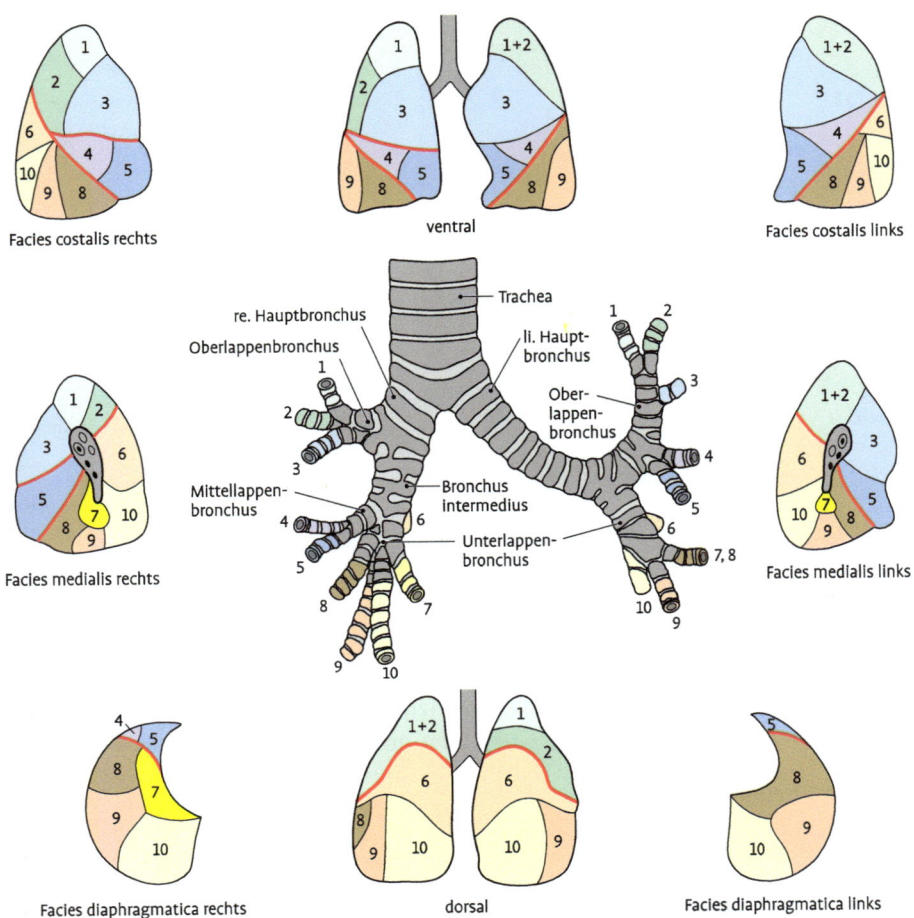

Abb. 5.15 Schematische Darstellung der Lungenseg- der Lappen- und Segmentbronchien sind auf dem
mente. Links = rechte Lunge; rechts = linke Lunge; in Bronchialbaum eingezeichnet. Internationale Nomen-
der Mitte von oben nach unten: Ansicht von vorn, klatur der Lungensegmente (London 1949) (nach
Bronchialbaum mit Segmentbronchien, Ansicht von Zenker, Heberer, Löhr 1954) Lungensegmente s.
hinten. Die bei der Bronchoskopie sichtbaren Abgänge Tab. 5.4.

Die Segmentbronchien versorgen keilförmige, zugehörigen Venen. Diese liegen mithin interseg-
wechselnd große und verschieden gestaltete mental und beziehen ihr Blut aus benachbarten
Lungengebiete, die als **bronchopulmonale Seg-** Segmenten. Ebenso teilen sich benachbarte Seg-
mente bezeichnet werden. Ihre Basis liegt an mente das lymphatische Abflusssystem. Die Seg-
der Lungenoberfläche, ihre Spitze ist gegen das mentarterien verlaufen mit den zugehörigen Seg-
Lungenhilum gerichtet. mentbronchien im Allgemeinen im Zentrum des
Segmentes. Ihre Äste können aber auf benachbarte
Die Segmente werden durch etwas stärkere Binde- Segmente übergreifen. Streng genommen sind die
gewebssepten, die man im Allgemeinen auf der Segmente nur bronchiale Baueinheiten der Lunge.
Lungenoberfläche nicht erkennen kann, unvoll- Die Segmentanatomie hat für die Diagnostik und
ständig getrennt. In diesen Septen verlaufen die Therapie verschiedener Lungenerkrankungen
große Bedeutung.

Tab. 5.4 Übersicht über die Lungensegmente

Rechte Lunge	Linke Lunge	Nr.
Oberlappen		
Segmentum apicale	Segmentum apicoposterius	1
Segmentum posterius		2
Segmentum anterius	Segmentum anterius	3
Mittellappen		
Segmentum laterale	Segmentum lingulare superius	4
Segmentum mediale	Segmentum lingulare inferius	5
Unterlappen		
Segmentum apicale superius	Segmentum apicale superius	6
Segmentum basale mediale	(Segmentum basale mediale)	7
Segmentum basale anterius	Segmentum basale anterius	8
Segmentum basale laterale	Segmentum basale laterale	9
Segmentum basale posterius	Segmentum basale posterius	10

Sowohl zur rechten als auch zur linken Lunge rechnet man 10 Segmente. Häufig findet allerdings das Segmentum basale mediale der rechten Lunge links keine Entsprechung, sodass dann links nur 9 Segmente vorhanden sind. Im klinischen Sprachgebrauch hat sich neben den vollständigen Bezeichnungen der Segmente eine Nummerierung durchgesetzt, die beiderseits von 1–10 geht, wobei das häufig fehlende basal-mediale Segment die Nummer 7 trägt, die dann übergangen wird. In der linken Lunge finden sich im Oberlappen 5 Segmente, die der Summe der Segmente des Oberlappens (3) und des Mittellappens (2) der rechten Lunge entsprechen. Im Unterlappen beider Lungen finden sich grundsätzlich 5 Segmente, wobei in der linken Lunge oft nur 4 Segmente ausgeprägt sind. Die lateinischen Fachtermini der Segmentbronchien und Lungensegmente entsprechen sich.

Nach dem Eintritt in das Lungenhilum gibt der rechte Hauptbronchus den Oberlappenbronchus (**Bronchus lobaris superior dexter**) ab. Dieser teilt sich in 3 Segmentbronchien (**Bronchus segmentalis apicalis, posterior** und **anterior**). Der Hauptbronchus verläuft weiterhin dorsokaudal bis zur Basis der Lunge. Ventral gibt er den Mittellappenbronchus (**Bronchus lobaris medius dexter**) ab, der sich in 2 Segmentbronchien (**Bronchus segmentalis lateralis** und **medialis**) aufgliedert. Der Unterlappenbronchus (**Bronchus lobaris inferior dexter**) verläuft im Zentrum des Unterlappens weiter und gibt 5 Segmentbronchien (**Bronchus segmentalis apicalis, basalis medialis, basalis anterior, basalis lateralis** und **basalis posterior**) ab. Die Lappenbronchien haben einen Durchmesser von 8–12 mm.

Der **Bronchus principalis sinister** ist enger und länger als der rechte; bis zur Abgabe des Oberlappenbronchus weicht er etwa 60° von der Längsachse der Trachea ab. Er wendet sich dann stärker kaudalwärts und hat die gleiche zentrale Lage im Unterlappen wie der rechte. Der linke Oberlappenbronchus (**Bronchus lobaris superior sinister**) teilt sich in einen kurzen oberen und unteren Ast. Der obere Ast teilt sich in 3 Segmentbronchien: **Bronchus segmentalis apicoposterior** (zur Versorgung von 2 Segmenten) und **anterior**. Der untere Ast gabelt sich in 2 Segmentbronchien (**Bronchus lingularis superior** und **inferior**). Der linke Unterlappenbronchus (**Bronchus lobaris inferior sinister**) unterscheidet sich vom rechten durch das häufige Fehlen eines Segmentbronchus (rechts zur Versorgung des Segmentum basale mediale, welches links meist fehlt). Er teilt sich in der Regel in 4 Segmentbronchien (**Bronchus segmentalis apicalis, basalis anterior, basalis lateralis** und **basalis posterior**). Eine Übersicht über die Lungensegmente gibt Tab. 5.4.

Die Segmentbronchien verzweigen sich in 6–12 Teilungsschritten in immer kleinere Bronchien. Der Durchmesser nimmt dabei auf bis zu 1 mm ab. Das Fehlen von Knorpel ist ein Charakteristikum der nächstfolgenden Teilungsschritte. Man spricht nun von **Bronchioli**. Diese teilen sich schließlich in **Bronchioli terminales,** von denen die letzten Teilungsschritte des Bronchialbaumes ausgehen: Über **Bronchioli respiratorii** entstehen die **Ductuli alveolares,** die aus den Alveolen als kleinste respiratorische Einheit zusammengesetzt sind. Sie haben beim erwachsenen Menschen einen Durchmesser von 0,1–0,2 mm in der Exspiration und 0,3–0,5 mm in der Inspiration.

Etwa 200 Alveolen gehören zu einem Bronchiolus terminalis und werden gemeinsam als **Acinus** bezeichnet. Das Versorgungsgebiet eines Bronchiolus wird auch als **Lungenläppchen** bezeichnet und besteht somit aus mehreren (12–18) solcher Acini.

5.1.3.5 Lungenläppchen, Lobuli pulmonales (Abb. 5.16)

Die Lungenläppchen werden unvollständig von **Bindegewebssepten** begrenzt und sind an weiten Teilen der Lungenoberfläche als netzförmige Zeichnung zu erkennen (Abb. 5.11). Die Größe der Lungenläppchen ist in den einzelnen Lungenabschnitten sehr unterschiedlich. Ihre Seitenlänge schwankt zwischen 0,5 und 3 cm. Im Hilumbereich und den dorsalen Bereichen der Pulmonallappen fehlt die Felderung der Oberfläche häufig. Bei Erwachsenen sind die begrenzenden Septen durch Partikelablagerungen (z. B. Ruß) meistens mehr oder minder dunkel getönt. In diesen Septen verlaufen ähnlich den Lungensegmenten die zugehörigen Venen, die das Blut aus benachbarten Läppchen und von der Pleura aufnehmen.

Das lockere Bindegewebe der Interlobulärsepten ermöglicht bei der Atmung das Verschieben der Läppchen gegeneinander. Im Zentrum der Läppchen verzweigen sich der Bronchiolus und die begleitende Arterie dichotomisch.

5.1.3.6 Gefäße der Lunge

Die Lunge steht mit 2 verschiedenen Gefäßsystemen in Verbindung: Die Vasa publica (Aa. und Vv. pulmonales) dienen dem Gasaustausch des ganzen Körpers. Die Vasa privata (Aa. und Vv. bronchiales) sind für die Versorgung der Lunge selbst verantwortlich (s. Kap. 2.3.3.2).

Vasa publica

Die **A. pulmonalis** führt sauerstoffarmes Blut aus der rechten Herzkammer in die Lungen. Ihr Kapillargebiet liegt den feinsten Endverzweigungen des luftführenden Gangsystems, den Alveolen oder Lungenbläschen, unmittelbar an. Die äußere Atmung, der Gasaustausch zwischen Blut und Luft, ist damit sehr erleichtert. Die **Vv. pulmonales** leiten das arterialisierte (sauerstoffreiche) Blut in den linken Vorhof. Von hier gelangt es über die linke Kammer, Aorta und Arterien zu den Organen, wo die innere Atmung, der Gasaustausch zwischen Blut und Gewebe, erfolgt.

Lungenarterien, Aa. pulmonales. Aus der rechten Herzkammer geht der **Truncus pulmonalis** hervor und teilt sich kaudal der Bifurcatio tracheae in die rechte und linke Lungenarterie (**A. pulmonalis dextra** und **sinistra**). Beide teilen sich wieder in eine Oberlappen- und eine Unterlappenarterie, welche die Segmentarterien abgeben. Diese ver-

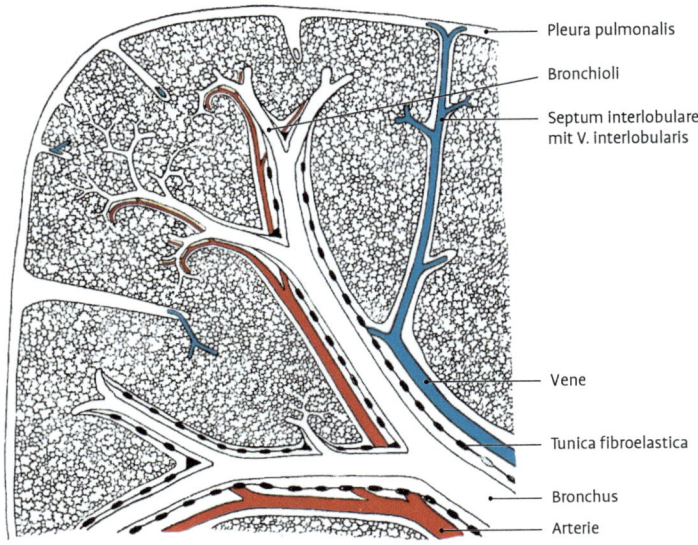

Pleura pulmonalis

Bronchioli

Septum interlobulare mit V. interlobularis

Vene

Tunica fibroelastica

Bronchus

Arterie

Abb. 5.16 Schema zur Läppchengliederung der Lunge. Arterien rot, Venen blau, Knorpel schwarz.

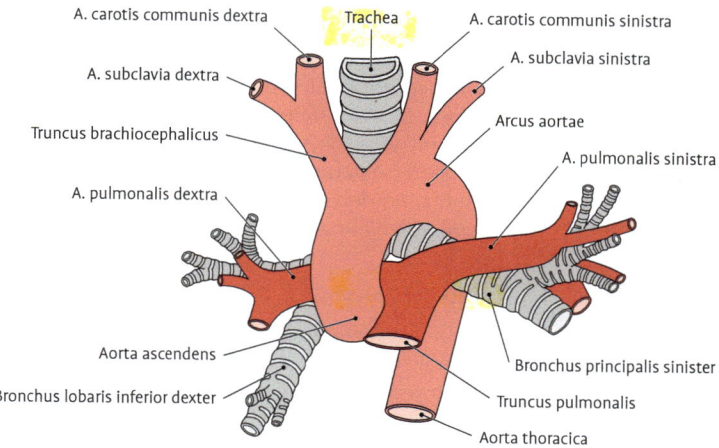

A. carotis communis dextra
Trachea
A. carotis communis sinistra
A. subclavia dextra
A. subclavia sinistra
Truncus brachiocephalicus
Arcus aortae
A. pulmonalis dextra
A. pulmonalis sinistra
Aorta ascendens
Bronchus principalis sinister
Bronchus lobaris inferior dexter
Truncus pulmonalis
Aorta thoracica

Abb. 5.17 Topografie der Trachea, Bronchi principales, Aorta, Aa. pulmonales und des Truncus pulmonalis.

laufen mit den Segmentbronchien zu den Lungensegmenten. Der Truncus pulmonalis liegt innerhalb des Herzbeutels. Nach der Teilung steigt die **A. pulmonalis sinistra** im Bogen nach dorsal und links auf, verläuft über den Oberlappenbronchus, gibt die oberen Segmentarterien ab und zieht dann lateral vom Stammbronchus abwärts (Abb. 5.17). Die **A. pulmonalis dextra** zieht unter dem Aortenbogen nahezu transversal nach rechts, überkreuzt unterhalb des Oberlappenbronchus den Stammbronchus und steigt an seiner lateralen Seite abwärts. Die Segmentarterien haben beiderseits die gleiche charakteristische Lage zu den Segmentbronchien, die aufsteigenden liegen medial, die horizontalen oberhalb, die absteigenden lateral des zugehörigen Segmentbronchus.

Lungenvenen, Vv. pulmonales. Gewöhnlich münden rechts und links je 2 Lungenvenen (**V. pulmonalis superior** und **inferior**) in den linken Vorhof. Die **Vv. pulmonalis superior dextra** und **sinistra** nehmen meist das Blut aus dem Ober-(Mittel-)lappen, die **Vv. pulmonalis inferior dextra** und **sinistra** aus dem Unterlappen auf. Im Lungenhilum liegt die obere Vene ventral bzw. ventrokaudal vom Bronchus, die untere Vene kaudal bzw. dorsokaudal von diesem. Die Äste der Venen verlaufen nur eine kurze Strecke mit den Bronchien und Arterien gemeinsam und erhalten bald eine intersegmentale Lage.

Vasa privata

Rr. u. Vv. bronchiales. Diese sichern die Ernährung der Bronchien, der Wände der großen Ge-

fäße, der pulmonalen Lymphknoten und zum Teil der Pleura visceralis. Die Rr. bronchiales entspringen links (meist 2) aus der Brustaorta, rechts (meist eine, die sich gabelt) aus der 3. oder 4. Interkostalarterie. Diese Arterien gehören zum muskulären Bautyp und zeigen, da in ihnen der Blutdruck des großen Kreislaufs herrscht, eine relativ dicke Tunica media.

Die **Vv. bronchiales** der peripheren Lungengebiete münden in die Lungenvenen, die zentralen, in Hilumnähe entstehenden in die V. azygos und hemiazygos.

Verbindungen. Zwischen den Bronchial- und den Pulmonalarterien bestehen Verbindungen im Bereich des **Kapillarbettes** der Bronchioli respiratorii. Auch in der **Wand** der größeren Luftwege kommen arterielle Anastomosen vor, die aber unter physiologischen Verhältnissen geschlossen sind (Sperrarterien). Diese Sperrarterien besitzen eine dünne äußere Ringmuskelschicht und eine dicke Längsmuskelschicht mit ausgedehnten elastischen Fasernetzen. Erst wenn es zu einer Einschränkung oder Unterbrechung des Blutflusses in einem der beiden arteriellen Systeme kommt (z. B. Lungenembolie), werden die Anastomosen geöffnet.

Lymphgefäße

Ein **oberflächliches weitmaschiges, subpleurales** Lymphgefäßnetz steht mit dem Lymphgefäßnetz der Interlobularsepten in Verbindung. Beide nehmen die Lymphe aus der Peripherie des Läppchens auf.

Die Lymphe aus dem Zentrum des Läppchens tritt in blind endende **periarterielle** Lymphgefäße über. Diese tiefen Lymphgefäße gehen hilumwärts in ein peribronchiales Netzwerk über, das durch große Lymphgefäße das Hilum verlässt. Die kleinen Nll. pulmonales liegen an den Abgängen der Segmentbronchien, die größeren Nll. bronchopulmonales an den Abgängen der Lappenbronchien (Abb. 5.18).

Weitere Stationen finden sich in der Umgebung der Bifurcatio tracheae: Die **Nll. tracheobronchiales inferiores** liegen in der Gabelung der beiden Hauptbronchien (unterhalb der Carina), die **Nll. tracheobronchiales superiores** oberhalb der Hauptbronchien (im stumpfen Winkel zwischen Trachea und Bronchien) Zu beiden Seiten der Luftröhre schließen sich **Nll. tracheales** an. Links findet man noch einen Lymphknoten in der Nähe des Lig. arteriosum (Botalli).

Weitere Lymphknotenstationen liegen unter dem Arcus aortae und am unteren Anteil der V. jugularis interna **(Nll. cervicales profundi)**. Letztere werden wegen ihrer Lage am M. scalenus anterior auch als Skalenuslymphknoten bezeichnet. Schließlich fließt die Lymphe durch die Trunci bronchomediastinales dexter und sinister (Lymphe aus dem **Mediastinum**) direkt oder über den **Ductus thoracicus** und den **Ductus lymphaticus dexter** in den linken bzw. den rechten Venenwinkel.

5.1.3.7 <mark>Nerven</mark>

Trachea, Bronchien und Lungen werden vegetativ innerviert. Hierbei sind afferente Fasern, die mit dem N. vagus ziehen, und efferente sympathische und parasympathische Fasern zu unterscheiden. Schmerzempfindliche Fasern fehlen den Lungen.

<mark>Afferente Fasern</mark>

Afferenzen aus der Lunge und dem Bronchialsystem beinhalten u. a. Informationen aus Dehnungsrezeptoren der Alveolen und Irritationsrezeptoren aus den Bronchien und Bronchioli. Die afferenten Fasern gelangen über den **Plexus pulmonalis** (die Fasern werden hier nicht umgeschaltet) zum **N. vagus**. Der Plexus pulmonalis liegt hauptsächlich im Hilumbereich hinter dem Bronchus (Plexus pulmonalis posterior) mit einem schwächeren ventral gelegenen Anteil (Plexus pulmonalis anterior).

Im weiteren Sinne mit der Respiration zusammenhängende Afferenzen ziehen von den Pressorezeptoren des **Sinus caroticus** und den Chemorezeptoren des **Glomus caroticum** über den **N. glossopharyngeus**, von Chemorezeptoren im **Glomus aorticum** und Chemorezeptoren im **Aor-**

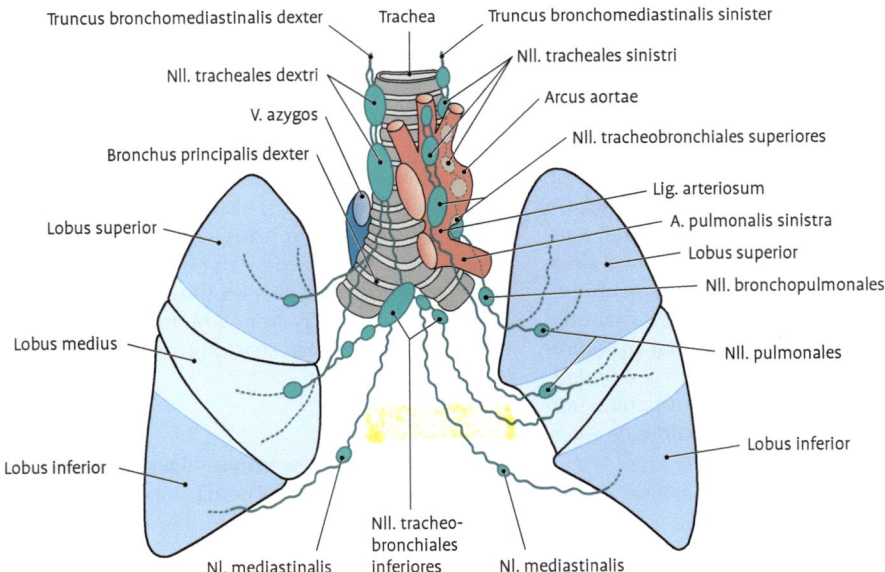

Truncus bronchomediastinalis dexter — Trachea — Truncus bronchomediastinalis sinister

Nll. tracheales dextri — Nll. tracheales sinistri

V. azygos — Arcus aortae

Bronchus principalis dexter — Nll. tracheobronchiales superiores

Lobus superior — Lig. arteriosum

— A. pulmonalis sinistra

— Lobus superior

— Nll. bronchopulmonales

Lobus medius — Nll. pulmonales

Lobus inferior — Lobus inferior

Nl. mediastinalis — Nll. tracheobronchiales inferiores — Nl. mediastinalis

Abb. 5.18 Lymphabfluss aus den verschiedenen Lungenbereichen.

tenbogen über den **N. vagus**. Diesem schließen sich auch Afferenzen aus Husten- und Irritationsrezeptoren aus Larynx und Trachea an.

Efferente sympathische Fasern

Eine Sympathicusaktivierung führt an den Bronchien und Bronchiolen zur Erschlaffung der glatten Muskulatur und somit zu einer Weitstellung der luftleitenden Abschnitte, kombiniert mit einer Verengung der Gefäße und Hemmung der Drüsensekretion. Die Übertragung erfolgt adrenerg. Präganglionäre sympathische Fasern kommen aus den **Rückenmarksegmenten Th1–Th5 (Th6)**. Diese werden in den oberen thorakalen Ganglien des **Truncus sympathicus** (Grenzstrang) umgeschaltet. Die postganglionären Fasern ziehen durch den Plexus pulmonalis zur Trachea, zu den Bronchien und Bronchiolen.

Efferente (parasympathische) Vagusfasern

Die Funktion der efferenten Vagusfasern ist antagonistisch zur Sympathicusaktivierung: Es kommt zur Verengung der luftleitenden Abschnitte, zur Vasodilatation und zur Drüsenaktivierung. Die Überträgersubstanz ist Acetylcholin (cholinerge Steuerung). Im Gegensatz zum Sympathicus nehmen die parasympathischen Vagusfasern einen langen präganglionären Weg, um erst in unmittelbarer Nähe der Trachea, Bronchien und Bronchiolen auf ihre postganglionäre Verlaufsstrecke umgeschaltet zu werden.

5.1.3.8 Atemregulation

Die Regulation der Ventilation erfolgt über periphere und zentrale Chemorezeptoren.

Zentren

Periphere Chemorezeptoren werden oft auch als arterielle bezeichnet und finden sich zum einen beiderseits an der Gabelung der A. carotis communis in die Aa. carotis externa und interna (Glomus caroticum), zum anderen in Paraganglien am Aortenbogen und der A. subclavia dextra (Glomera aortica). Die Glomera carotica werden über den N. glossopharyngeus, die aortalen Paraganglien vom N. vagus (über den N. laryngeus superior) innerviert. Die Rezeptoren reagieren sowohl auf eine Erhöhung des arteriellen CO_2- (P_{aCO_2}) als

auch auf eine Erniedrigung des arteriellen O_2-Partialdruckes (P_{aO_2}) sowie eine Erhöhung der arteriellen Protonenkonzentration [H^+] mit einer Aktivierung in den afferenten Nervenfasern, die in die Medulla oblongata weitergeleitet wird.

Zentrale Chemorezeptoren im Hirnstamm reagieren bevorzugt auf eine Erhöhung des P_{aCO_2} und der [H^+]. Aufgrund der hohen Diffusionsrate von CO_2 kommt es schnell nach einer Erhöhung des P_{aCO_2} zu einer Erhöhung des extrazellulären P_{CO_2} und der [H^+].

Ein **respiratorisches Netzwerk** ist in der Medulla oblongata lokalisiert. Als eigentliches „Atemzentrum" gilt der **„Prä-Bötzinger-Komplex"**, eine besondere Region innerhalb der „ventralen respiratorischen Gruppe", die sich entlang des Nucleus ambiguus erstreckt. Der hier generierte Atemrhythmus läuft in Ruhe autonom mit einer Frequenz von etwa 10–20 Atemzügen pro Minute ab. Prinzipiell lassen sich hierbei 3 Atemphasen unterscheiden:

Aktionsphasen:
- In der **Inspirationsphase** kommt es zur Einatmung durch Kontraktion des Zwerchfells und der übrigen inspiratorisch wirkenden Atemmuskeln.
- In der **Postinspirationsphase** lässt die Aktivität der Inspirationsmuskeln nach und die Ausatmung beginnt als passiver Vorgang.
- In der **aktiven Exspirationsphase** werden die exspiratorisch wirkenden Atemmuskeln aktiviert. Unter Ruhebedingungen entfällt diese Aktivierung zum größten Teil.

Für jede dieser Atemphasen lassen sich in der Medulla einzelne **Neuronengruppen** unterscheiden, die dem primären Netzwerk nachgeschaltet sind. **Afferenzen** aus dem **Respirationstrakt** und dem **Herz-Kreislauf-System** beeinflussen die Atmung über Interneurone der „dorsalen respiratorischen Gruppe" (ventraler Bereich des Nucleus tractus solitarius).

5.1.3.9 Atmungsbewegung und Verformung der Lunge

Atemzugvolumen, AZV. Da mit einem Atemzug etwa 0,5 Liter geatmet werden, errechnet sich aus dem Produkt von Atemfrequenz und AZV ein Atemminutenvolumen (auch Atemzeitvolumen) von etwa 7 l/min in Ruhe. Dieses kann unter Belastung bis auf 120 l erhöht werden. Nach tiefster Einatmung kann man 3,5–6 l Luft ausatmen (Vitalkapazität). Diese maximale Atemtiefe wird auch unter hoher Belastung nicht voll ausgenutzt. Nach tiefster Ausatmung verbleiben noch etwa 1,5 l Residualvolumen in der Lunge, nach normaler Ausatmung noch etwa 3 l. Dieses Volumen wird auch als funktionelle Residualkapazität bezeichnet. Es hat die Funktion, ein in den verschiedenen Phasen der Atmung annähernd gleichbleibendes Mischungsverhältnis der Alveolarluft zu gewährleisten. Die angegebenen Werte sind nur Anhaltspunkte, da verschiedene Faktoren (z. B. Geschlecht, Alter, Körpergröße, Trainingszustand) einen großen Einfluss haben.

Vergrößerung und Verformung der Lunge. Sie ist bei der ruhigen Atmung nur gering, bei maximaler Einatmung sehr stark. Die Lunge folgt bei der Ein- und Ausatmung elastisch der Brustwand und dem Zwerchfell. Dabei stellt die Lungenspitze den ruhigsten Abschnitt dar. Die Hebung des 1. Rippenringes gibt ihr eine Entfaltungsmöglichkeit nach vorn. Auch die folgenden Rippenringe entfalten die Lunge bei der Einatmung nach vorn und etwas nach unten, weniger zur Seite. Der Oberlappen bewegt sich somit nach vorn, medial und unten, wobei er eine Art Drehung durchführt. Nach kaudal werden die Schraubenwindungen steiler, sodass sich die seitlichen und hinteren Abschnitte des Unterlappens entsprechend dem kostodiaphragmalen Atemmechanismus vorwiegend kaudal- und seitwärts ausdehnen.

Bronchien. Bei der geschilderten Entfaltung der Lunge werden die Bronchien wie die Stäbe eines Fächers gespreizt, wobei das zwischen ihnen gelegene Lungengewebe gedehnt wird. Gleichzeitig werden die Bronchien länger und weiter, was das Einströmen der Luft erleichtert. Die Verengung der Bronchien bei der Ausatmung ergibt durch eine Erhöhung des Strömungswiderstandes eine Druckerhöhung in den Alveolen. Diese bremst die Exspiration weich ab. Die passive Weiter- und Engerstellung wird durch die glatte, vegetativ innervierte Bronchialmuskulatur fein reguliert. Die Spreizung der Bronchien bei stärkerer Einatmung bedingt, dass die Entfaltung der Lunge zentral, d. h. hilumwärts, nur gering ist, peripheriewärts dagegen ständig zunimmt. Bei der inspiratorischen Dehnung der peripheren Lungenanteile verschiebt sich zwangsläufig die Pleura visceralis gegen die Pleura parietalis. Die Verschiebung ist an der Lungenspitze und am Lungenhilum gering, nimmt an der Facies costalis von oben nach unten zu. Obwohl das Lungenhilum bei ruhiger Atmung relativ feststeht, kann es sich bei starker Zwerchfellkontraktion um etwa eine Wirbelkörperhöhe senken.

Verschiebungen. Auch an den Facies interlobares kommt es zu Verschiebungen. Diese Verschiebungen ergeben sich aus der geschilderten Tatsache, dass sich der Oberlappen vorwiegend nach ventral und kaudal, der Unterlappen stärker nach kaudal ausdehnt. Die Spalten verhindern mithin das Auftreten von Spannungen zwischen Ober- und Unterlappen. Verklebungen der Fissurae pulmonis schränken die Verschiebung der Lungen ein.

5.1.3.10 Feinbau der Lunge

Bronchialbaum

Bestandteile. Die **Bronchi principales** zeigen den gleichen Aufbau wie die Luftröhre; sie haben nur einen kleineren Durchmesser. Hufeisenförmige Knorpelspangen stützen die Vorder- und Seitenwand, die knorpelfreie Hinterwand (Paries membranaceus) wird durch Muskelfaserbündel gebildet, die an den Enden der Knorpelspangen inserieren (Abb. 5.19). Die **Bronchi lobares** und **segmentales** sowie die sich weiter dichotomisch teilenden kleineren Bronchien besitzen als Stütze eine Tunica fibrocartilaginea, die vormals hufeisenförmigen Knorpelspangen sind nunmehr unregelmäßig ringförmig in der Wand angeordnet. Die unregelmäßig gestalteten Knorpelstücke sind in den größeren Bronchien hyalin und werden in den kleineren immer mehr durch elastischen Knorpel ersetzt. Die Muskulatur liegt der Tunica fibrocartilaginea lu-

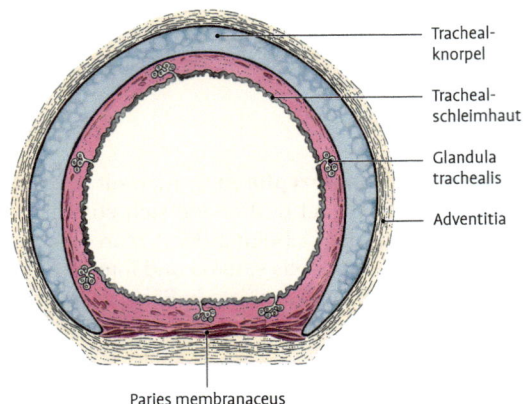

Abb. 5.19 Querschnitt durch die Trachea. Dunkelrot: M. trachealis.

menwärts auf und kann das Lumen verengen bzw. schließen. Mit abnehmendem Lumen des Bronchialbaumes wird die Muskelschicht relativ stärker. Die **Bronchioli** liegen bereits im Lobulus. Knorpeleinlagerungen fehlen hier, und auf der Tunica fibroelastica finden sich schraubenförmig verlaufende glatte Muskelzellen. Da ihnen die knorpelige Stütze fehlt, sind sie so in das elastische System des Läppchens eingebaut, dass sie nicht kollabieren.

Histologie:

- In der **Tunica mucosa** des Bronchialbaumes finden sich bis hinab zu den kleinsten Bronchioli respiratorii Flimmerzellen (Abb. 5.20). Weitere Elemente des respiratorischen Epithels sind die nachwachsenden Basal- und Intermediärzellen, Kulschitzky-Zellen (enthalten neurosekretorische Granula und gehören zum „Amino precursor uptake and decarboxylation" – kurz „APUD"-System), Bürstenzellen (mit Mikrovillibesatz), Becherzellen und Clara-Zellen (Sekretzellen). Das zunächst mehrreihige respiratorische Epithel wird mit abnehmender Größe der Bronchien niedriger. Vom Bronchialepithel senken sich azinöse, seromuköse Glandulae bronchiales in die Wandung ein. Die Ausführungsgänge zeigen ein Flimmerepithel. Die Drüsen reichen z. T. bis in die Nähe der bronchialen Adventitia. In der Trachea findet sich im Durchschnitt 1 Ausführungsgang pro mm^2 Schleimhautoberfläche, zur Peripherie hin nimmt die Anzahl ab. Das Sekret der Bronchialdrüsen und der Becherzellen feuchtet die Wandung und die Luft an und hält die eingeatmeten Staubteilchen fest. Die Flimmerhaare befördern das Sekret nach außen. Im Epithel finden sich weiterhin marklose Nervenfasern.

- Die **Lamina propria** der Bronchialschleimhaut enthält neben Bindegewebsfasern reichlich Kapillaren und einen hohen Anteil an Leukozyten. Die **Tunica fibrocartilaginea** und die **Lamina propria** der Schleimhaut enthalten längs gerichtete elastische Fasernetze, die bei der Inspiration in Längs- und Querrichtung gedehnt werden. Die Tunica mucosa ist in den großen Bronchien fest mit der Tunica fibrocartilaginea verbunden. In den kleineren Bronchien und Bronchiolen ist sie lockerer angeheftet. Sie legt sich deshalb in entspanntem Zustand in Längsfalten (im Querschnitt sternförmiges Lumen).

- Das **Flimmerepithel** der Bronchioli ist einschichtig geworden, Becherzellen fehlen meistens.

Alveolenwand

Sie setzt sich aus den Alveolarepithelzellen (Pneumozyten), den Kapillaren und dem Bindegewebsgerüst zusammen. Benachbarte Alveolen stehen über Poren (Alveolar- oder Cohn-Poren) miteinander in Verbindung (Abb. 5.21). Es werden 2 Arten von Alveolarepithelien unterschieden:

- Als **Typ-I-Pneumozyten (Deckzellen)** bezeichnet man flache Zellen mit langen, sehr dünnen (bis < 0,1 μm) Ausläufern, die Bestandteil der Blut-Luft-Schranke sind. Sie stellen den größten Anteil an der Alveolarauskleidung, obwohl zahlenmäßig mehr Typ-II-Pneumozyten vorhanden sind.

- **Typ-II-Pneumozyten (Nischenzellen)** sind hohe, polygonale Zellen, aus denen sich alle Pneumozyten regenerieren und die das Surfactant, einen feinen Phospholipidfilm, produzieren. Darüber hinaus sind die Typ-II-Pneumozyten an der Metabolisierung zirkulierender vasoaktiver Sub-

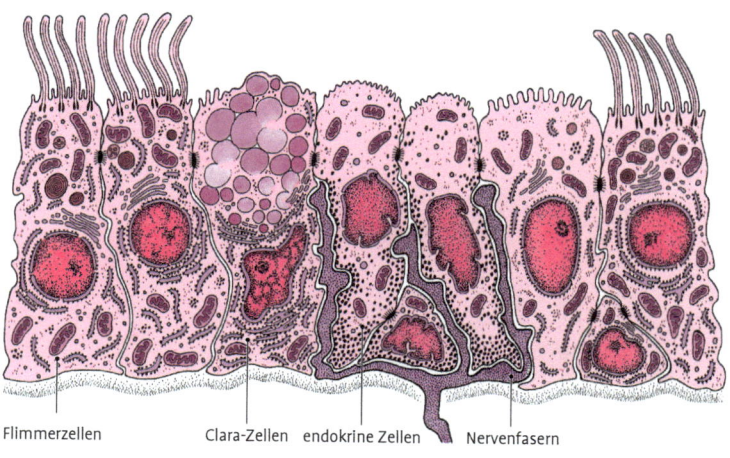

Flimmerzellen   Clara-Zellen   endokrine Zellen   Nervenfasern

Abb. 5.20 Schema zum Bronchialepithel mit den verschiedenen Zelltypen.

stanzen beteiligt. Die Verbindung zwischen den Pneumozyten wird durch Tight junctions (Zonulae occludentes) gewährleistet. Die Alveolen sind im Alveolarseptum von einem dichten, einschichtigen Kapillarnetz umgeben. Als Blut-Luft-Schranke ergibt sich somit eine Grenzschicht bestehend aus Kapillarendothel, gemeinsamer Basallamina, Pneumozyten und Surfactant. Insgesamt ist diese Barriere 0,3–1,7 µm dick und erlaubt den (fettlöslichen) Gasen eine gute Diffusion, wobei CO_2 prinzipiell leichter hindurch dringt als O_2 (Abb. 5.22).

Klinik: 1. Radiologisch wird zur Lokalisation von pathologischen Prozessen in der Lunge, unabhängig von den Lungenlappen, ein **Ober-, Mittel- und Unterfeld des Lungenschattens** unterschieden. Das Oberfeld reicht von der Lungenspitze bis zum vorderen Ende der 2. Rippe. Das Mittelfeld umfasst den Bezirk zwischen den vorderen Enden der 2. und 4. Rippe. Das Unterfeld reicht vom vorderen Ende der 4. Rippe bis zum Zwerchfell. **2. Perkussion.** Die Lungengrenzen lassen sich beim Lebenden durch Beklopfen (Perkussion) feststellen. Die Perkussion ergibt über dem lufthaltigen Lungengewebe den hellen (sonoren) Lungenschall, über soliden Organen (Leber, Herz, Milz, Niere, stärkere Muskelmassen) den gedämpften Schall und über mit Luft oder Gas gefüllten Hohlräumen (Magen, Darm) den tympanischen Schall. Der über der normal belüfteten Lunge perkutierbare sonore Schall erfährt durch Flüssigkeits- oder Gewebeansammlungen im Pleuraraum eine Dämpfung; bei überblähter Lunge (z.B. Lungenemphysem) steigt die Intensität und man bezeichnet ihn als

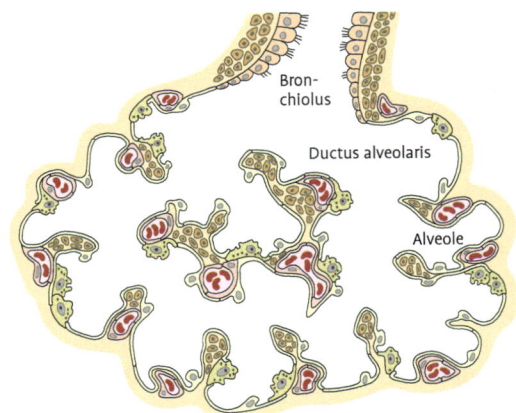

Abb. 5.21 Schema eines Bronchiolus respiratorius mit Ductuli alveolares und Alveolen.

„hypersonor". **3. Auskultation.** Mithilfe eines Stethoskopes kann man das Strömungsverhalten der Luft im Tracheobronchialraum und in den oberflächlichen Lungenschichten beurteilen sowie Veränderungen im Pleuraraum erfassen. So verhindern Pleuraerguss oder Pneumothorax eine Weiterleitung des Atemgeräusches, Infiltrate in der Lunge führen zu einem rasselnden Atemgeräusch. **4.** Die luftgefüllten Bronchien geben im konventionellen **Röntgenbild** keinen Schatten. Die gesamte, vom Hilum radiär ausgehende Hilumzeichnung rührt von den Blutgefäßen, vornehmlich von den Arterien her. Bronchien, die in der Richtung des Strahlenganges liegen, ergeben einen hellen Fleck. Kreuzt eine Arterie einen größeren Bronchus, so wird der Arterienschatten ausgelöscht.

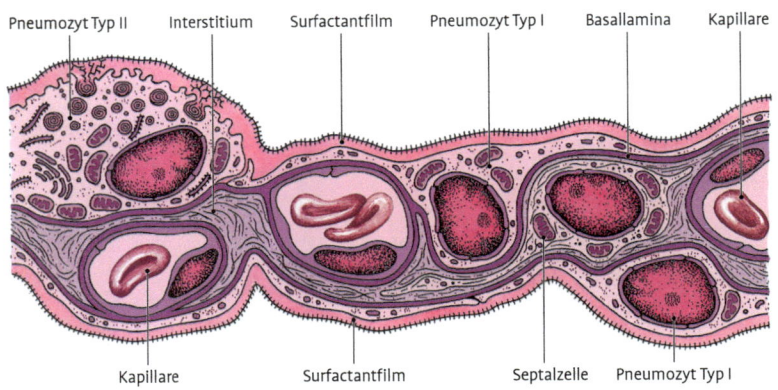

Pneumozyt Typ II — Interstitium — Surfactantfilm — Pneumozyt Typ I — Basallamina — Kapillare

Kapillare — Surfactantfilm — Septalzelle — Pneumozyt Typ I

Abb. 5.22 Schema zu Alveolarwand, Blut-Luft-Schranke.

5.1.4 Mittelfellraum, Mediastinum

Das Mediastinum ist ein ausgedehnter **Raum in der Mittellinie des Thorax** (lat. quod mediam stat), der zwischen den beiden Pleurahöhlen liegt und von der Wirbelsäule bis zur Rückfläche des Brustbeins reicht. Seitlich wird es von den Pleurae mediastinales begrenzt, unten reicht es bis zum Zwerchfell, oben bis zur Apertura thoracis superior, wobei diese Begrenzung willkürlich ist, denn das Mediastinum setzt sich kontinuierlich in den Bindegewebsraum des Halses, zwischen Lamina praetrachealis und praevertebralis der Fascia cervicis, fort.

Vom funktionellen Gesichtspunkt her ist das Mediastinum die wichtigste „Verkehrsader" für **Leitungsbahnen,** die aus der Kopf- und Halsregion in den Brustkorb gelangen müssen (z. B. Trachea) oder diesen durchquerend oder hier beginnend das Abdomen erreichen (z. B. Oesophagus, N. vagus, Truncus sympathicus, Ductus thoracicus, große Gefäße). Darüber hinaus enthält das Mediastinum das **Herz,** den **Thymus** und eine große Zahl von **Lymphknoten** sowie eine Reihe kleinerer **Gebilde.**

Unterteilung. Sie erleichtert die Orientierung sowohl in der Phase des Lernens als auch in der späteren ärztlichen Tätigkeit im Rahmen von Diagnostik und Therapie. Man unterscheidet ein **oberes** und ein **unteres** Mediastinum (Mediastinum superius und inferius), wobei das untere Mediastinum nochmals in ein vorderes, mittleres und hinteres unterteilt wird. Das obere Mediastinum ist nach oben durch die Apertura thoracis superior begrenzt, der Übergang in das untere Mediastinum liegt auf Höhe der Herzbasis. Das **vordere** Mediastinum liegt zwischen Rückfläche des Sternums und Herzbeutel, das **mittlere** umfasst die Tiefe des Herzbeutels, das **hintere** liegt zwischen Wirbelsäule und hinterer Begrenzung des Herzbeutels (Abb. 5.23). Über den Inhalt der einzelnen Mediastinalanteile informiert Tab. 5.5.

5.1.4.1 Herz, Cor

Das Herz ist ein **vierkammeriges** (2 Vorhöfe, Atrien, und 2 Hauptkammern, Ventrikel), muskulöses Hohlorgan, welches in der Perikardhöhle im **mittleren Mediastinum** liegt. Zwei Drittel der Herzmasse liegen links der Medianebene.

Tab. 5.5 Inhalt der verschiedenen Mediastinalanteile

Oberes Mediastinum

A. thoracica interna

Vv. brachiocephalicae und Anfangsteil der V. cava superior

Thymus

Arcus aortae mit Ästen (Truncus brachiocephalicus, A. carotis communis sinistra, A. subclavia sinistra)

Nn. phrenici

Trachea

Nn. vagi mit Nn. laryngeus recurrens sinister und Nn. cardiaci

Truncus sympathicus

Oesophagus

Ductus thoracicus

Unteres Mediastinum

Vorderes Mediastinum	*Mittleres Mediastinum*	*Hinteres Mediastinum*
A thoracica interna	Herz mit Herzbeutel	Aorta descendens mit Abgängen
kleinere Blut- und Lymphgefäße	Aorta ascendens	Vv. azygos und hemiazygos
	Truncus pulmonalis	Nn. vagi
	Vv. pulmonales	Truncus sympathicus
	V. cava superior	Nn. splanchnici majores und minores
	Mündung der V. azygos	Ductus thoracicus
	Aa. und Vv. pericardiacophrenicae	Oesophagus

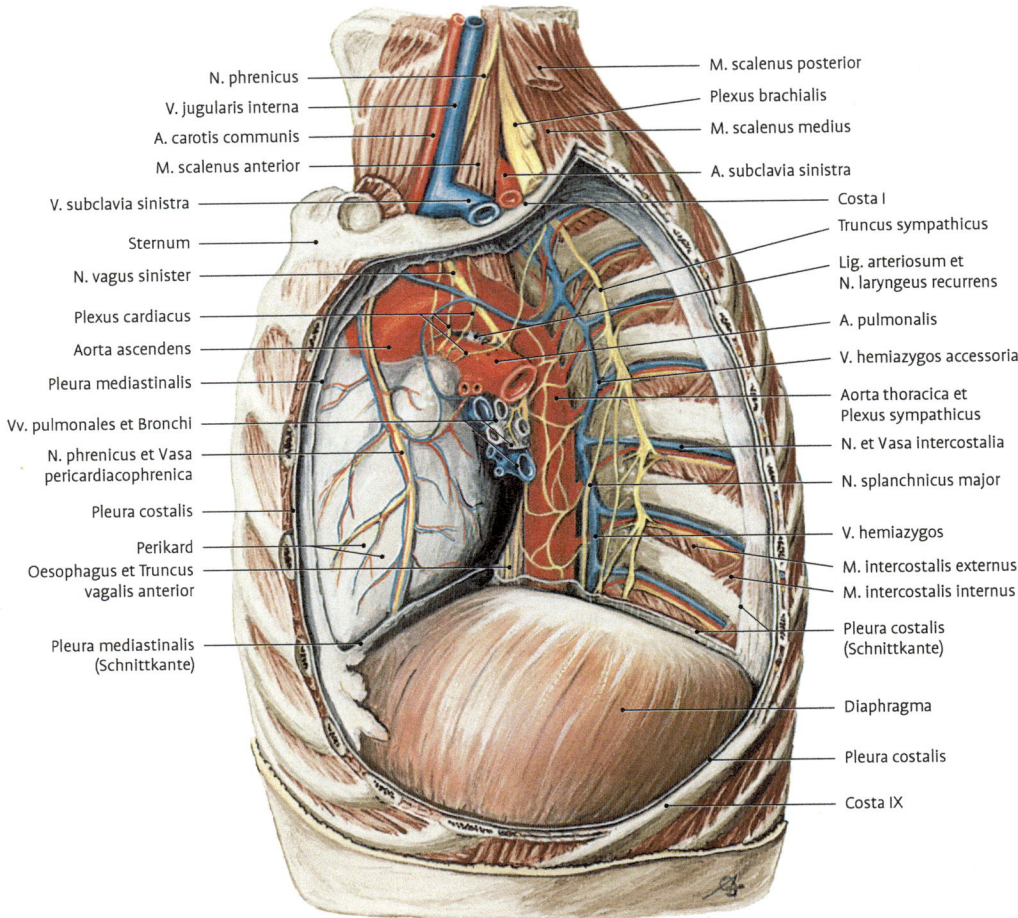

N. phrenicus
V. jugularis interna
A. carotis communis
M. scalenus anterior
V. subclavia sinistra
Sternum
N. vagus sinister
Plexus cardiacus
Aorta ascendens
Pleura mediastinalis
Vv. pulmonales et Bronchi
N. phrenicus et Vasa pericardiacophrenica
Pleura costalis
Perikard
Oesophagus et Truncus vagalis anterior
Pleura mediastinalis (Schnittkante)

M. scalenus posterior
Plexus brachialis
M. scalenus medius
A. subclavia sinistra
Costa I
Truncus sympathicus
Lig. arteriosum et N. laryngeus recurrens
A. pulmonalis
V. hemiazygos accessoria
Aorta thoracica et Plexus sympathicus
N. et Vasa intercostalia
N. splanchnicus major
V. hemiazygos
M. intercostalis externus
M. intercostalis internus
Pleura costalis (Schnittkante)
Diaphragma
Pleura costalis
Costa IX

Abb. 5.23 Mediastinum von links.

Funktion

Pumporgan. Linker Vorhof und Kammer einerseits und rechter Vorhof und Kammer andererseits sind zusammengeschaltet und werden vom jeweils anderen Paar durch eine Scheidewand getrennt. Das rechte Herz nimmt das venöse Blut aus dem Körperkreislauf auf und leitet es an die Lunge weiter, das linke erhält oxygeniertes Blut aus dem Lungenkreislauf und gibt es wieder an den Körperkreislauf ab. Größe und Gewicht des Herzens sind u. a. abhängig von Alter, Geschlecht, Körpergewicht, Körperlänge und Trainingszustand. Im Allgemeinen gilt die Regel, dass das Herz etwa so groß ist wie die Faust des Individuums (Faustformel), die das reale Volumen aber meist unterschätzt. Normale Volumina liegen beim Erwachsenen zwischen 500 und 800 ml, bei Sportlern bis zu 1 l. Das Gewicht des blutleeren Organs schwankt dabei zwischen ca. 250 und 350 g, wobei Frauen durchschnittlich geringere Herzgewichte, Sportler höhere (bis zu 500 g) haben. Wird die Herzmasse auf das Körpergewicht relativiert (relatives Herzgewicht), so liegt dieser Wert normalerweise bei etwa 0,005.

Endokrines Organ. Neben seiner Funktion als Pumporgan des Kreislaufs ist das Herz auch eine endokrine Drüse. Eine Erhöhung des Blutvolumens führt über einen Dehnungsreiz zur Freisetzung eines Polypeptids aus den Vorhöfen (v. a. aus dem rechten). Es handelt sich um das **atriale natri-**

uretische Peptid (ANP, Atriopeptin). Dieses wirkt u. a. direkt auf die Niere und erhöht dort die Na⁺- und Wasserausscheidung. Darüber hinaus führen Dehnungsreize des rechten Vorhofs (nerval vermittelt) zu einer Reduzierung der ADH-Freisetzung aus dem Hypophysenhinterlappen und so zu einer verstärkten Diurese.

Entwicklung

> Die Entwicklung des Herzens vom ersten Auftreten der Perikardhöhle bis zum vollständig septierten Organ erstreckt sich von der 3. bis zur 8. EW. Prinzipiell sind 3 Phasen zu unterscheiden:
> 1. Entwicklung der Perikardhöhle und des kardiogenen Plexus
> 2. Entwicklungsphase des geraden, tubulären Herzens
> 3. Entwicklungsphase der Herzschleife (cardiac loop) und Septierung.

Entwicklung der Perikardhöhle und des kardiogenen Plexus. Noch vor dem Auftreten der Somiten beginnt in der 3. Woche die Entwicklung des Herz-Kreislauf-Systems. Im vorderen Abschnitt des embryonalen Zöloms entsteht die **Perikardhöhle**. Im viszeralen Mesoderm am Boden der Perikardhöhle entsteht das **Myokard,** zwischen diesem und dem **Entoderm** werden **Angioblasten** induziert, die sich zu Inseln zusammenlagern und einen hufeisenförmigen Plexus aus kleinen Gefäßen bilden. Hier entwickelt sich durch Zusammenlagerung der Kapillarsprossen das Endokard. Infolge weiterer Wachstumsvorgänge insbesondere im vorderen Neuralplattenabschnitt wird die Prächordalplatte nach ventral verlagert, sodass die Herzanlage in den Hals- und später in den Thoraxbereich gelangt, wobei sie eine Drehung um 180° um die Transversalachse erfährt. Die Perikardhöhle bedeckt nunmehr die Myokardanlage von ventral (Abb. 5.24).

Entwicklungsphase des geraden, tubulären Herzens. Das Myokard umfasst die zu einem **Endokardrohr** konfluierten Kapillarsprossen. Der so entstandene Herzschlauch wölbt sich zunächst mit breiter Basis in die Perikardhöhle vor (**Mesocardium dorsale,** das Herz besitzt zu keinem Zeitpunkt ein ventrales Meso); diese Verbindung wird immer schmaler und verschwindet schließlich, sodass der Herzschlauch auch durch die Abfaltung

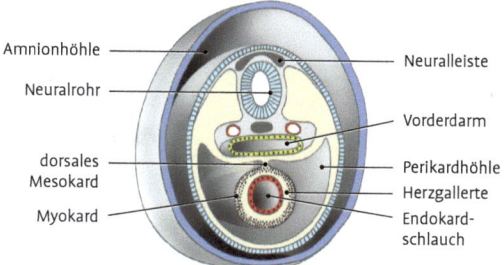

Abb. 5.24 Herzentwicklung, 22. Tag.

Labels: Amnionhöhle · Neuralrohr · dorsales Mesokard · Myokard · Neuralleiste · Vorderdarm · Perikardhöhle · Herzgallerte · Endokardschlauch

der Keimscheibe in kraniokaudaler und transversaler Richtung vollständig in der Perikardhöhle liegt. Beide Seiten der Perikardhöhle sind zwischen Einfluss- und Ausflusspforte über den **Sinus transversus** verbunden. Beiderseits der Mittellinie haben zwischenzeitlich angiogenetische Zellansammlungen die beiden dorsalen Aorten gebildet, die mit dem dorsokaudalen Ende des Endokardschlauches Kontakt aufnehmen (arterieller Pol des Herzens). Die kaudalen Enden der äußeren Anteile des Endokardschlauches treten in Verbindung mit den entstehenden Dottersackgefäßen (**Vv. vitellinae**) und Nabelvenen (paarige Anlage des venösen Pols des Herzens). Durch die Wachstumsvorgänge mit **Drehung der Herzanlage** um die Transversalachse gelangen die Anfangsteile der dorsalen Aorten an den kranialen Pol des Endokardschlauches und ziehen in einem Bogen um den Vorderdarm (1. Aortenbogenpaar). Etwa zu diesem Zeitpunkt (7 Somiten-Stadium, 23. ET) beginnt das Herz zu schlagen. Die bisherige Entwicklung vom Auftreten erster intraembryonaler Gefäße bis zur Ausbildung des Endokardschlauches hat 3 Tage gedauert. Das so entstandene „tubuläre Herz" misst weniger als 1 mm. Folgende Abschnitte können unterschieden werden (Aufzählung in Richtung des Blutflusses, also vom venösen Einfluss bis zum arteriellen Ausfluss): Sinus venosus, gemeinsamer Vorhof, gemeinsamer Ventrikel, Bulbus cordis, Truncus cordis (Abb. 5.25).

Entwicklungsphase der Herzschleife. Das obere Drittel des in der Perikardhöhle befindlichen Kammer-Bulbus-Komplexes bildet den **Truncus arteriosus,** die untere Hälfte die Ventrikelanlage, das kleine Zwischenstück die Anlage des **Bulbus cordis**. Die späteren Vorhöfe liegen noch außerhalb der Perikardhöhle im Septum transversum.

Das folgende **Längenwachstum** der Herzanlage übertrifft bei Weitem das Längenwachstum des ge-

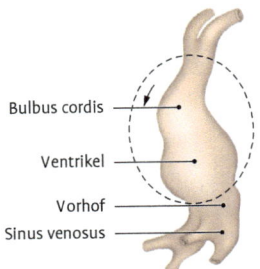

Abb. 5.25 Entwicklungsphase des tubulären Herzens.

samten Embryos. Aus diesem Grund, und weil oberes und unteres Ende des Herzrohres fixiert sind, kommt es zur Ausbildung einer Herzschleife in der Perikardhöhle. Diese Schleife vollzieht eine **Krümmung** nach vorne und rechts, sodass der linke Herzrand zunächst eingekerbt und später durch eine tiefe Furche (Sulcus bulboventricularis) eingeschnitten wird, die im Lumen einer Plica bulboventricularis entspricht. Die **Ventrikelanlage** (und damit auch der Atrioventrikular-Kanal, AV-Kanal) kommt somit auf die linke Seite der Perikardhöhle zu liegen, der Bulbus cordis rechts (Abb. 5.26). Die **Vorhofanlagen** erweitern sich stark und bilden einen gemeinsamen Vorhof, der mit dem (eng gebliebenen) AV-Kanal dorsal in der Perikardhöhle aufsteigt. Die ursprüngliche Ventrikelanlage wird zum linken, der proximale Anteil des Bulbus cordis zum rechten Ventrikel. Der Übergang zwischen ursprünglicher Ventrikelanlage und Bulbus cordis bleibt eng und wird zum Foramen interventriculare primum. Der **Sinus venosus** kann (durch die Vereinigung der Vorhofanlagen) nun in ein rechtes und linkes **Sinushorn** mit einem verbindenden Mittelteil differenziert werden. Der Embryo befindet sich nun im 20-Somiten-Stadium.

Die weitere Differenzierung des **Bulbus cordis** lässt sich nach Dritteln unterscheiden. Das proximale Drittel wird zum rechten Ventrikel, das anschließende Drittel zum **Conus arteriosus** und das distale Drittel zum **Truncus arteriosus** als gemeinsamer Ursprung von **Truncus pulmonalis** und proximalem Anteil der **Aorta ascendens** (Abb. 5.27). Dieser Truncus arteriosus kommt mediosagittal in einer Einsenkung von rechtem und linkem Vorhofdach zu liegen, der Conus arteriosus zwischen Dach des linken Ventrikes und anteromedialer Wand des rechten Vorhofes. Vom 27. bis zum 37. ET schließt sich die Septierungsphase des Herzens an.

Vorhofseptierung. Der Truncus arteriosus drückt das Dach des gemeinsamen Vorhofs ein, sodass sich im Lumen eine Vorwölbung ergibt, das **Septum primum,** welches das Ostium primum freilässt. Durch Venenklappen an der Öffnung des rechten Sinushornes im rechten Vorhofanteil wird der Blutstrom durch das **Ostium primum** in den linken Vorhofanteil geleitet. Von einem oberen und einem unteren Endokardkissen wachsen entlang des Septum primum Ausläufer vor, die das Ostium primum verschließen. Rechts vom Septum primum wächst ein **Septum secundum** vor (Abb. 5.28, 5.29). Das rechte Sinushorn wird Teil des rechten Vorhofes, sodass nur im unteren Einmündungsbereich Klappen (**Valva venae cavae** und **sinus coronarii**) erhalten bleiben. Diese lenken den Blutfluss vom Ostium primum aus gesehen weiter nach kranial, wo er einen neuen Weg unter Durchbrechung des Septum primum findet. Der Schlitz zwischen den aneinanderliegenden Septen wird **Foramen ovale** genannt und nach der Geburt geschlossen (Druckerhöhung im linken Vorhof, Septum primum legt sich an Septum secundum). An der Hinterwand des linken Vorhofes bildet sich septum- und bodennah eine unpaare **Lungenvene,** die später mit ihren ersten vier Anteilen in den linken Vorhof einbezogen wird.

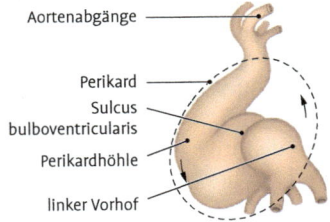

Abb. 5.26 Entwicklungsphase der Herzschleife.

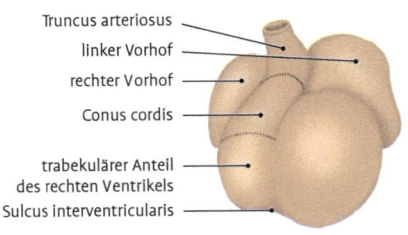

Abb. 5.27 Differenzierung des Bulbus cordis. Ansicht von ventral.

Klinik: 1. Normalerweise verwachsen **Septum primum** und **secundum** im Laufe des ersten Lebensjahres miteinander. Bei 20–25 % der Menschen unterbleibt diese Verschmelzung teilweise oder vollständig, sodass das **Foramen ovale** sich bei einer Operation oder bei der Sektion noch für eine Sonde durchgängig zeigt (Abb. 5.30). Funktionell besteht aber zumeist kein Krankheitswert (kein eigentlicher Septumdefekt), da kein ständiger Blutfluss aus dem linken in den rechten Vorhof zustande kommt. **2.** Bei den angeborenen **Vorhofseptumdefekten** mit offener Verbindung zwischen rechtem und linkem Herzen kommt es dagegen nach der Geburt zunächst zu einem Blutfluss von links nach rechts (höherer Druck im linken Herzen). Das führt zu einer stärkeren Volumenbelastung des rechten Herzens, welches sich verdickt und erweitert (Rechtsherzhypertrophie und -dilatation), um diesen Anforderungen gewachsen zu sein. Da zu diesem Zeitpunkt kein venöses Blut in das linke Herz und damit in den Körperkreislauf gelangt, findet sich auch keine periphere Zyanose (Blaufärbung der Haut durch Abnahme des Sauerstoffgehaltes des Blutes). Durch den vermehrten Blutfluss durch die Lunge nimmt die Wanddicke der Lungengefäße (Lungenarteriensklerose) und die Belastung des rechten Ventrikels im Laufe der Zeit zu. In seltenen Fällen kann der Druck im rechten Herzen den des linken Herzens übersteigen, sodass der Blutfluss von rechts nach links erfolgt (Shuntumkehr oder auch **Eisenmenger-Reaktion**) und aus dem azyanotischen Herzfehler ein zyanotischer wird. **3. Echte Vorhofseptumdefekte** (ASD) sind relativ häufig, wobei Mädchen häufiger (3 : 1) betroffen sind als Jungen. Man unterscheidet 2 Formen: den Ostiumsecundum-Defekt (70 % aller Vorhofseptumdefekte) und den Sinus-venosus-Defekt (15 %). Der **Ostium-primum-Defekt** (15 %) ist eine Störung im Bereich des Vorhofseptums (Besprechung bei Defekten des AV-Kanals). Der **Ostium-secundum-Defekt** (ASD II) kann durch übermäßige Resorption des Septum primum oder reduzierte Entwicklung des Septum secundum zustande kommen. Es resultiert eine meist großflächige Verbindung zwischen rechtem und linkem Vorhof. Beim **Sinus-venosus-Defekt** liegt die Verbindung zwischen den Vorhöfen im Bereich der Einmündung der Vena cava superior in den rechten Vorhof. Häufig münden dabei auch Venen aus dem Lungenober- und -mittellappen in den rechten Vorhof (Lungenvenenfehlmündung).

Kammerseptierung. Linker und rechter Ventrikel sind durch das **Foramen interventriculare primum** verbunden. Nur über dieses fließt in den rechten Ventrikel Blut, wohingegen der linke Ventrikel noch über den AV-Kanal Blut erhält. Ventrokaudal entwickelt sich im Foramen das **Septum interventriculare,** dorsokranial wölbt sich links von der gemeinsamen Ausflussbahn die **Plica bulboventricularis** vor. Diese bildet sich zurück, und zwischen rechts- und linksventrikulärem Blutstrom entwickelt sich ein neues Septum. Die Ventrikel erweitern sich zunehmend unter Muskelwachstum und Lumenvergrößerung durch Aushöhlung sowie Trabekelbildung. Die ventrikulären Trabekel verschmelzen zu Papillarmuskeln, septalem und Moderatorband sowie Chordae tendineae. Die medialen Wandanteile der Ventrikel verwachsen zum Großteil des Kammerseptums; das Foramen interventriculare primum bleibt noch erhalten. AV-Kanal und Truncus (Conus) arteriosus verlagern sich von der linken bzw. rechten Seite zunehmend in die Mitte. Im AV-Kanal wachsen von oben und unten Endokardkissen in die Lichtung vor und unterteilen ihn in ein rechtes und linkes **Ostium atrioventriculare**. Gleichzeitig wachsen rechts und links Endokardhöckerchen in den AV-Kanal ein (Abb. 5.31). Die den Kissen zugrunde liegenden Mesenchymzellen sind in die Herzanlage eingewanderte **Neuralleistenzellen**. Die Kissen werden anschließend ausgehöhlt und bilden die **Segelklappen** (AV-Klappen). An der rechten Vorhof-

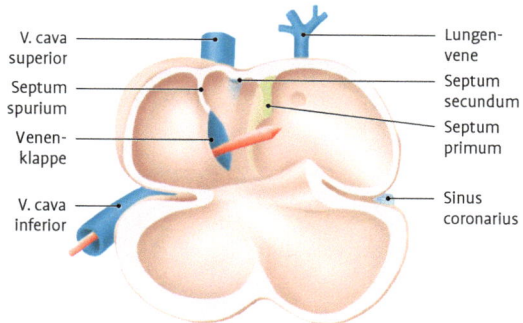

Abb. 5.28 Vorhofseptierung (nach U. Drews: Taschenatlas der Embryologie. Thieme, Stuttgart 1993).

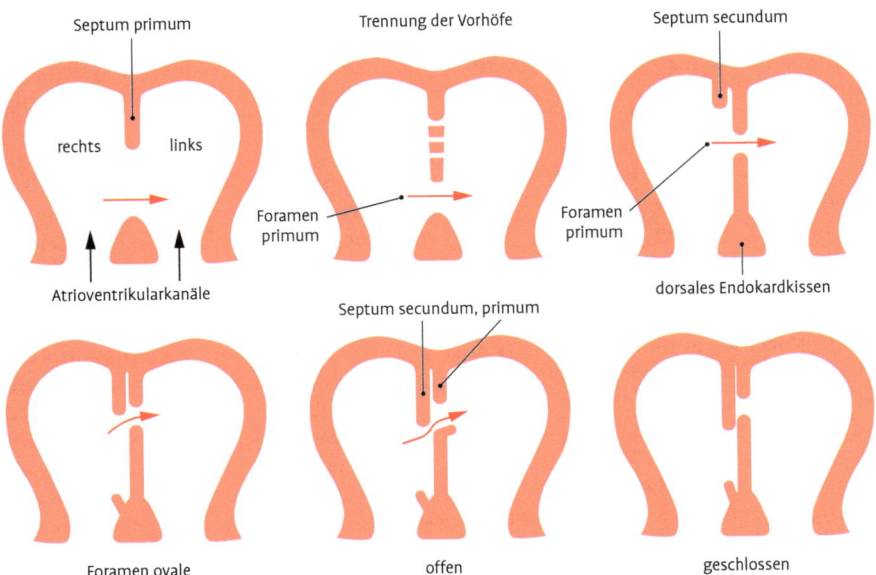

Abb. 5.29 Vorgang der Vorhofseptierung (nach G.-H. Schumacher: Anatomie für Zahnmediziner, 3. Aufl. Hüthig, Heidelberg 1997).

Kammer-Grenze bildet sich eine dreizipflige Klappe **(Trikuspidalklappe)** mit einem septalen (Vereinigung aus oberem und unterem Endokardkissen), einem vorderen und einem hinteren Segel (aus rechtem Endokardkissen). Links bildet sich eine zweizipflige Klappe **(Bikuspidal- oder Mitralklappe)** mit einem anterioren (s. o.) und einem posterioren Segel (aus linkem Endokardkissen).

Im oberen Anteil des **Bulbus cordis** wachsen von rechts oben und links unten **Trunkuswülste** vor. Diese verschmelzen miteinander, ihr distales Ende liegt etwa in Höhe des 6. Aortenbogenpaars.

Die distal von dieser Stelle gelegenen Anteile des Truncus cordis und der Aortenwurzel stellen die noch gemeinsame Truncus- und Aortenwurzel dar. Durch Verschiebung der 6. Aortenbögen nach links und der 4. nach rechts gelangen die Ersteren in die Ausflussbahn der A. pulmonalis, die Letzteren in die der Aorta. Zwischen die Abgangsstellen dieser beiden Aortenbögen schiebt sich spiralig das **Septum aorticopulmonale** und schließt die Teilung von Aorta ascendens und Truncus pulmonalis ab (Abb. 5.32). Die **Taschenklappen** der Ausflussbahn entstehen wie die AV-Klappen durch

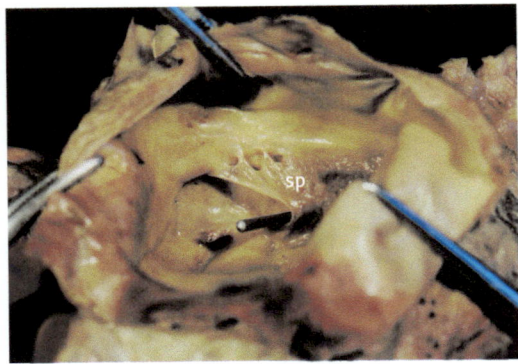

Abb. 5.30 Offenes (sondendurchgängiges) Foramen ovale. sp Septum primum.

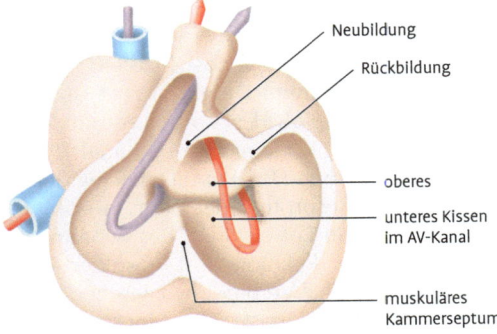

Abb. 5.31 Unterteilung des AV-Kanals (nach U. Drews: Taschenatlas der Embryologie. Thieme, Stuttgart 1993).

das Auswachsen von Endokardkissen. Von links ventral und rechts dorsal wachsen im Conus cordis ebenfalls Wülste vor, die miteinander verschmelzen und den Conus in ein anterolaterales und ein posteromediales Kompartiment unterteilen. Der anterolaterale Anteil beteiligt sich an der Bildung des definitiven rechten Ventrikels, der posteromediale an der des Sinus aortae und des definitiven linken Ventrikels. Das Konusseptum verkleinert das **Foramen interventriculare,** das in der Folge unter Einbeziehung von Material aus dem unteren Endokardkissen verschlossen wird (membranöses Kammerseptum).

Klinik: 1. Störungen der Endokardkissenentwicklung können in Fehlbildungen verschiedener Herzbereiche einmünden: Bei vollständigem Fehlen der Endokardkissenverschmelzung verbleibt ein offener AV-Kanal (Canalis atrioventricularis communis). Der Defekt betrifft Vorhof- und Kammerseptum; der AV-Kanal ist nicht unterteilt und die septalen Klappenkomponenten der AV-Klappen sind fehlgebildet. Der Ostium-primum-Defekt ist eine Sonderform der Endokardkissendefekte. Die Verschmelzung der Kissen erfolgt im Ventrikelseptumbereich nur unvollständig und unterbleibt am Übergang zum Septum primum. Als Konsequenz ergibt sich ein tief sitzender Defekt in der Vorhofscheidewand. Nicht selten findet

sich zusätzlich eine Spaltbildung im vorderen Mitralsegel (partieller AV-Kanal). **2. Ventrikelseptumdefekte** (VSD) stellen die häufigsten kongenitalen Herzfehler dar. Die Defekte treten entweder einzeln oder in Kombination mit anderen Läsionen, insbesondere bei der Entwicklung des Konus- und Trunkusabschnittes, auf. In 75 % der Fälle ist der membranöse Septumteil betroffen, in jeweils weniger als 10 % der muskuläre, der infundibuläre oder AV-Kanalbereich. **Kleine VSD** sind meist drucktrennend und asymptomatisch, wobei sie bei der Auskultation laute Geräusche verursachen. **Mittelgroße VSD** äußern sich in einer Belastungsdyspnoe mit reduzierter körperlicher Leistungsfähigkeit. **Große VSD** führen in der Regel schon früh zu einem Pumpversagen der linken Herzkammer (Linksherzinsuffizienz). Etwa die Hälfte aller VSD verschließen sich bis zum 15. Lebensjahr von selbst, bei den übrigen entscheidet die Größe des Defektes und das Ausmaß des Links-Rechts-Shunts über die weitere Therapie. **3.** Die häufigste kombinierte Entwicklungsstörung ist die **Fallot-Tetralogie,** gleichzeitig der häufigste „zyanotische" Herzfehler im Erwachsenenalter. Durch eine Verschiebung des Teilungsbereiches des Konus nach ventral entsteht (Abb. 5.33) ein verschmälerter Truncus pulmonalis (Pulmonalstenose) mit großem VSD. Die Aorta entspringt nicht

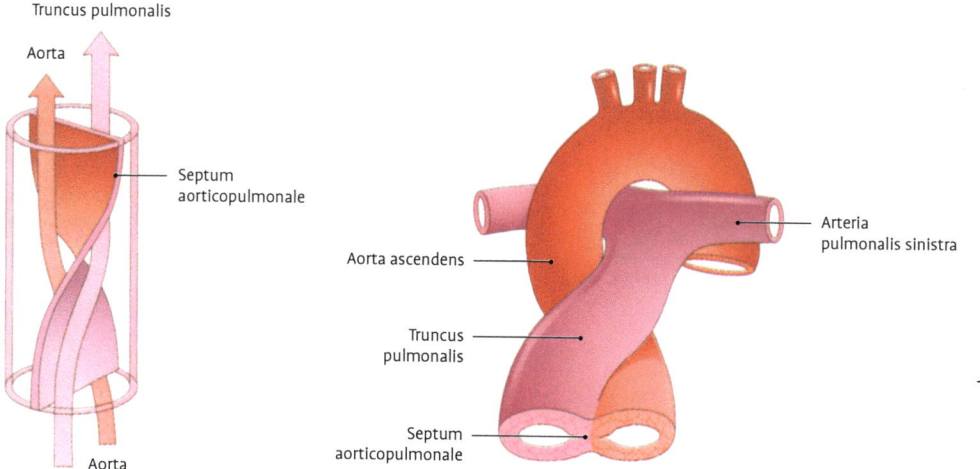

Truncus pulmonalis

Aorta

Septum aorticopulmonale

Aorta ascendens

Truncus pulmonalis

Septum aorticopulmonale

Aorta

Arteria pulmonalis sinistra

Abb. 5.32 Unterteilung des Bulbus und Truncus arteriosus (nach K. L. Moore, T. V. N. Persaud: The developing human. 6th edition. W. B. Saunders, 1998).

mehr ausschließlich aus dem linken Ventrikel sondern über dem Septumdefekt (sie „reitet" auf dem Septumdefekt). Aus der vermehrten Belastung des rechten Ventrikels folgt eine Rechtsherzhypertrophie. Kommt noch ein Vorhofseptumdefekt hinzu, spricht man von einer **Fallot-Pentalogie;** findet sich zusätzlich zu dieser noch ein offener Ductus arteriosus, von einer **Hexalogie.** Durch die Pulmonalstenose kommt es über den VSD und die reitende Aorta zu einem Rechts-Links-Shunt mit Zyanose und Hypoxie. **4.** Ein weiterer kongenitaler Herzfehler, der in einer Störung der Unterteilung des Konus- und Trunkus-Bereiches begründet liegt, ist die **Transposition der großen Arterien** (TGA). Hierbei wächst das Septum aorticopulmonale nicht spiralig, sondern gerade, sodass die Aorta aus dem rechten Ventrikel, der Truncus pulmonalis aus dem linken entspringt. Weil die Transposition eine Parallelschaltung von Körper- und Lungenkreislauf bedeutet, sind die Kinder nach der Geburt nur lebensfähig, wenn eine zusätzliche Verbindung zwischen rechtem und linkem Herzen besteht.

Entwicklung der Venen

Sinus venosus. In den Sinus münden die Stämme der Kardinalvenen, die Dottervenen und die Nabelvenen (Abb. 5.34).

Kardinalvenen (Vv. cardinales). Sie transportieren das Blut aus dem Embryonalkörper zum Herzen. Sie verlaufen in der dorsalen Leibeswand und gliedern sich primär in vordere (obere) und hintere (untere) Venen, die in einem gemeinsamen Stamm **(V. cardinalis communis, Ductus Cuvieri)** in die Sinus-

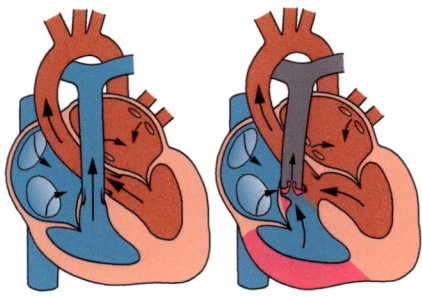

physiologische Systole   Fallot-Tetralogie

Abb. 5.33 Schema zur Fallot-Tetralogie.

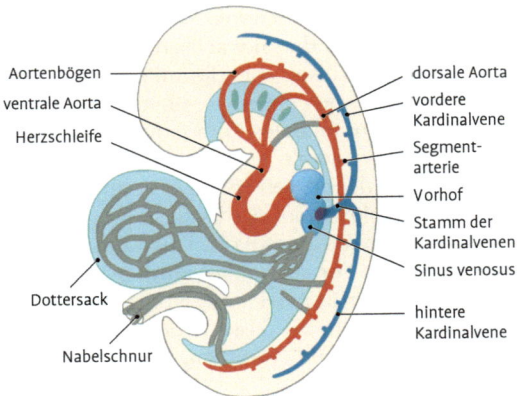

Abb. 5.34 Venenentwicklung (nach U. Drews: Taschenatlas der Embryologie. Thieme, Stuttgart 1993).

hörner münden. Später (5.–7. Woche) entwickeln sich noch Subkardinalvenen (Blut aus den Urnieren), Suprakardinalvenen (Blut aus den Interkostalvenen) und Sakrokardinalvenen (aus den unteren Extremitäten). In der Folge kommt es zur Ausbildung von Anastomosen zwischen den primär bilateral angelegten Venen, um den venösen Blutstrom auch von der linken Körperseite dem rechten Herzen zuzuführen (Abb. 5.35). Kompensatorisch obliterieren dann andere Anteile. Zwischen den beiden vorderen Kardinalvenen bildet sich eine Gefäßverbindung, die zur **V. brachiocephalica** wird (venöses Blut aus dem linken Kopfbereich und Arm). Der Endteil der rechten hinteren Kardinalvene bildet sich zur oberen Interkostalvene zurück. Die V. cardinalis communis und der Endteil der vorderen Kardinalvene rechts werden zur **V. cava superior.** Anastomosen zwischen den Subkardinalvenen fließen zur linken Nierenvene zusammen, der distale Abschnitt der linken Subkardinalvene wird zur linken Gonadenvene (**V. testicularis** bzw. **ovarica**), der proximale Anteil wird rückgebildet. Die rechte V. subcardinalis bleibt erhalten und wird zum **Nierensegment** der **V. cava inferior.** Eine Anastomose zwischen Subkardinalvene und Leberanlage wird zum **Lebersegment** der V. cava inferior.

Sakrokardinalvenen. Beide Venen fließen links zur **V. iliaca communis** zusammen, an die sich, aus der rechten Sakrokardinalvene stammend, der untere Anteil der V. cava inferior anschließt.

Suprakardinalvenen. Die Venen nehmen Blut aus den Interkostalvenen auf. Auf der rechten Seite wird ein Teil der hinteren Kardinalvene mit der Su-

Tab. 5.6 Entwicklung der Vena cava inferior

Abschnitt der Vena cava inferior	Ursprungsvene
Oberer Abschnitt (posthepatisches Segment)	rechte obere Dottervene
Leberabschnitt (hepatisches Segment)	hepato-subkardinale Anastomose
Nierenabschnitt (renales Segment)	rechte Subkardinalvene
Unterer Abschnitt (sakrokardinales Segment)	rechte Sakrokardinalvene

prakardinalvene zur **V. azygos,** die eine Anastomose zur linken Seite aufweist. Dort hat sich auf ähnliche Weise die **V. hemiazygos** gebildet.

Dottervenen (Vv. omphalomesentericae). Sie transportieren das Blut vom Dottersack zum Herzen und durchströmen dabei die Leberanlage. Mit Entwicklung der Nabelschleife werden sie zur Pfortader. Der distale Anteil der rechten Dottervene wird zur **V. mesenterica superior,** der distale linke Anteil löst sich auf. Der herznahe Anteil der linken Dottervene löst sich ebenfalls auf, der rechte weitet sich und bildet den **terminalen** (posthepatischen) **Anteil** der V. cava inferior. Einen Überblick über die Entwicklung der V. cava inferior geben Tab. 5.6 und Abb. 5.35.

Nabelvenen (Vv. umbilicales). Diese führen sauerstoffreiches Blut aus der Plazenta zum Herzen und nehmen Kontakt zur Leber auf. Der herznahe Abschnitt der linken Vene und die komplette rechte bilden sich zurück. Über ein Umgehungsgefäß **(Ductus venosus, Arantii)** zwischen dem Leberende der linken Nabelvene und der rechten Dottervene umgeht der Großteil des Blutes allerdings die Leber.

Sinushörner. Linkes Sinushorn und der Verbindungsteil zwischen den Hörnern werden durch eine Furche zunehmend vom Vorhof getrennt. Das rechte Sinushorn nimmt eine vertikale Lage ein und wird zur einzigen Verbindung zwischen Sinus venosus und Vorhof, in den es später einbezogen wird, während das proximale linke Sinushorn und der Verbindungsteil zum **Sinus coronarius** werden. Distales linkes Sinushorn und linke V. cardinalis obliterieren zur **Plica v. cavae sinistrae (Lig. Marshalli).**

Klinik: 1. Die häufigste Anomalie der großen Venen ist eine **persistierende linke V. cava superior.** Diese entsteht durch fehlende Rückbildung der linken Vv. cardinalis anterior und communis sowie des linken Sinushorns. Nach Zusammenfließen der linken Vv. jugularis interna und subclavia verläuft die V. cava superior sinistra vor dem linken Lungenhilum abwärts und mündet in den stark dilatierten Koronarsinus. **2.** Eine **rechte V. cava superior** kann angelegt sein (doppelte V. cava). Ist sie es nicht, fließt das Blut über die rechte V. brachiocephalica von der rechten zur linken Seite. **3.** Eine **Dopplung der V. cava inferior** entsteht dadurch, dass die linke Sakrokardinalvene persistiert und ihren Kontakt mit der linken Subkardinalvene beibehält. **4.** Eine **persistierende linke V. cava superior** oder eine **Doppelung der großen Venen** hat per se keinen Krankheitswert, jedoch ist die Kenntnis der anatomischen Gegebenheiten wichtig im Zusammenhang mit chirurgischen Eingriffen, z. B. auch bei Implantation von Herzschrittmachern.

Entwicklung der Arterien

Wie bei der Venenentwicklung müssen auch bei der Entwicklung der Arterien verschiedene Systeme berücksichtigt werden. Das arterielle Gefäßsystem zeigt zunächst einen symmetrischen Aufbau.

Dorsale Aorta. Aus dem paarigen Gefäß gehen zur Versorgung des Körperkreislaufs Intersegmentalarterien ab. Etwa in der 4. EW entwickeln sich bilateral parallele, bogige Gefäßverbindungen zwischen dem distalen Anteil des **Truncus arteriosus** (Aortenwurzel, „ventrale Aorta") und dorsaler Aorta. Diese Verbindungen werden als **Aortenbögen** oder **Schlundbogenarterien** bezeichnet. Insgesamt entwickeln sich **6 Bogenpaare** von kranial nach kaudal, die allerdings nicht gleichzeitig auftreten. Ob der 5. Aortenbogen beim Menschen überhaupt angelegt wird, ist umstritten. Das kraniale Ende der ventralen Aorta bildet sich zur **A. carotis externa,** das der dorsalen zur **A. carotis interna** aus. Beide dorsalen Aorten verschmelzen kaudal der Schlundbogenarterien zur definitiven dorsalen Aorta. Die Aortenbögen sind in der Entwicklung starken Formveränderungen und partiellen Rückbildungsprozessen unterworfen. Die 4. Schlundbogenarterie bildet auf der linken Seite einen Teil des definitiven Aortenbogens. Auf der rechten Seite entsteht der Anfangsteil der **A. subclavia.** Aus dem 6. Aortenbogen entwickelt sich

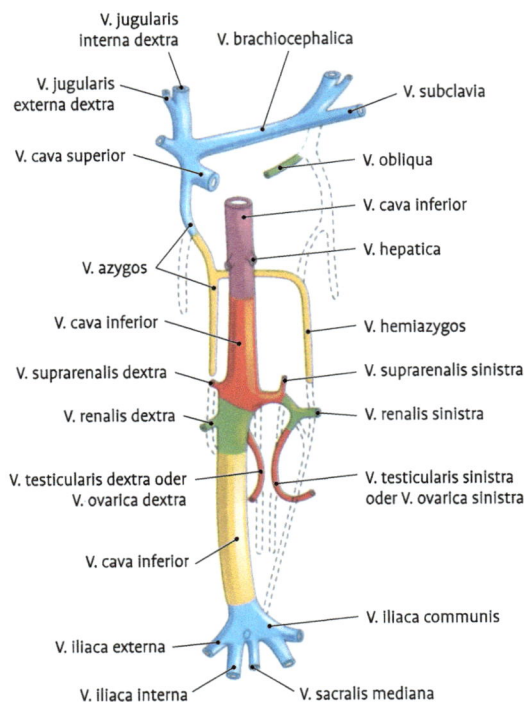

Abb. 5.35 Entwicklung der V. cava inferior (nach K. L. Moore, T. V. N. Persaud: The developing human. 6th edition. W. B. Saunders, 1998).

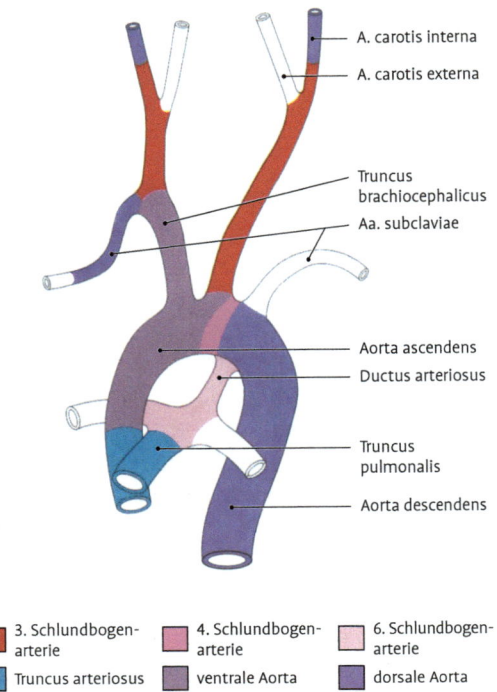

◼ 3. Schlundbogen-arterie	◼ 4. Schlundbogen-arterie	◻ 6. Schlundbogen-arterie
◼ Truncus arteriosus	◼ ventrale Aorta	◼ dorsale Aorta

Abb. 5.36 Derivate der Aortenbögen (nach K. L. Moore, T. V. N. Persaud: The developing human. 6th edition. W. B. Saunders, 1998).

das **arterielle System der Lunge**. Rechts bildet sich die Verbindung zur dorsalen Aorta zurück, der proximale Anteil wird zum Stamm der **A. pulmonalis dextra**. Links persistiert die Verbindung zur dorsalen Aorta als **Ductus arteriosus** zur präpartalen Umgehung des Lungenkreislaufs. Einen Überblick über das Schicksal auch der übrigen Aortenbögen geben Tab. 5.7 und Abb. 5.36.

Dotterarterien. Sie sind zur Versorgung des Dottersacks angelegt und bilden später die Arterien zur Versorgung der subdiaphragmalen Darmrohranteile und seiner Anhangsorgane. Es sind dies der **Truncus coeliacus**, die **Aa. mesenterica superior** und **inferior**.

Nabelarterien. Diese führen sauerstoffarmes Blut zur Plazenta (Chorionzotten). Sie haben ursprünglich Verbindung zur dorsalen Aorta, verlagern diese aber dann auf die A. iliaca communis. Postpartal obliterieren ihre distalen Anteile zum **Lig. umbilicale mediale**, die proximalen bleiben als **A. iliaca interna** und **A. vesicalis superior**.

Tab. 5.7 Derivate der Aortenbögen

Aortenbogen	Derivat
1. Aortenbogen	Teile der A. maxillaris
2. Aortenbogen	A. stapedia und A. hyoidea, zunächst als Verbindung zwischen A. carotis interna und externa, später ohne Verbindung zur interna
3. Aortenbogen	Aufteilungsbereich A. carotis externa und interna
4. Aortenbogen	links: Teil des Arcus aortae zwischen A. carotis communis und A. subclavia rechts: proximaler Anteil der A. subclavia
5. Aortenbogen	verschwindet ganz oder wird beim Menschen nicht angelegt
6. Aortenbogen	Truncus pulmonalis und Ductus arteriosus

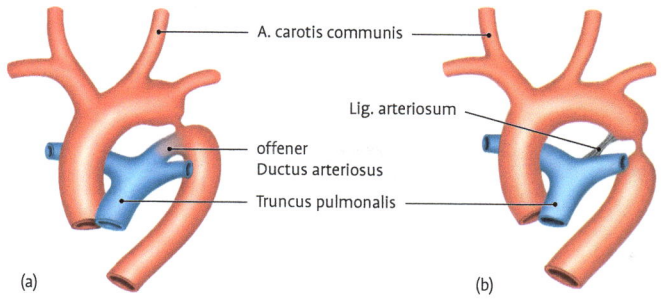

A. carotis communis

Lig. arteriosum

offener
Ductus arteriosus

Truncus pulmonalis

(a)

(b)

Abb. 5.37 Schematische Darstellung der Aortenisthmusstenose. **a:** Präduktale Form, **b:** postduktale Form.

Klinik: Bei der **Aortenisthmusstenose** (Coarctatio aortae) findet sich eine Verengung der Aorta zwischen dem Abgang der linken A. subclavia und dem Übergang des Arcus aortae in die Aorta descendens (Abb. 5.37). Es werden 2 Formen unterschieden: Bei der präduktalen („frühkindlichen") Form liegt die Verengung vor dem offenen Ductus arteriosus. Dies führt durch den Rechts-Links-Shunt bereits im Säuglingsalter zu Zyanose (untere Körperhälfte) und Herzinsuffizienz. Bei der postduktalen („Erwachsenen-") Form ist der Ductus arteriosus obliteriert. Es existiert ein Umgehungskreislauf zwischen prä- und poststenotischem Aortenteil über die A. thoracica interna und erweiterte Interkostalarterien. Durch diesen Umgehungskreislauf mit verstärkter Pulsation der Interkostalarterien finden sich häufig Aussparungen an den unteren Rändern der hinteren Rippensegmente (Rippenusuren, v. a. an der 3. und 4. Rippe), die im Röntgenbild sichtbar sind.

Pränataler Kreislauf. Der pränatale Kreislauf hat gegenüber dem postnatalen insofern eine Besonderheit, da der Gasaustausch nicht in der Lunge, sondern in der Plazenta stattfindet. Des Weiteren erfolgt die Ernährung des Embryos/Feten durch die Plazenta. Dieser Sachverhalt spiegelt sich auch im Bau des embryonalen Herzens wider. Zur Darstellung des pränatalen Kreislaufs und der Umstellung des Kreislaufs nach der Geburt s. Kap. 2.3.1.4.

Form des Herzens

1. Bei der Beschreibung des Herzens kann man sich zum einen auf eine **„systematische"**, zum anderen auf eine **„topografische Einstellung"** des Organs beziehen. Bei der systematischen Einstellung (Herz aus dem Körper entfernt und auf seine Spitze gestellt) stehen die Herzachse und das Septum senkrecht, der rechte Ventrikel ist nach rechts, der linke nach links orientiert. Diese Einstellung ist in der Anatomie noch sehr verbreitet und führt(e) häufig zu Kommunikationsschwierigkeiten mit den klinischen Fächern.

2. Der **physiologischen** Lage des Herzens im Körper entspricht die topografische Einstellung, die aus diesem Grund im Folgenden zugrunde gelegt wird: Hierbei verläuft die Längsachse des Herzens (anatomische Herzachse) von rechts oben hinten (Basis cordis) nach links unten vorn (Apex cordis). Sowohl zur Frontal- als auch zur Medianebene steht sie in einem Winkel von etwa 45°. Die rechte Kammer liegt weiter ventral.

Das Herz hat etwa die Form eines nicht ganz regelmäßigen Kegels, an dem man 3 Flächen unterscheiden kann: **Facies sternocostalis** (Facies anterior), **Facies diaphragmatica** (Facies inferior) und **Facies posterior.** Die konvexe Facies sternocostalis ist gegen die vordere Brustwand gerichtet und rechts und links von der Lunge überlagert (Abb. 5.38). Die Facies diaphragmatica liegt dem Zwerchfell auf. Beide sind bei der Leiche auf der rechten Seite durch einen deutlichen Rand voneinander getrennt, der durch Fettgewebe zwischen rechtem Ventrikel und Zwerchfell gebildet wird. Dieser Rand **(Margo dexter)** wurde früher auch als Margo acutus (scharfer Rand) bezeichnet. Beim Lebenden erscheint der Randbereich weniger scharf. Der Übergang an der linken Seite ist demgegenüber eher rund und wurde als Margo obtusus (abgestumpfter Rand) bezeichnet.

Facies sternocostalis. Sie wird zum Großteil von der **rechten Kammer** gebildet, der sich nach rechts

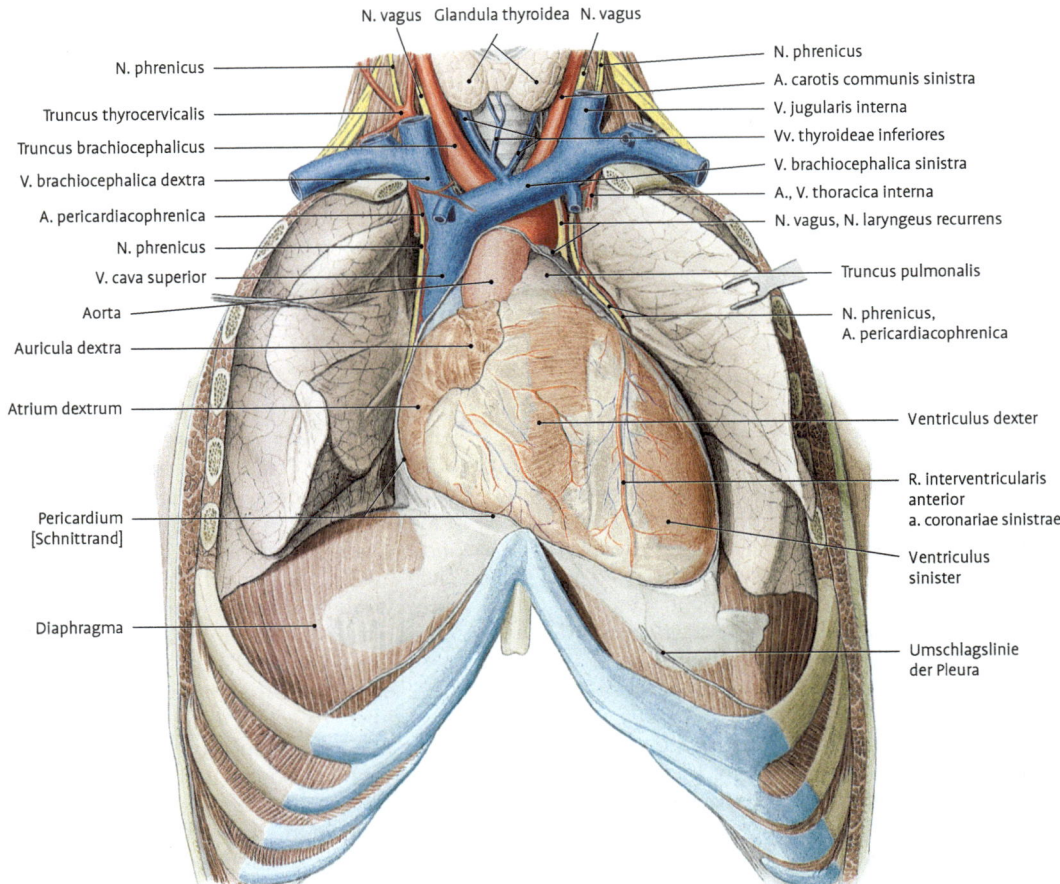

N. vagus Glandula thyroidea N. vagus

N. phrenicus

Truncus thyrocervicalis

Truncus brachiocephalicus

V. brachiocephalica dextra

A. pericardiacophrenica

N. phrenicus

V. cava superior

Aorta

Auricula dextra

Atrium dextrum

Pericardium
[Schnittrand]

Diaphragma

N. phrenicus

A. carotis communis sinistra

V. jugularis interna

Vv. thyroideae inferiores

V. brachiocephalica sinistra

A., V. thoracica interna

N. vagus, N. laryngeus recurrens

Truncus pulmonalis

N. phrenicus,
A. pericardiacophrenica

Ventriculus dexter

R. interventricularis
anterior
a. coronariae sinistrae

Ventriculus
sinister

Umschlagslinie
der Pleura

Abb. 5.38 Lage des Herzens und der großen Gefäße. Thymus und vordere Wand des Herzbeutels entfernt, Lungen zurückgehalten.

der rechte Vorhof anlegt (Abb. 5.39). Dieser bildet mit seinem Herzohr (**Auricula dextra**) zugleich die äußerste rechte Begrenzung des Herzens. Die linke Begrenzung wird vom Bereich der Herzspitze an durch den linken Ventrikel gebildet, dem sich nach kranial das linke Herzohr (**Auricula sinistra**) als Teil des linken Vorhofes randbildend anschließt. Die Grenze zwischen rechtem und linkem Ventrikel wird durch die **Sulci interventriculares anterior** und **posterior** deutlich, die schräg zur Herzachse verlaufen und sich rechts der Herzspitze treffen (**Incisura cordis**). Der Übergang von den Vorhöfen zu den Kammern (Ventilebene) ist an der Herzoberfläche an der Kranzfurche (**Sulcus coronarius**) festzumachen. Diese verläuft senkrecht zur Herzachse und ist insbesondere an der Unterseite des Herzens

zu sehen. Im vorderen Bereich ist sie durch den Ursprung von Aorta und Truncus pulmonalis verdeckt.

Facies diaphragmatica. Sie bildet in der Hauptsache der **linke Ventrikel**, außerdem eine schmale Zone des **rechten Ventrikels** und der **rechte Vorhof** im Bereich der **V. cava inferior** (Abb. 5.40).

Facies posterior. Der kraniale Teil der Rückfläche des Herzens wird vom **linken Vorhof** gebildet, weist gegen das hintere Mediastinum und kommt hier in Kontakt mit der Speiseröhre. An der Facies posterior beteiligen sich weiterhin der **rechte Ventrikel** und (geringgradig) der **rechte Vorhof**.

Herzbasis. An ihr finden sich die Mündungen und Ursprünge der großen zu- und **abführenden Gefäße des Herzens (Vasa publica)** sowie die der

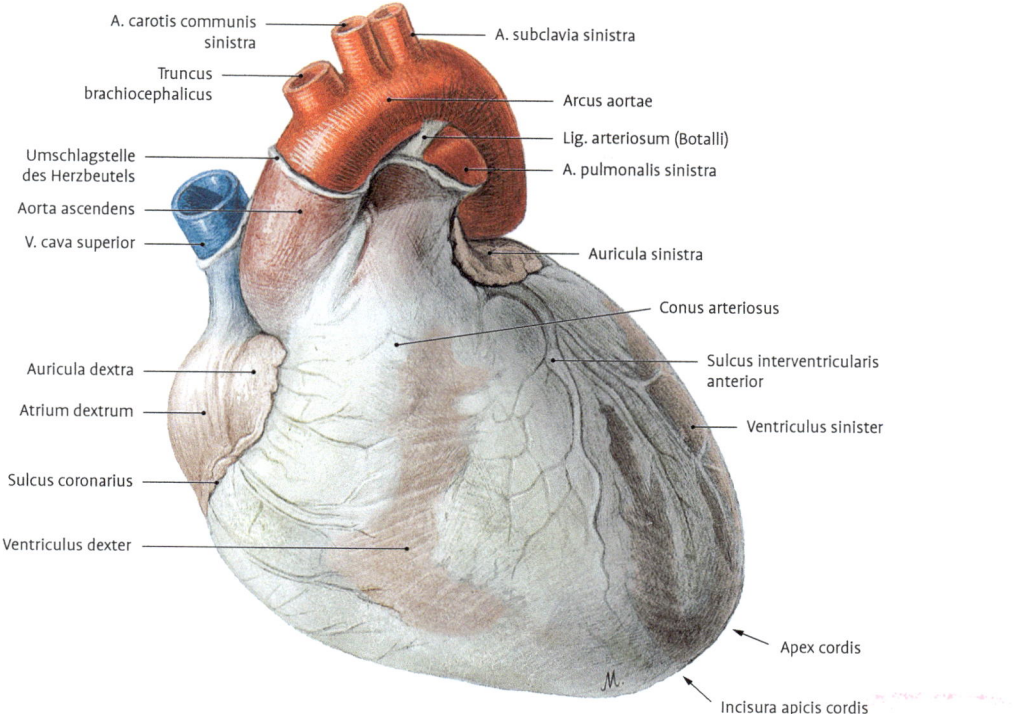

Abb. 5.39 Herz von vorn (Facies sternocostalis).

Herzkranzgefäße (Vasa privata). Beinahe vertikal münden die obere und untere Hohlvene in den rechten Vorhof und stehen dabei etwa senkrecht zu den horizontal ausgerichteten Lungenvenen, die sich von rechts und links jeweils paarig in den linken Vorhof öffnen. Diese Konstellation wird als „Venenkreuz" bezeichnet. Etwa 45° zum Venenkreuz im Uhrzeigersinn (von ventral gesehen) versetzt liegen die Ursprünge der **Aorta ascendens** und des **Truncus pulmonalis,** die sich ihrerseits wieder kreuzen: Der Truncus pulmonalis zieht nach links, die Aorta ascendens nach rechts. Der Truncus pulmonalis liegt am weitesten vorne links und verdeckt somit in der Ansicht von ventral zum Teil den Ursprung der Aorta **(Bulbus aortae),** aus dem die rechte und linke Koronararterie abzweigen.

Die Räume des Herzens

Wir unterscheiden 2 Vorhöfe, **Atrium dextrum** und **sinistrum,** sowie 2 Kammern, **Ventriculus dexter** und **sinister.** Die Beschreibung der Vorhöfe und Kammern erfolgt in Richtung des

Blutflusses von der Einmündung der Hohlvenen in den rechten Vorhof bis zum Austritt der Aorta aus dem linken Ventrikel.

Rechter Vorhof, Atrium dextrum

Anteile. Am rechten Vorhof lassen sich 2 Anteile unterscheiden: Im **hinteren** Bereich findet sich der ehemalige Sinus venosus als Wandteil mit glatter Oberfläche (Abb. 5.41). Hier münden die **Vv. cavae superior** und **inferior** (Sinus venarum cavarum). Die **vordere** Wandung wird von parallel verlaufenden Trabekeln zerklüftet **(Mm. pectinati),** die sich auch in den dreieckigen oberen Teil des rechten Vorhofes (rechtes Herzohr, Auricula dextra) erstrecken. Zwischen den Trabekeln ist die Vorhofwand durchscheinend dünn. Der vordere Bereich des rechten Atriums entspricht dem embryonalen Vorhof.

Grenze. Die Grenze zwischen beiden Anteilen entspricht luminal einer Muskelleiste **(Crista terminalis),** die von der Einmündung der oberen Hohlvene kommend an der Seitenwand des Vor-

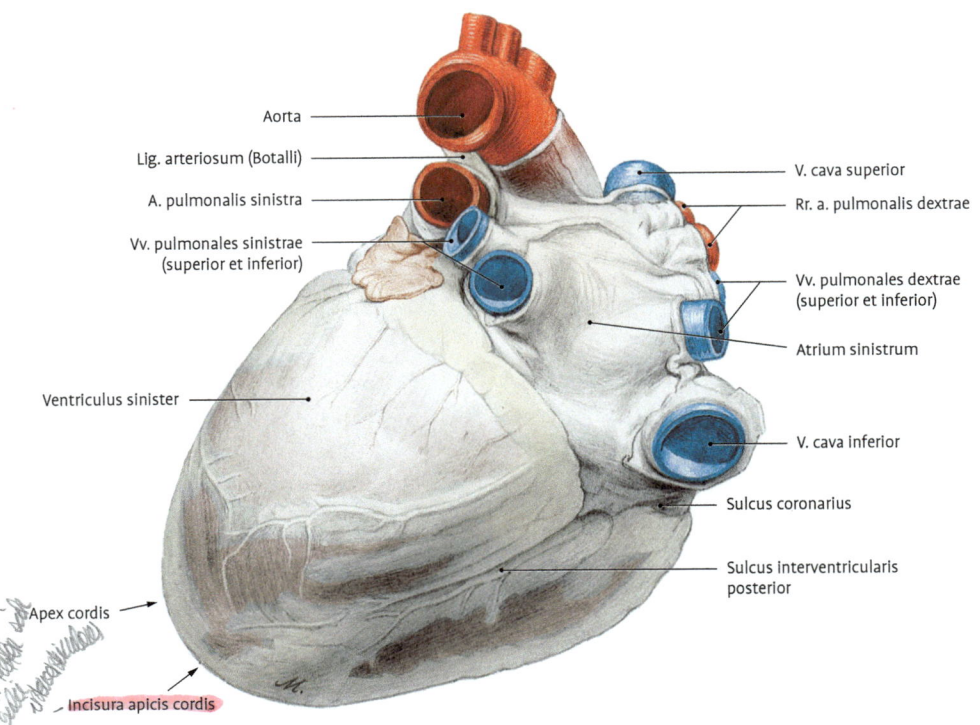

Aorta

Lig. arteriosum (Botalli)

A. pulmonalis sinistra

Vv. pulmonales sinistrae (superior et inferior)

Ventriculus sinister

Apex cordis

Incisura apicis cordis

V. cava superior

Rr. a. pulmonalis dextrae

Vv. pulmonales dextrae (superior et inferior)

Atrium sinistrum

V. cava inferior

Sulcus coronarius

Sulcus interventricularis posterior

Abb. 5.40 Herz, Blick auf die Facies inferior (diaphragmatica).

hofes entlang zieht und rechts der Einmündung der unteren Hohlvene endet. Sie entspricht dem oberen Anteil der embryonalen Sinusklappe. Beginnend an der Crista terminalis, ziehen die Mm. pectinati rechtwinklig zu ihr entlang der vorderen Vorhofwand.

Außenfläche. An ihr findet die **Crista terminalis** in einer Furche **(Sulcus teminalis)** ihre Entsprechung. Da obere und untere Hohlvene nicht exakt senkrecht, sondern in einem geringgradig stumpfen Winkel einmünden, wölbt sich zwischen den beiden Mündungen die Vorhofhinterwand etwas nach innen vor **(Tuberculum intervenosum, Torus Loweri).**

Venenmündung. Die obere Hohlvene mündet klappenlos in den rechten Vorhof, am vorderen Rand der unteren Hohlvenenmündung findet sich eine Leiste **(Valvula v. cavae inferioris, Eustachii),** die in den Limbus der **Fossa ovalis** zieht und im Fetalkreislauf das sauerstoffreiche Blut aus der V. cava inferior gegen das Foramen ovale lenkt. Die Valvula v. cava inferioris variiert stark in ihrer

Größe (vom Fehlen bis hin zu einer netzartigen Membran, Chiari-Netz). Vor ihrem medialen Rand, nahe dem Limbus fossae ovalis, mündet der **Sinus coronarius.** Auch hier findet sich am unteren Rand eine Falte **(Valvula sinus coronarii, Thebesii).** Beide Valvulae sind Relikte des unteren Anteils der rechten Sinusklappe **(Valvula venosa).** In die mediale Wand des rechten Vorhofes münden schließlich noch die etwa 1–2 mm großen **Vv. cordis minimae (Foramina venarum minimarum),** die ebenfalls klappenlos sind.

Septum interatriale. Nach medial hinten wird der rechte Vorhof vom Septum interatriale begrenzt. In ihm kann man die **Fossa ovalis** abgrenzen, an deren Boden sich die **Valvula fossae ovalis** (aus dem Septum primum) befindet. Umfasst wird die Fossa ovalis von oben, vorne und hinten von einem scharfen Randsaum **(Limbus fossae ovalis,** aus dem Septum secundum), der sich zum **Ostium v. cavae inferioris** öffnet. Bei 20–25 % aller Menschen sind Septum primum und secundum nicht (vollständig) verwachsen, sodass man mit einer Sonde vom rechten durch das Foramen ovale in

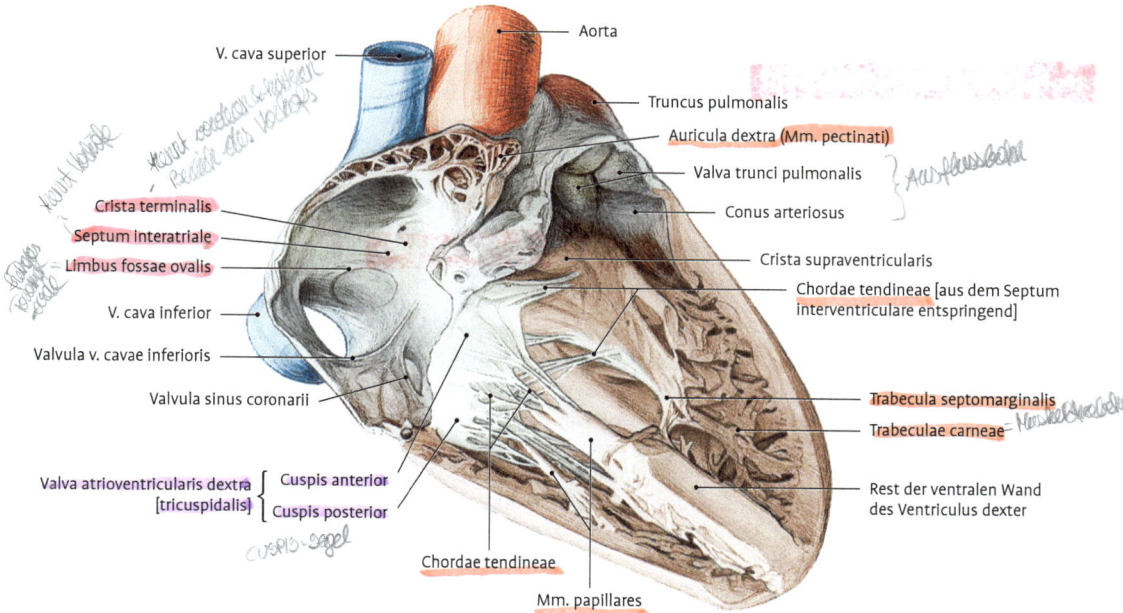

Abb. 5.41 Rechter Vorhof und rechte Kammer nach Abtragen der vorderen Wand.

den linken Vorhof gelangen kann (Abb. 5.30). Weiterhin lässt sich an der medialen Wand ventral der Mündung der oberen Hohlvene der **Torus aorticus** abgrenzen, eine Vorwölbung, die durch den Anfangsteil der Aorta hervorgerufen wird. Der vordere Anteil der medialen Vorhofwand wird von der Trikuspidalklappe **(Valva tricuspidalis, Valva atrioventricularis dextra)** ausgefüllt, die den Übergang in den rechten Ventrikel darstellt.

Rechte Kammer, Ventriculus dexter

Einteilung. Im Querschnitt erscheint der rechte Ventrikel halbmondförmig (Abb. 5.42). Die relativ dünne Muskelwand hat nur den geringen Widerstand im Lungenkreislauf zu überwinden. Er liegt dem linken Ventrikel taschenförmig auf und stellt den größten Anteil der **Facies sternocostalis** dar. Morphologisch und funktionell lässt er sich in **2 Anteile** untergliedern: Posteriorinferior liegt, beginnend mit der Trikuspidalklappe, die **Einflussbahn,** anteriorsuperior bis hin zum Truncus pulmonalis die **Ausflussbahn**. Während die Einflussbahn von netzförmig angeordneten Muskeltrabekeln **(Trabeculae carneae)** durchsetzt wird, ist die Ausflussbahn eher glattwandig **(Conus arteriosus, In-**

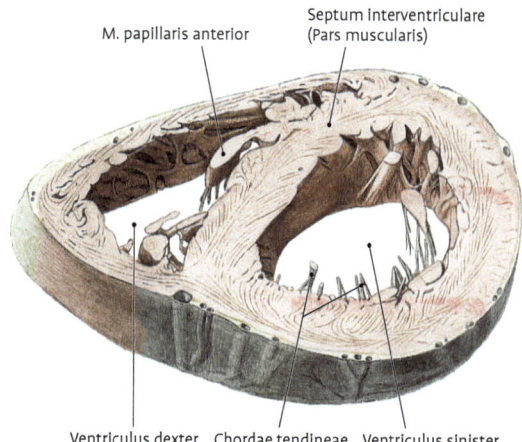

Abb. 5.42 Querschnitt durch die Herzkammern.

fundibulum). Der Übergang zwischen Einfluss- und Ausflussbahn wird durch eine muskulär begrenzte Öffnung gebildet. Die im oberen Bereich verlaufende **Crista supraventricularis** wird im unteren Anteil durch die vom Septum zur Ventrikelwand ziehende **Trabecula septomarginalis** (Moderatorband, Leonardo-Bündel) und dem von dieser entspringenden **M. papillaris anterior** zu einer (in der

Systole) nahezu kreisrunden Öffnung ergänzt (Abb. 5.41).

Rechte Atrioventrikularklappe. Vom Rand des Ostium atrioventriculare dextrum entspringen 3 bindegewebige, von Endokard überzogene, dreieckige Segel, **Cuspides** (Abb. 5.43). Ihr eigentlicher Ursprung ist dabei das bindegewebige Herzskelett an der Grenze zwischen Vorhof und Kammermuskulatur (Abb. 5.46) und hier der Anulus fibrosus dexter. Nach ihrer Lage bezeichnet man ein vorderes **(Cuspis anterior)**, ein hinteres **(Cuspis posterior)** und ein septales Segel **(Cuspis septalis)**. Letzteres entspringt zusätzlich noch von der Pars membranacea des Septum interventriculare. Sie bilden zusammen die **Valva atrioventricularis dextra (Valvula tricuspidalis)**. Von der freien Spitze und der Außenfläche der Cuspides entspringen Sehnenfäden, **Chordae tendineae,** die zu den Mm. papillares ziehen. Diese liegen an der Grenze zweier Klappen, die sie mittels der Chordae tendineae spannen. Die Chordae tendineae können (erklärbar durch ihre Entwicklung aus den Trabekeln der Ventrikel) in unterschiedlichem Maße Muskelgewebe enthalten und lassen

sich, abhängig von ihrem Ansatzpunkt, an den Klappen in 3 Gruppen unterteilen: Chordae 1. Ordnung ziehen mit einer Vielzahl feinster Fäden zu den freien Rändern der Klappe, Chordae 2. Ordnung ziehen zur ventrikulären Unterfläche und sind die eigentlichen Klappenspanner und Chordae 3. Ordnung ziehen zum Winkel zwischen Klappe und Wandung.

Papillarmuskeln. Der lange **M. papillaris anterior** entspringt von der **Trabecula septomarginalis** und entsendet Chordae tendineae zum vorderen und hinteren Segel. Der **hintere Papillarmuskel** ist kurz und über Chordae tendineae mit dem hinteren und dem septalen Segel verbunden. Am Septum können 2 kleine **septale** Papillarmuskeln vorkommen. Ihre Chordae tendineae können aber auch direkt an der Scheidewand entspringen (Sehnenfäden zum septalen und vorderen Segel). Bei der Kammerkontraktion wird in der Systole das Blut vor das Ostium atrioventriculare getrieben. Die Segel legen sich so dicht aneinander, dass der Rückstrom des Blutes in den Vorhof verlegt ist. Die Papillarmuskeln verhindern mit ihren Chordae tendineae, dass die Klappen in den Vorhof zurückschlagen.

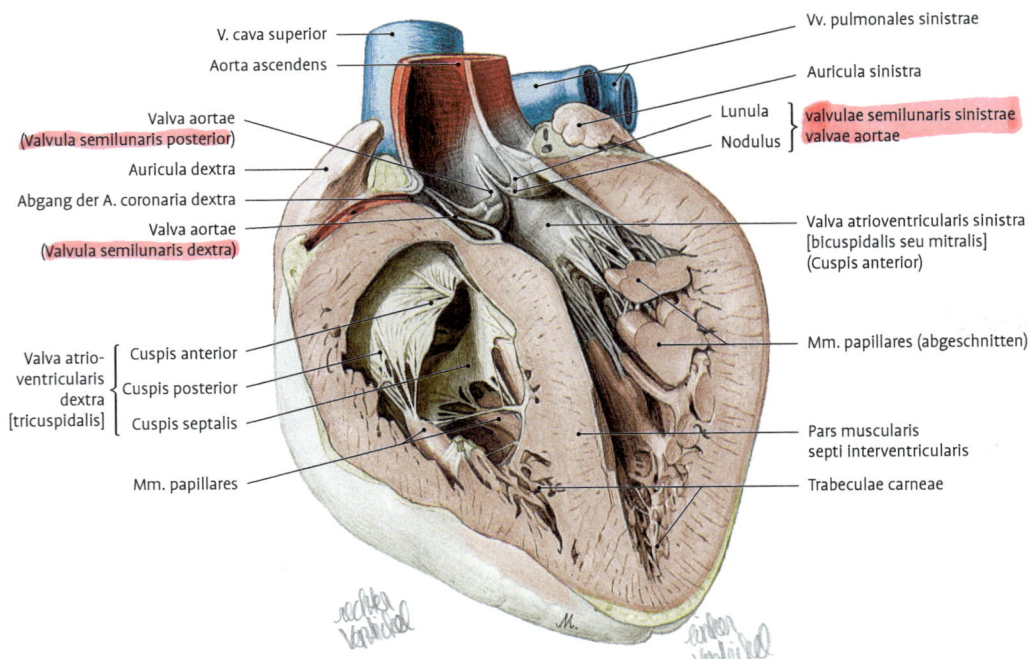

Abb. 5.43 Frontalschnitt durch das Herz in Höhe des Aortenabganges.

Pulmonalklappe (Valva trunci pulmonalis). Sie wird von 3 halbmondförmigen Taschen **(Valvulae semilunares)** gebildet, die mit ihrer Basis am Übergang zwischen Conus arteriosus und Truncus pulmonalis angeheftet sind. Nach ihrer Lage kann man eine vordere, eine rechte und eine linke Tasche **(Valvula semilunaris anterior, dextra** und **sinistra)** unterscheiden (Abb. 5.41). Ihre freien Ränder ragen in das Arterienlumen vor und tragen ein Knötchen, **Nodulus valvulae semilunaris,** und seitlich von diesem jederseits eine halbmondförmige, verdünnte Stelle, die **Lunula valvulae semilunaris.** An der Außenseite wölben sie sich als **Sinus trunci pulmonalis** vor. Lässt zum Ende der Systole der Blutstrom aus der rechten Kammer soweit nach, dass der Druck in der Kammer den im Truncus pulmonalis unterschreitet, so füllen sich die Taschen; die freien Schließungsränder der Tasche lagern sich so dicht aneinander, dass das Rückströmen des Blutes in der Diastole verhindert wird. Noduli (Arantii) und Lunulae unterstützen dabei den vollständigen Klappenschluss.

Linker Vorhof, Atrium sinistrum

Wand. Der linke Vorhof ist **dickwandiger** als der rechte und erhält über die Vv. pulmonales sauerstoffreiches Blut aus der Lunge.

Pulmonalvenen. Sie (meist jeweils eine obere und untere rechte und linke V. pulmonalis) münden klappenlos im hinteren oberen Bereich (Abb. 5.44). Die Anzahl der Venenmündungen ist allerdings inkonstant. Der zwischen den Lungenvenen gelegene Teil wurde erst in der Entwicklung in den Vorhof einbezogen. Die Wandung des linken Vorhofs ist größtenteils glatt, am Septum kann man die **Valvula foraminis ovalis** abgrenzen, die hufeisenförmig verläuft und sich nach vorne oben öffnet. Links oben wendet sich das schmale linke Herzohr **(Auricula sinistra)** zur Vorderfläche des Herzens, wo es zwischen Truncus pulmonalis und Ventriculus sinister erscheint. Der Übergang zum Herzohr ist durch eine Einschnürung markiert, sein Lumen von kleinen **Mm. pectinati** durchzogen.

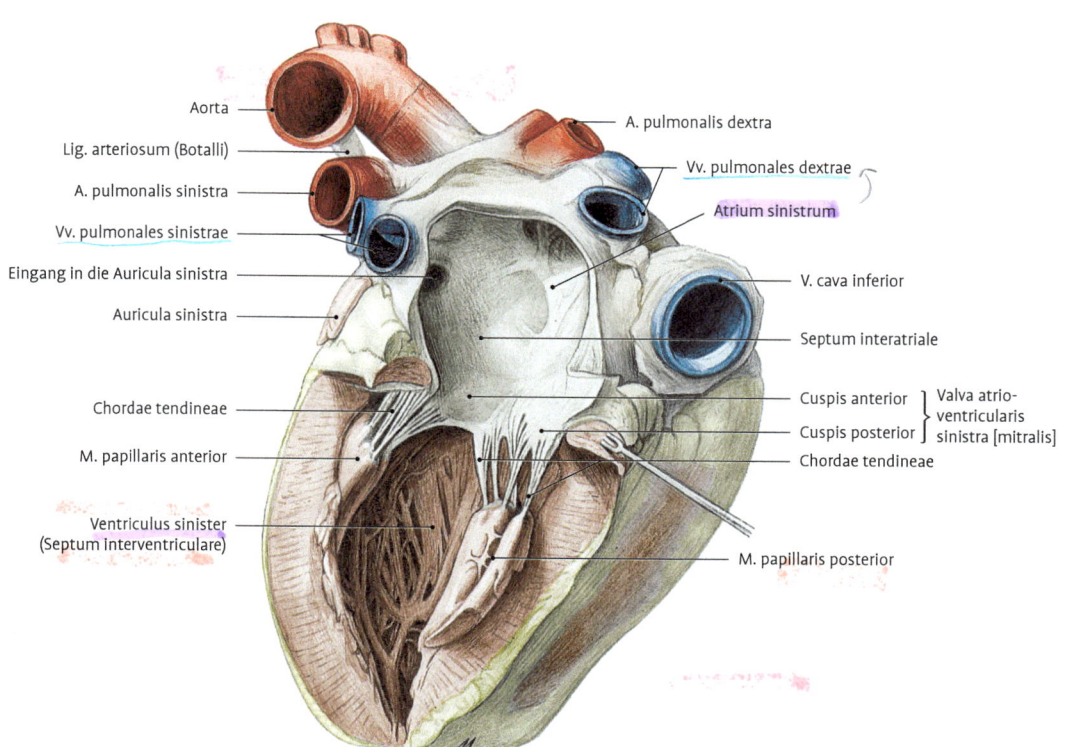

Aorta — A. pulmonalis dextra
Lig. arteriosum (Botalli) — Vv. pulmonales dextrae
A. pulmonalis sinistra — Atrium sinistrum
Vv. pulmonales sinistrae —
Eingang in die Auricula sinistra — V. cava inferior
Auricula sinistra — Septum interatriale
Chordae tendineae — Cuspis anterior ⎫ Valva atrio-
M. papillaris anterior — Cuspis posterior ⎭ ventricularis sinistra [mitralis]
Chordae tendineae
Ventriculus sinister (Septum interventriculare) — M. papillaris posterior

Abb. 5.44 Linker Vorhof und linke Kammer von dorsal, dorsale Wand teilweise entfernt.

Linke Kammer, Ventriculus sinister

Wand. Die linke Kammer besitzt eine besonders **kräftige Wand** (etwa dreifache Dicke der rechten Ventrikelwandung).

Gestalt. Sie entspricht etwa einer auf dem Kopf stehenden Pyramide mit abgestumpfter Spitze, wobei die Basis der Pyramide durch die linke Atrioventrikularklappe und die Aortenklappe gebildet wird, ihre Spitze durch die Herzspitze.

Einteilung. Wie beim rechten Ventrikel unterscheidet man eine **Einfluss-** von einer **Ausflussbahn.** Die Einflussbahn zieht vom Ostium atrioventriculare sinistrum bis in den Spitzenbereich. Sie ist dicht mit feinen **Trabeculae carneae** besetzt, deren Menge zur Spitze hin zunimmt. Dort beginnt die Ausflussbahn, die unter dem aortalen (vorderen) Segel der Mitralklappe, begrenzt durch den **M. papillaris anterior,** zur Aortenklappe hin ansteigt und in ihrem Endteil glattwandig ist.

Kammerseptum, Septum interventriculare. Es besteht aus einer großen **Pars muscularis** und einer kleinen (oberen) **Pars membranacea,** die durch eine leichte Verdickung **(Limbus marginalis)** voneinander abgegrenzt werden können (Abb. 5.45, 5.56, 5.57). Der muskuläre Anteil ist etwa so dick wie die übrige Wand des linken Ventrikels, der membranöse Teil lässt sich nochmals unterteilen in einen atrioventrikulären und einen interventrikulären Bereich. Diese Unterteilung ist durch den Ansatz des septalen Segels der Trikuspidalklappe markiert. Oberhalb dieses Ansatzes trennt die Pars membranacea den linken Ventrikel vom rechten Vorhof.

Linke Atrioventrikularklappe, Valva atrioventricularis sinistra (Valva mitralis). Sie wird von 2 Segeln gebildet, die mit ihrer Basis vom **Anulus fibrosus sinister** des Herzskelettes entspringen. Da die Klappe eine gewisse Ähnlichkeit mit einer Bischofsmütze (Mitra der westlichen Kirchen) besitzt, wird sie auch oft als **Mitralklappe (Valva mitralis)** bezeichnet. Die Segel der Klappe werden als **Cuspis anterior** (Aortensegel) und **posterior** (Wandsegel) bezeichnet. Die Cuspis anterior entspringt vorne medial, die Cuspis posterior hinten lateral, sodass der Öffnungsschlitz von medial hinten unten nach lateral vorne oben zieht. Über **Chordae tendineae** sind beide Segel in der Regel mit 2 kräftigen Papillarmuskeln verbunden. Der M. papillaris anterior entspringt im vorderen Bereich der Seitenwand, der hintere Papillarmuskel zwischen Hinter- und Seitenwand.

Aortenklappe, Valva aortae. Sie wird wie die Pulmonalklappe von 3 halbmondförmigen Taschen

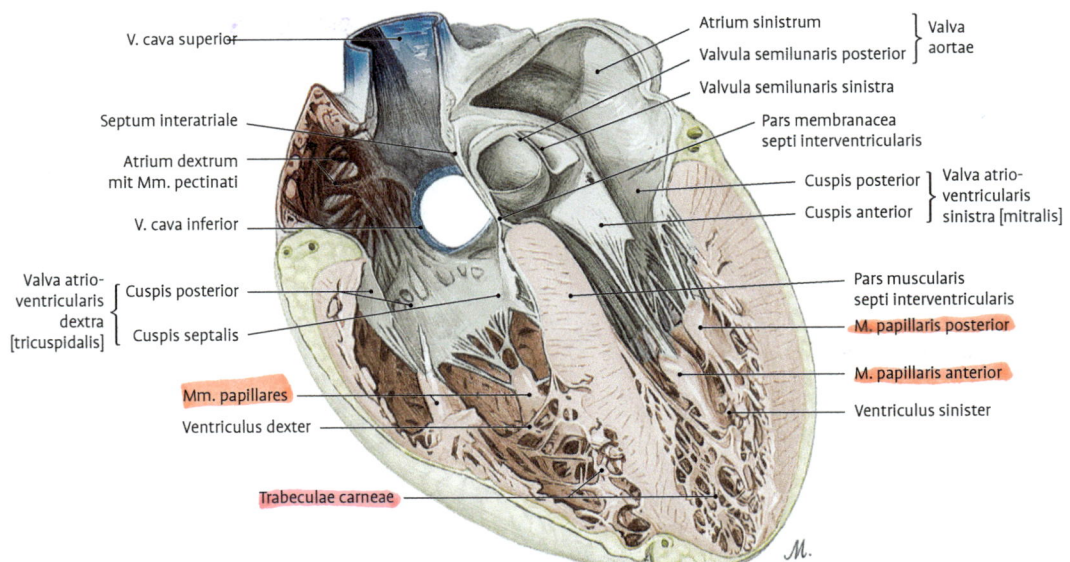

Abb. 5.45 Frontalschnitt durch das Herz in der Ebene der Atrioventrikularklappen.

(Valvulae semilunares) gebildet. Nach ihrer Lage werden sie als **Valvula semilunaris posterior, dextra** und **sinistra** bezeichnet. Sowohl die Noduli als auch die Lunulae valvularum semilunarium aortae (Arantii) sind kräftiger ausgeprägt als an der Pulmonalklappe. Oberhalb der Klappe ist die Aortenwand zum **Sinus aortae** (Valsalvae) ausgebuchtet.

Feinbau des Herzens

Die Herzwand besteht aus 3 Schichten, entsprechend den Schichten der Blutgefäße. Innen liegt das Endokard, dem sich das kräftige Myokard auflagert, welches außen von einer serösen Membran, dem Epikard, bedeckt wird. Das Epikard stellt gleichzeitig das viszerale Blatt des Herzbeutels, Perikard, dar.

Herzinnenhaut, Endokard, Endocardium

Als Fortsetzung der Tunica intima der Gefäße kleidet das Endokard die innere Oberfläche der Herzräume aus.

Aufbau. Während es in den Ventrikeln so dünn ist, dass die Muskelfasern durchscheinen, ist es in den Vorhöfen dicker ausgebildet und hat eine weißliche Färbung. Die **Oberfläche** des Endokards wird von platten polygonalen Endothelzellen gebildet, die einer Basallamina aufliegen. Subendothelial findet sich elastisches und kollagenes Bindegewebe, in das glatte Muskelzellen integriert sind, welche die Endokardschicht an die in der Herzaktion wechselnde Myokardform anpassen. Bis auf die Papillarmuskeln ist die Endokardschicht im

ganzen Herzen über eine Subendokardialschicht mit dem interstitiellen Bindegewebe des Myokards verbunden. In dieser Übergangsschicht ziehen kleine Blut- und Lymphgefäße, Nerven und im Ventrikelbereich Faserzüge des Erregungsleitungssystems. Das Endokard wird teils aus dem Blut in den Herzkammern, teils aus dem subendokardialen Gefäßnetz versorgt.

Herzklappen. Sie stellen Endokardduplikaturen mit einem straffen Bindegewebskern dar. Die Klappen sind im Normalfall frei von Blutgefäßen, werden aber von feinen Nervenfasern durchzogen.

Herzskelett

Als Herzskelett werden **Bindegewebszüge** zusammengefasst, welche die Herzmuskulatur von Vorhöfen und Kammern voneinander trennen und darüber hinaus die Herz- von der Gefäßmuskulatur abgrenzen (Abb. 5.46). Hinzugezählt wird auch die Pars membranacea des Ventrikelseptums.

Aufbau. Das Herzskelett ist in Höhe der Ventilebene des Herzens lokalisiert und wird muskulär nur von Fasern des Erregungsleitungssystems durchdrungen. An der Vorhofkammergrenze ist das Bindegewebe zu je einem **Anulus fibrosus dexter** und **sinister** verdichtet, welche die Atrioventrikularostien umgreifen und einerseits den Segeln der Atrioventrikularklappen, andererseits der Vorhof- und Kammermuskulatur zum Ursprung bzw. Ansatz dienen. Auch Aorta und Truncus pulmonalis besitzen oberhalb ihrer Klappen bindegewebige Ringe. Beide werden über den **Tendo infundibuli** verbunden. Ein Bindegewebszwickel zwischen Aorta und Anulus fibrosus dexter und sinister wird als **Trigonum fibrosum dextrum,** ein

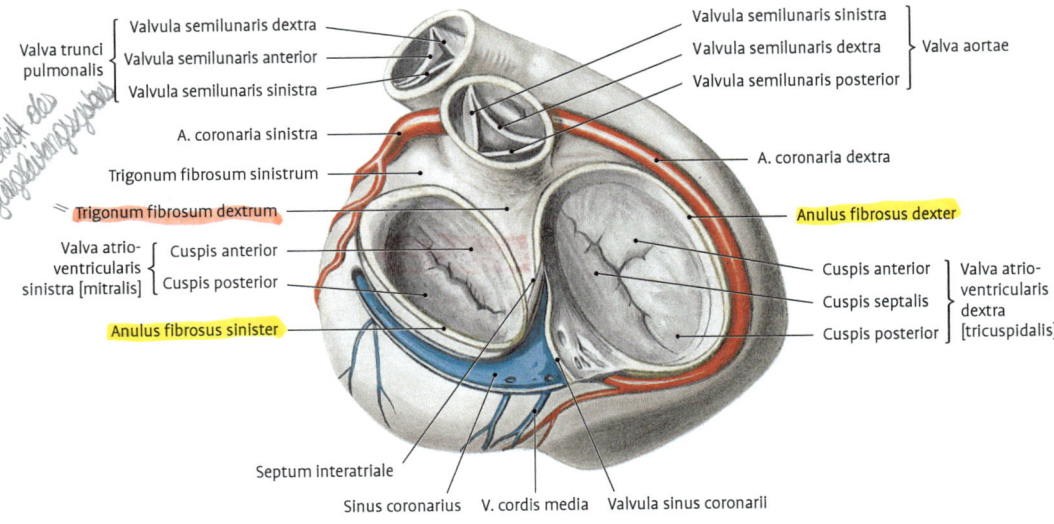

Abb. 5.46 Ventilebene des Herzens. Vorhöfe entfernt.

weiterer, links von Aorta und **Anulus fibrosus sinister,** als **Trigonum fibrosum sinistrum** bezeichnet. Das rechte Trigonum dient dem Durchtritt des Erregungsleitungssystems. Von diesem Trigonum zieht darüber hinaus ein ca. 1 mm dicker Kollagenfaserzug subendokardial bis zur Mündung der unteren Hohlvene im Bereich der Valvula v. cavae inferioris (Todaro-Sehne).

Herzmuskel, Myokard, Myocardium

Die quer gestreifte Muskulatur des Herzens bildet ein Raumnetz, das am Herzskelett entspringt und ansetzt und einige Hauptverlaufsrichtungen erkennen lässt (Abb. 5.47).

Vorhofmuskulatur. Da die Vorhofentleerung zu einem großen Teil passiv (unter der Sogwirkung der Ventrikel in der Diastole) erfolgt, findet sich hier nur eine **dünne** Muskelschicht. Erkennbar sind längere oberflächliche Züge, die **quer** über beide Vorhöfe verlaufen, und **innere** Bogenfasern, die vom Herzskelett über das Vorhofdach zum Herzskelett ziehen und dabei zumeist nur einen Vorhof umgreifen. Zwischen den beiden Vorhöfen erstreckt sich als prominentester langer Muskelzug der **Fasciculus interauricularis horizontalis.** Ein Teil der Muskelfasern strahlt in das Vorhofseptum ein und umgibt bogenförmig das Foramen ovale.

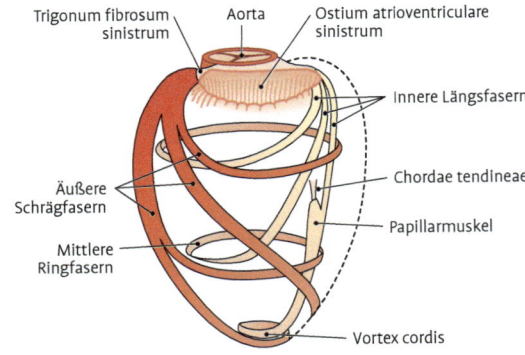

Abb. 5.47 Muskelfaserverlauf der linken Kammer.

Kammermuskulatur. An den Kammern unterscheidet man eine äußere, mittlere und innere Schicht, die allerdings ineinander übergehen. Die **äußere Schicht** ist schräg bis längs gerichtet und entspringt vom Herzskelett. Sie verläuft in linksgerichteten Schraubenzügen bis zur Herzspitze, wo sie sich im **Vortex cordis** (Herzwirbel) in die Tiefe senkt, um als **innere Schrägfasern** wieder bis zum Herzskelett oder in die Papillarmuskeln aufzusteigen. Tiefere Fasern der äußeren Schicht senken sich vor allem in den Sulci interventriculares in die Tiefe, umkreisen die beiden Ventrikel einzeln und streben dann ebenfalls in der inneren Längsschicht wieder dem Herzskelett und den Papillarmuskeln zu. Die **mittlere Schicht** ist mehr zirkulär angeordnet und bildet das eigentliche „Triebwerk" bei der Entleerung der Kammern. Die Ringmuskelschicht ist für jeden Ventrikel selbstständig und links deutlich stärker als rechts ausgeprägt.

Herzaußenhaut, Epikard, Epicardium

> Als seröse Haut überzieht das Epikard die Außenfläche des gesamten Herzens und stellt gleichzeitig das viszerale Blatt des Herzbeutels dar = Lamina visceralis.

Es besteht aus einer Einzelschicht von **Mesothelzellen,** die je nach Funktionszustand des Herzmuskels in ihrer Form (platt bis isoprismatisch) variieren. Vom Myokard ist es durch eine subseröse **fibroelastische Membran** getrennt, die an den Vorhöfen besonders kräftig (bis zu 1 mm), an den Ventrikeln vergleichsweise dünn ausgeprägt ist. Eingelagert sind mehr oder weniger große Fettpolster, die die Gestalt des Herzens abrunden.

Herzbeutel, Perikard, Pericardium

> Das viszerale Blatt (Epikard) des Herzbeutels setzt sich auch auf den Anfangsteil der großen Gefäße (Aorta, Truncus pulmonalis und V. cava superior) fort und schlägt hier in das parietale Blatt des Herzbeutels (Lamina parietalis, Pericardium) um. Der Herzbeutel schützt die Herzmuskulatur vor einer starken Überdehnung und stellt zudem eine Barriere gegen Entzündungen aus der Umgebung dar.

Das Perikard gliedert sich in ein **Pericardium serosum** und ein **Pericardium fibrosum**.

- **Seröse Schicht.** Sie ist einlagig aus Mesothelzellen aufgebaut und gibt eine Flüssigkeit ab, die die beiden Blätter des Herzbeutels beinahe reibungsfrei aufeinander gleiten lässt.
- **Umschlagrand** des viszeralen in das parietale Blatt des Herzbeutels. Er liegt bei **Aorta** und **Truncus pulmonalis** einige (ca. 3 cm) Zentimeter oberhalb ihres Ursprungs aus den Ventrikeln am Abgang des **Truncus brachiocephalicus** und an der Aufteilung des Truncus pulmonalis. Die Lamina visceralis pericardii setzt sich auch auf die Vorderfläche der in den rechten Vorhof mündenden V. cava superior fort. Der Umschlagrand an der **Vena cava inferior** und den

Lungenvenen liegt hingegen näher am Eintritt in die Vorhöfe. Die Umschlagränder der Venen und Arterien sind durch die Schleifenbildung im Rahmen der Herzentwicklung in unmittelbare Nähe zueinander gerückt, werden aber noch durch einen schmalen Gang (Sinus transversus) getrennt (Abb. 5.48). Der **Sinus transversus** lässt sich demonstrieren, indem man den Finger vor der Vena cava superior und hinter der Aorta ascendens und den Truncus pulmonalis einführt. Ventral vom Finger liegt dann der arterielle Pol **(Porta arteriosa)** des Herzens (Aorta und Truncus pulmonalis), dorsal von ihm der venöse Pol **(Porta venosa)**, die Vv. cavae und die Vv. pulmonales. Da die Vena cava inferior relativ weit von den übrigen Venen entfernt mündet, dehnt sich die gemeinsame Umschlagfalte der Porta venosa sehr weit nach kaudal aus. Es entsteht die Form eines „liegenden T" (⊢), auch „Sappey-T" genannt. Die beiden Vv. cavae bilden dabei die Enden des vertikalen Schenkels, in dem sich auch die beiden rechten Lungenvenen finden. Der horizontale Schenkel verbindet beide linken mit der oberen rechten Lungenvene. Der von unten zwischen die Schenkel des T ziehende Spalt endet blind und wird als **Sinus obliquus pericardii** bezeichnet. Weitere Aussackungen des Herzbeutels kommen vor, sind aber inkonstant. Gewöhnlich liegen die Wände der Sinus aneinander, sind also nur nach Eröffnung des Herzbeutels „künstlich" darstellbar.

- **Fibröses Blatt** des Perikards. Dieses besteht aus Kollagenfasern und elastischen Netzen. Es vermittelt die Verbindung zur Umgebung des Herzbeutels. **Verwachsungen** finden sich am Zwerchfell (am Durchtritt der V. cava inferior und von allen Seiten der oberen Zwerchfellfaszie), am Aortenbogen (Lig. aorticopericardiacum) und an der Bifurcatio tracheae (Lig. tracheopericardiacum).

Gefäße und Nerven des Herzbeutels

Arterien. Die arterielle Versorgung des Herzbeutels erfolgt zum einen mit **Rr. pericardiaci** aus dem thorakalen Abschnitt der **Aorta,** zum anderen aus der **A. thoracica interna** und der aus ihr hervorgehenden **A. pericardiacophrenica** sowie aus den **Aa. phrenicae superiores.**

Venen. Venen aus dem Herzbeutel münden in die **Vv. azygos, pericardiacophrenicae** und **brachiocephalicae.**

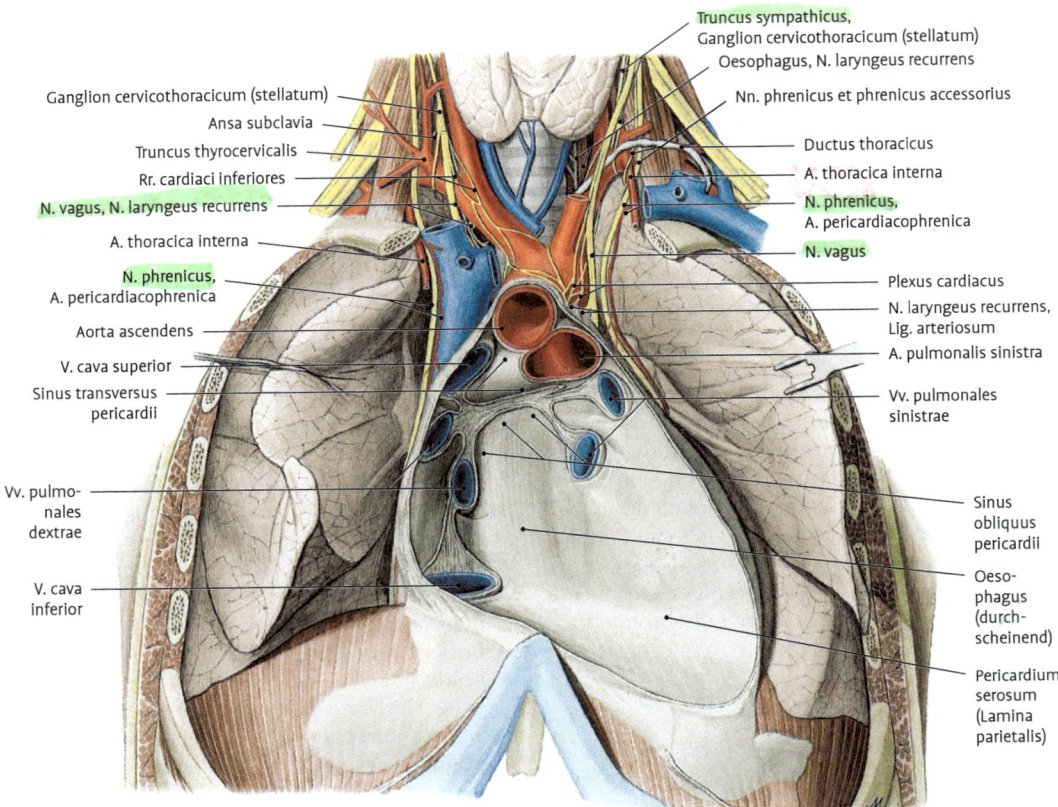

Abb. 5.48 Herzbeutelrückwand nach Herausnahme des Herzens.

Lymphabfluss. Der Lymphabfluss erfolgt über Stationen im vorderen und hinteren Mediastinum (**Nll. mediastinales anteriores** und **parasternales** sowie **posteriores**).

Nerven. Nur das **parietale** Blatt des Herzbeutels ist schmerzempfindlich und wird durch den **N. phrenicus** innerviert. Weitere Fasern kommen vom **N. vagus** und **Truncus sympathicus**.

> **Klinik: 1.** Normalerweise befinden sich in der Herzbeutelhöhle etwa 30–50 ml einer **serösen Flüssigkeit**. Wenn sich bei chronischen Erkrankungen langsam eine größere Menge an Flüssigkeit ansammelt, können Volumina bis zu 1 l und mehr aufgenommen werden, ohne dass es zu einer Kompression des Herzens kommt. **2.** Fehlt – bei akuten Prozessen (z. B. Herzwand-

ruptur durch Myokardinfarkt) – die Zeit für eine Anpassung des Herzbeutels, reichen schon Mengen von etwa 100–300 ml aus, um das Herz zu komprimieren (**Herzbeuteltamponade**).

Gefäßversorgung des Herzens

Herzkranzarterien, Koronararterien, Aa. coronariae

Die subepikardial gelegenen Koronararterien **ernähren** den Herzmuskel. Sie müssen den dauernd tätigen Herzmuskel optimal mit Sauerstoff und Nährstoffen versorgen. Vorwiegend in der Umgebung der Kranzgefäße des Herzens liegt eine variable Menge von Fettgewebe unter dem Epikard. Es füllt als Baufett die Furchen des

Herzens, gleicht die Unebenheiten der Oberfläche aus und erleichtert damit die Bewegungen im Herzbeutel. Benannt werden die Koronargefäße nach der Lage ihrer Hauptstämme in der Kranzfurche des Herzens (Sulcus coronarius). Prinzipiell unterscheidet man anatomisch **2 Koronararterien,** die sich dann aber individuell stark variierend weiter aufteilen (Abb. 5.49).

Die Nomenklatur ist uneinheitlich; neben der offiziellen Terminologia Anatomica hat sich in der ärztlichen Praxis eine von der reinen Deskription abweichende Terminologie etabliert, die insbesondere die funktionellen und (patho-)physiologischen Aspekte berücksichtigt. Vielfach haben sich dabei die englischsprachigen Fachbegriffe und besonders ihre Abkürzungen durchgesetzt, die deshalb hier mit aufgeführt werden. Einen Überblick über die Terminologie gibt Tab. 5.8.

Der Ursprung der Hauptstämme aus dem aufgetriebenen Sinus aortae (Valsalvae) schützt die Koronaröffnungen vor einem Verschluss durch die Taschenklappen während der Systole.

Tab. 5.8 Nomenklatur der Koronararterien. Gegenüberstellung der Benennung der Herzkranzarterien und wichtiger Äste. Links: offizielle Terminologia Anatomica von 1998; Mitte: klinischer Sprachgebrauch z. B. in der Koronarangiografie; rechts: gängige Abkürzungen.

Terminologia Anatomica 1998	Klinischer Sprachgebrauch	Gängige Abkürzungen
A. coronaria sinistra	A. coronaria sinistra	LCA
R. interventricularis anterior	R. interventricularis anterior	RIVA oder LAD
R. lateralis	Diagonaläste	D_1–D_n
Rr. interventriculares septales	vordere Septaläste	S_1–S_n
R. circumflexus	R. circumflexus	RCX
R. marginalis sinister	Marginaläste	M_1–M_n
A. coronaria dextra	A. coronaria dextra	RCA
R. marginalis dexter	RV-Äste	–
R. interventricularis posterior	R. interventricularis posterior	RIVP oder PDA
Rr. interventriculares septales	hintere Septaläste	–

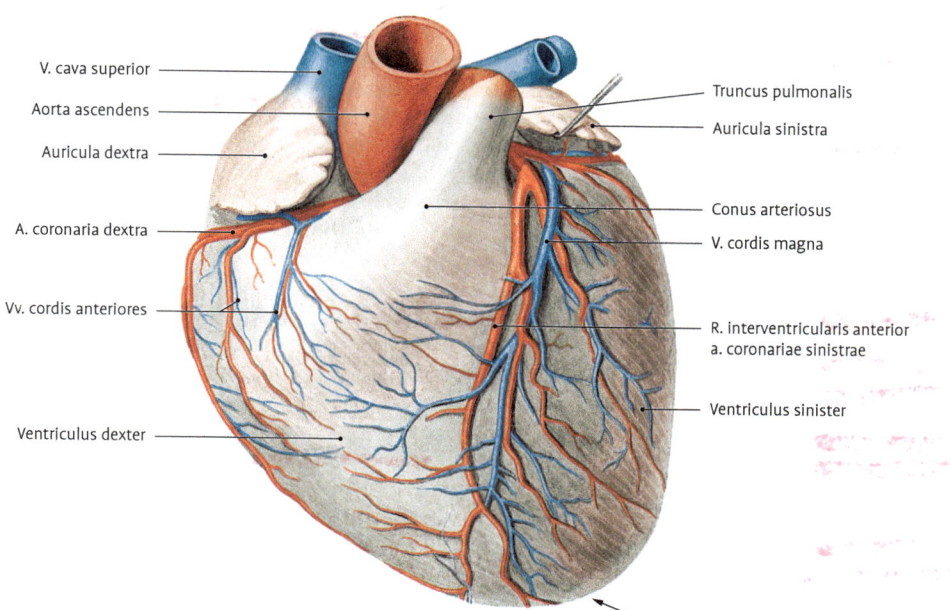

V. cava superior

Aorta ascendens

Auricula dextra

A. coronaria dextra

Vv. cordis anteriores

Ventriculus dexter

Truncus pulmonalis

Auricula sinistra

Conus arteriosus

V. cordis magna

R. interventricularis anterior a. coronariae sinistrae

Ventriculus sinister

Apex cordis

Abb. 5.49 Kranzgefäße des Herzens von ventral.

einen **Rechts**-, einen **Links**- und einen **balancierten** (ausgeglichenen, Normal-) **Versorgungstyp.** Genau genommen orientiert man sich daran, welche Kranzarterie die A. interventricularis posterior abgibt. Beim Rechts- und beim balancierten Versorgungstyp wird diese von der A. coronaria dextra abgegeben, beim Linksversorgungstyp von der A. coronaria sinistra. Da in diesem Bereich relativ große **Anastomosen** zwischen hinterer und vorderer interventrikulärer Arterie bestehen, ergeben sich je nach Versorgungstyp weitreichende Konsequenzen im Falle eines Verschlusses oder einer Einengung der linken Koronararterie. Bei einem Linksversorgungstyp resultiert im Falle einer Minderdurchblutung der linken Kranzarterie eine Ischämie des gesamten Septums und wichtiger Teile des Erregungsbildungs- und -leitungssystems. Bei einem Rechtsversorgungstyp kann eine solche Minderdurchblutung zum Teil über die septalen Äste der rechten Kranzarterie aufgefangen werden (Abb. 5.51).

Verteilung der Typen (s. Tab. 5.9). Statistisch überwiegt bei Weitem der **Rechtsversorgungstyp** (60–85 %), bei dem die A. coronaria dextra mehr oder weniger weit über die Crux cordis hinausragt, der Ramus circumflexus die Crux aber nicht erreicht. Die rechte Kranzarterie versorgt einen Großteil des Septums und einen größeren Teil der diaphragmalen Wand des linken Ventrikels. Wird dieser komplett durch die A. coronaria dextra versorgt

Tab. 5.9 Wichtige Versorgungsgebiete der Koronararterien

Versorgungsgebiet	Koronararterie (und Äste)
Vorderwand	LCA, v.a. über RIVA (LAD) RV-Äste (R. marginalis dexter) aus RCA
rechter Ventrikel (Seiten- und Hinterwand)	RCA, bei Linksdominanztyp: septumnahe Hinterwand auch LCA
Septum	ventral: LAD, dorsal: meist RIVP
linker Ventrikel (Hinterwand)	RCX, bei Rechtsdominanztyp: RCA
linker Ventrikel (Seitenwand)	RCX, LAD
Sinusknoten	55% RCA, 45% LCA
AV-Knoten	90% RCA, 10% LCA

(allenfalls kleiner R. circumflexus vorhanden), so spricht man vom **„extremen Rechtsversorgungstyp"** (ca. 5 %). Beim **Linksversorgungstyp** (10–15 %) versorgt die linke Kranzarterie den gesamten linken Ventrikel, das ganze Septum und den AV-Knoten. Beim **ausgeglichenen Versorgungstyp** (10–20 %) versorgt die rechte Kranzarterie den hinteren Anteil (etwa 1/3) des Ventrikelseptums und einen schmalen septumnahen Streifen der diaphragmalen Wand des linken Ventrikels sowie den größten Teil des rechten Vorhofs und der rechten Kammer. Der vordere Teil des Septums, der Großteil des linken Ventrikels und ein schmaler septumnaher Streifen des rechten Ventrikels werden aus der linken Koronararterie versorgt.

Anastomosen. Zwischen den Ästen der Koronarien bestehen multiple Anastomosen, die aber im Normalfall nicht benutzt werden. Wichtige Verbindungen bestehen im Septumbereich (s. o.), am Conus arteriosus und an der Crux cordis. Bei Unterbrechungen des Blutflusses (s. auch Klinik: koronare Herzkrankheit) kann sich bis zu einem bestimmten Ausmaß ein Kollateralkreislauf entwickeln.

Kapillares Netzwerk des Herzens. Dieses ist sehr ausgedehnt. Es finden sich etwa 3.300 Kapillaren pro mm^2, entsprechend einer Kapillare pro Herzmuskelzelle. Dieses Verhältnis ist allerdings fixiert. Kommt es z. B. zu einer Herzhypertrophie (Verdickung der einzelnen Zellen), so kann sich das Kapillarnetzwerk nicht vergrößern, um das zunehmende Muskelvolumen besser zu versorgen. Ab einer gewissen („kritischen") Herzmasse reicht die Sauerstoff- und Nährstoffversorgung dann nicht mehr aus.

Klinik: 1. Abweichungen von der typischen Koronaranatomie sind nicht selten und betreffen häufig den RCX. Dieser kann mit einem eigenen Ostium von der Aorta, aber auch von der RCA entspringen. Beim ausgesprochenen Linksversorgungstyp kann der RCX sehr groß und die RCA nur rudimentär angelegt sein. Solche Normvarianten besitzen keinen Krankheitswert. **2.** Klinisch bedeutsam ist jedoch der Ursprung von Koronargefäßen aus einer Pulmonalarterie, z. B. beim **Bland-White-Garland-Syndrom,** bei dem die linke Koronararterie aus dem Truncus pulmonalis entspringt. Dies führt nach Geburt unmittelbar zu einer Mangelversorgung des Myokards und nachfolgend zu einem Myokardinfarkt bereits im Säuglingsalter. **3.** Als **koronare Herzkrankheit** (KHK) bezeichnet man die Mangelversorgung des Myokards mit Blut durch einen eingeschränkten Blutfluss in den Koronararterien **(Myokardischämie)**. Ursache ist vor allem die Atherosklerose **(Gefäßverkalkung)** der extramuralen Koronargefäße, insbesondere in ihren proximalen (höheren Drücken ausgesetzten) Anteilen (Abb. 5.52). Ein Absterben der Herzmuskelzellen beginnt, wenn der Blutfluss in einem Koronargefäß unter 25 % der Norm fällt. Sind Arterien betroffen, die das Erregungsbildungs- und -leitungssystem betreffen, können Rhythmusstörungen (Bradykardie, AV-Blockierung) entstehen. In 95 % der Fälle betrifft der Myokardinfarkt fast ausschließlich den linken Ventrikel und greift allenfalls auf rechtsventrikuläre Anteile über (besonders bei Hinterwandinfarkt mit Befall des hinteren Septums). Isolierte rechtsventrikuläre Infarkte sind wesentlich seltener. In 50 % ist der R. interventricularis anterior betroffen. Abhängig von der Höhe des Verschlusses, kommt es zu mehr oder weniger ausgedehnten Vorderwand- und Herzspitzeninfarkten sowie Infarzierungen des Septums. In 20 % ist der Ramus circumflexus stenosiert mit der Konsequenz von Seitenwandinfarkten. Aus einem Verschluss der A. coronaria dextra (30 %) ergeben sich Hinterwandinfarkte. Abhängig davon, wie viele der 3 Hauptstämme (RIVA, RCX, RCA) von Stenosierungen betroffen sind, spricht man von einer 1-, 2- oder 3-Gefäßerkrankung. Entscheidend für eine interventionelle oder operative Therapie ist jedoch eine Darstellung der Koronararterien mittels Kontrastmitteleinspritzung (Koronarangiografie) oder eine hochauflösende Elektronenstrahltomografie (EBT), da nur auf diese Weise die Lokalisation und das Ausmaß der Stenosierungen sichtbar werden (Abb. 5.52, 5.53).

Herzkranzvenen, Koronarvenen, Vv. coronariae

Die Koronarvenen fließen in der Hauptsache durch den auf der Zwerchfellfläche des Herzens gelegenen **Sinus coronarius** in den rechten Vorhof ab. Der Sinus coronarius zieht dabei im Sulcus coronarius und mündet vor dem medialen Rand der Valvula v. cavae inferioris (Abb. 5.54, 5.56).

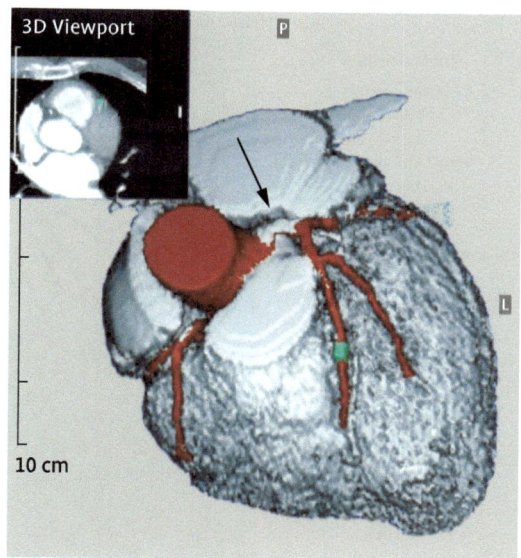

Abb. 5.52 3D-Rekonstruktion einer Elektronenstrahltomografie (EBT) des Herzens. Erheblich kalzifizierte Stenose des Hauptstamms der LCA (Pfeil). Der grüne Punkt in Projektion auf den RIVA entspricht einem Referenzpunkt für die im kleinen Bild dargestellte Transversalschicht.

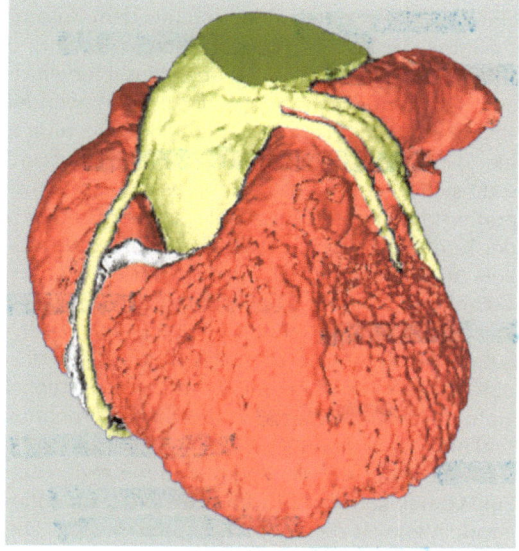

Abb. 5.53 3D-Rekonstruktion einer Elektronenstrahltomografie (EBT) des Herzens. Zu sehen sind vier ACVB (aortokoronare Venenbypässe), von denen drei zu Ästen der linken Koronararterie ziehen und einer zur rechten. Das in der Farbdarstellung grau gefärbte Gefäß ist die rechte Koronararterie.

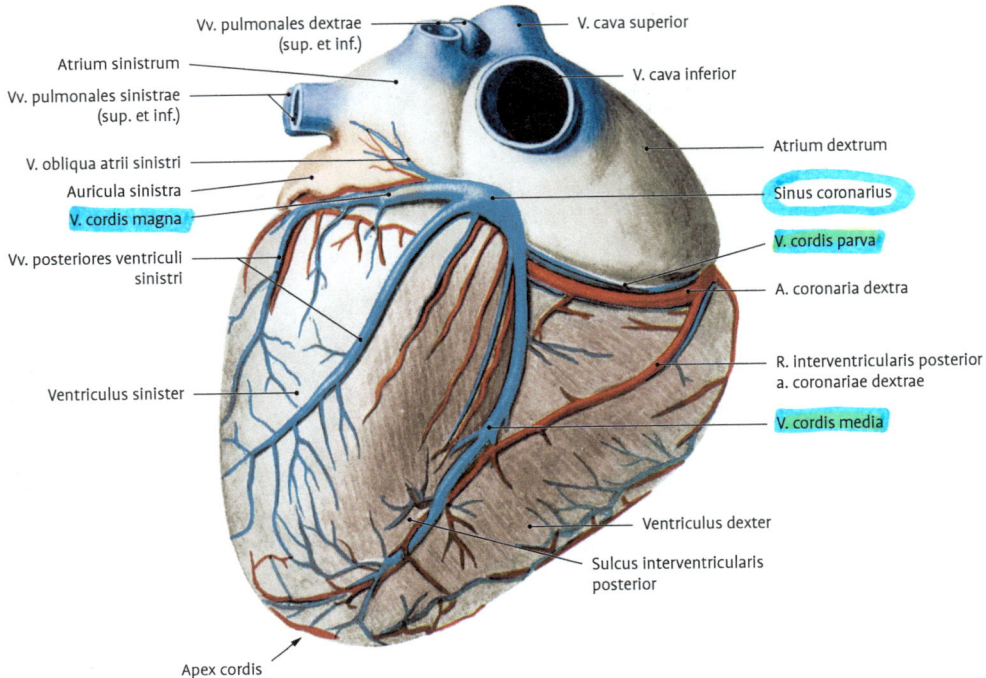

Vv. pulmonales dextrae (sup. et inf.)

Atrium sinistrum

Vv. pulmonales sinistrae (sup. et inf.)

V. obliqua atrii sinistri

Auricula sinistra

V. cordis magna

Vv. posteriores ventriculi sinistri

Ventriculus sinister

V. cava superior

V. cava inferior

Atrium dextrum

Sinus coronarius

V. cordis parva

A. coronaria dextra

R. interventricularis posterior a. coronariae dextrae

V. cordis media

Ventriculus dexter

Sulcus interventricularis posterior

Apex cordis

Abb. 5.54 Herzkranzgefäße, Facies diaphragmatica.

Die **V. cordis magna** bildet sich aus dem Zusammenfluss der **Vv. interventricularis anterior** und **marginalis sinistra**. Sie steigt im Sulcus interventricularis anterior bis zur Kranzfurche auf, wendet sich in ihr nach links zur Zwerchfellfläche, nimmt hier die **Vv. ventriculi sinistri posteriores** auf und setzt sich in den Sinus coronarius fort. Sie transportiert das venöse Blut aus der Vorderwand beider Ventrikel, der Seitenwand des linken Ventrikels und dem Conus arteriosus des rechten Ventrikels. Die große **V. cordis media** (V. interventricularis posterior) verläuft im Sulcus interventricularis posterior und führt das Blut aus der diaphragmalen Wand beider Ventrikel. Von rechts zieht die **V. cordis parva** in den Sinus coronarius und nimmt auf ihrem Weg **Vv. atriales** und **ventriculares** aus der rechten Vorhof-Kammerregion auf. Eine vom linken Vorhof zum **Sinus coronarius** fließende Vene ist die **V. obliqua atrii sinistri**. Die kleinen **Vv. cordis anteriores** von der rechten Kammer, **Vv. atriales** und **Vv. ventriculares** beider Seiten sowie zahlreiche kleinste Venen, **Vv. cordis minimae** (Thebesii), münden direkt in den rechten Vorhof, andere auch in den linken Vorhof und in die Kammern.

Lymphgefäße

Jeweils in der Vermittlungsschicht zwischen Endokard und Myokard (Subendokardialschicht) sowie Epikard und Myokard (Subepikardialschicht) findet sich ein **Lymphgefäßnetz**. Die Lymphe sammelt sich in größeren Gefäßen, die entlang der Koronargefäße verlaufen und in Lymphknotenstationen entlang der großen Gefäße drainieren.

Erregungsbildungs-, Erregungsleitungssystem und Herznerven

Neben der Arbeitsmuskulatur des Herzens existieren **spezifische Muskelfasern,** die das Erregungsbildungs- und Erregungsleitungssystem bilden. Dieses System ist für die physiologische **Autorhythmie** (Autonomie) des Herzens verantwortlich, d. h. die Fähigkeit, Erregungen zu bilden (Spontandepolarisation) und so fortzuleiten, dass es zu einer geordneten Kontraktion der Vorhöfe und Kammern kommt. Das **vegetative Nervensystem** beeinflusst die Herztätigkeit über den Plexus cardiacus und passt sie den jeweiligen Bedürfnissen des Organismus an.

Zusammensetzung. Das Erregungsbildungs- und -leitungssystem besteht aus dem **Nodus sinuatrialis** (Sinusknoten, Keith-Flack-Knoten), dem **Nodus atrioventricularis** (AV-Knoten, Vorhof-Kammerknoten, Aschoff-Tawara-Knoten) und dem **Fasciculus atrioventricularis** (His-Bündel) mit einem rechten und linken Schenkel, die mit dünnen **Purkinje-Fasern** in der Kammermuskulatur enden (Abb. 5.55). Die Anteile des Erregungsbildungs- und -leitungssystems bestehen aus einem Netzwerk dicker, fibrillenarmer und sarkoplasmareicher **quer gestreifter Muskelfasern** in einer ausgedehnten **Kollagenmatrix**. Die ovalen bis runden Zellkerne füllen den Querschnitt einer Muskelfaser fast ganz aus. Die Zellen sind glykogenreicher und mitochondrienärmer als die Zellen der Arbeitsmuskulatur.

- **Sinusknoten.** Er liegt in der Wand des rechten Vorhofes, am vorderen Umfang der Einmündungsstelle der V. cava superior hinter dem rechten Herzohr. Die Lokalisaton entspricht an der Außenfläche etwa dem Sulcus terminalis, an der Innenfläche der Crista terminalis. Der etwa 2 mm breite und 2–3 cm lange Knoten enthält in seiner Peripherie Nervenfasern und Ganglienzellen. Meist zentral findet sich die Sinusknotenarterie, die in 55 % aus der rechten Koronararterie kommt, in 45 % aus der linken (s. o.). Der Sinusknoten ist der primäre Schrittmacher der Herzkontraktionen. Im gesunden Herzen des erwachsenen Menschen erzeugt er in Ruhe 60–90 Erregungen pro Minute.
- **Wege der Erregungen.** Erregungen breiten sich dann über das Vorhofmyokard aus und gelangen zum AV-Knoten. Für die Erregungsleitung vom Sinus- zum AV-Knoten sind spezifische internodale Bahnen beschrieben worden. Eine vordere Internodalbahn zieht vor dem rechten Herzohr her, eine mittlere Bahn (Wenckebach-Bündel) kreuzt die Crista terminalis und zieht am Vorhofseptum entlang, eine hintere Bahn (Thorel-Bündel) zieht entlang der Crista terminalis und der Valvula v. cava inferioris bis zum AV-Knoten. Zum linken Vorhof ziehen zwei spezifische Bahnen. Im vorderen Bereich zieht der Fasciculus interauricularis anterior (Bachmann), der aus dem vorderen Internodalbündel abzweigt, hinten der Fasciculus interauricularis posterior (Tandler). Die Ausbreitung über die Vorhöfe dauert etwa 0,1 s.

- **AV-Knoten.** Dieser liegt im Septum interatriale (Abb. 5.56) im rechten Vorhof einige Millimeter links der Mündung des Sinus coronarius (zwischen dieser und der Trikuspidalklappe), nahe dem Anulus fibrosus der rechten Atrioventrikularöffnung (Koch-Dreieck: Trikuspidalanulus – Sinus coronarius – Todaro-Sehne). Der AV-Knoten empfängt die rhythmischen Erregungen des Sinusknotens und leitet sie über das Atrioventrikularbündel an die Arbeitsmuskulatur der Herzkammern weiter. Allerdings verzögert er die Weiterleitung um etwa 90 ms, damit die Füllung der Kammern abgeschlossen werden kann. Fällt der Sinusknoten aus, so übernimmt der AV-Knoten die Funktion des Schrittmachers, mit einer Frequenz von 40–60 Herzschlägen pro Minute. Da die Autorhythmie des AV-Knotens normalerweise von den Impulsen aus dem Sinusknoten

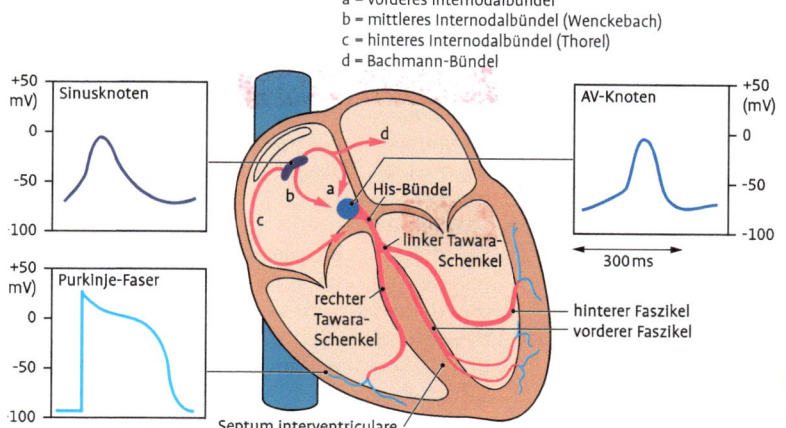

a = vorderes Internodalbündel
b = mittleres Internodalbündel (Wenckebach)
c = hinteres Internodalbündel (Thorel)
d = Bachmann-Bündel

Sinusknoten
+50 mV)
0
-50
-100

Purkinje-Faser
+50 mV)
0
-50
-100

d
b a His-Bündel
c
linker Tawara-Schenkel
rechter Tawara-Schenkel
Septum interventriculare

AV-Knoten
+50 (mV)
0
-50
-100
300 ms

hinterer Faszikel
vorderer Faszikel

Abb. 5.55 Schema zum Erregungsleitungssystem des Herzens.

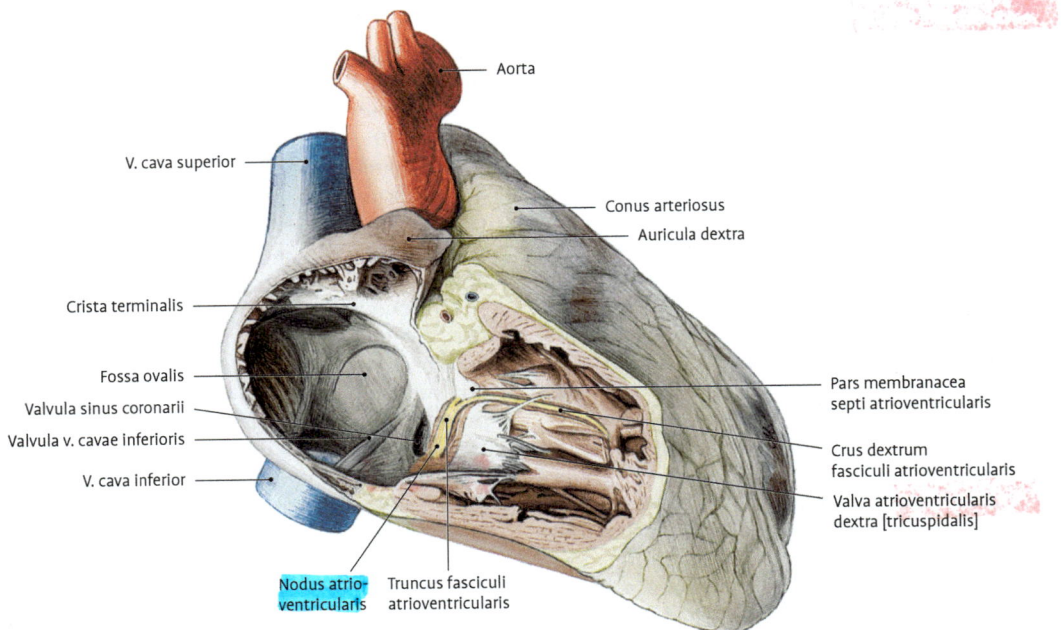

Abb. 5.56 Blick in rechten Vorhof und Ventrikel. Nodus atrioventricularis, Truncus atrioventricularis und Crus dextrum des Fasciculus atrioventricularis.

überlagert wird, ist er der sekundäre Schrittmacher des Herzens.

- **His-Bündel.** Zusammen mit dem Atrioventrikularbündel bildet der AV-Knoten das AV-System, dessen Anfang er repräsentiert. Der Fasciculus atrioventricularis durchbricht als normalerweise einzige muskuläre Brücke zwischen Vorhöfen und Kammern das Herzskelett im Trigonum fibrosum dextrum. Entlang der rechten Seite des membranösen Teils der Kammerscheidewand zieht das Bündel bis zum Übergang in die Pars muscularis des Septums. Hier zweigt es sich in einen rechten und einen linken Schenkel auf, die dann rechts und links der Pars muscularis in Richtung Herzspitze ziehen.
  - **Rechter Schenkel** (Crus dextrum fasciculi atrioventricularis). Er zieht entlang der Kammerscheidewand, als mehr rundlicher Strang, subendokardial nach kaudal und zweigt sich in der Trabecula septomarginalis in mehrere Äste auf, die einerseits in die Papillarmuskeln eintreten, sich andererseits weiter in feine Fasern (Purkinje-Fasern) verzweigen, die das übrige Myokard der rechten Kammer versorgen.

  - **Linker Schenkel** (Crus sinistrum fasciculi atrioventricularis). Dieser durchbohrt noch den membranösen Teil der Herzscheidewand, um kaudal der Valva aortae in den linken Ventrikel zu gelangen (Abb. 5.57). Er spaltet sich bald nach dem Durchtritt fächerförmig auf, wobei zumeist ein vorderer und ein hinterer Schenkel (Crus sinistrum anterius und posterius) klar abgrenzbar sind. Diese ziehen zu den Papillarmuskeln und verzweigen sich dann ebenfalls weiter in Purkinje-Fasern zum übrigen linksventrikulären Myokard.
- **„Falsche Sehnenfäden."** Bisweilen ziehen intertrabekulär von Endokard überzogene Fasern des Erregungsleitungssystems durch die Ventrikel, die auch als „falsche Sehnenfäden" bezeichnet werden.
- **Ausfall.** Bei Ausfall auch des AV-Knotens als Schrittmacher des Herzens kann ein ventrikuläres Zentrum innerhalb des Erregungsbildungs- und -leitungssystems einspringen. Die Frequenz dieses tertiären Schrittmacherzentrums liegt bei 20–30 Schlägen pro Minute. In diesem Fall schlagen Ventrikel und Vorhöfe unabhängig voneinander.

Klinik: 1. Das Herz des Erwachsenen arbeitet in Ruhe normalerweise mit einer Frequenz von 60–80 min⁻¹. Frequenzen unter 60 min⁻¹ werden als **Bradykardie,** solche über 100 min⁻¹ als **Tachykardie** bezeichnet. Bradykardien können physiologisch bei trainierten Menschen vorkommen, können aber auch medikamentös oder durch Ausfall des Sinusknotens bedingt sein. Tachykardien können in unterschiedlichen Herzbereichen entstehen. **2. Vorhofflimmern.** Herzrhythmusstörung mit hochfrequenten, ineffektiven Vorhofaktionen (350–600 min⁻¹). **Kammerflattern:** Kontraktionsfrequenz der Ventrikel von 250–350 min⁻¹, beim **Kammerflimmern:** Kontraktionsfrequenz der Ventrikel von 350–500 min⁻¹; in beiden Fällen ist eine effektive Kammerkontraktion nicht möglich und der Patient vital bedroht. **3.** Die regelhafte Erregungsleitung kann gestört sein. Man bezeichnet Verzögerungen oder Unterbrechungen als **„Block".** **4.** Zwischen Vorhof und Ventrikel oder innerhalb der Ventrikel können sich **abnormale Verbindungen** befinden, die zu einer Störung der geregelten Erregungsausbreitung und damit der normalen Herzaktion führen.

Herznerven

Die durch das Erregungsleitungssystem bedingte Autorhythmie des Herzens steht unter der **regulierenden Wirkung** der Herznerven, des **Sympathicus** und des **Parasympathicus.** Parameter der Herzaktion, die über die vegetativen Efferenzen beeinflusst werden können, sind zum einen die Herzfrequenz (Chronotropie), die Länge der Überleitungszeit im AV-Knoten (Dromotropie) und die atriale und ventrikuläre Kontraktionskraft (Inotropie).

Efferenzen. Sie erreichen über die folgenden Nervenbahnen das Herz:

• **Sympathicus und Parasympathicus.** Der Sympathicus wirkt positiv chronotrop (Anstieg der Herzfrequenz) durch Beschleunigung der langsamen diastolischen Depolarisation in den Zellen des Sinusknotens. Im Gegensatz dazu wirkt der Parasympathicus (und hier besonders der linke N. vagus) negativ chronotrop. Während der Sympathicus sowohl auf die Vorhof- als auch auf die Kammerkontraktionskraft einen steigernden Einfluss nimmt (positiv inotrop), wirkt der

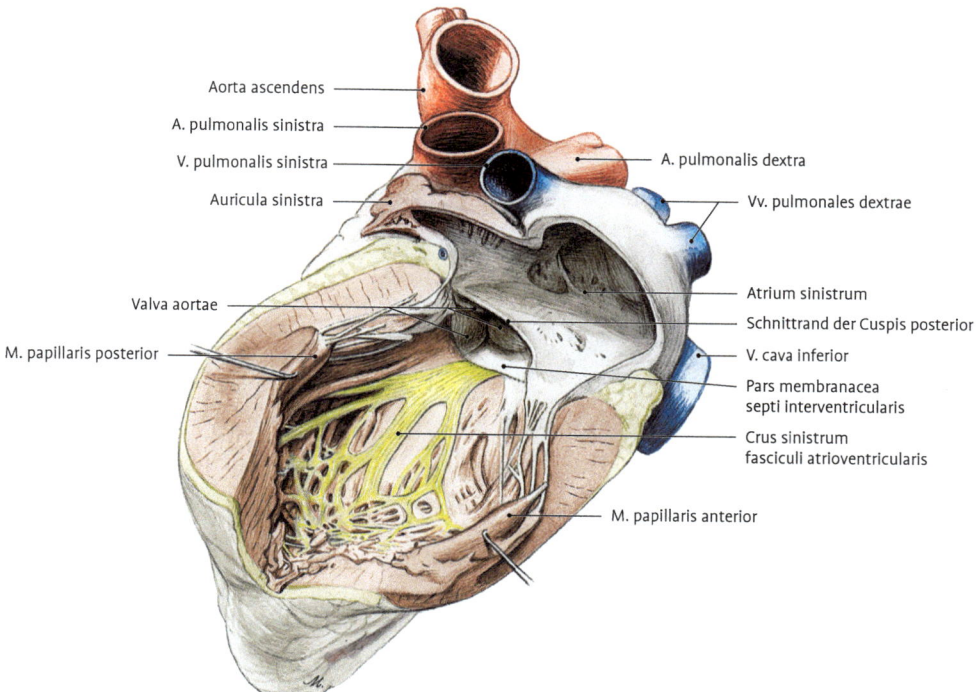

Aorta ascendens
A. pulmonalis sinistra
V. pulmonalis sinistra
Auricula sinistra
Valva aortae
M. papillaris posterior

A. pulmonalis dextra
Vv. pulmonales dextrae
Atrium sinistrum
Schnittrand der Cuspis posterior
V. cava inferior
Pars membranacea septi interventricularis
Crus sinistrum fasciculi atrioventricularis
M. papillaris anterior

Abb. 5.57 Blick in den linken Vorhof und Ventrikel. Crus sinistrum des Fasciculus atrioventricularis.

Parasympathicus nur auf die Vorhöfe negativ inotrop. Der Sympathicus beschleunigt, der Parasympathicus verlangsamt die atrioventrikuläre Überleitung (positiv bzw. negativ dromotrop).

- **Plexus cardiacus.** Parasympathische und sympathische Fasern durchflechten sich im Plexus cardiacus, einem Nervengeflecht vor und hinter dem Aortenbogen sowie am Truncus pulmonalis (Abb. 5.58). Von hier verlaufen die Fasern mit den Koronararterien und verzweigen sich in der Herzwand. Die zum Plexus cardiacus ziehenden vegetativen Nerven stammen größtenteils aus der Halsregion und dem zervikothorakalen Übergang. Diese haben den entwicklungsgeschichtlichen Abstieg des Herzens aus der Zervikalregion in den Brustraum mitvollzogen. Sympathische Anteile kommen aus den zervikalen Grenzstrangganglien und denen des zervikothorakalen Überganges sowie aus den 2.–5.

thorakalen Ganglia thoracica. Die präganglionären Fasern kommen dabei aus dem Seitenhorn der 2.–5. thorakalen Rückenmarkssegmente, die dann in den genannten Ganglien auf ihr postganglionäres Neuron umgeschaltet werden.

- **N. cardiacus cervicalis superior.** Er entspringt als zarter Ast am unteren Ende des Ggl. cervicale superius, verläuft medial vom Grenzstrang unter der tiefen Halsfaszie abwärts und erreicht links mit der A. carotis communis, rechts mit dem Truncus brachiocephalicus das Herzgeflecht.
- **N. cardiacus cervicalis medius,** meist ein starker Ast, entspringt aus dem Ggl. cervicale medium (wenn dieses fehlt, aus dem R. interganglionaris) und gelangt vor oder hinter der A. subclavia zum Plexus cardiacus.
- **N. cardiacus cervicalis inferior.** Er kommt mit mehreren Wurzeln aus dem Ganglion cervicothoracicum (stellatum) und verläuft rechts

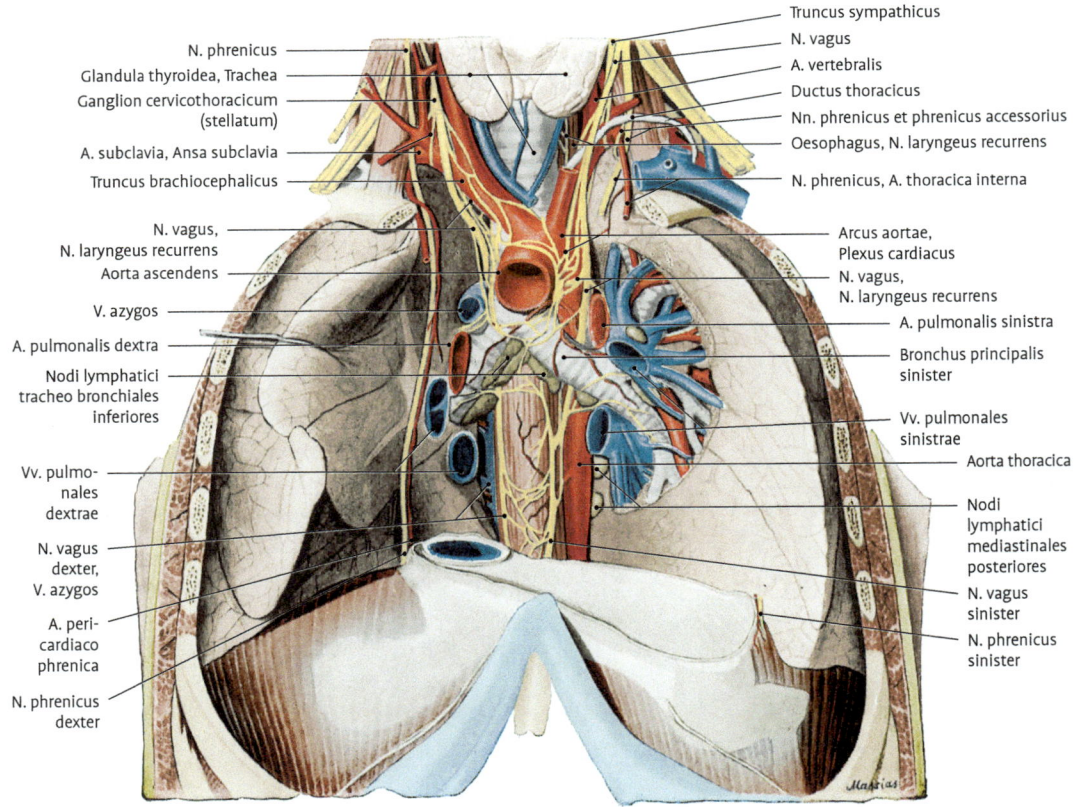

Abb. 5.58 Lungenhilum, Bifurcatio tracheae, Oesophagus mit Plexus oesophageus, Aorta mit Plexus aorticus nach Herausnahme des Herzbeutels.

hinter dem Truncus brachiocephalicus, links hinter dem Aortenbogen zum Plexus cardiacus.

- **Nn. cardiaci thoracici** verlaufen als feine Äste von den Ganglia thoracia 2–4 (5) zum Plexus cardiacus.
- **Parasympathische Efferenzen.** Sie erreichen über den N. vagus (N. X) das Herz. Die Zellleiber der 1. Neurone liegen dabei im Nucleus dorsalis n. vagi unter dem Boden des 4. Hirnventrikels. Die Umschaltung auf das 2. Neuron erfolgt herznah zum Teil in Ganglien des Plexus cardiacus (größtes Ganglion ist hier das „Wrisberg-Ganglion" unterhalb des Aortenbogens), zum Teil auch in der Vorhofwand. Vom Hauptstamm des N. vagus (z. T. auch vom N. laryngeus superior, R. externus) zweigt in der oberen Halsregion ein **R. cardiacus superior** ab. Ebenfalls vom Vagusstamm oder vom N. laryngeus recurrens entspringen in der unteren Halsregion **Rr. cardiaci inferiores**. Nach Durchtritt des N. vagus durch die Apertura thoracica superior entspringen aus dem Hauptstamm (oder dem N. laryngeus recurrens) **Rr. cardiaci thoracici**.
- **Geflechtbildung.** Die Vagus- und Sympathicusäste können schon am Hals Verbindungen eingehen und Geflechte bilden.

Afferenzen. Sowohl parasympathische als auch sympathische Fasern führen Afferenzen aus dem Herzen. Es handelt sich hierbei z. B. um Schmerzreize (z. B. durch Ischämie vermittelt) oder Druck- bzw. Dehnungsreize. Die Zellleiber der Afferenzen finden sich im 2.–4. thorakalen Spinalganglion sowie im Ganglion superius und inferius n. vagi. Sensible Nervenendigungen sind besonders zahlreich im Endokard und an den Koronargefäßen nachgewiesen. In der Wand der Vorhöfe wurden nahe der Einmündung der Vv. cavae und der Vv. pulmonales netzförmige Nervenverzweigungen als Dehnungsrezeptoren gefunden.

Klinik: 1. Schmerzen im Rahmen von Herzerkrankungen werden häufig auf die gesamte linke Brustseite ausgedehnt, im linken Arm oder in der Hals- und Kinnregion wahrgenommen. **2.** Ähnliches gilt für andere vegetative Phänomene (vasomotorisch, Piloarrektion oder Hyperhidrose). Erklärbar sind diese viszerocutanen Reflexe über die **Head-Zonen,** also Hautareale, die über dieselben spinalen Segmente innerviert werden wie ein inneres Organ, hier das Herz.

Herzmechanik

Die normale Herzaktion besteht aus einem periodisch ablaufenden **zweiphasigen Zyklus**. In der Systole kontrahieren die Ventrikel und werfen einen Großteil ihres Blutes in die großen Arterien (Aorta bzw. Truncus pulmonalis) aus. In der Diastole erschlaffen die Ventrikel und füllen sich mit Blut. Sowohl in der Systole als auch in der Diastole sind verschiedene Phasen unterscheidbar.

Systole. Zu Beginn der Systole befinden sich in den Ventrikeln jeweils etwa 140 ml Blut. Die Systole beginnt mit einer **Anspannungsphase.** Die Taschenklappen sind noch geschlossen, die AV-Klappen schließen sich gleich zu Beginn dieser Phase, sodass es zu einem steilen ventrikulären Druckanstieg kommt (Anspannen der Muskulatur um das nicht kompressible Blutvolumen). Man bezeichnet dieses Stadium auch als Phase der **isovolumetrischen Kontraktion,** in der die Muskelfasern gedehnt werden und die Ventrikel eine kugelförmige Gestalt anstreben. Sobald der ventrikuläre Druck den Druck in der Aorta (normal ca. 120 mmHg) bzw. im Truncus pulmonalis (20 mmHg) überschreitet, öffnen sich die Taschenklappen und es beginnt die **Austreibungsphase.** In der Austreibungsphase steigt der ventrikuläre Druck zunächst noch weiter an, und 70–90 ml werden als Schlagvolumen ausgestoßen. Der ventrikuläre Druck fällt dabei unter den arteriellen, und die Taschenklappen schließen sich wenig später. Die am Ende der Systole in den Ventrikeln verbleibende Blutmenge wird als **Restvolumen,** der Anteil des Schlagvolumens am enddiastolischen Volumen als **Ejektionsfraktion** bezeichnet. Multipliziert man das Schlagvolumen mit der Herzfrequenz (min⁻¹) so erhält man das **Herzminutenvolumen** (HMV, normal etwa 4–6 l min⁻¹ in Ruhe). Weil der Herzbeutel am Zwerchfell verwachsen ist (und der nicht dehnbare Flüssigkeitsfilm in der Perikardhöhle kein Abheben der Herzspitze erlaubt) und durch die Austreibung ein Rückstoß in Richtung auf die Herzspitze erfolgt, tritt die **Ventilebene** des Herzens in der Austreibungsphase nach kaudal. Es entsteht ein **Sog** auf die großen Venen (Vv. cavae und pulmonales), der zu einer Füllung der Vorhöfe führt.

Diastole. An den Schluss der Taschenklappen schließt sich die Diastole mit einer initialen **Entspannungsphase** an. In dieser Phase sind alle

Herzklappen geschlossen und der Ventrikeldruck fällt durch Muskelentspannung um das (nicht dehnbare) Restvolumen schnell auf fast 0 mmHg ab. Bei Unterschreiten des Vorhofdruckes öffnen sich dann die AV-Klappen und das Blut strömt aus den Vorhöfen in die Kammern ein. Durch die Erschlaffung der Ventrikel „stülpen" sich diese nach der Öffnung der AV-Klappen über das in den Vorhöfen befindliche Blutvolumen. Unter Ruhebedingungen erfolgt die **Kammerfüllung** somit zunächst schnell, dann langsamer, ehe die eigentliche Vorhofkontraktion einsetzt. Diese trägt zu etwa 10–20 % zur Ventrikelfüllung bei, wobei dieser Anteil mit Zunahme der Herzfrequenz ansteigt.

Klappenbewegungen. Sie erfolgen in den einzelnen Phasen der Herzaktion rein passiv entsprechend den Druckgradienten. Die Papillarmuskeln haben hierauf keinen Einfluss, sondern verhindern ein Durchschlagen der AV-Klappen in die Vorhöfe während der Systole.

Durchblutung des Herzmuskels

Arterieller Zufluss. Der Herzmuskel wird mit 0,8–0,9 ml pro Gramm und Minute durchblutet (entspricht bei einem normal großen Erwachsenenherz etwa 5 % des Herzminutenvolumens). Unter **Belastung** kann die Durchblutung auf das Vierfache dieses Wertes ansteigen. Der Blutfluss in den Koronargefäßen unterliegt während der Herzaktion charakteristischen Schwankungen. Zu Beginn der **Systole** wird der Blutfluss in der linken Koronararterie durch den erhöhten Wanddruck des linken Ventrikels beinahe vollständig unterdrückt, während in der rechten Koronararterie wegen des geringeren Wanddruckes des rechten Ventrikels auch in der Systole verglichen mit dem Maximalwert der Diastole ein 50–80 %iger Blutfluss zu finden ist. In der **Diastole** erfolgt dann mit nachlassender Wandspannung der Großteil der Durchblutung des Herzmuskels.

Venöser Rückstrom aus dem Sinus coronarius in den rechten Vorhof. Dieser erreicht sein Maximum in der Systole („Auspressen" während der Muskelkontraktion) und sistiert nahezu in der Diastole.

Projektion des Herzens auf die vordere Brustwand und Röntgenübersichtsaufnahmen

Die V. cava superior mündet etwa in Höhe des 3. Rippenknorpels in den rechten Vorhof (Abb. 5.59).

Der rechte Herzrand verläuft dann in ca. 2 cm Entfernung parallel zum rechten Sternalrand bis zum Zwerchfell (etwa 6. Rippenknorpel). Der sich anschließende untere Herzrand verläuft zum 5. Interkostalraum (ICR) etwas medial der linken Medioklavikularlinie. Von hier zieht der linke Herzrand nach medial bogenförmig ansteigend bis knapp unterhalb des 2. linken Rippenknorpels (2. ICR). Von hier fällt der Oberrand nach rechts etwas ab bis auf Höhe des 3. Rippenknorpels rechts. Bezogen auf die einzelnen Herzteile ergibt sich folgendes Bild: Der rechte Vorhof, durch den vorderen Rand der rechten Lunge und den Recessus costomediastinalis von der vorderen Brustwand getrennt, liegt in Höhe des 3.–6. Rippenknorpels und ragt 1–2 cm über die rechte Sternallinie nach rechts. Das rechte Herzohr liegt in Höhe des 3. Interkostalraumes hinter dem Sternum. Die rechte Kammer, nur teilweise durch die Lungenränder und die Recessus costomediastinales von der vorderen Brustwand getrennt, reicht vom 3. bis zum 6. Rippenknorpel und liegt medial von der linken Parasternallinie hinter den linken Zwischenrippenräumen 3–5 und der linken Hälfte des Brustbeines. Der linke Vorhof liegt in der Hauptsache dorsal, in Höhe des 7.–9. Brustwirbels. Nur das linke Herzohr erscheint auf der Vorderfläche in Höhe des 3. linken Rippenknorpels. Die linke Kammer weist nur mit einem schmalen Streifen, der sich von der 3. bis zur 6. Rippe erstreckt, gegen die vordere Brustwand. Der Hauptteil ruht auf dem Zwerchfell. Die von der linken Kammer gebildete Herzspitze liegt beim Erwachsenen meist im 5. Interkostalraum, 8–9 cm links von der Mittellinie, etwas medial von der Medioklavikularlinie.

Die Herzklappen liegen in der von links nach rechts abfallenden Ventilebene des Herzens, beginnend am Sternalansatz der 3. Rippe links mit der Pulmonalklappe, gefolgt von der Aortenklappe (linker Sternalrand in Höhe des 3. ICR), der Mitralklappe (sternaler Ansatz der 4. Rippe links) und der Trikuspidalklappe in der Medianlinie auf Höhe des 4. ICR.

Röntgenübersichtsaufnahmen. In der radiologischen Basisdiagnostik werden zur Beurteilung von Herzform, -lage und -größe Thoraxaufnahmen in 2 zueinander senkrecht stehenden Ebenen durchgeführt. Standardaufnahmen erfolgen im posterioranterioren (p. a.) Strahlengang (Abb. 5.60) und als linkes Seitenbild (Abb. 5.61). Weiterführende Fra-

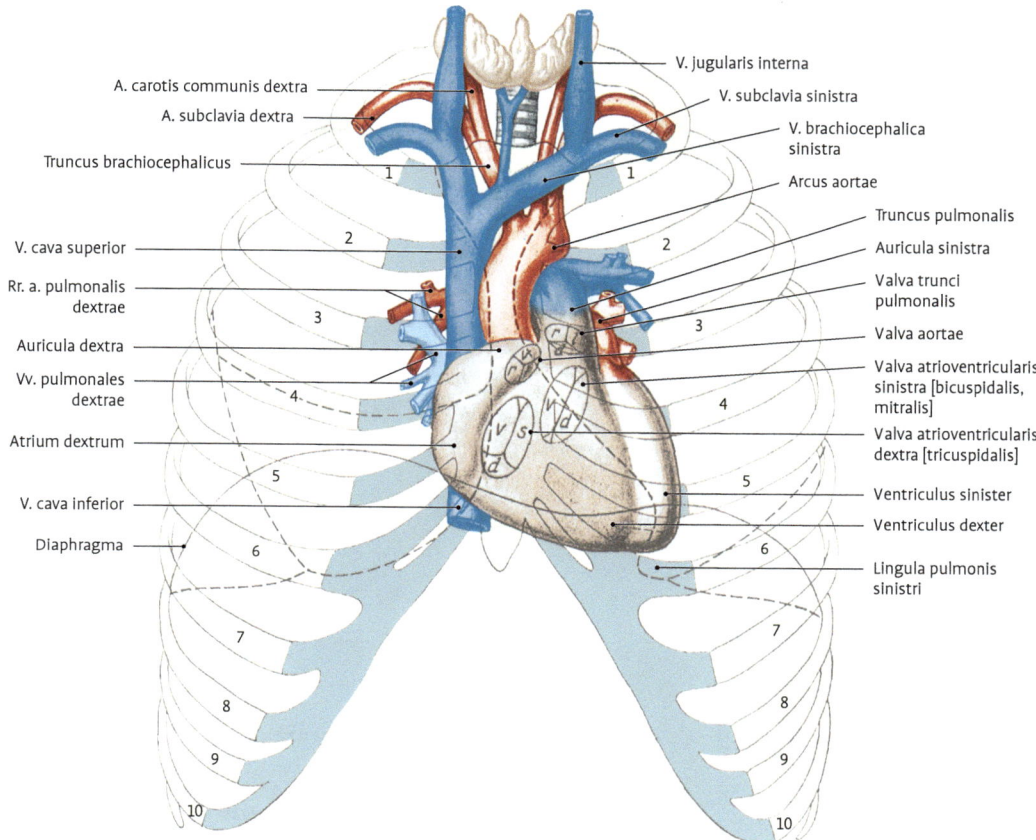

A. carotis communis dextra

A. subclavia dextra

Truncus brachiocephalicus

V. cava superior

Rr. a. pulmonalis dextrae

Auricula dextra

Vv. pulmonales dextrae

Atrium dextrum

V. cava inferior

Diaphragma

V. jugularis interna

V. subclavia sinistra

V. brachiocephalica sinistra

Arcus aortae

Truncus pulmonalis

Auricula sinistra

Valva trunci pulmonalis

Valva aortae

Valva atrioventricularis sinistra [bicuspidalis, mitralis]

Valva atrioventricularis dextra [tricuspidalis]

Ventriculus sinister

Ventriculus dexter

Lingula pulmonis sinistri

Abb. 5.59 Projektion des Herzens auf die vordere Brustwand. Gestrichelt: Lungengrenzen.

gestellungen werden durch computer- oder kernspintomografische Untersuchungen geklärt.

Schattenbildend (im Röntgenbild hell) sind auf dem Thoraxbild neben dem Herzen u. a. auch die großen Gefäße, die knöchernen Anteile (Wirbelsäule, Sternum, Claviculae, Rippen) und übrige mediastinale Strukturen. Man spricht deshalb auch von einem Mittelschatten, der diese Strukturen zusammenfasst. Auch die einzelnen Herzanteile bilden hierbei ein Summationsbild, sodass aus den Übersichtsaufnahmen zwar keine absoluten Aussagen zu einzelnen Anteilen getroffen werden können, Konturänderungen und Größenvergleich aber Hinweise auf krankhafte Prozesse geben können.

Im p. a.-Strahlengang bildet die rechte Begrenzung des Herzschattens (von kranial nach kaudal) die V. cava superior, der rechte Vorhof und evtl.

die V. cava inferior (Abb. 5.62). Der linke Rand wird aus 4 Bögen zusammengesetzt. Von kranial nach kaudal findet sich zunächst der distale Anteil des Aortenbogens, gefolgt vom Truncus pulmonalis, dem linken Vorhof und dem linken Ventrikel. Eine Verbreiterung des Herzschattens nach links spricht für eine Vergrößerung des linken Herzens und ergibt eine „Schuhform" der Herzsilhouette. Verbreiterung nach oben und rechts weist auf eine Vergrößerung der rechten Kammer hin („Kugelform" der Silhouette).

Im linksanliegenden Seitenbild wird die ventrale Begrenzung durch Aorta ascendens, Truncus pulmonalis und rechtem Ventrikel (von kranial nach kaudal) gebildet. Dorsal liegen kranial die Aorta descendens und die Pulmonalgefäße, gefolgt vom linken Vorhof, linkem Ventrikel und der V. cava inferior. Der Raum zwischen linkem Vor-

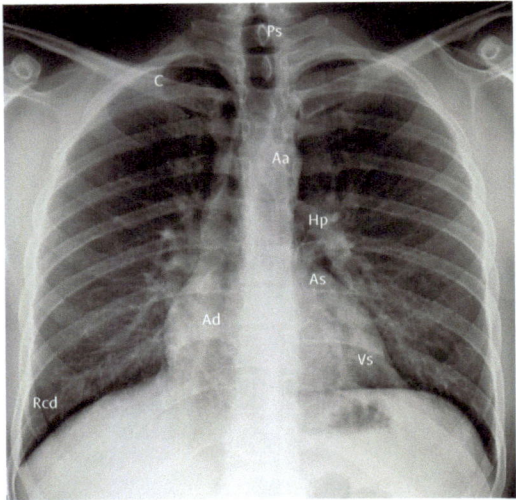

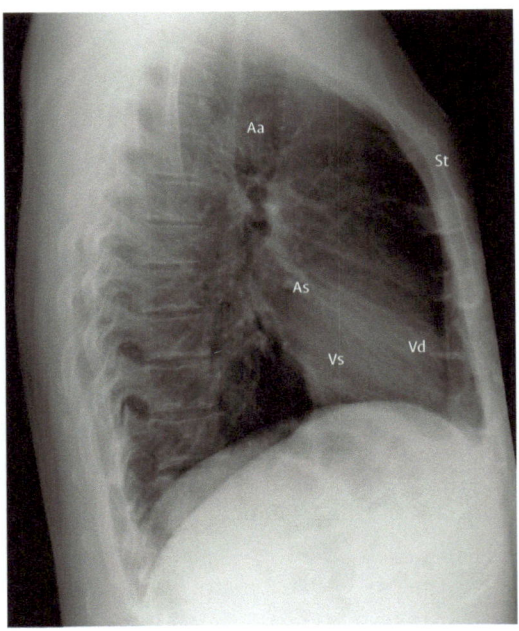

Abb. 5.60 Röntgenbild des Thorax im posterioranterioren (p. a.) Strahlengang.

Aa   Arcus aortae
Ad   Atrium dextrum
As   Atrium sinistrum
C   Clavicula
Hp   Hilum pulmonis
Ps   Proc. spinosus
Rcd   Recessus costodiaphragmaticus
St   Sternum
Vd   Ventriculus dexter
Vs   Ventriculus sinister

Abb. 5.61 Röntgenbild des Thorax im seitlichen
Strahlengang.

hof/Ventrikel und Wirbelsäule wird als Retrokar-
dialraum (Holzknecht-Raum) bezeichnet.

Perkussion. Der Sensitivität und Spezifität der Fest-
stellung der Herzgröße und -grenzen durch Perkussion wird heutzutage nur ein geringer Wert
beigemessen; sie wurde früher aber in Ermange-
lung anderer Techniken routinemäßig praktiziert.
Durch Beklopfen des Brustkorbes von der Peripherie in Richtung Herz mit starker Intensität sollen
die Herzgrenzen (**relative Herzdämpfung**) bestimmt werden (der sonore Lungenschall weicht
einem leiseren und höheren Geräusch). Weitere
leise Perkussion innerhalb der relativen Dämpfung
führt an den Lungengrenzen zum Schwinden des
Lungenschalls, hier liegt das Herz der Brustwand
direkt an (**absolute Herzdämpfung**).

Auskultation. Während der Herzaktion entstehen
2 auskultierbare Herztöne (HT). Wenn der Ventrikeldruck am Beginn der Kammerkontraktion den
Vorhofdruck übersteigt, schließen sich die

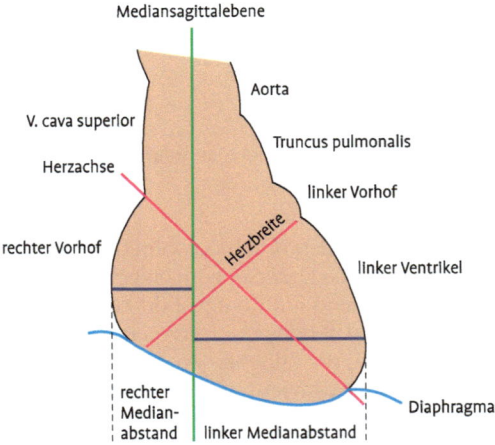

Abb. 5.62 Schema zur Herzsilhouette im Röntgenbild
(p. a.).

AV-Klappen. Der Schluss der Segelklappen und
die Anspannung der Ventrikel ist als 1. HT hörbar.
Durch den Schluss der Taschenklappen entsteht
der 2. HT. Statt eines einzigen 1. oder 2. HT können beide auch gespalten sein (rechte und linke
Herzkomponente). Insbesondere der 2. HT ist

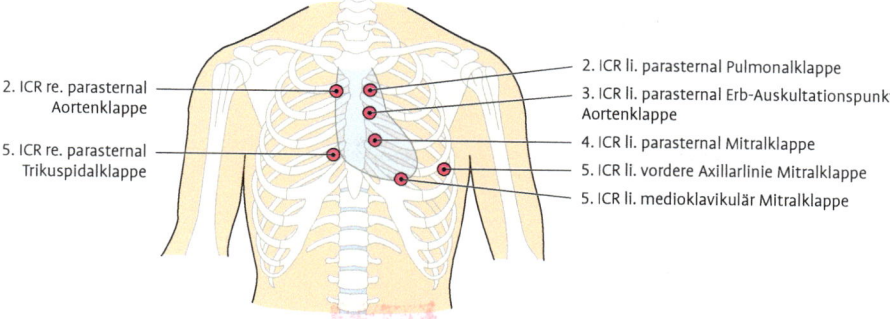

Abb. 5.63 Auskultationspunkte des Herzens.

während der Inspiration oft in eine pulmonale und eine aortale Komponente unterteilt. Zusätzliche (unphysiologische) Geräusche, z. B. durch krankhafte Veränderungen der Klappen, Septumdefekte oder Stenosen der großen Arterien, werden nach dem Zeitpunkt ihres Auftretens in systolische (zwischen 1. und 2. HT) und diastolische (zwischen 2. und 1. HT) Geräusche unterteilt.

Die Herztöne und -geräusche an den Herzklappen auskultiert man am besten (Punctum maximum) an definierten Auskultationspunkten, die nicht mit den anatomischen Projektionen übereinstimmen (Abb. 5.63). So auskultiert man die **Aortenklappe** am besten im 2. ICR rechts parasternal, die **Pulmonalklappe** im 2. ICR links parasternal, die **Mitralklappe** im 5. ICR links direkt medial der **Medioklavikularlinie** und die **Trikuspidalklappe** direkt lateral des unteren linken Sternumrandes.

5.1.4.2 Große Gefäße des Mediastinums

Arterien

Aorta

Die Aorta ist das arterielle Hauptgefäß des Körperkreislaufs, aus dem mittelbar oder unmittelbar die Versorgung aller Organe erfolgt (Abb. 5.64) (s. Kap. 2.3.1.2).

Der Verlauf der Aorta lässt sich in 3 Abschnitte unterteilen: Aus dem linken Ventrikel steigt sie zunächst etwas nach rechts ziehend auf (**Aorta ascendens**), verläuft dann in einem Bogen über die linke Lungenwurzel und die Aufteilung des Truncus pulmonalis nach dorsal (**Arcus aortae**)

und zieht abwärts durch den Brust- und den Bauchraum (**Aorta descendens**) bis zu ihrer Aufteilung in die beiden Aa. iliacae communes (Kap. 5.3).

Der Durchmesser der Aorta schwankt (mit dem Lebensalter etwas zunehmend) zwischen 18 und 30 mm.

Entwicklung. Siehe Kap. 5.1.4.1.

Topografie:

• Die etwa 6 cm lange **Aorta ascendens** verläuft nach ihrem Ursprung aus dem linken Ventrikel von links hinten unten nach rechts vorn oben, erreicht hier in Höhe des Sternalansatzes der 2. Rippe den rechten Brustbeinrand und geht am Ursprung des **Truncus brachiocephalicus** in den **Arcus aortae** über (Abb. 5.65). An ihrem Ursprung liegt sie, vom **Truncus pulmonalis** überkreuzt und vom rechten Herzohr bedeckt, etwa 6 cm, an ihrem Ende nur etwa 2 cm vom Brustbein entfernt. Nahezu ganz im Herzbeutel gelegen, ist sie mit dem Truncus pulmonalis durch Bindegewebe und eine gemeinsame Epikardhülle verbunden. Hinten grenzt sie an den rechten Vorhof, die rechte Lungenarterie und den rechten Bronchus, rechts und hinten an die **V. cava superior,** links an den Truncus pulmonalis. Ihr Anfangsteil ist etwas aufgetrieben (**Bulbus aortae**) mit 3 Aussackungen (**Sinus aortae dexter, sinister** und **posterior**), die den 3 Taschen der Aortenklappe entsprechen. Aus dem rechten und linken Sinus aortae gibt die Aorta ascendens in der Regel 2 Herzkranzarterien ab:
  – **A. coronaria dextra**
  – **A. coronaria sinistra**

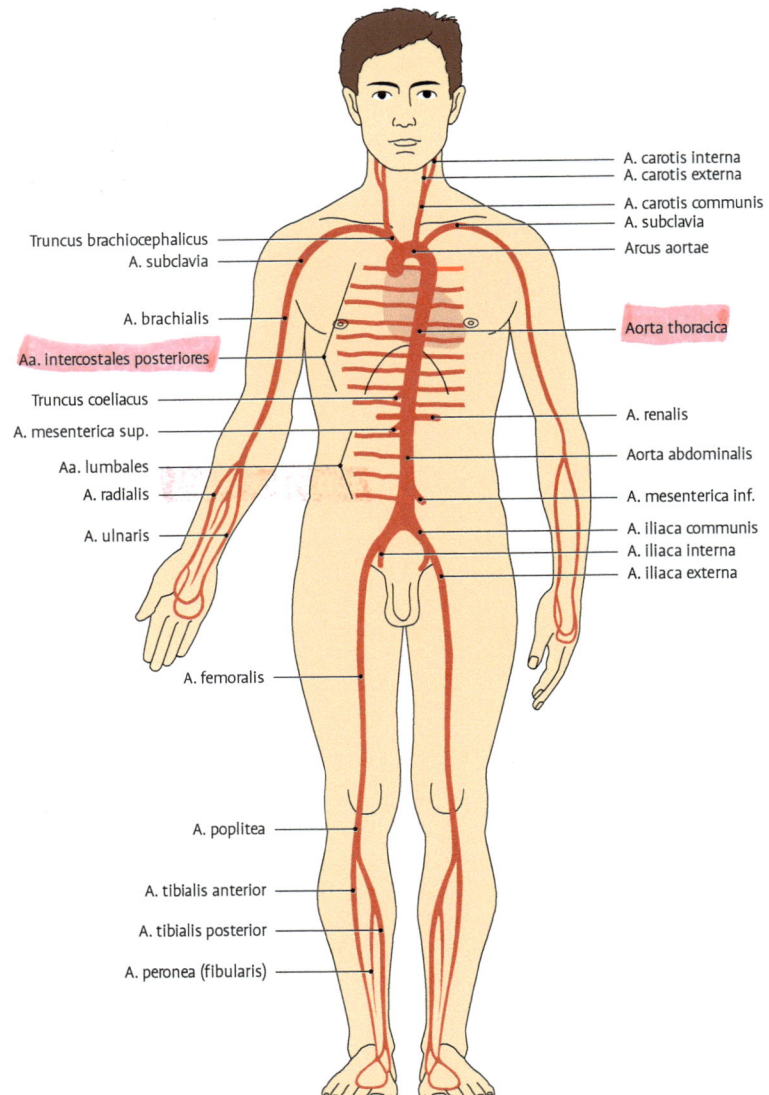

A. carotis interna
A. carotis externa
A. carotis communis
A. subclavia
Arcus aortae

Truncus brachiocephalicus
A. subclavia

A. brachialis

Aa. intercostales posteriores

Aorta thoracica

Truncus coeliacus

A. mesenterica sup.

Aa. lumbales
A. radialis

A. ulnaris

A. renalis

Aorta abdominalis

A. mesenterica inf.

A. iliaca communis
A. iliaca interna
A. iliaca externa

A. femoralis

A. poplitea

A. tibialis anterior

A. tibialis posterior

A. peronea (fibularis)

Abb. 5.64 Schema der großen Arterien des Körperkreislaufs.

– Akzessorische Ostien treten im Anfangsteil der Aorta ascendens relativ häufig auf. So findet sich in 30–50 % der Fälle eine dort entspringende **Konusarterie,** in bis zu 8 % ein getrennter Ursprung des **R. circumflexus** und des **R. interventricularis** der **A. coronaria sinistra.**

• Der **Arcus aortae** beginnt außerhalb des Herzbeutels unmittelbar unterhalb des Ursprungs des **Truncus brachiocephalicus** (Abb. 5.66), in Höhe des Ansatzes der 2. rechten Rippe, verläuft von ventral rechts nach dorsal links und

geht an der linken Seite des 4. Brustwirbelkörpers **(Impressio aortae)** in die Aorta descendens über. Der Endteil des Arcus aortae ist normalerweise etwas verjüngt **(Isthmus aortae).** Da der Aortenbogen nahezu sagittal steht, entspringen die 3 großen Arterien

– **Truncus brachiocephalicus**
– **A. carotis communis sinistra**
– **A. subclavia sinistra**

in der Ventralansicht nicht neben-, sondern hintereinander aus dem Aortenbogen. Der am

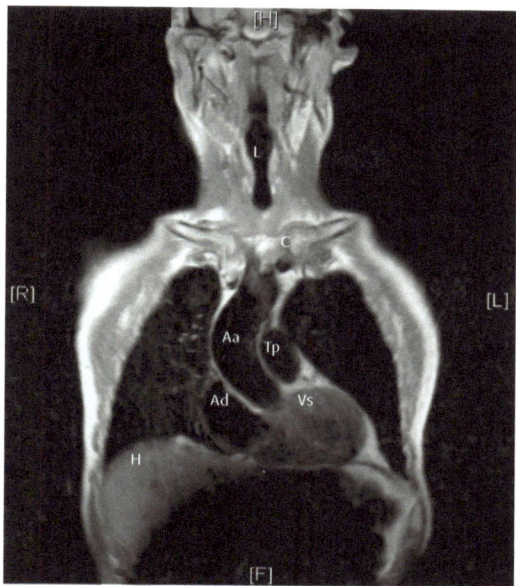

Abb. 5.65 Frontalschnitt durch den Thorax. Kernspinaufnahme zur Darstellung des Verlaufs der Aorta ascendens.
Aa   Aorta ascendens
Ad   Atrium dextrum
C   Clavicula
H   Hepar
L   Larynx
Tp   Truncus pulmonalis
Vs   Ventriculus sinister

oberflächlichsten gelegene **Truncus brachiocephalicus** muss auf seinem Wege nach rechts die Luftröhre überkreuzen. Sein Puls kann bei der Laryngoskopie an der vorderen Luftröhrenwand beobachtet werden. Der Truncus brachiocephalicus ist gemeinsamer Ursprung für die **A. carotis communis dextra** und die **A. subclavia dextra**. Die am weitesten dorsal entspringende A. subclavia sinistra wendet sich von ihrem Ursprung nach vorn und oben zur hinteren Skalenuslücke (zwischen M. scalenus anterior und medius). Ihr Verlauf ist an der in situ fixierten Lunge als besonders tiefe Furche in der Spitzenregion zu verfolgen. Der Aortenbogen verläuft über die rechte **A. pulmonalis,** gelangt an die linke Seite der Luftröhre, reitet auf dem linken Bronchus und legt sich in Höhe des 4. Brustwirbels an die linke Seite der Speiseröhre. Oben erreicht der Aortenbogen die Verbindungslinie

der 1. Rippenknorpel. Er ist hier von der **V. brachiocephalica** bedeckt. Die linke Fläche wird vom oberflächlichen Anteil des **Plexus cardiacus,** vom **linken N. phrenicus** und vom **linken N. vagus** überkreuzt. In ihrem hinteren Abschnitt ist sie von der **Pleura mediastinalis** überzogen. Auf der fixierten linken Lunge erzeugt sie einen tiefen Eindruck. Von der Konkavität des Bogens zieht das **Lig. arteriosum** (Botalli) zur linken A. pulmonalis. Lateral von diesem Band und um den Aortenbogen verläuft der **linke N. laryngeus recurrens** dorsokranialwärts zur Luftröhre, Speiseröhre und zum Kehlkopf.

Klinik: Geht der **Truncus brachiocephalicus** sehr weit links ab oder steigt er steil an, so kann er erst oberhalb des Brustbeins die Luftröhre überkreuzen. In diesem Fall ist besondere Vorsicht bei der Tracheotomie geboten. Durch die enge topografische Beziehung zwischen dem linken N. laryngeus recurrens und dem Aortenbogen können thorakale Aortenaneurysmen und Mediastinaltumoren eine linksseitige Rekurrenslähmung oder -reizung hervorrufen.

• Die **Aorta thoracica** ist die Fortsetzung des **Arcus aortae** unterhalb des Isthmus aortae und reicht bis zum **Hiatus aorticus** des Zwerchfells, in dem sie in die Aorta abdominalis übergeht. Sie verläuft vom 4. Brustwirbel an der linken Seite der Wirbelsäule abwärts und schiebt sich gegen das Zwerchfell hin mehr gegen die Mittellinie vor, die sie aber erst im Hiatus aorticus, vor dem 12. Brustwirbel, mit ihrem rechten Rand erreicht (Abb. 5.67). In ihrem Verlauf steigt sie hinter der linken Lungenwurzel und dem Herzbeutel herab. Links wird sie weitgehend von der Pleura mediastinalis bedeckt. Auf der fixierten linken Lunge erzeugt sie eine tiefe Furche. Rechts wird sie vom Ductus thoracicus und vom Oesophagus begleitet, der sie oberhalb des Zwerchfells überkreuzt. Unten kann sie auch in Kontakt mit der rechten Pleura mediastinalis treten.
Die **parietalen** Äste, 10 **Aa. intercostales posteriores,** entspringen beiderseits dorsal und steigen nach kranial und lateral auf zu ihren zugehörigen Zwischenrippenräumen. Sie unterkreuzen den Ductus thoracicus, die Vv. azygos und hemiazygos, die Nn. splanchnici und den Grenzstrang. Die rechten Interkostalarterien sind

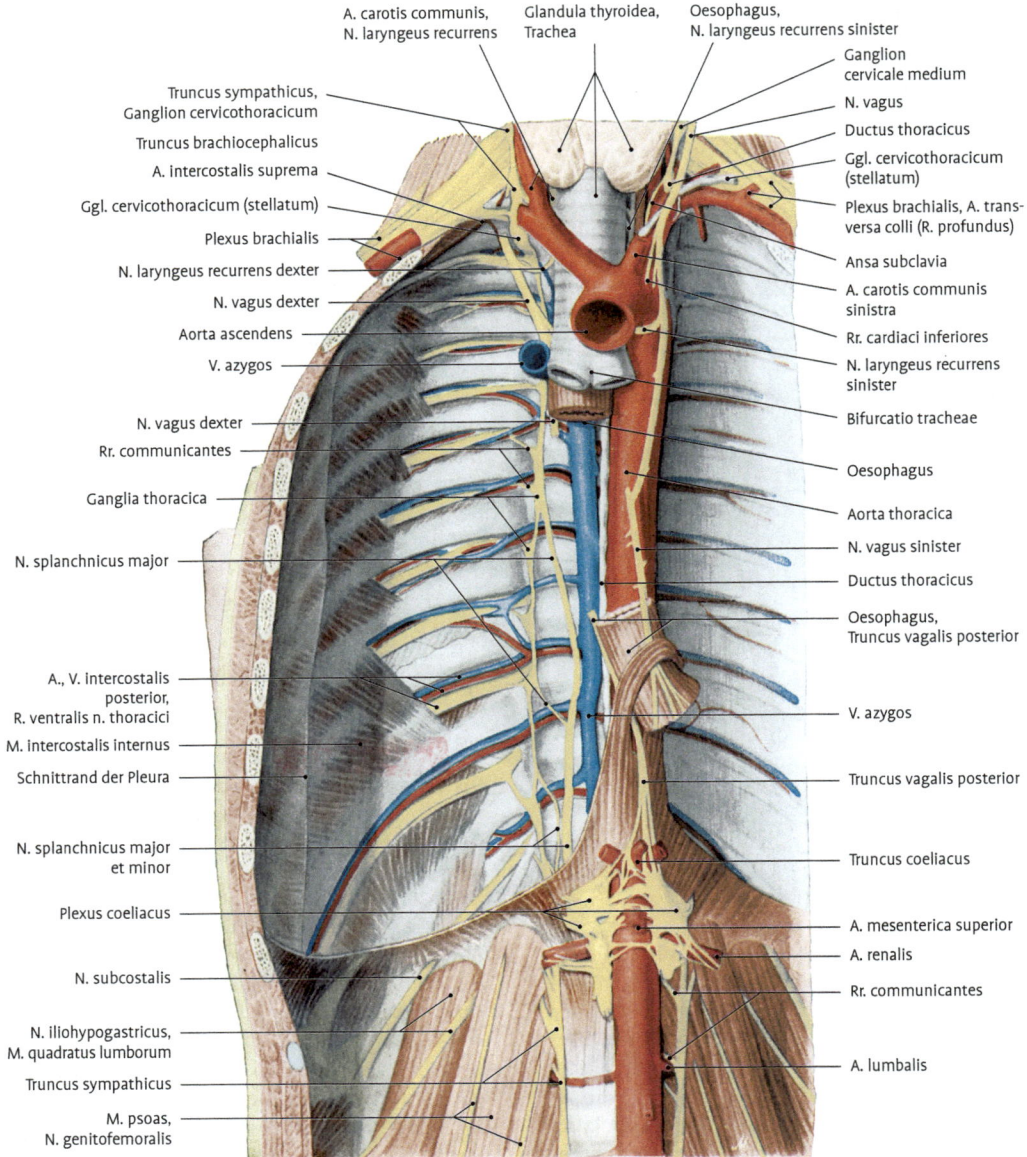

Abb. 5.66 Topografie des Mediastinum posterius. Oesophagus z. T. reseziert.

wesentlich länger als die linken, da sie die Wirbelkörper überkreuzen müssen. Neben den parietalen Ästen gibt die Aorta thoracica auch **Eingeweideäste** ab:

- **Rr. bronchiales** sorgen als Vasa privata für die Ernährung des Lungengewebes.
- **Rr. oesophagei** (3–6) ziehen zum Oesophagus.

- **Rr. mediastinales** ziehen zu Lymphknoten des hinteren Mediastinums.
- **Rr. pericardiaci** dienen der Versorgung des Herzbeutels.
- **Aa. phrenicae superiores,** zum Lumbalteil des Zwerchfells, gehen in variabler Zahl und Größe lateral und ventral ab.

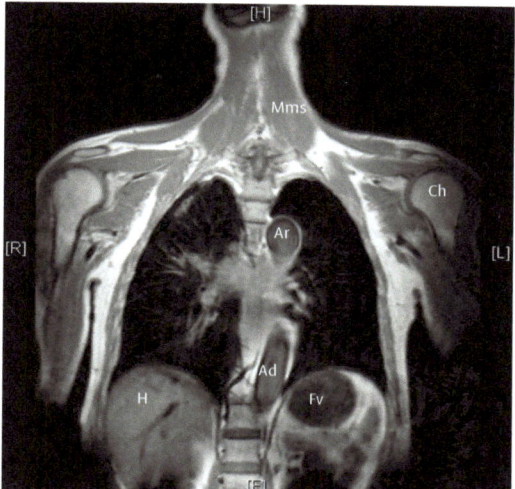

Abb. 5.67 Frontalschnitt durch den Thorax. Kernspinaufnahme zur Darstellung des Verlaufs der Aorta descendens.
Ad   Aorta descendens
Ar   Arcus aortae
Ch   Caput humeri
H   Hepar
Fv   Fundus ventriculi

Klinik: Aussackungen (echte **Aneurysmen**) der thorakalen Aortenanteile sind relativ selten (ca. 15 % aller Aortenaneurysmen). Meist sind sie in dieser Region infektiös bedingt. Dagegen kommen dissezierende Aneurysmen der Brustaorta häufiger vor, z. B. im Rahmen einer sog. zystischen Medianekrose der Aortenwand.

A. subclavia

Die A. subclavia entspringt rechts hinter dem Sternoklavikulargelenk aus dem **Truncus brachiocephalicus,** links im Brustraum direkt aus dem **Arcus aortae.** Sie verläuft in einem nach kranial konvexen Bogen über die Pleurakuppel aufwärts zum M. scalenus anterior und hinterlässt auf der Lungenspitze einen Eindruck. Mit dem Plexus brachialis zieht sie durch die hintere Skalenuslücke (zwischen M. scalenus anterior und medius) und erzeugt hier auf der 1. Rippe den Sulcus a. subclaviae. Zwischen 1. Rippe und Clavicula gelangt sie in die Achselhöhle und wird ab dort als **A. axillaris** bezeichnet.

In ihrem Verlauf gibt sie 5 Äste ab, die in der Hauptsache Hals, Kopf und Brustraum versorgen. Nur 3 kleinere Äste sind für die Schulterversorgung und für den Kollateralkreislauf des Armes von Bedeutung.

A. vertebralis. Sie entspringt als erster Ast aus der Hinterwand der A. subclavia. In ihrem Verlauf lassen sich 4 Abschnitte unterscheiden:
- **Pars praevertebralis:** Verlauf zwischen M. scalenus anterior und M. longus colli.
- **Pars transversaria:** Verlauf durch die Foramina transversaria zumeist des 6.–1. Halswirbels.
- **Pars atlantica:** Oberhalb des Atlas (Sulcus arteriae vertebralis) wendet sich die A. vertebralis nach medial und durchbohrt die Membrana atlantooccipitalis posterior und die Dura mater spinalis.
- **Pars intracranialis:** Sie zieht durch das Foramen magnum in die Schädelhöhle. Hier umgreift sie seitlich die Medulla oblongata und vereinigt sich kaudal von der Brücke mit der Arterie der anderen Seite zur unpaaren **A. basilaris,** die mit der rechten und der linken A. carotis interna den **Circulus arteriosus cerebri** bildet.

Astfolge
Am Hals:
- **Rr. musculares** für die tiefen, prävertebralen Halsmuskeln
- **Rr. spinales,** kleine segmentale Äste, durch die Foramina intervertebralia in den Wirbelkanal
- **R. meningeus** für die hintere Schädelgrube.

In der Schädelhöhle:
- **A. spinalis posterior** (unpaar) für die Dorsalfläche des Rückenmarks
- **A. spinalis anterior** (zunächst paarig). Diese fließt bald mit dem Gefäß der anderen Seite zu einem unpaaren Stamm zusammen, der in der Fissura mediana anterior des Rückenmarks verläuft und mit der A. spinalis posterior und den Rr. spinales der segmentalen Arterien zahlreiche Verbindungen eingeht (s. Kap. 8.3.4.2)
- A. cerebelli inferior posterior für die Unterfläche des Kleinhirns.

A. thoracica interna. Sie entspringt in Höhe der Pleurakuppel gegenüber der A. vertebralis aus dem Unterrand der A. subclavia und zieht 1–2 cm lateral des Sternums in der Fascia endothoracica zwischen Rippenknorpel und Pleura costalis abwärts (Abb. 5.68). Im 6. ICR teilt sie sich in ihre

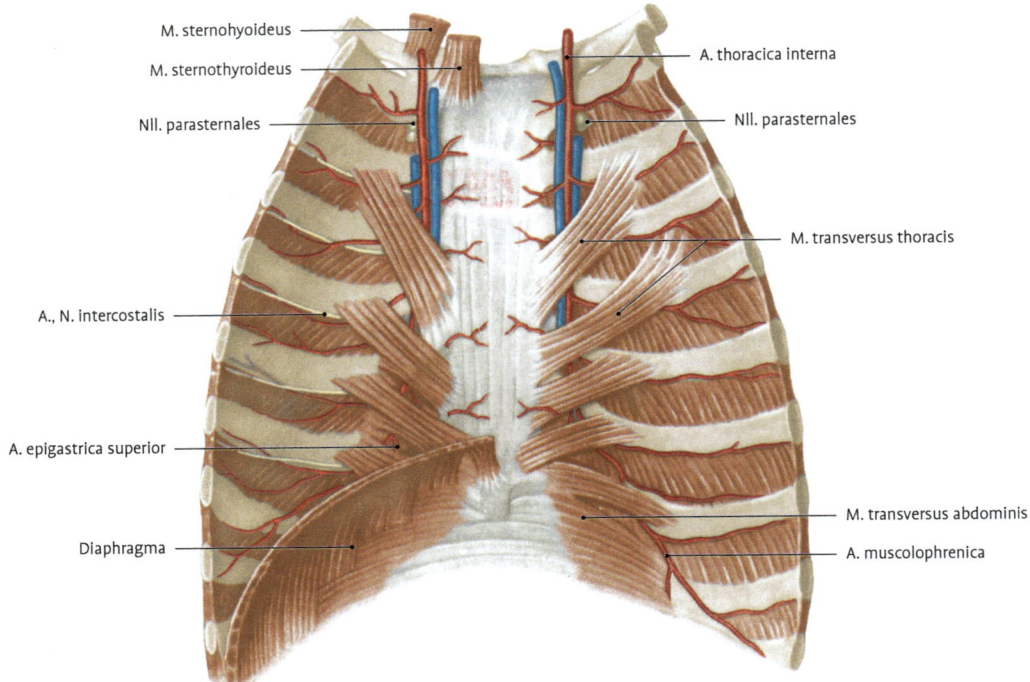

M. sternohyoideus

M. sternothyroideus

Nll. parasternales

A., N. intercostalis

A. epigastrica superior

Diaphragma

A. thoracica interna

Nll. parasternales

M. transversus thoracis

M. transversus abdominis

A. musculophrenica

Abb. 5.68 Vordere Thoraxwand von dorsal: Verlauf der A. thoracica interna (nach Roamnes, G. J.: Cuningham's Manual of practical Anatomy. Vol. 2: Thorax and Abdomen. Oxford Medical Publishing, 1996).

beiden Endäste, die A. musculophrenica (lateral) und die A. epigastrica superior (medial). Die A. thoracica interna versorgt im Wesentlichen die vordere Brust- und Bauchwand und gibt nur kleine Äste an die Brusteingeweide ab.

Endäste:
- Die **A. musculophrenica,** der laterale Endast, verläuft auf den Rippenursprüngen des Zwerchfells lateralwärts und versorgt mit Rr. costales den 7.–10. Zwischenrippenraum und außerdem das Zwerchfell.
- Die **A. epigastrica superior,** der mediale Endast, gelangt durch das Trigonum sternocostale (Larrey-Spalte) an die Rückfläche des M. rectus abdominis, wo sie mit der A. epigastrica inferior (aus der A. iliaca externa) anastomosiert; diese Anastomose erweitert sich bei Verengung der Aorta.

In ca. 10 % der Fälle entspringt die A. thoracica interna aus dem Truncus thyrocervicalis.

Eingeweideäste:
- **Rr. mediastinales,** feine Äste zum Inhalt des vorderen Mediastinums

- **Rr. thymici,** Zweige zum Thymus
- **Rr. bronchiales** zum unteren Teil der Luftröhre und zu den Bronchien.

Brustwandäste:
- **A. pericardiacophrenica,** ein dünnes, langes Gefäß, das in Begleitung des N. phrenicus zieht und das Perikard, die Pleura mediastinalis und das Zwerchfell versorgt
- **Rr. sternales** zur Dorsalfläche des Brustbeines
- **Rr. perforantes** durchbohren die Brustwand, versorgen die Ventralfläche des Brustbeins und mit:
- **Rr. musculares** den M. pectoralis major
- **Rr. cutanei** die Haut der vorderen Brustwand
- **Rr. mammarii** die Brustdrüse
- **Rr. intercostales anteriores** versorgen die ICR 1–5 (6) mit jeweils 2 Ästen, wobei einer am Unterrand der oberen Rippe und einer am Oberrand der unteren zieht. Diese Äste anastomosieren mit den **Aa. intercostales posteriores** (aus der Aorta). Vom 6. (7.) ICR abwärts werden die Rr. intercostales anteriores aus der A. musculophrenica entlassen.

Klinik: 1. Im klinischen Sprachgebrauch ist z. T. noch die alte Benennung „Arteria mammaria interna" statt A. thoracia interna üblich. Zum Beispiel wird in der Regel von einem **IMA-Bypass** (internal mammarial artery-bypass) zur gefäßchirurgischen Versorgung einer Koronararterienstenose gesprochen. **2.** Die **Anastomose** zwischen A. epigastrica superior und inferior ist ein wichtiger Umgehungskreislauf bei Aortenisthmusstenose.

Truncus thyrocervicalis. Der Schilddrüsen-Hals-Stamm entspringt am medialen Rand des M. scalenus anterior und zweigt sich meist in 4 Äste für Schilddrüse, Hals und Schulter auf.

- **A. thyroidea inferior.** Die untere Schilddrüsenarterie ist der kräftigste Ast des Truncus thyrocervicalis. Sie steigt unter der Lamina praevertebralis der Halsfaszie senkrecht bis zum 6. Halswirbel auf und wendet sich hinter der A. carotis communis medialwärts zur Rückfläche der Schilddrüse. Sie gibt folgende Äste ab:
  - **Rr. musculares** zur infrahyalen und prävertebralen Muskulatur
  - **A. laryngea inferior** zum Kehlkopf
  - **Rr. pharyngeales** zum Pharynx
  - **Rr. oesophageales** zum Oesophagus
  - **Rr. tracheales** zur Trachea
  - **Rr. glandulares** zur Schilddrüse.
- **A. cervicalis ascendens.** Die aufsteigende Halsarterie verläuft medial vom N. phrenicus unter der Lamina praevertebralis der Halsfaszie auf dem M. scalenus anterior bis zur Schädelbasis. Sie hat folgende Äste:
  - **Rr. musculares** für die benachbarten Muskeln
  - **Rr. spinales** für den Wirbelkanal.
- **A. transversa colli (cervicis).** Die quere Halsarterie verläuft in variabler Weise durch das seitliche Halsdreieck. Sie teilt sich in Höhe des Angulus superior scapulae in einen oberflächlichen und einen tiefen Ast. Der tiefe Ast entspringt häufig selbstständig aus der A. subclavia und durchbohrt dabei den Plexus brachialis; er wurde früher als eigentliche A. transversa colli bezeichnet. Folgende Äste entspringen aus der A. transversa colli:
  - **R. superficialis** (A. cervicalis superficialis). Der oberflächliche Ast verläuft vor dem M. scalenus anterior oberflächlich durch das seitliche Halsdreieck, um dann mit dem

N. accessorius (N. XI) unter dem M. trapezius zu verschwinden. Er teilt sich in einen Ramus ascendens (zur Versorgung der langen Nackenmuskeln) und einen R. descendens.
  - **R. profundus.** Der tiefe Ast teilt sich auf dem M. levator scapulae in einen auf- und absteigenden Ast. Der Letztere verläuft längs des Margo medialis scapulae mit dem N. dorsalis scapulae auf oder unter den Mm. rhomboidei. In ca. 2/3 der Fälle entspringt der R. profundus als **A. scapularis dorsalis** direkt aus der A. subclavia.
- **A. suprascapularis.** Sie verläuft oberhalb der Scapula vor dem M. scalenus anterior unter der Lamina praetrachealis der Halsfaszie, zieht dann über den Plexus brachialis hinter der Clavicula bis zum oberen Rande des Schulterblatts und gibt hier einen R. acromialis zum Rete acromiale ab. Im Rete anastomisiert sie mit Ästen der Aa. thoraco-acromialis und circumflexa posterior humeri (aus der A. axillaris). Anschließend gelangt sie über dem Lig. transversum scapulae superius zur Fossa supraspinata, versorgt den M. supraspinatus und erreicht um den Hals des Schulterblatts die Fossa infraspinata. Hier anastomosiert sie mit der A. circumflexa scapulae aus der A. subscapularis.
- **A. transversa colli** und **A. suprascapularis** versorgen die Schultermuskeln. Sie variieren sehr in der Größe, können sich gegenseitig vertreten und anastomosieren vielfach untereinander und mit Ästen der A. axillaris.

Truncus costocervicalis. Der Rippen-Hals-Stamm entspringt dorsokaudal hinter dem M. scalenus anterior aus der A. subclavia und teilt sich in seine beiden Endäste:

- **A. intercostalis suprema.** Die oberste Zwischenrippenarterie biegt vor dem Hals der 1. (und 2.) Rippe in den 1. (und 2.) Zwischenrippenraum ein und teilt sich in die Aa. intercostales posteriores 1 und 2, die dann nach ventral verlaufen. Ihre Äste sind:
  - **Rr. dorsales** zu den tiefen Hals- und Rückenmuskeln sowie zur Rückenhaut
  - **Rr. spinales** durch die Foramina intervertebralia in den Wirbelkanal.
- **A. cervicalis profunda.** Die tiefe Halsarterie verläuft zwischen dem Hals der 1. Rippe und dem Querfortsatz des 7. Halswirbels in den M. semispinalis capitis nach dorsal zur Versorgung der tiefen Nackenmuskulatur.

Truncus pulmonalis

Topografie. Der etwa 5 cm lange Truncus pulmonalis liegt nahezu ganz im **Herzbeutel**. Der Umschlag von Epikard in Perikard erfolgt ventral meist in Höhe der Teilung, hinten in der Regel etwas tiefer. Wie die Aorta ascendens ist er im Bereich der Taschenklappen durch 3 Sinus aufgetrieben. Er entspringt in Höhe des 3. Sternokostalgelenkes links aus dem rechten Ventrikel, verläuft nach hinten und links aufwärts zum Ansatz des 2. Rippenknorpels und teilt sich außerhalb des Herzbeutels unterhalb des Aortenbogens in die Aa. pulmonales dextra und sinistra.

- Die **größere A. pulmonalis dextra** setzt die Richtung des Truncus pulmonalis fort und zieht hinter der Aorta ascendens und hinter der V. cava superior zum rechten Lungenhilum (Abb. 5.69). Sie überkreuzt hierbei den Oesophagus und den Bronchus principalis dexter.
- Die **kürzere** und **kleinere A. pulmonalis sinistra** steigt über dem linken Hauptbronchus und vor der Aorta descendens zum linken Lungenhilum an. Zwischen linker Lungenarterie oder der Bifurcatio trunci pulmonis und der Konkavität des Aortenbogens findet sich das **Lig. arteriosum** (als Relikt des Ductus arteriosus, Botalli, Abb. 5.37, 5.39, 5.40).

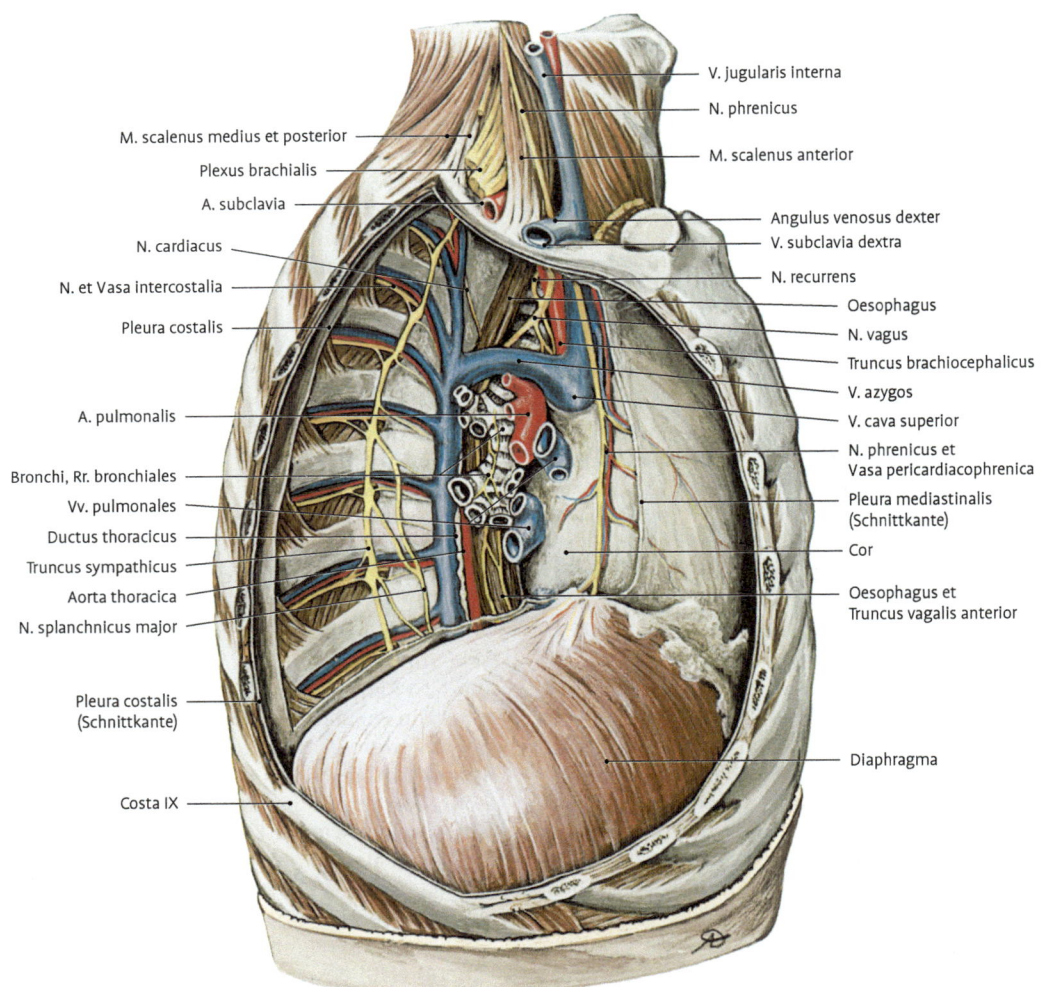

Abb. 5.69 Mediastinum von rechts.

Klinik: Verlauf und Größe der rechten Lungenarterie erklären die Tatsache, dass ein Embolus aus dem rechten Ventrikel zumeist in die rechte Lunge gelangt **(Lungenembolie).**

Venen

Entwicklung. Siehe Kap. 5.1.4.1.

Vv. brachiocephalicae und V. cava superior, Topografie

Vv. brachiocephalicae. Sie entstehen hinter den Sternoklavikulargelenken durch den Zusammenfluss der **V. jugularis interna** und der **V. subclavia**. In diesen **Venenwinkel** mündet links der **Ductus thoracicus,** rechts der **Ductus lymphaticus dexter** ein. Die lange V. brachiocephalica sinistra verläuft an der Konvexität des Aortenbogens leicht absteigend, überkreuzt die 3 großen Äste des Arcus aortae, den rechten N. phrenicus und N. vagus, den Truncus brachiocephalicus sowie die Trachea und vereinigt sich hinter der rechten Brustbeinhälfte in Höhe der 1. Rippe mit der kurzen V. brachiocephalica dextra zur V. cava superior (Abb. 5.38). Die V. brachiocephalica dextra zieht nahezu senkrecht vor dem Truncus brachiocephalicus und dem N. vagus an der Medialseite der rechten Pleurakuppel. Die Vv. brachiocephalicae nehmen von kranial die **Vv. thyroideae inferiores** und von kaudal die **Vv. thoracicae internae** sowie die **Vv. vertebrales** und mediastinale Zuflüsse (**Vv. thymicae, pericardiacae, pericardiophreniacae, mediastinales, bronchiales, tracheales** und **oesophageales**) auf. Die linke V. brachiocephalica erhält außerdem das Blut aus den oberen **Interkostalräumen.**

V. cava superior. Sie steigt rechts vom Sternalrand senkrecht abwärts und mündet, nachdem sie von dorsal her die über den rechten Bronchus verlaufende **V. azygos** aufgenommen hat, in Höhe des Sternalansatzes der 3. Rippe in den rechten Vorhof. Das untere Ende ist vom Epikard überzogen. Vorn ist die Vene durch den Thymus, den Recessus costomediastinalis und den vorderen scharfen Lungenrand von der Brustwand getrennt. Lateral ist sie von der Pleura mediastinalis bedeckt. Zwischen Vene und Pleura läuft der rechte N. phrenicus vor dem Lungenhilum abwärts. Auf der fixierten rechten Lunge hinterlässt sie einen Abdruck. Hinten grenzt sie an die rechte Lungenwurzel. Medial ist sie durch Bindegewebe mit der Aorta ascendens verbunden.

Vv. azygos und hemiazygos, Topografie

Die Längsvenen des Brustkorbes begleiten als Reste der embryonalen hinteren Kardinalvenen und Suprakardinalvenen die Aorta (Näheres zur Entwicklung s. Kap. 5.1.4.1). Sie nehmen die segmentalen Rumpfwandvenen und die Plexus venosi vertebrales externi und interni auf. In der Bauchhöhle verlaufen sie als **Vv. lumbales ascendentes** auf den Querfortsätzen der Wirbel hinter dem M. psoas major. Sie nehmen die Vv. lumbales auf und stehen mit der V. cava inferior und den Vv. iliacae communes in Verbindung.

V. azygos. Die Vene tritt mit dem N. splanchnicus major durch den medialen Lumbalspalt (zwischen Crus mediale und Crus intermedium) des Zwerchfells in den Brustraum. Sie steigt unter Aufnahme der **Vv. intercostales postt.** und der **V. hemiazygos** vor der Wirbelsäule aufwärts bis zum 4./5. Brustwirbelkörper (Abb. 5.66), wo sie über das rechte Lungenhilum verläuft und außerhalb des Herzbeutels von hinten in die V. cava superior einmündet (Abb. 5.69). Links wird sie vom Ductus thoracicus begleitet. Ventral ist sie meist mit Pleura bekleidet. Ihre Lage schwankt außerordentlich. Nicht selten senkt sie sich, in eine Pleurafalte eingeschlossen, in die Substanz der rechten Lunge ein, wodurch ein akzessorischer, im Röntgenbild erkennbarer Lobus v. azygos entsteht.

V. hemiazygos. Sie steigt nach Durchtritt durch den medialen Lumbalspalt, unter Aufnahme der **Vv. intercostales postt.,** links von den Brustwirbelkörpern empor (s. Abb. 5.23) und wendet sich in Höhe des 7.–10. Brustwirbelkörpers hinter der Aorta thoracica und dem Ductus thoracicus zur V. azygos, in die sie mündet. Nach oben setzt sie sich meist in eine **V. hemiazygos accessoria** fort, die das Blut aus den oberen Interkostalräumen sammelt und in die V. brachiocephalica sinistra mündet. Häufig besteht noch eine direkte, quer über den Aortenbogen nach ventral verlaufende Verbindung zur V. cava superior.

Klinik: Vv. lumbales ascendentes, Vv. azygos und hemiazygos stellen zusammen mit den inneren und äußeren venösen Geflechten der Wirbelsäule eine wichtige Verbindung zwischen V. cava inferior und V. cava superior her, die bei Abflussbehinderung einer der beiden Hohlvenen einen Kollateralkreislauf ermöglicht **(interkavale oder kavokavale Anastomose).**

5.1.4.3 Bries, Thymus

Der **Thymus** ist als **primäres lymphatisches Organ** eines der Steuerorgane für die Immunabwehr, insbesondere für die Entwicklung und Differenzierung der für die zellulär vermittelte Immunabwehr zuständigen T-Lymphozyten. Darüber hinaus hat er Einfluss auf das Körperwachstum und den Knochenstoffwechsel.

Entwicklung. Der Thymus entwickelt sich in der 6. EW paarig aus entodermalen Epithelzellen, die den ventralen **Anteilen des 3. Schlundtaschenpaars** (Kap. 6.8.1.2) entstammen, sowie einem **mesenchymalen Teil,** in den die Epithelzellen röhrenförmig einwachsen. Diese Röhren werden zu

soliden Strängen, die Seitenäste entwickeln. Jeder Seitenast bildet die Grundlage für einen Lobulus. Während sich einige Epithelzellen zu kleinen Gruppen zusammenlagern **(Hassall-Körperchen),** formen andere ein epitheliales Netzwerk, indem sie auseinanderweichen, aber Kontakt miteinander behalten. Das zwischen den Epithelsträngen befindliche Mesenchym wird zu bindegewebigen Septen, welche die Lobuli inkomplett trennen. Ausgehend von hämatopoetischen Stammzellen, wandern **Lymphozyten** in die Zwischenräume ein. Das die Thymusanlage umgebende Mesenchym ist ebenso wie einige epitheliale Zellen im Thymus ein Derivat der Neuralleiste. Das Epithel der ventralen Anteile des 3. Schlundtaschenpaars proliferiert unter Obliteration der beteiligten ekto-

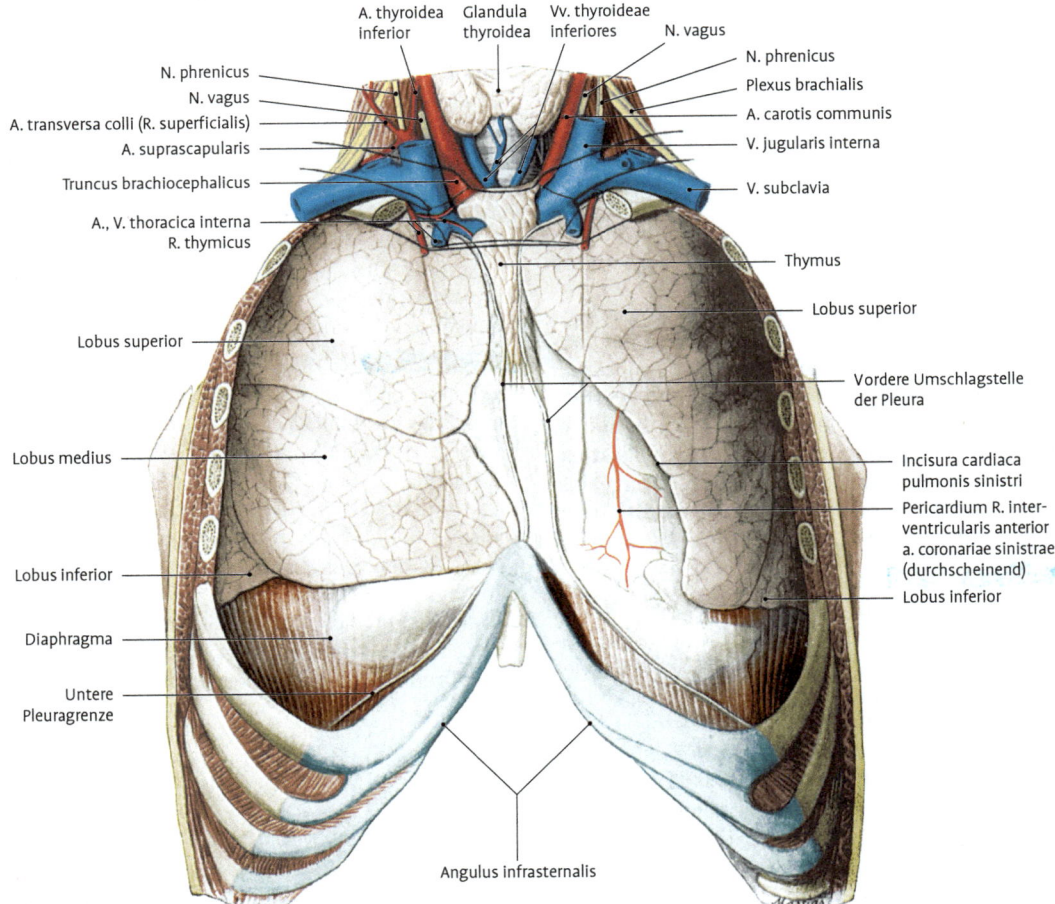

Abb. 5.70 Lage der Brustorgane. Verlauf der 1. Rippe, der Clavicula und des oberen Sternums durch schwarze Linien angedeutet.

dermalen Anteile der 3. Schlundtasche. Die Thymusanlagen beider Seiten lagern sich in der Medianebene zum zweilappigen Thymus zusammen. Dieser steigt dann ins obere Mediastinum hinab. Jeder Lappen behält seine eigene Blut-, Nerven- sowie Lymphversorgung. Die Entwicklung des Thymus schließt zwischen der 12. und 16. EW ab.

Klinik: Beim **DiGeorge-Syndrom** handelt es sich um eine embryopathische Hemmungsfehlbildung der 3. und 4. Schlundtasche. Die hieraus resultierende Thymusaplasie führt zum Fehlen der zellulären Immunität. Darüber hinaus fehlen die Nebenschilddrüsen, und es kommt zu Fehlbildungen in der Aortenbogenregion.

Lage und Gestalt. Der Thymus liegt hinter dem Sternum und vor den großen Gefäßen im oberen Mediastinum (Abb. 5.70). Die beiden meist asymmetrischen Lappen, **Lobi,** lagern sich gewöhnlich in der Mittellinie aneinander. Nach kaudal laufen sie meist in Hörner aus, die bis etwa in Höhe des 4. ICR reichen. Beim Kleinkind hat das Organ die größte Ausdehnung und überragt nach kranial meist die obere Thoraxapertur. Der Thymus reicht dabei nicht selten auf der Luftröhre bis zum Unterrand der Schilddrüse. **Ventral** ist der Thymus durch lockeres Bindegewebe mit der Rückseite des Sternums verbunden. **Seitlich** ist er von der Pleura mediastinalis bedeckt und stößt an den N. phrenicus. Dorsal liegt er auf den großen Gefäßen (V. cava superior, Vv. brachiocephalicae, Aorta, Truncus pulmonalis) und dem Herzbeutel. Kleine, durch Bindegewebe getrennte Läppchen **(Lobuli)** sind auf der Oberfläche sichtbar, hängen aber alle mit dem zentralen Markstrang jedes Lappens zusammen. Bis zur Pubertät verändert der Thymus seine Größe nicht oder nur wenig und unterliegt dann einer fettigen Umbildung **(Thymusinvolution)** zu einem Thymusrest, der in einen retrosternalen Fettkörper eingebettet ist **(Thymusrestkörper)**. Das absolute Gewicht im Kleinkindesalter liegt bei etwa 30 g und nimmt beim Erwachsenen auf etwa 18 g ab.

Klinik: Beim Kind ist bei **invasiven Eingriffen in der Halsregion** (z. B. Tracheotomie) die Lage des Thymus vor der Luftröhre und seine mögliche Ausdehnung bis zum Unterrand der Schilddrüse zu beachten.

Feinbau. An einem hellen, zentralen **Markstrang** hängen durch lockeres Bindegewebe getrennte Läppchen (Lobuli), bei denen man am Querschnitt eine innere, hellere Zone, das Mark, von einer äußeren, dunklen Zone, der **Rinde,** unterscheidet (Abb. 5.71). Die Bindegewebssepten reichen nur bis zur Grenze zwischen Rinde und Mark. Mark und Rinde bestehen grundsätzlich aus gleichen Zellen: **Epithelzellen, Lymphozyten, Mastzellen, Makrophagen, dendritische Zellen** und vereinzelt auch **Plasmazellen** sowie **muskelartige Zellen** in der kortikomedullären Übergangszone. Das Grundgerüst des Thymus besteht dabei aus einem Netzwerk verzweigter epithelialer Zellen (Thymus als lymphoepitheliales Organ), die auch als **epitheliale Retikulumzellen** bezeichnet werden. Im Gegensatz zu den mesenchymalen Retikulumzellen (z. B. in Lymphknoten oder Milz) werden die **Thymusretikulumzellen** aber durch Desmosomen verbunden. Es lassen sich verschiedene Gruppen von epithelialen Zellen unterscheiden. Die Rinde wird durch eine dichte Lage flacher Epithelzellen gebildet, auf die sich eine Basallamina auflagert und somit eine Grenze zur Kapsel bildet. Eine ähnliche Abgrenzung erfahren die Blutgefäße der Rinde. Die Umhüllung der Markgefäße ist demgegenüber nur unvollständig. Im Cortex finden sich weiterhin Epithelzellen, die zahlreiche Lymphozyten mit ihrem Zytoplasma umschließen (pro Zelle bis zu 200). Diese **„Ammenzellen"** scheinen einerseits parakrin die Differenzierung der Lymphozyten zu steuern, andererseits endokrin auf andere Organe einzuwirken. Die Verteilung der **Lymphozyten** ist nicht gleichmäßig. In der Rinde liegen sie wesentlich dichter als im Mark. Innerhalb der Rinde finden sich außen eher große lymphatische Zellen, innen eher kleine mit schmalem Zytoplasmasaum. In Mark kommen häufig epitheliale Zellkugeln mit konzentrischer Schichtung vor **(Hassall-Körperchen)**. Sie zeigen in ihrem Innern degenerative Prozesse (Verkalkung, Verfettung, Vakuolenbildung usw.).

Funktion. In der Rinde findet die Vermehrung der **Lymphozyten** statt. Es wandern nur wenige Vorläuferzellen **(Prä-T-Lymphozyten)** auf dem Blutweg in das Organ ein; der Thymus weist eine hohe antigenunabhängige mitotische Aktivität auf. Es entstehen verschiedene T-Zell-Populationen, die anhand von Membranmolekülen unterscheidbar sind (diese Gruppen werden auch als **Cluster of differentiation** [CD] bezeichnet, die sie charakterisierenden Oberflächenmoleküle z. B. mit den

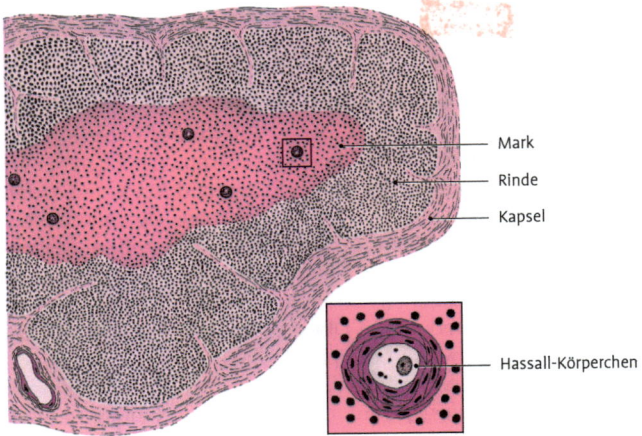

Mark
Rinde
Kapsel

Hassall-Körperchen

Abb. 5.71 Schema zur mikroskopischen Anatomie des jugendlichen Thymus. Übersichtsvergrößerung mit Kapsel, Rinde und Mark. Re. unten: Hassall-Körperchen des Marks (vergrößert dargestellt).

Kürzeln CD4 oder CD8). Wichtig für die Subpopulation sind die **T-Helferzellen** (CD4), die für die Initiierung einer Immunreaktion zuständig sind. Diese CD4-positive Gruppe wird den CD8-positiven T-Lymphozyten gegenübergestellt. Hierzu zählen zum einen die **T-Suppressorzellen,** die ein Überschießen der Immunreaktion verhindern sollen, sowie **T-Killer-Zellen** (zytotoxische Lymphozyten), die z. B. infizierte oder veränderte Zellen abtöten können. Zusammen werden die CD8-positiven Zellen auch als $T_{s/c}$-Zellen bezeichnet ($T_{suppressor/cytotoxisch}$). Auf dem Weg in das Markgewebe oder später erfolgt die Prägung der T-Lymphozyten, d. h. der Erwerb der Fähigkeit, auf bestimmte Antigene mit Oberflächenrezeptoren zu reagieren. Auf dem Blutweg gelangen die T-Lymphozyten in die verschiedenen lymphatischen Organe (z. B. Lymphknoten und Milz), wo sie sich in den thymusabhängigen Zonen aufhalten.

Männliche und weibliche **Geschlechtshormone** hemmen die Tätigkeit des Thymus und beschleunigen seine Rückbildung. Ähnliches bewirken **Hormone der Nebennierenrinde** und das **adrenokortikotrope Hormon** (ACTH) der Adenohypophyse. Im Thymus selbst werden Hormone gebildet, die auf die Prägung der T-Lymphozyten einwirken (**Thymushormone** oder Thymusfaktoren: Thymosin, Thymopoetin).

Gefäße und Nerven des Thymus

Arterien. Die arterielle Blutversorgung erfolgt über **Rr. thymici** aus der A. thoracica interna oder ihren Ästen (Rr. mediastinales und A. pericardiacophrenica). In Einzelfällen können auch Äste aus der A. thyroidea inferior oder direkt aus der Aorta vorkommen.

Venen. Die **Vv. thymicae** ziehen zu den Vv. brachiocephalicae oder den Vv. thyroideae inferiores.

Lymphgefäße. Die efferenten Lymphgefäße fließen in die vor oder hinter dem Thymus liegenden **Nll. mediastinales anteriores,** afferente Lymphgefäße kommen nicht vor.

Nerven. Vegetative Nervenfasern kommen aus dem **Truncus sympathicus** und dem **N. vagus** über die **Nn.** und **Rr. cardiaci** und den **N. phrenicus.**

Klinik: Bei der **Myasthenia gravis pseudoparalytica (Erb-Goldflam-Krankheit)** kommt es zu einer Bildung von Antikörpern, welche die Acetylcholinrezeptoren der motorischen Endplatten blockieren. Die Muskelkraft der betroffenen Patienten lässt schnell nach, u. a. auch die der Atemmuskulatur, was zu Schluck- und Atemlähmung führen kann. Häufig (70 %) findet sich bei diesen Patienten eine Vergrößerung des Thymus (Thymushyperplasie bei jüngeren Frauen = adulte weibliche Form) oder ein Thymustumor (Thymom bei älteren Männern = senile thymomassoziierte Form).

5.1.4.4 Luftröhre, Trachea

Die Luftröhre erstreckt sich mit einer Länge von etwa 12 cm zwischen dem Ringknorpel, **Cartilago cricoidea,** des Kehlkopfes und den Hauptbronchien (Abb. 5.72). Sie lässt sich in eine

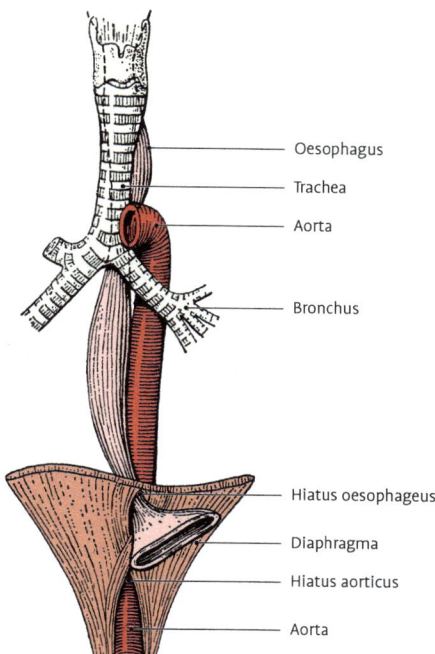

Oesophagus

Trachea

Aorta

Bronchus

Hiatus oesophageus

Diaphragma

Hiatus aorticus

Aorta

Abb. 5.72 Schema zur Topografie von Trachea, Oesophagus und Aorta.

Pars cervicalis (colli) (zwischen 6. Halswirbel und 1. Brustwirbel) und eine **Pars thoracica** (zwischen 1. und 4. Brustwirbel) unterteilen.

Topografie. Die Trachea steigt ventral von der Speiseröhre abwärts bis zum 4. Brustwirbelkörper, wo sie sich in den rechten und linken Bronchus principalis teilt (**Bifurcatio tracheae,** entspricht ventral ungefähr dem Ansatz der 3. Rippe). Kräftige Bindegewebszüge befestigen die Bifurcatio an der Brustwirbelsäule und machen sie so zu einem Fixpunkt.
Ventral wird sie vom Aortenbogen und vom Truncus brachiocephalicus überkreuzt und vom Thymus bedeckt. **Rechts** grenzt sie an das Endstück der auf dem rechten Bronchus principalis reitenden V. azygos, an den rechten Vagus, an die Pleura mediastinalis und an den Truncus brachiocephalicus. **Links** wird sie oberhalb des linken Bronchus durch den Aortenbogen eingedellt. Weiter **kranial** grenzt sie an die A. carotis communis sinistra, die A. subclavia sinistra und den N. laryngeus recurrens sinister.

Neben ihr finden wir die Nll. tracheales, kranial und kaudal von der Bifurcatio die Nll. tracheobronchiales superiores und inferiores. Der Bronchus principalis dexter und sinister sowie die Entwicklung der Trachea wurden bereits im Kapitel Lunge besprochen (Kap. 5.1.3).

Klinik: Die **Bifurkation** wird röntgenologisch als Fixpunkt für die richtige Lage eines zentralen Venenkatheters (ZVK) genutzt. Dabei sollte die Spitze des ZVK in der V. cava superior unmittelbar vor der Einmündung in den rechten Vorhof liegen, was der Bifurkation entspricht.

Feinbau

Knorpelspangen. Vorder- und Seitenwand der Trachea sind durch 16–20 hufeisenförmige Knorpelspangen versteift, die dorsal durch eine Hinterwand (**Paries membranaceus**) aus glatter Muskulatur (**M. trachealis**) zu einem Ring ergänzt werden. Im Querschnitt erscheint das Lumen jedoch nicht kreisförmig, sondern hinten abgeflacht (Abb. 5.19). Zwischen den Knorpelspangen finden sich kollagenelastische Verspannungsstrukturen (**Ligg. anularia**). Diese gewährleisten eine Längendehnbarkeit der Luftröhre um etwa 25%, die im Rahmen der Atembewegung notwendig ist. Der Durchmesser beträgt etwa 15–20 mm, wobei der Quer- etwas größer ist als der Sagittaldurchmesser. Die Pars thoracica erweitert sich in der Inspiration um etwa 2–3 mm.

Mucosa. Sie besteht aus mehrreihigem **Flimmerepithel** mit Schleim sezernierenden Becherzellen, welches von einer relativ dicken Basalmembran unterlagert wird. Die Flimmerhärchen schlagen mit etwa 10 Schlägen pro Sekunde rachenwärts, um Schleim und Staubpartikel aus dem Tracheobronchialsystem hinaus zu befördern. Die Schleimhaut erreichen zahlreiche seromuköse **Gll. tracheales** aus der **Lamina propria,** insbesondere an der Hinterwand. Die Lamina propria ist reich an elastischem Bindegewebe und grenzt an die Tela submucosa.

Tela submucosa. Diese vermittelt über Kollagenfasern zwischen Lamina propria und dem Perichondrium der hyalinen (im Alter zunehmend faserigen) Knorpelspangen.

Adventitia. Nach außen wird die Trachea durch die Adventitia begrenzt, in deren fetthaltigem Bindegewebe die Trachealnerven und -gefäße eingebettet sind.

> **Klinik: 1.** Längere **Irritationen** des Bronchialsystems (z. B. Rauchen) führen zu einer Zunahme der Becherzellen und einer Umwandlung des respiratorischen Epithels in ein mehrschichtiges Plattenepithel (**Plattenepithelmetaplasie**). **2.** Rauchen führt darüber hinaus zu einer Verklebung und Immobilisierung der Flimmerhärchen, sodass der Abtransport von Schadstoffen (**mukoziliare Clearance**) nicht mehr gewährleistet ist und diese in tiefer gelegene Bronchialareale gelangen können.

Arterien. Die arterielle Versorgung der Luftröhre erfolgt größtenteils mit Rr. tracheales aus der **A. thyroidea inferior** und der A. thoracica interna.

Venen. Die **Vv. tracheales** münden in einen Venenplexus unterhalb der Schilddrüse (**Plexus thyroideus impar**), in die **Vv. thyroideae inferiores** und in **Vv. oesophageae.**

Nerven. Die Innervation der Muskulatur und der Trachealdrüsen erfolgt zum Teil direkt aus dem Hauptstamm des N. vagus, zum Teil aus dem **N. laryngeus recurrens.** Weitere Äste (insbesondere zur Gefäßinnervation) kommen aus dem **Truncus sympathicus.** Sensible Fasern (z. B. solche aus „Irritationrezeptoren") ziehen mit dem **N. vagus.**

5.1.4.5 Speiseröhre, Oesophagus

Die Speiseröhre verbindet als 23–26 cm langer **muskulärer Schlauch** den Pharynx mit dem Magen. Sie beginnt am unteren Rande des Ringknorpels etwa in Höhe des 6. Halswirbels mit dem Oesophagusmund, verläuft vor der Wirbelsäule in flachem, nach dorsal konvexem Bogen abwärts und geht vor dem 11.–12. Brustwirbel am Magenmund, **Cardia,** in den Magen über. Da der Oesophagusmund 14–15 cm von den Schneidezähnen entfernt ist, beträgt die Entfernung von dort bis zum Magen 37–41 cm. Das Maß schwankt mit der Rumpflänge des Individuums.

> **Klinik:** Man kann die notwendige Länge einer **Magensonde** beim sitzenden Patienten, dessen Kopf nach vorn gebeugt ist, näherungsweise dadurch bestimmen, dass man mit dem Bandmaß vom Dorn des 11. Brustwirbels zum Dorn des 7. Halswirbels und von dort über die Schulter hinweg zum Munde misst.

Entwicklung

Nachdem sich in der 4. EW aus der Wand des Vorderdarms das Lungendivertikel abgespalten hat, besteht der ehemalige Vorderdarm aus 2 Anteilen, der ventral gelegenen Lungenanlage und dem dorsal liegenden Oesophagus. Dieser ist zunächst relativ kurz, verlängert sich aber schnell mit dem Tiefertreten von Herz und Lungen. Seine relative Endlänge erreicht er mit Abschluss der 7. EW. Das Epithel der Oesophagusschleimhaut entstammt dem Entoderm; es proliferiert und verschließt das Lumen nahezu vollständig, welches aber in der Folgezeit wieder rekanalisiert wird. Die quer gestreifte Musklatur im oberen Drittel der Speiseröhre hat ihren Ursprung im Mesenchym der unteren Schlundbögen, die glatte Muskulatur des unteren Drittels im umgebenden Mesenchym. Im mittleren Drittel setzt sich die Muskulatur aus Derivaten beider Ursprünge zusammen.

> **Klinik: 1.** Eine **Oesophagusatresie** tritt in mehr als 85 % der Fälle gemeinsam mit oesophagotrachealen Fisteln auf. Da die betroffenen Feten die Amnionflüssigkeit nicht schlucken können (und diese nicht im Darm resorbiert wird, um dann über die Plazenta ins mütterliche Blut zu gelangen), bildet sich ein Überschuss an Amnionflüssigkeit (Polyhydramnion). Die Kinder wirken postpartal zunächst normal, bis es nach wenigen Schluckakten plötzlich zu einem Flüssigkeitsrückstrom durch Mund und Nase kommt und sich eine Atemnot entwickelt. Eine rechtzeitige Operation führt zu Überlebensraten von über 85 %. **2.** Verengungen des Oesophagus (**Oesophagusstenosen**) sind vorzugsweise im unteren Drittel lokalisiert. Als Ursache kommen unzureichend entwickelte Gefäße und eine unvollständige Rekanalisierung in der 8. EW in Frage.

Topografie

An der Speiseröhre unterscheidet man einen Hals-, Brust- und Bauchteil (Pars cervicalis, thoracica und abdominalis).

Pars cervicalis (colli). Sie ist etwa 8 cm lang und reicht von der Höhe des Ringknorpels des Kehlkopfes (beim Erwachsenen etwa 6. Halswirbel) bis zum 1. Brustwirbel (etwa bis zum Oberrand des Sternums). Sie liegt vor der Wirbelsäule und ist mit dem tiefen Blatt der Halsfaszie (Lamina praevertebralis fasciae cervicalis) durch eine lockere Verschiebeschicht verbunden. Ventral grenzt sie an den membranösen Teil der Luftröhre. Während der Oesophagusmund etwa in der Mittellinie liegt, weicht die Speiseröhre im Hals- und oberen Brustgebiet etwas nach links ab und erscheint z. T. links von der Trachea. Im oberen Teil grenzt sie beiderseits an die Schilddrüse. Zwischen Oesophagus und Trachea finden sich die Nn. laryngei recurrentes, die zum Kehlkopf ziehen.

Pars thoracica. Sie läuft vom 2. Brustwirbel ab in einem flachen Bogen in 1–1,5 cm Abstand von der Wirbelsäule kaudal- und ventralwärts. In Höhe des 4./5. Brustwirbels wird sie vom linken Hauptbronchus überkreuzt und von links her durch den Aortenbogen eingeengt (mittlere oder Aortenenge, s. u.). Kaudal von dieser Enge weicht die Speiseröhre etwas nach rechts ab. Sie verläuft hier zunächst neben der Aorta thoracica, wendet sich kaudalwärts wieder nach ventral und links und tritt ventral von der Aorta durch den Hiatus oesophageus des Zwerchfells. Oberhalb der Bifurcatio tracheae liegt der Oesophagus teilweise hinter der Luftröhre (**Pars retrotrachealis**). Unterhalb der Bifurcatio grenzt er an den Herzbeutel (**Pars retropericardiaca**). Die Nachbarschaftsbeziehungen zur Rückwand des Herzbeutels sind so eng, dass Erweiterungen des linken Vorhofes bei Mitralstenose und Ergüsse im Herzbeutel den Oesophagus einengen und Passageschwierigkeiten hervorrufen können. Unmittelbar oberhalb des Zwerchfells ist die Speiseröhre durch lockeres Bindegewebe vom Herzbeutel und von der linken Kammer getrennt. Dieses Bindegewebe gestattet es, dass der Herzbeutel sich hier bei Herzbeutelergüssen nach dorsal zu einem Recessus ausbuchtet.

Pars abdominalis. Der unterhalb des Zwerchfells gelegene Teil ändert mit der Stellung des Zwerchfells, mit der Körperhaltung, mit der Füllung des Magens und mit dem Kontraktionszustand der Speiseröhrenmuskulatur seine Länge (0–3 cm). In Rückenlage kann der nach links und hinten absinkende Magen die Speiseröhre bis zu 3 cm herabziehen. Andererseits kann die Cardia bis in den Zwerchfellschlitz heraufgezogen sein. Das untere

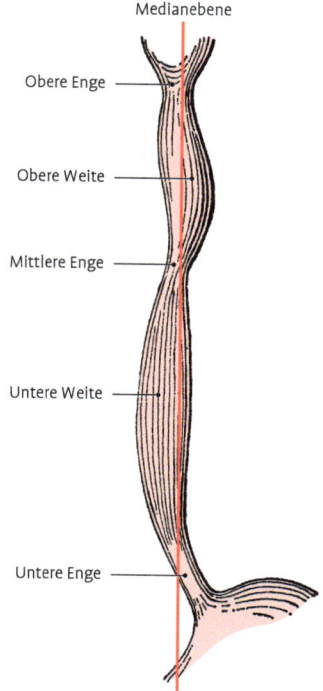

Medianebene

Obere Enge

Obere Weite

Mittlere Enge

Untere Weite

Untere Enge

Abb. 5.73 Schema zu Engen und Weiten des Oesophagus, von ventral.

Speiseröhrenende ist im Hiatus oesophageus **verschieblich** eingebaut (Hiatushernien). Die thorakale und die abdominale Zwerchfellfaszie verbinden sich am oberen und unteren Rande des Hiatus mit der Tunica adventitia des Oesophagus, die oberhalb und im Bereich des Hiatus besonders verstärkt ist. Die Ringmuskulatur ist hier verdickt; sie bildet bei Kontraktion die 3. oder Zwerchfellenge des Oesophagus. Die Lichtung der Speiseröhre hat abwechselnd weite und enge Stellen (**Engen;** Abb. 5.73).

- **1. Enge.** 15 cm von der Zahnreihe entfernt. Sie entspricht dem **Oesophagusmund.** Er ist nur für Instrumente bis zu 14 mm Dicke durchgängig und damit die engste Stelle. In Ruhe wird er durch rhythmische Kontraktionen der obersten Ringmuskelfasern lockerer oder fester geschlossen gehalten. Oberhalb von ihm wulstet ein submuköses Venengeflecht die Rückwand der Pars laryngea des Schlundes als Oesophaguslippe gegen die Ringknorpelplatte vor. Die anschließende **1. Weite** stellt in Ruhe einen quer gestellten Spalt dar. Vorder- und Rückwand liegen, unter dem Einfluss des äußeren Luftdrucks und des Druckes der Nachbarorgane aneinander.

- **2. Enge.** 25 cm von der Zahnreihe entfernt. Wir erreichen sie dort, wo sich der Aortenbogen von links und der linke Bronchus von vorn her an den Oesophagus legen. Sie wird auch **Aortenenge** genannt. Die **2. Weite** steht unter dem Einfluss des Lungensogs und wird durch ihn dauernd offengehalten, zeigt aber respiratorische Schwankungen.
- **3. Enge.** 40 cm von der Zahnreihe und 3 cm von der Cardia entfernt. Sie kommt durch die Kontraktion der hier besonders kräftigen Ringmuskulatur zustande. Sie wird meist **Zwerchfellenge** genannt, obwohl ihre Lage zum Zwerchfell wechselt. Unterhalb von ihr ist die Speiseröhre leichter erweiterungsfähig. Die Kardia ist in Ruhe geschlossen.

> **Klinik: Retropharyngeale** und **retrooesophageale Eiterungen** im Halsbereich können durch die kontinuierliche Verschiebeschicht zum hinteren Mediastinum absinken und eine lebensbedrohliche Entzündung des Mediastinums (Mediastinitis) hervorrufen.

Feinbau

Die Wand des Oesophagus weist die für den gesamten Rumpfdarm gültige Schichtung in Tunicae mucosa, submucosa, muscularis und adventitia (bzw. Serosa) auf.

- **Tunica mucosa.** Sie besteht aus mehrschichtigem, unverhorntem **Plattenepithel,** dem eine aus lockerem Bindegewebe bestehende **Lamina propria** untergelagert ist. In dieser finden sich vereinzelt Lymphfollikel und Venenpolster. Ebenfalls zur Tunica mucosa zählt die kräftige **Lamina muscularis mucosae.** Ihre glatten Muskelzellen greifen mit zahlreichen elastischen Sehnen am elastischen Gerüst der angrenzenden Bindegewebsschichten sowie an den Gefäßen an und sichern die Führung aller Bestandteile bei der Weiter- und Engerstellung des Lumens. Das Oesophagusepithel ist an der Cardia durch eine scharfe, gezackte Linie gegen das Magenepithel abgesetzt. Vereinzelt beobachtet man versprengte Inseln von rötlicher Magenschleimhaut.
- **Tela submucosa.** Sie gestattet eine Verschiebung der Tunica muscularis mucosa gegen die

Schleimhaut. Die Tela submucosa enthält reichlich Lymph- und Blutgefäße. Eine variable Zahl in der Submucosa gelegener Schleimdrüsen erleichtert mit ihrem Sekret das Gleiten der Speisen. Wir finden einen vegetativen Plexus (**Plexus submucosus,** Meissner), in den neben sensiblen Fasern parasympathische Neurone für die Motorik der Lamina muscularis mucosae und für die submukösen Drüsen einstrahlen.

- **Tunica muscularis.** Sie imponiert auf Querschnitten oft als innere Ring- und äußere Längsschicht. Tatsächlich dürfen diese Schichten aber nicht getrennt voneinander betrachtet werden. Die Muskelschicht lässt vielmehr 2 prinzipielle Konstruktionen erkennen:
  - Muskelbündel verlaufen in stets gleichem Abstand vom Lumen von kranial nach kaudal in **steilen Touren** im Uhrzeigersinn (Wendel).
  - Muskelbündel umkreisen das Lumen in **schraubenförmigen Touren.** Diese verlaufen in der Außenschicht steiler, in der Innenschicht stärker geneigt, am oberen und unteren Ende nahezu ringförmig (Verschlusssegmente). Im Schraubensystem überkreuzen sich ab- und aufsteigende Muskelbündel, die im oder gegen den Uhrzeigersinn verlaufen. Die Muskelschicht wird von kranial nach kaudal dicker. Die Dicke der Längs- und Ringmuskulatur verhält sich zervikal wie 1:2, thorakal wie 2:2, abdominal wie 3:2. Die starke Längsschicht ermöglicht durch ihren Tonus eine stärkere Längsspannung. Diese unterstützt besonders das untere Verschlusssegment. Kranial sind die Längsmuskelzüge an der Ringknorpelplatte angeheftet, kaudal gehen sie in die Magenmuskulatur über. Längs- und Ringmuskelschicht bestehen im kranialen Drittel aus quer gestreifter Muskulatur. Bis zur Bifurcatio tracheae, in der Ringschicht etwas früher, werden sie allmählich durch glatte Muskelzellen ersetzt. Im kaudalen Drittel finden wir nur glatte Muskulatur. Aus der Tunica muscularis abzweigende Muskelfasern können zusammen mit elastischen Fasern an der Luftröhre, dem linken Bronchus, der Pleura mediastinalis, der Aorta und am Zwerchfell ansetzen. Sie gestatten der Speiseröhre, ihre Einstellung zu den Nachbarorganen zu ändern.

Ein Nervenplexus findet sich zwischen den Muskelschichten (**Plexus myentericus,** Auerbach) für die Motorik der Muskulatur.

- **Tunica adventitia.** Sie bildet die äußere Umhüllung der Speiseröhre und besteht aus lockerem Bindegewebe, in das Nerven, Gefäße und glatte Muskelfasern eingebettet sind. Dort, wo die Speiseröhre in Kontakt mit den serösen Häuten tritt, entspricht das adventitielle dem subserösen Bindegewebe.

> **Klinik: 1.** Da die Lamina propria der Tunica mucosa Lymphgefäße enthält, ist die **Metastasierung** eines Oesophaguskarzinoms möglich, sobald es diese Schicht erreicht hat. **2.** Bei der **Achalasie** kommt es zu einer Degeneration des Plexus myentericus im unteren Oesophagus. Der untere Oesophagusabschnitt erschlafft nicht mehr zeitgerecht, Speisen können nicht mehr oder nur mit Mühe geschluckt werden.

Funktion

Funktionell unterscheidet man einen **oberen Oesophagussphinkter,** ein **Oesophaguskorpus** und einen **unteren Oesophagussphinkter.** Morphologisch lässt sich jedoch insbesondere ein unterer Oesophagussphinkter im Sinne eines zirkulären Verschlussapparates nicht abgrenzen.

Nach dem eigentlichen **Schluckakt** (s. Kap. 6.14.2.3) wird im Pharynx eine primäre peristaltische Welle initiiert, die feste Nahrungsbestandteile in weniger als 10 s zum Magen transportiert, flüssige in etwa 1 s. Unter der peristaltischen Welle kontrahieren Oesophagusareale von 2–4 cm Länge. Sekundäre peristaltische Wellen entstehen durch Druck von Speiseanteilen auf die Oesophaguswandung. Der untere Oesophagussphinkter öffnet sich für ca. 5–8 s.

Der **Verschluss** des Oesophagus beim Übergang in den Magen muss einerseits fest genug sein, um den Übertritt von Mageninhalt (besonders der Magensäure) in die Speiseröhre zu verhindern, andererseits der Speise zeitgerecht und in hinreichender Größe den Übergang in den Magen erlauben. Dieses geschieht ohne Ausbildung eines eigentlichen Sphinktermuskels (wie er sich beispielsweise am Magenausgang findet). Verschiedene Faktoren sichern den suffizienten Oesophagusverschluss:

- Im terminalen Oesophagus herrscht ein **höherer Druck** als im Magen (gewährleistet durch den höheren muskulären Druck im unteren Oesophagusabschnitt).

- Der letzte Teil des Oesophagus liegt intraabdominal, d. h., Erhöhungen des intraabdominalen Druckes wirken auch auf die Oesophaguswandung und somit lumenverschließend.
- Die Speiseröhre steht unter einer starken **Längsspannung** (bei Durchtrennung verkürzt sie sich um mehr als 10 cm). In diesem angespannten Zustand ist sie verschlossen. Zusammen mit dem in der Lamina propria befindlichen Venenplexus bildet die Längsverspannung einen angiomuskulären Dehnverschluss.
- **Verkürzt** sich die Speiseröhre im Schluckakt, so kann sie sich öffnen. Die Längsspannung kann nur bei fester Verankerung aufrechterhalten werden. Diese Verankerung erfolgt im Hiatus oesophageus des Zwerchfells durch eine elastische Bindegewebsplatte (Laimer-Membran).
- Ein weiterer Faktor für den suffizienten Verschluss des unteren Oesophagus ist die etwas **gewinkelte Einmündung** des Oesophagus in den Magen (**His-Winkel**).

Gefäße und Nerven

Arterien. Die arterielle Versorgung ist sehr variabel. Im **oberen Abschnitt** erfolgt sie aus der **A. subclavia,** entweder durch einen direkten Ast oder durch Äste aus dem Truncus thyrocervicalis (v. a. A. thyroidea inferior). Der **mittlere Abschnitt** erhält beiderseits 4–5 **Rami oesophagei,** die links aus der Aorta, rechts meist aus den Interkostalarterien stammen. Der **untere Abschnitt** (bis zu 10 cm) wird von Ästen der **A. gastrica sinistra** und **A. phrenica inferior** versorgt.

Venen. Die Venen fließen im **oberen Drittel** zu den **Vv. thyroideae inferiores,** im **mittleren Abschnitt** zu den **Vv. azygos** und **hemiazygos,** im **unteren Abschnitt** durch den Hiatus oesophageus über die **V. gastrica sinistra** zur V. portae.

> **Klinik:** Die Verbindung zwischen den submukösen Venen des Oesophagus und der V. gastrica sinistra stellt eine wichtige **portokavale Anastomose** dar. Bei Umkehrung des Blutflusses im Pfortadersystem (z. B. bei Leberzirrhose) kommt es zu einer Aufweitung der Oesophagusvenen (**Oesophagusvarizen**). Diese stellen eine erhebliche Blutungsgefahr dar, an der viele Patienten mit Pfortaderhochdruck versterben.

Lymphgefäße. Die Lymphgefäße aus einem **mukösen** und einem **submukösen** Geflecht ziehen durch die Muskelschicht direkt zu den benachbarten oder auch mittels Längsanastomosen zu entfernteren Lymphknoten. Als regionäre Lymphknoten sind zu nennen: **Nll. cervicales profundi, Nll. tracheales, Nll. tracheobronchiales, Nll. mediastinales posteriores** und **Nll. gastrici sinistri.**

Nerven. Die Nervenversorgung erfolgt **sympathisch** und **parasympathisch** (N. vagus). Der N. vagus fördert, der Sympathicus hemmt die peristaltischen Bewegungen.

- **Oberer Abschnitt.** Hier treten die aus dem **Ggl. cervicothoracicum** (stellatum) kommenden sympathischen Fasern an die Abgangsstellen des N. laryngeus recurrens heran und gelangen mit dessen Rr. oesophagei zur Speiseröhre.
- **Unterhalb der Bifurcatio tracheae** lagern sich die beiden Vagusstämme an die Speiseröhre und bilden den grobmaschigen Plexus oesophageus, zu dem sich beiderseits auch sympathische Fasern aus dem **Truncus sympathicus** und dem **Plexus aorticus thoracicus** gesellen. Sympathische und parasympathische Fasern treten an den intramuralen, zwischen Längs- und Ringmuskelschicht gelegenen Plexus myentericus heran. Vagusfasern enden auch an den motorischen Endplatten der quer gestreiften Muskelfasern. Schmerz- und Temperaturempfindungen sind gering. Berührungsreize, die den Schluckreflex fördern, verlaufen ebenfalls über den N. vagus. Die sensiblen Fasern ziehen zum 5. thorakalen Rückenmarkssegment (**Head-Zone**, Überempfindlichkeit der Haut bei Verätzungen der Speiseröhrenschleimhaut und Oesophaguskarzinomen).

Klinik: 1. Zu starke Reize (heiße und ätzende Flüssigkeiten) führen zu einem Verschluss des unteren Oesophagusabschnitts, wodurch es oberhalb wie auch an der 1. und 2. Enge zu starken Verbrennungen und Verätzungen kommen kann. Man nimmt an, dass der häufige Genuss sehr heißer Getränke eine Ursache für die Entwicklung eines Oesophaguskarzinoms ist (wie auch: Alkoholabusus, Rauchen, Achalasie und Refluxoesophagitis). **2. Oesophaguskarzinome** (zumeist Plattenepithelkarzinome) stellen 5 % aller Tumoren des Verdauungstraktes dar und befallen vor allem ältere Männer. Sie finden sich bevorzugt an den 3 physiologischen Engen der Speiseröhre. Die Karzinome wachsen (fehlende Serosa!) schnell in die Umgebung und breiten sich in der lockeren Submucosa aus. **3.** Verschiedene Nahrungs- und Genussmittel (z.B. Schokolade, Fett, Alkohol und Nikotin) setzen den Verschlussdruck im unteren Oesophagus herab, was zu einem Rückfluss sauren Mageninhaltes in die Speiseröhre führt. Bei häufigem **gastrooesophagealem Reflux** kann sich eine Entzündung der unteren Oesophagusschleimhaut entwickeln (**Refluxoesophagitis**), die zu Geschwüren und Verengungen führen kann. Als gravierende Komplikation der Refluxoesophatitis kann der distale Oesophagus statt durch Plattenepithel durch eine spezialisierte intestinale Zylinderepithel-Metaplasie ausgekleidet sein (Barrett-Oesophagus). Über Epitheldysplasien kommt es hierbei zunehmend zur Entwicklung eines früher eher seltenen Adenokarzinoms des distalen Oesophagus.

5.1.4.6 Brustmilchgang, Ductus thoracicus

Der Ductus thoracicus führt die Lymphe aus der **gesamten unteren Körperhälfte,** den **Brustorganen** und dem **linken Arm.** Der deutsche Name „Brustmilchgang" rührt von der weißen Farbe seines Inhaltes bei der Fettverdauung her, weil die in den Mukosazellen des Dünndarms resynthetisierten Lipide und produzierten Chylomikronen über das Lymphsystem transportiert werden. Manchmal tritt der Ductus thoracicus ganz oder teilweise gedoppelt auf.

Entwicklung

Die Entwicklung des lymphatischen Systems beginnt am Ende der 6. EW. Es entstehen zunächst 6 Lymphgefäßstämme: 2 jugulare, 2 iliacale, 1 retroperitonealer in der Mesenterialwurzel und die Cisterna chyli dorsal des retroperitonealen Stammes. Zwei große Lymphgefäße (rechter und linker Ductus thoracicus) verbinden die jugularen Stämme mit der Cisterna chyli. Der kaudale Anteil des rechten und der kraniale Anteil des linken Ganges sowie deren Anastomose an der Cisterna chyli entwickeln sich zum definitiven Ductus thoracicus. Aus dem kranialen Anteil des rechten Verbindungsganges entsteht der **Ductus lymphaticus dexter.**

Topografie

Ductus thoracicus. Die beiden **Trunci lumbales** und der unpaare **Truncus intestinalis** vereinigen sich höher oder tiefer vor dem 11. Brustwirbel bis zum 2. Lendenwirbel im Hiatus aorticus. Die Vereinigungsstelle ist zumeist etwas aufgetrieben, manchmal (ca. 20 %) zu einer Größe von 5 cm Länge und 6 mm Weite zisternenartig erweitert, **Cisterna chyli** (Abb. 5.74). Sie liegt hinter und rechts der Aorta, manchmal auch hinter der V. cava inferior. Der aus ihr hervorgehende kontraktionsfähige **Ductus thoracicus** gelangt hinter der Aorta in den Brustraum und verläuft hier zunächst vor den Wirbelkörpern, dann etwas rechts der Mittellinie zwischen Aorta thoracica und V. azygos bis zum 4. Brustwirbel (Abb. 5.66). Bis hierher ist er ventral meist von der rechten Pleura mediastinalis bekleidet und von der Speiseröhre durch den Recessus retrooesophageus getrennt. Weiter oben unterkreuzt er den Aortenbogen und gelangt an der linken Seite der Speiseröhre zum Hals, wo er auf dem M. longus colli zwischen A. carotis communis sinistra und A. subclavia sinistra ventral über die A. vertebralis sinistra, den linken Grenzstrang und den N. phrenicus sinister zieht und in einem nahezu sagittal stehenden Bogen in den **linken Venenwinkel** (Vereinigung der V. jugularis interna und V. subclavia) mündet (Abb. 5.48).

Ductus lymphaticus dexter. Er führt die Lymphe aus dem **rechten oberen Körperquadranten** in den rechten Venenwinkel. Er entsteht aus der Vereinigung des **Truncus subclavius dexter** mit dem **Truncus jugularis dexter,** dem **Truncus bronchomediastinalis dexter** und dem **Truncus mediastinalis anterior.**

5.1.4.7 Lymphsystem des Brustraumes

Die bereits bei den Organen beschriebenen Lymphgefäße und regionären Lymphknoten seien hier nochmals im Zusammenhang mit den größeren Lymphstämmen dargestellt.

> Außer dem **Ductus thoracicus** und dem **Ductus lymphaticus dexter** gibt es im Brustraum rechts und links noch weitere größere Lymphstämme (Abb. 5.75):

Truncus parasternalis. Er sammelt die Lymphe aus den **Nll. parasternales** und leitet sie beiderseits direkt oder nach Vereinigung mit dem **Truncus mediastinalis anterior** in den Venenwinkel. Außerdem sollen noch, besonders links, Verbindungen zu den retroklavikulären und supraklavikulären Lymphknoten bestehen. Frühe Metastasen in ihnen bei Karzinomen im oberen Bauchraum würden so ihre Erklärung finden (Virchow-Drüse hinter dem linken Sternoklavikulargelenk bei Magenkrebs).

Nll. parasternales. Das **Quellgebiet** ist die Haut über und neben dem Sternum und oberhalb des Nabels, der mediale Teil der Mamma, Interkostalräume, Pleura parietalis, Zwerchfell, Peritoneum parietale oberhalb des Nabels und die Leber.

Truncus mediastinalis anterior. Er verläuft an der Rückfläche des Brustbeins, nimmt die Lymphe aus den **Nll. mediastinales anteriores** und den **Nll. phrenici** auf und führt sie selbstständig oder mit dem vorigen vereint zum Venenwinkel. Die **Nll. mediastinales anteriores** liegen hinter dem Sternum, vor und hinter dem Thymus, vor den großen Gefäßen und vor dem Herzbeutel. Die untersten, unmittelbar auf dem Zwerchfell liegenden werden auch als **Nll. phrenici** bezeichnet. Ihre **Quellgebiete** sind die Leber, der Herzbeutel, das Herz und der Thymus. Außerdem sind noch Verbindungen zu den **Nll. parasternales** beschrieben.

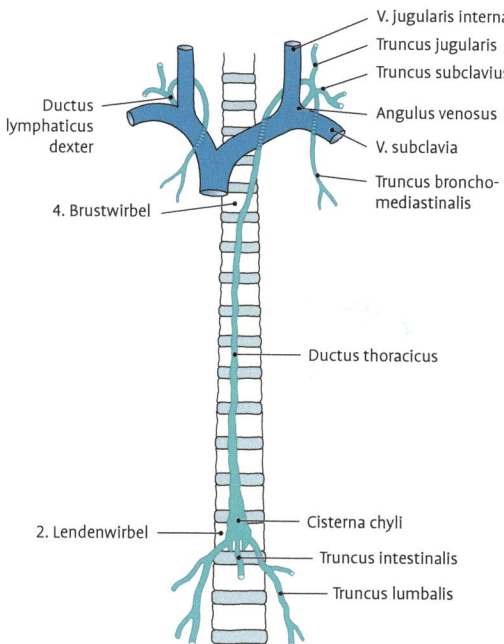

V. jugularis interna
Truncus jugularis
Truncus subclavius
Angulus venosus
V. subclavia
Truncus bronchomediastinalis
Ductus lymphaticus dexter
4. Brustwirbel
Ductus thoracicus
2. Lendenwirbel
Cisterna chyli
Truncus intestinalis
Truncus lumbalis

Abb. 5.74 Schema der Hauptstämme des Lymphgefäßsystems.

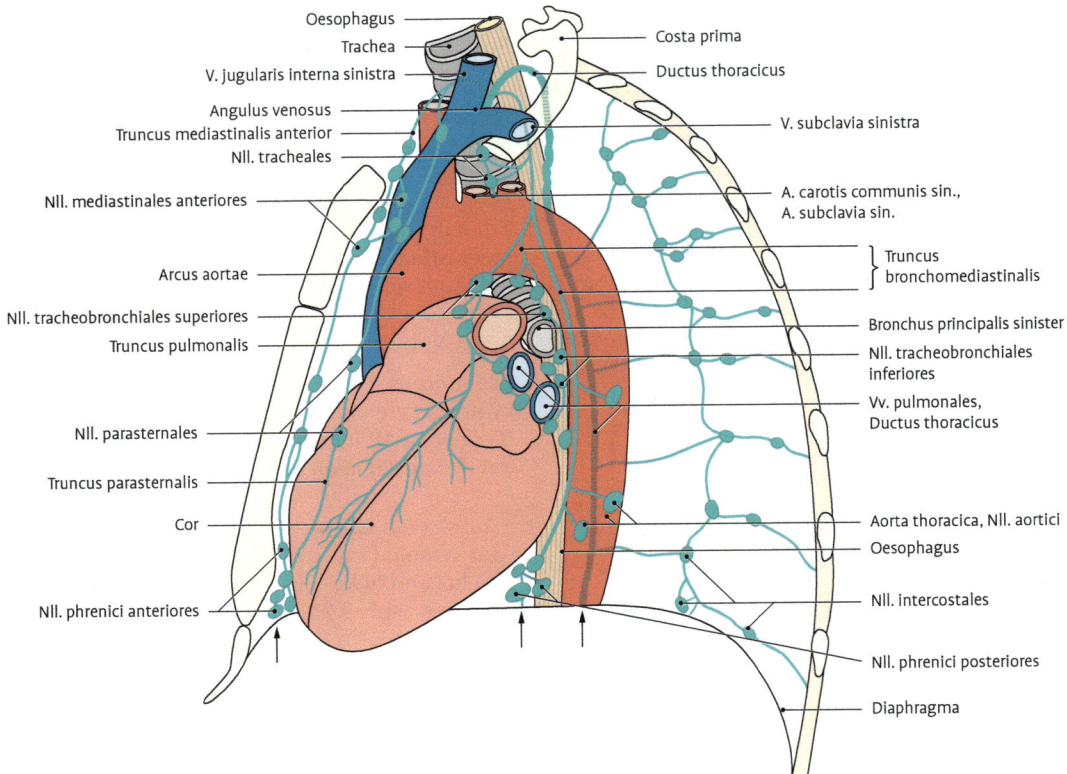

Abb. 5.75 Hauptlymphstämme und Lymphknotengruppen des Brustraums. Pfeile: Lymphabfluss aus dem Bauchraum. Gestrichelt: verdeckte Lymphstämme. Blick von links.

Truncus bronchomediastinalis. Dieser verbindet eine Lymphknotenkette, die neben dem Oesophagus und der Aorta liegt (**Nll. mediastinales posteriores**), nimmt außerdem noch die Lymphe aus den Nll. tracheobronchiales und tracheales auf und mündet links in den Ductus thoracicus. Rechts vereinigt er sich mit dem Truncus mediastinalis anterior sowie mit dem Truncus jugularis und Truncus subclavius zu dem sehr kurzen Ductus lymphaticus dexter.

Nll. mediastinales posteriores. Ihr **Quellgebiet** ist die Leber, das Zwerchfell, die Speiseröhre, die Lungen und der dorsale Teil der Zwischenrippenräume.

Nll. tracheobronchiales inferiores. Sie liegen an der Bifurcatio tracheae, die **Nll. tracheobronchiales superiores** im Winkel zwischen Luftröhre und Stammbronchien. Ihr **Quellgebiet** sind die Lungen, die Bronchien, die Pleura pulmonalis und die linke Herzhälfte.

Nll. tracheales (neben der Luftröhre). Sie versorgen den Kehlkopf unterhalb der Rima glottidis, die Luftröhre, die Lungen und das mittlere Drittel der Speiseröhre.

5.1.4.8 Nervus vagus

Der **N. vagus** (N. X) versorgt ein **sehr umfangreiches Innervationsgebiet**. Er repräsentiert im gesamten Brustraum und Teilen des Bauchraumes (bis etwa zur Flexura coli sinistra, Cannon-Böhm-Punkt) den parasympathischen Anteil des vegetativen Nervensystems und führt afferente Fasern aus allen Organen in seinem Ausbreitungsgebiet (s. Kap. 6.13.4.1).

Entwicklung

Ebenso wie die Hirnnerven V, VII und IX ist der N. vagus ein **Schlundbogennerv** und versorgt entsprechend alle Strukturen, die sich aus seinem Ursprungsgebiet entwickeln. Der N. vagus entsteht durch Vereinigung der Nerven aus dem 4. und 6. Schlundbogen, sodass seine Viszeroafferenzen und -efferenzen das Herz, den Vorderdarm und große Teile des Mitteldarms (und ihrer Derivate) innervieren.

Topografie

Die Nn. vagi haben im Brustraum einen unterschiedlichen Verlauf. Der **rechte** N. vagus tritt zwischen **A. subclavia** und **V. brachiocephalica dextra,** der **linke** zwischen dem **Arcus aortae** und der **V. brachiocephalica sinistra** in das Mediastinum. Beide ziehen hinter den Lungenwurzeln nach kaudal zum Oesophagus, wo die Fasern als Truncus vagalis anterior und posterior umgeordnet werden (Abb. 5.58, 5.66).

- Vom **rechten Vagusstamm** oder vom N. laryngeus recurrens dexter entspringen in der unteren Halsregion **Rr. cardiaci cervicales inferiores**. Nach seinem Eintritt in das Mediastinum gibt der rechte N. vagus nach dorsal den **N. laryngeus recurrens** ab, der um die A. subclavia nach hinten zieht und in der Rinne zwischen Trachea und Oesophagus zum Kehlkopf gelangt. Unterhalb des Abgangs des N. laryngeus recurrens gibt der N. vagus **Rr. cardiaci thoracici** ab, die zum **Plexus cardiacus** ziehen. Der Hauptstamm des Nerven wendet sich dann, dicht der Pleura anliegend, nach dorsal, kreuzt die Seitenfläche der Luftröhre und unterkreuzt die V. azygos. Hier gibt er die **Rr. bronchiales** zum **Plexus pulmonalis** ab. Weiter unten bildet er, von Pleura bedeckt, unter Abgabe von zahlreichen **Rr. oesophagei** den grobmaschigen Plexus oesophageus. In ihm findet ein Faseraustausch zwischen rechtem und linkem Vagus statt, sodass die aus dem Geflecht hervorgehenden Trunci vagales Fasern aus dem rechten und linken N. vagus enthalten (Verteilung s. u.).
- Der **linke N. vagus** erreicht an der lateralen Seite der A. carotis communis sinistra, mit ihr medianwärts ziehend, den Aortenbogen. Auf dieser Strecke gibt er die **Rr. cardiaci cervicales inferiores** ab und unterkreuzt die V. brachiocephalica sinistra und den N. phrenicus. An der linken Fläche des Aortenbogens wendet er sich, von Pleura bedeckt, nach hinten. Unterhalb des Arcus aortae gibt er, lateral des Lig. arteriosum, den linken **N. laryngeus recurrens** ab. Zwi-

schen A. pulmonalis sinistra und Aorta gelangt er an die Rückfläche des linken Lungenhilum, wo er die **Rr. bronchiales** zum Plexus pulmonalis schickt. In Höhe des 7. Brustwirbels erreicht er die linke Fläche der Speiseröhre.
- Der auf der Vorderfläche der Speiseröhre liegende **Truncus vagalis anterior** führt zu 90% Fasern aus dem linken N. vagus, der **Truncus vagalis posterior** zu 90% aus dem rechten (Erklärung durch die Magendrehung). Sie gelangen durch den Hiatus oesophageus in den Bauchraum, um mit **Rr. gastrici anteriores** und **posteriores** zur Vorder- bzw. Rückfläche des Magens und mit Rr. hepatici zur Leber zu ziehen. Die Masse der Fasern des Truncus vagalis posterior zieht zum **Plexus coeliacus**.

5.1.4.9 Grenzstrang, Truncus sympathicus

Der Grenzstrang und die aus ihm hervorgehenden Nerven, Geflechte und peripheren Ganglien bilden den **sympathischen** Teil des vegetativen Nervensystems. Er liegt beiderseits der Wirbelsäule und erstreckt sich mit 22 bis 23 Ganglien von der Schädelbasis bis zum Steißbein. Die Neurone des Sympathicus liegen in den Seitenhörnern (Nucleus intermediolateralis) der Rückenmarksegmente C8–L3 (thorakolumbales System des vegetativen Nervensystems). Der Sympathicus führt auch afferente viszerosensible Fasern für die Schmerzempfindung der Eingeweide. Seine Erfolgsorgane sind u. a. solche mit glatter Muskulatur (z. B. Gefäße, Lunge), der Herzmuskel, das Nebennierenmark und exokrine Drüsen (s. Kap. 2.4.6.5).

Entwicklung

In der 5. EW wandern Neuralleistenzellen im Thorax beiderseits des Rückenmarks aus und bilden dorsolateral der Aorta 22–23 Ganglien. Diese sympathischen Ganglien werden auf jeder Seite durch längs verlaufende Fasern verbunden, sodass sich bilateral der Wirbelkörper die Grenzstränge bilden.

Topografie

Der Truncus sympathicus tritt vom Hals, wo er medial vom **Gefäß-Nervenbündel** in der **Lamina praevertebralis fasciae cervicalis** (Fascia cervicalis profunda) leicht aufzufinden ist, vor dem Köpfchen der 1. Rippe in den Brustraum (Abb. 5.23, 5.66, 5.69). Der Brustgrenzstrang liegt von allen Gebilden des Mediastinum am weitesten lateral. Eingebettet in die **Fascia endothoracica,** wird er von der Pleura costalis bedeckt. Oben liegt er vor den Rippenköpfen, zwerchfellwärts schiebt er sich weiter nach medial und liegt an der Seite der Wirbelkörper. In seinem Verlauf überkreuzt er die Interkostalgefäße und -nerven. Der Grenzstrang durchdringt das Zwerchfell zwischen Crus intermedium und Crus laterale.

10–12 Brustganglien **(Ganglia thoracica)** liegen meist in Höhe des zugehörigen Spinalnerven. Ihre Zahl schwankt, weil benachbarte Ganglien nicht selten miteinander verschmelzen. Jedes Ganglion ist durch 1–3 Rr. communicantes mit dem zugehörigen Spinalnerven verbunden. Sie führen:

1. weiße, markhaltige, präganglionäre Fasern von Zellen der Seitensäule des Rückenmarkes zum Grenzstrangganglion **(Rr. communicantes albi)**
2. graue, marklose oder markarme, postganglionäre Fasern vom Ganglion über die Spinalnerven zur Peripherie **(Rr. communicantes grisei)**
3. **afferente, schmerzleitende,** von den Eingeweiden kommende Fasern zu ihren im Spinalganglion liegenden bipolaren Ganglienzellen, die an Zellen der Hintersäule enden.

Beim Menschen sind diese verschiedenen Faserarten in den Rr. communicantes so gemischt, dass eine Unterscheidung von Ramus albus und griseus meist nicht möglich ist. Nach medial gehen vom Brustgrenzstrang zahlreiche feine und größere Äste zu den Eingeweiden und den Gefäßen des Mediastinum ab. Vom 2.–4. (5.) Brustganglion (Ganglion thoracicum) ziehen feine Äste als **Nn. cardiaci thoracici** zum Herzgeflecht. Sie enthalten akzelerierende und Schmerzfasern. Andere Zweige gelangen zum **Plexus oesophageus** und als **Rr. pulmonales** zum **Plexus pulmonalis**. Zwei größere Stämme ziehen als großer und kleiner Eingeweidenerv (**N. splanchnicus major** und **minor**) durch den medialen Lumbalspalt des Zwerchfells zu den prävertebralen Ganglien des Bauchraumes. Der N. splanchnicus major kommt aus den Brustganglien 6–9, der N. splanchnicus minor aus dem 10. und 11. Brustganglion. Manchmal findet man im Verlauf des N. splanchnicus major ein größeres Ggl. splanchnicum. Es handelt sich um Ganglienzellen, die in der Entwicklung die prävertebralen Ganglien nicht erreicht haben. Ähnliche Zellansammlungen werden im Verlauf der verschiedensten vegetativen Nerven beobachtet.

Die Nn. splanchnici führen:

1. in der Hauptsache **efferente, präganglionäre** Fasern, welche die Brustganglien ohne Unterbrechung durchlaufen, um nach Umschaltung in den prävertebralen Ganglien die Baucheingeweide zu versorgen.
2. in geringerer Zahl **afferente, schmerzleitende** Fasern von den Eingeweiden.

Das 1. Brustganglion liegt auf dem Köpfchen der 1. Rippe, wo es meist mit dem unteren Halsganglion zum **Ganglion cervicothoracicum (stellatum)** verschmolzen ist. Dorsal von der A. subclavia zieht ein stärkerer Ast zum Halsgrenzstrang, ventral von ihr ein schwächerer zum **Ganglion cervicale medium** (Ansa subclavia). Kaudal von der Arterie kommt aus dem Ganglion der **N. cardiacus cervicalis inferior**. Da kranial von C8 keine Verbindungen zwischen Rückenmark und Halsgrenzstrang bestehen, erhalten vom Ganglion cervicothoracicum aus Kopf, Hals, obere Gliedmaßen und Herz, z. T. auch Aorta und Lungen, ihre gesamte sympathische Versorgung.

> **Klinik: Stellatumblockade**. Bei verschiedenen Krankheitsbildern, die mit einer Überfunktion des Sympathicus in Zusammenhang gebracht werden, besteht eine Möglichkeit darin, den Sympathicus auszuschalten. Dieses geschieht beispielsweise durch Injektion von Lokalanästhetika in das Ganglion cervicothoracicum.

5.1.4.10 Nervus phrenicus

> Der **Zwerchfellnerv** entstammt den ventralen Ästen der Spinalnerven C3–C5, vorwiegend C4, und versorgt motorisch das Zwerchfell. Darüber hinaus führt er Afferenzen von den parietalen Blättern des Herzbeutels und der Pleura diaphragmatica und mediastinalis sowie vom Peritonealüberzug der Leber und des Mageneingangs (s. Kap. 6.13.4.2).

Entwicklung

Die Myoblasten der 3.–5. Halssomiten wandern in der 5. EW in das sich entwickelnde Zwerchfell ein, wobei sie die Nervenversorgung aus den ventralen Ästen der zervikalen Spinalnerven 3–5 mitbringen. Diese ziehen durch die Pleuroperikardialmembranen in das Zwerchfell und formieren sich beiderseits zum N. phrenicus, der mit dem Zwerchfell absteigt.

Topografie

Aufgrund ihres Ursprungs aus den Halssegmenten 3–5 sind die Nn. phrenici beim Erwachsenen etwa 30 cm lang. Nachdem der Zwerchfellnerv am Hinterrand des **M. scalenus anterior** abgestiegen ist, zieht er auf die Vorderseite des Muskels und tritt zwischen **A.** und **V. subclavia** medial des Abgangs der A. thoracica interna in den Brustraum über (Abb. 5.23, 5.58). Hier verläuft er ventral über die Pleurakuppel und gemeinsam mit den **Vasa pericardiacophrenica** abwärts zum Zwerchfell. Beide Nerven ziehen vor den Lungenwurzeln her und liegen zwischen Pleura mediastinalis und Perikard (Abb. 4.57). Auf der rechten Seite lagert sich der Zwerchfellnerv dabei der **V. cava superior** und dem rechten Vorhof an, auf der linken Seite der linken Herzkammer. Der entwicklungsgeschichtliche Weg der Nn. phrenici durch die Pleuroperikardialmembranen erklärt deren spätere Lage zum fibrösen Perikard, an das sie Rr. pericardiaci abgeben.

Klinik. 1. Beim **Schluckauf** liegt oft eine Reizung des N. phrenicus vor. 2. Eine **Lähmung** des N. phrenicus führt zum Hochstand des Zwerchfells auf der betreffenden Seite mit Einschränkung der Atemfunktion.

5.2 Bauchhöhle, Cavitas abdominis (abdominalis)

Die Bauchhöhle wird von der dorsalen und ventrolateralen Bauchwand umschlossen und reicht vom Zwerchfell bis in das kleine Becken, Cavitas pelvis. Einen knöchernen Schutz für die Baucheingeweide gibt es nur dorsal durch die Wirbelsäule und weiter kaudal durch die beiden Darmbeinschaufeln. Durch die kuppelförmige Vorwölbung des Zwerchfells in den Brustraum liegen Teile der Oberbauchorgane geschützt im Thorax. Die Cavitas abdominis enthält 2 Räume: die mit Bauchfell, **Peritoneum,** ausgekleidete seröse Peritonealhöhle, **Cavitas peritonealis,** und den dahinter liegenden mit Fett und Bindegewebe erfüllten Retroperitonealraum, **Spatium retroperitoneale**.

5.2.1 Bauchfellhöhle, Cavitas peritonealis

Peritoneum parietale. Die Bauchfellhöhle wird von einer wandständigen Tunica serosa, dem Peritoneum parietale, ausgekleidet. Sie gehört wie die Brustfell- und Herzbeutelhöhle zu den serösen Körperhöhlen. Die Peritonealhöhle enthält bis auf das Rectum das gesamte Magen-Darm-Rohr, die großen Verdauungsdrüsen und die Milz. Diese Organe sind von einem Eingeweideblatt des Bauchfells, dem **Peritoneum viscerale,** überzogen. Verbindungen zwischen dem Peritoneum viscerale und Peritoneum parietale sind sogenannte Peritonealduplikaturen, die aus jeweils 2 Serosablättern und dazwischenliegendem Fett- und Bindegewebe aufgebaut sind. Sie werden als Gekröse, Mesenterien oder „Mesos-", und Aufhängebänder, Ligamenta, bezeichnet. In diesen Duplikaturen ziehen die Gefäße und Nerven zu den Organen.

Peritoneum der Bauchhöhle und seiner Organe. Mit einer Oberfläche von etwa 2 m² sezerniert es eine seröse Flüssigkeit in den kapillären Spaltraum der Cavitas peritonealis und ermöglicht so Bewegungen der Organe gegeneinander. Des Weiteren ist es zur Resorption befähigt und trägt auch zur Abwehr bei.

Klinik: Nach **chirurgischen Eingriffen** muss das Bauchfell gut vernäht werden, um eine Keimeinschleppung zu vermeiden. Infektionen können sich in der Peritonealhöhle rasch ausbreiten und zur gefürchteten Bauchfellentzündung, **Peritonitis,** führen, wobei durch Resorption großer Mengen von Toxinen die Abwehrkraft des Organismus überstiegen werden kann.

Gefäße und Nerven des Peritoneums

Arterien. Das Peritoneum parietale wird von den benachbarten Arterien versorgt: an der dorsalen Leibeswand segmental durch die Aa. intercostales posteriores und Aa. lumbales und ventrolateral von der A. epigastrica superior et inferior, A. circumflexa ilium profunda und kranial noch aus der A. phrenica inferior. Das viszerale Peritoneum und die Gekröse werden von den entsprechenden Eingeweidearterien versorgt.

Venen. Die Venen entsprechen den gleichnamigen Arterien.

Lymphgefäße. Die parietalen Lymphgefäße verlaufen mit den Blutgefäßen zu den parietalen

Lymphknoten. Die Lymphe des viszeralen Peritoneums wird über die viszeralen Lymphbahnen zu den Nll. intestinales und zu den Nll. coeliaci abgeleitet.

Nerven

Parietales Peritoneum. Es wird von Ästen der Spinalnerven innerviert. Es ist sehr schmerzempfindlich und der Schmerz ist genau lokalisierbar.

Viszerales Peritoneum. Es wird von vegetativen Eingeweidenerven innerviert, sodass die Organe selbst schmerzunempfindlich sind; allerdings wird ein Zug an den Eingeweiden als sehr schmerzhaft empfunden.

> **Klinik: 1.** Reizungen der sensiblen Nerven führen zu unwillkürlichen **Dauerkontraktionen** der Bauchmuskulatur („brettharter" Bauch bei Peritonitis). **2.** Irritationen des parietalen Peritoneums in Nähe von viszeralen Erkrankungen (z. B. Appendizitis) führen bei Palpation zu einer **reflektorischen Abwehrspannung** der Bauchmuskulatur. **3.** Schmerzen vom viszeralen P. → Bauchmitte, dumpfer Schmerz. Schmerzen vom parietalen P. → lokalisiert, stechender Charakter.

5.2.1.1 Lage der Bauchorgane zum Peritoneum

Intraperitoneal. Das Organ ist von Peritoneum viscerale eingehüllt und über Peritonealduplikaturen mit dem Peritoneum parietale verbunden. Dazu zählen: Magen, Milz, Dünndarm bis auf einen Teil des Zwölffingerdarms, Blinddarm, Wurmfortsatz, querer Dickdarmabschnitt, sigmaförmige Dickdarmschleife, Eierstock, Eileiter und Gebärmutter. Alle intraperitonealen Organe sind gut beweglich und leicht größenveränderlich.

Retroperitoneal. Das Organ ist nur an seiner Vorderseite von Peritoneum parietale bedeckt.
- **Primär retroperitoneal:** Das Organ ist von vornherein außerhalb des Peritoneum entstanden und hat nur eine geringe Bauchfellbedeckung, wie Niere, Harnblase.
- **Sekundär retroperitoneal,** auch „scheinbar retroperitoneal": Das Organ ist intraperitoneal entstanden, verliert aber durch spätere Anlagerung

an die hintere Bauchwand die Peritonealbedeckung im Bereich der Verwachsungsstelle, wie der größte Teil des Zwölffingerdarms, Bauchspeicheldrüse, auf- und absteigende Dickdarmschenkel.

Extraperitoneal. Das Organ hat keine Beziehung zum Peritoneum, wie die Prostata.

5.2.1.2 Entstehung des Bauchsitus

Der Bauchsitus entsteht durch Wachstum und besondere Verlagerungsvorgänge bestimmter Abschnitte des Darmrohres sowie dessen Aussprossungen. Der Entwicklung des Bauchsitus soll ein kurzer Überblick über die Entstehung des Darmrohres vorangestellt werden.

Entwicklung des Darmrohres

Aus der scheibenförmigen Embryonalanlage wird in der 4. EW ein walzenförmiger Rumpf: In der Sagittalebene erfolgt eine kraniokaudale, in der Transversalebene eine bilaterale Abfaltung (Krümmung). Beide Abfaltungen werden durch aktive Verformung epithelialer Zellverbände (Ektoderm, Entoderm, Somiten) und durch unterschiedliche Wachstumsintensität benachbarter Gewebeblöcke bewirkt.

Abfaltungen. Innerhalb weniger Tage verdoppelt der Embryo seine Gesamtlänge, woran das Neuralrohr einen dominierenden, das Entoderm einen geringen Anteil hat: Kraniales und kaudales Ende des Neuralrohrs überragen deshalb als Kopf- bzw. Schwanzfalte in der Seitenansicht Entoderm und Dottersack (Abb. 5.76). Durch die kraniokaudale Abfaltung entstehen Kopf- und Schwanzfalte und werden in der 4. EW nach ventral gedreht.

Mit der Kopffalte kommt auch der vor der Prächordalplatte befindliche Teil des Mesoderms auf die Ventralseite des Entoderms zu liegen, in dessen viszeralem Teil sich das Herz entwickelt. Die Abfaltung der Schwanzfalte bewirkt, dass Haftstiel und Allantois, die ihren Ansatz am kaudalen Ende der Keimscheibe hatten, ebenfalls auf die Ventralseite gedrängt werden.

Die Proliferation des seitlichen (paraxialen) Mesoderms und seine Segmentierung zu den Somiten bringen ein Einschwenken der lateralen Ränder der Keimscheibe ebenfalls nach ventral mit sich. Diese laterale Abfaltung bewirkt zusammen mit der kraniokaudalen, dass die ehemalige

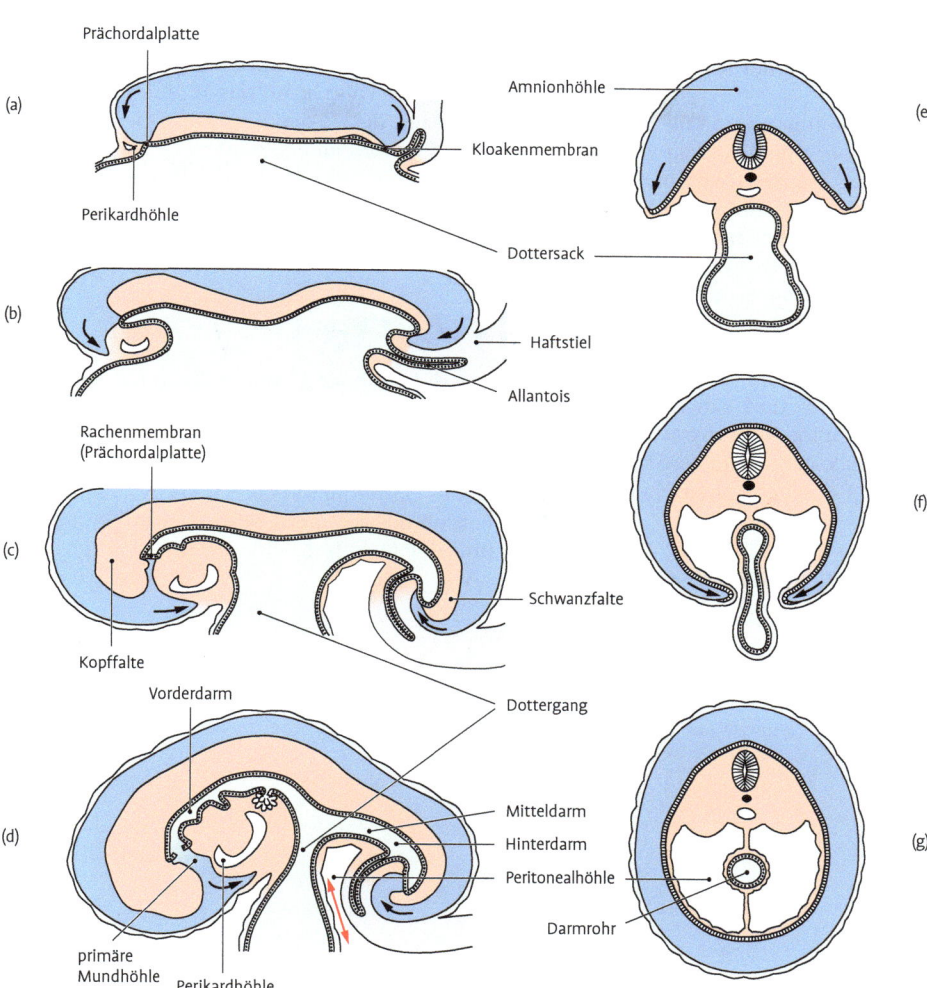

Kraniokaudale Abfaltung

Laterale Abfaltung

Abb. 5.76 Abfaltungen (modifiziert nach J. Langman). **a–d:** Kraniokaudale Abfaltung in Sagittalschnitten. **e–g:** Laterale Abfaltung in Transversalschnitten. Die schwarzen Pfeile zeigen die Verformungsrichtungen an. Im Bereich der Peritonealhöhle (d, roter Doppelpfeil) kommunizieren intra- und extraembryonale Leibeshöhle durch den sich verengenden Nabelring (= Distanz zwischen den beiden schwarzen Pfeilen in d [s. Abb. 5.77]).

Scheibe in der 4.–5. EW die Form eines mit einer Ausnahme (Nabelring, s. u.) allseitig geschlossenen, röhrenförmigen Körpers annimmt.

Darmrohr. Durch Längenzunahme und Abfaltungen der Keimscheibe entsteht aus dem zunächst planen Entoderm das embryonale Darmrohr, welches nun intraembryonal liegt und nur mehr mit seinem mittleren Abschnitt (Mitteldarm) mit dem Dottersack in vorerst noch breiter Verbindung steht. Durch Voranschreiten der Abfaltung wird diese breite Verbindung zu einem engen Gang **(Ductus omphaloentericus)**. Der Dottersack verbleibt außerhalb des Embryonalkörpers.

• **Vorderdarm.** Dieser ist in der Kopffalte gelegen und wird durch die Rachenmembran (ehem. Prächordalplatte) gegenüber der primären Mundhöhle (Stomodeum) verschlossen. Die Rachenmembran reißt bald ein, sodass primäre Mund-höhle und Vorderdarm kommunizieren (5.76d).

- **Hinterdarm.** Entsprechend bildet sich kaudal der Hinterdarm, der an der Kloakenmembran endet.
- **Mitteldarm.** Das intraembryonale Entoderm-rohr steht hier über den Dottergang (Ductus omphaloentericus, Ductus vitellinus, vitelloin-testinalis) in Verbindung mit dem Dottersack. Beide Abfaltungen engen diese im Nabelring liegende Verbindung allseits ein.
- Am **Nabelring** (5.77) gehen Amnionepithel und Oberflächenektoderm, die spätere Epidermis, ineinander über. Er enthält Dottergang, Nabel-schnurgefäße und Allantois. Durch ihn kommu-nizieren weiter intra- und extraembryonales Mesoderm sowie intra- und extraembryonale Abschnitte der Leibeshöhle. Letztere Kommu-kation ermöglicht den physiologischen Nabel-bruch.

Nach Rückbildung des physiologischen Nabel-bruchs engen 4 ringförmig miteinander verbundene Falten den Nabelring zum Nabelschnuransatz ein: eine obere und eine untere (von der kraniokauda-len Abfaltung herrührend) sowie je eine laterale (durch die laterale Abfaltung).

- Die obere Falte liefert das Material für die Vor-derwand des Thorax und des Oberbauchs so-wie für Zwerchfellanteile.
- Die untere Falte bildet die Wand des Unter-bauchs.
- Die beiden lateralen Falten bauen die seitliche Bauchwand auf.

Entwicklung des Bauchsitus

Aus didaktischen Gründen kann die Situsent-wicklung in **3 Phasen** unterteilt werden, die zeitlich nicht ganz scharf zu trennen sind: **1. Phase:** zunächst noch primitives undifferen-ziertes Darmrohr mit sagittalen Gekröseplatten, Entstehung der spindelförmigen Magenanlage und der Nabelschleife. **2. Phase:** Wachstum

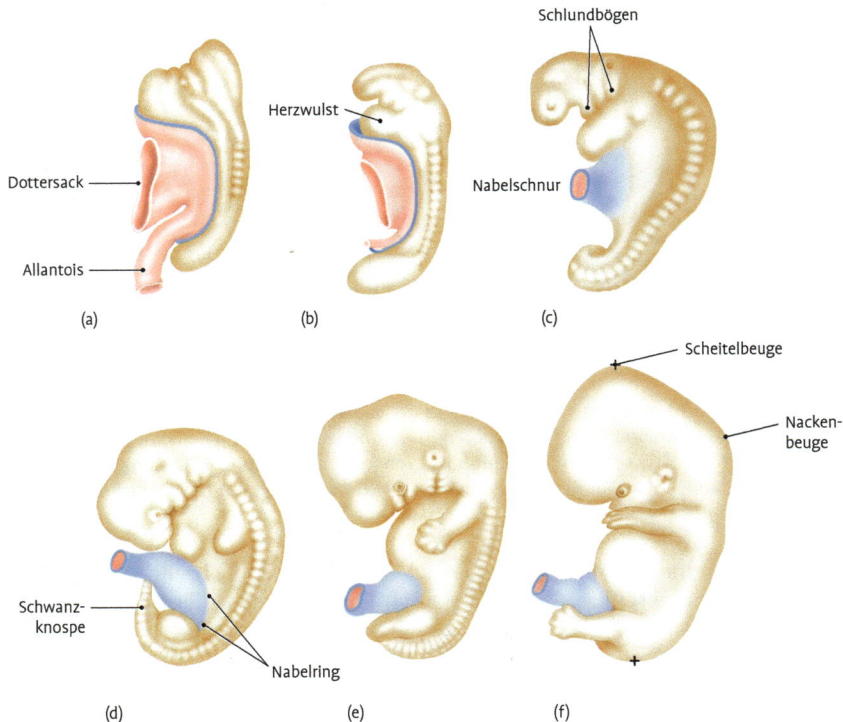

Schlundbögen

Herzwulst

Dottersack

Nabelschnur

Allantois

(a)　　　　(b)　　　　(c)

Scheitelbeuge

Nacken-beuge

Schwanz-knospe

Nabelring

(d)　　　　(e)　　　　(f)

Abb. 5.77 Ausbildung der embryonalen Körperform zwischen 4. **(a)** und 7. EW (**f**; modifiziert nach L. Lang-man). Von **(b)** nach **(c)**, in der 4. EW, erfolgen Bildung und Verengung des Nabelrings am Ansatz der Nabel-schnur (blau), Markierungen in **(f)** illustrieren Mess-punkte zur Bestimmung der Scheitel-Steiß-Länge.

und Verlagerung des Darmrohres: Magendrehung mit der Bildung des Netzbeutels (Bursa omentalis), Nabelschleifendrehung mit Bildung des Dünn- und Dickdarms. **3. Phase:** Teilweise Verwachsung der Gekröse mit dem Peritoneum parietale, wodurch das „sekundäre" Peritoneum parietale an der hinteren Bauchwand entsteht. Das restliche wandständige Bauchfell, dem kein Gekröse aufgewachsen ist, bleibt als „primäres" Peritoneum parietale erhalten. Es entstehen die freien Gekröse mit deren Wurzeln, die endgültigen Peritonealbuchten, **Recessus,** und Peritonealfalten, **Plicae.**

1. Phase

Die primitive Leibeshöhle, **Coelom,** wird vom Zölomepithel, aus dem das Peritoneum entsteht, ausgekleidet und vom gestreckten, noch undifferenzierten Darmrohr durchzogen. Bauchfellduplikaturen ziehen als sagittale Gekröseplatten von der dorsalen und ventralen Rumpfwand zum Darmrohr und bilden eine mediane Scheidewand der Leibeshöhle (Abb. 5.78). Sie dienen als Aufhängeapparat für den Darm (gr. enteron). Das dorsale Gekröse, Mesenterium dorsale commune, spannt sich zwischen der Mittellinie der hinteren Leibeswand und dem gesamten Darmrohr aus. Im

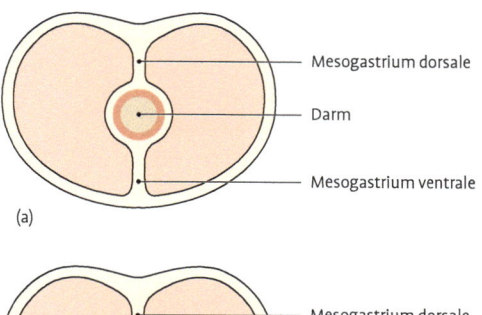

(a)

- Mesogastrium dorsale
- Darm
- Mesogastrium ventrale

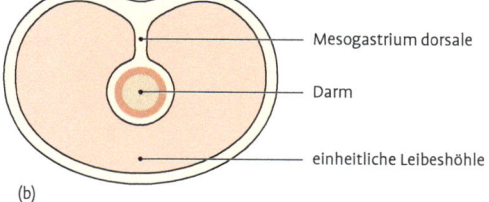

(b)

- Mesogastrium dorsale
- Darm
- einheitliche Leibeshöhle

Abb. 5.78 Entwicklung der Mesenterien. Geteilte Leibeshöhle durch sagittale Gekröseplatte **(a)**. Kaudal der Magenanlage einheitliche Leibeshöhle durch Fehlen des Mesogastrium ventrale **(b)**.

Bereich der Magenanlage wird es als **Mesogastrium dorsale** (Gaster = Magen) bezeichnet. Das ventrale Gekröse, **Mesenterium ventrale** oder **Mesogastrium ventrale,** zieht von der vorderen Leibeswand zum Darmrohr, allerdings nur bis an die Anlagen des Magens und Zwölffingerdarmes. Erst unterhalb davon entsteht daher eine einheitliche Leibeshöhle (Abb. 5.78). In das Mesogastrium ventrale sprosst nun (Abb. 5.79) die Leber ein. Im Mesogastrium dorsale entstehen in diesem Stadium die Anlagen der Bauchspeicheldrüse und der Milz.

Dorsales Gekröse und Darmrohr. Bereits bei Keimlingen der 4. Woche (Abb. 5.80) ist das ursprünglich gerade verlaufende Darmrohr durch ungleiches Dicken- und Längenwachstum stärker gegliedert. Der Magen ist spindelförmig aufgetrieben und zeigt eine dorsalwärts gerichtete, große und eine ventralwärts gerichtete, kleine Krümmung. Der kaudal anschließende, dünnere Teil des Darmrohres bildet zunächst eine ventral gerichtete Schleife, das spätere Duodenum. Aus ihm entwickelt sich in das dorsale Mesogastrium das Pankreas und in das ventrale Mesogastrium die Leber. In einer scharfen Biegung, der späteren **Flexura duodenojejunalis,** geht das Duodenum in den nächsten Darmabschnitt, die ebenfalls nach ventral konvexe **Nabelschleife,** über. Sie stülpt sich in der 6. Schwangerschaftswoche teilweise hernienartig in den Nabelstrang vor, wodurch die **physiologische Nabelhernie** entsteht. Ende des dritten Monats werden mit dem weiteren Wachstum der Bauchhöhle diese Darmschlingen wieder in den Bauchraum aufgenommen. Vom Scheitel der Nabelschleife zieht der Dottersackgang, **Ductus omphaloentericus,** zum Nabel. Er ist der Rest der Verbindung des Darmrohres mit dem Dottersack, der aber bald zugrunde geht.

> **Klinik: 1. Nabelschnurbruch** (= **Omphalozele,** Abb. 5.81). Ziehen sich die Darmschlingen nicht um die 13. SSW in die Leibeshöhle zurück, bleiben sie im Nabelschnurzölom liegen, sie sind nur von Amnion bedeckt. **2. Angeborene Nabelhernie.** Sie ist in der Regel kein Persistieren der physiologischen Hernie, sondern ein sekundärer Austritt von Darmschlingen durch den noch offenen Nabel **3. Meckel-Divertikel.** Der Anfangsteil des Dottersackganges kann bei 1–3 % aller Menschen als 2–10 cm langes Anhängsel des Ileum erhalten bleiben. Dieses Diverticulum ilei

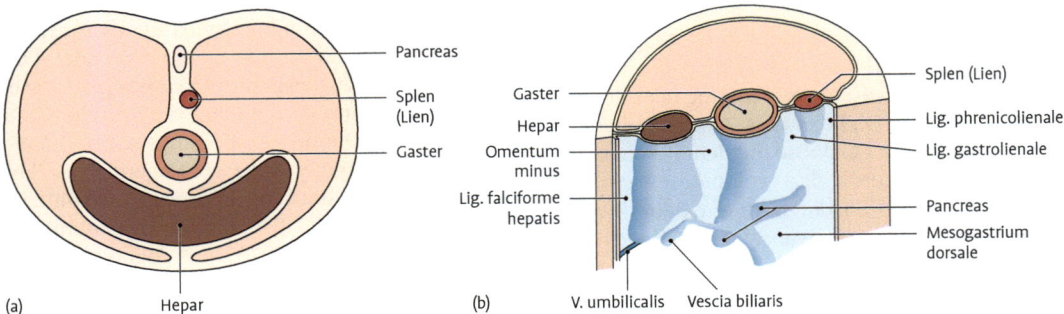

Abb. 5.79 Entwicklung der Mesenterien. Pancreas und Milzanlage im Mesogastrium dorsale, Leber im Mesogastrium ventrale. **a:** Horizontalschnitt, **b:** Schrägansicht.

findet sich 0,4–1 m oral der Valva ileocaecalis. Es verursacht bei Entzündungen ähnliche Symptome wie die Appendizitis. Der Ductus omphaloentericus kann aber auch veröden und als fester, vom Darm zum Nabel ziehender Strang erhalten bleiben und Anlass zur Strangulation des Darmes geben. Auch können Nabelfisteln von ihm ausgehen, bei welchen Kot aus dem Nabel austreten kann.

An der Nabelschleife lassen sich ein oraler und ein analer Schenkel unterscheiden:

- **Oraler Schenkel.** Er reicht von der Flexura duodenojejunalis bis zum Scheitel der Nabelschleife. Aus ihm entstehen große Teile des freien Dünndarmes, das gesamte Jejunum und ein Teil des Ileum.
- **Analer Schenkel.** Er reicht vom Scheitel bis zu einer weiteren scharfen Biegung, die als primäre Kolonflexur bezeichnet wird und etwa der späte-

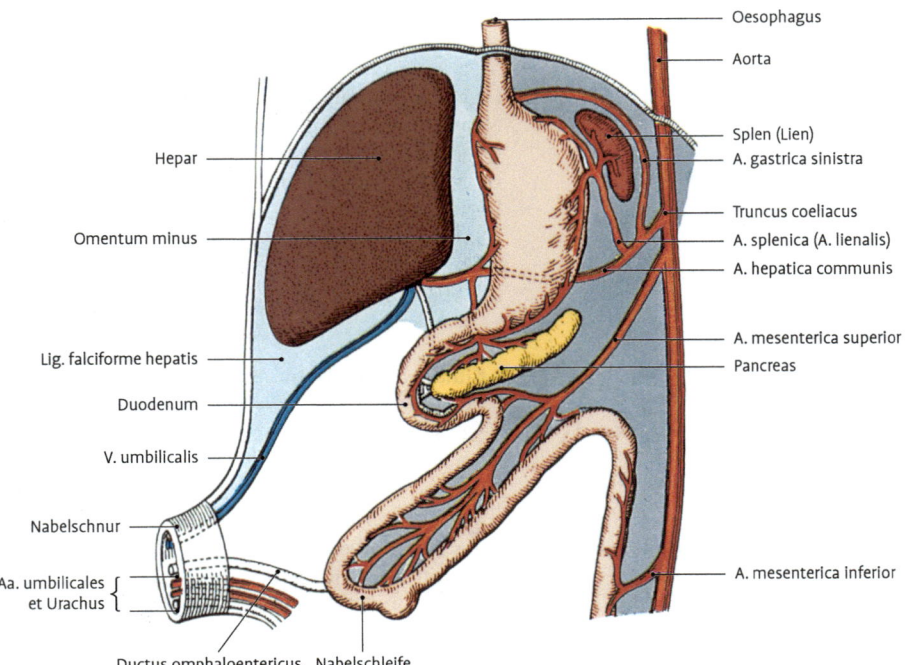

Abb. 5.80 Schema der Entwicklung der Mesenterien. Ventrales Gekröse hellgrau, dorsales Gekröse dunkelgrau.

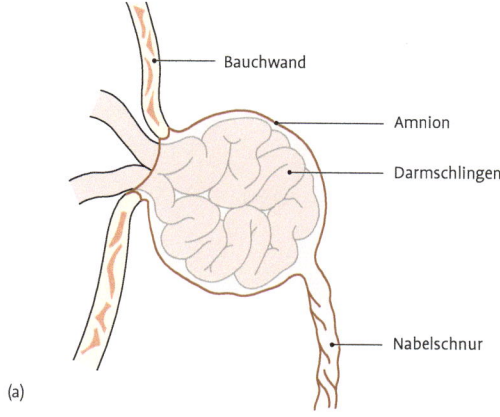

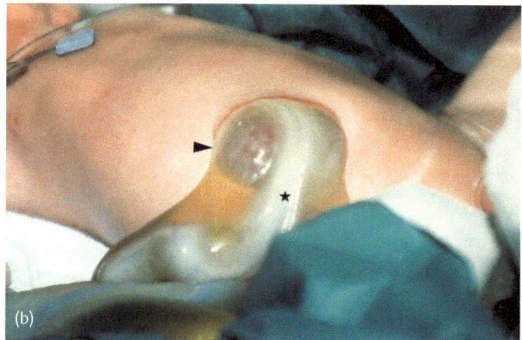

Abb. 5.81 Nabelschnurbruch. **a:** Schema, **b:** Neugeborenes mit kleiner Omphalozele. Bruchinhalt (Pfeilkopf) in der Nabelschnur (Stern) von Amnion umgeben.

ren Flexura coli sinistra entspricht. Hier beginnt schließlich der Endabschnitt des Darmrohres. Der anale Schenkel weist eine kleine Ausbuchtung auf, die Anlage des Blinddarmes, **Caecum.** Hier entsteht auch der Übergang vom Dünn- zum Dickdarm mit der Valva ileocaecalis. Aus dem analen Schenkel gehen somit der Rest des Ileum hervor sowie Dickdarmabschnitte, wie Caecum mit der Appendix vermiformis, Colon ascendens und Colon transversum.

Aus dem Endabschnitt des Darmrohres nach der Flexura coli sinistra entstehen schließlich das Colon descendens, Colon sigmoideum und das Rectum. Entsprechend der Differenzierung des Darmrohres in diesem Stadium lassen sich auch am Mesenterium dorsale commune verschiedene Gekröseabschnitte unterscheiden, wie Mesogastrium, Mesocolon etc.

Drei große Arterien ziehen durch das Mesenterium dorsale zum Darmrohr (Abb. 5.80): der **Truncus coeliacus,** die **Aa. mesenterica superior und inferior.** Sie nehmen hier eine Lage ein, die Drehungen des Darmrohres möglichst wenig behindert. So ziehen aus dem **Truncus coeliacus** Äste zum wenig beweglichen Anfangs- und Endteil des Magens. Die **A. mesenterica superior** versorgt die Nabelschleife, indem sie in deren Achse liegt und daher bei den Darmdrehungen nicht abgedreht werden kann. Die **A. mesenterica inferior** versorgt das Darmrohr kaudal der primären Kolonflexur.

Ventrales Gekröse. Die sagittale Platte des Mesenterium ventrale zieht von der vorderen Bauchwand nach hinten bis zur kleinen Magenkurvatur. Oben erreicht sie das Zwerchfell und kaudal endet sie mit einem freien Rand, der vom Nabel bis zum Duodenum zieht. Durch das Einwachsen der Leber wird das ventrale Mesogastrium in 3 Abschnitte unterteilt: Der hintere Abschnitt zwischen Magen und Leber wird zum **Omentum minus** (Abb. 5.80), der vordere zwischen Leber und Bauchwand zum **Lig. falciforme hepatis** (Mesohepaticum ventrale). Im Unterrand des Lig. falciforme hepatis liegt die **V. umbilicalis,** die nach der Geburt zum **Lig. teres hepatis verödet.** Der mittlere Abschnitt umgibt die Leber als Peritoneum viscerale.

2. Phase

Magendrehung. Der ursprünglich sagittal eingestellte Magen dreht sich unter gleichzeitiger Linksverlagerung um seine Längsachse so, dass die große Kurvatur nach links und die kleine Kurvatur nach rechts schaut (Abb. 5.82). Das an der Mittellinie haftende dorsale Mesogastrium muss, um die große Kurvatur zu erreichen, stark verlängert und weit nach links ausgebuchtet werden. Später erfolgt diese Ausbuchtung auch nach unten und führt zur Bildung des großen Netzes, **Omentum majus** (Pfeil in Abb. 5.82). Dadurch entsteht innerhalb des dorsalen Mesogastrium eine Tasche, der Netzbeutel, **Bursa omentalis.** Ihre Vorderwand ist der Magen, ihre Hinterwand das Mesogastrium dorsale (Abb. 5.83). Dieses wird durch das Einwachsen der Milz nochmals unterteilt: Der Teil von der Mittellinie bis zur Milz ist das sog. Mesogastrium axiale und der Teil von der Milz bis zum Magen ist das **Lig. gastrosplenicum** (Lig. gastrolienale). Mit der Magendrehung führt auch das Duo-

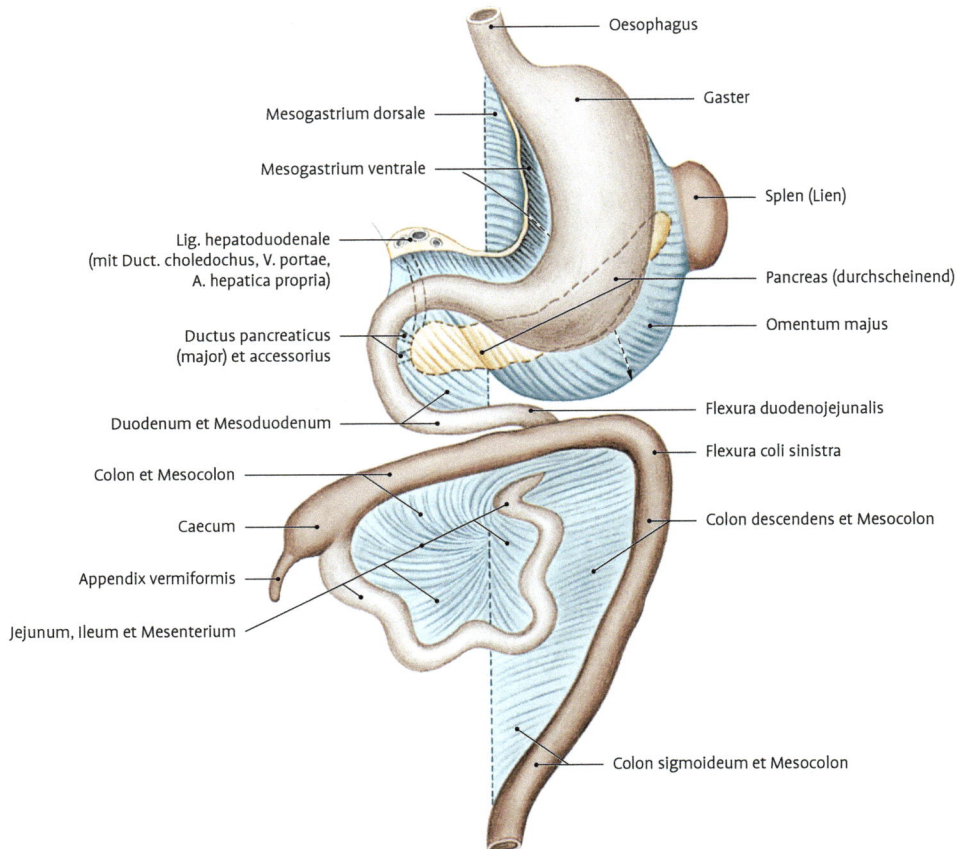

Oesophagus

Gaster

Mesogastrium dorsale

Mesogastrium ventrale

Splen (Lien)

Lig. hepatoduodenale
(mit Duct. choledochus, V. portae,
A. hepatica propria)

Pancreas (durchscheinend)

Omentum majus

Ductus pancreaticus
(major) et accessorius

Duodenum et Mesoduodenum

Flexura duodenojejunalis

Flexura coli sinistra

Colon et Mesocolon

Colon descendens et Mesocolon

Caecum

Appendix vermiformis

Jejunum, Ileum et Mesenterium

Colon sigmoideum et Mesocolon

Abb. 5.82 Bildung der Bursa omentalis und des Omentum majus. Drehung der Nabelschleife und Bildung der Dünndarmschlingen. Der Pfeil in der Bursa omentalis zeigt die Richtung, in die sich das Omentum majus entwickelt.

denum mit seinem Mesoduodenum eine Drehung durch. Seine ursprünglich ventralwärts gerichtete Konvexität schaut nun nach rechts. Das Pankreas, das vom Mesoduodenum nach hinten oben in das Mesogastrium axiale eingewachsen ist, wird durch diese Verdrehungen in eine frontale Lage gebracht.

Auch das Mesogastrium ventrale erfährt durch die Magendrehungen Veränderungen: Das ursprünglich sagittal eingestellte Omentum minus wird zu einer frontalen Platte, dessen freier Rand nicht mehr nach unten (Abb. 5.80), sondern als **Lig. hepatoduodenale** nach rechts schaut (Abb. 5.82). Das Lig. falciforme hepatis bleibt als sagittale Platte bestehen (Abb. 5.83).

Der rechts der Mittellinie (Abb. 5.82) hinter dem Omentum minus liegende Spaltraum wird als **Vestibulum bursae omentalis** bezeichnet. Er beginnt hinter dem Lig. hepatoduodenale am Foramen epiploicum und setzt sich über die Mittellinie in die **Bursa omentalis** fort.

Nabelschleifendrehung. Im oralen Schenkel der Nabelschleife beginnt zuerst das Längenwachstum des Dünndarmes und seines Mesenteriums. Damit kommt es zu einer starken Schlingenbildung, die schließlich auch auf den analen Schenkel übergreift. Dadurch wird die Caecumanlage des analen Schenkels verdrängt und steigt nach kranial auf, kreuzt stets unter „Mitschleppen" des restlichen Dickdarmes mit seinem Mesocolon oberhalb der Flexura duodenojejunalis nach rechts bis an die Unterfläche der Leber und steigt schließlich

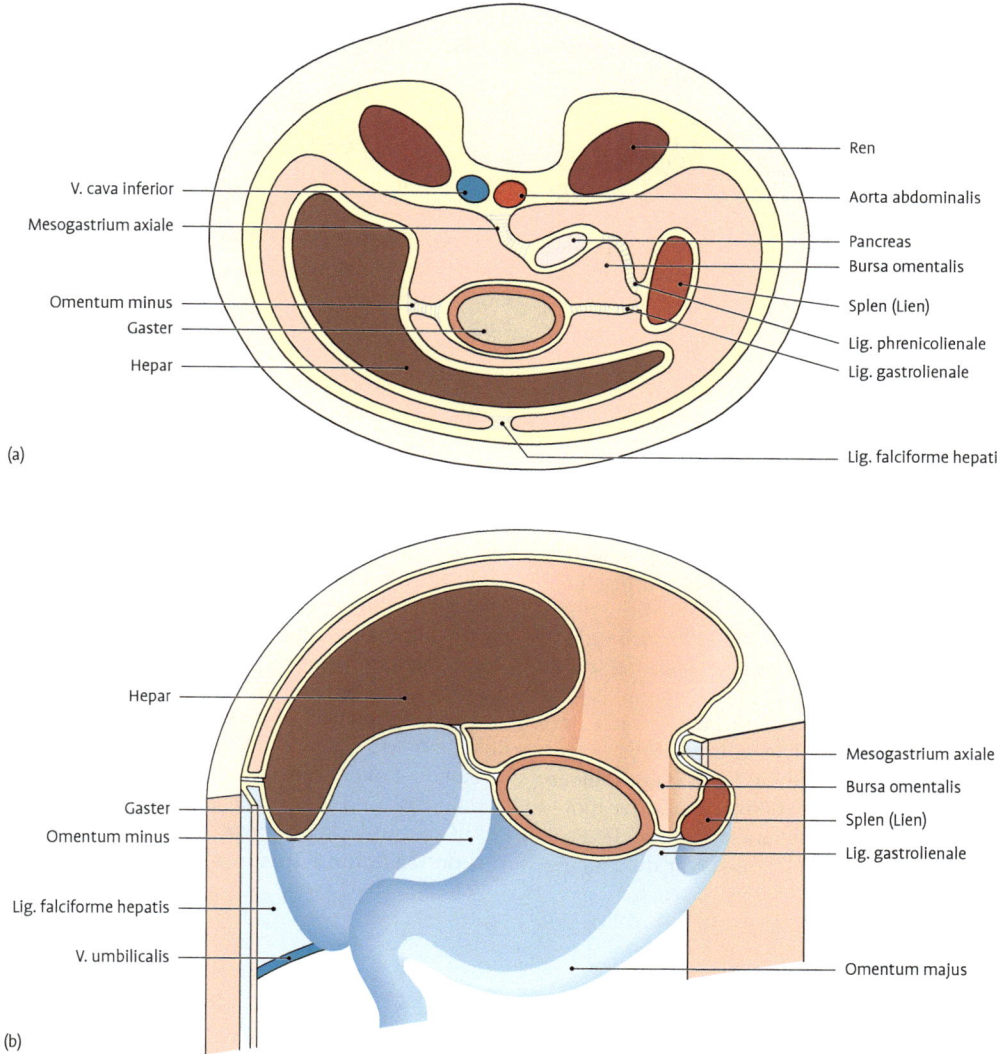

Abb. 5.83 Entwicklung der Bursa omentalis. **a:** Horizontalschnitt, **b:** Schrägansicht.

meist in den letzten Fetalmonaten oder erst nach der Geburt in die Fossa iliaca dextra ab. Dies entspricht einer Drehung der Nabelschleife entgegen dem Uhrzeigersinn um ca. 300°, wobei die A. mesenterica superior die Achse bildet. Das Caecum hat also förmlich die Führung der Nabelschleifendrehung übernommen. Sein unteres Ende ist im Wachstum zurückgeblieben und wird zum Wurmfortsatz, der sich erst nach der Geburt schärfer gegen das Caecum absetzt. Nach oben geht es in das Colon ascendens über, das sich an der Flexura coli

dextra in das Colon transversum fortsetzt. An der Flexura coli sinistra geht es in das Colon descendens über, an welches das Colon sigmoideum anschließt. In dieser Phase hat jeder Dickdarmabschnitt noch ein freies Gekröse.

3. Phase

Mesogastrium. Das Mesogastrium axiale (von der Wirbelsäule bis zur Milz) bildet die Hinterwand der Bursa omentalis (Abb. 5.83). Es unterliegt unterschiedlichen Weiterentwicklungen: Sein medialer Anteil verschmilzt mit dem Peritoneum parietale der hinteren Leibeswand zum sekundären Peritoneum parietale. Sein kranialer Teil verschmilzt nicht mit der Leibeswand, sondern zieht als Peritonealduplikatur, **Lig. gastrophrenicum,** zum Magen. Sein linker Teil gelangt als **Lig. phrenicosplenicum** (phrenicolienale) zur Milz. Sein kaudaler Teil enthält das Pankreas und verschmilzt mit der hinteren Bauchwand (blau punktierte Linie, Abb. 5.84). Die miteinander verklebten Peritonealblätter hinter dem Pankreas gehen schließlich verloren, sodass die Drüse nur mehr an ihrer Vorderseite von Peritoneum parietale (secundarium) bedeckt ist. Die ursprünglich intraperitoneal entstandene Bauchspeicheldrüse nimmt nun eine scheinbar retroperitoneale Lage ein. Aus dem kaudalen Teil des Mesogastrium geht das Omentum majus hervor, das schürzenförmig von der großen Kurvatur des Magens nach kaudal hängt und das Colon transversum wie auch die Dünndarmschlingen bedeckt (Abb. 5.85). Der Spaltraum im großen Netz ist beim Neugeborenen noch vorhanden, verödet dann weitgehend durch Verklebung seiner Wände. Die Rückwand der Bursa omentalis verwächst kaudal des Pankreas mit dem Kolon und Mesocolon transversum. Die während der Magendrehung nach rechts gedrehte Duodenumschleife und ihr Mesoduodenum verkleben mit der hinteren Leibeswand. So gelangt auch der Kopf des Pankreas in die hintere Bauchwand. Nur der Anfang

des Duodenum bleibt an seinem ventralen und dorsalen Gekröse beweglich aufgehängt.

Mesenterium der Nabelschleife. Das Wachstum des Darmrohres führt zur Bildung der Dünndarmschlingen und zur Gliederung des Dickdarmes. Das noch freie Gekröse verlötet zunächst in einer Linie, die an der Flexura duodenojejunalis beginnt, wo das bereits mit der Rückwand der Bauchhöhle verwachsene Duodenum in den freien Dünndarm übergeht. Von hier zieht sie über die Pars inferior duodeni nach rechts und unten zur Fossa iliaca dextra, wo sie die Einmündung des Ileum in das Caecum (Valva ileocaecalis) erreicht. Diese Verwachsungslinie ist die Radix mesenterii, an der das Mesenterium des freien Dünndarms wurzelt (Abb. 5.86). Von dieser Anheftungslinie verwächst nun nach rechts das Mesocolon ascendens und schließlich das Colon ascendens selbst mit der hinteren Bauchwand. Nur die Appendix selbst behält ihre freie Mesoappendix. Das Colon transversum hängt wiederum an einem freien Gekröse, dem Mesocolon transversum. Es wurzelt in einer Linie (Radix mesocolica), die vor der rechten Niere beginnt, die Pars descendens duodeni kreuzt und entlang des Vorderrandes des Pankreas bis zur linken Niere zieht.

Auf der linken Seite verwächst zuerst das Colon descendens und von ihm nach medial das Mesocolon descendens. Gleichzeitig beginnt aber auch von der Mittellinie (ursprüngliche Haftlinie des

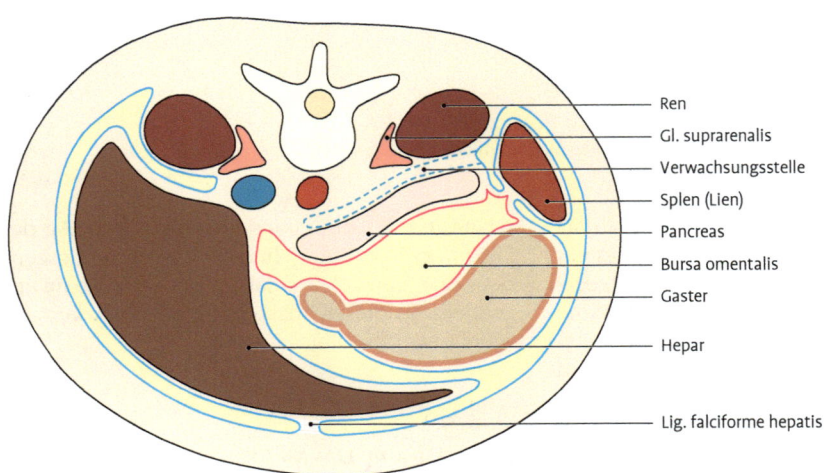

	Ren
	Gl. suprarenalis
	Verwachsungsstelle
	Splen (Lien)
	Pancreas
	Bursa omentalis
	Gaster
	Hepar
	Lig. falciforme hepatis

Abb. 5.84 Entwicklung der Bursa omentalis. Bauchfell der Bursa omentalis rot, restliches Bauchfell blau.

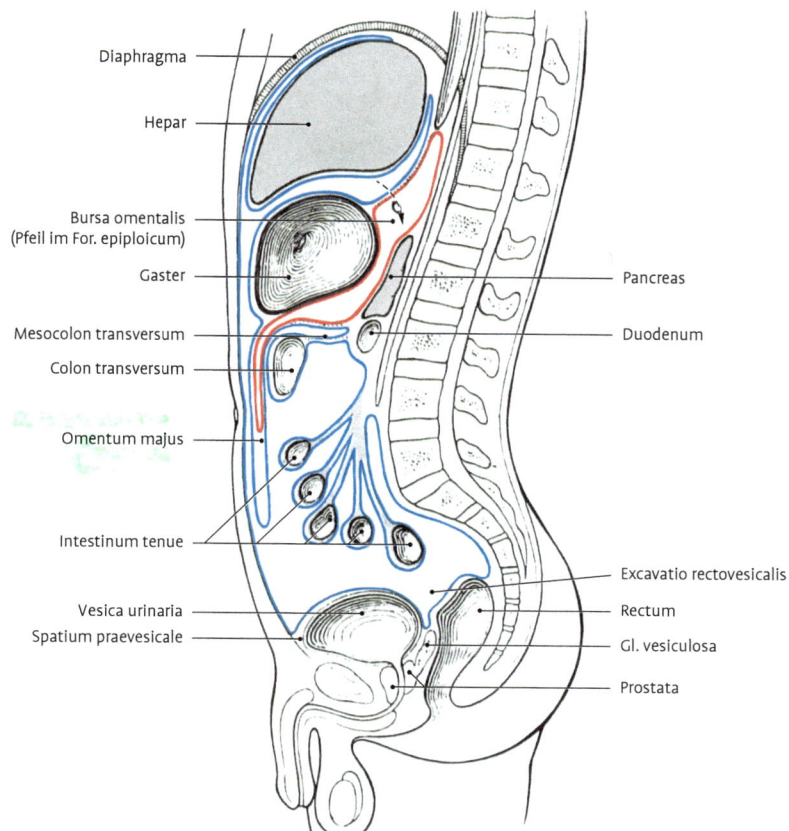

Abb. 5.85 Übersicht über das Peritoneum im Sagittalschnitt. Das Bauchfell ist blau, im Bereich der Bursa omentalis rot gefärbt (nach einem Gefrierschnitt von Braune).

gesamten Mesenterium dorsale) aus die Verlötung des Mesocolon descendens nach links. Die Verklebung des Mesocolon descendens schreitet also von oben, lateral und medial nach kaudal fort. Wo die Verschmelzung kaudal endet, entsteht die Radix des Mesocolon sigmoideum, an der das freie Mesocolon sigmoideum mit dem Colon sigmoideum hängt. Diese Wurzel beginnt in der Fossa iliaca sinistra, bildet auf dem M. psoas major eine konvexe Krümmung nach oben und steigt vor dem Promontorium ins kleine Becken ab.

- **Sekundäres Peritoneum parietale** findet sich an der hinteren Bauchwand dort, wo die „Mesos" aufgewachsen sind (Abb. 5.86): rechts durch die Verlötung des Mesocolon ascendens das Feld zwischen der Radix mesenterii, Radix des Mesocolon transversum und Colon ascendens, links durch die Verlötung des Mesocolon descendens das Feld zwischen der Mittellinie, Radix des Mesocolon transversum, Colon descendens und Radix des Mesocolon sigmoideum.
- **Primäres Peritoneum parietale** bleibt erhalten in einem dreieckigen Bereich zwischen der Radix mesenterii und der Mittellinie, der sich nach kaudal in das kleine Becken fortsetzt, sowie kaudal der Radix des Mesocolon sigmoideum und seitlich des Colon ascendens und descendens.

Entwicklungsstörungen. Störungen der Entwicklung des Bauchsitus können in jeder der 3 beschriebenen Phasen auftreten. So können **Rotationen** unvollständig sein, womit die große Variabilität in der Lage und Form des Dickdarms verständlich

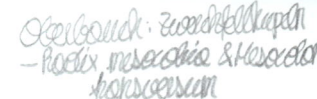

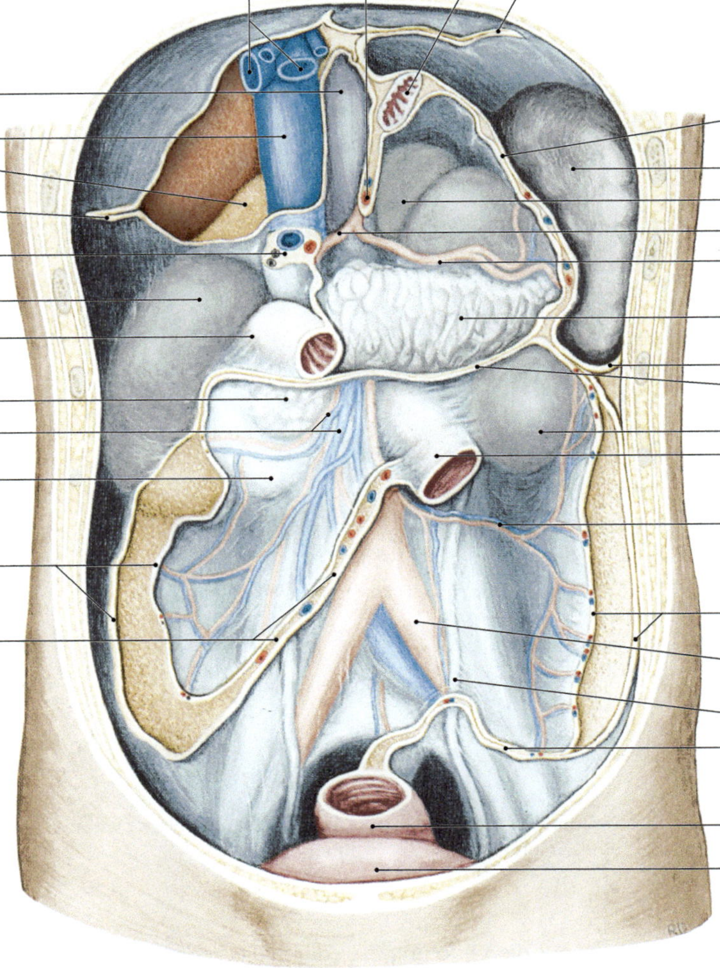

Oberbauch: Zwerchfellkuppel
— Radix mesocolica & Mesocolon
transversum

Vv. hepaticae **A. gastrica sinistra** **Cardia** **Lig. triangulare sinistrum**

Recessus superior

V. cava inferior

Gl. suprarenalis dextra

Lig. triangulare dextrum

Lig. hepato-duodenale

Ren

Flexura duodeni superior

Caput pancreatis

Vasa mesenterica superiora

Flexura duodeni inferior

Mesocolon ascendens

Radix mesenterii

Mesogastrium dorsale (Lig. gastrophrenicum)

Splen (Lien)

Gl. suprarenalis

A. hepatica comm.

A. splenica (A. lienalis)

Pancreas

schlägt hier nach vorn ab

Lig. phrenicocolicum

Mesocolon transversum

Ren

Jejunum

Vasa colica sinistra

Mesocolon descendens

A. iliaca communis sinistra

Ureter

Mesocolon sigmoideum

Rectum

Vesica urinaria

Abb. 5.86 Dorsale Wand der Peritonealhöhle nach Entfernung von Leber, Magen, Jejunum, Ileum und Colon. Die „Mesos" des Magens, des Dünn- und Dick- darmes sind besonders dargestellt. Duodenum, Pancreas, Milz, Nieren und Nebennieren in natürlicher Lage.

wird. Bleibt beispielsweise das Caecum in der Höhe der Leber stehen, so spricht man vom **Hochstand** des Caecum. Die Gekrösefixation kann unvollständig sein oder gar ausbleiben, sodass der gesamte Darm vom Magen abwärts nur an freiem Gekröse hängt. Selten können die Drehungen des Eingeweiderohres teilweise oder ganz in die Gegenrichtung erfolgen; man spricht dann vom **Situs** **inversus,** bei dem die Organe auf der „falschen" Körperseite liegen.

Klinik: Kartagener Syndrom: Zilienmotilitätsstörungen mit Situs inversus, herabgesetzter mukoziliärer Clearance und Bronchiektasen; Infertilität des Mannes.

5.2.2 Oberbauch und seine Eingeweide

Ausdehnung des Oberbauches: Im Inneren der Cavitas peritonealis erstreckt sich der Oberbauch von den Zwerchfellkuppeln bis zur Radix mesocolica und dem Mesocolon transversum (Abb. 5.86). An der Körperoberfläche entspricht seine Ausdehnung ungefähr der Regio epigastrica und den beiden Regiones hypochondriacae (s. Kap. 4.2.3.1). **Organe des Oberbauches:** Leber mit Gallenblase, Bauchabschnitt der Speiseröhre, Magen, Zwölffingerdarm, Bauchspeicheldrüse, Milz. Wegen der großen Verdauungsdrüsen wird der Oberbauch auch als Drüsenbauch bezeichnet. **Peritoneale Taschen und Buchten:** Netzbeutel mit seinem Vorhof, Zwerchfelltaschen.

5.2.2.1 Topografischer Überblick

Leber, Hepar; Magen, Gaster (Ventriculus). Nach Entfernung der vorderen Bauchwand (Abb. 5.87) werden zwischen den Rippenbögen, in der **Regio epigastrica,** die Leber und der Magen sichtbar. Der rechte Leberlappen liegt vorwiegend in der rechten **Regio hypochondriaca.** Der kleinere linke Leberlappen liegt in der **Regio epigastrica** und reicht in die linke **Regio hypochondriaca.** Von der Grenze zwischen beiden Lappen verläuft eine schiefgestellte Bauchfellplatte, das **Lig. falciforme hepatis,** zur Mitte der vorderen Bauchwand. Im freien unteren Rand dieser Falte erkennt man das **Lig. teres hepatis,** den obliterierten Strang der ehemaligen **V. umbilicalis** (vom Nabel zur Leberpforte). An der Spitze der rechten 9. Rippe überragt die Kuppe der **Gallenblase, Fundus vesicae biliaris,** geringfügig den unteren Leberrand. Unterhalb des linken Leberlappens ist ein Teil der vorderen Fläche des Magens sichtbar. Von seinem kaudalen Rand, **Curvatura major,** hängt **das große Netz, Omentum majus,** wie eine Schürze mehr oder weniger weit herab und bedeckt den übrigen Bauchhöhleninhalt nahezu vollständig. Den Abschnitt des Netzes zwischen der großen Kurvatur und dem quer verlaufenden Teil des Dickdarms, **Colon transversum,** bezeichnet man als **Lig. gastrocolicum.** An den freien Rändern des Netzes können Teile des Dickdarmes und des Dünndarmes sichtbar sein. Ist das Netz mit wenig Fett beladen wie in Abb. 5.87, so scheinen unterhalb des Magens neben dem Colon transversum weiter kaudal auch

Dünndarmschlingen durch. Zieht man die Leber kranial- und den Magen kaudalwärts (Abb. 5.88), so wird zwischen beiden das **kleine Netz, Omentum minus,** sichtbar. Sein rechter, freier Rand ist verdickt (Abb. 5.86), enthält den Gallengang, die Pfortader sowie die Leberarterie und wird **Lig. hepatoduodenale** genannt. Es ist zwischen der Pars superior duodeni und der Porta hepatis ausgespannt. Der mittlere Teil des kleinen Netzes ist besonders dünn (**Portio flaccida**) und lässt den **Lobus caudatus hepatis** durchscheinen. Der linke Teil ist wieder etwas dichter (**Portio densa**). Portio densa und Portio flaccida bilden zusammen das **Lig. hepatogastricum,** das sich zwischen der Unterfläche der Leber (Fissura ligamenti venosi) und der kleinen Kurvatur des Magens ausspannt.

Milz, Splen, Lien. Zieht man den Magen etwas nach rechts, so wird in der linken **Regio hypochondriaca** der vordere, scharfe Rand, **Margo superior,** der blauroten Milz sichtbar. Von der großen Magenkurvatur kann man als kraniale Fortsetzung des Lig. gastrocolicum eine Bauchfellplatte, das **Lig. gastrosplenicum,** bis zum Milzstiel verfolgen. Eine besondere Ausstülpung dieser Platte kann als Omentum lienale vorliegen und die Milz von vorne her völlig zudecken. Führt man die Hand zwischen Zwerchfell und der konvexen **Facies diaphragmatica** der Milz nach dorsal, so gelangt man um den hinteren, stumpfen Milzrand, **Margo inferior,** herum zum **Lig. splenorenale (Lig. phrenicosplenicum, phrenicolienale).** Führt man anschließend die Hand der Rumpfwand entlang nach kaudal zum vorderen Milzpol, **Extremitas anterior,** so tastet man eine vom Kolon zur Rumpfwand (Zwerchfell) verlaufende Bauchfellfalte, das **Lig. phrenicocolicum** (s. Abb. 5.86). Es schließt die als Milznische, **Saccus splenicus,** bezeichnete Peritonealbucht, in der die Milz liegt, nach unten ab. Gleichzeitig ist es eine Stütze für die Milz, die bei Milzvergrößerung gespannt wird. Kranial der Milz zieht das Bauchfell direkt von der großen Magenkurvatur zum Zwerchfell, **Lig. gastrophrenicum** (Abb. 5.86).

Zwölffingerdarm, Duodenum. Er ist im Gegensatz zum intraperitonealen freien Dünndarm im größten Teil seiner Länge unbeweglich an der hinteren Bauchwand angeheftet (sekundär retroperitoneal) und für die Untersuchung schwer zugänglich. Das zwischen 17 und 30 cm lange, hufeisenförmige Darmstück beginnt im oberen Bauchraum am Pförtner des Magens, gelangt hinter dem Mesocolon transversum in den unteren Bauchraum, wird hier von der Radix mesenterii überlagert und mündet an der Flexura duodenojejunalis in das Jejunum. Die vollständig vom Bauchfell überzogene **Pars superior** verläuft bei gefülltem Magen in der Höhe des 1. Lendenwirbels vom Pylorus nach dorsal zur **Flexura duodeni superior.** Sie wird vom rechten Leberlappen, Lobus quadratus, und Hals der Gallenblase überlagert. Die anschließende **Pars descendens** (Abb. 5.86) zieht zwischen rechter Niere und Wirbelsäule abwärts bis zu der in der Höhe des 3. Lendenwirbels gelegenen **Flexura duodeni inferior.** Sie wird vom Mesocolon trans-

versum gekreuzt und liegt hier retroperitoneal. Im Übrigen wird sie nur an der Vorderfläche vom Bauchfell überzogen. Die **Flexura duodeni inferior** und die **Pars horizontalis** (Abb. 5.86) scheinen zwischen Mesocolon transversum und Mesenterium durch das parietale Bauchfell, sind nur an der Vorderfläche vom Bauchfell überzogen. Die **Pars ascendens** steigt wieder bis zur Bandscheibe zwischen 1. und 2. Lendenwirbel an und geht in die **Flexura duodenojejunalis** über. Zwischen Pars horizontalis und ascendens kreuzt ventral die Radix mesenterii mit den Vasa mesenterica superiora.

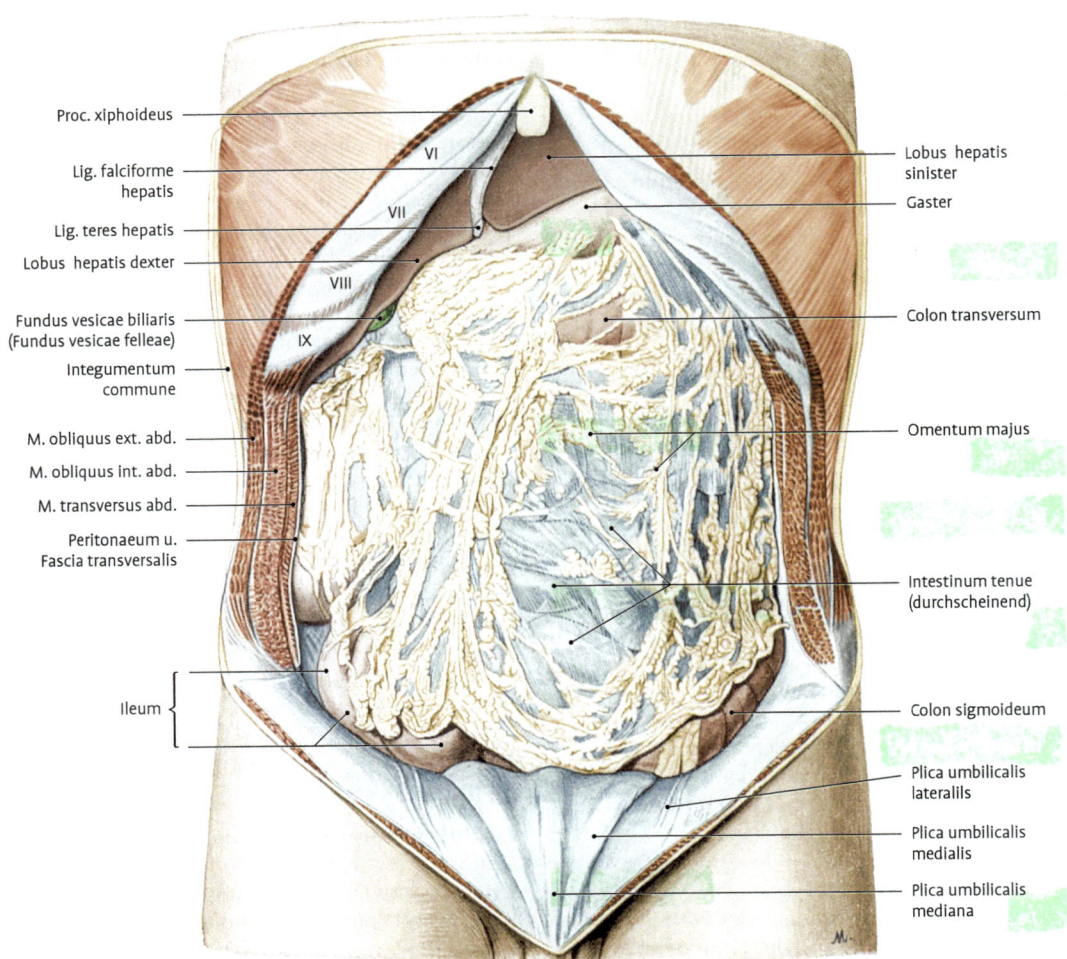

Abb. 5.87 Lage der Baucheingeweide nach Entfernung der vorderen Bauchwand. Der untere Teil der vorderen Bauchwand ist nach unten geklappt.

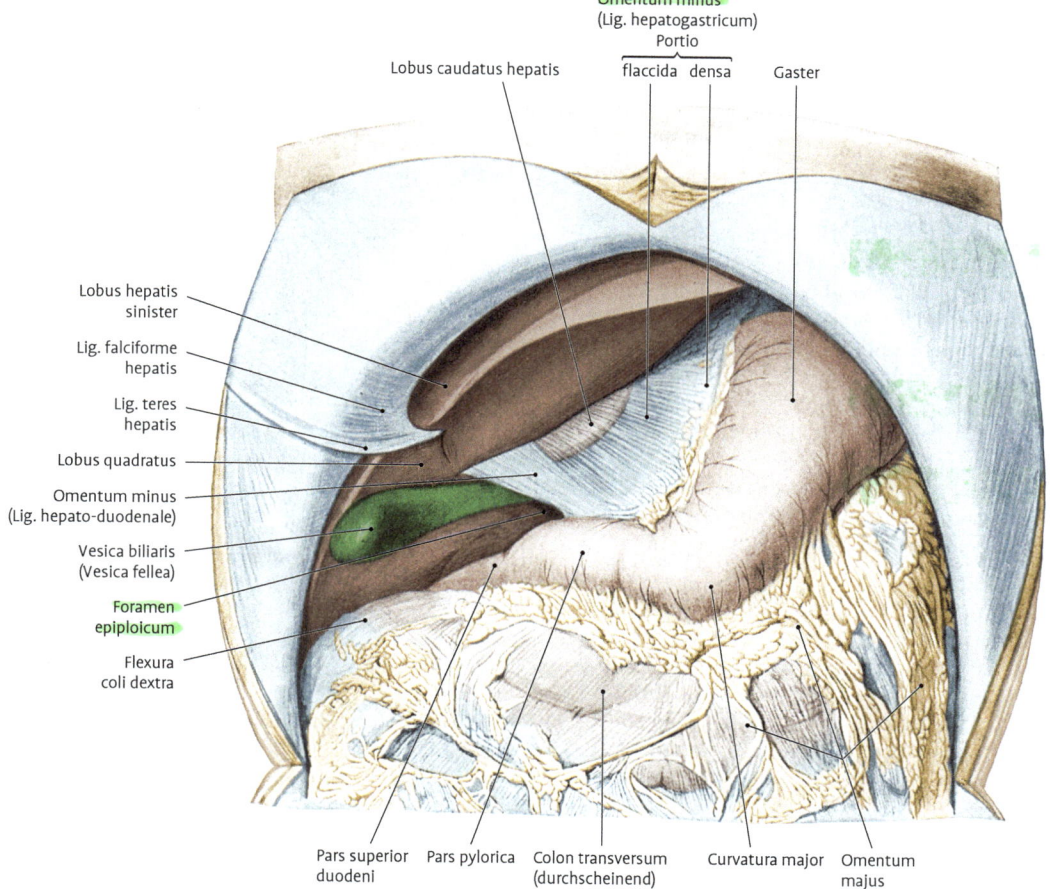

Abb. 5.88 Vorderwand der Bursa omentalis. Leber nach kranial und Magen etwas nach kaudal verzogen. Omentum minus: Lig. hepatoduodenale, Lig. hepato- gastricum: Portio flaccida, Portio densa. Pfeil im Fora- men epiploicum.

5.2.2.2 Netzbeutel, Bursa omentalis

Der Netzbeutel ist eine spaltförmige Ausstül- pung des **Mesogastrium dorsale.** Der einzige Eingang in den sonst verschlossenen Gleitspalt für den Magen ist das **Foramen epiploicum Winslowi** (Abb. 5.88). Es liegt dorsal vom Lig. hepatoduodenale und wird nach kranial durch den Processus caudatus, nach kaudal durch die Pars superior duodeni und nach dorsal durch das primäre Peritoneum vor der V. cava inferior begrenzt (Abb. 5.86). Führt man einen Finger in das Foramen ein, so gelangt man in das Vesti- bulum der Bursa omentalis.

Wände (Abb. 5.85)

- **Vorderwand:** Omentum minus, Hinterwand des Magens, Lig. gastrosplenicum, Lig. gastrocoli- cum
- **Dach:** Lig. gastrophrenicum
- **Hinterwand:** (Abb. 5.86) kranial die Pars lum- balis des Zwerchfells, in der Mitte die linke Ne- benniere, **Glandula suprarenalis sinistra,** der obere Pol der linken Niere und die Milzgefäße, **A., V. lienalis (A., V. splenica),** weiter kaudal das Pankreas, nach links das Lig. phrenicosple- nicum, in dem die Cauda des Pankreas die Milz erreicht. Die **A. gastrica sinistra** läuft in der **Plica gastropancreatica** von der Cardia des Ma-

gens nach unten gegen das Pankreas. Sie trennt den rechts gelegenen Vorraum (Vestibulum) vom Hauptraum. Die Bauchfellauskleidung ist rechts der Falte primäres, links davon sekundäres Peritoneum parietale (aufgewachsenes Mesogastrium axiale).

Peritonealtaschen, Recessus

- **Recessus superior** (Abb. 5.86): gehört zum Vestibulum, liegt zwischen Zwerchfell hinten und Lobus caudatus vorn; reicht nach links bis zum Oesophagus und zur Pars cardiaca des Magens und nach rechts bis zur V. cava inferior.
- **Recessus lienalis:** reicht zwischen Lig. phrenicosplenicum und Lig. gastrosplenicum bis zur Milz.
- **Recessus inferior:** erstreckt sich innerhalb der Peritonealblätter des großen Netzes nach kaudal meist bis zum Colon transversum.

Abkömmlinge des Mesogastrium dorsale: Verwachsungsfeld mit dem Peritoneum parietale der hinteren Netzbeutelwand, Verwachsungsfeld mit dem Mesocolon transversum (Abb. 5.85), Lig. gastrophrenicum, Lig. gastrosplenicum, Lig. phrenicosplenicum, Lig. gastrocolicum, Omentum majus.

Klinik (Abb. 5.89): Für **operative Eingriffe** in der Bursa omentalis und am Pankreas sind verschiedene Zugänge zur Bursa omentalis möglich: **Vestibulum:** Es ist leicht durch die Portio flaccida des Lig. hepatogastricum zu eröffnen, um den Truncus coeliacus oder das Tuber omentale des Pankreas zu erreichen. In der Nähe der kleinen Magenkurvatur ist auf die Magengefäße zu achten und in der Portio densa des Lig. hepatogastricum verläuft sehr oft eine akzessorische linke Leberarterie. Einen breiten Zugang in den Hauptraum erhält man über 2 Wege: **Antekolischer Zugang:** Durchtrennung des Lig. gastrocolicum, wobei auf die Gefäße an der großen Magenkurvatur zu achten ist. **Retrokolischer Zugang:** Durchtrennung des Mesocolon transversum, das man durch Hochklappen des Omentum majus erreicht. Hier ist auf die A. colica media zu achten, bei deren Durchtrennung eine Schädigung des Dickdarmes auftreten kann.

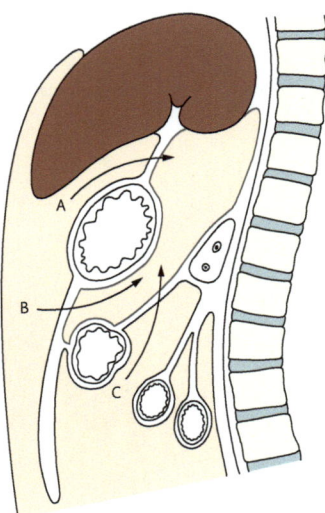

Abb. 5.89 Zugänge zur Bursa omentalis. **A** durch die Pars flaccida des Lig. hepatogastricum, **B** durch das Lig. gastrocolicum, **C** durch das Mesocolon transversum.

Subphrenische Räume (Abb. 5.90)

Die Peritonealhöhle des Oberbauches wird durch die Leber und ihre Bänder in Spalträume und Buchten unterteilt, die von klinischem Interesse sind. Die oberhalb der Leber liegenden Taschen werden als **Recessus subphrenici** und die unterhalb von ihr liegenden als **Recessus subhepatici** bezeichnet.

Recessus subphrenici. Sie liegen zwischen dem Zwerchfell und der Leber und werden durch das Lig. falciforme hepatis in einen linken und rechten Recessus unterteilt.
- **Recessus subphrenicus dexter** (Recessus suprahepaticus dexter): Er liegt zwischen dem rechten Leberlappen und dem Zwerchfell und reicht nach links bis zum Lig. falciforme hepatis, nach oben bis zum Lig. triangulare dextrum (s. Abb. 5.102).
- **Recessus subphrenicus sinister** (Recessus suprahepaticus sinister): Er liegt zwischen dem linken Leberlappen und dem Zwerchfell, reicht nach rechts bis an das Lig. falciforme hepatis und nach oben zum Lig. triangulare sinistrum (s. Abb. 5.102, 5.103)

Recessus subhepatici. Sie liegen unterhalb und hinter der Leber.

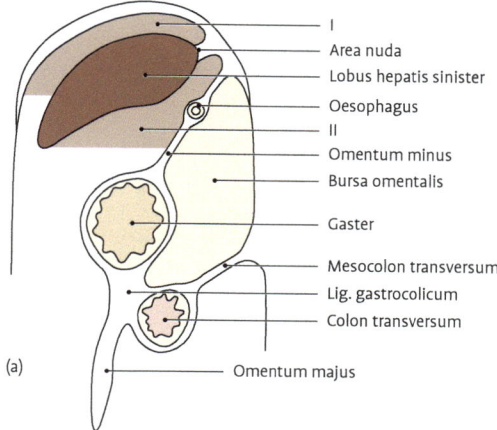

I
Area nuda
Lobus hepatis sinister
Oesophagus
II
Omentum minus
Bursa omentalis
Gaster
Mesocolon transversum
Lig. gastrocolicum
Colon transversum

(a)
Omentum majus

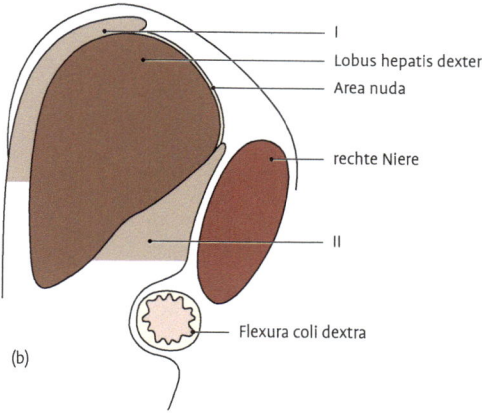

I
Lobus hepatis dexter
Area nuda

rechte Niere

II

Flexura coli dextra
(b)

Abb. 5.90 Sagittalschnitt durch den Oberbauch.
a: Durch den rechten, **b:** durch den linken Leberlappen. I: Recessus subphrenici, II: Recessus subhepatici. (nach H. Hollinshead).

- **Recessus subhepaticus dexter** (Recessus hepatorenocolicus, Morison-Grube): Er liegt zwischen der Facies visceralis des rechten Leberlappens und dem Peritoneum parietale der rechten Niere. Nach unten reicht er bis zur Flexura coli dextra und nach links bis zur Pars descendens duodeni. Nach oben setzt er sich fort in den **Recessus hepatorenalis** (Recessus suprahepaticus posterior), der hinter der Leber bis zum Lig. triangulare dextrum reicht. Nach links grenzt er an die V. cava inferior und steht über das Foramen epiploicum mit dem Vestibulum in Verbindung.
- **Recessus subhepaticus sinister:** Er liegt zwischen Magen und Omentum minus einerseits

und dem linken Leberlappen andererseits. Nach oben reicht er bis zum Lig. triangulare sinistrum und nach rechts bis zum Ansatz des Omentum minus an der Fissura ligamenti venosi.

> **Klinik:** In den **subphrenischen Taschen** können sich **Abszesse,** eigentlich Empyeme, infolge chirurgischer Eingriffe oder durch Erkrankungen der angrenzenden Organe ausbreiten.

5.2.2.3 Organe des Oberbauches

Magen, Gaster, Ventriculus

Entwicklung. Der Magen entsteht aus einer spindelförmigen Erweiterung des Vorderdarmes in der 4. Embryonalwoche (s. Kap. 5.2.1.2)

Abschnitte.

> Man unterscheidet am Magen die **Pars cardiaca** mit dem Magenmund, **Ostium cardiacum,** den Grund, **Fundus gastricus** (ventriculi), den Körper, **Corpus gastricum** (ventriculi), die **Pars pylorica** und den Pförtner, **Pylorus,** mit dem **Ostium pyloricum.** Die **Pars pylorica** besteht aus 2 Teilen: dem **Antrum pyloricum,** welches sich dem Corpus anschließt, und dem **Canalis pyloricus,** der am **Ostium pyloricum** mit dem Schließmuskel **(M. sphincter pylori)** endet (Abb. 5.91).

Am Magen werden eine vordere obere Wand, **Paries anterior,** eine hintere untere Wand, **Paries posterior,** eine große und eine kleine Krümmung, **Curvatura major** und **minor** unterschieden. Beim leeren Magen liegen die mit Magenschleim überzogenen, stark kontrahierten Wände aneinander, nur der **Fundus** ist durch die geschluckte Luft gedehnt **(Magenblase).**

Die trichterförmige **Pars cardiaca** geht links von der Medianlinie aus der Speiseröhre hervor. **Fundus gastricus** nennt man den links und kranial vom Magenmund gelegenen Abschnitt. Dieser unter der linken Zwerchfellkuppel gelegene Blindsack ist bei aufrechter Körperhaltung mit Luft gefüllt und erscheint auf dem Röntgenbild als **Magenblase.** Das **Corpus gastricum** verengt sich mäßig vom Fundus gegen die **Pars pylorica** und ist gegen das Antrum der Letzteren meistens durch eine seichte Einschnürung der Curvatura minor, die **Incisura angularis,** abgesetzt. Diese Einschnü-

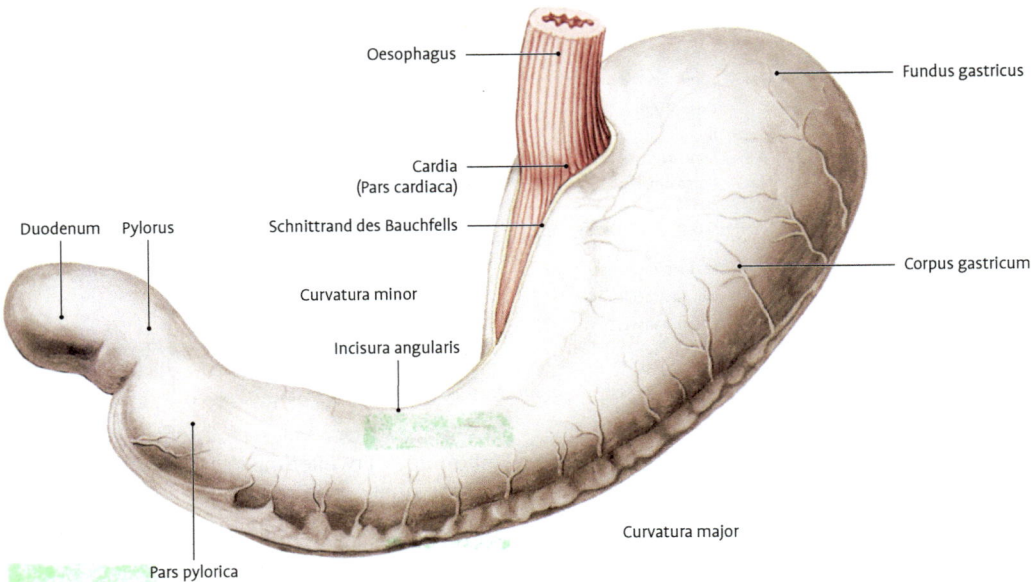

Oesophagus

Fundus gastricus

Cardia
(Pars cardiaca)

Schnittrand des Bauchfells

Duodenum   Pylorus

Corpus gastricum

Curvatura minor

Incisura angularis

Pars pylorica

Curvatura major

Abb. 5.91 Mäßig kontrahierter Magen von ventral. Fett und Gefäße schimmern durch den Bauchfellüberzug.

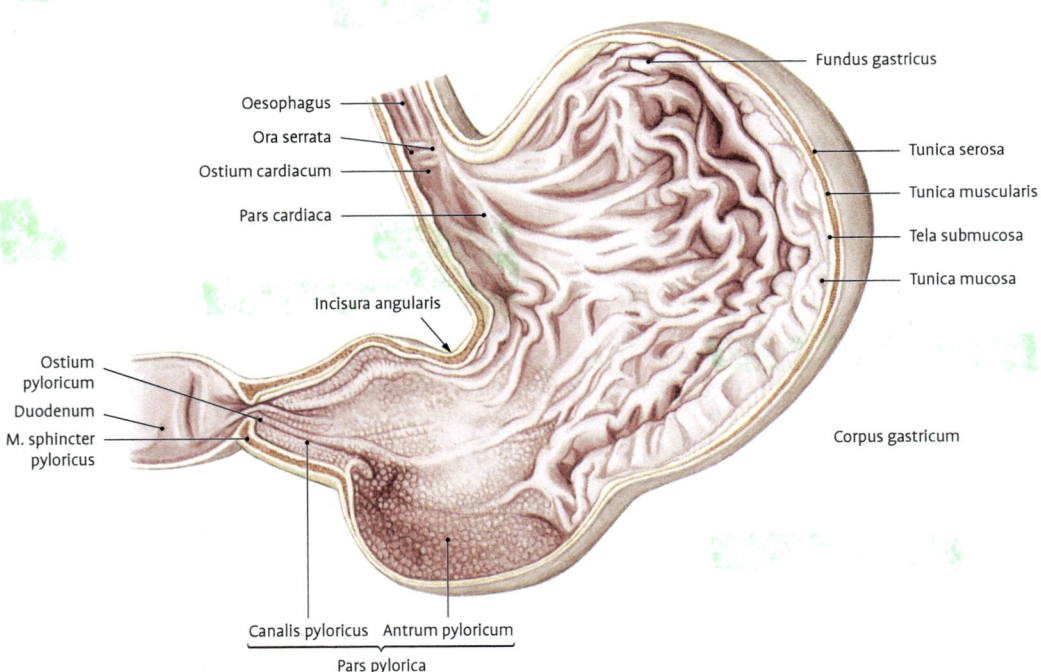

Fundus gastricus

Oesophagus

Ora serrata

Ostium cardiacum

Tunica serosa

Pars cardiaca

Tunica muscularis

Tela submucosa

Tunica mucosa

Incisura angularis

Ostium
pyloricum

Duodenum

M. sphincter
pyloricus

Corpus gastricum

Canalis pyloricus   Antrum pyloricum

Pars pylorica

Abb. 5.92 Dorsale Hälfte eines längs geschnittenen Magens. Schleimhautfalten.

rung ist nicht mit den im Röntgenbild zu beobachtenden Kontraktionsringen zu verwechseln. Der **Pylorus** erscheint äußerlich als eine leichte Einschnürung, fühlt sich härter als der übrige Magen an und springt (Abb. 5.92) nach innen als ringförmiger Wulst, **M. sphincter pylori,** vor.

Form. In der Röntgendiagnostik werden verschiedene Formen des gesunden Magens unterschieden. (Abb. 5.93): **1.** der **„normale" orthotone Magen** (J-Form), **2.** der **hypotone Langmagen** des Asthenikers (Hakenmagen), der in der Mitte zum „Sanduhrmagen" eingezogen sein kann, **3.** der **hypertone,** quer verlaufende Magen des Pyknikers (Stierhornmagen). **4.** Beim **Kaskadenmagen,** der ebenfalls vor allem beim Pykniker vorkommt, hängen die oberen Fundusteile über die Magenvorderwand. Seine Form ist also außerordentlich verschieden. Schließlich beeinflussen noch die Schwere des Mageninhaltes und die Lage des Menschen seine Form. In aufrechter Stellung ist der Magenkörper steiler und länger, im Liegen ist er kürzer und mehr quer gestellt. Krankhafte Veränderungen des Tonus der Magenmuskulatur, Narben, Magengeschwüre erzeugen pathologische Magenformen und modifizieren das schon normal bunte Bild noch weiter. An der Leiche wird er häufig durch Gase bei fehlendem Tonus der Muskulatur zu einem weiten Sack aufgetrieben.

Lage und Skeletotopie. Der Magen, die größte Ausweitung des Verdauungskanals, liegt zu drei Vierteln in der linken **Regio hypochondriaca,** zu einem Viertel in der **Regio epigastrica.** Nur ein kleines Feld (Abb. 5.87) ist am intakten Situs zwischen linkem Rippenbogen, Leber und Colon transversum ohne Weiteres zu sehen. Erst wenn man die Leber und den linken Rippenbogen nach oben zieht, wird der Magen in größerer Ausdehnung sichtbar (Abb. 5.88). Wie die Form ist auch seine Lage nicht konstant. Sie ist abhängig vom

Mageninhalt und der Stellung des Menschen. In Bauchlage sinkt der Magen gegen die vordere Bauchwand, in Rückenlage nach dorsal gegen das Pankreas. Im Stehen senkt er sich bei schwerem Inhalt bis zum 4. Lendenwirbelkörper. Die Cardia liegt links von der Medianlinie in Höhe des 12. Brustwirbelkörpers und des Ansatzes der 7. Rippe am Sternum. Sie ist im **Hiatus oesophageus** des Zwerchfells durch Bindegewebszüge relativ stark befestigt und wenig verschieblich. Der am Lig. hepatoduodenale des kleinen Netzes befestigte Pylorus senkt sich bei Füllung etwa um eine Wirbelhöhe. In Rückenlage steht er rechts von der Mittellinie in Höhe des 12. Brust- bis 1. Lendenwirbels. Im Stehen verschiebt er sich ungefähr 2 Wirbelkörperhöhen kaudalwärts. Die Incisura angularis tritt 1–2 Wirbelhöhen tiefer. Es kommt dadurch zwischen Corpus und Pars pylorica zu einer Abknickung (Hakenform). Bei **Frauen** steht der Magen regelmäßig steiler und meistens tiefer als bei Männern. Nicht selten reicht die große Kurvatur bis ins Becken, bei Frauen **häufiger** als bei Männern. Es ist nicht immer leicht, eine Grenze zu der krankhaften Magensenkung, Ptosis ventriculi, zu ziehen.

Größe. Beim Erwachsenen fasst er durchschnittlich 1,5 Liter. Doch passt er sich den Essgewohnheiten an und kann bei übermäßiger Zufuhr bis zu mehreren Litern aufnehmen. Beim Neugeborenen fasst er nur 30–35 ml **(häufige und kleine Mahlzeiten),** am Ende des 1. Lebensmonats bereits 100 ml.

Lagebeziehungen. Der **Paries anterior** liegt mit der Cardia, dem Pylorus und dem Gebiet der kleinen Kurvatur der Unterfläche der Leber an. Der Fundus und der anschließende Teil der großen Kurvatur grenzen an das Zwerchfell und die Pars pylorica legt sich der vorderen Bauchwand (Regio epigastrica) an. Der **Paries posterior** ist Teil der Vorderwand der Bursa omentalis. Er liegt der Milz und dem Colon an und unter Vermittlung des Spaltraumes der Bursa erhält er zu den Milzgefäßen, dem Pankreas, der linken Nebenniere, der Spitze der linken Niere und dem Mesocolon transversum Kontakt.

- **Magenfeld.** Es ist die Fläche, mit der der Magen unmittelbar der vorderen Brust- und Bauchwand anliegt.
- **Traube-Raum.** Er ist das Gebiet, wo der Magen unter Vermittlung des Zwerchfells der Brustwand anliegt. Er wird nach unten durch den Rippenbogen, nach links durch die Milz, nach

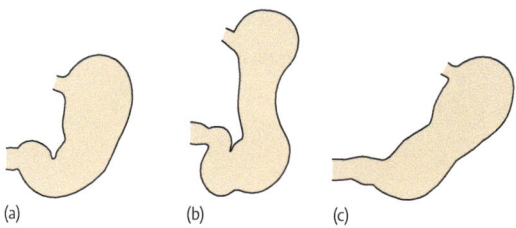

(a)   (b)   (c)

Abb. 5.93 Formen des gesunden Magens. **a:** normaler Magen, **b:** Hakenmagen und **c:** Stierhornmagen.

rechts durch den unteren Leberrand begrenzt. Die perkutorische Abgrenzung nach oben ist schwierig, weil hier der tympanitische Schall der Magenblase in den Lungenschall übergeht. Bei linksseitigen Pleuraergüssen ist der tympanitische Klopfschall gedämpft.

Feinbau des Magens (Abb. 5.94).

> Der Magen besitzt, wie das übrige Darmrohr, 3 Schichten: Schleimhaut, **Tunica mucosa,** eine Muskelschicht, **Tunica muscularis,** Bauchfellüberzug, **Tunica serosa.** Die Schleimhaut steht über eine lockere **Tela submucosa** und das viszerale Bauchfell über eine **Tela subserosa** mit der Muskelschicht in Verbindung.

Schichten:

1. **Tunica mucosa.** Die Magenschleimhaut besteht, wie überall im Magen-Darm-Kanal, aus einer **Lamina muscularis mucosae,** einer **Lamina propria** (Abb. 5.94) und einem **hochprismatischen einschichtigen Epithel,** dessen Zellen mehr mittelständige Kerne aufweisen. Sie erzeugen, zum Schutz gegen Selbstverdauung, ein saures Mukopolysaccharid, den **Magenschleim.** Die

Schleimhaut ist grau-rötlich, in der Jugend heller als im Alter. In einer gezackten Linie (Ora serrata) geht sie in der Pars cardiaca nach oral in die blassere Speiseröhrenschleimhaut über.

1. Hochrelief der Schleimhaut (Abb. 5.92): Es handelt sich dabei um verstreichbare Schleimhautfalten, **Plicae gastricae,** die unregelmäßig angeordnet sind und sich an der kleinen Kurvatur zu einigen konstanten Längsfalten formieren, welche die glatte Magenstraße (Waldeyer-Magenstraße) zwischen sich fassen. Die Plicae gastricae stellen Reservefalten für die Ausdehnung des Magens bei zunehmender Füllung dar. **2. Flachrelief der Schleimhaut:** Bei Lupenbetrachtung (Abb. 5.94) werden auf den Falten und in den Faltentälern kleine, polyedrische Felder mit einem Durchmesser von 1–5 mm, die **Areae gastricae,** sichtbar. Auf der Oberfläche der Areae beobachtet man viele kleine Drüsenöffnungen, **Foveolae gastricae** (Magengrübchen).

Magendrüsen, Glandulae gastricae. Man unterscheidet zwischen Kardia-, Haupt- und Pylorusdrüsen, die in die **Foveolae gastricae** (Abb. 5.94) münden. Diese tubulösen Drüsen liegen stets in der **Lamina propria** und überschreiten die **Lamina muscularis mucosae** nie.

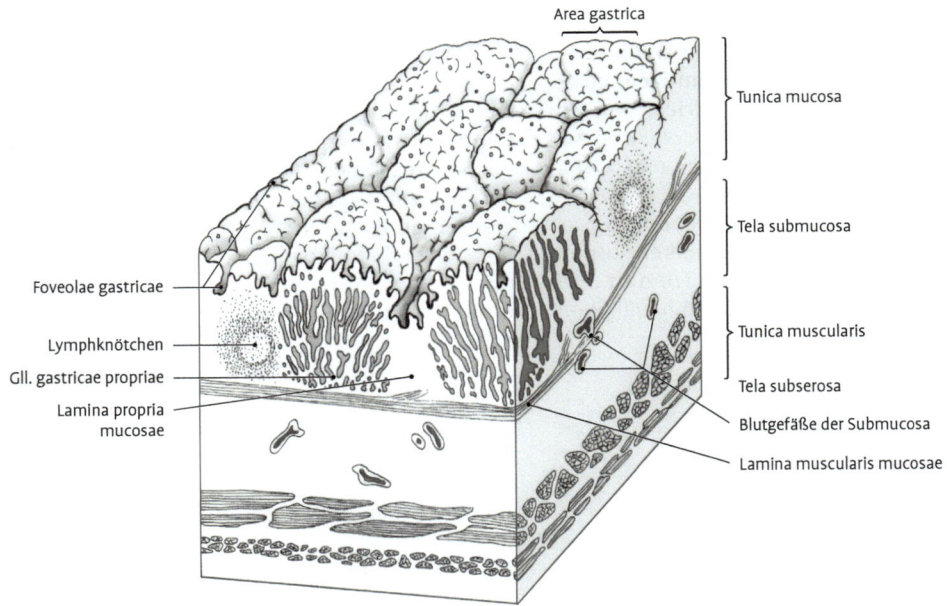

Abb. 5.94 Flachrelief der Schleimhaut und Schichtung der Magenwand.

- **Glandulae cardiacae.** Sie bilden im Bereich der Cardia als stark verzweigte Magendrüsen einen schmalen Ring zwischen Speiseröhre und Magen. Sie erzeugen hauptsächlich alkalischen Schleim.
- **Haupt- oder Fundusdrüsen.** Sie liegen im Fundus und Corpus und werden von vier Zellarten gebildet. Die basophilen und rundkernigen **Hauptzellen** sind hochprismatisch. Sie erzeugen das **Pepsinogen.** Dieses wird im Magen durch die Salzsäure in das Eiweiß spaltende **Pepsin** umgewandelt. Außerdem erzeugen sie Fett spaltende **Lipasen.** Die oft mehrkernigen, runden **Belegzellen** buchten die Drüsenschläuche nach außen vor. Sie sezernieren **Wasserstoffionen** durch intrazelluläre Sekretkapillaren ins Drüsenlumen. Gemeinsam mit im Blut vorhandenen **Chlorionen** bilden sie im Magen **Salzsäure.** Außerdem erzeugen sie den für die Blutbildung notwendigen **„intrinsic factor".** Die mukoiden **Nebenzellen** sind basophil und haben einen basalständigen Kern. Sie erzeugen **Schleim** und dienen der **Regeneration** des oberflächlichen Epithels und der Drüsenzellen. Die **enteroendokrinen Zellen** (APUD-System) verschiedener Art (enterochromaffine Zellen = EC-Zellen, EC-like-Zellen, A-Zellen, G-Zellen, D-Zellen) geben ihre Sekretgranula in die Lamina propria ab, um von hier ins Blut zu gelangen und somit in weit entfernten Zellen wirksam zu werden. Es handelt sich dabei um einzellige **endokrine** Elemente, die verschiedenartige Wirkstoffe erzeugen (Serotonin, Histamin, Glukagon, Gastrin, Somatostatin).
- **Glandulae pyloricae.** Sie finden sich im Pylorusteil. Sie sind kurze, verzweigte Drüsen, die in tiefe Foveolae gastricae münden (vgl. Abb. 5.131). Ihre mukoiden Zellen bilden Magenschleim.

2. **Tunica muscularis.** Sie besteht (Abb. 5.95) aus 3 Lagen glatter Muskulatur. Die äußere oder Längsschicht, **Stratum longitudinale,** strahlt vom **Oesophagus** radienförmig über den Magen aus, wobei die stärksten Züge an der großen und kleinen Kurvatur liegen. An der kleinen reichen sie nur bis zur Pars pylorica. Die mittlere oder Ringschicht, **Stratum circulare,** ist am Fundus dünn, wird im Corpus und in der Pars pylorica allmählich dicker und bildet schließlich den Pförtner, **M. sphincter pylori.**

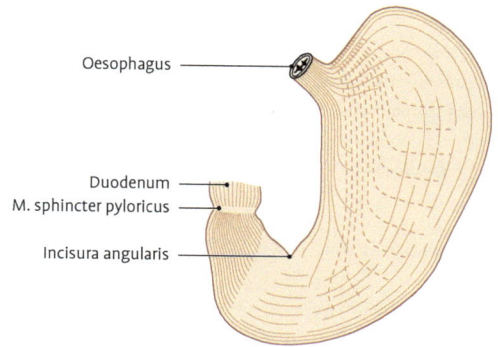

Oesophagus

Duodenum
M. sphincter pyloricus

Incisura angularis

Stratum longitudinale = ausgezogene Linien
Fibrae obliquae = gestrichelte Linien
Stratum circulare nicht dargestellt

Abb. 5.95 Magenmuskulatur.

Die innere oder Schrägschicht, **Fibrae obliquae,** strahlt von der medialen Seite des Fundus schräg über die vordere Fläche des **Corpus** zur großen Kurvatur und von dort in der gleichen Weise zurück zur Ausgangsstelle. Die kleine Kurvatur wird von diesen Fasern freigelassen, ebenso fehlen sie in der Pars pylorica. Die mit den Schrägfasern ausgestatteten Magenteile (Fundus und Corpus) bilden funktionell den Verdauungssack, **Saccus digestorius,** die Pars pylorica den Austreibungskanal, **Canalis egestorius.** Die lockere, bindegewebige **Tela submucosa** ermöglicht die gute Verschieblichkeit der Schleimhaut auf der Muskularis.

3. **Tunica serosa.** Der Magen hat einen nahezu vollständigen Peritonealüberzug, der über die Tela subserosa mit der Tunica muscularis zusammenhängt. Nur an den beiden Kurvaturen, wo das Peritoneum in die Gekröse übergeht, fehlt ihm in schmalen Streifen der Serosaüberzug. Hier finden wir **Adventitia.**

Gefäße und Nerven

Arterien (Abb. 5.96). Die Arterien des Magens sind die Aa. gastrica dextra und sinistra, die Aa. gastroomentalis dextra und sinistra, die Aa. gastricae breves und die A. gastrica posterior. Sie entstammen dem Truncus coeliacus und bilden an den Kurvaturen je einen Gefäßbogen, von dem Äste an die Hinter- und Vorderwand abzweigen.

- **A. gastrica sinistra.** Das starke Gefäß ist meist ein direkter Ast des Truncus coeliacus und gelangt in der Plica gastropancreatica zur kleinen

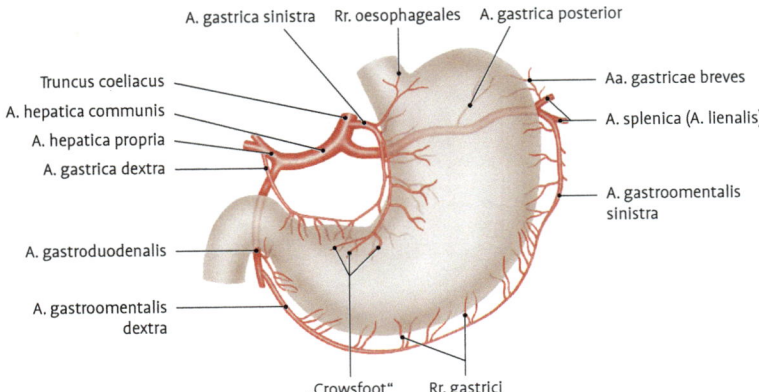

Abb. 5.96 Truncus coeliacus und Magenarterien.

Magenkurvatur (Abb. 5.86, 5.118), gibt hier kleinere Äste zur Speiseröhre, Rr. oesophageales, ab und verläuft im Omentum minus nahe der kleinen Kurvatur kaudalwärts, wo ihr Endast mit der A. gastrica dextra anastomosiert. Ihr Versorgungsgebiet reicht bis zur Incisura angularis.
- **A. gastrica dextra.** Das schwächere Gefäß entspringt im Lig. hepatoduodenale aus der A. hepatica propria und zieht rückläufig zur kleinen Kurvatur des Magens, wo sie sich mit der A. gastrica sinistra verbindet. Sie versorgt vorwiegend das Antrum pyloricum.
- **A. gastroomentalis dextra.** Sie zweigt am Unterrand des Pylorus aus der A. gastroduodenalis, einem der Endäste der A. hepatica communis, ab und verläuft im Lig. gastrocolicum 2 cm von der großen Magenkurvatur entfernt nach links. Sie gibt Äste an den Magen und Rr. omentales an das große Netz ab und anastomosiert häufig mit der A. gastroomentalis sinistra aus der A. splenica.
- **A. gastroomentalis sinistra.** Sie entspringt aus der A. splenica oder deren unterem Hauptstamm, zieht durch das Lig. gastrosplenicum unterhalb des Fundus zur großen Kurvatur und verbindet sich mit der stärkeren A. gastroomentalis dextra. Sie versorgt nur ein kleines Areal des Corpus gastricus. Mit zunehmender Magenfüllung nähert sich die große Kurvatur diesen Gefäßen.
- **Aa. gastricae breves.** Diese entspringen aus der A. gastroomentalis sinistra oder der A. splenica und ziehen über das Lig. gastrosplenicum zum Fundus gastricus.
- **A. gastrica posterior.** Sie entspringt aus der mittleren Verlaufsstrecke der A. splenica und steigt im Lig. phrenicosplenicum steil aufwärts zum Fundus gastricus.

Venen (Abb. 5.97). Sie entspringen in den submukösen Venenplexus des Magens und führen ihr Blut zur Pfortader. Die Venen laufen, wie im Pfortadersystem üblich, unpaarig mit den gleichnamigen Arterien und entfernen sich erst mündungsnahe von diesen.
- **Vv. gastricae dextra** und **sinistra.** Sie bilden an der kleinen Kurvatur die **V. coronaria ventriculi** und münden jeweils in die Pfortader. Sie anastomosieren durch den Hiatus oesophageus mit den Speiseröhrenvenen. Kurz vor ihrer Einmündung in die V. portae nimmt die V. gastrica dextra die **V. prepylorica** auf, die außen die Grenze zwischen Magen und Bulbus duodeni markiert.
- **Vv. gastroomentales.** Mit den Arterien der großen Magenkurvatur laufen die **V. gastroomentalis sinistra,** die in die V. splenica, und die **V. gastroomentalis dextra,** die in die **V. mesenterica superior** einmündet.

Lymphgefäße (Abb. 5.98). Sie beginnen mit blind endenden Ästen und einem feinmaschigen Kapillarnetz zwischen den Magendrüsen. Von hier aus durchbohren größere Äste die Lamina muscularis mucosae und ziehen zu einem grobmaschigen Netz in der Tela submucosa. Aus diesem dringen abführende Äste durch die Tunica muscularis zu dem mit bloßem Auge sichtbaren subserösen Netz. Aus ihm strömt die Lymphe zusammen mit den 4 an den Curvaturen liegenden Magenarterien zu den regionären Lymphknoten, den Nll. gastrici dextri und sinistri an der kleinen Kurvatur, den Nll. gastroomentales dextri und sinistri an der großen Kurvatur, Nll. pylorici um den Pylorus und den Nll. splenici am Milzhilum.

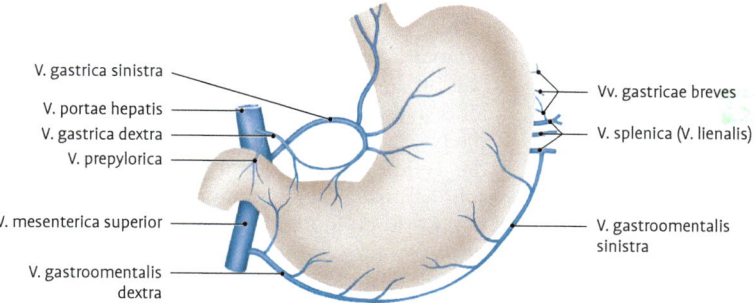

Abb. 5.97 Magenvenen. Die Verlaufstrecke der V. splenica hinter dem Magen ist nicht dargestellt.

- **Nll. gastrici sinistri** und **dextri.** Sie nehmen die Lymphe der kleinen Magenkurvatur auf
- **Nll. gastroomentales sinistri** und **dextri** aus der großen Kurvatur
- **Nll. splenici** aus dem Fundus und die **Nll. pylorici** aus der Pars pylorica und dem Bulbus duodeni.
- Die Lymphknoten an den Kurvaturen sind die primären, die Lymphknoten an der Leberpforte, dem Milzstiel und am Pankreasoberrand sind die sekundären Filterstationen. Aus allen Stationen strömt die Lymphe schließlich durch die **Nll. coeliaci** zum Brustmilchgang, **Ductus tho-**racicus. Die **Nll. coeliaci** haben durch das Zwerchfell auch Verbindungen zu den **Nll. mediastinales posteriores.**

Klinik: Beim **Magenkarzinom** können Metastasen der regionären Lymphknoten mit den Nachbarorganen wie Leber, Zwerchfell oder Bauchspeicheldrüse verbacken und eine Operation erschweren. Metastasen können in der Leber, in den Mediastinal- und in einem der linken Supraklavikulärlymphknoten auftreten. Dieser wird dann Virchow-Drüse genannt.

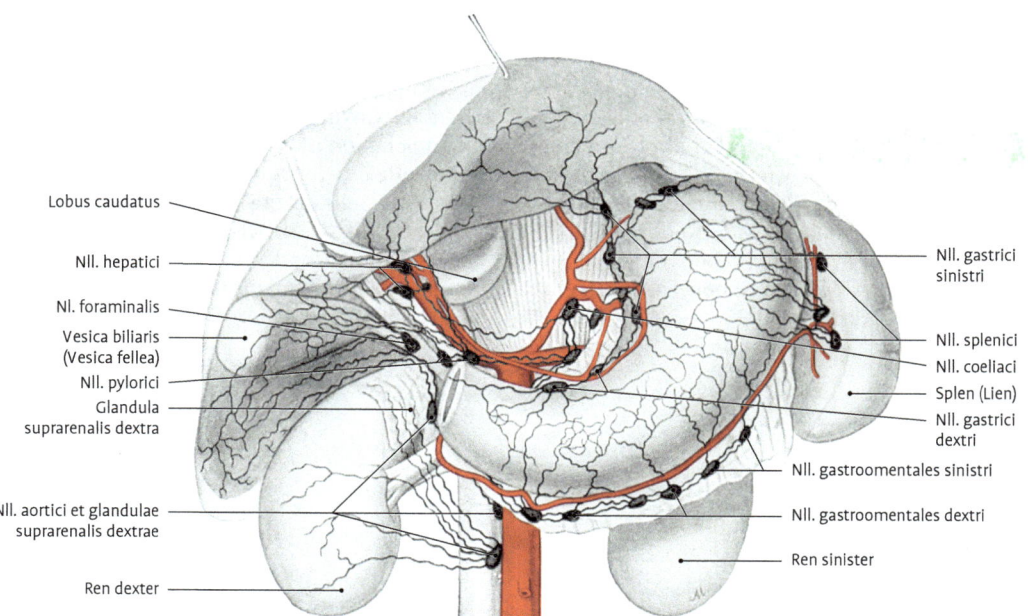

Abb. 5.98 Lymphgefäße und Lymphknoten der viszeralen Leberfläche, der Gallenblase, des Magens, der Milz sowie der rechten Niere und Nebenniere (nach Jossifow).

Nerven (Abb. 5.99, 5.118). Der Magen wird vom Sympathicus wie auch vom Parasympathicus innerviert.

- **Parasympathische Vagusäste.** Sie entspringen aus dem Plexus oesophageus und enthalten Fasern des rechten und linken N. vagus. Durch die Magendrehung gelangt der linke Vagus eher nach ventral und wird zum **Truncus vagalis anterior,** der rechte nach dorsal: **Truncus vagalis posterior.** Sie verlaufen mit dem Oesophagus durch den Hiatus oesophageus in die Bauchhöhle. Der **Truncus vagalis anterior** tritt auf die Vorderfläche des Magens, bildet in der Nähe der kleinen Kurvatur den **Plexus gastricus anterior,** der zahlreiche Äste zur Vorderfläche des Magens (**Rr. gastrici**) und zur Leber (**Rr. hepatici**) abgibt. Von Letzteren stammen die **Rr. pylorici,** die den Pylorus und den Beginn des Duodenum innervieren. Der **Truncus vagalis posterior** verläuft zur Hinterwand des Magens, bildet an der kleinen Kurvatur den **Plexus gastricus posterior,** der den kleineren Teil der Fasern zur Rückwand des Magens (**Rr. gastrici**), den größeren zum Plexus coeliacus (**Rr. coeliaci**) schickt. Der Parasympathicus fördert die Magenmotorik und die Sekretion.
- **Sympathische Nerven.** Sie kommen aus dem 6.–9. thorakalen Rückenmarksegment. Sie erreichen über die **Nn. splanchnici** den Plexus coeliacus. Von dort gelangen sie mit den Arterienästen des Truncus coeliacus zum Magen. Der Sympathicus hemmt die Magentätigkeit.
- **Intramurales Nervensystem:** Es besteht aus dem **Plexus myentericus Auerbach** in der Tunica muscularis und dem **Plexus submucosus Meissner** in der Tela submucosa. Beide Geflechte arbeiten autonom, werden aber von parasympathischen und sympathischen Fasern beeinflusst (s. Kap. 5.2.3.3).

Klinik: 1. Die operative Ausschaltung der parasympathischen Mageninnervation (**Vagotomie**) dämpft die Hypersekretion und die Hyperazidität des Magens. Bei dieser Operation soll man die parasympathische Innervation des Pylorus, der Leber, des Duodenum und des Pankreas schonen (**selektive Vagotomie**). Dieses Vorgehen ist durch moderne medikamentöse Therapie beinahe verdrängt. **2. Magenschmerzen** werden über sensible Fasern der vegetativen Nerven und über den linken N. phrenicus geleitet. Der Schmerz projiziert substernal in die Leibesmitte und strahlt nach links hinten aus. Die **Head-Zonen** entsprechen den Dermatomen Th5–Th8 (s. Kap. 2.4.5.4).

Funktion des Magens. Der Magen hat **mechanische** und **chemische Aufgaben.** Er nimmt nicht wie ein einfacher Sack die Speisen auf, sondern legt sich mittels des Tonus der Muskulatur den aufeinandergeschichteten Bissen an. Dabei werden zunächst nur die äußeren Lagen durch den Magensaft angedaut, innen geht die Verdauung durch die Mundhöhlenenzyme weiter. Anschließend werden die äußeren, angedauten Schichten durch wellenförmige Kontraktionsbewegungen gegen den Pylorus geführt und andere Schichten mit dem Magensaft in Verbindung gebracht.

Ist schließlich der ganze Mageninhalt mit dem Magensaft, **Succus gastricus,** vermischt, so wird der Magenbrei, **Chymus,** durch peristaltische Wellen in kleinen Schüben in das **Duodenum** befördert. Ein **Chemoreflex** regelt Öffnen und Schließen des Pförtners. Saure Reaktion im Duodenum schließt, alkalische öffnet. Gemischte Kost ist bei gesundem Magen bis zu 4 Stunden in ihm nachweisbar. Bei normaler Nahrungszufuhr produziert der gesunde Magen täglich 1,5–2,5 Liter Magensaft.

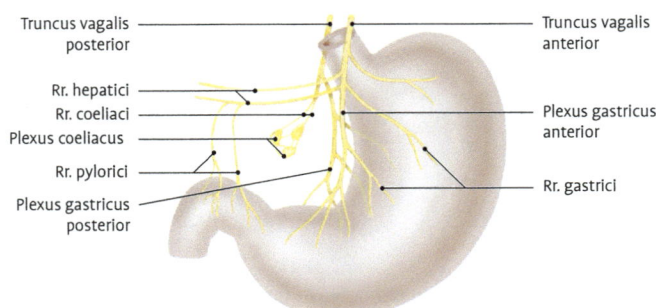

Truncus vagalis posterior — Truncus vagalis anterior

Rr. hepatici
Rr. coeliaci
Plexus coeliacus — Plexus gastricus anterior

Rr. pylorici
Plexus gastricus posterior — Rr. gastrici

Abb. 5.99. Magennerven.

Im **Ruhezustand** sondert der Magen Schleim ab, der die Oberfläche überzieht und hilft, die Selbstverdauung des Magens zu verhindern. Wahrscheinlich wird aber nur geschädigte Schleimhaut (Zirkulationsstörung) durch Pepsinsalzsäure verdaut (Magengeschwür). Im tätigen Magen wird die Pepsinsalzsäure abgesondert. Der Magensaft, ein wässriges saures Sekret, enthält Pepsin, Salzsäure, Schleim und Hormone. **Pepsinsalzsäure** baut die Eiweiße bis zu den Peptiden ab. Salzsäure wirkt außerdem bakterientötend und sie verhindert die Milchsäurebildung aus Kohlenhydraten im Magen.

Castle fand im Magensaft den **intrinsic factor,** der mit dem **extrinsic factor** der Nahrung (Vitamin B_{12}) den Antiperniziosastoff bildet. Fehlt dieser, was gleichzeitig mit einem Fehlen der Salzsäure verbunden ist, so kommt es zu einer Störung der Blutbildung, zur perniziösen Anämie.

In den **Pylorusdrüsen** entsteht das **Gastrin.** Es stimuliert die Saftsekretion im Magen. Neben dieser hormonellen Steuerung wird die Magensekretion über den **N. vagus** auch reflektorisch beeinflusst.

Zwölffingerdarm, Duodenum

Entwicklung. Das Duodenum wird vom Endabschnitt des Vorderdarmes und auch vom oberen Abschnitt des Mitteldarmes gebildet. Die Grenze zwischen beiden liegt direkt distal des Abganges der Leberknospe. Am Ende der 4. Embryonalwoche zeigt es sich unterhalb der Magenspindel als nach ventral konvexe Darmschleife, die sich im Folgenden mit der Magendrehung mitverlagert.

Fehlentwicklung. Verlötet das Duodenum nicht oder nur teilweise mit der hinteren Bauchwand, liegt ein **Duodenum mobile** vor.

Einteilung, Form.

> Das Duodenum ist ein nach links oben offener **C-förmiger Dünndarmabschnitt,** der förmlich den 2. Lendenwirbel umkreist. In die Konkavität der Duodenalschlinge ist der Kopf des Pankreas eingelagert.

Die **Pars superior** ist etwa 5 cm lang und am Anfangsteil zum **Bulbus duodeni (Ampulla)** aufgetrieben. Bei gefülltem Magen ist sie dorsoventral, bei leerem Magen mehr frontal gerichtet (Bedeutung für Röntgenaufnahmen). In der **Flexura duodeni**

superior geht sie in die **Pars descendens** über. Diese hat eine Länge von ungefähr 10 cm. In ihrem Inneren beobachtet man dorsomedial eine Längsfalte, die **Plica longitudinalis duodeni.** Sie trägt die **Papilla duodeni major** (Papilla Vateri), eine Erhebung mit der gemeinsamen Mündung des Ductus choledochus und Ductus pancreaticus (Wirsungi) (Abb. 5.119). Etwas oberhalb dieser Papille liegt in 96 % der Fälle die akzessorische Öffnung für den Ductus pancreaticus accessorius (Santorini). An der Flexura duodeni inferior beginnt die **Pars horizontalis.** Sie ist nur wenige cm lang und geht in die 5–7 cm lange **Pars ascendens** über, welche an der Flexura duodenojejunalis endet, wo der freie Dünndarm beginnt. Die Flexur ist vom **M. suspensorius duodeni** fixiert, der als ein glatter Muskelzug vom periaortalen Bindegewebe entspringt.

Lage. Skeletotopisch liegt die Pars superior in Höhe des 1. Lendenwirbels, die Pars horizontalis in Höhe des 3. Lendenwirbels und die Flexura duodenojejunalis links an der Bandscheibe zwischen 1. und 2. Lendenwirbel. Das Duodenum umkreist also den 2. Lendenwirbel. In der Projektion auf die Bauchwand bleibt das duodenale „C" fast immer oberhalb des Nabels.

Bezogen auf das **Peritoneum** sind die Pars superior intraperitoneal, die Pars descendens und horizontalis (sekundär) retroperitoneal und die Pars ascendens erst retro- und dann intraperitoneal.

Form und Lage des Duodenum sind sehr **variabel** (Abb. 5.100). Die Abweichungen sind meist darauf zurückzuführen, dass eine Pars horizontalis fehlt und die Flexura duodeni inferior gleich einen spitzen Winkel bildet. Auch kann der Scheitel der hufeisenförmigen Schlinge in seltenen Fällen bis zum Promontorium herabreichen.

Lagebeziehungen (Abb. 5.86, 5.88, 5.118, 5.119).
- **Pars superior.** Sie wird an der Dorsalseite vom Ductus choledochus, der V. portae und der A.

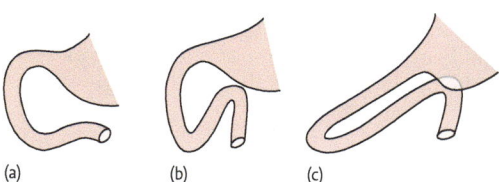

Abb. 5.100 Formen der Duodenalschlinge: **a:** C-Form, **b:** Ringform, **c:** U-Form (seltener).

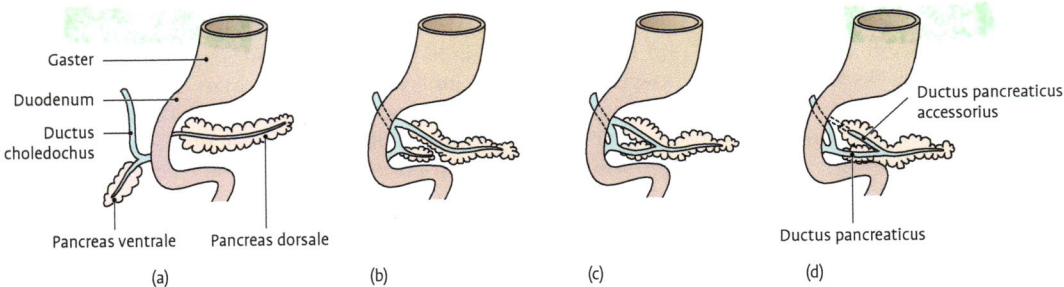

Abb. 5.101 Entwicklung des Pancreas. **a:** Ventrale und dorsale Pancreasanlage. **b:** Ventrale Anlage wird nach dorsal verlagert, vorerst noch selbstständig. **c:** Ventrale und dorsale Anlage verschmelzen miteinander, der Ausführungsgang der dorsalen Pancreasanlage mündet noch als Ductus pancreaticus accessorius in das Duodenum. **d:** Die Einmündung des Ductus pancreaticus accessorius in das Duodenum ist obliteriert.

gastroduodenalis gekreuzt. Etwas weiter dorsal liegt die V. cava inferior. Vorne bekommt sie Beziehungen zum Gallenblasenhals und zum Lobus quadratus der Leber.

- **Pars descendens.** Sie steigt rechts von der V. cava inferior ab. Nach dorsal hat sie Beziehungen zum Stiel der rechten Niere, zum Nierenbecken und zum unteren Abschnitt der rechten Nebenniere. Vorne ist die Flexura coli dextra aufgewachsen und der Beginn der Radix mesocolica. Pars horizontalis und Pars ascendens überkreuzen vorne die V. cava inferior, die Wirbelsäule und die Aorta. Zwischen beiden Teilen kreuzen ventral die A. und V. mesenterica superior, die hier vor dem Duodenum in die Radix mesenterii eintreten.

> **Klinik: 1.** Die verborgene Lage des Duodenum erschwert die **operative Zugänglichkeit.** Während die intraperitonealen Abschnitte, Pars superior und ascendens, ohne Präparation gut erreichbar sind, muss zur Aufsuchung der retroperitonealen Pars descendens die Flexura coli dextra vom Duodenum abgelöst werden. **2.** Vor allem beim **Pankreaskopfkarzinom** mit Verschluss des Ductus choledochus ist die Pars descendens mitbetroffen. **3.** Auch Aussackungen der Duodenalwand, **juxtapapilläre Duodenaldivertikel,** kommen vor allem mediodorsal nahe der Einmündung des Gallenganges vor.

Feinbau (vgl. Abb. 5.131). Im Bulbus duodeni beginnen als besondere oberflächenvergrößernde Schleimhauteinrichtungen des Dünndarmes zuerst die Darmzotten, **Villi intestinales,** mit dem binde-

gewebigen Grundstock der Lamina propria. Etwas weiter vom Pylorus entfernt (2–5 cm) entstehen die unverstreichbaren Schleimhautfalten, **Plicae circulares,** Kerckring-Falten, die sich in das Jejunum fortsetzen. Ihre bindegewebige Grundlage ist die Tela submucosa. Wie im übrigen Dünn- und Dickdarm finden sich in der Lamina propria die **Glandulae intestinales,** Lieberkühn-Krypten. Besondere **Glandulae duodenales,** Brunner-Drüsen, durchbrechen die **Lamina muscularis mucosae,** liegen in der Tela submucosa und sondern alkalischen Schleim, Eiweiß- und Kohlenhydrat spaltende Enzyme ab (Proteasen, Amylasen, Maltasen). Die resorptive Oberfläche der Duodenalschleimhaut beträgt 7 m^2.

Gefäße. Die Versorgung hängt direkt mit der Versorgung des Caput pancreatis zusammen (Abb. 5.120, 5.121) und erfolgt durch 2 Gefäßarkaden, die jeweils vor und hinter dem Pankreaskopf verlaufen und aus der **A. mesenterica superior** und **A. gastroduodenalis** gespeist werden.

Nerven. Äste aus dem **Plexus coeliacus** und dem **Plexus mesentericus superior.**

Funktion des Duodenums. Im Duodenum findet eine allmähliche **Neutralisierung** des sauren Magenbreies durch die Sekrete der Leber, der Bauchspeicheldrüse und des Duodenums statt. Anschließend werden durch die genannten Sekrete die **Kohlenhydrate, Fette** und **Eiweißkörper** zu **resorbierbaren,** wasserlöslichen Fraktionen aufgeschlossen.

Leber, Hepar

Entwicklung (Abb. 5.101). Vom vorderen Umfang des Duodenum wächst in der 4. Embryonalwoche aus dem hepatopankreatischen Ring eine Aussackung aus dem Vorderdarm an der Grenze zum Mitteldarm, die **Leberbucht,** in das ventrale Mesogastrium. Die Bucht gliedert sich frühzeitig in eine kraniale **Pars hepatica** und in eine kaudale **Pars cystica.** Die entodermalen Epithelsprossen der Pars hepatica bilden die späteren Leberzellbalken, die Zellsprossen der Pars cystica bilden die epithelialen Abschnitte der Gallenblase. Der von Anfang an gemeinsame Gang wächst zum Gallengang, Ductus choledochus, aus. Er mündet zunächst ventral, wird aber durch Drehung von Magen und **Duodenum** allmählich nach dorsal verlagert.

Fehlentwicklung. Entstehen in den ursprünglich soliden Epithelsprossen keine Lichtungen, kommt es zum angeborenen Verschluss der Gallenwege, der zu einer mit dem Leben nicht zu vereinbarenden Gelbsucht führt.

Größe. Die braunrote Leber ist das größte innere Organ des Menschen und wiegt etwa 1.500 g. Beim Verdauungsvorgang sind Volumen und Größe erhöht, beim Fasten erniedrigt. Beim Neugeborenen ist sie relativ größer und beträgt 1/25 des Körpergewichts gegenüber 1/50 beim Erwachsenen. Im Greisenalter reduziert sich das Lebergewicht durch Atrophie auf die Hälfte.

Form. Eine definierte Eigenform der Leber ist nicht gegeben, weil sich das weiche und plastische Organ in der Form den Nachbarorganen anpasst. Frisch der Leiche entnommen, plattet sie sich ab. Das von einer bindegewebigen Kapsel umgebene Parenchym ist brüchig, sodass stumpfe Gewalteinwirkungen von außen leicht zu Leberrissen führen können.

Oberfläche. Die Oberfläche ist eben und glatt und durch den **Serosaüberzug** (Peritoneum viscerale) glänzend. Zwei Flächen werden unterschieden, die leicht konkave Facies visceralis und die konvexe Facies diaphragmatica. Beide Flächen werden vom scharfen Unterrand, Margo inferior, voneinander getrennt. Dieser Rand ist durch das Lig. falciforme hepatis und durch das Lig. teres hepatis zur **Incisura lig. teretis** eingeschnitten. Rechts von diesem Einschnitt überragt die Kuppe der Gallenblase, **Fundus vesicae biliaris,** den Leberrand (Abb. 5.102).

- **Facies diaphragmatica.** Sie ist dorsokranial mit dem Zwerchfell verwachsen. Diese bauchfellfreie **Area nuda** (Pars affixa) läuft (Abb. 5.102, 5.103) nach vorn zum **Lig. falciforme hepatis,** nach rechts zum kurzen **Lig. triangulare dextrum,** nach links zum langen **Lig. triangulare sinistrum** und der Appendix fibrosa, einem umgewandelten Teil des linken Leberlappens, aus. Die beiden Ligg. triangularia bilden das Kranzband der Leber, **Lig. coronarium,** welches die Area nuda umgrenzt. Der übrige Teil der Zwerchfellfläche ist von Bauchfell überzogen, frei beweglich und heißt **Pars libera.** Die Facies diaphragmatica kann schräge **Rippenfurchen** (am Lobus dexter in Abb. 5.102) aufweisen. Nahezu vertikale **Zwerchfellfurchen, Zahn-Furchen,** entstehen durch stark vorspringende Muskelzüge des Zwerchfells. Die starke Formbarkeit ermöglicht das Abschnüren (Korsett) größerer Lappen (**Schnürlappen**). Individuelle Unterschiede der Form sind bei gleichartig in situ gehärteten Lebern sehr groß.

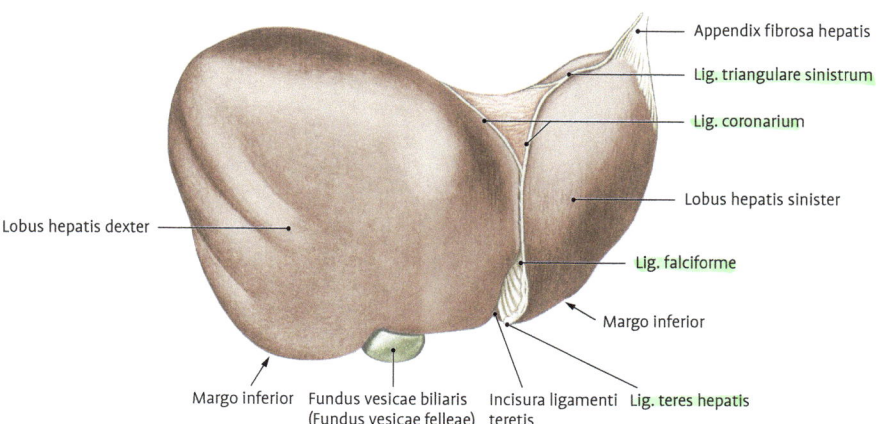

Appendix fibrosa hepatis

Lig. triangulare sinistrum

Lig. coronarium

Lobus hepatis sinister

Lobus hepatis dexter

Lig. falciforme

Margo inferior

Margo inferior Fundus vesicae biliaris   Incisura ligamenti   Lig. teres hepatis
(Fundus vesicae felleae)   teretis

Abb. 5.102 Leber des Erwachsenen. Facies diaphragmatica.

- **Facies visceralis.** (Abb. 5.104) Sie wird erst beim Hochklappen der Leber sichtbar. Diese Fläche hat engste Beziehungen zu den Nachbarorganen, die bei gut gehärteten Lebern Abdrücke, Impressionen, hinterlassen. Am linken Lappen werden eine **Impressio oesophagealis** durch die Pars abdominalis oesophagi, eine **Impressio gastrica** durch die kleine Magenkurvatur und eine buckelige Erhebung, **Tuber omentale,** das sich dem Omentum minus auflagert, sichtbar (Abb. 5.104). Auf dem rechten Lappen bewirkt die rechte Niere die **Impressio renalis,** die rechte Nebenniere die **Impressio suprarenalis.** Die Flexura coli dextra erzeugt die **Impressio colica** und die Pars superior duodeni die **Impressio duodenalis.** Auf dem **Lobus quadratus** wird die **Impressio pylorica** sichtbar. Nahezu in der Mitte der Eingeweidefläche liegt die Leberpforte, **Porta hepatis,** die Eintrittsstelle für die Pfortader, **V. portae,** und die **A. hepatica,** und die Austrittsstelle für die Lebergänge, **Ductus hepatici.** Links von der Leberpforte verläuft die Nebengrenzspalte, **Fissura sagittalis sinistra.** Sie zerfällt in eine vordere **Fissura lig. teretis** und eine hintere **Fissura lig. venosi.** (Der Ductus venosus führte embryonal arterialisiertes Blut aus der Plazenta an der Leber vorbei, direkt in die V. cava inferior, s. Kap. 2.3.1.4). Rechts von der Leberpforte liegt die Hauptgrenzspalte, **Fissura sagittalis dextra,** die von der **Fossa vesicae biliaris** und dem **Sulcus v. cavae** gebildet wird. Beide Fissuren bilden mit der Leberpforte das „H" der Leber. Die Vene ist hier oft von Bindegewebe verdeckt **(Lig. venae cavae).** Fossa und Sulcus

trennen vom rechten Hauptlappen vorn den **Lobus quadratus,** hinten den **Lobus caudatus** ab. Der **Lobus caudatus** schickt nach vorn gegen die Porta den rundlichen **Processus papillaris,** nach rechts gegen den Hauptlappen eine dünne Leberbrücke, den **Processus caudatus.**

Befestigung. Die Leber ist über die Area nuda mit der Unterseite des Zwerchfells in einer Fläche von etwa 90 cm² verwachsen und ebenso mit der V. cava inferior innig verbunden, die selbst wieder im Zwerchfell verankert ist. Auch das **Lig. coronarium hepatis** verbindet die Leber mit dem Zwerchfell und der hinteren Bauchwand. Seitlich läuft es in das breite und kurze **Lig. triangulare dextrum** und das schmale und lange **Lig. triangulare sinistrum** aus. Das **Lig. falciforme hepatis** und **Lig. teres hepatis** befestigen die Leber am Zwerchfell und der vorderen Bauchwand. Das kleine Netz verbindet die Leber mit dem Magen und mit dem Zwölffingerdarm, wobei das **Lig. hepatoduodenale** um die Leberpforte ansetzt und das **Lig. hepatogastricum** in der Fissura lig. venosi. Die Leber wird am Zwerchfell durch die genannten Befestigungsmittel und durch einen dünnen Flüssigkeitsfilm (Adhäsion) festgehalten, sodass der Lungenzug ebenfalls eine wesentliche Rolle bei ihrer Fixation spielt. Auch die Bauchmuskulatur („Gürteleffekt") trägt zu ihrer Lageerhaltung bei.

Lage. Die Leber folgt vermöge ihrer Verwachsungen mit dem Zwerchfell den Atembewegungen, passt sich in ihrer Form der Verformung des Zwerchfells an. Ein Hochstand des Zwerchfells bedingt auch einen Hochstand der Leber. Auch bei Veränderung der Körperlage ändert sich die Lage der

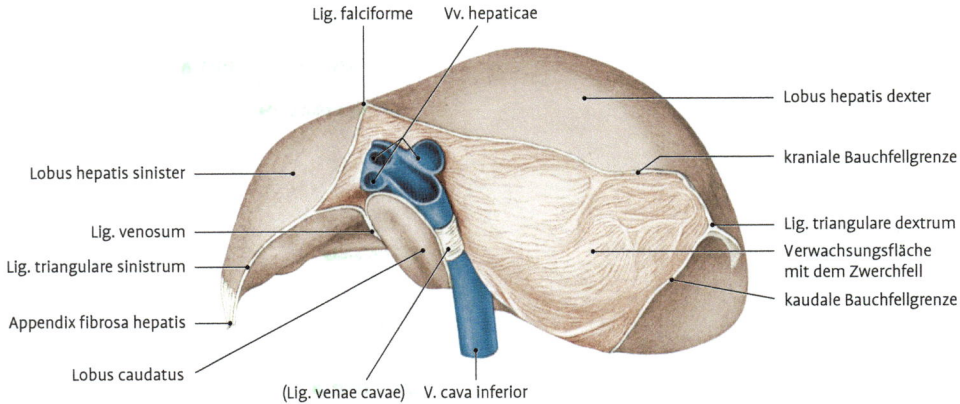

Abb. 5.103 Leber des Erwachsenen von dorsal und kranial gesehen. Verwachsungsfläche mit dem Zwerchfell, Area nuda (Pars affixa).

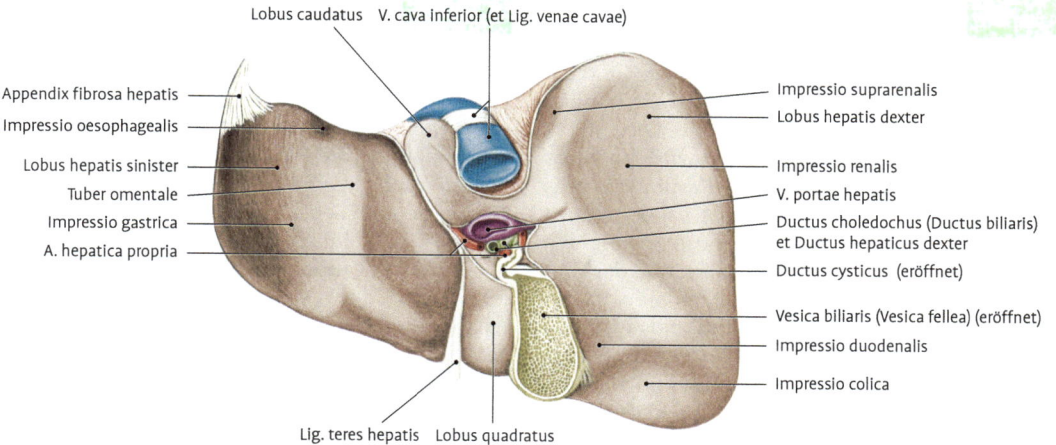

Lobus caudatus   V. cava inferior (et Lig. venae cavae)

Appendix fibrosa hepatis

Impressio oesophagealis

Lobus hepatis sinister

Tuber omentale

Impressio gastrica

A. hepatica propria

Impressio suprarenalis

Lobus hepatis dexter

Impressio renalis

V. portae hepatis

Ductus choledochus (Ductus biliaris)
et Ductus hepaticus dexter

Ductus cysticus (eröffnet)

Vesica biliaris (Vesica fellea) (eröffnet)

Impressio duodenalis

Impressio colica

Lig. teres hepatis   Lobus quadratus

Abb. 5.104 Leber des Erwachsenen. Facies visceralis.

Leber. Kranial fällt ihre Grenze mit den Zwerch-fellkuppeln zusammen, rechts etwa in Höhe 4. und links 5. Intercostalraum. Oberhalb des Zwerch-fells sind enge Beziehungen zum Brustraum, zur Lunge, zum Herzen und Herzbeutel gegeben. Schuss- und Stichverletzungen können daher gleichzeitig Lunge, Zwerchfell und Leber treffen. Der tastbare Teil des Unterrandes der Leber liegt etwa in einer Linie, welche den Ansatz des 9. Rip-penknorpels am rechten Rippenbogen mit der Knochenknorpelgrenze der linken 7. Rippe verbin-det. Oberhalb dieser Linie liegt die Leber im Rip-penbogenwinkel **(Angulus infrasternalis)** der ven-tralen Bauchwand unmittelbar an **(Leberfeld).** Bei der relativ größeren kindlichen Leber überragt der kaudale Rand um mehrere Zentimeter den rechten Rippenbogen.

Bei der allgemeinen Alterssenkung der Einge-weide kann die Leber nach **Vogt** 4–6 cm absinken.

Klinik: Die **Leberpunktion** dient zur Gewin-nung von Gewebeproben für die histologische Untersuchung. Bei der Leberblindpunktion wird mit einer Hohlnadel in der rechten Axil-larlinie zwischen der 8. und 9. Rippe in die Le-ber eingestochen und Gewebe angesaugt. Die gezielte Leberpunktion geschieht unter Sicht bei einer Laparoskopie **(Bauchspiegelung).**

Prinzip der Leberdurchblutung. Die Besonderheit der Leberdurchblutung besteht darin, dass 2 Gefäße der Leber Blut zuführen: Die A. hepatica propria

bringt das nähr- und sauerstoffreiche Blut in die Le-ber. Durch den arteriellen Druck bildet sie das „Hochdrucksystem" des Leberkreislaufes und dient ausschließlich der Organversorgung. Daher wird sie als das **Vas privatum** der Leber bezeichnet.

Pfortaderkreislauf. Die Besonderheit dieses Kreis-laufes sind zwei hintereinandergeschaltete Kapil-largebiete: Das erste Kapillargebiet befindet sich in der Wand des Magendarmkanals, im Pankreas und in der Milz, das zweite in der Leber.

Die Pfortader, **V. portae,** entsteht hinter dem Pankreas durch den Zusammenfluss der **V. mesen-terica inferior** mit der **V. splenica** und der **V. mesen-terica superior.** Sie bringt das venöse, mit Nährstof-fen versehene Blut aus den unpaaren Bauchorganen in die Leber. Sie bildet das „Niederdrucksystem" des Leberkreislaufes und steht im Dienste des Gesamt-organismus, weshalb sie als **Vas publicum** der Leber bezeichnet wird. In den Lebersinus durchmischt sich das Blut aus den arteriellen und venösen Ge-fäßgebieten und gelangt über die Zentral- und sub-lobubären Venen in die Vv. hepaticae, die schließ-lich in die V. cava inferior münden.

Gliederung der Leber

Entsprechend dem intrahepatischen Verlauf der Blutgefäße und der Gallengänge gliedert sich die Leber in **Lappen** und **Segmente,** in die jeweils ein Ast der Pfortader und der Leberarte-rie eintreten und ein Gallengang austritt.

Lappen. Nach der klassischen anatomischen Gliederung besteht die Leber aus einem großen Lobus dexter und einem kleineren Lobus sinister und auf der Eingeweidefläche aus den kleinen Lobi caudatus und quadratus (Abb. 5.103, 5.104). Die Grenze zwischen Lobus dexter und sinister wird durch das Lig. falciforme hepatis und die Fissura sagittalis sinistra markiert. Die funktionelle Lappengrenze entspricht aber dem Verteilungsmuster der beiden Hauptäste von V. portae, A. hepatica und der Gallengänge. Demnach liegt die Lappengrenze („innere Wasserscheide") weiter rechts und entspricht einer Linie, die Gallenblase mit der V. cava inferior verbindet („Kava-Gallenblasenlinie", Rex-Cantlie-Linie). Diese Grenze wird auch als Hauptgrenzspalte der Leber bezeichnet und der Nebengrenzspalte im Bereich der anatomischen Lappengrenze gegenübergestellt (Abb. 5.105).

Segmente. Für den Kliniker ist eine weitere Unterteilung der Leber in Segmente aus praktischen Überlegungen (bei Resektionen) wichtig. In der Praxis hat sich die Segmenteinteilung nach Couinaud durchgesetzt, die entsprechend der Pfortaderaufteilung die Pfortadersegmente beschreibt (Abb. 5.106). Die Pfortader betritt mit ihren beiden Hauptästen die Leber, die nun intrahepatisch beinahe horizontal nach links und rechts ziehen. In ihrem Verlauf geben sie nach oben und unten weitere Äste ab, die jeweils ein Leberareal versorgen, das als Segment bezeichnet wird. Zwischen diesen Segmenten laufen als Segmentgrenzen Äste der abführenden Lebervenen, die das Blut aus den Segmenten aufnehmen und in die V. cava inferior abführen.

In der neuen Nomenklatur wird diese Segmentgliederung berücksichtigt und so werden 8 Segmente beschrieben (Abb. 5.105, 5.106). Auffällig ist der **Lobus caudatus,** der ein eigenständiges Segment darstellt. Die intrahepatischen Gallengänge wie auch die Äste der A. hepatica folgen den Ästen der V. portae, sodass die Gallengangssegmente wie auch die Arteriensegmente den Pfortadersegmenten deckungsgleich sind. Jedes Segment hat also einen „Gefäßstiel", an dem die Blutgefäße ein- und die Gallengänge austreten. Diese Stiele sind der Porta hepatis zugewandt.

Feinbau. Die Leber wird von einer bindegewebigen Kapsel, **Capsula fibrosa,** Glisson-Kapsel, umhüllt, die an jenen Stellen, wo das Bauchfell fehlt, besonders kräftig ausgebildet ist. Sie setzt sich von der Leberpforte ausgehend als Gefäßscheide **(Cap-**

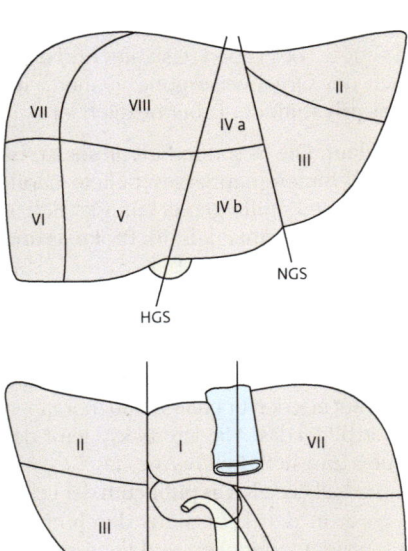

Abb. 5.105 Leberhauptteile und Lebersegmente (nach Couinaud). HGS: Hauptgrenzspalte. NGS: Nebengrenzspalte. I: Lobus caudatus (Segmentum I), II: Segmentum laterale superius, III: Segmentum laterale inferius, IV: a Segmentum mediale superius, b Segmentum mediale inferius, V: Segmentum anterius inferius, VI: Segmentum posterius inferius, VII: Segmentum posterius superius, VIII: Segmentum anterius superius.

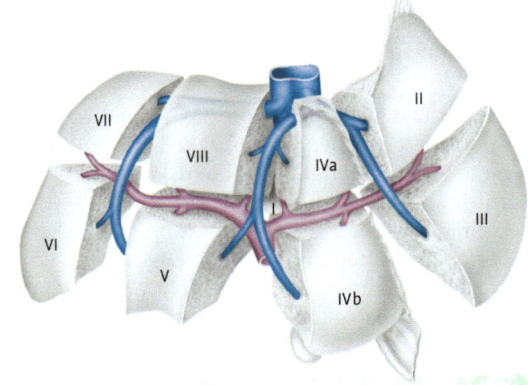

Abb. 5.106 Pfortadersegmente nach Couinaud. Pfortader violett, Lebervenen blau (nach Lanz-Wachsmuth).

sula fibrosa perivascularis) ins Innere der Leber fort und überzieht als feine, teilweise durchbrochene, kaum sichtbare Bindegewebsschicht die morphologischen Grundelemente der Leber, die „klassischen" Leberläppchen **(Lobuli hepatis)**. Sie bildet das Leberstroma. Bei der Leber des Schweins und des Kamels ist dieses perilobuläre Bindegewebe viel kräftiger. Bei diesen Tieren ist deshalb die Läppchenstruktur der Leber unter dem Mikroskop leicht erkennbar.

> Je nach Betrachtungsweise unterscheidet man folgende **Baueinheiten** der Leber: **1.** „klassisches" Leberläppchen = Zentralvenenläppchen **2.** portales Läppchen **3.** Azinus.

1. Zentralvenenläppchen, Lobulus hepatis. Die Leber ist aus ca. 1 Million prismenförmiger Leberläppchen mit einem Durchmesser von 1 mm und einer Höhe bis zu 2 mm aufgebaut. Im Querschnitt erinnern die polygonalen Läppchen an Bienenwaben, die in ihrer Mitte ein dünnwandiges Blutgefäß, die **V. centralis** (deshalb Zentralvenenläppchen, Abb. 5.107–5.109), beinhalten. Diese Zentralvene ist die Sammelstelle des gesamten Blutes im Leberläppchen. Zentralvenen mehrerer benachbarter Läppchen vereinigen sich nach dem Austritt aus den Läppchen zu einer **V. sublobularis.** Aus Letzteren entstehen 2–3 größere Venenstämme **(Vv. hepaticae),** die direkt unterhalb des Zwerchfells (also nicht an der Leberpforte!) die Leber verlassen und in die V. cava inferior einmünden.

Die menschliche Leber ist relativ arm an Bindegewebe, wodurch eine deutliche Trennung der Leberläppchen nicht vorhanden ist. Nur an Stellen, wo 3 oder auch 4 Leberläppchen zusammenstoßen, ist das Bindegewebe etwas stärker ausgebildet. Es entstehen dort im Querschnitt drei- bis viereckige Bindegewebsfelder (periportale Felder,

Glisson-„Dreiecke"), die räumlich gesehen Kanäle (Portalkanäle) darstellen.

> Jedes dieser Felder beinhaltet mindestens einen Ast der **A. interlobularis** (aus der A. hepatica), der **V. interlobularis** (aus der V. portae) und einem mit dem iso- bis hochprismatischen Epithel ausgekleideten Gallengang, **Ductus bilifer interlobularis.** Dieses Dreigespann wird **Glisson-Trias** genannt.

2. Lebersinus, Sinusoide. Sie sind mit Lücken ausgestattete **Endothelschläuche,** die aus den feinen Pfortaderästen beim Eintritt in ein Läppchen entstehen. Sie sind erweiterte Kapillaren mit einem Durchmesser von etwa 10 µm, die zwischen den Leberzellsträngen radiär zur V. centralis ziehen (Abb. 5.108). Diese Sinusoide anastomosieren untereinander und bilden ein dreidimensionales Schwammwerk. Noch in der Peripherie eines Läppchens münden die zarten Äste der **A. interlobularis** in die Sinusoide, die somit Mischblut führen. Allerdings nimmt mit dem zentripetalen Blutstrom die Sauerstoffkonzentration gegen das Läppchenzentrum ab. Dies ist für den Ablauf der metabolischen Prozesse in der Leber von größter Bedeutung.

Im Endothelverband der Sinusoide befinden sich in das Lumen hineinragende Zellen, die **v.-Kupffer-Sternzellen**. Sie sind formveränderliche, oft verzweigte und amöboid bewegliche Phagozyten. Sie können Fremdkörper wie Bakterien oder Zelltrümmer speichern und gehören zum mononukleären Phagozytensystem.

Hepatozyten. Die rundkernigen Epithelzellen der Leber bilden in ihrer Gesamtheit das **Leberparenchym.** Die ein-, oft zwei- und selten dreikernigen runden, viereckigen bis polygonalen Zellen sind meist zu einschichtigen Zellbalken aneinandergereiht, welche der radiären Anordnung der Lebersinusoide folgen (Abb. 5.108, 5.109). Wie die Sinusoide bilden auch sie ein dreidimensionales Netzwerk. Mit den Lebersinusoiden stehen die Zellbalken in engem Kontakt. Nur ein elektronenoptisch gut sichtbarer feiner Spalt, der **Disse-Raum,** trennt das gefensterte Sinusendothel von den Leberzellen. In diesen Raum entsenden die Leberzellen Mikrovilli. Hier erfolgt der Stoffaustausch zwischen den Leberzellen und dem Blut der Sinusoide. Im Disse-Raum kommen außerdem Fett und Vitamin A speichernde **Ito-Zellen** und bei

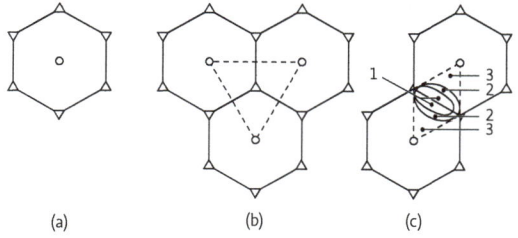

Abb. 5.107 a: Leberläppchen, **b:** portales Läppchen, **c:** Leberazinus.

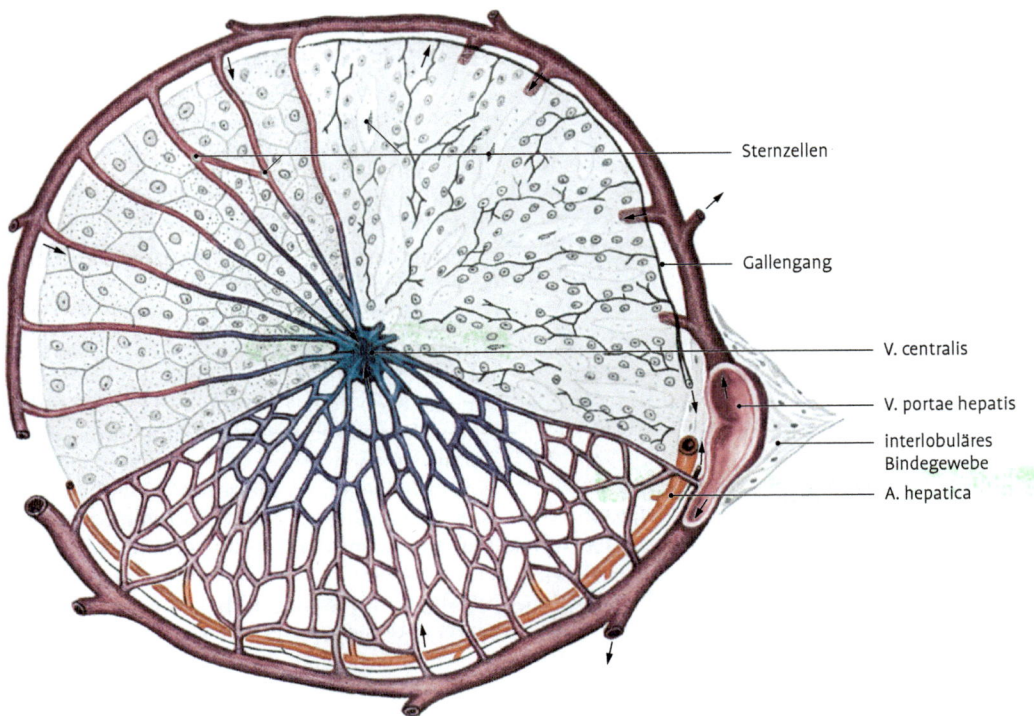

Sternzellen

Gallengang

V. centralis

V. portae hepatis

interlobuläres
Bindegewebe

A. hepatica

Abb. 5.108 Leberläppchen im Querschnitt. Besonders hervorgehoben sind links oben die Leberzellbalken, rechts oben die Gallenkapillaren, unten die Blutkapil- laren. Die Pfeile zeigen die jeweiligen Strömungsrich- tungen.

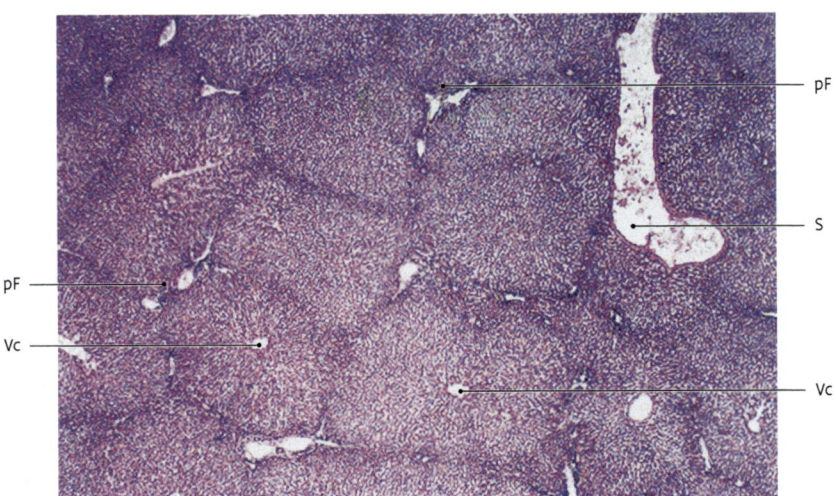

pF

S

pF

Vc

Vc

Abb. 5.109 Menschliche Leber, HE-Färbung. Radiäre Anordnung der Zellbalken in den Läppchen.
PF = periportales Feld, Vc = V. centralis, Vs = V. sublo- bularis, S = Sammelvene (Institut für Histologie, Graz).

Lebererkrankungen Kollagen bildende Zellen vor (z. B. bei Leberzirrhose). Außerdem finden sich in diesem Raum feinmaschige Netze aus **Gitterfasern** (argyrophile Fasern), welche die Leberzellbalken umhüllen.

3. Canaliculi biliferi. Mit den Gallenkapillaren beginnen die Drüsenausführungsgänge der Leber in den Leberläppchen (Abb. 5.108). Während ihres Verlaufes innerhalb der Leberzellstränge besitzen die Gallenkapillaren keine eigene Wand, sondern diese wird nur von den Plasmamembranen benachbarter Hepatozyten gebildet. Die feinen, 0,5–1 µm weiten Gänge führen die Galle entgegen dem Blutstrom des Leberläppchens peripherwärts zu den periportalen Feldern. Hier münden sie über Schaltstücke, **Hering-Kanälchen,** in die von kubischem bis prismatischem Epithel ausgekleideten Gallengänge, **Ductus biliferi interlobulares,** die sich zu größeren Gängen vereinigen und die Leber an ihrer Pforte als **Ductus hepatici** verlassen.

4. Portales Leberläppchen (Abb. 5.107). Beim portalen Läppchen liegt das periportale Feld mit der Glisson-Trias im Zentrum. Aus diesem Feld werden Teilbezirke direkt angrenzender „klassischer" Leberläppchen mit arteriellem (A. interlobularis) Blut und Pfortaderblut (V. interlobularis) versorgt. Außerdem fließt die Galle in umgekehrter Richtung aus den gleichen Teilbezirken der Leberläppchen zum Gallengang in das Glisson-Dreieck. Das portale Läppchen berücksichtigt demnach besonders die Funktion der Leber als **Drüse** und die Versorgung mit Blutgefäßen, die von einem periportalen Feld ausgehen. Es umfasst Teilbezirke von zumeist 3 benachbarten Leberläppchen. Seine ungefähre Ausdehnung veranschaulicht man sich am mikroskopischen Präparat, indem man ein periportales Feld aufsucht und die Zentralvenen der an dieses Feld angrenzenden Läppchen durch Geraden zu einem Dreieck verbindet (Abb. 5.107).

5. Leberazinus (Rappaport). Für das Verständnis der Stoffwechselvorgänge und für die Interpretation pathologischer Veränderungen ist die Tatsache wichtig, dass jedes „klassische" Leberläppchen von seiner Peripherie aus mit sich verzweigenden Blutgefäßen versorgt wird und dass der Blutstrom zu seinem Zentrum, der Zentralvene, fließt. Daraus ergibt sich, dass die Inhaltsstoffe der Blutgefäße (Sauerstoff, Nährstoffe aus dem Darm, aber auch Gifte) zuerst in die Leberzellen der Läppchenperipherie gelangen. Auf dem Weg zur Zen-

tralvene wird der chemische Gehalt der Blutgefäße durch Verbrauch und durch die Tätigkeit der Leberzellen ständig verändert. In einem Leberazinus verlaufen die aus 2 benachbarten periportalen Feldern kommenden Äste der A. und V. interlobularis **genau an der Grenze zwischen 2 Leberläppchen** und versorgen mit ihren Ästen jeweils einen Teilbezirk der beiden Läppchen, der sich in jedem bis zur V. centralis erstreckt (Abb. 5.107). Ein Leberazinus ist demnach ein rhombisches Feld, an dessen Spitzen zwei periportale Felder und 2 Zentralvenen liegen. An jedem Leberazinus sind 2 Leberläppchen mit je einem Teilbezirk beteiligt: Die eine Hälfte des Rhombus liegt in einem Läppchen, die andere im angrenzenden anderen. Aufgrund des oben erwähnten unterschiedlichen Gehaltes der Läppchengefäße an Sauerstoff und chemischen Produkten sind in jeder Hälfte des Azinus 3 metabolische Zonen zu unterscheiden. Demnach liegt in einem Zentralvenenläppchen die Zone 1 peripher, die Zone 3 zentral und die Zone 2 dazwischen (Abb. 5.107).

Eine größere Zahl von Lobuli kann zu einem **Sammelläppchen** zusammengefasst sein (Abb. 5.110). Die **Vv. centrales** münden entweder direkt oder mittels eines Verbindungsstückes in die Sammelvene. Die Sammelvenen fließen in größere Lebervenen. Die größeren Lebervenen vereinigen sich zu 2–3 großen Venenstämmen, **Venae hepaticae,** die sofort unterhalb des Zwerchfells in die **V. cava inferior** münden.

Zur schnellen Orientierung im mikroskopischen Schnittpräparat merke man sich, dass V. portae, Arterien- und Gallengangsäste in einer **gemeinsamen** Gefäßscheide, die abführenden V.-hepatica-Äste **allein** liegen.

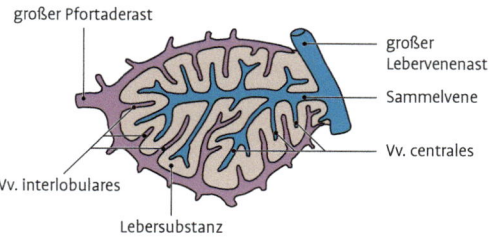

großer Pfortaderast

großer Lebervenenast

Sammelvene

Vv. centrales

Vv. interlobulares

Lebersubstanz

Abb. 5.110 Sammelläppchen (nach Pfuhl).

Gefäße

Arterien:

- **A. hepatica propria**. Sie teilt sich noch vor dem Eintritt in das Leberparenchym zur Versorgung der beiden Leberhauptteile in die rechte Leberarterie, **R. dexter,** und die linke Leberarterie, **R. sinister**. Oft entsteht noch ein drittes Gefäß, die **A. hepatica media**. Sie entstammt entweder den beiden Leberarterienästen oder direkt dem Truncus coeliacus oder einem seiner Äste. Sie versorgt meist den **Lobus caudatus** (A. lobi caudati).
- **A. segmenti.** Innerhalb der Leber zerfallen die Arterien in die Segmentarterien, welche die **Aa. interlobulares** abgeben. Sie verzweigen sich mit den Ästen der Pfortader und den Gallengän-

gen im interlobulären Bindegewebe und münden in die Lebersinusoide und auch direkt in Pfortaderäste.

Von den zahlreichen Variationen der A. hepatica, die beim chirurgischen Vorgehen zu beachten sind, sind die wichtigsten in Abb. 5.111 dargestellt.

Venen.
Pfortader, V. portae (vgl. Abb. 5.120)

> Die Pfortader führt das mit Hormonen (Pankreas), Nährstoffen und Stoffwechselzwischenprodukten (Darm) sowie Abbaustoffen (Milz) beladene Blut direkt zur Leber. Sie sammelt das Blut aus dem größten Teil des Darmkanals, von der Cardia des Magens bis zur oberen Hälfte des Mastdarmes, vom Pankreas und von der Milz. Hinter dem Pankreas vereinigen sich 4 Venen (Pfortaderwurzeln) zum Hauptstamm.

- **V. mesenterica inferior.** Sie nimmt das Blut aus dem oberen Teil des Mastdarms, dem Sigmoid und Colon descendens auf (Ausbreitungsgebiet der A. mesenterica inferior), verläuft in der Plica paraduodenalis (oder seltener in der Plica duodenalis superior) unter dem Mesocolon transversum und dem Pankreas zur **V. splenica**.
- **V. mesenterica superior.** Sie nimmt das Blut vom Colon transversum, ascendens, Caecum, Appendix vermiformis, Ileum, Jejunum, Duodenum, von der rechten Hälfte der großen Magenkurvatur und vom Pankreas auf. Sie überkreuzt mit der gleichnamigen Arterie das Duodenum.
- **V. splenica.** Sie leitet das Blut aus der Milz, der linken Hälfte der großen Magenkurvatur und Teilen des Pankreas ab und nimmt noch die V. mesenterica inferior auf.
- **Vv. gastricae dextra** und **sinistra** (Abb. 5.97). Sie verlaufen an der kleinen Magenkurvatur und münden zusammen mit der kleinen vor dem Pylorus verlaufenden **V. prepylorica** direkt in die Pfortader. Sie anastomosieren durch den Hiatus oesophageus mit den Speiseröhrenvenen.

In der Porta hepatis oder erst im Leberparenchym teilt sich die **Pfortader** in einen R. dexter und sinister. Der **R. dexter** ist weitlumig und setzt die Richtung der V. portae fort, während der dünnere **R. sinister** strömungsungünstiger im spitzen Winkel nach links abzweigt (Abb. 5.106). Die weiteren Äste entsprechen den Arterienästen und stellen die Segmentvenen dar, die in die Vv. interlobulares

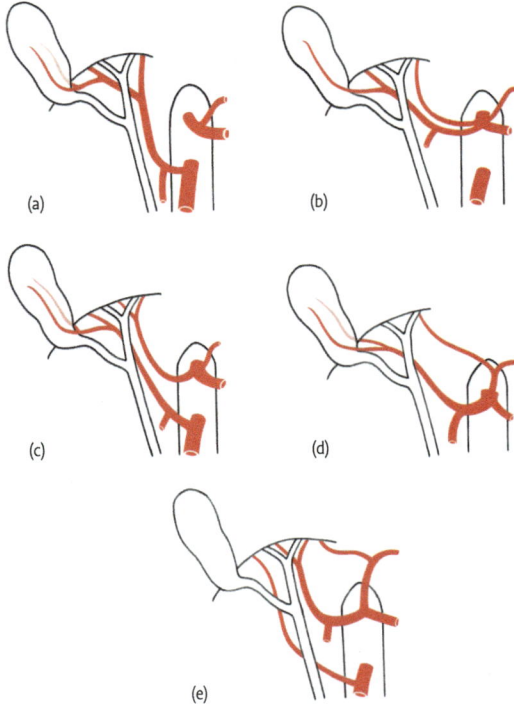

(a)

(b)

(c)

(d)

(e)

Abb. 5.111 Häufige Variationen der A. hepatica propria. **a:** Ursprung aus A. mesenterica superior, **b:** R. dexter und R. sinister getrennt aus dem Truncus coeliacus, **c:** R. dexter („A. hepatica dextra") aus A. mesenterica superior und der R. sinister („A. hepatica sinistra") aus dem Truncus coeliacus, **d:** R. dexter aus dem Truncus coeliacus und der R. sinister aus der A. gastrica sinistra, **e:** akzessorische rechte Leberarterie aus der A. mesenterica superior und eine akzessorische linke Leberarterie aus der A. gastrica sinistra.

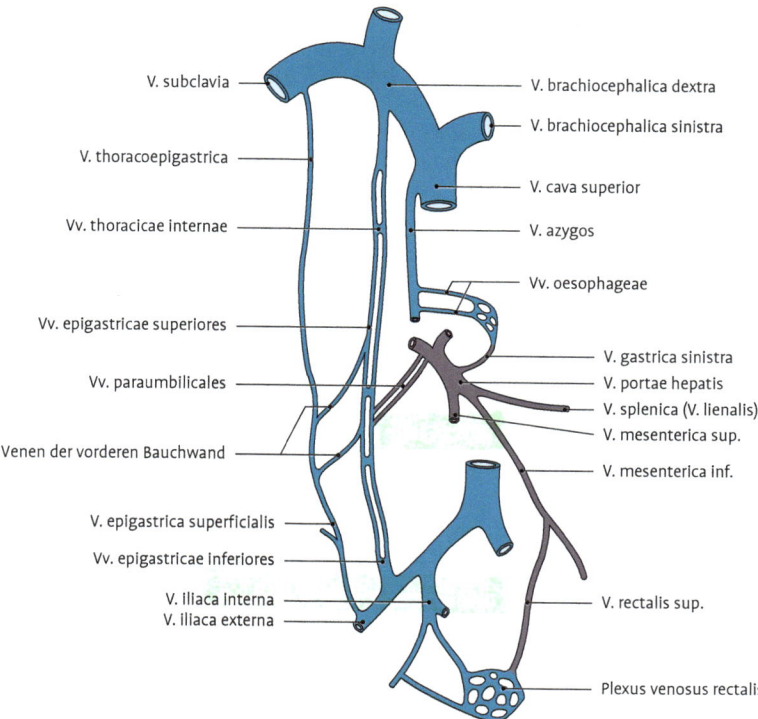

V. subclavia

V. thoracoepigastrica

Vv. thoracicae internae

Vv. epigastricae superiores

Vv. paraumbilicales

Venen der vorderen Bauchwand

V. epigastrica superficialis

Vv. epigastricae inferiores

V. iliaca interna
V. iliaca externa

V. brachiocephalica dextra

V. brachiocephalica sinistra

V. cava superior

V. azygos

Vv. oesophageae

V. gastrica sinistra
V. portae hepatis
V. splenica (V. lienalis)
V. mesenterica sup.
V. mesenterica inf.

V. rectalis sup.

Plexus venosus rectalis

Abb. 5.112 Portokavale und kavokavale Anastomosen.

zerfallen, welche schließlich in die Lebersinuoide übergehen.

Portokavale Anastomosen (Abb. 5.112): Die Verbindungen (Anastomosen) der Pfortader **mit den Vv. cavae superior et inferior** sind von großer praktischer Bedeutung. Wird durch ein Einströmungshindernis in der Pfortader (Leberzirrhose, Thrombose) die Durchströmung der Leber gestört, so kommt es zu Stauungen im Zuflussgebiet der Pfortader. Das Pfortaderblut kann dabei die Leber umgehen: **1.** über die **Vv. oesophageae,** deren weiterer Abfluss durch die Vv. azygos und hemiazygos in die obere Hohlvene (V. cava superior) erfolgt; **2.** über den **Plexus rectalis,** dessen weiterer Abfluss über die Vv. rectales inferior und media zur V. iliaca interna, V. iliaca communis und V. cava inferior erfolgt; **3.** über die **Vv. paraumbilicales** im Lig. teres hepatis zu den Bauchdeckenvenen, die zu der V. iliaca externa und damit zur V. cava inferior sowie zur V. subclavia und damit zur V. cava superior abfließen können.

Klinik: Durch den Rückstau in den Gefäßen der portokavalen Anastomosen kann es zu deren Erweiterung (Varizen) kommen: **1.** Durch Stau der Magenvenen erweitern sich die Venen des Plexus oesophageus zu den **Oesophagusvarizen,** die leicht zu unstillbaren Blutungen neigen (Vorsicht beim Sondieren des Magens!). **2.** Rückstau in die Vv. parumbilicales führt zur Erweiterung der Venen der vorderen Bauchwand, die dann stark geschlängelt radiär zum Nabel verlaufen und als Medusenhaupt, **Caput Medusae,** bezeichnet werden. **3.** Genügen die neuen Abflüsse nicht, so tritt Flüssigkeit in die freie Bauchhöhle über und es entsteht ein Wasserbauch, **Aszites.**

- **Vv. hepaticae.** Die großen Lebervenenäste beginnen in der Nähe des unteren Leberrandes, verlaufen in den Interlobär- und Intersegmentalspalten aufwärts und nehmen das Blut benachbarter Pfortadersegmente auf (Abb. 5.106). Nahe der Area nuda fließen sie zu den 3 **Vv. hepaticae** zusammen, die unmittelbar unter dem Zwerchfell in die V. cava inferior münden („obere Lebervenengruppe"). Dabei erhält die **V. hepatica dextra** das Blut aus dem rechten, die **V. hepatica sinistra** aus dem linken Lappen und die **V. hepatica intermedia** aus dem Lobus quadratus mit dem angrenzenden Gallenblasenbett sowie aus dem Lobus caudatus. Aus dem Lobus caudatus und aus dem an die Hohlvene angrenzenden Parenchym münden Lebervenen auch direkt in die V. cava inferior („untere Lebervenengruppe").

Lymphgefäße:

- Ein **oberflächliches** Lymphgefäßnetz drainiert die Lymphe aus dem Bereich der Area nuda durch das Zwerchfell in die **Nll. phrenici superiores** und **Nll. parasternales**. Aus der Facies visceralis und der Gallenblase fließt die Lymphe zu den **Nll. hepatici** in der Porta hepatis und im Lig. hepatoduodenale (Abb. 5.98).
- Ein **tiefes** Lymphgefäßnetz führt die Lymphe einerseits entlang der Lebervenen cavawärts und andererseits entlang der Pfortaderäste portawärts ab.

Nerven

- Die **vegetativen** Fasern entstammen dem N. vagus und dem Truncus sympathicus. Die postganglionären **sympathischen** Fasern stammen aus dem Plexus coeliacus und gelangen als Plexus hepaticus mit der A. hepatica propria zur Leber (Abb. 5.118).
- Die **parasympathischen** Fasern, Rr. hepatici, zweigen vom Truncus vagalis anterior ab, durchsetzen die Portio densa des Omentum minus, geben noch einen R. pyloricus zum Magen ab, ehe sie die Porta hepatis erreichen (Abb. 5.99).
- **Sensible** Fasern stammen aus dem rechten und zu einem geringen Teil auch aus dem linken N. phrenicus. Sie versorgen die dem Zwerchfell benachbarte Leberkapsel. Über sie wird der Kapselschmerz in die rechte Schulter projiziert.

Funktion der Leber

- Sie ist einerseits das größte **Intermediärstoffwechselorgan** des Körpers, andererseits auch die größte **Drüse** (Produktion der Galle).
- Die Leber sichtet die ihr durch die V. portae zugeführten Stoffe auf ihre **Brauchbarkeit** sowie **Giftigkeit** und baut sie in unterschiedliche Substanzen um. So nimmt sie aus dem Blut Glukose

auf, baut diese in speicherbares Glykogen um und gibt es bei Bedarf wieder ab.
- Sie **speichert** außerdem Fett, Vitamine und Spurenelemente.
- Sie ist Bildungsstätte von **Plasmaproteinen** und wichtigen Faktoren für die **Blutgerinnung**.
- Sie ist auch in der Lage, Hormone, Giftstoffe und Medikamente zu **inaktivieren**.
- In der Fetalzeit dient sie der **Blutbildung** und der **Abwehr**. Letztere Funktion behält sie zeitlebens bei (v.-Kupffer-Zellen).
- Als **exokrine Drüse** erzeugt sie die für die Verdauung notwendige Galle und ihre Farbstoffe.

Gallenwege

Wir unterscheiden:
1. intrahepatische Gallenwege
2. extrahepatische Gallenwege
3. Gallenblase, Vesica biliaris, Vesica fellea.

Intrahepatische Gallenwege.

> Zu den intrahepatischen Wegen gehören: Canaliculi biliferi, Hering-Kanälchen, Ductus interlobulares biliferi, Subsegment- und Segmentgänge

Die Leber produziert die für die Fettverdauung benötigte Galle, welche über ein eigenes Gangsystem dem Darm zugeführt wird. Den Beginn der intrahepatischen Gallengänge bilden die
- **Canaliculi biliferi,** die Gallenkapillaren oder Gallenkanälchen. Sie besitzen noch keine eigene Wand, sondern werden von den Zellmembranen benachbarter Leberzellen umgrenzt. Sie setzen sich in die
- **Hering-Kanälchen** fort. Diese sind kurze, von einem einschichtigen Epithel ausgekleidete Schalt- oder Zwischenstücke, die aus den Leberzellsträngen eines Läppchens austreten und in die
- **Ductus interlobulares biliferi** münden, die zur portalen Trias gehören und im periportalen Feld liegen. Die mit einem einschichtigen isoprismatischen Epithel ausgekleideten Gänge münden in
- **Subsegment- und Segmentgänge,** die schließlich zu den beiden großen Lebergängen, **Ductus hepaticus dexter et sinister,** zusammenfließen und über die Porta hepatis die Leber verlassen. Beide Lebergänge werden von entsprechenden Gefäßästen, R. dexter et sinister der V. portae und der A. hepatica propria, begleitet.

Extrahepatische Gallenwege.

Die extrahepatischen Gallengänge ziehen von der Leberpforte zum Duodenum. Dazu gehören (Abb. 5.113): Ductus hepaticus dexter et sinister, Ductus hepaticus communis, Ductus cysticus und Vesica biliaris (Vesica fellea), Ductus choledochus (Ductus biliaris).

- **Ductus hepaticus dexter** und **sinister.** Sie verlassen die Leber und bilden noch in der Porta hepatis den **Ductus hepaticus communis.** Er und der **Ductus cysticus** vereinigen sich zum Gallengang, **Ductus choledochus.** Er ist 4–8 cm lang und hat eine lichte Weite von 5 mm. Der Ductus choledochus liegt im freien Rande des **Lig. hepatoduodenale** des kleinen Netzes, neben Pfortader und A. hepatica, unterkreuzt die **Pars superior duodeni** (Abb. 5.118), gelangt an die Rückfläche des Pankreaskopfes und vereinigt sich zumeist mit dem Pankreasgang, **Ductus pancreaticus.** Das gemeinsame Endstück, zur **Ampulla hepatopancreatica** erweitert, mündet auf der **Papilla duodeni major** an der Hinterwand der Pars descendens duodeni (Abb. 5.119).
- **Feinbau.** Die Wand der Gallengänge ist ähnlich wie die der Gallenblase. Die **Schleimhaut** trägt ein hochprismatisches Epithel mit Becherzellen. Die **Lamina propria** besteht aus kollagenen und elastischen Fasern. Ihre **Glandulae ductus biliaris** sondern einen Schleim als Schutzfilm für das Epithel ab.
- **Mündung des Ductus choledochus.** An der Mündungsstelle des Ductus choledochus entsteht ein ganzer Sphinkterkomplex, Sphincter

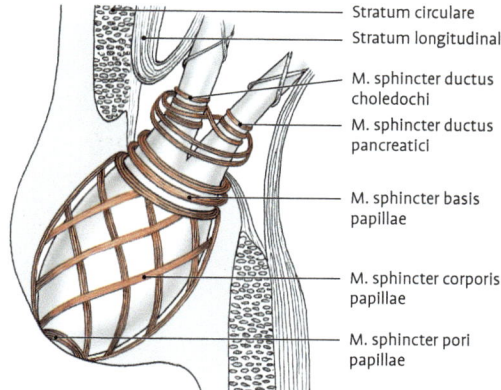

Stratum circulare
Stratum longitudinale
M. sphincter ductus choledochi
M. sphincter ductus pancreatici
M. sphincter basis papillae
M. sphincter corporis papillae
M. sphincter pori papillae

Abb. 5.114 Muskelsysteme des M. sphincter Oddi (nach Oliveros und Rhode).

Oddi, der nicht nur die beiden Ausführungsgänge, sondern auch die Ampulle und die Papilla Vateri umfasst. Er besteht aus dem **M. sphincter ampullae** mit mehreren Muskelsystemen, dem **M. sphincter ductus choledochi** und **M. sphincter ductus pancreatici** (Abb. 5.114). Der Sphincter Oddi regelt den Einstrom der Galle in den Zwölffingerdarm.

Die Vereinigung der beiden Gänge zeigt häufige Variationen, die in Abb. 5.115 dargestellt sind.

- **Variationen der extrahepatischen Gallenwege** (Abb. 5.116). Die Vereinigung des Ductus cysticus mit dem Ductus hepaticus communis ist in 2/3 aller Fälle spitzwinkelig, wobei der Ductus cysticus von rechts her an den Ductus hepaticus communis herantritt. In 1/4 der Fälle kann ein langer Ductus cysticus parallel zum Ductus hepaticus communis absteigen. In den restlichen

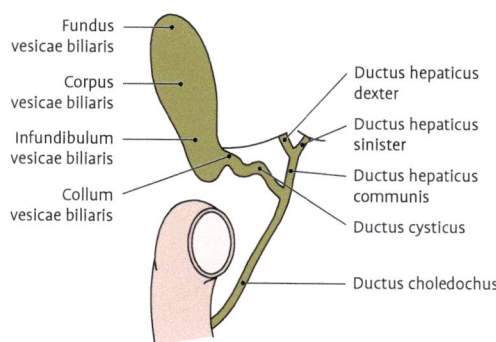

Fundus vesicae biliaris
Corpus vesicae biliaris
Infundibulum vesicae biliaris
Collum vesicae biliaris
Ductus hepaticus dexter
Ductus hepaticus sinister
Ductus hepaticus communis
Ductus cysticus
Ductus choledochus

Abb. 5.113 Extrahepatische Gallenwege.

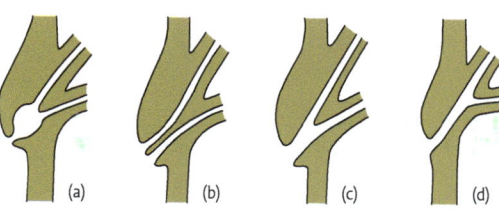

(a) (b) (c) (d)

Abb. 5.115 Mündungsvarianten von Ductus choledochus und Ductus pancreaticus. **a:** Gemeinsame Ampulla hepatopancreatica. **b:** Getrennte Mündung beider Gänge an der Papillenspitze. **c:** Vereinigung beider Gänge kurz vor der Papillenspitze ohne Ausbildung einer Ampulle. **d:** Gemeinsames Endstück beider Gänge ohne Ampullenbildung (nach Töndury und Kubik).

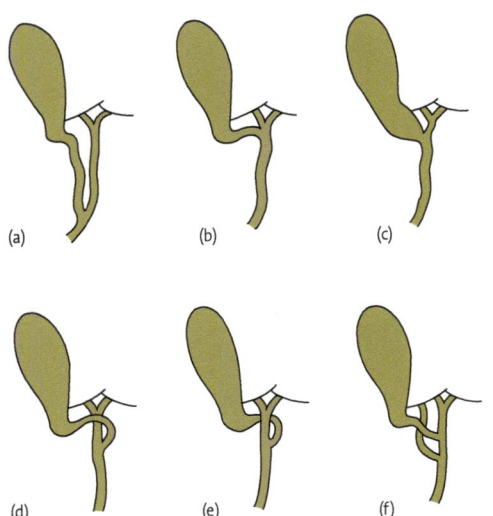

(a)   (b)   (c)

(d)   (e)   (f)

Abb. 5.116 Variationen der extrahepatischen Gallen-wege. **a:** Tiefe Vereinigung. **b:** Kurzer Ductus cysticus. **c:** Fehlender Ductus cysticus. Collum vesicae biliaris mündet direkt in Ductus hepaticus communis. **d:** Vordere spiralige Mündung. **e:** Hintere spiralige Mündung. **f:** Accessorischer Lebergang.

Fällen ist der Ductus cysticus sehr kurz oder er kann überhaupt fehlen, sodass der Gallenbla-senhals selbst in den Ductus hepaticus commu-nis mündet. Auch kann der Ductus cysticus vor der Einmündung schraubig vor oder hinter dem Ductus hepaticus communis kreuzen. Auch ak-zessorische Lebergänge können unterschiedlich ausgebildet sein.

Klinik: Kenntnisse dieser **Variationen** sind in der Chirurgie wichtig. Eine exakte **Diagnostik** der Gallengänge bei der operativen Entfernung der Gallenblase vor der Durchtrennung des Ductus cysticus ist daher unbedingt erforderlich.

Gallenblase, Vesica biliaris, Vesica fellea
(Abb. 5.87, 5.88, 5.104, 5.113):
- **Entwicklung** s. Kap. 5.2.2.3
- **Form und Größe.** Die Gallenblase ist ein bir-nenförmiges Hohlorgan mit einer Länge von 8–12 cm und einem Durchmesser von 4–5 cm. Sie kann 40–50 ml Flüssigkeit aufnehmen. An ihr lassen sich folgende Abschnitte unterschei-den: Gallenblasenboden, **Fundus vesicae bilia-ris,** Gallenblasenkörper, **Corpus vesicae bilia-**

ris, Gallenblasentrichter, **Infundibulum vesicae biliaris,** der allmählich überleitet in den Gallen-blasenhals, **Collum vesicae biliaris,** der schließ-lich in den Ductus cysticus übergeht.
- **Variationen der Gallenblasenform** (Abb. 5.117). Die häufigsten Variationen finden sich am Fun-dus und am Collum vesicae biliaris. Am Fundus gibt es eine faltige, nicht pathologische Einzie-hung, die radiologisch als **phrygische Mütze** bezeichnet wird und darauf zurückgeführt wird, dass die Gallenblase wesentlich länger ist als ihr Bett. Eine besondere Aussackung am Infundibu-lum und Collum, knapp am Abgang des Ductus cysticus, wird als **Hartmann-Tasche** bezeich-net. Bei mächtiger Ausbildung legt sie sich eng an den Ductus cysticus und kann seine Ligatur erschweren.
- **Lage und peritoneale Verhältnisse.** Die Gallen-blase legt sich in die Fossa vesicae biliaris, wo ihr Corpus vesicae biliaris mit der Leber verwachsen ist. Kleine Venen der Gallenblase hängen dort mit den Lebergefäßen zusammen. Auch können dort kleine aberrierende intrahepatische Gallen-gänge in die Gallenblase münden (Luschka-Gänge). Der rundum von Peritoneum überzo-gene Fundus vesicae biliaris überragt den Unterrand der Leber um 1–2 cm (Abb. 5.102). Die Gallenblase ist bis auf die Verwachsungsflä-che mit der Leber von Peritoneum bedeckt.
- **Beziehungen.** Nach ventral hat die Gallenblase eine enge Beziehung zur Leber, nach dorsal legt sich ihr Hals an die Pars superior duodeni und ihr Fundus an die Flexura coli dextra (Abb. 5.88). Hier können bei Entzündungen Verwachsungen zwischen beiden Organen entstehen.
- **Projektionen.** Der Fundus der Gallenblase er-reicht an der Spitze der 9. Rippe die vordere

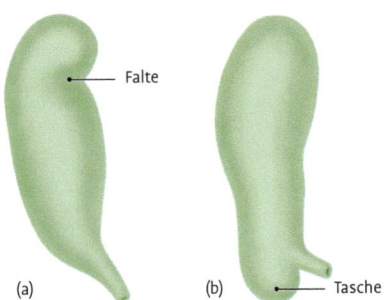

(a)   Falte

(b)   Tasche

Abb. 5.117 Variationen der Gallenblasenform. **a:** Fal-tenfundus (phrygische Mütze). **b:** Hartmann-Tasche.

Bauchwand, das entspricht dem Schnittrand des Rippenbogens mit der Medioklavikularlinie oder dem lateralen Rand des M. rectus abdominis. Bezogen auf die Wirbelsäule, liegt der Fundus in Höhe des 3.–4. Lendenwirbels. Die Gallenblase muss den Bewegungen der Leber folgen und ändert daher ihre Höhenlage je nach Atmungsexkursion oder Körperhaltung.

Klinik: 1. Ohne **Kontrastmittel** ist im Röntgenbild die Gallenblase nur sichtbar, wenn sie kalkhaltige Gallensteine eingelagert hat. Die Gallenblase und auch die Gallenwege können durch Verabreichung oraler und intravenöser Kontrastmittel dargestellt werden **(Cholangiografie). 2.** Ein moderneres Verfahren ist die endoskopische retrograde **Cholangiopankreatikografie,** bei der über eine Duodenalsonde die Gangsysteme dargestellt werden können. Ein sehr schonendes Verfahren zur Darstellung der Gallenwege ist die Ultraschallmethode.

- **Feinbau:**

Die Wand der Gallenblase besteht aus einer Tunica mucosa, Tunica muscularis und einer Tunica serosa.

- Die **Tunica mucosa** zeigt kleine, netzförmig angeordnete Falten, **Plicae mucosae,** an manchen Stellen senken sich Schleimhautkrypten tief in die Wand ein (Rokitansky-Aschoff-Krypten). Im Collum und im Ductus cysticus bildet die Schleimhaut eine spiralige Falte, die **Plica spiralis** (Heister-Klappe). Sie soll verhindern, dass bei einem Druckanstieg im Bauchraum die Gallenblase entleert wird. Die Schleimhaut besteht aus einem einschichtigen, hochprismatischen Epithel und einer dünnen, bindegewebigen Lamina propria. Die Epithelzellen sondern ein schleimiges Sekret ab, das zusammen mit dem Schleim aus den Abführwegen der Galle die fadenziehende Konsistenz gibt. Im Halsbereich gibt es auch noch kleine **Glandulae tunicae mucosae.**
- Die **Tunica muscularis** ist dünn und besteht aus scherengitterartig durchflochtenen glatten Muskelzellen.
- Die **Tunica serosa** ist der Peritonealüberzug der Gallenblase.

Klinik: Überdehnungen oder Krämpfe der glatten Muskulatur bewirken starke, krampfartige Schmerzen im rechten Oberbauch **(Gallenblasenkolik).**

- **Gefäße:**
  - **Arterien.** Die Gallenblase wird von der **A. cystica** versorgt, die aus dem R. dexter der A. hepatica propria entspringt (Abb. 5.118). Sie teilt sich am Gallenblasenhals in einen vorderen und hinteren Ast auf, die bis zum Fundus ziehen. Mit zahlreichen **Variationen** hinsichtlich ihres Ursprunges und Verlaufes ist zu rechnen.
  - **Venen.** Das venöse Blut gelangt von der peritonealen Seite in die **V. cystica,** die in die V. portae mündet. Von der Leberseite wird das Blut direkt in die intrahepatischen Äste der V. portae abgeleitet.
  - **Lymphgefäße.** Die Lymphgefäße der Gallenblase (Abb. 5.98) ziehen mit Leberlymphgefäßen zu den **Nll. hepatici.**

Klinik: Bei einem Stau im Pfortaderkreislauf **(Leberzirrhose)** sind die intrahepatischen Äste der V. portae stark gefüllt und können bei Gallenblasenoperationen zu massiven Blutungen führen.

- **Nerven.** Die Gallenblase wird, wie auch die Gallengänge, vom vegetativen Plexus hepaticus aus dem **Plexus coeliacus** innerviert. Auch Äste aus dem rechten **N. phrenicus** treten an die Serosa der Gallenblase heran, wodurch Schmerzen bei Erkrankungen des Organs in die rechte Schulter ausstrahlen können.
- **Funktion der Gallenblase.** Die Galle fließt über den Ductus hepaticus communis und den Ductus choledochus bis zu dessen Einmündungsstelle in das Duodenum. Ist das dort befindliche Sphinktersystem kontrahiert, so füllt sich die Gallenblase durch Rückstauung mit Lebergalle, die hier durch Wasserentzug auf das 10-Fache eingedickt wird. Erschlafft das Sphinktersystem (bei Eintritt von Fett in das Duodenum), so fließt Galle in den Zwölffingerdarm. Nervös (N. vagus) und humoral gesteuerte Kontraktionen der Gallenblase unterstützen diesen Vorgang.

Klinik: 1. Cholesterin, Gallenfarbstoffe und Kalksalze können in der Gallenblase und den Ausführungsgängen ausfallen und zur Bildung

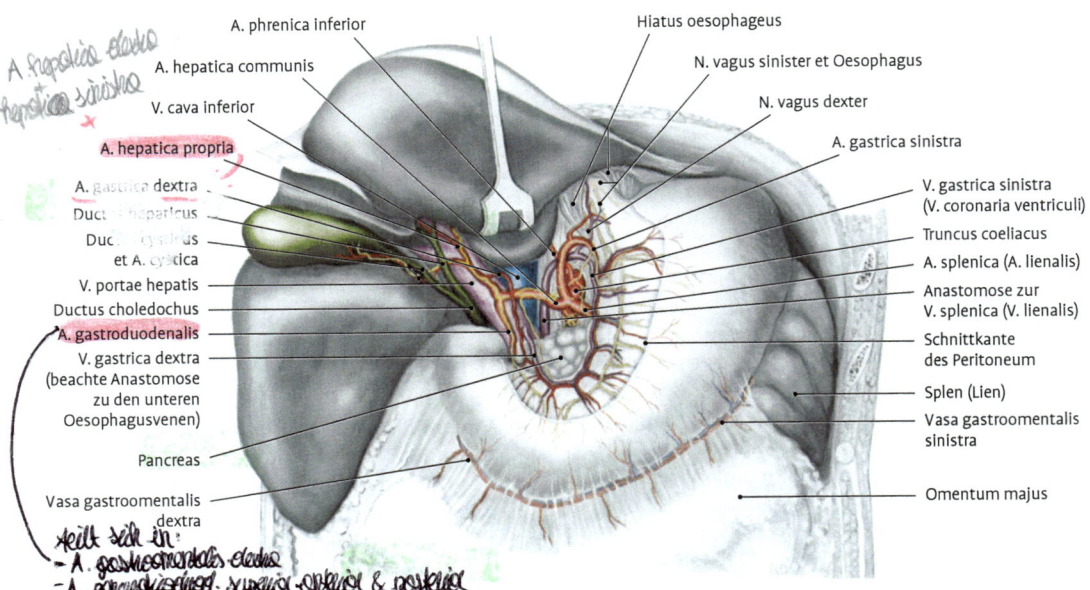

A hepatica dextra
A hepatica sinistra

A. phrenica inferior
A. hepatica communis
V. cava inferior
A. hepatica propria
A. gastrica dextra
Ductus hepaticus
Ductus cysticus et A. cystica
V. portae hepatis
Ductus choledochus
A. gastroduodenalis
V. gastrica dextra (beachte Anastomose zu den unteren Oesophagusvenen)
Pancreas
Vasa gastroomentalis dextra

Hiatus oesophagus
N. vagus sinister et Oesophagus
N. vagus dexter
A. gastrica sinistra
V. gastrica sinistra (V. coronaria ventriculi)
Truncus coeliacus
A. splenica (A. lienalis)
Anastomose zur V. splenica (V. lienalis)
Schnittkante des Peritoneum
Splen (Lien)
Vasa gastroomentalis sinistra
Omentum majus

teilt sich in:
- A. gastroomentalis dextra
- A. pancreaticoduodenal superior anterior & posterior

Abb. 5.118 Aufzweigung des Truncus coeliacus und der Trunci vagales. Das Lig. hepatogastricum des Omentum minus ist entfernt. Im Lig. hepatoduodenale sind die Pfortader, die Leberarterien und der Gallengang dargestellt.

von verschieden geformten und zusammengesetzten **Gallensteinen** führen. Sie sind meist mit **Schleimhautentzündungen,** die wahrscheinlich aus dem Duodenum durch die Papilla duodeni aufsteigen, verbunden. **2. Steineinklemmung** kann den Gallenabfluss stören.

Galle, Bilis, Fel

Die Leber produziert täglich 1 l Lebergalle, die in der Gallenblase zur grünlich-braunen Blasengalle eingedickt wird. Die Gallenflüssigkeit selbst ist stark bitter, hat eine neutrale bis leicht saure Reaktion. Sie aktiviert die Pankreaslipase und damit den Aufschluss der Fette in Fettsäuren und Glyzerin.

- **Galle.** Sie besteht zu 99 % aus **Wasser**. In geringen Mengen enthält sie Cholesterin sowie Hormone, Medikamente und Schadstoffe, die von der Leber in Form von Glukuroniden inaktiviert werden und als wasserlösliche Produkte über Harn oder Stuhl ausgeschieden werden können. Die **Gallensäuren** emulgieren die Fette im Darm, binden die Fettsäuren und tragen sie durch die Darmwand, trennen sich wieder von ihnen und gelangen durch die Leber zurück in die Galle (enterohepatischer Kreislauf der Gal-

lensäuren). Die **Gallenfarbstoffe** (vor allem Bilirubin) sind Abbauprodukte des Blutfarbstoffes Hämoglobin, die den Kot und den Harn färben.
- **Gallenabsonderung.** Sie wird angeregt durch Übertritt von Fetten und Eiweißabbauprodukten in das Duodenum, durch Auftreten von Gallensäuren im Blut, durch Absonderung von Sekretin (durch das Darmepithel) und durch nervöse Einflüsse (N. vagus). In der Verdauungsruhe wird die Galle in der Gallenblase gesammelt und auf 1/10 ihres Volumens eingedickt. Die konzentrierte dunklere Blasengalle wird während der Verdauungstätigkeit zusätzlich zu der laufend sezernierten Galle in das Duodenum abgegeben.

Klinik: Ist der Gallenabfluss durch entzündliche Schwellung der Schleimhaut, durch einen Stein oder Tumor der Gallenwege verlegt, ist der Stuhl durch mangelnden Fettabbau und fehlende Farbstoffe lehmfarben. Die Galle wird zurückgestaut und nicht mehr in die Gallenkanälchen, sondern in die Sinusoide der Leber sezerniert, womit sie in die Blutbahn gelangt. Der Gallenfarbstoff (Bilirubin) färbt die Körpergewebe, zuerst die Sklera des Auges, später auch die Haut gelblich **(Stauungsikterus).**

Topografie im Lig. hepatoduodenale und der Porta hepatis (Abb. 5.118)

Im **Lig. hepatoduodenale** verlaufen der Ductus choledochus, die A. hepatica propria und die V. portae, begleitet von vegetativen Nervengeflechten und Lymphgefäßen.

Der Ductus choledochus liegt dabei ganz rechts im freien Rande des Lig. hepatoduodenale. Links von ihm und weiter dorsal liegt die **V. portae,** die hinter dem Pankreaskopf entstanden und nach der Kreuzung hinter der Pars superior duodeni in das Lig. hepatoduodenale eingetreten ist. Sie nimmt die **Vv. gastricae,** die **V. cystica** und kleine **Vv. paraumbilicales** auf, die über das Lig. teres hepatis vom Nabel gekommen sind. Die **A. hepatica propria** entstammt der A. hepatica communis, die am Oberrand des Pankreas nach rechts verläuft und unmittelbar oberhalb des Pylorus in die **A. gastroduodenalis** und **A. hepatica propria** zerfällt. Letztere betritt nun das Lig. hepatoduodenale, wo sie **links** von der **V. portae,** aber so oberflächlich wie der Ductus choledochus, aufsteigt. Findet sich rechts der V. portae ebenfalls ein arterielles Gefäß, handelt es sich dabei in der Regel um eine akzessorische rechte Leberarterie. Rückläufig entlässt die **A. hepatica propria** die **A. gastrica dextra** zur kleinen Magenkurvatur.

Die Porta hepatis wird geprägt durch die Aufteilungen der Gefäße und Gallengänge.

Noch in der Porta hepatis entsteht der **Ductus hepaticus communis** aus dem rechten und linken Lebergang. Seine Vereinigungsstelle mit dem **Ductus cysticus** ist variabel (Abb. 5.116) und reicht unterschiedlich weit abwärts in das Lig. hepatoduodenale. Die **A. hepatica propria** teilt sich schon sehr früh im Lig. hepatoduodenale auf, sodass ihre Äste bereits getrennt die Porta hepatis erreichen. Die **V. portae** hingegen teilt sich erst hoch in der Leberpforte in den R. dexter und sinister auf. Am weitesten ventral liegen in der Porta hepatis die Gallenwege, dahinter folgen die Arterienäste und ganz dorsal die Aufzweigung der V. portae.

Aus den **Nll. hepatici** in der Porta hepatis steigen entlang der A. hepatica und der V. portae Lymphgefäße der Leber und Gallenblase zu den **Nll. coeliaci** und **Nll. gastrici sinistri** ab. Am freien

Rand des Lig. hepatoduodenale verlaufen entlang dem Ductus choledochus Lymphgefäße, in welche der **Nl. foraminalis** eingelagert ist.

Klinik: Bei einer **Schwellung** kann der Nl. foraminalis den Ductus choledochus komprimieren und den **Gallenabfluss** behindern.

Trigonum cholecystohepaticum, Calot-Dreieck: Im Bereich der Leberpforte wird ein Teilbereich als cholezystohepatisches Dreieck bezeichnet, das für die chirurgische Aufsuchung der A. cystica von Bedeutung ist. Dieses Dreieck wird vom **Ductus cysticus,** vom **Ductus hepaticus communis** und vom **pfortennahen Leberrand** begrenzt (Abb. 5.113). In dieses Dreieck tritt dorsal des **Ductus hepaticus communis** (selten ventral) der R. dexter der **A. hepatica propria** ein und zieht nahe dem Ductus cysticus zum rechten Leberlappen. Innerhalb des Dreiecks entlässt er die A. cystica zur Gallenblase (Abb. 5.118). Auch hier sei auf die vielfältigen Gefäßvariationen hingewiesen.

Bauchspeicheldrüse, Pancreas

Entwicklung (Abb. 5.101). Das Organ entsteht aus dem Entoderm der Duodenalschlinge im Bereich des **hepatopankreatischen Ringes,** von dem aus sich auch die Leber und die Gallenwege entwickeln. Die Bauchspeicheldrüse entsteht aus einer ventralen und dorsalen Anlage. Die **ventrale Anlage** tritt unmittelbar kaudal von der Leberbucht auf und ihr Ausführungsgang, der spätere Ductus pancreaticus, vereinigt sich mit dem Gallengang. Die **dorsale Anlage** wächst in das Mesogastrium dorsale ein und ist ursprünglich allseitig von Bauchfell überzogen. Ihr Ausführungsgang endet kranial von der gemeinsamen Mündung des Gallenganges und des Ganges der ventralen Anlage.

Die ventrale Anlage verlagert sich nun auch nach dorsal und kommt kaudal der dorsalen Anlage zu liegen. Durch die Verschmelzung beider Anlagen entsteht der Pankreaskopf im oberen Abschnitt aus der dorsalen, im unteren Abschnitt aus der ventralen Anlage. Das gesamte restliche Pankreas, Körper und Schwanz, entsteht ausschließlich aus der dorsalen Anlage. Durch die Verlagerung des Mesogastrium dorsale nach links und seine Verklebung mit der hinteren Bauchwand erhält das Pankreas schließlich seine sekundär retroperitoneale Lage. Gleichzeitig mit der Verschmelzung beider Anlagen verschmelzen auch ventraler und dorsaler Gang. Der kürzere, ventrale wird zum Hauptausführungsgang des Pankreas, **Ductus pancreaticus major,** der mit dem Ductus choledochus auf der **Papilla duodeni major** mündet. Der dorsale Gang verliert an Bedeutung, wird zum **Ductus pancreaticus accessorius** und mündet auf der **Papilla duodeni minor.** In einem Teil der Fälle verödet der akzessorische Gang vollständig; dann mündet nur der Ductus pancreaticus in das Duodenum.

Entwicklungsstörungen. Versprengtes Pankreasgewebe kann im gesamten Darmrohr von der Pars abdominalis oesophagi bis zum ursprünglichen Scheitel der Nabelschleife vorkommen. **Pancreas anulare:** Die ursprüngliche ventrale Pankreasanlage besteht aus 2 Knospen. Während die linke bald zugrunde geht, verlagert sich die rechte nach dorsal hinter das Duodenum, um an der Pankreasentstehung teilzunehmen. Persistiert auch die linke ventrale Knospe, so entsteht um die Pars descendens duodeni ringförmig Pankreasgewebe.

Größe, Form, Einteilung.

Das Pankreas besteht aus Kopf, **Caput pancreatis,** Körper, **Corpus pancreatis,** und Schwanz, **Cauda pancreatis** (Abb. 5.119).

Das Pankreas hat eine Länge von 13–18 cm, ist 3–4 cm breit, 1–2 cm dick und wiegt 70–90 g. Die graurötliche Drüse ist ziemlich weich und zeigt wie die Mundspeicheldrüsen einen Läppchenbau. Das S-förmig gekrümmte Organ verläuft an der hinteren Bauchwand sekundär retroperitoneal vom Duodenum bis zum Milzstiel.
- Das **Caput pancreatis** liegt in der Konkavität der Duodenalschlinge und reicht bis zur **Incisura pancreatis,** einem Einschnitt, der die A und V. mesenterica superior aufnimmt. Hinter diese Gefäße schlingt sich ein hakenförmiger Drüsenfortsatz des Pankreaskopfes, **Processus uncinatus.**
- **Corpus pancreatis** ist jener Teil der Drüse, der die Wirbelsäule überkreuzt, sich dabei als **Tu-**

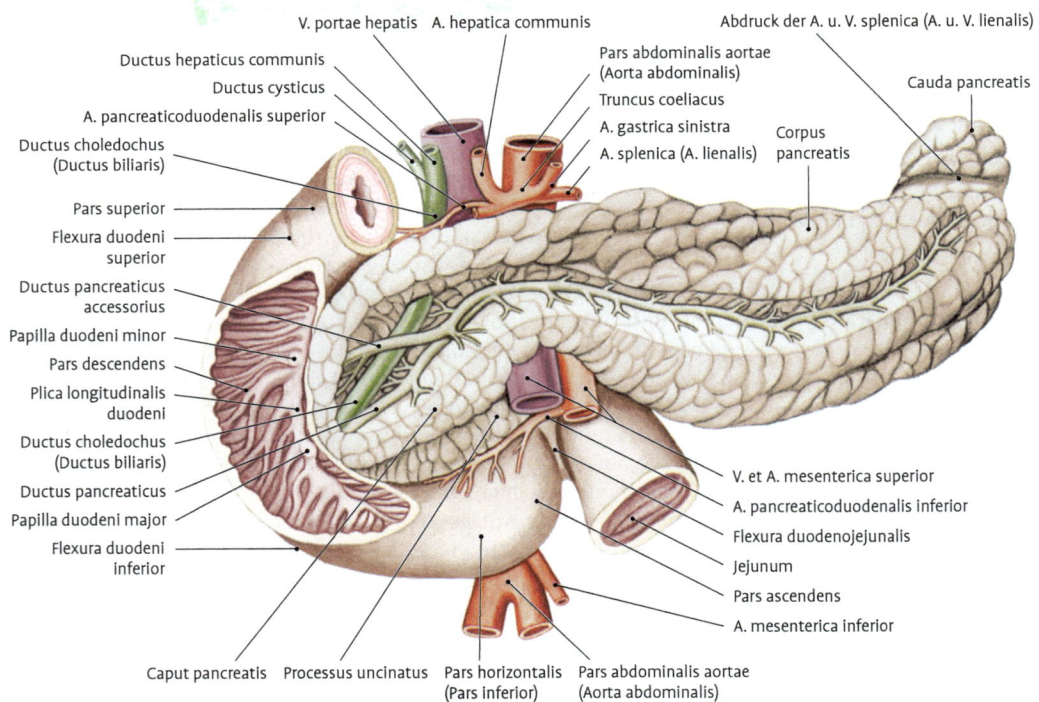

V. portae hepatis   A. hepatica communis

Ductus hepaticus communis

Ductus cysticus

A. pancreaticoduodenalis superior

Ductus choledochus (Ductus biliaris)

Pars superior

Flexura duodeni superior

Ductus pancreaticus accessorius

Papilla duodeni minor

Pars descendens

Plica longitudinalis duodeni

Ductus choledochus (Ductus biliaris)

Ductus pancreaticus

Papilla duodeni major

Flexura duodeni inferior

Abdruck der A. u. V. splenica (A. u. V. lienalis)

Pars abdominalis aortae (Aorta abdominalis)

Truncus coeliacus

A. gastrica sinistra

A. splenica (A. lienalis)

Cauda pancreatis

Corpus pancreatis

V. et A. mesenterica superior

A. pancreaticoduodenalis inferior

Flexura duodenojejunalis

Jejunum

Pars ascendens

A. mesenterica inferior

Caput pancreatis   Processus uncinatus   Pars horizontalis (Pars inferior)   Pars abdominalis aortae (Aorta abdominalis)

Abb. 5.119 Duodenum und Pancreas. Ein Teil der ventralen Wand des Duodenum und Teile des Pancreas sind entfernt, um die Ausführungsgänge und ihre Einmündung in das Duodenum zu zeigen.

ber omentale gegen die Bursa omentalis vorbuckelt und ohne scharfe Grenze in die

- **Cauda pancreatis** übergeht. Sie erreicht im **Lig. phrenicosplenicum** (phrenicolienale) den Milzstiel. Der Kliniker nennt aus chirurgisch-praktischen Überlegungen auch noch einen Pankreashals, **Collum pancreatis** (= Isthmus pancreatis), ein 2 cm breiter Parenchymstreifen vor den Vasa mesenterica superiora, die an der Drüsenhinterseite eine Furche hinterlassen.

Der Pankreaskopf ist im Querschnitt platt, sodass nur eine Vorderfläche, **Facies anterior,** und Hinterfläche, **Facies posterior,** unterschieden werden. Der Drüsenkörper hingegen ist dreieckig und zeigt 3 Flächen: eine **Facies posterior,** die oben vom Margo superior und unten vom Margo inferior begrenzt wird, sowie eine Vorderfläche, die durch den Margo anterior in 2 Flächen, eine größere **Facies anterosuperior** und eine kleinere **Facies anteroinferior,** geteilt wird. Die von sekundärem Peritoneum bedeckte Facies anterosuperior bildet einen großen Teil der Hinterwand der **Bursa omentalis.** Am Margo anterior entspringt die **Radix mesocolica.** Am Margo superior läuft die A. splenica und in der Facies posterior hinterlässt die V. splenica eine Furche. Die Cauda ist im Querschnitt oval abgeplattet, es werden ein Ober- und Unterrand sowie eine Vorder- und Rückfläche unterschieden.

Ausführungsgänge (Abb. 5.119):

- **Ductus pancreaticus (major) Wirsungi.** Der Hauptausführungsgang durchzieht die gesamte Länge der Bauchspeicheldrüse nahe ihrer Hinterfläche. Der 2 mm dicke Gang nimmt in seinem Verlauf zahlreiche kleine Seitenäste auf und mündet gemeinsam mit dem Ductus choledochus auf der **Papilla duodeni major** in der Pars descendens duodeni. Kurz vor seiner Mündung wird er vom **M. sphincter ductus pancreatici** verschlossen, der einen Rückfluss der Galle in die Bauchspeicheldrüse verhindert.
- **Ductus pancreaticus accessorius Santorini.** Der Nebenausführungsgang ist sehr variabel. Er kann mit (Abb. 5.119) oder ohne Verbindung zum Hauptgang 2 cm oberhalb der Papilla Vateri auf der **Papilla duodeni minor** in das Duodenum münden (Abb. 5.119) oder er mündet nur in den Hauptgang. Auch kann er den Hauptgang ersetzen.

Lage (Abb. 5.86). Das **Caput** liegt im Bogen des Duodenum, rechts von der Wirbelsäule zwischen

dem 1. und 3. Lendenwirbelkörper, und der Drüsenkörper überquert die Wirbelsäule in Höhe des 1. und 2. Lendenwirbels. Das im dorsalen Mesogastrium entstandene Organ wird durch die Magendrehung und die Verlötung mit der hinteren Leibeswand sekundär retroperitoneal, nur die **Cauda** erreicht im **Lig.** (phrenicosplenicum) **phrenicolienale** das Hilum splenicum intraperitoneal. Auf der **Rückseite** ist das Pankreas mit Ausnahme der Cauda durch Bindegewebe fest mit der Leibeswand verwachsen. Hinter dem Pankreaskopf und der Duodenalschlinge befindet sich die sog. **Treitz-Faszie,** eine mehrschichtige Bindegewebsplatte, die aus der Verschmelzung des Mesoduodenum mit dem Peritoneum der hinteren Leibeswand entstanden ist. In dieser Schicht lassen sich Duodenalschlinge und Pankreaskopf leicht von der Hinterwand lösen.

Lagebeziehungen. Die Wurzel des **Mesocolon transversum** verläuft zuerst über die Vorderfläche des Kopfes und dann weiter nach links am Vorderrand des Drüsenkörpers (Abb. 5.86). Somit schaut der obere Teil des Kopfes in das **Vestibulum** und der Körper in die **Bursa omentalis,** womit die Drüse unter Vermittlung dieses Spaltraumes enge Beziehung zur Magenhinterwand erhält. Unterhalb der Radix mesocolica wird der Kopf noch vom **Mesocolon ascendens** bedeckt (Abb. 5.86).

Unmittelbar hinter dem Pankreaskopf liegt der Ductus choledochus in einer Rinne oder einem Kanal des Pankreasgewebes. Hier entsteht auch die **V. portae** aus dem Zusammenfluss der V. mesenterica superior mit der V. splenica, die zuvor die V. mesenterica inferior aufgenommen hat (Abb. 5.120). Die V. mesenterica superior überquert rechts von der A. mesenterica superior in der Incisura pancreatica das Pankreas von vorne nach hinten. Die V. splenica läuft in einer Rinne der Drüsenhinterfläche von links nach rechts und wird kurz vor ihrer Mündung in die Pfortader dorsal von der A. mesenterica superior gekreuzt. Weiter dorsal folgt die V. cava inferior mit der Einmündung der Vv. renales.

Hinter dem Pankreaskörper liegen vor der Wirbelsäule die **Aorta** und die **linken Nierengefäße,** schließlich der obere Pol der **linken Niere** und das untere Ende der **linken Nebenniere.**

Der **Truncus coeliacus** entspringt aus der Aorta unmittelbar am Oberrand des Pankreas (Abb. 5.121). Die aus ihm stammende A. hepatica communis läuft am Drüsenoberrand nach rechts und teilt sich am Lig. hepatoduodenale in 2 Äste: (Abb. 5.86, 5.119) Die **A. hepatica propria** steigt im Lig. hepatoduodenale auf, während die **A. gastroduodenalis** zwischen Pars superior duodeni und Pankreaskopf hindurchtritt und in ihre Endäste zerfällt. Die A. splenica des Truncus coeliacus zieht am Drüsenoberrand in der Hinterwand der Bursa omentalis nach links zur Milz. Der dritte Ast des Truncus coeliacus, die A. gastrica sinistra, tritt mit der Bauchspeicheldrüse nicht in Beziehung.

> **Klinik: 1.** Die engen **topografischen Beziehungen** zwischen Pars descendens duodeni, Pankreaskopf, Gallengang, Pfortader und V. cava inferior erklären den **Stauungsikterus** bei Pankreaskopfkarzinom und chronischen Pankreasentzündungen sowie Stauungen im Pfortadersystem (Bauchwassersucht = **Aszites**) und in der V. cava inferior (**Ödem** in den unteren Gliedmaßen) bei Pankreaskopftumoren. **2.** Die **operative Zugänglichkeit** ist über die Bursa omentalis gegeben (Abb. 5.89): entweder durch das Omentum minus, durch das Lig. gastrocolicum, oder durch das Mesocolon transversum. Nach Durchtrennung des Bauchfells lässt sich das Pankreas bei operativen Eingriffen leicht vom retroperitonealen Bindegewebe lösen. Den Pankreaskopf und die an seiner Rückfläche gelegenen Ausführungsgänge erreicht man operativ von rechts, indem man das Bauchfell lateral von der Pars descendens duodeni spaltet, das Duodenum nach links verlagert (Elevatio duodeni) und so hinter den Pankreaskopf gelangt.

Darstellbarkeit. Sie erfolgt durch Computertomografie, Kernspintomografie (MRT), Sonografie, endoskopische retrograde Kontrastmittelfüllung der Gallen- und Pankreasgänge (ERCP). Im Querschnittsbild erscheint das Pankreas durch die weit in den Bauchraum vorspringende Wirbelsäule hufeisenförmig gekrümmt.

Gefäße:

- **Arterien** (Abb. 5.121). Die arterielle Versorgung des Pankreas erfolgt aus dem **Truncus coeliacus** und aus der **A. mesenterica superior,** die über ihre Pankreasäste gut miteinander anastomosieren. Der Kopf und auch die Duodenalschlinge werden arteriell von der **A. pancreaticoduodenalis superior** aus der A. gastroduodenalis und der **A. pancreaticoduodenalis inferior** aus der A. mesenterica superior versorgt. Beide Aa. pancreaticoduodenales bilden mit ihren Rr. anteriores et posteriores vor und hinter dem Kopf eine Gefäßarkade. Körper und Schwanz werden von kleineren **Rr. pancreatici** der A. splenica versorgt. Die **A. pancreatica dorsalis** entspringt aus dem Anfangsteil der A. splenica und betritt das Parenchym am Collum pancreatis und verbindet sich nahe am Drüsenunterrand mit der **A. pancreatica inferior,** die bis zur Cauda zieht. Die variable **A. pancreatica magna** betritt als Ast der A. splenica in der Mitte den Drüsenkörper und versorgt auch die Cauda. Die Cauda erhält zusätzlich ihr Blut aus einer **A. caudae pancreatis**, die hilumnahe der A. splenica entstammt.
- **Venen** (Abb. 5.120). Die gleichnamigen Pankreasvenen verlaufen ähnlich den Arterien und führen ihr Blut über die V. splenica und V. mesenterica superior in die **Pfortader** ab.
- **Lymphgefäße** (Abb. 5.122). Die Lymphe aus Corpus und Cauda wird über die zahlreichen Nll. pancreatici superiores am Drüsenoberrand zu den **Nll. coeliaci** und über wenige **Nll. pan-**

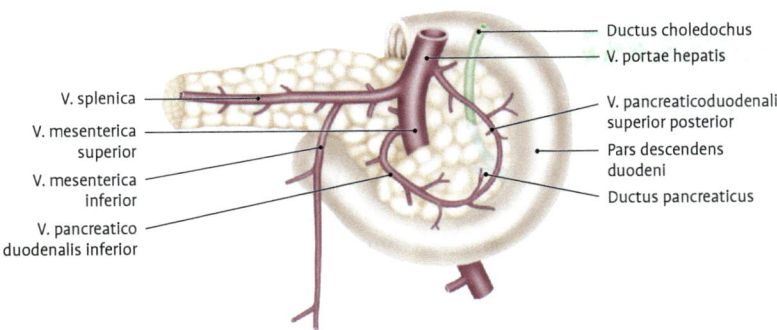

V. splenica
V. mesenterica superior
V. mesenterica inferior
V. pancreaticoduodenalis inferior

Ductus choledochus
V. portae hepatis
V. pancreaticoduodenalis superior posterior
Pars descendens duodeni
Ductus pancreaticus

Abb. 5.120 Entstehung der Pfortader („Pfortaderwurzel") an der Dorsalseite des Caput pancreatis.

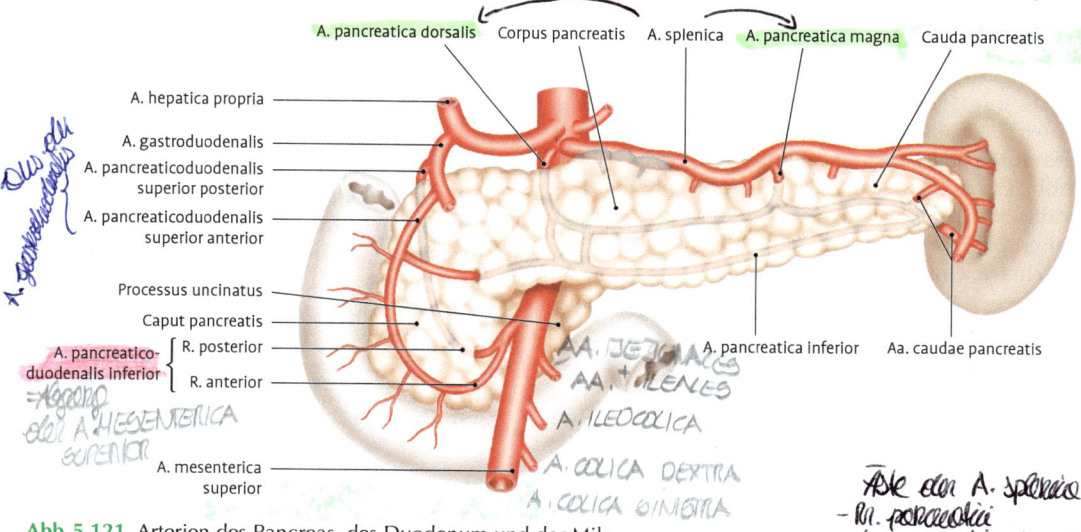

A. pancreatica dorsalis Corpus pancreatis A. splenica **A. pancreatica magna** Cauda pancreatis

A. hepatica propria

A. gastroduodenalis

A. pancreaticoduodenalis superior posterior

A. pancreaticoduodenalis superior anterior

Processus uncinatus

Caput pancreatis

A. pancreaticoduodenalis inferior { R. posterior / R. anterior

A. pancreatica inferior   Aa. caudae pancreatis

A. mesenterica superior

Abb. 5.121 Arterien des Pancreas, des Duodenum und der Milz.

creatici inferiores am Drüsenunterrand zu den **Nll. mesenterici superiores** abgeführt. Aus dem Kopf gelangt die Lymphe über die **Nll. pancreaticoduodenales superiores et inferiores** entlang des Ductus choledochus zu den **Nll. hepatici et coeliaci** sowie zu den **Nll. mesenterici superiores**.

Nerven. Die Innervation erfolgt aus dem **Sympathicus** und aus dem **Parasympathicus**. Beide Faserarten gelangen direkt oder über die Arterien aus dem Plexus coeliacus in die Drüse.

Klinik: Pankreasschmerz: oft gürtelförmig, unterhalb des linken Rippenbogens mit Ausstrahlung in die linke Schulter.

Feinbau und Funktionen

Das Pankreas besteht aus 2 unterschiedlichen Anteilen: Der **exokrine Anteil** bildet die Verdauungsdrüse, der **endokrine Anteil** bildet die Hormondrüse.

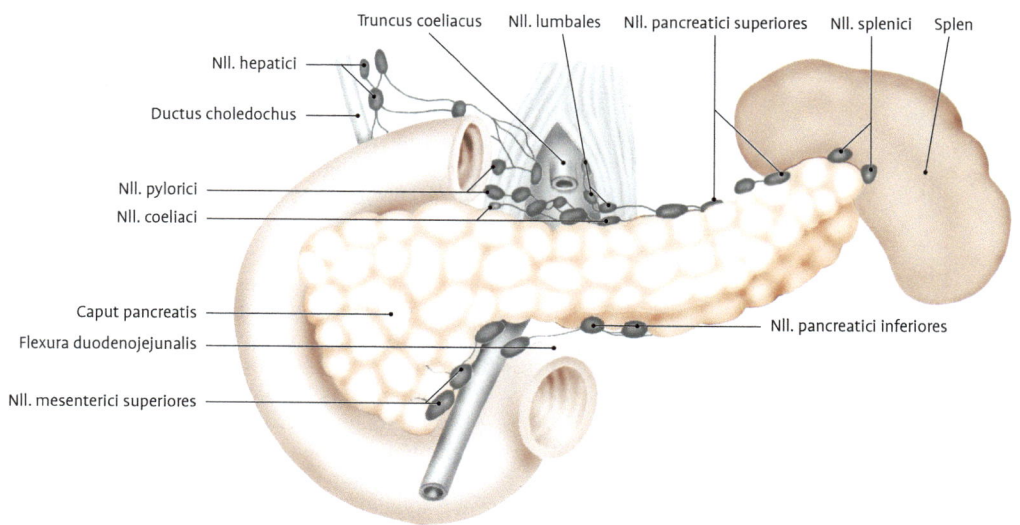

Nll. hepatici

Ductus choledochus

Nll. pylorici

Nll. coeliaci

Truncus coeliacus   Nll. lumbales   Nll. pancreatici superiores   Nll. splenici   Splen

Caput pancreatis

Flexura duodenojejunalis

Nll. mesenterici superiores

Nll. pancreatici inferiores

Abb. 5.122 Lymphgefäße und Lymphknoten im Bereich des Pancreas.

Exokriner Anteil. Vom Hauptausführungsgang (Abb. 5.119) dringen kurze Seitenäste in das Bindegewebe zwischen den Läppchen ein und spalten sich in lange Schaltstücke. Diesen sitzen die sekretorischen Endstücke, **Acini pancreatici,** auf (Abb. 5.123). Dabei schieben sich die niedrigzylindrischen Schaltstückzellen bis in das Endstück vor und erscheinen auf dem Querschnitt als **zentroazinäre Zellen.** Die pyramidenförmigen Endstückzellen lassen eine basale, in vivo homogene, nach Fixierung streifige, basophile, RNS-reiche Zone und einen lumenwärts gelegenen Zellabschnitt unterscheiden, der während der Sekretionsruhe zahlreiche stark lichtbrechende, azidophile **Zymogenkörnchen** (Vorstufen des Pankreassekretes) enthält, die während der Sekretion sehr bald an Zahl abnehmen.

Funktion. Der exokrine Anteil des Pankreas liefert täglich 1–2 l „Bauchspeichel". Er enthält Enzyme für die Eiweiß-, Kohlenhydrat- und Fettverdauung; seine Absonderung wird reflektorisch von der Mundschleimhaut ausgelöst und weiter durch das Sekret des Darmes gefördert. Das **Trypsin,** durch die Enteropeptidase des Darmsaftes aktiviert, spaltet Eiweiße zu Peptiden. Die **Pankreaslipase,** durch die Galle aktiviert, spaltet die Fette in Glyzerin und Fettsäuren. Der alkalische Pankreassaft hilft bei der Emulgierung der Fette. Die **Pankreasdiastase** spaltet Stärke in Maltose. Die **Maltase** zerlegt die Maltose in Traubenzucker. **Laktase** (nur bei Milchnahrung) spaltet Milchzucker in Monosaccharide.

> **Klinik: 1.** Bei der **akuten Pankreatitis** (Alkoholexzess, Gallenstein in Papilla Vateri) kommt es zur Selbstverdauung des Organs. **2.** Bei der **chronischen Entzündung** (durch chronischen Alkoholabusus, Gallengangserkrankungen) kommt es zum langsamen Drüsenuntergang mit zunehmenden Verdauungsstörungen (Fettstühle wegen mangelhafter Fettverdauung) und auch zum Verlust des Inselorgans **(Diabetes mellitus).**

Endokriner Anteil, Inselorgan. In das exkretorische Drüsengewebe sind **Insulae pancreaticae, Langerhans-Inseln,** eingelagert, die in ihrer Gesamtheit auch als Inselorgan bezeichnet werden. Die Inseln entstehen aus den Inselzapfen, die von den Drüsengängen und Endstücken aussprossen, vor allem im Bereich der dorsalen Pankreasanlage. Die 0,5–2 Mio. Inseln sind besonders zahlreich in der Cauda, etwas weniger im Corpus und nur vereinzelt im oberen Kopfabschnitt vorhanden. Die Inseln haben einen Durchmesser von 75–500 µm und stellen in ihrer Gesamtheit 1–2 % des Drüsenvolumens dar. Beim Erwachsenen bestehen die Inseln aus zahlreichen und von weiten Blutkapillaren durchzogenen Zellsträngen, die sich meist schwächer als das exokrine Drüsengewebe anfärben.

Zelltypen und ihre Funktion:

- **A-Zellen** (Alpha-Zellen). 10–20 % der Zellen, liegen in der Randzone und produzieren das Hormon **Glukagon.** Es hebt den Blutzuckerspiegel durch vermehrten Glykogenabbau in der Leber.
- **B-Zellen** (Beta-Zellen). 80 % der Zellen, liegen im Läppchenzentrum und bilden das **Insulin.** Es fördert den Glykogenaufbau im Muskel und der Leber, wodurch es den Blutzuckerspiegel senkt.
- **D-Zellen.** 5 % der Zellen, liegen am Inselrand und bilden das **Somatostatin.** Es hemmt die Ausschüttung von Glukagon und Insulin.
- **PP-Zellen (F-Zellen).** In wenigen Inselzellen vor allem im unteren Kopfabschnitt (ventrale Pankreasanlage) wird das **pankreatische Polypeptid** gebildet. Es hemmt vor allem die Sekretion des exokrinen Pankreasanteils.

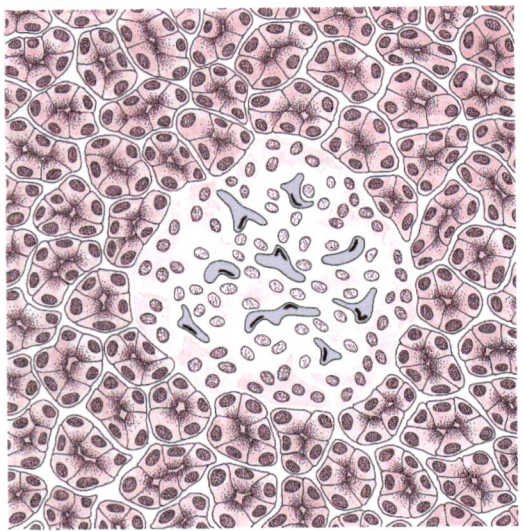

Abb. 5.123 Langerhans-Insel umgeben von exokrinen Acini. Zahlreiche Kapillaren in der Insel.

Klinik: 1. Ungenügende Insulinproduktion bei der Zuckerkrankheit **(Diabetes mellitus)** ist charakterisiert durch Hyperglykämie, Glykosurie und Polyurie, in ernsteren Fällen durch Ausscheidung von Azetonkörpern, Verminderung der Alkalireserven und vermehrten Fettgehalt im Blut (Lipämie). **2.** In der Diabetesforschung wird experimentell eine elektive Vergiftung der B-Zellen durch **Alloxan** erreicht (Hyperglykämie beim Alloxandiabetes). **3. Starke Insulingaben** und **Inseladenome,** fast ausschließlich aus B-Zellen bestehend, senken den Blutzucker, erzeugen Krämpfe und hypoglykämischen Schock.

Milz, Splen (Lien)

(Abb. 5.86, 5.124, 5.125)

Entwicklung. Die Milz entsteht aus dem mittleren Keimblatt im dorsalen Mesogastrium am Ende des 1. Keimlingsmonats (Abb. 5.79–5.84). Frühzeitig wachsen aus dem Truncus coeliacus Gefäße in das Organ. Die rasch wachsende Milz schiebt die linke Platte des dorsalen Mesogastrium vor sich her und erscheint an diesem gleichsam als Anhängsel.

Entwicklungsstörungen. Aplasie und **Hypoplasie** der Milz sind nicht selten und sind auf Störungen in der 2.–5. Embryonalwoche zurückzuführen.

Größe. Die Milz ist das größte Organ des lymphatischen Abwehrorgans (s. Kap. 2.3.6.5). Das kaffeebohnenförmige, blaurote, 12 cm lange, 8 cm breite und 3 cm dicke Organ hat teigige Konsistenz und schon bei der gesunden Milz ein stark schwankendes durchschnittliches Gewicht von etwa 160 g. Die großen Schwankungen im Gewicht und in der Größe sind im Wesentlichen durch den stark wechselnden Blutgehalt bedingt. Das Gewicht von 160 g bezieht sich auf die vollständig ausgeblutete Milz. Auch Farbe und Konsistenz der Milz werden durch den Füllungsgrad beeinflusst. Säugermilzen, die starke Erythrozytenspeicher sind (Pferd, Hund, Katze), haben ein relativ hohes Milzgewicht. Säuger, deren Milz hauptsächlich im Dienst des Immunsystems steht (Mensch, Kaninchen), haben meist eine relativ kleine Milz.

Form. Die Form der Milz ist **variabel.** Sie kann stark abgeplattet oder mehr rundlich sein. Beim Neugeborenen ist sie meist stärker gelappt als beim Erwachsenen. Stark **gelappte** Milzen beim

Erwachsenen sind somit als kindliche Formen aufzufassen. Sie können zusammen mit gelappter Niere und trichterförmigem Wurmfortsatz, aber auch allein vorkommen.

Klinik: Akzessorische Milzen, sog. **Nebenmilzen,** kommen in wechselnder Größe und Zahl öfter vor, vor allem im Mesogastrium dorsale und seinen Derivaten. Von ihnen zu unterscheiden sind die Milzautotransplantate, die sich aus verschlepptem Milzgewebe (bei Milzruptur oder operativer Milzentfernung) auf dem gesamten Bauchfell entwickeln können.

Oberfläche. Die Milzoberfläche zeigt eine konvexe Zwerchfellfläche, **Facies diaphragmatica,** und eine konkave Eingeweidefläche, **Facies visceralis,** die durch einen scharfen, häufig gekerbten Oberrand, **Margo superior,** und einen stumpfen Unterrand, **Margo inferior,** voneinander getrennt werden. Der hintere Pol, **Extremitas posterior,** weist gegen die Wirbelsäule und der vordere Pol, **Extremitas anterior,** ruht auf dem Lig. phrenicocolicum (Abb. 5.86). Auf einer Leiste der Facies visceralis (Abb. 5.124) liegt der Milzstiel, **Hilum splenicum** (Hilum lienale). Er ist meistens V-förmig und lässt die Gefäße und Nerven ein- und austreten. Die Milz ist bis auf das Hilum vollständig von Bauchfell überzogen. Vom Hilum ziehen eine vordere Bauchfellplatte, das Lig. gastrosplenicum (Lig. gastrolienale), zur großen Kurvatur des Magens und eine hintere Bauchfellfalte, das Lig. phrenicosplenicum (Lig. phrenicolienale), zum Zwerchfell.

Lage. Die Milz liegt intraperitoneal im **Saccus splenicus** (lienalis) gut verborgen in der linken Regio hypochondriaca zwischen 9. und 12. Rippe, mit ihrer Längsachse parallel zur 10. Rippe. Die Extremitas posterior reicht bis auf 2 cm an den Querfortsatz des 10. Brustwirbels. Die gesunde Milz überragt den Rippenbogen nach unten nicht. Ihre Lage wird auch beeinflusst durch ihre Größe und Gewicht, durch die Länge des Milz- und Magengekröses und durch den Füllungszustand der benachbarten Organe. Auch die **Form des Brustkorbs** hat einen Einfluss auf die Milzlage. So finden wir bei enger unterer Thoraxapertur eine senkrechte oder schräge Lage, bei weiter unterer Thoraxöffnung (besonders bei Neugeborenen) eine mehr horizontale Lage. Bei **Einatmung** verlagert sie sich nach unten und vorne und kehrt bei **Ausatmung** wieder in ihre Ausgangslage zurück.

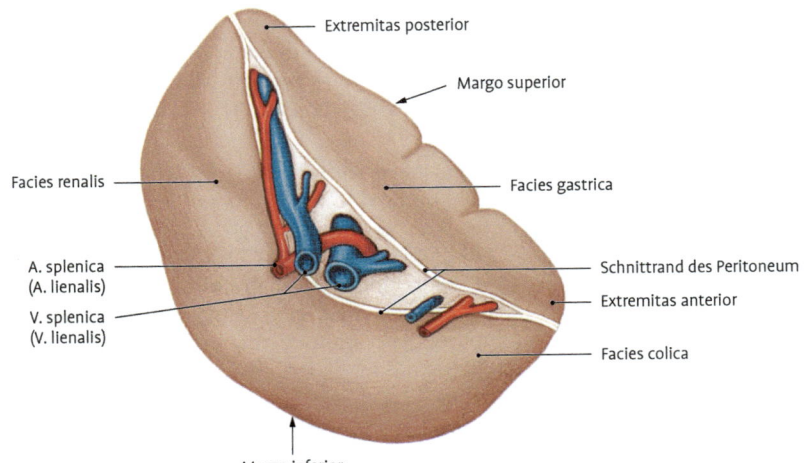

Extremitas posterior

Margo superior

Facies renalis

Facies gastrica

A. splenica
(A. lienalis)

Schnittrand des Peritoneum

Extremitas anterior

V. splenica
(V. lienalis)

Facies colica

Margo inferior

Abb. 5.124 Milz, Facies visceralis mit Hilum und Blutgefäßen.

Auch die **Körperlage** beeinflusst die Lage der Milz. Beim Neugeborenen reicht sie in der Hälfte der Fälle bis in die Regio epigastrica, was auf den stumpferen Rippenwinkel und die weite untere Thoraxapertur zurückzuführen ist. **Wandermilzen** kommen vorwiegend beim weiblichen Geschlecht vor und sind sehr beweglich. Oft findet man sie bei erschlafften Bauchdecken (häufige Geburten) und allgemeiner Senkung der Eingeweide **(Enteroptose)**.

Lagebeziehungen. Die **Facies diaphragmatica** kommt unter Vermittlung des Zwerchfells mit dem Recessus costodiaphragmaticus in Beziehung, in welchen der untere Lungenrand atmungsabhängig unterschiedlich weit vordringt. Bei Exspiration wird die obere Hälfte der Facies diaphragmatica von Lungengewebe überlagert, bei Inspiration sogar die oberen zwei Drittel. Die **Facies visceralis** kommt mit verschiedenen Organen in Beziehung, sodass an ihr entsprechende Teilflächen beschrieben werden (Abb. 5.124). An die **Facies gastrica** vor dem Hilum splenicum legt sich der Fundus des Magens. An der Extremitas anterior legt sich die linke Kolonflexur an die **Facies colica.** Nahe dem Hilum splenicum erreicht die Cauda pancreatis an der **Facies pancreatica** die Milz. Der dorsale Teil der Facies visceralis steht im Bereich der **Facies renalis** mit der linken Niere in Beziehung.

Klinik: 1. Die **Untersuchung** der Milz wird grundsätzlich in der rechten Seitenlage durchgeführt. Die normale Milz darf nicht tastbar sein. Tastbarkeit lässt auf krankhafte Vergrößerung, **Splenomegalie** (Infektions-, Stoffwechselkrankheiten oder Tumoren des lymphatischen Systems), oder seltener auf Lageveränderung schließen. Die Lage der Milz kann durch Beklopfen (Perkussion) festgestellt werden. Da die Lunge den Oberrand der Milz teilweise überlagert, lässt sich bei der Perkussion von dorsal her eine absolute und eine relative (durch dazwischen gelagerte Lunge verändert) Milzdämpfung feststellen. Unterrand der Lunge (Lungenschall) und Margo superior der Milz (gedämpfter Schall) bilden den nach unten offenen **Milzlungenwinkel,** in dem man tympanitischen Schall (Magen) findet. Zwischen Milz und ventralem Nierenrande erhalten wir ventral den tympanitischen Schall der Flexura coli sinistra (**Milznierenwinkel,** nach kranial offen). **2.** Füllt man die Flexur mit Luft, so wird eine Nierengeschwulst verdeckt, ein **Milztumor** nicht (differentialdiagnostisch wichtig). **3.** Stumpfe Gewalteinwirkungen, Sturz, Stoß, Schlag können leicht zu **Milzruptur** führen. **4.** Die genaue Ausdehnung der Milz lässt sich mit der **Szintigrafie** darstellen. Dabei werden durch Wärmebehandlung geschädigte Erythrozyten mit einer radioaktiven Substanz markiert und dem Patienten intravenös injiziert. Die geschädigten Erythrozyten werden von der Milz abgefangen und zerstört. Der radioaktive Indikator kann nun gemessen und die Milz in ihrer Größe und Form in einem Szintigramm dargestellt werden.

Gefäße:

- **Arterien** (Abb. 5.96, 5.121). Die kräftige **A. splenica** entspringt aus dem Truncus coeliacus und verläuft kranial von der großen V. splenica und kranial von der Bauchspeicheldrüse zum Milzstiel, wo sie sich in sehr variabler Weise in ihre Endäste aufteilt. Meist zerfällt der Stamm schon mehrere Zentimeter vor dem Hilum in eine obere und untere (oder auch eine 3. mittlere) Terminalarterie, welche sog. **Milzlappen** versorgen. Diese bestehen wiederum aus Segmenten und werden aus der nächsten Teilungsgeneration der Terminalarterien, den Segmentarterien, versorgt. Zwischen den Segmenten und Lappen finden sich jeweils gefäßarme Zonen. Die von einem vegetativen Nervengeflecht umgebene A. splenica ist schon in der Jugend **geschlängelt**. Diese Schlängelungen ermöglichen die normalen Lage- und Volumenveränderungen der Milz. Die Arterienwand ist relativ muskelstark. Kontrahiert sie im Bereich des Stammes oder einzelner Äste, so können das ganze Organ oder Teile desselben zeitweise vollständig aus dem Kreislauf ausgeschaltet werden. Diese Steuerung der Blutzufuhr wird nervös-hormonal bewirkt.

> **Klinik: 1.** Die **weiblichen Geschlechtshormone** sollen auf die Milzarterien wirken. Während der Schwangerschaft und nach der Entbindung treten regelmäßig Volumenveränderungen der Milz auf. Dadurch wird anscheinend die Milzarterie besonders belastet. So finden wir bei Mehrgebärenden schon frühzeitig starke Schlängelungen, Verkalkungen und Erweiterungen des Gefäßes, das bereits bei geringen Traumen einreißen kann. **2.** Beim **Mann** dagegen kommen Rupturen des Gefäßes oder der Milz nur nach stärkerer Gewalteinwirkung vor.

- **Venen** (Abb. 5.120). Die **V. splenica** entsteht am Hilum splenicum aus den **Segment-** und **Terminalvenen** und zieht dorsal des Corpus pancreatis zur V. portae.
- **Lymphgefäße** (Abb. 5.122). Die **Nll. splenici** liegen am Hilum und erhalten ihre Lymphe aus der Milz über periarterielle, perivenöse und subkapsuläre Lymphkapillaren und leiten sie direkt in die **Nll. coeliaci** oder über die **Nll. pancreatici superiores** ab.

Nerven. Die sympathischen und parasympathischen **Rr. splenici** entstammen dem linken Ganglion coeliacum und verlaufen mit den Arterienästen in das Milzparenchym.

> **Klinik: Milzschmerzen** werden tief in der linken Regio hypogastrica verspürt und können in die linke Schulter ausstrahlen.

Feinbau (Abb. 5.125).

> Die Milz besteht aus der **Milzkapsel,** dem **Stroma** und dem **Parenchym** (rote und weiße Pulpa).

Milzkapsel und Stroma. Die Milz besitzt außen eine aus kollagenen und elastischen Fasern bestehende Kapsel, **Capsula** oder **Tunica fibrosa,** die außen von Peritoneum viscerale überzogen wird. Von der Kapsel senken sich bindegewebige Balken, **Trabeculae splenicae** (lienales), in das Innere des Organs fort und bilden dort ein dreidimensionales Gerüstwerk, das **Stroma** der Milz. In den Balken verlaufen die größeren Blutgefäße. Kapsel und Balken enthalten bei jenen Tieren, deren Milzen starke Erythrozytenspeicher sind, glatte Muskelzellen, die für die Entleerung notwendig sind.

Parenchym. In den Räumen des bindegewebigen Gerüstwerkes befindet sich eine weiche, auswaschbare Masse, die Milzpulpa, **Pulpa splenica** (lienalis):

- **Rote Pulpa, Pulpa rubra.** Sie besteht aus einem blutreichen (rote und weiße Blutkörperchen, Blutplättchen) retikulären Bindegewebe und aus einem Netzwerk großlumiger Bluträume, den Milzsinus, **Sinus splenici** (lienales).
- **Weiße Pulpa, Pulpa alba.** Sie wird von den größeren Arterienästen mit ihren Lymphgewebsscheiden und den **Noduli lymphoidei splenici,** den Malpighi-Körperchen, Milzknötchen oder Milzfollikeln, gebildet.
- Das **retikuläre Gerüst** der Milz ist nach Entfernung der Lymphozyten durch Ausspülung des Organs mit physiologischer Kochsalzlösung gut erkennbar ("durchspülte Milz"). Es beinhaltet, neben den Retikulumzellen und Lymphozyten noch Granulozyten, Erythrozyten, Monozyten, Plasmazellen und Phagozyten (Makrophagen).

Milzkreislauf.

> Die Milz ist, im Gegensatz zu den Lymphknoten, in den Blutkreislauf eingeschaltet.

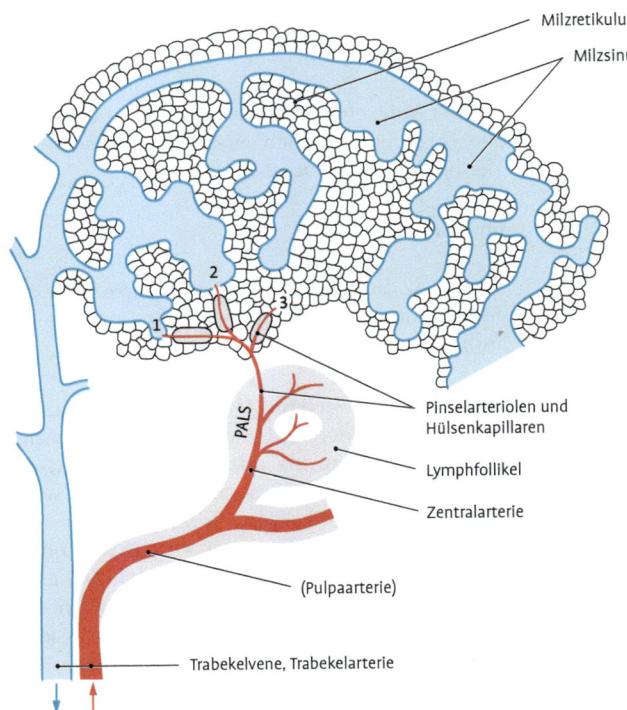

Milzretikulum

Milzsinus

PALS

2

1

3

Pinselarteriolen und
Hülsenkapillaren

Lymphfollikel

Zentralarterie

(Pulpaarterie)

Trabekelvene, Trabekelarterie

Abb. 5.125 Schema des Aufbaues der
menschlichen Milz. Arterieller Teil des
Milzkreislaufes ist rot, venöser Teil blau,
Milzreticulum grau, 1 und 2 = Mündung
des arteriellen Teils direkt in die Sinus
(„geschlossener Kreislauf"), 3 = Mündung
in das Milzreticulum („offener Kreislauf"),
PALS = periarterioläre lymphatische
Scheide.

Nach ihrem Eintritt in die Milz verlaufen die großen Äste der A. splenica in den bindegewebigen
Balken (**Balken- oder Trabekelarterien**). Kleinere
Äste verlassen die Balken und treten in die rote
Pulpa ein (**Pulpaarterien**). Sie werden von einer
Scheide aus retikulärem Bindegewebe mit Lymphozyten umgeben (periarterioläre lymphatische
Scheide = PALS). Die Äste der Pulpaarterien treten
in knötchenartige Lymphozytenhaufen der Milz,
die Milzkörperchen, ein. Diese bestehen aus einem Netz von Retikulumzellen, in dessen Maschen zahlreiche Lymphozyten eingelagert sind.
Ist diese Einlagerung gleichmäßig, so spricht man
von **Primärfollikeln**. Findet man am Milzknötchen
eine dichtere (dunkle) Außenzone und eine hellere, lymphozytenarme Innenzone (Keim- oder
Reaktionszentrum), so bezeichnet man sie als **Sekundärfollikel.**

Milzfollikel **Neugeborener** sind stets Primärfollikel. Mit dem Einsetzen der Immunabwehr wan-
delt sich eine variable Zahl der Primärfollikel durch
Ausbildung eines Keimzentrums in Sekundärfollikel um. In den Keimzentren finden Zellteilungen
statt. In den Randbezirken der Lymphfollikel liegen, neben Retikulumzellen, vor allem B-Lymphozyten, aus Letzteren hervorgegangene Plasmazel-

len und Makrophagen. Sekundärfollikel der Milz
können sich in Primärfollikel zurückverwandeln.

Der Ast der Pulpaarterie im Milzknötchen wird
Zentralarterie genannt (Abb. 5.125). Sie ist eine
Endarterie (s. Kap. 2.3.2.16). Nachdem sie das
Knötchen durch Abgabe von Kapillaren versorgt
hat, verlässt sie dieses und teilt sich pinselartig in
40–60 Arteriolen auf, **Penicilli oder Pinselarteriolen**. Aus diesen gehen, unter weiterer Verzweigung, Kapillaren hervor, die von eiförmigen, aus
Makrophagen bestehenden Hülsen umgeben sind
(**Hülsenkapillaren**). Die Funktion der Hülsen ist
noch umstritten (Sphinkteren?).

Nach Verlassen der Hülsenkapillaren kann das
Blut 2 verschiedene Wege beschreiten:

• **Geschlossener Milzkreislauf.** Die Mehrzahl der
Fortsetzungen der Hülsenkapillaren mündet,
jedenfalls beim Menschen, trichterförmig in die
Milzsinus, die den Venen vorgeschaltet sind.
Die Sinus bilden ein vielfach anastomosieren-
des Netzwerk in der roten Pulpa.

• **Offener Milzkreislauf.** Nach einer anderen Ver-
sion mündet wenigstens ein geringerer Teil der
Kapillaren zunächst in das Schwammwerk des
lymphoretikulären Bindegewebes der roten Pulpa
und gelangt erst aus diesem in die Milzsinus.

Über die Pulpavenen kommt das Blut aus den Milzsinus in die Balkenvenen und aus diesen in die Milzvene.

Funktionen der Milz:

- **Speichermilz.** Das Milzretikulum und die Milzsinus sind beim Menschen weniger als bei Tieren mit großen Milzen (Pferd, Hund, Katze) wichtige **Blutspeicher** und können bis zu 16 % des gesamten Blutvolumens aufnehmen. Das Fassungsvermögen und die Verweildauer des Blutes in der Milz wird durch den Kontraktionszustand der feinsten Arterien und der Arteriolen sowie durch die glatten Muskelzellen der Kapsel und der Trabekel reguliert. Gespeichert werden hauptsächlich die Blutzellen. Das Blutplasma wird in die Venen oder in das Lymphsystem abgefiltert.
- **Stoffwechsel-** oder **Abwehrmilz.** Bei der lymphozyten- und sinusreichen Milz des Menschen macht das **lymphatische Gewebe** 15–30 % des Gesamtvolumens aus.
- Ab Mitte des 3. Schwangerschaftsmonats bis zum 8. Fetalmonat ist die fetale Milz an der **Erythropoese** beteiligt. In der Fetalzeit findet in ihr auch eine geringe Granulozyten- und Thrombozytenbildung statt.
- Das Hohlraumsystem der Milzpulpa ist postnatal reich an Makrophagen, Retikulumzellen und Monozyten. Diese dem mononukleären **Phagozytensystem** (MPS) zugehörenden Zellen dienen der **unspezifischen Abwehr,** indem sie schädliche Substanzen und Mikroorganismen phagozytieren. Die in den Milzknötchen gespeicherten B-Lymphozyten sind Träger der humoralen, die in den perivaskulären Lymphozytenscheiden der Pulpaarterien liegenden T-Lymphozyten der zellulären Immunität.
- Neben der Leber und dem Knochenmark ist die Milz am Abbau der Erythrozyten (**Blutmauserung)** zu etwa 30 % beteiligt.
- Die Milz ist zusammen mit den Lymphknoten als Bildner von Plasmazellen und Lymphozyten bei der **Immunreaktion** tätig. Sie kann Antigene aufnehmen und abbauen. Sie ist Speicher und Abbauort für die bei der **Blutgerinnung** wichtigen **Thrombozyten**.

Klinik: Trotz dieser Funktionen ist die Milz kein lebenswichtiges Organ. Da sie nur etwa 1/3 des lymphatischen und mononukleären Systems repräsentiert, wird nach ihrer Entfernung (**Splenektomie**) die Funktion vom übrigen MPS übernommen (in Lymphknoten, Leber, Knochenmark). In letzter Zeit wird allerdings vor allzu bedenkenloser Entfernung der gesamten Milz gewarnt, weil Fälle von **postoperativer Immunschwäche** beobachtet wurden.

5.2.3 Der Unterbauch und seine Eingeweide

Im Inneren der Cavitas peritonealis erstreckt sich der Unterbauch **von der Radix des Mesocolon transversum nach kaudal.** Seitlich ist der untere Abschluss durch das Lig. inguinale gegeben; in der Mitte setzt sich die Peritonealhöhle in das kleine Becken fort (Abb. 5.86). An der Körperoberfläche entspricht seine Ausdehnung in der Mitte der Regio umbilicalis, seitlich davon den Regiones laterales und kaudalwärts der Regio pubica mit den seitlich liegenden Regiones inguinales.

Organe des Unterbauches: Dünndarm und Dickdarm, daher auch **Darmbauch** genannt.

Peritoneale Falten und Buchten: An der Flexura duodenojejunalis, an der Valva ileocaecalis, Sulci paracolici, Recessus intersigmoideus.

5.2.3.1 Topografischer Überblick

Schlägt man das große Netz, **Omentum majus,** nach oben über den Rippenbogen, überblickt man den gesamten Dickdarm. Er umrahmt rechts mit seinem aufsteigenden Schenkel, Colon ascendens, kranial mit dem querliegenden Schenkel, Colon transversum, und links mit dem absteigenden Schenkel, Colon descendens, das gesamte Dünndarmkonvolut (Abb. 5.126). Mit dem Netz wird auch das Colon transversum nach oben geklappt, wodurch seine dorsale Seite nach ventral gerichtet wird und so zur Ansicht gelangt. An ihm erkennt man zahlreiche Ausbuchtungen, **Haustra coli** (Abb. 5.127), kleine, fettgefüllte Serosaanhängsel, die **Appendices epiploicae,** und eine der 3 Verdickungen der Längsmuskulatur, die **Taenia libera,** welche beim Colon ascendens und descendens nach ventral schaut. An der **Taenia mesocolica** setzt das Mesocolon transversum an, beim auf- und absteigenden Dickdarmschenkel liegt sie jeweils medial und dorsal. Die **Taenia omentalis** ist

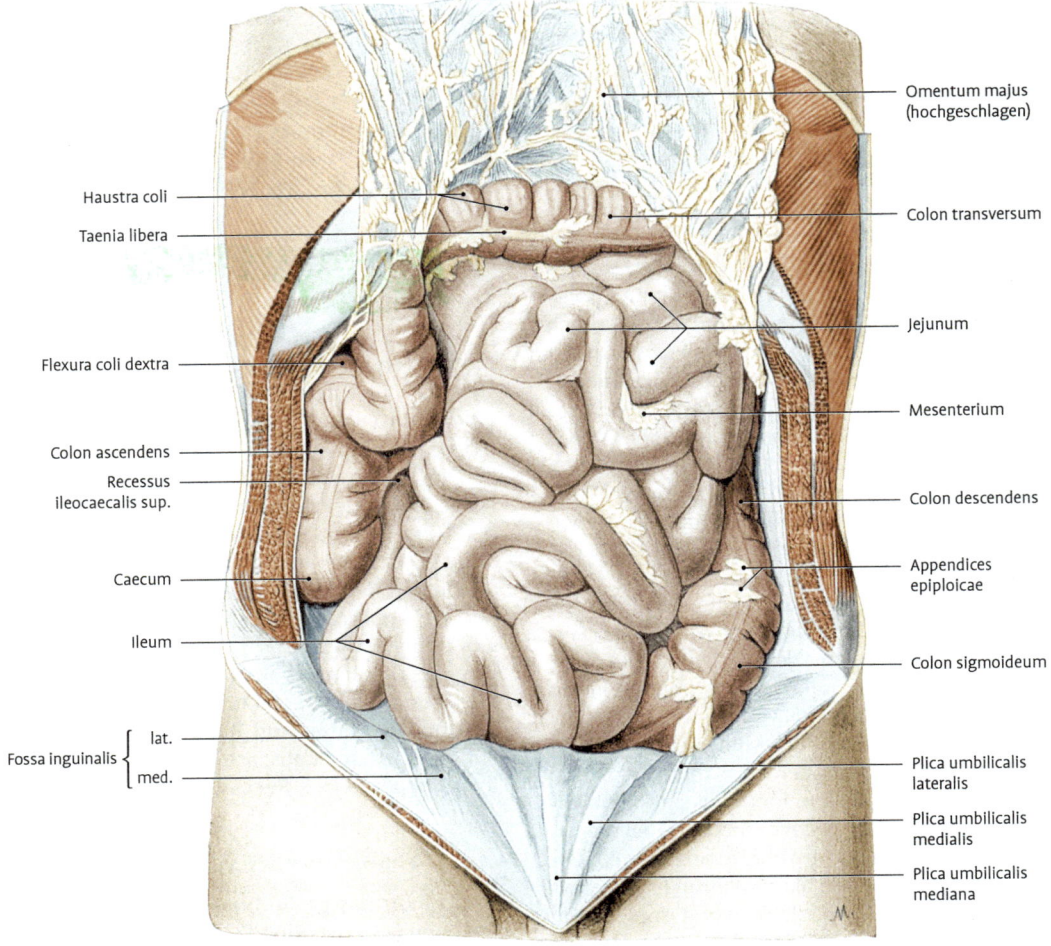

Omentum majus
(hochgeschlagen)

Haustra coli

Taenia libera

Colon transversum

Flexura coli dextra

Jejunum

Colon ascendens

Mesenterium

Recessus
ileocaecalis sup.

Colon descendens

Caecum

Appendices
epiploicae

Ileum

Colon sigmoideum

Fossa inguinalis { lat. med.

Plica umbilicalis
lateralis

Plica umbilicalis
medialis

Plica umbilicalis
mediana

Abb. 5.126 Lage der Darmschlingen. Colon transversum mit Omentum majus nach oben geschlagen.

beim Colon transversum vorne, wo das große Netz mit dem Dickdarm verwächst, beim Colon ascendens und descendens liegt diese Taenia jeweils dorsolateral. Zieht man das Colon transversum nach ventral und kranial, so wird in ganzer Ausdehnung die quere Bauchfellfalte des Mesocolon transversum frei, das von der hinteren Bauchwand zum Querkolon zieht (Abb. 5.128) und das den oberen vom unteren Bauchraum trennt. Der Dickdarm beginnt in der rechten unteren Bauchgegend mit dem 6–8 cm langen, unterhalb der Einmündungsstelle des Dünndarmes gelegenen Blinddarm, dem **Caecum.** Der Blinddarm liegt in der Fossa iliaca dextra auf dem M. iliacus und dem M.

psoas major. Ist er gefüllt, so berührt er oberhalb der Mitte des Leistenbandes die vordere Bauchwand. Ist er leer, so schieben sich das große Netz und Dünndarmschlingen vor ihn. Das Bauchfell überzieht das Caecum wechselnd weit. Dadurch wird es mehr oder weniger beweglich (häufig, besonders im Alter, ein Caecum mobile). In der Nähe des Caecum finden sich verschiedene Bauchfelltaschen und -falten.

Der Wurmfortsatz, **Appendix vermiformis,** geht von der dorsomedialen Seite des Blinddarmes ab. Beim Erwachsenen ist er meistens scharf gegen den Blinddarm abgesetzt. Beim Neugeborenen geht er trichterförmig aus dem Caecum hervor.

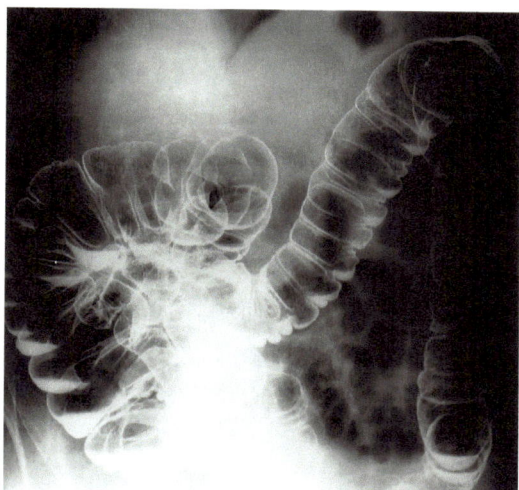

Abb. 5.127 Röntgenbild des Dickdarmes. Doppelkontrastdarstellung. (Aufnahme des Institutes für Klinische Strahlenkunde der Universität Mainz, Direktor: Prof. Dr. med. L. Diethelm).

Die 3 Tänien des Caecum setzen sich auf den Wurmfortsatz fort und bilden auf ihm eine einheitliche Längsmuskellage. Ist der Wurmfortsatz schwer zu finden, so weist die Taenia libera, die vorn und medial auf dem Colon ascendens und Caecum verläuft, zu ihm den Weg. An der medialen Seite hat er ein eigenes Gekröse, die **Mesoappendix,** in der die kleine Arterie für den Wurmfortsatz, die **A. appendicularis,** liegt. Die Lage des Wurmfortsatzes wechselt sehr.

Das **Colon ascendens,** etwa 25 cm lang, erstreckt sich vom Caecum bis zur Unterfläche des rechten Leberlappens. Dorsal ist es wechselnd breit mit der hinteren Bauchwand verwachsen und dort auf dem M. iliacus, dem M. quadratus lumborum und dem unteren Nierenpol angelagert. Vorn und seitlich ist es vom Peritoneum überzogen. Man kann daher das Colon ascendens und descendens, die ähnliche Lageverhältnisse zeigen, von dorsal her operativ angehen, ohne die Peritonealhöhle zu eröffnen. Vor dem Colon ascendens liegen gewöhnlich Dünndarmschlingen und das Omentum majus.

Das **Colon transversum,** etwa 50 cm lang, beginnt mit der **Flexura coli dextra** unterhalb der Facies visceralis des rechten Leberlappens und verläuft in einem nach unten konvexen Bogen zur **Flexura coli sinistra.** Es hängt an einer von der hinteren Bauchwand entspringenden Bauchfellplatte,

dem **Mesocolon transversum.** Die Ursprungslinie des Mesocolon transversum, **Radix mesocolica** (Abb. 5.86), steigt von rechts nach links leicht an, zieht über den unteren Pol der rechten Niere, über den absteigenden Schenkel des Zwölffingerdarmes, über den Vorderrand der Bauchspeicheldrüse beinahe bis zum vorderen Pol der Milz. Das wechselnd lange Mesocolon transversum ermöglicht die Beweglichkeit des Colon transversum. Die physiologischen Lageänderungen werden durch die Füllung, die Körperlage sowie den Füllungszustand des Magens und des Dünndarmes beeinflusst. Normal soll es nicht über die Verbindungslinie der tiefsten Punkte der Rippenbögen nach unten reichen. In Extremfällen kann man es im kleinen Becken und sogar in Leistenhernien finden. Nach oben lagert sich das Colon transversum an die Facies visceralis der Leber, an die Gallenblase (Durchbruch von Gallensteinen in den Dickdarm), an die große Magenkurvatur und an die Facies visceralis der Milz. Über die Vorderfläche zieht das große Netz hinweg und ist mit ihr wechselnd stark verwachsen.

Die **Flexura coli dextra** ist nicht selten durch ein **Lig. hepatocolicum,** einer Verbreiterung des Lig. hepatoduodenale, mit der Leber verbunden.

Die **Flexura coli sinistra** liegt weiter kranial und weiter dorsal als die **Flexura coli dextra.** Bei starker Füllung kann sie sich zwischen Magen und Milz schieben. Sie ist mit einer lateral gelegenen Bauchfellfalte, Lig. phrenicocolicum (Abb. 5.86), am Zwerchfell befestigt. Auf der kranialen Fläche dieser Falte ruht der vordere Milzpol (**Milznische**).

Das **Colon descendens,** etwa 25 cm lang, ist wie das Colon ascendens nur vorn und seitlich vom Peritoneum überzogen, hinten breit mit der hinteren Bauchwand verwachsen (Abb. 5.86). Es zieht von der Flexura coli sinistra bis zur Höhe des linken Darmbeinkammes. Vorn ist es meistens von Dünndarmschlingen bedeckt. **Sulci paracolici** sind seichte Buchten lateral vom Colon ascendens und descendens.

Der anschließende Dickdarm, das **Colon sigmoideum,** ist mit einem verschieden langen Mesocolon sigmoideum versehen. Mit der Länge des Mesocolon sigmoideum wechseln die Länge, die Krümmung und die Lage des Colon sigmoideum außerordentlich. Bei einer mittleren Länge von etwa 45 cm bildet das Sigmoid (auch Sigma genannt) meist 2 Krümmungen, die zusammen ein „S" ergeben: eine orale oder Kolonschlinge und eine anale oder Rectumschlinge. Es steigt vom lin-

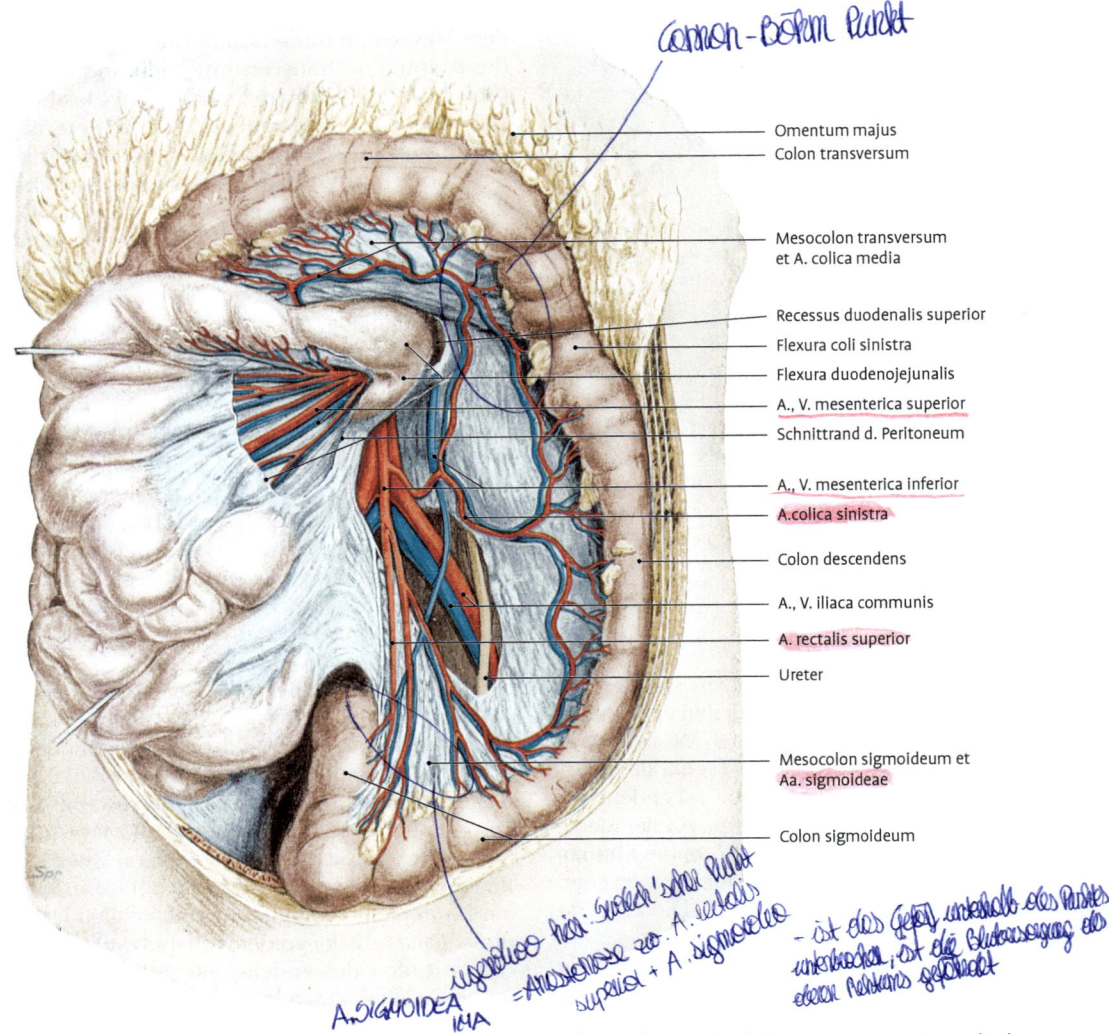

[handschriftliche Notiz oben:] Cannon–Böhm Punkt

Omentum majus
Colon transversum

Mesocolon transversum
et A. colica media

Recessus duodenalis superior
Flexura coli sinistra
Flexura duodenojejunalis
A., V. mesenterica superior
Schnittrand d. Peritoneum

A., V. mesenterica inferior
A. colica sinistra

Colon descendens

A., V. iliaca communis

A. rectalis superior

Ureter

Mesocolon sigmoideum et
Aa. sigmoideae

Colon sigmoideum

[handschriftliche Notizen unten:] A. SIGMOIDEA IMA · irgendwo hier: Sudeck'scher Punkt = Anastomose zw. A. rectalis superior + A. sigmoidea · – ist das Gefäß unterhalb des Punktes unterbrochen, ist die Blutversorgung des oberen Rektums gefährdet

Abb. 5.128 Lage der Flexura duodenojejunalis, des Recessus duodenalis superior, der A. u. V. mesenterica superior et inferior. Die Dünndarmschlingen sind nach rechts verlagert, das Colon transversum ist nach oben gezogen. Das Bauchfell ist teilweise entfernt, um die Lage der Gefäße zu zeigen.

ken Darmbeinkamm über den M. iliacus ab in die Fossa iliaca sinistra und zieht über den M. psoas abwärts ins kleine Becken. Vor dem 2.–3. Kreuzbeinwirbel geht es in das Rectum über. Ist das Sigmoid sehr lang, so kann es nach rechts und kranial bis an die Leber reichen, wobei es zwischen den Dünndarmschlingen verborgen sein oder auch direkt der vorderen Bauchwand anliegen kann. Die Länge des Sigmoids schwankt zwischen 15 und 67 cm. Neben seiner Länge wird die Lage des Sigmoids noch durch den Füllungszustand und den Zustand der Nachbarorgane beeinflusst. Sind Harnblase und Rectum gefüllt, wird es aus dem kleinen Becken nach oben gedrängt.

Die Haftlinie des **Mesocolon sigmoideum** (Radix mesocoli sigmoidei) beginnt an der Crista iliaca, steigt in die Fossa iliaca ab und erreicht den lateralen Rand des M. psoas. Hier biegt sie nach oben um, steigt am lateralen Psoasrand aufwärts, überkreuzt an ihrem höchsten Punkt den linken Ureter und zieht dann nach medial und kaudal bis zum Promontorium. Hier biegt sie wiederum scharf um und steigt ab bis zum Beginn des 3. Sakralwirbels. Schlägt man das Mesocolon sigmoideum

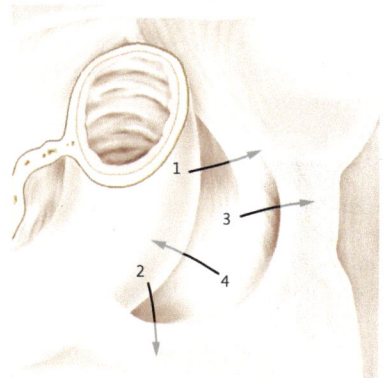

Abb. 5.129 Flexura duodenojejunalis mit Peritoneal-falten und Buchten. 1 Recessus duodenalis superior, 2 Recessus duodenalis inferior, 3 Recessus paraduode-nalis, 4 Recessus retroduodenalis.

nach kranial um, so wird am höchsten Punkt der Haftlinie des Mesocolon sigmoideum eine nach kranial gerichtete Bauchfelltasche, der **Recessus intersigmoideus** (Rec. subsigmoideus), sichtbar.

Wird bei hochgeklapptem Omentum majus das Dünndarmkonvolut nach rechts geschlagen, so wird die **Flexura duodenojejunalis** links der Mittel-linie unmittelbar unterhalb der Wurzel des Meso-colon transversum sichtbar (Abb. 5.128, 5129). An dieser Stelle tritt der fixierte, sekundär retroperi-toneale Abschnitt des Dünndarms, das Duodenum, unter Bildung von Peritonealfalten und Taschen (s. u.) aus der hinteren Bauchwand hervor und geht in den intraperitonealen oder beweglichen Teil des Dünndarmes über. Die Flexur wird durch die Verwachsung der **Pars ascendens duodeni** und durch den **M. suspensorius duodeni** (Treitz-Mus-kel) fixiert, der aus dem periarteriellen Bindege-webe der A. mesenterica superior und der Aorta stammt.

Der gesamte **freie Teil des Dünndarmes,** von der Flexura duodenojejunalis bis zur Einmündung in den Dickdarm, ist an einer großen Bauchfelldu-plikatur, dem **Mesenterium,** aufgehängt. Die Ur-sprungslinie des Mesenterium, **Radix mesenterii,** (Abb. 5.86, 5129) verläuft normal vom 2. Lenden-wirbelkörper links schräg abwärts zum rechten Kreuzbein-Darmbein-Gelenk, schwankt aber in weiten Grenzen. In ihrem Verlauf überkreuzt sie das Duodenum zwischen Pars horizontalis und ascendens, somit auch die Aorta und im weiteren Verlauf die V. cava inferior und den rechten Ureter

(Abb. 5.86). Zwischen den beiden Blättern des Mesenterium verlaufen Nerven, Blut- und Lymph-gefäße zum Darm und von ihm weg (Abb. 5.128). Auch Lymphknoten finden sich in ihm. Das lange Mesenterium gibt den Dünndarmschlingen eine große Bewegungsfreiheit. Trotzdem wird meistens ein gewisser Lageplan eingehalten, indem links oben der kraniale Abschnitt, das Jejunum, rechts unten der kaudale Teil, das Ileum, liegt. Durch einfache Besichtigung kann man Jejunum und Ileum nur schwer unterscheiden, obschon es für Operationen wichtig ist. Tastet man die Schlingen durch, so erscheint die Wand der Jejunumschlin-gen dicker als die der Ileumschlingen, weil man in Ersteren die Plicae circulares durchtastet. Außer-dem zeigen Jejunumschlingen eine reichlichere Gefäßversorgung.

Bauchfell im Becken. Das parietale Bauchfell setzt sich über die Linea terminalis hinweg in das kleine Becken fort und überzieht die Beckenorgane.

- **Männliches Becken.** Hier überzieht das Bauch-fell, von ventral nach dorsal betrachtet, den Scheitel und die Rückfläche der Harnblase, die Kuppen der Samenbläschen und schlägt sich dann auf den Mastdarm um. Die tiefe, zwischen Harnblase und Mastdarm gelegene Bucht wird **Excavatio rectovesicalis** genannt. Bei starker Füllung nimmt die Harnblase das Bauchfell mit in die Höhe. Sie ist dann oberhalb der Sym-physe ohne Eröffnung des Peritoneums operativ erreichbar. Bei der Entleerung sinkt das Bauch-fell mit der Harnblase bis hinter die Symphyse herab und bildet auf ihr eine quere Reservefalte, die **Plica vesicalis transversa.**

- **Weibliches Becken.** Hier schiebt sich die frontal gestellte Genitalplatte, die Gebärmutter mit An-hängen, zwischen Harnblase und Mastdarm. Sie ist vom Bauchfell überzogen, teilt die Excavatio rectovesicalis in eine seichte, vordere **Excavatio vesicouterina** und die hintere, tiefe **Excavatio rectouterina** (Douglas-Raum). Letztere ist der tiefste Punkt der Peritonealhöhle, reicht nach unten bis an das hintere Scheidengewölbe und wird seitlich von den Plicae rectouterinae be-grenzt. Das Bauchfell (**Perimetrium**) ist mit der Muskulatur der Gebärmutter fest verwachsen. Von den Seitenwänden der Gebärmutter zieht das Bauchfell als Duplikatur zur Wand des klei-nen Beckens (**Lig. latum uteri**). Ihr kranialer, dünner Teil umschließt den Eileiter und wird **Mesosalpinx** genannt. Von der Dorsalfläche des

Lig. latum geht eine kleine Sekundärfalte, das **Mesovarium,** ab, die den Eierstock einschließt. Vom Eierstock zieht eine weitere Falte (**Lig. suspensorium ovarii**) senkrecht an der Beckenwand aufwärts, kreuzt die A. V. iliaca externa und enthält die A. V. ovarica. Bei der Frau steht die Bauchfellhöhle durch die innere Eileiteröffnung (Ostium abdominale) mit der Außenwelt in Verbindung.

Dünndarmschlingen und **Teile des Sigmoids** füllen den vom Bauchfell ausgekleideten Raum des kleinen Beckens vollständig aus.

> **Klinik: 1.** Da das Bauchfell Darmrohr, Leber, Milz, Pankreas, Harnblase und innere Genitalien überzieht oder vollständig einkleidet, können Entzündungen dieser Organe zu einer lokalen oder allgemeinen Bauchfellentzündung, **Peritonitis,** führen. **2.** Sehr häufig beobachtet man dabei, dass das **große Netz** den Entzündungsherd, ob er nun vom Magen und Zwölffingerdarm, von der Gallenblase oder vom Wurmfortsatz ausgeht, abzukapseln sucht. Die Ausscheidungen eiweißreicher Flüssigkeit bei Peritonitis (Exsudate) können lokal oder auch allgemein organisiert werden und zur **Verklebung** oder **Verwachsung** großer Darmgebiete oder zu **Strangbildungen** führen. Solche Stränge können zur Abknickung, Verengung oder sogar zur Strangulation ganzer Darmteile führen. **3.** Die normal geringe Peritonealflüssigkeit, welche die Oberfläche der Bauchorgane feucht hält und das Gleiten gegeneinander erleichtert, kann bei Störungen des venösen Abflusses (Stauungen im Pfortaderkreislauf, Herzkrankheiten) schnell aus dem Blutgefäßsystem vermehrt ausgeschieden werden (eiweißarmes Transsudat, **Aszites**).

5.2.3.2 Peritonale Falten und Buchten

Flexura duodenojejunalis (Abb. 5.129)

Recessus duodenalis superior. Dieser Recessus liegt links von der Flexur. Er setzt sich nach links und oben unter einer sichelförmigen Peritonealfalte, der **Plica duodenalis superior,** fort. Diese bildet einen nach rechts unten konkaven Bogen und spannt sich von der hinteren Bauchwand zur **Radix mesocolica** aus. In der Falte kann die **V. mesenterica inferior** verlaufen (Vorsicht bei operativen Eingriffen).

Recessus duodenalis inferior. Dieser Recessus kann kaudal vom oberen vorkommen. Nach rechts und unten dringt er unter einer Falte, der **Plica duodenalis inferior,** vor. Mit einem nach links oben konkaven Bogen zieht sie von der hinteren Bauchwand zur Pars ascendens duodeni.

Recessus paraduodenalis. Die Verbindung der linken Ränder beider vorher genannten Falten ergibt die **Plica paraduodenalis,** hinter der sich nach links der **Recessus paraduodenalis** erstreckt. Die Falte kann auch als eigenständiges Gebilde vorliegen. Sie ist regelmäßig eine Gefäßfalte, in der die V. mesenterica inferior zur V. lienalis aufsteigt.

Recessus retroduodenalis. Diese Tasche liegt hinter der Pars ascendens duodeni.

Valva ileocaecalis (Abb. 5.130)

Recessus ileocaecalis superior. Diese Tasche kann oberhalb des unteren Ileumendes vorkommen. Ihre Vorderwand wird von der **Plica caecalis vascularis,** einer Bauchfellfalte gebildet, die vom Mesenterium zum Caecum zieht und in ihrem freien Rande die A. caecalis anterior, einen kleinen Ast der A. ileocolica enthält.

Recessus ileocaecalis inferior. Er liegt unterhalb des Ileum, im Winkel zwischen Ileum, Caecum und Appendix. Nach vorne wird er von der Plica

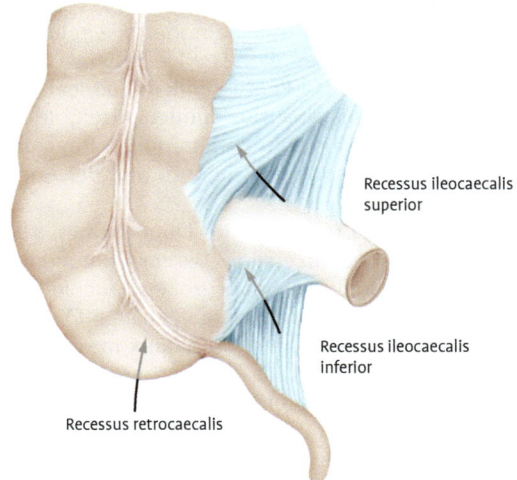

Recessus ileocaecalis superior

Recessus ileocaecalis inferior

Recessus retrocaecalis

Abb. 5.130 Valva ileocaecalis mit Peritonealfalten und Buchten.

ileocaecalis, die sich in diesem Winkel ausspannt, und nach hinten von der Mesoappendix begrenzt.

Recessus retrocaecalis. Diese Bucht liegt zwischen dem freien Ende des Caecum und der hinteren Bauchwand. Nach oben wird sie durch die Verlötung des Colon ascendens mit der hinteren Bauchwand begrenzt. Lateral kann eine Peritonealfalte, die Plica retrocaecalis, die Bucht abschließen.

> **Klinik: 1.** Die Falten und Buchten entstehen häufig dort, wo retroperitoneale Darmabschnitte in intraperitoneale übergehen. Diese Taschen können gelegentlich durch vordringende Darmschlingen beachtlich erweitert werden. So entstehen innere Einklemmungen, **Treitz-Hernien. 2.** Auch die Taschen an der Valva ileocaecalis können Gelegenheit zu inneren **Einklemmungen** des Darmes geben. Häufig legt sich auch der Wurmfortsatz hinein.

Weitere Buchten

Fossa mesentericoparietalis (Waldeyer). Peritonealgrube kaudal der Flexura duodenojejunalis zwischen der Radix mesenterii und der Vorwölbung der Aorta (Abb. 5.86).

Recessus intersigmoideus. Er befindet sich am höchsten Punkt der Haftlinie des Mesocolon sigmoideum mit der Bauchwand. Hinter seinem Peritoneum liegt der linke Ureter. Diese kaum für eine Fingerkuppe durchgängige, nach kranial gerichtete Bucht entsteht bei der Verwachsung des Mesocolon descendens mit der hinteren Bauchwand (Abb. 5.86).

Sulci paracolici. Sie sind seichte Taschen seitlich des Colon ascendens und descendens, die dadurch zustandekommen, dass kleine Bauchfellfalten (Plicae paracolicae) vom Dickdarm zum parietalen Peritoneum ziehen.

5.2.3.3 Übersicht über den Aufbau der Darmwand

Die Darmwand besteht aus 3 „Hauptschichten", jeweils **Tunica,** und 2 „Zwischenschichten", jeweils **Tela** benannt.

Schichtenfolge von innen nach außen (Abb. 5.131, 5.132):

1. Tunica mucosa
2. Tela submucosa
3. Tunica muscularis
4. Tela subserosa
5. Tunica serosa

1. **Tunica mucosa** (Mucosa). Sie besteht aus 3 Lagen:
   - **Lamina epithelialis.** Das einschichtige, mit einem Bürstensaum versehene Darmepithel ist hochprismatisch, hat Ersatz-, Becher-, basalgekörnte Zellen und im Grunde der Lieberkühn-Drüsen die Paneth-Zellen.
   - **Lamina propria.** Lockeres Bindegewebe, das die Drüsen, feinere Gefäße, Nerven und Ansammlungen von Lymphozyten, die **Folliculi lymphatici solitarii,** enthält. Die Lamina propria ist auch die bindegewebige Grundlage der Zotten.
   - **Lamina muscularis mucosae.** Eine dünne, zweischichtige Lage glatter Muskulatur, die Ausstrahlungen in die Lamina propria der Zotten schickt.

   Schleimhautstrukturen der einzelnen Darmabschnitte:
   - **Duodenum.** Plicae circulares (Kerckring-Falten), Zotten, Lieberkühn-Drüsen, in der Submucosa Brunner-Drüsen, Glandulae duodenales. Folliculi lymphatici solitarii.
   - **Jejunum.** Plicae circulares, Zotten und Lieberkühn-Drüsen. Folliculi lymphatici solitarii.
   - **Ileum.** Zotten und Lieberkühn-Drüsen. **Keine** Plicae circulares mehr! Folliculi lymphatici solitarii in der Lamina propria und Folliculi lymphatici aggregati (Peyer-Plaques) in der Submucosa (Abb. 5.132).
   - **Colon.** nur Lieberkühn-Drüsen, **keine** Zotten! Folliculi lymphatici solitarii.
   - **Appendix vermiformis.** Kolonschleimhaut mit besonders vielen, in die Submucosa reichenden Folliculi lymphatici aggregati, „Darmtonsille".

2. **Tela submucosa** (Submucosa): Sie besteht aus lockerem Bindegewebe, enthält ein größeres Blut- und Lymphgefäßnetz und Nervengeflechte. Sie ermöglicht die Verschiebung der Schleimhaut gegen die Muscularis. Im Duodenum enthält sie die **Glandulae duodenales, Brunner-Drüsen.** Sie durchbohren die Muscu-

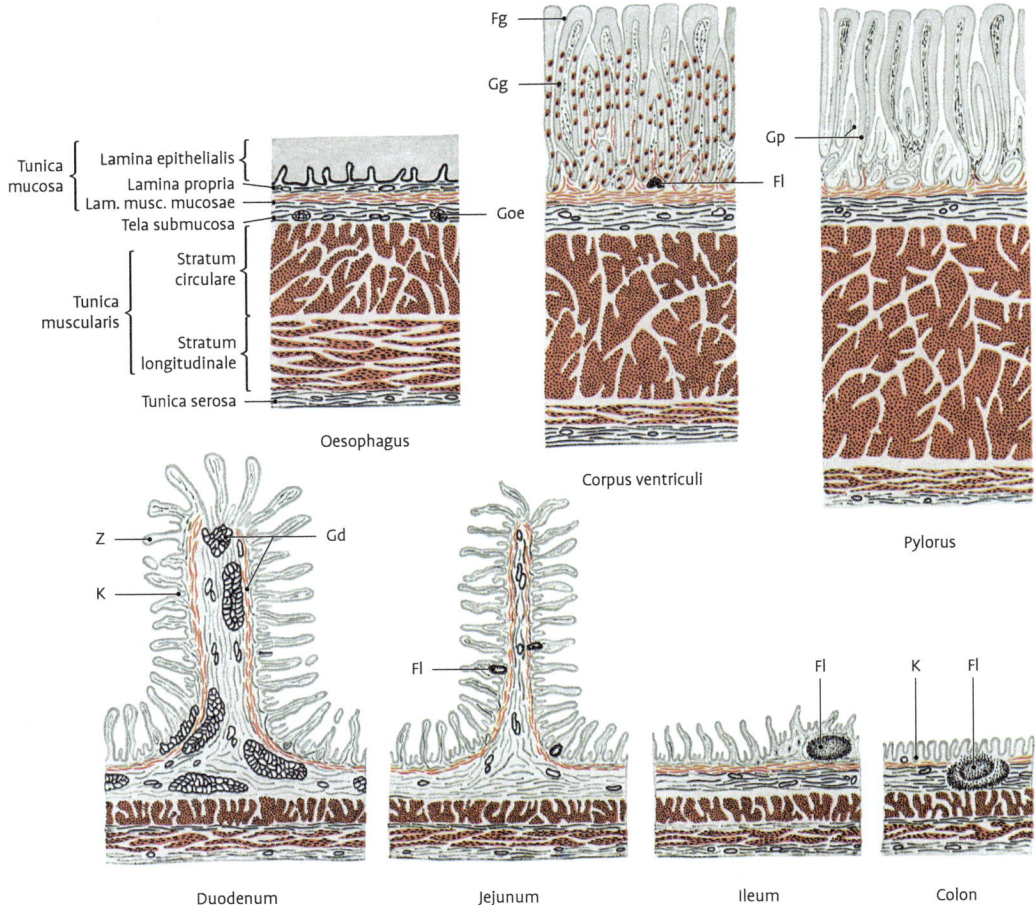

Tunica mucosa
  Lamina epithelialis
  Lamina propria
  Lam. musc. mucosae
Tela submucosa

Tunica muscularis
  Stratum circulare
  Stratum longitudinale

Tunica serosa

Fg
Gg
Gp
Fl
Goe

Oesophagus

Corpus ventriculi

Pylorus

Z
K
Gd
Fl

Fl
Fl
K
Fl

Duodenum   Jejunum   Ileum   Colon

Abb. 5.131 Übersicht über den Aufbau des Magen-Darm-Kanals. Um die Dicke der Schichten in den einzelnen Darmabschnitten zu zeigen, sind alle Schnitte auf die Lamina muscularis mucosae ausgerichtet. Die Belegzellen des Magens sind rot, die Glandulae pyloricae hellgrau getönt. Vergr. 25x

Goe = Glandula oesophagea, Gd = Glandula duodenalis, Gg = Glandula gastrica, Fg = Foveola gastrica, Gp = Glandula pylorica, K = Krypte, Fl = Folliculus lymphaticus, Z = Zotte.

laris mucosae und münden in die **Lieberkühn-Drüsen** (Krypten); diese sind hell und sondern ein protein- und mukopolysaccharidhaltiges Sekret ab, das Amylase und Maltase beinhaltet. Außerdem aktiviert es die Pankreasenzyme. **Folliculi lymphatici aggregati** (**Peyer-Platten**, Plaques) durchbrechen die Lamina muscularis mucosae und liegen in der Submucosa im Ileum gegenüber dem Ansatz des Mesenterium. Sie bestehen jeweils aus mehreren hundert Lymphfollikeln, haben eine Länge von 2–11 cm und eine Breite von 1 cm. Mit ihren Längsach-

sen sind die 15–50 Peyer-Platten in Längsrichtung des Darmes angeordnet.

Klinik: Die **Folliculi lymphatici** sind beim Kind noch gut sichtbar. Bei Typhus und Ruhr zerfallen die Peyer-Plaques geschwürig.

3. **Tunica muscularis** (Muscularis):
   - **Stratum longitudinale**, Längsmuskelschicht (außen und dünner)
   - **Stratum circulare**, Ringmuskelschicht (innen und stärker).

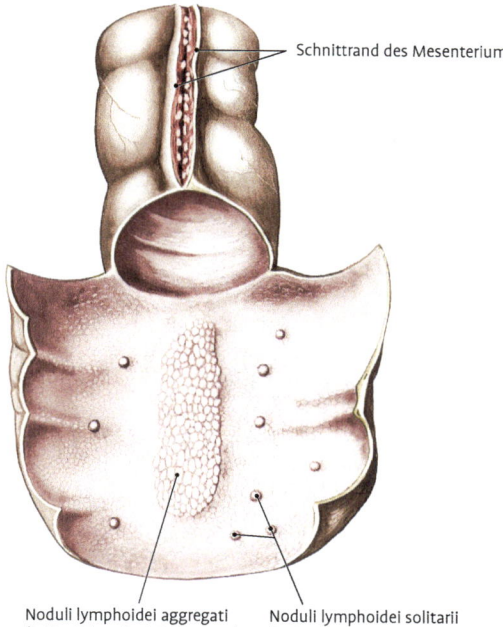

Schnittrand des Mesenterium

Noduli lymphoidei aggregati
(Folliculi lymphatici aggregati)

Noduli lymphoidei solitarii
(Folliculi lymphatici solitarii)

Abb. 5.132 Ileum am Mesenterialansatz abgeschnitten und teilweise längsgeschnitten. Folliculi lymphatici solitarii und aggregati.

4. **Tela subserosa** (Subserosa): Bindegewebsschicht unter dem Peritoneum, kann Fett aufnehmen (**Appendices epiploicae**).
5. **Tunica serosa** (Serosa): Das Bauchfell ist nicht überall vorhanden. Wo es fehlt, befindet sich die bindegewebige Adventitia.

Enterisches Nervensystem (ENS)

Als ENS wird das System von **Neuronen** und **Gliazellen** bezeichnet, das innerhalb der Wand des gesamten Magen-Darm-Kanals, der Gallenblase sowie im Pankreas gelegen ist. Enterische Neurone liegen mit ihren Zellkörpern im ENS, unabhängig davon, ob auch ihre Axone hier endigen. Die Zellkörper extrinsischer Neurone liegen dagegen außerhalb des ENS (im ZNS, in autonomen oder sensorischen Ganglien), während ihre Axone innerhalb des ENS endigen. Enterische Glia ist die Bezeichnung für die Gesamtheit der nichtneuronalen Hilfszellen.

Funktion des ENS. Das ENS koordiniert, teils hochgradig autonom, jedoch nicht isoliert vom restlichen Nervensystem und dem enteroendokrinen System, eine Reihe gastrointestinaler Funktionen:
- Muskelfunktion (Peristaltik, Zottenbewegungen)
- Schleimhautprozesse (Sekretion, Resorption)
- Durchblutung der Magen-Darm-Wand
- immunologische Prozesse.

Aufbau des ENS. Mit **Plexus entericus** wird die histologische Grundstruktur des ENS bezeichnet. Dies sind flächenhafte Nervennetze, die in oder zwischen verschiedene Schichten der Magen-Darm-Wand eingelassen sind. Sie anastomosieren zahlreich und regelmäßig miteinander. Vorhandensein und Ausprägung aller unten genannten Plexus variieren regionen- und speziesspezifisch.

Die 3 folgenden ganglionären, d. h. Nervenzellkörper enthaltenden Plexus sind im menschlichen Dünn- und Dickdarm vorhanden, während in Oesophagus und Magen nur der erste deutlich ausgeprägt ist (Abb. 5.133).
- Der **Plexus myentericus** (Auerbach-Plexus) liegt zwischen Ring- und Längsmuskelschicht,
- der **Plexus submucosus externus** (Schabadasch-Plexus) in der Submucosa, nahe der Ringmuskelschicht und
- der **Plexus submucosus internus** (Meißner-Plexus) ist in der Submucosa nahe der Schleimhautmuskelschicht lokalisiert. Ein gesonderter intermediärer submuköser Plexus existiert im menschlichen Dünn- und Dickdarm, ist aber bislang weit weniger charakterisiert als die drei oben genannten. Aganglionäre, nur Nervenzellfortsätze und Glia beherbergende Plexus sind
- der **Plexus subserosus** zwischen Serosa und Längsmuskelschicht,
- der **Plexus muscularis superficialis** bei starker Ausprägung der Längsmuskelschicht innerhalb dieser gelegen,
- der **Plexus muscularis profundus** als stärkste Konzentration von Nervenfasern des zirkulären Muskelplexus der Ringmuskelschicht,
- der **Plexus submucosus extremus** zwischen dem Schabadasch-Plexus und der Ringmuskelschicht,
- der **Plexus muscularis mucosae** in der gleichnamigen Muskelschicht und
- der **Plexus mucosus** als sehr nervenfaserreiches Geflecht in der gesamten Lamina propria der Schleimhaut.

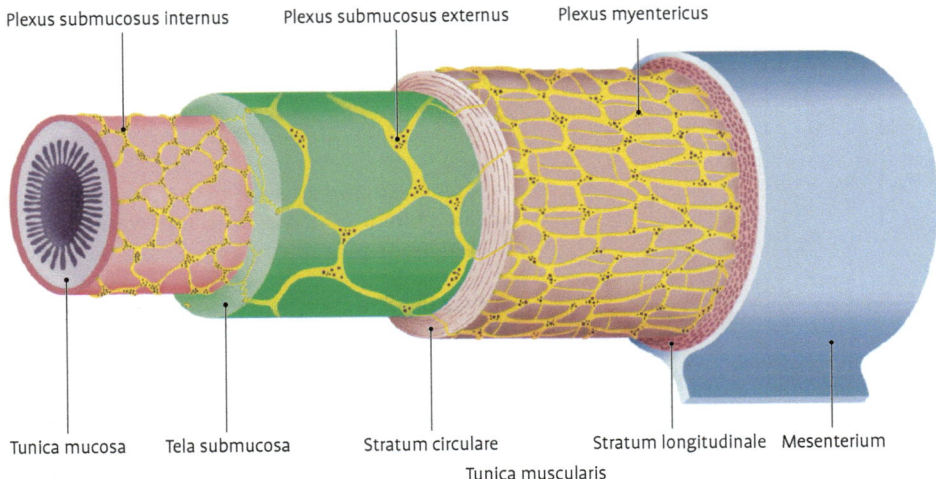

Plexus submucosus internus   Plexus submucosus externus   Plexus myentericus

Tunica mucosa   Tela submucosa   Stratum circulare   Stratum longitudinale   Mesenterium

Tunica muscularis

Abb. 5.133 Ganglionäre Plexus des ENS.

Klinik: Krankheitszustände mit ursächlicher oder wesentlicher Mitbeteiligung des ENS sind häufig durch abschnittsweise **Degeneration**, zahlenmäßige **Verminderung** (Hypogangliose) oder **völliges Fehlen** (Aganglionose) enterischer Neurone gekennzeichnet und werden teilweise mit einer unzureichenden Migration enterischer Präkursoren aus der Neuralleiste in Verbindung gebracht. Die betroffenen Regionen weisen eine spastische **Kontraktion** der Muskulatur und andere **Motilitätsstörungen** auf, z. B. die **Oesophagusachalasie**, die **Pylorushypertrophie** (infantile oder kongenitale hypertrophische Pylorusstenose), die **neuronale intestinale Dysplasie** (NID) oder das **kongenitale Megakolon** (Morbus Hirschsprung).

Darmflora

Bakterienbesiedelung des gesamten Darmes. Im unteren Ileum finden sich ca. 10^3–10^6 Bakterien pro ml Darminhalt. Wesentlich mehr Keime (10^{10}–10^{11}) finden sich im Kolon. Etwa 400 Bakterienarten sind bekannt: 99 % davon sind anaerobe und nur 1 % aerobe Keime.

Klinik: Störungen der Darmflora, wie durch Antibiotikagabe, können zu **Diarrhoe** führen.

5.2.3.4 Dünndarm, Intestinum tenue

Zum Dünndarm gehören
1. Zwölffingerdarm, **Duodenum** (s. Oberbauch)
2. Leerdarm, **Jejunum**
3. Krummdarm, **Ileum.**

Entwicklung. Der gesamte Dünndarm entsteht aus dem Mitteldarm des primären Darmrohrs kaudal der Magenanlage. Das Duodenum entwickelt sich aus einer eigenen Anlage und das anschließende Jejunoileum aus dem oralen Schenkel und einem kleinen Teil des analen Schenkels der Nabelschleife (s. Kap. 5.2.1.2).

Darmlänge. Die Länge des Dünndarms beträgt an der Leiche durch den fehlenden Muskeltonus 5–6 m, kann aber noch beträchtlich länger sein. Beim Lebenden ist der Dünndarm kürzer als an der Leiche und man darf wohl eine Länge von 2,5–5 m annehmen. Vom Jejunoileum rechnet man 2/5 auf das Jejunum und 3/5 auf das Ileum.

Lage und Beziehungen. Das 30 cm lange und fixierte Duodenum liegt **sekundär retroperitoneal** und leitet zum Unterbauch über, zählt aber noch zu den Organen des Oberbauches. Das intraperitoneale Jejunoileum hängt beweglich am 10–20 cm langen Mesenterium und liegt in der Pars infracolica der Bauchhöhle. Dabei finden sich die Jejunalschlingen vorwiegend im linken oberen und die Ileumschlingen im rechten unteren Bauchraum. Das gesamte Dünndarmkonvolut wird vom Dickdarm umrahmt und ventral vom großen Netz und auch vom Mesocolon transversum, der unteren Hinterwand der Bursa omentalis überlagert. Meist sind es Ileumschlingen, die ins kleine Becken reichen und je nach Füllungszustand der Beckenorgane mit diesen in Beziehung treten.

Oberflächenvergrößerung der Dünndarmschleimhaut

Insgesamt wird damit die **resorbierende Oberfläche** auf 100 m² vergrößert:
1. Plicae circulares, Kerckring-Falten
2. Darmzotten, Villi intestinales,
3. Glandulae intestinales, Lieberkühn-Krypten oder Lieberkühn-Drüsen
4. Mikrovilli

1. **Plicae circulares** (Abb. 5.134). Bis zu 1 cm hohe, unverstreichbare Ringfalten, die Aufwerfungen von Schleimhaut **und** Submucosa darstellen. Sie beginnen 2–5 cm nach dem Pylorus, sind im Duodenum und Jejunum sehr zahlreich, werden allmählich seltener und niedriger und fehlen im unteren (terminalen) Ileum vollständig. Sie vergrößern die Oberfläche um das 1,5-Fache.

2. **Villi intestinales** (Abb. 5.135). Die gesamte Dünndarmschleimhaut ist mit feinen Zotten besetzt und erhält dadurch ein samtartiges Aussehen. Die 0,2–1,2 mm hohen Zotten sind im Duodenum und Jejunum am höchsten und zahlreichsten, werden im Ileum kürzer und seltener und fehlen auf der Oberfläche der Folliculi lymphatici. Im oberen Dünndarm sind die Zotten breiter, blattförmig, häufig mit sekundären Erhebungen versehen (Zwillings- und Drillingszotten), im unteren rundlich, pfriemenförmig. Die Zotten sind Ausstülpungen der Lamina epithelialis und der Lamina propria der Schleimhaut. Einzelne Muskelfasern der Lamina muscularis mucosae steigen in die Zotte auf.

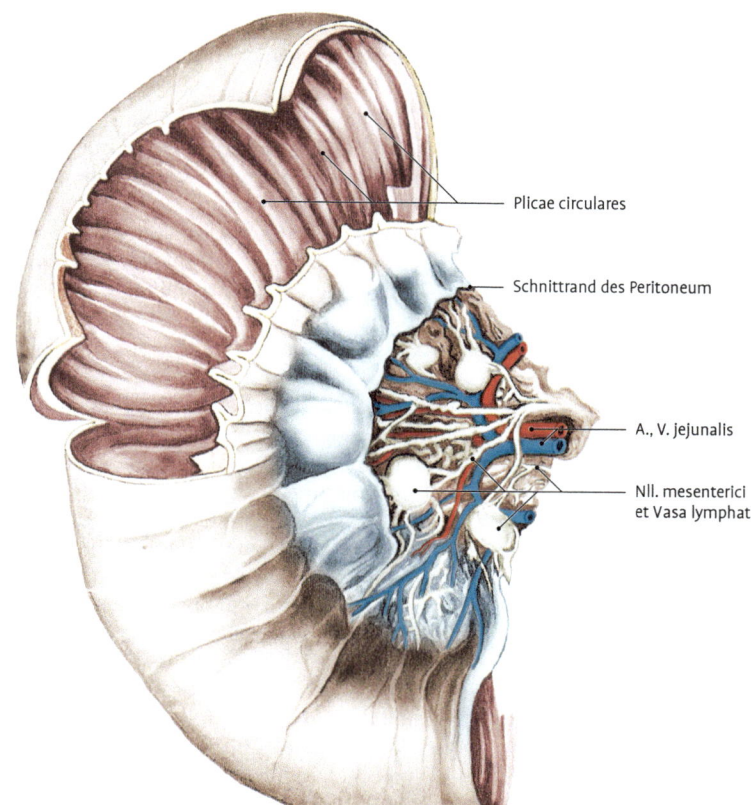

Plicae circulares

Schnittrand des Peritoneum

A., V. jejunalis

Nll. mesenterici et Vasa lymphatica

Abb. 5.134 Jejunumschlinge aufgeschnitten, um Plicae circulares zu zeigen. Am Mesenterium ist ein Teil des Bauchfells entfernt, um Arterien, Venen, Lymphgefäße und Lymphknoten sichtbar zu machen.

Die Villi vergrößern die Resorptionsfläche um das 5-Fache. Jede Zotte enthält ein reiches Blutgefäßnetz, eine oder mehrere Arterien, die nach Spanner (Abb. 5.136) mit einem Endast ein reiches Kapillarnetz bilden, mit dem anderen eine direkte Verbindung zur Vene eingehen (**arteriovenöse Anastomose** s. Kap. 2.4.5.3). Während der Verdauung fließt das gesamte Blut durch das Kapillarnetz, in Ruhe dagegen der größere Teil durch die Anastomosen. Jede Zotte enthält noch ein axiales Lymph- oder **Chylusgefäß,** das aus dem Darmrohr die an Gallensäuren gebundenen Fettsäuren aufnimmt und in die Darmlymphgefäße abführt. Sie geben der Darmlymphe ein milchiges Aussehen (**Chylus**). Nach einer Fettmahlzeit kann man unter dem Bauchfell der Darmwand und des Mesenterium die milchigweißen Chylusgefäße mit bloßem Auge beobachten. Kohlenhydrate und Eiweiße werden durch das einschichtige, mit Stäbchensaum versehene hochprismatisches Epithel in das Blutkapillarnetz aufgenommen und über die Pfortader direkt der Leber zugeführt.

Zottenpumpe. Mechanismus der Füllung und Entleerung der Zotte: Durch den Schluss der arteriovenösen Anastomosen wird das Blutkapillarnetz stärker durchblutet, die Zotte dadurch vergrößert und aufgerichtet. Die Vergrößerung der Oberfläche und stärkere Durchblutung fördern die Resorption der Stoffe. Ist das zentrale Chylusgefäß gefüllt, so

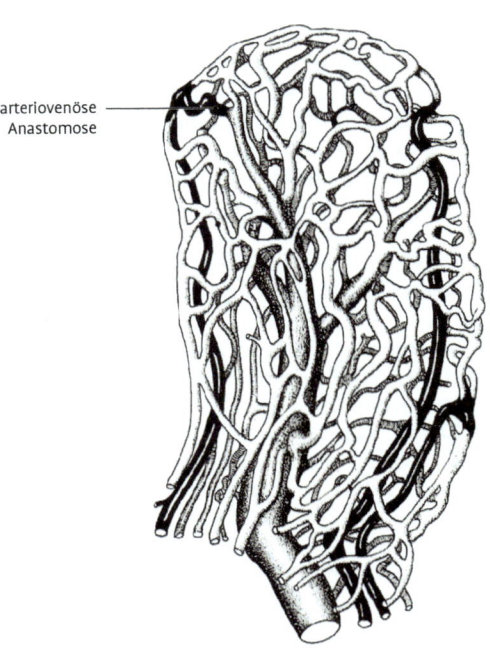

arteriovenöse Anastomose

Abb. 5.136 Blutgefäße einer Zotte (nach Spanner). Abführende Vene punktiert, Arterien schwarz.

führt die Kontraktion der glatten Muskelzellen, die von der Lamina muscularis mucosae aus in die Zotte aufsteigen, zur Verkürzung und Entleerung der Zotte.

3. **Glandulae intestinales** sind über den gesamten Dünn- und Dickdarm verteilte, 0,3–0,4 mm lange, tubulöse Schläuche, die sich von der Darmoberfläche aus senkrecht in die Lamina propria einsenken (Abb. 5.131). Sie haben ein enges Lumen und ein einschichtiges hochprismatisches Epithel. Im Jejunum und Ileum finden sich im Drüsengrund die **Paneth-Körnerzellen,** die mit azidophilen, apikal gelegenen Granula gefüllt sind. Sie sind exokrine Drüsenzellen, die ein Sekret gegen bestimmte Mikroorganismen absondern und zur Kontrolle der Darmflora dienen sollen. In der Drüse finden wir meistens zahlreiche Mitosen. Die neuen Zellen dienen zum Ersatz der verloren gegangenen. Sie rücken innerhalb von 36 Stunden aus der Tiefe auf die Schleimhaut und zur Spitze der Zotten vor, wo sie nach 48 Stunden abgestoßen werden.

4. **Mikrovilli der Darmepithelien.** Sie befinden sich in großer Zahl an der freien Oberfläche der resorbierenden Darmzellen (**Saumzellen, Enterozyten**), können sich aktiv verkürzen und

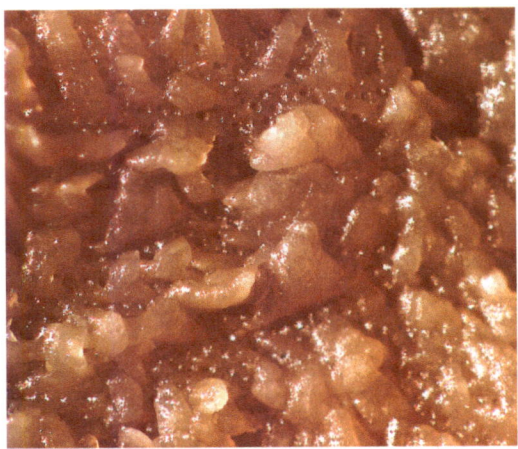

Abb. 5.135 Dünndarmschleimhaut bei Lupenvergrößerung (6x). Zotten, Solitärfollikel (im Zentrum), Mündungen der Krypten (Punkte zwischen den Zotten).

sind reich an Zucker und Eiweiß spaltenden Enzymen. In ihrer Gesamtheit bilden sie den **Bürstensaum** des Dünndarmes. Sie leisten den wichtigsten Beitrag zur Vergrößerung der resorbierenden Oberfläche, indem sie diese auf insgesamt 100 m² vergrößern.

Klinik: Störungen der Funktion des Darmepithels führen, vor allem bei Säuglingen, durch mangelhafte Resorption aus dem Darm in die Blut- oder Lymphbahn zu schweren Mangelerscheinungen (**Malabsorption**), die mit Durchfall, Gewichtsabnahme, Muskelschwäche, Hautveränderungen und Anämie einhergehen.

Dünndarmepithelzellen

1. **Saumzellen, Enterozyten** (s. o.)
2. **Paneth-Körnerzellen** (s. o.)
3. **Becherzellen.** Sie liegen zwischen den Saumzellen, ihre Zahl nimmt analwärts zu. Sie bilden eine schützende Schleimschicht, welche die Gleitfähigkeit des Darminhaltes erhöht.
4. **Hormon bildende Zellen, enteroendokrine Zellen.** Sie liegen im Verband des Dünndarmepithels und bilden gastrointestinale **Peptidhormone** (Gastrin, Somatostatin, Serotonin, Sekretin u. a.), welche die Sekretion im Magen und Darm sowie die Aktivität von Leber und Pankreas steuern. Ihre Sekretgranula liegen, im Gegensatz zu den Paneth-Zellen, im basalen Teil der Zelle (**basalgekörnte Zellen**). Es lassen sich bis zu 20 verschiedene Zelltypen im Magen-Darm-Kanal unterscheiden. Ähnliche Zellen finden sich in der Bauchspeicheldrüse und in der Gallenblase.

Dünndarmmotorik

Die **Tunica muscularis** des Dünndarmes führt verschiedene Bewegungen aus:
- Pendelbewegungen
- Segmentationsbewegungen
- Wellenbewegungen, Peristaltik

Die Pendel- und Segmentationsbewegungen dienen der Durchmischung des Darminhaltes. **Pendelbewegungen** entstehen durch Kontraktion des Stratum longitudinale der T. muscularis und sind abwechselnde Verkürzung und Verlängerung eines Darmabschnittes. Dadurch wird der Chymus hin- und hergetrieben. Bei **Segmentationsbewegungen** kommt es durch lokale Kontraktion des Stratum circulare der T. muscularis nebeneinander zu Einschnürungen und der Darm wird in Segmente zerlegt. Diese Einschnürungen verschwinden wieder und entstehen sogleich an anderen Stellen, wodurch der Darminhalt „geknetet" wird. Diese rhythmischen Mischbewegungen erfolgen im kranialen Dünndarm alle 3–4 Sekunden, im kaudalen Dünndarm alle 4–12 Sekunden. Sie werden wahrscheinlich durch das Cholin bzw. Acetylcholin des Darmes ausgelöst und durch den Plexus myentericus geregelt.

Die **peristaltischen Bewegungen** befördern den Inhalt des Dünndarmes in den Dickdarm. Sie entstehen ebenfalls durch Kontraktion des Stratum circulare des T. muscularis. Zäkalwärts von den Kontraktionsringen erschlafft die Darmwand, der Kontraktionsring wandert kaudalwärts und treibt den Inhalt vor sich her. Erhöhung des Innendruckes im Darm, die Darmfüllung, löst die Peristaltik aus. Sie wird vom Plexus myentericus gesteuert. Die Zottenbewegungen kontrolliert der Plexus submucosus. **Vagus** und **Sympathicus** wirken auf die Wandspannung und damit auf die Peristaltik. Der Vagus (auch psychische Erregung) fördert, der Sympathicus hemmt sie. Die Peristaltik ist immer zäkalwärts gerichtet.

Klinik: Ist ein Darmstück gelähmt, so können sich die Schlingen ineinander schieben und es kommt zum **paralytischen Ileus**, Darmverschluss.

Gefäße und Nerven des Dünndarmes:
- **Arterien** (Abb. 5.137). An der Pars descendens duodeni anastomosieren Äste des **Truncus coeliacus** mit Ästen der **A. mesenterica superior**. Das Duodenum wird also von beiden Gefäßbezirken versorgt, der freie Dünndarm nur von der A. mesenterica superior. Die **A. mesenterica superior** entspringt direkt aus der Aorta unterhalb des Truncus coeliacus vor dem 1. Lendenwirbel und hinter dem Pankreas (Abb. 5.119). Sie zieht durch die Incisura pancreatis, gelangt zwischen Pars horizontalis und ascendens duodeni zwischen die beiden Blätter des Mesenterium und schickt einen ihrer Endäste (**A. ileocolica**) in der Radix mesenterii (Abb. 5.137) bis zur Ileozäkalgegend. In ihrem Verlauf gibt sie zum Dünndarm und auch zum Dickdarm Äste ab:
  - Zum Dünndarm entlässt sie als ersten Ast die **A. pancreaticoduodenalis inferior.** Sie ent-

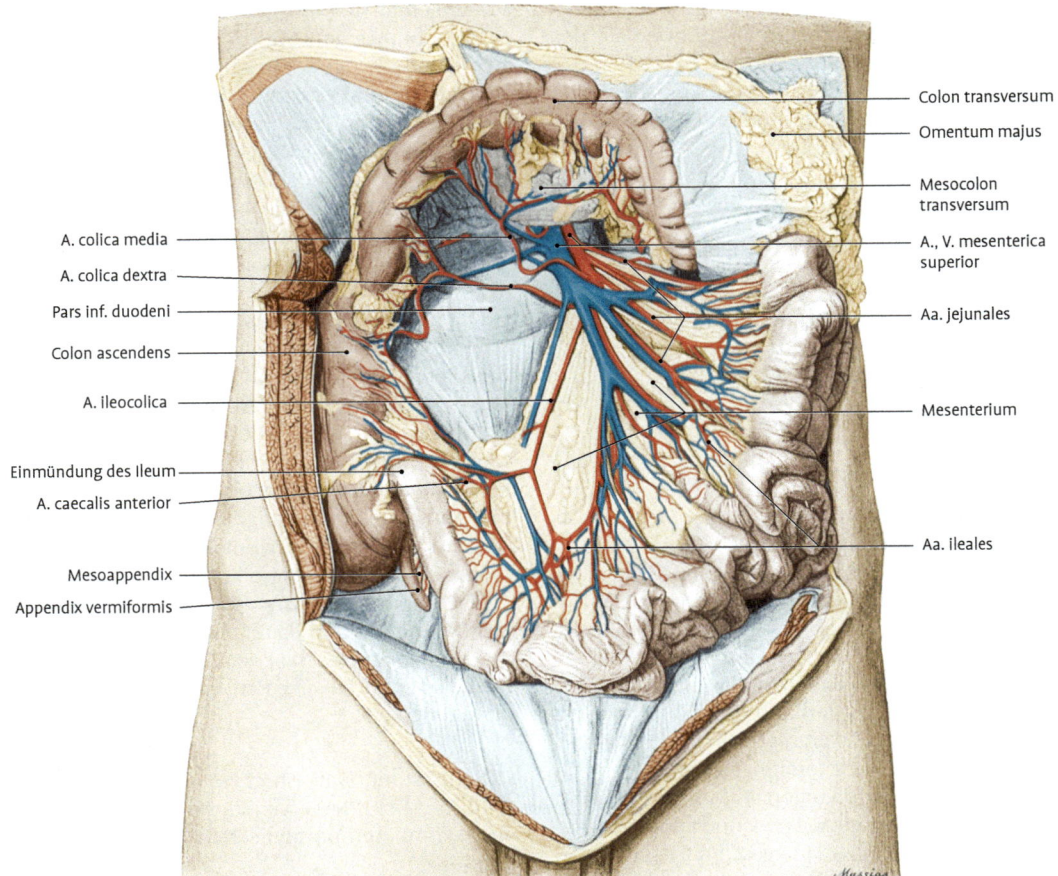

A. colica media

A. colica dextra

Pars inf. duodeni

Colon ascendens

A. ileocolica

Einmündung des Ileum

A. caecalis anterior

Mesoappendix

Appendix vermiformis

Colon transversum

Omentum majus

Mesocolon transversum

A., V. mesenterica superior

Aa. jejunales

Mesenterium

Aa. ileales

Abb. 5.137 Verzweigungsgebiet der A. u. V. mesenterica superior. Der Dünndarm ist nach links unten, das Colon transversum nach oben gezogen. Zwischen Mesenterium und Mesocolon transversum scheint die Pars horizontalis duodeni durch das parietale Bauchfell.

springt in der Incisura pancreatis, verläuft zwischen Pars inferior duodeni und dem Caput pancreatis und anastomosiert mit der **A. pancreaticoduodenalis superior** aus dem Versorgungsgebiet des Truncus coeliacus (Abb. 5.121).

– Die **Aa. jejunales et ileales** sind 14–16 Äste, die von der linken Seite des Hauptstammes zum Jejunum und Ileum abgehen. Bevor sie die Darmwand erreichen, teilen sie sich mehrmals und bilden jedes Mal mit dem benachbarten Ast eine Anastomose. So entstehen 3–4 zum Darm hin immer kleiner werdende Gefäßbögen (**Arkaden**), aus denen gerade Äste (**Aa. rectae**) zum Darm ziehen.

Diese Äste stehen im Jejunum etwas dichter als im Ileum (im Jejunum durch Plicae circulares besonders vergrößerte Darmoberfläche) und anastomosieren nochmals in der Submucosa in einem grobmaschigen Gefäßnetz.

- **Venen.** Die Dünndarmvenen entsprechen den gleichnamigen Arterien. Sie fließen zur **V. mesenterica superior** ab, die rechts der A. mesenterica superior durch die Incisura pancreatis zieht, um hinter dem Pankreaskopf in die Pfortader zu münden.
- **Lymphgefäße.** In der Darmwand liegt ein submuköses, ein intermuskuläres und ein subseröses Netzwerk. Das **submuköse Netz** sammelt größtenteils den Chylus aus den Zotten, die **in-**

termuskulären und **subserösen Netze** hängen mit dem submukösen zusammen und führen die Lymphe der Darmwand ab. Die Lymphgefäße ziehen mit den Arterien (Abb. 5.134) und werden im Mesenterium durch 100–200 Lymphknoten mehrmals unterbrochen. Besonders viele kleine Lymphknoten, **Nll. juxtaintestinales**, liegen am Mesenterialansatz, größere Knoten, **Nll. mesenterici superiores centrales,** in der Mitte des Gekröses. Von hier fließt die Lymphe zu den großen **Nll. mesenterici superiores**, nahe der Radix mesenterii, wo sich alle Darmlymphgefäße zum **Truncus intestinalis** vereinigen, der im Hiatus aorticus in die **Cisterna chyli** mündet.

- **Nerven.** Die vegetativen Nerven kommen aus dem **Ganglion coeliacum** und dem **Ganglion mesentericum superius**. Sie begleiten als **Plexus mesentericus superior** die Gefäße. Die sympathischen Fasern erreichen die Ganglien über die Nn. splanchnici, die parasympathischen Fasern über den Truncus vagalis posterior. Das **intramurale (intrinsische) Nervensystem** besteht aus vegetativen Nervenfasern und Ganglienzellen, zu ihm gehören der Plexus myentericus Auerbach zwischen den beiden Muskellagen und der Plexus submucosus Meißner.

Funktionen des Dünndarmes:

- **Verdauung** des im Magen vorbereiteten Chymus. Die Lieberkühn-Drüsen sondern den Darmsaft, **Succus entericus,** ab. Er enthält neben Schleim und abgestoßenen Epithelzellen eine Reihe von Enzymen. Im Pankreas werden Eiweiß spaltende Enzyme als Vorstufen (z. B. Trypsinogen, Chymotrypsinogen) gebildet und im Duodenum durch die Enterokinase aktiviert. In bereits aktiver Form sezerniert das Pankreas die Fett spaltende Lipase, die allerdings nur in Anwesenheit von Galle wirksam ist. Lokale, mechanische (Füllung) und chemische Reize (Gallensaft, Pankreassaft) regen die Sekretion des Darmsaftes an und beeinflussen seine Zusammensetzung. Der N. vagus regt die Sekretion nicht an, vermag aber das Sekret zu konzentrieren.
- **Resorption.** Aufnahme resorbierbarer Stoffe durch aktive Zellleistung der Saumzellen und Weitergabe in das Gefäßsystem. Fette gelangen über den Lymphweg Richtung Ductus thoracicus, alle anderen Stoffe in den Pfortaderkreislauf. Bei gemischter Kost resorbiert der

menschliche Dünndarm alle verdauungs- und aufnahmefähigen Stoffe.

- **Weitertransport** nicht resorbierbarer Stoffe zum Dickdarm.
- **Hormonproduktion.** Enteroendokrine Hormone des gastrointestinalen Systems steuern gemeinsam mit dem autonomen Nervensystem die Arbeit des Verdauungsapparates.
- **Immunabwehr** durch das reichliche lymphatische Gewebe in der Darmwand.

5.2.3.5 Dickdarm, Intestinum crassum

Der Dickdarm besteht aus dem **Blinddarm** und dem **Grimmdarm**:
1. Blinddarm mit Wurmfortsatz, **Caecum** mit **Appendix vermiformis**
2. Aufsteigender Grimmdarm, **Colon ascendens**
3. Querer Grimmdarm, **Colon transversum**
4. Absteigender Grimmdarm, **Colon descendens**
5. S-förmiger Grimmdarm, **Colon sigmoideum**

Aufbau und Funktion

Entwicklung. Aus dem analen Schenkel der Nabelschleife entstehen das Caecum, das Colon ascendens und das Colon transversum. Ab der primären Colonflexur, der späteren Flexura coli sinistra, entstehen aus dem primären Darmrohr die restlichen Dickdarmabschnitte und der Mastdarm (s. Kap. 5.2.1.2).

Lage und Beziehungen s. Kap. 5.2.3.1.

Äußere Kennzeichen des Dickdarms. Der 1–1,5 m lange Dickdarm ist je nach Muskeltonus, Füllung oder Anlage verschieden weit (an der Leiche 5–8 cm Durchmesser). Stark kontrahierter Dickdarm kann wesentlich dünner sein als erschlaffter oder aufgeblähter Dünndarm.

Folgende Merkmale lassen den Dickdarm sicher vom Dünndarm unterscheiden:
1. Taeniae coli, 2. Haustra, 3. Plicae semilunares, 4. Appendices epiploicae.

1. **Taeniae coli** (Abb. 5.138). 3 etwa 1 cm breite Binden, Verdickungen der sonst schwachen Längsmuskulatur. Dabei unterscheiden wir: **Taenia mesocolica** am Ansatz des Mesocolon,

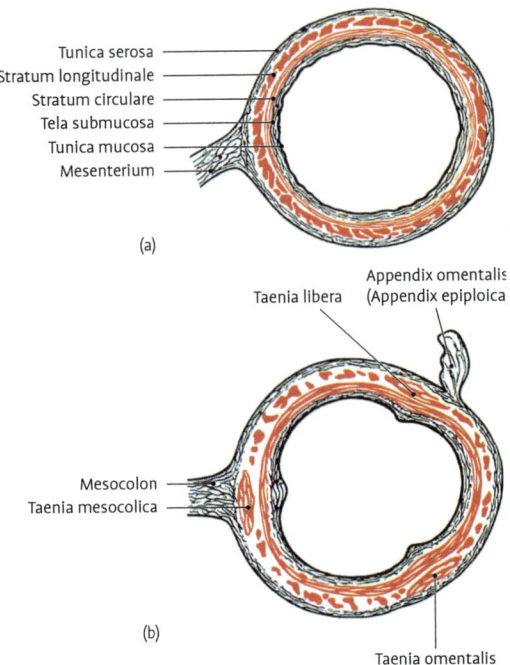

(a)

(b)

Tunica serosa
Stratum longitudinale
Stratum circulare
Tela submucosa
Tunica mucosa
Mesenterium

Taenia libera
Appendix omentalis (Appendix epiploica)

Mesocolon
Taenia mesocolica

Taenia omentalis

Abb. 5.138 Schema der Wandschichten des Dünndarmes **(a)** und des Colon transversum **(b).**

Taenia omentalis am Ansatz des Omentum majus, **Taenia libera** nicht verwachsene und frei sichtbare Tänie.

2. **Haustra** (Haustrum = Schöpfgefäß). Ausbuchtungen zwischen den Tänien, die durch Einschnürungen gegeneinander abgesetzt sind (Abb. 5.127, 5.139). Diesen äußeren Einschnürungen der Darmwand entsprechen innen die

3. **Plicae semilunares** (Abb. 5.139). Diese halbmondförmigen Falten sind keine konstanten Gebilde, sondern Kontraktionsfalten. Bei der Röntgenuntersuchung kann man beobachten, wie sie den Darm entlang wandern. Die jeweils zwischen den kontrahierten Muskelzügen gelegenen, erschlafften Stellen nennen wir **Haustra**. Die **Plicae circulares** des Dünndarms dagegen sind konstant und betreffen nur die Mukosa.

4. **Appendices epiploicae** (Abb. 5.138). lappenförmige Serosaanhängsel, kommen am Colon transversum in einer, am Colon ascendens und descendens in zwei, einer ventralen und einer medialen Reihe, vor. Bei Neugeborenen sind sie fettlos, bei Erwachsenen nehmen sie Fett auf, bei fettleibigen Personen können sie nussgroß sein.

Feinbau

1. Die Schichten sind die gleichen wie beim Dünndarm. Die **Schleimhaut** trägt **keine** Zotten (Abb. 5.131), aber Lieberkühn-Drüsen, die gegen den Mastdarm hin länger werden und keine Paneth-Zellen enthalten; das Epithel ist ähnlich dem des Dünndarmes, hat aber mehr Becherzellen. Der von ihnen abgesonderte Schleim hilft den Kot zu formen und macht die Oberfläche schlüpfrig für den Durchtritt durch die Afteröffnung. Die **Ringmuskelschicht** ist überall gleich stark und ihre Kontraktion bewirkt die Plicae semilunares. Die **Längsmuskelschicht** ist zu den 3 Tänien verdichtet (Abb. 5.138).

Klinik: Erworbene Ausstülpungen der Darmschleimhaut durch Lücken in der Darmwandmuskulatur nennt man **Divertikel.** Von einer **Divertikulose** wird gesprochen, wenn zahlreiche entzündungsfreie Divertikel im Darm vorliegen. Die **Divertikulitis** ist eine Entzündung von einem oder mehreren Divertikeln. Der Entzündungsherd kann auf benachbarte Strukturen und Organe übergreifen. Das Colon sigmoideum ist mit 80–90 % der bevorzugte Abschnitt für das Auftreten von Divertikeln.

2. **Bauhin-Klappe, Valva ileocaecalis** (Abb. 5.139). Sie entsteht am Übergang des terminalen Ileum in das Caecum. Dabei werden die Mukosa, Submukosa und die Ringmuskulatur des Ileum eingestülpt und bilden im Darminneren die **Papilla ilealis** mit dem **Ostium ileale.** Die Längsmuskulatur und die Serosa folgen dieser Einstülpung nicht, sondern ziehen direkt vom Ileum zum Caecum. Dadurch wird die Papilla ilealis fixiert und lässt sich nicht durch Zug am Ileum verstreichen. Die Klappe wulstet sich mundförmig in das Caecum vor und lässt zwei Lippen, ein **Labium superius** (Labrum ileocolicum) und ein **Labium inferius** (Labrum ileocaecale), erkennen. Von den Lippenkommissuren ziehen 2 Schleimhautfalten, **Frenulum anterius und posterius**, nach vorn und hinten zur Zäkumwand. Am Lebenden sind die Lippen meist nicht deutlich zu erkennen, sondern die Klappe stülpt sich eher kegelförmig in den Dickdarm ein und besitzt ein sternförmiges Lumen. **Projektion auf die vordere Bauchwand: McBurney-Punkt.** Er liegt auf der **Monro-Linie**, der Verbindungslinie von Spina iliaca anterior su-

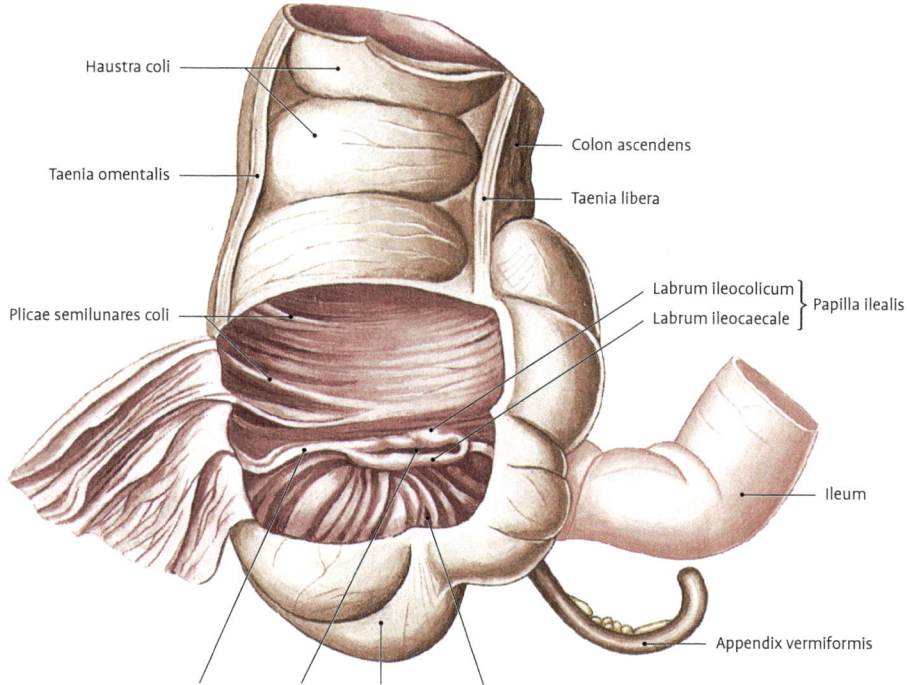

Haustra coli

Taenia omentalis

Plicae semilunares coli

Colon ascendens

Taenia libera

Labrum ileocolicum
Labrum ileocaecale } Papilla ilealis

Ileum

Appendix vermiformis

Frenulum ostii ilealis   Ostium ileale   Caecum   Ostium appendicis vermiformis

Abb. 5.139 Caecum, Appendix vermiformis, Anfangs-teil des Colon ascendens, terminales Ileum. Vorder-wand des Dickdarmes gefenstert, um die Valva ileo-caecalis mit dem Ostium ileale zu sehen.

perior dextra und Nabel, dort wo die Linie durch den lateralen Rand des M. rectus abdo-minis halbiert wird.

Bei der **Röntgendarstellung** kann beobachtet werden, dass der Klappenschluss oft nicht kom-plett dicht ist. Kontrastmittel kann dann vom Dickdarm auch in das Ileum übertreten.

Funktion. Sie schließt den Dünndarm vom Dickdarm mehr oder weniger ab, damit die Bakterienbesiedelung des Dickdarms nicht übermäßig auf den Dünndarm übergreift. Die Klappe lässt den Darminhalt normalerweise nur in Richtung Dickdarm durchtreten.

Darstellung des Dickdarmes beim Patienten

1. Röntgenuntersuchung nach Kontrastmitteleinlauf oder mittels der Doppelkontrastmethode (Abb. 5.127), bei der nach Entleerung des Kontrastmittels Luft in den Dickdarm eingeblasen wird.
2. **Koloskopie**. Endoskopische Darmuntersuchung (Darmspiegelung), bei der auch kleine schmerzlose endoskopische Eingriffe (z. B. Schleimhaut-

biopsien, Abtragung von Polypen) vorgenommen werden können.
3. **„Virtuelle Koloskopie"** durch computerunterstützte 3D-Rekonstruktion von CT- oder MRT-Serienaufnahmen der Bauchhöhle.

Gefäße und Nerven des Dickdarmes

Arterien (Abb. 5.80, 5137):
1. **A. mesenterica superior.** Caecum, Colon ascendens und transversum sind Abkömmlinge der Nabelschleife und werden daher wie der Dünndarm von der A. mesenterica superior versorgt.
   • **A. ileocolica.** Sie verläuft als direkte Fortsetzung der A. mesenterica sup. in der Radix mesenterii zur Ileozäkalregion. Dort zerfällt sie in die A. caecalis anterior und posterior. Die **A. caecalis anterior** zieht über die Plica caecalis vascularis zum Caecum, die **A. caecalis posterior** gelangt an die Dorsalseite des Caecum. Aus ihrem gemeinsamen Stamm oder meist aus der A. caecalis posterior entspringt die **A. appendicularis**, die hinter dem

terminalen Ileum absteigt und über die Mesoappendix die Appendix versorgt. Weiterhin entlässt die A. ileocolica einen R. ilealis zum terminalen Ileum, der hier mit den Aa. ileales anastomosiert, und einen R. colicus zum Colon ascendens.

- **A. colica dextra.** Sie versorgt das Colon ascendens. Sie entspringt sehr hoch aus der A. mesenterica superior (oder aus der A. ileocolica oder der A. colica media), verläuft retroperitoneal an der rechten hinteren Bauchwand, überkreuzt an dieser die V. cava inferior, die rechte A. testicularis bzw. ovarica und den rechten Harnleiter, zieht zum kranialen Teil des Colon ascendens und teilt sich hier in einen auf- und einen absteigenden Ast. Der absteigende Ast anastomosiert mit dem R. colicus der A. ileocolica, der aufsteigende mit der A. colica media.
- **A. colica media** (Abb. 5.137). Sie versorgt das Colon transversum. Sie gelangt gleich nach ihrem Ursprung aus der A. mesenterica superior zwischen die beiden Blätter des Mesocolon transversum, zieht zwischen ihnen zum Colon transversum, wo sie sich in einen rechten Ast zur Anastomose mit der A. colica dextra und einen linken zur Anastomose mit der A. colica sinistra (aus der A. mesenterica inferior) teilt. Sie versorgt das Colon transversum bis zur Flexura coli sinistra.

2. **A. mesenterica inferior.** Sie versorgt das Colon descendens, sigmoideum und den größten Teil des Rectum. Wie die A. mesenterica superior verläuft auch sie ursprünglich im dorsalen Mesenterium commune (Abb. 5.80). Mit der Verlagerung des Colon descendens nach links und Verschmelzung des Mesocolon descendens mit der linken Seite der hinteren Bauchwand verläuft sie retroperitoneal. Sie entspringt in Höhe des 3. Lendenwirbels aus der Aorta und zerfällt bald in ihre Äste (Abb. 5.128).

- **A. colica sinistra.** Sie verläuft retroperitoneal nach links zum Colon descendens, schickt einen R. ascendens aufwärts zur linken Kolonflexur zur Anastomose mit der A. colica media und einen R. descendens abwärts zur Anastomose mit den Aa. sigmoideae.
- **Aa. sigmoideae.** Diese sind 2–4 kleine Äste, die das Sigmoid versorgen und untereinander Anastomosen eingehen.
- **A. rectalis superior.** Sie verläuft als Endast hinter dem Mastdarm ins kleine Becken und gibt kleine rechte und linke Äste ab. Sie versorgt den oberen Teil der Muskulatur und nahezu die ganze Schleimhaut des Mastdarmes (wichtig für Resektionen!) und anastomosiert mit der A. rectalis media (aus der A. iliaca interna), der A. rectalis inferior (aus der A. pudenda interna) und über einen R. sigmoideus (**A. sigmoidea ima**) mit den Aa. sigmoideae.

> **Klinik: Sudeck-Punkt:** Die A. rectalis superior darf nur kranial vom Abgang des R. sigmoideus (A. sigmoidea ima) unterbunden oder durchtrennt werden, damit die Blutversorgung des oberen Rectum nicht gefährdet ist.

Die Arterien des Dickdarmes bilden im Unterschied zu den Dünndarmarterien nur eine einzige Arkadenreihe, die nahe dem Darm liegt. Dieser entstehende Arkadenbogen (Abb. 5.128, 5.137) wird als **Drummond-Marginalarterie** bezeichnet. Innerhalb der Marginalarterie liegt im Bereich der linken Kolonflexur die **Riolan-Anastomose** zwischen der A. mesenterica superior und der A. mesenterica inferior über Äste der A. colica media und der A. colica sinistra. Ist die Anastomose nicht ausgebildet, kann es bei einer Unterbindung der A. coliae media zur Unterbrechung der Blutversorgung im Bereich der linken Kolonflexur kommen (kritischer Punkt von Griffith).

> **Klinik:** Wenn ein größeres Versorgungsgebiet ausfällt (Thrombus, Strangulation), kommt es zur **Schädigung der Darmwand.** Diese ist deshalb gefährlich, weil die geschädigte Darmwand Bakterien der Darmflora in die freie Bauchhöhle durchtreten lässt. Während diese Bakterien im Darmrohr zum normalen Stoffabbau notwendig sind, führen sie in der Bauchhöhle zur Bauchfellentzündung (**Peritonitis**).

- **Venen.** Die Venen verlaufen mit den gleichnamigen Arterien. So gelangt das Blut aus dem Caecum, Colon ascendens und transversum über die **V. mesenterica superior** zur **V. portae.** Das Blut aus einem Teil des Rectum, dem Colon sigmoideum und descendens sammelt sich zur **V. mesenterica inferior,** die links der gleichnamigen Arterie aufsteigt und über die Plica paraduodenalis (seltener Plica duodenalis superior) zur V. splenica zieht. Am Rectum anastomosieren Äste der V. mesenterica inferior (Pfortader-

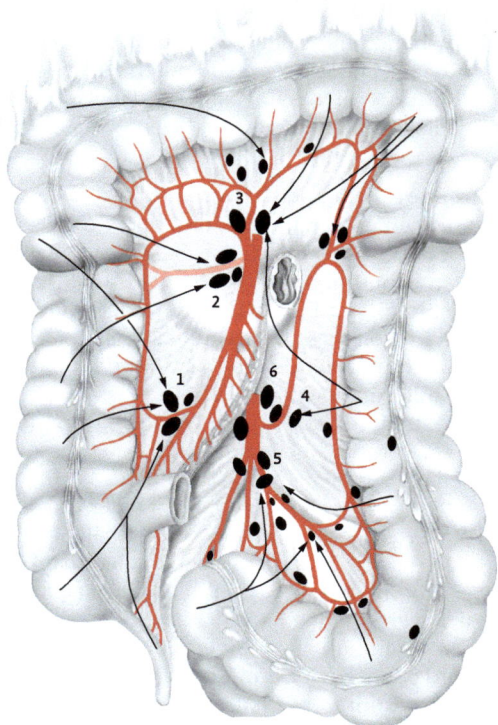

Abb. 5.140 Lymphabfluss des Dickdarmes mit den regionären Lymphknoten. 1 Nll. ileocolici, 2 Nll. colici dextri, 3 Nll. colici medii, 4 Nll. colici sinistri, 5 Nll. colici sigmoidei, 6 Nll. mesenterici inferiores (nach T. v. Lanz, W. Wachsmuth).

gebiet) mit Ästen der V. pudenda interna (Cava-inferior-Gebiet).
- **Lymphgefäße** (Abb. 5.140). Die Lymphgefäße des Wurmfortsatzes ziehen zu 2–3 Lymphknoten in der Mesoappendix und von dort weiter mit denen vom Caecum zu den **Nll. ileocolici** im Winkel zwischen Ileumende und Colon ascendens. Die Lymphgefäße aus dem restlichen Kolon ziehen zu den entsprechenden **Nll. colici dextri, medii, sinistri, sigmoidei,** die nahe dem Darm liegen, und gelangen von dort mit den Blutgefäßen zu den Nll. mesenterici inferiores und superiores. Die gesamte Lymphe des Darms wird schließlich im **Truncus intestinalis** gesammelt, welcher vor dem 2. Lenden- bis 12. Brustwirbel mit den beiden **Trunci lumbales** zur **Cisterna chyli** (s. Kap. 2.3.6.2) zusammenfließt.
- **Nerven.** Die oberen **Abschnitte** des Colon werden aus dem **Plexus mesentericus superior** in-

nerviert. Er führt sympathische Fasern aus den Nn. splanchnici und parasympathische Fasern aus dem N. vagus. Das Versorgungsgebiet des N. vagus reicht bis zum linken Drittel des Colon transversum (**Cannon-Böhm-Punkt**). Das Colon descendens und sigmoideum erhalten die sympathischen Fasern aus dem **Plexus mesentericus inferior** und die parasympathischen Fasern aus dem **Plexus hypogastricus inferior** (sakraler Parasympathicus).

Motorik. Im Dickdarm haben wir im Gegensatz zum Dünndarm **peristaltische und antiperistaltische** Bewegungen, die im Röntgenbild als „Fließen" der Haustren gesehen werden. Ab und zu bringen antiperistaltische Bewegungen den Darminhalt wieder zurück in das Caecum. Die Ileozäkalklappe verhindert den Rücktritt in den Dünndarm. Als **Massenbewegung** des Kolon wird die gleichzeitige Kontraktion mehrerer Haustren hintereinander bezeichnet, die 2–3-mal täglich auftritt. Im Röntgenbild wirkt dabei der kontrahierte Abschnitt ganz glatt. Die Massenbewegungen beginnen am Caecum und bewegen den Darminhalt als Säule rasch in den nächsten Kolonabschnitt. So kann der Dickdarminhalt innerhalb weniger Minuten das gesamte Kolon passieren.

Die unregelmäßigen, afterwärts gerichteten peristaltischen Bewegungen werden durch eine neue Mahlzeit, durch Eintritt von Kot in den Mastdarm, durch psychische Einflüsse und den Parasympathicus gefördert und durch den Sympathicus gehemmt.

Funktion des Dickdarms:
- Der Dickdarm scheidet keine eigenen Enzyme mehr ab, resorbiert aber Kohlenhydrate, Aminosäuren und Salze.
- Lieberkühn-Drüsen liefern als Gleit- und Schmiermittel ein **seromuköses Sekret**. Bei pflanzlicher Nahrung kann die Verdauung durch Dünndarmfermente weitergehen.
- Ein Teil der **Spaltprodukte** wird resorbiert, der andere wird durch Gärung und Fäulnis zerstört. Während Magen und oberer Dünndarmteil nahezu steril sind, hat der untere Dünndarm und besonders der Dickdarm eine physiologische Flora von obligaten und fakultativen Bakterien. Sie spalten Proteine und Kohlenhydrate zu energiearmen, für den Menschen unbrauchbaren Abbauprodukten, die Zellulose. Vom Pflanzenfresser können sie teilweise ausgenutzt werden.

- Die durch **Fäulnis** entstandenen Eiweißabbau-produkte **Skatol** und **Indol** geben dem Kot, **Faeces,** den charakteristischen Geruch. Die Eiweißabbauprodukte werden teils direkt aus dem Darm ausgeschieden, teils vom Dickdarm resorbiert, in der Leber entgiftet und als gepaarte Schwefelsäuren im Harn ausgeschieden.
- Der Darminhalt ist nach seinem etwa 3–4-stündigen Aufenthalt im Dünndarm noch relativ dünnflüssig. Er wird im Dickdarm durch Wasserresorption auf 1/3–1/4 seines Volumens eingedickt.
- Schließlich ist der Dickdarm noch ein **Ausscheidungsorgan** für Quecksilber, Wismut, Eisen, Kalzium, Magnesium und Phosphate.

> **Klinik:** Bei **gestörter Wasserresorption** entstehen dünnflüssige Stühle und dadurch ein u. U. bedrohlicher Wasserverlust.

Blinddarm, Caecum, und Wurmfortsatz, Appendix vermiformis (Abb. 5.139)

Der Blinddarm ist ein 7 cm langer und nahezu gleich breiter Blindsack am Beginn des Dickdarmes. Er liegt unterhalb der Valva ileocaecalis in der Fossa iliaca dextra.

Bei **Pflanzen fressenden Tieren** kann das Caecum Größen bis 60 cm Länge erreichen. Da die Zellulosewände der Pflanzenzellen nicht im Dünndarm verdaut werden können, werden sie durch die länger dauernde bakterielle Gärung im Dickdarm aufgeschlossen.

> Je nach den Verbindungen des Caecum zur hinteren Bauchwand lassen sich folgende Typen unterscheiden: **Caecum fixum:** Das Caecum ist fest mit der hinteren Bauchwand verwachsen und liegt daher sekundär retroperitoneal. **Caecum mobile:** Das viszerale Peritoneum des Caecum ist nicht mit der hinteren Bauchwand verwachsen. Es ist beweglich und liegt intraperitoneal. **Caecum liberum:** Nicht nur das Caecum, sondern auch das Gekröse ist nicht mit der hinteren Bauchwand verwachsen. Bei diesem seltenen Typ liegt das frei bewegliche Caecum ebenso intraperitoneal.

> **Klinik:** Beim **Zäkumhochstand** kann nach unvollständiger Nabelschleifendrehung das Cae-

cum unter der Leber liegen bleiben. Aber auch bei sehr beweglichem Kolon und in der letzten Hälfte der Schwangerschaft (durch den großen Uterus) können das Caecum und damit die Appendix vermiformis stark verlagert werden.

Wurmfortsatz, Appendix vermiformis:
- Er ist äußert variabel in Form und Größe, geht dorsomedial vom Caecum ab. Das rudimentäre Darmstück geht beim Neugeborenen noch trichterförmig in das Caecum über. Beim Erwachsenen ist es meistens scharf abgesetzt. Es mündet mit dem kleinen **Ostium appendicis vermiformis** in das Caecum.
- Die **Tänien** des Dickdarmes fließen auf dem Wurmfortsatz zu einer einheitlichen Längsmuskellage zusammen. Das Lumen des Wurmfortsatzes ist sehr eng (2 mm), nicht selten teilweise oder vollständig verschlossen, enthält Schleim oder etwas Darminhalt. Die **Schleimhaut** hat eine besonders große Zahl von **Folliculi lymphatici aggregati**, die in die Submucosa reichen. Er steht damit im Dienste der Immunabwehr und wird daher auch **Darmtonsille** genannt.
- Der Wurmfortsatz hat durch eine dreieckige Bauchfellduplikatur, **Mesoappendix,** eine gewisse Beweglichkeit. In ihrem freien Rande verläuft die **A. appendicularis**.
- Die **Länge** der Appendix schwankt zwischen 2–20 cm, in seltenen Fällen wird sie bis 25 cm lang oder sie fehlt gänzlich. In der Regel ist sie 10 cm lang und 6 mm dick.

> Die **Lage** des Wurmfortsatzes ist sehr variabel:
> **1. Retrozäkalposition.** In fast 2/3 ist die Appendix hinter dem Caecum nach oben geklappt.
> **2. Kaudalposition.** In 30 % der Fälle steigt die Appendix in das kleine Becken ab und kann bei der Frau das rechte Ovar erreichen. **3. Medialposition.** Die Appendix ist nach medial verlagert und kann vor (präileal) oder hinter (postileal) den Dünndarmschlingen liegen. **4. Lateralposition.** Die Appendix steigt zwischen Caecum und lateraler Bauchwand auf.

- **Projektion der Appendix auf die vordere Bauchwand.** Der Abgang der Appendix aus dem Caecum projiziert sich auf den **Lanz-Punkt**. Dieser liegt unmittelbar unterhalb des McBurney-Punktes der Valva ileocaecalis und befindet sich an der Grenze vom rechten zum mittleren Drittel der Verbindungslinie der beiden Spinae iliacae anteriores superiores. Beide Punkte haben, wegen der oben erwähnten Variationen, einen eher geringen praktischen Wert.

> **Klinik: 1.** Bei der Wurmfortsatzentzündung, **Appendizitis**, können am Lanz-Punkt Druckschmerz und Abwehrspannung der Bauchdecken auftreten. **2.** Eine Appendizitis (fälschlich als Blinddarmentzündung bezeichnet) kann durch Perforation in die Bauchhöhle übergreifen und eine lebensbedrohliche **Peritonitis** bewirken. **3.** Aufgrund der Nähe der Appendix zum **Ovar** kann bei der Frau eine Appendizitis mit einer Erkrankung der Adnexe verwechselt werden.

5.2.4 Retroperitonealraum, Spatium retroperitoneale

> Das Spatium retroperitoneale ist jener Raum der Cavitas abdominalis, der sich **hinter dem Peritonealsack** befindet. Sein **dorsaler** Abschluss wird durch die Wirbelsäule, die Fascia transversalis und durch die Faszien des M. iliopsoas und des M. quadratus lumborum gebildet. **Kranial** wird er durch das Zwerchfell abgegrenzt. Lateral endet er bei den auf- und absteigenden Kolonabschnitten und nach **kaudal** setzt er sich in die Bindegewebsräume des kleinen Beckens fort (Subperitonealraum).

Inhalt. Der von Binde- und Fettgewebe durchzogene Retroperitonealraum enthält folgende Organe und Leitungsbahnen:
1. Ren
2. Ureter
3. Glandula suprarenalis
4. Aorta abdominalis und V. cava inferior mit deren paarigen und unpaaren Ästen
5. Trunci lumbales, Truncus intestinalis, Cisterna chyli, Lymphknoten um V. cava inferior und Aorta
6. Bauchteil des Grenzstranges, vegetative Geflechte um die Aorta, vegetative Ganglien, Plexus hypogastricus superior, Nn. splanchnici

Sekundär retroperitoneal liegen: Teile des Duodenum, Pankreas, Colon ascendens und descendens.

5.2.4.1 Niere, Ren (Nephros)

Entwicklung (s. Kap. 5.3.6.1). Die Nachniere entsteht aus dem **metanephrogenen Blastem** (Harn bereitender Abschnitt) und der Ureterknospe (Harn ableitender Abschnitt). Aus dem metanephrogenen Blastem entstehen die Nephrone, in die aus der Aorta die Gefäße einsprossen. Die **Ureterknospe** entstammt dem Urnierengang (Wolff-Gang) und wächst nach kranial gegen die Nachnierenanlage, um dort Anschluss an die Nephrone zu finden. Aus der Ureterknospe entstehen: Ureter, Nierenbecken, Nierenkelche, Ductus papillares, Sammelrohre und die Verbindungsstücke.

Fehlbildungen:
1. **Zystenniere.** Sie entsteht dann, wenn der Harn bereitende Abschnitt des Nierenkanälchens keinen Anschluss an den Harn ableitenden findet (größere oder kleinere Bläschen auf der Nierenoberfläche). Oft doppelseitig. Einteilung der verschiedenen Typen nach Potter.
2. Unterschiedliche Teilungsvorgänge der Ureterknospe können zu Verdoppelungen oder Spaltungen des Ureters (**Ureter duplex, fissus**) führen und erklären auch die unterschiedlichen Formen des Nierenbeckenkelchsystems. Verdoppelungen des Ureters (totale und partielle) kommen in 2 % vor.
3. **Renkulusniere.** Die Lappen (Renculi) der Embryonalzeit können auch bei der Niere des Erwachsenen erhalten bleiben (Abb. 5.141).
4. **Hufeisenniere.** Dabei sind die unteren Pole beider Nieren verwachsen.
5. **Becken- oder Kreuzbeinniere.** Dystope Niere. Während der Entwicklung steigt die Niere normalerweise aus dem Becken in ihre definitive Lage auf (Ascensus). Wird dieser Entwicklungsgang gehemmt, so kann die Niere auf jedem Punkt des von ihr zu durchlaufenden Weges liegen bleiben. Solche Nieren sind zumeist pfannkuchenartig abgeplattet, besitzen ein ventral gelegenes Hilum, beziehen das Blut aus den Gefäßen der Nachbarschaft (A. iliaca) und funktionieren normal. Bei der Untersuchung können sie als eine Geschwulst angesehen werden und bei Entbindungen ein Hindernis darstellen. Typisch sind für diese dystopen Nieren kurze Ureteren!
6. **Malrotation.** Überdrehung der Niere beim Ascensus. Normal schaut beim Fetus das Hilum nach vorne, beim Neugeborenen nach medial. Bei weiterer Rotation kann das Hilum nach

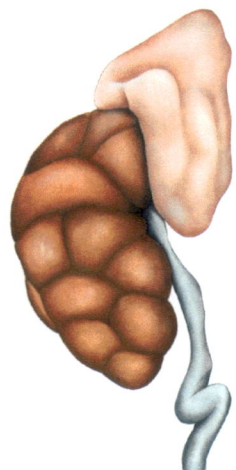

Abb. 5.141 Rechte Niere und Nebenniere eines Neugeborenen.

dorsal oder sogar nach lateral weitergedreht werden. Die Nierengefäße kreuzen dann hinter der Niere. Bei inverser Rotation dreht sich die Niere in umgekehrter Richtung, bis das Hilum nach lateral schaut. Die Gefäße kreuzen nun die Niere vorne.

7. **Fehlen** einer Niere und **überzählige** Nieren sind selten.

Anatomie und topografische Beziehungen

Form und Farbe. Die Nieren sind von bohnenförmiger Gestalt und braunroter Farbe.
- **Vorderfläche:** Facies anterior, konvex gekrümmte, nach vorne und lateral gerichtete Fläche
- **Hinterfläche:** Facies posterior, flache, nach hinten und medial gerichtete Fläche.
- **Oberer Pol:** Extremitas sive Polus superior
- **Unterer Pol:** Extremitas sive Polus inferior
- **Margo lateralis:** konvexer lateraler Rand, der dem M. transversus abdominis aufliegt
- **Margo medialis:** konkaver medialer Rand mit der Nierenpforte, Hilum renale (Abb. 5.142), der dem M. psoas major aufliegt.
- **Hilum renale:** Nierenpforte, schaut nach vorne medial und wird vorne und hinten jeweils von den sog. Hilumlippen, oben und unten jeweils von den Polen begrenzt. Am Hilum treten die Gefäße, Nerven und das Nierenbecken ein bzw. aus. Es führt in eine größere Bucht, den Sinus renalis.

- **Sinus renalis:** großer Hohlraum, der vom Nierenparenchym schalenartig umschlossen wird. Seine Ausdehnung entspricht der halben Nierenhöhe, 2/3 der Nierenbreite und 1/3 der Nierendicke (Abb. 5.146). In ihm liegen in Fett eingebettet das Nierenbeckenkelchsystem und die Äste der Nierengefäße.

Größe. Die Nieren sind im Mittel 10–12 cm lang, 6 cm breit, 4 cm dick und 160 g schwer. Form, Größe und Lage sind großen individuellen Schwankungen unterworfen. Gewöhnlich ist die linke Niere länger, dicker und schwerer. Ist eine Niere kleiner oder fehlt sie, so ist die andere meistens vergrößert, hypertrophiert.

Lage und Skeletotopie. Die Nieren reichen vom 12. Brust- bis zum 3. Lendenwirbelkörper. Die **rechte** Niere steht gewöhnlich etwas tiefer als die linke (großer rechter Leberlappen). Die **Längsachsen** beider Nieren divergieren nach unten. So sind die beiden oberen Nierenpole etwa 7 cm, die unteren 11 cm voneinander entfernt. Die 12. Rippe verläuft an der Grenze vom oberen zum mittleren Drittel über die Nieren (Abb. 5.143). Das Hilum liegt an der Seite des 1.–2. Lendenwirbelkörpers. Die unteren Nierenpole sind beim Manne rechts 3 cm, links 4 cm, bei der Frau 2,5 bzw. 3 cm vom Darmbeinkamm entfernt; sie können auch den Darmbeinkamm erreichen (beim Mann in 11 %, bei der Frau in 40 %). Beim Neugeborenen ist die

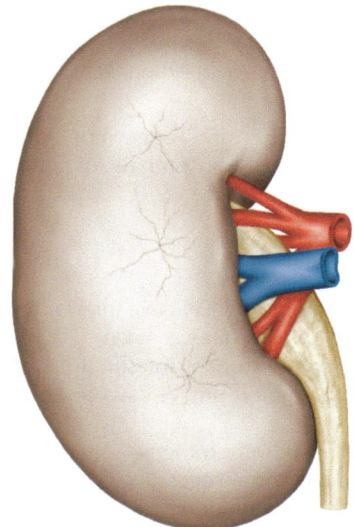

Abb. 5.142 Rechte Niere von ventral, an der Oberfläche einige Venensterne (Stellulae Verheinyi).

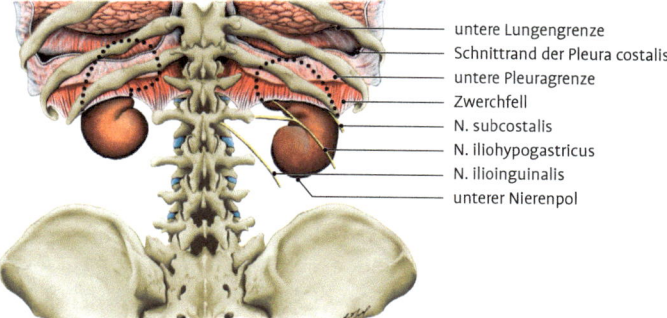

untere Lungengrenze
Schnittrand der Pleura costalis
untere Pleuragrenze
Zwerchfell
N. subcostalis
N. iliohypogastricus
N. ilioinguinalis
unterer Nierenpol

Abb. 5.143 Lage der Niere von dorsal. Beziehungen zu den Rippen, dem Zwerchfell, der Pleura, den Lungen und den Nn. subcostalis, iliohypogastricus, ilioinguinalis. Recessus costodiaphragmaticus teilweise eröffnet.

Niere relativ größer und überragt daher immer den Darmbeinkamm.

Topografische Beziehungen. Die Nieren liegen jeweils seitlich der **Wirbelsäule** in der Fossa lumbalis. Dabei überragen sie die Wirbelsäule nicht nach vorne (Abb. 5.144). Die Facies posterior beider Nieren projiziert sich auf den M. psoas major, M. quadratus lumborum, M. transversus abdominis, die Pars lumbalis des **Zwerchfells** und das Trigonum lumbocostale, der dünneren, bindegewebigen Stelle des Zwerchfells zwischen Pars lumbalis und Pars costalis (Bochdalek-Dreieck).

> **Klinik:** Durch die **Schwachstelle** des Zwerchfells ist ein Durchbruch von Entzündungen in der Umgebung der Nieren, **paranephritischer Abszesse**, in die Pleurahöhle möglich.

Der obere Nierenpol bekommt nach dorsal unter Vermittlung des Zwerchfells eine enge Beziehung zum **Recessus costodiaphragmaticus** der Pleurahöhle, weil die untere Pleuragrenze die 12. Rippe kreuzt (Abb. 5.143). Der oberste Abschnitt des Nierenpols kann auch noch von der Lunge überlagert werden. N. subcostalis, N. iliohypogastricus und N. ilioinguinalis aus dem Plexus lumbalis kreuzen die Rückfläche der Nieren. Ausstrahlungen von Schmerzen aus der Nierengegend bis in die Leistenregion sollen damit verständlich werden.

Während die Beziehungen nach dorsal bei beiden Nieren gleichartig sind, sind sie nach ventral unterschiedlich:

- **Rechte Niere.** Auf den Margo medialis und das Hilum legt sich (Abb. 5.86) die Pars descendens duodeni, auf die Extremitas superior die Nebenniere. Über das untere Drittel ziehen das Colon

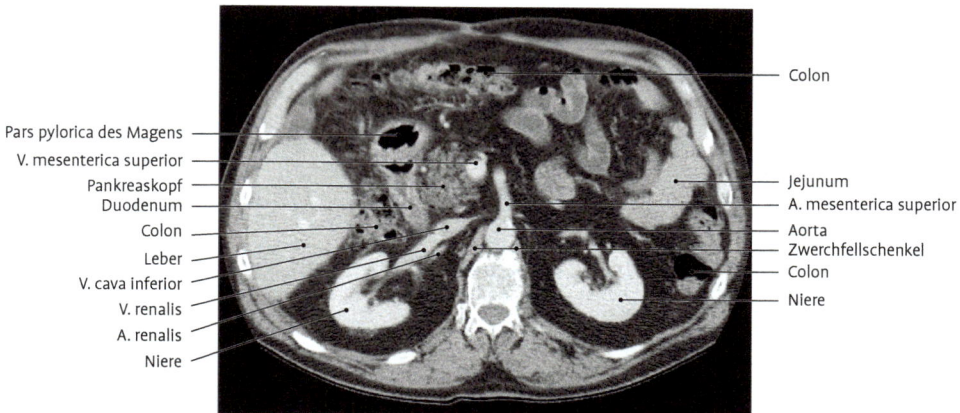

Pars pylorica des Magens
V. mesenterica superior
Pankreaskopf
Duodenum
Colon
Leber
V. cava inferior
V. renalis
A. renalis
Niere

Colon
Jejunum
A. mesenterica superior
Aorta
Zwerchfellschenkel
Colon
Niere

Abb. 5.144 CT des Oberbauches (Sammlung Prof. Pinter, Graz).

und Mesocolon transversum. Oberhalb davon wird der übrige, größere Teil der Vorderfläche direkt von Peritoneum überzogen, wo sich der rechte Leberlappen mit seiner Impressio renalis anlagert (Abb. 5.104). Durch Hochheben der Leber kann man sich hier die rechte Niere am besten zugänglich machen.

• **Linke Niere.** Auf der Extremitas superior und dem Margo medialis ruhen die halbmondförmige linke Nebenniere, auf der Mitte die A. und V. splenica, die Cauda pancreatis und darunter die Radix mesocolica. Auf das kaudale, direkt vom Bauchfell überzogene Drittel legt sich das Kolon, auf die oberen zwei Drittel des Margo

lateralis die Milz. In dem von Milz, Nebennieren und Milzgefäßen gebildeten Dreieck zieht ebenfalls das Bauchfell über die Niere (Abb. 5.86). Hier lagert sich die Rückfläche des Magens an (Hinterwand der Bursa omentalis)

• **Topografie am Hilum** (Abb. 5.142, 5.145, 5.158): Die V. renalis liegt meist vorne, dahinter folgt die A. renalis und dorsal liegt das Nierenbecken. Da sich die Nierengefäße aber schon vor dem Hilum aufzweigen, liegen im Hilumbereich sehr oft Blutgefäße auch hinter dem Nierenbecken. Die Gefäße werden von feinen Nerven aus dem Plexus coeliacus (Abb. 5.159) begleitet.

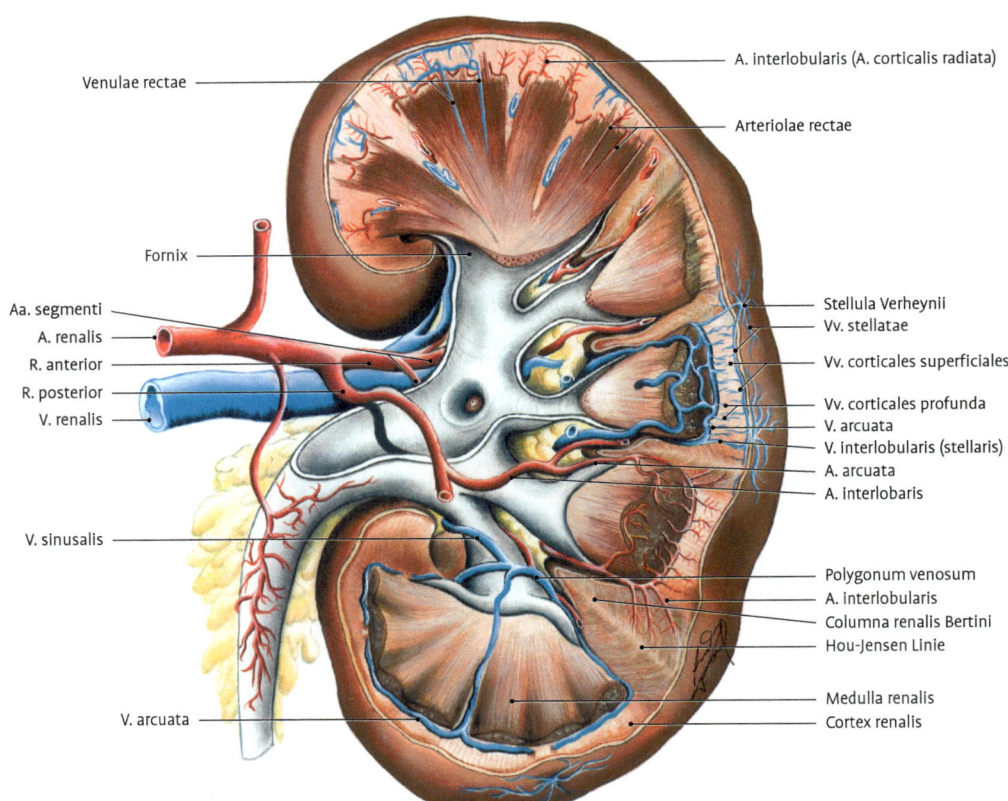

Venulae rectae

A. interlobularis (A. corticalis radiata)

Arteriolae rectae

Fornix

Aa. segmenti
A. renalis
R. anterior
R. posterior
V. renalis

Stellula Verheynii
Vv. stellatae

Vv. corticales superficiales

Vv. corticales profunda
V. arcuata
V. interlobularis (stellaris)
A. arcuata
A. interlobaris

V. sinusalis

Polygonum venosum
A. interlobularis
Columna renalis Bertini
Hou-Jensen Linie

Medulla renalis
Cortex renalis

V. arcuata

Abb. 5.145 Rechte Niere von dorsal. Nierensubstanz teilweise entfernt, Sinus renalis eröffnet. Sichtbar sind Gefäßverzweigungen, die Markpyramiden und die Rindensubstanz. Das Nierenbecken ist eröffnet, man sieht die in die Kelche mündenden Papillen mit ihren Fornices. In der Mitte des Nierenbeckens mündet eine Papille in einen Kelch der vorderen Pyramidenreihe.

Die obere Polpyramide ist geschnitten, die untere und die 3 Pyramiden der hinteren Pyramidenreihe sind plastisch dargestellt. Die obere der hinteren Reihe zeigt die Pyramidenbasis mit den Markstrahlen, die mittlere die venöse und die untere die arterielle Gefäßverzweigung an der Pyramidenbasis und in der Rinde.

Die Nierensubstanz gliedert sich in
1. Rinde, Cortex renalis
2. Mark, Medulla renalis

Feinstruktur

Halbiert man die Niere durch einen Frontalschnitt (Abb. 5.146) oder legt man, wie in Abb. 5.145, von hinten her das Nierenbecken frei, so kann man schon mit bloßem Auge nach Farbe und Struktur eine Rinden- und Marksubstanz unterscheiden.

Nierenmark, Medulla renalis. Es besteht aus 7 bis 14 Pyramiden, deren Basen gegen die Rinde und deren Spitzen, Papillae renales, gegen den Sinus gerichtet sind und die in die Nierenkelche, Calices renales, hineinragen. Die Pyramiden sind in einer vorderen und hinteren Reihe angeordnet (Abb. 5.146), am oberen und unteren Pol liegt jeweils eine große Pyramide, die größte ist die obere Polpyramide. Im Längsschnitt zeigt die Marksubstanz ein streifiges Aussehen durch die geraden Anteile der Nierenkanälchen (Abb. 5.152). Jede Pyramide ist von einem **Rindenmantel** so umhüllt, dass nur ihr zur Papille hin auslaufender Anteil frei

bleibt. Markpyramide und dazugehöriger Rindenmantel bilden einen **Nierenlappen**, Lobus renalis oder Renculus. An der Neugeborenenniere sind diese Lobi renales noch durch tiefe Furchen getrennt (Abb. 5.141). Später verschwinden die Lappengrenzen vollständig. Manche Säugetiere behalten sie zeitlebens. Vereinzelt kommen sie auch als Hemmungsbildungen noch an der Niere des erwachsenen Menschen vor (Renkuluszeichnung s. Fehlbildungen).

Papillae renales: Die warzenartigen, freien Enden der Pyramiden zeigen auf der siebförmigen Oberfläche, **Area cribrosa**, die feinen Mündungen der Ausführungsgänge, Ductus papillares. Die Papillen sind förmlich in einen Nierenkelch hineingesteckt (Abb. 5.152).

Nierenrinde, Cortex renalis. Sie liegt als 5–7 mm dicke Schicht unter der Nierenkapsel und sendet noch Fortsätze (Abb. 12.67), **Columnae renales** (Bertini-Säulen), zwischen benachbarte Pyramiden. In der Nierenbucht sieht man diese Säulen hilumwärts ziehen (Abb. 5.146). Eine große Säule liegt ganz lateral im Sinus und trennt vertikal verlaufend die vordere von der hinteren Pyramidenreihe. Sie wird als **Columna axialis** bezeichnet.

Klinik: Die Columna axialis kann weit in den Sinus vorspringen und sogar das Hilum erreichen. Bei der Ultraschalluntersuchung kann sie mit einem **Tumor** in der Nierenbucht verwechselt werden.

Die Rindensubstanz besteht **1.** aus dem **Nierenlabyrinth, Labyrinthus corticis (Pars convoluta)**, d. h. den gewundenen Abschnitten der Harnkanälchen, und den **Nierenkörperchen**, wodurch die Rinde gekörnt aussieht, und **2.** aus radiären Streifen, den **Markstrahlen, Radii medullares (Striae medullares corticis, Processus medullares Ferreini, pars radiata)**, die als Fortsätze der Marksubstanz in die Rinde ausstrahlen und die, wie das Mark, aus gerade verlaufenden Kanälchenabschnitten bestehen.

Bauelement der Niere, Nephron

2,5 Millionen **Nephrone** sind in beiden Nieren vorhanden. Sie bestehen jeweils aus einem Nierenkörperchen und dem zugehörigen Harn-

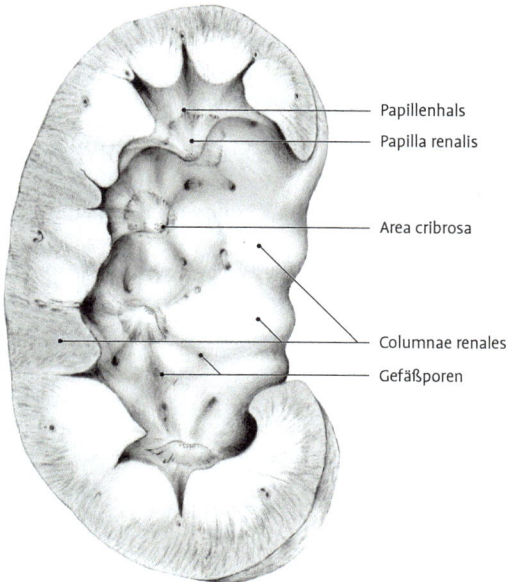

Abb. 5.146 Längsschnitt durch die Niere. An der Schnittfläche Mark- und Rindensubstanz. Nierenbucht freigelegt. Markpapillen mit Area cribrosa, Papillenhals, Columnae Bertini, Gefäßporen an der Markrindengrenze mit Beginn der Parenchymkanäle.

Papillenhals · Papilla renalis · Area cribrosa · Columnae renales · Gefäßporen kanälchensystem mit proximalem, intermediärem und distalem Tubulus. Das Verbindungsstück leitet über zum Sammelrohr. Letztere vereinigen sich zu den Ductus papillares, die in die Nierenkelche münden.

Malpighi-Körperchen, Corpusculum renale (Abb. 5.147). Es besteht aus der **Bowman-Kapsel**, einer einschichtigen Lage platter Zellen, in das sich am Gefäßpol ein Bündel von Kapillarschlingen, der Glomerulus (oder das Glomerulum), einstülpt. Am Gefäßpol gehen die platten Zellen der Bowman-Kapsel (parietales Blatt) in die Podozyten über, welche die Kapillaren als viszerales Blatt überziehen (Abb. 5.148). Zum Glomerulus zieht ein kleines Gefäß, das Vas (die Arteriola) afferens, heraus führt das etwas dünnere Vas (Arteriola) efferens. Gegenüber dem Gefäßpol liegt der Harnpol mit dem Beginn des Harn- oder Nierenkanälchens.

Nierenkanälchen, Tubuli renales. Am Harnpol beginnt das **Hauptstück, Tubulus proximalis**, mit einem **gewundenen** Teil, **Pars convoluta** oder **Tubulus contortus I,** der in einen **geraden**, gleich gebauten und gleich funktionierenden Teil, **Pars recta**, übergeht. Von ihm steigt ein sehr dünnes **Überleitungsstück, Tubulus intermedius** (meist als dünner Teil der Henle-Schleife bezeichnet), ab und geht vor oder hinter dem Schleifenscheitel in das **Mittelstück, Tubulus distalis**, über. Das Mittelstück besteht aus einem **geraden** Abschnitt, der **Pars recta** (früher dicker Teil der Henle-Schleife), und einem **gewundenen** Abschnitt, **Pars convoluta, Tubulus contortus II (distalis)**. Die Windungen der Pars convoluta liegen teilweise in der Nähe des Corpusculum renale.

- Die **Henle-Schleife** besteht aus den geraden Anteilen des **Haupt- und Mittelstückes** und aus dem **Überleitungsstück**. Bei langen Schleifen marknaher Nierenkörperchen wird der Scheitel der Schleife vom Überleitungsstück, bei kurzen Schleifen kapselnaher Nierenkörperchen vom Mittelstück gebildet.
- Das **Verbindungsstück** ist nur kurz und geht vom Mittelstück in das Sammelrohr über. Das **Sammelrohr, Tubulus colligens**, nimmt die **Ver-**

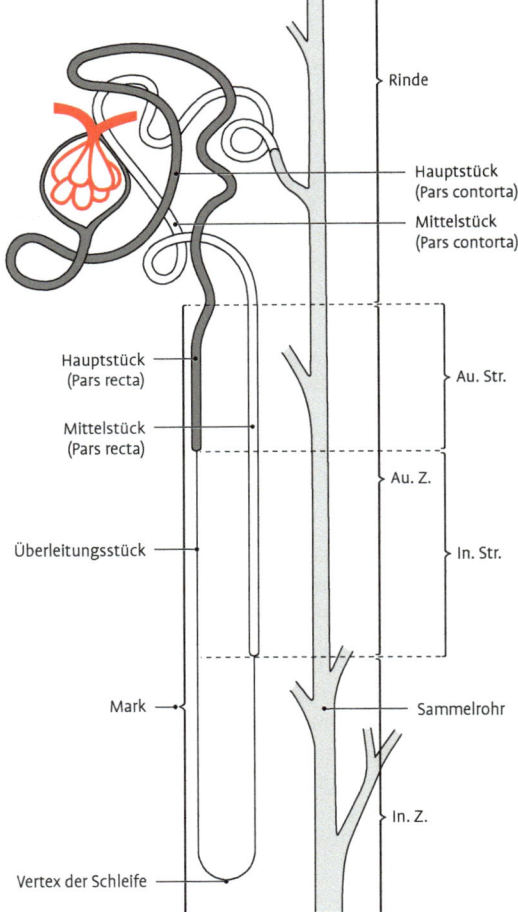

Rinde
Hauptstück (Pars contorta)
Mittelstück (Pars contorta)
Hauptstück (Pars recta)
Au. Str.
Mittelstück (Pars recta)
Au. Z.
Überleitungsstück
In. Str.
Mark
Sammelrohr
In. Z.
Vertex der Schleife

Abb. 5.147 Schema eines Nephrons mit langer Henle-Schleife. Glomerulus, Vas afferens und efferens rot Au. Z. Außenzone des Markes, In. Z. Innenzone des Markes. Au. Str. Außenstreifen der Außenzone, In. Str. Innenstreifen der Außenzone.

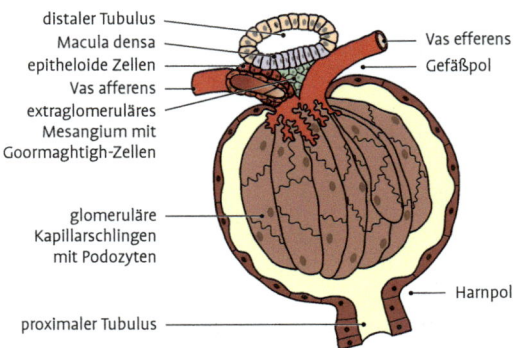

distaler Tubulus
Macula densa
epitheloide Zellen
Vas afferens
extraglomeruläres Mesangium mit Goormaghtigh-Zellen
Vas efferens
Gefäßpol
glomeruläre Kapillarschlingen mit Podozyten
Harnpol
proximaler Tubulus

Abb. 5.148 Nierenkörperchen aus Glomerulus und Bowman-Kapsel, Gefäßpol mit Vas afferens und efferens, Harnpol.

bindungsstücke vieler Nephrone auf. Die Sammelrohre vereinigen sich zu immer größeren und münden schließlich als Ductus papillares auf den Papillen.

- **Feinbau:** Das gesamte Tubulussystem ist mit einem einschichtigen Epithel ausgestattet, zeigt aber in den einzelnen Abschnitten Unterschiede. Im Hauptstück ist es hoch, hat ein trübes Zytoplasma, einen Bürstensaum und beinhaltet viele Mitochondrien. Im Überleitungsstück ist das Epithel hell und flach. Im Mittelstück ist es niedriger und heller als im Hauptstück. Auch sind die Zellgrenzen besser als in diesem erkennbar.

Übersicht über die Parenchymbestandteile:
1. Im **Mark** und in den Markstrahlen liegen die geraden Anteile der Haupt- und Mittelstücke, die Henle-Schleifen und die Sammelrohre.
2. Im **Rindenlabyrinth** liegen die Nierenkörperchen und die gewundenen Anteile der Haupt- und Mittelstücke.
3. **Markgliederung:** durch die Henle-Schleifen gegliedert.
4. **Außenzone:** Hier liegen die dicken Anteile der Henle-Schleifen. Bis hierher reichen auch die Scheitel der kurzen Schleifen, die von Mittelstücken gebildet werden. Die Außenzone wird weiter unterteilt in den Innenstreifen und den Außenstreifen. Im Innenstreifen finden sich die geraden (aufsteigenden) Abschnitte der Mittelstücke und im Außenstreifen noch zusätzlich die geraden (absteigenden) Anteile der Hauptstücke. In beiden Streifen finden sich zusätzlich Teile der Überleitungsstücke.
5. **Innenzone:** Hier liegen neben Sammelrohren und Ductus papillares nur mehr die dünnen Anteile (Überleitungsstücke) der Henle-Schleifen.

Gefäße und Nerven der Niere

Die Nieren sind stark durchblutet, pro Minute strömen etwa 0,75–1,2 Liter Blut durch die Nieren. In 4–5 Minuten wird also die Gesamtblutmenge gefiltert. 90 % des Blutes gelangen in die Rinde und durchströmen mit den Glomeruli und den Tubuluskapillaren **2 Kapillargebiete** hintereinander. Das hier von den harnpflichtigen Stoffen befreite Blut verlässt die Niere über die V. renalis.

Arterien:
- Die **A. renalis** entspringt beidseits in Höhe der Bandscheibe zwischen 1. und 2. Lendenwirbel knapp unterhalb der **A. mesenterica superior** aus der **Aorta.** Von hier steigt sie gegen die Niere ab und teilt sich schon vor dem Hilum in einen vorderen (Ramus anterior) und einen hinteren Hauptstamm (Ramus posterior). Der R. anterior liegt vor dem Nierenbecken und der R. posterior (retropelvischer Ast) hinter ihm (Abb. 5.149). Der vordere Hauptstamm zerfällt immer noch vor dem Hilum in vier Segmentarterien: A. segmenti superioris, A. segmenti anterioris superioris, A. segmenti anterioris inferioris und in die A. segmenti inferioris. Der retropelvische Ast entlässt die A. segmenti posterioris.

Astfolge der A. renalis (Abb. 5.145): Rr. anterior et posterior, Aa. segmentorum, Aa. interlobares, Aa. arcuatae, Aa. interlobulares (Aa. corticales radiatae), Vasa afferentia, Glomeruli, Vasa efferentia, Arteriolae rectae verae et spuriae. Sämtliche Äste der Nierenarterie sind **Endarterien** (s. Kap. 2.3.2.16).

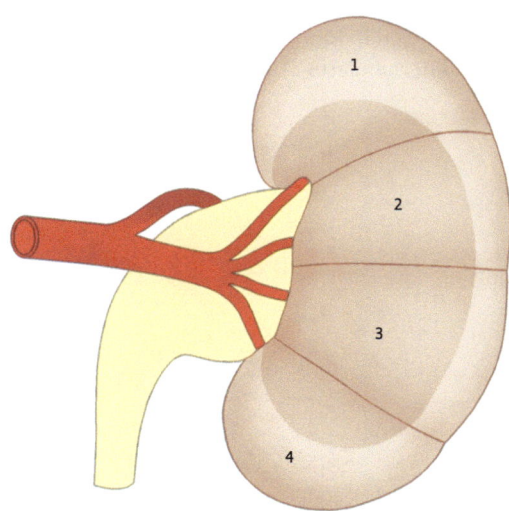

Abb. 5.149 Linke Niere von vorne. Aufteilung der A. renalis in starken vorderen und schwächeren hinteren (retropelvischen) Ast mit Abgabe der Segmentarterien noch vor dem Hilum. 1 Segmentum superius, 2 Segmentum anterius superius, 3 Segmentum anterius inferius, 4 Segmentum inferius, dunkler getönt ist das Segmentum posterius.

Variationen. Entsprechend dem **Ascensus der Niere** in der Entwicklung, bei dem immer neue Nierenarterienäste aus der Aorta aussprossen, die Niere förmlich an einer Strickleiter aus Gefäßen emporsteigt, sind viele Varietäten möglich. Durch übrig gebliebene Gefäßsprossen sind mehrfache Nierenarterien sehr häufig (bis zu 6). Das dickere Gefäß wird dann als A. renalis bezeichnet, die dünneren als akzessorische Arterien. Arterien, die in die Pole eintreten, werden als **Polarterien** bezeichnet. Eine untere Polarterie kann den Ureter abklemmen und einen Harnrückstau verursachen.

- **Segmentarterien** treten über den Hilumring in den Sinus ein, wo sie sich in die **Aa. interlobares** aufteilen (Abb. 5.145, 5150). Diese laufen entlang der Columnae renales nach lateral (also tatsächlich interlobär) und entlassen die **Aa. arcuatae**. Letztere dringen endlich durch Gefäßporen in der Wand der Nierenbucht in das Nierenparenchym ein (Abb. 5.146). An diesen Poren beginnen Parenchymkanäle, Canales peripyramidales, die der Mark-Rinden-Grenze folgen und über der Pyramidenbasis ein stark verzweigtes Kanalsystem bilden. In diesen Kanälen verzweigen sich die Vasa arcuata (Abb. 5.145, 5151). Die Aa. arcuatae gehen im Unterschied zu den gleichnamigen Venen keine Anastomosen mit den benachbarten Arterien ein. Von den Aa. arcuatae ziehen durch die Rinde bis an die Oberfläche die **Aa. interlobulares (Aa. corticales radiatae).** Eine

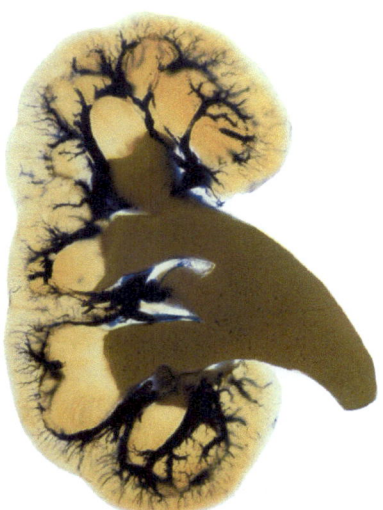

Abb. 5.151 Aufgehellter Längsschnitt der Niere. Nierenbeckenkelchsystem gelb, Venen blau injiziert. Vv. arcuatae in Parenchymkanälen (Canales peripyramidales) der Markrindengrenze, Vv. interlobulares ziehen radiär durch die Rinde.

A. interlobularis gibt nach allen Seiten **Vasa afferentia** zu den Glomeruli und wenige Äste zur Kapsel ab. Die aus den Glomeruli hervorgehenden kleineren **Vasa efferentia** verzweigen sich zu einem die Kanälchen versorgenden arteriellen Kapillarnetz, das im Bereich des Markstrahls längliche und im Bereich des Rindenlabyrinthes rundliche Maschen hat und schließlich in die **Vv. interlobulares** abfließt. Das Mark wird vor allem aus den **Arteriolae rectae spuriae** versorgt, welche aus den Vasa efferentia der nahe der Markrindengrenze liegenden Glomeruli entstammen. Im geringeren Maße (10%) wird das Mark aus den **Arteriolae rectae verae** ernährt, welche direkt aus den in den Gefäßkanälen laufenden Aa. arcuatae entspringen. Die Arteriolae rectae teilen sich in mehrere kleinere Arteriolen, die zusammen mit den **Venulae rectae** in der Außenzone der Marksubstanz charakteristische Gefäßbüschel bilden (Abb. 5.152).

Die Einteilung in Segmente, Lappen und Läppchen erfolgt aufgrund der Gefäßanatomie. Ein **Segment, Segmentum renale:** der von einer Segmentarterie versorgte Parenchymbezirk. Die Segmentgrenzen ziehen durch die Mitte eines

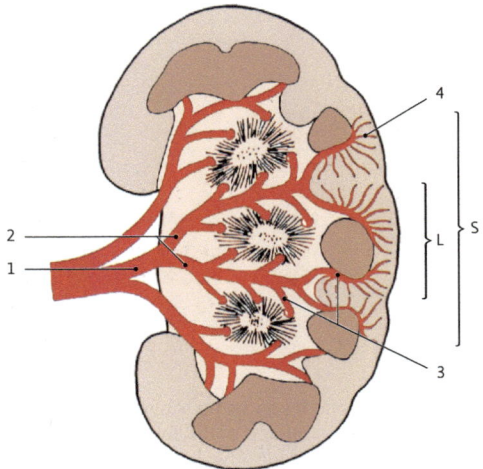

Abb. 5.150 Längsschnitt durch Niere. Gefäßaufteilungsprinzip: 1 A. segmenti, 2 A. interlobaris, 3 A. arcuata, 4 Aa. interlobulares. L Nierenlappen, S Nierensegment.

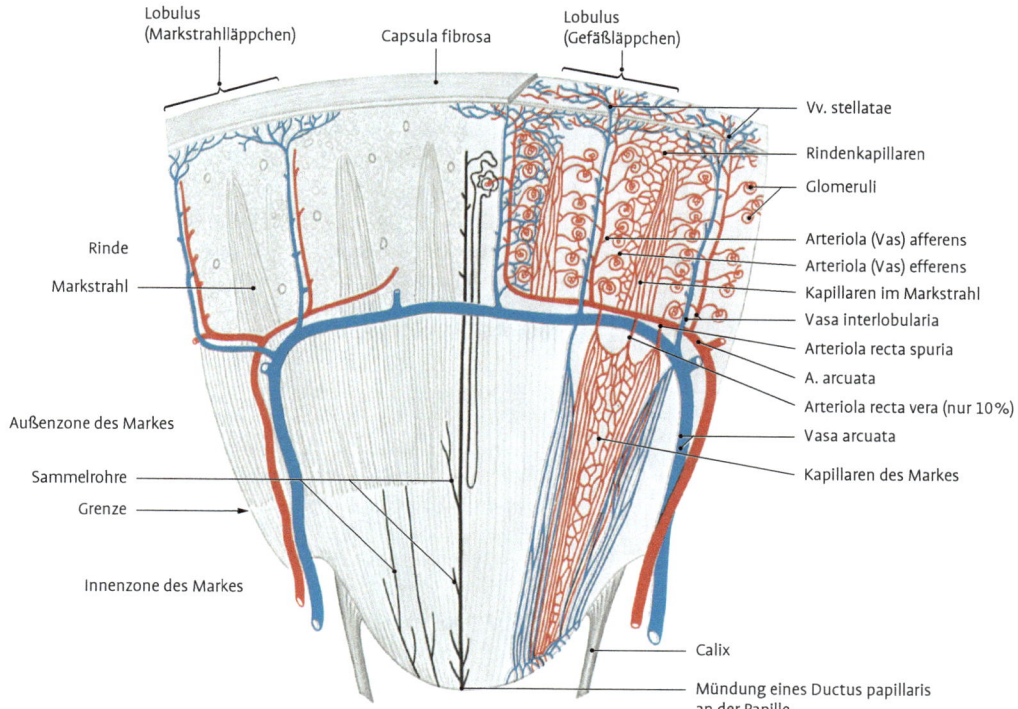

Lobulus (Markstrahlläppchen)
Capsula fibrosa
Lobulus (Gefäßläppchen)

Vv. stellatae
Rindenkapillaren
Glomeruli

Rinde
Markstrahl

Arteriola (Vas) afferens
Arteriola (Vas) efferens
Kapillaren im Markstrahl
Vasa interlobularia
Arteriola recta spuria
A. arcuata
Arteriola recta vera (nur 10%)
Vasa arcuata

Außenzone des Markes

Sammelrohre
Grenze

Kapillaren des Markes

Innenzone des Markes

Calix
Mündung eines Ductus papillaris an der Papille

Abb. 5.152 Aufbau des Nierenparenchyms. Blutgefäße farbig, Nierenkanälchen schwarz. Gefäßläppchen nach v. Möllendorff, Markstrahlläppchen nach Heidenhain.

Lappens (Abb. 5.150). **Lappen, Lobus renalis, Renculus:** Markpyramide mit Rindenmantel. Jeder Lappen wird von mehreren Aa. arcuatae aus benachbarten Aa. interlobares versorgt. Lappengrenzen ziehen durch die Mitte der Columnae Bertini (Hou-Jensen-Linie) (Abb. 5.150). **Läppchen, Lobulus renalis:** Rindenbezirk, unterschiedlich definiert (Abb. 5.152). **Markstrahlläppchen nach Heidenhain:** Im Zentrum des Läppchens liegt ein Markstrahl, und mehrere Aa. interlobulares bilden die Läppchengrenzen. **Gefäßläppchen nach v. Möllendorff:** Das Läppchen wird von mehreren Markstrahlen begrenzt und im Zentrum liegt eine A. interlobularis, die in diesem Fall richtiger als **A. corticalis radiata** bezeichnet wird.

Klinik: Die Nierenarterie und jeder Ast ihrer Teilungsgenerationen ist eine Endarterie. Verschluss eines Astes führt durch die akute Blutleere des entsprechenden Versorgungsbezirkes zur Nekrose, dem **Niereninfarkt.** Je nach Tei-

lungsgeneration des betroffenen Astes ist ein größerer oder kleinerer Parenchymdefekt die Folge, der nach Monaten zu einer eingesunkenen Narbe umgewandelt wird.

Venen (Abb. 5.142, 5.145, 5.151, 5.152). Die **Venulae rectae** des Markes münden in die **Vv. arcuatae.** Die Venen aus der äußeren Rindenschicht (**Vv. corticales superficiales**) münden in die **Vv. stellatae,** die an der Nierenoberfläche liegen. Mehrere 1–2 cm lange **Vv. stellatae** laufen strahlig zusammen und bilden an der Oberfläche sichtbare Venensterne, die **Stellulae** Verheinyi (bis zu 50). Aus dem Zentrum eines Venensternes zieht nun eine größere V. interlobularis durch die Rinde, um in eine V. arcuata zu münden. Die Venen aus den tieferen Rindenschichten (**Vv. corticales profundae**) münden direkt in die Vv. arcuatae. Letztere gehen in den Parenchymkanälen der Mark-Rinden-Grenze zahlreiche Anastomosen ein und verlassen schließlich das Nierenparenchym über die Gefäßporen. Im Sinus münden sie in die Vv.

interlobares, die wiederum zu größeren Stämmen zusammenfließen („Vv. sinusales"), welche außerhalb des Sinus die **V. renalis** bilden. Die V. renalis liegt beidseits meist ventral von der Arterie und mündet in die V. cava inferior. Die rechte ist kurz, die linke länger, verläuft vor der Aorta und nimmt die V. testicularis bzw. ovarica sinistra und die V. suprarenalis sinistra auf (Abb. 5.158).

Lymphgefäße. Sie sammeln die Lymphe aus den **Lymphkapillarnetzen** der Nierenkapsel und den Interstitien der Rinde und des Markes. Die Lymphgefäße verlaufen mit den Arterien und bilden an der Nierenpforte wenige **Hilumlymphgefäße**.

Nerven. Die **sympathischen** Nerven entstammen als postganglionäre Fasern dem **Plexus coeliacus** und laufen als **Plexus renalis** mit der Arterie zur Niere. Sie versorgen die Gefäße, die schmerzempfindliche Kapsel und den juxtaglomerulären Apparat. Die **parasympathischen Nerven** sind die **Rami renales** aus dem N. vagus.

Juxtaglomerulärer Apparat

Der juxtaglomeruläre Apparat gehört zum **endokrinen Teil** der Niere, der am Gefäßpol der Glomeruli liegt und renalen und extrarenalen Regulationsvorgängen dient. Er besteht aus:

1. **Polkissen:** epitheloide Zellen im Vas afferens mit Sekretgranula, die das Hormon Renin enthalten. Bei Blutdruckabfall wird Renin in die Blutbahn abgegeben, bewirkt die Umwandlung des Plasmaproteins Angiotensinogen in Angiotensin I, das vor allem in der Lunge in Angiotensin II umgewandelt wird. Letzteres wirkt vasokonstriktorisch, wodurch der Blutdruck erhöht wird. Außerdem setzt es das Nebennierenhormon Aldosteron frei, das die Wasserrückresorption fördert. Dadurch wird das zirkulierende Blutvolumen vergrößert.
2. **Macula densa** (Abb. 5.148): Zwischen Vas afferens und efferens legt sich das Mittelstück an das Nierenkörperchen. An der Berührungsstelle ist das Epithel des Tubulus zur Macula densa erhöht. Sie ist ein Sensor für die Na⁺-Konzentration im Tubulus. Eine Erhöhung der Na⁺-Konzentration hemmt die Renin-Freisetzung und senkt damit die Glomerulusdurchblutung.
3. **Goormaghtigh-Zellen, extraglomeruläre Mesangiumzellen:** liegen als modifizierte Muskelzellen zwischen Macula densa und Nierenkörperchen. Sie sollen ebenfalls an der Regulation der Nierendurchblutung beteiligt sein.

Als **Umgehungsbahn** für die Glomerulusdurchblutung gibt es eine Reihe von Gefäßkurzschlüssen, die zeitweise eine größere Zahl von Glomeruli ausschalten können: in der Nierenrinde über Kapselgefäße und im Sinus renalis über Verbindungen zu den Nierenbeckengefäßen.

> **Klinik: 1. Renale Hypertonie (Goldblatt-Hochdruck):** Einengung der A. renalis führt zur Minderdurchblutung der Niere, wodurch wiederum der Renin-Angiotensin-Mechanismus aktiviert wird, der zum Blutdruckanstieg und damit zum Hochdruck führt. Bei völligem Verschluss der Nierenarterie bleibt der Hochdruck ebenso wie nach Entfernung einer Niere aus (fehlende Renin-Produktion). **2.** Ein weiteres Hormon der Niere ist das **Erythropoetin:** Es wird von den interstitiellen Zellen der Nierenrinde sezerniert und aktiviert die Erythrozytenbildung. Bei andauernden Nierenerkrankungen sinkt aufgrund des Erythropoetinmangels die Erythrozytenzahl (**renale Anämie**).

Hüllen der Nieren

> Zu den Hüllen gehören:
> 1. Capsula fibrosa, 2. Capsula adiposa und 3. Fascia renalis

1. **Capsula fibrosa.** Sie ist eine derbe, glatte, bindegewebige Haut, die sich bei der gesunden Niere leicht abziehen lässt. Sie enthält wenige elastische Fasern und ist nur wenig dehnungsfähig.

> **Klinik:** Ist bei gewissen Nierenerkrankungen die Niere geschwollen und die Zirkulation in ihr erschwert oder ganz aufgehoben, so kann man durch **Dekapsulation** (Entfernung dieser Kapsel) Erleichterung schaffen.

2. **Capsula adiposa.** Diese ist ein lockerer Baufettkörper, der vorwiegend an der Dorsal-, weniger an der Ventralfläche vorliegt und der in das Fett des Sinus renalis übergeht. Er umhüllt auch die Nebenniere. Der Fettkörper schwindet nur bei starker Abmagerung.
3. **Fascia renalis** (Horizontalschnitt s. Abb. 4.35). Sie bildet einen bindegewebigen Sack, in dem sich das Spatium perirenale befindet. In diesem Raum liegen die Nieren, Nebennieren und die Capsula adiposa. Die Nierenfaszie besteht aus

einem zarten vorderen Blatt, der **Fascia praerenalis** Toldt, und einem derben hinteren Blatt, der **Fascia retrorenalis** Gerota (sive Zuckerkandl, sive Waldeyer). Die Fascia praerenalis ist dort, wo es Peritoneum parietale gibt, mit diesem so innig verwachsen, dass sie sich von ihm nicht trennen lässt. Hingegen ist sie an den peritonealfreien Stellen als zartes Blatt darstellbar (im Anwachsungsbereich von Organen wie etwa beim auf- und absteigenden Kolon, Abb. 5.86). Die Fascia praerenalis verwächst kranial am Zwerchfell und geht medial in das perivasale Bindegewebe um Aorta und V. cava über. Die Fascia retrorenalis verankert sich in der Rinne zwischen M. psoas major und M. quadratus lumborum, nach kaudal verlässt die Anheftungslinie diese Rinne und überkreuzt den M. psoas major mit seiner Fascia psoica nach medial und kaudal. Nach lateral wird der Fasziensack durch die Verschmelzung beider Nierenfaszienblätter abgeschlossen, ebenso nach kranial durch deren Anheftung am Zwerchfell. Somit bleibt der Fasziensack nach medial und kaudal in Richtung kleines Becken offen.

Hinter dem Nierenfasziensack liegt das retrorenale Fett, die **Massa adiposa pararenalis** Gerota, und Nerven des Plexus lumbalis (Abb. 5.157) (s. Kap. 4.2.5.1).

> **Klinik: Paranephritische Abszesse** (Entzündungen in Umgebung der Niere). Entsprechend den Öffnungen des Nierenfasziensacks können sie sich nach medial zur anderen Niere oder nach kaudal in das kleine Becken ausbreiten.

Befestigung der Niere und normale Beweglichkeit. Die Nieren haben keine direkte Verwachsung mit der Bauchwand. Sie werden vor allem durch die Aufhängung an den Nierengefäßen, durch die Fascia renalis und die Capsula adiposa fixiert.

Verschiebungen der Nieren gibt es bei **Ein- und Ausatmung** und bei **Stellungsänderung** des Körpers, dabei treten Höhenänderungen von bis zu 3 cm auf. Die Niere senkt sich dabei nicht einfach, sondern beschreibt eine **Kreisbahn** um den Abgang der Nierenarterie aus der Aorta.

> **Klinik: Nierenptose**, Senkniere, Wanderniere. Schwindet das Kapselfett, so kann sich die Niere in dem weiten Sack der Fascia renalis absenken. Durch den lateralen Abschluss und

die mediokaudale Öffnung des Fasziensackes gelangt sie nie in die Fossa iliaca, sondern kann nur in das kleine Becken absteigen. Im Unterschied zur dystopen Niere ist bei der **Senkniere** der Ureter stark geschlängelt, weil er nun relativ zu lang geworden ist, und die Nierengefäße müssen aus ihrer normalen Ursprungshöhe stark absteigen. Durch Reizung der die Gefäße begleitenden vegetativen Fasern kommt es zum Zerrungsschmerz. Die Wandernieren kommen häufiger bei der Frau als beim Mann und häufiger rechts als links vor. Letzteres soll durch den größeren, rechten Leberlappen und die Befestigung der Flexura coli dextra auf der Vorderfläche der rechten Niere bedingt sein.

Funktion der Nieren für die Harnproduktion

Die Nieren scheiden für den Organismus schädliche stickstoffhaltige Schlackensubstanzen aus und regeln den Flüssigkeits- und Salzhaushalt. Diese Aufgaben erledigen sie in 2 Schritten:
- Ausscheiden einer enormen Flüssigkeitsmenge in den Nierenkörperchen (Primärharn)
- Rückresorption des größten Teils des Primärharns in den Harnkanälchen

Primärharn. Täglich werden von den Glomeruli 180 Liter Primärharn in die Bowman-Kapsel filtriert. Die Wand der Kapillarknäuel lässt Wasser, Glukose, Salze und andere niedermolekulare Stoffe durchtreten, während dies die Blutkörperchen und Eiweiße nicht können. Bis auf das Eiweiß ist der Primärharn wie das Blutplasma zusammengesetzt.

Sekundärharn. Der Primärharn gelangt nun in die je 3–4 cm langen Nierenkanälchen, die von einem dichten Kapillarnetz umsponnen sind. Dadurch ist der Stoffaustausch zwischen den Kanälchen und den Kapillaren möglich. Das Blut im Kapillarnetz um die Tubuli ist durch die Sekretion des Primärharns eingedickt und saugt daher durch den osmotischen Druck Flüssigkeit aus den Harnkanälchen zurück. So werden 99 % des Primärharns rückresorbiert und es entsteht der definitive Harn, Sekundärharn, in einer täglichen Menge von etwa 1,5 l. Neben dem Wasser werden Glukose, Aminosäuren, Salze und Harnsäure rückresorbiert. Neben anderen harnpflichtigen Substanzen wird der Harnstoff, wichtigstes Endprodukt des Eiweißstoffwechsels, über den Sekundärharn ausgeschieden.

Die **Farbe des Harnes** (hellgelb bis dunkelrot-braun) ist durch das Urochrom und Urobilinogen bedingt.

> **Klinik: 1.** Erkrankungen der Glomeruli führen durch Ausfall der Filterfunktion zur Ausscheidung von Eiweiß (Proteinurie) oder auch von Blutzellen (**Hämaturie**). **2.** Ist die Glukosekonzentration im Plasma (und damit auch im Primärharn) zu hoch, ist die Rückresorption nicht ausreichend und Glukose wird über den Harn ausgeschieden (**Glykosurie bei Diabetes mellitus**).

5.2.4.3 Nierenbeckenkelchsystem und Harnleiter

> Das **Nierenbeckenkelchsystem** und der **Harnleiter** gehören zu den **ableitenden Harnwegen**. Entwicklungsgeschichtlich gesehen gehören bereits die Verbindungsstücke und Sammelrohre zu den Harn ableitenden Wegen.

Entwicklung. Abkömmlinge der Ureterknospe aus dem Wolff-Gang (s. Kap. 5.3.6.1).

Nierenbecken, Pelvis renalis (Pyelon)

Es liegt im Sinus renalis, überragt üblicherweise das Hilum nach außen und ist ein ventrodorsal abgeplatteter Sack von sehr wechselndem Aussehen (Abb. 5.153).
Wir unterscheiden:

- **Ampullärer Typ:** großes einheitliches Becken, in das die Nierenkelche direkt einmünden
- **Dendritischer Typ:** Becken ohne ampullenförmige Erweiterung, lange schmale Zwischenstücke münden spitzwinkelig zusammen. Solche Formen leiten zu einem teilweise oder ganz gespaltenen, verdoppelten Harnleiter, Ureter fissus, über.

Die Nierenkelche, **Calices renales,** sind am sog. Papillenhals mit dem Nierenparenchym verwachsen (Abb. 5.146) und nehmen den aus der Area cribrosa der Papilla renalis träufelnden Harn auf, um ihn zum Nierenbecken weiterzuleiten. Ein **Calix minor** mündet direkt in das Nierenbecken, ein **Calix major** entsteht erst durch das Zusammenmünden mehrerer kleiner Kelche zu einem großen, der dann in das Nierenbecken mündet.

> **Klinik:** Die Verbindung der Nierenkelche mit dem Nierenparenchym ist ein Locus minoris resistentiae. Bei plötzlichen Druckerhöhungen im Nierenbecken (akuter Steinverschluss, Pyelografien, erhöhter Harnfluss) kann es dort zu Abrissen der Kelche kommen mit Übertritt des Nierenbeckeninhaltes in den Sinus renalis oder gar in die Nierenvenen (**pyelorenaler Reflux, pyelovenöser Reflux,** s. Abb. 5.153).

Harnleiter, Ureter

Er ist ein dorsoventral abgeplatteter, 30–35 cm langer, retroperitoneal gelegener Schlauch, der vom Nierenbecken zur Harnblase zieht.
Wir unterscheiden **2 Strecken:** Pars abdominalis, Pars pelvica

- **Pars abdominalis** (Abb. 5.158): Diese Strecke reicht vom Nierenbecken bis zur Linea terminalis des Beckens. Unter Vermittlung des Nierenfasziensackes liegt der Ureter auf dem M. psoas, überkreuzt den N. genitofemoralis und am Eingang ins Becken die Vasa iliaca externa. Er wird selbst ungefähr in der Mitte von den Vasa testicularia bzw. ovarica überkreuzt. Über den rechten Ureter zieht noch (Abb. 5.86) die Radix mesenterii, über den linken die Radix mesocoloi sigmoidei, wo er im Recessus intersigmoideus leicht auffindbar ist.
- **Pars pelvica** (Kap. 5.3.5.2): Sie beginnt an der Linea terminalis, folgt dann der seitlichen Be-

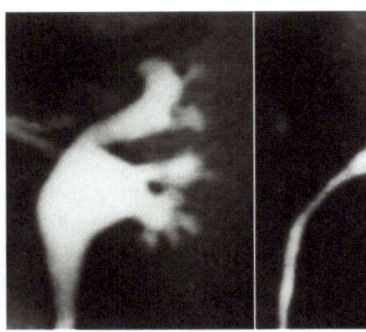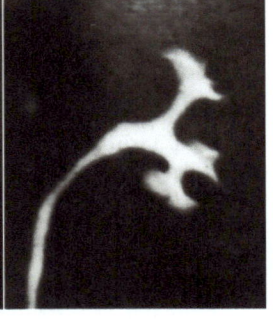

Abb. 5.153 Häufigste Nierenbeckentypen in retrograder Pyelographie: links ampullärer Typ, rechts dendritischer Typ. Beim ampullären Typ sieht man büschelartige Verschattungen von den Kelchen in das Parenchym reichend, die durch Füllung der Ductus papillares entstanden sind (pyelotubulöser Reflux). Außerdem sieht man an diesem Bild von einem Kelch nach medial wegziehende Verschattungen: pyelovenöser Reflux nach Kelchabriss und gleichzeitiger Venenruptur bei Druckanstieg im Nierenbecken.

ckenwand und durchbohrt schließlich schräg von dorsal die Blasenwand.

Engen und Weiten. Zumindest 3 Engen lassen sich unterscheiden, wo das Lumen nur 1,5–3 mm weit ist:
- am Austritt aus dem Nierenbecken
- an der Überkreuzung der Vasa iliaca
- an der Einmündung in die Harnblase

Zwischen den Engen sind die **weitlumigen Abschnitte** ("Ureterspindeln") mit doppeltem bis zu vierfachem Durchmesser der Engen.

> **Klinik: Harnsteine** können sowohl im Nierenbecken als auch in der Harnblase entstehen. An den Engstellen können Steine eingeklemmt werden. Dabei kommt es zu schmerzhaften Kontraktionen der Wandmuskulatur, Koliken. Die ableitenden Harnwege können durch Kontrastmittelgabe entweder intravenös (Ausscheidungsurogramm) oder über die Harnröhre (retrograde Pyelografie) dargestellt werden.

Feinbau (Abb. 5.154). Calices, Pelvis renalis und Ureter haben im Wesentlichen gleichen Bau mit folgenden Schichten:
1. **Tunica mucosa.** Sie trägt ein Übergangsepithel, **Urothel.** Im Ureter zeigt sie Längsfalten (sternförmiges Lumen).
2. **Tunica muscularis.** Sie hat zunächst 2, dann 3 Schichten: Stratum internum (längs), Stratum medium (zirkulär), und im distalen Drittel ein Stratum externum (längs) (Waldeyer-Scheide).
3. **Tunica adentitia.** bindegewebige Verschiebeschicht mit Gefäßen und Nerven.

Gefäße und Nerven:
- **Arterien.** Sie kommen aus der Nachbarschaft und sind Äste aus der **A. renalis, A. iliaca externa** oder **communis, A. vesicalis inferior,** beim Mann auch aus der **A. testicularis** und **A. ductus deferentis,** bei der Frau aus der **A. ovarica** und **A. uterina.** Sie bilden in der Adventitia des Ureters (Ureterscheide) ein anastomosierendes Geflecht. Das Ablösen der Adventita bei chirurgischen Eingriffen über längere Strecken ist wegen der Gefahr der Ureternekrose zu vermeiden.
- **Venen.** Sie folgen den Arterien.
- **Lymphgefäße.** Die Lymphe wird in die Nll. lumbales abgeführt.
- **Nerven. Vegetative Nerven** stammen aus dem Plexus renalis, testicularis, ovaricus und iliacus internus, **sensible Fasern** verlaufen über die Nn. splanchnici.

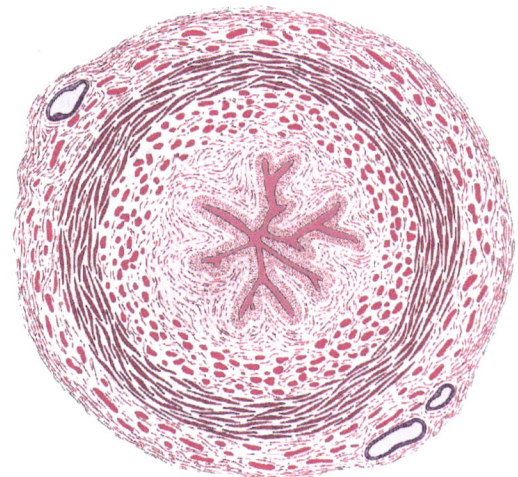

Abb. 5.154 Ureter im Querschnitt. Schleimhaut mit Übergangsepithel, Urothel, sternförmiges Lumen, Muskelschichten rot: mittlere Schicht zirkulär, äußere und innere längs. In der Adventitia liegen größere Gefäße.

Funktion. In den ableitenden Harnwegen findet **keine** weitere Veränderung des Harns mehr statt. Rhythmische **peristaltische Bewegungen** der Harnleitermuskulatur (3–6 in der Minute), die mit einer Geschwindigkeit von 2–3 cm pro Sekunde über den Harnleiter verlaufen, befördern den Harn schubweise aus dem Nierenbecken in die Harnblase. Auch bei leerem Nierenbecken erfolgen diese rhythmischen Bewegungen. Vermehrte Harnbildung erhöht die Zahl der Bewegungen.

5.2.4.4 Nebennieren, Glandulae suprarenales (Abb. 5.158, 5.159)

> Die Nebennieren sind lebenswichtige **Hormondrüsen,** die aus jeweils 2 Organen unterschiedlicher Funktion aufgebaut sind: Adrenalorgan (Mark) und Interrenalorgan (Rinde).

Entwicklung. Die Nebenniere entsteht aus 2 Anlagen:
- **Mesodermal** entsteht in der 5.–7. Entwicklungswoche aus dem Zölomepithel in der Lendengegend die Nebennierenrinde.
- **Ektodermal** entsteht in der 7.–8. Woche aus der Sympathicusanlage das Nebennierenmark.

Bei der **Geburt** ist die Nebenniere relativ groß (halb so groß wie beim Erwachsenen), verkleinert sich sehr rasch nach der Geburt auf die halbe Größe, hat mit 4 Jahren wieder die Geburtsgröße und verdoppelt sich bis zum Erwachsenenalter. Die Größenveränderungen werden durch Rindenveränderungen verursacht.

Die Nebennieren entstehen an Ort und Stelle und machen im Unterschied zur Niere **keinen Ascensus** durch. So bleiben sie auch bei Nierensenkungen an ihrem Platz liegen.

Akzessorische Nebennieren bestehen nur aus Rindensubstanz und können auch im Samenstrang, Nebenhoden und im Lig. latum uteri gefunden werden.

Form, Größe. Die rechte Nebenniere ist von dreieckiger, die linke von halbmondförmiger Gestalt. Jede Nebenniere ist etwa 5 cm hoch, 3 cm breit, 1 cm dick und wiegt 10 g. Sie besitzt eine Vorderfläche, **Facies anterior,** eine Hinterfläche, **Facies posterior,** und eine dem Nierenpol zugewandte **Facies renalis**. Die Facies anterior trägt das **Hilum,** an dem die V. suprarenalis austritt. Die Facies anterior und posterior werden kranial vom **Margo superior** und medial vom **Margo medialis** getrennt.

Lage, Beziehungen. Die Nebenniere liegt gemeinsam mit der Niere von der Nierenfettkapsel umgeben im Nierenfasziensack. Die Facies posterior beider Nebennieren liegt der Pars lumbalis des Zwerchfells auf. Die rechte Nebenniere liegt kappenförmig dem oberen Pol der rechten Niere auf. Ihr Margo medialis legt sich an die V. cava inferior an und schiebt sich sogar etwas hinter sie (Abb. 5.158). Ihre Vorderfläche steht größtenteils im Bereich der Pars affixa der Leber mit dieser in Kontakt und hat nur kaudal davon ein wenig peritoneale Bedeckung (Abb. 5.86). Die linke Nebenniere sitzt halbmondförmig auf dem oberen Pol und der Facies medialis der linken Niere und erreicht oft das Hilum renale. Ihre Vorderfläche ist von sekundärem Peritoneum parietale der Bursa omentalis bedeckt (Abb. 5.86) und bekommt unter Vermittlung dieses Spaltraumes Kontakt zur Magenhinterwand. Beim Fetus und Neugeborenen wird die Nebenniere aufgrund ihrer relativen Größe rechts noch von der Flexura duodeni superior und links vom Pankreas teilweise bedeckt.

Gefäße und Nerven:
- **Arterien** (Abb. 5.155). Drei arterielle Gefäßgruppen werden unterschieden:
  - **A. suprarenalis superior:** mehrere Stämme aus der **A. phrenica inferior**.

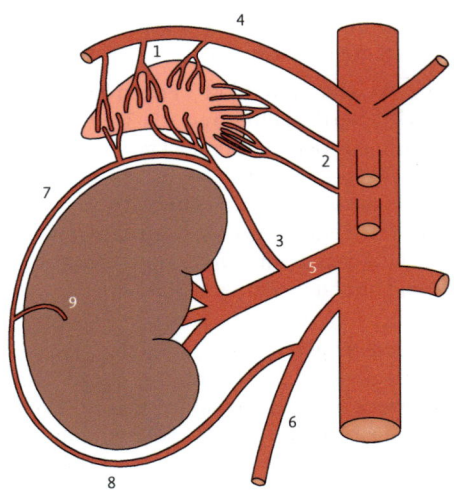

Abb. 5.155 Arterien der Nebenniere und der Capsula adiposa. 1 Aa. suprarenales superiores, 2 A. suprarenalis media, 3 A. suprarenalis inferior, 4 A. phrenica inferior, 5 A. renalis, 6 A. testicularis bzw. ovarica, 7 A. capsulae adiposae, 8 A. adiposa ima, 7+8 Arcade exorenale, 9 A. perforans, anastomosiert mit einer A. interlobularis.

- **A. suprarenalis media:** aus **Aorta** oder **Truncus coeliacus,** oft auch mehrere Stämme. Ein Ast tritt direkt in das Hilum ein.
- **A. suprarenalis inferior:** aus der **A. renalis,** läuft zwischen Niere und Nebenniere nach lateral und endet als A. capsulae adiposae, die mit einer Kapselarterie aus der **A. testicularis** bzw. **ovarica** die Fettkapsel versorgt („Arcade exorenale").

Die Arterien bilden unter der Organkapsel ein Gefäßgeflecht, von dem aus kleine Arteriolen und Kapillaren die Rinde durchsetzen und sich im Mark zu Sinusoiden erweitern.

- **Venen.** Die Sinusoide im Mark münden in die zentrale Markvene, **V. centralis,** die als **V. suprarenalis** die Nebenniere über das Hilum verlässt. Sie mündet links in die V. renalis, rechts direkt in die V. cava inferior.
- **Lymphgefäße.** Die Lymphe aus den Nebennieren wird über die **Trunci lumbales** abgeleitet.
- **Nerven.** Die Nebenniere wird von mehr **vegetativen Fasern** als jedes andere Organ innerviert. Die Nerven bilden den **Plexus suprarenalis:** Er entstammt dem Ganglion coeliacum und dem N. splanchnicus major und zieht mit zahlreichen feinen Ästen zur Drüse (Abb. 5.159).

Feinbau (Abb. 5.156):

Die Nebenniere besteht aus **Rinde, Cortex,** und **Mark, Medulla.**

- **Cortex.** Dicht unter der Kapsel können undifferenzierte Zellen vorkommen (subkapsuläres Blastem). Die Rinde gliedert sich in 3 Zonen:
  - **Zona glomerulosa:** unter der Kapsel gelegene Zone mit knäuelartig gewundenen Zellsträngen azidophiler Zellen.
  - **Zona fasciculata:** breite Mittelschicht mit parallelen Strängen lipoidhaltiger Zellen (Spongiozyten)
  - **Zona reticularis:** Innenschicht mit netzartigen Zellsträngen kleiner azidophiler Zellen. Die Zellen enthalten Pigment, das im Alter zunimmt (makroskopisch sichtbar schwarz gefärbt)

Altersabhängige Veränderungen. Bis zur Pubertät überwiegt die Zona fasciculata. Die Randzonen sind nur sehr schmal. Nach der Pubertät liegt die typische Dreigliederung vor. Jenseits des 50. Lebensjahres verschmälern sich die Zonae reticularis und glomerulosa wieder.

- **Medulla.** Das Nebennierenmark besteht aus polyedrischen basophilen Zellen, die sich mit Chromsalzen braun färben (chromaffine Zellen). Es lassen sich Adrenalin produzierende A-Zellen

und Noradrenalin produzierende N-Zellen unterscheiden. Das Mark löst sich nach dem Tod sehr rasch auf, ein Schnitt durch die Nebenniere vermittelt den Eindruck eines schwarz ausgekleideten (pigmentierte Zona reticularis) Säckchens.

Funktion

Die **Rinde** mit ihren 3 Schichten und das **Mark** produzieren verschiedene Hormone.

- **Rinde**
  - In der **Zona glomerulosa** werden Mineralokortikoide (z. B. Aldosteron) gebildet. Sie steuern den Salz- und Wasserhaushalt des Körpers.
  - In der **Zona fasciculata** werden die Glukokortikoide (z. B. Cortison, Hydrocortison) gebildet. Die Ausschüttung dieser Hormone wird durch das adrenokortikotrope Hormon (ACTH) der Hypophyse reguliert. Sie steuern vor allem den Kohlenhydratstoffwechsel. Sie erhöhen den Blutzuckerspiegel durch vermehrten Abbau von Glykogen und gesteigerte Glukoneogenese aus Aminosäuren. Durch Stress wird vermehrt ACTH ausgeschüttet, womit auch die Glukokortikoide vermehrt gebildet werden. Außerdem wirken sie stark entzündungshemmend und hemmend auf die Bindegewebszellen.
  - In der **Zona reticularis** werden bei beiden Geschlechtern Geschlechtshormone, vor allem das androgen wirkende Androsteron, gebildet, welche die Entwicklung zum männlichen Habitus fördern. Auch weibliche Geschlechtshormone (Östrogene) werden hier in geringen Mengen produziert.

Klinik: Ausfälle, Unter- und Überproduktion der Nebennierenrinde haben endokrine Störungen zur Folge. **1. Addison-Krankheit.** Nebennierenrindeninsuffizienz: Unterfunktion mit schwersten Stoffwechselstörungen, die mit körperlicher Schwäche, Hypotonie und bräunlicher Verfärbung der Haut einhergehen (Bronzehautkrankheit). **2. Conn-Syndrom.** Vermehrte Produktion von Mineralokortikoiden, die zu einer Störung im Salzhaushalt führt. Die Natriumrückresorption in der Niere ist erhöht und damit der Wassergehalt des Körpers gesteigert. Durch vermehrte Kaliumausscheidung kommt es zu

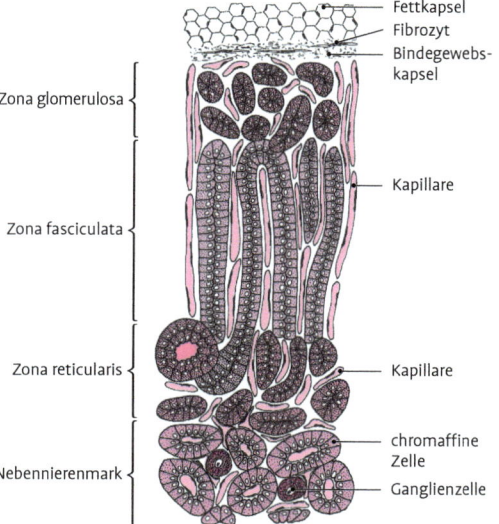

Zona glomerulosa
Zona fasciculata
Zona reticularis
Nebennierenmark

Fettkapsel
Fibrozyt
Bindegewebskapsel
Kapillare
Kapillare
chromaffine Zelle
Ganglienzelle

Abb. 5.156 Feinbau der Nebenniere. Außen Bindegewebskapsel, darunter die Rindenzonen, innen das Mark mit Ganglienzellen.

Muskelschwäche und arterieller Hypertonie. **3. Cushing-Syndrom.** Überproduktion von Glukokortikoiden, die mit Stammfettsucht, „Vollmondgesicht", Osteoporose, Zuckerkrankheit und Bluthochdruck einhergeht. **4. Adreno-genitales Syndrom.** Überproduktion von androgenen Hormonen, die beim Knaben zur vorzeitigen Geschlechtsreife (Pubertas praecox) und beim Mädchen zur Virilisierung (vermehrte Körperbehaarung = Hirsutismus, Hypertrophie der Clitoris, tiefe Stimme, Unterentwicklung der Mammae, Amenorrhoe) führen.

- **Mark.** Das **Nebennierenmark** bildet das Adrenalin und Noradrenalin. Beide Hormone erregen das sympathische Nervensystem, beschleunigen die Herztätigkeit, erhöhen den Blutdruck und auch den Blutzuckerspiegel durch Mobilisierung der Glykogenreserven in der Leber. Erhöhte Ausschüttung erfolgt auch durch psychische Erregung.

Klinik: Das **Phäochromozytom** ist ein Tumor des Nebennierenmarkes oder anderer chromaffiner Gewebe (mancher Paraganglien). Durch zeitweise Adrenalinausschüttung kommt es zu Anfällen von überhöhtem Blutdruck. Dieser gutartige Tumor kann operativ entfernt werden.

5.2.4.5 Lendengegend, Regio lumbalis (Abb. 5.157)

Begrenzung. Dieser Abschnitt der Rückenregionen wird medial durch die Dornfortsätze der Lendenwirbelsäule, lateral durch den dorsalen Rand des M. obliquus externus abdominis, kranial durch die 12. Rippe und kaudal durch die Crista iliaca begrenzt. Die Haut in der Region ist weniger gut verschieblich als am übrigen Rücken. Das subkutane Fettpolster ist im Bereich der Lendenwirbeldornfortsätze relativ dünn und straff. Die **Fascia thoracolumbalis** ist hier aponeurotisch, und von ihr entspringt der **M. latissimus dorsi.** Sie wird von den Hautästen der Rr. dorsales der 4 letzten Thorakalnerven und von den Dorsalästen der Aa. lumbales durchbohrt. Auch die **Nn. clunium superiores, Rr. cutanei dorsales** aus L1–L3, gelangen zum Teil dicht oberhalb der Crista iliaca in die oberflächliche Regio lumbalis und ziehen über den Darmbeinkamm hinweg zur Gesäßgegend. Diese Rückenregion weist zwei Schwachstellen auf: Trigonum lumbale

und Trigonum lumbale fibrosum. **Trigonum lumbale:** Seine laterale Grenze ist der M. obliquus externus abdominis, die mediale der Rand des M. latissimus dorsi und die kaudale die Crista iliaca. Der Boden wird vom M. obliquus internus abdominis gebildet. Hier fehlt also als Schicht der M. obliquus externus abdominis. **Trigonum lumbale fibrosum:** Es wird oben von der 12. Rippe, medial vom Wulst des M. erector spinae und lateral vom M. obliquus internus abdominis begrenzt. Die Wand besteht hier nur mehr aus der Aponeurosis lumbalis. Oberflächlich wird es vom M. latissimus dorsi bedeckt.

Dorsaler Weg zur Niere. Durch diese Region führt der dorsale Weg zur Niere, die hier **ohne Eröffnung der Peritonealhöhle** erreicht werden kann. Der in die Rinne zwischen Dornfortsätzen und Rippenfortsätzen der Lendenwirbelsäule eingelagerte kräftige kaudale Teil des M. erector spinae wird ventral vom tiefen Blatt (Aponeurosis lumbalis) und dorsal vom oberflächlichen Blatt (Pars aponeurotica) der Fascia thoracolumbalis überzogen. Von der Aponeurosis lumbalis entspringen der M. obliquus internus und der M. transversus abdominis. Nach Durchtrennung der Haut, der Subkutis, des M. latissimus dorsi lateral vom tastbaren Wulst des M. erector spinae erreicht man in der Tiefe die Aponeurosis lumbalis, welche auch die Dorsalfläche des M. quadratus lumborum überzieht (s. Abb. 4.36). Durchtrennt man auch diese Aponeurose und zieht den lateralen Rand des M. quadratus lumborum nach medial, so wird das retrorenale Fettgewebe sichtbar. Außerdem trifft man auf den N. iliohypogastricus, der nach lateral absteigt. Er wird oberhalb vom N. subcostalis und unterhalb vom N. ilioinguinalis begleitet. Nach Durchtrennung dieses Fettpolsters, der dorsalen Nierenfaszie und der Capsula adiposa erreicht man die Niere.

Zur Nierentopografie. Das kraniale Drittel der dorsalen Nierenfläche wird von der in ihrer Länge sehr variablen 12. Rippe verdeckt (Abb. 5.143). Ist Letztere relativ lang, so verläuft sie von medial und kranial schräg nach lateral und kaudal. Eine häufig vorkommende kurze **12. Rippe** hat, dem Processus costarius eines Lendenwirbels ähnlich, dagegen einen horizontalen Verlauf. Zwischen die Niere und die 12. Rippe sind die Pleura mit ihrem **Recessus costodiaphragmaticus** und das **Zwerchfell** eingelagert. Letzteres entspringt mit dem Crus laterale seiner Pars lumbalis vom Arcus lumbocostalis lateralis (Lig. arcuatum laterale). In der Abb. 5.157 zieht dieser Sehnenbogen nicht wie gewöhnlich

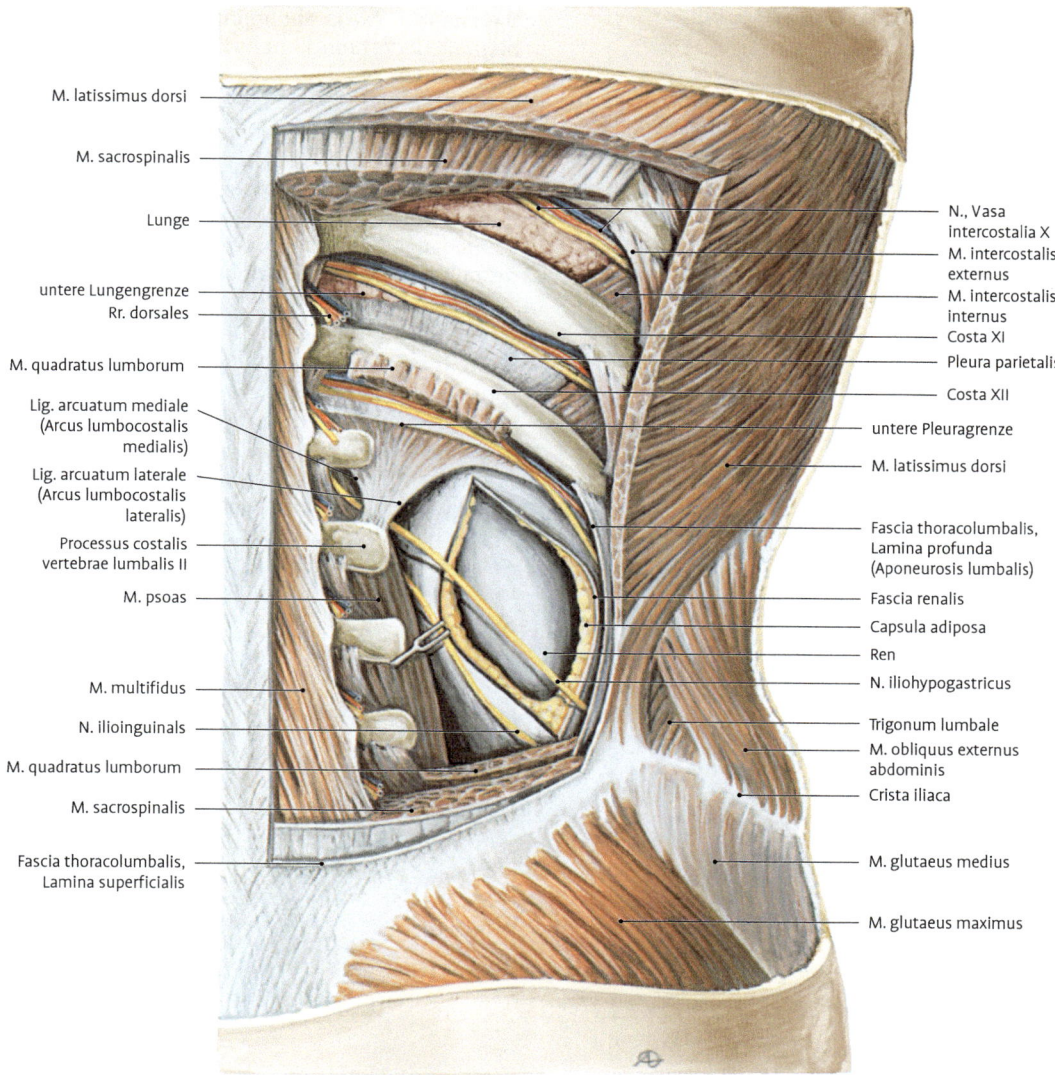

M. latissimus dorsi

M. sacrospinalis

Lunge

untere Lungengrenze
Rr. dorsales

M. quadratus lumborum

Lig. arcuatum mediale
(Arcus lumbocostalis
medialis)

Lig. arcuatum laterale
(Arcus lumbocostalis
lateralis)

Processus costalis
vertebrae lumbalis II

M. psoas

M. multifidus

N. ilioinguinals

M. quadratus lumborum

M. sacrospinalis

Fascia thoracolumbalis,
Lamina superficialis

N., Vasa
intercostalia X

M. intercostalis
externus

M. intercostalis
internus

Costa XI

Pleura parietalis

Costa XII

untere Pleuragrenze

M. latissimus dorsi

Fascia thoracolumbalis,
Lamina profunda
(Aponeurosis lumbalis)

Fascia renalis

Capsula adiposa

Ren

N. iliohypogastricus

Trigonum lumbale

M. obliquus externus
abdominis

Crista iliaca

M. glutaeus medius

M. glutaeus maximus

Abb. 5.157 Regio lumbalis. M. latissimus dorsi,
M. erector spinae, M. quadratus lumborum und Mm.
intercostales externi teilweise entfernt. Fascia renalis

und Capsula adiposa durchtrennt. Beide Arcus lumbo-
costales ziehen zum Processus costarius des 2. Lendenwirbels (Variation).

vom Processus costarius des 1. Lendenwirbels zur
12. Rippe, sondern vom Rippenfortsatz des 2. Lendenwirbels (häufige Variation). Die **untere Pleuragrenze** überschreitet bei einer langen 12. Rippe
nur deren mediales und mittleres Drittel nach kaudal. Das laterale Drittel einer langen 12. Rippe
kann deshalb bei Operationen ohne Gefährdung
der Pleura entfernt werden. Eine kurze 12. Rippe
wird in ihrer gesamten Länge von der Pleura nach

kaudal überschritten. Ihre Resektion ist deshalb
nicht zulässig. Die Länge der 12. Rippe schwankt
zwischen 2 und 15 cm.

Klinik: Stichverletzungen der Regio lumbalis
gefährden nicht nur die Niere, sondern am
Übergang zum Brustkorb die Pleurahöhle und
sogar Oberbauchorgane.

5.2.4.6 Leitungsbahnen im Retro- peritonealraum

Die beherrschenden Gefäße des Retroperitoneal- raumes sind die **Aorta** und die **V. cava inferior** mit 2 großen Gefäßkreuzungen jeweils an der Aufteilung in die Vasa iliaca communia und an den Abgängen der Vasa renalia. Beim kaudalen Gefäßkreuz (Abb. 5.158) liegen die Venen noch dorsal und etwas rechts, sodass die V. iliaca communis sinistra die A. iliaca communis dex- tra hinterkreuzt, um weiterhin auf der medialen Seite der A. iliaca communis sinistra zu bleiben. Die rechte V. iliaca communis liegt hingegen zunächst noch lateral der gleichnamigen Arterie und muss sie erst im weiteren Verlauf hinter- kreuzen, um an ihre mediale Seite zu gelangen. Im Verlauf nach oben schiebt sich die V. cava inferior immer mehr nach rechts und ventral und entfernt sich sogar um einige Zentimeter von der Aorta. Beim oberen Gefäßkreuz liegen daher die Nierenvenen vor den Nierenarterien.

Bauchaorta, Aorta abdominalis. Die Bauchaorta beginnt nach dem Durchtritt durch den **Hiatus aorticus** des Zwerchfells (s. Kap. 5.1.4.2) in Höhe von Th12 oder L1. Sie steigt vor den Lendenwirbel- körpern ein wenig links von der Medianebene ab- wärts und teilt sich vor dem 4. Lendenwirbel in die beiden Aa. iliacae communes (Bifurcatio aortae). Ihre eigentliche Fortsetzung ist die kleine A. sacra- lis mediana, die hinter der V. iliaca communis si- nistra ins kleine Becken zieht.

Beziehungen. Ventral wird sie von kranial nach kaudal von folgenden Gebilden überkreuzt (Abb. 5.86, 5.158) bzw. verdeckt: von der Milz- vene, dem Plexus coeliacus, dem Pankreas, der V. renalis sinistra, der Radix mesocolica, der Pars inferior duodeni, der Radix mesenterii und dem Bauchfell. Links grenzt sie an den Truncus sympa- thicus und den M. psoas major, rechts an die V. cava inferior. Dorsal liegt sie den Lendenwir- beln an und wird von den linken Vv. lumbales gekreuzt.

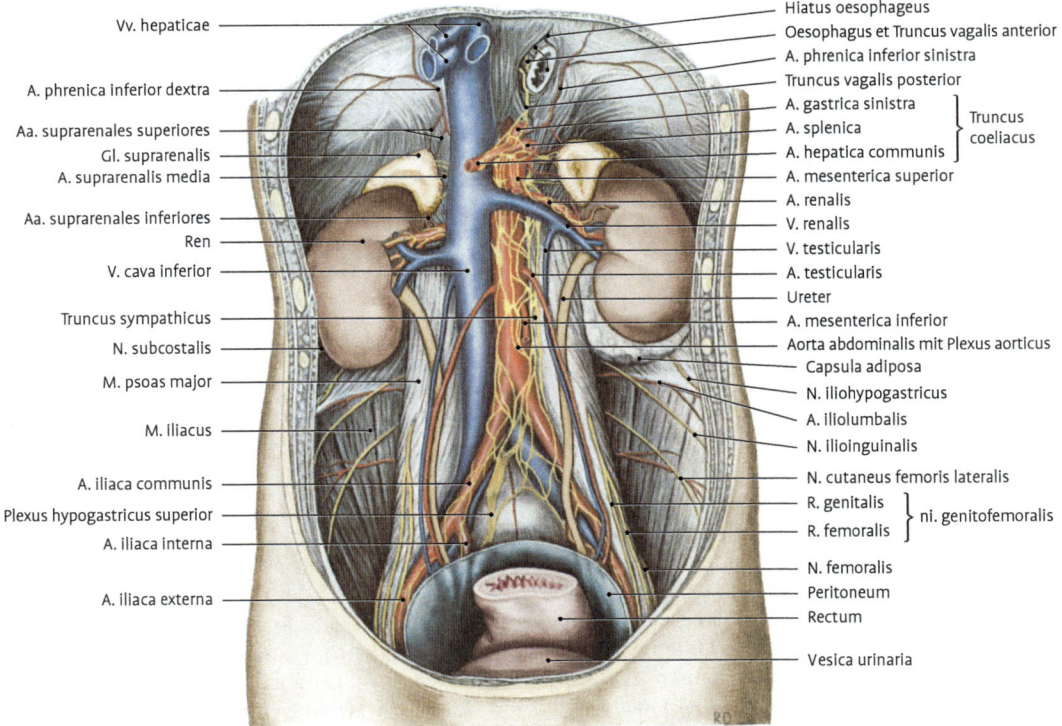

Abb. 5.158 Organe und Leitungsbahnen des Spatium retroperitoneale.

Die **Bauchaorta** gibt Äste an die paarigen und unpaaren Bauchorgane, Beckenorgane sowie zum Zwerchfell und an die Rumpfwand ab.

Die Aorta entlässt folgende Äste (Abb. 5.158):

- Unpaare, ventrale Eingeweidearterien, die in die Gekröse eintreten (**Truncus coeliacus, A. mesenterica superior** und **inferior**);
- **Aa. phrenicae inferiores.** Sie entspringen in der Höhe des Truncus coeliacus direkt aus der Aorta oder aus dem Truncus selbst. Sie versorgen das Zwerchfell und geben die A. suprarenalis superior zur Nebenniere ab.
- **Aa. suprarenales mediae.** Sie entspringen ein wenig tiefer und verlaufen nach lateral (rechts hinter der V. cava inferior) zur Nebenniere.
- **Aa. renales.** Diese entspringen in Höhe des 1. bis 2. Lendenwirbels seitlich aus der Aorta. Die rechte verläuft hinter der V. cava inferior und dem Pankreaskopf (Abb. 5.144), die linke hinter dem Pankreaskörper zur Niere. Sie geben Äste zur Nebenniere (A. suprarenalis inferior), zum Ureter und zur Nierenkapsel ab. Beide Arterien werden meistens von der gleichnamigen Vene ventral verdeckt. Die Nierenarterien sind in Lage und Zahl variabel, weil die definitive Arterie eine von den zahlreichen Nachnierenarterien ist, von denen auch mehrere erhalten bleiben können.
- **Aa. testiculares.** Sie entspringen unterhalb der Nierenarterien ziemlich ventral aus der Aorta. Die dünnen Gefäße verlaufen kaudal- und lateralwärts, überkreuzen den M. psoas, die Pars abdominalis des Ureters (geben an ihn Äste ab), schließlich die Vasa iliaca externa und ziehen mit dem Ductus deferens durch den Leistenkanal zum Hoden.
- Die kürzeren **Aa. ovaricae** haben den gleichen Ursprung und zunächst den gleichen Verlauf, ziehen dann aber über den Rand des kleinen Beckens hinweg im Lig. suspensorium ovarii 1. zur Extremitas tubaria ovarii, 2. zur Ampulle der Tube, 3. zur Anastomose mit einem Ast der A. uterina. Aus dieser Anastomose („Eierstockarkade") ziehen mehrere Äste in das Hilum des Eierstockes.
- Die **Aa. lumbales,** gewöhnlich 4 Lendenarterien, entspringen dorsal aus der Aorta, verlaufen über die vier kranialen Lendenwirbelkörper lateralwärts, verschwinden bald unter den Sehnenbögen des M. psoas, geben zwischen den Rippenfortsätzen der Wirbel einen dorsalen Ast

zur Rückenmuskulatur und einen R. spinalis zum Wirbelkanal ab und verlaufen mit dem ventralen Ast zwischen den Bauchmuskeln. Hier anastomosieren sie mit den anderen Bauchwandästen: der A. epigastrica superior und inferior, den Aa. intercostales, der A. iliolumbalis und A. circumflexa ilium profunda.

Untere Hohlvene, Vena cava inferior (Abb. 5.86, 5.158). Sie entsteht am Unterrand des 4. Lendenwirbels durch Vereinigung der **Vv. iliacae communes** beider Seiten. Die Vereinigung liegt etwas kaudal und hinter der Aortenbifurkation. Von hier steigt die Vene rechts von der Aorta vor der Wirbelsäule aufwärts, biegt in Höhe der Nieren nach rechts ab, um durch das Foramen v. cavae im Centrum tendineum des Zwerchfells zum rechten Vorhof zu gelangen (s. Kap. 5.1.1). Ihr Durchmesser beträgt bis zu 3 cm.

Beziehungen: Die Vorderfläche der V. cava inferior wird kaudal vom Bauchfell überzogen. Nach **kranial wird sie überlagert** von: Radix mesenterii, A. testicularis/ovarica dextra, Pars inferior duodeni, Caput pancreatis und Lig. hepatoduodenale (mit Ductus choledochus, V. portae hepatis, A. hepatica propria). Sie begrenzt mit ihrer **Vorderfläche** das Foramen epiploicum von dorsal her. Oberhalb davon verläuft sie im Sulcus v. cavae der Leber. **Dorsal** (Abb. 5.159) grenzt sie an den Truncus sympathicus dexter, den medialen Rand des rechten M. psoas major und den rechten Zwerchfellschenkel. Auch die rechten paarigen Aortenäste (Aa. lumbales, A. renalis, A. suprarenalis media, A. phrenica inferior) liegen hinter ihr (Ausnahme: die A. testicularis/ovarica dextra). Links liegt sie der Aorta, rechts der rechten Nebenniere an, die sich sogar etwas hinter sie schieben kann.

Die **V. cava inferior** nimmt das Blut von den Beinen, der Beckenwand, den Beckenorganen, der Bauchwand, den paarigen Organen der Bauchhöhle und der Leber auf.

Ihre Zuflüsse sind:

- **Vv. lumbales.** Sie verlaufen kranial von den Aa. lumbales, nehmen das Blut von der Haut und den Muskeln des Rückens, von den Bauchmuskeln und den Wirbelsäulenvenen auf. Vor den Rippenfortsätzen der Wirbel sind sie durch eine Längsanastomose verbunden (s. Kap. 2.3.3.1). Diese Anastomose, **V. lumbalis ascendens,** verbindet die V. iliaca communis mit den Vv. lum-

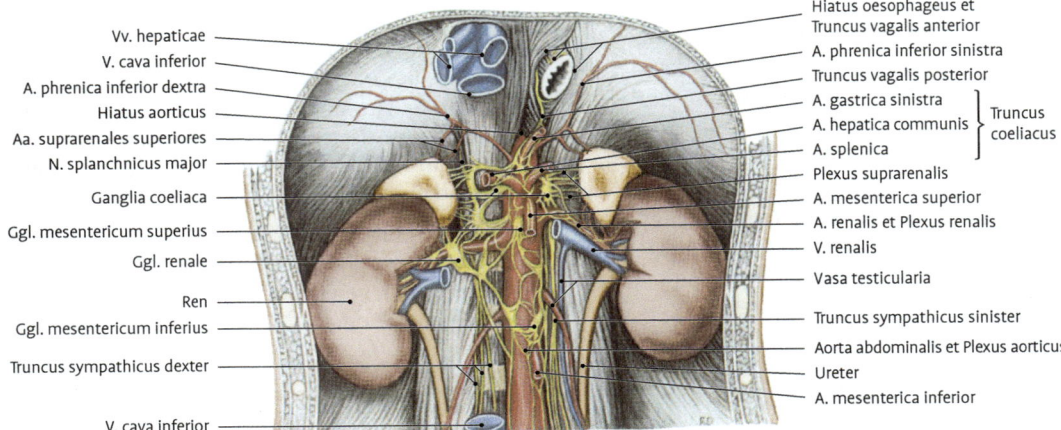

Vv. hepaticae
V. cava inferior
A. phrenica inferior dextra
Hiatus aorticus
Aa. suprarenales superiores
N. splanchnicus major
Ganglia coeliaca
Ggl. mesentericum superius
Ggl. renale
Ren
Ggl. mesentericum inferius
Truncus sympathicus dexter
V. cava inferior

Hiatus oesophageus et Truncus vagalis anterior
A. phrenica inferior sinistra
Truncus vagalis posterior
A. gastrica sinistra
A. hepatica communis   } Truncus coeliacus
A. splenica
Plexus suprarenalis
A. mesenterica superior
A. renalis et Plexus renalis
V. renalis
Vasa testicularia
Truncus sympathicus sinister
Aorta abdominalis et Plexus aorticus
Ureter
A. mesenterica inferior

Abb. 5.159 Spatium retroperitoneale: V. cava entfernt. Plexus coeliacus, Truncus sympathicus.

bales und mündet rechts in die V. azygos, links in die V. hemiazygos. Letztere fließt in die V. azygos, welche selbst in die V. cava superior mündet. Wir haben somit hier die wichtigste, seitlich der Wirbelsäule gelegene Verbindung zwischen V. cava inferior und superior (kavokavale Anastomose).

- **V. testicularis dextra.** Sie kommt aus dem Plexus pampiniformis, einem dichten Venengeflecht im Samenstrang, und verläuft häufig doppelt mit der A. testicularis zur unteren Hohlvene.
- **V. testicularis sinistra.** Sie verläuft hinter dem Colon sigmoideum zur V. renalis sinistra. Der Verlauf hinter dem Sigmoid, der längere Weg und die rechtwinklige Einmündung in die V. renalis werden als Ursache für die links häufigere krankhafte Erweiterung des Plexus pampiniformis **(Varikozele)** angesehen.
- **Vv. ovaricae.** Sie sammeln das Blut aus dem Ausbreitungsgebiet der gleichnamigen Arterien, verlaufen durch das Lig. suspensorium ovarii und sind im übrigen Verlauf gleich den Vv. testiculares.
- **Vv. renales.** Sie verlaufen ventral von den Arterien und münden direkt unterhalb des Ursprungs der A. mesenterica superior in die V. cava inferior. Die rechte ist kurz und von der Pars descendens duodeni bedeckt. Die linke ist lang und stärker, nimmt die linke V. testicularis/ovarica und V. suprarenalis auf, verläuft ventral von der Aorta und ist vom Pankreas bedeckt.
- **Vv. suprarenales.** Die rechte ist sehr kurz und mündet von lateral in die V. cava inferior. Die

V. suprarenalis sinistra mündet in die linke V. renalis.

- **Vv. hepaticae.** 2–3 große, kurze Stämme (Abb. 5.158, 5.159) führen das Blut aus dem Parenchym der Leber dicht unterhalb des Zwerchfells in die V. cava inferior.

Lymphknoten und Lymphgefäße. Rechts, links und vor der Aorta und V. cava inferior liegt eine Kette vom Lymphknoten, **Nll. lumbales.** Sie nehmen die Lymphe von den Keimdrüsen, Nieren, Nebennieren und tiefen Teilen der Bauchwand direkt auf. Von oberflächlichen Teilen der Bauchwand, den Beinen, dem Becken und den Beckenorganen nehmen sie die Lymphe mittels vorgeschalteter Lymphknoten indirekt auf. Aus den Nll. lumbales bilden sich neben der Wirbelsäule 2 Längsstämme, die **Trunci lumbales.** Die Trunci lumbales liegen vor dem lumbalen Grenzstrang und können mit ihm verwechselt werden. Die Lymphe des Darmes, der Milz, des Pankreas und z. T. der Leber fließt über die bei den entsprechenden Organen beschriebenen, vorgeschalteten Lymphknoten schließlich zu den in der Umgebung des Truncus coeliacus gelegenen **Nll. coeliaci** ab. Aus diesen bildet sich der **Truncus intestinalis.** Die Trunci lumbales und der Truncus intestinalis vereinigen sich in äußerst variabler Form und Lage (vor den Körpern der beiden obersten Lenden- und beiden untersten Brustwirbel) zur **Cisterna chyli.** Sie liegt dorsal der Aorta im Hiatus aorticus. Ihre Fortsetzung nach kranial ist der **Ductus thoracicus** (s. Kap. 2.3.6.2).

Nerven (Abb. 5.159)

Spinalnerven. Plexus lumbosacralis: Die Äste des Plexus laufen mit Ausnahme des N. obturatorius außerhalb der Fascia transversalis und gehören daher genau genommen nicht dem Retroperitonealraum an (s. Kap. 4.2.5.1).

Vegetative Nerven. Truncus sympathicus: Der Truncus sympathicus gelangt zwischen Crus mediale und laterale des Zwerchfells in den Retroperitonealraum. Sein Bauchteil besteht aus einer Kette von 4 **Ganglien,** die ventrolateral den Lendenwirbelkörpern anliegt. Vor dem linken und rechten Truncus sympathicus liegt jeweils der lymphatische Truncus lumbalis, rechts zusätzlich die V. cava, links die Aorta. Die Vasa lumbalia kreuzen hinter dem Grenzstrang. Seine Ganglien sind durch **Rami communicantes** mit den Lumbalnerven und durch Rami viscerales mit den sympathischen Geflechten der Aorta und ihrer Äste verbunden.

Prävertebrale Ganglien

Die Aorta ist mit einem mächtigen vegetativen Plexus versehen, der im oberen Abschnitt als **Plexus coeliacus** bezeichnet wird und sich nach unten in den **Plexus aorticus abdominalis** fortsetzt.

Plexus coeliacus. Er liegt zu beiden Seiten und am kaudalen Umfang des Truncus coeliacus sowie am Abgang der Aa. renales und A. mesenterica superior. In das ausgedehnte Nervengeflecht sind zahlreiche größere und kleinere Ganglien eingeschaltet, und er wurde wegen seiner strahligen Form als **Plexus solaris** (Sonnengeflecht) bezeichnet. Folgende zuführende Äste werden unterschieden:
- Fasern aus den oberen **lumbalen Sympathicusganglien**
- **N. splanchnicus major** (aus Th6–Th9) und **N. splanchnicus minor** (aus Th10–Th11), präganglionäre sympathische Nerven, treten beiderseits durch den medialen Zwerchfellschenkel an den Plexus heran.
- **Parasympathische Vagusäste:** Der aus dem Plexus oesophageus (s. Kap. 5.1.4.5) stammende Truncus vagalis anterior bleibt am Magen, während der Truncus vagalis posterior zum Plexus coeliacus gelangt, über den er mit parasympathischen Fasern den Magen-Darm-Kanal bis zur Flexura coli sinistra innerviert.

In den Plexus coeliacus sind mehrere große und kleine Ganglien eingestreut: Das **Ganglion coelia-**cum dextrum liegt hinter der V. cava inferior und reicht fast an die Nebenniere, das **Ganglion coeliacum sinistrum** liegt links an der Aorta. Beide Ganglien sind meist unterhalb des Truncus coeliacus miteinander verbunden. Das **Ganglion mesentericum superius** liegt am Abgang der A. mesenterica superior, das **Ganglion renale** und **Ganglion aorticorenale** finden sich am Abgang der Nierenarterien.

Postganglionäre Fasern aus dem Plexus coeliacus ziehen mit den Blutgefäßen zu den Bauchorganen: Besonders mächtig ist der **Plexus suprarenalis;** weiters gibt es einen **Plexus renalis, testicularis** bzw. **ovaricus.** Zu den unpaaren Bauchorganen ziehen der **Plexus hepaticus, gastricus, splenicus** und **mesentericus superior.**

Der **Plexus aorticus abdominalis** ist die kaudale Fortsetzung des Plexus coeliacus. Kranial vom Ursprung der A. mesenterica inferior finden wir in ihm häufig das **Ganglion mesentericum inferius,** von dem der **Plexus mesentericus inferior** entlang der gleichnamigen Arterie zum Colon descendens, sigmoideum und Rectum zieht. Seine parasympathischen Fasern entstammen dem sakralen Parasympathicus, die über die Nn. hypogastrici aus dem Becken aufsteigen.

Der Plexus aorticus abdominalis teilt sich am Ende der Aorta in 3 Geflechte auf: in 2 **Plexus iliaci,** die den Aa. iliacae communes folgen, und den unpaaren **Plexus hypogastricus superior.** Dieser zieht als breites Geflecht über das Promontorium, wo er sich in die beiden Nn. hypogastrici teilt, die jederseits in den **Plexus hypogastricus inferior (pelvicus)** einstrahlen.

5.3 Becken, Pelvis, Beckenhöhle, Cavitas pelvis

Das Becken ist eine **Ringkonstruktion,** die einerseits den unteren Abschluss des Rumpfes bildet und andererseits das Gewicht des Oberkörpers auf die freie untere Gliedmaße überträgt. Die knöcherne Grundlage bilden der aus den beiden Hüftbeinen bestehende Beckengürtel, **Cingulum membri inferioris (Cingulum pelvicum),** und das zwischen beide Hüftbeine eingekeilte **Os sacrum.**

Während der Schultergürtel gut beweglich mit dem Rumpf verbunden ist, ist der Beckengürtel fest mit dem Ende der Wirbelsäule verbunden und vermag dadurch die Last des Rumpfes und der oberen Gliedmaßen auf die Beine zu übertragen. Durch Ligamenta, die Symphysis pubica und die Art. sacroiliaca werden die 3 knöchernen Elemente zum Becken, **Pelvis,** verbunden. Vorne und seitlich wird die knöcherne Wand des Beckenraumes durch die Bauchmuskeln vervollständigt, nach unten verschließt der Beckenboden den Beckenausgang. Die Wände des Beckenraumes besitzen Öffnungen zum Durchtritt von Organen und Leitungsbahnen.

5.3.1 Knochen des Beckengürtels, Ossa cinguli membri inferioris, Knochenverbindungen, Juncturae cinguli pelvici

5.3.1.1 Hüftbein, Os coxae

> Das **Os coxae** besteht aus:
> 1. Darmbein, **Os ilium,**
> 2. Sitzbein, **Os ischii,**
> 3. Schambein, **Os pubis.**

Diese 3 Knochen bilden jeweils mit ihrem **Corpus** das **Acetabulum,** die Hüftgelenkpfanne, und sind beim Kind durch die Y-förmige knorpelige Wachstumsfuge getrennt (Abb. 5.160). Das **Acetabulum** wird durch einen hohen Rand, den **Limbus acetabuli (Margo acetabuli)**, begrenzt. Dieser besitzt einen Einschnitt, die **Incisura acetabuli,** welche im aufrechten Stand nach unten gerichtet ist. Die

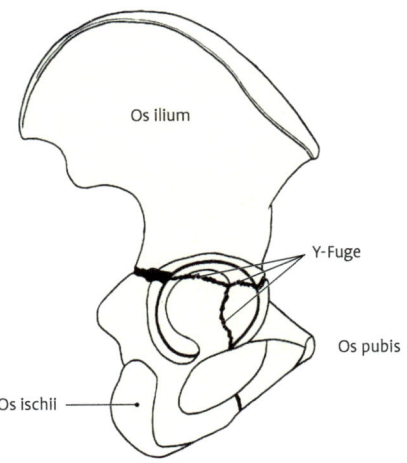

Abb. 5.160 Rechtes Hüftbein eines 14-jährigen Mädchens. Y-Fuge im Bereich der Hüftgelenkspfanne.

halbmondförmige überknorpelte Gelenkfläche, **Facies lunata,** ist am Pfannendach am breitesten. Über das Pfannendach wird in der aufrechten Haltung die Last des Oberkörpers auf den Oberschenkelknochen übertragen. Die **Fossa acetabuli** liegt knorpelfrei im Zentrum der Hüftgelenkpfanne.

Entwicklung. In den drei knorpeligen Anlagen des Hüftbeins treten hintereinander Knochenkerne auf. Der erste Knochenkern bildet sich in der 10. Woche im Körper des Os ilium, dann folgt in der 16. Woche der Kern des Os ischii und schließlich in der 20. Woche der Kern des Os pubis. Die Ossifikation bildet das „knöcherne" Acetabulum und schreitet gegen das Pfannenzentrum vor, sodass im Acetabulum die „Y"-Fuge entsteht. Diese Fuge setzt sich direkt in das „knorpelige" Acetabulum fort, das aus der Facies lunata und dem knorpeligen Pfannendach besteht. Erst nach der Geburt verknöchert auch das knorpelige Pfannendach, der Gelenkknorpel der Facies lunata bleibt bestehen. Im 6.–8. LJ synostosieren unterhalb des Foramen obturatum Schambein und Sitzbein zu einem einheitlichen Knochen („Puboischiadicum" oder „Leistenbein"). In der Y-Fuge treten treten im 9.–12. LJ mehrere Schaltknochen (Ossa acetabuli) auf, die erst miteinander und vom 14.–16. LJ mit den 3 Hauptverknöcherungen verschmelzen. Schließlich ist im 18.–20. Jahr die Einheit hergestellt. Weitere Anlagen sind im Tuber ischiadicum, der Crista iliaca (13.–15. LJ) und in den Spinae iliacae (16. LJ), welche im 15.–18. LJ synostosieren (Abb. 5.160).

Anteile des Os coxae (Abb. 5.161, 5.162)

Os ilium (Ilium). Das Darmbein besteht aus:
1. **Corpus ossis ilii,**
2. **Ala ossis ilii.**
Das **Corpus ossis ilii** bildet den größten Teil des Acetabulum und des Pfannendaches. Der **Sulcus supraacetabularis** verläuft oberhalb des **Limbus acetabuli** und darüber folgt die Ala ossis ilii (Darmbeinschaufel). Der kraniale Rand der Darmbeinschaufel wird durch die **Crista iliaca,** dem Darmbeinkamm, gebildet. Dieser beginnt an der **Spina iliaca anterior superior** und endet an der **Spina iliaca posterior superior.** Den Außenrand des Darmbeinkammes bildet das **Labium externum,** innen liegt das **Labium internum** und zwischen beiden Knochenlippen ist die **Linea intermedia.** Weiters findet man noch die **Spina iliaca**

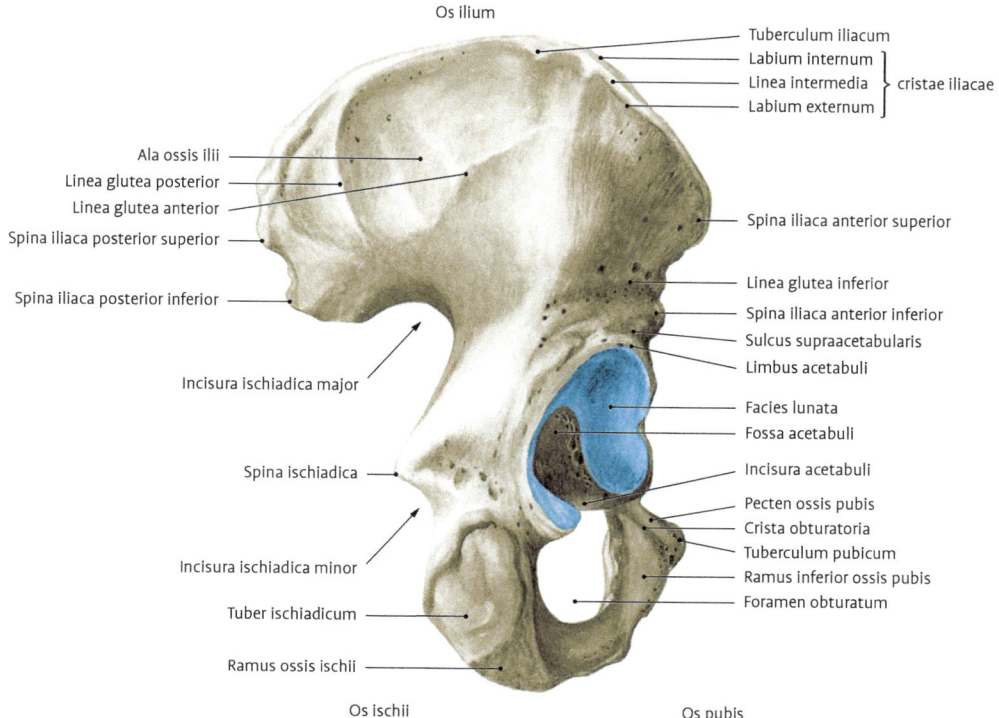

Os ilium

Tuberculum iliacum
Labium internum
Linea intermedia ⎫ cristae iliacae
Labium externum ⎭

Ala ossis ilii
Linea glutea posterior
Linea glutea anterior
Spina iliaca posterior superior

Spina iliaca anterior superior

Spina iliaca posterior inferior

Linea glutea inferior
Spina iliaca anterior inferior
Sulcus supraacetabularis
Limbus acetabuli

Incisura ischiadica major

Facies lunata
Fossa acetabuli

Spina ischiadica

Incisura acetabuli
Pecten ossis pubis
Crista obturatoria
Tuberculum pubicum
Ramus inferior ossis pubis
Foramen obturatum

Incisura ischiadica minor

Tuber ischiadicum

Ramus ossis ischii

Os ischii

Os pubis

Abb. 5.161 Hüftbein, Os coxae, Außenseite.

anterior inferior, die **Spina iliaca posterior inferior** und am Labium externum das **Tuberculum iliacum**. Die Außenfläche der **Ala ossis ilii** heißt **Facies glutea** mit den Ursprungsfeldern der **Mm. glutei,** welche durch die **Lineae gluteae anterior, posterior et inferior** abgegrenzt sind.

An der Innenseite liegt die **Fossa iliaca,** die kaudal bis zur **Linea arcuata** reicht. Diese bogenförmige Linie bildet einen Teil der Grenzlinie zwischen großem und kleinem Becken. Die **Facies sacropelvina** ist dem Kreuzbein zugewandt und besteht aus der **Tuberositas iliaca** und der **Facies auricularis**. Die Tuberositas iliaca dient dem Ansatz der **Ligg. sacroiliaca interossea** und die **Facies auricularis** ist die Gelenkfläche für die **Art. sacroilica.**

Os ischii (Ischium). Das Sitzbein besteht aus:
1. **Corpus ossis ischii,**
2. **Ramus ossis ischii.**
Das Os ischii bildet mit dem Corpus den hinteren Anteil des Acetabulum und mit dem Ramus begrenzt es die hintere Hälfte des Foramen obturatum. Dorsal trennt die **Spina ischiadica** die In-

cisura ischiadica major von der **Incisura ischiadica minor**. Das **Tuber ischiadicum,** der Sitzbeinhöcker, liegt am unteren Ende der **Incisura ischiadica minor**.

Os pubis (Pubis). Das Schambein besteht aus:
1. **Corpus ossis pubis,**
2. **Ramus superior,**
3. **Ramus inferior ossis pubis.**
Das Schambein bildet mit seinem Corpus den vorderen Anteil des Acetabulum und begrenzt mit seinen beiden Ästen das Foramen obturatum ventral. Der obere Schambeinast zieht vom Corpus ossis pubis symphysenwärts, wo er in den unteren Schambeinast übergeht. Die **Facies symphysialis** ist die medial gelegene und dem gegenseitigen Os pubis zugewandte Fläche. Am Oberrand des Os pubis liegt das **Tuberculum pubicum,** von ihm zieht die **Crista pubica** nach medial. Die **Crista obturatoria** verläuft vom Tuberculum pubicum zum Vorderrand der **Incisura acetabuli.** Am Ende der **Linea arcuata** liegt eine Erhebung, die **Eminentia iliopubica,** von welcher eine scharfe Kante, der **Pecten ossis pubis,** zum Tuberculum pubicum

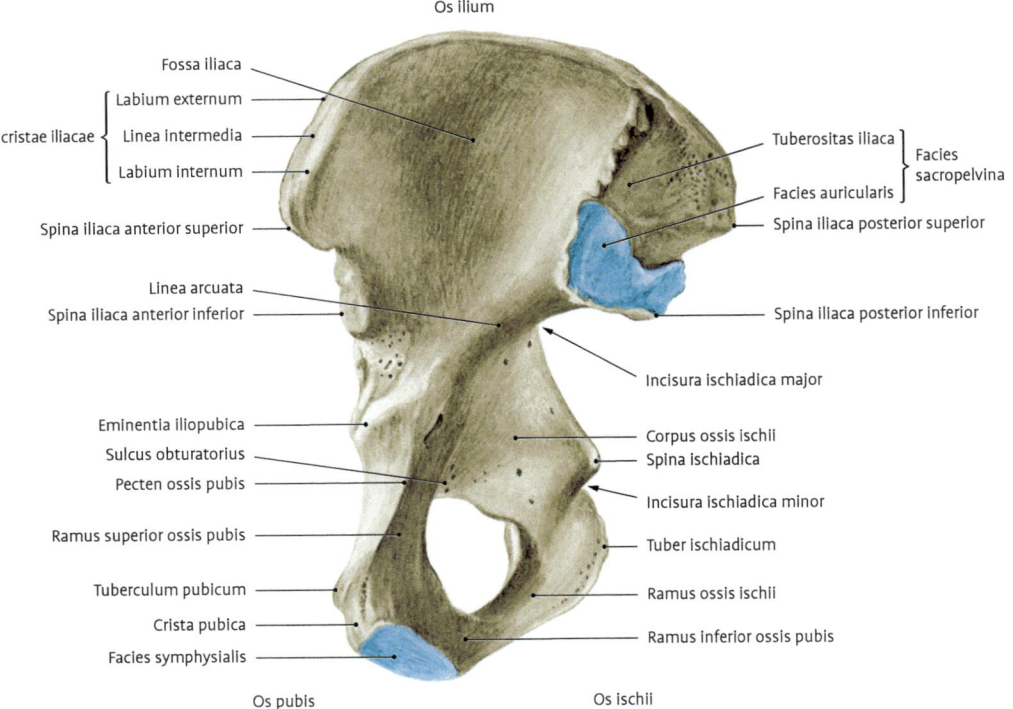

Abb. 5.162 Hüftbein, Os coxae, Innenseite.

zieht. Den **Sulcus obturatorius** findet man medial am Oberrand des **Foramen obturatum,** er wird vom **Tuberculum obturatorium anterius** und dem nicht immer deutlichen **Tuberculum obturatorium posterius** begrenzt.

Verbindungen der Knochen des Beckens, Juncturae cinguli pelvici (Abb. 5.163–5.166)

Die Anteile der beiden **Ossa coxae** und das **Os sacrum** sind durch Bandhaften, Knorpelhaften und Gelenke miteinander verbunden:

1. Bandhaften: **Membrana obturatoria, Ligg. sacroiliaca, sacrotuberale, sacrospinale** (Abb. 5.164)
2. Faserknorpelhaft: **Symphysis pubica** (Abb. 5.163)
3. Gelenke: **Articulation sacroiliaca, Articulatio sacrooccygea** (Abb. 5.164)

Membrana obturatoria (Abb. 5.165). Die Membrana obturatoria ist eine flächenhafte Syndesmose, die an den Rändern des **Foramen obturatum** befestigt ist und den **Mm. obturatorii** als zusätzliche Ursprungsfläche dient. Sie überspannt den **Sulcus obturatorius** und bildet so die bindegewebige Begrenzung des **Canalis obturatorius.**

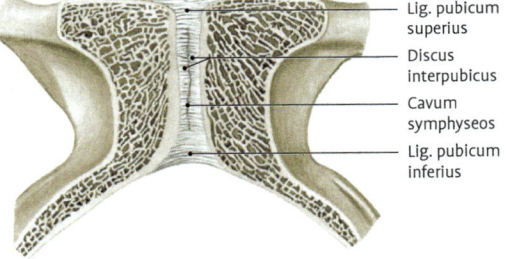

Abb. 5.163 Frontalschnitt durch die Schambeinfuge (Symphysis pubica).

Schambeinfuge, Symphysis pubica (Abb. 5.163). Die beiden einander zugewandten **Facies symphysiales** der Schambeine sind mit einer dünnen Schicht aus hyalinem Knorpel überzogen und werden durch eine faserknorpelige Scheibe **(Discus interpubicus, Fibrocartilago interpubica)** miteinander verbunden. Im Discus interpubicus findet sich ein mit Flüssigkeit gefüllter Spalt **(Cavum symphyseale).** Kranial wird diese Faserknorpelhaft durch das **Lig. pubicum superius** und kaudal durch

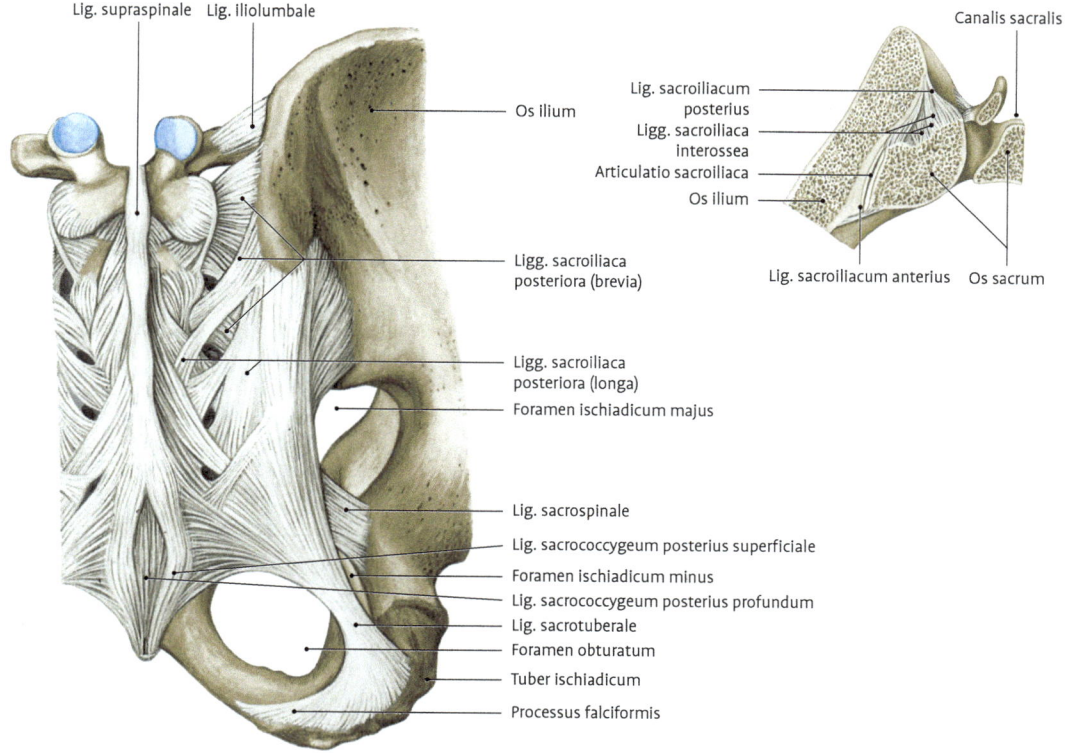

Lig. supraspinale Lig. iliolumbale

Canalis sacralis

Os ilium

Lig. sacroiliacum posterius
Ligg. sacroiliaca interossea
Articulatio sacroiliaca
Os ilium

Ligg. sacroiliaca posteriora (brevia)

Lig. sacroiliacum anterius Os sacrum

Ligg. sacroiliaca posteriora (longa)
Foramen ischiadicum majus

Lig. sacrospinale
Lig. sacrococcygeum posterius superficiale
Foramen ischiadicum minus
Lig. sacrococcygeum posterius profundum
Lig. sacrotuberale
Foramen obturatum
Tuber ischiadicum
Processus falciformis

Abb. 5.164 Bänder des Beckens von dorsal gesehen. Inset: Ligg. sacroiliaca.

das **Lig. pubicum inferius (Lig. arcuatum pubis)** verstärkt.

Mechanik (Abb. 5.167). Die Schambeinfuge wird beim Stehen auf beiden Beinen auf Zug beansprucht, beim Einbeinstand treten Schubkräfte auf und beim Gehen zusätzlich Druck- und Biegebelastungen. Beim Sitzen wird die **Symphysis pubica** auf Druck beansprucht.

> **Klinik:** Eine **Symphysenzerreißung** führt zu einem instabilen Beckenring. Da die Symphysis pubica sowohl auf Zug als auch auf Abscherung und Druck beansprucht wird, erfolgt die Versorgung einer Symphysenzerreißung durch eine Zuggurtung.

Kreuzbein-Darmbein-Gelenk, Articulatio sacroiliaca (Abb. 5.164–5.168):
- **Gelenkflächen.** Diese werden durch die **Facies auriculares** der Hüftbeine und des Kreuzbeines gebildet. Die Gelenkflächen dienen der Druck-

übertragung und sind von hyalinem Knorpel bedeckt. Die unebene Oberfläche besteht aus Faserknorpel.
- **Gelenkkapsel.** Die Gelenkkapsel ist straff und an den Rändern der überknorpelten Gelenkflächen befestigt. Sie wird durch die **Ligg. sacroiliaca** verstärkt.
- **Bänder** (Abb. 5.164, 5.165). Wir finden am Gelenk 5 Bänder:
  – **Ligg. sacroiliaca anteriora.** Die schwachen Ligg. sacroiliaca anteriora bilden einen oberen und unteren Faserzug an der Beckenseite der **Art. sacroiliaca.**
  – **Ligg. sacroiliaca posteriora.** Die kräftigen Ligg. sacroiliaca posteriora besitzen kurze und lange, schräg verlaufende Faserzüge, durch welche das **Os sacrum** am **Os ilium** aufgehängt und die Druckbelastung der überknorpelten Gelenkflächen abgeschwächt wird. Die langen Fasern (Lig. sacroiliacum posterius longum) ziehen auf Höhe des 3. und 4. Kreuzwirbels von der **Crista sacralis latera-**

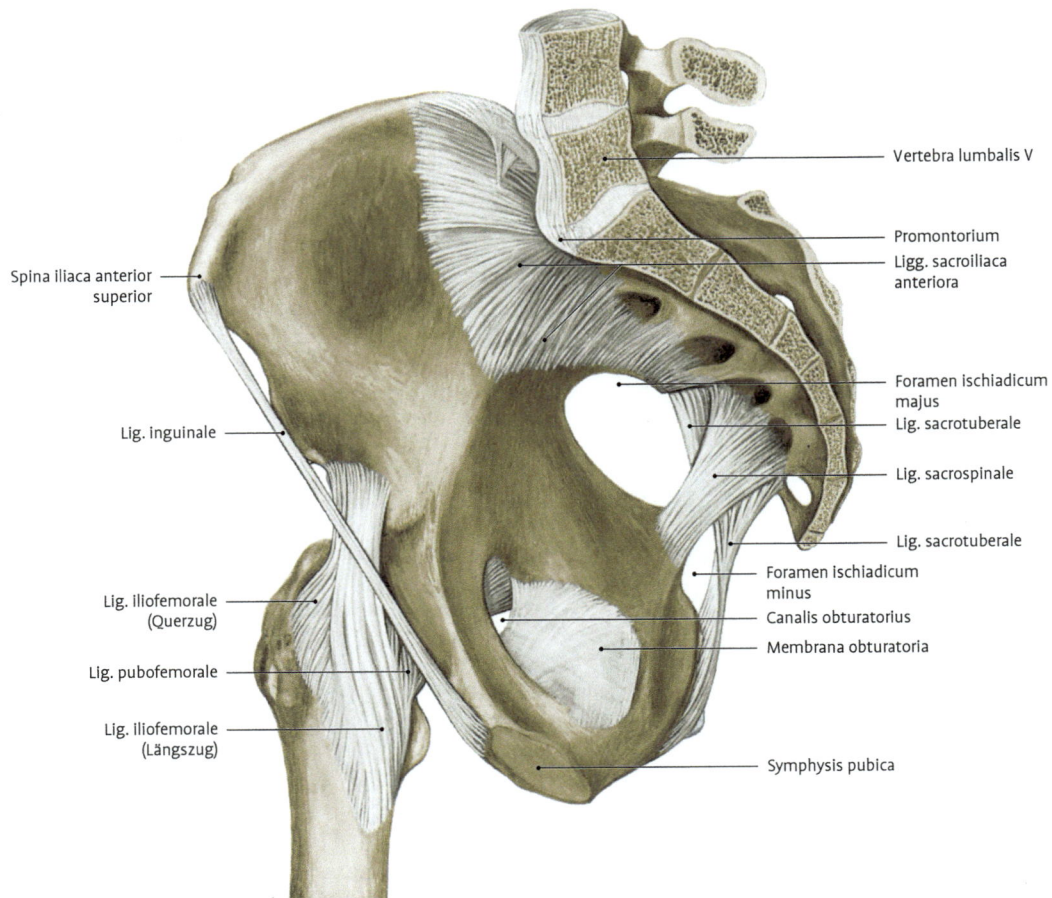

Spina iliaca anterior
superior

Lig. inguinale

Lig. iliofemorale
(Querzug)

Lig. pubofemorale

Lig. iliofemorale
(Längszug)

Vertebra lumbalis V

Promontorium
Ligg. sacroiliaca
anteriora

Foramen ischiadicum
majus
Lig. sacrotuberale

Lig. sacrospinale

Lig. sacrotuberale

Foramen ischiadicum
minus
Canalis obturatorius
Membrana obturatoria

Symphysis pubica

Abb. 5.165 Bänder des Beckens und des Hüftgelenks. Ansicht von ventral und medial.

lis nach kranial zur **Spina ilica posterior superior** und bedecken die kurzen Fasern (Ligg.
sacroiliaca posteriora brevia), die von den
Cristae sacrales lateralis et intermedia entspringen und im Bereich zwischen den **Spinae iliacae posteriores** am **Os ilium** ansetzen.
– **Ligg. sacroiliaca interossea.** Die ebenfalls
kräftigen Ligg. sacroiliaca interossea sind
zwischen der **Tuberositas ossis sacri** und **Tuberositas iliaca** ausgespannt.
– **Lig. iliolumbale.** Es verläuft vom **Processus
costalis** des 4. und 5. Lendenwirbels zur
Crista iliaca und zur **Tuberositas iliaca.**
– **Ligg. sacrotuberale et sacrospinale.** Die Ligg.
sacrotuberale et sacrospinale sind zusätzliche Syndesmosen mit Wirkung auf die **Art.**

sacroiliaca. Das Lig. sacrotuberale entspringt
fächerförmig von den Seitenrändern des
Steiß- und Kreuzbeines, die obersten Fasern
reichen zumeist bis zur **Spina iliaca posterior
superior** und bis zur **Crista iliaca.** Der Ansatz
dieses Bandes ist an der Innenseite des **Tuber
ischiadicum.** Ein kleiner, sichelförmiger Faserzug, **Processus falciformis,** zieht an die
Innenseite des **Ramus ossis ischii. Das Lig.
sacrospinale** wird außen vom **Lig. sacrotuberale** bedeckt, hat den Ursprung ebenfalls
vom Rande des Kreuz- und Steißbeins und
setzt an der **Spina ischiadica** an. Beide Bänder begrenzen mit den **Incisurae ischiadicae
major et minor** die **Foramina ischiadica majus und minus.**

- **Mechanik** (Abb. 5.167). Die Iliosakralgelenke sind aufgrund des starken Bandapparates straffe Gelenke **(Amphiarthrosen),** die vor allem das Gewicht des Körpers auf den Oberschenkel übertragen. Die Bewegungsmöglichkeiten sind gering und individuell unterschiedlich. Das Kreuzbein kann bei Belastung kleine Translations- und Rotationsbewegungen („Nickbewegung" = Nutation) ausführen. Wenn das **Os sacrum** nach vorne gedreht wird, kippt das Promontorium in den Beckeneingang, wodurch die **Conjugata vera** kürzer und der Beckeneingang kleiner wird. Diese Bewegung wird durch die **Ligg. sacrotuberalia et sacrospinalia** abgefangen. Sie üben dabei gleichzeitig einen Zug auf die **Spinae ischiadicae** und **Tubera ischiadica** aus. Wird das **Os sacrum** nach dorsal gedreht, kippt das Promontorium nach oben, die **Conjugata vera** wird länger und der Beckeneingang größer.

Kreuz-Steißbein-Gelenk, Articulatio sacrococcygea

(Abb. 5.164). Da die Kreuz-Steißbein-Verbindungen von praktischer Bedeutung für den Beckenausgang sind, sollen sie hier beim Becken besprochen werden. Der **Apex ossis sacri** und der erste Steißwirbel sind entweder durch ein echtes Gelenk, **Articulatio sacrococcygea,** oder durch eine Knorpelhaft, **Synchondrosis sacrococcygea,** miteinander verbunden.
- **Bänder:**
  - **Lig. sacrococcygeum anterius**
  - **Lig. sacrococcygeum posterius profundum**
  - **Lig. sacrococcygeum posterius superficiale**

Das **Lig. sacrococcygeum anterius** zieht von der Vorderfläche des letzten Kreuzwirbels zur Vorderfläche des Steißbeines. Die Hinterfläche des letzten Kreuzwirbelkörpers wird durch das **Lig. sacrococcygeum posterius profundum** mit der Steißbeinhinterfläche verbunden. Seitlich von Letzterem liegt das **Lig. sacrococcygeum posterius superficiale.** Beim älteren Menschen kommt es häufig zu einer Synostosierung der Verbindungen zwischen Kreuzbein und Steißbein.

Mechanik. Bewegungen zwischen **Os sacrum** und **Os coccygis** sind passiv möglich. Bei der Geburt weicht das Steißbein nach dorsal aus.

> **Klinik:** Durch hormonelle Einflüsse während der Schwangerschaft werden die Verbindungen im weiblichen Becken gelockert.

Hüftgelenk, Articulatio coxae (coxofemoralis).
Siehe Kapitel 4.4.2.1.

5.3.1.2 Das Becken als Ganzes

Mechanik (Abb. 5.166, 5.167)

> Das Becken ist eine Ringkonstruktion und überträgt die Last des Oberkörpers sowohl in Ruhe (Stehen, Sitzen) als auch bei Bewegung (Gehen, Laufen, Springen usw.) auf die freie untere Extremität.

Dabei wird der Beckenring abwechselnd Druck-, Biegungs-, Zug- und Abscherbelastungen ausgesetzt. Die Rahmenkonstruktion des Beckens wird durch die knöchernen Verdichtungszonen im Hüftbein deutlich. Im Mittelpunkt dieser „Achterschlinge" des Hüftbeinrahmens liegt das Acetabulum.

> **Klinik:** Unterbrechungen des Beckenringes (Symphysenzerreißung, Zerreißung der Sacroiliacalgelenke, Beckenringfrakturen) führen zu einem **instabilen Becken.**

Einstellung des Beckens (Abb. 5.173)

Im aufrechten Stand ist das Becken nach vorne und unten geneigt. Die Beckenneigung, **Inclinatio**

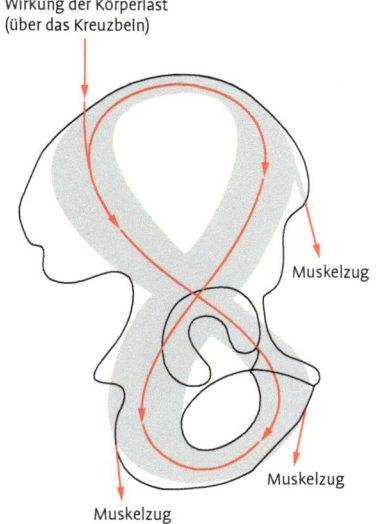

Wirkung der Körperlast (über das Kreuzbein)

Muskelzug

Muskelzug

Muskelzug

Abb. 5.166 Konstruktionsschema des Hüftbeins (Os coxae). Verdichtete (verstärkte) Knochenteile grau. Wirkung der Körperlast und der Muskeln durch Pfeile gekennzeichnet.

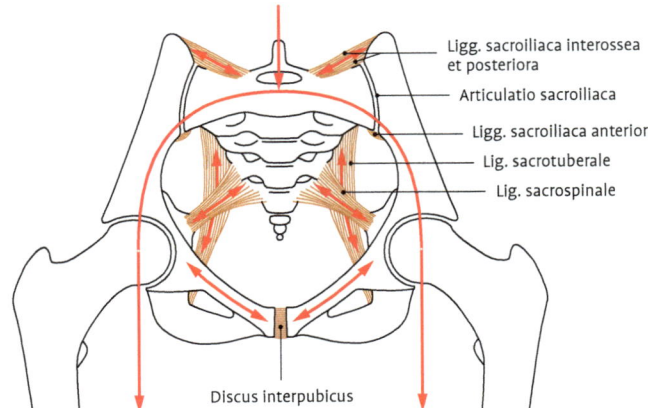

Ligg. sacroiliaca interossea et posteriora

Articulatio sacroiliaca

Ligg. sacroiliaca anteriora

Lig. sacrotuberale

Lig. sacrospinale

Discus interpubicus

Abb. 5.167 Halbschematische Darstellung der Bogenkonstruktion des Beckens. Der obere dicke Pfeil deutet die auf den Bogen wirkende Last des Rumpfes an. Der Bogen setzt sich nach unten in die Traglinie des Beines fort. Die dünneren Pfeile zeigen die Beanspruchung des Knochens und der Bänder bei verschiedenen Belastungen.

pelvis, ergibt sich aus dem Winkel zwischen der Beckeneingangsebene und der Horizontalebene und beträgt 60°. Durch die Beckenneigung liegen die **Spinae iliacae anteriores superiores** und die **Tubercula pubica** in der Frontalebene.

Geschlechtsunterschiede (Abb. 5.168, 5.169)

Das männliche Becken besitzt zwischen den unteren Schambeinästen einen **Angulus subpubicus,** hat steiler eingestellte Beckenschaufeln, die **Foramina obturatoria** sind längsgerichtet und das Promontorium springt weiter in den Beckeneingang vor („Kartenherzform"). Beim weiblichen Becken findet man zwischen den unteren Schambeinästen einen **Arcus pubicus,** weiter ausladende Beckenschaufeln, quer eingestellte **Foramina obturatoria** und das **Promontorium** springt weniger weit in den Beckeneingang vor. Dieser hat bei der Frau eine querovale Form.

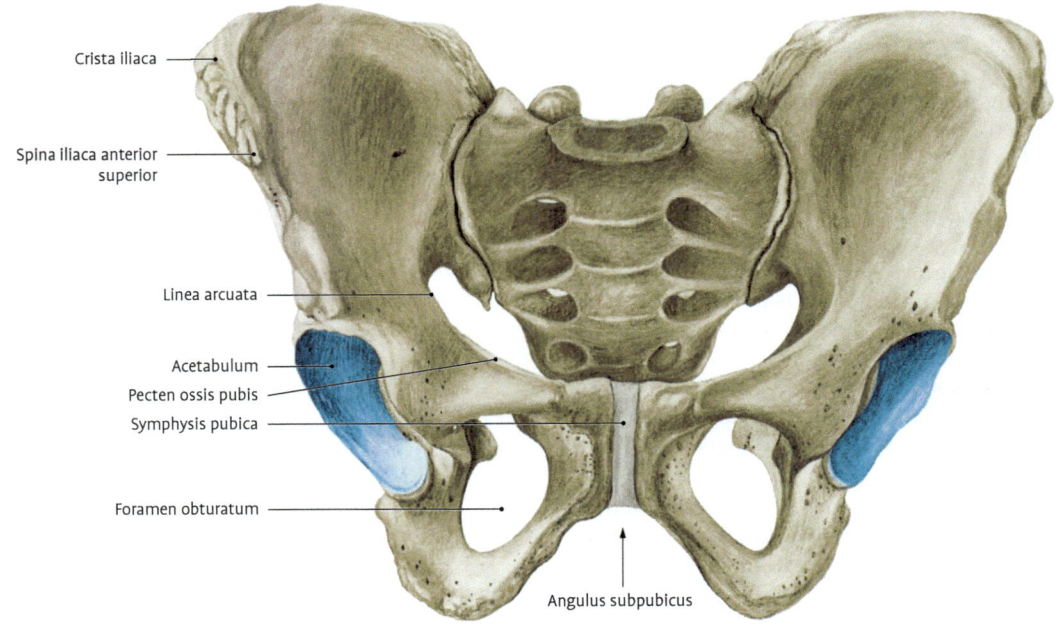

Crista iliaca

Spina iliaca anterior superior

Linea arcuata

Acetabulum

Pecten ossis pubis

Symphysis pubica

Foramen obturatum

Angulus subpubicus

Abb. 5.168 Männliches Becken von ventral (Erstellung im Sitzen).

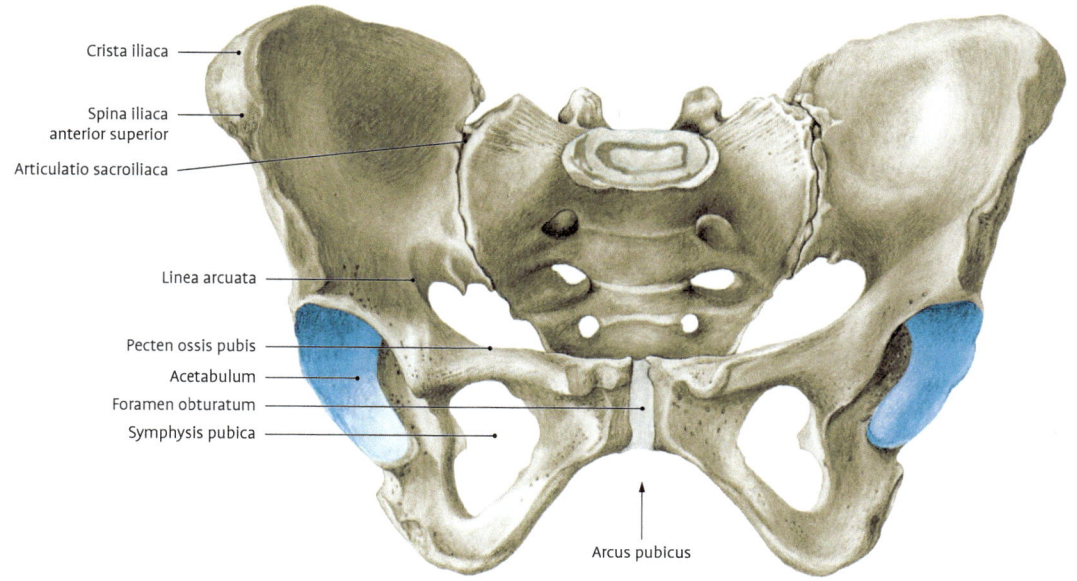

Crista iliaca

Spina iliaca
anterior superior

Articulatio sacroiliaca

Linea arcuata

Pecten ossis pubis

Acetabulum

Foramen obturatum

Symphysis pubica

Arcus pubicus

Abb. 5.169 Weibliches Becken von ventral (Erstellung im Sitzen).

Beckenhöhle, Cavitas pelvis (Abb. 5.168–5.170)

Der Beckenraum besteht aus dem großen Becken, **Pelvis major,** und dem kleinen Becken, **Pelvis minor.** Die **Linea terminalis** trennt großes und kleines Becken. Unter großem Becken verstehen wir den zwischen den beiden Darmbeinschaufeln oberhalb der Linea terminalis gelegenen Raum. Am kleinen Becken unterscheiden wir den Beckeneingang, **Apertura pelvis superior,** den Beckenausgang, **Apertura pelvis inferior,** und die Beckenwände.

- **Grenzlinie, Linea terminalis.** Sie verläuft vom **Promontorium ossis sacri** über die **Linea arcuata,** die **Eminentia iliopubica,** den **Pecten ossis pubis** zum Oberrand der Symphyse und auf der Gegenseite wieder zurück zum **Promontorium.**
- **Beckeneingang, Apertura pelvis superior.** Der Beckeneingang ist im aufrechten Stand nach vorne und oben gerichtet und wird von der **Linea terminalis** umrandet. Die Ebene durch den Beckeneingang wird Beckeneingangsebene oder obere Symphysenrandebene bezeichnet.
- **Beckenausgang, Apertura pelvis inferior.** Der Beckenausgang ist im aufrechten Stand nach unten und vorne gerichtet und wird durch den **Arcus pubicus** bzw. **Angulus subpubicus,** die **Tubera ischiadica** und die **Ligg. sacrotuberalia** begrenzt.

Wände des kleinen Beckens

Die konkave Hinterwand bilden **Os sacrum** und **Os coccygis** und die Vorderwand die konvexe Innenfläche der **Symphysis pubica.** Die knöcherne Seitenwand wird vom Boden der Hüftpfanne gebildet, dem **Os pubis** und dem **Os ischii.** Die **Ligg.**

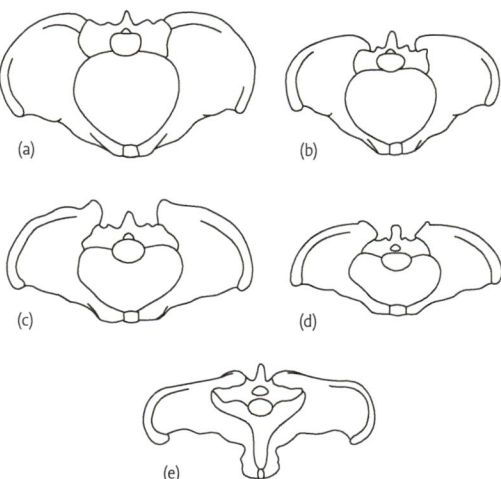

Abb. 5.170 Beckenformen: **a:** normales Becken, **b:** allgemein verengt, **c:** gerad verengt, **d:** allgemein verengt und plattrachitisch (Kombination von 2 und 3), **e:** unregelmäßig verengt.

sacrospinale et sacrotuberale ergänzen die knöcherne Wand. Durch das **Foramen obturatum** und die **Foramina ischiadica** ist die Seitenwand unvollständig. Sie wird im Bereich des Foramen obturatum durch die **Membrana obturatoria** und den **M. obturatorius internus** und im Bereich des **Foramen ischiadicum majus** durch den **M. piriformis** ergänzt. Das kleine Becken bildet bei der Frau den Geburtskanal.

Form des Beckenraumes (Abb. 5.174)

Die Hinterwand des kleinen Beckens ist länger als die Vorderwand und durch die kyphotische Krümmung des Kreuzbeines nach ventral konkav geformt. Die Vorderwand ist kürzer und durch die Form der Symphyse nach hinten gewölbt. Der Beckenkanal, bei der Frau der Geburtskanal, beginnt ventrokranial am Beckeneingang, läuft um die Hinterfläche der **Symphysis pubica** und endet ventrokaudal mit dem Beckenausgang. Verbindet man die Mittelpunkte der mediansagittalen Durchmesser, so erhält man die Beckenachse, **Axis pelvis.**

> **Klinik: 1. Abweichungen** von der normalen Form können unter anderem ein allgemein verengtes Becken (u. a. infantiles oder juveniles Becken, viriles oder androides Becken, Zwergbecken bei Kleinwuchs), ein gerade verengtes Becken als plattes Becken (Rachitis, Osteomalazie) oder ein unregelmäßig verengtes Becken sein. **2. Beckenbrüche** können ebenfalls Fehlformen verursachen. Einengungen und Fehlformen können Geburtshindernisse sein. Daher werden bei der Frau vor der ersten Geburt die Form des Beckens und die Weite des Beckenkanales untersucht.

Beckenmaße bei der Frau (Abb. 5.171–5.174)

Arcus pubicus. Die Weite des Arcus pubicus soll mehr als 90° betragen. Üblicherweise beträgt die Weite 110°–120°.

Äußere Beckenmaße (Abb. 5.171):
1. **Distantia interspinosa (spinarum):** Abstand zwischen den Spinae ilacae anteriores superiores, 25–26 cm
2. **Distantia intercristalis (cristarum):** weitester Abstand der Cristae iliacae, 28–29 cm
3. **Distantia intertrochanterica:** Abstand der beiden Trochanteres majores: 31 cm

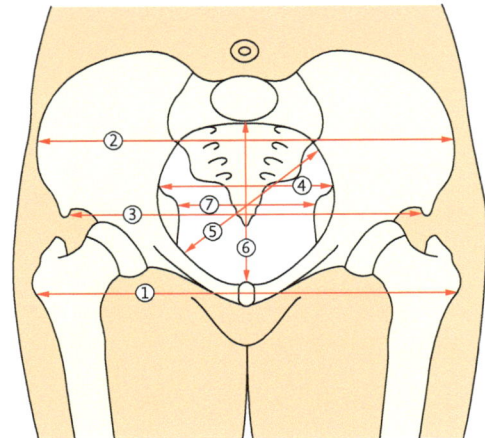

1 = Distantia trochanterica 31 cm
2 = Distantia cristarum 28 cm
3 = Distantia spinarum 25 cm
4 = querer Durchmesser 13,5 cm
5 = II. schräger Durchmesser 12,5 cm
6 = Conjugata vera 11 cm
7 = Interspinallinie 10,5 cm

Abb. 5.171 Beckenmaße.

4. **Conjugata externa:** Abstand vom Oberrand der Symphyse bis zum Processus spinosus L5, 18–21 cm

Innere Beckenmaße (Abb. 5.171–5.173):
Maße des Beckeneinganges
1. **Conjugata anatomica:** Abstand zwischen dem Oberrand der Symphyse und dem Promontorium: 12 cm
2. **Conjugata vera (obstetricia):** Abstand zwischen der dicksten Stelle der Symphyse **(Eminentia retropubica)** und dem Promontorium, gibt die engste Stelle des kleinen Beckens an und kann an der lebenden Frau nicht direkt gemessen werden: 11,0–11,5 cm. Mithilfe der **Conjugata diagonalis** kann auf die Conjugata vera rückgeschlossen werden, indem von der **Conjugata diagonalis** 1,5 cm abgezogen werden.
3. **Conjugata diagonalis:** Abstand zwischen dem Unterrand der Symphyse und dem **Promontorium,** kann per vaginam gemessen werden: 13 cm
4. **Diameter transversa:** größter querer Abstand des Beckeneinganges: 13,5 cm
5. **Diameter obliqua I:** Abstand zwischen Art. sacroilica dextra und Eminentia iliopubica sinistra: 12,0–12,5 cm
6. **Diameter obliqua II:** Abstand zwischen Art. sacroiliaca sinistra und Eminentia iliopubica dextra: 11,5–12 cm

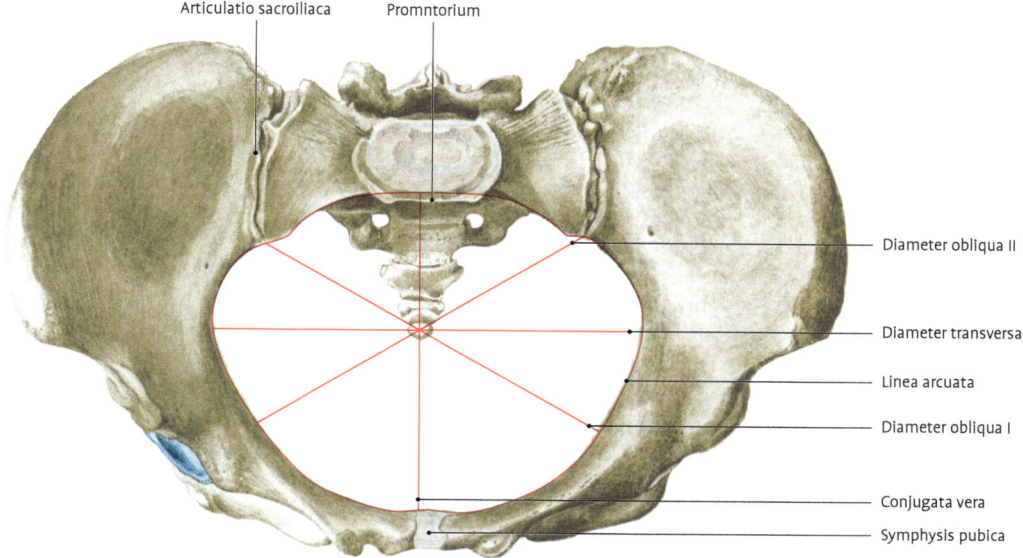

Abb. 5.172 Weibliches Becken von ventrokranial gesehen mit Maßen des Beckeneinganges. Rot: Linea terminalis.

Maße des Beckenausganges

1. **Conjugata recta:** Abstand zwischen dem Unterrand der Symphyse und der Steißbeinspitze: 9,5–10 cm
2. **Conjugata mediana:** Abstand zwischen dem Unterrand der Symphyse und dem **Apex ossis sacri:** 11,5 cm

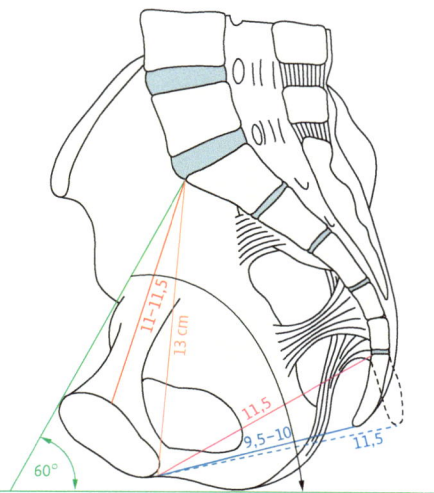

Abb. 5.173 Praktisch wichtige Bereiche des Beckens. Grün: Inclinatio pelvis, rot: Conjugata vera, orange: Conjugata diagonalis, violett: Conjugata mediana, blau: Conjugata recta, schwarz: Axis pelvis.

3. **Diameter ischiadica:** Abstand zwischen den beiden **Tubera ischiadica:** 10–11 cm

Beckenebenen (Abb. 5.174)

Für den Geburtshelfer sind auch die Beckenebenen wichtig und wir unterscheiden folgende Beckenebenen:

1. obere Symphysenrandebene (O-Ebene, Beckeneingangsebene)
2. untere Symphysenrandebene (U-Ebene, Beckenweite, Beckenmitte)
3. Interspinalebene (I-Ebene, Beckenenge) und die Beckenausgangsebene (BA).

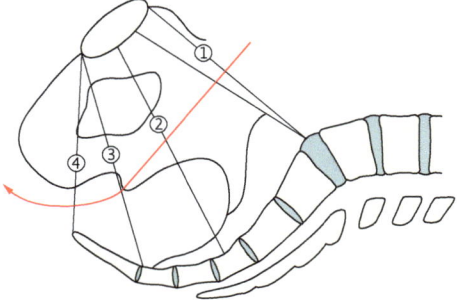

Abb. 5.174 Beckenebenen: medianer Sagittalschnitt durch das Becken mit dem klassischen Ebenensystem; die Führungslinie des Beckens ist durch einen Pfeil veranschaulicht; 1 Beckeneingang, 2 Beckenweite (Beckenmitte), 3 Beckenenge, 4 Beckenausgang.

5.3.2 Beckenboden, Diaphragma pelvis et Diaphragma urogenitale, und Damm, Perineum

Den Abschluss der Beckenhöhle bilden quer gestreifte, willkürlich innervierte Muskeln, die als Beckenbodenmuskulatur bezeichnet werden. Diese Muskeln sind um die durch den Beckenausgang ziehenden Eingeweide gruppiert und bestehen aus 2 platten, sich zum Teil überdeckenden Muskeln, dem **Diaphragma pelvis** und dem **Diaphragma urogenitale.**

Durch das **Diaphragma pelvis** zieht der Mastdarm, **Rectum,** und durch das **Diaphragma urogenitale** beim Mann die Harnröhre, **Urethra,** und bei der Frau Harnröhre und Scheide, **Vagina.** Die Funktion dieser Muskeln ist das Halten der Beckenorgane und der willkürliche Verschluss der **Urethra** und des **Rectum. Perineum** oder Damm nennt man die Weichteilbrücke zwischen dem **Anus** und den Genitalorganen. Bei der Frau ist der Damm verhältnismäßig kurz. Beim Mann ist der Damm durch die

Vereinigung der Geschlechtswülste bis zum Hodensack verlängert. Die **Raphe perinei** lässt die Entwicklung aus zwei Hälften noch erkennen.

5.3.2.1 Diaphragma pelvis

Das Diaphragma pelvis besteht aus dem
1. M. levator ani,
2. M. coccygeus,
3. M. sphincter ani externus.

M. levator ani (Abb. 5.175–5.179)

Dieser Muskel gleicht einem unvollständigen Trichter, dessen Spitze nach unten gerichtet ist. In der Vorderwand besitzt dieser Trichter eine Öffnung, den **Hiatus urogenitalis** (Levatortor), welche von der Hinterfläche der Symphyse bis zum **Centrum perinei** reicht. Diese Öffnung wird durch Fasern des **M. levator ani,** den sogenannten Levatorschenkeln, begrenzt. Die beiden Levatorschenkel vereinigen sich in der Mitte vor dem **Rectum** im **Centrum perinei.** Dieses ist die bindegewebigmuskulöse Grundlage des Dammes **(Perineum).**

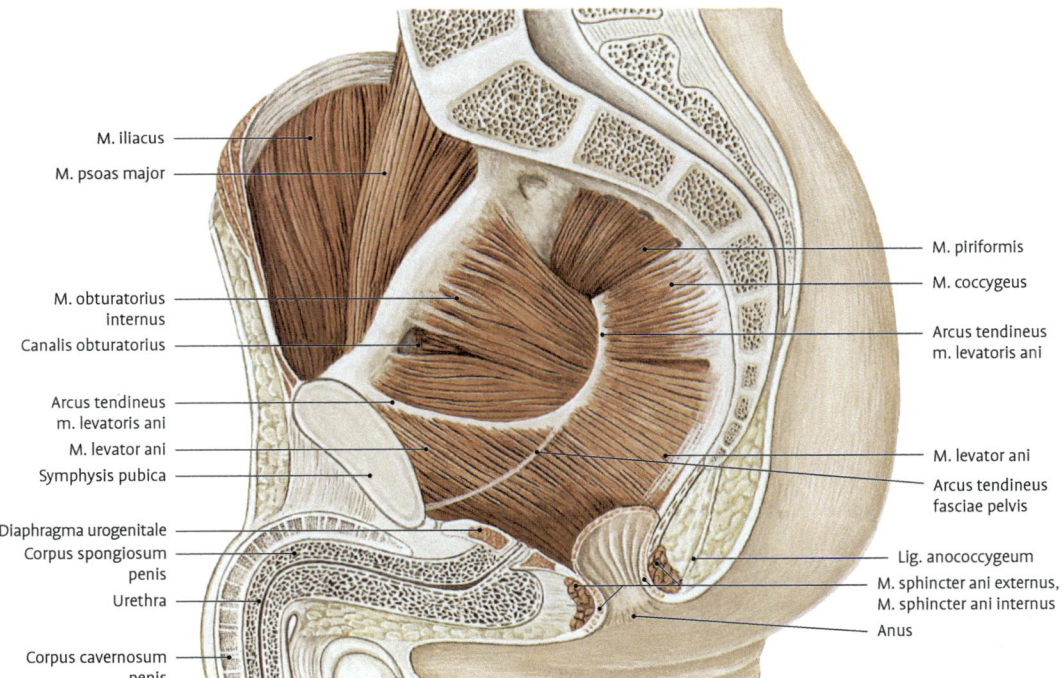

M. iliacus
M. psoas major
M. obturatorius internus
Canalis obturatorius
Arcus tendineus m. levatoris ani
M. levator ani
Symphysis pubica
Diaphragma urogenitale
Corpus spongiosum penis
Urethra
Corpus cavernosum penis

M. piriformis
M. coccygeus
Arcus tendineus m. levatoris ani
M. levator ani
Arcus tendineus fasciae pelvis
Lig. anococcygeum
M. sphincter ani externus, M. sphincter ani internus
Anus

Abb. 5.175 Beckenbodenmuskulatur, von medial gesehen (Mediansagittalschnitt).

Der **Hiatus urogenitalis** wird durch das **Diaphragma urogenitale** verschlossen.

O.: Arcus tendineus m. levatoris ani (s. u.)

I.: Centrum perinei (Corpus perineale, Centrum tendineum perinei), Rectum, Corpus anococcygeum (Lig. anococcygeum), Os coccygis

L.: Plexus sacralis, S III–IV, entweder über einen direkten Ast oder einen Ast aus dem N. pudendus (N. musculi levatoris ani), A. pudenda interna.

> **Klinik: 1.** Die **Levatorschenkel** können bei einer gynäkologischen Untersuchung seitlich der Vagina getastet werden. **2.** Durch den Geburtsvorgang ist der Beckenboden bei der Frau besonderen Belastungen ausgesetzt und kann dabei überdehnt werden, wodurch die Haltefunktion vermindert wird. Die Folge sind **Sen-** kung und **Prolaps** von Beckenorganen. **3.** Als Varietäten können Lücken im **M. levator ani** oder zwischen **M. levator ani** und **M. coccygeus** vorkommen. Sie geben Anlass zu den seltenen Dammhernien, **Herniae perineales (ischiorectales).**

Anteile des M. levator ani (Abb. 5.177) sind der **M. puborectalis, M. pubococcygeus** und der **M. iliococcygeus.**

- **M. puborectalis**

    O.: Os pubis, seitlich der Symphyse

    I.: Centrum perinei, Corpus anococcygeum (Lig. anococcygeum)

Seine medialen Fasern begrenzen als Levatorschenkel das Levatortor und strahlen vor dem **Rectum** sich überkreuzend (**M. puboperinealis** oder prärektale Fasern) in das **Centrum perinei** ein. Die

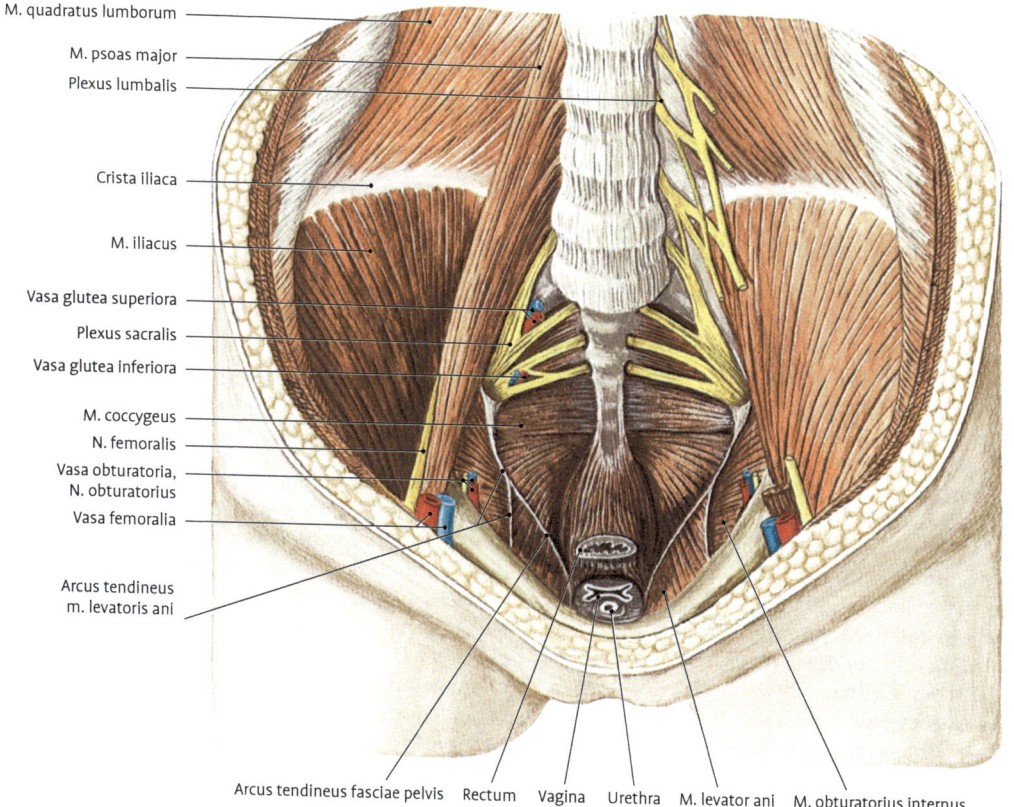

M. quadratus lumborum

M. psoas major

Plexus lumbalis

Crista iliaca

M. iliacus

Vasa glutea superiora

Plexus sacralis

Vasa glutea inferiora

M. coccygeus

N. femoralis

Vasa obturatoria, N. obturatorius

Vasa femoralia

Arcus tendineus m. levatoris ani

Arcus tendineus fasciae pelvis   Rectum   Vagina   Urethra   M. levator ani   M. obturatorius internus

Abb. 5.176 Beckenbodenmuskeln der Frau, von kranial gesehen. Faszien wurden größtenteils entfernt; Rectum, Vagina und Urethra wurden oberhalb des M. levator ani durchtrennt und entfernt. Um die Lage des Plexus sacralis, des N. femoralis und des N. obturatorius zu zeigen, ist der M. psoas major auf der linken Körperseite entfernt worden.

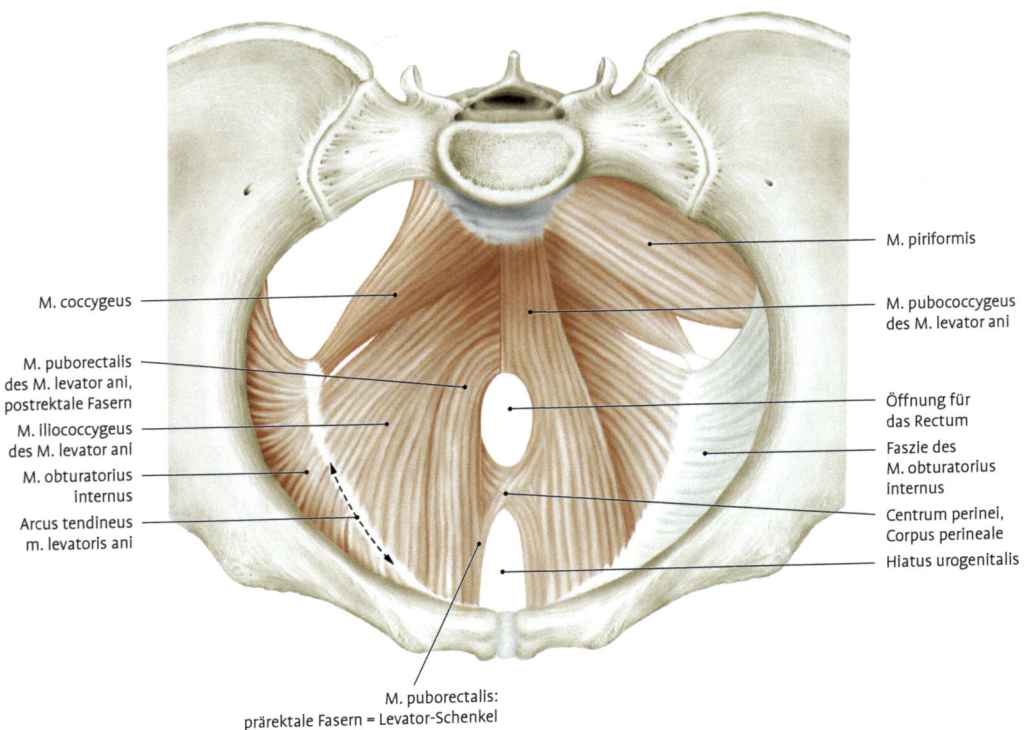

M. piriformis

M. coccygeus

M. pubococcygeus
des M. levator ani

M. puborectalis
des M. levator ani,
postrektale Fasern

M. iliococcygeus
des M. levator ani

M. obturatorius
internus

Arcus tendineus
m. levatoris ani

Öffnung für
das Rectum

Faszie des
M. obturatorius
internus

Centrum perinei,
Corpus perineale

Hiatus urogenitalis

M. puborectalis:
prärektale Fasern = Levator-Schenkel

Abb. 5.177 Muskeln des Beckenbodens von oben, nach Rauber/Kopsch.

an ihn anschließenden Anteile enden als pararektale Fasern **(M. puboanalis)** im **M. sphincter ani externus.** Die am weitesten lateral liegenden Fasern verlaufen hinter der **Flexura perinealis recti,** vereinigen sich im **Corpus anococcygeum (Lig. anococcygeum)** und bilden eine Schlinge um das **Rectum** (postrektale Fasern, Levatorschlinge).

- **M. pubococcygeus**
  - O.: Os pubis kranial vom vorher genannten Muskel
  - I.: Corpus anococcygeum (Lig. anococcygeum), Os coccygis

Einige seiner Fasern gelangen beim Mann als **M. levator prostatae (M. puboprostaticus)** zur Faszie der **Prostata** und bei der Frau als **M. pubovaginalis** zur Wand der **Vagina.**

- **M. iliococcygeus**
  - O.: Arcus tendineus m. levatoris ani
  - I.: Corpus anococcygeum (Lig. anococcygeum), Os coccygis

M. coccygeus

O.: Spina ischiadica, Lig. sacrospinale
I.: Os coccygis, Os sacrum

L.: wie M. levator ani
Rest des M. adductor caudae (Schwanzwedelmuskel) der Quadrupeden. Mitunter fehlt dieser Muskel.

M. sphincter ani externus (Abb. 5.178–5.180)

Der äußere, aus quer gestreiftem Muskelgewebe bestehender Schließmuskel des Afters wird in eine **Pars subcutanea, Pars superficialis** und **Pars profunda** gegliedert. Die **Pars subcutanea** besteht aus oberflächlich liegenden und in die Haut vor und hinter dem **Anus** einstrahlenden Fasern. Die Fasern der **Pars superficialis** bilden beidseits des **Rectum** zwischen dem **Centrum perinei** und dem **Lig. anococcygeum** verlaufend zwei annähernd sagittal verlaufende Muskelplatten und wirken auf das **Rectum** wie eine Klemme. Die anschließenden Fasern der **Pars profunda** reichen 3–4 cm nach kranial und sind ringförmig angeordnet. Der **M. sphincter ani externus** verschließt willkürlich das **Rectum** und wirkt dem durch die Peristaltik der Dickdarmwand einsetzenden Stuhldrang entgegen.
L.: N. pudendus, A. pudenda interna

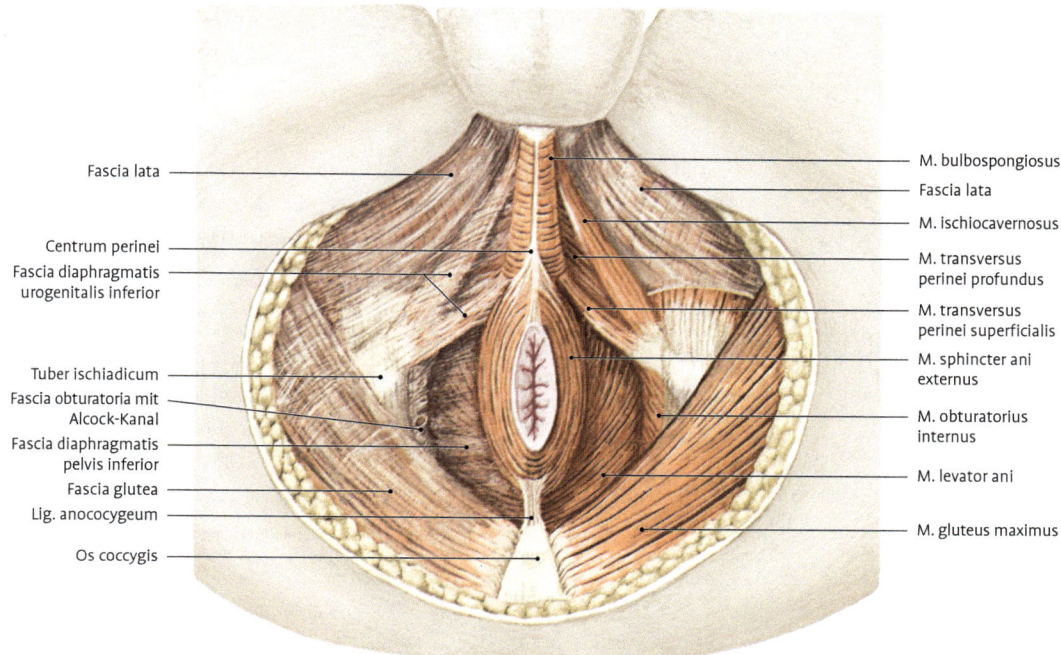

Fascia lata

Centrum perinei
Fascia diaphragmatis
urogenitalis inferior

Tuber ischiadicum
Fascia obturatoria mit
Alcock-Kanal
Fascia diaphragmatis
pelvis inferior
Fascia glutea
Lig. anococcygeum
Os coccygis

M. bulbospongiosus
Fascia lata
M. ischiocavernosus
M. transversus
perinei profundus
M. transversus
perinei superficialis
M. sphincter ani
externus
M. obturatorius
internus
M. levator ani
M. gluteus maximus

Abb. 5.178 Beckenbodenmuskulatur des Mannes, vom Damm aus gesehen. An der rechten Körperhälfte sind die Faszien dargestellt.

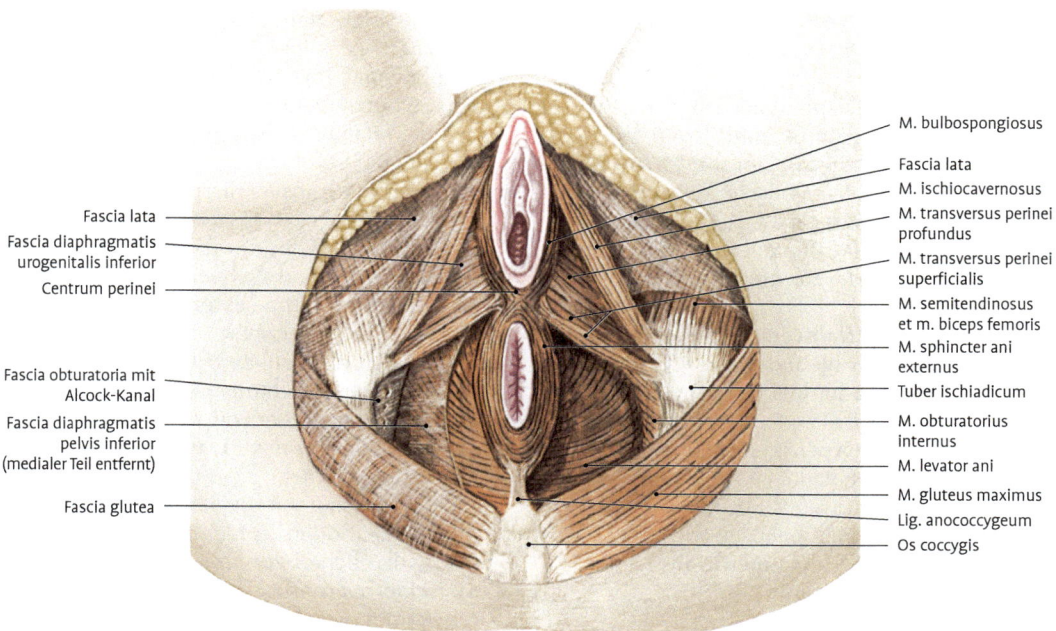

Fascia lata
Fascia diaphragmatis
urogenitalis inferior
Centrum perinei

Fascia obturatoria mit
Alcock-Kanal
Fascia diaphragmatis
pelvis inferior
(medialer Teil entfernt)
Fascia glutea

M. bulbospongiosus
Fascia lata
M. ischiocavernosus
M. transversus perinei
profundus
M. transversus perinei
superficialis
M. semitendinosus
et m. biceps femoris
M. sphincter ani
externus
Tuber ischiadicum
M. obturatorius
internus
M. levator ani
M. gluteus maximus
Lig. anococcygeum
Os coccygis

Abb. 5.179 Beckenbodenmuskulatur der Frau, vom Damm aus gesehen. Auf der linken Bildhälfte sind die Faszien dargestellt.

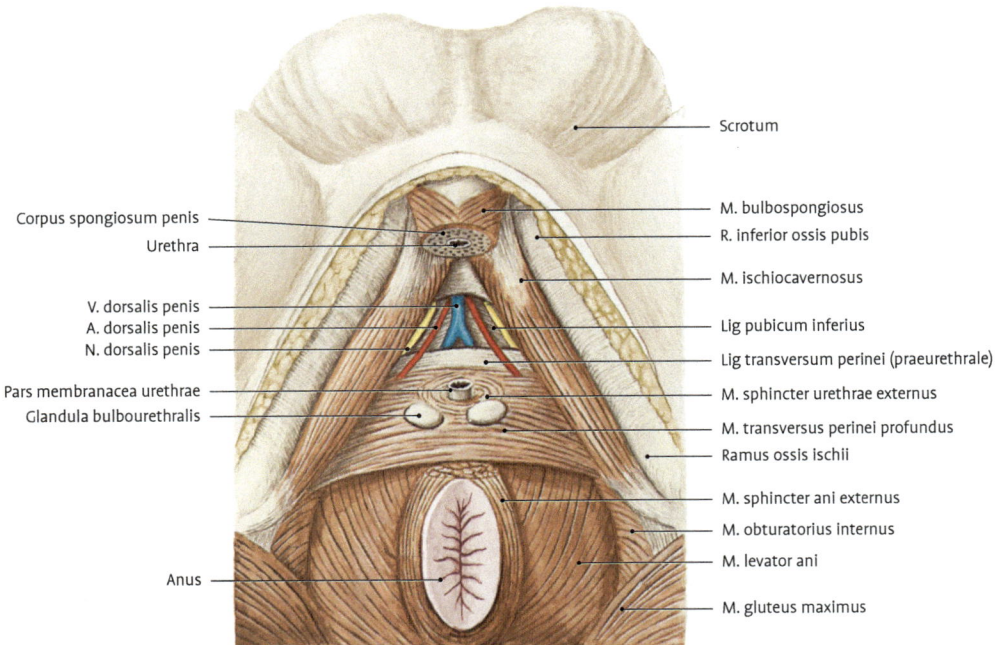

Scrotum

M. bulbospongiosus

R. inferior ossis pubis

M. ischiocavernosus

Lig pubicum inferius

Lig transversum perinei (praeurethrale)

M. sphincter urethrae externus

M. transversus perinei profundus

Ramus ossis ischii

M. sphincter ani externus

M. obturatorius internus

M. levator ani

M. gluteus maximus

Corpus spongiosum penis

Urethra

V. dorsalis penis

A. dorsalis penis

N. dorsalis penis

Pars membranacea urethrae

Glandula bulbourethralis

Anus

Abb. 5.180 Diaphragma urogenitale beim Mann, vom Damm aus gesehen. Die Harnröhre mit ihrem Schwellkörper ist teilweise, der M. transversus perinei superficialis ganz entfernt.

5.3.2.2 Diaphragma urogenitale
(Abb. 5.179, 5.180)

Die Muskeln des **Diaphragma urogenitale** verschließen das Levatortor und liegen teils im **Spatium perinei superficiale (M. transversus perinei superficialis, M. ischiocavernosus et M. bulbospongiosus)** und teils im Spatium perinei profundum **(M. transversus perinei profundus, M. sphincter urethrae externus).**

Die beiden **Musculi transversi perinei superficiales** sind oft schwach ausgebildet und werden heute auch als **Membrana perinei** bezeichnet. Das Diaphragma urogenitale ist im Gegensatz zum trichterförmigen Diaphragma pelvis eine transversale Muskelplatte, welche den Raum im **Arcus pubicus** bzw. **Angulus subpubicus** ausfüllt. Häufig ist ein Großteil der Muskelfasern durch Bindegewebe ersetzt.

1. **M. transversus perinei superficialis**
   O.: Tuber ischiadicum
   I.: Centrum perinei
   Er liegt im hinteren freien Rand des **Diaphragma urogenitale** und ist meist sehr schwach ausgebildet.

2. **M. transversus perinei profundus**
   Dieser Muskel bildet den wesentlichen Teil des **Diaphragma urogenitale,** seine Fasern spannen sich zwischen dem **Ramus inferior ossis pubis** und dem **Ramus ossis ischii** beider Seiten aus. Bei der Frau ist infolge des Durchtrittes der **Vagina** der **M. transversus perinei profundus** meistens schwächer ausgebildet. Seine Fasern ziehen um die Harnröhre, bei der Frau auch um die Scheide und strahlen in den Damm aus.

3. **M. sphincter urethrae externus**
   Der aus quer gestreiften Muskelfasern bestehende äußere Schließmuskel der Harnröhre wird an ihrer Durchtrittsstelle durch das **Diaphragma urogenitale** von zirkulär angeordneten Muskelfasern des **M. transversus perinei profundus** gebildet.
   F.: Gemeinsam mit den übrigen Muskeln des Beckenbodens bildet dieser Muskel den willkürlichen Verschluss der Harnröhre.

4. **M. ischiocavernosus**
   O.: Ramus ossis ischii
   Der Muskel setzt an der **Tunica albuginea** der **Crura penis sive clitoridis** an und bedeckt das **Crus penis** bzw. **clitoridis.**

F.: Der Muskel wirkt bei der Erektion des **Penis** bzw. der **Clitoris** mit.

5. **M. bulbospongiosus (M. bulbocavernosus)**
O.: Centrum perinei
I.: beim Mann am **Dorsum penis,** bei der Frau an der Faszie des **Corpus clitoridis**
F.: Bei der Frau kann der Muskel das **Vestibulum vaginae** willkürlich verengen **(M. sphincter cunni).** Beim Mann unterstützt er die Ejakulation.
L. für alle Muskeln: N. pudendus, A. pudenda interna

Klinik: Durch Überdehnung oder Einrisse durch den Geburtsvorgang können bei der Frau Senkung oder Vorfall von Beckenorganen auftreten. Schädigungen der Schließmuskeln können eine Harninkontinenz zur Folge haben. Der Dammschnitt, **Episiotomie,** verhindert ein unkontrolliertes Einreißen der Beckenbodenmuskulatur

5.3.3 Räume des kleinen Beckens, Bauchfellverhältnisse, Beckenfaszie, Fascia pelvis, Faszienräume, Spatia, Fossa ischioanalis (ischiorectalis)

5.3.3.1 Gliederung

Der Raum des kleinen Beckens wird durch den Beckenboden in einen inneren und äußeren Anteil geteilt. Das Bauchfell reicht von oben bis in das kleine Becken, ohne dieses vollständig auszufüllen.

Der Innenraum des kleinen Beckens besteht daher aus 2 Räumen:
1. Cavitas peritonealis pelvis
2. Spatium extraperitoneale pelvis

5.3.3.2 Spatium extraperitoneale pelvis

Dieser Raum wird vom Peritoneum und der Fascia pelvis begrenzt, ist mit unterschiedlich dickem Bindegewebe ausgefüllt und wird in das Spatium subperitoneale, Spatium retropubicum (praeperitoneale) und das Spatium retroperitoneale eingeteilt.

Spatium subperitoneale. Der subperitoneale Bindegewebsraum liegt zwischen Bauchfell und der Beckenbodenfaszie. Das Spatium subperitoneale steht ventral mit dem **Spatium retropubicum** und dorsal mit dem **Spatium retroperitoneale** in Verbindung.

Spatium retropubicum (praeperitoneale). Dieser Bindegewebsraum liegt ventral zwischen dem Faszienüberzug der Symphyse und dem Bauchfell.

Spatium retroperitoneale. Die Wände des retroperitonealen Bindegewebsraumes bilden die **Fascia pelvis** über der **Facies pelvina ossis sacri** und das **Peritoneum.**

5.3.3.3 Fascia pelvis

Die Fascia pelvis besteht aus der **Fascia pelvis parietalis (Fascia endopelvina),** welche die Beckenwand bedeckt, und aus der **Fascia pelvis visceralis (Fascia propria organi),** welche die Beckenorgane überzieht (s. auch Abb. 5.223).

Fascia pelvis visceralis. Sie umhüllt alle Beckenorgane, die Volumsschwankungen unterliegen, und trägt den jeweiligen Organnamen. Nur der Uterus hat keine Eigenfaszie. Zwischen den Organen bilden die Faszien Septen. So entsteht beim Mann das **Septum rectovesicale (Fascia rectoprostatica)** und bei der Frau vor und hinter der Genitalplatte je ein Septum: vorne das **Septum vesicovaginale** und hinten das **Septum rectovaginale (Fascia rectovaginalis).** Das Bindegewebe, welches gefäß- und nervenführend an die Organe herantritt, wird beim Rectum als **Paraproctium (Rectumpfeiler),** bei der Harnblase als **Paracystium (Blasenpfeiler),** beim Uterus als **Parametrium** und bei der Vagina als **Parakolpium (Uterovaginalpfeiler)** bezeichnet. In der klassischen Beschreibung bilden diese Pfeiler den Bindegewebsgrundstock (Gefäß-Nerven-Leitplatten, Corpus intrapelvinum) des Beckens. Das subperitoneale Bindegewebe ist unterschiedlich dick und wird als **Fascia extraperitonealis** bezeichnet.

Fascia pelvis parietalis (Fascia endopelvina). Die Fascia pelvis parietalis beginnt an der **Linea terminalis,** überzieht die **Facies pelvina ossis sacri,** den **M. piriformis** und den auf ihm liegenden **Plexus sacralis** sowie den **M. obturatorius internus,** die Hinterfläche der **Symphyse** und die obere Seite des **Diaphragma pelvis.** Sie deckt allfällige Lücken im Beckenboden und unterstützt die Haltefunktion desselben. Der **Arcus tendineus fasciae pelvis** ist eine Verdichtung der Beckenfaszie, verläuft auf dem M. levator ani bogenförmig vom Unterrand der Symphyse zur **Spina ischiadica** und ist fest mit dem Beckenbindegewebe verwachsen. Eine Fortsetzung erfährt der Arcus tendineus, allerdings nicht mehr als Faszienverdichtung, sondern als breitere, wenig dichte Bindegewebsansammlung,

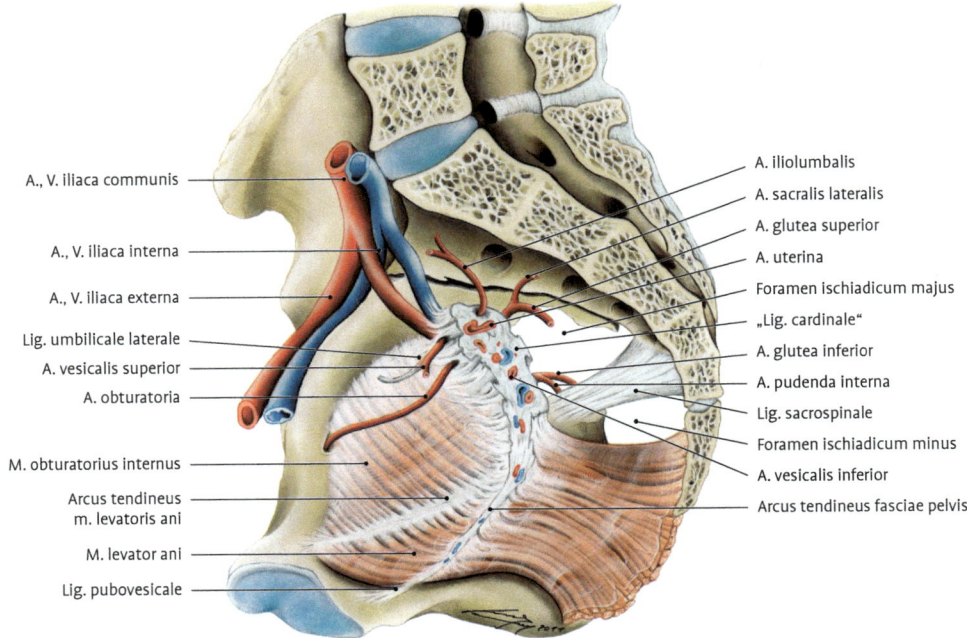

A., V. iliaca communis

A., V. iliaca interna

A., V. iliaca externa

Lig. umbilicale laterale
A. vesicalis superior
A. obturatoria

M. obturatorius internus

Arcus tendineus
m. levatoris ani

M. levator ani

Lig. pubovesicale

A. iliolumbalis
A. sacralis lateralis
A. glutea superior
A. uterina
Foramen ischiadicum majus
„Lig. cardinale"
A. glutea inferior
A. pudenda interna
Lig. sacrospinale
Foramen ischiadicum minus
A. vesicalis inferior
Arcus tendineus fasciae pelvis

Abb. 5.181 Seitliche Beckenwand mit Ansatz des Beckenbindegewebes.

die von der Spina ischiadica am vorderen Umfang des Foramen ischiadicum majus gegen den Beckeneingang aufsteigt. In diesem Bindegewebe ziehen die Vasa iliaca interna abwärts und geben parietale und viszerale Äste ab. Dieses Bindegewebe wurde als Lig. cardinale uteri MACKENRODT, frontales Dissepiment, Stamm des Corpus intrapelvinum etc. bezeichnet. Tatsächlich ist es kein Ligament mit Aufhängefunktion des Uterus, sondern eine perivasale Bindegewebsansammlung, von der die oben genannten Pfeiler wegziehen und die als wichtige Leitstruktur in der operativen Gynäkologie bedeutsam ist (Abb. 5.181).

Fasciae diaphragmatis pelvis superior et inferior. Diese überziehen die obere und unter Fläche des **Diaphragma pelvis.** Die Fascia diaphragmatis superior enthält Verstärkungszüge als Teile des Halteapparates von Beckenorganen. Bei der Frau sind dies die **Ligg. pubovesicalia mediale et laterale** und das **Lig. laterale vesicae,** beim Mann die **Ligg. puboprostatica mediale et laterale,** das **Lig. pubovesicale** und das **Lig. laterale vesicae.** Diese Bänder enthalten auch glatte Muskelfasern (**M. puboprostaticus, M. pubovesicalis**) und ziehen von der Innenfläche der **Symphyse** bzw. des **Os pubis** zu den entsprechenden Organen.

Fasciae praesacralis et rectosacralis. An der **Facies pelvina ossis sacri** liegt die Fascia praesacralis. Dort, wo das Rectum dem Os sacrum anliegt, ist die unterschiedlich dicke Fascia rectosacralis.

Fasciae diaphragmatis urogenitalis superior et inferior. Die Fascia diaphragmatis urogenitalis superior überzieht die der Fossa ischioanalis zugewandte Fläche des **M. transversus perinei profundus,** an der Unterfläche dieses Muskels findet man die Fascia diaphragmatis urogenitalis inferior (**Membrana perinei**). Die beiden Fasciae diaphragmatis urogenitalis sind am Unterrand der Symphyse verdickt und bilden das **Lig. transversum perinei (Lig. praeurethrale).**

Fascia perinei (Fascia perinei superficialis, Fascia investiens perinei superficialis). Die Fascia perinei ist eine Oberflächenfaszie und begrenzt gemeinsam mit der Fascia diaphragmatis urogenitalis inferior (Membrana perinei) das **Compartimentum superficiale perinei (Spatium perinei superficiale)** nach vorne und unten. Sie ist hinten am freien Rande des **M. transversus perinei profundus** und seitlich am **Ramus inferior ossis pubis** und am **Ramus ossis ischii** fest angeheftet. Nach vorn setzt sie sich in die **Fascia penis profunda,** die **Tela subcu-**

tanea der vorderen Bauchwand und die **Tunica dartos** des **Scrotum** fort, bei der Frau zerflattert sie in die großen Schamlippen.

5.3.3.4 Faszienräume des kleinen Beckens (Abb. 5.182–5.186)

Der außerhalb des Peritoneums gelegene Raum, das **Spatium extraperitoneale,** wird durch die Faszien in verschiedene Räume unterteilt.

Saccus subcutaneus perinei, Compartimentum superficiale perinei (Spatium perinei superficiale). Dieser Raum liegt zwischen **Fascia perinei superficialis** und **Fascia diaphragmatis urogenitalis inferior,** er enthält die **Mm. transversus perinei superficialis, ischiocavernosus et bulbospongiosus.** Bei der Frau liegen im **Saccus subcutaneus perinei** die **Crura clitoridis** und der **Bulbus vestibuli,** beim Mann die **Crura penis** und der **Bulbus penis.**

Klinik: Reißt bei **Beckenbrüchen** die Harnröhre ein, so ergießen sich Harn und Blut in das **Compartimentum superficiale perinei.** Da eine Ausbreitung nach hinten zur **Fossa ischioanalis** und seitlich zum Oberschenkel unmöglich ist, bahnen sich die **Ergüsse** einen Weg zum **Penis,** zum **Scrotum** und zur vorderen Bauchwand.

Saccus profundus perinei (Spatium perinei profundum). Zwischen den **Fasciae diaphragmatis urogenitalis inferior et superior** gelegen, enthält dieser Raum die **Mm. transversus perinei profundus et sphincter urethrae externus.** Beim Mann findet man noch die **Gll. bulbourethrales** sowie Gefäße und Nerven für den Penis und bei der Frau den **M. compressor urethrae,** den **M. urethrovaginalis** und die **Glandula vestibularis major** (Bartolini).

Fossa ischioanalis (ischiorectalis)

Diese gleicht einer dreiseitigen Pyramide, deren Basis nach dorsolateral und deren Spitze nach vorne medial gerichtet ist.

Die Wände werden folgendermaßen gebildet: medial von der **Fascia diaphragmatis pelvis inferior (M. levator ani, M. sphincter ani externus),** lateral von der derben **Fascia obturatoria (M. obturatorius internus)** unterhalb des **Arcus tendineus m. levatoris ani** und ganz kaudal vom Tuber ischiadicum. Die hintere Begrenzung bildet der Unterrand des M. gluteus maximus. Nach vorne schickt die Grube einen Fortsatz zwischen die Faszien des Levatorschenkels und der kranialen Fläche des Diaphragma urogenitale, der blind hinter dem Os pubis endet (Recessus pubicus, Abb. 5.183). Die Grube enthält das **Corpus adiposum fossae ischioanalis** (Baufett). Das Fett- und lockere Bindegewebe der **Fossa ischioanalis** ist verformbar und

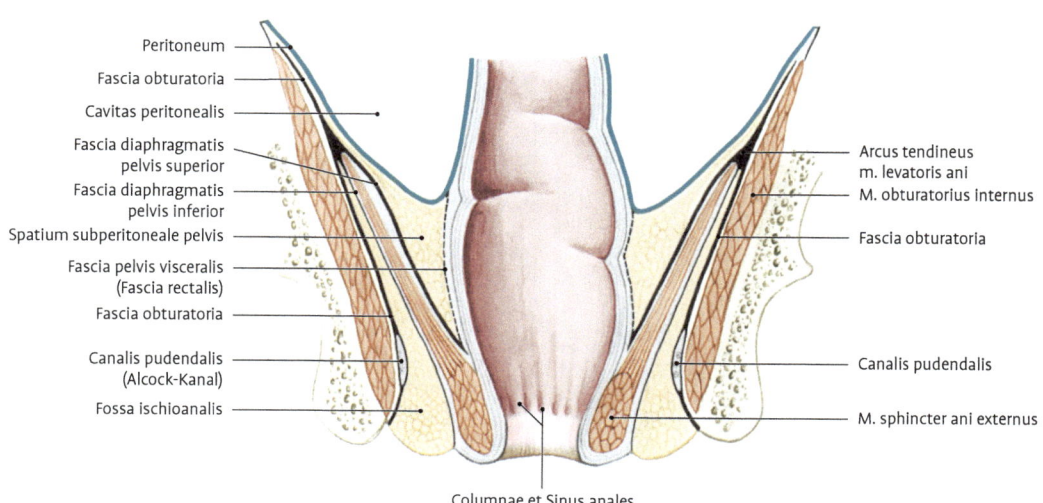

Peritoneum
Fascia obturatoria
Cavitas peritonealis
Fascia diaphragmatis pelvis superior
Fascia diaphragmatis pelvis inferior
Spatium subperitoneale pelvis
Fascia pelvis visceralis (Fascia rectalis)
Fascia obturatoria
Canalis pudendalis (Alcock-Kanal)
Fossa ischioanalis

Arcus tendineus m. levatoris ani
M. obturatorius internus
Fascia obturatoria
Canalis pudendalis
M. sphincter ani externus

Columnae et Sinus anales

Abb. 5.182 Schematisierter Frontalschnitt durch das Becken mit den Beckenfaszien. Fascia pelvis visceralis gestrichelt.

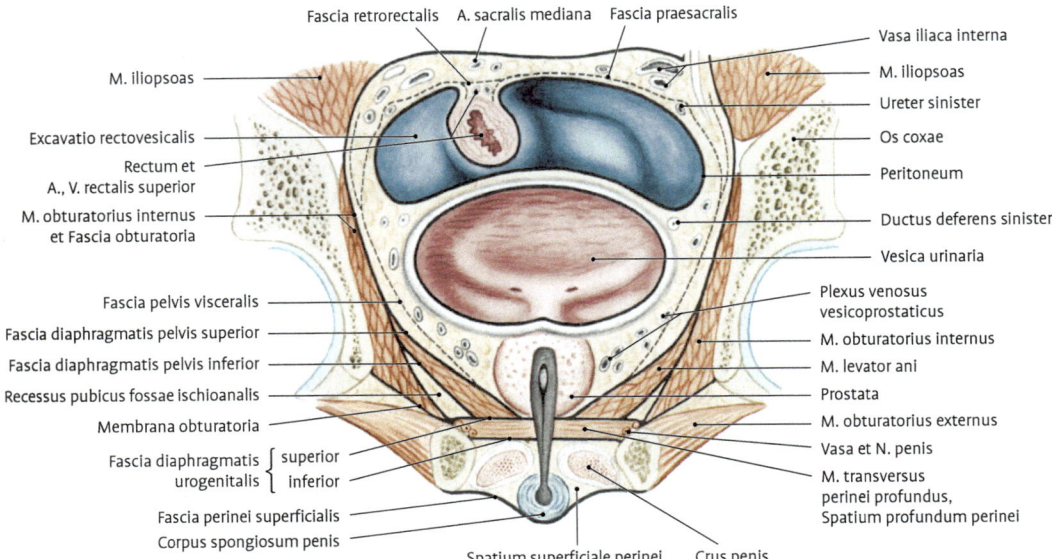

Fascia retrorectalis A. sacralis mediana Fascia praesacralis

Vasa iliaca interna

M. iliopsoas

M. iliopsoas

Ureter sinister

Excavatio rectovesicalis

Os coxae

Rectum et
A., V. rectalis superior

Peritoneum

M. obturatorius internus
et Fascia obturatoria

Ductus deferens sinister

Vesica urinaria

Fascia pelvis visceralis

Plexus venosus
vesicoprostaticus

Fascia diaphragmatis pelvis superior

M. obturatorius internus

Fascia diaphragmatis pelvis inferior

M. levator ani

Recessus pubicus fossae ischioanalis

Prostata

Membrana obturatoria

M. obturatorius externus

Fascia diaphragmatis { superior
urogenitalis { inferior

Vasa et N. penis

M. transversus
perinei profundus,
Spatium profundum perinei

Fascia perinei superficialis

Corpus spongiosum penis

Spatium superficiale perinei   Crus penis

Abb. 5.183 Schematisierter Frontalschnitt durch ein männliches Becken mit Beckenfaszien. Nach einem Präparat des Berliner Anatomischen Institutes und einer Abbildung von Waldeyer.

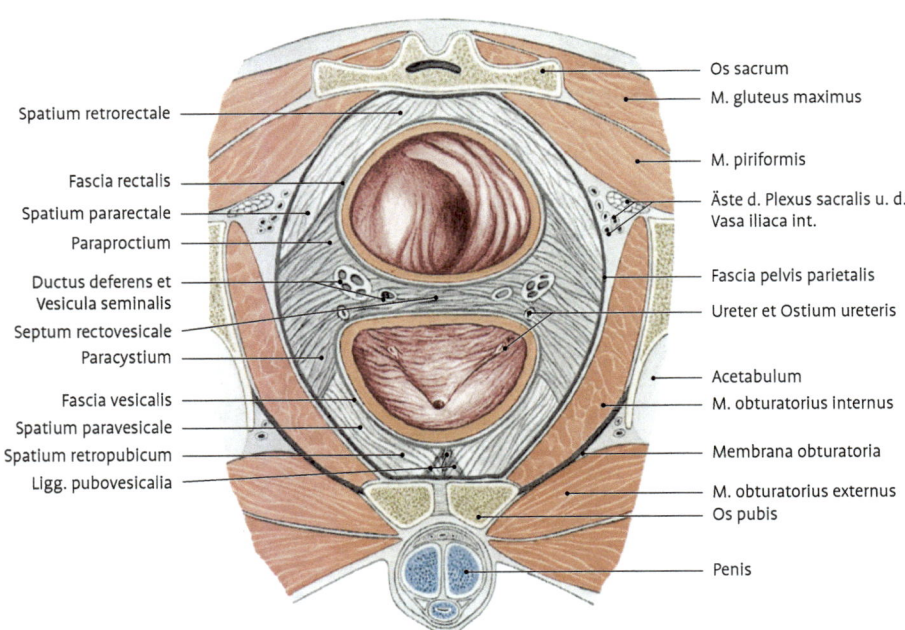

Os sacrum

M. gluteus maximus

Spatium retrorectale

M. piriformis

Fascia rectalis

Äste d. Plexus sacralis u. d.
Vasa iliaca int.

Spatium pararectale

Paraproctium

Ductus deferens et
Vesicula seminalis

Fascia pelvis parietalis

Septum rectovesicale

Ureter et Ostium ureteris

Paracystium

Fascia vesicalis

Acetabulum

Spatium paravesicale

M. obturatorius internus

Spatium retropubicum

Membrana obturatoria

Ligg. pubovesicalia

M. obturatorius externus

Os pubis

Penis

Abb. 5.184 Horizontalschnitt durch ein männliches Becken. Faszien, Bindegewebsräume und Binde- gewebskörper (Corpus intrapelvinum, dunkleres Grau) schematisiert.

ermöglicht dadurch die starke Ausweitung der Öffnungen im Beckenboden bei der Darmentleerung und bei der Entbindung.

Lateral liegt eine Faszienduplikatur der **Fascia obturatoria,** der **Canalis pudendalis (Alcock-Kanal),** welcher den **N. pudendus** sowie die **Vasa pudenda interna** enthält. Das Gefäßnervenbündel ist also vom Fettkörper separiert. Der Alcock-Kanal beginnt

an der Spina ischiadica und reicht bis zum Hinterrand des Diaphragma urogenitale. Eine Oberflächenfaszie fehlt im Bereich der **Fossa ischioanalis.**

Spatium retropubicum (Spatium praevesicale, Cavum Retzius). Zwischen Harnblase und Hinterfläche der Symphyse bzw. vorderer Bauchwand gelegen und mit lockerem Gleitgewebe ausgefüllt,

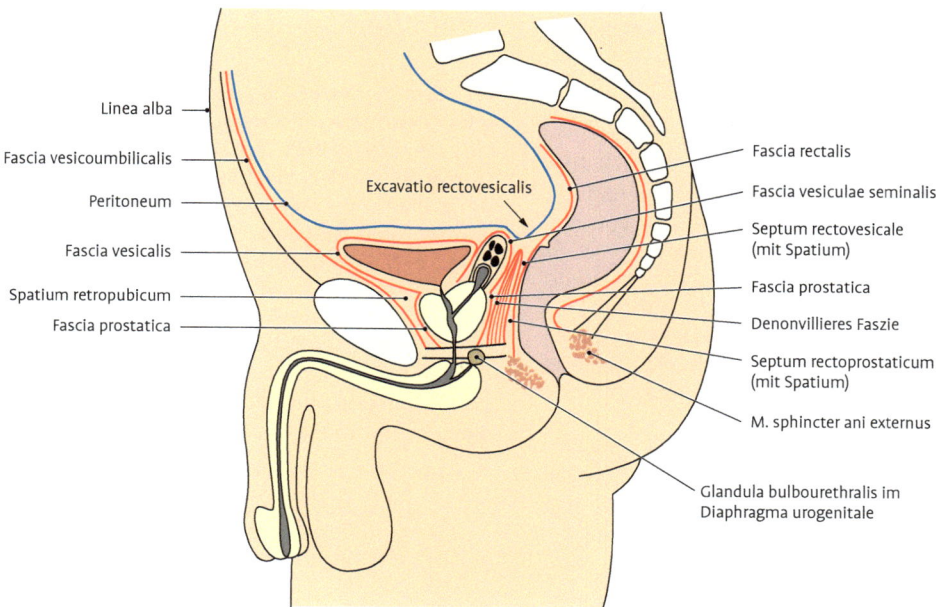

Linea alba
Fascia vesicoumbilicalis
Peritoneum
Excavatio rectovesicalis
Fascia vesicalis
Spatium retropubicum
Fascia prostatica

Fascia rectalis
Fascia vesiculae seminalis
Septum rectovesicale (mit Spatium)
Fascia prostatica
Denonvillieres Faszie
Septum rectoprostaticum (mit Spatium)
M. sphincter ani externus
Glandula bulbourethralis im Diaphragma urogenitale

Abb. 5.185 Eingeweidefaszien des männlichen Beckens (rot). Bauchfell blau.

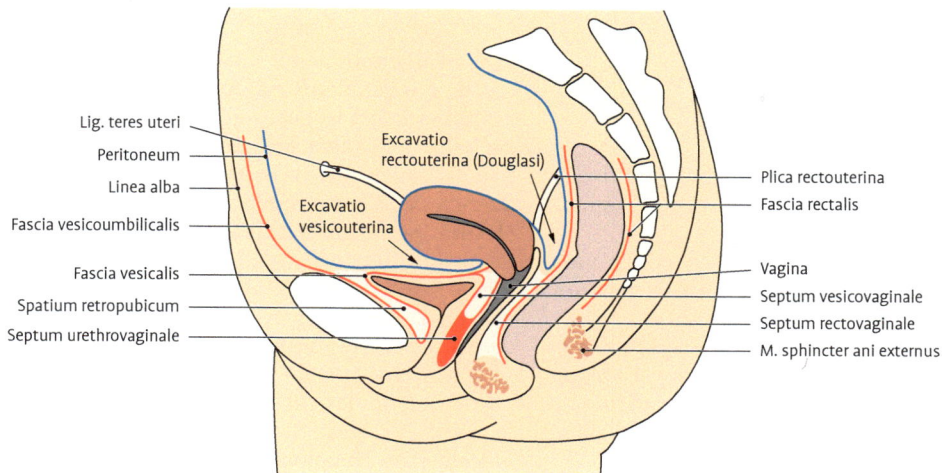

Lig. teres uteri
Peritoneum
Linea alba
Fascia vesicoumbilicalis
Excavatio rectouterina (Douglasi)
Excavatio vesicouterina
Fascia vesicalis
Spatium retropubicum
Septum urethrovaginale

Plica rectouterina
Fascia rectalis
Vagina
Septum vesicovaginale
Septum rectovaginale
M. sphincter ani externus

Abb. 5.186 Eingeweidefaszien des weiblichen Beckens (rot). Bauchfell blau.

ermöglicht dieser Raum eine Verschiebung der Harnblase bei Füllung und Entleerung. Nach unten wird das Spatium retropubicum durch das **Lig. puboprostaticum** bzw. **Lig. pubovesivale** begrenzt.

5.3.4 Öffnungen in der Wand des kleinen Beckens

In der Wand des kleinen Beckens sind jederseits **Austrittsstellen** für Nerven und Blutgefäße vorhanden.

5.3.4.1 Canalis obturatorius

Dieser 2–3 cm lange Kanal wird kranial vom **Sulcus obturatorius** des Schambeines, kaudal scharfrandig von der **Membrana obturatoria** und von den **Mm. obturatorius internus et externus** begrenzt. Er verläuft von lateral und kranial nach medial und kaudal. Durch ihn gelangen der **N. obturatorius** und die **Vasa obturatoria** aus dem kleinen Becken an die Innenseite des Oberschenkels. Häufig findet sich in diesem Kanal noch ein Fettpfropf.

Klinik: 1. Schwindet der Fettpfropf, so können sich Bauchfell und Baucheingeweide in den Kanal vorstülpen **(Hernia obturatoria)**, den **N. obturatorius** reizen und Parästhesien im Hautgebiet des Nerven hervorrufen (Innenseiten des Oberschenkels bis zum Kniegelenk. **2.** Auch **Ergüsse** können auf diesem Wege auf den Oberschenkel gelangen.

5.3.4.2 Foramina ischiadica

Diese ermöglichen den Durchtritt von Gefäßen, Nerven und Muskeln aus dem kleinen Becken in die **Regio glutealis**.

Foramen ischiadicum majus. Durch diese Öffnung zieht der M. piriformis und teilt sie in die Foramina suprapiriforme et infrapiriforme.
- **Foramen suprapiriforme.** Hier treten die **Vasa glutea superiora** und der **N. gluteus superior** hindurch (s. Kap. 4.4.8.1).
- **Foramen infrapiriforme.** Die **Vasa glutea inferiora** sowie die **Nn. gluteus inferior, ischiadicus, cutaneus femoris posterior, pudendus** und die **Vasa pudenda interna** gelangen durch diese Öffnung in die **Regio glutealis** (s. Kap. 4.4.8.1).
- **Foramen ischiadicum minus.** Durch dieses ziehen die Sehne des M. obturatorius internus

sowie die Vasa pudenda interna und der N. pudendus.

Klinik: 1. Die genannten Öffnungen sind die Bruchpforten der seltenen **Hernia ischiadica. 2.** Auch Eiterungen können durch die **Foramina ischiadica** den Weg zur Gesäßgegend nehmen.

5.3.5 Organe des Magen-Darm-Kanals und des harnableitenden Systems

Im kleinen Becken liegen die **inneren Geschlechtsorgane,** die **Harnblase,** die Pars pelvica des **Harnleiters** und das untere **Ende des Darmrohres,** der **Mastdarm.** Das **Bauchfell** steigt über die Linea terminalis in das kleine Becken hinab und bedeckt, wie ein ausgebreitetes Tuch, von oben her die oben genannten Organe. Reichliches Fett- und Bindegewebe füllt die Räume zwischen den Beckenknochen und den genannten Eingeweiden aus. An der Beckenwand und im Bindegewebe verlaufen die Gefäße und Nerven für die Eingeweide, für die Beckenwand und die unteren Gliedmaßen.

5.3.5.1 Mastdarm, Rectum

Allgemeine Beschreibung (Abb. 5.187, 5.188)

Der Mastdarm ist die Fortsetzung des **Colon sigmoideum,** der Übergang ist am kranialen Rande des 3. Kreuzbeinwirbels.

Der Mastdarm ist nicht, wie der Name **„Rectum"** besagt, ein gerades Rohr, sondern zeigt konstant 2 Krümmungen in der Sagittalebene. Die obere der beiden Krümmungen, die **Flexura sacralis,** legt sich der **Facies pelvina ossis sacri** an und biegt im Bereich des **Centrum perinei** nach dorsal in die **Flexura anorectalis (Flexura perinealis)** um. Diese ist mit ihrer Konvexität nach vorn gerichtet. Neben diesen konstanten Krümmungen in der Sagittalebene kommen noch verschiedene inkonstante in der Frontalebene vor **(Flexurae laterales).**

Die seitlichen Krümmungen stellen keine Funktionszustände dar. Sie sind schon im 4. FM vorhanden. Der etwa 15 cm lange Mastdarm zeigt innen meist 3 halbmondförmige Querfalten **Plicae transversae recti,** von denen die mittlere, die Kohlrausch-Falte, rechts etwa 6 cm oberhalb des

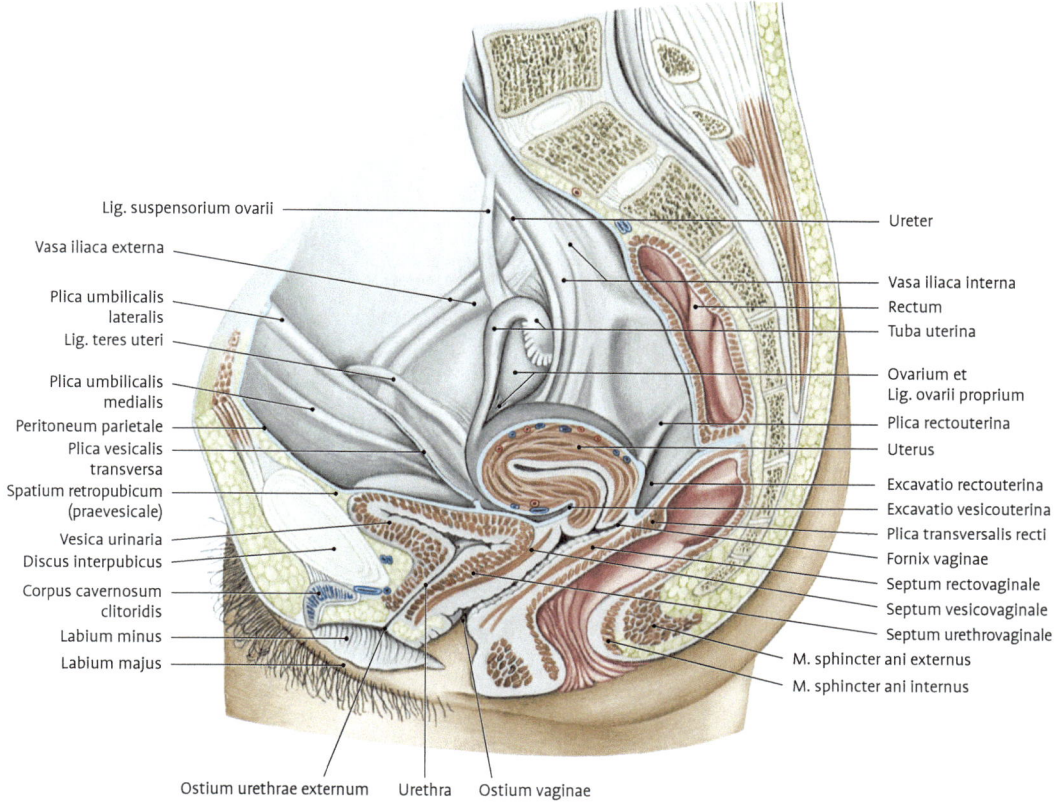

Lig. suspensorium ovarii
Vasa iliaca externa
Plica umbilicalis lateralis
Lig. teres uteri
Plica umbilicalis medialis
Peritoneum parietale
Plica vesicalis transversa
Spatium retropubicum (praevesicale)
Vesica urinaria
Discus interpubicus
Corpus cavernosum clitoridis
Labium minus
Labium majus

Ureter
Vasa iliaca interna
Rectum
Tuba uterina
Ovarium et Lig. ovarii proprium
Plica rectouterina
Uterus
Excavatio rectouterina
Excavatio vesicouterina
Plica transversalis recti
Fornix vaginae
Septum rectovaginale
Septum vesicovaginale
Septum urethrovaginale
M. sphincter ani externus
M. sphincter ani internus

Ostium urethrae externum   Urethra   Ostium vaginae

Abb. 5.187 Mediansagitalschnitt durch ein weibliches Becken.

Afters liegt und regelmäßig vorkommt. Die Lage dieser Falte ist von außen durch eine deutliche Einziehung erkennbar. Die übrigen zwei kleineren Querfalten liegen links und können schwach ausgebildet sein. Der Mastdarm setzt sich schließlich in den **Canalis analis** fort.

Erweiterter Abschnitt des Mastdarms, Ampulla recti. Der oberhalb des Analkanales liegende Teil des **Rectum** wird bei Füllung mit Kot zur **Ampulla recti** erweitert. Die **Ampulla recti** beginnt unterhalb der Querfalten. Die **Junctio anorectalis (Linea anorectalis)** bildet die Grenze zwischen **Ampulla** und **Canalis analis.**

Wandbau

Die Wand des Mastdarms besitzt die gleichen Schichten wie der Dickdarm. Lediglich der Bauchfellüberzug **(Tunica serosa)** ist nur im oberen Be-

reich an der Vorderfläche und den Seitenflächen vorhanden. Der übrige Teil des Rectum besitzt eine Bindegewebshülle **(Tunica adventitia)**. Ein Mesenterium fehlt.

Tunica muscularis. Die Muskelschicht des **Rectum** besteht außen aus dem **Stratum longitudinale** und innen aus einem **Stratum circulare.** Die Muskelfasern der 3 Taenien des Dickdarms weichen beim rectosigmoidalen Übergang plötzlich auseinander und bilden am Rectum eine einheitliche Längsmuskellage. Dadurch entsteht hier eine Art Schließmuskel **(Pylorus rectosigmoideus, Sphinkter Moutier).** Er soll dafür verantwortlich sein, dass das Sigmoid und nicht das Rectum selbst als Kotreservoir dient. Die Längsmuskeldecke des Rectum ist ventral und dorsal etwas stärker. Einzelne Muskelfasern gewinnen Beziehung zum Steißbein **(M. rectococcygeus)** und zur Harnblase **(M. rectovesicalis, M. rectourethralis).**

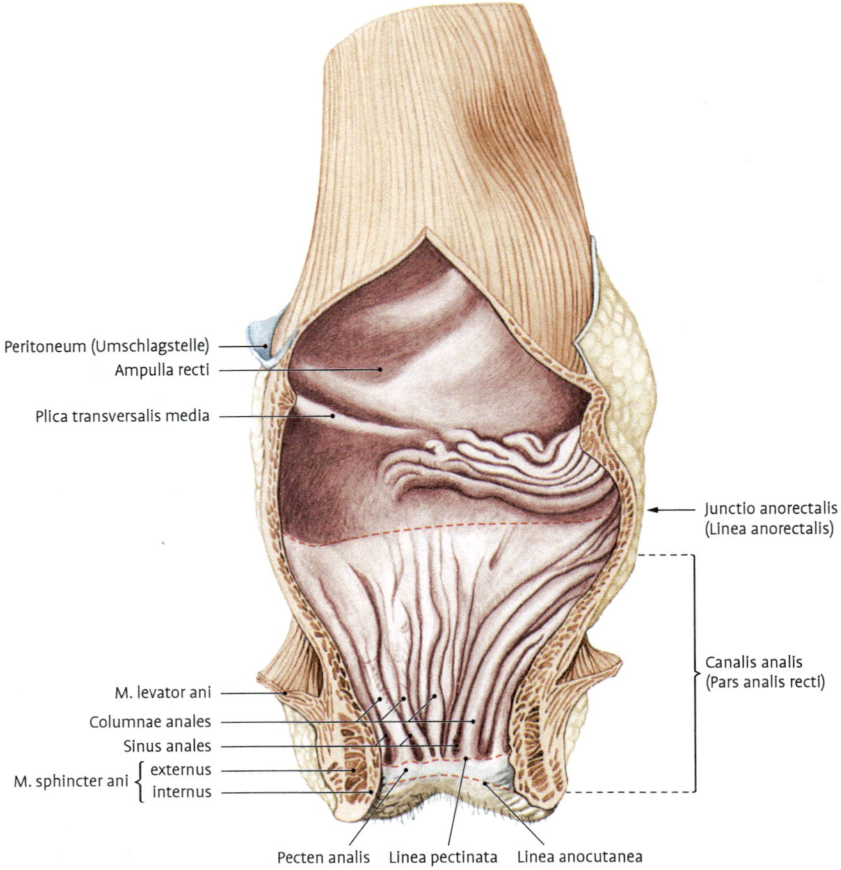

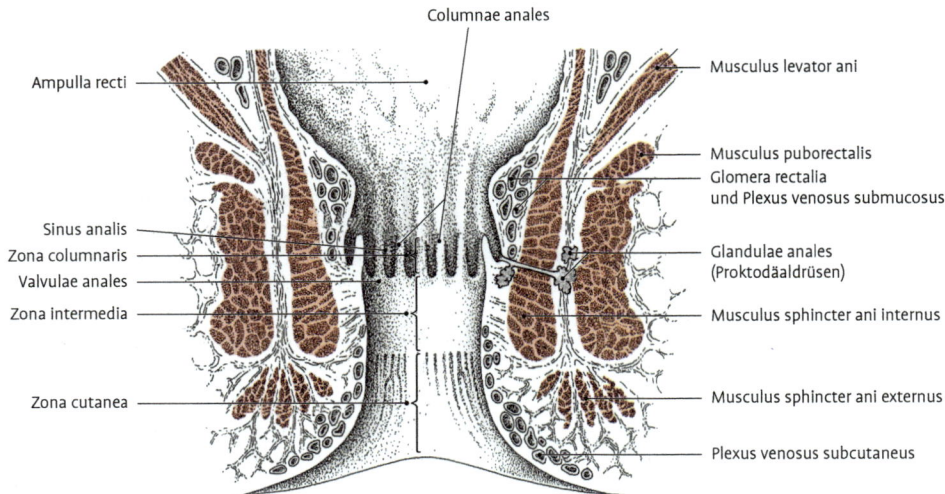

Peritoneum (Umschlagstelle)
Ampulla recti

Plica transversalis media

Junctio anorectalis
(Linea anorectalis)

Canalis analis
(Pars analis recti)

M. levator ani
Columnae anales
Sinus anales
M. sphincter ani { externus
internus

Pecten analis   Linea pectinata   Linea anocutanea

(a)

Columnae anales

Ampulla recti

Musculus levator ani

Musculus puborectalis
Glomera rectalia
und Plexus venosus submucosus

Sinus analis
Zona columnaris
Valvulae anales

Glandulae anales
(Proktodäaldrüsen)

Zona intermedia

Musculus sphincter ani internus

Zona cutanea

Musculus sphincter ani externus

Plexus venosus subcutaneus

(b)

Abb. 5.188 a: Rectum von ventral, teilweise eröffnet, **b:** Rectum: Längsschnitt mit Zona columnaris, Zona intermedia und Zona cutanea des Canalis analis.

Topografie und Bauchfellbeziehungen (Abb. 5.187–5.191)

Der obere Teil des Rectums ist vorn und an beiden Seiten, der folgende nur noch ventral vom Bauchfell überzogen und liegt retroperitoneal. Der Kliniker spricht in diesem Fall von einem **Rectum fixum.** Manchmal reicht der Peritonealüberzug sehr weit nach dorsal, sodass ein sogenanntes „Mesorectum" und ein **Rectum mobile** entstehen. In Höhe der **Plica transversalis media** (Kohlrausch-Falte) schlägt das Bauchfell bei der Frau auf den **Fornix vaginae** und die Hinterfläche des **Uterus** um **(Excavatio rectouterina),** beim Mann über die Kuppen der Samenbläschen auf die Rückfläche der Harnblase **(Excavatio rectovesicalis).** Unterhalb der **Plica transversalis media** liegt das Rectum vollständig extraperitoneal.

Nachbarschaftsbeziehungen

Das Rectum grenzt nach dorsal an das Kreuzbein, Steißbein und die hinteren Abschnitte des **M. levator ani.** In dem spärlichen retrorektalen Bindegewebe verlaufen die **A. sacralis mediana,** die **A. rectalis superior,** die **Trunci sympathici** und weiter seitlich die **Aa. sacrales laterales** und der **Plexus sacralis.**

Nach ventral grenzt das Rectum bei der Frau an die Vagina und beim Mann an die Prostata, an die Bläschendrüsen, an die Ampullen der Ductus deferentes und an die Harnblase. Seitlich ist der Mastdarm mit dem Paraproctium verbunden und bekommt über das lockere pararectale Bindegewebe mit der Beckenwand in Kontakt. Eine stark gefüllte **Ampulla recti** kann Druck auf die Nerven und Gefäße, insbesondere auf die dünnwandigen Venen der seitlichen Beckenwand, ausüben. Bei stärkerer Füllung weitet sich das Rectum nach vorn und beiden Seiten aus und verursacht dadurch eine Verlagerung der Nachbarorgane.

> **Klinik: 1.** Die engen Nachbarschaftsbeziehungen zum **Plexus sacralis** erklären das Auftreten von **Schmerzen** im Ausbreitungsgebiet des **N. ischiadicus** und **N. pudendus** bei Rectumerkrankungen, insbesondere beim Rectumkarzinom. **2. Die digitale Untersuchung** des Rectum ist für die Diagnose tiefsitzender Karzinome von Bedeutung. Der in das Rectum eingeführte Zeigefinger kann auch durch die ventrale Rectumwand hindurch Größe und Konsistenz der Prostata beurteilen. Seitlich können krankhafte Veränderungen im pararektalen Bindegewebe und in den Fossae ischioanales getastet werden. Dorsal sind Kreuzbein, Steißbein und vergrößerte retrorektale Lymphknoten für die Untersuchung zugänglich.

Analkanal, Canalis analis (Abb. 5.187, 5.188)

> Im Canalis analis lassern sich 3 Zonen unterscheiden: **1. Zona columnaris (haemorrhoidalis),** 2. **Zona intermedia (Pecten analis, Zona transitionalis analis),** 3. **Zona cutanea.** Besondere Linien liegen zwischen den verschiedenen Abschnitten: **Linea anorectalis** zwischen Rectum und Analkanal, **Linea pectinata** zwischen Zona columnaris und Zona intermedia, **Linea anocutanea** zwischen Zona intermedia und Zona cutanea.

In der Zona columnaris findet man 6–8 Längsfalten, **Columnae anales,** und zwischen ihnen die gleiche Zahl von Buchten, **Sinus anales.** Kleine Schleimhautfalten, **Valvulae anales,** begrenzen kaudal die Sinus anales (Abb. 5.188). Von den Sinus anales gehen Epithelschläuche aus, die sich in den Sphinkterapparat ausdehnen und diesen sogar gänzlich durchsetzen können. Sie werden Proktodäaldrüsen (Glandulae anales) genannt und sind phylogenetische Reste aktiver Drüsen. Im Bereich der Columnae anales liegt das **Corpus cavernosum recti,** ein Schwellkörper mit arteriovenösen Anastomosen, der arterielles Blut aus Ästen der **A. rectalis superior** enthält. Dieser Schwellkörper wird bei der Defäkation entleert und spielt für den Verschluss des Afters eine Rolle.

Tunica mucosa. Die **Sinus anales** besitzen hochprismatisches Epithel, dieses geht auf den mechanisch stärker beanspruchten **Columnae anales** in geschichtetes unverhorntes Plattenepithel über. Diese Epithelgrenze wird durch die **Linea pectinata** markiert. Danach folgt ein heller Streifen, der **Pecten analis.** Dieser reicht von der Linea pectinata bis zur Linea anocutanea **(Linea alba HILTON)** und hat als Übergangszone **(Zona transitionalis analis)** ebenfalls ein geschichtetes unverhorntes Plattenepithel. Das trockene Epithel des **Pecten analis** ist fest mit dem unteren Drittel des **M. sphincter ani internus** verwachsen. Der an die **Linea anocutanea** anschließende Teil des **Canalis analis** hat Hautcharakter, besitzt geschichtetes verhorntes Plattenepithel und zeigt eine stärkere Pigmentierung. Neben Haaren und Talgdrüsen finden sich noch apokrine Schweißdrüsen die **Glandulae anales**.

Tunica muscularis. Die Ringmuskelschicht des Rectum setzt sich in den Analkanal fort, wo sie gegen den Anus hin zum glatten, unwillkürlichen Schließmuskel, **M. sphincter ani internus,** verdickt ist. Um diesen legt sich von außen der quer gestreifte, willkürliche **M. sphincter ani externus (Pars superficialis et profunda).** Seine Pars subcutaea überragt den M. sphincter ani internus nach kaudal, sodass zwischen dem M. sphincter ani internus und M. sphincter ani externus eine tastbare Furche in Höhe der **Linea anocutanea** entsteht. Die Längsmuskelschicht des Rectum setzt sich ebenfalls in den Analkanal fort. (Abb. 5.188). Sie steigt **zwischen** Sphincter ani internus und externus ab und geht in elastische Sehnen über, die fächerförmig auseinanderstrebende Septen bilden. Das medial auslaufende Septum erreicht zwischen M. sphincter ani internus und externus die Linea anocutanea, das laterale zwischen Pars subcutanea und Pars superficialis des M. sphincter ani externus die Fossa ischioanalis. Nach distal durchsetzen mehrere Septen die Pars subcutaena des M. sphincter ani externus und strahlen in die Haut des Anus ein. Sie werden als M. corrugator cutis ani bezeichnet, welche für die radiären Hautfalten des Anus verantwortlich sind.

> **Klinik: 1.** Die schmerzhaften **Analfissuren** entstehen oft durch Spannen und Einreißen der kleinen **Valvulae anales** bei der Entleerung harten Kotes. **2.** Von entzündeten Proktodäaldrüsen können aufsteigende Fistelgänge den M. levator ani durchsetzen und ins kleine Becken einbrechen. Absteigende Gänge können submukös, zwischen den Sphincteren oder duch die Fossa ischioanalis absteigen, um schließlich seitlich des Anus durch die Haut durchzubrechen. **3.** Die Äste der A. rectalis superior und die Wurzeln der V. mesenterica superior bzw. die arteriovenösen Anastomosen können sich vergrößern und knotenförmig verdicken, es entstehen innere **Hämorrhoiden**.

Gefäße und Nerven von Rectum und Analkanal (Abb. 5.189, 5.190)

Arterien. Die unpaare **A. rectalis superior,** der Endast der **A. mesenterica inferior,** verläuft an der Hinterwand des Mastdarms, teilt sich in einen linken und rechten Ast und versorgt das **Rectum** bis zu den **Valvulae anales.** Sie muss bei operativen Eingriffen geschont werden. Die paarigen **Aa. rectales mediae** aus der **A. iliaca interna** versorgen den **Canalis analis** vor seinem Durchtritt durch den Beckenboden. Die **A. rectalis inferior** aus der **A. pudenda interna** durchbricht die Wand des Alcock-Kanals, zieht durch die Fossa ischioanalis und versorgt den äußeren Teil des **Canalis analis** nach seinem Durchtritt durch den Beckenboden.

Venen. Das venöse Blut fließt über die V. rectalis superior zur V. mesenterica inferior und damit zur **V. portae** ab und über die Vv. rectales mediae und Vv. rectales inferiores zur **V. iliaca interna** und V. iliaca communis und in die V. cava inferior (portocavale Anastomose)

Lymphgefäße. Die Lymphe fließt vom oberen Teil des **Rectum** zu den **Nll. sacrales,** vom mittleren Teil zu den **Nll. iliaci interni** und vom unteren Teil zu den **Nll. inguinales superficiales.** Inkonstant sind die **Nll. pararectales (anorectales)** zwischen Rectum, Harnblase und Prostata. Sie haben ihren Abfluss ebenfalls zu den **Nll. iliaci interni**.

Nerven (Abb. 5.189, 5.191). Die Nerven des Mastdarmes stammen vom **Sympathicus, Parasympathicus** und vom **N. pudendus.** Die vegetativen Fasern erreichen das Rectum über die **Plexus rectales superior, medius** und **inferior.** Diese Plexus enthalten sowohl efferente (viszeromotorische) als auch afferente (viszerosensible) Fasern. Der unpaare **Plexus rectalis superior** ist die Fortsetzung des **Plexus mesentericus inferior** und gelangt mit der **A. rectalis superior** zum Rectum. Die **Plexus rectales medius** und **inferior** sind paarig und stammen vom **Plexus hypogastricus.** Der **Plexus rectalis inferior** gibt die **Nn. anales superiores** ab. Aus dem **N. pudendus** stammen die **Nn. anales (rectales) inferiores,** sie versorgen den **M. sphincter ani externus** und die Haut im Bereich des **Anus.** Die afferenten Fasern erreichen die Segmente Th10–L1 und vermitteln den Stuhldrang. Die Entleerung wird über den Parasympathicus gesteuert. Dabei muss der Widerstand des durch den Sympathicus innervierten glatten **M. sphincter ani internus** und des zerebrospinal versorgten quer gestreiften **M. sphincter ani externus** überwunden werden. Unterstützt wird die Defäkation durch die zerebrospinal innervierten Bauchmuskeln.

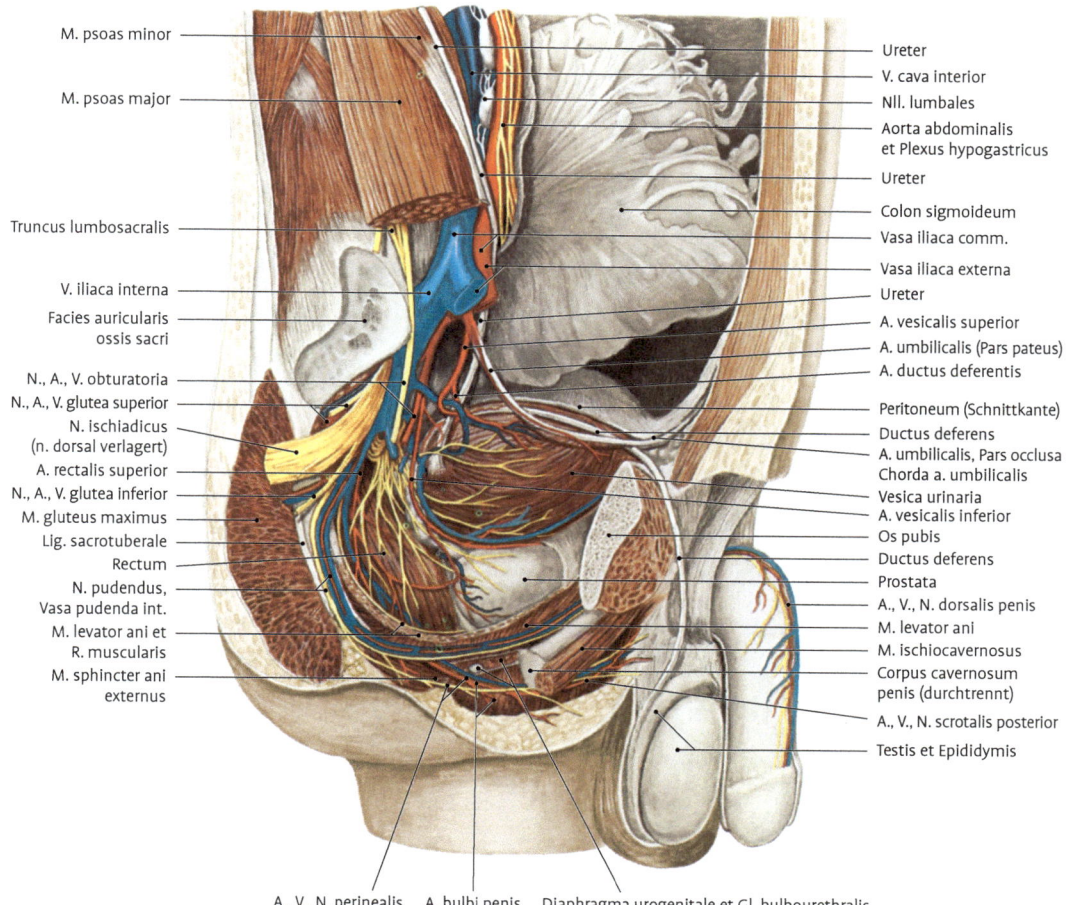

M. psoas minor

M. psoas major

Truncus lumbosacralis

V. iliaca interna

Facies auricularis ossis sacri

N., A., V. obturatoria

N., A., V. glutea superior

N. ischiadicus (n. dorsal verlagert)

A. rectalis superior

N., A., V. glutea inferior

M. gluteus maximus

Lig. sacrotuberale

Rectum

N. pudendus, Vasa pudenda int.

M. levator ani et R. muscularis

M. sphincter ani externus

Ureter

V. cava interior

Nll. lumbales

Aorta abdominalis et Plexus hypogastricus

Ureter

Colon sigmoideum

Vasa iliaca comm.

Vasa iliaca externa

Ureter

A. vesicalis superior

A. umbilicalis (Pars pateus)

A. ductus deferentis

Peritoneum (Schnittkante)

Ductus deferens

A. umbilicalis, Pars occlusa

Chorda a. umbilicalis

Vesica urinaria

A. vesicalis inferior

Os pubis

Ductus deferens

Prostata

A., V., N. dorsalis penis

M. levator ani

M. ischiocavernosus

Corpus cavernosum penis (durchtrennt)

A., V., N. scrotalis posterior

Testis et Epididymis

A., V., N. perinealis   A. bulbi penis   Diaphragma urogenitale et Gl. bulbourethralis

Abb. 5.189 Gefäße und Nerven der Beckeneingeweide und des Beckenbodens beim Mann. Paramedianschnitt von rechts her dargestellt.

Analkontinenz und Stuhlentleerung

Die für den Verschluss und die Entleerung des Mastdarmes nötigen Strukturen werden unter dem Begriff **Kontinenzorgan** zusammengefasst. Dieses besteht aus sensiblen Zonen im Enddarm und einem autonom gesteuerten, aber willentlich beeinflussbaren Verschlusssystem.

Dehnungsrezeptoren in der Wand des **Rectum** registrieren dessen Füllungszustand. Rezeptoren im **Canalis analis** dienen der Identifizierung (z. B. Unterscheidung zwischen Kot und Gasen) des Inhaltes. Rezeptoren der **Zona cutanea** kontrollieren den Kontraktionszustand der Schließmuskeln. Der muskuläre Anteil des Kontinenzorgans wird von den **Mm. sphincter ani externus et internus** und vom **M. levator ani** gebildet. Der willkürlich kontrahierbare äußere Sphinkter wird autonom tonisiert und hilft, in Ruhe den Ausgang des Darmes zu verschließen. Bei Stuhldrang kann er willentlich stark kontrahiert werden. Bei der Stuhlentleerung erschlafft er automatisch. Der autonome innere Sphinkter dient hauptsächlich dem wasser- und gasdichten Verschluss des Analkanals, wobei er vom Corpus cavernosum recti unterstützt wird. Der **M. levator ani** arbeitet in Ruhe automatisch. Sein Tonus passt sich dem intraabdominellen Druck reflektorisch an. Bei seiner Kontraktion wird

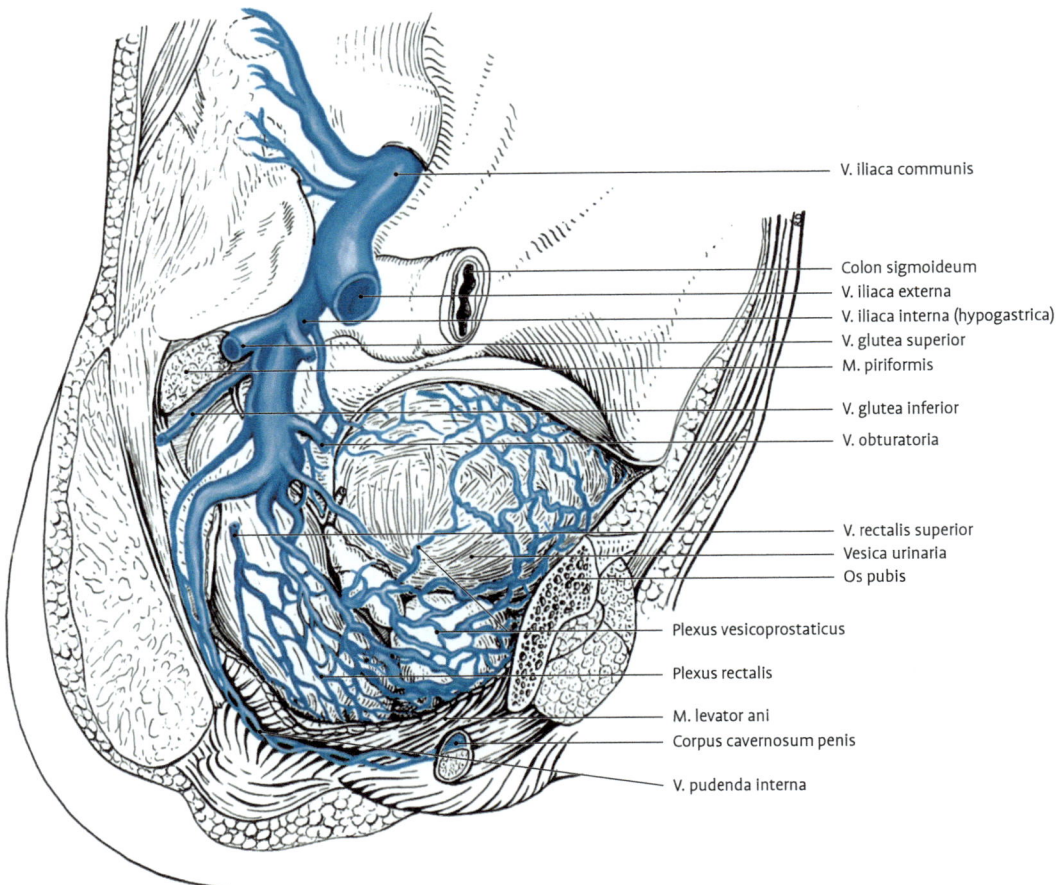

V. iliaca communis

Colon sigmoideum
V. iliaca externa
V. iliaca interna (hypogastrica)
V. glutea superior
M. piriformis

V. glutea inferior
V. obturatoria

V. rectalis superior
Vesica urinaria
Os pubis

Plexus vesicoprostaticus

Plexus rectalis

M. levator ani
Corpus cavernosum penis

V. pudenda interna

Abb. 5.190 Venen des männlichen Beckens am Paramedianschnitt. Die Harnblase ist stark gefüllt.

der **Canalis analis** angehoben und verschlossen. Bei Erschlaffung dieses Muskels wird der Weg in den **Canalis analis** freigegeben.

5.3.5.2 Beckenteil des Harnleiters, Pars pelvica et intramuralis ureteris

Allgemeine Beschreibung

Der Beckenabschnitt des Harnleiters beginnt an der Kreuzung der **Linea terminalis** mit der **Articulatio sacroiliaca** und endet am Eintritt des Ureters in die Blasenwand. Die **Pars pelvica ureteris** überkreuzt rechts das Anfangsstück der **A. iliaca externa,** links die Teilungsstelle **A. iliaca communis** und läuft zunächst vom **Peritoneum** bedeckt in der **Plica ureterica** an der Seitenwand des kleinen Beckens ventral der **A. iliaca interna** nach abwärts.

Auf Höhe der **Spina ischiadica** wendet sich der Harnleiter nach vorne und medial zur Harnblase und verliert seinen Kontakt mit dem Bauchfell. Bei der Frau unterkreuzt der Ureter im **Lig. latum uteri** die **A. uterina** und liegt in unmittelbarer Nähe der **Pars lateralis** des **Fornix vaginae.** Beim Mann unterkreuzt der Harnleiter den **Ductus deferens.** Die **Pars intramuralis** ist der schräg durch die Wand der Harnblase ziehende Abschnitt und mündet am **Ostium ureteris** in die Harnblase.

Bindegewebsbeziehungen (Abb. 5.192). Sowohl die Pars abdominalis wie auch die Pars pelvica des Harnleiters sind von einer gefäß- und nervenführender Adventitia (**Ureterscheide**) umhüllt. Im Bauchabschnitt sind beide Ureterscheiden über die Mittellinie hinweg durch eine zarte Bindegewebsplatte (**Ureterblatt**) miteinander verbunden.

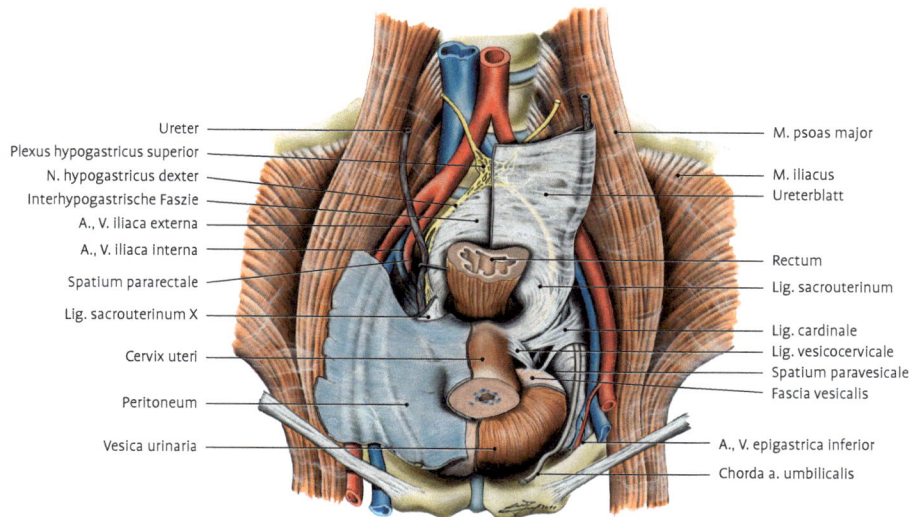

Ureter
Plexus hypogastricus superior
N. hypogastricus dexter
Interhypogastrische Faszie
A., V. iliaca externa
A., V. iliaca interna
Spatium pararectale
Lig. sacrouterinum X
Cervix uteri
Peritoneum
Vesica urinaria

M. psoas major
M. iliacus
Ureterblatt
Rectum
Lig. sacrouterinum
Lig. cardinale
Lig. vesicocervicale
Spatium paravesicale
Fascia vesicalis
A., V. epigastrica inferior
Chorda a. umbilicalis

Abb. 5.191 Ureter mit Beziehungen zu Bindegewebsstrukturen.

Das Ureterblatt unterteilt die Capsula adiposa der Niere in ein kleineres vorderes und größeres hinteres Fettkompartment.

Je weiter der Ureter beckenwärts absteigt, umso mehr nähert sich das Ureterblatt der **Fascia prerenalis,** bis sie schließlich mit ihr, und damit mit dem Peritoneum, verwächst. Das vordere Kompartment erhält somit einen unteren Abschluss, während sich das hintere Kompartment über die Vasa iliaca in die Bindegewebsräume des Beckens öffnet. Das mit der Fascia prerenalis verschmolzene Ureterblatt setzt sich in das Beckenbindegewebe (Rectumpfeiler, **Lig. sacrouterinum**) fort und leitet so den Ureter in die Bindegewebsstrukturen des kleinen Beckens weiter. Die **Pars pelvica** liegt zunächst unmittelbar lateral des Lig. sacrouterinum und gelangt mit diesem zum Uterovaginalpfeiler. Dann durchsetzt der Harnleiter diesen Pfeiler, in welchem er von der A. uterina überkreuzt wird, und gelangt mit dem Blasenpfeiler zur Harnblase, wobei er vom **Lig. vesicouterinum** (vesicocervicale) überdacht wird.

Gefäße und Nerven

Arterien. Arteriell wird der Beckenteil des Harnleiters durch **Rr. ureterici** der **Aa. vesicales superior** und **inferior, A. iliaca communis** und **A. iliaca interna** versorgt. Zusätzliche **Rami ureterici** kommen bei der Frau aus der **A. uterina** und beim Mann aus der **A. ductus deferentis.**

Venen. Der Abfluss des venösen Blutes erfolgt über die gleichnamigen Venen und die **Venenplexus** des kleinen Beckens.

Lymphgefäße. Bahnen über die **Nll. paravesicales**.

Nerven. Die **sympathischen** und **parasympathischen** Nerven kommen über die benachbarten vegetativen Plexus des kleinen Beckens und enthalten visceromotorische und viscerosensible Fasern. Das Zentrum für die sympathische Versorgung liegt in den Rückenmarkssegmenten Th10–Th12 und für die parasympathische Versorgung in den Segmenten S1–S3 (s. Kap. 2.4.6.6).

> **Klinik: 1.** Bei operativen Eingriffen ist das gefäßführende Bindegewebe um den Ureter zu schonen, da eine Verletzung der Gefäße **Nekrosen** oder **Ureterfisteln** zur Folge hat. **2.** Bei der Frau können die engen Beziehungen zum seitlichen Scheidengewölbe zu **Ureterovaginalfisteln** führen.

5.3.5.3 Harnblase, Vesica urinaria
(Abb. 5.190, 5.230, 5.231, 5.234)

Allgemeine Beschreibung

> Die Harnblase ist ein muskulöses Hohlorgan, das den Harn sammelt und durch die Harnröhre entleert.

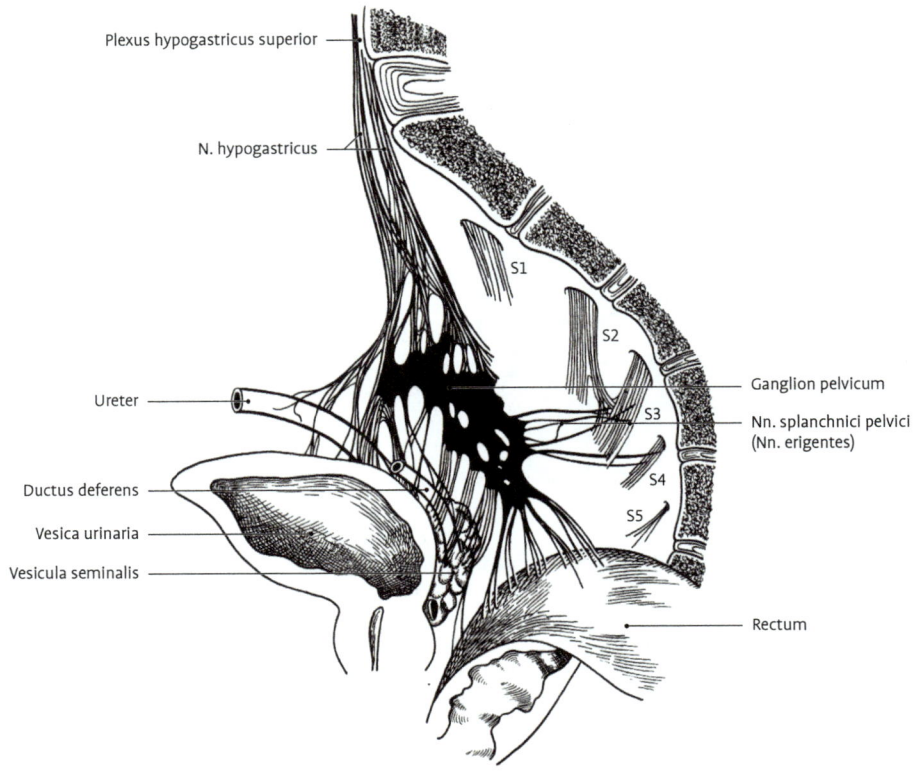

Plexus hypogastricus superior

N. hypogastricus

S1

S2

Ureter

Ganglion pelvicum

S3

Nn. splanchnici pelvici
(Nn. erigentes)

Ductus deferens

S4

Vesica urinaria

S5

Vesicula seminalis

Rectum

Abb. 5.192 Die vegetativen Beckengeflechte beim Mann. Nach Sljivic und Kozincev.

Die physiologisch gefüllte Harnblase fasst durchschnittlich 300–500 ml. Form und Lage der Blase sind abhängig vom Füllungszustand. Wir unterscheiden den nach vorne und oben gerichteten Blasenscheitel, **Apex vesicae,** den Blasenkörper, **Corpus vesicae,** und den kaudal und dorsal gegen den Beckenboden gerichteten Blasengrund, **Fundus vesicae.** Der ventrokaudal gerichtete Übergang in die Harnröhre wird Blasenhals, **Collum (Cervix) vesicae,** genannt. Vom Blasenscheitel zieht das **Lig. umbilicale medianum (Chorda urachi),** der obliterierte Allantoisgang, zum Nabel.

Wandbau

Die äußere Hülle ist an der ventrokaudalen Fläche eine **Tunica adventitia,** an der dorsokranialen Fläche eine **Tunica serosa (Peritoneum)** und **Tela subserosa.** Daran schließen sich die **Tunica muscularis** sowie die **Tela submucosa** und **Tunica mucosa** an.

Tunica mucosa. Die Schleimhaut der Harnblase ist durch eine lockere **Tela submucosa** mit der Tunica muscularis verbunden. Bei leerer Harnblase legt sich die Schleimhaut in Falten, die bei der Füllung wieder verstreichen. Nur am Blasengrund, zwischen den schlitzförmigen Ureterenöffnungen und der Harnröhrenöffnung liegt das **Trigonum vesicae LIEUTAUDI,** ein gleichschenkeliges Dreieck, in dem die **Tela submucosa** fehlt. Die Schleimhaut ist hier fest mit der Muskulatur verwachsen, sodass auch bei leerer Harnblase kaum Schleimhautfalten auftreten. Die Basis des Dreiecks bildet die **Plica interureterica.** Sie verbindet die schlitzförmigen Harnleiteröffnungen, **Ostia (Orificia) ureterum.** Oberhalb der Ureteröffnung wird durch die **Pars intramuralis ureteris** die **Plica ureterica** aufgeworfen. Die ventrale Spitze des Blasendreiecks läuft in einem Wulst, der **Uvula vesicae,** aus. Diese setzt sich in die **Crista urethralis,** eine längliche Schleimhautfalte, fort. Die Schleimhaut besitzt im Gebiet des Blasendreiecks kleine Schleimdrüsen,

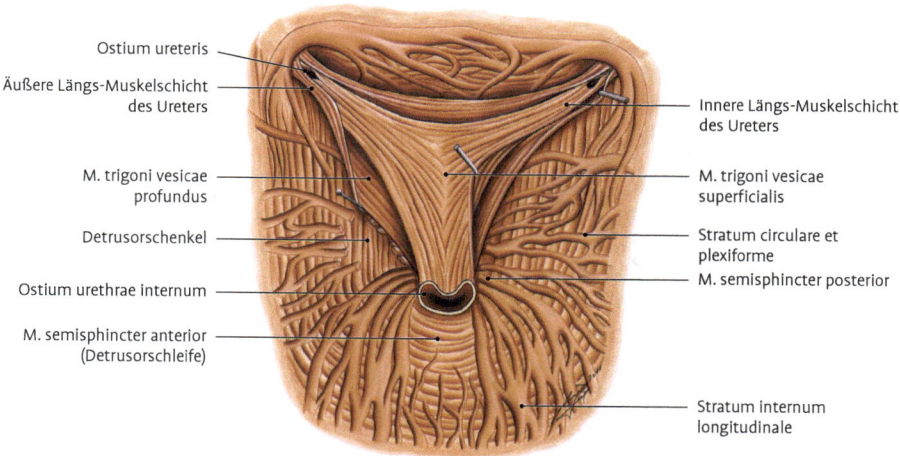

Abb. 5.193 Blasenmuskulatur im und um das Trigonum vesicae.

Glandulae trigonales. Das Epithel besteht, wie in den Nierenbecken und Harnleitern, aus Übergangsepithel **(Urothel)**. Die Farbe der Schleimhaut ist rötlich, im Bereich des **Trigonum vesicae** und der **Plica interureterica** blasser.

Tunica muscularis (Abb. 5.193). Die Muskulatur der Harnblase besteht aus glatten Muskelzellen, die in mehreren Schichten miteinander stark vernetzt sind. Folgende Schichten werden unterschieden: äußere Längsmuskulatur, mittlere Ringmuskulatur und innere netzförmige Muskulatur. In der klassischen Beschreibung wurde nur die äußere Längsschicht als Detrusor (der Austreiber) bezeichnet. Mittlerweile werden auch die anderen Schichten dazugerechnet und den Muskeln des Trigonum vesicae gegenübergestellt.

M. detrusor vesicae:
- Äußere Längsmuskulatur (Stratum externum longitudinale): Sie zieht vom Apex vesicae über den **Blasenkörper** nach hinten und steigt zwischen den Ureteren zum Fundus ab, wo sie unter Bildung der Detrusorschenkel wieder nach vorne zieht, um als Detrusorschleife das Ostium urethrae internum ventral zu umfassen (M. semisphincter anterior). Von den Detrusorschenkeln steigen schräge Fasern seitlich gegen die oberen Längsfasern auf, sodass der Blasenkörper auch lateral von dieser Längsschicht bedeckt ist. Aber auch an der Vorderseite der Harnblase steigen äußere Längsmuskelfasern vom Apex vesicae gegen das Ostium urethrae

internum ab (Stratrum internum longitudinale), das sie schließlich mit einer Schlinge an der Hinterseite umfassen (M. semisphincter posterior).
- **Mittlere Ringmuskulatur** (Stratum circulare): Sie umhüllt als kräftige Schichte das Corpus vesicae vom Apex vesicae nach hinten bis in Höhe der Ureterenmündung. Vorne reicht sie vom Apex bis zum Ostium urethrae. In diese Ringfaserschicht strahlen sowohl aus der äußeren als auch aus der inneren netzförmigen Schicht Muskelbündel ein. Im Unterschied zur oberflächlichen und tiefen Schicht setzt sich diese mittlere Schicht nicht in die Urethra fort, sie ist auch nicht am Blasenverschluss beteiligt.
- **Innere netzförmige (plexiforme) Muskulatur** (Stratum internum): Sie besteht aus netzförmig angeordneten Bündeln, die für das Innenrelief der Blase verantwortlich sind. In der Nähe des **Ostium urethrae** ist diese tiefe Muskelschicht mit zarten Bündeln radiär angeordnet (und setzt sie sich in die Muskulatur der Urethra fort).

Mm. trigoni vesicae. Diese unterfüttern das **Trigonum vesicae** und sind eigentlich die Fortsetzung der Ureterenmuskulatur. Sie bestehen aus dem **M. trigoni vesicae superficialis** und dem **M. trigoni vesicae profundus.** Der oberflächliche Anteil liegt unmittelbar unter der Schleimhaut und ist die Fortsetzung der inneren Längsmuskelschicht des Ureters. Nach dem Durchtritt durch die Blasenwand fächert sie sich zu einer dreieckigen Muskelplatte auf, deren Muskelfasern bis auf die Hinterwand der **Urethra** reichen. Der **M. trigoni vesicae profundus** stammt aus der äußeren Längsmuskelschicht des Ureters (Waldeyer-Scheide) und bildet ebenfalls eine dreieckige Muskelplatte, welche mit dem darunter liegenden Detrusorfasern fest verwachsen ist. Die Muskeln des **Trigonum vesicae** bilden einerseits die Verankerung des Ureters an der Wand der Harnblase, andererseits ziehen sich die Muskeln des Blasendreiecks am Beginn des Harnlassens zusammen und verschließen das **Ostium ureteris**. Unmittelbar kaudal des M. trigoni vesicae profundus liegt der M. semisphincter posterior (M. sphincter trigonalis KALISCHER). Nach ventral geht er in die Detrusorfasern des Stratum internum longitudinale über, seitlich setzt er sich ins Stratum circulare und die Netzfaserschicht fort. Unmittelbar kaudal des M. sphincter trigonalis gehen die Fasern der Detrusorschenkel in die Detrusorschleife über und umfassen das Ostium urethrae internum als Semisphincter anterior vorne. Der **M. sphincter vesicae** ist also kein einheitlicher Muskel, er besteht aus den beiden Semisphincteren, weiters wird ihm auch der glatte **M. sphincter urethrae internus** zugerechnet. Zusammen bilden sie den unwillkürlichen Verschluss der Harnblase. Die zwischen den Schenkeln der Detrusorschleife gelegenen Längsmuskelzüge durchbohren die übrigen Muskellagen und strahlen mit elastischen Sehnen in die **Uvula vesicae** aus. Sie verschieben die Uvula vesicae nach kranial und hinten und unterstützen damit die Öffnung der Harnblase („Musculus retractor uvulae"). Der **Fundus vesicae** ist durch den **M. pubovesicalis** mit dem Schambein und durch den **M. rectovesicalis** mit dem Rectum verbunden. Der **M. rectourethralis** zieht von der Längsmuskulatur des **Rectum** zur **Urethra**. Bei der Frau zieht der **M. vesicovaginalis** zwischen Scheide und Harnblase und beim Mann zwischen **Prostata** und Harnblase der **M. vesicoprostaticus**.

Gefäße und Nerven

Arterien. Die **A. vesicalis superior** aus dem noch durchgängigen Teil der **A. umbilicalis** versorgt den oberen Abschnitt, die **A. vesicalis inferior** aus der **A. iliaca interna** den Blasengrund. Kleinere Äste aus der **A. obturatoria**, **A. rectalis media**, **A. pudenda interna** und bei der Frau auch aus der **A. uterina** sind zusätzlich an der Versorgung beteiligt (Abb. 5.189).

Venen. Das venöse Blut wird in einem submukösen, intramuskulären und oberflächlichen Venennetz gesammelt. Das submuköse Venennetz bildet im Bereich des Blasendreieckes und der Harnröhrenöffnung ein starkes venöses Polster, welches bei der Abdichtung der Harnröhrenöffnung eine wichtige Rolle spielt. Der weitere Abfluss erfolgt in den seitlich der Harnblase liegenden **Plexus venosus vesicalis** und über diesen in die **V. iliaca interna** (Abb. 5.190).

Lymphabfluss. Die Lymphe fließt über **Nll. paravesicales** zu den **Nll. iliaci interni**, aber auch direkt zu den **Nll. iliaci communes** und **interiliaci** und schließlich in den **Truncus lumbalis** (s. Kap. 2.3.6.2).

Nerven. Die Innervation erfolgt über den **Plexus vesicalis** mit sympathischen Fasern aus den Segmenten Th11–L2 (**Nn. splanchnici lumbales, N. hypogastricus, Nn. splanchnici sacrales**) und parasympathischen Fasern aus den Segmenten S2–S4 (**Nn. splanchnici pelvici, Radix parasympathica**). Die Nerven führen viszeromotorische und viszerosensible Fasern. Der **Sympathicus** innerviert die Schließmuskeln des Blasenausganges, der **Parasympathicus** innerviert die Muskeln für die Entleerung der Harnblase (Abb. 5.191).

Topografie und Bauchfellbeziehungen

Die Lage ist vom Füllungszustand der Harnblase und der Nachbarorgane abhängig. Das Bauchfell überzieht den dorsalen Teil des Scheitels und des Blasenkörpers. Bei der Frau schlägt sich das **Peritoneum** von der Harnblase auf den Uterus (**Excavatio vesicouterina**), beim Mann in Höhe der Samenblasenkuppen auf das Rectum (**Excavatio rectovesicalis**) über (Abb. Abb. 5.185, 5.186). Durch den Umschlag des Bauchfelles auf die laterale Beckenwand entsteht neben der Harnblase die **Fossa paravesicalis**. Bei leerer Harnblase bildet das Bauchfell über dieser eine quere Reservefalte, die **Plica vesicalis transversa**.

Die leere Harnblase liegt beim Erwachsenen hinter der Symphyse im kleinen Becken. Kranial ist sie durch die auf ihr ruhenden Darmschlingen schüsselförmig eingedellt. Bei der Füllung dehnt sie sich zunächst nach lateral und darauf nabelwärts in das **Spatium retropubicum (Cavum praeperitoneale, Cavum Retzii)** aus. Sie schiebt dabei das Bauchfell nach oben.

Klinik: 1. In dem dadurch oberhalb der Symphyse entstehenden bauchfellfreien Bereich kann der Chirurg die Harnblase operativ erreichen, ohne die Peritonealhöhle zu eröffnen **(Sectio alta). 2.** Bei starker Harnverhaltung ist auch dicht oberhalb der Symphyse eine **Punktion** und Entleerung möglich, wenn diese mit dem Harnröhrenkatheter nicht durchführbar ist. Die horizontal eingeführte Nadel soll dabei mit ihrer Spitze auf die Mitte des Kreuzbeins gerichtet sein. Größe und Ausdehnung der gefüllten Harnblase kann oberhalb der Symphyse durch Perkussion festgestellt werden. **3.** Beim Neugeborenen und beim Kleinkind überragt auch die leere Harnblase die Symphyse.

Befestigung der Harnblase

Um die Ausdehnungsfähigkeit nicht einzuschränken, gehen nahezu alle Haltevorrichtungen vom **Fundus vesicae** aus. Diese Haltevorrichtungen bestehen aus Bindegewebe und glatten Muskelfasern in unterschiedlichem Verhältnis und werden daher sowohl als Bänder als auch als Muskeln bezeichnet. Der **M. pubovesicalis (Lig. pubovesicale),** beim Mann auch Lig. puboprostaticum genannt, zieht von der Symphyse zum Hals der Harnblase. Dieses Band kann als vorderstes Ende des Blasenpfeilers (Paracystium) gesehen werden. Weiters ziehen von schräg hinten aus dem **Arcus tendineus fasciae pelvis** kräftige Bandzüge an den Blasenhals. Es sind somit vier ligamentäre Strukturen, die den Blasenhals in der Umbgebung befestigen.

Der Blasengrund liegt beim Mann auf der Basis der Prostata und ist durch den **M. vesicoprostaticus (Lig. vesicoprostaticum)** mit ihr verbunden. Bei der Frau verbindet der **M. vesicovaginalis** den Blasengrund mit der Scheide. Der **M. rectovesicalis (Lig. rectovesicale)** fixiert die Harnblase an der Vorderfläche des Kreuzbeines. Er wirft beim Mann eine Peritonalfalte auf, die Plica rectovesicalis, welche den Eingang in die Excavatio rectovesicalis begrenzt. Letztere entspricht der Excavatio rectouterina bei der Frau.

Bindegewebsräume und Nachbarorgane

Eine Verdichtung des subserösen Bindegewebes, **Septum vesicoumbilicale (Fascia vesicoumbilicalis)**, zieht an der vorderen Bauchwand vom Nabel bis zur Harnblase herab. Die seitlichen Grenzen dieser dreieckigen Platte werden von der linken und rechten **Chorda a. umbilicalis (Lig. umbilicale laterale)** gebildet. Auf der Harnblase ist das Bindegewebe zur **Fascia vesicalis** verdichtet. Diese Faszien begrenzen das mit lockerem Bindegewebe ausgefüllte **Spatium retropubicum (praevesicale Retzii)**. Das Spatium retropubicum geht seitlich von der Blase kontinuierlich in das ebenfalls mit lockerem Bindegewebe ausgefüllte **Spatium paravesicale** über. Dieses grenzt nach medial an das **Paracystium,** ein verdichtetes Bindegewebe, in welchem die Gefäße und Nerven an die Harnblase ziehen. Beim Mann schieben sich zwischen Blase und Rectum die Vesiculae seminales und die Ampullae ductus deferentes. Hier findet sich auch das **Septum rectovesicale (rectoprostaticum)**. Im Septum liegt ein Spaltraum, das **Spatium rectovesicale**. Die vordere Lamelle des Septum, die **Membrana peritoneoprostatica (Fascia rectovesicalis, peritoneoperinealis,** Dennonvilliers' Faszie [Abb. 5.185, 5.231]) begrenzt das Spatium nach ventral und bedeckt von dorsal die Samenbläschen sowie die Ampullae ductus deferentes. Das **Septum rectovesicale** ermöglicht die Verschiebung der Blase gegen das Rectum. Bei der Frau liegt zwischen Harnblase und **Cervix uteri** das **Septum vesicocervicale** und zwischen Harnblase und Vagina das **Septum vesicovaginale**.

Klinik: 1. Operativ lassen sich beim Mann Rectum und Harnblase leicht im Bereich des **Septum rectovesicale** trennen. Bei der Frau lässt sich die Harnblase von der **Cervix uteri** und der **Vagina** im Bereich der **Septa vesicocervicale et vesicovaginale** ablösen. **2.** Bei extraperitonealen **Blasenrupturen** können sich Urin und Blut rasch und ungehindert in den geschilderten Verschiebespalten ausbreiten. **3. Schambeinfrakturen** können zu Verletzungen der vorderen Blasenwand führen.

Füllung und Entleerung der Harnblase

Füllung. Die Blase dehnt sich bei Füllung zunächst in Querrichtung und erst später in vertikaler Richtung aus. Die Blasensphinkteren verschließen das **Ostium urethrae internum.** Fasern der **Mm. trigoni vesicae** ziehen die Uvula in die Harnröhrenmündung und dichten dadurch weiter ab. Eine stärkere Füllung der Blase komprimiert die im **Paracystium** gelegenen Venengeflechte und erhöht damit die Füllung des Uvulapolsters.

Entleerung. Die Blasenentleerung beginnt mit der Erschlaffung des Beckenbodens. Damit tritt die Blase tiefer, der Blasenhals wird durch die sich nun anspannenden Ligg. pubovesicalia und die von dorsal in den Hals einstrahlenden Verankerungszügel aus dem Arcus tendineus fasciae pelvis trichterförmig eröffnet. Harn tritt nun in den Hals und in die proximale Urethra ein. Gleichzeitig richten die Längsfasern des Detrusor die Blase auf und vergrößern den ventralen Winkel zwischen Blase und Urethra, womit die trichterförmige Erweiterung des Blasenhalses zusätzlich begünstigt wird. Die in die Uvula ausstrahlenden Längsfasern (M. retractor uvuae) ziehen die Uvula aus dem **Ostium urethrae internum** zurück und erweitern somit das Ostium urethrae internum. Die Ringfasern der Blase kontrahieren, wodurch der Querdurchmesser verringert wird. Das soll nun den venösen Abfluss aus dem Uvulapolster begünstigen. Die Semisphincteren erschlaffen und der Abfluss ist freigegeben.

Nervöse Steuerung. Die Blasenmuskulatur wird antagonistisch vom **Sympathicus** und **Parasympathicus** versorgt. Beide enthalten afferente und efferente Fasern zu den Reflexzentren im Rückenmark und den übergeordneten Zentren im Gehirn.

Entleerung, Miktion. Die visceromotorischen parasympathischen Fasern führen zur Kontraktion des **M. detrusor vesicae,** hemmen die Blasensphinkteren und bewirken die Entleerung der Harnblase. Das Reflexzentrum liegt im Sakralmark. Die somatomotorisch innervierten Bauchmuskeln unterstützen die Entleerung.

Verschluss. Der Sympathicus führt zur Kontraktion der glatten Schließmuskeln und hemmt den Detrusor. Er verhindert die Entleerung und kann Harnverhalt bewirken. Sein Reflexzentrum liegt im Lendenmark. Der Verschluss wird durch den **M. sphincter urethrae externus** unterstützt. Der äußere Schließmuskel der Harnröhre besteht aus quer gestreiftem Muskelgewebe, arbeitet willkürlich und wird somatomorisch vom **N. pudendus** innerviert. Die viscerosensiblen Fasern beginnen mit freien Endigungen in der Blasenwand, reagieren auf Dehnung und vermitteln das Gefühl des Harndranges. Schmerzfasern führen bei Überdehnung zum Blasenschmerz. Die übergeordneten Zentren für die Blasenfunktion liegen im **Lobulus paracentralis** des Endhirnes.

Das Gefühl des Harndranges ist nicht allein von dem Füllungsgrad, sondern auch von psychischen Faktoren abhängig. Aufregung führt zu Harndrang, geistige Ablenkung schiebt ihn hinaus. Auch Hautreize und akustische Reize fördern den Harndrang.

5.3.5.4 Harnröhre, Urethra

Allgemeine Beschreibung

> Form und Funktion der Harnröhre sind bei Mann und Frau verschieden. Bei der Frau dient die Urethra nur der Harnableitung. Die Harnröhre des Mannes ist auch Transportorgan für die Samenflüssigkeit und daher als Harnsamenröhre zu bezeichnen.

Aus diesem Grund wird die Harnröhre des Mannes bei den Geschlechtsorganen beschrieben (s. Kap. 5.3.4.6).

Weibliche Harnröhre, Urethra feminina (Abb. 5.187)

Die 3–5 cm lange weibliche Harnröhre hat einen ähnlichen Verlauf wie die Scheide, mit deren Vorderwand sie durch das Bindegewebe des **Septum urethrovaginale** verbunden ist. Sie beginnt am **Ostium urethrae internum** in der Harnblase und endet nach dem Durchtritt durch das **Diaphragma urogenitale** mit dem **Ostium urethrae externum** im **Vestibulum vaginae.** Sie verläuft in einem nach ventral leicht konkaven Bogen.

Wandbau

Die Wand der **Urethra feminina** besteht aus einer außen liegenden **Tunica adventitia,** einer mittleren **Tunica muscularis** sowie innen aus einer **Tunica spongiosa** und einer **Tunica mucosa.**

Tunica mucosa. Die Schleimhaut der Urethra besitzt zahlreiche Längsfalten, welche bei Dehnung verstreichen. Von der Hinterwand ragt die **Crista urethralis** als Fortsetzung der **Uvula vesicae** gegen das Lumen vor. An der Schleimhautoberfläche findet man kleine Schleimhautbuchten, **Lacunae urethrales,** in welche die mukösen **Glandulae urethrales** münden. Neben der äußeren Harnröhrenöffnung im Scheidenvorhof münden 1–2 cm lange Drüsenschläuche, die **Ductus paraurethrales** (Skene-Gänge). Das Epithel ist blasennahe Übergangsepithel **(Urothel),** welches allmählich in mehrreihiges prismatisches Epithel übergeht. Mündungsnahe besitzt die **Urethra** mehrschichtig unverhorntes Plattenepithel.

Tunica adventitia. Das Bindegewebe um die **Urethra** bildet mit der Bindewebshülle der Vagina das **Septum urethrovaginale,** welches die Harnröhre an der Vorderwand der Vagina befestigt.

Tunica muscularis. Die glatte Muskulatur der Harnröhre ist in einer inneren Längsmuskelschicht, **Stratum longitudinale,** und einer äußeren Ringmuskelschichte **Stratum circulare,** angeordnet. Blasennahe bildet das **Stratum circulare** den **M. sphincter urethrae internus (M. sphincter vesicae internus, Lissosphincter),** der dem Sphincter vesicae zugerechnet wird. Der eigentliche M. sphincter urethrae (früher M. urethrae externus) ist quer gestreift und liegt im Diaphragma urogenitale. Er wird vom N. pudendus innerviert und kann die Harnröhre auch bei stärkerem Harndrang willkürlich verschließen.

Tunica spongiosa. Diese ist ein submukös liegendes kompressibles Schwellgewebe, welches aus einem dichten Venennetz besteht sowie zahlreiche elastische Fasern und vereinzelt Lymphfollikel besitzt.

> **Klinik: 1.** Die weibliche Harnröhre ist stark dehnungsfähig und setzt dem Einführen des **Katheters** keinen stärkeren Widerstand entgegen. **2.** Infolge der kurzen Harnröhre können pathogene Keime leichter eindringen. Daher sind aufsteigende **Harnwegsinfektionen** bei der Frau häufiger.

Gefäße und Nerven

Siehe Harnblase, Kap. 5.3.5.3.

5.3.6 Geschlechtsorgane, Organa genitalia

> Die **Geschlechtsorgane** dienen der **Fortpflanzung.** Der wichtigsten Bestandteile sind die Keimdrüsen (Gonaden). Sie bilden die Keimzellen und liefern wichtige Hormone. Die oberhalb des Beckenbodens im Becken gelegenen Anteile nennen wir **innere Geschlechtsorgane.** Die **äußeren Geschlechtsorgane** liegen unterhalb des Beckenbodens.

5.3.6.1 Übersicht über weibliche und männlicheGeschlechtsorgane, Organa genitalia feminina et masculina (Abb. 5.194, 5.195)

Weibliche Geschlechtsorgane

- **Innere weibliche Geschlechtsorgane, Organa genitalia feminina interna**

> Zu den inneren Geschlechtsorganen der Frau gehören die weibliche Keimdrüse, der Eierstock, **(Ovarium),** der Eileiter **(Tuba uterina, Salpinx),** die Gebärmutter **(Uterus)** und die Scheide **(Vagina).** Als sogenannte Genitalplatte sind sie zwischen Rectum und Harnblase eingeschoben.
>
> Die Grenze zu den äußeren Geschlechtsorganen bildet der **Hymen** (Jungfernhäutchen) bzw. die **Carunculae hymenales.** Die Eierstöcke und Eileiter sind paarige Organe.

> **Klinik:** Die beiden Ovarien und Tuben werden im klinischen Sprachgebrauch auch als **Adnexe** des **Uterus** bezeichnet.

- **Äußere weibliche Geschlechtsorgane, Organa genitalia feminina externa**

> Die äußeren Genitalien der Frau werden als **Pudendum femininum (Vulva, Cunnus),** weibliche Scham, bezeichnet. Zu den äußeren Geschlechtsorganen der Frau gehören der Schamberg, **Mons pubis (veneris),** die großen und kleinen Schamlippen, **Labia majora et minora pudendi,** mit der Schamspalte, **Rima pudendi,** der Kitzler, **Clitoris,** und der Scheidenvorhof, **Vestibulum vaginae.** Sie werden ausführlich unten in Kap. 5.3.6.3, behandelt.

Männliche Geschlechtsorgane

- **Innere männliche Geschlechtsorgane, Organa genitalia masculina interna**

> Zu den inneren männlichen Geschlechtsorganen gehören die männliche Keimdrüse, der Hoden **(Testis, Orchis),** der Nebenhoden **(Epididymis),** der Samenleiter **(Ductus deferens),** der Spritzgang **(Ductus ejaculatorius),** das Sa-

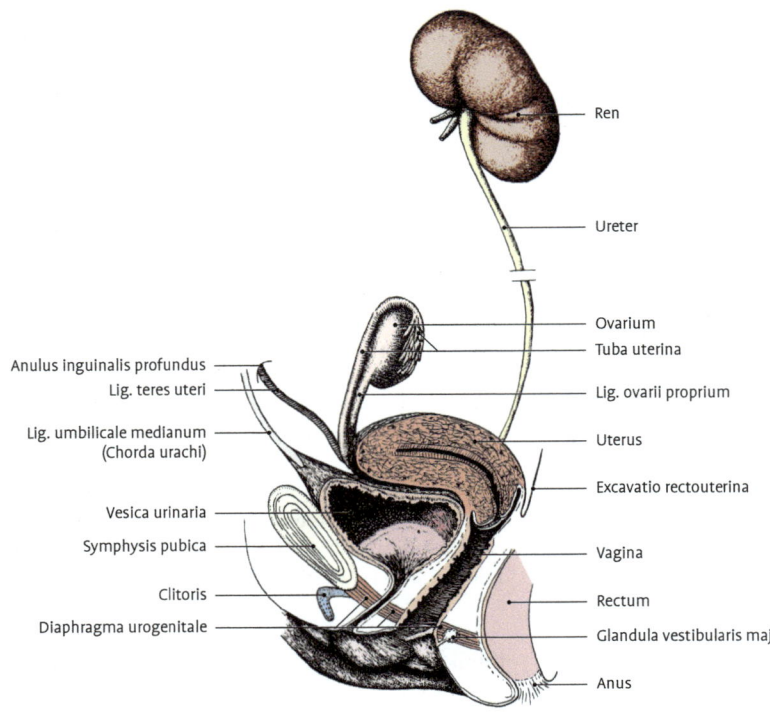

Ren

Ureter

Ovarium

Tuba uterina

Anulus inguinalis profundus

Lig. teres uteri

Lig. ovarii proprium

Lig. umbilicale medianum
(Chorda urachi)

Uterus

Excavatio rectouterina

Vesica urinaria

Symphysis pubica

Vagina

Clitoris

Rectum

Diaphragma urogenitale

Glandula vestibularis major

Anus

Abb. 5.194 Schema der
Harn- und Geschlechts-
organe der Frau.

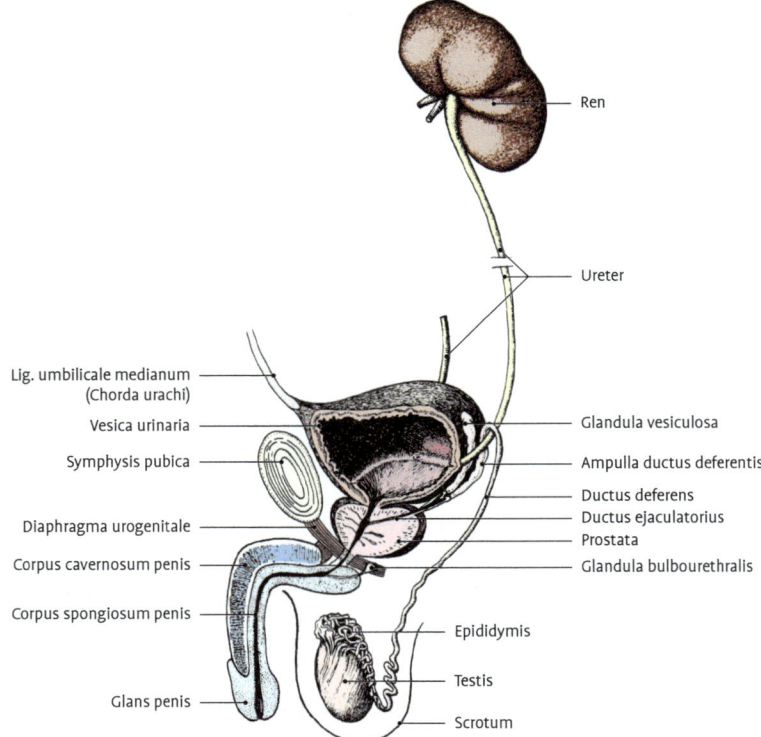

Ren

Ureter

Lig. umbilicale medianum
(Chorda urachi)

Vesica urinaria

Glandula vesiculosa

Symphysis pubica

Ampulla ductus deferentis

Ductus deferens

Diaphragma urogenitale

Ductus ejaculatorius

Prostata

Corpus cavernosum penis

Glandula bulbourethralis

Corpus spongiosum penis

Epididymis

Testis

Glans penis

Scrotum

Abb. 5.195 Schema der
Harn- und Geschlechts-
organe des Mannes.

menbläschen oder die Bläschendrüse (**Vesicula seminalis, Glandula vesiculosa, Glandula seminalis),** die Vorsteherdrüse (**Prostata**) und die Cowper-Drüsen (**Glandulae bulbourethrales**). Die inneren männlichen Geschlechtsorgane sind bis auf die Vorsteherdrüse paarige Organe.

- **Äußere männliche Geschlechtsorgane, Organa genitalia masculina externa**

Zu diesen zählt das männliche Glied (**Penis**), die Harnsamenröhre (**Urethra masculina**) und der Hodensack (**Scrotum**).

Entwicklung der männlichen und weiblichen Geschlechtsorgane (Abb. 5.196, 5.197)

Differenzierung der inneren Genitalien. Die Keimdrüsen und die Geschlechtsorgane sind zunächst als indifferente Anlage ausgebildet. An der dorsalen Leibeshöhlenwand entsteht an der medialen Seite der Urnierenanlage die Genitalfalte, in deren kaudalem Teil sich die Keimdrüse entwickelt. Sie liegt der Urniere auf. Lateral von der Urnierenanlage entsteht durch Wucherung des Zölomepithels der Geschlechts- oder Müller-Gang. Nach kaudal kreuzt er den Urnierengang (Wolff-Gang), zieht medial von ihm herab und mündet zusammen mit dem der anderen Seite zwischen rechtem und linkem Urnierengang in den **Sinus urogenitalis.** Vor dem kranialen bzw. kaudalen Pol der Urnieren-Keimdrüsenanlage gehen das kraniale bzw. kaudale Urnieren-Keimdrüsenband ab.

1. **Weibliche Differenzierung.** Der kraniale Teil des Müller-Ganges wird zur **Tuba uterina.** Der kaudale Teil verschmilzt mit dem Gang der anderen Seite zu einem einheitlichen Hohlraum, der sich zu **Uterus** und **Vagina** weiter differenziert. Die Urnierenanlage wird rückgebildet. Die Quergänge liefern das **Epoophoron** und **Paroophoron.** Der Urnierengang verödet in der Regel, kann aber auch als **Ductus epoophori longitudinalis** (Gartner) erhalten bleiben und an der Seite des **Uterus** herabziehen. Das kaudale Keimdrüsen-Urnierenband verwächst am Tubenwinkel mit der Uteruswand, zerfällt damit in 2 Abschnitte, das kraniale **Lig. ovarii proprium (Chorda uteroovarica)** und das kaudale **Lig. teres uteri (Chorda uteroinguinalis).** Das Letztere zieht durch den Leistenkanal und en-

det im Gewebe des **Mons veneris** und des **Labium majus.**
Da die Rumpfwand stärker als das Band wächst, werden die Keimdrüsen allmählich von der Lendengegend in das große Becken verlagert. Schließlich werden die Ovarien noch an die Seitenwand des kleinen Beckens verlagert. Vom pelvinen Pol des Eierstockes zieht das **Lig. suspensorium ovarii** als Rest des kranialen Urnieren-Keimdrüsenbandes nach kranial. Der Eileiter folgt den Verlagerungen des Eierstockes.

2. **Männliche Differenzierung.** Der Müller-Gang wird zurückgebildet. Das kraniale Ende liefert meistens einen **bläschenförmigen,** kleinen Anhang am Hoden, die **Appendix testis.** Das kaudale Ende bildet auf dem Samenhügel der **Pars prostatica urethrae** einen kleinen Blindsack, den **Utriculus prostaticus.** Der Urnierengang und der Keimdrüsenanteil der Urnieren bleiben erhalten. Die Querkanälchen treten mit dem **Rete testis** in Verbindung und bilden die **Ductuli efferentes** des Nebenhodens. Querkanäl-

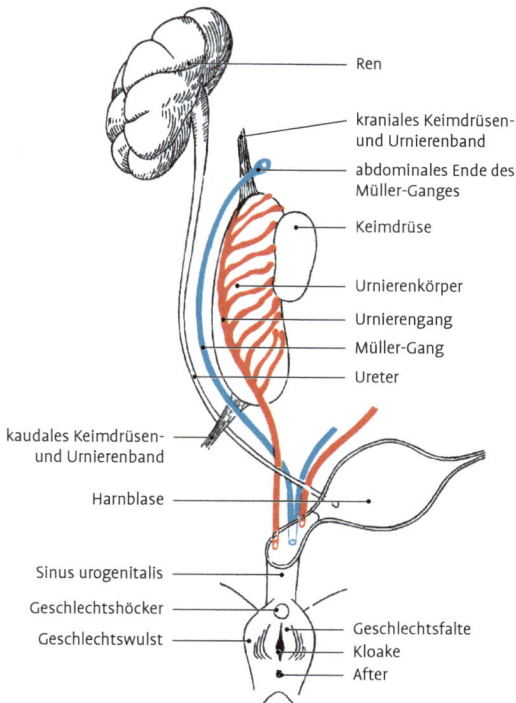

Abb. 5.196 Entwicklung der Geschlechtsorgane. Indifferentes Stadium. Verändert nach H. Braus.

chen, die keine Verbindung zum Rete testis bekommen, werden zu **Ductuli aberrantes.** Geht auch die Verbindung zum Urnierengang verloren, so sprechen wir vom Beihoden oder **Paradidymis.** Der Urnierengang liefert die ableitenden Samenwege, den Nebenhodengang, **Ductus epididymidis,** den Samenleiter, **Ductus deferens,** und den **Ductus ejaculatorius.** Als blindsackförmige Aussackung des kaudalen Endes des Urnierenganges entsteht die Bläschendrüse, **Vesicula seminalis.** Der Anfangsteil des Urnierenganges wird zur bläschenförmigen **Appendix epididymidis.**

Die Verlagerung des Hodens nach kaudal erfolgt zunächst ähnlich wie beim Eierstock. Das kaudale Urnieren-Keimdrüsenband (auch Leistenband der Urniere genannt) bleibt besonders stark im Wachstum zurück. Dadurch ist bereits zu Beginn des 3. FM der Hoden von der Lendengegend in die Gegend des inneren Leistenringes an die vordere Bauchwand verlagert. Hier bleibt er bis zum 7. Monat liegen. Unterdessen stülpt sich

das Bauchfell durch den Leistenkanal vor und bildet den **Processus vaginalis peritonei.** Da das Leistenband der Urniere (auch Leitband des Hodens, **Gubernaculum testis,** genannt) durch den Leistenkanal zur Haut zieht, muss es bei der Aussackung der vorderen Bauchwand zum Hodensack bis zum Grunde des Letzteren reichen. In den letzten Schwangerschaftsmonaten wandert der Hoden durch den Leistenkanal in den Hodensack. Die Anwesenheit der Hoden im Hodensack wird als Zeichen der Reife des Neugeborenen angesehen. Die Schichten der Bauchwand liefern die Schichten des Hodensackes.

> **Klinik: 1.** Wird die Verlagerung des Hodens, **Descensus testis,** gehemmt, so liegen verschiedene Formen des **Kryptorchismus** vor. Die Bildung der Samenzellen ist dabei gestört. **2.** Bleibt der **Processus vaginalis peritonei** offen, besteht die Anlage eines angeborenen Leistenbruches.

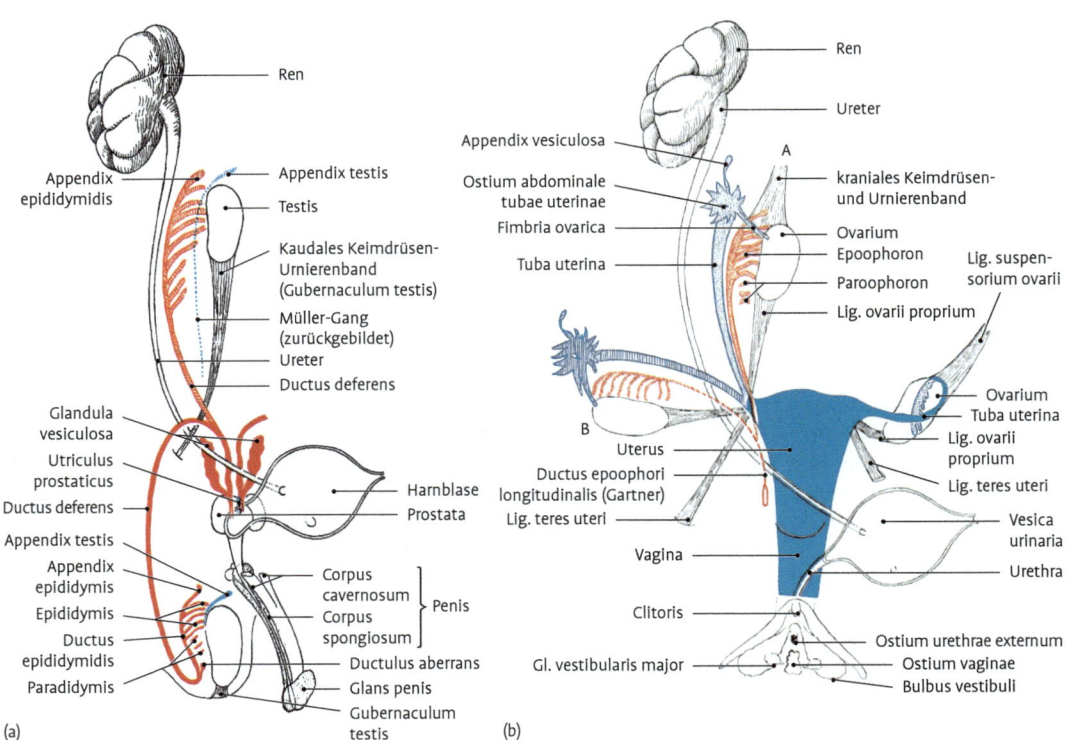

Abb. 5.197 a: Entwicklung der männlichen Geschlechtsorgane, verändert nach Braus, **b:** Entwicklung der weiblichen Geschlechtsorgane mit den Stadien A (vor), B (nach Descensus), C (in situ), verändert nach Braus.

Die Differenzierung der äußeren Genitalien.
Auch die äußeren Geschlechtsorgane sind ursprünglich gleich angelegt. Es sind der **Sinus urogenitalis,** der gemeinsame Kanal für Harn- und Geschlechtsprodukte, der Geschlechtshöcker, die Geschlechtsfalten und die Geschlechtswülste.

1. **Weibliche Differenzierung.** Bei der Frau bleibt dieses Indifferenzstadium weitgehend erhalten. Aus dem **Sinus urogenitalis** entstehen der Scheidenvorhof **(Vestibulum vaginae),** aus dem **Geschlechtshöcker** der Kitzler **(Clitoris),** aus den Geschlechtsfalten die kleinen Schamlippen **(Labia minora)** und aus den Geschlechtswülsten die großen Schamlippen **(Labia majora).**

2. **Männliche Differenzierung.** Beim Mann ergibt die Bildung des für die Begattung wichtigen Gliedes **(Penis)** eine weitgehende Um- und Weiterbildung der ursprünglich **indifferenten** Anlage. Es wird der Geschlechtshöcker zum kräftigen Schwellkörper des Gliedes **(Corpus cavernosum penis).** Die Geschlechtsfalten beider Seiten verwachsen miteinander zu einer Röhre, die als Fortsetzung des **Sinus urogenitalis** die **Pars spongiosa** der männlichen Harnröhre, den Schwellkörper der Harnröhre **(Corpus spongiosum penis)** mit der Eichel **(Glans penis)** bildet. Die Geschlechtswülste verschmelzen zum Hodensack **(Scrotum),** der die durch den Leistenkanal durchgetretenen Hoden aufnimmt.

Klinik: 1. Unterbleiben diese Verwachsungen, so kann die Harnröhre an der Unterseite **(Hypospadie, Fissura urethrae inferior,** untere Harnröhrenspalte) oder an der Oberseite **(Epispadie, Fissura urethrae superior)** offen bleiben und ist dann nur als Rinne ausgebildet. **2.** Beim männlichen Geschlecht kann ein weibliches äußeres Genitale vorgetäuscht sein **(Scheinzwitter).**

5.3.6.2 Innere weibliche Geschlechtsorgane, Organa genitalia feminina interna (Abb. 5.198, 5.199)

Eierstock, Ovarium

Allgemeine Beschreibung.

Der Eierstock ist die weibliche Keimdrüse, enthält die vor der Geburt gebildeten Follikel mit Eizellen und bildet Hormone. Er ist ein abgeplattetes, länglich ovales und intraperitoneal gelegenes Organ.

Die Größe und die Form hängen von Funktionszustand und Alter ab. Das Ovar ist vor der Pubertät klein und hat eine glatte Oberfläche. Der Übergang zur Geschlechtsreife heißt Pubertät, das Erlöschen der Fortpflanzungsfähigkeit erfolgt in den Wechseljahren (Klimakterium). Die Zeit danach ist die Menopause, das Ovar ist wieder klein, hat aber eine narbige Oberfläche. In der Zeit zwischen Pubertät und Klimakterium ist der Eierstock 3–4 cm lang, 1,5–2 cm breit, 1–1,5 cm dick, 7–14 g schwer und zeigt die von den Hormonen der Hypophyse abhängigen Funktionsstadien.

Lage. Das **Ovarium** liegt an der seitlichen Beckenwand und seine Längsachse verläuft in kraniokaudaler Richtung. Der Eierstock hat eine gegen das Beckeninnere gerichtete **Facies medialis (intestinalis)** und eine der seitlichen Beckenwand zugewandte **Facies lateralis.** Der abgestumpfte, freie Hinterrand heißt **Margo liber,** am nach ventral gerichteten **Margo mesovaricus** ist das **Mesovar** angeheftet. Die **Extremitas uterina** ist der uterusnahe untere Pol, die **Extremitas tubaria** ist das tubennahe kraniale Ende. Das **Hilum ovarii,** die Eintrittsstelle der Gefäße und Nerven, liegt am Ansatz des Gekröses der Keimdrüse **(Mesovar)** am **Margo mesovaricus.** Das **Mesovarium** ist ein Teil des **Lig. latum uteri.**

Epoophoron und Paroophoron (Abb. 5.197). Das **Epoophoron,** der Nebeneierstock, ist ein Rest des Sexualanteiles der Urniere und liegt zwischen den beiden Blättern der **Mesosalpinx.** Er besteht aus einem zur Tube parallel verlaufenden Längsgang, **Ductus epoophori longitudinalis** (Gartner), der in voller Ausbildung seitlich des Uterus und der Vagina bis zum Hymen gelangen kann und aus 6–20 blind endigenden Querkanälchen, **Ductuli transversi,** besteht. Die Letzteren münden in den Längsgang und reichen bis in das **Hilum ovarii.** Die Kanälchen sind meist mit einem Flimmerepithel ausgekleidet und können gestielte Bläschen, **Appendices vesiculosae,** entwickeln. Ein 5 mm weites Bläschen kann an einem 3–4 cm langen Stiel hängen (gestielte Hydatide).

Das **Paroophoron** (Abb. 5.197) liegt lateral vom **Epoophoron** und besteht aus wenigen Querkanälchen, Resten der Urniere, die mit Zylinderepithel ausgekleidet sind und zwischen den Ästen der **A. ovarica,** nahe dem **Hilum ovarii** liegen.

Klinik: Aus dem Paroophoron können mitunter bis zu kindskopfgroße **Parovarialzysten** entstehen.

Befestigung. Von der **Extremitas tubaria** zieht das **Lig. suspensorium ovarii** in einer Bauchfellfalte nach kranial zur seitlichen Beckenwand. Entlang des Aufhängebandes verlaufen die Vasa ovarica, Lymphgefäße und Nerven. Das **Lig. ovarii proprium (uteroovaricum)** zieht von der **Extremitas uterina** zum Uterus und setzt hinter dem Tubenwinkel an. Es enthält glatte Muskulatur und elastische Fasern. Entlang des Lig. ovarii proprium verläuft der **R. ovaricus a. uterinae.**

Feinbau. Der Eierstock wird von einem modifizierten Peritonealepithel (**Epithelium superficiale,** Keimepithel) und einer Bindegewebskapsel, **Tunica albuginea,** eingehüllt. Das Mesothel des Bauchfelles reicht bis zum **Margo mesovaricus** und ist durch eine weiße Linie (**Margo limitans peritonei**) gegen das rötlich-weiße Ovarium abgegrenzt. Die platten Zellen des **Mesothelium** werden hier zum kubischen Epithel (**Epithelium superficiale**) der Eierstockoberfläche. Die **Tunica albuginea** besteht aus kollagenen Fasern. Unter der **Tunica albuginea** liegt das **Stroma ovarii,** das

bindegewebige Grundgerüst des Eierstockes. In diesem unterscheidet man den **Cortex ovarii,** die Rindenschicht, welche unscharf in das Mark, **Medulla ovarii** übergeht. Im Mark des Eierstockes befinden sich Blutgefäße, Lymphgefäße und Nerven.

Cortex ovarii (Abb. 5.198). In der Rindenzone des Ovarium liegen die Follikel (**Folliculi ovarici**), welche die Eizellen (**Oozyten**) enthalten. Follikel und Eizellen entstehen bereits vor der Geburt in Form der Primärfollikel. In einem Eierstock eines neugeborenen Mädchens findet man 200.000–250.000 derartiger Follikel. Mit der Pubertät beginnt die durch Hormone der Hypophyse gesteuerte Veränderung der Follikel (Follikelreifung, Follikulogenese, Ovulationszyklus), welche im Klimakterium allmählich wieder erlischt. Aus den Primärfollikeln entstehen die Sekundärfollikel und Tertiärfollikel. Ein Tertiärfollikel wird zum sprungreifen Follikel (Graaf-Follikel), welcher aufplatzt (**Ovulation,** Follikelsprung), wodurch die Eizelle in die Bauchhöhle gelangt und vom Eileiter aufgenommen wird. Aus dem geplatzten Follikel

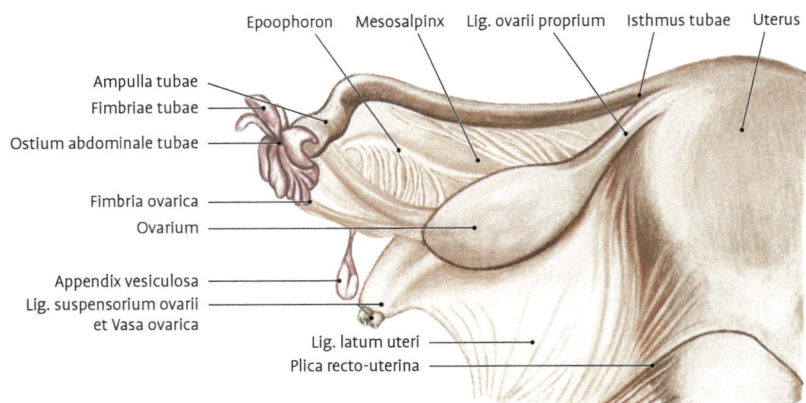

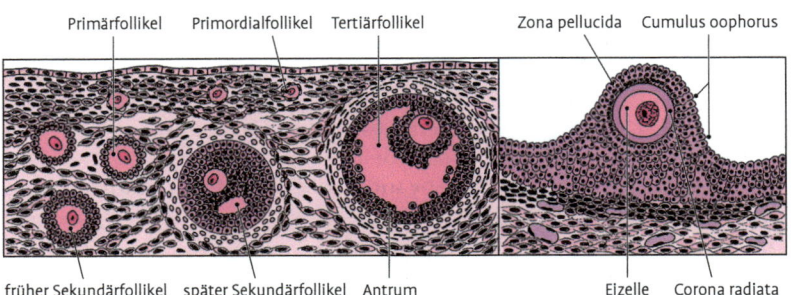

Abb. 5.198 a: Uterus von dorsal gesehen, mit linker Tube und linkem Ovarium. **b:** Follikelreifung im Ovar.

entsteht zunächst das **Corpus rubrum,** dann das **Corpus luteum** und schließlich das **Corpus albicans.** Von den pränatal angelegten Primärfollikeln gelangen im Lauf des Lebens nur 400–500 zur Reifung und Ovulation. Die restlichen Follikel gehen zugrunde, man spricht von der **Follikelatresie.** Ein absterbender Follikel heißt **Folliculus atreticus.** Über genauere Details zur Oogenese, Follikelgenese, Ovulation und zum Hormonhaushalt (s. u.).

Gefäße und Nerven:

- **Arterien** (Abb. 5.209). Der Eierstock wird von der **A. ovarica** aus der **Aorta abdominalis** und dem **Ramus ovaricus** aus der **A. uterina** versorgt. Die **A. ovarica** verläuft am **Lig. suspensorium ovarii** entlang, der **R. ovaricus a. uterinae** entlang dem **Lig. ovarii proprium** zum Ovar. Die Arterien bilden am **Margo mesovaricus** eine Anastomose, von welcher zahlreiche stark geschlängelte Äste durch das **Hilum ovarii** in den Eierstock ziehen (Eierstockarkade)
- **Venen.** Das venöse Blut fließt zunächst in ein Venengeflecht im **Mesovarium** und von dort über die **V. ovarica dextra** in die **V. cava inferior** und über die **V. ovarica sinistra** in die **V. renalis sinistra.** Ein weiter Abfluss erfolgt über den **Plexus uterinus** in die **V. iliaca interna**.
- **Lymphgefäße.** Die Lymphe fließt mit den **Vasa ovarica** aufwärts zu den **Nll. lumbales** und in den **Truncus lumbalis**.
- **Nerven.** Die **Nervenversorgung** erfolgt über den **Plexus ovaricus.** Dieser erhält vasomotorische und viszerosensible Fasern aus dem **Plexus aorticus abdominalis** sowie dem **Plexus renalis** und erreicht mit den **Vasa ovarica** verlaufend das Ovar. Weitere Nerven kommen aus dem **Plexus uterovaginalis.** Das Zentrum der **sympathischen** Versorgung liegt in den Segmenten Th10–Th12, das **parasympathische** Zentrum liegt im Sakralmark.

Topografie (Abb. 5.199). Das Ovarium liegt intraperitoneal in der **Fossa ovarica,** einer Nische der Fossa interiliaca. Je nach Ausbildung des Fettpolsters zwischen Bauchfell und **Fascia pelvis parietalis** ist die Grube seichter oder tiefer. Sie wird dorsal durch den vorspringenden Ureter und kaudal durch die Basis des Lig. latum uteri begrenzt. Im Boden der Grube, hinter dem Peritoneum, zieht der **N. obturatorius** zu den **Vasa obturatoria.** Ventrokranial liegen die **Vasa iliaca externa.** In der Nähe der Grube verlaufen auch die **A. umbilicalis** und die **A. uterina.** In der Schwangerschaft wird

der Aufhängeapparat des Eierstockes gedehnt; daher liegt das Ovar nach der ersten Geburt meist unterhalb der **Fossa ovarica,** manchmal auch dahinter. Bei älteren Frauen kann diese Grube sehr tief und durch die überhängende Mesosalpinx gänzlich überdeckt werden, sodass das Ovar sehr versteckt in einer eigenen Höhle („Bursa") vorliegt.

> **Klinik: 1.** Auf der rechten Seite kann die **Appendix vermiformis** in der Nähe des **Ovarium** liegen und die Differentialdiagnose zwischen Entzündungen des Eierstockes oder des Wurmfortsatzes erschweren. **2.** Erkrankungen des Ovars können auf den **N. obturatorius** einwirken und auf die Innenseite des Oberschenkels ausstrahlende **Schmerzen** auslösen.

Eileiter, Tuba uterina (Salpinx)

Allgemeine Beschreibung. Der Eileiter hat eine Länge von 10–15 cm und eine Dicke von 2–5 mm. Die Tuba uterina verläuft von Bauchfell überzogen intraperitoneal im freien Oberrand des **Lig. latum uteri** vom Tubenwinkel des **Uterus** zum **Ovarium.** Die **Mesosalpinx** ist der Teil des Lig. latum uteri, in welchem die Gefäße und Nerven zum Eileiter ziehen. Gleichzeitig fixiert die Mesosalpinx den Eileiter am Lig. latum uteri. Wir unterscheiden an der Tube ein **Infundibulum tubae uterinae** mit dem **Ostium abdominale tubae uterinae** und den **Fimbriae tubae uterinae,** eine **Ampulla tubae uterinae,** einen **Isthmus tubae uterinae** und eine **Pars uterina.** In seinem Verlauf ändert der Eileiter zweimal seine Richtung. Zunächst verläuft er horizontal und nach lateral, biegt dann nach dorsal um, zieht an der seitlichen Beckenwand aufwärts, um mit seinen Fransen, **Fimbriae tubae uterinae,** das **Ovarium** zu erreichen. Allerdings ist der Verlauf des Eileiters von der Lage des Uterus abhängig.

> **Klinik:** Beim jungen Mädchen sind die Tuben stark geschlängelt. Bleibt bei der erwachsenen Frau die Streckung der Tube aus, so sprechen wir von **Tubeninfantilismus.**

- **Infundibulum tubae uterinae.** Der Tubentrichter liegt mit dem 2 mm weiten **Ostium abdominale tubae uterinae** auf dem Eierstock, wobei sich die Fransen fächerförmig auf der Oberfläche des Eierstocks ausbreiten. Die **Fimbria ovarica** ist 3–4 mm lang und befestigt den Tuben-

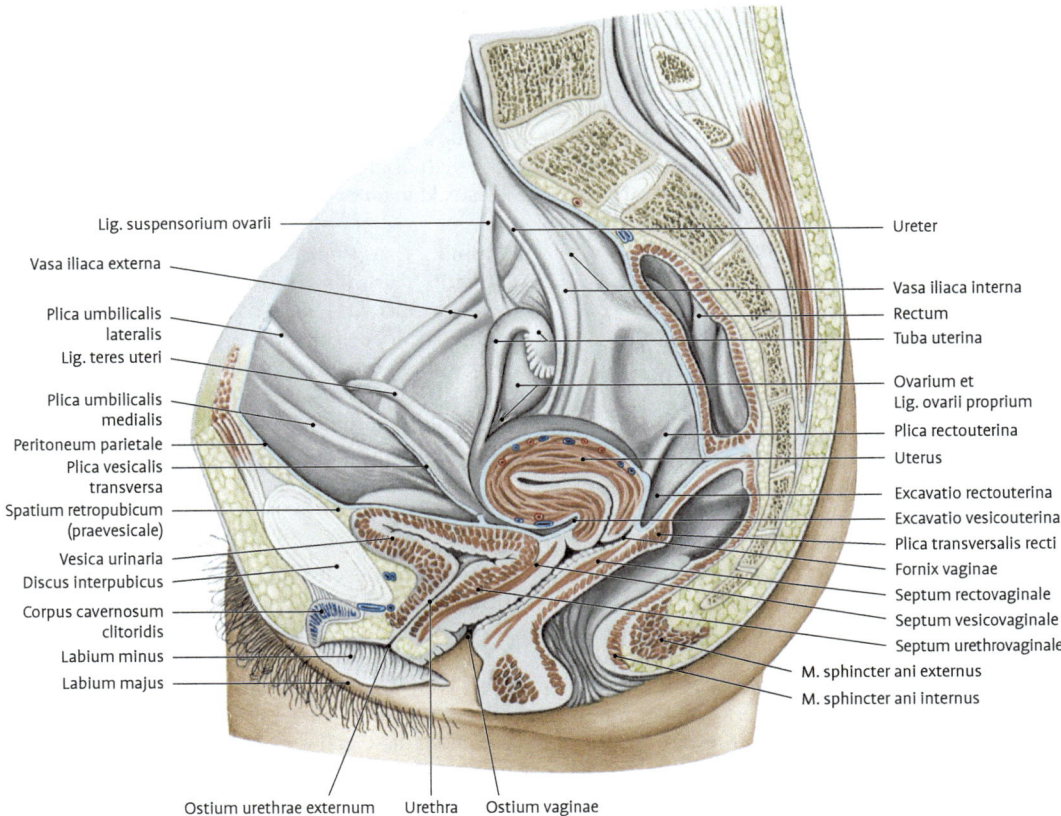

Abb. 5.199 Mediansagittalschnitt durch ein weibliches Becken.

trichter am Ovar, gestattet dem **Infundibulum** aber eine Lageänderung. Diese ist notwendig, weil sich die sprungreifen Follikel an verschiedenen Stellen des **Ovarium** entwickeln und von den Fimbrien umfasst werden müssen.

- **Ampulla tubae uterinae.** Die Ampulle ist 7–8 cm lang und bis zu 5 mm weit. Sie verläuft leicht geschlängelt und besitzt zahlreiche, stark verzweigte Schleimhautfalten.
- **Isthmus tubae uterinae.** Dieser 3–4 cm lange, enge und gestreckte Abschnitt zeigt im Inneren nur wenige niedrige Schleimhautfalten.
- **Pars uterina.** Sie liegt in der Uteruswand, ist die engste Stelle des Eileiters und mündet mit dem **Ostium uterinum tubae uterinae** in die **Cavitas uteri**.

Feinbau (Abb. 5.200). Die Wand des Eileiters besteht aus einer äußeren **Tunica serosa (Perito-**neum) und einer **Tela subserosa,** einer mittleren **Tunica muscularis** und einer inneren **Tunica mucosa.**

1. **Tunica mucosa.** Die Tubenschleimhaut besitzt viele verzweigte Längsfalten die dicht in das Lumen vorspringen. Das einschichtige, iso- bis hochprismatische Flimmerepithel liegt auf einer bindegewebigen **Lamina propria mucosae.** Der Flimmerschlag der Kinozilien ist **uteruswärts** gerichtet und dient dem Transport der Eizelle in den Uterus. Außerdem findet man Schleim bildende Drüsenzellen. Die sogenannten „Stiftchenzellen" sind wahrscheinlich Drüsenzellen im Ruhestadium bzw. Erschöpfungsstadium oder degenerierte Drüsenzellen. Die **Lamina propria mucosae** bildet bei der Tubargravidität die Decidua. Liegt beim Follikelsprung das **Ostium abdominale** an der richtigen Stelle des Ovars, so wird die Eizelle durch

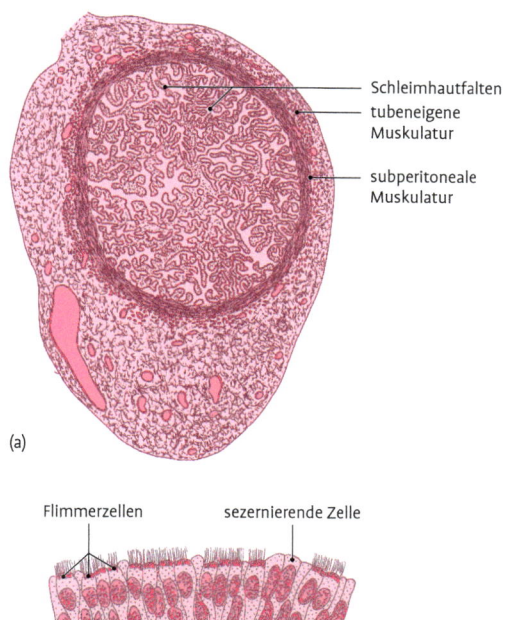

(a)

Schleimhautfalten
tubeneigene Muskulatur

subperitoneale Muskulatur

Flimmerzellen   sezernierende Zelle

(b)

Abb. 5.200 a: Ampulla tubae uterinae, **b:** Tubenepithel. Zelluläre Zusammensetzung.

wellenförmige Kontraktionen der Tubenmuskulatur und durch den Flimmerstrom der Tubenschleimhaut angesaugt und weiterbefördert.

2. **Tunica muscularis.** Die Muskelfasern der **Tunica muscularis** sind in zwei gegenläufigen Spiralsystemen angeordnet. Am Schnitt lassen sich eine äußere Längs- und eine innere Ringschicht unterscheiden. Zusätzlich findet man subperitoneale Muskelbündel, die am Ansatz der **Mesosalpinx** besonders deutlich sind.

3. **Tunica serosa.** Der Eileiter wird bis auf den schmalen Anheftungsrand der **Mesosalpinx** von **Peritoneum** überzogen. An den freien Enden der Fimbrien geht das Bauchfell in die Mukosa über. In der **Tela subserosa** liegen die Gefäße und Nerven, die über die **Mesosalpinx** an die **Tuba uterina** herangeführt werden.

Klinik: 1. Verklebungen der Schleimhautfalten nach Erkrankungen der Tube können zu einer **Sterilität** führen. **2.** Nistet sich die befruchtete Eizelle in der Tube ein und entwickelt sich dort

weiter, so sprechen wir von einer Eileiterschwangerschaft (**Graviditas tubaria,** Tubargravidität).

Gefäße und Nerven:

- Arterien. Die **Tuba uterina** wird von **Rr. tubarii** der **A. ovarica** und der **A. uterina** versorgt. Die Rr. tubarii verlaufen in der Mesosalpinx und anastomosieren miteinander.
- **Venen.** Die Venen begleiten die Arterien und münden in die **V. ovarica** und in den **Plexus uterinus** bzw. **uterovaginalis.**
- **Lymphgefäße.** Die Lymphgefäße des Eileiters verlaufen mit den **Vasa ovarica** aufwärts zu den **Nll. lumbales** und in den **Truncus lumbalis** (s. Kap. 2.3.6.2).
- **Nerven.** Die Nerven der Tube kommen aus dem **Plexus ovaricus** und aus dem **Plexus uterovaginalis** und verlaufen mit den Gefäßen. Das Zentrum liegt in den Segmenten Th10–L1.

Gebärmutter, Uterus

Der **Uterus** ein ist dickwandiges Hohlorgan mit einem engen **Lumen.** Bei einer Schwangerschaft entwickelt sich im Uterus der Embryo bis zum reifen Kind. Die Kontraktionen der glatten Muskulatur (Wehen) sind die wichtigste Voraussetzung für die Geburt auf natürlichem Weg.

Allgemeine Beschreibung. Die Gebärmutter ist ein dorsoventral abgeplatteter birnenförmiger Körper, der im Bereich der **Cervix uteri** rundlich wird, und besteht aus dem **Corpus uteri,** Körper, einem engen kurzen Zwischenstück, **Isthmus uteri,** und dem Hals, **Cervix uteri (Collum)** (Abb. 5.199, 5.201). Die Länge des **Uterus** beträgt bei Frauen, die noch nicht geboren haben, im Mittel 7,5 cm, die Breite 4 cm und die Dicke 2,5 cm; **Cervix uteri** und **Corpus uteri** sind annähernd gleich groß. Während des Zyklus ist der **Uterus** gewissen Volumenschwankungen unterworfen. Nach Schwangerschaften bleibt die Gebärmutter in sämtlichen Dimensionen um 1–1,5 cm vergrößert und das **Corpus uteri** ist 1–2 cm größer als die **Cervix uteri.** Mit dem Aufhören des ovariellen Zyklus wird die Gebärmutter wieder kleiner.

Klinik: In der Schwangerschaft wird der **Isthmus uteri** länger und wird vom Kliniker als **unteres Uterinsegment** bezeichnet.

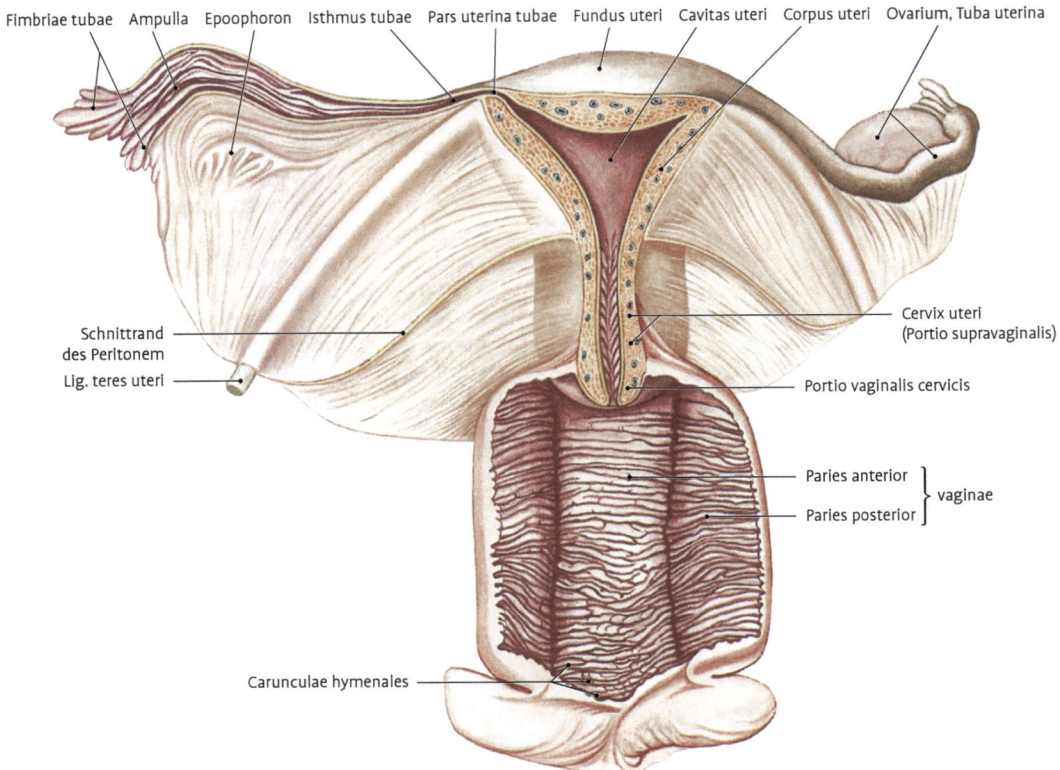

Fimbriae tubae Ampulla Epoophoron Isthmus tubae Pars uterina tubae Fundus uteri Cavitas uteri Corpus uteri Ovarium, Tuba uterina

Schnittrand
des Peritonem

Lig. teres uteri

Cervix uteri
(Portio supravaginalis)

Portio vaginalis cervicis

Paries anterior ⎫
                ⎬ vaginae
Paries posterior ⎭

Carunculae hymenales

Abb. 5.201 Vagina und rechte Tuba uterina von ventral eröffnet. Linker Eileiter und linker Eierstock in natürlicher Lage. Lig. latum uteri.

- **Fundus uteri.** Damit bezeichnen wir die über den Tubenmündungen hinausragende Wölbung des **Corpus uteri.** Er ist erst nach der ersten Schwangerschaft deutlich sichtbar. An den stumpfen Seitenrädern, **Margo uteri dexter et sinister** ist das **Lig. latum uteri** angeheftet. Die dorsokraniale, dem Darm zugewandte Fläche heißt **Facies intestinalis (Facies posterior).** Die **Facies vesicalis (Facies anterior)** ist die ventrokaudale, der Harnblase aufliegende Fläche. Die Tube bildet mit dem Seitenrand des Uterus nahezu einen rechten Winkel, den Tubenwinkel. Vom Tubenwinkel ziehen das **Lig. ovarii proprium** zum **Ovarium** und das **Lig. teres uteri** zum Leistenkanal.
- **Cervix uteri.** Sie ragt mit ihrem unteren Drittel zapfenförmig in die Scheide. Der oberhalb der **Vagina** liegende Anteil der Cervix uteri heißt **Portio supravaginalis cervicis (Endocervix),** der in der **Vagina** liegende Anteil ist die **Portio va-**

ginalis cervicis (**Ectocervix,** kurz auch **Portio** genannt). Die Cervix uteri durchsetzt die Vorderwand der **Vagina,** wodurch ein Raum zwischen **Portio vaginalis** und Scheidenwand, das Scheidengewölbe, **Fornix vaginae,** entsteht.
- **Fornix vaginae.** Er wird in hinteres (**Pars posterior**), 2 seitliche (**Pars lateralis**) und ein vorderes (**Pars anterior**) Scheidengewölbe eingeteilt.
- **Portio vaginalis.** Auf dem freien Ende der Portio vaginalis mündet die Uterushöhle mit dem äußeren Muttermund, dem **Ostium uteri (Orificium externum uteri).** Dieser ist bei einer Frau, die noch nicht vaginal geboren hat, eine runde Öffnung, nach einer vaginalen Geburt ein quergestellter, oft eingerissener Spalt mit einer vorderen und hinteren Muttermundlippe, **Labium anterius et posterius.** Die Farbe der Portio vaginalis ist matt rötlich. Sie besitzt ein mehrschichtig unverhorntes Plattenepithel wie die **Vagina.** Die Grenze zum einschichtigen hochprismati-

schen Epithel des **Canalis cervicis** ist im Bereich des **Ostium uteri**.

Lage. Die Lage wird durch Füllung und Form der Nachbarorgane (Harnblase, Mastdarm) und durch die Körperhaltung (Liegen, Stehen) beeinflusst (Abb. 5.202). Grundsätzlich ist der Uterus nach vorne oben gerichtet und nach vorne über die Harnblase gebogen. Wir unterscheiden eine **Anteversio** und eine **Anteflexio**.

- **Anteversio.** Die Längsachse der **Cervix uteri** ist nach vorne und oben gerichtet und steht senkrecht auf die Längsachse der Vagina.
- **Anteflexio.** Das **Corpus uteri** ist im Bereich des **Isthmus uteri** gegen die **Cervix uteri** nach ventral gebogen.

Der Anteflexionswinkel ist bei leerer Harnblase kleiner, der Uterus ist stärker abgewinkelt. Mit zunehmender Füllung der Harnblase richtet sich der Uterus auf, der Anteflexionswinkel wird größer. Bei vollem Rectum und voller Harnblase steigt der Uterus nach oben. Die Stellung des Uterus im Beckenraum wird als **Positio uteri** bezeichnet und ist ebenfalls von der Lage der Nachbarorgane abhängig, sodass der Uterus meistens nicht symmetrisch im kleinen Becken steht, sondern verlagert ist. Abweichungen zur Seite heißen **Lateropositio** bzw. **Dextro-** und **Sinistropositio**. **Antepositio** bedeutet eine Verlagerung nach vorn, **Retropositio** eine Verlagerung nach hinten. Wird der Uterus nach oben verlagert, spricht man von der **Elevatio uteri**. Ein Absinken des Uterus nach unten nennt man **Descensus uteri et vaginae**.

Durch die Körperhaltung wird die Lage des Uterus folgendermaßen beeinflusst: Im Stehen wird die Gebärmutter durch die Last der auf ihr ruhenden Eingeweide nach unten gedrückt und antevertiert. In Rückenlage sinkt der Uterus nach hinten, in Seitenlage wird er seitwärts verlagert.

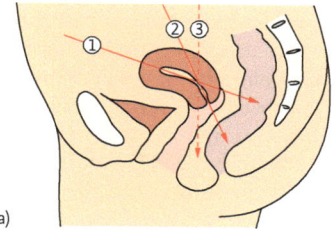

(a)

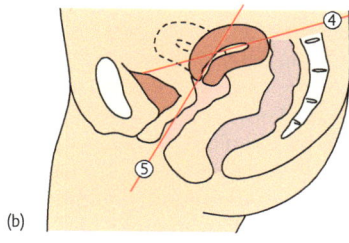

(b)

Abb. 5.202 a: Flexio uteri: Die Achse des Corpus uteri 1 bildet mit der Achse der Cervix uteri 2 einen nach vorn offenen stumpfen Winkel (Anteflexio uteri). Daneben besteht physiologisch eine Anteversio: Die Achse der Cervix uteri neigt sich vor die senkrechte Körperachse 3. **b:** Retroflexio und Retroversio uteri des Uterus: 4 Korpusachse, 5 Kollumachse

Bänder des Uterus. Das subperitoneale Beckenbindegewebe weist besondere Verstärkungszügel auf, die insgesamt als **Corpus intrapelvinum** bezeichnet worden sind. Der zentrale Pfeiler **(Lig. cardinale, Lig. transversum cervicis Mackenroth)** beginnt breitflächig an der seitlichen Beckenwand und zieht in Richtung Uterus und Vagina (Abb. 5.181). Noch bevor diese beiden Organe erreicht werden, gibt das Lig. cardinale nach vorne den Blasenpfeiler **(Paracystium)** und nach dorsal den Rectumpfeiler **(Paraproctium)** ab (Abb. 5.203). Selbst erreicht es als Paracervix die Cervix uteri und als Parakolpium die Vagina (Uterovaginalpfeiler). Der Kliniker spricht von den **Retinacula uteri** oder auch den „Parametrien" (vorderes = Paracystium, seitliches = Uterovaginalpfeiler, Lig. cardinale, hinteres = Paraproctium). In diese Haltebänder sind auch glatte Muskelfasern eingelagert. Die einzelnen Pfeiler des

Corpus intrapelvinum sind keineswegs einheitlich strukturiert, sondern bestehen aus unterschiedlich dicht geflochtenen Zügeln (Abb. 5.204). Wie bereits erwähnt, ist das Lig. cardinale kein Band im echten Sinne, sondern nur perivasales Bindegewebe. Tatsächlichen Bandcharakter hat das **Lig. pubovesivcale,** das von der Symphyse bis zum Blasenhals zieht und dem Paracystium zuzurechnen ist. Weitere Bindegwebsverdichtungen, die dem Paracystium zugeordnet werden können sind: das **Lig. vesicocervicale,** welches von der Cervix uteri zur Blase, und das **Lig. vesicovaginale,** welches von der Vagina zur Blase zieht. Weiters gehört das **Lig. vesicale laterale** dazu, welches vom Arcus tendineus fasciae pelvis zur Blase zieht und die A. vesicalis inferior führt. Stärkeren Bandcharakter wiederum hat das **Lig. sacrouterinum (rectouterinum),** welches dorsal die Cervix uteri mit dem Rectum und dem Kreuzbein verbindet. Dieses Band wirft eine deutliche Peritonealfalte (**Plica rectouterina,** Abb. 5.199) (als obere Begrenzung des Cavum Douglasi) auf. Das **Lig. sacrouterinum** ist der wesentliche Teil des Paraproctium. Dem Rectumpfeiler kann auch noch das **Lig. rectale laterale** zugerechnet werden, über welches die A. rectalis media ans Rectum herantritt.

Als echtes Band entspringt vom Tubenwinkel jederseits ein **Lig. teres uteri (Lig. rotundum, Chorda uteroinguinalis),** verläuft in einer Peritoneal-falte zum inneren Leistenring und zieht durch den Leistenkanal. Die Fasern des **Lig. teres uteri** strahlen dann in das Bindegewebe des **Mons veneris** und der **Labia majora** aus. Im Leistenkanal lagern sich dem Lig. teres uteri quer gestreifte Muskelfasern an. Diese entsprechen entwicklungsgeschichtlich dem **M. cremaster** des Mannes. Im Lig. teres uteri findet man auch glatte Muskelfasern. Außerdem verlaufen entlang des runden Mutterbandes die kleine **A. lig. teretis uteri,** Venen und Lymphgefäße. Letztere ziehen vom **Fundus** und dem oberen **Corpus uteri** zu den oberflächlichen Leistenlymphknoten. Das Lig. teres uteri hält den Fundus uteri nach vorne.

Die vor allem von vorn (**Lig. teres uteri**) und von hinten (**Lig. sacrouterinum,** Abb. 5.203. 5.204), ein wenig auch die von seitlich (**Lig. cardinale**) an den Uterus herantretenden, muskulös-bindegewebigen Leitzügel gestatten und sichern die Lageveränderungen der Gebärmutter. Bei der Schwangerschaft gewährleisten sie die starke Ausdehnung des Uterus. Durch Wachstum und Vermehrung ihrer Muskulatur werden diese Haltebänder zu starken Seilen, die vom Uterus abwärts zu ihren Fixpunkten ziehen. Während der kräftigen Uteruskontraktion (Wehe) bilden diese Bänder ein Widerlager, sodass sich der Uterus nicht oberhalb der Leibesfrucht abstreifen kann, sondern diese mit

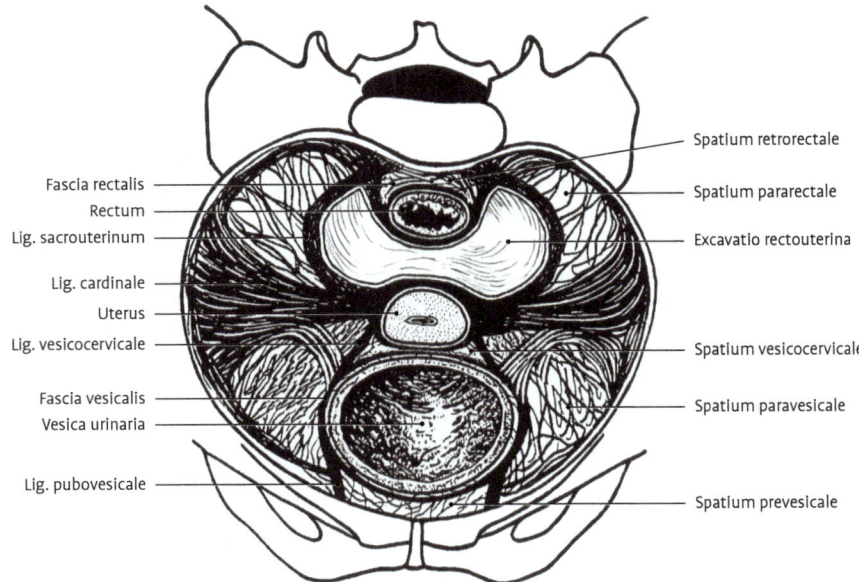

Fascia rectalis
Rectum
Lig. sacrouterinum
Lig. cardinale
Uterus
Lig. vesicocervicale
Fascia vesicalis
Vesica urinaria
Lig. pubovesicale

Spatium retrorectale
Spatium pararectale
Excavatio rectouterina
Spatium vesicocervicale
Spatium paravesicale
Spatium prevesicale

Abb. 5.203 Beckenbodenbindegewebe der Frau und seine Bänder.

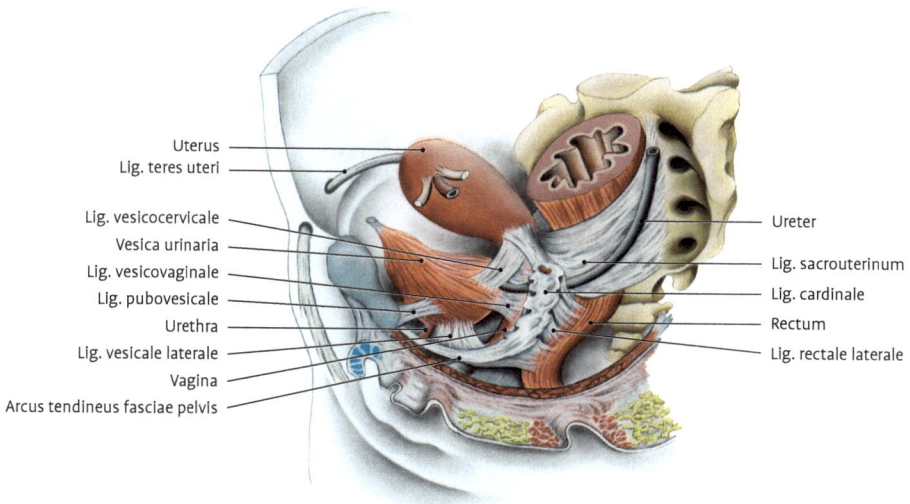

Uterus
Lig. teres uteri
Lig. vesicocervicale
Vesica urinaria
Lig. vesicovaginale
Lig. pubovesicale
Urethra
Lig. vesicale laterale
Vagina
Arcus tendineus fasciae pelvis

Ureter
Lig. sacrouterinum
Lig. cardinale
Rectum
Lig. rectale laterale

Abb. 5.204 Linke Beckenwand entfernt. Ansicht der Beckenorgane und des Beckenbindegewebes von lateral, Lig. cardinale und Arcus tendineus pelvis an der Beckenwand abgetrennt.

gerichteter Kraft nach unten durch den Geburtskanal austreibt.

Ohne den Halteapparat könnte die Uterusmuskulatur die Widerstände im Geburtskanal nicht überwinden.

Klinik: 1. Form, Größe, Konsistenz und Lage des Uterus, der Zustand der Adnexe und des parametranen Bindegewebes können bei der **vaginalen Untersuchung** beurteilt werden. Ein oder zwei Finger der einen Hand werden in die Scheide eingeführt, mit der anderen Hand tastet man durch die Bauchdecken die Organe ab. Bei Virgines sowie vor und während der Entbindung untersucht man vom **Rectum** aus. **2.** Entzündliche Verklebungen und Schrumpfungen des Bindegewebes können zu stärkeren pathologischen Lageveränderungen führen. Ständige Wendung nach hinten **(Retroversio)** und Abknickung nach hinten **(Retroflexio)** sind als pathologische Zustände anzusehen. **3.** Da der retrovertierte und retroflektierte Uterus sein Widerlager an der hinteren Scheidenwand verliert und die Uterusachse dann in der Längsachse der Scheide liegt, besteht eine Neigung zum **Prolaps**.

Fixation: Aufhänge- und Unterstützungsapparat. Der Aufhängeapparat setzt sich aus einer Längs- und einer Quergurtung zusammen: Die Längsgurtung besteht aus dem Lig. pubovesicale – Lig. vesicocervicale – Cervix – Lig. sacrouterinum und die Quergurtung aus beiden parametranen Pfeilern des Lig. cardinale ("Ligamentum transversum colli"). Der Aufhängeappat ist aber von völlig ungeordneter Bedeutung und kann das Absinken der Beckenhohlorgane nicht verhindern. Tatsächlich ist nur der Unterstützungsappat in Form des muskulösen Beckenbodens wichtig. Die beiden Diaphragmen tragen nicht nur die Beckenorgane, sondern auch die darauf ruhenden Bauchorgane und haben dem intraabdominellen Druck standzuhalten. Im Idealfall liegt die Cervix uteri im kleinen Becken relativ weit hinten, wobei sie sich nach unten auf den Anus und die dahinter liegende Levatorplatte projiziert (Abb. 5.199).

Klinik: 1. Ist der Beckenboden durch schwere und häufige Geburten geschwächt, kann es zum Prolaps kommen. Die Tatsache, dass eine angeborene Lähmung des **M. levator ani** bereits in den ersten Lebensmonaten zu einem Prolaps führte, beweist die Bedeutung des Beckenbodens. **2.** Nach **Hysterektomie** (Uterusentfernung) bleibt ein Scheidenblindsack stehen. Wenn er zu kurz ist und oberhalb des Dammes nicht genügend weit nach hinten reicht, ist ein Prolaps sehr leicht möglich.

Bauchfellbeziehungen, Lig. latum uteri (Abb. 5.199). Die inneren Genitalien schieben sich als frontal gestellte Platte, Genitalplatte genannt, zwischen Harnblase und Rectum. Das Bauchfell wird wie ein Tuch nach oben geschoben und schlägt von der oberen Fläche der Harnblase in Höhe der **Cervix uteri** auf die Vorderfläche des Uterus um, überzieht die gesamte Hinterfläche des Uterus und gelangt bis an das hintere Scheidengewölbe, **Fornix vaginae.** Hier schlägt das **Peritoneum** auf die Vorderfläche des Rectum um. Es entstehen so zwischen Harnblase, Uterus und Rectum 2 Buchten, vorne die flachere **Excavatio vesicouterina** und hinten die tiefere **Excavatio rectouterina.**

Der unterhalb der durch das **Lig. rectouterinum** aufgeworfenen **Plica rectouterina** gelegene Anteil der **Excavatio rectouterina** wird im klinischen Sprachgebrauch als **Douglas-Raum** bezeichnet. Dieser ist bei der Frau der tiefste Punkt der Peritonealhöhle (Abb. 5.199).

Von den Seitenrändern des Uterus zieht jederseits eine frontal gestellte, breite Bauchfellduplikatur, das **Lig. latum uteri,** zur seitlichen Beckenwand. Zwischen den Serosablättern liegt Bindegewebe, welches als **Parametrium** bzw. **Paracervix** bezeichnet wird.

Die beiden **Ligg. lata** trennen seitlich des Uterus die **Excavatio vesicouterina** von der **Excavatio rectouterina.** Das Bindegewebe des **Lig. latum** sichert mit seinen bereits beschriebenen Verstärkungszügen eher nur im geringen Maße die Lage des Uterus, bildet aber gleichzeitig eine Gefäß-Nerven-Leitplatte. Diese Leitplatte stellt die Grundlage des **Mesometrium** dar, in ihr gelangen die A. uterina und die Venen aus dem **Plexus venosus uterovaginalis (Phleboductus AMREICH)** zum Uterus und zur Vagina. Auch der Harnleiter zieht an der seitlichen Beckenwand, nahe der Hinterfläche des **Lig. latum,** abwärts, um sich oberhalb des Beckenbodens nach medial und vorn zu wenden. Er unterkreuzt hier die **A. uterina** und verläuft etwa 1 cm oberhalb des seitlichen Scheidengewölbes, 1–2 cm lateral von der **Cervix uteri** zum Blasengrund.

Am **Lig. latum** unterscheiden wir 3 Anteile, nämlich das **Mesometrium,** die **Mesosalpinx** und das **Mesovarium.** Das **Mesometrium** ist der am **Margo uteri** angeheftete Teil des **Lig. latum** und enthält die Gefäße und Nerven des Uterus. Die **Mesosalpinx** ist der an die **Tuba uterina** angrenzende Teil des **Lig. latum.** Das **Mesovarium** ist an der dorsalen Seite des **Lig. latum** angefügt. An ihm hängt der Eierstock. Im medialen Abschnitt des **Mesovarium** verläuft das **Lig. ovarii proprium** vom Tubenwinkel zum **Ovarium** und enthält den **R. ovaricus a. uterinae.** Das **Lig. suspensorium ovarii** liegt ebenfalls im **Lig. latum** und führt die **Vasa ovarica** in das kleine Becken zum **Ovarium.**

Uterushöhle, Cavitas uteri (Abb. 5.201)

Die Cavitas uteri ist ein dreiseitiger, quergestellter, Spalt. Das **Cornu uteri** ist der gegen die Tubenmündungen spitzwinklig ausgezogene Anteil. Am **Isthmus uteri** setzt sich der Hohlraum des Uterus in den engen, 8 mm langen **Canalis cervicis** fort. Dieser beginnt mit dem **Ostium uteri internum** (innerer Muttermund) und mündet mit dem äußeren Muttermund, **Ostium uteri,** in die Scheide. Im **Canalis cervicis** findet man palmblattartig angeordnete Schleimhautfalten, die **Plicae palmatae,** und tubulöse Schleimdrüsen, die **Glandulae cervicales.**

Wandbau. An der Uteruswand unterscheidet man eine Schleimhaut, **Tunica mucosa** oder **Endometrium,** eine mächtige Muskelschicht, **Tunica muscularis** oder **Myometrium,** und einen Bauchfellüberzug, **Perimetrium** oder **Tunica serosa.**

1. **Schleimhaut, Tunica mucosa, Endometrium** (Abb. 5.201, 5.205). Die 1,5–2 mm dicke Schleimhautschicht ist im **Corpus uteri** weich, glatt und blassgraurot. In der **Cervix uteri** ist sie dicker, fester und bildet auf der Vorder- und Hinterwand je ein palmblattartiges Faltensystem, **Plicae palmatae.** Diese greifen ineinander und bilden gemeinsam mit dem zähflüssigen Schleim den Verschluss der **Cervix uteri.** Wir unterscheiden am **Endometrium** ein bis zu 8 mm hohes **Stratum functionale (Lamina functionalis,** Funktionalschicht, „Funktionalis"), welche bei der Menstruation abgestoßen wird. Das 1 mm hohe **Stratum basale** (Lamina basalis, Basalschicht, „Basalis") wird nicht abgestoßen und baut am Beginn des Zyklus die Funktionsschicht auf. Im Isthmus uteri und in der

Cervix uteri ist das Stratum basale gleich aufgebaut. Die Functionalis der Cervix uteri wird auch bei der Menstruation nicht abgestoßen. Die Schleimhautoberfläche wird im Corpus uteri von einschichtigem hochprismatischem Epithel überzogen. Die Zellen besitzen teils Mikrovilli und teils Kinozilien. Der Zilienschlag ist vaginalwärts gerichtet. In der **Cervix uteri** sind die Zylinderzellen höher. Am äußeren Muttermund geht das Zylinderepithel in das mehrschichtige Plattenepithel der Vagina über.

Klinik: Die Übergangszone zwischen beiden Epithelarten ist häufig Ort der Entstehung von **Präkanzerosen** und von **Karzinomen**.

Die **Lamina propria mucosae** ist gefäßreich und besteht aus einem feinfaserigen Bindegewebe, in dessen Flechtwerk sich zahlreiche spindel-, sternförmige und auch Rundzellen finden. Die **Tela submucosa** fehlt.

Drüsen. Von der Oberfläche der Schleimhaut senken sich leicht geschlängelte oder spiralige, an den Enden teilweise gegabelte tubulöse Drüsen, **Glandulae uterinae**, in die Tiefe und können infolge des Fehlens der **Tela submucosa** bis in die Muskelschicht hineinreichen. Die Glandulae uterinae machen in der **Cervix uteri** allmählich den **Glandulae cervicales** Platz. Diese sind verzweigte Schleimdrüsen und bilden ein glasiges, sehr zähes Sekret, das als Schleimpfropf (Kristeller) den Zervikalkanal ausfüllt. Die Sekretproduktion wird durch den Zyklus beeinflusst. Wird das Sekret durch Blockierung der Ausführungsgänge zurückgehalten, so kommt es zu zystenartigen Erweiterungen der Drüsen, die über die Oberfläche hervorragen (Ovula Nabothi).

2. **Muskelschicht, Tunica muscularis, Myometrium** (Abb. 5.205, 5.206). Die Muskelschicht des Uterus besteht aus fest gefügtem glattem Muskelgewebe, Bindegewebe und Blutgefäßen. In der Schwangerschaft passt sich das Myometrium durch Vergrößerung dem heranwachsenden Kind an und ermöglicht das Austragen („Fruchthalter"). Bei der Geburt wird das Kind durch die Kontraktionen (Wehen) durch den Geburtskanal ausgetrieben („Gebärmutter") (s. weiter unten). Im **Fundus** und **Corpus uteri** ist das Myometrium beim nicht graviden Uterus 1–2 cm dick. Man unterscheidet 3 Schichten mit jeweils verschiedenem Verlauf

der Muskelfaserbündel **(R. Wetzstein)**. In der äußeren Schicht **(Stratum supravasculare)** wechseln längs verlaufende mit zirkulären Zügen in vier Lamellen ab. Die gefäßreiche mittlere Schicht **(Stratum vasculare)** bildet den größten Anteil der Uterusmuskulatur. Sie besteht im Corpus uteri aus einem Netzwerk stark verzweigter Muskelfaserbündel. Im Bereich des Isthmus sind die Muskelfasern dieser Schicht dünner und verlaufen flach ansteigend und zirkulär. In der unter der Mukosa gelegenen inneren Schicht **(Stratum subvasculare)** sind die Muskelzüge zirkulär angeordnet. Sie sollen nach der Plazentalösung zum Verschluss der eröffneten Blutgefäße beitragen.

Während der Schwangerschaft erfolgt unter hormonellem Einfluss die Größenzunahme des Uterus durch Wachstum der Muskelzellen und durch geringe örtliche Verschiebungen der netzartig angeordneten Muskelzüge des Stratum vasculare. In der Austreibungsperiode ist die netzartige Anordnung der Muskulatur in der mittleren Schicht am besten geeignet, den Inhalt des Uterus unter konzentrischen Druck zu setzen. Die Kontraktionen der Muskulatur des Uterus werden Wehen genannt. Im **Isthmus** und in der **Cervix uteri** besitzt das **Myometrium** weniger Muskelzellen und mehr Bindegewebe. Die Zervixmuskulatur bildet den Verschluss des Canalis cervicis. Bei der Geburt erfolgt während der Eröffnungsperiode eine überaus starke Dehnung der Cervix.

Nach **W. Lierse** treten absteigende Längsfasern der Korpusmuskulatur und aufsteigende Längsfasern der Scheidenmuskulatur an die Cervix heran, verlaufen in ihr in Schraubentouren von außen nach innen. Die sich überkreuzenden Spiralen beider Systeme verlaufen portiowärts steiler, im Gebiet des inneren Muttermundes horizontal. Sie bilden hier mit den Fasern des Grundgefüges und Fasern aus dem Parametrium einen Sphinkter des inneren Muttermundes. Während der Schwangerschaft nehmen die Fasern der **Portio vaginalis** einen steileren Verlauf an, lediglich im Gebiet des inneren Muttermundes verlaufen sie bis zur Eröffnungsperiode in flachen Schraubentouren. Während der Geburt wird durch die Kontraktion des Corpus, durch das Vorrücken der Fruchtblase und den Pumpmechanismus des Venenblutes am inneren Muttermund eine Steilstellung der Fasern erreicht, wodurch aus dem **Sphinkter** ein **Dilatator** wird.

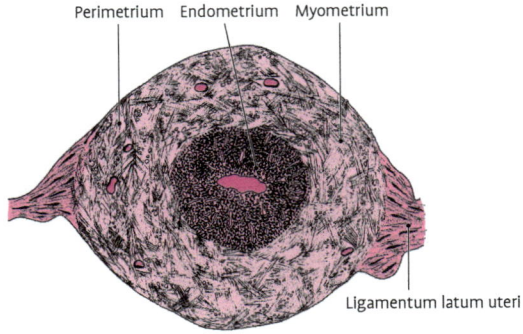

Perimetrium Endometrium Myometrium

Ligamentum latum uteri

Abb. 5.205 Querschnitt durch den Uterus.

Vom Tubenwinkel strahlen Muskelbündel in das **Lig. teres uteri** aus. Sie fixieren den **Fundus uteri** an der vorderen Bauchwand. Von der Rückfläche der **Cervix uteri** ausstrahlende Muskelbündel ziehen zum Kreuzbein (**M. sacrouterinus**) und zum Rectum (**M. rectouterinus**).

3. **Bauchfellüberzug, Tunica serosa, Perimetrium** (Abb. 5.199). Das Bauchfell bildet einen glatten, glänzenden Überzug und ist unverschieblich mit dem **Myometrium** verwachsen. Ventral reicht das Perimetrium bis zum **Isthmus uteri.** Die dorsale Fläche des Uterus ist vollständig vom Bauchfell bedeckt, welches sich von der **Portio supravaginalis** bis auf die Wand des **Fornix posterior vaginae** fortsetzt. Seitlich geht das Bauchfell in das **Lig. latum (Mesometrium)** über, welches zur seitlichen Beckenwand zieht.

Das Bindegewebe zwischen den Blättern des **Mesometrium** wird **Parametrium** genannt und enthält die Gefäße und Nerven des Uterus.

Altersunterschiede und Fehlbildungen der Gebärmutter. Bei **Neugeborenen** ist der Gebärmutterkörper verhältnismäßig kurz und schmal, der Hals lang (Abb. 5.207). Bis zur **Geschlechtsreife** bildet sich allmählich die definitive Form aus. Beim **infantilen,** hypoplastischen Uterus ist vorwiegend der Körper in der Entwicklung zurückgeblieben. Die Proportionen von Corpus und Cervix sind die gleichen wie beim Neugeborenen. In der **Menopause** bleibt der Uteruskörper verhältnismäßig groß. Er hat Birnenform. Die Wand wird dünner, das Lumen weiter.

Da der Uterus durch Verschmelzung der beiden Müller-Gänge entsteht, können wir als Entwicklungshemmungen einen **Uterus bicornis,** eine **fehlende Verschmelzung** im Fundusgebiet, und einen **Uterus septus,** mit unterschiedlicher medianer Scheidewand im Uterus, antreffen (**Sonderform Uterus biforis mit septierter Cervix**) (Abb. 5.208).

Gefäße und Nerven:

- **Arterien.** Die arterielle Versorgung erfolgt durch die beiden **Aa. uterinae** (Abb. 5.209).
  - Die **A. uterina** entspringt aus der **A. iliaca interna** oder aus dem Anfangsteil der **Chorda a. umbilicalis** (Lig. umbilicale laterale) und verläuft zunächst auf der Innenfläche des **M. obturatorius internus** (I. Strecke). Sie biegt dann nach medial um und gelangt an der Basis des **Lig. liatum** in das **Lig. cardinale uteri,** wo sie

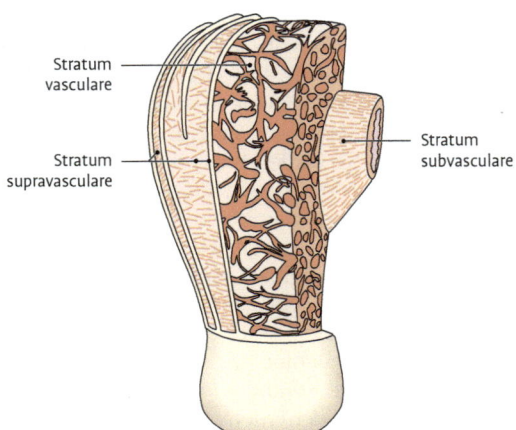

Stratum vasculare

Stratum supravasculare

Stratum subvasculare

Abb. 5.206 Muskelfaserverlauf im Corpus und Isthmus des Uterus nach Wetzstein.

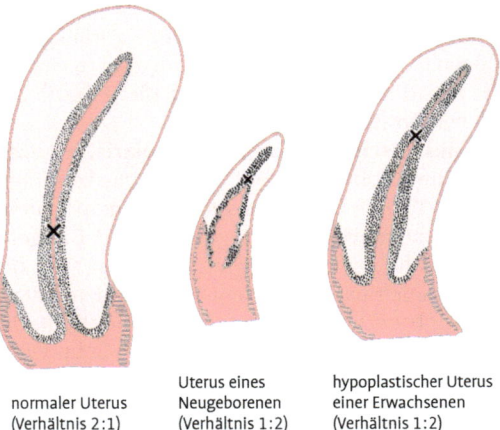

normaler Uterus (Verhältnis 2:1)

Uterus eines Neugeborenen (Verhältnis 1:2)

hypoplastischer Uterus einer Erwachsenen (Verhältnis 1:2)

Abb. 5.207 Verhältnis des Corpus uteri zur Cervix uteri; x zeigt die Grenze an. Sagittalschnitte umgezeichnet nach Martius.

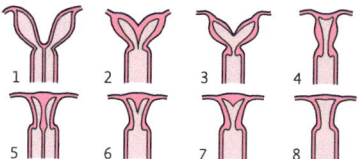

Abb. 5.208 Uterusfehlbildungen: 1 Uterus didelphys (duplex) separatus et vagina duplex, 2 U. bicornis duplex (auch Vagina duplex), 3 U. bicornis unicollis, 4 U. arcuatus, schwache Andeutung von Bikornalität, 5 U. septus duplex cum vagina septa, 6 U. septus duplex, 7 U. subseptus, 8 U. biforis.

den Ureter überkreuzt (II. Strecke). Die Überkreuzungsstelle ist etwa 2 cm vom Uterus entfernt. In unmittelbarer Nähe der **Cervix uteri** biegt sie, nach Abgabe der **A. vaginalis,** abermals um und verläuft stark geschlängelt am Seitenrand des Uterus zum **Fundus uteri** (III. Strecke). 9–14 Seitenäste ziehen zur **Facies vesicalis** und **rectalis uteri.** Sie gehen zahlreiche Anastomosen mit den Ästen der anderen Seite ein.

– Am Tubenwinkel gibt die A. uterina einen **Ramus ovaricus** und einen **Ramus tubarius** ab, die mit den gleichnamigen Ästen der **A. ovarica** 2 Arkaden bilden, die mit zahlreichen feinen Gefäßen Eierstock und Eileiter versorgen (Abb. 5.209).

– Während der Schwangerschaft beteiligt sich die **A. ovarica** durch die stark erweiterten Arkaden an der Blutversorgung des Uterus.

– Im Myometrium ist besonders das **Stratum vasculare** reich an Arterien. Korkzieherartig gewundene Arterien erreichen das **Stratum subvasculare** und bilden unter dem Endometrium Kapillarnetze.

> **Klinik:** Bei der operativen Entfernung des Uterus müssen sowohl die **Aa. uterinae** als auch die starken Anastomosen zur **A. ovarica** unterbunden und durchtrennt werden. Bei der Unterbindung der **A. uterina** ist auf den Ureter zu achten. Er unterkreuzt die Arterien und zieht etwa 1 cm oberhalb des seitlichen Scheidengewölbes nach vorn zur Harnblase.

• **Venen.** Die Gebärmuttervenen sammeln sich in einem mächtigen Geflecht **(Plexus venosus uterinus)** seitlich des Uterus. Dieses Geflecht hängt mit dem **Plexus venosus vaginalis** zusammen und bildet den **Plexus venosus uterovaginalis**. Dieser verbindet sich an seinem unteren Ende über die Bulbi vestibuli mit den Venen des äußeren Genitals und erhält somit Anschluss an die oberflächlichen Venen des Oberschenkels. Im Fundusbereich bestehen Verbindungen zu den Venen der Adnexe. Weiters zieht vom Fundus entlang des Lig. teres uteri die kleine **V. lig. teretis uteri,** die eine Verbindung zu den subcutanen Venen herstellt. In der Schwangerschaft wird diese zu einem beachtlichen Gefäß. Direktverbindungen des Plexus venosus uterovaginalis zum **Plexus venosus vesicalis** bestehen nicht. Der Hauptabfluss des **Plexus venosus uterinus** liegt in Höhe der Cervix uteri, wo meist zwei Vv. uterinae entstehen, die annähernd der A. uterina folgen. Sie kreuzen den Ureter oberhalb und unterhalb und vereinigen sich seitlich von ihm oft zu einem Stamm, der im Lig. Mackenrodt zur V. iliaca interna weiterzieht. Klappen sind in den Venen schlecht ausgebildet oder fehlen vollständig, sodass der Blutstrom an keine fixen Wege gebunden ist.

• **Lymphabfluss.** Die Lymphgefäße ziehen zu verschiedenen Lymphknotengruppen deren Kenntnis von großer klinischer Bedeutung (Ausbreitung von Krebsmetastasen) ist.

– Die regionären Lymphknoten (Abb. 5.210) liegen an den Gefäßen und in ihren Teilungswinkeln, vor dem Kreuzbein, im Lig. latum uteri und unterhalb des Leistenbandes. Nach

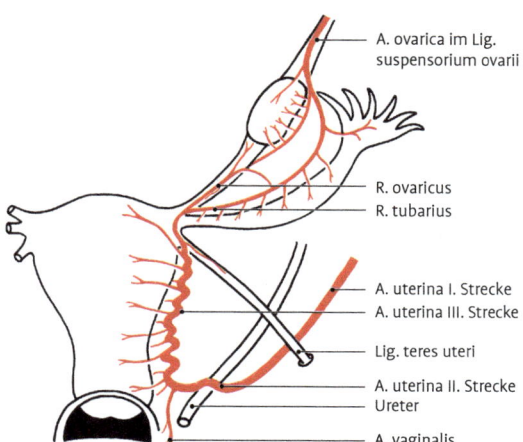

A. ovarica im Lig. suspensorium ovarii

R. ovaricus
R. tubarius

A. uterina I. Strecke
A. uterina III. Strecke

Lig. teres uteri

A. uterina II. Strecke
Ureter

A. vaginalis

Abb. 5.209 A. uterina und A. ovarica. Unterkreuzung der A. uterina durch den Ureter im Lig. cardinale uteri.

ihrer Lage unterscheiden wir **Nll. lumbales** (in der Lendengegend neben und auf der Aorta), **Nll. iliaci communes** (neben der A. iliaca communis), **Nll. iliaci externi** und **interni** (neben den gleichnamigen Arterien), **Nll. interiliaci** (zwischen A. iliaca externa und interna), **Nll. glutei superiores** und **inferiores** (an der Austrittsstelle der gleichnamigen Arterien), **Nll. subaortici** (im Teilungswinkel der Aorta), **Nll. sacrales** (auf der Beckenfläche des Kreuzbeins), **Nll. parauterini** (neben dem Uterus im **Lig. latum**), **Nll. inguinales superficiales** (auf der Ventralseite des Oberschenkels, subkutan unterhalb des Leistenbandes).
– Die Lymphgefäße von **Fundus et Corpus uteri** ziehen (Abb. 5.210)

1. entlang des **Lig. ovarii proprium** zur seitlichen Beckenwand und von hier mit den Lymphgefäßen vom Eierstock und Eileiter zu den **Nll. lumbales** unterhalb des unteren Nierenpoles,
2. entlang dem **Lig. teres uteri** durch den Leistenkanal zu den **Nll. inguinales superficiales**,
3. durch das **Lig. latum** zu den **Nll. interiliaci**.
– Die Lymphgefäße der **Cervix uteri** ziehen
1. über eine vordere Abflussbahn zu den **Nll. interiliaci et iliaci externi**,
2. über eine mittlere Bahn entlang der A. uterina zu den **Nll. iliaci interni**,
3. über eine hintere Bahn zu den **Nll. subaortici et sacrales**.

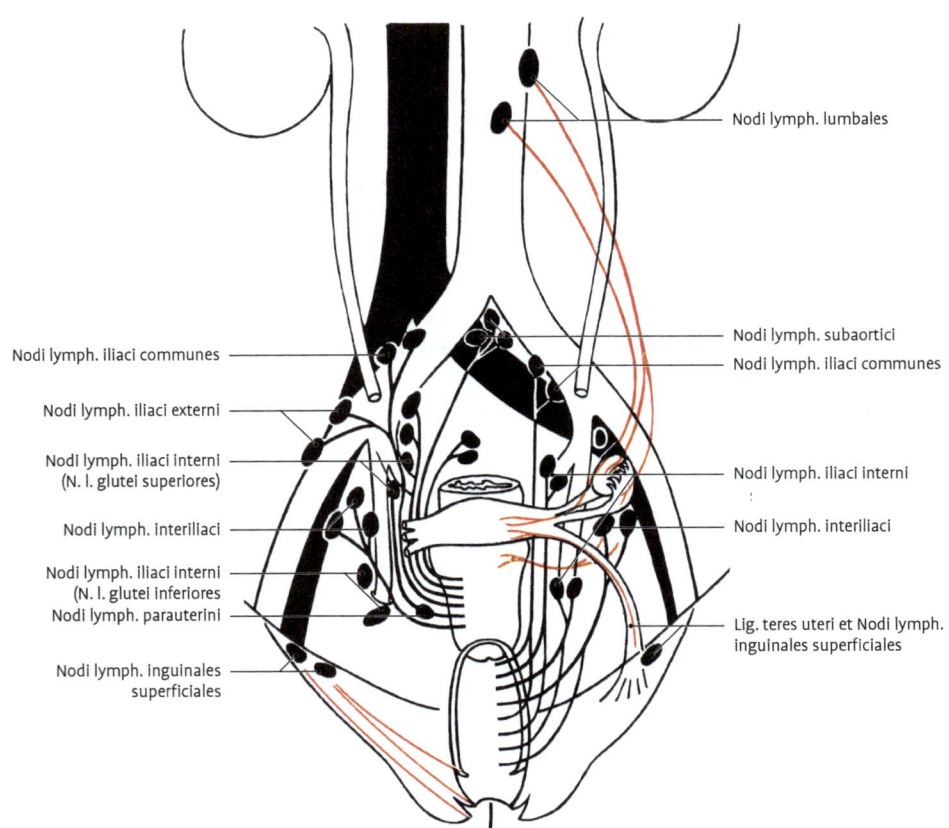

Nodi lymph. lumbales

Nodi lymph. iliaci communes

Nodi lymph. subaortici
Nodi lymph. iliaci communes

Nodi lymph. iliaci externi

Nodi lymph. iliaci interni
(N. l. glutei superiores)

Nodi lymph. iliaci interni

Nodi lymph. interiliaci

Nodi lymph. interiliaci

Nodi lymph. iliaci interni
(N. l. glutei inferiores)
Nodi lymph. parauterini

Lig. teres uteri et Nodi lymph. inguinales superficiales

Nodi lymph. inguinales superficiales

Abb. 5.210 Lymphabflüsse aus den weiblichen Geschlechtsorganen. **Links:** vom Fundus und Corpus uteri, von der Tuba uterina und vom Ovarium (rot), von der Vagina (schwarz). **Rechts:** von der Cervix uteri (schwarz), vom unteren Teil der Vagina und den äußeren Geschlechtsorganen.

- **Nerven** (Abb. 5.211). Der Uterus erhält seine vegetativen Nerven aus dem **Plexus hypogastricus inferior,** der zu beiden Seiten des Rectums eine starke Platte bildet. Von diesem Geflecht ziehen die Fasern innerhalb der **Plica rectouterina** und dann als **Plexus uterovaginalis** im **Parametrium** an die Seitenränder des Uterus und der Vagina. Die Gesamtheit der zahlreichen, in das Geflecht eingeschalteten Ganglienzellengruppen bezeichnen wir als **Ganglion pelvicum** (Frankenhäuser-Ganglion). Die sympathischen Fasern entspringen im Seitenhorn des Rückenmarkes auf Höhe von Th10–L1 und gelangen über die **Nn. splanchnici lumbales** zum **Plexus hypogastricus superior et inferior** und von diesen zum **Plexus pelvicus.** Die parasympathischen Fasern kommen aus dem Sakralmark und ziehen als **Nn. splanchnici pelvici** zum Beckengeflecht.

Die sensiblen Fasern lagern sich den vegetativen Nerven an und gelangen zu den Segmenten Th10–L1.

Die sympathischen Fasern sollen anregend auf die Muskulatur des Uterus, der Vagina und der Gefäße (vasokonstriktorisch) wirken. Die parasympathischen sollen die Kontraktion der glatten Muskulatur hemmen und die Gefäße erweitern.

Zyklische und Schwangerschaftsveränderungen

Progenese im weiblichen Geschlecht

Oogenese, die weibliche Keimzellbildung, erfolgt im Eierstock **(Ovar)** in 3 Phasen **(1. Vermehrung, 2. Reifung, 3. Wachstum)** und 2 Ruhestadien.

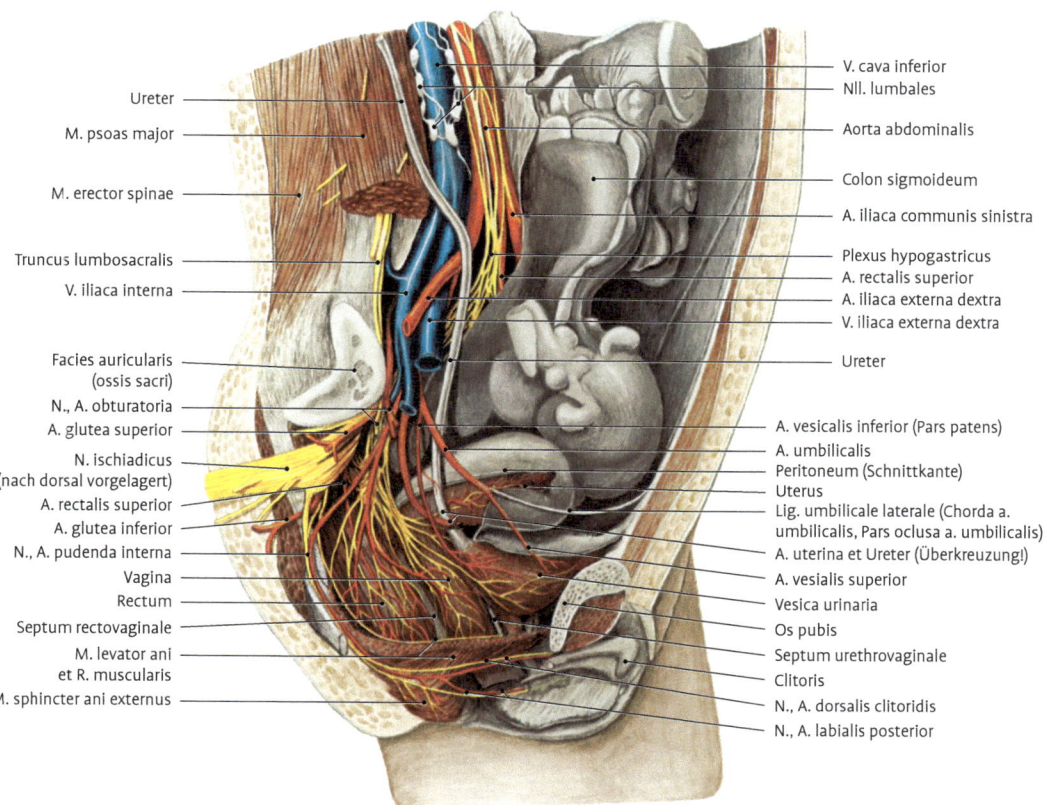

Ureter
M. psoas major
M. erector spinae
Truncus lumbosacralis
V. iliaca interna
Facies auricularis (ossis sacri)
N., A. obturatoria
A. glutea superior
N. ischiadicus (nach dorsal vorgelagert)
A. rectalis superior
A. glutea inferior
N., A. pudenda interna
Vagina
Rectum
Septum rectovaginale
M. levator ani et R. muscularis
M. sphincter ani externus

V. cava inferior
Nll. lumbales
Aorta abdominalis
Colon sigmoideum
A. iliaca communis sinistra
Plexus hypogastricus
A. rectalis superior
A. iliaca externa dextra
V. iliaca externa dextra
Ureter
A. vesicalis inferior (Pars patens)
A. umbilicalis
Peritoneum (Schnittkante)
Uterus
Lig. umbilicale laterale (Chorda a. umbilicalis, Pars oclusa a. umbilicalis)
A. uterina et Ureter (Überkreuzung!)
A. vesialis superior
Vesica urinaria
Os pubis
Septum urethrovaginale
Clitoris
N., A. dorsalis clitoridis
N., A. labialis posterior

Abb. 5.211 Gefäße und Nerven der Beckeneingeweide und des Beckenbodens bei der Frau. Paramedianschnitt von rechts dargestellt.

Im Gegensatz zum Hoden, durch dessen Samenkanälchen die dort gebildeten Keimzellen abtransportiert werden, ist das Ovar ein solides Organ. Das Kompartiment, in dem die weibliche Keimzellentwicklung erfolgt, wird mit jeder reifenden Eizelle durch die **Follikulogenese** neu aufgebaut.

Fetalzeit, Kindheit, 1. Ruhestadium. Nach der Einwanderung von Urkeimzellen aus der Dottersackwand in die Ovarialanlage während der 5. EW steigt durch proliferative Mitosen die Zahl der nun **Oogonien** genannten Zellen bis zur 20. SSW auf 5–6 Mio. **(Vermehrungsphase)**, von denen die meisten bis zur Geburt zugrunde gehen. Die 1–2 Mio. verbleibenden **Oogonien** treten in der 11. – 39. SSW nach Verdopplung der DNS in die Prophase der **1. Reifeteilung** (Beginn der **Reifungsphase**) ein, in deren **Diktyotän-Stadium** (Ruhephase) sie für ein bis mehrere Jahrzehnte verharren. Die Oogonien hatten sich zuvor aus Zellklonen abgetrennt, die ähnlich wie bei der Spermatogenese aus unvollständigen Zytoplasmadurchtrennungen nach Mitosen resultierten. Sie werden jetzt:

- **primäre Oozyten** (Oozyten I: Chromosomensatz 2n, DNS-Menge 4c) genannt. Schon jetzt beginnt auch die **Wachstumsphase** der Oozyten, die eine rege RNS-Synthese zeigen.
- **Primordialfollikel** (Abb. 5.212 a). Nach Eintritt in die Prophase der 1. Reifeteilung setzt die Follikulogenese ein: Lokale Bindegewebszellen umlagern die Oozyte. Sie bilden als **Follikelepithelzellen** eine flache, geschlossene Schicht und bewirken durch die Produktion einer die Meiose inhibierenden Substanz **(MIS)** das 1. Ruhestadium der Meiose. Außerhalb der den Komplex umgebenden Basalmembran entsteht aus dem umliegenden Bindegewebe die **Theca folliculi,** die sich später in eine zell- und gefäßreiche **Theca interna** (Hormonproduktion) sowie eine faserreiche **Theca externa** differenziert.

Durch weitere Abnahme ihrer Zahl ab dem letzten Schwangerschaftsdrittel überleben 400.000 Primordialfollikel in beiden Ovarien bis zur Pubertät, von denen nur 400–500 zwischen Menarche und Menopause befruchtungsfähig werden.

Das **1. Ruhestadium** der Oogenese ist der Zeitraum vom pränatalen Eintritt der Oozyten I in das Diktyotän bis zur Fortführung der 1. Reifeteilung zwischen Pubertät und Menopause (nach 10–50 Jahren!).

In der Kindheit entwickeln sich monatlich 10–15 Primordialfollikel in beiden Ovarien weiter, die jedoch im Stadium des Sekundärfollikels (s. u.) wegen fehlender FSH-Stimulation zugrunde gehen.

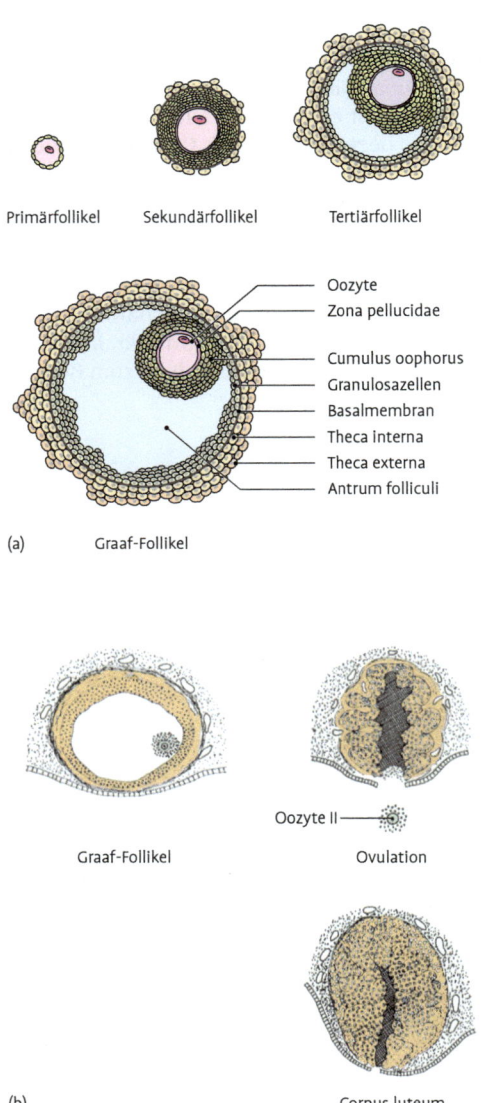

Primärfollikel   Sekundärfollikel   Tertiärfollikel

Oozyte
Zona pellucidae

Cumulus oophorus
Granulosazellen
Basalmembran
Theca interna
Theca externa
Antrum folliculi

(a)   Graaf-Follikel

Graaf-Follikel

Oozyte II
Ovulation

(b)   Corpus luteum

Abb. 5.212 a: Follikulogenese. Die Ausschnittsvergrößerung zeigt die durch die Zona pellucida penetrierenden Fortsätze der Follikelepithelzellen. **b:** Ovulation. Vor dem Eisprung beginnt mit dem Ablösen des Cumulus-Oozyten-Komplexes und der Vaskularisation der Follikelepithelschicht im sprungreifen Graaf-Follikel die Umwandlung von Follikel- und Thekazellschichten zum Corpus luteum (braun).

Pubertät. Das nun zyklisch von der Hypophyse sezernierte FSH induziert monatlich die weitere Follikelentwicklung bis zum sprungreifen **Graaf-Follikel** (Abb. 5.212 a, 5.213):

- **Primärfollikel** haben ein einschichtiges, kubisches Follikelepithel, die Oozyten nehmen an Größe zu.
- **Sekundärfollikel** besitzen nach Proliferation der Follikelzellen ein mehrschichtiges Epithel. In der Oozyte sammeln sich **Kortikalgranula** aus dem Golgi-Apparat, deren Enzyme die Befruchtung mit mehr als einem Spermium verhindern (kortikale Reaktion). Zwischen Oozyte und der innersten Follikelzellreihe entsteht die glykoproteinreiche **Zona pellucida,** die von Fortsätzen der Follikelzellen durchzogen wird. Diese stehen über Gap junctions mit der Oozytenmembran in Kontakt (Abb. 5.212 a, vergrößerter Ausschnitt) und hemmen durch MIS-Abgabe die Meiose. Die Interzellularräume zwischen den Follikelzellen der Sekundärfollikel erweitern sich und fließen zusammen.
- **Tertiärfollikel** besitzen eine flüssigkeitsgefüllte Follikelhöhle. Eine Follikelzellanhäufung an der Innenfläche des umgrenzenden Follikelepithels ist der **Eihügel (Cumulus oophorus).** Dessen Zellen umschließen als **Corona radiata** die primäre Oozyte. FSH bewirkt die Differenzierung der Follikelzellen zu progesteronproduzierenden **Granulosazellen.**

Der systemische Progesteron-Effekt bleibt wegen der fehlenden Vaskularisation dieser Zellschicht zunächst gering.

Graaf-Follikel, 2. Ruhestadium. Einer der an Durchmesser zunehmenden Tertiärfollikel wird **dominant,** die anderen gehen zugrunde.

- **Graaf-Follikel** wird der reife Tertiärfollikel genannt, dessen Oozyte I die 1. Reifeteilung fortführt (Ende des 1. Ruhestadiums). Voraussetzung hierfür ist die durch den LH-Gipfel bewirkte Entkopplung des Kontaktes zwischen Follikelzellen des Kumulus und Oozyte I, wodurch die Meiosehemmung entfällt.
- **Sekundäre Oozyte** (Oozyte II). Nach Beendigung der Teilung liegen eine Oozyte II mit dem gesamten Zytoplasma der Mutterzelle und ein Polkörperchen vor. Beide Zellen haben einen haploiden Chromosomensatz (1n: 23, X; DNS-Menge 2c). Die Oozyte II beginnt umgehend die 2. Reifeteilung bis zu deren Metaphase. Die Chromosomen liegen am Äquator der Meiose-

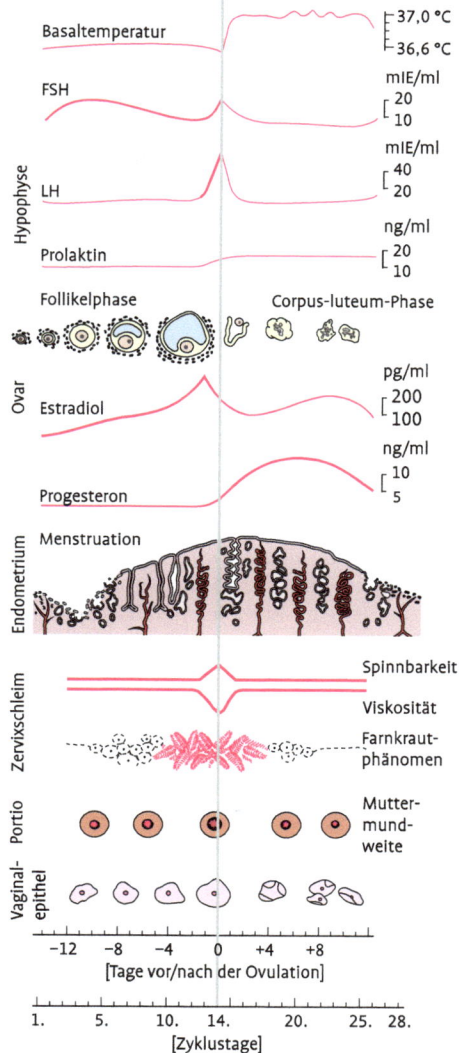

Abb. 5.213 Zyklus des weiblichen Genitaltraktes. Veränderungen im Ovar und Uterus, hormonelle Steuerung.

spindel, an deren Polen im Zentrum des Mikrotubulus-Organisationszentrums keine Zentriolen nachweisbar sind.

Dieses **2. Ruhestadium** wird einige Stunden vor der Ovulation erreicht und nur im Fall einer Befruchtung überwunden.

Alle anderen Tertiärfollikel samt zugehöriger Oozyte I unterliegen wie die in früheren Stadien zugrunde gegangenen Follikel einer **Follikelatre-**

sie, die durch Apoptose der Granulosazellen und Schrumpfung der Oozyte eingeleitet wird.

> **Klinik:** Das lange 1. Ruhestadium der Meiose (Fetalzeit bis Reifung im Graaf-Follikel) wird für vermehrte numerische **Chromosomenaberrationen** und **Chromosomenbrüche** bei Müttern im 5. Lebensjahrzehnt verantwortlich gemacht. Die Einwirkungswahrscheinlichkeit von Störfaktoren auf die Meiose steigt offensichtlich mit deren Dauer.

Ovulation (Abb. 5.212 b). Der sprungbereite Graaf-Follikel (Durchmesser des Follikel: 2 cm, Durchmesser der Oozyte II: 120–150 µm) befindet sich unter der Oberfläche der Tunica albuginea des Ovars, dessen Oberfläche er vorwölbt **(Stigma folliculare)**. Die Follikelwand samt anliegender Ovaroberfläche wird durch Granulosazellenzyme zersetzt. Durch diesen Defekt wird der jetzt häufig schon frei in der Follikelhöhle schwimmende Corona-radiata-Oozyten-Komplex herausgespült **(Eisprung, Ovulation)** und durch die Fimbrien der **Tuba uterina** in deren **Ostium abdominale** gelenkt (Abb. 5.214).

Die „Treffsicherheit" dieses Prozesses wird u. a. durch die **Ligg. suspensorium ovarii** und **ovarii proprium** (mit glatter Muskulatur) gewährleistet, die abdominales Tubenende und Ovar gegeneinander bewegen können. Das fimbrienbesetzte Tubenende stülpt sich dabei über den Ort der durch den Eisprung ausgelösten „physiologischen Entzündung" auf der Ovaroberfläche (Stigma), sodass die Eizelle mit ihrer Umgebung direkt in das Tubenostium gelangen kann.

Gelbkörper, Corpus luteum (Abb. 5.212, 5.213, 5.215). Die im Ovar verbleibende Follikelwand ist eine zeitweilige Hormondrüse **(Corpus luteum menstruationis)**. Die Granulosaschicht wird von der Theca interna aus durch die löchrig werdende Basalmembran vaskularisiert, sodass das hier gebildete Progesteron in den Blutkreislauf gelangt. Follikelzellen (jetzt: Granulosazellen) und Thekazellen speichern Lipide und werden zu **Granulosalutein-** bzw. **Thekaluteinzellen**. Schicksal des Gelbkörpers:
- **bei Befruchtung:** Weiterentwicklung zum **Corpus luteum graviditatis** dank HCG-Stimulation durch den Keimling
- ohne Befruchtung: Degeneration zum Corpus albicans.

Hormone (Abb. 5.213). Zyklische Oogenese und Follikulogenese werden durch Hormondrüsen gesteuert, die untereinander rückgekoppelt sind: Hypothalamuskerne, Adenohypophyse, Follikel, Corpus luteum.
- **GnRH** (gonadotropin releasing hormone), ein hypothalamisches Steuerhormon, gelangt über das Hypophysen-Pfortadersystem zur Adenohypophyse und stimuliert die Freisetzung der Gonadotropine FSH und LH.
- **FSH** (follikelstimulierendes Hormon) stimuliert das Granulosazellwachstum im späten Sekundär- und Tertiärfollikel, im männlichen Geschlecht die Sertoli-Zellen.
- **LH** (luteinisierendes Hormon) zeigt in der Mitte des Zyklus den LH-Gipfel (LH-Peak), der durch positiven Feedback als Antwort auf steigende Östradiolwerte im Blut zustande kommt und die Ovulation auslöst. Im männlichen Geschlecht stimuliert es die Testosteron-Produktion der Leydig-Zellen.
- **Östrogene** (v. a. **Östradiol**) werden aus der Theca interna des Follikels freigesetzt und bewirken die Proliferation der Uterusschleimhaut während der 1. Zyklushälfte.
- **Progesteron** wird von Granulosazellen des Tertiärfollikels und später deren Nachfolgern, den Granulosaluteinzellen des Corpus luteum, produziert. Es gelangt nach der postovulatorischen Vaskularisierung dieser Zellschicht in den Kreislauf und bewirkt die Sekretionsphase der Uterusschleimhaut während der 2. Zyklushälfte. Ohne hormonelle Stimulation durch den Synzytiotrophoblasten eines sich in das Uterus-Endometrium implantierenden Keimes sinkt der Progesteronspiegel im Blut und das Corpus luteum menstruationis degeneriert zum Corpus albicans.

Menstruationszyklus (Abb. 5.213). Die zyklische Vorbereitung der Genitalorgane auf eine Schwangerschaft wird hormonal gesteuert. Synchron erfolgen alle 28 Tage die Bereitstellung befruchtungsfähiger Eizellen und die Vorbereitung der Schleimhäute auf Spermienaszension und Implantation. Nach den augenfälligen Veränderungen der Uterusschleimhaut **(Endometrium)** werden 4 Phasen unterschieden:
1. Die **Proliferationsphase** (Follikelphase) beginnt unmittelbar nach der Monatsblutung (Menstruation) und dauert bis zur Ovulation. Vom **Stratum basale (Basalis)** des Endometriums aus er-

folgt die östrogeninduzierte Regeneration des **Stratum functionale (Funktionalis)**.

2. **Die Sekretionsphase** (Lutealphase) wird nach der Ovulation durch ansteigendes Progesteron induziert. Erweiterte Drüsenschläuche und hoher Glykogengehalt von Epithel- und Bindegewebezellen (Letztere = **Pseudodeziduazellen**) kennzeichnen die **Funktionalis** des Endometriums, die jetzt aus oberflächlicher **Zona compacta** und tiefer, von Drüsenschläuchen durchsetzter **Zona spongiosa** besteht **Pseudodeziduareaktion** nennt man diese allmonatliche Transformation der Funktionalis in der Sekretionsphase, sie wird im Fall einer Keimesentwicklung durch den embryomaternalen Dialog zur Deziduareaktion gesteigert.

3. Die **Ischämiephase** folgt bei ausgebliebener Befruchtung, der fallende Progesteronspiegel bewirkt eine Kontraktion der Arterien.

4. In der **Desquamationsphase** wird die Funktionalis abgestoßen **(Menstruationsblutung)**.

Die Länge der Proliferationsphase beeinflusst die **Gesamtdauer** des Zyklus, da die Ovulation schon nach weniger oder auch mehr als 14 Tagen erfolgen kann. Die Länge der Sekretionsphase schwankt nur unerheblich um 14 Tage. Die **präovulatorische Zyklushälfte** (Desquamations- und Proliferationsphase) beginnt mit dem 1. Tag der Menstruation, sie ist gekennzeichnet durch Follikulogenese und Proliferation des Endometriums. Die **postovulatorische Zyklushälfte** (Sekretions- und Ischämiephase) wird durch die Hormonproduktion des Corpus luteum und Endometriumsekretion geprägt.

Schwangerschaftsverhütung, Kontrazeption

Kontrazeption verhindert die Befruchtung oder die Einnistung eines befruchteten Keimes in die Gebärmutterschleimhaut.

Etabliert sind:
- **natürliche** Methoden (z.B. Coitus interruptus, Kalendermethode),
- **mechanische** Methoden, die die Spermienaszension behindern (z.B. Kondom) oder die Einnistung eines befruchteten Keims erschweren (Intrauterinpessar),
- **chemische** Methoden, die die Überlebensfähigkeit der Spermien herabsetzen (Spermizide),
- **hormonelle** Methoden durch 1. Ovulationshemmung oder 2. Nidationshemmung (z.B.

durch die Postkoitalpille als Notfallmaßnahme: Deren hoher Östrogengehalt blockiert den Sekretionszustand des Endometriums und verhindert so die Einnistung, Nidation eines Keimes) und
- **operative** Methoden, Durchtrennung von Ei- bzw. Samenleiter.

Der **Pearl-Index** ist ein Beurteilungsmaß für die Zuverlässigkeit der Kontrazeption, er nennt die Zahl der ungewollten Schwangerschaften bei Anwendung einer Verhütungsmethode durch 100 Frauen bzw. Paare während eines Jahres (= Zahl der ungewollten Schwangerschaften auf 1.200 Anwendungsmonate). Je höher der Index, um so unsicherer die Verhütungsmethode

Befruchtung

In der nur 6 Tage dauernden 1. EW erfolgen
- die Befruchtung,
- die Entwicklung des Keimlings von der Zygote über das Morula-Stadium zur Blastozyste und
- der synchron hierzu ablaufende Transport des Keimlings durch die Tuba uterina in das Uteruslumen, wo die **Einnistung (Implantation, Nidation)** am 5.–6. ET mit dem Kontakt zwischen Keim und Endometrium beginnt.

Fertilisation

Die Befruchtung legt die genetischen Grundlagen für ein neues Lebewesen, sie setzt sich aus 4 aufeinanderfolgenden Prozessen zusammen:
- **Konzeption,** Empfängnis, ist der zur Imprägnation führende Koitus.
- **Spermienaszension** ist der Aufstieg der Spermien im weiblichen Genitaltrakt.
- **Imprägnation** nennt man das Eindringen des Spermiums in die Eizelle, hierdurch entsteht die **Zygote**.
- **Konjugation** ist die Anordnung der männlichen und weiblichen Chromosomen in der Äquatorialebene der ersten gemeinsamen Mitosespindel.

Klinik: Konzeptionsoptimum bezeichnet den Zeitraum der höchsten Befruchtungswahrscheinlichkeit, er wird begrenzt durch **1.** den Termin des Eisprungs und **2.** die Dauer der Befruchtungsfähigkeit von Eizelle (wenige Stunden) und Spermien (≤ 3 Tage). Seine Bestimmung erfolgt u. a. durch die Temperaturmethode oder die funktionelle Zervixdiagnostik.

Spermienaszension. Das Ejakulat mit ca. 200–300 Mio. Spermien wird durch den Koitus v. a. im hinteren Scheidengewölbe deponiert. Auf dem Weg zum Befruchtungsort **(Ampulla tubae uterinae)** müssen die Spermien als Fremdkörper für den weiblichen Organismus Sperreinrichtungen überwinden:
1. Im **Scheidengewölbe (Fornix vaginae)** herrscht ein saures, die Spermienmotilität hemmendes Milieu.
2. Der **Zervikalkanal (Canalis cervicis uteri)** wird nur von 1 % der Spermien erreicht. Die chemischen und physikalischen Eigenschaften des Zervixschleims schwanken zyklusabhängig und zeigen um den Ovulationszeitraum die größte Durchlassfähigkeit: Seine
   • Barrierefunktion gegen aufsteigende Fremdkörper ist herabgesetzt, seine
   • Filterfunktion zur Selektion fehlgebildeter Spermien ist ausgeprägt, seine
   • Pufferfunktion sorgt für einen die Spermienmotilität fördernden pH-Wert, seine
   • Reservoirfunktion besteht in der Produktion von Glukose, das die Spermien als Energiequelle nutzen und sie in den Drüsengängen mehrere Tage überleben lässt, seine
   • Immunfunktion ist um den Ovulationszeitpunkt gedrosselt.
   • Im **Uteruslumen (Cavitas uteri)** überleben Spermien ≤ 1 Tag.
3. Die **Tubenöffnung (Ostium uterinum tubae uterinae)** ist auf der Ovulationsseite für aszendierende Spermien durchgängig.
4. In der **Tuba uterina** bewirken die mit Kinozilien besetzten Epithelzellen einen epithelnahen Sekretstrom in Richtung Uterus, der an der engen uterinen Tubenöffnung in einen axialen, ovarwärts gerichteten Strom umschlägt. Diese axiale, zum abdominalen Tubenende gerichtete Strömung ist für den Spermientransport von Bedeutung.

Glattmuskuläre Kontraktionen der weiblichen Genitalwege sind Hauptmotor für den Spermienaufstieg (Dauer: wenige Min. bis 1 Std.). Die Spermieneigenmotilität verantwortet den Zugang von der Vagina in den Canalis cervicis uteri und die Penetration durch Umgebung und Membran der Eizelle.

Imprägnation (Abb. 5.214).

Imprägnationsort ist die **Ampulla tubae uterinae.**

Von 400–800 hierher gelangten Spermien befruchtet eines die Eizelle. Während des Transports durch den weiblichen Genitaltrakt erlangen die Spermien durch Kontakt mit dessen Sekreten ihre volle Befruchtungsfähigkeit. Zwei Prozesse sind Voraussetzung für die Imprägnation:
• **Kapazitation** nennt man die Beseitigung befruchtungshemmender chemischer Faktoren auf der Spermienzellmembran, sie wird durch den Kontakt der Spermien mit den Uterus- und Tubensekreten bewerkstelligt. Die Kapazitation ist Voraussetzung für die
• **Akrosomreaktion** (Abb. 5.233 b–d). Während des Spermienkontakts mit der Corona radiata verschmelzen vordere Zell- und äußere Akrosommembran des Kopfes punktuell. Es entstehen sich vergrößernde Poren, durch die akrosomale Enzyme entweichen können. Zell- und äußere Akrosommembran verschwinden bis auf einen Rest am hinteren Spermienkopfteil, sodass an der inneren Akrosomenmembran fixierte Enzyme ebenfalls Kontakt mit der Umgebung erhalten.

Durch Enzymwirkung (z. B. Akrosin, Hyaluronidase) und mechanischen Vorschub (Schwanzbewegung) durchdringen Spermien in wenigen Sekunden die **Corona radiata,** deren Zellverband während der Ovulationsvorbereitung aufgelockert worden war, und binden sich speziesspezifisch an die **Zona pellucida.** Deren Durchdringung nimmt einige Min. in Anspruch. Danach legt sich das Spermium tangential mit dem Kopf an die Eizellmembran.

Die **Zygote** entsteht mit der Fusion der Plasmamembranen. Die **Eizelle** bringt nukleäre DNS und Zytoplasma (samt mitochondrialer DNS, die nur maternal vererbt wird) ein, das **Spermium** nukleäre DNS und sein Zentriolenpaar. Folgende Prozesse verlaufen eng gekoppelt ab:
• **Polyspermieblock.** Mit der Penetration des Spermiums in die Eizelle läuft eine Depolarisationswelle über deren Membran. Der Inhalt der Kortikalgranula wird in den **perivitellinen Raum** entleert, der durch die geringfügige Eizellvolumenschrumpfung zwischen Eizellmembran und Zona pellucida entsteht (Abb. 5.214). Eizell-

membran und Zona pellucida verändern ihre Eigenschaften: **kortikale Reaktion, Zonareaktion**. So kann kein weiteres Spermium eindringen.

- **Beendigung der 2. Reifeteilung.** Während der Imprägnation beendet die Oozyte II die Meiose, als deren Ergebnis ein zytoplasmaarmes Polkörperchen abgeschnürt wird (das 3., wenn sich das nach der 1. Reifeteilung entstandene ebenfalls teilt). Die Polkörperchen gehen zugrunde.
- Der **weibliche Vorkern** entsteht durch Zusammenlagerung der verbliebenen Chromosomen der Oozyte (1n: 23, X; 1c).
- Der **männliche Vorkern** kommt durch graduelle Entkondensation der Spermium-DNS, die so wieder in Form von Chromosomen erkennbar wird, zustande (1n: 23, X oder Y; 1c).

Konjugation (Abb. 5.214). Die DNS beider Vorkerne verdoppelt sich, die Kernmembranen lösen sich auf. Nach Teilung des vom Spermium einge-

brachten Zentriolenpaars orientieren sich die beiden Zentrosomen jeweils zellpolwärts und gelangen zu den beiden Mikrotubulus-Organisationszentren. Diese bilden eine Teilungsspindel, in deren Äquatorialebene sich mütterliche und väterliche Chromosomen anordnen. Die Befruchtung ist hiermit beendet.

Ergebnis der Befruchtung:
- Der artspezifische diploide Chromosomensatz ist wiederhergestellt.
- Der Karyotyp einschließlich des genetischen Geschlechts des neuen Individuums ist festgelegt, da das imprägnierende Spermium entweder ein X- oder ein Y-Chromosom eingebracht hat (Chromosomensatz der Zygote 46, XX oder XY).
- Die Zygote teilt sich (1. Furchungsteilung).

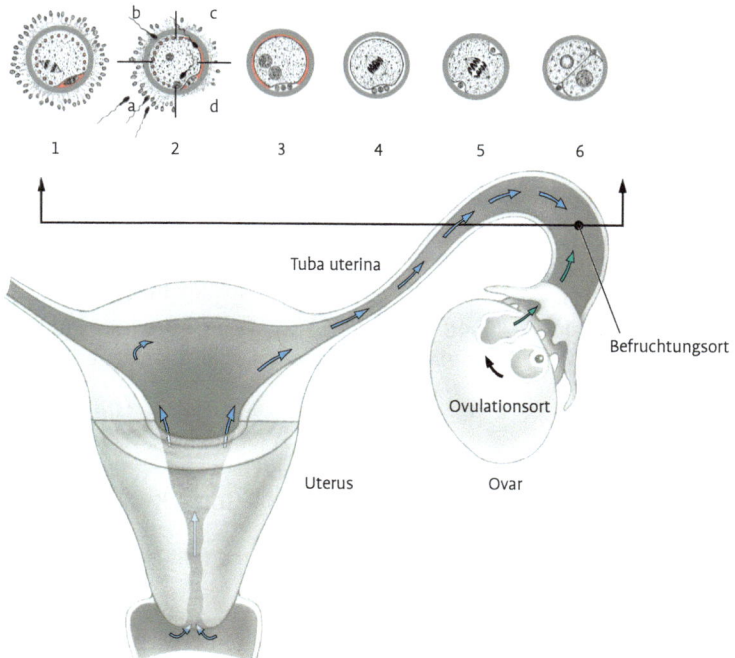

Abb. 5.214 Befruchtung in der Pars ampullaris der Tuba uterina (grüne Pfeile: Weg der Oozyte II zum Befruchtungsort; blaue Pfeile: Spermienaszension). **1** Corona radiata und Zona pellucida umgeben die Eizelle. **2 a** Spermien durchdringen die Corona radiata, Akrosomreaktion (s. Abb. 5.233 b–d), **2 b** ein Spermium durchdringt Zona pellucida, **2 c** Zellmembranfusion zwischen Spermium und Oozyte, kortikale Reaktion: Inhalt der Kortikalgranula wird in den entstehenden perivitellinen Raum entleert (rot), **2 d** Spermium inkorporiert. **3** Vorkernstadium. **4, 5** Metaphase, Anaphase der 1. Furchungsteilung. **6** 2-Zell-Stadium.

Klinik: 1. Insemination ist die intrakorporale, auf andere Weise als durch Geschlechtsverkehr bewirkte Befruchtung der Eizelle, z. B. bei immunologischer Sterilität. Das durch Punktion oder Masturbation gewonnene Sperma wird präovulatorisch instrumentell in den Zervikalkanal gespritzt. **2. In-vitro-Fertilisation** ist die extrakorporale Befruchtung von laparoskopisch aus dem Ovar entnommenen Eizellen. Die Zygote wird nach 48 Stunden im 4–8-Zell-Stadium in den hormonell vorbereiteten Uterus oder den Eileiter implantiert **(Embryonentransfer)**.

Maulbeerkeim, Morula

Im **Morula**-Stadium ist der Keimling ein maulbeerförmiger Zellhaufen, der aus den Tochterzellen der Furchungsteilungen (→ **Blastomeren**) besteht.

30 Std. nach Vorkernbildung hat die Zygote ihre erste Mitose mit dem **2-Zell-Stadium** beendet (Abb. 5.214). Weitere proliferative Mitosen (→Furchungsteilungen; Abb. 5.215) folgen zügig, jedoch nicht synchron, sodass zwischen den rechnerischen 2^x- (4-, 8- und 16-) Zell-Stadien z. B. auch ein 3-Zell-Stadium angetroffen werden kann.

Die Tochterzellen der Furchungsteilungen haben jeweils nur das halbe Volumen der Mutterzellen, sie erreichen so nach wenigen Teilungsschritten die Größe durchschnittlicher Somazellen. Die Zona pellucida gibt als „Korsett" das Gesamtvolumen (Innendurchmesser 150 µm) vor. Die Blastomeren der ersten Teilungsschritte sind omnipotent, eine menschliche Blastomere des 3-Zell-Stadiums kann sich noch zu einem vollständigen Individuum entwickeln.

Kompaktion ist ein Differenzierungsschritt ab dem **16-Zell-Stadium,** bei dem sich Zellkontakte zwischen den Blastomeren ausbilden. Die Morula, zunächst eine Summe undifferenzierter Einzelzellen, entwickelt sich zu einem Zellkomplex, der als Ganzes eine äußere, zur Zona pellucida gerichtete Oberfläche ausbildet. Demzufolge sind auch die Blastomeren polarisiert:
- Der äußere Zellpol ist jeweils zur Zona pellucida gerichtet.
- Der innere Zellpol hat Kontakte zu benachbarten Blastomeren.

Durch differenzielle Mitosen mit tangentialer Teilungsebene (bezogen auf die Außenfläche der Morula) entstehen aus polarisierten Blastomeren **äußere** und **innere Tochterzellen,** die ihre Omnipotenz verloren haben:
- Aus den **inneren Zellen** entsteht das Individuum (Embryoblast).
- Die **äußeren Zellen** liefern den embryonalen Anteil der Fruchthüllen und der Plazenta (Trophoblast).

Blasenkeim, Blastozyste. Die Interzellularräume zwischen den zueinander weisenden Oberflächen der Blastomeren erweitern sich und konfluieren, sodass eine Höhle entsteht: Aus der Morula wird die **Blastozyste** (Abb. 5.215). Sie besteht aus dem
- **Trophoblast,** den äußeren Zellen, die als epithelialer Verband die Blastozystenhöhle umgeben, und dem
- **Embryoblast,** den inneren Zellen, die als Anhäufung an einer Stelle der Innenfläche der Trophoblastschicht zu finden sind (Abb. 5.215)

Dieser Gesamtkomplex wird mit dem epithelnahen, uteruswärts gerichteten Sekretstrom durch die **Tuba uterina** transportiert und erreicht nach 3–4 Tagen das Uteruslumen. Hier entschlüpft die Blastozyste der sich auflösenden Zona pellucida. Durch Flüssigkeitsaufnahme in die Blastozystenhöhle verdoppelt sich der Durchmesser des Gesamtkomplexes zwischenzeitlich auf 250 µm. Das Endometrium befindet sich in der Sekretionsphase. Mit der Anheftung des Trophoblast an das Endometriumepithel, bei der der Embryoblast am Pol der Anheftungsstelle liegt, beginnt die Implantation am 5.–6. ET.

Zweite Entwicklungswoche (2. EW): Implantation, zweiblättrige Keimscheibe. In der 6 Tage dauernden 2. EW erfolgen:
- die vollständige (interstitielle) **Implantation** des Keims in die Uterusschleimhaut als gemeinsame Leistung Letzterer und des Trophoblast sowie
- die Bildung der **zweiblättrigen Keimscheibe** aus dem Embryoblast.

Voraussetzungen für eine erfolgreiche Implantation:
- Ein 6 Tage alter Keim trifft auf ein Endometrium in der Sekretionsphase um den 20. Tag p. m.
- Die folgenden Menstruationsblutungen bleiben aus.

Embryomaternaler Dialog, die Wechselwirkung mütterlicher mit embryonalen Strukturen und Funktionen, ist zum Gelingen der Implantation unabdingbar:

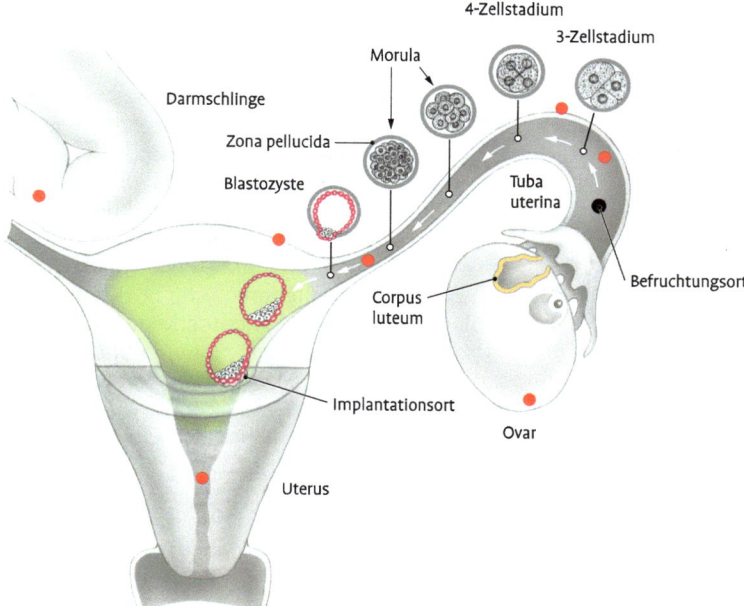

Abb. 5.215 Tubenwanderung des Keimlings (Pfeile), Implantationsbeginn. Nach 4–5 Tagen erreicht der Keim das Uteruslumen, wo er als Blastozyste (dunkelrot: Trophoblast) der Zona pellucida entschlüpft und mit dem Kontakt zwischen Trophoblast und Uterus-epithel die Implantation beginnt (grün: physiologischer Implantationsbereich, rote Punkte: atypische (heterotope) Implantationsorte; Douglas-Raum als extrauteriner Implantationsort ist nicht dargestellt).

- Die **HCG-Produktion** (humanes Choriongonadotropin; dem LH biologisch gleichwertiges, luteotropes Hormon) des Trophoblast ab der 2. EW stimuliert die Progesteron-Produktion des Gelbkörpers **(Corpus luteum graviditatis)**. Dieses Hormon verhindert bis über das erste Drittel der Schwangerschaft hinaus die Menstruation, die einen Abort zur Folge hätte. Danach ersetzt plazentares Progesteron diese Gelbkörperfunktion.
- Die endometriale **Deziduareaktion,** Pseudodeziduareaktion schafft erste Ernährungsgrundlagen für den Keim.
- Die **Implantation** selbst ist ein wechselseitiger Vorgang.
- **HPL** (human placenta lactogen) stimuliert gemeinsam mit dem Prolactin der mütterlichen Hypophyse die Vorbereitung der Brustdrüse auf die Stillfunktion.

Immunsuppression. Der Trophoblast exprimiert auf seiner Oberfläche neben mütterlichen auch väterliche Antigene und ist so für den mütterlichen Organismus Fremdgewebe. Durch mehrere, der-zeit nur unzureichend bekannte Leistungen des Trophoblasten erfolgt eine Immunsuppression des mütterlichen Organismus, ohne welche der Blastozyste ein Abort drohen würde. So sollen vom Trophoblast sezernierte Faktoren z. B. die Mitoseaktivität mütterlicher Lymphozyten mindern.

Implantationsort (Abb. 5.215) ist meist die Uterushinterwand, fern von Tubenöffnung und Zervix.

Klinik: 1. Extrauteringravidität (= EU): Schwangerschaft außerhalb der Gebärmutter, Sonderfall der ektopischen Schwangerschaft. Prädilektionsstelle für Letztere ist der Genitaltrakt (Tube, Uterustubenwinkel, Zervix), extragenitale Lokalisationen an peritonealen Oberflächen der Bauchhöhle und Eierstock sind seltener. Gefürchtet sind schwere Blutungen, weil der Trophoblast mütterliche Gefäße arrodiert.
2. Placenta praevia (= vorgelagerte Plazenta): Nistet sich die Blastozyste am inneren Muttermund (MM) der Cervix uteri ein, so verlegt die

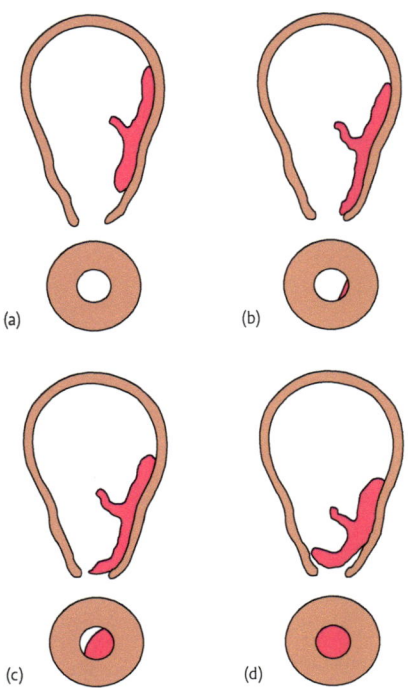

Abb. 5.216 Placenta praevia. Variationen mit zugehörigem Muttermundsbefund, **a:** tiefer Sitz, **b:** Placenta praevia marginalis, **c:** Placenta praevia partialis, **d:** Placenta praevia totalis

hier entstehende Plazenta den Geburtsweg. 4 Grade (Abb. 5.216): **2.1** Placenta praevia totalis, der innere MM ist vollständig bedeckt. **2.2** Placenta praevia partialis, der innere MM ist teilweise bedeckt. **2.3** Placenta praevia marginalis, der untere Rand der Plazenta erreicht den inneren MM. **2.4** Tiefer Sitz der Plazenta: Der im unteren Uterinsegment sitzende Teil der Plazenta rückt nicht an den inneren MM heran

Trophoblast: Implantation. Die **Deziduareaktion** (Pseudodeziduareaktion) bereitet die Ernährung des Keimes vor. Sie ist durch Speicherung von Glykogen und Lipiden in den endometrialen Stromazellen (→ **Deziduazellen**) sowie Flüssigkeitsansammlung im mütterlichen Bindegewebe gekennzeichnet. Dieses zeigt so ödematösen Charakter, der in der Nähe des embryonalen Pols des Keims stärker ausgeprägt ist als abembryonal.

Mit dem Kontakt zwischen Blastozyste und Endometriumepithel, bei dem die Blastozystenhöhle

vorübergehend kollabiert, beginnt die Differenzierung des **Trophoblast,** der embryonale Anteile von Plazenta und Fruchthüllen liefert.

- Der **Synzytiotrophoblast** ist die äußere, durch Kernteilungen von Trophoblastzellen ohne Zytoplasmadurchtrennung entstehende, synzytiale Schicht des Trophoblasten. Er hat direkten Kontakt zu mütterlichem Gewebe und dringt invasiv in das Endometrium ein.
- Der **Zytotrophoblast** ist die innere, auch weiterhin zellulär gegliederte Schicht des Trophoblast. Dieser Teil sorgt durch Kernteilungen für Nachschub in den Synzytiotrophoblast.

Auch die Durchdringung des Uterusepithels durch den Synzytiotrophoblast ist embryomaternaler Dialog, denn sie geschieht wechselseitig: Seitlich werden z. B. Membrankontakte (Desmosomen) zwischen Synzytium und endometrialen Epithelzellen aufgebaut. Nach 24 Std. ist die Basalmembran des Epithels durchbrochen, der Synzytiotrophoblast dringt in das Bindegewebe ein, er löst Deziduazellen auf und resorbiert Proteine, Kohlenhydrate und Fette.

Uteroplazentarer Kreislauf. Invasives Wachstum des Synzytiotrophoblast eröffnet mütterliche Kapillaren, Blut strömt zusätzlich in das Lakunensystem, in dem vorübergehend **Hämatotrophe,** mit Blut vermischte Histotrophe, anzutreffen ist. Der Druckgradient zwischen arteriellem und venösem Schenkel eröffneter Gefäße bewirkt Blutzirkulation durch die mittlerweile zusammenhängenden Lakunen. Histo- und Hämatotrophe sind frühe Nahrungsquellen, deren Inhaltsstoffe durch Diffusion zum Keim gelangen.

Nach dem 12. ET ist der Keim völlig von mütterlichem Gewebe umgeben (= **interstitielle Implantation**), der Epitheldefekt im Endometrium wird durch ein Koagulum verschlossen und wächst zu. Der Implantationsort ist als rundliche Epithelvorwölbung vom Uteruslumen aus zu erkennen (**Implantationskegel**).

Die weitere Entwicklung des Trophoblast und assoziierter Gewebe führt zur Bildung von Plazenta und Fruchthüllen

Erste Entwicklungsstadien des Synzytiotrophoblast:
- **Solides, prälakunäres Stadium.** Das Synzytium ist anfangs ein kompakter Gewebeblock, dessen Volumen durch Kernteilungen von Zytotrophoblastzellen wächst.
- **Lakunäres Stadium.** Innerhalb des Synzytiotrophoblast entstehen voneinander zunächst iso-

lierte Lücken, die bald zu einem verzweigten Hohlraumsystem zusammenfließen, am embryonalen Pol intensiver als abembryonal. Die während des Einwachsens in das mütterliche Bindegewebe aufgelösten und verflüssigten Gewebsteile (→ **Histotrophe**) füllen diese Trophoblastlakunen aus (Abb. 5.217).

Klinik: 1. Nidationsblutung. Vor dem Epithelverschluss kann eine Blutung aus abembryonalen Synzytiotrophoblastlakunen auftreten, die wegen der zeitlichen Nähe zur nächsten Menstruationsblutung als solche fehlgedeutet werden und zur falschen Berechnung des Geburtstermins führen kann. **2. Corpus-luteum-Insuffizienz:** Funktionsschwäche des Gelbkörpers mit erniedrigter Plasma-Progesteronkonzentration ist eine Ursache für weibliche Sterilität, da keine sekretorische Umwandlung des Endometriums erfolgen kann. **3. HCG-Nachweis** im Urin (oder Serum) der Frau weist die Schwangerschaft 35–40 Tage nach der letzten Regel durch Antigen-Antikörper-Reaktion nach (Zuverlässigkeit: ≥ 95 %); neuere Tests mit monoklonalem Antikörper leisten dies bereits zum Zeitpunkt der ersten erwarteten Regel.

Mutterkuchen, Placenta, Fruchthüllen ab 3. EW

Die **Placenta** ist ein auf Zeit angelegtes, scheibenförmiges Ernährungsorgan, das kontinuierlich wächst und sich differenziert, sodass in jedem Entwicklungsstadium die aktuellen Ernährungsbedürfnisse des Keimlings befriedigt werden.

Entstehung der Plazentazotten

Plazentazotten sind embryo/fetale, synzytiumüberzogene Gewebebäume, die in einem von mütterlichem Blut durchströmten Lakunensystem (→ intervillöser Raum) flottieren.

Ende der 2. EW hatte durch die Eröffnung mütterlicher Gefäße der uteroplazentare Kreislauf in den synzytialen Lakunen begonnen. Die zunächst irregulär angeordneten Synzytiumbalken ordnen sich räumlich um und erhalten einen Bindegewebekern mit embryonalen Blutgefäßen:

- **Trabekel** (Abb. 5.217) sind radiär orientierte Synzytiumbalken.

- **Primärzotten** entstehen in der 2. EW durch Einwachsen von Zytotrophoblastzellen in das Innere der Trabekel. Sie besitzen außen einen Synzytiotrophoblast-Überzug, innen einen Zytotrophoblastkern.
- **Sekundärzotten (Chorionzotten)** entstehen durch Einwachsen von Chorionmesenchym in den Zytotrophoblastkern und bestehen von außen nach innen aus Synzytium, Zytotrophoblast, Basalmembran, Chorionmesenchym.
- **Tertiärzotten** enthalten extraembryonale Blutgefäße, die ab der 3. EW im Mesenchymkern entstehen.

Nach Anschluss dieser Gefäße an den sich entwickelnden intraembryonalen Kreislauf in der 4. EW kann der Stofftransport von der Plazenta zum Embryo über das Blut erfolgen, so wird die bis dahin dominierende Diffusion als Transportmodalität ersetzt.

Äußere Zytotrophoblasthülle. Während Mesenchym und Blutgefäße in den Tertiärzotten ihre definitive Position erreichen, proliferiert der Zytotrophoblast weiter in Richtung Dezidua. Er erreicht diese maternale Schicht und umwächst das embryonale Synzytium auf dessen äußerer, dezidualer Oberfläche in der 3. EW. Bis auf Reste, die als Inseln in der Dezidua liegen bleiben, verliert der Synzytiotrophoblast seinen direkten Kontakt mit dem mütterlichen Gewebe: Die **äußere Zytotrophoblasthülle** trennt beide fortan. Der Infiltrationsprozess des Synzytiums ist damit beendet, die Placenta vergrößert sich fortan nur noch durch Verdrängungswachstum.

Durchdringungszone ist die fetomaternale Grenzschicht mit einer Vermischung von Zytotrophoblast- und Deziduazellen.

Chorion frondosum, Chorion laeve. In der 2.–3. EW war die Entwicklung der Trabekel und Zotten am embryonalen Pol ausgeprägter als am übrigen Umfang der Trophoblasthülle. Dieser Unterschied verstärkt sich, indem Verzweigung und Ausreifung der Zotten nur am embryonalen Pol erfolgt. Hier entsteht das **Chorion frondosum (Zottenchorion)**, abembryonal das **Chorion laeve (Chorionglatze)**. Bis zum Ende der Embryonalperiode bilden sich hier die Zotten zurück. Aus dem Chorion frondosum und anliegendem mütterlichem Gewebe bildet sich die Plazenta, das Chorion laeve beteiligt sich gemeinsam mit der mütterlichem Dezidua am Aufbau der Fruchthüllen.

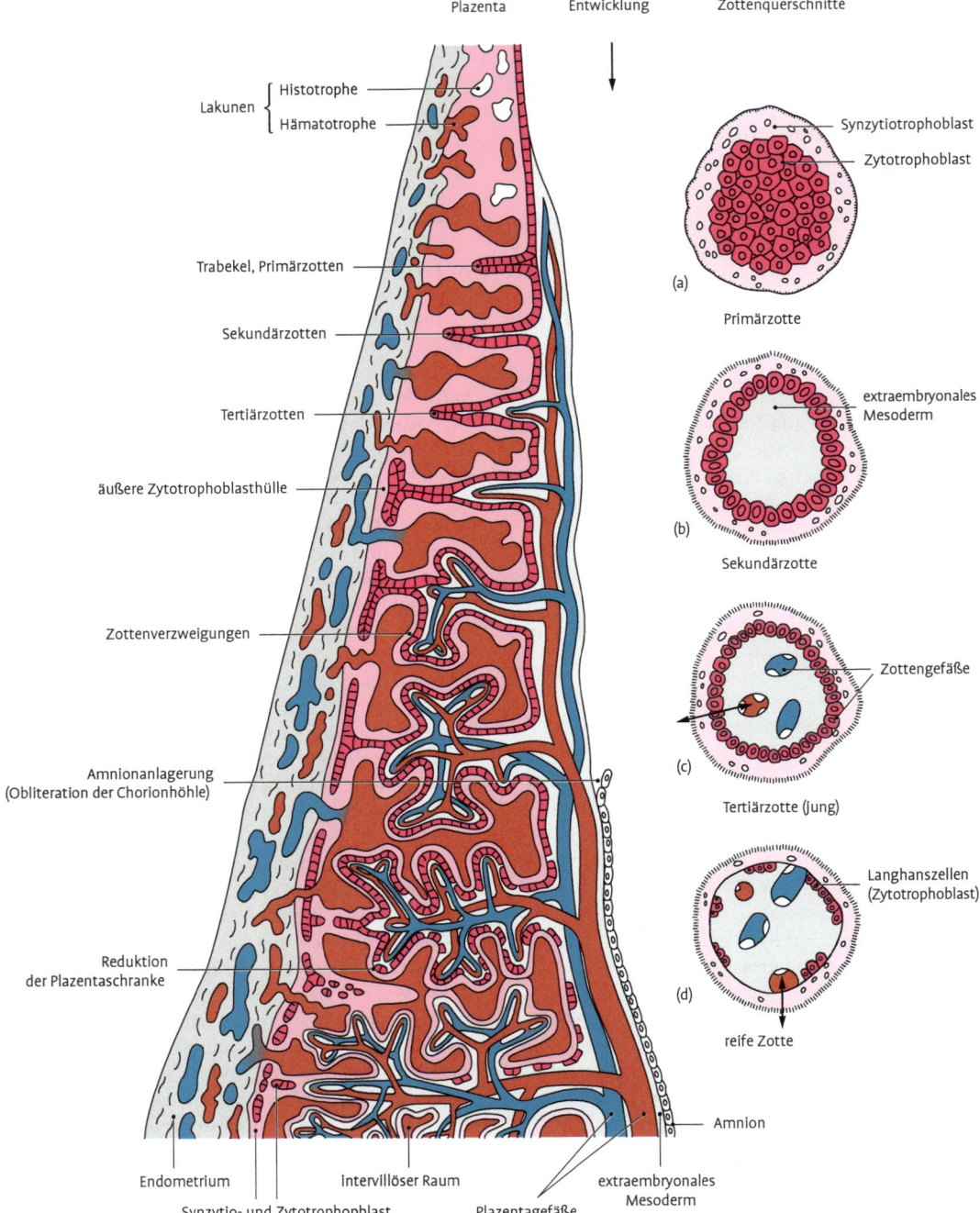

Abb. 5.217 Plazentaentwicklung ab lakunärem Stadium des Synzytiotrophoblasten (modifiziert nach Grays Anatomy und J. Langman). **a–d:** Zottenentwicklung und Reduktion der Plazentaschranke: Doppelpfeile bezeichnen den minimalen Austauschweg der Blutinhaltsstoffe.

Plazentareifung, Plazentaschranke

Plazentareifung. Durch **Zottenwachstum** (Vergrößerung der Austauschoberfläche) und **Zottenreifung** (Verkürzung der Austauschstrecke: Plazentaschranke) deckt die Plazenta den wachsenden Bedarf an Austauschkapazität im Schwangerschaftsverlauf.

Zottenwachstum, intervillöser Raum. Zotten sprossen ständig aus, wachsen in die Länge und verzweigen sich. Das Lakunensystem wird so zu einem Spaltensystem (→ **intervillöser Raum**).

- **Stammzotten** gehen aus der Chorionplatte hervor und sind über Haftzotten mit der Basalplatte verbunden. Nach histologischem Bau und resultierender Beteiligung an Austauschprozessen unterscheidet man weiter:
- **unreife Intermediärzotten** mit reichlichem Mesodermkern,
- **reife Intermediärzotten** (verstärktes Längenwachstum und Schlängelung der Kapillaren), die im letzten Drittel der Schwangerschaft vermehrt entstehen, sowie
- **Terminal- oder Endzotten,** in denen sich die Kapillaren des Synzytium teils in den mütterlichen Blutraum vorwölben (Durchmesser: 50 µm). Die meist erweiterten Kapillaren (Durchmesser 10–50 µm) machen über die Hälfte der Querschnittsfläche der Zotten aus. Die fetomaternale Austauschstrecke (Plazentaschranke, s. u.) umfasst ≥ 25–30 nm, durchschnittlich 2–5 µm.

Hofbauer-Zellen. Der Reiz für vermehrte Zottenproliferation ist relativer Sauerstoffmangel in Nähe der Rückflusszonen des mütterlichen Blutes in die Venen, weswegen in diesen Bereichen die meisten Terminalzotten anzutreffen sind. V. a. im Mesenchymkern der Intermediärzotten häufig anzutreffende, makrophagenartige Hofbauer-Zellen sezernieren Faktoren, die für die Bindegewebs- und Gefäßproliferation unverzichtbar sind.

Synzytialknoten sind kernreiche, zytoplasmatische Vorwölbungen des Synzytiotrophoblast, die sich ablösen und über die venösen Abflüsse des intervillösen Raumes in den mütterlichen Kreislauf gelangen können. **Fibrinoid** (Abb. 5.218), fibrinähnliches Material, gehört zum histologischen Erscheinungsbild von Plazenten verschiedener Altersstufen. Es kann sich in der Chorionplatte **(Langhans-Fibrinoid)**, auf der Oberfläche der Basalplatte **(Rohr-Fibrinoid)** oder in der Tiefe der Basalplatte in der Kontaktzone zwischen mütterli-

chem und fetalem Gewebe **(Nitabuch-Fibrinoid)** ansammeln. Fibrinoid wird als degeneratives Produkt gedeutet.

Plazentaschranke (Abb. 5.217 c, d) nennt man die Mindestsumme der biologischen Trennschichten zwischen mütterlichem und fetalem Blut, die durch Austauschstoffe überwunden werden muss.

Die Passage von Stoffen durch die Plazentaschranke hängt ab von der Molekülgröße der Teilchen, ihrer Eiweißbindung, der Lipidlöslichkeit, dem Dissoziationsgrad und ihrer elektrischen Ladung.

Die Plazentaschranke der **Tertiärzotten** (ab der 4. EW) besteht zunächst aus 6 Schichten:
1. Synzytiotrophoblast
2. Zytotrophoblast
3. Basalmembran des Zytotrophoblast
4. extraembryonales Mesenchym
5. endotheliale Basalmembran
6. Endothel der embryo/fetalen Kapillaren.

Zottenreifung erfolgt durch Reduktion der Zahl der Trennschichten. So verläuft der Austausch über die Plazentaschranke mit zunehmender Schwangerschaftsdauer effizienter. Die den Synzytiotrophoblasten unterlagernde Zytotrophoblastschicht wird diskontinuierlich, die verbleibenden Zytotrophoblastzellen werden **Langhans-Zellen** genannt. Die Blutgefäße unterlagern immer häufiger direkt die Synzytiumschicht. So besteht die Plazentaschranke in **reifen Intermediär-** und **Terminalzotten** (2. Schwangerschaftshälfte) an vielen Stellen nur noch aus 3 Schichten:
1. Synzytiotrophoblast,
2. gemeinsame Basalmembran,
3. Endothel der embryo/fetalen Kapillaren.

Plazentaschichten, Plazentateile

Die Placenta besteht aus 3 Hauptschichten: der zentralen **Zottenschicht,** der fetalseitigen **Chorionplatte** und der in der Uterusschleimhaut verankerten **Basalplatte**.
Fetale und mütterliche **Kotyledonen** sind Struktureinheiten, die auf einer senkrecht zu den Schichten erfolgenden Unterteilung beruhen.

Schichten (Abb. 5.218):
- Die **Zottenschicht** umfasst alle Plazentazotten und den umgebenden intervillösen Raum. Die

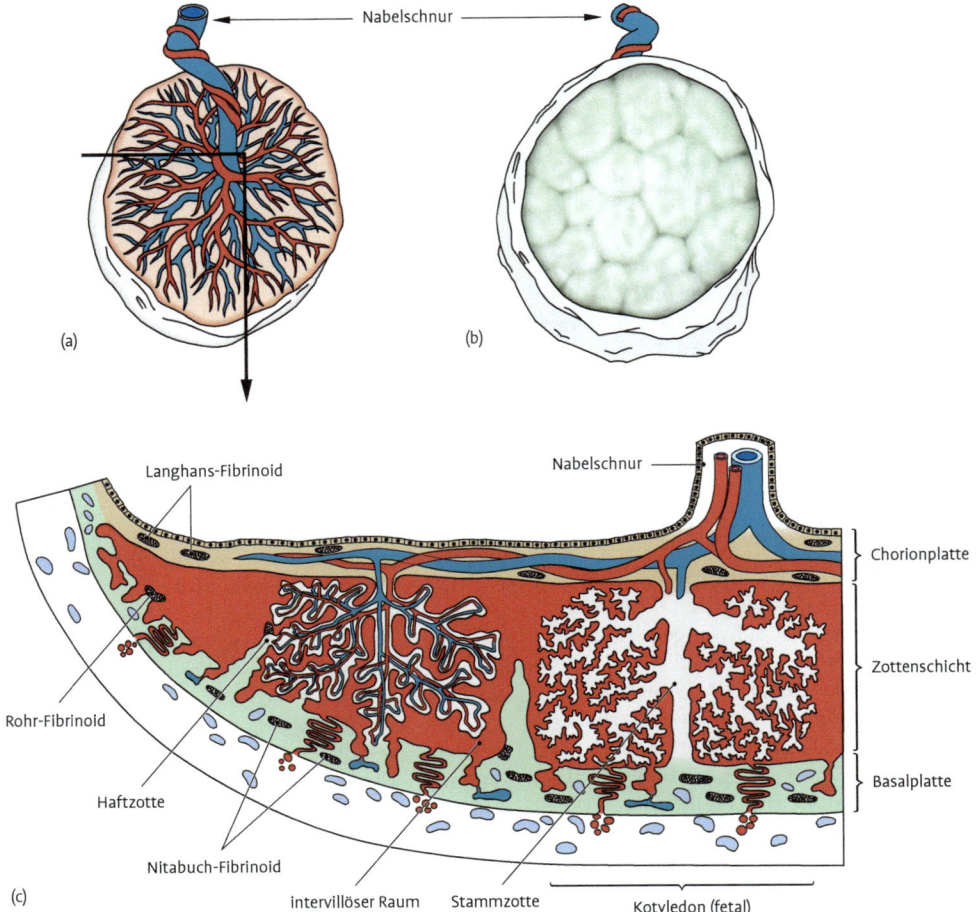

Abb. 5.218 Reife Plazenta von fetaler **(a)** und mütterlicher Seite **(b)** gesehen. Das Amnion ist entfernt. In **(a)** ist die Schnittebene für **(c)** markiert. Die angedeuteten Furchen in **(b)** markieren Lage der Plazentasepten, die so schwach umgrenzten Bereiche auf der Basalplatte lassen die Ausdehnung mütterlicher Kotyledonen erahnen. c: Plazentabau im Querschnitt.

Stammzotten sind auf fetaler Seite in der Chorionplatte und mütterlicherseits über Haftzotten in der Basalplatte verankert.

- Die **Chorionplatte** liegt auf der fetalen Seite und besteht aus Synzytiotrophoblast, Zytotrophoblast und Chorionmesoderm, dem sich durch die Obliteration der Chorionhöhle das Amnion anlagert (Abb. 5.217).
- Die **Basalplatte (Deziduaplatte)** liegt der Chorionplatte spiegelbildlich auf mütterlicher Seite gegenüber. Sie besteht (von fetal nach maternal) aus: Synzytiotrophoblast, Zytotrophoblast und Decidua basalis. Durch die Basalplatte hindurch ziehend öffnen sich mütterliche Blutgefäße in den intervillösen Raum.

Man unterscheidet die folgenden **Teile** (Abb. 5.218):
- **fetale Kotyledonen,** von einer Stammzotte ausgehende Zottenbäume, und
- **mütterliche Kotyledonen.** Diese entstehen durch Plazentasepten, die von der Basalplatte aus zwischen fetale Kotyledonen vorwachsen, ohne jedoch die Chorionplatte zu erreichen und so durch vollständige Unterteilung des intervillösen Raums getrennte Blutkompartimente zu schaffen. Es besteht kein 1:1-Verhältnis zwischen fetalen und mütterlichen Kotyledonen, vielmehr werden

häufig 2, 3 oder mehr Zottenbäume gemeinsam von Plazentasepten umgrenzt.

Reife Plazenta. Plazenten aller Säuger haben einen getrennten mütterlichen und fetalen Blutkreislauf. **Qualitativ** ist die menschliche Plazenta

- scheibenförmig **(Placenta discoidalis),**
- eine **Zottenplazenta,** wegen der baumartigen Verzweigung des Trophoblastgewebes,
- **hämodichorial,** später **hämomonochorial,** da die epitheliale Trophoblastoberfläche, die direkt von mütterlichem Blut umspült wird, anfangs aus zwei (Synzytiotrophoblast, Zytotrophoblast), zuletzt aus nur einer fetalen Schicht (Synzytiotrophoblast) besteht, sowie
- **multivillös,** da haarnadelartige fetale Gefäßschlingen vom mütterlichen Blutstrom in unterschiedlichen Winkeln gekreuzt werden.

Quantitativ ist die 38–40 Wochen alte bzw. nachgeburtliche Plazenta wie folgt charakterisierbar:

- Durchmesser: 17–20 cm
- Dicke (spontan entblutet): 2,5 cm (in situ im Ultraschallbild einschl. Uteruswand 4,5 cm)
- Gewicht: 500 g
- von 1 g Placenta versorgtes Fetalgewicht: 7 g
- mittlere fetomaternale Diffusionsstrecke: 2–5 µm.

Klinik: 1. Blasenmole wird überschüssige Trophoblastbildung genannt. Der Embryo kann zugrunde gehen, während der Trophoblast weiter wuchern und bisweilen maligne zum **Chorionkarzinom** (= malignes Chorionepitheliom) entarten kann. **2. Chorionkarzinom** ist die bösartige Form der Trophoblasttumoren, es wächst ohne Zottenstroma invasiv und destruierend in das Myometrium ein und zeigt durch Eröffnung von und Einwachsen in Gefäße ausgeprägte Blutungsneigung.

Plazentafunktion. Die Plazenta nimmt die Funktionen zahlreicher fetaler Organe wahr. Sie ist

1. Resorptionsorgan (Darm)
2. Ausscheidungsorgan (Niere)
3. Gasaustauschorgan (Lunge)
4. Stoffwechselorgan (Leber)
5. Blutbildungsorgan (Knochenmark)
6. Hormonbildungsorgan. Sie sorgt für die Aufrechterhaltung der Schwangerschaft zunächst indirekt durch HCG-, ab dem 4. Monat direkt durch Progesteron-Produktion. Sie versieht außerdem eine fetomaternale
7. **Transportfunktion.** Stofftransport über die Plazentaschranke erfolgt durch

- Diffusion (Sauerstoff, Kohlendioxid, Wasser, Harnstoff),
- erleichterte Diffusion mittels Träger-Molekülen (Glukose, Laktat),
- aktiven Transport (Aminosäuren, Ionen),
- Pinozytose (Proteine, mütterliche Antikörper, Fette) und
- Diapedese (Viren, Bakterien).

Klinik: 1. Leihimmunität nennt man die durch den diaplazentaren Übertritt mütterlicher Antikörper dem Neugeborenen „geborgte" Immunität während der ersten Lebensmonate. **2. Erkrankungen** durch diaplazentaren Übertritt von Krankheitserregern, Medikamenten, Alkohol: z. B. **Rötelnembryopathie** bei Erkrankung der Mutter an Röteln während der ersten 3 Schwangerschaftsmonate (Augenanomalien, Herzfehler, ZNS-Anomalien, Innenohrschädigung); **HIV-Erkrankung** (= AIDS) durch Übertragung von HI-Viren (bei Seropositivität der Mutter ist kindliches Infektionsrisiko < 20 %); **Herzfehler durch Medikamente:** früher Thalidomid, jetzt häufiger Valproinsäure, Hydantoin; **Alkoholfetopathie:** durch Alkoholkonsum der Mutter während der Schwangerschaft hervorgerufene pränatale Erkrankung der Frucht (u. a. Wachstumsretardierung, Mikrozephalie, statomotorische und geistige Retardierung).

Fruchthüllen

Fruchthüllen ist der klinische Ausdruck für die Summe der Gewebeschichten, die den Fetus im Uterus umgeben und als Nachgeburt mit Plazenta und Nabelschnur abgehen. Unmittelbare fetale Umgebung ist die Amnionhöhle mit dem **Fruchtwasser.**

Dezidua (Abb. 5.219) nennt man die Funktionalis des Endometriums nach Eintreten einer Schwangerschaft. Sie liefert die mütterlichen Anteile für Plazenta und Fruchthüllen und besteht nach Bildung des Chorion frondosum aus

- **Decidua basalis,** sie bildet die mütterliche Plazentaschicht,
- **Decidua capsularis,** die das Chorion laeve umgibt, und
- **Decidua parietalis** an der Uteruswand außerhalb des Einnistungsortes.

Durch Wachstum und Krümmungen des Embryonalkörpers vergrößern sich Oberfläche und Volumen der Amnionhöhle, die Chorionhöhle obliteriert. So verschmelzen Amnion und Chorion laeve (Chorion-Amnion-Haut) sowie ebenso, zu Beginn der Fetalzeit, Decidua capsularis und parietalis, womit das Uteruslumen obliteriert. Diese so vereinigten Fruchthüllen bilden die **Fruchtblase,** die die mit Amnionflüssigkeit **(Fruchtwasser)** gefüllte Amnionhöhle **(Fruchthöhle)** als direkte Umgebung des Fetalkörpers umschließt.

Fruchtwasser (FW; **Amnionflüssigkeit**) wird von den Amnionzellen erzeugt und ermöglicht fetale Bewegungen und Lageveränderungen des Fetus. FW bewirkt während der Geburt hydrostatisch die Eröffnung des Zervixkanals. Druck auf die mütterliche Bauchdecke wird gleichmäßig auf Fetaloberfläche und Uterusinnenfläche verteilt. Die gegen Ende der Schwangerschaft 1 l umfassende Flüssigkeitsmenge wird mehrmals pro Tag vom Feten verschluckt und als fetaler Urin ausgeschieden. Fetales Ausscheidungsorgan ist jedoch die Plazenta, durch die harnpflichtige Substanzen in den mütterlichen Kreislauf gelangen.

Klinik: Amnioskopie heißt die FW-Besichtigung durch intakte Fruchthäute hindurch mit einem durch die Vagina eingeführten Endoskop (= Amnioskop). Beurteilt werden: **Farbe** (gelb: Rh-Inkompatibilität; fleischfarben: abgestorbener Fetus; grün-erbsebreiartig: Frühsymptom für Stuhlabgang); **Vernixgehalt** (stark vernixhaltiges FW: reifer Fetus); **Menge: Oligohydramnion** bei < 100 ml (Dysplasie der Nieren, Obstruktion der harnableitenden Wege); **Hydramnion** bei > 2.000 ml (Schluckstörungen, Diabetes der Mutter); **Polyhydramnion** bei > 3.000 ml (z. B. bei mechanischer Schluckstörung durch Oesophagusatresie, Trachealstenose oder funktioneller Schluckstörung wegen Hirnfehlbildung).

Nabelschnur, Funiculus umbilicalis

Entstehung, Bestandteile. Ursprung dieser Verbindung zwischen Placenta und Embryo/Fetus ist der **Haftstiel** (Abb. 5.218, 5.219). Die Nabelschnur enthält:

- **Blutgefäße,** die durch die intraembryonale und Plazentagefäße kommunizieren.
- **Allantois, extraembryonales Zölom** und **Dottersack** werden durch Abfaltung des Embryonalkörpers an das Mesenchym des Haftstiels gedrängt.
- Das **Amnion** umstülpt mit seiner Außenfläche im Zuge der Vergrößerung des Fetus und der Amnionhöhle Haftstiel samt Blutgefäßen, Allan-

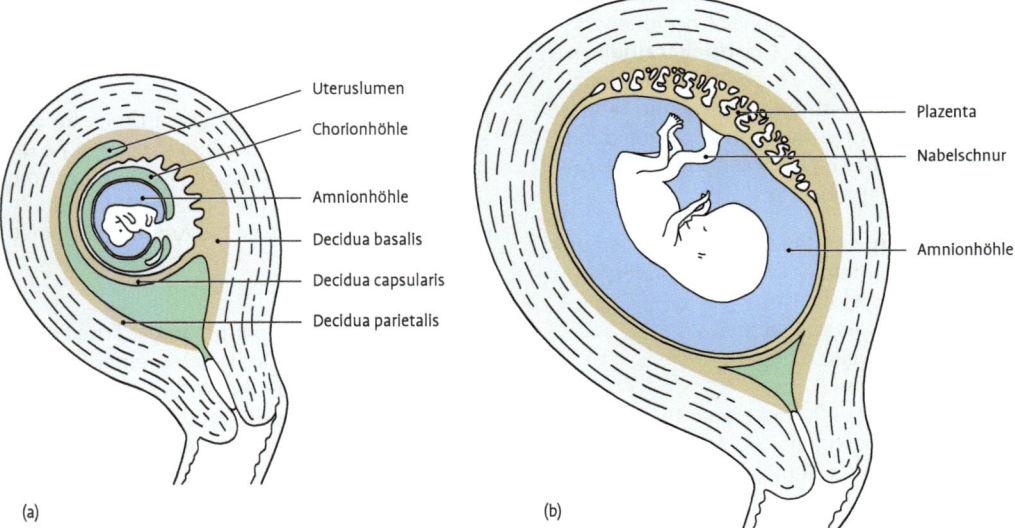

(a)

(b)

Abb. 5.219 Entwicklung der Fruchthäute (modifiziert nach J. Langman). Die durch das Fetalwachstum und die expandierende Amnionhöhle obliterierenden Räume (Chorionhöhle, Uteruslumen) sind grün, **a:** 8. EW, **b:** 12. EW.

Labels (a): Uteruslumen, Chorionhöhle, Amnionhöhle, Decidua basalis, Decidua capsularis, Decidua parietalis

Labels (b): Plazenta, Nabelschnur, Amnionhöhle

tois, Dottersack und den umgebenden Ausläufer der extraembryonalen Leibeshöhle von außen.

Drei Nabelschnurgefäße verbinden die Gefäßsysteme von Fetus und fetalem Plazentateil:

- Eine **V. umbilicalis** durchzieht die Nabelschnur in gestrecktem Verlauf.
- Zwei **Aa. umbilicales** verlaufen miteinander und umgeben die Vene spiralig.

Die Nabelschnur bietet mit dem Einschluss eines kleinen Teils der extraembryonalen Leibeshöhle den Ausweichraum für die während des **physiologischen Nabelbruchs** zeitweilig außerhalb des Fetalrumpfes platzierten Darmschlingen

Der **Nabelschnuransatz** kann auf fetaler Seite am Nabelring, an der Plazenta zentral, exzentrisch, marginal oder außerhalb, mit zwischengeschaltetem Verlauf über die Fruchthüllen ("velamentös"), liegen.

Die Nabelschnur ist bei Geburt 1–2 cm dick und 50–70 cm lang.

> **Klinik: 1.** Eine **kurze Nabelschnur** (≤ 30 cm) ist häufig Folge mangelnder fetaler Bewegung. **2.** Eine **lange Nabelschnur** (≥ 100 cm) führt ggf. zu Nabelschnurumschlingung (Abschnüren von Körperteilen) oder -knoten (venöse Stauung). **3.** Eine **singuläre Nabelschnurarterie** kann fetale Mangelversorgung bewirken.

Fetogenese, Geburt, Reifezeichen

Fetogenese. Die „normale" Fetalentwicklung ist aus der Tab. 5.10 ersichtlich. **Hautmerkmale:** Die **Lanugo-** oder **Flaumbehaarung** wird postnatal durch Terminalbehaarung ersetzt. Die **Haut** ist zunächst wegen des Fehlens von Unterhautfettgewebe rötlich und runzlig, nach dessen Ausbildung im letzten Schwangerschaftsdrittel führt dies zu rundlichen Rumpf- und Extremitätenformen. Eine Talg- und Fettschicht (**Vernix caseosa**) bedeckt gegen Ende der Schwangerschaft als Produkt der sich entwickelnden Talgdrüsen die Haut.

Die **Haase-Regel** (Tab. 5.11) ermöglicht eine Schätzung der Größenentwicklung des Feten, die sonografisch genauer bestimmt werden kann.

Geburt

> Geburt ist die Ausstoßung des Fetus aus dem Mutterleib durch Wehentätigkeit.

Tab. 5.10 Fetalentwicklung: 3. Monat (11.–14. SSW) bis 10. Monat (39.–42. SSW)

SSW	Länge (cm)		Gewicht (g)	Äußere Kennzeichen
	SSL	SFL		
11–14	4–7		10–25	• Gesicht „menschlich" • Augen rostral, Ohren lateral • Knochenkerne in langen Röhrenknochen • Rückbildung des physiologischen Nabelbruchs
15–18	8–12		50–200	• Vernix caseosa • Lagunobehaarung • Zehennägel erkennbar
19–22	9–14		200–350	• Kindsbewegungen durch Mutter wahrnehmbar • Geschlechtsbestimmung per Ultraschall möglich • Herztöne auskultatorisch wahrnehmbar
23–26		28–31	450–850	• runzlige Haut, kein Unterhautfettgewebe
27–30		34–37	1.000–1.400	• Entwicklung des subkutanen Fettgewebes, rundliche Oberfläche des Feten • Augenlider
31–34		40–43	1.600–2.250	• Haut glatt, ohne Behaarung • Fingernägel erreichen Fingerkuppen
35–38		45–47	2.250–3.100	• Hoden männlicher Feten meist im Skrotum • Kopf hat größten Durchmesser des Körpers
39–42		50	3.250–3.400	

Tab. 5.11 Haase-Regel. Man quadriert vom 3.–5. Monat die Monatszahl und multipliziert ab dem 6. Monat die Monatszahl mit „5". Das Ergebnis ist die ungefähre Größe des Feten.

Ende des Monats	Schätzung	Größe (cm)
3.	3 × 3	9
4.	4 × 4	16
5.	5 × 5	25
6.	6 × 5	30
7.	7 × 5	35
8.	8 × 5	40
9.	9 × 5	45
10.	10 × 5	50

Die Auslösung des Geburtsvorgangs ist komplex und weitgehend ungeklärt. Hormone der fetalen Hypophyse und Nebennierenrinde scheinen an der Induktion beteiligt zu sein, das mütterliche Hypophysen-Hormon **Oxytocin** bewirkt daraufhin die **Wehen**.

Wehen sind schmerzhafte Kontraktionen der Gebärmuttermuskulatur am Ende der Schwangerschaft und unter der Geburt; Dauer: 20–60 Sek. **Einteilung** nach
- **zeitlichem Auftreten:** Vor-, Eröffnungs-, Austreibungs-, Nachgeburts-, Nachwehen
- **Funktion:** Senk-, Stellwehen.

Wehen bestehen beim geburtsbereiten Uterus aus **4 Phasen: 1. Kontraktion** (beginnend im Fundus), **2. Retraktion** (aktives Zurückziehen der Uteruswand über den vorangehenden Kindsteil), **3. Distraktion** (passive Erweiterung des unteren Uterinsegmentes), **4. Dilatation** (passive Dehnung und Eröffnung des Muttermundes). Die Grenze zwischen oberem aktiven und unterem passiven Uterusteil ist ein Kontraktionsring (**Bandl-Furche,** wenn unter der Geburt tastbar), dessen Position bei zunehmender Dehnung des unteren Uterusteils nach oben steigt.

Drei Geburtsphasen werden unterschieden:
1. **Eröffnungsphase:** Die Cervix uteri entfaltet sich, die Fruchtblase wölbt sich vor und erweitert den Muttermund. Durch den folgenden Fruchtblasensprung fließt das Fruchtwasser ab.
2. Die **Austreibungsphase** ist (bezogen auf Ein- und Ausgangsebene des kleinen Beckens) durch Eintritt, Durchtritt und Austritt gekennzeichnet. Sie wird entscheidend von der intrauterinen Lage des Feten beeinflusst.

3. In der **Nachgeburtsphase** erfolgen Abnabelung, Lösung der Plazenta von der Spongiosa des Endometriums sowie Abstoßung von Plazenta und Fruchthüllen. Tonische Uteruskontraktionen verschließen die Spiralarterien, was Blutungen reduziert.

Klinik: 1. Beim **Anencephalus** muss die Geburt künstlich eingeleitet werden, da wegen des Fehlens höherer Hirnabschnitte hypophyseale Signale des Feten ausbleiben. **2.** Der große Kopf beim **Hydrocephalus** (= Wasserkopf) ist ein Geburtshindernis. Besonders bei Schädellage, weniger bei Beckenendlage droht eine Uterusruptur. **3. Krampfwehen** (→ Dauerkontraktionen der Uterusmuskulatur) sind wegen der verminderten Durchblutung der Plazenta für den Fetus gefährlich. **4. Nachgeburtsblutungen** kommen durch einen atonischen, stark dilatierten Uterus zustande.

Reifezeichen des Neugeborenen. Die Reifebeurteilung anhand von Reifezeichen gibt Auskunft über kindliche Körpermerkmale und darüber, ob ein (unreifes) Frühgeborenes vorliegt.

Körperliche Kriterien sind
- Größe (≥ 48 cm)
- Geburtsgewicht (≥ 2.500 g)
- Schulterumfang größer als Kopfumfang
- Hautdurchsichtigkeit
- Vollständigkeit und Form des Ohrknorpelgerüsts
- Fußsohlenfältelung
- Brustdrüsendurchmesser (10 mm)
- Brustwarzendifferenzierung
- Fingernagellänge (sie erreichen oder bedecken Fingerkuppen)
- Kopfhaardifferenzierung
- Reife des Genitale (Labienschluss, Descensus testis).

Morphologische Aspekte der Pränatalmedizin

Ziele der Pränatalmedizin sind:
1. Nachweis der intakten Schwangerschaft
2. Festlegung des Schwangerschaftsalters
3. Nachweis der unauffälligen Entwicklung des Feten
4. Ausschluss von Fehlbildungen und Schwangerschaftsstörungen
5. Therapie fetaler Krankheiten
6. Überwachung der Geburt.

Schwangerschaftszeichen. Sie können unsicher, wahrscheinlich oder sicher sein. **Unsichere** Schwangerschaftszeichen sind:
- Zunahme des Leibesumfangs
- Schwangerschaftsstreifen (Striae gravidarum)
- Schwangerschaftspigmentierung (Chloasma gravidarum sive uterinum)
- unspezifische Symptome: Erbrechen, Kollapsneigung, nervöse Störungen.

Wahrscheinliche Schwangerschaftszeichen sind:
- Ausbleiben der Regelblutung
- livide Verfärbung der Vagina
- Mammavergrößerung
- Piskacek-Zeichen (asymmetrische Formveränderung des Uterus)
- Hegar-Zeichen (weiche Konsistenz des Gebärmutterhalses).

Sichere Schwangerschaftszeichen sind (die beiden wichtigsten, am frühesten nachweisenden Methoden zuerst nennend):
- HCG-Nachweis im Schwangerenurin (oder -serum)
- sonografischer Nachweis ab Ende 5. SSW
- Nachweis kindlicher Herztöne
- Fühlen von Kindsteilen
- Kindsbewegungen.

Uteruswachstum. Der Uterus ist in der 16. SSW im großen Becken tastbar. In der 24. SSW erreicht er die Höhe des Nabels, in der 36. SSW seine größte Höhe an der unteren Thoraxapertur. Danach senkt er sich bis zur Geburt geringfügig.

Klinik: Vena-cava-inferior-Syndrom (= Rückenlage-Schock-Syndrom, aortokavales Kompressionssyndrom): Kompression der V. cava inferior durch den Uterus (besonders in Rückenlage!) mit Abnahme von Uterusdurchblutung und ggf. fetaler Herzfrequenz bei der Hochschwangeren. Leichte Formen treten bei 30–40 % der Schwangeren im letzten Schwangerschaftsdrittel auf.

Schwangerschaftsdauer, Gestationsalter. Die Bestimmung der Schwangerschaftsdauer kann bei der Mutter oder dem Embryo bzw. Fetus erfolgen. Da Frauen häufig nach Ausbleiben der 2. Regel, seltener der ersten, den Arzt aufsuchen, erfolgt eine erste Schätzung der Schwangerschaftsdauer und des Geburtstermins nach dem

- **Menstruationsalter:** Dauer der Schwangerschaft ab dem 1. Tag der letzten Regel = 280 Tage (= 40 Wochen). Die Berechnung des Geburtstermins wird nach der **Naegele-Regel** vorgenommen:
  1. Tag der letzten Regel – 3 Monate + 7 Tage.
- **Befruchtungsalter:** 280 Tage – 14 Tage = 266 Tage (= 38 Wochen). Das geschätzte Alter des Fetus zum Geburtstermin erhält man bei regelmäßigem Zyklus nach Abrechnung einer Zyklushälfte.

Klinik: 1. Normaler Geburtstermin. 90 % der Kinder werden zwischen der 38. und 42. SSW geboren; **Frühgeborene** kommen vor Vollendung der 38. SSW zur Welt; **übertragene** Kinder werden nach der 42. SSW geboren. **2. Gestationsalter.** Mit der sonografisch erfassbaren **Scheitel-Steiß-Länge** wird in der 9. und 12. SSW das Gestationsalter bzw. der Entbindungstermin am zuverlässigsten (± 3 Tage) bestimmt. Der vorausberechnete Termin nach der Regelanamnese muss ggf. korrigiert werden.

Methoden der Pränataldiagnostik und -therapie. Die **manuelle Untersuchung** umfasst **Palpation, Auskultation** des Leibes (Herztöne), **Messung des Bauchumfangs.** Die Palpation (Abb. 5.220) kann

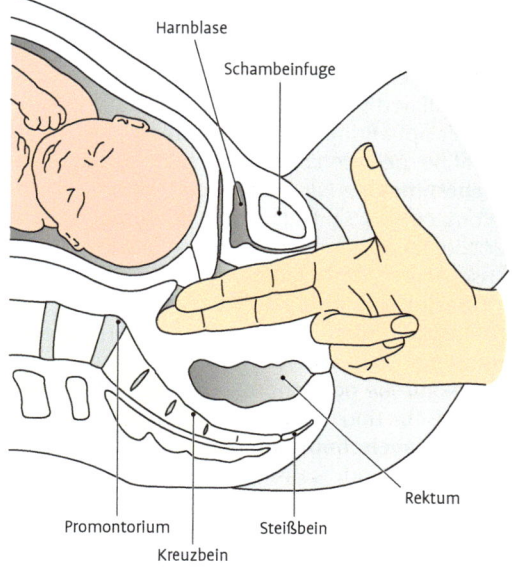

Harnblase

Schambeinfuge

Rektum

Promontorium

Steißbein

Kreuzbein

Abb. 5.220 Palpation des knöchernen Beckens transvaginal.

abdominal und vaginal erfolgen und beurteilt die knöchernen Beckenmaße (Geburtskanal), die Michaelis-Raute, die Uterusgröße und die Kindslage.

Da der Embryo bzw. Fetus einer klinischen Untersuchung (**Pränataldiagnostik**) sowie therapeutischen Maßnahmen (**Pränataltherapie**) nur über den mütterlichen Organismus zugänglich ist, müssen meist apparative Methoden (Ultraschall, invasive Methoden) angewendet werden.

Bilddarstellung durch Ultraschall (Sonografie)

Mit Ultraschall kann der Fetus bildlich dargestellt (**B-Bild-Ultraschall**) oder der Blutfluss in fetalen Gefäßen untersucht werden (**Doppler-Sonografie**).

Invasive Methoden

Eindringende Methoden werden unter sonografischer Kontrolle durchgeführt (Abb. 5.221): Amniozentese, Chorionzottenbiopsie, Nabelschnurpunktion, Fetoskopie.

Amniozentese ist die transabdominale (durch mütterliche Bauch- und Uteruswand erfolgende) Punktion der Amnionhöhle (= Amnion-, FW-Punktion) mit einer Nadel zur Fruchtwassergewinnung (180 ml) mit darin befindlichen fetalen Zellen in der 15.–16. SSW. Da FW vom Feten getrunken wird, können auf diesem Weg auch Medikamente oral appliziert werden.

Der **Alphafetoprotein(AFP)-Gehalt** im FW ist erhöht bei neuralen Spaltbildungen. Eine **Lungenreifebestimmung** kann durch den Antiatelektasefaktornachweis (Surfactant) im FW zur Beurteilung der spontanen Atemfähigkeit des Feten und zum Ausschluss fetaler Infektionen erfolgen.

Chorionzottenbiopsie ist die Entnahme von Trophoblastzellen aus dem Chorion frondosum mittels Kanüle in der 7.–12. SSW unter Ultraschallkontrolle oder endoskopischer Sicht für zytogenetische und biochemische Analysen.

Eine **Nabelschnurpunktion** erfolgt via Bauch- und Uteruswand. Sie ist technisch schwierig und zum Ausschluss fetaler Anämien oder zur Infektionsdiagnostik angezeigt.

Die **Fetoskopie,** intrauterine Endoskopie, ermöglicht die direkte Betrachtung der Körperoberfläche.

Unter der Geburt werden v. a. 2 Methoden zur Überwachung des Fetus angewandt:

- **Kardiotokografie** ist die simultane Aufzeichnung von fetaler Herzfrequenz und Wehentätigkeit in der Spätschwangerschaft und während der Geburt zur Überwachung des Feten und Erkennung einer intrauterinen Hypoxie; sie erfolgt durch die Bauchdecke der Mutter.
- **Mikroblutuntersuchung.** Einige Tropfen Blut können transvaginal aus der Haut des vorangehenden fetalen Körperteils entnommen werden (Abb. 5.222).

Scheide, Vagina

Allgemeine Beschreibung

Die Vagina ist ein 8–11 cm langes, ventrodorsal abgeplattetes, muskulös-bindegewebig dehnbares Rohr mit einem H-förmigen Querschnitt im nicht entfalteten Zustand (Abb. 5.201).

Die Verlaufsrichtung ist von vorne unten nach hinten oben. Bei der stehenden Frau ist die Längsachse nach hinten gebogen, der obere Teil der Vagina liegt annähernd horizontal auf dem **Diaphragma pelvis**. Der untere Scheidenabschnitt biegt im Levatortor nach vorne unten um. Der **Paries anterior** ist die Vorderwand, der **Paries posterior** die Hinterwand der Scheide. Die Vorderwand ist kürzer, weil die **Portio vaginalis uteri** in sie eingefügt ist. Dadurch entstehen ein größeres hinteres, 2 kleinere seitliche und ein vorderes Scheidengewölbe (**Fornices vaginae anterior, posterior et laterales**). Im Liegen ist der **Fornix posterior** der tiefste Punkt der Vagina und damit das **Receptaculum seminis**. Nachdem die Vagina das **Diaphragma urogenitale** durchbrochen hat, mündet sie mit dem **Ostium vaginae** in das **Vestibulum vaginae**. In der Jugend ist die Scheidenwand weich. Sie besitzt dann auf der Vorder- und Hinterwand zahlreiche quer verlaufende Falten (**Rugae vaginales**), die sich in einer vorderen und hinteren medianen Leiste, der **Columna rugarum anterior et posterior,** treffen. Durch den Geburtsakt werden die Falten niedriger und bilden sich nicht wieder. Durch die der Vorderwand anliegenden Urethra wird die Harnröhrenleiste, **Carina urethralis,** aufgeworfen.

Am Scheideneingang, **Ostium vaginae (Introitus vaginae),** liegt das Jungfernhäutchen, der **Hymen,** oder seine Reste, die **Carunculae hymenales.**

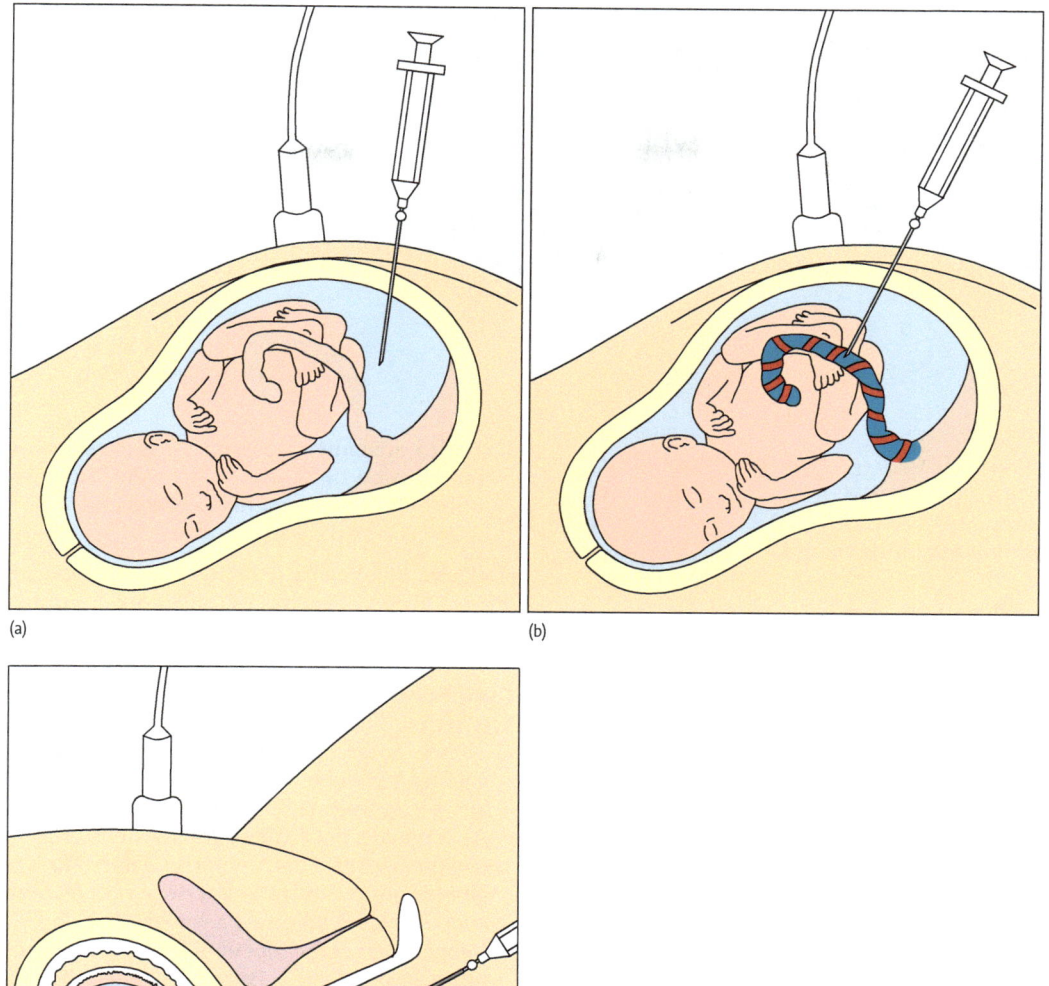

(a)

(b)

(c)

Abb. 5.221 Invasive Methoden der Pränatalmedizin. **a:** Amniozentese, **b:** Nabelschnurpunktion, **c:** Chorionzotten-biopsie.

Lage und Bauchfellbeziehungen. Die **Vagina** liegt zwischen Mastdarm und Harnblase bzw. Harn-röhre (Abb. 5.199). Zwischen diesen Organen lie-gen das **Septum rectovaginale** und das **Septum vesicovaginale** bzw. **urethrovaginale.** Der **Fornix vaginae posterior** bildet den Boden der **Excavatio** **rectouterina** und wird vom Bauchfell bedeckt. Im Bereich der **Fornices laterales vaginae** erreicht die **A. uterina** die **Cervix uteri.** An dieser Stelle unter-kreuzt der **Ureter** die A. uterina. Der Harnleiter zieht zunächst seitlich der Vagina und dann nach ventral zur Harnblase.

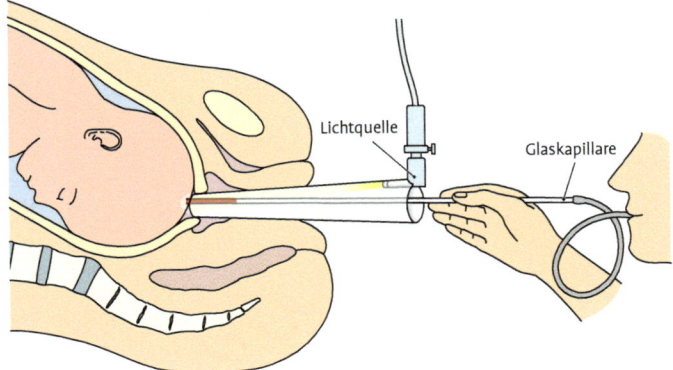

Lichtquelle

Glaskapillare

Abb. 5.222 Fetalblutentnahme aus der Kopfhaut unter der Geburt.

Klinik: Bei Verletzungen und bösartigen Geschwülsten können sich Fisteln zu den Nachbarorganen **(Rektovaginal-, Urethrovaginal-, Vesikovaginalfisteln)** bilden.

Wandbau. Die 3 mm dicke Wand der Vagina besteht aus einer **Tunica mucosa,** einer **Tunica muscularis, Tunica spongiosa** und einer **Tunica adventitia**.

1. **Tunica mucosa.** Die Schleimhaut besitzt ein mehrschichtiges, unverhorntes und glykogenreiches Plattenepithel, das sich auf die **Portio vaginalis uteri** (Abb. 5.201) bis zum äußeren Muttermund fortsetzt. Struktur und Glykogengehalt des Scheidenepithels werden hormonell beeinflusst und ändern sich während des Zyklus der Frau. Die **Lamina propria** besteht aus lockerem Bindegewebe mit vielen elastischen Fasern und enthält vereinzelte Lymphknötchen sowie zahlreiche Blutgefäße. Drüsen sind nicht vorhanden, das Sekret in der Vagina stammt von den Drüsen der **Cervix uteri.** Zusätzlich gelangt Flüssigkeit infolge Transsudation in die Vagina. Außerdem sind Bakterien vorhanden, die aus dem Glykogen der abgeschilferten Epithelzellen Milchsäure erzeugen. Daher reagiert das Scheidensekret sauer (pH 4,0–5,0) und schützt dadurch gegen Krankheitserreger und aufsteigende Infektionen (Döderlein-Flora).
2. **Tunica muscularis.** Sie besteht aus verflochtenen Bündeln glatter Muskelzellen mit einer äußeren Längs- und einer inneren Ringschicht. Außerdem sind zahlreiche Bindegewebsfasern eingebaut.
3. **Tunica spongiosa.** Diese ist der Muskelschicht aufgelagert und besteht aus Gefäßgeflechten, welche ein Schwellgewebe bilden.

4. **Tunica adventitia.** Diese ist eine Verschiebeschicht und besteht aus lockerem Bindegewebe. Das daran anschließende dichtere Bindegewebe ist das **Paracolpium.**

Funktion. Die Vagina dient als Begattungsorgan, schützt gegen aufsteigende Infektionen, ermöglicht den Abfluss des Menstrualblutes und ist Geburtskanal.

Gefäße und Nerven:
- **Arterien.** Die arterielle Versorgung erfolgt im oberen Anteil durch **Rr. vaginales (A. azygos vaginae),** welche im Bereich der **Cervix uteri** aus der **A. uterina** entspringen, und durch die **Aa. vaginalis** der **A. iliaca interna** (Abb. 5.209). Der untere Anteil der Vagina wird durch **Rr. vaginales** der **A. vesicalis inferior** und fallweise auch der **A. rectalis media** versorgt.
- **Venen.** Das venöse Blut wird im **Plexus venosus vaginalis** gesammelt. Dieser liegt in der **Tunica propria et Tunica muscularis** und steht mit dem Plexus venosus uterinus in Verbindung. Aus dem Plexus venosus vaginalis gehen meist zwei Venen hervor, die im Lig. cardinale mit den Vv. uterinae zusammen münden. Auf dem weiteren Weg zur V. iliaca interna münden hier auch die beiden Vv. vesicales in die Vv. vaginales, oft auch in die Vv. uterinae.
- **Lymphgefäße.** Die Lymphe strömt vom oberen und mittleren Anteil der Vagina zu den **Nll. sacrales, iliaci interni, communes** und **Nll. interiliaci.** Aus dem unteren Scheidenbereich fließt die Lymphe zu den **Nll. inguinales superficiales** (Abb. 5.210).
- **Nerven.** Die **Nn. vaginales** enthalten sympathische, parasympathische und sensible Fasern aus dem **Plexus uterovaginalis** (Abb. 5.211).

Bindegewebsräume des weiblichen Beckens

Bei operativen Eingriffen im kleinen Becken von abdominal aus kann man nach Spaltung des Peritoneums die Bindegewebsräume des Beckens eröffnen. Diese Räume sind tatsächlich nur potentielle, mit lockerem Bindegwebe gefüllte Spalträume, die erst durch die Verziehbarkeit der Beckenorgane entstehen. Zwischen diesen Räumen bleiben dann Zonen dichteren Bindegewebs stehen, die teils bandähnlich strukturiert sind oder nur als verdichtetes Bindegewebe um Leitungsbahnen vorliegen. Zusammengefasst kann man alle diese Verdichtungszonen als Corpus intrapelvinum bezeichnen. Die Verdichtungszonen führen Blut- und Lymphgefäße sowie die Nerven von der Beckenwand zu den Organen. Sie stellen wichtige Landmarken zur Orientierung dar und erlauben ein blutleeres Vorgehen in den dazwischenliegenden Bindegewebsräumen.
Genannte Bindegewebsräume liegen einerseits zwischen der Beckenwand und den Organen und andererseits zwischen den Organen selbst (Abb. 5.223).

1. **Bindegewebsräume zwischen Beckenwand und Eingeweiden.** Um Blase und Rectum finden sich Bindegewebsräume, die wie zwei Hufeisen mit den offenen Enden gegeneinander gerichtet sind. Getrennt werden sie durch das **Lig. cardinale.**

- **Spatium paravesicale, Spatium praevesicale.** Eröffnet man das Spatium paravesicale, indem man den Uterus auf die Gegenseite verzieht, sieht man zum Beckenboden mit dem **Arcus tendineus fasciae pelvis,** von dem das **Lig. vesicale laterale** zur Blase zieht. Lateral befindet sich auf der Faszie des M. obturatorius internus reichlich Fett, in dem der **N. obturatorius** und die **Vasa obturatoria** verlaufen. Hinten spannt sich das **Lig. latum** an, von dessen Vorderfläche das **Paracystium** mit der **A. vesicalis superior** und den Blasennerven zur Blase zieht. Das **Lig. pubovesicale** trennt das Spatium paravesicale vom previsacale nur unvollständig, sodass hier eine Verbindung der Räume besteht. Nach oben hin werden diese drei Räume von der **Fascia vesicoumbilicalis** abgeschlossen, die sich zwischen den Chordae a. umbilicalis ausspannt.
- **Spatium pararectale, Spatium retrorectale.** Das Spatium pararectale ist ein sehr schmaler Raum, der nur bei sehr starker Verziehung des Uterus nach vorne und auf die Gegenseite etwas weiter wird. Das liegt daran, dass das **Paraproctium** (Lig. sacrouterinum) einen stark nach lateral konvexen Bogen bildet, der fast bis an die Beckenwand reicht. Eröffnet man nun das Peritoneum etwas oberhalb der Plica rectouterina, sieht man medial das **Lig. sacrouterinum** und lateral die Beckenwandfaszie, welche den **Plexus sacralis** bedeckt. Das Lig. sacrouterinum

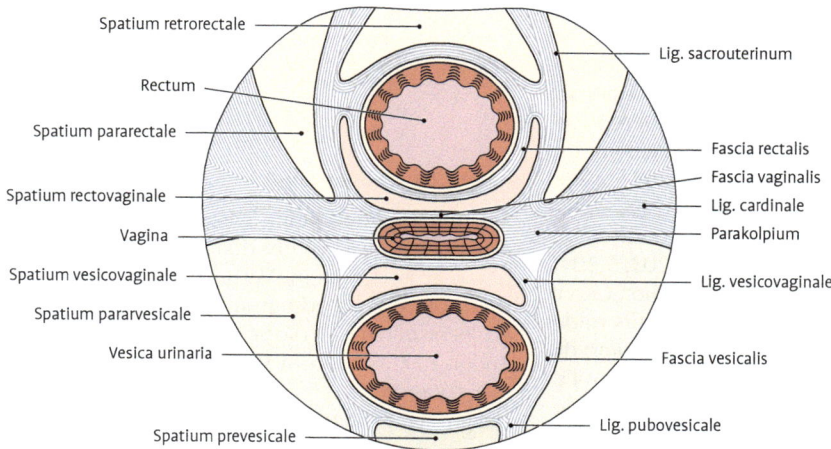

Abb. 5.223 Bindegewebsräume des weiblichen Beckens.

nimmt von abdominal das Ureterblatt auf und ist medial vom Douglas peritoneumbedeckt. Direkt auf der Außenseite des Bandes zieht der Ureter nach ventrokaudal in Richtung Lig. cardinale. Etwas unterhalb von ihm, ebenfalls außen am Lig. sacrouterinum, verläuft der **N. hypogastricus** nach unten. Er bildet eine wichtige Landmarke zur Schonung der Beckennerven, um postoperative Komplikationen wie etwa Harninkontinenz zu vermeiden. Folgt man dem N. hypogastricus, sieht man die einmündenden und zu schonenden parasympathischen **Nn. splanchnici pelvici** aus S2–S4 und schließlich den **Plexus pelvicus** mit dem **Frankenhäuser-Ganglion,** der sich an die Hinterfläche des Lig. cardinale anlegt. Von hier aus ziehen die vegetativen Nerven zur Genitalplatte, zum Rectum und nach vorne oberhalb und unterhalb des Ureters zur Blase. Das **Lig. cardinale** bildet also die Vorderwand des Spatium pararectale. Allerdings ist sein adventitielles Bindegewebe hier sehr zart, sodass die Venen des Plexus uterovaginalis bei Manipulationen sehr leicht eröffnet werden können. Unterhalb des Lig. sacrouterinum verbindet sich das Spatium pararectale mit dem Spatium retrorectale. Dieser Spaltraum wird nach ventral von der **Fascia rectalis** und dorsal von der **Fascia pelvis parietalis** begrenzt. Hinter dieser Faszie liegen die **A. sacralis mediana** und die **Aa. sacrales laterales.** Zwischen der Fascia rectalis und dem Rectum ist Fett eingelagert in dem die **A. rectalis superior** absteigt („Mesorectum" der Kliniker).

2. **Spatien u. Septen zw. den Organen.** Zwischen der Genitalplatte und den vor und hinter ihr liegenden Organen entstehen aus deren Faszien Septen, in welchen gleichnamige, nur mit lockerem Bindegewebe ausgefüllte Spatien vorliegen. Die Spatien ermöglichen Bewegungen der Organe gegeneinander.

- **Spatium vesicocervicale** (Abb. 5.203, 5.204): im Septum vesicocervicale zwischen Cervix uteri und Blase. Die **Fascia vesicalis** bildet die vordere Begrenzung, die Cervix uteri die hintere. Nach oben wird der Raum vom Peritoneum der **Excavatio vesicouterina** abgeschlossen. Nach unten ist der Raum gegen das Spatium vesicovaginale durch das **Septum supravaginale** abgegrenzt. Dies ist ein

Faszienausläufer der Fascia vesicalis, der sich dort an der Cervix verankert, wo sie in die Vagina eingestülpt ist. Seitlich wird dieser Raum durch das **Lig. vesicocervicale (vesicouterinum)** begrenzt.

- **Spatium vesicovaginale** (Abb. 5.186, 5.187, 5.199, 5.204, 5.223): im Septum vesicovaginale zwischen Vagina und Blase. Nach vorne oben wird der Raum durch die **Fascia vesicalis** und nach hinten unten durch die **Fascia vaginalis** begrenzt. Nach oben wird er durch das **Septum supravaginale** vom Spatium vesicocervicale getrennt. Nach unten hin findet er sein Ende mit dem Beginn des **Septum urethrovaginale.** Dieses **Septum urethrovaginale** ist die kaudale Fortsetzung des Septum vesicovaginale und entsteht unmittelbar nach dem Abgang der Urethra aus der Blase. Die Urethra ist mit der Fascia vaginalis so innig verwachsen, dass hier kein Spatium mehr vorliegt. Den seitlichen Abschluss des Spatium vesicovaginale bildet das **Lig. vesicovaginale** (also der mediale Anteil des Blasenpfeilers).

- **Spatium rectovaginale** (Abb. 5.186, 5.187, 5.199, 5.204, 5.223): im Septum rectovaginale zwischen Vagina und Rectum. Nach vorne wird dieser Raum von der **Fascia vaginalis** und nach hinten von der **Fascia rectalis** ausgekleidet. Oben erreicht er das Peritoneum der **Excavatio rectouterina,** von wo aus er auch sehr leicht eröffnet werden kann. Nach unten reicht er bis zum **Centrum perinei,** das ihm einen festen Abschluss bietet. Seitlich wird er vom Rectumpfeiler begrenzt.

5.3.6.3 Äußere weibliche Geschlechtsorgane, Pudendum femininum (Vulva, Cunnus)

Allgemeine Beschreibung

Schamberg, Mons pubis. Dieser ist eine dreiseitige Erhebung und liegt oberhalb und vor der Symphyse. Er ist durch eine Verdickung des Unterhautbindegewebes bedingt und trägt bei der geschlechtsreifen Frau die Schamhaare. Die Letzteren enden nach oben (im Gegensatz zum Mann) in einer queren Linie und setzen sich nach hinten auf die großen Schamlippen fort.

Große Schamlippen, Labia majora pudendi. Die zwischen den Oberschenkeln gelegenen, an der

Außenfläche behaarten Labia majora stellen ein Paar pralle Hautfalten dar, die zwischen sich die mediane Schamspalte fassen und einen Verschluss der Scheide nach außen herstellen (Abb. 5.224).

Die **Schamspalte** ist bei Frauen, die noch nicht geboren haben, gewöhnlich geschlossen. Nach mehreren Geburten bleibt sie leicht offen; unter Umständen kann sie weit klaffen. Die beiden großen Schamlippen sind vorne und hinten durch die **Commissura labiorum anterior et posterior** verbunden.

Die mit Haaren, Talg- und Schweißdrüsen versehene **Haut** der Außenfläche der großen Schamlippen ist trocken und pigmentiert. Zur Innenfläche hin verschwinden allmählich die Haare, Talg- und Schweißdrüsen. Die Haut wird rötlicher, weicher und feuchter, gleicht mehr einer Schleimhaut.

Die **großen Schamlippen** enthalten innen reichlich Fett- und Bindegewebe, glatte Muskulatur, Nerven und Gefäße.

Kleine Schamlippen, Labia minora pudendi (Abb. 5.224). Die kleinen Schamlippen, zwei schmale dünne, fettfreie Hautfalten mit zahlreichen Talgdrüsen, umgeben den Scheidenvorhof, **Vestibulum vaginae** (Abb. 5.224). Unmittelbar vor der hinteren Kommissur sind die Labia minora durch eine zarte quer verlaufende Hautfalte, dem **Frenulum labiorum** verbunden. Vor dem Frenulum labiorum liegt eine Vertiefung, die **Fossa vestibuli vaginae (navicularis)**. Ventral ziehen kleine Falten

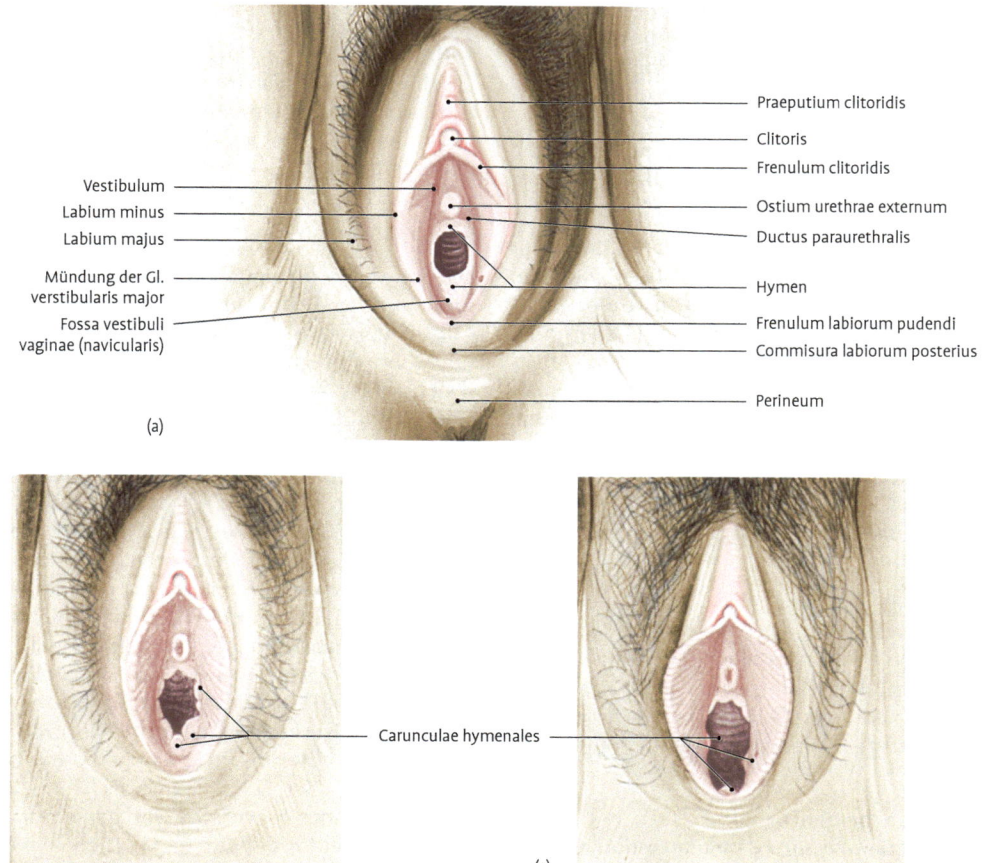

Vestibulum
Labium minus
Labium majus
Mündung der Gl. verstibularis major
Fossa vestibuli vaginae (navicularis)

Praeputium clitoridis
Clitoris
Frenulum clitoridis
Ostium urethrae externum
Ductus paraurethralis
Hymen
Frenulum labiorum pudendi
Commisura labiorum posterius
Perineum

(a)

Carunculae hymenales

(b)   (c)

Abb. 5.224 Äußere Geschlechtsteile **a:** bei einer Jungfrau. Hymen intactus. Die Schamlippen sind auseinandergezogen, **b:** bei einer Frau, die noch nicht geboren hat. Hymen defloratus. Die Schamlippen sind gespreizt; **c:** bei einer Frau, die geboren hat. Die Schamlippen sind gespreizt.

von den **Labia minora** zur **Clitoris,** nämlich das **Frenulum clitoridis** und das **Praeputium clitoridis.** Zumeist sind sie von den **Labia majora** verdeckt. Sie können auch stärker in die Länge gezogen sein und hängen aus der Schamspalte heraus. Besonders große Formen nennt man auch „Hottentottenschürzen", weil sie bei Hottentottenfrauen häufiger vorkommen. Die kleinen Schamlippen sind Bildungen der äußeren Haut, gleichen aber, soweit sie in der Schamspalte verborgen liegen, einer Schleimhaut. Sie bestehen aus Bindegewebe mit zahlreichen elastischen Fasern und starken Venennetzen, die bei geschlechtlicher Erregung anschwellen.

Scheidenvorhof, Vestibulum vaginae (Abb. 5.224). Der Scheidenvorhof ist der zwischen den **Labia minora** gelegene Raum, welcher ventral durch das **Frenulum clitoridis** und dorsal durch das **Frenulum labiorum** abgegrenzt wird. Vor dem Frenulum labiorum liegt die **Fossa vestibuli vaginae.** Innerhalb des Vestibulum vaginae liegen die Scheidenöffnung, **Ostium vaginae,** die äußere Harnröhrenöffnung, **Ostium urethrae externum,** sowie die Mündungen der **Glandulae vestibulares majores et minores.**

Jungfernhäutchen, Hymen (Abb. 5.224). Der längsovale Scheideneingang, **Ostium vaginae,** wird bei Jungfrauen durch eine meistens halbmondförmige quere Hautfalte, den Hymen oder das Jungfernhäutchen, gegen die Vagina abgegrenzt. Der **Hymen** ist die Grenze zwischen äußerem und innerem Genitale. Durch die Begattung zerreißt er im Allgemeinen radiär, Defloration. Durch den Geburtsakt wird der **Hymen** vollständig zerquetscht. Die Reste ragen als Wärzchen, **Carunculae hymenales,** gegen den Scheideneingang vor.

> **Klinik: 1.** Der **Hymen** kann ringförmig, **anularis,** siebförmig oder geteilt sein. Mitunter kann der Hymen fehlen. **2.** Bei einem vollständigen Verschluss, **Hymenalatresie,** kann das Menstrualblut nicht abfließen sodass bei der ersten Regelblutung ein operativer Eingriff nötig ist.

Drüsen des Scheidenvorhofes:
- Die Bartholin-Drüse, **Glandula vestibularis major,** ist eine erbsengroße, paarige Drüse. Sie entspricht der **Glandula bulbourethralis** des Mannes und liegt wie diese im **Diaphragma urogenitale.** Die punktförmige Mündung des

0,5 mm weiten und 15 mm langen Ausführungsganges findet man seitlich vom **Ostium vaginae** jederseits an der Grenze von ihrem dorsalen zum mittleren Drittel. Diese tubuloalveolären Drüsen sezernieren bei Erotisierung der Frau und im Orgasmus ein Sekret, welches den Scheideneingang gleitfähiger macht. Der vom Parasympathicus gesteuerte **Sekretionsreflex** entspricht dem **Ejakulationsreflex** des Mannes.

> **Klinik:** Bei **Entzündungen** sind die punktförmigen Öffnungen gerötet **(Macula gonorrhoica). Abszesse** der Drüsen sind an der Innenseite der großen Labien tastbar.

- Die **Glandulae vestibulares minores** sind kleine Schleimdrüsen und münden neben der Urethra. Ebenso münden zu beiden Seiten der Harnröhrenöffnung die Skene-Gänge, **Ductus paraurethrales,** zwei 1 cm lange, sondierbare Drüsenschläuche. Die **Glandulae vestibulares minores et urethrales** sondern ein schleimiges Sekret ab, das bei der Begattung die Einführung des Gliedes erleichtert.

Schwellkörper der Vulva

Die Schwellkörper der Vulva sind der Kitzler, **Clitoris,** und der **Bulbus vestibuli** (Abb. 5.225). Die **Clitoris** entspricht den **Corpora cavernosa penis** des Mannes und besteht aus den **Crura clitoridis,** dem **Corpus clitoridis** und der **Glans clitoridis.** Die Crura clitoridis entspringen, vom **M. ischiocavernosus** bedeckt, am **Ramus inferior ossis pubis** und vereinigen sich vor dem **Lig. pubicum inferius** zum Klitorisschaft, Corpus clitoridis. Grundlage des Kitzlers bildet der paarige Schwellkörper, **Corpus cavernosum clitoridis.** Im Corpus clitoridis wird das vom linken und rechten Crus clitoridis kommende **Corpus cavernosum** durch das **Septum corporum cavernosorum** unvollständig getrennt. Das Corpus cavernosum wird von der **Fascia clitoridis** überzogen. In die Faszie strahlen die kleinen **Ligamenta suspensorium et fundiforme clitoridis** ein.

Die **Glans clitoridis** ragt zwischen dem ventralen Teil der großen Schamlippen als kleines rundliches Knöpfchen hervor. Sie wird gemeinsam mit dem **Corpus clitoridis** vorn und seitlich vom **Praeputium clitoridis,** einer kleinen Hautfalte, umgeben. Von der Unterseite des Kitzlers zieht das **Frenulum clitoridis** beiderseits zu den kleinen Schamlippen. Zwischen **Clitoris** und **Praeputium**

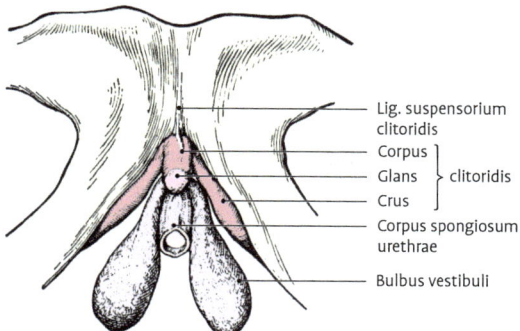

Lig. suspensorium clitoridis

Corpus ⎤
Glans ⎬ clitoridis
Crus ⎦

Corpus spongiosum urethrae

Bulbus vestibuli

Abb. 5.225 Clitoris und Bulbus vestibuli.

clitoridis bildet sich aus abgestoßenen Epithelzellen und dem Sekret der Talgdrüsen eine weißliche Masse, das **Smegma clitoridis**.

Die Schleimhaut der **Clitoris** hat zahlreiche Nervenendkörperchen.

Die beiden **Bulbi vestibuli** entsprechen dem **Corpus spongiosum penis** des Mannes und liegen zu beiden Seiten des **Vestibulum vaginae**. Sie bestehen aus einem starken Venenplexus, werden von einer zarten **Tunica albuginea** überzogen und bilden weiche, schwellbare Polster.

Gefäße und Nerven (Abb. 5.226)

Arterien. Aus der **A. pudenda interna** versorgen
- die **A. bulbi vestibuli** den **Bulbus vestibuli**,
- die **Aa. profunda et dorsalis clitoridis** die **Clitoris**,
- die **A. perinealis** die **Mm. bulbospongiosus et ischiocavernosus**,
- die **Rami labiales posteriores** die **Labia majores et minores.** Zu den Schamlippen ziehen zusätzlich die **Rr. labiales anteriores** der **Aa. pudendae externae** der **A. femoralis**.

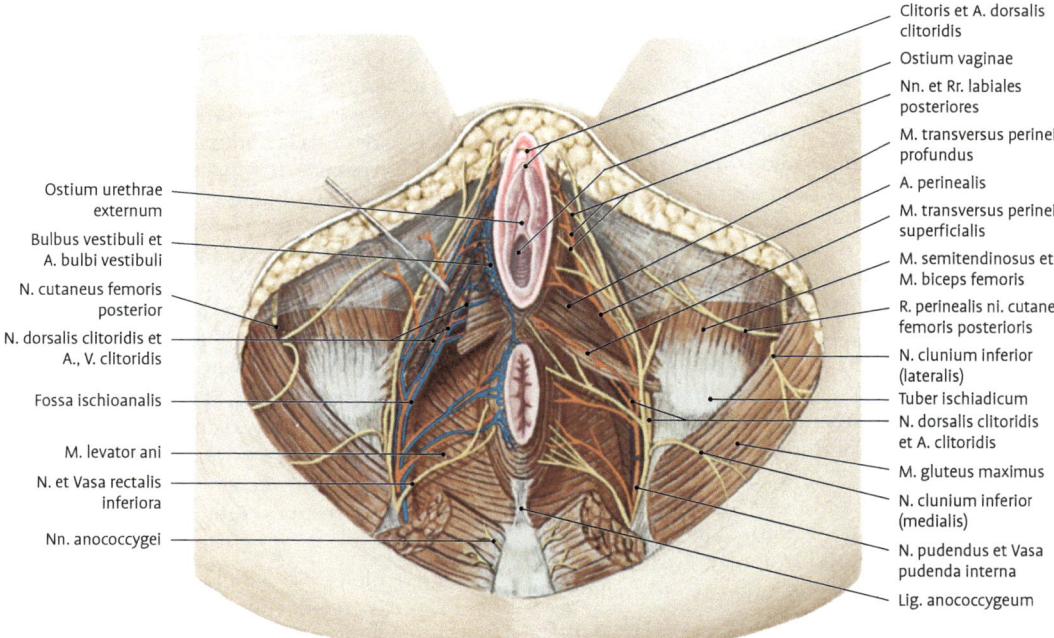

Ostium urethrae externum
Bulbus vestibuli et A. bulbi vestibuli
N. cutaneus femoris posterior
N. dorsalis clitoridis et A., V. clitoridis
Fossa ischioanalis
M. levator ani
N. et Vasa rectalis inferiora
Nn. anococcygei

Clitoris et A. dorsalis clitoridis
Ostium vaginae
Nn. et Rr. labiales posteriores
M. transversus perinei profundus
A. perinealis
M. transversus perinei superficialis
M. semitendinosus et M. biceps femoris
R. perinealis ni. cutanei femoris posterioris
N. clunium inferior (lateralis)
Tuber ischiadicum
N. dorsalis clitoridis et A. clitoridis
M. gluteus maximus
N. clunium inferior (medialis)
N. pudendus et Vasa pudenda interna
Lig. anococcygeum

Abb. 5.226 Nerven und Blutgefäße der Regio analis, Regio perinealis und der Fossa ischioanalis der Frau. Unterrand des M. gluteus maximus eingeschnitten. Al-cock-Kanal auf beiden Seiten geöffnet. Die oberflächlichen Äste der A. pudenda interna und des N. pudendus sind auf beiden Seiten etwas nach lateral verlagert.

Venen. Der Abfluss des venösen Blutes erfolgt einerseits über die **Vv. dorsalis profunda clitoridis, profundae clitoridis, bulbi vestibuli et labiales posteriores** in die **V. pudenda interna** und andererseits über die **Vv. labiales anteriores et dorsales superficiales clitoridis** in die **Vv. pudendae externae** und **V. femoralis.**

Lymphgefäße. Die Lymphe fließt über die **Nll. inguinales superficiales** in die **Nll. iliaci externi.**

Nerven. Aus dem **N. pudendus** (S2–4) kommen der **N. dorsalis clitoridis** und die **Nn. perineales,** welche **Nn. labiales posteriores** zu den Labia majora und **Rr. musculares** zur Dammmuskulatur abgeben.

- Die **Nn. labiales anteriores** aus dem **N. ilioinguinalis,** der **R. genitalis n. genitofemoralis** sowie
- die **Rr. perineales** des **N. cutaneus femoris posterior** sind ebenfalls an der Innervation der Vulva beteiligt.
- Die **Nn. cavernosi clitoridis** enthalten vegetative Fasern aus dem **Plexus pelvicus.**

5.3.6.4 Innere männliche Geschlechtsorgane, Organa genitalia masculina

Hoden, Testis, Orchis

Allgemeine Beschreibung

> Der Hoden ist die männliche Keimdrüse und hat die Aufgabe, die Samenzellen, **Spermatozyten,** und Hormone zu bilden. Die im Hodensack gelegenen Hoden sind seitlich abgeplattete, längliche Körper, an denen wir zwei Seitenflächen, **Facies lateralis** und **Facies medialis,** zwei Ränder, **Margo anterior** und **posterior,** und 2 Pole, **Extremitas superior** und **inferior,** unterscheiden.

Auf der **Extremitas superior** ruht der Nebenhodenkopf, am **Margo posterior** ist der Nebenhodenkörper befestigt (Abb. 5.227). Der linke Hoden ist meist größer und steht tiefer als der rechte. Die Länge des Hodens beträgt 40–45 mm, der Durchmesser 30 mm und das Volumen 20–25 ml. Der Hoden ist mit dem Nebenhoden 30–40 g schwer.

Lage, Hüllen (Abb. 5.227). Durch den **Descensus testis** gelangt der Hoden durch den Leistenkanal in den Hodensack, **Scrotum.** Jeder Hoden liegt in einer durch lockeres Bindegewebe ausgefüllten Kammer. Die beiden Kammern werden durch das

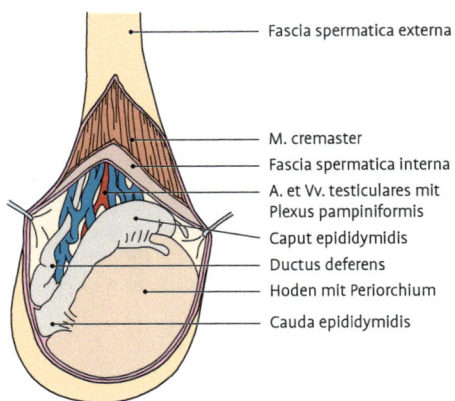

Fascia spermatica externa

M. cremaster
Fascia spermatica interna
A. et Vv. testiculares mit Plexus pampiniformis
Caput epididymidis
Ductus deferens
Hoden mit Periorchium
Cauda epididymidis

Abb. 5.227 Rechter Hoden, Nebenhoden und Samenstrang (Ansicht von lateral). Die Hüllen sind schichtweise eröffnet, um das Cavum scroti, den Ductus deferens und den Plexus pampiniformis zu zeigen.

Septum scroti getrennt. Auf seiner Wanderung durch die Bauchwand zieht der Hoden den Samenleiter sowie Gefäße und Nerven mit sich. Gleichzeitig werden auch die Schichten der Bauchwand einschließlich Bauchfell mit ausgestülpt.

Hüllen des Hodens und des Samenstranges, Tunica testis et funiculi spermatici. Sie entsprechen den Schichten der Bauchwand. Von außen nach innen finden wir die **Fascia spermatica externa** (Fortsetzung der **Fascia abdominalis superficialis**), die **Fascia cremasterica** mit dem **M. cremaster** (Fortsetzung des **M. obliquus internus abdominis**) und die **Fascia spermatica interna** (Fortsetzung der **Fascia transversalis**). Ganz innen liegt ursprünglich eine Ausstülpung des Bauchfelles, der **Processus vaginalis peritonei.** Diese Ausstülpung dient als Leitgebilde für die Wanderung des Hodens und verlötet nach dem **Descensus testis.** Übrig bleibt die **Tunica vaginalis testis,** die aus einer **Lamina visceralis (Epiorchium)** und einer **Lamina parietalis (Periorchium)** besteht. Zwischen den beiden Blättern liegt ein mit seröser Flüssigkeit erfüllter Spalt, **Cavum serosum scroti.**

> **Klinik: 1.** Bleibt die Bauchfellausstülpung offen, kann es zu einer **angeborenen Leistenhernie** kommen, wobei der Bruchinhalt im **Cavum serosum scroti** liegt. **2.** Vermehrung der serösen Flüssigkeit führt zu einer Vergrößerung des Hohlraumes und wird **Hydrozele** genannt.

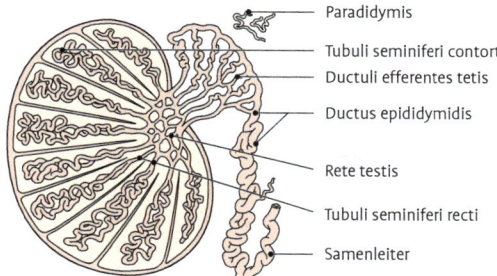

Abb. 5.228 Überblick über das System der Kanälchen im Hoden und Nebenhoden.

Die **Lamina visceralis** überzieht den Hoden und zum Teil den Nebenhoden. Lateral entsteht durch den Übergang des viszeralen Blattes auf den Nebenhoden der **Sinus epididymidis,** der oben und unten von den **Ligg. epididymidis superius** und **inferius** begrenzt wird. Der Umschlag der **Lamina visceralis** auf die **Lamina parietalis** wird auch **Mesorchium** genannt und enthält die Hodenkanälchen, Gefäße und Nerven. Die Durchtrittsstelle am hinteren (mesorchialen) Rand des Hodens ist frei vom serösen Überzug.

Aufbau des Hodens (Abb. 5.228, 5.230). Unter der **Lamina visceralis** der **Tunica vaginalis** liegt eine feste, fibröse Haut, die **Tunica albuginea.** Von dieser zieht vom **Margo posterior testis** in der Gegend des Nebenhodenkopfes ein bindegewebiger Fortsatz, das **Mediastinum testis,** in das Innere des Hodens. Zwischen dem Mediastinum testis und der Tunica albuginea spannen sich Bindegewebsbalken und unvollständige Scheidewände, die **Septula testis,** aus. Die Septula testis zerlegen die Drüsensubstanz des Hodens in 250–370 Läppchen, die **Lobuli testis.**

Den wesentlichen Bestandteil der Läppchen bilden die stark gewundenen, 40 cm langen und 180–300 μm weiten Samenkanälchen, **Tubuli seminiferi contorti.** Die Zahl der Kanälchen beträgt 600 und wird von der Peripherie gegen das Innere hin kleiner. Die Gesamtlänge der Hodenkanälchen wird im mittleren Lebensalter auf 300–350 m geschätzt. Sie laufen schließlich als gerade Kanälchen, **Tubuli seminiferi recti,** zum **Mediastinum testis** und bilden dort ein Netzwerk, das **Rete testis.** Aus diesem führen 12–18 Ausführungsgänge, **Ductuli efferentes** zum Nebenhodengang, **Ductus epididymidis.** Zwischen den Samenkanälchen ist ein lockeres Bindegewebe, das leicht eine Isolie-

rung der einzelnen Kanälchen ermöglicht. In diesem Bindegewebe liegen die Zwischenzellen (**Leydig-Zellen,** Interstitialzellen). Es sind Gruppen von rundlichen, mit Pigment, Kristalloiden und Fett beladenen Zellen, die an der Bereitung der männlichen Geschlechtshormone (**Androgene, Testosteron)** beteiligt sind.

Die Wand der Samenkanälchen besitzt eine feine Basalmembran, der außen einige Lagen flacher Fibromyozyten und innen das Samenepithel (Keimepithel) aufgelagert sind. Dieses Epithel besteht aus Keimzellen und Stützzellen (**Sertoli-Zellen)** und wechselt während der Samenbildung, **Spermatogenese,** dauernd seine Form. Da die Samenbildung in rhythmischen Wellen über jedes Kanälchen hin verläuft und sie selbst stark gewunden sind, finden wir im Schnitt verschiedene Stadien der Spermatogenese nebeneinander.

Gefäße und Nerven. Die Gefäße und Nerven erreichen den Hoden über den Leistenkanal und den Samenstrang.

- **Arterien.** Das Hauptgefäß des Hodens ist die aus der **Aorta abdominalis** entspringende **A. testicularis.** Sie anastomosiert mit der **A. ductus deferentis** aus der **Pars patens** der **A. umbilicalis** und mit der **A. cremasterica** aus der **A. epigastrica inferior.**
- **Venen.** Die Venen bilden ein dichtes Geflecht, den **Plexus pampiniformis,** aus welchem sich am **Anulus inguinalis profundus** die **V. testicularis** bildet. Diese mündet rechts in die **V. cava inferior,** links in die **V. renalis.**
- **Lymphgefäße.** Der Lymphabfluss des Hodens erfolgt über den Samenstrang in die **Nll. lumbales.** Die Lymphe der Hodenhüllen fließt in die **Nll. inguinales.**

> **Klinik: 1.** Krankhafte Erweiterungen des **Plexus pampiniformis (Varikozele)** beeinträchtigen die Hodenfunktion. **2. Metastasen** von Hodentumoren bilden sich zuerst im Retroperitonealraum. **3.** Bei einer Stieldrehung, **Hodentorsion,** kommt es zu einem Abklemmen der Blutgefäße und zu Schäden des Hodengewebes.

Nerven. Die **vegetativen,** vorwiegend sympathischen efferenten Fasern aus dem **Plexus coeliacus** gelangen über den **Plexus testicularis** entlang der **A. testicularis** zum Hoden. Die Schmerzfasern ziehen über die **Plexus hypogastricus et aorticus** in die Rückenmarkssegmente Th11 und Th12.

Nebenhoden, Epididymis

Allgemeine Beschreibung. Der 4 cm lange und 5–10 mm dicke Nebenhoden sitzt dem Hoden dorsomedial auf.

> Die **Epididymis** besteht aus einem breiten abgestumpften Kopf, **Caput epididymidis,** einem dünnen, im Querschnitt nahezu dreieckigen Körper, **Corpus epididymidis,** und einem kräftigeren Schweif, **Cauda epididymidis.**

Die Cauda geht mit einer Krümmung nach dorsal in den Samenleiter über. Am Nebenhodenkopf sieht man kleine, durch Bindegewebe abgeteilte Läppchen, die **Lobuli epididymidis (Coni epididymidis).** Die **Ductuli aberrantes,** blind endende Abzweigungen des Nebenhodenganges, und die **Paradidymis** oberhalb des Nebenhodenkopfes sind Reste der Urnierenkanälchen.

Neben dem **Caput epididymidis** finden wir auf dem Hoden häufig einen bläschenförmigen, ungestielten Anhang, die **Appendix testis** (das kraniale Ende des Müller-Ganges, s. Kap. 5.3.6.1). Der Nebenhodenkopf besitzt häufig ein ähnliches, aber gestieltes Bläschen, die **Appendix epididymidis** (das Ende des Wolff-Ganges, s. Kap. 5.3.6.1).

Aufbau des Nebenhodens (Abb. 5.229). Der Nebenhoden besteht aus einem als Samenspeicher dienenden Gangsystem und wird von einer dünnen **Tunica albuginea** überzogen. Vom **Rete testis** ziehen 12–18 kleine Ausführungsgänge, **Ductuli efferentes,** durch die **Tunica albuginea** zum Kopf des Nebenhodens. Die Wand eines 10–12 cm langen **Ductulus efferens** besteht aus glatter Muskulatur und einem unterschiedlich hohen, mehrreihigen Epithel. Dieses besteht aus hochprismatischen Zellen mit einem Bürstensaum und Zellen mit Kinozilien.

Die **Ductuli efferentes** sind zunächst nur wenig geschlängelt, legen sich allmählich in immer stärkere Windungen und bilden kegelförmige Läppchen, **Lobuli epididymidis.** Die Spitzen der Kegel sind gegen das **Mediastinum testis** gerichtet. Die Ductuli efferentes münden in den Nebenhodengang, **Ductus epididymidis.** Der Ductus epididymidis ist stark geschlängelt und hat eine Länge von 4–6 m. Er bildet nur einen Teil des Nebenhodenkopfes, der hauptsächlich aus Ductuli efferentes besteht, dagegen den ganzen Körper und Schwanz des Nebenhodens. Der Schwanzteil des Nebenhodenganges geht in den anfangs ebenfalls noch gewundenen Samenleiter, **Ductus deferens,** über. Die Wand des 0,5 mm weiten Ductus epididymidis besteht aus glatter Muskulatur und einem gleichmäßig hohen zweireihigem Epithel, dessen hochprismatische Zellen Stereozilien besitzen. Die Zellen können resorbieren und sezernieren. Durch ihr Sekret werden die Samenfäden wahrscheinlich unbeweglich gehalten. Der Flimmerstrom der Zilien (Kinozilien) besorgt ihren Transport. Neben diesen Hauptzellen kommen noch mit Vesikeln und Mikrovilli ausgestattete helle Zellen vor. Im Lumen finden wir häufig Samenfäden. Bei der Ejakulation wird der in der **Cauda epididymidis** liegende Teil des Nebenhodenganges entleert.

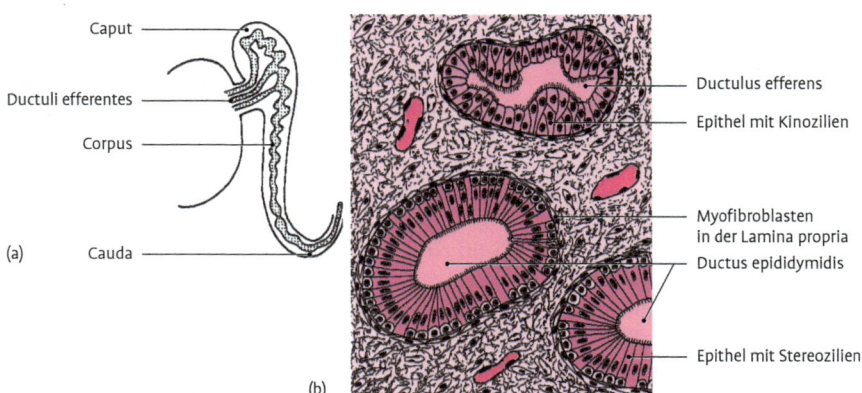

Abb. 5.229 Nebenhoden (Epididymis). **a:** Übersicht mit Caput, Corpus und Cauda, **b:** Vergrößerung mit histologischen Details, angeschnittener Ductus epididymidis.

Gefäße und Nerven:

- **Arterien.** Rr. epididymales der **A. testicularis.**
- **Venen.** Der Abfluss des venösen Blutes erfolgt in den **Plexus pampiniformis.**
- **Lymphgefäße.** Die Lymphe fließt über den Samenstrang in die **Nll. lumbales.**
- **Nerven.** Die **vegetativen** efferenten Fasern stammen aus dem **Plexus hypogastricus et pelvicus** und gelangen über den **Ductus deferens** zum Nebenhoden. Die **Schmerzfasern** ziehen über die **Plexus hypogastricus et aorticus** in die Rückenmarkssegmente Th11 und Th12.

Samenleiter, Ductus deferens

Allgemeine Beschreibung. Der Samenleiter, **Ductus deferens,** ist ein 40–50 cm langer und 3 mm weiter Gang, der den Nebenhoden mit der Harnröhre verbindet. Er beginnt an der **Cauda epididymidis** und steigt zunächst dorsomedial am Nebenhoden aufwärts (**Pars scrotalis, Pars epididymica**), tritt dann in den Samenstrang ein (**Pars funicularis**) und gelangt durch den Leistenkanal (**Pars inguinalis**) in die Bauchhöhle. Hier überkreuzt der Ductus deferens die **Vasa epigastrica inferiora,** die **Vasa iliaca externa** und das **Lig. umbilicale laterale** (**Chorda a. umbilicalis**), verläuft verdeckt vom Bauchfell an der Wand des kleinen Beckens (**Pars pelvina**) abwärts, überkreuzt dabei den Ureter und zieht schließlich zur Hinterfläche der Harnblase. Hier erweitert er sich zur **Ampulla ductus deferentis** und gelangt zur Basis der Vorsteherdrüse (**Prostata**). Die Ampulle besitzt durch Ausbuchtungen, **Diverticula ampullae,** eine höckerige Oberfläche. Nach der Einmündung des Ausführungsganges der Bläschendrüse zieht der letzte Abschnitt des Samenleiters als **Ductus ejaculatorius** durch die Prostata und mündet auf dem **Colliculus seminalis** in die **Pars prostatica urethrae.**

Wandbau. Die Wand des **Ductus deferens** hat 3 Schichten, die innere **Tunica mucosa,** eine mittlere **Tunica muscularis** und eine äußere **Tunica adventitia.**

1. Die Schleimhaut, **Tunica mucosa,** zeigt Längsfalten, wodurch der Querschnitt ein sternförmiges Lumen aufweist. Das zweireihige, prismatische Epithel ist mit Stereozilien versehen.
2. **Tunica muscularis.** Ihre glatte Muskulatur ist außerordentlich kräftig und lässt eine innere Längs-, eine mittlere Ring- und eine äußere Längsmuskelschicht unterscheiden. Sie gibt

dem Gang seine Härte, die ihn beim Abtasten ohne Weiteres von den Gefäßen unterscheiden lässt. Die Muskulatur befördert bei der Ejakulation durch peristaltische Kontraktionen die Spermien in die Urethra.

3. **Tunica adventitia.** Sie besteht aus einem Gefäße und Nerven führenden Bindegewebe.

Gefäße und Nerven:

- **Arterien.** A. ductus deferentis aus der **A. umbilicalis.**
- **Venen.** Der kleine Venenplexus des Samenleiters fließt in die **V. vesicalis superior** und in den **Plexus pampiniformis.**
- **Lymphgefäße.** Der Lymphabfluss erfolgt über die **Nll. iliaci.**
- **Nerven.** Die vegetativen Fasern aus dem **Plexus hypogastricus** (**parasympathische** und **sympathische** Fasern) ziehen über ein Geflecht um die **A. ductus deferentis.**

Samenstrang, Funiculus spermaticus

Am **oberen Hodenpol** wird die **Pars funicularis** des Samenleiters mit den Gefäßen und Nerven des Hodens und Nebenhodens durch die **Fascia spermatica externa, Fascia cremasterica, M. cremaster** und die **Fascia spermatica interna** zum **Funiculus spermaticus** zusammengefasst.

Aus dem **Scrotum** zieht der 15–20 cm lange Samenstrang über den Ursprung des **M. adductor longus** zum **Anulus inguinalis superficialis.**

Inhalt. Die Gebilde im Samenstrang sind in lockeres, von Fettzellen und glatten Muskelfasern durchsetztes Bindegewebe eingebettet. Im **Funiculus spermaticus** verlaufen der **Ductus deferens** mit der **A. ductus deferentis,** einem Venenplexus, **Plexus deferentialis,** die **A. testicularis,** der **Plexus pampiniformis,** Lymphgefäße und dem **Plexus testicularis.** In der **Fascia cremasterica** verlaufen die **A., V. cremasterica** und der **R. genitalis n. genitofemoralis.**

Klinik: 1. Der **Ductus deferens** ist beim Lebenden als dicker, harter Strang leicht zu tasten. **2.** Durch die oberflächliche Lage des Ductus deferens im Samenstrang ist eine Unterbindung (**Vasektomie**) zur Sterilisation des Mannes möglich.

Sekundäre akzessorische Geschlechtsdrüsen des Mannes

Zu den akzessorischen Geschlechtsdrüsen des Mannes gehören die Bläschendrüsen, **Glandulae vesiculosae,** die Vorsteherdrüse, **Prostata** und die Cowper-Drüsen, **Glandulae bulbourethrales** (zu diesen siehe auch unten).

Bläschendrüse, Glandula vesiculosa (Vesicula seminalis, Glandula seminalis) (Abb. 5.230). Lateral von der Ampulle des Samenleiters liegt auf der Rückseite der Harnblase die blindsackförmige Bläschendrüse. Sie ist 5 cm lang, der Scheitel ist nach lateral und das kaudale Ende nach medial gerichtet. Die Oberfläche ist wie die **Ampulla ductus deferentis** bucklig. Innen findet sich ein Netzwerk von größeren und kleineren Schleimhautfalten, die ein Labyrinth von Gruben und Kammern abgrenzen. Der veraltete Begriff „Samenbläschen", **Vesicula seminalis,** ist falsch, da es kein Speicher für Samenfäden, sondern eine Drüse ist. Der Ausführungsgang, **Ductus excretorius,** vereinigt sich mit dem **Ductus deferens** zum Spritzgang, **Ductus ejaculatorius.** Die dorsale Fläche liegt dem Rectum an.

> **Klinik:** Bei digitaler **rektaler Untersuchung** kann die Bläschendrüse abgetastet bzw. ihr Inhalt in die Urethra ausgepresst werden.

- **Aufbau.** Die Bläschendrüse besteht aus einem 15 cm langen und stark gewundenen Gang, dessen starke Wand durch eine **Tunica mucosa,** eine **Tunica muscularis** und eine **Tunica adventitia** gebildet wird. Das Epithel der **Tunica mucosa** ist mehrreihig und zylindrisch.
- **Sekret.** Das fruktose- und prostaglandinhaltige Sekret der tubuloalveolären Drüse bildet 50–

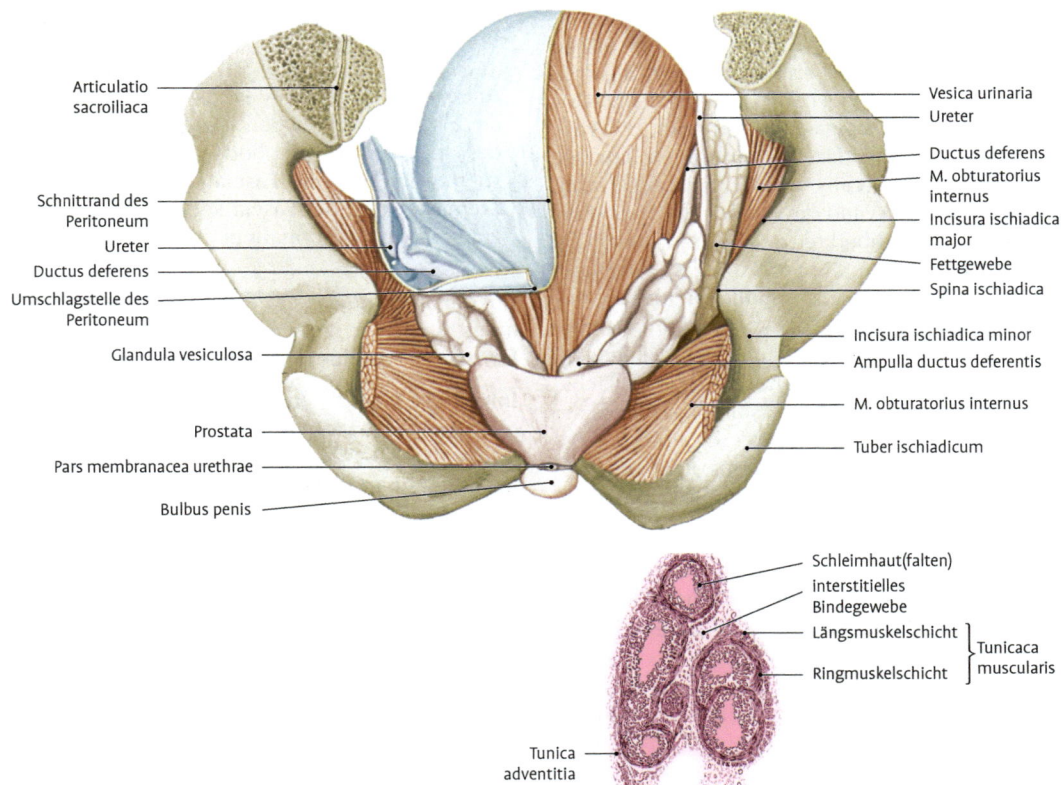

Abb. 5.230 Harnblase, Prostata, Harnleiter, Samenleiter mit Ampullen und Bläschendrüse in situ von dorsal dargestellt. Links ist das Bauchfell in natürlicher Lage erhalten, rechts ist die Blasenmuskulatur dargestellt. Inset: mikroskopisches Bild der Glandula vesiculosa.

80% der Samenflüssigkeit. Die Fruktose ist Energielieferant für die Bewegung der Spermien.

- **Gefäße und Nerven:**
  - **Arterien.** Äste aus den **Aa. vesicales inferior, rectalis media** und **ductus deferentis.**
  - **Venen.** Der venöse Abfluss erfolgt über den **Plexus vesicoprostaticus.**
  - **Lymphgefäße.** Die Lymphe wird über die **Nll. iliaci** abgeleitet.
  - **Nerven.** Die Innervation erfolgt entlang der Blutgefäße über den **Plexus pelvicus,** der parasympathische und sympathische Fasern führt.

Vorsteherdrüse, Prostata. Die Prostata ist ein fester Körper von der Größe einer Esskastanie, der die Harnröhre **(Pars prostatica urethae)** ringförmig umfasst. Sie liegt zwischen Harnblase und **Diaphragma urogenitale** und ist 3 cm lang, 4 cm breit und 2 cm dick (Abb. 5.231).

Die **Basis prostatae** ist der Blase zugewandt, der **Apex prostatae** ist nach vorne und unten gerichtet. Die vordere Fläche, **Facies anterior,** weist gegen die Symphyse und die hintere Fläche, **Facies posterior,** grenzt an das Rectum. Seitlich und unten liegt die Prostata mit der **Facies inferolateralis** dem Beckenboden an, hat aber nur eine lockere Verbindung zu den Levatorschenkeln.

Durch die **Ligamenta puboprostatica** und den **M. puboprostaticus** ist die Prostata an der Rückfläche der Schambeine und der Symphyse befestigt. Dorsal ist die Prostata durch das **Septum recto-** prostaticum mit dem Rectum und kranial mit dem Blasengrund verbunden. Weiters ziehen aus der Längsmuskulatur des Rectums Fasern als M. rectovesicalis an den Blasenhals und als M. rectourethralis an die Urethra in der Gegend des Apex prostatae.

- **Lappengliederung.** Allgemein werden zwei Seitenlappen, **Lobus dexter et sinister,** beschrieben, die vor der Urethra durch den **Isthmus prostatae (Pars praeurethralis prostatae)** verbunden sind. Der kleine mittlere Drüsenlappen, **Lobus medius,** liegt keilförmig zwischen dem Fundus vesicae, der Urethra und den Ductus ejaculatorii.

Klinik: 1. Die Prostata kann **rektal** getastet werden. **2.** Der Lobus medius neigt im Alter zur Vergrößerung **(Prostatahypertrophie, Prostatahyperplasie)**, wölbt sich gegen die Harnblase und die Harnröhre vor und erschwert oder verhindert damit die Harnentleerung. **3.** Das **Prostatakarzinom** beginnt meist in der Außenzone und ist eines der häufigsten Karzinome des älteren Mannes. **4. Operative Zugangswege** zur Prostata: Man kann oberhalb der Symphyse die Harnblase aufsuchen, diese eröffnen und durch das Trigonum vesicae hindurch die Prostata erreichen **(suprapubischer** und **transvesikaler** Weg). Geht man suprapubisch in das Spatium retropubicum ein und drängt die Harnblase

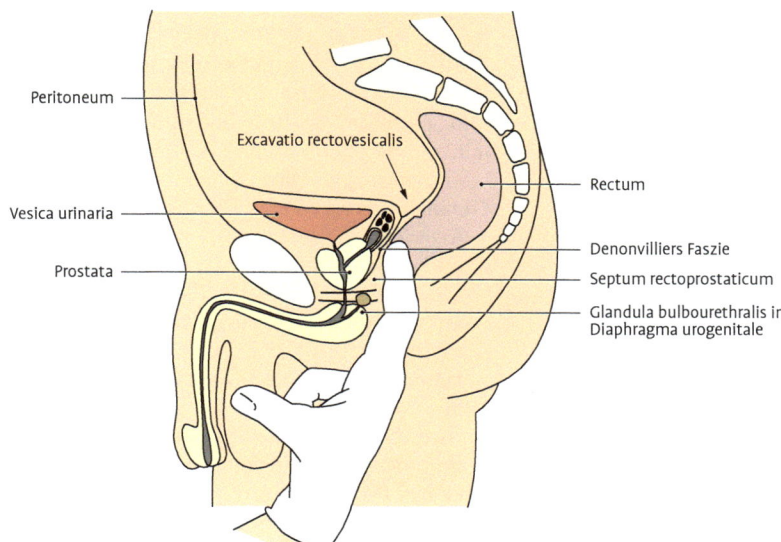

Peritoneum

Excavatio rectovesicalis

Vesica urinaria

Prostata

Rectum

Denonvilliers Faszie

Septum rectoprostaticum

Glandula bulbourethralis im Diaphragma urogenitale

Abb. 5.231 Digitale Untersuchung der Prostata vom Rectum aus.

nach dorsal, so erreicht man die Pars praeurethralis der Prostata (**suprapubischer** und **extra-
vesikaler** Weg). Schließlich kann man die Prostata vom Damm aus (**perinealer** Weg) und
vom Mastdarm aus (**rektaler** Weg) erreichen.
Heute wird die **transurethrale Elektroresektion**
oft bevorzugt.

- **Aufbau.** Das Parenchym der Prostata besteht
aus mukösen, submukösen und den Hauptdrüsen. Die **mukösen** Drüsen (Mokosadrüsen, Ure-
thradrüsen) sind nur kurze Ausstülpungen des
Epithels der Urethra. Die **submukösen** Drüsen
(Submukosadrüsen, Periurethraldrüsen) sind
kleine tubuloalveoläre Drüsen, die von den
Hauptdrüsen unvollständig von einer Lage glatter Muskelfasern getrennt werden. Sie liegen
seitlich und hinter der Urethra und bilden den
sog. Mittellappen.
Die **Hauptdrüsen** sind 30–50 tubuloalveoläre
Einzeldrüsen, die von Bindegewebe und starken Bündeln glatter Muskelzellen umgeben
werden. Sie münden mit 15–30 Öffnungen seitlich des **Colliculus seminalis** in der **Pars prostatica urethrae.** In den Lichtungen der Drüsenal-
veolen findet man häufig kugelige bis ovale
geschichtete Konkremente („Prostatasteine",
Corpora amylacea). Sie entstehen aus dem Sekret der Drüsen. Das Epithel der Prostata ist
mehrschichtig bis mehrreihig, hochprismatisch
bis flach (Abb. 5.232).
- **Zonen** (Abb. 5.232). Die makroskopische Lappengliederung tritt histologisch nicht in Erscheinung,
sodass sich mittlerweile eine Zonengliederung
nach klinisch-pathologischen Gesichtspunkten
etabliert hat. Folgende Zonen werden unterschieden:
  - Die **periurethtale Mantelzone** ist eine
  schmale Zone um die Urethra oberhalb des
  Colliculus seminalis. Sie besteht aus den mukösen Drüsen.
  - Die **Innenzone, Zentralzone** gleicht einem
  Kegel, dessen Basis die Prostatabasis und
  dessen Spitze den Colliculus seminalis erreicht und der von den Ductus ejaculatorii
  durchsetzt wird. Die Innenzone entspricht
  etwa dem Mittellappen und wird im Wesentlichen von den Periurethraldrüsen aufgebaut.
  - Die **Außenzone, periphere Zone** stellt die
  Hauptmasse der Drüse und umfasst die anderen Zonen seitlich und hinten. Nach vorne

reicht sie bis zum Isthmus prostatae, der rich-
tigerweise auch vorderes Stroma genannt
wird, weil er, besonders im zunehmenden
Alter, kaum Drüsengewebe enthält. Die Außenzone bildet die Seitenlappen und besteht
im Wesentlichen aus den Hauptdrüsen.
- **Kapsel.** Die **Capsula prostatica** ist der muskulofibröse Mantel der Prostata der unvollständige
Septen bis zum periurethralen Gewebe schickt
und so die Drüse in Läppchen unterteilt. Sie ist
eine äußere Kondensation des muskulofibrösen
Gewebes der Urethra, das durch das Wachstum
der Prostata nach außen verdrängt wird. Demnach ist sie ein direkter Bestandteil der Drüse
und verhält sich ähnlich wie die Schale eines
Apfels, die sich kaum vom Fruchtfleisch lösen
lässt. Der Kliniker nennt sie auch die anatomische Kapsel und unterscheidet sie von der chirurgischen Kapsel. Letztere entsteht erst bei der
Prostatahyperplasie und ist nichts anderes als
das durch das Adenom komprimierte Drüsengewebe selbst. Die chirurgische Kapsel entspricht
daher der Schale einer Orange, das Adenom
dem Fruchtfleisch, das sich leicht aus der Schale
lösen lässt.
- **Fascia prostatica.** Sie bedeckt die Prostata seitlich, ist vorne sehr zart und und an der Hinterseite Bestandteil der Denonvilliers-Faszie.
Nach oben geht sie in die Fascia vesicalis und
nach unten in die Fascia diaphragmatis pelvis superior über. Zwischen Blase und Prostata fehlt sie ebenso wie am Apex prostatae
(Abb. 5.185).
- **Sekret.** Es bildet 15–30 % des Ejakulates. Es ist
dünnflüssig, farblos und enthält unter anderem
Zink, Zitronensäure, Prostaglandine, Spermin
und Spermidin. Spermin beeinflusst die Beweglichkeit der Spermien und ist für den typischen
Geruch des Ejakulates verantwortlich.
- **Gefäße und Nerven:**
  - **Arterien.** Rr. prostatici der **Aa. rectalis media**
  und **vesicalis inferior.**
  - **Venen.** Das venöse Blut fließt über den **Plexus venosus vesicoprostaticus** in die **V. iliaca
  interna.**
  - **Lymphgefäße.** Die Lymphe wird über die **Nll.
  iliaci** abgeleitet.
  - **Nerven.** Die **parasympathischen** Nerven
  stammen aus den Segmenten S3 und S4 und
  ziehen über den Plexus pelvicus zur Prostata,
  die **sympathischen** gelangen über die Arterien zum Organ.

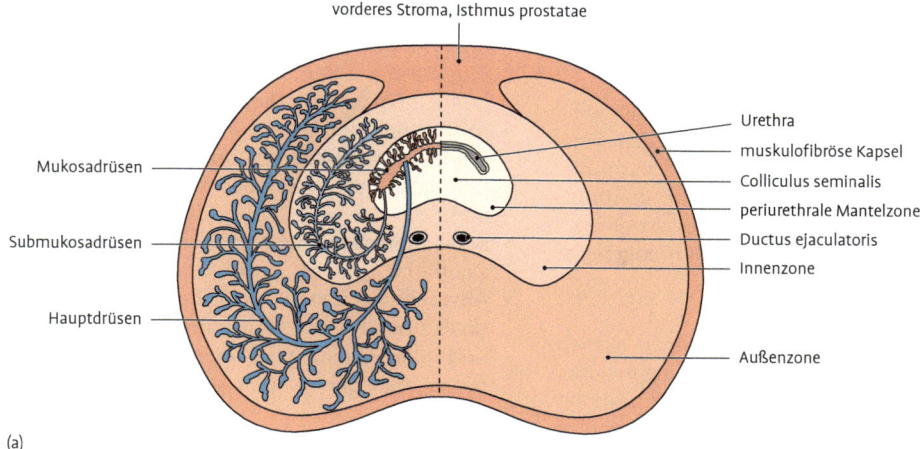

vorderes Stroma, Isthmus prostatae

Mukosadrüsen

Submukosadrüsen

Hauptdrüsen

Urethra
muskulofibröse Kapsel
Colliculus seminalis
periurethrale Mantelzone
Ductus ejaculatorius
Innenzone

Außenzone

(a)

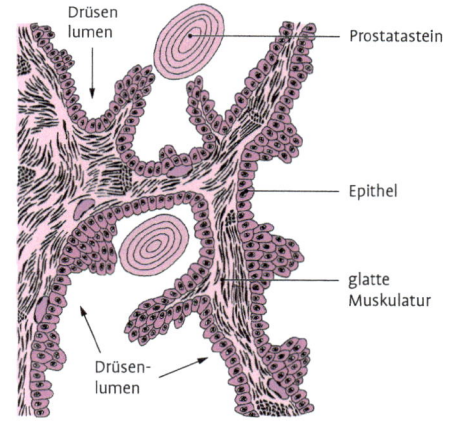

Drüsen lumen

Prostatastein

Epithel

glatte Muskulatur

Drüsen- lumen

(b)

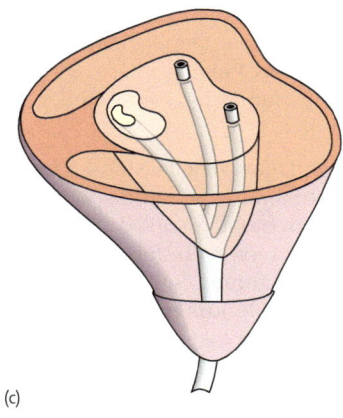

(c)

Abb. 5.232 Prostata. **a:** Periurethrale Mantel-, Innen- und Außenzone, Einmündungen der Prostatadrüsen, **b:** tubuloalveoläre Drüsen mit dem Drüsenepithel. In den Lumina befinden sich Prostatasteine. **c:** Urethra, Ductus ejaculatorii in Beziehung zu den Prostata- zonen, Prostatakapsel rot.

Cowper-Drüsen, Glandulae bulbourethrales. Die erbsengroßen, bräunlichen Cowper-Drüsen liegen im **Diaphragma urogenitale.** Die beiden Ausfüh- rungsgänge, **Ductus glandulae bulbourethralis,** sind 4 cm lang, durchsetzen hinter der **Urethra** das Diaphragma urogenitale und verlaufen dann par- allel im Winkel zwischen **Bulbus penis** und Ure- thra, durchbohren den Bulbus penis und münden in die Harnröhre (Abb. 5.231).
- **Aufbau.** Sie sind aus mehreren, von Zügen glat- ter Muskulatur umschlossenen tubulären Drü- senläppchen aufgebaut. Die Drüsenschläuche besitzen hochprismatisches Epithel und sind an den Enden erweitert.
- **Sekret.** Es ist glasklar und bereitet die Urethral- schleimhaut für den Durchtritt des Spermas vor.

Klinik: Die **Glandula bulbourethralis** kann nur bei Vergrößerung **getastet** werden. Ihr **Sekret** lässt sich durch Massage mit dem Finger ent- leeren.

Samenbildung, Spermatogenese, Spermiogenese, Spermien

> **Spermatogenese** heißt die männliche Keimzellentwicklung im Epithel der Hodenkanälchen von der Urkeimzelle zum reifen Spermium (Spermatozoon) in **4 Phasen: 1.** Vermehrung, **2.** Wachstum, **3.** Reifung, **4.** Differenzierung. Die Differenzierungsphase wird **Spermiogenese (Spermiohistogenese)** genannt.

Fetalzeit, Kindheit. In den Hodenanlagen vermehren sich die aus der Dottersackwand eingewanderten Urkeimzellen embryonal, fetal und präpuberal mitotisch **(Vermehrungsphase)**. Sie sitzen als **Spermatogonien A** im basalen Kompartiment der Hodenkanälchen zwischen Sertoli-Zellen. Durch proliferative Mitosen entstehen Zellen, die wegen unvollständiger Durchtrennung ihrer Zellleiber über Zytoplasmabrücken zusammenhängen und Zellklone bilden. Diese Klone bedingen bis einschließlich der Reifungsphase eine synchrone Entwicklung hunderter miteinander verbundener Keimzellen.

Pubertät. Differenzielle Mitosen lassen nach hormoneller Stimulation mit Beginn der Pubertät neben den im basalen Kompartiment verbleibenden Spermatogonien A entstehen:

- **Spermatogonien B,** die durch Verlagerung in das luminale Kompartiment der Hodenkanälchen den Kontakt zur Basalmembran verlieren. Sie vergrößern sich **(Wachstumsphase)** zu
- **primären Spermatozyten** (Spermatozyten I: Chromosomensatz 2n, DNS-Menge 2c). Diese verdoppeln ihren DNS-Bestand (2n, 4c) und treten in die Meiose ein **(Reifungsphase)**. Nach der 1. Reifeteilung einer Spermatozyte I liegen je
- 2 **sekundäre Spermatozyten** (2 Spermatozyten II: 2 × 1n, 2 × 2c) vor, aus deren 2. Reifeteilung jeweils
- 4 **Spermatiden** (4 × 1n, 4 × 1c) hervorgehen. Zwei von ihnen haben den Karyotyp 23, X, die beiden anderen 23, Y.

Spermiogenese ist die Differenzierung der postmeiotischen Spermatide zum **Spermium** (Abb. 5.233) durch

- extreme Kondensation der Chromosomen zu groben Granula im Zellkern, sodass dieser nach Kontrastierung im Elektronenmikroskop mit Ausnahme weniger Vakuolen schwarz (= elektronendicht) erscheint,

- Bildung der **Akrosomkappe,** die sich zunächst als Lysosom aus dem Golgi-Apparat abschnürt und dann auf den vorderen Zellkernpol stülpt (enthält Enzyme für die Befruchtung),
- **Mittelstück**-Bildung, in dem sich die Mitochondrien unter der Zellmembran spiralig anordnen und dabei den proximalen Teil des sich bildenden
- **Schwanzfadens** umgeben, der aus dem distalen Zentriol auswächst, und
- **Abstoßen der Zytoplasmabrücken** als sog. Residualkörper. Hiermit endet die synchrone Reifung und Differenzierung der aus einer Spermatogonie hervorgegangenen Spermatiden innerhalb von Zellklonen.

Spermatogenesewellen nennt man das geometrische Muster aufeinander folgender Keimzellstadien innerhalb des Samenkanälchenepithels. Mit histologischen Serienschnitten längs der Samenkanälchen lassen sich diese Entwicklungsstadien in einander überlappenden Spiralen, jeweils basal beginnend und luminal endend, verfolgen.

Spermiatio. Nach der Differenzierung werden die Spermien aus dem Keimepithel der Samenkanälchen ins Lumen abgegeben **(Spermiatio)** und passiv mit der hier produzierten Flüssigkeit in den Nebenhoden, **Epididymis,** transportiert. Obwohl morphologisch weitgehend ausgereift, sind diese „Hodenspermien" nur bedingt befruchtungsfähig. Die weitere Reifung erfolgt im Nebenhodengang, der auch Samenspeicher ist, sowie letztlich im weiblichen Genitaltrakt durch die **Kapazitation** (Abb. 5.233 b–d). Im Nebenhodenschwanz, wo die Spermien schon bewegungsfähig sind, werden sie durch einen leicht sauren pH-Wert immobil gehalten (→ **Säurestarre**).

Spermien (Abb. 5.233) sind 60 µm lang und bestehen aus Kopf, Hals und Schwanz **(Axonema)**, der wiederum in Mittel-, Haupt- und Endstück unterteilt wird.

- Der **Kopf** (4 µm lang) enthält Kern und Akrosomkappe und ist abgeplattet.
- Im **Hals** liegt quer zur Längsachse des Spermiums das proximale Zentriol.
- Das distale, rechtwinklig zum vorigen platzierte Zentriol ist der Ursprung des den **Schwanzfaden** bildenden Mikrotubulusbündels mit typischer 9 × 2 + 2-Anordnung.
- Das **Mittelstück** ist der proximale Teil des Schwanzfadens, in dem die Mikrotubuli spiralig von Mitochondrien umgeben sind.

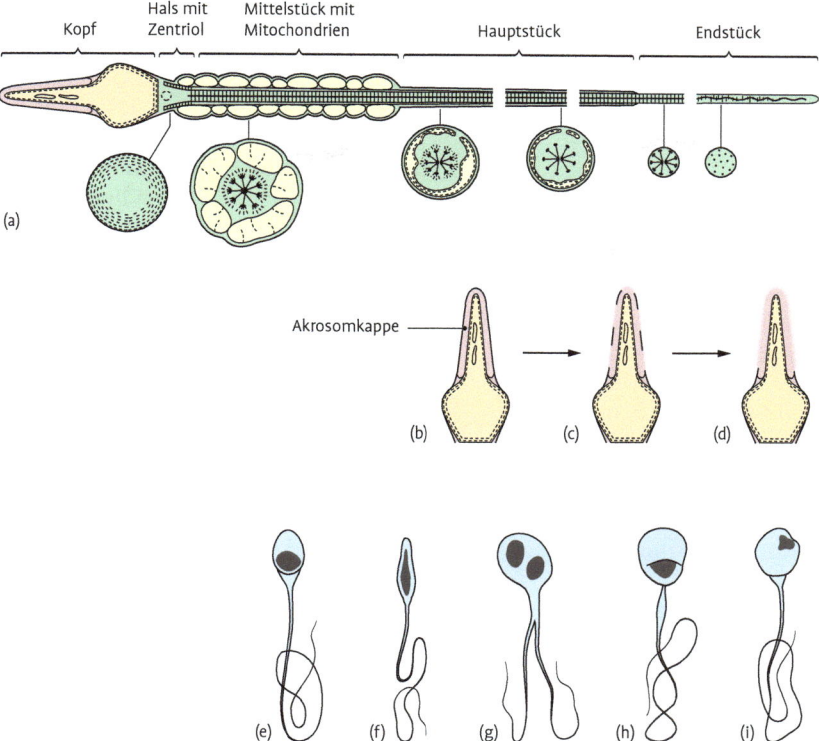

Abb. 5.233 a: Spermium. Schema mit Querschnitten. **b–d:** Spermienkopf während der Befruchtung: Nach der Akrosomreaktion erhalten die akrosomalen Enzyme Kontakt mit der Umgebung der Eizelle. **e–i:** morphologisch abnorme Spermien.

- Eine außen am Mikrotubulusbündel anliegende elektronendichte Ringfaserscheide und Längsfasern unterscheiden das **Hauptstück** vom
- **Endstück,** in dem die geordnete Mikrotubulusstruktur verloren geht.

Entwicklungsdauer. Von der Spermatogonie bis zur Spermiatio der reifen Spermatiden vergehen 75 Tage, der Transport durch den Nebenhodengang erfordert weitere 10–15 Tage, insgesamt vergehen also 3 Monate. Der Keimzellverlust liegt bei 35 %.

Sperma, Ejakulat. Es entsteht bei der Ejakulation (lat. eiaculari = herauswerfen). Die im Nebenhoden gespeicherten Spermien werden während des Orgasmus durch Muskelkontraktionen des **Ductus deferens** harnröhrenwärts transportiert und mit den Sekreten der sekundären Geschlechtsdrüsen zum Sperma vermischt.

Vier sekundäre Geschlechtsdrüsen bestimmen die Zusammensetzung des **Spermas** und beeinflussen so die Befruchtungsfähigkeit: **1.** Prostata, **2.** Bläschen-, **3.** Bulbourethral-, **4.** Urethraldrüsen.

Das Sperma besteht aus folgenden Fraktionen:
- Das **alkalische Vorsekret** der Bulbourethral- und Urethraldrüsen enthält wenige Spermien.
- Die **erste Fraktion** entstammt der Prostata (pH leicht sauer, wenige Spermien).
- Die **mittlere Fraktion** enthält die meisten Spermien mit Sekreten von Nebenhoden und Ampulle des Ductus deferens.
- Die **Endfraktion** aus den Bläschendrüsen hat einen alkalischen pH-Wert.

Der **Spermienvolumenanteil** liegt bei 3–5 %, der resultierende pH-Wert ist leicht alkalisch (7,2–

7,8), was die Spermien aus ihrer Säurestarre befreit. **Fruktose** ist erster Energielieferant für die aktiv beweglichen Spermien, die durch peitschenschlagartige Bewegungen ihres Schwanzes gegen einen Flüssigkeitsstrom zu schwimmen imstande sind.

Klinik: 1. Spermiogramm, Sperma-Untersuchung. Das nach 3–5-tägiger Karenz durch Masturbation gewonnene Ejakulat wird auf Zeugungsfähigkeit beurteilt: Aspekt (gelblichgrau, trüb), Geruch (kastanienblütenartig), pH (7,0–7,8), Verflüssigungszeit (10–20 min), Ejakulatvolumen (Normosemie bei 2–6 ml), Spermiendichte (Spermienanzahl pro ml: Normozoospermie bei > 20 Mio. Spermien/ml), Spermienmotilität (Normokinospermie bei > 50 % beweglicher Spermien), Fehlformenrate (Normomorphospermie bei < 70 % abnorm geformter Spermien), Spermienbeweglichkeit 30 und 120 min nach Ejakulation, Fruktose-Zitrat-Gehalt. **2. Hodenbiopsie.** Beidseitige Entnahme einer Gewebeprobe durch Punktion mit einer Hohlnadel. Bei Azoospermie (Fehlen reifer Spermien im Sperma) und Oligozoospermie (verminderte Spermiendichte im Sperma) angezeigt.

Männliche Harnröhre, Urethra masculina

Allgemeine Beschreibung. Die männliche Harnröhre beginnt am **Fundus vesicae** mit dem **Ostium urethrae internum** und endet mit dem **Ostium urethrae externum** an der **Glans penis.** Die Länge hängt vom Funktionszustand des Penis ab und beträgt 15–20 cm. Die Urethra masculina verläuft zunächst in der Wand der Harnblase, **Pars intramuralis, Pars praeprostatica,** zieht dann durch die **Prostata, Pars prostatica,** durchbohrt das **Diaphragma urogenitale, Pars membranacea,** und wird dann von einem Schwellgewebe, **Corpus spongiosum penis,** umgeben. Dies ist der längste Abschnitt und heißt **Pars spongiosa** (Abb. 5.234).

Klinik: 1. In ihrem Verlauf besitzt die männliche Urethra 2 **Krümmungen** und 3 **Engen,** die für das Einführen von Instrumenten von Bedeutung sind. Eine Krümmung liegt unterhalb der Symphyse, **Curvatura subpubica,** und ist wegen der Befestigung der Urethra nicht ausgleichbar (Abb. 5.231). Die zweite Krümmung

liegt vor der Symphyse, **Curvatura praepubica.** Diese ist durch Anheben des Penis ausgleichbar und verschwindet auch bei der Versteifung des männlichen Gliedes (Erektion). Engstellen der Urethra sind an den beiden Öffnungen und in der **Pars membranacea (M. sphincter urethrae externus)** zu finden. **2.** Vom Kliniker wird der innerhalb des Beckens gelegene Anteil **(Pars pelvina)** als hintere Harnröhre, der außerhalb des Beckens gelegene Anteil **(Pars penis)** als vordere Harnröhre bezeichnet.

Abschnitte der Urethra (Abb. 5.234):
1. **Pars intramuralis, Pars praeprostatica.** Diese ist kurz und besitzt dorsal eine längsgerichtete Schleimhautfalte, **Crista urethralis.** Der innere Harnröhrenschließmuskel, **M. sphincter urethrae internus,** verschließt hier die Harnröhre. Der M. sphincter urethrae internus besteht aus glatter Muskulatur **(Lissosphincter)** und ist dem Willen nicht unterworfen.
2. **Pars prostatica.** Dieser Abschnitt durchsetzt die **Prostata** in einer Länge von 3 cm und wird durch die Mündung der Ductus ejaculatorii in eine **Pars proximalis** (nur Harnweg) und eine **Pars distalis** (Harnsamenweg) geteilt. Die Pars prostatica ist in der Mitte spindelförmig erweitert und besitzt an ihrer dorsalen Seite den länglichen **Colliculus seminalis,** der nach oben in die **Crista urethralis** ausläuft. Durch das Vorspringen des Colliculus seminalis erhält die Urethra einen hufeisenförmigen Querschnitt. Auf dem Samenhügel liegen die schlitzförmigen Öffnungen der **Ductus ejaculatorii** und des **Utriculus prostaticus.** Die Öffnungen der Ductus ejaculatorii werden von glatten Muskelfasern und einem Gefäßgeflecht umgeben. Dadurch wird ein Eindringen von Urin verhindert. Der Utriculus prostaticus ist ein Blindsack von 8–10 mm Länge und 1–6 mm Weite. Er ist der Rest der Müller-Gänge. In die Rinne, **Sinus prostaticus,** beiderseits des Samenhügels, münden die **Ductuli prostatici.**

Klinik: Ist die Öffnung des **Utriculus prostaticus** weit, so kann sich ein **Katheter** darin verfangen.

3. **Pars membranacea.** Der durch den Beckenboden durchtretende Teil der Harnsamenröhre ist 1 cm lang und wird vom äußeren Schließmus-

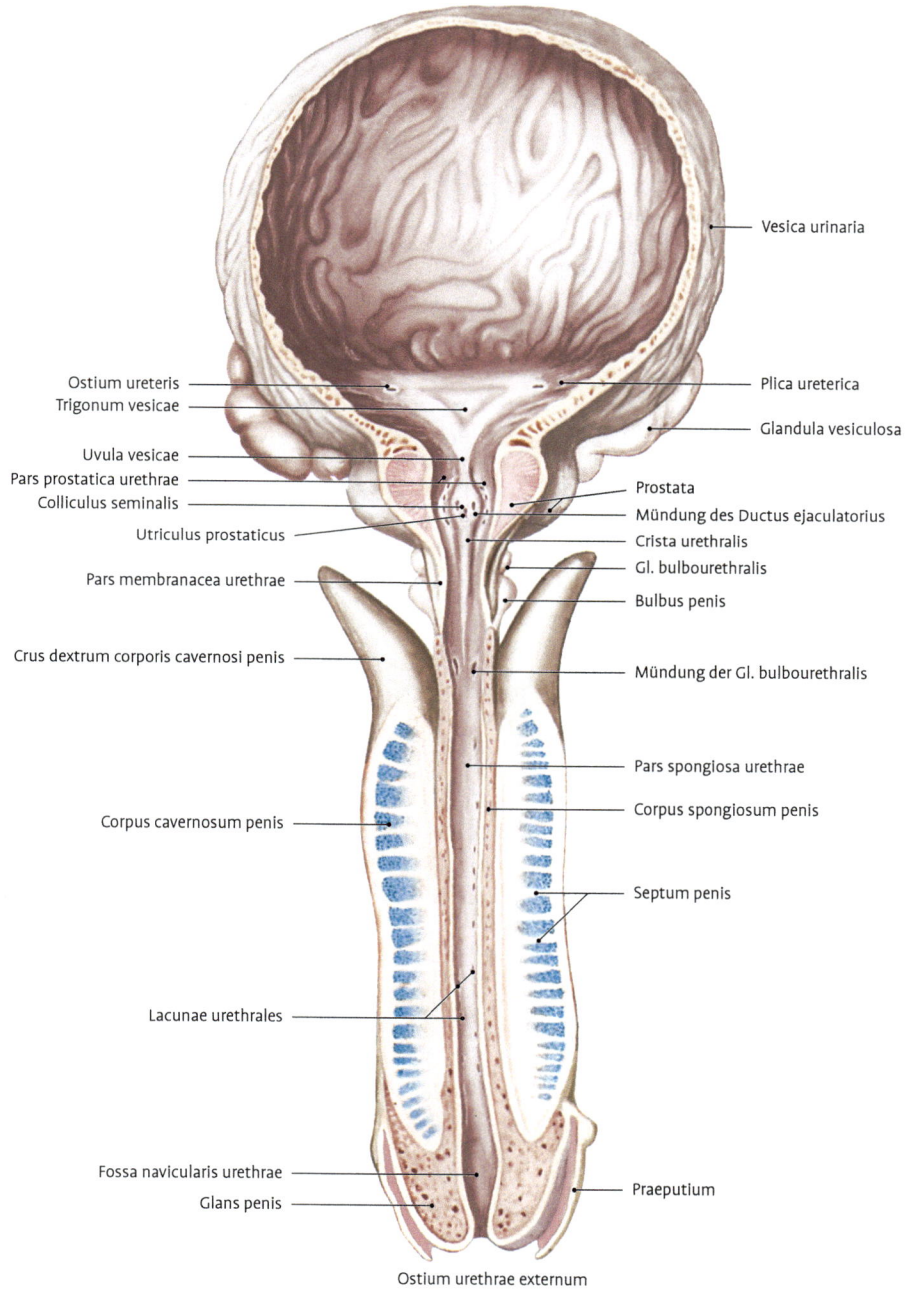

Vesica urinaria

Ostium ureteris
Trigonum vesicae

Plica ureterica

Glandula vesiculosa

Uvula vesicae
Pars prostatica urethrae
Colliculus seminalis

Prostata
Mündung des Ductus ejaculatorius

Utriculus prostaticus

Crista urethralis
Gl. bulbourethralis

Pars membranacea urethrae

Bulbus penis

Crus dextrum corporis cavernosi penis

Mündung der Gl. bulbourethralis

Pars spongiosa urethrae

Corpus spongiosum penis

Corpus cavernosum penis

Septum penis

Lacunae urethrales

Fossa navicularis urethrae
Glans penis

Praeputium

Ostium urethrae externum

Abb. 5.234 Männliche Harnblase und Harnröhre von ventral eröffnet.

kel, **M. sphincter urethrae externus,** umgeben. Der M. sphincter urethrae externus besteht sowie das **Diaphragma urogenitale** aus quer gestreiftem Skelettmuskelgewebe (**Rhabdosphincter**) und kann bewusst gesteuert werden. Die Muskelfasern des Schließmuskels sind mit dem **M. transversus perinei profundus** verwoben, wodurch die Urethra am **Angulus subpubicus** federnd fixiert wird. In die Pars membranacea münden zahlreiche Schleimdrüsen, **Gll. urethrales.**

4. **Pars spongiosa.** Dieser längste Teil der Harnsamenröhre beginnt außerhalb des Beckenbodens. Die Harnröhre tritt 1 cm vor dem hinteren Ende des **Bulbus penis** in das **Corpus spongiosum** ein. Kurz nach dem Eintritt ist die Urethra erweitert, **Ampulla urethrae, Pars ampullaris, Fossa bulbi.** Die Schleimhaut der Pars spongiosa hat längsgerichtete Falten und zahlreiche kleine Buchten, **Lacunae urethrales.** In die Lacunae urethrales münden kleine Schleimdrüsen, **Gll. urethrales** (Littre-Drüsen). Das Ende der Urethra in der **Glans penis** ist vor dem **Ostium urethrae externum** zur **Fossa navicularis** erweitert. Manchmal liegt hier eine kleine Schleimhautfalte, **Valvula fossae navicularis,** welche eine nach außen gerichtete Tasche begrenzt.

Klinik: In dieser Tasche kann sich ein eingeführtes Instrument (z. B. **Katheter**) verfangen.

Wandbau. Die Wand der Harnröhre ist dünn und besteht aus 3 Schichten:

1. **Schleimhaut, Tunica mucosa.** Das Epithel ist unterschiedlich. In **der Pars intramuralis** und im proximalen Abschnitt der **Pars prostatica** (bis hier reicht die eigentliche Harnröhre) findet man das Übergangsepithel (**Urothel**) der ableitenden Harnwege. Vom distalen Teil der Pars prostatica und in der **Pars spongiosa** wird die Harnsamenröhre von einem mehrschichtigen hochprismatischen Epithel ausgekleidet. In der Mitte der **Fossa navicularis** ist der Übergang zu einem mehrschichtig unverhornten Plattenepithel, welches am **Ostium urethrae externum** zu einem mehrschichtig verhornten Plattenepithel wird.
2. **lockeres Schleimhautbindegewebe, Tela submucosa**
3. **Muskelschicht, Tunica muscularis.** Die Muskulatur ist mit Ausnahme der beiden Schließmus-

keln durchwegs schwach ausgebildet und teilweise unvollständig.

5.3.6.5 Äußere männliche Geschlechtsorgane

Männliches Glied, Penis

Das männliche Glied, der **Penis,** bildet mit seinen Schwellkörpern eine versteifbare Stütze für die Harnsamenröhre. In erschlafftem Zustand hängt das Organ von der Symphyse herab und liegt auf dem Hodensack (**Scrotum**).

Der Penis ist mit seiner Wurzel, **Radix penis,** und den Schenkeln, **Crura penis,** am **Os pubis** befestigt. Radix et crura penis bilden die **Pars fixa** oder **perinealis** des Penis. Der freie bewegliche Teil des Penis, **Pars libera** oder **Pars pendula,** wird vom Schaft, **Corpus penis,** und der Eichel, **Glans penis,** gebildet (Abb. 5.234, 5.235).

Am Übergang von der Pars fixa in die Pars libera wird der Penis durch das **Lig. suspensorium penis** an der Symphyse und durch das **Lig. fundiforme penis** an der **Fascia abdominis superficialis** und an der **Linea alba** aufgehängt.

Der Penisrücken, **Dorsum penis,** ist die obere Fläche und an der Unterfläche, **Facies urethralis,** liegt das **Corpus spongiosum** mit der Urethra. Die **Glans penis** mit der schlitzförmigen äußeren Öffnung der Urethra besitzt einen Hinterrand, **Corona glandis,** und ist durch eine Furche, **Collum glandis,** vom Corpus penis abgegrenzt. Im Inneren der Glans befindet sich eine Trennwand, **Septum glandis.**

Die Haut des Schaftes ist sehr dehnbar, durch die lockere **Tela subcutanea penis** gut verschieblich und kann sich den verschiedenen Volumenzuständen anpassen. Vorne bildet sie eine Duplikatur, die als Vorhaut, **Praeputium,** die Eichel bedeckt und als Hautreserve bei der Erektion dient. Die Vorhaut hat an der Unterseite der Eichel ein zartes Halteband, das **Frenulum praeputii.** Die Haut des Penis besitzt Talg-, Schweißdrüsen und Lanugohärchen. Das innere Blatt der Vorhaut und die Haut auf der Eichel gleichen einer Schleimhaut. Haare und Schweißdrüsen fehlen. Eine wechselnde Zahl von Talgdrüsen auf der Innenseite der Vorhaut, **Gll. praeputiales** (Tyson), bilden mit abgestoßenen Epithelien das **Smegma praeputii,** ein käseartiges Produkt aus dem Sekret der Talgdrüsen und abgestoßenen Epithelzellen.

Klinik: 1. Bei zu enger Öffnung der Vorhaut kann sie nicht über die Eichel zurückgezogen werden **(Phimose). 2.** Das Smegma kann dann nicht entfernt werden. Dies führt zu Entzündungen **(Balanitis). 3.** Zieht man in solchen Fällen die Vorhaut gewaltsam über die Eichel in die ringförmige Furche hinter die Eichel, das Collum glandis, zurück, so kann der periphere Teil eingeschnürt und gestaut werden **(Paraphimose). 4.** Durch die Beschneidung, **Zirkumzision,** wird solchen Zuständen vorgebeugt.

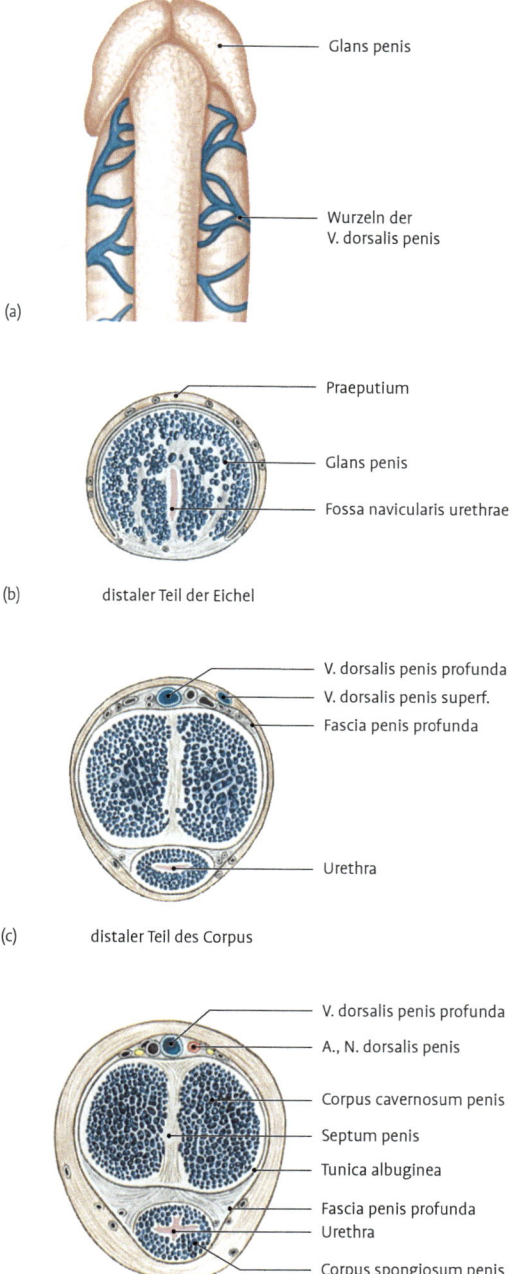

(a)
— Glans penis

— Wurzeln der V. dorsalis penis

(b) distaler Teil der Eichel
— Praeputium
— Glans penis
— Fossa navicularis urethrae

(c) distaler Teil des Corpus
— V. dorsalis penis profunda
— V. dorsalis penis superf.
— Fascia penis profunda
— Urethra

(d) proximaler Teil des Corpus
— V. dorsalis penis profunda
— A., N. dorsalis penis
— Corpus cavernosum penis
— Septum penis
— Tunica albuginea
— Fascia penis profunda
— Urethra
— Corpus spongiosum penis

Aufbau. Grundlage des Penis sind die 2 Schwellkörper (Abb. 5.235),
• der eigentliche Penisschwellkörper, **Corpus cavernosum penis,**
• der Harnröhrenschwellkörper, **Corpus spongiosum penis (cavernosum urethrae).**
Die **Fascia penis** umgibt alle Schwellkörper.

Das **Corpus cavernosum penis** entspringt wie die **Clitoris** mit den **Crura penis** von den unteren Schambeinästen. Die **Crura penis** werden vom **M. ischiocavernosus** bedeckt. Vor der Symphyse vereinigen sich die beiden **Crura** im **Corpus penis.** Eine sehr feste, 1 mm dicke, weiße, bindegewebige Hülle, **Tunica albuginea corporum cavernosorum,** umschließt das Schwellgewebe. Eine bindegewebige mediane Scheidewand, **Septum penis (Septum pectiniforme penis),** trennt das Schwellgewebe nur unvollständig in eine rechte und linke Hälfte.

Der besondere Bau der **Corpora cavernosa penis** ermöglicht die Versteifung, **Erektion,** des Gliedes. Die **Schwellkörper** besitzen ein Netzwerk von starken Bindegewebsbalken, **Trabeculae corporum cavernosorum.** Diese enthalten viel glatte Muskulatur, Nerven, Arterien und sind an der Oberfläche von Endothel bedeckt. Sie begrenzen ein Labyrinth von venösen Bluträumen, **Cavernae corporum cavernosorum.**

Das **Corpus spongiosum penis** liegt auf der Unterseite des Penis in der Furche zwischen den **Corpora cavernosa penis.** Die paarigen **Bulbi vestibuli** der Frau entsprechen beim Mann dem unpaaren **Corpus spongiosum penis.** Dieses ist hinten zwiebelförmig zum **Bulbus penis** verdickt, verjüngt sich nach vorn im Schaft, **Corpus,** und endet schließlich mit der Eichel, **Glans penis.** Der Bulbus penis liegt dem **Diaphragma urogenitale** auf und ist vom **M. bulbospongiosus** bedeckt. Der Harnröhrenschwellkörper besitzt eine dünne Bindegewebshülle, **Tunica albuginea corporis spongiosi,** und

Abb. 5.235 a: Schwellkörper des Penis in erigiertem Zustand, **b, c, d:** drei Querschnitte durch das männliche Glied.

ein Bindegewebsgerüst, **Trabeculae corporis spongiosi,** mit dazwischen liegenden Bluträumen, **Cavernae corporis spongiosi.** Die Trabekel des Corpus spongiosum sind schwächer als im Corpus cavernosum und besitzen auch wenig Muskelzellen. Die Bluträume bestehen aus großen Venen. Der Harnröhrenschwellkörper ist daher komprimierbar und der Durchtritt der Samenflüssigkeit bei der Ejakulation wird erleichtert. Auch die **Glans penis** bleibt bei der Erektion weich.

Gefäße und Nerven:

- **Arterien.** Die paarigen Arterien des Penis stammen aus der **A. pudenda interna** (Abb. 5.236).
  - Die **A. bulbi penis** zieht zum **Bulbus penis** und versorgt auch die Cowper-Drüse und den **M. transversus perinei profundus.**
  - Die **A. urethralis** gelangt distal des **Bulbus penis** in das **Corpus spongiosum** und verläuft in ihm bis zur **Glans penis.**
  - Die **A. profunda penis** tritt in das **Crus penis** ein und versorgt das **Corpus cavernosum.**
  - Die **A. dorsalis penis** verläuft auf den **Corpora cavernosa** und versorgt die Haut des

Penis einschließlich **Praeputium** und **Glans penis.**
  - Die Arterienäste im Schwellkörper haben bei erschlafftem Glied einen geschlängelten Verlauf (Rankenarterien, **Aa. helicinae**), um sich dem bei der Erektion verlängerten Glied anpassen zu können.

- **Venen.** Die Venen des Penis sind klappenreich. Die 2–3 gut sichtbaren **Vv. dorsales superficiales penis** (Abb. 5.236) verlaufen epifasial und münden in die **Vv. pudendae externae** oder direkt in die **V. femoralis.** Die subfaszial verlaufende, meist unpaare **V. dorsalis profunda penis** wird von den paarigen Aa. et Nn. dorsales penis begleitet und zieht unter der Symphyse zum Plexus vesicoprostaticus.

- **Lymphgefäße.** Der Lymphabfluss erfolgt über die **Nll. inguinales.**

- **Nerven.** Sensibel wird der Penis durch den **N. dorsalis penis** des **N. pudendus** versorgt (Abb. 5.236). Das **sympathische** Zentrum liegt in den Rückenmarksegmenten **L1–L3.** Die **parasympathische** Versorgung stammt aus den Rückenmarksegmenten **S2–S4.** Die parasympathischen

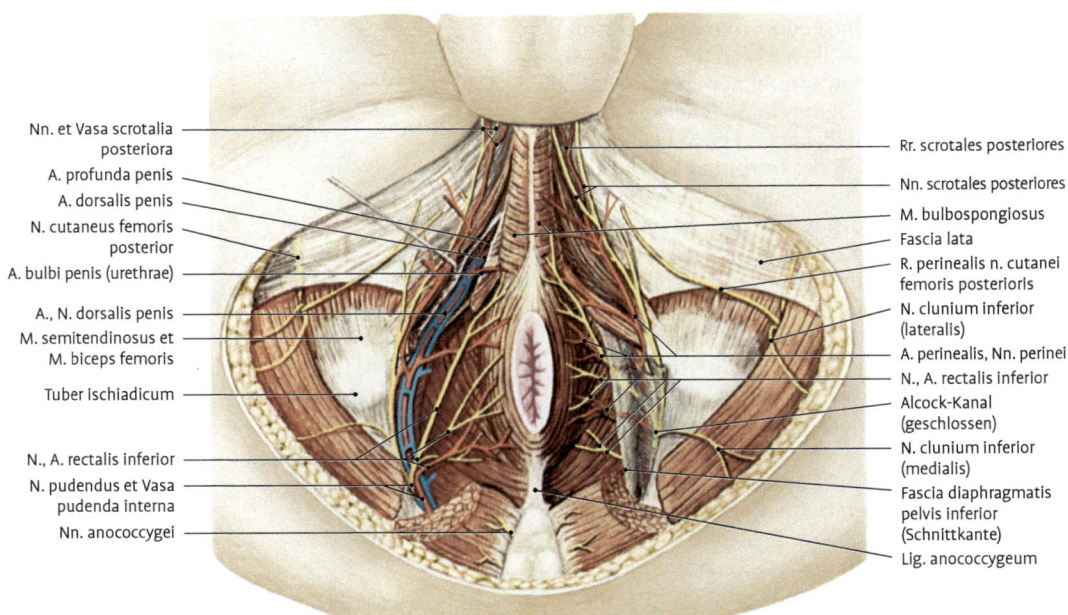

Nn. et Vasa scrotalia posteriora
A. profunda penis
A. dorsalis penis
N. cutaneus femoris posterior
A. bulbi penis (urethrae)
A., N. dorsalis penis
M. semitendinosus et M. biceps femoris
Tuber ischiadicum
N., A. rectalis inferior
N. pudendus et Vasa pudenda interna
Nn. anococcygei

Rr. scrotales posteriores
Nn. scrotales posteriores
M. bulbospongiosus
Fascia lata
R. perinealis n. cutanei femoris posterioris
N. clunium inferior (lateralis)
A. perinealis, Nn. perinei
N., A. rectalis inferior
Alcock-Kanal (geschlossen)
N. clunium inferior (medialis)
Fascia diaphragmatis pelvis inferior (Schnittkante)
Lig. anococcygeum

Abb. 5.236 Nerven und Blutgefäße der Regio analis, Regio perinealis und Fossa ischioanalis des Mannes. Unterrand des M. gluteus maximus eingeschnitten. Auf der rechten Bildhälfte ist der Alcock-Kanal geschlossen. Auf der linken Bildhälfte ist das Diaphragma urogenitale durchtrennt. Die oberflächlichen Äste der A. pudenda interna und des N. pudendus sind auf beiden Seiten etwas nach lateral verlagert.

Fasern bewirken eine Vasodilatation und Erektion, die sympathischen Fasern Vasokonstriktion und Ejakulation. Die vegetativen Nerven ziehen über die **Plexus aorticus, hypogastricus** zum **Plexus pelvicus.** Von hier aus ziehen die Fasern als **N. cavernosus penis** zu den Schwellkörpern.

Hodensack, Scrotum

Der Hodensack, **Scrotum,** hängt unter der Peniswurzel zwischen den Oberschenkeln und vor dem Damm herab. Eine mediane Naht, **Raphe scroti,** erinnert an die symmetrische Entwicklung.

Aufbau. Die Wand des **Scrotum** wird von der äußeren Haut mit allen Bestandteilen gebildet. Die Skrotalhaut ist dünn, stärker pigmentiert und dunkler. Die Subkutis ist fettlos und enthält die Fleischhaut, **Tunica dartos**. Diese besteht aus glatter Muskulatur mit elastischen Sehnen. Psychische und thermische Reize führen zu einer Reaktion der Tunica dartos. Bei Kälte sind die Muskelfasern kontrahiert, die Skrotalhaut ist stark gerunzelt, bei Wärme erschlafft und locker.

Durch eine Scheidewand, **Septum scroti,** wird der Innraum in 2 Höhlen für die Hoden unterteilt. Zwischen den Hodenhüllen und der Wand des **Scrotum** ist eine lockere Verschiebeschicht, sodass der Hoden durch den **M. cremaster** (Kremasterreflex) hochgehoben werden kann.

Gefäße und Nerven:
- **Arterien. Aa. scrotales posteriores** aus der **A. pudenda interna** und **Aa. scrotales anteriores** aus der **A. pudenda externa profunda** (A. femoralis).
- **Venen.** Der venöse Abfluss erfolgt über die **Vv. scrotales posteriores** in die **V. pudenda interna** und über **Vv. scrotales anteriores** in die **V. saphena magna.**
- **Lymphgefäße.** Der Lymphabfluss erfolgt über die **Nll. inguinales.**
- **Nerven. Nn. scrotales posteriores** aus dem **N. pudendus, Nn. scrotales anteriores** aus dem **N. ilioinguinalis** und kleine Äste des **R. genitalis n. genitofemoralis.**

6 Kopf, Cranium und Hals, Collum

Andreas H. Weiglein

Der Kopf hat als Sitz des **Gehirns** und der **Sinnesorgane** (Gehör-, Gleichgewichts-, Seh-, Geruchs- und Geschmacksorgan) und als Eingangsöffnung des Luft- und Speiseweges eine morphologische Sonderstellung. Die für den Rumpf charakteristische **segmentale Gliederung** der Knochen, Muskeln, Gefäße und Nerven ist am Kopf weitgehend aufgehoben, zumal er auch nicht von Rückenmarksnerven (Nn. spinales), sondern von Hirnnerven (Nn. craniales) versorgt wird. Die knöcherne Grundlage des Kopfes ist der zweiteilige **Schädel** (Cranium). Der Gehirnschädel (Neurocranium) bildet die Schutzkapsel für das Gehirn (Encephalon), der Gesichtsschädel (Viscerocranium) beherbergt die Eingeweide (Sinnesorgane, sowie den Beginn des Luft- und Speiseweges).
Der **Hals** (Collum), ermöglicht die gute **Beweglichkeit** des Kopfes und damit die volle Ausnutzung der Sinnesorgane für die Orientierung in der Umwelt. Er ist Sitz von Organen und Leitungsbahnen. Die knöcherne Grundlage wird von der **Halswirbelsäule** (Columna vertebralis – Pars cervicalis) gebildet.

Grenzen. Die Grenzlinie zwischen Kopf und Hals verläuft vom Kinn am Unterrand des Unterkiefers entlang bis zum Kieferwinkel, steigt hinter dem Unterkieferast aufwärts bis zum Ohransatz und zieht von dort horizontal bis zur Protuberantia occipitalis externa, einem meist gut tastbaren Knochenvorsprung am Hinterhaupt. Die Grenzlinie zwischen Hals und Brust verläuft vom Oberrand des Brustbeins entlang dem Schlüsselbein zum Acromion (dem seitlich am weitesten ausladenden Teil des Schulterblattes) und von dort zum deutlich vorspringenden Dorn des 7. Halswirbels (Vertebra prominens).

6.1 Gliederung und Einteilung

6.1.1 Cranium (Schädel) im Überblick

Man unterscheidet einen **Gehirnschädel (Neurocranium)** und einen **Gesichts-** bzw. **Eingeweideschädel (Viscerocranium)**.

Gehirnschädel. Er bildet die feste, knöcherne Hülle für das Gehirn und enthält in besonderen Knochenkapseln, den Felsenbeinen, das Gehör- und das Gleichgewichtsorgan. Man unterscheidet das konvexe Schädeldach (**Calvaria**) sowie die Schädelbasis (**Basis cranii**). Die Schädelbasis ist der Form der auf ihr liegenden Gehirnbasis angepasst in drei von vorne nach hinten absteigende Etagen gegliedert: In der vorderen Schädelgrube (**Fossa cranialis anterior**) liegt der Stirnlappen des Großhirns, in der mittleren Schädelgrube (**Fossa cranialis media**) liegt der Schläfenlappen des Großhirns und in der hinteren Schädelgrube (**Fossa cranialis posterior**) der Hirnstamm und das Kleinhirn (**Cerebellum**). Im Zentrum der Schädelbasis bildet der Keilbeinkörper den Türkensattel (**Sella turcica**), in welchem die Hirnanhangsdrüse (**Hypophyse**) liegt.

Die willkürliche Grenze zwischen Hirn- und Gesichtsschädel wird bei der Eröffnung der Schädelhöhle durch einen horizontalen Sägeschnitt gelegt. Die Calvaria wird von den Schuppen (**Squamae**) bzw. den Schuppenteilen (**Partes squamosae**) der Knochen, welche auch die Schädelbasis bilden, gebildet. Hinzu kommen noch die nur am Schädeldach beteiligten Scheitelbeine (**Ossa parietalia**). Den Knochen des Schädeldachs entsprechen darüberliegende gleichnamige Weichteilregionen.

Gesichtsschädel. Er bildet die knöcherne Grundlage für das Gesicht, bildet den Anfangsteil des

Luft- und des Speiseweges und liefert die Streben, die den Kaudruck verteilen (Kaudruckpfeiler) und auf den Gehirnschädel übertragen. In fünf Höhlen beherbergt der Gesichtsschädel die Sinnesorgane des Gesichts-, Geruchs- und Geschmacksinns: **Cavitas orbitalis** dext. et sin. (rechte und linke Augenhöhle), **Cavitas nasi** dext. et sin. (rechte und linke Nasenhöhle) und **Cavitas oris** (Mundhöhle).

Die **Grenzlinie** zwischen Hirn- und Gesichtsschädel (Abb. 6.1) verläuft vom Oberrand der Augenhöhle zum Oberrand des äußeren Gehörganges. Der Gesichtsschädel liegt unter dem vorderen Teil des Hirnschädels, unter der vorderen Schädel-

grube. Die unmittelbare Verbindungsstelle ist das Siebbein **(Os ethmoidale)**, das als einziger Knochen des Gesichtsschädels mit seiner Siebbeinplatte **(Lamina cribrosa)** an der Bildung der Schädelbasis beteiligt ist. Seitlich gehen das Jochbein **(Os zygomaticum)** und der gleichnamige Fortsatz **(Processus zygomaticus)** des Schläfenbeins **(Os temporale)** eine bogenförmige Verbindung ein. Dieser Jochbogen **(Arcus zygomaticus)** bildet eine Art Überrollbügel für die dünnste Stelle des Schädeldachs, die Schläfengrube **(Fossa temporalis)**. Dieser herausragende Bogen und das ebenso prominente Nasenbein **(Os nasale)** sind daher häufig verletzt.

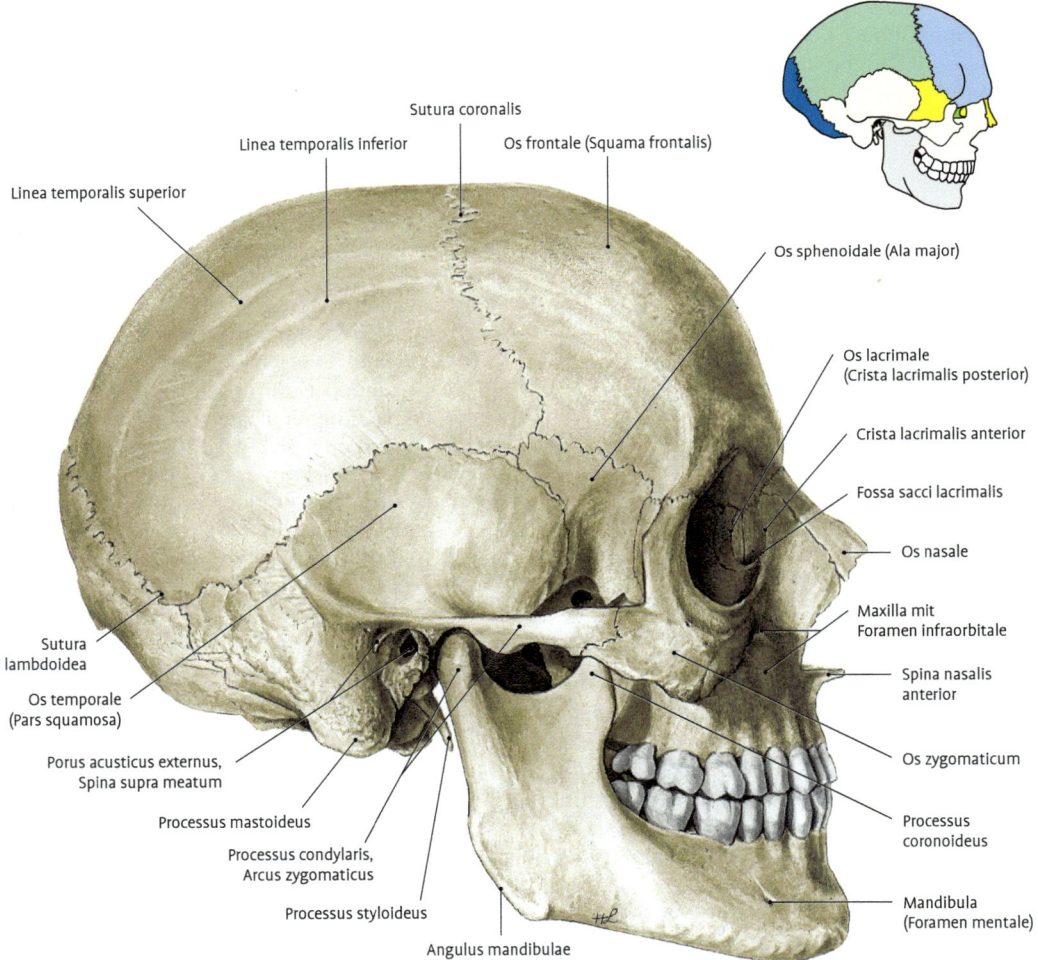

Abb. 6.1 Seitenansicht (Norma lateralis) des Schädels. Inset oben; die Knochen des Neurocraniums in verschiedenen Farben: dunkelblau: Os occipitale, grün: Os parietale, hellblau: Os frontale, gelb: Os sphenoidale, hellgelb: Os temporale, weiß: Knochen des Gesichtsschädels.

6.1.2 Ossa cranii im Überblick

Der menschliche Schädel besteht in der Regel aus **22 Knochen** (Neurocranium 7, Viscerocranium 15). Bis auf den im Kiefergelenk (Art. temporomandibularis) gelenkig verbundenen Unterkiefer (Mandibula) sind die Schädelknochen fest durch Nähte **(Suturae)** bzw. an der Schädelbasis durch **Synchondrosen** miteinander verbunden. Diese Synchondrosen sind die Wachstumsfugen der Schädelbasis: Sie synostosieren mit dem 18. Lebensjahr. Der **Gehirnschädel (Neurocranium)** besteht aus 7 Knochen (s. a. Tab. 6.1), namentlich aus:

- dem Stirnbein, Os frontale   1
- dem Keilbein, Os sphenoidale   1
- dem Hinterhauptsbein, Os occipitale   1

und den beiden paarigen Gehirnschädelknochen,

- dem rechten und linken Schläfenbein, Os temporale dext. et sin.   2
- und dem rechten und linken Scheitelbein, Os parietale dext. et sin.   2

Dazu kommt noch eine variable Zahl von kleinen Nahtknochen (Ossa suturalia, Worm-Knochen) und seltenen Fontanellenknochen (Ossa fonticularum). Der **Gesichtsschädel (Viscerocranium)** besteht aus 15 Knochen, namentlich aus:

- dem Siebbein, Os ethmoidale   1
- dem rechten und linken Nasenbein, Os nasale dext. et sin.   2
- dem rechten und linken Tränenbein, Os lacrimale dext. et sin.   2
- der rechten und linken unteren Nasenmuschel, Concha nasalis inferior dext. et sin.   2
- dem Pflugscharbein, Vomer   1

- dem rechten und linken Jochbein, Os zygomaticum dext. et sin.   2
- dem rechten und linken Gaumenbein, Os palatinum dext. et sin.   2
- dem rechten und linken Oberkieferbein, Maxilla dext. et sin.   2
- und dem Unterkiefer, Mandibula   1

Die sechs (2 × 3) Gehörknöchelchen, **Ossicula auditus,** bestehen aus:

- Hammer, Malleus   2
- Amboss, Incus   2
- Steigbügel, Stapes   2

Os sesamoideum

- Zungenbein, Os hyoideum   1

Die lasttragende Schädelbasis ist in der Entwicklung knorpelig vorgeformt **(Chondrocranium)** und wird bis zum 18. Lebensjahr durch Knochen ersetzt **(Ersatzknochen)** (s. o.: Synchondrosen [Wachstumsfugen] der Schädelbasis). Die Knochen des Schädeldachs und des Gesichtsschädels sind sogenannte Bindegewebsknochen, d. h., sie entstehen ohne Knorpelzwischenstufe direkt aus dem Mesenchym **(Desmocranium).** Das ist nur bei Knochen möglich, die keine Stütz-, sondern nur Schutzfunktion haben, wie eben bei jenen des Schädeldachs und des Gesichtsschädels.

> **Klinik:** Eine seltene Entwicklungsstörung der Knochen betrifft eben diese Bindegewebsknochen des Schädels und die ebenfalls bindegewebig ossifizierende Clavicula (gr. cleido = Schlüsselbein) und wird daher als **Dysostosis cleidocranialis** bezeichnet.

Tab. 6.1 Beteiligung der Knochen des Neurocranium an der Bildung des Schädeldaches und der Schädelbasis

Knochen	Calvaria (Name des Knochenteils)	Basis cranii (Name des Knochenteils)
Os frontale	Ja (Squama ossis frontalis)	Ja (Pars orbitalis ossis frontalis = Augenhöhlenteil des Stirnbeins)
Os sphenoidale	Ja (Teil der Ala major ossis sphenoidalis)	Ja (Ala minor et Ala major ossis sphenoidalis = kleiner und großer Keilbeinflügel)
Os temporale	Ja (Pars squamosa ossis temporalis)	Ja (Pars petrosa ossis temporalis = Felsenbein)
Os occipitale	Ja (Squama ossis occipitalis)	Ja (Pars basilaris et Partes laterales ossis occipitalis = Schädelbasisteil und seitliche Teile des Hinterhauptbeins)
Os parietale	Ja (der gesamte Knochen)	Nein

6.1.3 Lufthaltige Knochen (Ossa pneumatia)

Alle lufthaltigen Knochen des Menschen befinden sich am Schädel. Sie bilden zum einen die Nasennebenhöhlen (**Sinus paranasales**), zum anderen „Mittelohrnebenhöhlen", die den Warzenfortsatz pneumatisierenden Mastoidzellen (**Cellulae mastoideae**). Die mit der Nasenhöhle in Verbindung stehenden Nasennebenhöhlen sind paarig angelegt; sie umfassen:

- die Kieferhöhlen oder Highmore-Höhlen (**Sinus maxillaris dext. et sin.**),
- die Stirnhöhlen (**Sinus frontalis dext. et sin.**)
- die Keilbeinhöhlen (**Sinus sphenoidalis dext. et sin.**) und
- das rechte und linke Siebbeinlabyrinth mit den Siebbeinzellen (**Cellulae ethmoidales**).

Die Nasennebenhöhlen vermindern das Gewicht des Schädels, dienen als Resonanzräume für die Sprache und schützen als natürliche „Airbags" die großen Gefäß- und Nervenstränge. Sie entstehen zum Teil vor der Geburt (Siebbeinlabyrinthe und Kieferhöhlen; die Kieferhöhle ist beim Neugeborenen etwa kaffeebohnengroß), zum Teil erst nach der Geburt (Stirnhöhlen im Kindergartenalter, Keilbeinhöhlen im Grundschulalter). Die postnatale Größenzunahme der Nasennebenhöhlen, insbesondere der Kieferhöhlen, ist eng mit der Zahnentwicklung und dem Zahndurchbruch verbunden. Im Alter von 12–15 Jahren erreichen die Nebenhöhlen ihre endgültige Größe, unterliegen aber zeitlebens adaptativen Umbauvorgängen. Die Aussprossung der Nasennebenhöhlen aus der lateralen Nasenwand erklärt die relativ große Variabilität der obligaten Nebenhöhlen sowie das Auftreten von **zahlreichen akzessorischen Nebenhöhlen,** z. B. Haller-Zellen, Onodi-Zellen, Septum-Zellen etc.

6.2 Schädelansichten

Am Schädel werden verschiedene Standardansichten, die Normae, definiert.

6.2.1 Ansicht von oben, Norma verticalis

Die Ansicht von oben zeigt das Schädeldach (**Calvaria**) von außen. Die ventral gelegene Schuppe des **Stirnbeins (Squama frontalis)** ist über die Kranznaht (**Sutura coronalis**) mit den beiden **Scheitelbeinen (Os parietale dext. et sin.)** verbunden. Das rechte und linke Scheitelbein sind über die Pfeilnaht (**Sutura sagittalis**) miteinander verbun-

den. Dorsal schließt, verbunden über die Lambdanaht (**Sutura lambdoidea**), die Schuppe des **Hinterhauptsbeins (Squama occipitalis)** an. Die Nähte des Schädeldachs sind stark verzahnt. Man bezeichnet sie daher als Sägenähte (**Suturae serratae**), wobei die Verzahnung von vorne nach hinten zunimmt. Vor allem an der Lambdanaht finden sich häufig kleinere oder größere Nahtknochen (**Ossa suturarum**) oder Worm-Knochen. Größere solche Knochen findet man gelegentlich als Os apicis an der Spitze der Squama occipitalis. Selten (je nach Bevölkerungsgruppe 3–30 %) kann auch die ganze Hinterhauptschuppe durch eine Naht (**Sutura mendosa**) isoliert sein. Dieses bezeichnet man als Inkabein (**Os incae, Os interparietale**).

Am Schädel des **Neugeborenen** (Abb. 6.2) setzt sich die Pfeilnaht ventral in die Stirnnaht, Sutura frontalis, fort. Diese trennt die beiden Stirnbeinschuppen, verknöchert meistens schon im Kindergartenalter, bleibt aber in ca. 8 % dauerhaft erhalten. Man bezeichnet die bestehen bleibende Stirnnaht dann als Sutura metopica. Dort, wo mehr als zwei Schädelknochen zusammenstoßen, befinden sich größere bindegewebige Lücken, die Fontanellen (Fonticuli). So bildet sich am vorderen Ende der Pfeilnaht die rautenförmige vordere oder Stirnfontanelle, Fonticulus anterior, und am hinteren Ende die dreieckige, hintere oder Hinterhauptfontanelle, Fonticulus posterior (minor).

> **Klinik:** Insbesondere die große vordere Fontanelle hat klinische Relevanz: Sie ermöglicht bei der Geburt ein minimales Übereinanderschieben der Knochen des Schädeldachs, wodurch der Geburtsvorgang erleichtert wird. Die große Fontanelle zeigt dem Geburtshelfer, auf welcher Seite das Gesicht zur Welt kommen wird, und sie ermöglicht die Ultraschalluntersuchung des Gehirns.

6.2.2 Ansicht von der Seite, Norma lateralis

Der zentrale Knochen der Seitenwand des Neurocraniums ist das **Schläfenbein,** Os temporale. Es steht (Abb. 6.1) hinten mit dem **Hinterhauptsbein,** Os occipitale, oben mit dem **Scheitelbein,** Os parietale, und vorne mit dem **Keilbein,** Os sphenoidale, in Verbindung. Außerdem hängt es über den **Jochfortsatz,** Processus zygomaticus, mit dem Gesichtsschädel zusammen. Diese Verbindung mit dem **Jochbein,** Os zygomaticum, bildet eine Art

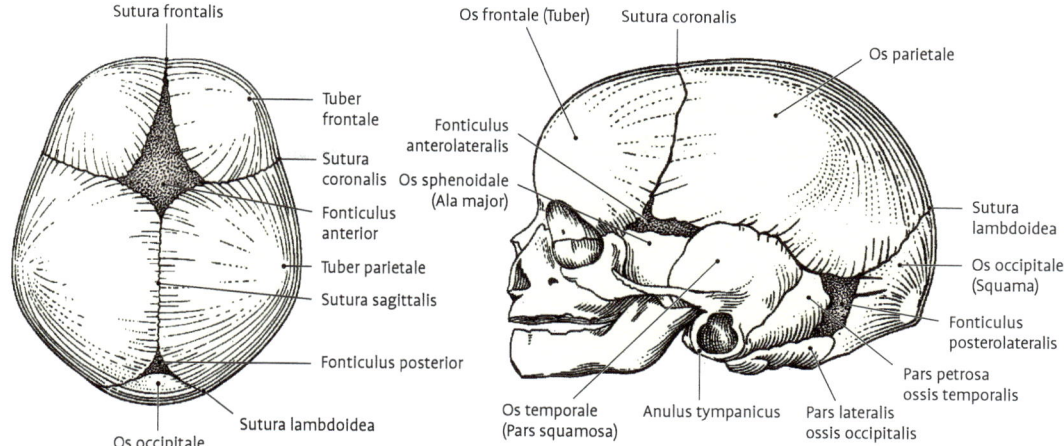

Abb. 6.2 Schädel eines Neugeborenen mit Suturen und Fontanellen (jeweils grau schraffiert). **a:** Norma superior, **b:** Norma lateralis.

„Überrollbügel" und schützt so das medial liegende, an dieser Stelle besonders dünne Schädeldach. Das Stirnbein, Os frontale, grenzt hinten an das Keilbein und das Scheitelbein, und unten an verschiedene Knochen des Gesichtsschädels (**Nasenbein, Oberkiefer, Siebbein** und **Jochbein**).

Am **Neugeborenenschädel** können in der Seitenansicht (Abb. 6.2) die drei Hauptteile des Schläfenbeins, der Schuppenteil, Pars squamosa, der Felsenbeinteil, Pars petrosa, und der beim Neugeborenen nur als Ring, Anulus tympanicus, ausgebildete Trommelteil, Pars tympanica, unterschieden werden. Sie sind durch bindegewebige Fissuren noch teilweise voneinander getrennt. Dazu kommt der vom Kiemenbogenskelett stammende Processus styloideus, der deshalb knorpelig vorgebildet ist. Er ist gemeinsam mit dem Steigbügel, Stapes, ein Derivat des 1. Kiemenbogens (Reichert-Knorpel) Vor und hinter der Schläfenschuppe befinden sind zwei kleine, durch Bindegewebe verschlossene Fontanellen, die vordere Seitenfontanelle, Fonticulus anterolateralis oder sphenoidalis (oberhalb des großen Keilbeinflügels), und die hintere Seitenfontanelle, Fonticulus posterolateralis oder mastoideus (hinter der Pars petrosa). Der Processus mastoideus, Warzenfortsatz, entsteht erst ab dem 4. Lebensjahr durch den Zug des M. sternocleidomastoideus. Durch das Fehlen des Warzenfortsatzes und des knöchernen äußeren Gehörgangs beim Neugeborenen liegt die Austrittsöffnung (das spätere Foramen stylomastoideum) des N. facialis (VII) an der seitlichen Schädeloberfläche. Deshalb

kam es bei den mittlerweile in den meisten Fällen obsoleten Zangengeburten immer wieder zu Fazialislähmungen.

Alle weiteren Schädelnähte werden nach den von ihnen verbundenen Knochen benannt. Ihre Namen sind daher leicht abzuleiten. (Abb. 6.1, 6.3) Die **Sutura frontozygomatica** verbindet Stirn- und Jochbein, die **Sutura sphenofrontalis** das Keil- und Stirnbein und schließlich verbindet die Kranznaht, **Sutura coronalis,** Stirn- und Scheitelbeine. Nach hinten folgt die **Sutura sphenoparietalis,** welche Keil- und Scheitelbein verbindet. Von ihrem Ende verläuft die **Sutura sphenosquamosa** (Keil-, Schläfenbein) nach unten, die **Sutura squamosa** (Scheitel-, Schläfenbein) im Bogen nach hinten. Sie setzt sich nach hinten in die **Sutura parietomastoidea** (Scheitelbein-Warzenteil) fort und läuft nach oben in die **Sutura lambdoidea** (Scheitel-, Hinterhauptsbein), nach unten in die **Sutura occipitomastoidea** (Hinterhauptsbein-Warzenteil) aus. Die **Sutura temporozygomatica** verbindet Schläfen- und Jochbeinanteil des Jochbogens.

6.2.3 Ansicht von vorne, Norma frontalis

Der Hirnschädel wird in der Ansicht von vorne hauptsächlich vom **Stirnbein** gebildet (Abb. 6.3). Seine Pars orbitalis steht horizontal und bildet als Dach der Augenhöhle gleichzeitig den größten Teil der vorderen Schädelgrube. Die scharfe Umbiegungskante zwischen Squama frontalis und Pars orbitalis bildet den oberen Rand der Augen-

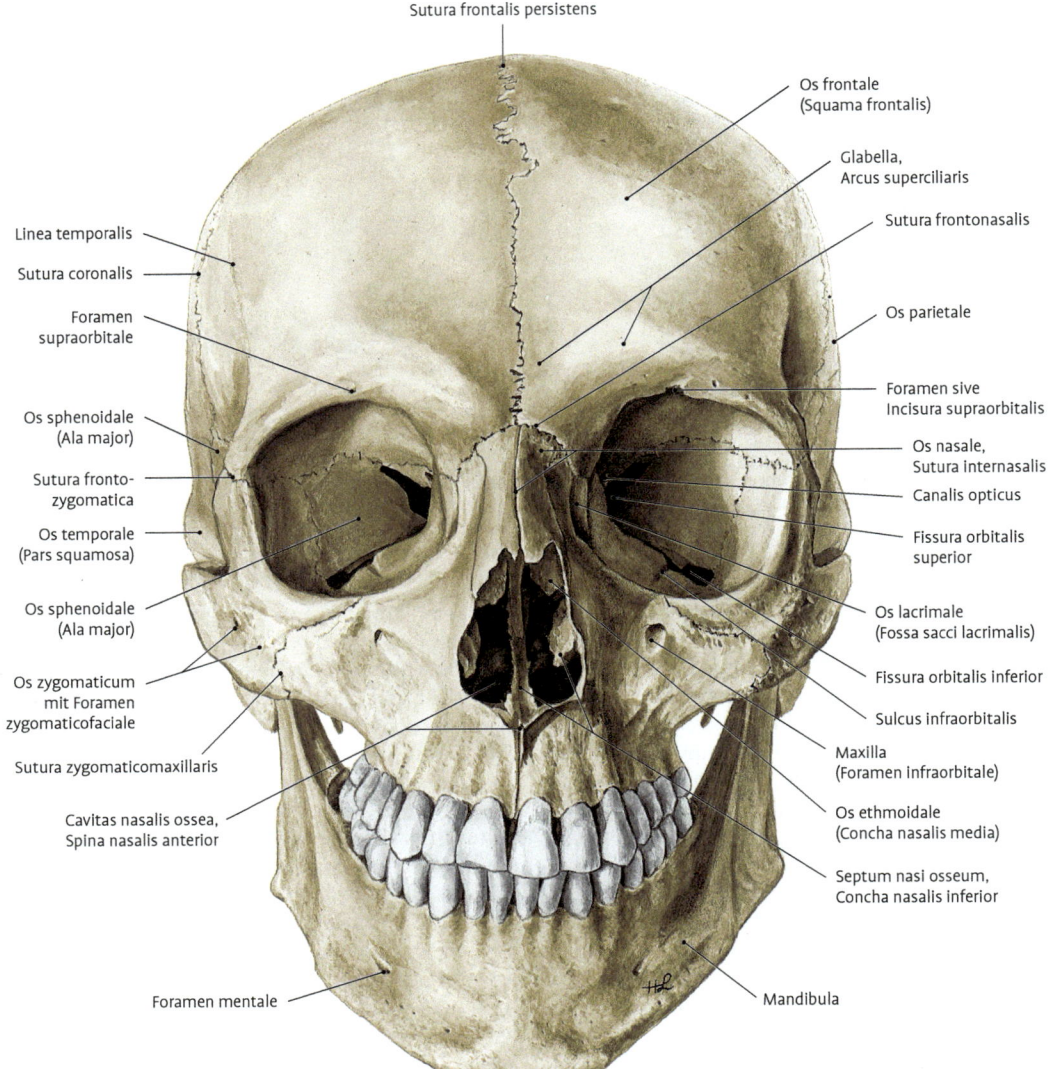

Sutura frontalis persistens

Os frontale
(Squama frontalis)

Glabella,
Arcus superciliaris

Sutura frontonasalis

Os parietale

Foramen sive
Incisura supraorbitalis

Os nasale,
Sutura internasalis

Canalis opticus

Fissura orbitalis
superior

Os lacrimale
(Fossa sacci lacrimalis)

Fissura orbitalis inferior

Sulcus infraorbitalis

Maxilla
(Foramen infraorbitale)

Os ethmoidale
(Concha nasalis media)

Septum nasi osseum,
Concha nasalis inferior

Mandibula

Linea temporalis

Sutura coronalis

Foramen
supraorbitale

Os sphenoidale
(Ala major)

Sutura fronto-
zygomatica

Os temporale
(Pars squamosa)

Os sphenoidale
(Ala major)

Os zygomaticum
mit Foramen
zygomaticofaciale

Sutura zygomaticomaxillaris

Cavitas nasalis ossea,
Spina nasalis anterior

Foramen mentale

Abb. 6.3 Ansicht eines Schädels von vorn (Norma frontalis). Im Os frontale ist eine persistierende Stirnnaht (Sutura metopica in 8 %) zu erkennen.

höhle (**Margo supraorbitalis**). Die konvexe Stirn-schuppe ist die knöcherne Grundlage der Stirn. Oberhalb der Nasenwurzel liegt ein erhabenes, ebenes Feld, über welchem die Gesichtshaut in der Regel auch keine Augenbrauen trägt und da-her das „Glätzchen" (die **Glabella**) genannt wird. Von ihr verlaufen die Oberaugenbrauenwülste, **Arcus superciliares,** im Bogen nach lateral. Sie sind ebenso wie die Stirnhöcker, **Tubera frontalia,** individuell verschieden stark ausgebildet. Manch-mal kann man auch beim Erwachsenen noch eine mediane Stirnnaht feststellen (**Sutura frontalis per-sistens** oder **Sutura metopica.** Abb. 6.3). In dieser Ansicht sind auch die großen und kleinen Flügel des **Keilbeines** sichtbar. Sie begrenzen von oben und lateral die Augenhöhle und beteiligen sich gleichzeitig an der Bildung der Schädelbasis (Übergang vordere – mittlere Schädelgrube).

6.2.4 Ansicht von hinten, Norma occipitalis

Diese Ansicht zeigt als Hauptknochen die Schuppe des **Hinterhauptsbeines,** Squama occipitalis, daneben noch die Pars petrosa des **Schläfenbeins** und die **Scheitelbeine.** Die **Squama occipitalis** hat ungefähr in ihrem Zentrum die höckerartige **Protuberantia occipitalis externa**. Von ihr ziehen kräftige Leisten, die **Lineae nuchae suprema** und **superior,** im Bogen nach lateral. Sie grenzen ein oberes, dreieckiges, glattes Feld (**Planum occipitale,** Oberschuppe) von einem unteren, viereckigen, mit Leisten und Gruben versehenen Feld (**Planum nuchae,** Unterschuppe) ab.

Der untere Teil der Hinterhauptschuppe wird durch die sagitale Crista occipitalis externa und die quere Linea nuchae inferior in 4 Felder (**Plana nuchalia**) für den Ansatz der kräftigen Nackenmuskulatur geteilt.

6.2.5 Innenansicht der Calvaria

Das durch einen horizontalen Schnitt abgetragene Schädeldach zeigt an der konkaven Innenfläche die baumförmig verzweigten **Sulci arteriosi,** Furchen für die Aufnahme der **Aa. meningeae mediae** (Abb. 6.15). Median an der Innenseite der Sutura sagittalis und ihrer ventralen und dorsalen Verlängerung verläuft der breite, flache **Sulcus sinus sagittalis superioris,** eine Furche für den Sinus sagittalis superior. Seitlich von dieser Furche findet man Grübchen von wechselnder Zahl und Größe (jedoch nicht größer als 0,5 cm im Durchmesser), die **Foveolae granulares** zur Aufnahme der **Granulationes arachnoideales Pacchioni,** der Arachnoidalzotten, die als Ventile den Liquor cerebrospinalis in das venöse Blut des Sinus sagittalis superior einschleusen, eine Stromumkehr (Blut → Liquor) aber verhindern.

6.3 Schädelbasis, Basis cranii

Die Schädelbasis ist nicht rund wie das Schädeldach, sondern in drei von ventral nach dorsal absteigenden Stufen, die Schädelgruben, gegliedert. Diese sind der basalen Hirnoberfläche angepasst. In der vorderen Schädelgrube, **Fossa cranialis anterior,** liegt der Stirnlappen des Großhirns (**Lobus frontalis cerebri**). In der durch den Keilbeinkörper mit der dorsal einliegenden Hirnanhangsdrüse (**Hypophyse**) zweige-

teilten mittleren Schädelgrube, **Fossa cranialis media,** liegt der Schläfenlappen des Großhirns (**Lobus temporalis cerebri**) und in der hinteren Schädelgrube, **Fossa cranialis posterior,** liegen der Hirnstamm (**Truncus cerebri**) und das Kleinhirn (**Cerebellum**).

6.3.1 Äußere Schädelbasis, Basis cranii externa (Abb. 6.4)

Im vorderen Drittel ist die Schädelbasis durch den hier angelagerten Gesichtsschädel nicht sichtbar. In den sichtbaren hinteren zwei Dritteln wird die äußere Schädelbasis von der **Ala major ossis sphenoidalis,** von der Facies inferior der **Pars petrosa ossis temporalis** und von den das Foramen magnum umgebenden Teilen des **Os occipitale** gebildet.

Vorderer Teil

Der hier sichtbare knöcherner Gaumen (**Palatum durum**) gehört dem Viscerocranium an und bildet gleichzeitig das Dach der Mundhöhle und den Boden der Nasenhöhle. Er besteht aus den **Processus palatini** der Maxilla sowie aus der Lamina horizontalis des **Os palatinum**. Ganz ventral schiebt sich hier noch ein Schaltknochen, das **Os incisivum,** ein. Dieses verschmilzt aber in der Regel schon in der frühen Embryonalzeit mit dem Oberkieferkochen.

Hinter den oberen mittleren Incisivi befindet sich das **Foramen incisivum** für den N. nasopalatinus. Medial vom letzten Molaren treten durch die Lamina horizontalis des Gaumenbeins aus dem **Foramen palatinum majus** der **N. palatinus major** und die **A. palatina descendens,** durch die **Foramina palatina minora** die **Nn. palatini minores**.

Mittlerer Teil

Er wird vom **Os sphenoidale** und den beiden **Ossa temporalia** gebildet.

Die **Facies inferior** des **Schläfenbeins** schiebt sich zwischen das Hinterhauptsbein und den großen Keilbeinflügel. Ihr Hinterrand begrenzt mit dem Os occipitale das **Foramen jugulare**. Unterhalb des Foramen befindet sich eine mächtige Aushöhlung, die **Fossa jugularis,** für die Aufnahme des **Bulbus superior v. jugularis**. In der Tiefe dieser Grube beginnt der **Canaliculus mastoideus** (für den Ramus auricularis n. vagi).

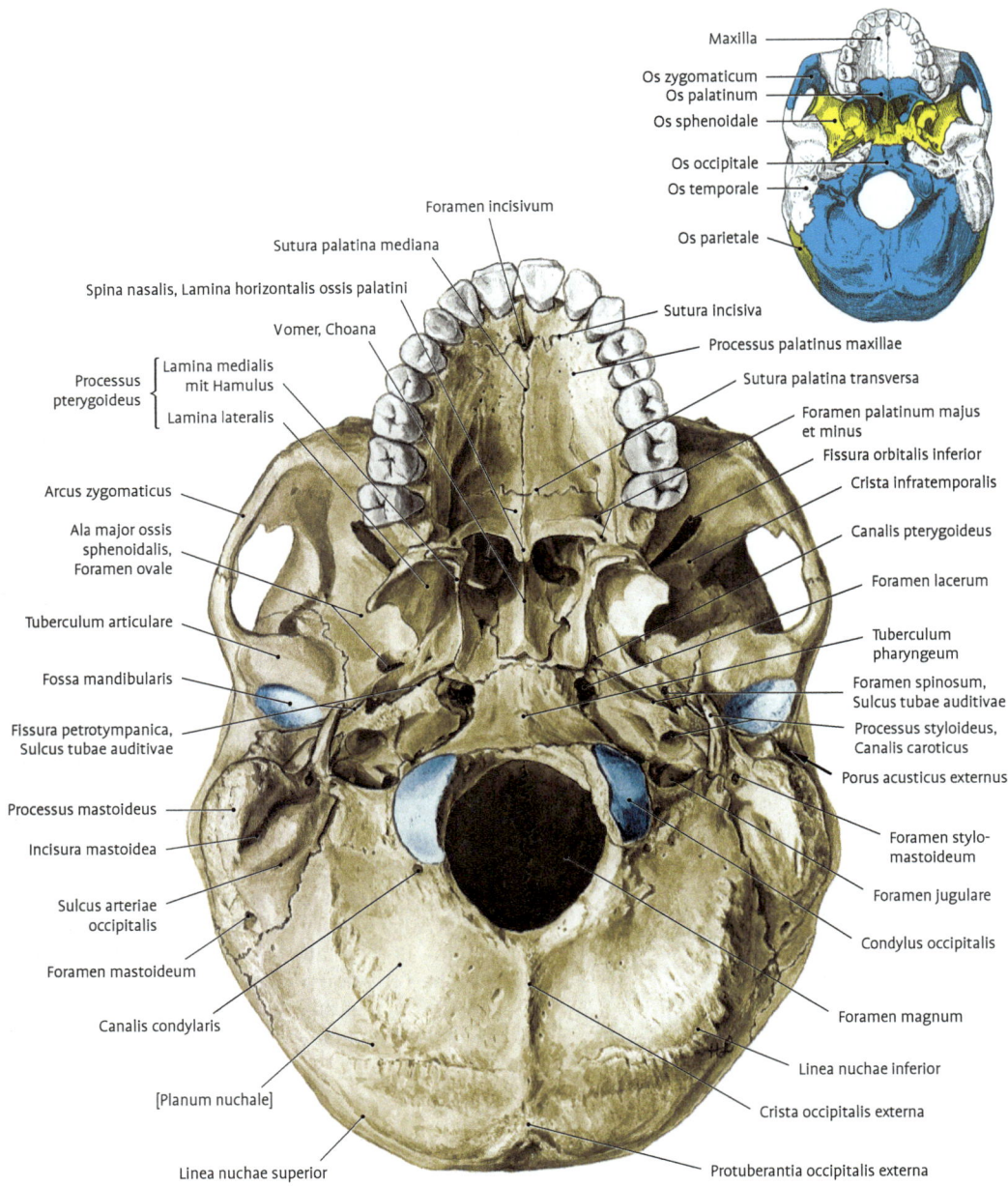

Abb. 6.4 Schädel, Basalansicht (Norma basalis).

Medial vorne von der Fossa jugularis liegt die Apertura externa des **Canalis caroticus,** die Eintrittsstelle für die **A. carotis int.** in die Schädelhöhle. Zwischen dieser und der Fossa jugularis findet man die kleine **Fossula petrosa** mit der äußeren Öffnung des **Canaliculus tympanicus** für den **N. tympanicus.** Unmittelbar dahinter liegt eine kleine dreieckige Grube mit der **Apertura externa canaliculi cochleae.**

Lateral von der Fossa jugularis liegt der **Processus styloideus.** Sein Anfangsteil steckt in einer knöchernen Scheide (**Vagina processus styloidei**), die vom Boden der Paukenhöhle und von der Pars tympanica des Schläfenbeins gebildet wird. Hinter dem Processus styloideus befindet sich das **Foramen stylomastoideum** (Austritt des **N. facialis**).

Lateral vom Foramen befindet sich der **Processus mastoideus**. Dieser zeigt an seiner medialen Seite einen tiefen Einschnitt, die **Incisura mastoidea** (Ursprung des **Venter posterior m. digastrici**). Medial von dieser verläuft der flache **Sulcus a. occipitalis**. Hinter dem Warzenfortsatz, nahe dem Hinterhauptsbein, liegt zumeist ein großes Foramen mastoideum **(Emissarium mastoideum)**.

Die **Pars tympanica** des Schläfenbeins bildet den Boden und die Seitenwände des knöchernen äußeren Gehörganges, **Meatus acusticus externus.** Nach vorne trennt ein scharfer Knochenspan die Pars tympanica von der Pars squamosa. Dicht nebeneinander liegen hier die Fissura petrotympanica (Glaser-Spalte, Austritt der **Chorda tympani**) sowie die Fissura petrosquamosa.

Vor dem Canalis caroticus liegt die Mündung des **Canalis musculotubarius,** der durch eine knöcherne Scheidewand, Septum canalis musculotubarii, in einen Semicanalis m. tensoris tympani und einen Semicanalis tubae auditivae unterteilt wird.

Die **Pars squamosa** des Schläfenbeins zeigt unmittelbar vor der Pars tympanica die Gelenkgrube für den Unterkiefer, die **Fossa mandibularis.**

> **Klinik: 1.** Die enge Nachbarschaft zum äußeren Gehörgang erklärt, dass die Wand beim Sturz (oder Schlag) auf den Unterkiefer einbrechen kann. **2.** Vor der Gelenkgrube liegt an der Wurzel des Jochfortsatzes, Processus zygomaticus, der Gelenkhöcker, Tuberculum articulare. Er kann bei Gewalteinwirkung in die mittlere Schädelgrube einbrechen.

Vom **Os sphenoidale** sind an der äußeren Schädelbasis das Corpus, die Alae majores und die Processus pterygoidei erkennbar. Am Keilbeinkörper ist das **Pflugscharbein** befestigt. Es gehört bereits zum Viscerocranium. Die **Alae majores** sind nach hinten und unten zur Spina ossis sphenoidalis ausgezogen. Sie ist von dem kleinen **Foramen spinosum** durchbohrt (für die **A. meningea media**). Medial und vorne von ihm mündet das **Foramen ovale.** Die Facies temporalis der Ala major wird durch eine Knochenleiste, Crista infratemporalis, unterteilt. Medial von ihr entspringt ein Kopf des M. pterygoideus lateralis.

Die **Processus pterygoidei** ziehen an der Grenze von Körper und großen Flügeln abwärts. Sie bestehen aus einer Lamina medialis (bindegewebig vorgebildet) und Lamina lateralis (knorpelig vorgebildet), die durch die Fossa pterygoidea (Ursprung des M. pterygoideus medialis) getrennt werden. Die Lamina medialis endet in Höhe des Gaumens mit einem Haken, dem Hamulus pterygoideus, der einen feinen Sulcus für die Sehne des M. tensor veli palatini trägt. Die Wurzel des Processus pterygoideus wird in sagittaler Richtung von dem Canalis pterygoideus durchbohrt, der den N. petrosus major und N. petrosus profundus in die Fossa pterygopalatina führt und eine kleine Arterie beherbergt. Unmittelbar unterhalb seiner hinteren Öffnung liegt an der Wurzel der Lamina medialis die Fossa scaphoidea. Sie dient einem Teil des M. tensor veli palatini als Ursprung.

Hinterer Teil

Er wird von der Außenfläche des **Os occipitale** gebildet. Es liegen vor dem **Foramen magnum** die Pars basilaris, seitlich von ihm die Partes laterales, hinter ihm die Squama des Os occipitalis.

Die **Pars basilaris** steht vorne durch die **Synchondrosis sphenooccipitalis** mit dem Keilbeinkörper, seitlich durch die **Synchondrosis petrooccipitalis** mit der Felsenbeinpyramide in Verbindung. In der Mitte der Pars basilaris erhebt sich das flache **Tuberculum pharyngeum** für die Anheftung des Pharynx.

Die **Partes laterales** tragen die **Condyli occipitales,** 2 längliche, bikonvexe Gelenkfortsätze für die gelenkige Verbindung mit dem Atlas im oberen Kopfgelenk. Die Längsachsen ihrer überknorpelten Gelenkflächen schneiden sich vorne. Manchmal ist die Gelenkfläche durch eine quere Furche in ein vorderes und ein hinteres Feld geteilt. Hinter dem Condylus mündet der Canalis condylaris **(Emissarium condylaris!)**. Seitlich vom Condylus sind die Partes laterales zur Incisura jugularis eingekerbt. Der Processus jugularis springt hier gegen die Pyramide vor. Der Processus intrajugularis unterteilt mit dem gleichnamigen Fortsatz der Pars petrosa das Foramen jugulare. Der Canalis n. hypoglossi durchbohrt die Partes laterales quer.

Auf der **Squama occipitalis** erhebt sich die Protuberantia occipitalis externa. Die seitlich von ihr ausgehenden kräftigen Lineae nuchae superiores begrenzen nach oben das Ursprungsfeld für die Nackenmuskulatur. Es wird durch die mediane

Crista occipitalis externa und die queren Lineae nuchae inferiores in 4 etwa gleich große Felder unterteilt.

6.3.2 Innere Schädelbasis, Basis cranii interna (Abb. 6.5)

Sie wird von folgenden, hintereinander gelegenen Knochen gebildet:
- **Os frontale**
- **Os ethmoidale**
- **Os sphenoidale**
- **Os temporale dext. et sin.**
- **Os occipitale**

Diese Knochen sind in Anpassung an die Hirnbasis in drei nach hinten absteigenden Stufen angeordnet. Es sind das die vordere, mittlere und hintere Schädelgrube, **Fossae cranii anterior, media** und **posterior**. Da hier Gefäße und Nerven den Gehirnsschädel betreten oder verlassen, befinden sich hier zahlreiche Durchtrittsöffnungen.

6.3.2.1 Vordere Schädelgrube, Fossa cranii anterior

Sie ist die höchstgelegene der 3 Terrassen, entspricht mehr einem Plateau und nimmt die Riech- und Stirnlappen des Gehirnes auf.

Knöcherne Grundlage
- die dünne **Pars orbitalis ossis frontalis**
- **Corpus** und **Alae minores ossis sphenoidalis**

Lamina cribrosa ossis ethmoidalis. Auf ihr liegt der Bulbus olfactorius. Die in der Mitte gelegene Crista galli dient der Falx cerebri zur Anheftung. Das von der Lamina cribrosa gebildete unpaare Mittelfeld bildet das Dach der Nasenhöhle und die beiden seitlichen, etwas höher gelegenen Abschnitte die Dächer der Augenhöhlen.

Von vorne nach hinten werden folgende **Öffnungen** benannt:
- **Foramen caecum** (→ Nasenhöhle): beim Erwachsenen ein blind endendes Loch, beim Kind häufig ein Kanal zur Nasenhöhle (V.-emissaria-Verbindung zwischen Nasenvenen und Sinus sagittalis superior).
- **Lamina cribrosa,** (→ Nasenhöhle): eine siebartige durchlöcherte Platte des Os ethmoidale seitlich der Crista galli. Sie lässt die Riechnerven, **Fila olfactoria,** zur Nasenhöhle und die A. ethmoidalis anterior in die Schädelhöhle ein- und

nach Abgabe der **A. meningea anterior,** in die Nasenhöhle austreten. Sie stellt den Durchtritt für die **Vv. ethmoidales** sowie den **N. ethmoidalis anterior** dar.

Seitliche Abschnitte. Gebildet von den Partes orbitales des Stirnbeins und den Alae minores des Keilbeins, zeigen sie die Impressiones digitatae, Eindrücke durch die Stirnhirnwindungen, und Leisten, die den Furchen des Stirnhirnes entsprechen. Der kleine Keilbeinflügel läuft nach medial in den stumpfen Processus clinoideus anterior aus. Durch Pneumatisation der Partes orbitales durch den Sinus sphenoidalis kann das Dach der Augenhöhle zwei Lamellen haben.

> **Klinik: 1.** Bei **Frakturen oder Tumoren der Schädelbasis** kann es zu Geruchsstörungen und Persönlichkeitsveränderungen kommen. **2.** Bei Kindern besteht die Gefahr der **aufsteigenden Infektionen** von der Nase aus aufgrund der venösen Verbindungen (Foramen caecum).

6.3.2.2 Mittlere Schädelgrube, Fossa cranii media

Sie liegt eine Etage tiefer als die Fossa cranii anterior und nimmt die Schläfenlappen des Gehirns auf.

Knöcherne Grundlage
- **Corpus** und **Alae majores ossis sphenoidalis**
- **Facies anterior partis petrosae ossis temporalis:** Reicht vom scharfen hinteren Rand des kleinen Keilbeinflügels bis zur oberen Kante der Felsenbeinpyramide, Margo superior partis petrosae.

Wiederum liegt ein unpaares Mittelfeld zwischen den paarigen seitliche Gruben. Das Mittelfeld beginnt vorne mit einer flachen Furche, die zum Canalis opticus (Austrittstelle des **N. opticus** und der **A. ophthalmica**) führt. Hinter dem Sulcus fällt das Mittelstück zum Türkensattel, **Sella turcica,** ab. An der Vorderwand des Sattels erheben sich die stumpfen **Processus clinoidei anteriores**. Die Rückwand des Sattels, **Dorsum sellae,** steigt steil an und endet mit einer stumpfen Kante, von der die **Processus clinoidei posteriores** seitlich abgehen. An den Processus clinoidei in der Umgebung des Türkensattels ist das **Diaphragma sellae,** eine horizontale Platte der Dura mater, befestigt. Es deckt die Hypophyse zu, welche sich in der Fossa hypophysialis des Keilbeinkörpers befindet, und lässt nur ein

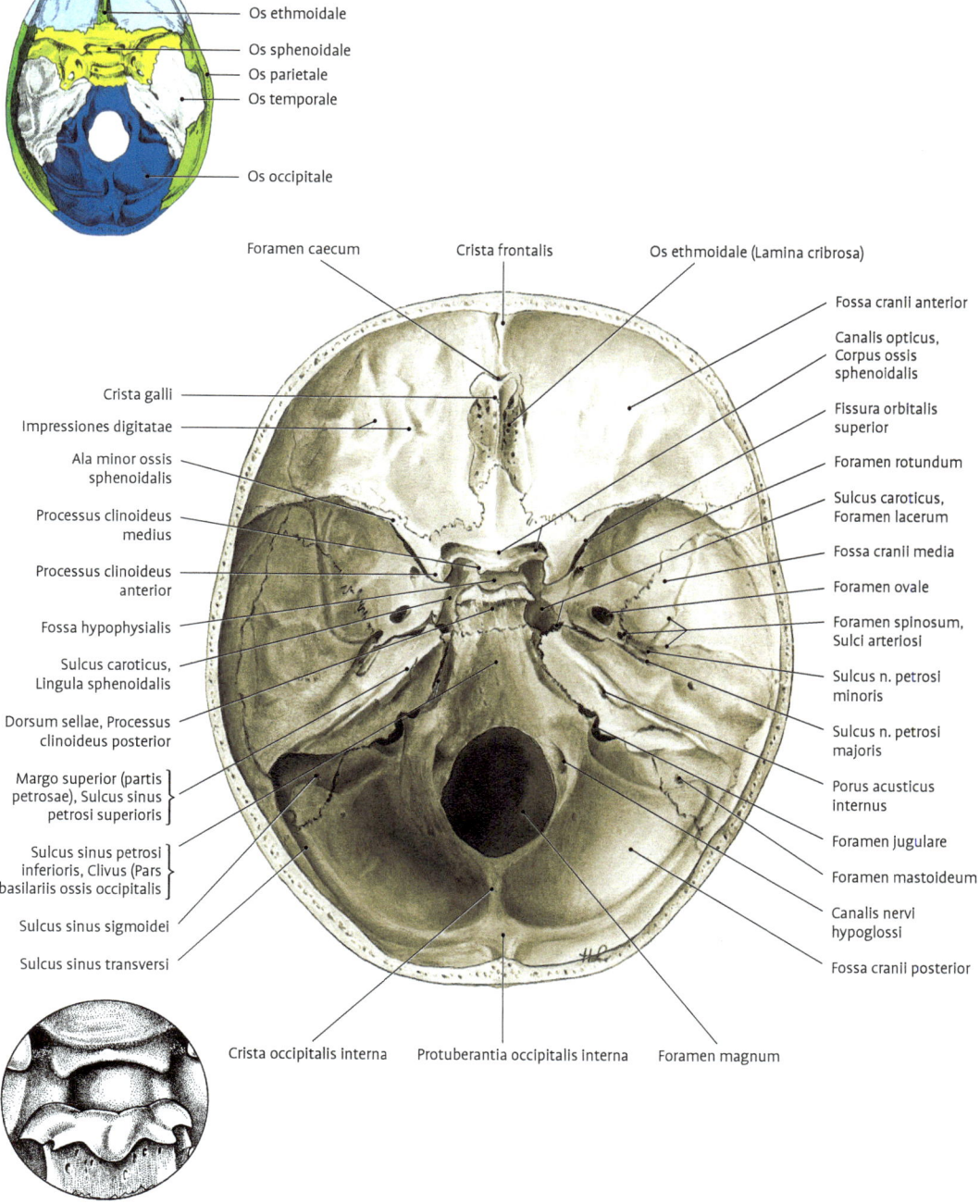

Os frontale
Os ethmoidale
Os sphenoidale
Os parietale
Os temporale
Os occipitale

Foramen caecum   Crista frontalis   Os ethmoidale (Lamina cribrosa)

Fossa cranii anterior

Canalis opticus,
Corpus ossis
sphenoidalis

Crista galli

Impressiones digitatae

Ala minor ossis
sphenoidalis

Fissura orbitalis
superior

Foramen rotundum

Processus clinoideus
medius

Sulcus caroticus,
Foramen lacerum

Fossa cranii media

Processus clinoideus
anterior

Foramen ovale

Fossa hypophysialis

Foramen spinosum,
Sulci arteriosi

Sulcus caroticus,
Lingula sphenoidalis

Sulcus n. petrosi
minoris

Dorsum sellae, Processus
clinoideus posterior

Sulcus n. petrosi
majoris

Margo superior (partis
petrosae), Sulcus sinus
petrosi superioris

Porus acusticus
internus

Sulcus sinus petrosi
inferioris, Clivus (Pars
basilaris ossis occipitalis)

Foramen jugulare

Foramen mastoideum

Sulcus sinus sigmoidei

Canalis nervi
hypoglossi

Sulcus sinus transversi

Fossa cranii posterior

Crista occipitalis interna   Protuberantia occipitalis interna   Foramen magnum

Abb. 6.5 Innenfläche der Schädelbasis, Basis cranii interna. Inset unten: Details im Bereich des Türkensattels (aus G.-H. Schumacher).

feines Loch für den Hypophysenstiel frei. Der Boden der Fossa hypophysialis ist nur durch eine dünne Knochenlamelle von der Keilbeinhöhle getrennt.

Die paarigen seitlichen Gruben werden von der Ala major ossis sphenoidalis, der Facies ant. partis petrosae und seitlich am Übergang zum Schädeldach von der Pars squamosa ossis temporalis gebildet. Sie nehmen die Schläfenlappen des Gehirns auf.

Öffnungen und Spalten

- **Canalis opticus** (→ Orbita) für den Durchtritt des **N. opticus** und der **A. ophthalmica** mit sympathischem Plexus. Die Arterie mit dem Nervengeflecht hat in seltenen Fällen (3 %) einen eigenen Canalis ophthalamicus.
- **Fissura orbitalis superior** (→ Orbita). Sie ist dreieckig, liegt zwischen Ala minor und major des Keilbeins und führt die **Nn. ophthalmicus, oculomotorius, trochlearis** und **abducens** aus der Schädelhöhle zur Augenhöhle sowie die **V. ophthalmica superior** aus der Augenhöhle heraus zum Sinus cavernosus.
- **Foramen rotundum** (→ Fossa pterygopalatina), dicht hinter voriger gelegen, durchbohrt es die Wurzel der Ala major und führt den **N. maxillaris** aus der Schädelhöhle.
- **Foramen ovale** (→ Fossa intratemporalis) liegt weiter lateral und hinten und lässt den **N. mandibularis** und den Plexus foraminis ovalis austreten.
- **Foramen spinosum** (früher: Foramen in spinae) (→ Fossa infratemporalis). Es durchbohrt den hintersten Zipfel des großen Keilbeinflügels, ist sehr klein und führt die **A. meningea media** mit sympathischem Plexus sowie den **Ramus meningeus** des **N. mandibularis** von außen rückläufig in die Schädelhöhle und die **V. meningea** aus der Schädelhöhle.
- **Foramen lacerum** (→ äußere Schädelbasis), ein unscharf begrenztes Loch zwischen dem Hinterrand der Ala major des Keilbeines und der Spitze der Felsenbeinpyramide, ist am nicht mazerierten Schädel durch eine faserknorpelige Platte verschlossen.
- **Fissura sphenopetrosa** (→ äußere Schädelbasis) ist der seitliche Ausläufer des Foramen lacerum. Sie entlässt die **Nn. petrosi major** und **minor,** welche aus der Felsenbeinpyramide austreten, zur äußeren Schädelbasis.
- **Canalis caroticus.** Die innere Öffnung, Apertura interna canalis carotici, liegt unmittelbar hinter

dem Foramen lacerum in der Spitze der Pyramide. Durch sie tritt die **A. carotis interna** mit Plexus caroticus int. aus dem Felsenbein in die Schädelhöhle, verläuft seitlich des Türkensattels nach vorne und erzeugt dort den flachen Sulcus caroticus. Hier hat sie engen Kontakt mit dem Sinus cavernosus.
- **Hiatus canalis nervi petrosi minoris** ist eine feine Öffnung auf der Vorderfläche der Felsenbeinpyramide. Von ihr führt eine schmale Furche für den **N. petrosus minor** (von N. IX) zur Fissura sphenopetrosa.
- **Hiatus canalis nervi petrosi majoris** ist nur wenig größer als die vorige Öffnung und liegt unmittelbar hinter ihr. Durch ihn tritt der **N. petrosus major** (aus dem N. VII bzw. Intermedius) in die Schädelhöhle ein, verläuft in einem feinen gleichnamigen Sulcus zur Fissura sphenopetrosa, durch die er zur Außenfläche des Schädels gelangt.

Besonderheiten der mittleren Schädelgrube

Vom Foramen spinosum läuft ein **Sulcus arteriosus** (für die **A. meningea media**) zur seitlichen Schädelwand und gabelt sich in einen vorderen und hinteren Ast. Über die praktisch wichtige Lagebestimmung (Krönlein-Schema) siehe Abb. 6.15. Die **Spitze der Pyramide** zeigt eine flache Delle, die **Impressio trigemini**, für das **Ganglion trigeminale** (Gasseri) des N. trigeminus. Die Mitte der Vorderfläche der Felsenbeinpyramide wird durch den oberen Bogengang zur **Eminentia arcuata** vorgebuckelt. Lateral und dorsal liegt das **Tegmen tympani,** die dünne Decke des Mittelohrraumes. Es trennt den Mittelohrraum von der Schädelhöhle. An der oberen Felsenbeinkante verläuft der **Sulcus sinus petrosi superioris** für den Sinus petrosus superior.

Klinik: 1. Die Schädelbasis ist im Bereich der mittleren Schädelgrube durch die vielen Löcher und dünnen Stellen besonders geschwächt. **Schädelbasisbrüche** sind hier häufig, halten sich an die Stellen des geringsten Widerstandes. Aus der Verletzung der durch die Löcher tretenden Gefäße und Nerven (Blutungen, motorische und sensible Ausfälle) kann man auf die Lage der Bruchlinie (Abb. 6.27) schließen. **2. Hypophysentumoren** schädigen häufig die anliegende Sehnervenkreuzung. Operativer Zugang zu diesen Geschwülsten erfolgt durch Nasen- und

Keilbeinhöhle. **3. Schläfenlappenabszesse** können vom Mittelohr aufgrund der dünnen Beschaffenheit des Tegmen tympani ausgehen.

6.3.2.3 Hintere Schädelgrube, Fossa cranii posterior

Die Grube, noch tiefer gelegen, wird vorne durch das Dorsum sellae sowie durch die von vorne medial nach hinten lateral verlaufende Pars petrosa und hinten durch den Sulcus sinus transversi des Hinterhauptsbeins begrenzt. An diesen Grenzen heftet sich das Kleinhirnzelt, Tentorium cerebelli, an. Diese dachartig abfallende Platte der harten Hirnhaut schließt die in der Grube untergebrachten Hirnteile (Kleinhirn, Brücke und verlängertes Mark) nach oben weitgehend ab.

Knöcherne Grundlage

- **Facies posterior partis petrosae ossis temporalis**
- **Os occipitale**
- **Corpus ossis sphenoidalis**

Wiederum liegt zwischen zwei paarigen seitliche Gruben, welche die Kleinhirnhemisphaeren enthalten, ein unpaares Mittelfeld, auf dem der Hirnstamm ruht. Dieses **Mittelfeld beginnt mit einem** vom Türkensattel zum Foramen magnum steil abfallenden Abhang, dem **Clivus.** Der Clivus wird vom Körper des Os sphenoidale und von der Pars basilaris des Os occipitale gebildet. Zwischen beiden befindet sich die Synchondrosis sphenoocci-pitalis. Zwischen Hirnstamm und Clivus verläuft in der Medianebene die **A. basilaris** mit sympathischem Plexus. Am Seitenrand des Clivus verläuft jederseits der **Sulcus sinus petrosi inferioris.** Er zieht an der Unterkante der Felsenbeinpyramide entlang nach lateral und hinten zum Foramen jugulare und enthält den Sinus petrosus inferior auf.

Die **paarigen seitlichen Gruben** nehmen die Hemisphären des Kleinhirns auf. Sie werden in der Mittellinie durch die **Crista occipitalis interna** getrennt. Diese verläuft vom Foramen magnum zu einem höckerartigen Vorsprung, der **Protuberantia occipitalis interna.** Von der Letzteren zieht eine breite Furche, der **Sulcus sinus transversi,** nahezu horizontal nach vorne bis zur Felsenbeinpyramide, wo er in den **Sulcus sinus sigmoidei** übergeht, der sich mit einer sigmaförmigen Krümmung nach unten und medial zum **Foramen jugulare** wendet.

Öffnungen

- **Foramen jugulare** (→ äußere Schädelbasis). Es liegt zwischen der Pars petrosa des Os temporale und der Pars lateralis des Os occipitale lateral vom Foramen magnum und hat zumeist dreieckige Gestalt. Beide Knochen zeigen hier eine Incisura jugularis, die zusammen das gleichnamige Loch begrenzen. Zumeist wird es durch die feinen, spitzen Processus intrajugulares in ein kleineres vorderes Loch (für den Durchtritt des **Sinus petrosus inferior, N. glossopharyngeus, N. vagus** mit **Ganglion superius** und **N. accessorius**) und ein größeres hinteres Loch (für die **V. jugularis interna**) unterteilt.
- **Foramen magnum** (→ Wirbelkanal). Großes ovales Loch. Es treten hindurch: die **Medulla oblongata,** die **Nn. accessorii,** die Wurzeln der **Nn. cervicales I,** die **Aa. vertebrales, Aa. spinales anterior** und **posteriores,** die **Rr. meningei** der Aa. vertebrales (jeweils mit sympathischen Geflechten) sowie die **Plexus venosi vertebrales interni.**
- **Canalis nervi hypoglossi** (→ äußere Schädelbasis) durchbohrt die Condyli occipitales und führt den **N. hypoglossus** und den Plexus canalis nervi hypoglossi.
- **Porus acusticus internus** (→ Innenohr) Die ovale Öffnung befindet sich an der Facies posterior der Felsenbeinpyramide. Sie führt in den Meatus acusticus internus, durch welchen die **Nn. facialis, intermedius** und **vestibulocochlearis** in Begleitung der **A. labyrinthi** (aus der A. basilaris) mit sympathischem Geflecht und die **V. labyrinthii** ins Felsenbein ziehen.

Die **Partes laterales** des Hinterhauptbeins begrenzen seitlich das Foramen magnum, sind in der Jugend durch Knorpelfugen, durch die Synchondroses intraoccipitales anteriores von der Pars basilaris, und durch die Synchondroses intraoccipitales posteriores von der Squama occipitalis getrennt.

6.4 Höhlen und Gruben

6.4.1 Viscerocranium

6.4.1.1 Augenhöhle, Orbita

Die Cavitas orbitalis entspricht etwa einer schiefen vierseitigen Pyramide. Die viereckige Pyramidenbasis ist nach vorne gerichtet und bildet den vom **Margo orbitalis** umrahmten **Aditus**

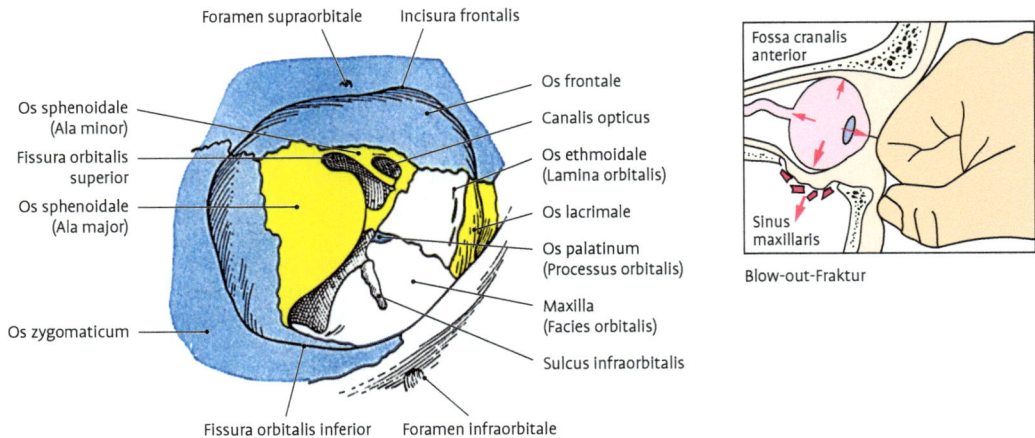

Abb. 6.6 Rechte Augenhöhle, Orbita. Die Knochen sind farblich schematisiert. Inset: Prinzip der Blow-out-Fraktur (aus G.-H. Schumacher).

orbitae (Augenhöhleneingang). Die Pyramidenspitze ist nach dorsomedial gerichtet und wird vom Canalis opticus dargestellt (Abb. 6.6).

Die vier **Wände** bilden das Orbitadach, die laterale Orbitawand, den Orbitaboden und die mediale Orbitawand. Die laterale Wand ist vom Orbitadach durch die Fissura orbitalis sup. und vom Orbitaboden durch die Fissura orbitalis inferior getrennt. Die Wände sind wie folgt zusammengesetzt:

- **Orbitadach:**
  - Pars orbitalis ossis frontalis
  - Ala minor ossis sphenoidalis
- **Lat. Wand:**
  - Ala major ossis sphenoidalis
  - Proc. frontalis ossis zygomatici
- **Orbitaboden:**
  - Facies orbitalis maxillae
  - Proc. maxillaris ossis zygomatici
  - Proc. orbitalis ossis palatini
- **Med. Wand:**
  - Proc. frontalis maxillae
  - Os lacrimale
  - Lamina orbitalis (= papyracea = papierdünn [papyrus = Papier]) ossis ethmoidalis
  - Corpus ossis sphenoidalis

In der Orbita finden sich noch die Stellen, an denen Teile des Tränenapparats liegen. Das laterale Orbitadach ist deutlich zur Fossa cranialis anterior hin gewölbt – hier liegt in der **Fossa glandulae lacri-**

malis die Tränendrüse. An der medialen Wand liegt vorne eine tiefe Grube für den Tränensack, die **Fossa sacci lacrimalis.** Sie wird vorne vom Ausläufer der Margo infraoritalis, der Crista lacrimalis anterior des Oberkiefers, hinten von der Crista lacrimalis posterior des Tränenbeins begrenzt (Abb. 6.1). Nach unten setzt sie sich in den **Canalis nasolacrimalis** fort, der an der höchsten Stelle der unteren Nasenmuschel in den Meatus nasi inferior mündet. Schließlich finden sich noch Durchtrittsöffnungen für Äste des **N. trigeminus.** Ganz nahe der Mitte des Margo supraorbitalis tritt ein Ast des **N. ophthalmicus** (V_1)durch das **Foramen supraorbitale,** welches gelegentlich auch nur eine Kerbe im Orbitarand (= Incisura supraorbitalis) sein kann. Der entsprechende Ast des N. maxillaris (V_2) hat am Orbitaboden einen wesentlich längeren Verlauf im Knochen: Ganz hinten liegt er im **Sulcus infraorbitalis,** weiter vorne im knöchernen **Canalis infraorbitalis,** der schließlich fingerbreit unter dem Margo infraorbitalis durch das **Foramen infraorbitale** die Gesichtsfläche betritt. Beziehungen zu Nasennebenhöhlen s. Kap. 7.1.3.4.

6.4.1.2 Öffnungen der Orbita

- **Aditus orbitae** nach außen
- **Canalis opticus** (→ Fossa cranii media). Er führt den **N. opticus** und die **A. ophthalmica** (aus der A. carotis interna).
- **Fissura orbitalis superior** (→ Fossa cranii media), zwischen Ala major, Ala minor und Corpus os-

sis sphenoidalis, ist medial breit, lateral schmal, und bis auf die Durchtrittsstellen der **V. ophthalmica superior** und sämtlicher Augenhöhlennerven durch Bindegewebe, dem glatte Muskulatur beigemischt ist, verschlossen (Abb. 6.5). Durch die Ursprünge der Augenmuskeln (Abb. 6.5) wird sie in 3 Abschnitte unterteilt. Der laterale führt den **N. frontalis, N. lacrimalis,** den **N. trochlearis** und die **V. ophthalmica superior.** Durch den mittleren (innerhalb des Muskelringes) ziehen **N. oculomotorius, N. nasociliaris** und **N. abducens.** Der mediale Abschnitt ist vollständig verschlossen-

- **Fissura orbitalis inferior** (→ Fossa infratemporalis, Fossa pterygopalatina), zwischen Ala major ossis sphenoidalis und Maxilla, ist durch eine Bindegewebsplatte und den glatten M. orbitalis, der auch auf die Fissura orbitalis superior ausstrahlt, verschlossen. Sie lässt einen Ast

der **V. ophthalmica inferior** aus der Augenhöhle zum Plexus pterygoideus und den **N. infraorbitalis** aus der Flügelgaumengrube in den Sulcus und Canalis infraorbitalis durchtreten.

Der M. orbitalis (Müller-Muskel) wird vom **Sympathicus** innerviert (aus C8, Th1). Er liegt dorsal in der Orbita ausgespannt wie eine Hängematte. Durch seinen Tonus hilft er mit, die Lage des Augapfels aufrechtzuerhalten. Beim Ausfall seiner Innervation sinkt der Augapfel leicht zurück (Enophthalmus, s. Horner-Syndrom).

- **Foramen ethmoidale anterius** (→ Fossa cranii anterior), vorne am Oberrande der Lamina orbitalis des Siebbeins gelegen, entlässt es die **A., V., N. ethmoidalis anterior(ius)** aus der Augen-in die Schädelhöhle (s. Abb. 6.7).
- **Foramen ethmoidale posterius** (→ Fossa cranii anterior), hinten am Oberrand der Lamina orbitalis, lässt **A., V., N. ethmoidalis posterior** aus

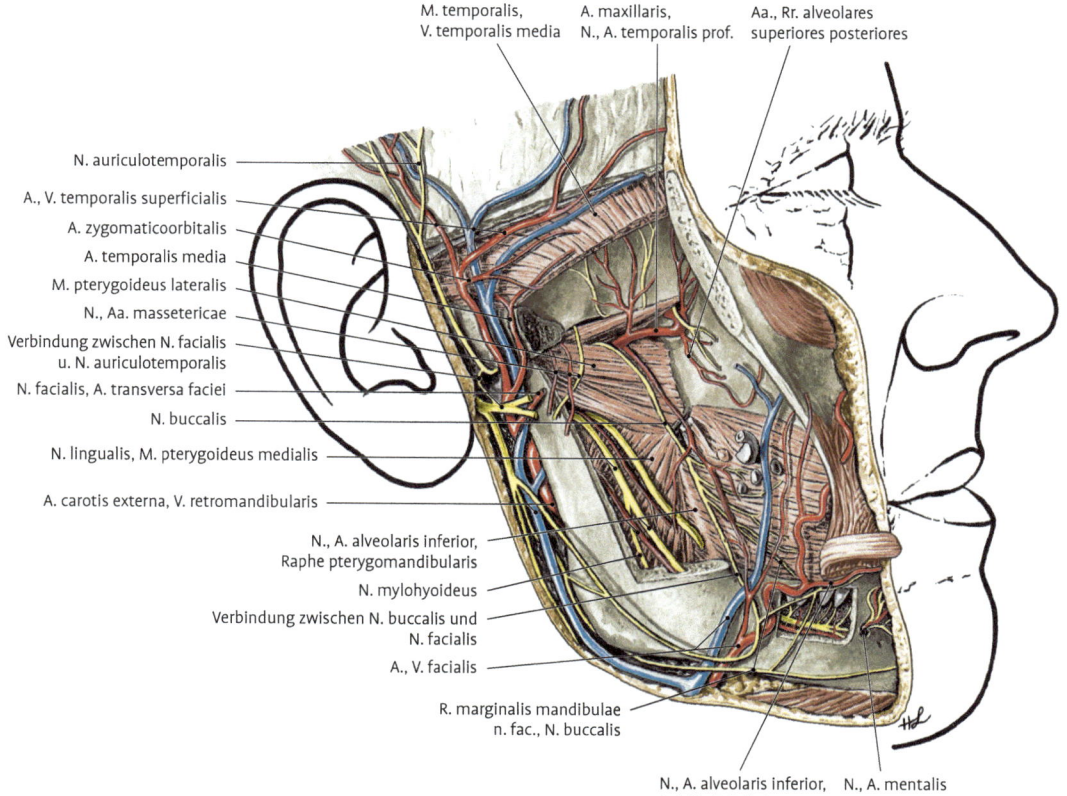

M. temporalis, V. temporalis media

A. maxillaris, N., A. temporalis prof.

Aa., Rr. alveolares superiores posteriores

N. auriculotemporalis

A., V. temporalis superficialis

A. zygomaticoorbitalis

A. temporalis media

M. pterygoideus lateralis

N., Aa. massetericae

Verbindung zwischen N. facialis u. N. auriculotemporalis

N. facialis, A. transversa faciei

N. buccalis

N. lingualis, M. pterygoideus medialis

A. carotis externa, V. retromandibularis

N., A. alveolaris inferior, Raphe pterygomandibularis

N. mylohyoideus

Verbindung zwischen N. buccalis und N. facialis

A., V. facialis

R. marginalis mandibulae n. fac., N. buccalis

N., A. alveolaris inferior, A. labialis inferior

N., A. mentalis

Abb. 6.7 Topografie der tiefen Gesichtsgegend. Inhalt der Fossa infratemporalis. Der Jochbogen ist ganz, M. temporalis und Unterkieferast sind teilweise entfernt.

der Augenhöhle in die Cellulae ethmoidales ein- bzw. austreten.
- **Foramen zygomaticoorbitale** (→ Gesicht), an der Facies orbitalis des Jochbeins. Es entlässt den **N. zygomaticus** aus der Augenhöhle in den Jochbeinkörper, weiter durch das Foramen zygomaticofaciale zum Gesicht und durch das Foramen zygomaticotemporale zur Schläfengegend.

> **Klinik: 1.** Entzündungen der Siebbeinzellen können sich bis in die Augenhöhle ausbreiten (**retrobulbäre Abzesse**). **2.** In das Dach der Orbita kann die Stirnhöhle weit hineinreichen (Übergreifen von **Stirnhöhlenentzündungen** nach unten zur Augen-, nach oben zur Schädelhöhle). **3.** Der Boden der Orbita und der N. infraorbitalis haben enge Beziehungen zur Oberkieferhöhle, Sinus maxillaris. Bei Gewalteinwirkungen auf das Auge können **Blow-out-Frakturen** (Einbrechen des Orbitabodens mit Inhalt) entstehen. **4.** An der Spitze der Orbita sind durch den Canalis opticus und die Fissura orbitalis superior Beziehungen zur Schädelhöhle, speziell zum Sinus cavernosus, gegeben (**Blutungen**!).

6.4.1.3 Inhalt der Orbita

Die **Periorbita** kleidet als Periost die knöcherne Augenhöhle aus. Durch den Canalis opticus und die Fissura orbitalis superior geht sie in die Dura mater der Schädelhöhle über. Über den weiteren Inhalt der Orbita s. Kap. 7.1.4.

6.4.1.4 Nasenhöhle, Cavitas nasi, und Nasennebenhöhlen, Sinus paranasales

> Die Cavitas nasi (Nasenhöhle) liegt zentral im Gesichtschädel und direkt unter der vorderen Schädelgrube. Die Nasenhöhle besitzt ein Nasenhöhlendach, einen Nasenhöhlenboden, eine laterale Wand und eine mediale Wand, das Septum nasi (Nasenscheidewand), das sie von der zweiten Nasenhöhle trennt.
> Lateral der Nasenhöhle liegen kranial die Cellulae ethmoidales (Siebbeinzellen) und lateral davon die Orbita; lateral kaudal liegt der Sinus maxillaris (Kieferhöhle).

Folgende Knochen bilden die **Nasenhöhlenwände**:
- **Nasenhöhlendach:**
  - Lamina cribrosa ossis ethmoidalis
  - angrenzende Teile des Os frontale, Os nasale und Corpus ossis sphnoidalis;
- **Nasenhöhlenboden:**
  - **Palatum durum:** Proc. palatinus maxillae, Lamina horizontalis ossis palatini;
- **Lat. Wand:**
  - Concha nasalis sup. et media ossis ethmoidalis, Concha nasalis inferior
  - zahlreiche weitere Knochen (Facies nasalis maxillae, Os lacrimale, Lamina perpendicularis ossis palatini)
- **Med. Wand:**
  - **Septum nasi:** Lamina perpendicularis ossis ethmoidalis, Vomer.

6.4.2 Seitliche Schädelgegend

> Am seitlichen Schädel gibt es **3 Gruben**. Sie enthalten Muskeln, Fett- und Bindegewebe, sind außerdem Verzweigungsgebiete von Leitungsbahnen und beinhalten Ganglien.

6.4.2.1 Schläfengrube, Fossa temporalis

Das Neurocranium ist lateral abgeflacht, um dem größten Kaumuskel, dem M. temporalis ein Ursprungsfeld zu bieten. Diese flache Grube nennt man Fossa temporalis (Schläfengrube). Sie wird kranial von der **Linea temporalis superior** (Ansatz der Fascia temporalis profunda) und kaudal vom **Arcus zygomaticus** (Jochbogen) bzw. von der **Crista temporalis** an der Ala major ossis sphenoidalis begrenzt. Die **Linea temporalis inferior** ist schließlich die Anhaftungslinie des M. temporalis. An der Bildung der Grube beteiligen sich das Os frontale, das Os parietale, das Os temporale, das Os sphenoidale und das Os zygomaticum.

6.4.2.2 Unterschläfengrube, Fossa infratemporalis

Sie ist die kaudale Fortsetzung der Schläfengrube unterhalb des Jochbogens. Hier liegen die beiden kleinen Kaumuskeln, der M. pterygoideus lateralis und der M. pterygoideus medialis, in einer tiefen Grube des Gesichtschädels, welche lateral vom Ansatz des M. temporalis bedeckt wird. Diese tiefe Grube nennt man Fossa infratemporalis (Unterschläfengrube). Sie wird kranial durch den Arcus zygomaticus (Jochbogen) bzw. durch die Crista infratemporalis von der Fossa temporalis abgegrenzt.

Die vordere Wand der Fossa infratemporalis wird durch das Tuber maxillae gebildet, die mediale Wand durch den Processus pterygoideus ossis sphenoidalis und das Dach durch die Ala major ossis sphenoidalis.

Über dem Dach der Fossa infratemporalis liegt die Fossa cranialis media, mit der Verbindungen über das Foramen ovale und das Foramen spinosum bestehen.

Die Fossa infratemporalis reicht weiter nach medial unter die Schädelbasis und liegt zwischen Ramus mandibulae und Proc. pterygoideus des Keilbeins. Vorne reicht sie bis zum Tuber maxillae, medial bis zur Lamina lateralis des Proc. pterygoideus und seitlich bis zum Ramus mandibulae. Ihr Dach wird hauptsächlich vom großen Keilbeinflügel gebildet.

In der Fossa infratemporalis liegen die **Mm. pterygoidei,** ein Ausläufer des **Wangenfettpropfes** (Bichat), die Aufzweigungen des **N. mandibularis** (N. V$_3$), das **Ganglion oticum** (Umschaltung von Glossopharyngeusfasern für die Parotis), die **A. maxillaris** mit ihren Verzweigungen und der **Plexus pterygoideus** (Abb. 6.7).

Öffnungen:
- **Fissura orbitalis inferior** (→ Orbita) für den Durchtritt der V. ophthalmica inferior, der A. infraorbitalis, des **N. infraorbitalis** sowie des N. zygomaticus (von N. V$_2$),
- **Foramen ovale** (→ Fossa cranialis media) für den Durchtritt des N. mandibularis (N. V$_3$),
- **Foramen spinosum** (→ Fossa cranialis media) für die A. meningea und den R. meningeus (von N. V$_3$)
- **Fissura pterygomaxillaris** (→ Fossa pterygopalatina) für den Durchtritt der A. maxillaris.

6.4.2.3 Flügelgaumengrube, Fossa pterygopalatina

Die Fossa pterygopalatina ist die zentrale Verteilerstelle für Nerven und Blutgefäße zur Augen-, Nasen- und Mundhöhle. Sie liegt medial der Fossa infratemporalis und lateral der Cavitas nasi. Mit der Fossa infratemporalis steht sie über die Fissura pterygomaxillaris in Verbindung, mit der Cavitas nasalis über das Foramen sphenopalatinum. Nach

ventral ist sie durch die Fissura orbitalis inferior mit der Cavitas orbitalis verbunden, nach dorsokranial über das Foramen ovale mit der Fossa cranialis media und nach kaudal steht sie über den Canalis palatinus mit dem Palatum durum in Verbindung. Zusätzlich durchzieht ein Kanal die Wurzel des Processus pterygoideus (Canalis pterygoideus VIDII) (s. Abb. 6.103).

In der Flügelgaumengrube liegt das parasympathische **Ganglion pterygopalatinum**. In ihm wird das 1. Neuron der sekretorischen Leitung für die Tränendrüse, die Nasendrüsen und die Gaumendrüsen auf das 2. Neuron umgeschaltet.

Öffnungen:
- **Foramen rotundum** (→ Fossa cranii media) für den Durchtritt des N. maxillaris (V$_2$)
- **Canalis pterygoideus** (→ Basis cranii externa) für den Durchtritt des N. canalis pterygoidei, der sich aus dem N. petrosus major (parasympathisch vom Intermediusanteil des N. VII) und dem N. petrosus profundus (sympathisch aus dem Plexus caroticus internus) zusammensetzt, sowie für die A. canalis pterygoidei
- **Fissura orbitalis inferior** (→ Orbita) für den Durchtritt der V. ophthalmica, des N. infraorbitalis und N. zygomaticus (beide von N. V$_2$)
- **Foramen sphenopalatinum** (→ Cavitas nasi) für den Durchtritt der Rr. nasales posteriores, superiores, laterales und mediales (von N. V$_2$) und der A. sphenopalatina
- **Canalis palatinus major** (→ Cavitas oris) für den Durchtritt des N. palatinus major und der A. palatina descendens
- **Fissura pterygomaxillaris** (→ Fossa infratemporalis) für die A. maxillaris

6.5 Schädelknochen, Ossa cranii

6.5.1 Gehirnschädel, Neurocranium

6.5.1.1 Stirnbein, Os frontale

Es besteht aus der konvexen **Squama frontalis,** den paarigen, durch die Incisura ethmoidalis getrennten **Partes orbitales** und der **Pars nasalis** (Verbindung mit den Nasenbeinen) (Abb. 6.8, 6.9).

Squama frontalis. Es lassen sich eine konkave Innenfläche, **Facies interna,** eine konvexe Außenfläche, **Facies externa,** und die kleine **Facies temporalis** unterscheiden. Der **Margo supraorbitalis** trennt die Facies externa von den Partes orbitales. Er zeigt 2 Einschnitte bzw. Löcher, **Incisura (Foramen) fron-**

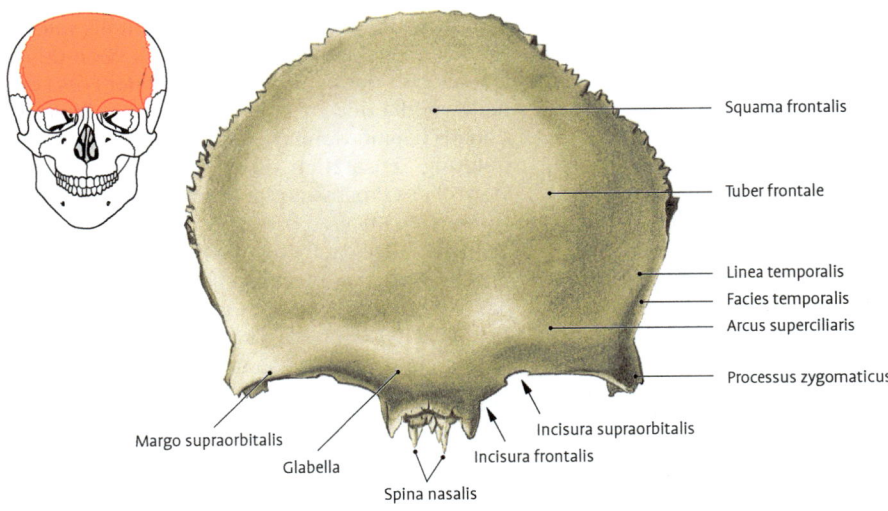

Abb. 6.8 Stirnbein, Os frontale. Ansicht von vorne.

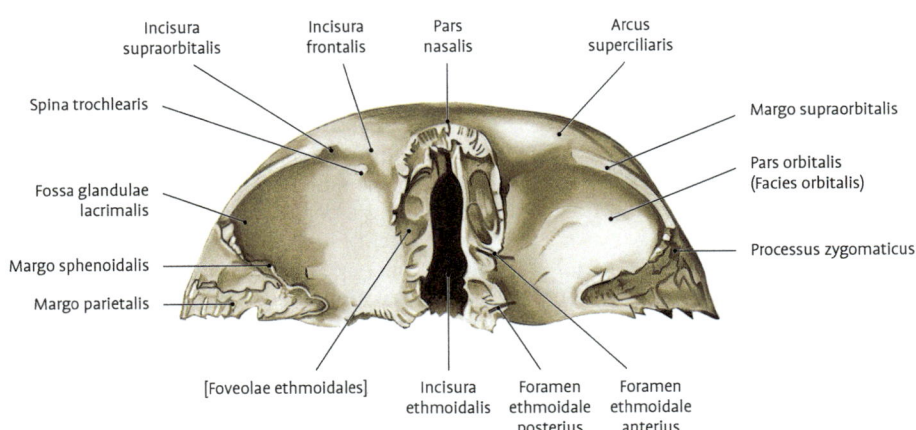

Abb. 6.9 Stirnbein, Os frontale, Ansicht von unten.

talis und **supraorbitalis**. An der Facies externa findet man **Tuber frontale, Glabella, Arcus superciliaris** und die **Linea temporalis,** welche die kleine seitliche Facies temporalis abtrennt. Von der Pars nasalis geht die **Spina nasalis** ab (in Abb. 6.8 gegabelt, zumeist einfach). Der **Processus zygomaticus** stellt die Verbindung mit dem Jochbein, **Os zygomaticum,** her.

Pars orbitalis. Sie bildet das Dach der Augenhöhle und der Siebbeinzellen. Ihre **Incisura ethmoidalis** nimmt die Lamina cribrosa des Siebbeins auf. Das **Foramen ethmoidale posterius** führt A., V. und

N. ethmoidales posteriores von der Augenhöhle in die hinteren Siebbeinzellen. Das **Foramen ethmoidale anterius** führt A., V. und N. ethmoidales anteriores aus der Augenhöhle in die Schädelhöhle. Weiterhin finden sich die **Spina trochlearis** (für die Anheftung der **Trochlea,** einer Knorpelspange zum Durchtritt der Sehne des M. obliquus oculi superior) (s. Abb. 7.27), die **Fossa glandulae lacrimalis** (lateral vorne, zur Aufnahme der Tränendrüse), den **Margo supraorbitalis,** den **Margo sphenoidalis** (für die Ala major), den **Margo parietalis** (für das Os parietale) und den **Processus zygomaticus** (für das Os zygomaticum).

Pars nasalis. Hier springt die **Spina nasalis ossis frontalis** vor.

6.5.1.2 Hinterhauptsbein, Os occipitale

Das Os occipitale entsteht zum größten Teil als Ersatzknochen, nur der obere Teil der Schuppe ist Bindegewebsknochen.

Das Os occipitale bildet die knöcherne Grundlage für den Hinterkopf, **Occiput,** und Gruben für das Kleinhirn sowie die Hinterhauptspole der beiden Großhirnhemisphären. Seine innere Fläche wird vor allem durch das Gehirn modelliert (Abb. 6.10), die Außenfläche durch den Ansatz der Nackenmuskulatur (Abb. 6.11). Der beim Erwachsenen einheitliche Knochen setzt sich, wie die Verhältnisse beim Neugeborenen noch deutlich zeigen,

aus 4 Bausteinen zusammen, die sich um das **Foramen magnum** so herumgruppieren, dass ein unpaares Stück, **Pars basilaris,** davor liegt, zwei seitlich davon liegen, **Partes laterales,** und das 4. Stück, die Schuppe, **Squama,** hinter dieser Öffnung liegt.

Auch beim Os occipitale des Erwachsenen unterscheidet man noch diese 4 Abschnitte.

6.5.1.3 Keilbein (früher auch Wespenbein), Os sphenoidale

Das Keilbein steht mit allen Knochen des Gehirnschädels und den meisten Knochen des Viszeralschädels in Verbindung. Es besteht aus dem Körper, **Corpus,** den kleinen Flügeln, **Alae minores,** den großen Flügeln, **Alae majores,** und den flügelarti-

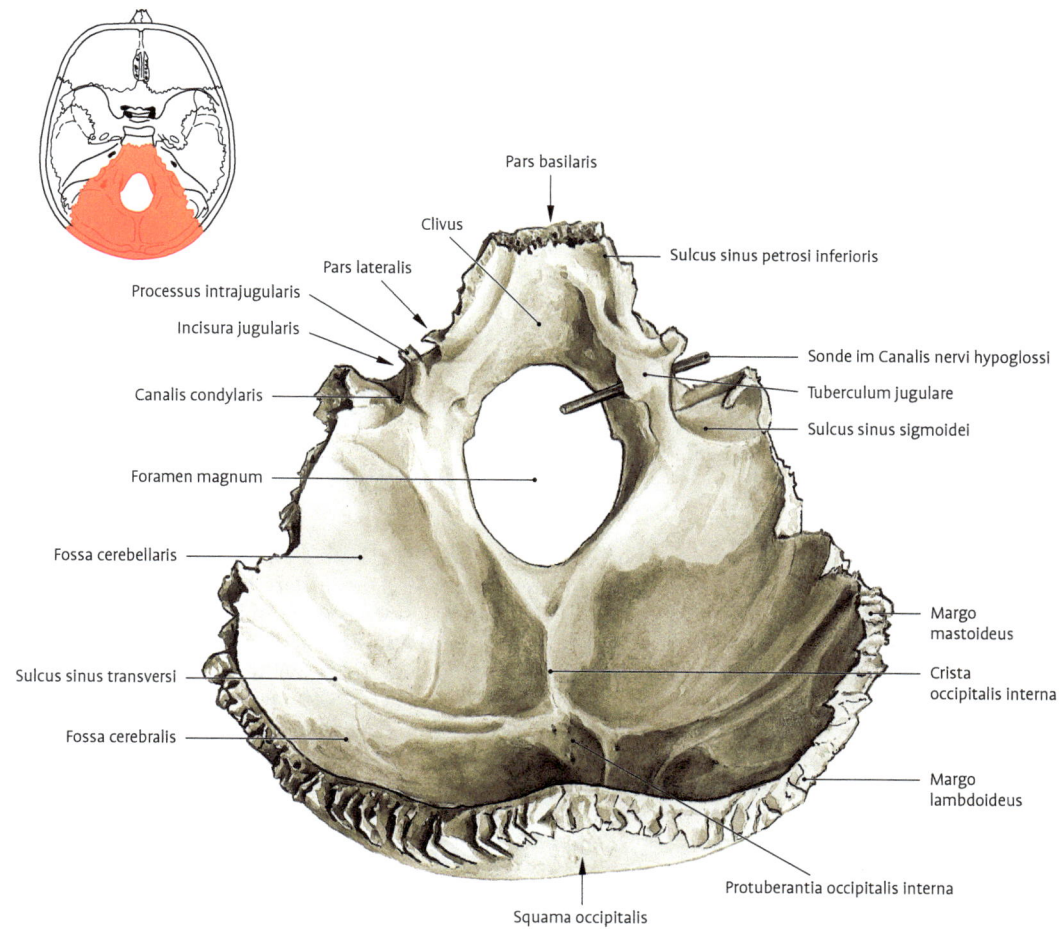

Abb. 6.10 Hinterhauptsbein, Os occipitale. Ansicht von innen und oben.

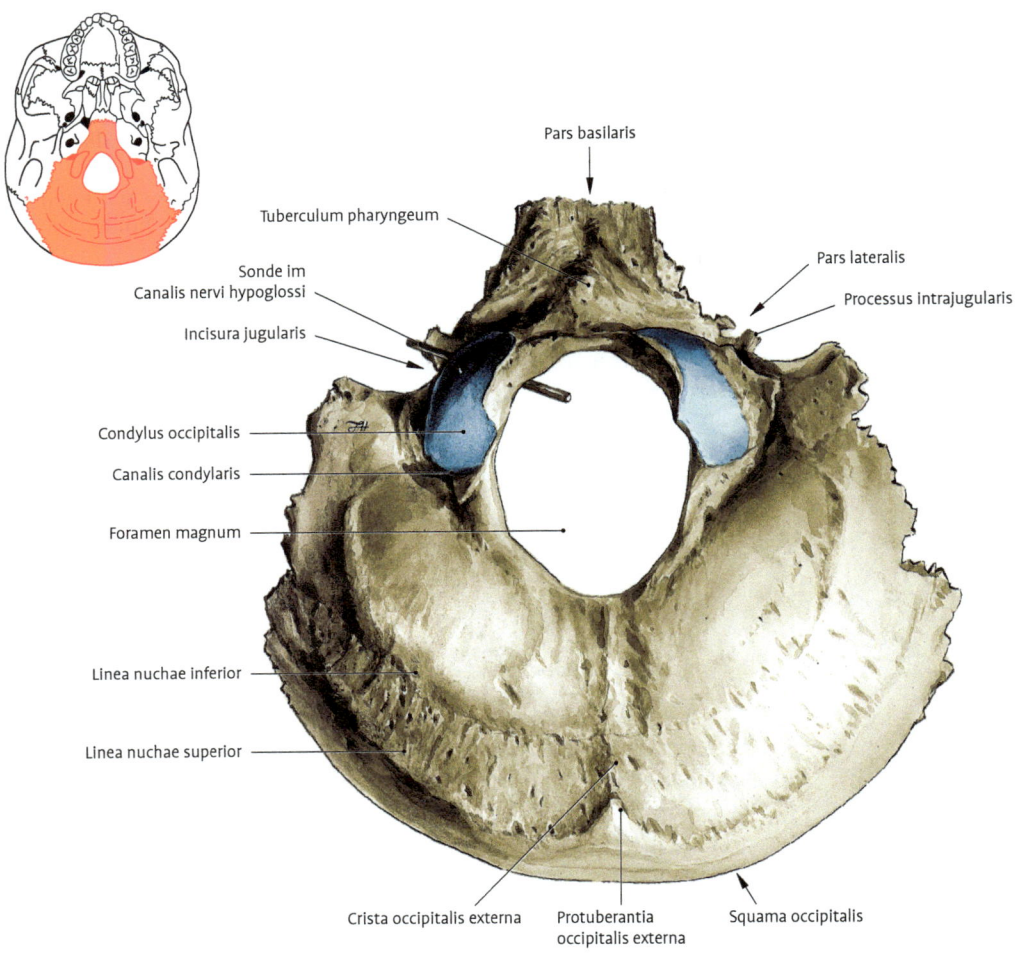

Pars basilaris

Tuberculum pharyngeum

Pars lateralis

Sonde im
Canalis nervi hypoglossi

Processus intrajugularis

Incisura jugularis

Condylus occipitalis

Canalis condylaris

Foramen magnum

Linea nuchae inferior

Linea nuchae superior

Crista occipitalis externa

Protuberantia
occipitalis externa

Squama occipitalis

Abb. 6.11 Hinterhauptsbein, Os occipitale. Ansicht von unten.

gen Fortsätzen, **Processus pterygoidei** (Abb. 6.12, 6.13).

Corpus ossis sphenoidalis. Es ist ein würfelartiger Körper mit 6 Flächen. **Die hintere Fläche** steht zunächst synchondrotisch, später synostotisch mit der Pars basilaris des Os occipitale in Verbindung (Clivus Blumenbach). **Die obere Fläche** (Abb. 6.5, Inset) ist tief zur **Fossa hypophysialis** eingedellt. Hinten trägt sie das **Dorsum sellae** mit den seitlichen **Processus clinoidei posteriores.** Die kleinen **Processus clinoidei medii** gehen von der Vorderwand der Hypophysengrube ab. **Die seitlichen Flächen** tragen die Flügel, lateral vorne oben die schwertartigen **Alae minores,** lateral unten die

Alae majores, lateral hinten unten die **Processus pterygoidei. Die vordere Fläche** zeigt die paarige **Apertura sinus sphenoidalis.** Median zieht die **Crista sphenoidalis** (zur Anlagerung der Lamina perpendicularis des Siebbeins) senkrecht abwärts und läuft in das **Rostrum sphenoidale** aus, das von den Flügeln des Pflugscharbeins umfasst wird.

Der Körper des Keilbeins ist weitgehend ausgehöhlt. Die Keilbeinhöhle, der **Sinus sphenoidalis,** ist durch das **Septum sinuum sphenoidalium** in 2, häufig asymmetrische Kammern geteilt und ist vorne bis auf die zur Nasenhöhle führenden **Aperturae sinuum sphenoidalium** durch eine muschelförmige Knochenlamelle, die **Concha sphenoidalis,** verschlossen.

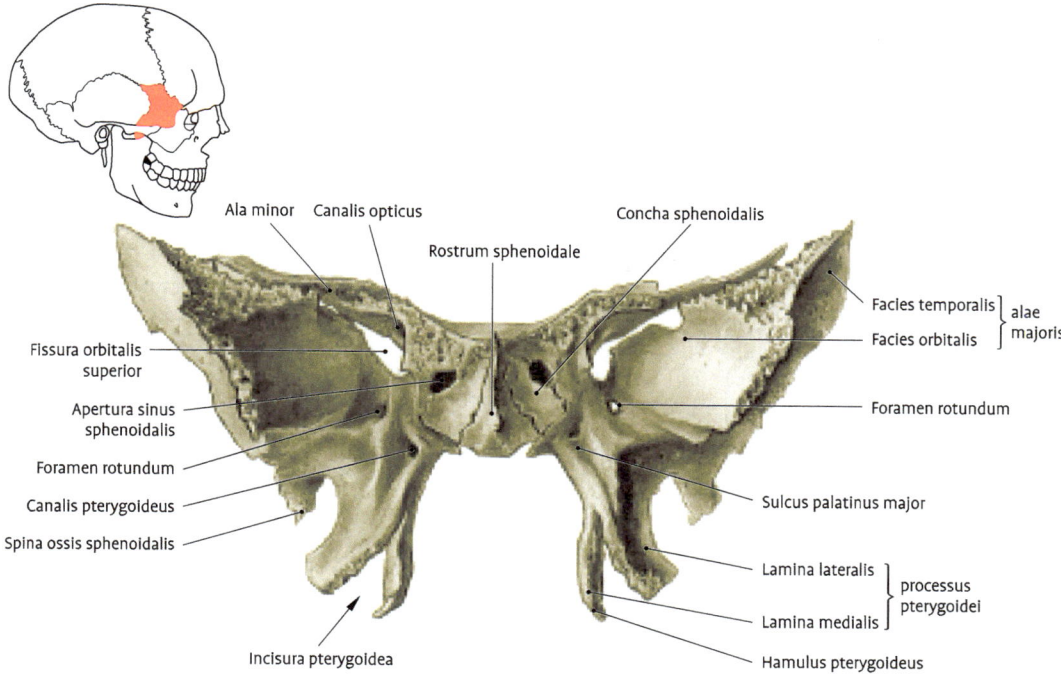

Abb. 6.12 Keilbein, Os sphenoidale, Ansicht von vorne (Inset von lateral).

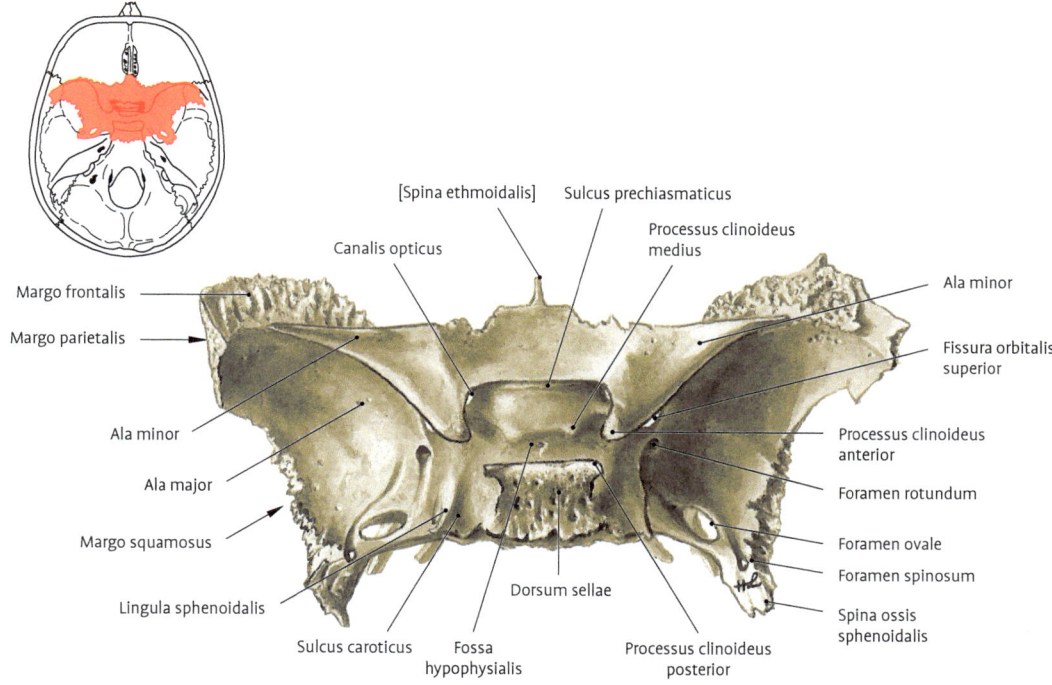

Abb. 6.13 Keilbein, Os sphenoidale, Ansicht von oben.

Alae minores. Sie bilden mit je 2 Wurzeln den **Canalis opticus.** Sie begrenzen mit ihrer unteren Fläche die Augenhöhle, mit ihrer oberen die Schädelhöhle. Nach medial und hinten laufen sie in die kräftigen **Processus clinoidei anteriores** aus.

Alae majores. Sie werden nahe ihrer Wurzel vom **Foramen rotundum** und **Foramen ovale** durchbohrt. Sie sind nach außen und aufwärts gekrümmt. Man unterscheidet 4 Flächen, 4 Ränder und einen Winkel.

Die Facies cerebralis weist gegen das Gehirn (Abb. 6.8). Die Facies temporalis liegt an der Außenfläche des Schädels (Abb. 6.1) und wird durch die **Crista infratemporalis** von der basalwärts gerichteten Facies infratemporalis getrennt. Die Facies orbitalis begrenzt hinten und lateral die Augenhöhle. Sie ist glatt und eben. Die Facies maxillaris liegt unterhalb der vorigen und weist gegen die Maxilla. Auf ihr mündet das **Foramen rotundum.**

Der **Margo frontalis** steht mit dem Stirnbein, der **Margo zygomaticus** mit dem Jochbein, der **Margo parietalis** mit dem Scheitelbein und der **Margo squamosus** mit dem Schläfenbein in Verbindung. Der hintere Rand des großen Flügels ist dornartig zur **Spina ossis sphenoidalis** ausgezogen und wird vom **Foramen spinosum** durchbohrt.

Fissura orbitalis superior. Sie ist ein schräger, medial weiter, lateral enger Spalt zwischen größerem und kleinerem Flügel.

Processus pterygoidei. Diese gehen nahezu senkrecht nach unten ab, bestehen aus 2 Platten, der **Lamina medialis** und **lateralis,** welche die Fossa pterygoidea zwischen sich fassen. Die zwischen ihnen gelegene **Incisura pterygoidea** wird am vollständigen Schädel durch den Processus pyramidalis des Gaumenbeins geschlossen. Die mediale Lamelle läuft nach unten in einen Haken, **Hamulus pterygoideus,** mit einem Sulcus für die Sehne des M. tensor veli palatini aus. Die Wurzel der Flügelfortsätze wird von dem sagittalen **Canalis pterygoideus** durchbohrt. Er mündet in die **Fossa pterygopalatina.** Unterhalb der hinteren Öffnung des Kanals liegt die kahnförmige Grube, **Fossa scaphoidea.**

Der Processus vaginalis geht von der medialen Seite der Lamina medialis ab, legt sich der Unterfläche des Körpers an und reicht bis zu den Alae des Pflugscharbeins.

6.5.1.4 Scheitelbein, Os parietale

Die beiden **Scheitelbeine** bilden den mittleren Teil des Schädelgewölbes und die knöcherne Grundlage für die höchste Erhebung des Schädels, den Scheitel. Das Scheitelbein ist eine in zwei zueinander senkrecht stehenden Ebenen gebogene Knochenplatte, an der sich eine äußere, konvexe Fläche, Facies externa (Abb. 6.14), und eine innere, konkave Fläche, Facies interna (Abb. 6.15), unterscheiden lassen. Die Nachbarknochen des Scheitelbeines sind **Os occipitale** (hinten), **Os frontale** (vorne), **Os temporale** und **Os sphenoidale** (seitlich).

6.5.1.5 Nahtknochen, Ossa suturalia, und Fontanellenknochen

Es sind überzählige Knochen, die bezüglich Anzahl, Größe und Lokalisation sehr variabel sind. Sie entstehen aus Ossifikationszentren in den Suturen **(Nahtknochen)** oder Fontanellen **(Fontanellenknochen).** Beispiele für Erstere sind die Ossa inter parietalia (zwischen den Ossa parietalia) oder das sog. **Inkabein** (zwischen den Ossa parietalia und dem Os occipitale, Abb. 6.14). Diese Schaltknochen sind letztlich in allen Suturen möglich. Fontanellenknochen findet man in der kleinen Fontanelle als **Os apicis** sowie in der großen Fontanelle als **Os bregmaticum,** die in vielen Spielarten vorkommen.

6.5.1.6 Schläfenbein, Os temporale (Abb. 6.15, 6.16)

Das Schläfenbein, so genannt, weil man auf ihm liegend schläft, heißt im Lateinischen „Zeitenbein" (tempus, -oris = die Zeit), weil man hier am frühzeitigen Ergrauen der Haare das Fortschreiten der (Lebens-)Zeit beobachten kann. Es besteht aus der Schuppe, der **Pars squamosa,** der Felsenbeinpyramide, der **Pars petrosa,** mit dem Warzenfortsatz als Grundfläche und dem Trommelfellteil, der **Pars tympanica** (Abb. 6.16–6.18).

In der Seitenansicht (Abb. 6.17) findet man an der **Pars petrosa** den **Processus mastoideus,** die **Incisura mastoidea** und das **Foramen mastoideum** auf.

Pars squamosa. Von ihr geht der **Processus zygomaticus** aus. Dieser läuft nach hinten in die **Linea temporalis inferior** aus. An seiner Wurzel trägt er das **Tuberculum articulare,** hinter dem die **Fossa**

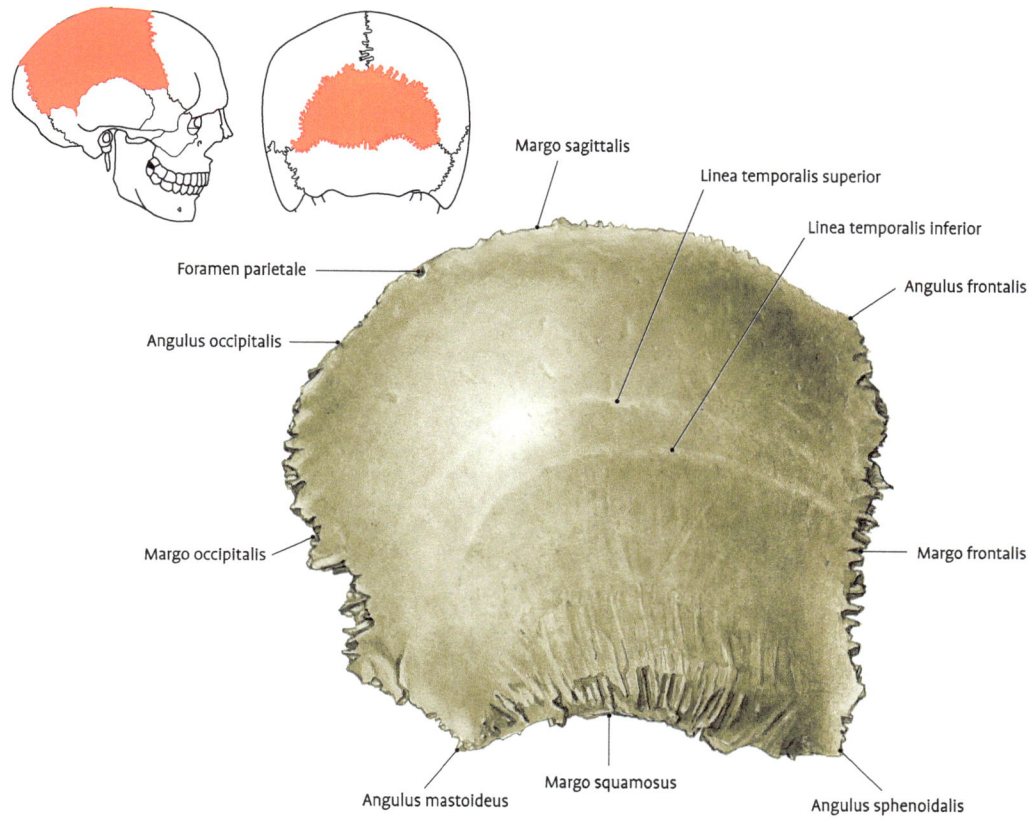

Abb. 6.14 Rechtes Scheitelbein, Os parietale. Ansicht von lateral, Inset oben rechts: Inkabein.

mandibularis liegt. Durch einen Knochenspan der Pars petrosa ist die Squama von der Pars tympanica getrennt. Vor dem Span liegt die **Fissura petrosquamosa,** hinter ihm die **Fissura petrotympanica**.

Pars tympanica. Sie legt sich als Belegknochen von unten her an die Pars squamosa und petrosa, begrenzt den knöchernen Gehörgang von unten, vorne und hinten. Oben, im Bereich der **Incisura tympanica,** fehlt die Pars tympanica. Im Dreiviertelring der Pars tympanica findet sich ein Falz für das Trommelfell, **Sulcus tympanicus**. Die Pars tympanica des Neugeborenen umgreift als schmales Hufeisen das Trommelfell (**Anulus tympanicus,** Abb. 6.2).

Der Griffelfortsatz, **Processus styloideus,** ist ein Teil des Zungenbeinbogens (Abb. 6.33).

In der Schädelhöhlenansicht (Abb. 6.17) sieht man nur die **Pars squamosa** und die **Pars petrosa**.

Pars petrosa. Sie wird als drei- oder vierseitige Pyramide beschrieben. Drei der vier Flächen (Facies anterior, Facies posterior und Facies inferior) und die drei sie trennenden Kanten sind deutlich erkennbar. Die vierte Seite ist jene, die sich dem Mittelohr von hinten anlegt (Facies tympanica) Auf der oberen Fläche, **Facies anterior,** befinden sich:
- die **Impressio trigeminalis,** eine flache Mulde an der Pyramidenspitze für das Ganglion trigeminale des N. trigeminus
- die **Eminentia arcuata,** eine quere Erhebung, die durch den oberen Bogengang erzeugt wird
- das **Tegmen tympani,** die dünne Decke der Paukenhöhle
- der **Hiatus canalis n. petrosi majoris** (N. VII), eine Öffnung für den gleichnamigen Nerven
- der **Sulcus n. petrosi majoris,** eine Furche, die von dem obigen Hiatus nach medial führt
- der **Hiatus canalis n. petrosi minoris,** eine Öffnung für den gleichnamigen Nerven

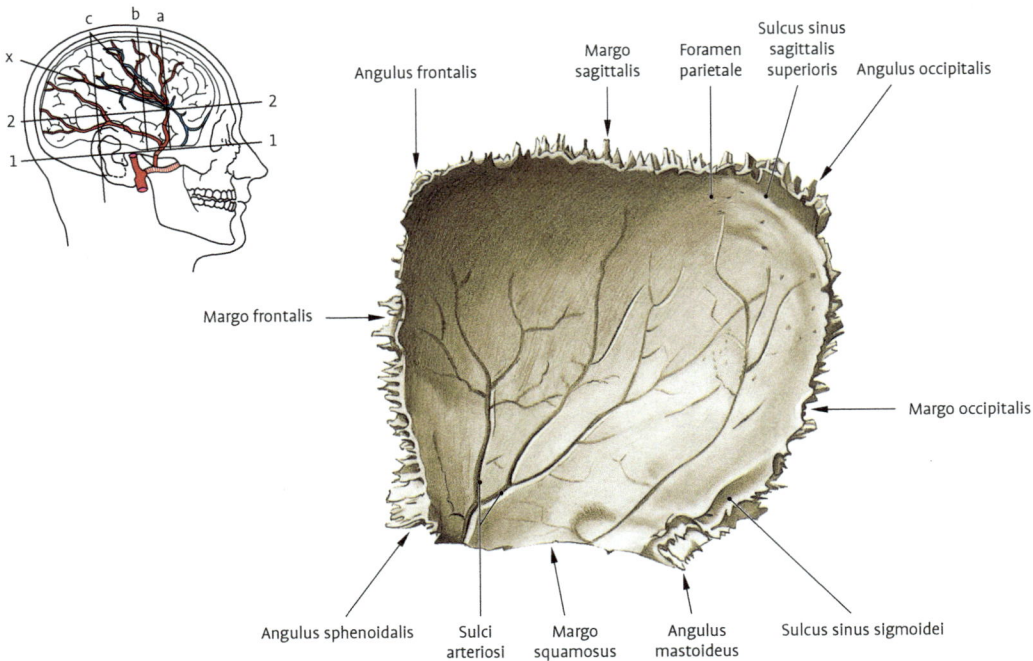

Abb. 6.15 Rechtes Scheitelbein, Os parietale. Ansicht von innen. Inset: Krönlein-Orientierungslinien zur Lagebestimmung der Äste der A. meningea media. Am Schnittpunkt der Linie 2–2 und a finden wir den vorderen Ast der Arterie, der am häufigsten verletzt ist, am Schnittrand der Linie 2–2 und c den hinteren Ast.

1. Ohraugenlinie vom unteren Orbitalrand zum oberen Rand des äußeren Gehörgangs (1–1). 2. Linie vom oberen Orbitalrand, parallel zur vorigen (2–2). 3. Senkrechte auf der Mitte des Jochbogens (a). 4. Senkrechte auf dem Kiefergelenk (b). 5. Senkrechte auf dem Hinterrand des Warzenfortsatzes (c).

- der **Sulcus n. petrosi minoris,** eine Furche, die vom Hiatus zur Fissura sphenopetrosa führt.

Die obere Kante, **Margo superior partis petrosae,** trägt eine flache Furche, den **Sulcus sinus petrosi superioris,** und trennt die vordere von der hinteren Fläche. Auf der hinteren Fläche, **Facies posterior,** findet man:

- eine Öffnung, den **Porus acusticus internus,** die in den **Meatus acusticus internus,** den inneren Gehörgang führt (für Nn. facialis, intermedius, vestibulocochlearis und die A. labyrinthi),
- die **Apertura canaliculi vestibuli,** lateral und unten von der vorigen, entlässt den Ductus endolymphaticus zu dem zwischen beiden Durablättern gelegenen Saccus endolymphaticus
- den **Sulcus sinus petrosi inferioris,** eine schmale Furche nahe der hinteren Kante für den gleichnamigen Blutleiter
- die **Incisura jugularis,** an der hinteren Kante, die mit dem gleichnamigen Einschnitt des Os occipitale das Foramen jugulare bildet

- die **Apertura canaliculi cochleae,** an der hinteren Fläche, eine kleine Öffnung für den Ductus perilymphaticus
- den **Sulcus sinus sigmoidei,** eine breite, S-förmige Furche für den gleichnamigen Blutleiter
- das **Foramen mastoideum,** im obigen Sulcus, die innere Öffnung für die V. emissaria mastoidea.

Die untere Fläche, **Facies inferior,** ist durch zahlreiche Öffnungen (Foramen stylpomastoideum/VII; Canalis caroticus/A. carotis interna; Canalis musculotubarius/Tuba auditiva; Foramen jugulare/V. jugularis interna und IX, X, XI; Canalis n. hypoglossi/XII und einige kleinere) und Gruben (Fossa mandibularis/Caput mandibulae; Fossa jugularis/Bulbus superior v. jugul. int.) stark zerklüftet.

Die Felsenpyramide beherbergt das Innen- und Mittelohr (s. Kap. 7.2.2). An der Seitenansicht (Norma lateralis) erkennt man von ihr nur den **Warzenfortsatz, Proc. mastoideus** (Abb. 6.16). Dieser Teil der Pars petrosa fehlt beim Neugebo-

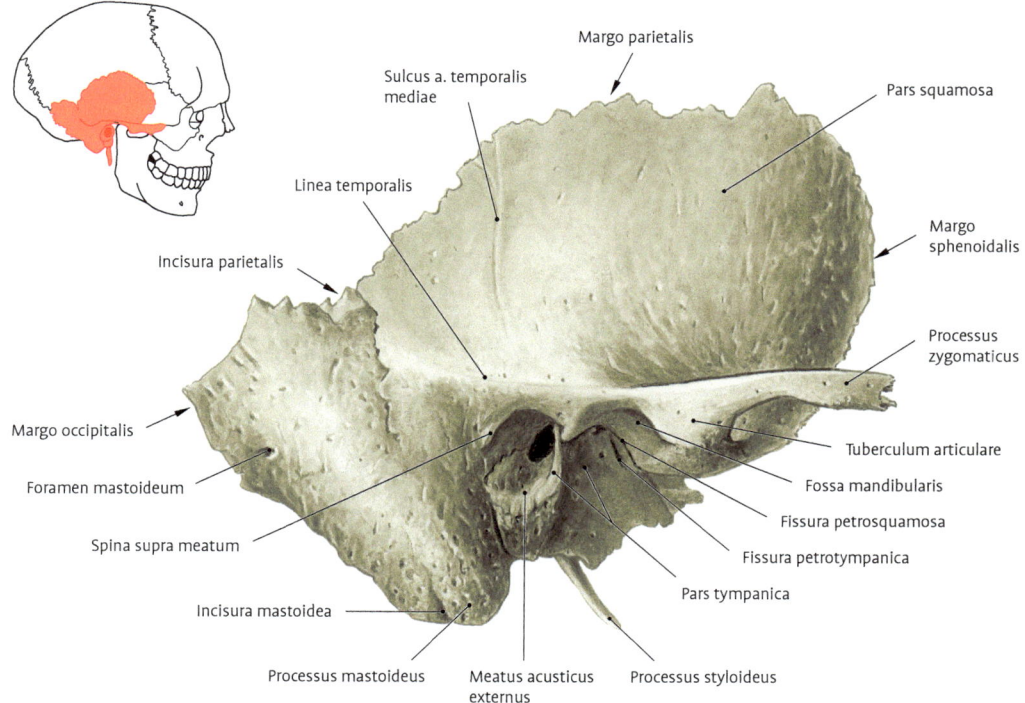

Abb. 6.16 Rechtes Schläfenbein, Os temporale, Ansicht von lateral.

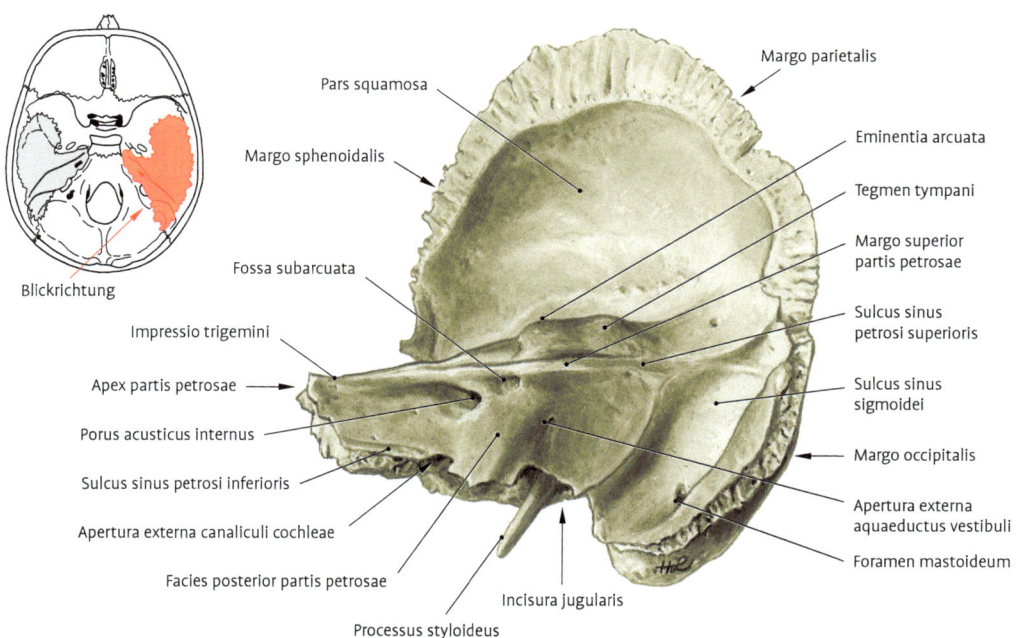

Abb. 6.17 Rechtes Schläfenbein, Os temporale (Pars petrosa und Pars squamosa), Ansicht von dorsomedial (entsprechend Pfeil im Inset).

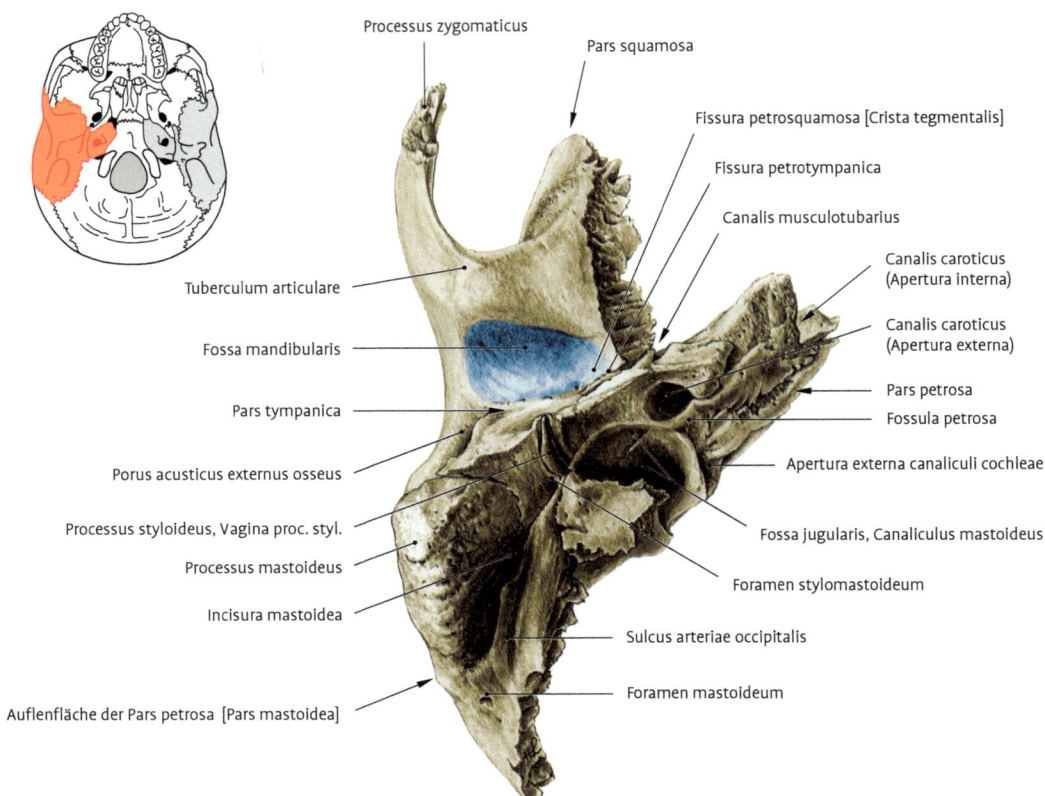

Abb. 6.18 Rechtes Schläfenbein, Os temporale. Ansicht von unten.

renen noch völlig und beginnt sich erst mit dem Aufrichten des Kopfes unter der Zugwirkung des M. sternocleidomastoideus im 4. Lebensjahr zu bilden. Seine Ausbildung ist von der Leistung des M. sternocleidomeastoideus abhängig. Er ist in der Regel pneumatisiert, d. h., er enthält eine Reihe kleiner Hohlräume, die mit Luft gefüllt und mit Schleimhaut ausgekleidet sind.

> **Klinik:** Diese Hohlräume, Cellulae mastoideae, stehen über das Antrum mastoideum mit dem Mittelohr in Verbindung und bilden mit ihm einen einheitlichen Erkrankungsraum. So kann eine **Otitis media (Mittelohrentzündung)** immer wieder durch die im Mastoidzellsystem befindlichen Erreger wieder aufflammen.

Das Felsenbein wird von verschiedenen neurovaskulären Strukturen umgeben oder durchquert. Es sind dies der siebten und achte Hirnnerv (N. facialis/VII) und der N. vestibulocochlearis.

6.5.2 Viscerocranium

6.5.2.1 Siebbein, Os ethmoidale

Dieser Knochen hat zahlreiche lufterfüllte Hohlräume und besteht aus einer medianen, senkrechten Lamelle, **Lamina perpendicularis,** und 2 Seitenteilen, **Partes laterales,** die oben durch eine horizontale Lamelle, **Lamina horizontalis,** miteinander verbunden sind (Abb. 6.97). Zur Orbita hin zeigt eine Lamina orbitalis.

Das Siebbein enthält in seinen Partes laterales **Cellulae ethmoidales,** die zu den Nasennebenhöhlen gehören. Zur Topografie siehe Abb. 6.19.

6.5.2.2 Untere Nasenmuschel, Concha nasalis inferior

Sie ist ein schalen- oder muschelförmiger Knochen, der an der lateralen Wand der Nasenhöhle liegt (siehe Abb. 6.97). Sie erstreckt sich von der **Apertura piriformis** bis zur **Choana** und besitzt 3

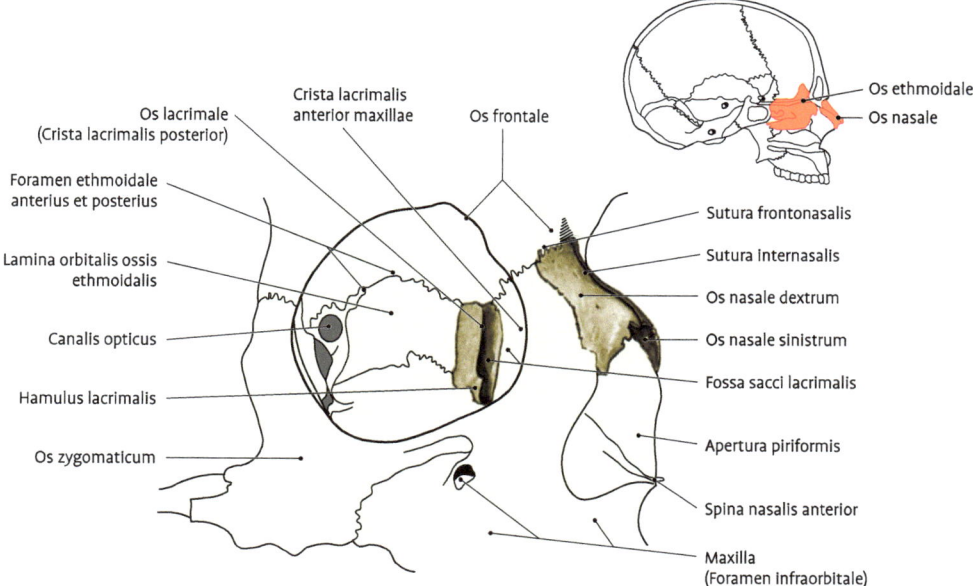

Abb. 6.19 Rechtes Tränenbein. Os lacrimale, und Nasenbeine, Ossa nasalia, in situ. Inset: Nasenbeine und Siebbein, Os ethmoidalis, in situ.

kleine **Fortsätze.** Mit dem vom oberen Rand senkrecht herabragenden **Proc. maxillaris** legt sie sich vor die weite Öffnung des Sinus maxillaris. Mit einem zweiten Fortsatz, **Proc. ethmoidalis,** der sich an den Proc. uncinatus des Siebbeins anlagert, beteiligt sich die untere Muschel nochmals an der Einengung des Hiatus maxillaris. Ein dritter Fortsatz, **Proc. lacrimalis,** zieht zum Tränenbein aufwärts und bildet mit diesem zusammen die mediale Wand des Tränennasenkanals.

6.5.2.3 Nasenbein, Os nasale

Beide Knochen bilden die knöcherne Grundlage für den Nasenrücken (Abb. 6.19). Das Os nasale ist ein kleiner viereckiger Knochen.

6.5.2.4 Pflugscharbein, Vomer

Es stellt eine dünne Platte dar, die zusammen mit der **Lamina perpendicularis** des Siebbeins die knöcherne Nasenscheidewand bildet (Abb. 6.96). Oben weicht die senkrechte Knochenplatte in 2 Flügel auseinander, die **Alae vomeris,** die sich der Unterfläche des Keilbeinkörpers anlegen. Der hintere, freie Rand dieses Knochens ist an der Bildung der **Choanae** beteiligt.

6.5.2.5 Tränenbein, Os lacrimale

Es liegt vorne an der medialen Wand der Augenhöhle zwischen der Augenhöhlenplatte des Siebbeins und dem Proc. frontalis des Oberkiefers (Abb. 6.19). An seiner orbitalen Fläche ist eine senkrechte Längsfurche, **Sulcus lacrimalis,** vorhanden, die zusammen mit der gleichnamigen Furche des Proc. frontalis maxillae eine Grube, **Fossa sacci lacrimalis,** für den Tränensack bildet. Diese Tränensackgrube wird nach hinten durch eine scharfe Leiste, **Crista lacrimalis posterior,** begrenzt. Die innere Fläche des Tränenbeins deckt mit dem Siebbein die vorderen Siebbeinzellen zu.

6.5.2.6 Jochbein, Wangenbein, Os zygomaticum

Das Jochbein ist das **Verbindungsstück** zwischen den Jochfortsätzen des Schläfen-, Oberkiefer- und Stirnbeins (Abb. 6.1).

Der etwa viereckige Knochen hat **3 Fortsätze,** die nach den Knochen benannt sind, mit denen sie in Verbindung stehen: **Proc. temporalis, maxillaris** und **frontalis** (Abb. 6.20).

Der Knochen hat eine Facies lateralis sowie eine Facies orbitalis und temporalis. Es wird von

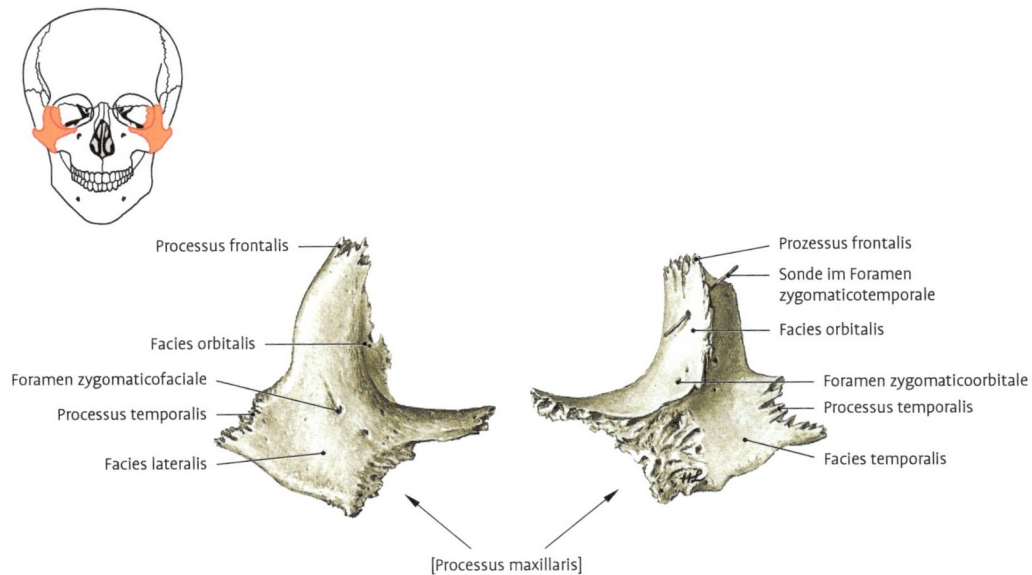

Processus frontalis

Facies orbitalis

Foramen zygomaticofaciale

Processus temporalis

Facies lateralis

Prozessus frontalis

Sonde im Foramen zygomaticotemporale

Facies orbitalis

Foramen zygomaticoorbitale

Processus temporalis

Facies temporalis

[Processus maxillaris]

Abb. 6.20 Rechtes Jochbein, Os zygomaticum, Ansicht von lateral und medial.

einem Kanal, **Canalis zygomaticus,** durchsetzt, der in der Augenhöhle mit dem **Foramen zygomatico-orbitale** beginnt und sich im Innern des Knochens in zwei Kanäle spaltet, von denen der eine auf der Wangenfläche, **Foramen zygomaticofaciale,** der andere auf der Schläfenfläche, **Foramen zygomaticotemporale,** mündet.

6.5.2.7 Gaumenbein, Os palatinum

Es bildet den hinteren Abschnitt des knöchernen Gaumens, teilweise die laterale Wand der Nasenhöhle und besteht aus einer waagerechten und einer senkrechten Lamelle.

Lamina horizontalis (Abb. 6.21), die waagerechte Lamelle, hat einen freien hinteren Rand, an dem sich das Gaumensegel anheftet. Der vordere Rand grenzt an den Gaumenfortsatz des Oberkiefers. Die der Nasenhöhle zugekehrten Flächen, Facies nasales, beider Gaumenbeine bilden an ihrer Vereinigungsstelle die **Crista nasalis,** die sich nach hinten in die kurze, stumpfe **Spina nasalis** fortsetzt.

Lamina perpendicularis (Abb. 6.21), die senkrechte Lamelle, ist sehr dünn und lagert sich der medialen Fläche des Proc. pterygoideus des Keilbeins sowie dem Körper des Oberkiefers an. An ihr unterscheidet man eine **Facies nasalis** und **maxillaris.**

6.5.2.8 Oberkiefer, Oberkieferbein, Maxilla

Beide Oberkiefer bilden die knöcherne Grundlage für das Obergesicht und bestimmen durch ihre Form, Größe und Stellung im Wesentlichen die Form des Mittelgesichtes. Sie beteiligen sich an der Wandbildung der Augen- und Nasenhöhle sowie am Aufbau des Gaumens. Sie tragen die obere Zahnreihe und übertragen mit einem Stirn- und einem Jochbogenpfeiler den Kaudruck auf den Hirnschädel.

Fortsätze. An jeder Maxilla kann man einen gedrungenen, kompakten Teil, den Körper, und von ihm ausgehende Fortsätze (Proc. frontalis, zygomaticus, palatinus und alveolaris, Abb. 6.22, 6.23) unterscheiden.

Corpus maxillae. Er enthält den **Sinus maxillaris,** der an der isolierten und mazerierten Maxilla an seiner Nasenfläche eine weite Öffnung, **Hiatus maxillaris,** besitzt (Abb. 6.23). Durch Anlagerung benachbarter Knochen wird diese Verbindungsöffnung mit der Nasenhöhle eingeengt.

Unterhalb des Unterrandes der Orbita befindet sich das **Foramen infraorbitale.** Durch dieses Loch zieht der **N. infraorbitalis** hindurch. Hier befindet sich der **Trigeminusdruckpunkt** für den N. maxillaris.

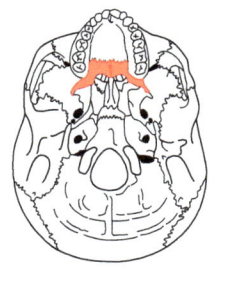

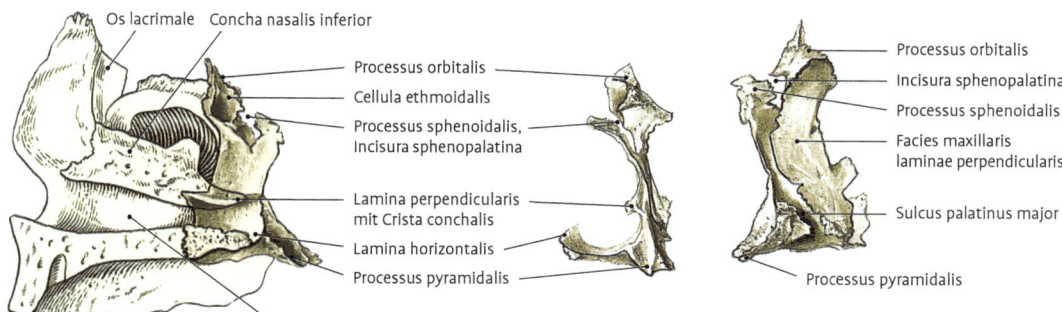

Os lacrimale   Concha nasalis inferior
Processus orbitalis
Cellula ethmoidalis
Processus sphenoidalis,
incisura sphenopalatina
Lamina perpendicularis
mit Crista conchalis
Lamina horizontalis
Processus pyramidalis
Maxilla

Processus orbitalis
Incisura sphenopalatina
Processus sphenoidalis
Facies maxillaris
laminae perpendicularis
Sulcus palatinus major
Processus pyramidalis

Abb. 6.21 Rechtes Gaumenbein (rot), Os palatinum, Ansicht von nasal, in Lagebeziehung zum Oberkiefer und zur unteren Nasenmuschel **(links)**. Rechtes Gaumenbein, Ansicht von hinten **(Mitte)** und von lateral **(rechts)**.

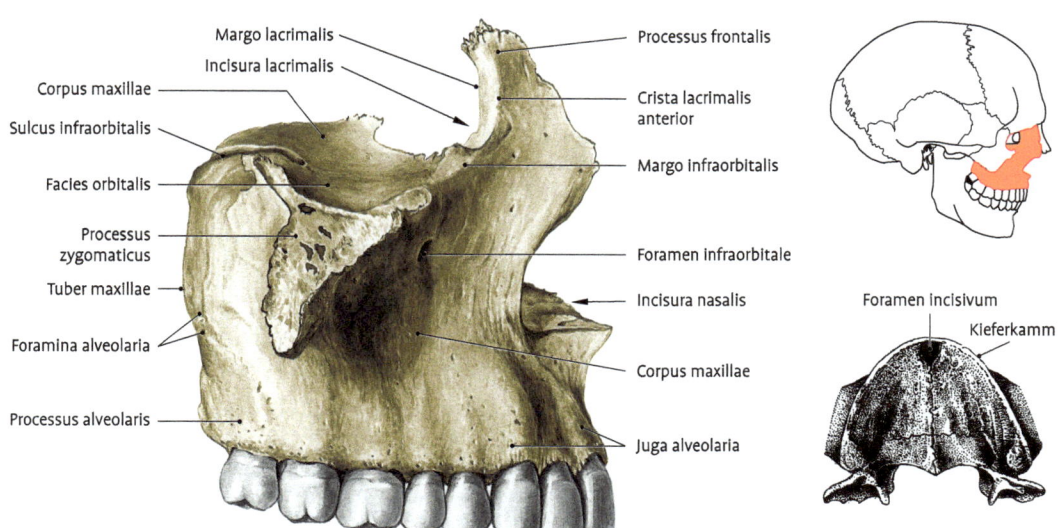

Margo lacrimalis
Incisura lacrimalis
Corpus maxillae
Sulcus infraorbitalis
Facies orbitalis
Processus
zygomaticus
Tuber maxillae
Foramina alveolaria
Processus alveolaris

Processus frontalis
Crista lacrimalis
anterior
Margo infraorbitalis
Foramen infraorbitale
Incisura nasalis
Corpus maxillae
Juga alveolaria

Foramen incisivum
Kieferkamm

Abb. 6.22 Rechter Oberkiefer. Maxilla, von außen gesehen. Inset unten: knöcherner zahnloser Gaumen eines Greisenschädels. Deutlich ist die Atrophie des Proc. alveolaris der Maxilla zu erkennen.

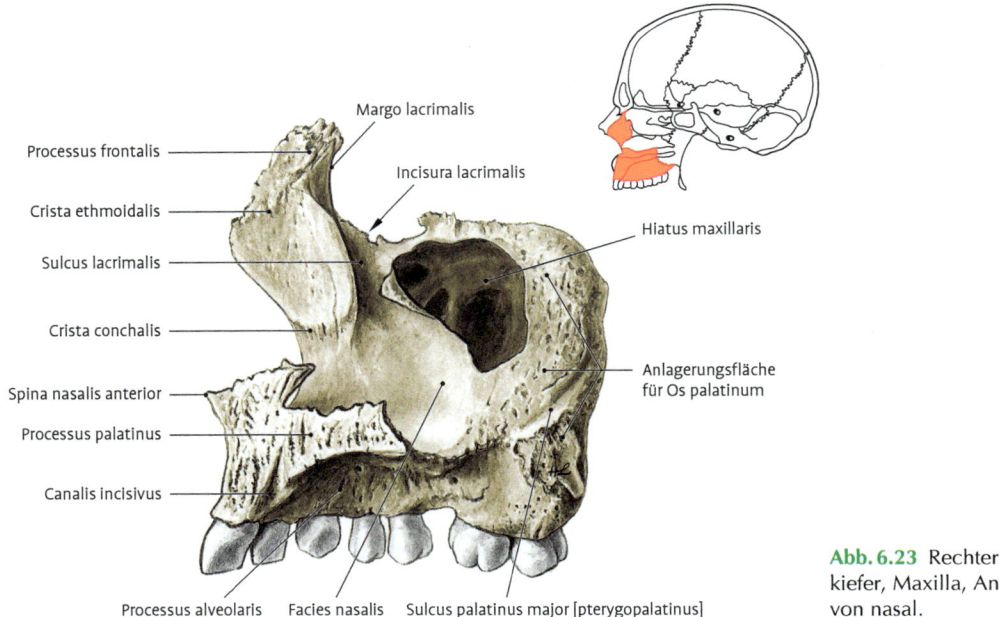

Margo lacrimalis

Processus frontalis

Incisura lacrimalis

Crista ethmoidalis

Hiatus maxillaris

Sulcus lacrimalis

Crista conchalis

Spina nasalis anterior

Anlagerungsfläche
für Os palatinum

Processus palatinus

Canalis incisivus

Abb. 6.23 Rechter Oberkiefer, Maxilla, Ansicht von nasal.

Processus alveolaris   Facies nasalis   Sulcus palatinus major [pterygopalatinus]

6.5.2.9 Unterkiefer, Mandibula

Der Knochen entsteht aus 2 Hälften, die beim Neugeborenen noch bindegewebig verbunden sind und sich im ersten Lebensjahr knöchern vereinigen. Er besteht aus dem basalen Körper, **Corpus mandibulae,** der beiderseits im Kieferwinkel, **Angulus mandibulae,** in den aufsteigenden Ast, **Ramus mandibulae,** übergeht (Abb. 6.24).

Ramus mandibulae. Er endet oben mit dem Gelenkfortsatz, **Processus condylaris,** und dem spitzen Muskelfortsatz, **Processus coronoideus.** Am Gelenkfortsatz unterscheidet man den querovalen Gelenkkopf, **Caput mandibulae** (Mandibulaköpfchen), und einen Hals, **Collum mandibulae.** Der Letztere zeigt an seiner Vorderfläche eine Grube, **Fovea pterygoidea,** für den Ansatz des M. pterygoideus lateralis.

Processus coronoideus. Er dient zum Ansatz des M. temporalis, ist beim Erwachsenen spitz, beim Greis säbelförmig nach hinten gekrümmt, bei starker Muskulatur (Anthropoiden und prähistorische Rassen) stumpf und abgerundet. Die **Außen- und Innenfläche** des Kieferastes sind aufgeraut für den Ansatz des M. masseter bzw. des M. pterygoideus medialis. Der Vorderrand des Astes läuft nach unten, lateral von der Zahnreihe, in eine Leiste, die **Linea obliqua,** aus. Auf der Innenfläche des Kiefer-

astes führt das **Foramen mandibulae** N., A., V. alveolaris inferior in den Canalis mandibulae. Es liegt in der Höhe der Kauflächen der Mahlzähne. Medial ist es durch die **Lingula mandibulae** verdeckt. Dieser sehr variable Knochenspan kann bei Mandibularisanästhesien das Einführen der Nadel erschweren. Er dient dem Lig. sphenomandibulare zum Ansatz. Vom Foramen mandibulae verläuft der **Sulcus mylohyoideus** (für den gleichnamigen Nerven) ab- und vorwärts. Die oberhalb der Furche gelegene **Linea mylohyoidea** dient dem gleichnamigen Mundbodenmuskel zum Ursprung.

Angulus mandibulae. Er befindet sich zwischen Basalfläche des Körpers und Hinterrand des Astes, schwankt zwischen 90 und 140º, erreicht beim Neugeborenen 150º und hat bei Anthropoiden meist 90º. Er scheint bei starker Kaumuskelentwicklung abzunehmen (größere Fläche für den Muskelansatz).

Corpus mandibulae. Er bildet mit den Rami mandibulae einen parabolischen Bogen (Abb. 6.25). Die mit der Spaltlinienmethode dargestellten Osteone des **Basalbogens** verlaufen vom Kinn zum Gelenkfortsatz, sind am Kinn unterbrochen. Der massive Basalbogen verjüngt sich nach oben zum Alveolarbogen. Dieser (Abb. 6.24, 6.25) ist etwas kleiner und enger als der Körperbogen.

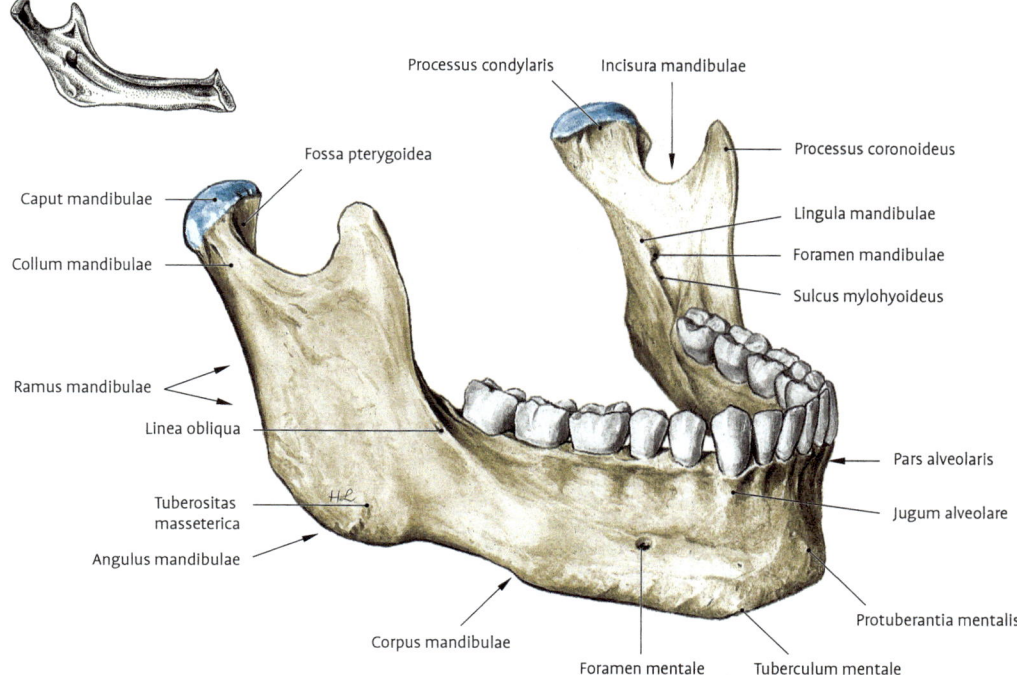

Processus condylaris

Incisura mandibulae

Fossa pterygoidea

Processus coronoideus

Caput mandibulae

Lingula mandibulae

Collum mandibulae

Foramen mandibulae

Sulcus mylohyoideus

Ramus mandibulae

Linea obliqua

Pars alveolaris

Tuberositas masseterica

Jugum alveolare

Angulus mandibulae

Corpus mandibulae

Protuberantia mentalis

Foramen mentale

Tuberculum mentale

Abb. 6.24 Unterkiefer, Mandibula. Ansicht von anterolateral. Inset: zahnloser Unterkiefer mit Atrophie der Pars alveolaris.

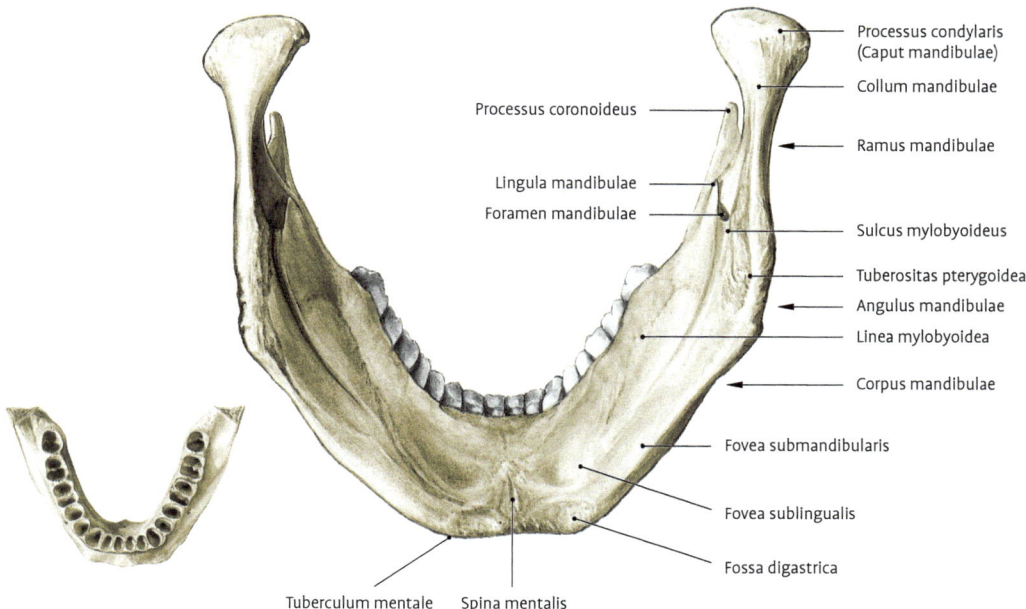

Processus condylaris (Caput mandibulae)

Collum mandibulae

Processus coronoideus

Ramus mandibulae

Lingula mandibulae

Foramen mandibulae

Sulcus mylobyoideus

Tuberositas pterygoidea

Angulus mandibulae

Linea mylobyoidea

Corpus mandibulae

Fovea submandibularis

Fovea sublingualis

Fossa digastrica

Tuberculum mentale

Spina mentalis

Abb. 6.25 Unterkiefer, Mandibula. Ansicht von hinten und unten. Inset: Zahnfächer, Alveoli dentales, Ansicht von oben.

Kinnvorsprung (Abb. 6.19). Er besteht aus einem erhabenen dreieckigen Feld, das nach oben in einen Vorsprung, die **Protuberantia mentalis,** und nach unten lateral in 2 kleine Höckerchen, die **Tubercula mentalia,** ausläuft. Das vorspringende, positive Kinn ist ein Erwerb des rezenten Menschen und beim Europäer am besten ausgebildet. An der Außenfläche des Körpers liegt das **Foramen mentale.** Es liegt beim Erwachsenen mit erhaltenen Zähnen an der Grenze zwischen 1. und 2. Backenzahn, in der Mitte zwischen Basis und Alveolarrand. Es lässt N., A. und V. mentalis aus dem **Canalis mandibulae** zur Haut austreten. Beim Neugeborenen, wo der Basalbogen noch schwach entwickelt ist, liegt es näher der Basis, beim zahnlosen Greisenkiefer mit rückgebildeter Pars alveolaris nahe dem Oberrand. Die auf Biegung beanspruchte Kinngegend ist an der Innenfläche noch durch die kräftigen Muskeln zum Ursprung dienenden **Spinae mentales** verstärkt. **Biegungsbrüche** des Unterkiefers liegen deshalb seitlich von der Kinngegend.

Gruben. An der Innenfläche des Unterkieferkörpers (Abb. 6.25) seien noch paarige flache Gruben, die **Fovea sublingualis** und die **Fovea submandibularis** für die gleichnamigen Drüsen sowie die **Fossa digastrica** für den Ansatz des M. digastricus erwähnt.

Pars alveolaris des Unterkiefers (Alveolarfortsatz) und **Processus alveolaris** der beiden Oberkiefer tragen die **Alveoli dentales,** Fächer für die Wurzeln der Zähne. Die einzelnen Fächer sind durch die **Septa interalveolaria** getrennt. Die Alveolen der mehrwurzeligen Zähne sind durch die **Septa interradicularia** weiter unterteilt (Abb. 6.25).

6.5.2.10 Zungenbein, Os hyoideum

Das **Zungenbein** ist ein kleiner, spangenförmiger, unpaarer Knochen (Abb. 6.26). Es ist ein Sesambein und damit frei zwischen zahlreichen Muskeln aufgehängt. Der Knochen befindet sich am Halse an der Stelle, wo die Vorderfläche des Halses in den Boden der Mundhöhle umbiegt (oberhalb des Schildknorpels), und ist dort durch die Haut zu tasten.

Das Zungenbein besteht aus einem **Körper,** Corpus, und beiderseits je 2 Fortsätzen, die sog. **Hörner,** Cornua: das große Zungenbeinhorn, **Cornu majus,** das dorsokranialwärts gerichtet ist, und das kleine Zungenbeinhorn, **Cornu minus,** das oft knorpelig bleibt und mehr kranialwärts steht. Mit den Procc. styloidei der Schläfenbeine steht

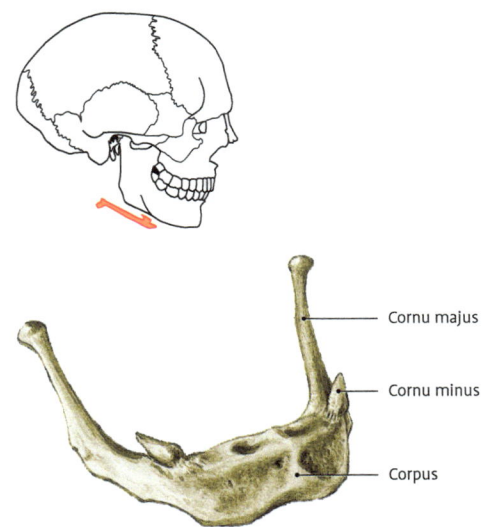

Abb. 6.26 Zungenbein, Os hyoideum, von rechts vorn gesehen.

Letzteres beiderseits durch ein **Lig. stylohyoideum** in Verbindung, welches auch verknöchern kann.

6.5.2.11 Gehörknöchelchen, Ossicula auditus

Sie werden im Kap. Sinnesorgane (Kap. 7.2.1.2) besprochen.

6.5.3 Geschlechtsdimorphismus

Am knöchernen Schädel finden sich eindeutige geschlechtsspezifische Unterschiede (Tab. 6.2). Der Schädel des Mannes ist größer und schwerer als der weibliche Schädel. Beim Mann hat der Schädel stärker ausgeprägte Knochenleisten an den Ansatzstellen der Muskeln. Der Margo orbitalis ist beim weiblichen Schädel scharfkantiger.

6.6 Konstruktiver Bau des Schädels

Bedingt durch eine Rahmenkonstruktion hat der Schädel einen funktionellen Bau mit einer großen Festigkeit.

Der Gehirnschädel ist eine basal abgeplattete, von vorne nach hinten in die Länge gezogene Hohlkugel. Am **Schädeldach** besteht er aus ziemlich gleichmäßig dicken platten Knochen,

Tab. 6.2 Geschlechtsdifferente Merkmale am Schädel (verändert nach R. Knußmann 1988)

Schädelmerkmal	♀	♂
Neurocranium		
Proc. mastoideus	sehr klein bis klein	groß bis sehr groß
Relief des Planum nuchae	fehlend bis schwach	stark bis sehr stark
Protuberantia occipitalis ext.	sehr schwach bis schwach	stark bis sehr stark
Os zygomaticum	sehr niedrig, glatt bis niedrig glatt	hoch bis sehr hoch, unregelmäßige Oberfläche
Viscerocranium		
Glabella	sehr schwach bis leicht betont	betont bis sehr stark
Arcus superciliaris	sehr schwach bis leicht betont	betont bis sehr stark
Tuber frontale u. parietale	betont bis mäßig betont	schwach bis fehlend
Margo superorbitalis	sehr scharf, rund bis scharf, rund	leicht abgerundet bis stark abgerundet
Neigung des Os frontale	vertikal bis fast vertikal	leicht fliehend bis stark fliehend
Mandibula		
Geamtaspekt	grazil bis mäßig grazil	kräftig bis sehr kräftig
Mentum	klein, rund bis klein	kräftig bis sehr kräftig m. bilateralen Protuberantien
Margo inferior unter M_2 (2. Molar	sehr dünn bis dünn	dick bis sehr dick
Angulus mandibulae	glatt bis fast glatt	Vorsprünge bis starke Vorsprünge
Proc. condylaris	sehr klein bis klein	groß bis sehr groß

die eine stärkere, äußere kompakte Schicht, die Lamina externa, und eine dünnere, innere kompakte Schicht, die Lamina interna (vitrea) zeigen. Zwischen beiden liegt die variable Diploe. An der **Schädelbasis** wechseln stärkere Streben mit dünnen Stellen und zahlreichen Löchern ab.

6.6.1 Verstärkungen der Schädelkonstruktion

Die **Rahmenkonstruktion** des Schädels wird im Bereich der Schädelbasis durch Strebepfeiler gekennzeichnet (Abb. 6.27).

Strebepfeiler der Schädelbasis

Medianer Längsbalken. Er beginnt am Türkensattel, verläuft über den Clivus, umfasst das Foramen magnum und erreicht über die Crista occipitalis interna den Sulcus sinus sagittalis superior und über die Crista frontalis die Crista galli. Im Bereich der dünnen Siebbeinplatte und der Hypophysengrube ist dieser Längsbalken unterbrochen.

Vorderer Querbalken. Er liegt an der Grenze zwischen vorderer und mittlerer Schädelgrube und strahlt seitlich nach vorne und hinten aus.

Hinterer Querbalken. Er wird von den Pyramiden geliefert. Die Basen der beiden Pyramiden werden noch durch einen Knochenrahmen entlang des Sulcus sinus transversi verbunden. An ihnen entspringt das Kleinhirnzelt, das ebenso wie die Hirnsichel die Festigkeit des Schädels verstärkt.

Klinik: 1. Da die Umgebung des Labyrinthes zeitlebens aus dem primitiven Faserknochen besteht, kann der **hintere Querbalken** brechen, wobei die **Nervi facialis** und **vestibulocochlearis** geschädigt werden können. **2. Röntgenaufnahmen** in verschiedenen Ebenen geben uns am Lebenden Aufschlüsse über Frakturen, Lage und Zustand der Nase und Nasenhöhlen, über die Größe der Hypophysengrube usw. Probleme bei der Deutung der Röntgenaufnahmen ergeben sich vor allem aus der Tatsache, dass die verschiedenen Teile aufeinander projiziert werden. Diese Schwierigkeiten werden heute durch **CT** und **MRT** weitgehend überwunden.

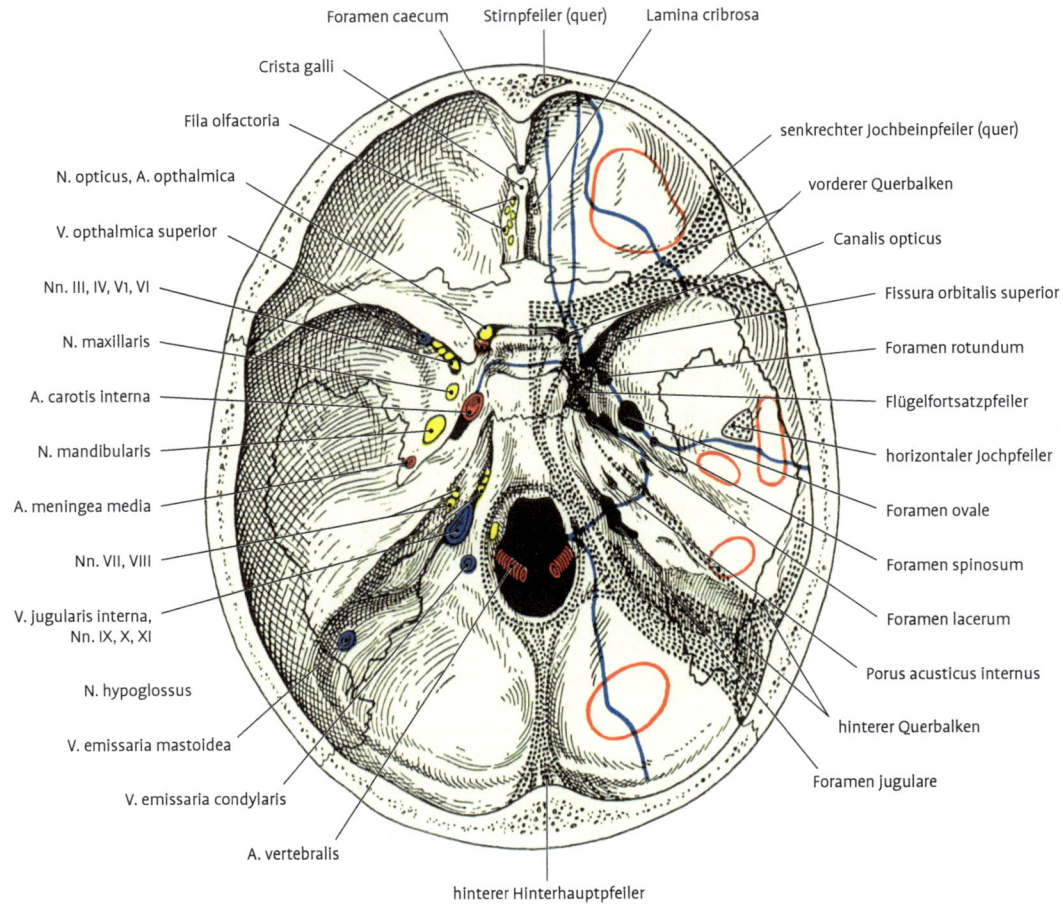

Foramen caecum   Stirnpfeiler (quer)   Lamina cribrosa

Crista galli

Fila olfactoria

N. opticus, A. opthalmica

V. opthalmica superior

Nn. III, IV, V1, VI

N. maxillaris

A. carotis interna

N. mandibularis

A. meningea media

Nn. VII, VIII

V. jugularis interna,
Nn. IX, X, XI

N. hypoglossus

V. emissaria mastoidea

V. emissaria condylaris

A. vertebralis

hinterer Hinterhauptpfeiler

senkrechter Jochbeinpfeiler (quer)

vorderer Querbalken

Canalis opticus

Fissura orbitalis superior

Foramen rotundum

Flügelfortsatzpfeiler

horizontaler Jochpfeiler

Foramen ovale

Foramen spinosum

Foramen lacerum

Porus acusticus internus

hinterer Querbalken

Foramen jugulare

Abb. 6.27 Festigkeit der Schädelbasis. **Links:** Aus- und Eintrittsstellen der Nerven und Gefäße an der Schädelbasis. **Rechts:** Strebepfeiler punktiert, besonders dünne Stellen rot umrandet, Löcher schwarz, typische Bruchlinien blau.

6.6.2 Pneumatisation und Kaudruckpfeiler

Die Anordnung der **Orbitae** und der **pneumatischen Räume** (Nasennebenhöhlen) haben eine Pfeilerkonstruktion des Viscerocraniums zur Folge (Abb. 6.28).

Die Streben des Gesichtsschädels haben dem Druck, den der Unterkiefer auf den Oberkiefer ausübt, Widerstand zu leisten und den Kaudruck auf den stärkeren Hirnschädel zu übertragen. Die Spongiosa des Oberkiefers bildet über den Alveo-

len Druckkegel, die sich im sog. Basalbogen sammeln.

Stirnnasenpfeiler. Sie leiten den Kaudruck von Incisivi und Canini und z.T. vom 1. Molaren über den Stirnfortsatz des Oberkiefers um die äußere Nasenöffnung herum zum mittleren Teil der Stirn.

Jochbogenpfeiler. Er nimmt den Kaudruck vom 1. und 2. Molaren auf, leitet ihn lateral um die Augenhöhle. Man kannen ihn vom Oberkiefer über dessen Jochfortsatz auf das Jochbein und von dort verfolgen: als senkrechter Jochpfeiler über den

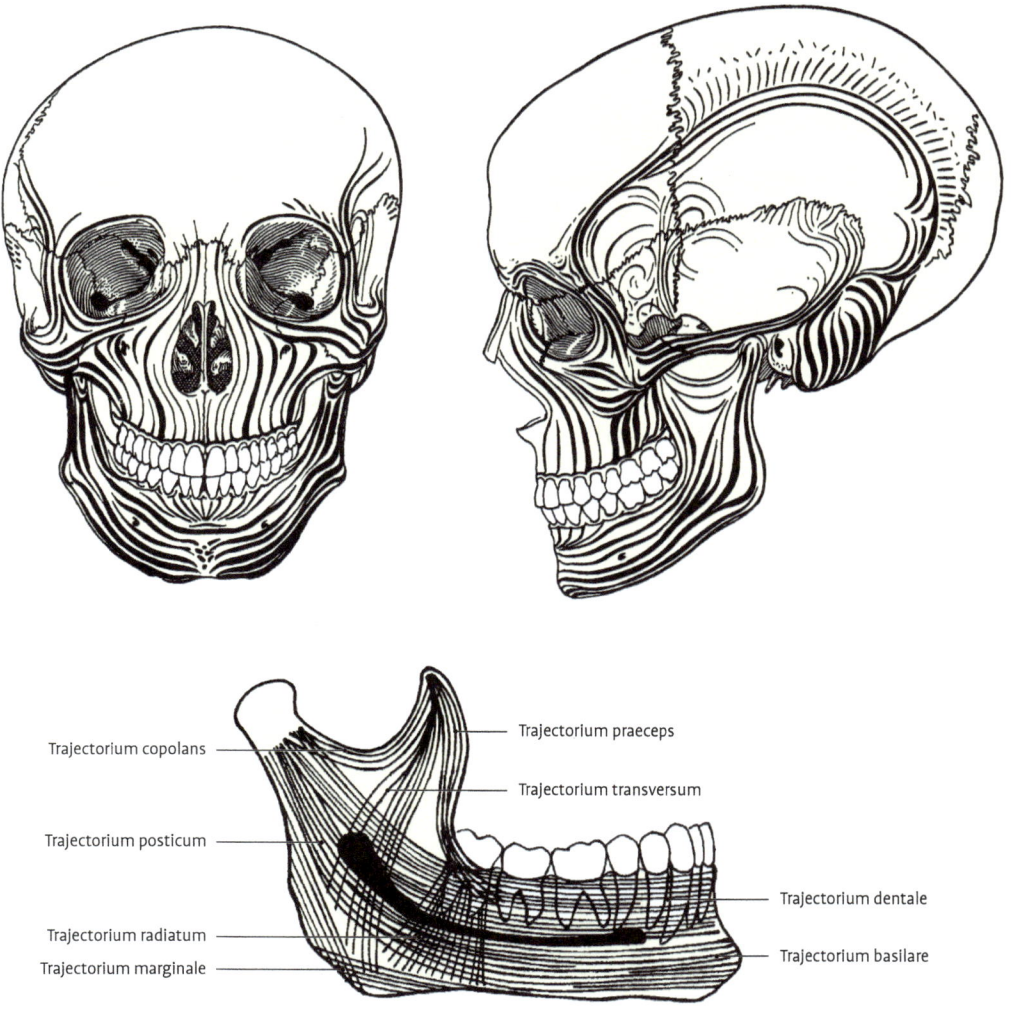

Trajectorium copolans

Trajectorium posticum

Trajectorium radiatum

Trajectorium marginale

Trajectorium praeceps

Trajectorium transversum

Trajectorium dentale

Trajectorium basilare

Abb. 6.28 Verstärkungspfeiler des Schädels von vorn und von der Seite (nach A. Benninghoff) **(oben)**. Trajektorien des Unterkiefers **(unten)**.

Jochfortsatz des Stirnbeines auf die seitlichen Teile der Stirn (in Abb. 6.27 quer getroffen), als horizontalen Jochpfeiler über den Jochbogen auf das Schläfenbein und entlang der Schläfenlinie zum senkrechten Jochpfeiler zurück. Die Schläfengegend ist somit von einem stärkeren Knochenrahmen eingefasst. Im Bereich der eingerahmten Felder ist der Knochen relativ dünn.

Flügelfortsatzpfeiler. Er leitet den Kaudruck vom 2. und 3. Molar über den Proc. pterygoideus und Teile des Keilbeinkörpers.

6.6.3 Mandibula

Die Rahmenkonstruktion der Mandibula wird durch **Trajektorien** gebildet, welche sich im rechten Winkel schneiden und in dreidimensionaler Anordnung verlaufen (Abb. 6.28).

- **Trajectorium dentale,** durchzieht den Alveolarteil und trifft im Proc. condylaris auf das
- **Trajectorium basilare,** das im Basalbogen des Unterkiefers liegt.

- **Trajectorium posticum,** verstärkt den hinteren Rand des Unterkieferastes, dem sich das
- **Trajectorium marginale** am Kieferwinkel anschließt,
- in einer S-Bogenform vom Proc. coronoideus zum Kieferwinkel.
- **Trajectorium radiatum,** stellt den Druckkegel unter jedem Zahn dar.

Die Spongiosastrukturen sind auf Zugwirkung der Kaumuskulatur sowie auf den Kaudruck abgestimmt.

6.6.4 Beteiligung der Dura mater

Die Dura nimmt auf o. g. Strukturen Einfluss. Sie kann durch kleinste Spannungsreize die Bildung von Trajektorien am Schädel stimulieren.

Die Dura mater selbst besteht aus trajektoriell angeordneten kollagenen Fasern. Das Stratum periostale bildet mit dem Schädelknochen einen **osteofibrösen Verband,** der durch Durasepten strebepfeilerartig verstärkt wird.

6.6.5 Praktische Bedeutung der Rahmenkonstruktion

Die **Hohlkugel** des Gehirnschädels zeigt eine gewisse elastische Verformbarkeit. Sind die verformenden Kräfte zu stark, kommt es zu Schädelfrakturen. Die ungleiche Wandstärke und der Aufbau der Wände erklären manche Eigenart und die Lage der Brüche.

Engumschriebene Gewalteinwirkung (Schlag mit einem harten Gegenstand). Es kommt zu **Impressionsfrakturen.** Die Stelle wird gegen die Schädelhöhle eingedrückt, wobei die Bruchlinien vom Zentrum der Einwirkung aus radienförmig verlaufen. Häufig beobachtet man bei solchen Gewalteinwirkungen nur einen Bruch der Lamina interna, der leicht übersehen und erst an Hirnsymptomen erkannt wird. Ursprünglich nahm man eine besondere Sprödigkeit der Lamina interna an und nannte sie Tabula vitrea, Glastafel. Doch ist die Impressionsfraktur wohl rein mechanisch zu erklären. Bei der Eindellung kommt es an der Innenfläche zu einer Zug-, an der Außenfläche zu einer Druckbeanspruchung. Weil der Knochen auf Druck besser als auf Zug beanspruchbar ist, muss die Lamina interna zuerst brechen.

Breitflächige Gewalteinwirkung (z. B. beim Sturz auf den Kopf). Sie pflanzt sich über die Wände der Kugel fort, die dann an den schwächsten Stellen birst **(Berstungsbrüche).** Diese Berstungsbrüche treten vorwiegend an der Schädelbasis. Die häufigsten Bruchlinien sind in Abb. 6.27 eingetragen.

- Liegen sie im Bereich der vorderen Schädelgrube, so sind Blutungen bzw. Liquorabfluss aus der Nasenhöhle (Lamina cribrosa!) oder Blutungen in die Augenhöhle, die sich nach vorne fortpflanzen und unter den Augenlidern als Brillenhämatome erscheinen, charakteristische Symptome.
- Bei Brüchen in der mittleren Schädelgrube stellt man Liquorabfluss durch Nase, Rachen und eventuell den äußeren Gehörgang (aber nur bei verletztem Trommelfell) fest.
- Bei Brüchen in der hinteren Schädelgrube tritt häufig Blut unter der Haut über dem Warzenfortsatz aus.

Axiale Belastung. Die Wirbelsäule kann mit dem Rand des Foramen magnum des Os occipitale in die hintere Schädelgrube einbrechen.

Klinik: 1. Schädelbrüche können zu Verletzungen des Gehirns führen. Risse in den starrwandigen Sinus durae matris haben oft Blutungen zur Folge. **2.** Bei **Schädelbasisbrüchen** sind Nerven und Blutgefäße, die durch Knochenlücken und Spalten durchtreten, besonders gefährdet. Nerven mit kurzem intrakraniellen Verlauf (Nn. IX, X, XI, XII) sind seltener verletzt, der N. VII und die Äste der N. V dagegen häufiger. Der N. IV und N. VI haben einen langen intrakraniellen Verlauf. Sie sind deshalb häufig verletzt. **3.** Blutungen aus der A. meningea media führen zu **epiduralen Hämatomen,** Blutungen aus den Brückenvenen zu **subduralen Hämatomen.**

6.7 Gelenke des Kopfes

Neben den **Synarthrosen** des Schädels wie Synchondrosen und Suturen gibt es auch **Diarthrosen.**

6.7.1 Kopfgelenke

Es gibt ein **oberes Kopfgelenk** (Articulatio atlantooccipitalis) sowie ein **unteres Kopfgelenk** (Articulatio atlantoaxialis).
    Diese gewähren dem Kopf eine relativ große Beweglichkeit. Ausführungen s. Kap. 4.2.1.1.

6.7.2 Kiefergelenk, Articulatio temporomandibularis

Die Art. temporomandibularis (Kiefergelenk) ist das Gelenk zwischen Os temporale und Mandibula. Am Os temporale bilden die Fossa mandibularis und das davor gelegene Tuberculum articulare die Gelenkflächen, an der Mandibula das **Caput mandibulae** (Kieferköpfchen). Das Gelenk wird durch einen **Discus articularis** in zwei Räume (Art. discotemporalis und Art. discomandibularis) getrennt. Im Sagittalschnitt zeigen die Fossa mandibularis und das Tuberculum articulare eine S-förmige Gelenkbahn. Der vordere Teil der Gelenkgrube und das Tuberculum articulare sind von Faserknorpel bedeckt. Der hintere Teil der Fossa mandibularis liegt extrakapsulär und ist von derbem Bindegewebe überzogen.

Das Gelenk wird durch **Gelenkbänder** (Lig. laterale und Lig. mediale) sowie durch **Syndesmosen** (Lig. sphenomandibulare und Lig. stylomandibulare) geführt. Das **Lig. sphenomandibulare** zieht von der Spina ossis sphenoidalis zur Lingula mandibulae. Das **Lig. stylomandibulare** zieht vom Processus styloideus zum Angulus mandibulae.

Kiefergelenkköpfchen (Caput mandibulae). Es sitzt auf dem kranialen Ende des Gelenkfortsatzes **(Proc. condylaris)** (Abb. 6.24) und besitzt eine walzen- bis ellipsenartige Form mit starken individuellen Variationen. Nur selten sind die Gelenkköpfe in Bezug auf ihre Form und Stellung spiegelbildlich. Beim Neugeborenen ist der Gelenkkopf noch flach. Die Vorderseite des Kieferköpfchens (Abb. 6.24) ist mit Faserknorpel bedeckt, der im mittleren Bereich dicker ist als in den Randzonen. Die Rückfläche des Kiefergelenkkopfes liegt ebenfalls noch intrakapsulär, ist aber von straffem Bindegewebe bekleidet.

Kiefergelenkgrube, Fossa mandibularis (Abb. 6.4). Sie liegt an der Unterfläche der Schläfenbeinschuppe. Sie ist etwa 2- bis 3-mal größer als die Gelenkfläche des Kieferkopfes und korrespondierend zur Position desselben etwas schräg gestellt. Die Gelenkfläche dehnt sich ventral etwa bis zum Scheitel des Gelenkhöckers aus. In der Tiefe der Gelenkgrube kann der Knochen papierdünn sein.

Gelenkscheibe, Discus articularis. Dem Condylus sitzt er auf und unterteilt den Gelenkraum in einen oberen und unteren Spalt. Die Grundform des Discus ist ovoid gestaltet. Der Discus ist vorne, medial und lateral mit der Gelenkkapsel verwachsen. Bei

geschlossenem Mund bedeckt er den Gelenkkopf kappenartig. Der zentrale Abschnitt des Discus besteht aus straffem Bindegewebe, in den Randzonen finden sich außerdem noch Knorpelzellen. In dem Bereich, dem in der Ruhelage die Gelenkfläche das Caput mandibulae aufliegt, enthält der Discus Faserknorpel.

> **Klinik:** Bei **Fehlbelastungen** des Gelenkes können Defekte im Discus auftreten. Des Öfteren sind damit auch degenerative Veränderungen am Gelenkknorpel verbunden.

Kapsel und Verstärkungsbänder (Abb. 6.29c). Die schwache, trichterförmige **Gelenkkapsel** entspringt am Rande der Fossa mandibularis und schließt das Tuberculum articulare ein. Sie setzt oberhalb der Fovea pterygoidea am Unterkieferhals an. Sie ist so weit, dass der Gelenkkopf nach vorne vor die Unterkieferhöcker luxieren kann, ohne dass sie einreißt. Da sie auch am Discus ansetzt, ist die Gelenkhöhle in eine obere **diskotemporale** und eine untere **diskomandibulare** Kammer unterteilt. Der Diskus trennt die obere und untere Gelenkkammer, die keinerlei Verbindung untereinander haben.

- Das dreieckige **Ligamentum laterale** (temporomandibulare) verstärkt die schlaffe Kapsel und bremst das Zurückführen des Unterkiefers ab.
- Das **Ligamentum sphenomandibulare** von der Spina des Keilbeines zur Lingula mandibulae und das **Ligamentum stylomandibulare** vom Proc. styloideus zum Angulus mandibulae haben keine Beziehungen zur Kapsel.

6.7.3 Gefäße und Nerven

Arterien. A. auricularis profunda (Pars mandibularis der A. maxillaris)

Venen. Rr. articulares → V. retromandibularis

Nerven. Sensible Fasern kommen aus den Nn. auriculotemporalis, massetericus, temporalis profundus posterior und facialis. **Parasympathische Fasern** kommen über einen Gelenkast vom Ganglion oticum (sekretorische Fasern) für die Synovia-Produktion. **Sympathische Nerven** erreichen das Gelenk über die Gefäße.

6.7.4 Mechanik des Kiefergelenkes

Das Kiefergelenk ist als eine **Kombination zweier Gelenke** aufzufassen. Das untere, diskomandibulare

Scharniergelenk und das obere, diskotemporale **Schiebegelenk** können getrennt und gemeinsam benutzt werden. Rechtes und linkes Kiefergelenk müssen stets gemeinsam tätig sein. Die Form der Gelenkflächen, der Zustand des Gebisses, die Form und Stellung der Zähne, die Kaumuskulatur und ihre Innervation sind Glieder eines funktionellen Systems, die den Ablauf der Kieferbewegungen beeinflussen. Da die Zahnreihen als Führungsflächen dienen, werden ein Fehlen der Zähne (beim Säugling und Greis), ein lückenhaftes Gebiss, ein Vor- und ein Kopfbiss zwangsläufig die Form der Gelenkflächen und den Bewegungsablauf abwandeln.

In der **Ruhestellung** des Unterkiefers stehen die Zähne nicht in **Okklusion**. Der Gelenkkopf mitsamt dem Discus liegt im vorderen Teil der Gelenkgrube und auf dem hinteren Abhang des Gelenkhöckers.

6.7.4.1 Bewegungsmöglichkeiten (Abb. 6.29)

Öffnungs- und Schließungsbewegungen (Abduktion und Adduktion) sind reine **Scharnierbewegung** im unteren Gelenkskompartment (Art. discomandibularis). Diese ist zunächst – der Schwerkraft folgend – passiv (vergl. leicht geöffneter Mund bei völlig entspanntem Patienten) und erfolgt ohne Artikulation der Zahnreihen gleichzeitig im rechten und linken Gelenk. Beide Kiefergelenke arbeiten als ein Scharniergelenk mit wandernder Achse.

Das **Vor- und Zurückschieben** (Pro- und Retrotrusion; **Schlittenbewegung**) des Unterkiefers findet im oberen, diskotemporalen Gelenk unter Führung der Zahnreihen statt (inzisales Gelenk, Abb. 6.30). Deshalb können der Zustand der Zahnreihen, Form

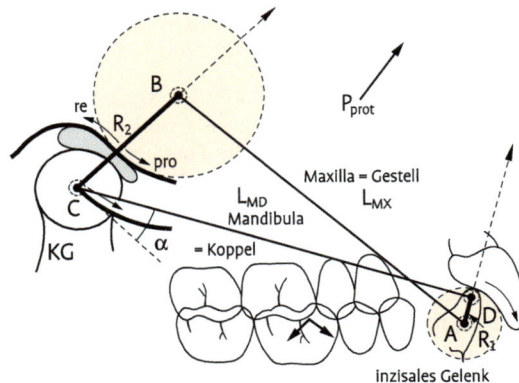

Abb. 6.30 Zentrik des Kiefergelenkes (centric relation = CR) und habituelle Interkuspidation (centric occlusion = CO) in übereinstimmender Unterkieferlage (CR = CO). Biomechanische Idealanordnung aller Einzelgelenksysteme des stomatognathen Systems. Viergelenk-Getriebe der protrusiven kranialen Grenzbewegung: Die überschlagene dimere Gelenkkette R_1 des Frontzahngelenkes und die gestreckte dimere Kette R_2 des Kiefergelenkes sind durch die Maxilla (Gestell) und die Mandibula (Koppel) zu einem Viergelenk-Getriebe gekoppelt. Die Verlängerungen der Glieder der dimeren Ketten R_1 und R_2 (Pleuel) schneiden sich im momentanen Drehpol P_{prot} der Mandibula.

und Stellung der Zähne sowie die Form des Gelenkhöckers den Bewegungsablauf beeinflussen. Der Discus gleitet mit dem Gelenkkopf auf dem Tuberculum articulare nach vorne. Bei starkem Vorbiss ist eine leichte Öffnungsbewegung nötig, um die Schneidezähne des Unterkiefers an denen des Oberkiefers vorbeiführen zu können.

Aus den oben angeführten Bewegungskomponenten zusammengesetzt ergeben sich die kom-

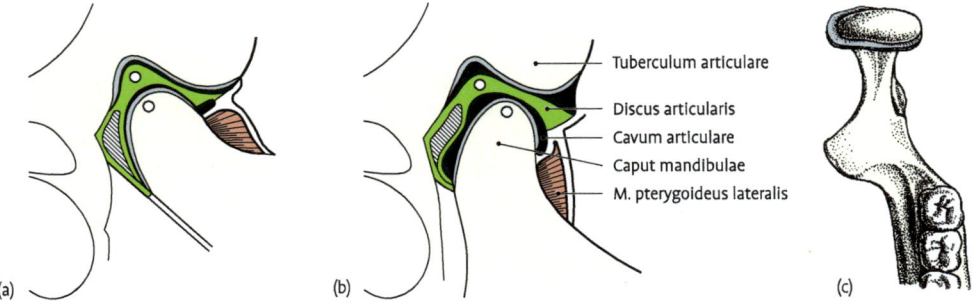

Tuberculum articulare
Discus articularis
Cavum articulare
Caput mandibulae
M. pterygoideus lateralis

Abb. 6.29 Schematische Darstellung des Kiefergelenkes. **a:** Kieferschluss. **b:** bei der Öffnungsbewegung. Die Verlagerungen des Kieferkopfes gegen den Discus articularis werden durch Kreise markiert. **c:** Ansatz der Kiefergelenkkapsel (grau) am Unterkiefer (aus G.-H. Schumacher).

plexen Hauptbewegungen des Kiefergelenks, die **Mahl- und die Beißbewegung**. Die Schlittenbewegung **einseitig isoliert** führt zur Seitwärts- oder **Mahlbewegung** (Medio- und Laterotrusion). Dabei dreht sich – ebenfalls unter Führung der Zahnreihen – das eine Köpfchen um eine senkrechte Achse in der Pfanne (= Ruhepol); das andere gleitet auf dem Gelenkhöcker nach vorne unten (= Gangpol) und bringt die Zahnreihe seiner Seite zum Klaffen. Bei dieser Schwenkbewegung wird das Kinn auf die Gegenseite verschoben. Das Mahlen findet auf der Seite der Drehung statt.

Um den Mund weiter als passiv zu öffnen, folgt dem passiven Öffnen die Schlittenbewegung **beidseits kombiniert** mit einer weiteren Scharnierbewegung. Recht bald rutscht der Discus unter der Zugwirkung des M. pterygoideus lateralis auf dem Gelenkhöcker nach vorne und unten. Gleichzeitig wandert der Kieferwinkel nach hinten. Diese Drehung des Kieferastes erfolgt um eine quere, durch das Foramen mandibulae gehende Achse. Der in dieses Loch eintretende Nerv erleidet deshalb bei dieser Bewegung keine Zerrung. Der hinter dem Kieferast gelegene Raum wird bei dieser Bewegung oben erweitert, unten eingeengt.

6.7.4.2 Anpassungsvorgänge am Kiefergelenk

Beim **Neugeborenen** ist die Gelenkgrube flach; das Tuberculum articulare fehlt noch. Beim **zahnlosen Greisenkiefer** flachen sich Gelenkgrube und Gelenkhöcker ab. Beim Kind und Greis erfolgen das Öffnen und Schließen deshalb vorwiegend durch Scharnierbewegung. Beim **Kopf- oder Zangenbiss** ist die Gelenkgrube flach, die Neigung des Gelenkhöckers gering; es überwiegt die Gleitbewegung. Beim starken **Überbiss** ist die Neigung des Gelenkhöckers steil; der Gelenkkopf ist stark gekrümmt, der Kieferhals nach vorne umgebogen; es herrschen die Scharnierbewegungen vor. Auch **einseitiger Verlust der Zähne,** besonders der Backen- und Mahlzähne, kann zu Umbauvorgängen am Kiefergelenk führen.

> **Klinik: Luxation des Kiefergelenkes.** Zu starke Öffnungsbewegungen können, zumeist bei angeborener Bereitschaft, zu Luxationen des Kiefergelenkes führen. Der Kieferkopf rutscht dabei über das Tuberculum articulare hinweg nach vorne, der Mund bleibt offen.

6.8 Entwicklung des knöchernen Schädels, Schlunddarm

In der Entwicklung des Schädels spiegeln sich im besonderen Maße komplexe phylogenetische und ontogenetische Vorgänge wider.

6.8.1 Ontogenese des Schädels

> Das **Anlagenmaterial** des Schädels hat unterschiedliche Herkunft.
> * Kopfmesenchym, welches den kranialen Bereich der Notochorda umfasst
> * Mesenchym der kranialen (okzipitalen) Somiten
> * Material der ersten beiden (3) Schlundbögen

Hirnschädel (Neurocranium) und Gesichtsschädel (Viscerocranium) haben unterschiedliche Entwicklungsgänge. Die embryologische Grundlage dieser Schädelanteile sind **Chondrocranium** (Gesamtheit aller Knochen, die durch enchondrale Ossifikation entstehen) und **Desmocranium** (Gesamtheit aller Knochen, die durch desmale Ossifikation entstehen). Außerdem wird hier auch noch Material aus dem **Schlundbogenapparat** mit einbezogen.

6.8.1.1 Entwicklung des Neurocraniums

Schädelbasis (Basis cranii) sowie Schädeldach (Calvaria) werden sowohl vom Chondro- als auch vom Desmocranium geliefert.

Chondrocranium

Aus dem Chondrocranium entstehen folgende Elemente des **Neurocraniums:**
* Os occipitale (mit Ausnahme des oberen Anteils der Squama occipitalis)
* Os sphenoidale (mit Ausnahme der medialen Lamelle des Proc. pterygoideus)
* Os temporale (Pars petrosa)
* Os ethmoidale (Lamina cribrosa)

Die **Schädelbasis** bzw. Anteile derselben entsteht ab dem 2. Monat aus einer **knorpeligen Anlage,** dem Chondrocranium (Abb. 6.31, 6.32). Das Mesenchym, welches den kranialen Abschnitt der Notochorda umgibt, differenziert sich beiderseits zum Parachordal-Knorpel (**Cartilago parachordalis** → Pars basilaris des Os occipitale). Rostral vom Parachordalknorpel liegen die Hypophysenknorpel **(Cartilagines hypophyseales)**, nach deren Verschmelzung der Keilbeinkörper (Corpus ossis sphenoidalis) entsteht. Weiter rostal entwickeln sich die Trabekelplatten (Cartilagines trabeculares), die nach Verschmelzung zum großen Teil das Siebbein (Os ethmoidale) bilden. Nach kaudal schließt sich an den Parachordalknorpel die Cartilago occipitalis an, die sich später mit dem Parachordalknorpel verbindet. Die Cartilago occipitalis entsteht aus 3 Sklerotomen, die okzipitalen Somiten entstammen, nachdem ein viertes Sklerotom rückgebildet wird. Durch diese Entwicklung ist letztlich eine langgestreckte Knorpelplatte entstanden, die von der Siebbein-Nasenregion bis zur vorderen Begrenzung des Foramen magnum reicht. Material im Anlagenbereich des Os occipitale formiert sich um das Neuralrohr (Abb. 6.31). Im Zentrum der Platte ist zwischen den Hypophysenknorpeln die Rathke-Tasche (Hypophysentasche) zu erkennen.

Weitere Knorpelanlagen entstehen beiderseits lateral von der genannten langgestreckten Platte (Abb. 6.31). Es handelt sich um die rostral gelegene Ala orbitalis (Ala minor des Os sphenoidale) und die nach kaudal folgende Ala temporalis (Ala major des Os sphenoidale). Sie formieren sich um die sich entwickelnde Augenhöhle (Orbita). Seitlich vom Parachordalknorpel befindet sich die Labyrinthkapsel, welche das Ohrbläschen einschließt (Pars petrosa des Os temporale). Die knorpeligen Nasenkapseln liegen vor und unter den Trabekularplatten; sie sind nach unten offen und umschließen die Riechsäckchen. Aus ihnen entstehen auch Teile des Siebbeines.

Die Strukturen des Chondrocraniums verschmelzen miteinander (nur die Durchtritte für Gefäße und Nerven bleiben frei) und verknöchern durch enchondrale Ossifikation (Abb. 6.31 b). Diese Ossifikation vollzieht sich von mehreren Zentren aus. Während dieser Verknöcherungsprozesse bleiben die basikranialen Synchondrosen zunächst als Knorpelreste erhalten, die später auch verknöchern. Sie bilden Wachstumszentren.

Die Wachstumsaktivitäten in den basikranialen Synchrondrosen werden durch das Wachstumshormon (STH) gesteuert, das die Proliferation der Knorpelzellen stimuliert.

Zu den Synchondrosen bzw. Knorpelresten gehören:
1. Synchondrosis sphenooccipitalis: Verknöcherung im 20. Lebensjahr (oder etwas früher)
2. Synchondroses intraoccipitales anterior und posterior: Verknöcherung im 5.–6. Lebensjahr
3. Synchondrosis sphenopetrosa und S. petrooccipitalis: Verknöcherung kurz vor oder nach der Geburt
4. Synchondrosis sphenoethmoidalis: Verknöcherung zur Zeit der Reife, sehr variabel
5. Synchondrosis intersphenoidalis: Verknöcherung frühzeitig, sehr variabel
6. Symphysis mandibulae: Verknöcherung im 1. Lebensjahr

Desmocranium (Abb. 6.32)

Das Desmocranium entwickelt sich unmittelbar aus dem mesenchymalen Bindegewebe, das die Hirnanlage umgibt. Die desmale Ossifikation beginnt etwa in der 8. Embryonalwoche mit 5 Zentren: je 2 Zentren im Bereich der Ossa frontale und

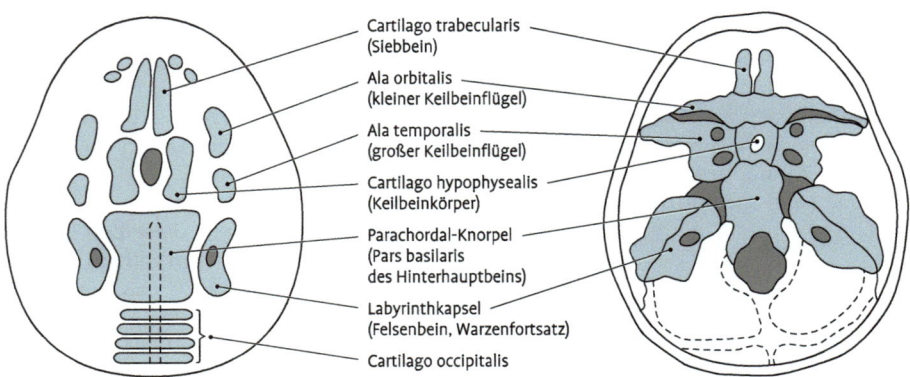

Cartilago trabecularis (Siebbein)
Ala orbitalis (kleiner Keilbeinflügel)
Ala temporalis (großer Keilbeinflügel)
Cartilago hypophysealis (Keilbeinkörper)
Parachordal-Knorpel (Pars basilaris des Hinterhauptbeins)
Labyrinthkapsel (Felsenbein, Warzenfortsatz)
Cartilago occipitalis

Abb. 6.31 Entwicklung des Schädels (verändert nach M. Clara). Links: Knorpelschuppen der Schädelbasis, rechts: Übersicht über den knorpligen Anteil des Schädels (blau).

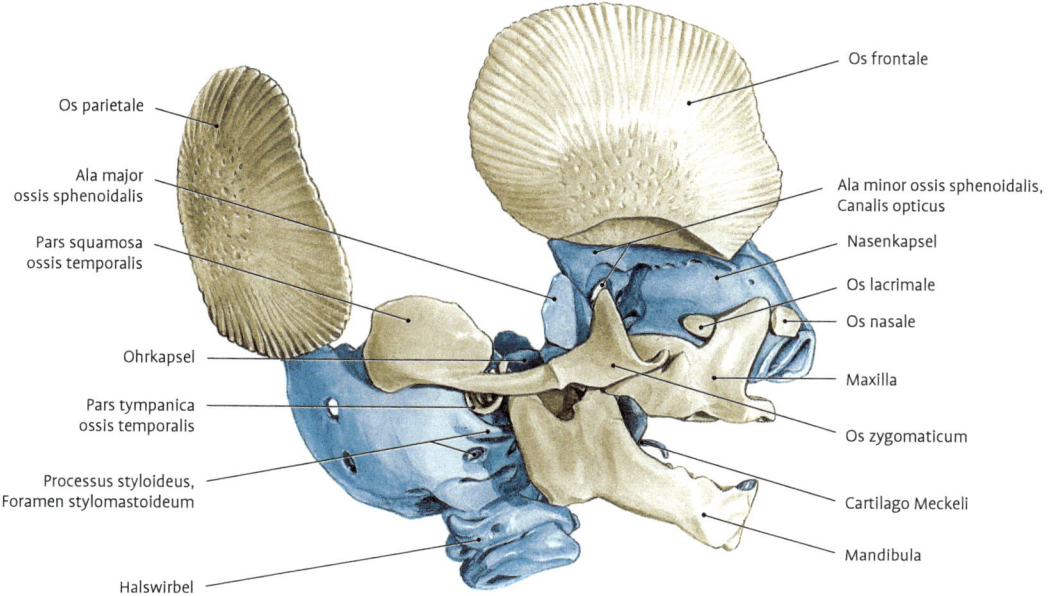

Os parietale

Ala major
ossis sphenoidalis

Pars squamosa
ossis temporalis

Ohrkapsel

Pars tympanica
ossis temporalis

Processus styloideus,
Foramen stylomastoideum

Halswirbel

Os frontale

Ala minor ossis sphenoidalis,
Canalis opticus

Nasenkapsel

Os lacrimale

Os nasale

Maxilla

Os zygomaticum

Cartilago Meckeli

Mandibula

Abb. 6.32 Seitenansicht des Chondrocraniums (blau) eines menschlichen Keimlings (3. Monat). Die Deckknochen in beige (nach O. Hertwig und F. Ziegler).

parietale sowie ein Zentrum in der späteren Squama des Os occipitale. Aus dem Desmocranium entsteht die nicht lasttragende Calvaria (**Squama ossis frontalis, Os parietale,** oberer Teil der **Squama ossis occipitalis** sowie **Pars squamosa** und **Pars tympanica ossis temporalis**).

Die Ossifikation vollzieht sich von den Knochenkernen aus flächenhaft. Dabei wird das Mesenchym bis auf schmale Spalten, die Nähte oder Suturen bei zwei verbundenen Knochen sowie bei mehr als zwei Knochen, auf bindegewebig verschlossene Lücken, die Fontanellen, reduziert.

Suturen (Abb. 6.2). Sie bilden sekundäre **Wachstumszentren** (suturales Wachstum), welches beendet ist, wenn sie verknöchert sind. Die folgenden medizinisch wichtigen Nähte verknöchern erst im Erwachsenenalter:

- Sutura sagittalis: Verknöcherung im 20.–30. Jahr
- Sutura coronalis: Verknöcherung im 30.–40. Jahr
- Sutura lambdoidea: Verknöcherung im 40.–50. Jahr. Die Verknöcherung kann aber individuell auch schon früher einsetzen.
- Alle anderen Suturen werden nach den benachbarten bzw. verbindenden Knochen bezeichnet.

Fontanellen. Sie liegen an den Kreuzungsstellen von Suturen (Abb. 6.2).

- Große Fontanelle, Fonticulus anterior: hat die Form einer Raute; Verschluss bis zum 2. Lebensjahr
- Kleine Fontanelle, Fonticulus posterior: hat dreieckige Gestalt; Verschluss im 3. Monat
- Vordere Seitenfontanelle, Fonticulus anterolateralis (sphenoidalis): Verschluss im 6. Monat
- Hintere Seitenfontanelle, Fonticulus posterolateralis (mastoideus): Verschluss im 18. Monat

Klinik: 1. Die **vordere Fontanelle** hat beim Neugeborenen eine große Bedeutung für die Funktion der erweiterten Seitenventrikel beim Hydrocephalus. **2.** Die **Palpation der Knochenränder** dient der Prüfung des Verknöcherungsgrades. Die vordere und hintere Fontanelle geben dem Geburtshelfer eine Orientierung zur Lage und Einstellung des Kopfes während der Geburt. **3.** Die anderen Fontanellen sind klinisch unauffällig, da sie von Muskulatur bedeckt und nicht tastbar sind.

Die Weichheit der jungen desmalen Knochen und ihre suturale Verbindung ermöglichen
- eine maximale Formveränderung durch Knochenverschiebung bei der Geburt,

• eine optimale Anpassung des Schädeldaches an die progressive Hirnentfaltung.

6.8.1.2 Entwicklung des Viscerocraniums und Schlunddarms

Die Knochen des Viscerocraniums entstehen größtenteils durch desmale Ossifikation. Einige Elemente des Gesichtsschädels, die sich aus den Knorpeln der Schlundbögen ableiten, entstehen durch chondrale Ossifikation.

Desmale Knochen

• Das **Os frontale** (Abb. 6.32) ist zunächst paarig angelegt. Die Verschmelzung zu einem Knochen erfolgt im 2. Lebensjahr, die vollständige Obliteration erst im 5. bis 8. Lebensjahr. Die Naht kann manchmal sichtbar bleiben (Sutura metoptica).
• Die Knochen der **Nasenhöhle** (mit Ausnahme der Choncha nasalis inferior) entwickeln sich als Deckknochen auf der knorpeligen Nasenkapsel, die sich danach zurückbildet.
• Aus Material des ersten Schlundbogens (s. u.) entstehen der Ober- und Unterkieferwulst. Das mesenchymale Gewebe des Oberkieferwulstes ist die Grundlage für die Entwicklung der **Maxilla,** der **Ossa palatinum** und **zygomaticum** sowie der Pars squamosa des **Os temporale** (Abb. 6.32).
• Im Unterkieferwulst wird der Meckel-Knorpel angelegt. Das ventrale Ende desselben degeneriert; es dient als „Matritze" für den sich aus dem umgebenden Mesenchym entwickelnden Unterkiefer (Abb. 6.32). Die desmale Ossifikation der Unterkieferanlage beginnt etwa in der 6. Woche. Kleinere Bereiche, wie die Kinnpartie und der Proc. condylaris, verknöchern allerdings enchondral.

Chondrale Knochen im erweiterten Sinne

• Das **Os hyoideum** entsteht aus dem zweiten (Reichert-Knorpel) und dem 3. Schlundbogenknorpel.
• Aus dem dorsalen Ende des Meckel-Knorpels entwickeln sich durch enchondrale Ossifikation **Malleus** und **Incus,** aus dem des Reichert-Knorpels der **Stapes** sowie der **Proc. styloideus.**

Schlundbögen und ihre Derivate

Andere Begriffe dafür sind **Kiemenbögen, Branchialbögen, Viszeralbögen** oder **Pharyngealbögen.** Beim Menschen werden 4 Schlundbögen und 5 Schlundtaschen angelegt, die aber nicht mehr nach außen durchbrechen. Das Material des 5., 6. und 7. Bogens bleibt zwar erhalten, bildet aber keine Bögen mehr. Die Viszeralbögen des Menschen bestehen aus **Knorpel, Muskeln, Gefäßen** und **Nerven.**

1. **Knorpelanlagen der Schlundbögen**
   • Der **1. Schlundbogen** (Mandibularbogen) liefert das dorsal gelegene Quadratum (den späteren Amboss) und das ventrale **Mandibulare,** das Meckel-Knorpel genannt wird. Zwischen Quadratum und Mandibulare liegt das **primäre Kiefergelenk,** das als späteres Hammer-Amboss-Gelenk (Abb. 6.33) in den Dienst der Schallleitung tritt. Das hintere Ende des Meckel-Knorpels wird zum Hammer umgebildet. Auf den größeren vorderen Teil des Meckel-Knorpels lagert sich von außen Belegknochen (grau in Abb. 6.32) auf, der den Unterkiefer, die Mandibula, liefert. Im Bereich der Mandibula geht der Knorpel zugrunde. Die Mandibula gewinnt eine neue Gelenkbeziehung zum Schädel (Schläfenbein). Dieses neue Kiefergelenk des Menschen und aller anderen Säuger wird als **sekundäres Kiefergelenk** dem primären Kiefergelenk aller Nichtsäuger gegenübergestellt.
   • Die Maxilla entsteht beim Menschen direkt aus dem Bindegewebe, zeigt 6 Knochenkerne, von denen 5 bereits frühzeitig verschmelzen. Das 6. Stück, das die Oberkieferschneidezähne tragende Incisivum, bleibt

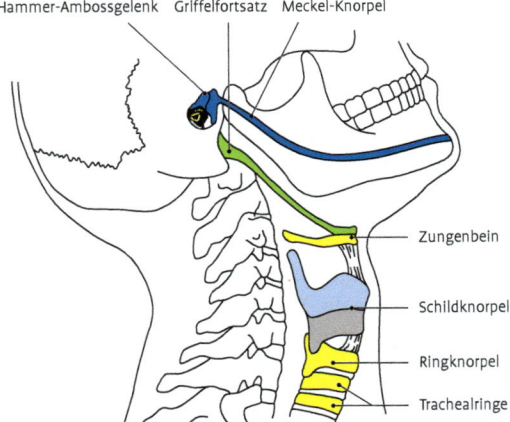

Hammer-Ambossgelenk   Griffelfortsatz   Meckel-Knorpel

Zungenbein

Schildknorpel

Ringknorpel

Trachealringe

Abb. 6.33 Viszeralskelett des Menschen. Die einzelnen Schlundbögen bzw. Abkömmlinge sind durch verschiedene Farben hervorgehoben.

länger selbstständig, ist manchmal noch beim Jugendlichen durch die Sutura incisiva vom Oberkiefer getrennt. Der Deckknochen der Maxilla legt sich erst spät der Nasenkapsel an, die an dieser Stelle schwindet. Die Ossa zygomaticum und palatinum entstehen ebenfalls direkt im Bindegewebe.

- Der **2. Schlundbogen** (Hyoidbogen) liefert den Stapes, den Proc. styloideus, das Lig. stylohyoideum und das kleine Horn des Zungenbeins. Der Proc. styloideus verschmilzt bei der Verknöcherung mit dem Felsenbein.
- Der **3. Schlundbogen** bleibt nur in seinem ventralen Teil als großes Horn des Os hyoideum erhalten. Die ventralen Enden des 2. und 3. Bogens sind durch die Copula, den Zungenbeinkörper, verbunden.
- Aus dem Material des **4. und 5. Schlundbogens** entsteht der Schildknorpel.
- Aus dem Material des **6. Bogens** sollen sich der Kehldeckel und die Cartilagines cuneiformes entwickeln.
- Das Material des **7. Schlundbogens** soll den Ringknorpel, die Gießbeckenknorpel und die Knorpelspangen bzw. -platten der Luftröhre und der Bronchien liefern.

2. **Muskeln, Nerven und Arterien der Schlundbögen**
   Damit die Schlundbögen in ihrer **Einheit** dargestellt werden, sollen auch die Anlagen für die Muskulatur, Gefäße und Nerven aufgeführt sowie die Schlundfurchen und -taschen behandelt werden.

Muskelanlagen der Schlundbögen. Sie wandern in die Kopf- und Halsregionen aus. Aus der Anlage
- des 1. Schlundbogens entstehen die **Kaumuskeln** und **vorderer Bauch** des **M. digastricus, M. mylohyoideus, M. tensor veli palatini** und **M. tensor tympani**
- des 2. Schlundbogens die **mimischen Muskeln** und **hinterer Bauch** des **M. digastricus, M. stylohyoideus, M. stapedius** und das **Platysma**
- des 3. Schlundbogens der **M. stylopharyngeus** und die oberen **Pharynxmuskeln**
- des 4. bis 6. Schlundbogens die **Gaumenmuskeln** mit Ausnahme des M. tensor veli palatini, die **unteren Schlundschnürer** sowie die **Larynxmuskeln**.

Schlundbogenarterien. Sie verschmelzen teilweise miteinander und bilden die Hauptschlagadern des Brust- und Halsbereichs, teilweise gehen sie zugrunde.

Schlundbogennerven. Sie begleiten die Muskeln und versorgen außer diesen auch die oberen Eingeweide, z. B. die Zähne, Schleimhaut der Zunge, den Kehlkopf.
- Der 1. Schlundbogennerv ist der **N. trigeminus,**
- der 2. Schlundbogennerv der **N. facialis,**
- der 3. Schlundbogennerv der **N. glossopharyngeus** und
- der 4. bis 6. Schlundbogennerv der **N. vagus**.

Schlundfurchen

Es handelt sich um entsprechende Einstülpungen von außen entsprechend den Kiementaschen. Sie bilden sich bereits im 2. Monat wieder zurück.
- **1. Schlundfurche.** Aus ihr entstehen die **Ohrmuschelgrube** und der **äußere Gehörgang.**
- **2., 3. und 4. Schlundfurche.** Sie vertiefen sich zur **seitlichen Halsbucht.** Diese wird von der Operkularfalte des 2. Kiemenbogens abgedeckt und durch die Verwachsung derselben mit der unteren Halsregion zur seitlichen Halsbucht, dem **Sinus cervicalis,** geschlossen. Unterbleibt der Verschluss, kommt es zur Bildung einer seitlichen Halsfistel. Der Sinus cervicalis verschwindet später.

Schlund- oder Kiementaschen

Der Schlunddarm stellt den obersten Abschnitt des Vorderdarms dar und beginnt unmittelbar hinter der Rachenmembran. Seine Seitenwände zeigen 5 Schlundtaschen, die sich zwischen den Schlundbögen ausstülpen. Die Entodermzellen am Grund der Schlundtaschen bilden den **Mutterboden für einige Organe** (Abb. 6.34).
- **1. Schlundtasche.** Sie wird zu einem langen Schlauch ausgezogen. Ihr erweitertes Ende liefert die Anlage der Paukenhöhle, **Cavitas tympanica,** und die innere Epithelschicht des Trommelfells. Aus dem Verbindungsstück entsteht die Ohrtrompete, **Tuba auditiva,** die den Rachenraum mit dem Mittelohr verbindet.
- **2. Schlundtasche.** Sie bildet die Tonsillarbucht, aus deren Epithelzellen sich in Verbindung mit dem umgebenden Bindegewebe die Gaumenmandeln, **Tonsilla palatina,** entwickeln.
- **3. und 4. Schlundtasche.** Sie wachsen nach hinten und vorne aus. Die hinteren Epithelzellen bilden die Anlage der Nebenschilddrüsen, **Glandulae parathyroideae,** und die vorderen das Anlagematerial des **Thymus**. Die Organan-

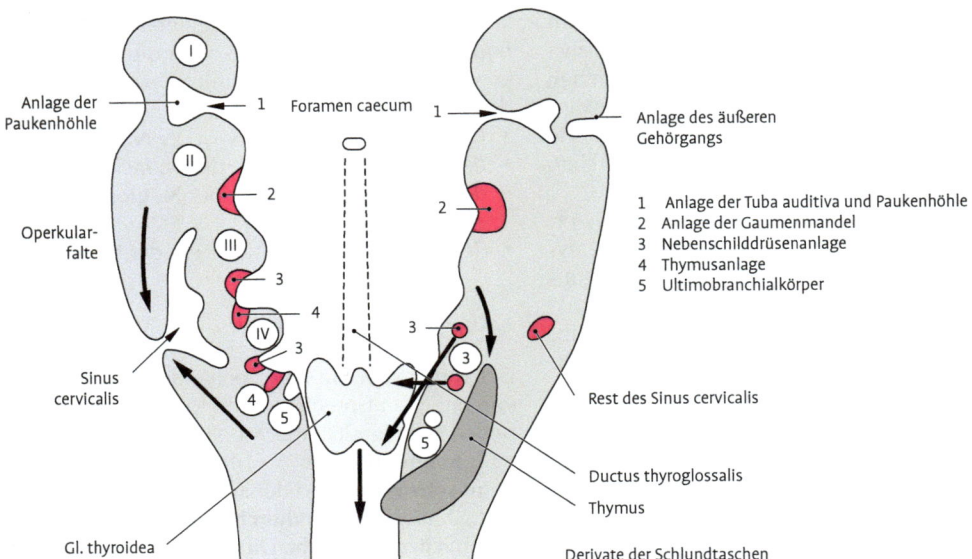

Abb. 6.34 Entwicklung des Schlundbogengebietes (aus G.-H. Schumacher). Arabische Zahlen: Derivate der Schlundtaschen (innen, rot) und Schlundfurchen (außen). Römische Zahlen: Schlundbögen.

lagen wandern abwärts, die Nebenschilddrüse aus der 3. Schlundtasche gelangt zum unteren und die aus der 4. zum oberen Pol der Schilddrüse und der Thymus in den Brustkorb.

- **5. Schlundtasche.** Sie bildet mit ihrem Epithel den **Ultimobranchialkörper,** der später in Form von parafollikulären Zellen oder C-Zellen in der Schilddrüse zu finden ist.

6.8.2 Phylogenese

> Keine Struktur des Körpers ist ein so markantes **Spiegelbild der Phylogenese** wie der Schädel.

Eine phylogenetische Betrachtungsweise ist wichtig, da der Säugetierschädel eine langwierige Entwicklung durchmacht und **Neuerwerbungen** bekommen hat. Diese sind:

1. Sekundäres Kiefergelenk, Gehörknöchelchen, **2.** sekundärer Gaumen und **3.** Heterodontes und diphyodontes Gebiss.

> Das **Prinzip** der **menschlichen phylogenetischen Schädelentwicklung** besteht in der Proportionsveränderung zwischen Neuro- und Viscerocranium sowie in der Schädelbasisknickung.

6.8.2.1 Proportionsverschiebungen

Zerebralisation

Mit der **Entfaltung** des Großhirns **(Zerebralisation)** erfolgt eine Ausrundung des gesamten menschlichen Schädeldachs. Die Fläche der Deckknochen vergrößert sich. Davon ist insbesondere das Os frontale durch eine Aufrichtung und Auswölbung der Squama betroffen. Als Ergebnis dieser Entwicklungsvorgänge liegt eine Vergrößerung der Hirnkapsel vor (z. B. Orang Utan 300–480 cm³, rezenter Mensch 1.100–1.900 cm³). Die Sinnesorgane, insbesondere die Augen, haben ebenfalls einen Einfluss auf die Gestaltung des Gesichtsschädels.

Schwächere Ausbildung des Viscerocraniums, Vertikalisation

Mit dem **aufrechten Gang** des Menschen **(Vertikalisation)** werden die vorderen Extremitäten frei für bestimmte Verrichtungen, die vorher vom Gebiss getätigt wurden. Beim Tier hat das Gebiss neben der Kaufunktion die Aufgabe des Erlegens der Beute, der Verteidigung, des Werkzeugs (Nager!) und des Tragens der Jungen. Diese Funktionen treten beim Menschen zurück.

Kieferverkürzung und Entwicklung einer Parabelform der Zahnbögen. Die Zähne sowie die Kau-

und Nackenmuskulatur werden schwächer ausgebildet. Daraus resultieren grazilere Knochenleisten als Ursprungs- und Ansatzort.

6.8.2.2 Schädelbasisknickung

Sie ist ein Schlüsselereignis in der Phylogenese des Schädels. Durch die Entwicklung des aufrechten Gangs (**Vertikalisation**) knickt der Schädel in sich ab, damit die Aug-(Seh-)achse in der Horizontalen erhalten bleibt. Der Mensch hat die ausgeprägteste Knickung, die individuell zwischen 90° und 116° betragen kann. Die Knickung wird durch den Winkel zwischen Clivus und der Ebene der vorderen Schädelgrube ausgedrückt. Die Schädelbasisknickung hat auch eine Schädelverkürzung (**Brachykephalisation**) zur Folge. Die **Zerebralisation** unterstützt die Knickungsvorgänge.

Mit der Schädelbasisknickung hat der Schädel auch eine andere Orientierung bekommen. Er muss beim Zweibeiner auf der Wirbelsäule balancieren. Während beim Vierfüßer das Foramen magnum nach hinten unten zeigt, ist es beim Menschen nach unten gerichtet. Foramen magnum und Condyli occipitales sind weit nach vorne gelagert. Der Schwerpunkt des menschlichen Schädels liegt etwa 3 cm vor den Hinterhauptskondylen. Damit sind die Schultermuskulatur und die tiefe Nackenmuskulatur schwächer ausgebildet und die sog. Muskelkämme der Vierfüßer sind überfällig geworden.

6.8.2.3 Weitere Faktoren für die Schädelformung

Umweltfaktoren und die Ernährung prägen den Schädel. So bilden sich je nach Ernährungsweise 1. Karnivoren (Fleischfresser), 2. Herbivoren (Pflanzenfresser) oder 3. Rodentia (Nager) heraus.

> Der **menschliche Schädel** weist durch die Anpassung an die **omnivore Ernährungsweise** Besonderheiten auf, die sich in der Form der Zähne, des Kiefergelenkes und der Kaumuskeln widerspiegeln.

Die Entwicklung der **Sprache** differenziert Muskelgruppen, die an der Sprache mitbeteiligt sind (Artikulation, Mimik, Gestik). Durch eine stärkere Wölbung des harten Gaumens hat die Zunge einen größeren Spielraum für die Artikulation. Letzt-

lich haben auch **endokrinologische Zusammenhänge** eine große Bedeutung.

6.8.3 Kraniofaziales Wachstum

Die **Steuerung** des kraniofazialen Wachstums ist ein komplexes Geschehen. Dabei unterliegt die Formwerdung des Schädels einem genetischen Programm, das durch exogene Faktoren beeinflusst und modifiziert werden kann.

> Die Entwicklung des **Chondrocraniums** ist in erster Linie genetisch determiniert. Das Wachstum des **Desmocraniums** wird dagegen vor allem durch umgebende lokale Faktoren (z. B. Muskulatur) beeinflusst. Die Gesamtheit dieser Faktoren wird als „funktionelle Matrix" (M. Moss) bezeichnet.

Pränatal sind das chondrale und suturale Wachstum dominierend. Das periostale Wachstum, von dem das Dickenwachstum der Knochen ausgeht, tritt erst postnatal auf. Dem chondralen Wachstum kommt die Bedeutung eines primären Wachstums zu, während das suturale mehr eine sekundäre, kompensatorische Aufgabe hat. Das Neurocranium wird schon pränatal insbesondere durch die Hirnentfaltung gestaltet. Die Schädelbasis knickt durch den Wachstumsdruck des Gehirns vom Keilbeinkörperkomplex nach hinten und seitwärts ab. Das Schädeldach wird ausgerundet. Die Modellierung des Viscerocraniums erfolgt dagegen erst postnatal. Hier sind die Entwicklung der Augen und Nasennebenhöhlen sowie die Dentition als kausale Faktoren zu nennen. Der Zug der sich entwickelten Muskulatur wirkt am gesamten Schädel stimulierend auf die Osteogenese. So entsteht beispielsweise der Proc. mastoideus erst nach der Geburt durch den Zug des M. sternocleidomastoideus.

Die **endgültige Schädelform** wird durch **Größenwachstum** und **Proportionsverschiebungen** zwischen Neuro- und Viscerocranium erreicht. Das Viscerocranium ist beim Neugeborenen im Verhältnis zum Neurocranium zunächst relativ klein. Die Kiefer sind noch wenig entfaltet. Somit ist das Gesicht niedrig und breit (Abb. 6.35).

Jeder Schädel ist **asymmetrisch** gestaltet. Kleinere Seitendifferenzen gehören zur normalen „biologischen Varianz". Größere Abweichungen bezeichnet man als Schädel-Gesichtsskoliosen.

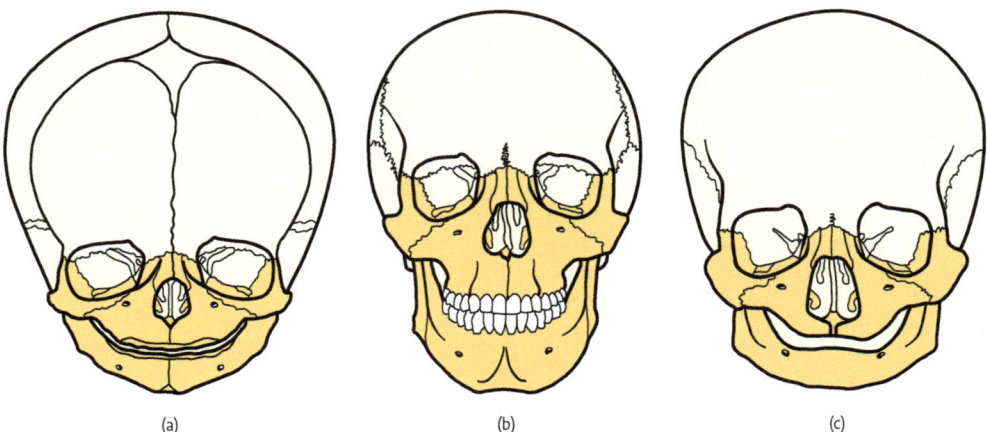

(a)   (b)   (c)

Abb. 6.35 Das Verhältnis von Gehirn- (gelb) und Gesichtsschädel (orange). Die Schädel vom Neugeborenen (a), Erwachsenen (b) und Greis (c) wurden auf die gleiche Höhe gebracht.

6.8.4 Fehlbildungen

Fehlbildungen treten auf als **Defekte, Kranioschises,** oder als vorzeitiger Schluss von Schädelnähten, **Kraniosynostosen.** Kombinierte Fehlbildungen bilden **Syndrome.**

6.8.4.1 Kranioschisis

- **Akranie:** angeborenes Fehlen des Schädeldachs, zumeist bei Anenzephalie.
- **Anenzephalie** (Krötenkopf, Froschkopf): schwere, relativ häufig vorkommende Fehlbildung (ca. 1:1.000 Lebendgeborene). Vorliegen einer Akranie sowie Fehlen von Gehirnteilen bzw. völligem Fehlen des Gehirns. Sehr oft Fortsetzung des Defekts in den Zervikalbereich (Kraniorhachischisis)
- **kombinierte Spaltbildung** an Schädel und Wirbelsäule: fehlender Schluss des Neuroporus rostralis. Nicht mit dem Leben vereinbar.
- **Kranioschisis occulta:** zumeist auf Stirn- und Scheitelbeine begrenzte Defektbildung. Diese Defekte sind oft mit einer Herniation von Teilen des Gehirns (Enzephalozele) oder nur der der Hirnhäute (Meningozele) verbunden.

6.8.4.2 Kraniosynostosen, Kraniostenosen, Stenokephalie

Vorzeitiger Nahtverschluss, vermutlich genetisch bedingt (prämature Synostosen) → Schädeldeformi-

täten (Dyskranie). Die Schädelform hängt dabei vom Typ des vorzeitigen Nahtverschlusses ab. Beim männlichen Geschlecht häufigeres Vorkommen.
- Vorzeitiger Pfeilnahtverschluss → Kahnschädel **(Scaphocephalus)**
- Vorzeitiger Verschluss der Stirnnaht → Keilschädel **(Trigonocephalus)**
- Vorzeitiger symmetrischer Verschluss der Kranznaht → Turmschädel **(Oxycephalus)**, ungleichmäßiger Verschluss der Kranznaht (und der Lambdanaht) → Schiefschädel **(Plagiocephalus)**
- **Mikrozephalie:** Hier bleibt das Hirnwachstum zurück oder völlig aus. Vorzeitiger Naht- und Fontanellenverschluss.

6.8.4.3 Syndrome, Systemerkrankungen

- **Crouzon-Syndrom:** Pfeil- und Kranznaht sind bei der Geburt bereits geschlossen. Früher Schluss der großen und kleinen Fontanelle. Hypertelorismus, Oberkieferhypoplasie, tiefer Ohrenansatz. Normal verlaufende geistige Entwicklung.
- **Enslin-Syndrom**(-Trias): Komplex aus Turmschädel, Exophthalmus und starke Wucherung der Rachentonsille.
- **Mandibulofaziale Synosten:** Komplex aus verschiedenen Entwicklungsstörungen im Mittelgesicht. Zumeist Unterentwicklung von Maxilla, z. T. Mandibula und Jochbogen. Hypo-/Hypertelorismus, Zahnfehlbildungen.

- Störungen des Wachstums der **basikranialen Synchondrosen:** Die Schädelbasis bleibt in ihrem Längenwachstum zurück und die „Stemmkörperwirkung" der Synchondrosen auf das Mittelgesicht bleibt aus (Zurückbleiben des Mittelgesichts, Boxer- oder Bulldoggengesicht).
- **Arnold-Chiari-Syndrom:** Herniation von Teilen des Cerebellum und der Medulla oblongata in den Wirbelkanal sowie in die Halsregion hinein. Oft ist die hintere Schädelgrube unterentwickelt. Die Ätiologie ist unbekannt.
- **Hydrocephalus:** Vergrößerung des Neurocraniums durch abnorme Wölbung der Calvaria. Volumenzunahmen durch Erweiterung der Hirnventrikel (Hydrocephalus internus) bzw. des Subarachnoidalraumes (Hydrocephalus externus) aufgrund von Abflussstörungen des Liquor cerebrospinalis

6.9 SCALP und SMAS

Die Bindegewebssysteme des Kopfes, das sind die oberflächlichen und tiefen Muskelfaszien und Muskelaponeurosen, sowie das Stratum fibrosum subcutaneum (eine uneinheitliche Bindegewebsschicht, welche das subkutane Fettgewebe in zwei Schichten teilt – vergl. Scarpa-Faszie) treffen sich über der Calvaria in einer kräftigen Bindegewebsplatte, der **Galea aponeurotica** oder Schädelschwarte. Diese bildet die zentrale, gegen die Calvaria verschiebliche Sehnenplatte des M. epicranius und damit eine Schicht des **SCALP**. Die aus dem Amerikanischen stammende Bezeichnung besteht aus den Anfangs- bzw. Merkbuchstaben seiner Schichten:
- **S**kin (Kopfhaut)
- sub**C**utaneous tissue (subkutanes Fettgewebe)
- galea **A**poneurotica
- **L**oose areolar tissue (lockeres Bindegewebe = Verschiebeschicht)
- **P**ericranium (das äußere Periost der Calvaria)

Das A. für Galea aponeurotica enthält auch das schon erwähnte Stratum fibrosum der Subcutis. In der ästhetischen Chirugie wird es als **SMAS** bezeichnet. Das ebenfalls aus dem Amerikanischen stammende Kunstwort steht für „**s**ubcutaneous **m**usculo-**a**poneurotic **s**ystem" (subkutanes Muskel-Aponeurosen-System). Diese Bezeichnung zeigt, dass das Stratim fibrosum hier nicht nur aus Bindegewebe, sondern auch aus Muskeln besteht – nämlich den mimischen Gesichtsmuskeln. Der SMAS besteht im hinteren Gesichtsbereich

und über dem Schädeldach aus bindegewebigen Strukturen, welche die großen oberflächlichen Kaumuskeln überlagern, und im ventralen Gesichtsbereich aus Muskulatur. Die Grenze zwischen beiden Bereichen liegt an der Linea temporalis superior, folgt dem Außenrand des Jochbeins und schließlich dem Vorderrand des M. masseter.

> **Klinik:** Praktische Bedeutung hat der SMAS für den **Facelift.** Dabei wird der SMAS vom dorsokranialen Haaransatz her unterminiert, retrahiert und verankert, wodurch die über dem SMAS gelegene Haut gestrafft wird.

6.10 Muskulatur des Kopfes, Musculi capitis

Am Kopf gibt es zwei Gruppen von Muskeln:
- **Mimische Muskulatur,** eine oberflächliche Lage, die enge Beziehungen zur Gesichtshaut hat und vom Gesichtsnerven, dem N. facialis (VII), innerviert wird.
- **Kaumuskulatur,** eine tiefe Lage; Muskeln, welche die Bewegung des Unterkiefers gegen den Oberkiefer ermöglichen und vom motorischen Teil des N. mandibularis (V_3) innerviert werden.

6.10.1 Mimische Muskulatur, Musculi faciei (Abb. 6.36, 6.37)

Herkunft. Sie stammt von der Muskulatur des 2. Schlundbogens ab, hat ihre alte Lage am Zungenbein aufgegeben und ist flächenhaft über den Kopf gewandet. Für die Herkunft der mimischen Muskulatur spricht die Versorgung durch den N. facialis, den Nerven des 2. Schlundbogens. Die Äste des N. facialis liegen alle tief zu den Muskeln und betreten die Muskeln auch von der Tiefe her. Verletzung des N. facialis ist bei oberflächlicher Präparation über den mimischen Muskeln daher auszuschließen.

Lage. Sie umgibt die Öffnungen des Kopfes, beeinflusst ihre Form und Größe, setzt an der Haut und anderen Weichteilen des Gesichtes an, verschiebt die Haut gegen die Unterlage und beeinflusst dadurch den Ausdruck des Gesichtes.

Faszien. Im Bereich des Gesichtes sind oberflächliche Faszien nur über dem M. temporalis **(Fascia temporalis)**, über der Glandula parotidea **(Fascia parotidea)** und über dem M. masseter **(Fascia mas-**

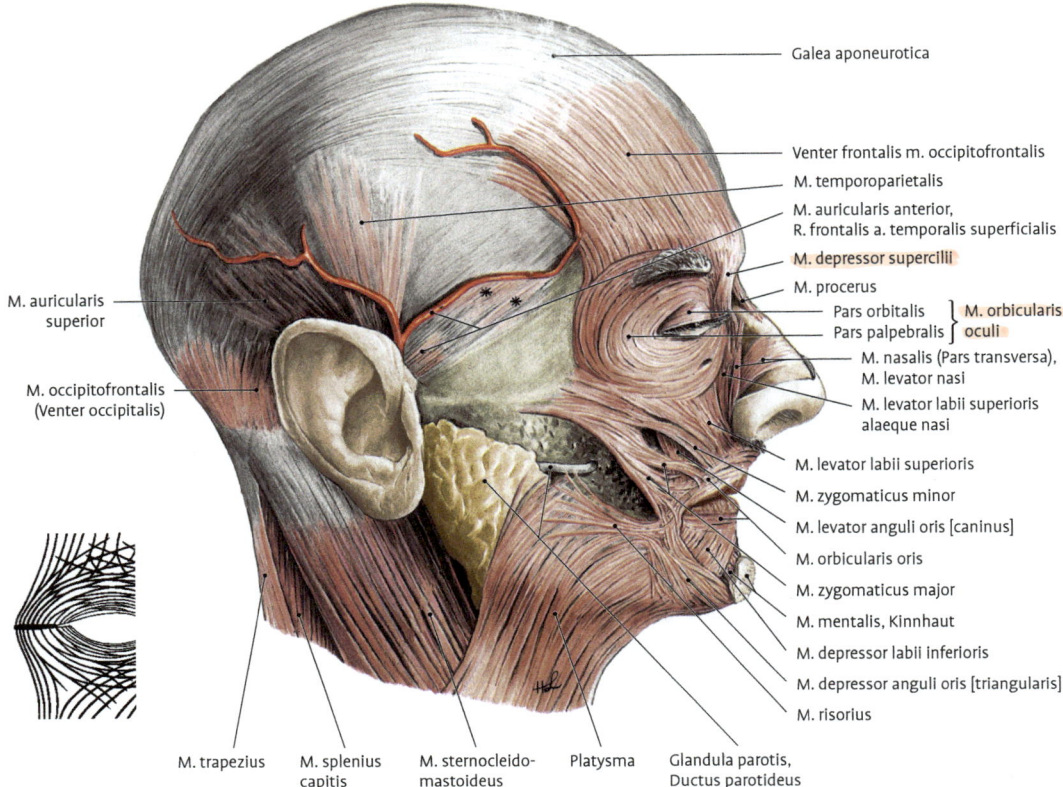

Galea aponeurotica

Venter frontalis m. occipitofrontalis

M. temporoparietalis

M. auricularis anterior,
R. frontalis a. temporalis superficialis

M. depressor supercilii

M. procerus

Pars orbitalis ⎫ M. orbicularis
Pars palpebralis ⎰ oculi

M. nasalis (Pars transversa),
M. levator nasi

M. levator labii superioris
alaeque nasi

M. levator labii superioris

M. zygomaticus minor

M. levator anguli oris [caninus]

M. orbicularis oris

M. zygomaticus major

M. mentalis, Kinnhaut

M. depressor labii inferioris

M. depressor anguli oris [triangularis]

M. risorius

M. auricularis superior

M. occipitofrontalis (Venter occipitalis)

M. trapezius   M. splenius capitis   M. sternocleido-mastoideus   Platysma   Glandula parotis, Ductus parotideus

Abb. 6.36 Oberflächliche Lage der Kopfmuskeln. ** M. temporofrontalis (Varietät). Inset: Faserschema des M. orbicularis oculi (nach J. Rohen).

seterica) vorhanden. Die mimischen Muskeln haben keinen Faszienüberzug.

> **Klinik:** Im Bereich der mimischen Muskeln breiten sich Infektionen der Haut (z. B. **Furunkel**) rasch in die Tiefe aus.

Man unterscheidet Muskeln in der Umgebung **1.** der **Lidspalte, 2.** der **Nasenöffnung, 3.** der **Mundöffnung** (zirkuläres und radiäres Muskelsystem), **4.** der äußeren **Ohröffnung** und **5.** Muskeln des **Schädeldaches.**

6.10.1.1 Augenringmuskeln

M. orbicularis oculi
Er besteht aus 2 Teilen,
- **Pars palpebralis** (auf den Augenlidern, Abb. 6.37)

O.: Lig. palpebrale mediale und benachbarter Knochen (Crista lacrimalis posterior)
I.: Lig. palpebrale laterale
Zwei Abschnitte der Pars palpebralis werden gesondert bezeichnet: Fasciculus ciliaris ist der in den Lidkanten gelegene Abschnitt, der die Moll-Drüsen umgibt. Die Pars profunda (= **Pars lacrimalis**), die an der Crista lacrimalis posterior entspringt und die Tränenkanälchen von Ober- und Unterlid umgibt, strahlt danach nach lateral in die Pars palpebralis ein.
- **Pars orbitalis** (sich der Pars palpebralis peripher anschließend, Abb. 6.37)
  O.: Lig. palpebrale mediale und benachbarte Knochen (Proc. frontalis maxillae, Pars nasalis ossis frontalis)
  I.: Die Muskelfasern gehen z. T. lateral kontinuierlich ineinander über, z. T. durchflechten sie sich mit anderen mimischen Muskeln (Venter frontalis m. occipitofrontalis,

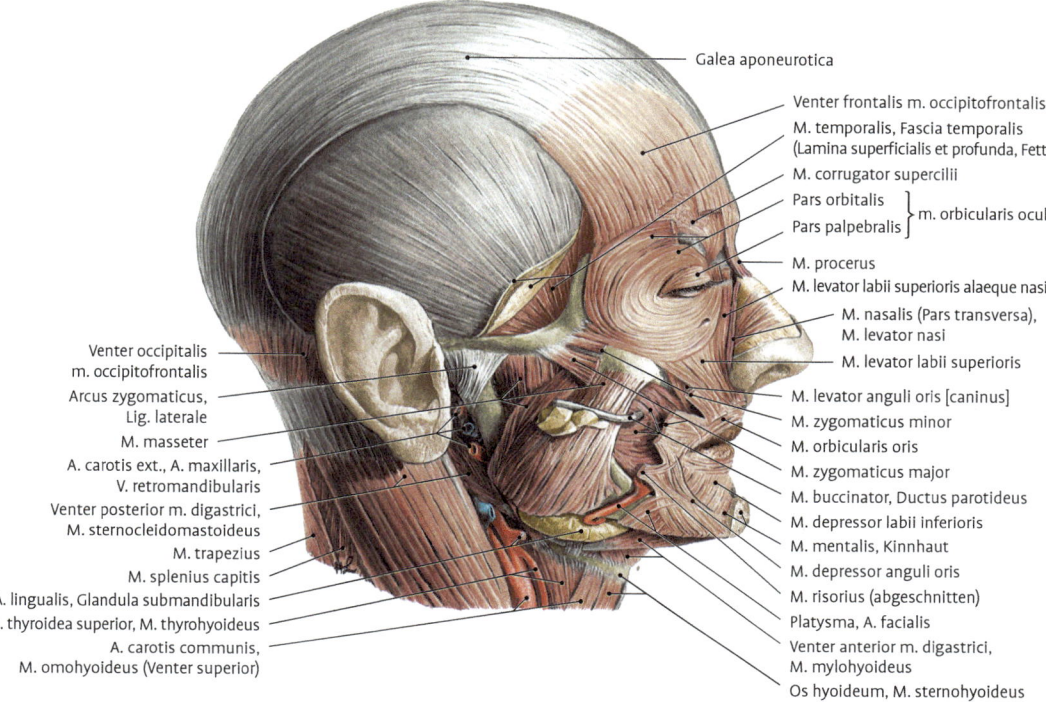

Galea aponeurotica

Venter frontalis m. occipitofrontalis

M. temporalis, Fascia temporalis
(Lamina superficialis et profunda, Fett)

M. corrugator supercilii

Pars orbitalis
Pars palpebralis } m. orbicularis oculi

M. procerus

M. levator labii superioris alaeque nasi

M. nasalis (Pars transversa),
M. levator nasi

M. levator labii superioris

M. levator anguli oris [caninus]

M. zygomaticus minor

M. orbicularis oris

M. zygomaticus major

M. buccinator, Ductus parotideus

M. depressor labii inferioris

M. mentalis, Kinnhaut

M. depressor anguli oris

M. risorius (abgeschnitten)

Platysma, A. facialis

Venter anterior m. digastrici,
M. mylohyoideus

Os hyoideum, M. sternohyoideus

Venter occipitalis
m. occipitofrontalis

Arcus zygomaticus,
Lig. laterale

M. masseter

A. carotis ext., A. maxillaris,
V. retromandibularis

Venter posterior m. digastrici,
M. sternocleidomastoideus

M. trapezius

M. splenius capitis

A. lingualis, Glandula submandibularis

A. thyroidea superior, M. thyrohyoideus

A. carotis communis,
M. omohyoideus (Venter superior)

Abb. 6.37 Übersicht über die Kopfmuskeln. Glandula parotidea, Platysma und andere mimischen Muskeln sind teilweise entfernt, um den M. masseter und die Fascia temporalis darzustellen.

Mm. corrugator et depressor supercilii, M. levator labii superioris aleque nasi, M. levator labii sup., M. zygomaticus minor), z. T. strahlen sie in die Haut von Augenbraue, Schläfe und Wange ein.

F.: **Lidschlag,** rasche momentane Verengung der Lidspalten, **Lidschluss,** länger dauernder leichter (im Schlaf) oder starker Schluss der Lider (beim willkürlichen Zukneifen) und **Fortbewegung der Tränenflüssigkeit**.

• Die **Lidschlussbewegung** beginnt mit einer Senkung des Oberlides, das schließlich rasch nach medial geführt wird. Das Unterlid wird dagegen beim Hochschieben stetig stärker nach medial geführt. Dabei verkürzt sich die Lidspalte um 1–2 mm.

• Diese Bewegung der Lider nach medial begünstigt die **Fortbewegung der Tränenflüssigkeit** zum Tränensee und den Tränenpunkten. Dabei kantet die Pars lacrimalis den Lidrand und die Tränenpunkte nach innen und zieht gleichzeitig mit dem stärkeren Horner-Muskel den Lidapparat nach medial, wobei die Tränenpunkte in den Tränensee eintauchen. Der senkrechte Schenkel der Tränenkanälchen wird durch den spiraligen Sphinkter geschlossen (Druckeffekt), der horizontale Schenkel durch die gleichzeitige Medialbewegung verkürzt und erweitert (Saugeffekt). Beim Lidöffnen wird der senkrechte Schenkel erweitert, der horizontale Schenkel verlängert. Die Kanälchenmuskulatur arbeitet somit bei den Lidbewegungen als Saug- und Druckpumpe (J. Rohen). Die Pars lacrimalis übt gleichzeitig einen Druck auf den Augapfel aus, kann ihn 1–1,7 mm rückwärts bewegen.

• Die Pars palpebralis führt im Wechselspiel mit dem Lidheber den **Lidschlag** aus, wobei sich die Lider wie Schalen auf dem Augapfel verschieben.

• Die Pars orbitalis zieht beim starken **Zukneifen der Augen** die Haut der Umgebung nach medial, wobei am lateralen Augenwinkel radiäre Hautfalten, sogenannte „Krähenfüße", auftreten. Bei der Kontraktion werden die Winkel der sich überkreuzenden Muskelbündel größer, die Spitzbogen flachen sich ab. Bei der Lidöffnung führt der Stirnmuskel die Orbitalisfasern in ihre ursprüngliche Lage zurück.

M. depressor supercilii

Er kann als Abspaltung des M. orbicularis oculi aufgefasst werden.

O.: Oberhalb des Lig. palpebrale mediale vom Knochen (Abb. 6.37)
I.: Nach oben fächerförmig in die Haut der Augenbraue
F.: Der „Brauenkopf" wird über das Auge nach unten und medial gezogen. Das Auge bekommt etwas „Drohendes" und „Lauerndes".

M. corrugator supercilii

Bedeckt ist er vom M. orbicularis oculi und Venter frontalis des M. occipitofrontalis (Abb. 6.37)

O.: Medial am Stirnbein oberhalb der Nasenwurzel, verläuft leicht lateralwärts
I.: In die Haut über der Augenbrauenmitte
F.: Am Ansatz dellt er die Haut ein. Außerdem schiebt er die Haut zu senkrechten Falten über der Nasenwurzel zusammen. Er vermittelt damit den Eindruck der Konzentration, des Nachdenkens.

6.10.1.2 Nasenringmuskeln (Abb. 6.36, 6.37)

M. procerus

O.: Auf dem Nasenrücken, divergiert nach oben
I.: An der Haut der Glabella bzw. am Stirnmuskel
F.: Er erzeugt Querfalten auf der Nasenwurzel, glättet die Haut der Glabella, ist der Antagonist des medialen Teiles des Stirnmuskels, indem er die queren Stirnfalten aufhebt.

M. depressor septi

Er kann als Teil des M. nasalis aufgefasst werden.

O.: Oberkiefer, oberhalb der Wurzel des mesialen Incivius
I.: Lamina medialis der Cartilago alaris major, vestibuläre Haut des Nasenseptums
F.: Er senkt die Nasenspitze.

M. nasalis

Er besteht aus
• einer **Pars transversa**
• einer **Pars alaris**

Die Teile des Muskels bilden mit dem vorigen ein nahezu zirkuläres Ansatzfeld um das Nasenloch.

O.: **Pars transversa.** Vom Oberkiefer oberhalb der Wurzel des Caninus, die Pars alaris vom Oberkiefer oberhalb der Wurzel des seitlichen Incisivus
I.: **Pars transversa.** Zum mittleren Teil des Nasenrückens in Form einer Aponeurose mit der Gegenseite;
Pars alaris in die Naseneingangsschwelle und nach unten in die Nasolabialfalte, ein Teil zum Nasenflügelknorpel und zur Haut
F.: Verschluss des Naseneingangs. Der Nasenflügelknorpel wird nach unten gezogen.

6.10.1.3 Mundringmuskeln (Abb. 6.36, 6.37)

M. orbicularis oris

O./I.: Er bildet die **muskulöse Grundlage der Lippen** (Labia), ist mit der Haut fester verbunden als mit der Schleimhaut. Das Bindegewebe ragt zwischen die ringförmigen Fasern hinein und ist so fest mit der Haut verbunden, dass sich einzelne Faserbündel nur mit großer Mühe präparieren lassen. Diese feste Verbindung von Haut und Muskel gibt den Lippen wohl ihre eigenwillige Individualform. Die Durchflechtung der eigenen Fasern und das Zusammenspiel mit den in den Mundwinkel einstrahlenden Fasern ermöglicht die mechanisch sehr komplizierte Verformung der Lippen, wie sie für das Sprechen, Saugen, Pfeifen, Blasen usw. nötig ist.
Aus dem Ringverlauf machen sich Fasern frei, die nahezu senkrecht gegen das Lippenrot ausstrahlen. Sie können das Lippenrot nach innen ziehen und damit die schmalen, geschlossenen Lippen hervorbringen. Andere Fasern strahlen in die Nasenscheidewand aus und können sie mit den M. depressor septi herabziehen. Weitere Fasern befestigen sich an der Alveolenwand der seitlichen Schneidezähne des Ober- und Unterkiefers und wurden früher als Mm. incisivi bezeichnet.
F.: Schließen der Mundspalte, rüsselartiges Vorschieben der Lippen

> **Klinik:** In der Prothetik werden die Funktionen des M. orbicularis oris zur Randabdichtung von **Prothesen** genutzt.

M. buccinator

Wangen- oder Trompetermuskel, bildet die **muskuläre Grundlage für die Wange, Bucca.**

O./I: Alveolarfortsatz des Ober- und Unterkiefers im Bereich der letzten Molaren sowie von der

Raphe pterygomandibularis, einem Bindege-
webssstreifen, der sich zwischen Unterkiefer
und Hamulus pterygoideus ausbreitet und
gleichzeitig Teilen des oberen Schlundschnürers zum Ursprung dient. Die unteren Fasern
ziehen im Bogen nach oben und strahlen in
den M. orbicularis der Oberlippe, die oberen
verlaufen im Bogen nach unten und strahlen
in die Unterlippe aus. Die Fasern überkreuzen
sich neben dem Mundwinkel und bilden dort
den Hauptbestandteil eines deutlich fühlba-
ren, manchmal sichtbaren Knoten (Modiolus
anguli oris).

F.: Zusammen mit dem M. orbicularis oris verkleinert er den Vorhof der Mundhöhle zwischen Zahnreihen und Wangen und Lippen,
dabei presst er die Luft unter Druck heraus
(Blasen) oder bringt beim Kauen die in den
Vorhof gelangten Speisen wieder auf die Kauflächen. Durch die Aufnahme von Luft in den
Vorhof wird er gedehnt und ergibt das „Po-
saunengesicht". Er verschmälert die Mundspalte und kann sie bei einseitiger Tätigkeit
zur selben Seite ziehen.

Corpus adiposum buccae, Wangenfettpfropf (Bichat)

Er liegt zwischen dem hinteren Teil des M. buccinator und dem M. masseter, bildet eine ver-
formbare Verschiebeschicht und gibt der Wange
einen gewissen Halt.

6.10.1.4 Radiäres orales Muskelsystem (Abb. 6.36–6.38)

Sowohl die Muskeln des zirkulären als auch die
des radiären Systems vernetzen bzw. verwringen
sich knotenartig im sog. **Modiolus anguli oris**
(Abb. 6.38).

M. levator labii superioris alaeque nasi
O.: Stirnfortsatz der Maxilla, bedeckt dabei A., V.
und N. infraorbitalis
I.: Haut des Nasenflügels sowie die der Nasola-
bialfurche
F.: Hebung des Nasenflügels und der Oberlippe

M. levator labii superioris
O.: Dicht unterhalb des Orbitaeingangs
I.: Strahlt in die Nasenlippenfurche ein
F.: Heber der Oberlippe

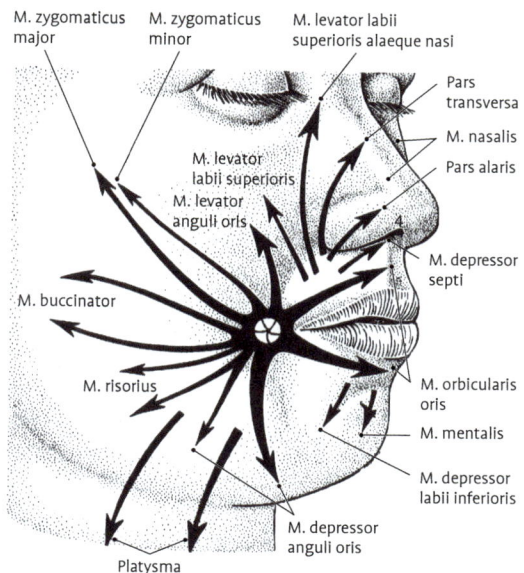

Abb. 6.38 Schema des radiären oralen Muskelsystems
mit Modiolus anguli oris (nach G.-H. Schumacher).

M. zygomaticus minor
O.: Jochbein; er hängt zumeist mit der Pars orbi-
talis des M. orbicularis oculi zusammen
I.: Strahlt in die Haut der Nasenlippenfurche aus
F.: Er zieht die Nasenlippenfurche und damit den
Mundwinkel nach lateral und oben. Er erzeugt
vor allem die weit seitlich gezogenen Nasen-
lippenfurchen, das Gesicht des „lachenden
Buddha"

M. zygomaticus major
O.: Unterhalb des vorigen vom Jochbein
I.: Strahlt etwas tiefer in die Nasenlippenfurche
und damit den Mundwinkel aus
F.: Wie M. zygomaticus minor

M. levator anguli oris
O.: Unterhalb des Foramen infraorbitale in der
Fossa canina
I.: Strahlt in den **M. orbicularis oris** und den
M. depressor anguli oris ein
F.: Er hebt den Mundwinkel.

M. risorius
Er ist ein inkonstantes, schwach ausgebildetes
Muskelbündel, welches die A. und V. facialis und
den oberen Teil des Platysma überlagert. Er kann
auch als selbstständiger Teil des Platysma, des
M. zygomaticus major oder des M. depressor anguli aufgefasst werden.

O.: Fascia parotidea und Wangenhaut

I.: Ausstrahlung in den Mundwinkel

F.: Der Lachmuskel verbreitert die Mundspalte und erzeugt das „Grübchen" in der Wange.

M. depressor anguli oris

O.: Als dreieckige Platte am unteren Rand der Mandibula vom Kinn zum 1. Molaren

I.: Am Mundwinkel; ein Teil der Fasern strahlt in die Unterlippe aus

F.: Zieht den Mundwinkel abwärts und flacht den Bogen der Nasolabialfurche ab; er gibt dem Gesicht den Ausdruck der Trauer.

M. depressor labii inferioris

O.: Basis mandibulae, zugedeckt vom vorigen; er verläuft auf- und medialwärts

I.: Strahlt in den M. orbicularis oris ein

F.: Er zieht die Unterlippe herab.

M. transversus menti

O./I./F.: Verbindet unter dem Kinn den M. depressor anguli oris beider Seiten miteinander

M. mentalis

O.: Juga alveolaria der unteren seitlichen Incivisi

I.: Zieht schräg nach unten medial zur Haut des Kinns

F.: Bewegt die Kinnhaut nach oben; dadurch entsteht die quere Kinnlippenfurche; zusammen mit den M. orbicularis oris stülpt er die Unterlippe vor (Flunsch).

M. levator anguli oris

O.: Fossa canina des Oberkiefers

I.: Zieht nach lateral unten zur Haut und Schleimhaut des Mundwinkels; ein Teil der Fasern vereinigt sich mit dem Platysma

F.: Zieht die Mundwinkel nach oben.

Platysma

Der Hautmuskel beteiligt sich ebenfalls an der Bildung des radiären Muskelsystems (SMAS).

L.: Für alle Muskeln: N. facialis, A. facialis (A. carotis externa), A. supraorbitalis (A. ophthalmica), A. infraorbitalis, A. mentalis (A. maxillaris)

> **Klinik: Lähmungen** der mimischen Muskeln sind bei Erkrankungen und Verletzungen des N. facialis und bei Hirntraumata häufig. Bilden sie sich nicht zurück, so ist die Mimik, meist einer Gesichtshälfte, ganz oder teilweise aufgehoben. Ungenügender Lidschluss verursacht

> Tränenträufeln und Austrocknung der Hornhaut **(Xerophthalmie)**. Mangelnder Mundschluss führt zum **Speichelfluss.**

6.10.1.5 Ohrmuskeln

Sie bestehen aus 2 Gruppen:

1. Muskeln, die vom Kopf zur Ohrmuschel ziehen und sie (bei manchen Menschen) als Ganzes am Kopf bewegen.
   - **M. auricularis anterior,** der vordere Ohrmuskel, entspringt von der Fascia temporalis, setzt vorne an der Spina helicis der Ohrmuschel an und zieht sie nach vorne.
   - **M. auricularis superior,** der obere Ohrmuskel, entspringt von der Galea aponeurotica, zieht von oben her an die Ohrmuschel und zieht sie nach oben.
   - **M. auricularis posterior,** der hintere Ohrmuskel, zieht von hinten her horizontal zur Innenfläche der Ohrmuschel und zieht sie nach hinten.

2. Muskeln, die an der knorpeligen Ohrmuschel entspringen und ansetzen.
   Sie sind der Rest eines Schließmuskels des äußeren Ohres. Bei vielen Tieren verformen sie die Ohrmuschel. Beim Menschen sind sie, da rückgebildet, ohne praktische Bedeutung.

6.10.1.6 Muskeln des Schädeldachs (Abb. 6.36, 6.37)

In ihrer Gesamtheit heißen sie **M. epicranius.** Sie ziehen von vorne, von hinten und von der Seite zu einer flächenhaften Sehne, **Galea aponeurotica.** Diese ist mit der Kopfhaut fest zur Kopfschwarte (Skalp) verbunden. Gegen das Periost lässt sie sich leicht verschieben. Die Kopfschwarte kann man daher leicht vom Schädel ablösen (Skalpierungsverletzungen!).

M. occipitofrontalis bezeichnet einheitlich Venter occipitalis und Venter frontalis; beide Bäuche sind durch die Galea aponeurotica verbunden.
   - Venter occipitalis. O.: Linea nuchae suprema des Hinterhauptbeines; I.: strahlt nach oben und vorne in die Galea aus; F.: Er glättet die Stirnfalten und gibt durch seine Spannung dem Venter frontalis ein Punctum fixum.
   - Venter frontalis. O.: in der Haut der Brauen sowie der Glabella; verbindet sich mit Fasern

des M. orbicularis oculi (Abb. 6.36). Er verläuft leicht divergierend aufwärts. I.: an der Galea aponeurotica; F.: Er runzelt die Stirn und öffnet das Auge. Zahlreiche feine Querfalten der Stirn findet man bei dünner, wenige breite Falten bei dicker Haut.

M. temporoparietalis, der Schläfenscheitelmuskel, variiert sehr in Größe und Stärke. Er zieht von der Seite zur Galea.

> **Klinik:** Der **Zug** der in die Galea ausstrahlenden Muskeln ist so stark, dass Verletzungen der Kopfschwarte, die durch die Galea hindurchgehen, **stark klaffen,** wenn sie quer über den Kopf verlaufen. Sagittal verlaufende Wunden klaffen kaum.

6.10.1.7 Bedeutung der mimischen Muskulatur

Der Gesichtsausdruck gehört zur Persönlichkeit eines Menschen. Die mimischen Funktionen beruhen auf der Beweglichkeit der Gesichtshaut. Furchen, Falten und Grübchen, welche die Individualität ausmachen, werden von den Muskeln hervorgerufen. Form und Art der Gesichtsöffnungen, welche jeweils von Muskeln umgeben sind, spielen bei der Mimik eine Rolle.

Bei **Nachlassen der Elastizität der Haut** im Alter bleiben die durch die Kopfmuskulatur hervorgerufenen Hautfalten (z. B. Krähenfüße im äußeren Augenwinkel) permanent bestehen.

Da die mimischen Muskeln eine **Einheit** darstellen, ist es äußerst kompliziert, die Zuständigkeit einzelner Muskeln für bestimmte Gesichtsausdrücke zu definieren.

Lachen (Abb. 6.39 a). Öffnung der Mundspalte, die Mundwinkel werden gehoben, die Nasenlöcher erweitert, Auftreten der Lachgrübchen in der Wange. Beteiligt sind: M. levator labii superioris alaeque nasi, M. levator labii superioris, Mm. zygomatici major und minor, M. risorius, M. levator anguli oris.

Depressive Stimmung, Verachtung (Abb. 6.39 b). Geschlossene Mundspalte, die Mundwinkel sind nach unten gezogen, die Nasolabialfalten fallen steiler ab. Beteiligt ist: M. depressor anguli oris.

Weinen (Abb. 6.39 c). Verengung der Lidspalte, Zusammenziehen der Augenbrauen, Erweiterung bzw. Verengung der Nasenlöcher, senkrecht gestellte Nasolabialfurche, Mundwinkel herabgezogen. Beteiligt sind: M. corrugator supercilii, M. levator labii superioris alaeque nasi, M. nasalis, M. depressor anguli oris.

Aufmerksamkeit (Abb. 6.39 d). Anheben der Augenbrauen, Querfalten auf der Stirn. Beteiligt ist: Venter frontalis des M. occipitofrontalis.

6.10.2 Kaumuskeln, Mm. masticatorii

Aufgabe. Die Kaumuskeln bewegen den Unterkiefer gegen den Oberkiefer. Dadurch können die Zähne die Nahrung erfassen, abbeißen und zerkleinern. Unterstützt werden sie durch die Wangen- und Zungenmuskeln. Sie sind Muskeln des 1. Schlundbogens.

M. masseter (Abb. 6.36, 6.40). Er hat 2 Teile, eine **Pars superficialis** und eine **Pars profunda.**
O.: Jochbogenunterrand, vordere 2 Drittel: Pars superficialis; Innenfläche des Jochbogens, hinteres Drittel: Pars profunda

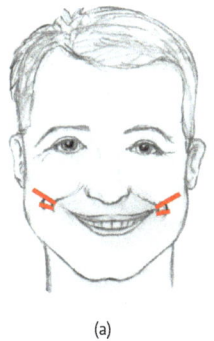
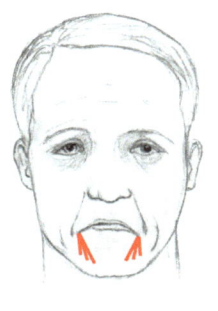
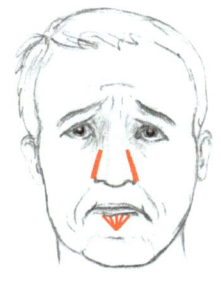
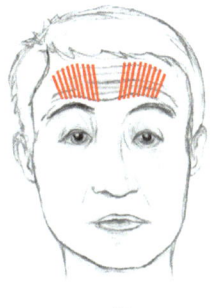

(a) (b) (c) (d)

Abb. 6.39 Physiognomische Funktion der mimischen Muskeln. **a:** Lachen, **b:** depressive Stimmung, **c:** Weinen, **d:** Erstaunen.

I.: Seitenfläche des Ramus mandibulae bis herunter zum Kieferwinkel (Pars superficialis) an der Tuberositas masseterica; Kieferast bis zum Proc. coronoideus (Pars profunda)

L.: N. massetericus (N. V$_3$), A. masseterica (A. maxillaris)

F.: Adduktion, Protrusion, Laterotrusion

Die tiefe Schicht kann mit dem M. temporalis zusammenhängen. Die Pars superficialis ist eine schräg verlaufende Lage, die Pars profunda eine senkrecht verlaufende Lage. Auf dem Muskel sitzt die **Glandula parotidea,** zwischen ihm und dem M. buccinator sitzt der **Wangenfettpfropf.**

M. temporalis (Abb. 6.36, 6.40)

O.: Planum temporale (tiefe Schicht), Fascia temporalis (oberflächliche Schicht)

I.: Proc. coronoideus mandibulae mit mächtiger Sehne

L.: Nn. temporales profundi (N. V$_3$), Aa. temporales profundae anterior und posterior

F.: Adduktion, Retrusion

Die **Fascia temporalis** (Abb. 6.36) spannt sich als derbe, aponeurotische Platte zwischen Linea temporalis superior und Jochbogen aus. Oberhalb des Jochbogens teilt sie sich in ein oberflächliches und tiefes Blatt, die an der Außen- bzw. Innenfläche des Jochbogens ansetzen. Zwischen beiden liegt Fettgewebe, das in höherem Alter oft schwindet und dann die „eingefallenen Schläfen" der alten Menschen ergibt. Zwischen den Mm. temporalis und masseter liegt der hintere Teil des Wangenfettpfropfs.

M. pterygoideus lateralis (Abb. 6.41). Er ist der einzige Muskel, der annähernd horizontal verläuft.

O.: Lamina lateralis proc. pterygoidei (unterer Kopf), Facies und Crista infratemporalis (oberer Kopf)

I.: Fovea pterygoidea mandibulae und Collum mandibulae, Kapsel und Discus articularis des Kiefergelenkes

L.: N. pterygoideus lateralis (N. V$_3$), Rr. pterygoidei (A. maxillaris)

F.: Protrusion, Mediotrusion, Abduktion

Der Muskel nimmt eine Schlüsselstellung bei der Öffnungsbewegung ein.

M. pterygoideus medialis (Abb. 6.41)

O.: Fossa pterygoidea, Lamina lateralis des Proc. pterygoideus des Keilbeins

I.: Tuberositas pterygoidea mandibulae

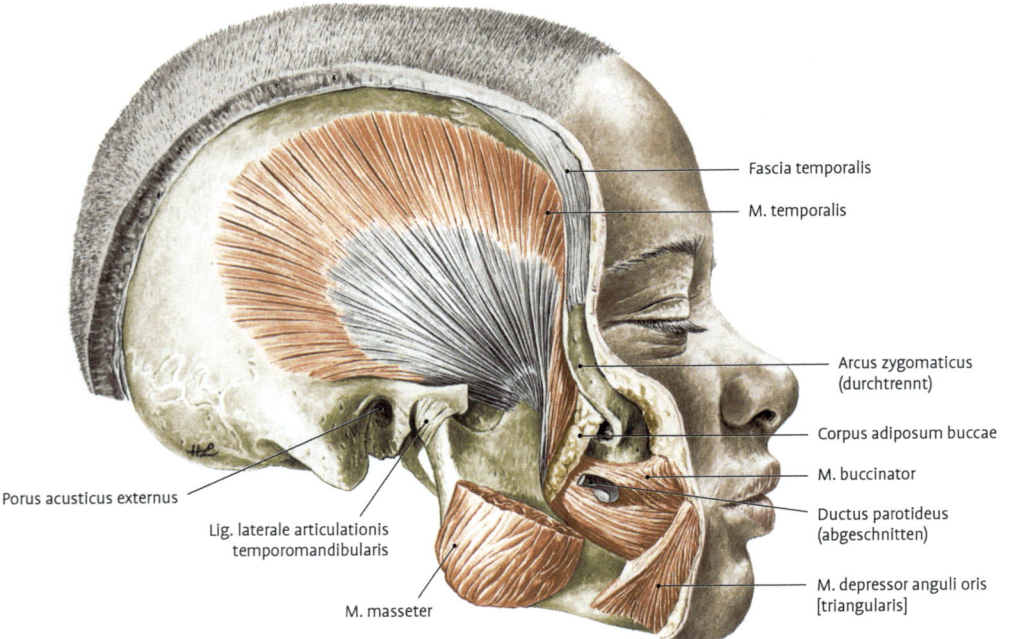

Fascia temporalis

M. temporalis

Arcus zygomaticus (durchtrennt)

Corpus adiposum buccae

M. buccinator

Ductus parotideus (abgeschnitten)

M. depressor anguli oris [triangularis]

Porus acusticus externus

Lig. laterale articulationis temporomandibularis

M. masseter

Abb. 6.40 Übersicht über die Muskeln des Kopfes. Fascia temporalis, M. masseter und Jochbogen sind größtenteils entfernt.

L.: N. pterygoideus medialis (N. V$_3$), Rr. pterygoidei (A. maxilla)

F.: Adduktion, Protrusion, Mediotrusion

Am Unterkieferwinkel steht der Muskel durch einen Sehnenstreifen mit dem M. masseter in Verbindung. Er bildet mit dem M. masseter eine Schlinge, in der die Mandibula aufgehängt ist.

Kaumuskeln und Kieferbewegung (Abb. 6.42)

> Die Kaumuskeln dienen der Bewegung des Unterkiefers gegen den Oberkiefer (Kauen, Sprechen usw.).

1. **Schließen der Kiefer** (Abbeißen). Dies erfolgt durch den **M. temporalis** sowie die Muskelschlinge des **M. masseter** und **M. pterygoideus medialis**. Das Geschlossenhalten wird durch den Unterdruck in der Mundhöhle unterstützt.
2. **Öffnen.** Es erfolgt durch den **M. pterygoideus lateralis,** die **Mundbodenmuskeln** (x: Mm. mylohyoideus, geniohyoideus und Venter anterior des M. digastricus), nachdem das Zungenbein durch die kaudalen Zungenbeinmuskeln (z) nach unten und durch die Gruppe y (M. stylohyoideus, Venter posterior des M. digastricus) nach hinten festgestellt ist. Unterstützend wirken das Eigengewicht des Unterkiefers und der

mit ihm in Zusammenhang stehenden Weichteile, weiter noch das Öffnen der Mundspalte (Aufhebung des Unterdrucks in der Mundhöhle).

3. **Vorschieben des Unterkiefers.** Dies bewirken die **Mm. pterygoidei laterales**. Unterstützend greifen die oberflächlichen Fasern des **M. masseter** und der **M. pterygoideus medialis** ein. Da der M. pterygoideus lateralis auch am Discus articularis ansetzt, wird dieser beim Vorschieben mit nach vorne gezogen. Beim normalen **Scherenbiss** muss erst eine leichte Öffnung erfolgen, damit die Unterkieferschneidezähne an den vorstehenden Oberkieferzähnen vorbeigeführt werden können.
4. **Einseitiges Verschieben.** Es erfolgt durch den **M. pterygoideus lateralis** einer Seite. Das Kinn weicht dabei zur anderen Seite ab.
5. **Zurückziehen.** Dies bewirken die hinteren Züge des **M. temporalis**. Die Mundbodenmuskeln können helfend eingreifen.
6. **Kaukraft.** Die Kaumuskeln sind stark gefiedert. Die in ihnen enthaltenen Sehnenspiegel vergrößern außerordentlich die Ursprungs- und Ansatzflächen (großer physiologischer Querschnitt). Die Kraftentfaltung ist bei kleinstem Raumbedarf sehr groß!
7. **Kaudruck.** Darunter versteht man die gesamte Kraft, die von den Kaumuskeln entfaltet wird.

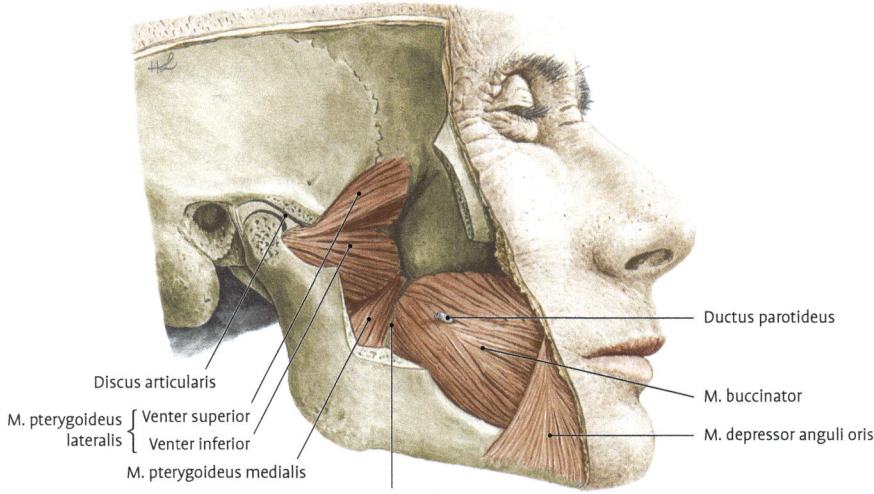

Discus articularis

M. pterygoideus { Venter superior
lateralis { Venter inferior

M. pterygoideus medialis

Raphe pterygomandibularis

Ductus parotideus

M. buccinator

M. depressor anguli oris

Abb. 6.41 Übersicht über die Mm. pterygoidei und den M. buccinator nach Entfernung des M. temporalis und des Processus coronoideus der Mandibula. Das Kiefergelenk ist eröffnet.

die Haut zur Fossa supraclavicularis minor einsinken. Bei der Drehung des Kopfes erreicht der kontrahierte Muskel einen geraden Verlauf; beim gedehnten Muskel der Gegenseite wird der spiralige Verlauf um den Hals stärker.

> **Klinik:** Krankhafte, narbige Veränderungen im Muskel, die zumeist im sternalen Kopf liegen, bedingen einen Schiefhals, **Caput obstipum.**

6.11.3.2 Mittlere Schicht der Halsmuskulatur

Untere Zungenbeinmuskeln, Mm. infrahyoidei (Abb. 6.44)

Sie entsprechen dem **Rektussystem des Rumpfes** und zeigen wie dieses in wechselnder Zahl sehnige Unterbrechungen, **Intersectiones tendineae.** Für die Rumpfherkunft spricht die Nervenversorgung durch die Ansa cervicalis (profunda, Ansa n. hypoglossi C2–C3).
Die Muskulatur liegt vor den Eingeweiden und wird durch Lamellen vom mittleren Blatt der Halsfaszie eingeschlossen.

M. sternohyoideus
Er verschmälert sich und konvergiert nach kranial. Die medialen Ränder lassen zwischen sich den Adamsapfel, den Ringknorpel des Kehlkopfes, Teile der Luftröhre, der Schilddrüse und des M. sternothyroideus frei.
- O.: Dorsalfläche des Manubrium sterni, Sternoklavikulargelenk, sternales Ende der Clavicula
- I.: Ansatz: kaudaler Rand des Corpus ossis hyoidei.
- L.: Ansa cervicalis, A. thyroidea superior (A. carotis externa), A. thyroidea inferior (Truncus thyrocervicalis)

M. sternothyroideus
Er verbreitert sich nach kranial. Geht mit dem lateralen Teil häufig mittels einer Zwischensehne in den folgenden über. Der platte, dünne Muskel deckt die Schilddrüse, reicht über den medialen Rand des M. sternohyoideus hinaus, ist bei Schilddrüsenvergrößerungen besonders gedehnt und atrophisch. In der Mitte besitzt er häufig eine Zwischensehne.
- O.: Dorsalfläche des Manubrium sterni und Knorpel der 1. Rippe kaudal und medial vom vorigen
- I.: Ansatz: Linea obliqua des Schildknorpels

- L.: Ansa cervicalis, A. thyroidea superior (A. carotis externa), A. thyroidea inferior (Truncus thyrocervicalis)

M. thyrohyoideus
Er bedeckt die Membrana thyrohyoidea
- O.: Linea obliqua des Schildknorpels
- I.: Ansatz: Lateraler Teil des Zungenbeinkörpers und medialer Teil des großen Zungenbeinhorns
- L.: N. thyrohyoideus, der den N. XII nach Abgang der Radix superior verlässt, A. thyroidea superior (A. carotis externa), A. thyroidea inferior (Truncus thyrocervicalis)

M. omohyoideus
Durch eine **Zwischensehne,** die an der mittleren Halsfaszie befestigt ist, wird er in einen **Venter inferior** und **superior** geteilt. Seine Faszie ist mit der Rückfläche der Clavicula verwachsen, wo auch Fasern entspringen können. Er verläuft schräg durch die Regio colli lateralis.
- O.: Margo superior der Scapula, medial der Incisura scapulae
- I.: Lateraler Teil des großen Zungenbeinhorns
- L.: Venter superior: Ansa cervicalis (C$_1$), A. thyroidea superior (A. carotis externa), A. thyroidea inferior (Truncus thyrocervicalis). Die beiden Bäuche sind an der Zwischensehne winklig abgebogen. Bei der Kontraktion kann die Halsfaszie gespannt und damit die in der Gefäßscheide verlaufende V. jugularis interna erweitert werden.
- F.: **Gemeinsam** fixieren sie das Zungenbein oder nähern es dem Brustbein. Der **M. thyrohyoideus** hebt, der **M. sternothyroideus** senkt den Schildknorpel und damit den Kehlkopf. Die Muskeln wirken vor allem beim Kau- und Schluckakt mit. Auch bei der Öffnung des Mundes spielen sie eine Rolle (Abb. 6.42).

Obere Zungenbeinmuskeln, Mm. suprahyoidei (Abb. 6.44)

Diese werden unterteilt in:
- die tiefen Muskeln des 2. Schlundbogens
- die Mundboden- oder Unterkieferzungenbeinmuskeln

Tiefe Muskeln des 2. Schlundbogens

Sie haben ihre ursprüngliche Lage zum 2. Schlundbogen, auf den sie als Heber wirken, beibehalten, während die Hauptmasse als mimische Muskulatur auf den Kopf und den Hals wanderte. Entsprechend werden sie vom Nerven des 2. Bogens, dem N. facialis, versorgt.

M. stylohyoideus

O.: Von der Dorsalfläche des Processus styloideus des Schläfenbeins, verläuft ab-, vor- und medialwärts, spaltet sich in 2 Zipfel, welche die Zwischensehne des M. digastricus umgreifen

I.: An der Grenze von Corpus und Cornu majus des Zungenbeins (Abb. 6.26)

L.: N. facialis, R. suprahyoideus (A. lingualis), A. occipitalis

Venter posterior des M. digastricus

O./I.: In der Incisura mastoidea, medial vom Warzenfortsatz, verläuft mit dem vorigen ab-, vor- und medialwärts, durchbohrt den M. stylohyoideus und geht mittels einer Zwischensehne, die durch eine Faszienschlinge am Zungenbein befestigt ist, in den folgenden über.

L.: N. facialis, R. suprahyoideus (A. lingualis)

Mundboden- und Unterkieferzungenbeinmuskeln

Venter anterior des M. digastricus

O./I.: Von der Zwischensehne kommend in der Fossa digastrica des Unterkiefers

L.: N. mylohyoideus (N. V_3), Rr. glandulares (A. facialis)

M. mylohyoideus

Er bildet die Grundlage für den Mundboden.

O.: Von der Linea mylohyoidea des Unterkiefers, verläuft kaudal-, medial- und dorsalwärts

I.: Am Zungenbein und an der Raphe m. mylohyoidei, einem medianen Bindegewebsstreifen, der vom Unterkiefer zum Zungenbein (Abb. 6.26) zieht

L.: N. mylohyoideus (N. V_3), A. submentalis (A. facialis), R. suprahyoideus (A. lingualis), A. sublingualis (A. lingualis)

M. geniohyoideus

O.: Von der Spina mentalis des Unterkiefers

I.: Am Zungenbein (Abb. 6.26)

L.: Plexus cervicalis (über N. XII), A. sublingualis (A. lingualis)

F.: aller oberen Zungenbeinmuskeln:

Die beiden Mm. mylohyoidei bilden als quere Traggurte den eigentlichen Mundboden, das

Diaphragma oris. Der auf ihm liegende M. geniohyoideus und der unter ihm liegende Venter anterior verstärken den Mundboden, verspannen ihn in der Längsrichtung.

Durch Heben des Mundbodens wird die auf ihm liegende Zunge gegen den Gaumen gepresst. Ist das Zungenbein durch Venter posterior und M. stylohyoideus (y in Abb. 6.42) einerseits und die unteren Zungenbeinmuskeln (z in Abb. 6.42) andererseits festgestellt, so können die Mundbodenmuskeln (x in Abb. 6.42) den Unterkiefer herabziehen, den Mund öffnen. Fixieren die Kaumuskeln den Unterkiefer, so können die Muskeln x und y das Zungenbein und damit den Kehlkopf heben. Die Muskeln x führen das Zungenbein und damit den Kehlkopf nach vorne und oben, unter die Zunge (**Schluckstellung!**), die Muskeln y nach hinten und oben (**Phonationsstellung!**).

6.11.3.3 Tiefe Halsmuskulatur (Abb. 6.45)

Sie liegen lateral und ventral von der Halswirbelsäule sowie hinter der Lamina praevertebralis der Halsfaszie. Entsprechend unterscheidet man eine laterale oder Skalenusgruppe und eine mediale oder prävertebrale Gruppe.

Skalenusgruppe, Mm. scaleni

Sie entsprechen Zwischenrippenmuskeln, die miteinander verschmolzen sind.

M. scalenus anterior

O.: Mit 4 (3) Zacken von den Tubercula anteriora des 3. (4.)–6. Halswirbelquerfortsatzes

I.: Am Tuberculum m. scaleni anterioris der 1. Rippe

M. scalenus medius

O.: Von den Tubercula anteriora aller Halswirbelquerfortsätze

I.: An der 1. Rippe hinter dem Sulcus a. subclaviae

M. scalenus posterior

O.: Von den Tubercula posteriora des 5.–6. (7.) Halswirbelquerfortsatzes

I.: Am oberen Rand der 2. Rippe

L.: Für alle Muskeln: Rr. ventrales der Spinalnerven C_1–C_6 (C_8), Rr. musculares, A. cervicalis ascendens (Truncus thyrocervicalis), Rr. muscularis (A. vertebralis)

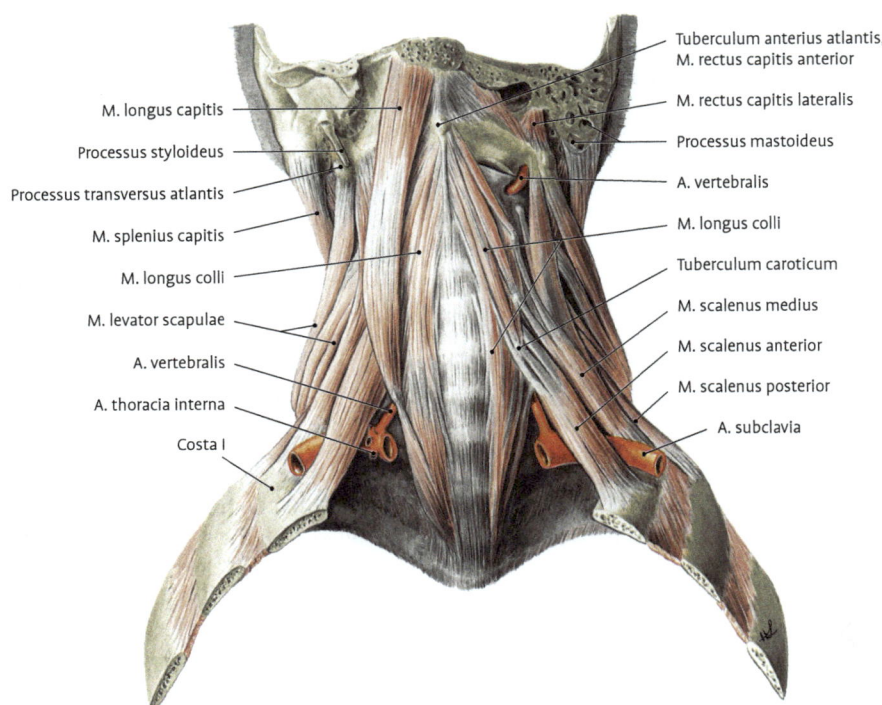

M. longus capitis

Processus styloideus

Processus transversus atlantis

M. splenius capitis

M. longus colli

M. levator scapulae

A. vertebralis

A. thoracica interna

Costa I

Tuberculum anterius atlantis, M. rectus capitis anterior

M. rectus capitis lateralis

Processus mastoideus

A. vertebralis

M. longus colli

Tuberculum caroticum

M. scalenus medius

M. scalenus anterior

M. scalenus posterior

A. subclavia

Abb. 6.45 Tiefe Halsmuskulatur. Oberflächliche (**rechts**) und tiefe Lage (**links**). Der Schnitt ist durch den Processus mastoideus gelegt. Abschnitte der A. subclavia: Brustab-schnitt im Trigonum scalenovertebrale, Scalenusabschnitt in der hinteren Skalenuslücke, Clavicularabschnitt gekürzt nach der Hinterkreuzung des M. scalenus ant.

F.: Sie heben die Rippen. Bei festgestellten Rippen neigen sie die Halswirbelsäule seitwärts und drehen sie zur gleichen Seite. Der vordere Skalenus kann auch beugen. Bei fixierter Halswirbelsäule und bei forcierter Inspiration wirken sie als Atemhilfsmuskeln. Ihre Funktion bei der ruhigen Einatmung ist noch umstritten.

M. scalenus minimus

Skalenuslücken (Abb. 6.66, 6.115). **1.** Zwischen M. scalenus anterior und medius liegt die dreieckige **hintere Skalenuslücke** für den Durchtritt der A. subclavia und des Plexus brachialis. **2.** Den Raum zwischen M. scalenus anterior, M. sternocleidomastoideus und Rückfläche der Clavicula bezeichnet man als **vordere Skalenuslücke.** Hier verläuft die V. subclavia.

Prävertebrale Gruppe (Abb. 6.45)

Die Gruppe liegt in der Rinne zwischen den Körpern und Querfortsätzen der Halswirbel.

M. longus colli
- **Pars recta**
  - O.: Obere Brust- und untere Halswirbelkörper
  - I.: Körper der oberen Halswirbel
- **Pars obliqua superior**
  - O.: Tubercula anteriora der Querfortsätze 3.–5.
  - I.: Tuberculum anterius des Atlas
- **Pars obliqua inferior**
  - O.: Körper der oberen Brustwirbel
  - I.: Querfortsätze des 5. und 6. Halswirbels

M. longus capitis
O.: Tubercula anteriora des 3.–6. Halswirbelquerfortsatzes
I.: Unterfläche der Pars basilaris des Hinterhauptbeins

M. rectus capitis anterior
O.: Querfortsatz des Atlas
I.: Pars basilaris ossis occipitalis, dorsolateral vom vorigen
L.: Kurze Äste der Zervikalnerven, Rr. musculares (A. vertebralis, Truncus thyrocervicalis, A. thy-

roidea inferior), A. pharyngea ascendens (A. carotis externa)

F.: Bei beidseitiger Tätigkeit beugen sie den Kopf (M. rectus capitis anterior) bzw. die Halswirbelsäule (M. longus capitis, M. longus colli) nach vorne, bei einseitiger neigen sie sie zur Seite. Die schrägen Züge drehen den Kopf.

6.11.4 Das Zusammenspiel der Hals-, Kau- und Nackenmuskeln

Der mit den höheren Sinnesorganen ausgestattete Kopf benötigt für die Orientierung in der Umwelt eine besonders große **Beweglichkeit.** Die Kopfgelenke und die Gelenke der Halswirbelsäule gestatten eine Bewegung nach allen Seiten. Hals-, Kau- und Nackenmuskeln wirken auf die zahlreichen Gelenke in so vielfältiger Weise ein, dass die Beteiligung der einzelnen Gelenke und Muskeln nicht bei jeder Haltung analysiert werden kann.

- Der Gesamtausschlag der Beugung und Streckung beträgt etwa 125°. Er verteilt sich mit etwa 30° auf das obere und untere Kopfgelenk und mit 95 bis 100° auf die Halswirbelsäule. Eine Seitwärtsneigung des Kopfes und des Halses kann bis etwa 45° erfolgen. Ihre gleichsinnige Drehung erreicht etwa 90°, wovon etwa 25–30° auf das untere Kopfgelenk entfallen.
- Der bewegliche Stiel der Halswirbelsäule ermöglicht auch noch eine Vor- und Rückverlagerung des Kopfes. Sie wird in der Hauptsache durch die **Mm. sternocleidomastoidei** ausgeführt, die bei gerader Kopfhaltung die Halswirbelsäule etwa in der Mitte kreuzen. Bei dieser Lage können sie die obere Halswirbelsäule strecken und die untere beugen. Mit zunehmender Vorverlagerung des Kopfes nimmt die streckende Wirkung ab, die beugende zu. Gemäß ihrem Verlauf wird der **M. splenius capitis** den Kopf drehen und seitwärts neigen, der **M. semispinalis capitis** mehr strecken. Ist jedoch der Kopf durch die Muskelkette der **Kau- und Zungenbeinmuskeln** festgestellt, so kann er die Halswirbelsäule strecken. M. splenius und M. levator scapulae bilden mit dem M. sternocleidomastoideus einen spitzen Winkel. Sie können den Kopf und die oberen Halswirbel rückverlagern. Sie sind darin Antagonisten des M. sternocleidomastoideus. Bei nach vorne geführter Schulter

wird der **M. levator scapulae** ein Seitwärtsneiger. Außer ihm neigen noch der **M. sternocleidomastoideus,** der Kopfteil des **M. trapezius,** die **Mm. scaleni** und die meisten **Nackenmuskeln** bei einseitiger Kontraktion seitwärts.

- Die **wirksamsten Drehmuskeln** setzen am Kopf an. Mm. sternocleidomastoideus und trapezius drehen das Gesicht zur entgegengesetzten Seite. Sie neigen gleichzeitig seitwärts, wenn nicht Nackenmuskeln der Gegenseite (M. splenius capitis, M. longissimus capitis, M. semispinalis capitis) im gleichen Sinne drehen und zugleich eine entgegengesetzte Seitwärtsneigung ausführen.
- Die **oberen und unteren Zungenbeinmuskeln** beugen, unterstützt von dem elastischen Zug der Halseingeweide, den Kopf und die Halswirbelsäule vor, wenn die Kaumuskeln durch ihren Tonus die Kieferöffnung verhindern. Sie haben mit ihren längeren Hebelarmen ein günstigeres Drehmoment als die prävertebralen Muskeln. Die Kieferöffnung kann durch Senken des Unterkiefers durch die Zungenbeinmuskeln, aber auch durch Rückbeugen des Kopfes und der Halswirbelsäule durch die Nackenmuskeln erreicht werden. Bei starker Rückbeugung des Kopfes und der Halswirbelsäule durch die Nackenmuskeln ist die vordere Halskontur fast gerade gestreckt; die Halseingeweide und die mehrgliedrige, vom Brustkorb bis zum Jochbeinbogen reichende Muskelkette sind gedehnt. M. sternocleidomastoideus, Mm. scaleni und die Zungenbeinmuskeln erhalten dabei eine günstige Ausgangsposition für die Hebung des Brustkorbes (Einatmung).

6.12 Faszien und Bindegewebsräume

6.12.1 Halsfaszien

Die Muskeln jeder Schichte werden von Faszien eingehüllt bzw. bedeckt, welche auch die Lücken zwischen den Muskeln bedecken (Abb. 6.46). Die oberflächliche Halsfaszie (Fascia cervicalis superficialis oder Lamina superficialis der Fascia cervicalis) umhüllt die oberflächlichen Halsmuskeln und bedeckt auch die zwischen ihnen freibleibenden Halsdreiecke. Sie wird in der anglo-amerikanischen Literatur daher als „investing layer" bezeichnet (to invest = einbetten, einhüllen). Die mittlere Halsfaszie (Fascia cervicalis media) erstreckt sich von einem M. omohyoideus zum anderen. Sie bedeckt damit als Lamina pretrachealis der Fascia cervicalis den Eingeweidestrang. Schließlich umhüllt die **tiefe Halsfaszie** (Fascia cervicalis profunda) als Lamina prevertebralis der Fascia cervicalis die tiefen Halsmuskeln um die Wirbelsäule. Diese Faszie fehlt allerdings im Dreieck zwischen prävertebraler Muskulatur und Mm. scaleni (Trigonum scalenovertebrale, Hippolyto-Nuntiante). Dazu kommt eine von manchen Autoren vernachlässigte muskelunabhängige Bindegewebsplatte, welche dorsal des Eingeweidestranges als **Fascia intercarotica** die Gefäß-, Nervenscheiden (Vaginae caroticae) beider Seiten miteinander verbinden. Dieser von Hafferl und Thiel auch als „oberflächliches Blatt der tiefen Halsfaszie" bezeichnete Bindegewebsplatte kommt als Bett der Schilddrüse („Hängematte der Schilddrüse") vor allem in der Schilddrüsenchirurgie Bedeutung zu. Des Weiteren spielt die Fascia intercarotica auch bei der Ausbreitung von Retropharyngealabszessen eine wichtige Rolle als vordere Begrenzung.

Überblick über die Nomenklatur der Halsfaszien

- Fascia cervicalis (colli) superficialis (= Lamina superficialis)
- Fascia cervicalis (colli) media (= Lamina pretrachealis)
- Fascia cervicalis (colli) profunda (= Lamina prevertebralis)
- Lamina superficialis (= Fascia intercarotica)
- Lamina profunda (= Fascia prevertebralis)
- Vagina carotica

Zusätzlich zu dieser Nomenklaturproblematik sorgt die frühere anglo-amerikanische Nomenklatur für Missverständnisse. Hier unterschied man zwischen einer oberflächlichen und einer tiefen Halsfaszie, wobei die oberflächliche das Stratum fibrosum subcutaneum – am Hals vertreten durch die Faszie des Platysmas – bezeichnete. Alle in der Liste aufgeführten Faszien wurden dann der tiefen Halsfaszie

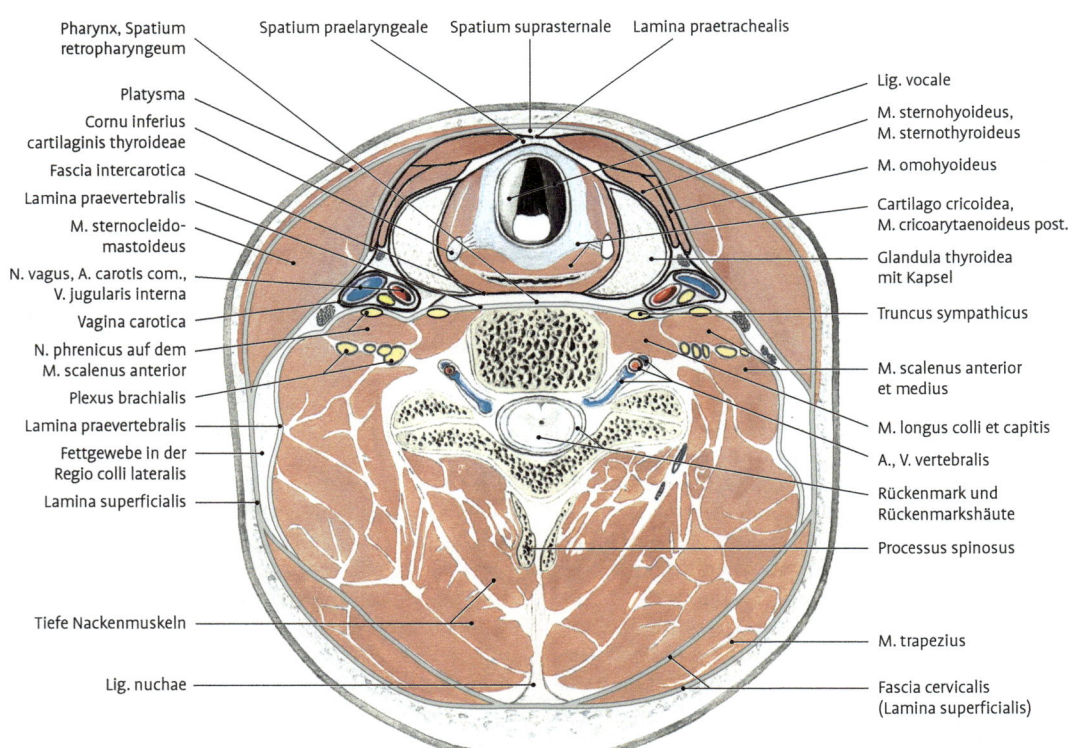

Abb. 6.46 Faszien und Bindegewebsräume des Halses. Querschnitt in Ringknorpelhöhe, Fascia cervicalis superficialis (sive: Lamina superficialis) – dicke graue Linie; Fascia cervicalis media (sive: Lamina praetrachealis) – dünne schwarze Linie; Fascia cervicalis profunda (sive: Lamina praevertebralis) – dicke hellgraue Linie.

subsummiert. Die Fascia intercarotica wird, wenn nicht ignoriert, im anglo-amerikanischen Bereich als alar fascia (Fascia alaris) bezeichnet.

6.12.2 Bindegewebsräume am Hals

Durch teilweise oder vollkommene Verklebungen der Halsfaszien entstehen mehr oder weniger abgeschlossene Bindegewebsräume, welche einerseits für chirurgische Zugangswege von praktischer Bedeutung sind; andererseits erklären sie die unterschiedlichen Ausbreitungswege von entzündlichen Exsudaten, z. B. dem meist auf dem Boden einer eitrigen Tonsillitis entstandenen Retropharyngealabszess oder dem zumeist vertebrogen entstandenen Prävertebralabszess. Von ventral nach dorsal liegen folgende Spatien zwischen den Faszienblättern:

- Fascia cervicalis (colli) superficialis (= Lamina superficialis)
- **Spatium suprasternale**
- Fascia cervicalis (colli) media (= Lamina praetrachealis)
- **Spatium praetracheale**
- Fascia cervicalis (colli) profunda (= Lamina praevertebralis)
- **Spatium retropharyngeum**
- Lamina superficialis (= Fascia intercarotica)
- **Spatium praevertebrale interfasciale (Danger Space)**
- Lamina profunda (= Fascia praevertebralis)
- **Spatium praevertebrale**

Das **Spatium suprasternale** erstreckt sich vom Sternum bis zur Verklebungsstelle zwischen Fascia cervicalis superficialis und media. Dies geschieht in der Regel zwischen Schilddrüsenisthmus und Zungenbein. Lateral ist das Spatium suprasternale durch die Verklebung des M. omohyoideus/Fascia cervicalis media und dem M. sternocleidomastoideus/Fascia cervicalis superficialis begrenzt. Das enge Spatium enthält die Querverbindung der beiden Vv. jugulares anteriores, den **Arcus venosus juguli.**

Das **Spatium praetracheale** erstreckt sich vom Zungenbein abwärts und setzt sich in das vordere Mediastinum fort. Es enthält den Isthmus der **Schilddrüse,** den **Truncus brachiocephalicus** und den **Plexus venosus thyroideus impar.** Lateral umfasst es den Eingeweidestrang als Spatium lateropharyngeum (= parapharyngeum), welches dorsal in das Spatium retropharyngeum übergeht. Am Kopf sind das Spatium latero- und retropharyn-

geum durch ein Septum sagittale getrennt. Zusammen werden die beiden Räume auch als **Spatium peripharyngeum** bezeichnet.

Das **Spatium retropharyngeum** reicht von der Schädelbasis abwärts bis zur Verwachsung der Fascia intercarotica mit dem Eingeweidestrang. Dieser Raum enthält am Hals die **Schilddrüsenlappen** und die durch die Fascia intercarotica durchbrechenden **Aa. thyroideae inferiores** sowie den **N. laryngeus recurrens** bzw. **inferior.** Weiter kranial liegt hier die A. pharyngea ascendens sowie das venöse und nervale Netz des Pharynx.

Die **Fascia intercarotica** verbindet die beiden **Vaginae caroticae.** Diese enthalten in einer derben Bindegewebsscheide die **A. carotis communis,** die **V. jugularis interna** sowie dazwischen tief gelegen den **N. vagus** X und oberflächlich die Radix superior der **Ansa cervicalis profunda,** welche letzlich die infrahyale Muskulatur innerviert. Die Radix superior, welche dem N. hypoglossus angelagert verläuft, verbindet sich mit der Radix inferior in unterschiedlicher Höhe. Ist die dadurch entsthende Schlinge, die Ansa cervicalis profunda, lang, umschlingt sie die V. jugularis. Bei kurzen Ansae cervicales kann auch die Radix inferior medial der V. jugularis liegen.

Am Kopf ist der laterale Teil des **Spatium parapharyngeum** durch eine frontale Bindegewebsplatte, welche sich vom Processus styloideus zur lateralen Pharynxwand erstreckt (= **Fascia stylopharyngea**), in einen ventralen und einen dorsalen Teil geteilt. Der ventrale Teil erstreckt sich nach vorne bis in die auf dem M. buccinator liegende Subcutis. Dieser Teil ist bis auf die kleine **A. pharyngea ascendens** gefäß- und nervenlos. Der dorsal der Fascia stylopharyngea gelegene Teil hingegen enthält alle großen Gefäße und Nerven, welche weiter kaudal in der Vagina carotica zu finden sind: **A. carotis interna, V. jugularis interna, N. glossopharyngeus** IX, **N. vagus** X, **N. accesorius** XI und **N. hypoglossus** XII.

Zwischen Fascia intercarotica und Fascia praevertebralis findet sich der **„Danger Space"** auch als **Spatium praevertebrale interfasciale** bezeichnet. Er wird so genannt, weil er sich von der Schädelbasis bis zum Zwerchfell erstreckt und sich Entzündungen in ihm ungehindert nach kaudal ausbreiten und damit die Mediastinalorgane und im Falle eines Durchbruchs durch das Zwerchfell sogar die Bauchorgane gefährden können. Inhaltsgebilde des Danger Space sind die **A. vertebralis,** der **Truncus thyrocervicalis,** der **Truncus sympa-**

thicus, welcher der Fascia preavertebralis näher bzw. eng anliegt. Auf der rechten Seite zieht der **N. laryngeus recurrens** quer durch diesen Raum. Links verläuft der aus dem hinteren Mediastinum kommende **Ductus thoracicus** in einem nach kranial konvexen Bogen zu seiner Mündung in den Venenwinkel. Das rechte, wesentlich kaliberärmere Gegenstück, der **Ductus lymphaticus dexter,** verläuft analog dazu in den Angulus venosus dexter.

Schließlich enthält der Raum zwischen Fascia praevertebralis und der Wirbelsäule, das **Spatium praevertebrale,** die **prävertebralen Halsmuskeln** mit Nervenästen aus dem **Plexus cervicalis** und **brachialis.**

> **Klinik: 1.** In ihrem kaudalen Abschnitt spannen die Faszien die Venen (V. jugularis interna, V. thyroidea inferior, V. thyroidea ima); bei Veneneröffnung kann es zum Ansaugen von Luft kommen, welche durch das Herz zu Schaum geschlagen die Lungenarterien verstopfen kann **(Luftembolie).** Zur Vermeidung dieser meist tödlichen Komplikation wird der Patient beim Luftröhrenschnitt **(Tracheotomie)** mit dem Kopf tief gelagert. **2.** Durch die Fixierung der Venen in den Faszien wird ein Kollabieren derselben verhindert und damit ein optimaler Blutrückfluss aus dem Kopf-Hals-Bereich gesichert. Die Venen können daher auch leicht punktiert oder katheterisiert werden (z. B. **Jugulariskatheter**). **3.** Bei **Thyroidektomien** (Schilddrüsenentfernung) wird die Schilddrüse aus ihrem Bett, der Fascia intercarotica, luxiert und die die Faszie durchsetzende A. thyroidea inferior ligiert. **4. Abszesse im Hals- und Kopfbereich** können sich weiträumig über Logen und Spalten bis zum hinteren Mediastinum und in die Achselhöhle als Senkungsabszesse ausbreiten. Sie können, vor allem wenn sie ihren Ausgang von der Wirelsäule nehmen, den Halsgrenzstrang schädigen, was zum **Horner-Symptomenkomplex** (Miosis, Ptosis, Enophthalmus; Anhydrosis) führt. Die drei Symptome am Auge werden als „**Horner-Trias**" bezeichnet.

Über dem Zungenbein finden sich zwei unterschiedlich tiefe Gruben, welche die Verbindung zum Kopf herstellen: lateral die Submandibularloge **(Spatium submandibulare)** und medial die Submentalloge **(Spatium submentale).**

Der auch **Trigonum submandibulare** genannte Raum zwischen Venter anterior und posterior des M. digasticus und der medialen Unterkieferfläche sowie der Unterfläche des M. mylohyoideus entsteht durch einen Fasziensack der **Fascia cervicalis superficialis.** Oberhalb des Zungenbeins überzieht diese als derbe Hülle die Glandula submandibularis. Ein tiefes Blatt der Faszie bedeckt als Muskelfaszie den Mundhöhlenboden. Eine derbe Bindegewebsplatte, der **Tractus angularis,** verankert die Oberflächenfaszie am Kieferwinkel und trennt sie so von der Parotisloge. Der einheitliche Bindegewebsraum hat entlang den Gefäß-Nervenstraßen Verbindungen zur Regio sublingualis, zur oberflächlichen und tiefen Gesichtsgegend sowie zum Trigonum caroticum. Er enthält die **Glandula submandibularis, Nll. submandibulares,** die **A. facialis,** den **N. lingualis** mit dem angeschlossenen **Ganglion submandibulare** sowie den **N. hypoglossus** und den **N. mylohyoideus.** In der Tiefe des ventralen Abschnitts dieser Loge liegt auch die **A. lingualis.** Sie kann hier im kleinen Trigonum linguale aufgesucht werden. Das Trigonum linguale wird begrenzt durch den Hinterrand des M. mylohyoideus, durch die Zwischensehne des M. digastricus und durch den N. hypoglosssus.

Die auch **Trigonum submentale** genannte Loge befindet sich zwischen Unterkiefer und Zungenbein. Seitlich wird sie beiderseits von den vorderen Bäuchen des M. digastricus begrenzt. Unten schließt die oberflächliche Halsfaszie die Loge ab. Sie enthält nur Lymphknoten (**Nll. submentales**).

> **Klinik:** Der vom M. mylohyoideus aufgebaute Mundhöhlenboden (Diaphragma oris) weist gelegentlich Dehiszenzen auf, durch die Teile der über dem Mundboden liegenden Gld. sublingualis in die Submandibularloge gedrängt werden können, wodurch mitunter ein submandibulärer Tumor vorgetäuscht wird.

6.13 Systematik der Kopf-Hals-Region

Die Gefäße und Nerven beider Halshälften verhalten sich – bis auf wenige Ausnahmen – grundsätzlich spiegelbildlich. Zentral, am cervicothorakalen Übergang, verliert sich diese Symmetrie durch die asymmetrischen Abgänge und Mündungen der Gefäße des Herzens aber.

6.13.1 Arterien der Kopf-Hals-Regionen

Die rechte Halsschlagader (**A. carotis communis dextra**) entspringt einem gemeinsamen Stamm mit der Schlüsselbeinarterie (**A. subclavia dextra**), dem **Truncus brachiocephalicus** (früher auch A. anonyma), während die beiden Arterien (**A. carotis communis sinistra** und **A. subclavia sinistra**) auf der linken Seite isoliert direkt aus dem Aortenbogen (**Arcus aortae**) entspringen (Abb. 6.47). Eine seltene (ca. 2 %), aber wichtige Variante stellt der Abgang der A. subclavia dext. ganz links aus dem Aortenbogen dar. Diese Spielvariante wird als **A. lusoria** (ludare, lat. = spielen) bezeichnet. Ihre Bedeutung liegt darin, dass sie auf dem Weg zu ihrer normalen Position den Eingeweidestrang dorsal kreuzt und dabei durch Kompression der Speiseröhre (Oesopohagus) zu Schluckbeschwerden führt (= Dysphagia lusoria).

Die **Arteria subclavia** wird durch die Passage hinter dem M. scalenus ant. in drei Teile gegliedert: 1. medialer/Brustabschnitt; 2. mittlerer/Skalenusabschnitt; 3. lateraler/Schlüsselbeinabschnitt (Tab. 6.3). Als erster Ast geht im **Brustabschnitt** die **A. verterbalis** nach kranial ab. Dann folgt der **Truncus thyrocervicalis**. Zwischen beiden entspringt kaudal die **A. thoracica interna** (früher: A. mammaria interna). An der Granze zum **Skalenusabschnitt** entlässt die A. subclavia den **Truncus costocervicalis**. Letzterer kann auch im Skalenus-

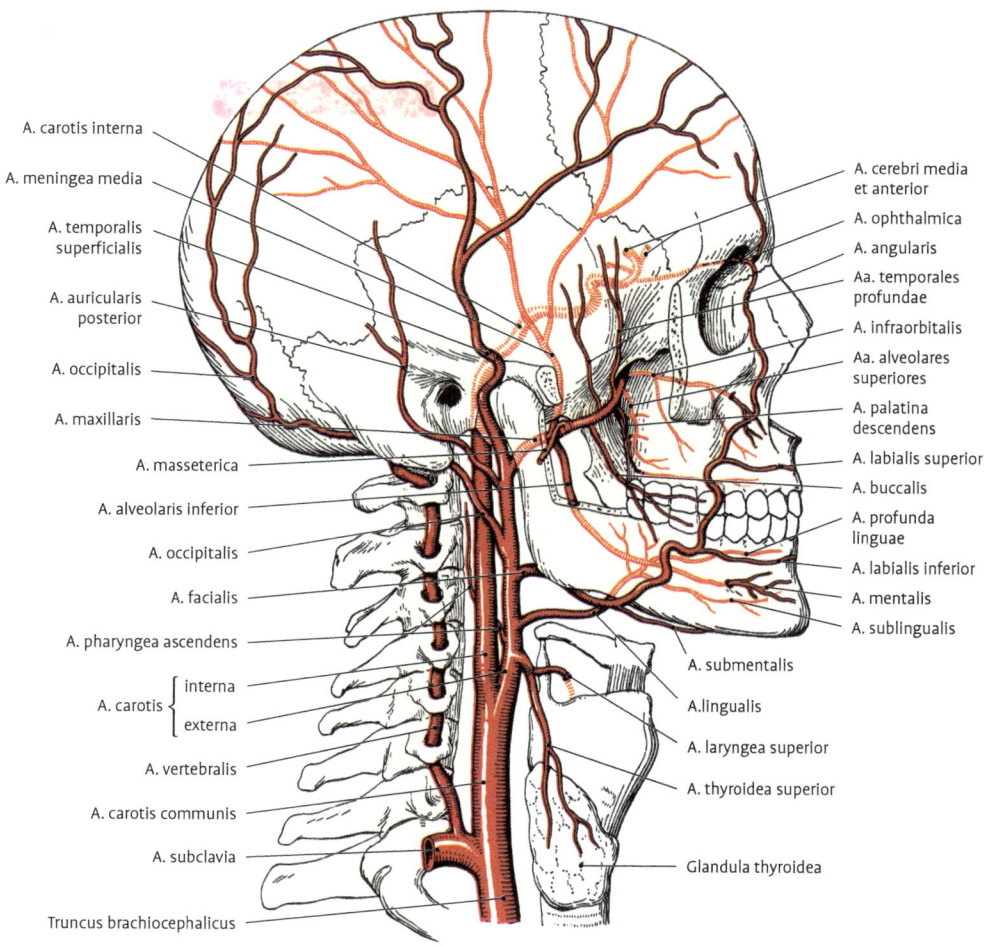

A. carotis interna
A. meningea media
A. temporalis superficialis
A. auricularis posterior
A. occipitalis
A. maxillaris
A. masseterica
A. alveolaris inferior
A. occipitalis
A. facialis
A. pharyngea ascendens
A. carotis { interna / externa
A. vertebralis
A. carotis communis
A. subclavia
Truncus brachiocephalicus

A. cerebri media et anterior
A. ophthalmica
A. angularis
Aa. temporales profundae
A. infraorbitalis
Aa. alveolares superiores
A. palatina descendens
A. labialis superior
A. buccalis
A. profunda linguae
A. labialis inferior
A. mentalis
A. sublingualis
A. submentalis
A.lingualis
A. laryngea superior
A. thyroidea superior
Glandula thyroidea

Abb. 6.47 Übersicht über die Arterienversorgung des Kopfes und des Halses.

abschnitt entspringen, ansonsten hat dieser Abschnitt keine Äste. Aus dem **Clavicularabschnitt** können schließlich einzelne Äste des **Truncus thyrocervicalis** entspringen. Dies sind eventuell die **A. suprascapularis** und/oder die **A. dorsalis scapulae,** in einzelnen Fällen auch der Stamm aus **A. dorsalis scapulae** und **A. cervicalis superficialis** (= Truncus cervicodorsalis A. transversa cervicis (colli]). Die drei eben genannten Arterien sind äußerst variabel und entspringen zumeist aus dem Truncus thyrocervicalis. Dieser entlässt typischerweise zunächst die A. suprascapularis nach lateral und zerfällt letztendlich in die kleine nach kranial verlaufende A. cervicalis ascendens und in den Hauptast dieses Truncus, die nach medial laufende A. thyroidea inferior. Vor dieser Endaufteilung entspringen die äußerst variablen lateralen Äste: die den mittleren Teil des M. trapezius versorgende A. cervicalis superficialis, die die M. rhomboidei versorgende A. dorsalis scapulae (früher: A. scapularis descendens) oder ein gemeinsamer Stamm aus beiden: der Truncus cervicodorsalis. Dieser Stamm wird üblicherweise als A. transversa cervicis (colli) bezeichnet, die daraus hervorgehenden Äste als Ramus superficialis (= A. cervicalis superficialis) und Ramus profundus (= A. dorsalis scapulae). Gerade der Terminus „Arteria transversa cervicis (colli)" hat aber, bedingt durch zahlreiche Änderungen in der internationalen anatomischen Terminologie, für viel Verwirrung gesorgt. Daher sollte der Name durch den unmissverständlichen Terminus „Truncus cervicodorsalis" ersetzt werden. Jeder dieser lateralen Äste des Truncus thyrocervicalis kann auch, wie oben erwähnt, aus dem Clavicularabschnitt der A. subclavia entspringen. Andere Stammbildungen mit der A. thoracica interna oder mit Ästen des Truncus costocervicalis sind möglich. Der **Truncus costocervicalis** gibt nach kaudal in den ersten und zweiten Intercostalraum die A. intercostalis suprema und zur Nackenmuskulatur die A. cervicalis profunda ab.

Die **A. carotis communis** verläuft lateral von der Trachea in der Vagina carotica ohne Astabgabe kranial und etwas lateralwärts und teilt sich üblicherweise in Höhe des kranialen Kehlkopfendes bzw. in Höhe des vierten Halswirbels/C4 in die hirnversorgende und bis zum Eintritt in den Gehirnschädel astlose **A. carotis interna** (hinten, lateral gelegen) und die gesichtsversorgende **A. carotis externa** (vorne, medial gelegen). Bis zu dieser Carotisgabel ist die Arterie normalerweise astlos. In seltenen Fällen (2 %) entspringt vom kaudalen Abschnitt eine akzessorische Schilddrüsenarterie, die **A. thyroidea ima**. Etwas häufiger (6 %) kommt diese Arterie aus dem Truncus brachiocephalicus oder aus dem Aortenbogen.

Die **A. carotis externa** zieht oberflächlich durch das Trigonum caroticum (Abb. 6.48), betritt dann unter dem Venter posterior des M. digastricus und dem M. stylohyoideus die Regio retromandibularis, wo sie dorsal des Ramus mandibulae dem tiefen Teil der Ohrspeicheldrüse medial angelagert bis zum Collum mandibulae zieht und sich in ihre Endäste aufteilt. Während ihres Verlaufes gibt sie ventrale, mediale und dorsale Äste ab, die meisten nach ventral (Tab. 6.4). Es sind dies von kaudal nach kranial: unmittelbar nach der Carotisgabel die **A. thyroidea superior** zur Schilddrüse, die **A. lingualis** zur Zunge, die **A. facialis** zum Gesicht, um sich schließlich in die beiden Endäste, **A. temporalis superficialis** und **A. maxillaris** zu Ober- und Unterkiefer, aufzuteilen. A. lin-

Tab. 6.3 Astfolge der A. subclavia (B = Brustabschnitt, S = Skalenusabschnitt, C = Clavicularbschnitt)

A. subclavia		
B	A. vertebralis	Rami spinales, A. spinalis anterior
	A. thoracica interna	Rami mediastinales, A. pericardiacophrenica, Aa. intercostales anteriores, A. musculophrenica, A. epigastrica superior
	Truncus thyrocervicalis	A. suprascapularis, A. dorsalis scapulae, A. cervicalis superficialis, A. cervicalis ascendens, A. thyroidea inferior
	Truncus costocervicalis	A. intercostalis suprema, A. cervicalis profunda
S	Truncus costocervicalis (var.)	A. intercostalis suprema, A. cervicalis profunda
C	A. suprascapularis (var.), A. dorsalis scapulae (var.), A. cervicalis superficialis (var.)	

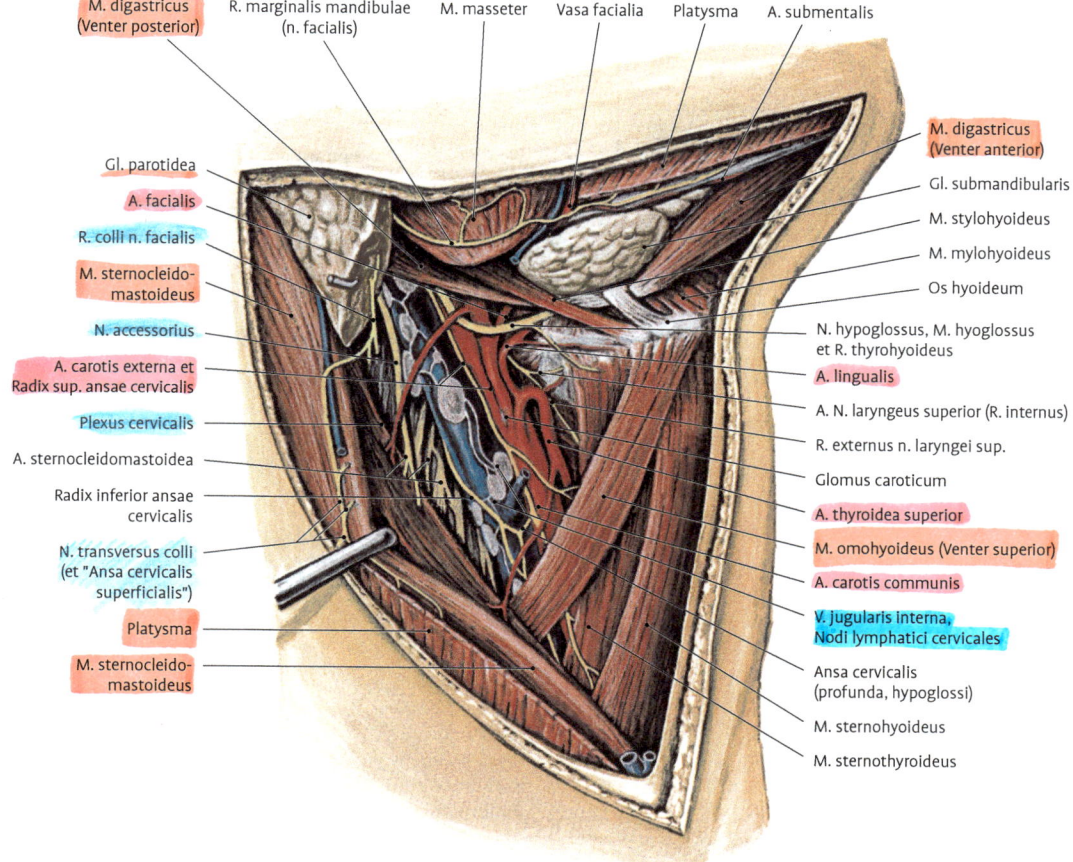

M. digastricus (Venter posterior) R. marginalis mandibulae (n. facialis) M. masseter Vasa facialia Platysma A. submentalis

Gl. parotidea

A. facialis

R. colli n. facialis

M. sternocleido-mastoideus

N. accessorius

A. carotis externa et Radix sup. ansae cervicalis

Plexus cervicalis

A. sternocleidomastoidea

Radix inferior ansae cervicalis

N. transversus colli (et "Ansa cervicalis superficialis")

Platysma

M. sternocleido-mastoideus

M. digastricus (Venter anterior)

Gl. submandibularis

M. stylohyoideus

M. mylohyoideus

Os hyoideum

N. hypoglossus, M. hyoglossus et R. thyrohyoideus

A. lingualis

A. N. laryngeus superior (R. internus)

R. externus n. laryngei sup.

Glomus caroticum

A. thyroidea superior

M. omohyoideus (Venter superior)

A. carotis communis

V. jugularis interna, Nodi lymphatici cervicales

Ansa cervicalis (profunda, hypoglossi)

M. sternohyoideus

M. sternothyroideus

Abb. 6.48 Übersicht über Trigonum caroticum und Trigonum submandibulare. Haut und Platysma sind teilweise abgetragen. Der M. sternocleidomastoideus ist nach dorsal gezogen.

gualis und A. facialis entspringen relativ häufig einem gemeinsamen Stamm, dem Truncus linguofacialis.

Die **A. thyroidea superior** entspringt unmittelbar nach der Karotisteilung (selten aus der A. carotis communis), zieht bogenförmig abwärts zum Oberrand und zur Vorderfläche der Schilddrüse. Sie gibt folgende Äste ab:
- **R. infrahyoideus,** vor dem Zungenbein, anastomosiert mit dem Ast der Gegenseite
- **R. sternocleidomastoideus,** zum gleichnamigen Muskel
- **A. laryngea superior,** gelangt mit dem gleichnamigen Nerven durch die Membrana thyrohyoidea in das Innere des Kehlkopfes

- **R. cricothyroideus,** zieht vor dem gleichnamigen Band zur Mittellinie, wo er meist mit dem Ast der anderen Seite anastomosiert
- **R. anterior und R. posterior,** zum oberen Schilddrüsenanteil

Die **A. lingualis** entspringt in Höhe des großen Zungenbeinhorns, verschwindet unter dem M. hyoglossus und verläuft geschlängelt zwischen M. genioglossus und M. longitudinalis inferior zur Zungenspitze. Ihre Äste sind:
- **R. suprahyoideus,** über dem Zungenbein zum gleichnamigen Ast der Gegenseite zu den Muskeln
- **A. sublingualis,** zwischen M. mylohyoideus und Gl. sublingualis verlaufend (für Unterzun-

Tab. 6.4 Astfolge der A. carotis externa (von kaudal nach kranial; D = dorsaler Ast, E = Endast, M = medialer Ast, V = ventraler Ast)

A. carotis externa			
V	A. thyroidea superior	A. laryngea superior, Ramus sternocleidomastoideus, Ramus infrahyoideus, Ramus cricothyroideus, Rami glandulares	
M	A. pharyngea ascendens	A. meningea posterior, Rami pharyngeales, A. tympanica inferior	
V	A. lingualis	Ramus suprahyoideus, A. sublingualis, A. dorsalis linguae, A. profunda linguae	
V	A. facialis	A. palatina ascendens, Rami tonsillares, A. submentalis, Rami glandulares, A. labialis inferior, A. labialis superior, Ramus lateralis nasi, A. angularis	
D	A. occipitalis	Ramus mastoideus, Ramus auricularis, Rami sternocleidomastoidei, Ramus meningeus, Rami occipitales	
D	A. auricularis posterior	A. stylomastoidea, A. tympanica post., A. stapedia, Ramus auricularis, Ramus occipitalis, R. parotideus	
E	A. temporalis superficialis	Ramus parotideus, A. transversa faciei, A. zygomatico-orbitalis, A. temporalis media, Rami auriculares anteriores, Ramus frontalis, Ramus parietalis	
E	A. maxillaris	Pars mandibularis	A. auricularis profunda, A. tympanica anterior, A. alveolaris inferior (→ Rami dentales, Rami peridentales, Ramus mentalis, Ramus mylohyoideus). A. meningea media (→ A. tympanica superior, Ramus petrosus)
		Pars pterygoidea	A. temporalis profundus ant. et post., Rami pterygoidei, A. masseterica, Ramus buccalis
		Pars pterygopalatina	Aa. alveolares posteriores superiores, A. infraorbitalis (→Aa. alveolares anteriores superiores), A. palatina descendens (→ A. palatina major, Aa. palatinae minores), A. canalis pterygoidei, A. sphenopalatina (→ Rami septales posteriores, Rami nasals posteriores laterales), Rami pharyngeales

gendrüse, Schleimhaut unter der Zunge, Zahnfleisch und Muskeln)
- **Rr. dorsales linguae,** für die Schleimhaut der Zungenwurzel
- **A. profunda linguae,** der Endast der A. lingualis, verläuft an der Unterfläche der Zunge neben dem Zungenbändchen zur Spitze.

Die **A. facialis** (Abb. 6.49) entspringt unmittelbar oberhalb der vorigen (mitunter mit ihr zusammen), zieht unter dem Venter posterior des M. digastricus in das Trigonum submandibulare, verläuft hier, bedeckt durch die Glandula submandibularis, oft in diese eingelagert und in stärkeren Krümmungen zum Unterrand des Unterkiefers (vor dem Masseteransatz ist der Puls zu fühlen!). Im Gesicht zieht sie stark geschlängelt aufwärts zum medialen Augenwinkel (Anastomose des Endastes mit der A. ophthalmica). Ihre Äste sind:
- **A. palatina ascendens.** Sie verläuft zwischen M. styloglossus und M. stylopharyngeus zum

Pharynx, zur Gaumenmandel (R. tonsillaris) und zum weichen Gaumen
- **A. submentalis.** Sie zieht auf der Unterfläche des M. mylohyoideus zum Kinn. Äste verlaufen zu den Muskeln und zur Gl. submandibularis
- **Aa. labiales inferior** und **superior,** zur Unter- und Oberlippe. Anastomosen zur Gegenseite und zu benachbarten Arterien
- **A. angularis,** Endast, zum medialen Augenwinkel und Anastomose zur A. dorsalis nasi (aus der A. ophthalmica), Versorgung der äußeren Nase.

Klinik: Die Nähe der A. facialis und ihrer Äste zur Tonsilla palatina erklärt die nicht seltenen Nachblutungen bei der **Tonsillektomie** (Mandeloperation). Dabei ist zu bedenken, dass der Blutverlust der häufig im Kindesalter durchgeführten Operation relativ schnell lebensbedrohlich werden kann (Blutvolumen = 8% des Körpergewichts).

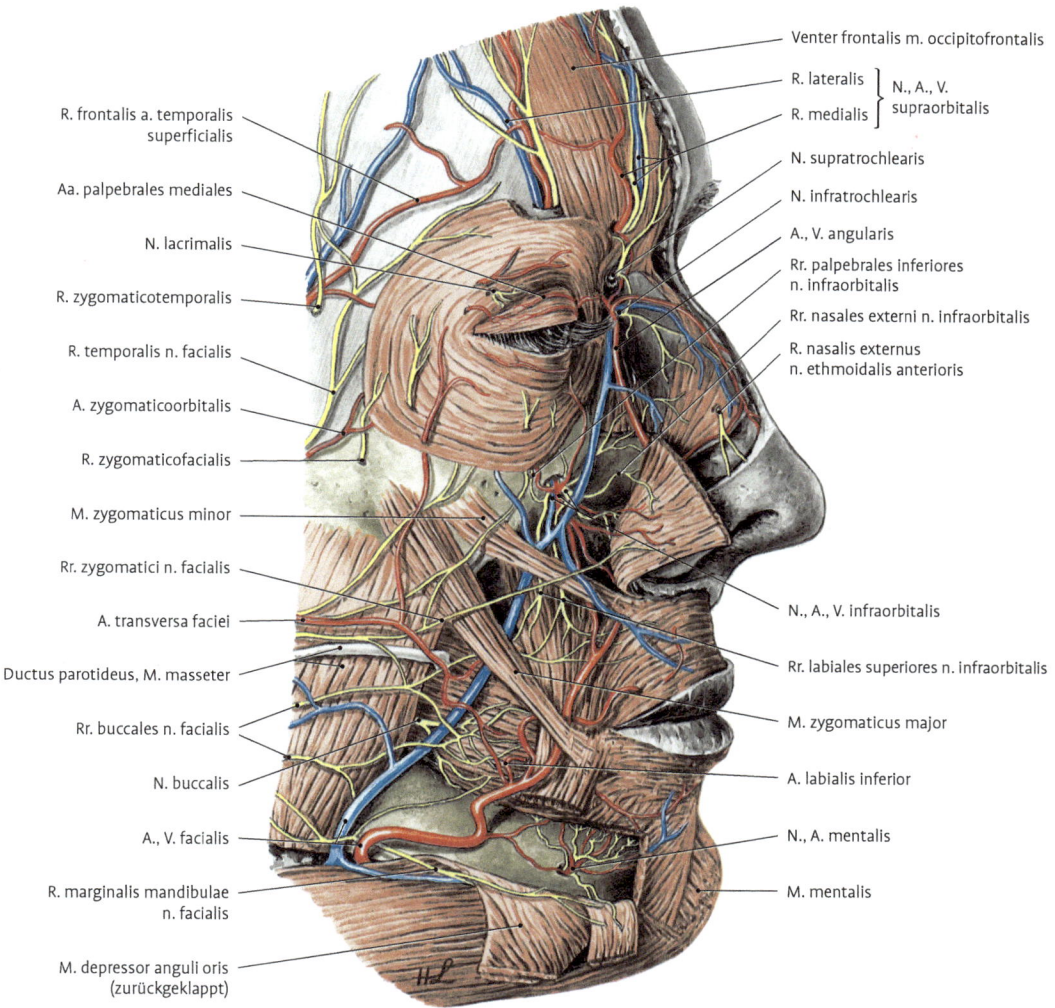

R. frontalis a. temporalis superficialis

Aa. palpebrales mediales

N. lacrimalis

R. zygomaticotemporalis

R. temporalis n. facialis

A. zygomaticoorbitalis

R. zygomaticofacialis

M. zygomaticus minor

Rr. zygomatici n. facialis

A. transversa faciei

Ductus parotideus, M. masseter

Rr. buccales n. facialis

N. buccalis

A., V. facialis

R. marginalis mandibulae n. facialis

M. depressor anguli oris (zurückgeklappt)

Venter frontalis m. occipitofrontalis

R. lateralis ⎤ N., A., V.
R. medialis ⎦ supraorbitalis

N. supratrochlearis

N. infratrochlearis

A., V. angularis

Rr. palpebrales inferiores n. infraorbitalis

Rr. nasales externi n. infraorbitalis

R. nasalis externus n. ethmoidalis anterioris

N., A., V. infraorbitalis

Rr. labiales superiores n. infraorbitalis

M. zygomaticus major

A. labialis inferior

N., A. mentalis

M. mentalis

Abb. 6.49 Nerven und Gefäße des Gesichts. Die Austrittsstellen der Trigeminusäste sind freigelegt.

Nach dorsal gibt die A. carotis externa die **A. sternocleidomastiodea,** die **A. occipitalis** zum Hinterhaupt und die **A. auricularis posterior** zum Ohr ab.

A. sternocleidomastoidea. Sie zieht über den N. hypoglossus nach lateral und unten zum gleichnamigen Muskel.

A. occipitalis. Sie entspringt in Höhe der A. facialis und steigt, bedeckt vom M. digastricus, zum Warzenfortsatz im eigenen Sulcus auf. Sie wendet sich unter die Mm. sternocleidomastoideus, splenius capitis und longissimus capitis dorsalwärts, durch-

bohrt den Trapeziusursprung und zieht am Hinterhaupt in der Subcutis aufwärts.

A. auricularis posterior. Sie steigt vor dem Warzenfortsatz und hinter der Ohrmuschel aufwärts. Außer den Muskelästen gibt sie ab:
- **A. stylomastoidea.** Sie zieht durch das gleichnamige Loch in den Canalis facialis. Von hier gehen Äste zur Schleimhaut der Paukenhöhle (A. tympanica posterior), zu den Cellulae mastoideae (Rami mastoidei) und an den Steigbügelmuskel (R. stapedius). Durchblutungsstörungen dieser Arterie könnten für die idiopathische

Fazialisparese (Bell-Lähmung) verantwortlich sein.

- **R. auricularis,** zur Rückfläche der Ohrmuschel
- **R. occipitalis,** zum Hinterhaupt. Anastomose mit der A. occipitalis.

Als einzigen medialen Ast entlässt die A. carotis externa die **A. pharyngea ascendens.**

Die **Teilung** der A. carotis externa erfolgt hinter dem Collum mandibulae in die **A. temporalis superficialis** und in die **A. maxillaris.**

Die **A. temporalis superficialis** ist häufig als stark geschlängeltes Gefäß in der Schläfengegend zu erkennen. Sie verläuft vor dem Ohr aufwärts, teilt sich oberhalb des Jochbogens in einen R. frontalis (zur Stirngegend, Anastomose mit dem Ramus lateralis der A. supraorbitalis) und einen R. parietalis (zur Schläfengegend, Anastomose mit der A. occipitalis). In ihrem Verlauf gibt sie folgende Äste ab:

- **R. parotidei,** zur Glandula parotidea
- **A. transversa faciei,** fingerbreit unterhalb des Jochbogens zum Gesicht
- **Rr. auriculares anteriores,** zur Vorderfläche der Ohrmuschel und zum äußeren Gehörgang
- **A. zygomaticorbitalis,** zum lateralen Augenwinkel
- **A. temporalis media,** durchbohrt die Fascia temporalis und zieht zum Schläfenmuskel.

Der zweite Endast, die **A. maxillaris,** verläuft durch den sogenannten Juvara-Slot oder auch Boutoniere retromandibulaire zwischen dem kräftigen Lig. sphenomandibulare und der Innenfläche des Ramus mandibulae **(Pars mandibularis)** in die Fossa infratemporalis, dort lateral oder seltener medial vom M. pterygoideus lateralis **(Pars pterygoidea)** vorwärts zur Fossa pterygopalatina **(Pars pterygopalatina)**, wo sie dann in ihre 3 Endäste zerfällt.

- **Pars mandibularis** (Äste meist in Knochenkanälen verlaufend)
  - **A. auricularis profunda,** zu Kiefergelenk, Trommelfell und äußerem Gehörgang
  - **A. tympanica anterior,** durch die Fissura petrotympanica zur Schleimhaut der Paukenhöhle
  - **A. meningea media,** die größte Hirnhautarterie, durch das Foramen spinosum zur harten Hirnhaut. Teilung in einen vorderen und hinteren Ast
  - **A. alveolaris inferior.** Sie läuft im Canalis mandibulae (Äste zu Knochen, Zähnen, Zahnfleisch) und tritt durch das Foramen mentale als A. mentalis zum Kinn und zur Unterlippe.

- **Pars pterygoidea** (zu den Kaumuskeln)
  - **A. temporalis profunda anterior,** zum M. temporalis
  - **A. temporalis profunda posterior,** zum M. temporalis
  - **A. masseterica,** durch die Incisura mandibulae zum M. masseter
  - **Rr. pterygoidei,** zu den Mm. pterygoidei
  - **A. buccalis,** zum M. buccinator, Anastomose mit A. facialis und A. transversa faciei
- **Pars pterygopalatina** (die Äste verlaufen nahezu alle in Knochenkanälen)
  - **A. alveolaris superior posterior,** tritt am Tuber maxillae in den Oberkiefer zu den hinteren Zähnen
  - **A. infraorbitalis,** gelangt am Boden der Augenhöhle durch den Canalis infraorbitalis und das Foramen infraorbitale zum Gesicht (hier Anastomosen mit den Gesichtsarterien). Im Canalis infraorbitalis gehen die Aa. alveolares superiores anteriores zu den vorderen Zähnen des Oberkiefers ab.
  - **A. palatina descendens,** steigt im Canalis palatinus major abwärts zum harten Gaumen (A. palatina major, durch gleichnamiges Loch), zum weichen Gaumen (Aa. palatinae minores, durch gleichnamige Löcher) und zur Gaumentonsille.

> **Klinik:** Die A. palatina major stellt eine gefährliche **Blutungsquelle** in der zahnärztlichen Chirurgie dar. Häufig liegt sie gut geschützt in einem tiefen Sulcus, sie kann aber auch – unabhängig von Bezahnungszustand und Atrophiegrad – ungeschützt liegen. Wird sie in diesen Fällen knapp vor dem Canalis palatinus durchtrennt, retrahiert sie sich in diesen Kanal, was eine Blutstillung erheblich erschwert.

  - **A. canalis pterygoidei** (durch gleichnamigen Kanal), rückwärts zu Schlund, Ohrtrompete und Paukenhöhle
  - **A. sphenopalatina,** durch das gleichnamige Loch zum oberen und hinteren Teil der Nasenhöhle, wo sie sich in die Aa. nasales posteriores laterales (laterale Wand) et septi (Nasenscheidewand) aufzweigt.

Die **A. carotis interna** entsteht aus der Karotisgabelung (Bifurcatio carotidis) zumeist in Höhe des oberen Kehlkopfendes bzw. in Höhe des vierten Halswirbels (65 %). In den verbleibenden 35 % findet sich die Bifurkation etwa zu gleichen Teilen eine halbe bis ganze Wirbelhöhe darüber oder darunter. Sie entlässt in der **Pars cervicalis/C₁** vor dem Eintritt in die Schädelbasis normalerweise keine Äste. In seltenen Fällen entspringt die **A. pharyngea ascendens** aus ihrem Anfangsteil. Beim Durchtritt durch die Schädelbasis **(Pars petrosa/C₂)** gibt sie kleinere Äste zur Paukenhöhle ab. Im Neurocranium angelangt, liegt das Gefäß zunächst im Sinus cavernosus **(Pars cavernosa/C₃)**, wo sie Äste zur Hypophyse und zum Ganglion trigeminale abgibt. Schließlich verlässt sie den Sinus wieder durch sein Dach. Danach **(Pars intracranialis/C₄)** gibt sie als ersten Ast die Arterie zum Auge **(A. ophthalmica)** ab. Dann folgen neben einigen kleineren Ästen die A. communicans anterior zur Bildung des Circulus arteriosus Wilisii, die A. choroidea anterior und zuletzt teilt sie sich in die hirnversorgende **A. cerebri anterior** und die **A. cerebri media** (Tab. 6.5).

Tab. 6.5 Astfolge der A. carotis interna (von kaudal nach kranial; C_1 = Pars cervicalis, C_2 = Pars petrosa, C_3 = Pars cavernosa, C_4 = Pars cerebralis)

A. carotis interna	
C_1	–
C_2	Aa. caroticotympanici, A. canalis pterygoidei
C_3	A. hypophysialis inferior, Rami ganglionares trigeminale
C_4	A. ophthalmica, A. hypophysialis superior, A. communicans post., A. choroidea ant., Ramus uncalis, Rami clivici, Ramus meningeus, A. cerebri anterior, A. cerebri media

Tab. 6.6 Astfolge der A. vertebralis (von kaudal nach kranial; V_1 = Pars prevertebralis, V_2 = Pars transversaria, V_3 = Pars atlantica, V_4 = Pars intracranialis)

A. vertebralis	
V_1	Rami spinales
V_2	Rami spinales, Rami musculares
V_3	–
V_4	Rami meningei, A. spinalis anterior, A. cerebelli inferior posterior (PICA), A. spinalis posterior

Klinik: 1. Der Abgang der A. ophthalmica zeigt zum einen die Entstehung des Auges als Hirnanteil, zum anderen ist dieser frühe Abgang dafür verantwortlich, dass es einem vor einer drohenden Bewusstlosigkeit als Zeichen der Mangeldurchblutung zunächst „schwarz vor den Augen" wird. Äste der A. ophthalmica versorgen neben dem gesamten Orbitainhalt auch die Stirngegend (A. supraorbitalis), die Nasenhöhle (A. ethmoidalis posterior) und die Haut der Nasenwurzel (A. dorsalis nasi). **2.** Die Teilungsstelle der A. carotis interna in die vordere und mittlere Hirnarterie (A. cerebri ant. et media) ist die Prädilektionsstelle für sackförmige **Karotisaneurysmen,** welche meist schon in jungen Jahren (30–35 Jahre) platzen und damit zu einem sehr frühen Hirntod führen können. Die Lage unmittelbar lateral der Sehnervenkreuzung (Chiasma opticum) kann zu Sehstörungen führen, welche als Warnsymptom erkannt eine rechtzeitige Entfernung des Aneurysmas nach sich ziehen muss.

Die **A. vertebralis** ist normalerweise der erste Ast der A. subclavia. In seltenen Fällen kann die linke Wirbelarterie auch zwischen A. carotis communis sinistra und A. subclavia sinistra direkt aus dem Aortenbogen entspringen. Der Anfangsteil der A. vertebralis steigt als **Pars praevertebralis V₁** zumeist zum sechsten Halswirbel auf (60 %), wo sie

in den Querfortsatz eintritt und als **Pars transversaria V₂** bis zum Atlas ansteigt. Sie gibt dann auf dem hinteren Atlasbogen liegend **(Pars atlantica V₃)** die **A. spinalis anterior** zum Rückenmark ab. Hier bildet die A. vertebralis vor und nach dem Atlas größere Schlingen, um den Kopfbewegungen Rechnung tragen zu können. An diesem Abschnitt findet sich gelegentlich auch eine Kommunikation mit der **A. occipitalis**. Die kurze **Pars cranialis V₄** gibt noch die **A. cerebellaris inferior post.** (PICA) zum Kleinhirn ab, bevor sie mit der gegenseitigen A. vertebralis die **A. basilaris** bildet. Diese entlässt dann die beiden anderen Kleinhirnarterien (**A. cerebellaris inferior ant.**/AICA und **A. cerebellaris sup.**) und die das Hör- und Gleichgewichtsorgan im Innenohr versorgende **A. labyrinthi**. Schließlich teilt sich die A. basilaris in die beiden hinteren Hirnarterien (**A. cerebri post. dext. et sin.**) (Tab. 6.6).

Klinik: Nicht selten führen Veränderungen in der Halswirbelsäule zu Durchblutungsstörungen in diesem vertebrobasilären System. Dieser als **vertebrobasiläre Insuffizienz** (VBI) bezeichnete Symptomenkomplex besteht aus Hörstörungen, Ohrgeräuschen (Tinnitus), Drehschwindel (Vertigo) und mitunter auch Sehstörungen.

6.13.2 Venen der Kopf-Hals-Regionen

Die Venen dieser Regionen verhalten sich nicht typisch; so gibt es seltener, und dann nur in der Peripherie, Begleitvenen (Vv. commitantes) als z. B. an den Extremitäten. So finden sich zum Teil eher weiter von den Arterien liegende Venen mit eigenen, nicht den Arterien angepassten Namen. So wird die A. carotis externa von der **V. retromandibularis** begleitet und die A. carotis interna und communis von der **Vena jugularis interna**. Dazu kommt ein zum Teil subcutanes, zum Teil subfasciales Venennetz, welches sich im seitlichen Halsdreieck in der **V. jugularis externa** sammelt. Im vorderen Halsdreieck sammelt zumeist die paarig angelegte V. jugularis anterior oder die unpaare V. mediana colli das venöse Blut. Der Zusammenfluss der Venen ist variabel, folgt aber doch einem Grundkonzept: Aus der Hinterhauptregion sammeln die ineinander mündenden **V. occipitalis** und **V. auricularis posterior** das Blut. Ihr Zusammenfluss bildet die V. jugularis externa, welche schließlich direkt in den Venenwinkel (**Angulus venosus, Confluens Pirogoff** oder in der Lymphologie – wegen der dort mündenden großen Lymphstämme – auch **Terminus** genannt) mündet. In etwa ¼ der Fälle mündet die V. jugularis externa in die V. subclavia, sehr selten indem sie vorher noch die V. transversa cervicis (colli) aufnimmt. Aus dem Stirn- und Gesichtsbereich sammeln die ineinander mündenden **V. retromandibularis** und **V. facialis** das Blut, welches schließlich in die V. jugularis interna mündet. Die venösen Abflüsse aus dem Gebiet der Halswirbelsäule und der Nackenregion erfolgt durch die **Vena vertebralis** und **V. cervicalis profunda** (Abb. 6.50). Der **Angulus venosus** bildet sich durch den Zusammenfluss der beiden Hauptsammelgefäße vom Kopf (V. jugularis interna) und vom Arm (V. subclavia). Die aus dem Zusammenfluss hervorgehenden **Vv. brachiocephalicae** sind rechts und links insofern asymmetrisch, als die V. brachiocephalica dext. einen größeren Querschnitt aufweist als die linke und einen wesentlich kürzeren und nahezu vertikalen Verlauf nimmt. Die V. brachiocephalica sin. muss durch einen längeren und eher horizontalen Ver-

lauf nach rechts kreuzen, um mit der V. brachiocephalica dext. die obere Hohlvene (**V. cava superior**) zu bilden. Die größeren Querschnitte der rechten Hauptvenen resultieren einerseits aus dem direkteren Weg (V. jugularis int. dext.), andererseits aus der bei Rechtshändern kräftigeren rechten Armmuskulatur (V. subclavia dext.).

Im Detail können in der Region drei Typen von venösen Sammelgefäßen unterschieden werden:
- **Venen im Schädel**
- **Venenplexus**
- **große abführende Venen**

6.13.2.1 Venen im Schädel

Vv. diploicae (Abb. 6.51). Das Blut des knöchernen Schädeldaches und der Dura mater sammelt sich in Venen der Diploe. Man unterscheidet:
- 1. V. diploica frontalis, 2. V. diploica temporalis anterior, 3. V. diploica temporalis posterior, 4. V. diploica occipitalis
  Arachnoidalzotten (Liquorabfluss!) können bis zu diesen Venen dringen und sie eröffnen.

Vv. emissariae. Sie stellen Verbindungen zwischen den äußeren Kopfvenen, den Vv. diploicae und den Venenblutleitern der Dura mater dar. Sie nehmen das Blut aus den Vv. diploicae auf und führen es in die äußeren Kopfvenen und die Sinus durae matris ab.
- **V. emissaria parietalis.** Anastomose zwischen V. temporalis superficialis und dem Sinus sagittalis superior
- **V. emissaria occipitalis.** Anastomose zwischen der V. occipitalis und dem Sinus transversus bzw. dem Confluens sinuum
- **V. emissaria mastoidea.** Anastomose zwischen V. occipitalis bzw. V. auricularis posterior und dem Sinus sigmoideus
- **V. emissaria condylaris.** Anastomose zwischen den Plexus venosi vertebrales externi und dem Sinus sigmoideus
- **V. emissaria bei Kleinkindern.** Anastomose zwischen Nasenvenen und Sinus sagittalis superior durch einen Kanal, der später zum Foramen caecum wird.

Vv. cerebri. Das Blut von den Außenflächen des Gehirns fließt in die benachbarten Blutleiter der Dura mater.

Sinus durae matris. Sie liegen zwischen den beiden Blättern der Dura mater, sind starrwandige, klappenlose Räume, die das Blut aus dem Innern der

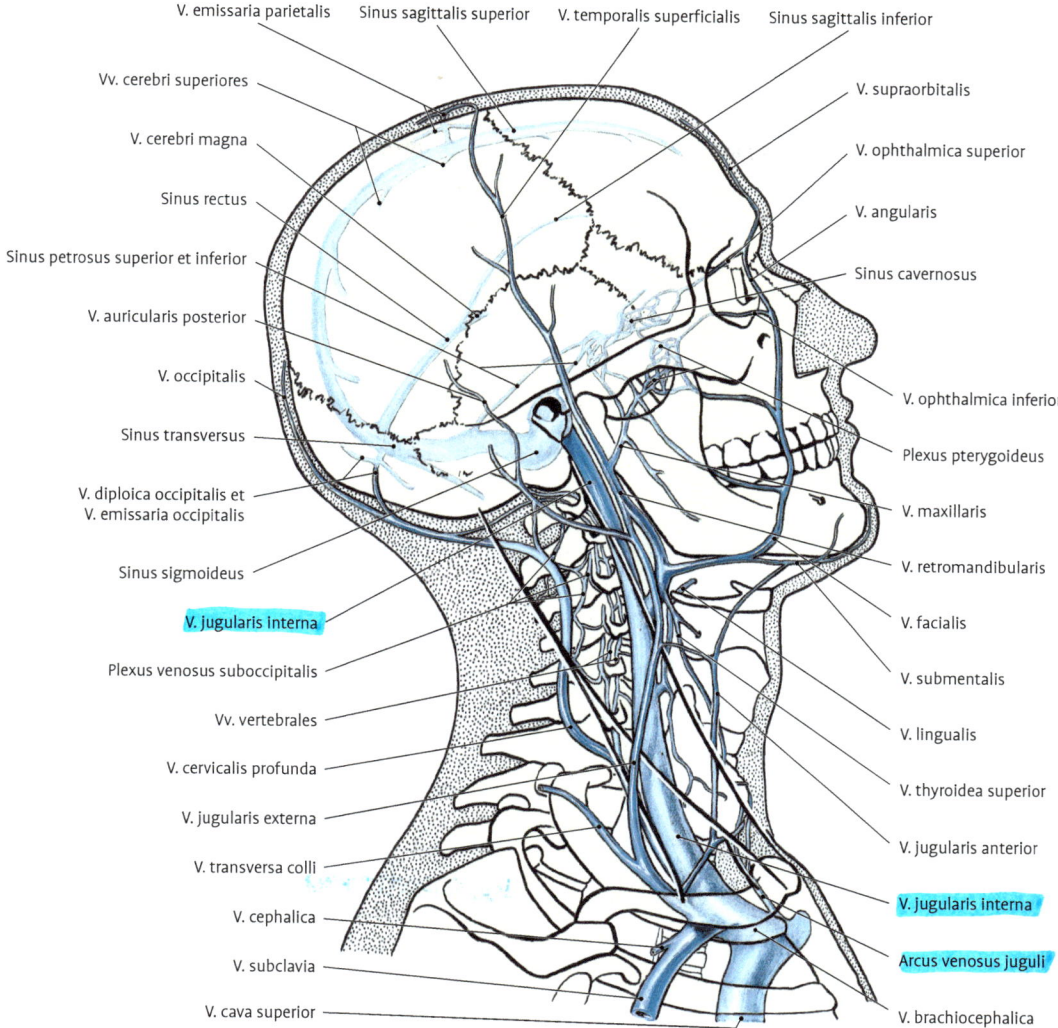

V. emissaria parietalis
Sinus sagittalis superior
V. temporalis superficialis
Sinus sagittalis inferior
Vv. cerebri superiores
V. cerebri magna
Sinus rectus
Sinus petrosus superior et inferior
V. auricularis posterior
V. occipitalis
Sinus transversus
V. diploica occipitalis et V. emissaria occipitalis
Sinus sigmoideus
V. jugularis interna
Plexus venosus suboccipitalis
Vv. vertebrales
V. cervicalis profunda
V. jugularis externa
V. transversa colli
V. cephalica
V. subclavia
V. cava superior

V. supraorbitalis
V. ophthalmica superior
V. angularis
Sinus cavernosus
V. ophthalmica inferior
Plexus pterygoideus
V. maxillaris
V. retromandibularis
V. facialis
V. submentalis
V. lingualis
V. thyroidea superior
V. jugularis anterior
V. jugularis interna
Arcus venosus juguli
V. brachiocephalica

Abb. 6.50 Übersicht über die wichtigsten Venen und Venenverbindungen von Kopf und Hals. Der Schädel ist durchsichtig gezeichnet. Die inneren Schädelvenen sind hellblau gehalten.

Schädelhöhle aufnehmen und letztendlich über den im Foramen jugulare gelegenen Bulbus superior v. jugularis superior abtransportieren. Da der Abfluss rechts günstiger ist, sind die rechten zumeist etwas stärker (V. cava superior rechts gelegen!). Sie stehen durch zahlreiche Vv. emissariae mit den äußeren Kopfvenen und den Vv. diploicae in Verbindung

Vv. ophthalmicae. Das Blut aus der Augenhöhle gelangt in der Hauptsache in Venen, die den Ästen der A. ophthalmica folgen, zur **V. ophthalmica superior**. Sie zieht nicht mit der Arterie durch den Canalis opticus, sondern durch die Fissura orbitalis superior zum Sinus cavernosus. Am Aditus orbitae steht sie auch mit der **V. angularis** in Verbindung (Anastomose zur V. facialis!).

Eine **V. ophthalmica inferior** ist nicht konstant, steht mit der V. ophthalmica superior zumeist in Verbindung, mündet durch die Fissura orbitalis inferior in den Plexus pterygoideus.

V. diploica temporalis posterior   V. diploica temporalis anterior   V. diploica frontalis

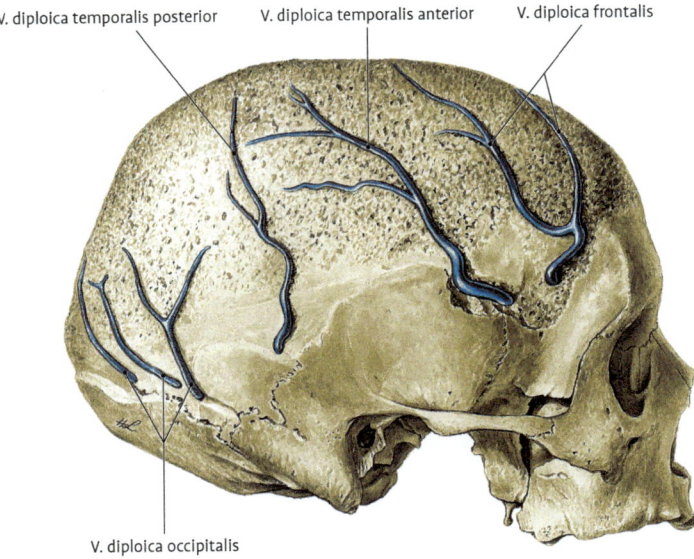

V. diploica occipitalis

Abb. 6.51 Diploe des Schädels und Vv. diploicae nach Entfernung der Lamina externa. Injektion der Gefäße mit Wood-Metall.

Klinik: Das Blut kann von der äußeren Nase und der Oberlippe über V. angularis, V. ophthalmica superior zum Sinus cavernosus fließen. Gefahr bei **Gesichtsfurunkeln** (Ausbreitung)!

6.13.2.2 Venen der Kopfweichteile

V. facialis. Sie sammelt Blut aus dem Gesichtsbereich. Sie verläuft unter der mimischen Muskulatur vom medialen Augenwinkel (V. angularis) zum vorderen Masseterrande und weiter durch das Trigonum submandibulare zur V. jugularis interna. Sie nimmt die V. retromandicularis auf.

V. retromandibularis. Sie folgt hinter dem Ramus mandibulae ungefähr der A. carotis externa und nimmt hauptsächlich die V. temporalis und das Blut aus dem **Plexus pterygoideus** auf. Durch eine stärkere Anastomose fließt sie auch in die **V. jugularis externa** ab.

V. occipitalis und V. auricularis posterior. Sie nehmen das Blut vom Hinterkopf auf und münden in die

V. jugularis externa. Hautvene, die am Hinterrand des M. sternocleidomastoideus, unter dem Platysma abwärts zieht und in die **V. brachiocephalica** oder **V. jugularis interna** oder **V. subclavia** mündet.

V. jugularis anterior. Die vordere Hautvene des Halses entsteht in der Unterkinngegend (als V. submentalis), steigt unter dem Platysma zur Fossa jugularis abwärts, ist mitunter mit der Vene der anderen Seite zu einer unpaaren **V. mediana colli** vereinigt und mündet in den **Arcus venosus juguli,** einen queren Venenbogen im Spatium suprasternale, oder direkt in die angrenzenden Venen.

V. jugularis interna. Sie nimmt das venöse Blut aus dem gesamten Stromgebiet der A. carotis communis auf. Im Foramen jugulare ist sie zum **Bulbus superior** v. **jugularis** und kurz vor der Vereinigung mit der V. subclavia zum **Bulbus inferior** v. **jugularis** erweitert. Sie verläuft vom Foramen jugulare an der lateralen Seite der A. carotis interna und A. carotis communis bis hinter das Sternoklavikulargelenk, wo sie sich mit der V. subclavia zur V. brachiocephalica vereinigt. Diese Vereinigung erfolgt im Venenwinkel, Angulus venosus.

6.13.2.3 Venenplexus

Plexus pharyngeus. Er liegt an der Seiten- und Hinterwand des Pharynx. Mit ihm steht ein Adergeflecht auf der Dorsalfläche des Ringknorpels und der dem Knorpel gegenüberliegenden Pharynxwand in Verbindung, welches einen gewissen Abschluss des Schlundes gegen die Speiseröhre bilden hilft.

Plexus pterygoideus. Er liegt zwischen den gleichnamigen Muskeln in der Fossa infratemporalis. Er steht mit dem vorigen sowie mit dem **Sinus cavernosus,** mit den **Vv. facialis** und **retromandibularis,** auch direkt mit der **V. jugularis interna** in Verbindung. Von den zahlreichen Zuflüssen seien die **Vv. meningeae mediae,** die **V. ophthalmica inferior** und die **V. canalis pterygoidei** erwähnt.

Zahlreiche Venengeflechte, welche sich **in den Foramina der Schädelbasis** befinden, verbinden den Plexus pterygoideus mit dem Sinus cavernosus:
- Plexus venosus caroticus internus
- Plexus venosus foraminis ovalis
- Plexus venosus foraminis spinosi

Weitere Venen und Plexus, welche **nicht in den Plexus pterygoideus** münden:
- Vv. tympanicae
- V. stylomastoidea
- Plexus venosi vertebralis interni und externi
- Plexus venosus canalis nervi hypoglossi

> **Klinik:** Venöse Verbindungen zwischen dem Äußeren und Inneren des Schädels stellen Infektionspforten dar. Sie dienen dem Druck- und Temperaturausgleich zwischen inneren und äußeren Gefäßen.

6.13.2.4 Große abführende Venen

V. subclavia. Entspricht im großen und ganzen dem Stromgebiet der gleichnamigen Arterie. Vor der Vereinigung mit der V. jugularis interna hat sie zumeist ein Klappenpaar.

V. brachiocephalica. Entsteht jederseits durch die Vereinigung von V. subclavia und V. jugularis interna. Die linke ist länger als die rechte. Beide vereinigen sich hinter dem Sternum zur

V. cava superior. Steigt rechts von der Mittellinie zum rechten Vorhof des Herzens ab.

Venen der Organe s. dort.

6.13.3 Lymphgefäße und -knoten der Kopf-Hals-Regionen

Die beiden Venenwinkel bilden quasi die Endstation (Terminus) der gesamten Körperlymphe. Deshalb beginnt jede manuelle Lymphdrainage auch mit der Behandlung dieses Terminus (= „Öffnen des Halses"). Die Verteilung der Lymphe erfolgt hier ebenfalls asymmetrisch – der weitaus größere Teil der gesamten Körperlymphe mündet im **Angulus venosus sinister**. Der hier mündende Hauptlymphgang **(Ductus thoracicus)** bringt die Lymphe der gesamten unteren Körperhälfte (Beine, Becken, Bauch) und vom linken oberen Körperviertel (Thorax, Arm). Auf der rechten Seite mündet der **Ductus lymphaticus dexter,** der die Lymphe aus dem rechten oberen Körperviertel abdrainiert. In beide Termini münden die jeweiligen Begleitlymphstämme der großen Halsvenen: der **Truncus jugularis** vom Kopf und der **Truncus subclavius** vom Arm.

6.13.3.1 Regionäre Lymphknoten des Kopfes (Abb. 6.52)

1. **Nll. occipitales,** 1–3 Knoten auf der Ursprungssehne des M. trapezius in Höhe der Linea nuchae suprema
   Zufluss: Hinterhaupt bis zum Scheitel, obere Nackengegend
   Abfluss: zu den Nll. cervicales profundi
2. **Nll. retroauriculares,** 2–3 Knoten auf der Ansatzsehne des M. sternocleidomastoideus am Warzenfortsatz
   Zufluss: Rückfläche des Ohres, Haut des Hinterkopfes
   Abfluss: zu den Nll. cervicales profundi
3. **Nll. parotidei** (1–2), auf oder in der Glandula parotidea, vor dem äußeren Gehörgang
   Zufluss: Stirn-, Schläfengegend, lateraler Teil der Augenlider, Nasenwurzel, Vorderfläche der Ohrmuschel, äußerer Gehörgang, Trommelfell, Paukenhöhle, Glandula parotidea, Nasenrachenraum
   Abfluss: zu den Nll. cervicales profundi
4. **Nll. submandibulares,** zumeist 3 in der Submandibularloge gelegene Knoten. Häufig liegt auch ein Knoten in der Glandula submandibularis
   Zufluss:
   - Oberflächlich: medialer Teil der Stirn und der Augenlider, äußere Nase, Haut der Oberlippe und Wange. In den Verlauf sind bei Jugendlichen häufig kleine Knoten in der Nähe der V. facialis (Nll. buccales, auf dem M. buccinator) eingeschaltet.
   - Tief: vorderer Teil der Zunge, des Gaumens, des Mundhöhlenbodens; Zähne, Gingiva, vorderer Teil der Nasenhöhlenschleimhaut, Fossa infratemporalis. Lymphe aus den Nll.

faciales und Nll. submentales (als 2. Filterstation).

Abfluss: zu den Nll. cervicales superficiales und profundi

5. **Nll. submentales,** 2–3 kleine Knoten in der Submentalloge
Zufluss: Haut des Kinnes und der Mitte der Unterlippe; untere Schneidezähne und angrenzende Gingiva, Zungenspitze, Mundboden
Abfluss: zu den Nll. submandibulares, Nll. cervicales profundi und superficialis

6. **Nll. buccales,** in der Wangengegend
Zufluss: hinterer Teil der Nasen- und Mundhöhle; Fossae pterygoidea und infratemporale, Gaumen und Schlund
Abfluss: zu den Nll. cervicales profundi

6.13.3.2 Regionäre Lymphknoten des Halses (Abb. 6.48, 6.52)

1. **Nll. cervicales superficiales.** Sie liegen in wechselnder Zahl in der Umgebung der V. jugularis externa, oben auf dem M. sternocleidomastoideus, unten im seitlichen Halsdreieck.

Zufluss: Ohr, Glandula parotidea, Gegend des Kieferwinkels, oberflächliche Teile des Halses.
Abfluss: Nll. cervicales profundi.

2. **Nll. cervicales profundi.** Sie liegen längs der V. jugularis interna und in der Fossa supraclavicularis major. Dabei wird nochmals unterteilt: **Nll. profundi superiores** und **inferiores.**
Zufluss: Lymphgefäße von Schlundenge, Mandeln, Schlund, Kehlkopf, Schilddrüse und Luftröhre; außerdem abführende Gefäße aus allen oben genannten Lymphknoten
Abfluss: Truncus jugularis

3. **Nl. jugulodigastricus** liegt auf der V. jugularis interna in der Höhe des großen Zungenbeinhorns
Zufluss: Gaumenmandel und hinteres Drittel der Zunge, Pharynx

> **Klinik:** Der Lymphknoten ist einer der oberen tiefen Halslymphknoten, der häufig beim **Zungenkarzinom** erfasst ist.

4. **Nl. juguloomohyoideus** liegt unterhalb der Zwischensehne des M. omohyoideus auf der

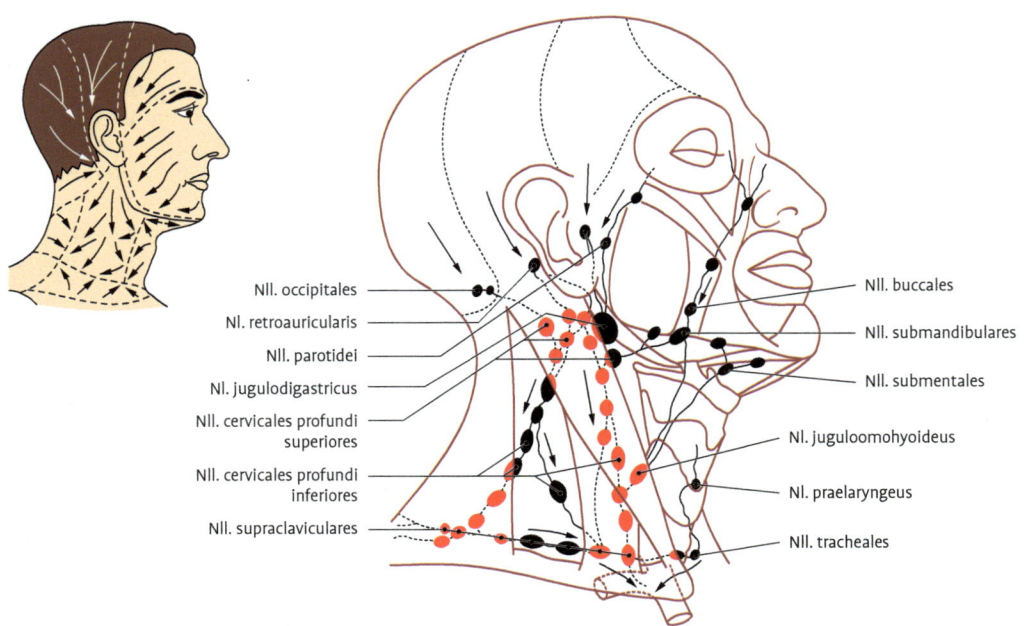

Abb. 6.52 Die Lymphknoten und Lymphabflüsse von Kopf und Hals. Verändertes Schema nach Rouviére. Gestrichelte Linien und Pfeile geben die Einzugsgebiete an. Oberflächliche Knoten (Nll. cervicales superficiales) sind vollschwarz, die tiefen rot wiedergegeben. Inset: Übersicht über den Lymphstrom aus dem Kopf- und Halsbereich (aus G.-H. Schumacher).

V. jugularis interna. Er ist einer der unteren tiefen Halslymphknoten.
Zufluss: Zunge direkt und indirekt über Nll. submentales, submandibulares und cervicales profundi superiores

5. **Nll. praelaryngei,** zwischen Ring- und Schildknorpel und zwischen Schildknorpel und Zungenbein (Nll. infrahyoidei)
Zufluss: Kehlkopf
Abfluss: Nll. cervicales superficiales und tracheales

6. **Nll. tracheales,** längs der Luftröhre gelegen
Zufluss: Kehlkopf, Luftröhre und ihre Aufzweigung
Abfluss: Nll. mediastinales posteriores

7. **Nll. retropharyngei,** hinter dem oberen Teil des Schlundes gelegen, insbesondere bei Kindern
Zufluss: Schlund, Ohrtrompete, hinterer Teil der Nasenhöhle
Abfluss: Nll. cervicales profundi

6.13.4 Nerven der Kopf-Hals-Regionen

6.13.4.1 Hirnnerven, Nn. craniales

Man unterscheidet **12 Hirnnervenpaare** und bezeichnet sie mit den entsprechenden römischen Zahlen. Grundsätzlich unterescheiden sich **Hirnnerven** von **Rückenmarksnerven** durch folgende Merkmale: Hirnnerven entspringen aus dem Gehirn, die echten Hirnnerven (III–XII) aus dem Hirnstamm. Sie treten durch Öffnungen in der Basis des Gehinschädels (Nn. craniales). Ihre Zusammensetzung ist außerordentlich variabel, während Rückenmnarksnerven grundsätzlich motorische, sensible und vegetative Fasern führen. Hirnnerven sind unterschiedlich zusammengesetzt; zusätzlich zu den drei Qualitäten, welche auch bei den Rückenmarksnervern zu finden sind, führen manche Hirnnerven auch sensorische Fasern, nämlich jene der Sinnesorgane (I, II, VII, VIII, IX, X). Es gibt nur einige wenige Hirnnerven, die vegetative Fasern führen und diese sind ausschließlich parasampathisch (III, V, VII, IX, X): die Kiemenbogennerven. Über ihre Kerngebiete und Austritte aus dem Gehirn s. Kap. 8.2.6.2.

1. **Nn. olfactorii, N. I,** die Riechnerven, sind rein **sensorisch**. Sie sind die Axone der Riechzellen (bipolare Ganglienzellen) in der Riechschleimhaut der Nasenhöhle, ziehen durch die Lamina cribrosa des Siebbeins in die Schädelhöhle und gelangen zum Bulbus olfactorius.

2. **N. opticus, N. II,** der Sehnerv, ist **sensorisch**. Er zieht vom Augapfel leicht gebogen durch den Fettkörper der Augenhöhle zum Canalis opticus, durchsetzt ihn und vereinigt sich mit dem Nerven der Gegenseite zur Sehnervenkreuzung, Chiasma opticum. Nach teilweiser Kreuzung der Fasern setzt er sich nach hinten in den Tractus opticus fort. Diese Sehnervenkreuzung dient der Wahrung der Kontralateralität des Großhirns (Hirnhälfte steuert gegenseitige Körperhälfte), und zwar so, dass die jeweilige Gesichtsfeldhälfte in der gegenseitigen Großhirnrinde abgebildet wird. Demnach enthält der N. opticus die Informationen des gleichseitigen Auges, der Tractus opticus vom gegenseitigen Gesichtsfeld. Der N. opticus ist seiner Entwicklung und seinem Aufbau nach ein Hirnteil.

3. **N. oculomotorius, N. III,** ist **motorisch** und **parasympathisch**. Er versorgt alle äußeren Augenmuskeln, außer den M. obliquus superior und M. rectus lateralis sowie den M. sphincter pupillae und den M. ciliaris. Dicht vor der Brücke kommt er aus der Fossa interpeduncularis, zieht seitlich vom Türkensattel durch die Wand des Sinus cavernosus, gelangt durch die Fissura orbitalis superior aus der Schädel- zur Augenhöhle. Hier teilt er sich (Abb. 6.53) in:
   • Ramus superior für M. levator palpebrae superioris und M. rectus superior
   • Ramus inferior für die Mm. recti medialis und inferiore sowie den M. obliquus inferior. Der untere Ast gibt die Radix oculomotoria ab. Durch sie gelangen die **parasympathischen** Fasern des N. oculomotorius zum Ganglion ciliare (Umschaltung) und weiter zum M. ciliaris (Akkomodation!) und M. sphincter pupillae (Verengung der Pupille!).

4. **N. trochlearis, N. IV** (Abb. 6.53). Der Rollennerv des Auges ist rein **motorisch** für den M. obliquus superior. Er tritt als einziger Hirnnerv dorsal aus dem Gehirn aus, wendet sich um die Crura cerebri nach ventral, erscheint dort am vorderen Rande der Brücke, zieht durch die Wand des Sinus cavernosus und gelangt durch die Fissura orbitalis superior, oberhalb des Augenmuskelkegels, zum M. obliquus superior.

5. **N. trigeminus, N. V,** ist **sensibel** (Radix sensoria, Portio major) und **motorisch** (Radix motoria, Portio minor), wobei ausschließlich der Letztere die motorischen Fasern führt. **Para-**

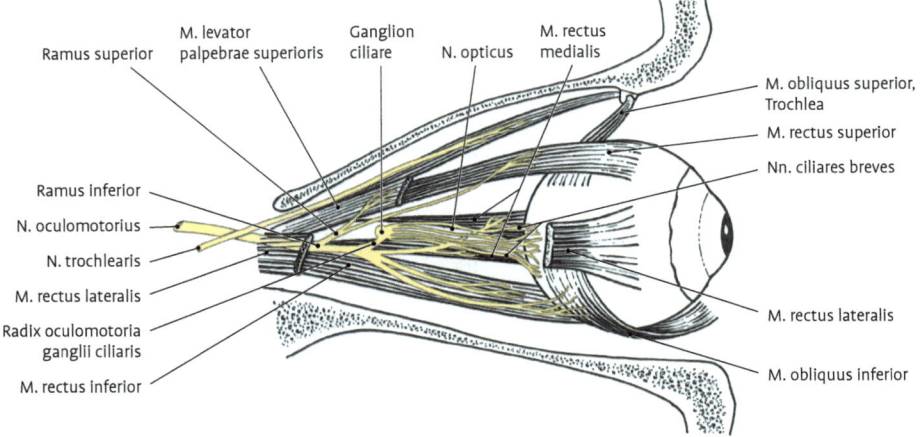

Abb. 6.53 Schematische Übersicht über Lage und Verzweigung der Nn. oculomotorius und trochlearis.

sympathische Fasern lagern sich in ihrem Verlauf nur an. Der kräftige Nerv tritt am Seitenrand der Brücke aus. Nahe der Spitze der Felsenbeinpyramide durchbohrt er die Dura mater, bildet hier das sensible Ganglion trigeminale und zerfällt (Abb. 6.54–6.56) in seine 3 Hauptäste, auch Divisionen genannt:

- N. ophthalmicus, N. V_1
- N. maxillaris, N. V_2
- N. mandibularis, N. V_3

Jeder dieser Divisionen zerfällt wieder in drei Äste (Tab. 6.7); ein medialer Ast zieht zur Schleimhaut („Schleimhautast"), ein mittlerer durch den Knochen („Knochenast") zur Haut und der laterale Ast zieht zur Haut („Hautast"). Zwei Ausnahmen bestätigen die Regel – sie betreffen beide die Divisio mandibularis. Der V_3 hat als dickster Nerv einen zweiten medialen Schleimhautast. Außerdem führt er die motori-

schen Fasern des N. trigeminus zur Kaumuskulatur (N. masticatorius).

N. ophthalmicus (Abb. 6.54). Er ist der **sensible** Nerv der Augenhöhle, des oberen Augenlides, der Stirn und des vorderen Teiles der Nasenhöhle. Beim Verlauf in der Wand des Sinus cavernosus gibt er einen feinen R. tentorii zum Tentorium cerebelli ab und verläuft, schon geteilt in seine drei Hauptäste, durch die Fissura orbitalis superior in die Augenhöhle. **Äste:**

- **N. lacrimalis,** der Tränennerv, verläuft an der lateralen Wand der Orbita, nimmt über den Ramus communicans cum n. zygomatico sekretorische **(parasympathische)** Fasern für die Tränendrüse aus dem N. intermedius (über N. petrosus major, Ganglion pterygopalatinum, N. zygomaticus) auf, versorgt die Tränendrüse und zieht mit den **sensiblen** Fasern weiter zum oberen Augenlid und zur

Tab. 6.7 Astfolge der Divisionen des N. trigeminus

Divisio trigemini		Medialer Schleimhautast	Mittlerer Knochenast	Lateraler Hautast
N. ophthalmicus	V_1	N. nasociliaris → Nn. ethmoidales ant. et post. → N. infratrochlearis	N. frontalis → N. supraorbitalis → N. supratrochlearis	N. lacrimalis
N. maxillaris	V_2	Nn. pterygopalatini → Nn. nasales post. sup. lateralis et med. → N. palatinus	N. infraorbitalis	N. zygomaticus → N. zygomaticitemporalis → N. zygomaticofacialis
N. mandibularis	V_3	N. lingualis N. buccalis	N. alveolaris inferior	N. auriculotemporalis

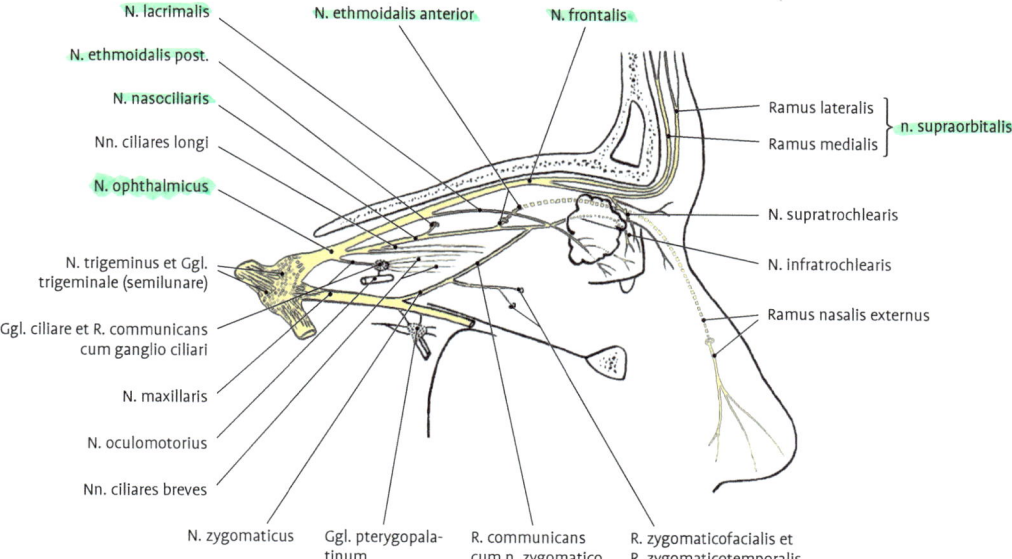

Abb. 6.54 Schematische Übersicht über Lage und Verzweigung des N. ophthalmicus. Ansicht von lateral.

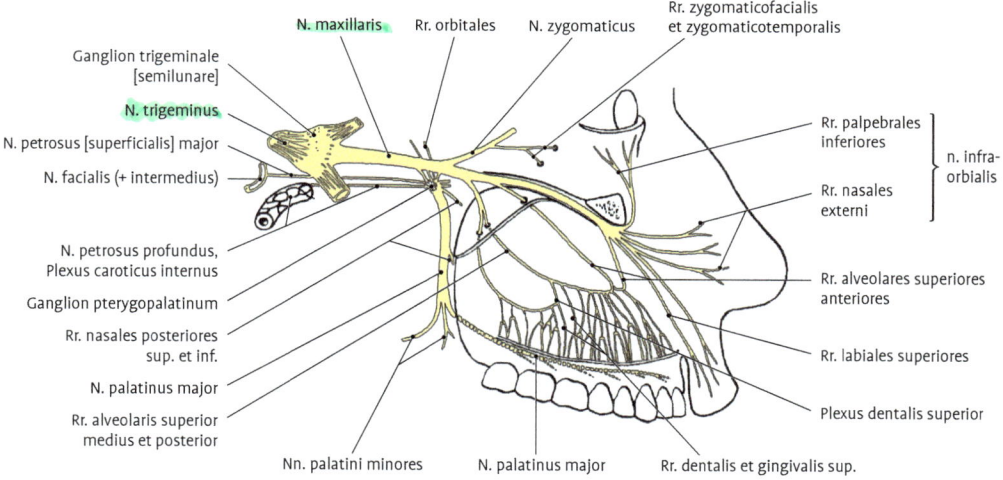

Abb. 6.55 Schematische Übersicht über Lage und Verzweigung des N. maxillaris. Ansicht von lateral.

Haut und Bindehaut am lateralen Augenwinkel (Abb. 6.65)
- **N. frontalis,** der **sensible** Stirnnerv, verläuft unmittelbar unter dem Dach der Orbita auf dem M. levator palpebrae superioris. Er teilt sich in den
  - **N. supraorbitalis,** der mit seinem Ramus lateralis (durch ein Foramen oder eine Incisura supraorbitalis) und Ramus medialis (durch Incisura oder Foramen frontale) zur Haut der Stirn und zur Haut und Bindehaut des oberen Augenlides zieht.
  - **N. supratrochlearis.** Er zieht oberhalb der Trochlea des M. obliquus oculi superior zur Haut der Nasenwurzel, der unteren Stirngegend und des oberen Augenlides. Vor der Aufzweigung schickt er noch eine Anastomose zum N. infratrochlearis.

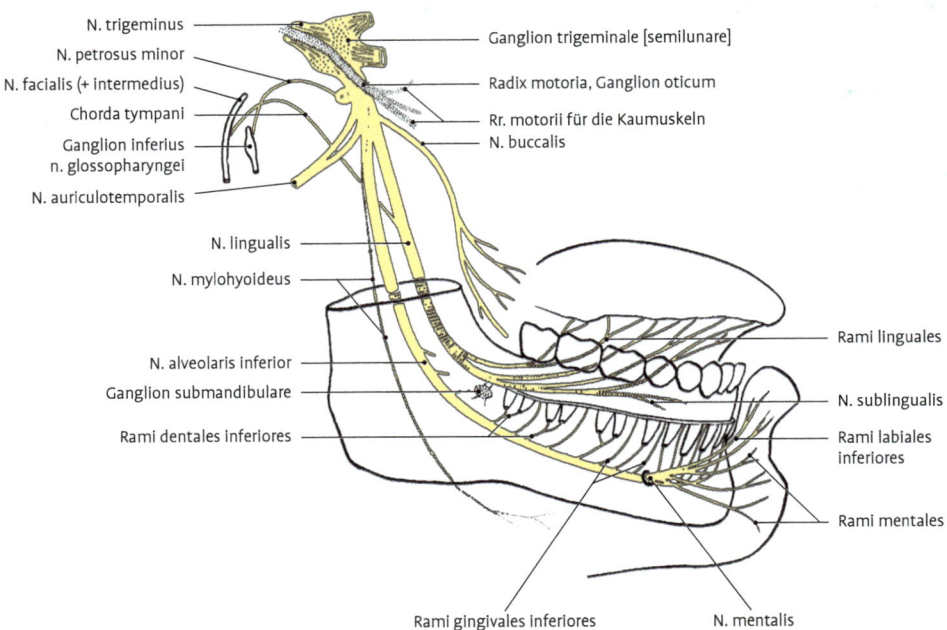

N. trigeminus
N. petrosus minor
N. facialis (+ intermedius)
Chorda tympani
Ganglion inferius
n. glossopharyngei
N. auriculotemporalis

Ganglion trigeminale [semilunare]
Radix motoria, Ganglion oticum
Rr. motorii für die Kaumuskeln
N. buccalis

N. lingualis
N. mylohyoideus

Rami linguales

N. alveolaris inferior
Ganglion submandibulare

N. sublingualis

Rami dentales inferiores

Rami labiales
inferiores

Rami mentales

Rami gingivales inferiores
N. mentalis

Abb. 6.56 Schematische Übersicht über Lage und Verzweigung des N. mandibularis. Ansicht von lateral.

- **N. nasociliaris.** Der Nasenaugennerv verläuft über den N. opticus zur medialen Wand der Orbita und gibt **Äste** ab:
  - Ramus communicans cum ganglio ciliari führt über das Ganglion ciliare (ohne Umschaltung) sensible Fasern zum Augapfel.
  - Nn. ciliares longi ziehen direkt zum hinteren Pol des Augapfels.
  - N. ethmoidalis posterior gelangt durch das Foramen ethmoidale posterius zur Schleimhaut der hinteren Siebbeinzellen.
  - N. ethmoidalis anterior zieht durch das Foramen ethmoidale anterius in die Schädelhöhle und von dort durch die Lamina cribrosa zur Nasenhöhle. Seine Äste sind:
  - Rami nasales laterales zur Seitenwand der Nasenhöhle
  - Rami nasales mediales zur Nasenscheidewand
  - Ramus nasalis externus. Er steigt an der Rückfläche des Os nasale abwärts und gelangt an der Grenze zwischen knöcherner und knorpeliger Nase zur Haut der äußeren Nase bis zur Nasenspitze.
  - N. infratrochlearis. Er verläuft unterhalb der Trochlea des M. obliquus oculi superior, verbindet sich mit dem N. supratroch-

learis und versorgt mit Rami palpebrales das Oberlid, den medialen Augenwinkel und den Tränensack.

N. maxillaris (Abb. 6.55). Er ist rein **sensibel** und gelangt von der Schädelhöhle durch das Foramen rotundum in die Fossa pterygopalatina. Er breitet sich im Wesentlichen im Bereich des Oberkiefers und der deckenden Weichteile aus (Abb. 6.65).

Äste des N. maxillaris sind:

- **R. meningeus,** vor dem Austritt aus der Schädelhöhle zur Dura mater.
- **N. zygomaticus,** verlässt den Stamm in der Flügelgaumengrube, gelangt durch die Fissura orbitalis inferior an die laterale Wand der Augenhöhle. Seine **Äste** sind:
  - R. zygomaticotemporalis, der obere Zweig, schickt durch eine Anastomose sekretorische **parasympathische** Fasern aus dem N. intermedius über den N. lacrimalis zur Tränendrüse und zieht durch das Foramen zygomaticotemporale zur Haut der Schläfe.
  - R. zygomaticofacialis, der untere Zweig, zieht durch das Foramen zygomaticofaciale zur Haut der Wange und des lateralen Augenwinkels.

- **Rami ganglionares ad ganglion pterygopalatinum** ziehen ohne Umschaltung zum Ganglion pterygopalatinum. Dort lagern sich ihnen sekretorische = **parasympathische** sowie sympathische Fasern an:
  - Rami orbitales (2–3 Zweige) ziehen durch die Fissura orbitalis inferior zur Augenhöhle, zur Keilbeinhöhle, zu den hinteren Siebbeinzellen und zur Optikusscheide.
  - Rami nasales posteriores superiores laterales. 6–10 feine Zweige verlaufen durch die Nasenwand und zum oberen Teil des Schlundes.
  - Rami nasales posteriores superiores mediales. 2–3 feine Zweige verlaufen zum hinteren Teil der Nasenscheidewand. Einer von ihnen ist länger, zieht als N. nasopalatinus (Scarpae) auf dem Nasenseptum zum Canalis incisivus und gelangt in ihm zum vorderen Teil der Schleimhaut des Gaumens.
  - N. palatinus major durch das Foramen palatinum majus zum harten Gaumen (sog. „Gaumenstrahlung" für Schleimhaut, Drüsen, Zahnfleisch). In seinem Verlauf gibt er Rami nasales posteriores inferiores zur unteren Nasenmuschel ab.
  - Nn. palatini minores ziehen durch die Canales palatini minores zur Gaumenmandel und zur Schleimhaut des weichen Gaumens.
- **Rami alveolares superiores posteriores,** zumeist 2, gehen von Stamm vor dem Eintritt in die Augenhöhle ab, ziehen am Tuber maxillae abwärts, gelangen durch die Foramina alveolaria zum lateralen, hinteren Teil der Kieferhöhlenschleimhaut und bilden mit dem mittleren und vorderen Ast (s. u.) den **Plexus dentalis superior,** aus dem sie die 3 Molaren und die zugehörige Gingiva des Oberkiefers versorgen.
- **N. infraorbitalis** ist der Endast. Er gelangt durch die Fissura orbitalis inferior in den Canalis infraorbitalis und durch das Foramen infraorbitale zum Gesicht. Im Kanal gibt er ab:
  - R. alveolaris superior medius. Dieser zieht über den **Plexus dentalis superior** zu den Prämolaren und zur zugehörigen Gingiva.
  - Rami alveolares superiores anteriores. Nach Abgabe eines Astes zur Nasenhöhle ziehen sie zum Eckzahn, zu den Schneidezähnen und zur zugehörigen Gingiva.

Endäste im Gesicht sind:
  - Rami palpebrales inferiores zur Haut des unteren Augenlides
  - Rami nasales externi zur Haut der äußeren Nase
  - Rami nasales interni zur Schleimhaut der Nasenhöhle (vorderer Teil)
- **Rami labiales superiores** zur Haut und Schleimhaut der Oberlippe und zur angrenzenden Gingiva.

N. mandibularis (Abb. 6.56, 6.57) ist **sensibel** und **motorisch**. Er nimmt die Radix motoria (Portio minor) auf. Er gelangt durch das Foramen ovale aus der Schädelhöhle zur Außenfläche der Schädelbasis und versorgt
- **motorisch** alle Kaumuskeln und die Mundbodenmuskeln (Vorderbauch des M. digastricus und M. mylohyoideus)
- **sensibel** die Schleimhaut der Mundhöhle (Ausnahme: Gaumen und hinterer Teil der Zunge) sowie Haut, Zähne und Zahnfleisch im Bereich des Unterkiefers (Abb. 6.65). Unmittelbar unter dem Foramen ovale teilt er sich in einen vorderen schwächeren, vorwiegend motorischen und einen hinteren stärkeren, sensiblen Ast.

Äste des N. mandibularis sind:
- **Ramus meningeus.** Er geht vom Stamm ab und zieht durch das Foramen spinosum rückläufig zur Dura mater.

Aus dem vorderen, vorwiegend motorischen Ast gehen hervor:
- **N. massetericus** durch die Incisura mandibulae zum M. masseter und zum Kiefergelenk
- **Nn. temporales profundi,** ein vorderer und ein hinterer Ast zum M. temporalis
- **N. pterygoideus lateralis** zum M. pterygoideus lateralis
- **N. pterygoideus medialis** zum M. pterygoideus medialis. Er gibt direkt oder über das Ganglion oticum (keine Umschaltung!) einen Ast zum M. tensor veli palatini und einen Ast zum M. tensor tympani ab (es entstehen Störungen des Gehörs bei Erkrankungen des N. trigeminus!).
- **N. buccalis.** Er tritt zwischen den beiden Köpfen des M. pterygoideus lateralis auf die Außenfläche des M. buccinator, schickt durch ihn hindurch Äste zur Wangenschleimhaut und zum bukkalen Zahnfleisch, andere zur Haut der Wange und verzweigt sich bis zum Mundwinkel.

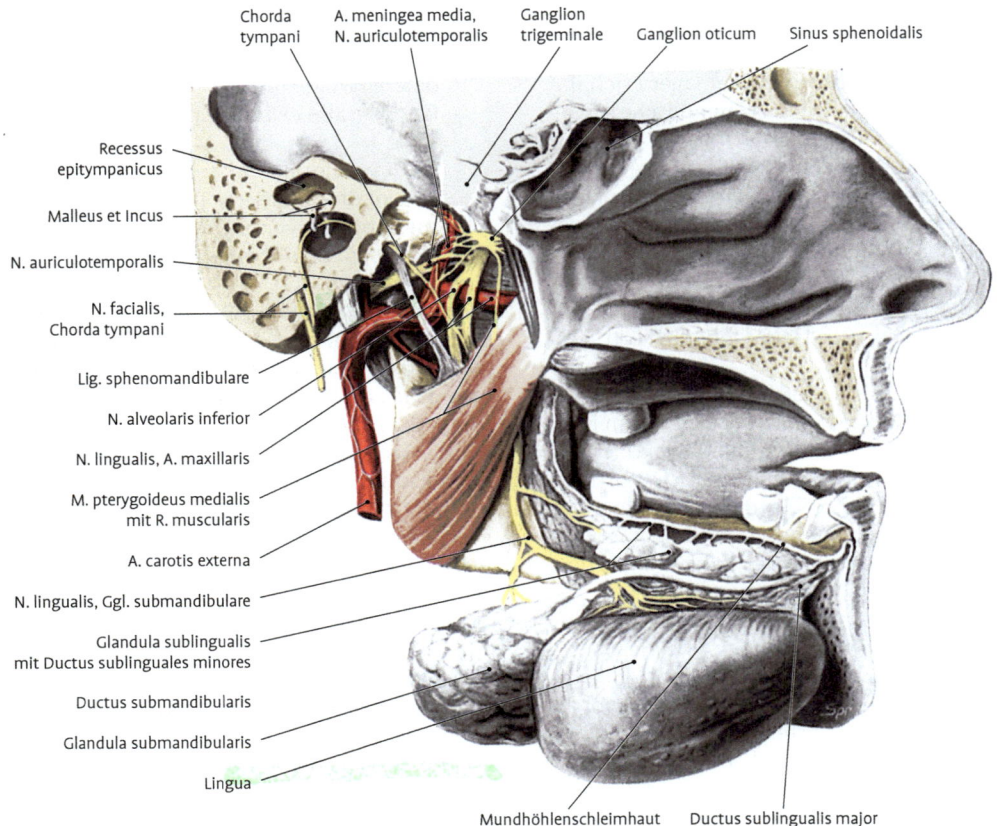

Chorda tympani · A. meningea media, N. auriculotemporalis · Ganglion trigeminale · Ganglion oticum · Sinus sphenoidalis

Recessus epitympanicus

Malleus et Incus

N. auriculotemporalis

N. facialis, Chorda tympani

Lig. sphenomandibulare

N. alveolaris inferior

N. lingualis, A. maxillaris

M. pterygoideus medialis mit R. muscularis

A. carotis externa

N. lingualis, Ggl. submandibulare

Glandula sublingualis mit Ductus sublinguales minores

Ductus submandibularis

Glandula submandibularis

Lingua

Mundhöhlenschleimhaut · Ductus sublingualis major

Abb. 6.57 Juvara-Slot mit A. maxillaris und Fossa infratemporalis mit N. mandibularis und Ganglion oticum von medial her dargestellt.

Aus dem hinteren, stärkeren, sensiblen Stamm gehen hervor:

- **N. auriculotemporalis.** Er nimmt am Ganglion oticum **parasympathische** Fasern (aus dem N. glossopharyngeus über N. tympanicus und N. petrosus minor) auf, umfasst oft schlingenartig die A. meningea media, zieht nach hinten zum Collum mandibulae und wendet sich vor dem Ohr in Begleitung der A. und des N. temporalis superficialis aufwärts zur Haut der Schläfengegend. Seine Äste sind:
  - N. meatus acustici externi, zumeist 2 feine Äste, zum äußeren Gehörgang. Ein Ast schickt einen zarten R. membranae tympani zum Trommelfell.
  - Rami parotidei zur Glandula parotidea
  - Rami communicantes cum nervo facialis, zumeist 2 Verbindungen zum N. facialis. Diese führen dem N. facialis die oben er-

wähnten parasympathischen (sekretorischen) Fasern für die Glandula parotidea zu.
  - Nn. auriculares anteriores für die konkave Außenfläche der Ohrmuschel
  - Rami temporales superficiales, die Endäste für die Haut der Schläfengegend.
- **N. lingualis.** Er ist sensibel und gelangt zwischen M. pterygoideus lateralis und medialis an die Innenfläche des Ramus mandibulae und geht hier die Verbindung zur Chorda tympani ein (s. u.). Er steigt vor dem N. alveolaris inferior abwärts, wendet sich im Bogen oberhalb der Glandula submandibularis und des M. mylohyoideus zum Seitenrand der Zunge. **Astfolge:**
  - Rami isthmi faucium, Äste zur Schlundenge und zur Gaumenmandel
  - Verbindung mit der Chorda tympani

– Zweige zum Ganglion submandibulare (parasympathische und sensible Fasern für die Gl. submandibularis)
– Rami communicantes cum n. hypoglosso (motorische Fasern aus dem N. hypoglossus für die Zungenmuskeln)
– N. sublingualis zur Glandula sublingualis und angrenzenden Mundschleimhaut
– N. alveolaris inferior, motorisch und sensibel, steigt hinter dem N. lingualis an der Innenfläche des Ramus mandibulae abwärts bis zum Foramen mandibulae, gibt hier den N. mylohyoideus ab, verläuft selbst durch den Canalis mandibulae, den er als N. mentalis durch das Foramen mentale verlässt.
– **Äste:** N. mylohyoideus, motorisch, zweigt am Foramen mandibulae ab und verläuft an der Innenfläche des Unterkiefers zum M. mylohyoideus sowie zum Venter anterior m. digastrici.
– **Plexus dentalis inferior,** wird innerhalb des Kanals gebildet. Er gibt ab: Rami dentales inferiores zu den Unterkieferzähnen; Rami gingivales inferiores zum Zahnfleisch. Der N. mentalis zieht durch das Foramen mentale: Rami mentales zur Haut des Kinnes, Rami labiales inferiores zur Haut und Schleimhaut der Unterlippe.

6. **N. abducens, N. VI.** Rein **motorisch,** verlässt das Gehirn am kaudalen Rand der Brücke, zwischen dieser und der Pyramide. Er tritt bereits auf dem Clivus durch die Dura mater, verläuft durch den Sinus cavernosus, tritt in die Augenhöhle durch die Fissura orbitalis superior ein und versorgt den M. rectus lateralis des Augapfels.

7. <mark>**N. facialis, N. VII**</mark> (Abb. 6.58, 6.59). Rein **motorisch,** verlässt das Gehirn am kaudalen Rande des Brückenarmes. Hier liegt zwischen ihm und dem N. vestibulocochlearis der **parasympathische** und **sensible N. intermedius,** der sich im Felsenbein mit dem N. facialis zu einem einheitlichen Nervenstamm vereinigt (**N. intermediofacialis**).
Der **Intermediumsanteil** führt **Geschmacksfasern** für die vorderen zwei Drittel der Zunge, **parasympathische** (sekretorische) für die Speicheldrüsen Gl. submandibularis und Gl. sublingualis und **sensible** Fasern, deren pseudounipolare Ganglienzellen im Ganglion geniculi liegen. Nn. facialis, intermedius und vestibulocochlearis gelangen, von Fortsetzungen der Hirnhäute begleitet, durch den Meatus acusticus internus in das Felsenbein. Am Grunde des

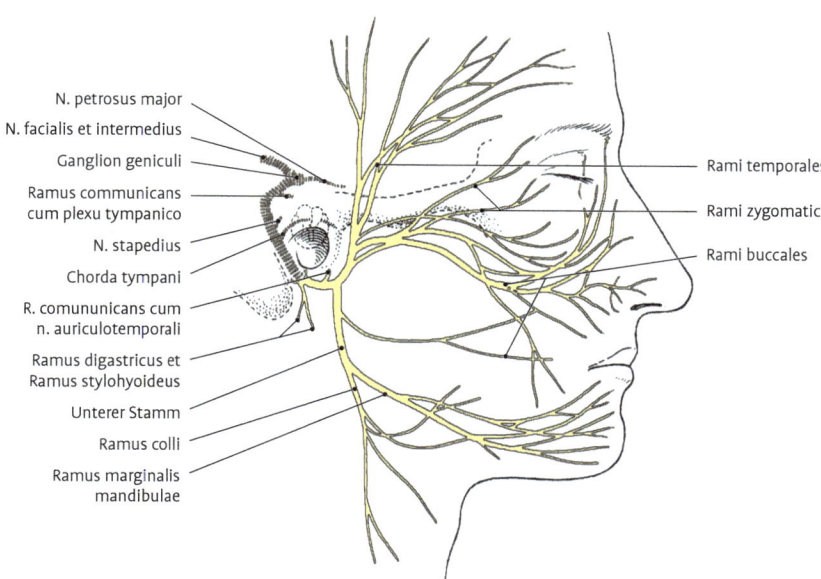

N. petrosus major
N. facialis et intermedius
Ganglion geniculi
Ramus communicans cum plexu tympanico
N. stapedius
Chorda tympani
R. comununicans cum n. auriculotemporali
Ramus digastricus et Ramus stylohyoideus
Unterer Stamm
Ramus colli
Ramus marginalis mandibulae

Rami temporales
Rami zygomatici
Rami buccales

Abb. 6.58 Schema des N. facialis mit Intermedius. Der Verlauf im Felsenbein ist gestrichelt; nach dem Austritt aus dem Foramen stylomastoideum ist er voll ausgezogen.

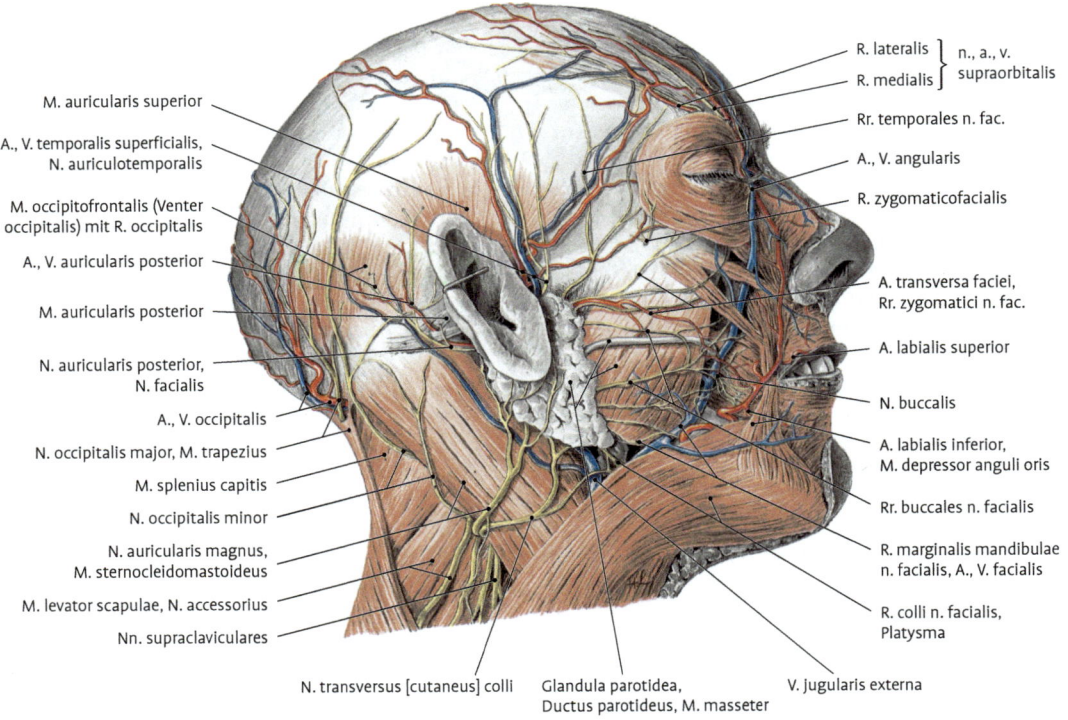

M. auricularis superior

A., V. temporalis superficialis,
N. auriculotemporalis

M. occipitofrontalis (Venter
occipitalis) mit R. occipitalis

A., V. auricularis posterior

M. auricularis posterior

N. auricularis posterior,
N. facialis

A., V. occipitalis

N. occipitalis major, M. trapezius

M. splenius capitis

N. occipitalis minor

N. auricularis magnus,
M. sternocleidomastoideus

M. levator scapulae, N. accessorius

Nn. supraclaviculares

R. lateralis } n., a., v.
R. medialis } supraorbitalis

Rr. temporales n. fac.

A., V. angularis

R. zygomaticofacialis

A. transversa faciei,
Rr. zygomatici n. fac.

A. labialis superior

N. buccalis

A. labialis inferior,
M. depressor anguli oris

Rr. buccales n. facialis

R. marginalis mandibulae
n. facialis, A., V. facialis

R. colli n. facialis,
Platysma

N. transversus [cutaneus] colli   Glandula parotidea,   V. jugularis externa
                                       Ductus parotideus, M. masseter

Abb. 6.59 Oberflächliche Nerven und Gefäße des Kopfes.

inneren Gehörgangs treten Facialis und Intermedius in den Canalis nervi facialis ein.
Innerhalb des Schläfenbeins gehen ab:
- **N. petrosus major** (Teil des N. intermedius)
  führt **parasympathische** (für Tränen, Gau-
  men- und Nasendrüsen), vielleicht auch **sensible** Fasern über das Ganglion pterygopalatinum in die Äste des N. maxillaris.
- **Ramus communicans cum plexu tympanico,**
  geht direkt vom Stamm oder vom N. petrosus
  major ab zum **Plexus tympanicus** (Nervengeflecht der Paukenhöhle)
- **N. stapedius,** vom absteigenden Fazialab-
  schnitt zum M. stapedius im Mittelohr
- **Chorda tympani,** Teil des N. intermedius,
  verläuft zum N. lingualis mit **parasympathischen** (sekretorischen) Fasern für die Glandulae submandibularis, sublingualis und Glandulae linguales der vorderen zwei Drittel der
  Zunge sowie **Geschmacksfasern** für die vorderen zwei Drittel der Zunge. Sie verläuft im
  Bogen durch die Paukenhöhle, verlässt diese

durch die Fissura petrotympanica und senkt
sich von hinten her in den N. lingualis.
**Außerhalb des Schädels, unterhalb des Fora-
men stylomastoideum,** gehen ab:
- **N. auricularis posterior.** Er verläuft hinter
  der Ohrmuschel auf- und rückwärts zu den
  hinteren Muskeln des äußeren Ohres und
  mit einem Ramus occipitalis zum Venter occipitalis m. occipitofrontalis.
- **Ramus digastricus** zum Venter posterior m.
  digastrici; er gibt den feinen R. stylohyoideus
  zum M. stylohyoideus ab.
Die **Endäste** (ein oberer und ein unterer Hauptstamm) bilden in der Substanz der Gl. parotidea
ein Geflecht, den **Plexus parotideus,** aus dem
am Vorderrand der Drüse hervorgehen:
- **Rami temporales** (zumeist 3) zu den vorderen Muskeln des äußeren Ohres, zu Venter
  frontalis m. occipitofrontalis, M. orbicularis
  oculi und M. corrugator supercilii
- **Rami zygomatici** (3–4) zu Mm. orbicularis
  oculi, zygomatici major und minor

- **Rami buccales** (3–4) zum M. buccinator, M. levator labii superioris, zum M. levator labii superioris alaeque nasi, zum M. nasalis, M. orbicularis oris und M. levator anguli oris
- **Ramus marginalis mandibulae.** Er zieht längs des Unterkieferrandes zum M. risorius, M. depressor anguli oris, M. depressor labii inferioris und M. mentalis.
- **Ramus colli.** Er verläuft hinter dem Angulus mandibulae abwärts zum Hals und verbindet sich mit dem sensiblen N. transversus colli aus dem Plexus cervicalis. Durch diese Anastomose (früher Ansa cervicalis superficialis genannt) werden dem N. transversus colli motorische Fasern für das Platysma zugeführt. Die Gesichtsäste des N. facialis gehen untereinander und mit den Trigeminusästen zahlreiche Verbindungen ein. Sensible Nervenfasern des N. intermedius versorgen vermutlich kleine Hautbezirke der Ohrmuschel und des äußeren Gehörganges (Huntsch-Zone).

Klinik: Der **Plexus parotideus** ist ein Geflecht aus radiär verlaufenden Fasern. Bei operativen Eingriffen in die Glandula parotidea muss diese Verlaufsrichtung beachtet werden.

8. **N. vestibulocochlearis, N. VIII.** Rein sensorisch, besteht aus der Pars vestibularis und der Pars cochlearis. Er tritt mit dem N. facialis und N. intermedius im Kleinhirnbrückenwinkel aus, verläuft mit ihnen durch den Meatus acusticus internus.

Pars vestibularis. Sie bildet am Grunde des Meatus das Ganglion vestibulare und teilt sich in:
- **N. utriculoampullaris** mit den Ästen:
  - N. utricularis zu den Sinneszellen des Utriculus
  - N. ampullaris anterior zur Ampulle des vorderen Bogenganges
  - N. ampullaris lateralis zur Ampulle des lateralen Bogenganges
- **N. saccularis** zum Sacculus

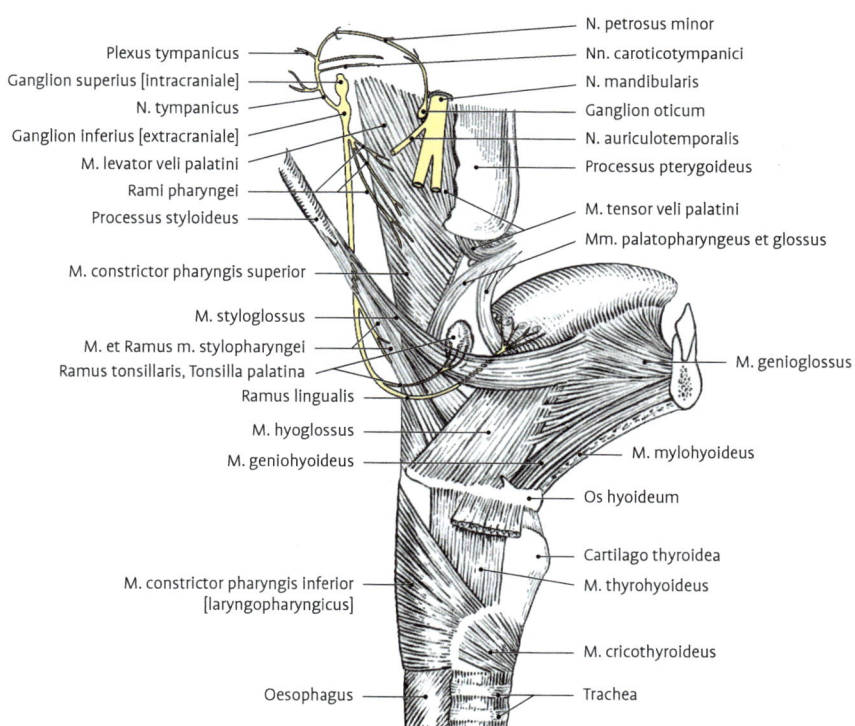

Abb. 6.60 Schematische Übersicht über die Lage und Verzweigung des N. glossopharyngeus.

- **N. ampullaris posterior,** zur Ampulle des hinteren Bogenganges.

Pars cochlearis. Sie bildet in der Schnecke das Ganglion spirale und endet an den Sinneszellen des Organum spirale der Schnecke.

9. **N. glossopharyngeus, N. IX** (Abb. 6.60). **Motorisch, parasympathisch, sensibel** und **sensorisch.** Er verlässt das verlängerte Mark im Sulcus lateralis posterior, hinter der Olive, zieht durch den vorderen Teil des Foramen jugulare zur äußeren Schädelbasis. Innerhalb des Foramen bildet er das kleinere Ganglion superius, direkt unterhalb des Foramen das größere Ganglion inferius, welches in der Fossula petrosa liegt. Beide Ganglien sind vorwiegend sensibel.

Verlauf: Zunächst zwischen A. carotis interna und V. jugularis interna, darauf wendet er sich hinter der V. jugularis und dem M. stylopharyngeus lateral- und abwärts, zieht an der lateralen Seite des M. stylopharyngeus abwärts, um schließlich im Bogen zwischen diesem und dem M. styloglossus zur Zunge zu gelangen.

Vom **Ganglion inferius** gehen ab:

- **N. tympanicus.** Er gelangt durch den Canaliculus tympanicus in die Paukenhöhle. Hier bildet er: 1. mit dem Ramus communicans cum plexu tympanico (aus dem Facialis-Intermedius) und 2. mit den Nn. caroticotympanici (aus dem sympathischen Geflecht um die A. carotis int.) den **Plexus tympanicus** (für die Schleimhaut der Paukenhöhle, der Innenseite des Trommelfells und der Tuba auditiva). Er zieht durch den Canalis n. petrosi minoris auf die vordere Fläche der Felsenbeinpyramide und heißt hier N. petrosus minor. Dieser gelangt durch die Fissura sphenopetrosa zum Ganglion oticum (am N. mandibularis). Die parasympathische (sekretorische) Verbindung des N. glossopharyngeus über N. tympanicus und N. petrosus minor mit dem Ganglion oticum bezeichnet man als Jakobson-Anastomose.
- **Verbindungsäste:**
  - zum N. vagus (dicht unterhalb des Ganglion superius)
  - zum R. auricularis n. vagi
  - zum N. facialis (R. digastricus)
  - zum Ganglion cervicale superius des Sympathicus
- **Periphere Äste:**
  - **Ramus sinus carotici,** ein für die Blut-

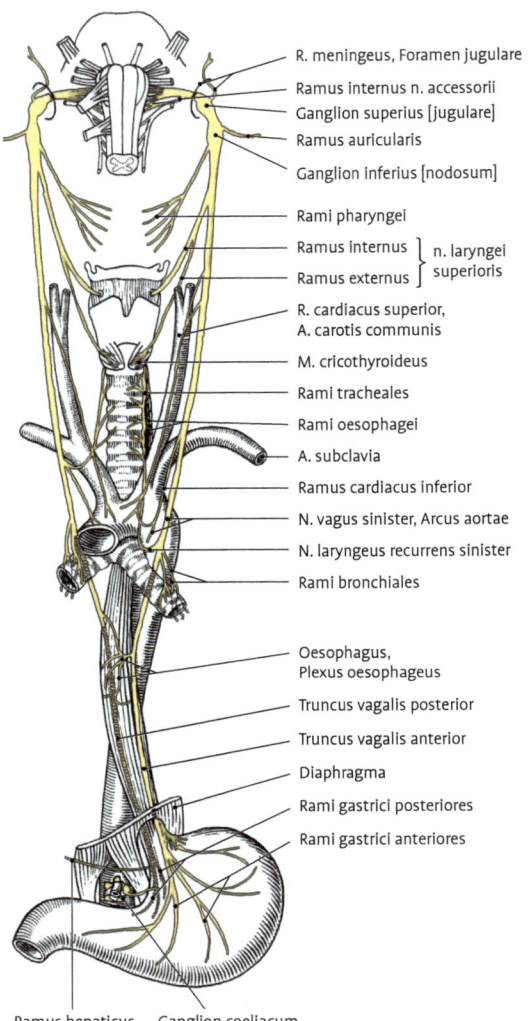

R. meningeus, Foramen jugulare

Ramus internus n. accessorii
Ganglion superius [jugulare]
Ramus auricularis

Ganglion inferius [nodosum]

Rami pharyngei

Ramus internus ⎫ n. laryngei
Ramus externus ⎭ superioris

R. cardiacus superior,
A. carotis communis

M. cricothyroideus

Rami tracheales

Rami oesophagei

A. subclavia

Ramus cardiacus inferior

N. vagus sinister, Arcus aortae

N. laryngeus recurrens sinister

Rami bronchiales

Oesophagus,
Plexus oesophageus

Truncus vagalis posterior

Truncus vagalis anterior

Diaphragma

Rami gastrici posteriores

Rami gastrici anteriores

Ramus hepaticus   Ganglion coeliacum

Abb. 6.61 Schematische Übersicht über Lage und Verzweigung des N. vagus bis zum Magen.

druckregelung wichtiger Ast zum Sinus caroticus.
- **Rami pharyngei.** Sie bilden mit Ästen des N. vagus und mit Sympathicusfasern den **Plexus pharyngeus.**
- **Ramus m. stylopharyngei** zum M. stylopharyngeus
- **Rami tonsillares** für die Schleimhaut der Gaumenmandel und der Gaumenbögen
- **Rami linguales** für die Schleimhaut des hinteren Drittels der Zunge (sekretorisch,

sensibel und sensorisch als Geschmacksfasern).

10. **N. vagus, N. X** (Abb. 6.61). **Motorisch, sensibel, sensorisch** und **parasympathisch**. Er verlässt mit 10–15 Fäden im Sulcus lateralis posterior unterhalb des N. glossopharyngeus die
Medulla oblongata, tritt mit dem N. accessorius in einer gemeinsamen Durascheide (getrennt vom N. glossopharyngeus) aus der Schädelhöhle durch den vorderen Teil des Foramen
jugulare. Im Foramen bildet er das sensible
Ganglion superius. Anschließend nimmt er
den R. internus n. accessorii auf und schwillt
1 cm unterhalb des Foramen zum länglichen,
vorwiegend sensiblen Ganglion inferius an.
Lage: In der Furche zwischen V. jugularis interna und A. carotis interna bzw. A. carotis
communis zieht er abwärts zur Brusthöhle.
Kopfteil (von der Medulla oblongata bis zum
Ganglion inferius)
• **Ramus meningeus** durch das Foramen jugulare rückläufig zur Schädelhöhle (zur
Dura mater im Bereich des Sinus transversus und Sinus occipitalis).
• **Ramus auricularis.** Er zieht vom Ganglion
superius zur Fossa jugularis und durch den
Canaliculus mastoideus hinter das Ohr,
von wo ein Ast mit dem N. auricularis posterior des N. facialis weiterzieht und der
andere Ast zur Ohrmuschel, zum Trommelfell und zur hinteren unteren Wand des äußeren Gehörganges verläuft.
• **Verbindungsäste** zum Ganglion inferius
des N. glossopharyngeus
• **Aufnahme** des Ramus internus des N. accessorius.
Halsteil (vom Ganglion inferius bis zur Abgabe des N. laryngeus recurrens)
• **Verbindungsäste** zum Ganglion cervicale
superius des Sympathicus und zum N. hypoglossus
• **Rami pharyngei** (ein oberer und ein unterer
Ast) bilden mit dem N. glossopharyngeus
und Sympathikusfasern den **Plexus pharyngeus**. Dieser enthält **sensible** und **motorische** Fasern zu den Schlundschnürern, den
Gaumenbogenmuskeln, zum M. levator
veli palatini und M. uvulae.
• Ein zarter Ast zieht zur Zunge, von dort: 1.
mit dem N. hypoglossus nach peripher, 2.
zum sympathischen Geflecht der A. carotis
externa.

• **N. laryngeus superior.** Der obere Kehlkopf-
nerv verläuft an der medialen Seite der A.
carotis interna und teilt sich in:
  – Ramus externus zum M. constrictor pharyngis inferior und zum M. cricothyroideus sowie Fasern zur Schilddrüse.
  – Ramus internus. Er zieht durch die Membrana thyrohyoidea zur Schleimhaut des
Kehlkopfes und der Zungenwurzel und
verbindet sich mit dem N. laryngeus inferior.
• **Rami cardiaci superiores,** 2–3 Äste, die
zwischen N. laryngeus superior und inferior abgehen und längs der A. carotis communis zur Aorta und zum **Plexus cardiacus**
gelangen.
• **N. laryngeus recurrens,** der rückläufige
Nerv, zieht **rechts** um die A. subclavia,
links um die Befestigungsstelle des Lig. arteriosum am Arcus aortae und verläuft zwischen Oesophagus und Trachea aufwärts
bis zum Kehlkopf.
Er gibt in seinen Verlauf ab:
  – Rami cardiaci inferiores. Sie gehen Verbindungen mit dem Sympathicus ein und
ziehen zum Plexus cardiacus.
  – Rami tracheales zum Halsteil der Luftröhre
  – Rami oesophagei zum Halsteil der Speiseröhre
  – N. laryngeus inferior. Der untere Kehl-
kopfnerv teilt sich in einen vorderen und
hinteren Ast, welche sämtliche Muskeln
des Kehlkopfes mit Ausnahme des M.
cricothyroideus und die Kehlkopf-
schleimhaut unterhalb der Stimmritze
versorgen. Der hintere Ast verbindet sich
mit dem N. laryngeus superior (Ansa Ga-
leni).
Brustteil (vom Abgang des N. laryngeus recurrens bis zum Hiatus oesophageus des Zwerchfells)
• **Rami bronchiales anteriores** bilden vor
dem Hilus der Lunge den **Plexus pulmonalis anterior**.
• **Rami bronchiales posteriores** bilden hinter
dem Hilus der Lunge den starken **Plexus
pulmonalis posterior**. Beide Plexus geben
Zweige an die Pleura ab und versorgen die
Lunge.
• **Rami oeseophagei** beider Seiten bilden um
den Oesophagus den grobmaschigen **Ple-**

xus oesophageus. Der rechte Vagusstamm liegt der hinteren, der linke der vorderen Speiseröhrenfläche an. Beide Trunci vagales enthalten Fasern aus dem rechten und linken N. vagus.

Bauchteil (nach Durchtritt durch das Zwerchfell)

- Der vordere (linke) **Truncus vagalis anterior** gibt folgende Äste ab:
  - Rami gastrici anteriores zur Vorderfläche des Magens
  - Rami hepatici zur Leber
- Der hintere (rechte) **Truncus vagalis posterior** gibt ab:
  - Rami gastrici posteriores zur Rückfläche des Magens
  - Rami coeliaci zum Plexus coeliacus und weiter mit den Gefäßen als Rami lienales zur Milz
  - Rami renales zu den Nieren

- Rami intestinales zum Darm (für Duodenum, Jejunoileum, Caecum, Colon ascendens und die ersten zwei Drittel des Colon transversum) bis zum Cannon-Böhm-Punkt.

11. **N. accessorius, N. XI.** Dieser **motorische** Nerv entspringt mit seinen
- **Radices spinales** aus dem Halsmark zwischen den vorderen und hinteren Spinalwurzeln austretend
- **Radices craniales** unterhalb des N. vagus, hinter der Olive, aus der Medulla oblongata.

Die **Radices spinales** ziehen durch das Foramen magnum in die Schädelhöhle, vereinigen sich mit den **Radices craniales** zu einem gemeinsamen Stamm, der zusammen mit dem N. vagus durch das Foramen jugulare die Schädelhöhle verlässt. Unterhalb des Foramen gibt er den **Ramus internus** (den „Accessorius vagi" im Wesentlichen die Radices craniales)

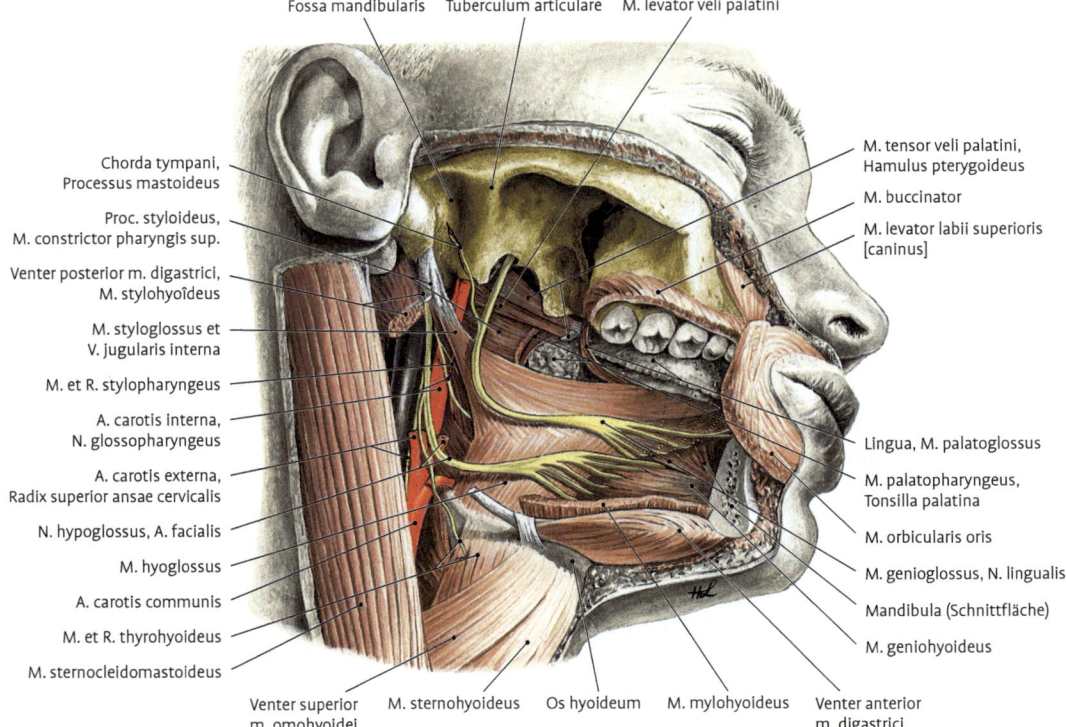

Abb. 6.62 Gaumen-, Zungen-, Mundboden- und Schlundmuskeln. Die 3 „Zungennerven" und die Gaumentonsille sind von der rechten Seite aus dargestellt. Der M. constrictor pharyngis superior und der M. buccinator sind zum Teil, die rechte Unterkieferhälfte vollständig entfernt.

an den N. vagus ab (aus dem Nucleus ambiguus für die Kehlkopfmuskeln). Der **Ramus externus** (der „Accessorius spinalis") versorgt den M. sternocleidomatoideus, den M. trapezius und geht Verbindungen zum Plexus cervicalis ein, der ebenfalls beide Muskeln innerviert.

12. **N. hypoglossus, N. XII** (Abb. 6.62). Er ist der **motorische** Nerv der Zunge und tritt mit seiner Wurzel im Sulcus lateralis anterior der Medulla oblongata mit 10–15 Fäden aus. Diese sammeln sich zu 2 Bündeln, die getrennt die Dura durchbohren und durch den Canalis n. hypoglossi die Schädelhöhle verlassen. Hier nimmt er Fasern aus dem 1.–3. Zervikalnerven auf, die ihn später wieder verlassen. Verbindungen bestehen außerdem zum Ganglion inferus des N. vagus und zum Ganglion cervicale superius des Sympathicus.

Lage: Zunächst medial vom N. vagus, gelangt er hinter der A. carotis interna und dem N. vagus an die laterale Seite der Arterie, wendet sich zwischen dieser und der V. jugularis interna ventralwärts und zieht im Bogen über die Äste der A. carotis externa hinweg nach medial, um auf der Außenfläche des M. hyoglossus zur Muskulatur der Zunge zu gelangen.

Äste, die sich nur **streckenweise dem N. hypoglossus angelagert** haben:

- **Ramus meningeus** zur Dura mater im Bereich des Sinus occipitalis; die genaue Herkunft dieser sensiblen Fasern ist unbekannt
- **Radix superior** (Ramus descendens n. hypoglossi), Fasern aus dem 1. und 2. Zervikalnerv, die sich streckenweise dem N. hypoglossus anschließen und mit der Radix inferior (N. cervicalis descendens) aus dem 2., 3. und 4. Zervikalnerv die **Ansa cervicalis** (früher Ansa cervicalis profunda, Ansa hypoglossi) bilden. Aus ihr werden die Unterzungenbeinmuskeln versorgt.
- **Ramus thyrohyoideus** und **Ramus geniohyoideus** sind Fasern, die den N. hypoglossus als selbstständige Äste zu den gleichnamigen Muskeln verlassen.

Echte Hypoglossusäste. Der Ursprung ist im Hypoglossuskern zu finden.

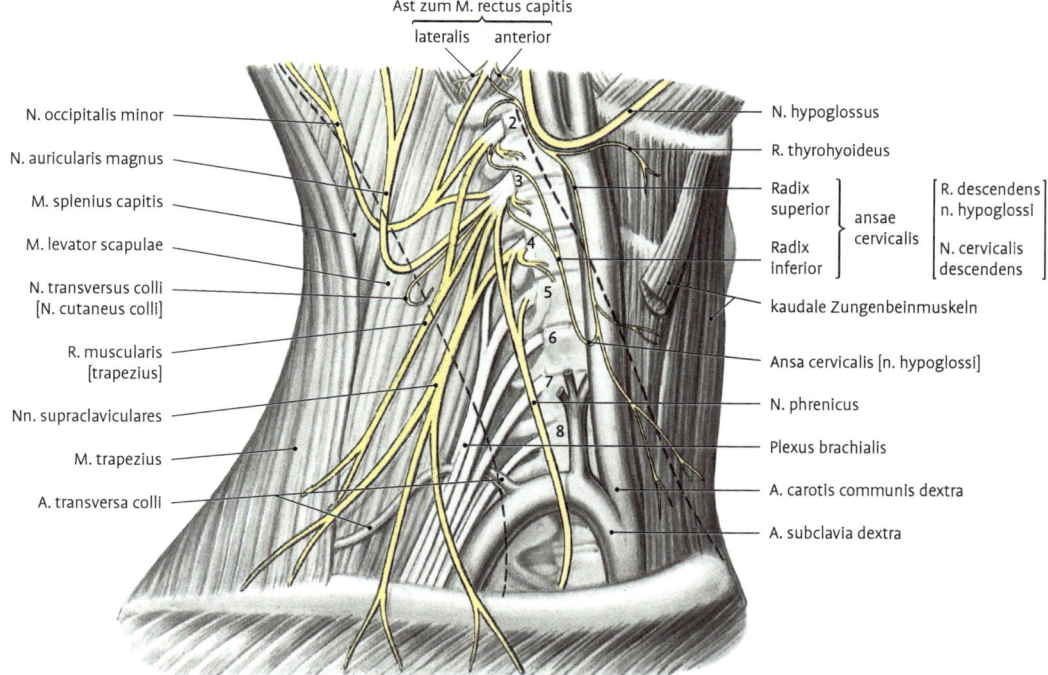

Abb. 6.63 Schema des Plexus cervicalis. Mit 1–8 sind die Rami ventrales der Nn. cervicales bezeichnet. Die Lage des M. sternocleidomastoideus ist durch 2 gestrichelte Linien angedeutet.

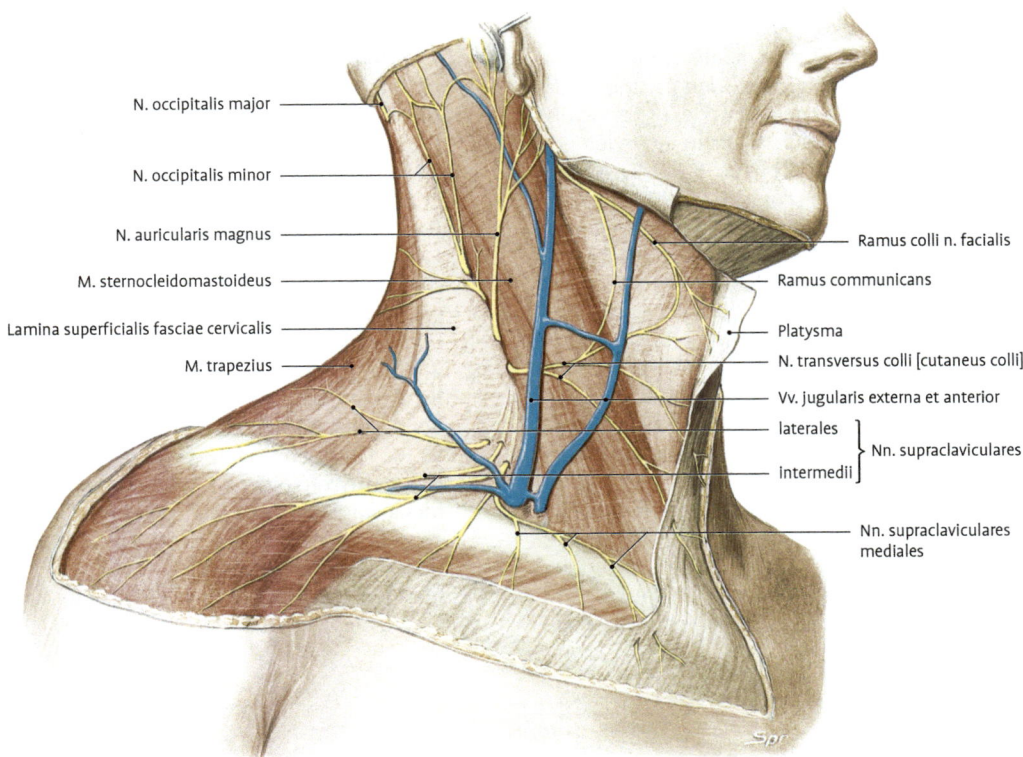

N. occipitalis major

N. occipitalis minor

N. auricularis magnus

M. sternocleidomastoideus

Lamina superficialis fasciae cervicalis

M. trapezius

Ramus colli n. facialis

Ramus communicans

Platysma

N. transversus colli [cutaneus colli]

Vv. jugularis externa et anterior

laterales } Nn. supraclaviculares

intermedii

Nn. supraclaviculares mediales

Abb. 6.64 Hautnerven und Hautvenen des Halses. Das Platysma ist größtenteils entfernt, die Lamina superficialis der Halsfaszie ist erhalten.

- **Rami linguales,** motorische Äste zur inneren wie äußeren Muskulatur der Zunge.

6.13.4.2 Spinalnerven, Nn. spinales der Kopf-Hals-Regionen

Die zervikalen Spinalnerven bilden mit ihren ventralen Ästen zwei Geflechte: den **Plexus cervicalis** (Halsnervengeflecht aus den Segmenten C_1–C_4) zur sensiblen und motorischen Versorgung der Halsorgane und den **Plexus brachialis** (Armnervengeflecht aus den Segmenten C_5–T_1) zur sensomotorischen Innervation des Armes. Zur vegetativen Steuerung von Drüsenepithelien und glatter Eingeweidemuskulatur bringt der zehnte Hirnnerv (**N. vagus** X) von kranial her parasampatische Fa-

sern und der **Truncus sympathicus** (Grenzstrang) von kaudal kommende sympatische Fasern.

Der **Plexus cervicalis** (C_1–C_4) liegt vor den Ursprüngen des M. scalenus medius und des M. levator scapulae. Er entlässt folgende Äste: Die **sensiblen** Äste sind der N. occipitalis minor, der Nervus auricularis magnus, der N. transversus colli und die Nn. supraclaviculares. **Motorisch** Äste sind vor allem der das Zwerchfell versorgende Nervus phrenicus (C_3–C_5), die das Platysma innervierende Ansa cervicalis superficialis, der Ramus trapezius und weitere Rami musculares zu den tiefen Halsmuskeln.

Hautäste (Abb. 6.63–6.66)

Sie erscheinen im mittleren Drittel des Hinterrandes des M. sternocleidomastoideus (Area nervosa plexus cervicalis, Punctum nervosum, Erb-Punkt) und strahlen von hier fächerförmig subkutan über den Hals aus.

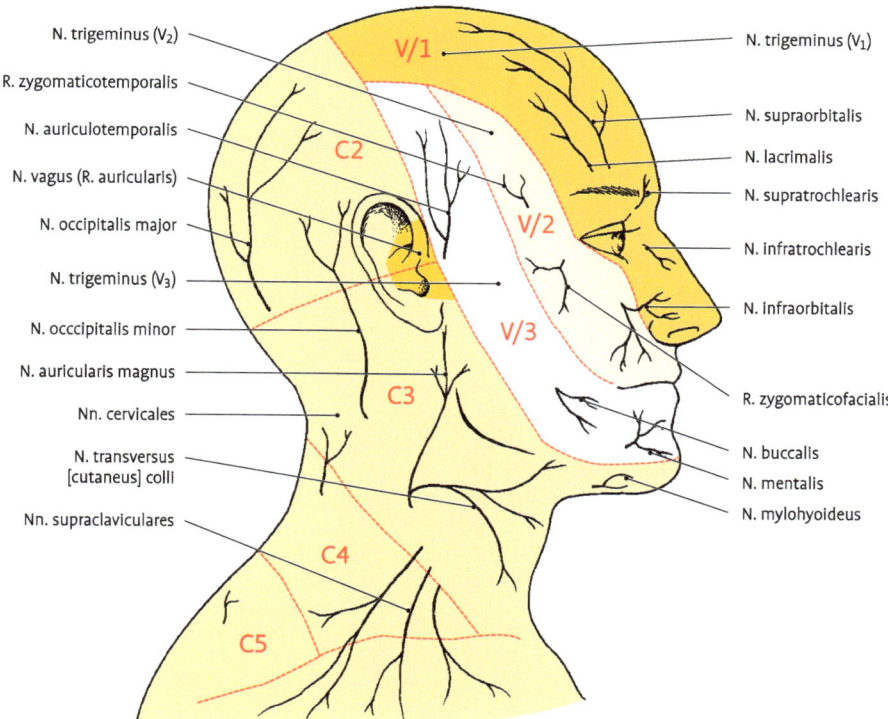

Abb. 6.65 Hautnerven des Kopfes und Halses. Die sensiblen Versorgungsgebiete der 3 Trigeminusäste und der Zervikalnerven sind durch verschiedene Gelbtöne wiedergegeben. Die Grenze zwischen kranialer Trigeminus- und zervikaler Segmentinnervation bildet die Scheitel-Ohr-Kinnlinie.

- **N. occipitalis minor** (hauptsächlich C_2, C_3), für die laterale Hinterhauptgegend, geht stärkere Verbindungen mit dem N. occipitalis major (Ramus dors. von C_2) und dem N. auricularis magnus ein. Das Dickenverhältnis zwischen beiden Nn. occipitales können sich umkehren, sodass der N. occipitalis minor auch der dickere der beiden sein kann.
- **N. auricularis magnus** (C_3) erscheint, unterhalb des vorigen am Hinterrand des M. sternocleidomastoideus, kreuzt ihn und verläuft zum Ohr aufwärts. Er zweigt sich auf in
  - Ramus anterior für die Haut vor dem Ohr und über dem M. masseter (Regio parotideomasseterica) und für die Haut des Ohrläppchens sowie der konkaven Fläche der Ohrmuschel
  - Ramus posterior für die Haut hinter dem Ohr und die Haut der konvexen Fläche der Ohrmuschel.

- **N. transversus colli** (C_3). Er erscheint unmittelbar unterhalb des vorigen am Hinterrand des M. sternocleidomastoideus und wendet sich, bedeckt vom Platysma, über die Außenfläche des Muskels nach ventral zur Haut des ventralen und lateralen Halses. Sein oberster Ast geht eine Verbindung mit dem Ramus colli n. facialis ein (Ansa cervicalis superficialis).
- **Nn. supraclaviculares** (C_3 und C_4). Diese erscheinen unterhalb des vorigen und ziehen divergierend abwärts durch das seitliche Halsdreieck zur Haut der seitlichen Hals-, der unteren Nacken-, oberen Brust- und der Schultergegend. Nach ihrer Lage kann man **Nn. mediales, intermedii** und **laterales** unterscheiden.

Muskeläste

- **Muskeläste** (C_1–C_4) direkt zur tiefen Halsmuskulatur (Mm. longus colli, longus capitis, rectus

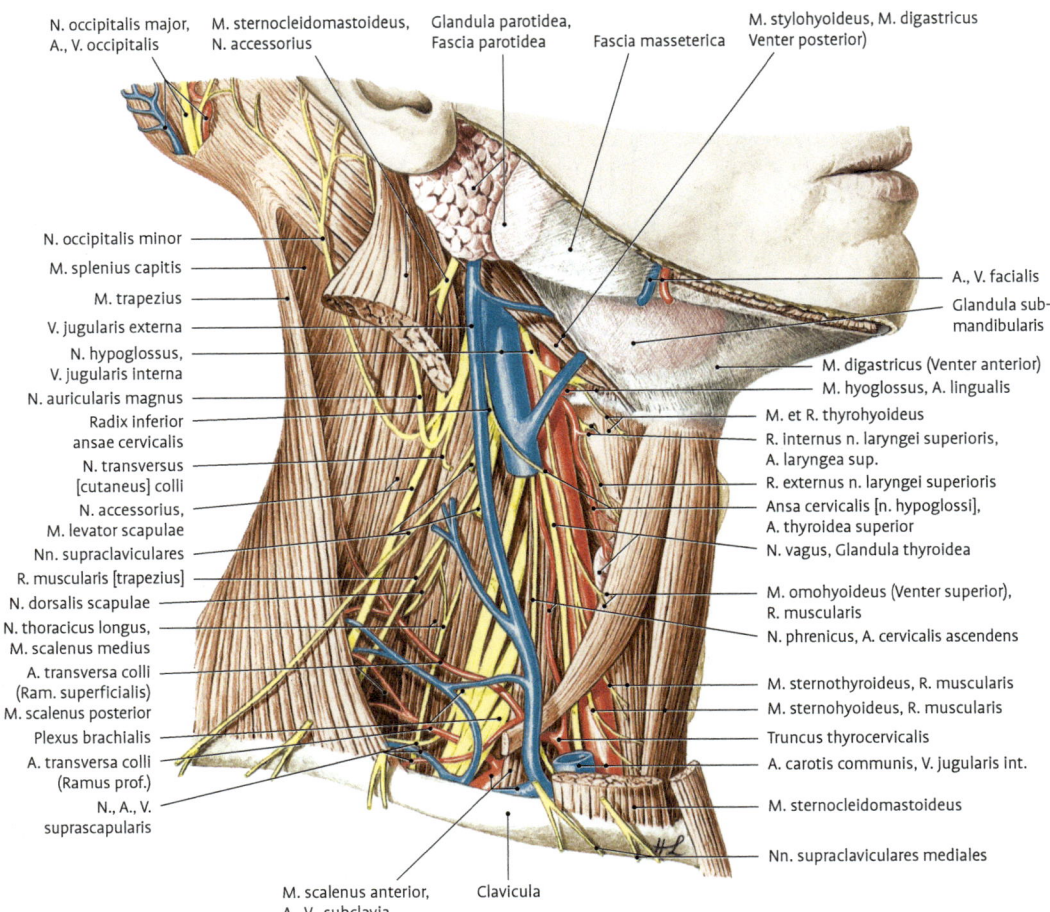

N. occipitalis major,
A., V. occipitalis

M. sternocleidomastoideus,
N. accessorius

Glandula parotidea,
Fascia parotidea

Fascia masseterica

M. stylohyoideus, M. digastricus
Venter posterior)

N. occipitalis minor

M. splenius capitis

M. trapezius

V. jugularis externa

N. hypoglossus,
V. jugularis interna

N. auricularis magnus

Radix inferior
ansae cervicalis

N. transversus
[cutaneus] colli

N. accessorius,
M. levator scapulae

Nn. supraclaviculares

R. muscularis [trapezius]

N. dorsalis scapulae

N. thoracicus longus,
M. scalenus medius

A. transversa colli
(Ram. superficialis)
M. scalenus posterior

Plexus brachialis

A. transversa colli
(Ramus prof.)

N., A., V.
suprascapularis

A., V. facialis

Glandula sub-
mandibularis

M. digastricus (Venter anterior)

M. hyoglossus, A. lingualis

M. et R. thyrohyoideus

R. internus n. laryngei superioris,
A. laryngea sup.

R. externus n. laryngei superioris

Ansa cervicalis [n. hypoglossi],
A. thyroidea superior

N. vagus, Glandula thyroidea

M. omohyoideus (Venter superior),
R. muscularis

N. phrenicus, A. cervicalis ascendens

M. sternothyroideus, R. muscularis

M. sternohyoideus, R. muscularis

Truncus thyrocervicalis

A. carotis communis, V. jugularis int.

M. sternocleidomastoideus

Nn. supraclaviculares mediales

M. scalenus anterior,
A., V. subclavia

Clavicula

Abb. 6.66 Nerven und Gefäße der rechten Halsseite. Die Lamina superficialis der Halsfaszie im Bereich des Trigonum submandibulare ist erhalten. M. sternocle- idomastoideus, M. omohyoideus und V. jugularis interna wurden zum Teil entfernt.

capitis anterior, rectus capitis lateralis, scalenus anterior, medius, posterior levator scapulae, intertransversarii cervicales), ohne sich an der Plexusbildung zu beteiligen.

- **Radix inferior** aus C_2–C_3. Es sind absteigende Fasern, die sich mit der **Radix superior** C_1–C_2 (Ramus descendens n. hypoglossi) zur **Ansa cervicalis** (n. hypoglossi) für die Innervation der unteren Zungenbeinmuskulatur und des M. geniohyoideus verbinden.
- **Ramus trapezius** (C_3, C_4), Ast zum M. trapezius.
- **Rami sternocleidomastoidei** (C_2, C_3); für den gleichnamigen Muskel. Der **R. trapezius** und die **Rr. sternocleidomastoidei** bilden meist ein

Geflecht **(Plexus accessoriocervicalis)** mit Ästen des N. accessorius.

- **N. phrenicus** (C_3–C_5, Abb. 6.66). Er führt **motorische** Fasern für das Zwerchfell, **sensible** für den Herzbeutel sowie das Brust- und Bauchfell. Er verläuft nahe oder auf dem M. scalenus anterior abwärts und gelangt zwischen A. und V. subclavia in die Brusthöhle, wo er im vorderen Mediastinum mit der A. thoracica interna über die Pleurakuppel zieht und vor der Lungenwurzel und zwischen Pleura pericardiaca und Perikard zum Zwerchfell gelangt.

Äste:

– Rami pericardiaci, (sensible Äste, meist nur rechts) zur vorderen Fläche des Herzbeutels.

– sensible Äste zur Pleurakuppel und Pleura mediastinalis.
– Rami phrenicoabdominales (als Endäste). Motorische und sensible Äste zum Zwerchfell.

Der Ramus phrenicoabdominalis tritt rechts durch das Foramen v. cavae, links durch die Pars lumbalis oder den Hiatus oesophageus durch das Zwerchfell. Er bildet mit Zweigen des Sympathicus den **Plexus phrenicus.**

Nebenphrenikus. In 20–25 % erhält der N. phrenicus auch Fasern aus den unteren Zervikalnerven (C_5, C_6) akzessorische Zweige, die als Nebenphrenikus, N. phrenicus accessorius, bezeichnet werden.

Klinik: 1. Der hauptsächlich aus C4 entspringende Zwerchfellnerv ermöglicht selbst bei hohen **Querschnittlähmungen** (bis C5) trotz Lähmung der Interkostalmuskeln und aller anderen Atemhilfsmuskeln eine ausreichende Atemexkursion. Kommt es aber zu einer Querschnittslähmung in Höhe von C4 oder höher, ist eine selbstständige Atmung nicht mehr möglich. Daher ist eine Verletzung der oberen Halswirbelsäule mit komplettem Querschnitt nicht mit dem Leben vereinbar, es sei denn durch sofortige und immerwährende externe Beatmung. **2.** Durch einen Einstich in der Mitte des Hinterrandes des M. sternocleidomastoideus kann man die gesamte Haut des Halses, der Schulter und des oberen Brustgebietes der betreffenden Kör-

perhälfte **anästhesieren**. Um alle Äste sicher zu erfassen, muss die Nadel während der Injektion subkutan, entlang dem Hinterrand des Muskels, nach kranial und nach kaudal verlagert werden.

Der Abschnitt des **Plexus brachialis** (C5–Th1), der die seitliche Halsregionen durchquert, wird als supraklavikulärer Teil (Pars supraclavicularis) bezeichnet. Diese Pars supraclavicularis des Plexus brachialis bildet zunächst vor dem Durchtritt durch die hintere Skalenuslücke (Hiatus scalenorum posterius) drei Stämme: den **Truncus superior** aus C5 und C6, den **Truncus medius** aus C7 und den **Truncus inferior** aus C8 und Th1). Nach der Skalenuslücke ordnen sich die Faserbündel um die A. subclavia bzw. im infraklavikulären Abschnitt um die A. axillaris so an, dass ein Bündel medial **(Fasciculus medialis)**, eines lateral **(Fasciculus lateralis)** und eines hinter **(Fasciculus posterior)** der Arterie liegt. Zwei Nerven des Plexus brachialis treten nicht durch die hintere Skalenuslücke, sondern durch deren dorsale Begrenzung, den M. scalenus medius. Es sind dies der **N. thoracicus longus** zur Versorgung des M. serratus anterior und der **N. dorsalis scapulae** zur Versorgung der dorsomedialen Schulterblattmuskulatur (M. levator scapulae, Mm. rhomboidei minor et major).

Der **N. vagus** (X) (sein Name stammt von „vagabundus" – der umherirrende, -schweifende Nerv aufgrund seines großen Verbreitungsgebietes im Körper) versorgt die inneren Organe von Kopf,

Tab. 6.8 Astfolge des N. vagus (X) am Hals mit Leitungsqualität (von kranial nach kaudal)

N. vagus		
Ramus meningeus	sensibel	Dura mater der Fossa cranialis post.
Ramus auricularis	sensibel	Teile des Meatus acusticus externus und Membrana tympanica
Rami pharyngeales	motorisch	Pharynxmuskulatur
	parasympathisch	Pharynxdrüsen
	sensibel	Pharynxschleimhaut
N. laryngeus superior → Ramus internus und Ramus externus	sensibel	Kehlkopfschleimhaut, kraniale Hälfte
	motorisch	M. cricothyroideus und M. constrictor pharyngis inferior
Rami cardiaci cervicales	parasympathisch	Herz
N. laryngeus recurrens → N. laryngeus inferior	parasympathisch	Trachea und Oesophagus
	sensibel	Kehlkopfschleimhaut, kaudale Hälfte
	motorisch	innere Kehlkopfmuskeln

Hals, Brust und Bauch, nicht aber jene des Beckens (Tab. 6.8). Am Hals gibt er zwei größere Äste zum Kehlkopf ab, den N. laryngeus superior und den N. laryngeus recurrens. Den **N. laryngeus superior** entlässt er bereits an der Schädelbasis aus dem **Ganglion cervicale inferius.** Er teilt sich dann in einen Ramus internus zur Versorgung der Schleimhaut der oberen Kehlkopfhälfte und in einen Ramus externus zur Versorgung des einzigen äußeren Kehlkopfmuskels, des M. cricoarytenoideus. Den rückäufigen **N. laryngeus recurrens** entlässt der N. vagus auf der rechten Seite in Höhe seiner Kreuzung mit der A. subclavia dextra, während das linke Gegenstück erst im Thorax nach der Überkreuzung des Aortenbogens entspringt. Auf beiden Seiten betritt sein Endast den Kehlkopf und versorgt als **Nervus laryngeus inferior** motorisch alle inneren Kehlkopfmuskeln (M. cricoarytenoideus lateralis, M. cricoarytenoideus posterior und M. interarytenoideus) und die untere Kehlkopfhälfte sensibel. Auch der N. vagus gibt am Hals Äste zun Herzen ab: die **Rami cardiaci cervicales.** Weitere kleinere Äste des N. vagus sind ein **Ramus meningeus,** ein **Ramus auricularis** sowie Äste an den Eingeweideschlauch **(Rami pharyngei, Rami oesophageales, Rami tracheales).**

Der **Truncus sympathicus** entlässt von jedem Grenzstrangganglion einen gefäßbegleitenden Ast (Ramus vascularis), einen Ast zum Spinalnerven (Ramus communicans griseus) und einen Eingeweidenerven (N. splanchnicus). Über gefäßbegleitende Nerven gelangen die vegetativen Fasern zum Kopf (N. vertebralis), insbesondere auch zum Auge (N. caroticus). Die Eingeweidenerven, die von den drei sympathischen Halsganglien entspringen, versorgen als **Nn. cardiaci cervicales** vorwiegend das Herz (Schmerzprojektion bei Herzinfarkt → li. Hals- und Schulterregion).

6.14 Topografie der Kopf-Hals-Regionen

6.14.1 Mundhöhle, Cavitas oris

Die Mundhöhle bildet den Anfangsteil des Verdauungstraktes (Abb. 6.67).

Gliederung und Begrenzung

- Eigentliche Mundhöhle, **Cavitas oris propria,** Raum einwärts der Zahnbögen
- Vorhof der Mundhöhle, **Vestibulum oris,** Raum außerhalb der Zahnbögen.

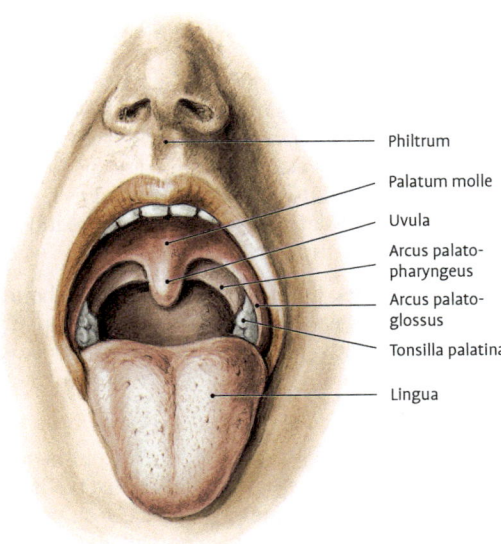

Abb. 6.67 Mundhöhle (genauer: Cavitas oris propria) bei weit geöffnetem Mund und herausgestreckter Zunge. Demonstration der Gaumenbögen und der Tonsilla palatina.

Begrenzung (Abb. 6.68) der Cavitas oris propria:
- vorne: Lippen, **Labia oris**
- hinten bzw. medial: die mit Zahnfleisch, **Gingiva,** bedeckten Alveolarfortsätze des Ober- und Unterkiefers und die Zähne, **Dentes**
- seitlich: Wangen, **Buccae**
- oben: harter und weicher Gaumen, **Palatum durum** und **P. molle**

Beim zahnlosen Mund entfällt die Unterteilung in Vorhof und eigentliche Mundhöhle.
- Lippen **(Labia)** und Wangen **(Buccae)** haben eine **muskuläre Grundlage** (M. orbicularis oris bzw. M. buccinator), eine **Außenseite** mit Haut und Anhangsgebilden sowie eine **Innenseite** mit Schleimhaut (unverhorntes Plattenepithel, Drüsen, Glandulae labiales und buccales).
- **Lippenrot** ist der freie Rand der Lippe. Durch das nur leicht verhorte Epithel schimmern die dicht liegenden subepithelialen Kapillaren durch.
- **Lippenbändchen.** Ober- und Unterlippe sind durch eine Schleimhautfalte mit der Gingiva verbunden, Frenulum labii superioris und F. labii inferioris.

Philtrum

Palatum molle

Uvula

Arcus palatopharyngeus

Arcus palatoglossus

Tonsilla palatina

Lingua

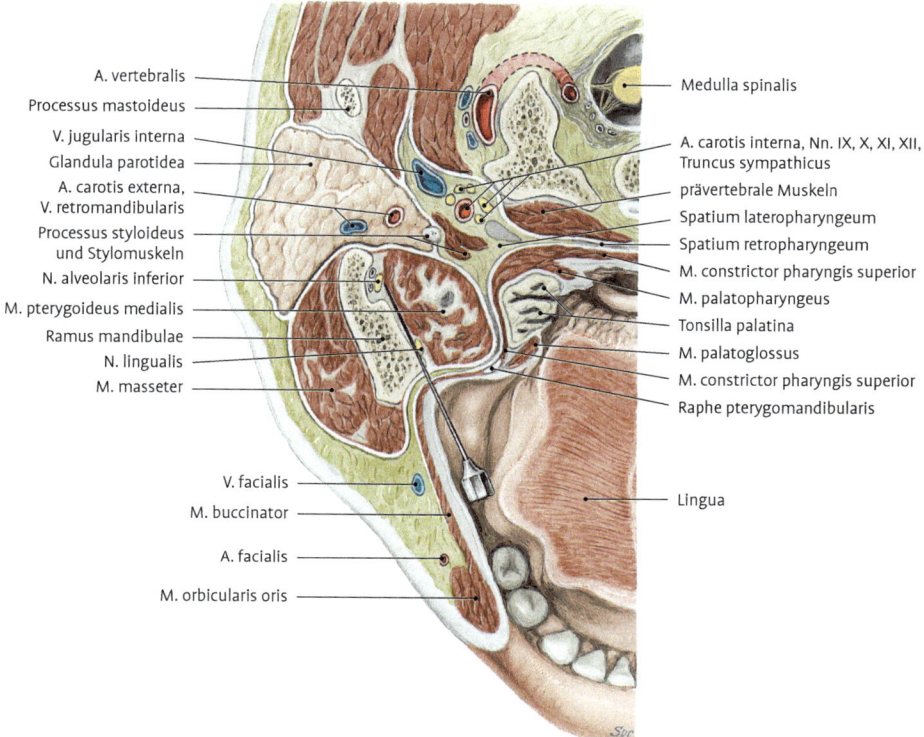

A. vertebralis

Processus mastoideus

V. jugularis interna

Glandula parotidea

A. carotis externa,
V. retromandibularis

Processus styloideus
und Stylomuskeln

N. alveolaris inferior

M. pterygoideus medialis

Ramus mandibulae

N. lingualis

M. masseter

V. facialis

M. buccinator

A. facialis

M. orbicularis oris

Medulla spinalis

A. carotis interna, Nn. IX, X, XI, XII,
Truncus sympathicus

prävertebrale Muskeln

Spatium lateropharyngeum

Spatium retropharyngeum

M. constrictor pharyngis superior

M. palatopharyngeus

Tonsilla palatina

M. palatoglossus

M. constrictor pharyngis superior

Raphe pterygomandibularis

Lingua

Abb. 6.68 Querschnitt durch den Kopf in Höhe des Foramen mandibulae bei maximal geöffnetem Mund. Die Injektionsnadel zeigt den Weg bei einer Methode der Mandibularanästhesie. Zur Darstellung der Bindegewebsräume sind die Faszien (weiß) schematisch hervorgehoben.

6.14.1.1 Zunge, Lingua

Funktionen

- **Transport- und mechanische Funktionen** in der Mundhöhle: Beim Kauen wird die Nahrung durch den Zungenkörper immer wieder zwischen die Kauflächen der Zähne geführt und zum Isthmus faucium befördert. Weichere Bestandteile der Nahrung werden durch Druck des Zungenkörpers gegen den harten Gaumen zermahlen und ebenfalls zur Schlundenge gebracht; Unterstützung bei der Einspeichelung der Nahrung.
- **Geschmacksfunktion:** Durch die im Bereich der Zunge gelegenen Geschmacksknospen wird die Nahrung chemisch analysiert.
- **Sprachfunktion:** Eine gute Verformbarkeit der Zunge mithilfe äußerer und innerer Zungenmuskeln hat für die Bildung von Lauten Bedeutung.

- **Tastfunktion:** Sensible Endkörperchen der Zungenschleimhaut machen die Zunge zum Tastorgan. Dabei werden die Objekte mit einem Vergrößerungsfaktor von 1,6 analysiert.

Aufbau

Die Zunge wird untergliedert in:
- Zungenkörper, **Corpus linguae** und
- Zungenwurzel, **Radix linguae.**

Die Grenze zwischen Corpus und Radix linguae ist der V-förmige, nach vorne offene **Sulcus terminalis linguae,** der an seiner Spitze das **Foramen caecum linguae,** den verödeten Rest des Ductus thyroglossalis, aufweist. Die Zungenspitze, **Apex linguae,** bildet den vorderen Teil des Zungenkörpers. Apex und Corpus linguae gehen ohne scharfe Grenze ineinander über (Abb. 6.69).

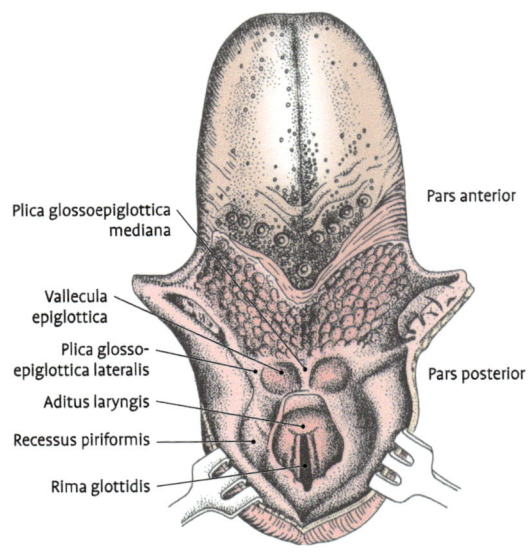

Plica glossoepiglottica
mediana

Vallecula
epiglottica

Plica glosso-
epiglottica lateralis

Aditus laryngis

Recessus piriformis

Rima glottidis

Pars anterior

Pars posterior

Abb. 6.69 Zunge von dorsal (nach G.-H. Schumacher).

> **Klinik:** Erfolgt der **Descensus der Schilddrüsenanlage** nicht oder unvollständig, so findet man in der Umgebung des Foramen caecum Drüsengewebe, welches durch permanente mechanische, termische und chemische Reize pathologisch verändert werden kann.

Schleimhaut

Das **Dorsum linguae,** der an der Zungenoberfläche gelegene Zungenrücken, geht am **Margo linguae** in die **Facies inferior linguae** über, ist konvex gekrümmt und weist in der Mitte den **Sulcus medianus linguae** auf. Gegliedert wird es in einen vor dem Sulcus terminalis linguae gelegenen vorderen Teil, Pars praesulcalis, und die hinter dem Sulcus terminalis gelegene Pars postsulcalis. Die Schleimhaut der **Pars presulcalis** weist Rauigkeiten an ihrer Oberfläche auf, welche als **Papillae linguales,** Zungenpapillen, bezeichnet werden. Unterschieden werden:
- fadenförmige Papillen, Papillae filiformes,
- pilzförmige Papillen, Papillae fungiformes,
- blattförmige Papillen, Papillae foliatae,
- umwallte Papillen Papillae vallatae.

Die Papillae fili- und fungiformes liegen auf dem Zungenrücken, die Papillae vallatae, 8–15 an der Zahl, vor dem Sulcus terminalis und die Papillae foliatae an den hinteren Seitenrändern der Zunge.

Die Oberfläche der **Pars postsulcalis** ist glatt und zeigt Öffnungen der Krypten der Tonsilla lingualis, Zungenmandel, eines in der Schleimhaut der Zungenwurzel angesiedelten lymphatischen Gewebes.

Die **Facies inferior linguae** ist glatt. In der Mitte verbindet das **Frenulum linguae** die Unterfläche der Zunge mit der ventralen Innenseite des Unterkiefers. Seitlich davon verlaufen rechts und links die **Plicae fimbriatae** vom Zungenrand zur Zungenspitze. An der Grenze zum Mundboden liegt die **Plica sublingualis,** auf der im Bereich der **Caruncula sublingualis** die großen Ausführungsgänge der Unterkiefer- und Unterzungendrüse, **Ductus sublingualis major, Ductus sublinguales minores, Ductus submandibularis,** münden.

Schleimhaut. Die Oberfläche der Zunge ist vor dem Sulcus terminalis linguae von einer spezialisierten Schleimhaut bedeckt. Die Schleimhaut ist unverschieblich an der Aponeurosis linguae befestigt, eine Tela submucosa fehlt. Die Lamina propria bildet Bindegewebspapillen, welche Grundlage massiver Papillenstöcke, der **Primärpapillen,** sind, aus denen **Sekundärpapillen** hervorgehen. Diese erreichen die Basis der Lamina epithelialis. Die Zungenpapillen bilden makroskopisch sichtbare Erhebungen auf der gesamten presulkalen Schleimhaut des Zungenrückens.

Papillae filiformes. Sie bedecken den gesamten Zungenrücken und sind von einem mehrschichtigen, orthokeratinisierten Plattenepithel bedeckt. Jede Primärpapille der Lamina propria trägt 10–30 Sekundärpapillen, deren Spitzen häufig rachenwärts gerichtet sind. Freie Nervenendigungen enden im Epithel bzw. subepithelial. Im subepithelialen Bindegewebe liegen umschriebene Endorgane in Form von Endknäulen nichtmyelinisierter Nervenfasern, lamellierter Körperchen oder Meissner-Tastkörperchen. Damit können die Papillae filiformes Tastempfindungen mit einem Vergrößerungsfaktor von 1,6 vermitteln.

Papillae fungiformes. Sie sind weniger häufig vertreten als die Papillae filiformes, liegen lose zwischen diese eingestreut, besonders häufig in der Zungenspitze und am Zungenrand. Oberflächlich sind sie als hellrote Punkte zwischen den Papillae filiformes sichtbar. Die Papillen besitzen eine breit ausladende, glatte, kuppel- oder zapfenförmige Oberfläche. Von der rundlich ovalen, kegelförmigen Primärpapille gehen wenige kurze Sekundärpapillen ab. An der Papillenperipherie liegt ein

Gefäßplexus, der die hellrötliche Farbe der Papille bedingt. Die Papille ist von einem mehrschichtigen para- bis orthokeratinisiertem Epithel bedeckt, welches an der Oberfläche Geschmacksknospen enthält. Das Bindegewebe enthält zahlreiche lamellierte Mechano- und Thermorezeptoren sowie freie Nervenendigungen. Die Papillae fungiformes dienen damit der Geschmacksempfindung und haben mechanische Funktionen.

Papillae foliatae. Sie liegen am hinteren seitlichen Rand der Zunge, in der Nähe des Übergangs zum Arcus palatoglossus. Die Papillen sind dicht nebeneinander gelagert, sodass ihr Querschnitt den Zinnen eines Burgwalls ähnelt. In den Seitenwänden des para- bis orthokeratinisierten, tiefe Zapfen bildenden Epithels liegen Geschmacksknospen. Am Grund der epithelialen Einfaltungen münden die Ausführungsgänge seröser v.-Ebner-Spüldrüsen, deren Endstücke in der Lamina propria liegen.

Papillae vallatae. In der Regel 8–10 an der Zahl, liegen sie am vorderen Rand des Sulcus terminalis linguae. Sie bestehen aus einer breiten Primärpapille, von welcher zahlreiche, sehr kurze Sekundärpapillen entspringen. Die Papillen sind von einem Wallgraben umgeben und überragen das Niveau der Umgebung nicht. Die Oberfläche und die Epitheleinfaltungen sind von einem orthokeratinisierten Epithel bedeckt. Im lateralen Epithel jeder Papille befinden sich mehrere hundert Geschmacksknospen. In der Tiefe der Wallgräben

münden Ausführungsgänge (pro Wallgraben ca. 35) rein seröser v.-Ebner-Spüldrüsen aus.

Unterseite der Zunge. Sie ist von einer papillenfreien Schleimhaut bedeckt, die in ihrem Bau der des Mundbodens entspricht. Das mehrschichtige unverhornte Plattenepithel liegt einer Lamina propria auf, welche lose mit den Faszien der Zungenmuskulatur verbunden ist. Eine Tela submucosa fehlt (Abb. 6.75).

Klinik: Die Färbung und Oberflächenbeschaffenheit der Zungenschleimhaut kann sich unter verschiedenen physiologischen (z.B. Farbe der Nahrung) und pathologischen Einflüssen charakteristisch verändern. Eine sog. Himbeerzunge mit hervortretenden roten Papillen ist Merkmal einer Scharlachinfektion. Bei perniziöser Anämie (= Blutarmut bei Vit.-B$_{12}$-Mangel) ist die Zunge auffällig glatt, rot, brennend; begleitend kommt es zu Geschmacks- und Sensibilitätsstörungen.

Zungenmuskulatur

Es werden **äußere** und **innere Zungenmuskeln** unterschieden. Die äußeren Zungenmuskeln entspringen am Skelett des Schädels, die inneren in der Zunge selbst. Alle Muskeln enden mit feinen Sehnen an der Aponeurosis linguae und am Septum linguae.

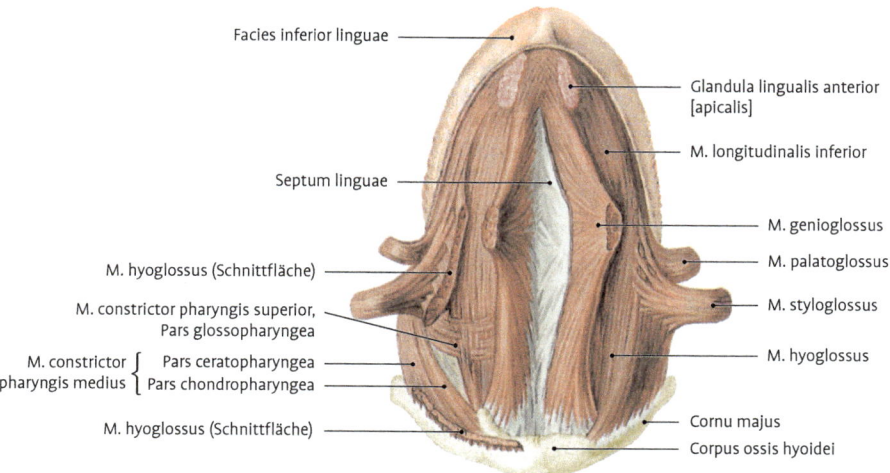

Facies inferior linguae
Glandula lingualis anterior [apicalis]
M. longitudinalis inferior
Septum linguae
M. genioglossus
M. palatoglossus
M. hyoglossus (Schnittfläche)
M. styloglossus
M. constrictor pharyngis superior, Pars glossopharyngea
M. hyoglossus
M. constrictor pharyngis medius { Pars ceratopharyngea / Pars chondropharyngea
M. hyoglossus (Schnittfläche)
Cornu majus
Corpus ossis hyoidei

Abb. 6.70 Basalansicht der am Zungenbein befestigten Zunge mit Zungen-, Schlund- und Kehlkopfmuskeln (nach P. Köpf-Maier).

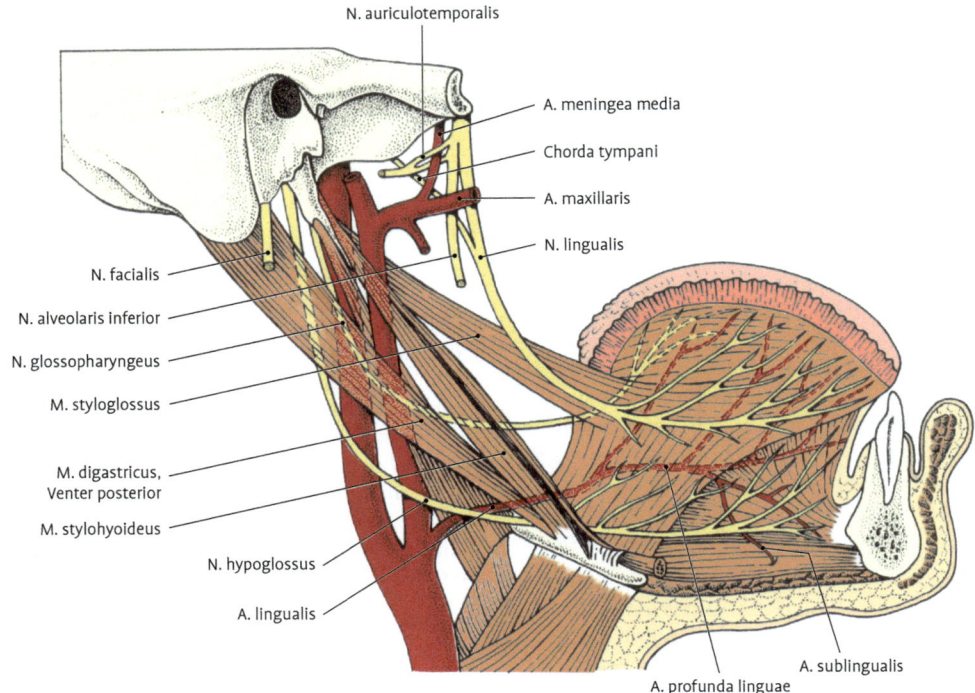

N. auriculotemporalis

A. meningea media

Chorda tympani

A. maxillaris

N. lingualis

N. facialis

N. alveolaris inferior

N. glossopharyngeus

M. styloglossus

M. digastricus,
Venter posterior

M. stylohyoideus

N. hypoglossus

A. lingualis

A. sublingualis

A. profunda linguae

Abb. 6.71 Nerven und Arterien der Zunge (nach G.-H. Schumacher).

Äußere Zungenmuskeln (Abb. 6.70, 6.71)
M. genioglossus
O.: an der Spina mentalis des Unterkiefers
I.: Er strahlt in einem sagittal gestellten Fächer in die Zunge ein.
L.: N. hypoglossus, A. lingualis
F.: Der Muskel senkt den Zungenrücken und zieht den Zungengrund nach vorne. Folglich kann bei seiner Kontraktion die Zunge herausgestreckt werden.

M. styloglossus
O.: Er entspringt am Proc. styloideus.
I.: Seine Fasern ziehen nach vorne unten in die Zunge ein und verflechten sich mit denen des M. hyoglossus.
L.: N. hypoglossus, A. lingualis
F.: Bei Muskelkontraktion wird der Zungenkörper zurückgezogen.

M. hyoglossus
O.: am Körper des Zungenbeins sowie am großen (M. ceratoglossus) und kleinen Zungenbeinhorn (M. chondroglossus).
I.: Die Muskelfasern betreten von unten hinten den Zungenkörper.

L.: N. hypoglossus, A. lingualis
F.: Bei Kontraktion der vorderen Muskelfasern wird die Zunge nach hinten gezogen. Bei Gesamtkontraktion des M. hyoglossus wird die Zunge vor allem im hinteren Abschnitt abgeflacht

M. palatoglossus (s. Gaumenmuskeln)

Innere Zungenmuskeln
M. longitudinalis superior: Die Fasern verlaufen unter der Zungenaponeurose von der Zungenwurzel bis zur Zungenspitze.

M. longitudinalis inferior: Er verläuft an der Unterfläche der Zunge.
L.: N. hypoglossus, A. lingualis
F.: Die Longitudinalmuskeln verkürzen die Zunge; bei Kontraktion des M. longitudinalis superior wird der Zungenrücken konkav gekrümmt. Eine Kontraktion des M. longitudinalis inferior bewirkt eine konvexe Krümmung des Zungenrückens.

M. transversus linguae: Er zieht vom Zungenrand zum Zungenseptum. Einige Fasern durchtreten das Zungenseptum, um am Zungenrand der Gegenseite anzusetzen.

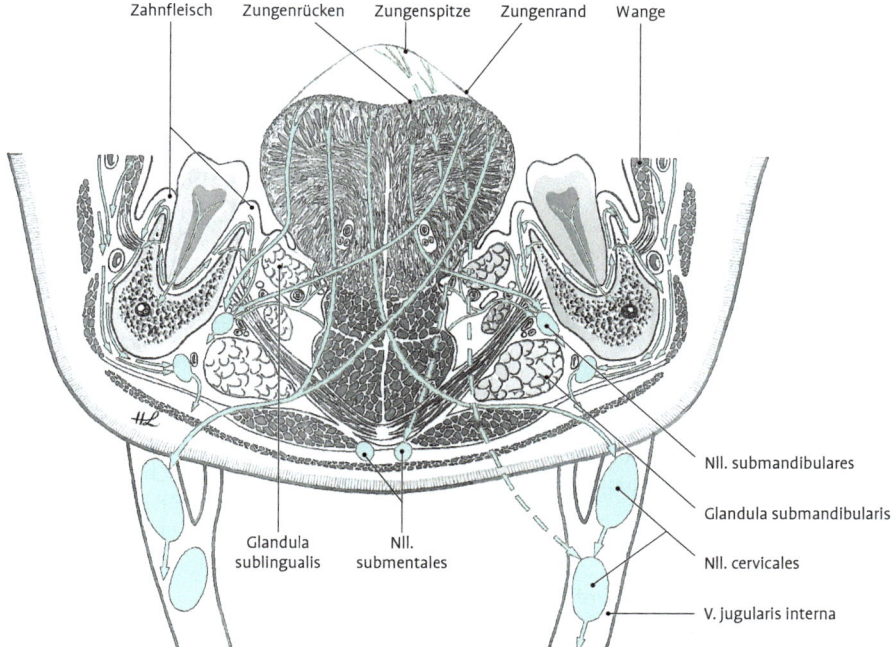

Zahnfleisch Zungenrücken Zungenspitze Zungenrand Wange

Nll. submandibulares

Glandula submandibularis

Nll. cervicales

V. jugularis interna

Glandula sublingualis Nll. submentales

Abb. 6.72 Lymphbahnen und regionale Lymphknoten der Zunge, der Unterzungengegend, der Zähne, des Zahnfleisches und der Wange. Die Pfeile geben die Strömungsrichtung an. Schematischer Frontalschnitt in Anlehnung an L. Rouvière.

L.: N. hypoglossus, A. lingualis
F.: Durch Kontraktion der Transversalfasern wird eine Annäherung der Zungenränder und damit eine Zungenstreckung bewirkt.

M. verticalis linguae: Die Muskelfasern steigen nahezu senkrecht von der Unterseite der Zunge zur Zungenaponeurose auf.
L.: N. hypoglossus, A. lingualis
F.: Durch eine teilweise Kontraktion wird eine Rinne im Zungenrücken gebildet, Gesamtverkürzung der Fasern führt zur Abflachung der Zunge.

Gefäße und Nerven

Arterien
A. carotis externa → A. lingualis

Venen
V. lingualis → V. facialis → V. jugularis interna
V. sublingualis → V. comitans n. hypoglossi → V. facialis oder V. jugularis interna

Lymphabfluss (Abb. 6.72). Der Lymphabfluss erfolgt in den Truncus jugularis.

Regionale Lymphknoten (Abb. 6.72)
Hintere Abflussbahn (Radix linguae): Nll. cervicales profundi superiores, Nl. juguloomohyoideus
Mittlere Abflussbahn: Nll. cervicales profundi superiores, insbesondere Nl. jugulodigastricus

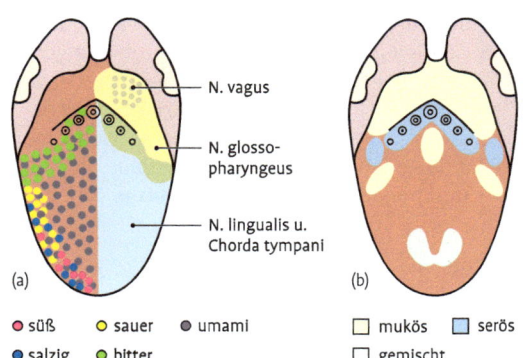

N. vagus

N. glossopharyngeus

N. lingualis u. Chorda tympani

(a)   (b)

● süß   ○ sauer   ● umami
● salzig   ● bitter

□ mukös   □ serös
□ gemischt

Abb. 6.73 a: Motorische (links), sensible und parasympathische (rechts) Innervation der Zunge. (verändert nach H. Rein und M. Schneider), **b:** Verteilung der verschiedenen Drüsenarten auf der Zunge.

Vordere Abflussbahn (Zungenspitze): Nll. submentales, Nll. submandibulares → Nll. cervicales profundi superiores et inferiores

Nerven (Abb. 6.71, 6.73 a)

Schleimhaut:
1. **sensibel:**
   N. mandibularis → N. lingualis: vordere 2/3 (vor dem Sulcus terminalis)
   N. glossopharyngeus: hinteres 1/3 (hinter dem Sulcus terminalis)
   N. vagus → N. laryngeus superior: Übergangsgebiet zur Epiglottis
2. **sensorisch:**
   N. intermedius (N. facialis) → Chorda tympani → N. lingualis: Papillae fungiformes
   N. glossopharyngeus: Papillae vallatae et foliatae
   N. vagus: Übergangsgebiet zur Epiglottis
3. **parasympathisch:**
   N. glossopharyngeus, N. vagus → intramurale Ganglien: Gll. linguales
   N. facialis (intermedius) → Chorda tympani → N. lingualis → Ganglion submandibulare: Glandula lingualis anterior
4. **sympathisch:**
   Ganglion cervicale superius → Plexus caroticus externus: Zungendrüsen

Muskulatur
N. hypoglossus

6.14.1.2 Große Kopfspeicheldrüsen, Glandulae salivariae majores

Zu den **großen Kopfspeicheldrüsen** gehören die Glandula parotidea, Ohrspeicheldrüse, die Glandula submandibularis, Unterkieferdrüse, sowie die Glandula sublingualis, Unterzungendrüse. **Kleine Speicheldrüsen,** Glandulae salivariae minores, sind überall in der Schleimhaut der Mundhöhle lokalisiert. Es werden je nach Lage Glandulae labiales, buccales, palatinae, linguales und molares unterschieden (Abb. 6.74).

Klinik: Bei Verschluss eines kleinen Ausführungsganges entwickelt sich eine Sekretretention, die Ranula (Fröschleingeschwulst).

Funktionen:
- In der Mundhöhle beginnt die enzymatische Aufspaltung von Stärke durch **α-Amylase** des Speichels.

- Durch ein weiteres Produkt, Lysozym, wird die Bakterienflora kontrolliert.
- Es erfolgt eine **immunologische Abwehr** durch Bereitstellung von IgA-Sekretkomplexen.
- Neben der Schutzfunktion hat der Speichel auch **reinigende Funktion** in der Mundhöhle.
- Er nimmt an der **Remineralisierung** von Zahnhartsubstanzen teil.
- Er trägt zur **Schluckbarkeit** und **Transportfähigkeit** der Nahrung bei.
- Er ist **Lösungsmittel** für Geschmacksknospen.

Speichel. Speichel, das Produkt der großen und kleinen Kopfspeicheldrüsen, wird in einer Menge von ca. 1 l pro Tag produziert. Es ist eine farblose, visköse Flüssigkeit, die Wasser, Mukoproteine, Immunglobuline, anorganische Ionen, Proteine und sog. Speichelkörper enthält. Speichel wird kontinuierlich und stimuliert sezerniert. Für die Speichelsekretion haben mechanische, chemische, olfaktorische und psychische Reize stimulierende Bedeutung.

Ohrspeicheldrüse, Glandula parotidea

Lage, Aufbau. Die Ohrspeicheldrüse ist die größte der 3 Kopfspeicheldrüsen und liegt in der **Regio parotideomasseterica**. Der vordere Abschnitt liegt auf dem M. masseter, der Oberrand ist fingerbreit vom Arcus zygomaticus entfernt, hinten grenzt die Ohrspeicheldrüse an den äußeren Gehörgang, den Tragus, Processus mastoideus und den oberen Abschnitt des M. sternocleidomastoideus. Der Hauptteil der Drüse liegt hinter dem Ramus mandibulae und erreicht die Innenfläche des M. pterygoideus medialis sowie die vom Proc. styloideus entspringenden Muskeln.

Ihr Hauptausführungsgang ist der **Ductus parotideus** (Stenon-Gang). Er ist ca. 1 cm vom Arcus zygomaticus entfernt und liegt auf einer Linie, welche vom Ansatz des Ohrläppchens am Kopf zum Lippenrot der Oberlippe gezogen werden kann. Über den M. masseter hinwegziehend biegt der Hauptausführungsgang in die Tiefe ab, durchdringt den M. buccinator und mündet an der **Papilla parotidea** in das Vestibulum oris gegenüber dem 2. oberen Molaren. Entlang des Ductus parotideus kann sich Drüsengewebe der Parotis befinden. Dieses wird als **Glandula parotidea accessoria** bezeichnet.

Der **Lobus colli** ist von lockerem Bindegewebe überzogen, dem die Lamina superficialis der Fascia colli und das Platysma aufgelagert sind. Unter

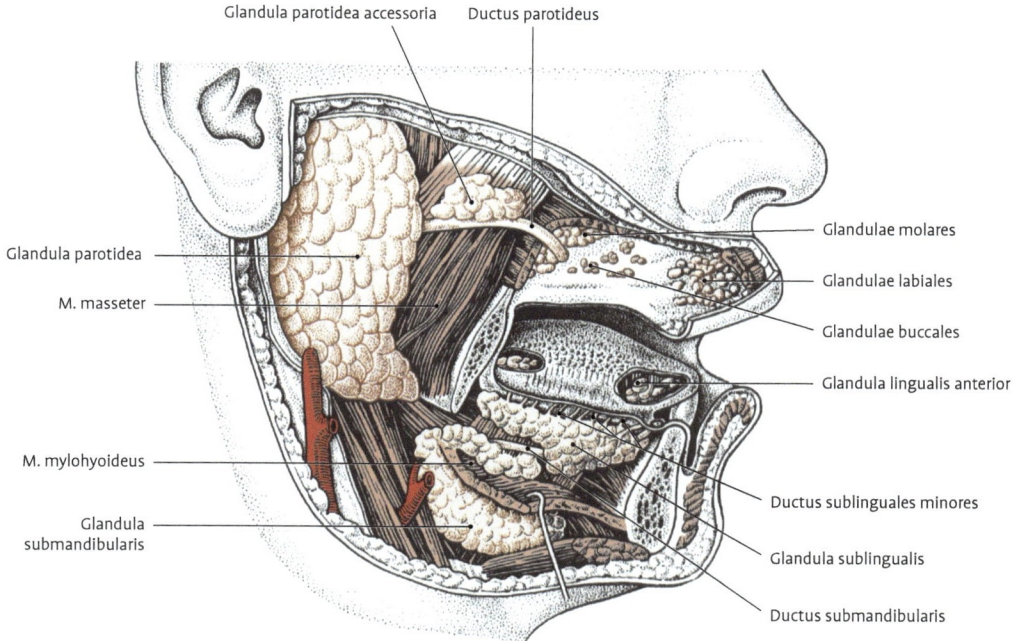

Abb. 6.74 Kopfspeicheldrüsen (nach G.-H. Schumacher).

dem im Halsbereich gelegenen Lappen liegen der M. stylohyoideus und der Venter posterior des M. digastricus. Dem oberen Teil der Drüse liegt die derbe Fascia parotideomasseterica auf. Diese schickt feine Septen in das Innere des Organs, sodass sich die Parotis nicht aus ihrem Drüsenlager herausschälen lässt. Am M. masseter und M. sternocleidomastoideus heftet sie ebenfalls fest an.

Die Glandula parotidea wird im **retromandibulären Bereich** von der A. carotis externa, der V. retromandibularis, dem N. auriculotemporalis und dem Stamm des N. facialis durchsetzt. Im vorderen Teil der Drüse liegen der Plexus parotideus des N. facialis, die A. transversa fasciei und der Ductus parotideus. Die Glandula parotidea wird im Bereich des Plexus parotideus in eine Pars superficialis und eine Pars profunda geteilt.

Histologie. Die Glandula parotidea ist eine rein seröse Drüse. In den Drüsenläppchen, intralobulär, findet man neben Endstücken Schalt- und Streifenstücke. Die größeren Ausführungsgänge liegen interlobulär. Im Bindegewebe liegen Nerven sowie Blut- und Lymphgefäße. Gelegentlich findet man Ansammlungen von Lymphozyten und Plasmazellen. Das Vorkommen von Fettzellen ist normal.

Klinik: 1. Die Beziehungen zu den Gefäßen und Nerven erschweren das vollständige Ausräumen der Drüse. Da die **Fazialisäste** radiär die Drüse durchsetzen, wird man bei der Spaltung der Drüse den Schnitt radiär anlegen, um möglichst viele Äste zu schonen. **2.** Eine akute Parotitis **(Mumps, virale Infektion)** geht mit Schwellungen einher und löst, besonders beim Öffnen des Mundes, an der derben Kapsel ein schmerzhaftes Spannungsgefühl aus, weil die Drüse in ihrer bindegewebigen Loge keine Ausdehnungsmöglichkeit hat. Eiterungen können in den äußeren Gehörgang durchbrechen oder einen Weg in das Spatium parapharyngeum suchen.

Gefäße und Nerven

- **Arterien.** A. carotis externa → A. temporalis superficialis → Rr. parotidei
- **Venen.** Vv. parotideae → Plexus pterygoideus; Rr. parotidei → V. facialis
- **Regionale Lymphknoten.** Nll. parotidei superficiales et profundi → Nll. cervicales laterales (Nll. profundi, superiores) → Truncus jugularis
- **Nerven. Parasympathisch (sekretorisch)**, Abb. 6.76: N. glossopharyngeus → N. tympanicus →

N. petrosus minor → Ganglion oticum → N. auriculotemporalis → R. communicans n. facialis → N. facialis
Jakobson-Anastomose: Verbindung des N. glossopharyngeus mit dem Ganglion oticum
Sympathisch: Ganglion cervicale superius → Plexus caroticus externus

Unterkieferdrüse, Glandula submandibularis

Lage, Aufbau. Die Unterkieferdrüse liegt im **Trigonum submandibulare**. Oben ist die Drüse von der Lamina superficialis der Fascia colli bedeckt. In der Tiefe liegt sie einer Bindegewebsverdichtung an, welche die an der Mandibula befestigten Muskeln überzieht.

Der untere Abschnitt der Drüse überschreitet in der Regel die Grenzen des Trigonum submandibulare. Er überlagert das große Zungenbeinhorn und den Venter posterior des M. digastricus. Nach hinten reicht die Drüse bis zum Halsteil der Glandula parotidea, von dem sie nur durch eine Verstärkung der Lamina superficialis der Fasia colli getrennt ist. Zwischen Hinterrand des M. mylohyoideus und dem M. hyoglossus befindet sich ein Spalt, durch den die Regio submandibularis mit der Regio sublingualis verbunden ist. Durch diesen erreicht ein Fortsatz der Drüse zusammen mit ihrem Ausführungsgang, **Ductus submandibularis** (Wharton-Gang), die Regio sublingualis und lagert sich dem hinteren Bereich der **Glandula sublingualis** an.

Der **Ductus submandibularis** liegt im Drüsengewebe des kranialen Fortsatzes der Glandula submandibularis. Er verläuft an der kranialen Fläche des **Diaphragma oris,** medial von der Glandula sublingualis zur **Caruncula sublingualis.** Gemeinsam mit dem Drüsenausführungsgang ziehen der N. lingualis sowie A. et V. sublingualis nach vorne. Dabei liegt der N. lingualis zunächst lateral vom Ductus submandibularis, zieht dann unter dem Ductus herum nach medial, um sich fächerförmig in der Zunge aufzuzweigen.

Histologie. Die Glandula submandibularis ist eine **seromuköse** Drüse mit intralobulär gelegenen End-, Schalt- und Streifenstücken und größeren interlobulären Ausführungsgängen. Sie liefert den größten Teil des Mundspeichels.

Gefäße und Nerven:
- **Arterien.** A. carotis externa → Aa. facialis et lingualis → Rr. glandulares
- **Venen.** V. submentalis → V. facialis → V. jugularis interna
- **Regionale Lymphknoten.** Nll. submandibulares → Nll. profundi superiores → Truncus jugularis
- **Nerven. Parasympathisch (sekretorisch)**, Abb. 6.76: N. facialis (N. intermedius) → Chorda tympani → N. lingualis → Rr. ganglionares → Ganglion submandibulare → efferente Fasern zur Drüse
Sympathisch: Ganglion cervicale superius → Plexus caroticus externus

Unterzungendrüse, Glandula sublingualis

Lage, Aufbau. Die Glandula sublingualis liegt in der **Regio sublingualis** (Abb. 6.75) auf dem M. mylohyoideus unmittelbar unter der Schleimhaut des Mundbodens, wo sie die **Plica sublingualis** aufwirft. Medial grenzt die Drüse an die Mm. geniohyoideus, genioglossus und hyoglossus. Das vordere Ende der Glandula sublingualis liegt der Innenseite der Mandibula, das hintere der Glandula submandibularis an.

Mehrere kleinere Ausführungsgänge, **Ductus sublinguales minores,** münden entlang der Plica sublingualis. Neben den kleinen Ausführungsgängen gibt es gelegentlich einen großen Ausführungsgang, **Ductus sublingualis major** (Bartholin-Gang), welcher eigenständig oder gemeinsam mit dem **Ductus submandibularis** auf der **Caruncula sublingualis** mündet (Abb. 6.75).

Histologie. Die Glandula sublingualis ist eine **muköse** Drüse mit überwiegend mukösen Endstücken. End-, Schalt und Streifenstücke liegen intra-, größere Ausführungsgänge interlobulär. Die Anzahl der Schaltstücke ist im Vergleich zur Glandula parotidea sehr stark reduziert. Häufig liegen die serösen Endstücke in Form **v.-Ebner-Halbmonde** den mukösen auf.

Gefäße und Nerven
- **Arterien.** A. carotis externa → A. lingualis → A. sublingualis
- **Venen.** V. sublingualis → V. lingualis → V. jugularis interna

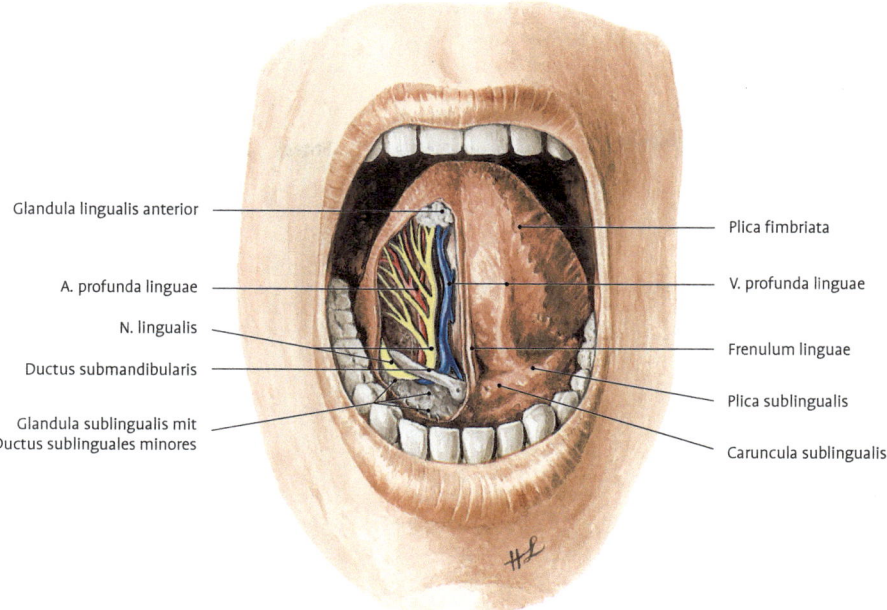

Glandula lingualis anterior

A. profunda linguae

N. lingualis

Ductus submandibularis

Glandula sublingualis mit
Ductus sublinguales minores

Plica fimbriata

V. profunda linguae

Frenulum linguae

Plica sublingualis

Caruncula sublingualis

Abb. 6.75 Regio sublingualis bei hochgeschlagener Zunge. An der rechten Seite wurde die Schleimhaut entfernt.

- **Regionale Lymphknoten**. Nodi submandibulares → Nodi profundi superiores → Truncus jugularis
- **Nerven. Parasympathisch (sekretorisch)**, Abb. 6.76: N. facialis (N. intermedius) → Chorda tympani → N. lingualis → Rr. ganglionares → Ganglion submandibulare – efferente Fasern zur Drüse
  Sympathisch: Ganglion cervicale superius → Plexus caroticus externus

6.14.1.3 Zähne, Dentes, und Zahnhalteapparat, Parodontium

Bei den meisten Säugetieren und beim Menschen führt die verschiedenartige Ernährungsweise zur Spezialisierung einzelner Zahngruppen des Gebisses, sodass sich die Zähne deutlich voneinander unterscheiden **(Heterodontie)**. Weiterhin ist das menschliche Gebiss **diphyodont,** d.h., die erste Garnitur, das Milchgebiss **(Dentes decidui)**, wird durch eine zweite Garnitur, das Dauergebiss **(Dentes permanentes)** ersetzt. Es findet nur ein Zahnwechsel statt. Unter den Zähnen des Dauergebisses unterscheidet

man solche, die an Stelle der herausgefallenen Milchzähne durchtreten (Ersatzzähne: Schneidebzw. Eckzähne und Prämolaren), und solche, die im Milchgebiss keine Vorläufer haben (Zuwachszähne: Molaren).

Embryologie

Das Material für die Zahnentwicklung entstammt dem **Mundbuchtektoderm** (Schmelz), **Kopfmesektoderm** (Dentin, Zahnzement, Zahnpulpa, dentogingivaler Faserapparat) sowie der **Neuralleiste** (Zahnpapille, Zahnsäckchen).

Epithel-, Zahnleiste, Zahnknospe

Epithel- und Zahnleiste. In der 5. Woche senkt sich dentogenes Epithel in Form einer **Epithelleiste** (Labio-Gingival-Leiste) in das Mesenchym der Ober- und Unterkieferanlagen ein (Abb. 6.77). An der lingualen Seite der Epithelleiste proliferiert in der 5. bis 6. Woche die **Zahnleiste** (Dentalleiste) als duchgehende, bandförmige Struktur, welche der Ausgangspunkt für die Zahnentwickung ist (Abb. 6.78 a).

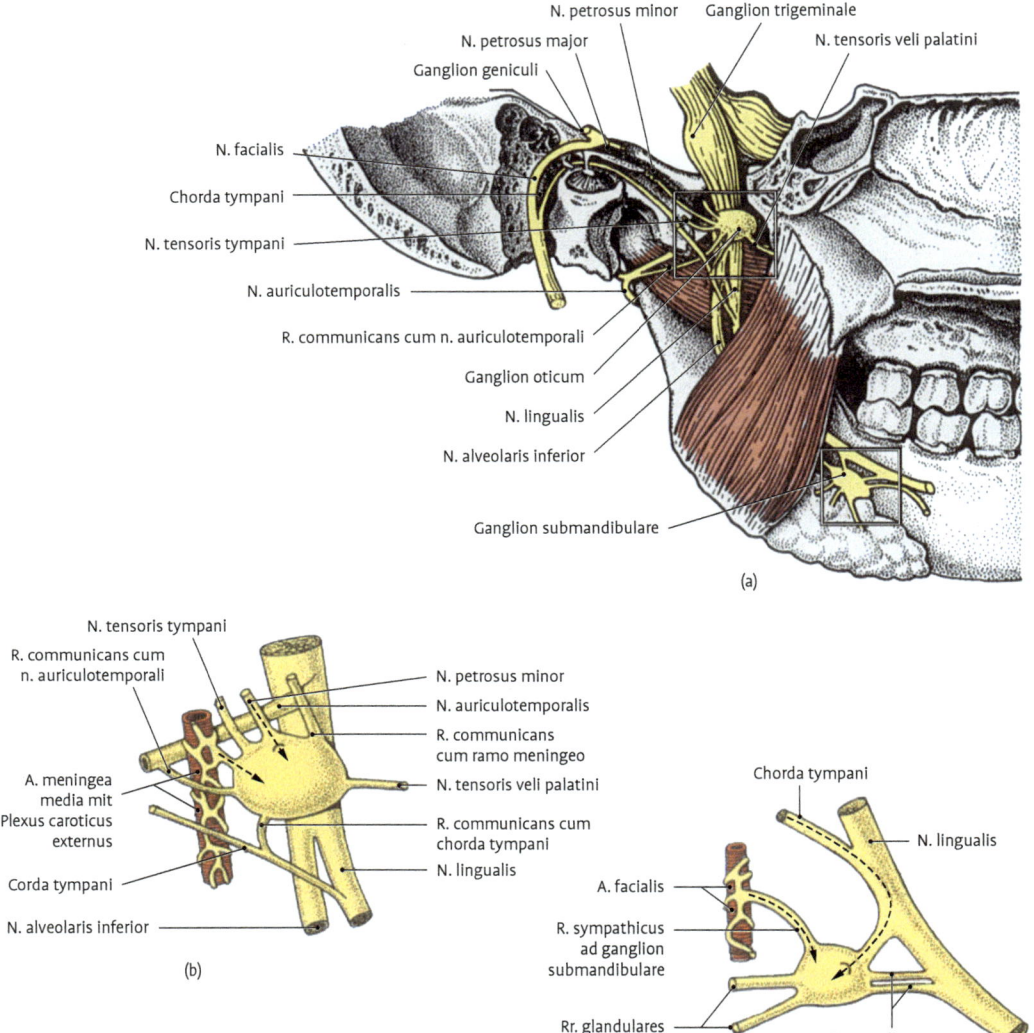

N. petrosus minor Ganglion trigeminale

N. petrosus major

Ganglion geniculi

N. tensoris veli palatini

N. facialis

Chorda tympani

N. tensoris tympani

N. auriculotemporalis

R. communicans cum n. auriculotemporali

Ganglion oticum

N. lingualis

N. alveolaris inferior

Ganglion submandibulare

(a)

N. tensoris tympani

R. communicans cum n. auriculotemporali

A. meningea media mit Plexus caroticus externus

Corda tympani

N. alveolaris inferior

(b)

N. petrosus minor

N. auriculotemporalis

R. communicans cum ramo meningeo

N. tensoris veli palatini

R. communicans cum chorda tympani

N. lingualis

Chorda tympani

N. lingualis

A. facialis

R. sympathicus ad ganglion submandibulare

Rr. glandulares

Rr. ganglinonares

(c)

Abb. 6.76 Überblick über die Innervation der großen Kopfspeicheldrüsen (nach G.-H. Schumacher). **a:** Topografie des Ganglion oticum und submandibulare. Die dunkel eingefassten Bereiche sind in b und c vergrößert schematisch dargestellt. **b:** Ganglion oticum. **c:** Ganglion submandibulare.

Zahnknospen. Am bukkalen Rand der Leiste entwickeln sich beiderseits im Ober- und Unterkieferbereich je 10 relativ kompakte, kolbenförmige Zahnknospen für die späteren Milchzähne (rundliche oder ovale Gestalt) (Abb. 6.78 b). Bevor die Zahnleiste aufgelöst wird, entsteht an einer nach lingual bzw. palatinal gerichteten Ausstülpung der Zahnleiste eine Ersatzzahnleiste. Aus dieser entwickeln sich etwa in der 10. Woche ebenfalls durch Zellproliferation Knospen, die Anlagen der permanenten Ersatzzähne (je 10 im Ober- und Unterkiefer). Diese Anlagen bleiben allerdings zunächst neben den fertigen Milchzähnen in einem mesodermalen Säckchen liegen (Abb. 6.78 c).

Zuwachszähne. Sie entstehen aus der nach hinten weiter wachsenden Zahnleiste (je 6 Anlagen) und haben keine Milchmolarenvorläufer.

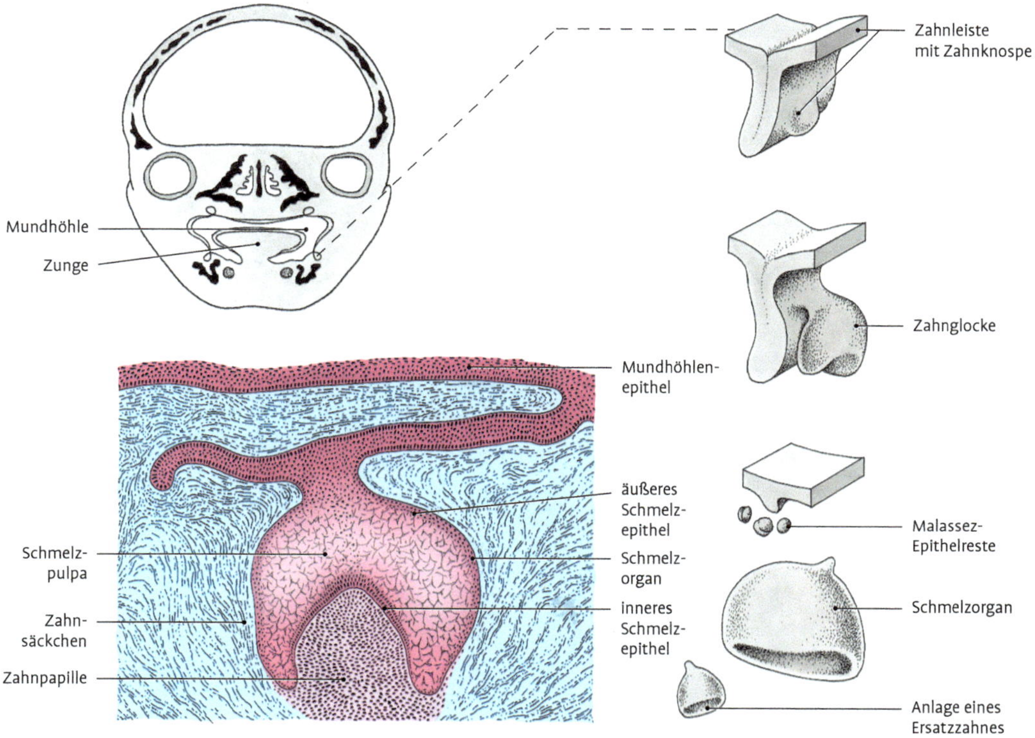

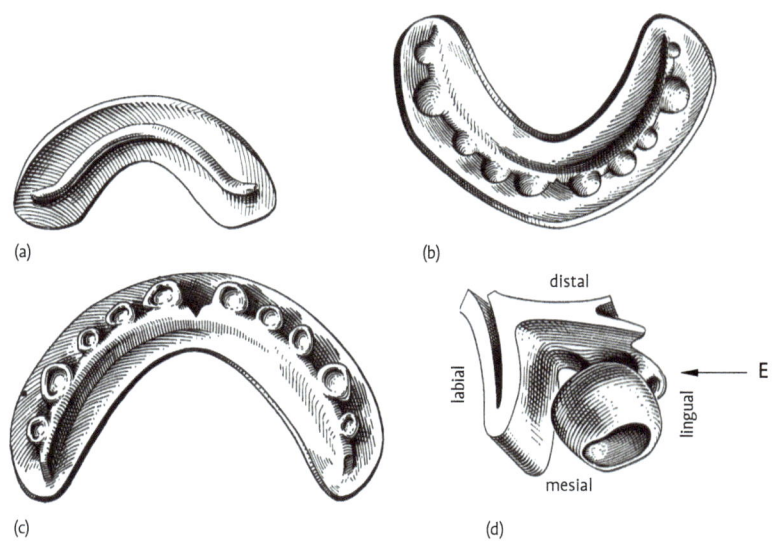

Abb. 6.77 Zahnentwicklung. Entwicklungsstufen zur Bildung des glockenförmigen Schmelzorgans.

Abb. 6.78 Zahnentwicklung (nach W. Meyer). **a:** Zahnleiste im Unterkiefer. **b:** Zahnleiste des Oberkiefers mit 10 Anlagen für die Milchzähne. **c:** Zahnleiste des Oberkiefers. Die Anlagen sind zu Glocken ausgewachsen und haben sich von der Zahnleiste abgesetzt.

d: Modelle vom Keim des unteren seitlichen Schneidezahnes eines Feten von 12,5 cm Länge (4. Monat). Die Ersatzzahnleiste (E) schiebt sich nach lingual. In der Vorhofsleiste (links) ist ein Spalt aufgetreten.

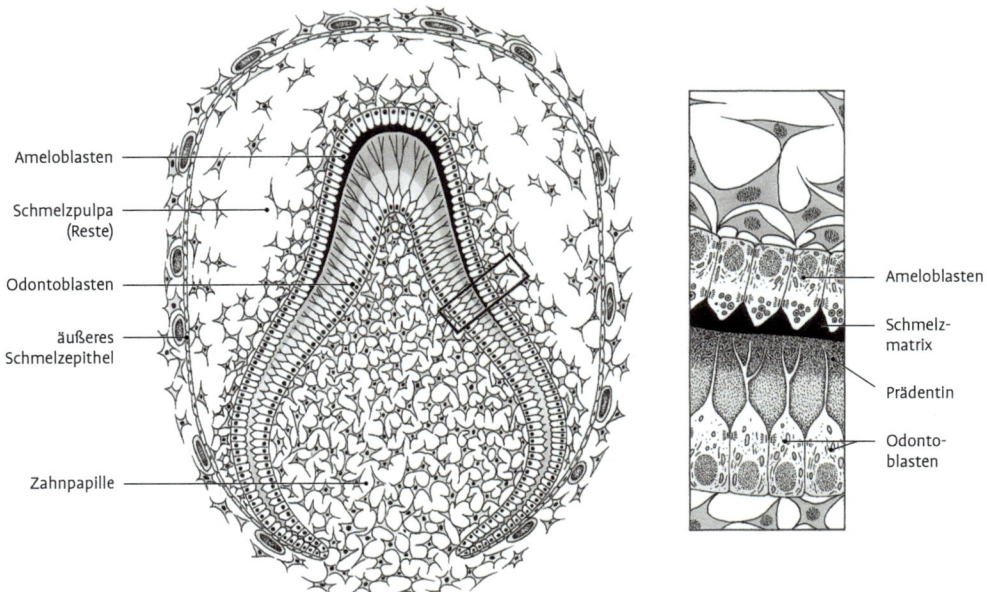

Ameloblasten

Schmelzpulpa
(Reste)

Odontoblasten

äußeres
Schmelzepithel

Zahnpapille

Ameloblasten

Schmelz-
matrix

Prädentin

Odonto-
blasten

Abb. 6.79 Zur Entstehung der Zahnhartgewebe.

Zahnbestandteile

Schmelz. Das die Zahnknospen umgebende Mesenchym verdichtet sich insbesondere unter der Basis und stülpt sich in diese hinein. Damit entsteht über ein **Kappenstadium** ein glockenförmiges Schmelzorgan, **Zahnglocke,** die nur noch eine dünne stielartige Verbindung mit der Zahnleiste hat (Abb. 6.78 d).

Zahnglocke. Sie besteht aus einem **äußeren** (abgeplattete Zellen) und **inneren** (prismatische Zellen) **Schmelzepithel.** Die beiden Epithelschichten schließen zwischen sich die **Schmelzpulpa** ein (Abb. 6.77).

Inneres Schmelzepithel. Die Zellen differenzieren zu **Ameloblasten** (früher Adamantoblasten = Schmelzbildner). Aus jedem Ameloblasten entsteht ein **Schmelzprisma,** welches an das darunterliegende Dentin angelagert wird (Abb. 6.79). Zuerst wird die organische Schmelzmatrix für die Prismen gebildet, danach erfolgt die Mineralisation durch Einlagerung von Apatit-Kristallen. Die **Schmelzbildung** erfolgt zunächst im Bereich der Höcker und Schneidekanten und breitet sich dann gegen den Zahnhals aus. Bei den mehrhöckerigen Seitenzähnen treffen die Mineralisationsprozesse aufeinander und bilden die Fissuren. Die **präerup-**

tive **Schmelzreifung** wird nach dem Zahndurchbruch durch die **posteruptive Schmelzreifung** mit Speichelmineralien vervollständigt.

Schmelzpulpa und äußeres Schmelzepithel. Diese dienen unter anderem der der Versorgung der Ameloblasten, wobei das äußere Schmelzepithel in sehr inniger Beziehungen zu Kapillaren des umgebenden Zahnsäckchens steht. Mit der Ausreifung der Zahnkrone wird die Schmelzpulpa fortlaufend reduziert und schließlich aufgebraucht.

Nach der **Schmelzbildung** bilden die **Ameloblasten** das primäre **Schmelzoberhäutchen** und gehen zugrunde. Eine weitere Schmelzbildung ist damit zeitlebens nicht mehr möglich.

Dentin. Das eingestülpte und von der Zahnglocke umgebene Mesenchym ist die **Zahnpapille** (Abb. 6.79). Das innere Schmelzepithel induziert an den oberflächlich gelegenen Zellen der Zahnpapille eine Differenzierung in **Odontoblasten,** Zahnbeinbildner. Die Dentinbildung setzt etwas früher als die Schmelzentwicklung ein (14. Woche, s. Tab. 6.9). Zuerst wird eine unverkalkte Grundsubstanz mit Fibrillen **(Prädentin)** an das innere Schmelzepithel angelagert, die fortlaufend mineralisiert wird. Dabei lässt jeder Odontoblast im Dentin einen (im Gegensatz zum Knochen!) radiär angeordneten Zellfortsatz (**Odontoblastenfortsatz,** Tomes-Faser) zurück, der sich verzweigt und Kontakt mit den benachbarten Odontoblastenfortsätzen aufnimmt. Im Gegensatz zu den Ameloblasten bleiben die Odontoblasten als äußere Zellschicht der Pulpa erhalten. Sie produzieren zeitlebens mit geringer Aktivität **Sekundärdentin** und sind in der Lage auf einen Reiz (Karies) ihre Aktivität zu erhöhen.

Pulpahöhle, Zahnpulpa. Die Pulpa geht aus den übrigen Bestandteilen der Zahnpapille hervor, deren Mesenchymzellen sich zu Fibroblasten weiterdifferenzieren. Weiterhin senken sich Arterien- und Nervenäste in das Papillengewebe ein. Letztere bilden Plexus. Mit der Dentinbildung wird die Pulpahöhle immer mehr eingeengt, sodass die topografische Gliederung der Pulpahöhle resultiert: **Kronenpulpa,** Cavitas coronalis, **Wurzelkanal** (bzw. Wurzelkanäle), Canalis radicis dentis.

Zahnwurzel, Zahnzement, Parodontium

Die **Zahnwurzelbildung** beginnt, wenn Schmelz und Dentin im Kronenbereich im Wesentlichen entwickelt sind. Sie vollzieht sich entlang der **epithelialen Wurzelscheide** (Hertwig-Scheide). Diese ist durch fehlende Schmelzpulpa im Bereich des späteren Zahnhalses gekennzeichnet. Äußeres und inneres Schmelzepithel liegen aneinander (Abb. 6.79). Diese Scheide hat auf das Bindegewebe der Zahnpapille **induzierende Wirkung,** sie regt die Bildung und Formierung von Odontoblasten an. Außerdem bestimmt sie die Form der Zahnwurzel.

Wurzeldentin. Diese wird durch die Odontoblasten produzieret, die dabei entstehende Pulpahöhle wird wurzelspitzenwärts immer mehr eingeengt, sodass letztlich nur noch ein oder mehrere kleine Kanälchen für den Ein- und Austritt von Gefäßen und Nerven vorhanden sind. Die Zahnwurzelbildung steht im engen Zusammenhang mit den Zahndurchbruchsbewegungen.

Zementoblasten. Die **epitheliale Wurzelscheide** geht zugrunde. Damit kommen die Mesenchymzellen des Zahnsäckchens in Kontakt mit dem Wurzeldentin → Bildung von **Zementoblasten** (den Osteoblasten ähnlich) wird induziert.

Präzement. In den Zementoblasten wird Präzement produziert; es wird schubweise mineralisiert, Zellfortsätze werden in das Zahnzement eingeschlossen.

Zementogenese. Sie beginnt am Zahnhals und schreitet apikal weiter. Es kann **zellfreies** und **zellhaltiges** Zement gebildet werden. Zellhaltiges Zement findet sich vor allem an mehrwurzeligen Zähnen. Die eingeschlossenen Zementozyten sind mit Osteozyten vergleichbar.

Parodontium. Das das Schmelzorgan umgebende **Mesenchym** verdichtet sich zum **Zahnsäckchen.** Im Bereich des Zahnhalses und der Zahnwurzel wird es zum Parodontium.

Zum Beginn der Entwicklung existieren **3 Schichten:**
1. Zell-, gefäßreiche Schicht → Zahnzement
2. Mittlere, lockere Schicht → Sharpey-Fasern → Desmodont → dentoalveolärer Faserapparat.
3. Äußere, dichtere fibrillenreiche Schicht → Alveolenwand.

Die **Sharpey-Fasern** werden in den **Alveolenknochen** und in das **Zement** eingebaut. Zunächst entsteht ein primitiver Halteapparat, der unter Kaubelastung umgeformt wird. Die Gingiva entsteht aus dem Ektoderm und dem Mesektoderm der Mundhöhle.

Tab. 6.9 Mineralisation und Durchbruch der bleibenden Zähne (mod. nach B. Schroeder 1987)

Zahn	Mineralisationsdauer (postnatal)		Durchbruchsalter	
	Unterkiefer	Oberkiefer	Unterkiefer	Oberkiefer
zentrale Inzisivi	3. Monat bis 5. Lebensjahr		6–7 Jahre	7 Jahre
laterale Inzisivi	11. Monat bis 6. Lebensjahr	3. Monat bis 6. Lebensjahr	7 Jahre	8 Jahre
Canini	4. Monat bis 5. Lebensjahr	4. Monat bis 6. Lebensjahr	9–10 Jahre	11–12 Jahre
1. Prämolar	18. Monat bis 7. Lebensjahr		10 Jahre	10 Jahre
2. Prämolar	24. Monat bis 7. Lebensjahr		11 Jahre	11 Jahre
1. Molar	Geburt bis 4. Lebensjahr		6 Jahre	6 Jahre
2. Molar	30. Monat bis 7. Lebensjahr		12 Jahre	12 Jahre
3. Molar	7. bis 13. Lebensjahr		16–30 Jahre	

Klinik: 1. Hypodontie ist die Unterzahl von Zahnanlagen, meist 3. bleibenden Molaren, laterale, obere Schneidezähne und 2. untere Prämolaren. **2. Hyperdontie** ist die Überzahl von Zahnanlagen, meist 4. bleibenden Molaren oder zentrale obere Schneidezähne (Mesiodens). **3.** Zwillingsbildungen, **Dentes geminati,** entstehen durch Spaltung einer Zahnanlage. **4.** Zahnanlagen können z. B. in den Gaumen oder die Kieferhöhle verlagert sein und ektopisch oder gar nicht durchbrechen **(Retention). 5.** Die Schmelzbildung bei mehrhöckerigen Zähnen bricht in den Fissuren ab. Die dabei entstehenden Unregelmäßigkeiten sind ein idealer Ausgangspunkt zur Kariesentstehung. **6.** Beim Verschmelzen von 2 oder mehreren Zahnanlagen, spricht man von **Dentes confusi:** Kronen oder Wurzeln sind vollständig oder partiell miteinander vereinigt. **7.** Durch Verwachsung der Zahnwurzel entstehen Mehrfachbildungen, **Dentes concreti. 8.** Zahnschmelzausläufer, -leisten, -inseln haben z. B. eine Bedeutung bei der Entstehung von **Parodontalerkrankungen. 9.** Zwischen den dentoalveolären Fasern können sich Reste der epithelialen Wurzelscheide in Form von epitheloiden Zellhaufen **(Malassez-Körperchen)** befinden. Aus ihnen sind **Zystenbildungen** möglich. **10.** Als Schmelzbildungsstörungen sind autosomal dominate oder rezesssive Formen der **Amelogenesis imperfecta** bekannt, die in mangelnder Schmelzreifung und/oder Hypomineralisation bestehen. **11.** Bei der **Dentinogenesis imperfecta** liegen ebenfalls mangelnde Ausreifung und/oder Hypomineralisation vor, die zu einem Abplatzen des darüber liegenden Schmelzes und einer raschen Abrasion der Zahnkrone führen.

Funktion und Aufbau des Gebisses

Funktion des Gebisses:
- Abbeißen und Zerkleinerung der Nahrung
- Sensor, zusammen mit dem Zahnhalteapparat beim Kauen
- Sprachformung, verloren gegangene Frontzähne reduzieren die Klarheit der Sprache

- in der phylogenetischen Entwicklung auch als Waffe und Werkzeug.

Aufbau des Gebisses
Gebissschema. Neben der Trennung in Ober- und Unterkieferbezahnung wird das Gebiss in je eine spiegelsymmetrische rechte und linke Kieferhälfte eingeteilt. Daraus ergibt sich ein Gebissschema mit 4 Quadranten, in denen sich z. B. im bleibenden Gebiss jeweils 8 Zähne befinden:
- 1, 2 – Dentes incisivi/Schneidezähne
- 3 – Dens caninus/Eckzahn
- 4, 5 – Dentes praemolares/Backenzähne bzw. Milchmahlzähne beim Milchgebiss
- 6, 7 – Dentes molares/Mahlzähne
- 8 – Dens serotinus/Weisheitszahn (serotinus – der zu spät Kommende; dieser Zahn ist vergleichbar mit der Weisheit – beide brechen oft spät und manchmal gar nicht durch)

Diese 8 Zähne finden sich in jedem der vier Quadranten von mesial nach distal angeordnet (siehe unten).

Eine Weiterentwicklung dieses Schemas wurde von der Fédération dentaire internationale (F. D. I.) empfohlen und hat sich weltweit durchgesetzt. Dabei wird vor die Nummer eines jeden Zahnes noch die Quadrantennummer gesetzt. Beim Milchgebiss werden die Quadranten mit den Ziffern 5, 6, 7 und 8 gekennzeichnet.

Dauergebiss:
18 17 16 15 14 13 12 11 21 22 23 24 25 26 27 28
48 47 46 45 44 43 42 41 31 32 33 34 35 36 37 38

Milchgebiss:
55 54 53 52 51   61 62 63 64 65
85 84 83 82 81   71 72 73 74 75

Gelesen und gesprochen wird jede einzelne Ziffer, z. B. Zahn 11 (sprich: eins-eins) = bleibender, mittlerer, oberer, rechter Schneidezahn; Zahn 85 (sprich: acht-fünf) = zweiter, rechter, unterer Milchmolar.

Zahnformel. Das Gebissschema kann wegen der bilateralen Symmetrie zur Zahnformel verkürzt werden, die eine schnelle Übersicht über die Anzahl und Art (Inzisivi, Canini, Prämolaren, Molaren) der Zähne geben soll. Für jede Art steht der

		1. Quadrant	2. Quadrant		
links	Oberkiefer	8 7 6 5 4 3 2 1	1 2 3 4 5 6 7 8	Oberkiefer	rechts
links	Unterkiefer	8 7 6 5 4 3 2 1	1 2 3 4 5 6 7 8	Unterkiefer	rechts
		4. Quadrant	3. Quadrant		

Anfangsbuchstabe ihres lateinischen Namens, beim Milchgebiss noch zusätzlich d (deciduus).

Zahnformel des **Milchgebisses:**

Id2   Cd1   Md2
Id2   Cd1   Md2

Zahnformel des **bleibenden Gebisses:**

I2   C1   P2   M3
I2   C1   P2   M3

Milchgebiss. Das Milchgebiss besteht, wie aus der Zahnformel ersichtlich, aus 20 Zähnen, also je 5 Milchzähnen in jedem Quadranten:

- 2 Dentes incisivi, Schneidezähne,
- 1 Dens caninus, Eckzahn
- 2 Dentes molares, Milchmolaren.

Durchbruch des Milchgebisses. Zwischen dem 6. Monat und 2 ½ Jahren brechen die Milchzähne durch (Tab. 6.9), Unterkieferzähne im Allgemeinen **vor** den entsprechenden Zähnen des Oberkiefers. Beim Zeitpunkt des Zahndurchbruches bestehen enorme indiviuelle Variationen (**„Frühzahner"**, **„Spätzahner"**). Am Ende dieser Zeit stehen die Kronen der Zähne in Okklusion, das Wachstum der Zahnwurzeln ist aber erst nach 2–3 Jahren abgeschlossen.

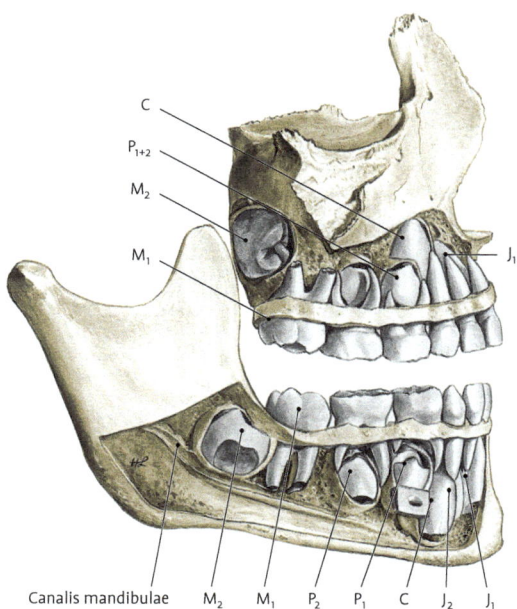

C
P_{1+2}
M_2
M_1
J_1

Canalis mandibulae   M_2   M_1   P_2   P_1   C   J_2   J_1

Abb. 6.80 Gebiss eines 6-jährigen Kindes von rechts. Milchgebiss und 1. oberer und unterer Molar sind vollständig durchgebrochen. Die übrigen bleibenden Zähne sind im Kiefer freigelegt.

Dauergebiss. Das Dauergebiss besteht aus 32 Zähnen. Die bleibenden Zähne gleichen in der Form den Milchzähnen. Lediglich die Prämolaren, welche die Milchmolaren ersetzten, haben keine Entsprechung im Milchgebiss (s. a. Abb. 6.80).

Makroskopischer Aufbau des Zahnes

An jedem Zahn kann unterschieden werden (Abb. 6.81) 1. Zahnkrone, Corona dentis, 2. Zahnhals, Collum dentis, 3. Zahnwurzel, Radix dentis mit 4. Wurzelspitze, Apex dentis, 5. Zahnhöhle, Cavitas dentis, mit 6. Zahnpulpa, Pulpa dentis.

Jeder Zahn besteht aus den **Hartsubstanzen:**

1. Schmelz, Zahnschmelz, Substantia adamantina, Enamelum
2. Zahnbein, Substantia eburnea, Dentinum, Dentin
3. Zement, Cementum.

Anordnung. Bei jungen Menschen ragt nur die mit dem Schmelz überzogene Krone in die Mundhöhle. Die Wurzel steckt in einer Vertiefung des Ober- oder Unterkieferknochens, der Zahnalveole (**Alveolus dentalis**) und wird vom Zement umgeben. Am schmalen Zahnhals stoßen Schmelz und Zement zusammen. Mit zunehmendem Alter, insbesondere bei chronischen Entzündungen, kommt es zum Zahnfleischrückgang, sodass erst der Zahnhals mit der Schmelz-Zement-Grenze und anschließend Wurzelanteile freiliegen.

Dentin befindet sich sowohl unter dem Schmelz als auch unter dem Zement und es umschließt die Pulpahöhle. Diese setzt sich in den Wurzelkanal (**Canalis radicis dentis**) fort und endet in der Wurzelspitze mit einer Öffnung (**Foramen apicale**) für die **arterielle und venöse Versorgung** (s. Desmodont, Gefäße, Lymphgefäße, Nerven) sowie die **Innervation**. Die Innervation der Oberkieferzähne erfolgt über die Rami alveolares superiores posteriores bzw. anteriores des N. maxillaris, die der Unterkieferzähne über den N. alveolaris inferior/N. trigeminus. In der Pulpahöhle sind Gefäße und Nerven in lockeres Bindegewebe eingebettet und bilden Plexus.

Mikroskopischer Aufbau des Zahnes

Schmelz, Enamelum, Substantia adamantina

Schmelz ist die härteste Substanz des Körpers. Er ist gänzlich frei von Zellen und Zellausläufern und

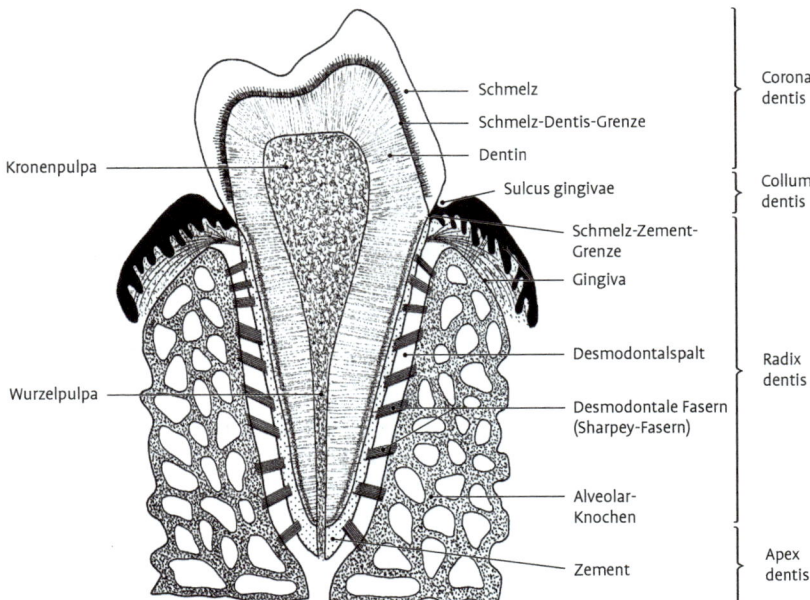

Kronenpulpa

Wurzelpulpa

Schmelz

Schmelz-Dentis-Grenze

Dentin

Sulcus gingivae

Schmelz-Zement-Grenze

Gingiva

Desmodontalspalt

Desmodontale Fasern (Sharpey-Fasern)

Alveolar-Knochen

Zement

Corona dentis

Collum dentis

Radix dentis

Apex dentis

Abb. 6.81 Zahn im Längsschnitt mit den Zahnhartgeweben Schmelz, Dentin und Zement sowie die Pulpa und die Bindegewebefasern des Desmodonts.

weist damit auch keinen Stoffwechsel auf. Schmelz besteht zu 97 % aus Hydroxylaatit, einem Kalzium-Phosphor-Mineral mit Spuren von Natrium, Kalium, Magnesium, Chlor und Fluor. An den Inizisalkanten und Höckern ist der Schmelzmantel am stärksten und er nimmt zum Zahnhals hin ab. Unter pH 5,5, was durch bakterielle Säuren (Plaque) oder Fruchtsäuren erreicht wird, geht Zahnschmelz in Lösung und demineralisiert (Karies bzw. Erosion). Initiale Läsionen können aber auch remineralisiert werden.

Histologisch lassen sich unterscheiden:
- Schmelzprismen
- interprismatische Substanz
- spezifische Strukturen.

1. **Schmelzprismen** (Abb. 6.82), ca. 5 µm im Querschnitt, durchziehen nahezu die Breite der Schmelzschicht von der Schmelz-Dentin-Grenze bis zur Schmelzoberfläche. Sie stehen radiär zueinander und verlaufen büschelweise in Schraubentouren. So wechseln im Schliff längs getroffene Prismen (dunkle = **Parazonien**) und quer getroffene Prismen (helle = **Diazonien**). Schmelzprismen sind vielkantig, im Querschnitt haben sie Arkadenform. Es gibt den **Schlüssellochtyp** und den **Pferdehuftyp**. Ihr

Durchmesser ist von der inneren zur äußeren Schmelzoberfläche annähernd konstant.

2. **Interprismatische Substanz** ist eine **mineralisierte Substanz,** welche die Prismen verbindet.
3. **Apatitkristalle,** die die Form **hexagonaler Stäbe** haben, sind mit ihren Längsachsen nahezu parallel zum Prismenverlauf angeordnet. Durch

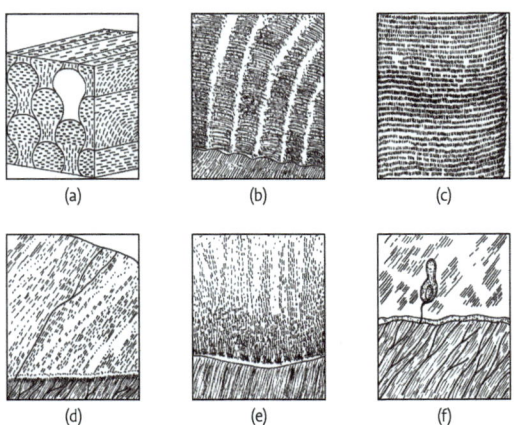

(a)   (b)   (c)

(d)   (e)   (f)

Abb. 6.82 Strukturen des Schmelzes. **a:** Schmelzprismen. **b:** Schreger-Hunter-Streifung. **c:** Retzius-Linien. **d:** Schmelzlamellen. **e:** Schmelzbüschel. **f:** Schmelzkolben bzw. -spindeln (verändert nach G.-H. Schumacher).

Übergreifen von Kristallen in benachbarte Schmelzprismen kommt es zur Verzahnung der Prismen untereinander.

4. **Schreger-Hunter-Streifung** im Längsschliff ist eine Hell-Dunkel-Streifung, welche auf **Interferenz** beruht und durch die Kreuzung und Krümmung von benachbarten Prismengruppen, z. B. durch mehrfach bogenförmig ausgelenkte Prismen, verursacht wird (Abb. 6.82).

5. **Retzius-Linien** sind im Querschliff auftretende, bräunliche Streifen, die parallel zur Schmelz-Dentin-Grenze verlaufen (Abb. 6.82). Sie entstehen durch rhythmische, wachstumsbedingte Kalkablagerungen mit unterschiedlicher Mineralisation. Bei Zähnen, die um den Zeitpunkt der Geburt mineralisieren, kann zusätzlich die **Neonatallinie** als Wachstumsunregelmäßigkeit festgestellt werden. Plötzliche Änderungen in der Verlaufsrichtung der Schmelzprismen unterstützen diesen optischen Effekt.

Schmelzlamellen stellen radiär durch die gesamte Schmelzschicht verlaufende Sprünge oder durchgehende büschelartige Gebilde (Abb. 6.82) dar. Sie folgen nicht dem Verlauf der Schmelzprismen und sind **schwächer mineralisiert.**

Schmelzbüschel sind **hypomineralisierte,** faser- und blattartige Strukturen (Abb. 6.82). Sie verlaufen von der an der Schmelz-Dentin-Grenze eine kurze Strecke in den Schmelz.

Schmelzkolben bzw. **-spindeln** sind Dentinkanälchen, welche mit kolbenförmigen Erweiterungen in den Schmelz hineinreichen (Abb. 6.82). Sie können Odontoblastenfortsätze enthalten.

Schmelzoberhäutchen (SOH), Cuticula dentis, kein prismatischer Bau. Man unterscheidet in Abhängigkeit vom Alter primäres, sekundäres und tertiäres SOH.

1. Primäres SOH (Nasmyth-Membran) entsteht präeruptiv als kutikuläre Ausscheidung der Ameloblasten in der letzten Phase der Schmelzbildung.

2. Sekundäres SOH entsteht während des Zahndurchbruchs als Kutikularbildung der Epithelzellen.

3. Tertiäres SOH **(Pellicel)** wird posteruptiv durch Adsorption von Speichelbestandteilen gebildet.

Zahnbein, Substantia eburnea, Dentin

Dentin bildet den Hauptanteil des Zahnes und umgibt die Pulpahöhle sowie den Wurzelkanal. Demnach unterscheidet man:

- Kronendentin
- Wurzeldentin.

Folgende Besonderheiten finden wir:

1. Dentin ähnelt dem Knochen. Da es reichlicher mit **Hydroxylapatitkristallen** mineralisiert ist (**Mineralanteil:** 45 Volumen- bzw. 70 Gewichtsprozent), wird es härter als Knochen.

2. Dentin enthält **kollagene Fasern,** welche spiralartig um die Dentinkanälchen angeordnet sind, aber auch Netze bilden (**organischer Anteil:** 30 Volumen- bzw. 25 Gewichtsprozent). Diese sind die Grundlage für die Elastizität des Dentins.

3. Dentin besteht zu 25 Volumen- bzw. 5 Gewichtsprozent aus **Wasser,** das sich mehrheitlich in den Dentinkanälchen befindet.

4. Die Perikaryen der Odontoblasten liegen dem Dentin pulpaseitig auf, während ihre Zellfortsätze (Tomes-Fasern) bis ins Dentin reichen.

Dentinkanälchen (Dentintubuli). Verleihen dem Dentin radiäre Streifung. Sie enthalten **Odontoblastenfortsätze** (= Tomes-Fasern, Durchmesser ca. 1–3 µm). Die Kanälchen reichen bis zur Schmelz-Dentin-Grenze (einige treten in den Schmelz ein = sogenannte Schmelzkolben) und bis zur Dentin-Zement-Grenze. Sie haben eine ausgeprägte Verästelung und stehen miteinander in Verbindung. Sie haben stoffleitende Funktion und enthalten auch marklose Nervenfasern.

Manteldentin. Die Mineralisation des Dentins durch die Odontoblasten beginnt an der Schmelz- bzw. Zement-Dentingrenze und hinterlässt dort durch starke Aufzweigungen der Dentinkanälchen das **schwächer mineralisierte** Manteldentin, eine ca. 0,5 mm breite Zone.

Zirkumpulpales Dentin entsteht nach dem Manteldentin und stellt die Hauptmasse des Dentins dar. Durch rhythmische Sekretion und Mineralisation entstehen Linienmuster (**von-Ebner-Linien**). Besonders akzentuierte Linien werden als **Owen-Konturlinien** bezeichnet, wobei eine prägnante **Neonatallinie** vorhanden sein kann.

Prädentin ist die innerste, pulpennahe Dentinschicht, die noch nicht mineralisiert ist.

Peritubuläres Dentin grenzt unmittelbar an das Dentinkanälchen an. Es weist einen **hohen Mineralisationsgrad** auf und enthält keine kollagenen Fibrillen.

Intertubuläres Dentin liegt zwischen den Dentinkanälchen und hat einen höheren Anteil an kollagenen Fasern.

Sekundärdentinbildung. Aufgrund ihrer lebenslangen Aktivität
- ziehen sich die Odontoblastenfortsätze nach pulpal zurück
- reift kontinuierlich neues Prädentin
- wächst das zirkumpulpale Dentin
- sezernieren die Odontoblasten kontinuierlich peritubuläres Dentin
- verkleinert sich der koronale Querschnitt der Dentinkanälchen
- reduziert sich die Sensibilität des Dentins
- reduziert sich die Pulpahöhle.

Globulardentin. Zuerst mineralisieren vereinzelt kugelförmige Dentinbereiche (**Globuli**), die sich später verbinden (**Interglobulardentin,** rhombenförmig, gezackt) und ein ungleichmäßiges Mineralisationmuster zurücklassen. Das Interglobulardentin bildet nahe der Zement-Dentin-Grenze an der Wurzel die **Tomes-Körnerschicht,** dagegen kommen im Kronenbereich nur vereinzelt große Bereiche von Interglobulardentin vor. Bei der Präparatherstellung kann es bei der Entkalkung des weniger minineralisierten Interglobulardentins zur Hohlraumbildung kommen, die im Mikroskop als **Interglobularräume** erscheinen.

Zement, Cementum, Substantia ossea

Anatomisch gehört Zement zum Zahn, funktionell zum Zahnhalteapparat. Zement ist mit dem Wurzeldentin fest verbunden. Nach apikal hin nimmt es an Dicke zu (Abb. 6.83). An der Wurzelspitze und an den Wurzelaufteilungsstellen finden sich die stärksten Zementschichten.

Funktion. Verankerung der Ligg. periodontalia.

Bau. Zement besteht aus:
1. Zellen, Zementozyten
2. mineralisierter Grundsubstanz
3. kollagenen Fasern.

Zementozyten gleichen den Osteozyten. Sie liegen in **Höhlen** der Grundsubstanz und besitzen lange, verzweigte **Fortsätze** für den Kontakt zu benachbarten Zellen (Abb. 6.83).

Grundsubstanz. Sie ähnelt in ihrer Zusammensetzung der des Knochens. Kollagene Fasern bilden 2 Systeme:
- **Von-Ebner-Fibrillen,** intrinisic fibers: feine Fasern, welche spiralförmig um die Zahnwurzel verlaufen.

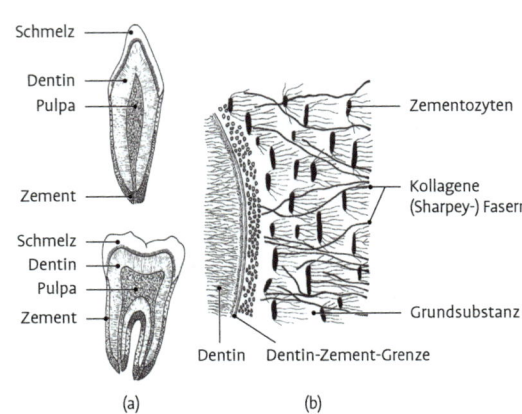

Abb. 6.83 Struktur des Zahnzements. **a:** Verteilung des Zements. Die zunehmende Dichte der Punktierungen markiert die Zementdickenzunahme. **b:** Bau des Zements. Die Zementozyten mit Fortsätzen und kollagenen Fasern beherrschen das Bild. Die Grundsubstanz wurde farblos belassen (verändert nach G.-H. Schumacher).

- **Sharpey-Fasern:** extrinsic fibers, radiär einstrahlende Parodontalfasern, welche vor allem im äußeren und mittleren Bereich zu finden sind.

Zementarten. Die Einteilung erfolgt nach dem Vorkommen von Zementozyten und Fasern:
- **Azelluläres, afibrilläres Zement** besteht lediglich aus Grundsubstanz. Vorkommen als Zementinseln im Schmelz.
- **Azelluläres, äußeres Faserzement** besitzt lediglich Bündel radiär verlaufender Sharpey-Fasern, keine Zellen! Vorkommen: zervikales Drittel der Zahnwurzel.
- **Zelluläres, gemischtes lamelläres Zement** hat Zementozyten und Sharpey-Fasern sowie kollagene Fasern. Vorkommen: apikales Wurzeldrittel (im Bereich der Bi-, Trifurkationen).
- **Zelluläres inneres Faserzement** besitzt Zementozyten und kollagene Fasern, aber keine Sharpey-Fasern. Vorkommen: in Resorptionslakunen.

Pulpa

Die Zahnpulpa befindet sich in der Cavitas dentis (Abb. 6.84). Dabei liegt die Kronenpulpa im Kronenteil, Cavitas coronalis, und die Wurzelpulpa im Wurzelkanal, Canalis radicis dentis. Im Bereich der Höckerspitzen befinden sich bei jugendlichen Zähnen Pulpahörner, die sich langsam durch Sekundärdentinbildung zurückbilden. Gerade im Wurzelbereich bestehen individuelle Variationen, wobei in einer Wurzel mehrere Kanäle vorkom-

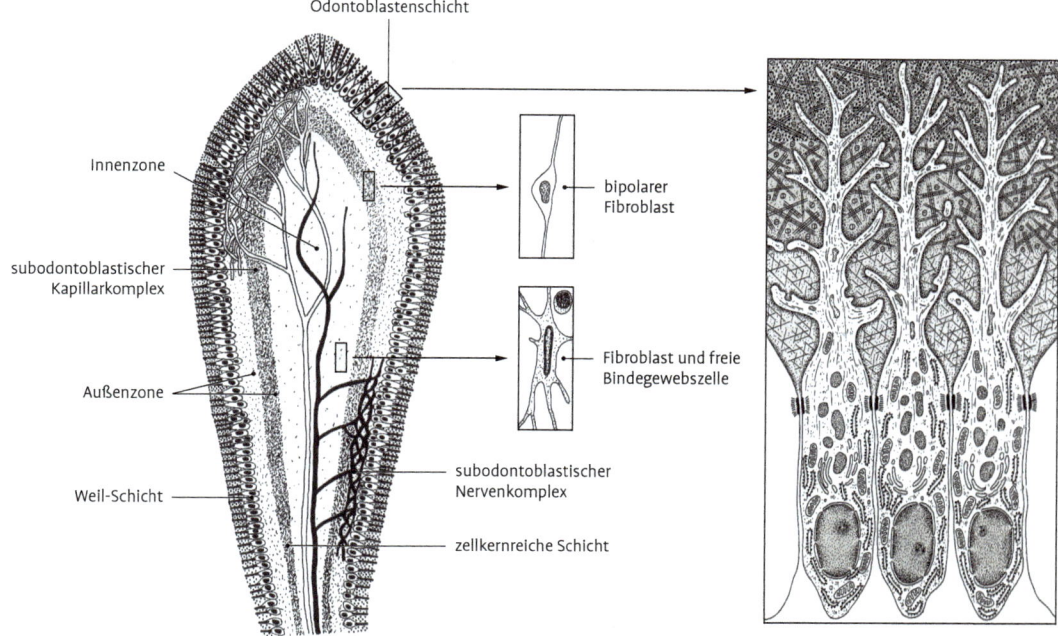

Abb. 6.84 Aufbau und Topografie der Zahnpulpa (verändert nach G.-H. Schumacher).

men können. Seitenkanäle bestehen im gesamten Wurzelbereich. Das Foramen apicale weist häufig viele Aufzweigungen (Ramifikationen) auf, die ein apikales Delta bilden.

Funktion:
• Dentinbildung durch die Odontoblasten
• Ernährung, Innervation des Zahnes
• Abwehr von Erregern oder körperfremden Stoffen.

Aufbau:
Das Pulpagewebe steht dem gallertigen Bindungsgewebe mit:
1. Grundsubstanz
2. Fasern
3. Zellen.

Grundsubstanz. Sie dient als ist Umschlagplatz im Stoffwechsel zwischen Zellen und Gefäßen. Es kommen vor allem kollagene und retikuläre Fasern vor. Retikuläre Fasern nehmen in der Gebrauchsperiode ab. Elastische Fasern finden sich nur in den Gefäßwänden.

Zellen. In der Pulpa befinden sich:
1. Pulpozyten

2. freie Zellen: Lymphozyten, Histiozyten, Monozyten, Plasmazellen, Granulozyten
3. Odontoblasten.
Pulpozyten treten als Fibroblasten (aktive Form) oder als Fibrozyten (inaktive Form) auf. Die aktiven Zellen sind pluripotent, neben der Abwehr können sie z. B. auch zu Odontoblasten differenzieren.

Odontoblasten sind hochdifferenzierte, stoffwechselaktive Zellen, die zeitlebens die äußere Schicht der Pulpa darstellen und neues Prädentin bilden, das anschließend mineralisiert. Die Odontoblasten schicken bis zu 5 mm lange Fortsätze bis in den peripheren Dentinmantel. Es wird angenommen, dass Odontoblasten direkt oder indirekt über die Bewegung der in den Dentinkanälchen liegenden Flüssigkeitssäule mechanische, thermische, chemische oder elektrische Reize übertragen. **Topografisch** gliedert sich die Pulpa in 2 Zonen:
1. Die **Innenzone** enthält vor allem die Arterien, Venen und Nerven (markhaltige, sensible und marklose, vasomotorische), die über das Foramen apicale und z. T. Seitenkanäle austreten, jedoch keine Lymphgefäße.

2. Die **Außenzone** besteht von außen nach innen aus 3 Schichten: **1.** Odontoblastenschicht, **2.** zellkernarme Subodontoblasten- oder Weil-Schicht mit dem Gefäß- **(Plexus pulpocapillaris)** und Nervengeflecht **(Raschkow-Plexus)**, **3.** zellkernreiche Schicht mit vielen Fibroblasten.

Altersveränderungen der Pulpa äußern sich in einer Verkleinerung und Verminderung der Pulpozyten, vakuolärer Degeneration der Odontoblasten, Zunahme kollagener Fasern sowie in hyalinen, kalkigen und amyloiden Veränderungen der Grundsubstanz. Aufgrund der Sekundärdentinbildung verkleinert sich das Pulpalumen im Altersgang.

Zahnhalteapparat, Parodontium

Zum Zahnhalteapparat gehören alle Strukturen, welche der Verbindung des Zahnes mit dem Kieferknochen dienen: Zahnfleisch, Gingiva, Wurzelhaut, Ligamentum periodontale, Desmodont, Zahnzement, Cementum, Alveolarknochen, Os alveolare.

Diese Strukturen bilden eine **genetische, strukturelle, biologische** und **funktionelle Einheit.**

Funktion:
* mechanische Funktion durch Verbindung von Zahn und Kiefer
* formative Funktion durch ständigen Umbau des parodontalen Gewebes
* Abwehr-, Schutzfunktion aufgrund des Vorkommens immunkompetenter Zellen für die spezifische Abwehr
* nutritive Funktion aufgrund der guten Vaskularisation
* sensorische Funktion durch eine ausgeprägte Innervation als afferenter Bestandteil des Regelkreises des Kaumechanismus.

Zahnfleisch, Gingiva

Strukturen. Die Gingiva bildet den **koronalen Abschluss** des Parodontiums und sichert damit die Kontinuität der epithelialen Mundoberflächenauskleidung.

Bau. Es lassen sich unterscheiden: 1. orales Epithel, 2. Saumepithel, Verbindungsepithel, 3. subepitheliales Bindegewebe, 4. supraalveolärer Faserapparat.

Orales Epithel. Mehrschichtiges **unverhorntes Plattenepithel,** welches an bestimmten Stellen **Pa-**

rakeratose aufweist. Zur eigentlichen Mundhöhle und zum -vorhof hinzeigend, ist es über zahlreiche lange, unregelmäßige Papillen mit dem Bindegewebe verzahnt. An der marginalen Gingiva geht das orale Epithel in das Saumepithel über.

Saumepithel. Das niedrige kubische Verbindungsepithel umschließt ringförmig den Zahnhals und ist ca. 2 mm hoch. Apikal finden sich wenige Zelllagen, in Sulkusnähe (Sulkusboden) etwa 15–30. Es besteht aus 2 Schichten:
* mitotisch aktiven **Stratum basale**
* aus Tochterzellen bestehenden **Stratum suprabasale**

Es keratinisiert nicht und bleibt undifferenziert. Das gesunde Saumepithel ist mit dem angrenzenden Bindegewebe **nicht** verzahnt. Die Regenerationsrate ist mit 4–6 Tagen außerordentlich hoch.

Subepitheliales Bindegewebe. Es besteht hauptsächlich aus einem Netz von kollagenen Fasern, in das zahlreiche Fibrozyten und freie Zellen eingestreut sind. Die proteoglykanreiche Grundsubstanz verschafft der Gingiva eine elastische Struktur.
* **keine** Drüsen
* Gefäße: arkadenförmiger subepithelialer Kapillarplexus
* Nerven: **subepitheliales Geflecht** aus markhaltigen und marklosen Fasern
* Endkörperchen sind: Merkel-Tastscheiben, **Meissner-Tastkörper, Krause-Endkörper**
Submucosa gibt es nicht.

Supraalveolärer Faserapparat. Der Faserapparat wird von kollagenen Bündeln gebildet. Er stellt die Gesamtheit der Fasern dar, die in die intraalveoläre Wurzeloberfläche inserieren, die Zähne umgeben und das gingivale Gewebe mit dem Zahnhals und dem Alveolarkamm verbinden.

Die wichtigsten **Faserbündel** verlaufen wie folgt (Abb. 6.79):
* vom extraalveolären Zement fächerförmig in die Gingiva
* umkreisen den Zahn und zweigen sich in apikaler und okklusaler Richtung auf
* verbinden vestibuläre und linguale Interdentalpapillen. Ziehen vom Periost des Alveolarknochens in die Gingiva
* verbinden alle Zähne durch Achterligaturen untereinander

Funktion. Die Fasern tragen zu einer **Stabilisierung** des gesamten Parodontiums bei, sorgen für opti-

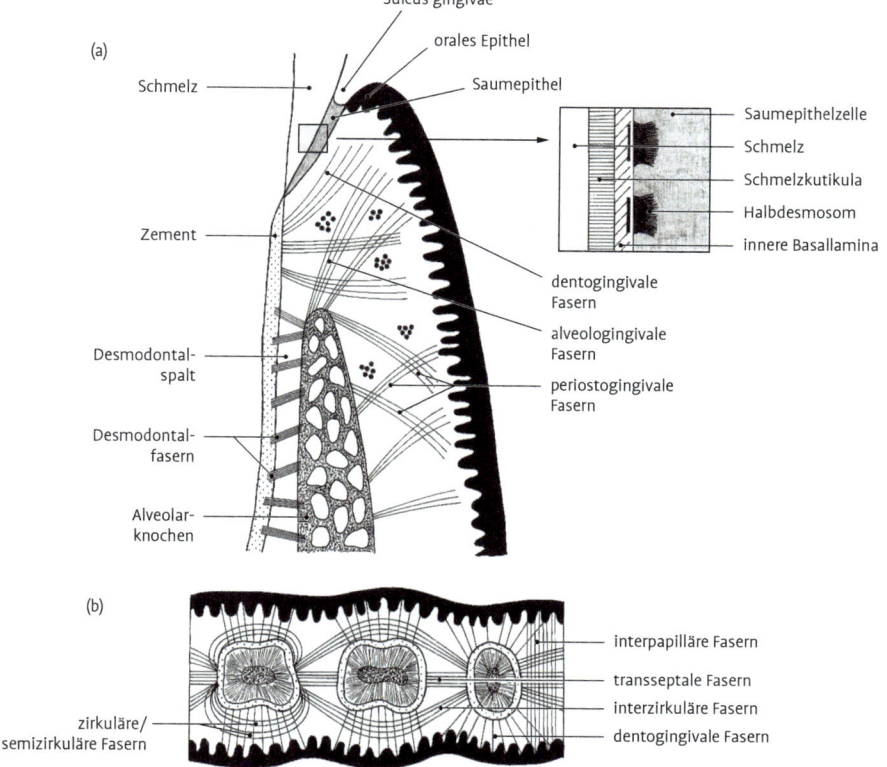

Abb. 6.85 Dentogingivaler Verschluss. **a:** Längsschnitt. **b:** Horizontalschnitt. Inset: Epitheliale Haftstruktur in Form von Halbdesmosomen.

malen **Halt** der Gingiva an Zement und Alveolarknochen und für die **Straffung** der Gingiva sowie für den Halt der dem Zahn anliegenden Zahnfleischmanschetten. Dentogingivale Verbindung erfolgt durch:

- Verhaftung des Saumepithels mit Schmelz und Zement (epitheliale Haftstruktur)
- Ansatz kollagener Faserbündel am Zement (s. o.)

Epithelansatz. Er wird durch das **Saumepithel** besorgt und besteht aus einer **Lamina basalis** und **Hemidesmosomen** (Abb. 6.85). Diese epitheliale Haftung kann am Schmelz, Dentin oder Zement gleichermaßen erfolgen. Zwischen Basallamina und Zahnoberfläche befindet sich häufig eine Cuticula dentis, die ein Produkt des Saumepithels sein kann. Die der Zahnoberfläche anhaftenden **Zellen** wandern koronalwärts; damit lösen sich die Zellhaftungen ständig und müssen immer wieder neu etabliert werden.

Sulcus gingivae. Er ist eine schmale bis ca. 0,3–0,5 mm tiefe und 0,15 mm breite Furche, die einerseits durch die Zahnsubstanz, andererseits durch das orale Sulkusepithel begrenzt wird. Der Boden wird durch die koronalsten Zellen des Saumepithels gebildet. Überalterte Zellen werden in den Sulcus abgestoßen.

Wurzelhaut, Desmodont

Diese bindegewebigen Strukturen nehmen den Raum zwischen der Wurzeloberfläche und dem Alveolarknochen ein. Sie bestehen aus Bindegewebsfasern, Zellen, Gefäßen, Lymphgefäßen und Nerven.

Bindegewebefasern. Die **kollagenen** und **elastischen** Fasern bilden ein System, durch das der Zahn federnd in der Alveole syndesmotisch befestigt ist (→ **Gomphosis**). Zahlreiche Fasern bilden

Bündel (= **Sharpey-Fasern**), welche einen charakteristischen radiären und tangentialen Verlauf haben (Abb. 6.81) und untereinander verflochten sind. Sie inserieren einerseits im Alveolarknochen und andererseits im Wurzelzement. Die meisten Fasern verlaufen zahnwärts schräg absteigend in Wurzelrichtung (→ federndes Auffangen des Kaudruckes). Am Zahnhals und zur Wurzelspitze hin haben die Fasern zahnwärts aufsteigenden Verlauf (Halten des Zahnes in der Alveole).

Fibrozyten, freie Zellen. Fibroblasten können ständig neue Kollagenfibrillen bilden und sich zu Zementoblasten und Osteoblasten umwandeln. Somit kann sich das Parodontium ständig erneuern.

Gefäße, Lymphgefäße, Nerven. Sie verlaufen in **Aussparungen** zwischen den Kollagenfaserbündeln, die lockeres Bindegewebe enthalten. Es gibt drei Versorgungswege: 1. desmodontal, 2. alveolär, 3. supraperiostal/mukogingival. Damit werden die Gefäße bei Belastung des Zahnes nicht gedrosselt. Okklusale Belastungen werden demnach nicht nur durch den Faserapparat aufgefangen, sondern auch durch die Gewebsflüssigkeit (= hydraulische Druckverteilung).

Die wichtigsten zuführenden Gefäße für den Alveolarfortsatz und das Parodontium sind für den Oberkiefer die **Aa. alveolares anteriores** und **posteriores** und die **Aa. palatinae,** für den Unterkiefer die **Aa. alveolares inferiores, Aa. sublinguales, Aa. mentales** und **Aa. faciales.**

Die Nervenfasern sind markscheidenarm oder marklos.

> Lymphgefäße und Nerven folgen weitgehend den Blutbahnen. Als Rezeptorene findet man freie Nervenendigungen, Endigungen, welche den Ruffini-Körperchen gleichen, eingekapselte Körperchen.

Zement, Cementum

Silveolarknochen, Os alveolare

Das Os alveolare besteht aus Alveolarknochen, -wand, Spongiosa, Kompakta.

Alveolarknochen. Er bildet die Alveolarwand, eine Knochenkompakta, die von Volkmann-Kanälen durchsetzt wird (→ Lamina cribrosa, die besonders am Alveolengrund gut ausgebildet ist).

Spongiosa. Sie schließt sich an und enthält Räume mit zumeist Fettmark, Ausnahmen bilden der Unterkieferwinkel und der Tuber maxillae, dort findet man rotes Knochenmark. Die **Spongiosabälkchen** sind entsprechend den Druck-, Biege- und Zugbeanspruchungen der Kiefer ausgerichtet. In der Funktionsperiode unterliegen sie einem fortwährenden Umbau.

Äußere Kompakta. Sie bedeckt die Alveolarfortsätze. Am Eingang der Alveole geht diese in die Alveolarwand über.

> **Klinik: 1.** Übermäßiges Zähneputzen entfernt das dünne zervikale Zement bzw. Schmelz, sodass Dentin mit seinen Dentinkanälen freiliegt. Dadurch können Reize (Kälte, Säure) besser weitergeleitet werden (**überempfindliche Zahnhälse**). **2.** Alle zahnärztlich-restaurativen Maßnahmen beeinträchtigen die Pulpa; so werden bei der Präparation für Kronen oder Füllungen Dentinkanäle freigelegt, in die bei der Maßnahme verwendete Säuren oder Monomere eindringen können. **3.** Karies breitet sich vorzugsweise in dem schlechter mineralisierten Manteldentin aus, sobald die Schmelz-Dentin-Grenze erreicht ist. **4.** Entzündungen, die in anderen Geweben zu einer unkomplizierten Schwellung führen, verursachen in der Pulpa aufgrund des starren Mineralmantels eine Erhöhung des intrapulpalen Druckes, Stoffwechseleinschränkungen und oft Pulpanekrose. **5.** Bei Entzündungen, Nekrosen und Pusbildung in der Pulpa besteht meist kein koronaler Abfluss, sodass es über den Apex zum Abfluss und zur **periapikalen Entzündung** kommt. **6.** Durch Noxen und Traumata zerstörte Odontoblasten können durch Differenzierung von Pulpozyten ersetzt werden. Damit haben Zähne zeitlebens ein Potenzial zur Reparatur von Hartgewebsschäden (Karies, Trauma, zahnärztliche Präparation) durch **Reizdentinbildung. 7.** Bei **entzündlichen Erkrankungen** proliferiert das Saumepithel in die Tiefe und verzahnt sich mit dem darunter liegenden Bindegewebe. **8.** Beim Verlust der dentogingivalen Verbindung (→ bei chronischer Zahnfleischentzündung) bildet sich eine echte **Zahnfleisch- und Knochentasche.** Der Zahnhalteapparat wird dabei irreversibel zerstört. Von einer echten Zahnfleischta-

sche spricht man bei einer Sondierungstiefe ab 4 mm und dem Nachweis von Knochenabbau. **9.** Röntgenologisch wird der **Alveolarknochen** als Lamina dura bezeichnet, sie ist bei Gesunden durchgängig dargestellt. **10.** Durch Schaffung von Zug- und Druckzonen während einer **kieferorthopädischen Behandlung** werden Zement und Knochen zur Resorption bzw. Apposition angeregt. **11.** Nach **Zahnextraktionen** wird der Alveolarknochen abgebaut.

Beschreibung der einzelnen Zähne (Abb. 6.87 a, b)

An jedem Zahn werden 5 Flächen unterschieden:
1. **Facies vestibularis,** zur Mundvorhof ausgerichtet; in der Front auch Facies labialis, im Seitenzahngebiet Facies buccalis
2. **Facies lingualis** (Unterkiefer) bzw. **palatina** (Oberkiefer), zur Mundhöhle ausgerichtet
3. **Facies contactus mesialis,** zum Vorderzahn ausgerichtet
4. **Facies contactus distalis,** zum Ende der Zahnreihe ausgerichtet
5. **Facies occlusalis,** Kaufläche (Seitenzähne), bzw. **Margo incisalis,** Schneidekante (Frontzähne).

Kauflächen. Sie weisen ein okklusales Relief mit Höckern und Vertiefungen, den Fissuren auf. An Glattflächen sind Einziehungen zu finden, die als Grübchen bezeichnet werden.

Kontaktpunkte der Zähne zu den jeweiligen Nachbarzähnen. Sie befinden sich leicht okklusal und bukkal des Mittelpunktes der Mesial- bzw. Distalfläche (**Approximalflächen**).

Anatomischer Zahnäquator. Er ist die Linie mit dem größten Kronenumfang. Er verläuft an den Bukkal- und Lingualflächen im zervikalen Kronendrittel, an den Approximalflächen im okklusalen Kronendrittel. Unterkieferzähne weisen weiterhin eine **Kronenflucht** auf, d. h., die Kronenachse ist in Relation zur Wurzelachse nach lingual geneigt.

Seitengenaue Identifikation von extrahierten Zähnen. Sie gelingt anhand folgender Kriterien, wobei die Merkmale und Strukturen bei Oberkieferzähnen stärker als im Unterkiefer ausgeprägt sind:

Massen- und Krümmungsmerkmal (s. u.)
* **Wurzelmerkmal.** Die Wurzelspitze ist leicht nach distal gekrümmt.
* **Kantenmerkmal** zusätzlich bei Schneidezähnen (s. u.).

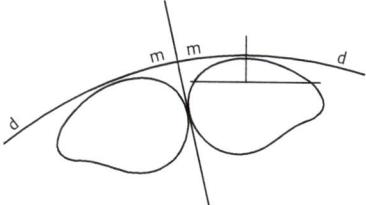

Abb. 6.86 Massen- und Krümmungsmerkmal an den beiden mittleren Incisivi im Querschnitt. Der bukkal größte Umfang ist nach mesial verschoben. Dadurch ist die mesiobukkale Krümmung stärker als die distobukkale.

Massenmerkmal. Im Querschnitt weisen alle Zähne bukkal das sogenannte **Massenmerkmal** auf, d. h., der äußerste Punkt ist nicht mittig, sondern nach mesial verschoben (Abb. 6.86). Dies bedingt, dass der bukkomesiale Übergang stärker gekrümmt ist als der bukkodistale (Krümmungsmerkmal). Nur bei dem oberen 1. Prämolaren ist das Massenmerkmal nach distal gerichtet.

Permanente Zähne

Schneidezähne, Incisivi, Dentes incisivi
Krone. Schneidezähne haben die Form eines Hohlmeißels mit schwach gewölbter labialer und leicht konkaver lingualer Fläche. Lingual befindet sich oberhalb des Zahnhalses ein Höckerchen, das **Tuberculum linguale.** Die Kaufläche ist zu einer Schneidekante (**Margo incisalis**) reduziert. Bei Schneidezähnen kann zusätzlich zum Massen- und bzw. Krümmungsmerkmal (s. o.) das **Kantenmerkmal** zur Unterscheidung von rechten und linken Zähnen herangezogen werden: Die distale Schneidekantenecke ist stärker abgerundet als die mesiale. Schneidezähne im Unterkiefer sind deutlich zierlicher als im Oberkiefer.

Wurzel. Sämtliche Schneidezähne sind einwurzelig, wobei aber im Unterkiefer 2 Wurzelkanäle vorkommen können.

Eckzähne, Canini, Dentes canini
Krone. Eckzähne weisen eine den Schneidezähnen ähnliche Lingualfläche mit allerdings stärkerem Tuberculum linguale auf. Die Inizisalkante ist durch Abwinkelung zweigeteilt: Ein mesialer steiler und distaler flacherer Anteil bilden die **Eckzahnspitze,** zu der auch eine Schmelzleiste vom **Tuberculum lingualis** läuft. Die mesiale Anteil der Schneidekane ist kürzer und stärker abfallend als der distale. Obere Eckzähne sind stärker gebaut als untere.

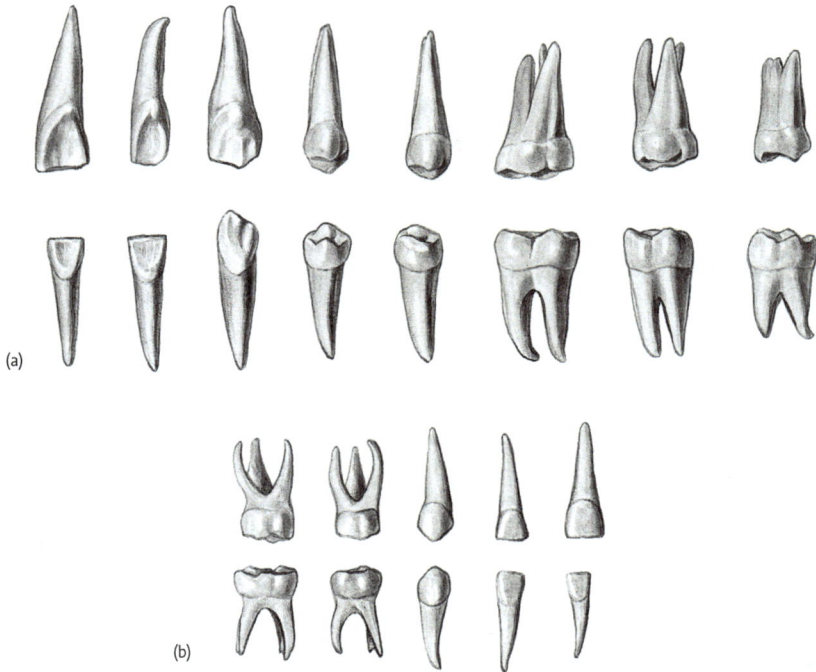

Abb. 6.87 Zur Zahnmorphologie. **a:** Bleibende Zähne des rechten Oberkiefers und der rechten Unterkieferhälfte von der palatinalen bzw. lingualen Fläche gese-

hen. **b:** Milchzähne des rechten Oberkiefers und der rechten Unterkieferhälfte von bukkal bzw. labial gesehen.

Wurzel. Die einfache Wurzel ist besonders lang und kräftig.

Vormahlzähne, Prämolaren, Dentes praemolares
Krone. Prämolaren haben 2 Höcker, einen besonders im Unterkiefer größeren bukkalen und einen lingualen, die zusammen mit der zirkulär umlaufenden seitlichen Höckerabhängen und Randleisten die **Kaufläche** bilden. Der erste obere Prämolar weist als einziger Zahn durch seine Nierenform im Querschnitt ein **umgekehrtes Massenmerkmal** auf.

Wurzel. Prämolaren sind einwurzelig, bis auf den 1. oberen Prämolaren, der in der Regel 2 Wurzeln (bukkal und palatinal) mit einer deutlichen mesialen Einziehung aufweist.

Mahlzähne, Molaren, Dentes molares
Krone. Molaren sind mehrhöckerige Zähne mit großen Kauflächen. Ein evolutionäre Entwicklung durch das Verschmelzen von 2 Prämolaren ist denkbar. Die Größe und Ausprägung der Merkmale nimmt vom 1. zum 3. Molaren hin ab.

Krone unterer Molaren. Die Kaufläche des **zweiten unteren Molaren** (Abb. 6.88 a) sind nahezu quadratisch mit fast kreuzförmigen Hauptfissuren. 2 bukkale und 2 linguale Höcher liegen sich fast gegenüberliegen. Beim **ersten unteren Molaren** (Abb. 6.88 b) ist zusätzlich ein 3. bukkaler Höcker vorhanden, sodass die Kaufläche rechteckiger ist und die Fissuren zickzackförmig verlaufen. An der Bukkalfläche findet sich ein Grübchen. **Dritte untere Molaren** sind kleiner als erste und zweite Molaren. Sie haben die Grundform der zweiten Molaren, allerdings mit einer hohen individuelle Variabilität durch zusätzliche Höckern oder Höckerverschmelzungen auf.

Krone oberer Molaren. Die Kauflächen der oberen Molaren (Abb. 6.88 c) sind rhombisch und weisen 4 Höcker auf (2 linguale und 2 bukkale). Die bukkalen Höcker sind jeweils etwas mesialer angeordnet. Die Okklusalfläche wird durch einen diagonalen Schmelzwulst (**Crista transversa**) geteilt, der aus dem distalen Höckerabhang des mesiopalatinalen Höckers und dem zentralen Höckerabhang

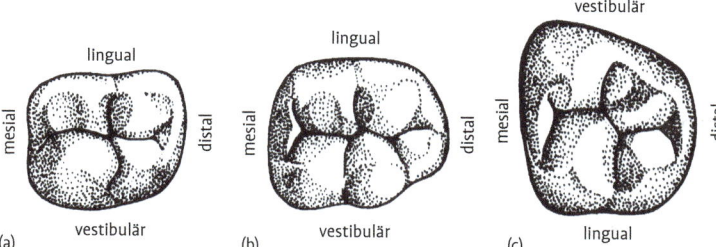

lingual

lingual

vestibulär

mesial   distal

mesial   distal

mesial   distal

(a)   vestibulär

(b)   vestibulär

(c)   lingual

Abb. 6.88 Kauflächen eines zweiten unteren Molaren (**a**), eines ersten unteren Molaren (**b**) und eines oberen Molaren (**c**) (nach G.-H. Schumacher).

des distobukkalen Höckers besteht. Dadurch entsteht eine vordere U-förmige und eine gerade distopalatinale Fissur. Die Merkmalsaufprägung und Größe nimmt von ersten zum dritten Molaren ab. An dem kräftigen mesiopalatinalen Höcker der **ersten oberen Molaren** findet sich palatinal meist noch ein kleines Höckerchen, das **Tuberculum Carabelli**. Beim **zweiten Oberkiefermolaren** kann der distopalatinale Höcker kleiner sein oder ganz fehlen. Die **dritten oberen Molaren** weisen eine hohen Variabilität auf. Neben zusätzlichen Höckern treten auch Höckerverschmelzungen auf.

Wurzeln von Unterkiefermolaren. Unterkiefermolaren haben in der Regel 2 Wurzeln (mesiale und distale), wobei die mesiale eine starke Einziehung aufweist oder auch geteilt sein kann. Eine Verschmelzung der Wurzeln ist dagegen seltener. Die mesiale Wurzel weist meistens 2 Kanäle auf, wobei der mesiobukkale sich oft teilt oder sogar doppelt angelegt ist. Die distale Wurzel kann ebenfalls 2 Kanäle haben. Bei den Wurzel der dritten Molaren existiert eine starke Variabilität. Sie sind oft verschmolzen oder stark gekrümmt.

Wurzeln von Oberkiefermolaren. Die oberen Molaren sind dreiwurzelig (2 bukkale und 1 palatinale), wobei die palatinale zwischen den beiden bukkalen steht. In der mesiobukkale Wurzel liegen häufig 2 Kanäle. Wurzel und Pulpenkaven dritter Molaren sind oft verschmolzen.

Milchzähne, Dentes decidui (Abb. 6.87 b)

Sie entsprechen im Wesentlichen den jeweiligen bleibenden Zähnen, nur dass die Merkmale nicht zu deutlich ausgeprägt und die Zähne deutlich kleiner sind. Auch das Fissurenmuster weist ein flacheres Relief auf. Die Milchmolaren entsprechen den permanenten Molaren und nicht den Prämolaren, durch die sie ersetzt werden. Der anatomische Äquator liegt aufgrund eines starken **bukkozervika-**

len Schmelzwulstes hier deutlich apikaler als bei bleibenden Zähnen. Der Schmelzmantel ist insgesamt dünner, weniger stark mineralisiert und leichter zu abradieren. Die Pulpa sowie die Pulpahörner sind größer als im permanenten Gebiss. Die Milchzahnwurzeln sind kürzer, zierlicher und stehen stärker vom Zahnzentrum ab.

Zahnfarbe. Sie ist gräulich-weiß bis gelbweiß bei bleibenden Zähnen; mit zunehmendem Alter gelblicher; Milchzähne sind deutlich weißer. Die Zahnfarbe entsteht durch die Transparenz des weißlichgrauen Schmelzes und die Lichtreflexion am durchschimmernden gelblicheren Dentin. Daher erscheinen die Schneidekanten und Höcker mit ihrem dicken Schmelzmantel transparent weißlich, während zum Zahnhals aufgrund des auslaufenden Schmelzes das gelbliche Dentin stärker durchscheint. Mineralisationsfehler können zu weißlichen Flecken oder Sprenkelungen führen. Zu hohe Fluoridgaben bei der Mineralisation erzeugen weißliche Hypomineralisation (Dentalfluorosen), insbesondere auf den Höckerspitzen und Inzisalkanten. In schweren Fällen können auch bräunliche Verfärbungen oder Defekte entstehen. Aber auch Medikamente (Tetrazykline) können z. B. braune Verfärbungen bei der Zahnbildung verursachen. Entkalkungen (Karies, Säuren) des Schmelzes führen zu schneeweißen Kreideflecken. Schmelz und freiliegendes Dentin können durch Einlagerung organischer Farbstoffe und Remineralisation außerdem bräunlich werden. Traumatisch geschädigte und avitale Zähne erscheinen durch Einblutungen oder Einlagerungen bräunlich bis schwärzlich.

> **Klinik: 1.** Die zahnärztliche **Präparation** für Zahnersatz sollte dem Verlauf des anatomischen Zahnäquator folgen: bukkal und oral weiter in Richtung apikal als approximal. **2.** Bei Herstellung von **Füllungen** und festsitzendem Zahner-

satz sollten die Originalzähne in Bezug auf die anatomische Form als Vorbild dienen. Kronenflucht, Kontaktpunkte und Freiräume für die Papille erlauben die (Selbst-)Reinigung des Zahnersatzes. **3. Restaurationen** sollten die Zahnfarbe als zusammengesetzte Farbe imitieren (Schichtverfahren mit Transparent- und Opakermasse).

Okklusion der Zahnreihen

Die Okklusion ist die Lagebeziehung der Zähne des Ober- und Unterkiefers zueinander bei jedem Kontakt. Ihr Prinzip ist eine Zahn-zu-Zahn-Beziehung.

Die Schneidekanten der oberen und unteren Zähne gleiten **scherenartig** aneinander vorbei. Die Zahnhöcker treffen mit den korrespondierenden Vertiefungen zwischen den Randwülsten und den Gruben auf den gegenüberliegenden Okklusalflächen punkt- oder strichförmig aufeinander. Somit wird ein funktionelles Optimum erreicht, durch welches die Kaumuskeln mit minimalem Kraftaufwand die größte Wirkung entfalten.

6.14.1.4 Gaumen, Palatum

Gliederung: Vorne liegt der harte Gaumen, Palatum durum, hinten schließt der kürzere weiche Gaumen, Palatum molle.

Struktur des Gaumens

Harter Gaumen (Abb. 6.89 a). Er stellt eine Knochenplatte dar und besteht aus
1. dem **Processus palatinus** des Oberkiefers und
2. der **Lamina horizontalis** des Gaumenbeins.
3. Verbunden werden die Knochen kreuzförmig durch die **Sutura palatina mediana** und die **Sutura palatina transversa.**

Weicher Gaumen (Abb. 6.89 b), auch Gaumensegel, **Velum palatinum,** genannt. Als Grundlage dient ein Bindegewebsskelett (Aponeurosis palatina), an dem insgesamt 5 Muskeln ansetzen.

Entwicklung des Gesichtes und des Gaumens

Da die Entwicklung des Gaumens ein Bestandteil der Gesichtsentwicklung ist, werden beide hier zusammen dargestellt.

Bei menschlichen Embryonen von 10 mm SSL ist die Mundspalte unten von den beiden in der Mittellinie miteinander verwachsenen **Unterkieferwülsten,** oben von den lateralen und medialen **Nasenwülsten** umgeben, die das Riechgrübchen umranden. Dort, wo **medialer** und **lateraler Nasenwulst** zusammenstoßen, findet sich eine leichte Einsenkung, die **mittlere Gesichtsfurche.** Zwischen lateralem Nasenwulst und **Oberkieferwulst** liegt die **seitliche Gesichtsfurche,** die bis an das Auge reicht. Wülste und Furchen entstehen durch unregelmäßiges Wachstum des subepithelialen Mesenchyms. Die Furchen verstreichen durch Mesenchymwucherung, nicht durch Verschmelzung von „Fortsätzen". Bei der Gesichtsbildung kommt es lediglich zwischen medialem und lateralem Nasenwulst zu einer epithelialen Verschmelzung, die aber bereits nach einigen Tagen aufgelöst und durch Mesenchym ersetzt wird. Bei der normalen Entwicklung entstehen keine Gesichtsspalten. Während das embryonale Gesicht durch Schwund der Furchen und durch Proliferationsprozesse im Mesenchym die endgültige Form gewinnt, wachsen die bereits früher angelegten Gaumenfortsätze einander entgegen, verschmelzen miteinander und mit dem Nasenseptum, trennen damit Nasen- und Mundhöhle. Die Abb. 6.90 gibt grob schematisch wieder, welche Weichteile (b) und Knochen (c) des Gesichts aus den einzelnen Wülsten entstehen.

Klinik: Spaltbildungen resultieren aus Proliferationsstörungen. **Seitliche Lippen-Kiefer-Gaumenspalten** entstehen bei Störungen zwischen dem medialen Nasen- und Oberkieferwulst, **mittlere Spalten** bei solchen beider mittlerer Nasenwülste. **Quere Gesichtsspalten** sind größere Defekte zwischen Ober- und Unterkieferwulst. Sie verlaufen in Verlängerung des Mundwinkels zwischen Ober- und Unterkiefer. Bei einer **schrägen Gesichtsspalte** sind der seitliche Nasen- und Oberkieferwulst nicht miteinander verschmolzen.

Gaumenschleimhaut

Sie ist im Prinzip wie die Mundschleimhaut aufgebaut. Am **harten Gaumen** ist sie unverschieblich befestigt, am **weichen Gaumen** verschieblich. Im vorderen Abschnitt ist sie sehr derb ohne Zwischenschaltung einer Submucosa. Weiter hinten besitzt sie eine Submucosa, welche Fett- und Drüsengewebe (Glandulae palatinae) enthält. Hier finden sich auch zunehmend elastische Fasern.

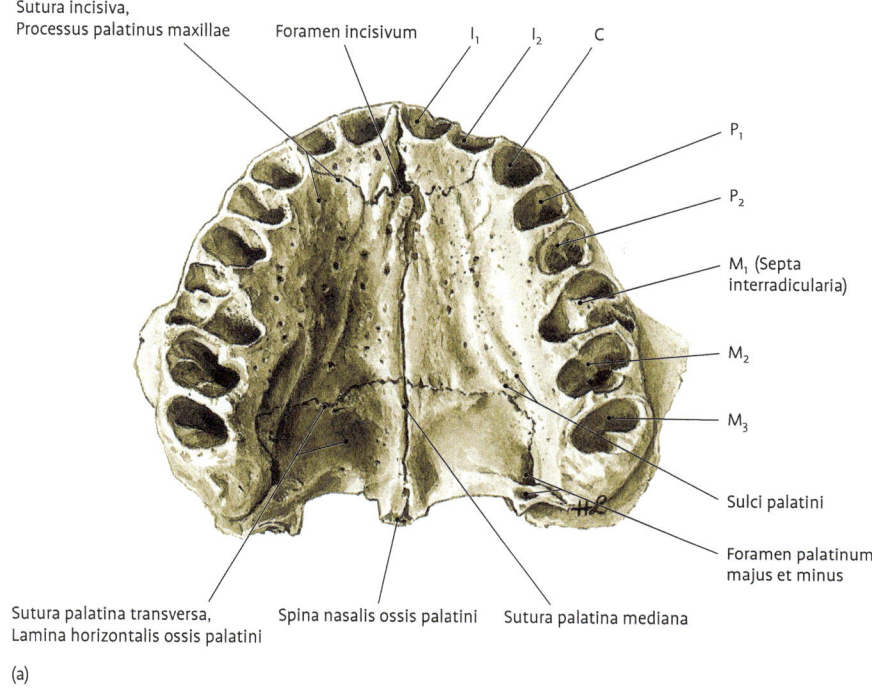

Sutura incisiva,
Processus palatinus maxillae

Foramen incisivum

I₁ I₂ C

P₁

P₂

M₁ (Septa
interradicularia)

M₂

M₃

Sulci palatini

Foramen palatinum
majus et minus

Sutura palatina transversa,
Lamina horizontalis ossis palatini

Spina nasalis ossis palatini

Sutura palatina mediana

(a)

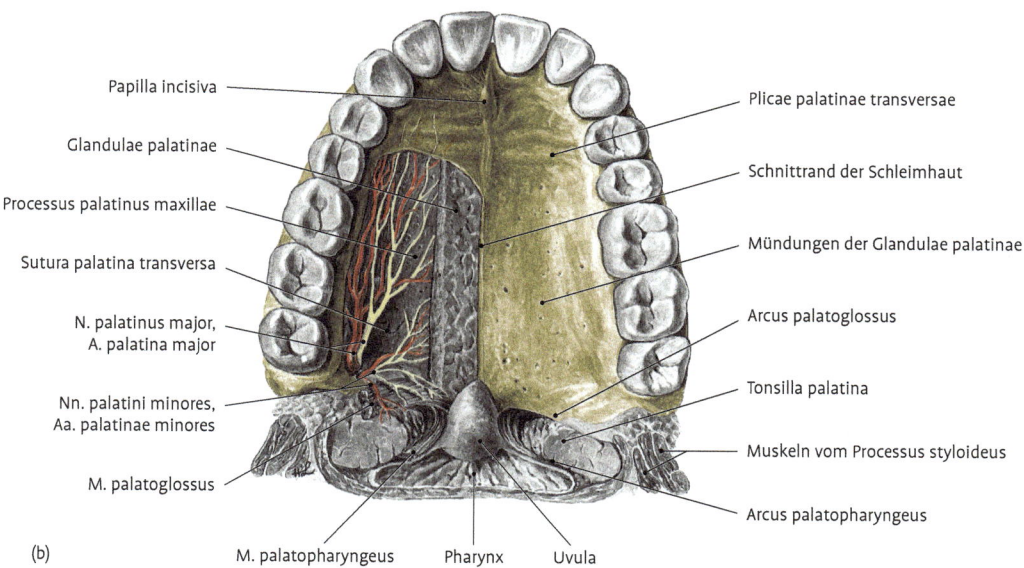

Papilla incisiva

Glandulae palatinae

Processus palatinus maxillae

Sutura palatina transversa

N. palatinus major,
A. palatina major

Nn. palatini minores,
Aa. palatinae minores

M. palatoglossus

(b)

Plicae palatinae transversae

Schnittrand der Schleimhaut

Mündungen der Glandulae palatinae

Arcus palatoglossus

Tonsilla palatina

Muskeln vom Processus styloideus

Arcus palatopharyngeus

M. palatopharyngeus   Pharynx   Uvula

Abb. 6.89 a: Knöcherner Gaumen, Palatum osseum. Zahnfächer, Alveoli dentales, des Oberkiefers. **b:** Weichteile des Gaumens. Gefäße und Nerven.

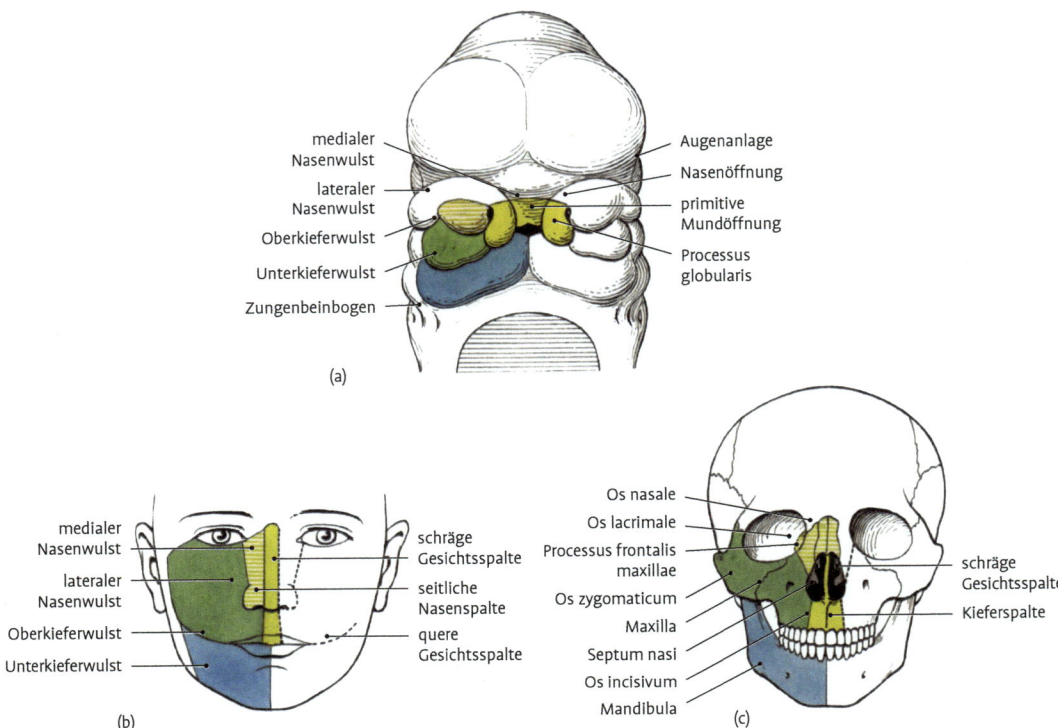

Abb. 6.90 Schemata zur Entwicklung des Gesichts. Die verschiedenen Wülste bzw. ihre Abkömmlinge sind durch Farben wiedergegeben. **a:** Embryo am Ende des 1. Monats. **b:** Weichteile. **c:** Hartteile beim Erwachsenen.

Am weichen Gaumen hat die Schleimhaut auf der Nasenhöhlenseite mehrreihiges Flimmerepithel des Respirationstraktes, auf der Mundhöhlenseite mehrschichtiges Plattenepithel.

Topografische Gliederung der Schleimhaut

1. **Fibröse Randzone.** Die Schleimhaut ist mit dem Alveolarkamm fest verwachsen.
2. **Fibröse Medianzone.** Verwachsung der Schleimhaut mit der Sutura palatina mediana.
3. **Fettgewebszone.** Sie nimmt etwa den mittleren Teil der Gaumenschleimhaut ein.
4. **Drüsenzone** im hinteren Abschnitt, vorzugsweise im perivaskulären Gewebe der Aa. palatinae.

> **Klinik: 1.** Die fibröse Medianzone kammert die Schleimhaut in eine linke und eine rechte Hälfte. Daher können sich **palatinale Abszesse** nur selten zur Gegenseite ausbreiten. **2.** Am weichen Gaumen ist die Schleimhaut verschieblich und kann daher stark **anschwellen.**

Gaumen- und Schlundbogenmuskeln, Musculi palati et faucium (Abb. 6.92)

M. levator veli palatini

O.: Facies inferior der Pars petrosa, des Os temporale, Cartilago tubae anditivae
I.: Aponeurosis palatina
L.: N. X (R. pharyngeus), A. pharyngea ascendens
F.: Spannt und hebt das Gaumensegel, öffnet die Tuba auditiva und schließt gemeinsam mit dem M. constrictor pharyngis superior den Nasenrachenraum (Schlucken!), wölbt den Levatorwulst der Rachenwand vor.

M. tensor veli palatini

O.: Lamina medialis des Processus pterygoideus, Ala major des Os sphenoidale, Lamina membranacea der Tuba auditiva. Er zieht um den Hamulus pterygoideus herum
I.: Aponeurosis palatina
L.: N. V_3, A. pharyngea ascendens
F.: Spannt das Gaumensegel, öffnet die Ohrtrompete (Druckausgleich!) und verformt den Gaumen für die Lautbildung

M. palatopharyngeus

M. palatoglossus

O.: Abspaltung aus dem M. transversus linguae

I.: Aponeurosis palatina

L.: Nn. IX, X (R. pharyngeus), A. dorsalis linguae

F.: Schließt die Schlundenge, senkt das Gaumensegel; er stellt die muskuläre Grundlage des vorderen Gaumenbogens dar.

M. uvulae

O.: Aponeurosis palatina

I.: Schleimhaut an der Spitze der Uvula

L.: Nn. IX, X (R. pharyngeus)

F.: Verkürzt das Zäpfchen. Die Uvula kann gespalten sein bzw. geringe Einkerbungen zeigen.

Klinik: Schnarchen tritt beim Tiefschlaf ein. Das Gaumensegel flattert im Atemstrom.

Schlundenge, Isthmus faucium

Als Schlundenge wird die **Engstelle** zwischen Mundhöhle und Rachen bezeichnet (Abb. 6.67).

Begrenzung. Seitlich von den Gaumenbögen, unten von der Zunge.

Gaumenbögen. Es handelt sich um Schleimhautfalten, die sich seitlich vorschieben. Ihre Grundlage wird von den gleichnamigen Gaumenmuskeln gebildet (Abb. 6.92).
- **Vorderer Bogen,** Arcus palatoglossus, verläuft vom weichen Gaumen zur Zungenwurzel, über der er sich zu einer dreieckigen Schleimhautfalte, **Plica triangularis,** verbreitert
- **Hinterer Gaumenbogen,** Arcus palatopharyngeus, zieht vom weichen Gaumen zur Schlundwand

Fossa tonsillaris. Diese liegt zwischen den Gaumenbögen und beinhaltet die **Tonsilla palatina**. Sie wird oben von einer bogenförmigen Falte, **Plica semilunaris,** begrenzt, die beide Gaumenbögen miteinander verbindet. Eine kleine dreieckige Vertiefung über der Gaumenmandel ist die **Fossa supratonsillaris**.

Klinik: 1. Stark **vergrößerte Gaumenmandeln** können die Schlundenge einengen sowie Behinderungen beim Schlucken und Sprechen verursachen. **2.** Bei **paratonsillären Abszessen** ist die Fossa supratonsillaris abgeflacht.

6.14.2 Schlund, Pharynx

Funktionen

- Im Pharynx wird der **Speisebrei** aus der Mundhöhle in die Speiseröhre transportiert.
- Als Teil des Atmungstraktes dient er der **Luftleitung**. Luft- und Speiseweg überkreuzen sich im Pharynx.
- In der Pharynxwand können einzelne **Geschmacksknospen** auftreten.
- Im Bereich des Pharynx sind Organe der **Immunabwehr** gelagert (Waldeyer-Rachenring).

6.14.2.1 Lage und Befestigungen des Pharynx

Der Pharynx liegt vor dem Halsteil der Wirbelsäule, seine Rückwand liegt der Fascia intercarotica der Fascia cervicalis profunda an. Er reicht in Längsrichtung von der Schädelbasis bis zum 6. Halswirbel und geht dort in den Oesophagus über. Er hat breite Verbindungen zur vor ihm liegenden Nasen- und Mundhöhle sowie zum Kehlkopfeingang. Seine Länge beträgt ca. 12–15 cm.

Die **obere Pharynxwand**, Fornix pharyngis, ist an der Außenfläche der Schädelbasis befestigt. Die knöcherne Befestigungslinie beginnt links und rechts vom Tuberculum pharyngeum des Os occipitale, erreicht, nach lateral ziehend, vor der Mündung des Canalis caroticus die Felsenbeinpyramide und wendet sich von dort rechtwinklig nach vorne zur Lamina medialis des Processus pterygoideus.

Den **Seitenwänden** des Pharynx liegen die A. carotis communis, A. carotis interna, V. jugularis interna, Nerven, die großen Zungenbeinhörner und die Schildknorpelplatten an.

6.14.2.2 Etagengliederung und Inhalt des Pharynx

Die **Cavitas pharyngis** wird in 3 Etagen gegliedert, **Pars nasalis pharyngis, Pars oralis pharyngis** und **Pars laryngea pharyngis** (Abb. 6.91, 6.92).

Die **Pars nasalis pharyngis** (Nasopharynx, Epipharynx), der obere Abschnitt, erstreckt sich vom Fornix pharyngis bis zum weichen Gaumen. Er steht über die Choanen mit der Nasenhöhle in Verbindung.

Die **Pars oralis pharyngis** (Mesopharynx, Oropharynx), der mittlere Pharynxabschnitt, erstreckt

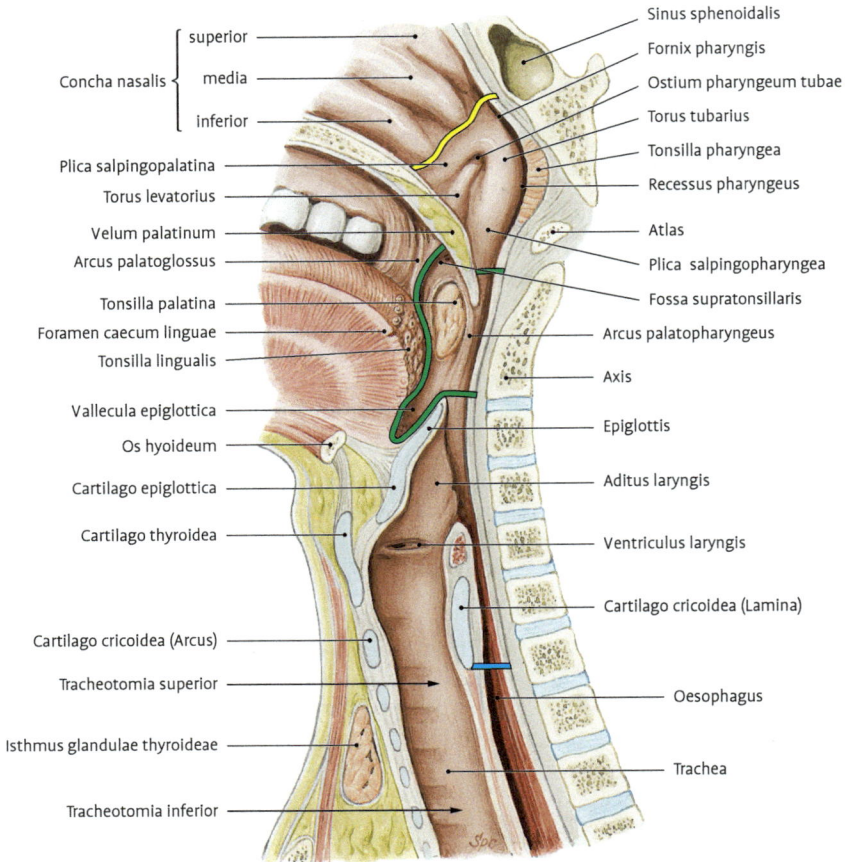

Concha nasalis
- superior — Sinus sphenoidalis
- media — Fornix pharyngis
- inferior — Ostium pharyngeum tubae

Plica salpingopalatina — Torus tubarius

Torus levatorius — Tonsilla pharyngea

Velum palatinum — Recessus pharyngeus

Arcus palatoglossus — Atlas

Tonsilla palatina — Plica salpingopharyngea

Foramen caecum linguae — Fossa supratonsillaris

Tonsilla lingualis — Arcus palatopharyngeus

Vallecula epiglottica — Axis

Os hyoideum — Epiglottis

Cartilago epiglottica — Aditus laryngis

Cartilago thyroidea — Ventriculus laryngis

Cartilago cricoidea (Lamina)

Cartilago cricoidea (Arcus)

Tracheotomia superior — Oesophagus

Isthmus glandulae thyroideae

Trachea

Tracheotomia inferior

Abb. 6.91 Medianschnitt durch Schlund und Kehlkopf. Pars nasalis (sive: Epipharynx), Pars oralis (sive: Mesopharynx) und Pars laryngea pharyngis (sive: Hypopharynx) sind durch dicke farbige Linien schematisch abgegrenzt. Die Pfeile zeigen Wege der Tracheotomia superior und inferior.

sich vom weichen Gaumen bis zum Oberrand des Kehldeckels. Seine Längsausdehnung entspricht in etwa der Höhe des Körpers des 3. Halswirbels. Vorne ist die Pars oralis pharyngis über die Schlundenge, Isthmus faucium, mit der Mundhöhle verbunden.

Die **Pars laryngea pharyngis** (Hypopharynx, Laryngopharynx), der untere Abschnitt des Pharynx, reicht vom Oberrand des Kehldeckels bis zum Ringknorpel und geht dann in die Speiseröhre über.

Innenrelief des Schlundes

Pars nasalis pharyngis. Das Dach, Fornix pharyngis, liegt den Körpern des Keil- und Hinterhauptsbeines an und geht allmählich in die dem Atlas anliegende Hinterwand über. An der Seitenwand befindet sich in Verlängerung der unteren Nasenmuschel die im Durchmesser ca. 4 mm große Schlundöffnung der Ohrtrompete, das **Ostium pharyngeum tubae auditivae.** Durch die Ohrtrompete, Tuba auditiva, steht der Schlund mit dem Mittelohrraum, Cavitas tympanica, in Verbindung. Die Tubenöffnung liegt beim Erwachsenen in Höhe der unteren Muschel oder etwas tiefer, beim Neugeborenen fast in Höhe des harten Gaumens. Für das Sondieren der Tube führt man das Instrument durch den unteren Nasengang ein. Die Tubenöffnung wird hinten und oben von dem Tubenwulst, **Torus tubarius,** unter dem der hakenförmig gebogene Tubenknorpel liegt, umrahmt. Er verliert sich nach unten hinten als **Plica salpingopharyn-**

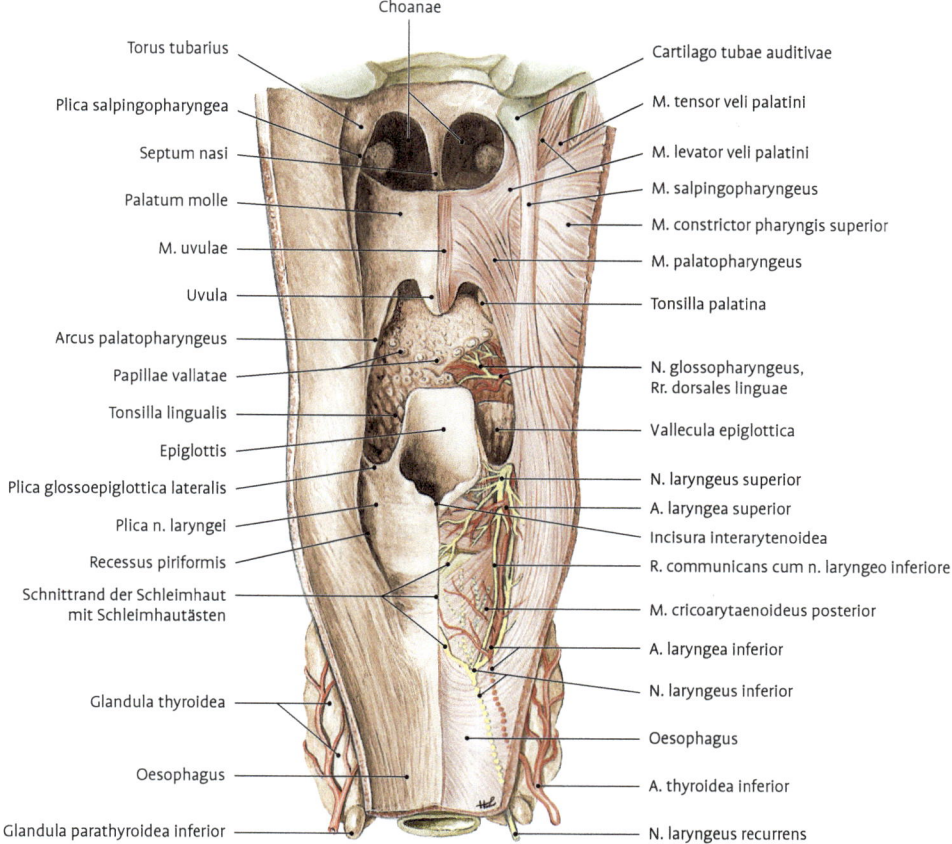

Abb. 6.92 Pharynx von dorsal eröffnet. Rechts Darstellung von Schlund-, Gaumen- und Kehlkopfmuskeln so- wie Gefäßen und Nerven nach Entfernung der Schleimhaut. Verdeckte Teile der Nerven punktiert.

gea in der seitlichen Pharynxwand; unten vorne läuft er in der **Plica salpingopalatina** aus.

Von unten wölbt sich der **M. levator veli palatini** als Levatorwulst, **Torus levatorius,** gegen die Tubenöffnung vor. Beim Heben des weichen Gaumens ist er gut im Nasenspiegel zu erkennen. Hinter dem Tubenwulst ist der Pharynx zu dem spaltförmigen **Recessus pharyngeus** (Rosenmüller) ausgebuchtet. Der Recessus pharyngeus stellt eine tiefe, schmale Tasche dar, welche nach hinten lateral verläuft und in Höhe des Eintritts der A. carotis interna in den Karotiskanal blind endet. Bei Neugeborenen und Kindern findet sich am Übergang des Daches in die Hinterwand in der Schleimhaut die Rachenmandel, **Tonsilla pharyngea.**

Klinik: Eine **vergrößerte Rachenmandel** verlegt den Zugang zur Nase. Dadurch wird die Nasenatmung behindert und es kommt zur Mundatmung.

Pars oralis pharyngis. Der Pars oralis pharyngis liegen vorne unterhalb des **Isthmus faucium** der Zungengrund mit den Tonsillae linguales und die **Valleculae epiglotticae** an. Letztere stellen gemeinsam mit den sie begrenzenden Ausgleichsfalten, der Plica glossoepiglottica mediana und den beiden seitlich davon liegenden **Plicae glossoepiglotticae laterales,** die verschiebliche Verbindung zwischen Kehldeckel und Zunge dar. In der Seitenwand des Isthmus faucium liegen die Gaumenbögen, zwischen denen sich in der **Fossa tonsillaris** die Gaumenmandel, **Tonsilla palatina,** befindet.

Pars laryngea pharyngis. Die Pars laryngea pharyngis ist der längste der drei Schlundabschnitte. Sie geht hinter dem Ringknorpel in den Oesophagus über (**Constrictio pharyngooesophagealis, 1.** Enge der Speiseröhre, ca. 15 cm von den Zahnreihen entfernt). Die Hinterwand liegt vor den Körpern des 4.–6. Halswirbels. An der Vorderwand liegt oben der von Epiglottis und Plicae aryepiglotticae eingefasste Kehlkopfeingang, unten die Rückfläche der Stellknorpel und des Ringknorpels mit den dazugehörigen Muskeln. Zwischen den Stellknorpeln befindet sich die Incisura interarytenoidea.

Dorsal der Plicae glossoepiglotticae laterales wölben der **N. laryngeus superior** und die gleichnamigen Gefäße die Schleimhaut zur **Plica nervi laryngei superioris** vor. Zwischen dem Schildknorpel und der Plica aryepiglottica liegt der **Recessus piriformis**.

> **Klinik: Fremdkörper** (z. B. Fischgräten) können sich im Recessus piriformis festsetzen. Sie lösen einen Hustenreflex (N. vagus) aus.

Histologie

Die Pharynxwand besteht aus 3 Schichten:
- Tunica mucosa
- Tunica muscularis (entspricht den Pharynxmuskeln)
- Tunica adventitia

Pharynxschleimhaut. Sie ist im oberen Pharynxabschnitt von einem mehrreihigen **Flimmerepithel** bedeckt, im mittleren und unteren Teil von **mehrschichtigem unverhorntem Plattenepithel**. Im Epithel der Pars oralis pharyngis können gelegentlich **Geschmacksknospen** auftreten. Auf der Oberfläche des Epithels öffnen sich die Ausführungsgänge gemischter Speicheldrüsen, **Glandulae pharyngeales**. Die Pharynxschleimhaut ist fest an der Tunica muscularis befestigt und bildet keine Falten.

Tela submucosa. Zwischen der Schleimhaut und der Muskelschicht des Pharynx ist ein fibröses Bindegewebe eingelagert, welches einer Tela submucosa entspricht. Das kranial besonders kräftige, faserreiche submuköse Bindegewebe wird als **Fascia pharyngobasilaris** bezeichnet und dient der Befestigung des Schlunds am Schädel.

Tunica adventitia. Sie stellt eine dorsale Verlängerung der Faszie des M. buccinator, **Fascia buccopharyngea,** dar und geht kaudal in die Adventitia der Speiseröhre über. Sie schließt den Pharynx gegen den lateropharyngealen und retropharyngealen Raum ab. Dorsal ist sie durch das lockere **retropharyngeale Bindegewebe,** welche das Gleiten vor der Wirbelsäule ermöglicht, mit der Lamina prevertebralis der Fascia cervicalis verbunden.

6.14.2.3 Pharynxmuskeln, Musculi pharyngis (Abb. 6.93, 6.94)

Die quer gestreiften Muskeln bilden die Tunica muscularis. Es werden unterscheiden:
- Muskeln mit ringförmigem Verlauf der Muskelfasern (drei Paar Mm. constrictores pharyngis, Schlundschnürer) und
- Muskeln mit Längsverlauf der Muskelfasern (zwei Paar Mm. levatores pharyngis, Schlundheber).

Schlundschnürer

Die Muskelfasern der Pharynxkonstriktoren ziehen nach dorsal, wo sie medial an der Raphe pharyngis, einem Bindegewebsband, welches am Tuberculum pharyngeum beginnt, ansetzen. Teilweise gehen sie auf die andere Seite über und verweben sich mit Fasern des kontralateralen Muskels.

M. constrictor pharyngis superior
Er hat die Form einer viereckigen Platte und besteht in Abhängigkeit vom Ursprung seiner Fasern aus 4 Teilen: Pars pterygopharyngea, Pars buccopharyngea, Pars mylopharyngea, Pars glossopharyngea.
O.: **Pars pterygopharyngea:** unteres Drittel der Lamina medialis des Processus pterygoideus und Hamulus pterygoideus, **Pars buccopharyngea:** Raphe pterygomandibularis, **Pars mylopharyngea:** Linea mylohyoidea der Mandibula und **Pars glossopharyngea:** Eigenmuskulatur der Zunge im Bereich der Zungenwurzel.
I.: Die Muskelfasern der 4 Teile ziehen horizontal nach dorsal zur Raphe pharyngis. Der Oberrand des Muskels erreicht die Schädelbasis nicht, sodass beidseitig der Raphe pharyngis zwischen Oberkante des Muskels und Schädelbasis ein muskelfreies Feld entsteht,

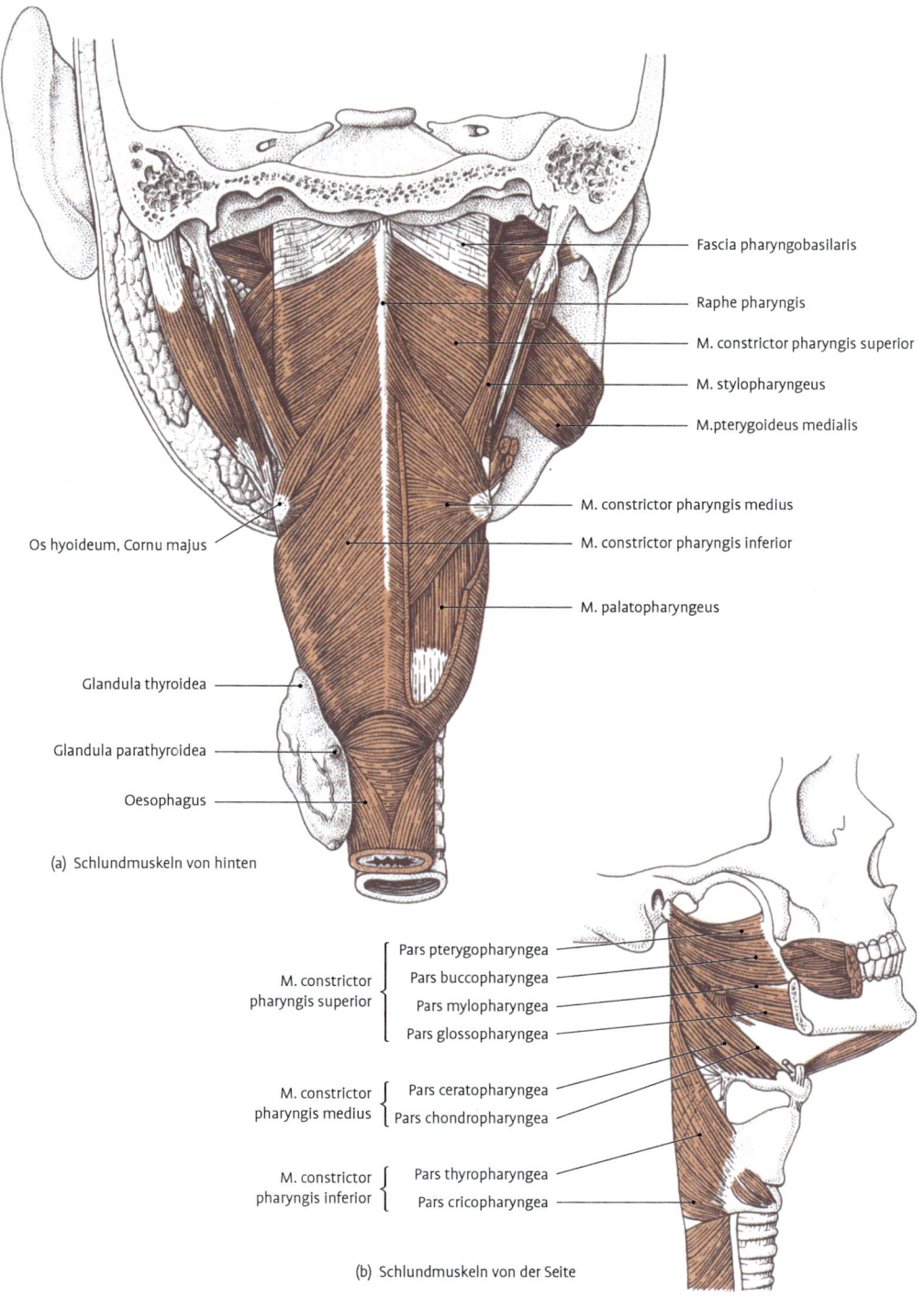

(a) Schlundmuskeln von hinten

Fascia pharyngobasilaris

Raphe pharyngis

M. constrictor pharyngis superior

M. stylopharyngeus

M.pterygoideus medialis

M. constrictor pharyngis medius

M. constrictor pharyngis inferior

M. palatopharyngeus

Os hyoideum, Cornu majus

Glandula thyroidea

Glandula parathyroidea

Oesophagus

M. constrictor pharyngis superior
- Pars pterygopharyngea
- Pars buccopharyngea
- Pars mylopharyngea
- Pars glossopharyngea

M. constrictor pharyngis medius
- Pars ceratopharyngea
- Pars chondropharyngea

M. constrictor pharyngis inferior
- Pars thyropharyngea
- Pars cricopharyngea

(b) Schlundmuskeln von der Seite

Abb. 6.93 Pharynxmuskulatur von dorsal (a) und von lateral (b) (nach G.-H. Schumacher).

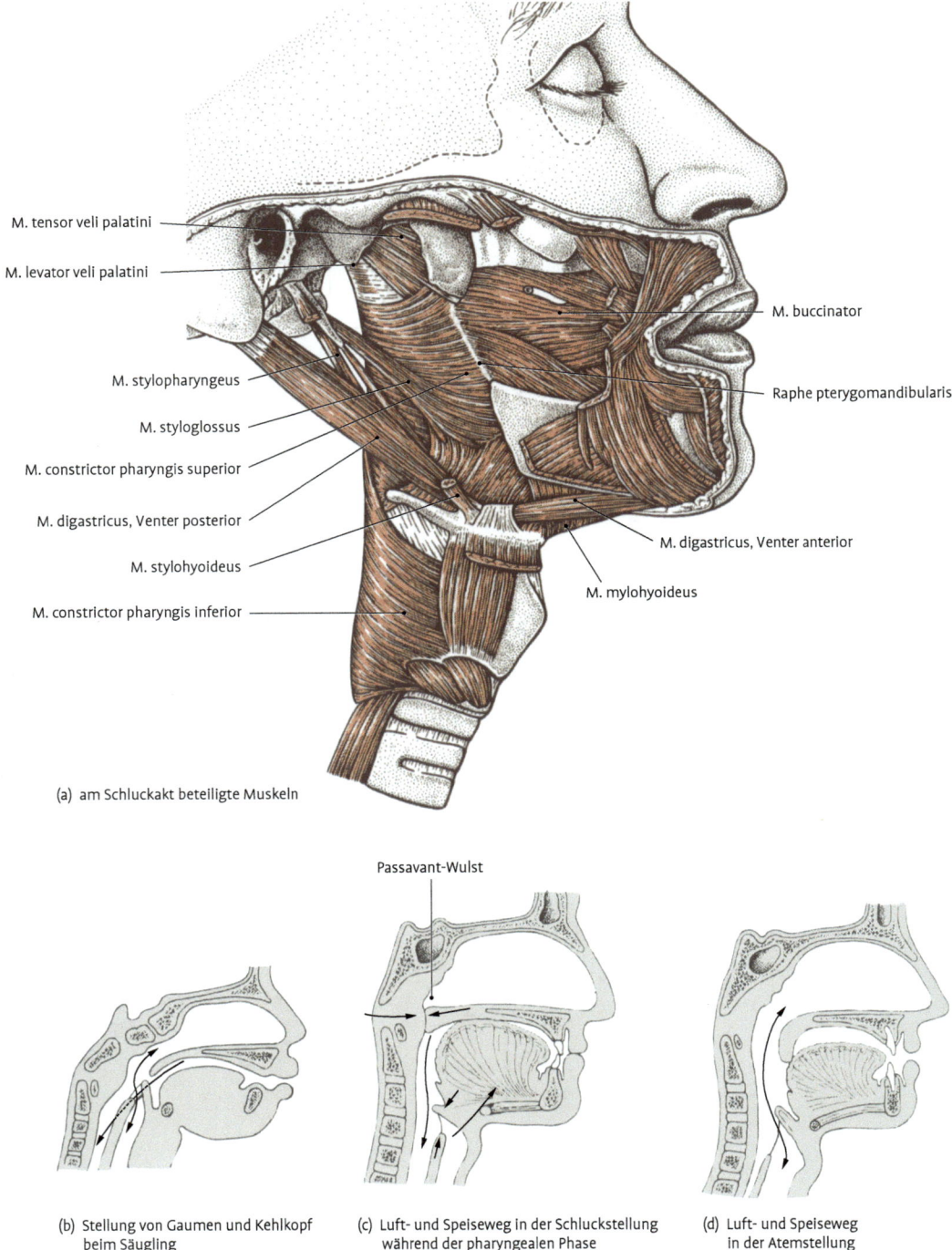

M. tensor veli palatini

M. levator veli palatini

M. buccinator

M. stylopharyngeus

Raphe pterygomandibularis

M. styloglossus

M. constrictor pharyngis superior

M. digastricus, Venter posterior

M. digastricus, Venter anterior

M. stylohyoideus

M. mylohyoideus

M. constrictor pharyngis inferior

(a) am Schluckakt beteiligte Muskeln

Passavant-Wulst

(b) Stellung von Gaumen und Kehlkopf beim Säugling

(c) Luft- und Speiseweg in der Schluckstellung während der pharyngealen Phase

(d) Luft- und Speiseweg in der Atemstellung

Abb. 6.94 Darstellung der am Schluckakt beteiligten Muskeln (a) und der Phasen des Schluckaktes (c, d) (nach G.-H. Schumacher).

welches vom straffen Bindegewebe der **Fascia pharyngobasilaris** ausgefüllt wird.

L.: N. glossopharyngeus, A. pharyngea ascendens

F.: Bei Kontraktion des M. constrictor pharyngis superior entsteht an der hinteren Pharynxwand der **Passavant-Wulst**. (Beim Schluckakt wird das Gaumensegel an den Passavant-Wulst gedrückt. Damit wird die Pars nasalis pharyngis gegenüber der Pars oralis verschlossen und ein Übertreten von Speise oder Flüssigkeit in die Pars nasalis pharyngis und die Nasenhöhle verhindert.)

M. constrictor pharyngis medius

Er besteht aus 2 Teilen: Pars chondropharyngea und Pars ceratopharyngea.

O.: **Pars chondropharyngea:** kleines Zungenbeinhorn, **Pars ceratopharyngea:** großes Zungenbeinhorn

I.: Raphe pharyngis. Der Muskel hat die Form einer dreieckigen Platte, deren breite Basis der Raphe pharyngis anliegt und deren Spitze zum Zungenbein zeigt. Die oberen Muskelfaserbündel liegen dem M. constrictor pharyngis superior teilweise dorsal auf.

L.: N. glossopharyngeus, N. vagus, A. pharyngea ascendens

M. constrictor pharyngis inferior

Er besteht aus 2 Teilen: Pars thyropharyngea und Pars cricopharyngea.

O.: **Pars thyropharyngea:** Linea obliqua des Schildknorpels, **Pars cricopharyngea:** Seitenfläche des Ringknorpels und Membrana cricothyroidea

I.: Fächerförmig nach hinten ziehend, strahlen die Muskelfasern in die Raphe pharyngis ein.

L.: N. vagus, A. pharyngea ascendens

F.: Die drei Muskeln verengen das Lumen des Pharynx.

Klinik: Am Übergang des unteren Schlundschnürers in die Speiseröhre besteht an deren Hinterwand ein nur aus Ringfasern bestehendes Dreieck (**Laimer-Dreieck**). Dieses ist nicht, wie ursprünglich angenommen, für die in dieser Region auftretenden Pulsionsdivertikel (**Zenker-Divertikel**) verantwortlich. Diese Divertikel liegen knapp über dem Laimer-Dreieck und werden durch eine Verdickung des M.

cricopharyngeus (Pars cricopharyngea des M. constrictor pharyngis inferior) gebildet. Folge davon sind Schluckbeschwerden und übler Mundgeruch durch im Divertikel verfaulende Speisereste. In der gleichen Region gibt es neben diesem eher median gelegenen Zenker-Divertikel auch noch laterale Divertikel (**Kilian-Jamieson-Divertikel**). Diese treten durch die Kilian-Lücke, die unmittelbar hinter der Articulatio cricothyroidea gelegenen Eintrittspforte des N. laryngeus inferior in den Larynx.

Schlundheber

Die Gruppe der Pharynxheber besteht aus dem M. stylopharyngeus, dem M. palatopharyngeus und ggf. dem M. salpingopharyngeus.

M. stylopharyngeus

Er ist ein langer schmaler Muskel.

O.: Proc. styloideus.

I.: Seine Fasern ziehen an der Schlundwand entlang nach unten und treten zwischen dem M. constrictor pharyngis superior und medius an die Innenwand des Pharynx, wo sie sich in Bündel aufspalten, die teilweise in der Pharynxwand, teilweise am Kehlkopfskelett befestigt sind.

L.: N. glossopharyngeus, A. pharyngea ascendens

F.: Durch eine Kontraktion des Muskels werden Schlund und Kehlkopf gehoben. Dabei wird der Schlund verkürzt.

M. palatopharyngeus

O.: An der Aponeurose des weichen Gaumens und angrenzenden Knochen (Hamulus, Lamina medialis processus pterygoidei).

I.: Er tritt in die seitliche Schlundwand ein, in der er dorsalwärts bis zur Raphe und abwärts bis zum Hinterrand des Schildknorpels verläuft. Der Muskel bildet die Grundlage des Arcus palatoglossus.

L.: N. glossopharyngeus, A. pharyngea ascendens

F.: s.o.

M. salpingopharyngeus

Sehr häufig entspringen auch Faserzüge vom Unterrand der Tuba auditiva, welche als M. salpingopharyngeus bezeichnet werden. Der Muskel wirft an der seitlichen Schlundwand die gleichnamige Falte (**Plica salpingopharyngea**) auf.

Schluckakt (Abb. 6.94)

Der Schluckakt läuft in 3 Phasen ab. Er beginnt mit der willkürlich beeinflussbaren oralen Phase, auf welche die pharyngeale und die oesophageale Phase folgen, die reflektorisch gesteuert und vom Willen nicht mehr beeinflussbar sind.

Orale Phase. Die über die Mundöffnung aufgenommene, in der Mundhöhle zerkleinerte und mit Speichel durchmischte Nahrung wird am Gaumen entlang zum Isthmus faucium befördert. Dabei wird die Zunge durch Kontraktion der Mundbodenmuskulatur gegen den Gaumen geführt und unter Beteiligung der Mm. hyoglossi und styloglossi nach hinten verlagert. Durch Erzeugung eines Überdruckes in der Mundhöhle wird der zunächst geschlossene Isthmus faucium kurzfristig geöffnet, wodurch die Nahrungsportion in den Pharynx gelangt.

Pharyngeale Phase. Der weitere Weg der Nahrung in Richtung Oesophagus wird durch
- eine Verlegung der Pars nasalis pharyngis,
- den Verschluss des Rückweges in die Mundhöhle und
- den Verschluss des Aditus laryngis festgelegt.
Der Epipharynx wird durch Hebung des Gaumensegels (Kontraktion der Mm. tensor und levator veli palatini) gegen den durch den M. constrictor pharyngis superior gebildeten Passavant-Wulst verschlossen. Der Rückweg in die Mundhöhle wird durch das Sphinktersystem im Bereich des Isthmus faucium (Mm. palatoglossi) und die Verlagerung des Zungenkörpers nach hinten versperrt. Die während der oralen Phase erfolgte Hebung des Mundbodens (suprahyale Muskulatur, M. thyrohyoideus) bedingt eine Verlagerung von Zungenbein und Kehlkopf nach oben und vorne unter den Zungengrund. Daraus resultiert eine passive Verlagerung des Kehldeckels über den Aditus laryngis mit reflektorischem Verschluss der Glottis und Hemmung der Atemmuskulatur.

Oesophageale Phase. Der Weitertransport der Nahrung erfolgt durch Kontraktion der Schlundschnürer sowie Hebung und Verkürzung des Schlundes (Mm. stylopharyngeus und palatopharyngeus). Dabei wird die Pharynxwand gleichsam über die Nahrungsportion hinweg nach oben gezogen. Nach Erreichen des Oesophagus wird die Nahrung durch Peristaltik weitertransportiert.

6.14.2.4 Gefäße und Nerven des Pharynx (Abb. 6.95)

Arterien. A. carotis externa → A. pharyngea ascendens → Rr. pharyngeales
A. carotis externa → A. facialis → A. palatina ascendens (Tubenostium und Tonsilla palatina)
A. subclavia → Truncus thyrocervicalis → A. thyroidea inferior → Rr. pharyngeales (Hypopharynx)

Venen. Plexus pharyngeus → Vv. pharyngeae → V. jugularis interna
Plexus pterygoideus → V. jugularis interna

Lymphgefäße. Der Lymphabfluss erfolgt in den Truncus jugularis.

Regionale Lymphknoten. Nll. retropharyngeales und Nll. profundi superiores et inferiores

Nerven. Plexus pharyngeus aus N. glossopharyngeus, N. vagus und Truncus sympathicus

6.14.2.5 Mandeln, Tonsillen, Tonsillae (Abb. 6.91, 6.92)

Der Bereich des Pharynx ist von lymphatischem Gewebe umgeben, welches in seiner Gesamtheit als **Anulus lymphoideus pharyngis,** lymphatischer Rachenring (Waldeyer) bezeichnet wird.

Zu diesem Rachenring gehören:
1. Rachenmandel Tonsilla pharyngea,
2. Tubenmandel, Tonsilla tubaria
3. Zungenmandel, Tonsilla lingualis
4. Gaumenmandel, Tonsilla palatina,
5. lymphatisches Gewebe in der Schleimhaut der Plica salpingopharyngea.

Funktion

Im Bereich der Krypten, **Cryptae tonsillares,** werden Antigene von Makrophagen aufgenommen, verarbeitet und an immunkompetente Zellen weitergereicht. Diese wandern in die Reaktionszentren von Lymphfollikeln ein, proliferieren und bilden als Plasmazellen Antikörper.

Lage der Tonsillen

Die **Tonsilla pharyngea** liegt in der **Schleimhaut** des Epipharynx am Übergang des Pharynxdaches in seine Hinterwand.

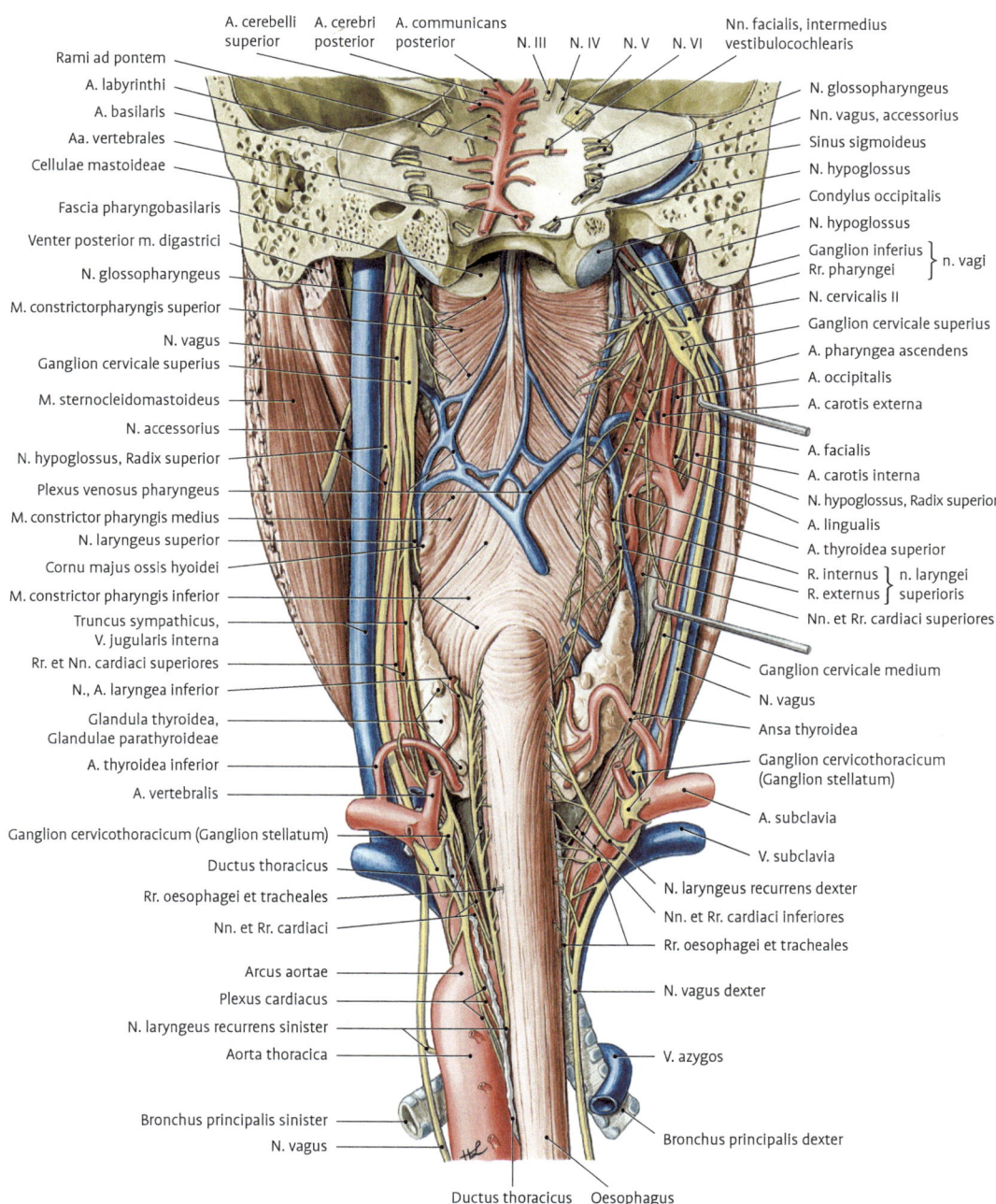

Abb. 6.95 Pharynx, Oesophagus und Gefäß-Nervenstrang (Spatium parapharyngeum) des Halses von dorsal. Wirbelsäule und hinterer Teil des Schädels sind entfernt.

Die **Tonsilla palatina** liegt im Bereich des Isthmus faucium in der **Fossa tonsillaris,** dem Arcus palatopharyngeus angelagert.

Die **Tonsilla lingualis** liegt in der Schleimhaut der **Radix linguae.**

Die **Tonsilla tubaria** befindet sich in der Schleimhaut des **Torus tubarius.**

Allgemeiner Aufbau

Das die Tonsillen an der Oberfläche überziehende Epithel bildet tiefe Eisenkungen, Krypten, denen retikuläres Bindegewebe unterlagert ist, in welchem Lymphfollikel eingelagert sind. Bei den Lymphfollikeln handelt es sich in der Regel um Sekundärfollikel, deren kappenförmig aufgelagerter Lymphozytenwall zur Oberfläche gerichtet ist.

Das Epithel besitzt Retikulierungszonen, in deren Bereich eine Basalmembran fehlt. Zellen aus dem subepithelialen Bindegewebe können gut in das Epithel eintreten und bilden mit ihm einen lympho-epithelialen Gewebsverband. Zu den eingewanderten Zellen gehören Plasmazellen, Lymphozyten, neutrophile Granulozyten und Makrophagen.

Baubesonderheiten der verschiedenen Tonsillen

Kapsel. Die Tonsillae palatina, lingualis und pharyngea sind durch eine bindegewebige Kapsel vom darunter gelegenen Gewebe abgegrenzt. Der Tonsilla tubaria und dem lymphatischen Gewebe der Plica salpingopharyngea fehlt diese bindegewebige Kapsel.

Epithel. Das die Tonsillen überziehende und in ihren Krypten retikulierte Epithel entspricht dem der Region, in welcher die entsprechenden Tonsillen lokalisiert sind, d. h., es ist Flimmerepithel im Bereich der Tonsillae pharyngea und tubaria und mehrschichtiges unverhorntes Plattenepithel im Bereich der übrigen Tonsillen.

Gefäße und Nerven der Tonsilla palatina

Arterien:
A. pharyngea ascendens → Rr. pharyngeales
A. lingualis → Rr. dorsales linguae
A. facialis → A. palatina ascendens → R. tonsillaris
A. facialis → R. tonsillaris

Venen. Plexus venosus pharyngeus → V. jugularis interna

Regionale Lymphknoten. Nodus jugulodigastricus

Nerven. l.: N. glossopharyngeus, N. maxillaris (V_2)

6.14.3 Nasenhöhle, Cavitas nasi, und Nasennebenhöhlen, Sinus paranasales

Übersicht und Einleitung

Die Nasenhöhle, Cavitas nasi, ist Teil des **oberen Respirationstraktes** und beinhaltet das **Geruchsorgan, Organum olfactorium**. Sie ist paarig angelegt und wird in 2 hintereinander gelegene Räume, den Nasenvorhof, **Vestibulum nasi,** und die eigentliche Nasenhöhle, **Cavitas nasi,** unterteilt. Beide sind vollständig durch das meist asymmetrische Nasenseptum, **Septum nasi,** getrennt. Das Vestibulum nasi entspricht weitgehend der äußeren Nase und ist über die Nasenlöcher, **Nares,** mit der äußeren Körperoberfläche verbunden. Die pyramidenförmige Cavitas nasi steht hinten über die sekundären Nasenöffnungen, **Choanen,** mit der **Pars nasalis pharyngis** in Verbindung. Seitlich ist die Cavitas nasi über verschiedene Öffnungen mit den Nasennebenhöhlen, **Sinus paranasales,** verbunden.

Weitere Begriffe

Pars respiratoria. Der respiratorische Teil der Schleimhaut kleidet den größten Teil der Nasenhöhle aus und setzt sich in modifizierter Form auch in die Schleimhaut der Nasennebenhöhlen fort. Ausnahmen hiervon bilden das **Vestibulum nasi,** das Merkmale der äußeren Haut aufweist, sowie ein Schleimhautbezirk, der das **Organum olfactorium** beinhaltet.

Pars olfactoria. Die Riechschleimhaut ist auf ein kleines Areal im Bereich der oberen Nasenmuschel und des angrenzenden Teils des Nasenseptums beschränkt.

Nasenzyklus. Beide Seiten der Nasenhöhle werden meist nicht zur gleichen Zeit belüftet. Vielmehr wechselt die Belüftung alle 2 bis 3 Stunden von der einen zur anderen Seite. Die Faktoren für diesen als Nasenzyklus bezeichneten Prozess sind noch nicht hinreichend bekannt.

Funktion

Die Funktionen der **Pars respiratoria** der Nasenhöhle sind noch nicht vollständig bekannt. Sie umfassen u. a. **Erwärmung, Anfeuchtung** und **Filtration** der Atemluft. Da die **Cavitas nasi** außerdem, zusammen mit den Nasennebenhöhlen, ein **Resonanzorgan** darstellt, ist sie auch für die Sprache von Bedeutung. Schließlich ist die stark vaskularisierte Schleimhaut der Nasenhöhle an der **Thermoregulation** des Organismus beteiligt.

Entwicklung

Äußere Nase, primäre Nasenhöhle. Die Entwicklung der äußeren Nase und der primären Nasenhöhle hängt eng mit der des Gesichts und der Mundhöhle zusammen. In der 3. Woche kommt es im Bereich des **Stirnnasenfortsatzes** zum Auftreten von Riechplakoden. Die von je 2 Epithelleisten begrenzten Riechplakoden vertiefen sich zu Riechgruben, die den unteren seitlichen Rand des Stirnnasenfortsatzes in einen medialen und lateralen Nasenfortsatz unterteilen. Während die medialen Nasenfortsätze vorwiegend zur Bildung des Nasenrückens und eines Teils des Nasenseptums beitragen, liefern die seitlichen Nasenfortsätze das Material für die Nasenflügel und die Weichteile um die Nasenöffnungen. Durch eine vorübergehende Verbindung des Epithels des medialen und lateralen Nasenfortsatzes entsteht in der Tiefe eine kontinuierliche Verbindung der Riecksäcke (verlängerte Riechgruben) mit dem Mundhöhlenepithel. Durch Einreißen dieser **Membrana oronasalis** bei Embryonen mit einer SSL von 15 mm entwickelt sich zunächst eine vordere und etwas später eine hintere primäre Nasenöffnung, **primäre Choanen**. Beide Öffnungen begrenzen das Gebiet der **primären Nasenhöhle**, deren Boden vom primären Gaumen gebildet wird.

Definitive Nasenhöhle. Etwa zeitgleich mit der Entstehung eines medianen Nasenseptums kommt es an den medialen Rändern der Oberkiefers zur Bildung von Gaumenfortsätzen, die zunächst nach unten vorwachsen. Die ursprünglich zwischen den Gaumenfortsätzen gelegene Zunge senkt sich plötzlich bei Embryonen mit einer SSL von 26 mm nach unten. Die Gaumenfortsätze, **Processus palatini,** verändern nun ihre Wachstumsrichtung und wachsen in der Horizontalebene nach medial. In der Medianebene vereinigen sie sich mit dem nach unten vorwachsenden Nasenseptum sowie mit dem primären Gaumen zum sekundären Gaumen. Die Verschmelzung in der Medianebene erfolgt von vorne nach hinten. Am Übergang zwischen primären und sekundären Gaumen bleibt ein Epithelstrang erhalten, welcher später zum **Canalis incisivus** kanalisiert. Die sekundäre hintere Öffnung der Nasenhöhle wird zu den **Choanen,** welche die Nasenhöhle mit dem Pharynx verbinden.

Knorpelige Nasenanlage. Die knorplige Nasenkapsel ist bei 3 Monate alten Feten vollständig ausgebildet. Sie setzt sich aus knorpligen Anteilen des Septum nasi und der seitlichen Nasenwand zusammen und ist mit der knorpligen Anlage des Keilbeins verbunden. Während die knorplige Anlage der Nasenhöhle vorne unten von den **Cartilagines septales** begrenzt wird, entstehen an der Innenseite die knorpligen Anlagen der 3 Nasenmuscheln **(Conchae nasales)**. Die knorplige Nasenkapsel geht später teilweise zugrunde, sodass die Knochen, welche die Wände der Nasenhöhle bilden, z. T. durch **enchondrale Ossifikation** und z. T. durch **desmale Ossifikation** entstehen.

Nasennebenhöhlen. Die Nasennebenhöhlen werden in der Fetalperiode angelegt, erfahren aber erst postnatal ihre größte Entfaltung. Noch bevor die knorpelige Nasenanlage zugrunde geht, entstehen in der 10.–12. Woche die Anlagen der Nasennebenhöhlen aus Schleimhautdivertikeln in der seitlichen Nasenwand. Eine Ausnahme bildet die Keilbeinhöhle, **Sinus sphenolidalis**. Im Bereich des mittleren und oberen Nasenganges entwickelt sich zunächst eine Reihe von Divertikeln, aus denen sich später das Siebbeinlabyrinth, **Labyrinthus ethmoidalis,** entwickelt. Kieferhöhle, **Sinus maxillaris,** und Stirnhöhle, **Sinus frontalis,** gehen in der Regel aus einem gemeinsamen Recessus, dem **Infundibulum ethmoidale,** hervor. Die Entwicklung der Stirnhöhle kann aber auch von einem Recessus frontalis oder einer Siebbeinzelle ausgehen. Die Keilbeinhöhle, **Sinus sphenoidalis,** entsteht als Ausbuchtung der Nasenschleimhaut in den hinteren Abschnitt der knorpligen Nasenhöhle am Ende des 3. Monats. Die Sinusanlagen wachsen zunächst innerhalb der knorpligen Nasenanlage vor, **primäre Pneumatisation**. Später, nach dem Passieren bzw. dem Untergang der knorpligen Nasenanlage, kommt es zur Pneumatisation der Knochen, welche die Wände der Nasenhöhle bilden, **sekundäre Pneumatisation.**

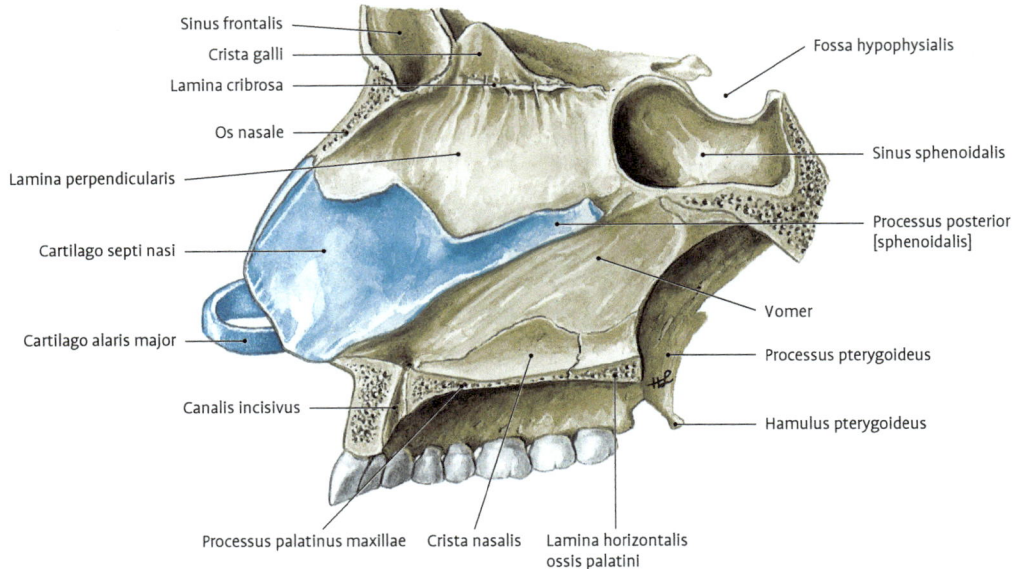

Abb. 6.96 Nasenscheidewand, Septum nasi. Ansicht von links.

6.14.3.1 Nasenhöhle, Cavitas nasi

Äußere Nase

Die äußere Nase verleiht dem Gesicht des Menschen ein charakteristisches Profil. Die typische menschliche Nase, mit nach unten gerichteten Nasenlöchern **(Nares)**, ist erst bei **Homo erectus** nachweisbar. Sie besteht aus einem **knöchernen Anteil:** 1. Nasenbeine (Ossa nasalia), 2. Stirnfortsatz des Oberkiefers **(Processus frontalis maxillae)** und aus einem **knorpligen Anteil:** Cartilagines nasi (Abb. 6.96, 6.97).

Klinik: Bedingt durch die nach unten gerichteten Nasenlöcher müssen bei der Spiegeluntersuchung der Nasenhöhle von vorne **(Rhinoscopia anterior)** der Kopf des Patienten nach hinten geneigt und außerdem die Nasenflügel mithilfe eines Nasenspekulums gespreizt werden.

Knöcherne Anteile. An der Bildung der äußeren Nase beteiligen sich die Nasenbeine, **Ossa nasalia,** und die Stirnfortsätze des Oberkiefers, **Processus frontales maxillae.** Sie bilden den knöchernen Rahmen der äußeren Nasenöffnung, **Apertura pi-**

riformis. Der untere Teil der Apertura piriformis ist spitzwinklig zum vorderen Nasensporn, **Spina nasalis anterior,** ausgezogen.

- **Nasenbeine, Ossa nasalia.** Die beiden flachen und viereckigen Kochen sind in der Mittellinie über die **Sutura internasalis** miteinander verbunden. Im unteren Teil der Ossa nasalia werden mitunter Foramina, **Foramina nasalia,** beobachtet, die dem Durchtritt von Nerven und Gefäßen dienen. Seitlich stoßen die Nasenbeine über die **Sutura nasomaxillaris** mit dem **Processus frontalis maxillae** zusammen. Die **Sutura nasofrontalis** verbindet die Ossa nasalia mit dem Stirnbein.

Klinik: Der Kreuzungspunkt der Sutura internasalis mit der Sutura nasofrontalis wird als **Nasion** bezeichnet und ist ein wichtiger Messpunkt am Schädel.

Nasenknorpel

Die **Cartilagines nasi** bilden den beweglichen Teil der äußeren Nase und sind aus hyalinem Knorpel aufgebaut. Zu ihnen zählen: **1.** die Seitenknorpel, **Processus laterales,** des knorpligen

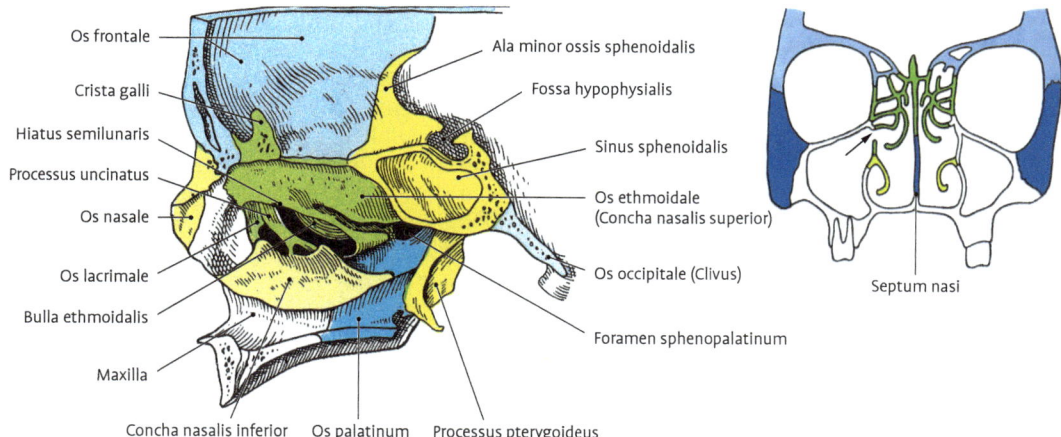

Os frontale

Crista galli

Hiatus semilunaris

Processus uncinatus

Os nasale

Os lacrimale

Bulla ethmoidalis

Maxilla

Concha nasalis inferior   Os palatinum   Processus pterygoideus

Ala minor ossis sphenoidalis

Fossa hypophysialis

Sinus sphenoidalis

Os ethmoidale
(Concha nasalis superior)

Os occipitale (Clivus)

Foramen sphenopalatinum

Septum nasi

Abb. 6.97 Links: Schematische Darstellung der lateralen Wand der Nasenhöhle, Cavitas nasi, nach Entfernung der Nasenscheidewand. Ansicht von links. **Rechts:** Schematischer Frontalschnitt durch den Gesichtsschädel mit Darstellung der Nasen- und der Nasennebenhöhlen. Der unbeschriftete Pfeil kennzeichnet die Verbindung der rechten Kieferhöhle mit dem mittleren Nasengang. Hellblau: Os frontale, grün: Os ethmoidale, hellgelb: Os nasale und Concha nasalis inferior, gelb: Os sphenoidale, mittelblau (am Sagittalschnitt): Os palatinum, dunkelblau (am Frontalschnitt): Os zygomaticum und Vomer.

Nasenseptums (alte Bezeichnung: Cartilago nasi lateralis), **2.** die Flügelknorpel, **Cartilagines alares majores, 3.** zusätzliche Knorpelschüppchen: **Cartilagines alares minores** und **Cartilagines nasales accessoria.**

- **Seitenknorpel, Processus laterales.** Sie sind meist nur im oberen Teil mit dem knorpligen Nasenseptum verbunden und setzen die Ossa nasalia nach vorne unten fort. Zwischen den Ossa nasalia und den Processus laterales besteht eine Überlappungszone, in der sich die Seitenknorpel unter die Nasenbeine schieben. Vorne und seitlich stehen sie mit den Flügelknorpeln, Cartilagines alares majores, in Verbindung. Hier befindet sich eine weitere Überlappungszone, wobei die **Crura lateralia** der Flügelknorpel die Seitenknorpel ein Stück bedecken.
- **Flügelknorpel, Cartilagines alares majores.** Die Cartilagines alares majores umfassen je mit einem **Crus mediale** und **Crus laterale** die Nasenlöcher, **Nares,** und bilden zugleich die Grundlage der Nasenflügel, **Alae nasi.** Sie bestimmen maßgeblich die Form der Nasenspitze, **Apex nasi.** Die Flügelknorpel sind nur locker mit den übrigen Knorpeln verbunden. Im hinteren late-

ralen Teil der Nasenflügel befinden sich zusätzliche Knorpelschüppchen, **Cartilagines alares minores** und **Cartilagines nasales accessoriae.**
- **Varianten.** Hinter der **Spina nasalis anterior** wird mitunter ein Knorpelstreifen beobachtet, der sich dem Unterrand des knorpligen Nasenseptums seitlich anlegt. Diese **Cartilago vomeronasalis** ist als Rest des rückgebildeten **Organum vomeronasale** (Jacobson-Organ) aufzufassen (s. Lehrbuch der Embryologie).

Klinik: Der von den Crura medialia der Flügelknorpel geformte Bereich wird auch als **Columella** bezeichnet und ist mit Haut überdeckt.

Muskeln. Im Bereich der äußeren Nase sind folgende mimische Muskeln befestigt: 1. M. depressor septi, 2. M. nasalis mit Pars transversa und Pars alaris, 3. M. levator labii superioris alaeque nasi, 4. M. procerus. Sie werden an anderer Stelle beschrieben.

Gefäße und Nerven der äußeren Nase:
- **Arterien.** Die arterielle Versorgung der äußeren Nase erfolgt über die A. facialis, A. infraorbitalis und A. ophthalmica. Eine zusätzliche Versorgung über die **A. ethmoidalis anterior** ist möglich.
  – Die **A. facialis** entsendet Äste zum Nasenflügel und zum unteren Teil des Nasenseptums.

– Die **A. infraorbitalis** gibt Äste zur seitlichen Nasenwand und zum Nasenrücken ab.
– Die **A. dorsalis nasi,** aus der **A. ophthalmica,** versorgt den Nasenrücken. Sie anastomosiert häufig mit Zweigen der A. facialis auf dem Nasenrücken.
• **Venen.** Der venöse Abfluss erfolgt über die **V. facialis**. Letztere steht über die **V. angularis** mit der **V. ophthalmica superior** in Verbindung (Abb. 6.50).

Klinik: Der **Abfluss** über das Stromgebiet der V. ophthalmica superior zum Sinus cavernosus ist bei Entzündungen im Bereich von Oberlippe und Nase von klinischer Relevanz.

• **Lymphgefäße.** Der Abfluss erfolgt zusammen mit der Lymphe aus der Ober- und Unterlippe und der Wange zu den **Nll. submandibulares**. Ein Abfluss zu den **Nll. parotidei** ist möglich.
• **Nerven.** Die **motorischen** Nerven für die Nasenmuskeln entstammen den **Rr. buccales** des **N. facialis**. An der **sensiblen** Innervation der Haut sind beteiligt: **N. infratrochlearis** und **N. nasociliaris** (beide aus dem N. ophthalmicus) sowie der **N. infraorbitalis** (vom N. maxillaris).

Nasenvorraum, Vestibulum nasi

Der Nasenvorraum ist der vordere Teil der Nasenhöhle und entspricht weitgehend der Ausdehnung der Nasenflügel, **Alae nasi**. Am Übergang zwischen **Vestibulum nasi** und der eigentliche Nasenhöhle befindet sich innen eine bogenförmige Leiste, **Limen nasi**. Sie wird durch den freien Rand des **Crus laterale** des Flügelknorpels, **Cartilago alaris majoris,** aufgeworfen. Die innere Oberfläche des Vestibulum nasi ist mit mehrschichtigem verhorntem Plattenepithel ausgekleidet. In der Tunica mucosa befinden sich zudem apokrine **Glandulae vestibulares nasi** und kräftige Haare, **Vibrissae**.

Klinik: Am Übergang zwischen Vestibulum nasi und der eigentlichen Nasenhöhle befindet sich ein ca. 1,5 mm breiter Schleimhautbezirk mit einem ausgeprägten Kapillargeflecht. Dieser als **Locus Kiesselbachii** bezeichnete Schleimhautstreifen ist ein bevorzugter Ort für das Nasenbluten **(Epistaxis)**.

Nasenhöhle, Cavitas nasi (Abb. 6.97)

Die paarige Nasenhöhle liegt größtenteils unter der vorderen Schädelgrube, **Fossa cranii anterior**. Sie schließt sich hinten an das **Vestibulum nasi** an und öffnet sich dorsal über die Choanen in die **Pars nasalis pharyngis**. Die Nasenhöhle weist die Gestalt einer Pyramide auf und verbreitert sich nach unten. Drei übereinanderliegende Nasenmuscheln, **Conchae nasales,** in der Seitenwand der Nasenhöhle bedingen eine Unterteilung in Nasengänge, **Meatus nasi**. In die Seitenwände der **Cavitas nasi** münden die Nasennebenhöhlen, **Sinus paranasales**.

Topografie. Drei übereinander liegende Nasengänge mit zahlreichen Verbindungen zu Nachbarstrukturen
• **Meatus nasi inferior,** unterer Nasengang zwischen Concha nasalis inferior und Gaumen. Im vorderen Teil des Meatus nasi inferior liegt die nasale Öffnung **(Apertura ductus nasolarimalis)** des Tränennasenkanals, **Ductus nasolacrimalis**. Sie wird beim Lebenden durch eine Schleimhautfalte (Hasner-Klappe) eingeengt.
• **Meatus nasi medius,** mittlerer Nasengang zwischen Concha nasalis inferior und Concha nasalis media. Hier münden **Sinus maxillaris, Sinus frontalis** und die mittleren und vorderen Siebbeinzellen. Sinus maxillaris und Sinus frontalis münden i. d. R. nicht direkt, sondern über eine trichterförmige Rinne, **Infundibulum ethmoidale,** in den Meatus nasi medius. Die vorderen und mittleren Siebbeinzellen öffnen sich meist dorsal vom Infundibulum ethmoidale zum mittleren Nasengang.
• **Meatus nasi superior,** oberer Nasengang zwischen Concha nasalis media und Concha nasalis superior. Hier münden die hinteren Siebbeinzellen. In einer Rinne hinter dem Meatus nasi superior, **Recessus sphenoethmoidalis,** öffnet sich die Keilbeinhöhle in die Cavitas nasi.

Wände der Nasenhöhle:
1. **Dach.** Von anterior nach posterior bilden folgende knöcherne Strukturen das Dach der Nasenhöhle: **Os nasale, Pars nasalis ossis frontalis, Lamina cribrosa** des Siebbeins. Über zahlreiche Öffnungen **(Foramina cribrosa)** in der horizontalen Siebbeinplatte, Lamina cribrosa, steht die Nasenhöhle mit der vorderen Schädelgrube,

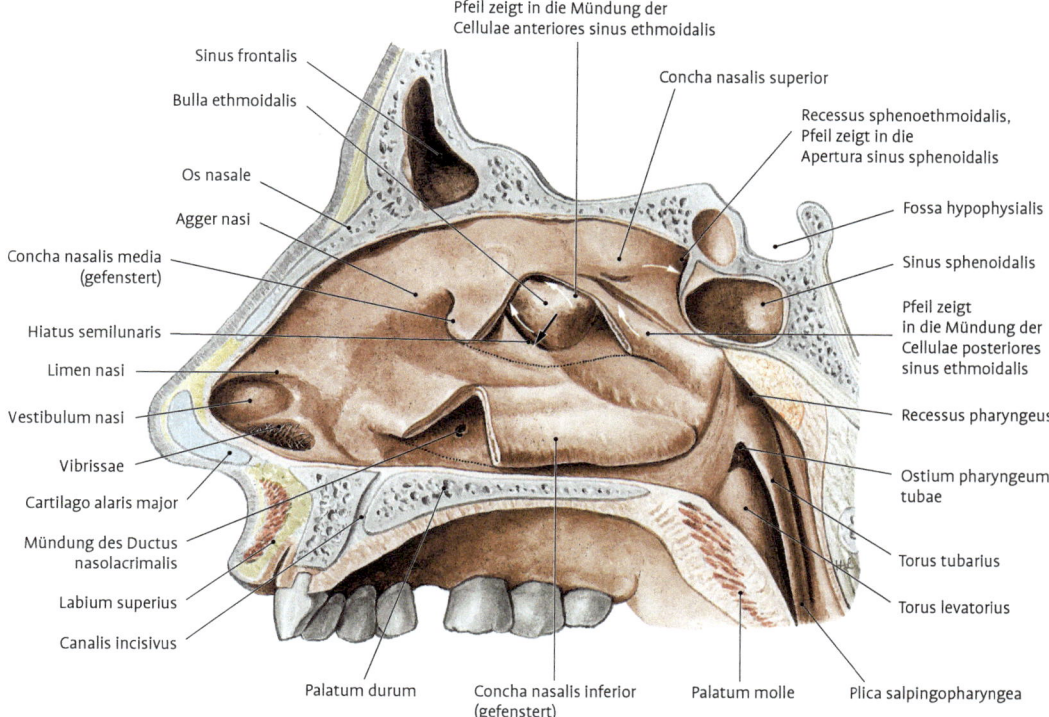

Pfeil zeigt in die Mündung der
Cellulae anteriores sinus ethmoidalis

Sinus frontalis

Bulla ethmoidalis

Os nasale

Agger nasi

Concha nasalis media
(gefenstert)

Hiatus semilunaris

Limen nasi

Vestibulum nasi

Vibrissae

Cartilago alaris major

Mündung des Ductus
nasolacrimalis

Labium superius

Canalis incisivus

Concha nasalis superior

Recessus sphenoethmoidalis,
Pfeil zeigt in die
Apertura sinus sphenoidalis

Fossa hypophysialis

Sinus sphenoidalis

Pfeil zeigt
in die Mündung der
Cellulae posteriores
sinus ethmoidalis

Recessus pharyngeus

Ostium pharyngeum
tubae

Torus tubarius

Torus levatorius

Palatum durum

Concha nasalis inferior
(gefenstert)

Palatum molle

Plica salpingopharyngea

Abb. 6.98 Laterale Wand der Cavitas nasi nach Weg-
nahme des Nasenseptums und Teilen der Conchae nasales inferior und media. Im Bereich des Hiatus semilunaris weist der weiße Pfeil auf das Infundibulum
ethmoidale und der schwarze Pfeil auf die Öffnung der
Kieferhöhle.

Fossa cranii anterior, in Verbindung. Im hinteren Teil des Dachs liegt am Übergang zwischen
Lamina cribrosa und Corpus ossis sphenoidalis
eine Rinne, der **Recessus sphenoethmoidalis,**
welche den Eingang in die Keilbeinhöhlen markiert (Abb. 6.98).
2. **Boden.** Der Boden ist breiter als das Dach der
Nasenhöhle. Er wird gebildet von der Präma-
xilla (primärer Gaumen), den Gaumenfortsätzen des Oberkiefers **(Processus palatini maxillae)** sowie von der **Lamina horizontalis** des
Gaumenbeins. Im vorderen Drittel befindet
sich etwa in der Medianebene am Boden der
Nasenhöhle eine Vertiefung **(Fossa incisiva).**
Die Fossa incisiva steht über die **Canales incisivi** mit der Mundhöhle in Verbindung. Letztere beginnen an der Kreuzung der **Sutura
palatina mediana** mit dem **Proc. alveolaris
maxillae.** Sie vereinigen sich nach kaudal,
und enden im Dach der Mundhöhle als **Foramen incisivum.**

3. **Seitenwand.** Das Relief der Seitenwand wird
von den drei übereinanderliegenden Nasenmuscheln geprägt: **Concha nasalis inferior, Concha nasalis media** und **Concha nasalis superior.** Dabei springt die untere Nasenmuschel
am weitesten nach anterior. Zusätzlich kann
eine **Concha nasalis suprema** ausgebildet sein.
Während die untere Nasenmuschel ein eigenständiger Knochen ist, sind die oberen Nasenmuscheln Teil des Siebbeins. Furchenbildun-
gen an der mittleren Nasenmuschel kommen
bei Erwachsenen zu 6 % vor und können mit
zusätzlichen Nasenmuscheln verwechselt werden. Die 3 Nasengänge sind nach medial zum
gemeinsamen Nasengang, **Meatus nasi communis,** geöffnet. Letzterer mündet über den
Meatus nasopharyngeus und die **Choanen** in
die **Pars nasalis pharyngis.** Folgende Strukturen
bilden die knöcherne Seitenwand der Nasenhöhle: **Os nasale,** Oberkiefer mit **Processus
frontalis** und **Corpus maxillae, Os lacrimale,**

Siebbein mit **Processus uncinatus** und **Conchae nasalis media et superior, Concha nasalis inferior,** Gaumenbein mit **Lamina perpendicularis**. Am unteren Rand des **Recessus sphenoethmoidalis** befindet sich in Höhe des dorsalen Randes der mittleren Nasenmuschel das **Foramen sphenopalatinum**. Hierbei handelt es sich um eine Lücke zwischen Proc. orbitalis und Proc. sphenoidalis des Gaumenbeins sowie dem Keilbeinkörper. Es verbindet die Nasenhöhle mit der **Fossa pterygopalatina** und dient dem Durchtritt von Nerven und Gefäßen.

4. **Nasenscheidewand, Septum nasi.** Sie besteht aus einem vorderen **knorpligen Teil (Cartilago septi nasi)** und einem hinteren **knöchernen Teil.** Der knorplige Teil des Nasenseptums ist relativ beweglich und wird auch als **Pars mobilis** bezeichnet. Unterhalb des vorderen knorpligen Teils befindet sich ein membranöser Abschnitt des Septums **(Pars membranacea)**. Er verleiht der Nasenspitze eine gewisse Flexibilität und Elastizität. Der Cartilago septi nasi reicht nach vorne bis zum Apex nasi und geht weiter oben in die Processus laterales über. Das knorplige Nasenseptum schiebt sich nach dorsal zwischen die vertikal gestellte **Lamina perpendicularis** des Siebbeins und dem unten gelegenen Pflugscharbein, **Vomer.** Knochenleisten am **Corpus ossis sphenoidalis, Os nasale** und **Os frontale** beteiligen sich an der Bildung der äußeren Ränder des Nasenseptums.

Schleimhaut

Am **Limen nasi** erfolgt der Übergang vom mehrschichtigen verhornten Plattenepithel des **Vestibulum nasi** in das respiratorische Epithel, welches den größten Teil der Nasenhöhle auskleidet und sich auch in die Nasennebenhöhlen fortsetzt (Abb. 6.102). Die **Pars respiratoria** wird unterbrochen durch einen kleinen Bezirk mit Riechschleimhaut **(Pars olfactoria)**, welche die obere Nasenmuschel und angrenzende Teile des Nasenseptums bedeckt. Die Größe der Pars olfactoria beträgt beim Erwachsenen auf einer Seite nur ca. 1,3 cm².

- **Pars respiratoria.** Die Nasenschleimhaut dient hauptsächlich der Reinigung und Anwärmung der Atemluft. Das mit Becherzellen versetzte mehrreihige Flimmerepithel sitzt einer sehr di-

cken Basalmembran auf. Während Kinozilien Partikel in der Atemluft nach dorsal befördern, dienen zahlreiche seromuköse **Glandulae nasales** in der **Lamina propria mucosae** der Befeuchtung der Nasenschleimhaut (Einzelheiten siehe Lehrbuch der Histologie).

Klinik: Von praktischer Bedeutung ist ein ausgedehntes Venengeflecht in der Schleimhaut der Nasenhöhle, das eine **Schwellkörperfunktion** ausübt (Plexus cavernosus conchae). Im Bereich der Mündungen der Nasennebenhöhlen bilden die Schwellkörper Polster. Je nach Reiz können somit die ohnehin kleinen Ostien entweder erweitert oder verengt werden. Obgleich die Hauptfunktion dieser Venengeflechte sicher in der Erwärmung der Atemluft liegt, sind die Schwellkörper auch für die **Thermoregulation** von Bedeutung.

- **Pars olfactoria.** Die Riechschleimhaut ist mit 480–500 µm nicht nur dicker als die Pars respiratoria, sondern hebt sich durch ihre gelbbraune Farbe von der rötlichen Pars respiratoria deutlich ab. Sie enthält Riech- und Stützzellen. Zusätzlich werden neben Basalzellen, die vermutlich dem Ersatz von Stützzellen dienen, seröse **Glandulae olfactoriae** (Bowman) beobachtet (Einzelheiten siehe Lehrbuch der Histologie). Riechzellen sind bipolare Nervenenzellen und bilden das 1. Neuron der Riechbahn. Während ihr nasaler Fortsatz zum Riechkolben verdickt ist, bildet ihr basaler Fortsatz zusammen mit denen anderer Riechzellen die **Fila olfactoria,** welche durch die **Lamina cribrosa** zum **Bulbus olfactorius** ziehen.

Gefäße und Nerven

Aus praktischer Sicht lässt sich die Nasenhöhle in ein kleineres **vorderes Versorgungsgebiet** und ein größeres **hinteres Versorgungsgebiet** unterteilen. Von diesem wird zusätzlich das Gebiet der Nasenscheidewand unterschieden. Während **A. ophthalmica** und **N. ophthalmicus** den vorderen Bereich der Nasenhöhle und des Nasenseptums versorgen, verzweigen sich im hinteren Teil Äste der **A. maxillaris** und des **N. maxillaris.**

Vorderes Versorgungsgebiet (Abb. 6.99):
- **Arterien.** Die **A. ethmoidalis anterior** (aus der A. ophthalmica) gelangt über das **Foramen eth-**